U0224160

供暖通风空调设计手册

GONGNUAN TONGFENG KONGTIAO SHEJI SHOUCE

关文吉　主编

中国建材工业出版社

图书在版编目（CIP）数据

供暖通风空调设计手册/关文吉主编．—北京：中国建材工业出版社，2016．1

ISBN 978-7-5160-1320-5

Ⅰ．①供… Ⅱ．①关… Ⅲ．①房屋建筑设备-采暖设备-建筑设计-手册②房屋建筑设备-通风设备-建筑设计-手册③房屋建筑设备-空气调节设备-建筑设计-手册 Ⅳ．①TU83-62

中国版本图书馆 CIP 数据核字(2015)第 290613 号

责任编辑：朱建红

内 容 简 介

该手册主要服务于建筑行业所涉及的供暖、通风与空调诸领域的工程设计，包括常用数据、冷热负荷及水力计算、设计深度要求及互提资料、冷热源、供暖、通风防排烟及人防通风、空调、冷库与人工冰场、水处理、阀件、自动控制、附录等。手册中所涉及的暖通空调诸领域工程设计，按工程设计的固有规律，引入了先进的技术内容，顺序阐明了工程设计原理、设计依据、设计步骤、设计内容及设计优化；还配有大量常用基础数据、产品数据和部分相关厂家信息，并推荐诸多优化设计方案，既方便了设计，又节省设计者在设计过程中寻找资料所花费的时间，提高了设计效率。

该手册言简意赅，深入浅出，简明扼要，是一本供暖、通风与空调工程设计、施工的良好工具书，也可供高等学校相关专业师生参考。

供暖通风空调设计手册

关文吉 主编

出版发行：中国建材工业出版社

地 址：北京市海淀区三里河路 1 号

邮 编：100044

经 销：全国各地新华书店

印 刷：北京联兴盛业印刷股份有限公司

开 本：787mm×1092mm 1/16

印 张：84.5

字 数：2100 千字

版 次：2016 年 1 月第 1 版

印 次：2016 年 1 月第 1 次

定 价：280.00 元

本社网址：www.jccbs.com.cn　微信公众号：zgjcgycbs

关文吉　主编
中国建筑设计院有限公司
总工程师

李娥飞　主审
中国建筑设计院有限公司
总工程师设计大师

江亿　总顾问
清华大学教授
中国工程院院士

罗继杰　副主编
空军工程设计研究局
总工程师少将设计大师

许文发　副主编
中国城市建设研究院
教授

王清勤　副主编
中国建筑科学研究院
副院长

宋孝春　副主编
中国建筑设计院有限公司
第一工程设计研究院院长

丁高　副主编
中国建筑设计咨询公司
总经理

伍小亭　副主编
天津市建筑设计院
总工程师

徐宏庆　副主编
北京市建筑设计研究院有限公司
总工程师

序

“供暖通风空调”专业属于机电门类，主要服务于建筑产业，在中国专业的历史约有90年。在这段经历中，专业的发展总是紧随科学的发展、技术的进步、国家经济实力的提升、人民生活水平的改善、建筑业的进步以及世界的潮流、我国体制的变迁和我们在国际增长的责任承担等，专业自身也获得了稳步发展。

起初“暖通”专业是建筑物中建造辅助设施的专业，发展到“建筑环境与设备工程专业”，就定性为营造建筑室内环境的主导专业；再发展到“建筑环境与能源应用工程”专业，就成为承担解决建筑业能源危机重要使命的支柱专业。

全球环境恶化，人类遇到了危难，并认同了节能环保的重要性之后，我们专业的职能又从营造室内环境扩展成营造室内外环境，再次提升了我们专业的地位和责任。

几十年来，与国家发展紧密相连，我们专业发展的主力军也在变化，计划经济时代是“产、学、研”相结合，至今已发展为“产、学、研、用、管”相结合，这是与其他科技专业相似的，说明我们更加重视用户和管理部门，而“产”的所指也从国营企业向多体制倾斜。

建筑产业中“供暖通风空调”专业的工程设计是极为重要的环节，这是我们专业内“产、学、研、用、管”各方面内涵集成落实的最重要的体现点。工程设计涉及需求、科技、产品、规范、政策、运行、投资开发诸方面，还决定了长年的效果、能耗、安全、可靠以及投资、环保等，而这相关的因素永远在不断更新。说明我们专业的工程师职业多么具有活力和发展空间，是多么美好的专业，也反映了这是需要不断学习、跟进的十分辛苦的专业。

《供暖通风空调设计手册》就是专业工程师们学习的好教材、工作的好助手、新技术新产品的好索引、新经验的好园地。因为它紧随时代发展，几年就需要编写一部权威性设计手册，而且客观上它还是专业技术发展历史的书面记载。它的作用和贡献是功不可没的。

“设计手册”编写者必须是具有专业设计底蕴的团队，必是多年在工程设计第一线的工程师，他们有实践，有信息，有探索，有经验，有教训，有总结，并以建筑类别进行深入研究，这些雄厚的积淀才是编好“设计手册”的保证。

中国建筑设计院有限公司关文吉总工程师领导的手册编写团队就是这种优秀人才的群体，而编写者都在设计一线执业，他们的常态是无闲暇，总忙碌，常加班，难顾家。在必须按时完成手上繁重设计工作之外，还共同承担了工作量巨大的设计手册编写工作，真是感人的奉献，广大的专业工程师们内心必怀深深的敬意和谢意。

我国正处在复兴中华民族大业的伟大时代，专业的发展正走在攀登世界高峰的征途，我们专业各岗位的工作者们，正好需用这《供暖通风空调设计手册》一书，并学习编者们的奉献和敬业精神，为专业发展献力！

北京市建筑设计研究院有限公司

顾问总工程师 吴德绳

2015年，夏

前　言

为满足建筑供暖通风空调行业设计需求，中国建筑设计院有限公司与中国建筑学会建筑热能动力分会组织编写《供暖通风空调设计手册》，本手册从工程设计实际出发，以不同工程类型设计为线索，力图包含建筑工程供暖通风空调设计内容并简明扼要、使用方便。本手册可作为工业与民用建筑供暖通风空调行业设计、教学、施工人员参考工具书。

本手册主编、主审、总顾问、副主编：

关文吉　主编

李娥飞　主审

江　亿　总顾问

罗继杰、许文发、王清勤、宋孝春、丁高、伍小亭、徐宏庆　副主编

本手册主编单位：

中国建筑设计院有限公司（文兵、赵锂、关文吉、李娥飞、宋孝春、夏树威、徐征、王小明　李超英、张亚立、汪春华、李嘉、刘伟、常晨晨、姜红、郭宇、刘维、徐阳、李雅昕、秦莹）

中国建筑学会建筑热能动力分会（修龙）

本手册参编单位：

大连理工大学（张吉礼）

华东建筑设计研究院（叶大法）

中国中建设计集团有限公司（满孝新）

中国建筑科学研究院（王清勤）

中南建筑设计研究院（蒋修英）

天津大学（张永铨）

天津市建筑设计院（伍小亭）

中国建筑设计咨询有限公司（丁高）

中国建筑东北设计研究院（吴光林）

中国建筑西北设计研究院（周敏）

中国建筑西南设计研究院（戎向阳）

中国城市建设研究院有限公司（许文发）

北京市建筑设计研究院（徐宏庆）

北京万讯达声学设备有限公司（刘滨）

北京硕人时代科技股份有限公司（史登峰、梁贺、李艳杰）

北京未来之家建筑设计有限公司（黄亮）

华南理工大学建筑设计研究院（王钊）

华森建筑与工程设计顾问有限公司（王红朝）

同济大学（龙惟定）
空军工程设计研究局（罗继杰）
哈尔滨工业大学（马最良、赵华）
清华大学（江亿）
湖南大学（张国强）
皓欧东方（北京）供热技术有限公司（李利平）
联美（中国）投资有限公司地产集团（王烈）

本手册各章编写人：

第 1 章（常用数据）关文吉、满孝新
第 2 章（冷热负荷及水力计算）汪春华
第 3 章（设计深度要求及互提资料）刘伟、王小明
第 4 章（冷热源）李超英、郭宇、关文吉
第 5 章（供暖）刘伟、王小明
第 6 章（通风防排烟及人防通风）常晨晨、关文吉
第 7 章（空调）徐征、张亚立、李嘉、姜红、王红朝、刘滨、李利平、黄亮、刘维、徐阳、李雅昕、秦莹、赵琦、孙梅、冯忠学、郭楠
第 8 章（冷库与人工冰场）李嘉
第 9 章（水处理）赵锂、夏树威
第 10 章（阀件）汪春华
第 11 章（供暖、通风、空调系统自动控制）梁贺、李艳杰、王烈
第 12 章（附录）关文吉

本手册各章审核人：

第 1 章（常用数据）张永铨、宋孝春
第 2 章（冷热负荷及水力计算）龙惟定、戎向阳
第 3 章（设计深度要求及互提资料）龙惟定、戎向阳
第 4 章（冷热源与站房）王钊、叶大法
第 5 章（供暖）赵华、吴光林
第 6 章（通风防排烟及人防通风）周敏、蒋修英
第 7 章（空调）江亿、伍小亭
第 8 章（冷库与人工冰场）马最良、张吉礼
第 9 章（水处理）许文发、徐宏庆
第 10 章（阀件）龙惟定、戎向阳
第 11 章（供暖、通风、空调系统自动控制）丁高、张国强
第 12 章（附录）罗继杰、王清勤

本手册参编企业：

广东美的暖通设备有限公司（方洪波）
广东永泉阀门科技有限公司（陈键明）
北京万讯达声学设备有限公司（刘滨）
北京福裕泰科贸有限公司（蔡铁柱）

际高贝卡科技有限公司（丛旭日）

爱思克空气环境技术（苏州）有限公司（崔国华）

浙江力聚热水机有限公司（何俊南）

埃迈贸易（上海）有限公司（朱珊珊）

皓欧东方（北京）供热技术有限公司（宋斌）

北京科净源科技股份有限公司（葛敬）

河北平衡阀门股份有限公司（周国胜）

中石化绿源地热能开发有限公司（刘世良）

深圳市中鼎空调净化有限公司（王春生）

北京英沣特能源技术有限公司（邹元霖）

北京健远泰德工程技术有限公司（周立建）

益美高（上海）制冷设备有限公司（杨年）

开利空调销售服务（上海）有限公司（刘新丽）

北京市华清地热开发有限责任公司（刘少敏）

因编者阅历水平所限，本手册暂不能满足所有读者所需，恳请读者对本手册存在的不足和错误提出宝贵意见。

在手册发行之际，衷心感谢江亿院士、李娥飞大师、罗继杰大师对手册编写的严格把关定向，感谢主编、参编单位全体人员的辛苦奉献，感谢中国建设科技集团领导黄宏祥、修龙、任庆英及中国建筑设计院有限公司领导文兵、刘燕辉、赵锂的精神关怀，感谢参编企业给与的资金支持，感谢北京建筑大学研究生李雪薇、秦颖颖、殷明昊、秦浩宇所做的辅助性工作，感谢中国建材工业出版社的友好协作。

关文吉

2015 年 10 月 1 日

目　录

第1章　常用数据

本章执笔人

关文吉

中国建筑设计院有限公司

总工程师

教授级高级工程师

注册设备工程师

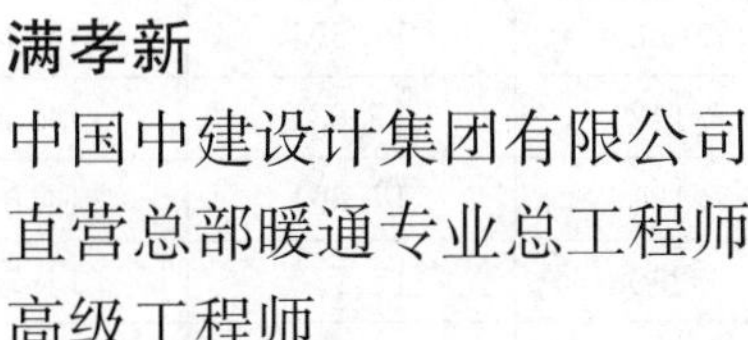

满孝新
中国中建设计集团有限公司
直营总部暖通专业总工程师
高级工程师

1.1　干空气、饱和水、饱和水与饱和蒸汽的物理参数

干空气的物理参数见表1-1。

表1-1　干空气的物理参数

温度(℃)	密度(kg/m^3)	比热容[kJ/(kg·K)]	导热系数[W/(m·K)]	热扩散率($10^{-2}m^2/h$)	动力黏度($10^{-6}Pa·s$)	运动黏度($10^{-6}m^2/s$)
−180	3.685	1.047	0.756	0.705	6.47	1.76
−150	2.817	1.038	1.163	1.45	8.73	3.10
−100	1.984	1.022	1.617	2.88	11.77	5.94
−50	1.523	1.013	2.035	4.73	14.61	9.54
−20	1.365	1.009	2.256	5.94	16.28	11.93
0	1.252	1.009	2.373	6.75	17.16	13.70
1	1.247	1.009	2.381	6.799	17.22	13.80
2	1.243	1.009	2.389	6.848	17.279	13.90
3	1.238	1.009	2.397	6.897	17.338	14.00
4	1.234	1.009	2.405	6.946	17.397	14.10
5	1.229	1.009	2.413	6.995	17.456	14.20
6	1.224	1.009	2.421	7.044	17.574	14.30
7	1.220	1.009	2.430	7.093	17.574	14.40
8	1.215	1.009	2.438	7.142	17.632	14.50
9	1.211	1.009	2.446	7.191	17.691	14.60
10	1.206	1.009	2.454	7.240	17.750	14.70
11	1.202	1.0095	2.461	7.282	17.799	14.80
12	1.198	1.0099	2.468	7.324	17.848	14.90
13	1.193	1.0103	2.475	7.366	17.897	15.00
14	1.189	1.0107	2.482	7.408	17.946	15.10
15	1.185	1.0112	2.489	7.450	17.995	15.20
16	1.181	1.0116	2.496	7.492	18.044	15.30
17	1.177	1.0120	2.503	7.534	18.093	15.40
18	1.172	1.0124	2.510	7.576	18.142	15.50
19	1.168	1.0128	2.517	7.618	18.191	15.60
20	1.164	1.013	2.524	7.660	18.240	15.70
21	1.161	1.013	2.530	7.708	18.289	15.791
22	1.158	1.013	2.535	7.756	18.338	15.882
23	1.154	1.013	2.541	7.804	18.387	15.973
24	1.149	1.013	2.547	7.852	18.437	15.064
25	1.146	1.013	2.552	7.900	18.486	16.155

续表

温度 (℃)	密度 (kg/m^3)	比热容 [kJ/(kg·K)]	导热系数 [W/(m·K)]	热扩散率 ($10^{-2}m^2/h$)	动力黏度 ($10^{-6}Pa·s$)	运动黏度 ($10^{-6}m^2/s$)
26	1.142	1.013	2.559	7.948	18.535	16.246
27	1.138	1.013	2.564	7.996	18.584	16.337
28	1.134	1.013	2.570	8.044	18.633	16.428
29	1.131	1.013	2.576	8.092	18.682	16.519
30	1.127	1.013	2.582	8.140	18.731	16.610
31	1.124	1.013	2.589	8.191	18.780	16.709
32	1.120	1.013	2.596	8.242	18.829	16.808
33	1.117	1.013	2.603	8.293	18.878	16.907
34	1.113	1.013	2.610	8.344	18.927	17.006
35	1.110	1.013	2.617	8.395	18.976	17.105
36	1.106	1.013	2.624	8.446	19.025	17.204
37	1.103	1.013	2.631	8.497	19.074	17.303
38	1.099	1.013	2.638	8.548	19.123	17.402
39	1.096	1.013	2.645	8.599	19.172	17.501
40	1.092	1.013	2.652	8.650	19.221	17.600
50	1.056	1.017	2.733	9.14	19.61	18.60
60	1.025	1.017	2.803	9.65	20.1	19.60
70	0.996	1.017	2.861	10.18	20.4	20.45
80	0.968	1.022	2.931	10.65	20.99	21.70
90	0.942	1.022	3.001	11.25	21.57	22.90
100	0.916	1.022	3.070	11.80	21.77	25.78
120	0.870	1.026	3.198	12.90	22.75	26.20
140	0.827	1.026	3.326	14.10	23.54	28.45
160	0.789	1.030	3.442	15.25	24.12	30.60
180	0.765	1.034	3.570	16.50	25.01	33.17
200	0.723	1.034	3.698	17.80	25.89	35.82
250	0.653	1.043	3.977	21.20	27.95	42.8
300	0.598	1.047	4.291	24.80	29.71	49.9
350	0.549	1.055	4.571	28.40	31.48	57.5
400	0.508	1.059	4.850	32.40	32.95	64.9
500	0.450	1.072	5.396	40.0	36.19	80.4
600	0.400	1.089	5.815	49.1	39.23	98.1
800	0.325	1.114	6.687	68.0	44.52	137.0
1000	0.268	1.139	7.618	89.9	49.52	185.0
1200	0.238	1.164	8.455	113.0	53.94	232.5

饱和水的热物理参数见表 1-2。

表 1-2 饱和水的热物理参数

温度	绝对压力	密度	热焓	定压比热容	导热系数	热扩散率	动力黏度	运动黏度	膨胀系数	表面张力	普朗特数
t (℃)	$P\times10^{-5}$ (Pa)	ρ (kg/m^3)	h' (kJ/kg)	C_p [kJ/(kg·K)]	$\lambda\times10^2$ [W/(m·K)]	$a\times10^6$ (m^2/s)	$\mu\times10^6$ (Pa·s)	$\nu\times10^6$ (m^2/s)	$\alpha_v\times10^4$ (K^{-1})	$\gamma\times10^4$ (N/m)	Pr —
0	0.00611	999.9	0.00	4.212	55.1	13.1	1788	1.789	−0.81	756.4	13.67
10	0.01227	999.7	42.04	4.191	57.4	13.7	1306	1.306	0.87	741.6	9.52
20	0.02338	998.2	83.91	4.183	59.9	14.3	1004	1.006	2.09	726.9	7.02
30	0.04241	995.7	125.70	4.174	61.8	14.9	801.5	0.805	3.05	712.2	5.42
40	0.07375	992.2	167.50	4.174	63.5	15.3	653.3	0.659	3.86	696.5	4.31
50	0.12335	988.1	209.30	4.174	64.8	15.7	549.4	0.556	4.57	676.9	3.54
60	0.19920	983.1	251.10	4.179	65.9	16.0	469.9	0.478	5.22	662.2	2.99
70	0.3116	977.8	293.00	4.187	66.8	16.3	406.1	0.415	5.83	643.5	2.55
80	0.4736	971.8	355.00	4.195	67.4	16.6	355.1	0.365	6.40	625.9	2.21
90	0.7011	965.3	377.00	4.208	68.0	16.8	314.9	0.326	6.96	607.2	1.95
100	1.013	958.4	419.10	4.220	68.3	16.9	282.5	0.295	7.50	588.6	1.75
110	1.43	951.0	461.40	4.233	68.5	17.0	259.0	0.272	8.04	569.0	1.60
120	1.98	943.1	503.70	4.250	68.6	17.1	237.4	0.252	8.58	548.4	1.47
130	2.70	934.8	546.40	4.266	68.6	17.2	217.8	0.233	9.12	528.8	1.36
140	3.61	926.1	589.10	4.287	68.5	17.2	201.1	0.217	9.68	507.2	1.26
150	4.76	917.0	632.20	4.313	68.4	17.3	186.4	0.203	10.26	486.6	1.17
160	6.18	907.0	675.40	4.346	68.3	17.3	173.6	0.191	10.87	466.0	1.10
170	7.92	897.3	719.30	4.380	67.9	17.3	162.8	0.181	11.52	443.4	1.05
180	10.03	886.9	763.30	4.417	67.4	17.2	153.0	0.173	12.21	422.8	1.00

续表

温度	绝对压力	密度	热焓	定压比热容	导热系数	热扩散率	动力黏度	运动黏度	膨胀系数	表面张力	普朗特数
t (℃)	$P\times10^{-5}$ (Pa)	ρ (kg/m^3)	h' (kJ/kg)	C_p [kJ/(kg·K)]	$\lambda\times10^2$ [W/(m·K)]	$a\times10^6$ (m^2/s)	$\mu\times10^6$ (Pa·s)	$\nu\times10^6$ (m^2/s)	$\alpha_v\times10^4$ (K^{-1})	$\gamma\times10^4$ (N/m)	Pr —
190	12.55	876.0	807.80	4.459	67.0	17.1	144.2	0.165	12.96	400.2	0.96
200	15.55	863.0	852.80	4.505	66.3	17.0	136.4	0.158	13.77	376.7	0.93
210	19.08	852.3	897.70	4.555	65.5	16.9	130.5	0.153	14.67	354.1	0.91
220	23.20	840.3	943.70	4.614	64.5	16.6	124.6	0.148	15.67	331.6	0.89
230	27.98	827.3	990.20	4.681	63.7	16.4	119.7	0.145	16.80	310.0	0.88
240	33.48	813.6	1037.50	4.756	62.8	16.2	114.8	0.141	18.08	285.5	0.87
250	39.78	799.0	1085.70	4.844	61.8	15.9	109.9	0.137	19.55	261.9	0.86
260	46.94	784.0	1135.70	4.949	60.5	15.6	105.9	0.135	21.27	237.4	0.87
270	55.05	767.9	1185.70	5.070	59.0	15.1	102.0	0.133	23.31	214.8	0.88
280	64.19	750.7	1236.80	5.230	57.4	14.6	98.1	0.131	25.79	191.3	0.90
290	74.45	732.3	1290.00	5.485	55.8	13.9	94.2	0.129	28.84	168.7	0.93
300	85.92	712.5	1344.90	5.736	54.0	13.2	91.2	0.128	32.73	144.2	0.97
310	98.70	691.1	1402.20	6.071	52.3	12.5	88.3	0.128	37.85	120.7	1.03
320	112.90	667.1	1462.10	6.574	50.6	11.5	85.3	0.128	44.91	98.10	1.11
330	128.65	640.2	1526.20	7.244	48.4	10.4	81.4	0.127	55.31	76.71	1.22
340	146.08	610.1	1594.80	8.165	45.7	9.17	77.5	0.127	72.10	56.70	1.39
350	165.37	574.4	1671.40	9.504	43.0	7.88	72.6	0.126	103.70	38.16	1.60
360	186.74	528.0	1761.50	13.984	39.5	5.36	66.7	0.126	182.90	20.21	2.35
370	210.53	450.5	1892.50	40.321	33.7	1.86	56.9	0.126	676.70	4.709	6.79

注:《传热学》杨世铭,陶文铨编著,高等教育出版社,2006 年 8 月第四版。

饱和水与饱和蒸汽的热物理参数(按压力排列)见表1-3。

表1-3 饱和水与饱和蒸汽的热物理参数(按压力排列)

绝对压力 P(MPa)	温度 t(℃)	比容(m^3/kg)		热焓(kJ/kg)		汽化潜能 R(kJ/kg)
		饱和水比容 V'	饱和汽比容 V''	饱和水焓 h'	饱和汽焓 h''	
0.001	6.9828	0.0010001	129.209	29.34	2514.4	2485.0
0.005	32.8976	0.0010052	28.194	137.77	2561.6	2423.8
0.010	45.8328	0.0010102	14.675	191.83	2584.8	2392.9
0.015	53.9971	0.0010140	10.023	225.97	2599.2	2373.2
0.020	60.0864	0.0010172	7.6498	251.45	2609.9	2358.4
0.025	64.9916	0.0010199	6.2045	271.99	2618.3	2346.4
0.030	69.1240	0.0010223	5.2293	289.30	2625.4	2336.1
0.040	75.8856	0.0010265	3.9934	317.65	2636.9	2319.2
0.050	81.3453	0.0010301	3.2402	340.56	2646.0	2305.4
0.060	85.9539	0.0010333	2.7318	359.93	2653.6	2293.6
0.070	89.9591	0.0010361	2.3647	376.77	2660.1	2283.3
0.080	93.5124	0.0010387	2.0870	391.72	2665.8	2274.0
0.090	96.7134	0.0010412	1.8692	405.21	2670.9	2265.6
0.100	99.6320	0.0010434	1.6937	417.51	2675.4	2257.9
0.120	104.808	0.0010476	1.4281	439.36	2683.4	2244.1
0.140	109.315	0.0010513	1.2363	458.42	2690.3	2231.9
0.160	113.320	0.0010547	1.0911	475.38	2696.2	2220.9
0.180	116.933	0.0010579	0.97723	490.70	2701.5	2210.8
0.200	120.231	0.0010608	0.88544	504.70	2706.3	2201.6
0.220	123.270	0.0010636	0.80984	517.62	2710.6	2193.0
0.240	126.091	0.0010663	0.74645	529.63	2714.5	2184.9
0.260	128.727	0.0010688	0.69251	540.87	2718.2	2177.3
0.280	131.203	0.0010712	0.64604	551.44	2721.5	2170.1
0.300	133.540	0.0010735	0.60556	561.43	2724.7	2163.2
0.320	135.754	0.0010757	0.56999	570.90	2727.6	2156.7
0.340	137.858	0.0010779	0.53846	579.92	2730.3	2150.4
0.360	139.865	0.0010799	0.51032	588.53	2732.9	2144.4
0.380	141.784	0.0010819	0.48505	596.76	2735.3	2138.6
0.400	143.623	0.0010839	0.46222	604.67	2737.6	2133.0
0.420	145.390	0.0010858	0.44150	612.27	2739.8	2127.5
0.440	147.090	0.0010876	0.42260	619.60	2741.9	2122.3

续表

绝对压力 P(MPa)	温度 t(℃)	比容(m^3/kg)		热焓(kJ/kg)		汽化潜能 R(kJ/kg)
		饱和水比容 V'	饱和汽比容 V''	饱和水焓 h'	饱和汽焓 h''	
0.480	150.313	0.0010911	0.38936	633.50	2745.7	2112.2
0.500	151.844	0.0010928	0.37468	640.12	2747.5	2107.4
0.540	154.765	0.0010961	0.34846	652.76	2750.9	2098.1
0.580	157.518	0.0010993	0.32574	664.69	2754.0	2089.3
0.600	158.838	0.0011009	0.31547	670.42	2755.5	2085.0
0.640	161.376	0.0011039	0.29681	681.46	2758.2	2076.8
0.680	163.791	0.0011068	0.28027	691.98	2760.8	2068.8
0.700	164.956	0.0011082	0.27268	697.06	2762.0	2064.9
0.740	167.209	0.0011110	0.25870	706.90	2764.3	2057.4
0.780	169.368	0.0011137	0.24610	716.35	2766.4	2050.1
0.800	170.415	0.0011150	0.24026	720.94	2767.5	2046.5
0.840	172.448	0.0011176	0.22938	729.85	2769.4	2039.6
0.880	174.405	0.0011201	0.21945	738.45	2771.3	2032.8
0.900	175.358	0.0011213	0.21481	742.64	2772.1	2029.5
0.940	177.214	0.0011238	0.20610	750.82	2773.8	2023.0
0.980	179.009	0.0011262	0.19807	758.74	2775.4	2016.7
1.00	179.884	0.0011274	0.19429	762.61	2776.2	2013.6
1.05	182.015	0.0011303	0.18545	772.03	2778.0	2005.9
1.10	184.067	0.0011331	0.17738	781.13	2779.7	1998.5
1.15	186.048	0.0011359	0.16999	789.92	2781.3	1991.3
1.20	187.961	0.0011386	0.16320	789.43	2782.7	1984.3
1.25	189.814	0.0011412	0.15693	806.69	2784.1	1977.4
1.30	191.609	0.0011438	0.15113	814.70	2785.4	1970.7
1.35	193.350	0.0011464	0.14574	822.49	2786.6	1964.2
1.40	195.042	0.0011489	0.14072	830.07	2787.8	1957.7
1.45	196.688	0.0011514	0.13604	837.46	2788.9	1951.4
1.50	198.289	0.0011539	0.13166	844.67	2789.9	1945.2
1.55	199.850	0.0011563	0.12755	851.70	2790.8	1939.2
1.60	201.372	0.0011586	0.12369	858.56	2791.7	1933.2
1.65	202.857	0.0011610	0.12005	865.28	2792.6	1927.3
1.70	204.307	0.0011633	0.11662	871.84	2793.4	1921.5

注：表中的绝对压力与表压力的换算方法：表压力(工程大气压)≈绝对压力 －0.1。

1.2　常用化合物的分子量

常用化合物的分子量见表 1-4。

表 1-4　常用化合物的分子量

化合物名称	分子式	相对分子质量
氢氧化铝	$Al(OH)_3$	78.00
硫酸铝	$Al_2(SO_4)_3$	342.12
含水硫酸铝	$Al_2(SO_4)_3 \cdot 18H_2O$	666.42
氢氧化铁	$Fe(OH)_3$	106.87
氢氧化亚铁	$Fe(OH)_2$	89.86
硫酸亚铁	$FeSO_4$	151.91
含水硫酸亚铁	$FeSO_4 \cdot 7H_2O$	278.02
硫酸铁	$Fe_2(SO_4)_3$	399.88
氯化铁	$FeCl_3$	162.21
氢氧化钾	KOH	56.11
碳酸氢钙	$Ca(HCO_3)_2$	162.118
氢氧化钙	$Ca(OH)_2$	74.10
氧化钙	CaO	56.08
硫酸钙	$CaSO_4$	136.14
碳酸钙(大理石)	$CaCO_3$	100.09
磷酸钙(磷灰石)	$Ca_3(PO_4)_2$	310.19
氯化钙	$CaCl_2$	110.99
二氧化硅	SiO_2	60.086
碳酸氢镁	$Mg(HCO_3)_2$	146.34
氢氧化镁	$Mg(OH)_2$	58.33
硫酸镁	$MgSO_4$	120.37
碳酸镁(菱镁矿)	$MgCO_3$	84.32
氯化镁	$MgCl_2$	95.22
碳酸氢钠	$NaHCO_3$	84.00
氢氧化钠(火碱)	$NaOH$	40.00
硫酸钠	Na_2SO_4	142.04
碳酸钠(纯碱)	Na_2CO_3	105.99
含水碳酸钠	$Na_2CO_3 \cdot 10H_2O$	285.99
磷酸钠	Na_3PO_4	164.00
含水磷酸钠	$Na_3PO_4 \cdot 12H_2O$	379.94
氯化钠	$NaCl$	58.44

续表

化合物名称	分子式	相对分子质量
硫酸	H_2SO_4	98.08
硫酸根	SO_4^{2-}	96.06
二氧化碳	CO_2	44.00
碳酸根	CO_3^{2-}	60.01
碳酸氢根	HCO_3^-	61.02
磷酸根	PO_4^{3-}	95.02
盐酸	HCl	36.46

1.3 常用保温保冷材料

常用保温材料性能见表1-5。

表1-5 常用保温材料性能表

<table>
<tr><th>序号</th><th colspan="2">材料名称</th><th>使用密度 (kg/m³)</th><th>最高使用温度 (℃)</th><th>推荐使用温度 [T_2] (℃)</th><th>常用导热系数 λ_0(平均温度 T_m=70℃时) [W/(m·K)]</th><th>导热系数参考方程 T_m为平均温度 (℃)[W/(m·K)]</th><th>抗压强度 (MPa)</th></tr>
<tr><td rowspan="4">1</td><td rowspan="4" colspan="2">硅酸钙制品</td><td rowspan="2">170</td><td>650(Ⅰ型)</td><td>≤550</td><td rowspan="2">0.055</td><td rowspan="2">$\lambda=0.0479+0.00010185T_m+9.65015\times10^{-11}T_m^3$ ($T_m<800$℃)</td><td rowspan="2">≥0.5</td></tr>
<tr><td>1000(Ⅱ型)</td><td>≤900</td></tr>
<tr><td rowspan="2">220</td><td>650(Ⅰ型)</td><td>≤550</td><td rowspan="2">0.062</td><td rowspan="2">$\lambda=0.0564+0.00007786T_m+7.8571\times10^{-8}T_m^2$($T_m<500$℃)
$\lambda=0.0937+1.67397\times10^{-10}T_m^3$ (T_m=500～800℃)</td><td rowspan="2">≥0.6</td></tr>
<tr><td>1000(Ⅱ型)</td><td>≤900</td></tr>
<tr><td rowspan="4">2</td><td rowspan="4">复合硅酸盐制品</td><td>涂料</td><td>180～200 (干态)</td><td>600</td><td>≤500</td><td>≤0.065</td><td>$\lambda=\lambda_0+0.00017(T_m-70)$</td><td>—</td></tr>
<tr><td rowspan="2">毡</td><td>60～80</td><td>550</td><td>≤450</td><td>≤0.043</td><td rowspan="2">$\lambda=\lambda_0+0.00015(T_m-70)$</td><td rowspan="2">—</td></tr>
<tr><td>81～130</td><td>600</td><td>≤500</td><td>≤0.044</td></tr>
<tr><td>管壳</td><td>80～180</td><td>600</td><td>≤500</td><td>≤0.048</td><td>—</td><td>≥0.3</td></tr>
<tr><td>3</td><td>岩棉制品</td><td>毡</td><td>60～100</td><td>500</td><td>≤400</td><td>≤0.044</td><td>$\lambda=0.0337+0.000151T_m$ (−20℃≤T_m≤100℃)
$\lambda=0.0395+4.71\times10^{-5}T_m+5.03\times10^{-7}T_m^2$(100℃<$T_m$≤600℃)</td><td>—</td></tr>
</table>

续表

序号	材料名称		使用密度 (kg/m³)	最高使用温度 (℃)	推荐使用温度 [T_2] (℃)	常用导热系数 λ_0(平均温度 T_m=70℃时) [W/(m·K)]	导热系数参考方程 T_m为平均温度 (℃)[W/(m·K)]	抗压强度 (MPa)
3	岩棉制品	缝毡	80～130	650	≤550	≤0.043 ≤0.09 (T_m=350℃)	λ=0.0337+0.000128T_m (−20℃≤T_m≤100℃) λ=0.0407+2.52×$10^{-5}$$T_m$+3.34×$10^{-7}$$T_m^2$ (100℃<T_m≤600℃)	—
		板	60～100	500	≤400	≤0.044	λ=0.0337+0.000151T_m (−20℃≤T_m≤100℃) λ=0.0395+4.71×$10^{-5}$$T_m$+5.03×$10^{-7}$$T_m^2$ (100℃<T_m≤600℃)	—
			101～160	550	≤450	≤0.043 ≤0.09 (T_m=350℃)	λ=0.0337+0.000128T_m (−20℃≤T_m≤100℃) λ=0.0407+2.52×$10^{-5}$$T_m$+3.34×$10^{-7}$$T_m^2$ (100℃<T_m≤600℃)	—
		管壳	100～150	450	≤350	≤0.044 ≤0.10 (T_m=350℃)	λ=0.0314+0.000174T_m (−20℃≤T_m≤100℃) λ=0.0384+7.13×$10^{-5}$$T_m$+3.51×$10^{-7}$$T_m^2$ (100℃<T_m≤600℃)	—
4	玻璃棉制品	毯	24～40	400	≤300	≤0.046	λ=λ_0+0.00017(T_m−70) (−20℃≤T_m≤220℃)	—
			41～120	450	≤350	≤0.041		
		板	24	400	≤300	≤0.047		
			32	400	≤300	≤0.044		
			40	450	≤350	≤0.042		
			48	450	≤350	≤0.041		
			64	450	≤350	≤0.040		
		毡	24	400	≤300	≤0.046		
			32	400	≤300	≤0.046		
			40	450	≤350	≤0.046		
			48	450	≤350	≤0.041		
		管壳	≥48	400	≤300	≤0.041		

续表

序号	材料名称		使用密度（kg/m^3）	最高使用温度（℃）	推荐使用温度 $[T_2]$（℃）	常用导热系数 λ_0（平均温度 $T_m=70$℃时）[W/(m·K)]	导热系数参考方程 T_m 为平均温度（℃）[W/(m·K)]	抗压强度（MPa）
5	矿渣棉制品	毡	80～100	400	≤300	≤0.044	$\lambda=0.0337+0.000151T_m$ $(-20℃\leqslant T_m\leqslant 100℃)$ $\lambda=0.0395+4.71\times10^{-5}T_m+5.03\times10^{-7}T_m^2$ $(100℃<T_m\leqslant 400℃)$	—
		毡	101～130	500	≤350	≤0.043	$\lambda=0.0337+0.000128T_m$ $(-20℃\leqslant T_m\leqslant 100℃)$ $\lambda=0.0407+2.52\times10^{-5}T_m+3.34\times10^{-7}T_m^2$ $(100℃<T_m\leqslant 500℃)$	—
		板	80～100	400	≤300	≤0.044	$\lambda=0.0337+0.000151T_m$ $(-20℃\leqslant T_m\leqslant 100℃)$ $\lambda=0.0395+4.71\times10^{-5}T_m+5.03\times10^{-7}T_m^2$ $(100℃<T_m\leqslant 400℃)$	—
		板	101～130	450	≤350	≤0.043	$\lambda=0.0337+0.000128T_m$ $(-20℃\leqslant T_m\leqslant 100℃)$ $\lambda=0.0407+2.52\times10^{-5}T_m+3.34\times10^{-7}T_m^2$ $(100℃<T_m\leqslant 500℃)$	—
		管壳	≥100	400	≤300	≤0.044	$\lambda=0.0314+0.000174T_m$ $(-20℃\leqslant T_m\leqslant 100℃)$ $\lambda=0.0384+7.13\times10^{-5}T_m+3.51\times10^{-7}T_m^2$ $(100℃<T_m\leqslant 500℃)$	—
6	硅酸铝棉及其制品	1号毯	96	1000	≤800	≤0044	$\lambda=\lambda_0+0.0002(T_m-70)$ $(T_m\leqslant 400℃)$ $\lambda_H=\lambda_L+0.00036(T_m-400)$ $(T_m\geqslant 400℃)$ （式中 λ_L 取上式 $T_m=400$℃时计算结果）	—
		1号毯	128	1000	≤800			
		2号毯	96	1200	≤1000			
		2号毯	128	1200	≤1000			
		1号毡	≤200	1000	≤800			
		2号毡	≤200	1200	≤1000			
		板、管壳	≤220	1100	≤1000			
		树脂结合毡	128	—	350	≤0.044	$\lambda_L=\lambda_0+0.0002(T_m-70)$	—

续表

序号	材料名称		使用密度(kg/m³)	最高使用温度(℃)	推荐使用温度$[T_2]$(℃)	常用导热系数λ_0(平均温度T_m=70℃时)[W/(m·K)]	导热系数参考方程 T_m为平均温度(℃)[W/(m·K)]	抗压强度(MPa)
7	硅酸镁纤维毯	树脂结合毡	100±10，130±10	900	≤700	≤0.040	$\lambda=0.0397-2.741\times10^{-6}T_m+4.526\times10^{-7}T_m^2$（70℃≤$T_m$≤500℃）	—

常用保冷材料性能见表1-6。

表1-6 常用保冷材料性能表

序号	材料名称		使用密度(kg/m³)	使用温度范围(℃)	推荐使用温度$[T_2]$(℃)	常用导热系数λ_0[W/(m·K)]	导热系数参考方程 T_m为平均温度(℃)[W/(m·K)]	抗压强度(MPa)
1	柔性泡沫橡塑制品		40～60	−40～105	−35～85	≤0.036(0℃)	$\lambda=\lambda_0+0.0001T_m$	—
2	硬质聚氨酯泡沫塑料(PUR)制品		45～55	−80～100	−65～80	≤0.023(25℃)	$\lambda=\lambda_0+0.000122(T_m-25)+3.51\times10^{-7}(T_m-25)^2$	≥0.2
3	泡沫玻璃制品	Ⅰ类	120±8	−196～450	−196～400	≤0.045(25℃)	$\lambda=\lambda_0+0.000150(T_m-25)+3.21\times10^{-7}(T_m-25)^2$	≥0.8
		Ⅱ类	160±10	−196～450	−196～400	≤0.064(25℃)	$\lambda=\lambda_0+0.000155(T_m-25)+1.60\times10^{-7}(T_m-25)^2$	≥0.8
4	聚异氰脲酸酯(PIR)		40～50	−196～120	−170～100	≤0.029(25℃)	$\lambda=\lambda_0+0.000118(T_m-25)+3.39\times10^{-7}(T_m-25)^2$	≥0.22
5	高密度聚异氰脲酸酯(HDPIR)		160±16	−196～120	−196～100	≤0.038(25℃)	$\lambda=\lambda_0+0.000219(T_m-25)+0.43\times10^{-7}(T_m-25)^2$	≥1.6(常温) ≥2.0(196℃)
			240±24	−196～110	−196～100	≤0.045(25℃)	$\lambda=\lambda_0+0.000235(T_m-25)+0.43\times10^{-7}(T_m-25)^2$	≥2.5(常温) ≥3.5(−196℃)
			320±32	−196～110	−196～100	≤0.050(25℃)	$\lambda=\lambda_0+0.000341(T_m-25)+8.1\times10^{-7}(T_m-25)^2$	≥5(常温) ≥7.0(−196℃)
			450±45	−196～110	−196～100	≤0.080(25℃)	$\lambda=\lambda_0+0.000309(T_m-25)+1.51\times10^{-7}(T_m-25)^2$	≥10(常温) ≥14(−196℃)
			550±55	−196～110	−196～100	≤0.090(25℃)	$\lambda=\lambda_0+0.000338(T_m-25)+5.21\times10^{-7}(T_m-25)^2$	≥15(常温) ≥20(−196℃)

1.4 单位换算

长度的单位换算系数表见表 1-7。

表 1-7 长度的单位换算系数表

单位	米 m	英寸 in	英尺 ft	码 yd	英里 mile	(国际)海里 n mile
1 米 m	1	39.3701	3.2808	1.0936	6.214×10^{-4}	5.40×10^{-4}
1 英寸 in	0.0254	1	0.0833	0.0278	1.578×10^{-5}	1.371×10^{-5}
1 英尺 ft	0.3048	12	1	0.3333	1.894×10^{-4}	1.646×10^{-4}
1 码 yd	0.9144	36	3	1	5.682×10^{-4}	4.937×10^{-4}
1 英里 mile	1609.344	63360	5280	1760	1	0.8690
1(国际)海里 n mile	1852	72913.4	6076.12	2025.37	1.1508	1

面积的单位换算系数表见表 1-8。

表 1-8 面积的单位换算系数表

单位	平方米 m^2	市亩	公顷 ha	平方英寸 in^2	平方英尺 ft^2	平方码 yd^2	英亩 acre	平方英里 $mile^2$
1 平方米 m^2	1	1.5×10^{-3}	1×10^{-4}	1550	10.7639	1.19599	2.471×10^{-4}	3.861×10^{-7}
1 市亩	666.7	1	6.667×10^{-2}	1.033×10^{6}	7.176×10^{3}	797.3	0.1646	2.574×10^{-4}
1 公顷 ha	10000	15	1	1550.0×10^{4}	107639	11959.9	2.47105	3.8610×10^{-3}
1 平方英寸 in^2	6.4516×10^{-4}	9.677×10^{-7}	6.4516×10^{-8}	1	6.9444×10^{-4}	7.716×10^{-4}	1.594×10^{-7}	2.491×10^{-10}
1 平方英尺 ft^2	0.092903	1.394×10^{-4}	9.2903×10^{-6}	144	1	0.111111	2.296×10^{-5}	3.587×10^{-8}
1 平方码 yd^2	0.836127	1.254×10^{-3}	8.361×10^{-5}	1296	9	1	2.066×10^{-4}	3.228×10^{-7}
1 英亩 acre	4046.86	6.073	0.404686	6272640	43560	4840	1	1.5625×10^{-3}
1 平方英里 $mile^2$	2.58999×10^{6}	3.885×10^{3}	258.999	4.01449×10^{9}	2.78784×10^{7}	3.0976×10^{6}	640	1

体积、容积的单位换算系数表见表1-9。

表1-9 体积、容积的单位换算系数表

单位	立方米 m^3	立方分米(升) dm^3(L)	立方英寸 in^3	立方英尺 ft^3	立方码 yd^3	英加仑	美加仑
1立方米 m^3	1	1000	61023.7	35.3147	1.30795	219.969	264.172
1立方分米(升) dm^3(L)	0.001	1	61.0237	0.0353147	1.30795×10^{-3}	0.219969	0.264172
1立方英寸 in^3	1.63871×10^{-5}	1.63871×10^{-2}	1	5.78704×10^{-4}	2.14335×10^{-5}	3.60465×10^{-3}	4.32900×10^{-3}
1立方英尺 ft^3	0.0283168	28.3168	1728	1	0.0370370	6.22883	7.48052
1立方码 yd^3	0.764555	764.555	46656	27	1	168.2	202
英加仑	4.54609×10^{-3}	4.54609	277.420	0.160544	5.946×10^{-3}	1	1.20095
美加仑	3.78541×10^{-3}	3.78541	231	0.133681	4.951×10^{-3}	0.832674	1

力的单位换算系数表见表1-10。

表1-10 力的单位换算系数表

单位	牛顿 N	千克力 kgf	磅达 pdl	磅力 lbf	英吨力 tonf	盎司力 ozf
1牛顿 N	1	0.10197	7.2330	0.2248	1.004×10^{-4}	3.5969
1千克力 kgf	9.8067	1	70.9316	2.2046	9.842×10^{-4}	35.2740
1磅达 pdl	0.1383	0.0141	1	0.0311	1.388×10^{-5}	0.4973
1磅力 lbf	4.4482	0.4536	32.1740	1	4.464×10^{-4}	16
1英吨力 tonf	9964.02	1016.05	72069.9	2240	1	35840
1盎司力 ozf	0.2780	0.0283	2.0109	0.0625	2.790×10^{-5}	1

压强(压力)的单位换算系数表见表1-11。

表1-11 压强(压力)的单位换算系数表

单位	帕斯卡 Pa(N/m^2)	巴 bar(bar)	工程大气压 at(kgf/cm^2)	标准大气压 atm	磅力每平方英寸 lbf/in^2	毫米水柱 mmH_2O	毫米汞柱 mmHg
1帕斯卡 Pa(N/m^2)	1	1×10^{-5}	1.0197×10^{-5}	9.869×10^{-6}	1.4504×10^{-4}	0.101972	7.5006×10^{-3}
1巴 bar(bar)	1×10^{5}	1	1.019716	0.986923	14.5038	1.01972×10^{4}	750.06
1工程大气压 at	9.8067×10^{4}	0.980665	1	0.9678	14.2233	1.00028×10^{4}	735.56

续表

单位	帕斯卡 Pa(N/m^2)	巴 bar(bar)	工程大气压 at(kgf/cm^2)	标准大气压 atm	磅力每平方英寸 lbf/in^2	毫米水柱 mmH$_2$O	毫米汞柱 mmHg
1标准大气压 atm	1.01325×10^5	1.01325	1.0332	1	14.6959	1.03323×10^4	760.00
1磅力每平方英寸 lbf/in^2	6894.76	0.0689476	0.0703	0.0680	1	703.07	51.7149
1毫米水柱 mmH$_2$O	9.8067	9.8067×10^{-5}	1.0000×10^{-4}	9.6784×10^{-5}	1.4223×10^{-3}	1	0.0736
1毫米汞柱 mmHg	133.322	1.3332×10^{-3}	1.3595×10^{-3}	1.3158×10^{-3}	0.0193	13.5951	1

功、能、热的单位换算系数表见表1-12。

表1-12 功、能、热的单位换算系数表

单位	焦耳 J	千焦耳 kJ	千克力米 kgf·m	千卡 kcal	千瓦·小时 kW·h	英马力小时 hp·h	1英热单位 Btu
1焦耳 J	1	1.0×10^{-3}	0.101972	2.388×10^{-4}	2.78×10^{-7}	3.725×10^{-7}	9.478×10^{-4}
1千焦耳 kJ	1000	1	101.972	0.2388	2.78×10^{-4}	3.725×10^{-4}	0.9478
1千克力米 kgf·m	9.8066	9.8066×10^{-3}	1	2.341×10^{-3}	2.724×10^{-6}	3.653×10^{-6}	9.291×10^{-3}
1千卡 kcal	4186.8	4.1868	427.2	1	1.163×10^{-3}	1.55961×10^{-3}	3.96832
1千瓦小时 kW·h	3.6×10^6	3600	3.671×10^5	859.845	1	1.341	3412.14
1英马力小时 hp·h	2.684×10^6	2684	2.737×10^5	641.186	0.7457	1	2544.43
1英热单位 Btu	1055.06	1.05506	107.6	0.2520	2.931×10^{-4}	3.930×10^{-4}	1

功率的单位换算系数表见表1-13。

表1-13 功率的单位换算系数表

单 位	瓦特 W	千瓦 kW	千卡每小时 kcal/h	英热单位每小时 Btu/h	冷吨	美国冷吨	日本冷吨
1瓦特 W	1	0.001	0.8598	3.4121	0.258×10^{-3}	0.284×10^{-3}	0.267×10^{-3}
1千瓦 kW	1000	1	859.8	3412.1	0.258	0.284	0.267
1千卡每小时 kcal/h	1.163	1.163×10^{-3}	1	3.9683	0.3×10^{-3}	0.33×10^{-3}	0.31×10^{-3}

续表

单 位	瓦特 W	千瓦 kW	千卡每小时 kcal/h	英热单位每小时 Btu/h	冷吨	美国冷吨	日本冷吨
1 英热单位每小时 Btu/h	0.293071	2.931×10^{-4}	0.252	1	7.6×10^{-5}	8.3×10^{-5}	7.85×10^{-5}
1 冷吨	3837.9	3.8379	3300	13100	1	1.0127	1.02167
1 美国冷吨	3516.9	3.5169	3024	12000	0.91636	1	1.06810
1 日本冷吨	3756.5	3.7565	3230	12820	0.97879	0.93620	1

密度的单位换算系数表见表 1-14。

表 1-14 密度的单位换算系数表

单 位	千克每立方米 kg/m^3	克每毫升 g/mL	克每毫升 g/mL (1901)	磅每立方英寸 lb/in^3	磅每立方英尺 lb/ft^3	英吨每立方码 $UKton/yd^3$	磅每英加仑 lb/UKgal	磅每美加仑 lb/USgal
1 千克每立方米 kg/m^3	1	0.001	1.000028×10^{-3}	3.61273×10^{-5}	6.24280×10^{-2}	7.52480×10^{-4}	1.00224×10^{-2}	0.83454×10^{-2}
1 克每毫升 g/mL	1000	1	1.000028	0.0361273	62.4280	0.752480	10.0224	8.34540
1 克每毫升 (1901)g/mL	999.972	0.999972	1	0.0361263	62.4262	0.752459	10.0221	8.34517
1 磅每立方英寸 lb/in^3	27679.9	27.6799	27.6807	1	1728	20.8286	277.420	231
1 磅每立方英尺 lb/ft^3	16.0185	0.0160185	0.0160189	5.78704×10^{-4}	1	0.0120536	0.160544	0.133681
1 英吨每立方码 $UKton/yd^3$	1328.94	1.32894	1.32898	0.048011	82.9630	1	13.3192	11.0905
1 磅每英加仑 lb/UKgal	99.7763	0.0997763	0.0997791	3.60465×10^{-3}	6.22883	0.0750797	1	0.832674
1 磅每美加仑 lb/USgal	119.826	0.119826	0.119830	4.32900×10^{-3}	7.48052	0.0901670	1.20095	1

体积流量的单位换算系数表见表 1-15。

表 1-15 体积流量的单位换算系数表

单 位	立方米每秒 m^3/s	立方米每小时 m^3/h	升每秒 L/s	立方英尺每秒 ft^3/s	立方码每秒 yd^3/s	英加仑每秒 UKgal/s	美加仑每秒 USgal/s
1 立方米每秒 m^3/s	1	3600	1000	35.3147	1.3079	219.969	264.2

续表

单 位	立方米每秒 m^3/s	立方米每小时 m^3/h	升每秒 L/s	立方英尺每秒 ft^3/s	立方码每秒 yd^3/s	英加仑每秒 UKgal/s	美加仑每秒 USgal/s
1 立方米每小时 m^3/h	2.77778×10^{-4}	1	2.77778×10^{-1}	9.80963×10^{-3}	0.4×10^{-3}	0.0611025	0.0734
1 升每秒 L/s	0.001	3.6	1	0.0353147	0.0013	0.219969	0.2642
1 立方英尺每秒 ft^3/s	0.0283168	101.941	28.3168	1	0.0370	6.22883	7.481
1 立方码每秒 yd^3/s	0.7645	2752	764.5	27	1	168.2	202
1 英加仑每秒 UKgal/s	4.54609×10^{-3}	16.3659	4.54609	0.160544	0.0059	1	1.2004
1 美加仑每秒 USgal/s	3.785×10^{-3}	13.626	3.786	0.1337	0.0049	0.833	1

温度的单位换算系数见表 1-16。

表 1-16 温度的单位换算系数

单 位	开氏度{T} K	摄氏度 ℃	华氏度{t} ℉	兰氏度{r} °R
{T}开氏度 K	{T}	{T}−273.15	{T}−459.67	{T}
{θ}摄氏度 ℃	{θ}+273.15	{θ}	{θ}+32	{θ}+491.67
{t}华氏度 ℉	$^5/_9$({t}+459.67)	$^5/_9$({t}−32)	{t}	{t}+459.67
{r}兰氏度 °R	$^5/_9${r}	$^5/_9$({r}−491.67)	{r}−459.67)	{r}
水的冰点	273.15	0	32	491.67
水的沸腾(标准大气压下)	373.15	100	212	671.67

T——以开尔文为单位的温度；{T} ——温度数值，K；
θ——以摄氏度为单位的温度；{θ} ——温度数值，℃；
t——以华氏度为单位的温度；{t} ——温度数值，℉；
r——以兰氏度为单位的温度；{r} ——温度数值，°R。

动力黏度的单位换算系数表见表 1-17。

表 1-17 动力黏度的单位换算系数表

单 位	帕斯卡秒 Pa · s	厘泊 cP	千克力秒每平方米 $kgf\cdot s/m^2$	磅达秒每平方英尺 $pdl\cdot s/ft^2$	磅力秒每平方英尺 $lbf\cdot s/ft^2$	磅力小时每平方英尺 $lbf\cdot h/ft^2$
1 帕斯卡秒 Pa · s	1	1000	0.101972	0.671969	2.08854×10^{-2}	5.80151×10^{-6}

续表

单　位	帕斯卡秒 Pa·s	厘泊 cP	千克力秒每平方米 kgf·s/m²	磅达秒每平方英尺 pdl·s/ft²	磅力秒每平方英尺 lbf·s/ft²	磅力小时每平方英尺 lbf·h/ft²
1 厘泊 cP	0.001	1	1.01972×10^{-4}	6.71969×10^{-4}	2.08854×10^{-5}	5.80151×10^{-9}
1 千克力秒每平方米 kgf·s/m²	9.80665	9806.65	1	6.58976	0.204816	5.68934×10^{-5}
1 磅达秒每平方英尺 pdl·s/ft²	1.48816	1488.16	0.151750	1	0.0310810	8.63360×10^{-5}
1 磅力秒每平方英尺 lbf·s/ft²	47.8803	4.78803×10^{4}	4.88243	32.1740	1	2.77778×10^{-4}
1 磅力小时每平方英尺 lbf·h/ft²	1.72369×10^{5}	1.72369×10^{8}	1.75767×10^{4}	1.15827×10^{5}	3600	1

运动黏度的单位换算系数表见表 1-18。

表 1-18　运动黏度的单位换算系数表

单　位	斯托克斯 St	厘斯托克斯 cSt	二次方米每秒 m²/s	二次方米每小时 m²/h	二次方英尺每秒 ft²/s	二次方英寸每秒 in²/s
1 斯托克斯　St	1	100	1×10^{-4}	0.36	1.07639×10^{-3}	0.155000
1 厘斯托克斯 cSt	0.01	1	1×10^{-6}	0.0036	1.07639×10^{-5}	1.55000×10^{-3}
1 二次方米每秒 m²/s	1×10^{4}	1×10^{6}	1	3600	10.7639	1.55000×10^{3}
1 二次方米每小时　m²/h	2.77778	277.778	2.77778×10^{-4}	1	2.98998×10^{-3}	0.430556
1 二次方英尺每秒　ft²/s	9.29030×10^{2}	9.29030×10^{4}	9.29030×10^{-2}	334.451	1	144
1 二次方英寸每秒　in²/s	6.4516	645.16	6.4516×10^{-4}	2.32258	6.94444×10^{-3}	1

条件黏度（恩氏黏度）与运动黏度的换算：$\nu=0.0731°E-0.0631/°E$

式中 ν——运动黏度，St；°E——恩式黏度，°E。

水质指标硬度的单位换算表见表 1-19。

表 1-19 水质指标硬度的单位换算表

硬度单位	毫摩尔每升 mmol/L	毫克每升（以 $CaCO_3$ 表示）mg/L	德国度（10mgCaO/L）	百万分率（$CaCO_3$）ppm
1 毫摩尔每升 mmol/L	1	50.045	2.804	50.045
1 毫克每升（以 $CaCO_3$ 表示）mg/L	0.02	1	0.056	1
1 德国度（10mgCaO/L）	0.357	17.848	1	17.848
1 百万分率（$CaCO_3$）ppm	0.02	1	0.056	1
表中 mmol/L 的基本单元为 Ca^{2+}、Mg^{2+}				

水质指标碱度的单位换算表见表 1-20。

表 1-20 水质指标碱度的单位换算表

碱度单位	毫摩尔每升 mmol/L	毫克每升（以 $CaCO_3$ 表示）mg/L	毫克每升（Na_2CO_3）mg/L	毫克每升（NaOH）mg/L	毫克每升（HCO_3）mg/L	百万分率（$CaCO_3$）ppm
1 毫摩尔每升 mmol/L	1	50	53	40	61	50
1 毫克每升（以 $CaCO_3$ 表示）mg/L	0.02	1	1.06	0.8	1.22	1
1 毫克每升（Na_2CO_3）mg/L	0.0189	0.943	1	0.755	1.151	0.943
1 毫克每升（NaOH）mg/L	0.025	1.25	1.325	1	1.525	1.25
1 毫克每升（HCO_3）mg/L	0.0164	0.82	0.87	0.656	1	0.82
1 百万分率（$CaCO_3$）ppm	0.02	1	1.06	0.8	1.22	1
表中 mmol/L 的基本单元为 OH^-、$HCO_3{}^-$、$CO_3{}^{2-}$						

1.5 钢管规格数据

钢管常用规格管道计算数据表见表 1-21。

表 1-21 钢管常用规格管道计算数据表

公称通径 DN（mm）	外径×壁厚（mm）	管壁截面积 A（cm^2）	流通截面积 A'（cm^2）	单位长度外表面积 I（m^2/m）	截面二次矩 I_a（cm^4）	截面系数 W（cm^3）
普通低压流体输送焊接钢管						
10	17×2.25	1.04	1.23	0.053	0.41	0.48
15	21.3×2.75	1.60	1.96	0.067	1.00	0.94
20	26.8×2.75	2.08	3.56	0.084	2.53	1.89
25	33.5×3.25	3.09	5.73	0.105	3.58	2.14

续表

公称通径 DN（mm）	外径×壁厚（mm）	管壁截面积 A（cm^2）	流通截面积 A′（cm^2）	单位长度外表面积 I（m^2/m）	截面二次矩 I_a（cm^4）	截面系数 W（cm^3）
普通低压流体输送焊接钢管						
32	42.3×3.25	3.99	10.06	0.133	7.65	3.62
40	48×3.5	4.89	13.20	0.150	12.18	5.07
50	60×3.5	6.21	22.05	0.188	24.87	8.29
65	75.5×3.75	8.45	36.30	0.237	54.52	14.44
80	88.5×4	10.62	50.87	0.278	94.9	21.46
100	114×4	13.85	88.20	0.358	209.2	36.71
125	140×4	17.08	136.8	0.440	395.3	56.47
150	165×4.5	22.68	191	0.518	730.8	88.6
无缝钢管						
6	10×2	0.50	0.28	0.031	0.043	0.085
8	12×2	0.63	0.50	0.038	0.082	0.14
10	14×2	0.75	0.785	0.044	0.14	0.21
15	18×2	1.01	1.54	0.057	0.32	0.36
20	25×2.5	1.77	3.14	0.079	1.13	0.91
	25×3	2.07	2.82	0.079	1.28	1.02
25	32×2.5	2.32	5.72	0.10	2.54	1.59
	32×3	2.73	5.31	0.10	2.90	1.81
32	38×2.5	2.79	8.55	0.119	4.42	2.32
	38×3	3.30	8.04	0.119	5.09	2.68
40	45×2.5	3.34	12.56	0.141	7.56	3.38
	45×3	3.96	11.94	0.141	8.77	3.90
50	57×3.5	5.88	19.63	0.179	21.13	7.41
65	73×3.5	7.64	34.14	0.229	46.27	12.68
	73×4	8.67	33.15	0.229	51.75	14.18
80	89×3.5	9.40	52.78	0.279	86.07	19.34
	89×4	10.68	51.50	0.279	96.9	21.71
	89×4.5	11.90	50.24	0.279	106.9	24.01
100	108×4	13.1	78.54	0.339	176.9	32.75
	108×5	16.2	75.4	0.339	215.0	39.81
125	133×4	16.2	122.7	0.418	337.4	50.73
	133×5	20.1	118.8	0.418	412.2	61.98
150	159×4.5	21.8	176.7	0.499	651.9	82.0
	159×6	28.8	169.6	0.499	844.9	106.3

续表

公称通径 DN（mm）	外径×壁厚（mm）	管壁截面积 A（cm²）	流通截面积 A'（cm²）	单位长度外表面积 I（m²/m）	截面二次矩 I_a（cm⁴）	截面系数 W（cm³）
无缝钢管						
200	219×6	40.1	336.5	0.688	2278	208
	219×7	46.6	332	0.688	2620	239
250	273×7	58.5	526.6	0.857	5175	379
	273×8	66.6	518.5	0.857	5853	429
300	325×8	79.63	749.5	1.02	10016	616
	325×9	89.30	739.3	1.02	11164	687
350	377×9	104.0	1012	1.18	17629	935
	377×10	115	1000	1.18	19431	1031
400	426×9	118	1307	1.34	25640	1204
	426×10	131	1294	1.34	28295	1328
一般低压流体输送用螺旋缝埋弧焊钢管						
200	219.1×6	40.1	336.5	0.688	2278	208
	219.1×7	46.6	332	0.688	2620	239
250	273×6	50.3	535	0.857	4485	329
	273×7	58.5	527	0.857	5175	379
300	323.9×6	59.9	764	1.02	7574	468
	323.9×7	69.7	754	1.02	8755	541
350	377×6	69.9	1046	1.18	12029	638
	377×7	81.4	1034	1.18	13922	739
	377×8	92.7	1023	1.18	15796	838
400	426×7	92.1	1333	1.34	20227	950
	426×8	105	1320	1.34	22953	1078
	426×9	118	1307	1.34	25640	1204
500	529×8	132	2067	1.66	44439	1680
	529×9	147	2051	1.66	49710	1879
600	630×8	156	2961	1.98	75612	2400
	630×9	176	2942	1.98	84658	2688
700	720×8	179	3891	2.26	113437	3151
	720×9	201	3869	2.26	127084	3530
800	820×9	229	5049	2.57	188595	4599
	820×10	254	5024	2.57	208782	5092
900	920×9	257	6387	2.89	267308	5811
	920×10	286	6359	2.89	296038	6436
1000	1020×9	286	7881	3.20	365250	7162
	1020×10	317	7850	3.20	404742	7936

常用钢管许用应力，见表1-22。

表 1-22　常用钢管许用应力[摘自《工业金属管道设计规范》(GB 50316—2000)]

钢号	标准号	使用状态	厚度(mm)	常温强度指标		在下列温度(℃)下的许用应力(MPa)																使用温度下限(℃)
				δ_b(MPa)	δ_s(MPa)	≤20	100	150	200	250	300	350	400	425	450	475	500	525	550	575	600	
碳素钢钢管(焊接管)																						
Q235-A Q235-B	GB/T 13793		≤12	375	235	113	113	113	105	94	86	77	—	—	—	—	—	—	—	—	—	−10
20	GB/T 13793		≤12.7	390	(235)	130	130	125	116	104	95	86	—	—	—	—	—	—	—	—	—	−20
碳素钢钢管(无缝钢)																						
10	GB 9948	热轧、正火	≤16	330	205	110	110	106	101	92	83	77	71	69	61	—	—	—	—	—	—	−29 正火状态
10	GB 6479 GB/T 8163	热轧、正火	≤15	335	205	112	112	108	101	92	83	77	71	69	61	—	—	—	—	—	—	
			16～40	335	195	112	110	104	98	89	79	74	68	66	61	—	—	—	—	—	—	
10	GB 3087	热轧、正火	≤26	333	196	111	110	104	98	89	79	74	68	66	61	—	—	—	—	—	—	
20	GB/T 8163	热轧、正火	≤15	390	245	130	130	130	123	110	101	92	86	83	61							−20
			16～40	390	235	130	130	125	116	104	95	86	79	78	61	—	—	—	—	—	—	
20	GB 3087	热轧、正火	≤15	392	245	131	130	130	123	110	101	92	86	83	61	—	—	—	—	—	—	
			16～26	392	226	131	130	124	113	101	93	84	77	75	61	—	—	—	—	—	—	
20	GB 9948	热轧、正火	≤16	410	245	137	137	132	123	110	101	92	86	83	61	—	—	—	—	—	—	
20G	GB 6479 GB 5310	正火	≤16	410	245	137	137	132	123	110	101	92	86	83	61	—	—	—	—	—	—	
			17～40	410	235	137	132	126	116	104	95	86	79	78	61	—	—	—	—	—		
低合金钢钢管(无缝管)																						
16Mn	GB 6479 GB/T 8163	正火	≤15	490	320	163	163	163	159	147	135	126	119	93	66	43	—	—	—	—	—	−40
			16～40	490	310	163	163	163	153	141	129	119	116	93	66	43	—	—	—	—	—	

续表

钢号	标准号	使用状态	厚度(mm)	常温强度指标		在下列温度(℃)下的许用应力(MPa)																使用温度下限(℃)
				δ_b(MPa)	δ_s(MPa)	≤20	100	150	200	250	300	350	400	425	450	475	500	525	550	575	600	
低合金钢钢管(无缝管)																						
15MnV	GB 6479	正火	≤16	510	350	170	170	170	170	166	153	141	129	—	—	—	—	—	—	—	—	−20
			17～40	510	340	170	170	170	170	159	147	135	126	—	—	—	—	—	—	—	—	
09MnD	—	正火	≤16	400	240	133	133	128	119	106	97	88	—	—	—	—	—	—	—	—	—	−50
12CrMo 12CrMoG	GB 6479 GB 5310	正火加回火	≤16	410	205	128	113	108	101	95	89	83	77	75	74	72	71	50				−20
			17～40	410	195	122	110	104	98	92	86	79	74	72	71	69	68	50	—	—	—	
12CrMo	GB 9948	正火加回火	≤16	410	205	128	113	108	101	95	89	83	77	75	74	72	71	50	—	—	—	
15CrMo	GB 9948	正火加回火	≤16	440	235	147	132	123	116	110	101	95	89	87	86	84	83	58	37	—	—	
15CrMo 15CrMoG	GB 6479 GB 5310	正火加回火	≤16	440	235	147	132	123	116	110	101	95	89	87	86	84	83	58	37	—	—	
			17～40	440	225	141	126	116	110	104	95	89	86	84	83	81	79	58	37	—	—	
12CrlMoVG	GB 5310	正火加回火	≤16	470	255	147	144	135	126	119	110	104	98	96	95	92	89	82	57	35	—	
12Cr2Mo 12Cr2MoG	GB 6479 GB 5310	正火加回火	≤16	450	280	150	150	150	147	144	141	138	134	131	128	119	89	61	46	37	—	
			17～40	450	270	150	150	147	141	138	134	131	128	126	123	119	89	61	46	37	—	
1Cr5Mo	GB 6479 GB 9948	退火	≤16	390	195	122	110	104	101	98	95	92	89	87	86	83	62	46	35	26	18	
	GB 6479		17～40	390	185	116	104	98	95	92	89	86	83	81	79	78	62	46	35	26	18	
10Mo WVNb	GB 6479	正火加回火	≤16	470	295	157	157	157	156	153	147	141	135	130	126	121	97	—	—	—	—	
			17～40	470	285	157	157	156	150	147	141	135	129	121	119	111	97	—	—	—	—	

续表

钢号	标准号	使用状态	厚度(mm)	在下列温度(℃)下的许用应力(MPa)																				使用温度下限(℃)
				≤20	100	150	200	250	300	350	400	425	450	475	500	525	550	575	600	625	650	675	700	
高合金钢钢管																								
0Cr13	GB/T 14976	退火	≤18	137	126	123	120	119	117	112	109	105	100	89	72	53	38	26	16	—	—	—	—	−20
0CrNi9	GB/T 12771	固溶	≤14	137	137	137	130	122	114	111	107	105	103	101	100	98	91	79	64	52	42	32	27	−196
0Cr18Ni9	GB/T 14976		≤18	137	114	103	96	90	85	82	79	78	76	75	74	73	71	67	62	52	42	32	27	
0Cr18Ni11Ti	GB/T 12771	固溶或稳定化	≤14	137	137	137	130	122	114	111	108	106	105	104	103	101	83	58	44	33	25	18	13	
0Cr18Ni10Ti	GB/T 14976		≤18	137	114	103	96	90	85	82	80	79	78	77	76	75	74	58	44	33	25	18	13	
0Cr17Ni12Mo2	GB/T 12771	固溶	≤14	137	137	137	134	125	118	113	111	110	109	108	107	106	105	96	81	65	50	38	30	
	GB/T 14976		≤18	137	117	107	99	93	87	84	82	81	81	80	79	78	78	76	73	65	50	38	30	
0Cr18Ni12Mo2Ti	GB/T 14976	固溶	≤18	137	137	137	134	125	118	113	111	110	109	108	107									
				137	117	107	99	93	87	84	82	81	81	80	79									
0Cr19Ni13Mo3	GB/T 14976	固溶	≤18	137	137	137	134	125	118	113	111	110	109	108	107	106	105	96	81	65	50	38	30	
				137	117	107	99	93	87	84	82	81	81	80	79	78	78	76	73	65	50	38	30	
00Cr19Ni11	GB/T 12771	固溶	≤14	118	118	118	110	103	98	94	91	89	—	—	—	—	—	—	—	—	—	—	—	
00Cr19N10	GB/T 14976		≤18	118	97	87	81	76	73	69	67	66	—	—	—	—	—	—	—	—	—	—	—	
00Cr17Ni14Mo2	GB/T 12771	固溶	≤14	118	118	117	108	100	95	90	86	85	84											
	GB/T 14976		≤18	118	97	87	80	74	70	67	64	63	62											
00Cr19Ni13Mo3	GB/T 14976	固溶	≤18	118	118	118	118	118	118	113	111	110	109											
				118	117	107	99	93	87	84	82	81	81											

常用钢管标准、尺寸系列、材料及适用范围见表1-23。

表1-23 常用钢管标准、尺寸系列、材料及适用范围

标准号	标准名称	尺寸系列	材 料	适用范围
GB/T 8163—2008	流体输送用无缝钢管	$D_0=6\sim630$ $t=0.25\sim75$	10，20，Q295 Q345（16Mn）	适用于设计温度＜350℃，设计压力＜10MPa的油品、油气和公用介质的输送
GB 3087—2008	低中压锅炉用无缝钢管	$D_0=10\sim426$ $t=1.5\sim26$	10，20	适用于设计压力＜10MPa的过热蒸汽等介质
GB 9948—2013	石油裂化用无缝钢管	$D_0=10\sim273$ $t=1\sim20$	10，20，12CrMo，15CrMo，1Cr2Mo，1Cr5Mo，1Cr19Ni9	常用于不宜采用GB/T 8163的场合
GB/T 5310—2008	高压锅炉用无缝钢管	$D_0=10\sim426$ $t=1.5\sim26$	20G，12CrMoG，15CrMoG，12Cr1MoVG，1Cr18Ni9等14种	适用于高压过热蒸汽介质
GB/T 14976—2012	流体输送用不锈钢无缝钢管	热轧： $D_0=68\sim426$ $t=4.5\sim18$ 冷拔： $D_0=6\sim159$ $t=0.5\sim15$	0Cr18Ni9，00Cr19Ni10，0Cr18Ni10Ti，0Cr17Ni12Mo2等19种	适用于腐蚀性、高温、低温的流体的输送
GB/T 3091—2008	低压流体输送用焊接钢管	$D_0=6\sim150$ 壁厚有普通，加厚两种	Q195-A Q215-A Q235-A	加厚管适用于设计温度0～200℃，设计压力≤1.6MPa的不可燃、无毒流体的输送； 普通管适用于温度－20～186℃，设计压力≤1.0MPa的不可燃、无毒液体的输送
GB/T 13793—2008	直缝电焊钢管	$D_0=10\sim508$ $t=0.5\sim12.7$	08F，08，10F，10，15F 15，20，Q195-A，Q215-A，Q235-A等	适用于水、煤气、空气、采暖蒸汽等普通液体的输送

无缝钢管常用规格见表1-24。

表 1-24　无缝钢管常用规格 (mm)

公称直径 DN	常用规格	公称直径 DN	常用规格
10	ϕ14×2	125	ϕ133×4
15	ϕ18×2，ϕ22×3	150	ϕ159×4.5
20	ϕ25×2.5，ϕ28×3	200	ϕ219×6
25	ϕ32×2.5，ϕ32×3	250	ϕ273×7
32	ϕ38×2.5，ϕ38×3	300	ϕ325×8
40	ϕ45×2.5，ϕ45×3	350	ϕ377×9
50	ϕ57×3.5	400	ϕ426×9
65	ϕ73×3.5，ϕ73×4	450	ϕ478×9
80	ϕ89×3.5，ϕ89×4	500	ϕ529×9
100	ϕ108×4	600	ϕ630×11

不锈钢无缝钢管常用规格见表 1-25。

表 1-25　不锈钢无缝钢管常用规格 (mm)

公称直径 DN	常用规格	公称直径 DN	常用规格
10	ϕ14×3	65	ϕ73×4
15	ϕ18×3	80	ϕ89×4
20	ϕ25×3	100	ϕ108×4
25	ϕ32×3.5	125	ϕ133×4.5

第 2 章　冷热负荷及水力计算

本章执笔人

汪春华

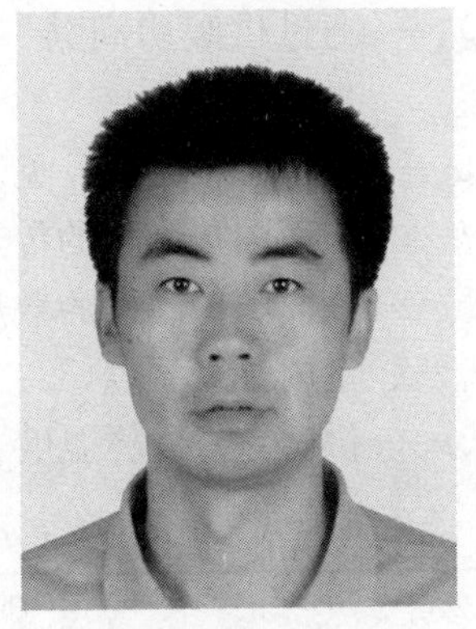

中国建筑设计院有限公司

高级工程师

注册设备工程师

2.1　供暖热负荷

2.1.1　围护结构的基本耗热量

围护结构的基本耗热量 Q_j 的计算见式（2-1）：

$$Q_j = akF\ (t_n - t_w) \tag{2-1}$$

式中　Q_j——通过供暖房间某一面围护结构的温差传热量（也称围护结构的基本耗热量），W；

a——温差修正系数，见表 2-1；

k——该面围护结构的传热系数，W/（m^2·℃）；

F——该面围护结构的散热面积，m^2；

t_n——室内计算温度，℃；

t_w——供暖室外计算温度，℃（见《民用建筑供暖通风与空气调节设计规范》）。

表 2-1　温差修正系数 a 值

序号	围护结构及其所处情况	a 值
1	外墙、平屋顶及直接接触室外空气的楼板等	1.00
2	带通风间层的平屋顶，不通风坡屋顶及室外空气相通的不供暖地下室上面的楼板	0.9
3	有外门窗不供暖楼梯间相邻隔墙的多层建筑 有外门窗不供暖楼梯间相邻隔墙的高层建筑	0.7 0.6
4	不供暖地下室上面的楼板： 外墙上有窗户时 外墙上无窗户且位于室外地坪以上时 外墙上无窗户且位于室外地坪以下时	 0.75 0.60 0.40
5	有外门窗不供暖房间相邻的隔墙 无外门窗不供暖房间相邻的隔墙	0.70 0.40
6	伸缩缝，沉降缝 抗震缝端	0.30 0.70

（1）外墙、屋顶的传热系数当考虑梁、楼板、柱等的热桥影响时，采用外墙墙体平均传热系数 k_m。按规定，取各成分面积的加权平均值。

（2）地面传热系数计算：当围护结构是贴土的非保温地面时，其温差传热量 $Q_{j.d}$（W）用式（2-2）计算：

$$Q_{j.d} = k_{pj.d} F_d\ (t_n - t_w) \tag{2-2}$$

式中　$k_{pj.d}$——非保温地面的平均传热系数，W/（m^2·℃），见表 2-2 及表 2-3；

F_d——房间地面总面积，m^2。

表 2-2　当房间仅有一面外墙时的 $k_{pj.d}$ ［W/（m^2·℃］

房间长度（进深）（m）	3～3.6	3.9～4.5	4.8～6	6.6～8.4	9
$k_{pj.d}$	0.4	0.35	0.30	0.25	0.2

表 2-3　当房间有两面相邻外墙时的 $k_{pj.d}$ [W/ (m² · ℃)]

房间长度（进深）(m)	房间宽度（开间）(m)					
	3.00	3.60	4.20	4.80	5.40	6.60
3.0	0.65	0.60	0.57	0.55	0.53	0.52
3.6	0.60	0.56	0.54	0.52	0.50	0.48
4.2	0.57	0.54	0.52	0.49	0.47	0.46
4.8	0.56	0.52	0.49	0.47	0.45	0.44
5.4	0.53	0.50	0.47	0.45	0.43	0.41
6.0	0.52	0.48	0.46	0.44	0.41	0.40

注：1. 当房间长或宽度超过 6.0m 时，超出部分可按表 2-2 查 $k_{pj.d}$；

2. 当房间有三面外墙时，需将房间先划分为两个相等的部分，每部分包含一个冷拐角。然后，根据分割后的长与宽，使用表 2-3。

3. 当房间有四面外墙时，需将房间先划分为四个相等的部分，作法同 2。

2.1.2　附加耗热量

附加耗热量按基本耗热量的百分数计算。考虑了各项附加后，某面围护结构的传热耗热量 Q_1（W）：

$$Q_1 = Q_j\ (1+\beta_{ch}+\beta_f+\beta_{lang}+\beta_m)\ (1+\beta_{fg})\ (1+\beta_{jan}) \tag{2-3}$$

式中各项附加率 β 见表 2-4。

表 2-4　附加率 β 表

<table>
<tr><th>序号</th><th>附加（修正）率项目</th><th colspan="5">附加（修正）率项（%）</th><th>备注</th></tr>
<tr><td rowspan="4">1</td><td rowspan="4">朝向修正 β_{ch}</td><td colspan="5">北，东北，西北 0～10</td><td rowspan="4">1. 当围护结构倾斜时，取其垂直投影面的朝向和面积；
2. 选用 β_{ch} 值应考虑冬季日照率、辐射照度、建筑物使用和被遮挡等情况；
3. 冬季日照率＜35%时，东南、西南和南向的 β_{ch} 宜为－10%～0，东西向可不修正</td></tr>
<tr><td colspan="5">东，西－5</td></tr>
<tr><td colspan="5">东南，西南－15～－10</td></tr>
<tr><td colspan="5">南－30～－15</td></tr>
<tr><td>2</td><td>风力修正 β_f</td><td colspan="5">5～10</td><td>仅限于高地，海边，旷野</td></tr>
<tr><td rowspan="6">3</td><td rowspan="6">高层建筑外墙的风力修正 β_{gc}</td><td rowspan="2">K</td><td colspan="4">V_h</td><td rowspan="6">V：冬季室外风速取用窗中心所在高度处的风速值 V_h，按下式计算：
$V_h=(0.53\sim0.63)\ h^{0.2}V_0$
式中　h——计算外窗距室外地坪高度，m；
V_0——当地冬季室外风速，m/s；
K=5.0——单层塑料窗；
K=4.4——单层双玻金属窗；
K=3.0——双层金属窗；
K=2.4——双层塑料窗；
（1+β_{gc}）乘在 K 上
系数 0.53 适用于大城市，0.63 适用于中小城市及大城市郊区</td></tr>
<tr><td>3</td><td>4</td><td>5</td><td>6</td></tr>
<tr><td>2.4</td><td>0</td><td>0</td><td>19～30 层：3</td><td>8～21 层：3
22～30 层：4</td></tr>
<tr><td>3</td><td>0</td><td>0</td><td>20～24 层：3
25～30 层：4</td><td>8～9 层：3
10～20 层：4
21～30 层：5</td></tr>
<tr><td>4.4</td><td>0</td><td>20～30 层：3</td><td>7～11 层：3
12～19 层：4
20～30 层：5</td><td>7 层：4
8～12 层：5
13～22 层：6
23～30 层：7</td></tr>
<tr><td>5.0</td><td>0</td><td>20～29 层：3
30 层：4</td><td>7～9 层：3
10～14 层：4
15～20 层：5
21～30 层：6</td><td>7～9 层：5
10～14 层：6
15～22 层：7
23～30 层：8</td></tr>
</table>

续表

序号	附加（修正）率项目	附加（修正）率项（%）	备注
4	两面外墙修正 β_{lang}	5	仅用于外墙，外门，窗
5	窗墙面积比过大修正 β_m	10	当窗墙（不含窗）面积比大于 1∶1 时，仅修正外窗
6	高度修正 β_{fg}	2（H−4）总的附加率不应大于 15	H：房间净高，m；不适用于楼梯间
7	间歇附加	仅白天使用−20	对外墙，外窗，外门，地面，顶棚均适用
		不经常使用−30	

2.1.3　通过门窗缝隙的冷风渗透耗热量

通过门窗缝隙的冷风渗透耗热量 Q_2（W）：

1. Q_2 计算式：

$$Q_2 = 0.278 C_p V \rho_w (t_n - t_w) \tag{2-4}$$

式中　C_p——干空气的定压质量比热容 C_p＝1.0056kJ/（kg·℃）；

ρ_w——室外采暖计算温度下的空气密度，kg/m³；

V——房间的冷风渗透体积流量，m³/h；

t_n，t_w——室内，外供暖计算温度，℃。

当 V＝1m³/h 时的 Q_2 值见表 2-5。

表 2-5　每 1m³ 渗透风量的耗热量（W/m³）

t_w（℃）	T_n（℃）		t_w（℃）	T_n（℃）	
	18	20		18	20
2	5.74	6.46	−15	12.62	13.39
0	6.51	7.23	−16	13.06	13.82
−5	8.43	9.21	−17	13.49	14.26
−6	8.82	9.61	−18	13.93	14.71
−7	9.27	10.02	−19	14.38	15.15
−8	9.68	10.43	−20	14.82	15.6
−9	10.09	10.84	−21	15.27	16.06
−10	10.51	11.26	−22	15.73	16.51
−11	10.92	11.68	−23	16.18	16.97
−12	11.34	12.10	−24	16.65	17.44
−13	11.77	12.53	−25	17.11	17.91
−14	12.19	12.95	−26	17.58	18.38

2. 对不考虑房间内所设人工通风作用的建筑物的渗透风量 V 的确定：

（1）缝隙法

忽略热压及室外风速沿房高的递增，只计入风压作用的 V 的计算方法见式（2-5）：

$$V=\sum (l \cdot L \cdot n) \tag{2-5}$$

式中 l——房间某朝向上的可开启门，窗缝隙的长度，m；

L——每米门窗缝隙的渗透风量，$m^3/(m \cdot h)$，见表2-6；

n——渗透风量朝向修正系数，见表2-7。

表2-6 每米门窗缝隙的渗透风量 L [$m^3/(m \cdot h)$]

门窗类型	冬季室外平均风速（m/s）					
	1	2	3	4	5	6
单层钢窗	0.6	1.5	2.6	3.9	5.2	6.7
双层钢窗	0.4	1.1	1.8	2.7	3.6	4.7
推拉铝窗	0.2	0.5	1.0	1.6	2.3	2.9
平开铝窗	0.0	0.1	0.3	0.4	0.6	0.8

注：1. 每米外门缝隙的 L 值为表中同类型外窗的2倍。

2. 当有密封条时，表中数值可乘以0.5～0.6的系数。

表2-7 缝隙的渗透风量的朝向修正系数 n

城市	朝向							
	N	NE	E	SE	S	SW	W	NW
北京	1.00	0.50	0.15	0.10	0.15	0.15	0.40	1.00
天津	1.00	0.40	0.20	0.10	0.15	0.20	0.10	1.00
张家口	1.00	0.40	0.10	0.10	0.10	0.10	0.35	1.00
太原	0.90	0.40	0.15	0.20	0.30	0.20	0.70	1.00
呼和浩特	0.70	0.25	0.10	0.15	0.20	0.15	0.70	1.00
沈阳	1.00	0.70	0.30	0.30	0.40	0.35	0.30	0.70
长春	0.35	0.35	0.15	0.25	0.70	1.00	0.90	0.40
哈尔滨	0.30	0.15	0.20	0.70	1.00	0.85	0.70	0.60
济南	0.45	1.00	1.00	0.40	0.55	0.55	0.25	0.15
郑州	0.65	1.00	1.00	0.40	0.55	0.55	0.25	0.15
成都	1.00	1.00	0.45	0.10	0.10	0.10	0.10	0.40
贵阳	0.70	1.00	0.70	0.15	0.25	0.15	0.10	0.25
西安	0.70	1.00	0.70	0.25	0.40	0.50	0.35	0.25
兰州	1.00	1.00	1.00	0.70	0.50	0.20	0.15	0.50
西宁	0.10	0.10	0.70	1.00	0.70	0.10	0.10	0.10
银川	1.00	1.00	0.40	0.30	0.25	0.20	0.65	0.95
乌鲁木齐	0.35	0.35	0.55	0.75	1.00	0.70	0.25	0.35

考虑热压与风压联合作用，且室外风速随高度递增时的计算方法见式（2-6）：

$$V=\sum (l \cdot L_0 \cdot m^b) \tag{2-6}$$

式中 L_0——理论渗透风量，$m^3/(m \cdot h)$；

l——房间某朝向上的可开启门窗缝隙的长度，m；

m——渗风压差的综合修正系数；

b——外窗、门缝隙的渗风指数，据实测值，一般钢窗可取为0.67（0.56～0.78），铝窗取为0.78。

表 2-8　建筑外窗空气渗透性能分级及 a_1 值

级别	1 级	2 级	3 级	4 级	5 级
渗风量 [m^3/（m·h）]（当压差=10Pa）	≤0.5	≤1.5	≤2.5	≤4	≤6
a_1 值	≤0.1	≤0.3	≤0.5	≤0.8	≤1.2

$$L_0=a_1\ (\rho_w v_0^2/2)^b \tag{2-7}$$

式中　a_1——外门窗缝隙的渗风系数，m^3/（m·h·Pa）；由表 2-8 查取；

v_0——冬季室外最多风向下的平均风速，m/s；

ρ_w——室外采暖计算温度下的空气密度，kg/m^3。

m 的确定：

$$m=C_r\Delta C_f\ (n^{1/b}+C)\ C_h \tag{2-8}$$

式中　C_r——热压系数。在纯热压作用下，作用在外窗、门缝两侧的热压差占渗入或渗出总热压差的百分份额，见表 2-9；

ΔC_f——风压差系数。在纯风压作用下，建筑物迎背风两侧风压差的一半，即认为迎背风面的外门，窗缝隙的阻力状况相同，当迎背风面的空气动力系数各为 1.0 和－0.4 时，可取 0.7；

n——在纯风压作用下，渗风量的朝向修正系数，见表 2-7；

C——作用于外门、窗缝隙两侧的有效热压差与有效风压差之比，见下文；

C_h——外门、窗缝隙所在高度的高度修正系数，见下文。

表 2-9　热压系数 C_r 值

序号	建筑内部隔断状况	C_r	
		各缝气密性差	各缝气密性好
1	室外空气经过外门、窗缝隙入室，经由内门缝或户门缝流往走廊后，便直接进入热压井（即内部有一道隔断）	0.8～1.0	0.6～0.8
2	如上述，但在走廊内，又遇走廊门缝或前室门缝或楼梯间门缝后才进入热压井（即内部有两道隔断）	0.4～0.6	0.2～0.4
3	室外空气经外门、窗缝进入室内后，不遇阻隔径直流入热压井时，即为开敞式（即内部无隔断）	1.0	1.0

高度修正系数 C_h 的计算式：

$$C_h=0.3h^{0.4}\quad（对大城市）\tag{2-9}$$

$$C_h=0.4h^{0.4}\quad（对中小城市及大城市郊外）\tag{2-10}$$

式中　h——计算门窗的中心线标高，m。

有效热压差与有效风压差之比 C 的计算式：

$$C=[C_r\ (h_z-h)\ g\ (\rho_w-\rho_n')]\ /\ (C_r\Delta C_f C_h V_0^2\rho_w/2)$$

化简后：

$$C=70\ (t_n'-t_w)\ (h_z-h)\ /\ [\Delta C_f V_0^2\ (273+t_n')\ h^{0.4}\quad（对大城市）\tag{2-11}$$

$$C=50\ (t_n-t_w)\ (h_z-h)\ /\ [\Delta C_f V_0^2\ (273+t_n')\ h^{0.4}\ （对中小城市及大城市郊外）\tag{2-12}$$

式中 h_z——纯热压作用下的建筑物中和界的标高，m，可取建筑物总高度的一半；

t'_n——建筑物内热压井内的空气计算温度，℃，当走廊及楼梯间不供暖时，按温差修正系数取值供暖时取 16℃或 18℃；

t_w——室外供暖计算温度，℃；

V_0——同式（2-7）。

把以上诸式合并，将 $\Delta C_f=0.7$，$h=0.67$ 代入，得到某朝向上的每米外窗、门缝隙的渗风量 L ［（m^3/m·h)］的计算式。

有了 L 后，用式（2-13）计算房间渗风量：

$$V=\sum(l\cdot L) \tag{2-13}$$

式中 l——同式（2-6）。

（2）换气次数法

多层建筑的渗风量也可用换气次数来估算：

$$L=K\cdot V_f \tag{2-14}$$

式中 L——房间冷风渗透量，m^3/h；

K——换气次数，次/h，见表 2-10。

表 2-10 居住建筑的房间换气次数 K（次/h）

房间暴露情况	一面有外窗或门	两面有外窗或门	三面有外窗或门	门厅
换气次数	0.25～0.67	0.5～1	1～1.5	2

2.1.4 外门开启冲入冷风耗热量

外门开启冲入冷风耗热量 Q_3（W）的计算（表 2-11）。

表 2-11 Q_3计算方法

序号	外门类型及特征		Q_3计算方法	备 注
1	多层建筑外门（短时间开启）	单层门	外门基本耗热量的 65N%	N：外门所在层以上的楼层数
		双层门（有门斗）	80N%	
		三层门（有两个门斗）	60N%	
2	多层建筑外门（开启时间较长）	同 1 项	将 1 项中各对应值乘以 1.5～2.0	
3	高层建筑外门（开启不频繁）	大门直接对着室外，且对着主导风向	按门厅换气次数 $n=3$～4 计算冲入冷风量，再计算其耗热量	1. 也可按 1，2 项方法；2. 考虑热压作用时，当建筑物总高度在 30m 左右，则将值增大 50%
		不迎主导风向	$n=1$～2 计算冲入冷风量	
4	高层建筑外门（开启频繁）	一层门（手动）	冲入冷风量取：4100～4600 m^3/h	1. 建筑物高 50m；2. 室内外温差为 15～25℃；3. 一个门每小时出入人数约为 250 人
		二层门（手动）	冲入冷风量取：1700～2200 m^3/h	

2.2　冷　负　荷

2.2.1　冷负荷的基本构成

1. 空调区得热量的构成

（1）通过围护结构传入的热量；

（2）透过透明围护结构进入的太阳辐射热量；

（3）人体散热量；

（4）照明散热量；

（5）设备、器具、管道及其他内部热源的散热量；

（6）食品或物料的散热量；

（7）渗透空气带入的热量；

（8）伴随各种散湿过程产生的潜热量。

2. 空调区冷负荷的构成

应根据上述各项所得热量的种类、性质以及空调区的蓄热特性，分别进行逐时转化计算，确定各项冷负荷，而不是将所得热量直接视为冷负荷。

3. 空调区湿负荷的构成

（1）人体散湿量；

（2）渗透空气带入的湿量；

（3）食品或物料的散湿量；

（4）化学反应过程的散湿量；

（5）设备散湿量；

（6）各种潮湿表面、液面或液流的散湿量；

（7）围护结构的散湿量。

2.2.2　外墙、架空楼板或屋面的传热冷负荷

1. 通过外墙、架空楼板或屋面传入的非稳态传热形成的逐时冷负荷 *CL*（W），按式（2-15）、式（2-16）计算：

$$CL_{\mathrm{Wq}}=k\cdot F\cdot(t_{\mathrm{wlq}}-t_{\mathrm{n}}) \tag{2-15}$$

$$CL_{\mathrm{Wm}}=k\cdot F\cdot(t_{\mathrm{wlm}}-t_{\mathrm{n}}) \tag{2-16}$$

式中　CL_{Wq}——外墙传热形成的逐时冷负荷，W；

CL_{Wm}——屋面或架空楼板传热形成的逐时冷负荷，W；

k——传热系数，W/（m^2·℃）；

F——计算面积，m^2；

t_{wlq}——外墙的逐时冷负荷计算温度（℃），按表 2-12 至表 2-19；

t_{wlm}——屋面的逐时冷负荷计算温度（℃），按表 2-12 至表 2-19；

t_{n}——夏季空调区设计温度，℃。

表 2-12　北京市外墙、屋面逐时冷负荷计算温度(℃)

类别	编号	朝向	1	2	3	4	5	6	7	8	9	10	11	12	13	14	15	16	17	18	19	20	21	22	23	24
墙体 t_{wlq}	1	东	36.0	35.6	35.1	34.7	34.4	34.0	33.7	33.6	33.7	34.2	34.8	35.4	36.0	36.5	36.8	37.0	37.2	37.3	37.4	37.3	37.3	37.1	36.9	36.5
		南	34.7	34.2	33.9	33.6	33.2	32.9	32.6	32.4	32.2	32.1	32.1	32.3	32.7	33.1	33.7	34.2	34.7	35.1	35.4	35.5	35.5	35.5	35.3	35.0
		西	37.4	36.9	36.5	36.1	35.7	35.3	34.9	34.6	34.3	34.1	33.9	33.9	33.9	34.1	34.3	34.7	35.3	36.1	36.9	37.6	38.0	38.2	38.1	37.8
		北	32.6	32.3	32.0	31.8	31.5	31.3	31.1	30.9	30.9	30.9	31.0	31.1	31.2	31.4	31.7	32.0	32.2	32.5	32.7	33.0	33.1	33.1	33.1	32.9
	2	东	36.1	35.7	35.2	34.9	34.5	34.2	33.9	33.8	34.0	34.4	35.0	35.7	36.2	36.6	36.9	37.1	37.3	37.4	37.4	37.4	37.3	37.1	36.9	36.6
		南	34.7	34.3	34.0	33.7	33.3	33.0	32.8	32.5	32.4	32.3	32.3	32.5	32.9	33.3	33.9	34.4	34.9	35.2	35.5	35.6	35.6	35.5	35.4	35.1
		西	37.4	37.0	36.6	36.2	35.8	35.4	35.0	34.7	34.4	34.2	34.1	34.1	34.1	34.2	34.5	34.9	35.6	36.3	37.1	37.7	38.1	38.2	38.1	37.9
		北	32.7	32.4	32.1	31.9	31.6	31.4	31.2	31.1	31.0	31.1	31.1	31.2	31.4	31.6	31.9	32.1	32.4	32.6	32.8	33.1	33.2	33.2	33.2	33.0
	3	东	36.5	35.4	34.4	33.5	32.7	32.0	31.5	31.1	31.1	31.7	32.7	34.1	35.5	36.8	37.8	38.5	38.9	39.2	39.3	39.2	39.0	38.7	38.2	37.5
		南	35.8	34.8	33.8	33.0	32.3	31.7	31.1	30.7	30.3	30.1	30.1	30.3	30.9	31.8	32.9	34.1	35.2	36.3	37.1	37.5	37.7	37.6	37.3	36.6
		西	39.8	38.6	37.4	36.4	35.4	34.5	33.7	33.0	32.5	32.0	31.8	31.7	31.8	32.1	32.5	33.2	34.2	35.6	37.2	38.8	40.2	41.0	41.2	40.7
		北	33.6	32.8	32.0	31.3	30.8	30.3	29.9	29.6	29.4	29.5	29.6	29.8	30.2	30.7	31.2	31.8	32.4	33.0	33.5	33.9	34.3	34.5	34.5	34.2
	4	东	35.3	33.9	32.7	31.7	31.0	30.4	29.9	29.8	30.4	31.8	33.7	35.8	37.7	39.1	40.0	40.5	40.6	40.6	40.4	40.0	39.4	38.7	37.9	36.7
		南	35.1	33.7	32.6	31.7	30.9	30.3	29.8	29.3	29.1	29.1	29.5	30.2	31.3	32.8	34.5	36.1	37.5	38.5	39.0	39.2	38.9	38.4	37.6	36.5
		西	39.8	37.9	36.4	35.0	33.8	32.9	32.0	31.3	30.8	30.6	30.6	30.8	31.3	31.9	32.8	34.1	35.8	37.8	40.0	41.9	43.1	43.3	42.8	41.5
		北	33.3	32.1	31.2	30.4	29.9	29.4	29.0	28.8	28.8	29.0	29.4	29.9	30.5	31.3	32.0	32.8	33.6	34.2	34.7	35.2	35.4	35.4	35.1	34.4
	5	东	35.8	35.8	35.8	35.8	35.6	35.5	35.3	35.2	35.0	34.8	34.6	34.5	34.4	34.4	34.5	34.6	34.7	34.9	35.0	35.2	35.4	35.5	35.6	35.7
		南	33.7	33.8	33.8	33.8	33.8	33.7	33.6	33.5	33.4	33.2	33.1	32.9	32.8	32.7	32.6	32.6	32.6	32.7	32.8	32.9	33.1	33.3	33.4	33.6
		西	35.5	35.7	35.8	35.8	35.9	35.8	35.8	35.7	35.6	35.4	35.3	35.1	34.9	34.8	34.6	34.5	34.5	34.4	34.4	34.5	34.6	34.8	35.0	35.3
		北	31.6	31.7	31.7	31.7	31.7	31.7	31.6	31.5	31.4	31.3	31.2	31.1	31.0	31.0	30.9	30.9	30.9	30.9	31.0	31.1	31.2	31.3	31.4	31.5
	6	东	33.9	32.4	31.3	30.5	29.9	29.4	29.1	29.4	30.7	32.9	35.5	37.9	39.8	40.9	41.4	41.4	41.3	40.9	40.5	39.9	39.1	38.1	37.1	35.6
		南	33.9	32.4	31.3	30.5	29.9	29.3	28.9	28.7	28.6	28.9	29.5	30.7	32.3	34.2	36.2	37.9	39.2	39.9	40.1	39.7	39.1	38.2	37.1	35.6
		西	38.5	36.4	34.7	33.5	32.4	31.6	30.8	30.3	30.0	30.0	30.3	30.8	31.5	32.4	33.6	35.3	37.5	40.0	42.4	44.2	44.8	44.2	42.9	40.8
		北	32.4	31.1	30.2	29.6	29.1	28.7	28.4	28.3	28.6	29.1	29.6	30.3	31.1	32.0	32.9	33.7	34.5	35.1	35.5	35.9	35.9	35.6	35.0	33.9

续表

类别	编号	朝向	1	2	3	4	5	6	7	8	9	10	11	12	13	14	15	16	17	18	19	20	21	22	23	24
墙体 t_{wlq}	7	东	36.1	35.4	34.9	34.3	33.8	33.4	32.9	32.7	32.8	33.3	34.2	35.1	35.9	36.6	37.1	37.4	37.6	37.8	37.9	37.8	37.7	37.5	37.2	36.7
		南	34.9	34.4	33.9	33.4	33.0	32.5	32.1	31.8	31.5	31.4	31.3	31.6	32.0	32.6	33.4	34.2	34.9	35.5	35.8	36.1	36.1	36.0	35.8	35.4
		西	38.0	37.4	36.8	36.2	35.6	35.1	34.5	34.0	33.6	33.4	33.2	33.1	33.2	33.3	33.6	34.1	34.9	35.9	37.0	38.0	38.7	39.0	39.0	38.6
		北	32.8	32.4	32.0	31.6	31.3	31.0	30.7	30.5	30.4	30.4	30.5	30.6	30.8	31.1	31.5	31.9	32.2	32.6	32.9	33.2	33.4	33.5	33.5	33.2
	8	东	34.2	33.2	32.3	31.6	31.0	30.5	30.3	31.0	32.5	34.6	36.6	38.3	39.4	39.8	39.9	39.9	39.7	39.5	39.2	38.7	38.0	37.2	36.4	35.4
		南	33.8	32.8	32.0	31.3	30.7	30.3	29.8	29.6	29.6	29.9	30.7	31.8	33.3	34.9	36.4	37.6	38.3	38.6	38.5	38.1	37.5	36.7	36.0	34.9
		西	37.5	36.1	34.9	33.9	33.1	32.4	31.7	31.3	31.1	31.2	31.5	31.9	32.5	33.2	34.4	36.1	38.1	40.2	42.0	42.9	42.6	41.7	40.5	39.0
		北	32.2	31.4	30.7	30.2	29.7	29.3	29.1	29.1	29.4	29.8	30.3	30.8	31.5	32.2	32.9	33.5	34.1	34.5	34.8	35.1	34.9	34.5	34.0	33.2
	9	东	35.8	35.2	34.7	34.2	33.7	33.2	32.9	32.9	33.4	34.2	35.2	36.1	36.9	37.4	37.7	37.9	38.0	38.1	38.0	37.9	37.7	37.3	36.9	36.4
		南	34.7	34.2	33.7	33.3	32.8	32.4	32.1	31.7	31.5	31.5	31.7	32.1	32.7	33.5	34.3	35.1	35.7	36.1	36.3	36.3	36.2	36.0	35.7	35.2
		西	37.8	37.1	36.5	35.9	35.3	34.8	34.3	33.9	33.6	33.4	33.3	33.3	33.5	33.7	34.2	34.9	35.9	37.1	38.2	39.0	39.4	39.3	39.0	38.4
		北	32.7	32.3	31.9	31.6	31.3	31.0	30.7	30.6	30.6	30.6	30.8	31.0	31.3	31.6	32.0	32.4	32.7	33.0	33.3	33.6	33.7	33.6	33.5	33.1
	10	东	36.7	36.3	35.9	35.5	35.1	34.7	34.3	34.0	33.6	33.5	33.5	33.8	34.2	34.7	35.2	35.7	36.1	36.4	36.7	36.9	37.0	37.1	37.1	36.9
		南	35.1	34.8	34.5	34.2	33.8	33.5	33.2	2.8	32.5	32.2	32.0	31.9	31.9	32.0	32.2	32.6	33.0	33.5	34.0	34.4	34.8	35.0	35.2	35.2
		西	37.6	37.5	37.2	36.9	36.5	36.1	35.7	35.3	34.9	34.6	34.2	34.0	33.8	33.7	33.7	33.7	33.9	34.3	34.8	35.4	36.1	36.7	37.2	37.5
		北	32.7	32.6	32.4	32.1	31.9	31.6	31.4	31.1	30.9	30.8	30.7	30.6	30.6	30.7	30.8	31.0	31.3	31.5	31.8	32.0	32.3	32.5	32.7	32.8
	11	东	36.5	36.2	35.9	35.5	35.1	34.7	34.4	34.0	33.7	33.4	33.4	33.5	33.7	34.1	34.6	35.0	35.4	35.8	36.1	36.4	36.5	36.6	36.7	36.7
		南	34.7	34.6	34.3	34.1	33.8	33.4	33.1	32.8	32.5	32.3	32.0	31.8	31.7	31.7	31.9	32.1	32.5	32.9	33.4	33.8	34.2	34.5	34.7	34.8
		西	37.0	37.1	36.9	36.7	36.4	36.0	35.7	35.3	34.9	34.6	34.3	34.0	33.8	33.6	33.5	33.5	33.6	33.8	34.2	34.7	35.3	35.9	36.5	36.8
		北	32.4	32.3	32.2	32.0	31.7	31.5	31.2	31.0	30.8	30.6	30.5	30.4	30.4	30.4	30.5	30.7	30.8	31.0	31.3	31.5	31.8	32.0	32.2	32.4
	12	东	36.6	36.0	35.5	34.9	34.4	34.0	33.5	33.2	33.0	33.2	33.6	34.3	35.0	35.7	36.3	36.8	37.2	37.4	37.5	37.6	37.7	37.5	37.4	37.0
		南	35.2	34.8	34.3	33.9	33.4	33.0	32.6	32.3	31.9	31.7	31.6	31.6	31.8	32.2	32.7	33.4	34.0	34.7	35.2	35.6	35.8	35.9	35.8	35.6
		西	38.2	37.8	37.2	36.7	36.1	35.6	35.1	34.6	34.2	33.9	33.6	33.4	33.4	33.4	33.5	33.8	34.3	35.0	35.9	36.8	37.7	38.3	38.6	38.5
		北	33.0	32.7	32.3	32.0	31.6	31.3	31.1	30.8	30.6	30.5	30.5	30.6	30.7	30.9	31.2	31.5	31.8	32.1	32.5	32.8	33.1	33.3	33.3	33.2

续表

类别	编号	朝向	1	2	3	4	5	6	7	8	9	10	11	12	13	14	15	16	17	18	19	20	21	22	23	24
墙体 t_{wlq}	13	东	36.5	36.1	35.7	35.3	34.8	34.4	34.1	33.7	33.5	33.5	33.8	34.3	34.8	35.4	35.9	36.3	36.6	36.9	37.1	37.2	37.2	37.2	37.1	36.9
		南	35.0	34.7	34.3	34.0	33.6	33.3	33.0	32.7	32.3	32.1	32.0	31.9	32.0	32.3	32.7	33.2	33.7	34.2	34.7	35.0	35.2	35.3	35.4	35.3
		西	37.7	37.4	37.1	36.7	36.3	35.8	35.4	35.0	34.6	34.3	34.1	33.9	33.8	33.7	33.8	34.0	34.3	34.8	35.5	36.3	37.0	37.5	37.8	37.9
		北	32.8	32.6	32.3	32.0	31.8	31.5	31.3	31.0	30.9	30.8	30.7	30.8	30.8	30.9	31.1	31.4	31.6	31.9	32.2	32.4	32.7	32.9	33.0	33.0
屋面 t_{wlm}	1		44.7	44.6	44.4	44.0	43.5	43.0	42.3	41.7	41.0	40.4	39.8	39.4	39.1	39.1	39.2	39.6	40.1	40.8	41.6	42.3	43.1	43.7	44.2	44.5
	2		44.5	43.5	42.4	41.4	40.5	39.5	38.6	37.9	37.3	37.0	37.1	37.6	38.4	39.6	40.9	42.3	43.7	44.9	45.8	46.5	46.7	46.6	46.2	45.5
	3		44.3	43.9	43.4	42.8	42.3	41.6	41.0	40.4	39.8	39.3	39.0	38.9	38.9	39.2	39.7	40.3	41.1	41.9	42.6	43.3	43.9	44.3	44.5	44.5
	4		43.0	42.1	41.3	40.5	39.7	38.9	38.3	37.8	37.6	37.9	38.5	39.4	40.6	41.9	43.2	44.4	45.4	46.1	46.5	46.4	46.1	45.6	44.9	44.0
	5		44.4	44.1	43.7	43.2	42.6	42.0	41.4	40.8	40.1	39.6	39.2	38.9	38.9	39.1	39.5	40.0	40.7	41.4	42.2	42.9	43.5	44.0	44.4	44.4
	6		45.4	44.7	43.9	42.9	42.0	41.1	40.2	39.2	38.4	37.8	37.4	37.3	37.5	38.1	38.9	40.0	41.2	42.5	43.7	44.7	45.5	45.9	46.1	45.9
	7		42.9	42.9	42.9	42.7	42.5	42.3	42.0	41.6	41.2	40.8	40.5	40.2	39.9	39.8	39.8	39.9	40.1	40.4	40.8	41.2	41.7	42.1	42.4	42.7
	8		45.9	44.7	43.4	42.0	40.8	39.5	38.4	37.4	36.5	36.0	35.8	36.0	36.7	37.9	39.3	41.0	42.7	44.4	45.8	46.9	47.6	47.8	47.6	47.0

注:其他城市的地点修正值可按表 2-13 采用。

表 2-13　部分城市的地点修正值

地点	石家庄,乌鲁木齐	天津	沈阳	哈尔滨,长春,呼和浩特,银川,太原,大连
修正值	+1	0	−2	−3

表 2-14　西安市外墙、屋面逐时冷负荷计算温度(℃)

类别	编号	朝向	1	2	3	4	5	6	7	8	9	10	11	12	13	14	15	16	17	18	19	20	21	22	23	24
墙体 t_{wlq}	1	东	36.9	36.4	35.9	35.6	35.2	34.8	34.5	34.3	34.3	34.7	35.2	35.8	36.4	36.9	37.2	37.5	37.7	37.9	38.0	38.1	38.0	37.9	37.7	37.3
		南	34.9	34.5	34.2	33.9	33.6	33.3	33.0	32.8	32.6	32.5	32.5	32.7	329	33.3	33.8	34.3	34.8	35.2	35.5	35.6	35.7	35.6	35.5	35.3
		西	38.0	37.5	37.1	36.7	36.3	35.9	35.5	35.2	34.9	34.7	34.6	34.6	34.6	34.8	35.0	35.5	36.1	36.8	37.6	38.2	38.6	38.8	38.7	38.4
		北	33.9	33.6	33.3	33.0	32.7	32.5	32.2	32.1	32.0	32.0	32.0	32.2	32.3	32.6	32.9	33.2	33.5	33.8	34.0	34.3	34.4	34.4	34.4	34.2

续表

类别	编号	朝向	1	2	3	4	5	6	7	8	9	10	11	12	13	14	15	16	17	18	19	20	21	22	23	24
墙体 t_{wlq}	2	东	36.9	36.5	36.1	35.7	35.3	35.0	34.6	34.5	34.6	34.9	35.4	36.1	36.6	37.0	37.4	37.6	37.9	38.0	38.1	38.1	38.1	37.9	37.7	37.4
		南	35.0	34.6	34.3	34.0	33.7	33.4	33.2	32.9	32.8	32.7	32.7	32.8	33.2	33.6	34.0	34.5	35.0	35.3	35.6	35.7	35.7	35.7	35.6	35.3
		西	38.0	37.6	37.2	36.8	36.4	36.0	35.7	35.3	35.1	34.9	34.8	34.8	34.8	35.0	35.2	35.7	36.3	37.0	37.8	38.4	38.7	38.8	38.7	38.4
		北	34.0	33.6	33.4	33.1	32.9	32.6	32.4	32.2	32.1	32.1	32.2	32.3	32.5	32.8	33.0	33.3	33.6	33.9	34.2	34.4	34.5	34.5	34.5	34.3
	3	东	37.5	36.4	35.4	34.4	33.7	33.0	32.4	31.9	31.8	32.1	32.9	34.1	35.5	36.9	38.0	38.8	39.3	39.7	39.9	40.0	39.9	39.6	39.2	38.5
		南	36.0	35.1	34.2	33.4	32.7	32.1	31.6	31.2	30.8	30.6	30.6	30.8	31.3	32.0	33.0	34.1	35.2	36.1	36.9	37.4	37.6	37.6	37.4	36.9
		西	40.3	39.1	38.0	36.9	35.9	35.1	34.3	33.6	33.0	32.6	32.4	32.4	32.5	32.9	33.4	34.1	35.1	36.5	38.0	39.5	40.8	41.5	41.7	41.2
		北	34.9	34.1	33.3	32.6	32.0	31.5	31.1	30.7	30.4	30.4	30.5	30.8	31.2	31.7	32.3	32.9	33.6	34.3	34.9	35.3	35.8	36.0	36.0	35.6
	4	东	36.4	35.0	33.7	32.8	32.0	31.3	30.7	30.5	30.8	31.9	33.6	35.6	37.5	39.1	40.1	40.8	41.1	41.3	41.2	41.0	40.5	39.8	39.0	37.8
		南	35.5	34.2	33.1	32.2	31.5	30.9	30.4	29.9	29.7	29.7	30.0	30.6	31.6	32.9	34.4	35.9	37.2	38.2	38.8	39.0	38.9	38.5	37.9	36.8
		西	40.2	38.4	36.9	35.5	34.4	33.5	32.6	31.9	31.5	31.2	31.2	31.6	32.1	32.8	33.7	35.0	36.7	38.7	40.8	42.5	43.6	43.7	43.2	41.9
		北	34.6	33.5	32.4	31.6	31.0	30.4	30.0	29.7	29.6	29.8	30.2	30.8	31.5	32.3	33.2	34.1	34.9	35.6	36.3	36.7	37.0	36.9	36.6	35.8
	5	东	36.4	36.5	36.4	36.4	36.3	36.2	36.0	35.9	35.7	35.5	35.3	35.2	35.1	35.1	35.1	35.2	35.3	35.4	35.6	35.8	35.9	36.1	36.2	36.3
		南	33.9	34.0	34.0	34.0	34.0	33.9	33.8	33.7	33.6	33.5	33.3	33.2	33.1	33.0	32.9	32.9	32.9	32.9	33.0	33.1	33.3	33.5	33.6	33.8
		西	36.1	36.3	36.4	36.5	36.5	36.4	36.4	36.3	36.2	36.0	35.9	35.7	35.5	35.4	35.2	35.1	35.1	35.1	35.0	35.1	35.3	35.5	35.7	35.9
		北	32.8	32.9	33.0	32.9	32.9	32.9	32.8	32.7	32.6	32.5	32.4	32.3	32.2	32.1	32.1	32.1	32.1	32.1	32.2	32.3	32.4	32.5	32.6	32.7
	6	东	35.0	33.5	32.3	31.5	30.9	30.3	29.9	29.9	30.8	32.6	35.0	37.5	39.6	41.0	41.7	42.0	42.0	41.9	41.5	41.0	40.3	39.4	38.3	36.8
		南	34.4	32.9	31.9	31.1	30.5	30.0	29.6	29.3	29.2	29.4	30.1	31.0	32.5	34.1	35.9	37.5	38.7	39.5	39.8	39.6	39.2	38.4	37.5	36.1
		西	39.0	36.9	35.3	34.0	33.0	32.2	31.5	30.9	30.6	30.7	31.0	31.6	32.4	33.4	34.6	36.3	38.4	40.9	43.1	44.7	45.2	44.6	43.3	41.2
		北	33.7	32.4	31.4	30.7	20.1	29.7	29.3	29.2	29.4	29.8	30.5	31.3	32.2	33.1	34.1	35.1	35.9	36.6	37.1	37.5	37.5	37.1	36.5	35.2
	7	东	37.0	36.3	35.8	35.2	34.7	34.2	33.8	33.4	33.5	33.8	34.5	35.3	36.2	36.9	37.5	37.8	38.1	38.4	38.5	38.6	38.5	38.3	38.0	37.5
		南	35.2	34.7	34.2	33.7	33.3	32.9	32.5	32.2	32.0	31.8	31.8	32.0	32.3	32.9	33.6	34.2	34.9	35.4	35.8	36.1	36.2	36.1	36.0	35.6
		西	38.6	38.0	37.3	36.7	36.2	35.6	35.1	34.6	34.2	34.0	33.8	33.8	33.9	34.1	34.4	34.9	35.7	36.7	37.8	38.7	39.3	39.6	39.5	39.1
		北	34.1	33.7	33.3	32.9	32.5	32.2	31.8	31.6	31.4	31.4	31.5	31.7	31.9	32.2	32.6	33.0	33.5	33.8	34.2	34.5	34.8	34.8	34.8	34.5

续表

类别	编号	朝向	1	2	3	4	5	6	7	8	9	10	11	12	13	14	15	16	17	18	19	20	21	22	23	24
墙体 t_{wlq}	8	东	35.2	34.2	33.3	32.6	32.0	31.4	31.1	31.4	32.7	34.5	36.4	38.2	39.4	40.1	40.3	40.5	40.5	40.4	40.1	39.7	39.1	38.3	37.5	36.4
		南	34.3	33.3	32.5	31.9	31.3	30.8	30.4	30.2	30.2	30.5	31.1	32.1	33.4	34.8	36.1	37.2	38.0	38.3	38.4	38.1	37.6	37.0	36.3	35.3
		西	37.9	36.6	35.5	34.5	33.7	33.0	32.4	31.9	31.8	31.9	32.2	32.7	33.4	34.2	35.4	37.1	39.0	41.0	42.5	43.2	43.0	42.0	40.9	39.5
		北	33.5	32.6	31.9	31.3	30.8	30.4	30.1	30.0	30.3	30.7	31.2	31.9	32.6	33.4	34.2	34.9	35.5	36.0	36.3	36.5	36.4	35.9	35.4	34.5
	9	东	36.7	36.1	35.5	35.0	34.5	34.1	33.7	33.6	33.9	34.6	35.5	36.4	37.2	37.7	38.1	38.4	38.6	38.7	38.8	38.7	38.5	38.2	37.8	37.3
		南	35.0	34.5	34.0	33.6	33.2	32.9	32.5	32.2	32.0	32.0	32.1	32.4	33.0	33.7	34.4	35.1	35.7	36.1	36.3	36.4	36.3	36.2	35.9	35.5
		西	38.3	37.7	37.0	36.5	36.0	35.4	34.9	34.5	34.2	34.0	34.0	34.0	34.2	34.5	35.0	35.7	36.8	37.9	38.9	39.7	39.9	39.8	39.5	39.0
		北	34.0	33.6	33.2	32.8	32.5	32.1	31.8	31.7	31.6	31.7	31.8	32.1	32.4	32.8	33.2	33.6	34.0	34.4	34.7	35.0	35.1	35.0	34.8	34.5
	10	东	37.5	37.1	36.8	36.4	35.9	35.5	35.1	34.7	34.4	34.2	34.2	34.3	34.7	35.1	35.6	36.1	36.5	36.9	37.2	37.5	37.6	37.7	37.8	37.7
		南	35.2	35.0	34.7	34.4	34.1	33.8	33.5	33.2	32.9	32.6	32.4	32.3	32.2	32.3	32.5	32.8	33.2	33.7	34.1	34.5	34.9	35.1	35.3	35.3
		西	38.2	38.1	37.8	37.5	37.1	36.7	36.3	35.9	35.5	35.1	34.8	34.6	34.4	34.3	34.3	34.4	34.6	35.0	35.5	36.1	36.8	37.4	37.9	38.1
		北	34.0	33.9	33.7	33.4	33.1	32.9	32.6	32.3	32.1	31.9	31.8	31.7	31.7	31.8	31.9	32.1	32.4	32.6	33.0	33.3	33.6	33.8	34.0	34.1
	11	东	37.2	37.0	36.7	36.3	35.9	35.5	35.2	34.8	34.5	34.2	34.1	34.1	34.3	34.6	35.0	35.4	35.9	36.3	36.6	36.9	37.1	37.3	37.4	37.3
		南	34.9	34.7	34.5	34.3	34.0	33.7	33.4	33.1	32.9	32.6	32.4	32.2	32.1	32.1	32.2	32.4	32.7	33.1	33.5	33.9	34.3	34.5	34.8	34.9
		西	37.6	37.6	37.5	37.2	36.9	36.6	36.3	35.9	35.5	35.2	34.9	34.6	34.4	34.3	34.2	34.2	34.3	34.6	34.9	35.4	36.0	36.6	37.1	37.5
		北	33.7	33.6	33.4	33.2	33.0	32.7	32.5	32.2	32.0	31.8	31.6	31.6	31.5	31.5	31.6	31.8	32.0	32.2	32.5	32.7	33.0	33.3	33.5	33.6
	12	东	37.4	36.9	36.3	35.8	35.3	34.8	34.4	34.0	33.8	33.8	34.1	34.7	35.4	36.1	36.7	37.2	37.6	37.9	38.2	38.3	38.4	38.3	38.2	37.9
		南	35.4	35.0	34.6	34.1	33.7	33.4	33.0	32.7	32.4	32.1	32.0	32.0	32.2	32.5	33.0	33.5	34.1	34.7	35.2	35.6	35.8	36.0	35.9	35.8
		西	38.8	38.3	37.8	37.2	36.7	36.2	35.7	35.3	34.8	34.5	34.2	34.0	34.0	34.1	34.3	34.6	35.1	35.8	36.7	37.6	38.3	38.9	39.2	39.1
		北	34.3	33.9	33.6	33.2	32.9	32.5	32.2	31.9	31.7	31.6	31.5	31.6	31.8	32.0	32.3	32.6	33.0	33.4	33.7	34.1	34.4	34.6	34.7	34.6
	13	东	37.3	36.9	36.5	36.1	35.7	35.3	34.9	34.5	34.3	34.2	34.4	34.7	35.3	35.8	36.3	36.8	37.1	37.4	37.6	37.8	37.9	37.9	37.8	37.6
		南	35.2	34.9	34.6	34.3	33.9	33.6	33.3	33.0	32.7	32.5	32.4	32.3	32.4	32.6	32.9	33.4	33.8	34.3	34.7	35.1	35.3	35.5	35.5	35.4
		西	38.3	38.0	37.7	37.2	36.8	36.4	36.0	35.6	35.2	34.9	34.7	34.5	34.4	34.4	34.5	34.7	35.1	35.6	36.3	37.0	37.6	38.1	38.4	38.5
		北	34.1	33.9	33.6	33.3	33.0	32.7	32.5	32.2	32.0	31.9	31.8	31.8	31.9	32.1	32.3	32.5	32.8	33.1	33.4	33.7	34.0	34.2	34.3	34.2

续表

类别	编号	朝向	1	2	3	4	5	6	7	8	9	10	11	12	13	14	15	16	17	18	19	20	21	22	23	24
屋面 t_{wlm}	1		45.4	45.3	45.1	44.8	44.3	43.7	43.1	42.5	41.8	41.1	40.5	40.1	39.8	39.7	39.8	40.1	40.6	41.3	42.1	42.9	43.7	44.3	44.8	45.2
	2		45.3	44.3	43.3	42.3	41.3	40.3	39.4	38.6	38.0	37.6	37.7	38.1	38.8	40.0	41.3	42.7	44.2	45.5	46.5	47.2	47.4	47.3	47.0	46.3
	3		45.0	44.6	44.2	43.6	43.0	42.4	41.8	41.2	40.6	40.1	39.7	39.5	39.5	39.7	40.2	40.8	41.6	42.4	43.2	43.9	44.6	45.0	45.2	45.2
	4		43.8	43.0	42.1	41.3	40.5	39.7	39.0	38.5	38.2	38.4	39.0	39.9	41.0	42.4	43.7	45.0	46.1	46.8	47.2	47.2	46.9	46.4	45.7	44.8
	5		45.1	44.8	44.4	44.0	43.4	42.8	42.2	41.6	40.9	40.3	39.9	39.6	39.5	39.6	40.0	40.5	41.2	42.0	42.8	43.5	44.2	44.7	45.0	45.2
	6		46.2	45.5	44.6	43.7	42.8	41.9	41.0	40.0	39.2	38.5	38.0	37.8	38.0	38.5	39.4	40.5	41.7	43.0	44.3	45.4	46.2	46.7	46.8	46.7
	7		43.5	43.6	43.6	43.4	43.3	43.0	42.7	42.4	42.0	41.6	41.2	40.9	40.6	40.4	40.4	40.5	40.7	41.0	41.4	41.8	42.3	42.7	43.1	43.4
	8		46.8	45.5	44.2	42.9	41.6	40.4	39.3	38.2	37.3	36.6	36.3	36.5	37.1	38.2	39.6	41.3	43.1	44.9	46.4	47.6	48.3	48.6	48.4	47.8

注:其他城市的地点修正值可按表 2-15 采用。

表 2-15 部分城市的地点修正值

济南	石家庄,乌鲁木齐	郑州	兰州,青岛	西宁
修正值	+1	−1	−3	−9

表 2-16 上海市外墙、屋面逐时冷负荷计算温度(℃)

类别	编号	朝向	1	2	3	4	5	6	7	8	9	10	11	12	13	14	15	16	17	18	19	20	21	22	23	24
墙体 t_{wlq}	1	东	36.9	36.4	35.9	35.6	35.2	34.8	34.5	34.3	34.3	34.7	35.2	35.8	36.4	36.9	37.2	37.5	37.7	37.9	38.0	38.1	38.0	37.9	37.7	37.3
		南	34.9	34.5	34.2	33.9	33.6	33.3	33.0	32.8	32.6	32.5	32.5	32.7	329	33.3	33.8	34.3	34.8	35.2	35.5	35.6	35.7	35.6	35.5	35.3
		西	38.0	37.5	37.1	36.7	36.3	35.9	35.5	35.2	34.9	34.7	34.6	34.6	34.6	34.8	35.0	35.5	36.1	36.8	37.6	38.2	38.6	38.8	38.7	38.4
		北	33.9	33.6	33.3	33.0	32.7	32.5	32.2	32.1	32.0	32.0	32.0	32.2	32.3	32.6	32.9	33.2	33.5	33.8	34.0	34.3	34.4	34.4	34.4	34.2
	2	东	36.9	36.5	36.1	35.7	35.3	35.0	34.6	34.5	34.6	34.9	35.4	36.1	36.6	37.0	37.4	37.6	37.9	38.0	38.1	38.1	38.1	37.9	37.7	37.4
		南	35.0	34.6	34.3	34.0	33.7	33.4	33.2	32.9	32.8	32.7	32.7	32.8	33.2	33.6	34.0	34.5	35.0	35.3	35.6	35.7	35.7	35.7	35.6	35.3
		西	38.0	37.6	37.2	36.8	36.4	36.0	35.7	35.3	35.1	34.9	34.8	34.8	34.8	35.0	35.2	35.7	36.3	37.0	37.8	38.4	38.7	38.8	38.7	38.4
		北	34.0	33.6	33.4	33.1	32.9	32.6	32.4	32.2	32.1	32.1	32.2	32.3	32.5	32.8	33.0	33.3	33.6	33.9	34.2	34.4	34.5	34.5	34.5	34.3

续表

类别	编号	朝向	1	2	3	4	5	6	7	8	9	10	11	12	13	14	15	16	17	18	19	20	21	22	23	24
墙体 t_{wlq}	3	东	37.5	36.4	35.4	34.4	33.7	33.0	32.4	31.9	31.8	32.1	32.9	34.1	35.5	36.9	38.0	38.8	39.3	39.7	39.9	40.0	39.9	39.6	39.2	38.5
		南	36.0	35.1	34.2	33.4	32.7	32.1	31.6	31.2	30.8	30.6	30.6	30.8	31.3	32.0	33.0	34.1	35.2	36.1	36.9	37.4	37.6	37.6	37.4	36.9
		西	40.3	39.1	38.0	36.9	35.9	35.1	34.3	33.6	33.0	32.6	32.4	32.4	32.5	32.9	33.4	34.1	35.1	36.5	38.0	39.5	40.8	41.5	41.7	41.2
		北	34.9	34.1	33.3	32.6	32.0	31.5	31.1	30.7	30.4	30.4	30.5	30.8	31.2	31.7	32.3	32.9	33.6	34.3	34.9	35.3	35.8	36.0	36.0	35.6
	4	东	36.4	35.0	33.7	32.8	32.0	31.3	30.7	30.5	30.8	31.9	33.6	35.6	37.5	39.1	40.1	40.8	41.1	41.3	41.2	41.0	40.5	39.8	39.0	37.8
		南	35.5	34.2	33.1	32.2	31.5	30.9	30.4	29.9	29.7	29.7	30.0	30.6	31.6	32.9	34.4	35.9	37.2	38.2	38.8	39.0	38.9	38.5	37.9	36.8
		西	40.2	38.4	36.9	35.5	34.4	33.5	32.6	31.9	31.5	31.2	31.2	31.6	32.1	32.8	33.7	35.0	36.7	38.7	40.8	42.5	43.6	43.7	43.2	41.9
		北	34.6	33.5	32.4	31.6	31.0	30.4	30.0	29.7	29.6	29.8	30.2	30.8	31.5	32.3	33.2	34.1	34.9	35.6	36.3	36.7	37.0	36.9	36.6	35.8
	5	东	36.4	36.5	36.4	36.4	36.3	36.2	36.0	35.9	35.7	35.5	35.3	35.2	35.1	35.1	35.1	35.2	35.3	35.4	35.6	35.8	35.9	36.1	36.2	36.3
		南	33.9	34.0	34.0	34.0	34.0	33.9	33.8	33.7	33.6	33.5	33.3	33.2	33.1	33.0	32.9	32.9	32.9	32.9	33.0	33.1	33.3	33.5	33.6	33.8
		西	36.1	36.3	36.4	36.5	36.5	36.4	36.4	36.3	36.2	36.0	35.9	35.7	35.5	35.4	35.2	35.1	35.1	35.1	35.0	35.1	35.3	35.5	35.7	35.9
		北	32.8	32.9	33.0	32.9	32.9	32.9	32.8	32.7	32.6	32.5	32.4	32.3	32.2	32.1	32.1	32.1	32.1	32.1	32.2	32.3	32.4	32.5	32.6	32.7
	6	东	35.0	33.5	32.3	31.5	30.9	30.3	29.9	29.9	30.8	32.6	35.0	37.5	39.6	41.0	41.7	42.0	42.0	41.9	41.5	41.0	40.3	39.4	38.3	36.8
		南	34.4	32.9	31.9	31.1	30.5	30.0	29.6	29.3	29.2	29.4	30.1	31.0	32.5	34.1	35.9	37.5	38.7	39.5	39.8	39.6	39.2	38.4	37.5	36.1
		西	39.0	36.9	35.3	34.0	33.0	32.2	31.5	30.9	30.6	30.7	31.0	31.6	32.4	33.4	34.6	36.3	38.4	40.9	43.1	44.7	45.2	44.6	43.3	41.2
		北	33.7	32.4	31.4	30.7	20.1	29.7	29.3	29.2	29.4	29.8	30.5	31.3	32.2	33.1	34.1	35.1	35.9	36.6	37.1	37.5	37.5	37.1	36.5	35.2
	7	东	37.0	36.3	35.8	35.2	34.7	34.2	33.8	33.4	33.5	33.8	34.5	35.3	36.2	36.9	37.5	37.8	38.1	38.4	38.5	38.6	38.5	38.3	38.0	37.5
		南	35.2	34.7	34.2	33.7	33.3	32.9	32.5	32.2	32.0	31.8	31.8	32.0	32.3	32.9	33.6	34.2	34.9	35.4	35.8	36.1	36.2	36.1	36.0	35.6
		西	38.6	38.0	37.3	36.7	36.2	35.6	35.1	34.6	34.2	34.0	33.8	33.8	33.9	34.1	34.4	34.9	35.7	36.7	37.8	38.7	39.3	39.6	39.5	39.1
		北	34.1	33.7	33.3	32.9	32.5	32.2	31.8	31.6	31.4	31.4	31.5	31.7	31.9	32.2	32.6	33.0	33.5	33.8	34.2	34.5	34.8	34.8	34.8	34.5
	8	东	35.2	34.2	33.3	32.6	32.0	31.4	31.1	31.4	32.7	34.5	36.4	38.2	39.4	40.1	40.3	40.5	40.5	40.4	40.1	39.7	39.1	38.3	37.5	36.4
		南	34.3	33.3	32.5	31.9	31.3	30.8	30.4	30.2	30.2	30.5	31.1	32.1	33.4	34.8	36.1	37.2	38.0	38.3	38.4	38.1	37.6	37.0	36.3	35.3
		西	37.9	36.6	35.5	34.5	33.7	33.0	32.4	31.9	31.8	31.9	32.2	32.7	33.4	34.2	35.4	37.1	39.0	41.0	42.5	43.2	43.0	42.0	40.9	39.5
		北	33.5	32.6	31.9	31.3	30.8	30.4	30.1	30.0	30.3	30.7	31.2	31.9	32.6	33.4	34.2	34.9	35.5	36.0	36.3	36.5	36.4	35.9	35.4	34.5

续表

类别	编号	朝向	1	2	3	4	5	6	7	8	9	10	11	12	13	14	15	16	17	18	19	20	21	22	23	24
墙体 t_{wlq}	9	东	36.7	36.1	35.5	35.0	34.5	34.1	33.7	33.6	33.9	34.6	35.5	36.4	37.2	37.7	38.1	38.4	38.6	38.7	38.8	38.7	38.5	38.2	37.8	37.3
		南	35.0	34.5	34.0	33.6	33.2	32.9	32.5	32.2	32.0	32.0	32.1	32.4	33.0	33.7	34.4	35.1	35.7	36.1	36.3	36.4	36.3	36.2	35.9	35.5
		西	38.3	37.7	37.0	36.5	36.0	35.4	34.9	34.5	34.2	34.0	34.0	34.0	34.2	34.5	35.0	35.7	36.8	37.9	38.9	39.7	39.9	39.8	39.5	39.0
		北	34.0	33.6	33.2	32.8	32.5	32.1	31.8	31.7	31.6	31.7	31.8	32.1	32.4	32.8	33.2	33.6	34.0	34.4	34.7	35.0	35.1	35.0	34.8	34.5
	10	东	37.5	37.1	36.8	36.4	35.9	35.5	35.1	34.7	34.4	34.2	34.2	34.3	34.7	35.1	35.6	36.1	36.5	36.9	37.2	37.5	37.6	37.7	37.8	37.7
		南	35.2	35.0	34.7	34.4	34.1	33.8	33.5	33.2	32.9	32.6	32.4	32.3	32.2	32.3	32.5	32.8	33.2	33.7	34.1	34.5	34.9	35.1	35.3	35.3
		西	38.2	38.1	37.8	37.5	37.1	36.7	36.3	35.9	35.5	35.1	34.8	34.6	34.4	34.3	34.3	34.4	34.6	35.0	35.5	36.1	36.8	37.4	37.9	38.1
		北	34.0	33.9	33.7	33.4	33.1	32.9	32.6	32.3	32.1	31.9	31.8	31.7	31.7	31.8	31.9	32.1	32.4	32.6	33.0	33.3	33.6	33.8	34.0	34.1
	11	东	37.2	37.0	36.7	36.3	35.9	35.5	35.2	34.8	34.5	34.2	34.1	34.1	34.3	34.6	35.0	35.4	35.9	36.3	36.6	36.9	37.1	37.3	37.4	37.3
		南	34.9	34.7	34.5	34.3	34.0	33.7	33.4	33.1	32.9	32.6	32.4	32.2	32.1	32.1	32.2	32.4	32.7	33.1	33.5	33.9	34.3	34.5	34.8	34.9
		西	37.6	37.6	37.5	37.2	36.9	36.6	36.3	35.9	35.5	35.2	34.9	34.6	34.4	34.3	34.2	34.2	34.3	34.6	34.9	35.4	36.0	36.6	37.1	37.5
		北	33.7	33.6	33.4	33.2	33.0	32.7	32.5	32.2	32.0	31.8	31.6	31.6	31.5	31.5	31.6	31.8	32.0	32.2	32.5	32.7	33.0	33.3	33.5	33.6
	12	东	37.4	36.9	36.3	35.8	35.3	34.8	34.4	34.0	33.8	33.8	34.1	34.7	35.4	36.1	36.7	37.2	37.6	37.9	38.2	38.3	38.4	38.3	38.2	37.9
		南	35.4	35.0	34.6	34.1	33.7	33.4	33.0	32.7	32.4	32.1	32.0	32.0	32.2	32.5	33.0	33.5	34.1	34.7	35.2	35.6	35.8	36.0	35.9	35.8
		西	38.8	38.3	37.8	37.2	36.7	36.2	35.7	35.3	34.8	34.5	34.2	34.0	34.0	34.1	34.3	34.6	35.1	35.8	36.7	37.6	38.3	38.9	39.2	39.1
		北	34.3	33.9	33.6	33.2	32.9	32.5	32.2	31.9	31.7	31.6	31.5	31.6	31.8	32.0	32.3	32.6	33.0	33.4	33.7	34.1	34.4	34.6	34.7	34.6
	13	东	37.3	36.9	36.5	36.1	35.7	35.3	34.9	34.5	34.3	34.2	34.4	34.7	35.3	35.8	36.3	36.8	37.1	37.4	37.6	37.8	37.9	37.9	37.8	37.6
		南	35.2	34.9	34.6	34.3	33.9	33.6	33.3	33.0	32.7	32.5	32.4	32.3	32.4	32.6	32.9	33.4	33.8	34.3	34.7	35.1	35.3	35.5	35.5	35.4
		西	38.3	38.0	37.7	37.2	36.8	36.4	36.0	35.6	35.2	34.9	34.7	34.5	34.4	34.4	34.5	34.7	35.1	35.6	36.3	37.0	37.6	38.1	38.4	38.5
		北	34.1	33.9	33.6	33.3	33.0	32.7	32.5	32.2	32.0	31.9	31.8	31.8	31.9	32.1	32.3	32.5	32.8	33.1	33.4	33.7	34.0	34.2	34.3	34.2
屋面 t_{wlm}	1		45.4	45.3	45.1	44.8	44.3	43.7	43.1	42.5	41.8	41.1	40.5	40.1	39.8	39.7	39.8	40.1	40.6	41.3	42.1	42.9	43.7	44.3	44.8	45.2
	2		45.3	44.3	43.3	42.3	41.3	40.3	39.4	38.6	38.0	37.6	37.7	38.1	38.8	40.0	41.3	42.7	44.2	45.5	46.5	47.2	47.4	47.3	47.0	46.3
	3		45.0	44.6	44.2	43.6	43.0	42.4	41.8	41.2	40.6	40.1	39.7	39.5	39.5	39.7	40.2	40.8	41.6	42.4	43.2	43.9	44.6	45.0	45.2	45.2
	4		43.8	43.0	42.1	41.3	40.5	39.7	39.0	38.5	38.2	38.4	39.0	39.9	41.0	42.4	43.7	45.0	46.1	46.8	47.2	47.2	46.9	46.4	45.7	44.8

续表

类别	编号	朝向	1	2	3	4	5	6	7	8	9	10	11	12	13	14	15	16	17	18	19	20	21	22	23	24
屋面 t_{wlm}	5		45.1	44.8	44.4	44.0	43.4	42.8	42.2	41.6	40.9	40.3	39.9	39.6	39.5	39.6	40.0	40.5	41.2	42.0	42.8	43.5	44.2	44.7	45.0	45.2
	6		46.2	45.5	44.6	43.7	42.8	41.9	41.0	40.0	39.2	38.5	38.0	37.8	38.0	38.5	39.4	40.5	41.7	43.0	44.3	45.4	46.2	46.7	46.8	46.7
	7		43.5	43.6	43.6	43.4	43.3	43.0	42.7	42.4	42.0	41.6	41.2	40.9	40.6	40.4	40.4	40.5	40.7	41.0	41.4	41.8	42.3	42.7	43.1	43.4
	8		46.8	45.5	44.2	42.9	41.6	40.4	39.3	38.2	37.3	36.6	36.3	36.5	37.1	38.2	39.6	41.3	43.1	44.9	46.4	47.6	48.3	48.6	48.4	47.8

注：其他城市的地点修正值可按表 2-17 采用。

表 2-17　部分城市的地点修正值

济南	重庆，武汉，长沙，南昌，合肥，杭州	南京，宁波	成都	拉萨
修正值	+1	0	−3	−11

表 2-18　广州市外墙、屋面逐时冷负荷计算温度　(℃)

类别	编号	朝向	1	2	3	4	5	6	7	8	9	10	11	12	13	14	15	16	17	18	19	20	21	22	23	24
墙体 t_{wlq}	1	东	36.0	35.6	35.1	34.7	34.4	34.0	33.7	33.6	33.7	34.2	34.8	35.4	36.0	36.5	36.8	37.0	37.2	37.3	37.4	37.3	37.3	37.1	36.9	36.5
		南	34.7	34.2	33.9	33.6	33.2	32.9	32.6	32.4	32.2	32.1	32.1	32.3	32.7	33.1	33.7	34.2	34.7	35.1	35.4	35.5	35.5	35.5	35.3	35.0
		西	37.4	36.9	36.5	36.1	35.7	35.3	34.9	34.6	34.3	34.1	33.9	33.9	33.9	34.1	34.3	34.7	35.3	36.1	36.9	37.6	38.0	38.2	38.1	37.8
		北	32.6	32.3	32.0	31.8	31.5	31.3	31.1	30.9	30.9	30.9	31.0	31.1	31.2	31.4	31.7	32.0	32.2	32.5	32.7	33.0	33.1	33.1	33.1	32.9
	2	东	36.1	35.7	35.2	34.9	34.5	34.2	33.9	33.8	34.0	34.4	35.0	35.7	36.2	36.6	36.9	37.1	37.3	37.4	37.4	37.4	37.3	37.1	36.9	36.6
		南	34.7	34.3	34.0	33.7	33.3	33.0	32.8	32.5	32.4	32.3	32.3	32.5	32.9	33.3	33.9	34.4	34.9	35.2	35.5	35.6	35.6	35.5	35.4	35.1
		西	37.4	37.0	36.6	36.2	35.8	35.4	35.0	34.7	34.4	34.2	34.1	34.1	34.1	34.2	34.5	34.9	35.6	36.3	37.1	37.7	38.1	38.2	38.1	37.9
		北	32.7	32.4	32.1	31.9	31.6	31.4	31.2	31.1	31.0	31.1	31.1	31.2	31.4	31.6	31.9	32.1	32.4	32.6	32.8	33.1	33.2	33.2	33.2	33.0
	3	东	36.5	35.4	34.4	33.5	32.7	32.0	31.5	31.1	31.1	31.7	32.7	34.1	35.5	36.8	37.8	38.5	38.9	39.2	39.3	39.2	39.0	38.7	38.2	37.5
		南	35.8	34.8	33.8	33.0	32.3	31.7	31.1	30.7	30.3	30.1	30.1	30.3	30.9	31.8	32.9	34.1	35.2	36.3	37.1	37.5	37.7	37.6	37.3	36.6
		西	39.8	38.6	37.4	36.4	35.4	34.5	33.7	33.0	32.5	32.0	31.8	31.7	31.8	32.1	32.5	33.2	34.2	35.6	37.2	38.8	40.2	41.0	41.2	40.7
		北	33.6	32.8	32.0	31.3	30.8	30.3	29.9	29.6	29.4	29.5	29.6	29.8	30.2	30.7	31.2	31.8	32.4	33.0	33.5	33.9	34.3	34.5	34.5	34.2

续表

类别	编号	朝向	1	2	3	4	5	6	7	8	9	10	11	12	13	14	15	16	17	18	19	20	21	22	23	24
墙体 t_{wlq}	4	东	35.3	33.9	32.7	31.7	31.0	30.4	29.9	29.8	30.4	31.8	33.7	35.8	37.7	39.1	40.0	40.5	40.6	40.6	40.4	40.0	39.4	38.7	37.9	36.7
		南	35.1	33.7	32.6	31.7	30.9	30.3	29.8	29.3	29.1	29.1	29.5	30.2	31.3	32.8	34.5	36.1	37.5	38.5	39.0	39.2	38.9	38.4	37.6	36.5
		西	39.8	37.9	36.4	35.0	33.8	32.9	32.0	31.3	30.8	30.6	30.6	30.8	31.3	31.9	32.8	34.1	35.8	37.8	40.0	41.9	43.1	43.3	42.8	41.5
		北	33.3	32.1	31.2	30.4	29.9	29.4	29.0	28.8	28.8	29.0	29.4	29.9	30.5	31.3	32.0	32.8	33.6	34.2	34.7	35.2	35.4	35.4	35.1	34.4
	5	东	35.8	35.8	35.8	35.8	35.6	35.5	35.3	35.2	35.0	34.8	34.6	34.5	34.4	34.4	34.5	34.6	34.7	34.9	35.0	35.2	35.4	35.5	35.6	35.7
		南	33.7	33.8	33.8	33.8	33.8	33.7	33.6	33.5	33.4	33.2	33.1	32.9	32.8	32.7	32.6	32.6	32.6	32.7	32.8	32.9	33.1	33.3	33.4	33.6
		西	35.5	35.7	35.8	35.8	35.9	35.8	35.8	35.7	35.6	35.4	35.3	35.1	34.9	34.8	34.6	34.5	34.5	34.4	34.4	34.5	34.6	34.8	35.0	35.3
		北	31.6	31.7	31.7	31.7	31.7	31.7	31.6	31.5	31.4	31.3	31.2	31.1	31.0	31.0	30.9	30.9	30.9	30.9	31.0	31.1	31.2	31.3	31.4	31.5
	6	东	33.9	32.4	31.3	30.5	29.9	29.4	29.1	29.4	30.7	32.9	35.5	37.9	39.8	40.9	41.4	41.4	41.3	40.9	40.5	39.9	39.1	38.1	37.1	35.6
		南	33.9	32.4	31.3	30.5	29.9	29.3	28.9	28.7	28.6	28.9	29.5	30.7	32.3	34.2	36.2	37.9	39.2	39.9	40.1	39.7	39.1	38.2	37.1	35.6
		西	38.5	36.4	34.7	33.5	32.4	31.6	30.8	30.3	30.0	30.0	30.3	30.8	31.5	32.4	33.6	35.3	37.5	40.0	42.4	44.2	44.8	44.2	42.9	40.8
		北	32.4	31.1	30.2	29.6	29.1	28.7	28.4	28.3	28.6	29.1	29.6	30.3	31.1	32.0	32.9	33.7	34.5	35.1	35.5	35.9	35.9	35.6	35.0	33.9
	7	东	36.1	35.4	34.9	34.3	33.8	33.4	32.9	32.7	32.8	33.3	34.2	35.1	35.9	36.6	37.1	37.4	37.6	37.8	37.9	37.8	37.7	37.5	37.2	36.7
		南	34.9	34.4	33.9	33.4	33.0	32.5	32.1	31.8	31.5	31.4	31.3	31.6	32.0	32.6	33.4	34.2	34.9	35.5	35.8	36.1	36.1	36.0	35.8	35.4
		西	38.0	37.4	36.8	36.2	35.6	35.1	34.5	34.0	33.6	33.4	33.2	33.1	33.2	33.3	33.6	34.1	34.9	35.9	37.0	38.0	38.7	39.0	39.0	38.6
		北	32.8	32.4	32.0	31.6	31.3	31.0	30.7	30.5	30.4	30.4	30.5	30.6	30.8	31.1	31.5	31.9	32.2	32.6	32.9	33.2	33.4	33.5	33.5	33.2
	8	东	34.2	33.2	32.3	31.6	31.0	30.5	30.3	31.0	32.5	34.6	36.6	38.3	39.4	39.8	39.9	39.9	39.7	39.5	39.2	38.7	38.0	37.2	36.4	35.4
		南	33.8	32.8	32.0	31.3	30.7	30.3	29.8	29.6	29.6	29.9	30.7	31.8	33.3	34.9	36.4	37.6	38.3	38.6	38.5	38.1	37.5	36.7	36.0	34.9
		西	37.5	36.1	34.9	33.9	33.1	32.4	31.7	31.3	31.1	31.2	31.5	31.9	32.5	33.2	34.4	36.1	38.1	40.2	42.0	42.9	42.6	41.7	40.5	39.0
		北	32.2	31.4	30.7	30.2	29.7	29.3	29.1	29.1	29.4	29.8	30.3	30.8	31.5	32.2	32.9	33.5	34.1	34.5	34.8	35.1	34.9	34.5	34.0	33.2
	9	东	35.8	35.2	34.7	34.2	33.7	33.2	32.9	32.9	33.4	34.2	35.2	36.1	36.9	37.4	37.7	37.9	38.0	38.1	38.0	37.9	37.7	37.3	36.9	36.4
		南	34.7	34.2	33.7	33.3	32.8	32.4	32.1	31.7	31.5	31.5	31.7	32.1	32.7	33.5	34.3	35.1	35.7	36.1	36.3	36.3	36.2	36.0	35.7	35.2
		西	37.8	37.1	36.5	35.9	35.3	34.8	34.3	33.9	33.6	33.4	33.3	33.3	33.5	33.7	34.2	34.9	35.9	37.1	38.2	39.0	39.4	39.3	39.0	38.4
		北	32.7	32.3	31.9	31.6	31.3	31.0	30.7	30.6	30.6	30.6	30.8	31.0	31.3	31.6	32.0	32.4	32.7	33.0	33.3	33.6	33.7	33.6	33.5	33.1

续表

类别	编号	朝向	1	2	3	4	5	6	7	8	9	10	11	12	13	14	15	16	17	18	19	20	21	22	23	24
墙体 t_{wlq}	10	东	36.7	36.3	35.9	35.5	35.1	34.7	34.3	34.0	33.6	33.5	33.5	33.8	34.2	34.7	35.2	35.7	36.1	36.4	36.7	36.9	37.0	37.1	37.1	36.9
		南	35.1	34.8	34.5	34.2	33.8	33.5	33.2	32.8	32.5	32.2	32.0	31.9	31.9	32.0	32.2	32.6	33.0	33.5	34.0	34.4	34.8	35.0	35.2	35.2
		西	37.6	37.5	37.2	36.9	36.5	36.1	35.7	35.3	34.9	34.6	34.2	34.0	33.8	33.7	33.7	33.7	33.9	34.3	34.8	35.4	36.1	36.7	37.2	37.5
		北	32.7	32.6	32.4	32.1	31.9	31.6	31.4	31.1	30.9	30.8	30.7	30.6	30.6	30.7	30.8	31.0	31.3	31.5	31.8	32.0	32.3	32.5	32.7	32.8
	11	东	36.5	36.2	35.9	35.5	35.1	34.7	34.4	34.0	33.7	33.4	33.4	33.5	33.7	34.1	34.6	35.0	35.4	35.8	36.1	36.4	36.5	36.6	36.7	36.7
		南	34.7	34.6	34.3	34.1	33.8	33.4	33.1	32.8	32.5	32.3	32.0	31.8	31.7	31.7	31.9	32.1	32.5	32.9	33.4	33.8	34.2	34.5	34.7	34.8
		西	37.0	37.1	36.9	36.7	36.4	36.0	35.7	35.3	34.9	34.6	34.3	34.0	33.8	33.6	33.5	33.5	33.6	33.8	34.2	34.7	35.3	35.9	36.5	36.8
		北	32.4	32.3	32.2	32.0	31.7	31.5	31.2	31.0	30.8	30.6	30.5	30.4	30.4	30.4	30.5	30.7	30.8	31.0	31.3	31.5	31.8	32.0	32.2	32.4
	12	东	36.6	36.0	35.5	34.9	34.4	34.0	33.5	33.2	33.0	33.2	33.6	34.3	35.0	35.7	36.3	36.8	37.2	37.4	37.5	37.6	37.7	37.5	37.4	37.0
		南	35.2	34.8	34.3	33.9	33.4	33.0	32.6	32.3	31.9	31.7	31.6	31.6	31.8	32.2	32.7	33.4	34.0	34.7	35.2	35.6	35.8	35.9	35.8	35.6
		西	38.2	37.8	37.2	36.7	36.1	35.6	35.1	34.6	34.2	33.9	33.6	33.4	33.4	33.4	33.5	33.8	34.3	35.0	35.9	36.8	37.7	38.3	38.6	38.5
		北	33.0	32.7	32.3	32.0	31.6	31.3	31.1	30.8	30.6	30.5	30.5	30.6	30.7	30.9	31.2	31.5	31.8	32.1	32.5	32.8	33.1	33.3	33.3	33.2
	13	东	36.5	36.1	35.7	35.3	34.8	34.4	34.1	33.7	33.5	33.5	33.8	34.3	34.8	35.4	35.9	36.3	36.6	36.9	37.1	37.2	37.2	37.2	37.1	36.9
		南	35.0	34.7	34.3	34.0	33.6	33.3	33.0	32.7	32.3	32.1	32.0	31.9	32.0	32.3	32.7	33.2	33.7	34.2	34.7	35.0	35.2	35.3	35.4	35.3
		西	37.7	37.4	37.1	36.7	36.3	35.8	35.4	35.0	34.6	34.3	34.1	33.9	33.8	33.7	33.8	34.0	34.3	34.8	35.5	36.3	37.0	37.5	37.8	37.9
		北	32.8	32.6	32.3	32.0	31.8	31.5	31.3	31.0	30.9	30.8	30.7	30.8	30.8	30.9	31.1	31.4	31.6	31.9	32.2	32.4	32.7	32.9	33.0	33.0
屋面 t_{wlm}	1		44.7	44.6	44.4	44.0	43.5	43.0	42.3	41.7	41.0	40.4	39.8	39.4	39.1	39.1	39.2	39.6	40.1	40.8	41.6	42.3	43.1	43.7	44.2	44.5
	2		44.5	43.5	42.4	41.4	40.5	39.5	38.6	37.9	37.3	37.0	37.1	37.6	38.4	39.6	40.9	42.3	43.7	44.9	45.8	46.5	46.7	46.6	46.2	45.5
	3		44.3	43.9	43.4	42.8	42.3	41.6	41.0	40.4	39.8	39.3	39.0	38.9	38.9	39.2	39.7	40.3	41.1	41.9	42.6	43.3	43.9	44.3	44.5	44.5
	4		43.0	42.1	41.3	40.5	39.7	38.9	38.3	37.8	37.6	37.9	38.5	39.4	40.6	41.9	43.2	44.4	45.4	46.1	46.5	46.4	46.1	45.6	44.9	44.0
	5		44.4	44.1	43.7	43.2	42.6	42.0	41.4	40.8	40.1	39.6	39.2	38.9	38.9	39.1	39.5	40.0	40.7	41.4	42.2	42.9	43.5	44.0	44.4	44.4
	6		45.4	44.7	43.9	42.9	42.0	41.1	40.2	39.2	38.4	37.8	37.4	37.3	37.5	38.1	38.9	40.0	41.2	42.5	43.7	44.7	45.5	45.9	46.1	45.9
	7		42.9	42.9	42.9	42.7	42.5	42.3	42.0	41.6	41.2	40.8	40.5	40.2	39.9	39.8	39.8	39.9	40.1	40.4	40.8	41.2	41.7	42.1	42.4	42.7
	8		45.9	44.7	43.4	42.0	40.8	39.5	38.4	37.4	36.5	36.0	35.8	36.0	36.7	37.9	39.3	41.0	42.7	44.4	45.8	46.9	47.6	47.8	47.6	47.0

注：其他城市的地点修正值可按表 2-19 采用。

表 2-19　部分城市的地点修正值

地点	福州，南宁，海口，深圳	贵阳	厦门	昆明
修正值	0	−3	−1	−7

2. 按稳态方法计算的空调区夏季冷负荷，按下列方法计算：

（1）室温允许波动范围大于或等于±1.0℃空调区，其非轻型外墙传热形成的冷负荷，可按式（2-17）、式（2-18）计算：

$$CL_{Wq}=k\cdot F\ (t_{ZP}-t_{n}) \tag{2-17}$$

$$t_{ZP}=t_{Wp}+\rho J_{P}/a_{w} \tag{2-18}$$

式中　t_{ZP}——夏季空调室外计算日平均综合温度,℃；

t_{Wp}——夏季空调室外计算日平均温度,℃，采用历年平均不保证 5 天的日平均温度；

J_{P}——围护结构所在朝向太阳总辐射照度的日平均值，W/m²；

ρ——围护结构外表面对于太阳辐射热的吸收系数；

a_{w}——围护结构外表面换热系数，W/m²・K。

（2）空调区与邻室的夏季温差大于 3℃，其通过隔墙、楼板等内围护结构传热形成的冷负荷按式（2-19）计算：

$$CL_{Wn}=k\cdot F\ (t_{Wp}+\Delta t_{ls}-t_{n}) \tag{2-19}$$

式中　CL_{Wn}——内围护结构传热形成的冷负荷，W；

Δt_{ls}——邻室计算平均温度与夏季空调室外计算日平均温度的差值,℃。

2.2.3　外窗的温差传热冷负荷

通过外窗温差传入的非稳态传热形成的逐时冷负荷 CL（W）可按式（2-20）计算：

$$CL_{Wc}=k\cdot F\cdot\ (t_{wlc}-t_{n}) \tag{2-20}$$

式中　CL_{Wc}——外窗传热形成的逐时冷负荷，W；

k——外窗传热系数，W/（m²・℃）；

t_{wlc}——外窗的逐时冷负荷计算温度,℃，按表 2-20 取值。

2.2.4　外窗太阳辐射冷负荷

1. 外窗无任何遮阳设施的辐射负荷：

$$Q_{\tau}=FX_{g}X_{d}J_{w\tau} \tag{2-21}$$

式中　X_{g}——窗的构造修正系数，见表 2-21；

X_{d}——地点修正系数，见表 2-22；

$J_{w\tau}$——计算时刻下，透过无遮阳设施窗玻璃太阳辐射的冷负荷强度，见表 2-23，W/m²。

2. 外窗只有内遮阳设施的辐射负荷：

$$Q_{\tau}=FX_{g}X_{d}J_{n\tau} \tag{2-22}$$

式中　X_{Z}——内遮阳系数见表 2-24；

$J_{n\tau}$——计算时刻下，透过有内遮阳设施窗玻璃太阳辐射的冷负荷强度，见表 2-23。

表 2-20 典型城市外窗传热逐时冷负荷计算温度 t_{wlc}

地点	1	2	3	4	5	6	7	8	9	10	11	12	13	14	15	16	17	18	19	20	21	22	23	24
北京	27.8	27.5	27.2	26.9	26.8	27.1	27.7	28.5	29.3	30.0	30.8	31.5	32.1	32.4	32.4	32.3	32.0	31.5	30.8	30.1	29.6	29.1	28.7	28.3
天津	27.4	27.0	26.6	26.3	26.2	26.5	27.2	28.1	29.0	29.9	30.8	31.6	32.2	32.6	32.7	32.5	32.2	31.6	30.8	30.0	29.4	28.8	28.3	27.9
石家庄	27.7	27.2	26.8	26.5	26.4	26.7	27.5	28.5	29.6	30.6	31.6	32.5	33.2	33.6	33.7	33.5	33.2	32.5	31.6	30.7	30.0	29.3	28.8	28.3
太原	23.7	23.2	22.7	22.4	22.3	22.6	23.4	24.5	25.6	26.7	27.8	28.7	29.5	30.0	30.0	29.8	29.5	28.8	27.8	26.8	26.1	25.4	24.8	24.3
呼和浩特	23.8	23.4	23.0	22.7	22.5	22.9	23.6	24.5	25.5	26.4	27.3	28.2	28.9	29.3	29.3	29.1	28.8	28.2	27.4	26.6	25.9	25.3	24.8	24.3
沈阳	25.7	25.3	25.0	24.7	24.6	24.9	25.5	26.3	27.2	27.9	28.7	29.4	30.0	30.4	30.4	30.2	30.0	29.5	28.8	28.0	27.5	27.0	26.6	26.2
大连	25.4	25.2	24.9	24.8	24.7	24.9	25.3	25.8	26.3	26.8	27.3	27.7	28.1	28.3	28.3	28.2	28.1	27.7	27.3	26.8	26.5	26.2	25.9	25.7
长春	24.4	24.0	23.7	23.4	23.3	23.6	24.2	25.1	25.9	26.8	27.6	28.3	28.9	29.3	29.3	29.2	28.9	28.4	27.6	26.9	26.3	25.8	25.3	24.9
哈尔滨	24.3	23.9	23.6	23.3	23.2	23.5	24.1	25.0	25.9	26.8	27.7	28.4	29.1	29.4	29.5	29.3	29.1	28.5	27.7	26.9	26.3	25.7	25.3	24.8
上海	29.2	28.9	28.6	28.3	28.2	28.5	29.0	29.7	30.5	31.2	31.9	32.5	33.1	33.4	33.4	33.3	33.1	32.6	31.9	31.3	30.8	30.3	30.0	29.6
南京	29.6	29.3	29.0	28.7	28.6	28.9	29.4	30.1	30.9	31.6	32.3	32.9	33.5	33.8	33.8	33.7	33.5	33.0	32.3	31.7	31.2	30.7	30.4	30.0
杭州	29.8	29.4	29.1	28.8	28.7	29.0	29.6	30.4	31.3	32.0	32.8	33.5	34.1	34.5	34.5	34.3	34.1	33.6	32.9	32.1	31.6	31.1	30.7	30.3
宁波	28.6	28.2	27.8	27.5	27.4	27.7	28.4	29.3	30.2	31.1	32.0	32.8	33.4	33.8	33.9	33.7	33.4	32.8	32.0	31.2	30.6	30.0	29.5	29.1
合肥	30.2	29.9	29.6	29.4	29.3	29.6	30.1	30.7	31.4	32.1	32.7	33.3	33.8	34.1	34.1	33.9	33.8	33.3	32.7	32.2	31.7	31.3	30.9	30.6
福州	28.5	28.0	27.6	27.3	27.2	27.5	28.3	29.3	30.4	31.4	32.4	33.3	34.0	34.4	34.5	34.3	34.0	33.3	32.4	31.5	30.8	30.1	29.6	29.1
厦门	28.0	27.6	27.3	27.1	27.0	27.2	27.8	28.6	29.4	30.1	30.9	31.5	32.1	32.4	32.5	32.3	32.1	31.6	30.9	30.2	29.7	29.2	28.8	28.4
南昌	30.6	30.3	30.0	29.8	29.7	29.9	30.4	31.1	31.8	32.5	33.1	33.8	34.2	34.5	34.6	34.4	34.2	33.8	33.2	32.6	32.1	31.7	31.3	31.0
济南	29.8	29.5	29.2	29.0	28.9	29.1	29.6	30.3	31.0	31.7	32.3	33.0	33.4	33.7	33.8	33.6	33.4	33.0	32.4	31.8	31.3	30.9	30.5	30.2

续表

地点	1	2	3	4	5	6	7	8	9	10	11	12
青岛	26.3	26.2	26.0	25.8	25.8	25.9	26.3	26.7	27.1	27.5	27.9	28.3
郑州	28.1	27.7	27.3	27.0	26.8	27.2	27.9	28.8	29.8	30.7	31.6	32.5
武汉	30.6	30.3	30.0	29.8	29.7	29.9	30.4	31.1	31.7	32.3	33.0	33.6
长沙	29.7	29.3	29.0	28.7	28.6	28.9	29.5	30.4	31.2	32.1	32.9	33.6
广州	29.1	28.8	28.5	28.2	28.2	28.4	28.9	29.6	30.4	31.1	31.8	32.4
深圳	29.1	28.8	28.5	28.3	28.2	28.4	28.9	29.6	30.2	30.8	31.5	32.1
南宁	29.0	28.6	28.3	28.1	28.0	28.2	28.8	29.6	30.4	31.1	31.9	32.5
海口	28.4	28.0	27.6	27.3	27.2	27.5	28.2	29.2	30.1	31.0	31.9	32.7
重庆	30.9	30.6	30.3	30.1	30.0	30.2	30.7	31.4	32.0	32.6	33.3	33.9
成都	26.1	25.8	25.5	25.2	25.1	25.4	26.0	26.8	27.6	28.3	29.1	29.8
贵阳	24.9	24.6	24.3	24.0	23.9	24.2	24.7	25.4	26.2	26.9	27.6	28.2
昆明	20.7	20.3	20.0	19.8	19.7	19.9	20.5	21.3	22.1	22.8	23.6	24.2
拉萨	17.0	16.6	16.1	15.8	15.7	16.0	16.8	17.8	18.8	19.7	20.7	21.6
西安	28.8	28.4	28.0	27.7	27.6	27.9	28.6	29.4	30.3	31.2	32.0	32.8
兰州	23.6	23.2	22.8	22.4	22.3	22.6	23.4	24.5	25.6	26.6	27.6	28.5
西宁	18.2	17.7	17.2	16.9	16.7	17.1	18.0	19.1	20.3	21.4	22.5	23.6
银川	23.9	23.5	23.1	22.7	22.6	23.0	23.7	24.7	25.8	26.7	27.7	28.6
乌鲁木齐	25.9	25.5	25.1	24.7	24.6	24.9	25.7	26.8	27.9	28.9	29.9	30.8

地点	13	14	15	16	17	18	19	20	21	22	23	24
青岛	28.6	28.8	28.8	28.7	28.6	28.3	28.0	27.6	27.3	27.0	26.8	26.6
郑州	33.2	33.6	33.6	33.4	33.1	32.5	31.7	30.9	30.2	29.6	29.1	28.6
武汉	34.0	34.3	34.3	34.2	34.0	33.6	33.0	32.4	32.0	31.6	31.2	30.9
长沙	34.2	34.6	34.6	34.5	34.2	33.7	32.9	32.2	31.6	31.1	30.6	30.2
广州	32.9	33.2	33.2	33.1	32.9	32.4	31.8	31.1	30.6	30.2	29.8	29.5
深圳	32.5	32.8	32.8	32.7	32.5	32.1	31.5	30.9	30.5	30.1	29.7	29.4
南宁	33.1	33.4	33.5	33.3	33.1	32.6	31.9	31.2	30.7	30.2	29.8	29.4
海口	33.4	33.8	33.8	33.6	33.4	32.8	31.9	31.1	30.5	29.9	29.4	29.0
重庆	34.3	34.6	34.6	34.5	34.3	33.9	33.3	32.7	32.3	31.9	31.5	31.2
成都	30.4	30.7	30.7	30.6	30.3	29.8	29.1	28.4	27.9	27.4	27.0	26.6
贵阳	28.8	29.1	29.1	29.0	28.8	28.3	27.6	27.0	26.5	26.0	25.7	25.3
昆明	24.8	25.1	25.2	25.0	24.8	24.3	23.6	22.9	22.4	21.9	21.5	21.1
拉萨	22.3	22.7	22.8	22.5	22.3	21.6	20.7	19.9	19.2	18.6	18.0	17.6
西安	33.4	33.8	33.8	33.6	33.4	32.8	32.0	31.3	30.7	30.1	29.7	29.3
兰州	29.3	29.7	29.8	29.5	29.3	28.6	27.6	26.7	26.0	25.3	24.8	24.3
西宁	24.4	24.9	24.9	24.7	24.4	23.6	22.6	21.6	20.8	20.1	19.5	18.9
银川	29.4	29.8	29.8	29.6	29.3	28.7	27.8	26.9	26.2	25.5	25.0	24.5
乌鲁木齐	31.6	32.0	32.1	31.8	31.6	30.9	29.9	29.0	28.3	27.6	27.1	26.6

表 2-21　玻璃窗的构造修正系数 X_g

玻璃类型			玻璃颜色	塑钢		铝合金		PA 段热桥铝合金		木框	
				窗框比（窗框面积与整窗面积之比）							
				30%	40%	20%	30%	25%	40%	30%	45%
普通玻璃	3mm 单层玻璃		无色	0.70	0.60	0.80	0.70	0.75	0.60	0.70	0.55
	3mm 双层玻璃			0.60	0.52	0.69	0.60	0.65	0.52	0.60	0.47
	6mm 单层玻璃			0.67	0.58	0.77	0.67	0.72	0.58	0.67	0.53
	6mm 双层玻璃			0.52	0.44	0.59	0.52	0.56	0.44	0.52	0.41
中空玻璃	间隔层 6mm		无色	0.57	0.49	0.65	0.57	0.61	0.49	0.57	0.45
	间隔层 12mm			0.54	0.46	0.62	0.54	0.58	0.46	0.54	0.42
着色中空玻璃			蓝色	0.46	0.39	0.52	0.46	0.49	0.39	0.46	0.36
			绿色	0.46	0.40	0.53	0.46	0.50	0.40	0.46	0.36
			茶色	0.45	0.38	0.51	0.45	0.48	0.38	0.45	0.35
			灰色	0.38	0.32	0.43	0.38	0.41	0.32	0.38	0.30
热反射中空玻璃	反射颜色	深绿	无色	0.18	0.16	0.21	0.18	0.20	0.16	0.18	0.14
		绿色	绿色	0.29	0.25	0.34	0.29	0.32	0.25	0.29	0.23
			蓝绿	0.28	0.24	0.32	0.28	0.30	0.24	0.28	0.22
		蓝绿	蓝绿	0.32	0.28	0.37	0.32	0.35	0.28	0.32	0.25
		灰绿	绿、蓝绿	0.31	0.26	0.35	0.31	0.33	0.26	0.31	0.24
		现代绿	绿色	0.31	0.26	0.35	0.31	0.33	0.26	0.31	0.24
		蓝色	无色	0.34	0.29	0.38	0.34	0.36	0.29	0.34	0.26
		银灰		0.48	0.41	0.55	0.48	0.52	0.41	0.48	0.38
辐射率≤0.25Low-E 中空玻璃（在线）			无色	0.44	0.38	0.50	0.44	0.47	0.38	0.44	0.35
			绿色	0.27	0.23	0.30	0.27	0.29	0.23	0.27	0.21
			蓝色	0.26	0.22	0.30	0.26	0.28	0.22	0.26	0.20
辐射率≤0.15Low-E 中空玻璃（离线）	反射颜色	绿色	绿色	0.21	0.18	0.24	0.21	0.23	0.18	0.21	0.17
		蓝绿		0.22	0.19	0.25	0.22	0.23	0.19	0.22	0.17
		蓝，淡蓝	无色	0.35	0.30	0.40	0.35	0.38	0.30	0.35	0.28
		银蓝		0.26	0.22	0.30	0.26	0.28	0.22	0.26	0.20
		银灰		0.24	0.20	0.27	0.24	0.26	0.20	0.24	0.19
		金色		0.22	0.19	0.26	0.22	0.24	0.19	0.22	0.18
		无色		0.31	0.26	0.35	0.31	0.33	0.26	0.31	0.24

表 2-22　玻璃窗太阳辐射冷负荷强度的地点修正系数 X_d

代表城市	适用城市	下列朝向的修正系数					
		南	东南、西南	东 、西	东北、西北	北、散射	水平
北京	哈尔滨	1.23	1.07	0.99	0.97	0.96	0.95
	长春	1.16	1.05	1	0.98	0.97	0.96
	乌鲁木齐	1.19	1.13	1.10	1.11	0.91	1.01
	沈阳	1.06	0.98	0.92	0.89	1.05	0.95
	呼和浩特	1.06	1.08	1.11	1.12	0.92	1.03
	天津	0.96	0.95	0.92	0.89	1.07	0.97
	银川	0.95	0.98	1	1.01	1.01	1.01
	石家庄	0.93	0.98	1	1.01	1.02	1.02
	太原	0.92	0.97	1	1.01	1.02	1.02
西安	济南	1.12	1.04	1	0.97	0.99	0.99
	西宁	1.12	1.14	1.20	1.22	0.87	1.06
	兰州	1.09	1.07	1.08	1.08	0.95	1.03
	郑州	1.02	1.01	1	1	1	1
上海	南京	1.10	1.03	1	0.98	1	1
	合肥	1.09	1.03	1	0.98	1	1
	成都	1.05	0.94	0.90	0.88	1.08	0.95
	武汉	1	1.04	1.09	1.07	0.94	1.04
	杭州	1	1	1	1	1	1
	拉萨	0.93	1.08	1.20	1.20	0.88	1.08
	重庆	0.97	0.99	1	1.01	1	1
	南昌	0.90	1	1.08	1.09	0.95	1.04
	长沙	0.88	1	1.08	1.10	0.95	1.05
广州	贵阳	1.10	1.07	1.01	0.98	0.99	0.99
	福州	1.04	1.10	1.10	1.06	0.94	1.03
	台北	1	1.07	1.09	1.07	0.94	1.04
	昆明	1.05	1.04	1.01	0.99	0.99	0.99
	南宁	1	0.99	1	1	1	1
	香港，澳门	0.94	1.01	1.09	1.09	0.95	1.05
	海口	0.93	1	1.09	1.09	0.9	1.05

表 2-23 透过标准窗玻璃太阳辐射的冷负荷强度

遮阳类型	房间类型	朝向	北京市																							
			下列计算时刻 J_τ 的逐时值(W/m^2)																							
			0	1	2	3	4	5	6	7	8	9	10	11	12	13	14	15	16	17	18	19	20	21	22	23
内遮阳	轻	南	8	7	6	5	5	3	29	52	72	117	179	233	266	266	237	184	131	100	74	37	24	17	13	10
		西南	17	14	11	9	8	6	32	54	73	93	108	119	183	277	362	407	402	347	250	105	61	44	30	23
		西	21	18	13	12	10	8	33	55	74	94	109	118	123	185	314	429	493	486	407	154	83	61	40	31
		西北	16	13	10	9	7	6	31	53	73	92	107	116	123	123	149	231	323	364	340	122	63	47	30	24
		北	6	5	5	3	4	0	66	74	77	95	108	117	122	123	121	113	99	91	104	40	21	16	11	9
		东北	8	5	7	3	8	0	207	323	339	297	210	165	152	144	135	124	106	87	66	31	20	15	12	9
		东	10	7	9	4	9	0	226	389	465	482	416	300	203	174	155	137	116	94	71	36	24	18	15	11
		东南	9	8	7	5	7	2	115	237	332	393	402	358	276	193	162	142	118	95	72	36	24	18	14	11
		水平	34	29	25	21	20	16	77	183	317	454	570	650	699	706	676	603	490	354	225	119	83	64	50	41
		$J^0_{n\tau}$	5	4	4	3	3	2	27	50	70	90	105	114	121	122	120	112	98	80	61	27	17	12	9	7
	中	南	21	18	15	13	11	9	31	48	65	104	157	203	232	235	213	172	132	110	88	56	45	37	31	25
		西南	43	36	30	25	22	18	38	54	70	86	98	108	166	247	319	359	357	315	238	121	93	78	63	52
		西	53	45	37	31	26	22	42	58	72	88	100	108	114	171	281	378	432	430	367	157	116	98	78	66
		西北	39	33	27	23	19	16	36	53	68	85	97	105	112	113	138	212	288	323	302	117	85	72	57	48
		北	16	13	12	9	9	5	63	65	68	84	96	105	111	113	113	107	96	92	103	46	34	29	23	19
		东北	19	15	14	10	12	4	190	276	289	255	188	159	154	148	141	131	116	98	79	49	39	32	27	22
		东	25	20	18	14	15	7	208	335	398	414	365	274	204	187	173	157	137	116	94	61	49	41	34	28
		东南	24	20	17	14	13	9	109	208	286	339	349	317	254	192	173	157	136	115	93	60	48	40	34	28
		水平	71	60	52	44	39	32	82	168	279	395	496	570	621	637	624	572	485	377	271	181	146	121	101	85
		$J^0_{n\tau}$	14	11	10	8	7	5	28	46	62	79	92	101	108	111	111	106	95	81	65	37	29	24	20	16

续表

遮阳类型	房间类型	朝向	北京市																							
			下列计算时刻 J_τ 的逐时值(W/m²)																							
			0	1	2	3	4	5	6	7	8	9	10	11	12	13	14	15	16	17	18	19	20	21	22	23
内遮阳	重	南	26	22	19	16	14	12	32	48	64	101	152	196	223	226	206	168	130	110	90	59	49	42	35	30
		西南	50	43	37	32	27	23	42	57	71	85	97	106	161	239	307	345	344	305	233	122	97	83	69	60
		西	62	53	45	39	33	28	46	61	74	88	99	106	112	166	272	364	416	415	355	157	119	103	85	74
		西北	45	39	33	28	24	20	39	55	69	84	95	103	110	111	134	205	278	312	292	117	86	75	62	54
		北	19	16	14	12	11	8	62	63	66	82	93	101	108	110	110	105	95	91	101	47	36	32	26	23
		东北	24	20	18	14	15	7	184	266	277	245	182	155	151	147	140	131	117	101	83	53	44	38	32	27
		东	31	25	23	18	18	10	201	323	382	397	351	266	200	185	173	159	140	120	99	68	56	48	41	35
		东南	30	25	22	18	17	12	107	201	276	325	335	305	247	188	171	157	138	119	98	67	55	47	40	34
		水平	88	75	64	55	48	40	87	169	274	383	477	547	595	612	601	554	474	373	275	193	163	140	119	102
		$J^0_{n\tau}$	16	14	12	10	9	7	28	45	60	77	89	98	105	107	107	103	93	80	65	38	31	27	22	19
无遮阳	轻	南	16	14	12	11	10	8	23	44	62	100	154	205	238	246	227	186	142	113	90	59	39	30	23	19
		西南	33	29	25	22	20	17	32	52	70	88	104	115	164	245	321	368	373	332	258	137	82	64	48	40
		西	40	36	30	27	24	21	35	55	72	91	106	117	123	169	275	376	443	444	395	194	105	84	59	51
		西北	28	25	20	19	16	14	28	49	67	85	102	112	121	122	142	206	289	328	324	155	78	63	42	37
		北	11	9	8	5	7	1	48	65	66	84	97	108	116	119	120	114	105	95	106	59	31	25	17	14
		东北	17	13	15	8	15	0	152	271	295	272	204	164	152	148	141	133	120	103	84	55	37	29	24	18
		东	24	19	20	13	20	3	168	324	398	427	385	297	212	183	168	154	137	116	97	65	47	37	31	25
		东南	22	18	18	14	16	8	87	195	280	342	359	333	271	202	171	155	136	116	95	64	45	36	29	24
		水平	54	45	40	34	31	25	62	142	252	376	489	578	639	666	658	612	527	413	296	189	132	102	79	65
		$J^0_{n\tau}$	8	7	6	5	5	3	19	40	58	78	94	105	114	117	118	113	103	88	71	43	26	19	14	11

续表

遮阳类型	房间类型	朝向	北京市																							
			下列计算时刻 J_τ 的逐时值(W/m²)																							
			0	1	2	3	4	5	6	7	8	9	10	11	12	13	14	15	16	17	18	19	20	21	22	23
外遮阳	中	南	34	29	25	22	19	16	26	39	51	75	112	151	184	202	201	183	155	132	113	86	69	58	48	41
		西南	66	56	48	42	37	31	39	51	62	75	88	97	128	182	241	288	312	303	267	191	143	117	94	79
		西	80	69	58	51	44	38	45	56	66	79	91	100	107	134	202	279	343	369	361	253	181	148	117	98
		西北	59	50	42	36	31	27	35	47	58	72	84	94	103	107	120	159	218	259	276	192	134	110	86	72
		北	25	21	18	15	14	9	36	52	56	69	80	90	98	103	106	105	100	94	100	74	54	46	36	31
		东北	34	28	26	20	22	10	94	183	222	230	200	175	162	155	147	140	129	115	101	78	63	53	46	38
		东	44	37	34	27	29	16	106	217	290	338	336	297	243	214	194	177	159	141	123	97	80	68	58	49
		东南	42	36	32	27	26	19	62	132	199	257	290	292	265	224	196	178	158	140	121	95	77	66	56	48
		水平	113	96	82	70	61	51	69	118	192	281	372	451	515	557	575	563	519	449	369	287	232	192	160	134
		$J^0_{n\tau}$	22	18	15	13	11	9	19	32	45	60	74	85	94	99	103	103	98	89	78	58	46	38	31	26
	重	南	40	34	29	24	21	17	24	36	46	67	99	134	166	186	192	181	161	141	123	98	80	68	57	48
		西南	83	70	58	49	41	34	38	47	56	67	78	86	112	158	212	258	287	290	269	211	170	144	119	100
		西	103	87	72	61	51	42	44	52	60	71	80	89	95	118	175	243	305	340	346	269	212	181	148	126
		西北	75	64	53	45	38	31	36	45	54	65	76	85	93	98	109	142	193	233	256	196	153	132	108	92
		北	31	26	23	19	17	12	34	48	53	66	76	85	93	98	101	101	97	92	96	75	58	51	42	36
		东北	35	29	26	20	21	11	79	155	196	214	199	183	173	165	156	147	135	121	106	84	68	58	49	41
		东	44	36	32	25	25	14	86	180	251	305	319	299	261	236	216	196	176	154	134	107	87	73	62	52
		东南	44	37	32	26	23	17	52	111	171	228	266	279	266	237	214	195	175	154	133	106	87	73	61	52
		水平	139	119	102	87	75	63	77	119	183	262	342	415	475	517	538	533	501	444	376	306	258	222	190	162
		$J^0_{n\tau}$	26	22	19	16	14	11	20	32	43	56	69	79	88	94	98	98	95	87	78	61	49	42	36	31

续表

遮阳类型	房间类型	朝向	西安市																							
			下列计算时刻 J_τ 的逐时值(W/m^2)																							
			0	1	2	3	4	5	6	7	8	9	10	11	12	13	14	15	16	17	18	19	20	21	22	23
内遮阳	轻	南	7	6	5	4	4	3	25	51	75	104	147	185	209	209	188	152	120	94	66	32	21	15	11	9
		西南	15	12	10	8	7	6	27	53	77	99	117	126	164	241	318	362	353	297	200	87	52	37	26	20
		西	19	16	12	10	9	7	29	55	78	100	117	128	134	193	313	419	463	437	330	130	74	53	35	27
		西北	15	12	10	8	7	5	27	53	76	99	117	126	134	134	178	263	332	347	282	106	58	42	28	22
		北	7	5	5	3	4	1	55	78	83	102	117	127	134	134	132	123	107	102	97	39	22	16	11	9
		东北	8	6	7	4	7	0	155	283	327	310	239	179	164	156	146	134	114	92	64	32	21	16	12	9
		东	10	7	8	5	8	1	166	329	421	453	402	295	207	180	163	145	122	97	69	35	24	18	14	11
		东南	9	7	7	5	6	3	84	195	286	346	352	309	236	182	162	144	121	96	68	34	23	17	13	10
		水平	33	28	24	21	19	16	62	164	300	446	568	649	699	705	677	601	478	336	205	113	80	62	48	39
		$J^0_{n\tau}$	6	5	4	3	3	2	24	51	74	97	114	125	132	133	131	122	106	85	59	28	17	13	9	7
	中	南	18	15	13	11	9	8	26	48	67	92	129	162	184	185	171	143	120	100	76	48	38	32	26	22
		西南	37	31	26	22	19	15	33	53	72	90	105	114	148	216	282	320	314	271	193	103	81	67	54	45
		西	48	41	34	29	24	20	37	57	74	93	107	116	122	177	281	370	407	389	301	139	106	88	71	59
		西北	37	32	26	22	19	15	33	53	71	90	105	114	122	123	165	238	296	309	254	109	81	68	55	46
		北	17	14	12	10	9	6	53	69	73	90	104	113	121	123	123	116	104	102	97	47	35	30	24	20
		东北	20	16	15	11	12	6	143	244	280	266	211	168	163	158	151	140	123	103	79	50	40	34	28	23
		东	24	20	18	14	14	8	154	286	361	389	350	267	204	188	176	160	140	117	91	60	49	40	34	28
		东南	22	19	16	13	12	9	80	173	247	298	305	273	218	179	168	153	134	112	86	56	45	38	31	26
		水平	69	59	50	43	37	32	69	152	265	387	493	568	619	636	623	569	474	361	253	175	142	118	98	82
		$J^0_{n\tau}$	14	12	10	9	8	6	25	46	66	85	100	110	118	121	121	115	102	86	65	38	30	25	21	17

续表

遮阳类型	房间类型	朝向	西安市																							
			下列计算时刻 J_τ 的逐时值(W/m²)																							
			0	1	2	3	4	5	6	7	8	9	10	11	12	13	14	15	16	17	18	19	20	21	22	23
内遮阳	重	南	22	19	16	14	12	10	28	47	65	90	125	156	177	179	165	139	118	99	77	51	42	36	30	26
		西南	44	38	32	28	24	20	36	55	72	89	103	111	144	209	272	308	303	263	190	105	84	72	60	52
		西	56	48	41	35	30	26	41	59	75	92	105	114	120	172	271	356	392	375	293	140	109	93	78	67
		西北	43	37	32	27	23	20	36	55	72	89	103	111	118	120	160	230	286	299	247	109	83	72	60	51
		北	20	17	15	12	11	8	53	67	71	87	101	110	117	119	119	114	102	101	96	48	38	33	27	24
		东北	25	20	18	15	14	9	139	235	269	255	204	164	159	155	149	140	124	105	82	55	46	39	33	28
		东	30	25	22	18	17	11	150	275	346	373	337	258	199	186	176	161	142	121	96	66	55	47	40	34
		东南	27	23	20	17	15	12	80	167	238	286	293	263	211	176	165	153	135	114	90	62	51	44	37	32
		水平	85	73	63	54	46	39	74	153	260	376	474	545	594	610	600	550	462	358	258	187	159	136	116	100
		$J^0_{n\tau}$	17	15	13	11	10	8	26	46	64	82	97	106	114	117	117	112	100	85	65	40	33	28	24	20
无遮阳	轻	南	13	11	9	8	8	6	19	41	63	89	127	164	190	196	183	155	128	106	82	51	34	25	19	15
		西南	28	24	21	18	17	14	27	48	70	91	109	121	151	215	284	328	330	289	213	114	71	54	41	34
		西	36	32	27	24	22	19	31	52	73	94	112	125	132	176	275	370	420	407	330	165	94	74	54	45
		西北	27	24	20	18	16	13	26	48	69	90	109	120	131	132	166	235	300	320	279	136	74	58	41	34
		北	11	9	8	6	7	3	40	65	71	88	105	118	126	130	130	125	113	106	104	58	32	25	17	14
		东北	17	13	14	9	13	3	114	232	281	279	227	178	163	159	152	143	128	108	85	55	38	29	24	19
		东	22	18	18	14	17	6	124	269	357	398	369	289	213	187	173	159	141	119	95	63	46	36	30	24
		东南	19	16	15	12	13	8	63	158	239	299	315	289	233	187	168	154	136	115	90	60	42	33	26	22
		水平	52	44	38	33	30	25	52	126	237	365	485	575	638	665	658	611	518	399	278	179	128	98	77	63
		$J^0_{n\tau}$	9	7	6	5	5	3	17	39	61	83	102	115	124	128	128	124	111	94	72	44	27	20	15	11

续表

遮阳类型	房间类型	朝向	西安市																							
			下列计算时刻 J_τ 的逐时值(W/m^2)																							
			0	1	2	3	4	5	6	7	8	9	10	11	12	13	14	15	16	17	18	19	20	21	22	23
无遮阳	中	南	29	25	21	18	16	13	21	35	50	69	95	124	148	161	161	149	132	116	98	75	60	50	41	35
		西南	57	49	42	36	31	27	33	46	60	75	90	101	121	163	215	258	277	266	227	163	124	101	82	69
		西	73	63	53	46	40	35	40	53	65	80	94	105	113	140	204	276	329	345	317	223	164	133	106	89
		西北	57	48	41	35	30	26	32	45	59	75	89	100	110	115	136	181	231	260	253	177	127	104	82	69
		北	27	22	19	16	14	10	31	51	59	72	85	96	106	112	115	114	108	103	102	75	57	47	38	32
		东北	34	29	26	21	21	13	73	156	207	227	210	183	169	163	156	148	136	121	103	80	66	55	47	39
		东	42	36	32	27	26	17	81	180	256	309	316	282	236	210	193	178	161	142	121	95	78	66	57	48
		东南	38	33	29	24	23	17	48	108	169	223	253	253	229	199	182	168	152	134	114	89	73	61	52	44
		水平	110	93	80	68	59	50	62	107	180	272	365	446	512	554	573	560	512	439	355	278	225	187	155	131
		$J^0_{n\tau}$	23	19	16	14	12	9	18	32	47	64	79	91	102	108	112	112	106	95	81	61	48	40	33	28
	重	南	35	29	25	21	18	15	21	33	45	63	86	112	135	149	153	146	134	120	103	82	67	57	48	41
		西南	72	60	51	42	36	30	33	43	55	68	81	90	108	145	191	232	255	255	229	180	146	123	103	86
		西	94	79	66	55	46	38	40	49	59	72	84	94	101	124	178	243	295	320	308	240	192	163	134	113
		西北	72	61	51	43	36	30	33	43	55	68	81	91	100	105	123	162	207	237	239	185	146	125	103	87
		北	32	27	24	20	18	13	30	47	56	69	81	91	100	106	110	110	105	101	99	77	61	53	44	38
		东北	37	30	27	21	21	13	62	132	181	208	204	188	179	172	164	155	142	127	109	86	71	60	51	43
		东	44	36	32	26	24	16	67	150	221	277	297	281	250	229	211	194	175	154	131	105	86	72	61	51
		东南	41	34	30	25	22	17	41	91	146	198	232	242	229	209	194	180	163	144	123	98	81	68	57	48
		水平	135	116	99	85	73	62	70	109	173	254	337	410	471	514	536	531	494	434	363	298	252	216	185	158
		$J^0_{n\tau}$	28	24	20	17	15	12	19	32	45	60	74	85	95	102	106	107	103	94	82	64	52	45	38	32

续表

遮阳类型	房间类型	朝向	上海市																							
			下列计算时刻 J_τ 的逐时值(W/m²)																							
			0	1	2	3	4	5	6	7	8	9	10	11	12	13	14	15	16	17	18	19	20	21	22	23
内遮阳	轻	南	6	5	4	4	4	3	23	50	74	99	131	162	180	182	165	138	114	90	61	30	19	14	10	8
	中	西南	14	11	9	8	7	5	25	52	76	99	116	128	152	222	296	342	336	284	187	81	49	35	24	18
		西	19	16	12	10	9	7	27	53	77	100	117	129	134	194	314	420	462	433	316	126	72	52	35	27
		西北	15	13	10	8	7	6	25	52	76	99	117	128	134	138	194	281	346	353	274	105	58	42	28	22
		北	7	5	5	4	4	2	53	81	86	103	118	129	134	136	133	124	110	106	96	38	22	16	11	9
		东北	8	6	6	4	6	0	144	280	335	325	258	189	168	159	148	135	115	91	63	32	21	16	12	9
		东	10	7	8	5	7	1	153	321	417	452	402	296	207	181	164	145	122	96	67	35	24	18	14	11
		东南	8	7	6	5	5	3	76	186	273	329	330	286	215	175	158	141	119	94	65	33	22	16	13	10
		水平	33	28	24	21	19	16	57	158	297	448	570	657	705	715	683	605	478	332	198	112	80	61	48	39
		$J^0_{n\tau}$	6	5	4	3	3	2	22	49	73	97	114	126	132	135	132	123	106	84	58	27	17	12	9	7
		南	16	14	12	10	9	7	24	46	66	87	115	143	159	162	150	130	112	93	70	43	35	29	24	20
		西南	35	30	25	21	18	15	31	52	70	90	104	115	137	200	263	303	299	259	181	97	76	63	51	43
		西	48	40	33	28	24	20	35	55	74	92	106	117	122	178	281	371	406	385	289	137	104	87	70	58
		西北	38	32	26	22	19	16	32	52	71	90	105	115	121	127	178	254	308	315	248	110	83	69	55	47
		北	17	14	12	10	9	6	51	71	75	91	105	115	121	124	123	117	107	106	96	47	36	30	24	20
		东北	20	17	15	12	12	7	133	243	286	278	227	177	166	161	153	142	124	104	78	51	41	34	28	24
		东	24	20	17	14	14	8	143	280	358	388	349	267	203	189	176	160	139	116	89	59	48	40	33	28
		东南	21	18	15	13	11	9	73	164	236	283	286	253	199	173	163	149	130	108	82	54	44	36	30	25
		水平	69	59	50	43	37	32	64	147	262	388	495	574	624	644	628	573	475	358	249	174	142	117	98	82
		$J^0_{n\tau}$	14	12	10	9	7	6	23	45	65	85	100	111	118	122	121	115	102	85	63	38	30	25	21	17

续表

遮阳类型	房间类型	朝向	上海市 下列计算时刻 J_τ 的逐时值(W/m²)																							
			0	1	2	3	4	5	6	7	8	9	10	11	12	13	14	15	16	17	18	19	20	21	22	23
内遮阳	重	南	20	17	15	13	11	9	25	46	64	85	111	137	153	156	145	126	110	93	71	46	38	32	27	23
		西南	41	36	30	26	22	19	34	53	71	89	102	112	133	193	254	292	289	251	177	99	80	68	57	49
		西	56	48	41	35	30	26	39	58	75	92	105	115	119	173	272	357	391	372	281	137	107	92	77	66
		西北	44	38	32	28	24	20	35	54	71	89	103	112	118	124	172	245	297	304	241	110	85	73	61	52
		北	20	17	15	13	11	9	51	70	74	88	101	111	117	121	120	114	105	104	95	49	38	33	28	24
		东北	25	21	19	15	14	9	130	234	275	268	218	171	162	159	152	142	125	106	82	56	46	39	34	29
		东	30	25	22	18	17	12	139	270	344	372	336	259	198	186	175	161	142	120	94	66	55	47	40	34
		东南	26	22	19	16	15	11	73	159	228	272	275	244	193	170	160	148	131	111	86	59	49	42	36	31
		水平	85	73	63	54	46	39	69	148	257	377	476	551	598	618	604	554	463	355	254	187	159	136	116	100
		$J^0_{n\tau}$	17	15	13	11	10	8	24	45	63	82	97	107	114	118	118	112	100	85	64	40	33	28	24	20
无遮阳	轻	南	11	9	8	7	6	5	17	39	61	85	115	145	165	171	161	140	121	100	76	47	31	23	17	14
		西南	26	22	19	17	16	13	24	46	68	90	108	122	142	199	265	310	315	276	200	107	67	51	39	32
		西	36	31	27	24	21	19	29	51	72	94	112	126	132	177	276	371	419	404	319	160	93	72	53	44
		西北	27	24	20	18	16	14	25	47	68	90	109	121	131	135	178	251	313	327	274	134	75	58	42	35
		北	11	9	8	7	6	3	38	67	74	90	106	119	127	131	131	125	115	110	104	57	33	25	18	14
		东北	17	14	14	10	13	4	106	229	286	291	243	188	167	162	154	145	129	109	85	55	38	30	24	19
		东	22	18	18	14	16	7	114	262	354	397	369	289	213	187	174	159	141	119	93	62	45	36	29	24
		东南	18	15	14	12	12	8	57	149	228	284	296	269	214	178	164	151	134	112	87	57	40	31	25	21
		水平	52	44	38	33	30	26	48	121	233	365	486	580	643	673	664	615	520	397	273	177	127	97	77	62
		$J^0_{n\tau}$	9	7	6	5	5	3	15	38	60	83	102	115	124	129	129	124	112	94	71	43	27	20	14	11

续表

遮阳类型	房间类型	朝向	上海市																							
			下列计算时刻 J_τ 的逐时值(W/m²)																							
			0	1	2	3	4	5	6	7	8	9	10	11	12	13	14	15	16	17	18	19	20	21	22	23
无遮阳	中	南	26	22	19	16	14	11	19	33	48	66	87	111	130	141	142	133	121	107	90	68	55	45	37	31
		西南	54	46	39	34	30	25	31	44	58	74	88	100	116	153	201	243	263	253	214	154	118	96	78	65
		西	72	62	52	45	40	34	39	51	65	80	94	105	113	141	204	277	329	344	311	219	161	131	105	88
		西北	57	49	41	36	31	26	32	45	59	75	89	101	110	116	143	192	242	268	254	178	129	105	84	70
		北	27	22	19	16	14	10	30	52	61	74	86	98	106	113	116	115	110	106	102	75	57	48	39	32
		东北	35	29	26	21	21	13	69	153	209	234	221	192	175	167	159	151	138	123	104	81	66	.56	47	40
		东	42	36	32	27	26	18	76	174	253	306	314	281	235	209	193	177	160	141	120	94	78	66	56	48
		东南	36	31	27	23	21	17	44	102	161	213	239	237	212	188	174	161	147	129	109	85	70	59	50	42
		水平	110	93	80	68	59	51	60	103	177	271	366	449	515	560	578	564	515	439	353	277	225	186	155	130
		$J^0_{n\tau}$	23	19	16	14	12	9	17	32	47	64	79	92	101	109	112	112	106	95	80	60	48	40	33	27
	重	南	31	27	23	20	17	14	20	32	45	61	80	101	119	131	135	130	121	109	94	74	61	52	44	37
		西南	68	57	48	40	34	28	31	42	53	67	80	91	104	136	179	218	242	242	216	169	138	116	97	81
		西	93	78	65	54	45	38	39	48	59	71	83	94	101	125	179	243	295	319	303	236	190	160	133	112
		西北	73	62	52	43	37	30	33	43	54	68	81	91	100	106	129	171	216	245	242	187	149	127	105	89
		北	32	28	24	20	18	14	29	48	57	70	82	93	101	107	111	110	106	103	100	78	62	53	45	38
		东北	37	31	27	22	21	14	58	129	182	213	213	197	185	177	168	159	145	129	110	88	72	61	51	43
		东	43	36	31	26	24	16	63	145	218	274	295	280	248	228	211	194	174	153	130	104	86	72	61	51
		东南	39	33	28	24	21	16	38	86	139	189	220	227	213	197	185	172	156	138	118	94	77	65	55	46
		水平	135	116	99	85	73	62	68	106	170	253	337	412	474	518	540	534	496	434	362	297	252	216	185	158
		$J^0_{n\tau}$	28	24	20	17	15	12	18	31	44	60	74	86	95	102	107	107	103	94	81	64	52	44	38	32

续表

遮阳类型	房间类型	朝向	广州市																							
			下列计算时刻 J_{τ} 的逐时值（W/m^2）																							
			0	1	2	3	4	5	6	7	8	9	10	11	12	13	14	15	16	17	18	19	20	21	22	23
内遮阳	轻	南	5	4	4	3	3	2	16	45	71	96	114	128	136	139	133	123	105	82	50	25	16	12	9	7
		西南	12	9	8	7	6	5	18	47	72	97	115	129	135	177	242	290	291	248	149	66	42	29	21	15
		西	18	14	12	10	8	7	20	49	74	99	116	130	135	197	314	420	456	421	269	112	68	47	33	24
		西北	16	13	10	8	7	6	19	48	73	98	116	129	135	161	240	331	378	367	242	98	59	41	28	21
		北	7	6	5	4	4	2	40	86	100	111	121	131	137	138	134	129	124	121	88	37	23	16	12	9
		东北	8	7	6	5	5	2	105	268	348	360	308	228	182	168	154	138	116	90	57	30	21	16	12	10
		东	9	8	7	6	6	3	110	295	405	445	399	295	207	181	164	145	121	94	59	32	23	17	13	11
		东南	7	6	5	4	4	3	53	159	239	282	275	227	177	162	150	135	113	88	55	29	20	15	11	9
		水平	32	27	24	21	18	17	40	140	283	442	571	665	716	726	690	607	470	316	178	106	78	59	47	38
		$J^0_{n\tau}$	5	4	4	3	3	2	16	45	71	96	114	127	134	136	132	123	105	82	50	25	16	12	9	7
	中	南	14	12	10	8	7	6	17	42	63	84	99	113	121	125	122	116	101	83	57	37	30	24	20	17
		西南	30	25	21	18	15	13	23	47	67	87	102	115	122	161	217	258	260	226	145	82	65	53	44	36
		西	46	38	32	27	22	19	28	51	71	91	105	117	123	179	281	371	401	374	248	127	99	82	67	55
		西北	39	33	27	23	19	16	26	49	69	89	104	116	122	147	218	295	335	327	222	109	85	70	57	47
		北	17	15	12	10	9	7	40	77	88	97	107	118	124	127	125	122	119	118	89	47	37	31	25	21
		东北	21	17	15	12	11	8	100	235	297	309	268	207	178	170	160	147	127	105	75	51	42	35	29	24
		东	23	19	17	14	12	9	105	260	347	381	345	265	202	188	175	159	137	113	81	57	47	39	32	27
		东南	19	16	13	11	10	8	52	142	206	243	238	202	165	158	150	139	121	99	70	48	39	32	27	22
		水平	68	58	49	42	36	32	49	131	249	383	494	580	632	653	633	574	468	346	231	170	139	115	96	80
		$J^0_{n\tau}$	14	12	10	8	7	6	17	42	63	84	99	112	119	123	121	115	101	83	57	36	29	24	20	17

续表

遮阳类型	房间类型	朝向	广州市																							
			下列计算时刻 J_τ 的逐时值(W/m²)																							
			0	1	2	3	4	5	6	7	8	9	10	11	12	13	14	15	16	17	18	19	20	21	22	23
内遮阳	重	南	17	15	12	11	9	8	18	41	61	81	96	109	117	121	118	113	99	83	58	39	32	27	23	20
		西南	35	30	26	22	19	16	26	48	67	86	100	111	118	156	210	249	251	219	142	83	68	57	49	41
		西	53	45	39	33	28	24	33	54	72	90	104	115	120	174	272	357	386	361	242	128	102	87	73	62
		西北	45	39	33	29	24	21	30	51	70	88	102	113	119	143	210	284	323	315	216	110	88	74	63	53
		北	21	18	15	13	11	9	41	75	85	94	104	114	120	123	121	119	117	116	89	49	40	34	29	24
		东北	26	22	19	16	14	11	98	227	286	296	258	201	174	167	159	147	129	107	79	57	48	41	35	30
		东	29	24	21	18	16	12	103	251	333	366	332	256	197	185	174	159	139	116	87	63	53	45	39	33
		东南	23	20	17	15	13	11	52	138	199	233	228	194	161	155	148	138	121	101	73	52	44	37	32	27
		水平	84	72	61	53	45	39	55	133	246	372	476	556	606	626	609	555	456	343	238	183	156	134	114	98
		$J^0_{n\tau}$	17	14	12	11	9	8	18	41	61	81	96	108	114	119	118	112	99	82	58	39	32	27	23	20
无遮阳	轻	南	9	7	6	5	5	4	11	33	57	81	101	117	127	132	131	125	111	92	66	40	26	19	14	11
		西南	22	18	16	14	13	11	18	40	63	87	105	121	129	163	218	264	273	244	165	88	57	42	33	26
		西	34	29	15	23	20	18	24	46	68	92	110	125	132	179	276	372	414	396	282	141	88	66	51	41
		西北	29	25	21	19	17	15	21	43	66	89	108	123	131	152	215	295	343	344	252	125	76	57	43	35
		北	12	10	8	7	7	5	30	68	85	97	109	121	130	134	133	130	127	124	101	54	33	25	18	14
		东北	18	15	14	12	12	7	78	214	295	317	286	223	183	171	161	149	132	110	81	53	39	30	24	20
		东	21	18	16	14	14	10	83	236	341	388	365	287	212	186	174	159	140	116	87	58	43	34	28	23
		东南	15	13	11	10	9	8	40	125	199	244	248	216	176	162	154	143	127	105	77	49	35	27	21	18
		水平	51	43	37	33	29	26	38	105	219	357	484	584	651	682	672	619	516	386	256	168	123	94	75	61
		$J^0_{n\tau}$	8	7	6	5	5	4	11	33	57	81	101	116	125	130	130	124	111	92	66	39	26	19	14	11

续表

遮阳类型	房间类型	朝向	广州市																							
			下列计算时刻 J_τ 的逐时值(W/m²)																							
			0	1	2	3	4	5	6	7	8	9	10	11	12	13	14	15	16	17	18	19	20	21	22	23
无遮阳	中	南	22	19	16	13	11	10	14	28	44	62	78	92	103	111	114	113	106	94	77	58	47	39	32	27
		西南	46	39	33	29	25	22	24	38	53	70	85	98	107	130	168	206	226	220	180	129	100	81	66	55
		西	69	59	50	43	38	33	34	47	61	77	91	104	112	141	204	277	326	338	288	202	153	123	100	83
		西北	59	50	43	37	32	28	30	43	58	74	88	101	110	126	166	223	268	288	250	176	132	106	86	71
		北	28	23	20	17	15	12	25	52	68	80	90	101	109	115	118	118	117	116	103	76	59	49	40	33
		东北	36	31	27	23	21	16	54	141	210	247	248	220	193	180	169	158	144	126	104	82	68	57	49	41
		东	40	35	31	26	24	19	58	154	240	296	308	276	232	207	191	175	158	138	114	91	75	64	54	46
		东南	32	27	24	20	18	15	32	85	140	183	202	194	174	163	155	146	134	118	97	75	63	52	44	37
		水平	108	92	78	67	58	50	52	92	166	263	361	449	519	565	582	567	513	432	341	269	220	182	152	128
		$J^0_{n\tau}$	22	19	16	13	11	9	14	28	44	62	78	91	102	109	113	112	105	94	76	58	47	39	32	26
	重	南	27	23	20	17	15	12	15	28	42	58	72	85	96	104	108	108	103	93	78	62	51	43	37	31
		西南	58	49	41	34	29	24	25	36	49	63	77	89	98	118	151	186	207	209	181	142	117	98	82	69
		西	88	74	61	52	43	36	35	44	55	69	81	93	100	125	178	243	293	314	284	221	181	151	126	106
		西北	75	63	53	44	37	31	31	41	53	67	79	91	100	113	148	197	241	266	244	189	154	129	108	90
		北	33	28	24	21	18	14	25	47	62	75	86	96	104	110	113	114	113	112	102	79	65	55	46	39
		东北	38	32	27	23	20	15	45	118	181	223	234	220	203	192	181	168	153	135	112	90	74	63	53	45
		东	42	35	30	25	22	17	48	128	206	264	287	273	244	224	208	191	172	150	125	100	83	70	59	50
		东南	35	30	25	22	19	15	29	73	121	163	186	188	176	169	162	153	140	124	103	82	68	58	49	41
		水平	133	114	98	84	72	62	61	95	160	245	333	412	477	523	544	536	494	428	351	291	248	212	182	155
		$J^0_{n\tau}$	27	23	20	17	15	12	15	28	42	58	72	85	95	103	107	107	102	93	78	61	51	43	37	31

表 2-24　玻璃窗内遮阳系数 X_z

遮阳设施及颜色		遮阳系数	遮阳设施及颜色		遮阳系数
布窗帘	白色	0.50	塑料活动百叶（叶片 45°）	白色	0.60
	浅色	0.60		浅色	0.68
	深色	0.65		灰色	0.75
半透明卷轴遮阳帘	浅色	0.30	铝活动百叶	灰白	0.60
不透明卷轴遮阳帘	白色	0.25	毛玻璃	次白	0.40
	深色	0.50	窗面涂白	白色	0.60

3. 外窗只有外遮阳设施的辐射负荷：

$$Q_\tau = [F_1 J_{w\tau} + (F-F_1) J_{w\tau}^0] X_g X_d \tag{2-23}$$

式中　F_1——窗口受到太阳照射时的直射面积，m^2；

$J_{w\tau}^0$——计算时刻下，透过无遮阳设施窗玻璃太阳散射辐射的冷负荷强度，见表 2-23。

4. 外窗既有内遮阳设施又有外遮阳设施的辐射负荷：

$$Q_\tau = [F_1 J_{n\tau} + (F-F_1) J_{n\tau}^0] X_g X_d X_Z \tag{2-24}$$

式中　$J_{n\tau}^0$——计算时刻下，透过无遮阳设施窗玻璃太阳散射辐射的冷负荷强度，见表 2-23。

2.2.5　内围护结构的传热冷负荷

1. 相邻空间通风良好时内围护结构温差传热的冷负荷

（1）内窗温差传热的冷负荷：

当相邻空间通风良好时，内窗温差传热形成的冷负荷可式（2-17）计算。

（2）其他内围护结构温差传热的冷负荷：

当相邻空间通风良好时，内墙或间层楼板由于温差传热形成的冷负荷可按式（2-25）估算：

$$Q = k \cdot F \cdot (t_{wp} - t_n) \tag{2-25}$$

式中　t_{wp}——夏季空调室外计算日平均温度，℃。

2. 相邻空间有发热量时内围护结构温差传热的冷负荷

当邻室存在一定的发热量时，通过空调房间内窗、内墙、间层楼板或内门等内围护结构温差形成的冷负荷 Q（W），可按式（2-26）计算：

$$Q = k \cdot F \cdot (t_{wp} + \Delta t_{ls} - t_n) \tag{2-26}$$

式中　Δt_{ls}——邻室温升，可根据邻室散热强度，按表 2-25 采用，℃。

表 2-25　邻室温升

邻室散热量	Δt_{ls}	邻室散热量	Δt_{ls}
很少（如办公室，走廊）	0	23～116W/m²	5
＜23W/m²	3		

2.2.6　人体显热冷负荷

人体显热散热形成的计算时刻冷负荷 Q_τ（W），可按式（2-27）计算：

$$Q_\tau = \Psi n q_1 X_{\tau-T} \tag{2-27}$$

式中　n——计算时刻空调区内的总人数；

Ψ——群集系数，见表 2-26；

q_1——一名成年男子小时显热散热量，见表 2-27，W；

τ——计算时刻，h；

T——人员进入空调区的时刻，h；

$\tau-T$——从人员进入空调区的时刻算起到计算时刻的持续时间，h；

$X_{\tau-T}$——$\tau-T$ 时刻人体显热散热的冷负荷系数，见表 2-28。

表 2-26　某些场所的群集系数

典型场所	群集系数	典型场所	群集系数
影剧院	0.89	体育馆	0.92
图书馆，阅览室	0.96	商场	0.89
旅馆，餐馆	0.93	纺织厂	0.90

表 2-27　一名成年男子小时散热量和散湿量

类　别	室内温度（℃）								
	20	21	22	23	24	25	26	27	28
静坐：影剧院，会堂，阅览室									
显热 q_1（W）	84	81	78	75	70	67	62	58	53
潜热 q_2（W）	25	27	30	34	38	41	46	50	55
散湿 g（g/h）	38	40	45	50	56	61	68	75	82
极轻活动：办公室，旅馆，体育馆，小型元器件及商品的制造、装配等									
显热 q_1（W）	90	85	79	74	70	66	61	57	52
潜热 q_2（W）	46	51	56	60	64	68	73	77	82
散湿 g（g/h）	69	76	83	89	96	102	109	115	123
轻度活动：商场，实验室，计算机房，工厂轻台面工作等									
显热 q_1（W）	93	87	81	75	69	64	58	51	45
潜热 q_2（W）	90	94	101	106	112	117	123	130	136
散湿 g（g/h）	134	140	150	158	167	175	184	194	203
中度活动：纺织车间，印刷车间，机加工车间等									
显热 q_1（W）	118	112	104	96	88	83	74	68	61
潜热 q_2（W）	117	123	131	139	147	152	161	168	174
散湿 g（g/h）	175	184	196	207	219	227	240	250	260
重度活动：炼钢车间，铸造车间，排练厅，室内运动等									
显热 q_1（W）	168	162	157	151	145	139	134	128	122
潜热 q_2（W）	239	245	250	256	262	268	273	279	285
散湿 g（g/h）	356	365	373	382	391	400	408	417	425

表 2-28　人体显热散热的冷负荷系数

房间类型	工作总时数（h）	从开始工作时刻算起到计算时刻的持续时间 $\tau-T$(h)																							
		1	2	3	4	5	6	7	8	9	10	11	12	13	14	15	16	17	18	19	20	21	22	23	24
轻	1	0.48	0.28	0.07	0.04	0.03	0.02	0.01	0.01	0.01	0.01	0.01													
	2	0.48	0.76	0.12	0.07	0.05	0.03	0.02	0.02	0.01	0.01	0.01	0.01	0.01	0.01	0.01	0.01	0.01							
	3	0.48	0.76	0.83	0.40	0.14	0.09	0.06	0.04	0.03	0.03	0.02	0.02	0.01	0.01	0.01	0.01	0.01	0.01	0.01	0.01	0.01	0.01		
	4	0.48	0.76	0.83	0.88	0.43	0.16	0.10	0.07	0.05	0.04	0.03	0.02	0.02	0.02	0.01	0.01	0.01	0.01	0.01	0.01	0.01	0.01	0.01	0.01
	5	0.48	0.76	0.84	0.88	0.90	0.45	0.18	0.12	0.08	0.06	0.04	0.04	0.03	0.02	0.02	0.02	0.02	0.01	0.01	0.01	0.01	0.01	0.01	0.01
	6	0.48	0.77	0.84	0.88	0.91	0.92	0.46	0.19	0.12	0.09	0.06	0.05	0.04	0.03	0.03	0.02	0.02	0.02	0.02	0.01	0.01	0.01	0.01	0.01
	7	0.49	0.77	0.84	0.88	0.91	0.92	0.94	0.47	0.20	0.13	0.09	0.07	0.05	0.04	0.03	0.03	0.02	0.02	0.02	0.02	0.02	0.01	0.01	0.01
	8	0.49	0.77	0.84	0.88	0.91	0.93	0.94	0.95	0.48	0.20	0.14	0.10	0.07	0.06	0.05	0.04	0.03	0.03	0.02	0.02	0.02	0.02	0.02	0.01
	9	0.49	0.77	0.84	0.88	0.91	0.93	0.94	0.95	0.96	0.49	0.21	0.14	0.10	0.08	0.06	0.05	0.04	0.03	0.03	0.03	0.02	0.02	0.02	0.02
	10	0.49	0.77	0.84	0.89	0.91	0.93	0.94	0.95	0.96	0.96	0.49	0.21	0.14	0.10	0.08	0.06	0.05	0.04	0.04	0.03	0.03	0.02	0.02	0.02
	11	0.50	0.78	0.85	0.89	0.91	0.93	0.94	0.95	0.96	0.96	0.97	0.50	0.22	0.15	0.11	0.08	0.06	0.05	0.04	0.04	0.03	0.03	0.03	0.02
	12	0.50	0.78	0.85	0.89	0.91	0.93	0.94	0.95	0.96	0.97	0.97	0.97	0.50	0.22	0.15	0.11	0.08	0.07	0.05	0.05	0.04	0.03	0.03	0.03
	13	0.50	0.78	0.85	0.89	0.92	0.94	0.95	0.96	0.96	0.97	0.97	0.97	0.98	0.50	0.22	0.15	0.11	0.09	0.07	0.06	0.05	0.04	0.04	0.03
	14	0.51	0.79	0.86	0.90	0.92	0.94	0.95	0.96	0.96	0.97	0.97	0.98	0.98	0.98	0.51	0.23	0.15	0.11	0.09	0.07	0.06	0.05	0.04	0.04
	15	0.51	0.79	0.86	0.90	0.92	0.94	0.95	0.96	0.97	0.97	0.97	0.98	0.98	0.98	0.98	0.51	0.23	0.16	0.12	0.09	0.07	0.06	0.05	0.04
	16	0.52	0.80	0.86	0.90	0.93	0.94	0.95	0.96	0.97	0.97	0.98	0.98	0.98	0.98	0.98	0.99	0.51	0.23	0.16	0.12	0.09	0.07	0.06	0.05
	17	0.53	0.80	0.87	0.91	0.93	0.95	0.96	0.97	0.97	0.98	0.98	0.98	0.98	0.98	0.99	0.99	0.99	0.51	0.23	0.16	0.12	0.09	0.08	0.06
	18	0.54	0.81	0.88	0.91	0.94	0.95	0.96	0.97	0.97	0.98	0.98	0.98	0.98	0.99	0.99	0.99	0.99	0.99	0.52	0.23	0.16	0.12	0.09	0.08
	19	0.55	0.82	0.88	0.92	0.94	0.96	0.96	0.97	0.98	0.98	0.98	0.98	0.99	0.99	0.99	0.99	0.99	0.99	0.99	0.52	0.24	0.16	0.12	0.10
	20	0.57	0.84	0.90	0.93	0.95	0.96	0.97	0.98	0.98	0.98	0.99	0.99	0.99	0.99	0.99	0.99	0.99	0.99	0.99	0.99	0.52	0.24	0.17	0.12

续表

房间类型	工作总时数(h)	从开始工作时刻算起到计算时刻的持续时间 $\tau-T$(h)																							
		1	2	3	4	5	6	7	8	9	10	11	12	13	14	15	16	17	18	19	20	21	22	23	24
中	1	0.47	0.20	0.06	0.05	0.04	0.03	0.03	0.02	0.02	0.01	0.01	0.01	0.01	0.01	0.01	0.01								
	2	0.47	0.67	0.26	0.11	0.09	0.07	0.06	0.05	0.04	0.03	0.03	0.02	0.02	0.02	0.01	0.01	0.01	0.01	0.01	0.01	0.01	0.01		
	3	0.47	0.67	0.73	0.31	0.15	0.12	0.09	0.08	0.06	0.05	0.04	0.04	0.03	0.03	0.02	0.02	0.02	0.01	01	01	01	0.01	0.01	0.01
	4	0.48	0.67	0.73	0.78	0.35	0.18	0.14	0.11	0.09	0.08	0.06	0.05	0.05	0.04	0.03	0.03	0.02	0.02	0.02	0.02	0.01	0.01	0.01	0.01
	5	0.48	0.67	0.73	0.78	0.82	0.38	0.20	0.16	0.13	0.11	0.09	0.07	0.06	0.05	0.04	0.04	0.03	0.03	0.02	0.02	0.02	0.02	0.01	0.01
	6	0.48	0.68	0.74	0.78	0.82	0.85	0.40	0.23	0.18	0.15	0.12	0.10	0.08	0.07	0.06	0.04	0.04	0.03	0.03	0.03	0.02	0.02	0.02	02
	7	0.48	0.68	0.74	0.79	0.82	0.85	0.87	0.42	0.24	0.19	0.16	0.13	0.11	0.09	0.08	0.06	0.05	0.05	0.04	0.03	0.03	0.03	0.02	0.02
	8	0.49	0.68	0.74	0.79	0.82	0.85	0.87	0.89	0.44	0.26	0.21	0.17	0.14	0.12	0.10	0.08	0.07	0.06	0.05	0.04	0.04	0.03	0.03	0.03
	9	0.49	0.69	0.75	0.79	0.83	0.85	0.88	0.90	0.91	0.46	0.27	0.22	0.18	0.15	0.12	0.10	0.09	0.07	0.06	0.05	0.05	0.04	0.03	0.03
	10	0.50	0.69	0.75	0.79	0.83	0.86	0.88	0.90	0.91	0.92	0.47	0.28	0.23	0.18	0.15	0.13	0.11	0.09	0.08	0.07	0.06	0.05	0.04	0.04
	11	0.51	0.70	0.76	0.80	0.83	0.86	0.88	0.90	0.91	0.93	0.94	0.48	0.29	0.23	0.19	0.16	0.13	0.11	0.09	0.08	0.07	0.06	0.05	0.04
	12	0.51	0.70	0.76	0.80	0.84	0.86	0.89	0.90	0.92	0.93	0.94	0.95	0.49	0.30	0.24	0.20	0.16	0.14	0.11	0.10	0.08	0.07	0.06	0.05
	13	0.52	0.71	0.77	0.81	0.84	0.87	0.89	0.91	0.92	0.93	0.94	0.95	0.96	0.49	0.30	0.24	0.20	0.17	0.14	0.12	0.10	0.09	0.07	0.06
	14	0.53	0.72	0.77	0.82	0.85	0.87	0.89	0.91	0.92	0.93	0.94	0.95	0.96	0.96	0.50	0.31	0.25	0.21	0.17	0.14	0.12	0.10	0.09	0.08
	15	0.54	0.73	0.78	0.82	0.85	0.88	0.90	0.91	0.93	0.94	0.95	0.95	0.96	0.97	0.97	0.51	0.31	0.25	0.21	0.17	0.15	0.12	0.10	0.09
	16	0.56	0.74	0.79	0.83	0.86	0.88	0.90	0.92	0.93	0.94	0.95	0.96	0.96	0.97	0.97	0.97	0.51	0.32	0.26	0.21	0.18	0.15	0.13	0.11
	17	0.58	0.76	0.81	0.84	0.87	0.89	0.91	0.92	0.94	0.95	0.95	0.96	0.97	0.97	0.97	0.98	0.98	0.52	0.32	0.26	0.21	0.18	0.15	0.13
	18	0.60	0.77	0.82	0.85	0.88	0.90	0.92	0.93	0.94	0.95	0.96	0.96	0.97	0.97	0.98	0.98	0.98	0.98	0.52	0.32	0.26	0.22	0.18	0.15
	19	0.62	0.80	0.84	0.87	0.89	0.91	0.93	0.94	0.95	0.96	0.96	0.97	0.97	0.98	0.98	0.98	0.98	0.99	0.99	0.52	0.33	0.27	0.22	0.18
	20	0.65	0.82	0.86	0.89	0.91	0.92	0.94	0.95	0.95	0.96	0.97	0.97	0.98	0.98	0.98	0.98	0.99	0.99	0.99	0.99	0.53	0.33	0.27	0.22

续表

房间类型	工作总时数(h)	从开始工作时刻算起到计算时刻的持续时间 $\tau-T$(h)																							
		1	2	3	4	5	6	7	8	9	10	11	12	13	14	15	16	17	18	19	20	21	22	23	24
重	1	0.47	0.18	0.06	0.05	0.04	0.03	0.03	0.02	0.02	0.02	0.01	0.01	0.01	0.01	0.01	0.01	0.01							
	2	0.47	0.64	0.24	0.11	0.09	0.07	0.06	0.05	0.04	0.04	0.03	0.03	0.02	0.02	0.02	0.01	0.01	0.01	0.01	0.01	0.01	0.01		
	3	0.47	0.65	0.70	0.28	0.15	0.12	0.10	0.08	0.07	0.06	0.05	0.04	0.04	0.03	0.03	0.02	0.02	0.02	0.01	0.01	0.01	0.01	0.01	0.01
	4	0.47	0.65	0.71	0.75	0.32	0.18	0.15	0.12	0.10	0.09	0.07	0.06	0.05	0.05	0.04	0.03	0.03	0.02	0.02	0.02	0.02	0.01	0.01	0.01
	5	0.48	0.65	0.71	0.75	0.79	0.36	0.21	0.17	0.14	0.12	0.10	0.09	0.07	0.06	0.05	0.05	0.04	0.03	0.03	0.02	0.02	0.02	0.02	0.01
	6	0.48	0.65	0.71	0.76	0.79	0.82	0.38	0.23	0.19	0.16	0.14	0.12	0.10	0.08	0.07	0.06	0.05	0.04	0.04	0.03	0.03	0.02	0.02	0.02
	7	0.48	0.66	0.71	0.76	0.79	0.82	0.85	0.41	0.25	0.21	0.17	0.15	0.13	0.11	0.09	0.08	0.07	0.06	0.05	0.04	0.04	0.03	0.03	0.02
	8	0.49	0.66	0.72	0.76	0.80	0.83	0.85	0.87	0.43	0.27	0.22	0.19	0.16	0.13	0.11	0.10	0.08	0.07	0.06	0.05	0.04	0.04	0.03	0.03
	9	0.49	0.67	0.72	0.76	0.80	0.83	0.85	0.88	0.89	0.45	0.28	0.23	0.20	0.17	0.14	0.12	0.10	0.09	0.08	0.06	0.06	0.05	0.04	0.03
	10	0.50	0.67	0.73	0.77	0.80	0.83	0.86	0.88	0.90	0.91	0.46	0.29	0.24	0.21	0.18	0.15	0.13	0.11	0.09	0.08	0.07	0.06	0.05	0.04
	11	0.51	0.68	0.73	0.77	0.81	0.84	0.86	0.88	0.90	0.91	0.93	0.47	0.30	0.25	0.21	0.18	0.15	0.13	0.11	0.10	0.08	0.07	0.06	0.05
	12	0.52	0.69	0.74	0.78	0.81	0.84	0.86	0.88	0.90	0.92	0.93	0.94	0.48	0.31	0.26	0.22	0.19	0.16	0.14	0.12	0.10	0.08	0.07	0.06
	13	0.53	0.70	0.75	0.79	0.82	0.85	0.87	0.89	0.90	0.92	0.93	0.94	0.95	0.49	0.32	0.27	0.23	0.19	0.16	0.14	0.12	0.10	0.09	0.07
	14	0.54	0.71	0.76	0.79	0.82	0.85	0.87	0.89	0.91	0.92	0.93	0.94	0.95	0.96	0.50	0.33	0.27	0.23	0.20	0.17	0.14	0.12	0.10	0.09
	15	0.56	0.72	0.77	0.80	0.83	0.86	0.88	0.90	0.91	0.92	0.94	0.94	0.95	0.96	0.97	0.51	0.33	0.28	0.24	0.20	0.17	0.14	0.12	0.11
	16	0.57	0.73	0.78	0.81	0.84	0.87	0.89	0.90	0.92	0.93	0.94	0.95	0.96	0.96	0.97	0.97	0.51	0.34	0.28	0.24	0.20	0.17	0.15	0.13
	17	0.59	0.75	0.79	0.83	0.85	0.87	0.89	0.91	0.92	0.93	0.94	0.95	0.96	0.96	0.97	0.97	0.98	0.52	0.34	0.29	0.24	0.21	0.18	0.15
	18	0.62	0.77	0.81	0.84	0.86	0.88	0.90	0.92	0.93	0.94	0.95	0.96	0.96	0.97	0.97	0.98	0.98	0.98	0.52	0.35	0.29	0.24	0.21	0.18
	19	0.64	0.79	0.83	0.86	0.88	0.90	0.91	0.93	0.94	0.95	0.95	0.96	0.97	0.97	0.98	0.98	0.98	0.98	0.99	0.52	0.35	0.29	0.25	0.21
	20	0.68	0.82	0.85	0.88	0.90	0.91	0.93	0.94	0.95	0.95	0.96	0.97	0.97	0.98	0.98	0.98	0.98	0.99	0.99	0.99	0.53	0.35	0.29	0.25

2.2.7　灯具冷负荷

1. 白炽灯散热形成的冷负荷

白炽灯散热形成的冷负荷 Q_τ（W），可按式（2-28）计算：

$$Q_\tau = n_1 N X_{\tau-T} \tag{2-28}$$

式中　n_1——同时使用系数，一般取 0.6～0.8；

N——灯具的安装功率，W，可根据空调区的使用面积按表 2-29 给出的照明功率密度指标推算；

τ——计算时刻，h；

T——开灯时刻，h；

$\tau-T$——从开灯时刻算起到计算时刻的持续时间，h；

$X_{\tau-T}$——$\tau-T$ 时刻灯具散热的冷负荷系数，见表 2-30。

2. 荧光灯散热形成的冷负荷

（1）镇流器设在空调区之外的荧光灯：

此种情况下的灯具散热形成的冷负荷 Q_τ（W），计算公式同式（2-25）。

（2）镇流器设在空调区之内的荧光灯：

此种情况下的灯具散热形成的冷负荷 Q_τ（W），可按式（2-29）计算：

$$Q_\tau = 1.2 n_1 N X_{\tau-T} \tag{2-29}$$

（3）暗装在空调房间吊顶玻璃罩之内的荧光灯：

此种情况下的灯具散热形成的冷负荷 Q_τ（W），可按式（2-30）计算：

$$Q_\tau = n_0 n_1 N X_{\tau-T} \tag{2-30}$$

式中　n_0——考虑玻璃反射及罩内通风情况的系数，当荧光灯罩有小孔，利用自然通风散热与顶棚之内时，取 0.5～0.6，当荧光灯罩无小孔，可视顶棚内的通风情况取 0.6～0.8。

表 2-29　照明功率密度指标

建筑类别	房间类别	照明功率密度（W/m^2）
办公建筑	普通办公	11
	高档办公室，设计室	18
	会议室	11
	走廊	5
	其他	11
宾馆建筑	客房	15
	餐厅	13
	会议室，多功能厅	18
	走廊	5
	门厅	15
商场建筑	一般商店	12
	高档商店	19

2.2.8　设备显热冷负荷

1. 发热设备显热散热量的计算

（1）电热工艺设备的散热量：

$$q_s = n_1 n_2 n_3 n_4 N \tag{2-31}$$

式中　n_1——同时使用系数，即同时使用的安装功率与总功率之比，一般为 0.5～1.0；

n_2——安装系数，即最大实耗功率与安装功率之比，一般可取 0.7～0.9；

n_3——负荷系数，即小时平均实耗功率与最大实耗功率之比，一般取 0.4～0.5；

n_4——通风保温系数，见表 2-31；

N——电热设备的总安装功率，W。

表 2-30 灯具散热的冷负荷系数

房间类型	开灯总时数(h)	从开灯时刻算起到计算时刻的持续时间 $\tau - T$(h)																							
		1	2	3	4	5	6	7	8	9	10	11	12	13	14	15	16	17	18	19	20	21	22	23	24
轻	1	0.36	0.33	0.09	0.05	0.04	0.03	0.02	0.01	0.01	0.01	0.01	0.01	0.01											
	2	0.36	0.70	0.42	0.14	0.09	0.06	0.04	0.03	0.02	0.02	0.02	0.01	0.01	0.01	0.01	0.01	0.01	0.01	0.01					
	3	0.37	0.70	0.78	0.47	0.18	0.12	0.08	0.06	0.04	0.03	0.03	0.02	0.02	0.02	0.01	0.01	0.01	0.01	0.01	0.01	0.01	0.01	0.01	0.01
	4	0.37	0.70	0.79	0.84	0.51	0.20	0.13	0.09	0.07	0.05	0.04	0.03	0.03	0.02	0.02	0.02	0.01	0.01	0.01	0.01	0.01	0.01	0.01	0.01
	5	0.37	0.70	0.79	0.84	0.87	0.54	0.22	0.15	0.11	0.08	0.06	0.05	0.04	0.03	0.03	0.02	0.02	0.02	0.02	0.01	0.01	0.01	0.01	0.01
	6	0.37	0.70	0.79	0.84	0.88	0.90	0.56	0.24	0.16	0.11	0.08	0.07	0.05	0.04	0.03	0.03	0.03	0.02	0.02	0.02	0.02	0.01	0.01	0.01
	7	0.38	0.70	0.79	0.84	0.88	0.90	0.92	0.57	0.25	0.17	0.12	0.09	0.07	0.06	0.05	0.04	0.03	0.03	0.03	0.02	0.02	0.02	0.02	0.02
	8	0.38	0.71	0.79	0.85	0.88	0.90	0.92	0.93	0.58	0.26	0.18	0.13	0.10	0.07	0.06	0.05	0.04	0.04	0.03	0.03	0.02	0.02	0.02	0.02
	9	0.38	0.71	0.80	0.85	0.88	0.91	0.92	0.93	0.94	0.59	0.26	0.18	0.13	0.10	0.08	0.06	0.05	0.04	0.04	0.03	0.03	0.03	0.02	0.02
	10	0.38	0.71	0.80	0.85	0.88	0.91	0.92	0.94	0.94	0.95	0.60	0.27	0.19	0.14	0.10	0.08	0.07	0.06	0.05	0.04	0.04	0.03	0.03	0.03
	11	0.39	0.72	0.80	0.85	0.89	0.91	0.93	0.94	0.95	0.95	0.96	0.60	0.28	0.19	0.14	0.11	0.09	0.07	0.06	0.05	0.04	0.04	0.03	0.03
	12	0.39	0.72	0.81	0.86	0.89	0.91	0.93	0.94	0.95	0.96	0.96	0.96	0.61	0.28	0.19	0.14	0.11	0.09	0.07	0.06	0.05	0.04	0.04	0.03
	13	0.40	0.72	0.81	0.86	0.89	0.91	0.93	0.94	0.95	0.96	0.96	0.97	0.97	0.61	0.28	0.20	0.15	0.11	0.09	0.07	0.06	0.05	0.05	0.04
	14	0.40	0.73	0.81	0.86	0.90	0.92	0.93	0.94	0.95	0.96	0.96	0.97	0.97	0.97	0.62	0.29	0.20	0.15	0.12	0.09	0.08	0.06	0.05	0.05
	15	0.41	0.74	0.82	0.87	0.90	0.92	0.94	0.95	0.96	0.96	0.97	0.97	0.97	0.98	0.98	0.62	0.29	0.20	0.15	0.12	0.09	0.08	0.07	0.06
	16	0.42	0.74	0.82	0.87	0.90	0.93	0.94	0.95	0.96	0.96	0.97	0.97	0.98	0.98	0.98	0.98	0.62	0.29	0.21	0.15	0.12	0.10	0.08	0.07
	17	0.43	0.75	0.83	0.88	0.91	0.93	0.94	0.95	0.96	0.97	0.97	0.97	0.98	0.98	0.98	0.98	0.98	0.63	0.30	0.21	0.16	0.12	0.10	0.08
	18	0.44	0.76	0.84	0.89	0.91	0.93	0.95	0.96	0.96	0.97	0.97	0.98	0.98	0.98	0.98	0.99	0.99	0.99	0.63	0.30	0.21	0.16	0.12	0.10
	19	0.46	0.78	0.85	0.89	0.92	0.94	0.95	0.96	0.97	0.97	0.98	0.98	0.98	0.98	0.99	0.99	0.99	0.99	0.99	0.63	0.30	0.21	0.16	0.13
	20	0.49	0.80	0.87	0.91	0.93	0.95	0.96	0.97	0.97	0.98	0.98	0.98	0.98	0.99	0.99	0.99	0.99	0.99	0.99	0.99	0.63	0.30	0.21	0.16

续表

房间类型	开灯总时数(h)	从开灯时刻算起到计算时刻的持续时间 $\tau-T$(h)																							
		1	2	3	4	5	6	7	8	9	10	11	12	13	14	15	16	17	18	19	20	21	22	23	24
中	1	0.35	0.22	0.08	0.06	0.05	0.04	0.03	0.03	0.02	0.02	0.02	0.01	0.01	0.01	0.01	0.01	0.01	0.01						
	2	0.35	0.57	0.30	0.14	0.11	0.09	0.07	0.06	0.05	0.04	0.03	0.03	0.02	0.02	0.02	0.02	0.01	0.01	0.01	0.01	0.01	0.01	0.01	0.01
	3	0.35	0.57	0.65	0.36	0.19	0.15	0.12	0.10	0.08	0.07	0.06	0.05	0.04	0.03	0.03	0.02	0.02	0.02	0.02	0.01	0.01	0.01	0.01	0.01
	4	0.36	0.57	0.65	0.71	0.41	0.23	0.18	0.15	0.12	0.10	0.08	0.07	0.06	0.05	0.04	0.04	0.03	0.03	0.02	0.02	0.02	0.02	0.01	0.01
	5	0.36	0.58	0.66	0.72	0.76	0.45	0.27	0.21	0.17	0.14	0.12	0.10	0.08	0.07	0.06	0.05	0.04	0.04	0.03	0.03	0.02	0.02	0.02	0.02
	6	0.37	0.58	0.66	0.72	0.77	0.80	0.49	0.29	0.23	0.19	0.16	0.13	0.11	0.09	0.08	0.06	0.06	0.05	0.04	0.04	0.03	0.03	0.02	0.02
	7	0.37	0.58	0.66	0.72	0.77	0.81	0.84	0.51	0.32	0.25	0.21	0.17	0.14	0.12	0.10	0.08	0.07	0.06	0.05	0.04	0.04	0.03	0.03	0.03
	8	0.38	0.59	0.67	0.73	0.77	0.81	0.84	0.86	0.54	0.34	0.27	0.22	0.18	0.15	0.13	0.11	0.09	0.08	0.07	0.06	0.05	0.04	0.04	0.03
	9	0.38	0.59	0.67	0.73	0.77	0.81	0.84	0.86	0.88	0.55	0.35	0.28	0.23	0.19	0.16	0.13	0.11	0.09	0.08	0.07	0.06	0.05	0.04	0.04
	10	0.39	0.60	0.68	0.73	0.78	0.81	0.84	0.87	0.89	0.90	0.57	0.36	0.29	0.24	0.20	0.17	0.14	0.12	0.10	0.08	0.07	0.06	0.05	0.05
	11	0.40	0.61	0.68	0.74	0.78	0.82	0.85	0.87	0.89	0.91	0.92	0.58	0.38	0.30	0.25	0.21	0.17	0.14	0.12	0.10	0.09	0.08	0.07	0.06
	12	0.41	0.62	0.69	0.75	0.79	0.82	0.85	0.87	0.89	0.91	0.92	0.93	0.59	0.38	0.31	0.25	0.21	0.18	0.15	0.13	0.11	0.09	0.08	0.07
	13	0.42	0.62	0.70	0.75	0.79	0.83	0.86	0.88	0.90	0.91	0.92	0.93	0.94	0.60	0.39	0.32	0.26	0.22	0.18	0.15	0.13	0.11	0.09	0.08
	14	0.43	0.64	0.71	0.76	0.80	0.83	0.86	0.88	0.90	0.92	0.93	0.94	0.95	0.95	0.61	0.40	0.32	0.27	0.22	0.19	0.16	0.13	0.11	0.10
	15	0.45	0.65	0.72	0.77	0.81	0.84	0.87	0.89	0.91	0.92	0.93	0.94	0.95	0.96	0.96	0.62	0.41	0.33	0.27	0.23	0.19	0.16	0.14	0.12
	16	0.46	0.66	0.73	0.78	0.82	0.85	0.87	0.89	0.91	0.92	0.93	0.94	0.95	0.96	0.96	0.97	0.62	0.41	0.33	0.28	0.23	0.19	0.16	0.14
	17	0.49	0.68	0.75	0.79	0.83	0.86	0.88	0.90	0.92	0.93	0.94	0.95	0.96	0.96	0.97	0.97	0.97	0.63	0.42	0.34	0.28	0.23	0.19	0.16
	18	0.51	0.71	0.77	0.81	0.84	0.87	0.89	0.91	0.92	0.94	0.94	0.95	0.96	0.96	0.97	0.97	0.98	0.98	0.63	0.42	0.34	0.28	0.23	0.20
	19	0.55	0.73	0.79	0.83	0.86	0.88	0.90	0.92	0.93	0.94	0.95	0.96	0.96	0.97	0.97	0.98	0.98	0.98	0.98	0.64	0.42	0.34	0.28	0.24
	20	0.59	0.77	0.82	0.85	0.88	0.90	0.92	0.93	0.94	0.95	0.96	0.96	0.97	0.97	0.98	0.98	0.98	0.98	0.99	0.99	0.64	0.43	0.35	0.29

续表

房间类型	开灯总时数(h)	从开灯时刻算起到计算时刻的持续时间 $\tau - T$(h)																							
		1	2	3	4	5	6	7	8	9	10	11	12	13	14	15	16	17	18	19	20	21	22	23	24
重	1	0.35	0.20	0.07	0.06	0.05	0.04	0.04	0.03	0.03	0.02	0.02	0.02	0.01	0.01	0.01	0.01	0.01	0.01	0.01					
	2	0.35	0.55	0.27	0.13	0.11	0.09	0.08	0.07	0.06	0.05	0.04	0.04	0.03	0.03	0.02	0.02	0.02	0.01	0.01	0.01	0.01	0.01	0.01	0.01
	3	0.35	0.55	0.62	0.33	0.18	0.15	0.13	0.11	0.09	0.08	0.07	0.06	0.05	0.04	0.04	0.03	0.03	0.02	0.02	0.02	0.01	0.01	0.01	0.01
	4	0.36	0.55	0.62	0.68	0.38	0.22	0.18	0.16	0.13	0.12	0.10	0.08	0.07	0.06	0.05	0.05	0.04	0.03	0.03	0.02	0.02	0.02	0.02	0.01
	5	0.36	0.56	0.62	0.68	0.72	0.42	0.25	0.21	0.18	0.16	0.13	0.11	0.10	0.08	0.07	0.06	0.05	0.05	0.04	0.03	0.03	0.02	0.02	0.02
	6	0.37	0.56	0.63	0.68	0.73	0.77	0.45	0.28	0.24	0.21	0.18	0.15	0.13	0.11	0.09	0.08	0.07	0.06	0.05	0.04	0.04	0.03	0.03	0.02
	7	0.37	0.57	0.63	0.68	0.73	0.77	0.80	0.48	0.31	0.26	0.23	0.19	0.16	0.14	0.12	0.10	0.09	0.08	0.06	0.06	0.05	0.04	0.04	0.03
	8	0.38	0.57	0.64	0.69	0.73	0.77	0.80	0.83	0.51	0.33	0.28	0.24	0.21	0.18	0.15	0.13	0.11	0.09	0.08	0.07	0.06	0.05	0.04	0.04
	9	0.39	0.58	0.64	0.69	0.74	0.78	0.81	0.84	0.86	0.53	0.35	0.30	0.26	0.22	0.19	0.16	0.14	0.12	0.10	0.09	0.07	0.06	0.05	0.05
	10	0.40	0.59	0.65	0.70	0.74	0.78	0.81	0.84	0.86	0.88	0.55	0.37	0.31	0.27	0.23	0.20	0.17	0.14	0.12	0.11	0.09	0.08	0.07	0.06
	11	0.41	0.60	0.66	0.71	0.75	0.78	0.82	0.84	0.86	0.88	0.90	0.57	0.38	0.32	0.28	0.24	0.20	0.17	0.15	0.13	0.11	0.09	0.08	0.07
	12	0.42	0.61	0.67	0.71	0.75	0.79	0.82	0.85	0.87	0.89	0.90	0.92	0.58	0.39	0.33	0.29	0.25	0.21	0.18	0.15	0.13	0.11	0.10	0.08
	13	0.43	0.62	0.68	0.72	0.76	0.80	0.83	0.85	0.87	0.89	0.91	0.92	0.93	0.59	0.40	0.34	0.29	0.25	0.22	0.18	0.16	0.14	0.12	0.10
	14	0.45	0.63	0.69	0.73	0.77	0.80	0.83	0.86	0.88	0.89	0.91	0.92	0.93	0.94	0.60	0.41	0.35	0.30	0.26	0.22	0.19	0.16	0.14	0.12
	15	0.47	0.65	0.70	0.74	0.78	0.81	0.84	0.86	0.88	0.90	0.91	0.93	0.94	0.95	0.95	0.61	0.42	0.36	0.31	0.26	0.22	0.19	0.16	0.14
	16	0.49	0.67	0.72	0.76	0.79	0.82	0.85	0.87	0.89	0.90	0.92	0.93	0.94	0.95	0.96	0.96	0.62	0.43	0.36	0.31	0.27	0.23	0.20	0.17
	17	0.52	0.69	0.74	0.77	0.81	0.84	0.86	0.88	0.90	0.91	0.92	0.93	0.94	0.95	0.96	0.96	0.97	0.63	0.43	0.37	0.32	0.27	0.23	0.20
	18	0.55	0.72	0.76	0.79	0.82	0.85	0.87	0.89	0.91	0.92	0.93	0.94	0.95	0.96	0.96	0.97	0.97	0.98	0.63	0.44	0.37	0.32	0.27	0.23
	19	0.58	0.75	0.79	0.82	0.84	0.87	0.88	0.90	0.92	0.93	0.94	0.95	0.95	0.96	0.97	0.97	0.98	0.98	0.98	0.64	0.44	0.38	0.32	0.28
	20	0.62	0.78	0.82	0.84	0.87	0.88	0.90	0.92	0.93	0.94	0.95	0.95	0.96	0.97	0.97	0.98	0.98	0.98	0.98	0.99	0.64	0.45	0.38	0.32

表 2-31　通风保温系数

保温情况	有局部排风时	无局部排风时
设备有保温	0.3～0.4	0.6～0.7
设备无保温	0.4～0.6	0.8～1.0

（2）电动工艺设备的散热量

① 电动机和工艺设备均在空调区内的散热量

此时设备的散热量 q_s（W）可按式（2-32）计算：

$$q_s = n_1 n_2 n_3 N / \eta \tag{2-32}$$

式中　N——电动设备的总安装功率，W；

η——电动机的效率，见表 2-32；

n_1，n_2，n_3——同式（2-31）。

表 2-32　常用电动机的效率

电动机类型	功率（W）	满负荷效率	电动机类型	功率（W）	满负荷效率
罩极电动机	40	0.35	三相电动机	1500	0.79
	50	0.35		2200	0.81
	90	0.35		3000	0.82
	120	0.35		4000	0.84
分相电动机	180	0.54		5500	0.85
	250	0.56		7500	0.86
	370	0.60		11000	0.87
三相电动机	550	0.72		15000	0.88
	770	0.75		18500	0.89
	1100	0.77		20000	0.89

② 只有电动机在空调区内的散热量：

此时设备的散热量 q_s（W）可按式（2-33）计算：

$$q_s = n_1 n_2 n_3 N (1-\eta) / \eta \tag{2-33}$$

③ 只有工艺设备在空调区内的散热量：

此时设备的散热量 q_s（W）可按式（2-34）计算：

$$q_s = n_1 n_2 n_3 N \tag{2-34}$$

（3）办公及电器设备的散热量：

空调区办公设备的散热量 q_s（W）可按式（2-35）计算：

$$q_s = \sum_{i=1}^{p} S_i q_{a,i} \tag{2-35}$$

式中　p——设备的种类数；

s_i——第 i 类设备的台数；

$q_{a.i}$——第 i 类设备的单台散热量，见表 2-33。

表 2-33 办公设备散热量

名称及类别		单台散热量（W）		名称及类别		单台散热量（W）		
		连续工作	节能模式			连续工作	每分钟输出 1 页	待机状态
计算机	平均值	55	20	打印机	小型台式	130	75	10
	安全值	65	25		台式	215	100	35
	高安全值	75	30		小型办公	320	160	70
显示器	小屏幕（330～380mm）	55	0		大型办公	550	275	125
	中屏幕（400～460mm）	70	0	复印机	台式	400	85	20
	大屏幕（480～510mm）	80	0		办公	1100	400	300

当办公设备的类型和数量事先无法确定时，可按表 2-32 给出的电器设备功率密度推算空调区的办公设备散热量。

此时空调区电器设备的散热量 q_s（W）可按式（2-36）计算：

$$q_s = Fq_f \tag{2-36}$$

式中 F——空调区面积，m^2；

q_f——电器设备的功率密度，W/m^2，见表 2-34。

表 2-34 电器设备的功率密度

建筑类别	房间类别	功率密度（W/m^2）	建筑类别	房间类别	功率密度（W/m^2）
办公建筑	普通办公	20	宾馆建筑	普通客房	20
	高档办公	13		高档客房	13
	会议室	5		会议室，多功能厅	5
	走廊	0		走廊	0
	其他	5		其他	5
			商场建筑	一般商店	13
				高档商店	13

2. 设备显热形成的冷负荷计算：

设备显热散热形成的计算时刻冷负荷 Q_τ（W），可按式（2-37）计算：

$$Q_\tau = q_s X_{\tau-T} \tag{2-37}$$

式中 q_s——热源的显热散热量，W；

τ——计算时刻，h；

T——热源投入使用的时刻，h；

$\tau-T$——从热源投入使用的时刻算起到计算时刻的持续时间，h；

$X_{\tau-T}$——$\tau-T$ 时间设备、器具散热的冷负荷系数，见表 2-35。

表 2-35　设备、器具显热散热的冷负荷系数

房间类型	开机总时数(h)	从开机时刻算起到计算时刻的持续时间 $\tau-T$(h)																							
		1	2	3	4	5	6	7	8	9	10	11	12	13	14	15	16	17	18	19	20	21	22	23	24
轻	1	0.76	0.13	0.03	0.02	0.01	0.01	0.01																	
	2	0.76	0.89	0.16	0.05	0.03	0.02	0.01	0.01	0.01	0.01	0.01													
	3	0.76	0.89	0.93	0.18	0.06	0.04	0.03	0.02	0.01	0.01	0.01	0.01	0.01	0.01	0.01									
	4	0.76	0.89	0.93	0.94	0.19	0.07	0.04	0.03	0.02	0.02	0.01	0.01	0.01	0.01	0.01	0.01	0.01	0.01						
	5	0.76	0.90	0.93	0.94	0.96	0.20	0.08	0.05	0.03	0.03	0.02	0.02	0.01	0.01	0.01	0.01	0.01	0.01	0.01	0.01	0.01			
	6	0.77	0.90	0.93	0.94	0.96	0.96	0.21	0.08	0.05	0.04	0.03	0.02	0.02	0.02	0.01	0.01	0.01	0.01	0.01	0.01	0.01	0.01	0.01	0.01
	7	0.77	0.90	0.93	0.95	0.96	0.96	0.97	0.21	0.09	0.06	0.04	0.03	0.02	0.02	0.02	0.01	0.01	0.01	0.01	0.01	0.01	0.01	0.01	0.01
	8	0.77	0.90	0.93	0.95	0.96	0.96	0.97	0.97	0.22	0.09	0.06	0.04	0.03	0.03	0.02	0.02	0.02	0.01	0.01	0.01	0.01	0.01	0.01	0.01
	9	0.77	0.90	0.93	0.95	0.96	0.97	0.97	0.98	0.98	0.22	0.09	0.06	0.04	0.03	0.03	0.02	0.02	0.02	0.01	0.01	0.01	0.01	0.01	0.01
	10	0.77	0.90	0.93	0.95	0.96	0.97	0.97	0.98	0.98	0.98	0.22	0.09	0.06	0.05	0.04	0.03	0.02	0.02	0.02	0.02	0.01	0.01	0.01	0.01
	11	0.77	0.90	0.93	0.95	0.96	0.97	0.97	0.98	0.98	0.98	0.98	0.22	0.09	0.06	0.05	0.04	0.03	0.03	0.02	0.02	0.02	0.01	0.01	0.01
	12	0.77	0.90	0.93	0.95	0.96	0.97	0.97	0.98	0.98	0.98	0.98	0.99	0.23	0.10	0.07	0.05	0.04	0.03	0.03	0.02	0.02	0.02	0.02	0.01
	13	0.78	0.91	0.94	0.95	0.96	0.97	0.97	0.98	0.98	0.98	0.99	0.99	0.99	0.23	0.10	0.07	0.05	0.04	0.03	0.03	0.02	0.02	0.02	0.02
	14	0.78	0.91	0.94	0.95	0.96	0.97	0.98	0.98	0.98	0.98	0.99	0.99	0.99	0.99	0.23	0.10	0.07	0.05	0.04	0.03	0.03	0.02	0.02	0.02
	15	0.78	0.91	0.94	0.96	0.97	0.97	0.98	0.98	0.98	0.99	0.99	0.99	0.99	0.99	0.99	0.23	0.10	0.07	0.05	0.04	0.03	0.03	0.02	0.02
	16	0.78	0.91	0.94	0.96	0.97	0.97	0.98	0.98	0.98	0.99	0.99	0.99	0.99	0.99	0.99	0.99	0.23	0.10	0.07	0.05	0.04	0.04	0.03	0.03
	17	0.79	0.91	0.94	0.96	0.97	0.98	0.98	0.98	0.99	0.99	0.99	0.99	0.99	0.99	0.99	0.99	0.99	0.23	0.10	0.07	0.05	0.04	0.04	0.03
	18	0.79	0.92	0.95	0.96	0.97	0.98	0.98	0.98	0.99	0.99	0.99	0.99	0.99	0.99	0.99	0.99	0.99	0.99	0.23	0.10	0.07	0.06	0.04	0.04
	19	0.80	0.92	0.95	0.97	0.97	0.98	0.98	0.99	0.99	0.99	0.99	0.99	0.99	0.99	0.99	0.99	1.0	0.1.0	1.0	0.24	0.10	0.07	0.06	0.04
	20	0.81	0.93	0.96	0.97	0.98	0.98	0.99	0.99	0.99	0.99	0.99	0.99	0.99	0.99	1.0	1.0	1.0	0.1.0	1.0	1.0	0.24	0.11	0.07	0.06

续表

房间类型	开机总时数（h）	从开机时刻算起到计算时刻的持续时间 $\tau - T$(h)																							
		1	2	3	4	5	6	7	8	9	10	11	12	13	14	15	16	17	18	19	20	21	22	23	24
	1	0.76	0.10	0.02	0.02	0.02	0.01	0.01	0.01	0.01	0.01	0.01													
	2	0.76	0.86	0.13	0.04	0.03	0.03	0.02	0.02	0.02	0.01	0.01	0.01	0.01	0.01	0.01	0.01								
	3	0.76	0.86	0.89	0.15	0.06	0.05	0.04	0.03	0.03	0.02	0.02	0.02	0.01	0.01	0.01	0.01	0.01	0.01	0.01					
	4	0.76	0.87	0.89	0.91	0.16	0.07	0.06	0.05	0.04	0.03	0.03	0.02	0.02	0.02	0.01	0.01	0.01	0.01	0.01	0.01	0.01	0.01		
	5	0.76	0.87	0.89	0.91	0.92	0.17	0.08	0.07	0.05	0.04	0.04	0.03	0.03	0.02	0.02	0.02	0.01	0.01	0.01	0.01	0.01	0.01	0.01	0.01
	6	0.77	0.87	0.89	0.91	0.92	0.93	0.18	0.09	0.07	0.06	0.05	0.04	0.04	0.03	0.03	0.02	0.02	0.02	0.01	0.01	0.01	0.01	0.01	0.01
	7	0.77	0.87	0.89	0.91	0.92	0.94	0.94	0.19	0.10	0.08	0.06	0.05	0.05	0.04	0.03	0.03	0.02	0.02	0.02	0.02	0.01	0.01	0.01	0.01
	8	0.77	0.87	0.89	0.91	0.93	0.94	0.95	0.95	0.20	0.10	0.08	0.07	0.06	0.05	0.04	0.04	0.03	0.03	0.02	0.02	0.02	0.01	0.01	0.01
	9	0.77	0.87	0.90	0.91	0.93	0.94	0.95	0.95	0.96	0.21	0.11	0.09	0.07	0.06	0.05	0.04	0.04	0.03	0.03	0.02	0.02	0.02	0.02	0.01
中	10	0.77	0.88	0.90	0.91	0.93	0.94	0.95	0.96	0.96	0.97	0.21	0.11	0.09	0.08	0.06	0.05	0.05	0.04	0.03	0.03	0.02	0.02	0.02	0.02
	11	0.78	0.88	0.90	0.92	0.93	0.94	0.95	0.96	0.96	0.97	0.97	0.22	0.12	0.10	0.08	0.07	0.06	0.05	0.04	0.03	0.03	0.03	0.02	0.02
	12	0.78	0.88	0.90	0.92	0.93	0.94	0.95	0.96	0.96	0.97	0.97	0.98	0.22	0.12	0.10	0.08	0.07	0.06	0.05	0.04	0.04	0.03	0.03	0.02
	13	0.78	0.88	0.90	0.92	0.93	0.94	0.95	0.96	0.97	0.97	0.97	0.98	0.98	0.22	0.12	0.10	0.08	0.07	0.06	0.05	0.04	0.04	0.03	0.03
	14	0.79	0.89	0.91	0.92	0.94	0.95	0.95	0.96	0.97	0.97	0.97	0.98	0.98	0.98	0.23	0.12	0.10	0.09	0.07	0.06	0.05	0.04	0.04	0.03
	15	0.79	0.89	0.91	0.93	0.94	0.95	0.96	0.96	0.97	0.97	0.98	0.98	0.98	0.98	0.99	0.23	0.13	0.10	0.09	0.07	0.06	0.05	0.05	0.04
	16	0.80	0.90	0.92	0.93	0.94	0.95	0.96	0.96	0.97	0.97	0.98	0.98	0.98	0.99	0.99	0.99	0.23	0.13	0.11	0.09	0.07	0.06	0.05	0.05
	17	0.81	0.90	0.92	0.94	0.95	0.95	0.96	0.97	0.97	0.98	0.98	0.98	0.98	0.99	0.99	0.99	0.99	0.23	0.13	0.11	0.09	0.08	0.06	0.06
	18	0.82	0.91	0.93	0.94	0.95	0.96	0.96	0.97	0.97	0.98	0.98	0.98	0.99	0.99	0.99	0.99	0.99	0.99	0.23	0.13	0.11	0.09	0.08	0.07
	19	0.83	0.92	0.93	0.95	0.96	0.96	0.97	0.97	0.98	0.98	0.98	0.99	0.99	0.99	0.99	0.99	0.99	0.99	0.99	0.24	0.13	0.11	0.09	0.08
	20	0.84	0.93	0.94	0.95	0.96	0.97	0.97	0.98	0.98	0.98	0.99	0.99	0.99	0.99	0.99	0.99	0.99	0.99	1.0	1.0	0.24	0.13	0.11	0.09

续表

房间类型	开机总时数(h)	从开机时刻算起到计算时刻的持续时间 $\tau-T$(h)																							
		1	2	3	4	5	6	7	8	9	10	11	12	13	14	15	16	17	18	19	20	21	22	23	24
重	1	0.76	0.09	0.03	0.02	0.02	0.01	0.01	0.01	0.01	0.01	0.01													
	2	0.76	0.85	0.12	0.05	0.04	0.03	0.03	0.02	0.02	0.01	0.01	0.01	0.01	0.01	0.01	0.01								
	3	0.76	0.85	0.88	0.14	0.07	0.05	0.04	0.03	0.03	0.02	0.02	0.02	0.01	0.01	0.01	0.01	0.01	0.01	0.01	0.01				
	4	0.76	0.85	0.88	0.90	0.16	0.08	0.06	0.05	0.04	0.04	0.03	0.03	0.02	0.02	0.02	0.01	0.01	0.01	0.01	0.01	0.01	0.01		
	5	0.76	0.85	0.88	0.90	0.92	0.17	0.09	0.07	0.06	0.05	0.04	0.03	0.03	0.03	0.02	0.02	0.02	0.01	0.01	0.01	0.01	0.01	0.01	0.01
	6	0.76	0.85	0.88	0.90	0.92	0.93	0.18	0.10	0.08	0.07	0.06	0.05	0.04	0.03	0.03	0.02	0.02	0.02	0.02	0.01	0.01	0.01	0.01	0.01
	7	0.77	0.85	0.88	0.90	0.92	0.93	0.94	0.19	0.11	0.09	0.07	0.06	0.05	0.04	0.04	0.03	0.03	0.02	0.02	0.02	0.01	0.01	0.01	0.01
	8	0.77	0.86	0.88	0.90	0.92	0.93	0.94	0.95	0.20	0.12	0.09	0.08	0.06	0.05	0.05	0.04	0.03	0.03	0.02	0.02	0.02	0.02	0.01	0.01
	9	0.77	0.86	0.88	0.90	0.92	0.93	0.94	0.95	0.96	0.21	0.12	0.10	0.08	0.07	0.06	0.05	0.04	0.04	0.03	0.03	0.02	0.02	0.02	0.01
	10	0.77	0.86	0.89	0.91	0.92	0.93	0.94	0.95	0.96	0.96	0.21	0.13	0.10	0.08	0.07	0.06	0.05	0.04	0.04	0.03	0.03	0.02	0.02	0.02
	11	0.78	0.86	0.89	0.91	0.92	0.93	0.94	0.95	0.96	0.97	0.97	0.22	0.13	0.11	0.09	0.07	0.06	0.05	0.04	0.04	0.03	0.03	0.02	0.02
	12	0.78	0.87	0.89	0.91	0.92	0.94	0.95	0.95	0.96	0.97	0.97	0.98	0.22	0.13	0.11	0.09	0.08	0.06	0.05	0.05	0.04	0.03	0.03	0.02
	13	0.78	0.87	0.89	0.91	0.93	0.94	0.95	0.96	0.96	0.97	0.97	0.98	0.98	0.22	0.14	0.11	0.09	0.08	0.07	0.06	0.05	0.04	0.03	0.03
	14	0.79	0.87	0.90	0.92	0.93	0.94	0.95	0.96	0.96	0.97	0.97	0.98	0.98	0.98	0.23	0.14	0.11	0.09	0.08	0.07	0.06	0.05	0.04	0.04
	15	0.79	0.88	0.90	0.92	0.93	0.94	0.95	0.96	0.96	0.97	0.97	0.98	0.98	0.98	0.99	0.23	0.14	0.12	0.10	0.08	0.07	0.06	0.05	0.04
	16	0.80	0.88	0.91	0.92	0.94	0.95	0.95	0.96	0.97	0.97	0.98	0.98	0.98	0.98	0.99	0.99	0.23	0.14	0.12	0.10	0.08	0.07	0.06	0.05
	17	0.81	0.89	0.91	0.93	0.94	0.95	0.96	0.96	0.97	0.97	0.98	0.98	0.98	0.99	0.99	0.99	0.99	0.23	0.15	0.12	0.10	0.08	0.07	0.06
	18	0.82	0.90	0.92	0.93	0.94	0.95	0.96	0.97	0.97	0.98	0.98	0.98	0.98	0.99	0.99	0.99	0.99	0.99	0.24	0.15	0.12	0.10	0.08	0.07
	19	0.83	0.91	0.93	0.94	0.95	0.96	0.96	0.97	0.97	0.98	0.98	0.98	0.99	0.99	0.99	0.99	0.99	0.99	0.99	0.24	0.15	0.12	0.10	0.08
	20	0.84	0.92	0.94	0.95	0.96	0.96	0.97	0.97	0.98	0.98	0.98	0.99	0.99	0.99	0.99	0.99	0.99	0.99	1.0	1.0	0.24	0.15	0.12	0.10

2.2.9 渗透空气显热冷负荷

一般空调房间不考虑空气渗透冷负荷，只有当进入的新风无法使房间维持正压的情况下，才考虑。

1. 渗入空气量的计算

(1) 外门开启进入的空气量

通过外门开启进入室内的空气量 G_1 (kg/h)，可按式 (2-38) 估算：

$$G_1 = n_1 V_1 \rho_0 \tag{2-38}$$

式中 n_1——小时人流量，人/h；

V_1——外门开启一次的渗入空气量，m^3，见表 2-36；

ρ_0——夏季空调室外干球温度下的空气密度，kg/m^3。

表 2-36 外门开启一次的空气渗透量 (m^3)

每小时进出人数	普通门		带门斗的门		转门	
	单扇	一扇以上	单扇	一扇以上	单扇	一扇以上
<100	3.0	4.75	2.5	3.5	0.8	1.0
100～700	3.0	4.75	2.5	3.5	0.7	0.9
701～1400	3.0	4.75	2.25	3.5	0.5	0.6
1401～2100	2.75	4.0	2.25	3.25	0.5	0.3

(2) 门窗缝隙渗入的空气量

通过房间门缝隙渗入空气量 G_2 (kg/h)，可按式 (2-39) 估算：

$$G_2 = n_2 V_2 \rho_0 \tag{2-39}$$

式中 n_2——每小时换气次数，次/h；见表 2-37；

V_2——房间容积，m^3。

表 2-37 换 气 次 数

房间容积 (m^3)	换气次数 (次/h)	备 注
<500	0.70	本表适用于一面或两面有门，窗暴露的房间；当房间有三面或四面有门，窗暴露面时，表中数值应乘以系数 1.15
501～1000	0.60	
1001～1500	0.55	
1500～2000	0.50	
2001～2500	0.42	
2501～3000	0.40	
>3000	0.35	

2. 渗入空气显热形成的冷负荷计算

渗入空气显热形成的冷负荷 Q (W)，可按式 (2-40) 计算：

$$Q = 0.28G\ (t_w - t_n) \tag{2-40}$$

式中 G——单位时间渗入室内空气总量，$G = G_1 + G_2$，kg/h；

t_w——夏季空调室外干球温度，℃。

2.2.10　食物的显热散热冷负荷

进行餐厅冷负荷计算时，需要考虑食物的散热量，食物的显热散热形成的冷负荷，可按每位客人 9W 考虑。

2.2.11　散湿量与潜热冷负荷

1. 人体散湿量与潜热冷负荷

（1）人体散湿量

计算时刻的人体散湿量 D_τ（kg/h），可按式（2-41）计算：

$$D_\tau = 0.001\Psi n_\tau g \tag{2-41}$$

式中　Ψ——群集系数，见表 2-26；

n_τ——计算时刻空调区的总人数；

g——一名成年男子小时散湿量，kg/h，见表 2-27。

（2）人体散湿形成的潜热冷负荷

计算时刻人体散湿形成的潜热冷负荷 Q_τ（W），可按式（2-42）计算：

$$Q_\tau = \Psi n_\tau q_2 \tag{2-42}$$

式中　n_τ——计算时刻空调区的总人数；

q_2——一名成年男子小时潜热散热量，W，见表 2-27。

2. 渗入空气散湿量与潜热冷负荷

（1）渗透空气带入的湿量

渗透空气带入的湿量 D（kg/h），可按式（2-43）计算：

$$D = 0.001G\ (d_w - d_n) \tag{2-43}$$

式中　G——渗透空气总量，kg/h；

d_w——室外空气的含湿量，g/kg；

d_n——室内空气的含湿量，g/kg。

（2）渗透空气形成的潜热冷负荷

渗透空气形成的全热冷负荷 Q_q（W），可按式（2-44）计算：

$$Q_q = 0.28G\ (h_w - h_n) \tag{2-44}$$

式中　h_w——室外空气的焓，kJ/kg；

h_n——室内空气的焓，kJ /kg。

渗透空气形成的潜热冷负荷，等于 Q_q 与式（2-40）所得结果之差。

3. 食物散湿量与潜热冷负荷

（1）餐厅的食物散湿量

计算时刻餐厅的食物散湿量 D_τ（kg/h），可按式（2-45）计算：

$$D_\tau = 0.012\Psi n_\tau \tag{2-45}$$

式中　Ψ——群集系数，见表 2-26；

n_τ——计算时刻就餐总人数。

（2）食物散湿形成的潜热冷负荷

计算时刻食物散湿形成的潜热冷负荷 Q_τ（W），可按式（2-46）计算：

$$Q_\tau = 700D_\tau \tag{2-46}$$

4. 水面蒸发散湿量与潜热冷负荷

(1) 敞开水面的蒸发散湿量

计算时刻敞开水面的蒸发散湿量 D_τ (kg/h),可按式 (2-47) 计算:

$$D_\tau = F_\tau g \tag{2-47}$$

式中 F_τ——计算时刻的蒸发表面积,m^2;

g——水面的单位蒸发量,kg/ (m^2 · h),见表 2-38。

表 2-38 敞开水表面的单位蒸发量

室温(℃)	室温相对湿度(%)	下列水温时敞开水表面的单位蒸发量 [kg/ (m^2 · h)]								
		20	30	40	50	60	70	80	90	100
20	40	0.24	0.59	1.27	2.33	3.52	5.39	9.75	19.93	42.17
	45	0.21	0.57	1.24	2.30	3.48	5.36	9.71	19.88	42.11
	50	0.19	0.55	1.21	2.27	3.45	5.32	9.67	19.84	42.06
	55	0.16	0.52	1.18	2.23	3.41	5.28	9.63	19.79	42.00
	60	0.14	0.50	1.16	2.20	3.38	5.25	9.59	19.74	41.95
	65	0.11	0.47	1.13	2.17	3.35	5.21	9.56	19.70	41.89
	70	0.09	0.45	1.10	2.14	3.31	5.17	9.52	19.65	41.84
22	40	0.21	0.57	1.24	2.30	3.48	5.36	9.71	19.88	42.11
	45	0.18	0.54	1.21	2.26	3.44	5.31	9.67	19.83	42.05
	50	0.16	0.51	1.18	2.22	3.40	5.27	9.62	19.78	41.98
	55	0.13	0.49	1.14	2.19	3.36	5.23	9.58	19.72	41.92
	60	0.10	0.46	1.11	2.15	3.33	5.19	9.53	19.67	41.86
	65	0.07	0.43	1.08	2.12	3.29	5.15	9.49	19.62	41.80
	70	0.04	0.40	1.05	2.08	3.25	5.11	9.44	19.57	41.74
24	40	0.18	0.54	1.21	2.26	3.44	5.31	9.67	19.83	42.04
	45	0.15	0.51	1.17	2.22	3.40	5.27	9.61	19.77	41.97
	50	0.12	0.48	1.13	2.18	3.35	5.22	9.56	19.71	41.90
	55	0.09	0.45	1.10	2.14	3.31	5.17	9.51	19.65	41.84
	60	0.06	0.42	1.06	2.10	3.27	5.13	9.46	19.59	41.77
	65	0.03	0.38	1.03	2.06	3.22	5.08	9.41	19.53	41.70
	70	−0.01	0.35	0.99	2.02	3.18	5.03	9.36	19.47	41.63
26	40	0.15	0.51	1.17	2.22	3.40	5.27	9.61	19.77	41.97
	45	0.12	0.47	1.13	2.17	3.35	5.21	9.56	19.70	41.90
	50	0.08	0.44	1.09	2.13	3.30	5.16	9.50	19.63	41.82
	55	0.05	0.40	1.05	2.08	3.25	5.11	9.44	19.57	41.74
	60	0.01	0.37	1.01	2.04	3.20	5.06	9.39	19.50	41.66
	65	−0.03	0.33	0.97	1.99	3.15	5.00	9.33	19.43	41.58
	70	−0.06	0.30	0.93	1.95	3.10	4.95	9.27	19.37	41.50

续表

室温（℃）	室温相对湿度（%）	下列水温时敞开水表面的单位蒸发量［kg/（m^2·h）］								
		20	30	40	50	60	70	80	90	100
28	40	0.12	0.47	1.13	2.17	3.35	5.21	9.56	19.70	41.90
	45	0.08	0.43	1.09	2.12	3.29	5.15	9.49	19.63	41.81
	50	0.04	0.40	1.04	2.07	3.24	5.09	9.43	19.55	41.72
	55	0	0.36	1.00	2.02	3.18	5.04	9.37	19.48	41.63
	60	−0.04	0.32	0.95	1.97	3.13	4.98	9.30	19.40	41.54
	65	−0.08	0.28	0.91	1.92	3.07	4.92	9.24	19.33	41.45
	70	−0.12	0.24	0.86	1.87	3.02	4.86	9.18	19.25	41.36
冷凝热 r（kJ/kg）		2510	2528	2544	2559	2570	2582	2602	2626	2653

注：制表条件为：水面风速 $v=0.3$m/s；$B=101325$Pa。当工程所在地点大气压力为 b 时，表中所列数据应乘以修正系数 B/b。

（2）敞开水面蒸发形成的潜热冷负荷

计算时刻敞开水表面蒸发形成的潜热冷负荷 Q_τ（W），可按式（2-48）计算：

$$Q_\tau = 0.28 r D_\tau \tag{2-48}$$

式中　D_τ——同式（2-47）；

r——冷凝热，见表2-38。

2.3　水力计算

2.3.1　水系统管道水力计算

流体在管道中流动的阻力包括沿程阻力和局部阻力，前者是由于流体黏滞性及其与管壁间的摩擦而受到的阻力；后者是流体流过管道附件时产生局部涡旋和撞击而受到的阻力。

流体的流动阻力可用式（2-49）表示：

$$\Delta P = \Delta P_y + \Delta P_j \tag{2-49}$$

其中

$$\Delta P_y = \lambda \cdot \frac{l}{d} \cdot \frac{\rho v^2}{2} \tag{2-50}$$

$$\Delta P_j = \xi \cdot \frac{\rho v^2}{2} \tag{2-51}$$

式中　ΔP_y——沿程阻力，Pa；

ΔP_j——局部阻力，Pa；

λ——沿程摩擦阻力系数；

l——管长，m；

d——管子内径，m；

v——平均速度，m/s；

ρ——流体的密度，kg/m³；

ξ——局部阻力系数。

2.3.1.1 沿程阻力的计算

沿程阻力的计算如式（2-50）所示，式中沿程摩擦阻力系数 λ 值取决于管内流体的流动状态和管壁的粗糙程度，即：

$$\lambda = f(Re, \varepsilon) \tag{2-52}$$

$$Re = \frac{vd}{\gamma}, \varepsilon = k_s/d \tag{2-53}$$

式中 Re——雷诺数，判别流体流动状态的准则数；

v——平均速度，m/s；

d——管子内径，m；

γ——流体的运动黏滞系数，m^2/s；

k_s——管壁的当量绝对粗糙度，m；

ε——管壁的相对粗糙度。

摩擦阻力系数的值是用试验方法确定的。根据实验数据整理的曲线，按照流体不同的流动状态，可整理出一些计算公式，见表 2-39。

表 2-39 圆管的沿程摩擦阻力系数的计算公式

流 态	阻力区	判别公式	λ 的计算公式
层流		$Re<2300$	$\lambda=\frac{64}{Re}$
过渡区		$2300<Re<4000$	$\lambda=0.0025\sqrt[3]{Re}$
紊流	光滑区	$4000<Re<26.98\left(\frac{d}{k_s}\right)^{\frac{8}{7}}$	1. $\lambda=\frac{0.3164}{Re^{0.25}}$ 2. $\frac{1}{\sqrt{\lambda}}=-2\lg(Re\sqrt{\lambda}-0.8)$
	紊流过渡区	$26.98\left(\frac{d}{k_s}\right)^{\frac{6}{7}}<\frac{191.2}{\sqrt{\lambda}}\frac{d}{k_s}$	1. $\frac{1}{\sqrt{\lambda}}=-2\lg\left(\frac{k_s}{3.7d}+\frac{2.51}{Re\sqrt{\lambda}}\right)$ 2. $\lambda=0.005\left[1+\left(2\times10^4\frac{k_s}{d}+\frac{10^6}{Re}\right)^{\frac{1}{3}}\right]$ 3. $\lambda=0.11\left(\frac{k_s}{d}+\frac{68}{Re}\right)^{0.25}$
	粗糙区	$Re>\frac{191.2}{\sqrt{\lambda}}\frac{d}{k_s}$	1. $\frac{1}{\sqrt{\lambda}}=2\lg\frac{3.7d}{k_s}$ 2. $\lambda=0.11\left(\frac{k_s}{d}\right)^{0.23}$

对于大部分热水供暖系统的管道，水的流动状态处于紊流状态（$Re>4000$），即紊流光滑区、紊流过渡区和紊流粗糙区。

随着建筑节能的普及，供暖负荷减少，热水流量也相应变小。由于受管径级差的限制，在系统的局部管段内，水的流动状态可能处于层流状态或层流向紊流过度，即临界区。这时，摩擦阻力系数可按表2-38中相应公式计算。

钢管内表面的平均绝对粗糙度可取$k=0.2\times10^{-3}$m，玻璃钢内表面的平均绝对粗糙度可取$k=0.01\times10^{-3}$m。

塑料管及铝塑复合管摩擦阻力系数可按照式（2-54）计算：

$$\lambda=\left\{\frac{0.5\left[\frac{b}{2}+\frac{1.312(2-b)\lg3.7\frac{d}{k_s}}{\lg Re_s}\right]}{\lg3.7\frac{d}{k_s}}\right\}^2 \tag{2-54}$$

$$b=1+\frac{\lg Re_s}{\lg Re_z} \tag{2-55}$$

$$Re_s=\frac{dv}{\gamma} \tag{2-56}$$

$$Re_z=\frac{500d}{k_s} \tag{2-57}$$

$$d=0.5(2d_w+\Delta d_w-4\delta-2\Delta\delta) \tag{2-58}$$

式中　b——水的流动相似系数；

Re_s——实际雷诺数；

Re_z——阻力平方区的临界雷诺数；

d_w——管子外径，m；

Δd_w——管外径允许误差，m；

δ——管壁厚，m；

$\Delta\delta$——管壁厚允许误差，m。

对塑料管及铝塑复合管，当量粗糙度 可取值为$k_s=0.01\times10^{-3}$m。

供暖系统的热水流量G（kg/h）和管道内热水流速v（m/s）可按式（2-59）和式(2-60)计算：

热水流量
$$G=\frac{Q}{c\cdot\Delta t}\times3600 \tag{2-59}$$

热水流速
$$v=\frac{G}{3600\frac{\pi d^2}{4}\rho}=\frac{G}{900\pi d^2\rho} \tag{2-60}$$

式中　Q——热负荷，W；

c——水的比热容，取4196.8J/（kg·℃）；

Δt——供回水温差，℃。

流体在管道中的流速不应超过表2-40中的数值。

水的密度和运动黏度随温度的升高而减小，为了减少供暖系统水力计算中沿程损失的误差，不同温度下热水的运动黏度和密度均采用拟合法确定（附表2-1）。

表 2-40　管道中流体的最大允许速度

管径(mm)	热水			低压蒸汽				高压蒸汽	
	有特殊安静要求的室内管网	一般室内管网	生产厂房	蒸汽与凝水同向流动时		蒸汽与凝水逆向流动时		同向	逆向
				在水平管内	在立管内	在水平管内	在立管内		
15	0.5	0.8	1.0	14 (7.0)	20	4.5	5	25	11
20	0.65	1.0	1.3	18 (9.0)	22	5.0	6	40	16
25	0.8	1.2	1.5	22 (12)	25	6.0	7	50	20
32	1.0	1.4	1.8	25 (16)	30	7.0	9	55	22
40	1.0	1.8	2.0	30 (17)	30	7.0	10	60	24
50	1.0	2.0	2.5	30 (20)	30	7.5	11	70	28
>50	1.0	2.0	3.0	30 (25)	30	7.5	14	80	32

注：低压蒸汽栏括弧内数值用于需要安静的建筑物如剧院、图书馆、住宅楼。

为了简化设计计算，将不同管材（考虑钢材、玻璃钢和塑料）单位管长沿程阻力的计算结果整理成表，参见附表 2-2、附表 2-3、附表 2-4。

水力计算表编制中，钢管内表面的平均绝对粗糙度取值为 $k=0.2\times10^{-3}$m，玻璃钢内表面的平均绝对粗糙度取值为 $k=0.01\times10^{-3}$m。塑料管及铝塑复合管的当量粗糙度取值为$k_s=0.01\times10^{-3}$m。如工程实际情况与上述取值有差异，可按前述公式进行计算。

2.3.1.2　局部阻力的计算

局部阻力的计算如式（2-51）所示，水流过管路附件（如三通、弯头、阀门等）的局部阻力系数 ξ 值，可查下附表 2-5、附表 2-6，表中所给的数值，都是用实验方法确定的。附表 2-7 给出热水供暖系统局部阻力系数 $\xi=1$ 时的局部阻力损失动压值。

2.3.1.3　简化计算法

（1）当量局部阻力法（动压头法）

当量局部阻力法的基本原理是将管段的沿程损失转变为局部损失来计算。

$$\Delta P = A(\xi_d + \Sigma\xi)G^2 = A\xi_{zh}G^2 \tag{2-61}$$

$$A = \frac{1}{900^2\pi^2 d^4\cdot 2\rho} \tag{2-62}$$

式中　A——常数，因管径不同而异，Pa/ (kg/h)^2；

ξ_d——当量局部阻力系数，$\xi_d=\lambda/dl$，不同管径的 λ/d 值见表 2-41。

$\Sigma\xi$——管段的总局部阻力系数；

ξ_{zh}——管段的折算局部阻力系数，$\xi_{zh}=\xi_d+\Sigma\xi$；

G——流量，m^3/h。

按式（2-62）制成水力计算表，见附表 2-8。

表 2-41　不同管径的 λ/d 值

d	15	20	25	32	40	50	70	80	100
λ/d	2.6	1.8	1.3	0.9	0.76	0.54	0.4	0.31	0.24

（2）当量长度法

当量长度法的基本原理是将管段的局部损失折合成沿程损失来计算。

$$\Sigma\xi\frac{\rho v^2}{2} = Rl_d = \frac{\lambda}{d}l_d\frac{\rho v^2}{2} \tag{2-63}$$

$$l_d = \Sigma \xi \frac{d}{\lambda} \tag{2-64}$$

式中　l_d——管段中局部阻力的当量长度，m。

则管段的总阻力可表示为

$$\Delta P = R(l + l_d) = R l_{zh} \tag{2-65}$$

式中　l_{zh}——管段的折算长度，m。

局部损失的当量长度可参见附表 2-9 和附表 2-10。

2.3.1.4　热水、冷水管网水力计算要点

（1）供应采暖、通风、空调热负荷的热水管网，应按冬季室外计算温度下的热网供、回水温度和设计热负荷计算设计流量。同时供应采暖、通风、空调热负荷和生活热水热负荷的热水管网，应按各种热负荷在不同室外温度下的流量曲线叠加得出的最大流量作为设计流量。冷水管网应按设计最高日冷负荷逐时曲线叠加得出的最大冷负荷计算设计流量。

（2）主干线宜按经济比摩阻确定管径。一般情况下，主干线平均比摩阻可按表 2-42 的数值选用：

表 2-42　主干线平均比摩阻

主干线供回水管的总长度 ΣL（m）	主干线平均比摩阻（Pa/m）
$\Sigma L \leqslant 500$	60～100
$500 < \Sigma L < 1000$	50 ～ 80
$\Sigma L \geqslant 1000$	30 ～ 60

（3）支干线、支线应按允许压力降确定管径，但供热介质流速不应大于 3.5m/s，支干线比摩阻不应大于 300Pa/m，支线比摩阻不宜大于 400Pa/m。

（4）采暖、通风、空调系统管网最不利用户的资用压头，应考虑用户系统安装过滤装置、计量装置、调节装置的压力损失，且不应低于 50kPa。

（5）计算管网压力降时，应逐项计算管道沿程阻力、局部阻力和静水压差。估算时，输配管网局部阻力与沿程阻力的比值，可按表 2-43 的数值取用。

表 2-43　热水管道局部阻力与沿程阻力比值

补偿器类型	管道公称直径（mm）	局部阻力与沿程阻力的比值
套筒或波纹管补偿器（带内衬筒）	≤400	0.3
	450～1200	0.4
方形补偿器	≤250	0.6
	300～350	0.8
	400～500	0.9
	600～1200	1.0

2.3.1.5　乙二醇水溶液系统管道水力计算

冰蓄冷空调系统一般采用浓度为 25%～30%（质量比）的乙二醇水溶液作为载冷剂，地源热泵系统中载冷剂则一般为 15%的乙二醇水溶液。乙二醇水溶液系统管道的水力计算，可按常规水系统的计算方法进行，但其流量和管道阻力应按表 2-44 的系数进行修正。

表 2-44 乙烯乙二醇水溶液管道的流量和阻力修正系数

质量浓度（%）	相变温度（℃）	流量修正系数	管道阻力修正系数	
			溶液温度 5℃	溶液温度－5℃
25	－10.7	1.08	1.220	1.360
30	－14.1	1.10	1.257	1.386

2.3.1.6 蒸汽系统水力计算

1. 蒸汽系统水力计算要点

（1）进行蒸汽管网水力计算时首先要注意以下几点：

1）应根据用户压力和温度要求，通过水力计算和热力计算，确定管道管径、保温厚度、热源出口蒸汽压力。无明确的蒸汽压力要求时，一般民用建筑用户常用蒸汽压力可参照表 2-45 选用。

表 2-45 民用建筑用户蒸汽压力（MPa）

蒸 汽 用 途	设计蒸汽压力
生活热水换热	0.3～0.6
厨房设备（蒸具、消毒器、开水箱、洗碗机等）用汽	0.1～0.3
洗衣房、医院用汽	0.8～1.0
吸收式制冷	0.6～0.8

2）蒸汽管网的设计流量，应按各用户的最大蒸汽流量之和乘以同时使用系数确定。当供热介质为饱和蒸汽时，设计流量应考虑补偿管道热损失产生的凝结水的蒸汽量。

3）计算时应按设计流量进行设计计算，再按最小流量进行校核计算，保证在任何可能的工况下，满足最不利用户的压力和温度要求。当各用户间所需蒸汽参数相差较大、季节性热负荷占总热负荷比例较大或热负荷分期增长时，可采用双管或多管制。

4）蒸汽管网设计时，应计算管段的压力损失和热损失，当供热介质为饱和蒸汽时，还宜计算管段的凝结水量、起点和终点蒸汽流量。应根据计算管段起点和终点蒸汽压力、温度，确定该管段起点和终点供热介质密度。计算管道压力降时，供热介质密度可取计算管段的平均密度。

5）蒸汽管网应根据管线起点压力和用户需要压力确定的允许压力降选择管道直径。

6）计算保温层厚度时，应选择蒸汽压力、温度、流量、环境温度组合的最不利工况进行计算。计算时供热介质温度应取计算管段在计算工况下的平均温度。

7）钢质蒸汽管道内壁当量粗糙度可取 0.2mm。

8）计算管网的压力损失时，应逐项计算管道沿程阻力和局部阻力。估算时，输配管网局部阻力与沿程阻力的比值，可按表 2-46 的数值取用。

表 2-46 蒸汽管道局部阻力与沿程阻力比值

补偿器类型	管道公称直径（mm）	局部阻力与沿程阻力的比值
套筒或波纹管补偿器（带内衬筒）	≤400	0.4
	450～1200	0.5
方形补偿器	≤250	0.8
	300～500	1.0
	600～1200	1.2

（2）进行凝结水管网水力计算时首先要注意以下几点：

1）凝结水管道的设计流量，应按蒸汽管道的设计流量乘以用户凝结水回收率确定。间接换热的蒸汽供热系统凝结水应全部回收。

2）应根据热源和用户的条件确定凝结水系统形式，根据设计流量通过水力计算确定管道管径，水力计算时应考虑静水压差。

自流凝结水系统，适用于供汽压力小、供热范围小的蒸汽供热系统。自流凝结水管道的管径，可按管网计算阻力损失不大于最小压差的0.5倍确定。

余压凝结水系统，适用于高压蒸汽供热系统。余压凝结水管道应计算管网阻力损失，按管段起点和终点最小压差选择管道直径。

压力凝结水系统，应在用户处设闭式凝结水箱，用水泵将凝结水送回热源，并应设置安全水封保证任何时候凝结水管都充满水。压力凝结水管道设计比摩阻可取100Pa/m。

3）钢质凝结水管道内壁当量粗糙度可取1mm；非金属管按相关资料取用。

4）压力凝结水系统设计时，应按设计凝结水量绘制凝结水管网的水压图，按水压图确定各用户凝结水泵扬程。

2. 低压蒸汽系统水力计算

（1）供汽管道计算

根据热负荷和推荐的流速按附表2-11选用管径。但当供汽压力有限制时，可按预先计算出的单位长度压力损失ΔP_{m}值为依据选用管径，计算式为：

$$\Delta P_{\mathrm{m}}=\frac{(P-2000)\alpha}{l} \tag{2-66}$$

式中　P——起始压力，Pa；

L——供气管道最大长度，m；

2000——管道末端为克服散热器压力损失而保留的剩余压力，Pa；

α——摩擦阻力损失占压力损失的百分数，可取0.6。

局部阻力计算与热水相同，其动压头值查附表2-12。

（2）凝水管道的确定

低压蒸汽的凝水为重力回水，分干式和湿式两种回水方式，直接查附表2-13。

3. 高压蒸汽系统水力计算

（1）蒸汽管道计算

一般采用当量长度法计算，蒸汽管道的管径可根据平均单位长度摩擦损失ΔP_{m}，由附表2-14查得。管内最大流速不得超过表2-40的规定。ΔP_{m}值按式（2-67）求出：

$$\Delta P_{\mathrm{m}}=\frac{0.5\alpha P}{l} \tag{2-67}$$

式中符号同前。

蒸汽管道总压力损失　$\Delta P=\Sigma[\Delta P_{\mathrm{m}}(l+l_{\mathrm{d}})]$　（2-68）

式中　l_{d}——当量长度。

（2）凝水管道的计算

由散热设备至疏水器间的管径按表2-47选用。

疏水器后的管径分开式和闭式两种，其管径根据凝水量的平均单位长度压力损失和计算负荷确定。开式凝水查附表 2-15、附表 2-16、附表 2-17，闭式凝水查附表 2-18、附表 2-19、附表 2-20。

表 2-47　由散热设备至疏水器间不同管径通过的负荷

管径（mm）	15	20	25	32	40	50	70	80	100	125	150
热量（kW）	9.3	30.2	46.5	98.8	128	246	583	860	1340	2190	4950

2.3.2　风系统管道水力计算

1. 通风管道统一规格

（1）圆形通风管道规格（表 2-48）

表 2-48　圆形通风管道规格

外径 D（mm）	钢板制风管		塑料制风管		外径 D（mm）	除尘风管		气密性风管	
	外径允许偏差（mm）	壁厚（mm）	外径允许偏差（mm）	壁厚（mm）		外径允许偏差（mm）	壁厚（mm）	外径允许偏差（mm）	壁厚（mm）
100	±1	0.5	±1	3.0	80 90 100	±1	1.5	±1	2.0
120					110 120				
140					130 140				
160					150 160				
180					170 180				
200					190 200				
220		0.75			210 220				
250					240 250				
280					260 280				
320					300 320				
360				4.0	340 360				
400					380 400				
450					420 450				
500					480 500				

续表

<table>
<tr><th rowspan="2">外径
D
(mm)</th><th colspan="2">钢板制风管</th><th colspan="2">塑料制风管</th><th rowspan="2">外径
D
(mm)</th><th colspan="2">除尘风管</th><th colspan="2">气密性风管</th></tr>
<tr><th>外径允许偏差
(mm)</th><th>壁厚
(mm)</th><th>外径允许偏差
(mm)</th><th>壁厚
(mm)</th><th>外径允许偏差
(mm)</th><th>壁厚
(mm)</th><th>外径允许偏差
(mm)</th><th>壁厚
(mm)</th></tr>
<tr><td>560</td><td rowspan="12">±1</td><td rowspan="7">1.0</td><td rowspan="12">±1.5</td><td rowspan="2">4.0</td><td>530
560</td><td rowspan="12">±1</td><td rowspan="9">2.0</td><td rowspan="12">±1</td><td rowspan="9">3.0
～
4.0</td></tr>
<tr><td>630</td><td>600
630</td></tr>
<tr><td>700</td><td rowspan="4">5.0</td><td>670
700</td></tr>
<tr><td>800</td><td>750
800</td></tr>
<tr><td>900</td><td>850
900</td></tr>
<tr><td>1000</td><td>950
1000</td></tr>
<tr><td>1120</td><td rowspan="6">6.0</td><td>1060
1120</td></tr>
<tr><td>1250</td><td rowspan="5">1.2
～
1.5</td><td>1180
1250</td></tr>
<tr><td>1400</td><td>1320
1400</td></tr>
<tr><td>1600</td><td>1500
1600</td><td rowspan="3">3.0</td><td rowspan="3">4.0
～
6.0</td></tr>
<tr><td>1800</td><td>1700
1800</td></tr>
<tr><td>2000</td><td>1900
2000</td></tr>
</table>

（2）矩形通风管道规格（表 2-49）

表 2-49　矩形通风管道规格

<table>
<tr><th rowspan="2">外径
A×B
(mm)</th><th colspan="2">钢板制风管</th><th colspan="2">塑料制风管</th><th rowspan="2">外径
A×B
(mm)</th><th colspan="2">除尘风管</th><th colspan="2">气密性风管</th></tr>
<tr><th>外径允许偏差
(mm)</th><th>壁厚
(mm)</th><th>外径允许偏差
(mm)</th><th>壁厚
(mm)</th><th>外径允许偏差
(mm)</th><th>壁厚
(mm)</th><th>外径允许偏差
(mm)</th><th>壁厚
(mm)</th></tr>
<tr><td>120×120</td><td rowspan="6">−2</td><td rowspan="6">0.5</td><td rowspan="6">−2</td><td rowspan="6">3.0</td><td>630×500</td><td rowspan="6">−2</td><td rowspan="6">1.0</td><td rowspan="6">−3</td><td rowspan="6">5.0</td></tr>
<tr><td>160×120</td><td>630×630</td></tr>
<tr><td>160×160</td><td>800×320</td></tr>
<tr><td>200×120</td><td>800×400</td></tr>
<tr><td>200×120</td><td>800×500</td></tr>
<tr><td>200×200</td><td>800×630</td></tr>
</table>

续表

<table>
<tr><th rowspan="2">外径
$A\times B$
(mm)</th><th colspan="2">钢板制风管</th><th colspan="2">塑料制风管</th><th rowspan="2">外径
$A\times B$
(mm)</th><th colspan="2">除尘风管</th><th colspan="2">气密性风管</th></tr>
<tr><th>外径允许偏差
(mm)</th><th>壁厚
(mm)</th><th>外径允许偏差
(mm)</th><th>壁厚
(mm)</th><th>外径允许偏差
(mm)</th><th>壁厚
(mm)</th><th>外径允许偏差
(mm)</th><th>壁厚
(mm)</th></tr>
<tr><td>250×120</td><td rowspan="20">−2</td><td rowspan="17">0.5</td><td rowspan="17">−2</td><td rowspan="8">3.0</td><td>800×800</td><td rowspan="20">−2</td><td rowspan="7">1.0</td><td rowspan="20">−3</td><td>5.0</td></tr>
<tr><td>250×160</td><td>1000×320</td><td rowspan="11">6.0</td></tr>
<tr><td>250×200</td><td>1000×400</td></tr>
<tr><td>250×250</td><td>1000×500</td></tr>
<tr><td>320×160</td><td>1000×630</td></tr>
<tr><td>320×200</td><td>1000×800</td></tr>
<tr><td>320×250</td><td>1000×1000</td></tr>
<tr><td>320×320</td><td>1250×400</td><td rowspan="13">1.2</td></tr>
<tr><td>400×200</td><td rowspan="9">4.0</td><td>1250×500</td></tr>
<tr><td>400×250</td><td>1250×630</td></tr>
<tr><td>400×320</td><td>1250×800</td></tr>
<tr><td>400×400</td><td>1250×1000</td></tr>
<tr><td>500×200</td><td>1600×500</td><td rowspan="8">8.0</td></tr>
<tr><td>500×250</td><td>1600×630</td></tr>
<tr><td>500×320</td><td>1600×800</td></tr>
<tr><td>500×400</td><td>1600×1000</td></tr>
<tr><td>500×500</td><td>1600×1250</td></tr>
<tr><td>630×250</td><td rowspan="3">1.0</td><td rowspan="3">−3</td><td rowspan="3">5.0</td><td>2000×800</td></tr>
<tr><td>630×320</td><td>2000×1000</td></tr>
<tr><td>630×400</td><td>2000×1250</td></tr>
</table>

注：1. 本通风管道统一规格系经“通风管道定型化”审查会议通过。作为通用规格在全国使用。

2. 表 2-48 的除尘、气密性风管分基本系列和辅助系列，应优先采用基本系列。

2. 通风管道计算表编制说明

(1) 圆形风管

风量

$$L = 3600 \cdot \frac{\pi}{4} d^2 v \text{m}^3/\text{h} \tag{2-69}$$

式中 d——风管内径，m；

v——风速，m/s。

(2) 注意事项

使用本表进行阻力计算时，有一点需要注意。即表 2-47 和表 2-48 给出的是 $\frac{\lambda}{d}$ 值，而其他表给出的是 R 值。之所以出现这种情况，是因为考虑到目前国内除尘风管和一般风管在计算习惯上还不相同。

另外，在使用表 2-48 和表 2-49 时，应优先采用基本系列之管径。

3. 通风管道计算表

表 2-50　钢板制圆形

动压 (mmH_2O)	风速 (m/s)	外径 D (mm)　上行—风量 (m^3/h)												
		100	120	140	160	180	200	220	250	280	320	360	400	450
0.061	1.0	28 0.023	40 0.018	55 0.015	71 0.012	91 0.011	112 0.009	135 0.008	175 0.007	219 0.006	287 0.005	363 0.004	449 0.004	569 0.003
0.074	1.1	30 0.027	44 0.021	60 0.017	79 0.015	100 0.013	123 0.011	148 0.01	192 0.008	241 0.007	316 0.006	400 0.005	491 0.005	626 0.004
0.088	1.2	33 0.031	48 0.025	66 0.020	86 0.017	109 0.015	134 0.013	162 0.011	210 0.010	263 0.008	344 0.007	436 0.006	539 0.005	682 0.005
0.104	1.3	36 0.036	52 0.028	71 0.023	93 0.02	118 0.017	146 0.015	175 0.013	227 0.011	285 0.01	373 0.008	472 0.007	584 0.006	739 0.005
0.120	1.4	39 0.041	56 0.032	76 0.027	100 0.022	127 0.019	157 0.017	189 0.015	244 0.013	307 0.011	402 0.009	509 0.008	629 0.007	796 0.006
0.138	1.5	42 0.046	60 0.037	82 0.030	107 0.025	136 0.022	168 0.019	202 0.017	262 0.014	329 0.013	430 0.011	545 0.009	674 0.008	853 0.007
0.157	1.6	44 0.052	64 0.041	87 0.034	114 0.028	145 0.024	179 0.021	216 0.019	279 0.016	351 0.014	459 0.012	581 0.010	718 0.009	910 0.008
0.177	1.7	47 0.058	68 0.046	93 0.038	122 0.032	154 0.027	190. 0.024	229 0.021	297 0.018	373 0.016	488 0.013	618 0.011	763 0.010	967 0.009
0.198	1.8	50 0.064	72 0.051	98 0.042	129 0.035	163 0.030	202 0.026	243 0.024	314 0.020	395 0.017	516 0.015	654 0.013	808 0.011	1024 0.010
0.221	1.9	53 0.071	76 0.056	104 0.046	136 0.039	172 0.033	213 0.029	256 0.026	332 0.022	417 0.019	545 0.016	690 0.014	853 0.012	1081 0.011
0.245	2.0	55 0.077	80 0.061	109 0.050	143 0.042	181 0.037	224 0.032	270 0.028	349 0.024	439 0.021	574 0.018	727 0.015	898 0.013	1137 0.012
0.270	2.1	58 0.085	84 0.067	115 0.055	150 0.046	191 0.040	235 0.035	283 0.031	367 0.026	461 0.023	602 0.019	763 0.017	943 0.015	1194 0.013

通风管道计算表

下行—单位摩擦阻力（mmH_2O/m）

500	560	630	700	800	900	1000	1120	1250	1400	1600	1800	2000
703 0.003	880 0.003	1115 0.002	1378 0.002	1801 0.002	2280 0.001	2816 0.001	3528 0.001	4400 0.001	5518 0.001	7211 0.001	9130 0.001	11280 0.001
773 0.003	968 0.003	1227 0.003	1515 0.002	1981 0.002	2508 0.002	3098 0.001	3881 0.001	4836 0.001	6070 0.001	7932 0.001	10040 0.001	12400 0.001
843 0.004	1056 0.004	1338 0.003	1653 0.003	2161 0.002	2736 0.002	3379 0.002	4233 0.002	5276 0.001	6622 0.001	8653 0.001	10960 0.001	13530 0.001
913 0.005	1144 0.004	1450 0.004	1791 0.003	2341 0.003	2964 0.002	3661 0.002	4586 0.002	5716 0.002	7173 0.001	9374 0.001	11870 0.001	14660 0.001
984 0.005	1233 0.005	1561 0.004	1929 0.004	2521 0.003	3192 0.003	3943 0.002	4939 0.002	6155 0.002	7725 0.002	10100 0.001	12780 0.001	15790 0.001
1054 0.006	1321 0.005	1673 0.005	2066 0.004	2701 0.003	2420 0.003	4224 0.003	5292 0.002	6595 0.002	8277 0.002	10820 0.001	13700 0.001	16910 0.001
1124 0.007	1409 0.006	1784 0.005	2204 0.005	2881 0.004	3648 0.003	4506 0.003	5644 0.003	7035 0.002	8829 0.002	11540 0.002	14610 0.001	18040 0.001
1194 0.008	1497 0.007	1896 0.006	2342 0.005	3061 0.004	3876 0.004	4487 0.003	5997 0.003	7474 0.002	9381 0.002	12260 0.002	15520 0.002	19170 0.001
1265 0.008	1585 0.007	2007 0.006	2480 0.006	3241 0.005	4104 0.004	5069 0.004	6350 0.003	7914 0.003	9932 0.002	12980 0.002	16430 0.002	20300 0.002
1335 0.009	1673 0.008	2119 0.007	2617 0.006	3421 0.005	4332 0.005	5351 0.004	6703 0.003	8354 0.003	10480 0.003	13700 0.002	17350 0.002	21420 0.002
1405 0.010	1761 0.009	2230 0.008	2755 0.007	3601 0.006	4560 0.005	5632 0.004	7056 0.004	8793 0.003	11040 0.003	14420 0.002	18260 0.002	22550 0.002
1476 0.011	1849 0.010	2342 0.008	2893 0.007	3781 0.006	4788 0.005	5914 0.005	7408 0.004	9233 0.004	11590 0.003	15140 0.003	19170 0.002	23680 0.002

动压 (mmH$_2$O)	风速 (m/s)	外径 D (mm) 上行—风量 (m^3/h)												
		100	120	140	160	180	200	220	250	280	320	360	400	450
0.296	2.2	61 0.092	88 0.073	120 0.060	157 0.050	199 0.043	246 0.038	297 0.034	384 0.029	482 0.025	631 0.021	799 0.018	988 0.016	1251 0.014
0.324	2.3	64 0.100	92 0.079	126 0.065	164 0.055	208 0.047	258 0.041	310 0.037	402 0.031	504 0.027	660 0.023	836 0.020	1033 0.017	1308 0.015
0.353	2.4	67 0.108	96 0.085	131 0.070	172 0.059	217 0.051	269 0.045	320 0.040	419 0.034	526 0.029	688 0.025	872 0.021	1078 0.019	1365 0.016
0.383	2.5	69 0.116	100 0.092	137 0.075	179 0.064	226 0.055	280 0.048	337 0.043	437 0.036	548 0.032	717 0.027	908 0.023	1123 0.020	1422 0.018
0.414	2.6	72 0.124	104 0.098	142 0.081	186 0.068	236 0.059	291 0.052	351 0.046	454 0.039	570 0.034	746 0.029	945 0.025	1167 0.022	1479 0.019
0.447	2.7	75 0.138	108 0.105	147 0.087	193 0.073	245 0.063	302 0.055	364 0.049	471 0.042	592 0.036	774 0.031	981 0.027	1212 0.023	1536 0.020
0.480	2.8	78 0.142	112 0.113	152 0.093	200 0.078	254 0.067	314 0.059	378 0.053	489 0.045	614 0.039	803 0.033	1017 0.028	1257 0.025	1592 0.022
0.515	2.9	80 0.152	116 0.120	158 0.099	207 0.083	263 0.072	325 0.063	391 0.056	506 0.048	636 0.041	832 0.015	1054 0.030	1302 0.027	1649 0.023
0.551	3.0	83 0.161	120 0.127	164 0.105	214 0.089	272 0.077	336 0.067	405 0.06	524 0.051	658 0.044	860 0.037	1090 0.032	1347 0.028	1706 0.025
0.589	3.1	86 0.171	124 0.135	169 0.112	221 0.094	281 0.081	347 0.071	418 0.063	541 0.054	680 0.047	889 0.040	1127 0.034	1392 0.030	1763 0.026
0.627	3.2	89 0.181	128 0.144	175 0.118	229 0.100	290 0.086	358 0.075	432 0.067	559 0.057	702 0.050	918 0.042	1163 0.036	1437 0.032	1820 0.028
0.667	3.3	91 0.192	132 0.152	180 0.125	236 0.106	299 0.091	369 0.080	445 0.071	576 0.061	724 0.053	947 0.044	1199 0.039	1482 0.034	1877 0.029
0.708	3.4	94 0.203	136 0.160	186 0.132	243 0.112	308 0.096	381 0.084	450 0.075	594 0.064	746 0.056	975 0.047	1236 0.041	1527 0.036	1934 0.031

续表

下行一单位摩擦阻力（mmH_2O/m）

500	560	630	700	800	900	1000	1120	1250	1400	1600	1800	2000
1546 0.012	1937 0.011	2453 0.009	3031 0.008	3961 0.007	5016 0.006	6195 0.005	7761 0.005	9673 0.004	12140 0.003	15860 0.003	20090 0.003	24810 0.002
1616 0.013	2025 0.012	2565 0.010	3168 0.009	4141 0.007	5244 0.006	6477 0.006	8114 0.005	10110 0.004	12690 0.004	16590 0.003	21000 0.003	25930 0.002
1686 0.014	2113 0.012	2676 0.011	3306 0.009	4321 0.008	5472 0.007	6759 0.006	8467 0.005	10550 0.005	13240 0.004	17310 0.003	21910 0.003	27060 0.003
1757 0.015	2201 0.013	2788 0.012	3444 0.010	4501 0.009	5700 0.008	7040 0.007	8819 0.006	10990 0.005	13800 0.004	18030 0.004	22820 0.003	28190 0.003
1827 0.017	2289 0.014	2899 0.012	3582 0.011	4681 0.009	5928 0.008	7322 0.007	9172 0.006	11430 0.005	14350 0.005	18750 0.004	23740 0.004	29320 0.003
1897 0.018	2377 0.015	3011 0.013	3719 0.012	4861 0.010	6160 0.009	7604 0.008	9525 0.007	11870 0.006	14900 0.005	19470 0.004	24650 0.004	30440 0.003
1967 0.019	2465 0.017	3122 0.014	3857 0.012	5041 0.011	6384 0.009	7885 0.008	9878 0.007	12310 0.006	15450 0.005	20190 0.005	25570 0.004	31570 0.004
2038 0.020	2553 0.018	3234 0.015	3995 0.013	5222 0.011	6612 0.010	8167 0.009	10230 0.008	12750 0.007	16000 0.006	20910 0.005	26480 0.004	32700 0.004
2108 0.022	2641 0.019	3345 0.016	4133 0.014	5401 0.012	6840 0.011	8448 0.009	10580 0.008	13190 0.007	16550 0.006	21630 0.005	27390 0.005	33830 0.004
2178 0.023	2729 0.020	3457 0.017	4270 0.015	5582 0.013	7068 0.011	9730 0.009	10940 0.009	13630 0.008	17100 0.007	22350 0.006	28300 0.005	34960 0.004
2248 0.024	2817 0.021	3568 0.018	4408 0.016	5762 0.014	7296 0.012	9012 0.010	11290 0.009	14070 0.008	17660 0.007	23080 0.006	29200 0.005	36080 0.005
2319 0.026	2905 0.022	3680 0.019	4546 0.017	5942 0.014	7524 0.013	9293 0.011	11640 0.010	14570 0.008	18210 0.007	23800 0.006	30130 0.005	37210 0.005
2389 0.027	2993 0.024	3791 0.020	4684 0.018	6122 0.015	7752 0.013	9575 0.012	11990 0.010	14950 0.009	18760 0.008	24520 0.007	31040 0.006	38340 0.005

动压 (mmH_2O)	风速 (m/s)	外径 D（mm）　上行—风量（m^3/h）												
		100	120	140	160	180	200	220	250	280	320	360	400	450
0.750	3.5	97 0.214	140 0.170	191 0.139	250 0.118	317 0.102	392 0.089	472 0.079	611 0.068	768 0.059	1004 0.050	1272 0.043	1572 0.038	1991 0.033
0.794	3.6	100 0.225	144 0.179	197 0.147	257 0.124	326 0.107	403 0.094	486 0.083	629 0.071	789 0.062	1033 0.052	1308 0.045	1616 0.040	2047 0.034
0.869	3.7	103 0.237	148 0.188	202 0.154	264 0.130	335 0.113	414 0.099	499 0.088	646 0.075	811 0.065	1061 0.055	1345 0.048	1661 0.042	2104 0.036
0.885	3.8	105 0.249	152 0.197	208 0.162	272 0.137	344 0.118	425 0.103	513 0.092	663 0.079	833 0.068	1090 0.058	1381 0.050	1706 0.044	2101 0.038
0.932	3.9	108 0.261	156 0.207	213 0.170	279 0.144	353 0.124	437 0.109	526 0.097	681 0.082	855 0.072	1119 0.061	1317 0.052	1751 0.046	2218 0.040
0.980	4.0	111 0.274	160 0.217	219 0.178	286 0.151	362 0.130	448 0.114	540 0.101	698 0.086	877 0.075	1147 0.064	1454 0.055	1760 0.048	2275 0.042
1.03	4.1	114 0.286	164 0.227	224 0.187	293 0.158	371 0.136	459 0.119	553 0.106	716 0.091	899 0.079	1176 0.067	1490 0.058	1841 0.051	2332 0.044
1.08	4.2	116 0.299	168 0.237	229 0.195	300 0.165	380 0.142	470 0.125	567 0.111	733 0.095	921 0.082	1205 0.070	1526 0.060	1886 0.053	2389 0.046
1.13	4.3	119 0.313	172 0.248	235 0.204	307 0.172	390 0.149	481 0.130	580 0.116	751 0.099	943 0.086	1233 0.073	1563 0.063	1931 0.055	2446 0.048
1.19	4.4	122 0.326	176 0.259	240 0.213	315 0.180	399 0.155	493 0.136	594 0.121	768 0.103	965 0.090	1262 0.076	1599 0.066	1977 0.058	2052 0.050
1.24	4.5	125 0.340	180 0.270	246 0.222	322 0.187	408 0.162	504 0.142	607 0.126	786 0.108	987 0.093	1291 0.079	1635 0.068	2021 0.060	2559 0.052
1.30	4.6	127 0.354	184 0.281	251 0.231	329 0.195	417 0.168	515 0.148	621 0.131	803 0.112	1009 0.097	1319 0.083	1672 0.071	2065 0.063	2616 0.054

续表

下行一单位摩擦阻力（mmH_2O/m）

500	560	630	700	800	900	1000	1120	1250	1400	1600	1800	2000
2459 0.029	3081 0.025	3903 0.022	4821 0.019	6302 0.016	7980 0.014	9856 0.012	12350 0.011	15390 0.009	19310 0.008	25240 0.007	31960 0.006	39470 0.005
2529 0.030	3169 0.026	4014 0.023	4959 0.02	6482 0.017	8208 0.015	10140 0.013	12700 0.011	15830 0.010	19860 0.009	25960 0.007	32870 0.006	40590 0.006
2600 0.032	3257 0.028	4126 0.024	5097 0.021	6662 0.018	8436 0.016	10420 0.014	13050 0.012	16270 0.010	20420 0.009	26680 0.008	33780 0.007	41720 0.006
2670 0.033	3345 0.029	4237 0.025	5235 0.022	6842 0.019	8664 0.016	10700 0.014	13410 0.013	16710 0.010	20970 0.010	27400 0.008	34700 0.007	42850 0.006
2740 0.035	3433 0.031	4349 0.026	5372 0.023	7022 0.020	8992 0.017	10980 0.015	13760 0.013	17150 0.011	21520 0.010	28120 0.009	35610 0.007	43980 0.007
2810 0.037	3521 0.032	4460 0.028	5510 0.024	7202 0.021	9120 0.018	11260 0.016	14110 0.014	17590 0.012	22070 0.011	28840 0.009	36520 0.008	45100 0.007
2881 0.033	3609 0.034	4572 0.029	5648 0.026	7382 0.022	9348 0.019	11550 0.017	14460 0.014	18030 0.013	22620 0.011	29570 0.009	37430 0.008	46230 0.007
2951 0.040	3698 0.035	4683 0.030	5786 0.027	7562 0.023	9576 0.020	11830 0.017	14820 0.015	18470 0.013	23180 0.012	30290 0.009	38350 0.009	47360 0.008
3021 0.042	3786 0.037	4785 0.032	5923 0.028	7742 0.024	9804 0.021	12110 0.018	15170 0.016	18910 0.014	23730 0.012	31000 0.010	39260 0.009	48490 0.008
3092 0.044	3874 0.038	4906 0.033	6061 0.029	7922 0.025	10030 0.021	12390 0.019	15520 0.017	19350 0.014	24280 0.013	31730 0.011	40170 0.009	49610 0.008
3162 0.046	3962 0.040	5018 0.035	6199 0.030	8102 0.026	10260 0.022	12670 0.020	15870 0.017	19790 0.015	24380 0.013	32450 0.011	41090 0.010	50740 0.009
3232 0.048	4050 0.042	5129 0.036	6337 0.032	8282 0.027	10490 0.023	12950 0.021	16230 0.018	20220 0.016	25380 0.014	31370 0.012	42000 0.010	51870 0.009

动压（mmH_2O）	风速（m/s）	外径 D（mm）　上行—风量（m^3/h）												
		100	120	140	160	180	200	220	250	280	320	360	400	450
1.35	4.7	130 0.369	188 0.292	257 0.240	336 0.203	426 0.175	526 0.154	634 0.137	821 0.117	1031 0.101	1348 0.086	1708 0.074	2110 0.065	2673 0.056
1.41	4.8	133 0.383	192 0.304	262 0.250	343 0.211	435 0.182	531 0.160	648 0.142	838 0.121	1053 0.105	1377 0.089	1744 0.077	2155 0.068	2730 0.059
1.47	4.9	136 0.398	196 0.316	268 0.260	350 0.220	444 0.189	549 0.166	661 0.148	856 0.126	1075 0.109	1405 0.093	1781 0.080	2200 0.071	2787 0.061
1.53	5.0	139 0.414	200 0.328	273 0.270	357 0.228	453 0.197	560 0.172	675 0.154	873 0.131	1097 0.114	1434 0.096	1817 0.083	2245 0.073	2844 0.063
1.59	5.1	141 0.429	204 0.340	279 0.280	365 0.237	462 0.204	571 0.179	688 0.159	890 0.136	1118 0.118	1463 0.100	1853 0.087	2290 0.076	2901 0.066
1.66	5.2	144 0.445	208 0.353	284 0.290	372 0.245	471 0.212	582 0.186	705 0.165	908 0.141	1140 0.122	1491 0.104	1890 0.090	2235 0.079	2957 0.068
1.72	5.3	147 0.461	212 0.366	290 0.300	379 0.254	480 0.219	593 0.192	715 0.171	925 0.146	1162 0.127	1520 0.108	1926 0.093	2380 0.082	3014 0.071
1.79	5.4	150 0.477	216 0.379	295 0.311	386 0.263	489 0.227	605 0.199	729 0.177	943 0.151	1184 0.131	1549 0.111	1962 0.096	2425 0.085	3071 0.073
1.85	5.5	152 0.494	220 0.392	300 0.322	393 0.272	498 0.235	616 0.206	742 0.183	960 0.156	1206 0.136	1578 0.115	1999 0.100	2470 0.088	3128 0.076
1.92	5.6	155 0.511	224 0.405	306 0.333	400 0.282	507 0.243	627 0.213	756 0.190	978 0.162	1228 0.141	1606 0.119	2035 0.103	2514 0.091	3185 0.078
1.99	5.7	158 0.528	228 0.419	311 0.345	407 0.291	516 0.251	638 0.220	769 0.196	995 0.167	1250 0.145	1634 0.123	2071 0.107	2559 0.094	3244 0.081
2.06	5.8	161 0.545	232 0.433	317 0.356	415 0.301	525 0.260	649 0.228	783 0.203	1013 0.173	1272 0.150	1664 0.127	2108 0.110	2604 0.097	3299 0.084
2.13	5.9	163 0.563	236 0.447	322 0.368	422 0.311	535 0.268	660 0.235	796 0.209	1030 0.178	1294 0.155	1692 0.131	2144 0.114	2649 0.099	3356 0.086

续表

下行—单位摩擦阻力（mmH_2O/m）

500	560	630	700	800	900	1000	1120	1250	1400	1600	1800	2000
3302 0.050	4138 0.043	5241 0.037	6474 0.033	8462 0.028	10720 0.024	13240 0.021	16580 0.019	20660 0.016	25930 0.014	33890 0.012	42910 0.011	53000 0.009
3373 0.052	4226 0.045	5352 0.039	6612 0.034	8643 0.029	10940 0.025	13520 0.022	16930 0.019	21100 0.017	26490 0.015	34610 0.013	43820 0.011	54120 0.010
3443 0.054	4314 0.047	5464 0.041	6750 0.036	8823 0.030	11170 0.026	13800 0.023	17290 0.020	21540 0.018	27040 0.015	35330 0.013	44740 0.011	55250 0.010
3513 0.056	4402 0.049	5575 0.042	6888 0.037	9003 0.031	11400 0.027	14080 0.024	17640 0.021	21980 0.018	27590 0.016	36060 0.014	45650 0.012	56380 0.010
3583 0.058	4490 0.050	5687 0.044	7025 0.038	9183 0.033	11630 0.028	14360 0.025	17990 0.022	22420 0.019	28140 0.017	36780 0.014	46560 0.012	57510 0.011
3654 0.060	4578 0.052	5798 0.045	7163 0.040	9363 0.034	11860 0.029	14640 0.026	18340 0.023	22860 0.020	28690 0.017	37500 0.015	47480 0.013	58630 0.011
3724 0.062	4666 0.054	5910 0.047	7301 0.041	9543 0.035	12080 0.030	14930 0.027	18700 0.023	23300 0.021	29250 0.018	38220 0.015	48390 0.013	59760 0.012
3794 0.064	4754 0.056	6022 0.049	7439 0.043	9723 0.036	12310 0.032	15210 0.028	14050 0.024	23740 0.021	29800 0.019	38940 0.016	49300 0.014	60890 0.012
3864 0.067	4842 0.058	6133 0.050	7576 0.044	9903 0.038	12540 0.033	15490 0.029	19400 0.025	24180 0.022	30350 0.019	39660 0.016	50220 0.014	62020 0.013
3935 0.069	4930 0.060	6245 0.052	7714 0.046	10080 0.039	12770 0.034	15770 0.030	19760 0.026	24620 0.023	30900 0.020	40380 0.017	51130 0.015	63140 0.013
4005 0.071	5018 0.062	6356 0.054	7852 0.047	10260 0.040	13000 0.035	16050 0.031	20110 0.027	26060 0.024	31450 0.021	41100 0.018	52040 0.015	64270 0.013
4075 0.074	5106 0.064	6468 0.056	7990 0.049	10440 0.042	13200 0.036	16330 0.032	20460 0.028	25500 0.024	32000 0.021	41820 0.018	52960 0.016	65400 0.014
4145 0.076	5194 0.066	6579 0.057	8127 0.051	10620 0.043	13450 0.037	16620 0.033	20810 0.029	25940 0.025	32560 0.022	42550 0.019	53870 0.016	66530 0.014

动压 (mmH_2O)	风速 (m/s)	外径 D (mm)　上行—风量 (m^3/h)												
		100	120	140	160	180	200	220	250	280	320	360	400	450
2.21	6.0	166 0.581	240 0.461	328 0.379	429 0.321	544 0.277	672 0.243	810 0.216	1048 0.184	1316 0.160	1721 0.136	2180 0.117	2694 0.103	3412 0.089
2.28	6.1	169 0.599	244 0.475	333 0.391	436 0.331	553 0.285	683 0.250	823 0.223	1065 0.190	1338 0.165	1756 0.140	2217 0.121	2739 0.106	3469 0.092
2.35	6.2	172 0.618	248 0.490	339 0.403	443 0.341	562 0.294	694 0.258	837 0.230	1083 0.196	1360 0.170	1778 0.144	2253 0.125	2784 0.110	3526 0.095
2.43	6.3	175 0.637	252 0.505	344 0.416	450 0.351	571 0.303	705 0.266	850 0.237	1100 0.202	1382 0.175	1807 0.149	2289 0.129	2829 0.113	3583 0.098
2.51	6.4	177 0.656	256 0.520	350 0.428	457 0.362	580 0.312	717 0.274	864 0.244	1117 0.208	1404 0.181	1836 0.153	2326 0.133	2874 0.116	3640 0.100
2.59	6.5	180 0.675	260 0.536	355 0.441	465 0.373	589 0.322	728 0.282	877 0.251	1135 0.214	1425 0.186	1864 0.158	2362 0.136	2919 0.120	3697 0.104
2.67	6.6	183 0.695	264 0.551	361 0.454	472 0.383	598 0.331	739 0.290	891 0.258	1152 0.220	1447 0.191	1893 0.162	2398 0.140	2963 0.123	3753 0.107
2.75	6.7	186 0.715	268 0.567	366 0.467	479 0.394	607 0.340	750 0.298	904 0.266	1170 0.227	1469 0.197	1922 0.167	2435 0.144	3008 0.127	3811 0.110
2.83	6.8	188 0.735	272 0.583	371 0.480	486 0.406	616 0.350	761 0.307	918 0.273	1187 0.233	1491 0.203	1950 0.172	2471 0.149	3053 0.131	3867 0.113
2.92	6.9	191 0.755	276 0.599	377 0.493	493 0.417	625 0.360	773 0.315	931 0.281	1205 0.240	1513 0.208	1979 0.177	2507 0.153	3098 0.134	3924 0.116
3.00	7.0	194 0.776	280 0.616	382 0.507	500 0.428	634 0.370	784 0.324	945 0.289	1222 0.246	1535 0.214	2008 0.181	2544 0.157	3143 0.138	3981 0.119
3.09	7.1	197 0.797	284 0.632	388 0.520	508 0.440	643 0.380	795 0.333	958 0.296	1240 0.253	1557 0.220	2036 0.186	2580 0.161	3188 0.142	4038 0.123

续表

下行—单位摩擦阻力（mmH_2O/m）

500	560	630	700	800	900	1000	1120	1250	1400	1600	1800	2000
4216 0.078	5282 0.068	6691 0.059	8265 0.052	10800 0.044	13680 0.038	16900 0.034	21170 0.030	26380 0.026	33110 0.023	43270 0.019	54780 0.017	67650 0.015
4286 0.081	5370 0.070	6802 0.061	8403 0.054	10980 0.016	13910 0.040	17180 0.035	21520 0.031	26820 0.027	33660 0.023	43990 0.020	55700 0.017	68780 0.015
4356 0.083	5458 0.073	6914 0.063	8541 0.055	11160 0.047	14140 0.041	17460 0.036	21870 0.031	27260 0.028	34210 0.024	44710 0.021	56610 0.018	69910 0.016
4427 0.086	5546 0.075	7025 0.065	8678 0.057	11340 0.049	14360 0.042	17740 0.037	22220 0.032	27700 0.028	34760 0.025	45430 0.021	57520 0.018	71040 0.016
4497 0.089	5634 0.077	7137 0.067	8816 0.059	11520 0.050	14590 0.043	18020 0.038	22580 0.033	28140 0.029	35320 0.026	46150 0.022	58430 0.019	72170 0.017
4567 0.091	5722 0.080	7248 0.069	8954 0.061	11700 0.052	14820 0.045	18300 0.040	22930 0.034	28580 0.030	35870 0.026	46870 0.022	59350 0.019	73290 0.017
4637 0.094	5810 0.080	7360 0.071	9092 0.062	11880 0.053	15050 0.046	18590 0.041	23280 0.035	29020 0.031	36420 0.027	47590 0.023	60260 0.020	74420 0.018
4708 0.097	5898 0.084	7471 0.073	9229 0.064	12060 0.055	15280 0.047	18870 0.042	23640 0.036	29460 0.032	36970 0.028	48310 0.024	61170 0.021	75550 0.018
4778 0.099	5986 0.087	7583 0.075	9367 0.066	12240 0.056	15500 0.049	19150 0.043	23990 0.037	29900 0.033	37520 0.029	49040 0.024	62090 0.021	76680 0.019
4848 0.102	6074 0.089	7694 0.077	9505 0.068	12420 0.058	15730 0.050	19430 0.044	24340 0.039	30340 0.034	38070 0.029	49760 0.025	63000 0.022	77800 0.019
4918 0.105	6163 0.091	7806 0.079	9643 0.070	12600 0.059	15960 0.051	19710 0.045	24690 0.040	30780 0.035	38630 0.030	50480 0.026	63910 0.022	78930 0.020
4989 0.108	6251 0.094	7917 0.081	9781 0.073	12780 0.061	16190 0.053	19990 0.047	25050 0.041	31220 0.036	39180 0.031	51200 0.027	64830 0.023	80060 0.020

动压 (mmH_2O)	风速 (m/s)	外径 D(mm) 上行—风量(m^3/h)												
		100	120	140	160	180	200	220	250	280	320	360	400	450
3.18	7.2	200	288	393	515	652	806	972	1257	1579	2065	2616	3233	4095
		0.818	0.649	0.534	0.452	0.390	0.342	0.304	0.260	0.226	0.191	0.166	0.145	0.126
3.26	7.3	202	292	399	522	661	817	985	1275	1601	2094	2653	3278	4152
		0.840	0.666	0.548	0.464	0.400	0.351	0.312	0.267	0.232	0.196	0.170	0.149	0.129
3.35	7.4	205	296	404	529	670	829	999	1292	1623	2122	2689	3323	4209
		0.861	0.684	0.563	0.476	0.411	0.360	0.321	0.273	0.238	0.202	0.174	0.153	0.133
3.45	7.5	208	300	410	536	679	840	1012	1310	1645	2151	2725	3368	4266
		0.884	0.701	0.577	0.488	0.421	0.369	0.329	0.280	0.244	0.207	0.179	0.157	0.136
3.54	7.6	211	304	415	543	689	851	1026	1327	1667	2180	2762	3412	4322
		0.906	0.719	0.592	0.500	0.432	0.379	0.337	0.288	0.250	0.212	0.183	0.161	0.139
3.63	7.7	213	308	421	550	698	862	1039	1344	1689	2209	2798	3457	4379
		0.929	0.737	0.606	0.513	0.443	0.388	0.346	0.295	0.256	0.217	0.188	0.165	0.143
3.73	7.8	216	312	426	558	707	873	1053	1362	1711	2237	2834	3502	4436
		0.952	0.755	0.621	0.525	0.453	0.398	0.354	0.302	0.263	0.223	0.193	0.169	0.146
3.82	7.9	219	316	432	565	716	885	1066	1379	1732	2266	2871	3547	4493
		0.975	0.773	0.637	0.538	0.465	0.407	0.363	0.301	0.269	0.228	0.197	0.173	0.150
3.92	8.0	222	320	437	572	725	896	1080	1397	1754	2295	2907	3592	4550
		0.998	0.792	0.652	0.551	0.476	0.417	0.372	0.317	0.275	0.234	0.202	0.178	0.154
4.02	8.1	224	324	442	579	734	907	1093	1414	1776	2323	2943	3637	4607
		1.02	0.811	0.667	0.564	0.487	0.427	0.380	0.325	0.282	0.239	0.207	0.182	0.157
4.12	8.2	227	328	448	586	743	918	1107	1432	1798	2352	2980	3682	4664
		1.05	0.830	0.683	0.578	0.498	0.437	0.389	0.332	0.289	0.245	0.212	0.186	0.161
4.22	8.3	230	332	453	593	752	929	1120	1449	1820	2381	3016	3727	4721
		1.07	0.849	0.698	0.591	0.510	0.447	0.398	0.340	0.295	0.250	0.217	0.190	0.165
4.32	8.4	233	336	459	600	761	941	1134	1467	1842	2409	3052	3772	4777
		1.09	0.869	0.715	0.605	0.522	0.458	0.408	0.348	0.302	0.256	0.222	0.195	0.169

续表

下行一单位摩擦阻力（mmH_2O/m）

500	560	630	700	800	900	1000	1120	1250	1400	1600	1800	2000
5059 0.111	6339 0.097	8029 0.084	9918 0.074	12960 0.063	16420 0.054	20280 0.048	25400 0.042	31660 0.037	39730 0.032	51920 0.027	65740 0.024	81190 0.021
5129 0.114	6427 0.099	8140 0.086	10060 0.076	13140 0.064	16640 0.056	20560 0.049	25750 0.043	32100 0.038	40280 0.033	52640 0.028	66650 0.024	82310 0.021
5199 0.117	6515 0.102	8252 0.088	10190 0.078	13320 0.066	16870 0.057	20840 0.050	26110 0.044	32540 0.039	40830 0.034	53360 0.029	67560 0.025	83440 0.022
5270 0.120	6603 0.104	8363 0.090	10330 0.079	13500 0.068	17100 0.059	21120 0.052	26460 0.045	32980 0.040	41390 0.035	54080 0.029	68480 0.026	84570 0.023
5340 0.123	6691 0.107	8475 0.093	10470 0.082	13680 0.069	17330 0.060	21400 0.053	26810 0.046	33410 0.041	41940 0.035	54800 0.030	69390 0.026	85700 0.023
5410 0.126	6779 0.110	8586 0.095	10610 0.084	13860 0.071	17560 0.062	21680 0.054	27160 0.047	33850 0.042	42490 0.036	55530 0.031	70300 0.027	86820 0.024
5480 0.129	6867 0.112	8698 0.097	10740 0.086	14040 0.073	17780 0.063	21970 0.056	27520 0.049	34290 0.043	43040 0.037	56250 0.032	71220 0.028	87950 0.024
5551 0.132	6955 0.115	8809 0.100	10880 0.088	14220 0.075	18010 0.065	22250 0.057	27870 0.050	34730 0.044	43590 0.038	56970 0.033	72130 0.028	89080 0.025
5621 0.135	7043 0.118	8921 0.102	11020 0.090	14400 0.076	18240 0.066	22530 0.058	28220 0.051	35170 0.045	44140 0.039	57690 0.033	73040 0.029	90210 0.025
5691 0.138	7131 0.121	9032 0.105	11160 0.092	14580 0.078	18470 0.068	22810 0.060	28570 0.052	35610 0.046	44700 0.040	58410 0.034	73960 0.030	91330 0.026
5762 0.142	7219 0.124	9144 0.107	11300 0.094	14760 0.080	18700 0.069	23090 0.061	28930 0.053	36050 0.047	45250 0.041	59130 0.035	74870 0.030	92460 0.027
5832 0.145	7307 0.126	9255 0.110	11430 0.096	14940 0.082	18920 0.071	23370 0.063	29280 0.055	36490 0.048	45800 0.042	59850 0.036	75780 0.031	93590 0.027
5902 0.148	7395 0.129	9367 0.112	11570 0.099	15120 0.084	19150 0.073	23660 0.064	29630 0.056	36930 0.049	46350 0.043	60570 0.037	76700 0.032	94720 0.028

动压 (mmH_2O)	风速 (m/s)	外径 D (mm)　上行—风量 (m^3/h)												
		100	120	140	160	180	200	220	250	280	320	360	400	450
4.43	8.5	236 1.12	340 0.888	464 0.731	608 0.618	770 0.534	952 0.468	1147 0.417	1484 0.357	1864 0.309	2438 0.262	3089 0.227	3817 0.199	4834 0.172
4.53	8.6	238 1.14	344 0.908	470 0.748	615 0.632	779 0.546	963 0.478	1161 0.426	1501 0.364	1886 0.316	2467 0.268	3125 0.232	3861 0.204	4891 0.176
4.64	8.7	241 1.17	348 0.928	475 0.764	622 0.646	788 0.558	974 0.489	1174 0.436	1519 0.372	1908 0.323	2495 0.274	3161 0.237	3906 0.208	4948 0.180
4.71	8.8	244 1.20	352 0.949	481 0.781	629 0.660	797 0.570	985 0.500	1188 0.445	1536 0.380	1930 0.330	2524 0.280	3198 0.242	3951 0.213	5005 0.184
4.85	8.9	247 1.22	356 0.969	486 0.798	636 0.675	806 0.582	997 0.511	1201 0.455	1554 0.388	1952 0.337	2553 0.286	3234 0.247	3996 0.217	5062 0.188
4.96	9.0	249 1.25	360 0.990	492 0.815	643 0.689	815 0.595	1008 0.522	1215 0.465	1571 0.396	1974 0.344	2581 0.292	3270 0.253	4041 0.222	5119 0.192
5.07	9.1	252 1.27	364 1.01	497 0.832	650 0.704	824 0.607	1019 0.533	1228 0.474	1589 0.405	1996 0.352	2610 0.298	3307 0.258	4086 0.227	5176 0.196
5.18	9.2	255 1.30	368 1.03	503 0.850	658 0.719	833 0.620	1030 0.544	1242 0.484	1606 0.413	2018 0.359	2639 0.305	3343 0.264	4131 0.232	5232 0.200
5.30	9.3	258 1.33	372 1.05	508 0.867	665 0.733	843 0.633	1041 0.555	1255 0.494	1624 0.422	2040 0.367	2667 0.311	3380 0.269	4176 0.236	5289 0.205
5.41	9.4	260 1.35	376 1.08	514 0.885	672 0.749	852 0.646	1053 0.567	1269 0.505	1641 0.431	2061 0.374	2696 0.317	3416 0.275	4221 0.241	5346 0.209
5.53	9.5	263 1.38	380 1.10	519 0.903	679 0.764	861 0.659	1064 0.578	1282 0.515	1659 0.439	2083 0.382	2725 0.324	3452 0.280	4266 0.246	5403 0.213
5.65	9.6	266 1.41	384 1.12	524 0.921	686 0.779	870 0.672	1075 0.590	1296 0.525	1676 0.448	2105 0.389	2753 0.330	3489 0.256	4310 0.251	5460 0.217

续表

下行—单位摩擦阻力（mmH_2O/m）

500	560	630	700	800	900	1000	1120	1250	1400	1600	1800	2000
5972 0.152	7483 0.132	9478 0.115	11710 0.100	15300 0.086	19380 0.074	23940 0.066	29990 0.057	37370 0.050	46900 0.044	61290 0.037	77610 0.032	95840 0.029
6043 0.155	7571 0.135	9590 0.117	11850 0.103	15480 0.088	19610 0.076	24220 0.067	30340 0.059	37810 0.051	47460 0.045	62020 0.038	78520 0.033	96970 0.029
6113 0.158	7659 0.138	9701 0.120	11980 0.105	15660 0.090	19840 0.078	24500 0.069	30690 0.060	38250 0.052	48010 0.046	62740 0.039	79430 0.034	98100 0.030
6183 0.162	7747 0.141	9813 0.122	12120 0.108	15840 0.092	20060 0.080	24780 0.070	31040 0.061	38690 0.054	48560 0.047	63460 0.040	80350 0.035	99230 0.031
6253 0.166	7835 0.144	9924 0.125	12260 0.110	16020 0.094	20290 0.081	25060 0.072	31400 0.063	39130 0.055	49110 0.048	64180 0.041	81260 0.035	100400 0.031
6324 0.169	7923 0.147	10040 0.128	12400 0.112	16200 0.096	20520 0.083	25350 0.073	31750 0.064	39570 0.056	49660 0.049	64900 0.042	82170 0.036	101500 0.032
6394 0.173	8011 0.151	10150 0.130	12540 0.115	16380 0.098	20750 0.085	25630 0.075	32100 0.065	40010 0.057	50210 0.050	65620 0.043	83090 0.037	102600 0.033
6464 0.176	8099 0.154	10260 0.133	12670 0.117	16560 0.100	20980 0.087	25910 0.076	32460 0.067	40450 0.058	50770 0.051	66340 0.043	84000 0.038	103700 0.033
6534 0.180	8187 0.157	10370 0.136	12810 0.120	16740 0.102	21200 0.088	26190 0.078	32810 0.068	40890 0.060	51320 0.052	67060 0.044	84910 0.039	104700 0.034
6605 0.184	8275 0.160	10480 0.139	12950 0.122	16920 0.104	21430 0.090	26470 0.079	33160 0.069	41330 0.061	51870 0.053	67780 0.045	85830 0.039	106000 0.035
6675 0.187	8363 0.163	10590 0.142	13090 0.125	17100 0.106	21660 0.092	26750 0.081	33510 0.071	41770 0.062	52420 0.054	68510 0.046	86740 0.040	107100 0.035
6745 0.191	8451 0.167	10700 0.144	13220 0.127	17190 0.108	21890 0.094	27030 0.083	33870 0.072	42210 0.063	52970 0.055	69230 0.047	87650 0.041	108200 0.036

动压 (mmH_2O)	风速 (m/s)	外径 D (mm)　上行—风量 (m^3/h)												
		100	120	140	160	180	200	220	250	280	320	360	400	450
5.76	9.7	269 1.44	388 1.44	530 0.940	693 0.795	879 0.686	1086 0.601	1309 0.536	1694 0.457	2127 0.397	2782 0.337	3525 0.291	4355 0.256	5517 0.222
5.83	9.8	272 1.47	392 1.16	535 0.958	701 0.810	888 0.699	1097 0.613	1323 0.546	1711 0.466	2149 0.405	2811 0.344	3561 0.297	4400 0.261	5574 0.226
6.00	9.9	274 1.50	396 1.19	541 0.977	708 0.826	897 0.713	1108 0.625	1336 0.557	1729 0.475	2171 0.413	2840 0.350	3598 0.303	4445 0.266	5631 0.231
6.13	10.0	277 1.52	400 1.21	546 0.996	715 0.842	906 0.727	1120 0.637	1350 0.568	1746 0.484	2193 0.421	2868 0.357	3634 0.309	4490 0.271	5687 0.235
6.25	10.1	280 1.55	404 1.23	552 1.01	722 0.858	915 0.741	1131 0.650	1363 0.579	1763 0.494	2215 0.429	2897 0.364	3670 0.315	4535 0.277	5744 0.240
6.37	10.2	283 1.58	408 1.26	557 1.03	729 0.874	924 0.755	1142 0.662	1377 0.590	1781 0.508	2237 0.437	2926 0.371	3707 0.321	4580 0.282	5801 0.244
6.50	10.3	285 1.61	412 1.28	563 1.05	736 0.891	933 0.769	1153 0.674	1390 0.601	1798 0.513	2259 0.445	2954 0.378	3743 0.327	4625 0.287	5858 0.249
6.63	10.4	288 1.64	416 1.30	568 1.07	743 0.907	942 0.783	1164 0.687	1404 0.612	1816 0.522	2281 0.454	2983 0.385	3739 0.333	4670 0.293	5915 0.253
6.75	10.5	291 1.67	420 1.33	574 1.09	751 0.924	951 0.798	1176 0.700	1417 0.623	1833 0.532	2303 0.462	3012 0.392	3816 0.339	4715 0.298	5972 0.258
6.88	10.6	294 1.70	424 1.35	579 1.11	758 0.941	960 0.812	1187 0.712	1431 0.635	1857 0.541	2325 0.471	3040 0.399	3852 0.345	4759 0.303	6029 0.263
7.01	10.7	297 1.73	428 1.38	585 1.13	765 0.958	969 0.827	1198 0.725	1444 0.646	1868 0.551	2347 0.479	3069 0.406	3888 0.352	4804 0.309	6086 0.267
7.14	10.8	299 1.76	432 1.40	590 1.15	772 0.975	978 0.842	1209 0.738	1458 0.658	1886 0.561	2368 0.488	3098 0.414	3925 0.358	4849 0.314	6142 0.272
7.28	10.9	302 1.80	436 1.43	595 1.17	779 0.993	987 0.857	1220 0.751	1471 0.669	1903 0.571	2390 0.496	3126 0.421	3961 0.364	4894 0.320	6199 0.277

续表

下行—单位摩擦阻力（mmH₂O/m）

500	560	630	700	800	900	1000	1120	1250	1400	1600	1800	2000
6815 0.195	8540 0.170	10820 0.147	13360 0.130	17470 0.110	22120 0.096	27320 0.084	34220 0.074	42650 0.065	53530 0.056	69950 0.048	88560 0.042	109400 0.037
6886 0.199	8628 0.173	10930 0.150	13500 0.132	17650 0.113	22340 0.098	27600 0.086	34570 0.075	43090 0.066	54080 0.057	70670 0.049	89480 0.043	110500 0.038
6956 0.203	8716 0.177	11040 0.153	13640 0.135	17830 0.115	22570 0.100	27880 0.088	34920 0.077	43530 0.067	54630 0.059	71370 0.050	90390 0.043	111600 0.038
7026 0.207	8804 0.180	11150 0.156	13780 0.137	18010 0.117	22800 0.101	28160 0.089	35280 0.078	43970 0.068	55180 0.060	72110 0.051	91300 0.044	112800 0.039
7096 0.211	8892 0.184	11260 0.159	13910 0.140	18190 0.119	23030 0.103	28440 0.091	35630 0.080	44410 0.070	55730 0.061	72830 0.052	92220 0.045	113900 0.040
7167 0.215	8980 0.187	11370 0.162	14050 0.143	18370 0.121	23260 0.105	28720 0.093	35980 0.081	44850 0.071	56280 0.062	73550 0.053	93130 0.046	115000 0.041
7237 0.219	9068 0.191	11490 0.165	14190 0.145	18550 0.124	23490 0.107	29010 0.095	36340 0.083	45290 0.072	56840 0.063	74270 0.054	94040 0.047	116100 0.041
7307 0.223	9156 0.194	11600 0.168	14330 0.148	18730 0.126	23712 0.109	29290 0.096	36690 0.084	45730 0.074	57390 0.064	75000 0.055	94960 0.048	117300 0.042
7378 0.227	9244 0.198	11710 0.171	14460 0.151	18910 0.128	23940 0.111	29570 0.093	37040 0.086	46170 0.075	57940 0.066	75720 0.056	95870 0.049	118400 0.043
7448 0.231	9332 0.201	11820 0.175	14600 0.154	19090 0.131	24170 0.113	29850 0.100	37390 0.087	46600 0.077	58490 0.067	76440 0.057	96780 0.049	119500 0.044
7518 0.235	9420 0.205	11930 0.178	14740 0.156	19270 0.133	24400 0.116	30130 0.102	37750 0.089	47040 0.078	59040 0.068	77160 0.058	97690 0.050	120700 0.044
7588 0.239	9508 0.209	12040 0.181	14880 0.159	19450 0.136	24620 0.118	30410 0.104	38100 0.090	47480 0.079	59590 0.069	77880 0.059	98610 0.051	121800 0.045
7659 0.241	9596 0.213	12150 0.184	15020 0.162	19630 0.138	24850 0.120	30700 0.105	38450 0.092	47920 0.081	60150 0.070	78600 0.060	99520 0.052	122900 0.046

动压 (mmH$_2$O)	风速 (m/s)	外径 D (mm) 上行—风量 (m^3/h)												
		100	120	140	160	180	200	220	250	280	320	360	400	450
7.41	11.0	305	440	601	786	997	1232	1485	1921	2412	3155	3997	4939	6256
		1.83	1.45	1.19	1.01	0.872	1.765	0.631	0.581	0.050	0.428	0.371	0.326	0.282
7.55	11.1	308	444	606	793	1006	1243	1498	1938	2434	3184	4034	4984	6313
		1.86	1.48	1.22	1.03	0.887	0.778	0.693	0.591	0.514	0.436	0.377	0.331	0.287
7.68	11.2	310	448	612	801	1015	1254	1512	1956	2456	3212	4070	5029	6370
		1.89	1.50	1.24	1.05	0.902	0.791	0.705	0.601	0.523	0.443	0.384	0.337	0.292
7.82	11.3	313	452	617	808	1024	1265	1525	1973	2478	3241	4106	5074	6127
		1.92	1.53	1.26	1.06	0.918	0.805	0.717	0.612	0.532	0.451	0.390	0.343	0.297
7.96	11.4	316	456	623	815	1033	1276	1539	1990	2500	3270	4143	5119	6484
		1.96	1.55	1.28	1.08	0.933	0.819	0.729	0.622	0.541	0.459	0.397	0.349	0.302
8.10	11.5	319	460	628	822	1042	1288	1552	2008	2522	3298	4179	5164	6541
		1.99	1.58	1.30	1.10	0.949	0.832	0.742	0.633	0.550	0.466	0.404	0.355	0.307
8.24	11.6	321	464	634	829	1051	1299	1566	2025	2544	3327	4215	5208	6597
		2.02	1.61	1.32	1.12	0.965	0.846	0.754	0.643	0.559	0.474	0.410	0.361	0.312
8.39	11.7	324	468	639	836	1060	1310	1579	2043	2566	3356	4252	5253	6654
		2.06	1.63	1.34	1.14	0.981	0.860	0.766	0.654	0.568	0.482	0.417	0.367	0.317
8.53	11.8	327	472	645	843	1069	1321	1593	2060	2588	3384	4288	5298	6711
		2.09	1.66	1.37	1.16	0.997	0.874	0.779	0.665	0.573	0.490	0.424	0.373	0.323
8.67	11.9	330	476	650	851	1078	1332	1606	2078	2610	3413	4324	5343	6768
		2.12	1.69	1.39	1.17	1.01	0.889	0.792	0.676	0.587	0.498	0.431	0.379	0.328
8.82	12.0	333	480	656	858	1087	1344	1620	2095	2632	3442	4361	5388	3825
		2.16	1.72	1.41	1.19	1.03	0.903	0.804	0.686	0.597	0.506	0.438	0.385	0.333
8.97	12.1	335	484	661	865	1096	1355	1633	2113	2654	3471	4397	5433	6882
		2.19	1.74	1.43	1.21	1.05	0.918	0.817	0.697	0.606	0.514	0.445	0.391	0.339

续表

下行—单位摩擦阻力（mmH_2O/m）

500	560	630	700	800	900	1000	1120	1250	1400	1600	1800	2000
7729 0.248	9684 0.216	12270 0.187	15150 0.165	19810 0.140	25080 0.122	30980 0.107	38810 0.094	48360 0.082	60700 0.072	79320 0.061	100400 0.053	124000 0.047
7799 0.252	9772 0.220	12380 0.191	15290 0.168	19990 0.143	25130 0.124	31260 0.109	39160 0.095	48800 0.084	61250 0.073	80040 0.062	101300 0.054	125200 0.048
7869 0.257	9860 0.224	12490 0.194	15430 0.171	20170 0.145	25540 0.126	31540 0.111	39510 0.097	49240 0.085	61800 0.074	80706 0.063	102300 0.055	126300 0.049
7940 0.261	9848 0.228	12600 0.197	15570 0.174	20350 0.148	25760 0.128	31820 0.113	39860 0.099	49680 0.087	62350 0.076	81490 0.064	103200 0.056	127400 0.049
8010 0.266	10040 0.232	12710 0.201	15700 0.177	20530 0.150	25990 0.130	32100 0.115	40220 0.100	50120 0.088	62910 0.077	82210 0.065	104100 0.057	128500 0.050
8080 0.270	10120 0.236	12820 0.204	15840 0.180	20710 0.153	26220 0.133	32390 0.117	40570 0.102	50560 0.039	63460 0.078	82930 0.067	105000 0.058	129700 0.051
8150 0.275	10210 0.240	12940 0.208	15980 0.183	20890 0.155	26450 0.135	32670 0.119	40920 0.104	51000 0.091	64010 0.079	83650 0.068	105900 0.059	130800 0.052
8221 0.279	10300 0.243	13050 0.210	16120 0.186	21070 0.158	26680 0.137	32950 0.121	41270 0.106	51440 0.092	64560 0.081	84370 0.069	106800 0.060	131900 0.053
8291 0.284	10390 0.247	13160 0.214	16250 0.189	21250 0.161	26900 0.139	33230 0.123	41630 0.107	51880 0.094	65110 0.082	85090 0.070	107700 0.061	133100 0.054
8361 0.288	10480 0.251	13270 0.218	16390 0.192	21430 0.163	27132 0.142	33510 0.125	41980 0.109	52320 0.096	65660 0.083	85810 0.071	108700 0.062	134200 0.055
8431 0.293	10560 0.256	13380 0.221	16530 0.195	21610 0.166	27360 0.144	33790 0.127	42330 0.111	52760 0.097	66220 0.085	86530 0.072	109600 0.063	135300 0.055
8502 0.298	10650 0.260	13490 0.225	16670 0.198	21790 0.169	27590 0.146	34080 0.129	42690 0.113	53200 0.099	66770 0.086	87250 0.073	110500 0.064	136400 0.056

动压 (mmH_2O)	风速 (m/s)	外径 D (mm)　上行—风量 (m^3/h)												
		100	120	140	160	180	200	220	250	280	320	360	400	450
9.12	12.2	338 2.23	488 1.77	666 1.46	872 1.23	1105 1.06	1366 0.932	1647 0.830	2130 0.709	2675 0.616	3499 0.522	4433 0.452	5478 0.397	6939 0.344
9.27	12.3	341 2.26	492 1.80	672 1.48	879 1.25	1114 1.08	1377 0.947	1660 0.843	2148 0.720	2697 0.626	3528 0.531	4470 0.459	5523 0.403	7000 0.349
9.42	12.4	344 2.30	496 1.82	677 1.50	886 1.27	1123 1.10	1388 0.962	1674 0.857	2165 0.731	2719 0.635	3557 0.539	4506 0.466	5568 0.410	7052 0.355
9.57	12.5	346 2.33	500 1.85	683 1.53	894 1.29	1132 1.11	1400 0.977	1687 0.870	2183 0.742	2741 0.645	3585 0.547	4542 0.474	5613 0.416	7109 0.360
9.72	12.6	349 2.37	504 1.88	688 1.55	901 1.31	1141 1.13	1411 0.992	1701 0.883	2200 0.754	2767 0.655	3614 0.556	4579 0.481	5657 0.423	7166 0.366
9.88	12.7	352 2.41	508 1.91	694 1.57	908 1.33	1151 1.15	1422 1.010	1714 0.897	2217 0.765	2785 0.665	3643 0.564	4615 0.488	5702 0.429	7223 0.372
10.04	12.8	355 2.44	513 1.94	699 1.60	915 1.35	1160 1.17	1433 1.020	1728 0.910	2235 0.777	2807 0.675	3671 0.573	4651 0.496	5747 0.436	7280 0.377
10.19	12.9	357 2.48	517 1.97	705 1.62	922 1.37	1169 1.18	1444 1.04	1741 0.924	2252 0.789	2829 0.685	3700 0.581	4688 0.503	5792 0.442	7337 0.383
10.35	13.0	360 2.52	521 2.00	710 1.64	929 1.39	1178 1.20	1456 1.05	1755 0.938	2270 0.800	2851 0.696	3729 0.590	4724 0.511	5837 0.449	7394 0.389
10.51	13.1	363 2.55	525 2.03	716 1.67	936 1.41	1187 1.22	1467 1.07	1768 0.952	2287 0.812	2873 0.706	3757 0.599	4760 0.518	5882 0.455	7451 0.394
10.67	13.2	366 2.59	529 2.06	721 1.69	944 1.43	1196 1.24	1478 1.08	1782 0.966	2305 0.824	2895 0.716	3786 0.608	4797 0.526	5927 0.462	7507 0.400
10.84	13.3	369 2.63	533 2.09	727 1.72	951 1.45	1205 1.25	1489 1.10	1795 0.980	2322 0.836	2917 0.727	3815 0.617	4833 0.534	5972 0.469	7564 0.406
11.00	13.4	371 2.67	537 2.12	732 1.74	958 1.47	1214 1.27	1500 1.12	1809 0.994	2340 0.848	2939 0.737	3843 0.626	4869 0.541	6017 0.476	7621 0.412

续表

下行—单位摩擦阻力（mmH_2O/m）

500	560	630	700	800	900	1000	1120	1250	1400	1600	1800	2000
8572 0.302	10740 0.264	13600 0.229	16810 0.201	21970 0.171	27820 0.149	34360 0.131	43040 0.114	53640 0.100	67320 0.088	87980 0.075	111400 0.065	137600 0.057
8642 0.307	10830 0.268	13720 0.2323	16940 0.204	22150 0.174	28040 0.151	34640 0.133	43390 0.116	54080 0.102	67870 0.089	88700 0.076	112300 0.066	138700 0.058
8713 0.312	10920 0.272	13830 0.236	17080 0.208	22330 0.177	28270 0.153	34920 0.135	43740 0.118	54520 0.103	68420 0.090	89420 0.077	113200 0.067	139800 0.059
8783 0.317	11000 0.276	13940 0.240	17220 0.211	22510 0.179	28500 0.156	35200 0.137	44100 0.120	54960 0.105	68980 0.092	90140 0.078	114100 0.068	140900 0.060
8853 0.322	11090 0.281	14050 0.243	17360 0.214	22690 0.182	28730 0.158	35480 0.139	44450 0.122	55400 0.107	69530 0.093	90860 0.079	115000 0.069	142100 0.061
8923 0.327	11180 0.285	14160 0.247	17490 0.217	22870 0.185	28960 0.160	35760 0.141	44800 0.124	55840 0.108	70080 0.095	91580 0.080	116000 0.070	143200 0.062
8994 0.332	11270 0.289	14270 0.251	17630 0.221	23050 0.188	29180 0.163	36050 0.144	45160 0.125	56280 0.110	70630 0.096	92300 0.082	116900 0.071	144300 0.063
9064 0.337	11360 0.294	14380 0.255	17770 0.224	23230 0.191	29410 0.165	36330 0.146	45510 0.127	56720 0.112	71180 0.097	93020 0.083	117800 0.072	145500 0.064
9034 0.342	11440 0.298	14500 0.258	17910 0.227	23410 0.193	29640 0.168	36610 0.148	45860 0.129	57160 0.113	71730 0.099	93740 0.084	118700 0.073	146600 0.065
9204 0.347	11530 0.302	14610 0.262	18050 0.231	23590 0.196	29870 0.170	36890 0.150	46210 0.131	57600 0.115	72290 0.100	94470 0.086	119600 0.074	147700 0.066
9275 0.352	11620 0.307	14720 0.266	18180 0.234	23770 0.199	30100 0.173	37170 0.152	46570 0.133	58040 0.117	72840 0.102	95190 0.087	120500 0.075	148800 0.067
9345 0.357	11710 0.311	14830 0.270	18320 0.238	23950 0.202	30320 0.175	37450 0.155	46920 0.135	58480 0.118	73390 0.103	95910 0.088	121400 0.077	150000 0.068
9415 0.362	11800 0.316	14940 0.274	18460 0.241	24130 0.205	30550 0.178	37740 0.157	47270 0.137	58920 0.120	73940 0.105	96630 0.089	122300 0.078	151100 0.069

动压 (mmH$_2$O)	风速 (m/s)	外径 D (mm) 上行—风量 (m^3/h)												
		100	120	140	160	180	200	220	250	280	320	360	400	450
11.16	13.5	374 2.70	541 2.15	737 1.77	965 1.50	1223 1.29	1512 1.13	1822 1.01	2357 0.861	2961 0.748	3872 0.635	4906 0.549	6062 0.483	7678 0.418
11.33	13.6	377 2.74	545 2.18	743 1.79	972 1.52	1232 1.31	1523 1.15	1836 1.02	2375 0.873	2983 0.759	3901 0.644	4942 0.557	6106 0.489	7735 0.424
11.50	13.7	380 2.78	549 2.21	748 1.82	979 1.54	1241 1.33	1534 1.16	1849 1.04	2392 0.885	3004 0.770	3929 0.653	4978 0.565	6151 0.496	7792 0.430
11.67	13.8	382 2.82	553 2.24	754 1.84	936 1.56	1250 1.35	1545 1.18	1863 1.05	2400 0.898	3026 0.780	3958 0.662	5015 0.573	6196 0.503	7849 0.436
11.83	13.9	385 2.86	557 2.27	759 1.87	994 1.58	1259 1.37	1556 1.20	1876 1.07	2427 0.910	3048 0.791	3937 0.671	5051 0.581	6241 0.510	7906 0.442
12.01	14.0	388 2.90	561 2.30	765 1.90	1000 1.60	1268 1.38	1568 1.21	1890 1.08	2444 0.923	3070 0.802	4015 0.681	5087 0.589	6286 0.518	7962 0.448
12.18	14.1	391 2.94	565 2.33	770 1.92	1008 1.63	1277 1.40	1579 1.23	1903 1.10	2462 0.936	3092 0.813	4044 0.690	5124 0.597	6331 0.525	8019 0.454
12.35	14.2	394 2.98	569 2.37	776 1.95	1015 1.65	1286 1.42	1590 1.25	1917 1.11	2479 0.949	3114 0.825	4073 0.699	5760 0.605	6376 0.532	8076 0.461
12.53	14.3	396 3.02	573 2.40	781 1.97	1022 1.67	1295 1.44	1601 1.26	1930 1.13	2497 0.961	3136 0.836	4102 0.709	5196 0.613	6421 0.539	8133 0.467
12.70	14.4	399 3.06	577 2.43	787 2.00	1029 1.69	1305 1.46	1612 1.28	1944 1.14	2514 0.974	3158 0.847	4130 0.719	5233 0.622	6466 0.546	8190 0.473
12.83	14.5	402 3.10	581 2.46	792 2.03	1036 1.72	1314 1.48	1623 1.30	1957 1.16	2532 0.986	3180 0.858	4159 0.728	5269 0.630	6511 0.554	8247 0.480
13.06	14.6	405 3.14	585 2.50	798 2.06	1043 1.74	1323 1.50	1635 1.32	1971 1.17	2549 1.00	3202 0.870	4188 0.738	5305 0.638	6555 0.561	8304 0.486

续表

下行—单位摩擦阻力（mmH_2O/m）

500	560	630	700	800	900	1000	1120	1250	1400	1600	1800	2000
9485 0.367	11880 0.320	15050 0.278	18600 0.244	24310 0.208	30780 0.181	38020 0.159	47620 0.139	59360 0.122	74490 0.106	97350 0.091	123300 0.079	152200 0.070
9556 0.373	11970 0.325	15170 0.282	18730 0.248	24490 0.211	31010 0.183	38300 0.161	47980 0.141	59790 0.124	75050 0.108	98070 0.092	124200 0.080	153400 0.071
9626 0.378	12060 0.330	15280 0.286	18870 0.252	24670 0.214	31240 0.186	38580 0.164	48330 0.143	60230 0.125	75600 0.109	98790 0.093	125100 0.081	154500 0.072
9696 0.383	12150 0.334	15390 0.290	19010 0.255	24850 0.217	31460 0.188	38860 0.166	48680 0.145	60670 0.127	76150 0.111	99510 0.095	126600 0.082	155600 0.073
9766 0.389	12240 0.339	15500 0.294	19150 0.259	25030 0.220	31690 0.191	39140 0.168	49040 0.147	61110 0.129	76700 0.113	100200 0.096	126900 0.083	156700 0.074
9837 0.394	12330 0.344	15610 0.298	19290 0.262	25210 0.223	31920 0.194	39430 0.171	49390 0.149	61550 0.131	77250 0.114	101000 0.097	127800 0.085	157900 0.075
9907 0.400	12410 0.349	15720 0.302	19420 0.266	25390 0.226	32150 0.196	39710 0.173	49740 0.151	61990 0.132	77800 0.116	101700 0.099	128700 0.086	159000 0.076
9977 0.405	12500 0.353	15830 0.306	19560 0.270	25570 0.229	32380 0.199	39990 0.175	50090 0.153	62430 0.134	78360 0.117	102400 0.100	129700 0.087	160100 0.077
10050 0.411	12590 0.358	15950 0.310	19700 0.273	25750 0.232	32600 0.202	40270 0.178	50450 0.155	62870 0.136	78910 0.119	103100 0.101	130600 0.088	161200 0.078
10120 0.416	12680 0.363	16060 0.315	19840 0.277	25930 0.236	32830 0.204	40550 0.180	50800 0.157	63310 0.138	79460 0.120	103800 0.103	131500 0.089	162400 0.079
10190 0.422	12770 0.368	16170 0.319	19970 0.281	26110 0.239	33060 0.207	40830 0.183	51150 0.159	63750 0.140	80010 0.122	104600 0.104	132400 0.090	163500 0.080
10260 0.427	12850 0.373	16280 0.323	20110 0.284	26290 0.242	33290 0.210	41120 0.185	51510 0.162	64190 0.142	80560 0.124	105300 0.105	133300 0.092	164600 0.081

动压（mmH_2O）	风速（m/s）	外径 D（mm）　上行—风量（m^3/h）												
		100	120	140	160	180	200	220	250	280	320	360	400	450
13.24	14.7	407	589	803	1051	1332	1646	1984	2567	3224	4216	5342	6600	8361
		3.19	2.53	2.08	1.76	1.52	1.33	1.19	1.01	0.881	0.748	0.647	0.569	0.492
13.42	14.8	410	593	809	1058	1341	1657	1998	2584	3246	4245	5378	6645	8417
		3.23	2.56	2.11	1.78	1.54	1.35	1.20	1.03	0.893	0.757	0.655	0.576	0.499
13.60	14.9	413	597	814	1065	1350	1668	2011	2602	3268	4274	5414	6690	8474
		3.27	2.60	2.14	1.81	1.56	1.37	1.22	1.04	0.905	0.767	0.664	0.584	0.505
13.78	15.0	416	601	819	1072	1359	1680	2025	2619	3290	4302	5451	6735	8531
		3.31	2.63	2.17	1.83	1.58	1.39	1.24	1.05	0.916	0.773	0.673	0.591	0.512
13.97	15.1	418	605	825	1079	1368	1691	2038	2636	3311	4331	5487	6780	8588
		3.35	2.66	2.19	1.86	1.60	1.40	1.25	1.07	0.928	0.787	0.681	0.599	0.519
14.15	15.2	421	609	830	1087	1377	1702	2052	2654	3333	4360	5523	6825	8645
		3.40	2.70	2.22	1.88	1.62	1.42	1.27	1.08	0.940	0.797	0.690	0.606	0.525
14.34	15.3	424	613	836	1094	1386	1713	2065	2671	3355	4388	5560	6870	8702
		3.44	2.73	2.25	1.90	1.64	1.44	1.28	1.10	0.952	0.803	0.699	0.614	0.532
14.53	15.4	427	617	841	1101	1395	1724	2079	2688	3377	4417	5596	6915	8759
		3.48	2.77	2.28	1.93	1.66	1.46	1.30	1.11	0.964	0.818	0.708	0.622	0.539
14.72	15.5	430	621	847	1108	1404	1736	2092	2706	3399	4446	5633	6960	8816
		3.53	2.80	2.31	1.95	1.68	1.48	1.32	1.12	0.976	0.828	0.717	0.630	0.545
14.91	15.6	432	625	852	1115	1413	1748	2106	2724	3421	4474	5669	7004	8872
		3.57	2.84	2.34	1.98	1.71	1.50	1.33	1.14	0.988	0.838	0.726	0.638	0.552
15.10	15.7	435	629	858	1122	1422	1758	2119	2741	3443	4503	5707	7049	8929
		3.62	2.87	2.36	2.00	1.73	1.51	1.37	1.15	1.000	0.849	0.735	0.646	0.559
15.29	15.8	438	633	863	1129	1431	1769	2133	2759	3465	4532	5742	7094	8936
		3.66	2.91	2.39	2.02	1.75	1.53	1.37	1.17	1.01	0.859	0.744	0.654	0.566
15.49	15.9	441	637	869	1137	1440	1780	2146	2776	3487	4560	5778	7139	9043
		3.71	2.94	2.42	2.05	1.77	1.55	1.38	1.18	1.03	0.870	0.753	0.662	0.573

续表

下行—单位摩擦阻力（mmH_2O/m）

500	560	630	700	800	900	1000	1120	1250	1400	1600	1800	2000
10330 0.433	12940 0.378	16390 0.327	20250 0.288	26470 0.245	33520 0.213	41400 0.187	51860 0.164	64630 0.144	81120 0.125	106000 0.107	134200 0.093	165800 0.082
10400 0.439	13030 0.383	16500 0.332	20390 0.292	26650 0.248	33740 0.216	41680 0.190	52210 0.166	65070 0.145	81670 0.127	106700 0.108	13500 0.094	166900 0.083
10470 0.444	13120 0.388	16610 0.336	20530 0.296	26830 0.252	33970 0.218	41960 0.192	52560 0.168	65510 0.147	82220 0.129	107400 0.110	136000 0.095	168000 0.084
10540 0.450	13200 0.393	16730 0.340	20660 0.330	27010 0.255	34200 0.221	42240 0.195	52920 0.170	65950 0.149	82770 0.130	108200 0.111	137000 0.097	169100 0.085
10610 0.456	13290 0.398	16840 0.345	20800 0.303	27190 0.258	34430 0.224	42520 0.197	53270 0.172	66390 0.151	83320 0.132	108900 0.113	137900 0.098	170300 0.086
10680 0.462	13380 0.403	16950 0.350	20940 0.307	27370 0.262	34660 0.227	42810 0.200	53620 0.175	66830 0.153	83870 0.134	109600 0.114	138800 0.099	171400 0.087
10750 0.468	13470 0.408	17060 0.354	21080 0.311	27550 0.265	34880 0.230	43090 0.202	53970 0.177	67270 0.155	84430 0.135	110300 0.115	139700 0.100	172500 0.089
10820 0.474	13560 0.413	17170 0.358	21210 0.315	27730 0.268	35110 0.233	43370 0.205	54330 0.179	67710 0.157	84980 0.137	111100 0.117	140600 0.102	173600 0.090
10890 0.480	13650 0.418	17280 0.363	21350 0.319	27910 0.272	35340 0.236	43650 0.208	54680 0.181	68150 0.159	85530 0.139	111800 0.118	141500 0.103	174800 0.091
10960 0.485	13730 0.424	17400 0.367	21490 0.323	28090 0.275	35570 0.239	43930 0.210	55030 0.184	68590 0.161	86080 0.141	112500 0.120	142400 0.104	175900 0.092
11030 0.492	13820 0.429	17570 0.372	21630 0.327	28270 0.278	35800 0.242	44210 0.213	55390 0.186	69030 0.163	86630 0.142	113200 0.121	143300 0.105	177000 0.093
11100 0.498	13910 0.434	17620 0.376	21770 0.331	28450 0.282	36020 0.245	44490 0.215	55740 0.188	69470 0.165	87190 0.144	113900 0.123	144300 0.107	178200 0.094
11170 0.504	14000 0.440	17730 0.381	21900 0.335	28630 0.285	36250 0.248	44780 0.218	56090 0.191	69910 0.167	87740 0.146	114700 0.124	145200 0.108	179300 0.095

动压 (mmH$_2$O)	风速 (m/s)	外径 D (mm) 上行—风量 (m^3/h)												
		100	120	140	160	180	200	220	250	280	320	360	400	450
15.68	16.0	443 3.75	641 2.98	874 2.45	1144 2.07	1450 1.79	1792 1.57	2160 1.40	2794 1.19	3509 1.04	4539 0.880	5314 0.762	7184 0.670	9100 0.580
15.88	16.1	446 3.80	645 3.01	880 2.48	1151 2.10	1459 1.81	1803 1.59	2173 1.42	2811 1.21	3531 1.05	4618 0.891	5851 0.771	7129 0.678	9157 0.587
16.08	16.2	449 3.84	649 3.05	885 2.51	1158 2.12	1468 1.83	1814 1.61	2187 1.43	2829 1.22	3553 1.06	4647 0.902	5887 0.780	7274 0.686	9214 0.594
16.27	16.3	452 3.89	653 3.09	890 2.54	1165 2.15	1477 1.86	1825 1.63	2200 1.45	2846 1.24	3575 1.08	4675 0.913	5923 0.790	7319 0.694	9271 0.601
16.47	16.4	454 3.93	657 3.12	896 2.57	1172 2.18	1486 1.88	1836 1.65	2214 1.47	2863 1.25	3597 1.09	4704 0.923	5960 0.799	7764 0.702	9327 0.608
16.68	16.5	457 3.98	661 3.16	901 2.60	1179 2.20	1495 1.90	1847 1.67	2227 1.48	2881 1.27	3618 1.10	4733 0.934	5996 0.809	7409 0.711	9384 0.615
16.88	16.6	460 4.03	665 3.20	907 2.63	1187 2.23	1504 1.92	1859 1.69	2241 1.50	2898 1.28	3640 1.11	4761 0.945	6032 0.818	7453 0.719	9441 0.623
17.08	16.7	463 4.07	669 3.23	912 2.60	1194 2.25	1513 1.94	1870 1.71	2254 1.52	2916 1.30	3662 1.13	4790 0.956	6069 0.828	7498 0.727	9498 0.630
17.29	16.8	466 4.12	673 3.27	918 2.69	1201 2.28	1522 1.97	1881 1.73	2268 1.54	2933 1.31	3684 1.14	4819 0.968	6105 0.837	7543 0.736	9555 0.637
17.49	16.9	468 4.17	677 3.31	923 2.73	1208 2.31	1531 1.99	1892 1.75	2281 1.56	2951 1.33	3406 1.15	4847 0.979	6141 0.847	7588 0.744	9612 0.645
17.70	17.0	471 4.22	681 3.35	929 2.76	1215 2.33	1540 2.01	1903 1.77	2295 1.57	2968 0.34	3728 1.17	4876 0.990	6178 0.857	7633 0.753	9669 0.652
17.91	17.1	474 4.26	685 3.39	934 2.79	1222 2.36	1549 2.04	1915 1.79	2308 1.59	2986 1.36	3750 1.18	4905 1.00	6214 0.866	7678 0.761	9726 0.659

续表

下行—单位摩擦阻力（mmH_2O/m）

500	560	630	700	800	900	1000	1120	1250	1400	1600	1800	2000
11240 0.510	14090 0.445	17840 0.386	22040 0.339	28810 0.289	36480 0.251	45060 0.221	56440 0.193	70350 0.169	88290 0.148	115400 0.126	146100 0.109	180400 0.097
11310 0.516	14170 0.450	17950 0.390	22180 0.343	28990 0.292	36710 0.254	45340 0.223	56800 0.195	70790 0.171	88840 0.149	116100 0.127	147000 0.111	181500 0.098
11380 0.522	14260 0.456	18060 0.395	22320 0.348	29170 0.296	36940 0.257	45620 0.226	57150 0.198	71230 0.173	89390 0.151	116800 0.129	147900 0.112	182700 0.099
11450 0.529	14350 0.461	18180 0.400	22450 0.352	39350 0.299	37160 0.260	45900 0.229	57500 0.200	71670 0.175	89940 0.153	117500 0.130	148800 0.113	183300 0.100
11520 0.535	14440 0.467	18290 0.404	22590 0.356	29530 0.303	37390 0.263	46180 0.232	57860 0.202	72110 0.177	90500 0.155	118300 0.132	149700 0.115	184900 0.101
11590 0.541	14530 0.472	18400 0.409	22730 0.360	29710 0.307	37620 0.266	46470 0.234	58210 0.205	72550 0.179	91050 0.157	119000 0.134	150700 0.116	186100 0.102
11660 0.548	14610 0.478	18510 0.414	22870 0.364	29890 0.310	37850 0.269	46750 0.237	58560 0.207	72980 0.182	91600 0.159	119700 0.135	151600 0.117	187200 0.104
11730 0.554	14700 0.483	18620 0.419	23000 0.369	30070 0.314	38080 0.272	47030 0.240	58910 0.210	73420 0.184	92150 0.160	120400 0.137	152500 0.119	188300 0.105
11800 0.560	14790 0.489	18730 0.424	23140 0.373	30250 0.317	38300 0.275	47310 0.243	59270 0.212	73860 0.186	92700 0.162	121100 0.138	153400 0.120	189400 0.106
11870 0.567	14880 0.494	18850 0.429	23280 0.377	30430 0.321	38530 0.279	47590 0.245	59620 0.214	74300 0.188	93250 0.164	121900 0.140	154300 0.122	190600 0.107
11940 0.573	14970 0.500	18960 0.435	23420 0.382	30610 0.325	38760 0.282	47870 0.248	59970 0.217	74740 0.190	93810 0.166	122600 0.142	155200 0.123	191700 0.109
12010 0.580	15050 0.506	19070 0.438	23560 0.386	30790 0.328	38990 0.285	48160 0.251	60320 0.219	75180 0.192	94360 0.168	123300 0.143	156100 0.124	192800 0.110

动压 (mmH$_2$O)	风速 (m/s)	外径 D (mm)　上行—风量 (m^3/h)												
		100	120	140	160	180	200	220	250	280	320	360	400	450
18.12	17.2	477 4.31	689 3.42	940 2.82	1229 2.39	1558 2.06	1926 1.81	2322 1.61	3003 1.37	3772 1.19	4933 1.01	6250 0.876	7723 0.770	9782 0.667
18.33	17.3	479 4.36	693 3.46	945 2.85	1237 2.41	1567 2.08	1937 1.83	2335 1.63	3021 1.39	3794 1.21	4962 1.02	6287 0.886	7768 0.779	9839 0.674
18.55	17.4	482 4.41	697 3.50	951 2.88	1244 2.44	1576 2.11	1948 1.85	2349 1.65	3038 1.40	3816 1.22	4991 1.04	6323 0.896	7813 0.788	9896 0.682
18.76	17.5	485 4.46	701 3.54	956 2.92	1251 2.47	1585 2.13	1959 1.87	2362 1.66	3056 1.42	3838 1.23	5019 1.05	6359 0.906	7858 0.796	9953 0.690
18.97	17.6	488 4.51	705 3.58	961 2.95	1258 2.49	1594 2.15	1970 1.89	2376 1.68	3073 1.44	3860 1.25	5048 1.06	6396 0.916	7902 0.805	10000 0.697
19.19	17.7	490 4.56	709 3.62	967 2.98	1265 2.52	1604 2.18	1982 1.91	2389 1.70	3090 1.45	3882 1.26	5077 1.07	6432 0.926	7947 0.814	10070 0.705
19.41	17.8	493 4.61	713 3.66	972 3.01	1272 2.55	1613 2.20	1993 1.93	2403 1.72	3108 1.47	3904 1.28	5105 1.08	6468 0.936	7992 0.823	10120 0.713
19.63	17.9	496 4.66	717 3.70	978 3.05	1279 2.58	1622 2.22	2004 1.95	2406 1.74	3125 1.48	3926 1.29	5134 1.09	6505 0.947	8037 0.832	10180 0.720
19.85	18.0	499 4.71	721 3.74	983 3.08	1287 2.60	1631 2.25	2015 1.97	2430 1.76	3143 1.50	3948 1.30	5163 1.11	6541 0.957	8082 0.841	10230 0.728
20.07	18.1	502 4.76	725 3.78	939 3.11	1294 2.63	1640 2.27	2027 1.99	2443 1.78	3160 1.52	3969 1.32	5191 1.12	6577 0.967	8127 0.850	10290 0.736
20.29	18.2	504 4.81	729 3.82	994 3.15	1301 2.66	1649 2.30	2038 2.01	2457 1.80	3178 1.53	3991 1.33	5220 1.13	6614 0.978	8172 0.859	10350 0.744
20.51	18.3	507 4.86	733 3.86	1000 3.18	1308 2.69	1658 2.32	2049 2.04	2470 1.81	3195 1.55	4013 1.35	5249 1.14	6650 0.988	8217 0.868	10410 0.752
20.74	18.4	510 4.91	737 3.90	1005 3.21	1315 2.72	1667 2.35	2060 2.06	2484 1.83	3213 1.56	4035 1.36	5278 1.15	6686 0.998	8262 0.878	14640 0.760

续表

下行一单位摩擦阻力（mmH₂O/m）

500	560	630	700	800	900	1000	1120	1250	1400	1600	1800	2000
12909 0.587	15140 0.512	19180 0.443	23690 0.390	30970 0.332	39220 0.288	48440 0.254	60680 0.222	75620 0.195	94910 0.170	124000 0.145	157000 0.126	193900 0.111
12160 0.593	15230 0.517	19290 0.448	23830 0.395	31150 0.336	39440 0.291	48720 0.257	61030 0.224	76060 0.197	95460 0.172	124800 0.146	158000 0.127	195100 0.112
12230 0.600	15320 0.523	19400 0.453	23970 0.399	31330 0.340	39670 0.295	49000 0.260	61380 0.227	76500 0.199	96010 0.174	125500 0.148	158900 0.129	196200 0.114
12300 0.607	15410 0.529	19510 0.459	24110 0.404	31510 0.343	39900 0.298	49280 0.263	61740 0.229	76940 0.201	96570 0.176	126200 0.150	159800 0.130	197300 0.115
12370 0.613	15490 0.535	19630 0.464	24240 0.408	31690 0.347	40130 0.301	49560 0.265	62090 0.232	77380 0.203	97120 0.178	126900 0.151	160700 0.132	198500 0.116
12440 0.620	15580 0.541	19740 0.469	24380 0.413	31870 0.351	40360 0.305	49850 0.268	62440 0.235	77820 0.206	97670 0.180	127600 0.153	161600 0.133	199600 0.117
12510 0.627	15670 0.547	19850 0.474	24520 0.417	32050 0.355	40580 0.308	50130 0.271	62790 0.237	78260 0.208	98220 0.182	128400 0.155	162500 0.135	200700 0.119
12580 0.633	15760 0.553	19960 0.479	24660 0.422	32230 0.359	40810 0.311	50410 0.274	63150 0.240	78700 0.210	98770 0.183	129100 0.156	163400 0.136	201800 0.120
12650 0.641	15850 0.559	20070 0.484	24800 0.426	32410 0.363	41040 0.315	50690 0.277	63500 0.242	79140 0.212	9320 0.185	129800 0.158	164300 0.137	203000 0.121
12720 0.647	15930 0.565	20180 0.490	24930 0.431	32590 0.367	41270 0.318	50970 0.280	63850 0.245	79580 0.215	99880 0.187	130500 0.160	165300 0.139	204100 0.123
12790 0.654	16020 0.571	20290 0.495	25070 0.436	32770 0.371	41500 0.322	21250 0.283	64210 0.248	80020 0.217	100400 0.190	131200 0.162	166200 0.140	205200 0.124
12860 0.661	16110 0.577	20410 0.500	25210 0.440	32950 0.375	41720 0.325	51540 0.286	64560 0.250	80460 0.219	101000 0.192	132000 0.163	167100 0.142	206300 0.125
12930 0.668	16200 0.583	20520 0.505	25350 0.445	33130 0.379	41950 0.328	51820 0.289	64910 0.253	80900 0.223	101500 0.194	132700 0.165	168000 0.143	207500 0.127

动压 (mmH$_2$O)	风速 (m/s)	外径 D (mm) 上行—风量 (m^3/h)												
		100	120	140	160	180	200	220	250	280	320	360	400	450
20.96	18.5	513 4.97	741 3.94	1011 3.25	1322 2.75	1676 2.37	2071 2.08	2497 1.85	3230 1.58	4057 1.37	5306 1.17	6723 1.01	8307 0.887	10520 0.768
21.19	18.6	515 5.02	745 3.98	1016 3.28	1330 2.78	1685 2.40	2083 2.10	2511 1.87	3248 1.60	4079 1.39	5335 1.18	6759 1.02	8351 0.896	10580 0.776
21.42	18.7	518 5.07	749 4.03	1021 3.32	1337 2.80	1694 2.42	2094 2.12	2524 1.89	3265 1.61	4101 1.40	5364 1.19	6795 1.03	8396 0.906	10640 0.784
21.65	18.8	521 5.12	753 4.07	1027 3.35	1344 2.83	1703 2.45	2105 2.15	2538 1.91	3282 1.63	4123 1.42	5392 1.20	6832 1.04	8441 0.915	10690 0.792
21.88	18.9	524 5.18	757 4.11	1032 3.38	1351 2.86	1712 2.47	2116 2.17	2551 1.93	3300 1.65	4145 1.43	5421 1.22	6868 1.05	8486 0.924	10750 0.801
22.11	19.0	527 5.23	761 4.15	1038 3.42	1358 2.89	1721 2.50	2127 2.19	2565 1.95	3317 1.67	4167 1.45	5450 1.23	6904 1.06	8531 0.934	10810 0.809
22.35	19.1	529 5.28	765 4.19	1043 3.45	1365 2.92	1730 2.52	2139 2.21	2579 1.97	3335 1.68	4189 1.46	5478 1.24	6941 1.07	8576 0.944	10860 0.817
22.58	19.2	532 5.34	769 4.24	1049 3.49	1372 2.95	1739 2.55	2150 2.23	2592 1.99	3352 1.70	4211 1.48	5507 1.25	6977 1.08	8621 0.953	10920 0.825
22.82	19.3	535 5.39	773 4.23	1054 3.52	1380 2.98	1748 2.57	2161 2.26	2605 2.01	3370 1.72	4233 1.49	5536 1.27	7013 1.10	8666 0.963	10980 0.834
23.05	19.4	538 5.44	777 4.32	1060 3.56	1387 3.01	1758 2.60	2172 2.28	2619 2.03	3387 1.73	4254 1.51	5564 1.28	7050 1.11	8711 0.972	11030 0.842
23.29	19.5	540 5.50	781 4.37	1065 3.60	1394 3.04	1767 2.63	2183 2.30	2632 2.05	3405 1.75	4276 1.52	5593 1.29	7086 1.12	8756 0.982	11090 0.851
23.53	19.6	543 5.55	785 4.41	1071 3.63	1401 3.07	1776 2.65	2195 2.33	2646 2.07	3422 1.77	4298 1.54	5622 1.30	7122 1.13	8800 0.992	11150 0.859
23.77	19.7	546 5.61	789 4.45	1076 3.67	1408 3.10	1785 2.68	2206 2.35	2659 2.09	3440 1.79	4320 1.55	5650 1.32	7159 1.14	8845 1.000	11200 0.868
24.01	19.8	549 5.66	793 4.50	1081 3.70	1415 3.12	1794 2.70	2217 2.37	3673 2.11	3457 1.80	4342 1.57	5679 1.33	7195 1.15	8890 1.01	11260 0.876
24.26	19.9	551 5.72	797 4.54	1087 3.74	1422 3.16	1803 2.73	2228 2.40	2686 2.13	3475 1.82	4364 1.58	5708 1.34	7231 1.16	8935 1.02	11320 0.885
24.50	20.0	554 5.78	801 4.59	1093 3.78	1430 3.19	1812 2.76	2239 2.42	2700 2.16	3492 1.84	4386 1.60	5736 1.36	7268 1.17	8980 1.03	11370 0.893

续表

下行—单位摩擦阻力（mmH_2O/m）

500	560	630	700	800	900	1000	1120	1250	1400	1600	1800	2000
13000 0.675	16290 0.589	20630 0.511	25490 0.450	33310 0.383	42180 0.332	52100 0.292	65260 0.250	81340 0.224	102200 0.196	133400 0.167	168900 0.145	208600 0.128
13070 0.683	16370 0.595	20740 0.516	25620 0.454	33490 0.387	42410 0.335	52380 0.296	65620 0.258	81780 0.226	102600 0.198	134100 0.169	169800 0.146	209700 0.129
13140 0.690	16460 0.602	20850 0.521	25760 0.459	33670 0.391	42640 0.339	52660 0.299	65970 0.261	82220 0.229	103200 0.200	13800 0.170	170700 0.148	210900 0.131
13210 0.697	16550 0.608	20960 0.527	25900 0.464	33850 0.395	42870 0.342	52940 0.302	66320 0.264	82660 0.231	103700 0.202	135600 0.172	171700 0.150	212000 0.132
13280 0.704	16640 0.614	21080 0.532	26040 0.469	34030 0.399	43090 0.346	53220 0.305	66670 0.266	83100 0.234	104300 0.204	136300 0.174	172600 0.151	213100 0.133
13350 0.711	16730 0.620	21190 0.538	26170 0.473	34210 0.403	43320 0.350	53510 0.308	67030 0.269	83540 0.236	104800 0.206	137000 0.176	173500 0.153	214200 0.135
13420 0.719	16810 0.627	21300 0.543	26310 0.478	34390 0.407	43550 0.353	53790 0.311	67380 0.272	83980 0.238	105400 0.208	137700 0.177	174400 0.154	215400 0.136
13490 0.726	16900 0.633	21410 0.549	26450 0.483	34570 0.411	43780 0.357	54070 0.314	67730 0.275	84420 0.241	105900 0.210	138500 0.179	175300 0.156	216500 0.137
13560 0.733	16990 0.640	21520 0.554	26590 0.488	34750 0.415	44010 0.360	54350 0.317	68090 0.277	84860 0.243	106500 0.212	139200 0.181	176200 0.157	217600 0.139
13630 0.741	17080 0.646	21630 0.560	26720 0.493	34930 0.420	44230 0.364	54630 0.321	68440 0.280	85300 0.246	107100 0.215	139900 0.183	177100 0.159	218800 0.140
13700 0.748	17170 0.653	21740 0.566	26860 0.498	35110 0.424	44460 0.368	54910 0.324	68790 0.283	85740 0.248	107600 0.217	140600 0.185	178000 0.161	219900 0.142
13770 0.756	17260 0.659	21860 0.571	27000 0.503	35290 0.428	44690 0.371	55200 0.327	69140 0.286	86180 0.251	108200 0.219	141300 0.187	179000 0.162	221000 0.143
13840 0.763	17340 0.666	21970 0.577	27140 0.508	35470 0.432	44920 0.375	55480 0.330	69500 0.289	86610 0.253	108700 0.221	142100 0.188	179900 0.164	222100 0.145
13910 0.771	17430 0.672	22080 0.583	27280 0.513	35650 0.436	45150 0.379	55760 0.334	69850 0.292	87050 0.256	109300 0.223	142800 0.190	180800 0.165	223300 0.146
13980 0.778	17520 0.679	22190 0.588	27410 0.518	35830 0.441	45370 0.382	56040 0.337	70200 0.294	87490 0.258	109800 0.225	143500 0.192	181700 0.167	224400 0.147
14050 0.786	17610 0.685	22300 0.594	27550 0.523	36010 0.445	45600 0.386	56320 0.340	70580 0.297	87930 0.261	110400 0.228	144200 0.194	182600 0.169	225500 0.149

表 2-51　钢板制矩形

动压 (mmH$_2$O)	风速 (m/s)	外边长 $A\times B$ (mm) 上行—风量 (m^3/h)												
		120×120	160×120	200×120	160×160	250×120	200×160	250×160	200×200	250×200	320×160	250×250	320×200	400×200
0.061	1.0	50 0.018	67 0.015	84 0.013	90 0.012	105 0.012	113 0.011	140 0.010	141 0.009	176 0.008	180 0.009	221 0.007	226 0.007	283 0.006
0.074	1.1	55 0.021	74 0.018	93 0.016	99 0.015	115 0.015	124 0.013	154 0.011	155 0.011	194 0.010	198 0.010	243 0.008	248 0.008	311 0.008
0.088	1.2	60 0.025	81 0.021	101 0.019	108 0.017	126 0.017	135 0.015	168 0.013	169 0.013	211 0.011	216 0.012	265 0.010	271 0.010	339 0.009
0.104	1.3	65 0.029	87 0.024	109 0.021	117 0.020	136 0.020	146 0.017	182 0.015	183 0.015	229 0.013	234 0.014	287 0.011	293 0.011	367 0.010
0.120	1.4	70 0.033	94 0.027	118 0.025	126 0.023	147 0.022	158 0.020	196 0.018	198 0.017	246 0.015	252 0.016	309 0.013	316 0.013	396 0.012
0.138	1.5	75 0.037	101 0.031	126 0.028	135 0.026	157 0.025	168 0.022	210 0.020	212 0.019	264 0.017	270 0.018	331 0.014	339 0.015	424 0.013
0.157	1.6	80 0.041	107 0.035	135 0.031	144 0.029	168 0.028	180 0.025	225 0.022	226 0.022	282 0.019	288 0.020	353 0.016	361 0.017	452 0.015
0.177	1.7	85 0.046	114 0.039	143 0.035	153 0.032	178 0.032	191 0.028	239 0.025	240 0.024	299 0.021	306 0.022	375 0.018	384 0.019	430 0.017
0.198	1.8	90 0.051	121 0.043	151 0.038	162 0.035	188 0.035	203 0.030	253 0.028	254 0.027	317 0.023	324 0.025	397 0.020	406 0.021	509 0.019
0.221	1.9	95 0.056	126 0.048	160 0.042	171 0.039	199 0.039	214 0.034	267 0.030	268 0.029	334 0.026	342 0.027	419 0.022	429 0.023	537 0.020
0.245	2.0	100 0.062	134 0.052	168 0.047	180 0.043	209 0.042	225 0.037	281 0.033	282 0.032	352 0.028	360 0.030	441 0.024	451 0.025	565 0.022
0.270	2.1	105 0.068	141 0.057	177 0.051	189 0.047	220 0.046	237 0.041	295 0.036	296 0.035	370 0.031	378 0.033	463 0.027	474 0.027	594 0.025
0.296	2.2	110 0.074	148 0.062	185 0.055	198 0.051	230 0.050	248 0.044	309 0.040	310 0.038	387 0.034	396 0.035	485 0.029	497 0.030	622 0.027

通风管道计算表

下行一单位摩擦阻力（mmH_2O/m）

320×250	500×200	400×250	320×320	500×250	400×320	630×250	500×320	400×400	500×400	630×320	500×500	630×400
283 0.006	354 0.006	354 0.005	363 0.005	443 0.005	454 0.004	558 0.004	569 0.004	569 0.004	712 0.003	716 0.004	891 0.003	896 0.003
311 0.007	389 0.007	390 0.006	399 0.006	488 0.006	500 0.005	613 0.005	626 0.005	626 0.005	783 0.004	787 0.004	980 0.003	986 0.004
339 0.008	424 0.008	425 0.007	435 0.007	532 0.007	545 0.006	669 0.006	682 0.006	683 0.005	854 0.005	859 0.005	1069 0.004	1075 0.004
368 0.010	460 0.009	480 0.009	472 0.008	576 0.008	591 0.007	725 0.007	739 0.006	739 0.006	925 0.005	930 0.006	1158 0.005	1165 0.005
396 0.011	495 0.011	496 0.010	502 0.009	621 0.009	636 0.008	781 0.008	796 0.007	796 0.007	997 0.006	1002 0.007	1247 0.005	1255 0.006
424 0.013	531 0.012	531 0.011	544 0.011	665 0.010	682 0.009	836 0.009	853 0.008	853 0.008	1068 0.007	1073 0.007	1337 0.006	1344 0.006
453 0.014	566 0.014	567 0.013	581 0.012	709 0.011	727 0.010	892 0.010	910 0.009	910 0.009	1139 0.008	1145 0.008	1426 0.007	1434 0.007
481 0.016	601 0.015	602 0.014	617 0.013	754 0.013	772 0.012	948 0.012	967 0.010	967 0.010	1210 0.009	1216 0.009	1515 0.008	1523 0.008
509 0.017	637 0.017	638 0.016	653 0.015	798 0.014	818 0.013	1004 0.013	1024 0.012	1024 0.011	1281 0.010	1288 0.010	1604 0.008	1613 0.009
537 0.019	672 0.019	673 0.017	690 0.016	842 0.015	863 0.014	1059 0.014	1080 0.013	1081 0.012	1353 0.011	1360 0.011	1693 0.009	1703 0.010
566 0.021	707 0.021	708 0.019	726 0.018	887 0.017	909 0.016	1115 0.016	1137 0.014	1138 0.014	1424 0.012	1431 0.013	1783 0.010	1792 0.011
594 0.023	743 0.023	744 0.021	762 0.020	931 0.019	954 0.017	1171 0.017	1194 0.015	1195 0.015	1495 0.013	1503 0.014	1871 0.011	1882 0.012
622 0.025	778 0.025	779 0.022	798 0.021	975 0.020	1000 0.019	1227 0.019	1261 0.017	1251 0.016	1566 0.014	1574 0.015	1960 0.012	1971 0.013

动压 (mmH_2O)	风速 (m/s)	外边长 $A\times B$ (mm) 上行—风量 (m^3/h)												
		800× 320	630× 500	1000× 320	800× 400	630× 630	1000× 400	800× 500	1250× 400	1000× 500	800× 630	1250× 500	1000× 630	800× 800
0.061	1.0	910 0.003	1122 0.003	1138 0.003	1139 0.003	1415 0.002	1425 0.002	1426 0.002	1780 0.002	1784 0.002	1799 0.002	2226 0.002	2250 0.002	2287 0.002
0.074	1.1	1000 0.004	1234 0.003	1252 0.004	1253 0.003	1557 0.003	1567 0.003	1569 0.003	1958 0.003	1962 0.002	1979 0.002	2451 0.002	2475 0.002	2515 0.002
0.088	1.2	1091 0.005	1345 0.004	1365 0.004	1367 0.004	1698 0.003	1710 0.003	1711 0.003	2136 0.003	2141 0.003	2159 0.003	2674 0.003	2701 0.002	2744 0.002
0.104	1.3	1182 0.005	1458 0.004	1479 0.005	1481 0.004	1840 0.004	1852 0.004	1854 0.004	2314 0.004	2319 0.003	2339 0.003	2897 0.003	2926 0.003	2973 0.003
0.120	1.4	1273 0.006	1571 0.005	1593 0.006	1595 0.005	1981 0.004	1995 0.005	1996 0.004	2492 0.004	2497 0.004	2519 0.004	3120 0.003	3151 0.003	3201 0.003
0.138	1.5	1364 0.007	1683 0.005	1707 0.006	1709 0.006	2123 0.005	2137 0.005	2139 0.005	2670 0.005	2676 0.004	2698 0.004	3343 0.004	3376 0.004	3430 0.003
0.157	1.6	1455 0.008	1795 0.006	1820 0.007	1823 0.006	2264 0.005	2280 0.006	2282 0.005	2848 0.005	2854 0.005	2878 0.004	3566 0.004	3601 0.004	3659 0.004
0.177	1.7	1546 0.009	1907 0.007	1934 0.008	1936 0.007	2406 0.006	2422 0.006	2424 0.006	3026 0.006	3031 0.005	3058 0.005	3739 0.005	3826 0.004	3887 0.004
0.198	1.8	1637 0.009	2019 0.007	2048 0.009	2050 0.008	2547 0.006	2565 0.007	2567 0.007	3204 0.007	3211 0.006	3238 0.006	4012 0.005	4051 0.005	4116 0.005
0.221	1.9	1723 0.010	2131 0.008	2162 0.010	2161 0.009	2689 0.007	2707 0.008	2709 0.007	3382 0.007	3389 0.007	3418 0.006	4235 0.006	4276 0.005	4345 0.005
0.245	2.0	1819 0.012	2244 0.009	2276 0.011	2278 0.009	2830 0.008	2850 0.009	2852 0.008	3560 0.008	3568 0.007	3598 0.007	4457 0.007	4501 0.006	4574 0.006
0.270	2.1	1910 0.013	2356 0.010	2390 0.012	2392 0.010	2972 0.008	2992 0.010	2995 0.009	3738 0.009	3746 0.008	3778 0.007	4680 0.007	4726 0.007	4802 0.006
0.296	2.2	2001 0.014	2468 0.011	2503 0.013	2506 0.011	3114 0.009	3135 0.010	3137 0.009	3916 0.010	3924 0.009	3958 0.008	4903 0.008	4951 0.009	5031 0.007

续表

下行—单位摩擦阻力（mmH₂O/m）

1250×630	1600×500	1000×800	1250×800	1000×1000	1600×630	1250×1000	1600×800	2000×800	1600×1000	2000×1000	1600×1250	2000×1250
2812 0.002	2854 0.002	2861 0.001	3575 0.001	3578 0.001	3602 0.001	4473 0.001	4579 0.001	5726 0.001	5728 0.001	7163 0.001	7165 0.001	8960 0.001
3093 0.002	3140 0.002	3147 0.002	3932 0.002	3936 0.001	3962 0.002	4920 0.001	5037 0.001	6298 0.001	6301 0.001	7880 0.001	7882 0.001	9856 0.001
3374 0.002	3425 0.002	3433 0.002	4290 0.002	4294 0.002	4322 0.002	5367 0.002	5494 0.002	6871 0.001	6874 0.001	8596 0.001	8598 0.001	10750 0.001
3656 0.002	3711 0.003	3719 0.002	4647 0.002	4652 0.002	4682 0.002	5814 0.002	5952 0.002	7444 0.002	7447 0.002	9312 0.001	9315 0.001	11650 0.001
3937 0.003	3996 0.003	4005 0.003	5005 0.002	5010 0.002	5042 0.003	6262 0.002	6410 0.002	8016 0.002	8020 0.002	10030 0.002	10030 0.002	12540 0.001
4218 0.003	4282 0.004	4291 0.003	5362 0.003	5368 0.003	5402 0.003	6709 0.002	6868 0.002	8589 0.002	8592 0.002	10740 0.002	10750 0.002	13440 0.002
4499 0.004	4567 0.004	4577 0.003	5720 0.003	5726 0.003	5762 0.003	7156 0.003	7326 0.003	9161 0.002	9165 0.002	11460 0.002	11460 0.002	14340 0.002
4780 0.004	4852 0.005	4863 0.004	6077 0.003	6083 0.003	6123 0.004	7603 0.003	7784 0.003	9734 0.003	9738 0.003	12180 0.002	12180 0.002	15230 0.002
5062 0.005	5138 0.005	5149 0.004	6435 0.004	6441 0.004	6483 0.004	8051 0.003	8242 0.003	10310 0.003	10310 0.003	12890 0.003	12900 0.002	16130 0.002
5343 0.005	5423 0.006	5435 0.005	6792 0.004	6800 0.004	6843 0.005	8498 0.004	8700 0.004	10880 0.003	10880 0.003	13610 0.003	13610 0.003	17020 0.002
5624 0.005	5709 0.006	5721 0.005	7150 0.005	7157 0.004	7203 0.005	8945 0.004	9157 0.004	11450 0.004	11460 0.003	14330 0.003	14330 0.003	17920 0.003
5905 0.006	5994 0.007	6007 0.006	7507 0.005	7515 0.005	7563 0.005	9392 0.004	9615 0.005	12020 0.004	12030 0.004	15040 0.003	15050 0.003	18820 0.003
6186 0.007	6280 0.007	6293 0.006	7865 0.005	7873 0.005	7923 0.006	9840 0.005	10070 0.005	12600 0.005	12600 0.004	15760 0.004	15760 0.003	19710 0.003

动压 (mmH₂O)	风速 (m/s)	外边长 $A\times B$ (mm) 上行—风量 (m^3/h)												
		120×120	160×120	200×120	160×160	250×120	200×160	250×160	200×200	250×200	320×160	250×250	320×200	400×200
0.324	2.3	115 0.080	154 0.067	193 0.060	207 0.055	241 0.055	259 0.048	323 0.043	325 0.042	405 0.036	414 0.038	507 0.031	519 0.032	650 0.029
0.353	2.4	120 0.086	161 0.073	202 0.065	216 0.060	251 0.059	270 0.052	337 0.046	339 0.045	422 0.039	432 0.042	529 0.034	542 0.035	678 0.031
0.383	2.5	125 0.093	168 0.078	210 0.070	225 0.064	262 0.063	282 0.056	351 0.050	353 0.048	440 0.042	450 0.045	551 0.037	564 0.037	707 0.034
0.414	2.6	130 0.100	175 0.084	219 0.075	234 0.069	272 0.068	293 0.060	365 0.054	367 0.052	458 0.046	468 0.048	573 0.039	587 0.040	735 0.036
0.447	2.7	135 0.107	181 0.090	227 0.080	243 0.074	283 0.073	304 0.065	379 0.058	381 0.056	475 0.049	486 0.052	595 0.042	610 0.043	763 0.039
0.480	2.8	140 0.114	188 0.096	236 0.086	252 0.079	293 0.078	315 0.069	393 0.062	395 0.059	493 0.052	504 0.055	617 0.045	632 0.046	791 0.042
0.515	2.9	145 0.121	195 0.102	244 0.091	261 0.084	304 0.083	327 0.074	407 0.066	409 0.063	510 0.056	522 0.059	640 0.048	655 0.049	820 0.044
0.551	3.0	150 0.129	201 0.109	252 0.097	270 0.089	314 0.089	338 0.078	421 0.070	423 0.067	528 0.059	540 0.062	662 0.051	677 0.052	848 0.047
0.589	3.1	155 0.137	208 0.116	261 0.103	279 0.095	325 0.094	349 0.083	435 0.074	438 0.072	546 0.063	558 0.066	684 0.054	700 0.055	876 0.050
0.627	3.2	160 0.145	215 0.123	269 0.109	288 0.101	335 0.100	360 0.088	449 0.079	452 0.076	563 0.067	576 0.070	706 0.058	722 0.059	904 0.053
0.667	3.3	165 0.154	221 0.130	278 0.116	297 0.107	345 0.105	372 0.093	463 0.083	466 0.080	581 0.071	594 0.074	728 0.061	745 0.062	933 0.056
0.708	3.4	170 0.162	228 0.137	286 0.122	306 0.113	356 0.111	383 0.099	477 0.088	480 0.085	598 0.075	612 0.079	750 0.064	768 0.066	961 0.059

续表

下行—单位摩擦阻力（mmH_2O/m）

320×250	500×200	400×250	320×320	500×250	400×320	630×250	500×320	400×400	500×400	630×320	500×500	630×400
651 0.027	814 0.027	815 0.024	835 0.023	1020 0.022	1045 0.020	1282 0.020	1308 0.018	1308 0.017	1637 0.015	1646 0.016	2049 0.013	2061 0.014
679 0.029	849 0.029	850 0.026	871 0.025	1064 0.024	1090 0.022	1338 0.022	1364 0.019	1365 0.019	1709 0.017	1717 0.018	2138 0.014	2151 0.015
707 0.032	884 0.031	885 0.028	907 0.027	1106 0.026	1136 0.024	1394 0.023	1422 0.021	1422 0.020	1780 0.018	1789 0.019	2228 0.015	2240 0.016
736 0.034	920 0.033	921 0.030	944 0.029	1153 0.027	1181 0.025	1450 0.025	1478 0.023	1479 0.022	1851 0.019	1860 0.020	2317 0.017	2330 0.017
764 0.036	955 0.036	956 0.032	980 0.031	1197 0.029	1227 0.027	1505 0.027	1535 0.024	1536 0.023	1922 0.021	1932 0.022	2406 0.018	2419 0.018
792 0.039	990 0.038	992 0.035	1016 0.033	1241 0.031	1272 0.029	1561 0.029	1591 0.026	1593 0.025	1993 0.022	2003 0.023	2495 0.019	2509 0.020
820 0.042	1026 0.041	1027 0.037	1052 0.035	1285 0.034	1318 0.031	1617 0.031	1649 0.028	1650 0.027	2065 0.023	2075 0.025	2584 0.020	2599 0.021
849 0.044	1061 0.043	1063 0.039	1089 0.038	1330 0.036	1363 0.033	1673 0.033	1706 0.029	1706 0.028	2136 0.025	2147 0.027	2673 0.022	2688 0.022
877 0.047	1097 0.046	1098 0.042	1125 0.040	1374 0.038	1408 0.035	1728 0.035	1763 0.031	1763 0.030	2207 0.027	2218 0.028	2762 0.023	2778 0.024
905 0.050	1132 0.049	1133 0.044	1161 0.042	1418 0.040	1454 0.037	1784 0.037	1820 0.033	1820 0.032	2278 0.028	2290 0.030	2851 0.024	2868 0.025
934 0.053	1167 0.052	1169 0.047	1200 0.045	1463 0.043	1499 0.039	1840 0.039	1877 0.034	1877 0.034	2349 0.030	2361 0.032	2994 0.026	2957 0.027
962 0.056	1203 0.055	4204 0.050	1234 0.047	1507 0.045	1545 0.041	1896 0.041	1934 0.036	1934 0.036	2421 0.031	2133 0.033	3029 0.027	3047 0.028

动压 (mmH$_2$O)	风速 (m/s)	外边长 $A\times B$（mm）上行—风量（m^3/h）												
		800×320	630×500	1000×320	800×400	630×630	1000×400	800×500	1250×400	1000×500	800×630	1250×500	1000×630	800×800
0.324	2.3	2092 0.015	2580 0.012	2617 0.014	2620 0.012	3255 0.010	3277 0.011	3280 0.010	4094 0.011	4103 0.009	4138 0.009	5126 0.009	5176 0.008	5260 0.007
0.353	2.4	2183 0.016	2692 0.013	2731 0.015	2734 0.013	3397 0.011	3420 0.012	3422 0.011	4272 0.011	4281 0.010	4318 0.009	5340 0.009	5401 0.008	5488 0.008
0.383	2.5	2274 0.017	2805 0.014	2844 0.016	2848 0.014	3538 0.012	3562 0.013	3565 0.012	4450 0.012	4460 0.011	4497 0.010	5572 0.010	5626 0.009	5717 0.009
0.414	2.6	2365 0.019	2917 0.015	2958 0.017	2962 0.015	3680 0.013	3705 0.014	3708 0.013	4628 0.013	4638 0.012	4677 0.011	5784 0.011	5851 0.010	5946 0.009
0.447	2.7	2456 0.020	3029 0.016	3072 0.019	3075 0.016	3821 0.013	3847 0.015	3850 0.014	4806 0.014	4816 0.013	4857 0.012	6017 0.012	6076 0.010	6174 0.010
0.480	2.8	2547 0.021	3141 0.017	3186 0.020	3189 0.018	3963 0.014	3990 0.016	3993 0.015	4984 0.015	4995 0.013	5037 0.012	6240 0.012	6301 0.011	6403 0.011
0.515	2.9	2638 0.023	3253 0.018	3300 0.021	3303 0.019	4104 0.015	4132 0.017	4135 0.016	5162 0.016	5173 0.014	5217 0.013	6463 0.013	6526 0.012	6632 0.011
0.551	3.0	2729 0.024	3365 0.019	3413 0.023	3417 0.020	4246 0.016	4275 0.018	4278 0.017	5340 0.017	5351 0.015	5397 0.014	6686 0.014	6751 0.013	6860 0.012
0.589	3.1	2820 0.026	3478 0.020	3527 0.024	3531 0.021	4387 0.017	4417 0.020	4421 0.018	5518 0.018	5630 0.016	5577 0.015	6909 0.015	6976 0.013	7089 0.013
0.627	3.2	2911 0.027	3590 0.021	3641 0.025	3645 0.023	4529 0.018	4560 0.021	4563 0.019	5696 0.019	5703 0.017	5757 0.016	7132 0.016	7201 0.014	7318 0.014
0.667	3.3	3001 0.029	3702 0.023	3755 0.027	3759 0.024	4670 0.019	4702 0.022	4706 0.020	5873 0.020	5887 0.018	5937 0.017	7354 0.017	7426 0.015	7546 0.015
0.708	3.4	3092 0.030	3814 0.024	3868 0.028	3873 0.025	4812 0.021	4845 0.023	4848 0.021	6051 0.022	6060 0.019	6117 0.018	7577 0.018	7651 0.016	7775 0.015

续表

下行—单位摩擦阻力（mmH_2O/m）

1250×630	1600×500	1000×800	1250×800	1000×1000	1600×630	1250×1000	1600×800	2000×800	1600×1000	2000×1000	1600×1250	2000×1250
6468 0.007	6565 0.008	6579 0.007	8222 0.006	8230 0.006	8284 0.006	10290 0.005	10530 0.005	13170 0.005	13180 0.004	16480 0.004	16480 0.004	20610 0.003
6749 0.008	6850 0.009	6865 0.007	8580 0.006	8588 0.006	8644 0.007	10730 0.005	10990 0.006	13740 0.005	13750 0.005	17190 0.004	17200 0.004	21510 0.004
7030 0.008	7136 0.009	7151 0.008	8937 0.007	8946 0.007	9004 0.008	11180 0.006	11450 0.006	14310 0.006	14320 0.005	17910 0.005	17910 0.004	22400 0.004
7311 0.009	7421 0.010	7438 0.008	9295 0.007	9304 0.007	9364 0.008	11630 0.006	11900 0.007	14890 0.006	14890 0.006	18620 0.005	18630 0.005	23300 0.004
7592 0.009	7707 0.011	7724 0.009	9552 0.008	9662 0.008	9724 0.009	12080 0.007	12360 0.007	15460 0.007	15470 0.006	19340 0.005	19350 0.005	24190 0.005
7874 0.010	7992 0.011	8010 0.009	10010 0.008	10020 0.008	10080 0.009	12520 0.007	12820 0.008	16030 0.007	16040 0.006	20060 0.006	20060 0.005	25090 0.005
8155 0.011	8278 0.012	8296 0.010	10370 0.009	10380 0.009	10450 0.010	12970 0.008	13280 0.008	16610 0.007	16610 0.007	20770 0.006	20780 0.006	25990 0.005
8436 0.012	8563 0.013	8582 0.011	10720 0.010	10740 0.009	10800 0.011	13420 0.008	13740 0.009	17180 0.008	17190 0.007	21490 0.007	21500 0.006	26880 0.006
8717 0.012	8848 0.014	8868 0.011	11080 0.010	11090 0.010	11160 0.011	13860 0.009	14190 0.009	17750 0.008	17760 0.008	22210 0.007	22210 0.007	27780 0.006
8998 0.013	9734 0.015	9154 0.012	11440 0.011	11450 0.011	11520 0.012	14310 0.009	14650 0.010	18320 0.009	18830 0.008	22920 0.007	22930 0.007	28670 0.006
9280 0.014	9419 0.015	9440 0.013	11800 0.011	11810 0.011	11890 0.013	14760 0.010	15110 0.010	18900 0.009	18900 0.009	23640 0.008	23650 0.007	29570 0.006
9561 0.015	9705 0.016	9726 0.014	12150 0.012	12170 0.012	12250 0.013	15210 0.010	15570 0.011	19470 0.010	19480 0.009	24360 0.008	24380 0.008	30470 0.007

动压 (mmH_2O)	风速 (m/s)	外边长 $A\times B$ (mm) 上行—风量 (m^3/h)												
		120× 120	160× 120	200× 120	160× 160	250× 120	200× 160	250× 160	200× 200	250× 200	320× 160	250× 250	320× 200	400× 200
0.750	3.5	175 0.171	235 0.145	294 0.129	315 0.119	366 0.117	394 0.104	491 0.093	494 0.090	616 0.079	630 0.083	772 0.068	790 0.069	989 0.063
0.794	3.6	180 0.180	242 0.152	303 0.136	324 0.125	377 0.124	405 0.109	505 0.098	508 0.094	634 0.083	648 0.087	794 0.071	813 0.073	1017 0.066
0.869	3.7	185 0.190	248 0.160	311 0.143	333 0.132	387 0.130	417 0.115	519 0.103	522 0.099	651 0.087	666 0.092	816 0.075	855 0.077	1016 0.069
0.885	3.8	190 0.199	255 0.168	320 0.150	342 0.138	398 0.137	428 0.121	533 0.108	536 0.104	669 0.092	984 0.097	838 0.079	858 0.081	1074 0.073
0.932	3.9	195 0.209	262 0.176	328 0.157	350 0.145	408 0.143	439 0.127	547 0.113	550 0.109	686 0.096	702 0.101	860 0.083	880 0.085	1102 0.077
0.980	4.0	201 0.219	268 0.185	336 0.165	359 0.152	419 0.150	450 0.133	561 0.119	565 0.115	704 0.101	720 0.106	882 0.087	903 0.089	1130 0.080
1.03	4.1	206 0.229	275 0.193	345 0.173	368 0.159	429 0.157	462 0.139	575 0.124	579 0.120	724 0.105	738 0.111	904 0.091	926 0.093	1159 0.084
1.08	4.2	211 0.240	282 0.202	353 0.181	377 0.166	440 0.165	473 0.146	589 0.130	593 0.125	739 0.110	756 0.116	926 0.095	948 0.097	1187 0.088
1.13	4.3	216 0.251	289 0.211	362 0.189	386 0.174	450 0.172	484 0.152	603 0.136	607 0.131	757 0.115	774 0.121	948 0.099	971 0.101	1215 0.092
1.19	4.4	221 0.261	295 0.221	370 0.197	395 0.181	461 0.179	495 0.159	617 0.142	621 0.137	774 0.120	792 0.127	970 0.104	993 0.106	1244 0.096
1.24	4.5	226 0.273	302 0.230	378 0.205	404 0.189	471 0.187	507 0.165	634 0.148	635 0.143	792 0.125	810 0.132	992 0.108	1016 0.110	1272 0.100
1.30	4.6	231 0.284	309 0.239	387 0.214	413 0.197	482 0.195	518 0.172	646 0.154	649 0.149	809 0.131	828 0.138	1014 0.113	1038 0.115	1300 0.104
1.35	4.7	236 0.295	315 0.249	395 0.223	422 0.205	492 0.203	529 0.179	660 0.160	663 0.155	827 0.136	846 0.143	1036 0.117	1061 0.120	1328 0.108

续表

下行一单位摩擦阻力（mmH_2O/m）

320× 250	500× 200	400× 250	320× 320	500× 250	400× 320	630× 250	500× 320	400× 400	500× 400	630× 320	500× 500	630× 400
990 0.059	1238 0.058	1240 0.052	1270 0.050	1551 0.048	1590 0.044	1951 0.044	1990 0.039	1991 0.038	2492 0.033	2504 0.035	3119 0.029	3136 0.030
1018 0.062	1273 0.061	1275 0.055	1306 0.053	1596 0.050	1636 0.046	2007 0.046	2047 0.041	2048 0.040	2563 0.035	2576 0.037	3208 0.030	3226 0.031
1047 0.065	1309 0.064	1310 0.058	1343 0.055	1640 0.053	1681 0.049	2063 0.048	2104 0.043	2105 0.042	2634 0.037	2647 0.039	3297 0.032	3316 0.033
1075 0.068	1344 0.067	1346 0.061	1379 0.058	1684 0.055	1727 0.051	2119 0.051	2161 0.045	2162 0.044	2705 0.039	2719 0.041	3386 0.033	3405 0.034
1103 0.072	1380 0.070	1381 0.064	1415 0.061	1729 0.058	1772 0.053	2174 0.053	2218 0.048	2218 0.046	2776 0.041	2791 0.043	3475 0.035	3495 0.036
1132 0.075	1415 0.074	1417 0.067	1452 0.064	1773 0.061	1817 0.056	2230 0.056	2275 0.050	2275 0.048	2848 0.043	2862 0.045	3564 0.037	3584 0.038
1160 0.079	1450 0.077	1452 0.070	1488 0.067	1817 0.064	1863 0.059	2286 0.058	2331 0.052	2332 0.051	2919 0.045	2934 0.047	3653 0.039	3674 0.040
1188 0.082	1486 0.081	1488 0.073	1524 0.070	1861 0.067	1908 0.061	2342 0.061	2388 0.055	2389 0.053	2990 0.047	3005 0.049	3742 0.040	3764 0.041
1216 0.086	1521 0.084	1523 0.077	1560 0.073	1906 0.070	1954 0.064	2397 0.064	2441 0.057	2446 0.055	3061 0.049	3077 0.052	3831 0.042	3853 0.043
1245 0.090	1556 0.088	1558 0.080	1597 0.076	1950 0.073	1999 0.067	2453 0.067	2502 0.060	2503 0.058	3132 0.051	3148 0.054	3920 0.044	3943 0.045
1273 0.094	1592 0.092	1594 0.084	1633 0.080	1995 0.076	2045 0.070	2509 0.069	2559 0.062	2560 0.060	3204 0.053	3220 0.056	4010 0.046	4032 0.047
1301 0.098	1627 0.096	1629 0.087	1669 0.083	2039 0.079	2090 0.073	2565 0.072	2616 0.064	2617 0.063	3275 0.055	3291 0.059	4099 0.048	4122 0.049
1330 0.101	1662 0.099	1665 0.091	1706 0.086	2083 0.082	2135 0.076	2620 0.075	2673 0.067	2673 0.065	3346 0.057	3363 0.061	4188 0.050	4212 0.051

动压（mmH_2O）	风速（m/s）	外边长 $A\times B$（mm）上行—风量（m^3/h）												
		800×320	630×500	1000×320	800×400	630×630	1000×400	800×500	1250×400	1000×500	800×630	1250×500	1000×630	800×800
0.750	3.5	3183 0.032	3926 0.025	3982 0.030	3987 0.027	4953 0.022	4937 0.024	4991 0.022	6229 0.023	6243 0.020	6296 0.019	7800 0.019	7876 0.017	8004 0.016
0.794	3.6	3274 0.034	4039 0.027	4096 0.032	4101 0.028	5095 0.023	5130 0.026	5134 0.024	6407 0.024	6422 0.021	6476 0.020	8023 0.020	8102 0.018	8232 0.017
0.869	3.7	3365 0.036	4151 0.028	4210 0.033	4215 0.029	5236 0.024	5272 0.027	5276 0.025	6585 0.025	6600 0.022	6656 0.021	8246 0.021	8327 0.019	8461 0.018
0.885	3.8	3456 0.037	4263 0.029	4324 0.035	4328 0.031	5378 0.025	5415 0.028	5419 0.026	6763 0.027	6779 0.024	6836 0.022	8469 0.022	8552 0.020	8690 0.019
0.932	3.9	3547 0.039	4375 0.031	4437 0.037	4442 0.033	5520 0.026	5557 0.030	5561 0.027	6941 0.028	6957 0.025	7016 0.023	8692 0.023	8777 0.021	8918 0.020
0.980	4.0	3638 0.041	4487 0.032	4551 0.038	4556 0.034	5661 0.028	5700 0.031	5704 0.029	7119 0.029	7135 0.026	7196 0.024	8914 0.024	9002 0.022	9147 0.021
1.03	4.1	3729 0.043	4599 0.034	4665 0.040	4670 0.036	5803 0.029	5842 0.033	5847 0.030	7297 0.031	7314 0.027	7376 0.025	9137 0.025	9227 0.023	9376 0.022
1.08	4.2	3820 0.045	4712 0.035	4779 0.042	4784 0.037	5944 0.030	5985 0.034	5989 0.031	7475 0.032	7492 0.028	7556 0.027	9360 0.026	9452 0.024	9604 0.023
1.13	4.3	3911 0.047	4824 0.037	4892 0.044	4898 0.039	6086 0.032	6127 0.036	6132 0.033	7653 0.033	7670 0.030	7736 0.028	9583 0.027	9677 0.025	9833 0.024
1.19	4.4	4002 0.049	4936 0.039	5006 0.046	5012 0.041	6227 0.033	6270 0.037	6274 0.034	7831 0.035	7849 0.031	7916 0.029	9806 0.029	9902 0.026	10060 0.025
1.24	4.5	4093 0.051	5048 0.040	5120 0.048	5126 0.042	6369 0.035	6412 0.039	6417 0.036	8009 0.036	8027 0.032	8095 0.030	10030 0.030	10130 0.027	10290 0.026
1.30	4.6	4184 0.053	5160 0.042	5234 0.050	5240 0.044	6510 0.036	6555 0.041	6560 0.037	8187 0.038	8206 0.034	8275 0.031	10250 0.031	10350 0.028	10520 0.027
1.35	4.7	4275 0.056	5273 0.044	5348 0.052	5354 0.046	6652 0.038	6697 0.042	6702 0.039	8365 0.039	8384 0.035	8455 0.033	10470 0.032	10580 0.029	10750 0.028

续表

下行—单位摩擦阻力（mmH_2O/m）

1250×630	1600×500	1000×800	1250×800	1000×1000	1600×630	1250×1000	1600×800	2000×800	1600×1000	2000×1000	1600×1250	2000×1250
9342 0.015	9990 0.017	10010 0.014	12510 0.013	12530 0.012	12610 0.014	15650 0.011	16030 0.011	20040 0.011	20050 0.010	25070 0.009	25080 0.008	31360 0.007
10120 0.016	10280 0.018	10300 0.015	12870 0.013	12880 0.013	12970 0.015	16100 0.011	16480 0.012	20670 0.011	20620 0.010	25790 0.009	25790 0.009	32260 0.008
10400 0.017	10560 0.019	10580 0.016	13230 0.014	13240 0.014	13300 0.016	16550 0.012	16940 0.013	21190 0.012	31190 0.011	26500 0.010	26510 0.009	33150 0.008
10690 0.018	10850 0.020	10870 0.017	13580 0.015	13600 0.014	13690 0.016	17000 0.013	17400 0.013	21760 0.012	21770 0.011	27220 0.010	27230 0.010	34050 0.009
10970 0.019	11130 0.021	11160 0.017	13940 0.016	13960 0.015	14050 0.017	17440 0.013	17860 0.014	22330 0.013	22340 0.012	27940 0.011	27940 0.010	34950 0.009
11250 0.020	11420 0.022	11440 0.018	14300 0.016	14310 0.016	14410 0.018	17890 0.014	18310 0.015	22900 0.013	22910 0.012	28650 0.011	28660 0.011	35840 0.009
11530 0.021	11700 0.023	11730 0.019	14660 0.017	14670 0.017	14770 0.019	18340 0.015	18770 0.015	23480 0.014	23490 0.013	29370 0.012	29380 0.011	36740 0.010
11810 0.022	11990 0.024	12010 0.020	15010 0.018	15030 0.017	15130 0.020	18780 0.015	19230 0.016	24050 0.015	24060 0.014	30090 0.012	30090 0.012	37630 0.010
12090 0.022	12270 0.025	12300 0.021	15370 0.019	15390 0.018	15490 0.021	19230 0.016	19690 0.017	24620 0.015	24630 0.014	30800 0.013	30810 0.012	38530 0.011
12370 0.023	12560 0.026	12590 0.022	15730 0.020	15750 0.019	15850 0.021	19680 0.017	20150 0.018	25190 0.016	25200 0.015	31520 0.013	31530 0.013	39430 0.011
12650 0.024	12840 0.028	12870 0.023	16090 0.020	16100 0.020	16210 0.022	20130 0.017	20600 0.018	25700 0.017	25780 0.015	32230 0.014	32240 0.013	40320 0.012
12940 0.026	13130 0.029	13160 0.024	16440 0.021	16460 0.021	16570 0.023	20570 0.018	21060 0.019	26340 0.018	26350 0.016	32950 0.015	32960 0.014	41220 0.012
13220 0.037	13420 0.030	13440 0.025	16800 0.022	16820 0.021	16930 0.024	21020 0.019	21520 0.020	26910 0.018	26920 0.017	33670 0.015	33680 0.014	42110 0.013

动压 (mmH₂O)	风速 (m/s)	外边长 A×B (mm) 上行—风量 (m³/h)												
		120×120	160×120	200×120	160×160	250×120	200×160	250×160	200×200	250×200	320×160	250×250	320×200	400×200
1.41	4.8	241 0.307	322 0.259	404 0.231	431 0.213	503 0.211	541 0.187	674 0.167	677 0.161	845 0.141	864 0.149	1059 0.122	1084 0.124	1357 0.123
1.47	4.9	246 0.319	329 0.269	412 0.240	440 0.221	513 0.219	552 0.194	688 0.173	692 0.167	862 0.147	882 0.155	1081 0.127	1106 0.129	1385 0.117
1.53	5.0	251 0.331	336 0.280	421 0.250	449 0.230	523 0.227	563 0.201	702 0.180	706 0.174	880 0.153	900 0.161	1103 0.132	1129 0.134	1413 0.122
1.59	5.1	256 0.344	342 0.290	429 0.259	458 0.239	534 0.236	574 0.209	716 0.186	720 0.180	897 0.158	918 0.167	1125 0.137	1151 0.139	1441 0.126
1.66	5.2	261 0.357	349 0.301	437 0.269	467 0.247	544 0.245	586 0.217	730 0.193	734 0.187	915 0.164	936 0.173	1147 0.142	1174 0.144	1470 0.131
1.72	5.3	266 0.369	356 0.312	446 0.278	476 0.256	555 0.254	597 0.224	744 0.200	748 0.193	933 0.170	954 0.179	1169 0.147	1196 0.150	1498 0.136
1.79	5.4	371 0.383	362 0.323	454 0.288	485 0.265	565 0.263	608 0.232	758 0.207	762 0.200	950 0.176	972 0.186	1191 0.152	1219 0.155	1526 0.140
1.85	5.5	376 0.396	369 0.334	463 0.298	494 0.275	576 0.272	619 0.240	772 0.215	776 0.207	968 0.182	990 0.192	1213 0.157	1242 0.160	1554 0.145
1.92	5.6	281 0.409	376 0.345	471 0.309	503 0.284	586 0.281	631 0.249	786 0.222	790 0.214	985 0.189	1008 0.199	1235 0.163	1264 0.166	1583 0.150
1.99	5.7	286 0.423	383 0.357	479 0.319	512 0.294	597 0.290	642 0.257	800 0.230	804 0.222	1003 0.195	1026 0.205	1257 0.168	1287 0.172	1611 0.155
2.06	5.8	291 0.437	389 0.369	488 0.329	521 0.303	607 0.300	653 0.266	814 0.237	819 0.229	1021 0.201	1044 0.212	1279 0.174	1309 0.177	1639 0.161
2.13	5.9	296 0.451	396 0.381	496 0.340	530 0.313	618 0.310	664 0.274	828 0.245	833 0.236	1038 0.208	1062 0.219	1301 0.179	1332 0.183	1667 0.166

续表

下行—单位摩擦阻力（mmH_2O/m）

320× 250	500× 200	400× 250	320× 320	500× 250	400× 320	630× 250	500× 320	400× 400	500× 400	630× 320	500× 500	630× 400
1358 0.106	1698 0.103	1700 0.094	1742 0.090	2128 0.085	2181 0.079	2676 0.078	2729 0.070	2730 0.068	3417 0.060	3435 0.063	4277 0.052	4301 0.053
1386 0.110	1733 0.108	1735 0.098	1778 0.093	2172 0.089	2226 0.082	2732 0.081	2786 0.073	2787 0.071	3488 0.062	3506 0.066	4366 0.054	4391 0.055
1414 0.114	1769 0.112	1771 0.102	1815 0.097	2216 0.092	2272 0.085	2788 0.085	2843 0.076	2844 0.073	3560 0.065	3578 0.068	4455 0.056	4481 0.057
1443 0.118	1804 0.116	1808 0.106	1851 0.100	2261 0.096	2317 0.088	2843 0.088	2900 0.079	2901 0.076	3631 0.067	3649 0.071	4544 0.058	4570 0.060
1471 0.123	1839 0.120	1842 0.109	1887 0.104	2305 0.099	2363 0.091	2899 0.091	2957 0.082	2958 0.079	3702 0.069	3721 0.074	4633 0.060	4660 0.062
1499 0.127	1875 0.124	1877 0.113	1923 0.108	2349 0.103	2408 0.095	2955 0.094	3014 0.084	3015 0.082	3773 0.072	3792 0.076	4722 0.062	4749 0.064
1528 0.132	1910 0.129	1913 0.117	1960 0.112	2394 0.106	2453 0.098	3011 0.098	3071 0.088	3072 0.085	3844 0.075	3864 0.079	4812 0.065	4839 0.066
1556 0.136	1945 0.133	1948 0.122	1996 0.116	2438 0.110	2499 0.102	3066 0.101	3127 0.091	3129 0.088	3916 0.077	3935 0.032	4901 0.067	4929 0.069
1584 0.141	1981 0.138	1993 0.126	2032 0.120	2482 0.114	2544 0.105	3122 0.105	3184 0.094	3185 0.091	3987 0.080	4007 0.085	4990 0.069	5018 0.071
1612 0.146	2016 0.143	2019 0.130	2069 0.124	2527 0.118	2590 0.109	3178 0.108	3241 0.097	3242 0.094	4058 0.083	4079 0.088	5079 0.071	5108 0.073
1641 0.150	2052 0.147	2054 0.134	2105 0.128	2571 0.122	2635 0.112	3234 0.112	3298 0.100	3299 0.097	4129 0.085	4150 0.090	5168 0.074	5197 0.076
1670 0.155	2087 0.152	2090 0.139	2141 0.132	2615 0.126	2681 0.116	3289 0.115	3355 0.103	3356 0.100	4200 0.088	4222 0.093	5257 0.076	5287 0.078

动压 (mmH_2O)	风速 (m/s)	外边长 $A\times B$ (mm) 上行—风量 (m^3/h)												
		800× 320	630× 500	1000× 320	800× 400	630× 630	1000× 400	800× 500	1250× 400	1000× 500	800× 630	1250× 500	1000× 630	800× 800
1.41	4.8	4366 0.058	5385 0.045	5461 0.054	5468 0.048	6973 0.039	6840 0.044	6845 0.040	8543 0.041	8562 0.036	8635 0.034	10700 0.034	10800 0.030	10980 0.029
1.47	4.9	4457 0.060	5497 0.047	5575 0.056	5581 0.050	6935 0.041	6982 0.046	6987 0.042	8721 0.043	8741 0.038	8815 0.035	10920 0.035	11030 0.032	11210 0.030
1.53	5.0	4548 0.063	5609 0.049	5689 0.058	5695 0.052	7076 0.042	7125 0.048	7130 0.043	8899 0.044	8919 0.039	8995 0.037	11140 0.036	11250 0.033	11430 0.032
1.59	5.1	4639 0.065	5721 0.051	5803 0.060	5809 0.054	7218 0.044	7267 0.049	7273 0.045	9077 0.046	9098 0.041	9174 0.038	11370 0.038	11470 0.034	11680 0.033
1.66	5.2	4730 0.067	5833 0.053	5916 0.063	5923 0.056	7359 0.045	7410 0.051	7415 0.047	9255 0.048	9276 0.042	9355 0.040	11590 0.039	11700 0.035	11890 0.034
1.72	5.3	4821 0.070	5946 0.055	6030 0.065	6037 0.058	7501 0.047	7552 0.053	7558 0.048	9433 0.049	9454 0.044	9535 0.041	11810 0.040	11930 0.037	12120 0.035
1.79	5.4	4911 0.072	6058 0.057	6144 0.064	6151 0.060	7642 0.049	7695 0.055	7700 0.050	9611 0.051	9633 0.045	9715 0.042	12030 0.042	12150 0.038	12350 0.036
1.85	5.5	5002 0.075	6170 0.059	6258 0.070	6265 0.062	7784 0.050	7837 0.057	7343 0.052	9789 0.053	9811 0.047	9894 0.044	12260 0.043	12380 0.039	12580 0.038
1.92	5.6	5093 0.077	6282 0.061	6372 0.072	6379 0.064	7925 0.052	7980 0.059	7986 0.054	9967 0.055	9989 0.049	10070 0.045	12480 0.045	12600 0.041	12810 0.039
1.99	5.7	5184 0.080	6394 0.063	6485 0.074	6493 0.066	8067 0.054	8122 0.061	8128 0.055	10150 0.057	10170 0.050	10250 0.047	12700 0.046	12830 0.042	13030 0.040
2.06	5.8	5275 0.083	6507 0.065	6599 0.077	6607 0.068	8209 0.056	8264 0.063	8271 0.057	10320 0.059	10350 0.052	10430 0.049	12930 0.048	13050 0.043	13260 0.042
2.13	5.9	5366 0.085	6619 0.037	6713 0.079	6721 0.071	8350 0.058	8407 0.065	8413 0.059	10500 0.060	10520 0.054	10610 0.050	13150 0.049	13280 0.045	13490 0.043

续表

下行一单位摩擦阻力（mmH_2O/m）

1250×630	1600×500	1000×800	1250×800	1000×1000	1600×630	1250×1000	1600×800	2000×800	1600×1000	2000×1000	1600×1250	2000×1250
13500 0.028	13700 0.031	13730 0.026	17160 0.023	17180 0.022	17290 0.025	21470 0.020	21980 0.021	27480 0.019	27500 0.017	34380 0.016	34390 0.015	43010 0.013
13780 0.029	13990 0.032	14020 0.027	17520 0.024	17530 0.023	17650 0.026	21920 0.020	22440 0.021	28060 0.020	28070 0.018	35100 0.016	35110 0.015	43910 0.014
14060 0.030	14270 0.034	14300 0.028	17870 0.025	17890 0.024	18010 0.027	22360 0.021	22890 0.022	28630 0.021	28640 0.019	35820 0.017	35830 0.016	44800 0.014
14340 0.031	14560 0.035	14590 0.029	18230 0.026	18250 0.025	18370 0.028	22810 0.022	23350 0.023	29200 0.021	39210 0.020	36530 0.018	36640 0.017	45700 0.015
14620 0.032	14840 0.036	14880 0.030	18590 0.027	18610 0.026	18730 0.029	23260 0.023	23810 0.024	29770 0.022	29790 0.020	37250 0.018	37260 0.017	46590 0.015
14900 0.033	15130 0.037	15160 0.031	18950 0.028	18970 0.027	19090 0.030	23700 0.024	24270 0.025	30350 0.023	30360 0.021	37970 0.019	37980 0.018	47490 0.016
15180 0.034	15410 0.039	15450 0.032	19300 0.029	19320 0.028	19450 0.032	24150 0.025	24720 0.026	30920 0.024	30930 0.022	38680 0.020	38690 0.018	48390 0.017
15470 0.036	15700 0.040	15730 0.033	19660 0.030	19680 0.029	19310 0.033	24600 0.025	25180 0.027	31490 0.025	31510 0.022	39400 0.020	39410 0.019	49280 0.017
15750 0.037	15980 0.041	16020 0.034	20020 0.031	20040 0.030	20170 0.034	25050 0.026	25640 0.028	32060 0.025	32080 0.023	40110 0.021	40120 0.020	50180 0.018
16030 0.038	16270 0.043	16310 0.035	20380 0.032	20400 0.031	20530 0.035	23490 0.027	26100 0.029	32640 0.026	32650 0.024	40830 0.022	40840 0.020	51070 0.018
16310 0.039	16560 0.044	16590 0.037	20730 0.033	20760 0.032	20890 0.036	25940 0.028	26560 0.030	33210 0.027	33220 0.025	41550 0.023	41560 0.021	51970 0.019
16590 0.041	16840 0.046	16880 0.038	21090 0.034	21110 0.033	21250 0.037	26390 0.029	27010 0.030	33780 0.028	33800 0.026	42260 0.023	42270 0.022	52870 0.020

动压 (mmH$_2$O)	风速 (m/s)	外边长 $A \times B$ (mm) 上行—风量 (m^3/h)												
		120×120	160×120	200×120	160×160	250×120	200×160	250×160	200×200	250×200	320×160	250×250	320×200	400×200
2.21	6.0	301 0.466	403 0.393	505 0.351	539 0.323	628 0.320	676 0.283	842 0.253	847 0.244	1056 0.215	1080 0.226	1323 0.185	1354 0.189	1696 0.171
2.28	6.1	306 0.480	409 0.405	513 0.362	548 0.333	639 0.330	687 0.291	856 0.261	861 0.252	1073 0.221	1098 0.233	1345 0.191	1377 0.195	1724 0.176
2.35	6.2	311 0.495	416 0.418	521 0.373	557 0.344	649 0.340	698 0.301	870 0.269	875 0.260	1091 0.228	1116 0.240	1367 0.197	1400 0.201	1752 0.182
2.43	6.3	316 0.510	423 0.431	530 0.385	566 0.354	660 0.350	710 0.310	884 0.277	889 0.267	1109 0.235	1134 0.248	1389 0.203	1422 0.207	1781 0.187
2.51	6.4	321 0.526	430 0.444	538 0.396	575 0.365	670 0.361	721 0.319	898 0.285	903 0.276	1126 0.242	1152 0.255	1411 0.209	1445 0.213	1809 0.193
2.59	6.5	326 0.541	436 0.457	547 0.408	584 0.376	681 0.372	732 0.329	912 0.294	917 0.284	1144 0.249	1170 0.263	1433 0.215	1467 0.220	1837 0.198
2.67	6.6	331 0.557	443 0.470	555 0.420	593 0.387	691 0.382	743 0.339	926 0.302	931 0.292	1161 0.257	1188 0.271	1455 0.221	1489 0.226	1865 0.205
2.75	6.7	336 0.573	450 0.484	564 0.432	602 0.393	701 0.393	755 0.348	940 0.311	946 0.300	1179 0.264	1206 0.278	1478 0.228	1512 0.232	1894 0.211
2.83	6.8	341 0.589	456 0.497	572 0.444	611 0.409	712 0.405	766 0.358	954 0.320	960 0.309	1197 0.271	1224 0.286	1500 0.234	1535 0.239	1922 0.216
2.92	6.9	346 0.606	463 0.511	580 0.456	620 0.420	722 0.416	777 0.368	968 0.329	974 0.317	1214 0.279	1242 0.294	1522 0.241	1558 0.246	1950 0.223
3.00	7.0	351 0.622	470 0.525	589 0.469	629 0.432	733 0.427	788 0.378	982 0.338	988 0.326	1232 0.287	1260 0.302	1544 0.247	1580 0.252	1978 0.229
3.09	7.1	356 0.640	477 0.539	597 0.482	638 0.443	743 0.439	800 0.388	996 0.347	1002 0.335	1249 0.295	1278 0.310	1566 0.254	1603 0.259	2007 0.235
3.18	7.2	361 0.656	483 0.554	606 0.495	647 0.455	754 0.451	811 0.399	1010 0.356	1016 0.344	1267 0.302	1296 0.319	1588 0.261	1625 0.266	2035 0.241

续表

下行—单位摩擦阻力（mmH_2O/m）

320× 250	500× 200	400× 250	320× 320	500× 250	400× 320	630× 250	500× 320	400× 400	500× 400	630× 320	500× 500	630× 400
1697 0.160	2122 0.157	2125 0.143	2177 0.136	2660 0.130	2726 0.120	3345 0.019	3412 0.107	3413 0.103	4272 0.091	4293 0.096	5346 0.079	5377 0.081
1726 0.165	2158 0.162	2160 0.148	2214 0.141	2704 0.134	2771 0.123	3401 0.123	3469 0.110	3470 0.107	4343 0.094	4365 0.099	5435 0.081	5466 0.083
1754 0.170	2193 0.167	2196 0.152	2250 0.145	2748 0.138	2817 0.127	3457 0.127	3526 0.113	3527 0.110	4414 0.097	4436 0.103	5524 0.084	5556 0.086
1782 0.176	2228 0.172	2231 0.157	2286 0.149	2793 0.142	2862 0.131	3512 0.130	3582 0.117	3584 0.113	4485 0.100	4508 0.106	5613 0.086	5645 0.089
1811 0.181	2264 0.177	2267 0.162	2323 0.154	2837 0.146	2908 0.135	3568 0.134	3639 0.120	3640 0.117	4556 0.103	4579 0.109	5703 0.089	5735 0.091
1839 0.186	2299 0.183	2302 0.166	2359 0.158	2881 0.151	2953 0.139	3624 0.138	3696 0.124	3697 0.120	4627 0.106	4651 0.112	5792 0.091	5825 0.091
1867 0.192	2335 0.188	2338 0.171	2395 0.163	2926 0.155	2999 0.143	3680 0.142	3753 0.128	3754 0.124	4699 0.109	4723 0.115	5881 0.094	5914 0.097
1895 0.197	2370 0.193	2373 0.176	2431 0.168	2970 0.160	3044 0.147	3735 0.147	3810 0.131	3811 0.127	4770 0.112	4794 0.119	5970 0.097	6004 0.100
1924 0.203	2405 0.199	2408 0.181	2468 0.172	3014 0.164	3090 0.151	3791 0.151	3867 0.135	3868 0.131	4841 0.115	4866 0.122	6059 0.100	6094 0.102
1952 0.209	2441 0.204	2444 0.186	2504 0.177	3059 0.169	3135 0.156	3847 0.155	3924 0.139	3925 0.135	4912 0.118	4937 0.125	6148 0.102	6183 0.105
1980 0.214	2476 0.210	2479 0.191	2540 0.182	3103 0.173	3180 0.160	3903 0.159	3980 0.143	3982 0.138	4983 0.122	5009 0.129	6237 0.105	6273 0.108
2009 0.220	2511 0.216	2515 0.196	2577 0.187	3147 0.178	3226 0.164	3958 0.163	4037 0.147	4039 0.142	5055 0.125	5080 0.132	6326 0.108	6362 0.111
2037 0.226	2547 0.221	2550 0.202	2613 0.192	3192 0.183	3271 0.169	4014 0.168	4094 0.150	4096 0.146	5126 0.128	5152 0.136	6415 0.111	6452 0.114

动压 (mmH_2O)	风速 (m/s)	外边长 $A\times B$ (mm) 上行—风量 (m^3/h)												
		800×320	630×500	1000×320	800×400	630×630	1000×400	800×500	1250×400	1000×500	800×630	1250×500	1000×630	800×800
2.21	6.0	5457 0.088	6731 0.069	6827 0.082	6834 0.073	8492 0.059	8549 0.067	8556 0.061	10680 0.062	10700 0.055	10790 0.052	13370 0.051	13500 0.046	13720 0.044
2.28	6.1	5548 0.091	6843 0.071	6940 0.085	6948 0.075	8633 0.061	8692 0.069	8699 0.063	10860 0.064	10880 0.057	10970 0.053	13590 0.053	13730 0.048	13950 0.046
2.35	6.2	5639 0.094	6955 0.073	7054 0.087	7062 0.077	8775 0.063	8834 0.071	8841 0.065	11040 0.066	11060 0.059	11150 0.055	13820 0.054	13950 0.049	14180 0.047
2.43	6.3	5730 0.096	7068 0.076	7168 0.090	7176 0.080	8916 0.065	8977 0.073	8984 0.067	11210 0.068	11240 0.061	11330 0.057	14040 0.056	13180 0.051	14410 0.049
2.51	6.4	5821 0.099	7180 0.078	7282 0.093	7290 0.082	9058 0.067	9119 0.076	9126 0.069	11390 0.070	11420 0.063	11510 0.058	14260 0.058	14400 0.052	14640 0.050
2.59	6.5	5912 0.102	7292 0.080	7396 0.095	7404 0.085	9199 0.069	9262 0.078	9269 0.071	11570 0.073	11590 0.064	11690 0.060	14490 0.059	14630 0.054	14860 0.052
2.67	6.6	6003 0.105	7404 0.082	7509 0.098	7518 0.087	9341 0.071	9404 0.080	9412 0.073	11750 0.075	11770 0.066	11870 0.062	14710 0.061	14850 0.055	15090 0.053
2.75	6.7	6094 0.108	7516 0.085	7623 0.101	7632 0.090	9482 0.073	9547 0.082	9554 0.075	11920 0.077	11950 0.068	12050 0.064	14930 0.063	15080 0.057	15320 0.055
2.83	6.8	6185 0.111	7628 0.087	7737 0.104	7746 0.092	9624 0.075	9689 0.085	9697 0.077	12100 0.079	12130 0.070	12230 0.066	15150 0.065	15300 0.059	15550 0.056
2.92	6.9	6276 0.115	7741 0.090	7851 0.107	7860 0.095	9765 0.077	9832 0.087	9839 0.080	12280 0.081	12310 0.072	12410 0.067	15380 0.066	15530 0.060	15780 0.058
3.00	7.0	6367 0.118	7853 0.092	7964 0.110	7974 0.097	9907 0.079	9974 0.090	9982 0.082	12460 0.083	12490 0.074	12590 0.069	15600 0.068	15750 0.062	16010 0.059
3.09	7.1	6458 0.121	7965 0.095	8078 0.113	8087 0.100	10050 0.082	10120 0.092	10120 0.084	12640 0.086	12670 0.076	12770 0.071	15820 0.070	15980 0.064	16230 0.061
3.18	7.2	6549 0.124	8077 0.097	8192 0.116	8201 0.103	10190 0.084	10260 0.094	10270 0.086	12810 0.088	12840 0.078	12950 0.073	16050 0.072	16200 0.065	16460 0.063

续表

下行一单位摩擦阻力（mmH_2O/m）

1250×630	1600×500	1000×800	1250×800	1000×1000	1600×630	1250×1000	1600×800	2000×800	1600×1000	2000×1000	1600×1250	2000×1250
16870 0.042	17130 0.047	17160 0.039	21450 0.035	21470 0.034	21610 0.038	26840 0.030	27470 0.031	34350 0.029	34370 0.026	42980 0.024	42990 0.023	53760 0.020
17150 0.043	17410 0.049	17450 0.040	21810 0.036	21830 0.065	21970 0.040	27280 0.031	27930 0.032	34930 0.030	34940 0.027	43700 0.025	43710 0.023	54660 0.021
17440 0.045	17700 0.050	17740 0.042	22160 0.037	22190 0.036	22330 0.041	27730 0.032	28390 0.033	35500 0.031	35510 0.028	44410 0.026	44420 0.024	55550 0.022
17720 0.046	17980 0.052	18020 0.043	22520 0.038	22540 0.037	22690 0.042	28180 0.033	28850 0.034	36070 0.032	36090 0.029	45130 0.026	45140 0.023	56450 0.022
18000 0.047	18270 0.053	18310 0.044	22880 0.040	22900 0.038	23050 0.043	28620 0.034	29300 0.036	36640 0.033	36660 0.030	45850 0.027	45860 0.025	57350 0.023
18280 0.049	18550 0.055	18590 0.045	23240 0.041	23260 0.039	23410 0.045	29070 0.035	29760 0.037	37220 0.034	37230 0.031	46560 0.028	46570 0.026	58240 0.024
18560 0.050	18840 0.057	18880 0.047	23600 0.042	23620 0.041	23770 0.046	29520 0.026	30220 0.038	27790 0.035	37810 0.032	47280 0.029	47290 0.027	59140 0.024
18840 0.052	19120 0.058	19170 0.048	23950 0.043	23980 0.042	24130 0.047	29970 0.037	30680 0.039	38360 0.036	38380 0.033	47990 0.030	48010 0.028	60030 0.025
19120 0.053	19410 0.060	19450 0.050	24310 0.044	24330 0.043	24490 0.049	30410 0.038	31140 0.040	38940 0.037	38950 0.033	48710 0.030	48720 0.029	60930 0.026
19400 0.055	19690 0.061	19740 0.051	24670 0.046	24690 0.044	24850 0.050	30860 0.039	31590 0.041	39510 0.038	39520 0.034	49430 0.031	49440 0.029	61830 0.026
19680 0.056	19980 0.063	20020 0.052	25020 0.047	25050 0.045	25210 0.051	31310 0.040	32050 0.042	40080 0.039	40100 0.035	50140 0.032	50160 0.030	62720 0.027
19970 0.058	20270 0.065	20310 0.054	25380 0.048	25410 0.047	25570 0.053	31750 0.041	32510 0.043	40650 0.040	40670 0.036	50860 0.033	50870 0.031	63620 0.028
20250 0.059	20550 0.067	20600 0.055	25740 0.049	25770 0.048	25930 0.054	32200 0.042	32970 0.044	41230 0.048	41240 0.037	51580 0.034	51590 0.032	64510 0.029

动压 (mmH$_2$O)	风速 (m/s)	外边长 $A\times B$（mm）上行—风量（m^3/h）												
		120×120	160×120	200×120	160×160	250×120	200×160	250×160	200×200	250×200	320×160	250×250	320×200	400×200
3.26	7.3	366 0.673	490 0.568	614 0.508	656 0.467	764 0.462	822 0.409	1024 0.366	1030 0.353	1285 0.310	1314 0.323	1610 0.268	1648 0.273	2063 0.248
3.35	7.4	371 0.691	497 0.583	622 0.521	665 0.479	775 0.474	833 0.420	1038 0.375	1044 0.362	1302 0.318	1332 0.336	1632 0.275	1670 0.280	2091 0.254
3.45	7.5	376 0.709	503 0.598	631 0.534	674 0.492	785 0.487	845 0.431	1052 0.385	1059 0.372	1320 0.327	1350 0.344	1654 0.282	1693 0.288	2120 0.260
3.54	7.6	381 0.726	510 0.613	639 0.548	683 0.504	796 0.499	856 0.442	1067 0.394	1073 0.381	1337 0.335	1368 0.353	1676 0.289	1716 0.295	2148 0.267
3.63	7.7	386 0.745	517 0.628	648 0.561	692 0.517	806 0.511	867 0.453	1081 0.404	1087 0.390	1355 0.343	1386 0.362	1698 0.296	1738 0.302	2176 0.274
3.73	7.8	391 0.763	524 0.644	656 0.575	701 0.530	817 0.524	878 0.464	1095 0.414	1101 0.400	1373 0.352	1404 0.371	1720 0.304	1761 0.310	2204 0.281
3.82	7.9	396 0.782	530 0.660	664 0.589	710 0.543	827 0.537	890 0.475	1109 0.424	1115 0.410	1390 0.360	1422 0.380	1742 0.311	1783 0.317	2233 0.287
3.92	8.0	401 0.800	534 0.676	673 0.603	719 0.556	838 0.550	901 0.487	1123 0.435	1129 0.420	1408 0.369	1440 0.389	1764 0.319	1806 0.325	2261 0.294
4.02	8.1	406 0.819	544 0.692	681 0.618	728 0.569	848 0.563	912 0.498	1137 0.445	1143 0.430	1425 0.378	1458 0.398	1786 0.326	1829 0.333	2289 0.301
4.12	8.2	411 0.839	550 0.708	690 0.632	737 0.582	858 0.576	924 0.510	1151 0.455	1157 0.440	1443 0.387	1476 0.408	1808 0.334	1851 0.341	2318 0.308
4.22	8.3	416 0.858	557 0.724	698 0.647	746 0.596	869 0.589	935 0.522	1165 0.466	1171 0.450	1461 0.396	1494 0.417	1830 0.342	1874 0.348	2346 0.316
4.32	8.4	421 0.878	564 0.741	707 0.662	755 0.609	879 0.603	946 0.534	1179 0.477	1186 0.460	1478 0.405	1512 0.427	1852 0.349	1896 0.356	2374 0.323

续表

下行—单位摩擦阻力（mmH_2O/m）

320× 250	500× 200	400× 250	320× 320	500× 250	400× 320	630× 250	500× 320	400× 400	500× 400	630× 320	500× 500	630× 400
2065 0.232	2582 0.227	2585 0.207	2649 0.197	3236 0.188	3317 0.173	4070 0.172	4151 0.154	4152 0.150	5197 0.132	5223 0.140	6504 0.114	6542 0.117
2093 0.238	2618 0.233	2621 0.212	2685 0.202	3280 0.193	3362 0.178	4126 0.177	4208 0.158	4209 0.153	5268 0.135	5295 0.143	6594 0.117	6631 0.120
2122 0.244	2653 0.239	2656 0.218	2722 0.207	3325 0.197	3408 0.182	4181 0.181	4265 0.163	4266 0.158	5339 0.138	5366 0.147	6683 0.120	6721 0.123
2150 0.250	2688 0.245	2692 0.223	2758 0.213	3369 0.203	3453 0.187	4237 0.186	4322 0.167	4323 0.162	5411 0.142	5438 0.151	6772 0.123	6810 0.126
2178 0.257	2724 0.251	2727 0.229	2794 0.218	3413 0.208	3498 0.192	4293 0.191	4379 0.171	4380 0.166	5482 0.146	5510 0.154	6861 0.126	6900 0.130
2207 0.263	2759 0.258	2763 0.235	2831 0.223	3458 0.213	3544 0.196	4349 0.195	4435 0.175	4437 0.170	5553 0.149	5581 0.158	6950 0.129	6990 0.133
2235 0.269	2794 0.264	2798 0.240	2867 0.230	3502 0.218	3589 0.201	4404 0.200	4493 0.179	4494 0.174	5624 0.153	5653 0.162	7039 0.132	7079 0.136
2263 0.276	2830 0.270	2833 0.246	2903 0.234	3546 0.223	3635 0.206	4460 0.205	4549 0.184	4551 0.178	5695 0.156	5724 0.166	7128 0.135	7169 0.139
2291 0.282	2865 0.277	2869 0.252	2940 0.240	3591 0.228	3680 0.211	4516 0.210	4606 0.188	4607 0.182	5767 0.160	5796 0.170	7217 0.139	7258 0.143
2320 0.289	2901 0.283	2904 0.258	2976 0.246	3835 0.234	3726 0.216	4572 0.215	4663 0.192	4664 0.187	5838 0.164	5867 0.174	7306 0.142	7348 0.146
2348 0.296	2936 0.290	2940 0.264	3012 0.251	3679 0.239	3771 0.221	4627 0.220	4720 0.197	4721 0.191	5909 0.168	5939 0.178	7395 0.145	7438 0.149
2376 0.303	2971 0.297	2975 0.270	3048 0.257	3723 0.245	3816 0.226	4683 0.225	4777 0.201	4778 0.195	5980 0.172	6010 0.182	7485 0.149	7527 0.153

动压 (mmH_2O)	风速 (m/s)	外边长 $A\times B$ (mm) 上行—风量 (m^3/h)												
		800×320	630×500	1000×320	800×400	630×630	1000×400	800×500	1250×400	1000×500	800×630	1250×500	1000×630	800×800
3.26	7.3	6640 0.127	8189 0.100	8306 0.119	8315 0.105	10300 0.086	10400 0.097	10410 0.089	12990 0.090	13020 0.080	13130 0.075	16270 0.074	16430 0.067	16690 0.064
3.35	7.4	6731 0.131	8302 0.102	8420 0.122	8429 0.108	10470 0.088	10540 0.100	10550 0.091	13170 0.093	13200 0.082	13310 0.077	16490 0.076	16650 0.069	16920 0.066
3.45	7.5	6822 0.134	8414 0.105	8533 0.125	8543 0.111	10610 0.091	10690 0.102	10690 0.093	13350 0.095	13380 0.085	13490 0.079	16710 0.078	16880 0.071	17150 0.068
3.54	7.6	6912 0.138	8526 0.108	8647 0.128	8657 0.114	10760 0.093	10830 0.105	10840 0.096	13530 0.098	13560 0.087	13670 0.081	16940 0.080	17100 0.072	17380 0.069
3.63	7.7	7003 0.141	8638 0.110	8761 0.131	8771 0.117	10900 0.095	10970 0.107	10980 0.098	13700 0.100	13740 0.039	13850 0.083	17160 0.082	17330 0.074	17610 0.071
3.73	7.8	7094 0.144	8750 0.113	8875 0.135	8885 0.120	11040 0.098	11110 0.110	11120 0.100	13880 0.102	13910 0.091	14030 0.085	17380 0.084	17550 0.076	17840 0.073
3.82	7.9	7185 0.148	8862 0.116	8988 0.138	8999 0.122	11180 0.100	11260 0.113	11270 0.103	14060 0.105	14090 0.093	14210 0.087	17610 0.086	17780 0.078	18070 0.075
3.92	8.0	7276 0.152	8975 0.119	9102 0.141	9113 0.125	11320 0.102	11400 0.115	11410 0.105	14240 0.108	14270 0.096	14390 0.089	17830 0.088	18000 0.080	18290 0.077
4.02	8.1	7357 0.155	9087 0.122	9216 0.144	9226 0.128	11460 0.105	11540 0.118	11550 0.108	14420 0.110	14450 0.098	14570 0.091	18050 0.090	18230 0.082	18520 0.078
4.12	8.2	7458 0.159	9199 0.124	9330 0.148	9340 0.131	11610 0.107	11680 0.121	11690 0.110	14590 0.113	14630 0.100	14750 0.094	18270 0.092	18450 0.084	18750 0.080
4.22	8.3	7549 0.163	9311 0.127	9444 0.151	9454 0.135	11750 0.110	11830 0.124	11840 0.113	14770 0.115	14810 0.102	14930 0.096	18500 0.094	18680 0.086	18980 0.082
4.32	8.4	7640 0.166	9423 0.130	9557 0.155	9568 0.138	11890 0.112	11970 0.127	11980 0.116	14950 0.118	14980 0.105	15110 0.098	18720 0.097	18900 0.088	19210 0.084

续表

下行—单位摩擦阻力（mmH_2O/m）

1250×630	1600×500	1000×800	1250×800	1000×1000	1600×630	1250×1000	1600×800	2000×800	1600×1000	2000×1000	1600×1250	2000×1250
20530 0.061	20840 0.068	20880 0.057	26100 0.051	26120 0.049	26290 0.056	32650 0.043	33420 0.046	41800 0.049	41820 0.038	52290 0.035	52310 0.033	65410 0.029
20810 0.063	21120 0.070	21170 0.058	26450 0.052	26480 0.050	26650 0.057	33100 0.044	33880 0.047	42370 0.043	42390 0.039	53010 0.036	53020 0.034	66310 0.030
21090 0.064	21410 0.072	21450 0.060	26810 0.053	26840 0.052	27010 0.059	33540 0.046	34340 0.048	42940 0.044	42960 0.040	53720 0.037	53740 0.034	67200 0.031
21370 0.066	21690 0.074	21740 0.061	27170 0.055	27200 0.053	27370 0.060	33990 0.047	34800 0.049	43520 0.045	43530 0.041	54440 0.038	54460 0.035	68100 0.032
21650 0.067	21980 0.076	22030 0.063	27530 0.056	27550 0.054	27730 0.062	34440 0.048	35260 0.050	44090 0.046	44110 0.042	55160 0.039	55170 0.036	68990 0.032
21930 0.069	22260 0.078	22310 0.064	27880 0.058	27910 0.056	28090 0.063	34890 0.049	35710 0.052	44660 0.048	44680 0.043	55870 0.039	55890 0.037	69890 0.033
22220 0.071	22550 0.079	22600 0.066	28240 0.059	28270 0.057	28450 0.065	35330 0.050	36170 0.053	45230 0.049	45250 0.045	56590 0.040	56600 0.038	70790 0.034
22500 0.072	22830 0.081	22880 0.067	28600 0.060	28630 0.059	28810 0.066	35780 0.052	36630 0.054	45810 0.050	45830 0.046	57310 0.041	57720 0.039	71680 0.035
22780 0.074	23120 0.083	23170 0.069	28960 0.062	28990 0.060	29170 0.068	36230 0.053	37090 0.055	46380 0.051	46400 0.047	58020 0.042	58040 0.040	72580 0.036
23060 0.076	23410 0.085	23460 0.071	29310 0.063	29340 0.061	29530 0.069	36670 0.054	37550 0.057	46950 0.052	46970 0.048	58740 0.043	58750 0.041	73470 0.037
23340 0.078	23690 0.087	23740 0.072	29670 0.065	29700 0.063	29890 0.071	37120 0.055	38000 0.058	47520 0.054	47540 0.049	59460 0.044	59470 0.042	74370 0.037
23620 0.080	23980 0.089	24030 0.074	30030 0.066	30060 0.064	30250 0.073	37570 0.057	38460 0.059	48100 0.055	48120 0.050	60170 0.045	60190 0.043	75270 0.038

动压（mmH_2O）	风速（m/s）	外边长 $A\times B$（mm）上行—风量（m^3/h）												
		120×120	160×120	200×120	160×160	250×120	200×160	250×160	200×200	250×200	320×160	250×250	320×200	400×200
4.43	8.5	426 0.898	571 0.758	715 0.677	764 0.623	890 0.617	957 0.546	1193 0.488	1200 0.471	1496 0.414	1530 0.436	1874 0.357	1919 0.365	2402 0.330
4.53	8.6	431 0.918	577 0.775	723 0.692	773 0.637	900 0.630	969 0.558	1207 0.499	1214 0.481	1513 0.423	1548 0.446	1896 0.365	1941 0.373	2431 0.338
4.64	8.7	436 0.938	584 0.792	732 0.707	782 0.651	911 0.644	980 0.571	1221 0.510	1228 0.492	1531 0.433	1566 0.456	1919 0.373	1964 0.381	2459 0.345
4.74	8.8	441 0.959	591 0.809	740 0.723	791 0.666	921 0.659	991 0.583	1235 0.521	1242 0.503	1549 0.442	1584 0.466	1941 0.382	1987 0.389	2487 0.353
4.85	8.9	446 0.979	597 0.827	749 0.739	800 0.680	935 0.673	1002 0.596	1249 0.532	1256 0.514	1566 0.452	1602 0.476	1963 0.390	2009 0.398	2515 0.360
4.96	9.0	451 1.000	604 0.844	757 0.754	809 0.695	942 0.687	1014 0.608	1263 0.543	1270 0.525	1584 0.461	1620 0.486	1985 0.398	2032 0.406	2544 0.368
5.07	9.1	456 1.02	611 0.862	765 0.770	818 0.704	953 0.702	1025 0.621	1277 0.555	1284 0.536	1601 0.471	1638 0.497	2007 0.407	2054 0.415	2572 0.376
5.18	9.2	461 1.04	617 0.880	774 0.787	827 0.724	963 0.717	1036 0.634	1291 0.567	1298 0.547	1619 0.481	1656 0.507	2029 0.415	2077 0.424	2600 0.384
5.30	9.3	466 1.06	624 0.899	782 0.803	836 0.739	974 0.731	1047 0.648	1305 0.578	1313 0.559	1637 0.491	1674 0.518	2051 0.424	2099 0.433	2628 0.392
5.41	9.4	471 1.09	631 0.917	791 0.819	845 0.754	984 0.743	1059 0.661	1319 0.590	1327 0.570	1654 0.501	1692 0.528	2073 0.433	2122 0.441	2657 0.400
5.53	9.5	476 1.11	638 0.936	799 0.836	854 0.770	995 0.762	1070 0.674	1333 0.602	1341 0.582	1672 0.511	1710 0.539	2095 0.441	2145 0.450	2685 0.408
5.65	9.6	481 1.13	644 0.955	807 0.853	863 0.785	1005 0.777	1081 0.688	1347 0.614	1355 0.593	1689 0.522	1728 0.550	2117 0.450	2167 0.459	2713 0.416
5.76	9.7	486 1.15	651 0.974	816 0.870	872 0.801	1016 0.792	1092 0.702	1361 0.627	1369 0.605	1707 0.532	1746 0.561	2139 0.459	2190 0.469	2741 0.424

续表

下行—单位摩擦阻力（mmH_2O/m）

320× 250	500× 200	400× 250	320× 320	500× 250	400× 320	630× 250	500× 320	400× 400	500× 400	630× 320	500× 500	630× 400
2405 0.309	3007 0.303	3010 0.276	3085 0.263	3768 0.250	3862 0.231	4739 0.230	4833 0.206	4835 0.200	6051 0.176	6082 0.186	7574 0.152	7617 0.156
2433 0.316	3042 0.310	3046 0.282	3121 0.269	3812 0.256	3907 0.236	4795 0.235	4890 0.211	4892 0.204	6123 0.180	6154 0.190	7663 0.155	7707 0.160
2461 0.323	3077 0.317	3081 0.289	3157 0.275	3856 0.262	3953 0.241	4850 0.240	4947 0.215	4949 0.209	6194 0.184	6225 0.195	7752 0.159	7796 0.163
2489 0.331	3113 0.324	3117 0.295	3193 0.281	3901 0.267	3998 0.247	4906 0.246	5004 0.220	5006 0.213	6265 0.188	6297 0.199	7841 0.162	7886 0.167
2518 0.338	3148 0.331	3152 0.302	3230 0.287	3945 0.273	4044 0.252	4962 0.251	5061 0.225	5063 0.218	6336 0.192	6368 0.203	7930 0.166	7975 0.171
2546 0.345	3184 0.338	3188 0.308	3266 0.293	3990 0.279	4089 0.258	5018 0.256	5118 0.230	5119 0.223	6407 0.196	6440 0.208	8019 0.169	8065 0.174
2574 0.352	3219 0.345	3223 0.315	3302 0.299	4034 0.285	4135 0.263	5074 0.262	5175 0.235	5176 0.227	6478 0.200	6511 0.212	8108 0.173	8155 0.178
2603 0.360	3254 0.353	3258 0.321	3339 0.306	4078 0.291	4180 0.269	5129 0.267	5232 0.240	5233 0.232	6550 0.204	6583 0.216	8197 0.177	8944 0.182
2631 0.367	3290 0.360	3294 0.328	3375 0.312	4122 0.297	4225 0.274	5185 0.273	5288 0.245	5290 0.237	6621 0.208	6654 0.221	8287 0.180	8334 0.186
2659 0.375	3325 0.367	3329 0.335	3411 0.319	4167 0.303	4271 0.280	5241 0.278	5345 0.250	5347 0.242	6692 0.213	6726 0.226	8376 0.184	8423 0.189
2687 0.382	3360 0.375	3365 0.341	3448 0.325	4211 0.309	4316 0.285	5297 0.284	5402 0.255	5404 0.247	6763 0.217	6798 0.230	8465 0.188	8513 0.193
2716 0.390	3396 0.382	3400 0.348	3484 0.332	4255 0.316	4362 0.291	5352 0.290	5469 0.260	5461 0.252	6834 0.221	6869 0.235	8554 0.192	8607 0.197
2744 0.398	3431 0.390	3435 0.355	3520 0.338	4300 0.322	4407 0.297	5408 0.296	5516 0.265	5518 0.257	6906 0.226	6941 0.239	8643 0.195	8692 0.201

动压（mmH_2O）	风速（m/s）	外边长 $A\times B$（mm）上行—风量（m^3/h）												
		800×320	630×500	1000×320	800×400	630×630	1000×400	800×500	1250×400	1000×500	800×630	1250×500	1000×630	800×800
4.43	8.5	7731 0.170	9536 0.133	9671 0.158	9682 0.141	12030 0.115	12110 0.129	12120 0.118	15130 0.121	15160 0.107	15290 0.100	18940 0.099	19130 0.090	19440 0.086
4.53	8.6	7822 0.174	9648 0.136	9785 0.162	9796 0.144	12170 0.117	12250 0.132	12260 0.121	15130 0.123	15340 0.110	15470 0.102	19170 0.101	19350 0.092	19670 0.088
4.64	8.7	7913 0.178	9760 0.139	9899 0.166	9910 0.147	12310 0.120	12400 0.135	12410 0.124	15480 0.126	15520 0.112	15650 0.105	19390 0.103	19580 0.094	19890 0.090
4.74	8.8	8004 0.182	9872 0.142	10010 0.169	10020 0.150	12450 0.123	12540 0.138	12550 0.126	15660 0.129	15700 0.115	15830 0.107	19610 0.105	19800 0.096	20120 0.092
4.85	8.9	8095 0.186	9984 0.145	10130 0.173	10140 0.154	12600 0.125	12680 0.141	12690 0.129	15840 0.132	15880 0.117	16010 0.109	19830 0.108	20030 0.098	20350 0.094
4.96	9.0	8186 0.190	10100 0.149	10240 0.177	10250 0.157	12740 0.128	12820 0.144	12830 0.132	16020 0.135	16050 0.120	16190 0.112	20060 0.110	20250 0.100	20580 0.096
5.07	9.1	8277 0.194	10210 0.152	10350 0.180	10370 0.160	12880 0.131	12970 0.147	12980 0.135	16200 0.137	16230 0.122	16370 0.114	20280 0.112	20480 0.102	20810 0.098
5.18	9.2	8368 0.198	10320 0.155	10470 0.184	10480 0.163	13020 0.133	13110 0.151	13120 0.137	16370 0.140	16410 0.125	16550 0.116	20509 0.115	20700 0.104	21040 0.100
5.30	9.3	8459 0.202	10430 0.158	10580 0.188	10590 0.167	13160 0.136	13250 0.154	13260 0.140	16550 0.143	16590 0.127	16730 0.119	20730 0.117	20930 0.106	21270 0.102
5.41	9.4	8550 0.206	10550 0.161	10700 0.192	10710 0.170	13300 0.139	13390 0.157	13400 0.143	16730 0.146	16770 0.130	16910 0.121	20950 0.119	21150 0.109	21500 0.104
5.53	9.5	8641 0.210	10660 0.165	10810 0.196	10820 0.174	13450 0.142	13540 0.160	13550 0.146	16910 0.149	16950 0.133	17090 0.124	21170 0.122	21380 0.111	21720 0.106
5.65	9.6	8732 0.214	10770 0.168	10920 0.200	10940 0.177	13590 0.145	13680 0.163	13690 0.149	17090 0.152	17120 0.135	17270 0.126	21390 0.125	21600 0.113	21950 0.108
5.76	9.7	8823 0.219	10880 0.171	11040 0.204	11050 0.181	13730 0.148	13820 0.166	13830 0.152	17260 0.155	17300 0.138	17450 0.129	21620 0.127	21830 0.115	22180 0.111

续表

下行—单位摩擦阻力（mmH_2O/m）

1250× 630	1600× 500	1000× 800	1250× 800	1000× 1000	1600× 630	1250× 1000	1600× 800	2000× 800	1600× 1000	2000× 1000	1600× 1250	2000× 1250
23902 0.081	24260 0.091	24320 0.076	30390 0.068	30420 0.066	30610 0.074	38020 0.058	38920 0.061	48670 0.056	48690 0.051	60890 0.046	60900 0.044	76160 0.039
24180 0.083	24550 0.093	24600 0.077	30750 0.069	30780 0.067	30970 0.076	38460 0.059	39380 0.062	49240 0.057	49260 0.052	61600 0.048	61620 0.045	77060 0.040
24460 0.085	24830 0.096	24890 0.079	31100 0.071	31130 0.069	31330 0.078	38190 0.060	39830 0.064	49810 0.058	49840 0.053	62320 0.049	62340 0.046	77950 0.041
24750 0.087	25120 0.098	25170 0.081	31460 0.072	31490 0.070	31690 0.079	39360 0.062	40290 0.065	50390 0.060	50410 0.055	63040 0.050	63050 0.047	78850 0.042
25030 0.089	25400 0.100	25460 0.083	31820 0.074	31850 0.072	32050 0.081	39810 0.063	40750 0.066	50960 0.061	50980 0.056	63750 0.051	63770 0.048	79750 0.043
25310 0.091	25690 0.102	25750 0.084	32170 0.075	32210 0.073	32410 0.083	40250 0.064	41210 0.068	51530 0.062	51550 0.057	64470 0.052	64490 0.049	80640 0.044
25590 0.093	25980 0.104	26030 0.086	32530 0.077	32560 0.075	32770 0.085	40700 0.066	41670 0.069	52100 0.064	52130 0.058	65190 0.053	65200 0.050	81540 0.045
25870 0.095	26260 0.106	26320 0.088	32890 0.079	32920 0.076	33130 0.086	41150 0.067	42120 0.071	52680 0.065	52700 0.059	65900 0.054	65920 0.051	82430 0.046
26150 0.097	26550 0.108	26600 0.090	33250 0.080	33280 0.078	33490 0.088	41590 0.069	42580 0.072	53250 0.066	53270 0.061	66620 0.055	66640 0.052	83330 0.046
26430 0.099	26830 0.111	26890 0.092	33600 0.082	33640 0.080	33860 0.090	42040 0.070	43040 0.074	53820 0.068	53850 0.062	67340 0.056	67350 0.053	84230 0.048
26710 0.101	27120 0.113	27180 0.094	33960 0.084	34000 0.081	34210 0.092	42490 0.072	43500 0.075	54390 0.069	54420 0.063	68050 0.057	68070 0.054	85120 0.048
27000 0.103	27400 0.115	27460 0.095	34320 0.085	34350 0.083	34570 0.094	42940 0.073	43960 0.077	54970 0.071	54990 0.065	68770 0.059	68790 0.055	86020 0.049
27280 0.105	27690 0.118	27750 0.097	34680 0.087	34710 0.084	34940 0.096	43380 0.074	44410 0.078	55540 0.072	55560 0.066	69480 0.060	69500 0.056	86910 0.050

动压 (mmH_2O)	风速 (m/s)	外边长 $A\times B$ (mm) 上行—风量 (m^3/h)												
		120× 120	160× 120	200× 120	160× 160	250× 120	200× 160	250× 160	200× 200	250× 200	320× 160	250× 250	320× 200	400× 200
5.88	9.8	491 1.18	658 0.993	824 0.887	881 0.817	1026 0.808	1104 0.715	1375 0.639	1383 0.617	1725 0.543	1764 0.572	2161 0.468	2212 0.478	2770 0.433
6.00	9.9	496 1.20	664 1.01	833 0.904	890 0.833	1036 0.824	1115 0.729	1389 0.652	1397 0.629	1742 0.553	1782 0.583	2183 0.478	2235 0.487	2789 0.441
6.13	10.0	501 1.22	671 1.03	841 0.922	899 0.844	1047 0.840	1126 0.744	1403 0.664	1411 0.641	1760 0.564	1800 0.594	2205 0.487	2257 0.497	2826 0.450
6.25	10.1	506 1.25	678 1.05	850 0.939	908 0.865	1057 0.856	1137 0.758	1417 0.677	1425 0.654	1777 0.575	1818 0.606	2227 0.496	2280 0.506	2854 0.458
6.37	10.2	511 1.27	685 1.07	858 0.957	917 0.881	1068 0.872	1149 0.772	1431 0.690	1440 0.666	1795 0.586	1836 0.617	2249 0.506	2303 0.516	2883 0.467
6.50	10.3	516 1.29	691 1.09	866 0.975	926 0.898	1078 0.888	1160 0.787	1445 0.703	1454 0.679	1813 0.597	1854 0.629	2271 0.515	2325 0.525	2911 0.476
6.63	10.4	521 1.32	698 1.11	875 0.993	935 0.915	1089 0.905	1171 0.801	1459 0.716	1468 0.691	1830 0.608	1872 0.641	2293 0.525	2348 0.535	2939 0.485
6.75	10.5	526 1.34	705 1.13	883 1.01	944 0.931	1099 0.922	1183 0.816	1473 0.729	1482 0.704	1848 0.619	1890 0.652	2315 0.534	2370 0.545	2968 0.494
6.88	10.6	531 1.37	711 1.15	892 1.03	953 0.948	1110 0.939	1194 0.831	1488 0.742	1496 0.717	1865 0.630	1908 0.664	2338 0.544	2393 0.555	2996 0.503
7.01	10.7	536 1.39	718 1.17	900 1.05	962 0.966	1120 0.955	1205 0.846	1502 0.756	1510 0.730	1883 0.642	1926 0.676	2360 0.554	2415 0.565	3024 0.512
7.14	10.8	541 1.42	725 1.19	908 1.07	971 0.983	1131 0.973	1216 0.861	1516 0.769	1524 0.743	1901 0.653	1944 0.688	2382 0.564	2438 0.575	3052 0.521
7.28	10.9	546 1.44	732 1.22	917 1.09	980 1.00	1141 0.990	1228 0.876	1530 0.783	1538 0.756	1918 0.665	1962 0.701	2404 0.574	2461 0.585	3081 0.530

续表

下行—单位摩擦阻力（mmH_2O/m）

320×250	500×200	400×250	320×320	500×250	400×320	630×250	500×320	400×400	500×400	630×320	500×500	630×400
2772 0.406	3466 0.398	3471 0.362	3556 0.345	4344 0.328	4453 0.303	5464 0.301	5573 0.270	5574 0.262	6977 0.230	7012 0.244	8732 0.200	8782 0.205
2801 0.414	3502 0.405	3506 0.369	3593 0.352	4388 0.335	4498 0.309	5520 0.307	5630 0.275	5631 0.267	7048 0.235	7084 0.249	8821 0.203	8871 0.209
2829 0.422	3537 0.413	3542 0.376	3629 0.358	4433 0.341	4543 0.315	5575 0.313	5686 0.281	5688 0.272	7119 0.239	7155 0.254	8910 0.207	8961 0.213
2857 0.430	3573 0.421	3577 0.384	3665 0.365	4477 0.348	4589 0.321	5631 0.319	5743 0.287	5745 0.278	7190 0.244	7227 0.259	8999 0.211	9051 0.217
2886 0.438	3608 0.429	3613 0.391	3702 0.372	4521 0.354	4634 0.327	5687 0.325	5800 0.292	5802 0.283	7262 0.249	7298 0.264	9088 0.215	9140 0.221
2914 0.446	3643 0.437	3648 0.398	3738 0.379	4566 0.361	4680 0.333	5743 0.331	5857 0.297	5859 0.288	7333 0.253	7370 0.269	9178 0.219	9230 0.225
2942 0.454	3679 0.445	3683 0.406	3774 0.386	4610 0.368	4725 0.339	5798 0.338	5914 0.303	5916 0.293	7404 0.258	7442 0.274	9267 0.223	9320 0.230
2970 0.463	3714 0.454	3719 0.413	3810 0.393	4654 0.374	4771 0.346	5855 0.344	5971 0.308	5973 0.299	7475 0.263	7513 0.279	9356 0.227	9409 0.234
2999 0.471	3749 0.462	3754 0.421	3847 0.401	4700 0.381	4816 0.352	5910 0.350	6028 0.314	6030 0.304	7546 0.268	7585 0.284	9445 0.232	9499 0.238
3027 0.480	3785 0.470	3790 0.428	3883 0.408	4743 0.388	4861 0.358	5966 0.357	6084 0.320	6086 0.310	7618 0.272	7656 0.289	9534 0.236	9588 0.242
3055 0.488	3820 0.479	3825 0.436	3919 0.415	4787 0.395	4907 0.365	6021 0.363	6141 0.325	6143 0.315	7689 0.277	7728 0.294	9623 0.240	9678 0.247
3084 0.497	3856 0.487	3860 0.444	3956 0.423	4832 0.402	4952 0.371	6077 0.369	6198 0.331	6200 0.321	7760 0.282	7799 0.299	9712 0.244	9768 0.251

动压 (mmH_2O)	风速 (m/s)	外边长 $A\times B$ (mm) 上行—风量 (m^3/h)												
		800×320	630×500	1000×320	800×400	630×630	1000×400	800×500	1250×400	1000×500	800×630	1250×500	1000×630	800×800
5.88	9.8	8913 0.223	10990 0.175	11150 0.208	11160 0.185	13870 0.151	13960 0.170	13970 0.155	17440 0.158	17480 0.141	17630 0.131	21840 0.130	22050 0.118	22410 0.113
6.00	9.9	9004 0.227	11110 0.178	11260 0.212	11280 0.188	14010 0.154	14110 0.173	14120 0.158	17620 0.161	17660 0.143	17810 0.134	22060 0.132	22280 0.120	22640 0.115
6.13	10.0	9095 0.232	11220 0.182	11380 0.216	11390 0.192	14150 0.157	14250 0.176	14260 0.161	17800 0.164	17840 0.146	17990 0.137	22290 0.135	22500 0.122	22870 0.117
6.25	10.1	9186 0.236	11330 0.185	11490 0.220	11500 0.196	14290 0.160	14390 0.180	14400 0.164	17980 0.168	18020 0.149	18170 0.139	22510 0.137	22730 0.124	23100 0.119
6.37	10.2	9277 0.241	11440 0.189	11610 0.224	11620 0.199	14440 0.163	14530 0.183	14550 0.167	18150 0.171	18200 0.152	18350 0.142	22730 0.140	22950 0.127	23320 0.122
6.50	10.3	9368 0.245	11550 0.192	11720 0.228	11730 0.203	14580 0.166	14680 0.187	14690 0.170	18330 0.174	18370 0.155	18520 0.145	22950 0.142	23180 0.129	23550 0.124
6.63	10.4	9459 0.250	11670 0.196	11830 0.233	11850 0.207	14720 0.169	14820 0.190	14830 0.174	18510 0.177	18550 0.158	18710 0.147	23180 0.145	23400 0.132	23780 0.126
6.75	10.5	9550 0.254	11780 0.199	11950 0.237	11960 0.211	14860 0.172	14960 0.194	14970 0.177	18690 0.181	18730 0.160	18890 0.150	23400 0.148	23630 0.134	24010 0.129
6.88	10.6	9641 0.259	11890 0.203	12060 0.241	12070 0.214	15000 0.175	15100 0.197	15120 0.180	18870 0.184	18910 0.163	19070 0.153	23620 0.150	23850 0.137	24240 0.131
7.01	10.7	9732 0.264	12000 0.207	12170 0.246	12190 0.218	15140 0.178	15250 0.201	15260 0.183	19040 0.187	19090 0.166	19250 0.155	23850 0.153	24080 0.139	24470 0.133
7.14	10.8	9823 0.269	12120 0.210	12290 0.250	12300 0.222	15280 0.181	15390 0.204	15400 0.187	19220 0.191	19270 0.169	19430 0.158	24070 0.156	24300 0.142	24700 0.136
7.28	10.9	9914 0.273	12230 0.214	12400 0.255	12420 0.226	15430 0.185	15530 0.208	15540 0.190	19400 0.194	19440 0.172	19610 0.161	24290 0.159	24530 0.144	24930 0.138

续表

下行—单位摩擦阻力（mmH_2O/m）

1250×630	1600×500	1000×800	1250×800	1000×1000	1600×630	1250×1000	1600×800	2000×800	1600×1000	2000×1000	1600×1250	2000×1250
27560 0.107	27970 0.120	28030 0.099	35030 0.089	35070 0.086	35300 0.097	43830 0.076	44870 0.080	56110 0.073	56140 0.067	70200 0.061	70220 0.057	87810 0.051
27840 0.109	28260 0.122	28320 0.101	35390 0.091	35430 0.089	35660 0.099	44280 0.077	45330 0.081	56690 0.075	56710 0.068	70920 0.062	70940 0.058	88710 0.052
28120 0.111	28540 0.125	28610 0.103	36750 0.092	35780 0.090	36020 0.101	44730 0.079	45790 0.083	57260 0.076	57280 0.070	71630 0.063	71650 0.060	89600 0.053
28400 0.113	28830 0.127	28890 0.105	36110 0.094	36140 0.091	36380 0.103	45170 0.080	46240 0.085	57830 0.078	57850 0.071	72350 0.065	72370 0.061	90500 0.054
28680 0.115	29110 0.129	29180 0.107	36460 0.096	36500 0.093	36740 0.105	45620 0.082	46700 0.086	58400 0.079	58430 0.072	73070 0.066	73080 0.062	91400 0.056
29000 0.117	29400 0.132	29460 0.109	36820 0.098	36860 0.095	37100 0.107	46070 0.083	47160 0.088	58980 0.081	59000 0.074	73780 0.067	73800 0.063	92290 0.057
29250 0.120	29690 0.135	29750 0.111	37180 0.100	37220 0.097	37460 0.109	46510 0.085	47620 0.089	59550 0.082	59570 0.075	74500 0.068	74520 0.064	93190 0.058
29530 0.122	29970 0.137	30040 0.113	37540 0.101	37570 0.098	37820 0.111	46960 0.087	48080 0.091	60120 0.084	60150 0.077	75210 0.070	75230 0.065	94080 0.059
29800 0.124	30260 0.139	30320 0.115	37900 0.103	37930 0.100	38180 0.113	47410 0.088	48530 0.093	60690 0.085	60720 0.078	75930 0.071	75950 0.067	94980 0.060
30000 0.126	30540 0.142	30610 0.117	38250 0.105	38290 0.102	38540 0.115	47860 0.090	48990 0.094	61270 0.087	61290 0.079	76650 0.072	76670 0.068	95870 0.061
30370 0.129	30830 0.144	30890 0.120	38610 0.107	38650 0.104	38900 0.117	48330 0.091	49450 0.096	61840 0.088	61860 0.081	77360 0.073	77380 0.069	96770 0.062
30650 0.131	33110 0.147	31880 0.122	38970 0.109	39010 0.106	39260 0.119	48750 0.093	49910 0.098	62410 0.090	62440 0.082	78080 0.075	78100 0.070	97670 0.063

动压 (mmH$_2$O)	风速 (m/s)	外边长 $A\times B$（mm）上行—风量（m^3/h）												
		120× 120	160× 120	200× 120	160× 160	250× 120	200× 160	250× 160	200× 200	250× 200	320× 160	250× 250	320× 200	400× 200
7.41	11.0	551 1.47	738 1.24	925 1.11	989 1.02	1152 1.01	1239 0.892	1544 0.797	1552 0.769	1936 0.677	1980 0.713	2426 0.584	2483 0.596	3109 0.540
7.55	11.1	556 1.49	745 1.26	934 1.12	998 1.04	1162 1.02	1250 0.907	1558 0.811	1567 0.783	1953 0.688	1998 0.725	2448 0.594	2506 0.606	3137 0.549
7.68	11.2	561 1.52	752 1.28	942 1.14	1007 1.05	1173 1.04	1261 0.923	1572 0.825	1581 0.796	1971 0.700	2010 0.738	2470 0.604	2528 0.617	3165 0.559
7.82	11.3	566 1.54	758 1.30	950 1.16	1016 1.07	1183 1.06	1273 0.939	1586 0.839	1595 0.810	1988 0.713	2034 0.751	2492 0.615	2551 0.627	3194 0.568
7.96	11.4	571 1.57	765 1.32	959 1.18	1025 1.09	1193 1.08	1284 0.955	1600 0.853	1609 0.824	2006 0.724	2052 0.763	2514 0.625	2573 0.638	3222 0.578
8.10	11.5	576 1.60	772 1.35	967 1.20	1034 1.11	1204 1.10	1295 0.971	1614 0.867	1623 0.838	2024 0.737	2070 0.776	2536 0.636	2596 0.649	3250 0.588
8.24	11.6	581 1.62	779 1.37	976 1.22	1042 1.13	1214 1.11	1306 0.987	1628 0.882	1637 0.852	2041 0.749	2088 0.789	2558 0.646	2619 0.660	3278 0.597
8.39	11.7	586 1.65	785 1.39	984 1.24	1051 1.15	1225 1.13	1318 1.00	1642 0.896	1651 0.866	2059 0.761	2106 0.802	2580 0.657	2641 0.670	3307 0.607
8.53	11.8	591 1.68	792 1.42	993 1.26	1060 1.16	1235 1.15	1329 1.02	1656 0.911	1665 0.880	2076 0.774	2124 0.815	2602 0.668	2664 0.681	3335 0.617
8.67	11.9	597 1.70	799 1.44	1001 1.28	1069 1.18	1246 1.17	1340 1.04	1670 0.926	1679 0.894	2094 0.786	2142 0.829	2624 0.679	2686 0.693	3363 0.627
8.82	12.0	602 1.73	805 1.46	1009 1.31	1078 1.20	1256 1.19	1351 1.05	1884 0.941	1694 0.909	2112 0.799	2160 0.842	2646 0.690	2709 0.704	3391 0.638
8.97	12.1	607 1.76	812 1.48	1018 1.33	1087 1.22	1267 1.21	1363 1.07	1698 0.956	1708 0.923	2129 0.812	2178 0.856	2668 0.701	2731 0.715	3420 0.648
9.12	12.2	612 1.79	819 1.51	1026 1.35	1096 1.24	1277 1.23	1374 1.09	1712 0.971	1722 0.938	2147 0.825	2196 0.869	2690 0.712	2754 0.726	3448 0.658

续表

下行—单位摩擦阻力（mmH_2O/m）

320× 250	500× 200	400× 250	320× 320	500× 250	400× 320	630× 250	500× 320	400× 400	500× 400	630× 320	500× 500	630× 400
3112 0.506	3890 0.496	3896 0.452	3992 0.430	4876 0.409	4998 0.378	6132 0.376	6255 0.337	6257 0.327	7831 0.287	7871 0.305	9801 0.249	9857 0.256
3140 0.515	3926 0.504	3931 0.460	4028 0.438	4920 0.416	5043 0.384	6189 0.382	6312 0.343	6314 0.332	7902 0.292	7942 0.310	9890 0.253	9947 0.260
3168 0.524	3962 0.513	3967 0.467	4065 0.445	4965 0.424	5089 0.391	6244 0.389	6369 0.349	6371 0.338	7974 0.297	8014 0.315	9979 0.257	10040 0.265
3197 0.533	3997 0.522	4002 0.476	4101 0.453	5009 0.431	5134 0.398	6300 0.396	6426 0.355	6428 0.344	8045 0.302	8086 0.321	10070 0.262	10130 0.269
3225 0.542	4032 0.531	4038 0.484	4137 0.460	5053 0.438	5180 0.404	6356 0.403	6483 0.361	6485 0.350	8116 0.307	8157 0.326	10160 0.266	10220 0.274
3253 0.551	4068 0.540	4073 0.492	4173 0.468	5098 0.446	5225 0.411	6412 0.409	6539 0.367	6541 0.356	8187 0.313	8229 0.332	10250 0.271	10310 0.278
3282 0.560	4103 0.549	4108 0.500	4210 0.476	5142 0.453	5270 0.418	6467 0.416	6596 0.373	6598 0.362	8258 0.318	8300 0.337	10340 0.275	10390 0.283
3310 0.569	4139 0.558	4144 0.508	4246 0.484	5186 0.461	5316 0.425	6523 0.423	6653 0.379	6655 0.368	8329 0.323	8372 0.343	10420 0.280	10480 0.288
3338 0.579	4174 0.567	4179 0.516	4282 0.492	5231 0.468	5361 0.432	6579 0.430	6710 0.385	6712 0.374	8401 0.328	8443 0.348	10510 0.284	10570 0.292
3366 0.588	4209 0.576	4215 0.525	4319 0.500	5275 0.476	5407 0.439	6635 0.437	6767 0.392	6769 0.380	8472 0.334	8515 0.354	10600 0.289	10660 0.297
3395 0.598	4245 0.586	4250 0.534	4355 0.508	5319 0.484	5452 0.446	6690 0.444	6824 0.398	6826 0.386	8543 0.339	8586 0.360	10690 0.294	10750 0.302
3423 0.607	4280 0.595	4285 0.542	4391 0.516	5364 0.491	5498 0.453	6746 0.451	6881 0.404	6883 0.392	8614 0.345	8658 0.366	10780 0.298	10840 0.307
3461 0.617	4315 0.605	4321 0.551	4427 0.524	5408 0.499	5543 0.461	6802 0.458	6937 0.411	6940 0.398	8685 0.350	8729 0.371	10870 0.303	10930 0.312

动压 (mmH₂O)	风速 (m/s)	外边长 A×B (mm) 上行—风量 (m³/h)												
		800×320	630×500	1000×320	800×400	630×630	1000×400	800×500	1250×400	1000×500	800×630	1250×500	1000×630	800×800
7.41	11.0	10000	12340	12520	12530	15570	15670	15690	19580	19620	19790	24510	24750	25150
		0.278	0.218	0.259	0.230	0.188	0.212	0.193	0.197	0.175	0.164	0.162	0.147	0.141
7.55	11.1	10100	12450	12630	12640	15710	15820	15830	19760	19800	19970	24740	24980	25380
		0.283	0.222	0.264	0.234	0.191	0.215	0.197	0.201	0.179	0.167	0.164	0.149	0.143
7.68	11.2	10190	12560	12740	12760	15850	15960	15970	19930	19980	20150	24960	25200	25610
		0.288	0.226	0.268	0.238	0.194	0.219	0.200	0.204	0.182	0.170	0.167	0.152	0.146
7.82	11.3	10280	12680	12860	12870	15990	16100	16110	20110	20160	20330	25180	25430	25840
		0.293	0.229	0.273	0.242	0.198	0.223	0.204	0.208	0.185	0.173	0.170	0.154	0.148
7.96	11.4	10370	12790	12970	12990	16130	16240	16260	20290	20340	20510	25410	25650	26070
		0.298	0.233	0.277	0.247	0.201	0.227	0.207	0.211	0.188	0.175	0.173	0.157	0.151
8.10	11.5	10460	12900	13080	13100	16280	16390	16400	20470	20510	20690	25630	25880	26300
		0.303	0.237	0.282	0.251	0.205	0.231	0.211	0.215	0.191	0.178	0.176	0.160	0.153
8.24	11.6	10550	13610	13200	13210	16420	16530	16540	20650	20690	20870	25850	26100	26530
		0.308	0.241	0.287	0.255	0.208	0.234	0.214	0.219	0.194	0.181	0.179	0.162	0.156
8.39	11.7	10640	13130	13310	13330	16560	16670	16680	20820	20870	21050	26070	26330	26760
		0.313	0.245	0.291	0.259	0.211	0.238	0.218	0.222	0.197	0.184	0.182	0.165	0.158
8.53	11.8	10730	13240	13430	13440	16700	16810	16830	21000	21050	21230	26300	26560	26980
		0.318	0.249	0.296	0.263	0.215	0.242	0.221	0.226	0.201	0.188	0.185	0.168	0.161
8.67	11.9	10820	13350	13540	13550	16840	16960	16970	21180	21230	21410	26520	26780	27210
		0.323	0.253	0.301	0.268	0.218	0.246	0.225	0.230	0.204	0.191	0.188	0.170	0.163
8.82	12.0	10910	13460	13650	13670	16980	17100	17110	21360	21410	21590	26740	27010	27440
		0.329	0.258	0.306	0.272	0.222	0.250	0.228	0.233	0.207	0.194	0.191	0.173	0.166
8.97	12.1	11010	13570	13770	13780	17120	17240	17250	21540	21580	21770	26970	27230	27670
		0.334	0.262	0.311	0.276	0.225	0.254	0.232	0.237	0.211	0.197	0.194	0.176	0.169
9.12	12.2	11100	13690	13880	13900	17270	17380	17400	21710	21760	21950	27190	27460	27900
		0.339	0.266	0.316	0.281	0.229	0.258	0.236	0.241	0.214	0.200	0.197	0.179	0.171

续表

下行—单位摩擦阻力（mmH_2O/m）

1250×630	1600×500	1000×800	1250×800	1000×1000	1600×630	1250×1000	1600×800	2000×800	1600×1000	2000×1000	1600×1250	2000×1250
30930 0.133	31400 0.150	31470 0.124	39320 0.111	39360 0.107	39620 0.121	49200 0.095	50370 0.100	62980 0.092	63010 0.084	78800 0.076	78820 0.072	98560 0.064
31210 0.135	31680 0.152	31750 0.126	39680 0.113	39720 0.109	39980 0.124	49640 0.096	50820 0.109	63560 0.093	63580 0.085	79510 0.077	79530 0.073	99460 0.065
31490 0.138	31970 0.155	32040 0.128	40040 0.115	40080 0.111	40340 0.126	50090 0098	51280 0.103	64130 0.095	64160 0.087	80230 0.079	80250 0.074	10040 0.066
31780 0.140	32250 0.157	32320 0.130	40400 0.117	40400 0.113	40700 0.128	50540 0.100	51740 0.105	64700 0.096	64730 0.088	80950 0.080	80970 0.075	101300 0.068
32060 0.143	32540 0.160	32610 0.133	40750 0.119	40790 0.115	41060 0.130	50990 0.101	52200 0.107	65270 0.098	65300 0.090	81660 0.081	81680 0.077	102100 0.069
32340 0.145	32830 0.163	32900 0.135	41110 0.121	41150 0.117	41420 0.132	51430 0.103	52650 0.108	65850 0.100	65870 0.091	82380 0.083	82400 0.078	103000 0.070
32620 0.147	33100 0.166	33180 0.137	41470 0.123	41510 0.119	41780 0.134	51880 0.105	53110 0.110	66420 0.101	66450 0.093	83090 0.084	83120 0.079	103900 0.071
32900 0.150	33400 0.170	33470 0.139	41830 0.125	41870 0.121	42140 0.137	52330 0.107	53570 0.112	66990 0.103	67020 0.094	83810 0.086	83830 0.081	104800 0.072
33180 0.152	33680 0.171	33750 0.142	42180 0.127	42230 0.123	42500 0.139	52780 0.108	54030 0.114	67560 0.105	67590 0.096	84530 0.087	84550 0.082	105700 0.073
33460 0.155	33970 0.174	34040 0.144	42540 0.129	42580 0.125	42860 0.141	53220 0.110	54490 0.116	68140 0.106	68170 0.097	85240 0.088	85270 0.083	106600 0.075
33740 0.157	34250 0.177	34330 0.146	42900 0.131	42900 0.127	43220 0.144	53670 0.112	54940 0.118	68710 0.108	68740 0.099	85960 0.090	85980 0.085	107500 0.076
34040 0.160	34540 0.179	34610 0.149	43260 0.133	43300 0.129	43580 0.146	54120 0.114	55400 0.119	69280 0.110	69310 0.101	86680 0.091	86700 0.086	108400 0.077
34310 0.162	34830 0.182	34900 0.151	43610 0.135	43660 0.131	43940 0.148	54560 0.115	55860 0.121	69350 0.112	69880 0.102	87390 0.093	87410 0.087	109300 0.078

动压 (mmH_2O)	风速 (m/s)	外边长 $A\times B$ (mm) 上行—风量 (m^3/h)												
		120× 120	160× 120	200× 120	160× 160	250× 120	200× 160	250× 160	200× 200	250× 200	320× 160	250× 250	320× 200	400× 200
9.27	12.3	617 1.81	826 1.53	1035 1.37	1105 1.26	1288 1.25	1385 1.10	1726 0.987	1736 0.953	2164 0.838	2214 0.883	2712 0.723	2777 0.738	3476 0.668
9.42	12.4	622 1.84	832 1.56	1043 1.39	1114 1.28	1298 1.27	1397 1.12	1740 1.00	1750 0.968	2182 0.851	2232 0.897	2734 0.735	2799 0.749	3505 0.679
9.57	12.5	627 1.87	839 1.58	1051 1.41	1123 1.30	1309 1.29	1408 1.14	1754 1.02	1764 0.983	2200 0.864	2250 0.911	2757 0.746	2822 0.761	3533 0.689
9.72	12.6	632 1.90	846 1.60	1060 1.43	1132 1.32	1319 1.31	1419 1.16	1768 1.03	1778 0.998	2217 0.877	2268 0.925	2779 0.758	2844 0.772	3561 0.700
9.88	12.7	637 1.93	852 1.63	1068 1.46	1141 1.34	1330 1.33	1430 1.17	1782 1.05	1792 1.01	2235 0.891	2286 0.939	2801 0.769	2867 0.785	3589 0.711
10.04	12.8	642 1.96	859 1.65	1077 1.48	1150 1.36	1340 1.35	1442 1.19	1796 1.06	1803 1.03	2252 0.904	2304 0.953	2823 0.781	2890 0.797	3618 0.722
10.19	12.9	647 1.99	866 1.68	1085 1.50	1159 1.38	1351 1.37	1453 1.21	1810 1.08	1821 1.04	2270 0.918	2322 0.967	2845 0.793	2912 0.809	3646 0.732
10.35	13.0	652 2.02	873 1.70	1093 1.52	1168 1.40	1361 1.39	1464 1.23	1824 1.10	1835 1.06	2288 0.932	2340 0.982	2867 0.804	2935 0.821	3674 0.743
10.51	13.1	657 2.05	879 1.73	1102 1.54	1177 1.42	1371 1.41	1475 1.25	1838 1.11	1849 1.08	2305 0.946	2358 0.997	2889 0.816	2957 0.833	3702 0.754
10.67	13.2	662 2.08	886 1.75	1110 1.57	1186 1.44	1382 1.43	1487 1.26	1852 1.13	1863 1.09	2323 0.959	2376 1.01	2911 0.828	2980 0.845	3731 0.766
10.84	13.3	667 2.11	893 1.78	1119 1.59	1195 1.46	1392 1.45	1498 1.28	1866 1.15	1877 1.11	2340 0.974	2394 1.03	2933 0.840	3002 0.857	3759 0.777
11.00	13.4	672 2.14	899 1.81	1127 1.61	1204 1.49	1403 1.47	1509 1.30	1880 1.16	1891 1.12	2358 0.988	2412 1.04	2955 0.853	3025 0.870	3787 0.788

续表

下行—单位摩擦阻力（mmH_2O/m）

320× 250	500× 200	400× 250	320× 320	500× 250	400× 320	630× 250	500× 320	400× 400	500× 400	630× 320	500× 500	630× 400
3480 0.627	4351 0.614	4356 0.559	4464 0.533	5452 0.507	5588 0.468	6858 0.466	6994 0.417	6997 0.405	8757 0.356	8801 0.377	10960 0.308	11020 0.317
3508 0.636	4386 0.624	4392 0.568	4500 0.541	5497 0.515	5634 0.475	6914 0.473	7051 0.424	7053 0.411	8828 0.361	8873 0.383	11050 0.313	11110 0.322
3536 0.646	4422 0.633	4427 0.577	4536 0.549	5541 0.523	5679 0.483	6969 0.480	7108 0.430	7110 0.417	8899 0.367	8944 0.389	11140 0.318	11200 0.327
3564 0.656	4457 0.643	4463 0.586	4573 0.558	5585 0.531	5725 0.490	7025 0.488	7165 0.437	7167 0.424	8970 0.373	9016 0.395	11230 0.323	11290 0.332
3593 0.666	4492 0.653	4498 0.595	4609 0.566	5630 0.539	5770 0.497	7081 0.495	7222 0.444	7224 0.430	9041 0.378	9087 0.401	11320 0.328	11380 0.337
3621 0.676	4528 0.663	4533 0.604	4645 0.575	5674 0.547	5816 0.505	7136 0.503	7279 0.451	7281 0.437	9113 0.384	9159 0.407	11410 0.333	11470 0.342
3649 0.687	4563 0.673	4569 0.613	4681 0.584	5718 0.556	5861 0.513	7192 0.510	7335 0.457	7338 0.444	9184 0.390	9230 0.413	11490 0.338	11560 0.347
3678 0.697	4598 0.683	4604 0.622	4718 0.592	5763 0.564	5906 0.520	7248 0.518	7392 0.464	7395 0.450	9255 0.396	9302 0.420	11580 0.343	11650 0.352
3706 0.707	4634 0.693	4640 0.631	4754 0.601	5807 0.572	5952 0.528	7304 0.526	7449 0.471	7452 0.457	9326 0.402	9373 0.426	11670 0.348	11740 0.358
3734 0.718	4669 0.703	4675 0.641	4790 0.610	5851 0.581	5997 0.536	7359 0.533	7506 0.478	7508 0.464	9397 0.407	9445 0.432	11760 0.353	11830 0.363
3762 0.728	4705 0.714	4710 0.650	4827 0.619	5896 0.589	6043 0.544	7415 0.541	7563 0.485	7565 0.470	9469 0.413	9517 0.438	11850 0.358	11920 0.368
3791 0.739	4740 0.724	4746 0.659	4863 0.628	5940 0.598	6088 0.552	7471 0.549	7620 0.492	7622 0.477	9540 0.419	9588 0.445	11940 0.363	12010 0.373

动压（mmH_2O）	风速（m/s）	外边长 $A\times B$（mm）上行—风量（m^3/h）												
		800×320	630×500	1000×320	800×400	630×630	1000×400	800×500	1250×400	1000×500	800×630	1250×500	1000×630	800×800
9.27	12.3	11190	13800	13990	14010	17410	17530	17540	21890	21940	22130	27410	27680	28130
		0.345	0.270	0.321	0.285	0.233	0.262	0.240	0.245	0.217	0.203	0.200	0.182	0.174
9.42	12.4	11280	13910	14110	14120	17550	17670	17680	22070	22120	22310	27630	27910	28360
		0.350	0.274	0.326	0.290	0.236	0.266	0.243	0.248	0.221	0.206	0.203	0.184	0.177
9.57	12.5	11340	14020	14220	14240	17690	17810	17820	22250	22300	22490	27860	28130	28580
		0.355	0.279	0.331	0.294	0.240	0.271	0.247	0.252	0.224	0.209	0.206	0.187	0.180
9.72	12.6	11460	14140	14340	14350	17830	17950	17970	22430	22480	22670	28080	28360	28810
		0.361	0.283	0.336	0.299	0.244	0.275	0.251	0.256	0.228	0.213	0.210	0.190	0.182
9.88	12.7	11550	14250	14450	14470	17970	18100	18110	22600	22650	22850	28300	28580	29040
		0.366	0.287	0.341	0.303	0.247	0.279	0.255	0.260	0.231	0.216	0.213	0.193	0.185
10.04	12.8	11640	14360	14560	14580	18120	18240	18250	22780	22830	23030	28530	28810	29270
		0.372	0.292	0.346	0.308	0.251	0.283	0.259	0.264	0.235	0.219	0.216	0.196	0.188
10.19	12.9	11730	14470	14680	14690	18260	18380	18400	22960	23010	23210	28750	29030	29500
		0.378	0.296	0.352	0.313	0.255	0.287	0.262	0.268	0.238	0.223	0.219	0.200	0.191
10.35	13.0	11820	14580	14790	14810	18400	18520	18540	23140	23190	23390	28970	29260	29730
		0.383	0.300	0.357	0.317	0.259	0.292	0.266	0.272	0.242	0.226	0.223	0.202	0.194
10.51	13.1	11910	14700	14900	14920	18540	18670	18680	23320	23370	23570	29190	29480	29960
		0.389	0.305	0.362	0.322	0.263	0.296	0.270	0.276	0.245	0.229	0.226	0.205	0.197
10.67	13.2	12010	14810	15020	15040	18680	18810	18820	23490	23550	23750	29420	29710	30190
		0.395	0.309	0.367	0.327	0.267	0.300	0.274	0.280	0.249	0.233	0.229	0.208	0.200
10.84	13.3	12100	14920	15130	15150	18820	18950	18970	23670	23720	23930	29640	29930	30410
		0.400	0.314	0.373	0.331	0.270	0.305	0.278	0.284	0.253	0.236	0.233	0.211	0.202
11.00	13.4	12190	15030	15250	15260	18960	19090	19110	23850	23900	24110	29860	30160	30640
		0.406	0.318	0.378	0.336	0.274	0.309	0.282	0.288	0.256	0.239	0.236	0.214	0.205

续表

下行—单位摩擦阻力（mmH_2O/m）

1250×630	1600×500	1000×800	1250×800	1000×1000	1600×630	1250×1000	1600×800	2000×800	1600×1000	2000×1000	1600×1250	2000×1250
34590	35110	35190	43970	44020	44300	55010	56320	70430	70460	88110	88130	110200
0.165	0.185	0.153	0.137	0.133	0.151	0.117	0.123	0.113	0.104	0.094	0.089	0.080
34870	35390	35470	44330	44370	44660	55460	56780	71000	71030	88830	88850	111100
0.168	0.188	0.156	0.139	0.135	0.153	0.119	0.125	0.115	0.105	0.096	0.090	0.081
35150	35680	35760	44690	44730	45020	55910	57230	71570	71600	89540	89560	112000
0.170	0.191	0.158	0.142	0.137	0.155	0.121	0.127	0.117	0.107	0.097	0.091	0.082
35430	35970	36040	45040	45090	45380	56350	57690	72140	72180	90260	90280	112900
0.173	0.194	0.161	0.144	0.139	0.158	0.123	0.129	0.119	0.109	0.099	0.093	0.083
35710	36250	36330	45400	45450	45740	56800	58150	72720	72750	90970	91000	113800
0.175	0.197	0.163	0.146	0.142	0.160	0.125	0.131	0.121	0.110	0.100	0.094	0.085
35990	36540	36620	45760	45800	46100	57250	58610	73290	73320	91690	91710	114700
0.178	0.200	0.166	0.148	0.144	0.162	0.127	0.133	0.123	0.112	0.102	0.096	0.086
36280	36820	36900	46120	46160	46460	57700	59060	73860	73890	92410	92430	115600
0.181	0.203	0.168	0.150	0.146	0.165	0.129	0.135	0.124	0.114	0.103	0.097	0.087
36560	37110	37190	46570	46520	46820	58140	59520	74440	74470	93120	93150	116500
0.184	0.206	0.171	0.153	0.148	0.167	0.131	0.137	0.126	0.115	0.105	0.099	0.088
36840	37390	37470	46830	46880	47180	58590	59980	75010	75040	93840	93860	117400
0.186	0.209	0.173	0.155	0.150	0.170	0.132	0.139	0.128	0.117	0.106	0.100	0.090
37120	37680	37760	47190	47240	47540	59040	60440	75580	75610	94560	94580	118300
0.189	0.212	0.176	0.157	0.153	0.172	0.134	0.141	0.130	0.119	0.108	0.102	0.091
37400	37960	38050	47550	47590	47900	59480	60900	76150	76190	95270	95300	119200
0.192	0.215	0.178	0.159	0.155	0.175	0.136	0.143	0.132	0.121	0.110	0.103	0.092
37680	38250	38330	47900	47950	48260	29930	61350	76730	76760	95990	96010	120100
0.194	0.218	0.181	0.162	0.157	0.177	0.138	0.145	0.134	0.122	0.111	0.105	0.094

动压 (mmH$_2$O)	风速 (m/s)	外边长 $A\times B$ (mm) 上行—风量 (m^3/h)												
		120×120	160×120	200×120	160×160	250×120	200×160	250×160	200×200	250×200	320×160	250×250	320×200	400×200
11.16	13.5	677	906	1135	1213	1413	1520	1894	1905	2376	2430	2977	3048	3815
		2.17	1.83	1.64	1.51	1.49	1.32	1.18	1.14	1.00	1.06	0.865	0.882	0.799
11.33	13.6	682	913	1144	1222	1424	1532	1909	1919	2393	2448	2999	3070	3844
		2.20	1.86	1.66	1.53	1.51	1.34	1.20	1.16	1.02	1.07	0.877	0.895	0.811
11.50	13.7	687	920	1152	1231	1434	1543	1923	1934	2411	2466	3021	3093	3872
		2.23	1.88	1.68	1.55	1.53	1.36	1.21	1.17	1.03	1.09	0.890	0.908	0.822
11.67	13.8	692	926	1161	1240	1445	1554	1937	1948	2428	2484	3043	3115	3900
		2.26	1.91	1.71	1.57	1.56	1.38	1.23	1.19	1.05	1.10	0.902	0.920	0.834
11.83	13.9	697	933	1169	1249	1455	1565	1951	1962	2446	2502	3065	3138	3928
		2.29	1.94	1.73	1.59	1.58	1.40	1.25	1.20	1.06	1.12	0.915	0.933	0.846
12.01	14.0	702	940	1178	1258	1466	1577	1965	1976	2464	2520	3087	3160	3957
		2.33	1.96	1.76	1.62	1.60	1.42	1.27	1.22	1.07	1.13	0.928	0.946	0.857
12.18	14.1	707	946	1186	1267	1476	1558	1979	1990	2481	2538	3109	3183	3985
		2.36	1.99	1.78	1.64	1.62	1.44	1.28	1.24	1.09	1.15	0.940	0.959	0.869
12.35	14.2	712	953	1194	1276	1487	1599	1993	2004	2499	2556	3131	3206	4013
		2.39	2.02	1.80	1.66	1.64	1.46	1.30	1.26	1.10	1.16	0.953	0.973	0.881
12.53	14.3	717	960	1203	1285	1497	1611	2007	2018	2516	2574	3153	3228	4042
		2.42	2.05	1.83	1.68	1.67	1.48	1.32	1.27	1.12	1.18	0.966	0.986	0.893
12.70	14.4	722	967	1211	1294	1508	1622	2021	2032	2534	2592	3175	3251	4070
		2.46	2.07	1.85	1.71	1.69	1.50	1.34	1.29	1.13	1.20	0.979	0.999	0.905
12.88	14.5	727	973	1220	1303	1518	1633	2035	2046	2552	2610	3195	3273	4098
		2.49	2.10	1.88	1.73	1.71	1.52	1.95	1.31	1.15	1.21	0.992	1.01	0.917
13.06	14.6	732	980	1228	1312	1529	1644	2049	2061	2569	2628	3220	3296	4126
		2.52	2.13	1.90	1.75	1.73	1.54	1.37	1.32	1.16	1.23	1.00	1.03	0.929
13.24	14.7	737	987	1236	1321	1539	1656	2063	2075	2587	2646	3242	3318	4155
		2.56	2.16	1.93	1.78	1.76	1.56	1.39	1.34	1.18	1.24	1.02	1.04	0.942

续表

下行一单位摩擦阻力（mmH_2O/m）

320× 250	500× 200	400× 250	320× 320	500× 250	400× 320	630× 250	500× 320	400× 400	500× 400	630× 320	500× 500	630× 400
3819 0.749	4775 0.734	4781 0.669	4899 0.637	5984 0.606	6134 0.559	7527 0.557	7677 0.499	7679 0.484	9611 0.425	9660 0.451	12030 0.368	12100 0.379
3847 0.760	4811 0.745	4817 0.679	4935 0.646	6029 0.615	6179 0.567	7582 0.565	7734 0.506	7736 0.491	9682 0.432	9731 0.458	12120 0.374	12190 0.386
3876 0.771	4846 0.755	4852 0.688	4972 0.655	6073 0.624	6224 0.576	7638 0.573	7790 0.513	7793 0.498	9753 0.438	9803 0.464	12210 0.379	12280 0.390
3904 0.782	4881 0.766	4888 0.698	5008 0.665	6117 0.633	6270 0.584	7694 0.581	7847 0.521	7850 0.505	9825 0.444	9874 0.471	12300 0.384	12370 0.395
3932 0.792	4917 0.777	4923 0.708	5044 0.674	6161 0.641	6315 0.592	7750 0.589	7904 0.528	7907 0.512	9896 0.450	9946 0.477	12390 0.390	12460 0.401
3960 0.804	4952 0.788	4958 0.717	5081 0.683	6206 0.650	6361 0.600	7805 0.597	7961 0.535	7964 0.519	9967 0.456	10020 0.484	12470 0.395	12550 0.406
3989 0.815	4987 0.798	4994 0.727	5117 0.693	6250 0.659	6406 0.608	7861 0.605	8018 0.543	8020 0.526	10040 0.463	10090 0.491	12560 0.401	12640 0.412
4018 0.826	5023 0.809	5029 0.737	5153 0.702	6294 0.668	6452 0.617	7917 0.614	8075 0.550	8077 0.534	10110 0.469	10160 0.497	12650 0.406	12720 0.418
4045 0.837	5058 0.820	5065 0.747	5190 0.712	6339 0.677	6497 0.625	9973 0.622	8132 0.558	8134 0.541	10180 0.475	10230 0.504	12740 0.412	12810 0.423
4074 0.848	5094 0.831	5100 0.757	5226 0.721	6383 0.687	6543 0.634	8028 0.631	8188 0.565	8191 0.548	10250 0.482	10300 0.511	12830 0.417	12900 0.429
4102 0.860	5129 0.843	5136 0.768	5262 0.731	6427 0.696	6588 0.642	8084 0.639	8145 0.573	8248 0.555	10320 0.488	10380 0.518	12920 0.423	12990 0.435
4130 0.871	5164 0.854	5171 0.778	5298 0.741	6472 0.705	6633 0.651	8140 0.648	8302 0.580	8305 0.563	10390 0.495	10450 0.525	13010 0.428	13080 0.441
4159 0.883	5200 0.865	5206 0.738	5335 0.751	6516 0.714	6679 0.659	8196 0.656	8359 0.588	8362 0.570	10470 0.501	10520 0.532	13100 0.434	13170 0.446

动压 (mmH_2O)	风速 (m/s)	外边长 $A \times B$ (mm) 上行—风量 (m^3/h)												
		800×320	630×500	1000×320	800×400	630×630	1000×400	800×500	1250×400	1000×500	800×630	1250×500	1000×630	800×800
11.16	13.5	12280	15140	15360	15370	19110	19240	19250	24030	24080	24290	30090	30380	30870
		0.412	0.323	0.384	0.341	0.278	0.314	0.286	0.293	0.260	0.243	0.239	0.217	0.208
11.33	13.6	12370	15260	15470	15490	19250	19380	19390	24210	24260	34470	30310	30610	31100
		0.418	0.328	0.389	0.346	0.282	0.318	0.291	0.297	0.264	0.246	0.243	0.220	0.211
11.50	13.7	12460	15370	15590	15610	19390	19520	19540	24380	24440	24650	30530	30830	31330
		0.424	0.332	0.395	0.351	0.286	0.323	0.295	0.301	0.267	0.250	0.246	0.223	0.214
11.67	13.8	12550	15480	15700	15720	19530	19660	19680	24560	24620	24830	30750	31060	31560
		0.430	0.337	0.400	0.356	0.290	0.327	0.299	0.305	0.271	0.253	0.250	0.227	0.217
11.83	13.9	12640	15590	15820	15830	19670	19810	19820	24740	24800	25010	30980	31280	31790
		0.436	0.342	0.406	0.361	0.294	0.332	0.303	0.309	0.275	0.257	0.253	0.230	0.220
12.01	14.0	12730	15710	15930	15950	19810	19950	19960	24920	24970	25190	31200	31510	32010
		0.442	0.346	0.412	0.316	0.299	0.337	0.307	0.314	0.279	0.261	0.257	0.233	0.223
12.18	14.1	12820	15820	16040	16060	19960	20090	20110	25100	25150	25370	31420	31730	32240
		0.448	0.351	0.417	0.371	0.303	0.341	0.311	0.318	0.283	0.264	0.260	0.236	0.227
12.35	14.2	12920	15930	16160	16170	20100	20230	20250	25270	25330	25550	31650	31960	32470
		0.454	0.356	0.423	0.376	0.307	0.346	0.316	0.322	0.287	0.268	0.265	0.239	0.230
12.53	14.3	13010	16040	16270	16290	20240	20380	20290	25450	25510	25730	31870	32180	32700
		0.460	0.361	0.428	0.381	0.311	0.351	0.320	0.327	0.291	0.271	0.263	0.243	0.232
12.70	14.4	13100	16150	16380	16400	20380	20520	20530	25630	25690	25910	32090	32410	32930
		0.467	0.366	0.435	0.386	0.315	0.355	0.324	0.331	0.294	0.275	0.271	0.246	0.236
12.88	14.5	13190	16270	16500	16520	20520	20660	20680	25810	25870	26090	32320	32630	33160
		0.473	0.371	0.440	0.391	0.319	0.360	0.329	0.336	0.298	0.279	0.275	0.249	0.239
13.06	14.6	13280	16380	16610	16630	20660	20800	20820	25990	26040	26270	32540	32860	33390
		0.479	0.376	0.446	0.397	0.324	0.365	0.333	0.340	0.302	0.282	0.278	0.253	0.242
13.24	14.7	13370	16490	16730	16740	20880	20950	20960	26160	26220	26450	32760	33080	33620
		0.486	0.381	0.452	0.402	0.328	0.370	0.338	0.345	0.306	0.286	0.282	0.256	0.246

续表

下行一单位摩擦阻力（mmH_2O/m）

1250×630	1600×500	1000×800	1250×800	1000×1000	1600×630	1250×1000	1600×800	2000×800	1600×1000	2000×1000	1600×1250	2000×1250
37960 0.197	38530 0.222	38620 0.183	48260 0.164	48310 0.159	48620 0.180	60380 0.140	61810 0.148	77300 0.136	77330 0.124	96700 0.113	96730 0.106	121000 0.095
38240 0.200	38820 0.225	38900 0.186	48620 0.166	48670 0.162	48980 0.183	60830 0.142	62270 0.150	77870 0.138	77990 0.126	97420 0.114	97450 0.108	121900 0.096
38520 0.203	39100 0.228	39190 0.189	48980 0.169	49030 0.164	49340 0.185	61270 0.144	62730 0.152	78440 0.140	78480 0.128	98140 0.116	98160 0.109	122800 0.098
38810 0.206	39390 0.231	39480 0.191	49330 0.171	49380 0.166	49700 0.188	61720 0.146	63190 0.154	79020 0.142	79050 0.130	98850 0.118	98880 0.111	123700 0.099
39090 0.209	39680 0.234	39760 0.194	49690 0.174	49740 0.168	50060 0.190	62170 0.148	63640 0.156	79590 0.144	79620 0.131	99570 0.119	99600 0.112	124600 0.101
39370 0.212	39960 0.238	40050 0.197	50050 0.176	50100 0.171	50420 0.193	62620 0.151	64100 0.158	80160 0.146	80200 0.133	100300 0.121	100310 0.114	125400 0.102
39650 0.215	40250 0.241	40330 0.200	50410 0.178	50460 0.173	50780 0.196	63060 0.153	65560 0.160	80730 0.148	80770 0.135	101000 0.123	101030 0.115	126300 0.103
39930 0.217	40530 0.244	40620 0.202	50760 0.181	50810 0.176	51140 0.198	63510 0.155	65020 0.163	81310 0.150	81340 0.137	101700 0.124	101750 0.117	127200 0.105
40210 0.220	40820 0.248	40910 0.205	51120 0.183	51170 0.178	51500 0.201	63930 0.157	65480 0.165	81880 0.152	81910 0.139	102400 0.126	102460 0.119	128100 0.106
40490 0.223	41100 0.251	41190 0.208	51480 0.186	51530 0.180	51860 0.204	64400 0.159	65980 0.167	82450 0.154	82490 0.141	103200 0.128	103180 0.120	129000 0.108
40770 0.226	41390 0.254	41480 0.211	51840 0.188	51890 0.183	52220 0.207	64850 0.161	66390 0.169	85020 0.156	83060 0.142	103900 0.129	103900 0.122	129900 0.109
41060 0.229	41670 0.258	41770 0.213	52190 0.191	52250 0.185	52580 0.209	65300 0.163	66850 0.172	83600 0.158	83630 0.144	104600 0.131	104610 0.123	130800 0.111
41340 0.233	41960 0.261	42050 0.216	52550 0.193	52600 0.188	52940 0.212	65750 0.165	67310 0.174	84170 0.160	84200 0.146	105300 0.133	105330 0.125	131700 0.112

动压 (mmH_2O)	风速 (m/s)	外边长 $A\times B$ (mm) 上行—风量 (m^3/h)												
		120× 120	160× 120	200× 120	160× 160	250× 120	200× 160	250× 160	200× 200	250× 200	320× 160	250× 250	320× 200	400× 200
13.42	14.8	742 2.59	993 2.19	1245 1.95	1330 1.80	1549 1.78	1667 1.58	2077 1.41	2089 1.36	2604 1.20	2664 1.26	3264 1.03	3341 1.05	4183 0.954
13.60	14.9	747 2.62	1000 2.21	1253 1.98	1339 1.82	1560 1.80	1678 1.60	2091 1.43	2103 1.38	2622 1.21	2682 1.28	3286 1.05	3364 1.07	4211 0.967
13.78	15.0	752 2.66	1007 2.24	1262 2.00	1348 1.85	1570 1.83	1689 1.62	2105 1.44	2117 1.40	2640 1.23	2700 1.29	3308 1.06	3386 1.08	4239 0.979
13.97	15.1	757 2.69	1013 2.27	1270 2.03	1357 1.87	1580 1.85	1701 1.64	2119 1.46	2131 1.41	2657 1.24	2718 1.31	3330 1.08	3409 1.09	4268 0.992
14.15	15.2	762 2.73	1020 2.30	1278 2.06	1366 1.89	1591 1.87	1712 1.66	2133 1.48	2145 1.43	2675 1.26	2736 1.33	3352 1.09	3431 1.11	4296 1.00
14.34	15.3	767 2.76	1027 2.33	1287 2.08	1375 1.92	1602 1.90	1723 1.68	2147 1.50	2159 1.45	2692 1.27	2754 1.34	3374 1.10	3454 1.12	4324 1.02
14.53	15.4	772 2.80	1034 2.36	1295 2.11	1384 1.94	1612 1.92	1734 1.70	2161 1.52	2173 1.47	2710 1.29	2772 1.36	3396 1.11	3476 1.14	4352 1.03
14.72	15.5	777 2.83	1040 2.39	1304 2.14	1393 1.97	1623 1.95	1746 1.72	2175 1.54	2188 1.49	2728 1.31	2790 1.38	3418 1.13	3499 1.15	4381 1.04
14.91	15.6	782 2.87	1047 2.42	1312 2.16	1402 1.99	1633 1.97	1757 1.74	2189 1.56	2202 1.50	2745 1.32	2808 1.39	3440 1.14	3522 1.17	4409 1.06
15.10	15.7	787 2.90	1054 2.45	1321 2.19	1411 2.02	1644 1.99	1768 1.77	2203 1.58	2216 1.52	2763 1.34	2826 1.41	3462 1.16	3544 1.18	4437 1.07
15.29	15.8	792 2.94	1060 2.48	1329 2.22	1420 2.04	1654 2.02	1779 1.79	2217 1.60	2230 1.54	2780 1.36	2844 1.43	3484 1.17	3567 1.19	4465 1.08
15.49	15.9	797 2.97	1067 2.51	1337 2.24	1429 2.07	1665 2.04	1791 1.81	2231 1.62	2244 1.56	2798 1.37	2862 1.45	3506 1.19	3589 1.21	4494 1.10

续表

下行—单位摩擦阻力（mmH_2O/m）

320×250	500×200	400×250	320×320	500×250	400×320	630×250	500×320	400×400	500×400	630×320	500×500	630×400
4187	5235	5242	5371	6560	6724	8251	8416	8419	10540	10590	13190	13260
0.894	0.877	0.799	0.760	0.724	0.668	0.665	0.596	0.578	0.508	0.539	0.440	0.452
4215	5270	5277	5407	6605	6770	8307	8473	8475	10610	10660	13280	13360
0.906	0.888	0.809	0.770	0.733	0.677	0.673	0.604	0.585	0.515	0.546	0.446	0.458
4243	5306	5313	5444	6649	6815	8363	8530	8532	10680	10730	13370	13440
0.918	0.899	0.819	0.780	0.743	0.685	0.682	0.611	0.593	0.521	0.553	0.451	0.464
4272	5341	5348	5480	6694	6861	9419	8587	8589	10750	10800	13450	13530
0.930	0.911	0.830	0.790	0.752	0.694	0.691	0.619	0.601	0.528	0.560	0.457	0.470
4300	5377	5383	5516	6738	6906	8474	8643	8646	10820	10880	13540	13620
0.941	0.923	0.841	0.801	0.762	0.703	0.700	0.627	0.608	0.535	0.567	0.463	0.476
4328	5412	5419	5552	6782	6951	8530	8700	8703	10890	10950	13630	13710
0.953	0.935	0.851	0.811	0.772	0.712	0.709	0.635	0.616	0.542	0.574	0.469	0.482
4357	5447	5454	5589	6826	6997	8586	8757	8760	10960	11020	13720	13800
0.966	0.946	0.862	0.821	0.781	0.721	0.718	0.643	0.624	0.548	0.582	0.475	0.483
4385	5483	5490	5625	6871	7042	8642	8814	8817	11030	11090	13810	13890
0.978	0.958	0.873	0.831	0.791	0.730	0.727	0.651	0.632	0.555	0.589	0.481	0.494
4413	5518	5525	5661	6915	7088	8697	8871	8874	11110	11160	13900	13980
0.990	0.970	0.884	0.842	0.801	0.739	0.736	0.660	0.640	0.562	0.596	0.487	0.501
4141	5553	5561	5698	6959	7133	8753	8928	8931	11180	11230	13990	14070
1.00	0.982	0.895	0.852	0.811	0.748	0.745	0.668	0.648	0.569	0.604	0.493	0.507
4470	5589	5596	5734	7004	7179	8809	8985	8987	11250	11310	14080	14160
1.01	0.994	0.906	0.863	0.821	0.758	0.754	0.676	0.656	0.576	0.611	0.499	0.513
4498	5624	5631	5770	7048	7224	8865	9041	9044	11320	11380	14170	14250
1.03	1.01	0.917	0.873	0.831	0.767	0.763	0.684	0.664	0.583	0.619	0.505	0.519

动压 (mmH_2O)	风速 (m/s)	外边长 $A\times B$（mm）上行—风量（m^3/h）												
		800× 320	630× 500	1000× 320	800× 400	630× 630	1000× 400	800× 500	1250× 400	1000× 500	800× 630	1250× 500	1000× 630	800× 800
13.42	14.8	13460 0.492	16600 0.386	16840 0.458	16860 0.407	20950 0.332	21090 0.375	21100 0.342	26340 0.349	26400 0.310	26630 0.290	32980 0.286	33310 0.259	33840 0.249
13.60	14.9	13550 0.498	16720 0.391	16950 0.464	16970 0.413	21090 0.337	21230 0.379	21250 0.346	26520 0.354	26580 0.314	26800 0.294	33210 0.290	33530 0.263	34070 0.252
13.78	15.0	13640 0.505	16830 0.396	17070 0.470	17090 0.418	21230 0.341	21370 0.384	21390 0.351	26700 0.358	26760 0.319	26980 0.298	33430 0.293	33760 0.266	34300 0.255
13.97	15.1	13730 0.511	16940 0.401	17180 0.476	17200 0.423	21370 0.345	21520 0.389	21530 0.356	26880 0.363	26940 0.323	27160 0.301	33650 0.297	33980 0.270	34530 0.259
14.15	15.2	13820 0.518	17050 0.406	17290 0.482	17310 0.429	21510 0.350	21660 0.394	21680 0.360	27050 0.368	27110 0.327	27340 0.305	33880 0.301	34210 0.273	34760 0.262
14.34	15.3	13920 0.525	17160 0.411	17410 0.488	17430 0.434	31650 0.354	21800 0.399	21820 0.365	27230 0.372	27290 0.331	27520 0.309	34100 0.305	34430 0.277	34990 0.265
14.53	15.4	14010 0.531	17280 0.416	17520 0.495	17540 0.440	21800 0.359	21940 0.404	21960 0.369	27410 0.377	27470 0.335	27700 0.313	34320 0.309	34660 0.280	35220 0.269
14.72	15.5	14100 0.538	17390 0.422	17640 0.501	17660 0.445	31940 0.363	22090 0.410	22100 0.374	27590 0.382	27650 0.339	27880 0.317	34540 0.313	34880 0.284	35440 0.272
14.91	15.6	14190 0.545	17500 0.427	17750 0.507	17770 0.451	22080 0.368	22230 0.415	22250 0.379	27770 0.387	27830 0.344	28060 0.321	34770 0.316	35110 0.287	35670 0.275
15.10	15.7	14280 0.551	17610 0.432	17860 0.513	17880 0.456	22220 0.372	22370 0.420	22390 0.383	27940 0.391	28010 0.348	28240 0.325	34990 0.320	35330 0.291	35900 0.279
15.29	15.8	14370 0.558	17720 0.437	17980 0.520	18000 0.462	22360 0.377	22510 0.425	22530 0.388	28120 0.396	28180 0.352	28420 0.329	35210 0.324	35560 0.294	36130 0.282
15.49	15.9	14460 0.565	17840 0.443	18090 0.526	18110 0.468	22500 0.382	22660 0.430	22670 0.393	28300 0.401	28360 0.357	28600 0.333	35440 0.328	35780 0.298	36360 0.286

续表

下行—单位摩擦阻力（mmH_2O/m）

1250×630	1600×500	1000×800	1250×800	1000×1000	1600×630	1250×1000	1600×800	2000×800	1600×1000	2000×1000	1600×1250	2000×1250
41620	42240	42340	52910	52960	53300	66190	67760	84740	84780	106000	106040	132600
0.236	0.265	0.219	0.196	0.190	0.215	0.168	0.176	0.162	0.148	0.135	0.127	0.114
41900	42530	42620	53270	53320	53660	66640	68220	85310	85350	106700	106760	133500
0.239	0.268	0.222	0.199	0.193	0.218	0.170	0.178	0.164	0.150	0.136	0.128	0.115
42180	42820	42910	53620	53680	54020	67090	68580	85890	85920	107400	107480	134000
0.242	0.271	0.225	0.201	0.195	0.221	0.172	0.181	0.166	0.152	0.138	0.130	0.1171
42460	43000	43190	53980	54030	54380	67530	69140	86460	86500	103200	108190	135300
0.245	0.275	0.228	0.204	0.198	0.223	0.174	0.183	0.169	0.154	0.140	0.132	0.118
42740	43390	43480	54340	54390	54740	67980	69600	87030	87070	103900	103910	136200
0.248	0.278	0.231	0.206	0.200	0.226	0.176	0.185	0.171	0.156	0.142	0.133	0.120
43020	43670	43770	54700	54750	55100	68430	70050	87600	87640	109600	109630	137100
0.251	0.282	0.234	0.209	0.203	0.229	0.179	0.188	0.173	0.158	0.144	0.135	0.121
43310	43960	44050	55050	55110	55460	68860	70510	88180	88220	110300	110340	138000
0.254	0.286	0.237	0.212	0.205	0.232	0.181	0.190	0.175	0.160	0.145	0.137	0.123
43590	44240	44340	55410	55470	55820	69320	70970	88750	88790	111000	111060	138900
0.258	0.289	0.240	0.214	0.208	0.235	0.183	0.193	0.177	0.162	0.147	0.138	0.124
43870	44530	44630	55770	55320	56180	69770	71430	89320	89360	111700	111780	139800
0.261	0.293	0.243	0.217	0.211	0.238	0.186	0.195	0.180	0.164	0.149	0.140	0.126
44150	44810	44910	56130	56180	56540	70220	71890	89900	89930	112500	112490	140700
0.264	0.296	0.246	0.220	0.213	0.241	0.188	0.197	0.182	0.166	0.151	0.142	0.127
44430	45100	45200	56480	56540	56900	70670	72340	90470	90510	113200	113210	141600
0.267	0.300	0.249	0.222	0.216	0.244	0.190	0.200	0.184	0.168	0.153	0.144	0.129
44710	45380	45480	56840	56900	57260	71110	72800	91040	91080	113900	113930	142500
0.271	0.304	0.252	0.225	0.218	0.247	0.192	0.202	0.186	0.170	0.155	0.146	0.130

动压 (mmH$_2$O)	风速 (m/s)	外边长 $A\times B$ (mm) 上行—风量 (m^3/h)												
		120×120	160×120	200×120	160×160	250×120	200×160	250×160	200×200	250×200	320×160	250×250	320×200	400×200
15.68	16.0	802	1074	1346	1438	1675	1802	2245	2258	2816	2880	3528	3612	4522
		3.01	2.54	2.27	2.09	2.07	1.83	1.64	1.58	1.39	1.46	1.20	1.22	1.11
15.88	16.1	807	1081	1354	1447	1686	1813	2259	2272	2833	2898	3550	3634	4550
		3.05	2.57	2.30	2.12	2.09	1.85	1.66	1.60	1.41	1.48	1.21	1.24	1.12
16.08	16.2	812	1087	1363	1456	1696	1824	2273	2286	2851	2916	3572	3657	4578
		3.08	2.60	2.33	2.14	2.12	1.88	1.68	1.62	1.42	1.50	1.23	1.25	1.14
16.27	16.3	817	1094	1371	1465	1706	1836	2287	2300	2868	2934	3595	3680	4607
		3.12	2.63	2.35	2.17	2.14	1.90	1.70	1.64	1.44	1.52	1.24	1.27	1.15
16.47	16.4	822	1101	1379	1474	1717	1847	2301	2315	2886	2952	3617	3702	4635
		3.16	2.66	2.38	2.19	2.17	1.92	1.72	1.66	1.46	1.54	1.26	1.28	1.16
16.68	16.5	827	1107	1388	1483	1727	1858	2315	2329	2904	2970	3639	3725	4663
		3.19	2.70	2.41	2.22	2.20	1.94	1.74	1.68	1.47	1.55	1.27	1.30	1.18
16.88	16.6	832	1114	1392	1492	1738	1870	2330	2343	2921	2988	3661	3747	4692
		3.23	2.73	2.44	2.24	2.22	1.97	1.76	1.70	1.49	1.57	1.29	1.31	1.19
17.08	16.7	837	1121	1405	1501	1748	1881	2344	2357	2939	3006	3683	3770	4720
		3.27	2.76	2.47	2.27	2.25	1.99	1.78	1.72	1.51	1.59	1.30	1.33	1.20
17.29	16.8	842	1128	1413	1510	1759	1892	2358	2371	2956	3024	3705	3792	4748
		3.31	2.79	2.49	2.30	2.27	2.01	1.80	1.74	1.53	1.61	1.32	1.35	1.22
17.49	16.9	847	1134	1421	1519	1769	1903	2372	2385	2974	3042	3727	3815	4776
		3.34	2.82	2.52	2.32	2.30	2.04	1.82	1.76	1.54	1.63	1.33	1.36	1.23
17.70	17.0	852	1141	1430	1528	1780	1915	2386	2399	2992	3060	3749	3838	4805
		3.38	2.86	2.55	2.35	2.33	2.06	1.84	1.78	1.56	1.65	1.35	1.38	1.25
17.91	17.1	857	1148	1438	1537	1790	1926	2400	2413	3009	3078	3771	3860	4833
		3.42	2.89	2.58	2.38	2.35	2.08	1.86	1.80	1.58	1.67	1.36	1.39	1.26
18.12	17.2	862	1154	1447	1546	1801	1937	2414	2428	3027	3096	3793	3883	4861
		3.46	2.92	2.61	2.40	2.38	2.11	1.88	1.82	1.60	1.68	1.38	1.41	1.28

续表

下行一单位摩擦阻力（mmH_2O/m）

320× 250	500× 200	400× 250	320× 320	500× 250	400× 320	630× 250	500× 320	400× 400	500× 400	630× 320	500× 500	630× 400
4526 1.04	5660 1.02	5667 0.928	5806 0.884	7092 0.841	7269 0.776	8920 0.773	9098 0.693	9101 0.672	11390 0.590	11450 0.626	14260 0.511	14340 0.526
4555 1.05	5695 1.03	5702 0.939	5843 0.895	7137 0.852	7315 0.786	8976 0.782	9255 0.701	9158 0.680	11460 0.598	11520 0.634	14350 0.517	14430 0.532
4583 1.06	5730 1.04	5738 0.951	5879 0.905	7181 0.862	7360 0.795	9032 0.791	9212 0.709	9215 0.688	11530 0.605	11590 0.641	14430 0.524	14520 0.538
4611 1.08	5766 1.06	5773 0.962	5915 0.916	7225 0.872	7406 0.805	9088 0.801	9269 0.718	9272 0.696	11600 0.612	11660 0.649	14520 0.530	14610 0.545
4639 1.09	5801 1.07	5808 0.974	5952 0.927	7270 0.882	7451 0.814	9143 0.810	9326 0.726	9329 0.704	11680 0.619	11730 0.657	14610 0.536	14700 0.551
4668 1.10	5836 1.08	5844 0.985	5988 0.938	7314 0.893	7497 0.824	9199 0.820	9383 0.735	9386 0.713	11750 0.627	11810 0.664	14700 0.543	14790 0.558
4696 1.12	5872 1.09	5879 0.996	6024 0.949	7358 0.903	7542 0.834	9255 0.830	9439 0.744	9442 0.721	11820 0.634	11880 0.672	14790 0.549	14880 0.565
4724 1.13	5907 1.11	5915 1.01	6050 0.960	7403 0.914	7588 0.843	9311 0.839	9496 0.752	9499 0.730	11890 0.641	11950 0.680	14880 0.555	11570 0.571
4753 1.14	5943 1.12	5950 1.02	6097 0.971	7447 0.925	7633 0.853	9366 0.849	9553 0.761	9556 0.738	11960 0.649	12020 0.688	14970 0.562	15050 0.578
4781 1.16	5978 1.13	5986 1.03	6133 0.982	7491 0.935	7678 0.863	9422 0.859	9610 0.770	9613 0.747	12030 0.656	12090 0.696	15060 0.568	15140 0.584
4809 1.17	6013 1.15	6021 1.04	6169 0.994	7536 0.946	7724 0.873	9478 0.869	9667 0.779	9670 0.755	12100 0.664	12160 0.704	15150 0.575	15230 0.591
4837 1.18	6049 1.16	6056 1.06	6206 1.01	7580 0.957	7769 0.883	9534 0.879	9724 0.788	9727 0.764	12170 0.671	12240 0.712	15240 0.581	15320 0.598
4866 1.20	6084 1.17	6092 1.07	6242 1.02	7624 0.958	7815 0.893	9589 0.889	9781 0.797	9784 0.772	12250 0.679	12310 0.720	15330 0.588	15410 0.605

动压 (mmH_2O)	风速 (m/s)	外边长 $A\times B$ (mm) 上行—风量 (m^3/h)												
		800×320	630×500	1000×320	800×400	630×630	1000×400	800×500	1250×400	1000×500	800×630	1250×500	1000×630	800×800
15.68	16.0	14550	17950	18220	18230	22640	22800	22820	28480	28540	28780	35660	36010	36590
		0.572	0.448	0.533	0.473	0.386	0.435	0.398	0.406	0.361	0.337	0.332	0.302	0.289
15.88	16.1	14640	18060	18320	18340	22790	22940	22960	28660	28720	28960	35880	26230	36820
		0.579	0.454	0.539	0.479	0.391	0.441	0.402	0.411	0.365	0.341	0.336	0.305	0.293
16.08	16.2	14730	18170	18430	18451	22930	23080	23100	28830	28900	29140	36100	36460	37050
		0.586	0.459	0.545	0.485	0.395	0.446	0.407	0.416	0.370	0.345	0.340	0.309	0.296
16.27	16.3	14830	18290	18550	18570	23070	23230	23240	29010	29080	29320	36330	36680	37270
		0.593	0.465	0.552	0.491	0.400	0.451	0.412	0.421	0.374	0.349	0.344	0.313	0.300
16.47	16.4	14920	18400	18660	18680	23210	23370	23390	29190	29250	29500	36550	36910	37500
		0.600	0.470	0.559	0.497	0.405	0.457	0.417	0.426	0.379	0.354	0.349	0.316	0.303
16.68	16.5	15010	18510	18770	18790	23350	23510	23530	29370	29430	29680	36770	37130	37730
		0.607	0.476	0.565	0.502	0.410	0.462	0.422	0.431	0.383	0.358	0.353	0.320	0.307
16.88	16.6	15100	18620	18890	18910	23490	23650	23670	29550	29610	29860	37000	37360	37960
		0.614	0.481	0.572	0.508	0.415	0.468	0.427	0.436	0.388	0.362	0.357	0.324	0.311
17.08	16.7	15190	18730	19000	19020	23630	23800	23810	29720	29790	30040	37220	37580	38190
		0.621	0.487	0.578	0.514	0.420	0.473	0.432	0.441	0.392	0.366	0.361	0.328	0.314
17.29	16.8	15280	18850	19110	19130	23780	23940	23960	29900	29970	30220	37440	37810	33420
		0.629	0.493	0.585	0.520	0.425	0.478	0.437	0.446	0.397	0.370	0.365	0.331	0.318
17.49	16.9	15370	18960	19230	19250	23920	24080	24100	30080	30150	30400	37660	38030	38650
		0.636	0.498	0.591	0.526	0.429	0.484	0.442	0.451	0.401	0.375	0.369	0.335	0.322
17.70	17.0	15460	19070	19340	19360	24060	24220	24240	30260	30330	30580	37890	38260	38870
		0.643	0.504	0.599	0.532	0.434	0.490	0.447	0.456	0.406	0.379	0.374	0.339	0.325
17.91	17.1	15550	19180	19460	19480	24200	24370	24380	30440	30500	30760	38110	38480	39100
		0.650	0.510	0.606	0.538	0.439	0.495	0.452	0.462	0.410	0.383	0.378	0.343	0.329
18.12	17.2	15640	19300	19570	19590	24340	24510	24530	30610	30680	30940	38330	38710	39330
		0.658	0.516	0.612	0.545	0.444	0.501	0.457	0.467	0.415	0.388	0.382	0.347	0.333

续表

下行—单位摩擦阻力（mmH_2O/m）

1250×630	1600×500	1000×800	1250×800	1000×1000	1600×630	1250×1000	1600×800	2000×800	1600×1000	2000×1000	1600×1250	2000×1250
44990	45670	45770	57200	57260	57620	72560	73260	91610	91650	114600	114600	14340
0.274	0.308	0.255	0.228	0.221	0.250	0.195	0.205	0.188	0.172	0.157	0.147	0.132
45270	45960	46060	57560	57610	57980	72010	73720	92180	92220	115300	115400	144300
0.277	0.311	0.258	0.231	0.224	0.253	0.197	0.207	0.191	0.174	0.159	0.149	0.134
45550	46240	46340	57910	57970	58350	72450	74170	92760	92800	116000	116100	145200
0.281	0.315	0.261	0.233	0.226	0.256	0.200	0.210	0.193	0.177	0.160	0.151	0.135
45840	46530	46630	58270	58330	58710	72900	74630	93330	93370	116800	116800	146100
0.284	0.319	0.264	0.236	0.229	0.259	0.202	0.212	0.195	0.179	0.162	0.153	0.137
46120	46810	46910	58630	58690	59070	73350	75090	93900	93940	117500	117500	147000
0.287	0.323	0.267	0.239	0.232	0.262	0.204	0.215	0.198	0.181	0.164	0.154	0.138
46400	47100	47200	58990	59040	59430	73800	75550	94480	94520	118200	118200	147800
0.291	0.326	0.270	0.242	0.235	0.265	0.207	0.217	0.200	0.183	0.166	0.156	0.140
46680	47380	47490	59340	59400	59790	74240	76000	95050	95090	118900	118900	148700
0.294	0.330	0.274	0.245	0.237	0.268	0.210	0.220	0.202	0.185	0.168	0.158	0.142
46960	47670	47770	59700	59760	60150	74690	76460	95620	95660	119600	119700	149600
0.298	0.334	0.277	0.248	0.240	0.271	0.212	0.222	0.205	0.187	0.170	0.160	0.143
47240	47950	48060	60060	60120	60510	75140	76920	96190	96230	120300	120400	150500
0.301	0.338	0.280	0.250	0.243	0.275	0.214	0.225	0.207	0.189	0.172	0.162	0.145
47520	48240	48340	60420	60480	60870	75590	77380	96770	96810	121100	121100	151400
0.304	0.342	0.283	0.253	0.246	0.278	0.217	0.228	0.210	0.192	0.174	0.164	0.147
47800	48520	48630	60770	60830	61230	76030	77840	97340	97380	121800	121800	152300
0.308	0.347	0.286	0.256	0.249	0.281	0.219	0.230	0.212	0.194	0.176	0.166	0.148
48090	48810	48920	61130	61190	61590	76480	78300	97910	97950	122500	122500	153200
0.311	0.350	0.290	0.259	0.252	0.284	0.222	0.233	0.214	0.196	0.178	0.168	0.150
48370	49100	49200	61490	61550	61950	76930	78750	98480	98530	123200	123200	154100
0.315	0.354	0.293	0.262	0.254	0.287	0.224	0.235	0.217	0.198	0.180	0.169	0.152

动压 (mmH_2O)	风速 (m/s)	外边长 $A\times B$ (mm) 上行—风量 (m^3/h)												
		120×120	160×120	200×120	160×160	250×120	200×160	250×160	200×200	250×200	320×160	250×250	320×200	400×200
18.33	17.3	867	1161	1455	1555	1811	1948	2428	2442	3044	3114	3815	3905	4889
		3.50	2.95	2.64	2.43	2.41	2.13	1.90	1.84	1.62	1.70	1.40	1.42	1.29
18.55	17.4	872	1168	1464	1564	1822	1960	2442	2456	3062	3132	3837	3928	4918
		3.54	2.99	2.67	2.46	2.43	2.15	1.92	1.86	1.63	1.72	1.41	1.44	1.30
18.76	17.5	877	1175	1472	1573	1832	1971	2456	2470	3080	3150	3859	3950	4946
		3.58	3.02	2.70	2.49	2.46	2.18	1.95	1.88	1.65	1.74	1.43	1.46	1.32
18.97	17.6	882	1181	1480	1582	1843	1982	2470	2484	3097	3168	3881	3973	4974
		3.62	3.05	2.73	2.51	2.49	2.20	1.97	1.90	1.67	1.76	1.44	1.47	1.33
19.19	17.7	887	1188	1489	1591	1853	1993	2484	2498	3115	3186	3903	3996	5002
		3.66	3.09	2.76	2.54	2.51	2.23	1.99	1.92	1.69	1.78	1.46	1.49	1.35
19.41	17.8	892	1195	1497	1600	1864	2005	2498	2512	3132	3204	3925	4018	5031
		3.70	3.12	2.79	2.57	2.54	2.25	2.01	1.94	1.71	1.80	1.47	1.50	1.36
19.63	17.9	897	1201	1506	1609	1874	2016	2512	2526	3150	3222	3947	4041	5059
		3.74	3.16	2.82	2.60	2.57	2.28	2.03	1.96	1.73	1.82	1.49	1.52	1.38
19.85	18.0	902	1208	1514	1618	1884	2027	2526	2540	3168	3240	3969	4063	5087
		3.78	3.19	2.85	2.63	3.60	2.30	2.05	1.98	1.75	1.84	1.51	1.54	1.39
20.07	18.1	907	1215	1522	1627	1895	2038	2540	2555	3185	3258	3991	4086	5115
		3.82	3.22	2.88	2.65	2.63	2.32	2.08	2.01	1.76	1.86	1.52	1.55	1.41
20.29	18.2	912	1222	1531	1636	1905	2050	2554	2569	3203	3276	4014	4109	5144
		3.86	3.26	2.91	2.68	2.65	2.35	2.10	2.03	1.78	1.88	1.54	1.57	1.42
20.51	18.3	917	1228	1539	1645	1916	2061	2568	2583	3220	3294	4036	4131	5172
		3.90	3.29	2.94	2.71	2.68	2.37	2.12	2.05	1.80	1.90	1.56	1.59	1.44
20.74	18.4	922	1235	1548	1654	1926	2072	2582	2597	3238	3312	4058	4154	5200
		3.94	3.33	2.97	2.74	2.71	2.40	2.14	2.07	1.82	1.92	1.57	1.60	1.45

续表

下行—单位摩擦阻力（mmH_2O/m）

320× 250	500× 200	400× 250	320× 320	500× 250	400× 320	630× 250	500× 320	400× 400	500× 400	630× 320	500× 500	630× 400
4894 1.21	6119 1.18	6127 1.08	6278 1.03	7669 0.979	7860 0.903	9645 0.899	9838 0.806	9841 0.781	12320 0.687	12380 0.728	15410 0.595	15500 0.611
4922 1.22	6155 1.20	6163 1.09	6315 1.04	7713 0.989	7906 0.913	9701 0.909	9894 0.815	9898 0.790	12390 0.694	12450 0.736	15500 0.601	15590 0.618
4951 1.24	6190 1.21	6192 1.10	6351 1.05	7757 1.00	7951 0.923	9757 0.919	9951 0.824	9954 0.799	12460 0.702	12520 0.745	15590 0.608	15680 0.625
4979 1.25	6226 1.22	6233 1.12	6387 1.06	7802 1.01	7996 0.933	9812 0.929	10010 0.833	10010 0.808	12530 0.710	12590 0.753	15680 0.615	15770 0.632
507 1.26	6261 1.24	6269 1.13	6423 1.07	7846 1.02	8042 0.944	9868 0.939	10060 0.842	10070 0.817	12600 0.718	12660 0.761	15770 0.622	15860 0.639
5035 1.28	6296 1.25	6304 1.14	6460 1.09	7890 1.03	8087 0.954	9924 0.950	10120 0.851	10130 0.826	12670 0.726	12740 0.770	15860 0.628	15950 0.646
5064 1.29	6332 1.27	6340 1.15	6496 1.10	7935 1.05	8133 0.965	9980 0.960	10180 0.861	10180 0.836	12740 0.734	12810 0.778	15950 0.635	16040 0.653
5092 1.31	6367 1.28	6375 1.17	6532 1.11	7979 1.06	8178 0.975	10040 0.970	10240 0.870	10240 0.844	12810 0.741	12880 0.786	16040 0.642	16130 0.660
5420 1.32	6402 1.29	6411 1.18	6569 1.12	8023 1.07	8224 0.986	10090 0.981	10290 0.879	10300 0.853	12890 0.750	12950 0.795	16130 0.649	16220 0.667
5149 1.33	6438 1.31	6446 1.19	6605 1.13	8068 1.08	8269 0.996	10150 0.991	10340 0.889	10350 0.862	12960 0.758	130220 0.803	16220 0.656	16310 0.675
5177 1.35	6473 1.32	6481 1.20	6641 1.15	8112 1.09	8314 1.01	10200 1.00	10410 0.898	10410 0.871	13030 0.766	13090 0.812	16310 0.663	16400 0.682
5205 1.36	6508 1.34	6517 1.22	6677 1.16	8156 1.10	8360 1.02	10260 1.01	10460 0.908	10470 0.880	13100 0.774	13170 0.821	16390 0.670	16490 0.689

动压 (mmH$_2$O)	风速 (m/s)	外边长 $A \times B$ (mm) 上行—风量 (m^3/h)												
		800×320	630×500	1000×320	800×400	630×630	1000×400	800×500	1250×400	1000×500	800×630	1250×500	1000×630	800×800
18.33	17.3	15730 0.665	19410 0.521	19680 0.619	19710 0.551	24480 0.449	24650 0.507	24670 0.462	30790 0.472	30860 0.420	31120 0.392	38560 0.387	38930 0.351	39560 0.336
18.55	17.4	15830 0.673	19520 0.527	19800 0.626	19820 0.557	24630 0.454	24790 0.512	24810 0.468	30970 0.478	31040 0.424	31300 0.397	38780 0.391	39160 0.355	39790 0.340
18.76	17.5	15920 0.680	19630 0.533	19910 0.633	19930 0.563	24770 0.459	24940 0.518	24950 0.473	31150 0.483	31220 0.430	31480 0.400	39000 0.395	39380 0.359	40020 0.344
18.97	17.6	16010 0.688	19740 0.539	20020 0.640	20050 0.569	24910 0.465	25080 0.524	25100 0.478	31330 0.488	31400 0.434	31660 0.405	39220 0.400	39610 0.363	40250 0.348
19.19	17.7	16100 0.695	19860 0.545	20140 0.647	20160 0.576	25050 0.470	25220 0.529	25240 0.483	31500 0.494	31570 0.439	31840 0.410	39450 0.404	39830 0.367	40480 0.352
19.41	17.8	16190 0.702	19970 0.551	20250 0.655	20280 0.582	25190 0.475	25360 0.535	25380 0.488	31680 0.499	31750 0.444	32020 0.414	39670 0.408	40060 0.371	40700 0.356
19.63	17.9	16280 0.711	20080 0.557	20370 0.662	20390 0.588	25330 0.480	25510 0.541	25530 0.494	31860 0.504	31930 0.448	32200 0.419	39890 0.413	40280 0.375	40930 0.359
19.85	18.0	16370 0.718	20190 0.563	20480 0.669	20500 0.595	25470 0.485	25650 0.547	25670 0.499	32040 0.510	32110 0.453	32380 0.423	40120 0.417	40510 0.379	41160 0.363
20.07	18.1	16460 0.726	20310 0.569	20590 0.676	20620 0.601	25620 0.490	25790 0.553	25810 0.505	32220 0.515	32290 0.458	32560 0.428	40340 0.422	40730 0.383	41390 0.367
20.29	18.2	16550 0.734	20420 0.575	20710 0.683	20730 0.608	25760 0.496	25930 0.559	25950 0.510	32390 0.521	32470 0.463	32740 0.433	40560 0.426	40960 0.387	41620 0.371
20.51	18.3	16640 0.742	20530 0.581	20820 0.691	20850 0.614	25900 0.501	26080 0.565	26100 0.516	32570 0.527	32640 0.468	32920 0.437	40780 0.431	41180 0.391	41850 0.375
20.74	18.4	16740 0.750	20640 0.588	20940 0.698	30960 0.621	26040 0.506	26220 0.571	26240 0.521	32750 0.532	32820 0.473	33100 0.442	41010 0.436	41410 0.395	42080 0.379

续表

下行—单位摩擦阻力（mmH_2O/m）

1250×630	1600×500	1000×800	1250×800	1000×1000	1600×630	1250×1000	1600×800	2000×800	1600×1000	2000×1000	1600×1250	2000×1250
48650 0.319	49380 0.358	49490 0.296	61850 0.265	61910 0.257	62310 0.291	77370 0.227	79210 0.238	99060 0.219	99100 0.200	123900 0.182	124000 0.171	155000 0.154
48930 0.322	49670 0.362	49770 0.300	62200 0.268	62270 0.260	62670 0.294	77820 0.230	79670 0.241	99630 0.222	99670 0.203	124600 0.184	124700 0.173	155900 0.155
49210 0.326	49950 0.366	50060 0.303	62560 0.271	62620 0.263	63030 0.297	78270 0.232	80130 0.243	100200 0.224	100200 0.205	125400 0.186	125400 0.175	156800 0.157
49490 0.329	50240 0.370	50350 0.306	62920 0.274	62980 0.266	63390 0.301	78720 0.234	80580 0.246	100800 0.227	10800 0.207	126100 0.188	126100 0.177	157700 0.159
49770 0.333	50520 0.374	50630 0.310	63280 0.277	63340 0.269	63750 0.304	79160 0.237	81040 0.249	101300 0.229	101400 0.210	126800 0.190	126800 0.179	158600 0.161
50050 0.337	50810 0.378	50920 0.313	63630 0.280	63700 0.272	64110 0.307	79610 0.240	81500 0.252	101900 0.232	102000 0.212	127500 0.193	127500 0.181	159500 0.162
50340 0.340	51090 0.382	51200 0.317	63990 0.283	64050 0.275	64470 0.311	80060 0.242	81960 0.254	102500 0.234	102500 0.214	128200 0.195	128300 0.183	160400 0.164
50620 0.344	51380 0.386	51490 0.320	64350 0.286	64410 0.278	64830 0.314	80510 0.245	82420 0.257	103100 0.237	103100 0.217	128900 0.197	129000 0.185	161300 0.166
50900 0.348	51660 0.390	51780 0.323	64710 0.289	64770 0.281	65190 0.317	80950 0.247	82870 0.260	103600 0.239	103700 0.219	129700 0.199	129700 0.187	162200 0.168
51180 0.351	51950 0.395	52060 0.327	65060 0.292	65130 0.284	65550 0.321	81400 0.250	83330 0.263	104200 0.242	104300 0.221	130400 0.201	130400 0.189	163100 0.169
51460 0.355	52230 0.399	52350 0.330	65420 0.296	65490 0.287	65910 0.324	81850 0.253	83790 0.266	104800 0.244	104800 0.224	131100 0.203	131100 0.191	164000 0.171
51740 0.359	52520 0.403	52630 0.334	65780 0.300	65840 0.290	66270 0.328	82300 0.255	84250 0.268	105400 0.247	105400 0.226	131800 0.205	131800 0.193	164900 0.173

动压 (mmH_2O)	风速 (m/s)	外边长 $A\times B$ (mm) 上行—风量 (m^3/h)												
		120×120	160×120	200×120	160×160	250×120	200×160	250×160	200×200	250×200	320×160	250×250	320×200	400×200
20.96	18.5	927	1242	1556	1663	1937	2084	2596	2611	3255	3330	4080	4176	5229
		3.98	3.36	3.01	2.77	2.74	2.43	2.17	2.09	1.84	1.94	1.59	1.62	1.47
21.19	18.6	932	1248	1564	1672	1947	2095	2610	2625	3273	3348	4102	4199	5257
		4.03	3.40	3.04	2.80	2.77	2.45	2.19	2.11	1.86	1.96	1.61	1.64	1.48
21.42	18.7	937	1255	1573	1681	1958	2106	2624	2639	3291	3366	4124	4221	5285
		4.07	3.43	3.07	2.83	2.80	2.48	2.21	2.14	1.88	1.98	1.62	1.66	1.50
21.65	18.8	942	1262	1581	1690	1968	2117	2638	2653	3308	3384	4146	4244	5313
		4.11	3.47	3.10	2.86	2.83	2.50	2.24	2.16	1.90	2.00	1.64	1.67	1.52
21.88	18.9	947	1269	1590	1699	1979	2129	2652	2667	3326	3402	4168	4267	5342
		4.15	3.51	3.13	2.89	2.86	2.53	2.26	2.18	1.92	2.02	1.66	1.69	1.53
22.11	19.0	952	1275	1598	1708	1989	2140	2666	2682	3343	3420	4190	4289	5370
		4.20	3.54	3.17	2.92	2.88	2.55	2.28	2.20	1.94	2.04	1.67	1.714	1.55
22.35	19.1	957	1282	1607	1717	2000	2151	2680	2690	3361	3438	4212	4312	5398
		4.24	3.58	3.20	2.94	2.91	2.58	2.31	2.23	1.96	2.06	1.69	1.72	1.56
22.58	19.2	962	1289	1615	1726	2010	2162	2694	2710	3379	3456	4234	4334	5426
		4.28	3.62	3.23	2.97	2.94	2.61	2.33	2.25	1.98	2.08	1.71	1.74	1.58
22.82	19.3	967	1295	1623	1734	2021	2174	2708	2714	3396	3477	4256	4357	5455
		4.32	3.65	3.26	3.00	2.97	2.63	2.35	2.27	2.00	2.11	1.73	1.76	1.59
23.05	19.4	972	1302	1632	1743	2031	2185	2722	2738	3414	3492	4278	4379	5483
		4.37	3.69	3.30	3.04	3.00	2.66	2.38	2.29	2.02	2.13	1.74	1.78	1.61
23.29	19.5	977	1309	1640	1752	2042	2196	2736	2752	3431	3510	4300	4402	5511
		4.41	3.73	3.33	3.07	3.03	2.69	2.40	2.32	2.04	2.15	1.76	1.80	1.63
23.53	19.6	982	1316	1649	1761	2052	2207	2751	2766	3449	3528	4322	4425	5539
		4.46	3.76	3.36	3.10	3.06	2.71	2.42	2.34	2.06	2.17	1.78	1.81	1.64
23.77	19.7	987	1322	1657	1770	2062	2219	2765	2780	3467	3546	4344	4447	5568
		4.50	3.80	3.40	3.13	3.09	2.74	2.45	2.36	2.08	2.19	1.80	1.83	1.66
24.01	19.8	993	1329	1665	1779	2073	2230	2779	2794	3484	3564	4366	4470	5596
		4.54	3.84	3.43	3.16	3.12	2.77	2.47	2.39	2.10	2.21	1.81	1.85	1.68
24.26	19.9	998	1336	1674	1788	2083	2241	2793	2809	3502	3582	4388	4492	5624
		4.59	3.88	3.46	3.19	3.16	2.79	2.50	2.41	2.12	2.23	1.83	1.87	1.69
24.50	20.0	1003	1342	1682	1797	2094	2252	2807	2823	3519	3600	4410	4515	5652
		4.63	3.91	3.50	3.22	3.19	2.82	2.52	2.43	2.14	2.26	1.85	1.89	1.71

续表

下行—单位摩擦阻力（mmH_2O/m）

320× 250	500× 200	400× 250	320× 320	500× 250	400× 320	630× 250	500× 320	400× 400	500× 400	630× 320	500× 500	630× 400
5234 1.38	6544 1.35	6552 1.23	6714 1.17	8201 1.11	8405 1.03	10310 1.02	10520 0.917	10520 0.890	13170 0.782	13240 0.829	16480 0.677	16580 0.696
5262 1.39	6579 1.36	6588 1.24	6750 1.18	8245 1.13	8451 1.04	10370 1.03	10580 0.927	10580 0.899	13240 0.790	13310 0.838	16570 0.684	16670 0.704
5290 1.41	6615 1.38	6623 1.26	6786 1.20	8289 1.14	8496 1.05	10430 1.04	10630 0.937	10640 0.908	13310 0.798	13380 0.847	16660 0.691	16760 0.711
5318 1.42	6650 1.39	6658 1.27	6823 1.21	8334 1.15	8542 1.06	10480 1.06	10690 0.946	10690 0.918	13380 0.807	13450 0.856	16750 0.699	16850 0.718
5347 1.43	6685 1.41	6694 1.28	6859 1.22	8378 1.16	8587 1.07	10540 1.07	10750 0.956	10750 0.927	13460 0.815	13520 0.864	16840 0.706	16940 0.726
5374 1.45	6721 1.42	6729 1.29	6895 1.23	8422 1.17	8633 1.08	10590 1.08	10800 0.966	10810 0.937	13530 0.823	13600 0.873	16930 0.713	17030 0.733
5403 1.46	6756 1.44	6765 1.31	6931 1.25	8467 1.19	8678 1.09	10650 1.09	10860 0.976	10860 0.946	13600 0.832	13670 0.882	17020 0.720	17120 0.741
5432 1.48	6791 1.45	6800 1.32	6968 1.26	8511 1.20	8723 1.10	10700 1.10	10920 0.986	10920 0.956	13670 0.840	13740 0.891	17110 0.728	17210 0.748
5460 1.49	6827 1.46	6836 1.33	7004 1.27	8555 1.21	8769 1.12	10760 1.11	10970 0.996	10980 0.966	13740 0.849	13810 0.900	17200 0.735	17290 0.756
5488 1.51	6862 1.48	6871 1.35	7040 1.28	8599 1.22	8814 1.13	10820 1.12	11030 1.01	11040 0.975	13810 0.857	13880 0.909	17290 0.743	17380 0.764
5516 1.52	6898 1.49	6906 1.36	7077 1.30	8644 1.23	8360 1.14	10870 1.13	11090 1.02	11090 0.985	13880 0.866	13950 0.918	17370 0.750	17470 0.771
5545 1.54	6933 1.51	6942 1.38	7113 1.31	8688 1.25	8905 1.15	10930 1.14	11150 1.03	11150 0.995	13950 0.875	14020 0.928	17460 0.757	17560 0.779
5573 1.56	6968 1.52	6977 1.39	7149 1.32	8732 1.26	8951 1.16	10980 1.16	11200 1.04	11210 1.00	14020 0.883	14100 0.937	17550 0.765	17650 0.787
5601 1.57	7004 1.54	7013 1.40	7185 1.34	8777 1.27	8996 1.17	11040 1.17	11260 1.05	11260 1.01	14100 0.892	14170 0.946	17640 0.773	17740 0.794
5630 1.59	7039 1.55	7048 1.42	7222 1.35	8321 1.28	9041 1.18	11090 1.18	11320 1.06	11320 1.02	14170 0.901	14240 0.955	17730 0.780	17830 0.802
5658 1.60	7074 1.57	7083 1.43	7258 1.36	8865 1.30	9087 1.20	11150 1.19	11370 1.07	11380 1.03	14240 0.910	14310 0.965	17820 0.788	17920 0.810

动压 (mmH_2O)	风速 (m/s)	外边长 $A\times B$ (mm) 上行—风量 (m^3/h)												
		800×320	630×500	1000×320	800×400	630×630	1000×400	800×500	1250×400	1000×500	800×630	1250×500	1000×630	800×800
20.96	18.5	16830	20750	21050	21070	26180	26360	26380	32930	33000	33280	41230	41630	42300
		0.758	0.594	0.705	0.627	0.512	0.577	0.527	0.538	0.478	0.447	0.440	0.399	0.383
21.19	18.6	16920	20870	21160	21190	26320	26500	26520	33110	33180	33460	41450	41860	42530
		0.766	0.600	0.713	0.634	0.517	0.583	0.532	0.543	0.483	0.451	0.445	0.404	0.387
21.42	18.7	17010	20980	21280	21300	26470	26650	26670	33280	33360	33640	41680	42080	42760
		0.774	0.606	0.720	0.640	0.522	0.589	0.538	0.549	0.488	0.456	0.449	0.408	0.391
21.65	18.8	17100	21090	21390	21410	26610	26790	26810	33460	33540	33820	41900	42310	42990
		0.782	0.613	0.728	0.647	0.528	0.595	0.543	0.555	0.493	0.461	0.454	0.412	0.395
21.88	18.9	17190	21200	21500	21530	26750	26930	26950	33640	33710	34000	42120	42530	43220
		0.790	0.619	0.735	0.654	0.533	0.601	0.549	0.561	0.498	0.465	0.459	0.416	0.399
22.11	19.0	17280	21310	21620	21640	26890	27070	27090	33820	33890	34180	42340	42760	43450
		0.798	0.625	0.743	0.660	0.539	0.607	0.555	0.566	0.503	0.470	0.464	0.421	0.403
22.35	19.1	17370	21430	21730	21760	27030	27220	27240	34000	34070	34360	42570	42980	43680
		0.806	0.632	0.750	0.667	0.544	0.614	0.560	0.572	0.509	0.475	0.468	0.425	0.408
22.58	19.2	17460	21540	21850	21870	27170	27360	27380	34170	34250	34540	42790	43210	43910
		0.814	0.638	0.758	0.674	0.550	0.620	0.566	0.578	0.514	0.480	0.473	0.429	0.412
22.82	19.3	17550	21650	21960	21980	27310	27500	27520	34350	34430	34720	43010	43430	44130
		0.822	0.645	0.766	0.681	0.555	0.626	0.572	0.584	0.519	0.485	0.478	0.434	0.416
23.05	19.4	17650	21760	22070	22100	27460	27640	27660	35530	34610	34900	43240	43660	44360
		0.831	0.651	0.773	0.688	0.561	0.633	0.578	0.590	0.524	0.490	0.483	0.438	0.420
23.29	19.5	17740	21880	22190	22210	27600	27790	27810	34710	34780	35080	43460	43880	44590
		0.839	0.658	0.781	0.695	0.567	0.639	0.583	0.596	0.529	0.495	0.488	0.442	0.424
23.53	19.6	17830	21990	22300	22330	27740	27930	27950	34880	34960	35260	43680	44110	44820
		0.847	0.664	0.789	0.701	0.572	0.645	0.589	0.602	0.535	0.500	0.492	0.447	0.429
23.77	19.7	17920	22100	22410	22440	27880	28070	28090	35060	35140	35440	43900	44330	45050
		0.856	0.671	0.797	0.708	0.578	0.652	0.595	0.608	0.540	0.504	0.497	0.451	0.433
24.01	19.8	18010	22210	22530	22550	28020	28210	28230	35240	35320	35620	44130	44560	45280
		0.864	0.677	0.805	0.715	0.584	0.658	0.601	0.614	0.545	0.509	0.502	0.456	0.437
24.26	19.9	18100	22320	22640	22670	28160	28360	28380	35420	35500	35800	44350	44780	45510
		0.873	0.684	0.813	0.722	0.590	0.665	0.607	0.620	0.551	0.514	0.507	0.460	0.441
24.50	20.0	18190	22440	22760	22780	28310	28500	28520	35600	35680	35980	44570	45010	45740
		0.881	0.691	0.821	0.730	0.595	0.671	0.613	0.626	0.556	0.520	0.512	0.465	0.446

续表

下行—单位摩擦阻力（mmH_2O/m）

1250×630	1600×500	1000×800	1250×800	1000×1000	1600×630	1250×1000	1600×800	2000×800	1600×1000	2000×1000	1600×1250	2000×1250
52020 0.363	52810 0.407	52920 0.337	66140 0.302	66200 0.293	66630 0.331	82740 0.258	84710 0.271	105900 0.250	106000 0.228	132500 0.208	132600 0.195	165800 0.175
52300 0.367	53090 0.412	53210 0.341	66490 0.305	66560 0.296	66990 0.335	83190 0.261	85160 0.274	106500 0.252	106500 0.231	133200 0.210	133300 0.197	166700 0.177
52580 0.370	53380 0.416	53490 0.345	66850 0.308	66920 0.299	67350 0.338	83640 0.264	85620 0.277	107100 0.255	107100 0.233	134000 0.212	134000 0.199	167600 0.179
52870 0.374	53660 0.420	53780 0.348	67210 0.311	67280 0.302	67710 0.342	84080 0.266	86080 0.280	107600 0.258	107700 0.236	134700 0.214	134700 0.201	168500 0.180
53150 0.378	53950 0.425	54070 0.352	67570 0.315	67630 0.305	68070 0.345	84530 0.269	86540 0.283	108200 0.260	108300 0.238	135400 0.216	135400 0.203	169400 0.182
53430 0.382	54230 0.429	54350 0.355	67920 0.318	67990 0.308	68430 0.349	84980 0.272	87000 0.286	108800 0.263	108800 0.240	136100 0.219	136100 0.205	170200 0.184
53710 0.386	54520 0.433	54640 0.359	68280 0.321	68350 0.312	68790 0.352	85420 0.275	87450 0.289	109400 0.266	109400 0.243	136800 0.221	136900 0.208	171100 0.186
53990 0.390	54800 0.438	54920 0.363	68640 0.324	68710 0.315	69150 0.356	85870 0.277	87910 0.291	109900 0.268	110000 0.245	137500 0.223	137600 0.210	172000 0.188
54270 0.394	55090 0.442	55210 0.366	69000 0.328	69060 0.318	69510 0.359	86320 0.280	88370 0.294	110500 0.271	110600 0.248	138300 0.225	138300 0.212	172900 0.190
54550 0.398	55370 0.447	55500 0.370	69350 0.331	69420 0.321	69870 0.363	86770 0.283	88830 0.297	111100 0.274	111100 0.250	139000 0.228	139000 0.214	173800 0.192
54830 0.402	55660 0.451	55780 0.374	69710 0.334	69780 0.324	70230 0.367	87210 0.286	89280 0.300	111700 0.277	111700 0.253	139700 0.230	139700 0.216	174700 0.194
55120 0.406	55950 0.456	56070 0.377	70070 0.338	70140 0.328	70590 0.370	87660 0.289	89740 0.303	112200 0.279	112300 0.255	140400 0.232	140400 0.218	175600 0.196
55400 0.410	56230 0.460	56350 0.381	70430 0.341	70500 0.331	70950 0.374	88110 0.292	90200 0.306	112800 0.282	112800 0.258	141100 0.234	141200 0.220	176500 0.198
55680 0.414	56520 0.465	56640 0.385	70780 0.344	70850 0.334	71310 0.378	83560 0.295	90660 0.309	113400 0.285	113400 0.261	141800 0.237	141900 0.223	177400 0.200
55960 0.418	56800 0.469	56930 0.389	71140 0.348	71210 0.337	71670 0.381	89000 0.297	91120 0.312	113900 0.288	114000 0.263	142600 0.239	142600 0.225	178300 0.202
56240 0.422	57090 0.474	57210 0.393	71500 0.351	71570 0.341	72030 0.385	89450 0.300	91570 0.316	114500 0.291	114600 0.266	143300 0.241	143300 0.227	179200 0.203

表 2-52　塑料制圆

动压 (mmH_2O)	风速 (m/s)	外径 *D* (mm) 上行—风量 (m^3/h)												
		100	120	140	160	180	200	220	250	280	320	360	400	450
0.061	1.0	25 0.023	37 0.018	51 0.015	67 0.012	86 0.011	106 0.009	129 0.008	168 0.007	212 0.006	279 0.005	350 0.004	434 0.004	552 0.003
0.074	1.1	27 0.027	40 0.021	56 0.017	74 0.014	94 0.012	117 0.011	142 0.010	185 0.008	233 0.007	307 0.006	385 0.005	478 0.005	608 0.004
0.088	1.2	30 0.031	44 0.025	61 0.020	80 0.017	103 0.014	128 0.013	152 0.011	202 0.009	255 0.008	335 0.007	420 0.006	521 0.005	663 0.005
0.104	1.3	32 0.036	48 0.028	66 0.023	87 0.019	111 0.017	138 0.014	168 0.013	219 0.011	276 0.009	362 0.008	455 0.007	565 0.006	718 0.005
0.120	1.4	35 0.041	51 0.032	71 0.026	94 0.022	120 0.019	149 0.016	181 0.015	236 0.012	297 0.011	390 0.009	490 0.008	608 0.007	773 0.006
0.138	1.5	37 0.046	55 0.036	76 0.030	101 0.025	128 0.021	160 0.019	194 0.016	253 0.014	318 0.012	418 0.010	525 0.009	652 0.008	829 0.007
0.157	1.6	40 0.052	59 0.041	81 0.033	107 0.028	137 0.024	170 0.021	207 0.018	269 0.016	340 0.014	446 0.011	561 0.010	695 0.009	884 0.008
0.177	1.7	42 0.058	62 0.045	86 0.037	114 0.031	146 0.027	181 0.023	220 0.021	286 0.017	361 0.015	474 0.013	596 0.011	739 0.010	939 0.008
0.198	1.8	45 0.064	66 0.050	91 0.041	121 0.034	154 0.029	192 0.026	233 0.023	303 0.019	382 0.017	502 0.014	631 0.012	782 0.011	994 0.009
0.221	1.9	47 0.070	70 0.055	96 0.045	127 0.038	163 0.032	202 0.028	246 0.025	320 0.021	403 0.018	530 0.016	666 0.014	826 0.012	1050 0.011
0.245	2.0	50 0.076	73 0.060	102 0.049	134 0.041	171 0.035	213 0.031	259 0.027	337 0.023	425 0.020	558 0.017	701 0.015	869 0.013	1105 0.011
0.270	2.1	52 0.083	77 0.065	107 0.053	141 0.045	180 0.039	223 0.034	272 0.030	354 0.025	446 0.022	585 0.019	736 0.016	912 0.014	1160 0.012
0.296	2.2	55 0.090	81 0.071	112 0.058	148 0.049	188 0.042	234 0.037	285 0.032	370 0.028	467 0.024	613 0.020	771 0.018	956 0.015	1215 0.013

形通风管道计算表

下行—单位摩擦阻力（mmH_2O/m）

500	560	630	700	800	900	1000	1120	1250	1400	1600	1800	2000
684	862	1094	1346	1765	2240	2771	3471	4330	5447	7130	9039	11170
0.003	0.002	0.002	0.002	0.002	0.001	0.001	0.001	0.001	0.001	0.001	0.001	0.001
753	948	1203	1481	1941	2464	3048	3818	4770	5992	7843	9943	12290
0.003	0.003	0.003	0.002	0.002	0.002	0.001	0.001	0.001	0.001	0.001	0.001	0.001
821	1034	1313	1615	2118	2688	3325	4165	5200	6537	8556	10850	13410
0.004	0.003	0.003	0.003	0.002	0.002	0.002	0.001	0.001	0.001	0.001	0.001	0.001
890	1120	1422	1750	2294	2911	3603	4512	5633	7081	9269	11750	14530
0.005	0.004	0.003	0.003	0.003	0.002	0.002	0.002	0.001	0.001	0.001	0.001	0.001
958	1206	1531	1885	2470	3135	3880	4860	6067	7626	9982	12650	15640
0.005	0.005	0.004	0.003	0.003	0.003	0.002	0.002	0.002	0.001	0.001	0.001	0.001
1027	1292	1641	2019	2647	3359	4157	5207	6500	8171	10700	13560	16760
0.006	0.005	0.004	0.004	0.003	0.003	0.003	0.002	0.002	0.002	0.001	0.001	0.001
1095	1378	1750	2154	2823	3583	4434	5554	6934	8715	11410	14460	17880
0.007	0.006	0.005	0.004	0.004	0.003	0.003	0.002	0.002	0.002	0.002	0.001	0.001
1164	1465	1860	2288	3000	3807	4711	5901	7367	9260	12120	15370	19000
0.007	0.006	0.006	0.005	0.004	0.004	0.003	0.003	0.002	0.002	0.002	0.002	0.001
1232	1551	1969	2423	3176	4031	4988	6248	7800	9805	12830	16270	20110
0.008	0.007	0.006	0.005	0.005	0.004	0.003	0.003	0.003	0.002	0.002	0.002	0.002
1300	1637	2078	2558	3353	4255	5265	6595	8234	10350	13550	17170	21230
0.009	0.008	0.007	0.006	0.005	0.004	0.004	0.003	0.003	0.003	0.002	0.002	0.002
1369	1723	2188	2692	3529	4479	5542	6942	8667	10890	14260	18080	22350
0.010	0.009	0.007	0.007	0.006	0.005	0.004	0.004	0.003	0.003	0.002	0.002	0.002
1437	1809	2297	2827	3706	4703	5819	7289	9100	11440	14970	18980	23470
0.011	0.009	0.008	0.007	0.006	0.005	0.005	0.004	0.004	0.003	0.003	0.002	0.002
1506	1895	2407	2962	3882	4927	6100	7635	9534	11980	15690	19890	24580
0.012	0.010	0.009	0.008	0.007	0.006	0.005	0.004	0.004	0.003	0.003	0.002	0.002

动压（mmH_2O）	风速（m/s）	外径 D（mm）上行—风量（m^3/h）												
		100	120	140	160	180	200	220	250	280	320	360	400	450
0.324	2.3	57 0.098	85 0.075	117 0.063	154 0.053	197 0.045	245 0.040	298 0.035	387 0.030	488 0.026	641 0.022	806 0.019	999 0.017	1270 0.014
0.353	2.4	60 0.105	88 0.083	122 0.068	161 0.057	205 0.049	255 0.043	311 0.038	404 0.032	509 0.028	669 0.024	841 0.021	1043 0.018	1326 0.016
0.383	2.5	62 0.113	92 0.089	127 0.073	168 0.061	214 0.052	266 0.046	324 0.041	421 0.035	531 0.030	697 0.025	876 0.022	1086 0.019	1381 0.017
0.414	2.6	65 0.121	96 0.095	132 0.078	174 0.065	223 0.056	277 0.049	337 0.044	438 0.037	552 0.032	725 0.027	911 0.024	1130 0.021	1436 0.018
0.447	2.7	67 0.129	99 0.102	137 0.083	181 0.070	231 0.060	287 0.053	350 0.047	455 0.040	573 0.034	753 0.029	946 0.025	1173 0.022	1491 0.019
0.480	2.8	70 0.133	102 0.108	142 0.089	188 0.075	240 0.064	298 0.056	363 0.050	471 0.042	594 0.037	781 0.031	981 0.027	1217 0.024	1547 0.020
0.515	2.9	72 0.147	106 0.115	147 0.094	194 0.079	248 0.068	309 0.060	376 0.053	488 0.045	616 0.039	808 0.033	1016 0.029	1260 0.025	1602 0.022
0.551	3.0	75 0.156	110 0.122	152 0.100	201 0.084	257 0.072	319 0.063	388 0.056	505 0.048	637 0.042	836 0.035	1051 0.031	1303 0.027	1657 0.023
0.589	3.1	77 0.165	113 0.130	157 0.106	208 0.089	265 0.077	330 0.067	401 0.060	522 0.051	658 0.044	864 0.037	1086 0.032	1347 0.028	1712 0.025
0.627	3.2	80 0.174	117 0.137	162 0.112	215 0.094	274 0.081	341 0.071	414 0.063	539 0.054	679 0.047	892 0.039	1121 0.034	1390 0.030	1768 0.026
0.667	3.3	82 0.184	121 0.145	168 0.118	221 0.099	282 0.086	351 0.075	427 0.067	556 0.057	700 0.049	920 0.042	1156 0.036	1434 0.032	1823 0.028
0.708	3.4	85 0.193	125 0.152	173 0.125	228 0.105	291 0.091	362 0.079	440 0.070	572 0.060	722 0.052	948 0.044	1191 0.038	1477 0.034	1878 0.029

续表

下行—单位摩擦阻力（mmH_2O/m）

500	560	630	700	800	900	1000	1120	1250	1400	1600	1800	2000
1574 0.013	1982 0.011	2516 0.010	3096 0.008	4059 0.007	5151 0.006	6374 0.005	7984 0.005	9967 0.004	12530 0.004	16400 0.003	20790 0.003	25700 0.002
1643 0.014	2068 0.012	2625 0.010	3231 0.009	4235 0.008	5375 0.007	6651 0.006	8331 0.005	10400 0.004	13070 0.004	17110 0.003	21690 0.003	26820 0.003
1711 0.015	2154 0.013	2735 0.011	3365 0.010	4412 0.008	5599 0.007	6928 0.006	8678 0.006	10830 0.005	13620 0.004	17830 0.004	22600 0.003	27940 0.003
1779 0.016	2240 0.014	2844 0.012	3500 0.010	4588 0.009	5823 0.008	7205 0.007	9025 0.006	11270 0.005	14160 0.005	18540 0.004	23500 0.003	29050 0.003
1848 0.017	2326 0.015	2953 0.013	3636 0.011	4764 0.010	6047 0.008	7482 0.007	9372 0.007	11700 0.006	14710 0.005	19250 0.004	24410 0.004	30170 0.003
1916 0.018	2412 0.016	3063 0.014	3769 0.012	4941 0.010	6271 0.009	7759 0.008	9719 0.007	12130 0.006	15250 0.005	19960 0.004	25310 0.004	31290 0.003
1985 0.019	2498 0.017	3172 0.014	3904 0.013	5117 0.011	6495 0.009	8036 0.008	10070 0.007	12570 0.006	15800 0.006	20680 0.005	26210 0.004	32410 0.004
2053 0.020	2585 0.018	3282 0.015	4038 0.014	5294 0.012	6719 0.010	8314 0.009	10410 0.008	13000 0.007	16340 0.006	21390 0.005	27120 0.004	33520 0.004
2122 0.022	2671 0.019	3391 0.016	4173 0.014	5407 0.012	6943 0.011	8591 0.009	10760 0.008	13430 0.007	16890 0.006	22100 0.005	28020 0.005	34640 0.004
2190 0.023	2757 0.020	3500 0.017	4308 0.015	5647 0.013	7167 0.011	8868 0.010	11110 0.009	13870 0.008	17430 0.007	22820 0.006	28930 0.005	34760 0.004
2259 0.024	2843 0.021	3610 0.018	4442 0.016	5823 0.014	7391 0.012	9145 0.010	11450 0.009	14300 0.008	17980 0.007	23530 0.006	29830 0.005	36880 0.005
2327 0.025	2929 0.022	3719 0.019	4577 0.017	6000 0.014	7615 0.013	9422 0.011	11800 0.010	14730 0.008	18520 0.007	24240 0.006	30730 0.005	37990 0.005

动压 (mmH_2O)	风速 (m/s)	外径 D (mm) 上行—风量 (m^3/h)												
		100	120	140	160	180	200	220	250	280	320	360	400	450
0.750	3.5	87	128	178	235	300	372	453	489	743	976	1226	1521	1933
		0.204	0.161	0.132	0.111	0.095	0.083	0.074	0.063	0.055	0.046	0.040	0.035	0.031
0.794	3.6	90	132	183	241	308	383	466	606	764	1004	1261	1564	1989
		0.215	0.169	0.138	0.116	0.100	0.088	0.078	0.066	0.057	0.049	0.042	0.037	0.032
0.869	3.7	92	136	188	248	317	394	479	623	785	1031	1296	1608	2044
		0.225	0.177	0.145	0.122	0.105	0.092	0.082	0.070	0.060	0.051	0.045	0.039	0.034
0.885	3.8	95	140	193	255	325	404	492	640	807	1059	1331	1651	2099
		0.236	0.186	0.152	0.128	0.110	0.097	0.086	0.073	0.063	0.054	0.047	0.041	0.035
0.932	3.9	97	143	198	262	334	415	505	657	828	1087	1366	1694	2154
		0.247	0.195	0.159	0.134	0.116	0.101	0.090	0.076	0.066	0.056	0.049	0.043	0.037
0.980	4.0	100	147	203	268	342	426	518	673	849	1115	1401	1738	2210
		0.258	0.203	0.167	0.140	0.121	0.106	0.094	0.080	0.069	0.059	0.051	0.045	0.039
1.03	4.1	102	151	208	275	351	436	531	690	870	1143	1436	1781	2265
		0.270	0.213	0.174	0.147	0.126	0.111	0.098	0.084	0.073	0.061	0.054	0.047	0.041
1.08	4.2	104	154	213	282	360	447	544	707	892	1171	1471	1825	2320
		0.282	0.222	0.182	0.153	0.132	0.115	0.102	0.087	0.076	0.064	0.056	0.049	0.042
1.13	4.3	107	158	218	288	368	458	557	724	913	1199	1506	1868	2375
		0.294	0.231	0.190	0.160	0.138	0.120	0.108	0.091	0.079	0.067	0.058	0.051	0.044
1.19	4.4	110	162	223	295	377	468	570	741	934	1227	1541	1912	2430
		0.306	0.241	0.197	0.166	0.143	0.125	0.111	0.095	0.082	0.070	0.061	0.053	0.046
1.24	4.5	112	165	228	302	385	479	583	758	955	1254	1576	1955	2486
		0.318	0.251	0.206	0.173	0.149	0.131	0.116	0.099	0.086	0.073	0.064	0.056	0.048
1.30	4.6	114	169	234	308	394	490	596	774	976	1282	1612	1999	2541
		0.331	0.261	0.214	0.180	0.155	0.136	0.120	0.103	0.089	0.076	0.066	0.058	0.050
1.35	4.7	117	173	239	315	402	500	609	791	998	1310	1647	2042	2596
		0.344	0.271	0.222	0.187	0.161	0.141	0.125	0.107	0.093	0.079	0.068	0.060	0.052

续表

下行一单位摩擦阻力（mmH_2O/m）

500	560	630	700	800	900	1000	1120	1250	1400	1600	1800	2000
2395 0.027	3015 0.025	3829 0.020	4711 0.018	6176 0.015	7839 0.013	9699 0.012	12150 0.010	15170 0.009	19070 0.008	24960 0.007	31640 0.006	39110 0.005
2464 0.028	3102 0.025	3938 0.021	4846 0.019	6353 0.016	8063 0.014	9976 0.012	12500 0.011	15600 0.009	19610 0.008	25670 0.007	32540 0.006	40230 0.005
2532 0.030	3188 0.026	4047 0.022	4981 0.020	6529 0.017	8287 0.015	10250 0.013	12840 0.011	16030 0.010	20150 0.009	26380 0.007	33440 0.006	41350 0.006
2601 0.031	3274 0.027	4157 0.023	5115 0.021	6705 0.018	8511 0.015	10530 0.013	13190 0.012	16470 0.010	20700 0.009	27090 0.008	34350 0.007	42460 0.006
2669 0.033	3360 0.028	4266 0.025	5250 0.022	6882 0.018	8734 0.016	10810 0.014	13540 0.012	16900 0.011	21240 0.009	27810 0.008	35250 0.007	43580 0.006
2738 0.034	3446 0.030	4376 0.026	5385 0.023	7058 0.019	8958 0.017	11080 0.015	13880 0.013	17330 0.011	21790 0.010	28520 0.008	36160 0.007	44700 0.006
2806 0.036	3532 0.031	4485 0.027	5519 0.024	7235 0.020	9182 0.018	11360 0.015	14230 0.014	17770 0.012	22330 0.010	29230 0.009	37060 0.008	45820 0.007
2875 0.037	3618 0.032	4594 0.028	5654 0.025	7411 0.021	9406 0.018	11640 0.016	14580 0.014	18200 0.012	22880 0.011	29950 0.009	37960 0.008	46930 0.007
2943 0.039	3705 0.034	4704 0.029	5788 0.026	7588 0.022	9630 0.019	11920 0.017	14930 0.015	18630 0.013	23420 0.011	30660 0.010	38870 0.008	48050 0.007
3011 0.041	3791 0.035	4813 0.031	5923 0.027	7764 0.023	9854 0.020	121190 0.018	15270 0.015	19070 0.013	23970 0.012	31370 0.010	39770 0.009	49170 0.008
3080 0.042	3877 0.037	4922 0.032	6058 0.028	7941 0.024	10080 0.021	12470 0.018	15620 0.016	19500 0.014	24510 0.012	32090 0.010	40680 0.009	50280 0.008
3148 0.044	3963 0.038	5032 0.033	6192 0.029	8117 0.025	10300 0.022	12750 0.019	15970 0.017	19930 0.015	25060 0.013	32800 0.011	41580 0.009	51400 0.008
3217 0.046	4049 0.040	5141 0.034	6327 0.030	8294 0.026	10530 0.022	13020 0.020	16310 0.017	20370 0.015	25600 0.013	33510 0.011	42480 0.010	52520 0.009

动压 (mmH$_2$O)	风速 (m/s)	外径 D (mm) 上行—风量 (m^3/h)												
		100	120	140	160	180	200	220	250	280	320	360	400	450
1.41	4.8	120 0.357	176 0.281	244 0.231	322 0.194	411 0.167	511 0.147	622 0.130	808 0.111	1019 0.096	1338 0.082	1682 0.071	2085 0.062	2651 0.054
1.47	4.9	122 0.370	180 0.292	249 0.239	329 0.202	419 0.174	521 0.152	634 0.135	825 0.115	1040 0.100	1366 0.085	1717 0.074	2129 0.065	2707 0.056
1.53	5.0	125 0.384	184 0.302	254 0.248	335 0.209	428 0.180	532 0.158	647 0.140	842 0.119	1061 0.104	1394 0.088	1752 0.077	2172 0.067	2762 0.058
1.59	5.1	127 0.398	187 0.313	259 0.257	342 0.217	437 0.187	543 0.163	660 0.145	859 0.124	1083 0.107	1422 0.091	1787 0.079	2216 0.070	2817 0.060
1.66	5.2	130 0.411	191 0.324	264 0.266	349 0.224	445 0.193	553 0.169	673 0.150	875 0.128	1104 0.111	1450 0.094	1822 0.082	2259 0.072	2872 0.062
1.72	5.3	132 0.426	195 0.336	269 0.275	355 0.232	454 0.200	564 0.175	686 0.155	892 0.132	1125 0.115	1478 0.098	1857 0.085	2303 0.075	2928 0.065
1.79	5.4	135 0.440	198 0.347	274 0.284	362 0.240	462 0.207	575 0.181	699 0.161	909 0.137	1146 0.119	1505 0.101	1892 0.088	2346 0.077	2993 0.067
1.85	5.5	137 0.455	202 0.358	279 0.294	369 0.248	471 0.214	585 0.187	712 0.166	926 0.142	1167 0.123	1533 0.104	1927 0.091	2390 0.080	3038 0.069
1.92	5.6	140 0.469	206 0.370	284 0.304	376 0.256	479 0.221	596 0.193	725 0.171	943 0.146	1189 0.127	1561 0.108	1962 0.094	2433 0.082	3093 0.071
1.99	5.7	142 0.484	209 0.382	289 0.313	382 0.264	488 0.228	607 0.199	738 0.177	960 0.151	1210 0.131	1589 0.111	1997 0.097	2477 0.085	3149 0.074
2.06	5.8	145 0.500	213 0.394	294 0.323	389 0.273	496 0.235	617 0.206	751 0.183	976 0.156	1231 0.135	1617 0.115	2032 0.100	2520 0.088	3204 0.076
2.13	5.9	147 0.515	217 0.406	300 0.333	396 0.281	505 0.242	628 0.212	764 0.188	993 0.161	1252 0.140	1645 0.118	2067 0.103	2563 0.091	3259 0.078

续表

下行—单位摩擦阻力（mmH_2O/m）

500	560	630	700	800	900	1000	1120	1250	1400	1600	1800	2000
3285 0.047	4135 0.041	5251 0.036	6461 0.032	8470 0.027	10750 0.023	13300 0.021	16660 0.018	20800 0.016	26150 0.014	34220 0.012	43390 0.010	53640 0.009
3354 0.049	4221 0.043	5360 0.037	6596 0.033	8647 0.028	10970 0.024	13580 0.021	17010 0.019	21230 0.016	26690 0.014	34940 0.012	44290 0.011	54750 0.009
3422 0.051	4308 0.045	5469 0.039	6731 0.034	8823 0.029	11200 0.025	13860 0.022	17360 0.019	21670 0.017	27240 0.015	35650 0.013	45200 0.011	55870 0.010
3491 0.053	4394 0.046	5579 0.040	6865 0.035	8999 0.030	11420 0.026	14130 0.023	17700 0.020	22100 0.018	27780 0.015	36360 0.013	46100 0.011	56990 0.010
3559 0.055	4480 0.048	5688 0.041	7000 0.037	9176 0.031	11650 0.027	14410 0.024	18050 0.021	22530 0.018	28330 0.016	37080 0.014	47000 0.0.12	58110 0.010
3627 0.057	4566 0.049	5798 0.043	7135 0.038	9352 0.032	11870 0.028	14690 0.025	18400 0.022	22970 0.019	28870 0.017	37790 0.014	47910 0.012	59220 0.011
3696 0.059	4652 0.051	5907 0.044	7269 0.039	9529 0.033	12090 0.029	14960 0.025	18740 0.022	23400 0.020	29410 0.017	38500 0.015	48810 0.013	60340 0.011
3764 0.061	4738 0.053	6016 0.046	7404 0.041	9705 0.034	12310 0.030	15240 0.026	19090 0.023	23830 0.020	29960 0.018	39220 0.015	49720 0.013	61460 0.012
3838 0.063	4825 0.055	6126 0.047	7538 0.042	9882 0.036	12540 0.031	15520 0.027	19440 0.024	24270 0.021	30500 0.018	39930 0.016	50620 0.014	62580 0.012
3901 0.065	4911 0.056	6235 0.049	7673 0.043	10060 0.037	12770 0.032	15800 0.028	19790 0.025	24700 0.022	31050 0.019	40640 0.016	51520 0.014	63690 0.012
3970 0.067	4997 0.058	6345 0.051	7808 0.045	10230 0.038	12990 0.033	16070 0.029	20130 0.025	25130 0.022	31590 0.019	41350 0.016	52430 0.014	64810 0.013
4038 0.069	5083 0.060	6454 0.052	7942 0.046	10410 0.039	13210 0.034	16350 0.030	20480 0.026	25570 0.023	32140 0.020	42070 0.017	53330 0.015	65930 0.013

动压 (mmH_2O)	风速 (m/s)	外径 D（mm）上行—风量（m^3/h）												
		100	120	140	160	180	200	220	250	280	320	360	400	450
2.21	6.0	150	220	305	402	514	638	777	1010	1274	1673	2102	2607	3314
		0.531	0.419	0.343	0.290	0.250	0.219	0.194	0.165	0.144	0.122	0.106	0.093	0.081
2.28	6.1	152	224	310	409	522	649	790	1027	1295	1701	2137	2650	3370
		0.547	0.431	0.354	0.298	0.257	0.225	0.200	0.170	0.148	0.126	0.110	0.096	0.083
2.35	6.2	155	227	315	416	531	660	803	1044	1316	1728	2172	2694	3425
		0.563	0.444	0.364	0.307	0.265	0.232	0.206	0.176	0.153	0.129	0.113	0.099	0.086
2.43	6.3	157	231	320	422	539	670	816	1061	1337	1756	2207	2737	3480
		0.579	0.457	0.375	0.316	0.272	0.239	0.212	0.181	0.157	0.133	0.116	0.102	0.088
2.51	6.4	160	235	325	429	548	681	829	1077	1359	1784	2242	2781	3535
		0.596	0.470	0.385	0.325	0.280	0.245	0.218	0.186	0.162	0.137	0.120	0.105	0.091
2.59	6.5	162	239	333	436	556	692	842	1094	1380	1812	2277	2824	3590
		0.612	0.483	0.396	0.334	0.288	0.252	0.224	0.191	0.166	0.141	0.123	0.108	0.093
2.67	6.6	165	243	335	443	565	702	855	1111	1401	1840	2312	2868	3646
		0.629	0.496	0.407	0.344	0.296	0.259	0.230	0.196	0.171	0.145	0.126	0.111	0.096
2.75	6.7	167	246	340	449	574	713	868	1128	1422	1868	2347	2911	3701
		0.646	0.510	0.418	0.353	0.304	0.267	0.237	0.202	0.175	0.149	0.130	0.114	0.099
2.83	6.8	170	250	345	456	582	724	880	1145	1443	1896	2382	2954	3756
		0.664	0.524	0.430	0.363	0.312	0.274	0.243	0.207	0.180	0.153	0.133	0.117	0.101
2.92	6.9	172	254	350	463	591	734	893	1162	1465	1924	2417	2998	3811
		0.681	0.537	0.441	0.372	0.321	0.281	0.250	0.213	0.185	0.157	0.137	0.120	0.104
3.00	7.0	175	257	355	469	599	745	906	1178	1486	1951	2452	3041	3867
		0.699	0.551	0.453	0.382	0.329	0.288	0.256	0.218	0.190	0.161	0.141	0.123	0.107
3.09	7.1	177	261	360	476	608	756	919	1195	1507	1979	2487	3085	3922
		0.717	0.566	0.464	0.392	0.338	0.296	0.263	0.224	0.195	0.165	0.144	0.127	0.110
3.18	7.2	180	265	366	483	616	766	932	1212	1528	2007	2522	3128	3977
		0.735	0.580	0.476	0.402	0.346	0.303	0.269	0.230	0.200	0.170	0.148	0.130	0.113

续表

下行一单位摩擦阻力（mmH_2O/m）

500	560	630	700	800	900	1000	1120	1250	1400	1600	1800	2000
4107 0.071	5169 0.062	6563 0.054	8077 0.047	10590 0.040	13440 0.035	16630 0.031	20830 0.027	26000 0.024	32680 0.021	42780 0.018	54230 0.015	67050 0.014
4175 0.073	5255 0.064	6673 0.055	8211 0.049	10760 0.042	13660 0.036	16900 0.032	21170 0.028	26430 0.024	33230 0.021	43490 0.018	55140 0.016	68160 0.014
4243 0.075	5341 0.066	6782 0.057	8346 0.050	10940 0.043	13890 0.037	17180 0.033	21520 0.029	26870 0.025	33770 0.022	44210 0.019	56040 0.016	69280 0.014
4312 0.078	5428 0.068	6891 0.059	8481 0.052	11120 0.044	14110 0.038	17460 0.034	21870 0.030	27300 0.026	34320 0.023	44920 0.019	56950 0.017	70400 0.015
4380 0.080	5514 0.070	7001 0.060	8615 0.053	1290 0.045	14330 0.039	17740 0.035	22220 0.030	27730 0.027	34860 0.023	45630 0.020	57850 0.017	71520 0.015
4449 0.082	5560 0.072	7110 0.062	8750 0.055	11470 0.047	14560 0.041	18010 0.036	22560 0.031	28170 0.027	35410 0.024	45350 0.020	58750 0.018	72630 0.016
4517 0.085	5688 0.074	7220 0.064	8885 0.056	11650 0.048	14780 0.042	18290 0.037	22910 0.032	28600 0.028	25950 0.025	47060 0.021	59660 0.018	73750 0.016
4586 0.087	5772 0.076	7329 0.066	9019 0.058	11820 0.049	15010 0.043	18570 0.038	23260 0.033	29030 0.029	36500 0.025	47770 0.022	60560 0.019	74870 0.017
4654 0.089	5858 0.078	7438 0.067	9154 0.060	12000 0.051	15230 0.044	18840 0.039	23600 0.034	29470 0.030	37040 0.026	48480 0.022	61470 0.019	75990 0.017
4722 0.092	5945 0.080	7548 0.069	9288 0.061	12180 0.052	15450 0.045	19120 0.040	23950 0.035	29900 0.031	37590 0.027	49200 0.023	62370 0.020	77100 0.0.18
4791 0.094	6031 0.082	7657 0.071	9423 0.063	12350 0.053	15680 0.046	19400 0.041	24300 0.036	30330 0.031	38130 0.027	49910 0.023	63270 0.020	78220 0.018
4859 0.096	6119 0.084	7767 0.073	9558 0.064	12530 0.055	15900 0.048	19680 0.042	24650 0.037	30770 0.032	38670 0.028	50620 0.024	64180 0.021	79340 0.018
4928 0.099	6203 0.086	7876 0.075	9692 0.066	12710 0.056	16130 0.049	19950 0.043	24990 0.037	31200 0.033	39220 0.029	51340 0.025	65080 0.021	80460 0.019

动压 (mmH$_2$O)	风速 (m/s)	外径 D (mm) 上行—风量 (m^3/h)												
		100	120	140	160	180	200	220	250	280	320	360	400	450
3.26	7.3	182	268	371	490	625	777	945	1229	1550	2035	2557	3172	4032
		0.753	0.595	0.488	0.412	0.355	0.311	0.276	0.236	0.205	0.174	0.152	0.133	0.115
3.35	7.4	185	272	376	496	633	787	958	1246	1571	2063	2592	3215	4088
		0.772	0.609	0.500	0.422	0.364	0.319	0.283	0.242	0.210	0.178	0.155	0.137	0.118
3.45	7.5	187	276	381	503	642	798	971	1263	1595	2091	2627	3259	4143
		0.791	0.624	0.512	0.432	0.373	0.327	0.290	0.247	0.215	0.183	0.159	0.140	0.121
3.54	7.6	190	279	386	510	651	809	984	1279	1613	2119	2663	3302	4198
		0.809	0.639	0.525	0.443	0.382	0.234	0.297	0.253	0.220	0.187	0.163	0.143	0.124
3.63	7.7	192	283	391	516	659	819	997	1296	1634	2147	2698	3345	4253
		0.829	0.654	0.537	0.453	0.391	0.342	0.304	0.260	0.226	0.192	0.167	0.147	0.127
3.73	7.8	195	287	396	523	668	830	1010	1313	1656	2174	2733	3389	4309
		0.848	0.669	0.550	0.464	0.400	0.351	0.311	0.266	0.231	0.196	0.171	0.150	0.130
3.82	7.9	197	290	401	530	676	841	1023	1330	1677	2202	2768	3432	4364
		0.868	0.685	0.562	0.475	0.409	0.359	0.318	0.272	0.236	0.201	0.175	0.154	0.133
3.92	8.0	200	294	406	536	685	851	1036	1347	1698	2230	2803	3476	4419
		0.887	0.701	0.575	0.486	0.419	0.367	0.326	0.278	0.242	0.205	0.179	0.157	0.136
4.02	8.1	202	298	411	543	693	862	1049	1364	1719	2258	2838	3519	4474
		0.907	0.716	0.588	0.497	0.428	0.375	0.333	0.284	0.247	0.210	0.183	0.161	0.139
4.12	8.2	205	301	416	550	702	873	1062	1380	1741	2286	2873	3563	4530
		0.927	0.732	0.601	0.508	0.438	0.384	0.341	0.291	0.253	0.215	0.187	0.164	0.142
4.22	8.3	207	305	421	557	711	883	1075	1397	1762	2314	2908	3606	4585
		0.948	0.748	0.614	0.519	0.447	0.392	0.348	0.297	0.258	0.219	0.191	0.168	0.146
4.32	8.4	210	309	426	563	719	894	1088	1414	1783	2342	2943	3650	4640
		0.968	0.765	0.628	0.530	0.457	0.401	0.356	0.304	0.264	0.224	0.196	0.172	0.149

续表

下行—单位摩擦阻力（mmH$_2$O/m）

500	560	630	700	800	900	1000	1120	1250	1400	1600	1800	2000
4996 0.101	6289 0.088	7985 0.077	9827 0.068	12880 0.058	16350 0.050	20230 0.044	25330 0.039	31630 0.034	39760 0.030	52050 0.025	65990 0.022	81570 0.019
5065 0.104	6375 0.091	8095 0.079	9961 0.070	13060 0.059	16570 0.051	20510 0.045	25690 0.040	32070 0.035	40310 0.030	52760 0.026	66890 0.023	82690 0.020
5133 0.107	6461 0.093	8204 0.081	10100 0.071	13230 0.061	16800 0.053	20780 0.046	26030 0.041	32500 0.036	40850 0.031	53480 0.027	67790 0.023	83810 0.020
5202 0.109	6548 0.095	8314 0.083	10230 0.073	13410 0.062	17020 0.054	21060 0.048	26380 0.042	32930 0.037	41400 0.032	54190 0.027	68700 0.024	84930 0.021
5270 0.112	6635 0.097	8423 0.085	10370 0.075	13590 0.064	17240 0.055	21340 0.049	26730 0.043	33370 0.037	41940 0.033	54900 0.028	69600 0.024	86040 0.021
5338 0.114	6720 0.100	8532 0.087	10500 0.077	13760 0.065	17470 0.057	21620 0.050	27070 0.044	33800 0.038	42490 0.033	55610 0.029	70510 0.025	87160 0.022
5407 0.117	6806 0.102	8642 0.089	10630 0.078	13940 0.067	17690 0.058	21890 0.051	27420 0.045	34230 0.039	43030 0.034	56330 0.029	71410 0.025	88280 0.022
5475 0.120	6892 0.104	8751 0.091	10770 0.080	14120 0.068	17920 0.059	22170 0.052	27770 0.046	34670 0.040	43580 0.035	57040 0.030	72310 0.026	89400 0.023
5544 0.123	6978 0.107	8860 0.093	10900 0.082	14290 0.070	18140 0.061	22450 0.053	28120 0.047	35100 0.041	44120 0.036	57750 0.031	73220 0.027	90510 0.024
5612 0.125	7065 0.109	8970 0.095	11040 0.084	14470 0.071	18360 0.062	22720 0.055	28460 0.048	35530 0.042	44670 0.037	58470 0.031	74120 0.027	91630 0.024
5681 0.128	7151 0.112	9079 0.097	11170 0.086	14650 0.073	18590 0.063	23000 0.056	28810 0.049	35970 0.043	45210 0.038	59180 0.032	75020 0.028	92750 0.025
5749 0.131	7237 0.114	9189 0.099	11310 0.088	14820 0.075	18810 0.065	23280 0.057	29160 0.050	36400 0.044	45760 0.038	59890 0.033	75930 0.028	93870 0.025

动压（mmH_2O）	风速（m/s）	外径 D（mm）上行—风量（m^3/h）												
		100	120	140	160	180	200	220	250	280	320	360	400	450
4.43	8.5	212 0.989	312 0.781	432 0.641	570 0.542	728 0.467	905 0.409	1101 0.364	1431 0.310	1804 0.270	2370 0.229	2978 0.200	3693 0.176	4695 0.152
4.53	8.6	215 1.01	316 0.798	437 0.655	577 0.553	736 0.477	915 0.418	1114 0.371	1448 0.317	1826 0.276	2397 0.234	3013 0.204	3736 0.179	4750 0.155
4.64	8.7	217 1.03	320 0.814	442 0.669	583 0.565	745 0.487	926 0.427	1127 0.379	1465 0.324	1847 0.281	2425 0.239	3048 0.208	3780 0.183	4806 0.159
4.74	8.8	220 1.05	323 0.831	447 0.683	590 0.576	753 0.497	936 0.436	1139 0.387	1481 0.330	1868 0.287	2453 0.244	3083 0.213	3823 0.187	4861 0.162
4.85	8.9	222 1.07	327 0.848	452 0.697	597 0.588	762 0.507	947 0.445	1152 0.395	1498 0.337	1889 0.293	2481 0.249	3118 0.217	3867 0.191	4916 0.165
4.96	9.0	225 1.10	331 0.866	457 0.710	603 0.600	770 0.518	958 0.454	1165 0.403	1515 0.344	1910 0.299	2509 0.254	3153 0.222	3910 0.195	4971 0.169
5.07	9.1	227 1.12	334 0.883	462 0.725	610 0.612	779 0.528	968 0.463	1178 0.411	1532 0.351	1932 0.305	2537 0.259	3188 0.226	3964 0.199	5027 0.172
5.18	9.2	230 1.14	338 0.901	467 0.740	617 0.625	788 0.539	979 0.472	1191 0.419	1549 0.358	1953 0.311	2565 0.264	3223 0.231	3997 0.203	5082 0.176
5.30	9.3	232 1.16	342 0.918	472 0.754	624 0.637	796 0.549	990 0.482	1204 0.428	1566 0.365	1974 0.318	2593 0.270	3258 0.235	4041 0.207	5137 0.179
5.41	9.4	235 1.18	345 0.936	477 0.769	630 0.649	805 0.560	1000 0.491	1217 0.436	1582 0.372	1995 0.324	2620 0.275	3293 0.240	4084 0.211	5192 0.183
5.53	9.5	237 1.21	349 0.954	482 0.784	637 0.662	813 0.571	1011 0.500	1230 0.445	1599 0.380	2017 0.330	2648 0.280	3328 0.245	4128 0.215	5248 0.186
5.65	9.6	240 1.23	353 0.922	487 0.799	644 0.674	822 0.582	1022 0.510	1243 0.453	1616 0.387	2038 0.336	2676 0.286	3363 0.249	4171 0.219	5303 0.190
5.76	9.7	242 1.25	356 0.991	492 0.814	650 0.687	830 0.593	1032 0.520	1256 0.462	1633 0.394	2059 0.343	2704 0.291	3398 0.254	4214 0.223	5358 0.193

续表

下行—单位摩擦阻力（mmH_2O/m）

500	560	630	700	800	900	1000	1120	1250	1400	1600	1800	2000
5818 0.134	7323 0.117	9298 0.101	11440 0.089	15000 0.076	19040 0.066	23550 0.058	29500 0.051	36830 0.045	46300 0.039	60610 0.033	76830 0.029	94980 0.026
5886 0.137	7409 0.119	9407 0.103	11580 0.091	15180 0.078	19260 0.068	23830 0.060	29850 0.052	37270 0.046	46850 0.040	61320 0.034	77740 0.030	96100 0.026
5954 0.140	7495 0.122	9517 0.106	11710 0.093	15350 0.080	19480 0.069	24110 0.061	30200 0.053	37700 0.047	47390 0.041	62030 0.035	78640 0.030	97220 0.027
6023 0.143	7581 0.124	9626 108	11850 0.095	15530 0.081	19710 0.071	24390 0.062	30550 0.054	38130 0.048	47940 0.042	62740 0.036	79540 0.031	98330 0.027
6091 0.146	7668 0.127	1086 0.110	11980 0.097	15700 0.083	19930 0.072	24660 0.063	30890 0.056	38570 0.049	48480 0.043	63460 0.036	80450 0.032	99450 0.028
6160 0.149	7754 0.129	9845 0.112	12120 0.099	15880 0.085	20160 0.073	24940 0.065	31240 0.057	39000 0.050	49020 0.044	64170 0.037	81350 0.032	100600 0.029
6228 0.152	7840 0.132	9954 0.115	12250 0.101	16060 0.086	20380 0.075	25220 0.066	31590 0.058	39430 0.051	49570 0.044	64880 0.038	82260 0.033	101700 0.029
6297 0.155	7926 0.135	10060 0.117	12380 0.103	16230 0.088	20600 0.076	25490 0.067	31930 0.059	39870 0.052	50110 0.045	65600 0.039	83160 0.034	102800 0.030
6365 0.158	8012 0.137	10170 0.119	12520 0.105	16410 0.090	20830 0.078	25770 0.069	32280 0.060	40300 0.053	50660 0.046	66310 0.039	84060 0.034	103900 0.030
6434 0.161	8098 0.140	10280 0.122	12650 0.108	16590 0.092	21050 0.080	26050 0.070	32630 0.061	40730 0.054	51200 0.047	67020 0.040	84970 0.035	105000 0.031
6502 0.164	8185 0.143	10390 0.124	12790 0.110	16760 0.093	21280 0.081	26330 0.072	32980 0.063	41170 0.055	51750 0.048	67740 0.041	85870 0.036	106200 0.032
6570 0.167	8271 0.146	10500 0.126	12920 0.112	16940 0.095	21500 0.083	26600 0.073	33320 0.064	51600 0.056	52290 0.049	68450 0.042	86780 0.036	107300 0.032
6639 0.170	8357 0.148	10610 0.129	13060 0.114	17120 0.097	21720 0.084	26880 0.074	33670 0.065	42030 0.057	52840 0.050	67160 0.043	87680 0.037	108400 0.033

动压 (mmH_2O)	风速 (m/s)	外径 D (mm) 上行—风量 (m^3/h)												
		100	120	140	160	180	200	220	250	280	320	360	400	450
5.88	9.8	245	360	498	657	839	1043	1269	1650	2080	2732	3433	4258	5413
		1.28	1.01	0.829	0.700	0.604	0.529	0.470	0.402	0.349	0.297	0.259	0.227	0.197
6.00	9.9	247	364	503	664	847	1053	1282	1667	2101	2760	3468	4301	5469
		1.30	1.03	0.844	0.713	0.615	0.539	0.479	0.409	0.356	0.302	0.264	0.232	0.201
6.13	10.0	250	367	508	671	856	1064	1295	1683	2123	2788	3503	4345	5524
		1.32	1.05	0.860	0.726	0.626	0.549	0.488	0.417	0.362	0.308	0.268	0.236	0.204
6.25	10.1	252	371	513	677	865	1075	1308	1700	2144	2816	3538	4388	5579
		1.35	1.07	0.875	0.739	0.638	0.559	0.497	0.424	0369	0.313	0.273	0.240	0.208
6.37	10.2	255	375	518	684	873	1085	1321	1717	2156	2843	3573	4432	5634
		1.37	1.08	0.891	0.753	0.649	0.569	0.506	0.432	0.376	0.319	0.278	0.245	0.212
6.50	10.3	257	378	523	691	882	1096	1334	1734	2186	2871	3608	4475	5690
		1.40	1.10	0.907	0.766	0.661	0.579	0.515	0.439	0.382	0.325	0.283	0.249	0.216
6.63	10.4	260	382	528	697	890	1107	1347	1751	2208	2899	3643	4519	5745
		1.42	1.12	0.923	0.779	0.672	0.590	0.524	0.447	0.389	0.330	0.288	0.253	0.220
6.75	10.5	262	386	533	704	899	1117	1360	1768	2229	2927	3678	4562	5800
		1.45	1.14	0.939	0.793	0.684	0.600	0.533	0.455	0.396	0.336	0.293	0.258	0.224
6.88	10.6	265	390	538	711	907	1128	1373	1784	2250	2955	3714	4605	5855
		1.47	1.16	0.955	0.807	0.696	0.610	0.542	0.463	0.403	0.342	0.299	0.262	0.227
7.01	10.7	267	393	543	717	916	1139	1385	1801	2271	2983	3749	4649	5910
		1.50	1.18	0.971	0.821	0.708	0.621	0.551	0.471	0.410	0.348	0.304	0.267	0.231
7.14	10.8	270	397	548	724	925	1149	1398	1818	2293	3011	3784	4692	5866
		1.52	1.20	0.988	0.834	0.720	0.631	0.561	0.479	0.417	0.354	0.309	0.271	0.235
7.28	10.9	272	400	553	731	933	1160	1411	1835	2314	3039	3819	4736	6021
		1.55	1.22	1.00	0.848	0.732	0.642	0.570	0.487	0.424	0.360	0.314	0.276	0.239

续表

下行—单位摩擦阻力（mmH_2O/m）

500	560	630	700	800	900	1000	1120	1250	1400	1600	1800	2000
6707	8443	10720	13190	17290	21950	27160	34020	42470	53380	69870	88580	109500
0.173	0.151	0.131	0.116	0.099	0.086	0.076	0.066	0.058	0.051	0.043	0.038	0.033
6776	8529	10830	13330	17470	22170	27430	34360	42900	53930	70590	89490	110600
0.177	0.154	0.134	0.118	0.101	0.087	0.077	0.068	0.059	0.052	0.044	0.039	0.034
6844	8615	10940	13460	17650	22400	27710	34710	43330	54470	71300	90390	111700
0.180	0.157	0.136	0.120	0.103	0.089	0.079	0.069	0.060	0.053	0.045	0.039	0.035
6913	8701	11050	13600	17820	22620	27990	35060	43770	55020	72012	91300	112900
0.183	0.160	0.139	0.123	0.104	0.091	0.080	0.070	0.062	0.054	0.046	0.040	0.035
6981	8788	11160	13730	18000	22840	28270	35410	44200	55560	72730	92200	114000
0.187	0.163	0.141	0.125	0.106	0.092	0.081	0.071	0.063	0.055	0.047	0.041	0.036
7050	8874	11270	13870	18180	23070	28540	35750	44630	56110	73440	93100	115100
0.190	0.166	0.144	0.127	0.108	0.094	0.083	0.073	0.064	0.056	0.048	0.041	0.037
7118	8960	11380	14000	18350	23290	28820	36100	45070	56650	74150	94010	116200
0.193	0.169	0.146	0.129	0.110	0.096	0.084	0.074	0.065	0.057	0.048	0.042	0.037
7186	9046	11490	14130	18530	23520	29100	36450	45500	57200	74870	94910	117300
0.197	0.172	0.149	0.132	0.112	0.097	0.086	0.075	0.066	0.058	0.049	0.043	0.038
7255	9132	11600	14270	18700	23740	29370	36790	45930	57740	75580	95810	118400
0.200	0.175	0.152	0.134	0.114	0.099	0.087	0.077	0.067	0.059	0.050	0.044	0.039
7323	9218	11700	14400	18880	23960	29650	37140	46370	58280	76290	96720	119600
0.204	0.178	0.154	0.136	0.116	0.101	0.089	0.078	0.068	0.060	0.051	0.044	0.039
7392	9305	11810	14540	19060	24190	29930	37490	46800	58830	77000	97620	120700
0.207	0.181	0.157	0.139	0.118	0.103	0.091	0.079	0.070	0.061	0.052	0.045	0.040
7460	9391	11920	14670	19230	24410	30210	37840	47230	59370	77720	98530	121800
0.211	0.184	0.159	0.141	0.120	0.104	0.092	0.081	0.071	0.062	0.053	0.046	0.041

动压（mmH_2O）	风速（m/s）	外径 D（mm）上行—风量（m^3/h）												
		100	120	140	160	180	200	220	250	280	320	360	400	450
7.41	11.0	275 1.57	404 1.24	558 1.02	738 0.863	942 0.744	1171 0.653	1424 0.580	1852 0.495	2335 0.413	3067 0.366	3854 0.319	4779 0.281	6076 0.243
7.55	11.1	277 1.60	408 1.26	564 1.04	744 0.877	950 0.757	1181 0.663	1437 0.589	1869 0.503	2356 0.438	3094 0.372	3889 0.325	4823 0.285	6131 0.247
7.68	11.2	280 1.62	412 1.28	569 1.05	751 0.891	959 0.769	1192 0.674	1450 0.599	1885 0.512	2377 0.445	3122 0.378	3924 0.330	4866 0.290	6187 0.251
7.82	11.3	282 1.65	415 1.30	574 1.07	758 0.906	967 0.781	1020 0.685	1463 0.609	1902 0.520	2399 0.452	3150 0.384	3959 0.335	4910 0.295	6242 0.256
7.96	11.4	285 1.68	419 1.33	579 1.09	764 0.920	976 0.794	1213 0.696	1476 0.619	1919 0.528	2420 0.460	3178 0.391	3994 0.341	4953 0.300	6297 0.260
8.10	11.5	287 1.70	423 1.35	584 1.11	771 0.935	984 0.807	1224 0.707	1489 0.629	1936 0.537	2441 0.467	3206 0.397	4029 0.346	4996 0.304	6352 0.264
8.24	11.6	290 1.73	426 1.37	589 1.12	778 0.950	993 0.891	1234 0.719	1502 0.639	1953 0.545	2462 0.475	3234 0.403	4064 0.352	5040 0.309	6408 0.268
8.39	11.7	292 1.76	430 1.39	594 1.14	785 0.965	1002 0.832	1245 0.730	1515 0.649	1970 0.554	2484 0.482	3262 0.409	4099 0.357	5083 0.314	6463 0.272
8.53	11.8	295 1.78	434 1.41	599 1.16	791 0.980	1010 0.845	1256 0.741	1528 0.659	1986 0.563	2505 0.490	3290 0.416	4134 0.363	5127 0.319	6518 0.277
8.67	11.9	297 1.81	437 1.43	604 1.18	798 0.995	1019 0.858	1266 0.753	1541 0.669	2003 0.571	2526 0.497	3317 0.422	4169 0.369	5170 0.324	6573 0.281
8.82	12.0	300 1.84	441 1.45	609 1.20	805 1.01	1027 0.871	1277 0.764	1554 0.679	2020 0.580	2547 0.505	3345 0.429	4204 0.374	5214 0.329	6629 0.285
8.97	12.1	302 1.87	445 1.48	614 1.21	811 1.03	1036 0.885	1288 0.776	1567 0.689	2037 0.589	2568 0.512	3373 0.435	4239 0.380	5257 0.334	6684 0.290
9.12	12.2	305 1.89	448 1.50	619 1.23	818 1.04	1044 0.898	1298 0.788	1580 0.700	2054 0.598	2590 0.520	3401 0.442	4270 0.386	5301 0.339	6739 0.294

续表

下行一单位摩擦阻力（mmH_2O/m）

500	560	630	700	800	900	1000	1120	1250	1400	1600	1800	2000
7529	9497	12030	14810	19410	24640	30480	38180	47670	59920	78430	99430	122900
0.214	0.187	0.162	0.143	0.122	0.106	0.094	0.082	0.072	0.063	0.054	0.047	0.041
7597	9563	12140	14940	19590	24860	30760	38530	48100	60460	79140	100300	124000
0.218	0.190	0.165	0.146	0.124	0.108	0.095	0.083	0.073	0.064	0.055	0.048	0.042
7666	9649	12250	15080	19760	25080	31040	38880	48530	61010	79860	101200	125200
0.221	0.193	0.168	0.148	0.126	0.110	0.097	0.085	0.074	0.065	0.056	0.048	0.043
7734	9735	12360	15210	19940	25310	31310	39220	48970	61550	80570	102100	126300
0.225	0.196	0.170	0.151	0.128	0.112	0.098	0.086	0.076	0.066	0.056	0.049	0.043
7802	9821	12470	15350	20120	25530	3159	39570	49400	62100	81280	103000	127400
0.229	0.199	0.173	0.153	0.130	0.113	0.100	0.088	0.077	0.067	0.057	0.050	0.044
7871	9908	12580	15480	20290	25760	31870	39920	49830	62640	82000	104000	128500
0.232	0.203	0.176	0.156	0.133	0.115	0.102	0.089	0.078	0.068	0.058	0.051	0.045
7939	9994	12690	15620	20470	25980	32150	40270	50270	63190	82710	104900	129600
0.236	0.206	0.179	0.158	0.135	0.117	0.103	0.090	0.079	0.069	0.059	0.052	0.046
8008	10080	12800	15750	20650	26200	32420	40610	50700	63730	83420	105800	137000
0.240	0.209	0.182	0.161	0.137	0.119	0.105	0.092	0.081	0.070	0.060	0.052	0.046
8076	10170	12910	15880	20820	26430	32700	40960	51130	64280	84130	106700	131900
0.243	0.212	0.184	0.163	0.139	0.121	0.106	0.093	0.082	0.072	0.061	0.053	0.047
8145	10250	13020	16020	21000	26650	32980	41310	51570	64820	84850	107600	133000
0.247	0.216	0.187	0.166	0.141	0.123	0.108	0.095	0.083	0.073	0.062	0.054	0.048
8213	10340	13130	16150	21180	26880	33250	41650	52000	65370	85560	108500	134100
0.251	0.219	0.190	0.168	0.143	0.125	0.110	0.096	0.084	0.074	0.063	0.055	0.049
8281	10420	13240	16290	21350	27100	33530	42000	52430	65910	86270	109400	135200
0.255	0.222	0.193	0.171	0.146	0.126	0.112	0.098	0.086	0.075	0.064	0.056	0.049
8350	10510	13350	16420	21530	27320	33810	42350	52870	66460	86990	110300	136300
0.259	0.226	0.196	0.173	0.148	0.128	0.113	0.099	0.087	0.076	0.065	0.057	0.050

动压（mmH_2O）	风速（m/s）	外径 D（mm）上行—风量（m^3/h）												
		100	120	140	160	180	200	220	250	280	320	360	400	450
9.27	12.3	307	452	624	825	1053	1309	1593	2070	2611	3429	4309	5344	6794
		1.92	1.52	1.25	1.06	0.911	0.799	0.710	0.607	0.528	0.449	0.392	0.344	0.298
9.42	12.4	310	456	630	831	1061	1320	1606	2087	2632	3457	4344	5387	6849
		1.95	1.54	1.27	1.07	0.925	0.811	0.721	0.616	0.536	0.455	0.397	0.349	0.303
9.57	12.5	312	459	635	838	1070	1330	1619	2104	2653	3485	4379	5431	6905
		1.98	1.57	1.29	1.09	0.938	0.823	0.731	0.625	0.544	0.462	0.403	0.355	0.307
9.72	12.6	315	463	640	845	1079	1341	1632	2121	2675	3513	4414	5474	6960
		2.01	1.59	1.31	1.10	0.952	0.835	0.742	0.634	0.552	0.469	0.409	0.360	0.312
9.88	12.7	317	467	645	852	1087	1351	1645	2138	2696	3540	4449	5518	7015
		2.04	1.61	1.32	1.12	0.966	0.847	0.753	0.643	0.560	0.476	0.415	0.365	0.316
10.04	12.8	320	470	650	858	1096	1362	1657	2155	2717	3568	4484	5561	7070
		2.07	1.63	1.34	1.14	0.980	0.859	0.764	0.652	0.568	0.482	0.421	0.370	0.321
10.19	12.9	322	474	655	865	1104	1373	1670	2172	2738	3596	4519	5605	7126
		2.10	1.66	1.36	1.15	0.994	0.872	0.775	0.662	0.576	0.489	0.427	0.376	0.326
10.35	13.0	325	478	660	872	1113	1383	1683	2188	2760	3624	4554	5648	7181
		2.12	1.68	1.38	1.17	1.01	0.884	0.786	0.671	0.584	0.496	0.433	0.381	0.330
10.51	13.1	327	481	665	878	1121	1394	1696	2205	2781	3652	4589	5692	7286
		2.15	1.70	1.40	1.18	1.02	0.896	0.797	0.681	0.592	0.503	0.439	0.386	0.335
10.67	13.2	330	485	670	885	1130	1405	1709	2222	2802	3680	4624	5735	7291
		2.18	1.73	1.42	1.20	1.04	0.909	0.808	0.690	0.601	0.510	0.445	0.392	0.340
10.84	13.3	332	489	675	892	1139	1415	1722	2239	2823	3708	4659	5779	7347
		2.21	1.75	1.44	1.22	1.05	0.921	0.819	0.700	0.609	0.517	0.452	0.397	0.344
11.00	13.4	335	492	680	899	1147	1426	1735	2256	2844	3736	4694	5822	7402
		2.24	1.78	1.46	1.23	1.06	0.934	0.830	0.709	0.617	0.524	0.458	0.403	0.349

续表

下行—单位摩擦阻力（mmH_2O/m）

500	560	630	700	800	900	1000	1120	1250	1400	1600	1800	2000
8418 0.263	10600 0.229	13450 0.199	16560 0.176	21700 0.150	27550 0.130	34090 0.115	42690 0.101	53300 0.088	67000 0.077	87700 0.066	111200 0.057	137400 0.051
8487 0.267	10680 0.233	13560 0.202	16610 0.179	21880 0.152	27770 0.132	34360 0.117	43040 0.102	53730 0.090	67540 0.078	88410 0.067	112100 0.058	138600 0.052
8555 0.271	10770 0.236	13670 0.205	16830 0.181	22060 0.154	28000 0.134	34640 0.118	43390 0.104	54170 0.091	68090 0.080	89130 0.068	1130000 0.059	139700 0.052
8624 0.275	10860 0.240	13780 0.208	16960 0.184	22230 0.157	28220 0.136	34920 0.120	43740 0.105	54600 0.092	68630 0.081	89840 0.069	113900 0.060	140800 0.053
8692 0.279	10940 0.243	13890 0.211	17100 0.187	22410 0.159	28440 0.138	35190 0.122	44080 0.107	55030 0.094	69180 0.082	90550 0.070	114800 0.061	141900 0.054
8761 0.283	11030 0.247	14000 0.214	17230 0.189	22590 0.161	28670 0.140	35470 0.124	44430 0.108	55470 0.095	69720 0.083	91260 0.071	115700 0.062	143000 0.055
8829 0.287	11110 0.250	14100 0.217	17370 0.192	22760 0.164	28890 0.142	35750 0.125	44780 0.110	55900 0.096	70270 0.084	91980 0.072	116600 0.063	144200 0.055
8897 0.291	11200 0.254	14220 0.220	17500 0.195	22940 0.166	29110 0.144	36030 0.127	45120 0.112	56330 0.098	70810 0.086	92690 0.073	117500 0.064	145300 0.056
8966 0.295	11290 0.257	14330 0.223	17630 0.198	23120 0.168	29340 0.146	36300 0.129	45470 0.113	56770 0.099	71360 0.087	93400 0.074	118400 0.065	146400 0.057
9034 0.299	11370 0.261	14440 0.226	17770 0.200	23290 0.171	29560 0.148	36580 0.131	45820 0.115	57200 0.101	71900 0.088	94120 0.075	119300 0.065	147500 0.058
9103 0.303	11460 0.264	14550 0.230	17900 0.203	23470 0.173	29790 0.150	36860 0.133	46170 0.116	57630 0.102	74250 0.089	94830 0.076	120200 0.066	148600 0.059
9171 0.307	11540 0.268	14660 0.233	18040 0.206	23650 0.176	30010 0.153	37130 0.135	46510 0.118	58070 0.103	72990 0.091	95540 0.077	121100 0.067	149700 0.059

动压 (mmH₂O)	风速 (m/s)	外径 D（mm）上行—风量（m^3/h）												
		100	120	140	160	180	200	220	250	280	320	360	400	450
11.16	13.5	337	496	585	905	1156	1437	1748	2273	2866	3753	4729	5865	7457
		2.27	1.80	1.48	1.25	1.08	0.947	0.841	0.719	0.626	0.532	0.464	0.408	0.354
11.33	13.6	340	500	690	912	1164	1447	1761	2289	2887	3791	4764	5909	7512
		2.31	1.82	1.50	1.27	1.09	0.960	0.853	0.729	0.634	0.539	0.470	0.414	0.359
11.50	13.7	342	503	696	919	1173	1458	1774	2306	2908	3819	4800	5952	7568
		2.34	1.85	1.52	1.29	1.11	0.972	0.864	0.738	0.643	0.546	0.477	0.419	0.363
11.67	13.8	345	507	701	925	1181	1469	1787	2323	2929	3847	4835	5996	7623
		2.37	1.87	1.54	1.30	1.12	0.985	0.876	0.748	0.651	0.553	0.483	0.425	0.368
11.83	13.9	347	511	706	932	1190	1479	1800	2340	2951	3875	4870	6039	7678
		2.40	1.90	1.56	1.32	1.14	0.998	0.887	0.758	0.660	0.561	0.490	0.430	0.373
12.01	14.0	350	514	711	939	1198	1490	1813	2357	2972	3903	4905	6083	7733
		2.43	1.92	1.58	1.34	1.15	1.01	0.899	0.768	0.669	0.568	0.496	0.436	0.378
12.18	14.1	352	518	716	945	1207	1500	1826	2374	2993	3931	4940	6126	7789
		2.46	1.95	1.60	1.35	1.17	1.02	0.911	0.778	0.677	0.576	0.503	0.442	0.383
12.35	14.2	355	522	721	952	1216	1511	1839	2390	3014	3958	4975	6170	7844
		2.49	1.97	1.62	1.37	1.18	1.04	0.923	0.788	0.686	0.583	0.509	0.448	0.388
12.53	14.3	357	525	726	959	1224	1522	1852	2407	3035	3986	5010	6213	7899
		2.52	2.00	1.64	1.39	1.20	1.05	0.934	0.798	0.695	0.591	0.516	0.453	0.393
12.70	14.4	360	529	731	966	1233	1532	1869	2424	3057	4014	5045	6256	7954
		2.56	2.02	1.66	1.41	1.21	1.06	0.946	0.809	0.704	0.598	0.522	0.459	0.398
12.83	14.5	362	533	736	972	1241	1543	1878	2441	3078	4042	5080	6300	8009
		2.59	2.05	1.68	1.42	1.23	1.08	0.958	0.819	0.713	0.606	0.529	0.465	0.403
13.06	14.6	365	536	741	979	1250	1554	1890	2458	3099	4070	5115	6343	8065
		2.61	2.07	1.71	1.44	1.24	1.09	0.971	0.829	0.722	0.613	0.536	0.471	0.408
13.24	14.7	367	540	746	986	1258	1564	1903	2475	3120	4098	5150	6387	8120
		2.65	2.10	1.73	1.46	1.26	1.11	0.983	0.840	0.731	0.621	0.542	0.477	0.414

续表

下行—单位摩擦阻力（mmH_2O/m）

500	560	630	700	800	900	1000	1120	1250	1400	1600	1800	2000
9240 0.312	11630 0.272	14770 0.236	18170 0.209	23820 0.178	30230 0.155	37410 0.136	46860 0.120	58500 0.105	73540 0.092	96260 0.078	122000 0.068	150900 0.060
9308 0.316	11720 0.275	14880 0.239	18310 0.212	24000 0.180	30460 0.157	37690 0.138	47210 0.121	58930 0.106	74080 0.093	96970 0.079	122900 0.069	152000 0.061
9377 0.320	11800 0.279	14990 0.242	18440 0.214	24180 0.183	30680 0.159	37960 0.140	47550 0.123	59370 0.108	74630 0.094	97680 0.081	123800 0.070	153000 0.062
9445 0.324	11890 0.283	15100 0.246	18580 0.217	24350 0.185	30910 0.161	38240 0.142	47900 0.124	59800 0.109	75170 0.096	98390 0.082	124700 0.071	154200 0.063
9513 0.329	11980 0.287	15210 0.249	18710 0.220	24530 0.188	31130 0.163	38520 0.144	48250 0.126	60230 0.111	75720 0.097	99110 0.083	125600 0.072	155300 0.064
9582 0.333	12060 0.291	15310 0.252	18850 0.223	24700 0.190	31350 0.165	38800 0.146	48600 0.128	60670 0.112	76260 0.098	99820 0.084	126500 0.073	156400 0.065
9650 0.337	12150 0.294	15420 0.256	18980 0.226	24880 0.193	31580 0.167	39070 0.148	48940 0.130	61100 0.114	76810 0.099	100500 0.085	127500 0.074	157600 0.065
9719 0.342	12230 0.298	15530 0.259	19120 0.229	25060 0.195	31800 0.170	39350 0.150	49290 0.131	61530 0.115	77350 0.101	101200 0.086	128400 0.075	158700 0.066
9787 0.346	12320 0.302	15640 0.202	19250 0.232	25230 0.198	32030 0.172	39630 0.152	49640 0.133	61970 0.117	77890 0.102	10200 0.087	129300 0.076	159800 0.067
9856 0.351	12410 0.306	15750 0.266	19380 0.235	25410 0.200	32250 0.174	39900 0.154	49980 0.135	62400 0.118	78440 0.103	102700 0.088	130200 0.077	160900 0.068
9924 0.355	12490 0.310	15860 0.269	19520 0.238	25590 0.203	32470 0.176	40180 0.156	50330 0.136	62840 0.120	78980 0.105	103400 0.089	131100 0.078	162000 0.069
9993 0.360	12580 0.314	15970 0.272	19650 0.241	25760 0.205	32700 0.179	40460 0.158	50680 0.138	63270 0.121	79530 0.106	104100 0.091	132000 0.079	163100 0.070
10060 0.364	12660 0.318	16080 0.276	19790 0.244	25940 0.208	32920 0.181	40470 0.160	51030 0.140	63700 0.123	80070 0.107	104800 0.092	132900 0.080	164300 0.071

动压 (mmH_2O)	风速 (m/s)	外径 D (mm) 上行—风量 (m^3/h)												
		100	120	140	160	180	200	220	250	280	320	360	400	450
13.42	14.8	370	514	751	992	1267	1575	1916	2491	3142	4126	5185	6430	8175
		2.69	2.13	1.75	1.48	1.28	1.12	0.995	0.850	0.740	0.629	0.549	0.483	0.419
13.60	14.9	372	548	756	999	1275	1586	1929	2508	3163	4154	5220	6474	8230
		2.72	2.15	1.77	1.50	1.29	1.13	1.01	0.861	0.749	0.637	0.556	0.489	0.424
13.78	15.0	375	551	762	1006	1284	1596	1942	2525	3184	4182	5255	6517	8286
		2.75	2.18	1.79	1.51	1.31	1.15	1.02	0.871	0.758	0.645	0.563	0.495	0.429
13.97	15.1	377	555	767	1013	1293	1607	1955	2542	3205	4209	5290	6561	8341
		2.79	2.20	1.81	1.53	1.32	1.16	1.03	0.882	0.768	0.652	0.570	0.501	0.434
14.15	15.2	380	559	772	1019	1301	1617	1968	2559	3227	4237	5325	6604	8396
		2.82	2.23	1.83	1.55	1.34	1.18	1.04	0.893	0.777	0.660	0.577	0.507	0.440
14.34	15.3	382	562	777	1026	1310	1628	1981	2576	3248	4265	5360	6647	8451
		2.85	2.26	1.86	1.57	1.36	1.19	1.06	0.903	0.786	0.668	0.584	0.513	0.445
14.53	15.4	385	566	782	1033	1318	1639	1994	2592	3269	4293	5395	6691	8507
		2.89	2.28	1.88	1.59	1.37	1.20	1.07	0.914	0.796	0.676	0.591	0.519	0.450
14.72	15.5	387	570	787	1039	1327	1649	2007	2609	3290	4321	5430	6734	8562
		2.92	2.31	1.90	1.61	1.39	1.22	1.08	0.925	0.805	0.684	0.598	0.526	0.455
14.91	15.6	390	573	792	146	1335	1660	2020	2626	3311	4349	5465	6778	8617
		2.96	2.34	1.92	1.63	1.40	1.23	1.10	0.936	0.815	0.693	0.605	0.532	0.461
15.10	15.7	392	577	797	1053	1344	1670	2033	2643	3333	4377	5500	6821	8672
		2.99	2.37	1.95	1.65	1.42	1.25	1.11	0.947	0.824	0.701	0.612	0.538	0.467
15.29	15.8	395	580	802	1059	1353	1681	2046	2660	3354	4405	5535	6865	8728
		3.02	2.39	1.97	1.66	1.44	1.26	1.12	0.958	0.834	0.709	0.619	0.544	0.472
15.49	15.9	397	584	807	1066	1361	1692	2059	2677	3375	4433	5570	6908	8783
		3.06	2.42	1.99	1.68	1.45	1.28	1.13	0.969	0.844	0.717	0.626	0.551	0.478

续表

下行—单位摩擦阻力（mmH_2O/m）

500	560	630	700	800	900	1000	1120	1250	1400	1600	1800	2000
10130	12750	16190	19920	26120	33150	41010	51370	64140	80620	105500	133800	165400
0.369	0.322	0.279	0.247	0.211	0.183	0.162	0.142	0.124	0.109	0.093	0.081	0.071
10200	12840	16300	20060	26290	33370	41290	51720	64570	81160	106200	134700	166500
0.373	0.326	0.283	0.250	0.213	0.185	0.164	0.143	0.126	0.110	0.091	0.082	0.072
10270	12920	16430	20190	26470	33590	41570	52070	65000	81710	107000	135600	167600
0.378	0.330	0.286	0.253	0.216	0.188	0.166	0.145	0.127	0.111	0.095	0.083	0.073
10330	13010	16520	20330	26650	33820	41840	52410	65440	82250	107700	136500	168700
0.383	0.334	0.290	0.256	0.219	0.190	0.168	0.147	0.129	0.113	0.096	0.084	0.074
10400	13100	16630	20460	26820	34040	42120	52760	65870	82800	108400	137400	169900
0.387	0.338	0.293	0.260	0.221	0.192	0.170	0.149	0.131	0.114	0.098	0.085	0.075
10470	13180	16740	20600	27000	34270	42400	53110	66300	83340	109100	138300	171000
0.392	0.342	0.297	0.263	0.224	0.195	0.172	0.151	0.132	0.116	0.099	0.086	0.076
10540	13270	16850	20730	27170	34490	42680	53460	66740	83890	109800	139200	172100
0.397	0.346	0.301	0.266	0.227	0.197	0.174	0.152	0.134	0.117	0.100	0.087	0.077
10610	13350	16960	20870	27350	34710	42950	53800	67170	84430	110500	140100	173200
0.401	0.350	0.304	0.269	0.229	0.199	0.176	0.154	0.135	0.118	0.101	0.088	0.078
10680	13440	17060	21000	27530	34940	43230	54150	67600	84980	111200	141000	174300
0.406	0.354	0.308	0.272	0.232	0.202	0.178	0.156	0.137	0.120	0.102	0.089	0.079
10750	13530	17170	21130	27700	35160	43510	54500	68040	85520	111900	141900	175400
0.411	0.359	0.311	0.276	0.235	0.204	0.180	0.158	0.139	0.121	0.104	0.090	0.080
10810	13610	17280	21270	27880	35390	43780	54840	68470	86070	112700	142800	176600
0.416	0.363	0.315	0.279	0.238	0.207	0.182	0.160	0.140	0.123	0.105	0.091	0.081
10880	13700	17390	21400	28060	35610	44060	55190	68900	86610	113400	143700	177700
0.421	0.367	0.319	0.282	0.240	0.209	0.184	0.162	0.142	0.124	0.106	0.092	0.082

动压 (mmH_2O)	风速 (m/s)	外径 D (mm) 上行—风量 (m^3/h)												
		100	120	140	160	180	200	220	250	280	320	360	400	450
15.68	16.0	400 3.09	588 2.45	812 2.01	1073 1.70	1370 1.47	1703 1.29	2072 1.15	2693 0.980	3396 0.853	4460 0.725	5605 0.633	6952 0.557	8838 0.483
15.88	16.1	402 3.13	592 2.48	817 2.04	1080 1.72	1378 1.49	1713 1.31	2085 1.16	2710 0.992	3418 0.863	4488 0.734	5640 0.641	6995 0.563	8893 0.489
16.08	16.2	405 3.16	595 2.50	822 2.06	1086 1.74	1387 1.50	1724 1.32	2098 1.17	2727 1.00	3439 0.873	4516 0.742	5675 0.648	7038 0.570	8949 0.494
16.27	16.3	407 3.20	599 2.53	828 2.08	1093 1.76	1395 1.52	1734 1.33	2111 1.19	2744 1.01	3460 0.883	4544 0.750	5710 0.655	7082 0.576	9004 0.500
16.47	16.4	410 3.24	603 2.56	833 2.11	1100 1.78	1404 1.54	1745 1.35	2124 1.20	2761 1.03	3481 0.893	4572 0.759	5745 0.663	7125 0.583	9059 0.506
16.68	16.5	412 3.27	606 2.59	838 2.13	1106 1.80	1412 1.56	1756 1.36	2137 1.21	2778 1.04	3502 0.903	4600 0.767	5780 0.670	7169 0.589	9114 0.511
16.88	16.6	415 3.31	610 2.62	843 2.15	1113 1.82	1421 1.57	1766 1.38	2419 1.23	2794 1.05	3524 0.913	4628 0.776	5815 0.678	7212 0.596	9161 0.517
17.08	16.7	417 3.34	614 2.65	848 2.18	1120 1.84	1430 1.59	1777 1.40	2162 1.24	2811 1.06	3545 0.923	4656 0.785	5851 0.685	7256 0.603	9225 0.523
17.29	16.8	420 3.38	617 2.68	853 2.20	1127 1.86	1438 1.61	1788 1.41	2175 1.25	2828 1.07	3566 0.933	4683 0.793	5886 0.693	7299 0.609	9280 0.528
17.49	16.9	422 3.41	621 2.71	858 2.23	1133 1.88	1447 1.62	1798 1.43	2188 1.27	2845 1.08	3587 0.943	4711 0.802	5921 0.700	7343 0.616	9335 0.534
17.70	17.0	425 3.45	625 2.73	863 2.25	1140 1.90	1456 1.64	1809 1.44	2201 1.28	2862 1.10	3609 0.954	4739 0.811	5956 0.708	7386 0.623	9390 0.540
17.91	17.1	427 3.49	628 2.76	868 2.27	1147 1.92	1464 1.66	1820 1.46	2214 1.30	2879 1.11	3630 0.964	4767 0.819	5991 0.716	7430 0.629	9446 0.546
18.12	17.2	430 3.53	632 2.79	873 2.30	1153 1.94	1472 1.68	1830 1.47	2227 1.31	2895 1.12	3651 0.974	4795 0.828	6026 0.723	7473 0.636	9501 0.552

续表

下行—单位摩擦阻力（mmH_2O/m）

500	560	630	700	800	900	1000	1120	1250	1400	1600	1800	2000
10950 0.425	13780 0.371	17500 0.322	21540 0.285	28230 0.243	35830 0.211	44340 0.187	55510 0.164	69340 0.144	87150 0.126	114100 0.107	144600 0.093	178800 0.083
11020 0.430	13870 0.376	17610 0.326	21670 0.289	28410 0.246	36060 0.214	44620 0.189	55890 0.165	69770 0.145	87700 0.127	114800 0.109	145500 0.095	179900 0.084
11090 0.435	13960 0.380	17720 0.330	21810 0.292	28590 0.249	36280 0.216	44890 0.191	56230 0.167	70200 0.147	88240 0.128	115500 0.110	146400 0.096	181000 0.085
11160 0.440	14040 0.384	17830 0.334	21940 0.295	28760 0.252	36510 0.219	45170 0.193	56580 0.169	70640 0.149	88790 0.130	116200 0.111	147300 0.097	182100 0.085
11220 0.445	14130 0.389	17940 0.337	22080 0.299	28940 0.255	36730 0.221	45450 0.195	56930 0.171	71070 0.150	89330 0.131	116900 0.112	148200 0.098	183300 0.086
11290 0.450	14220 0.393	18050 0.341	22210 0.302	29120 0.257	36950 0.224	45720 0.197	57270 0.173	71500 0.152	89880 0.133	117600 0.114	149100 0.099	184400 0.087
11360 0.455	14300 0.397	18160 0.345	22350 0.305	29290 0.260	37180 0.226	46000 0.200	57620 0.175	71940 0.154	90420 0.134	118400 0.115	150000 0.100	185500 0.088
11430 0.460	14390 0.402	18270 0.349	22480 0.309	29470 0.263	37400 0.229	46280 0.202	57970 0.177	72370 0.155	90970 0.136	119100 0.116	151000 0.101	186600 0.089
11500 0.465	14470 0.406	18380 0.353	22620 0.312	29650 0.266	37630 0.231	46560 0.204	58320 0.179	72800 0.157	91510 0.137	119800 0.117	151900 0.102	187700 0.090
11570 0.470	14560 0.411	18490 0.357	22750 0.316	29820 0.269	37850 0.234	46830 0.206	58660 0.181	73240 0.159	92060 0.139	120500 0.119	152800 0.103	188800 0.091
11640 0.475	14650 0.415	18600 0.361	22880 0.319	30000 0.272	38070 0.236	47110 0.209	59010 0.183	73670 0.161	92600 0.140	121200 0.120	153700 0.105	190000 0.092
11700 0.481	14730 0.420	18710 0.364	23020 0.322	30170 0.275	38300 0.239	47390 0.211	59360 0.185	74100 0.162	93150 0.142	121900 0.121	154600 0.106	191100 0.093
11770 0.486	14820 0.424	18810 0.368	23150 0.326	30350 0.378	38520 0.240	47660 0.213	59700 0.187	74540 0.164	93690 0.144	122600 0.123	155500 0.107	192200 0.094

动压 (mmH$_2$O)	风速 (m/s)	外径 D（mm）上行—风量（m^3/h）												
		100	120	140	160	180	200	220	250	280	320	360	400	450
18.33	17.3	432	636	878	1160	1481	1841	2240	2912	3672	4823	6061	7516	9556
		3.57	2.82	2.32	1.96	1.70	1.49	1.32	1.13	0.985	0.837	0.731	0.643	0.558
18.55	17.4	435	639	883	1167	1489	1852	2253	2929	3694	4851	6096	7560	9611
		3.60	2.85	2.35	1.98	1.71	1.50	1.34	1.14	0.995	0.846	0.739	0.650	0.564
18.76	17.5	437	643	888	1173	1498	1862	2266	2946	3715	4879	6131	7603	9667
		3.64	2.88	2.37	2.01	1.73	1.52	1.35	1.15	1.01	0.855	0.747	0.657	0.590
18.97	17.6	440	647	894	1180	1507	1873	2279	2963	3736	4906	6166	7647	9722
		3.68	2.91	2.40	2.03	1.75	1.54	1.37	1.17	1.02	0.864	0.754	0.664	0.576
19.19	17.7	442	650	899	1187	1515	1884	2292	2980	3757	4934	6201	7690	9777
		3.72	2.94	2.42	2.05	1.77	1.55	1.38	1.18	1.03	0.873	0.762	0.671	0.582
19.41	17.8	445	654	904	1194	1524	1894	2305	2996	3778	4962	6236	7734	9832
		3.76	2.97	2.45	2.07	1.79	1.57	1.39	1.19	1.04	0.882	0.770	0.678	0.588
19.63	17.9	447	658	909	1200	1532	1905	2318	3013	3800	4990	6271	7777	9888
		3.79	3.00	2.47	2.09	1.80	1.58	1.41	1.20	1.05	0.891	0.778	0.685	0.594
19.85	18.0	450	661	914	1207	1541	1915	2331	3030	3821	5018	6306	7821	9943
		3.83	3.03	2.50	2.11	1.82	1.60	1.42	1.22	1.06	0.900	0.786	0.692	0.600
20.07	18.1	452	665	919	1214	1549	1926	2344	3047	3842	5046	6341	7862	9998
		3.87	3.07	2.52	2.13	1.84	1.62	1.44	1.23	1.07	0.909	0.794	0.699	0.606
20.29	18.2	455	669	924	1220	1558	1937	2357	3064	3863	5074	6376	7907	10050
		3.91	3.10	2.55	2.15	1.86	1.63	1.45	1.24	1.08	0.919	0.802	0.706	0.612
20.51	18.3	457	672	929	1227	1567	1947	2370	3181	3885	5102	6411	7951	10110
		3.95	3.13	2.57	2.18	1.88	1.65	1.47	1.25	1.09	0.928	0.810	0.713	0.618
20.74	18.4	560	676	934	1234	1575	1958	2383	3097	3906	5129	6446	7994	10160
		3.99	3.16	2.60	2.20	1.90	1.67	1.48	1.27	1.10	0.937	0.819	0.720	0.625

续表

下行—单位摩擦阻力（mmH$_2$O/m）

500	560	630	700	800	900	1000	1120	1250	1400	1600	1800	2000
11840	14900	18920	23290	30530	38750	47940	60050	74970	94240	123400	156400	193300
0.491	0.429	0.372	0.329	0.281	0.244	0.216	0.189	0.166	0.145	0.124	0.108	0.095
11910	14990	19030	23420	30700	38970	48220	60400	75400	94780	124100	157300	194400
0.496	0.433	0.376	0.333	0.284	0.247	0.218	0.191	0.168	0.147	0.125	0.109	0.096
11980	15080	19140	23560	30880	39190	48500	60740	75840	95330	124800	158200	195600
0.502	0.438	0.380	0.337	0.287	0.249	0.220	0.193	0.169	0.148	0.127	0.110	0.098
12050	15160	19250	23690	31060	39420	48770	61090	76270	95870	125500	159100	196700
0.507	0.442	0.384	0.340	0.290	0.252	0.222	0.195	0.171	0.150	0.128	0.112	0.099
12110	15240	19360	23830	31230	39640	49050	61440	76700	96410	126200	160000	197800
0.512	0.47	0.388	0.344	0.293	0.255	0.225	0.197	0.173	0.151	0.129	0.113	0.100
12180	15340	19470	23960	31410	39870	49330	61790	77140	96960	126900	160900	198900
0.518	0.452	0.392	0.347	0.296	0.257	0.227	0.199	0.175	0.153	0.131	0.114	0.101
12250	15420	19580	24100	31590	40090	49600	62130	77570	97500	127600	161800	200000
0.523	0.456	0.396	0.351	0.299	0.260	0.230	0.201	0.177	0.155	0.132	0.115	0.102
12320	15510	19690	24230	31760	40310	49880	62480	78000	98050	128300	162700	201100
0.528	0.461	0.401	0.354	0.302	0.263	0.232	0.203	0.178	0.156	0.133	0.116	0.103
12390	15590	19800	24370	31940	40540	50160	62830	78440	98590	129100	163600	202300
0.534	0.466	0.405	0.358	0.305	0.265	0.234	0.205	0.180	0.158	0.135	0.117	0.104
12460	15680	19910	34500	32120	40760	50440	63170	78870	99140	129800	164500	203400
0.539	0.471	0.409	0.362	0.308	0.268	0.237	0.208	0.182	0.159	0.136	0.119	0.105
12520	15770	20020	24630	32290	40980	50710	63520	79300	99680	130500	165400	204500
0.545	0.475	0.413	0.365	0.312	0.271	0.239	0.210	0.184	0.161	0.138	0.120	0.106
12590	15850	20130	24770	32470	41210	50990	63870	79740	100200	131200	166300	205600
0.550	0.480	0.417	0.369	0.315	0.274	0.242	0.212	0.186	0.163	0.139	0.121	0.107

动压 (mmH_2O)	风速 (m/s)	外径 D（mm）上行—风量（米³/小时）												
		100	120	140	160	180	200	220	250	280	320	360	400	450
20.96	18.5	462	680	939	1241	1584	1969	2395	3114	3927	5157	6481	8038	10220
		4.03	3.19	2.62	2.22	1.92	1.68	1.50	1.28	1.11	0.947	0.827	0.727	0.631
21.19	18.6	465	683	944	1247	1592	1979	2408	3131	3948	5185	6516	8081	10270
		4.07	3.22	2.65	2.24	1.94	1.70	1.51	1.29	1.12	0.956	0.835	0.735	0.637
21.42	18.7	467	687	949	1254	1601	1990	2421	3148	3969	5213	6551	8125	10330
		4.11	3.25	2.68	2.26	1.95	1.72	1.53	1.30	1.14	0.966	0.843	0.742	0.643
21.65	18.8	470	691	954	1261	1609	2001	2434	3165	3991	5241	6586	8168	10380
		4.15	3.28	2.70	2.29	1.97	1.73	1.54	1.32	1.15	0.975	0.852	0.749	0.650
21.88	18.9	472	694	960	1267	1618	2011	2447	3182	4012	5269	6621	8212	10440
		4.19	3.32	2.73	2.31	1.99	1.75	1.56	1.33	1.16	0.985	0.860	0.756	0.656
22.11	19.0	475	698	965	1274	1626	2022	2460	3198	4033	5297	6656	8255	10500
		4.23	3.35	2.76	2.33	2.01	1.77	1.57	1.34	1.17	0.994	0.868	0.764	0.663
22.35	19.1	477	702	970	1281	1635	2032	2473	3215	4054	5325	6691	8298	10550
		4.27	3.38	2.78	2.35	2.03	1.78	1.59	1.36	1.18	1.00	0.877	0.771	0.669
22.58	19.2	480	706	975	1287	1644	2043	2486	3232	4076	5352	6726	8342	10610
		43.31	3.41	2.81	2.38	2.05	1.80	1.60	1.37	1.19	1.01	0.885	0.779	0.675
22.82	19.3	482	709	980	1294	1652	2054	2499	3249	4097	5380	6761	8385	10660
		4.35	3.45	2.84	2.40	2.07	1.82	1.62	1.38	1.20	1.02	0.894	0.786	0.682
23.05	19.4	485	713	985	1301	1661	2064	2512	3266	4118	5408	6796	8429	10720
		4.39	3.48	2.86	2.42	2.09	1.84	1.63	1.40	1.21	1.03	0.902	0.794	0.688
23.29	19.5	487	717	990	1308	1669	2075	2525	3283	4139	5436	6831	8472	10770
		4.43	3.51	2.89	2.44	2.11	1.85	1.65	1.41	1.23	1.04	0.911	0.801	0.395
23.53	19.6	490	720	995	1314	1678	2086	2538	3299	4161	5464	6866	8516	10830
		4.48	3.54	2.92	2.47	2.13	1.87	1.66	1.42	1.24	1.05	0.919	0.809	0.702
23.77	19.7	492	724	1000	1321	1686	2096	2551	3316	4182	5492	6902	8559	10880
		4.52	3.58	2.94	2.49	2.15	1.89	1.68	1.43	1.25	1.06	0.928	0.816	0.708
24.01	19.8	495	728	1005	1328	1695	2107	2564	3333	4203	5520	6937	8603	10940
		4.56	3.61	2.97	2.51	2.17	1.90	1.69	1.45	1.26	1.07	0.937	0.824	0.715
24.26	19.9	497	731	1010	1334	1704	2118	2577	3350	4224	5548	6972	8646	10990
		4.60	3.64	3.00	2.54	2.19	1.92	1.71	1.46	1.27	1.08	0.945	0.832	0.722
24.50	20.0	500	735	1015	1341	1712	2128	2590	3367	4245	5575	7007	8689	1050
		4.64	3.68	3.03	2.56	2.21	1.94	1.73	1.48	1.28	1.09	0.954	0.839	0.728

续表

下行—单位摩擦阻力（mmH$_2$O/m）

500	560	630	700	800	900	1000	1120	1250	1400	1600	1800	2000
12660 0.556	15940 0.485	20240 0.421	24900 0.373	32650 0.318	41430 0.276	51270 0.244	64220 0.214	80170 0.188	100800 0.164	121900 0.140	167200 0.122	206700 0.108
12730 0.561	16020 0.490	20350 0.426	25040 0.377	32820 0.321	41660 0.279	51540 0.246	64560 0.216	80600 0.190	101300 0.166	132600 0.142	168100 0.124	207800 0.109
12800 0.567	16110 0.495	20460 0.430	25170 0.380	33000 0.324	41880 0.282	51820 0.249	64910 0.218	81040 0.192	101900 0.168	133300 0.143	169000 0.125	209000 0.110
12870 0.572	16200 0.500	20570 0.434	25310 0.384	33170 0.328	42100 0.285	52100 0.251	65260 0.220	81470 0.194	102400 0.169	134000 0.145	169900 0.126	210100 0.111
12940 0.578	16280 0.505	20670 0.438	25440 0.388	33350 0.331	42330 0.288	52380 0.254	65600 0.223	81900 0.195	103000 0.171	134800 0.146	170800 0.127	211200 0.112
13000 0.584	16370 0.509	20780 0.443	25580 0.392	33530 0.334	42550 0.290	52650 0.256	65950 0.225	82340 0.197	103500 0.173	135500 0.148	171700 0.129	212300 0.114
13070 0.589	16460 0.514	20890 0.447	25710 0.395	33700 0.337	42780 0.293	52930 0.259	66300 0.228	82770 0.199	104000 0.174	136200 0.149	172600 0.130	213400 0.115
13140 0.595	16540 0.519	21000 0.451	25850 0.399	33880 0.341	43000 0.296	53210 0.261	66650 0.229	83200 0.201	104600 0.176	136900 0.150	173600 0.131	214500 0.116
13210 0.601	16630 0.524	21110 0.456	25980 0.403	34060 0.344	43220 0.299	53480 0.264	66990 0.231	83640 0.203	105100 0.178	137600 0.152	174500 0.132	215700 0.117
13280 0.607	16710 0.529	21220 0.460	26120 0.407	34230 0.347	43450 0.302	53760 0.266	67340 0.234	84070 0.205	105700 0.179	138300 0.153	175400 0.134	216800 0.118
13350 0.612	16800 0.534	21330 0.464	26250 0.411	34410 0.350	43670 0.305	54040 0.269	67690 0.236	84500 0.207	106200 0.181	139000 0.155	176300 0.135	217900 0.119
13410 0.618	16890 0.540	21440 0.469	26380 0.415	34590 0.354	43900 0.308	54310 0.271	68030 0.238	84940 0.209	106800 0.183	139700 0.156	177200 0.136	219000 0.120
13480 0.624	16970 0.545	21550 0.473	26520 0.419	34760 0.357	44120 0.310	54590 0.274	68380 0.240	85370 0.211	107300 0.185	140500 0.158	178100 0.137	220100 0.121
13550 0.630	17060 0.550	21660 0.478	26650 0.425	34940 0.360	44340 0.313	54870 0.277	68730 0.243	85800 0.213	107900 0.186	141200 0.159	179000 0.139	221300 0.123
13620 0.636	17140 0.555	21770 0.482	26790 0.427	35120 0.364	44570 0.316	55150 0.279	69080 0.245	86240 0.215	108400 0.188	141900 0.161	179900 0.140	222400 0.124
13690 0.642	17230 0.560	21880 0.486	26920 0.431	35290 0.367	44790 0.319	55420 0.282	69422 0.247	86670 0.217	108900 0.190	142600 0.162	180800 0.141	223500 0.125

表 2-53　塑料制矩

动压 (mmH$_2$O)	风速 (m/s)	外边长 $A\times B$ (mm) 上行—风量 (m^3/h)												
		120×120	160×120	200×120	160×160	250×120	200×160	250×160	200×200	250×200	320×160	250×250	320×200	400×200
0.061	1.0	46	62	79	84	99	106	134	134	169	172	213	217	269
		0.018	0.015	0.014	0.012	0.012	0.011	0.010	0.009	0.008	0.009	0.007	0.007	0.006
0.074	1.1	51	68	86	93	109	117	147	148	186	190	234	239	296
		0.021	0.018	0.016	0.015	0.014	0.013	0.011	0.011	0.009	0.010	0.008	0.008	0.008
0.088	1.2	55	75	94	101	119	128	161	161	203	207	255	261	323
		0.025	0.021	0.019	0.017	0.017	0.015	0.013	0.013	0.011	0.012	0.010	0.010	0.009
0.104	1.3	60	81	102	110	129	138	174	174	219	224	276	283	350
		0.029	0.024	0.021	0.020	0.019	0.017	0.015	0.015	0.013	0.013	0.011	0.011	0.010
0.120	1.4	64	87	110	118	138	149	187	188	236	241	298	304	376
		0.033	0.027	0.024	0.022	0.022	0.019	0.017	0.017	0.015	0.015	0.012	0.013	0.012
0.138	1.5	69	93	118	126	148	159	201	201	253	259	319	326	403
		0.037	0.031	0.027	0.025	0.025	0.022	0.019	0.019	0.016	0.017	0.014	0.014	0.013
0.157	1.6	74	100	126	135	158	170	214	215	270	276	340	348	430
		0.041	0.034	0.031	0.028	0.028	0.024	0.022	0.021	0.018	0.019	0.016	0.016	0.015
0.177	1.7	78	106	133	143	168	181	228	228	287	293	361	370	457
		0.046	0.038	0.034	0.031	0.031	0.027	0.024	0.023	0.020	0.022	0.018	0.018	0.016
0.198	1.8	83	112	141	152	178	191	241	241	304	310	383	391	484
		0.050	0.042	0.038	0.035	0.034	0.030	0.027	0.026	0.023	0.024	0.019	0.020	0.018
0.221	1.9	87	118	149	160	188	202	254	255	321	328	404	413	511
		0.055	0.047	0.041	0.038	0.038	0.033	0.029	0.028	0.025	0.026	0.021	0.022	0.020
0.245	2.0	92	124	157	169	198	213	268	268	338	345	425	435	538
		0.061	0.051	0.045	0.042	0.041	0.036	0.032	0.031	0.027	0.029	0.023	0.024	0.022
0.270	2.1	97	131	165	177	208	223	281	282	355	362	446	457	565
		0.066	0.055	0.049	0.045	0.045	0.039	0.035	0.034	0.030	0.031	0.026	0.026	0.024
0.296	2.2	101	137	173	185	217	234	294	295	371	379	468	478	591
		0.072	0.060	0.054	0.049	0.049	0.043	0.038	0.037	0.032	0.034	0.028	0.028	0.026

形通风管道计算表

下行—单位摩擦阻力（mmH_2O/m）

320×250	500×200	400×250	320×320	500×250	400×320	630×250	500×320	400×400	500×400	630×320	500×500	630×400
274 0.006	339 0.005	338 0.006	353 0.005	426 0.005	438 0.004	531 0.004	550 0.004	550 0.004	691 0.003	687 0.004	868 0.003	865 0.003
301 0.007	373 0.006	371 0.007	388 0.006	469 0.006	482 0.005	584 0.005	605 0.005	605 0.005	760 0.004	756 0.004	955 0.003	952 0.004
329 0.008	407 0.007	405 0.008	423 0.007	511 0.007	525 0.006	637 0.006	660 0.005	660 0.005	829 0.005	824 0.005	1041 0.004	1038 0.004
356 0.009	441 0.008	439 0.009	458 0.008	554 0.008	569 0.007	690 0.007	715 0.006	715 0.006	898 0.005	893 0.006	1128 0.005	1125 0.005
383 0.011	475 0.010	473 0.011	494 0.009	596 0.009	613 0.008	743 0.008	770 0.007	770 0.007	968 0.006	962 0.006	1215 0.005	1211 0.005
411 0.012	509 0.011	506 0.012	529 0.010	639 0.010	657 0.009	797 0.009	825 0.008	825 0.008	1037 0.007	1030 0.007	1302 0.006	1298 0.006
438 0.014	543 0.012	540 0.014	564 0.012	682 0.011	700 0.010	850 0.010	880 0.009	880 0.009	1106 0.008	1099 0.008	1389 0.007	1384 0.007
465 0.015	577 0.014	574 0.015	600 0.013	724 0.012	744 0.011	903 0.011	935 0.010	935 0.010	1175 0.009	1168 0.009	1475 0.007	1471 0.008
493 0.017	611 0.015	608 0.017	635 0.014	767 0.014	788 0.013	956 0.013	990 0.011	990 0.011	1244 0.009	1236 0.010	1562 0.008	1557 0.008
520 0.018	645 0.017	641 0.018	670 0.016	809 0.015	832 0.014	1009 0.014	1044 0.012	1044 0.012	1313 0.010	1305 0.011	1649 0.009	1644 0.009
548 0.020	678 0.018	675 0.020	705 0.017	852 0.016	876 0.015	1062 0.015	1099 0.013	1099 0.013	1382 0.011	1374 0.012	1736 0.010	1730 0.010
575 0.022	712 0.020	709 0.022	741 0.019	895 0.018	919 0.016	1115 0.017	1154 0.015	1154 0.015	1451 0.012	1443 0.013	1823 0.011	1817 0.011
602 0.024	746 0.022	743 0.024	776 0.020	937 0.020	963 0.018	1168 0.018	1209 0.016	1209 0.016	1520 0.014	1511 0.015	1909 0.012	1903 0.012

动压 (mmH_2O)	风速 (m/s)	外边长 $A\times B$ (mm) 上行—风量 (m^3/h)												
		120×120	160×120	200×120	160×160	250×120	200×160	250×160	200×200	250×200	320×160	250×250	320×200	400×200
0.324	2.3	106 0.077	143 0.065	181 0.058	194 0.053	227 0.053	245 0.046	308 0.041	308 0.040	388 0.035	397 0.037	489 0.030	500 0.031	618 0.028
0.353	2.4	110 0.084	149 0.070	188 0.063	202 0.057	237 0.057	255 0.050	321 0.044	321 0.043	405 0.038	414 0.040	510 0.032	522 0.033	645 0.030
0.383	2.5	115 0.090	156 0.075	196 0.067	211 0.062	247 0.061	266 0.054	335 0.048	335 0.046	422 0.040	431 0.043	531 0.035	544 0.036	672 0.032
0.414	2.6	120 0.096	162 0.081	204 0.072	219 0.066	257 0.065	276 0.058	348 0.051	349 0.049	439 0.043	448 0.046	553 0.037	565 0.038	699 0.035
0.447	2.7	124 0.103	168 0.086	212 0.077	228 0.070	267 0.070	287 0.062	361 0.055	362 0.053	456 0.046	465 0.049	574 0.040	587 0.041	726 0.037
0.480	2.8	129 0.110	174 0.092	220 0.082	236 0.075	277 0.074	298 0.067	375 0.058	375 0.056	473 0.049	483 0.052	595 0.043	609 0.043	753 0.040
0.515	2.9	133 0.117	180 0.098	228 0.087	244 0.080	287 0.079	308 0.070	388 0.062	389 0.060	490 0.053	500 0.056	616 0.045	631 0.046	780 0.042
0.551	3.0	138 0.124	187 0.104	236 0.093	253 0.085	297 0.084	319 0.074	401 0.066	402 0.064	507 0.056	517 0.059	638 0.048	652 0.049	807 0.045
0.589	3.1	143 0.131	193 0.110	243 0.098	261 0.090	306 0.089	330 0.079	415 0.070	416 0.068	523 0.059	535 0.063	659 0.051	674 0.052	833 0.048
0.627	3.2	147 0.139	199 0.117	251 0.104	270 0.095	316 0.094	340 0.083	428 0.074	429 0.072	540 0.063	552 0.066	680 0.054	696 0.055	860 0.050
0.667	3.3	152 0.146	205 0.123	259 0.110	278 0.101	326 0.100	351 0.088	442 0.078	443 0.076	557 0.066	569 0.070	702 0.057	718 0.058	887 0.053
0.708	3.4	156 0.154	212 0.130	267 0.116	287 0.106	336 0.105	361 0.093	455 0.082	456 0.080	574 0.070	586 0.074	723 0.060	739 0.061	914 0.056

续表

下行—单位摩擦阻力（mmH_2O/m）

320× 250	500× 200	400× 250	320× 320	500× 250	400× 320	630× 250	500× 320	400× 400	500× 400	630× 320	500× 500	630× 400
630 0.026	780 0.023	777 0.026	811 0.022	980 0.021	1006 0.019	1221 0.020	1264 0.017	1264 0.017	1590 0.015	1580 0.016	1996 0.013	1990 0.013
657 0.028	814 0.025	810 0.028	846 0.024	1022 0.023	1051 0.021	1275 0.021	1319 0.019	1319 0.019	1659 0.016	1649 0.017	2083 0.014	2076 0.014
685 0.030	848 0.027	844 0.030	882 0.025	1065 0.024	1094 0.023	1328 0.023	1374 0.020	1374 0.020	1728 0.017	1717 0.018	2170 0.015	2163 0.015
712 0.032	882 0.029	878 0.032	917 0.027	1108 0.026	1138 0.024	1381 0.024	1429 0.022	1429 0.022	1797 0.018	1786 0.020	2257 0.016	2249 0.016
739 0.034	916 0.031	912 0.034	952 0.029	1150 0.028	1182 0.026	1434 0.026	1484 0.023	1484 0.023	1866 0.020	1855 0.021	2343 0.017	2336 0.017
767 0.037	950 0.033	945 0.037	988 0.031	1193 0.030	1226 0.028	1487 0.028	1539 0.025	1539 0.025	1935 0.021	1923 0.022	2430 0.018	2422 0.019
794 0.039	984 0.035	979 0.039	1023 0.033	1235 0.032	1270 0.029	1540 0.030	1594 0.026	1594 0.026	2004 0.022	1992 0.024	2517 0.019	2509 0.020
821 0.042	1018 0.037	1013 0.041	1058 0.035	1278 0.034	1313 0.031	1593 0.031	1649 0.028	1649 0.028	2073 0.024	2061 0.025	2604 0.020	2595 0.021
849 0.044	1052 0.040	1047 0.044	1093 0.037	1321 0.036	1357 0.033	1646 0.033	1704 0.029	1704 0.029	2143 0.025	2129 0.027	2690 0.022	2682 0.022
876 0.047	1086 0.042	1080 0.046	1129 0.040	1363 0.038	1401 0.035	1699 0.035	1759 0.031	1759 0.031	2212 0.027	2198 0.028	2777 0.023	2768 0.024
904 0.049	1119 0.044	1114 0.049	1164 0.042	1406 0.040	1445 0.037	1752 0.037	1814 0.033	1814 0.033	2281 0.028	2267 0.030	2864 0.024	2855 0.025
931 0.052	1153 0.047	1148 0.052	1199 0.044	1448 0.042	1488 0.039	1806 0.039	1869 0.035	1869 0.035	2350 0.030	2335 0.032	2951 0.026	2941 0.026

动压 (mmH_2O)	风速 (m/s)	外边长 $A \times B$ (mm) 上行—风量 (m^3/h)												
		800×320	630×500	800×400	1000×320	630×630	800×500	1000×400	1000×500	1250×400	800×630	1250×500	1000×630	800×800
0.061	1.0	876	1088	1089	1089	1377	1387	1373	1728	1720	1756	2166	2189	2238
		0.003	0.003	0.003	0.003	0.002	0.002	0.002	0.002	0.002	0.002	0.002	0.002	0.002
0.074	1.1	963	1196	1197	1197	1515	1525	1510	1901	1893	1931	2382	2408	2462
		0.004	0.003	0.004	0.004	0.003	0.003	0.003	0.002	0.003	0.002	0.002	0.002	0.002
0.088	1.2	1051	1305	1306	1306	1653	1664	1647	2073	2065	2107	2599	2127	2686
		0.005	0.003	0.004	0.004	0.003	0.003	0.003	0.003	0.003	0.003	0.003	0.002	0.002
0.104	1.3	1138	1414	1415	1415	1790	1803	1784	2246	2237	2282	2815	2846	2910
		0.005	0.004	0.005	0.005	0.003	0.004	0.004	0.003	0.004	0.003	0.003	0.003	0.003
0.120	1.4	1226	1523	1524	1524	1928	1941	1922	2419	2409	2458	3032	3065	3134
		0.006	0.005	0.006	0.006	0.004	0.004	0.004	0.004	0.004	0.003	0.003	0.003	0.003
0.138	1.5	1314	1632	1633	1633	2066	2080	2059	2592	2581	2634	3248	3284	3357
		0.007	0.005	0.006	0.006	0.004	0.005	0.005	0.004	0.005	0.004	0.004	0.003	0.003
0.157	1.6	1401	1740	1742	1742	2203	2219	2196	2764	2753	2809	3465	3503	3581
		0.008	0.006	0.007	0.007	0.005	0.005	0.006	0.005	0.005	0.004	0.004	0.004	0.004
0.177	1.7	1489	1849	1850	1850	2341	2357	2333	2937	2925	2985	3682	3722	3805
		0.008	0.006	0.008	0.008	0.006	0.006	0.006	0.005	0.006	0.005	0.005	0.004	0.004
0.198	1.8	1576	1958	1959	1959	2479	2496	2471	3110	3097	3160	3898	3941	4029
		0.009	0.007	0.009	0.009	0.006	0.006	0.007	0.006	0.007	0.005	0.005	0.005	0.005
0.221	1.9	1664	2067	2068	2068	2617	2635	2608	3283	3269	3336	4115	4160	4253
		0.010	0.008	0.010	0.010	0.007	0.007	0.008	0.006	0.007	0.006	0.006	0.005	0.005
0.245	2.0	1751	2175	2177	2177	2754	2773	2745	3456	3441	3511	4331	4379	4476
		0.011	0.009	0.010	0.010	0.007	0.008	0.009	0.007	0.008	0.006	0.006	0.006	0.006
0.270	2.1	1839	2284	2286	2286	2892	2912	2882	3628	3613	3687	4548	4598	4700
		0.012	0.009	0.011	0.011	0.008	0.008	0.009	0.008	0.009	0.007	0.007	0.006	0.006
0.296	2.2	1927	2393	2395	2395	3030	3051	3020	3801	3785	3862	4764	4817	4924
		0.013	0.010	0.012	0.012	0.009	0.009	0.010	0.008	0.009	0.008	0.008	0.007	0.007

续表

下行—单位摩擦阻力（mmH_2O/m）

1250×630	1000×800	1600×500	1000×1000	1250×800	1600×630	1250×1000	1600×800	1600×1000	2000×800	1600×1250	2000×1000	2000×1250
2744	2793	2749	3503	3501	3489	4391	4458	5597	5585	7022	7012	8796
0.002	0.001	0.002	0.001	0.001	0.001	0.001	0.001	0.001	0.001	0.001	0.001	0.001
3019	3072	3024	3854	3851	3838	4830	4904	6157	6143	7724	7713	9676
0.002	0.002	0.002	0.001	0.001	0.002	0.001	0.001	0.001	0.001	0.001	0.001	0.001
3293	3352	3299	4204	4201	4187	5270	5349	6717	6702	8426	8415	10560
0.002	0.002	0.002	0.002	0.002	0.002	0.001	0.002	0.001	0.001	0.001	0.001	0.001
3568	3631	3573	4554	4551	4536	5709	5795	7276	7260	9128	9116	11440
0.002	0.002	0.003	0.002	0.002	0.002	0.002	0.002	0.002	0.002	0.001	0.001	0.001
3842	3910	3848	4905	4901	4885	6148	6241	7836	7819	9830	9817	12310
0.003	0.003	0.003	0.002	0.002	0.003	0.002	0.002	0.002	0.002	0.001	0.002	0.001
416	4190	4123	5255	5252	5234	6587	6687	8396	8377	10530	10520	13190
0.003	0.003	0.004	0.003	0.003	0.003	0.002	0.002	0.002	0.002	0.002	0.002	0.002
4391	4469	4398	5606	5602	5583	7026	7133	8956	8936	11230	11220	14070
0.004	0.003	0.004	0.003	0.003	0.003	0.002	0.003	0.002	0.002	0.002	0.002	0.002
4664	4748	4673	5956	5952	5932	7465	7578	9515	9494	11940	11920	14950
0.004	0.004	0.004	0.003	0.003	0.004	0.003	0.003	0.002	0.003	0.002	0.002	0.002
4940	5028	4948	6306	6302	6281	7904	8024	10080	10050	12640	12620	15830
0.004	0.004	0.005	0.004	0.004	0.004	0.003	0.003	0.003	0.003	0.002	0.002	0.002
5214	5307	5223	6657	6652	6630	8343	8470	10630	10610	13340	13320	16710
0.005	0.004	0.005	0.004	0.004	0.004	0.003	0.004	0.003	0.003	0.003	0.003	0.002
5489	5586	5498	7007	7002	6979	8783	8916	11190	11170	14040	14020	17590
0.005	0.005	0.006	0.004	0.004	0.005	0.004	0.004	0.003	0.004	0.003	0.003	0.003
5763	5866	5772	7357	7352	7328	9222	9361	11750	11730	14750	14730	18470
0.006	0.005	0.007	0.005	0.005	0.005	0.004	0.004	0.004	0.004	0.003	0.003	0.003
6037	6145	6047	7708	7702	7677	9661	9807	12310	12290	15450	15430	19350
0.006	0.006	0.007	0.005	0.005	0.006	0.004	0.005	0.004	0.004	0.003	0.004	0.003

动压 (mmH_2O)	风速 (m/s)	外边长 $A\times B$ (mm) 上行—风量 (m^3/h)												
		800×320	630×500	800×400	1000×320	630×630	800×500	1000×400	1000×500	1250×400	800×630	1250×500	1000×630	800×800
0.324	2.3	2014 0.014	2502 0.011	2504 0.013	2504 0.013	3167 0.010	3189 0.010	3157 0.011	3974 0.009	3957 0.010	4038 0.008	4981 0.008	5036 0.007	5148 0.007
0.353	2.4	2102 0.015	2610 0.012	2612 0.015	2612 0.015	3305 0.010	3328 0.010	3294 0.012	4147 0.010	4129 0.011	4214 0.009	5197 0.009	5255 0.008	5372 0.008
0.383	2.5	2189 0.017	2719 0.013	2721 0.016	2721 0.016	3443 0.011	3467 0.011	3432 0.013	4319 0.010	4301 0.012	4389 0.010	5414 0.010	5474 0.009	5596 0.008
0.414	2.6	2277 0.018	2828 0.014	2830 0.017	2830 0.017	3581 0.012	3605 0.012	3569 0.014	4492 0.011	4473 0.013	4565 0.010	5631 0.010	5693 0.009	5819 0.009
0.447	2.7	2364 0.019	2937 0.015	2939 0.018	2939 0.018	3718 0.013	3744 0.013	3706 0.015	4665 0.012	4645 0.014	4740 0.011	5847 0.011	5911 0.010	6043 0.010
0.480	2.8	2452 0.020	3046 0.016	3048 0.019	3048 0.019	3856 0.014	3883 0.014	3843 0.016	4938 0.013	4817 0.014	4916 0.012	6064 0.012	6130 0.011	6267 0.010
0.515	2.9	2540 0.022	3154 0.017	3157 0.020	3157 0.020	3994 0.015	4021 0.015	3981 0.017	510 0.014	4989 0.015	5091 0.013	6280 0.013	6349 0.011	6491 0.011
0.551	3.0	2627 0.023	3263 0.018	3266 0.022	3266 0.022	4134 0.015	4160 0.016	4118 0.018	5183 0.015	5161 0.016	5267 0.013	6497 0.013	6568 0.012	6715 0.012
0.589	3.1	2715 0.024	3372 0.019	3374 0.023	3374 0.023	4269 0.016	4299 0.017	4255 0.019	5356 0.015	5333 0.017	5443 0.014	6713 0.014	3787 0.013	6939 0.012
0.627	3.2	2802 0.026	3481 0.020	3483 0.024	3483 0.024	4407 0.017	4437 0.018	4392 0.020	5529 0.016	5505 0.018	5618 0.015	6930 0.015	7006 0.014	7162 0.013
0.667	3.3	2890 0.027	3589 0.021	3592 0.026	3592 0.026	4545 0.018	4576 0.019	4530 0.021	5702 0.017	5678 0.019	5794 0.016	7147 0.016	7225 0.014	7386 0.014
0.708	3.4	2977 0.029	3698 0.022	3701 0.027	3701 0.027	4682 0.019	4715 0.020	4667 0.022	5874 0.018	5850 0.021	5969 0.017	7363 0.017	7444 0.015	7610 0.014

续表

下行一单位摩擦阻力（mmH_2O/m）

1250×630	1000×800	1600×500	1000×1000	1250×800	1600×630	1250×1000	1600×800	1600×1000	2000×800	1600×1250	2000×1000	2000×1250
6312	6424	6322	8058	8052	8026	10100	10250	12870	12840	16150	16130	20230
0.007	0.006	0.008	0.005	0.006	0.006	0.005	0.005	0.004	0.005	0.004	0.004	0.003
6586	6704	6697	8408	8402	8375	10540	10700	13430	13400	16850	16830	21110
0.007	0.007	0.008	0.006	0.006	0.007	0.005	0.005	0.005	0.005	0.004	0.004	0.004
6861	6983	6872	8759	8753	8723	10980	11140	13990	13960	17550	17530	21990
0.008	0.007	0.009	0.006	0.007	0.007	0.006	0.006	0.005	0.005	0.004	0.004	0.004
7135	7262	7147	9109	9103	9072	11420	11590	14550	14520	18260	18230	22870
0.008	0.008	0.010	0.007	0.007	0.008	0.006	0.006	0.005	0.006	0.005	0.005	0.004
7410	7542	7422	9459	9453	9421	11860	12040	15110	15080	18960	18930	23750
0.009	0.008	0.010	0.007	0.008	0.008	0.006	0.007	0.005	0.006	0.005	0.005	0.004
7684	7821	7697	9810	9803	9770	12300	12480	15670	15640	19600	19630	24630
0.010	0.009	0.011	0.008	0.008	0.009	0.007	0.007	0.006	0.007	0.005	0.006	0.005
7958	8101	7972	10160	10150	10120	12730	12930	16230	16200	20360	20340	25510
0.010	0.010	0.012	0.008	0.009	0.009	0.007	0.008	0.006	0.007	0.006	0.006	0.005
8232	8380	8246	10510	10500	10470	13170	13370	16790	16750	21060	21040	26390
0.011	0.010	0.012	0.009	0.009	0.010	0.008	0.008	0.007	0.008	0.006	0.006	0.005
8507	8659	8521	10860	10850	10820	13610	13820	17350	17310	21770	21740	27290
0.012	0.011	0.013	0.009	0.010	0.011	0.008	0.009	0.007	0.008	0.006	0.007	0.006
8782	8938	8796	11210	11200	11170	14050	14270	17910	17870	22470	22440	28150
0.012	0.011	0.014	0.010	0.010	0.011	0.009	0.009	0.008	0.008	0.007	0.007	0.006
9056	9217	9071	11560	11550	11520	14490	14710	18470	18430	23170	23140	29030
0.013	0.012	0.015	0.010	0.011	0.012	0.009	0.010	0.008	0.009	0.007	0.007	0.006
9331	9497	9346	11910	11900	11860	14930	15160	19030	18990	23870	23840	29910
0.014	0.013	0.016	0.011	0.011	0.013	0.010	0.013	0.009	0.009	0.007	0.008	0.007

续表

动压 (mmH₂O)	风速 (m/s)	外边长 A×B (mm) 上行—风量 (m^3/h) 下行—单位摩擦阻力 (mmH_2O/m)												
		120×120	160×120	200×120	160×160	250×120	200×160	250×160	200×200	250×200	320×160	250×250	320×200	400×200
0.750	3.5	161 0.162	218 0.137	275 0.122	295 0.112	346 0.111	372 0.098	468 0.087	469 0.084	591 0.074	603 0.078	744 0.063	761 0.065	941 0.059
0.794	3.6	165 0.171	224 0.144	283 0.128	303 0.117	356 0.116	383 0.103	482 0.091	483 0.088	608 0.077	621 0.082	765 0.067	783 0.068	968 0.062
0.869	3.7	170 0.179	230 0.151	290 0.134	312 0.123	366 0.122	393 0.108	495 0.096	496 0.093	625 0.081	638 0.087	787 0.070	805 0.071	995 0.065
0.885	3.8	175 0.188	237 0.158	298 0.141	320 0.129	376 0.128	404 0.113	509 0.100	510 0.097	642 0.085	655 0.090	808 0.073	826 0.075	1022 0.069
0.932	3.9	179 0.197	243 0.165	306 0.148	329 0.135	386 0.134	415 0.118	522 0.105	523 0.102	658 0.089	672 0.094	829 0.077	848 0.078	1049 0.072
0.980	4.0	184 0.206	249 0.173	314 0.154	337 0.142	395 0.140	425 0.124	535 0.110	536 0.106	679 0.093	690 0.098	850 0.080	870 0.082	1075 0.075
1.03	4.1	188 0.215	255 0.181	322 0.161	346 0.148	405 0.146	436 0.129	549 0.115	550 0.111	692 0.097	707 0.103	872 0.084	892 0.086	1102 0.079
1.08	4.2	193 0.224	261 0.189	330 0.168	354 0.154	415 0.152	446 0.135	562 0.120	563 0.116	709 0.102	724 0.108	893 0.088	913 0.090	1129 0.082
1.13	4.3	198 0.234	268 0.197	338 0.176	362 0.161	425 0.159	457 0.141	576 0.125	577 0.121	726 0.106	741 0.112	914 0.091	935 0.093	1156 0.086
1.19	4.4	202 0.244	274 0.205	345 0.183	371 0.168	435 0.166	468 0.147	589 0.131	590 0.126	743 0.111	759 0.117	935 0.095	957 0.097	1183 0.089
1.24	4.5	207 0.254	280 0.213	353 0.190	379 0.175	445 0.173	478 0.153	602 0.136	603 0.131	760 0.115	776 0.122	957 0.099	979 0.101	1210 0.093
1.30	4.6	211 0.264	286 0.222	361 0.198	388 0.182	455 0.180	489 0.159	616 0.141	617 0.137	777 0.120	793 0.127	978 0.103	1000 0.105	1237 0.097
1.35	4.7	216 0.274	293 0.231	369 0.206	396 0.189	465 0.187	500 0.165	629 0.147	630 0.142	794 0.124	810 0.132	999 0.107	1022 0.110	1264 0.100

续表

动压 (mmH$_2$O)	风速 (m/s)	外边长 $A\times B$ (mm) 上行—风量 (m^3/h) 下行—单位摩擦阻力 (mmH$_2$O/m)												
		120×120	160×120	200×120	160×160	250×120	200×160	250×160	200×200	250×200	320×160	250×250	320×200	400×200
1.41	4.8	221	299	377	405	474	510	642	644	810	828	1020	1044	1290
		0.284	0.239	0.214	0.196	0.194	0.171	0.152	0.147	0.129	0.137	0.111	0.114	0.104
1.47	4.9	225	305	385	413	484	521	656	657	827	845	1042	1066	1317
		0.295	0.248	0.222	0.203	0.201	0.178	0.168	0.153	0.134	0.142	0.116	0.118	0.108
1.53	5.0	230	311	393	421	494	532	669	670	844	862	1063	1088	1344
		0.306	0.257	0.230	0.211	0.209	0.184	0.164	0.159	0.139	0.147	0.120	0.122	0.112
1.59	5.1	234	317	400	430	504	542	683	684	861	879	1084	1109	1371
		0.317	0.267	0.238	0.218	0.216	0.191	0.170	0.164	0.144	0.152	0.124	0.127	0.116
1.66	5.2	239	324	408	438	514	553	696	697	878	896	1105	1131	1398
		0.328	0.276	0.246	0.226	0.224	0.198	0.176	0.170	0.149	0.158	0.129	0.131	0.120
1.72	5.3	244	330	416	447	524	563	709	711	895	914	1127	1153	1425
		0.339	0.286	0.255	0.234	0.232	0.205	0.182	0.176	0.154	0.163	0.133	0.136	0.125
1.79	5.4	248	336	424	455	534	574	723	724	912	931	1148	1174	1452
		0.351	0.295	0.264	0.242	0.239	0.212	0.188	0.182	0.160	0.169	0.138	0.141	0.129
1.85	5.5	253	342	432	463	544	585	736	738	929	948	1169	1196	1479
		0.362	0.305	0.272	0.250	0.247	0.219	0.195	0.188	0.165	0.174	0.142	0.145	0.133
1.92	5.6	257	349	440	472	554	595	750	751	945	965	1190	1218	1506
		0.374	0.315	0.281	0.258	0.255	0.226	0.201	0.194	0.170	0.180	0.147	0.150	0.137
1.99	5.7	262	355	448	480	563	606	763	764	962	983	1212	1240	1532
		0.386	0.325	0.290	0.266	0.264	0.233	0.207	0.201	0.176	0.186	0.152	0.155	0.142
2.06	5.8	267	361	455	489	573	617	776	778	979	1000	1233	1261	1559
		0.398	0.335	0.300	0.275	0.272	0.240	0.214	0.207	0.181	0.192	0.156	0.160	0.146
2.13	5.9	271	367	463	497	583	627	790	791	996	1017	1254	1283	1586
		0.411	0.346	0.310	0.283	0.280	0.248	0.221	0.213	0.187	0.198	0.161	0.165	0.151

附表 2-1　不同温度时水的运动黏度和密度

温度（℃）	运动黏度（$10^{-6}m^2/s$）	密度（kg/m^3）	温度（℃）	运动黏度（$10^{-6}m^2/s$）	密度（kg/m^3）
40	0.659	992.24	70	0.415	977.899
45	0.603	990.25	75	0.389	974.849
50	0.556	988.07	80	0.366	971.84
55	0.515	985.73	85	0.345	968.57
60	0.479	983.284	90	0.326	965.344
65	0.445	980.63	95	0.310	961.816

附表 2-2　10℃钢材管道水力计算表（管中流体为水）

G	DN50	DN50	DN70	DN70	DN80	DN80	DN100	DN100	DN125	DN125	DN150	DN150	DN200	DN200
	d=53.00	d=53.00	d=68.00	d=68.00	d=80.50	d=80.50	d=106.00	d=106.00	d=131.00	d=131.00	d=156.00	d=156.00	d=207.00	d=207.00
kg/h	ΔPm	v	ΔPm	v	ΔPm	v	ΔPm	v	ΔPm	v	ΔPm	v	ΔPm	v
1600	14.35	0.20												
1700	16.02	0.21												
1800	17.78	0.23												
1900	19.63	0.24												
2000	21.56	0.25												
2200	25.68	0.28												
2400	30.14	0.30												
2600	34.94	0.33	10.14	0.20										
2800	40.09	0.35	11.60	0.21										
3000	45.57	0.38	13.16	0.23										
3200	51.40	0.40	14.81	0.24										
3400	57.56	0.43	16.55	0.26										
3600	64.07	0.45	18.39	0.28	7.98	0.20								
3800	70.91	0.48	20.32	0.29	8.80	0.21								
4000	78.09	0.50	22.34	0.31	9.67	0.22								
4200	85.61	0.53	24.45	0.32	10.57	0.23								

续表

G	DN50	DN50	DN70	DN70	DN80	DN80	DN100	DN100	DN125	DN125	DN150	DN150	DN200	DN200
	d=53.00	d=53.00	d=68.00	d=68.00	d=80.50	d=80.50	d=106.00	d=106.00	d=131.00	d=131.00	d=156.00	d=156.00	d=207.00	d=207.00
kg/h	ΔPm	v	ΔPm	v	ΔPm	v	ΔPm	v	ΔPm	v	ΔPm	v	ΔPm	v
4400	93.46	0.55	26.65	0.34	11.51	0.24								
4600	101.65	0.58	28.94	0.35	12.49	0.25								
4800	110.18	0.60	31.32	0.37	13.50	0.26								
5000	119.04	0.63	33.80	0.38	14.56	0.27								
5400	137.78	0.68	39.02	0.41	16.78	0.29								
5800	157.87	0.73	44.61	0.44	19.15	0.32								
6200	179.29	0.78	50.56	0.47	21.67	0.34	5.54	0.20						
6600	202.07	0.83	56.87	0.51	24.34	0.36	6.21	0.21						
7000	226.18	0.88	63.54	0.54	27.16	0.38	6.91	0.22						
7400	251.64	0.93	70.58	0.57	30.14	0.40	7.65	0.23						
7800	278.43	0.98	77.98	0.60	33.26	0.43	8.43	0.25						
8200	306.57	1.03	85.73	0.63	36.53	0.45	9.24	0.26						
8600	336.06	1.08	93.85	0.66	39.94	0.47	10.09	0.27						
9000	366.88	1.13	102.33	0.69	43.51	0.49	10.97	0.28						
10000	449.80	1.26	125.10	0.77	53.08	0.55	13.34	0.32	4.67	0.21				
11000	541.10	1.39	150.12	0.84	63.57	0.60	15.92	0.35	5.56	0.23				
12000	640.77	1.51	177.40	0.92	74.99	0.66	18.72	0.38	6.53	0.25				
13000	748.82	1.64	206.91	1.00	87.34	0.71	21.75	0.41	7.56	0.27				
14000	865.24	1.76	238.68	1.07	100.61	0.76	24.99	0.44	8.67	0.29	3.66	0.20		
15000	990.03	1.89	272.69	1.15	114.80	0.82	28.45	0.47	9.86	0.31	4.15	0.22		
16000	1123.19	2.02	308.94	1.22	129.92	0.87	32.13	0.50	11.11	0.33	4.67	0.23		
17000	1264.72	2.14	347.44	1.30	145.96	0.93	36.02	0.54	12.44	0.35	5.22	0.25		
18000	1414.62	2.27	388.19	1.38	162.92	0.98	40.14	0.57	13.84	0.37	5.80	0.26		
19000	1572.89	2.39	431.18	1.45	180.81	1.04	44.47	0.60	15.32	0.39	6.41	0.28		
20000	1739.53	2.52	476.41	1.53	199.61	1.09	49.02	0.63	16.86	0.41	7.05	0.29		
22000	2097.92	2.77	573.60	1.68	239.99	1.20	58.77	0.69	20.17	0.45	8.42	0.32		

续表

G	DN50	DN50	DN70	DN70	DN80	DN80	DN100	DN100	DN125	DN125	DN150	DN150	DN200	DN200
	d=53.00	d=53.00	d=68.00	d=68.00	d=80.50	d=80.50	d=106.00	d=106.00	d=131.00	d=131.00	d=156.00	d=156.00	d=207.00	d=207.00
kg/h	ΔPm	v	ΔPm	v	ΔPm	v	ΔPm	v	ΔPm	v	ΔPm	v	ΔPm	v
24000			679.76	1.84	284.06	1.31	69.39	0.76	23.76	0.50	9.90	0.35	2.44	0.20
26000			794.89	1.99	331.80	1.42	80.87	0.82	27.63	0.54	11.50	0.38	2.82	0.21
28000			919.00	2.14	383.23	1.53	93.22	0.88	31.80	0.58	13.21	0.41	3.24	0.23
30000			1052.07	2.30	438.35	1.64	106.44	0.95	36.25	0.62	15.04	0.44	3.68	0.25
32000			1194.11	2.45	497.15	1.75	120.52	1.01	40.98	0.66	16.98	0.47	4.14	0.26
34000			1345.12	2.60	559.63	1.86	135.47	1.07	46.00	0.70	19.03	0.49	4.63	0.28
36000			1505.10	2.76	625.79	1.97	151.28	1.13	51.31	0.74	21.20	0.52	5.15	0.30
38000			1674.04	2.91	695.63	2.08	167.96	1.20	56.90	0.78	23.49	0.55	5.70	0.31
40000					769.15	2.18	185.51	1.26	62.77	0.83	25.89	0.58	6.27	0.33
42000					846.36	2.29	203.91	1.32	68.93	0.87	28.40	0.61	6.87	0.35
44000					927.25	2.40	223.18	1.39	75.37	0.91	31.03	0.64	7.49	0.36
46000					1011.82	2.51	243.32	1.45	82.10	0.95	33.77	0.67	8.14	0.38
48000					1100.07	2.62	264.32	1.51	89.11	0.99	36.62	0.70	8.82	0.40
50000					1192.00	2.73	286.19	1.58	96.40	1.03	39.59	0.73	9.52	0.41
52000					1287.61	2.84	308.91	1.64	103.98	1.07	42.67	0.76	10.25	0.43
54000					1386.90	2.95	332.51	1.70	111.85	1.11	45.87	0.79	11.00	0.45
56000							356.96	1.76	119.99	1.16	49.18	0.81	11.78	0.46
58000							382.28	1.83	128.43	1.20	52.60	0.84	12.59	0.48
60000							408.47	1.89	137.14	1.24	56.14	0.87	13.42	0.50
62000							435.52	1.95	146.14	1.28	59.79	0.90	14.28	0.51
64000							463.43	2.02	155.42	1.32	63.55	0.93	15.16	0.53
66000							492.20	2.08	164.99	1.36	67.43	0.96	16.07	0.55
68000							521.84	2.14	174.84	1.40	71.42	0.99	17.00	0.56
70000							552.35	2.21	184.97	1.44	75.53	1.02	17.97	0.58

续表

G	DN50	DN50	DN70	DN70	DN80	DN80	DN100	DN100	DN125	DN125	DN150	DN150	DN200	DN200
	d=53.00	d=53.00	d=68.00	d=68.00	d=80.50	d=80.50	d=106.00	d=106.00	d=131.00	d=131.00	d=156.00	d=156.00	d=207.00	d=207.00
kg/h	ΔPm	v	ΔPm	v	ΔPm	v	ΔPm	v	ΔPm	v	ΔPm	v	ΔPm	v
75000							632.38	2.36	211.55	1.55	86.29	1.09	20.48	0.62
80000							717.82	2.52	239.90	1.65	97.75	1.16	23.16	0.66
85000							808.65	2.68	270.02	1.75	109.93	1.24	26.00	0.70
90000							904.88	2.84	301.92	1.86	122.82	1.31	29.00	0.74
95000							1006.50	2.99	335.58	1.96	136.41	1.38	32.17	0.78
100000									371.02	2.06	150.71	1.45	35.49	0.83
105000									408.24	2.17	165.72	1.53	38.97	0.87
110000									447.22	2.27	181.44	1.60	42.62	0.91
115000									487.98	2.37	197.87	1.67	46.43	0.95
120000									530.50	2.48	215.00	1.75	50.39	0.99
130000									620.88	2.68	251.40	1.89	58.81	1.07
140000									718.33	2.89	290.63	2.04	67.87	1.16
150000											332.69	2.18	77.58	1.24
160000											377.58	2.33	87.92	1.32
170000											425.30	2.47	98.91	1.40
180000											475.85	2.62	110.54	1.49
190000											529.24	2.76	122.82	1.57
200000											585.45	2.91	135.73	1.65
220000													163.49	1.82
240000													193.82	1.98
260000													226.72	2.15
280000													262.18	2.31
300000													300.21	2.48
320000													340.81	2.64
340000													383.98	2.81
360000													429.71	2.97

续表

G	DN250	DN250	DN300	DN300	DN350	DN350	DN400	DN400	DN450	DN450	DN500	DN500	DN600	DN600
	d=259.00	d=259.00	d=309.00	d=309.00	d=365.00	d=365.00	d=412.00	d=412.00	d=464.00	d=464.00	d=515.00	d=515.00	d=614.00	d=614.00
kg/h	ΔPm	v	ΔPm	v	ΔPm	v	ΔPm	v	ΔPm	v	ΔPm	v	ΔPm	v
38000	1.88	0.20												
40000	2.07	0.21												
42000	2.26	0.22												
44000	2.46	0.23												
46000	2.67	0.24												
48000	2.89	0.25												
50000	3.12	0.26												
52000	3.35	0.27												
54000	3.60	0.28	1.50	0.20										
56000	3.85	0.30	1.61	0.21										
58000	4.11	0.31	1.72	0.22										
60000	4.38	0.32	1.83	0.22										
62000	4.65	0.33	1.94	0.23										
64000	4.94	0.34	2.06	0.24										
66000	5.23	0.35	2.18	0.24										
68000	5.53	0.36	2.30	0.25										
70000	5.84	0.37	2.43	0.26										
75000	6.64	0.40	2.76	0.28	1.21	0.20								
80000	7.50	0.42	3.11	0.30	1.37	0.21								
85000	8.41	0.45	3.49	0.32	1.53	0.23								
90000	9.37	0.47	3.88	0.33	1.70	0.24								
95000	10.37	0.50	4.29	0.35	1.88	0.25	1.03	0.20						
100000	11.43	0.53	4.72	0.37	2.07	0.27	1.14	0.21						
105000	12.54	0.55	5.18	0.39	2.26	0.28	1.24	0.22						

续表

G	DN250	DN250	DN300	DN300	DN350	DN350	DN400	DN400	DN450	DN450	DN500	DN500	DN600	DN600
	$d=259.00$	$d=259.00$	$d=309.00$	$d=309.00$	$d=365.00$	$d=365.00$	$d=412.00$	$d=412.00$	$d=464.00$	$d=464.00$	$d=515.00$	$d=515.00$	$d=614.00$	$d=614.00$
kg/h	ΔPm	v	ΔPm	v	ΔPm	v	ΔPm	v	ΔPm	v	ΔPm	v	ΔPm	v
110000	13.70	0.58	5.65	0.41	2.47	0.29	1.35	0.23						
115000	14.90	0.61	6.14	0.43	2.68	0.31	1.47	0.24						
120000	16.16	0.63	6.65	0.44	2.90	0.32	1.59	0.25	0.89	0.20				
130000	18.83	0.69	7.74	0.48	3.37	0.35	1.85	0.27	1.03	0.21				
140000	21.69	0.74	8.90	0.52	3.87	0.37	2.12	0.29	1.18	0.23				
150000	24.76	0.79	10.15	0.56	4.40	0.40	2.41	0.31	1.34	0.25	0.80	0.20		
160000	28.02	0.84	11.47	0.59	4.97	0.43	2.72	0.33	1.51	0.26	0.90	0.21		
170000	31.48	0.90	12.88	0.63	5.58	0.45	3.05	0.35	1.69	0.28	1.01	0.23		
180000	35.14	0.95	14.36	0.67	6.21	0.48	3.39	0.38	1.88	0.30	1.12	0.24		
190000	39.00	1.00	15.92	0.70	6.88	0.50	3.75	0.40	2.08	0.31	1.24	0.25		
200000	43.06	1.06	17.56	0.74	7.58	0.53	4.13	0.42	2.29	0.33	1.36	0.27		
220000	51.78	1.16	21.08	0.82	9.09	0.58	4.95	0.46	2.73	0.36	1.63	0.29	0.68	0.21
240000	61.29	1.27	24.92	0.89	10.72	0.64	5.83	0.50	3.22	0.39	1.92	0.32	0.80	0.23
260000	71.59	1.37	29.07	0.96	12.49	0.69	6.79	0.54	3.74	0.43	2.22	0.35	0.93	0.24
280000	82.69	1.48	33.54	1.04	14.40	0.74	7.81	0.58	4.30	0.46	2.56	0.37	1.07	0.26
300000	94.58	1.58	38.32	1.11	16.43	0.80	8.91	0.63	4.90	0.49	2.91	0.40	1.22	0.28
320000	107.27	1.69	43.42	1.19	18.60	0.85	10.08	0.67	5.54	0.53	3.29	0.43	1.37	0.30
340000	120.75	1.79	48.84	1.26	20.90	0.90	11.32	0.71	6.22	0.56	3.69	0.45	1.54	0.32
360000	135.02	1.90	54.57	1.33	23.33	0.96	12.63	0.75	6.93	0.59	4.11	0.48	1.71	0.34
380000	150.09	2.01	60.61	1.41	25.90	1.01	14.00	0.79	7.68	0.62	4.55	0.51	1.89	0.36
400000	165.96	2.11	66.97	1.48	28.60	1.06	15.45	0.83	8.47	0.66	5.01	0.53	2.08	0.38
420000	182.61	2.22	73.65	1.56	31.42	1.12	16.97	0.88	9.30	0.69	5.50	0.56	2.28	0.39
440000			80.64	1.63	34.39	1.17	18.56	0.92	10.17	0.72	6.01	0.59	2.49	0.41
460000			87.95	1.71	37.48	1.22	20.22	0.96	11.07	0.76	6.54	0.61	2.71	0.43

续表

G	DN250	DN250	DN300	DN300	DN350	DN350	DN400	DN400	DN450	DN450	DN500	DN500	DN600	DN600
	d=259.00	d=259.00	d=309.00	d=309.00	d=365.00	d=365.00	d=412.00	d=412.00	d=464.00	d=464.00	d=515.00	d=515.00	d=614.00	d=614.00
kg/h	ΔPm	v	ΔPm	v	ΔPm	v	ΔPm	v	ΔPm	v	ΔPm	v	ΔPm	v
480000			95.57	1.78	40.70	1.28	21.95	1.00	12.01	0.79	7.10	0.64	2.94	0.45
500000			103.51	1.85	44.06	1.33	23.75	1.04	12.99	0.82	7.67	0.67	3.17	0.47
520000			111.76	1.93	47.55	1.38	25.62	1.08	14.01	0.85	8.27	0.69	3.42	0.49
540000			120.33	2.00	51.17	1.43	27.57	1.13	15.06	0.89	8.89	0.72	3.67	0.51
560000			129.21	2.08	54.93	1.49	29.58	1.17	16.16	0.92	9.53	0.75	3.93	0.53
580000			138.41	2.15	58.81	1.54	31.66	1.21	17.29	0.95	10.19	0.77	4.20	0.54
600000			147.92	2.22	62.83	1.59	33.81	1.25	18.45	0.99	10.88	0.80	4.48	0.56
620000			157.75	2.30	66.98	1.65	36.03	1.29	19.66	1.02	11.58	0.83	4.77	0.58
640000			167.90	2.37	71.26	1.70	38.32	1.33	20.90	1.05	12.31	0.85	5.07	0.60
660000			178.36	2.45	75.67	1.75	40.68	1.38	22.19	1.09	13.06	0.88	5.37	0.62
680000			189.13	2.52	80.22	1.81	43.12	1.42	23.50	1.12	13.83	0.91	5.69	0.64
700000					84.90	1.86	45.62	1.46	24.86	1.15	14.63	0.93	6.01	0.66
720000					89.71	1.91	48.19	1.50	26.26	1.18	15.45	0.96	6.35	0.68
740000					94.65	1.97	50.83	1.54	27.69	1.22	16.28	0.99	6.69	0.69
760000					99.72	2.02	53.54	1.58	29.16	1.25	17.14	1.01	7.04	0.71
780000					104.93	2.07	56.33	1.63	30.67	1.28	18.03	1.04	7.40	0.73
800000					110.26	2.13	59.18	1.67	32.21	1.32	18.93	1.07	7.76	0.75
820000					115.73	2.18	62.10	1.71	33.79	1.35	19.86	1.09	8.14	0.77
840000					121.33	2.23	65.09	1.75	35.41	1.38	20.81	1.12	8.53	0.79
860000					127.06	2.28	68.16	1.79	37.07	1.41	21.77	1.15	8.92	0.81
880000					132.93	2.34	71.29	1.84	38.77	1.45	22.77	1.17	9.32	0.83
900000					138.93	2.39	74.49	1.88	40.50	1.48	23.78	1.20	9.73	0.85
920000					145.05	2.44	77.76	1.92	42.27	1.51	24.82	1.23	10.16	0.86
940000					151.31	2.50	81.11	1.96	44.08	1.55	25.87	1.25	10.58	0.88

续表

G	DN250	DN250	DN300	DN300	DN350	DN350	DN400	DN400	DN450	DN450	DN500	DN500	DN600	DN600
	d=259.00	d=259.00	d=309.00	d=309.00	d=365.00	d=365.00	d=412.00	d=412.00	d=464.00	d=464.00	d=515.00	d=515.00	d=614.00	d=614.00
kg/h	ΔPm	v	ΔPm	v	ΔPm	v	ΔPm	v	ΔPm	v	ΔPm	v	ΔPm	v
960000					157.71	2.55	84.52	2.00	45.93	1.58	26.95	1.28	11.02	0.90
980000					164.23	2.60	88.00	2.04	47.81	1.61	28.05	1.31	11.47	0.92
1000000					170.89	2.66	91.56	2.09	49.74	1.64	29.18	1.33	11.92	0.94
1050000					188.10	2.79	100.74	2.19	54.71	1.73	32.08	1.40	13.10	0.99
1100000							110.37	2.29	59.91	1.81	35.12	1.47	14.33	1.03
1150000							120.44	2.40	65.35	1.89	38.30	1.53	15.62	1.08
1200000							130.94	2.50	71.03	1.97	41.61	1.60	16.96	1.13
1250000							141.88	2.61	76.94	2.06	45.06	1.67	18.36	1.17
1300000							153.26	2.71	83.09	2.14	48.64	1.73	19.81	1.22
1350000							165.07	2.82	89.47	2.22	52.37	1.80	21.31	1.27
1400000							177.32	2.92	96.09	2.30	56.23	1.87	22.87	1.31
1450000							190.01	3.02	102.94	2.38	60.22	1.94	24.48	1.36
1500000									110.03	2.47	64.36	2.00	26.15	1.41
1550000									117.35	2.55	68.62	2.07	27.88	1.46
1600000									124.91	2.63	73.03	2.14	29.65	1.50
1650000									132.71	2.71	77.57	2.20	31.49	1.55
1700000									140.74	2.79	82.25	2.27	33.37	1.60
1750000									149.00	2.88	87.07	2.34	35.32	1.64
1800000									157.50	2.96	92.02	2.40	37.31	1.69
1850000									166.24	3.04	97.11	2.47	39.36	1.74
1900000									175.21	3.12	102.33	2.54	41.47	1.78
1950000									184.41	3.21	107.69	2.60	43.63	1.83
2000000									193.85	3.29	113.19	2.67	45.84	1.88

续表

G	DN250	DN250	DN300	DN300	DN350	DN350	DN400	DN400	DN450	DN450	DN500	DN500	DN600	DN600
	d=259.00	d=259.00	d=309.00	d=309.00	d=365.00	d=365.00	d=412.00	d=412.00	d=464.00	d=464.00	d=515.00	d=515.00	d=614.00	d=614.00
kg/h	ΔPm	v	ΔPm	v	ΔPm	v	ΔPm	v	ΔPm	v	ΔPm	v	ΔPm	v
2100000											124.60	2.80	50.44	1.97
2200000											136.55	2.94	55.25	2.07
2300000											149.05	3.07	60.28	2.16
2400000											162.09	3.20	65.53	2.25
2500000											175.68	3.34	71.00	2.35
2600000											189.82	3.47	76.68	2.44
2700000													82.58	2.54
2800000													88.70	2.63
2900000													95.04	2.72
3000000													101.60	2.82
3100000													108.38	2.91
3200000													115.37	3.00
3300000													122.59	3.10
3400000													130.02	3.19
3500000													137.67	3.29
3600000													145.53	3.38
3700000													153.62	3.47
3800000													161.92	3.57
3900000													170.44	3.66
4000000													179.19	3.76
4100000													188.14	3.85
4200000													197.32	3.94

续表

G	DN700	DN700	DN800	DN800	DN900	DN900	DN1000	DN1000	DN1100	DN1100	DN1200	DN1200
	d=702.00	d=702.00	d=802.00	d=802.00	d=900.00	d=900.00	d=998.00	d=998.00	d=1096.00	d=1096.00	d=1194.00	d=1194.00
kg/h	ΔPm	v	ΔPm	v	ΔPm	v	ΔPm	v	ΔPm	v	ΔPm	v
280000	0.55	0.20										
300000	0.63	0.22										
320000	0.71	0.23										
340000	0.79	0.24										
360000	0.88	0.26	0.46	0.20								
380000	0.97	0.27	0.50	0.21								
400000	1.07	0.29	0.55	0.22								
420000	1.17	0.30	0.61	0.23								
440000	1.28	0.32	0.66	0.24								
460000	1.39	0.33	0.72	0.25	0.41	0.20						
480000	1.51	0.34	0.78	0.26	0.44	0.21						
500000	1.63	0.36	0.84	0.28	0.48	0.22						
520000	1.75	0.37	0.90	0.29	0.51	0.23						
540000	1.88	0.39	0.97	0.30	0.55	0.24						
560000	2.01	0.40	1.04	0.31	0.59	0.24	0.35	0.20				
580000	2.15	0.42	1.11	0.32	0.63	0.25	0.38	0.21				
600000	2.29	0.43	1.18	0.33	0.67	0.26	0.40	0.21				
620000	2.44	0.45	1.26	0.34	0.71	0.27	0.43	0.22				
640000	2.59	0.46	1.33	0.35	0.75	0.28	0.45	0.23				
660000	2.74	0.47	1.41	0.36	0.80	0.29	0.48	0.23				
680000	2.90	0.49	1.49	0.37	0.84	0.30	0.51	0.24	0.32	0.20		
700000	3.07	0.50	1.58	0.39	0.89	0.31	0.53	0.25	0.34	0.21		
720000	3.24	0.52	1.66	0.40	0.94	0.31	0.56	0.26	0.35	0.21		

续表

G	DN700	DN700	DN800	DN800	DN900	DN900	DN1000	DN1000	DN1100	DN1100	DN1200	DN1200
	d=702.00	d=702.00	d=802.00	d=802.00	d=900.00	d=900.00	d=998.00	d=998.00	d=1096.00	d=1096.00	d=1194.00	d=1194.00
kg/h	ΔPm	v	ΔPm	v	ΔPm	v	ΔPm	v	ΔPm	v	ΔPm	v
740000	3.41	0.53	1.75	0.41	0.99	0.32	0.59	0.26	0.37	0.22		
760000	3.59	0.55	1.84	0.42	1.04	0.33	0.62	0.27	0.39	0.22		
780000	3.77	0.56	1.94	0.43	1.09	0.34	0.65	0.28	0.41	0.23		
800000	3.96	0.57	2.03	0.44	1.14	0.35	0.68	0.28	0.43	0.24	0.28	0.20
820000	4.15	0.59	2.13	0.45	1.20	0.36	0.72	0.29	0.45	0.24	0.30	0.20
840000	4.34	0.60	2.23	0.46	1.25	0.37	0.75	0.30	0.47	0.25	0.31	0.21
860000	4.54	0.62	2.33	0.47	1.31	0.38	0.78	0.31	0.49	0.25	0.32	0.21
880000	4.74	0.63	2.43	0.48	1.37	0.38	0.82	0.31	0.51	0.26	0.34	0.22
900000	4.95	0.65	2.54	0.50	1.43	0.39	0.85	0.32	0.54	0.27	0.35	0.22
920000	5.16	0.66	2.65	0.51	1.49	0.40	0.89	0.33	0.56	0.27	0.37	0.23
940000	5.38	0.68	2.76	0.52	1.55	0.41	0.93	0.33	0.58	0.28	0.38	0.23
960000	5.60	0.69	2.87	0.53	1.61	0.42	0.96	0.34	0.61	0.28	0.40	0.24
980000	5.83	0.70	2.98	0.54	1.68	0.43	1.00	0.35	0.63	0.29	0.41	0.24
1000000	6.06	0.72	3.10	0.55	1.74	0.44	1.04	0.36	0.65	0.29	0.43	0.25
1050000	6.65	0.75	3.40	0.58	1.91	0.46	1.14	0.37	0.72	0.31	0.47	0.26
1100000	7.27	0.79	3.72	0.61	2.09	0.48	1.24	0.39	0.78	0.32	0.51	0.27
1150000	7.92	0.83	4.05	0.63	2.27	0.50	1.35	0.41	0.85	0.34	0.56	0.29
1200000	8.59	0.86	4.39	0.66	2.46	0.52	1.47	0.43	0.92	0.35	0.60	0.30
1250000	9.30	0.90	4.74	0.69	2.66	0.55	1.58	0.44	0.99	0.37	0.65	0.31
1300000	10.03	0.93	5.11	0.72	2.86	0.57	1.71	0.46	1.07	0.38	0.70	0.32
1350000	10.78	0.97	5.50	0.74	3.08	0.59	1.83	0.48	1.15	0.40	0.75	0.34
1400000	11.57	1.01	5.90	0.77	3.30	0.61	1.96	0.50	1.23	0.41	0.80	0.35
1450000	12.38	1.04	6.31	0.80	3.53	0.63	2.10	0.52	1.31	0.43	0.86	0.36

续表

G	DN700	DN700	DN800	DN800	DN900	DN900	DN1000	DN1000	DN1100	DN1100	DN1200	DN1200
	d=702.00	d=702.00	d=802.00	d=802.00	d=900.00	d=900.00	d=998.00	d=998.00	d=1096.00	d=1096.00	d=1194.00	d=1194.00
kg/h	ΔPm	v	ΔPm	v	ΔPm	v	ΔPm	v	ΔPm	v	ΔPm	v
1500000	13.22	1.08	6.73	0.83	3.76	0.66	2.24	0.53	1.40	0.44	0.92	0.37
1550000	14.09	1.11	7.17	0.85	4.01	0.68	2.38	0.55	1.49	0.46	0.97	0.38
1600000	14.98	1.15	7.62	0.88	4.26	0.70	2.53	0.57	1.58	0.47	1.03	0.40
1650000	15.90	1.19	8.09	0.91	4.52	0.72	2.69	0.59	1.68	0.49	1.10	0.41
1700000	16.85	1.22	8.56	0.94	4.78	0.74	2.84	0.60	1.78	0.50	1.16	0.42
1750000	17.82	1.26	9.06	0.96	5.06	0.76	3.00	0.62	1.88	0.52	1.22	0.43
1800000	18.82	1.29	9.56	0.99	5.34	0.79	3.17	0.64	1.98	0.53	1.29	0.45
1850000	19.85	1.33	10.08	1.02	5.62	0.81	3.34	0.66	2.09	0.55	1.36	0.46
1900000	20.91	1.36	10.62	1.05	5.92	0.83	3.52	0.68	2.20	0.56	1.43	0.47
1950000	21.99	1.40	11.16	1.07	6.22	0.85	3.69	0.69	2.31	0.57	1.50	0.48
2000000	23.10	1.44	11.72	1.10	6.54	0.87	3.88	0.71	2.42	0.59	1.58	0.50
2100000	25.41	1.51	12.89	1.16	7.18	0.92	4.26	0.75	2.66	0.62	1.73	0.52
2200000	27.82	1.58	14.10	1.21	7.85	0.96	4.66	0.78	2.90	0.65	1.89	0.55
2300000	30.34	1.65	15.37	1.27	8.56	1.01	5.07	0.82	3.16	0.68	2.06	0.57
2400000	32.97	1.72	16.70	1.32	9.29	1.05	5.50	0.85	3.43	0.71	2.23	0.60
2500000	35.70	1.80	18.08	1.38	10.05	1.09	5.95	0.89	3.71	0.74	2.41	0.62
2600000	38.55	1.87	19.51	1.43	10.85	1.14	6.42	0.92	4.00	0.77	2.60	0.65
2700000	41.51	1.94	21.00	1.49	11.67	1.18	6.91	0.96	4.30	0.80	2.79	0.67
2800000	44.57	2.01	22.54	1.54	12.52	1.22	7.41	1.00	4.61	0.83	3.00	0.70
2900000	47.74	2.08	24.14	1.60	13.41	1.27	7.93	1.03	4.93	0.85	3.20	0.72
3000000	51.02	2.15	25.79	1.65	14.32	1.31	8.47	1.07	5.27	0.88	3.42	0.74
3100000	54.41	2.23	27.49	1.71	15.26	1.35	9.02	1.10	5.61	0.91	3.64	0.77
3200000	57.91	2.30	29.25	1.76	16.23	1.40	9.59	1.14	5.97	0.94	3.87	0.79

续表

G	DN700	DN700	DN800	DN800	DN900	DN900	DN1000	DN1000	DN1100	DN1100	DN1200	DN1200
	d=702.00	d=702.00	d=802.00	d=802.00	d=900.00	d=900.00	d=998.00	d=998.00	d=1096.00	d=1096.00	d=1194.00	d=1194.00
kg/h	ΔPm	v	ΔPm	v	ΔPm	v	ΔPm	v	ΔPm	v	ΔPm	v
3300000	61.52	2.37	31.07	1.82	17.24	1.44	10.18	1.17	6.33	0.97	4.11	0.82
3400000	65.23	2.44	32.94	1.87	18.27	1.49	10.79	1.21	6.71	1.00	4.35	0.84
3500000	69.05	2.51	34.86	1.93	19.33	1.53	11.41	1.24	7.09	1.03	4.60	0.87
3600000	72.99	2.59	36.83	1.98	20.42	1.57	12.06	1.28	7.49	1.06	4.85	0.89
3700000	77.03	2.66	38.87	2.04	21.54	1.62	12.72	1.31	7.90	1.09	5.12	0.92
3800000	81.18	2.73	40.95	2.09	22.69	1.66	13.39	1.35	8.32	1.12	5.39	0.94
3900000	85.44	2.80	43.09	2.15	23.87	1.70	14.09	1.39	8.75	1.15	5.67	0.97
4000000	89.80	2.87	45.28	2.20	25.09	1.75	14.80	1.42	9.19	1.18	5.95	0.99
4100000	94.28	2.94	47.53	2.26	26.33	1.79	15.53	1.46	9.64	1.21	6.24	1.02
4200000	98.86	3.02	49.83	2.31	27.60	1.84	16.27	1.49	10.10	1.24	6.54	1.04
4300000	103.55	3.09	52.19	2.37	28.90	1.88	17.04	1.53	10.57	1.27	6.84	1.07
4400000	108.35	3.16	54.60	2.42	30.23	1.92	17.82	1.56	11.05	1.30	7.15	1.09
4500000	113.26	3.23	57.07	2.48	31.58	1.97	18.62	1.60	11.55	1.33	7.47	1.12
4600000	118.28	3.30	59.58	2.53	32.97	2.01	19.43	1.63	12.05	1.36	7.80	1.14
4700000	123.41	3.38	62.16	2.59	34.39	2.05	20.27	1.67	12.57	1.38	8.13	1.17
4800000	128.64	3.45	64.79	2.64	35.84	2.10	21.12	1.71	13.09	1.41	8.47	1.19
4900000	133.99	3.52	67.47	2.70	37.32	2.14	21.98	1.74	13.63	1.44	8.81	1.22
5000000	139.44	3.59	70.20	2.75	38.83	2.18	22.87	1.78	14.18	1.47	9.17	1.24
5200000	150.67	3.73	75.84	2.86	41.94	2.27	24.69	1.85	15.30	1.53	9.89	1.29
5400000	162.33	3.88	81.69	2.97	45.16	2.36	26.59	1.92	16.47	1.59	10.64	1.34
5600000	174.43	4.02	87.76	3.08	48.50	2.45	28.55	1.99	17.68	1.65	11.42	1.39
5800000	186.96	4.17	94.05	3.19	51.97	2.53	30.58	2.06	18.94	1.71	12.23	1.44
6000000	199.93	4.31	100.55	3.30	55.55	2.62	32.68	2.13	20.23	1.77	13.07	1.49

续表

G	DN700	DN700	DN800	DN800	DN900	DN900	DN1000	DN1000	DN1100	DN1100	DN1200	DN1200
	d=702.00	d=702.00	d=802.00	d=802.00	d=900.00	d=900.00	d=998.00	d=998.00	d=1096.00	d=1096.00	d=1194.00	d=1194.00
kg/h	ΔPm	v	ΔPm	v	ΔPm	v	ΔPm	v	ΔPm	v	ΔPm	v
6200000			107.27	3.41	59.25	2.71	34.85	2.20	21.57	1.83	13.93	1.54
6400000			114.21	3.52	63.07	2.80	37.09	2.27	22.95	1.89	14.82	1.59
6600000			121.36	3.63	67.01	2.88	39.40	2.35	24.38	1.94	15.74	1.64
6800000			128.73	3.74	71.07	2.97	41.78	2.42	25.85	2.00	16.68	1.69
7000000			136.32	3.85	75.25	3.06	44.23	2.49	27.36	2.06	17.65	1.74
7200000			144.13	3.96	79.55	3.15	46.75	2.56	28.91	2.12	18.65	1.79
7400000			152.15	4.07	83.96	3.23	49.34	2.63	30.51	2.18	19.68	1.84
7600000			160.39	4.18	88.50	3.32	51.99	2.70	32.15	2.24	20.73	1.89
7800000			168.84	4.29	93.15	3.41	54.72	2.77	33.83	2.30	21.81	1.94
8000000			177.52	4.40	97.92	3.50	57.52	2.84	35.55	2.36	22.92	1.99
8200000			186.41	4.51	102.82	3.58	60.38	2.91	37.32	2.42	24.06	2.04
8400000			195.51	4.62	107.83	3.67	63.32	2.99	39.13	2.48	25.22	2.09
8600000					112.96	3.76	66.32	3.06	40.98	2.53	26.41	2.14
8800000					118.21	3.85	69.40	3.13	42.88	2.59	27.63	2.18
9000000					123.57	3.93	72.54	3.20	44.81	2.65	28.88	2.23
9200000					129.06	4.02	75.76	3.27	46.79	2.71	30.15	2.28
9400000					134.67	4.11	79.04	3.34	48.82	2.77	31.45	2.33
9600000					140.39	4.20	82.39	3.41	50.88	2.83	32.78	2.38
9800000					146.24	4.28	85.82	3.48	52.99	2.89	34.13	2.43
10000000					152.20	4.37	89.31	3.55	55.14	2.95	35.52	2.48
10500000					167.63	4.59	98.34	3.73	60.71	3.09	39.09	2.61
11000000					183.80	4.81	107.81	3.91	66.54	3.24	42.84	2.73
11500000							117.71	4.09	72.64	3.39	46.76	2.86

续表

G	DN700	DN700	DN800	DN800	DN900	DN900	DN1000	DN1000	DN1100	DN1100	DN1200	DN1200
	d=702.00	d=702.00	d=802.00	d=802.00	d=900.00	d=900.00	d=998.00	d=998.00	d=1096.00	d=1096.00	d=1194.00	d=1194.00
kg/h	ΔPm	v	ΔPm	v	ΔPm	v	ΔPm	v	ΔPm	v	ΔPm	v
12000000							128.05	4.26	79.01	3.54	50.85	2.98
12500000							138.82	4.44	85.64	3.68	55.11	3.10
13000000							150.03	4.62	92.54	3.83	59.54	3.23
13500000							161.67	4.80	99.70	3.98	64.14	3.35
14000000							173.74	4.98	107.14	4.13	68.91	3.48
14500000							186.25	5.15	114.84	4.27	73.86	3.60
15000000							199.20	5.33	122.80	4.42	78.97	3.72
15500000									131.04	4.57	84.26	3.85
16000000									139.54	4.71	89.71	3.97
16500000									148.31	4.86	95.34	4.10
17000000									157.34	5.01	101.14	4.22
17500000									166.64	5.16	107.11	4.34
18000000									176.21	5.30	113.25	4.47
18500000									186.05	5.45	119.56	4.59
19000000									196.15	5.60	126.04	4.72
19500000											132.70	4.84
20000000											139.52	4.97
20500000											146.52	5.09
21000000											153.68	5.21
21500000											161.02	5.34
22000000											168.53	5.46
22500000											176.21	5.59
23000000											184.06	5.71
23500000											192.08	5.83

附图 钢材管道相同管径不同温度下的 ΔPm 修正系数曲线

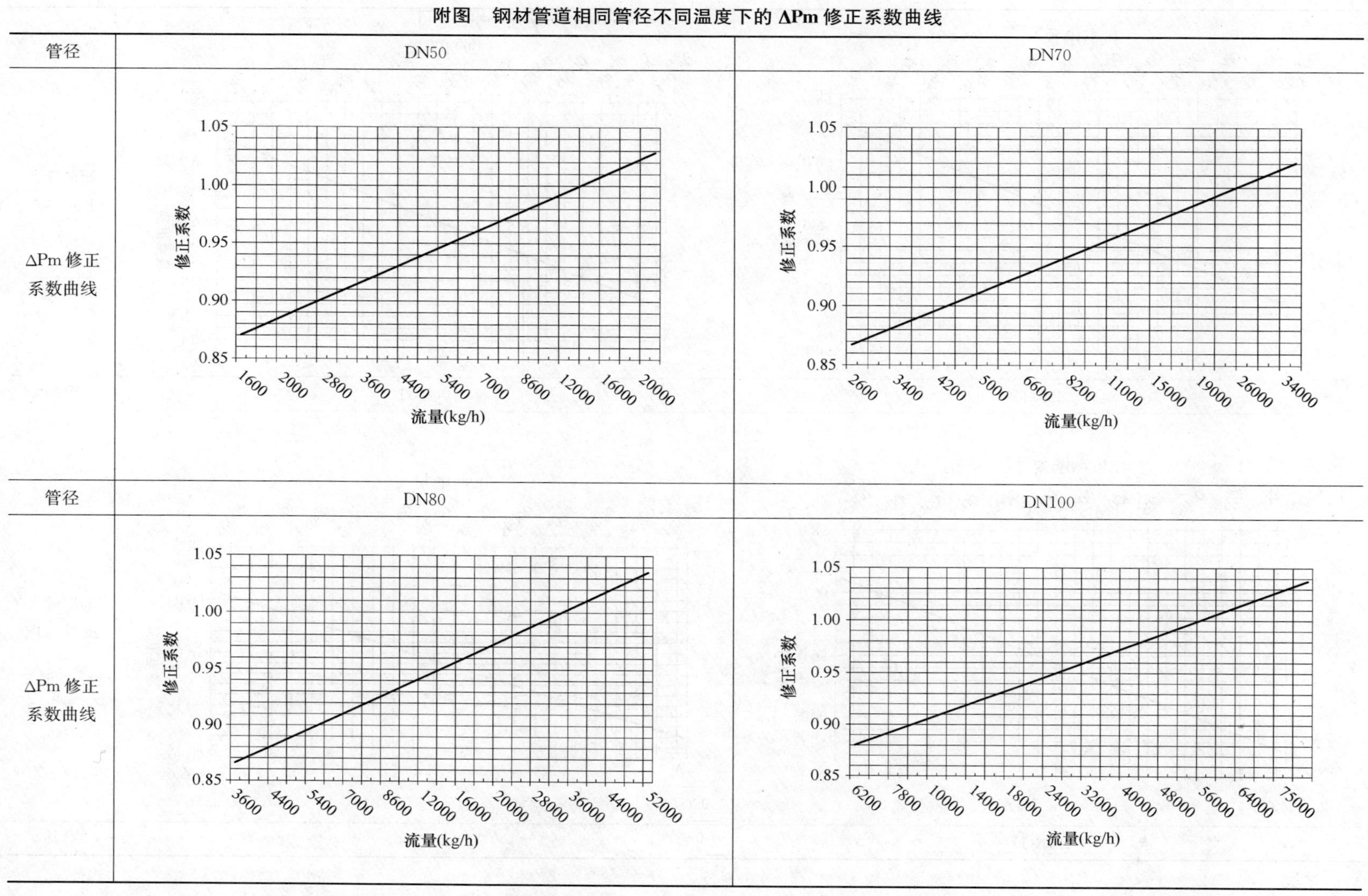

续表

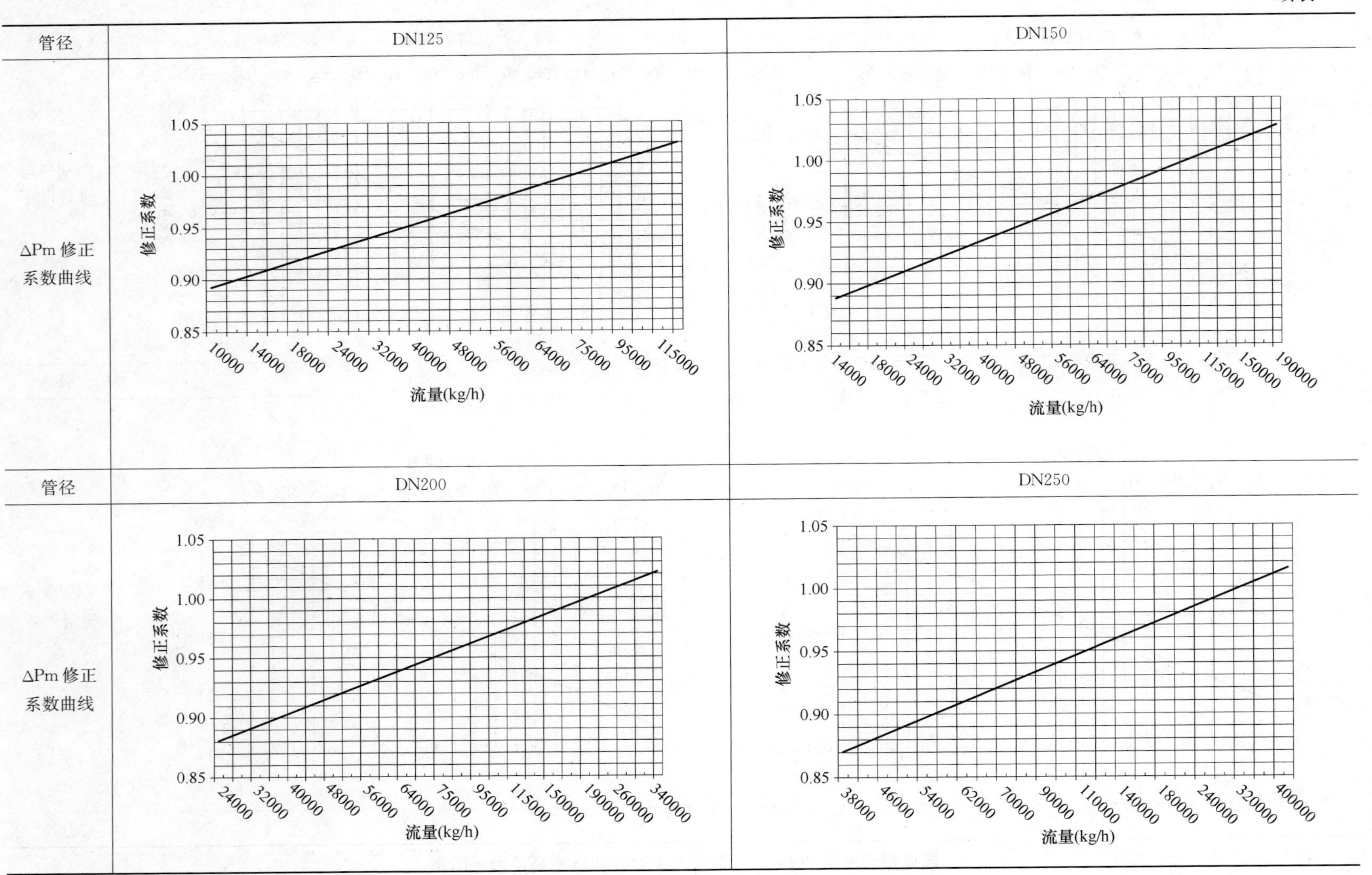

管径
DN125
DN150
ΔPm 修正系数曲线
修正系数
1.05
1.00
0.95
0.90
0.85
10000 14000 18000 24000 32000 40000 48000 56000 64000 75000 95000 115000
流量(kg/h)
14000 18000 24000 32000 40000 48000 56000 64000 75000 95000 115000 150000 190000
流量(kg/h)
管径
DN200
DN250
ΔPm 修正系数曲线
24000 32000 40000 48000 56000 64000 75000 95000 115000 150000 190000 260000 340000
流量(kg/h)
38000 46000 54000 62000 70000 90000 110000 140000 180000 240000 320000 400000
流量(kg/h)

续表

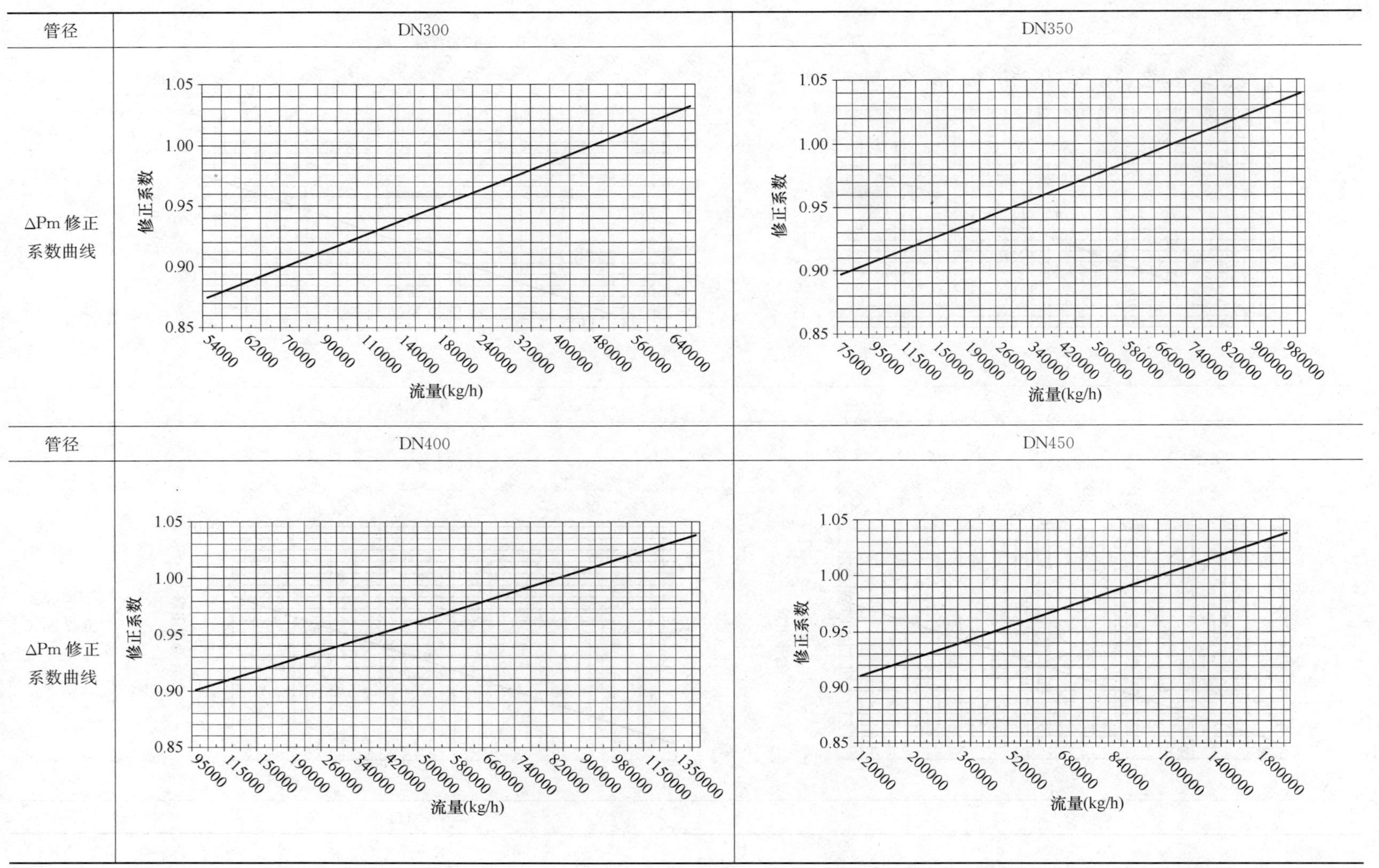
管径
DN300
DN350
ΔPm 修正系数曲线
1.05
1.00
0.95
0.90
0.85
修正系数
54000
62000
70000
90000
110000
140000
180000
240000
320000
400000
480000
560000
640000
流量(kg/h)
75000
95000
115000
150000
190000
260000
340000
420000
500000
580000
660000
740000
820000
900000
980000
流量(kg/h)
管径
DN400
DN450
ΔPm 修正系数曲线
95000
115000
150000
190000
260000
340000
420000
500000
580000
660000
740000
820000
900000
980000
1150000
1350000
流量(kg/h)
120000
200000
360000
520000
680000
840000
1000000
1400000
1800000
流量(kg/h)

续表

管径	DN500	DN600
ΔPm 修正系数曲线		
管径	DN700	DN800
ΔPm 修正系数曲线		

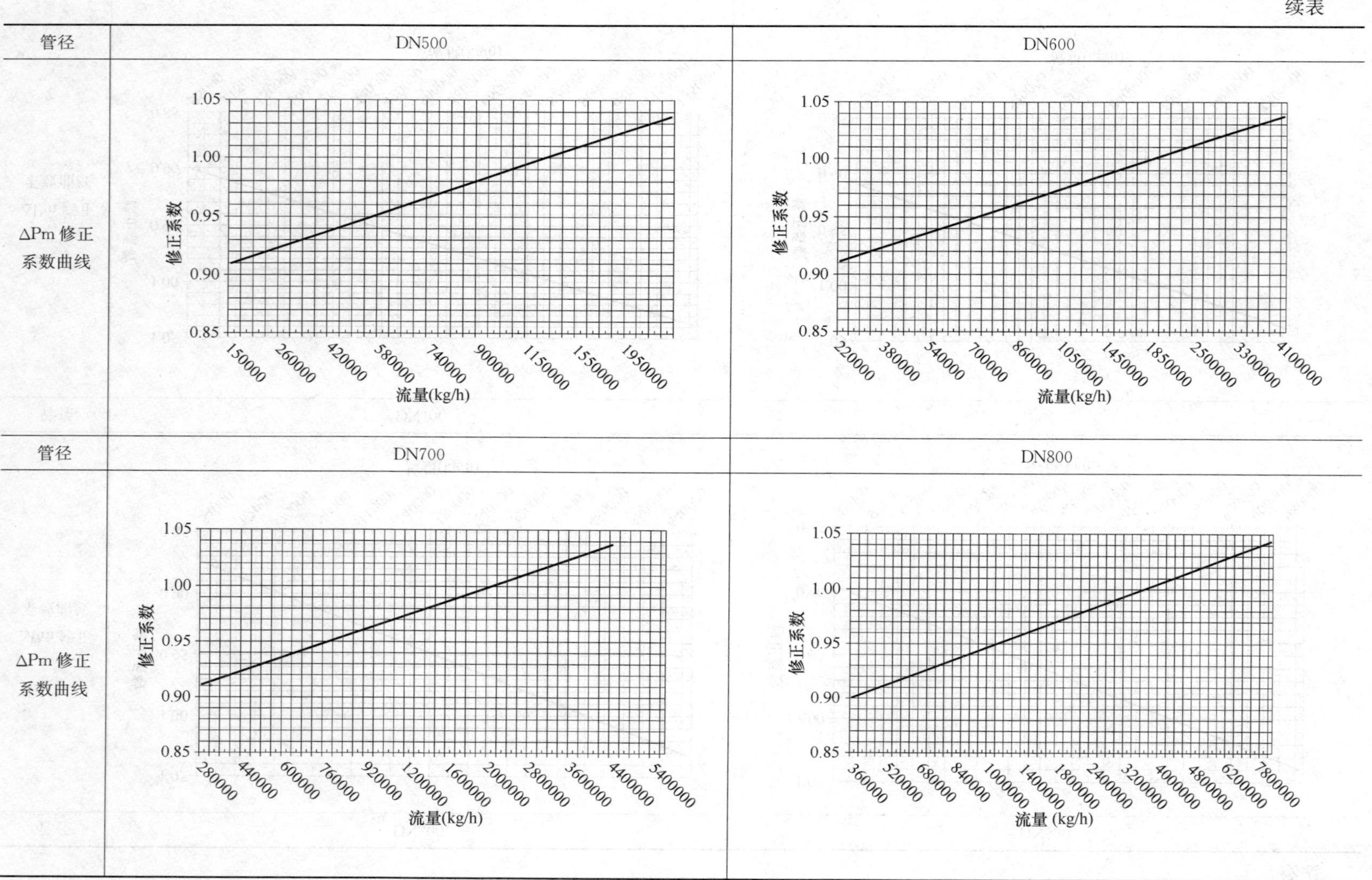

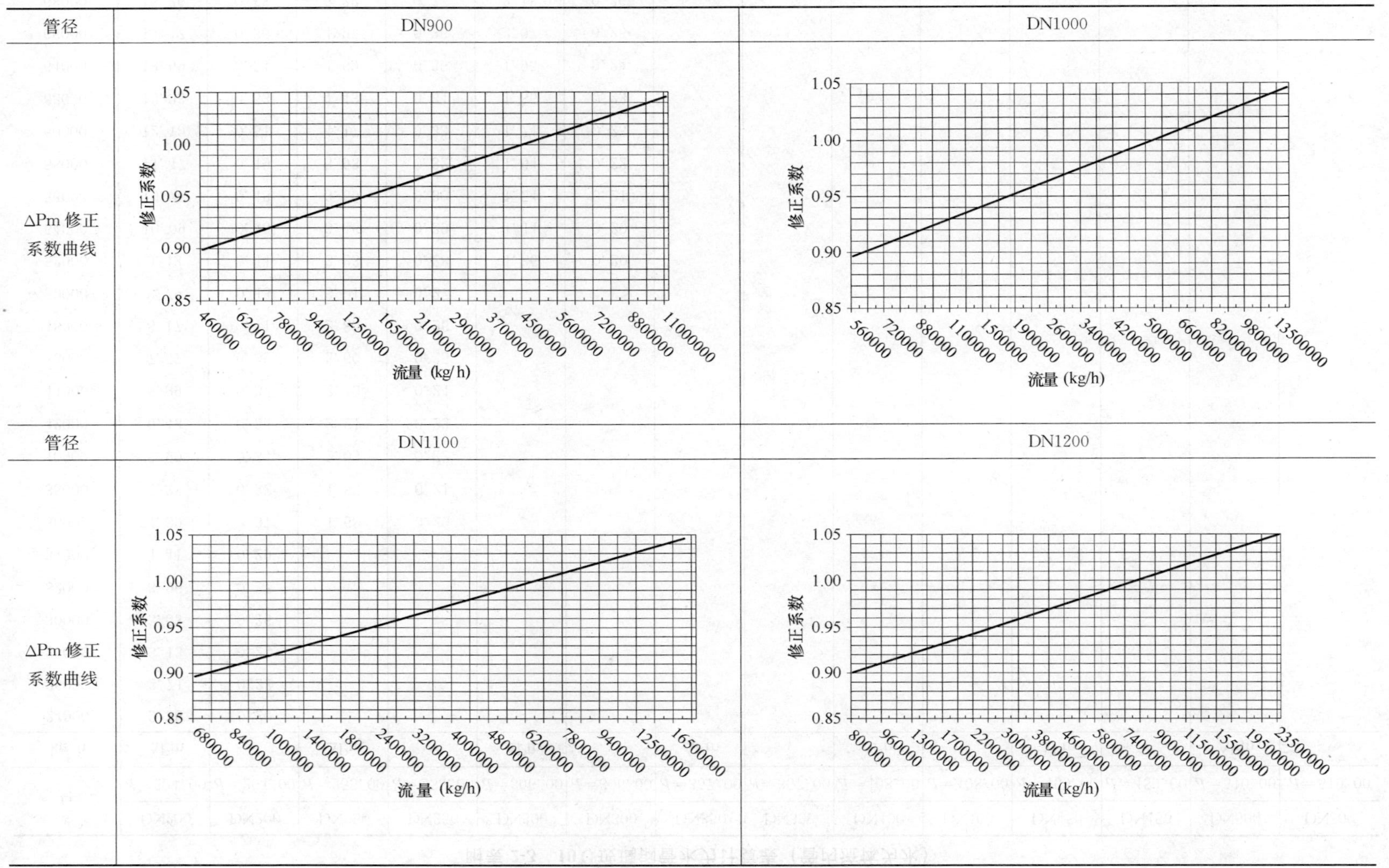

续表

管径	DN900	DN1000
ΔPm 修正系数曲线	修正系数 1.05 1.00 0.95 0.90 0.85 460000 620000 780000 940000 1250000 1650000 2100000 2900000 3700000 4500000 5600000 7200000 8800000 11000000 流量（kg/h）	修正系数 1.05 1.00 0.95 0.90 0.85 560000 720000 880000 1100000 1500000 1900000 2600000 3400000 4200000 5000000 6600000 8200000 9800000 13500000 流量（kg/h）
管径	DN1100	DN1200
ΔPm 修正系数曲线	修正系数 1.05 1.00 0.95 0.90 0.85 680000 840000 1000000 1400000 1800000 2400000 3200000 4000000 4800000 6200000 7800000 9400000 12500000 16500000 流量（kg/h）	修正系数 1.05 1.00 0.95 0.90 0.85 800000 960000 1300000 1700000 2200000 3000000 3800000 4600000 5800000 7400000 9000000 11500000 15500000 19500000 23500000 流量（kg/h）

附表 2-3　10℃玻璃钢管水力计算表（管内流体为水）

G	DN200	DN200	DN250	DN250	DN300	DN300	DN350	DN350	DN400	DN400	DN450	DN450	DN500	DN500
	d=204.00	d=204.00	d=255.00	d=255.00	d=306.00	d=306.00	d=357.00	d=357.00	d=408.00	d=408.00	d=459.00	d=459.00	d=510.00	d=510.00
kg/h	ΔPm	v	ΔPm	v	ΔPm	v	ΔPm	v	ΔPm	v	ΔPm	v	ΔPm	v
24000	2.38	0.20												
26000	2.74	0.22												
28000	3.13	0.24												
30000	3.53	0.26												
32000	3.96	0.27												
34000	4.41	0.29												
36000	4.89	0.31	1.68	0.20										
38000	5.38	0.32	1.85	0.21										
40000	5.90	0.34	2.03	0.22										
42000	6.43	0.36	2.21	0.23										
44000	6.99	0.37	2.40	0.24										
46000	7.57	0.39	2.60	0.25										
48000	8.17	0.41	2.80	0.26										
50000	8.79	0.43	3.01	0.27										
52000	9.43	0.44	3.23	0.28	1.35	0.20								
54000	10.09	0.46	3.46	0.29	1.44	0.20								
56000	10.77	0.48	3.69	0.30	1.54	0.21								
58000	11.47	0.49	3.93	0.32	1.64	0.22								
60000	12.19	0.51	4.17	0.33	1.74	0.23								
62000	12.93	0.53	4.43	0.34	1.85	0.23								
64000	13.69	0.54	4.69	0.35	1.95	0.24								
66000	14.47	0.56	4.95	0.36	2.07	0.25								
68000	15.26	0.58	5.22	0.37	2.18	0.26								

续表

G	DN200	DN200	DN250	DN250	DN300	DN300	DN350	DN350	DN400	DN400	DN450	DN450	DN500	DN500
	d=204.00	d=204.00	d=255.00	d=255.00	d=306.00	d=306.00	d=357.00	d=357.00	d=408.00	d=408.00	d=459.00	d=459.00	d=510.00	d=510.00
kg/h	ΔPm	v	ΔPm	v	ΔPm	v	ΔPm	v	ΔPm	v	ΔPm	v	ΔPm	v
70000	16.08	0.60	5.50	0.38	2.29	0.26								
75000	18.21	0.64	6.23	0.41	2.60	0.28	1.24	0.21						
80000	20.46	0.68	6.99	0.44	2.91	0.30	1.39	0.22						
85000	22.82	0.72	7.79	0.46	3.25	0.32	1.55	0.24						
90000	25.31	0.77	8.64	0.49	3.60	0.34	1.72	0.25						
95000	27.91	0.81	9.52	0.52	3.96	0.36	1.89	0.26	1.00	0.20				
100000	30.62	0.85	10.44	0.54	4.35	0.38	2.07	0.28	1.09	0.21				
105000	33.45	0.89	11.40	0.57	4.74	0.40	2.26	0.29	1.19	0.22				
110000	36.40	0.94	12.40	0.60	5.16	0.42	2.46	0.31	1.30	0.23				
115000	39.45	0.98	13.44	0.63	5.59	0.43	2.66	0.32	1.40	0.24				
120000	42.62	1.02	14.51	0.65	6.03	0.45	2.88	0.33	1.51	0.26	0.86	0.20		
130000	49.29	1.11	16.77	0.71	6.97	0.49	3.32	0.36	1.75	0.28	0.99	0.22		
140000	56.41	1.19	19.18	0.76	7.96	0.53	3.79	0.39	2.00	0.30	1.13	0.24		
150000	63.97	1.28	21.73	0.82	9.02	0.57	4.29	0.42	2.26	0.32	1.28	0.25	0.77	0.20
160000	71.96	1.36	24.43	0.87	10.14	0.60	4.82	0.44	2.54	0.34	1.44	0.27	0.87	0.22
170000	80.38	1.45	27.28	0.93	11.31	0.64	5.38	0.47	2.83	0.36	1.61	0.29	0.97	0.23
180000	89.24	1.53	30.26	0.98	12.54	0.68	5.97	0.50	3.14	0.38	1.78	0.30	1.07	0.24
190000	98.52	1.62	33.39	1.03	13.83	0.72	6.58	0.53	3.46	0.40	1.96	0.32	1.18	0.26
200000	108.22	1.70	36.66	1.09	15.18	0.76	7.22	0.56	3.79	0.43	2.15	0.34	1.30	0.27
220000	128.89	1.87	43.62	1.20	18.05	0.83	8.58	0.61	4.51	0.47	2.56	0.37	1.54	0.30
240000	151.23	2.04	51.12	1.31	21.14	0.91	10.04	0.67	5.27	0.51	2.99	0.40	1.80	0.33
260000	175.23	2.21	59.18	1.42	24.46	0.98	11.61	0.72	6.10	0.55	3.46	0.44	2.08	0.35
280000			67.78	1.52	28.00	1.06	13.28	0.78	6.97	0.60	3.95	0.47	2.38	0.38

续表

G	DN200	DN200	DN250	DN250	DN300	DN300	DN350	DN350	DN400	DN400	DN450	DN450	DN500	DN500
	d=204.00	d=204.00	d=255.00	d=255.00	d=306.00	d=306.00	d=357.00	d=357.00	d=408.00	d=408.00	d=459.00	d=459.00	d=510.00	d=510.00
kg/h	ΔPm	v	ΔPm	v	ΔPm	v	ΔPm	v	ΔPm	v	ΔPm	v	ΔPm	v
300000			76.91	1.63	31.75	1.13	15.06	0.83	7.90	0.64	4.48	0.50	2.69	0.41
320000			86.58	1.74	35.72	1.21	16.93	0.89	8.88	0.68	5.03	0.54	3.03	0.44
340000			96.78	1.85	39.91	1.29	18.91	0.94	9.92	0.72	5.62	0.57	3.38	0.46
360000			107.51	1.96	44.31	1.36	20.99	1.00	11.00	0.77	6.23	0.60	3.75	0.49
380000			118.76	2.07	48.92	1.44	23.16	1.06	12.14	0.81	6.87	0.64	4.13	0.52
400000			130.53	2.18	53.74	1.51	25.44	1.11	13.33	0.85	7.54	0.67	4.54	0.54
420000			142.83	2.29	58.77	1.59	27.81	1.17	14.57	0.89	8.24	0.71	4.96	0.57
440000			155.63	2.40	64.02	1.66	30.28	1.22	15.86	0.94	8.97	0.74	5.39	0.60
460000			168.95	2.50	69.46	1.74	32.85	1.28	17.19	0.98	9.73	0.77	5.85	0.63
480000			182.79	2.61	75.12	1.81	35.51	1.33	18.58	1.02	10.51	0.81	6.32	0.65
500000			197.13	2.72	80.98	1.89	38.27	1.39	20.02	1.06	11.32	0.84	6.80	0.68
520000					87.04	1.97	41.12	1.44	21.51	1.11	12.16	0.87	7.31	0.71
540000					93.31	2.04	44.07	1.50	23.05	1.15	13.03	0.91	7.83	0.73
560000					99.78	2.12	47.11	1.56	24.63	1.19	13.92	0.94	8.36	0.76
580000					106.46	2.19	50.25	1.61	26.27	1.23	14.84	0.97	8.91	0.79
600000					113.34	2.27	53.48	1.67	27.95	1.28	15.79	1.01	9.48	0.82
620000					120.41	2.34	56.80	1.72	29.68	1.32	16.77	1.04	10.07	0.84
640000					127.69	2.42	60.22	1.78	31.46	1.36	17.77	1.08	10.67	0.87
660000					135.17	2.49	63.73	1.83	33.29	1.40	18.80	1.11	11.28	0.90
680000					142.85	2.57	67.34	1.89	35.17	1.45	19.85	1.14	11.91	0.93
700000					150.73	2.65	71.03	1.94	37.09	1.49	20.93	1.18	12.56	0.95
720000					158.80	2.72	74.82	2.00	39.06	1.53	22.04	1.21	13.23	0.98
740000					167.08	2.80	78.70	2.06	41.08	1.57	23.18	1.24	13.91	1.01

续表

G	DN200	DN200	DN250	DN250	DN300	DN300	DN350	DN350	DN400	DN400	DN450	DN450	DN500	DN500
	d=204.00	d=204.00	d=255.00	d=255.00	d=306.00	d=306.00	d=357.00	d=357.00	d=408.00	d=408.00	d=459.00	d=459.00	d=510.00	d=510.00
kg/h	ΔPm	v	ΔPm	v	ΔPm	v	ΔPm	v	ΔPm	v	ΔPm	v	ΔPm	v
760000					175.55	2.87	82.67	2.11	43.14	1.62	24.34	1.28	14.60	1.03
780000					184.22	2.95	86.73	2.17	45.25	1.66	25.53	1.31	15.31	1.06
800000					193.09	3.02	90.88	2.22	47.41	1.70	26.74	1.34	16.04	1.09
820000							95.13	2.28	49.62	1.74	27.98	1.38	16.78	1.12
840000							99.46	2.33	51.87	1.79	29.25	1.41	17.54	1.14
860000							103.89	2.39	54.17	1.83	30.54	1.44	18.31	1.17
880000							108.40	2.44	56.51	1.87	31.86	1.48	19.10	1.20
900000							113.01	2.50	58.90	1.91	33.20	1.51	19.90	1.22
920000							117.70	2.56	61.34	1.96	34.57	1.55	20.72	1.25
940000							122.49	2.61	63.82	2.00	35.97	1.58	21.55	1.28
960000							127.36	2.67	66.35	2.04	37.39	1.61	22.40	1.31
980000							132.33	2.72	68.93	2.08	38.83	1.65	23.27	1.33
1000000							137.38	2.78	71.55	2.13	40.31	1.68	24.15	1.36
1050000							150.41	2.92	78.31	2.23	44.10	1.76	26.41	1.43
1100000							163.98	3.06	85.34	2.34	48.05	1.85	28.77	1.50
1150000							178.12	3.19	92.67	2.45	52.16	1.93	31.23	1.57
1200000							192.80	3.33	100.27	2.55	56.42	2.02	33.77	1.63
1250000									108.16	2.66	60.84	2.10	36.41	1.70
1300000									116.32	2.76	65.42	2.18	39.14	1.77
1350000									124.77	2.87	70.15	2.27	41.96	1.84
1400000									133.49	2.98	75.04	2.35	44.88	1.91
1450000									142.50	3.08	80.08	2.44	47.88	1.97

续表

G	DN200	DN200	DN250	DN250	DN300	DN300	DN350	DN350	DN400	DN400	DN450	DN450	DN500	DN500
	d=204.00	d=204.00	d=255.00	d=255.00	d=306.00	d=306.00	d=357.00	d=357.00	d=408.00	d=408.00	d=459.00	d=459.00	d=510.00	d=510.00
kg/h	ΔPm	v	ΔPm	v	ΔPm	v	ΔPm	v	ΔPm	v	ΔPm	v	ΔPm	v
1500000									151.78	3.19	85.28	2.52	50.98	2.04
1550000									161.33	3.30	90.62	2.60	54.17	2.11
1600000									171.17	3.40	96.13	2.69	57.45	2.18
1650000									181.28	3.51	101.78	2.77	60.81	2.25
1700000									191.66	3.61	107.59	2.86	64.27	2.31
1750000											113.54	2.94	67.82	2.38
1800000											119.65	3.02	71.46	2.45
1850000											125.91	3.11	75.18	2.52
1900000											132.32	3.19	79.00	2.59
1950000											138.89	3.28	82.90	2.65
2000000											145.60	3.36	86.89	2.72
2100000											159.47	3.53	95.14	2.86
2200000											173.94	3.70	103.75	2.99
2300000											189.01	3.86	112.70	3.13
2400000													122.00	3.27
2500000													131.65	3.40
2600000													141.65	3.54
2700000													152.00	3.67
2800000													162.69	3.81
2900000													173.73	3.95
3000000													185.11	4.08
3100000													196.84	4.22

续表

G	DN600	DN600	DN700	DN700	DN800	DN800	DN900	DN900	DN1000	DN1000	DN1200	DN1200
	d=612.00	d=612.00	d=714.00	d=714.00	d=816.00	d=816.00	d=918.00	d=918.00	d=1020.00	d=1020.00	d=1220.00	d=1220.00
kg/h	ΔPm	v	ΔPm	v	ΔPm	v	ΔPm	v	ΔPm	v	ΔPm	v
220000	0.64	0.21										
240000	0.75	0.23										
260000	0.87	0.25										
280000	0.99	0.26										
300000	1.12	0.28	0.53	0.21								
320000	1.26	0.30	0.60	0.22								
340000	1.40	0.32	0.67	0.24								
360000	1.56	0.34	0.74	0.25								
380000	1.72	0.36	0.82	0.26	0.43	0.20						
400000	1.88	0.38	0.90	0.28	0.47	0.21						
420000	2.06	0.40	0.98	0.29	0.52	0.22						
440000	2.24	0.42	1.07	0.31	0.56	0.23						
460000	2.43	0.43	1.15	0.32	0.61	0.24						
480000	2.62	0.45	1.25	0.33	0.66	0.26	0.37	0.20				
500000	2.82	0.47	1.34	0.35	0.71	0.27	0.40	0.21				
520000	3.03	0.49	1.44	0.36	0.76	0.28	0.43	0.22				
540000	3.24	0.51	1.54	0.37	0.81	0.29	0.46	0.23				
560000	3.47	0.53	1.65	0.39	0.87	0.30	0.49	0.24				
580000	3.69	0.55	1.76	0.40	0.92	0.31	0.52	0.24	0.32	0.20		
600000	3.93	0.57	1.87	0.42	0.98	0.32	0.56	0.25	0.34	0.20		
620000	4.17	0.59	1.98	0.43	1.04	0.33	0.59	0.26	0.36	0.21		
640000	4.42	0.60	2.10	0.44	1.10	0.34	0.63	0.27	0.38	0.22		
660000	4.67	0.62	2.22	0.46	1.17	0.35	0.66	0.28	0.40	0.22		
680000	4.93	0.64	2.34	0.47	1.23	0.36	0.70	0.29	0.42	0.23		
700000	5.20	0.66	2.47	0.49	1.30	0.37	0.74	0.29	0.44	0.24		
720000	5.47	0.68	2.60	0.50	1.37	0.38	0.77	0.30	0.47	0.24		

续表

G	DN600	DN600	DN700	DN700	DN800	DN800	DN900	DN900	DN1000	DN1000	DN1200	DN1200
	d=612.00	d=612.00	d=714.00	d=714.00	d=816.00	d=816.00	d=918.00	d=918.00	d=1020.00	d=1020.00	d=1220.00	d=1220.00
kg/h	ΔPm	v	ΔPm	v	ΔPm	v	ΔPm	v	ΔPm	v	ΔPm	v
740000	5.75	0.70	2.73	0.51	1.43	0.39	0.81	0.31	0.49	0.25		
760000	6.04	0.72	2.87	0.53	1.51	0.40	0.85	0.32	0.51	0.26		
780000	6.33	0.74	3.01	0.54	1.58	0.41	0.89	0.33	0.54	0.27		
800000	6.63	0.76	3.15	0.56	1.65	0.43	0.94	0.34	0.56	0.27		
820000	6.94	0.77	3.29	0.57	1.73	0.44	0.98	0.34	0.59	0.28	0.25	0.20
840000	7.25	0.79	3.44	0.58	1.81	0.45	1.02	0.35	0.62	0.29	0.26	0.20
860000	7.57	0.81	3.59	0.60	1.88	0.46	1.07	0.36	0.64	0.29	0.27	0.20
880000	7.89	0.83	3.75	0.61	1.97	0.47	1.11	0.37	0.67	0.30	0.28	0.21
900000	8.22	0.85	3.90	0.62	2.05	0.48	1.16	0.38	0.70	0.31	0.29	0.21
920000	8.56	0.87	4.06	0.64	2.13	0.49	1.21	0.39	0.73	0.31	0.31	0.22
940000	8.90	0.89	4.22	0.65	2.22	0.50	1.26	0.39	0.76	0.32	0.32	0.22
960000	9.25	0.91	4.39	0.67	2.30	0.51	1.30	0.40	0.78	0.33	0.33	0.23
980000	9.61	0.93	4.56	0.68	2.39	0.52	1.35	0.41	0.81	0.33	0.34	0.23
1000000	9.97	0.95	4.73	0.69	2.48	0.53	1.40	0.42	0.84	0.34	0.36	0.24
1050000	10.90	0.99	5.17	0.73	2.71	0.56	1.53	0.44	0.92	0.36	0.39	0.25
1100000	11.87	1.04	5.63	0.76	2.95	0.58	1.67	0.46	1.00	0.37	0.42	0.26
1150000	12.88	1.09	6.10	0.80	3.20	0.61	1.81	0.48	1.09	0.39	0.46	0.27
1200000	13.93	1.13	6.60	0.83	3.46	0.64	1.96	0.50	1.18	0.41	0.50	0.29
1250000	15.01	1.18	7.11	0.87	3.72	0.66	2.11	0.53	1.27	0.43	0.53	0.30
1300000	16.13	1.23	7.64	0.90	4.00	0.69	2.26	0.55	1.36	0.44	0.57	0.31
1350000	17.29	1.28	8.18	0.94	4.29	0.72	2.43	0.57	1.46	0.46	0.61	0.32
1400000	18.48	1.32	8.75	0.97	4.58	0.74	2.59	0.59	1.56	0.48	0.66	0.33
1450000	19.71	1.37	9.33	1.01	4.88	0.77	2.76	0.61	1.66	0.49	0.70	0.34
1500000	20.98	1.42	9.93	1.04	5.20	0.80	2.94	0.63	1.77	0.51	0.74	0.36
1550000	22.29	1.46	10.54	1.08	5.52	0.82	3.12	0.65	1.87	0.53	0.79	0.37
1600000	23.63	1.51	11.17	1.11	5.85	0.85	3.31	0.67	1.99	0.54	0.84	0.38

续表

G	DN600	DN600	DN700	DN700	DN800	DN800	DN900	DN900	DN1000	DN1000	DN1200	DN1200
	d=612.00	d=612.00	d=714.00	d=714.00	d=816.00	d=816.00	d=918.00	d=918.00	d=1020.00	d=1020.00	d=1220.00	d=1220.00
kg/h	ΔPm	v	ΔPm	v	ΔPm	v	ΔPm	v	ΔPm	v	ΔPm	v
1650000	25.01	1.56	11.82	1.15	6.19	0.88	3.50	0.69	2.10	0.56	0.88	0.39
1700000	26.42	1.61	12.49	1.18	6.54	0.90	3.69	0.71	2.22	0.58	0.93	0.40
1750000	27.87	1.65	13.17	1.22	6.89	0.93	3.90	0.74	2.34	0.60	0.98	0.42
1800000	29.36	1.70	13.87	1.25	7.26	0.96	4.10	0.76	2.46	0.61	1.04	0.43
1850000	30.89	1.75	14.59	1.28	7.63	0.98	4.31	0.78	2.59	0.63	1.09	0.44
1900000	32.44	1.80	15.32	1.32	8.01	1.01	4.53	0.80	2.72	0.65	1.14	0.45
1950000	34.04	1.84	16.08	1.35	8.41	1.04	4.75	0.82	2.85	0.66	1.20	0.46
2000000	35.67	1.89	16.84	1.39	8.80	1.06	4.97	0.84	2.99	0.68	1.26	0.48
2100000	39.04	1.98	18.43	1.46	9.63	1.12	5.44	0.88	3.26	0.71	1.37	0.50
2200000	42.55	2.08	20.08	1.53	10.49	1.17	5.92	0.92	3.56	0.75	1.49	0.52
2300000	46.20	2.17	21.79	1.60	11.38	1.22	6.43	0.97	3.86	0.78	1.62	0.55
2400000	49.99	2.27	23.57	1.67	12.31	1.28	6.95	1.01	4.17	0.82	1.75	0.57
2500000	53.92	2.36	25.42	1.74	13.27	1.33	7.49	1.05	4.49	0.85	1.89	0.59
2600000	57.99	2.46	27.33	1.81	14.27	1.38	8.05	1.09	4.83	0.88	2.03	0.62
2700000	62.20	2.55	29.31	1.87	15.30	1.44	8.63	1.13	5.17	0.92	2.17	0.64
2800000	66.55	2.65	31.35	1.94	16.36	1.49	9.23	1.18	5.53	0.95	2.32	0.67
2900000	71.04	2.74	33.45	2.01	17.45	1.54	9.84	1.22	5.90	0.99	2.48	0.69
3000000	75.67	2.84	35.62	2.08	18.58	1.59	10.48	1.26	6.28	1.02	2.64	0.71
3100000	80.43	2.93	37.85	2.15	19.74	1.65	11.13	1.30	6.67	1.05	2.80	0.74
3200000	85.33	3.02	40.15	2.22	20.93	1.70	11.80	1.34	7.07	1.09	2.97	0.76
3300000	90.37	3.12	42.50	2.29	22.16	1.75	12.49	1.39	7.48	1.12	3.14	0.78
3400000	95.54	3.21	44.93	2.36	23.41	1.81	13.19	1.43	7.91	1.16	3.32	0.81
3500000	100.85	3.31	47.41	2.43	24.70	1.86	13.92	1.47	8.34	1.19	3.50	0.83
3600000	106.30	3.40	49.96	2.50	26.03	1.91	14.66	1.51	8.78	1.22	3.68	0.86
3700000	111.88	3.50	52.57	2.57	27.38	1.97	15.42	1.55	9.24	1.26	3.87	0.88
3800000	117.60	3.59	55.24	2.64	28.77	2.02	16.20	1.60	9.70	1.29	4.07	0.90

续表

G	DN600	DN600	DN700	DN700	DN800	DN800	DN900	DN900	DN1000	DN1000	DN1200	DN1200
	d=612.00	d=612.00	d=714.00	d=714.00	d=816.00	d=816.00	d=918.00	d=918.00	d=1020.00	d=1020.00	d=1220.00	d=1220.00
kg/h	ΔPm	v	ΔPm	v	ΔPm	v	ΔPm	v	ΔPm	v	ΔPm	v
3900000	123.45	3.69	57.98	2.71	30.19	2.07	17.00	1.64	10.18	1.33	4.27	0.93
4000000	129.44	3.78	60.78	2.78	31.64	2.13	17.81	1.68	10.67	1.36	4.47	0.95
4100000	135.56	3.87	63.64	2.85	33.12	2.18	18.65	1.72	11.16	1.39	4.68	0.98
4200000	141.82	3.97	66.56	2.92	34.64	2.23	19.50	1.76	11.67	1.43	4.89	1.00
4300000	148.21	4.06	69.54	2.99	36.19	2.29	20.37	1.81	12.19	1.46	5.11	1.02
4400000	154.73	4.16	72.59	3.06	37.76	2.34	21.25	1.85	12.72	1.50	5.33	1.05
4500000	161.39	4.25	75.70	3.12	39.37	2.39	22.15	1.89	13.26	1.53	5.55	1.07
4600000	168.19	4.35	78.87	3.19	41.02	2.45	23.08	1.93	13.81	1.57	5.78	1.09
4700000	175.11	4.44	82.10	3.26	42.69	2.50	24.01	1.97	14.37	1.60	6.01	1.12
4800000	182.17	4.54	85.39	3.33	44.40	2.55	24.97	2.02	14.94	1.63	6.25	1.14
4900000	189.37	4.63	88.74	3.40	46.13	2.60	25.94	2.06	15.52	1.67	6.49	1.17
5000000	196.69	4.73	92.16	3.47	47.90	2.66	26.93	2.10	16.11	1.70	6.74	1.19
5200000			99.17	3.61	51.53	2.76	28.97	2.18	17.32	1.77	7.25	1.24
5400000			106.43	3.75	55.28	2.87	31.07	2.27	18.58	1.84	7.77	1.28
5600000			113.93	3.89	59.16	2.98	33.24	2.35	19.87	1.91	8.31	1.33
5800000			121.68	4.03	63.17	3.08	35.49	2.44	21.21	1.97	8.86	1.38
6000000			129.66	4.17	67.29	3.19	37.80	2.52	22.59	2.04	9.44	1.43
6200000			137.89	4.30	71.54	3.30	40.18	2.60	24.01	2.11	10.03	1.47
6400000			146.36	4.44	75.92	3.40	42.62	2.69	25.46	2.18	10.63	1.52
6600000			155.07	4.58	80.42	3.51	45.14	2.77	26.96	2.25	11.26	1.57
6800000			164.02	4.72	85.04	3.61	47.72	2.86	28.50	2.31	11.90	1.62
7000000			173.21	4.86	89.78	3.72	50.38	2.94	30.08	2.38	12.55	1.66
7200000			182.64	5.00	94.64	3.83	53.09	3.02	31.70	2.45	13.23	1.71
7400000			192.31	5.14	99.63	3.93	55.88	3.11	33.36	2.52	13.91	1.76
7600000					104.74	4.04	58.74	3.19	35.06	2.59	14.62	1.81
7800000					109.97	4.15	61.66	3.28	36.79	2.65	15.34	1.85

续表

G	DN600	DN600	DN700	DN700	DN800	DN800	DN900	DN900	DN1000	DN1000	DN1200	DN1200
	d=612.00	d=612.00	d=714.00	d=714.00	d=816.00	d=816.00	d=918.00	d=918.00	d=1020.00	d=1020.00	d=1220.00	d=1220.00
kg/h	ΔPm	v	ΔPm	v	ΔPm	v	ΔPm	v	ΔPm	v	ΔPm	v
8000000					115.32	4.25	64.65	3.36	38.57	2.72	16.08	1.90
8200000					120.80	4.36	67.70	3.44	40.39	2.79	16.83	1.95
8400000					126.39	4.47	70.83	3.53	42.25	2.86	17.60	2.00
8600000					132.11	4.57	74.02	3.61	44.14	2.93	18.39	2.05
8800000					137.94	4.68	77.27	3.70	46.08	2.99	19.19	2.09
9000000					143.90	4.78	80.60	3.78	48.06	3.06	20.01	2.14
9200000					149.98	4.89	83.99	3.86	50.07	3.13	20.84	2.19
9400000					156.18	5.00	87.44	3.95	52.12	3.20	21.70	2.24
9600000					162.49	5.10	90.97	4.03	54.22	3.27	22.56	2.28
9800000					168.93	5.21	94.56	4.12	56.35	3.33	23.44	2.33
10000000					175.49	5.32	98.21	4.20	58.52	3.40	24.34	2.38
10500000					192.41	5.58	107.64	4.41	64.12	3.57	26.66	2.50
11000000							117.48	4.62	69.96	3.74	29.07	2.62
11500000							127.73	4.83	76.04	3.91	31.59	2.73
12000000							138.39	5.04	82.36	4.08	34.20	2.85
12500000							149.46	5.25	88.93	4.25	36.91	2.97
13000000							160.94	5.46	95.73	4.42	39.72	3.09
13500000							172.83	5.67	102.77	4.59	42.62	3.21
14000000							185.12	5.88	110.05	4.76	45.63	3.33
14500000							197.82	6.09	117.57	4.93	48.72	3.45
15000000									125.33	5.10	51.92	3.57
15500000									133.33	5.27	55.21	3.69
16000000									141.56	5.44	58.60	3.81
16500000									150.03	5.61	62.08	3.92
17000000									158.74	5.78	65.66	4.04
17500000									167.68	5.95	69.34	4.16

续表

G	DN600	DN600	DN700	DN700	DN800	DN800	DN900	DN900	DN1000	DN1000	DN1200	DN1200
	d=612.00	d=612.00	d=714.00	d=714.00	d=816.00	d=816.00	d=918.00	d=918.00	d=1020.00	d=1020.00	d=1220.00	d=1220.00
kg/h	ΔPm	v	ΔPm	v	ΔPm	v	ΔPm	v	ΔPm	v	ΔPm	v
18000000									176.86	6.12	73.11	4.28
18500000									186.27	6.29	76.98	4.40
19000000									195.92	6.46	80.94	4.52
19500000											85.00	4.64
20000000											89.15	4.76
20500000											93.40	4.88
21000000											97.74	4.99
21500000											102.17	5.11
22000000											106.70	5.23
22500000											111.33	5.35
23000000											116.04	5.47
23500000											120.86	5.59
24000000											125.76	5.71
24500000											130.76	5.83
25000000											135.86	5.95
25500000											141.05	6.06
26000000											146.33	6.18
26500000											151.70	6.30
27000000											157.17	6.42
27500000											162.73	6.54
28000000											168.39	6.66
28500000											174.14	6.78
29000000											179.98	6.90
29500000											185.91	7.02
30000000											191.94	7.13
30500000											198.06	7.25

附图　玻璃钢管相同管径不同温度下的 **ΔPm** 修正系数曲线

管径	DN200	DN250
ΔPm 修正系数曲线	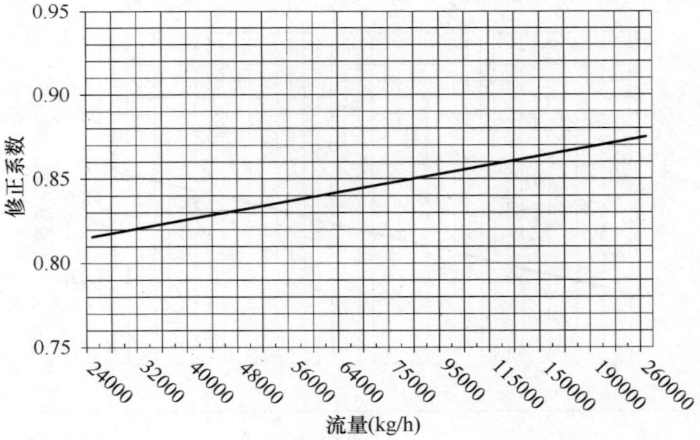 修正系数：0.95、0.90、0.85、0.80、0.75 流量(kg/h)：24000、32000、40000、48000、56000、64000、75000、95000、115000、150000、190000、260000	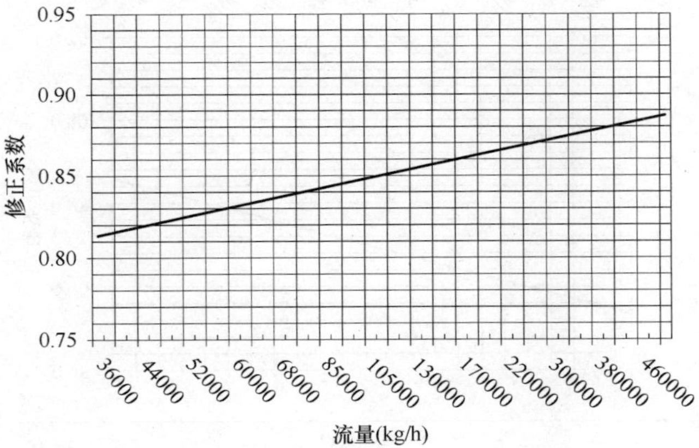 修正系数：0.95、0.90、0.85、0.80、0.75 流量(kg/h)：36000、44000、52000、60000、68000、85000、105000、130000、170000、220000、300000、380000、460000
管径	DN300	DN350
ΔPm 修正系数曲线	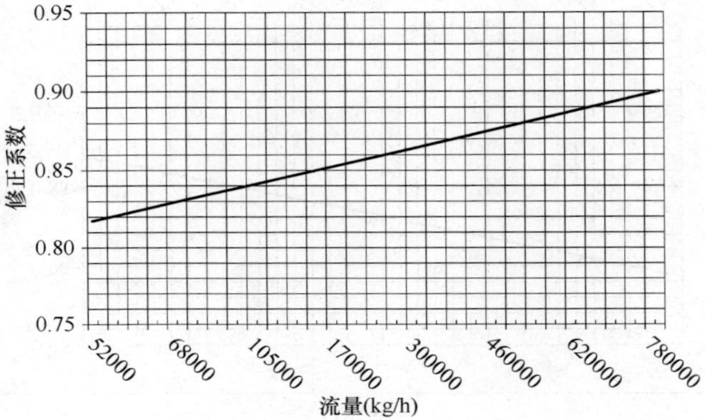 修正系数：0.95、0.90、0.85、0.80、0.75 流量(kg/h)：52000、68000、105000、170000、300000、460000、620000、780000	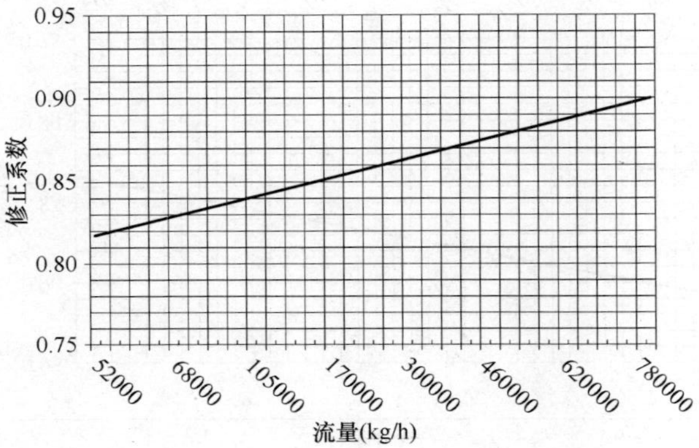 修正系数：0.95、0.90、0.85、0.80、0.75 流量(kg/h)：52000、68000、105000、170000、300000、460000、620000、780000

续表

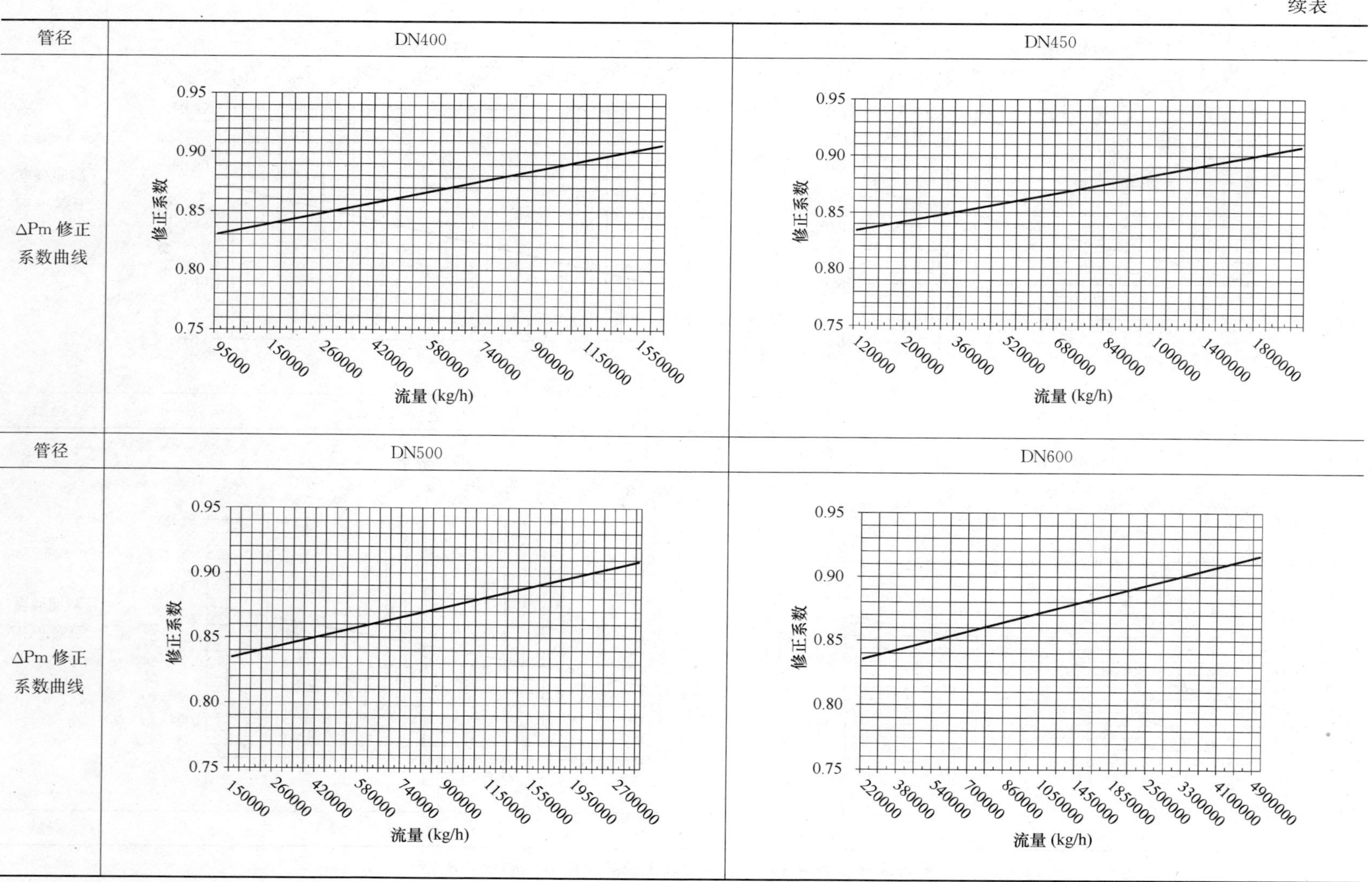
管径
DN400
DN450
ΔPm 修正系数曲线
修正系数
0.95
0.90
0.85
0.80
0.75
95000
150000
260000
420000
580000
740000
900000
1150000
1550000
流量 (kg/h)
120000
200000
360000
520000
680000
840000
1000000
1400000
1800000
流量 (kg/h)
管径
DN500
DN600
ΔPm 修正系数曲线
150000
260000
420000
580000
740000
900000
1150000
1550000
1950000
2700000
流量 (kg/h)
220000
380000
540000
700000
860000
1050000
1450000
1850000
2500000
3300000
4100000
4900000
流量 (kg/h)

续表

管径	DN700	DN800
ΔPm 修正系数曲线	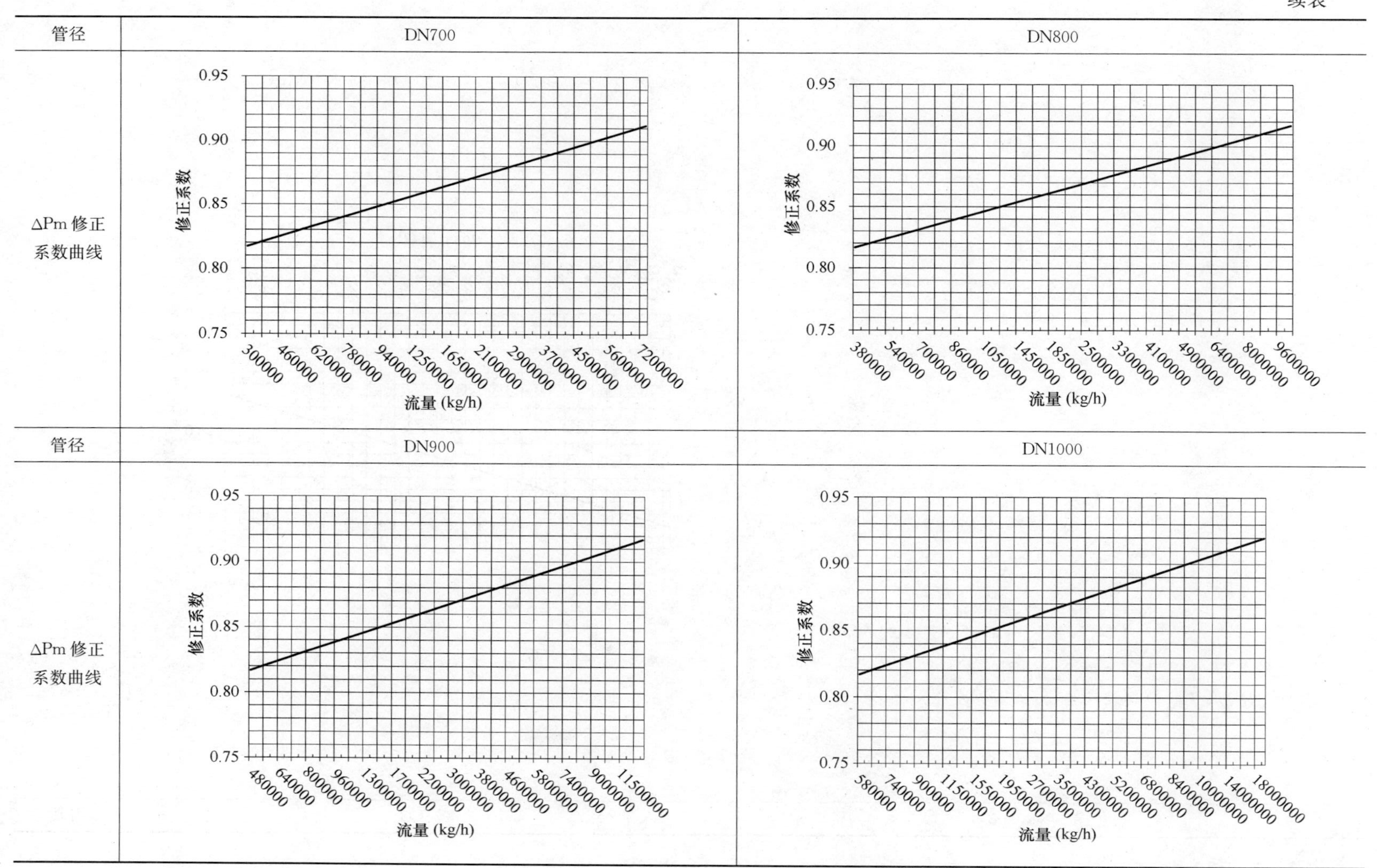	
管径	DN900	DN1000
ΔPm 修正系数曲线		

续表

管径	DN1200	
ΔPm 修正系数曲线	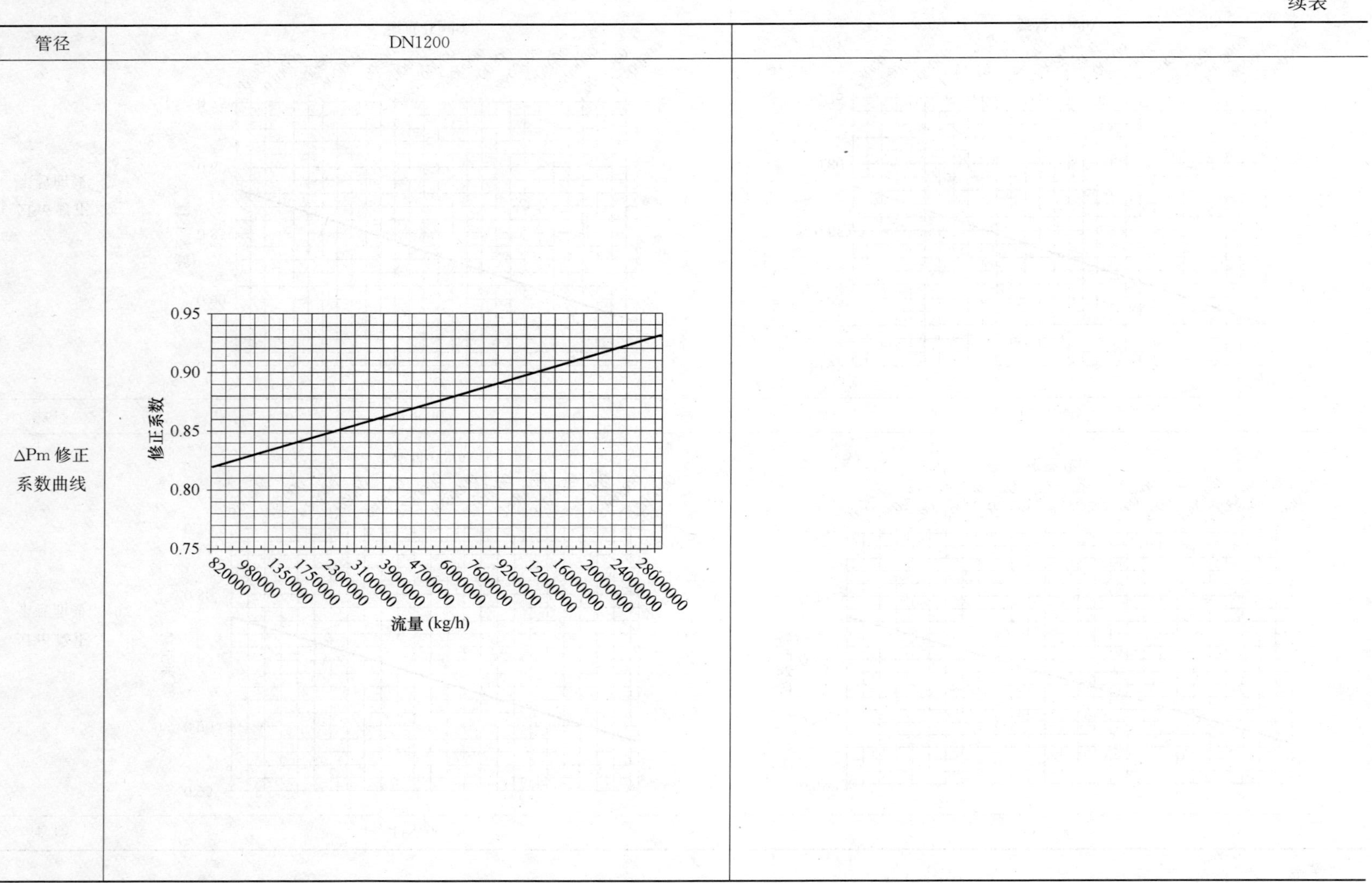	

附表 2-4 30℃塑料管水力计算表（管内流体为水）

流速 v (m/s)	管内径/管外径（mm/mm） 15.7/20		管内径/管外径（mm/mm） 19.9/25		管内径/管外径（mm/mm） 25.3/32	
	比摩阻 R (Pa/m)	流量 G (kg/h)	比摩阻 R (Pa/m)	流量 G (kg/h)	比摩阻 R (Pa/m)	流量 G (kg/h)
0.01	0.52	6.94	0.35	11.14	0.24	18.01
0.02	1.35	13.87	0.94	22.29	0.66	36.02
0.03	2.48	20.81	1.75	33.43	1.23	54.03
0.04	3.85	27.74	2.74	44.57	1.95	72.04
0.05	5.47	34.68	3.91	55.72	2.79	90.06
0.06	7.31	41.62	5.24	66.86	3.76	108.07
0.07	9.37	48.55	6.74	78.00	4.84	126.08
0.08	11.64	55.49	8.39	89.14	6.04	144.09
0.09	14.11	62.42	10.19	100.29	7.35	162.10
0.10	16.78	69.36	12.14	111.43	8.77	180.11
0.11	19.65	76.29	14.23	122.57	10.30	198.12
0.12	22.71	83.23	16.47	133.72	11.93	216.13
0.13	25.95	90.17	18.84	144.86	13.67	234.15
0.14	29.39	97.10	21.36	156.00	15.51	252.16
0.15	33.00	104.04	24.01	167.15	17.45	270.17
0.16	36.79	110.97	26.79	178.29	19.48	288.18
0.17	40.77	117.91	29.70	189.43	21.62	306.19
0.18	44.91	124.85	32.75	200.58	23.85	324.20
0.19	49.24	131.78	35.92	211.72	26.18	342.21
0.20	53.73	138.72	39.23	222.86	28.61	360.22
0.21	58.40	145.65	42.66	234.01	31.12	378.23
0.22	63.23	152.59	46.22	245.15	33.74	396.25
0.23	68.24	159.52	49.90	256.29	36.44	414.26
0.24	73.41	166.46	53.71	267.43	39.24	432.27
0.25	78.75	173.40	57.64	278.58	42.13	450.28
0.26	84.25	180.33	61.69	289.72	45.11	468.29
0.27	89.91	187.27	65.86	300.86	48.18	486.30
0.28	95.74	194.20	70.16	312.01	51.34	504.31
0.29	101.73	201.14	74.57	323.15	54.59	522.32
0.30	107.88	208.08	79.11	334.29	57.92	540.33
0.31	114.19	215.01	83.76	345.44	61.35	558.35
0.32	120.66	221.95	88.53	356.58	64.87	576.36
0.33	127.29	228.88	93.42	367.72	68.47	594.37
0.34	134.07	235.82	98.43	378.87	72.16	612.38
0.35	141.01	242.75	103.56	390.01	75.93	630.39
0.36	148.11	249.69	108.80	401.15	79.79	648.40
0.37	155.36	256.63	114.15	412.30	83.74	666.41
0.38	162.77	263.56	119.62	423.44	87.78	684.42
0.39	170.33	270.50	125.21	434.58	91.90	702.44
0.40	178.04	277.43	130.91	445.72	96.10	720.45

续表

流速 v (m/s)	管内径/管外径（mm/mm）		管内径/管外径（mm/mm）		管内径/管外径（mm/mm）	
	15.7/20		19.9/25		25.3/32	
	比摩阻 R (Pa/m)	流量 G (kg/h)	比摩阻 R (Pa/m)	流量 G (kg/h)	比摩阻 R (Pa/m)	流量 G (kg/h)
0.41	185.91	284.37	136.72	456.87	100.39	738.46
0.42	193.93	291.31	142.65	468.01	104.76	756.47
0.43	202.10	298.24	148.69	479.15	109.22	774.48
0.44	210.42	305.18	154.84	490.30	113.76	792.49
0.45	218.90	312.11	161.11	501.44	118.38	810.50
0.46	227.52	319.05	167.49	512.58	123.09	828.51
0.47	236.29	325.99	173.98	523.73	127.88	846.52
0.48	245.21	332.92	180.58	534.87	132.75	864.54
0.49	254.28	339.86	187.29	546.01	137.71	882.55
0.50	263.50	346.79	194.11	557.16	142.74	900.56
0.51	272.87	353.73	201.04	568.30	147.86	918.57
0.52	282.38	360.66	208.08	579.44	153.06	936.58
0.53	292.04	367.60	215.23	590.59	158.35	954.59
0.54	301.85	374.54	222.49	601.73	163.71	972.60
0.55	311.80	381.47	229.86	612.87	169.16	990.61
0.56	321.90	388.41	237.34	624.01	174.68	1008.63
0.57	332.14	395.34	244.92	635.16	180.29	1026.64
0.58	342.53	402.28	252.62	646.30	185.98	1044.65
0.59	353.06	409.22	260.42	657.44	191.74	1062.66
0.60	363.74	416.15	268.33	668.59	197.59	1080.67
0.61	374.57	423.09	276.35	679.73	203.52	1098.68
0.62	385.53	430.02	284.47	690.87	209.52	1116.69
0.63	396.64	436.96	292.70	702.02	215.61	1134.70
0.64	407.89	443.89	301.04	713.16	221.78	1152.71
0.65	419.29	450.83	309.49	724.30	228.02	1170.73
0.66	430.82	457.77	318.04	735.45	234.35	1188.74
0.67	442.50	464.70	326.69	746.59	240.75	1206.75
0.68	454.33	471.64	335.46	757.73	247.23	1224.76
0.69	466.29	478.57	344.32	768.88	253.79	1242.77
0.70	478.39	485.51	353.30	780.02	260.43	1260.78
0.71	490.64	492.45	362.38	791.16	267.15	1278.79
0.72	503.02	499.38	371.56	802.30	273.95	1296.80
0.73	515.55	506.32	380.85	813.45	280.82	1314.81
0.74	528.22	513.25	390.24	824.59	287.77	1332.83
0.75	541.02	520.19	399.74	835.73	294.80	1350.84
0.76	553.97	527.12	409.34	846.88	301.91	1368.85
0.77	567.06	534.06	419.05	858.02	309.09	1386.86
0.78	580.28	541.00	428.86	869.16	316.35	1404.87
0.79	593.65	547.93	438.77	880.31	323.69	1422.88
0.80	607.15	554.87	448.79	891.45	331.11	1440.89

续表

流速 v (m/s)	管内径/管外径（mm/mm）		管内径/管外径（mm/mm）		管内径/管外径（mm/mm）	
	15.7/20		19.9/25		25.3/32	
	比摩阻 R (Pa/m)	流量 G (kg/h)	比摩阻 R (Pa/m)	流量 G (kg/h)	比摩阻 R (Pa/m)	流量 G (kg/h)
0.81	620.79	561.80	458.91	902.59	338.60	1458.90
0.82	634.57	568.74	469.14	913.74	346.17	1476.92
0.83	648.49	575.68	479.46	924.88	353.82	1494.93
0.84	662.54	582.61	489.89	936.02	361.54	1512.94
0.85	676.74	589.55	500.43	947.17	369.34	1530.95
0.86	691.07	596.48	511.06	958.31	377.22	1548.96
0.87	705.53	603.42	521.80	969.45	385.17	1566.97
0.88	720.14	610.36	532.64	980.59	393.20	1584.98
0.89	734.88	617.29	543.58	991.74	401.31	1602.99
0.90	749.76	624.23	554.63	1002.88	409.49	1621.00
0.91	764.77	631.16	565.77	1014.02	417.74	1639.02
0.92	779.93	638.10	577.02	1025.17	426.08	1657.03
0.93	795.21	645.03	588.37	1036.31	434.48	1675.04
0.94	810.64	651.97	599.82	1047.45	442.97	1693.05
0.95	826.19	658.91	611.37	1058.60	451.53	1711.06
0.96	841.89	665.84	623.03	1069.74	460.16	1729.07
0.97	857.72	672.78	634.78	1080.88	468.87	1747.08
0.98	873.68	679.71	646.64	1092.03	477.66	1765.09
0.99	889.78	686.65	658.59	1103.17	486.52	1783.10
1.00	906.02	693.59	670.65	1114.31	495.45	1801.12
1.01	922.39	700.52	682.81	1125.46	504.46	1819.13
1.02	938.89	707.46	695.06	1136.60	513.55	1837.14
1.03	955.53	714.39	707.42	1147.74	522.71	1855.15
1.04	972.30	721.33	719.88	1158.88	531.94	1873.16
1.05	989.21	728.26	732.44	1170.03	541.25	1891.17
1.06	1006.25	735.20	745.10	1181.17	550.63	1909.18
1.07	1023.42	742.14	757.86	1192.31	560.09	1927.19
1.08	1040.73	749.07	770.71	1203.46	569.62	1945.21
1.09	1058.17	756.01	783.67	1214.60	579.23	1963.22
1.10	1075.75	762.94	796.73	1225.74	588.91	1981.23
1.11	1093.45	769.88	809.89	1236.89	598.66	1999.24
1.12	1111.29	776.82	823.14	1248.03	608.49	2017.25
1.13	1129.27	783.75	836.50	1259.17	618.39	2035.26
1.14	1147.37	790.69	849.95	1270.32	628.37	2053.27
1.15	1165.61	797.62	863.50	1281.46	638.42	2071.28
1.16	1183.98	804.56	877.16	1292.60	648.54	2089.29
1.17	1202.48	811.49	890.91	1303.75	658.74	2107.31
1.18	1221.12	818.43	904.76	1314.89	669.01	2125.32
1.19	1239.89	825.37	918.70	1326.03	679.35	2143.33
1.20	1258.79	832.30	932.75	1337.17	689.77	2161.34

附图　塑料管相同管径不同温度下的 ΔPm 修正系数曲线

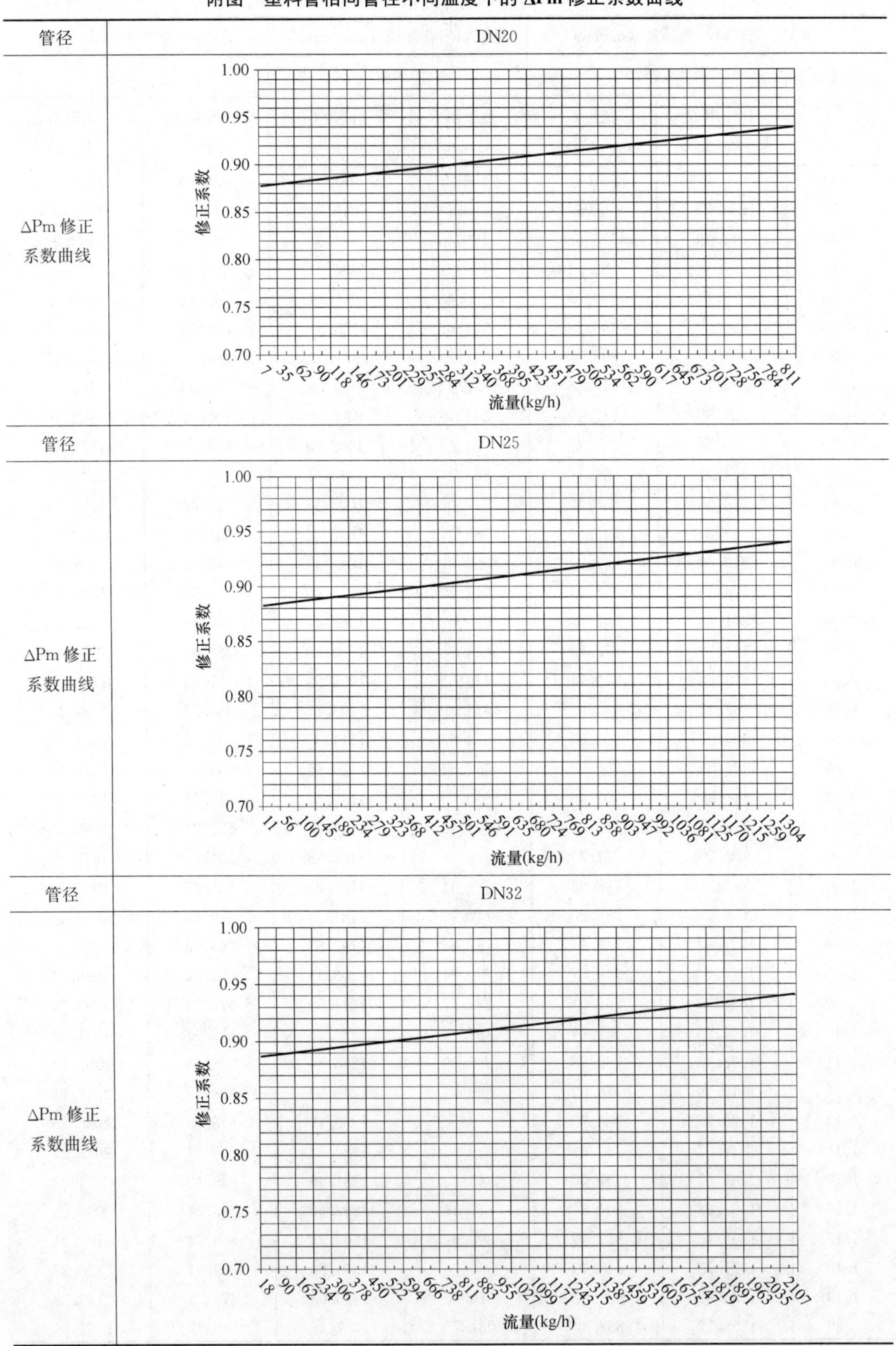

附表 2-5 热水及蒸汽供暖系统局部阻力系数 ξ 值

局部阻力名称	ξ	说明	局部阻力名称	在下列管径（DN）时的 ξ 值					
				15	20	25	32	40	≥50
散热器	2.0	以热媒在导管中的流速计算局部阻力	截止阀	16.0	10.0	9.0	9.0	8.0	7.0
钢制锅炉	2.0		旋塞	4.0	2.0	2.0	2.0		
突然扩大	1.0	以其中较大的流速计算局部阻力	斜杆截止阀	0.3	3.0	3.0	2.5	2.5	2.0
突然缩小	0.5		闸阀	1.5	0.5	0.5	0.5	0.5	0.5
直流三通（图①）	1.0		弯头	2.0	2.0	1.5	1.5	1.0	1.0
旁流三通（图②）	1.5		90 度煨弯及乙字弯	1.5	1.5	1.0	1.0	0.5	0.5
合流三通（图③）	3.0		括弯（图⑥）	3.0	2.0	2.0	2.0	2.0	2.0
分流三通（图④）	3.0		急弯双弯头	2.0	2.0	2.0	2.0	2.0	2.0
直流四通（图④）	2.0		缓弯双弯头	1.0	1.0	1.0	1.0	1.0	1.0
分流四通（图⑤）	3.0								
方形补偿器	2.0								
套管补偿器	0.5								

注：表中三通局部阻力系数，未考虑流量比，是一种简化形式，对分流、合流三通误差较大，可见《供暖通风设计手册》表 10-4。

附表 2-6 塑料管及铝塑复合管系统局部阻力系数 ξ 值

管路附件	曲率半径≥5do 的 90 度弯头	直流三通	旁流三通	合流三通	分流三通	直流四通
ξ	0.3～0.5	0.5	1.5	1.5	3.0	2.0
管路附件	分流四通	乙字弯	括弯	突然扩大	突然缩小	压紧螺母接件
ξ	3.0	0.5	1.0	1.0	0.5	1.5

附表 2-7 热水供暖系统局部阻力系数 ξ=1 时的局部阻力损失动压值

v (m/s)	Pd (Pa)	v (m/s)	Pd (Pa)	v (m/s)	Pd (Pa)	v (m/s)	Pd (Pa)	v (m/s)	Pd (Pa)	v (m/s)	Pd (Pa)
0.01	0.05	0.13	8.34	0.25	30.44	0.37	67.67	0.49	117.71	0.61	183.42
0.02	0.20	0.14	9.61	0.26	33.34	0.38	70.61	0.50	122.61	0.62	189.30
0.03	0.45	0.15	11.08	0.27	36.29	0.39	74.53	0.51	127.52	0.65	207.88
0.04	0.80	0.16	12.56	0.28	38.25	0.40	78.45	0.52	131.37	0.68	227.48
0.05	1.23	0.17	14.22	0.29	41.19	0.41	82.37	0.53	138.31	0.71	248.07
0.06	1.77	0.18	15.89	0.30	44.13	0.42	86.30	0.54	143.21	0.74	268.67
0.07	2.45	0.19	17.75	0.31	47.08	0.43	91.20	0.55	149.09	0.77	291.23
0.08	3.14	0.20	19.61	0.32	49.99	0.44	95.13	0.56	154.00	0.80	314.79
0.09	4.02	0.21	21.57	0.33	53.93	0.45	99.08	0.57	159.88	0.85	355.00
0.10	4.90	0.22	23.53	0.34	56.88	0.46	103.98	0.58	165.77	0.90	398.18
0.11	5.98	0.23	26.48	0.35	59.82	0.47	108.89	0.59	170.67	0.95	443.29
0.12	7.06	0.24	28.44	0.36	63.74	0.48	112.81	0.60	176.55	1.00	490.30

附表 2-8　按 ξzh=1 确定热水供暖系统管段阻力损失的管径计算表

项目	DN（mm）									流速 v	ΔP
	15	20	25	32	40	50	70	80	100	(m/s)	(Pa)
水流量 G (kg/h)	75	137	220	386	508	849	1398	2033	3023	0.11	5.9
	82	149	240	421	554	926	1525	2218	3298	0.12	7.0
	89	161	260	457	601	1004	1652	2402	3573	0.13	8.2
	95	174	280	492	647	1081	1779	2587	3848	0.14	9.5
	102	186	301	527	693	1158	1906	2772	4122	0.15	10.9
	109	199	321	562	739	1235	2033	2957	4397	0.16	12.5
	116	211	341	597	785	1312	2160	3141	4672	0.17	14.0
	123	223	361	632	832	1390	2287	3326	4947	0.18	15.8
	130	236	381	667	878	1467	2415	3511	5222	0.19	17.6
	136	248	401	702	947	1583	2605	3788	5634	0.20	19.4
	143	261	421	738	970	1621	2669	3881	5771	0.21	21.4
	150	273	441	773	1016	1698	2796	4065	6046	0.22	23.5
	157	285	461	808	1063	1776	2923	4250	6321	0.23	25.7
	164	298	481	843	1109	1853	3050	4435	6596	0.24	27.9
	170	310	501	878	1155	1930	3177	4620	6871	0.25	30.4
	177	323	521	913	1201	2007	3304	4805	7146	0.26	32.9
	184	335	541	948	1247	2084	3431	4989	7420	0.27	35.4
	191	347	561	983	1294	2162	3558	5174	7695	0.28	38.0
	198	360	581	1019	1340	2239	3685	5359	7970	0.29	40.9
	205	372	601	1054	1386	2316	3812	5544	8245	0.30	43.7
	211	385	621	1089	1432	2393	3939	5729	8520	0.31	46.7
	218	397	641	1124	1478	2470	4067	5913	8794	0.32	49.7
	225	410	661	1159	1525	2548	4194	6098	9069	0.33	53.0
	232	422	681	1194	1571	2625	4321	6283	9344	0.34	56.2
	237	434	701	1229	1617	2702	4448	6468	9619	0.35	59.5
	245	447	721	1264	1663	2825	4575	6653	9894	0.36	63.0
	252	459	741	1300	1709	2856	4702	6837	10169	0.37	66.5
	259	472	761	1335	1756	2934	4829	7022	10443	0.38	70.1
	273	496	801	1405	1848	3088	5083	7392	10993	0.40	77.8
	286	521	841	1475	1940	3242	5337	7761	11543	0.42	85.7
	300	546	882	1545	2033	3397	5592	8131	12092	0.44	94.0
	314	571	922	1616	2125	3551	5846	8501	12642	0.46	102.8
	327	596	962	1686	2218	3706	6100	8870	13192	0.48	111.9
	341	621	1002	1756	2310	3860	6354	9240	13741	0.50	121.5
	375	683	1102	1932	2541	4246	6989	10164	15115	0.55	147.0
	409	745	1202	2107	2772	4632	7625	11088	16490	0.60	192.4
	443	807	1302	2283	3003	5018	8260	12012	17864	0.65	205.3
	477	869	1402	2459	3234	5404	8896	12936	19238	0.70	238.1
	511	931	1503	2634	3465	5790	9531	13860	20612	0.75	273.3
			1603	2810	3696	6176	10166	14784	21986	0.80	311.0
				3161	4158	6948	11437	16631	24734	0.90	393.5
				3512	4620	7720	12708	18479	27483	1.00	485.8
						9264	15250	22175	32979	1.20	699.6
						10808	17791	25871	38476	1.40	952.2

附表 2-9 热水供暖系统局部阻力的当量长度 *ld* (m)

局部阻力名称	在下列管径 DN（mm）时的当量长度值 *ld*（m）						
	15	20	25	32	40	50	70
$\xi=1$	0.343	0.516	0.652	0.99	1.265	1.76	2.3
柱形散热器	0.7	1	1.3	2	—	—	—
钢制锅炉	—	—	—	2	2.5	3.5	4.6
突然扩大	0.3	0.5	0.7	1	1.3	1.8	2.3
突然缩小	0.2	0.3	0.3	0.5	0.6	0.9	1.2
直流三通	0.3	0.5	0.7	1	1.3	1.8	2.3
旁流三通	0.5	0.8	1	1.5	1.9	2.6	3.5
分（合）流三通	1	1.6	2	3	3.8	5.3	6.9
裤衩三通	0.5	0.8	1	1.5	1.9	2.6	3.5
直流四通	0.7	1	1.3	2	2.5	3.5	4.6
分（合）流四通	1	1.6	2	3	3.8	5.3	6.9
“Π”形补偿器	0.7	1	1.3	2	2.5	3.5	4.6
集气罐	0.5	0.8	1	1.5	1.9	2.6	3.5
除污器	3.4	5.2	6.5	9.9	12.7	17.6	23
截止阀	5.5	5.2	5.9	8.9	10.1	12.3	16.1
闸阀	0.5	0.3	0.4	0.5	0.6	0.9	1.2
弯头	0.7	1	1	1.5	1.3	1.8	2.3
90 度煨弯	0.5	0.8	0.7	1	0.6	0.9	1.2
乙字弯	0.5	0.8	0.7	1	0.6	0.9	1.2
括弯	1	1	1.3	2	2.5	3.5	4.6
急弯双弯头	0.7	1	1.3	2	2.5	3.5	4.6
缓弯双弯头	0.3	0.5	0.7	1	1.3	1.8	2.3

附表 2-10 蒸汽供暖系统局部阻力的当量长度 *ld* (m)

局部阻力名称	在下列管径 DN（mm）时的当量长度值 *ld*（m）							
	20	25	32	40	50	70	80	100
$\xi=1$	0.597	0.83	1.22	1.39	1.82	2.81	4.05	4.95
柱形散热器	0.7	1.2	1.7	2.4	—	—	—	—
钢制锅炉	—	—	2.4	2.8	3.6	5.6	8.1	9.9
突然扩大	0.6	0.8	1.2	1.4	1.8	2.8	4.1	5
突然缩小	0.3	0.4	0.6	0.7	0.9	1.4	2	2.5
直流三通	0.6	0.8	1.2	1.4	1.8	2.8	4.1	5
旁流三通	0.9	1.2	1.8	2.1	2.7	4.2	6.1	7.4
分（合）流三通	1.8	2.5	3.7	4.2	5.5	8.4	12.2	14.9
直流四通	1.2	1.7	2.4	2.8	3.6	5.6	8.1	9.9
分（合）流四通	1.8	2.5	3.7	4.2	5.5	8.4	12.2	14.9
“Π”形补偿器	1.2	1.7	2.4	2.8	3.6	5.6	8.1	9.9
集气罐	0.9	1.2	1.8	2.1	2.7	4.2	6.1	7.4
除污器	6	8.3	12.2	13.9	18.2	28.1	40.5	49.5
截止阀	6	7.5	11	11.1	12.7	19.7	28.4	34.7
闸阀	0.3	0.4	0.6	0.7	0.9	1.4	2	2.5
弯头	1.2	1.2	1.8	1.4	1.9	2.8	—	—
90 度煨弯	0.9	0.8	1.2	0.7	0.9	1.4	2	2.5
乙字弯	0.9	0.8	1.2	0.7	0.9	1.4	2	2.5
括弯	1.2	1.6	2.4	2.8	3.6	5.6	—	—
急弯双弯头	1.2	1.6	2.4	2.8	3.6	5.6	—	—
缓弯双弯头	0.6	0.8	1.2	1.4	1.8	2.8	4.1	5

附表 2-11　低压蒸汽管路系统水力计算表（P=5－20kPa，K=0.2mm）

比摩阻 (Pa/m)	上行：通过热量 Q（W）；下行：蒸汽流速 v（m/s）						
	15	20	25	32	40	50	70
5	790	1510	2380	5260	8010	15760	30050
	2.92	2.92	2.92	3.67	4.23	5.1	5.75
10	918	2066	3541	7727	11457	23015	43200
	3.43	3.89	4.34	5.4	6.05	7.43	8.35
15	1090	2490	4395	10000	14260	28500	53400
	4.07	4.68	5.45	6.65	7.64	9.31	10.35
20	1239	2920	5240	11120	16720	33050	61900
	4.35	5.65	6.41	7.8	8.83	10.85	12.1
30	1500	3615	6340	13700	20750	40800	76600
	5.55	7.61	7.77	9.6	10.95	13.2	14.95
40	1759	4220	7330	16180	24190	47800	89400
	6.51	8.2	8.98	11.3	12.7	15.3	17.35
60	2219	5130	9310	20500	29550	58900	110700
	8.17	9.94	11.4	14	15.6	19.03	21.4
80	2510	5970	10630	23100	34400	67900	127600
	9.55	11.6	13.15	16.3	18.4	22.1	24.8
100	2900	6820	11900	25655	38400	76000	142900
	10.7	13.2	14.6	17.9	20.35	24.6	27.6
150	3520	8323	14678	31707	47358	93495	168200
	13	16.1	18	22.15	25	30.2	33.4
200	4052	9703	16975	36545	55668	108210	202800
	15	18.8	20.9	25.5	29.4	35	38.9
300	5049	11939	20778	45140	68360	132870	250000
	18.7	23.2	25.6	31.6	35.6	42.8	48.2

附表 2-12　低压蒸汽系统局部阻力系数 ξ=1 时的局部阻力损失动压值

Pd (Pa)	v (m/s)	Pd (Pa)	v (m/s)	Pd (Pa)	v (m/s)	Pd (Pa)
9.58	10.50	34.93	15.50	76.12	20.50	133.16
11.40	11.00	38.34	16.00	81.11	21.00	139.73
13.39	11.50	41.90	16.50	86.26	21.50	146.46
15.53	12.00	45.63	17.00	91.57	22.00	153.36
17.82	12.50	49.50	17.50	97.04	22.50	160.41
20.28	13.00	53.50	18.00	102.66	23.00	167.61
22.89	13.50	57.75	18.50	108.44	23.50	174.89
25.66	14.00	62.10	19.00	114.38	24.00	182.51
28.60	14.50	66.60	19.50	120.48	24.50	190.19
31.69	15.00	71.29	20.00	126.74	25.00	198.03

附表 2-13　低压蒸汽系统干式和湿式自流凝水水管管径计算表

凝水管径 (mm)	形成凝水时，由蒸汽放出的热（kW）				
	干式凝水管		湿式凝水管（垂直或水平的）		
			计算管段的长度（m）		
	水平管段	垂直管段	50 以下	50～100	100 以上
15	14.7	7	33	21	9.3
20	17.5	26	82	53	29
25	33	49	145	93	47
32	79	116	310	200	100
40	120	180	440	290	135
50	250	370	760	550	250
76×3	580	875	1750	1220	580
89×3.5	870	1300	2620	1750	875
102×4	1280	2000	3605	2320	1280
114×4	1630	2440	4540	3000	1600

附表 2-14　蒸汽管道水力计算表　k=0. 2mm$p$（表压）/MPaqm/（kg/h）

p		0. 07		0. 1		0. 2		0. 3		0. 4		0. 5		0. 6	
DN	w	qm	Δh	qm	Δh	qm	Δh	qm	Δh	qm	Δh	qm	Δh	qm	Δh
15	10	6. 7	114	7. 8	134	11. 3	193	14. 9	256	18. 4	317	21. 8	374	25. 3	435
	15	10	256	11. 7	300	17	437	22. 4	577	27. 6	663	32. 4	825	37. 6	958
	20	13. 4	446	15	535	22. 7	780	29. 8	1020	30. 8	1260	43. 7	1500	50. 5	1730
20	10	12. 2	78	14. 1	80	20. 7	184	27. 1	174	33. 5	216	39. 8	256	46	295
	15	18. 2	175	21. 1	202	31. 1	302	38. 6	353	50. 3	486	57. 7	538	69	665
	20	24. 3	310	28. 2	369	41. 4	535	54. 2	695	67	862	79. 6	1024	52	1180
25	15	29. 4	131	34. 4	153. 5	50. 2	325	65. 8	294	81. 2	362	95. 2	439	111	497
	20	39. 2	230	45. 8	274	66. 7	401	87. 8	523	108	655	128	762	149	682
	25	49	356	57. 3	426	83. 3	618	110	317	136	1020	161	1190	186	1380
32	15	51. 6	92	60. 2	108	88	158	115	206	142	248	169	270	195	357
	20	67. 7	158	80. 2	191	117	271	154	367	190	447	226	548	260	617
	25	85. 6	250	100	296	147	443	193	574	238	697	282	832	325	964
	30	103	356	120	430	176	633	230	823	284	1030	338	1210	390	1380
40	20	90. 6	138	105	160	154	233	202	308	240	359	283	415	343	524
	25	113	214	132	252	194	368	258	484	311	592	354	647	428	816
	30	136	312	158	361	232	530	306	680	374	855	444	1020	514	1180
	35	157	415	185	495	268	715	354	947	437	1170	521	1400	594	1570
50	20	134	107	157	128	229	185	301	242	371	300	443	368	508	405
	25	168	169	197	197	287	287	377	370	485	470	554	561	636	637
	30	202	241	236	286	344	414	452	538	558	676	664	805	764	920
	35	234	327	270	390	400	565	530	939	650	930	776	1100	885	1240

续表

p		0.07		0.1		0.2		0.3		0.4		0.5		0.6	
DN	w	qm	Δh	qm	Δh	qm	Δh	qm	Δh	qm	Δh	qm	Δh	qm	Δh
65	20	257	71	299	85	437	123	512	162	706	196	838	236	970	271
	25	317	110	374	131	542	189	715	251	880	306	1052	370	1200	415
	30	280	157	448	188	650	274	856	360	1060	446	1262	532	1440	547
	35	445	216	525	258	762	374	1005	495	1240	607	1478	730	1685	816
80	25	454	91	528	106	773	155	1012	204	1297	270	1460	296	1713	342
	30	556	135	630	152	926	223	1213	291	1498	360	1776	425	2053	484
	35	634	177	738	206	1082	304	1415	396	1749	490	2074	580	2400	671
	40	726	232	844	270	1237	398	1620	520	1978	640	2370	757	2740	865
100	25	673	70	784	82	1149	121	1502	157	1856	185	2201	231	2547	267
	30	806	102	940	118	1377	174	1801	226	2220	280	2640	331	3058	384
	35	944	139	1099	161	1608	237	2108	310	2600	382	3083	452	3568	524
	40	1034	166	1250	208	1832	307	2396	400	2980	500	3514	587	4030	661
125	25	1034	52	1205	60	1762	89	2310	117	2852	143	3380	169	3910	196
	30	1241	75	1447	87	2118	128	2770	166	3420	206	4063	244	4690	282
	35	1450	102	1690	119	2477	175	3200	228	4000	281	4740	333	5485	389
	40	1600	133	1930	155	2826	228	3700	296	4560	366	5420	435	6264	490

续表

p		0.07		0.1		0.2		0.3		0.4		0.5		0.6	
DN	w	qm	Δh	qm	Δh	qm	Δh	qm	Δh	qm	Δh	qm	Δh	qm	Δh
150	25	1515	43	1768	50	2584	71	3380	96	4169	117	4960	140	5737	162
	30	1818	62	2120	71	3100	105	4066	138	5015	170	5760	189	6875	232
	35	2121	84	2404	98	3620	144	4739	187	5850	231	6948	275	8036	317
	40	2400	107	2830	128	4114	186	5416	244	6080	301	7920	352	9180	414
200	35	4038	61	4710	71	6880	105	9020	136	11250	172	13212	200	15290	231
	40	4616	80	5376	93	7880	137	10320	178	12720	220	15100	261	17450	301
	50	5786	125	6740	148	9800	212	12920	260	15910	353	18790	405	21880	472
	60	6930	180	8057	209	11750	304	15450	400	19060	495	22615	586	26200	680
250	30	5320	30	6318	36	9250	53	12120	71	14950	86	17730	100	20500	118
	35	6300	42	7370	45	10800	72	14120	94	17450	124	20680	138	23930	159
	40	7237	54	8430	64	12300	94	16145	123	19910	172	23640	180	27380	208
	50	9050	90	10530	101	15330	145	20190	192	24900	237	29560	281	34200	324
	60	14840	123	12650	144	18400	210	24200	276	28870	318	35450	403	41100	468
300	30	7718	25	8980	29	13150	42	17220	55	21240	68	25210	81	29180	93
	35	9018	34	10500	39	15370	53	20130	75	24010	92	29470	111	34080	128
	40	10280	44	11900	51	17520	75	22980	100	28370	121	33600	144	38800	166
	50	12860	69	14960	60	21800	117	25700	154	35400	189	42000	224	48540	260
	60	15430	99	17970	115	26180	168	34430	220	42500	273	50400	322	58380	375

续表

DN	p / w	0.7 qm	0.7 Δh	0.8 qm	0.8 Δh	0.9 qm	0.9 Δh	1.0 qm	1.0 Δh	1.1 qm	1.1 Δh	1.2 qm	1.2 Δh	1.3 qm	1.3 Δh
15	10	28.7	492	32	548	35.4	605	39	671	42.2	724	45.6	781	48.8	835
	15	43	1110	48	1230	53.2	1370	54.8	1510	63.3	1630	68.4	1750	73	1870
	20	57.4	1970	63.8	2180	71	2410	78	2680	84.4	2890	91.2	3120	97.2	3310
20	10	52.2	335	58.2	384	64.5	415	70.5	450	76.6	492	83	534	89.4	576
	15	78.4	755	87.5	844	96.7	934	106	1020	115	1110	124	1190	134	1300
	20	104	1340	116	1490	129	1660	141	1800	153	1970	166	2130	179	2300
25	15	127	564	141	639	156	684	172	776	181	784	199	880	216	965
	20	169	1000	188	1120	208	1230	229	1360	242	1400	253	1420	286	1690
	25	211	1570	235	1740	250	1780	286	2130	302	2180	316	2220	358	2650
32	15	222	396	253	462	274	499	303	546	326	580	350	620	388	710
	20	296	706	338	822	367	887	404	997	435	1040	466	1100	517	1260
	25	370	1110	422	1280	457	1360	505	1520	543	1610	582	1720	646	1980
	30	444	1590	506	1850	548	1955	606	2190	652	2330	699	2480	756	2710
40	20	389	594	435	665	480	737	527	805	573	875	613	930	663	1010
	25	430	968	533	997	600	1140	658	1260	710	1380	767	1460	830	1580
	30	584	1340	652	1500	720	1650	770	1820	858	1960	920	2090	995	2280
	35	666	1740	754	2000	840	2240	926	2490	997	2650	1075	2850	1150	3040
50	20	578	466	646	520	713	573	782	628	850	683	912	728	985	790
	25	724	730	805	806	892	896	979	985	1055	1070	1140	1140	1232	1240
	30	868	1050	970	1170	1070	1290	1174	1420	1276	1540	1370	1640	1480	1780
	35	1010	1440	1130	1590	1249	1750	1380	1950	1487	2090	1605	2260	1714	2400

续表

p		0.7		0.8		0.9		1.0		1.1		1.2		1.3	
DN	w	qm	Δh	qm	Δh	qm	Δh	qm	Δh	qm	Δh	qm	Δh	qm	Δh
65	20	1101	309	1230	344	1360	278	1490	398	1619	453	1748	490	1878	526
	25	1345	460	1530	534	1900	555	1870	656	2015	702	2170	755	2320	802
	30	1610	660	1830	763	2040	855	2240	940	2450	1010	2600	1080	2780	1150
	35	1885	903	2145	1050	2380	1170	2625	1300	2830	1400	3050	1500	3258	1580
80	25	1947	390	2176	426	2400	479	2636	529	2860	572	3034	615	3318	665
	30	2333	559	2676	659	2880	690	3159	757	3430	822	3700	885	3980	955
	35	2723	761	3041	850	3360	980	3682	1080	4005	1140	4323	1210	4650	1290
	40	3110	994	3480	1120	3840	1230	4216	1350	4576	1470	4940	1580	5306	1700
100	25	2868	302	3231	339	3565	375	3916	411	4250	435	4583	499	4930	516
	30	3470	437	3879	487	4280	515	4590	589	5100	631	5510	692	5915	743
	35	4050	594	4530	615	5000	737	5380	804	5960	875	5424	940	6905	1020
	40	4610	770	5118	848	5696	958	6240	1040	6780	1130	7276	1210	7872	1320
125	25	4440	222	4963	248	5482	294	6020	302	6530	327	7050	352	7570	379
	30	5334	321	5960	358	6578	395	7217	434	7840	430	8450	506	9080	544
	35	6235	438	6960	488	7700	542	8438	593	9160	642	9880	692	10560	737
	40	7128	570	7950	687	8776	719	9628	721	10460	840	11280	902	12120	970

续表

p		0.7		0.8		0.9		1.0		1.1		1.2		1.3	
DN	w	qm	Δh	qm	Δh	qm	Δh	qm	Δh	qm	Δh	qm	Δh	qm	Δh
150	25	6501	184	7280	205	8032	226	8810	228	9565	270	10330	291	11100	313
	30	7810	264	8730	295	9150	330	10560	358	11480	388	12380	418	13300	450
	35	9120	359	10182	403	11250	443	12330	487	13400	530	14470	571	15520	613
	40	10400	467	11646	525	12876	580	14080	635	15336	1080	16560	750	17760	800
200	35	17350	262	19390	293	21410	324	23500	356	25500	386	27380	410	29600	448
	40	19330	343	22120	383	24440	421	26800	463	29140	503	31460	542	33980	590
	50	24600	537	23730	585	30680	665	33600	725	36500	787	39410	850	42300	915
	60	29720	770	33200	860	36770	950	40230	1040	43700	1130	49300	1230	50685	1310
250	30	23290	132	26010	148	28770	161	31520	172	34230	195	36720	204	39700	226
	35	27200	181	30380	202	33520	222	36800	245	39980	266	42800	282	46300	308
	40	31030	235	34700	264	38300	290	42050	319	45670	347	49900	384	52890	401
	50	38800	268	43380	412	48000	456	52600	500	57150	544	51700	584	66200	630
	60	46500	530	52000	593	57530	655	63000	717	58500	780	74000	845	78400	880
300	30	33100	106	37000	119	40840	131	44800	143	48700	156	52600	169	56500	182
	35	38700	145	43220	162	47760	178	52380	196	56850	213	61000	226	66000	247
	40	44180	189	49320	211	54500	232	59760	255	64900	277	69620	295	75250	321
	50	55140	294	61680	329	67180	353	74700	388	81200	433	87680	467	94000	503
	60	66220	425	74000	474	81920	524	89640	574	97500	625	105100	678	113000	724

附表 2-15　开式高压凝水管径计算表（P=200kPa）

ΔP (Pa/m)	在下列管径时通过的热量（kW）											
	15	20	25	32	40	50	70	80	100	125	150	219×6
20	3.76	8.34	15.5	31.8	45.2	98.6	174	287	541	714	1570	3070
40	5.28	11.7	21.9	45.6	65	140	245	405	764	1010	2231	4310
60	6.46	14.4	26.8	55.7	78.7	171	299	296	939	1230	2712	5260
80	7.52	16.7	31	63.6	90.4	197	348	573	1080	1430	3150	6130
100	8.46	18.6	34.8	71.8	101	220	389	637	1200	1590	3470	6820
120	9.16	20.2	37.9	78.5	111	243	425	704	1330	1750	3830	7430
150	10.1	22.8	42.5	88.1	124	271	476	786	1480	1960	4290	8340
200	11.7	26.2	49	101	137	312	552	902	1700	2250	4920	9630
250	13.2	29.3	54.7	106	153	351	617	1010	1910	2540	5530	16800
300	14.4	32.2	59.9	124	169	382	672	1100	2090	2760	6010	11700
350	15.5	34.6	65	134	182	415	729	1200	2280	2980	6530	12700
400	16.6	37.2	69.5	143	195	444	777	1280	2420	3220	7020	13700
450	17.6	39.2	74	153	207	469	824	1360	2570	3410	7400	14500
500	20.2	41.3	77.5	160	218	493	869	1430	2710	3570	7810	15000

注：漏汽加二次蒸汽按10%计算，K=0.5mm，ρ_{pj}=5.8kg/m^2。

附表 2-16　开式高压凝水管径计算表（P=300kPa）

ΔP (Pa/m)	在下列管径时通过的热量（kW）											
	15	20	25	32	40	50	70	80	100	125	150	219×6
20	3.05	6.81	12.6	25.8	36.5	81	141	235	440	580	1268	2490
40	4.35	9.51	18.4	37	52.4	114	200	328	622	829	1820	3523
60	5.28	11.6	21.7	45.1	64	140	242	401	763	854	2200	4270
80	6.1	13.4	25	52	73.4	160	284	470	904	1170	2540	4980
100	6.81	15	28	58.7	82.2	180	317	521	987	1310	2830	5500
120	7.52	16.4	30.8	64.6	90.4	196	346	572	1080	1430	3110	6110
150	8.22	18.3	34.5	72	101	218	388	640	1200	1585	3500	6850
200	9.4	21.1	39.9	83.4	117	252	446	740	1370	1820	4020	7830
250	10.6	23.7	44.6	92.8	130	283	505	822	1540	2060	4510	8830
300	11.5	25.9	49	101	142	309	552	904	1689	2230	4930	9680
350	12.4	28.2	52.8	109	153	335	599	975	1836	2410	5320	10500
400	13.4	30.3	56.4	117	164	362	638	1050	1960	2580	5730	11200
450	14.1	32.1	60.5	123	174	384	674	1100	2110	2760	5990	11900
500	14.9	33.7	63.4	129	182	399	711	1160	2230	2900	6400	12400

注：漏汽加二次蒸汽按15%计算，K=0.5mm，ρ_{pj}=3.858kg/m^2。

附表 2-17　开式高压凝水管径计算表（P=400kPa）

ΔP (Pa/m)	在下列管径时通过的热量（kW）											
	15	20	25	32	40	50	70	80	100	125	150	219×6
20	2.7	5.87	11	22.5	31.9	69.9	124	203	383	506	1113	2170
40	3.76	8.34	15.6	32.3	45.7	98.7	174	287	543	716	1570	3050
60	4.58	10.2	19	39.6	55.7	121	211	350	666	870	1910	3720
80	5.4	11.7	22.1	45.1	63.9	140	247	406	766	1012	2220	4350
100	5.99	13.3	24.7	51	71.6	156	277	452	853	1130	2470	4820
120	6.46	14.2	26.9	55.7	78.9	173	303	497	940	1233	2700	5260
150	7.16	16.1	30.1	62.5	88.1	193	337	557	1050	1390	3040	5900

续表

ΔP (Pa/m)	在下列管径时通过的热量（kW）											
	15	20	25	32	40	50	70	80	100	125	150	219×6
200	8.34	18.6	34.6	72.3	102	221	390	636	1210	1600	3490	6810
250	9.28	20.9	38.8	80.4	114	248	438	716	1350	1800	3910	7630
300	10.2	22.8	42.3	88	124	271	476	785	1480	1880	4270	8340
350	11	24.4	46	94.7	135	295	517	846	1600	2110	4620	8900
400	11.7	26.4	49.2	102	144	314	352	904	1710	2280	4970	9640
450	12.4	27.8	52.3	107	153	334	585	963	1830	2410	5260	10200
500	13.2	29.1	55.6	113	161	349	613	1012	1910	2520	5570	10700

注：漏汽加二次蒸汽按20%计算，K=0.5mm，ρ_{pj}=2.9kg/m^2。

附表2-18　闭式高压凝水管径计算表（P=200kPa）

ΔP (Pa/m)	在下列管径时通过的热量（kW）											
	15	20	25	32	40	50	70	80	100	125	150	219×6
20	4.35	9.63	17.9	37	52.3	115	202	332	628	880	1810	3550
40	6.11	13.6	25.5	52.8	74.9	162	285	470	890	1170	2580	5000
60	7.52	16.6	31.1	64.6	91.1	198	348	575	1090	1430	3140	6690
80	8.69	19.1	35.9	74	105	229	404	640	1260	1660	3630	7080
100	9.75	21.6	40.3	83.4	117	256	451	740	1460	1840	4030	7870
120	10.6	23.5	44	91	129	281	493	813	1540	2030	4440	8660
150	11.7	26.3	49.3	102	144	315	552	910	1720	2280	4980	9690
200	13.6	30.1	56.7	117	167	362	637	1045	1970	2610	5710	11100
250	15.2	34.1	63.4	132	187	406	716	1174	2220	2940	6420	12500
300	16.7	37.1	69.5	144	204	444	780	1280	2420	3190	7000	13600
350	18	40.2	75.2	155	221	482	846	1386	1630	3460	7560	14800
400	19.3	43.1	80.7	167	236	513	904	1480	2810	3720	8120	15900
450	20.4	45.6	85.7	176	250	546	957	1570	2980	3950	8660	16800
500	21.5	47.9	90	186	263	573	1010	1660	3140	4130	9070	17600

注：漏汽加二次蒸汽按10%计算，K=0.5mm，ρ_{pj}=7.88kg/m^2。

附表2-19　闭式高压凝水管径计算表（P=300kPa）

ΔP (Pa/m)	在下列管径时通过的热量（kW）											
	15	20	25	32	40	50	70	80	100	125	150	219×6
20	3.64	7.99	15	30.5	43.6	95	168	275	521	691	1510	2940
40	5.05	11.3	23.3	43.5	60.7	135	238	390	738	974	2140	4130
60	6.22	13.9	26.1	53.3	74.6	164	291	477	904	1160	2810	5070
80	7.16	15	30.1	61	86.9	189	336	552	1040	1370	3030	6070
100	7.99	17.9	33.7	68.4	97.2	213	376	613	1160	1540	3380	6550
120	8.81	19.5	36.4	75.2	106	233	409	669	1270	1680	3700	7140
150	9.87	21.8	39.9	83.4	119	260	458	752	1410	1880	4130	7970
200	11.4	25.2	47.2	96.5	137	301	528	866	1640	2170	4770	9210
250	12.8	28.4	53	108	153	337	595	975	1840	2430	5270	10300
300	14	30.8	57.8	117	169	366	646	1060	2020	2650	5840	11300
350	15	33.5	62.5	128	182	397	701	1140	2180	2870	6350	12200
400	16.1	35.6	66.9	136	195	426	752	1230	2350	3080	6790	13500
450	17	38.1	71.2	146	207	451	792	1310	2470	3250	7180	13800
500	19.3	40	74.9	152	218	474	834	1370	2610	3430	7530	14600

注：漏汽加二次蒸汽按15%计算，K=0.5mm，ρ_{pj}=5.26kg/m^2。

附表 2-20 闭式高压凝水管径计算表（P=400kPa）

ΔP (Pa/m)	在下列管径时通过的热量（kW）										
	15	20	25	32	40	50	70	80	100	125	150	219×6
20	3.05	6.81	12.7	26.2	36.9	81	143	235	444	585	1280	2510
40	4.35	9.63	18.1	37.3	52.8	115	202	332	626	834	1830	3520
60	5.28	11.7	22	45.6	65	140	245	406	767	1010	2220	4310
80	6.11	13.6	25.4	52.4	73.8	162	287	470	911	1170	2560	5030
100	6.93	15.4	28.4	59.1	83.4	182	321	526	998	1310	2870	5610
120	7.52	16.6	31.2	64.6	91.8	200	350	577	1090	1440	3150	6190
150	8.34	18.8	35	72.6	102	223	392	646	1220	1620	3530	6880
200	9.63	21.5	40.1	83.4	119	257	452	742	1400	1830	4060	7880
250	10.8	24.2	45.1	93.6	133	289	509	834	1570	2090	4550	8910
300	11.7	26.4	49.4	102	146	315	554	908	1710	2280	4970	9720
350	12.7	28.5	53.6	110	157	342	600	986	1870	2470	5380	10500
400	13.6	30.6	57.1	119	168	365	644	1060	2000	2650	5770	11300
450	14.4	32.4	60.8	126	177	386	681	1120	2130	2800	6110	11900
500	15.1	34.1	63.9	132	186	406	716	1170	2250	2940	6460	12500

注：漏汽加二次蒸汽按 20%计算，K=0.5mm，ρ_{pj}=3.95kg/m^2。

第 3 章　设计深度要求及互提资料

本章执笔人

刘伟

中国建筑设计院有限公司

工程师

3.1 设计深度要求

3.1.1 方案设计深度

1. 方案设计文件

(1) 设计说明书;

(2) 设计委托或设计合同中规定的需提交的内容等。

2. 方案设计文件的编排顺序

(1) 封面：项目名称、编制单位、编制年月;

(2) 扉页：编制单位法定代表人、技术总负责人、项目总负责人的姓名，并经上述人员签署或授权盖章;

(3) 设计文件目录;

(4) 设计说明书;

3. 供暖通风与空气调节设计说明

(1) 工程概况及供暖通风和空气调节设计范围;

(2) 供暖、空气调节的室内设计参数及设计标准;

(3) 冷、热负荷的估算数据;

(4) 供暖热源的选择及其参数;

(5) 空气调节的冷源、热源选择及其参数;

(6) 供暖、空气调节的系统形式，简述控制方式;

(7) 通风系统简述;

(8) 防排烟系统及暖通空调系统的防火措施简述;

(9) 节能设计要点;

(10) 废气排放处理和降噪、减振等环保措施;

(11) 需要说明的其他问题。

3.1.2 初步设计深度

1. 初步设计文件

(1) 设计说明书;

(2) 有关专业的设计图纸;

(3) 主要设备或材料表;

(4) 计算书(计算书不属于必须交付的设计文件)。

2. 初步设计文件的编排顺序

(1) 封面：项目名称、编制单位、编制年月;

(2) 扉页：编制单位法定代表人、技术总负责人、项目总负责人和各专业负责人的姓名，并经上述人员签署或授权盖章;

(3) 设计文件目录;

（4）设计说明书；

（5）设计图纸（可单独成册）。

3. 供暖通风与空气调节

（1）在初步设计阶段，供暖通风与空气调节设计文件应有设计说明书，除小型、简单工程外，初步设计还应包括设计图纸、设备表及计算书。

（2）设计说明书

1）设计依据

① 与本专业有关的批准文件和建设单位提出的符合有关法规、标准的要求；

② 本专业设计所执行的主要法规和所采用的主要标准（包括标准的名称、编号、年号和版本号）；

③ 其他专业提供的设计资料等。

2）简述工程建设地点、规模、使用功能、层数、建筑高度等。

3）设计范围。根据设计任务书和有关设计资料，说明本专业设计的内容、范围以及与有关专业的设计分工。

4）设计计算参数

① 室外空气计算参数；

② 室内空气设计参数（表 3-1）。

表 3-1 室内设计参数

房间名称	夏季		冬季		新风量标准	噪声标准
	温度（℃）	相对湿度（%）	温度（℃）	相对湿度（%）	[m^3/(h·人)]	[dB(A)]

注：温度、相对湿度采用基准值，如有设计精度要求时，按±℃、±%表示幅度。

5）供暖

① 供暖热负荷；

② 热源状况、热媒参数、室外管线及系统补水定压方式；

③ 供暖系统形式及管道敷设方式；

④ 供暖热计量及室温控制，系统平衡、调节手段；

⑤ 供暖设备、散热器类型、管道材料及保温材料的选择。

6）空调

① 空调冷、热负荷；

② 空调系统冷源及冷媒选择，冷水、冷却水参数；

③ 空调系统热源供给方式及参数；

④ 各空调区域的空调方式，空调风系统简述，必要的气流组织说明；

⑤ 空调水系统设备配置形式和水系统制式，系统平衡、调节手段；

⑥ 洁净空调注明净化级别；

⑦ 监测与控制简述；

⑧ 管道材料及保温材料的选择。

7）通风

① 设置通风的区域及通风系统形式；

② 通风量或换气次数；

③ 通风系统设备选择和风量平衡。

8）防排烟及暖通空调系统的防火措施

① 简述设置防排烟的区域及方式；

② 防排烟系统风量确定；

③ 防排烟系统及设施配置；

④ 控制方式简述；

⑤ 暖通空调系统的防火措施。

9）节能设计

按节能设计要求采用的各项节能措施。

注：1. 节能措施包括计量，调节装置的配备、全空气空调系统加大新风比数据、热回收装置的设置、选用的制冷和供热设备的性能系数或热效率（不低于节能标准要求）、变风量或变水量设计等；

2. 节能设计除满足现行国家节能标准的要求外，还应满足工程所在省、市现行地方节能标准的要求。

10）废气排放处理和降噪、减振等环保措施。

11）需提请在设计审批时解决或确定的主要问题。

（3）设备表

列出主要设备的名称、性能参数、数量等（表3-2）。

表3-2 设 备 表

设备编号	名称	性能参数	单位	数量	安装位置	服务区域	备注

注：1. 性能参数栏应注明主要技术数据；

2. 应注明制冷及制热机组有关节能的性能参数、水泵及风机的效率、热回收设备的热回收效率等；

3. 安装位置栏注明主要设备的安装位置、设备数量较少的工程可不设此栏。

（4）设计图纸

1）供暖通风与空气调节初步设计图纸一般包括图例、系统流程图、主要平面图。各种管道风道可绘单线图。

2）系统流程图包括冷热源系统、供暖系统、空调水系统、通风及空调风路系统、防排烟等系统的流程。应表示系统服务区域名称、设备和主要管道、风道所在区域和楼层，标注设备编号、主要风道尺寸和水管干管管径，表示系统主要附件、建筑楼层编号及标高。

注：当通风及空调风道系统、防排烟等系统跨越楼层不多，系统简单，且在平面图中可较完整地表示系统时，可只绘制平面图，不绘制系统流程图。

3）供暖平面图。绘出散热器位置、供暖干管的入口、走向及系统编号。

4）通风、空调、防排烟平面图。绘出设备位置，风道和管道走向、风口位置，大型复杂工程还应标注出主要干管控制标高和管径，管道交叉复杂处需绘制局部剖面。

5）冷热源机房平面图。绘出主要设备位置、管道走向，标注设备编号等。

（5）计算书

对于供暖通风与空调工程的热负荷、冷负荷、风量、空调冷热水量、冷却水量及主要设备的选择，应做初步计算。

3.1.3　施工图设计深度

1. 施工图设计文件

（1）合同要求所涉及的设计图纸（含图纸目录、说明和必要的设备、材料表等）。

（2）计算书。计算书不属于必须交付的设计文件，但应按本规定相关条款的要求编制并归档保存。

2. 封面标识内容

（1）项目名称；

（2）设计单位名称；

（3）项目的设计编号；

（4）设计阶段；

（5）编制单位法定代表人、技术总负责人和项目总负责人的姓名及其签字或授权盖章；

（6）设计日期（即设计文件交付日期）。

3. 供暖通风与空气调节

（1）在施工图设计阶段，供暖通风与空气调节专业设计文件应包括图纸目录、设计说明和施工说明、设备表、设计图纸、计算书。

（2）图纸目录。应先列新绘图纸，后列选用的标准图或重复利用图。

（3）设计说明和施工说明。

1）设计说明

① 简述工程建设地点、规模、使用功能、层数、建筑高度等；

② 列出设计依据，说明设计范围；

③ 暖通空调室内外设计参数（表 3-1）；

④ 热源、冷源设置情况，热媒、冷媒及冷却水参数，供暖热负荷、折合耗热量指标及系统总阻力，空调冷热负荷、折合冷热量指标，系统水处理方式、补水定压方式、定比值（气压罐定压时注明工作压力值）等；

注：气压罐定压时工作压力值指补水泵启泵压力、补水泵停泵压力、电磁阀开启压力和安全阀开启压力。

⑤ 设置供暖的房间从供暖系统形式，热计量及室温控制，系统平衡、调节手段等；

⑥ 各控调区域的空调方式，空调风系统及必要的气流组织说明，空调水系统设备配置形式和水系统制式，系统平衡、调节手段，洁净空调净化级别，监测与控制要求；有自动监控时，确定各系统自动监控原则（就地或集中监控），说明系统的使用操作要点等；

⑦ 通风系统形式，通风量或换气次数，通风系统风量平衡等；

⑧ 设置防排烟的区域及其方式，防排烟系统及其设施配置、风量确定、控制方式，暖通空调系统的防火措施；

⑨ 设备降噪、减振要求，管道和风道减振做法要求，废气排放处理等环保措施；

⑩ 在节能设计条款中阐述设计采用的节能措施，包括有关节能标准、规范中强制性条文和以“必须”、“应”等规范用语规定的非强制性条文提出的要求。

2）施工说明

施工说明应包括以下内容：

① 设计中使用的管道、风道、保温等材料选型及做法；

② 设备表和图例没有列出或没有标明性能参数的仪表、管道附件等的选型；

③ 系统工作压力和试压要求；

④ 图中尺寸、标高的标注方法；

⑤ 施工安装要求及注意事项，大型设备安装要求；

⑥ 采用的标准图集、施工及验收依据。

3）图例。

4）当本专业的设计内容分别由两个或两个以上的单位承担设计时，应明确交接配合的设计分工范围。

（4）设备表（表3-2），施工图阶段性能参数栏应注明详细的技术数据。

（5）平面图

1）绘出建筑轮廓、主要轴线号、轴线尺寸、室内外地面标高、房间名称，底层平面图上绘出指北针。

2）供暖平面绘出散热器位置，注明片数或长度，供暖干管及立管位置、编号，管道的阀门、放气、泄水、固定支架、伸缩器、入口装置、减压装置、疏水器、管沟及检查孔位置，注明管道管径及标高。

3）两层以上的多层建筑，其建筑平面相同的供暖标准层平面可合用一张图纸，但应标注各层散热器数量。

4）通风、空洞、防排烟风道平面用双线绘出风道，标注风道尺寸（圆形风道注管径，矩形风道注宽×高）、主要风道定位尺寸，标高及风口尺寸，各种设备及风口安装的定位尺寸和编号，消声器，调节阀、防火阀等各种部件位置，标注风口设计风量（当区域内各风口设计风量相同时也可按区域标注设计风量）。

5）风道平面应表示出防火分区，排烟风道平面还应表示出防烟分区。

6）空调管道平面单线绘出空调冷热水、冷媒、冷凝水等管道，绘出立管位置和编号，绘出管道的阀门、放气、泄水、固定支架、伸缩器等，注明管道管径、标高及主要定位尺寸。

7）需另做二次装修的房间或区域，可按常规进行设计，风道可绘制单线图，不标注详细定位尺寸，并注明按配合装修设计图施工。

（6）通风、空调、制冷机房平面图和剖面图

1）机房图应根据需要增大比例，绘出通风、空调、制冷设备（如冷水机组、新风机组、空调器、冷热水泵、冷却水泵、通风机、消声器、水箱等）的轮廓位置及编号，注明

设备外形尺寸和基础距离墙或轴线的尺寸。

2）绘出连接设备的风道、管道及走向，注明尺寸和定位尺寸、管径、标高，并绘制管道附件（各种仪表、阀门、柔性短管、过滤器等）。

3）当平面图不能表达复杂管道、风道相对关系及竖向位置时，应绘制剖面图。

4）剖面图应绘出对应于机房平面图的设备、设备基础、管道和附件，注明设备和附件编号以及详图索引编号，标注竖向尺寸和标高；当平面图设备、风道、管道等尺寸和定位尺寸标注不清时，应在剖面图标注。

（7）系统图、立管或竖风道图

1）分户热计量的户内供暖系统或小型供暖系统，当平面图不能表示清楚时应绘制系统透视图，比例宜与平面图一致，按45°或30°轴侧投影绘制；多层、高层建筑的集中供暖系统，应绘制供暖立管图并编号。上述图纸应注明管径、坡度、标高、散热器型号和数量。

2）冷热源系统、空调水系统及复杂的或平面表达不清的风系统应绘制系统流程图。系统流程图应绘出设备、阀门、计量和现场观测仪表、配件，标注介质流向、管径及设备编号。流程图可不按比例绘制，但管路分支及与设备的连接顺序应与平面图相符。

3）空调冷热水分支水路采用竖向输送时，应绘制立管图并编号，注明管径、标高及所接设备编号。

4）供暖、空调冷热水立管图应标注伸缩器、固定支架的位置。

5）空调、制冷系统有自动监控时，宜绘制控制原理图，图中以图例绘出设备、传感器及执行器位置；说明控制要求和必要的控制参数。

6）对于层数较多、分段加压、分段排烟或中竖井转换的防排烟系统，或平面表达不清竖向关系的风系统，应绘制系统示意或喉风道图。

（8）通风、空调剖面图和详图

1）风道或管道与设备连接交叉复杂的部位，应绘剖面图或局部剖面图。

2）绘出风道、管道、风门、设备等与建筑梁、板、柱及地面的尺寸关系。

3）注明风道、管道、风口等的尺寸和标高，气流方向及详图索引编号。

4）供暖、通风、空调、制冷系统的各种设备及零部件施工安装，应注明采用的标准图、通用图的图名图号。凡无现成图纸可选，且需要交待设计意图的，均需绘制详图。简单的详图，可就图引出，绘制局部详图。

（9）计算书

1）采用计算程序计算时，计算书应注明软件名称，打印出相应的简图、输入数据和计算结果。

2）供暖设计计算应包括以下内容：

① 每一供暖房间耗热量计算及建筑物供暖总耗热量计算；

② 散热器等供暖设备的选择计算；

③ 供暖系统的管径及水力计算；

④ 供暖系统设备、附件选择计算，如系统热源设备、循环水泵、补水定压装置、伸缩器、疏水器等。

3）通风、防排烟设计计算应包括以下内容：

① 通风、防排烟风量计算；

② 通风、防排烟系统阻力计算；

③ 通风、防排烟系统设备选型计算。

4）空调设计计算应包括以下内容：

① 空调冷热负荷计算（冷负荷按逐项逐时计算）；

② 空调系统末端设备及附件（包括空气处理机组、新风机组、风机盘管、变制冷剂流量室内机、变风量末端装置、空气热回收装置、消声器等）的选择计算；

③ 空调冷热水、冷却水系统的水力计算；

④ 风系统阻力计算；

⑤ 必要的气流组织设计与计算；

⑥ 空调系统的冷（热）水机组、冷（热）水泵、冷却水泵、定压补水设备、冷却塔、水箱、水池等设备的选择计算。

5）必须有满足工程所在省、市有关部门要求的节能设计计算内容。

3.2　设计及施工说明示例

3.2.1　设计说明部分

1. 工程概况

本工程位于×市×区，主要由×楼、×楼等×部分组成，工程总用地面积×m^2，总建筑面积为×m^2，建筑高度为×m，其中地上×层，地下×层。建筑功能为：×等。

2. 设计依据

《民用建筑供暖通风与空气调节设计规范》(GB 50736—2012)；

《建筑设计防火规范》(GB 50016—2014)；

《汽车库、修车库、停车场设计防火规范》(GB 50067—2014)；

《人民防空工程设计防火规范》(GB 50098—2009)；

《人民防空地下室设计规范》(GB 50038—2005)；

《采暖通风与空气调节设计规范》(GB 50019—2003)；

《燃气冷热电三联供工程技术规程》(CJJ 145—2010)；

《城镇供热管网设计规范》(CJJ 34—2010)；

《建筑给水排水及采暖工程施工质量验收规范》(GB 50242—2002)；

《公共建筑节能设计标准》(GB 50189—2005)；

《民用建筑热工设计规范》(GB 50176—1993)；

《公共建筑节能改造技术规范》(JGJ 176—2009)；

《既有居住建筑节能改造技术规程》(JGJ/T 129—2012)；

《工业设备与管道绝热工程设计规范》(GB 50264—2013)；

《供热计量技术规程》(JGJ 173—2009)；

《辐射供暖供冷技术规程》(JGJ 142—2012)；

《住宅设计规范》(GB 50096—2011);
《住宅建筑规范》(GB 50368—2005);
《严寒和寒冷地区居住建筑节能设计标准》(JGJ 26—2010);
《夏热冬冷地区居住建筑节能设计标准》(JGJ 134—2010);
《夏热冬暖地区居住建筑节能设计标准》(JGJ 75—2012);
《锅炉房设计规范》(GB 50041—2008);
《锅炉大气污染物排放标准》(GB 13271—2014);
《民用建筑绿色设计规范》(JGJ/T 229—2010);
《室内空气质量标准》(GB 3095—2012);
《环境空气质量标准》(GB 3095—1996);
《声环境质量标准》(GB 3096—2008);
《大气污染物综合排放标准》(GB 16297—1996);
《饮食业油烟排放标准》(GB 18483—2001);
《地源热泵系统工程技术规范》(GB 50366—2005);
《蓄冷空调工程技术规程》(JGJ 158—2008);
《多联机空调系统工程技术规程》(JGJ 174—2010);
《冷库设计规范》(GB 50072—2010);
《通风与空调工程施工规范》(GB 50738—2011);
《通风与空调工程施工质量验收规范》(GB 50243—2002);
《建筑节能工程施工质量验收规范》(GB 50411—2007);
《绿色建筑评价标准》(GB/T 50378—2014);
建筑专业提供的作业图;
业主提供的任务书、设计合同及往来文件;
顾问公司等提供的设计文件以及往来文件。

注：工程所在地的地方性设计标准规范。

3. 设计范围

本工程设计范围包括以下内容：供暖系统、制冷机房、锅炉房、换热站、空调系统、通风系统、防排烟系统及空调自动控制系统等设计。

4. 设计及计算参数

(1) 室外设计参数(表 3-3)

表 3-3　室外设计参数(以北京为例，属寒冷地区)

海拔	31.3m		
大气压力夏季	100020Pa	大气压力冬季	102040Pa
夏季空调计算干球温度	33.5℃	冬季空调计算干球温度	−9.9℃
夏季空调计算湿球温度	26.4℃	冬季空调计算相对湿度	44%
夏季通风计算温度	29.7℃	冬季通风计算温度	−3.6℃
夏季通风计算相对湿度	61%	冬季供暖计算温度	−7.6℃
夏季室外平均风速	2.1m/s	冬季最多风向	C　N
最大冻土深度	66cm	冬季室外平均风速	2.6m/s

（2）室内设计参数（典型房间室内设计参数见表 3-4，仅供参考）

表 3-4　典型房间室内设计参数

房间名称	夏季		冬季		新风量标准	噪声标准
	温度（℃）	相对湿度（%）	温度（℃）	相对湿度（%）	[m^3/(h·人)]	[dB(A)]
办公	26	60	18	40	30	45
会议	26	60	18	40	30	45
卧室	26	60	18	40	30	45

注：1. 严寒和寒冷地区主要房间应采用 18～24℃。

2. 夏热冬冷地区主要房间应采用 16～22℃。

3. 设置值班供暖房间不应低于 5℃。

4. 辐射供暖室内设计温度宜降低 2℃。

5. 普通住宅卫生间宜设计成分段升温模式，平时保持 18℃，洗浴时，可借助辅助加热设备（如浴霸）升温至 25℃。

（3）通风设计参数（典型房间通风设计参数见表 3-5，仅供参考）

表 3-5　典型房间通风设计参数

区域	每小时换气次数	区域	每小时换气次数
冷冻机房	6（事故通风 12）	卫生间	10～15
生活水泵房	6	茶水间	10
消防泵房	6	垃圾间	15
中水泵房	15	厨房	排油烟：按业主及厨房顾问提出的要求
污水泵房	20		平时通风：6
变配电室	6～8（同时提供空调循环风降温）		事故通风：12
地下车库	6		

5. 冷热负荷及指标

本工程热负荷及指标见表 3-6。

表 3-6　冷热负荷及指标

	空调面积	空调冷负荷	空调冷指标	空调热负荷	空调热指标	采暖负荷	采暖热指标
	m^2	kW	W/m^2	kW	W/m^2	kW	W/m^2
地上部分							
地下部分							
总计							

6. 热源及参数

（1）市政热力供暖

本工程一次热媒由市政热水供应，供回水温度 130℃/70℃，热力站设于×号楼地下一层，内设散热器供暖热交换机组、地板供暖热交换机组及热水循环水泵等设备。换热后的二次热水输送到建筑物各区，分别为散热器供暖系统及地板供暖系统等提供不同的二次水温：散热供暖系统水温为85℃/60℃、地板供暖系统水温为50℃/40℃。

（2）锅炉房供暖

本工程一次热媒由承压（常压/负压）热水锅炉供应，主要燃料为天然气，供回水温度95℃/70℃，锅炉房设于×号楼地下一层。一次热媒经换热后提供供暖系统二次热媒，热力站设于×号楼地下一层，内设散热器供暖热交换机组、地板供暖热交换机组及热水循环水泵等设备。换热后的二次热水输送到建筑物各区，分别为散热器供暖系统及地板供暖系统等提供不同的二次水温：散热供暖系统水温为85℃/60℃、地板供暖系统水温为50℃/40℃。

该提供的一次热源，工作压力为×MPa；散热器供暖系统工作压力为×MPa，地板供暖水系统工作压力为×MPa，分别采用囊式定压装置对各系统进行定压，定压点设置循环水泵入口段；系统定压补水采用软化水。

二次热水循环泵，采用变频运行。一次热源总入口处设置热计量装置；二次热水各主要环路在集水器上设置热计量表及静态平衡阀。

注：市政热力一次热媒供回水温度、工作压力由市政热力部门提供；热水锅炉一次热媒供回水温度、工作压力由设计计算确定；二次热媒供回水温度、工作压力由设计计算确定。

7. 冷源及参数

本工程采用集中的水冷电制冷方式，冷冻机房位于地下×层，内设×台×水冷电制冷冷水机组。空调冷水采用一级泵变流量系统，共×台一级冷水泵（×用×备）及×台冷却水泵（×用×备）。冷却塔设在×楼屋顶，冷却水工作压力为×MPa。

制冷机组的冷水设计供回水温度为6℃/12℃，冷却水设计供回水温度为32℃/37℃。系统在一级泵吸入侧采用变频水泵＋闭式膨胀罐定压补水，定压值为×MPa，系统工作压力为×MPa，补水采用软化水。空调冷水系统在一级泵总供回水管道上装设压差旁通控制阀，以保证冷水机组最低流量的要求；冷却水系统在总供回水管道上装设温度旁通控制阀，以保证冷却水供水温度。

冬季采用冷却塔提供空调内用冷水，冬季冷负荷约为×kW，在制冷机房设置×台板式热交换器，经过换热后提供冬季供冷用，裙房屋顶冷却塔设防冻及风扇变频。

8. 散热器形式以及散热量

本工程均采用内腔无粘砂铸铁柱形散热器（四柱760型），散热器承压均为×MPa，水温为85℃/60℃（室温为18℃）时，标准工况散热量分别为107W/片。散热器均配手动跑风阀。

注：散热器形式选择及散热量计算参考《新型散热器选用与安装》（05K405），或参考其他设计规范、图集、设备样本等。

9. 供暖系统形式

本工程主要采用散热器供暖系统，按楼对称设置环路，主干管敷设在地下室顶板下，采用下供下回双管异程系统。

门厅、采光中庭等高大空间设置地板供暖环路，用于解决冬季温度梯度过大、室内温度场不均匀而导致的能源浪费问题；系统对称设置，主干管敷设在地下层顶板上，采用下供下回双管异程系统；每个回路配温控阀。

室内供暖供回水主管均设于楼板垫层内，楼板垫层厚度不小于80mm，每组散热器均配带温控阀。

在每栋楼内，设置供暖管井，供暖支管、热计量表等均设于管井内，管井均设于公共部分，便于检修、查表。

注：供暖系统形式根据建筑功能匹配适合的系统，由设计确定。

10. 空调水系统设计

（1）空调水系统采用两管制变水流量系统，冬季供应空调热水，夏季供应空调冷水，通过切换阀门进行冬夏的工况转换。

（2）风机盘管，空调机组水路分开设置，风机盘管采用水平同程系统。冬季风机盘管设置最小值班温度。

（3）每层楼风机盘管供水总分支管上设置静态平衡阀。空调机组水盘管均设置动态压差平衡电动调节阀。

（4）水路管径＜DN50采用闸阀，管径≥DN50采用蝶阀。

11. 空调风系统设计

空调设计以竖向分层、横向按防火分区设置空调系统为原则，同时根据建筑使用功能采用相对应的空调系统。

大堂及中庭采用带排风机的全空气定风量空调方式，在×层设置×台空调机组；过渡季可调节新风风量（最大新风比为70%），利用室外自然冷量，排风机设置在×层通风机房内，过渡季的排风机兼大堂火灾时排烟用风机。其中中庭部分采用球形喷口送风，回风口均设置在吊顶处。

商业采用风机盘管加新风系统，预留各商户新风管、空调冷水管、空调热水管及凝结水管接口，租户确定后应校核负荷、深化设计并完成设备、风管及风口的安装。

地下室物业管理用房、小型商业等设置风机盘管加新风系统。

12. 通风系统设计

（1）车库

车库按照防火分区设机械通风系统，每个防火分区各设置×套机械排风系统及×套机械补风系统。

（2）设备机房

地下×层冷冻机房设置平时排风系统，换气次数为6次/小时，同时并联相同风量的风机，与平时排风系统共同组成事故排风系统，事故排风换气次数为12次/小时，排风口上沿距室内建筑地面不超过1.2m；对应设置补风系统。

地下×层消防水泵房设置×套排风及补风系统。

地下×层配电室设置排风及补风系统，并兼气体灭火后通风。

地下×层柴油发电机房对应每台发电机组设置×套排风系统，共×套，机房侧壁百叶自然补风；同时设置机房平时排风和补风系统各×套。

13. 防排烟系统设计

本工程防排烟系统按照《建筑设计防火规范》（GB 50016—2014）设计。

（1）加压系统

1）楼梯间：×楼共有×个防烟楼梯间，每个楼梯间地上、地下部分分别设置加压系统，加压风机分别位于地下×层和屋顶层；楼梯间每隔两层设一个加压送风口，风口为可自动复位的自垂百叶。

2）前室：×楼共有×个防烟楼梯间前室及×个合用前室，各前室分别设置加压系统，加压风机分别位于×层和屋顶层；前室每层设一个电动常闭加压送风口，火灾时开启本层及其上下相邻层送风口，前室加压送风口设手动就地可开启装置，并具有70℃熔断功能。

防烟楼梯间的余压设计值为50Pa，前室、合用前室、消防电梯间前室和避难层的余压设计值为25Pa至30Pa。在加压风机进风管和出风管间设置旁通管和电动风阀，并在各楼梯间和每层前室分别设置压力传感器，用压力传感器设定余压值控制旁通电动风阀开启及开度；地下室设置余压阀。

（2）机械排烟及补风系统

1）车库按照防火分区分别设置排烟（兼排风）系统及相应的补风系统，排烟风机、补风风机置于通风机房内；此系统与平时机械通风系统合用，排烟量按换气次数不少于每小时6次计算，补风量按换气次数不少于每小时5次计算。

2）超过20m的内走廊以及面积超过50m^{2}管理用房、库房等设置机械排烟系统，并对应设置补风系统。每个排烟量按照走廊面积每平方米不少于60m^3/h计算，系统排烟量按照最大走廊面积每平方米不少于120m^3/h计算，排烟补风量按不小于排烟量的50%计算。

3）办公大堂/中庭层高最高处超过12m，设置机械排烟系统，排烟风机分别置于排烟机房内，中庭体积小于或等于17000m^{3}时，排烟量按照中庭体积6次/小时换气计算；中庭体积大于17000m^{3}时，排烟量按照中庭体积4次/小时换气计算，但最小排烟量不应小于102000m^3/h。

4）地上房间设置消防联动可开启外窗，其可开启面积应满足规范对自然排烟的要求。

（3）气体消防排风系统

本项目气体消防区域为地下×层高压电缆间等，共设置×套气体消防灾后通风系统，与平时通风系统合用，其排风量按每小时不小于5次计算，风机设于地下×层通风机房或被服务区域内。在每个进、出气体消防房间的风管上均设置电动启闭的电动防火阀，火灾时关闭，气体消防灭火完成后开启电动防火阀并启动风机；同时就地设置通风系统启动开关装置，该装置应设在气体灭火房间外便于操作的位置。

（4）防排烟系统的控制

1）所有消防时使用的设备及相应的风管阀门均由消防电源供电。

2）空调通风系统用于防排烟系统时，其风机及相应的风管阀门均由电气消防系统控制，并应保证阀门切换的可靠。

3）空调通风系统的风管在穿越机房等处的防火阀动作时，联锁停止相应的空调通风设备。同一风系统多个防火阀的状态信号宜并联后再与风机联锁。

4）排烟风机可由消防中心手动/自动启停，并可由排烟口（阀）开启联锁启动；所有排烟风机前均设280℃自动关闭的防火阀，当烟气温度达到280℃时，防火阀能自动关闭，同时联动排烟风机停止运行。要求排烟风机能够在280℃时连续工作30min。

5）排烟口（阀）应按所负担防烟分区（或分层）进行开启控制，排烟口（阀）可由消防中心远程和就地手动开启，并配带远程手动开启装置，手动装置设置于方便开启之处。

6）前室加压送风口为常闭型，除设置有消防控制中心控制且与加压送风机联锁的自动装置外，还应有现场手动开启装置，手动开启装置设置于方便开启之处。火灾时开启着火层及其上一层和下一层的前室加压送风口。

（5）其他

1）风管在穿越机房、重要房间、防火墙及与垂直风管相连的水平支管等处均设置防火阀。

2）防火阀的易熔片或其他感温、感烟等控制设备一经作用，应能顺气流方向自行严密关闭，并应设有单独支吊架等防止风管变形而影响关闭的措施。

3）空调通风系统的管材及保温材料的防火要求符合《建筑设计防火规范》（GB 50016—2014）的相关规定。

4）管道穿越防火墙和变形缝时，风管两侧各 2m 范围内采用不燃保温材料及粘接剂。

5）穿过楼梯间或前室的风管（未在竖井内），其风管外采用耐火极限不小于 2h 的防火板进行防火包覆。

6）当防火阀无法靠近防火隔墙安装时（＞200mm），防火阀与隔墙之间的风管采用耐火极限不小于 2h 的防火板进行防火包覆。

14. 自控设计

本工程采用直接数字式监控系统（DDC 系统），它由中央电脑及终端设备加上若干个 DDC 控制盘组成。在空调控制中心能显示打印出空调、通风、制冷等各系统设备的运行状态及主要运行参数，并进行集中远距离控制和程序控制，且能将给排水和电气设备等一并控制。具体控制内容为：

（1）空调水路为变流量系统，采用压差旁通调节器控制供、回水干管上的旁通阀开启程度，保证冷负荷侧压差维持在一定范围。

（2）空调机组和新风机组冷水回水管上设动态平衡电动调节阀，通过调节表冷器的过水量以控制室温或新风机组送风温度。

（3）风机盘管设三速开关，且由室温控制器控制冷水回水管上的双通阀开关，以通断进入风机盘管的冷（或热）水。

（4）空调机组新风阀与风机联锁控制。同时冬季空调机组、新风机组停机时，双通水阀应保留 5%开度，以防加热器冻裂。

（5）风机盘管上双通水阀均与风机作联锁控制。

DDC 系统微机控制中心设在制冷机房控制室内。具体控制要求如下：

（1）冷热源

1）循环水泵及其相应的电动水阀的联锁启停控制；

2）空调水路压差旁通控制；

3）二次泵频率根据空调水系统压差进行控制；

4）室外温度补偿器对板式换热器热水供水温度进行控制；

5）系统分台数控制；

6）运行设备、温度、压力、流量、热量等参数显示、记录；

7）对设备的运行时间、空调系统的冷、热量进行统计和测量计算；

8）设备运行状态显示及故障报警。

（2）空调机组、新风机组

1）送风温度控制冷热水管上的电动调节阀达到送风温度一定，调节方式按 PI 方式，设冬夏转换开关，调节阀采用理想特性为等百分比的阀门，停机时调节阀自动关闭；

2）风机启停控制及状态显示、故障报警；

3）温度、湿度等参数显示，超限报警；

4）温度、湿度、焓值控制及防冻保护控制；

5）风过滤器堵塞报警控制。

（3）通风系统

1）通风系统的启停控制；

2）风机运行状态显示、故障报警。

15. 建筑节能设计

（1）本工程各项围护结构热工设计执行《公共建筑节能设计标准》（GB 50189—2005）的相关内容，并尽可能降低。通过对围护结构的节能优化设计，减少建筑物的围护结构耗热，具体如下（仅供参考，具体工程应采用具体工程指标）：

1）建筑体形系数：0.084；

2）建筑窗墙比：东：0.21，南：0.39，西：0.16，北：0.34；

3）外墙：外墙（有基层墙）：K=0.45W/(m^2·K)；外墙（无基层墙）：K=0.51W/(m^2·K)，均小于0.80W/(m^2·K)(规范限值)；

4）屋面：K=0.44W/(m^2·K)，小于0.60W/(m^2·K)(规范限值)；

5）非供暖空调房间与供暖空调房间的隔墙：K=0.75W/(m^2·K)，小于1.50W/(m^2·K)(规范限值)；

6）非供暖空调房间与供暖空调房间的楼板：K=1.15W/(m^2·K)，小于1.50W/(m^2·K)(规范限值)；

7）变形缝（两侧墙内保温时）：K=0.53W/(m^2·K)，小于1.80W/(m^2·K)(规范限值)；

8）外门窗、透明幕墙

外门窗：K=2.62W/(m^2·K)<2.70W/(m^2·K)(规范限值)，SC=0.44<0.65(规范限值)；

透明幕墙：K=2.26W/(m^2·K)<2.70W/(m^2·K)(规范限值)，SC=0.44<0.65(规范限值)。

（2）施工图设计对本工程各供暖房间或区域进行详细热负荷计算，作为设备选型及管道设计依据。

（3）在制冷机房设置板式热交换器，冬季可利用冷却塔供冷，减少制冷机组开启时间，降低制冷能耗。

（4）冷水系统采用一级泵冷源及用户侧变流量系统，可根据负荷变化变流量运行，一级泵变频，降低水泵耗电。

（5）大堂及餐厅的全空气系统采用双风机变新风量空调系统，在过渡季和冬季可改变新风比，利用室外天然冷量为室内降温。

（6）办公区设置 CO_2 浓度传感器，根据 CO_2 浓度调整新风量，减小新风负荷。

（7）大厅设置低温地板辐射采暖系统，提高冬季室内温度舒适度，降低温度梯度，减少能耗。

3.2.2 施工说明部分

供暖空调系统施工及验收应严格执行《建筑给水排水及采暖工程施工质量验收规范》（GB 50242—2002）、《建筑节能工程施工质量验收规范》（GB 50411—2007）、《供热计量技术规程》（JGJ 173—2009）、《地面辐射供暖技术规范》（JGJ 142—2012）相关条文要求。

1. 管材

（1）水管

供暖热水管道各楼室内部分除垫层内管道外，管径 $d \leqslant$ DN100mm 的管道，采用镀锌钢管，采用丝扣连接；$d >$ 100mm 的管道，采用无缝钢管，焊接连接。采用煨弯弯头时其曲率半径为外径的 1.5～4 倍，较大的热水管道采用焊接弯头。空调冷水管、空调热水管道、空调凝结水管及蒸汽凝结水管均采用无缝钢管，管径小于 DN40 时采用丝扣连接，大于等于 DN40 时采用焊接连接；蒸汽管道采用无缝钢管，焊接连接。钢管的管径和壁厚见表 3-7。

表 3-7 钢管的管径和壁厚

公称直径（mm）	DN15	DN20	DN25	DN32	DN40
外径×壁厚（mm）	d21.3×2.75	d26.8×2.75	d33.5×3.25	d42.3×3.25	d48×3.5
公称直径（mm）	DN50	DN70	DN80	DN100	DN125
外径×壁厚（mm）	d60×3.5	d75×3.75	d88.5×4	d108×4	d133×4
公称直径（mm）	DN150	DN200	DN250	DN300	
外径×壁厚（mm）	d159×4.5	d219×6	d273×7	d325×8	

注：北京市供暖管道应符合《北京市推广、限制、禁止使用建筑材料目录（2015 年版）》相关要求。

垫层内的供暖热水管道、低温热水辐射供暖设在垫层内的热水管道，采用带阻氧型聚丁烯 PB 管，使用条件为 4 级（使用寿命为 50 年，见表 3-8），系统工作压力为 0.4MPa，管材系列号为 S10，管材公称外径为 DN20，最小壁厚不小于 2.0mm。低温热水辐射供暖系统加热盘管埋设在建筑构件内时，应采取防止建筑构件龟裂和破损的措施；管材使用寿命为 50 年，选定产品后应经设计校核确认后方可订货。

表 3-8 塑料管使用条件等级

使用条件级别	工作温度		最高工作温度		故障温度		典型应用范围举例
	℃	时间（年）	℃	时间（年）	℃	时间（h）	
4	40	20	70	2.5	100	100	地板下的供热和低温暖气
	60	25					

（2）风管

1）通风风管采用镀锌钢板制作，厚度见表 3-9。

表 3-9 通风风管厚度要求

风管边长（mm）	<320	320～630	630～1000	1000～2000	>2000
钢板厚度（mm）	0.5	0.6	0.8	1	1.2

2）排烟风管采用普通钢板制作，内外表面除锈后刷耐热漆两道，且外表面再刷防火漆一道，厚度见表 3-10。

表 3-10 排烟风管厚度要求

风管边长（mm）	<630	630～1250	>1250
钢板厚度（mm）	0.8	1	1.2

3）卫生间连接的圆支管，采用普通金属软管。

（3）土建风道

土建风道应内壁光滑，严密不漏风。在穿过楼板、顶棚和墙壁处，风道应连续，砖砌风道内壁抹不小于 10mm 厚的水泥砂浆，风管构件与土建风道的连接方法见国标图集。

2. 保温

（1）水管

低温二次热水（50℃/40℃）水管采用超细玻璃棉管壳保温，保温层厚度均为 50mm；高温二次热水（85℃/60℃）水管采用超细玻璃棉管壳保温，管径 DN≤150mm，保温层厚度为 60mm；管径 DN>150mm，保温层厚度为 70mm。一次高温热水（130℃/70℃）管保温采用超细玻璃棉管壳保温，保温层厚度为 80mm。除供暖房间的暖气管外，敷设在地沟内、地板室顶板下及机房内的供暖热水管道，均要求保温；热交换间及地下室顶板下的保温层外壳采用 0.5mm 镀锌铁皮保护层。

（2）风管

空调送风管、回风管、新风管均作保温，保温材料可采用难燃型橡塑海绵或无甲醛玻璃棉板/毡，保温厚度均为 30mm，板材采用阻燃胶与风管粘结；防火阀前后 2m 范围内用玻璃棉板（不燃）材料保温，厚度为 30mm。

吊顶内的排烟风管均采用 20mm 厚玻璃棉板进行保温隔热。

（3）保温材料

橡塑保温材料为闭泡绝热材料，导热系数≤0.03375W/(m·K)(0℃时)，湿阻因子≥9000，氧指数≥35，透湿系数≤2.6×10^{-11} g/(ms·Pa)，密度小于≤70kg/m^3，防火等级应达到难燃 B1 级。

水管保温离心玻璃棉管壳及风管保温玻璃棉板（毡），其导热系数≤0.033W/(m·K)(0℃时)，密度为 48kg/m^3；自带隔汽保护层，水汽渗透率为 1.15ng/(N·s)，耐破强度不小于 2.7kg/cm^2，抗拉强度不小于纵向 6.9kN/m、横向 4.3kN/m；复合隔汽保护层后保温材料防火等级应整体达到 A2 级；保温材料应不含甲醛、不含丙烯酸及 TVOC。

3. 试压

系统安装完毕进行冲洗、试压。空调水系统的工作压力为×MPa，强度性试验压力为×MPa（系统底部）；供暖水系统的工作压力为×MPa，强度性试验压力为×MPa（系统底部）。具体做法详见施工规范及验收规范。

注：供暖系统试验压力应符合下列规定：

1）热水供暖系统应以系统顶点工作压力加 0.1MPa 做水压试验，同时在系统顶点的试验压力不小于 0.3MPa。

2）高温热水供暖系统，试验压力应为系统顶点工作压力加 0.4MPa。

3）使用塑料管及复合管的热水供暖系统，应以系统顶点工作压力加 0.2MPa 做水压试验，同时在系统顶点的试验压力不小于 0.4MPa。

室内地暖管道系统试压：浇水凝砂浆填充层之前和水凝砂浆填充层养护期后，应分别进行两次系统水压试验。冬季进行水压实验时，应采用有效的防冻措施，或进行气压实验，水压试验应为工作压力的 1.5 倍，且不应小于 0.6MPa。

4. 冲洗

供暖水管试压前后，均应对系统进行反复冲洗。冲洗前应将热计量表、调节阀等断开，除去过滤器的滤网，进行分段冲洗，直至排出水中不夹带杂物、水色清澈时方为合格。待冲洗工作结束后装上过滤网。管路系统冲洗时，水流不得经过所有设备。

5. 防腐

非镀锌管表面除锈后，刷防腐漆两道，明装管道再刷银粉两道；镀锌钢管表面缺损处刷防锈漆一道，银粉两道。

6. 供暖管道穿墙处，均做钢套管。套管比水管管径大两号，套管高于地面 100mm。所有供暖管道穿墙处的预埋钢套管或预留洞，在土建施工时应密切配合，待管道安装完毕后采用不燃材料封堵。

7. 所有振动设备（制冷机组、水泵、空调机组、新风机组、风机等，仅用作消防的风机除外）的基础做法、风管和水管减振支吊架做法、风管消声器及设备的隔声减振要求等详见声学顾问文件。如声学顾问无特殊要求，风管消声器采用片式消声器，每段长度均为 1m，其接管尺寸同风管尺寸。要求每个消声器的流通净面积不小于接口面积的 80%～90%，且对于 1000Hz 声频率下的静态消声量不低于 18dB（A）。消声弯头采用阻性弯头，外形尺寸比接口尺寸每侧各大出 50mm，对于 1000Hz 声频率下的静态消声量不低于 10dB（A）。

8. 所有设备基础（包括浮动底座）均应待设备到货，核对其地脚螺栓尺寸无误后方可浇筑。在施工过程中应与土建专业施工人员密切配，做好风管、水管穿结构墙和楼板的孔洞预留工作。

9. 所有空调机组、新风机组、多联空调机组、风机盘管、水泵、风机、风口、阀门配件及空调自控等设备到货后，应仔细检查其产品性能规格是否符合设计要求和生产厂家的技术规定，且在确认零配件无任何缺损锈蚀等情况，各种技术文件齐全后方可安装。

10. 所有风管管道上的粘接剂应采用难燃材料。

11. 风管穿越机房、楼板、防火墙处，除设有防火阀外，还应将连接的风管用 2mm 厚的普通钢板制作，在风管穿越部位用非燃材料密实堵严，且防火墙两侧 2m 范围内风管保温均采用非燃材料。防火阀的安装应注意便于更换温度熔断器，并应在其调节把手处设一吊顶检查孔（350mm×350mm），防火阀应设独立的支吊架，且排烟风机与风管连接处的软接头为耐火帆布（不燃）制作。

12. 安装防火阀和排烟阀时，应先对其外观质量和动作的灵活性与可靠性进行检验，确认合格后再行安装。防火阀的安装位置必须与设计相符，气流方向务必与阀体上标志的箭头相一致，严禁反向。

13. 穿越沉降缝、变形缝的风管两侧，以及与通风机进、出口连接处，应设置长200mm的防火硅酸钛金软接风管。

14. 空调系统与风口连接的软管长度不得超过2.0m，距离超过时，采用与软管同口径的镀锌钢板制风道制作，并与软管进行严密的连接。

15. 与室外相接的风口及风机入口处，设置钢板网。

16. 除风机盘管送风口外，其他送风口配调节阀。

17. 各加压送风口内衬铅丝网防止异物进入，另在加压送风竖井底部设清掏口，待施工完毕，清理完竖井内杂物后封闭。

18. 暖通空调管井按照防火规范要求进行封堵。

19. 供水管道的分流三通及回水管道的合流三通采用图3-1所示的连接方式。

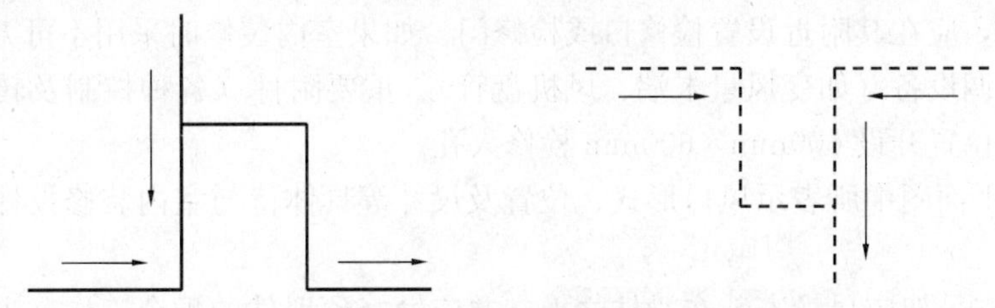

图3-1 分流三通及回水管道的合流三通连接方式

20. 水系统阀件均要求承压为×MPa；除特殊注明外，所有阀门均为铸钢材质，承压×MPa。温度计采用水银式温度计，测量范围为二次水为20～100℃，一次水为20～150℃。压力表选用Y型，测量范围0～×MPa，压力表温度计的安装位置应便于观察。管内井热计量表前的Y型过滤器要求滤芯材料为不锈钢孔板，局部阻力系数不大于2.0。供暖热力入口参见《新建集中供暖住宅分户热计量设计和施工使用图集》（京01SSB1）B02、B03页。热计量表、调节阀要求：每户设一个组合式热表，要求设计流量为×m^3/h。当阻力为10kPa（$1mH_2O$）时流量为0.380.6m^3/h。热表垂直安装，并配脉冲输出接口；每组散热器安装一个温控调节阀，规格为DN15；每个单元供暖系统入口处采用回水管上设置静态平衡阀。阀门承压为1.2MPa。

注：阀件承压、温度计测量范围、压力表测量范围、热计量表及调节阀设计流量由设计确定。

21. 轴向水管补偿器采用内外压平衡式波纹补偿器或全外压平衡式波纹补偿器，安装时热水、供暖及蒸汽管道应预拉其补偿量的1/3。

22. 低温地板辐射供暖系统根据设计需厂家进行深化，系统未经调试，严禁运行使用。

地板供暖加热盘管每个环路为一根管，垫层内不允许有接头；地暖系统的分集水器采用铜制分集水器。

盘管隐蔽前必须进行水压试验，做法详见《建筑给水排水及采暖工程施工质量验收规范》(GB 50242—2002)。

加热管进场的技术资料齐全，管道安装应符合供货厂商要求及国家现行规范要求。

23. 水管路系统中的低点处，应配置DN25泄水管，并配置相同直径的铜质截止阀；在高点处，应配置自动排气阀，排气设备采用121型立式铸铜自动排气阀。

24. 水管穿越墙身和楼板时，保温层不能间断。

25. 仅作关断功能的水管阀门(除泄水及预留接口的水管道外)，管径大于等于DN50时采用蝶阀，管径小于DN50采用球阀。

26. 所有管道外表面应每隔3m，涂不同颜色的色环以示区别，并用箭头指示水流方向。

27. 所有设备基础均应待设备到货，核对其地脚螺栓尺寸无误后方可浇筑。在施工过程中应与土建专业施工人员密切配，做好水管穿墙和楼板的空洞预留工作。

28. 管道支吊架应尽量设在梁柱上，并应做好预埋件的配合工作。当安装于楼板上时，一般采用膨胀螺栓紧固，对承重大的吊架则应采用板面预埋钢板，拉杆螺栓焊接。

29. 低温地板辐射供暖系统根据设计需厂家进行深化，待设计确认后，方可施工；系统未经调试，严禁运行使用。

30. 管道和设备的保温材料和粘结剂应为不燃材料或难燃材料。

31. 凡图纸未说明处，本工程所有在管井、吊顶内设有暖通空调系统的阀件、泄水、放气等部件时，应在其附近设置检修口或检修门。如果室内装修时采用不可方便拆装的吊顶，则应在空调设备(如变风量末端、风机盘管)、重要附件(各种控制及转换阀门)之下的相应吊顶位置开设600mm×600mm检修人孔。

32. 风管平面图中所表示风口形式、位置及尺寸等具体待与室内装修设计配合后最终确定。

33. 管道支吊架应尽量安装在梁柱之上，并应做好预埋件的配合工作，当安装于楼板上时，一般采用膨胀螺栓紧固，对承重大的吊架则应采用板面预埋钢板，拉杆螺栓焊接；砖墙上为钢拖架安装，土建施工时要与其做好预埋件的配合工作。

34. 所有风机等机座与基础(用槽钢制作)间作20mm厚橡胶减振垫。

35. 调试和试运行

系统安装竣工并经过试压、冲洗合格后，机房及管道空间进行严格的清洁。上述工作完成后，方可进行测定与调试。

36. 凡图纸未说明处，本工程所有在管井、吊顶内设有供暖系统的阀件、泄水、放气等部件时，应在其附近设置检查口和检修门。

37. 其他

1) 图中所注平面尺寸以毫米计，标高尺寸以米计。水管标高指管中心标高。图中部分层的管道标高为绝对标高(如：+2.800)，部分层的管道标高为相对本层地面的标高(如：H+2.800，H表示本层地面标高)。

2) 其他未说明部分，请按《通风与空调工程施工质量验收规范》(GB 50243—2002)和《建筑给水排水及采暖工程施工质量验收规范》(GB 50242—2002)及其他国家标准和行业标准进行施工。

38. 施工安全

施工单位应仔细阅读设计文件，按照《建设工程安全生产管理条例》的要求，在工程施工中对所有设计施工安全的部位进行全面、严格的防护，并严格按安全操作规程施工，以保证现场人员的安全。

3.2.3 机电工程抗震设计

1. 依据《建筑机电工程抗震设计规范》（GB 50981—2014）第1.0.4条（强条）：抗震设防烈度为6度及6度以上地区的建筑机电工程必须进行抗震设计。

2. 依据《建筑机电工程抗震设计规范》（GB 50981—2014）第5.1.4条（强条）：防排烟风道、事故通风风道及相关设备应采用抗震支吊架。

3. 锅炉房、制冷机房内的管道应有可靠的侧向和纵向抗震支撑。多根管道共用支吊架或管径大于300mm的单根管道支吊架，宜采用门型抗震支吊架。

4. 建筑物内敷设的钢烟囱的抗震设计计算按照现行国家标准《烟囱设计规范》（GB 50051—2013）的有关规定执行。

5. 运行时产生振动的风机，水泵、压缩式制冷机组、空调机组等设备，应设防震基础，且应在基础四周设置限位器固定。限位器应经计算确定。与设备连接的管道应采用柔性连接。

6. 风管不应穿越抗震缝。当必须穿越时，应在抗震缝两侧各装一个柔性软连接。

7. 风管穿过内墙和楼板时，应设置套管，套管与管道间的缝隙，应填充柔性防火材料。

8. 采暖和空气调节系统中截面积大于等于0.38m^{2}的矩形风管和直径大于等于0.70m圆形风管须采用机电管线抗震支撑系统。

9. 刚性管道侧向抗震支撑最大设计间距不得超过9m；柔性管道侧向抗震支撑最大设计间距不得超过4.5m。

10. 刚性管道纵向抗震支撑最大设计间距不得超过18m；柔性管道纵向抗震支撑最大设计间距不得超过9m。

11. 机电系统的抗震设计由业主选择专业公司进行设计，深化方案报设计院审核。确保满足《建筑机电工程抗震设计规范》（GB 50981—2014）的要求。抗震支撑最终间距应根据具体深化设计及现场实际情况综合确定。

3.3 各专业互提资料详细要求

3.3.1 方案设计互提资料

方案设计阶段暖通空调专业设计人员要做到：明确设计范围，确定主要房间的设计参数，选择暖通空调形式，估算各种设备用房的面积和层高，合理选择冷热源站房位置，估算暖通空调系统负荷（冷负荷、热负荷、燃气用量等），估算暖通空调设备总用电安装功率、系统补水量，提出层高要求，确定设备材料标准。

1. 暖通空调专业接收建筑专业资料

暖通空调专业首先接收建筑专业提供的设计依据、简要设计说明和设计图纸（表3-11），设计人员对建筑概况及设计范围等进行确认并提出调整意见反馈给建筑专业。

表 3-11 暖通空调专业接收建筑专业资料

提出专业	内容		深度要求	表达方式			备注
				图	表	文字	
建筑	设计依据		工程设计有关的依据性文件			•	1．设计依据主要由建设单位提供资料应由项目设计总负责人汇总提供给各专业 2. 采用蓄冰、蓄热技术的工程尚应提供当地能源政策和能源价格等资料
			建设单位设计任务书			•	
			政府有关主管部门对项目设计提出的要求，如根据城市规划对建筑高度限制说明建筑物、构筑物的控制高度（包括最高和最低高度限值）；人防平战设置要求防护等级等	•			
			城市规划限定的用地红线、建筑红线及地形测量图			•	
			设计基础资料：气象、地形地貌、地质初（勘）察报告及外网条件			•	
			工程规模（如总建筑面积、总投资、容纳人数等）		•	•	
	简要设计说明		列出主要技术经济指标以及主要建筑或核心建筑的层轨层高和总高度等项指标-功能布局		•	•	
			设计标准（包括工程等级、建筑的使用年限、耐火等级、装修标准等）			•	
			总平面布置说明	•			
	设计图纸	总平面图	场地的区域位置、场地的范围	•			方案设计的图纸也可用手绘图提交给各专业
			标注场地内与原有建筑及规划的城市道路和建筑物，并注明需保留的建筑物、古树名木、历史文化遗存	•			
			场地内拟建道路、停车场、广场、绿地及建筑物的布置，表示出主要建筑物与用地界线（或道路红线、建筑红线）及相邻面，设图建筑物之间的距离，场地竖向控制设想	•			
			标注建筑物名称、出入口位置、层数	•			
		各层平面图	尺寸：总尺寸、主要开间、进深尺寸或柱网尺寸	•			
			各房间使用名称、主要房间面积	•			
			各楼层地面标高，屋面标高	•			
			室内停车库的停车位和行车线路	•			
			划分防火分区	•			
		立面图	选择一、两个有代表性的立面	•			1．临街主立面或体现建筑造型有特点的立面 2. 外墙所采用的饰面材料也可在说明中用文字表示
			标明在立面主要部位和最高点或主体建筑的总高度	•			
			平、剖面未能表示的屋顶标高或高度	•			
		剖面图	标出各层标高及室外地面标高	•			选择典型剖面
			标出在层竖向尺寸及总的竖向尺寸	•			
			如遇有高度控制时，还应标明最高点的标高	•			
			标注需要特殊指明的房间名称	•			

2. 暖通空调专业提供资料

暖通空调专业接收建筑专业资料后经与其他专业配合确定本专业的设计方案给各专业提供本专业资料（表 3-12）。如工程规模较大、较复杂或暖通空调专业功能用房对结构专业有特殊要求的，暖通空调专业与结构专业应加强相互间的配合。

表 3-12　暖通空调专业提供资料

接收专业	内　容	深度要求					表达方式			备注
		位置	尺寸	标高	荷载	其他	图	表	文字	
建筑结构	采暖、通风、空调系统					系统形式、层高要求	•			烟囱、室外设备等位置要求
	各类专业机房（制冷机机房、锅炉房、热交换站等）					面积及净高要求、设置区域	•			
给排水	燃油燃气锅炉房、换热站					用水量、排水量、水质及水压要求	•			
	制冷机房、空调机房						•			
电气	暖通空调设备总的用电安装容量					自动控制要求				高电压直接启动制冷机电压及功率

注：1. 采暖、通风、空调系统的系统形式对建筑专业确定层高等有影响。

2. 烟囱、通风系统出地面口、空调室外机、冷却塔等的布置会影响总图布置和建筑立面。

3. 暖通空调专业接收结构、给排水、电气专业资料

暖通空调专业提供资料的同时接收给排水专业资料（表 3-13）、电气专业资料（表 3-13）和结构专业资料（表 3-14），以便了解各专业的基本设计要求，利于专业间的配合。

表 3-13　暖通空调专业接收给排水、电气专业资料

接收专业	内　容	深度要求					表达方式			备注
		位置	尺寸	标高	荷载	其他	图	表	文字	
给排水	各热水系统的工作制					明确是全日制还是间歇制供热水				
	水专业所需供热量、介质、介质参数								•	
电气	对暖通有特殊要求的电气设备用房	•							•	

表 3-14　暖通空调专业接收结构专业资料

接收专业	内容	深度要求	表达方式			备　注
			图	表	文字	
结构	结构布置原则	开间、进深和柱网建议尺寸，剪力墙布置间距及数量确认，建筑的平面长宽比、高宽比、结构收进和突出的尺寸及高度等	•		•	
	上部结构造型	采用砌体结构、框架结构、框架剪力墙结构、剪力墙结构、筒体结构、混合结构、钢结构等			•	
	基础	初估基础埋深地基基础设计等级可能的基础形式			•	
	大跨度、大空间结构	结构可能的形式，网架结构，预应力混凝土结构等			•	
	结构单元划分	结构伸缩缝沉降缝抗震缝的预计位置和预计宽度			•	
	结构设计标准参数	结构抗震设防烈度；结构安全等级；设计使用年限			•	

注：一般工程暖通空调专业无须接收结构专业资料，对于结构复杂的工程应了解结构体系，进行本专业方案设计时避免与结构专业产生矛盾。

3.3.2　初步设计互提资料

初步设计阶段暖通空调专业要做到：明确设计范围，计算暖通空调系统的负荷，确定暖通空调系统形式，布置设备用房、竖井位置，选择设备运输、维修通道等。初步设计以实际工程制冷机房、锅炉间等为重点，采用图加文字形式示范暖通空调专业与各专业间互提资料的内容及深度。

初步设计阶段各专业间互提资料一般按两个时段进行。第一时段暖通空调专业接收建筑专业提供的资料后，通过各专业间的配合，对提供的资料进行复核和确认，及时提出调整补充意见反馈给建筑专业。反馈形式可采用开协调会或书面意见等。第二时段暖通空调专业首先接收建筑专业提供的资料，确定本专业设计的具体内容，然后开始分批（次）向各专业返提资料，返提资料可采用文字、图表等形式同时接收其他专业提供的资料。

1. 暖通空调专业接收建筑专业提供资料（第一时段）

初步设计阶段暖通空调专业首先接收建筑专业提供的根据方案设计审批意见修改后的建筑设计资料（表 3-15）暖通空调专业根据接收的资料与其他专业配合提出调整意见，反馈给建筑专业。

表 3-15　暖通空调专业接收建筑专业提供资料（第一时段）

接收专业	内容	表达方式			备　注
		图	表	文字	
建筑	经主管部门批准的方案设计审批意见			•	1. 审批意见由建设单位提供资料 2. 图纸由建筑专业负责提供
	依据主管部门、建设单位审查意见适当调整方案设计图纸（总平面布置、平、立、剖面图）	•			
	在初步设计过程中需要补充和调整的内容			•	

2. 暖通空调专业接收建筑专业提供资料（第二时段）

建筑专业将调整后的设计资料提供给暖通空调专业主要内容有设计依据、设计说明书、及设计图纸（表3-16）。

表3-16　暖通空调专业接收建筑专业提供资料（第二时段）

接收专业	内容		深度要求	表达方式			备　注
				图	表	文字	
建筑	设计依据		补充的设计任务书			•	1. 本图中设计依据应由项目总负责人向建设单位索取 2. 地质勘测资料如在方案中提出此初步设计可不用再提 3. 第一时段已提出部分可省略
			规划委员会审定后的设计方案通知书			•	
			建设单位对设计方案的修改意见（有关会议纪要等文件）			•	
			建设单位提供的地形图、红线图、市政道路（现状、规划）、管线图（规划或现状）及地质勘测资料	•	•	•	
	简要设计说明		概述经过调整后的方案设计（包括：层数、层高、总高度，结构造型和墙体材料，建筑内部的交通组织、防火设计以及无障碍、节能、智能化、人防等）、设计情况和采取的特殊技术措施		•	•	交通组织中的电梯、电动扶梯的功能、数量的吨位、速度等参数可用表格表示
			多子项工程的单子项可用建筑项目主要特征表作综合说明		•	•	
			建筑工程有特殊要求和其他需要另行委托设计、加工的工程内容			•	
			主要技术经济指标、建筑规模、建筑面积、总平面及竖向布置说明			•	
	设计说明书		建筑说明部分			•	设计说明书为初步设计文件的一部分
			建筑说明部分、消防设计专篇（建筑部分）			•	
			人防设计专篇（建筑部分）			•	
			环保设计专篇（建筑部分）			•	
			建筑节能设计专篇（建筑部分）			•	
	设计图纸	总平面图	测量坐标网、坐标值，场地范围的测量坐标（定位尺寸）道路红线、建筑红线或用地界线	•			1. 总平面图 2. 简单的单子项工程竖向布置同时与总平面图合并
			场地四邻原有及规划道路的位置（主要坐标或定位尺寸），道路和邻地的控制标高和主要建筑物及构筑物的位置、名称、提数、建筑间距	•			
			场区道路、广场的停车场以及停车位、消防车道	•			
			绿化、景观（水景、喷泉等）及休闲设施的布置示意	•			
			主要道路广场的起点、变坡点、转折点和终点的设计标高，及场地的控制性标高	•			
			用箭头或等高线表示地面坡向，并表示出护坡、挡土墙、排水沟等	•			
			注明建筑单体相对定位，以及±0.00与绝对标高的关系；室外地坪（四角标高，出入口标高）	•			

续表

<table>
<tr><th rowspan="2">接收专业</th><th colspan="2" rowspan="2">内容</th><th rowspan="2">深度要求</th><th colspan="3">表达方式</th><th rowspan="2">备　注</th></tr>
<tr><th>图</th><th>表</th><th>文字</th></tr>
<tr><td rowspan="23">建筑</td><td rowspan="23">设计图纸</td><td rowspan="13">各层平面图</td><td>注明房间名称</td><td>•</td><td></td><td></td><td></td></tr>
<tr><td>标明承重结构的轴线及编号、柱网尺寸和总尺</td><td>•</td><td></td><td></td><td rowspan="12">1. 平面图尺寸一般为两道，轴线尺寸及建筑外轮廓尺寸（外包尺寸）
2. 剖切线应画在首层平面图
3. 在平面图中应能清楚代表本层标高处标注标高，有高差的房间应另行标注标高，底层出入口处标高
4. 平面图
5. 消防平面图
6. 屋顶平面图
7. 对于紧邻的原有建筑应绘出局部平面</td></tr>
<tr><td>主要结构和建筑构配件如非承重墙、壁柱、门窗、楼梯、电梯、自动扶梯、中庭（及其上空）、夹层、平台、阳台、雨篷、台阶、坡道等</td><td></td><td></td><td></td></tr>
<tr><td>主要建筑设备的固定位置，如水池、卫生器具与设备专业有关的设备位置</td><td>•</td><td></td><td></td></tr>
<tr><td>建筑平面的防火分区和防火分区分隔位置、面积及防火门、防火卷帘的位置和等级，同时应表示疏散方向等</td><td>•</td><td></td><td></td></tr>
<tr><td>变形缝位置</td><td>•</td><td></td><td></td></tr>
<tr><td>室内、室外地面设计标高及地上、地下在层楼地面标高</td><td>•</td><td></td><td></td></tr>
<tr><td>室内停车库的停车位和行车线路、机械停车范围</td><td>•</td><td></td><td></td></tr>
<tr><td>人防分区图、人防的布置，防护门、防护密闭门、口讯通风竖井等</td><td>•</td><td></td><td></td></tr>
<tr><td>管道井及其他专业需要的竖井位置楼屋面及承重墙上较大洞口的位置换</td><td>•</td><td></td><td></td></tr>
<tr><td>当围护结构采用特殊材料时应标明与主体结构的定位关系</td><td>•</td><td></td><td></td></tr>
<tr><td>有特殊要求的房间放大平面布置</td><td>•</td><td></td><td></td></tr>
<tr><td></td><td></td><td></td><td></td></tr>
<tr><td rowspan="4">立面图</td><td>立面图两端的轴线号</td><td>•</td><td></td><td></td><td rowspan="4">1. 立面图
2. 对于紧邻的原有建筑应绘出局部立面</td></tr>
<tr><td>立面外轮廓及主要结构和建筑部件的可见部分</td><td>•</td><td></td><td></td></tr>
<tr><td>平、剖面未能表示的屋顶标高或高度</td><td>•</td><td></td><td></td></tr>
<tr><td>外墙面装饰材料</td><td>•</td><td></td><td></td></tr>
<tr><td rowspan="6">剖面图</td><td>建筑物两端的轴线</td><td>•</td><td></td><td></td><td rowspan="6">1. 必须标注所剖切到的轴线号，转折剖切时应标注转折处的轴线号
2. 剖面图</td></tr>
<tr><td>主要结构和建筑构造配件部分如：地面、楼板、檐口、女儿墙、梁、柱、内外门窗、阳台、栏杆、挑廊、共享空间、电梯机房、屋顶等或其他特殊空间</td><td>•</td><td></td><td></td></tr>
<tr><td>各层楼地面和室外标高，以及室外地面至建筑檐口或女儿墙顶的总高度，在楼层之间尺寸</td><td>•</td><td></td><td></td></tr>
<tr><td>楼地面、屋面、带顶、隔墙、外保温、地下室防水处理示意</td><td>•</td><td></td><td></td></tr>
</table>

注：为了便于各专业尽快开展工作，在收到建筑专业提供出的作业图后，暖通空调专业应与其他专业密切配合确定本专业设计方案，按进度向各专业提出资料。初步设计阶段暖通空调专业互提资料的内容可根据工程实际情况在上述表中增减。

3. 暖通空调专业提供资料（第二时段）

暖通空调专业接收建筑专业的资料后，经与其他专业配合，确定本专业设计方案，给各专业提供暖通空调专业资料（表 3-17）。

表 3-17　暖通空调专业提供资料（第二时段）

接收专业	内容	深度要求					表达方式			备注
		位置	尺寸	标高	荷载	其他	图	表	文字	
建筑	制冷机房（电制冷机房或吸收式制冷机房）设备平面布置。	•	•				•	•		1. 核算泄爆面积、核对防爆墙等安全设施的设置及烟囱的位置、尺寸 2. 主管道的平面布置影响各专业间的综合
	燃油燃气锅炉房设备平面布置	•	•				•	•		
	空调机房设备平面布置及风管井、水管井	•	•				•	•		
	换热站、膨胀水箱间设备平面布置	•	•				•	•		
	通风空调系统主风管道平面布置	•		•			•			
	设备吊装孔及运输通道	•	•				•			
	送、排风系统在外墙或出地面的口部	•		•			•			
	在垫层内埋管的区域和垫层厚度	•	•				•			
	设计说明书（包括：设计说明，消防专篇、人防专篇、环保专篇、节水专篇）								•	
结构	制冷机房（电制冷机房或吸收式制冷机房）设备平面布置	•	•		•		•	•		
	燃油燃气锅炉房设备平面布置	•	•		•		•	•		
	空调机房荷载要求	•	•		•		•	•		
	换热站设备平面布置	•	•		•		•	•		
	管道平面布置	•	•	•		核心筒，剪力墙等部位较大开洞	•			
	设备吊装孔及运输通道	•	•		•		•			

续表

接收专业	内容	深度要求					表达方式			备注
		位置	尺寸	标高	荷载	其他	图	表	文字	
给排水	用水点（锅炉房、制冷机房、换热站、空调机房等）	•				用水量、排水量、水质及水压要求	•			
	排水点（锅炉房、制冷机房、换热站、空调机房等）	•				排水量	•			
	冷冻机及冷却塔台数、水流量、运行方式、控制要求、供回水温度	•				冷却塔有无冬季供冷要求	•			
	燃油燃气锅炉房锅炉平面布置	•					•			
	不能保证给排水专业温度要求房间	•				给排水管道需另做保温、加热措施	•	•		
	风系统、水系统主要管道敷设路由	•	•	•		敷设路径	•	•		
电气	制冷机房（电制冷机房或吸收式制冷机房）、燃油燃气锅炉房、换热站	•				设备位置、电量、电压、控制方式	•	•	•	1. 做 BAS 设计需要提供设备控制要求 2. 高电压直接启动的制冷机等电压、负荷应特别提示 3. 复杂工程应提供控制原理图，控制要求说明联动控制要求等
	空调机房及空调系统、通风机房及通风系统	•					•	•	•	
	防排烟系统	•					•	•	•	
	其他用电设备	•					•	•	•	
	风系统、水系统主要管道敷设路由	•					•	•	•	

4. 暖通空调专业接收结构专业提供资料（第二时段）

初步设计阶段暖通空调专业与结构专业的配合主要是解决暖通空调设备运输、安装等需在剪力墙、楼板上留较大孔洞及基础、楼板承重等问题。接收结构专业的资料有结构选型、基础平面、楼板结构布置草图等（表 3-18）。

表 3-18　暖通空调专业接收结构专业提供资料（第二时段）

接收专业	内容	深度要求	表达方式			备注
			图	表	文字	
结构	上部结构选型	对方案阶段结构选型的修改和确认			•	
	基础平面图	独立基础、条形基础、交叉梁基础、筏形基础、箱形基础、桩基平面等	•			
	楼、屋面结构平面布置草图	梁、板、柱、墙等结构布置及主要构件初步估计截面尺寸	•		•	

续表

接收专业	内容	深度要求	表达方式			备注
			图	表	文字	
结构	结构区段（单元）的划分及后浇带	结构缝的位置及宽度，后浇带的位置和宽度（区分收缩后浇带和沉降后浇带）			•	
	大跨度、大空间结构的布置	大跨度、大空间部分结构采用平面结构、空间结构、预应力结构或其他新型结构，针对不同的结构体系提出相应的设计参数如结构的高跨比等；提出主要节点构造草图，如大跨度屋盖的钢结构内部节点和支座节点构造	•		•	
	拟采用的人工处理地基的方法	地基处理范围、方法和技术要求			•	
	设计说明书	结构设计说明（包括人防设计说明）			•	

5. 暖通空调专业接收给排水、电气专业资料（第二时段）

暖通空调专业提供资料的同时接收给排水专业资料和电气专业资料（表 3-19）。

表 3-19 暖通空调专业接收给排水、电气专业资料（第二时段）

接收专业	内 容	深度要求					表达方式			备注
		位置	尺寸	标高	荷载	其他	图	表	文字	
给排水	热水供应所需供热量、一次热媒种类和参数要求供					供热量的数值			•	
	各热水系统的工作制					是全天工作还是定时工作			•	
	给排水专业设备用房对通风、温度有特殊要求的房间、设置气体灭火的区域	•				要求的温湿度参数	•		•	
	主要干管敷设路由	•	•	•			•			
	冷却塔标高及冷却塔要求的水压	•	•	•			•		•	
电气	变配电室（站）、缆线夹层、柴油发电机房、各弱电机房、电气井等功能用房	•				空调、环境、进排风量要求	•	•		
	冷冻机房电气控制室	•				面积	•	•		
	主要管线、桥架	•	•	•		敷设路径	•			

提示：初步设计阶段暖通空调专业互提资料的内容可根据工程实际情况在上述表中增减。

3.3.3 施工图设计互提资料

施工图设计阶段暖通空调专业要做到：确定设计范围，确定暖通空调设备的详细性能参数，绘制风管（含风口、风阀）、水管道平面布置平面图；绘制各类机房的设备布置平、剖面图并标注尺寸；确定管道竖井位置、尺寸等；确定设备运输、维修通道等。

暖通空调专业与其他专业间互提资料的表达方式以图示、表格为主，便于各专业在配合时查找、核对。施工图设计阶段的互提资料重点在于及时性和准确性，各专业间需要反复配合。

施工图设计阶段，各专业一般按三个时段互提资料，做为各专业在施工图设计过程中的依据。第一时段暖通空调专业接收建筑专业提供的资料后，通过各专业间的配合，对提供的资料进行复核和确认及时提出调整补充意见反馈给建筑专业。第二时段暖通空调专业首先接收建筑专业提供的资料，确定本专业设计的具体内容然后分批（次）向各专业返提资料，同时接收其他专业提供的资料。第三时段暖通空调专业接收建筑专业提供的资料后，与各专业间配合做细微修改、调整将管道预留洞等的准确位置提供给建筑及结构专业。

暖通空调专业提出的资料以图加文字为主，接收各专业的资料以图纸为主，用电量、用水量也可采用表格形式，设计人员根据各专业提出的资料编制符合《深度规定》要求的暖通空调设计文件。

1. 暖通空调专业接收建筑专业提供资料（第一时段）

施工图设计阶段暖通空调专业首先接收建筑专业提供的主管部门批准的初步设计图纸、审批意见等（表3-20）。暖通空调专业接收建筑专业第一时段的资料后，通过各专业间的配合，对提供的资料进行复核和确认，及时提出调整补充意见反馈给建筑专业，反馈形式可采用开协调会或书面意见等。

表3-20 暖通空调专业接收建筑专业提供资料（第一时段）

<table>
<tr><th rowspan="2">接收专业</th><th rowspan="2">内 容</th><th colspan="3">表达方式</th><th rowspan="2">备 注</th></tr>
<tr><th>图</th><th>表</th><th>文字</th></tr>
<tr><td rowspan="3">建筑</td><td>经主管部门批准的方案设计审批意见</td><td></td><td></td><td>•</td><td rowspan="3">审批意见由建设单位提供</td></tr>
<tr><td>依据主管部门、建设单位审查意见适当调整方案设计图纸（总平面布置、平、立、剖面图）</td><td>•</td><td></td><td></td></tr>
<tr><td>在初步设计过程中需要补充和调整的内容</td><td></td><td></td><td>•</td></tr>
</table>

2. 暖通空调专业接收建筑专业提供资料（第二时段）

在施工图设计工作开展第二时段时，建筑专业在接收到各专业反提的资料后，对设计过程中所需要的设计参数、设计要求给予确定及时调整施工图图纸再次向各专业提供设计资料。其第二时段提供资料内容深度要求见表3-21。

表3-21 暖通空调专业接收建筑专业提供资料（第二时段）

<table>
<tr><th rowspan="2">接收专业</th><th rowspan="2">内容</th><th rowspan="2">深 度 要 求</th><th colspan="3">表达方式</th><th rowspan="2">备 注</th></tr>
<tr><th>图</th><th>表</th><th>文字</th></tr>
<tr><td rowspan="2">建筑</td><td rowspan="2">设计依据</td><td>经过确认的地形图、红线图、市政管线图及经过审查的地质勘测资料</td><td>•</td><td></td><td>•</td><td rowspan="2">本图中设计依据应由项目总设计师汇总</td></tr>
<tr><td>经过在专业确认后第一时段设计图纸</td><td>•</td><td></td><td></td></tr>
</table>

续表

<table>
<tr><th rowspan="2">接收专业</th><th rowspan="2" colspan="3">内容</th><th rowspan="2">深度要求</th><th colspan="3">表达方式</th><th rowspan="2">备注</th></tr>
<tr><th>图</th><th>表</th><th>文字</th></tr>
<tr><td rowspan="22">建筑</td><td rowspan="22">设计图纸</td><td rowspan="7">总平面图</td><td rowspan="2">平面图</td><td>建筑物、构筑物（人防工程、地下车库、油库、储水池等隐蔽工程以虚线表示）的名称或编号、层数、定位、标高</td><td>•</td><td></td><td></td><td rowspan="7">1. 本位置图在初步设计中的总平面定位位置图的基础上增加的内容
2. 管道综合在此阶段为初步想法（草图）</td></tr>
<tr><td>广场、停车场、运动场地、道路、无障碍设施、排水沟、挡土墙、护坡的定位尺寸</td><td>•</td><td></td><td></td></tr>
<tr><td rowspan="2">竖向图</td><td>场地四邻的道路、水面、地面的关键性标高</td><td>•</td><td></td><td></td></tr>
<tr><td>广场、停车坊、运动场地的设计标高</td><td>•</td><td></td><td></td></tr>
<tr><td rowspan="3">其他</td><td>挡土墙、护坡，或土坎顶部和底部的主要设计标高及护坡坡度</td><td>•</td><td></td><td></td></tr>
<tr><td>管道综合：需要注明在管线与建筑物、构筑物的距离和管线间距</td><td>•</td><td></td><td></td></tr>
<tr><td>注明影响其他专业的如喷水池、假山等造景位置</td><td>•</td><td></td><td></td></tr>
<tr><td rowspan="9" colspan="2">简要设计说明</td><td>墙体、墙身防潮层、地下室防水、屋面、外墙面等材料和做法</td><td>•</td><td></td><td>•</td><td rowspan="9">本说明是在初步设计简要设计说明的基础上增加内容</td></tr>
<tr><td>室内装修部分：明确楼面构造做法厚度及荷载顶棚带顶高度等</td><td>•</td><td>•</td><td>•</td></tr>
<tr><td>对采用新技术、新材料的作法说明及特殊建筑造型和必要的建筑构造说明</td><td>•</td><td></td><td>•</td></tr>
<tr><td>门窗表及门窗性能（防火、隔声、防护、抗风压、保温、气密性、水密性等）</td><td>•</td><td>•</td><td>•</td></tr>
<tr><td>工程有特殊要求：如（幕墙工程及屋面工程）使用性能、防火、安全、隔声等</td><td>•</td><td></td><td>•</td></tr>
<tr><td>电梯（自动扶梯）选择及性能（功能、载重量、速度、停站数、提升高度等）；电梯机房要求</td><td>•</td><td>•</td><td>•</td></tr>
<tr><td>墙体及楼板预留孔洞需封堵时的封堵方式说明</td><td>•</td><td></td><td>•</td></tr>
<tr><td>节能判定表或节能计算表的建筑部分</td><td></td><td>•</td><td>•</td></tr>
<tr><td colspan="2" rowspan="6">各层平面图</td><td>承重墙、柱及其定位轴线和轴线编号内外门窗位置、编号及定位尺寸，门的开启方向，注明房间名称或编号</td><td>•</td><td></td><td></td><td rowspan="6"></td></tr>
<tr><td>轴线总尺寸（或外包总尺寸）、轴线间尺寸（柱距、跨度）门窗洞口尺寸、分段尺寸</td><td>•</td><td></td><td></td></tr>
<tr><td>墙体厚度（包括承重墙和非承重墙）及其与轴线关系尺寸</td><td>•</td><td></td><td></td></tr>
<tr><td>变形缝位置、尺寸</td><td>•</td><td></td><td></td></tr>
<tr><td>主要建筑设备和固定家具的位置，如：卫生器具、雨水管、水池、台、橱、柜、隔断等</td><td>•</td><td></td><td></td></tr>
</table>

续表

接收专业	内容		深度要求	表达方式			备注
				图	表	文字	
建筑	设计图纸	各层平面图	电梯、自动扶梯及步道、楼梯（爬梯）位置和楼梯上下方向示意及规格、容量、类别（消防）	•			
			补充主要结构和建筑构造部件的位置、尺寸和做法索引如：中庭、天窗、地沟、地坑、重要设备或设备机座的位置尺寸、在种平台、夹层、人孔、阳台、南篷、台阶、坡道、散水、明沟等	•			
			室外地面标高、底层地面标高、各楼层标高、地下室在层标高	•			
			在专业设备用房面积、位置及有关技术要求等	•			
			每层建筑平面中防火分区面积和防火分区分隔位置示意，及卷帘门、防火门的形式	•			
			屋面平面图应有女儿墙、檐口、屋脊（分水线）、出屋面楼梯间、水箱间、电梯间、屋面上人孔及屋面排水方式，如：雨水口、天沟、坡度、坡向等	•			
			车库的停车位和通行路线	•			
			特殊工艺要求土建配合的需要放大图部分，特殊部位平面节点大样	•			
			室内装修构造材料表如：天棚、地面、内墙面、屋面保温等	•			
		立面图	两端轴线编号立面转折较复杂时可用展开立面表示但应准确注明转角处的轴线编号	•			
			立面外轮廓及主要结构和建筑构造部件的位置	•			
			平、剖面未能表示出来的屋顶、檐口、女儿墙、窗台等				
			在平面图上表达不清的窗编号	•			
			立面饰面材料	•			
		剖面图	墙、柱轴线和轴线编号	•			
			剖切到或可见的主要结构如室外地面、底层地（楼）面、各层楼板夹层、平台、屋架、屋顶、出屋面烟由、檐口、女儿墙、门、窗、楼梯、台阶、坡道、阳台、雨篷等	•			
			高度尺寸 外部尺寸：门、窗、洞口高度、层间高度、室内外高差、女儿墙高度、总高度				
			构筑物及其他屋面特殊构件等标高，室外地面标高	•			
			主要结构和建筑构造部件的标高，如地面、楼面（含地下室）、屋面板、屋面搪口、女儿墙顶、高出屋面的建筑物	•			

续表

接收专业	内容		深度要求	表达方式			备注
				图	表	文字	
建筑	设计图纸	其他	其他凡在平立剖面或文字说明中无法交待或交待不清的建筑构配件和建筑构造	•			
			人防口部设计、人防专业门型号、扩散室和风井处理出地面风井，人防地面部分做法	•			
			特殊装饰物的构造尺寸，如旗杆、构（花）架等	•			

注：施工图设计阶段暖通空调专业互提资料的内容可根据工程实际情况在上述表中增减。

3. 暖通空调专业提供资料（第二时段）

暖通空调专业接收建筑专业的资料后，经与其他专业配合，确定本专业设计方案给各专业提供暖通空调专业资料（表3-22）。

表3-22　暖通空调专业提供资料（第二时段）

接收专业	内容	深度要求					表达方式			备注
		位置	尺寸	标高	荷载	其他	图	表	文字	
建筑	制冷机房（电制冷机房或吸收式制冷机房）设备平面布置，排水沟平面布置	•	•	•			•			1. 核算泄爆面积，核对防爆墙等安全设施的设置，核对烟囱、地下车库等通风系统出地面口部的位置 2. 供暖、空调水系统管井常与给排水专业合用
	燃油燃气锅炉房设备平面布置，排水沟平面布置	•	•	•			•			
	换热站设备平面布置，排水沟平面布置	•	•	•			•			
	空调机房、通风机房、膨胀水箱间设备平面布置	•	•	•			•			
	分体空调室外机位置、散热器位置	•	•				•			
	管道平面布置、管井位置	•	•				•			
	在垫层内埋管的区域和垫层厚度	•	•	•			•			
	墙体预埋件、预留洞	•	•	•			•			
	设备吊装孔及运输通道	•	•	•			•			
	人防扩散室防爆波活门	•	•			根据平时通风量确定	•			
	动力管道入户	•	•	•			•			
	管道地沟	•	•	•			•			
	节能计算表（暖通部分）	•	•	•				•		
	室外管线平面布置						•			

续表

接收专业	内　容	深度要求					表达方式			备　注
		位置	尺寸	标高	荷载	其他	图	表	文字	
结构	制冷机房（电制冷机房或吸收式制冷机房）设备平面布置，排水沟平面布置	•	•		•	设备基础平面尺寸、高度、做法运行荷载	•	•		
	燃油燃气锅炉房设备平面布置，排水沟平面布置	•	•		•		•	•		
	换热站设备平面布置，排水沟平面布置	•	•		•		•	•		
	换热站设备平面布置	•	•		•		•	•		电制冷机、水泵、风机还应给出电机的转速
	空调机房	•			•		•	•		
	通风机	•	•		•		•	•		
	设备吊装孔及运输通道	•	•	•	•	荷载包括自重及运转重量	•			
	机房设备检修安装用带钩（轨）	•	•	•	•	运行方式	•			
	管道吊装荷载	•					•	•		
	管道固定支架推力	•					•	•		
给排水	用水点	•				用水量、排水量、水质	•			
	排水点	•				排水量	•			
	制冷机房冷凉机台数及运行方式、控制要求、冬季使用要求	•				冷却水循环水量、供回水温度	•			
	燃油燃气锅炉房锅炉平面布置、换热站平面布置图	•	•				•		•	
	不能保证给排水专业温度要求房间	•				给排水管道需另做保温、加热措施	•		•	
	风系统、水系统管道位置	•				须与给排水专业配合	•		•	
	宽度大于 800mm 的风管	•		•			•		•	

续表

接收专业	内容	深度要求					表达方式			备注
		位置	尺寸	标高	荷载	其他	图	表	文字	
电气	制冷机房（电制冷机房或吸收式制冷机房）	•	•			设备位置、电量、电压、控制方式	•	•	•	1. 做 BAS 设计需要提供设备控制要求 2. 高电压直接启动的制冷机等电压、负荷应特别提示 3. 复杂工程应提供控制原理图，控制要求说明联动控制要求等 4. 防止暖通设备与电器插座等的安全距离不满足规范要求
	燃油燃气锅炉房	•	•			设备位置、电量、电压、控制方式	•	•	•	
	换热站	•	•			设备位置、电量、电压、控制方式	•	•	•	
	空调机房、新风机房、通风机房	•	•			设备位置、电量、电压、控制方式	•	•	•	
	水箱、气压罐	•	•			设备位置、电量、电压、控制方式	•	•	•	
	电动阀、电磁阀	•	•	•		设备位置、电量、电压、控制方式	•	•	•	
	消防防排烟系统	•	•			设备位置、电量、电压、控制方式	•	•	•	
	变配电机房通风管道布置图	•	•	•			•			
	暖通空调系统自动控制说明、联动控制要求					设备位置、电量、电压、控制方式	•	•	•	
	落地安装设备的布置（散热器、风机盘管等）	•	•							
	分体空调机（器）、电散热器等电源要求	•		•						

注：1. 当采用水环热泵系统时冷却水侧部分宜由暖通空调专业设计（有的设计院由给排水专业设计空调冷却水系统），或特别提醒给排水专业注意供热运行。

2. 水、暖、电专业应对吊顶面等进行配合确定风口、温感、烟感、喷洒头的布置原则。

3. 一般设备基础为预留混凝土基础尺寸比设备基座周边尺寸大 100mm，高出地面 100～200mm；水泵基础应根据样本或标准图提供的基础做法预留。水箱、风冷冷水机组等的基础一般为条形基础宽 250～300mm、高 250～500mm。排水沟的尺寸一般为宽 200mm，深 250mm。

4. 暖通空调专业接收结构专业提供资料（第二时段）

暖通空调专业提供资料后接收结构专业资料（表 3-23）。

表 3-23　暖通空调专业接收结构专业提供资料（第二时段）

接收专业	内　容	深度要求	表达方式			备　注
			图	表	文字	
结构	楼层的结构平面图	主要构件梁、板、柱、剪力墙的截面尺寸，特别是影响建筑平面布置、制面层高的构件尺寸；注明结构楼板面标高；给出边缘构件位置和尺寸	•			结构专业第一时段提供的资料
	基础平面图	应包括基础的埋置深度基础平面尺寸及轴线关系，箱基、筏基或一般地下室的底板厚度地下室墙及人防各部分墙体（临空墙、门框墙、扩散室、滤毒室、风机房等）厚度	•			
	大跨度、大空间结构	布置方案、主要杆件截面尺寸、主要参数，如预应力梁截面尺寸、网架结构的矢高及网格尺寸	•			
	砌体结构墙	给出构造柱的平面位置和尺寸	•			
	楼梯、坡道	结构形式，梁式或板式	•		•	
	室外人防通道、防倒塌棚架等结构的有关资料	结构形式及主要杆件尺寸	•	•		
	室外管沟、管架	结构形式和构件尺寸	•			
	室外挡土墙	挡土墙的形式和尺寸	•			

5. 暖通空调专业接收给排水、电气专业资料（第二时段）：

暖通空调专业提供资料同时接收给排水专业和电气专业提供资料（表 3-24）。

表 3-24　暖通空调专业接收给排水、电气专业资料（第二时段）

接收专业	内　容	深度要求					表达方式			备注
		位置	尺寸	标高	荷载	其他	图	表	文字	
给排水	热水供应所需供热量					供热量的数值			•	
	各热水系统的工作制					是全天工作还是定时工作			•	
	热媒介质的温度、压力要求、热媒引入点	•				温度、压力的数值和热媒用量			•	
	给排水专业设备用房对通风、温度有特殊要求的房间	•				要求的温湿度参数、通风次数	•		•	
	冷却塔标高及要求的水压	•		•						
	气体灭火的区域	•				泄压口的要求				
	室内给排水干管的垂直、水平通道	•					•			

续表

接收专业	内　容	深度要求					表达方式			备注
		位置	尺寸	标高	荷载	其他	图	表	文字	
电气	变配电室（站）、缆线夹层、柴油发电机房、各弱电机房、电气井等功能用房	•				空调、环境、进排风量要求	•	•	•	
	冷冻机房电气控制室	•	•	•			•			
	空调、通风机房内控制箱	•	•	•		操作空间要求	•	•		
	电源插座、弱电插座等电器设备布置	•	•	•			•			
	主要管线、桥架敷设路径	•	•	•			•			
	缆线进出建筑物	•	•	•			•	•		

6. 暖通空调专业接收给建筑、结构专业资料（第三时段）

建筑、结构专业在接收到的第二时段各专业的资料后，对机房等部位细化设计，并将资料返提给暖通空调专业（表3-25）。

表3-25　暖通空调专业接收给建筑、结构专业资料（第三时段）

接收专业	内　容	深度要求	表达方式			备　注
			图	表	文字	
建筑	外墙做法大样（有节能要求）		•			
	门窗尺寸、开启方式、立面分格等（有节能要求）		•			
	楼、电梯间的前室或合用前室大样详图		•			
	天棚带顶		•			
结构	制冷机房、空调机房、锅炉房等的结构平面图，结构开洞位置图	梁、板、柱、剪力墙的截面尺寸及其轴线定位关系楼板、梁、剪力墙需要留置的洞位置尺寸	•			

7. 暖通空调提供资料（第三时段）

暖通空调专业在设计基本完成时应将与建筑、结构专业有关的预埋、预留内容提供给建筑与结构专业（表3-26）。

表3-26　暖通空调提供资料（第三时段）

接收专业	内　容	深度要求					表达方式			备　注
		位置	尺寸	标高	荷载	其他	图	表	文字	
建筑	人防工程预埋件、预留洞	•	•	•						
	墙体预埋件、预留洞	•	•	•						满足人防工程通风要求
	建筑外墙面上的进排风百叶面积及出屋面风井的百叶面积	•	•	•						

续表

接收专业	内　容	深度要求					表达方式			备　注
		位置	尺寸	标高	荷载	其他	图	表	文字	
结构	混凝土墙体、梁、柱预埋件、预留洞	•	•	•	•		•			•
结构	人防工程墙体、楼板预埋件、预留洞	•	•	•			•			

注：施工图设计阶段暖通空调专业第三时段提供给结构专业的资料，不应影响结构安全或引起结构专业大的修改。

第4章　冷热源

本章执笔人

李超英

中国建筑设计院有限公司

高级工程师

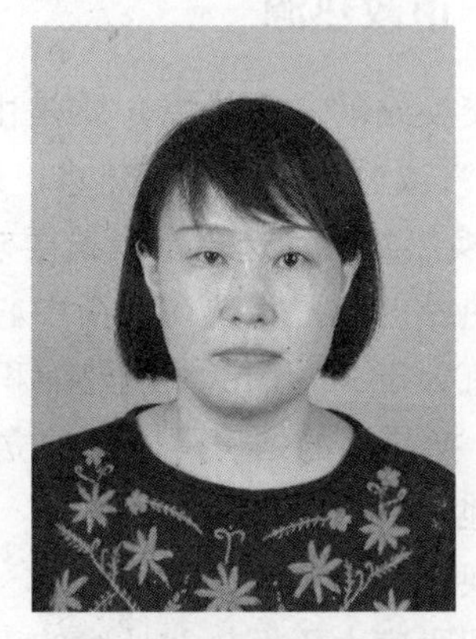

郭宇

中国建筑设计院有限公司

工程师

注册设备工程师

关文吉

中国建筑设计院有限公司

总工程师

教授级高级工程师

注册设备工程师

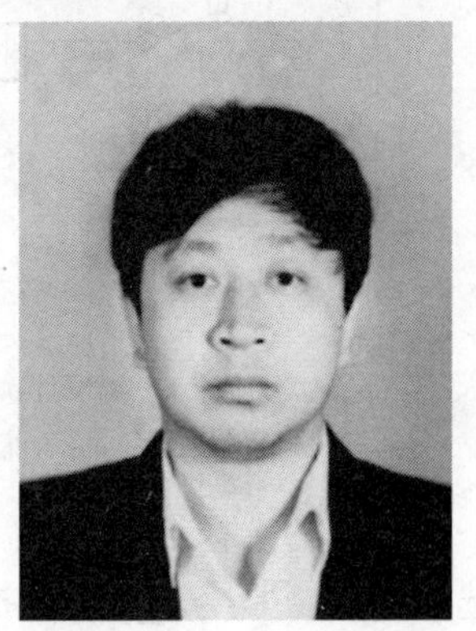

4.1　供暖系统热源

在集中供热系统中，热能来源有：热电厂、区域锅炉房、地热、工业余热和太阳能等，本书针对民用和工业建筑等常见工程设计对象，介绍实际工程设计中常见热源：市政热源、小区锅炉房及其他几种热源形式。

4.1.1　市政热源

热交换站的一次热源介质是由城市供热系统或区域供热锅炉房、热力厂提供的蒸汽（饱和蒸汽或过热蒸汽）或热水。二次供热介质为供暖热水。

1. 换热站位置选择及建筑要求

换热站的位置宜选在负荷中心区；换热站的供热半径不宜大于500m；换热站的供热规模不宜大于20万m^2（供热面积），单个供热系统的供热规模不宜大于10万m^2（供热面积）；换热站的站房可以是独立建筑，也可设置在锅炉房附属用房或其他建筑物内；既可设在地上也可设在地下。

当换热站的热源为蒸汽或水—水换热站的长度超过12m时，应设置两个外开的门，且门的间距应大于换热站长度的1/2；换热站应预留设备出入口；换热站净空高度和平面布置，应能满足设备安装、检修、操作、更换的要求和管道安装的要求。

2. 换热站工艺设计及设备选择

（1）换热站系统示意图

换热站系统示意图如图4-1所示。

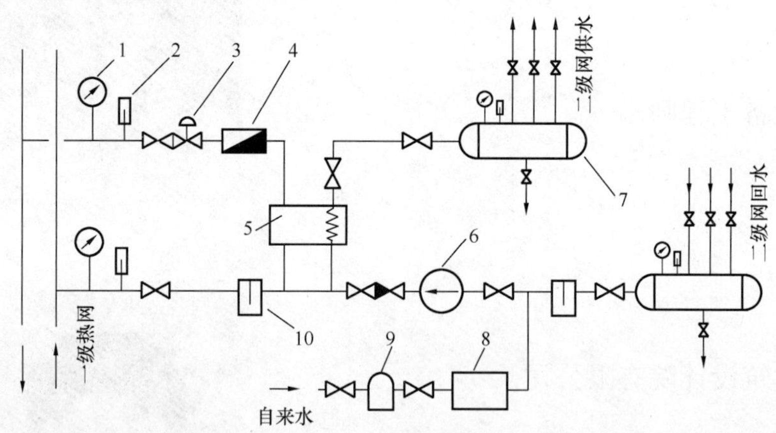

图4-1　换热站系统示意图

1—压力表；2—温度计；3—调节阀；4—热网流量计；5—供暖用水—水换热器；6—循环水泵；7—分、集水器；8—补水定压装置；9—水处理设备；10—除污器

（2）换热器的选择设置

应选择高效、紧凑、便于维护管理、使用寿命长的换热器，其类型、构造、材质与换热介质理化特性及换热系统使用要求相适应；应根据热源介质的类别、设计参数和用热性质合理选择换热器的类型；水—水换热器宜采用板式换热器。

换热器总台数不应多于四台。全年使用的换热系统中换热器的台数不应少于两台；非全年使用的换热系统中，换热器的台数不宜少于两台；供暖和空调系统换热器的总换热量应在换热系统设计热负荷的基础上乘 1.1～1.15 的附加系数，供暖系统的换热器，一台停止工作时，剩余换热器的设计换热量应保障供热量的要求，寒冷地区不应低于设计供热量的 65%，严寒地区不应低于设计供热量的 70% 。

(3) 换热器站内循环水泵的选择设置

每个独立的采暖系统、循环水泵均应设置一台备用泵，循环水泵的并联使用台数应能满足运行调节的需要，宜与换热器一对一设置，且应选用型号相同的水泵；循环水泵的总流量应大于设计流量的 5%～10%；循环水泵的动力消耗应予以控制，其耗电输热比 *EHR* 值应符合《民用建筑供暖通风与空气调节设计规范》(GB 50736—2012) 相关要求；循环水泵宜选用变频调速控制。

(4) 换热器站内补水、定压和膨胀装置设置

换热站系统补水量可以取系统水容量的 1%；系统的补水点，宜设置在循环水泵的吸入口处。当采用高位膨胀水箱定压时，应通过膨胀水箱直接向系统补水；采用其他定压方式时，如果补水压力低于补水点压力，应设置补水泵。补水泵的扬程，应保证补水压力比补水点的工作压力高 30～50kPa；补水泵宜设置 2 台，补水泵的总小时流量宜为系统水容量的 5%～10%；当仅设置 1 台补水泵时，严寒及寒冷地区空调热水用及冷热水合用的补水泵，宜设置备用泵。

当设置补水泵时，系统应设补水调节水箱；水箱的调节容积应根据水源的供水能力、软化设备的间断运行时间及补水泵运行情况等因素确定。

3. 工程实例

图 4-2 至图 4-5 为具体的工程实例。

4.1.2 锅炉房

本工程重点介绍小区锅炉房常用的常压锅炉、真空锅炉、模块锅炉几种形式。

1. 锅炉房位置选择及建筑要求

(1) 应靠近热负荷比较集中的地区，并应使引出热力管道和室外管网的布置在技术、经济上合理；应便于燃料贮运和灰渣的排送，并宜使人流和燃料、灰渣运输的物流分开；扩建端宜留有扩建余地；应有利于自然通风和采光；应位于地质条件较好的地区；应有利于减少烟尘、有害气体、噪声和灰渣对居民区和主要环境保护区的影响，全年运行的锅炉房应设置于总体最小频率风向的上风侧，季节性运行的锅炉房应设置于该季节最大频率风向的下风侧，并应符合环境影响评价报告提出的各项要求；燃煤锅炉房和煤气发生站宜布置在同一区域内；应有利于凝结水的回收；区域锅炉房尚应符合城市总体规划、区域供热规划的要求易燃、易爆物品生产企业锅炉房的位置，除应满足本条上述要求外，还应符合有关专业规范的规定。

(2) 锅炉房宜为独立的建筑物。当锅炉房和其他建筑物相连或设置在其内部时，严禁设置在人员密集场所和重要部门的上一层、下一层、贴邻位置以及主要通道、疏散口的两旁，并应设里在首层或地下室一层靠建筑物外墙部位。住宅建筑物内，不宜设置锅炉房。采用煤粉锅炉的锅炉房，不应设置在居民区、风景名胜区和其他主要环境保护区内。采用

一、设计说明

1．工程概况

本工程为×××热力站工程。

热力站设于地上一层，净空高4. 025m,地面垫层厚500mm。

本设计以站内地坪为±0.00。站内设2个系统，供热面积为30000m²，采暖季总负荷1800kW，非采暖季总负荷300kW。

2．设计依据

(1)《城镇供热管网设计规范》(CJJ 34—2010)；

(2)《民用建筑供暖通风与空气调节设计规范》(GB 50736—2012)；

(3)《建筑给水排水设计规范》(GB 50015—2003)；

(4)《工业金属管道设计规范》(GB 50316—2000)(2008年版)；

(5)《工业设备及管道绝热工程设计规范》(GB 50264—2013)；

(6) 其他相关的现行国家及地方的规范和规定。

3．管道分类及分级：公用管道之热力管道，GB2级。

4．设计参数及各系统简述

(1) 热水设计参数

热网供水：压力：1.60MPa；温度：125℃/65℃。

二次水：采暖系统85℃/60℃；生活热水系统55℃/4℃。

(2) 各系统简述见下表

序号	系统名称	供热面积(m²)	采暖季热负荷（kW）	非采暖季热负荷（kW）	定压方式（或给水方式）	定压值（或给水压力）（kPa）
1	采暖	30000	1500	/	补水泵变频定压	230
2	生活水	/	300	300	水泵变频给水	300

5．主要设备

序号	系统名称及机组名称	换热设备	循环水泵	补水泵	备注
1	采暖	板式换热器Q=1800kW F=21.25m² 1台	G=57m³/h H=220kPa N=7.5kW 1台	G=2.5m³/h H=320kPa N=1.5kW1台	一套机组
2	生活水	板式换热器Q=360kW F=5.78m² 1台	G=1.8m³/h H=160kPa N=0.37kW 1台	—	

6．管材选用

生活热水管道和自来水管道选用热镀锌钢管；其他管道选用无缝钢管。

7．供热系统采用间接连接方式。

8．软水器采用全自动逆流再生型软水器，产水量2～3m³/h。

9．控制与安全保护装置

(1) 热网总回水管道上设流量控制阀。

(2) 供热系统的二次供水温度由一次回水上的电动调节阀控制。

(3) 采暖系统补水泵采用变频调节，系统变频补水和水箱水位的控制见电气说明。

(4) 采暖系统、生活热水系统二次侧均设安全阀。采暖系统安全阀排水接至站内软化水箱。生活热水系统安全阀排水接至站内安全处。

10．热量计：热力站热网回水总管道上安装一套热计量装置。

设计及施工说明（一）

图 4-2　设计及施工说明（一）

二、施工说明

1. 本工程施工时应遵守以下有关施工及验收规范

(1) 《城镇供热管网工程施工及验收规范》(CJJ 28—2004);

(2)《建筑给水排水及采暖工程施工质量验收规范》(GB 50242—2002);

(3)《工业金属管道工程施工规范》(CB 50235—2010);

(4)《工业设备及管道绝热工程施工质量验收规范》(GB 50185—2010);

(5)《现场设备、工业管道焊接工程施工规范》 (GB 50236—2011);

(6)《风机、压缩机、泵安装工程施工及验收规范》 (CB 50275—2010);

2. 设备安装

(1) 设备安装应根据制造厂说明的要求进行。

(2) 设备基础施工前，必须与到货设备核对基础尺寸，无误后方可施工，否则应按实际尺寸修改后施工。

(3) 设备就位后再抹地面，地面按土建图要求施工。

(4) 机组及水泵要求做减振基础，具体做法见土建图。

3. 管道安装

(1) 管径小于或等于100mm的镀锌钢管应采用螺纹连接，套丝扣时破坏的镀锌层表面及外露螺纹部分应做防腐处理；镀锌钢管与法兰的焊接处应进行二次镀锌。无缝钢管除与设备、阀门采用法兰、螺纹连接外，一律采用焊接。

(2) 管道安装前必须清洁内壁，去除污物，焊接时防止焊渣及污物掉入管内。

(3) 管道支吊架做法见土建图。靠近地面的管道应加支座，做法参见国标图集05R417-1。支、吊架安装完毕后应及时刷防锈漆二道。

(4) 热力站内管道应有千分之二坡度，高点跑风阀门应引至距地面1.3m处，其出口距地面0.3m。

(5) 管道安装完毕应进行冲洗。

4. 管道保温及涂色

保温采用橡塑保温外包镀锌铁皮，热网水内衬高温玻璃棉，保温厚度及做法见 ×××定型图。管道涂色及标志做法见×××定型图。

5. 仪表安装

温度表安装参见国标图集05R406，压力表安装参见国标图集05R405。

6. 管道防腐

埋设和暗设钢管均刷沥青漆二道。

7. 设备及管道试压

(1) 设备试压按设备制造厂的要求进行。

(2) 管道试压方法和步骤以GB 50235—2010为准。管道试验压力如下：

热网水：2.0MPa；

采暖系统二次水:0.6MPa；生活水系统二次水：0.6MPa。

8. 热力站排水方式：明沟排水，排至集水坑，具体做法见土建图。

设计及施工说明（二）

图 4-3 设计及施工说明（二）

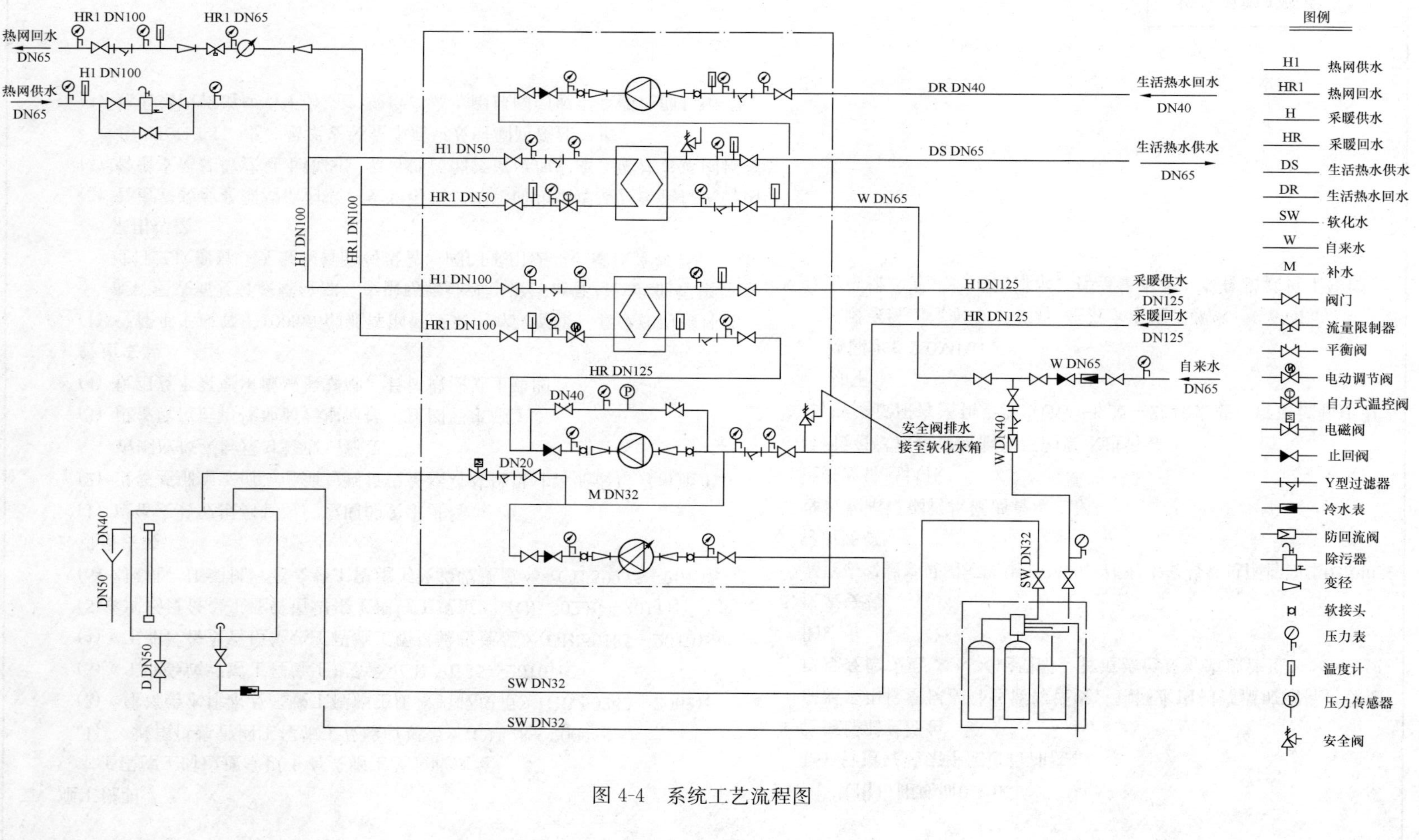
HR1 DN100
HR1 DN65
热网回水
DN65
H1 DN100
热网供水
DN65
H1 DN50
HR1 DN50
H1 DN100
HR1 DN100
H1 DN100
HR1 DN100
HR DN125
DN40
DN20
M DN32
DN40
DN50
D DN50
SW DN32
SW DN32
DR DN40
DS DN65
W DN65
H DN125
HR DN125
安全阀排水
接至软化水箱
W DN40
SW DN32
W DN65
生活热水回水
DN40
生活热水供水
DN65
采暖供水
DN125
采暖回水
DN125
自来水
DN65
图例
H1 热网供水
HR1 热网回水
H 采暖供水
HR 采暖回水
DS 生活热水供水
DR 生活热水回水
SW 软化水
W 自来水
M 补水
阀门
流量限制器
平衡阀
电动调节阀
自力式温控阀
电磁阀
止回阀
Y型过滤器
冷水表
防回流阀
除污器
变径
软接头
压力表
温度计
压力传感器
安全阀

图 4-4　系统工艺流程图

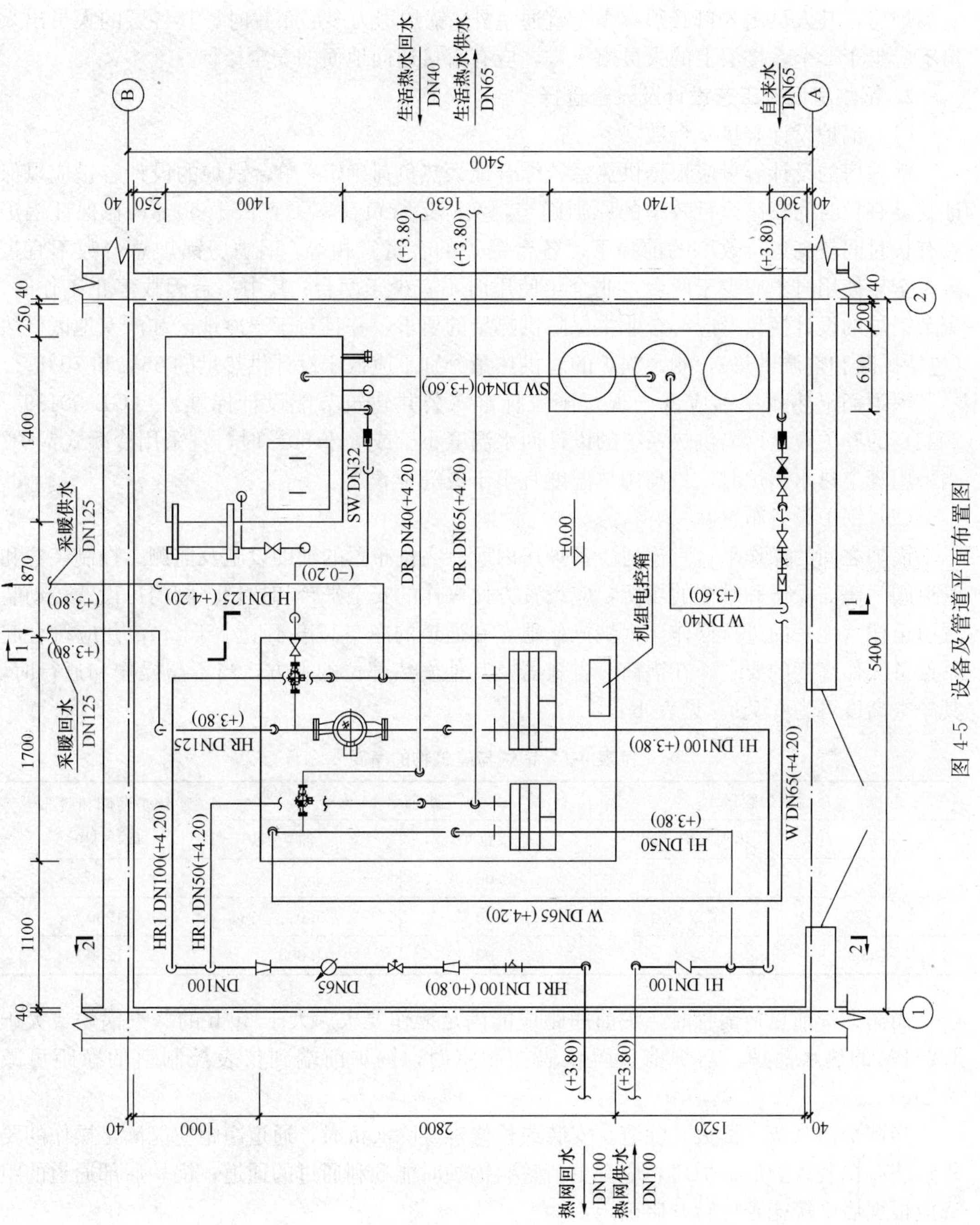

图 4-5 设备及管道平面布置图

循环流化床锅炉的锅炉房，不宜设置在居民区。

（3）锅炉房出入口的设置，必须符合下列规定：出入口不应少于2个。但对独立锅炉房，当炉前走道总长度小于12m，且总建筑面积小于200m²时，其出入口可设1个；非独立锅炉房，其人员出入口必须有1个直通室外；锅炉房为多层布置时，其各层的人员出入口不应少于2个。楼层上的人员出入口，应有直接通向地面的安全楼梯。

2. 锅炉房设备工艺设计及设备选择

（1）锅炉设计容量及台数

锅炉房的设计容量应根据供热系统综合最大热负荷确定；单台锅炉的设计容量应以保证其具有长时间较高运行效率的原则确定，实际运行负荷率不宜低于50%；在保证锅炉具有长时间较高运行效率的前提下，各台锅炉的容量宜相等；锅炉房锅炉总台数不宜过多，全年使用时不应少于两台，非全年使用时不宜少于两台；其中一台因故停止工作时，剩余锅炉的设计换热量应符合业主保障供热量的要求，并且对于寒冷地区和严寒地区供热（包括供暖和空调供热），剩余锅炉的总供热量分别不应低于设计供热量的65%和70%。

锅炉额定热效率不应低于现行国家标准《公共建筑节能设计标准》（GB 50189—2005）的有关规定。当供热系统的设计回水温度小于或等于50℃时，宜采用冷凝式锅炉。当采用真空热水锅炉时，最高用热温度宜小于或等于85℃。

（2）锅炉设备布置

锅炉之间的操作平台宜连通。锅炉房内所有高位布置的辅助设施及监测、控制装置和管道阀门等需操作和维修的场所，应设置方便操作的安全平台和扶梯。阀门可设置传动装置引至楼（地）面进行操作。锅炉操作地点和通道的净空高度不应小于2m，并应符合起吊设备操作高度的要求。在锅筒、省煤器及其他发热部位的上方，当不需操作和通行时，其净空高度可为0.7m。见表4-1。

表4-1 锅炉与建筑物的净距

单台锅炉容量		炉前（m）		锅炉两侧和后部通道（m）
蒸汽锅炉（t/h）	热水锅炉（MW）	燃煤锅炉	燃气（油）锅炉	
1～4	0.7～2.8	3.00	2.50	0.80
6～20	4.2～14	4.00	3.00	1.50
≥35	≥29	5.00	4.00	1.80

当需在炉前更换锅管时，炉前净距应能满足操作要求。大于6t/h的蒸汽锅炉或大于4.2MW的热水锅炉，当炉前设置仪表控制室时，锅炉前端到仪表控制室的净距可减为3m。

当锅炉需吹灰、拨火、除渣、安装或检修螺旋除渣机时，通道净距应能满足操作的要求；装有快装锅炉的锅炉房，应有更新整装锅炉时能顺利通过的通道；锅炉后部通道的距离应根据后烟箱能否旋转开启确定。

（3）常压锅炉设计

常压锅炉是指锅炉顶部通常不承受供热系统的水柱静压力，也就是相当一个“开式热水箱”。常压锅炉的含义：锅炉本体开孔与大气相通，在任何工况下，锅炉水位线处表压力都为零的锅炉。

常压热水锅炉房可用于供水温度≤95℃的热水介质供热系统，锅炉的单台功率≤2.8MW。燃油、燃气的常压热水锅炉应有性能可靠的燃烧装置和完备的程序控制与安全保护设施。常压热水锅炉本体最高处必须有直通大气的开孔，最高水位处应设置超水位溢流管。锅炉本体连接开口水箱时，水箱必须为开式，其最高水位不应超过锅筒最高水位，且有可靠的防冻措施。

常压热水锅炉房循环水系统的设计，应有防止锅炉和高位膨胀水箱"跑水"、循环水泵汽蚀、管道系统产生水击或振动的有效措施，保证供热系统安全、稳定经济运行。

当常压锅炉房需要同时向低层建筑和高层建筑供热，或需要向两种不同供水温度的用户（如采暖和空调系统）供热时，可采用带换热设备的二次间接供热系统。

常压热水锅炉进水管上安装的阻力调节阀，宜选用调节范围大的专用阻力调节阀，不宜用闸阀、球阀等调程短的阀门。常压热水锅炉循环水泵出口、回水管道的启闭阀进口应设置压力表；循环水泵入口应设置量程为－0.1～0.06MPa 的压力真空表。

(4) 真空锅炉的全称叫做真空相变锅炉，真空锅炉是在封闭的炉体内部形成一个负压的真空环境，在机体内填充热媒水，通过燃烧或其他方式加热热媒水，再由热媒水蒸发、冷凝至换热器上，再由换热器来加热需要加热的水。

真空相变锅炉仅适用于水温≤85℃的热水供热系统；对该类锅炉的管理可按照常压热水锅炉的规定执行，单台出力限定在 2.8MW 以内，一般只宜用于中、小型锅炉房。真空相变锅炉可根据用户要求在一台锅炉内设置多个换热单元，供应不同参数和用途的热水，但调节管理较复杂，难以同时满足各系统的运行要求。因此，不宜采用一台锅炉内直接供应多个不同供热参数的系统方案。

真空相变锅炉的选型，要特别注重燃烧控制系统和真空调节系统的可靠性，要保证安全装置（如溶解栓）和监控仪表的质量和先进性。

(5) 模块锅炉是通过多台锅炉联控，根据设定好的供热温度曲线等有关参数，并参考室外温度智能地自动判断应启动、停运的锅炉台数，自动实现近无人值守模式。

模块式锅炉可用于供热总负荷不大的锅炉房，在一个锅炉房内模块式锅炉台数不应超过 10 台。总供热量宜≤1.4MW，且不宜设置于地下、半地下室。模块式锅炉一般采用负压燃烧、自然通风，在同一水平烟道上要连接多个支烟道。因此烟道要力求阻力小，防止不同模块排出的气流互相干扰。烟囱应有足够的抽力，烟囱烟道应进行保温。

模块式锅炉容量小、数量多，当使用气体燃料或燃油时，管道接口多，漏气泄油的概率大。因此，锅炉房要保证自然通风良好，安全报警检漏各设备齐全，应设置事故排风设备。模块式锅炉房循环水总管和各模块的进口水管的连接力求水力平衡，保证各模块进出口水管及其配件装卸方便，水流阻力小。锅炉前端应有不小于 1.5m 宽的运行操作通道，且应满足维修要求；背对型安装的锅炉应考虑中间烟道和管道及其配件的操作维修方便，每隔 3～4m 应设置不小于 1.0m 的跨排通道。

3. 工程示例

设备表见表 4-3 至表 4-4，锅炉房平面图及工艺流程图见图 4-7 至图 4-10。

表 4-2 风机主要设备表

设备编号	设备类型	设备技术参数									服务房间	备注
		风量(m^3/h)	风压(Pa)	电压(V)	转速(r/min)	功率(kW)	重量(kg)	噪声(dB)	数量(台)	风机尺寸		
BF-B1-01	轴流送风机	3900	200	380	1450	1.1	98	<78	1	ϕ590	消防水泵房补风	
BF-B1-02	轴流送风机	4400	200	380	1450	1.1	98	<78	1	ϕ590	生活水泵房补风	
BF-B1-03	混流送风机	1400	190	380	1450	0.55	50	<61	1	ϕ500	π接室补风	
BF-B1-04	管道送风机	550	150	380	1450	0.09	29	<60	1	500×300×500	维修间补风	
BF-B1-05	管道送风机	550	150	380	1450	0.09	29	<60	1	500×300×500	化验间补风	
BF-B1-06	管道送风机	450	150	380	1450	0.09	29	<60	1	500×300×500	值班室补风	
BF-B1-07	混流送风机	1300	230	380	1450	0.55	50	<61	1	ϕ500	控制配电室补风	
BF-B1-08	轴流送风机	6500	200	380	1450	0.75	54	<71	1	ϕ590	水泵房补风	
PF-B1-01	轴流排风机	3900	300	380	1450	1.1	98	<78	1	ϕ590	消防水泵房排风	
PF-B1-02	轴流排风机	4400	300	380	1450	1.1	98	<78	1	ϕ590	生活水泵房排风	
PF-B1-03	混流排风机	1400	190	380	1450	0.55	50	<61	1	ϕ500	π接室排风	
PF-B1-04	混流排风机	1300	200	380	1450	0.55	50	<61	1	ϕ500	控制配电室排风	
PF-B1-05	轴流排风机（防爆）	17000	200	380	1450	2.2	200	<75	1	ϕ1050	锅炉间排风	防爆风机
PF-B1-06	混流排风机（防爆）	1500	200	380	1450	0.18	50	<64	1	ϕ500	天然气计量间排风	防爆风机
PF-B1-07	轴流排风机	6500	200	380	1450	0.75	54	<71	1	ϕ590	水泵房排风	
PF-B1-08	管道排风机	550	150	220	1450	0.09	29	<60	1	500×300×500	维修间排风	
PF-B1-09	管道排风机	550	150	220	1450	0.09	29	<60	1	500×300×500	化验间排风	
PF-B1-10	管道排风机	550	150	220	1450	0.09	29	<60	1	500×300×500	卫生间排风	

表 4-3 锅炉采暖系统主要设备表

序号	编号	名称	规格参数	功率/电压	单位	数量		备注
1	HWP-1	采暖高区循环水泵	KQPL125/370-22/4 循环水量 $89m^3/h$ 扬程 $36mH_2O$ 工作压力 1.0MPa	30kW/380V	台	4		三用一备(自带变频控制柜)
2	HWP-2	采暖低区循环水泵	KQPL125/400-30/4 循环水量 $105m^3/h$ 扬程 $38mH_2O$ 工作压力 1.0MPa	38kW/380V	台	4		三用一备(自带变频控制柜)
3	Bb-1	低压定压补水暖气装置	BDS-15-40 补水量 $10m^3/h$ 扬程 $45mH_2O$ 工作压力 1.0MPa	15kW/380V	套	1		智能型双泵单罐
4	Bb-2	高区定压补水暖气装置	BDS-15-80 补水量 $10m^3/h$ 扬程 $80mH_2O$ 工作压力 1.0MPa	15kW/380V	套	1		智能型双泵单罐
5	RSQ-1	全自动软水器	ZRL-30 型 处理水量 $25\sim32m^3/h$ 出水硬率：≤0.03mmol/L	40W/220V	套	1		单阀双罐 运行重量 3T
6	CWQ-1	卧式角通除污器(高区)	循环水量 436t/h 管径 DN450		个	1		
7	CWQ-2	板式角通除污器(低区)	循环水量 360t/h 管径 DN450		个	1		
8	RSX-1	软化水箱	有效容积 $8m^3$ 2000×2000×2000(h)		个	1		

表 4-4　燃气采暖锅炉规格参数表

设备编号	额定供热量		电源	燃气配电功率	天然气			烟道口径	运输净重	运行重量（约）	换热器							单位	数量
					耗量	口径	压力				采暖高低区回路	进/出口温度	额定供热量	热水流量	压力损失	接管口径	换热器承压		
	10^4kcal/h	kW	V/Hz	kW	Nm³/h	DN	kPa	DN(mm)	T	T		℃	kW	m³/h	kPa	DN(mm)	MPa		
BD-1～BD-3	360	4200	380/50	10.5	444.3	80	15～20	600	16.5	17.2	高区回路	60/80	1930	85	35	125	1.0	台	3
											低区回路	60/80	2270	100	35	125	1.0		

一、设计依据

1.《工业企业设计卫生标准》(GBZ 1-2002);

2.《锅炉房设计规范》(GB 50041-2008);

3.《压力容器安全技术监察规程》国家质量技术监督局发[1999]154号;

4.《锅炉大气污染物排放标准》(GB 13271-2014);

5.《工业锅炉水质标准》(GB/T 1576-2008);

6.《声环境质量标准》(GB 3096-2008);

7.《工业设备及管道绝热工程设计规范》(GB 50264-2013);

9.《城镇燃气设计规范》(GB 50028-2006);

10.《公共建筑节能设计标准》(GB 50189-2005);

11. 建筑及相关专业提供的设计资料和要求。

二、工程概况

本工程为昌平区城南街道办事旧县村西南地块两限房锅炉房工程，为住宅、商铺及配套公建等提供采暖。

三、设计内容

1. 锅炉房及其采暖水系统。

2. 燃气系统由业主另行委托燃气设计单位设计。

四、锅炉房及其采暖水系统设计

1. 本工程选用3台420万千卡卧式真空热水锅炉（双回路）采暖锅炉。3台锅炉的高区回路对应3台并联高区循环水泵(一台备用泵);3台锅炉的低区回路对应3台并联低区循环水泵(一台备用泵)。

2. 三台采暖锅炉的双回路分别供应散热器热水温度为高区、低区（80°C/60°C）。

3. 采暖高低区系统的补水及定压由其各自对应的定压补水真空脱气机组承担。

4. 本工程设置全自动软水器一套，为锅炉给水系统补水提供软化水。

5. 本工程设置软化水箱一个，为锅炉给水系统补水.水箱尺寸为2500×2000×1500。

6. 本工程的高低区系统分别设置角通除污器，定期排污。

五、平时通风

锅炉房设机械送排风系统，送风量取6次/h换气次数和天然气燃烧所需空气量的和,排风量按6次/h 换气计算，送、排风机采用变频控制，以适应不同台数锅炉运行时送、排风量的变化。

六、事故通风

1. 燃气锅炉房设事故通风系统，事故通风量按换气次数12次/h计算。

2. 事故通风风机采用防爆风机。事故通风与燃气泄漏报警装置连锁，当发生燃气泄漏时，关闭燃气总截门，同时打开事故通风系统的送、排风机。

图 4-6 锅炉房设计及施工说明

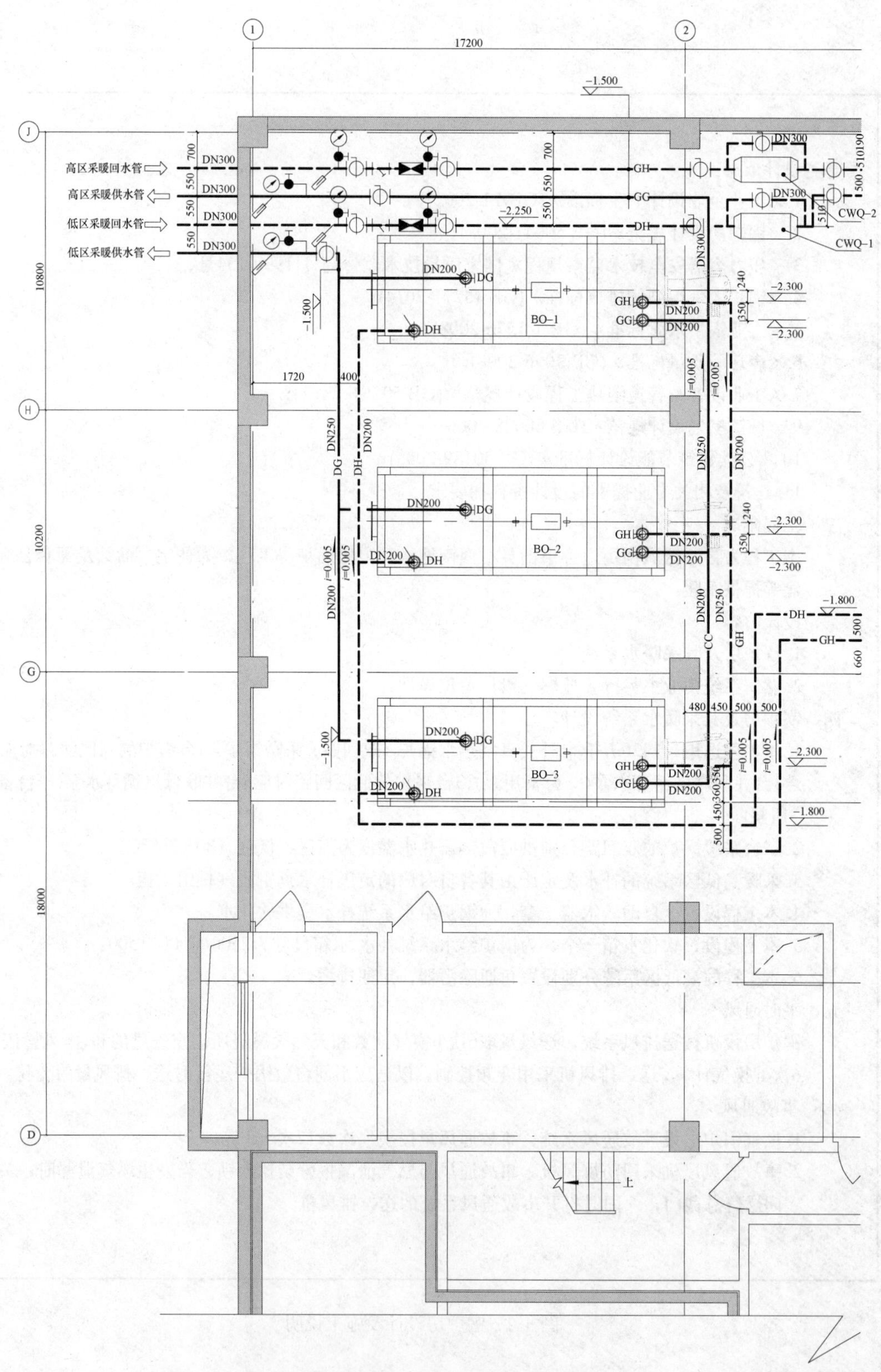

图 4-7　锅炉房工艺管道平面图

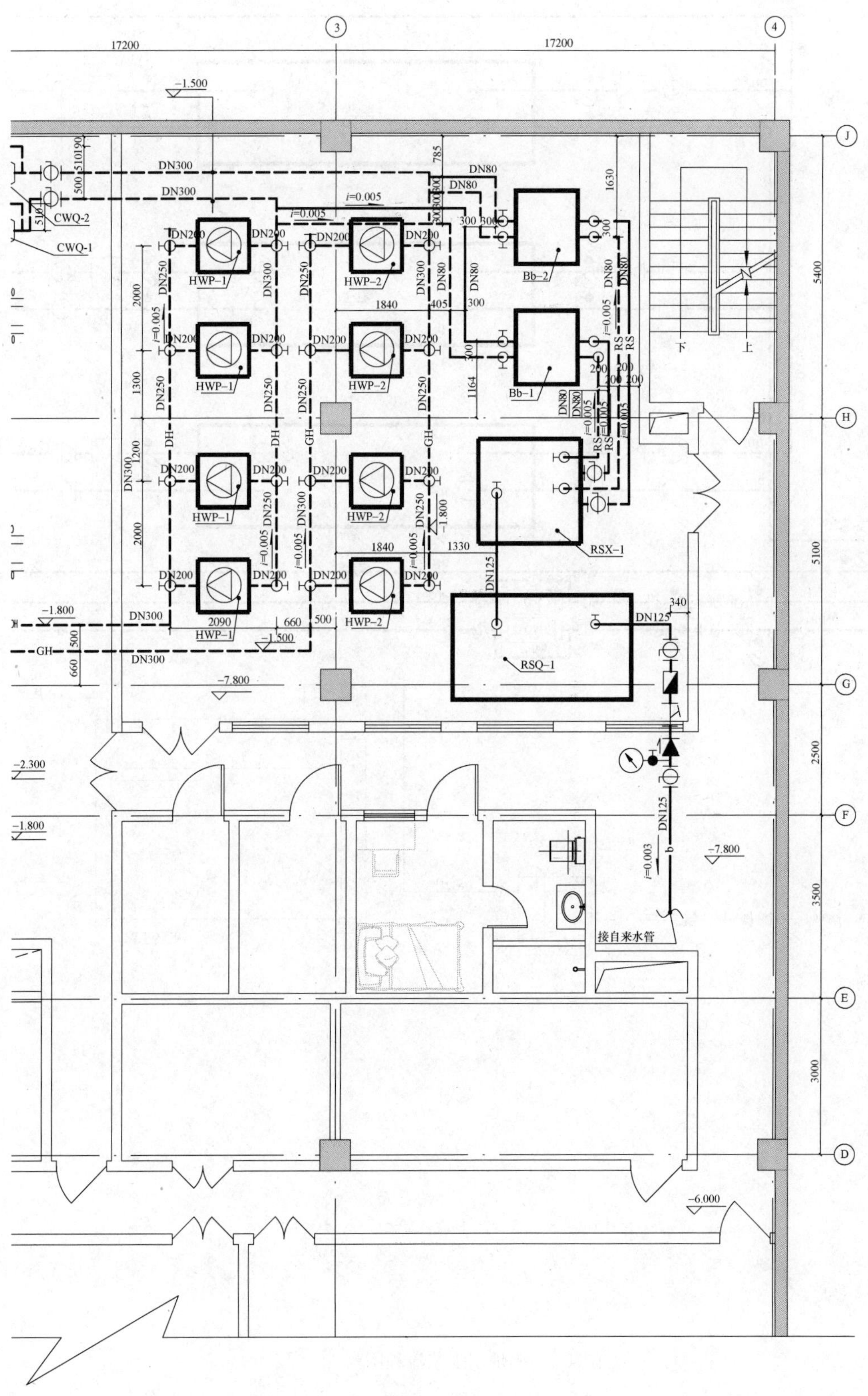

图 4-8 锅炉房工艺管道平面图

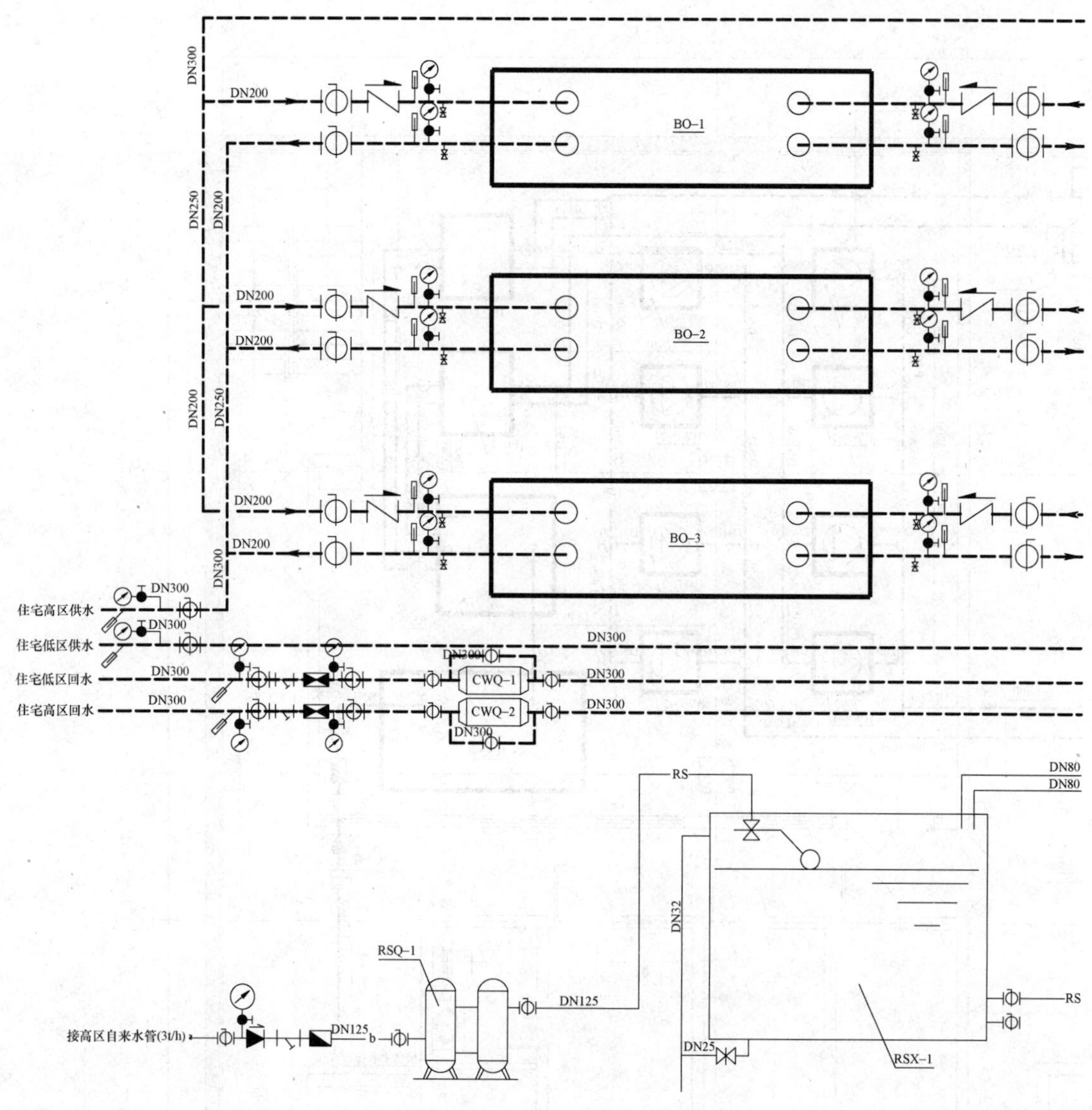

图 4-9　锅炉房工艺流程图

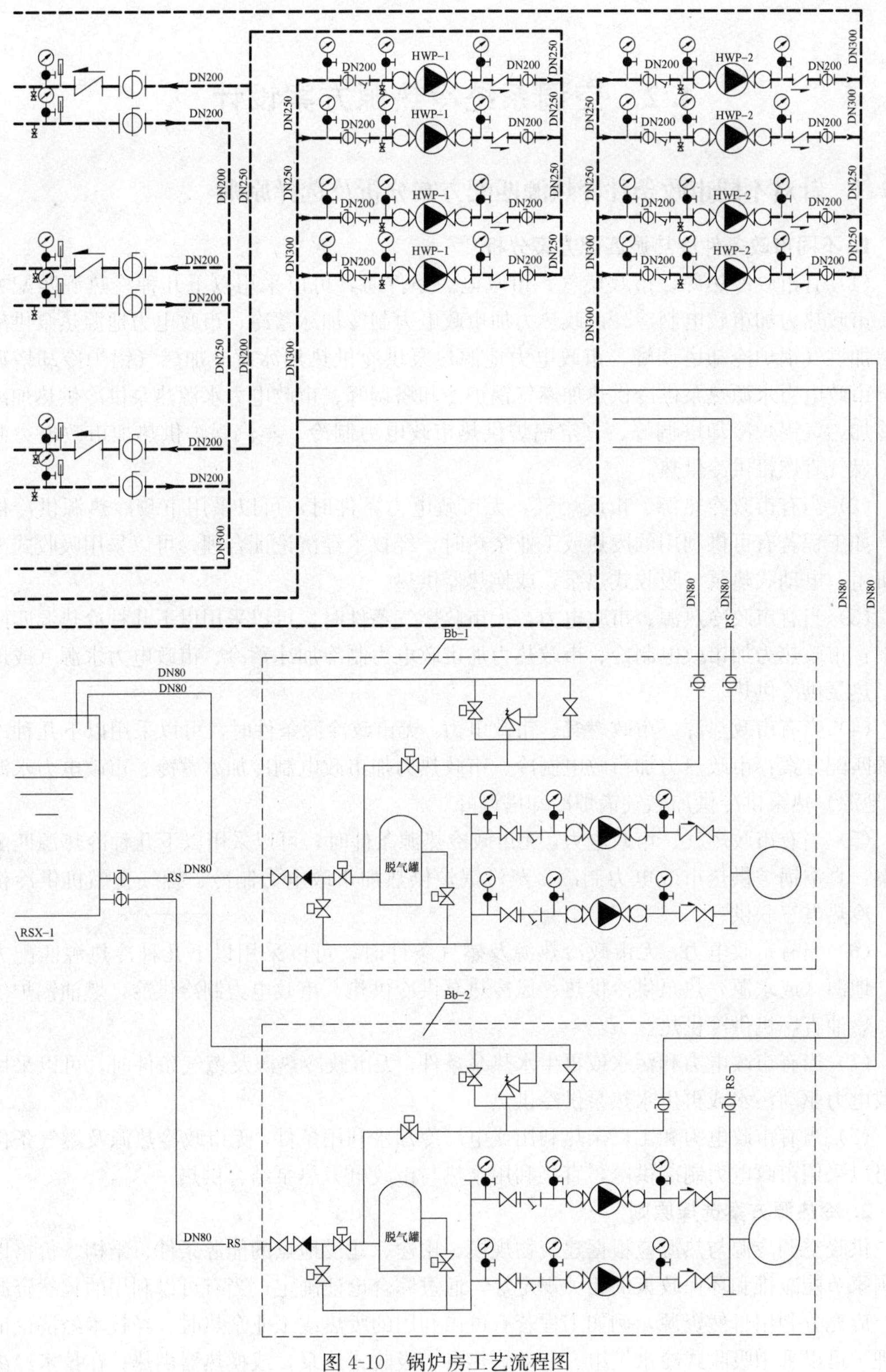

图 4-10 锅炉房工艺流程图

4.2　空调系统冷热源方案设计

4.2.1　针对不同市政条件冷热源匹配方案分析及选择原则

1. 不同市政条件冷热源匹配方案分析

（1）有市政冷热源、市政燃气、市政电力条件时，可以采用以下几种冷热源匹配方案：市政热力加市政电制冷、市政热力加市政电力制冷加冰蓄冷、市政电力地源热泵供冷供热加燃气锅炉冷却塔调峰、市政电力地源热泵供冷供热加冰蓄冷加燃气锅炉冷却塔调峰、市政电力水源热泵供冷供热加燃气锅炉冷却塔调峰、市政电力水源热泵供冷供热加冰蓄冷加燃气锅炉冷却塔调峰、真空锅炉供热市政电力制冷、蒸汽锅炉供热加市政电力制冷、燃气直燃机供冷供热。

（2）当有市政冷热源、市政燃气，无市政电力条件时，可以采用市政冷热源供冷供热，如工程若有可供利用的废热或工业余热时，经技术经济论证合理，可以采用吸收式冷水机组、电动式热泵、吸收式热泵，或换热器供热。

（3）当有市政冷热源、市政电力，无市政燃气条件时，可以采用以下几种冷热源匹配方案：市政热力加市政电制冷、市政热力加市政电力制冷加冰蓄冷、市政电力水源（或地源）热泵供冷供热。

（4）当有市政热源、市政燃气、市政电力，无市政冷源条件时，可以采用以下几种冷热源匹配方案：市政热力加市政电制冷、市政热力加市政电制冷加冰蓄冷、市政电力水源（或地源）热泵供冷供加燃气锅炉冷却塔调峰。

（5）当有市政燃气、市政电力，无市政冷热源条件时，可以采用以下几种冷热源匹配方案：真空锅炉供热市政电力制冷、蒸汽锅炉供热加市政电力制冷、燃气直燃机供冷供热、冷热电三联供。

（6）当有市政电力，无市政冷热源及燃气条件时，可以采用以下几种冷热源匹配方案：地源（或水源）热泵供冷供热、风冷热泵供冷供热、市政电力制冷供冷，燃油锅炉供热、燃油直燃机供冷供热。

（7）当有市政电力和污水或再生水热泵条件，无市政冷热源及燃气条件时，可以采用市政电力驱动污水或再生水热泵供冷供热。

（8）当有市政电力和工厂余热利用或电厂冷却水利用条件，无市政冷热源及燃气条件时可以采用市政电力制冷供冷，直接利用余热与市政电力热泵结合供热。

2. 冷热源方案选择原则

供暖空调冷源与热源应根据建筑物规模、用途、建设地点的能源条件、结构、价格以及国家节能减排和环保政策的相关规定等，通过综合论证确定；当有可以利用的自然资源时，应充分利用自然资源，例如工程若有可供利用的废热或工业余热时，经技术经济论证合理，可以采用吸收式冷水机组、电动式热泵、吸收式热泵，或换热器供热；在技术经济合理、对环境影响较低的情况下，可以利用地源、水源等天然冷热源；若城市燃气供应充足的地区，可采用燃气锅炉、燃气热水机供热或燃气吸收式冷（温）水机组供冷、供热；

若不具备以上条件，冷源可采用常规电制冷；在执行分时电价、峰谷电价差较大的地区，经技术经济比较，采用低谷电价能够明显起到对电网“削峰填谷”和节省运行费用时，可采用蓄能系统供冷供热。

4.2.2 冷热电三联供系统分析

1. 冷热电三联供系统流程图

冷热电三联供系统流程图如图 4-11 所示。

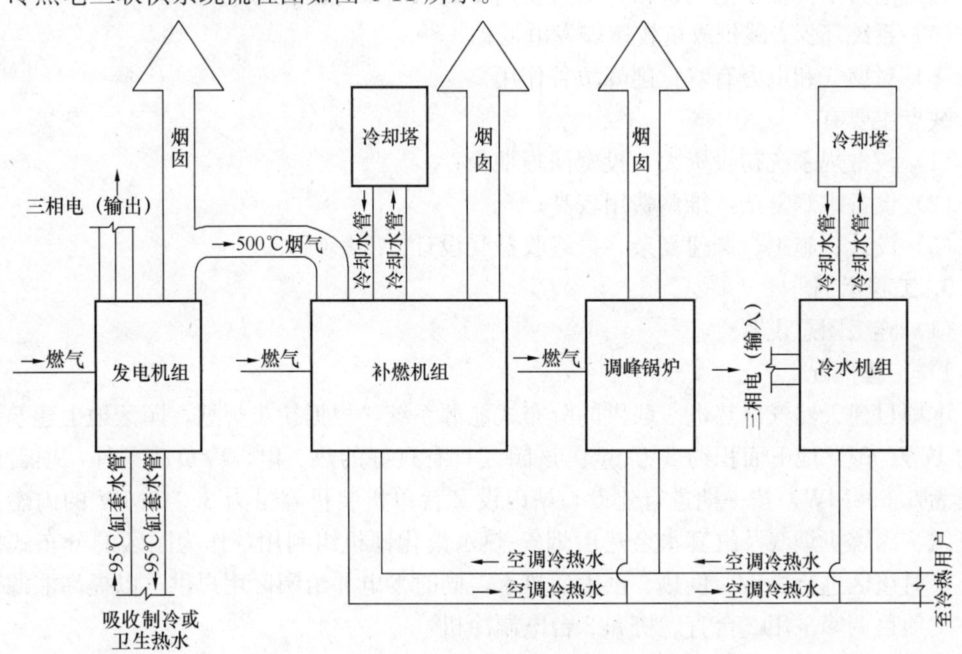

图 4-11 冷热电三联供流程图

三联供系统工作原理：

燃气内燃发电机由燃气做动力发电，输出供给楼宇用电，产生副产品余热有两部分，其中一部分余热为 350～400℃高温烟气，这部分高温烟气进入吸收式补燃冷（温）水机组制取冷热供给楼宇，烟气热量不足由燃气补充，排烟温度 100℃；另一部分余热为 95℃缸套水，缸套水可以有两种用途，一是用于卫生热水热源，二是可以用于低温吸收式冷（温）水机组制冷制热供给楼宇；余热机组及低温吸收式冷（温）水机组制冷时由冷却塔冷却。两部分余热也可以直接烟气热水吸收式冷热水机组供冷供热。

2. 燃气冷热电三联供系统简介及优缺点分析

燃气冷热电三联供由燃气供应系统、发电系统（燃气发电机组及其辅机）、余热利用系统、输配系统、集中控制系统组成。

冷热电三联供系统设计步骤：

（1）确定三联供系统功能范围及运行方式；

（2）冷、热、电典型逐日负荷及全年逐时负荷；

（3）发电机组选型；

（4）余热利用机组选型；

(5) 调峰设备选型。

燃气三联供系统优缺点分析：

优点主要有：

(1) 能源梯级利用，一次能源利用率高；

(2) 设备使用寿命长，收益期长；

(3) 较常规系统运行费用低；

(4) 电力单价低于电网价格，电力使用不受政府限电措施影响；

(5) 系统环保，碳排放量较燃煤发电低；

(6) 对燃气和电力有双重削峰填谷作用。

缺点主要有：

(1) 较常规系统初投资大，投资回报期长；

(2) 设备维修复杂，维修费用较高；

(3) 设计、施工、调速复杂，最终收益受设计方案影响大。

3. 工程示例

(1) 施工图总说明

1) 工程概况

本项目建天然气冷热电三联供的分布式能源系统，根据初步规划，园区地上建筑规模大约 17 万 m^2，地下面积约 8 万 m^2。该园区具有良好的热、电、冷负荷条件，项目建设规模为 6.698MW，按一期进行建设，站内设 2 台单机装机容量为 3.349MW 的内燃机发电机组。内燃机烟气及缸套水余热由烟气-热水溴化锂机组利用，作为园区的分布式供能中心，对该区进行供冷、供热、供生活热水，同时发电并给园区用户供电以提高能源利用效率。项目调峰采用 2 台直燃机和 2 台电制冷机。

2) 设计依据

《能源站项目可行性研究报告》；

《能源站项目初步设计》；

《燃气内燃发电机组技术协议》；

《余热溴化锂冷（温）水机组及辅机集成系统技术协议》及设备资料；

《直燃型溴化锂冷（温）水机组及辅机集成系统技术协议》及设备资料；

《直燃型溴化锂冷（温）水机组及辅机集成系统（带生活热水功能）技术协议》及设备资料；

各辅机厂家提供的设备资料；

上海市《分布式供能系统工程技术规程》(DG/TJ 08—115—2008)；

各专业有关的最新技术标准及规范。

3) 工艺设计的主要特点

装机方案：本工程的主机采用 2 台进口颜巴赫 JMS620 内燃机发电机组，2 台 BHEY262X160/390 型烟气-热水型溴化锂机组带基本冷热电负荷，冷热调峰采用 2 台 HZXQII-349 (14/7) H2M2 型直燃机和 2 台 RHSCW330×J 型电制冷机。

采用内燃机加烟气热水溴化锂机组，提高能源的利用率，采用内燃机加烟气热水溴化锂机组，全厂热效率可达 78%以上。

燃料：主燃料为北京市燃气公司提供的西气东输的陕京一线的中压天然气，在能源站外设置调压站以满足设备使用燃气压力要求。

采取节水措施，减少用水量。冷却塔装设除水器减少循环水的风吹损失；主要设备冷却采用闭式循环系统。

水源：冷却水水源采用市政自来水。

水处理：本工程用水水源采用城市自来水，本工程为低温低压机组，水质要求不高，采用软化水，站内设置全自动软化水处理装置。

本工程以天然气为燃料，属于清洁能源发电项目。由于天然气中不含灰分，且含硫量很微小甚至没有，燃料燃烧充分，因此烟气排放中几乎不产生颗粒物，无烟尘排放。本工程所用天然气含硫量极低，基本不存在 SO_2 污染问题。故能源站废气主要污染因子为 NO_x。NO_x 的产生则还取决于设备形式和运行工况等。本工程采用不锈钢烟囱，烟囱沿CD座外墙内侧引至座楼顶高空排放，烟囱出口标高为53m。

4）设计范围

烟气系统：引接烟道、烟板换热器、挡板门。

空调/采暖系统：溴化锂机、直燃机、电制冷机空调水分别引至空调水母管，通过供回水母管引至二级泵房集分水器，再供到用户。

冷却水系统：各机组冷却水单独配置，独立运行。

生活水系统：通过水-水板式换热器回收内燃机缸套水热量，通过烟板换热器回收烟气热量，直燃机卫生水作为调峰备用。

补水定压系统。

冷塔制冷系统。

内燃机润滑油系统。

主要设备见表4-5。

表4-5 主要设备

编号	设备名称	型号规范	单位	数量	备注
1	内燃发电机组	J620 GS-F101，额定功率3431kW，额定热耗量kJ/(kW·h)，排量Nm³/(kW·h)，转速rpm	台	2	钰门国际贸易（上海）有限公司
2	热水烟气溴化锂机组	BHEY300K-160/390-75/9 5-38/32-7/14-300-k-Fc -Mc	台	2	远大空调有限公司
3	直燃机	HZXQII-349（14/7）H2M2 HZXQII-349（14/7）R2H2- W110	台	2	双良节能系统股份有限公司
4	电制冷机组	WCFX73RCN，制冷量 $q=1784$kW，冷冻水流量 $Q=209.5\text{m}^3/\text{h}$，冷却水流量 $Q=349.2\text{m}^3/\text{h}$	台	2	杭州华电华源环境工程有限公司

（2）工艺系统描述

1）烟气系统

单台内燃机排烟首先进入烟气热水溴化锂机组作为热源，被冷却到160℃（或145℃）后，再进入烟气-热水换热器进一步进行热量回收，被继续冷却到90℃，由单独设置的烟囱排出。考虑在过渡季节没有冷、热负荷，内燃机还需要生活热水负荷直接发电时，在烟气热水溴化锂机烟气进出口之间设置烟气旁路烟道，通过烟气切换门进行切换，以保证烟气热水溴化锂机检修时及过渡季节不影响内燃机的正常运行。每台内燃机分别设一路不锈钢烟道及烟囱，烟囱沿CD座外墙内侧引至座楼顶高空排放，烟囱出口标高为53m。

单台直燃机烟道设置烟气蝶阀，两台直燃机机组烟道汇集后，公用一根烟囱，和内燃机烟道一起沿CD座外墙内侧引至座楼顶高空排放，烟囱出口标高为53m。

2）采暖、空调水系统

① 内燃机-溴化锂机组系统

夏季工况：内燃机的缸套水和高温的中冷水可进入烟气热水溴化锂机组作为热源水，夏季置换出7℃的冷水用于制冷；

冬季工况：内燃机的缸套水和高温的中冷水在冬季供暖工况下通过设置空调采暖换热器，换热后置换出60℃的热水用于供暖，此时内燃机的缸套水和高温的中冷水不进入烟气热水溴化锂机组。

生活热水：根据需要内燃机的缸套水和高温的中冷水（95℃/75℃）通过设置的生活热水换热器置换出70℃的热水作为生活热水的一次热源水。

另外，烟气热水溴化锂机组出来的160℃（或145℃）的烟气进入烟气-热水换热器换热后，也置换出70℃的热水，该系统与上述置换出70℃的生活热水系统并联，也作为生活热水的一次热源水的一部分，用以满足生活热水负荷的需要。

② 直燃机系统

当冷热负荷量较小不能满足单台内燃机最小负荷或冷热负荷的需求大于内燃机所能提供的基本负荷时，直燃机组可直接生产符合用户参数要求的空调冷水（7℃/14℃）、采暖热水（60℃/50℃），作为空调采暖水的调峰冷热源。同时，当内燃机-溴化锂机系统所生产的生活热水量不足时，本工程设定2号直燃机可生产一次生活热水热源水（70℃/50℃）。

③ 电制冷系统

电制冷机考虑在制冷季每天的后半夜运行，主要满足酒店制冷负荷。当制冷负荷出现极端情况超出余热机组及直燃机组的供冷能力时，电制冷机可参与调峰。

考虑园区网络机房常年需要冷负荷，两台电制冷机另外设置独立管路至二级泵房二级泵，作为备用冷源。

④ 冷却塔制冷系统

冬季网络机房采用冷塔制冷技术，不开启电制冷机设备，采用为冷水机组配置的冷却水系统，通过冷却塔与室外低温空气进行热交换，获取低温冷却水，为空调提供冷量的技术。

⑤ 循环冷却水系统

内燃机冷却水系统采用闭式空冷高低温散热系统，2台内燃机各设置一套。由于内燃机高（低）温散热器采取高位布置，故本工程采用高（低）温散热换热器用于内燃机侧（一次侧）与高（低）温散热器侧（二次侧）换热。高温散热系统如下：由一级中冷、缸套水、缸套水泵、高温散热换热器组成内燃机高温散热一次侧系统；由高温散热换热器、高温散热器水泵及高温散热器组成内燃机高温散热二次侧系统；低温散热系统如下：由二级中冷、中冷器循环水泵、低温散热换热器组成内燃机低温散热一次侧系统；由低温散热换热器、低温散热换热器水泵及低温散热器组成内燃机低温散热二次侧系统。高低温冷却水一、二次侧供回水管径均为 DN125。

溴化锂机、直燃机、电制冷机采用闭式湿式循环冷却水系统，供水流程为：冷却塔一循环水泵一供水管一回水管一冷却塔。系统均由机力通风冷却塔、循环水泵、补水装置等组成。

3）定压补水系统

采暖空调定压补水系统，设置 2 台变频定压补水泵，2 台定压膨胀罐，设置空调回水母管和电制冷二级泵房支路两个定压点，定压值 100m，软化水由软水器制得，储存在水花水箱内。

生活水定压系统，设置两台变频定压补水泵，不设置膨胀罐，定压点设置在生活水泵入口母管，定压值 30m，软化水来自软化水箱。

内燃机散热系统定压补水，设置两台变频定压补水泵，内燃机高（低）温散热换热器一次侧和二次侧各设一个定压点，定压点设置在水泵入口出，同时在水泵入口出各设一个 200L 膨胀罐。设置专门的乙二醇水箱，乙二醇溶液靠移动式水泵补充。

4）内燃机润滑油系统

每台内燃机单独设置一台新油箱，润滑油靠重力自流到内燃机润滑油接口，润滑油补油通过手提式新油泵注入新油箱。设置 1 台废油箱，为 2 台内燃机合用，废油通过废油泵打到废油箱里。

5）施工注意事项

① 设备安装

由于本工程工期紧、资料缺等实际情况所限，为了满足施工的需要，有些附属机械设备安装图在没有订货的情况下，经业主方认可，按照假想（如厂家样本、典型设计手册等）进行的设计，因此，设备基础施工和管道安装前，应根据实际到货设备仔细核对有关尺寸。

设备安装定位，除按照设备首页图外，还要注意与有关管道安装图核对接口位置。设备调整就位后，确保设备基础二次浇灌质量。

设备安装结构型式凡采用设备与基础框架连接时，应将框架与基础预埋钢板焊接牢固。

② 管道安装

汽管道支吊架按照华北电力设计院编制的《管道支吊架设计手册》选用；本工程水管道均绘有支吊架安装示意图，其他管道支吊架均按所提供的支吊架设计手册编号列表，施工时按照编号组装成套后再安装。

管道保温材质和厚度应严格按照设计厚度及结构要求进行，确保安装后的管道重量接近计算重量，详见保温清册。

施工管径小于 ϕ89 未出图管道时，除按照首页图系统连接正确外，还应规划走向、合理布局，且应注意管道支吊架间距等，应避免出现袋型管线，阀门布置在便于操作处。

管道支吊架弹簧在出厂时所用销钉，待管道做水压试验完毕后方可拆卸。

鉴于本工程较为复杂，而且管道密集，因此，该区域管道施工时需要精密组织、合理排序，以免造成不必要的返工。

（3）施工图纸

施工图纸如图 4-12 至图 4-24 所示，设备明细表见表 4-6。

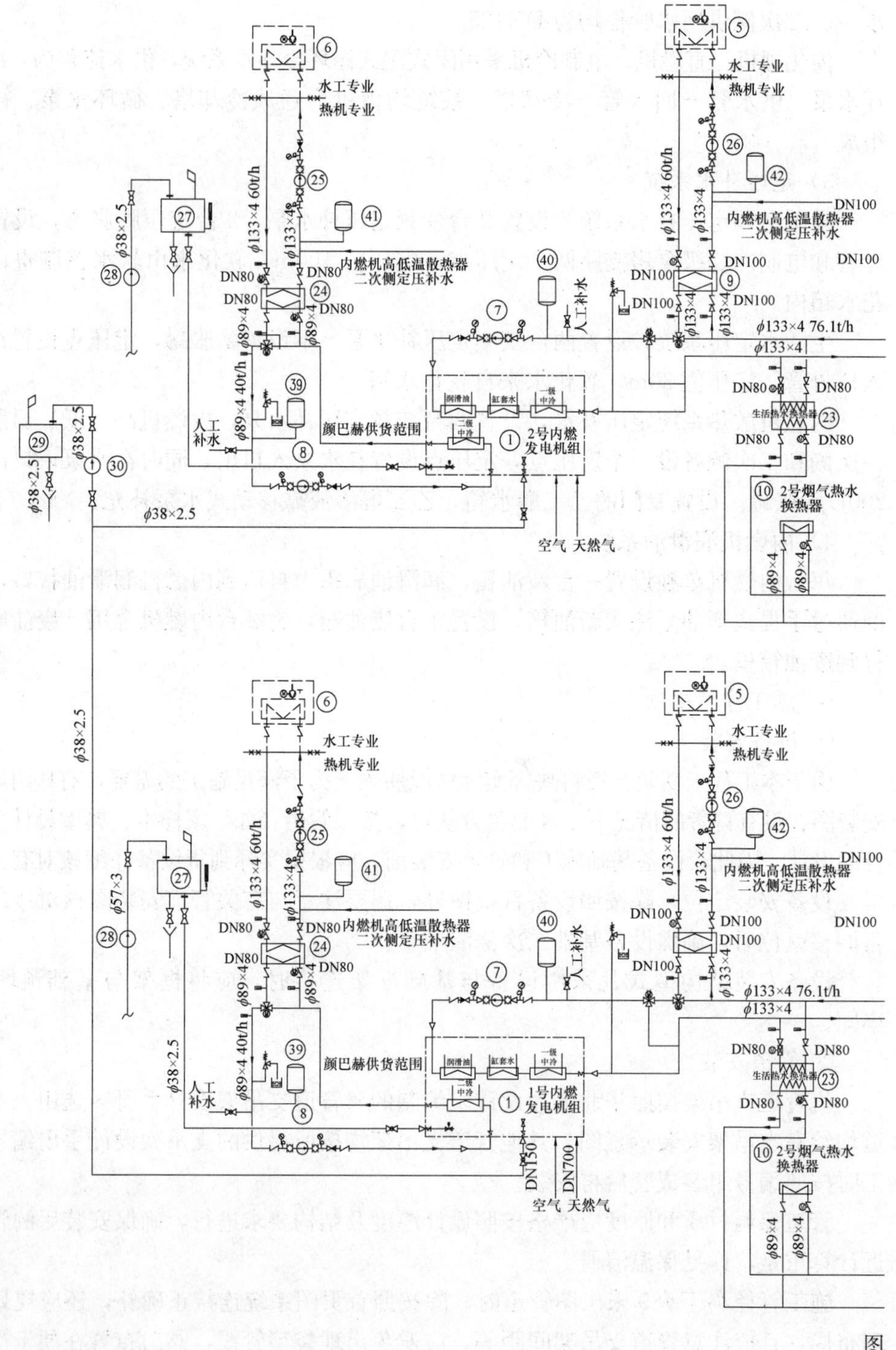

水工专业
热机专业
内燃机高低温散热器
二次侧定压补水
DN100
DN80
ϕ133×4 60t/h
ϕ133×4
ϕ89×4
ϕ89×4 40t/h
ϕ38×2.5
ϕ57×3
人工补水
颜巴赫供货范围
润滑油
缸套水
一级中冷
二级中冷
2号内燃发电机组
1号内燃发电机组
空气 天然气
DN150
DN700
ϕ133×4 76.1t/h
生活热水换热器
2号烟气热水换热器

图

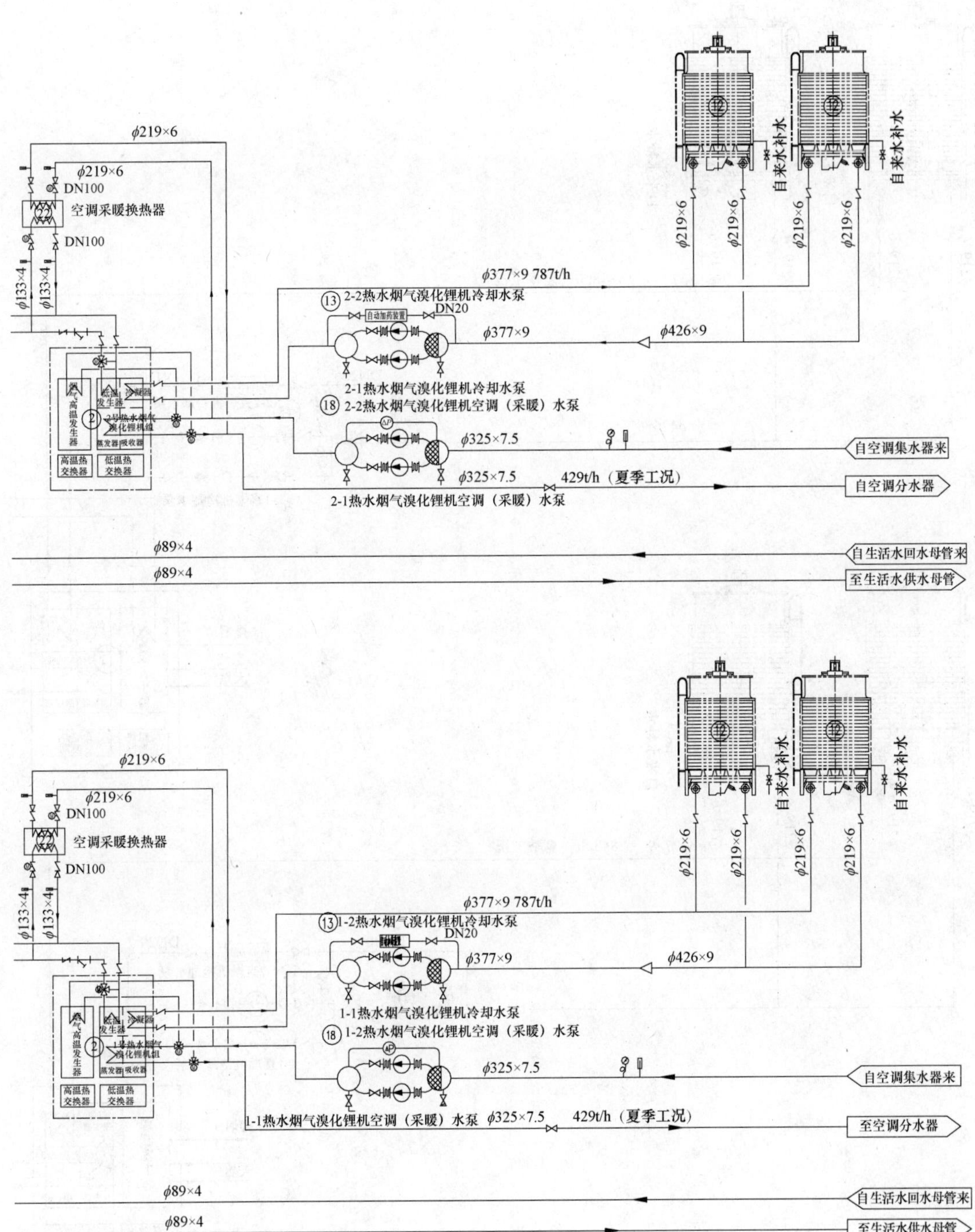

φ219×6
φ219×6
DN100
空调采暖换热器
DN100
φ133×4
φ133×4
自来水补水
自来水补水
φ219×6
φ219×6
φ219×6
φ219×6
φ377×9 787t/h
13 2-2热水烟气溴化锂机冷却水泵
自动加药装置
DN20
φ377×9
φ426×9
2-1热水烟气溴化锂机冷却水泵
18 2-2热水烟气溴化锂机空调（采暖）水泵
高温发生器
低温发生器
凝器
2号热水烟气溴化锂机组
蒸发器
吸收器
高温热交换器
低温热交换器
φ325×7.5
自空调集水器来
φ325×7.5
429t/h（夏季工况）
自空调分水器
2-1热水烟气溴化锂机空调（采暖）水泵
φ89×4
自生活水回水母管来
φ89×4
至生活水供水母管
φ219×6
φ219×6
DN100
空调采暖换热器
DN100
φ133×4
φ133×4
自来水补水
自来水补水
φ219×6
φ219×6
φ219×6
φ219×6
φ377×9 787t/h
13 1-2热水烟气溴化锂机冷却水泵
DN20
φ377×9
φ426×9
1-1热水烟气溴化锂机冷却水泵
18 1-2热水烟气溴化锂机空调（采暖）水泵
高温发生器
低温发生器
凝器
1号热水烟气溴化锂机组
蒸发器
吸收器
高温热交换器
低温热交换器
φ325×7.5
自空调集水器来
1-1热水烟气溴化锂机空调（采暖）水泵 φ325×7.5
429t/h（夏季工况）
至空调分水器
φ89×4
自生活水回水母管来
φ89×4
至生活水供水母管

4-12 系统图

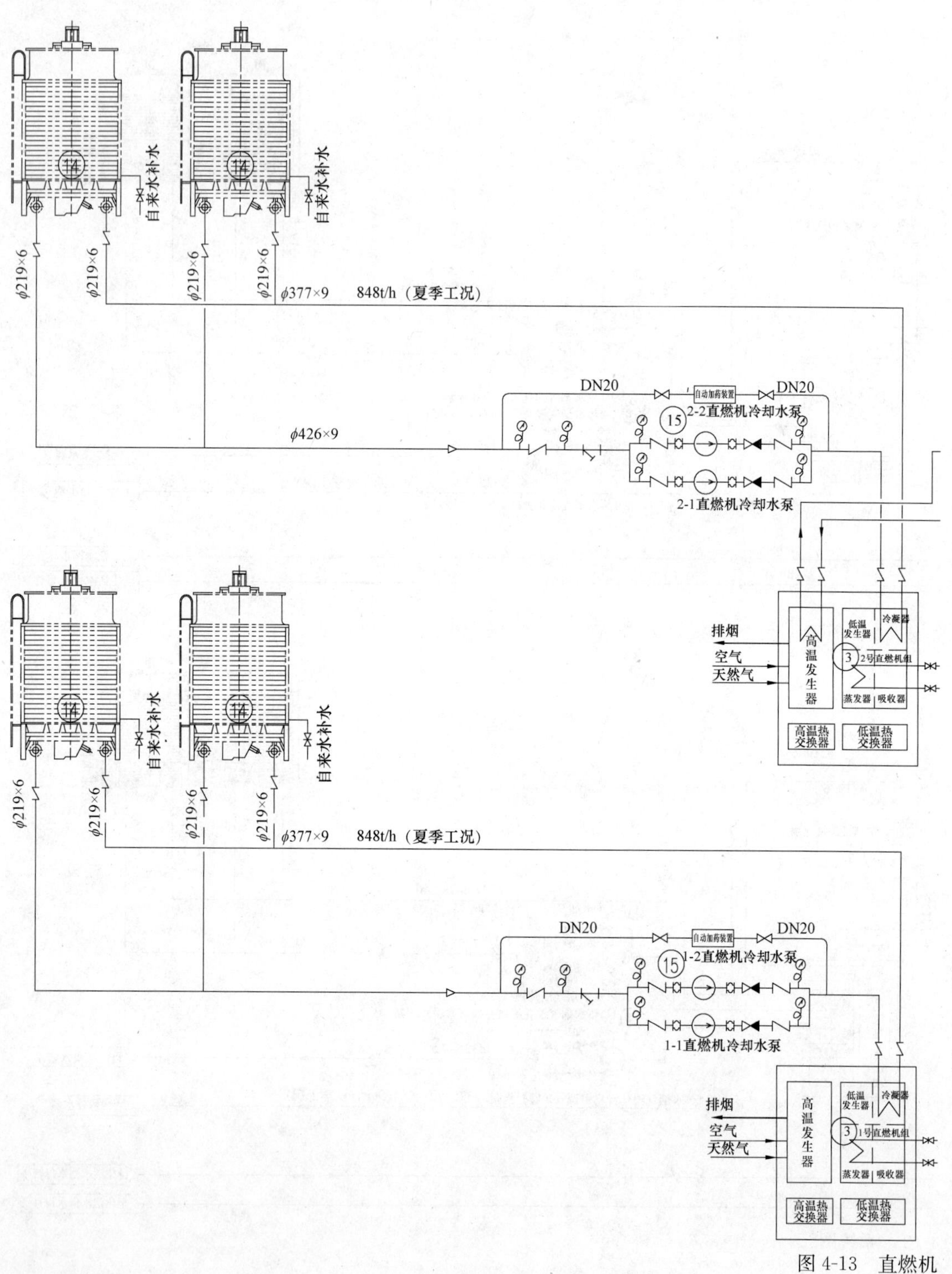
自来水补水
自来水补水
ϕ219×6
ϕ219×6
ϕ219×6
ϕ219×6
ϕ377×9 848t/h（夏季工况）
DN20
自动加药装置
DN20
2-2直燃机冷却水泵
ϕ426×9
2-1直燃机冷却水泵
排烟
空气
天然气
高温发生器
低温发生器
冷凝器
2号直燃机组
蒸发器
吸收器
高温热交换器
低温热交换器
自来水补水
自来水补水
ϕ219×6
ϕ219×6
ϕ219×6
ϕ219×6
ϕ377×9 848t/h（夏季工况）
DN20
自动加药装置
DN20
1-2直燃机冷却水泵
1-1直燃机冷却水泵
排烟
空气
天然气
高温发生器
低温发生器
冷凝器
1号直燃机组
蒸发器
吸收器
高温热交换器
低温热交换器

图4-13 直燃机

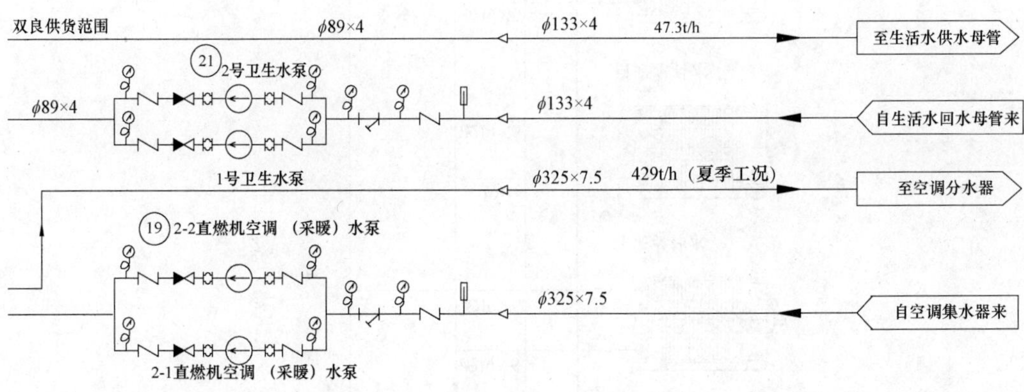
双良供货范围
φ89×4
φ133×4
47.3t/h
至生活水供水母管
21
2号卫生水泵
φ89×4
φ133×4
自生活水回水母管来
1号卫生水泵
φ325×7.5
429t/h（夏季工况）
至空调分水器
19
2-2直燃机空调（采暖）水泵
φ325×7.5
自空调集水器来
2-1直燃机空调（采暖）水泵

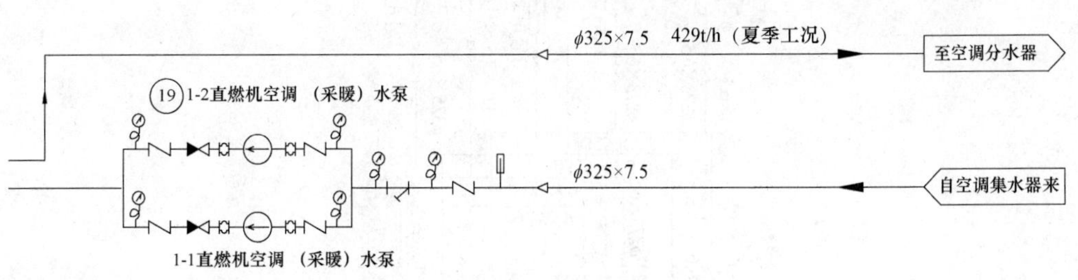
φ325×7.5
429t/h（夏季工况）
至空调分水器
19
1-2直燃机空调（采暖）水泵
φ325×7.5
自空调集水器来
1-1直燃机空调（采暖）水泵

热力系统图

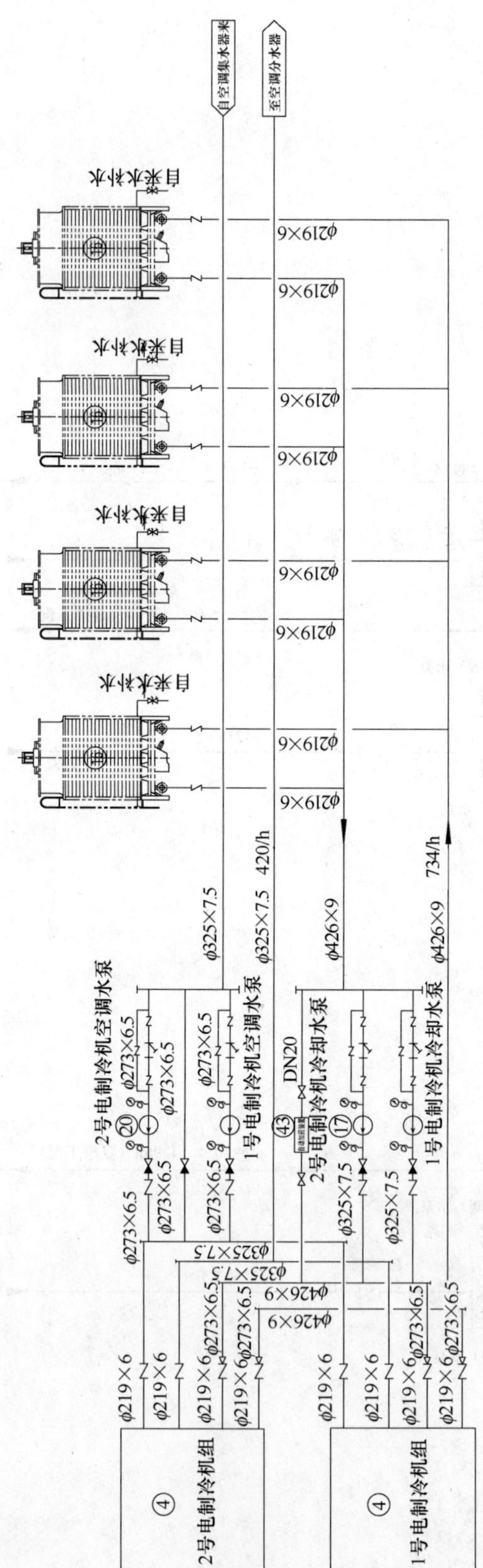

图 4-14　电制冷机组热力系统图

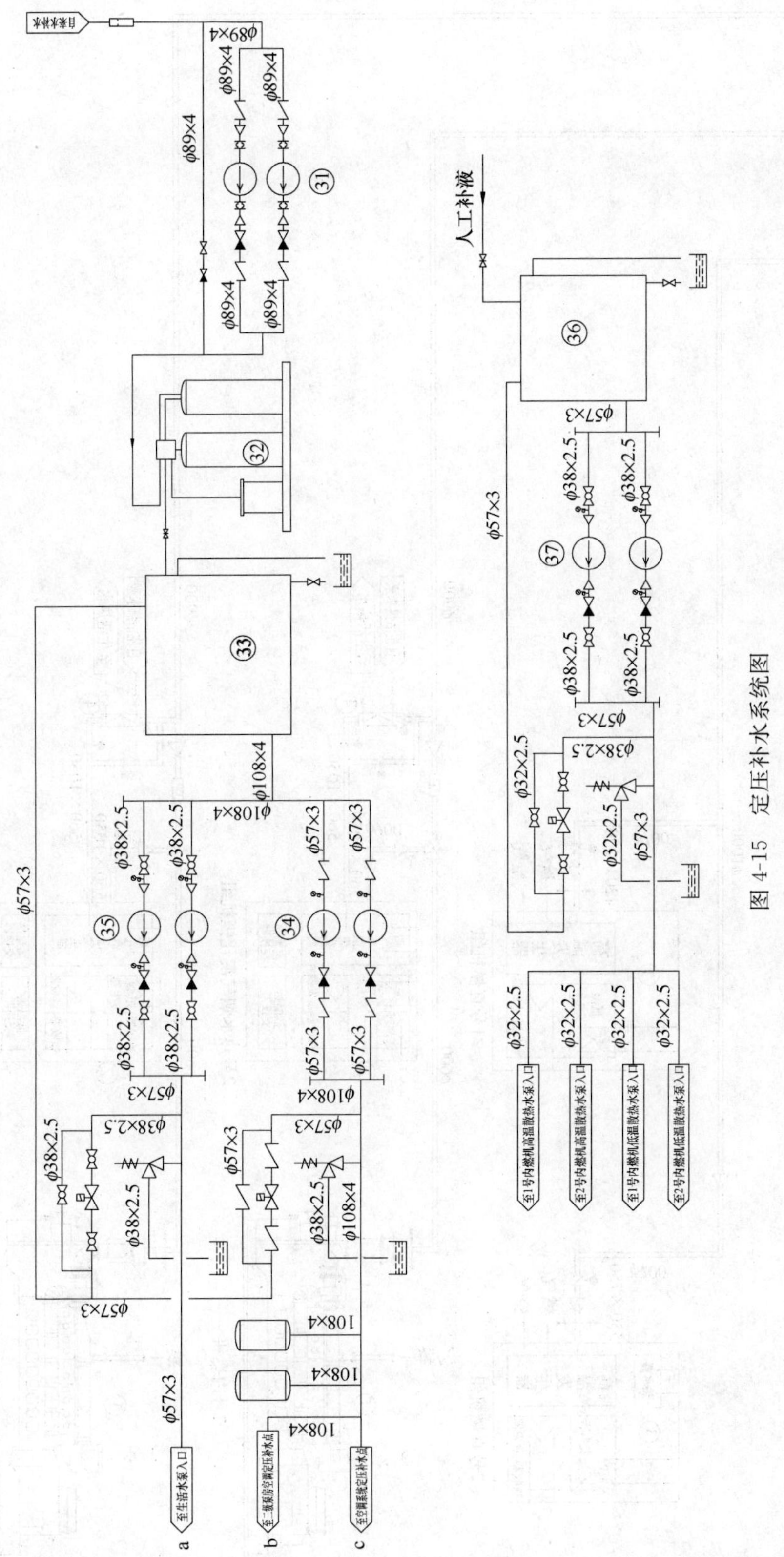

图 4-15　定压补水系统图

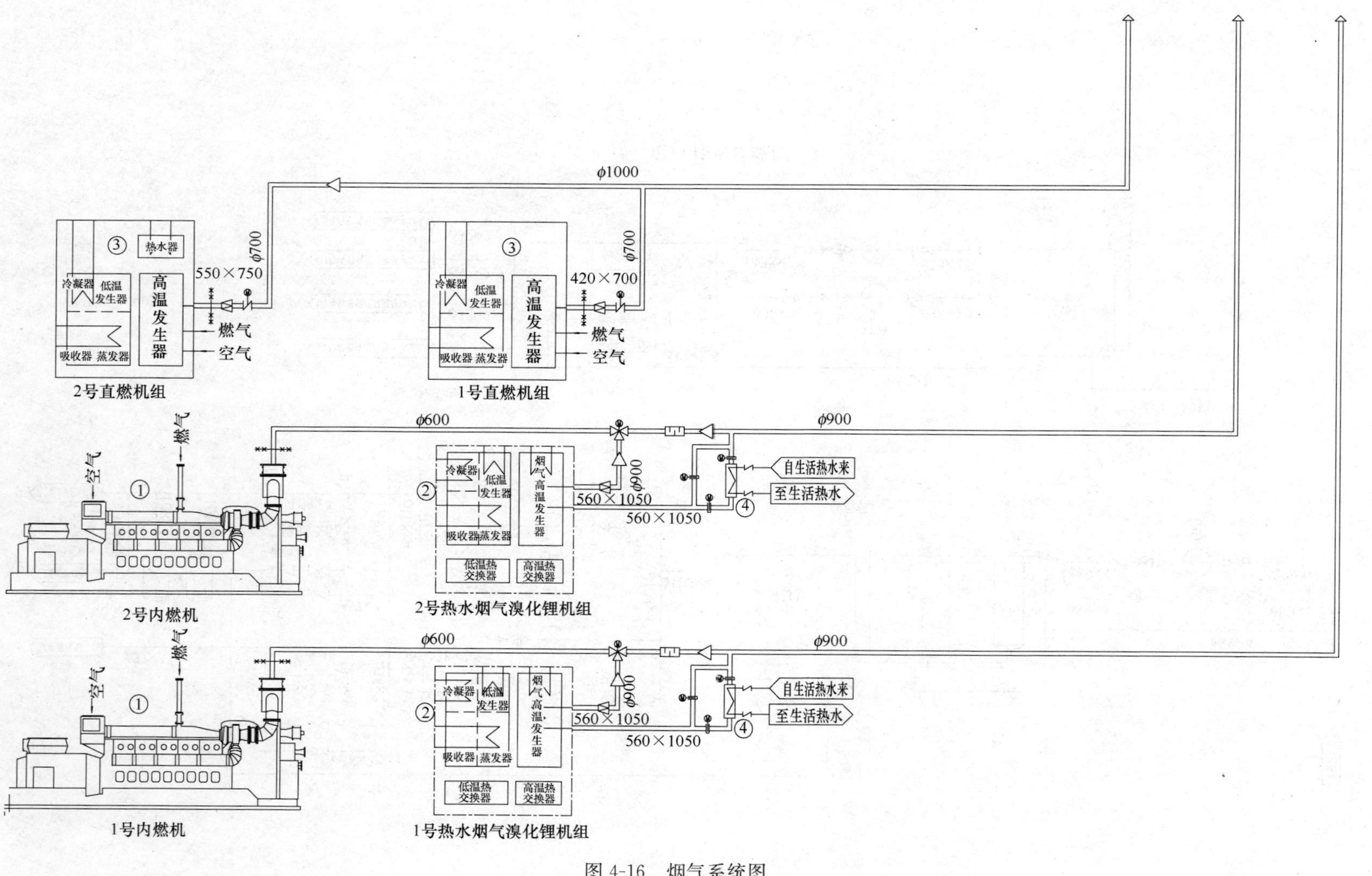
ϕ1000
热水器
冷凝器
低温发生器
高温发生器
吸收器 蒸发器
550×750
ϕ700
燃气
空气
2号直燃机组
420×700
1号直燃机组
ϕ600
ϕ900
空气
燃气
烟气
低温热交换器
高温热交换器
560×1050
自生活热水来
至生活热水
2号内燃机
2号热水烟气溴化锂机组
1号内燃机
1号热水烟气溴化锂机组

图 4-16　烟气系统图

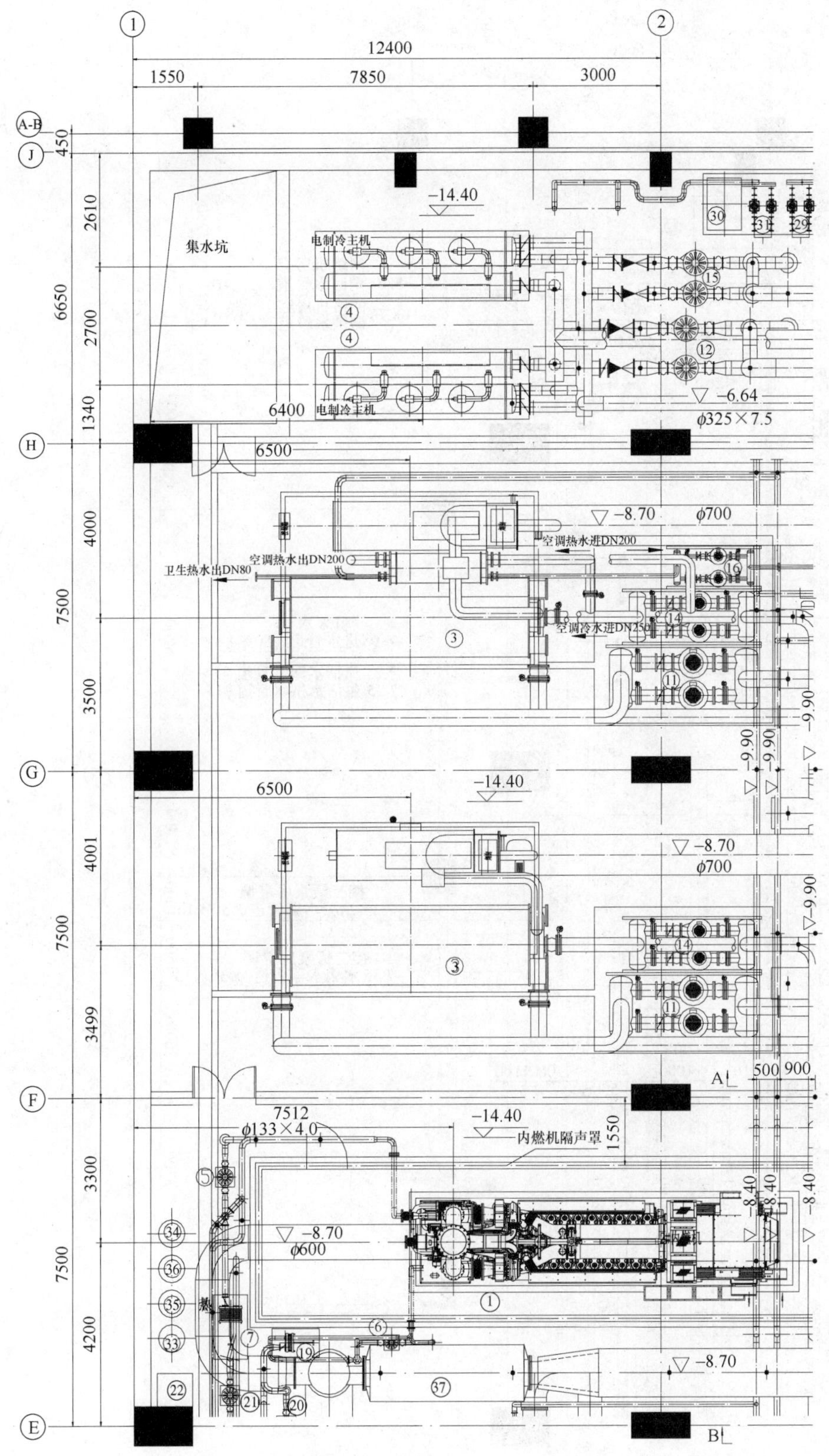

图 4-17　能源站布置图（一）

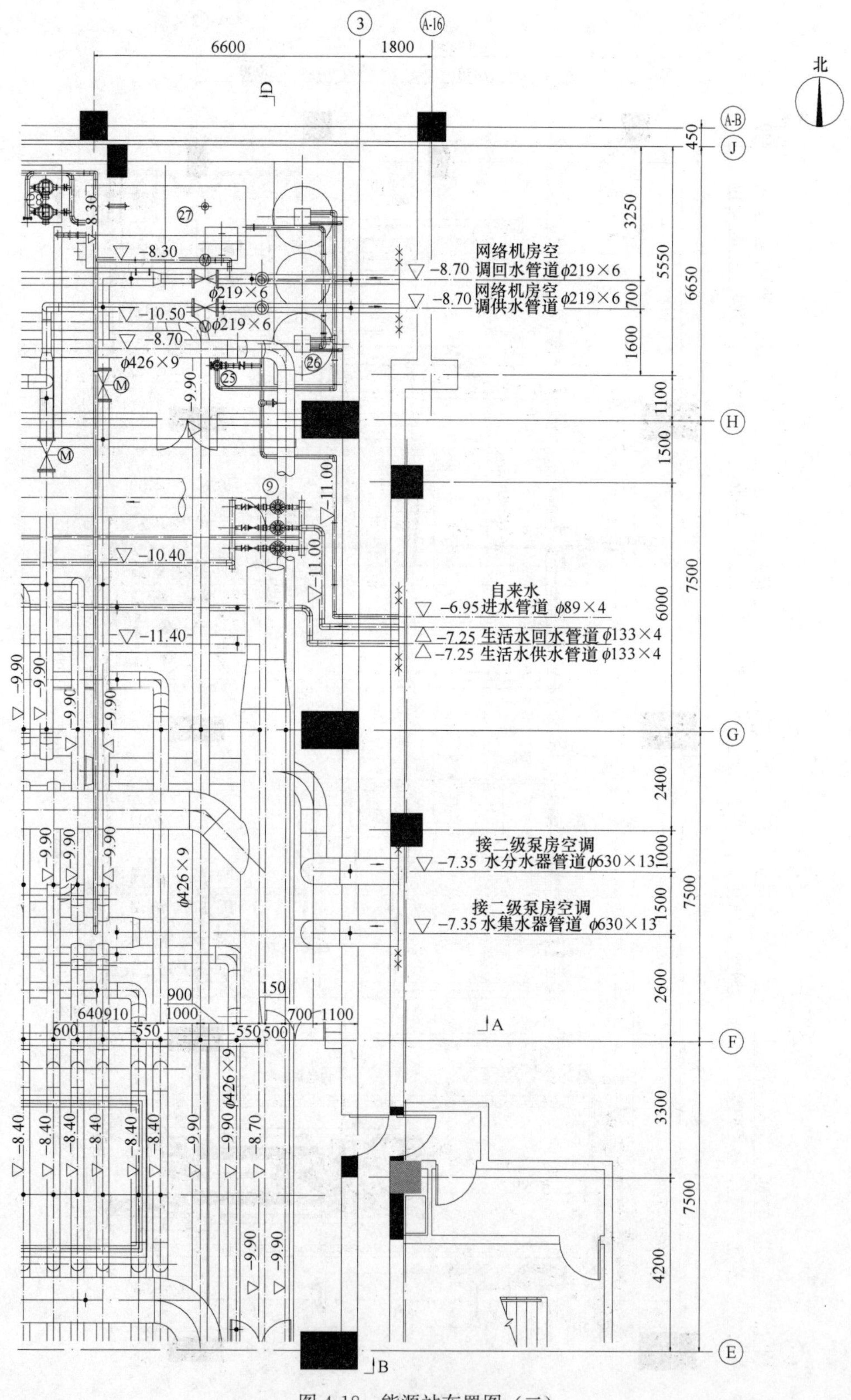

图 4-18　能源站布置图（二）

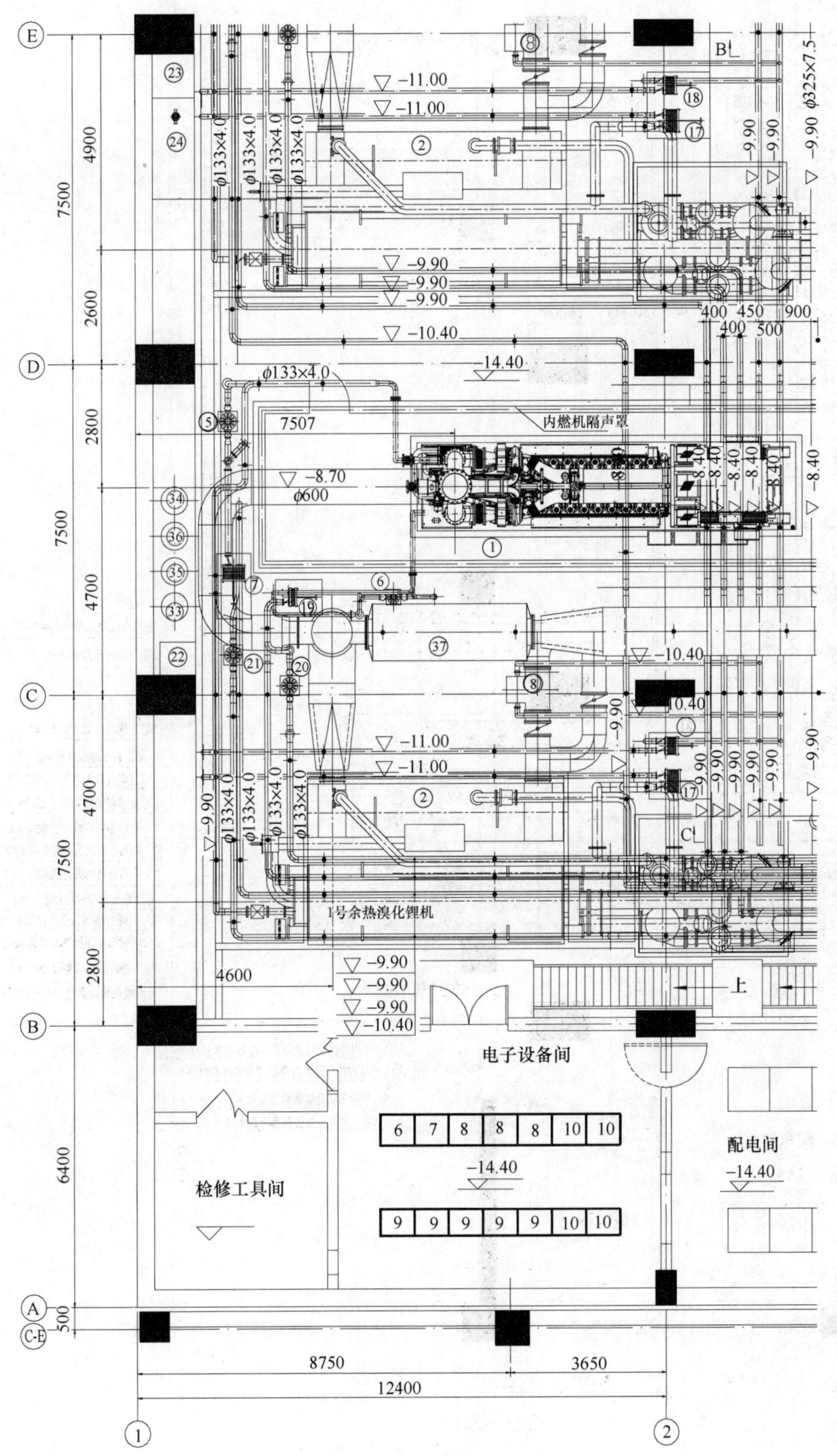

图 4-19　能源站布置图（三）

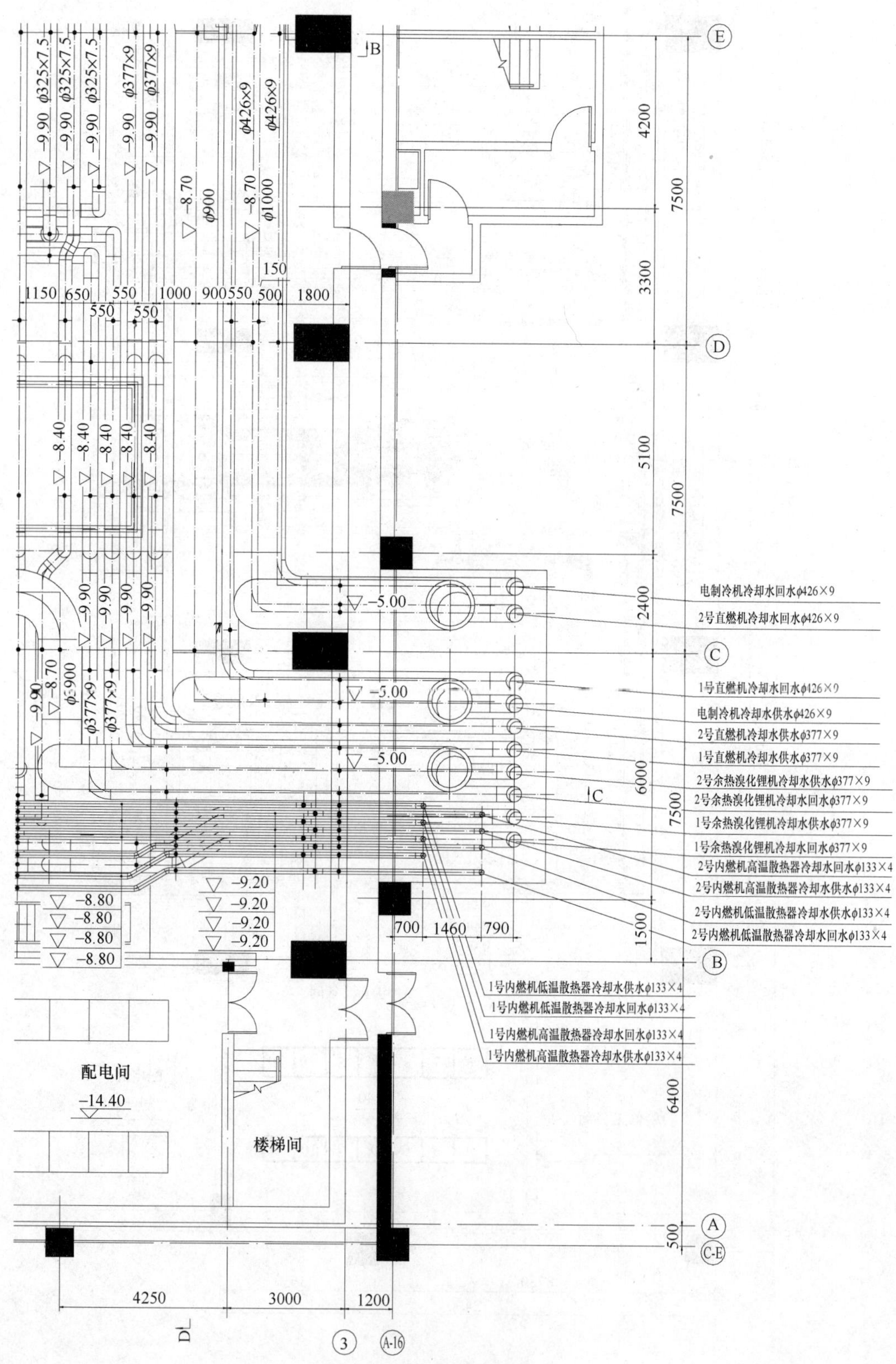
电制冷机冷却水回水φ426×9
2号直燃机冷却水回水φ426×9
1号直燃机冷却水回水φ426×9
电制冷机冷却水供水φ426×9
2号直燃机冷却水供水φ377×9
1号直燃机冷却水供水φ377×9
2号余热溴化锂机冷却水供水φ377×9
2号余热溴化锂机冷却水回水φ377×9
1号余热溴化锂机冷却水供水φ377×9
1号余热溴化锂机冷却水回水φ377×9
2号内燃机高温散热器冷却水回水φ133×4
2号内燃机高温散热器冷却水供水φ133×4
2号内燃机低温散热器冷却水供水φ133×4
2号内燃机低温散热器冷却水回水φ133×4
1号内燃机低温散热器冷却水供水φ133×4
1号内燃机低温散热器冷却水回水φ133×4
1号内燃机高温散热器冷却水回水φ133×4
1号内燃机高温散热器冷却水供水φ133×4
配电间
-14.40
楼梯间
4250
3000
1200
4200
7500
3300
5100
7500
2400
6000
7500
1500
6400
500
700
1460
790
1150
650
550
1000
900
550
500
1800
150

图4-20　能源站布置图（四）

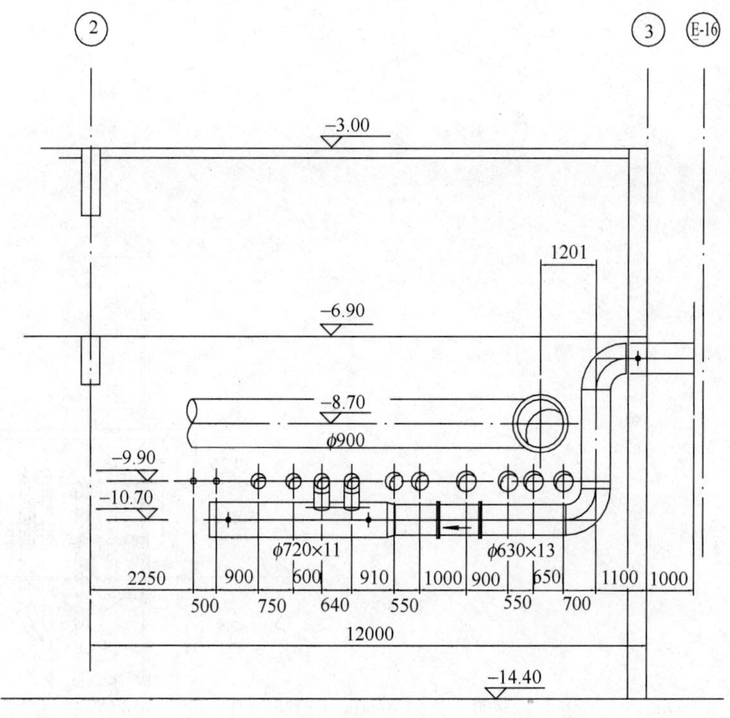

A–A

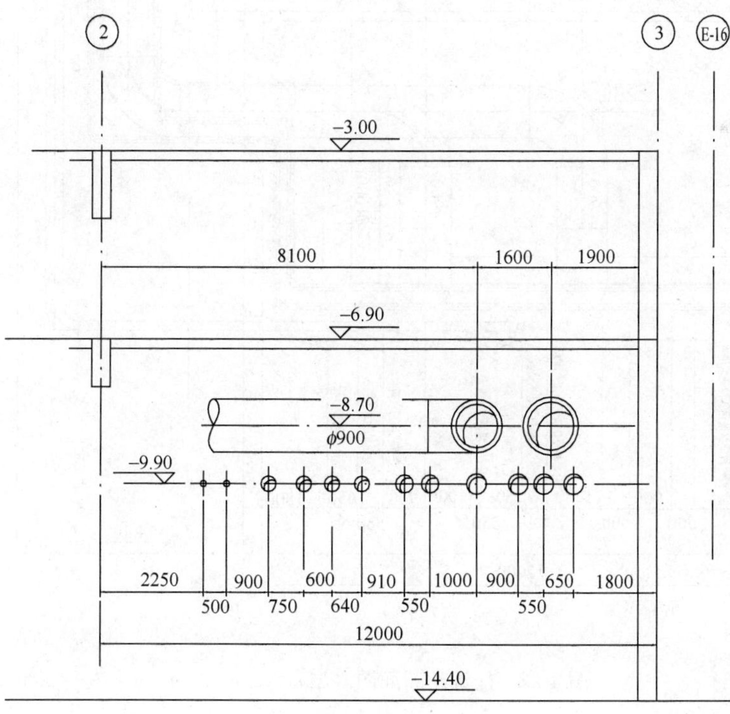

B–B

图 4-21 能源站断面图（一）

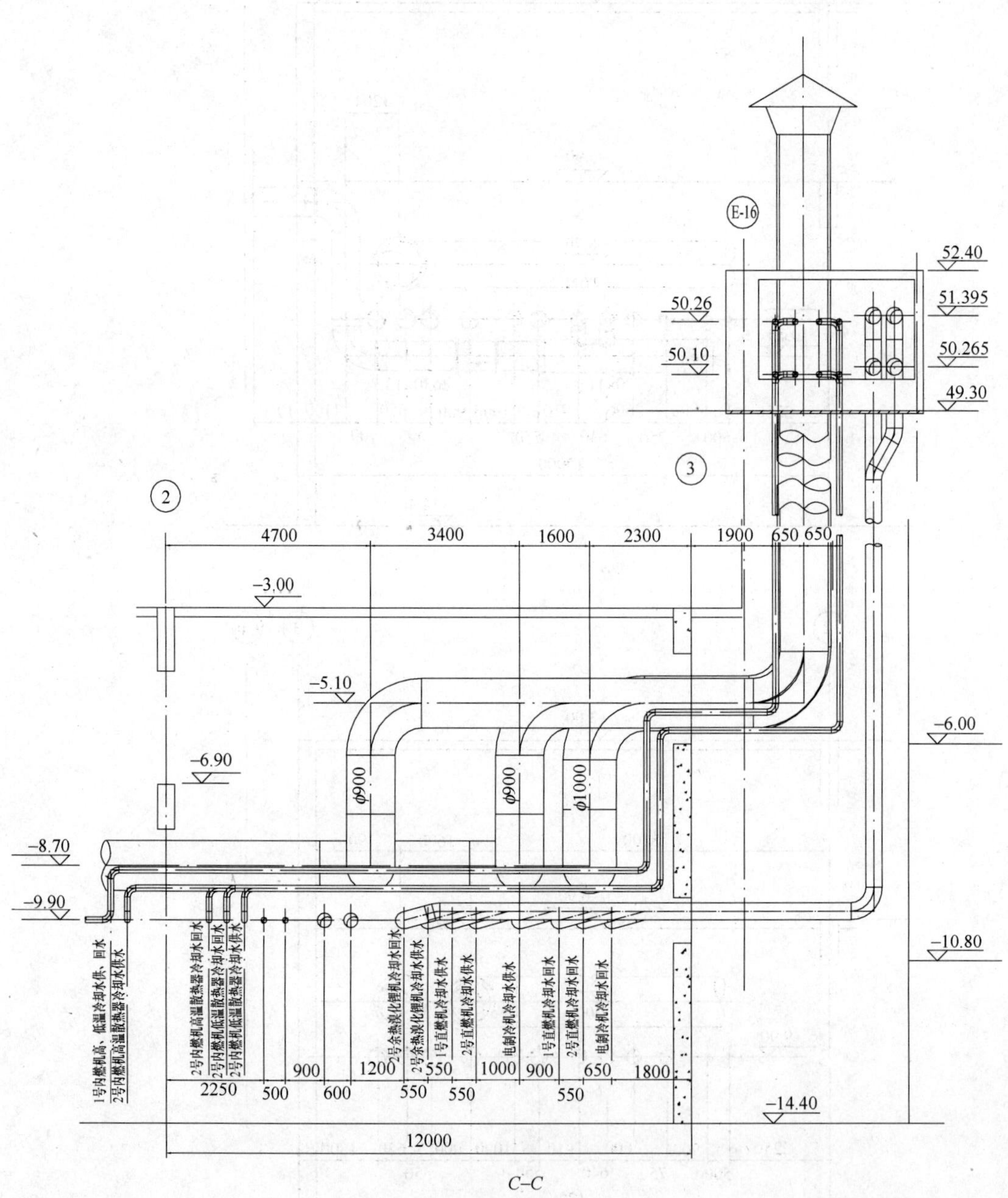

图 4-22　能源站断面图（二）

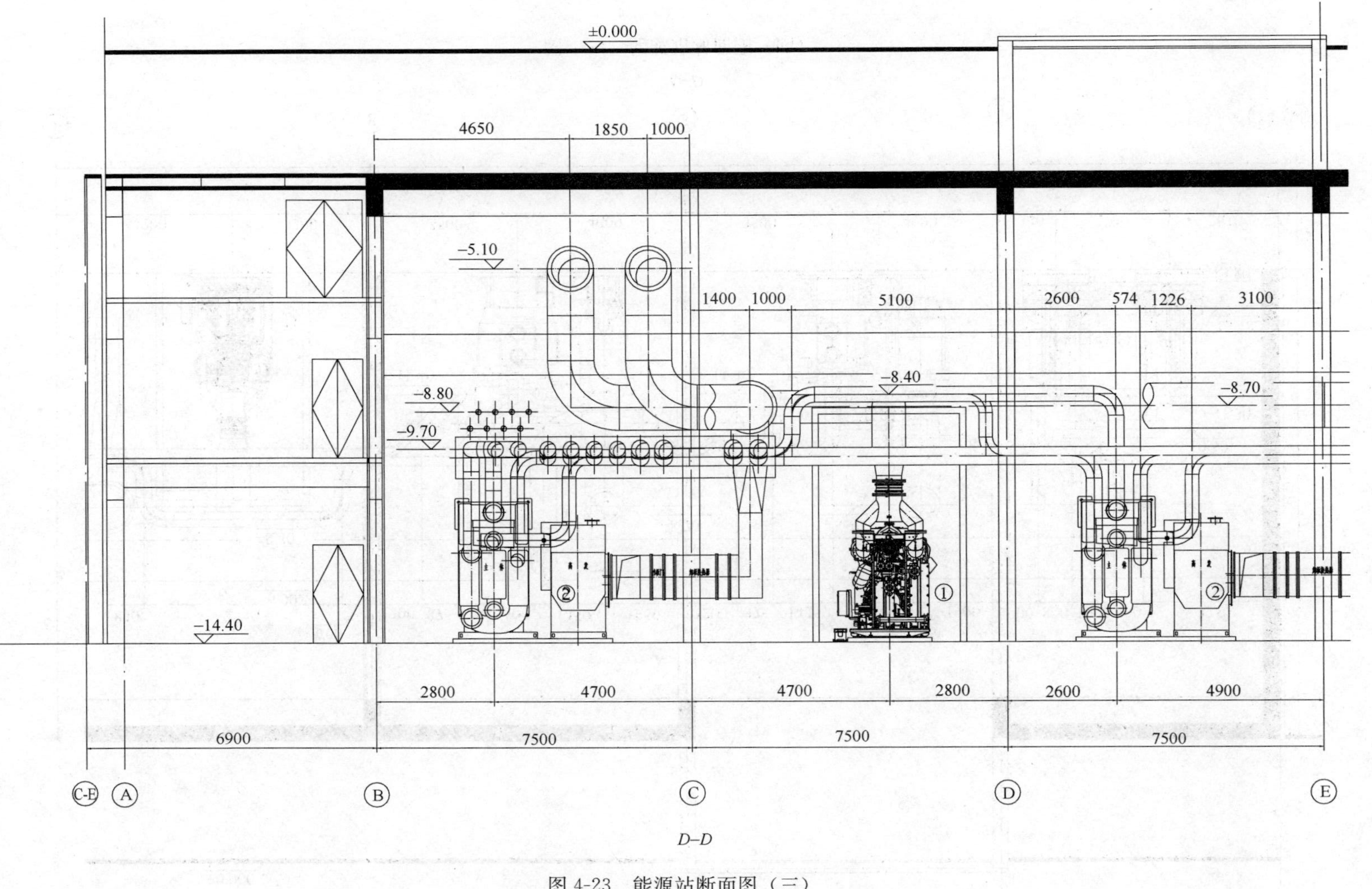

D–D

图 4-23 能源站断面图（三）

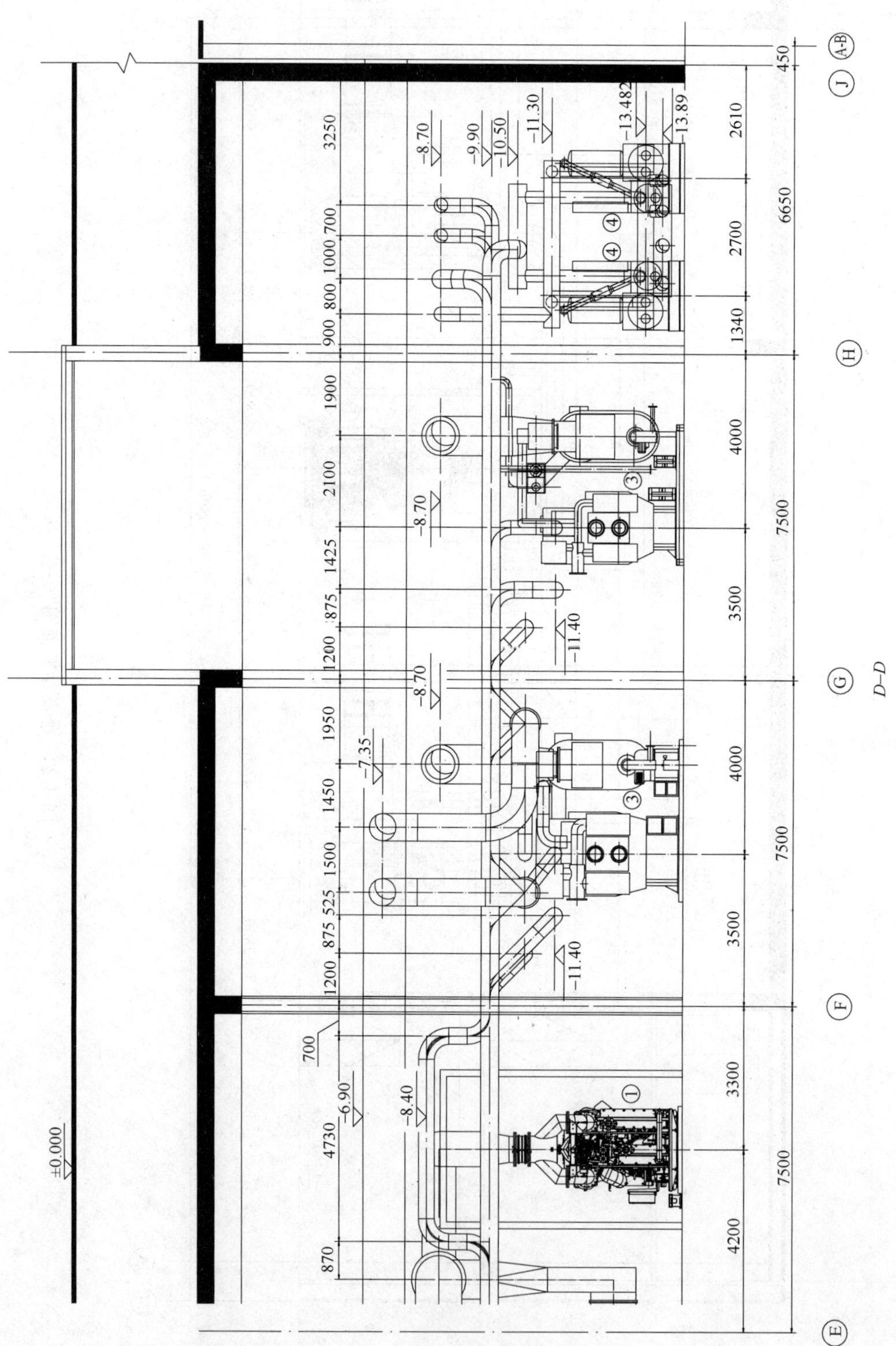

D–D

图 4-24　能源站断面图（四）

表 4-6 设备明细表

编号	设备名称	型号规范	单位	数量	备注
1	内燃发电机组	J620 GS-F101，额定功率 3431kW，额定热耗量 82/6kJ/（kW·h） 排量 124.75Nm³/（kW·h），转速 500rpm	台	2	
2	热水烟气溴化锂机组	BHEY300K-160/390/-75/95-38/32-7/14-300-k-Fc-Mc	台	2	
3	直燃机	HZXQⅡ-349（14/7）H2M2，HZXQⅡ-349（14/7）R2H2-W110	台	2	
4	电制冷机组	WCFX73RCN，制冷器 q=178kW，冷冻水流量 Q=209.5m³/h，冷却水流量 Q=349.2m³/h	台	2	
5	内燃机缸套水泵	TP 80-400，Q=87.3m³/h，H=33.2m	台	2	
6	内燃机低温冷却水泵	Q=40m³/h，H=7.8m	台	2	GE 供货
7	内燃机高温换热器	BN100L CDL-10，1773kW	台	2	
8	烟气热水换热器	FU530×0.6-1.0-0.5，250kW	台	2	
9	生活水热水泵	GLC 65-160-7.5/2，Q = 40m³/h，H = 32m，N=5kW	台	3	两用一备
10	热水烟气溴化锂机冷却水泵	Q=375m³/h，H=16m，P=44kW	台	4	远大供货，夏季两用，冬季一用一备
11	直燃机冷却水泵	DFG250-400C/4/55，Q = 429m³/h，H = 31m，P=55kW	台	4	
12	电制冷机冷却水泵	GLC 200-250-37/4，Q=384.1m³/h，H=22.4m	台	2	
13	热水烟气溴化锂机空调（采暖）水泵	Q=215m³/h，H=28m，N=60kW	台	4	远大供货，夏季两用，冬季一用一备
14	直燃机冷空调（采暖）水泵	DFG200-315（Ⅱ）A/4/37，Q = 270m³/h，H =27.5m，P=37kW	台	4	双良供货，夏季两用，冬季一用一备
15	电制冷机空调水泵	GLC 150-250-18.5/4，Q=230.5m³/h，H=17.8m	台	2	夏季两用，冬季一用一备
16	直燃机卫生水泵	DFG65-200A/2/5.5，Q = 28m³/h，H = 40m，P=5.5kW	台	2	双良供货，夏季两用，冬季一用一备
17	空调采暖换热器	BN100S CDL-10，1777.13kW	台	2	

续表

编号	设备名称	型号规范	单位	数量	备注
18	生活热水换热器	BT20 CDS-10，1777.13kW	台	2	
19	低温散热器换热器	BT20 CDS-10，218.14kW	台	2	
20	低温散热器水泵	GLC 100-200-5.5/4，Q=66m^3/h，H=16.1m	台	2	
21	高温散热器水泵	GLC 100-200-7.5/4，Q=62.7m^3/h，H=18.4m	台	2	
22	新油箱	V=0.5m^3	台	2	
23	废油箱	V=1m^3	台	1	
24	废油泵	Q=1t/h，H=10m	台	1	
25	软化水装置升压泵	SL W65-100（Ⅰ），Q=35m^3/h，H=14m，N=3kW	台	2	北京慧翔创新科技有限公司供货
26	软化水装置	Q=30m^3/h	台	1	
27	软化水箱	V=30m^3	台	1	
28	空调系统定压补水泵	SLS50-315（1）B，Q=20m^3/h，H=100m，N=22kW	台	2	
29	生活水定压补水泵	GDL1-6，Q=1m^3/h，H=30m	台	2	
30	乙二醇溶液水箱	V=1m^3	台	1	
31	内燃机散热系统定压补水泵	SLG2-13，Q=2.6m^3/h，H=80m，N=1.5kW	台	2	
32	集成化换热机组	VW1500	台	2	哈瓦特换热机组（北京）有限公司
33	低温换热器一次侧膨胀罐	V=200L	台	2	GE供货
34	高温换热器一次侧膨胀罐	V=200L	台	2	
35	低温换热器二次侧膨胀罐	V=200L	台	2	
36	高温换热器二次侧膨胀罐	V=200L	台	2	
37	消音器	DN600	台	2	GE供货
38	空调系统定压膨胀罐	2.8m^3	台	2	

4.2.3　市政热力＋电制冷系统分析

1. 市政热力＋电制冷系统流程图

市政热力＋电制冷系统流程图如图 4-25 所示。

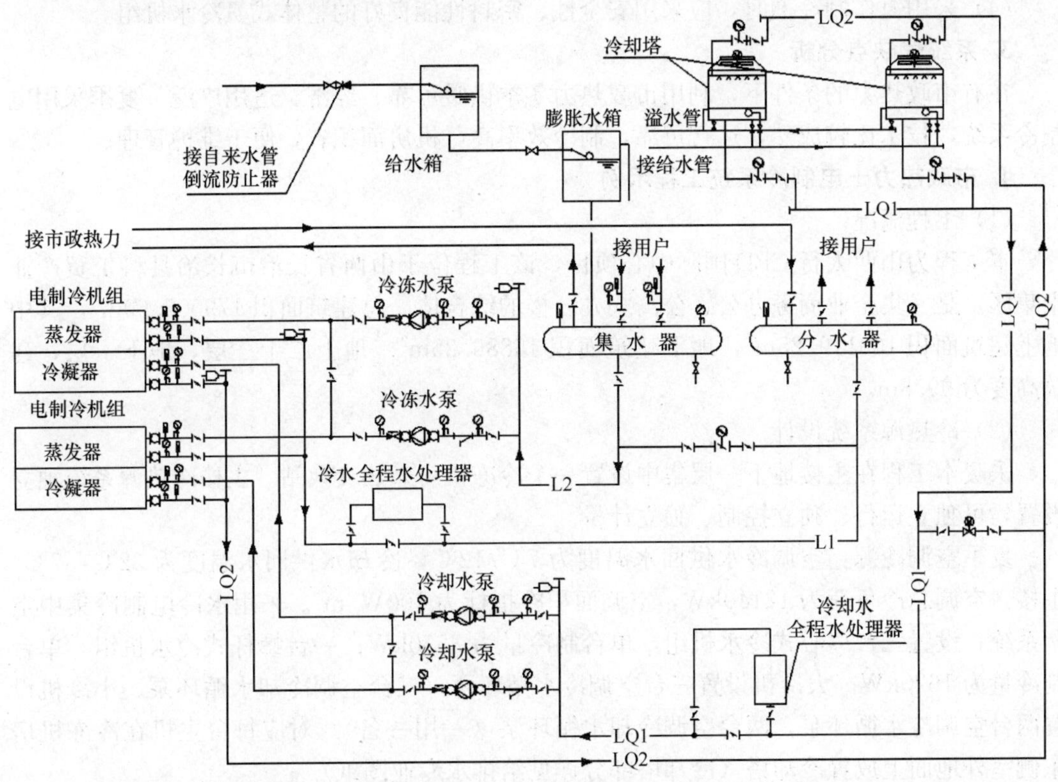

图 4-25　市政热力＋电制冷系统流程图

2. 电制冷系统设计

（1）选择水冷电动压缩式冷水机组类型时，参照表 4-7 的制冷量范围，经性能价格综合比较后确定。

表 4-7　水冷式冷水机组选型范围

单机名义工况制冷量（kW）	冷水机组类型
≤116	涡旋式
116～1054	螺杆式
1054～1758	螺杆式
	离心式
≥1758	离心式

（2）电动压缩式冷水机组的总装机容量，应根据计算的空调系统冷负荷值直接选定，不另作附加；在设计条件下，当机组的规格不能符合计算冷负荷的要求时，所选择机组的总装机容盘与计算冷负荷的比值不得超过 1.1。

（3）电动压缩式冷水机组电动机的供电方式应符合下列规定：

当单台电动机的额定输入功率大于1200kW时，应采用高压供电方式；当单台电动机的额定输入功率大于900kW而小于或等于1200kW时，宜采用高压供电方式；当单台电动机的额定输入功率大于650kW而小于或等于900kW时，可采用高压供电方式。

（4）采用氮作制冷剂时，应采用安全性、密封性能良好的整体式氨冷水机组。

3. 系统优缺点分析

在有市政热力的条件下，利用市政热力冬季供暖可靠、经济、适用广泛。夏季采用电制冷系统，技术比较成熟，运行可靠，制冷效率高，机房面积省，便于维护管理。

4. 市政热力十电制冷系统工程示例

（1）工程概况

本工程为山西太行CBD国际中心项目，该工程位于山西省长治市长治县科工贸产业聚集区。是一集企业商务办公、公寓式办公楼的综合体。总建筑面积179005.60m²，其中地上建筑面积163119.25m²，地下建筑面积15886.35m²。地上二十三层，地下一层，建筑高度为99.8m。

（2）冷热源系统设计

采暖本工程在主楼地下一层集中设置一个冷冻机房兼热交换站。主楼冷热源系统独立设置，可独立运行、独立控制、独立计量。

夏季空调冷源：空调冷水供回水温度为7℃/12℃，冷却水供回水温度为32℃/37℃。主楼：空调总冷负荷为12140kW，空调面积冷指标为100W/m²。采用水冷电制冷集中空调系统，设置三台离心式冷水机组，单台制冷量为3550kW；一台螺杆式冷水机组，单台制冷量为1620kW。大冷机设置三台空调冷水循环泵，三台空调冷却水循环泵。小冷机设置两台空调冷水循环泵，两台空调冷却水循环泵（一用一备）。对应每台主机在冷冻机房东侧室外地面上放置冷却塔（冷却塔部分详见给排水专业图纸）。

空调热源：采用市政热网供热，80℃/70℃低温热水。供回水压差要求0.15MPa。空调二次热水供回水温度为60℃/50℃。主楼：空调总热负荷为11580kW，空调面积热指标为95W/m²。在冷冻机房及热交换站内设置一套空调热交换机组（RJA-1）。热交换机组（RJA-1）主要由两台板式换热器、三台（二用一备）热水循环水泵组成。

地暖热源：采用市政热网供热，80℃/70℃低温热水。供回水压差要求0.15MPa。采暖二次热水供回水温度为50℃/40℃。主楼：地暖总热负荷为216.6kW，地下一层散热器采暖总热负荷为125kW。采暖面积热指标为48W/m²。在冷冻机房及热交换站内设置一套地暖热交换机组（RJA-2）。热交换机组主要由两台板式换热器、三台（二用一备）热水循环水泵组成。

在冷冻机房及热交换站内：设置囊式气压罐（DYA-1）对主楼空调冷热系统统一定压，定压值为1.05MPa；设置囊式气压罐（DYA-2）对主楼地暖系统定压，定压值为0.22MPa；空调冷热水、地暖系统补水采用软化水，空调冷却水系统采用电子物理辅助加药处理方式。

（3）附图

工程相关参数见表4-8至表4-15，原理图及详图如图4-26至图4-31所示。

表 4-8 冷水机组参数

序号	设备编号	设备型式	空调制冷量（kW）	蒸发器			冷凝器			电源		机组最大外形尺寸（长×宽×高）（mm）	质量（运行）（kg）	数量（台）	最小负荷率（%）	备注
				进/出水温（℃）	水侧工作压力（MPa）	蒸发器水阻（MPa）	进/出水温（℃）	水侧工作压力（MPa）	冷凝器水阻（kPa）	容量（kW）	电压（V）					
1	L-1，2，3	水冷离心机	3550	7/12	1.6	<88	32/37	1.0	<92	695	380	5160×2500×2625	16652	3	30	使用环保冷媒 R134a COP>5.1
2	L-4	水冷螺杆机	1620	7/12	1.6	<79	32/37	1.0	<99	334	380	460×1810×1920	7220	1	10	使用环保冷媒 R134a CCP>4.6

表 4-9 循环水泵参数

序号	设备编号	设备名称	设备型式	流量（m^3/h）	扬程（mH_2O）	电机		转速（r/min）	吸入口压力（MPa）	工作压力（MPa）	设计点效率（%）	介质温度（℃）	数量（台）	设备承压（MPa）	安装位置	服务对象	备注
						容量（kW）	电压（V）										
1	B-1～3	冷水循环泵	离心端吸泵	670	38	132	380	1450	1.05	1.6	75	7～12	3	1.6	地下一层冷冻机机房及热交换站	空调冷水循环	密封方式：机械密封 电机功率要求：全范围内不过滤，互备
2	b-1～3	冷却水循环泵	离心端吸泵	800	32	160	380	1450	0.25	1.0	75	32～37	3	1.0	地下一层冷冻机机房及交换站	空调冷水循环	密封方式：机械密封 电机功率要求：全范围内不过滤，互备
3	B-4，5	冷水循环泵	离心端吸泵	320	38	55	380	1450	1.05	1.6	75	7～12	2	1.6	地下一层冷冻机机房及交换站	空调冷水循环	密封方式：机械密封 电机功率要求：全范围内不过滤，两用一备
4	b-4，5	冷却水循环	离心端吸泵	400	32	75	380	1450	0.25	1.0	75	32～37	2	1.0	地下一层冷冻机机房及交换站	空调冷却水循环	密封方式：机械密封电机功率要求：全范围内不过滤，两用一备

表 4-10 RJA-1 空调热水热交换机组

序号	设备编号	设备名称	单台换热量（kW）	一次供/回水温度（℃）	二次供/回水温度（℃）	一次水侧水压降（kPa）	二次水侧水压降（kPa）	一次侧工作压力（MPa）	二次侧工作压力（MPa）	换热器承压（MPa）	数量	备注
1	RJA-1	板式换热器	8650	80/70	60/50	≤50	≤50	1.6	1.6	2.0	2	

设备名称	流量（m^3/h）	扬程（mH_2O）	电机功率（kW）	吸入口压力（MPa）	设计点效率（%）	工作压力（MPa）	泵承压（MPa）	数量	备注
循环水泵	550	38	110	1.05	70	1.6	2.0	3	变频泵；两用一备；换热机组内设两套控制柜

表 4-11 RJA-2 地板辐射采暖、地下一层采暖热水热交换机组

序号	设备编号	设备名称	单台换热量（kW）	一次供/回水温度（℃）	二次供/回水温度（℃）	一次水侧水压降（kPa）	二次水侧水压降（kPa）	一次侧工作压力（MPa）	二次侧工作压力（MPa）	换热器承压（MPa）	数量	备注
1	RJA-2	板式换热器	250	80/70	50/40	≤50	≤50	1.6	0.5	2.0	2	

设备名称	流量（m^3/h）	扬程（mH_2O）	电机功率（kW）	吸入口压力（MPa）	设计点效率（%）	工作压力（MPa）	泵承压（MPa）	数量	备注
循环水泵	16	25	5.5	0.25	70	0.5	1.0	3	变频泵；两用一备；换热机组内设两套控制柜

表 4-12 定压补水装置

序号	设备编号	设备名称	定压值（MPa）	启、停泵压力（MPa）	定压罐总容积（m^3）	调节容积（m^3）	补水泵						数量（套）	工作压力（MPa）	设备承压（MPa）	备注
							流量（m^3/h）	扬程（mH_2O）	容量（kW）	电压（V）	数量台	服务对象				
1	DYA-1	空调冷、热水系统定压装置	1.05	1.07～1.10	1.4	0.49	5	115	2.2	380	2	空调冷、热水系统定压；一用一备	1	1.6	2.0	采用立式囊式气压罐
2	DYA-2	地板辐射采暖系统定压装置	0.22	0.24～0.26	0.82	0.3	3	26	1.5	380	2	地板辐射采暖系统定压；一用一备	1	0.5	0.8	采用立式囊式气压罐

表 4-13 水处理装置

序号	设备名称	设备编号	性能要求	台数	备 注
1	全程水处理器	QCA-1	处理流量 1800～2600m³/h，带压差监测装置，报警装置 320W/220V 工作压力 1.0MPa 压力损失 0.02～0.03MPa 控制腐蚀率符合 GB 50050—2007；防垢除垢率大于 98%；超净过滤率大于 90%	1	空调冷、热水系统 外形尺寸：*D*=1220mm *H*=2300mm 接口口径 *D*=500mm
2	全程水处理器	QCA-2	处理流量 2600～3500m³/h，带压差监测装置，报警装置 320W/220V 工作压力 1.0MPa 压力损失 0.02～0.03MPa 控制腐蚀率符合 GB 50050—2007；防垢除垢率大于 98%；灭菌灭藻率大于 99%	1	空调冷却水系统 外形尺寸 *D*=1500mm *H*=2400mm 接口口径 *D*=700mm
3	全程水处理器	QCA-3	处理流量 105～158m³/h，带压差监测装置，报警装置 110W/220V 工作压力 1.0MPa 压力损失 0.02～0.03MPa 控制腐蚀率符合 GB 50050—2007；防垢除垢率大于 98%；超净过滤率大于 90%	1	一层地板辐射采暖水系统外形尺寸 *D*=700mm *H*=1500mm 地下室散热器采暖水系统接口口径 *D*=150mm

表 4-14 全自动软水器

设备名称	产水量(T/h)	树脂罐(D×H)	盐箱容积(L)	数量	服务对象	备 注
软水器	15～20	900×1900×2	1000	1	空调、热冷水系统、地板辐射采暖热水系统	双阀双罐，一用一备，出水总硬度小于 0.03mmol/L 40W/220V，长×宽×高 3.5×2×3

表 4-15 真空脱气机

设备名称	设备编号	最大处理水量(t/h)	电量	工作压力(MPa)	数量	备 注
真空脱气机	TQJ-1	2	1.1kW/380	1.6	1	水温度 0～90℃空调冷热水系统
真空脱气机	TQJ-2	2	1.1kW/380	0.5	1	水温度 0～90℃地暖水系统

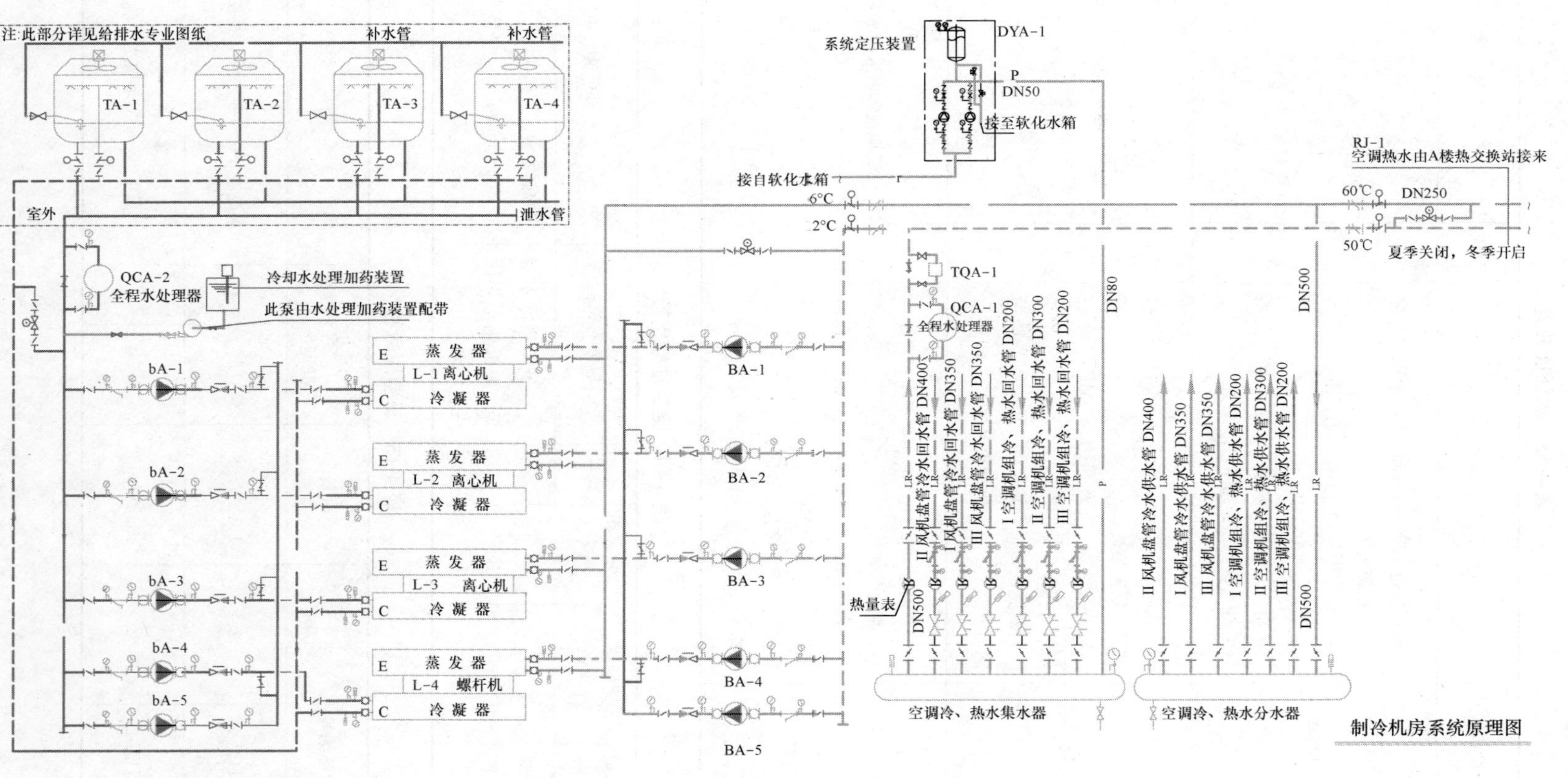

图 4-26 制冷机房系统原理图

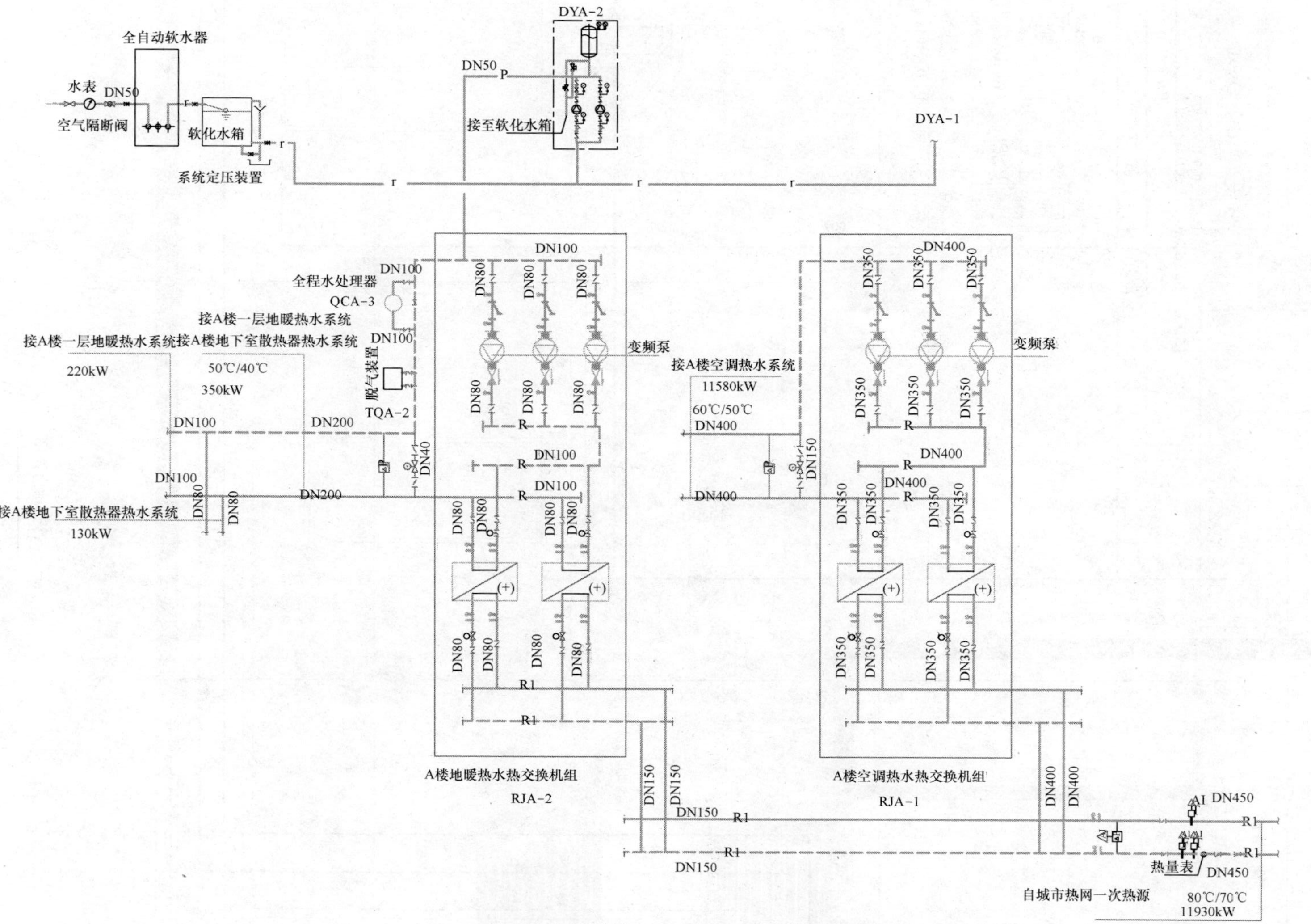

图 4-27 空调热源、地暖热源热交换间水系统原理图

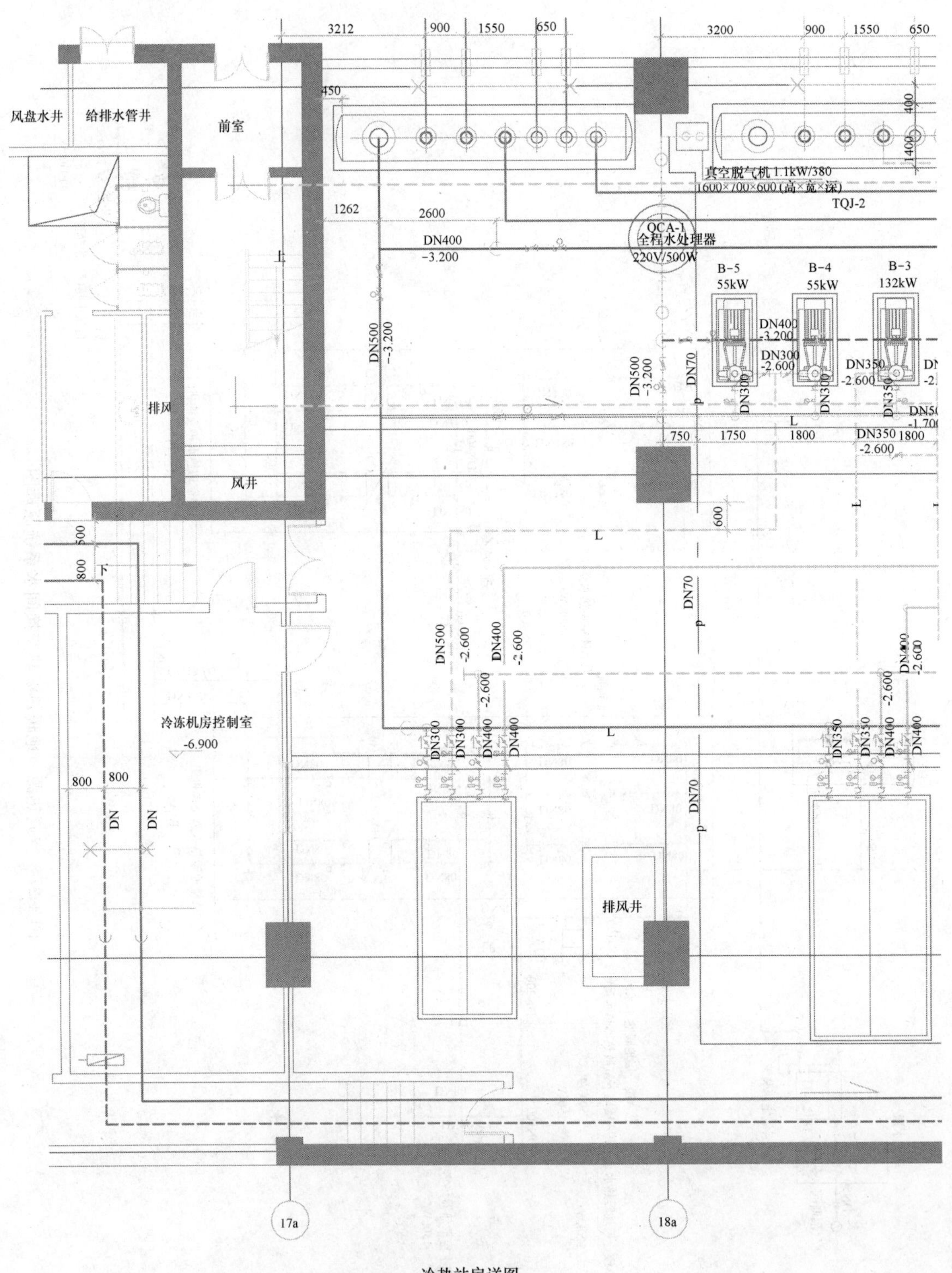

冷热站房详图

图4-28　冷热站房详图（一）

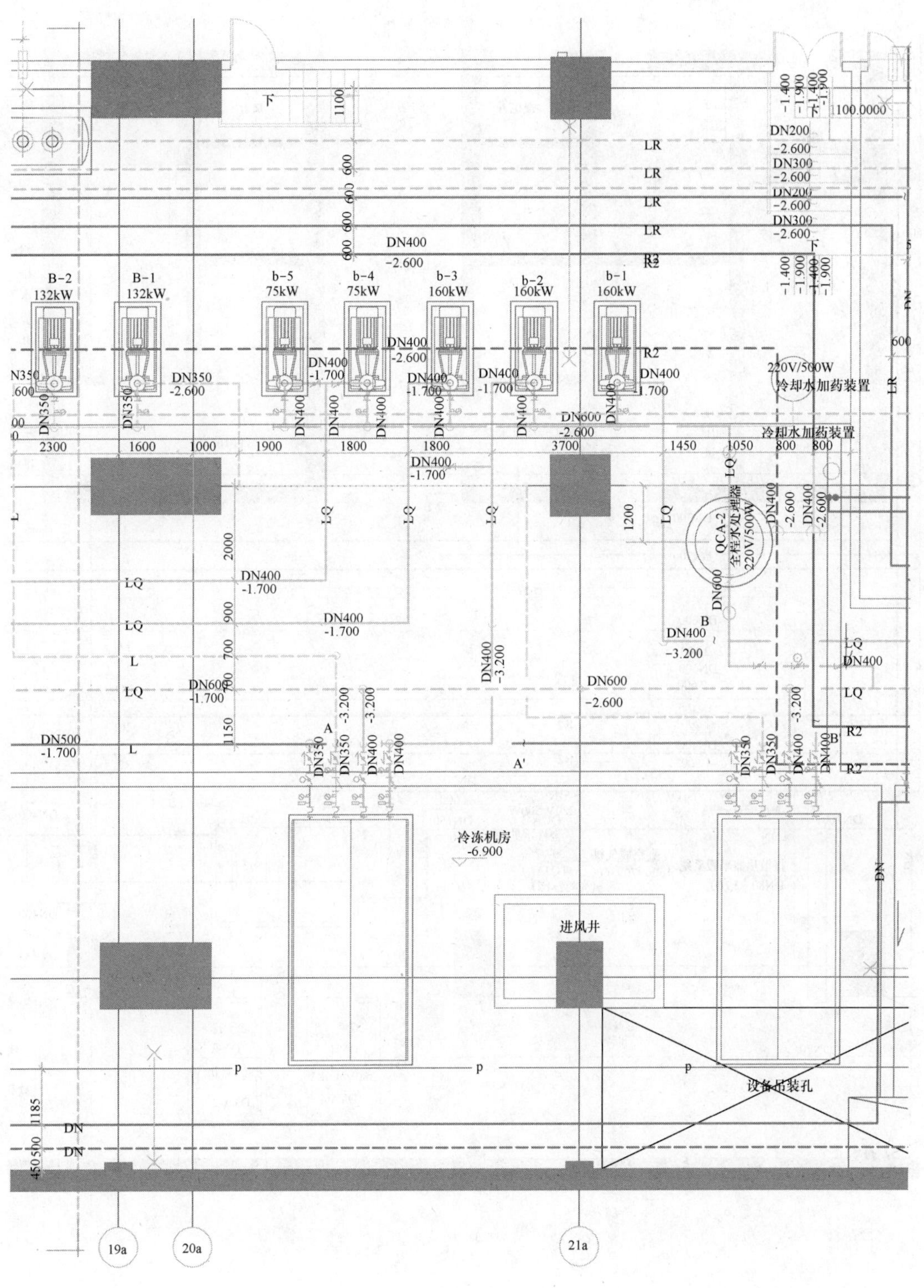

冷热站房详图

图 4-29　冷热站房详图（二）

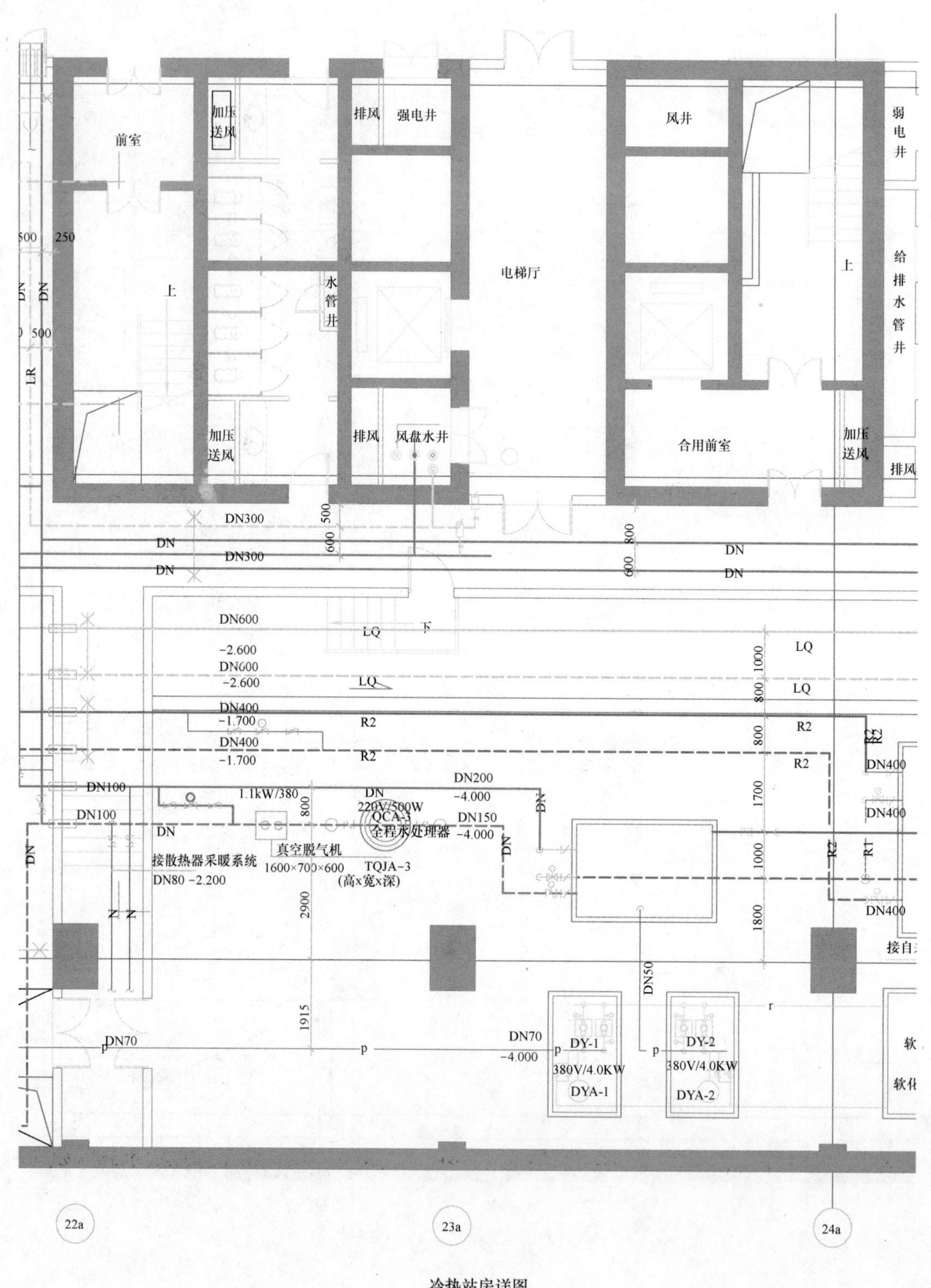

图 4-30　冷热站房详图（三）

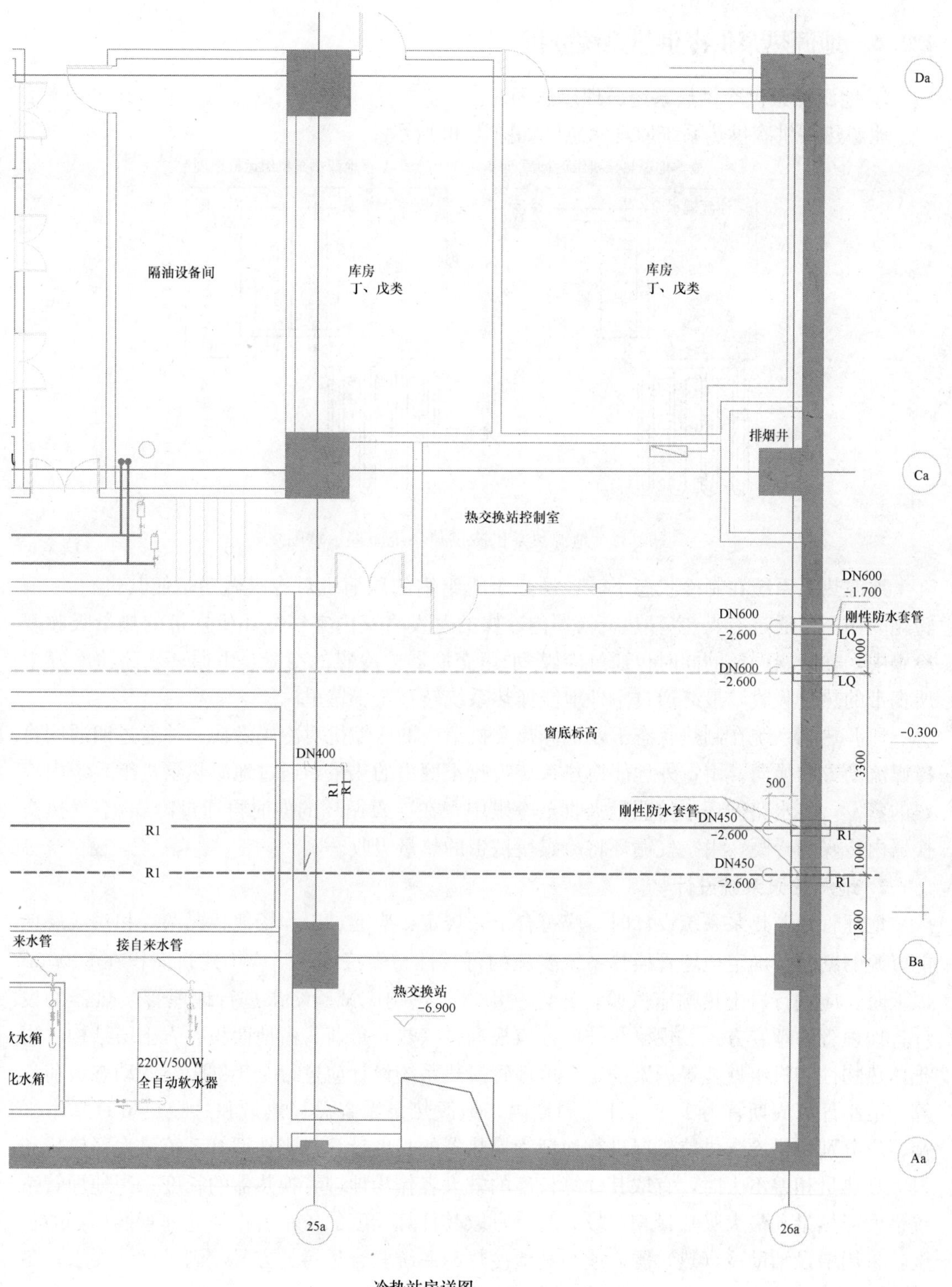
Da
隔油设备间
库房
丁、戊类
库房
丁、戊类
排烟井
Ca
热交换站控制室
DN600
-1.700
DN600
-2.600
刚性防水套管
LQ
1000
DN600
-2.600
LQ
窗底标高
-0.300
DN400
R1
R1
3300
500
刚性防水套管
DN450
-2.600
R1
R1
1000
R1
DN450
-2.600
R1
1800
来水管
接自来水管
Ba
热交换站
-6.900
软水箱
化水箱
220V/500W
全自动软水器
Aa
25a
26a
冷热站房详图

图 4-31　冷热站房详图（四）

4.2.4　地源热泵供冷供热系统分析

1. 地源热泵供冷供热系统原理示意图

地源热泵供冷供热系统原理示意图如图 4-32 所示。

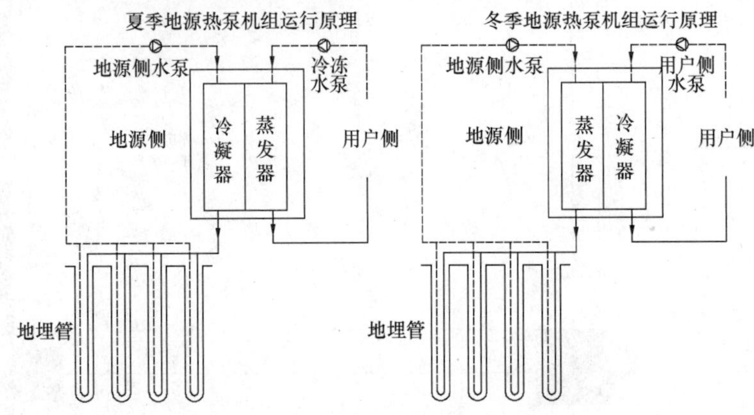

图 4-32　地源热泵供冷供热系统原理示意图

地源热泵系统在制冷状态下，地源热泵机组内的压缩机对冷媒做功，使其进行汽-液转化的循环。通过冷媒/空气热交换器内冷媒的蒸发将室内空气循环所携带的热量吸收至冷媒中，在冷媒循环的同时再通过冷媒/水热交换器内冷媒的冷凝，由循环水路将冷媒中所携带的热量吸收，最终通过室外地能换热系统转移至土壤里。

地源热泵系统在制热状态下，地源热泵机组内的压缩机对冷媒做功，并通过四通阀将冷媒流动方向换向。由室外地能换热系统吸收土壤里的热量，通过地源热泵机组系统内冷媒的蒸发，将水路循环中的热量吸收至冷媒中，在冷媒循环的同时再通过冷媒/空气热交换器内冷媒的冷凝，由空气循环将冷媒所携带的热量吸收。

2. 地源热泵系统设计

地埋管地源热泵系统设计时，应符合下列规定：应通过工程场地状况调查和对浅层地能资源的勘察，确定地埋管换热系统实施的可行性与经济性；当应用建筑面积在 5000m^2 以上时，应进行岩土热响应试验，并应利用岩土热响应试验结果进行地埋管换热器的设计；地埋管的埋管方式、规格与长度，应根据冷（热）负荷、占地面积、岩土层结构、岩土体热物性和机组性能等因素确定；地埋管换热系统设计应进行全年供暖空调动态负荷计算，最小计算周期宜为 1 年。计算周期内，地源热泵系统总释热量和总吸热量宜基本平衡；应分别按供冷与供热工况进行地埋管换热器的长度计算。当地埋管系统最大释热量和最大吸热量相差不大时，宜取其计算长度的较大者作为地埋管换热器的长度；当地埋管系统最大释热量和最大吸热量相差较大时，宜取其计算长度的较小者作为地埋管换热器的长度，采用增设辅助冷（热）源，或与其他冷热源系统联合运行的方式，满足设计要求；冬季有冻结可能的地区，地埋管应有防冻措施。

如果当地有旺盛的地下水流动，则其性能与当地年均温有关，年均温低于 10℃以下时，不宜采用这一方式供暖；当没有流动的地下水时，要尽可能使得从地下获取的冷量与从地下获取的热量相当，也就是冬夏负荷接近，否则地下温度会逐年下降或逐年上升。

3. 地源热泵系统优缺点及适宜性分析

地源热泵系统的优点：充分利用可再生能源，高效节能，环保性好，土壤蓄热性能好，系统稳定性好，无须除霜，运行可靠，运行费用较低。

地源热泵系统缺点：系统设置受自然条件限制，占地面积较大，初投资较高。

地埋管地源热泵系统按埋管方式可以分为水平地埋管和垂直地埋管地源热泵系统，我国一般采用垂直地埋管地源热泵系统。对于地埋管地源热泵系统的适宜性主要考虑岩土特性、地下水分布和渗透情况、地下空间利用等因素。

对于地下水对金属的腐蚀性离子较多，且大部分超标，水质污染较为严重时，水处理代价过高，且又适宜、较适宜采用地埋管地源热泵系统的地区可采用地埋管地源热泵系统进行供热供冷。

对于基岩地区，地层可钻性差，且传热条件也差的地区，不宜采用地埋管地源热泵系统供冷供热。

4. 地源热泵供冷供热系统工程示例

（1）工程概况

本工程为三义庙综合楼，建设地点位于北京市海淀区三义庙，建筑性质为以办公楼为主、附带商业的综合公共建筑，总建筑面积为 94000m^2。

（2）系统设计

1）热源

冬季空调系统热负荷为 6800kW（热指标 72W/m^2），冬季采暖系统热负荷为 50kW，全楼冬季总热负荷为 6850kW（热指标 73W/m^2）。

空调及采暖热源均来自本楼地下冷冻机房集中设置的地源热泵机组（采暖为二次热水）。全楼共设三台机组，每台供热量为 2290kW。与之配套设置三台地源水泵和空调供水泵。

地源水冬季设计供回水温度为 13℃/7℃，总设计流量为 1230m^3/h。

空调热水（及采暖一次热水）供回水温度为 45℃/38℃，总设计流量为 750m^3/h。

2）冷源

全楼空调冷负荷 8820kW（冷指标 94W/m^2）。

冷源装置为三台同型号地源热泵机组加上一台电制冷离心式冷水机组。

地源热泵机组供冷量为 1948kW（单台），离心式冷水机组供冷量为 3000kW。

冬季为地源热泵机组配套的地源水泵和空调供水泵在夏季同样使用；同时为离心式冷水机组配套冷冻水泵和冷却水泵各一台，冷却塔两台。

地源水夏季设计供回水温度为 32℃/37℃，总设计流量为 1230m^3/h；冷却塔冷却水设计供回水温度为 32℃/37℃，总设计流量为 620m^3/h；空调冷水设计供回水温度为 6℃/12℃，总设计流量为 1270m^3/h。

3）地源及地埋管系统

本工程采用竖向地埋管换热系统，在建筑红线内布井孔 760 个，孔径 ϕ200，井深 130m，井距 4200mm，井内为双 U 形管方式。

地埋管换热系统应由供货商进行深化设计，应包括地质勘察、换热能力试验、全年动态负荷平衡计算，以及施工组织方案。

（3）附图

该工程的原理图及平面图如图 4-33 至图 4-37 所示。

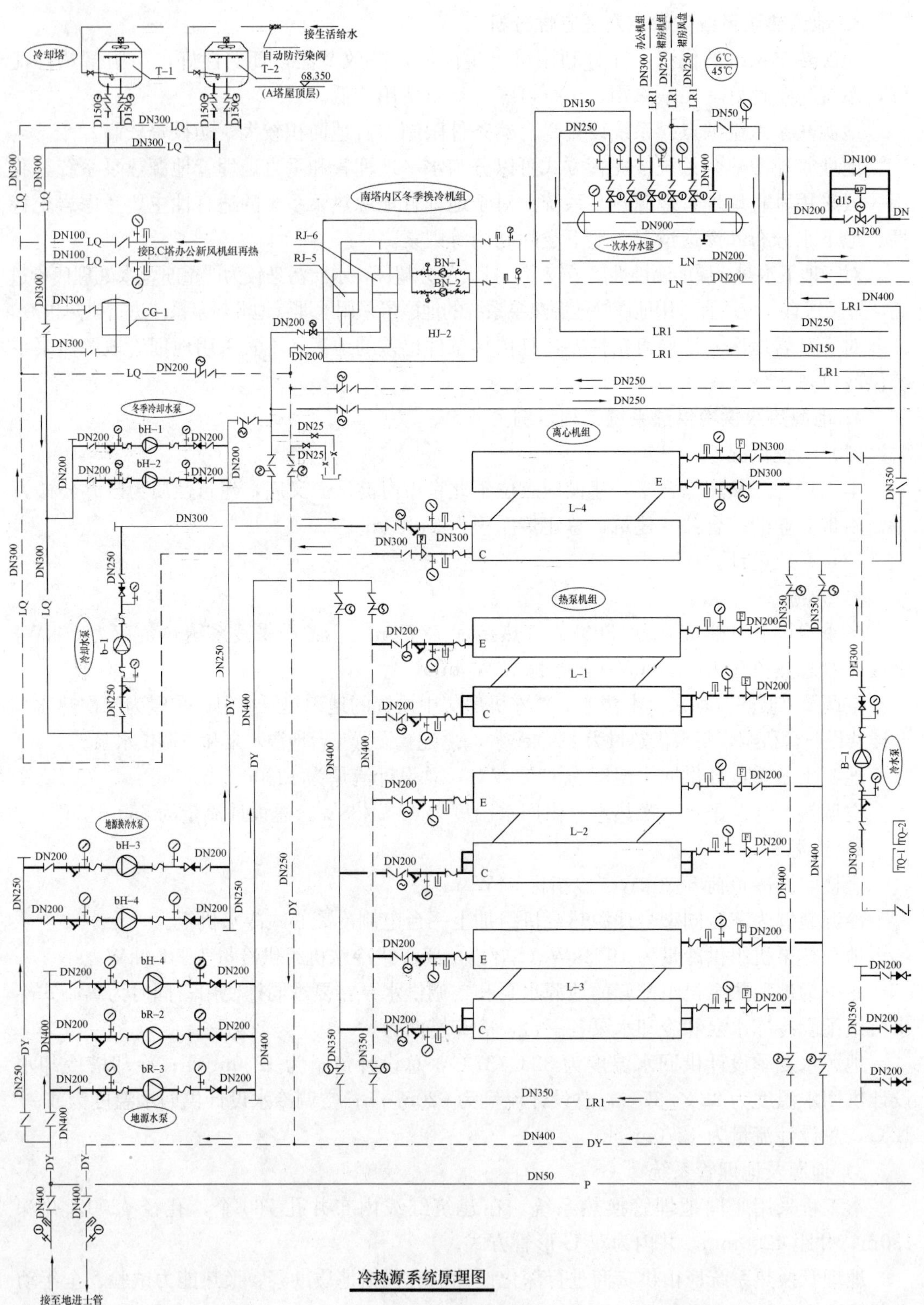

图 4-33 冷热源系统原理图（一）

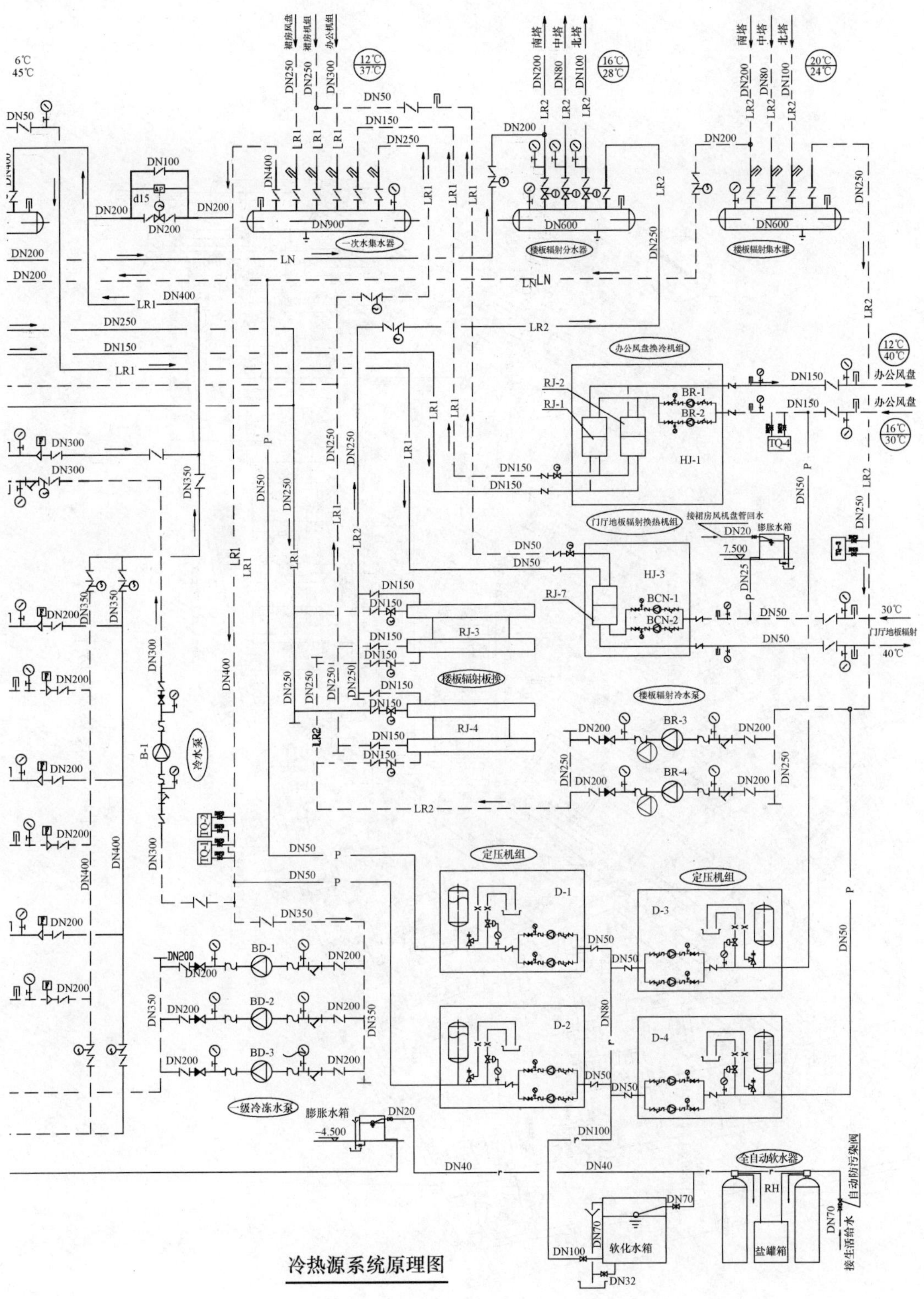

图 4-34 冷热源系统原理图（二）

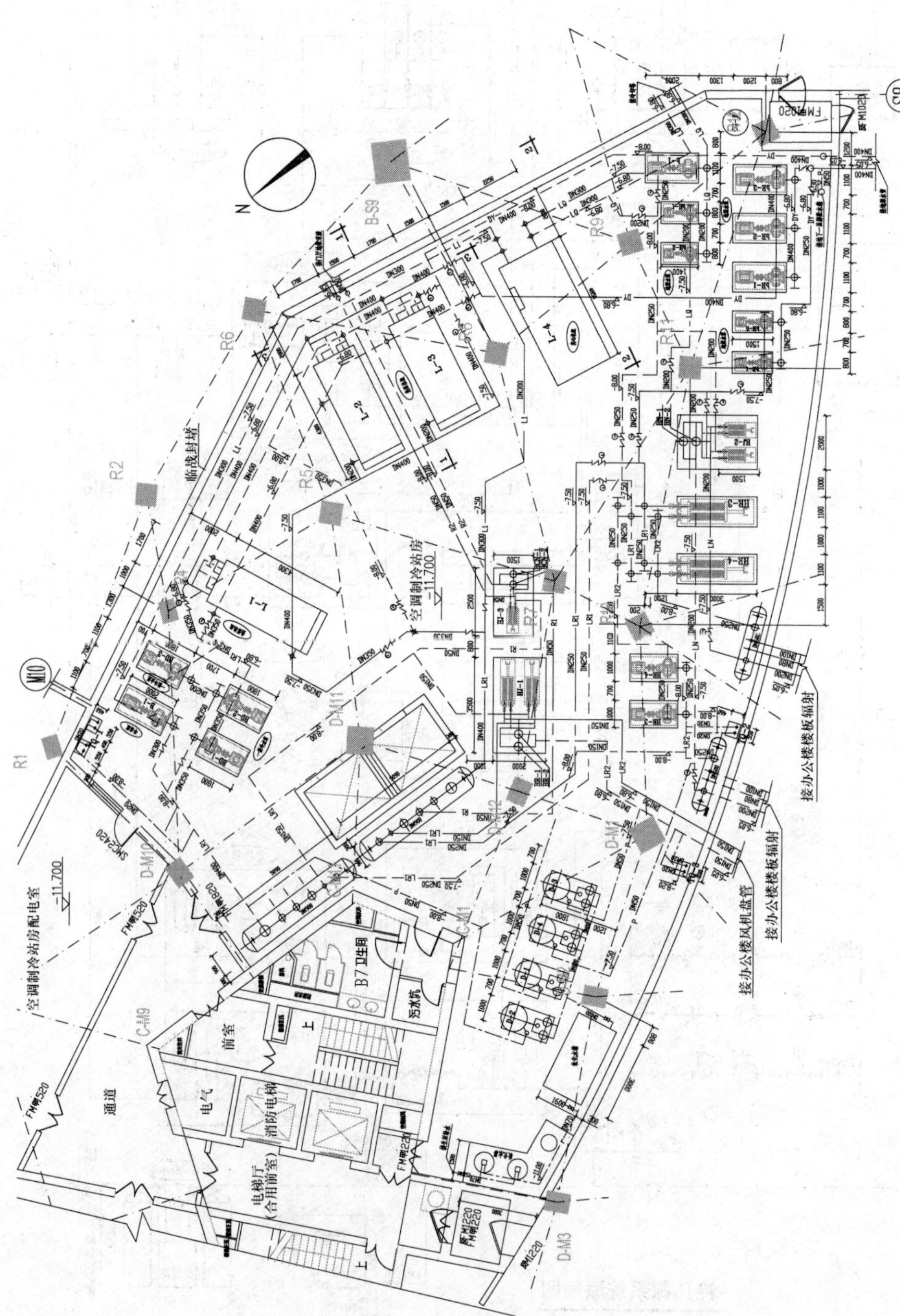

图 4-35　冷热源机房平面图

结构底板
碎石混凝土
C15素混凝土
φ32
地埋管φ32
1500
1200
1500
井孔φ200

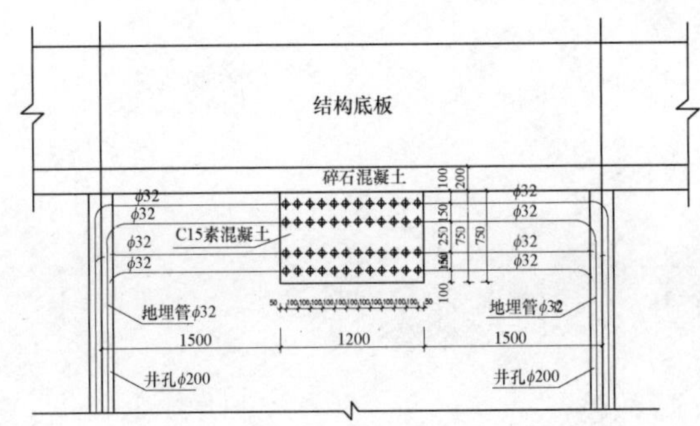

1-1剖面图1:25

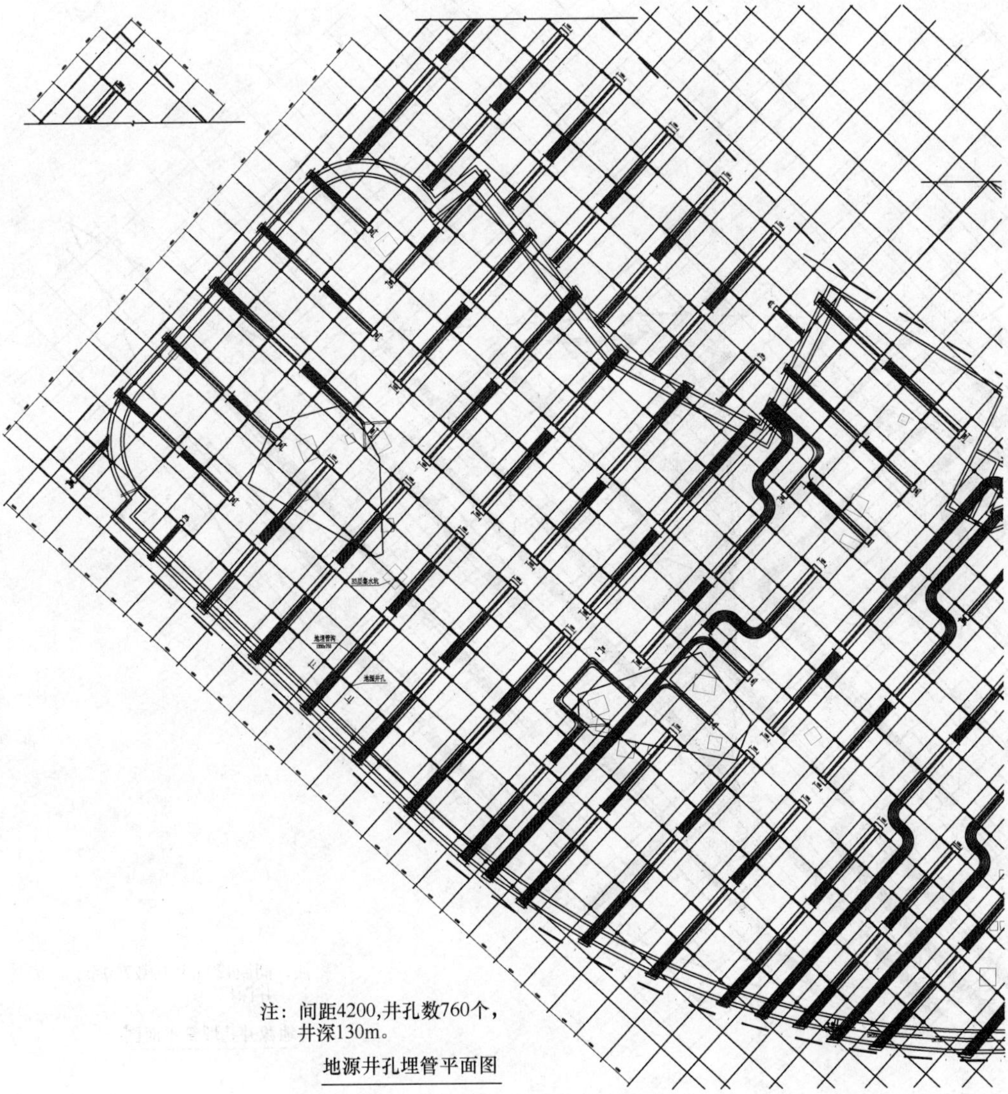

注：间距4200,井孔数760个，
井深130m。

地源井孔埋管平面图

图 4-36　地源井孔埋管平面图（一）

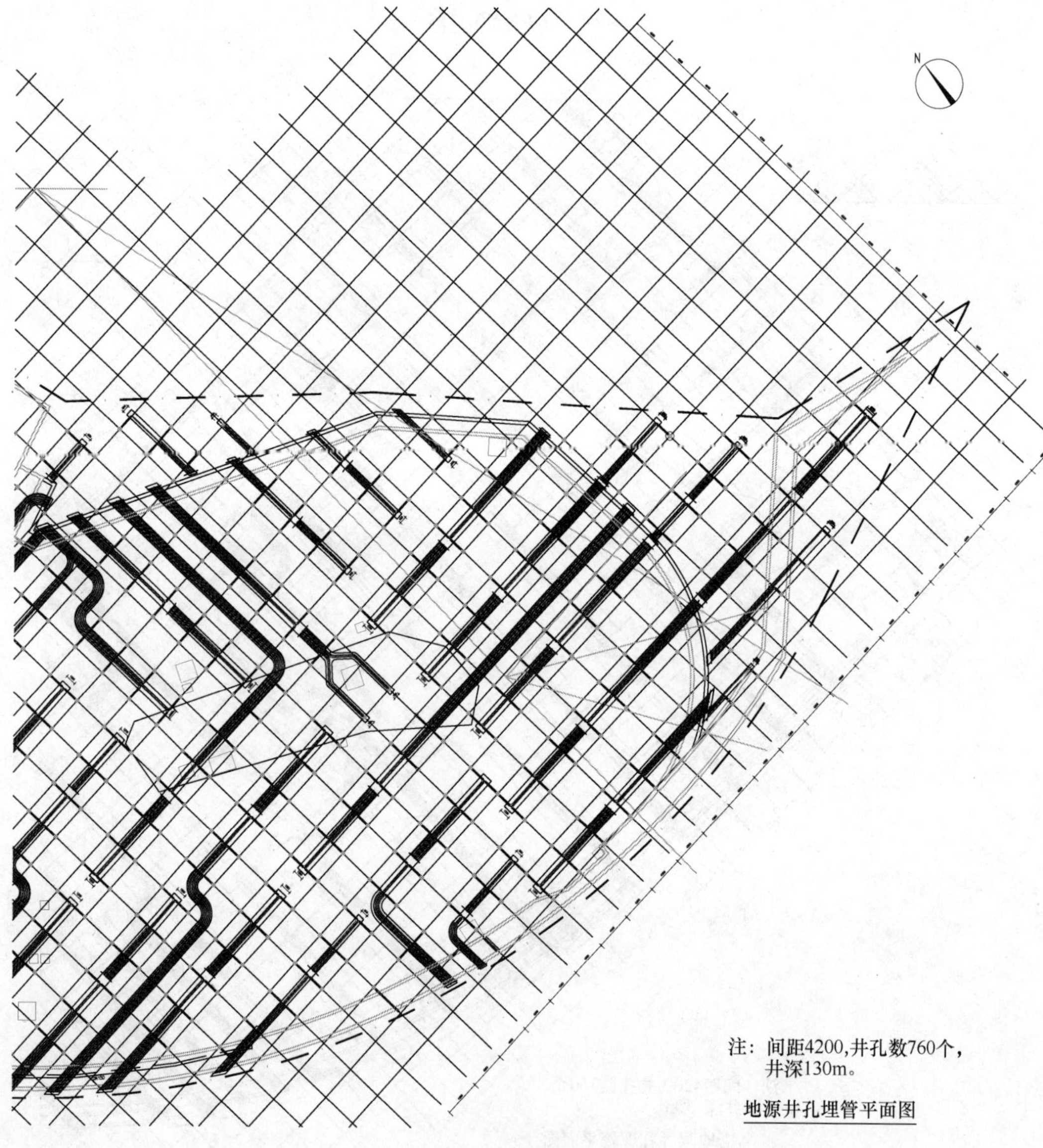

图 4-37　地源井孔埋管平面图（二）

4.2.5 水源热泵供冷供热系统分析

1. 水源热泵供冷供热系统原理示意图

水源热泵供冷供热系统原理示意图如图 4-38 所示。

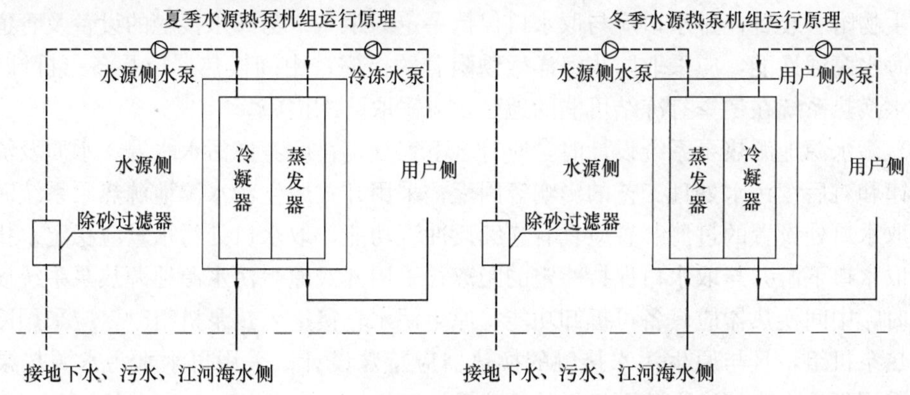

图 4-38 水源热泵供冷供热系统原理示意图

水源热泵系统在制冷状态下，水源热泵机组内的压缩机对冷媒做功，使其进行汽-液转化的循环。通过冷媒/空气热交换器内冷媒的蒸发将室内空气循环所携带的热量吸收至冷媒中，在冷媒循环的同时再通过冷媒/水热交换器内冷媒的冷凝，由循环水路将冷媒中所携带的热量吸收，最终通过室外换热系统转移至江河海水等。

水源热泵系统在制热状态下，水源热泵机组内的压缩机对冷媒做功，并通过四通阀将冷媒流动方向换向。由室外换热系统吸收江河海水里的热量，通过水源热泵机组系统内冷媒的蒸发，将水路循环中的热量吸收至冷媒中，在冷媒循环的同时再通过冷媒水热交换器内冷媒的冷凝，由水源将冷媒所携带的热量吸收。

2. 水源热泵系统设计

（1）地下水地源热泵系统设计时，应符合下列规定：地下水的持续出水量应满足地源热泵系统最大吸热量或释热量的要求；地下水的水温应满足机组运行要求，并根据不同的水质采取相应的水处理措施；地下水系统宜采用变流量设计，并根据空调负荷动态变化调节地下水用量；热泵机组集中设置时，应根据水源水质条件确定水源直接进入机组换热器或另设板式换热器间接换热；应对地下水采取可靠的回灌措施，确保全部回灌到同一含水层，且不得对地下水资源造成污染，不得把水从地表或下水排掉。

（2）江河湖水源地源热泵系统设计时，应符合下列规定：应对地表水体资源和水体环境进行评价，并取得当地水务主管部门的批准同意。当江河湖为航运通道时，取水口和排水口的设置位置应取得航运主管部门的批准；应考虑江河的丰水、枯水季节的水位差；热泵机组与地表水水体的换热方式应根据机组的设置、水体水温、水质、水深、换热量等条件确定；开式地表水换热系统的取水口，应设在水位适宜、水质较好的位置，并应位于排水口的上游，远离排水口；地表水进入热泵机组前，应设置过滤、清洗、灭藻等水处理措施，并不得造成环境污染；采用地表水盘管换热器时，盘管的形式、规格与长度，应根据冷（热）负荷、水体面积、水体深度、水体温度的变化规律和机组性能等因素确定；在冬季有冻结可能的地区，闭式地表水换热系统应有防冻措施。

（3）海水源地源热泵系统设计时，应符合下列规定：海水换热系统应根据海水水文状况、温度变化规律等进行设计；海水设计温度宜根据近30年取水点区域的海水温度确定；开式系统中的取水口深度应根据海水水深温度特性进行优化后确定，距离海底高度宜大于2.5m；取水口应能抵抗大风和海水的潮汐引起的水流应力；取水口处应设置过滤器、杀菌及防生物附着装置；排水口应与取水口保持一定的距离；与海水接触的设备及管道，应具有耐海水腐蚀性能，应采取防止海洋生物附着的措施；中间换热器应具备可拆卸功能；闭式海水换热系统在冬季有冻结可能的地区，应采取防冻措施。

（4）污水源地源热泵系统设计时，应符合下列规定：应考虑污水水温、水质及流量的变化规律和对后续污水处理工艺的影响等因素；采用开式原生污水源地源热泵系统时，原生污水取水口处设置的过滤装置应具有连续反冲洗功能，取水口处污水量应稳定；排水口应位于取水口下游并与取水口保持一定的距离；采用开式原生污水源地源热泵系统设中间换热器时，中间换热器应具备可拆卸功能；原生污水直接进入热泵机组时，应采用冷媒侧转换的热泵机组，且与原生污水接触的换热器应特殊设计；采用再生水污水源热泵系统时，宜采用再生水直接进入热泵机组的开式系统。

3. 水源热泵系统优缺点及适宜性分析

水源热泵系统的优点：充分利用可再生能源，使用地表水、地下水、江河湖泊、废水污水等自然冷热源，高效节能，环保性好，使用寿命长。

水源热泵系统缺点：系统设置受自然条件限制，初投资较大。

（1）地下水地源热泵系统的适宜性主要考虑含水层岩性、分布、埋深、厚度、富水性、渗透性，地下水温、水质、水位动态变化，水源保护、地质灾害等因素。

在地下水含沙量大于1/20000（体积比）、难以回灌的地区以及水资源缺乏地区，不宜采用地下水地源热泵系统进行供热供冷。

对于地下水对金属的腐蚀性离子较多，且大部分超标，水质污染较为严重时，水处理代价过高，不宜采用地下水地源热泵系统进行供热供冷。

对于含水层厚度较大，易于采取地下水，地下水水质好，水量大的地区，宜采用地下水地源热泵系统。

（2）江河湖水源热泵系统适宜的地区为夏热冬冷地区，一般适宜地区为夏热冬暖地区。对于寒冷地区、严寒地区、温和地区，由于涉及气候区气温和水温相互关系、水系分布、水质等多方面因素，必须进行技术经济的综合分析确定方案。

以下情况不宜采用江河湖水源热泵系统进行供热供冷：金属的腐蚀性离子较多，且大部分超标，水质污染较为严重时；对于滞留水体，若水体最大深度低于3m时；对于滞留水体，夏季排水温度高于40℃时；冬季水体温度低于4℃时。

（3）我国海岸线分布在寒冷地区、夏热冬冷地区和夏热冬暖地区沿岸，海水源地源热泵系统适宜的地区为寒冷地区的南部，较适宜地区为夏热冬冷地区南部，一般适宜区为夏热冬冷地区北部以及大连地区周围，寒冷地区北部为可以使用区。

（4）由于初投资较高，污水源地源热泵系统必须综合考虑资金成本、投资回收年限、运行费用等因素，进行经济分析后确定。

4. 水源热泵供冷供热系统工程示例

（1）工程概况

本工程位于河北省东光县城东南，为东光县城利用化肥厂余热供热站房工程，占地面积 0.7km²，建筑面积 2450m²，建筑层数为一层，建筑高度 8m。

(2) 设计依据

1) 业主及政府有关部门的文件，具体为：

设计任务书及工程初步设计确认单；

东光县工业余热利用区域供热项目可行性方案“研究报告”。

2) 现行国家设计规范，具体为：

《建筑设计防火规范》(GB 50016—2006)；

《民用建筑供暖通风与空气调节设计规范》(GB 50736—2012)；

《公共建筑节能设计标准》(GB 50189—2005)；

《锅炉房设计规范》(GB 50041—2008)；

《埋地聚乙烯给水管道工程技术规程》(CJJ 101—2004)；

《建筑给水排水设计规范》(GB 50015—2003)。

(3) 设计范围

本工程设计范围为动力站工艺设计。

(4) 室内外设计计算参数

室内外设计计算参数见表 4-16 至表 4-18。

表 4-16 室外计算参数

项目	夏季	冬季
通风室外计算干球温度	29.7℃	−3.6℃
室外采暖计算温度		−7.6℃
大气压力	1000.2hPa	1021.7hPa
风向	C SW	C N

表 4-17 室内设计参数

房间名称	夏季		冬季		新风	进风	排风
	温度（℃）	湿度（%）	温度（℃）	湿度（%）	m³/h	次/h	次/h
库房			16				
水泵房、热泵机房			16			2	3
变配电室			16			12	15
中控、值班	25	60	20		30		
卫生间（无淋浴）	25	65	16				10
卫生间（有淋浴）	28	65	25				10

表 4-18 动力站负担的建筑面积及热负荷

序号	末端采暖方式	建筑物面积（万 m²）	热负荷（MW）	供回水温度（℃）
1	地板辐射采暖	71.6	32	50/40
2	散热器采暖	81.206	48.72	70/50

1) 动力站工艺设计

本工程为东光县化肥厂余热利用工程，化肥厂每天提供 3200m³/h 冷却水，冷却水水温 53℃/30℃，工程采用两级利用工艺模式，第一级采用直接换热方式，即一次冷却水通过板式热交换器交换成 50℃/40℃二次热水，作为小区低温辐射地板采暖热源，循环水量 2800m³/h，供热量 32MW. 二级利用：一次冷却水换热后水温降至 42℃，再经二级板换降至 30℃返回化肥厂。二级板换二次水进入串联式热泵机组蒸发器，其进出口水温分别为 38℃/32℃和 32℃/26℃，热泵机组将冷凝器水温由 48℃提高至 70℃作为小区散热器采暖热源，循环水量为 2000m³/h，供热量为 48723.6MW，为 81.206 万 m² 小区供热。

2) 过滤除污再清洗

本工程化肥厂一次冷却水由化肥厂沉淀池引来，经过滤器过滤后进入一级钛板换热器进行热交换。过滤器功能为过滤固体颗粒物、悬浮物、除碱等。

本工程为钛板换热器设置了在线水清洗系统，在线水清洗系统由2台水泵和循环水箱及加药装置组成，加药成分由一次冷却水化验数据确定。在线清洗频率由钛板换热器一次冷却水压差确定。

3）地板采暖补热系统

本工程为地板采暖系统设置了补热系统，当地板采暖系统水温达不到设计温度时，由补热系统为其加热，补热系统由2台钛板换热器和4台水泵组成，热源为散热器采暖系统热水。

4）备用热源

为防止化肥厂停产冷却水断流，本工程设置了备用热源系统，备用热源为燃气热水锅炉，由业主另行委托设计。备用热源热媒参数70℃/50℃，供热量4.2MW×3=12.6MW。

（5）采暖设计

本工程能源中心值班室、休息室、卫生间设散热器采暖。

1）能源中心采暖散热器采用钢制散热器。

2）节能设计

外墙 K=0.62W/(m^2·K)　外窗 K=2.8W/(m^2·K)

屋顶 K=0.56W/(m^2·K)　外门 K=3.12W/(m^2·K)

所有回水管路三通均应装成⊓⊔，不得接成⊥，以确保回水畅通。

（6）通风设计

本工程变配电室、水泵房、热泵机房和厨房设有机械进排风系统，卫生间设排气扇。

（7）防排烟系统

本工程均采用自然排烟方式。

（8）控制

本工程设计了一套DDC自动控制系统，纳入该系统的控制单元有水泵、热泵机组、电动阀门等。

控制策略：

1）本供热系统设有能源中心和二级站，二级站水泵为变频泵。由二级站用户侧二次水回水温度控制二次水变频泵水量。二级站用户侧变频泵水量最小控制为设计流量的50%。

2）二级站一次水循环泵为变频泵，由二级站一次水回水温度控制一次水循环水泵流量。一次水循环泵最小流量控制为设计流量的50%。

3）当二级站一次水流量调至最小流量，一次水回水温度高于设计回水温度时，热泵高温水系统调整热泵机组制热量。

4）当二级站一次水供回水温度差高于设计温差25%时，调整热泵机组台数及冷却水（污水）水泵台数。

5）一对热泵机组运行时，冷却水（污水）泵开2台800m^3/h，一台进热泵机组，一台旁通回化工厂。二对热泵机组运行时，冷却水（污水）泵开一台1600m^3/h。三对热泵机组运行时，冷却水（污水）泵开一台1600m^3/h及2台800m^3/h，其中一台800m^3/h，旁通回化工厂。当4对热泵机组运行时，冷却水（污水）泵开2台1600m^3/h。

该工程的系统图及平面图如图4-39至图4-44所示。

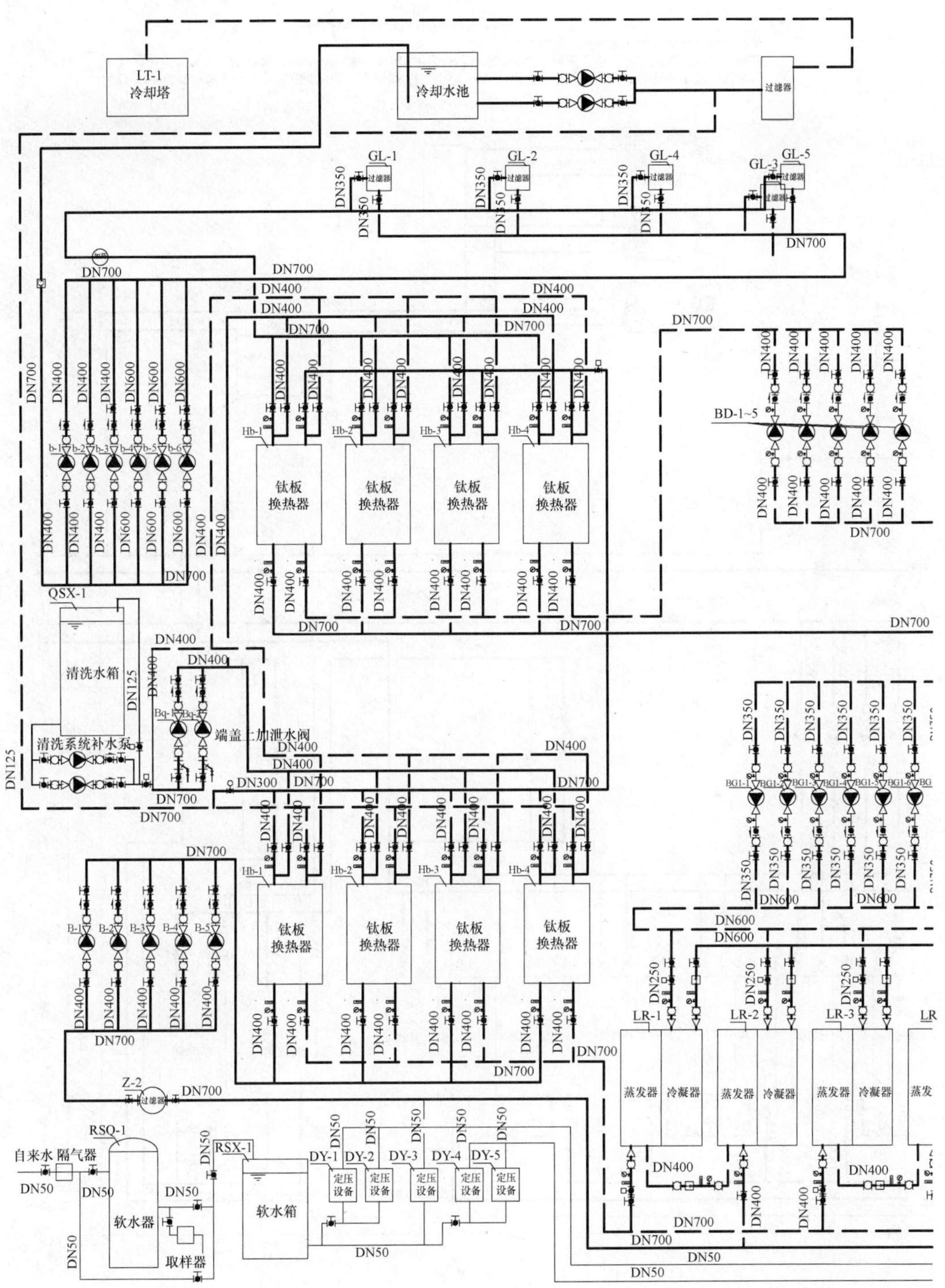

图 4-39 动力工艺系统图（一）

注：清洗系统补水泵采用QPG65-130,流量32.5m3/h,扬程18mH20,用电量3kW,两台，一用一备。
清洗系统补水泵和清洗水泵采用防腐设计。
在每个需清洗板换清洗管道下部加DN100泄水管，管道上加DN100蝶阀，并将泄水管引至排水沟附件。
在清洗管道上部增加2～3个集气罐，并用DN25管道引至排水沟处，并在每根管道距地1.2米左右加DN25球阀。

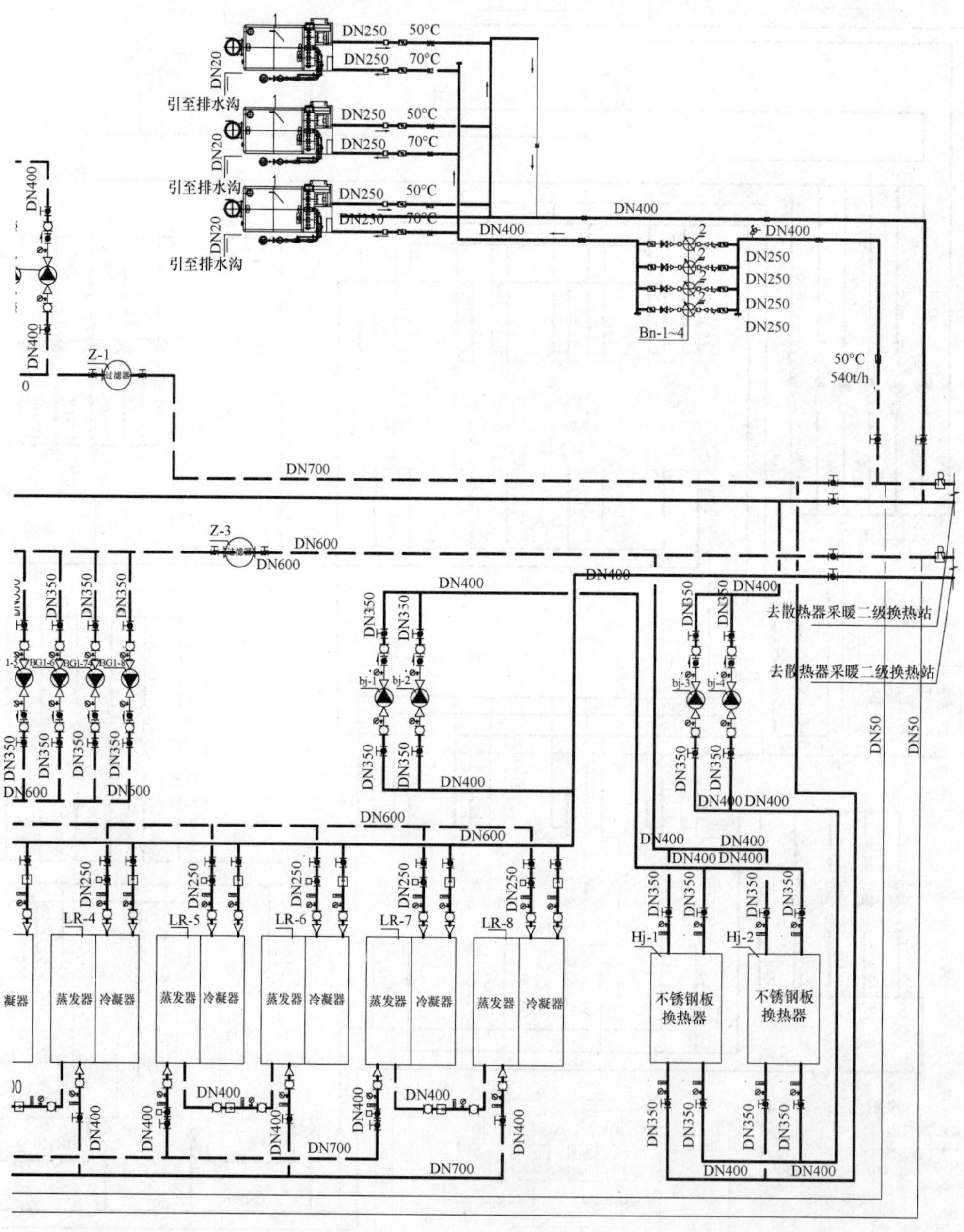

图 4-40　动力工艺系统图（二）

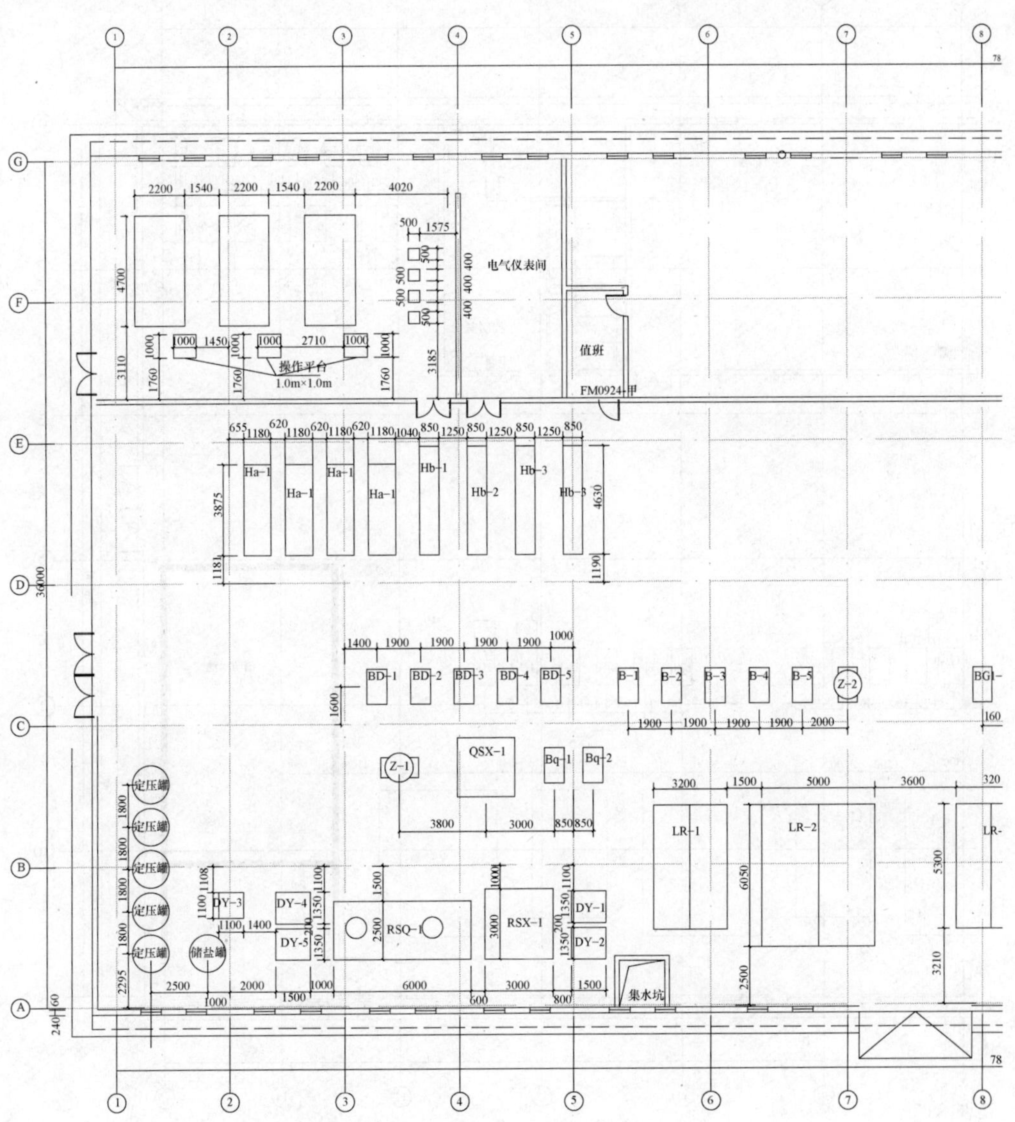

图 4-41 动力站工艺设备布置平面图（一）

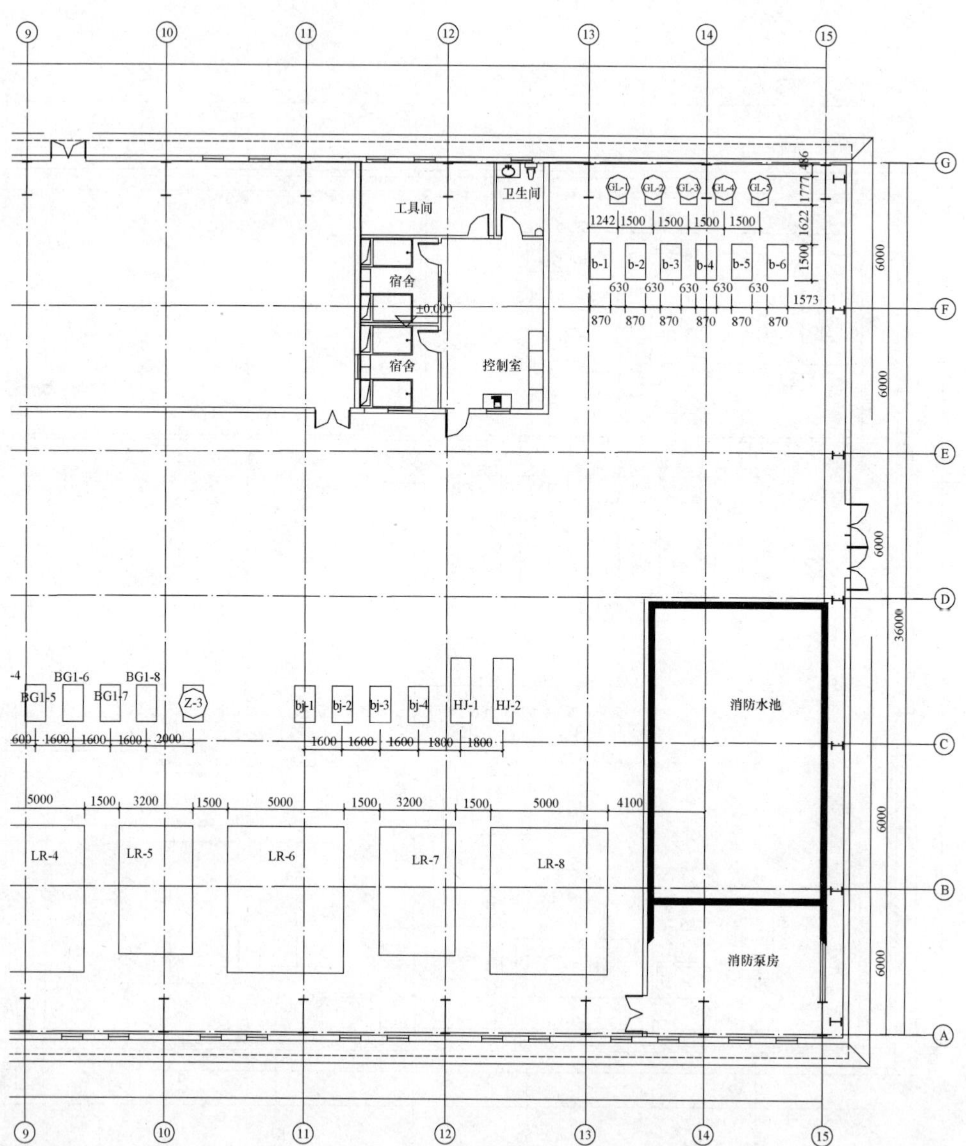

图 4-42　动力站工艺设备布置平面图（二）

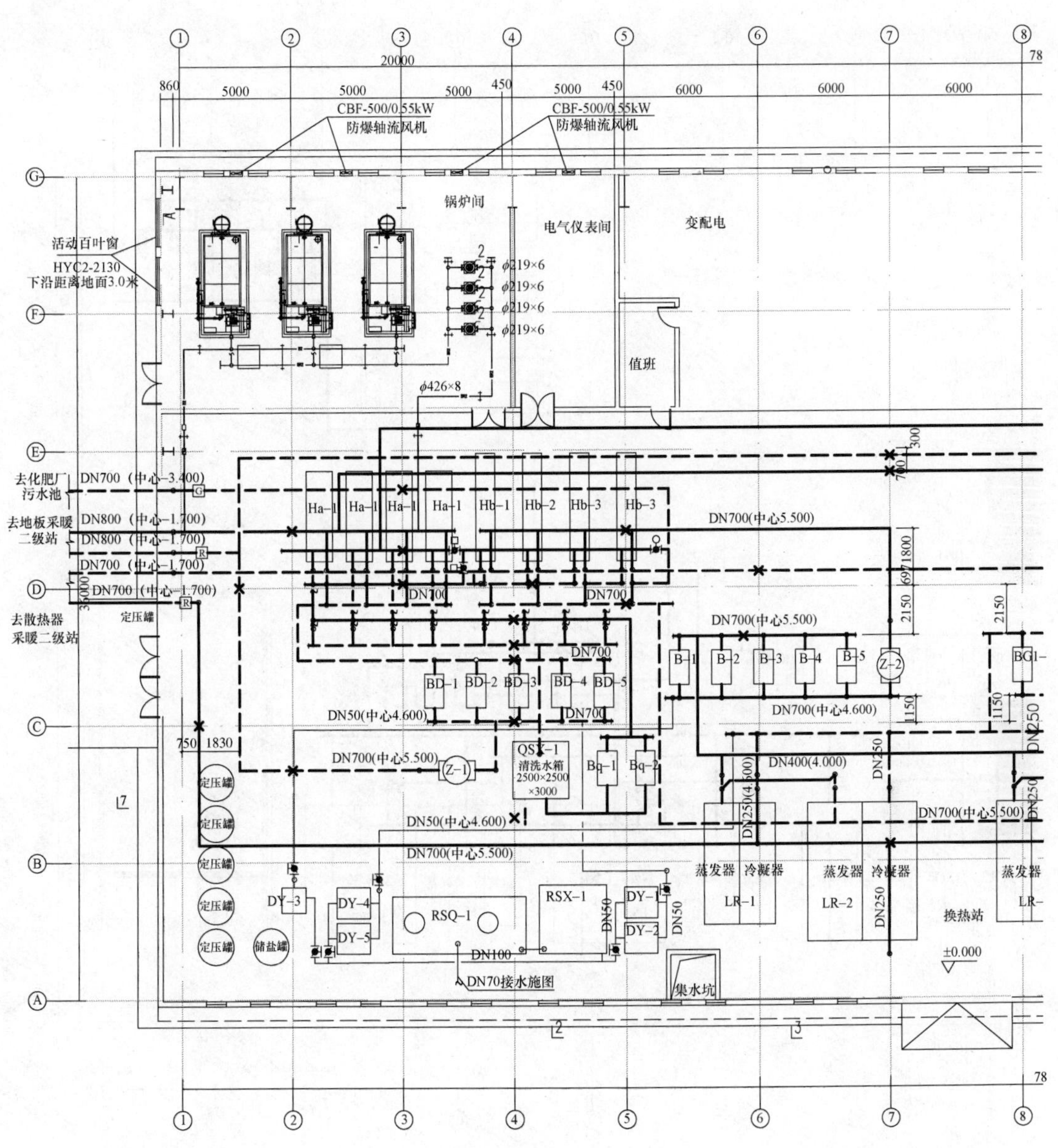

图 4-43　动力站工艺平面图（一）

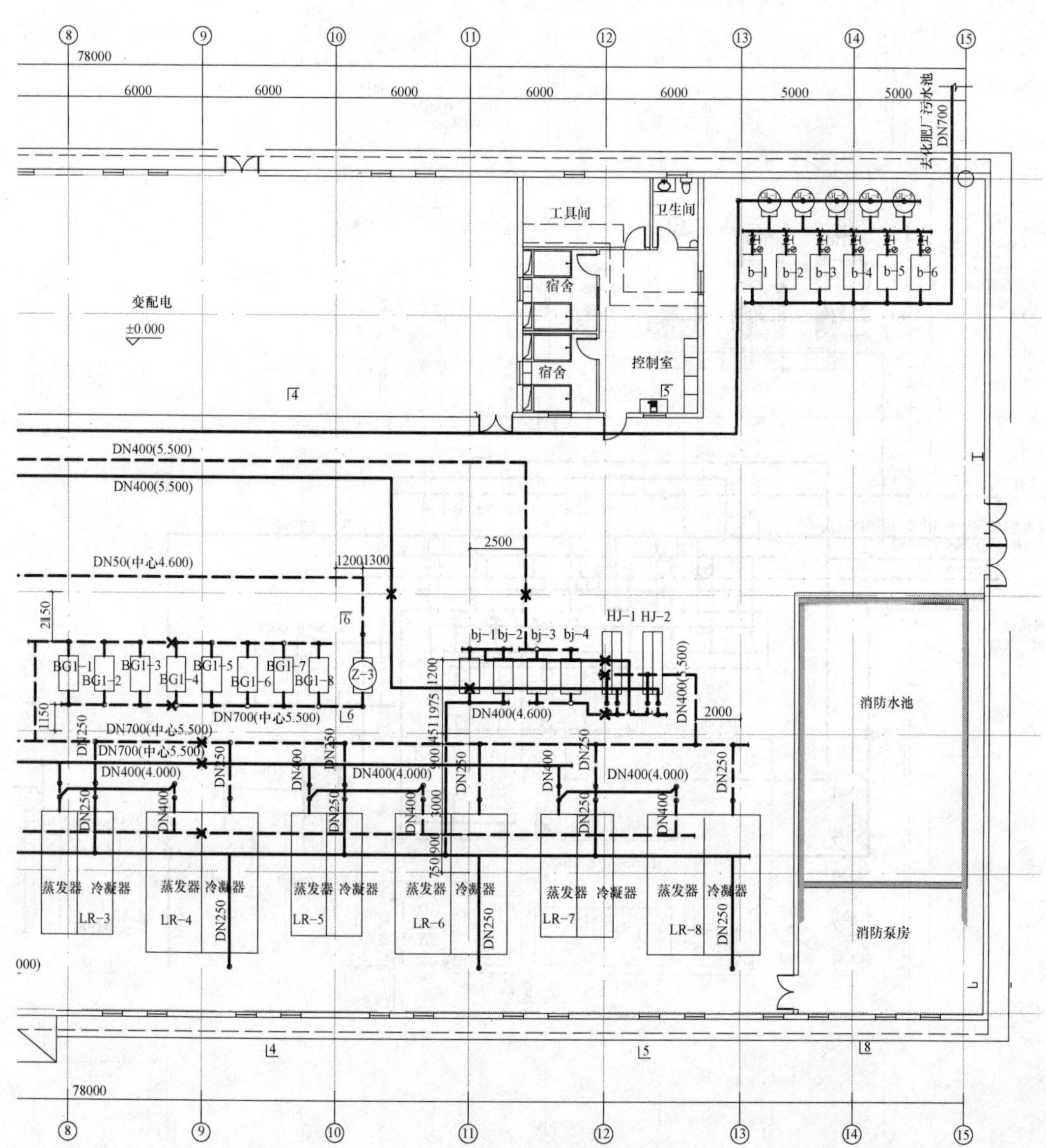

图 4-44　动力站工艺平面图（二）

4.2.6 空气源热泵（风冷热泵）供冷供热系统分析

1. 空气源热泵供冷供热系统原理示意图

空气源热泵供冷供热系统原理示意图如图 4-45 所示。

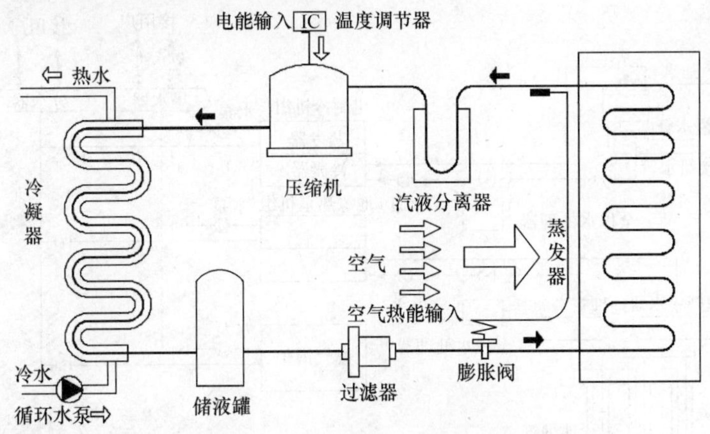

图 4-45 空气源热泵供冷供热系统原理示意图

空气源热泵制冷时，冷凝器采用风冷，省去了水冷冷水机组所需要的冷却水系统；制热时采用热泵运行方式，对环境无污染；制冷剂在室外机通过板式换热器与空调系统冷冻水进行热交换，常规冷水出水温度在 7～12℃之间，通过风机盘管或组合式空调器等末端系统处理后，进入室内冷风的温度为 15～18℃之间，使人充分感觉到中央空调的舒适。

2. 空气源热泵供冷供热系统优缺点

（1）空气源热泵机组整体性好，安装方便，可露天安装在室外，如屋顶、阳台等处，不占有效建筑面积，节省土建投资；

（2）一机两用，夏季供冷，冬季供热，冷热源兼用，省去了锅炉房；

（3）夏季采用空气冷却，省去了冷却塔和冷却水系统，包括冷却水泵、管路及相关的附属设备；

（4）机组的安全保护和自动空气集成度较高，运行可靠，管理方便；

（5）夏季依靠风冷冷却，冷凝压力比水冷时高，COP 值比水冷式机组低；

（6）由于输出的有效热量总大于机组消耗的功率，所以比直接电热供暖节能；

（7）当室外温度过低，供暖季平均温度低于－15℃时，不宜采用；

（8）价格较水冷式机组高；

（9）机组常年暴露在室外，运行环境差，使用寿命比水冷式机组短；

（10）机组的噪声与振动易对环境形成污染；

（11）机组的制冷制热性能随时外气候变化明显。制冷量随室外气温升高而降低，制热量随室外气温降低而降低；

（12）机组是以室外空气作为冷却介质（供冷时）或热源（供热时），由于空气比热容小以及室外侧换热器的传热温差小，故所需风量较大，机组的体积也较大；

（13）冬季室外温度处于－5～5℃范围时，蒸发器常会结霜，需频繁地进行融霜，供热能力会下降。

4.2.7 地源热泵供冷供热加燃气锅炉、电制冷调峰系统分析

1. 地源热泵供冷供热加燃气锅炉、电制冷调峰系统流程图

地源热泵供冷供热加燃气锅炉，电制冷调峰系统流程图如图4-46所示。

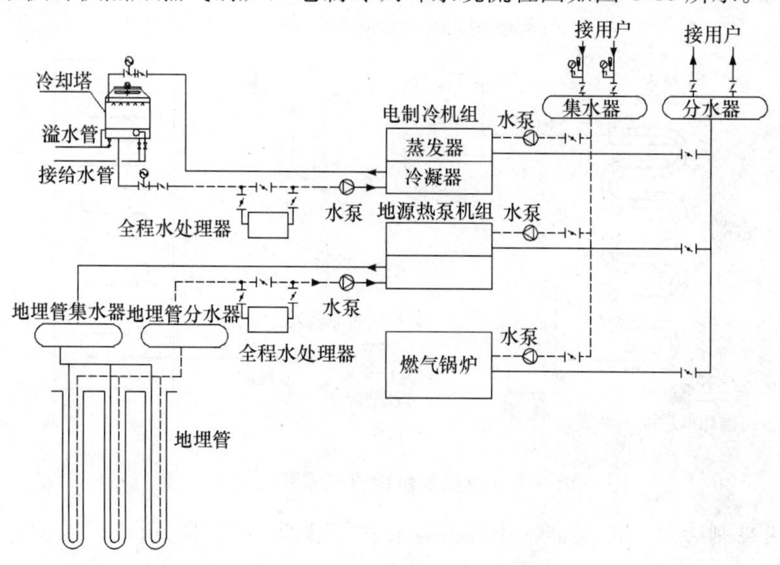

图4-46 地源热泵供冷供热加燃气锅炉、电制冷调峰系统流程图

夏季地源热泵系统根据室外参数制冷工况运行，冷负荷高于地源热泵机组设计冷负荷时同时开启电制冷调峰机组，冬季当热负荷高于地源热泵机组设计热负荷时，开启燃气锅炉作为调峰热源。

2. 地源热泵供冷供热加燃气锅炉、电制冷调峰系统优缺点分析

采用地源热泵系统需要计算全年动态负荷，全年系统总释热量和吸热量应相平衡，但由于建筑所处地区气候及建筑功能不同，全年冷热负荷不一定能够平衡，因此，冬季热负荷较大的建筑可以采用地源热泵机组＋调峰锅炉形式，夏季冷负荷较大的建筑可以采用地源热泵机组＋常规电制冷机组形式，也可以采用地源热泵承担基本冷热负荷，调峰锅炉、电制冷机组承担调峰负荷形式。

采用调峰冷热源的可以节约初投资及运行费，可以使地源热泵机组在高效率区间稳定运行。

3. 地源热泵供冷供热加燃气锅炉、电制冷调峰系统工程示例

(1) 项目简介

用友软件园位于中关村永丰产业基地西南端，整个软件园占地面积46.23公顷，总建筑面积47.25万m^2，分两期建设。用友软件园二期服务建筑面积28.75万m^2，空调制冷总负荷23888kW，空调供热总负荷18282kW，散热器采暖负荷715kW，生活热水加热负荷1528kW。

用友软件园二期空调系统采用地源热泵＋水蓄冷、蓄热＋冷水机组＋燃气锅炉＋逆流节能高效风机盘管的复合式系统。风机盘管型号有IFT-02WA、IFT-03WA、IFT-04WA、IFT-05WA、IFT-06WA、IFT-07WA。蓄能罐共有三个，总蓄能体积为5500m^3，总蓄冷

量为 67000kW·h，总蓄热量为 109000kW·h。

(2) 系统优势

地源热泵＋水蓄冷、蓄热＋高效风机盘管这三种技术是目前较为领先的，各自都有不同的优势，将这三者联合在一起，优势更加突出。此系统具备供冷和供热的功能，无闲置设备，利用率高。由于提高了夏季供水温度和降低了冬季供水温度，所以大大提高了热泵机组的运行效率，制冷 COP 提高 12%左右，制热 COP 提高 15%左右。同样也拉大了蓄水温差，所以也大大减小了蓄能罐的体积。蓄冷工况可减小 30%左右，蓄热工况可减小 28%左右。

高效风机盘管优势：

采用高效风机盘管可以实现末端高温供水。夏季 11～16℃（送风温度 13.5℃满足除湿要求）、冬季 40～35℃供回水（送风温度 37.5℃）；该工况下运行，夏季制冷系统的 COP 值较传统制冷系统的 COP 值增大约 12%；冬季热泵系统的 COP 值较传统热泵系统的 COP 值增大 25%～30%。

采用高效风机盘管可以实现末端大温差供水。夏季 8～16℃（送风温度 13.5 度满足除湿要求）、冬季 43～35℃供回水（送风温度 37.5℃）；该工况下运行，夏季制冷机组的 COP 值较传统制冷机组的 COP 值增大约 3%；冬季热泵机组的 COP 值较传统热泵机组的 COP 值增大 21%；空调末端系统流量降低 37%。

高效风机盘管与传统风机盘管结构的区别：

高效风机盘管采用逆流式换热与传统风机盘管换热方式不同；高效风机盘管采用多排管与传统风机盘管表冷器不同；高效风机盘管表冷器的插接方式设计更合理，延长冷冻水在表冷器中的流动时间，换热更充分。

蓄能技术优势：

利用分时电价政策，可以大幅节省运行费用。即在电价高峰时少用或不用电，把蓄存的能量释放出来使用，而在电价低时多用电，把制得的冷或热量储存起来。一般情况下，峰谷时段的电价比可达 3∶1 或 4∶1，因此每年节省的运行电费是相当可观的。

水蓄能系统可以减少制冷主机装机容量和功率达 30%～50%，相应地，减少热泵主机和水源井（或地埋孔）等的装机容量和配置数量。

减少一次电力初投资费用。由于制冷系统设备装机功率下降，电贴费、变压器和高低压配电柜等费用均可减少。另外，由于电力系统的优惠政策，蓄能系统可以争取到电贴费减免的额外优惠。

由于主机设备满负荷运行比例增大，可充分提高设备利用率，且设备运行效率较高。

蓄冷系统可作为应急冷源，停电时可利用自备电力启动水泵供冷，减小应急电源配置。因此，蓄能系统在运行管理上具有更大的灵活性和更广的适应性。

该工程的设计说明、平面图、原理图等如图 4-47 至图 4-55 所示。

设计说明

一、工程概况

本工程位于北京市海淀区永丰乡永丰高科技园区，南临用友路，东临永盛南路，北与丰豪中路一地块内绿地相隔，西面为地块绿地。工程总用地面积3916m²,总建筑面积9304²m,建筑最高点高度 12m,地上2层，地下1层。本工程地下为能源中心设备用房，一层为各种库房及局部加工区、办公室，二层为办公室及会议室。

二、设计依据

1.业主及政府有关部门的文件，具体为:

设计任务书及工程初步设计确认单;

关于"用友软件园2号能源中心"可行性研究报告的批复;

北京市规划委员会2006规（海）意字0020号<<规划意见书>>及附件;

北京市规划局审定设计方案通知书，2008规(海)复函字0060号。

2.现行国家设计规范，具体为:

<<建筑设计防火规范>>（GB 50016-2006）;

<<采暖通风与空气调节设计规范>>（GB 50019-2003）;

<<公共建筑节能设计标准>>（GB 50189-2005）;

<<锅炉房设计规范>>（GB 50041-2008）;

<<地源热泵系统工程技术规范>>（GB 50366-2005）;

<<埋地聚乙烯给水管道工程技术规程>>（CJJ 101-2004）;

<<蓄冷空调工程技术规程>>（JGJ 158-2008）;

<<建筑给水排水设计规范>>(GB 50015-2003)。

三、设计范围

本工程设计范围为 2号能源中心动力工艺设计及采暖通风与空调设计.

四、室内外设计计算参数

1.室外计算参数

	夏季	冬季
空调室外计算干球温度	33.2°C	-12°C
空调室外计算湿球温度	26.4°C	
空调室外计算相对湿度	45%	
通风室外计算干球温度	30°C	-5°C
室外采暖计算温度	-9°C	
大气压力	998.6hPa	1024.4hPa
风向	CN	CN NNW

2.室内设计参数

房间名称	夏季		冬季		新风	进风	排风
	温度(°C)	湿度(%)	温度(°C)	湿度(%)	m/ph	次/h	次/h
库房			16				
水泵房、热泵机房			16			3	3
锅炉房			16				3(15)
变配电室			16			15	15
邮运中心、更衣、接待	25	60	20		30		
办公、会议、中控	25	60	20		30		
生产、加密、展示	25	60	18		30		
卫生间	28		16				10

五、2号能源中心动力工艺设计

1.2号能源中心负担的建筑及面积

序号	建筑物名称	建筑物面积 (m^2)	地下建筑面积 (m^2)	地上建筑面积 (m^2)
1	用友分销管理软件基地1号建筑组团(培训中心)	36000	8500	27500
	用友分销管理软件基地2号建筑组团(培训中心)	26500	6600	19900
2	用友分销管理软件基地3号建筑组团1号楼(西楼，宿舍楼)	7940	2000	5940
	用友分销管理软件基地3号建筑组团2号楼(东楼,2号能源中心)	10000	4000	6000
3	用友分销管理软件开发基地 4号组团	9939	2000	7939
4	用友ERP-U9企业管理 软件开发基地 1号组团1号楼	34200	9200	25000
5	用友ERP-U9企业管理 软件开发基地 2号组团	72000	24500	47500
6	用友ERP-NC管理软件开发基地	86500	27500	59000
7	合计	283079	84300	198779

2.2号能源中心负担的建筑空调冷热负荷和卫生热水负荷

序号	建筑物名称	空调				散热器采暖		生活热水
		冷负荷(kW)	冷指标(W/m^2)	热负荷(kW)	热指标(W/m^2)	负荷(kW)	指标(W/m^2)	热负荷(kW)
1	用友分销管理 软件基地1号建筑组团(培训中心)	4420	123	2378	66			913
	用友分销管理 软件基地2号建筑组团(培训中心)	2163	82	1856	70			
2	用友分销管理 软件基地3号建筑组团1号楼(西楼宿舍楼)					475	60	615
	用友分销管理 软件基地3号建筑组团2号 楼(东楼2号 能源中心)	720	72	600	60	240	24	16
3	用友分销管理 软件开发基地4号组团	1788	180	805	81			
4	用友ERP-U9企业管理软件开发基地1号组团1号楼	2823	83	2411	70			
5	用友ERP-U9企业管理软件开发基地2号组团	5313	74	4543	63			
6	用友ERP-NC管理软件开发基地	6661	77	5689	66			
7	合计	23888	84	19684	70	715		1580

3.采暖、空调及卫生热水供回水温度

采暖系统供回水温度 80°C/60°C；空调系统末端采用热泵专用风机盘管和空调 机组，夏季空调供回水温度 8°C/16°C，冬季空调供回水温度43°C/35°C；卫生热水供水温度不低于48°C。

4.能源中心动力工艺总体方案

总体方案：采用燃气锅炉和离心式冷水机组调峰的地源热泵及水蓄冷、水蓄热系统，末端采用逆流式风机盘管。空调系统采用水蓄能方式，即夏季蓄冷、冬季蓄热。热泵机组为双工况机组。冬季由热泵机组在夜间向蓄热水罐蓄热，蓄热工况冷源侧供回水温度为0°C/4°C，热源侧供回水温度为55°C/47°C。7:00点~23:00点由热泵机组、蓄热水罐和燃气锅炉联合供热；23:00点~7:00点由燃气锅炉供热。供回水温度为 43°C/35°C。燃气锅炉作为冬季供热的调峰热源。夏季由热泵机组在夜间向蓄冷水罐蓄冷，蓄冷工况冷源侧供回水温度为 4°C/11°C，热源侧供回水温度为 29°C/35°C，7:00点~23:00点由热泵机组、蓄冷水罐和离心机组联合供 冷；23:00~7:00点由地源热泵机组供冷。供回水温度为8°C/16°C,离心 式冷水机组作为夏季供冷的调峰冷源。散热器采暖系统热媒采用燃气锅炉供应的 80°C/60°C热水。

5.生活热水系统运行模式

夏季由热泵机组在早晨上班前后两小时电力平段内加热生活热水的同时回收空调系统管路中的热量，既加热了生活热水又为空调系统进行了预冷；过渡季在夜间电力低谷段内由热泵机组加热生活热水；燃气锅炉作为补充热源。生活热水采用 恒压供水设备供给，并设置卫生热水循环泵，保证生活热水管路内水温恒定。

6.冷源

本工程设置了3台地源热泵机组，其单台制冷量为2586kW。所配室外地源 换热孔940个，140m深;同时配备了3台制冷量为3149kW的离心式冷 水机组（冷却塔冷却），承担夏季调峰冷负荷；并设置5200m³蓄能水罐，夜间电力低谷段热泵机组（或离心式冷水机组）将蓄能水罐内的水降温到 4°C 并储存，在白天电力高峰段将蓄存的冷量释放，供空调末端使用。

7.热源

本工程设置了3台地源热泵机组，其单台制热量为 2242kW。配备燃气锅炉 3台作为冬季调峰热源，单台供热量2791kW。利用5200m³蓄能水罐，夜间热泵机组将蓄能水罐内的水升温至55°C并储存，白天电力高峰段将蓄存的 热量释放供空调末端使用。二期散热器供热负荷为715kW，设置一台756kW的燃气锅炉供热，同时将 一台空调调峰燃气锅炉作为互备。

8.空调水路系统

空调水路系统为双管制变水量二次泵系统，系统采用闭式膨胀水罐定压（冬夏季共用），膨胀水罐设在机房内。空调补水经过软化处理。散热器采暖系统采用一次泵系统，系统单设闭式膨胀罐定压。

9.自控设计

本工程采用直接数字监控系统（DDC控制系统），它由中央电脑及终端设备加上若干个DDC控制单元组成，在空调控制中心能显示打印出空调各系统设备的运行状态参数，并能进行远距离优化程序控制。纳入自控系统的主要设备及部件有：热泵机组、离心冷水机组、水泵、冷却塔及各种压力、温湿度传感器、电动风、水阀门等。

空调水系统主要设备启停顺序：开机：水泵、冷却塔－热泵机组、冷水机组；停 机：热泵机组、冷水机组－水泵、冷却塔。

图 4-47　设计说明

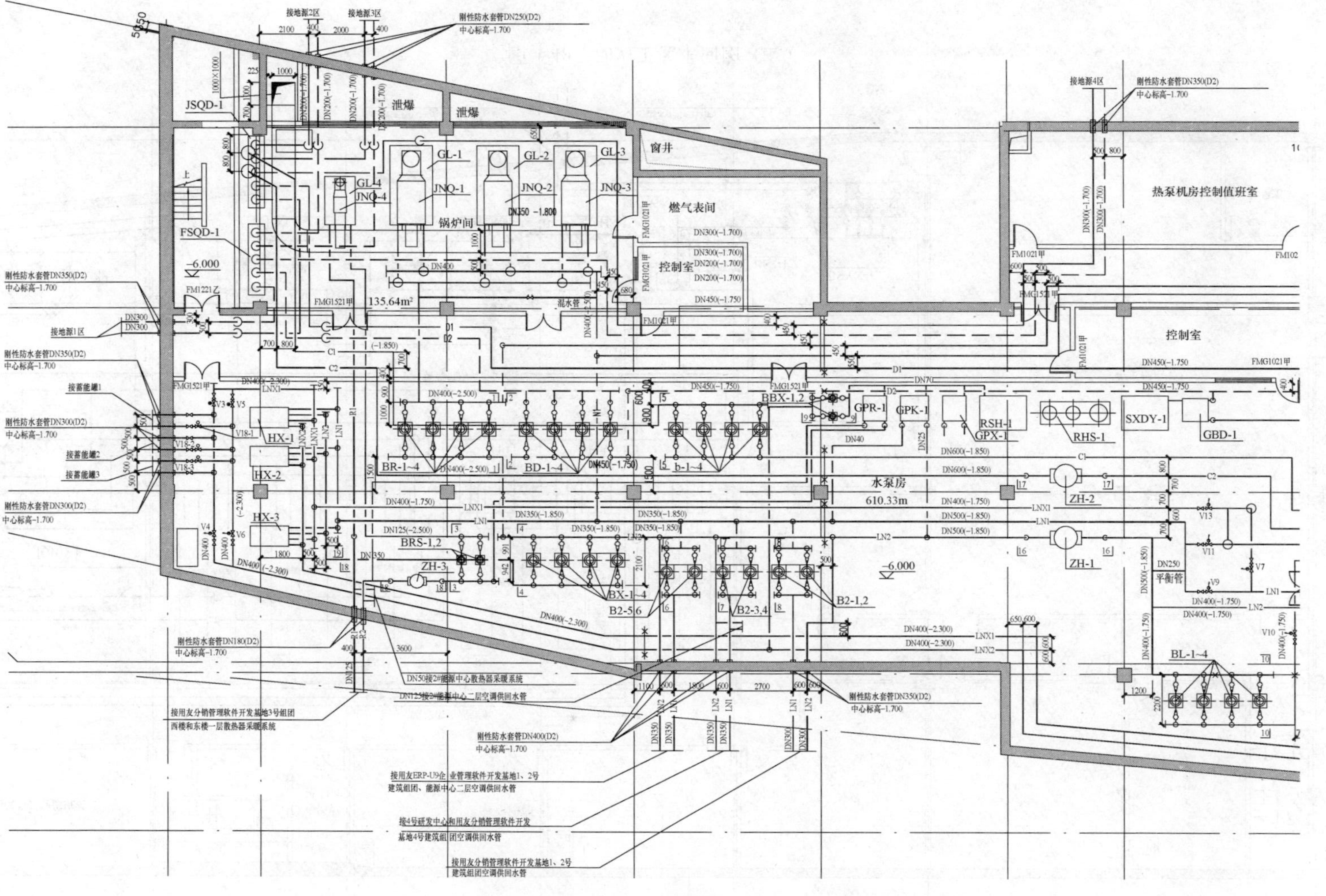

图 4-48　动力工艺平面图（一）

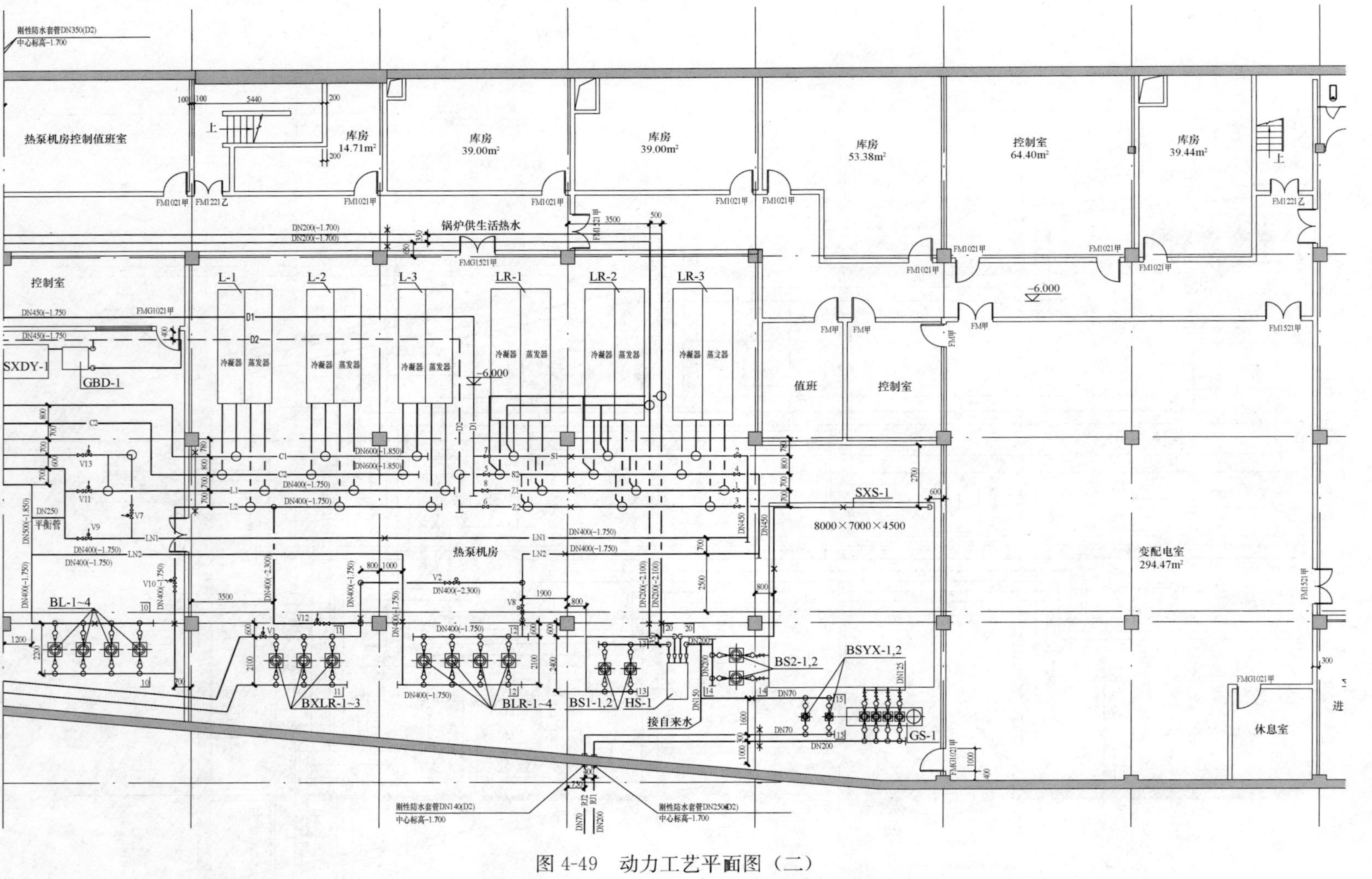

图 4-49　动力工艺平面图（二）

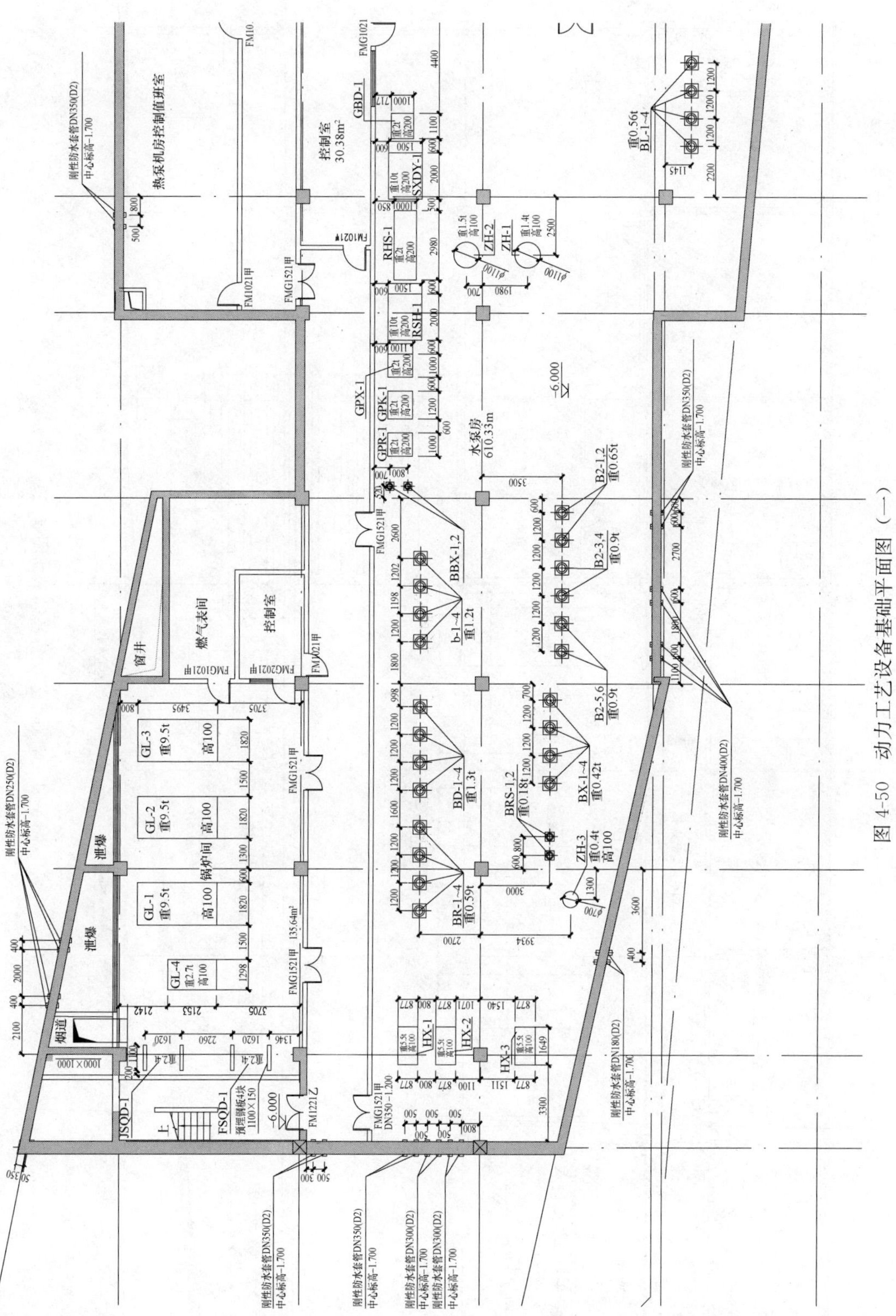

图 4-50　动力工艺设备基础平面图（一）

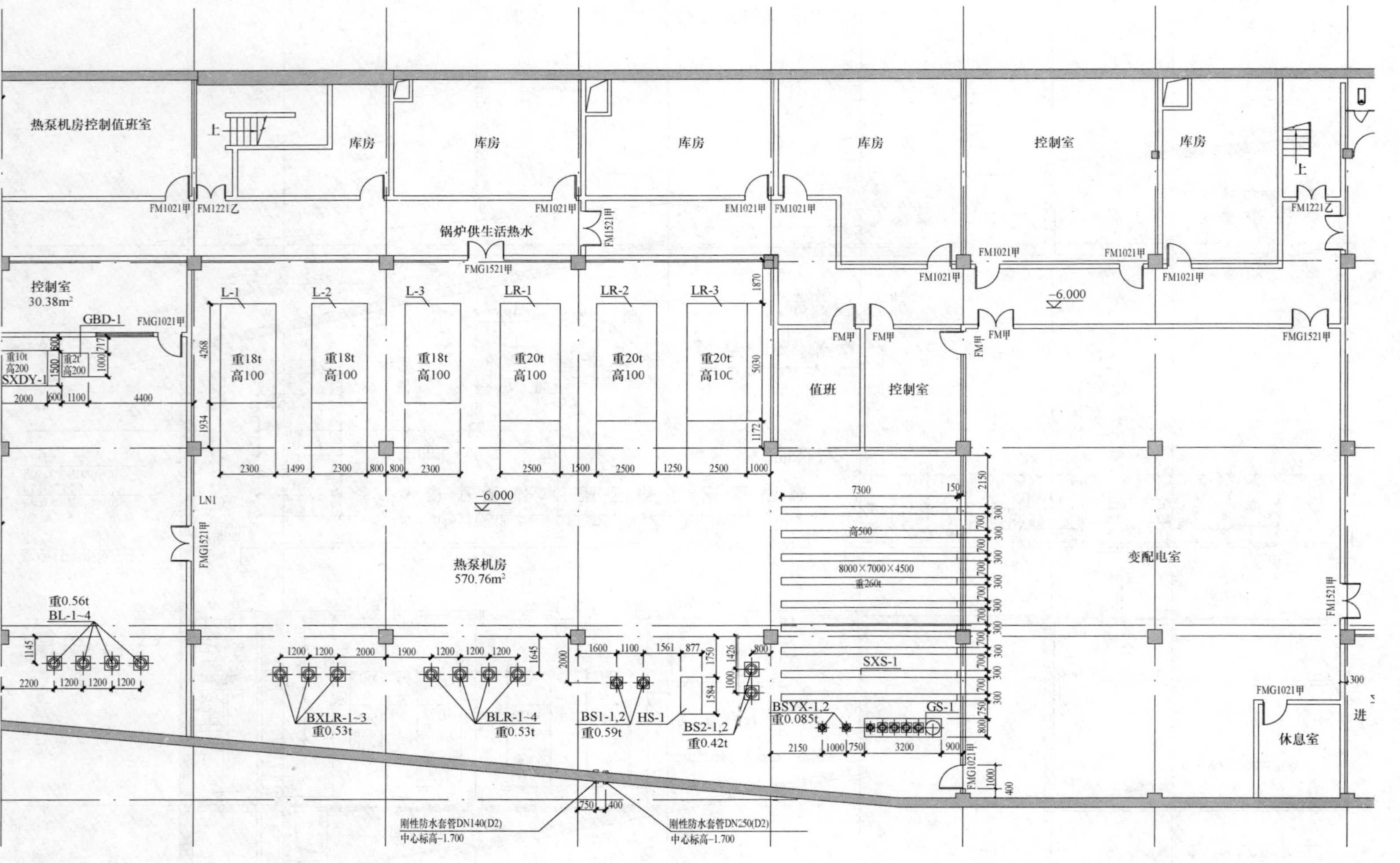

图 4-51　动力工艺设备基础平面图（二）

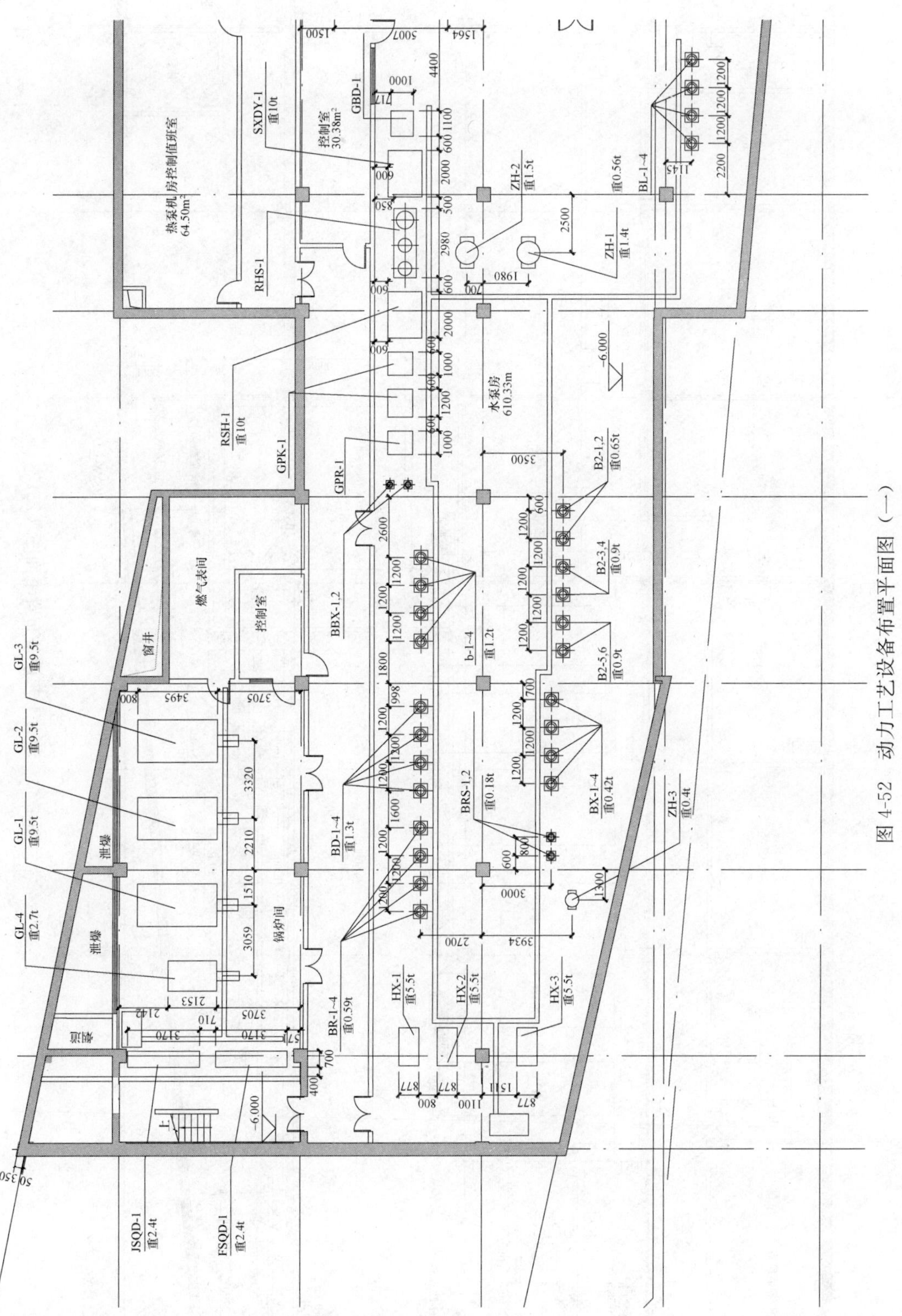

图 4-52　动力工艺设备布置平面图（一）

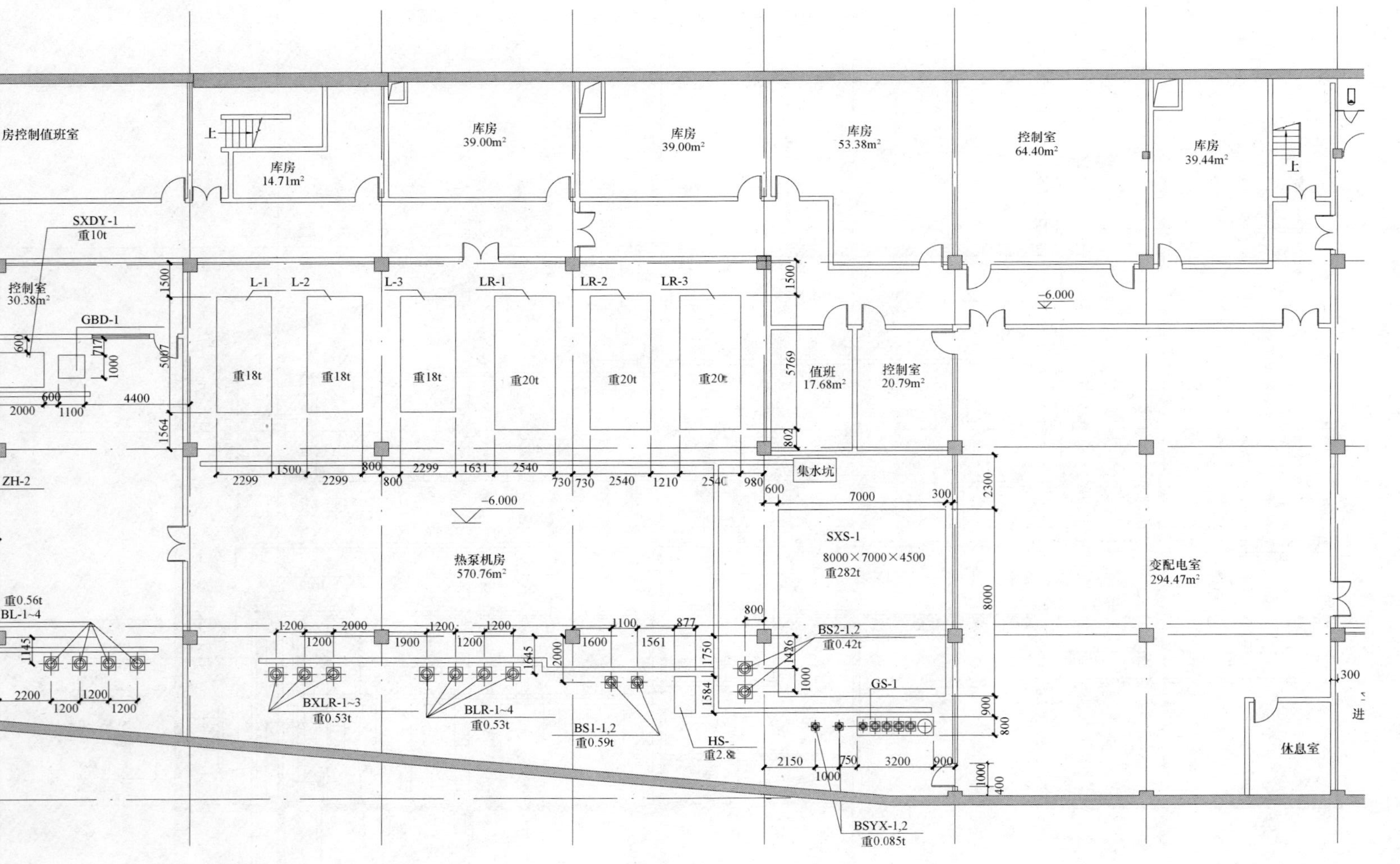

图 4-53　动力工艺设备布置平面图（二）

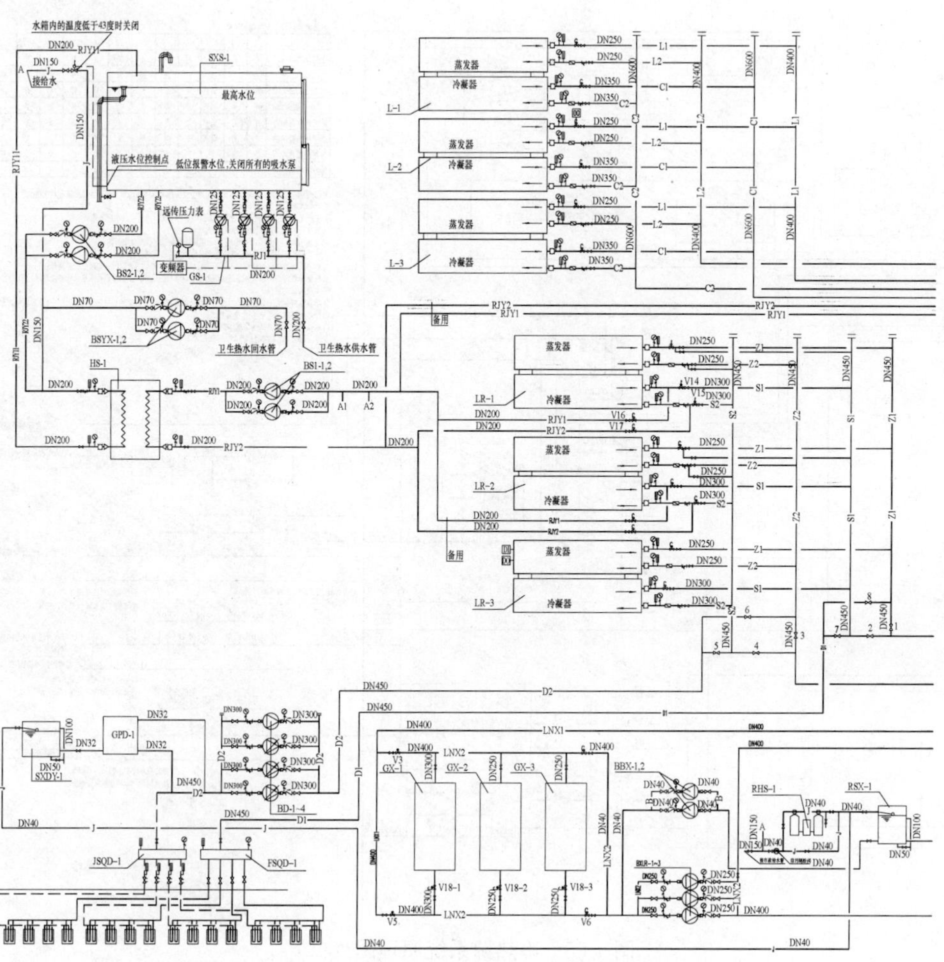

图 4-54 冷热源系统原理图（一）

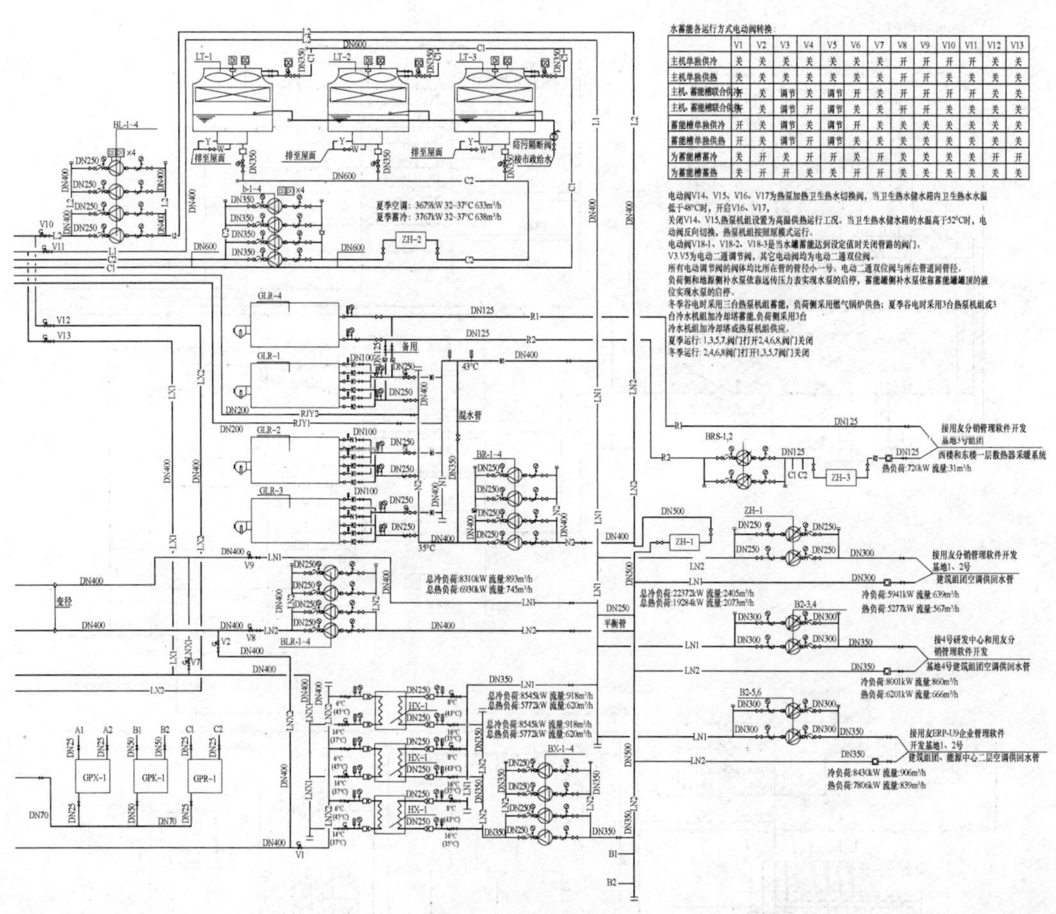

水蓄能各运行方式电动阀转换：

	V1	V2	V3	V4	V5	V6	V7	V8	V9	V10	V11	V12	V13
主机单独供冷	关	关	关	关	关	关	关	开	开	开	开	关	关
主机单独供热	关	关	关	关	关	关	关	开	开	关	关	关	关
主机、蓄能槽联合供冷	开	关	调节	关	调节	开	关	开	开	开	开	关	关
主机、蓄能槽联合供热	开	关	调节	开	调节	关	关	开	开	关	关	关	关
蓄能槽单独供冷	开	关	调节	关	调节	开	关	关	关	关	关	关	关
蓄能槽单独供热	开	关	调节	开	调节	关	关	关	关	关	关	关	关
为蓄能槽蓄冷	关	开	关	开	开	关	开	关	关	关	关	开	开
为蓄能槽蓄热	关	开	开	关	关	开	开	关	关	关	关	关	关

电动阀V14、V15、V16、V17为热泵加热卫生热水切换阀，当卫生热水储水箱内卫生热水水温低于48°C时，开启V16、V17，
关闭V14、V15,热泵机组设置为高温供热运行工况。当卫生热水储水箱的水温高于52°C时，电动阀反向切换，热泵机组按照原模式运行。
电动阀V18-1、V18-2、V18-3是当水罐蓄能达到设定值时关闭管路的阀门。
V3.V5为电动二通调节阀，其它电动阀均为电动二通双位阀。
所有电动调节阀的阀体均比所在管的管径小一号。电动二通双位阀与所在管道同管径。
负荷侧和地源侧补水泵依靠远传压力表实现水泵的启停，蓄能罐侧补水泵依靠蓄能罐罐顶的液位实现水泵的启停。
冬季谷电时采用三台热泵机组蓄能，负荷侧采用燃气锅炉供热；夏季谷电时采用3台热泵机组或3台冷水机组加冷却塔蓄能.负荷侧采用3台
冷水机组加冷却塔或热泵机组供应。
夏季运行: 1,3,5,7,阀门打开2,4,6,8,阀门关闭
冬季运行: 2,4,6,8阀门打开1,3,5,7阀门关闭

图 4-55　冷热源系统原理图（二）

4.2.8 燃气直燃机供冷供热系统分析

1. 直燃机供冷供热系统流程图

直燃机制冷过程原理图如图 4-56 所示。

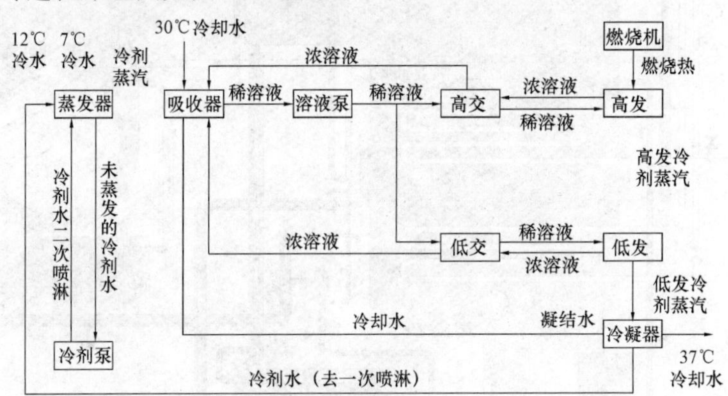

图 4-56 直燃机制冷过程原理图

直燃机制冷流程图如图 4-57 所示。

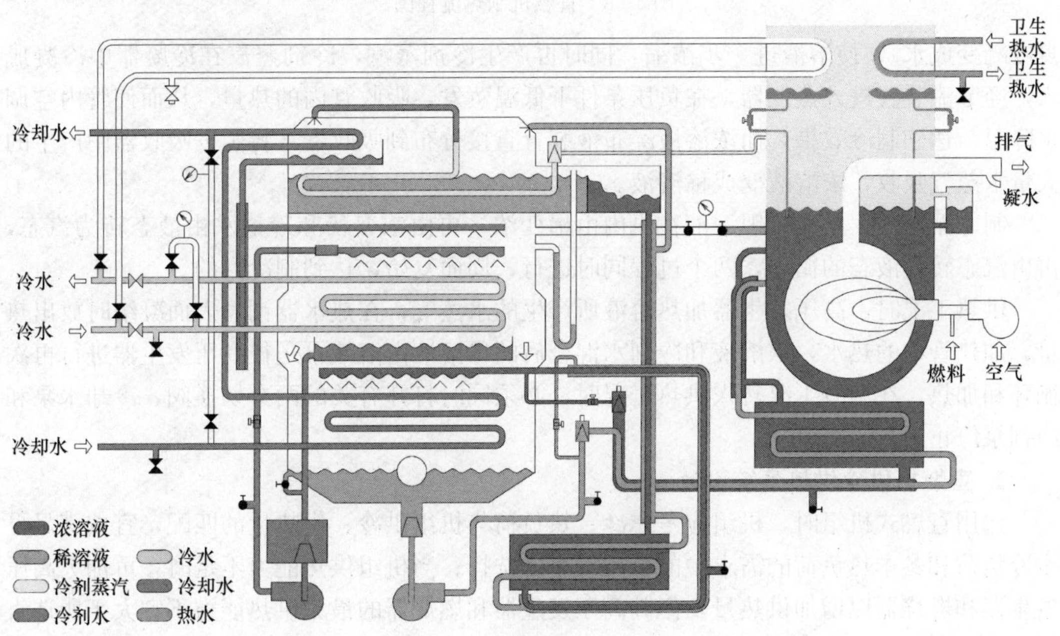

图 4-57 直燃机制冷流程图

直燃机制热流程图如图 4-58 所示。

直燃机通过燃气（或燃油）直接提供热能，制取 5℃以上冷水和 70℃以下热水的冷热水机组。直燃机通常是由高压发生器、低压发生器、冷凝器、蒸发器、吸收器等主要设备组成。

制冷工况时：溶液泵将吸收器中稀熔液送往高压发生器中，由热源加热后浓缩，经初步浓缩的溶液随即进入低压发生器，分离出冷剂蒸汽进入低压发生器内，再释放热量（自

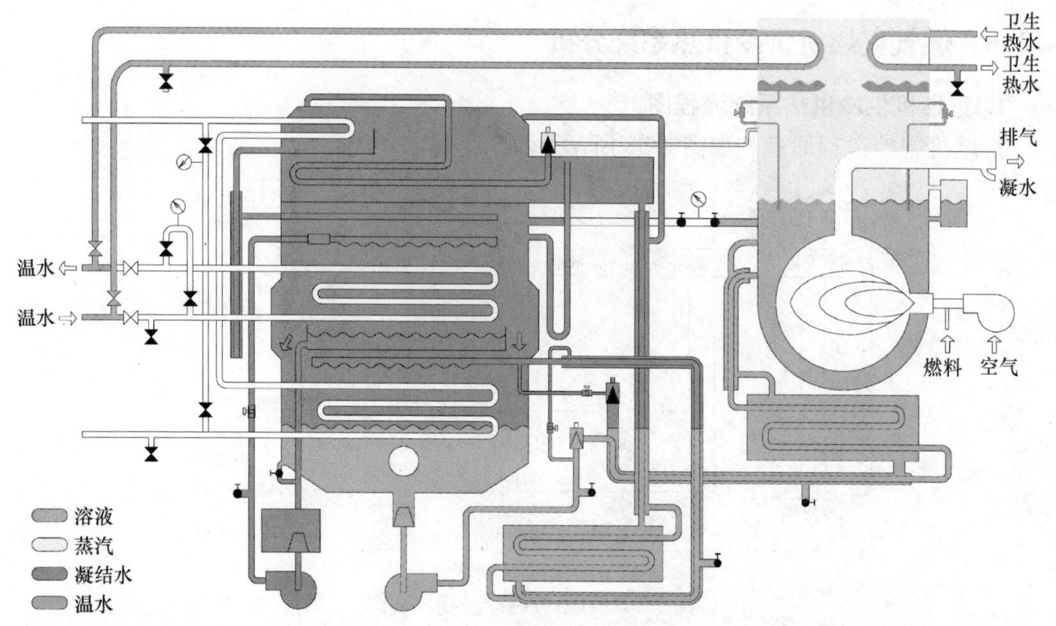

图 4-58　直燃机制热流程图

身冷凝变成水），使溶液进一步浓缩，同时再产生冷剂蒸汽，冷剂蒸汽在冷凝器中冷凝成水，经节流装置进入蒸发器，在负压条件下低温蒸发，吸收管内的热量，从而使管内空调水降温，达到制冷效果，而浓溶液经布液装置直接分布到吸收器，将蒸发吸收器中产生的大量水蒸气吸收，浓溶液变成稀溶液。

制冷循环过程是溴化锂溶液在机内由稀变浓，再由浓变稀和冷剂水由液态转为汽态，再由汽态转为液态的循环，两个过程同时进行，周而复始，达到制冷目的。

供热工况时：高压发生器加热溶液所产生的水蒸气，在热水器铜管表面凝结时放出热量，加热管中的热水，浓溶液和冷剂水混合后的稀溶液由溶液泵送往高压发生器进行再次循环和加热，在制冷工况转入供热工况时，必须同时打开有关的两个切换阀，冷却水泵和冷剂泵停止运行。

2. 直燃机供冷供热系统设计

选用直燃式机组时，机组应考虑冷、热负荷与机组供冷、供热量的匹配，宜按满足夏季冷负荷和冬季热负荷的需求中的机型较小者选择；当机组供热能力不足时，可加大高压发生器和燃烧器以增加供热量，但其高压发生器和燃烧器的最大供热能力不宜大于所选直燃式机组型号额定热量的50%；当机组供冷能力不足时，宜采用辅助电制冷等措施。

采用供冷（温）及生活热水三用型直燃机时，尚应完全满足冷（温）水及生活热水日负荷变化和季节负荷变化的要求；应能按冷（温）水及生活热水的负荷需求进行调节；当生活热水负荷大、波动大或使用要求高时，应设置储水装置，如容积式换热器、水箱等。若仍不能满足要求的，则应另设专用热水机组供应生活热水。

当建筑在整个冬季的实时冷、热负荷比值变化大时，四管制和分区两管制空调系统不宜采用直燃式机组作为单独冷热源。

小型集中空调系统，当利用废热热源或太阳能提供的热源，且热源供水温度在60～

85℃时，可采用吸附式冷水机组制冷。

直燃型溴化锉吸收式冷（温）水机组的储油、供油、燃气系统等的设计，均应符合现行国家有关标准的规定。

3. 直燃机供冷供热系统优缺点

（1）利用热能（或余热、废热、排热等）为动力，与电动冷水机组比可明显节约电耗。因此，在电力比较紧张的地区，或有余热可以利用的场合，此机组更具有意义，但是应该注意，其若与一次能源的消耗机比较，一般来说是不节能的。

（2）制冷机组是在真空状态下运行，没有高压爆炸危险，安全可靠；除屏蔽泵以外，无其他振动部件，运行安静，噪声低。

（3）以溴化锂水溶液为工质，其中水为制冷剂，溴化锂为吸收剂。

（4）制冷量范围广，并且随着负荷的变化调节溶液循环量，有优良的调节性能。

（5）对外界条件的变化适应性强，稳定运行。

（6）选用先进的燃烧设备，燃烧效率高，燃烧完全，燃烧产物中所含的 SO_2 和 NO 低，对大气污染相对较小。

（7）制冷、采暖和热水供应兼用，一机多功能，机组从功能上有单冷型（只制冷）、空调型（制冷，采暖）和标准型（制冷，采暖，热水供应）三种形式供用户选择。

（8）用户不需要另设锅炉房或蒸汽外网，只需少量电耗和冷却水系统。

（9）采用直燃机，对城市能源季节性的平衡起到一定的积极作用。一般来说，城市中夏季用电量大，而燃气、燃油用量少，因此，用直燃机可以减少电耗，增加燃气、燃油耗量，有利于解决城市燃气、燃油系统的季节调峰问题。

（10）直燃机结构紧凑，体积小，机房占用面积小，安装无特殊要求，使用操作方便。

（11）气密性要求高，在机组运行中即使漏入微量的空气也会影响冷水机组的性能。

（12）腐蚀性强，溴化锂水溶液对普通碳钢有较强的腐蚀性，不仅影响机组的性能与正常运行，而且还影响机组的寿命。

（13）其冷却水量需求量大，同时，需配用冷却能力较大的冷却塔。

（14）价格比有同样制冷量的蒸汽压缩式冷水机高。

（15）使用寿命比压缩式短。

（16）节电不节能，耗气量大，热效率低。

（17）机组长期在真空下运行，外空气容易侵入，若空气侵入，造成冷量衰减，故要求严格密封，给制造和使用带来不便。

（18）机组排热负荷比压缩式大，对冷却水水质要求较高。

4.2.9　冷热源方案分析列表

冷热源方案分析列表见表 4-19。

表 4-19　冷热源方案分析列表

方案名称	机房占地面积	初投资	运行费	安装施工难度	运行管理难度	环保性	节能性
电制冷＋锅炉房	较大	较高	中等	中等	中等	差	中等
水（地）源热泵供冷供热系统	较大	较高	较低	较复杂	较复杂	好	好

续表

方案名称	机房占地面积	初投资	运行费	安装施工难度	运行管理难度	环保性	节能性
空气源热泵供冷供热系统	小	中等	较高	简单	简单	较好	差
热泵供冷供热加燃气锅炉、电制冷调峰系统	较大	较高	较低	较复杂	复杂	较好	较好
直燃机供冷供热	中等	较高	中等	简单	简单	差	差
市政热力＋电制冷	中等	中等	中等	中等	中等	中等	中等
冷热电三联供	大	高	低	复杂	复杂	好	好
电制冷＋工业余热	较大	较高	低	中等	较复杂	好	好

注：表格中定性比较是以常规电制冷、市政热力供热系统为基准。

第 5 章　供暖

本章执笔人

刘伟

中国建筑设计院有限公司

工程师

5.1　热水供暖系统的选择

5.1.1　供暖热源设备

供暖热源设备的选择，应根据资源情况、环境保护、能源效率及用户对供暖费用可承受的能力等综合因素，经技术经济分析比较确定。同时，应符合下列原则：

（1）应以热电厂与区域锅炉房为主要热源；在城市集中供热范围内时，应优先采用城市集中供热提供的热源。

（2）燃煤锅炉房的规模不宜过小，独立建设的燃煤集中锅炉房中单台锅炉的容量，不宜小于7.0MW；对于规模较小的住宅区，锅炉的单台容量可适当降低，但不宜小于4.2MW。

（3）模块式组合锅炉房，宜以楼栋为单位设置，其规模宜为4～8块，不应超过10块。

（4）位于工厂区附近时，应充分利用工业余热及废热。

（5）有条件时，应积极利用太阳能、地热能等可再生能源。

（6）除电力充足和电力政策支持，或者建筑所在地没有其他形式的能源外，在严寒和寒冷地区，不应设计采用直接电热供暖。

（7）除受特定条件限制外，不宜采用直供式借助水泵提升的“常压热水锅炉”进行供热。

5.1.2　供暖方式

供暖方式应根据建筑物规模，所在地区气象条件、能源状况及政策、节能环保和生活习惯要求等，通过技术经济比较确定。

（1）累年日平均温度稳定低于或等于5℃的日数大于或等于90d的地区，应设置供暖设施，并宜采用集中供暖。

（2）符合下列条件之一的地区，宜设置供暖设施；其中幼儿园、养老院、中小学校、医疗机构等建筑宜采用集中供暖：

①累年日平均温度稳定低于或等于5℃的日数为60～89d；

②累年日平均温度稳定低于或等于5℃的日数不足60d，但累年日平均温度稳定低于或等于8℃的日数大于或等于75d。

（3）集中供暖系统应以热水为热媒。居住建筑的集中供暖系统，应按热水连续供暖进行设计。商业、文化及其他公共建筑，可根据其使用性质、供热要求经技术经济比较确定。

5.1.3　热媒的选择

民用建筑供暖系统的热媒宜采用热水，热水的供水温度应根据建筑物性质、供暖方式、热媒性质及管材等因素确定，热媒的选择见表5-1。

表 5-1 供暖系统热水供水温度

供暖系统	管材	建筑物类型	供水温度（℃）
散热器供暖	钢管	居住类建筑，如住宅、集体宿舍、旅馆、幼儿园、医院等	宜≤85
		人员长期停留的公共建筑，如办公楼、商场等	宜≤95
		人员短暂停留的高大空间，如车站、码头、展览馆、影剧院、体育场馆等	宜 95
	塑料管和内衬塑料管		宜≤85
低温辐射供暖	塑料管和内衬塑料管		宜≤60

供回水温差可参照下列原则选取：

① 当热源为锅炉房时，供回水温差不得小于 20℃。

② 当热源为热电联产集中供热时，供回水温差宜在 15～90℃。

③ 当热源为各类热泵时，供回水温差宜在 10℃以内。

④ 散热器供暖系统应采用热水作为热媒；散热器集中供暖系统宜按 75℃/50℃连续供暖进行设计，且供水温度不宜大于 85℃，供回水温差不宜小于 20℃。

⑤ 热水地暖辐射供暖系统供水温度宜采用 35～45℃，不应大于 60℃；供回水温差不宜大于 10℃，且不宜小于 5℃。

5.1.4 室内设计参数

公共建筑集中供暖系统室内计算温度宜符合表 5-2 的规定。

表 5-2 公共建筑集中供暖系统室内计算温度

建筑类型及房间名称	室内温度（℃）	建筑类型及房间名称	室内温度（℃）
1. 办公楼：		4. 交通：	
门厅、楼（电）梯	16	民航候机厅、办公室	20
办公室	20	候车厅、售票厅	16
会议室、接待室、多功能厅	18	公共洗手间	16
走道、洗手间、公共食堂	16	5. 银行：	
车库	5	营业大厅	18
2. 餐饮：		走道、洗手间	16
餐厅、饮食、小吃、办公室	18	办公室	20
洗碗间	16	楼（电）梯	14
制作间、洗手间、配餐	16	6. 体育：	
厨房、热加工间	10	比赛厅（不含体操）、练习厅	16
干菜、饮料库	8	休息厅	18
3. 影剧院：		运动员、教练员更衣室、休息室	20
门厅、走道	14	游泳馆	26
观众厅、放映室、洗手间	16	7. 商业：	
休息厅、吸烟室	18	营业厅（百货、书籍）	18
化妆室	20	鱼肉、蔬菜营业厅	14
		副食（油、盐、杂货）、洗手间	16
		办公室	20
		米面贮藏室	5
		百货仓库	10

续表

建筑类型及房间名称	室内温度（℃）	建筑类型及房间名称	室内温度（℃）
8. 旅馆：		9. 图书馆：	
大厅、接待处	16	大厅	16
客房、办公室	20	洗手间	16
餐厅、会议室	18	办公室、阅览室	20
走道、楼（电）梯间	16	报告厅、会议室	18
公共浴室	25	特藏、胶卷、书库	14
公共洗手间	16		

注：供暖室内设计温度除符合上述要求外，还应符合下列规定：

1. 严寒和寒冷地区主要房间应采用 18～24℃；
2. 夏热冬冷地区主要房间宜采用 16～22℃；
3. 设置值班供暖房间不应低于 5℃；
4. 辐射供暖室内设计温度宜降低 2℃。

设置供暖系统的普通住宅的室内供暖计算温度，不应低于表 5-3 的规定。

表 5-3　住宅室内供暖设计温度

用房	温度（℃）
卧式、起居室（厅）和卫生间	18
厨房	15
设供暖的楼梯间和走廊	14

注：设有洗浴器并有热水供应设施的卫生间直接沐浴时室温为 25℃设计。

严寒和寒冷地区居住建筑冬季供暖室内计算温度应取 18℃，冬季供暖计算换气次数应取 $0.5h^{-1}$。

夏热冬冷地区居住建筑卧室、起居室室内设计温度应取 18℃，冬季供暖计算换气次数应取 $1.0h^{-1}$。

夏热冬暖地区居住建筑北区冬季供暖居住空间室内设计计算温度 16℃，冬季供暖计算换气次数应取 $1.0h^{-1}$。

5.1.5　供暖系统的形式

1. 重力循环热水供暖系统（表 5-4）

表 5-4　重力循环热水供暖系统常用形式

序号	形式名称	图式	适用范围	特点
1	单管上供下回式	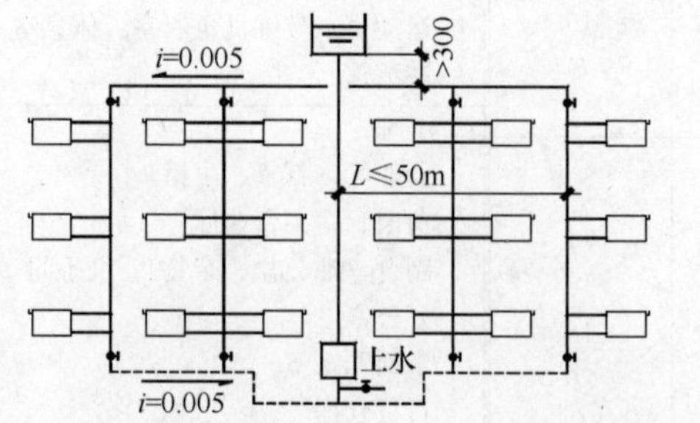 i=0.005 >300 L≤50m 上水 i=0.005	作用半径不超过 50m 的多层建筑	升温慢、作用压力小、管径大、系统简单，不消耗电能；水力稳定性好；可缩小锅炉房中心与散热器中心距离

续表

序号	形式名称	图式	适用范围	特点
2	双管上供下回式	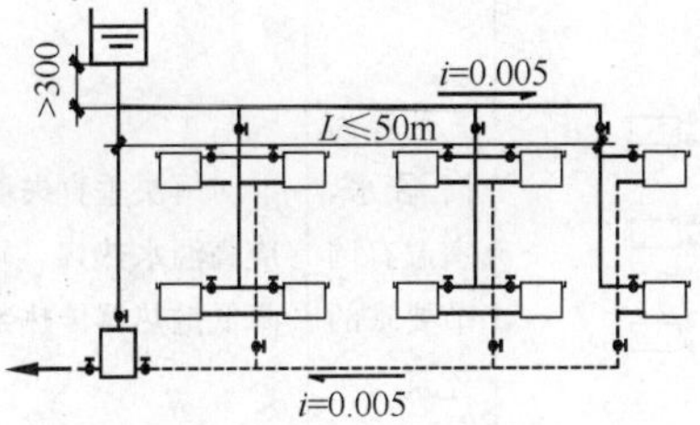 >300 i=0.005 L≤50m i=0.005	作用半径不超过 50m 的三层（≤ 10m）以下建筑	升温慢、作用压力小、管径大、系统简单，不消耗电能；易产生垂直失调；室温可调节
3	单户式	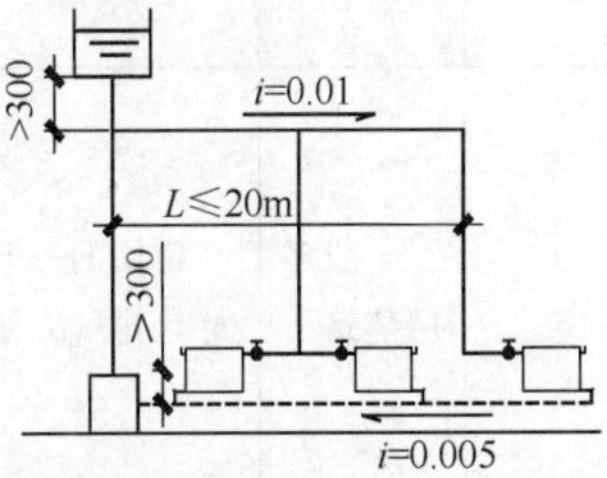 >300 i=0.01 L≤20m >300 i=0.005	单户单层建筑	一般锅炉与散热器在同一平面，故散热器安装至少提高到 300～400mm 高度；尽量缩小配管长度，减少阻力

2. 机械循环热水供暖系统（表 5-5）

表 5-5　机械循环热水供暖系统常用形式

序号	形式名称	图　示	适用范围	特点
1	双管上供下回式	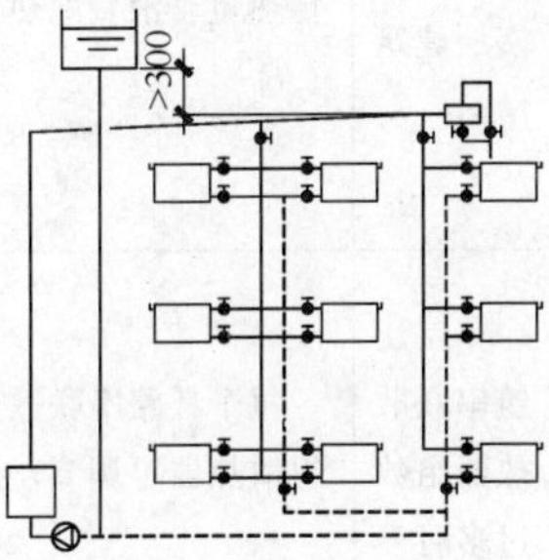 >300	室温有调节要求的建筑	最常用的双管系统做法；排气方便；室温可调节；易产生垂直失调
2	双管下供下回式	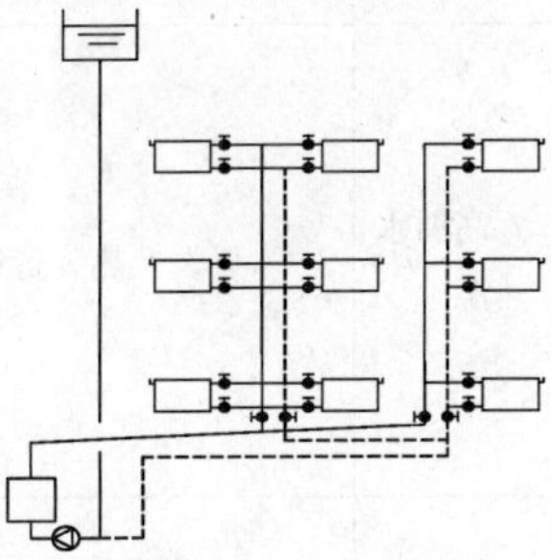	室温有调节要求且顶层不能敷设干管时的建筑	缓和了上供下回式系统的垂直失调现象；安装供、回水干管需设置地沟；室内无供水干管，顶层房间美观；排气不便
3	双管中供式	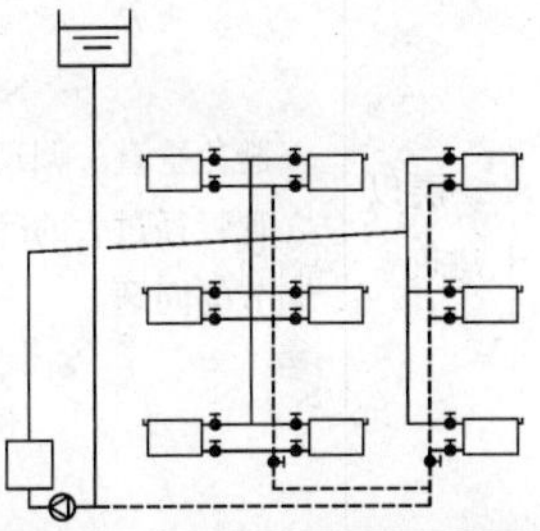	顶层供水干管无法敷设或边施工边使用的建筑	可解决一般供水干管挡窗问题；解决垂直失调比；上供下回有利；对楼层、扩建有利；排气不利

续表

序号	形式名称	图　示	适用范围	特点
4	双管下供上回式	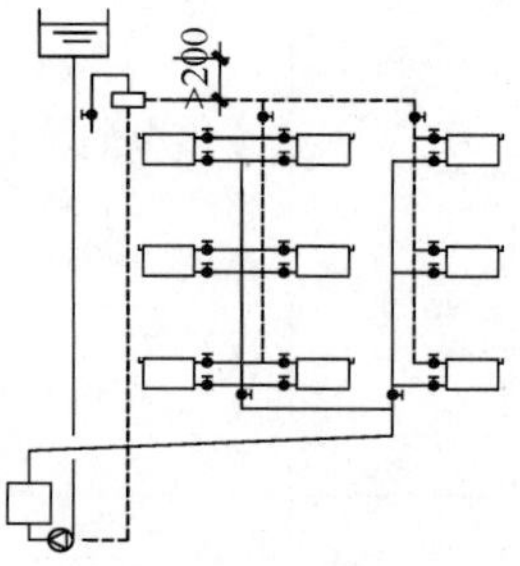 ≥200	热媒为高温水、室温有调节要求的建筑	对解决垂直失调有利；排气方便；能适应高温水热媒，可降低散热器表面温度；降低散热器传热系数，浪费散热器
5	垂直单管上供下回式	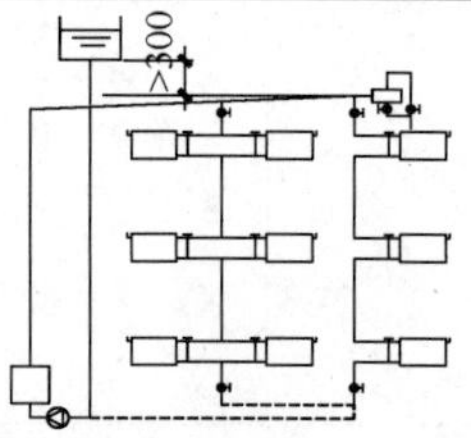 ≥300	一般多层建筑	常用的一般单管系统做法；水力稳定性好；排气方便；安装构造简单
6	垂直单管下供上回式	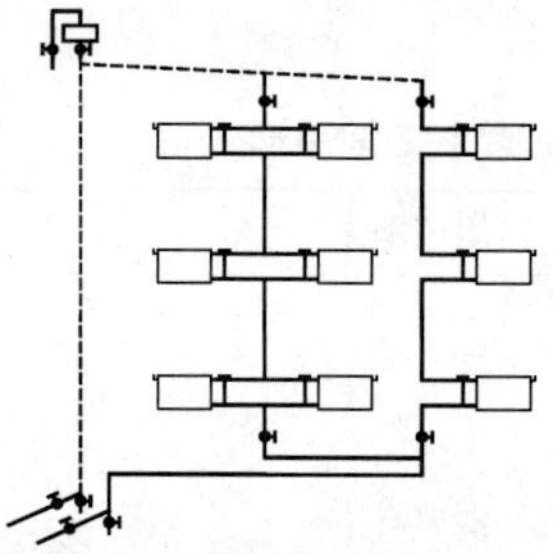	热媒为高温水的多层建筑	可降低散热器的表面温度；降低散热器传热量，浪费散热器
7	水平单管跨越式	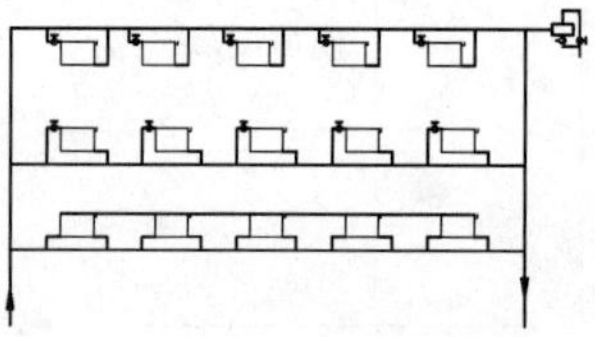	单层建筑串联散热器组数过多时	每个环路串联散热器数量不受限制；每组散热器可调节；排气不便
8	分层式	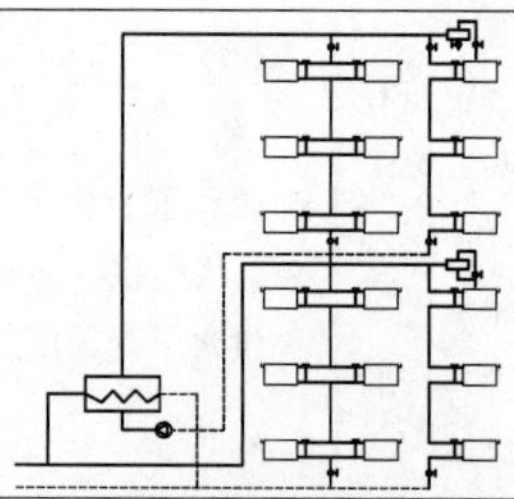	高温水热源	入口设换热装置造价高
9	单双管式	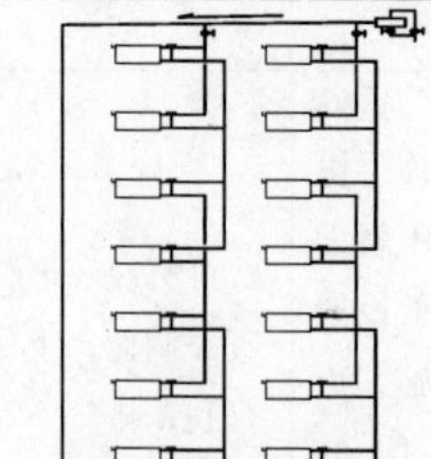	8 层以上建筑	避免垂直失调现象产生；可解决散热器立管管径过大的问题；克服单管系统不能调节的问题

续表

序号	形式名称	图示	适用范围	特点
10	垂直单管上供中回式	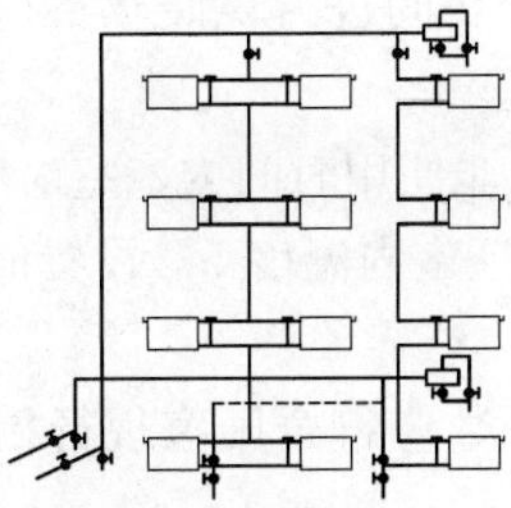	不宜设置地沟的多层建筑	节约地沟造价；系统泄水不方便；影响室内底层房屋美观；排气不便；检修方便
11	混合式	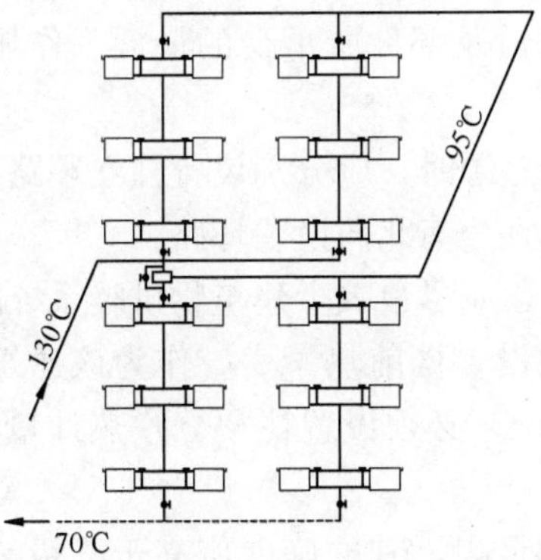 95℃ 130℃ 70℃	热媒为高温水的多层建筑	解决高温水热媒直接系统的最佳方法之一
12	高低层无水箱连接	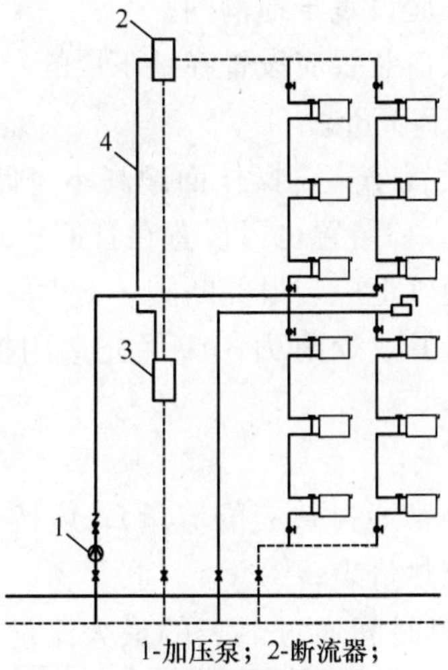 2 4 3 1 1-加压泵；2-断流器； 3-阻旋器；4-连通管	低温水热源	直接用低温水供暖，便于运行管理；用于旧建筑高低层并网改造，投资少；微机变频增压泵，精确控制流量与压力，供暖系统平稳可靠； 加压泵选择： 扬程 $H_b=H_j+H_g+V^2/2g-H_W$ H_j——泵至断流装置处的高度，m； H_g——系统阻力损失，m； H_W——热网供水在泵位置的水头高度，m； $V^2/2g$——出水口的动压头，m。 流量 $V=K0.86Q/\rho\ (t_1-t_2)$ K——附加系数，可取 1.1； Q——高压供暖系统热负荷，W； t_1——供水温度，℃； t_2——回水温度，℃； ρ——供水密度，kg/m³。 断流器、阻旋器 接口管径　管径　高度 DN20　250（200）　350（350） DN70　250（200）　350（350） DN80　300（250）　450（450） DN100　300（250）　450（450） DN125　350（300）　500（500） DN150　350（350）　500（500）

注：垂直单管和水平单管系统，为了达到室温控制调节要求都安装了跨越管两通阀或三通阀，如不需室温控制或利用其他方式调温可不加跨越管。

① 无论系统大小，有条件时，尽量采用程式，以便压力平衡。

② 水平供水干管敷设坡度不应小于 0.003，坡向应与水流方向相反，以利排气。

③ 回水干管的坡度不应小于 0.003，坡向应与水流方向相同。

④ 无水箱直连技术由沈阳直连高层供暖技术有限公司提供。

5.1.6　一般设计规定

1. 集中供暖系统的施工图设计，必须对每个房间进行供暖热负荷计算，计算书中应附标有房间编号的建筑平面图，以满足审核需要。

2. 严寒或寒冷地区设置供暖的公共建筑，在非使用时间内，室内温度应保持在0℃以上；当利用房间蓄热量不能满足要求时，应按保证室内温度5℃设置值班供暖。当工艺有特殊要求时，应按工艺要求确定值班供暖温度。

3. 设置供暖的建筑物，其围护结构的传热系数应符合国家现行相关节能设计标准的规定。

4. 建筑物的热水供暖系统应按设备、管道及部件所承受的最低工作压力和水力平衡要求进行竖向分区设置。

5. 当散热器供暖系统与空调水系统共用热源时，应分别设置独立环路。

6. 条件许可时，建筑物的集中供暖系统宜分南北向设置环路。

7. 在满足室内各环路水力平衡的前提下，应尽量减少建筑物供暖系统的热力入口。

8. 建筑物供暖系统的热力入口处，必须设置楼前热量表，作为该建筑物供暖耗热量的热量结算点。对于居住建筑，集中供暖系统，必须设置住户分户热计量（分户热分摊）的装置或设施。

9. 楼栋热量表宜选用超声波或电磁式热量表，其准确度应高于3级，并有150天的日供热量储存值，或可采用数据远传的方法存储日供热量。

10. 设有热量计量装置的建筑物供暖系统的热力入口装置，应符合下列要求：

（1）建筑物的供暖系统的热力入口装置不应设置于地沟内；

（2）有地下室的建筑，供暖系统的热力入口装置应设置在地下层的专用小室内，小室净高不应低于2.0m，前操作面的净宽不应小于0.8m；

（3）无地下室的建筑，宜于楼梯间下部设置小室，操作面净高不应低于1.4m，前操作面的净宽不应小于1.0m；供暖系统的热力入口装置也可设置在管道井或技术夹层内；

（4）供、回水管之间应设置旁通管，旁通管上应装设关断阀；

（5）供水总管上必须安装水过滤器；为了减少阻力，应优先选用桶型立式直通除污器。

11. 热量表的选择与应用，应符合下列要求：

（1）热量表的额定流量（在精度等级内经常通过热表的流量），应按系统设计流量的80%考虑，不得根据供暖系统管道的直径选配热量表；

（2）热量表的最大流量（在精度等级内短时间通过热表的最大流量）（<1h/d，<200h/a）应为额定流量的2倍；

（3）最小流量（在精度等级内允许通过热表的最小流量，以占额定流量的比例表示）应为额定流量的1/25～1/250；

（4）在额定流量下，热媒流经热量表的压力损失不应大于0.025MPa；

（5）热量表的流量传感器，宜安装在回水管道上；

（6）热量表的流量检测类型，有机械式、电磁式、超声波式、振荡式等，机械式流量计量热量表的价格低于非机械式流量计量的热量表；但非机械式热量表的精度及长久稳定性优于机械式，相应的故障率及运行维护成本也低于机械式；选用时应结合一次投资、维护保养成本及工程具体情况等因素综合考虑确定；

(7) 热量表的承压等级分 PN10、PN16 及 PN25 三种，必须根据系统工作压力选用相应额定压力的热量表；管道内的压力波动超过 1.5 倍额定压力时，可能导致损坏流量测量元件的后果；

(8) 机械式热量表有旋翼式与螺翼式之别，旋翼式热量表应水平安装，螺翼式热量表及超声波热量表，可以水平安装，也可垂直安装在立管上；

(9) 机械式热量表的上游，应保持 5～10D 长度的直管段，下游应保持 2～8D 长度的直管段（D 为连接管的外径）；超声波热量表不受上述规定的限制；

(10) 机械式热量表作为楼栋热量表时，入口前应设两级过滤，初级滤网孔径宜取 3mm；次级孔径宜取 0.6～0.75mm；如果户内采用机械式热量表作为分户热量（费）分摊的工具，在户用热量表前应再设置一道滤径为 0.65～075mm 的过滤器；

(11) 热媒温度高于 90℃时，热量表的计算器必须安装在墙面上或仪表盘上。

12. 设计图中必须标注热量表的型号、额定流量及接口公称直径。

13. 供暖系统的水质应符合国家现行相关标准的规定。

5.2 散热器热水供暖系统

5.2.1 散热器

1. 散热器的设计选择计算

散热器计算是确定供暖房间所需散热器的面积和片数。

(1) 散热器散热面积的计算

散热器散热面积 F 按式 (5-1) 计算：

$$F = \frac{Q}{K(t_{pj} - t_n)} \beta_1 \beta_2 \beta_3 \beta_4 \tag{5-1}$$

式中 Q——房间的供暖热负荷，W；

t_{pj}——散热器内热煤平均温度，℃；

t_n——供暖室内计算温度，℃；

K——散热器的传热系数，W/(m^2·℃)；

β_1——散热器组装片数修正系数；

β_2——散热器支管连接方式修正系数；

β_3——散热器安装形式修正系数；

β_4——进入散热器流量修正系数。

(2) 修正系数 β_1、β_2、β_3、β_4

由于实际工程中每组散热器组装片数的不同，与散热器连接方式的不同和安装形式的不同以及进入散热器流量修正系数，应按表 5-6～表 5-9 修正。

表 5-6　散热器组装片数修正系数 β_1

散热器形式	各种铸铁及钢制散热器				钢制板型及扁管型散热器		
每组片数或长度	≤5	6～10	11～20	≥21	≤600	600～1000	≥1000
修正系数	0.95	1.00	1.05	1.10	0.95	0.98	1

表 5-7　散热器支管连接方式修正系数 β_2

连接方式	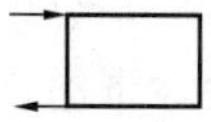	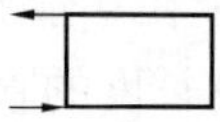	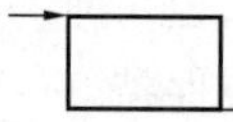	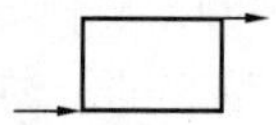	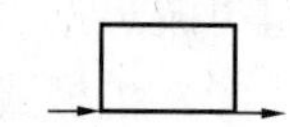
铸铁柱型	1.00	1.42	1.00	1.20	1.251
铸铁长翼型	1.00	1.40	—	1.29	—
钢铝复合柱翼型	1.00	1.39	0.96	—	1.10
钢制柱型	1.00	1.19	0.99	1.18	—
钢柱板型	1.00	1.69	1.00	2.17	—
闭式串片型	1.00	1.14	—	—	—
连接方式	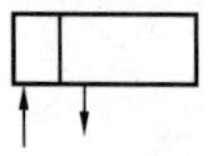	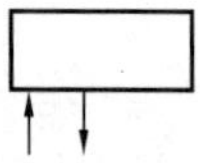	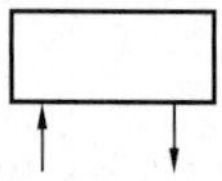	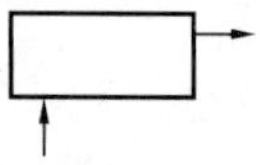	
铸铁柱型	—	—	—	—	
铸铁长翼型	—	—	—	—	
钢铝复合柱翼型	1.01（带分隔）	1.44 （不带分割）	1.08	1.38	
钢制柱型	—	—	—		
钢制板型	—	—	—	—	
闭式串片型	—	—	—	—	

注：表中未列出的散热器类型，可按近似散热器类型套用。

表 5-8　散热器安装形式修正系数 β_3

安装形式	修正系数
装在墙的凹槽内（半暗装）散热器上部距离为 100mm	1.06
明装但在散热器上部有窗台板覆盖，散热器距窗台板高度为 150mm	1.02
装在罩内，上部敞开，下部距地 150mm	0.95
装在罩内，上部下部开口，开口高度均为 150mm	1.04

表 5-9　进入散热器的流量修正系数 β_4

散热器类型	流量增加倍数						
	1	2	3	4	5	6	7
柱型、长翼型、多翼型、镶翼型	1.00	0.90	0.86	0.85	0.83	0.83	0.82
扁管型散热器	1.00	0.94	0.93	0.92	0.91	0.90	0.90

注：表中流量增加倍数为1时的流量即为散热器进出口温差为 25℃时的流量，亦称标准流量。

（3）散热器内热媒平均温度 t_{pj}

在热水供暖系统中散热器内热媒平均温度 t_{pj} 为散热器进出口水温的算术平均值，见式（5-2）。

$$t_{pj}=\frac{t_{sg}+t_{sh}}{2} \tag{5-2}$$

式中 t_{sg}——散热器进水温度，℃；

t_{sh}——散热器出水温度，℃。

对双管热水供暖系统，散热器的进、出口温度分别按系统的设计供、回水温度计算。

对单管热水供暖系统，由于每组散热器的进、出口水温沿流动方向下降，所以每组散热器的进、出口水温必须逐一分别计算。

（4）散热器传热系数 K

国家标准《供暖散热器散热量测定力法》（GB/T 13754—2008）规定：散热器传热系数 K 值的实验，应在一个长×宽×高(4±0.2)m×(4±0.2)m×(2.8±0.2)m 的封闭小室内，保持室温恒定下进行。散热器应无遮挡，敞开设置。实验结果整理成 $K=f(\Delta t)$，或 $Q=f(\Delta t)$ 的关系式，见式（5-3）、式（5-4）：

$$K=a(\Delta t)^{b}=a(t_{pj}-t_{n})^{b} \tag{5-3}$$

$$Q=A(\Delta t)^{b}=A(t_{pj}-t_{n})^{b} \tag{5-4}$$

式中 K——在实验条件下，散热器的传热系数，$W/(m^2 \cdot K)$；

A、a、b——由实验确定的系数；

Δt——散热器热媒与室内空气的平均温差，℃，$\Delta t=t_{pj}-t_{n}$；

Q——在散热面积 F 条件下的散热量，W。

各种散热器的传热系数参见各生产厂家提供的实验报告，但当前多数厂家样本都直接给出每片散热器的散热量，这样计算散热器片数 n 的计算公式见式（5-5）：

$$n=\frac{Q}{Q_{s}}\beta_{1}\beta_{2}\beta_{3}\beta_{l} \tag{5-5}$$

式中 Q——房间的供暖热负荷，W；

Q_{s}——每片散热器的散热量，W。

为了提高散热器散热量，散热器表面宜刷与房间协调的各种颜色的瓷漆。实测几种散热器与刷银粉漆对比：钢制闭式串片型提高 1.2%；钢制板型提高 23.7%；铸铁柱型提高 12.3%。安装散热器时，宜在散热器背面外墙部位增加保温层或贴铝箔，提高散热器的有效散热量。

（5）明装不保温管道的散热量计算

计算散热器的散热量时，应扣除室内明装不保温供暖管道的散热量；明装不保温供暖管道的散热量 Q_{p}（W）应按式（5-6）计算：

$$Q_{p}=F\times K\times(t_{pj}-t_{n})\times\eta \tag{5-6}$$

式中 F——管道的外表面积，m^2/m，见表 5-10；

K——管道的传热系数，$W/(m^2 \cdot ℃)$，见表 5-11；

t_{pj}——管道内热媒的平均温度，℃；

t_{n}——室内供暖计算温度，℃；

η——管道安装位置的修正系数，见表 5-12。

表 5-10　焊接钢管的外表面积（m^2/m）

公称口径(mm)	管道外径(mm)	表面积(m^2/m)	公称口径(mm)	管道外径(mm)	表面积(m^2/m)
15	21.3	0.067	80	88.5(89)	0.278(0.28)
20	26.8	0.084	100	114(108)	0.358(0.339)
25	33.5	0.105	125	140(133)	0.440(0.418)
32	42.3	0.133	150	165(159)	0.518(0.5)
40	48.0	0.151	200	(219)	(0.688)
50	60(57)	0.188(0.179)	250	(273)	(0.858)
70	75.5(73)	0.235(0.229)	300	(325)	(1.021)

注：括号中数字为无缝钢管时的表面积。

表 5-11　不保温管道的传热系数 W/(m^2·℃)

公称口径（mm）	热媒水平均温度与室内空气温度之差（℃）				
	40～50	50～60	60～70	70～80	≥80
DN≤32	12.8	13.4	14.0	14.5	14.5
DN＝40～100	11.0	11.6	12.2	12.8	13.4
DN＝125～150	11.0	11.6	12.2	12.2	13.2
DN≥200	9.9	9.9	9.9	9.9	9.9

表 5-12　管道安装位置系数 η

管道安装位置	立管	沿顶棚敷设的管道	沿地面敷设的管道
η	0.75	0.5	1.0

（6）散热器的片数或长度取舍原则

1）双管系统：热量尾数不超过所需散热量的 5%时可舍去，大于或等于 5%时应进位；

2）单管系统：上游（1/3）、中间（1/3）及下游（1/3）散热器数量计算尾数分别不超过所需散热量的 7.5%、5%及 2.5%时可舍去，反之应进位；

3）对多层住宅根多年实践经验，一般多发生上层热下层冷的现象，故在计算散热器片数时，建议在总负荷不变的条件下，将房间热负荷做上层减下层加的调整，调整百分数一般为 5%～15%，见表 5-13。

表 5-13　散热器片数调整百分表（%）

设计层数＼总层数	七	六	五	四	三	二	一
七	−15						
六	−10	−10					
五	−5	−5	−10				

续表

设计层数＼总层数	七	六	五	四	三	二	一
四	0	0	−5	−5			
三	+5	0	0	0	−5		
二	+10	+5	+5	0	0	−5	
一	+15	+10	+10	+5	+5	+5	

4）对串联楼层数≥8 层的垂直单管系统，应考虑立管散热冷却对下游散热器散热量的不利影响，宜按下列比率增加下游散热器的数量：

① 下游的 1～2 层：附加 15%；

② 下游的 3～4 层：附加 10%；

③ 下游的 5～6 层：附加 5%。

5）铸铁散热器的组装片数，不宜超过下列数值：

① 粗柱型（包括柱翼型）：20 片；

② 细柱型：25 片；

③ 长翼型：7 片。

2. 散热器选择

散热器的选择，应符合下列要求：

（1）产品符合现行国家标准或行业标准的各项规定；

（2）承压能力满足供暖系统工作压力要求；

（3）放散粉尘或防尘要求较高的建筑，应选用易于清扫的散热器；

（4）具有腐蚀性气体的建筑或相对湿度较大的房间应选用外表面耐腐蚀的散热器；

（5）采用柱式、板式、扁管等各种类型钢制散热器及铝制散热器的供暖系统，必须采取防腐蚀措施；

（6）当选用钢制、铝制、铜质散热器时，为降低内腐蚀应对水质提出要求，一般钢制 pH＝10～12，O_2≤0.1mg/L；铝制 pH＝5～8.5；铜制 pH＝7.5～10 为适用值。铜或不锈钢散热器CL^-，SO_4^{2-}含量分别不大于 100mg/L。在供水温度高于 85℃，pH 值大于 10 的连续供暖系统中，不宜采用铝合金散热器；

（7）采用钢制散热器时，应采用闭式系统，并满足产品对水质的要求，在非供暖季节应充水保养；

（8）在同一个热水供暖系统中，不应同时采用铝制散热器与钢制散热器；

（9）采用铝制散热器与铜铝复合型散热器时，应选用内防腐型铝制散热器并采取防止散热器接口产生电化学腐蚀的隔绝措施；

（10）采用户用热量表进行分户热量（费）分摊和采用散热器温控阀的热水供暖系统中，如采用散铸铁热器供暖，必须选择内腔无砂工艺生产的产品；

（11）环境湿度高的房间如浴室、游泳馆等，应优先选择采用耐腐蚀的铸铁散热器；

（12）在同类产品中，应选择采用具有较高金属热强度指标的产品；

（13）高大空间供暖不宜单独采用对流型散热器；

(14) 散热器的外表面，应刷非金属性涂料。

3. 散热器的布置

(1) 散热器一般应明装，并宜布置在外窗的窗台下。室内有两个或两个以上朝向的外窗时，散热器应优先布置在热负荷较大的窗台下。当安装有困难时（如玻璃幕墙、落地窗等)，也可安装在内墙，但应尽可能安装在靠外窗的位置。

(2) 散热器暗装时应留有足够的空气流通通道，并方便维修。暗装散热器设温控阀时，应采用外置式温度传感器，温度传感器应设置在能正确反映房间温度的位置。

(3) 进深较大的房间，宜在房间的内外侧分别布置散热器。

(4) 托儿所、幼儿园、老年公寓等有防烫伤要求的场合，散热器必须暗装或加防护罩。

(5) 汽车库散热器宜高位安装。散热器落地安装时宜设置防冻设施。

(6) 有冻结危险的两道外门的外室以及门斗内不得设置散热器，以防冻裂。

(7) 有冻结危险的楼梯间或其他有冻结危险的场所，应由单独的立、支管供暖。散热器前不得设置调节阀。

(8) 片式组对散热器的长度，底层每组不应超过 1500mm（约 25 片)，上层不宜超过 1200mm（约 20 片)，片数过多时可分组串联连接（串接组数不宜超过两组)，串联接管的管径应≥25mm；供回水支管应采用异侧连接方式。

(9) 垂直单、双管供暖系统，同一房间的两组散热器，可采用异侧连接的水平单管串联的连接方式，也可采用上下接口同侧连接方式。当采用上下接口同侧连接方式时，散热器之间的上下连接管应与散热器接口相同。贮藏室、盥洗室、厕所和厨房等辅助用室及走廊的散热器，亦可同邻室串联连接。

对有温控要求的供暖房间，各房间散热器均需独立于供暖立管连接，因此只允许同一房间的两组散热器串联连接，连接方式如图 5-1 所示。

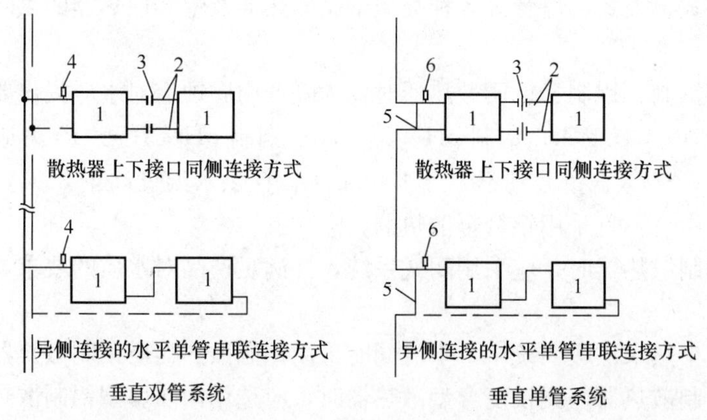

图 5-1　散热器连接方式示意图

1—散热器；2—连接管；3—活接头；

4—高阻力温控阀；5—跨越管；6—低阻力温控阀

(10) 楼梯间或有回马廊的大厅散热器，应尽量布置在底层；当散热器数量过多，底层无法布置时，可按表 5-14 进行分配。

表 5-14 楼梯间散热器的分配比例（%）

建筑物的总楼层数	散热器所在楼层					
	1F	2F	3F	4F	5F	6F
2	65	35	—	—	—	—
3	50	30	20	—	—	—
4	50	30	20	—	—	—
5	50	25	15	10	—	—
6	50	20	15	15	—	—
7	45	20	15	10	10	—
≥8	40	20	15	10	10	5

4. 散热器安装

散热器组对后，以及整组出厂的散热器在安装之前应做水压试验。散热器产品标准中规定了不同种类散热器的工作压力，即便是同一种类的散热器也有因加工材质厚度的不同，工作压力不同的情况见表 5-15。而不同供暖系统对散热器的工作压力要求也不同。

表 5-15 几种常用类型散热器的工作压力和试验压力

<table>
<tr><th>类型</th><th colspan="3">工作压力（MPa）</th><th colspan="2">试验压力（MPa）</th></tr>
<tr><td rowspan="2">灰铸铁
柱翼型、柱型</td><td>≥HT100</td><td colspan="2">≥HT150</td><td>≥HT100</td><td>≥HT150</td></tr>
<tr><td>≤0.5</td><td colspan="2">≤0.8</td><td>0.75</td><td>1.2</td></tr>
<tr><td rowspan="2">灰铸铁
翼型、板翼型</td><td>HT150</td><td colspan="2">>HT150</td><td>HT150</td><td>>HT150</td></tr>
<tr><td>≤0.5</td><td colspan="2">≤0.7</td><td>0.75</td><td>1.2</td></tr>
<tr><td rowspan="4">钢制板型、柱型</td><td rowspan="2">δ=1.2～1.3mm</td><td>≤100℃</td><td>≤0.6</td><td colspan="2">0.9</td></tr>
<tr><td>100～150℃</td><td>≤0.46</td><td colspan="2">0.69</td></tr>
<tr><td rowspan="2">δ=1.4～1.5mm</td><td>≤100℃</td><td>≤0.8</td><td colspan="2">1.2</td></tr>
<tr><td>100～150℃</td><td>≤0.7</td><td colspan="2">1.05</td></tr>
<tr><td>钢制翅片管对流器</td><td colspan="3">1.0</td><td colspan="2">1.5</td></tr>
<tr><td>钢管散热器</td><td colspan="3">≤1.0</td><td colspan="2">1.5</td></tr>
<tr><td>铝制柱翼型散热器</td><td colspan="3">≥0.8</td><td colspan="2">1.2</td></tr>
<tr><td>钢铝复合柱翼型散热器</td><td>≤95℃</td><td colspan="2">1.0</td><td colspan="2">1.5</td></tr>
<tr><td>钢管对流散热器</td><td>≤95℃</td><td colspan="2">1.0</td><td colspan="2">1.5</td></tr>
<tr><td>卫浴型散热器</td><td>≤95℃</td><td colspan="2">0.8</td><td colspan="2">1.2</td></tr>
</table>

散热器与管道连接形式如图 5-2～图 5-11。

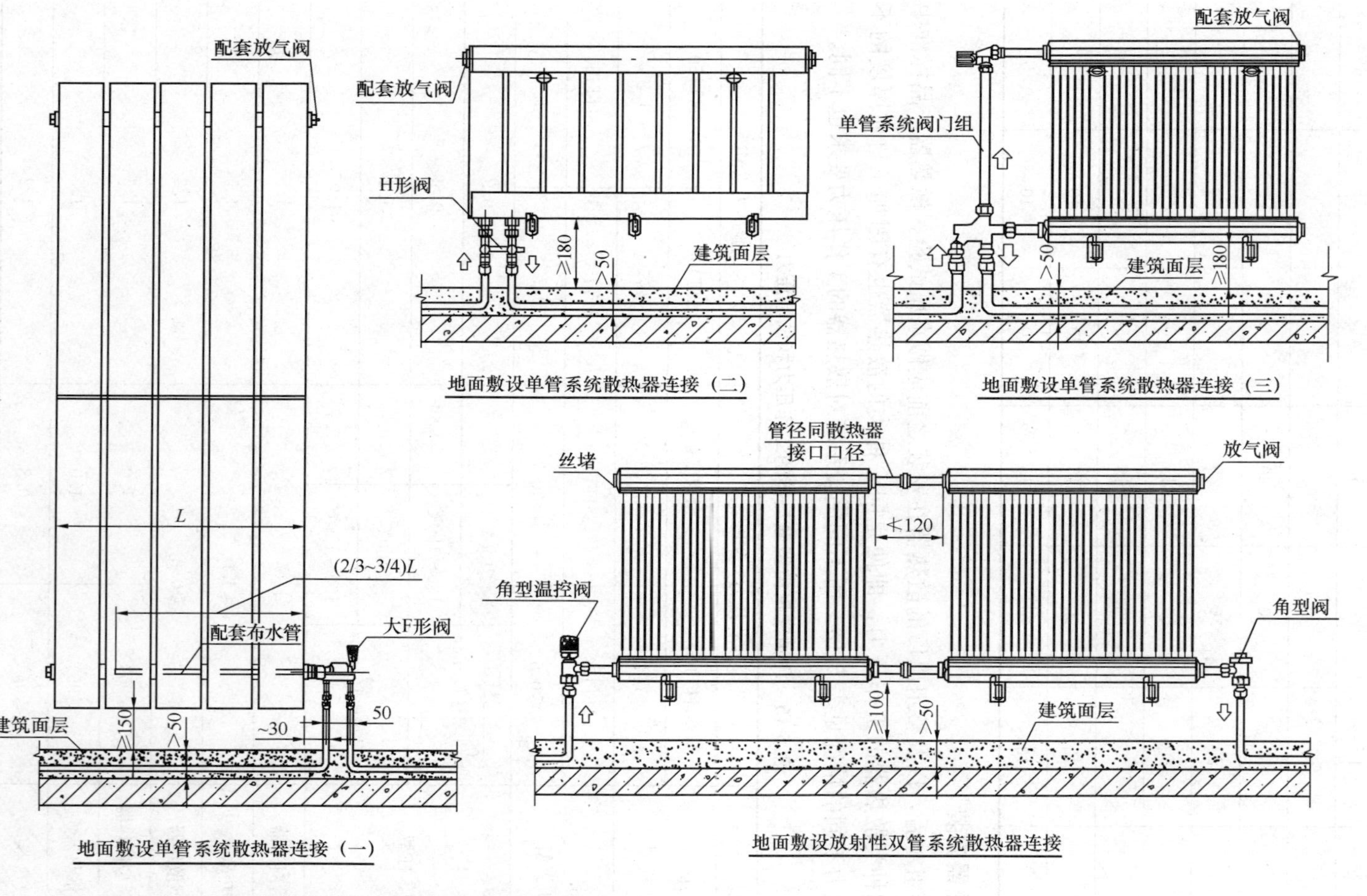

说明：本页适用于采暖用塑料管道地面敷设时的散热器与管道连接。

图 5-2　塑料管道沿地面敷设系统与铸铁散热器连接形式（一）

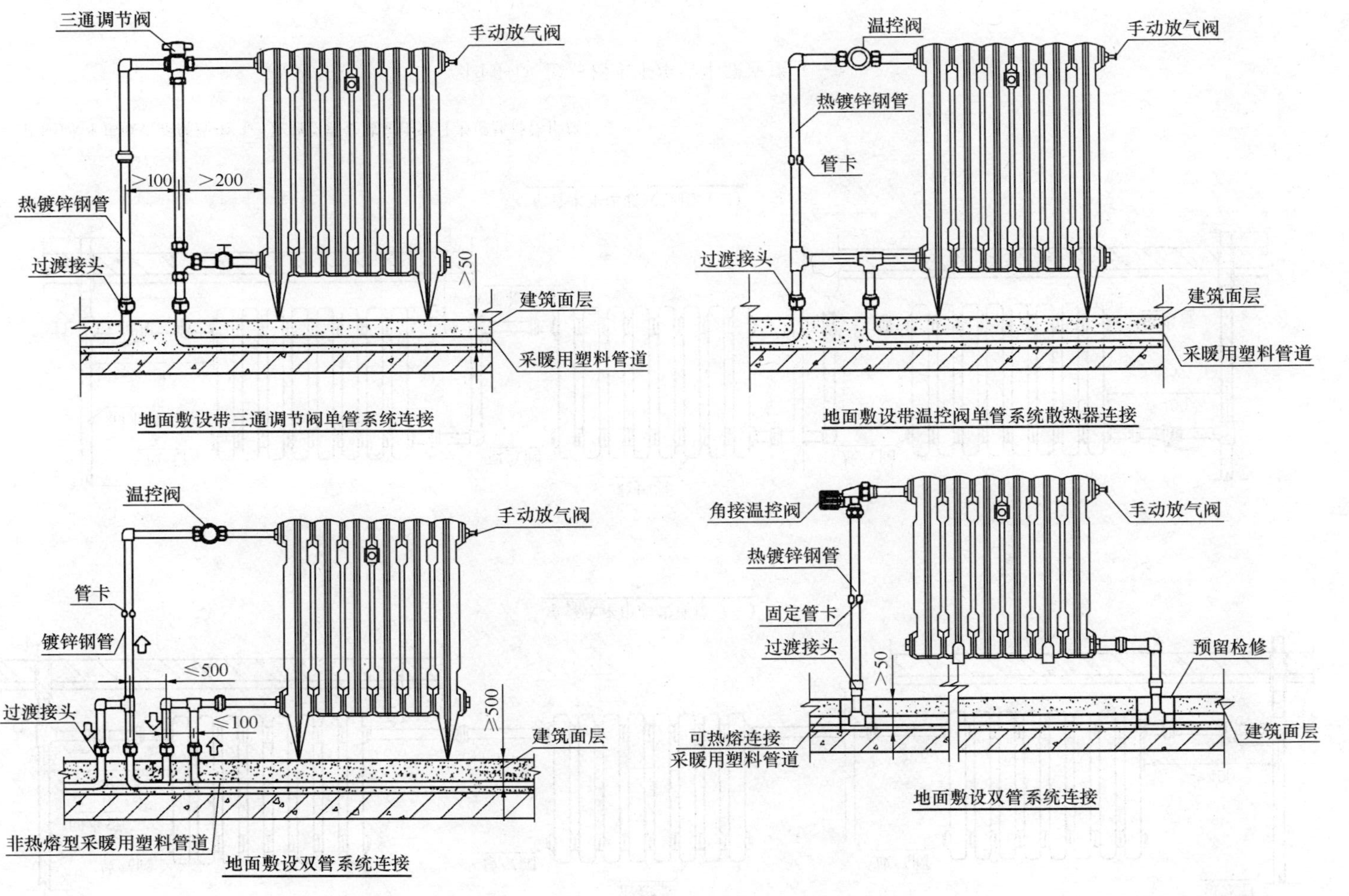

图 5-3 塑料管道沿地面敷设系统与铸铁散热器连接形式（二）

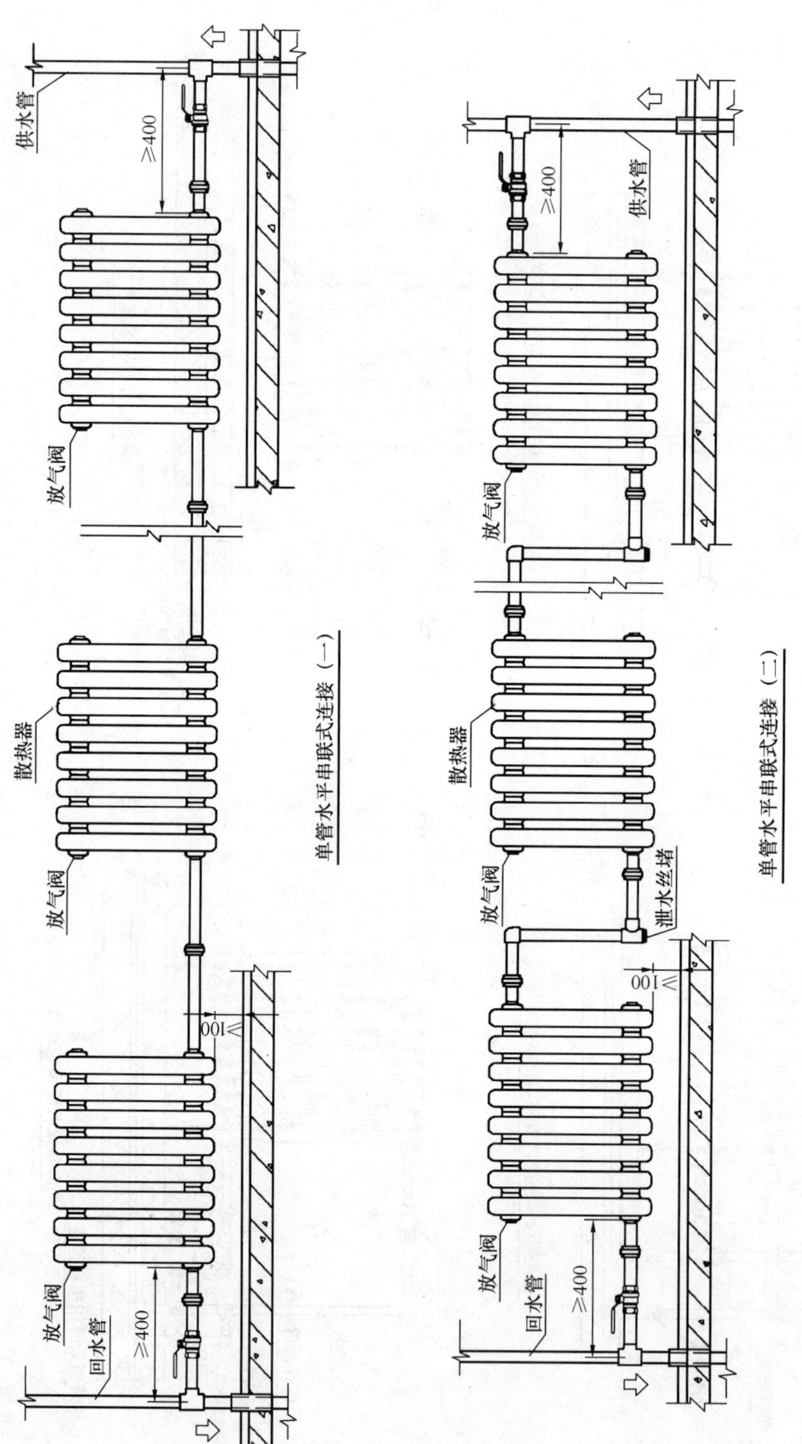

说明:水平串联式系统连接（一）散热器安装应由设计考虑热补偿措施。

图 5-4　散热器水平单管串联连接（一）

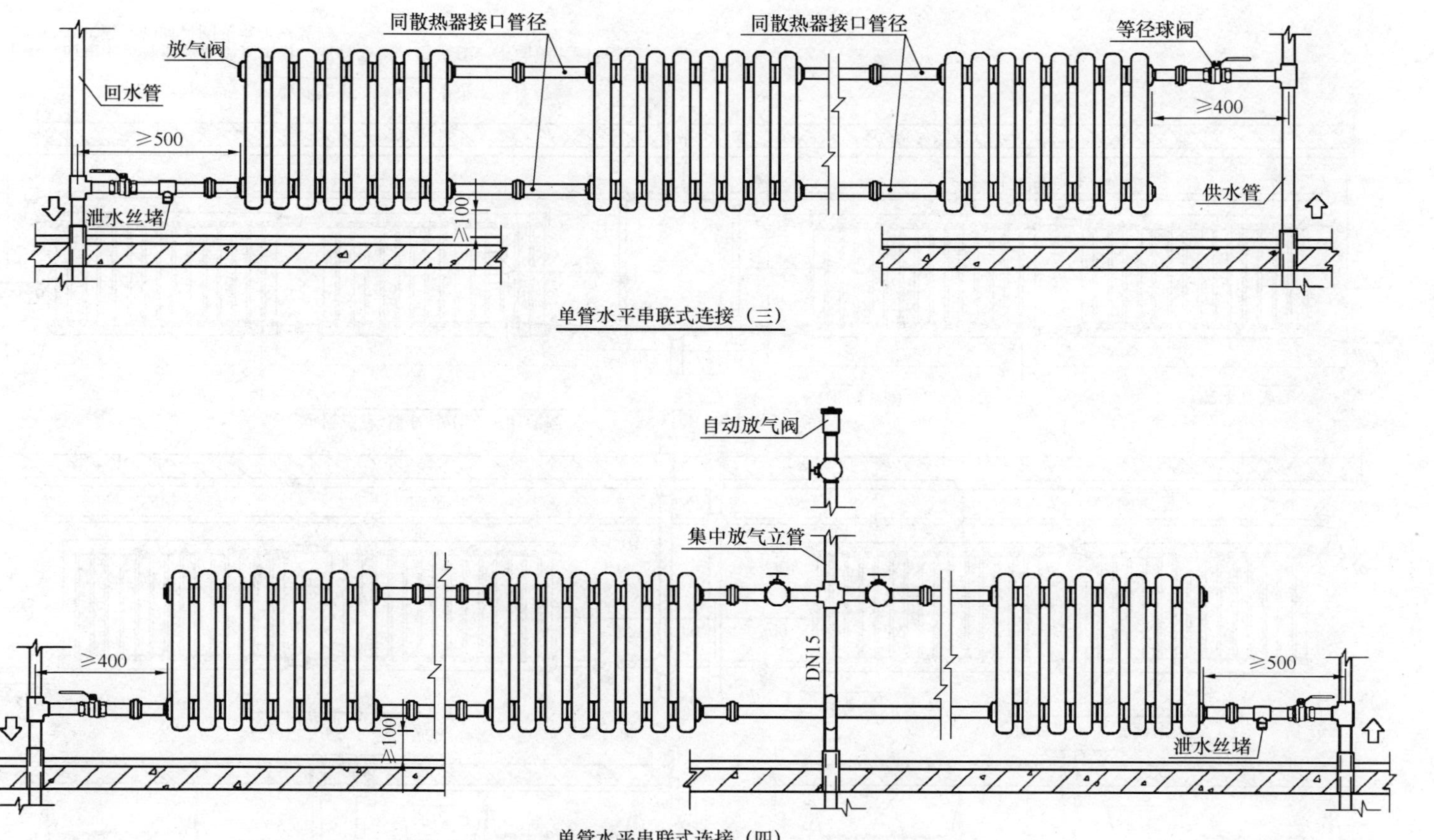

说明:水平串联式系统连接散热器安装应由设计考虑热补偿措施。

图 5-5 散热器水平单管串联连接（二）

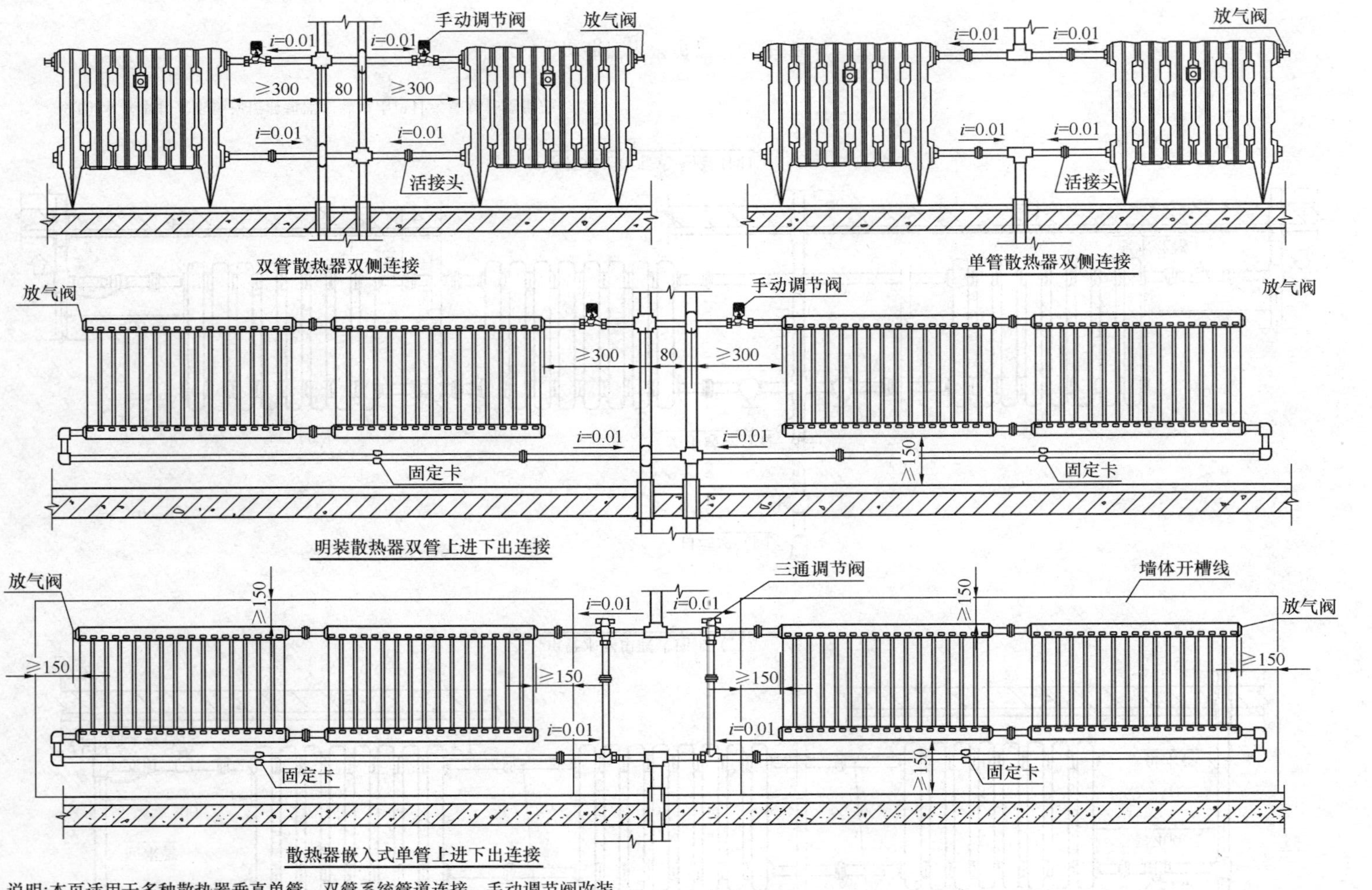

说明：本页适用于多种散热器垂直单管、双管系统管道连接。手动调节阀改装为自力式温控阀时，阀头水平安装。

图 5-6　垂直系统立管双侧接散热器（一）

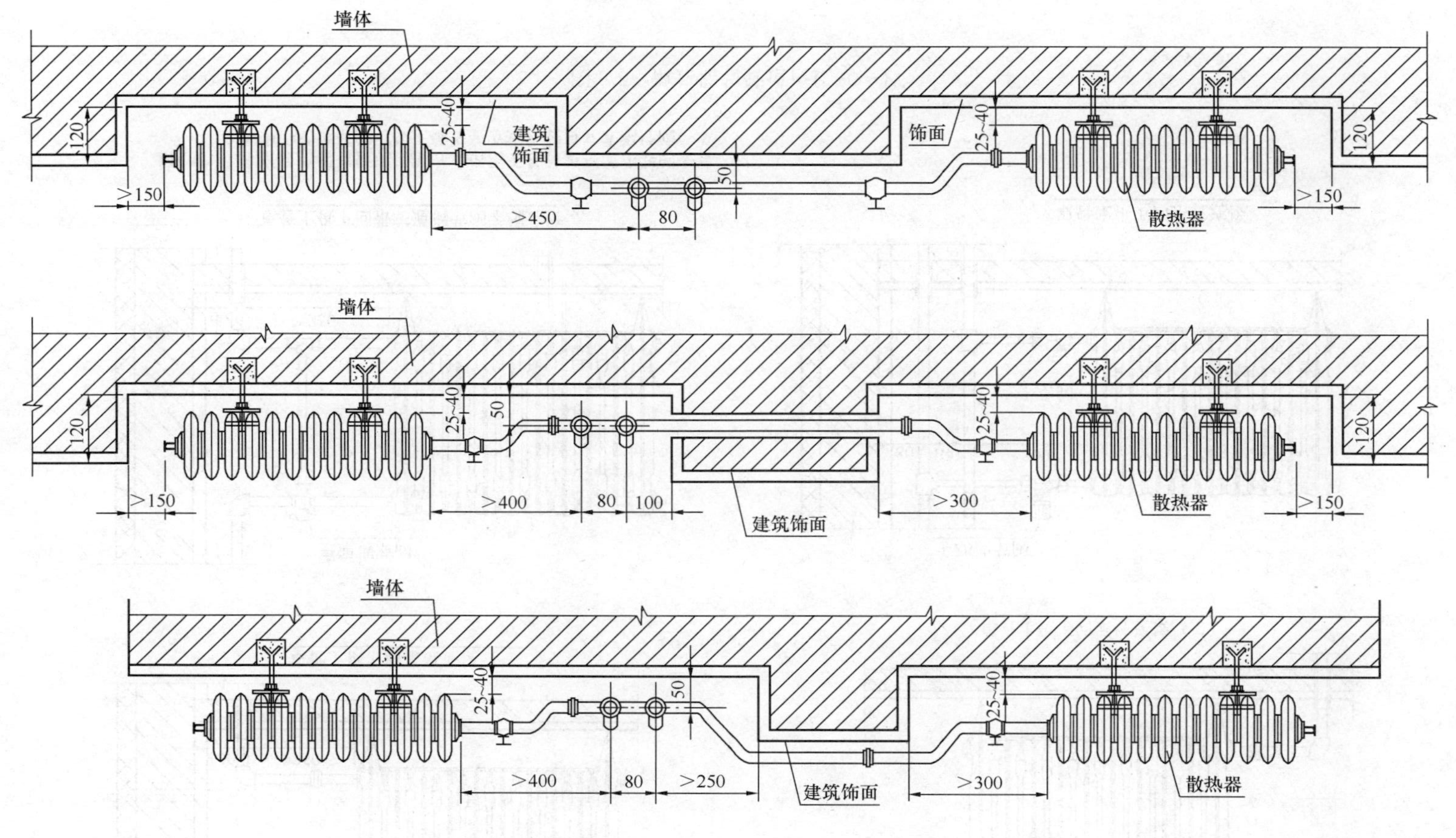

说明：本页适用于垂直系统支管绕柱、散热器嵌墙时管道连接。

图 5-7 垂直系统立管双侧接散热器（二）

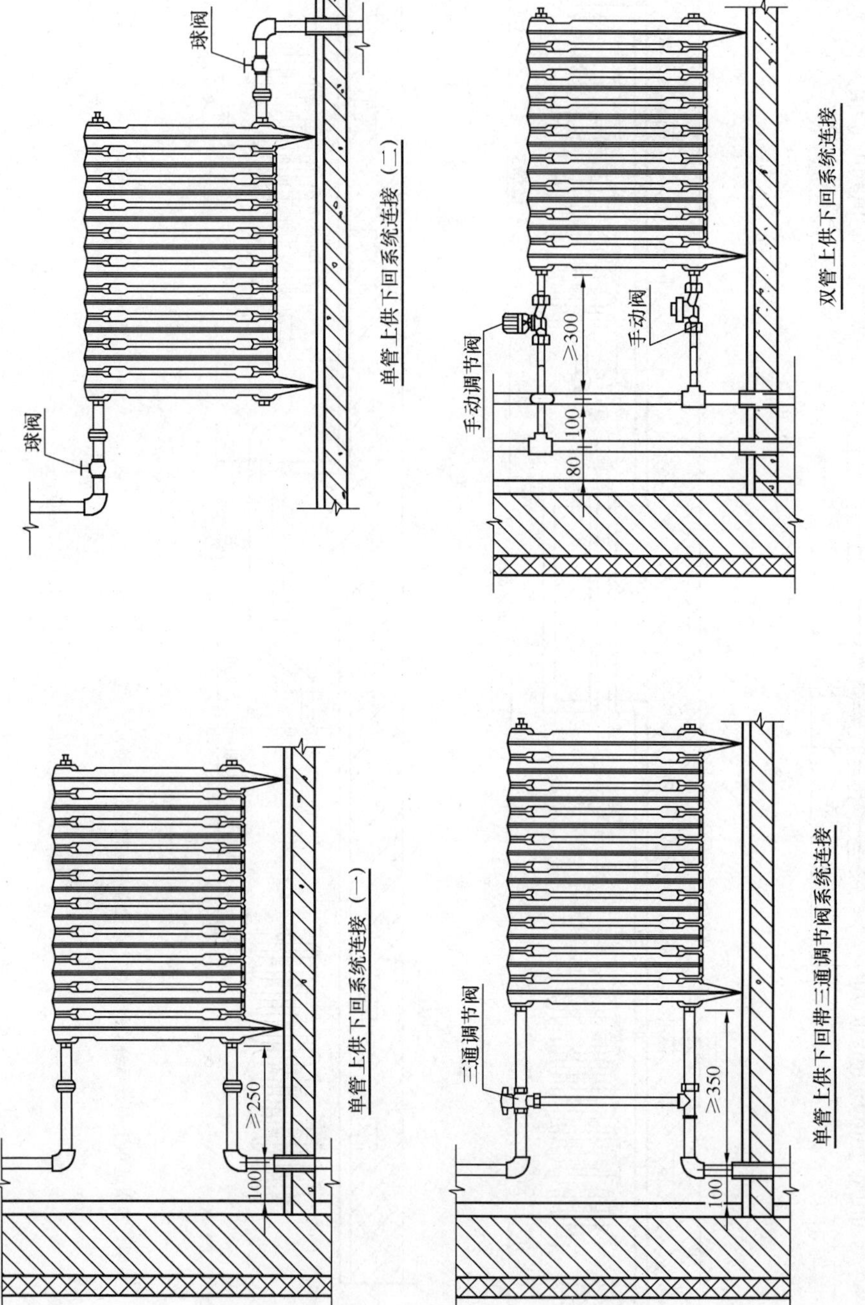

说明：1.本页散热器与管道连接方式适用于各种类型散热器的安装。
2.图中手动调节阀可按正确安装方式换装自立式温控阀。

图 5-8 散热器与管道连接（一）

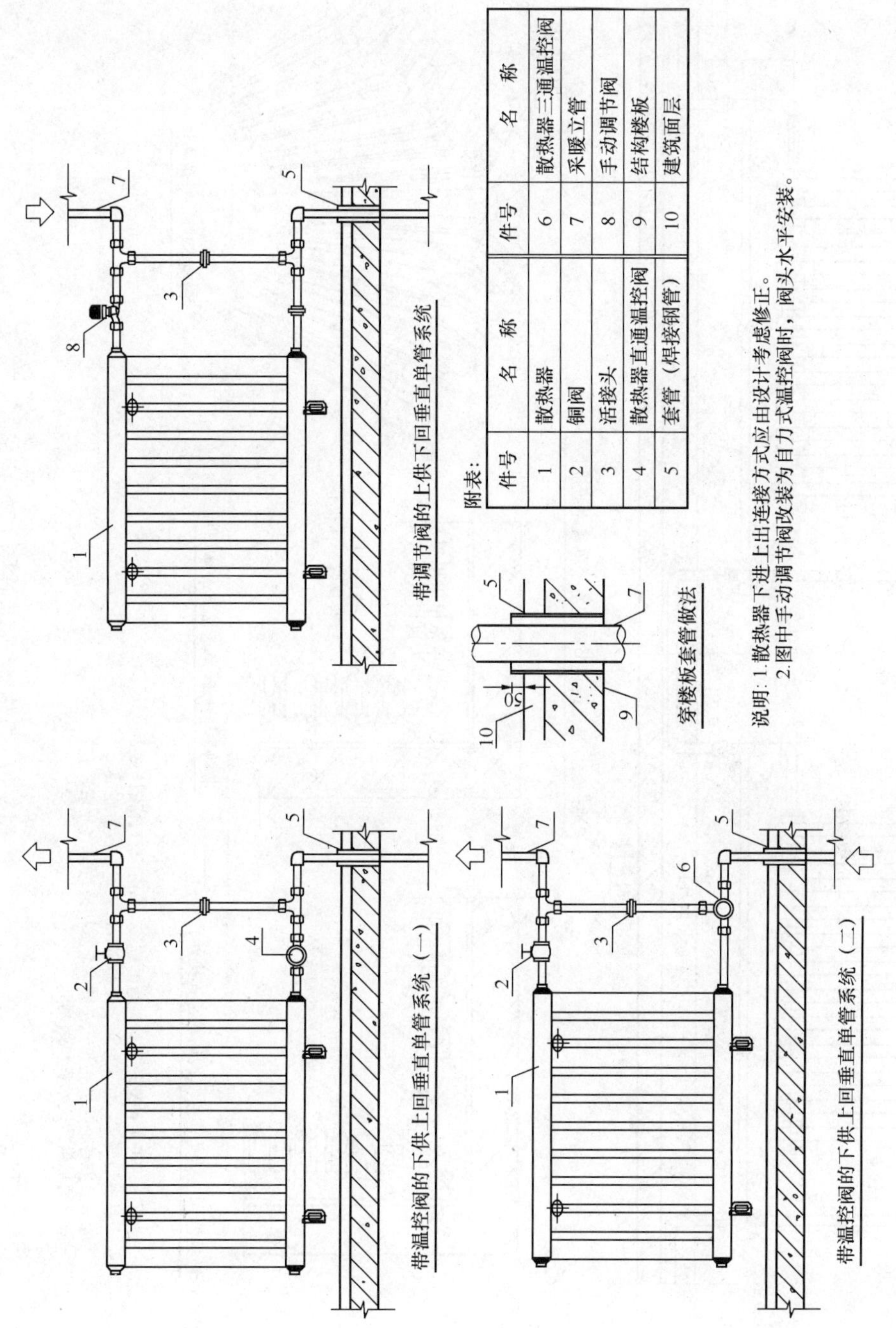

附表：

件号	名　称	件号	名　称
1	散热器	6	散热器三通温控阀
2	铜阀	7	采暖立管
3	活接头	8	手动调节阀
4	散热器直通温控阀	9	结构楼板
5	套管（焊接钢管）	10	建筑面层

说明：1.散热器下进上出连接方式应由设计考虑修正。
2.图中手动调节阀改装为自力式温控阀时，阀头水平安装。

图5-9　散热器与管道连接（二）

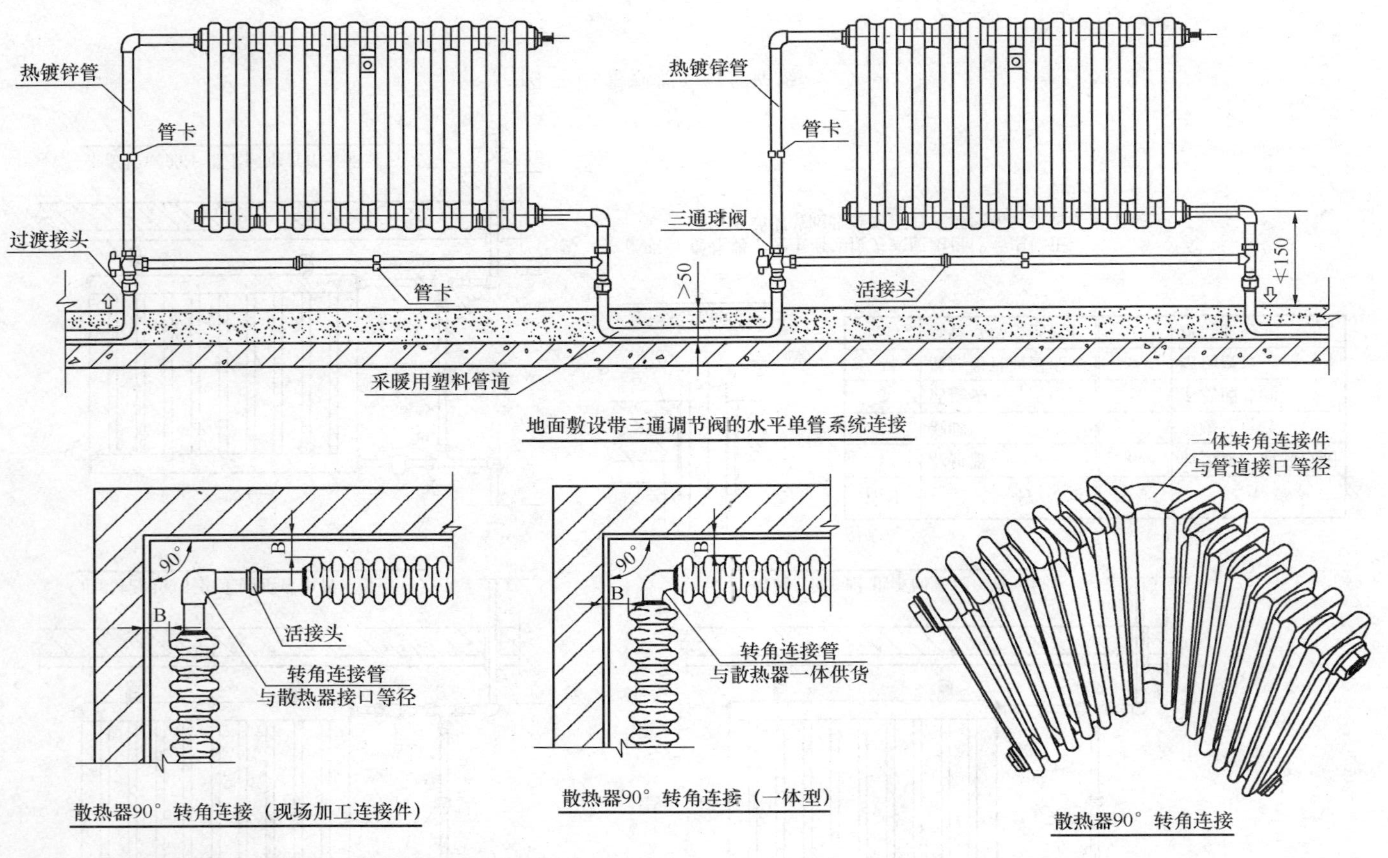

说明：本页适用于多种散热器与管道的连接。B值应符合设计或产品安装要求。如未注明，可取30mm。90°转角连接一体型的钢管散热器根据意莎普·金泰格散热器（北京）有限公司提供的技术资料编制。

图 5-10　散热器与管道连接（三）

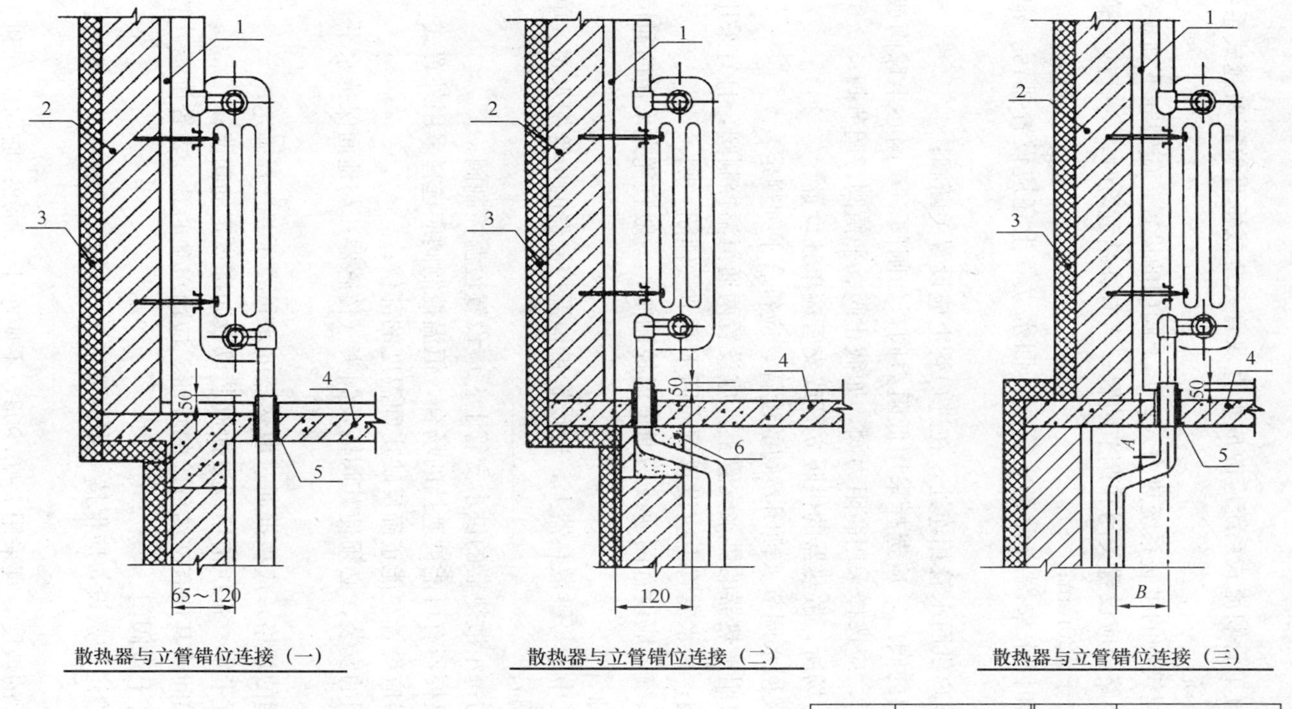

件号	名　称	件号	名　称
	饰面		钢套管
	墙体		同外墙保温材料或聚氨酯现场发泡
	外墙外保温		
	楼板		

说明：1.当弯头处有热补偿要求时应采用煨弯代替管件。

2.图3中A值：管径为DN15时取25mm，管径为DN20时取30mm，必要时应考虑结构梁高。

3.管径小于DN32时穿楼板处套管大管径2号，管径大于等于DN32时，套管直径大管径的1号。

图 5-11　立管错位的散热器连接

5.2.2 系统设计

1. 散热器热水供暖应优先采用闭式机械循环系统；环路的划分，应以便于水力平衡、有利于节省投资及能耗为主要依据，系统不宜过大，一般可采用异程式布置；有条件时宜按朝向分别设置环路。

2. 既有建筑的室内垂直单管顺流式系统应改成垂直双管系统或垂直单管跨越式系统，不宜改造为分户独立循环系统。

3. 干管和立管（不含建筑物的供暖系统热力入口）上阀门的设置，应遵守下列规定：

（1）供暖系统各并联环路，应设置关闭和调节装置；当有冻结危险时，立管或支管上的阀至干管的距离，不应大于120mm；

（2）供水立管的始端和回水末端应设置立管阀，回水立管上还应设置排污、泄水装置；

（3）室内共用立管与进户供回水管相连处，在进户管上应设置关断阀；

（4）用于维修时关闭用的阀门，应选择采用低阻力阀，如闸阀、双偏心半球阀或蝶阀；需承担调节功能的阀门，应选择采用高阻力阀，如截止阀、平衡阀、调节阀；

（5）管道有冻结危险的场所，散热器的供暖立管或支管应单独设置。

4. 散热器恒温控制阀及回水调节（锁闭）阀的设置，应符合下列规定：

（1）垂直双管系统中每组散热器的供水支管上，应设置两通恒温控制阀，且宜采用有预设阻力功能的恒温控制阀；回水支管上应设置铜质回水调节（锁闭）阀；

（2）跨越式垂直单管系统，应设置两通或三通恒温控制阀，一般宜优先采用两通恒温控制阀；

（3）水平单管串联系统中的每组散热器上，应设置带恒温控制器的单管配水阀（单管H形阀或带柱塞管的单管阀）；

（4）水平双管系统中的每组散热器的供水支管上，应设置恒温控制阀；

（5）暗装散热器以及温控器有可能被遮挡的场合，恒温控制阀应选择采用外置式（远传型）温度传感器；传感器应设置在能正确反映房间温度的部位；

（6）散热器恒温控制阀的安装，必须使其阀柄及阀头（传感器）与地面保持水平，且应避免阳光直射；

（7）散热器恒温控制阀的规格，应根据通过散热器的水量及压差选择确定；

（8）恒温控制阀应具有带水、带压清堵或更换阀芯以及防冻设定的功能；

（9）有冻结危险的楼梯间或其他有冻结危险的场所，应由单独的立、支管供暖。散热器前不得设置调节阀，立管上设阀门。

5. 热水供暖系统水平管道的敷设，应保持一定的坡度 i，不同管道的坡度及坡向宜符合下列规定：

（1）供、回水水平干管的坡度，宜采用 $i=0.003$，不应小于0.002；坡向应有利于空气排放和管道泄水；

（2）与供暖立管连接的散热器供水支管，$i\geqslant 0.01$（坡向散热器）；

（3）与供暖立管连接的散热器回水支管，$i\geqslant 0.01$（坡向立管）；

（4）当受条件限制，供回水干管（含单管水平串联的散热器连接管）无法保持必要的坡度时，允许局部无坡度敷设，但该管道内的水流速度不得小于 0.25m/s。

6. 供暖系统最低点的工作压力，应根据散热器的承压能力、管材及管件的特性、提高工作压力的成本等因素经综合考虑后确定，并应符合下列规定：

(1) 建筑物的供暖系统，高度超过 50m 时，宜竖向分区设置；

(2) 采用金属管道的散热器供暖系统，工作压力不应大于 1.0MPa；

(3) 采用热塑性塑料管道的散热器供暖系统，工作压力不宜大于 0.6MPa；

(4) 低温地面辐射供暖系统的工作压力，不应大于 0.8MPa。

7. 供暖系统中供水干管末端和回水干管始端的管道直径，不宜小于 DN20。供回水立管及水平串联管的管径，不宜大于 DN25。

8. 热水供暖系统中的最高点及有可能积聚空气的部位，应设置自动排气阀或集气罐。空气的排除，应符合以下规定：

(1) 上供下回供暖系统：系统中的空气应通过设置在供水干管末端的自动排气阀或集气罐集中排除；每组散热器上可不设手动放气阀；

(2) 下供下回供暖系统：系统中的空气应通过设置在供回水立管顶部的自动排气阀或集气罐集中排除，或在顶层的散热器上设置手动或自动排气阀；

(3) 水平双管或水平单管串联供暖系统：每组散热器上应设置自动或手动排气阀；

(4) 排气阀应优先选用阀体下部带阻断阀的铜制立式自动排气阀，这时水管与排气阀之间的连接管上，可不装设供维修时应用的关闭阀。自动排气阀的口径，一般可采用 DN15mm，系统较大时，宜采用 DN20mm。

9. 热水供暖系统中的最低点及有可能积水的部位，应设置排污泄水装置；泄水管（附闸阀或球阀）的直径，应保持 DN≥20mm。

10. 符合下列情况的供暖管道，应进行保温处理：

(1) 管道位于室外、非供暖房间及有冻结危险的地方的管道；

(2) 敷设于技术夹层、管沟、管井、阁楼及天棚内的管道；

(3) 必须确保输送过程中热媒参数不变的管道；

(4) 热媒温度等于或高于 80℃、有烫伤危险的部位；

(5) 供暖总立管。

11. 管道布置时，必须认真考虑管道的固定与补偿，并应符合下列要求：

(1) 水平干管或总立管的固定点的布置，应保证分支管接点处的最大位移量不大于 40mm；连接散热器的立管，应保证管道分支接点由管道伸缩引起的最大位移量不大于 20mm；无分支管接点的管段，间距应保证伸缩量不大于补偿器或自然补偿所能吸收的最大补偿量；

(2) 供暖管道必须计算其热膨胀；计算管道膨胀量时，管道的安装温度应按冬季环境温度考虑，一般可取 0～−5℃；

(3) 供暖系统供回水管道应充分利用自然补偿的可能性；当利用管段的自然补偿不能满足要求时，应设置补偿器；

(4) 补偿器应优先采用方形或 Z 形；并应设置于两个固定点间距的 1/2～1/3 范围内；

(5) 确定固定点的位置时，应考虑安装固定支架（与建筑物连接）的可行性；

(6) 垂直双管及跨越管与立管同轴的单管系统的散热器立管，长度≤20m 时，可在立管中间设固定卡；长度>20m时，应采取补偿措施；

（7）采用套筒补偿器或波纹管补偿器时，应设置导向支架；当管径DN≥50mm时，应进行固定支架的推力计算，验算支架的强度；

（8）户内长度>10m的供回水立管与水平干管相连接时，以及供回水支管与立管相连接处，应设置2～3个过渡弯头或弯管，避免采用“T”形直连方式。

12. 供暖管道应避免穿越防火墙，无法避免时，应预留钢套管，并在穿墙处设置固定支架。管道与套管间的空隙，应以耐火材料填封。

13. 管道穿过楼板时，应预埋钢套管，套管应高出地面20mm；管道与套管之间的空隙，应以柔性防火封堵材料封堵。

14. 供暖管道穿越建筑基础墙、变形缝时，应设管沟。缺乏条件时，应设置套管，并采用柔性接头。

15. 敷设供暖管道的室内管沟，应符合下列规定：

（1）应设计采用半通行管沟，管沟净高宜等于或大于1.2m，通道净宽宜等于或大于0.8m；连接水平支管处或有其他管道穿越处，通道净高宜大于0.5m。

（2）管沟应设计通风孔，其间隔距离不宜大于20m。

（3）管沟应设置检修人孔，且应符合下列要求：

1）人孔直径不应小于0.6m；

2）人孔间距不宜大于30m；

3）管沟长度大于20m时，人孔数不应少于2个；

4）人孔应布置在需检修的阀门和配件附近，不应设置于浴厕、有较高防盗要求的房间、人流较多的主要通道及住宅的户内，必要时可延伸至室外；

5）管沟端头宜设置人孔。

（4）管沟不应与电缆沟、土建风道等相通。

16. 实行分户热量（费）分摊的住宅，在计算确定户内供暖设备容量和管道时，应考虑户间传热对供暖负荷的影响，计算负荷可附加≤50%的系数。

通过户间传热引起的耗热量q（W）也可以近似按式（5-7）确定：

$$q = A \times q_{\mathrm{h}} \tag{5-7}$$

式中 A——房间的使用面积（m^2）；

q_{h}——通过户间楼板和隔墙的单位面积平均传热量（W/m^2），一般可近似取$q_{\mathrm{h}} = 10W/m^2$。

新建建筑户间楼板和隔墙，不应为减少户间传热而对户间隔墙和楼板作保温处理。

17. 户间传热量q（W），仅作为确定户内供暖设备容量和管道直径的依据，不应计入户外供暖干管和立管热负荷和建筑总供暖热负荷内。

18. 居住建筑的供暖系统，必须以热水为热媒，供水温度不应高于95℃。

19. 居住建筑室内供暖系统的制式宜采用垂直双管系统或共用立管的分户独立循环双管系统，也可采用垂直单管跨越式系统；公共建筑供暖系统宜采用双管系统，也可采用单管跨越式系统。

20. 居住建筑供暖系统的热力入口装置，不宜设置于室外管沟内。有地下室的建筑，宜设置在地下室的专用空间内，空间净高不应低于2.0m，前操作面净距离不应小于

0.8m；对于无地下室的建筑，宜在楼梯间下部设置小室，操作面净高不应低于1.4m，前操作面净距离不应小于1.0m，该小室应设置可锁闭的门。

21. 集中供暖（集中空调）系统，必须设置住户分户热计量（分户热分摊）的装置或设施。

5.2.3　双管下供下回同程系统实例

1. 工程概况

本工程位于北京市的某学校占地近80亩，建筑面积4万m^2，主要由教学楼、宿舍楼、综合场馆以及球场、网球场、体育馆、游泳馆等组成。本子项为宿舍楼（教职工公寓）。

2. 设计依据（略）

3. 设计范围

本子项的设计范围为工程红线内建筑物的冬季采暖系统设计。

4. 设计及计算参数

室外设计参数（北京地区，属寒冷地区，参数略）。

室内设计参数见表5-16。

表5-16　室内设计参数

房间名称	冬季
	温度（℃）
卧室	20
起居室	18
卫生间	18
厨房	15

注：卫生间设计成分段升温模式，平时保持18℃，洗浴时，可借助辅助加热设备（如浴霸）升温至25℃。

5. 热负荷（表5-17）

表5-17　热负荷统计表

参数	建筑面积	采暖负荷	采暖热指标
	m^2	kW	W/m^2
总计	4230	234.2	55.4

6. 热源

本子项采用小区集中换热站提供的热水连续供暖，供回水温度85℃/60℃。

7. 散热器

本子项除卫生间和厨房外均采用铸铁耐高压四柱760型散热器，工作压力不小于0.8MPa；卫生间和厨房采用铝合金散热器（高＝660mm，宽＝52mm），工作压力不小于0.8MPa。

8. 供暖系统设计

本子项采用下供下回双管同程式系统，设两个环路，供回水干管均设在地下一层顶板下，设两个热力入口。各层散热器均设自动排气阀，且在顶层设置连通排气管。

9. 系统图（图5-12～图5-15）

10. 平面图（图5-16～图5-19）

图　例

图　例	名　称
	采暖供水管
	采暖回水管
	固定支架
	泄水丝堵
	平衡阀
	闸阀
dxx	焊接钢管管径
	自动排气阀
	铸铁散热器及片数
	铝合金散热器
i	水管坡向
	温度计
	压力表
	除污器

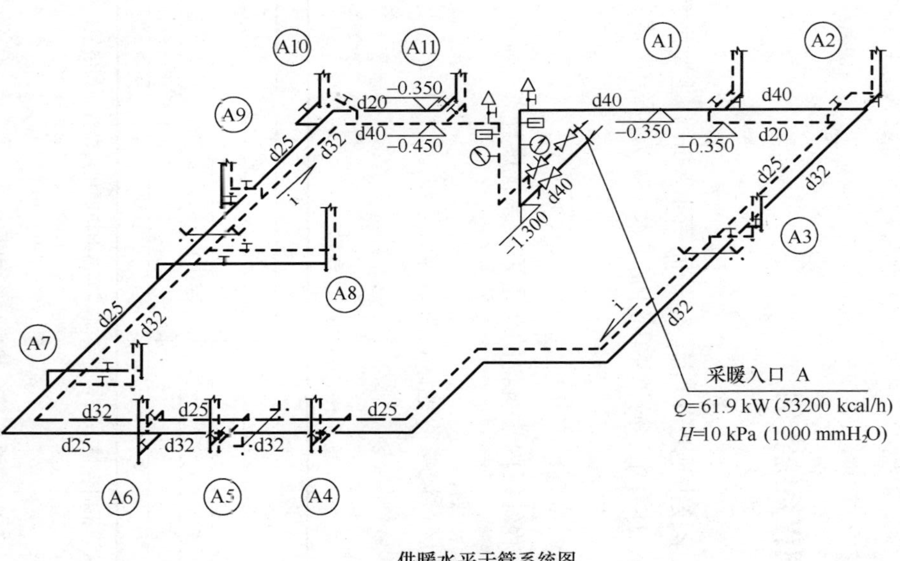

图 5-12　供暖系统图（一）

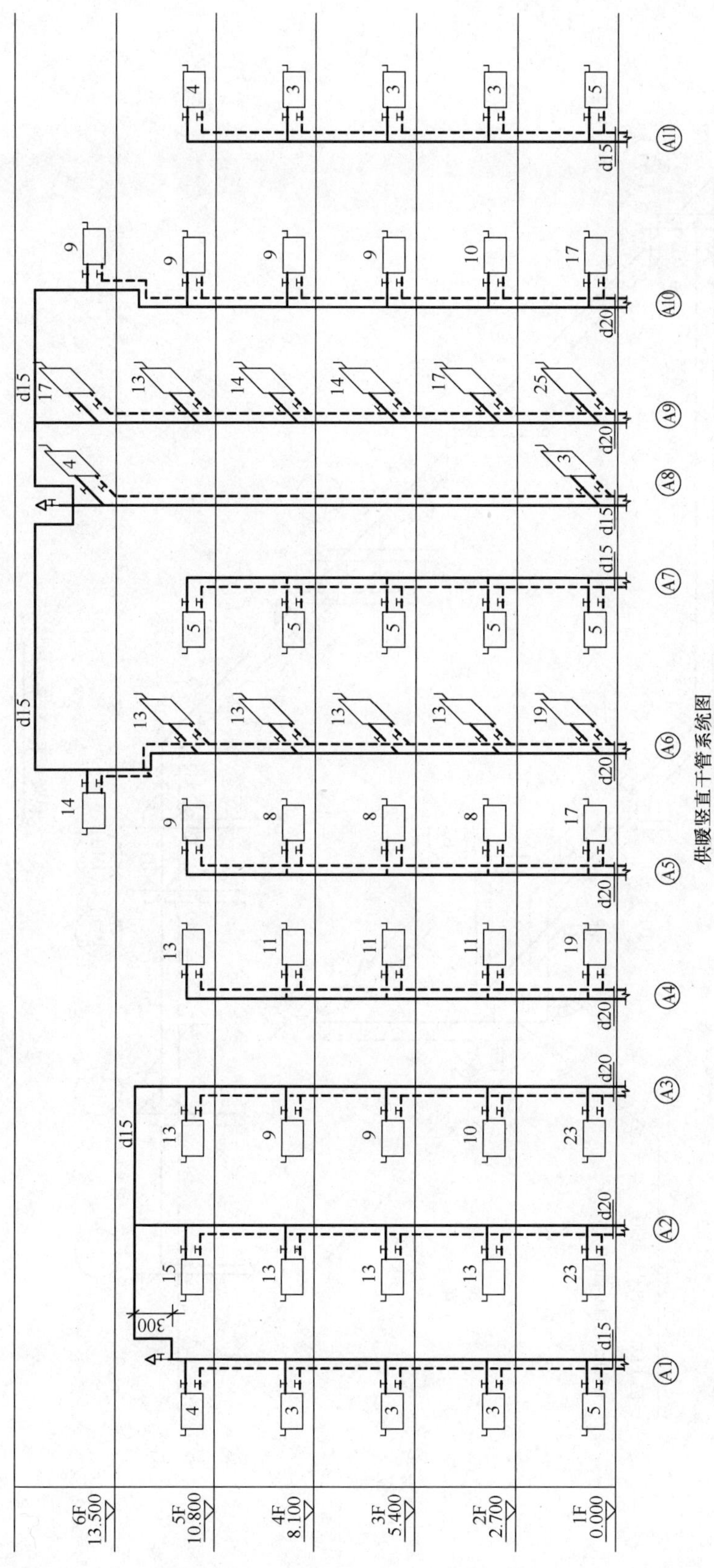

供暖竖直干管系统图

图 5-13 供暖系统图（二）

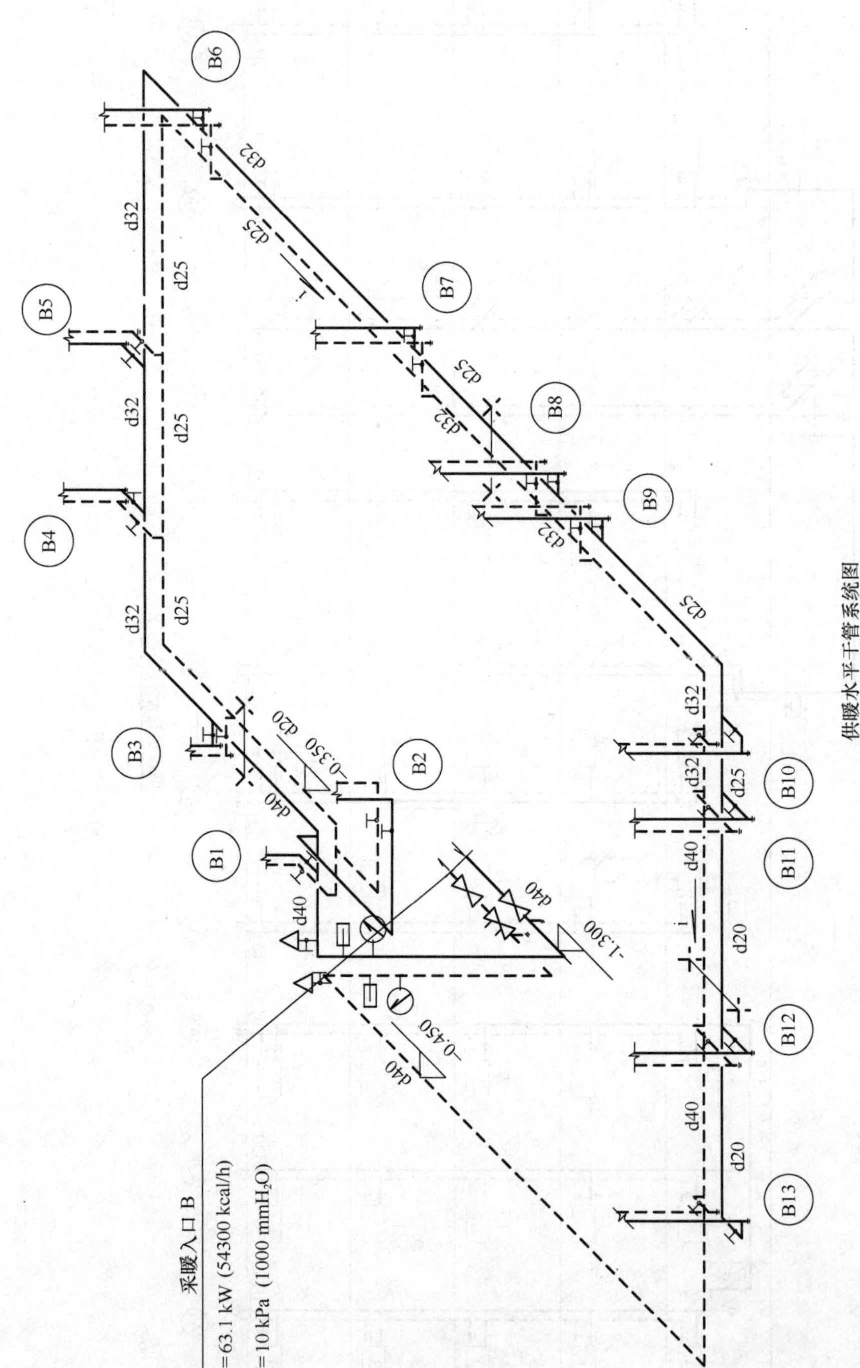

供暖水平干管系统图

图 5-14　供暖系统图（三）

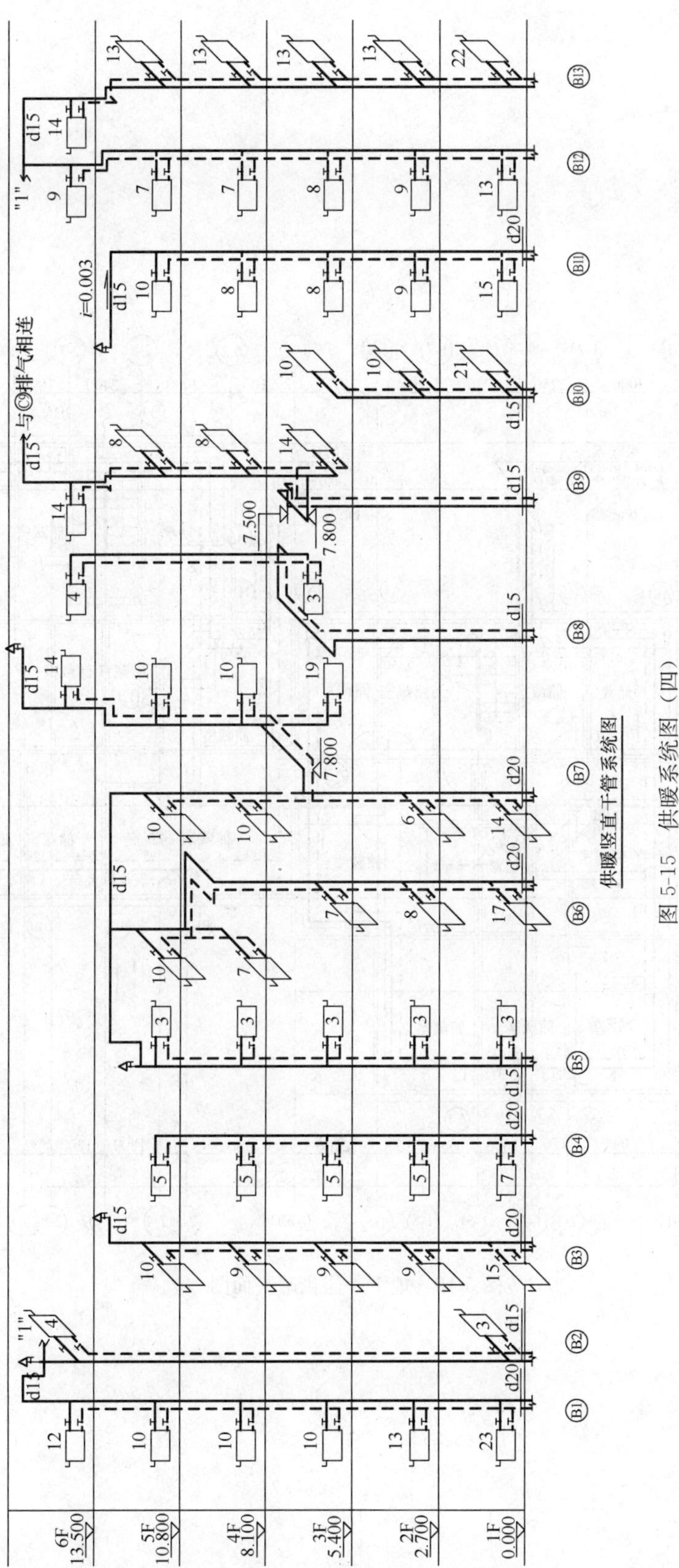

供暖竖直干管系统图

图 5-15　供暖系统图（四）

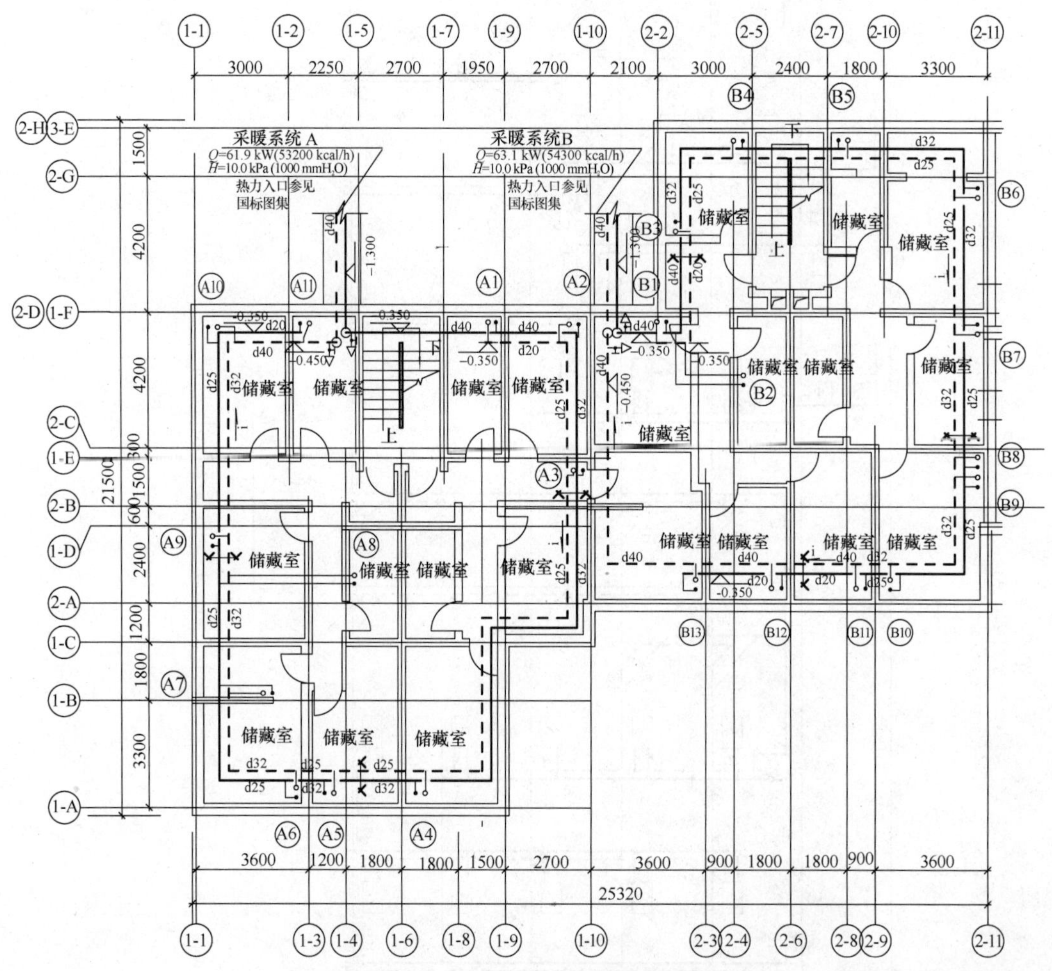

图 5-16　地下一层供暖平面图

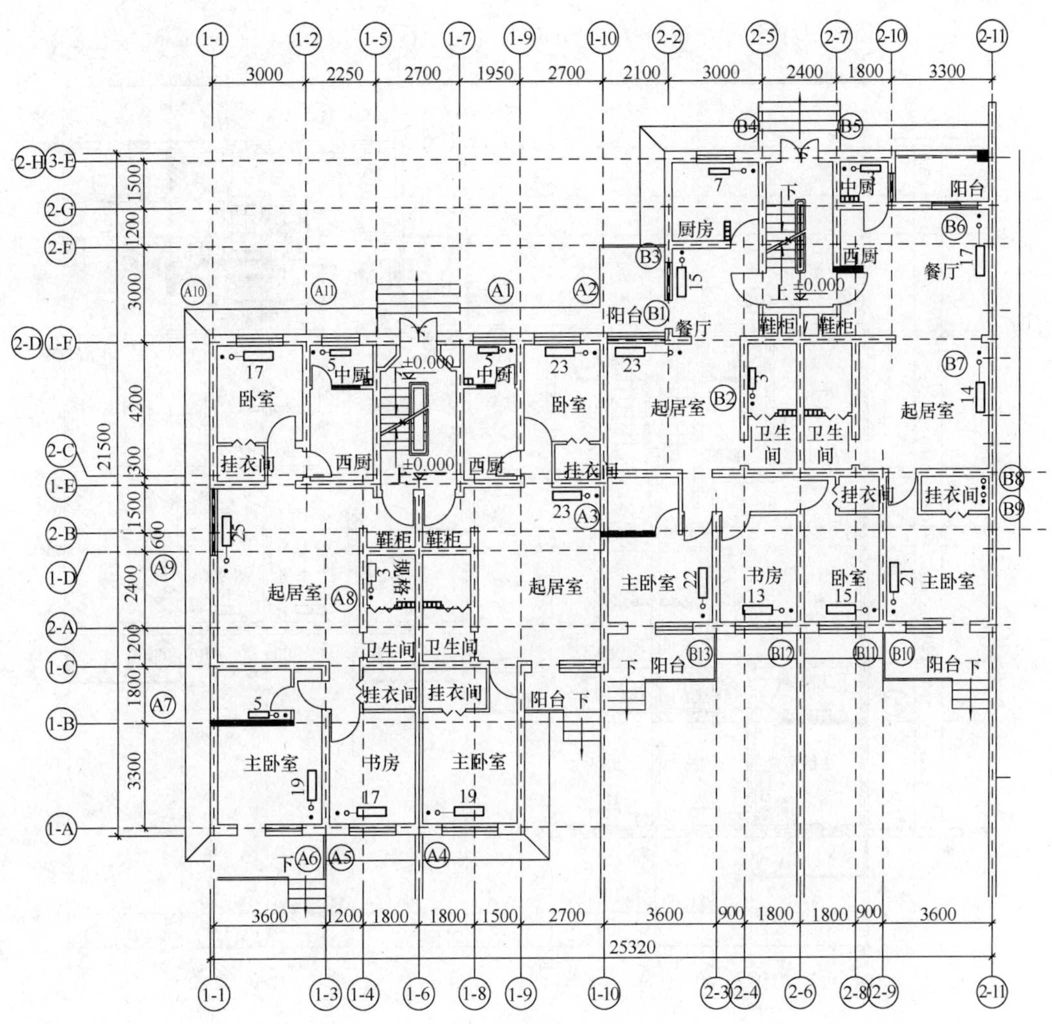

图 5-17 首层供暖平面图

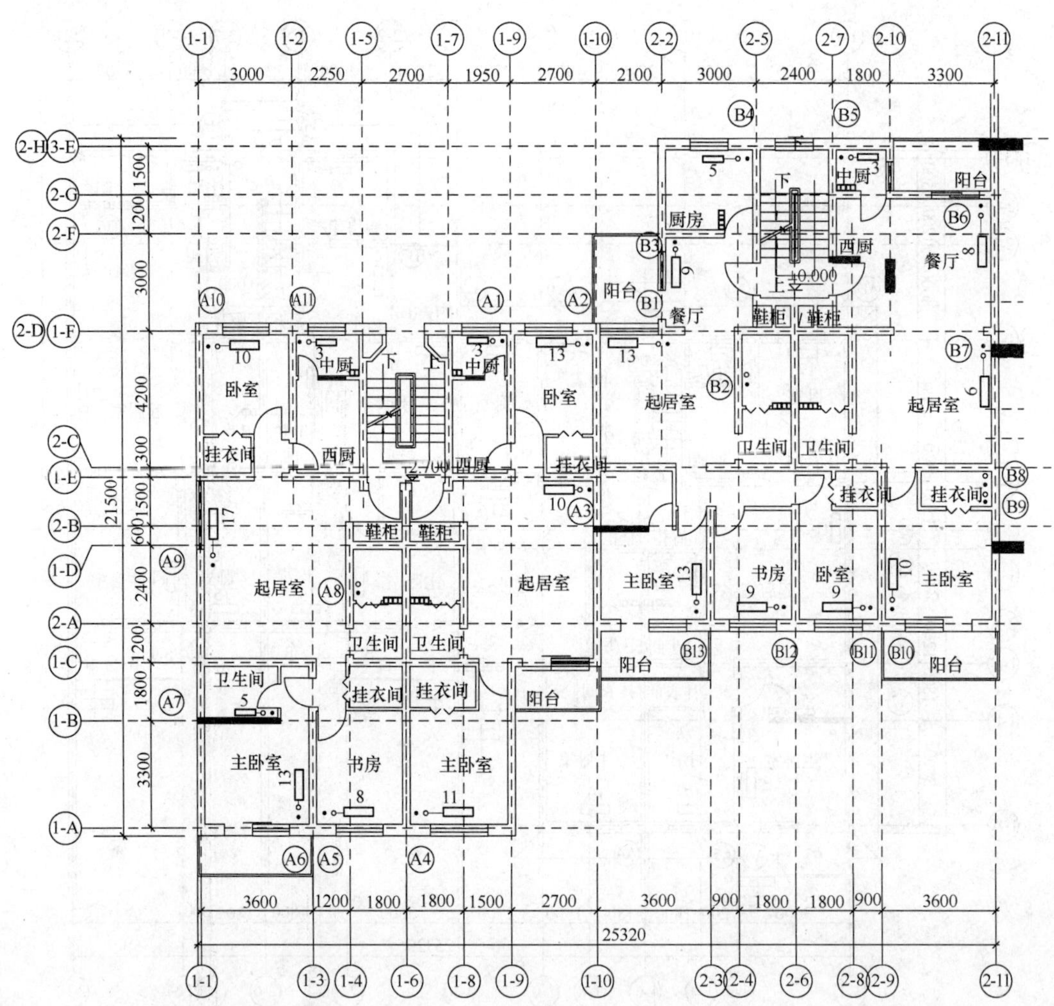

图5-18 二～五层标准层供暖平面图

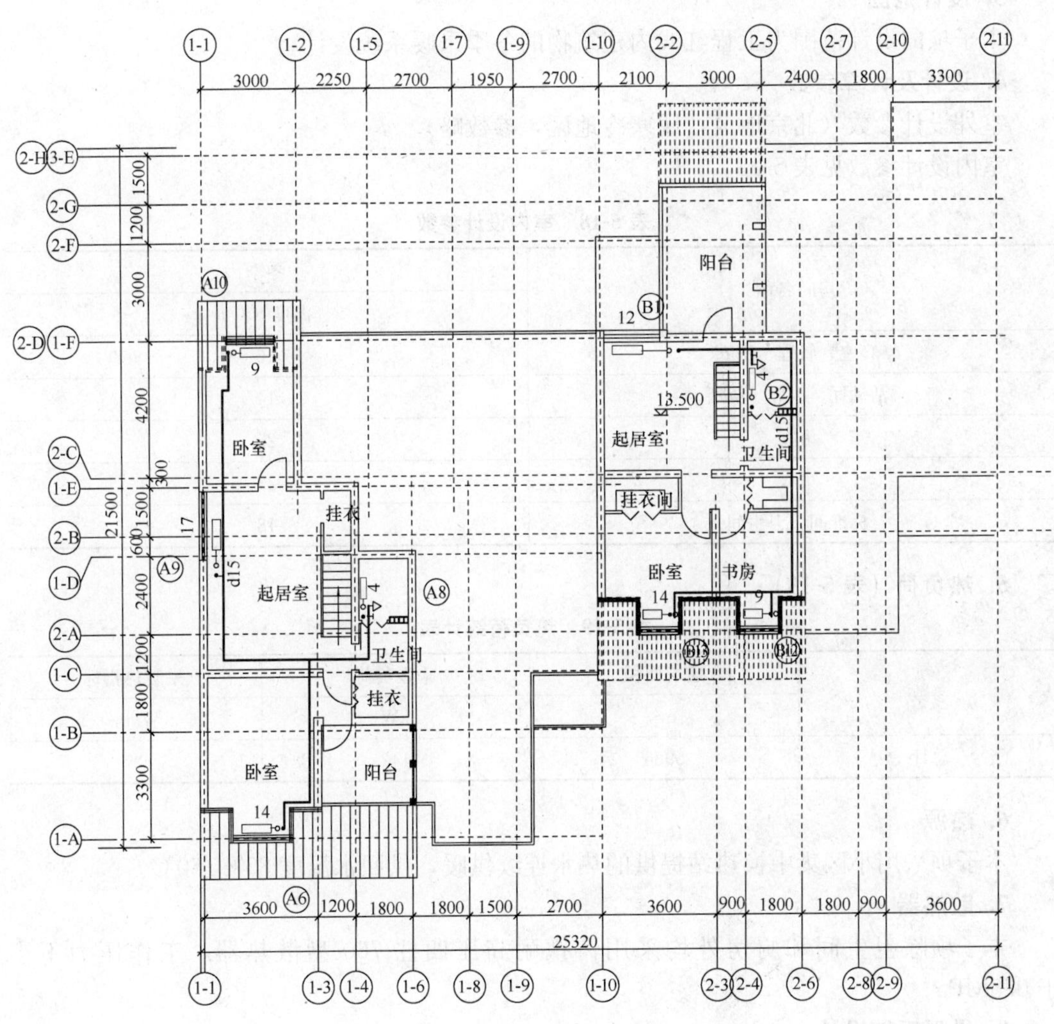

图 5-19 六层供暖平面图

5.2.4　双管下供下回异程系统实例

1. 工程概况

本工程位于北京市的某学校占地近80亩，建筑面积4万m^2，主要由教学楼、宿舍楼、综合场馆以及球场、网球场、体育馆、游泳馆等组成。本子项为宿舍楼（学生宿舍楼）。

2. 设计依据（略）

3. 设计范围

本子项的设计范围为工程红线内建筑物的冬季采暖系统设计。

4. 设计及计算参数

室外设计参数（北京地区，属寒冷地区，参数略）。

室内设计参数见表5-18。

表5-18　室内设计参数

房间名称	冬季
	温度（℃）
寝室、管理、洗衣	16
活动厅、门厅、厕所	14
浴室	25
更衣	22
标准间、卫生间	18

5. 热负荷（表5-19）

表5-19　热负荷统计表

参数	建筑面积	采暖负荷	采暖热指标
	m^2	kW	W/m^2
总计	5986	142	37

6. 热源

本子项采用小区集中换热站提供的热水连续供暖，供回水温度85℃/60℃。

7. 散热器

本子项除卫生间和厨房外均采用铸铁耐高压四柱760型散热器，工作压力不小于0.8MPa。

8. 供暖系统设计

本子项采用下供下回双管异程式系统，供回水干管均设在首层地沟内，设一个热力入口。顶层散热器均设自动排气阀。

9. 系统图（图5-20～图5-21）

10. 平面图（图5-22～图5-24）

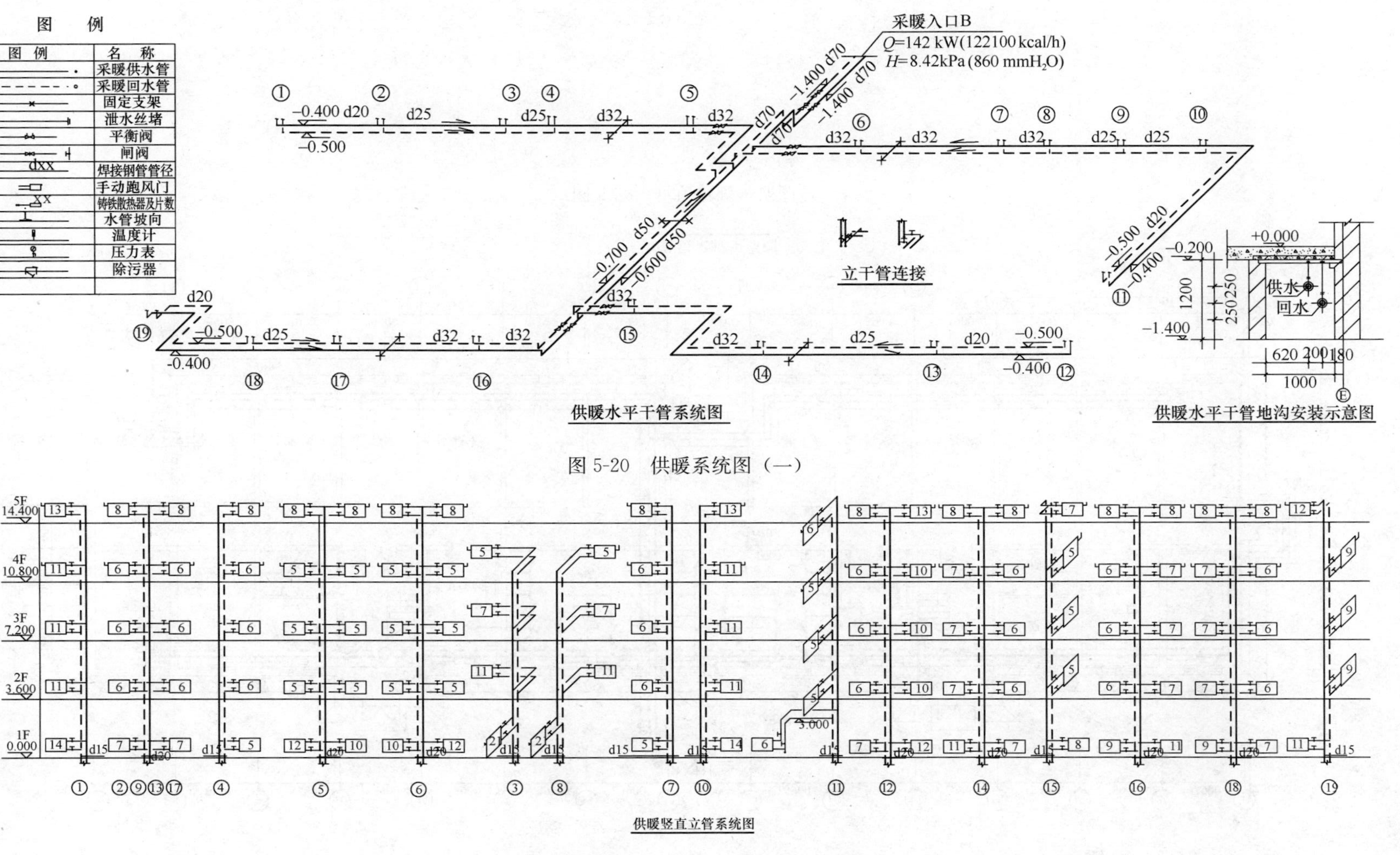

图 5-20 供暖系统图（一）

图 5-21 供暖系统图（二）

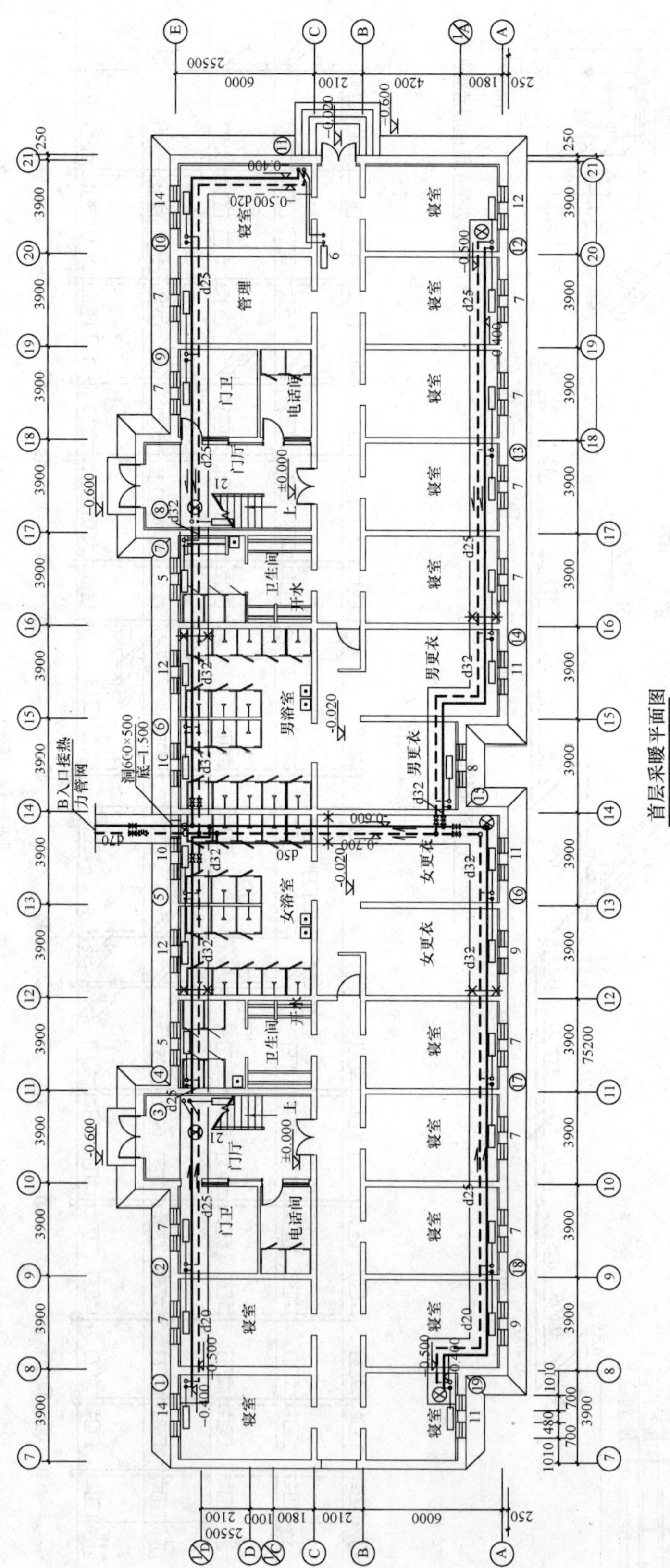

首层采暖平面图

图 5-22　首层供暖平面图

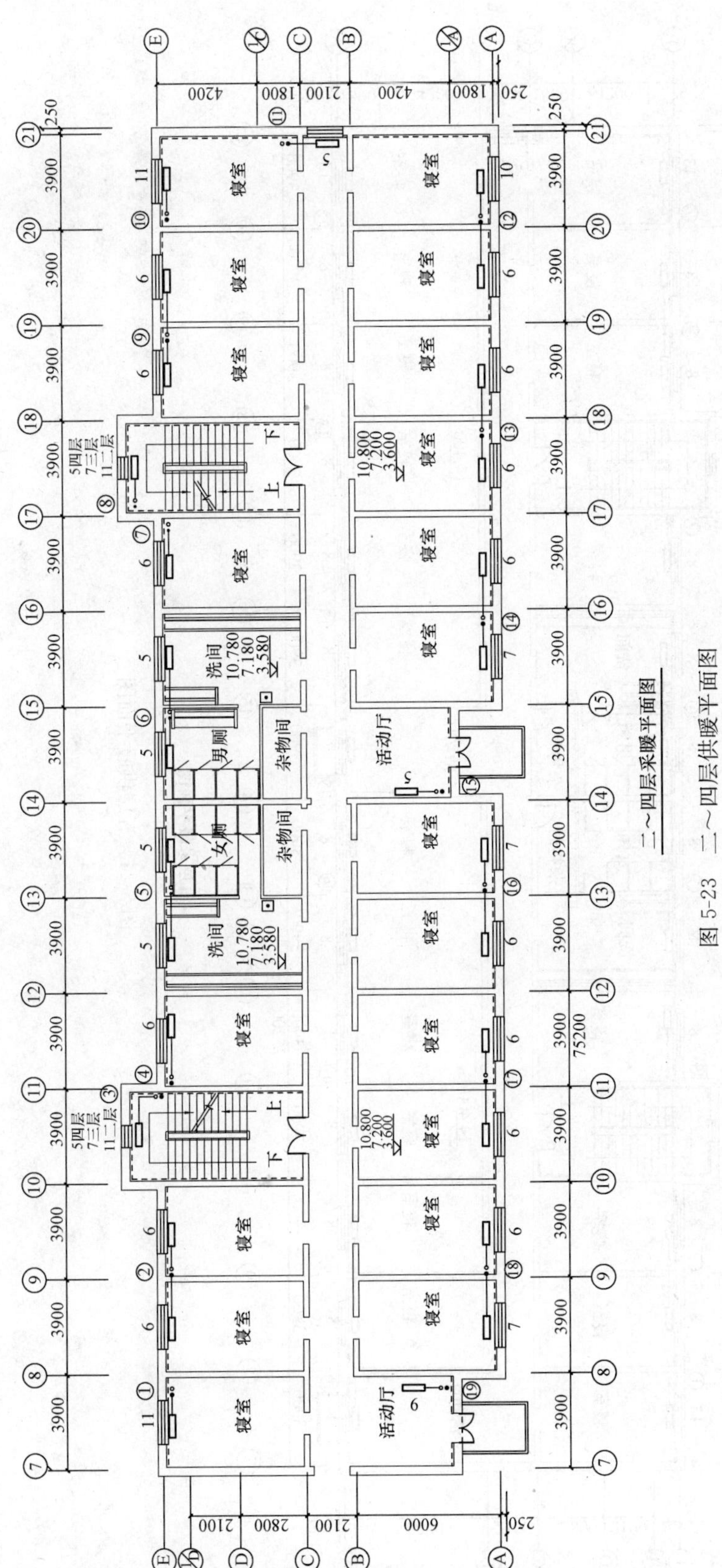

图 5-23 二～四层供暖平面图

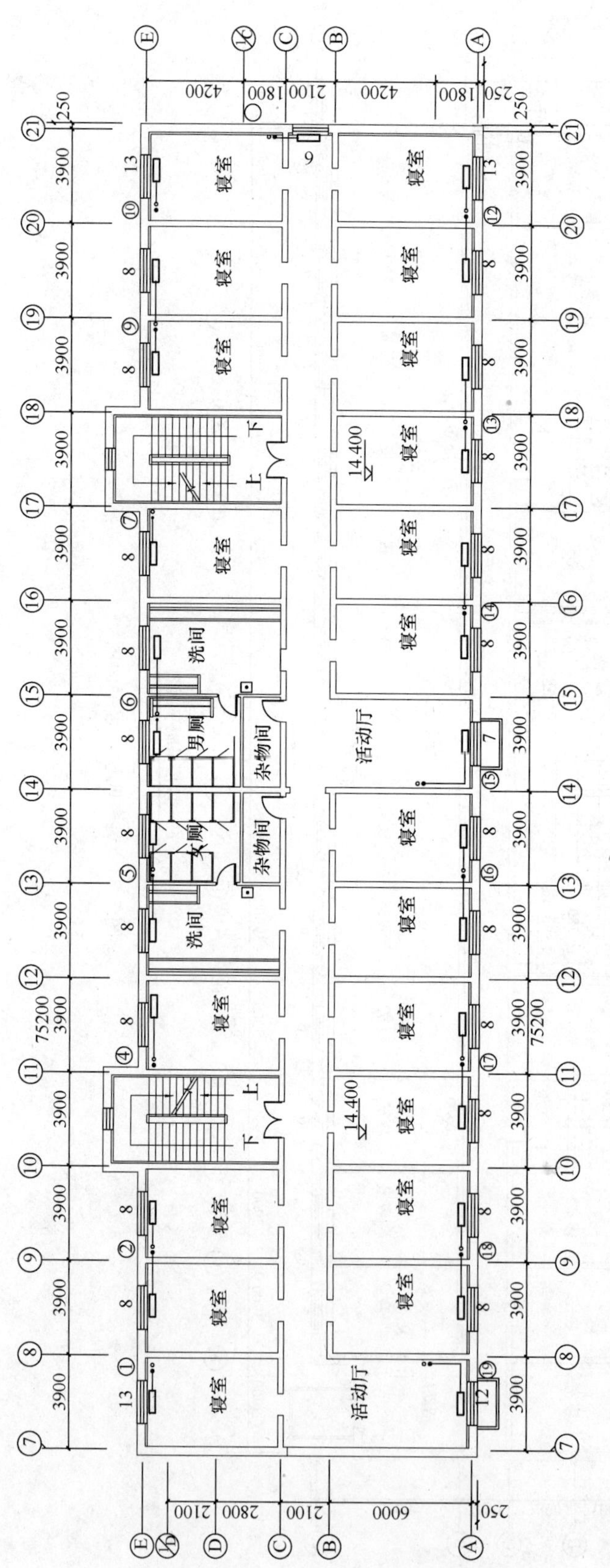

图5-24　五层供暖平面图

5.2.5 单管上供下回同程系统实例

1. 工程概况

本工程位于北京市的某学校占地近 80 亩，建筑面积 4 万 m^2，主要由教学楼、宿舍楼、综合场馆以及球场、网球场、体育馆、游泳馆等组成。本子项为教学楼。

2. 设计依据（略）

3. 设计范围

本子项的设计范围为工程红线内建筑物的冬季采暖系统设计。

4. 设计及计算参数

室外设计参数（北京地区，属寒冷地区，参数略）。

室内设计参数见表 5-20。

表 5-20 室内设计参数

房间名称	冬季
	温度（℃）
教室、阅览室、实验室	16
卫生间、走廊、楼梯间	14

5. 热负荷（表 5-21）

表 5-21 热负荷统计表

参数	建筑面积	采暖负荷	采暖热指标
		kW	W/m^2
总计	5611	341.2	61

6. 热源

本子项采用小区集中换热站提供的热水连续供暖，供回水温度 85℃/60℃。

7. 散热器

本子项除卫生间和厨房外均采用铸铁耐高压四柱 760 型散热器，工作压力不小于 0.8MPa。

8. 供暖系统设计

本子项采用单管上供下回同程式系统，设两个环路，供水干管设在顶层顶板下，回水干管敷设在首层地沟内，设一个热力入口。顶层散热器均设手动跑风门，且在顶层设置卧式集气罐手动排气。

9. 系统图（图 5-25～图 5-26）

10. 平面图（图 5-27～图 5-29）

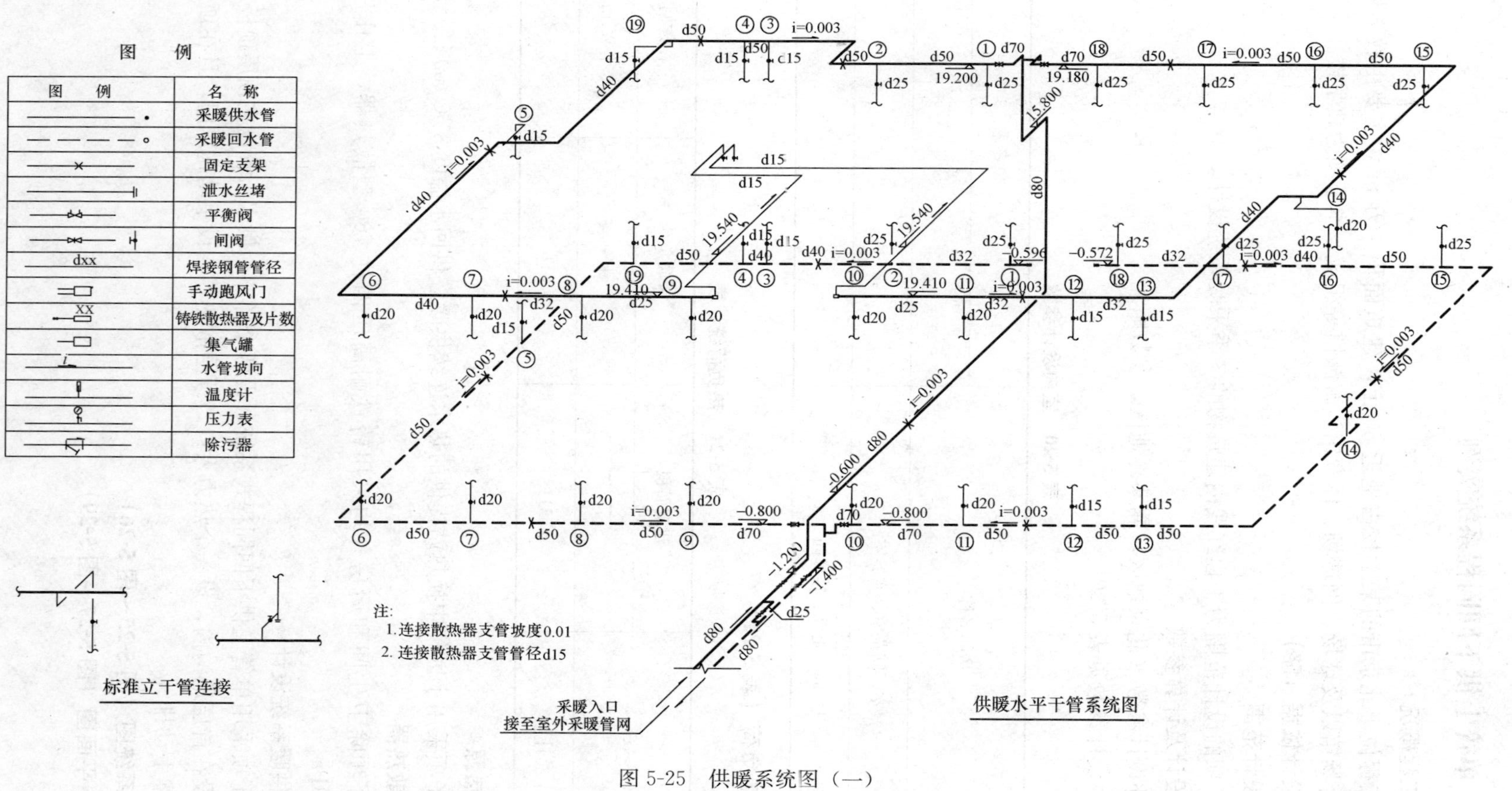

图例	名称
	采暖供水管
	采暖回水管
	固定支架
	泄水丝堵
	平衡阀
	闸阀
dxx	焊接钢管管径
	手动跑风门
XX	铸铁散热器及片数
	集气罐
i	水管坡向
	温度计
	压力表
	除污器

图 5-25　供暖系统图（一）

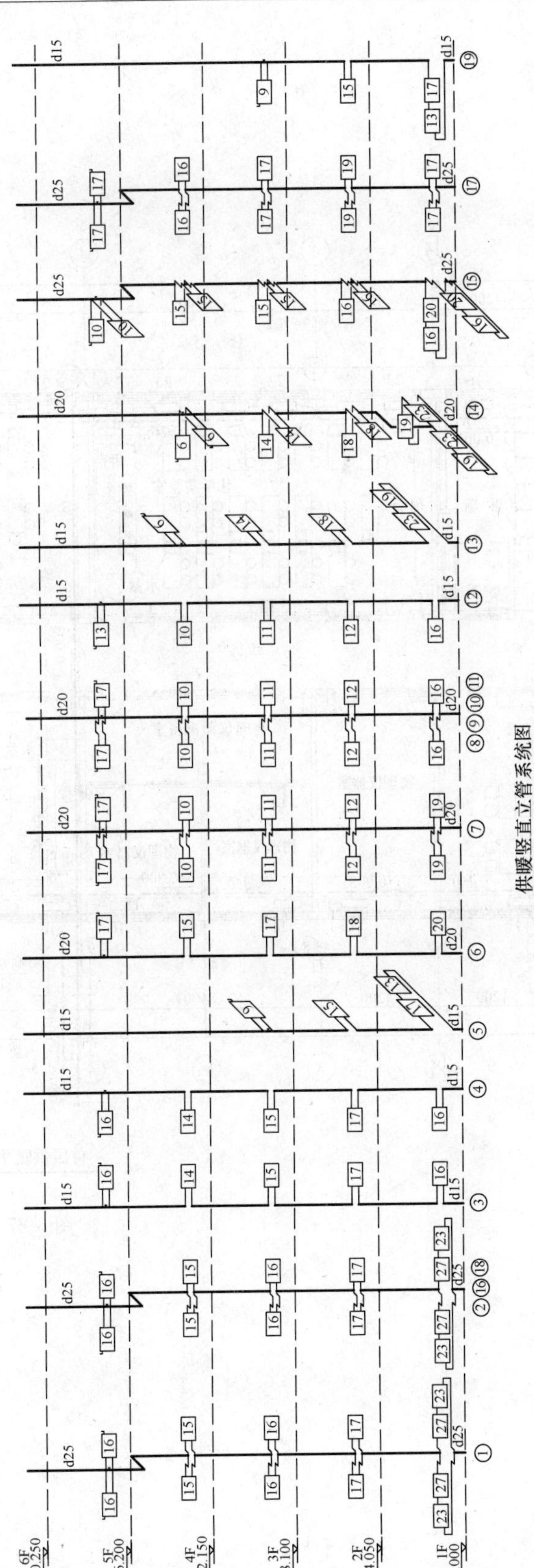

图 5-26　供暖系统图（二）

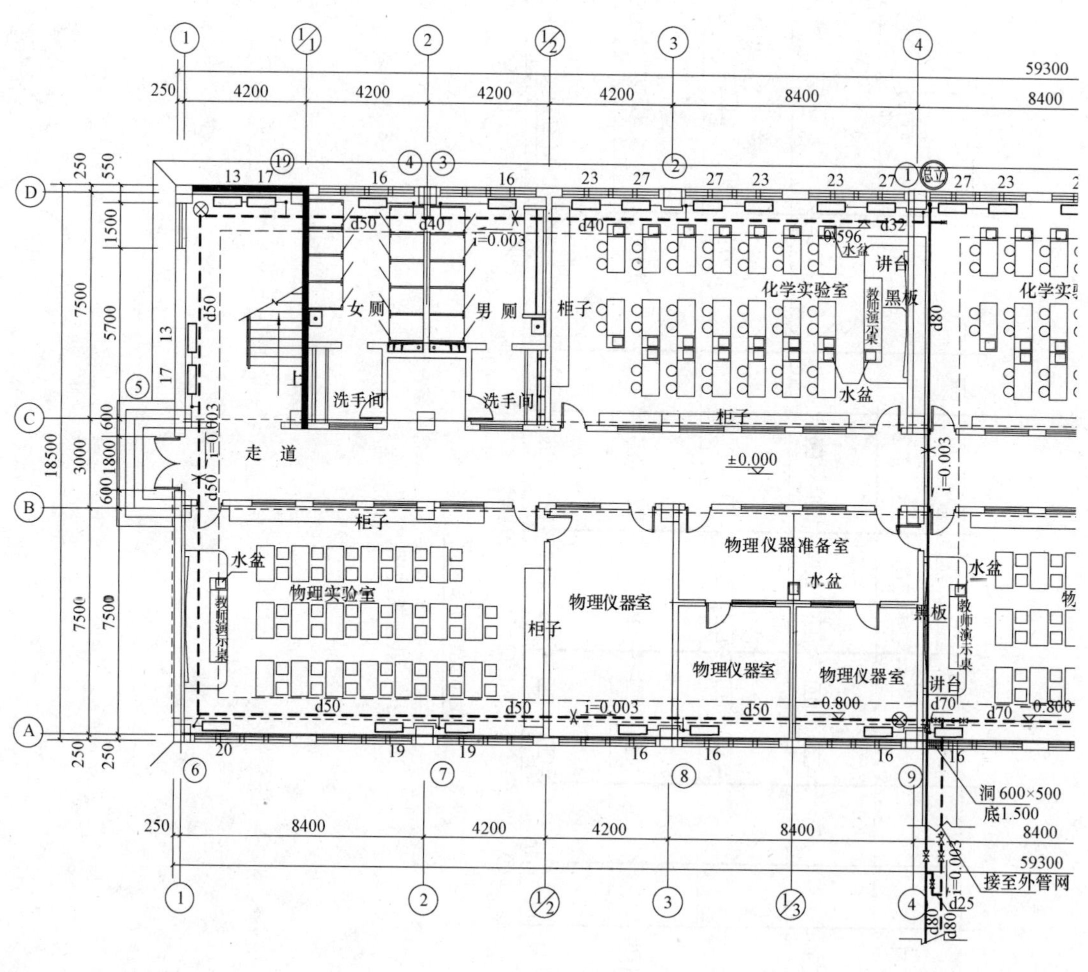
首层供暖平面图
走道
化学实验室
物理实验室
物理仪器室
物理仪器准备室
女厕
男厕
洗手间
柜子
水盆
讲台
黑板
教师演示桌
洞 600×500
底1.500
接至外管网
59300

图5-27 首层

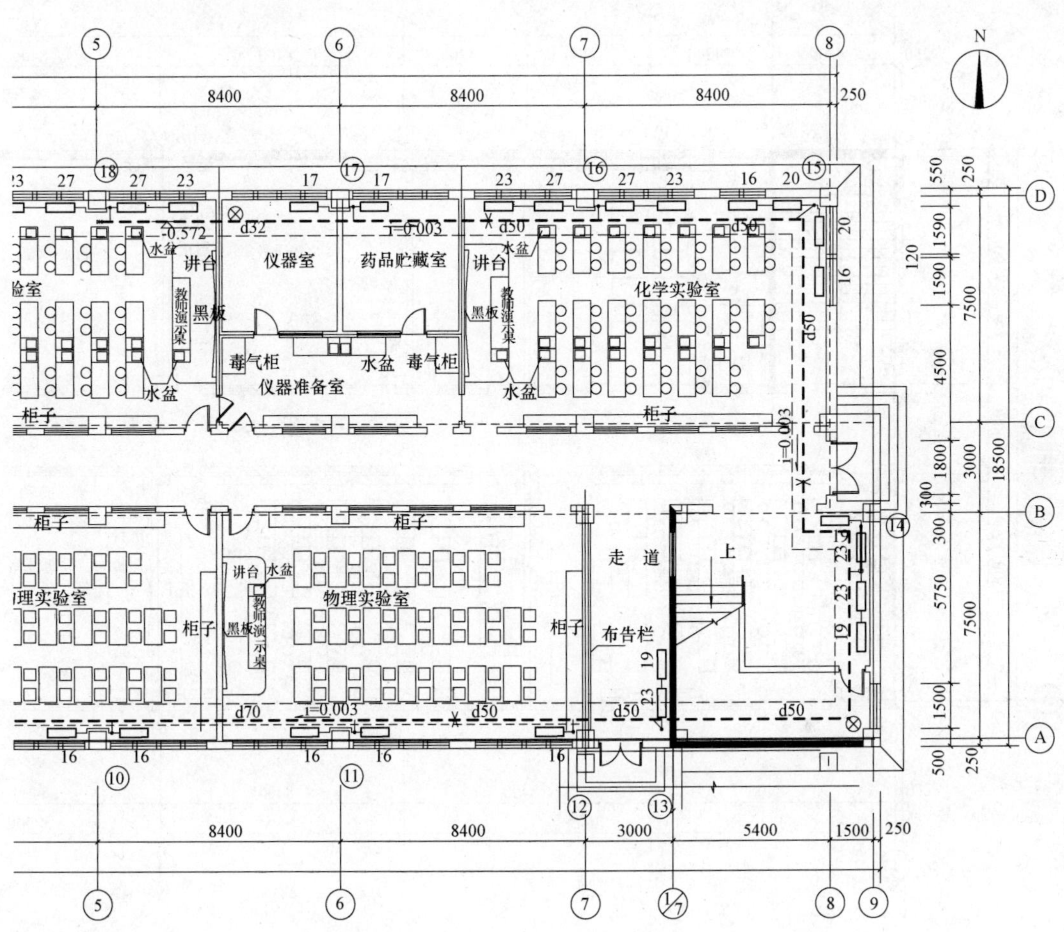
仪器室
药品贮藏室
讲台
黑板
水盆
毒气柜
仪器准备室
化学实验室
柜子
物理实验室
布告栏
走道
上
d32
d50
d70
i=0.003
-0.572
8400
3000
5400
1500
250
18500
7500
N

供暖平面图

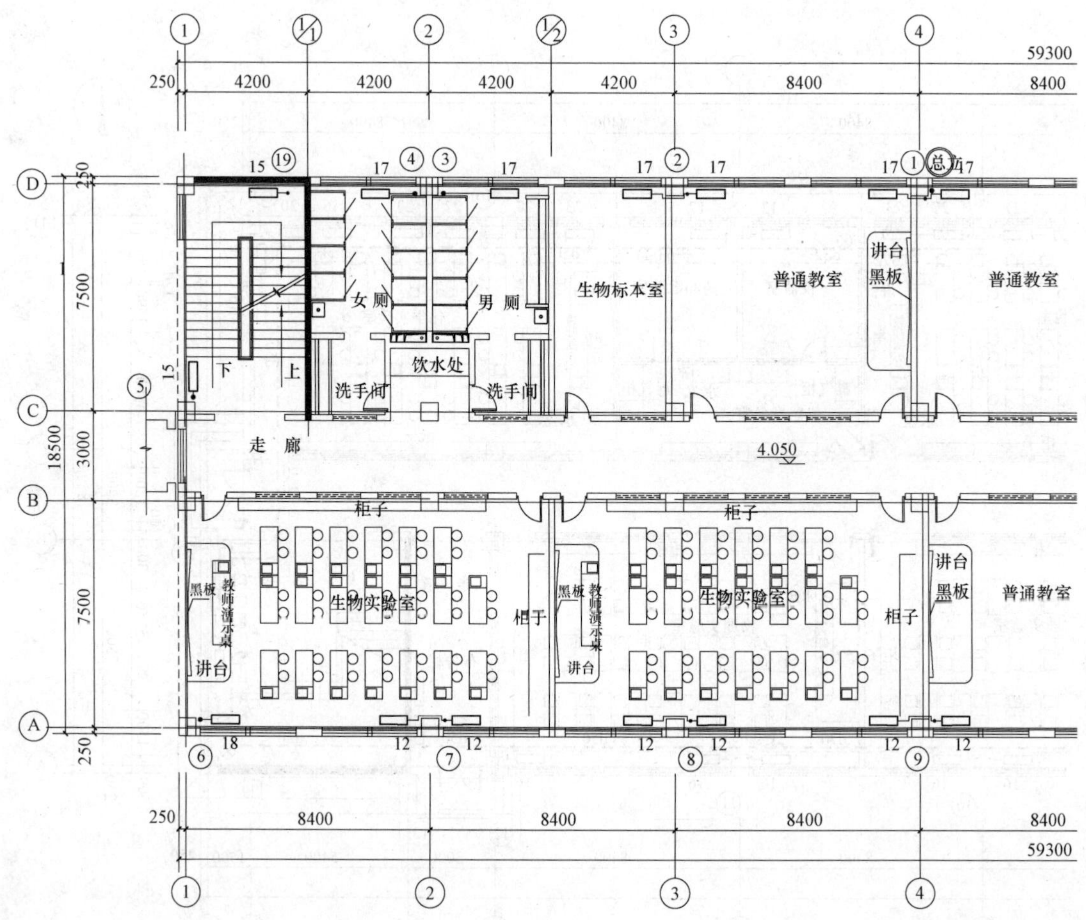
59300
250
4200
4200
4200
4200
8400
8400
15
17
17
17
17
17
总立
17
生物标本室
普通教室
讲台
黑板
普通教室
女 厕
男 厕
饮水处
下
上
洗手间
洗手间
走 廊
4.050
柜子
柜子
黑板
教师演示桌
生物实验室
柜子
黑板
教师演示桌
生物实验室
讲台
黑板
普通教室
柜子
讲台
讲台
18
12
12
12
12
12
12
7500
3000
18500
7500
250
250
8400
8400
8400
8400
59300
二~四层供暖平面图

图 5-28　二～四层

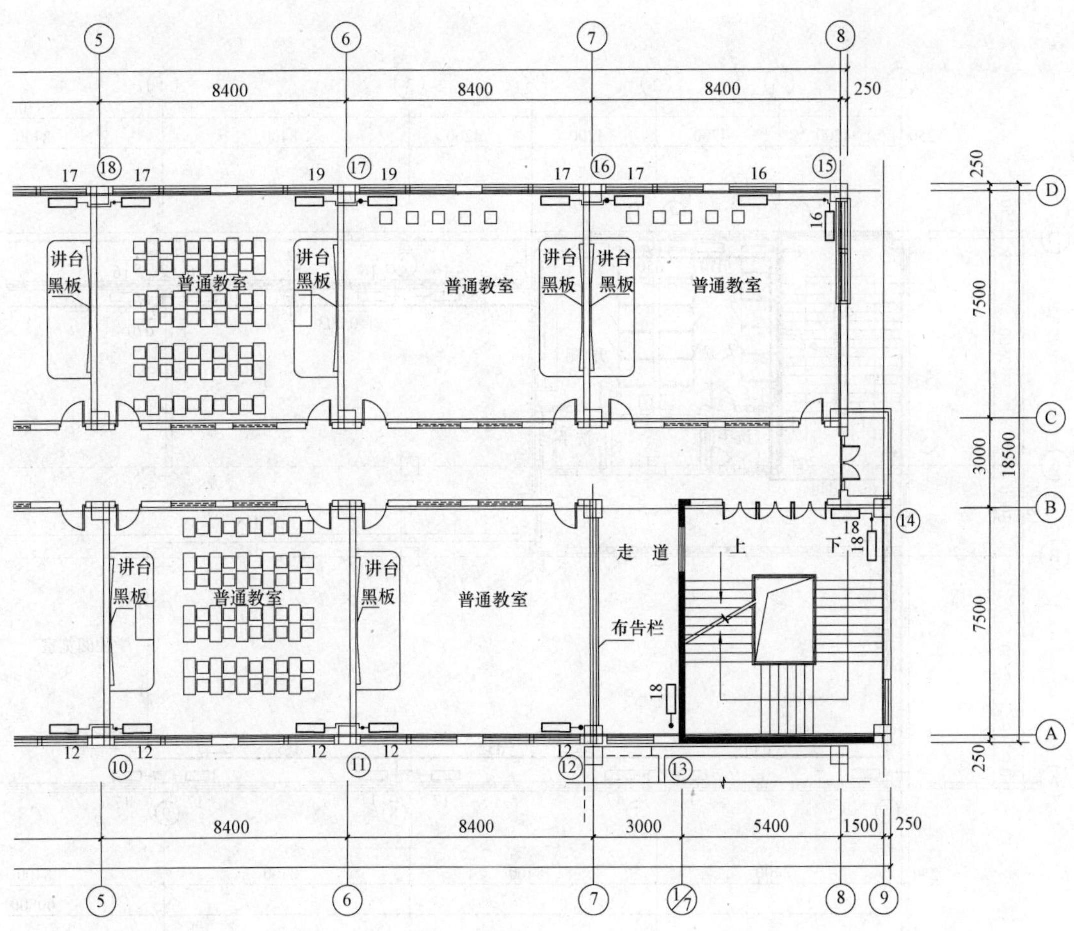
讲台
黑板
普通教室
走道
布告栏
上
下
8400
8400
8400
250
3000
5400
1500
7500
3000
7500
18500

供暖平面图

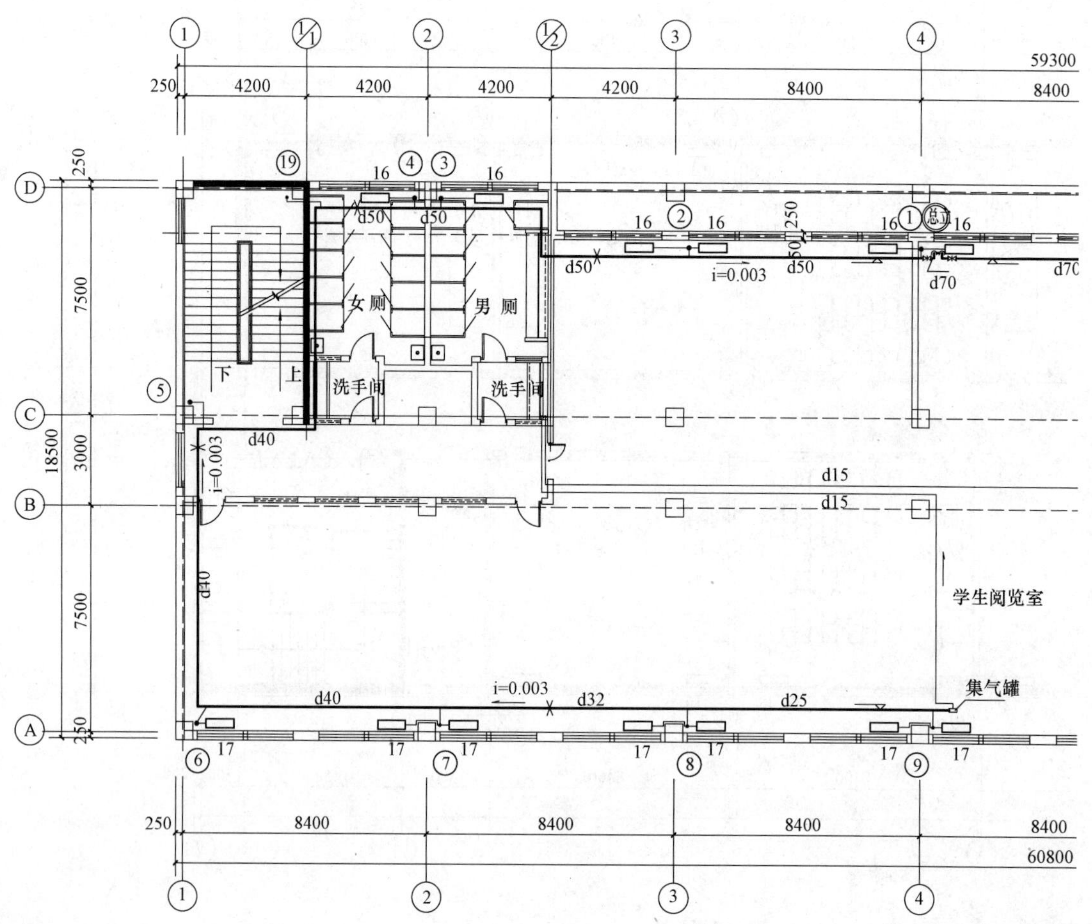

五层供暖平面图

图 5-29　五层

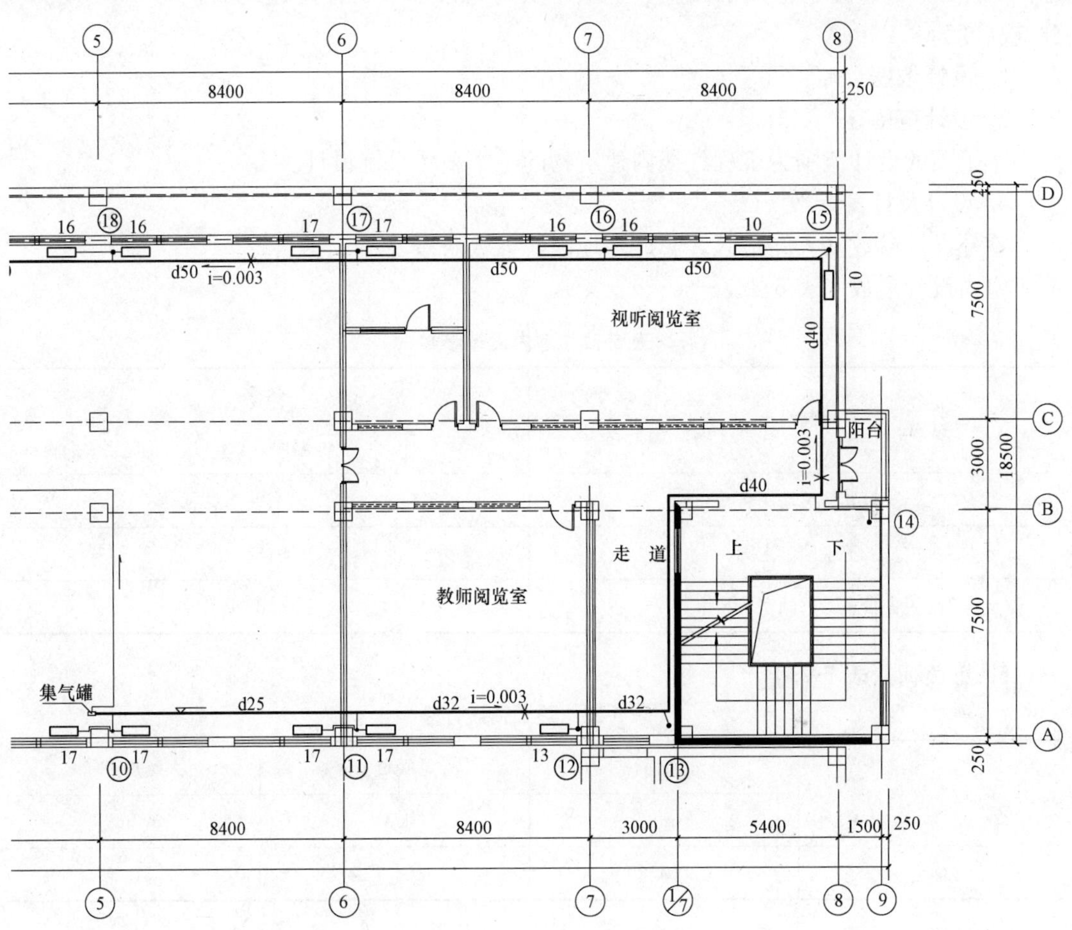
8400
8400
8400
250
16
16
17
17
16
16
10
d50
i=0.003
d50
d50
10
视听阅览室
d40
阳台
i=0.003
d40
走 道
上
下
教师阅览室
集气罐
d25
d32
i=0.003
d32
17
17
17
17
13
3000
5400
1500
250
7500
3000
18500
7500
250
250

供暖平面图

5.2.6 单管上供中回异程系统实例

1. 工程概况

本工程子项为大同市某廉租住房建设项目的文化活动站，1层为儿童活动用房及展厅，2层为办公、阅览室及书画室。地下一层为超市。本工程总建筑面积为2084.39m²，建筑高度为8.25m。

2. 设计依据（略）

3. 设计范围

本子项的设计范围为工程红线内建筑物的冬季采暖系统设计。

4. 设计及计算参数

室外设计参数（大同地区，属严寒地区，参数略）。

室内设计参数（表5-22）。

表5-22 室内设计参数

房间名称	冬季
	温度（℃）
儿童活动用房	20
卫生间、走廊	16
办公室、书画室、超市	18

5. 热负荷（表5-23）

表5-23 热负荷统计表

参数	建筑面积	采暖负荷	采暖热指标
	m^2	kW	W/m^2
总计	2084.39	106.72	51.2

6. 热源

本子项采用小区集中换热站提供的热水连续供暖，供回水温度85℃/60℃。

7. 散热器

本子项除卫生间和厨房外均采用铸铁耐高压四柱760型散热器，工作压力不小于0.8MPa。

8. 供暖系统设计

本子项供暖系统地上部分采用单管上供中回带跨越管的垂直串联系统，地下超市采用上供上回双管系统形式。系统均为异程式，末端立管顶端设自动排气装置，回水立管设平衡阀，每组散热器设自动温度控制阀，暗装散热器应采用外置式感温装置。

9. 系统图（图5-30）

10. 平面图（图5-31～图5-32）

图例

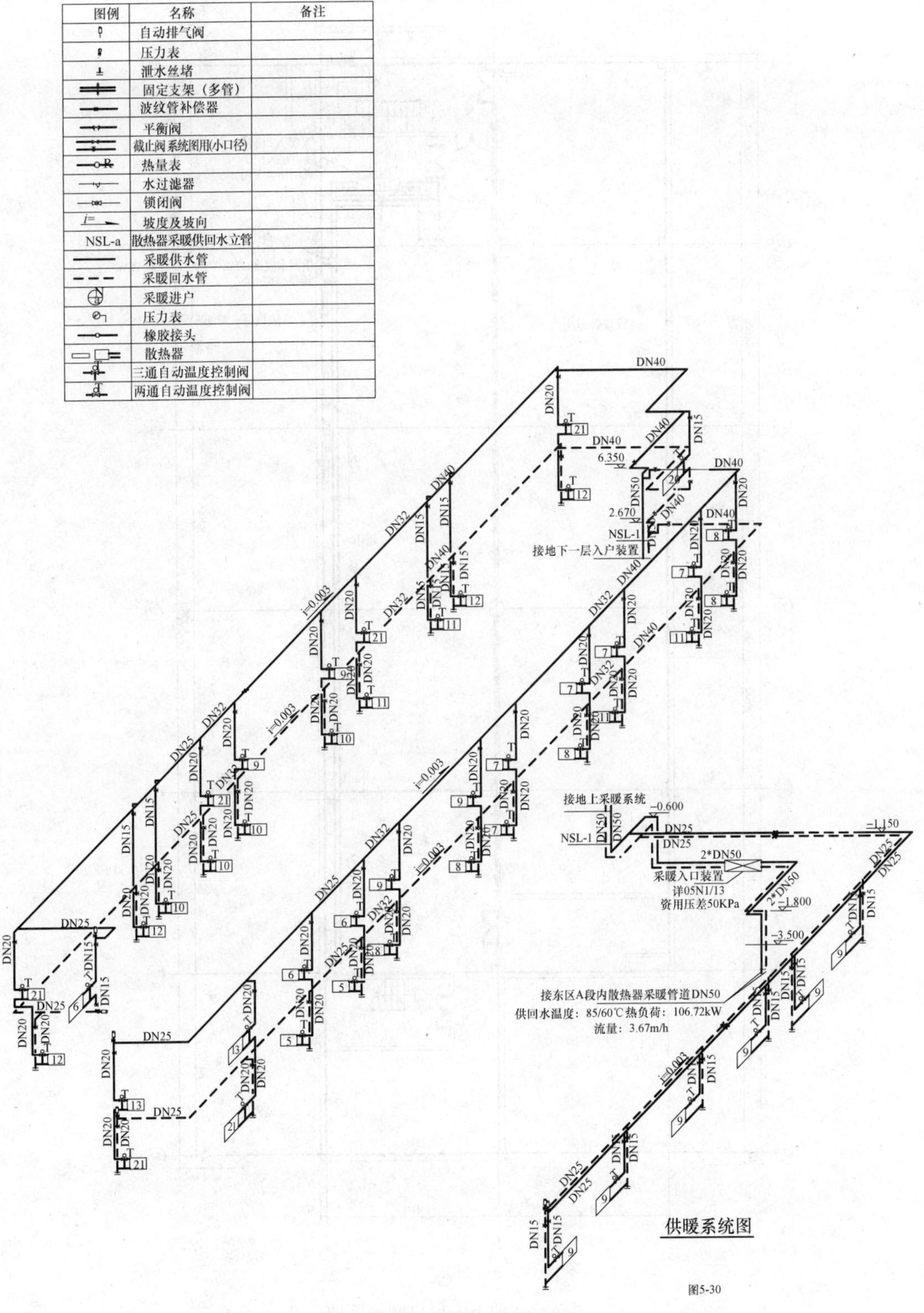

图例	名称	备注
	自动排气阀	
	压力表	
	泄水丝堵	
	固定支架（多管）	
	波纹管补偿器	
	平衡阀	
	截止阀 系统图用(小口径)	
	热量表	
	水过滤器	
	锁闭阀	
i=	坡度及坡向	
NSL-a	散热器采暖供回水立管	
	采暖供水管	
	采暖回水管	
	采暖进户	
	压力表	
	橡胶接头	
	散热器	
	三通自动温度控制阀	
	两通自动温度控制阀	

图 5-30 供暖系统平面图

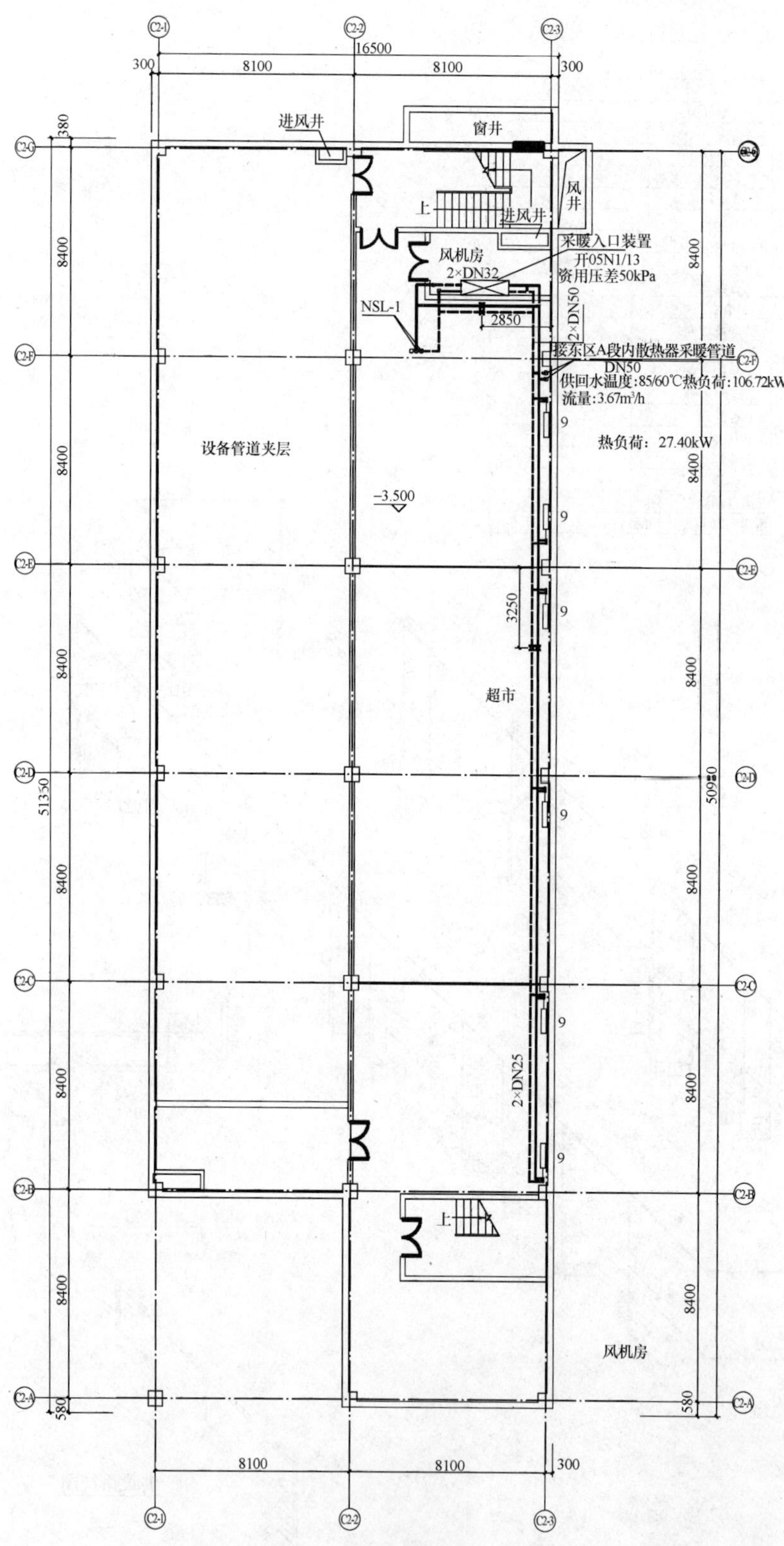

图 5-31　地下一层供暖平面图

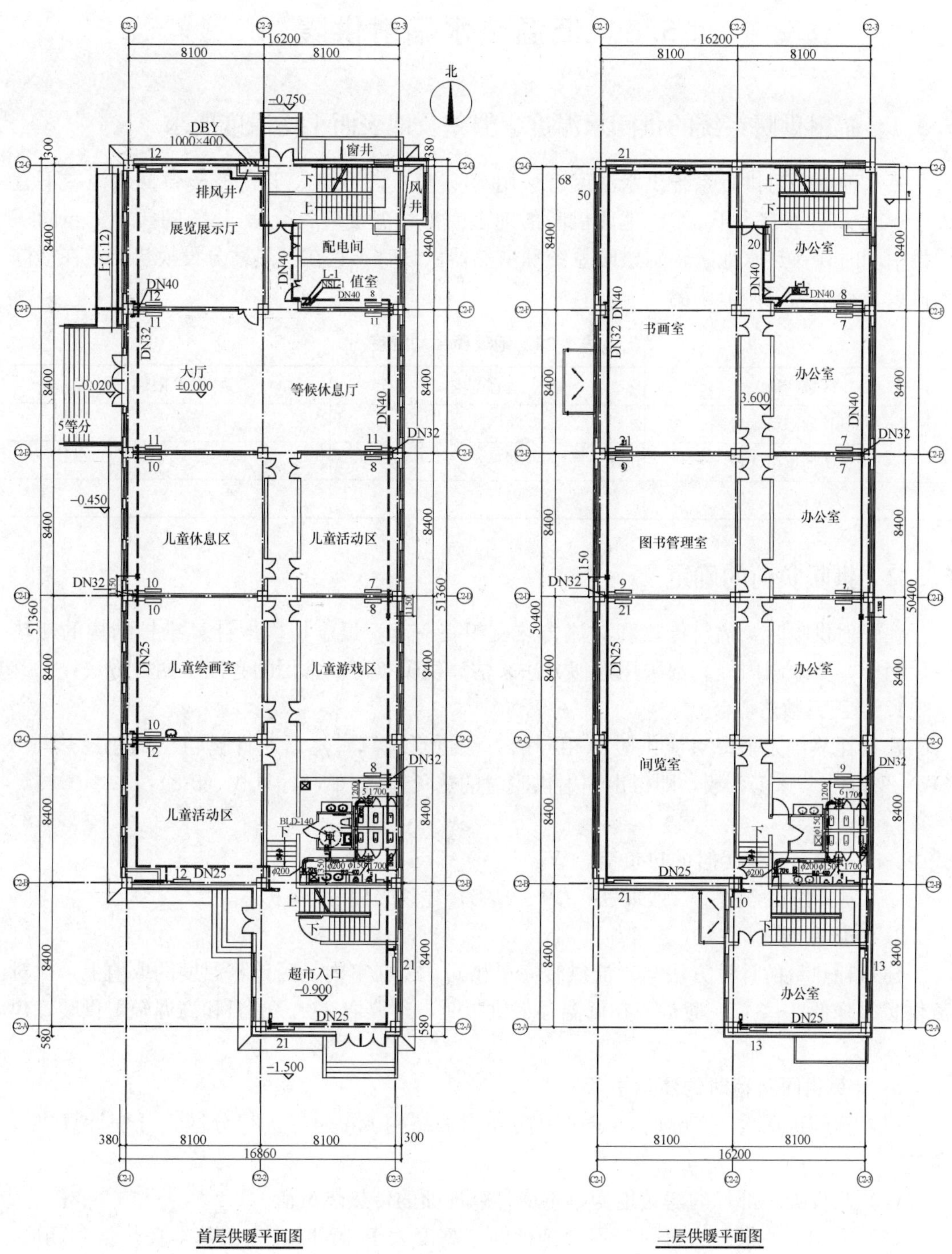

图 5-32　首层、二层供暖平面图

5.3　低温热水辐射供暖

5.3.1　辐射供暖系统的供回水温度、温差及地表面平均温度要求

热水地面辐射供暖系统供水温度宜采用35～45℃，不应大于60℃；供回水温差不宜大于10℃，且不宜小于5℃。地面供暖的地表面平均温度应符合表5-24的要求。当同一项目中同时存在热水地暖辐射供暖系统和散热器供暖时，宜在换热站分设换热器或在楼栋入口设置混水装置调节水温。

表5-24　地表面平均温度

区域特征	适宜范围	最高限值
人员长期停留区域	24～26℃	31℃
人员短期逗留区域	28～30℃	32℃
无人员停留区域	35～40℃	42℃

5.3.2　供暖负荷的确定

在辐射供暖时，辐射传热和对流传热交织在一起，很难精确地计算维护结构的耗热量。因此，至今国内外大都采用近似方法来估算供暖负荷，常用的有以下两种方法：

1. 修正系数法

建筑耗热量完全按对流供暖时相同的方法进行计算，然后对计算得出的总耗热量q（W）采以一个修正系数，即得出辐射供暖时的热负荷q_r（W），见式（5-8）：

$$q_r = \alpha q_c \tag{5-8}$$

式中　q_c——对流供暖时的热负荷，W；

α——修正系数，一般取α=0.9～0.95；建议采用α=0.9。

2. 降低室温法

建筑耗热量的计算方法与对流供暖完全相同，但在室内供暖计算温度的取值上，比对流供暖时降低2～3℃。通常，在低温辐射供暖时，建议取2℃。中温和高温辐射供暖，建议取3℃。

3. 计算供暖负荷时的注意事项

（1）房间进深大于6m时，应以距离外围护结构6m为界进行分区，分别计算供暖负荷。

（2）敷设加热部件的建筑地面，不应计算地面的传热热负荷。

（3）采用地面供暖的房间（不含楼梯间）高度大于4m时，应在基本耗热量和朝向、风力、外门附加耗热量之和的基础上，计算高度附加率。每高出1m应附加1%，单最大附加率不应大于8%。

（4）地面供暖用于房间内局部区域供暖时，供暖热负荷可按全面辐射供暖时的热负荷，乘以表5-25的计算系数来确定。

表 5-25 局部地面辐射供暖系数热负荷的计算系数

供暖区面积与房间总面积的比值	≥0.75	0.55	0.40	0.25	≤0.20
计算系数	1	0.72	0.54	0.38	0.30

（5）住宅供暖采用集中热源分户热计量或采用分户独立热源的热水系统时，其热负荷应考虑间歇供暖附加值和户间传热负荷，房间热负荷应按式（5-9）计算。公共建筑如采用间歇供暖形式，可参考式（5-9），对房间基本热负荷考虑一定的间歇供暖负荷修正。

$$Q=\alpha\cdot Q_j+q_h\cdot M \tag{5-9}$$

式中 Q——房间热负荷，W；

Q_j——房间基本热负荷，W；

α——考虑间歇供暖的修正系数，应根据热源和供暖方式、分户计量收费方式、供暖地面的热容量等因素确定，无资料时可参考表 5-26 取值。

M——房间单位面积平均户间传热量，W/m²，可取 $q_h=7\text{W/m}^2$。

表 5-26 住宅间歇供暖热负荷修正系数

热源形式	供暖地面类型	间歇供暖修正系数 α
集中热水供热	混凝土填充式	1.1
	预制沟槽保温板	1.2～1.3
	预制轻薄供暖板	1.2～1.3
分户独立燃油燃气供暖炉供热	混凝土填充式	1.3
	预制沟槽保温板	1.4～1.5
	预制轻薄供暖板	1.4～1.5

注：1. 按式（5-12）核地面平均温度时，取 $\alpha=1.0$。

2. 计算集中热水供热系统的供暖立干管和建筑物总负荷，不考虑户间传热量 $q_h\cdot M$，且统一取 $\alpha=1.1$。

5.3.3 地面散热量和系统供热量计算

1. 单位地面面积所需向上的有效散热量应按式（5-10）、式（5-11）计算：

$$q_1=\beta\frac{Q_1}{F_r} \tag{5-10}$$

$$Q_1=Q-Q'_2 \tag{5-11}$$

式中 q_1——单位地面面积所需散热量，W/m²；

Q_1——房间所需向上的有效散热量，W；

F_r——房间内铺设加热部件的地面面积，m²；

β——考虑家具等遮挡的安全系数；

Q——按 5.3.2 节计算出的房间热负荷；

Q'_2——来自上层房间地面向下的散热损失，W。

2. 对于全面地面供暖房间，应按式（5-12）对地表面平均温度进行校核。地面单位面积散热量和室内设计温度宜使房间需要的地表面平均温度在《民用建筑供暖通风与空气调节设计规范》（GB 50736—2012）规定的适宜范围内，且不应高于最高限值。当地表面平均温度计算值过高时，可采取下列措施：

（1）改善建筑外围护结构热工性能；

（2）增设其他供暖设备；

（3）在满足舒适度的条件下，适当降低室内计算温度。

$$t_{pj} = t_n + 9.82\left(\frac{\beta \cdot Q_1}{100F_d}\right)^{0.969} \tag{5-12}$$

式中　t_{pj}——地表面平均温度,℃；

t_n——室内计算温度,℃；

Q_1——房间所需向上的有效散热量，W，见式（5-11），其中住宅房间热负荷 Q 按式（5-9）计算时，不考虑间歇供暖热负荷修正，即取 $\alpha=1.0$；

β——考虑家具等遮挡的安全系数；

F_d——房间地面面积（不包括底面积较大的固定设备和卫生器具所占用面积），m^2。

3. 供应房间和供应每户住宅的热媒供热量，应包括供暖地面向上的有效散热量 Q_1 和向下的散热损失 Q_2。

4. 供暖地面向上的有效散热量应满足房间所需散热量。供暖地面单位面积向上的有效散热量和通过楼板向下层房间的散热损失应按式（5-13）～式（5-16）计算：

$$q = q_f + q_d \tag{5-13}$$

$$q_f = 5\times10^{-8}[(t_{pj}+273)^4-(t_{fj}+273)^4] \tag{5-14}$$

$$q_{1d} = 2.13(t_{pj}-t_n)^{1.31} \tag{5-15}$$

$$q_{2d} = 0.134(t_{pj}-t_n)^{1.25} \tag{5-16}$$

式中　q——地面单位面积向上的有效散热量或向下的传热损失，W/m^2；

q_f——地面单位面积向上或向下的辐射传热量，W/m^2；

$q_d(q_{1d}、q_{2d})$——地面单位面积向上或向下的对流传热量，W/m^2，向上传热时表示为 q_{1d}，向下传热时表示为 q_{2d}；

t_{pj}——供暖地面的上表面或下表面平均温度,℃；

t_{fj}——计算表面所在室内其他表面的面积加权平均温度,℃；

t_n——计算表面所在室内计算温度,℃。

5.3.4　地面构造

1. 直接与室外空气接触的楼板，与不供暖房间相邻的地板为供暖地面时，必须设置绝热层。

2. 与土壤接触的底层，应设置绝热层；设置绝热层时，绝热层与土壤之间应设置防潮层。

3. 潮湿房间，填充层上或面层下应设置隔离层。

4. 低温热水地面辐射供暖可分为埋管式与组合式两大类。

埋管式，也称为湿式。它需要在现场进行铺设绝热层、浇灌混凝土填充层等全部工序，基本构造如图5-33和图5-34所示。埋管式低温热水地面辐射供暖系统的地面构造一般自下而上的组成是：基层（构造层——楼板或地面）、找平层（水泥砂浆）、防潮层（与土壤相邻地面）、绝热层（上部敷设加热管）、填充层（水泥砂浆或豆石混凝土）、隔离层

(潮湿房间)、面层(装饰面层及其找平层)。其中，绝热层是用来减少通过地(楼)板及墙面的传热损失；埋管填充层用来埋置、保护加热管，增大蓄热与均衡地板表面传热。

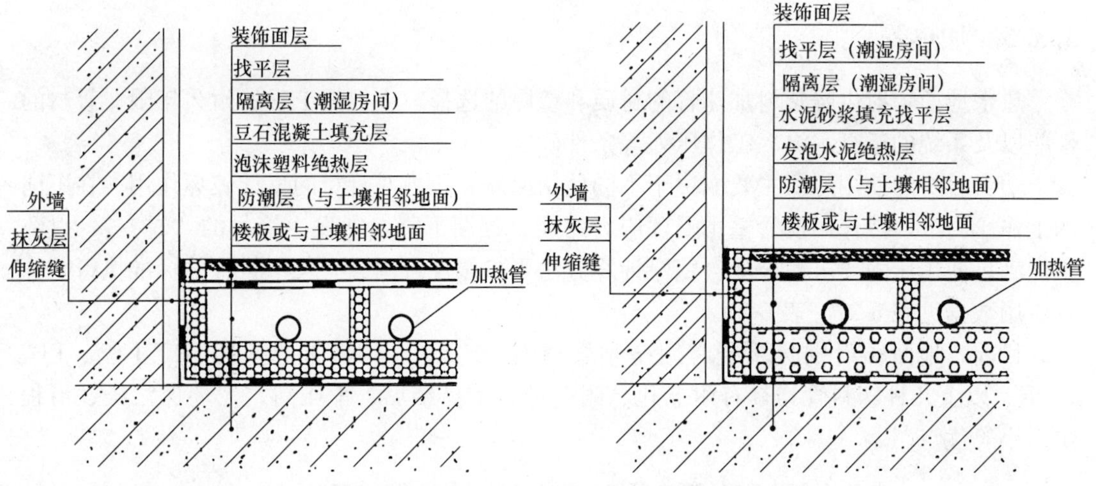

图 5-33 混凝土填充式热水供暖地面构造(一)(泡沫塑料绝热层)

图 5-34 混凝土填充式热水供暖地面构造(二)(发泡水泥绝热层)

组合式，也称为干式组合式，包括：加热盘管预先预制在轻薄供暖板上的供暖系统和敷设在带预制沟槽的泡沫塑料保温板的沟槽中的供暖系统。它的构造特点是不需要混凝土填充层，因此没有湿作业。常见形式如图 5-35 和图 5-36 所示。

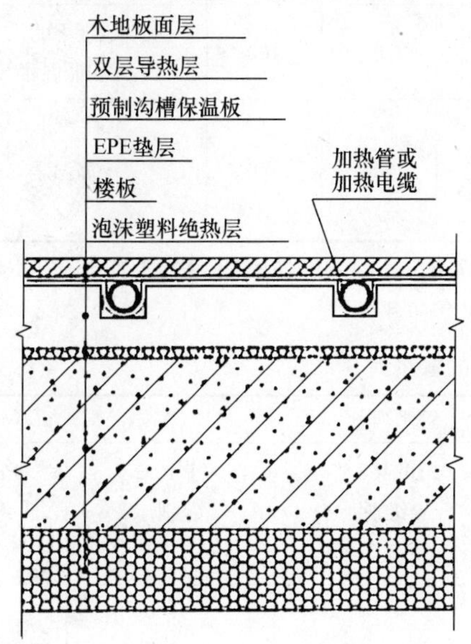

图 5-35 预制沟槽保温板供暖地面构造(与室外空气或不供暖房间相邻、以木地板层为例)

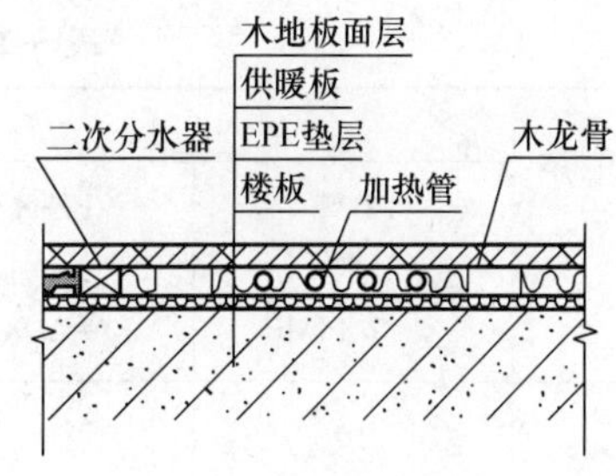

图 5-36 预制轻薄供暖地面构造示意图(与供暖房间相邻、木地板面层)

加热管管材有钢管、铜管和塑料管，早期的埋管式辐射供暖管道均采用钢管和铜管，埋设的管道需焊接。目前由于塑料工业的发展通过特殊处理和加工的塑料管已满足了低温辐射供暖对塑料管耐高温、承压高和耐老化的要求，而且管道按设计要求长度生产，埋设部分无接头，杜绝了埋地部分的管道渗漏。另外，塑料管容易弯曲，易于施工，因此，现在的辐射供暖管材多数采用塑料管。

5.3.5 加热管

热水地面辐射供暖塑料加热管的材质和壁厚的选择，应根据工程的耐久年限、管材的性能以及系统的运行水温、工作压力等条件确定。

塑料管材的使用寿命主要取决于不同使用温度和压力对管材的累计破坏作用。在不同的工作压力下，热作用使管壁承受环应力的能力逐渐下降，即发生管材的"蠕变"，以致不能满足使用压力要求而破坏。壁厚计算方法可参照现行国家有关塑料管的标准执行。计算所用数据见表 5-27～表 5-30。

目前，地面辐射供暖系统常用全塑管材有 PE-X、PE-RT Ⅱ型、PE-RT Ⅰ型、PB、PP-R。以上几种塑料管均具有耐老化、耐腐蚀、不易结垢、承压高、无环保污染、沿程阻力小等优点。

表 5-27 塑料管使用条件分级（引自 ISO10508）

使用条件分级	正常运行温度		最大运行温度		异常温度		典型应用范围距离
	℃	时间（年）	℃	时间（年）	℃	时间（h）	
1	60	49	80	1	95	100	供 60 热水
2	70	49	80	1	95	100	供 70 热水
4	40 60	20 25	70	2.5	100	100	地板下的供热和低温暖气
5	60	25	90	1	100	100	高温暖气
	80	10					

注：1. 表中所列各使用条件级别的管道系统应同时满足在 20℃，1.0MPa 条件下输送冷水 50 年使用寿命的要求；
2. 系统运行不足 50 年者，可用 20℃下运行时间补足至 50 年。

表 5-28 应选的管系列 S

系统工作压力 P_D（MPa）	管系列 S				
	PB 管 级别 4 σ_D=5.46MPa	PE-X 管 级别 4 σ_D=4.00MPa	PE-RT 管 级别 4 σ_D=3.34MPa	PP-R 管 级别 4 σ_D=3.30MPa	PP-B 管 级别 4 σ_D=1.95MPa
0.4	10	6.3	6.3	5	4
0.6	8	6.3	5	5	3.2
0.8	6.3	5	4	4	2

注：取自《冷热水用交联聚乙烯（PE-X）管道系统 第 2 部分：管材》（GB/T 18992.2—2003）、《冷热水用耐热聚乙烯（PE-RT）管道系统》（CJ/T 175—2002）、《冷热水用聚丁烯（PB）管道系统》（国家标准报批稿）、《冷热水用聚丙烯管道系统 第 2 部分：管材》（GB/T 18742.2—2002）。

表 5-29 管材公称壁厚（mm）

系统工作压力 P_D=0.4MPa					
公称外径（mm）	PE-X 管	PE-RT 管	PB 管	PP-R 管	PP-B 管
16	1.8	—	1.3	—	2.0
20	1.9	—	1.3	2.0	2.3
25	1.9	2.0	1.3	2.3	2.8
系统工作压力 P_D=0.6MPa					
公称外径（mm）	PE-X 管	PE-RT 管	PB 管	PP-R 管	PP-B 管
16	1.8	—	1.3	—	2.2
20	1.9	2.0	1.3	2.0	2.8
25	1.9	2.3	1.3	2.3	3.5
系统工作压力 P_D=0.8MPa					
公称外径（mm）	PE-X 管	PE-RT 管	PB 管	PP-R 管	PP-B 管
16	1.8	2.0	1.3	2.0	3.3
20	1.9	2.3	1.3	2.3	4.1
25	2.3	2.8	1.5	2.8	5.1

注：取自《冷热水用交联聚乙烯（PE-X）管道系统　第 2 部分：管材》（GB/T 18992.2—2003）、《冷热水用耐热聚乙烯（PE-RT）管道系统》（CJ/T 175—2002）、《冷热水用聚丁烯（PB）管道系统》（国家标准报批稿）、《冷热水用聚丙烯管道系统　第 2 部分：管材》（GB/T 18742.2—2002）

表 5-30 管材公称壁厚（mm）

系统工作压力 P_D=0.4MPa					
公称外径（mm）	PE-X 管	PE-RT 管	PB 管	PP-R 管	PP-B 管
16	1.8	—	1.3①	2.0	2.2
20	1.9	2.0	1.3①	2.3	2.8
25	2.3	2.3	1.5①	2.8	3.5
系统工作压力 P_D=0.6MPa					
公称外径（mm）	PE-X 管	PE-RT 管	PB 管	PP-R 管	PP-B 管
16	1.8	2.0	1.3①	2.0	3.3
20	1.9	2.3	1.3①	2.3	4.1
25	2.3	2.8	1.5①	2.8	5.1
系统工作压力 P_D=0.8MPa					
公称外径（mm）	PE-X 管	PE-RT 管	PB 管	PP-R 管	PP-B 管
16	1.8	2.2	1.5①	2.2	—
20	2.3	2.8	1.9	2.8	—
25	2.8	3.5	2.3	3.5	—

①需进行热熔焊接的管材，其壁厚不得小于 1.9mm。

为安全起见，塑料管材壁厚应符合德国标准 DIN4726 关于热水地面供暖用塑料管材的基本要求；对于管径≥15mm 的管材壁厚不应小于 2.0mm，对于管径≤15mm 的管材壁厚不应小于1.8mm；需进行热熔焊接的管材，其壁厚不得小于1.9mm。

5.3.6　低温热水地面辐射供暖系统形式

1. 在住宅建筑中，地面辐射供暖的加热管应按户划分成独立的系统，设置分（集）水器，再按室分组配置加热盘管。对于其他性质的建筑，可按具体情况划分系统。系统示例如图5-37～图5-43所示。

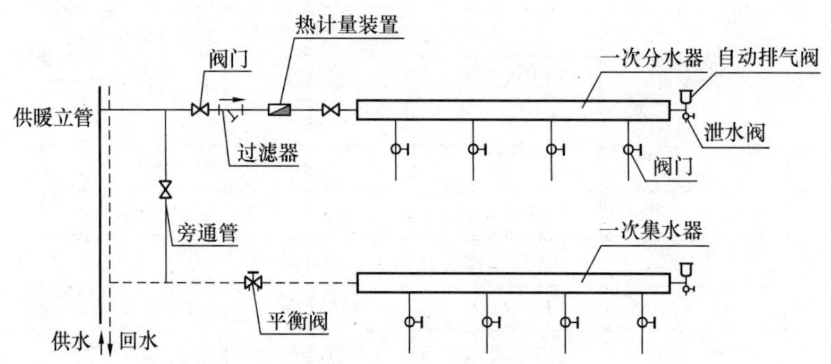

图5-37　直接供暖系统

注：分水器、集水器上下位置，热计量装置设置的供水或回水管，均可根据工程情况确定。

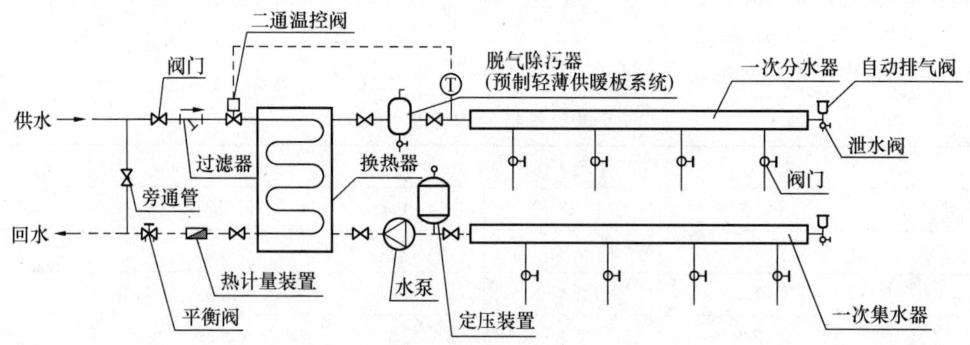

图5-38　间接供暖系统

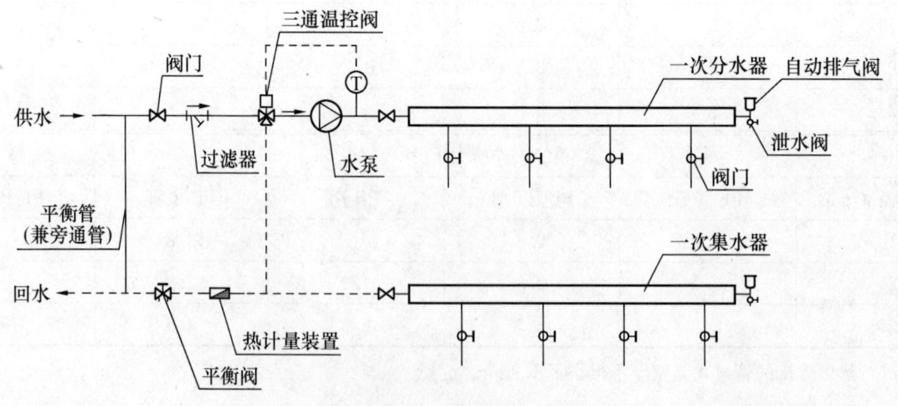

图5-39　采用三通阀的混水系统

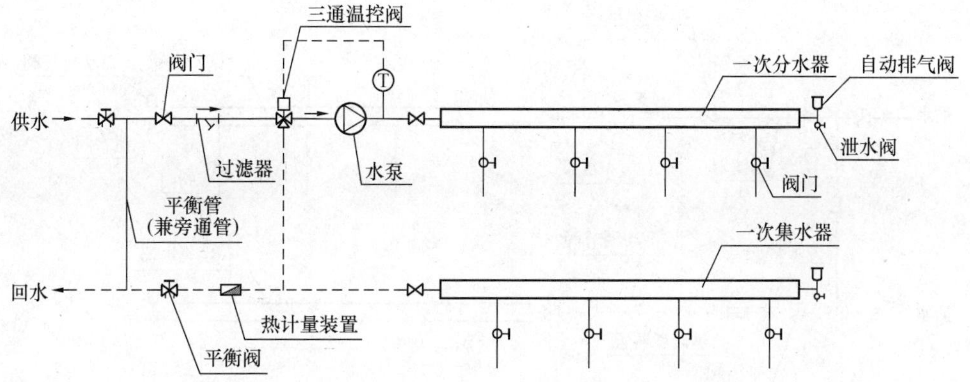

图 5-40　采用三通阀的混水系统（外网为定流量时）

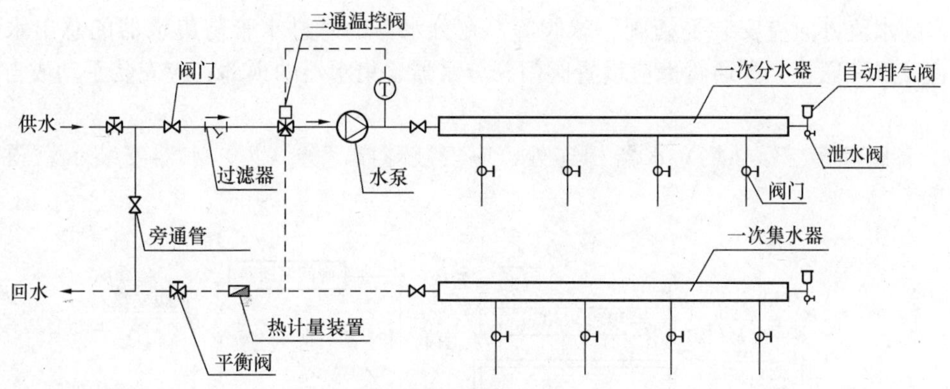

图 5-41　采用三通阀的混水系统（外网为变流量时）

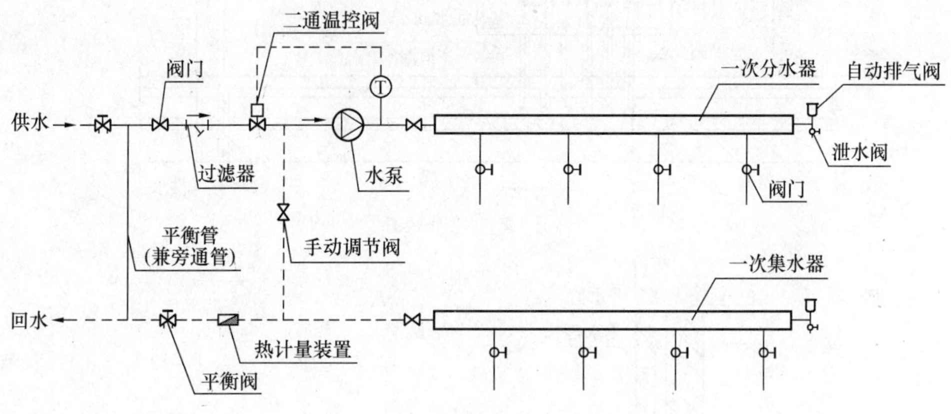

图 5-42　采用二通阀的混水系统（外网为定流量时）

2. 每组加热盘管的供、回水应分别与分（集）水器相连接。分水器、集水器急进、出水管内径一般不小于 25mm，当所带加热管为 8 个环路时，管内热媒流速可以保持不超过最大允许流速 0.8m/s。连接在同一个分（集）水器上的各组加热盘管的几何尺寸长度应接近相等。每组加热管回路的总长度不宜超过 120m。每个分支环路供回水管上均应设置可关断阀门。

3. 在分水器的总进水管上，顺水流方向应安装球阀、过滤器等，在集水器的总出水

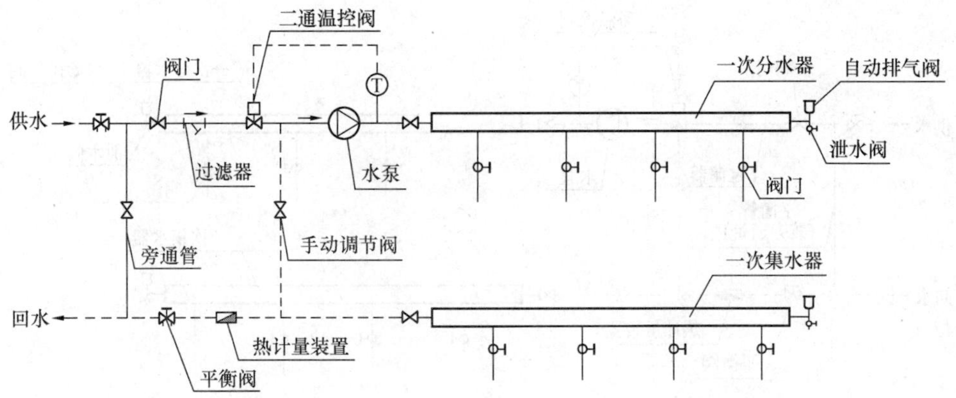

图5-43　采用二通阀的混水系统（外网为变流量时）

管上，顺水流方向应安装平衡阀、球阀等。在分水器的总进水管与集水器的总出水管之间，宜设置旁通管，旁通管上应设置阀门。分水器、集水器的顶部，应安装手动或自动排气阀。

4. 各组盘管与分（集）水器相连处，应安装球阀。分（集）水器安装示意图如图5-44所示。

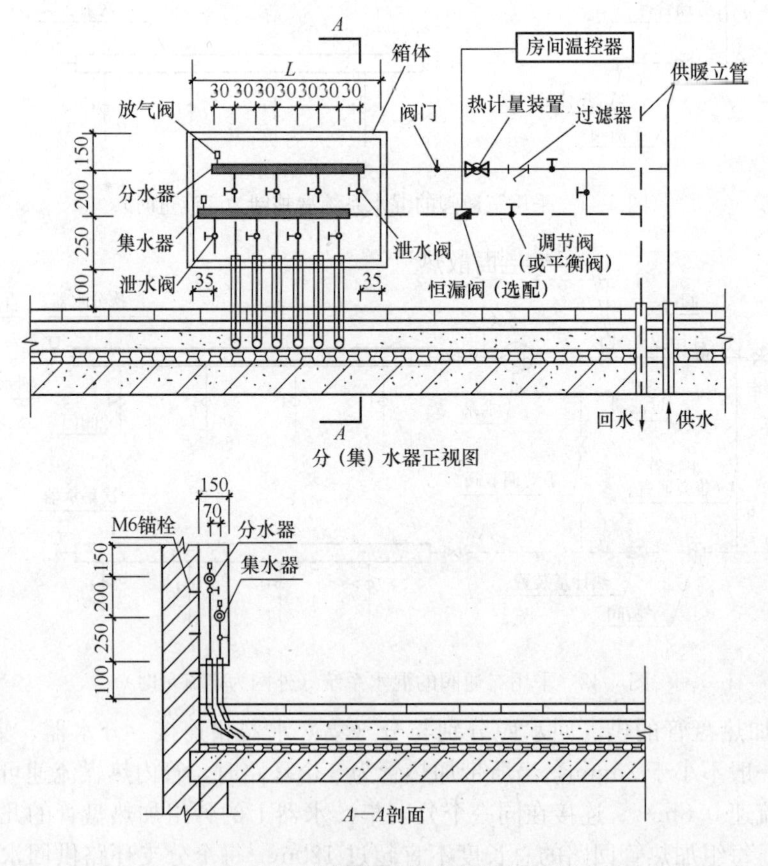

图5-44　分（集）水器安装示意图

5. 加热排管的布置，应根据保证地板表面温度均匀的原则而采用。宜将高温管段优先布置于外窗、外墙侧，使室内温度分布尽可能均匀。加热管的布置形式很多，通常有以下几种形式，如图 5-45 所示。

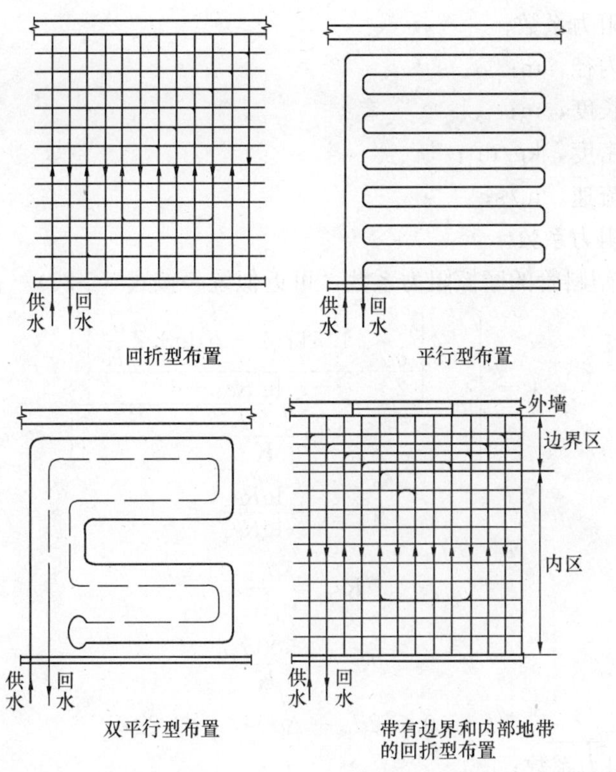

图 5-45 加热管布置形式

加热管的敷设间距，应根据地面散热量、室内设计温度、平均水温及地面传热热阻等通过计算确定。

为了使室内温度分布尽可能均匀，在邻近这些部位的区域如靠近外窗、外墙处，管间距可以适当缩小，一般在居住建筑中间距采用 100～200mm；而在其他区域则可以将管间距适当放大。不过为了使地面温度分布不会有过大的差异，人员长期停留区域的最大间距不宜超过 300mm。应该注意的是：最小间距要满足弯管施工条件，防止弯管挤扁。

5.3.7 低温热水地面辐射供暖系统加热盘管水力计算

盘管管路的阻力包括沿程阻力和局部阻力两部分。由于盘管管路的转弯半径比较大，局部阻力损失很小，可以忽略；因此盘管管路的阻力可以近似认为是管路的沿程阻力。

加热管压力损失可按式（5-17）～式（5-19）计算：

$$\Delta P = \Delta P_{\mathrm{m}} + \Delta P_{\mathrm{j}} \tag{5-17}$$

$$\Delta P_{\mathrm{m}} = \lambda \frac{l}{d} \frac{\rho v^2}{2} \tag{5-18}$$

$$\Delta P_{\mathrm{j}} = \xi \frac{\rho v^2}{2} \tag{5-19}$$

式中 P——加热管的压力损失，Pa；

P_m——摩擦压力损失，Pa；

P_j——局部压力损失，Pa；

λ——摩擦阻力系数；

d——管道内径，m；

l——管道长度，m；

ρ——水的密度，kg/m³；

υ——水的流速，m/s；

ξ——局部阻力系数。

铝塑复合管及塑料管的摩擦阻力系数，可近似统一按式（5-20）～式（5-24）计算：

$$\lambda = \left\{ \frac{0.5\left[\dfrac{b}{2} + \dfrac{1.312(2-b)\lg 3.7\dfrac{d_n}{K}}{\lg Re_s - 1}\right]}{\lg \dfrac{3.7d_n}{K}} \right\} \tag{5-20}$$

$$b = 1 + \frac{\lg Re_s}{\lg Re_s} \tag{5-21}$$

$$Re_s = \frac{d_n \nu}{\mu_1} \tag{5-22}$$

$$Re_z = \frac{500d_n}{K} \tag{5-23}$$

$$d_n = 0.5(2d_w + \Delta d_w - 4\delta - 2\Delta\delta) \tag{5-24}$$

式中 λ——摩擦阻力系数；

b——水的流动相似系数；

Re_s——实际雷诺数；

ν——水的流速，m/s；

μ_1——与温度有关的运动黏度，m²/s；

Re_z——阻力平方区的临界雷诺数；

K——管子的当量绝对粗糙度，m，对铝塑复合管和塑料管 $K=1\times10^{-5}$；

d_n——管内径，m；

d_w——管外径，m；

Δd_w——管外径允许误差，m；

δ——管壁厚，m；

$\Delta\delta$——管壁厚允许误差，m。

根据以上诸式，给定平均水温和流量，即可算出塑料管的水力计算表（表5-31）。表5-31中的比摩阻，是根据平均水温 $t=60$℃计算得出的；当水温不等于60℃时，应按式（5-25）进行修正：

$$R = R_{60} \times a \tag{5-25}$$

式中 R——设计温度和设计流量下的比摩阻，Pa/m；

R_{60}——在设计流量和热水平均温度等于60℃时，由表5-31查出的比摩阻，Pa/m；

a——比摩阻修正系数，见表5-32。

表 5-31 塑料管道的水力计算表（t=60℃）

比摩阻 R_{60} (Pa/m)	12×16 (mm)		16×20 (mm)		20×25 (mm)	
	流速 v (m/s)	流量 G (kg/h)	流速 v (m/s)	流量 G (kg/h)	流速 v (m/s)	流量 G (kg/h)
2.06	0.02	7.9	0.03	19.91	0.03	33.74
4.12	0.03	11.84	0.04	26.35	0.05	56.24
6.17	0.04	15.79	0.06	39.82	0.07	78.73
8.23	0.05	19.74	0.07	46.46	0.08	89.98
10.3	0.06	23.69	0.08	53.1	0.1	112.48
20.6	0.1	39.48	0.12	79.64	0.15	168.71
41.19	0.15	59.22	0.18	119.5	0.22	247.45
61.78	0.19	75.02	0.23	152.7	0.28	314.93
82.37	0.22	86.86	0.27	179.2	0.33	371.17
102.96	0.25	97.71	0.31	205.8	0.37	416.16
123.56	0.28	110.55	0.34	225.7	0.41	461.15
144.15	0.31	122.4	0.37	245.6	0.45	506.14
164.75	0.33	130.29	0.4	265.5	0.48	539.88
185.35	0.35	138.19	0.43	285.4	0.25	584.87
205.94	0.38	150.03	0.45	298.7	0.55	618.62
226.53	0.4	157.93	0.48	318.6	0.58	652.36
247.13	0.42	165.83	0.5	331.9	0.6	674.85
267.72	0.44	173.72	0.52	345.1	0.63	708.6
288.31	0.45	177.67	0.55	365	0.66	742.34
308.91	0.47	185.57	0.57	378.4	0.68	764.83
329.5	0.49	193.47	0.59	391.6	0.71	798.58
350.09	0.51	201.36	0.61	404.9	0.73	821.07
370.69	0.52	205.31	0.63	418.1	0.76	854.81

续表

比摩阻 R_{60} (Pa/m)	12×16 (mm)		16×20 (mm)		20×25 (mm)	
	流速 v (m/s)	流量 G (kg/h)	流速 v (m/s)	流量 G (kg/h)	流速 v (m/s)	流量 G (kg/h)
391.28	0.54	213.21	0.65	431.4	0.78	877.31
411.87	0.56	222.1	0.67	444.7	0.8	899.8
432.47	0.57	225.05	0.69	458	0.82	922.3
453.06	0.59	232.95	0.7	464.6	0.84	944.79
473.66	0.6	236.9	0.72	477.9	0.87	978.54
494.26	0.61	240.84	0.74	491.1	0.89	1001.03
514.85	0.63	248.74	0.75	497.8	0.91	1023.53
535.44	0.64	252.69	0.77	511.1	0.93	1046.02
556.04	0.66	260.59	0.79	524.3	0.94	1057.27
576.63	0.67	264.53	0.8	531	0.96	1079.76
597.22	0.68	268.48	0.82	544.2	0.98	1102.96
617.82	0.7	276.38	0.83	550.9	1	1124.76
638.41	0.71	280.33	0.85	564.2	1.02	1147.25
659	0.72	284.28	0.86	570.8	1.04	1169.75
679.6	0.73	288.22	0.88	584.1	1.05	1180.99
700.19	0.75	296.12	0.89	590.7	1.07	1203.49
720.79	0.76	300.07	0.91	604	1.09	1225.98
741.38	0.77	304.02	0.92	610.6	1.11	1248.48
761.97	0.78	307.97	0.94	623.9	1.12	1259.73
782.58	0.79	311.91	0.95	630.5	1.14	1282.22
803.17	0.8	315.86	0.96	637.2	1.15	1293.47
823.77	0.82	323.76	0.97	650.4	1.17	1315.96
844.36	0.83	327.71	0.99	657.1	1.19	1338.46

续表

比摩阻 R_{60} (Pa/m)	12×16 (mm)		16×20 (mm)		20×25 (mm)	
	流速 v (m/s)	流量 G (kg/h)	流速 v (m/s)	流量 G (kg/h)	流速 v (m/s)	流量 G (kg/h)
871.25	0.84	331.65	1	663.7	1.2	1349.71
885.55	0.85	335.6	1.02	677	1.22	1372.2
906.14	0.86	339.55	1.03	683.6	1.23	1383.45
926.73	0.87	343.5	1.04	690.3	1.25	1405.94
947.33	0.88	347.45	1.06	703.5	1.26	1417.19
967.92	0.89	351.4	1.07	710.2	1.28	1439.69
988.51	0.9	355.34	1.08	716.8	1.29	1450.93
1009.11	0.91	359.29	1.09	723.4	1.31	1473.43
1029.7	0.92	363.24	1.1	730.1	1.32	1484.68
1070.9	0.94	371.14	1.13	750	1.35	1518.42
1112.08	0.96	379.03	1.15	763.3	1.38	1552.16
1153.27	0.98	386.93	1.17	776.5	1.41	1585.9
1194.46	1	394.83	1.2	796.4	1.43	1608.4
1235.64	1.02	402.72	1.22	809.7	1.46	1642.14
1276.83	1.04	410.62	1.24	823	1.48	1664.64
1318.02	1.06	418.52	1.26	836.3	1.51	1698.38
1359.2	1.08	426.41	1.28	849.5	1.54	1732.12
1440.4	1.09	430.36	1.31	869.5	1.56	1754.62
1441.59	1.11	438.26	1.33	882.7	1.59	1788.36
1482.77	1.13	446.15	1.35	896	1.61	1810.86
1523.96	1.14	450.1	1.37	909.3	1.63	1833.35
1565.15	1.16	458	1.39	922.6	1.66	1867.09
1606.33	1.18	465.9	1.41	935.8	1.68	1889.59

续表

比摩阻 R_{60} (Pa/m)	12×16（mm）		16×20（mm）		20×25（mm）	
	流速 v (m/s)	流量 G (kg/h)	流速 v (m/s)	流量 G (kg/h)	流速 v (m/s)	流量 G (kg/h)
1467.52	1.19	469.84	1.43	949.1	1.7	1912.08
1680.32	1.21	477.74	1.45	962.4	1.73	1945.83
1729.90	1.23	485.64	1.46	969.00	1.75	1968.32
1771.09	1.24	489.59	1.48	982.28	1.77	1990.82

表 5-32　比摩阻的修正系数

供、回水平均温度（℃）	60	55	50	45	40
修正系数 a	1.00	1.015	1.03	1.045	1.06

考虑到分（集）水器和阀门等的局部阻力，盘管管路的总阻力可在沿程阻力的基础上附加 10%～20%。一般盘管管路的阻力，不宜超过 30kPa。

塑料管及铝塑复合管水力计算表见有关标准的内容，局部阻力系数见表 5-33。

表 5-33　局部阻力系数（ξ）值

管路附件	曲率半径≥$5d_0$（mm/mm）的 90°弯头	直流三通	旁流三通	合流三通	分流三通	直流四通
ξ值	0.3～0.5	0.5	1.5	1.5	3.0	2.0
管路附件	分流四通	乙字弯	括弯	突然扩大	突然缩小	压紧螺母连接件
ξ值	3.0	0.5	1.0	1.0	0.5	1.5

5.3.8　地面辐射供暖系统设计中有关技术措施

1. 建筑物地面敷设加热管时，供暖热负荷中不计算地面的热损失。

2. 地面辐射供暖的有效散热量应计算确定，并应计算室内设备、家具及地面覆盖物等对有效散热量的折减。

3. 地面辐射供暖的加热管及其覆盖层与外墙、楼板结构层间应设绝热层。

注：当使用条件允许楼板双向传热时，覆盖层与楼板结构层间可不设绝热层。

4. 低温热水地面辐射供暖系统敷设加热管的覆盖层厚度不宜小于 50mm。覆盖层应设伸缩缝，伸缩缝的位置、距离及宽度，应会同有关专业计算确定，加热管穿过伸缩缝时，宜设长度不小于 100mm 的柔性套管。

5. 低温热水地面辐射供暖系统的阻力应计算确定。加热管内水的流速不应小于 0.25m/s，同一集配装置的每个环路加热管长度应尽量接近，每个环路的阻力不宜超过 30kPa。系统配件应采用耐腐蚀材料。

6. 低温热水地面辐射供暖系统的工作压力不应大于 0.8MPa；当超过上述压力时，应采取相应的措施；当建筑物高度超过 50m 时，宜竖向分区设置。

7. 低温热水地面辐射供暖绝热层敷设在土壤上时，绝热层下应做防潮层。在潮湿房间（如卫生间、厨房等）敷设地板辐射供暖系统时，加热管覆盖层上应做防水层。

8. 低温热水地面辐射供暖加热管的材质和壁厚的选择，应按工程要求的使用寿命、累计使用时间以及系统的运行水温、工作压力等条件确定。

9. 其他技术措施应执行《辐射供暖供冷技术规程》（JGJ 142—2012）的规定。

5.3.9 住宅建筑内地面辐射供暖系统设计

采用集中热源住宅建筑，楼内供暖系统设计应符合下列要求：

1. 应采用共用立管的分户独立系统形式。

2. 同一对立管宜连接负荷相近的户内系统。

3. 一对共用立管在每层连接的户数不宜超过 3 户，共用立管连接的户内系统总数不宜多于 40 个。

4. 共用立管接向户内系统的供、回水管应分别设置关断阀，关断阀应具有调节功能，宜根据户内系统的控制方式采用相对应的平衡控制装置。

5. 共用立管和分户关断调节阀门，应设置在户外公共空间的管道井或小室内。

6. 每户的一次分水器、集水器，以及必要时设置的热交换器或混水装置等入户装置宜设置在户内，并远离卧室等主要功能房间。

5.3.10 地面辐射供暖系统施工安装

1. 加热盘管的敷设，宜在环境温度高于 5℃的条件下进行。施工过程中，应防止油漆、沥青或其他化学溶剂接触管道。

2. 加热盘管出地面与分（集）水器相连接的管段，穿过地面构造层部分外部应加装硬质套管。

3. 在混凝土填充层内不得有接头。

4. 盘管应要加固定，固定点之间的距离为：直管段≤1000mm，宜为 500～700mm；弯曲段部分不大于 350mm，宜为 200～300mm。

5. 细石混凝土填充层的混凝土强度等级，不宜低于 C15，浇捣时应掺入适量防止混凝上龟裂的添加剂，细石的粒径不应大于 12mm。

6. 细石混凝土填充层应采取膨胀补偿措施：地板面积超过 30㎡或地面长边超过 6m 时，每隔 5～6m 填充层应留 5～10mm 宽的伸缩缝；盘管穿越伸缩缝处，应设长度为 100mm 的柔性套管；填充层与墙、柱等的交接处，应留 5～10mm 宽的伸缩缝；伸缩缝内，应填充弹性膨胀材料。

7. 细石混凝土的浇捣，必须在加热盘管试压合格后进行，浇捣混凝土时，加热盘管内应保持不低于 0.4MPa 的压力，待大于 48h 养护期满后方能卸压。

8. 隔热材料应符合：导热系数不应大于 0.05W/(m·K)；抗压强度不应小于 100kPa；吸水率不应大于 6%；氧指数不应小于 32%。当采用聚苯乙烯泡沫塑料板作为隔热层时，其密度不应小于 20kg/m　。

9. 地面辐射供暖系统的调试与试运行，应在施工完毕且混凝土填充层养护期满后，正式供暖运行前进行。初始加热时，热水升温应平缓，供水温度应控制在比当时环境温度高 10℃左右，且不应高于 32℃；并应连续运行 48h；以后每隔 24h 水温升高 3℃，直至达到设计供水温度。在此温度下应对每组分水器、集水器连接的加热管逐路进行调节，直至达到设计要求。

10. 其他施工安装要求应执行《辐射供暖供冷技术规程》(JGJ 142—2012)的规定。

5.3.11 低温热水辐射采暖系统实例

1. 工程概况

本工程是大同市某中学周边住宅安置区工程的5号子项的7号，9号，11号住宅楼，每栋住宅楼总建筑面积为23938m²，建筑高度为：78.3m。本工程地上住宅共26层，面积为23056m²，地下一层为自行车库，面积为882m²。

2. 设计依据（略）

3. 设计范围

本子项的设计范围为工程红线内建筑物的冬季采暖系统设计。

4. 设计及计算参数

室外设计参数（大同地区，属严寒地区，参数略）。

室内设计参数（表5-34）。

表5-34 室内设计参数

房间名称	冬季
	温度（℃）
卧式、起居室、餐厅	18
卫生间	18
厨房	16

注：卫生间设计成分段升温模式，平时保持18℃，洗浴时，可借助辅助加热设备（如浴霸）升温至25℃。

5. 热负荷（表5-35）

表5-35 热负荷统计表

参数	建筑面积	采暖负荷	采暖热指标
	m²	kW	W/m²
总计	23938	937	40.6

6. 热源

本子项采用小区集中换热站提供的热水连续供暖，供回水温度50℃/40℃。

7. 供暖系统设计

本工程住宅部分供暖系统均采用共用立管的分户独立系统形式。系统竖向为异程式，供回水立管设于公共管井内，立管顶端设自动排气装置，回水立管设平衡阀，立管通过分（集）水器与户内系统连接。管井内水平入户供水管上设过滤器及热量表，入户供回水管设锁闭阀。户内系统均为低温热水地面辐射供暖，每户设分（集）水器一个，地面垫层内PB型铝塑管允许工作压力为0.8MPa，壁厚2.3mm，外径20mm。非埋地管道均采用热镀锌钢管，螺纹或法兰连接。

8. 系统图（图5-46）

9. 平面图（图5-47～图5-53）

图 例

图例	名称	备注
	水路自动排气阀	
	压力表	
	温度计	
	管端封头	
	管道固定支架	
	泄水丝堵 泄水阀	
	波纹管补偿器	
	水路平衡阀(手动)	
	截止阀系统图用(小口径)	
R	热表	
	锁闭阀	
	水过滤器	箭头方向为水流方向
n	采暖立管号	n立管号
i=	管道坡度及坡向	
—NH—	高区采暖供水管	
—NH- - -	高区采暖回水管	
—NL—	低区采暖供水管	
—NL- - -	低区采暖回水管	
	集分水器	

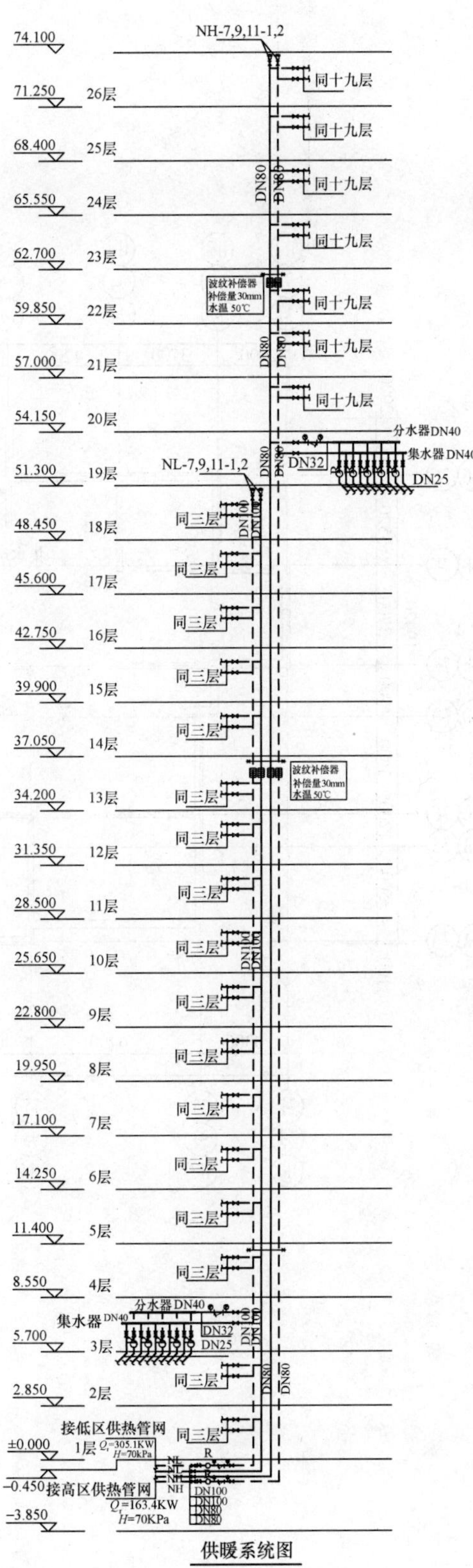

图 5-46 供暖系统图

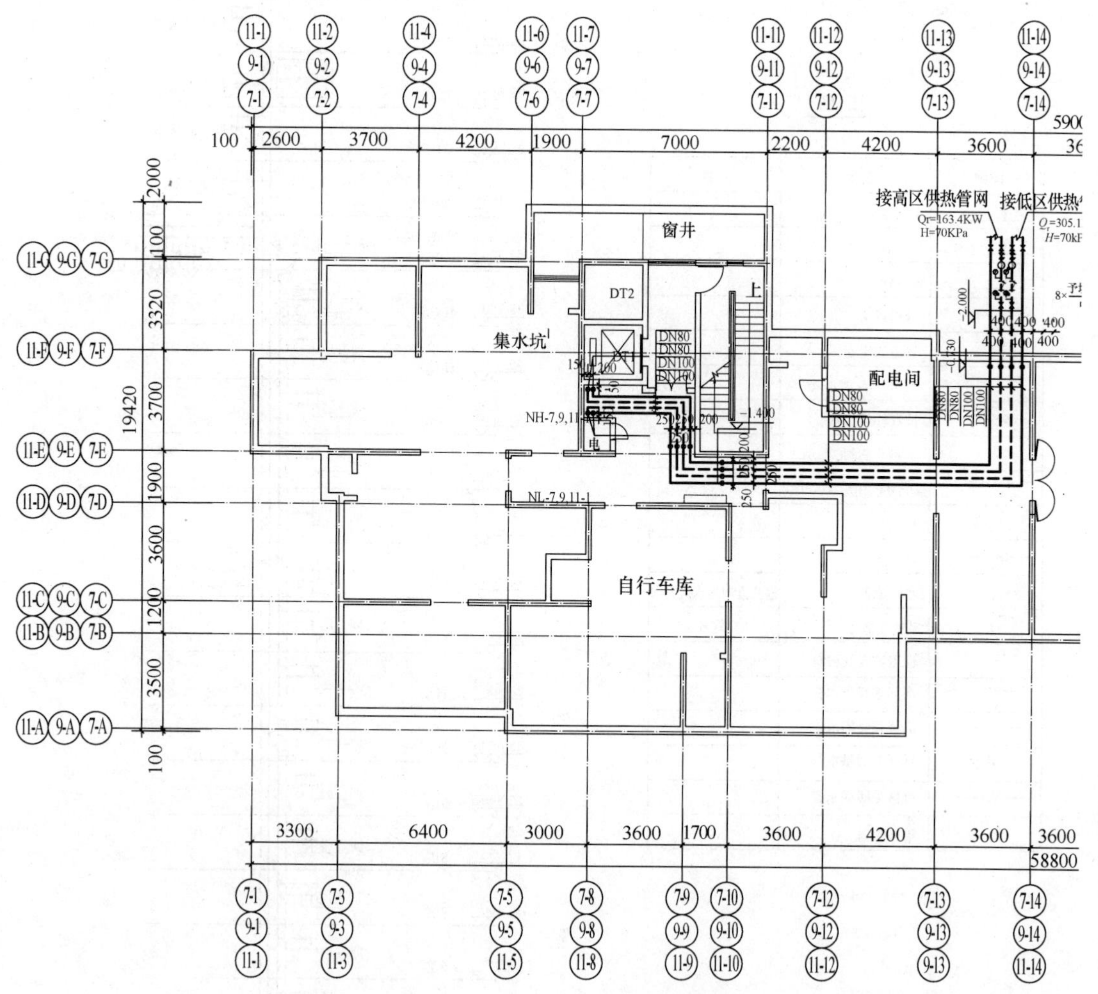

图 5-47 7、9、11号

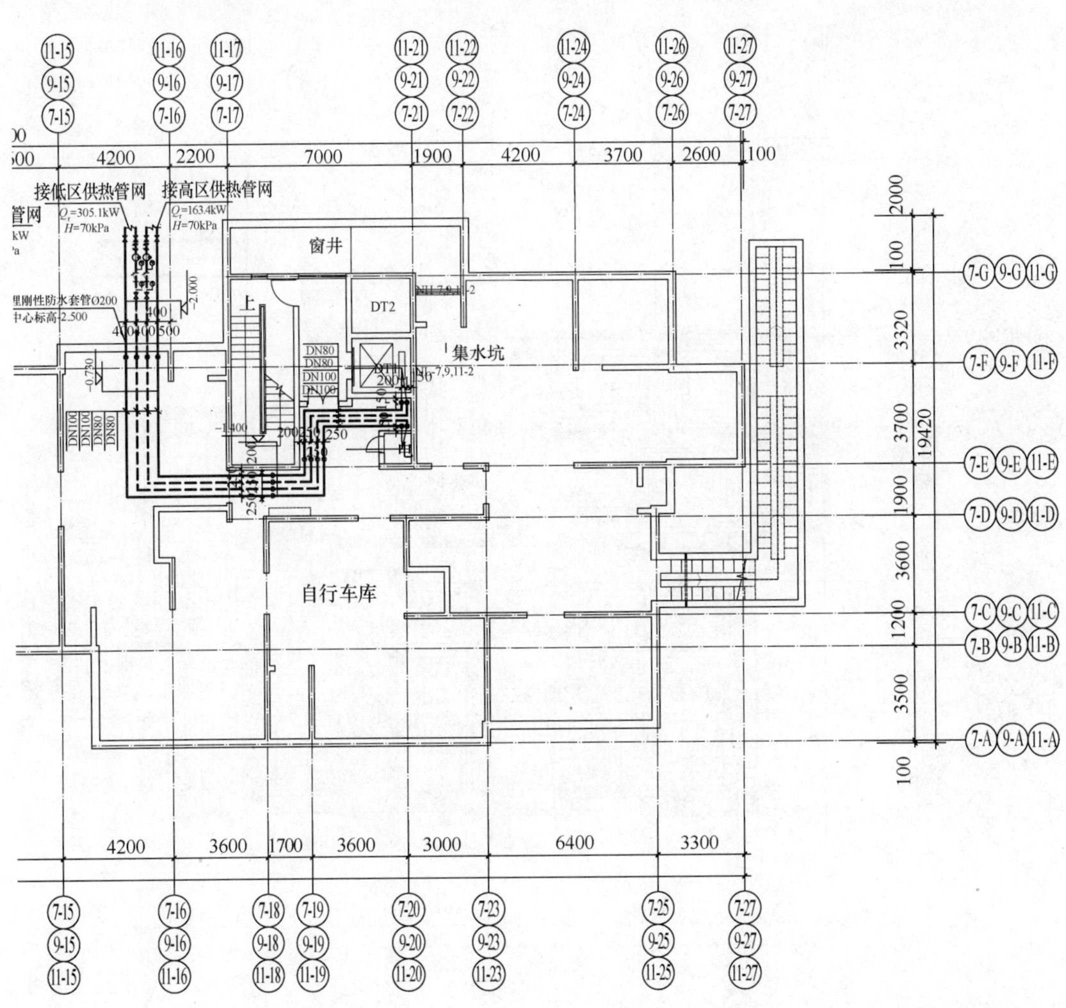

住宅地下层供暖平面图

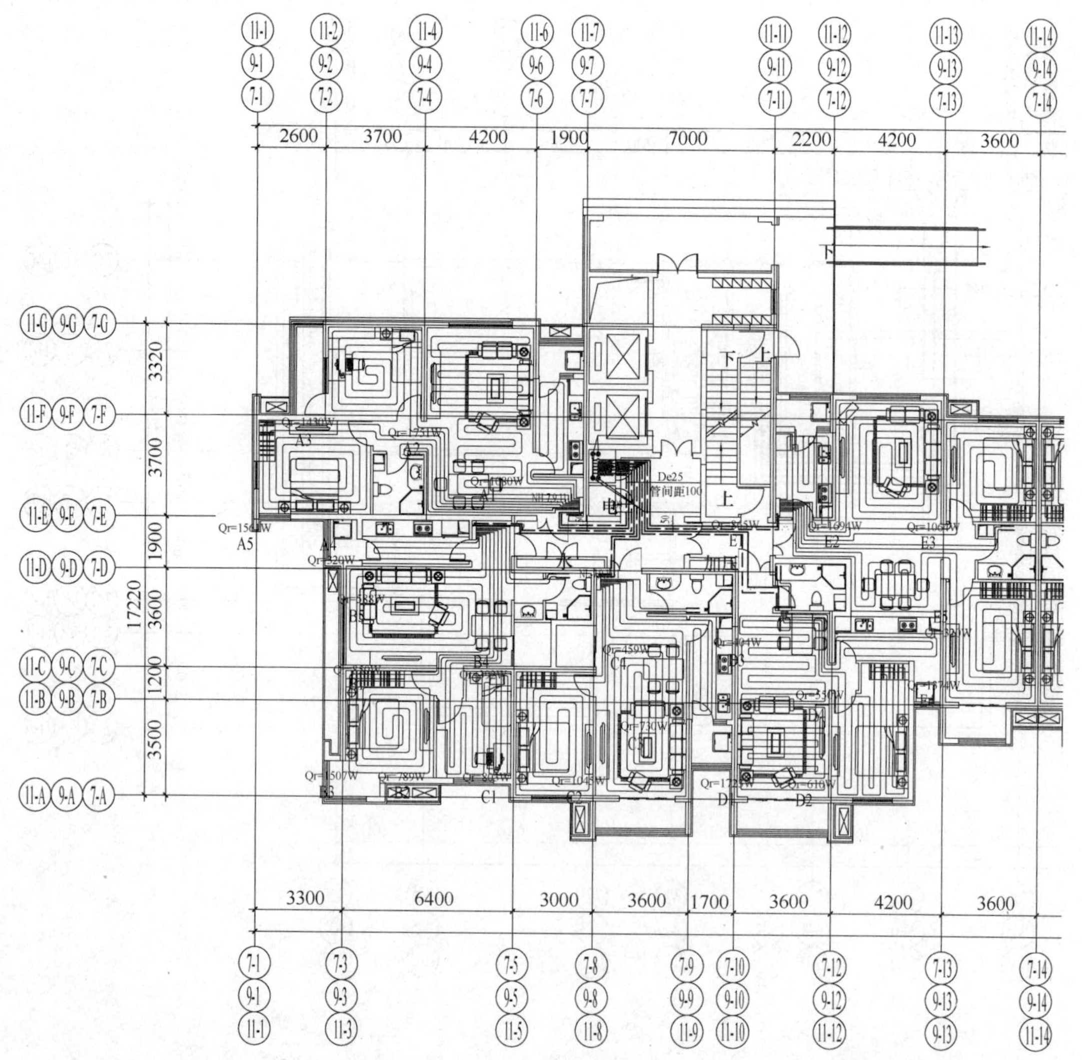

图 5-48　7、9、11 号

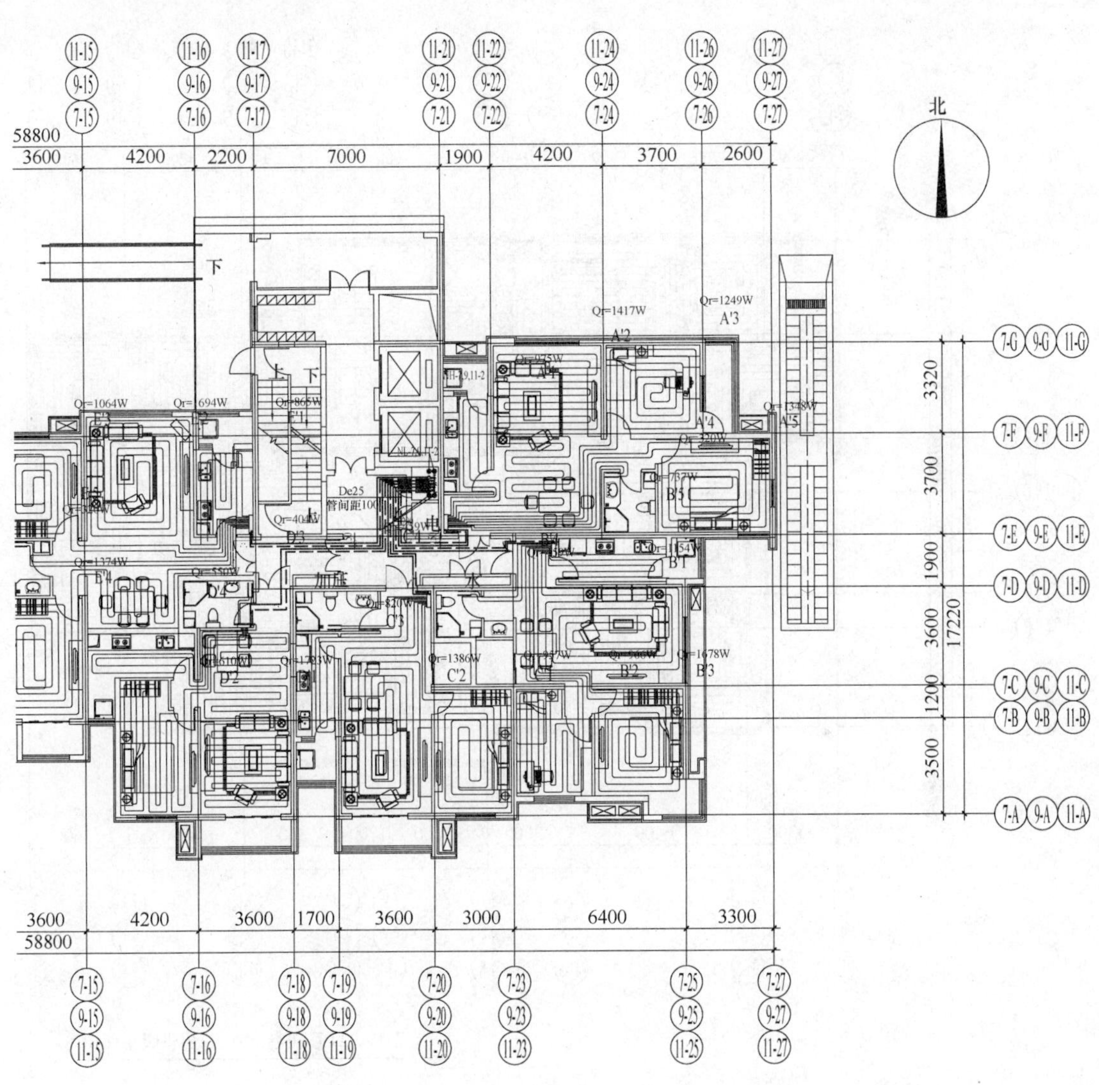

住宅首层供暖平面图

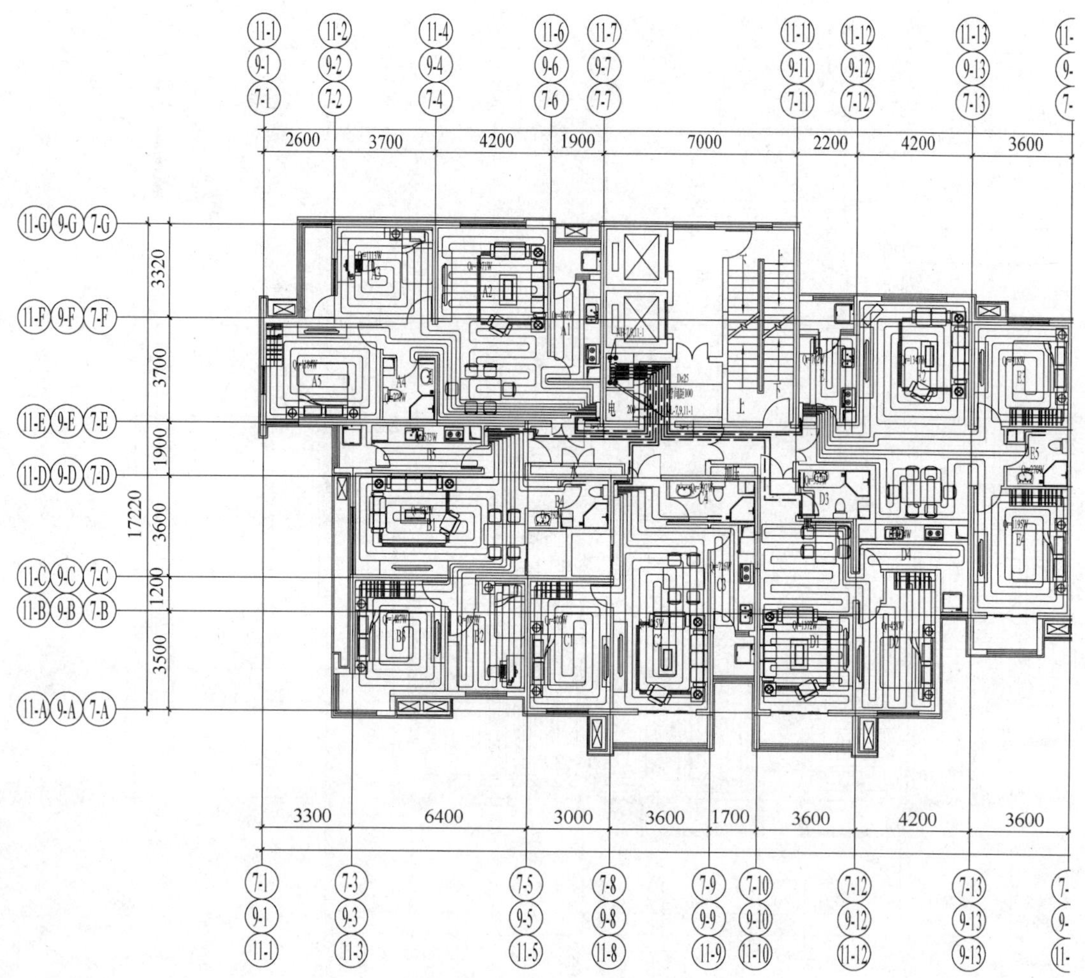

图5-49 7、9、11号住宅二～

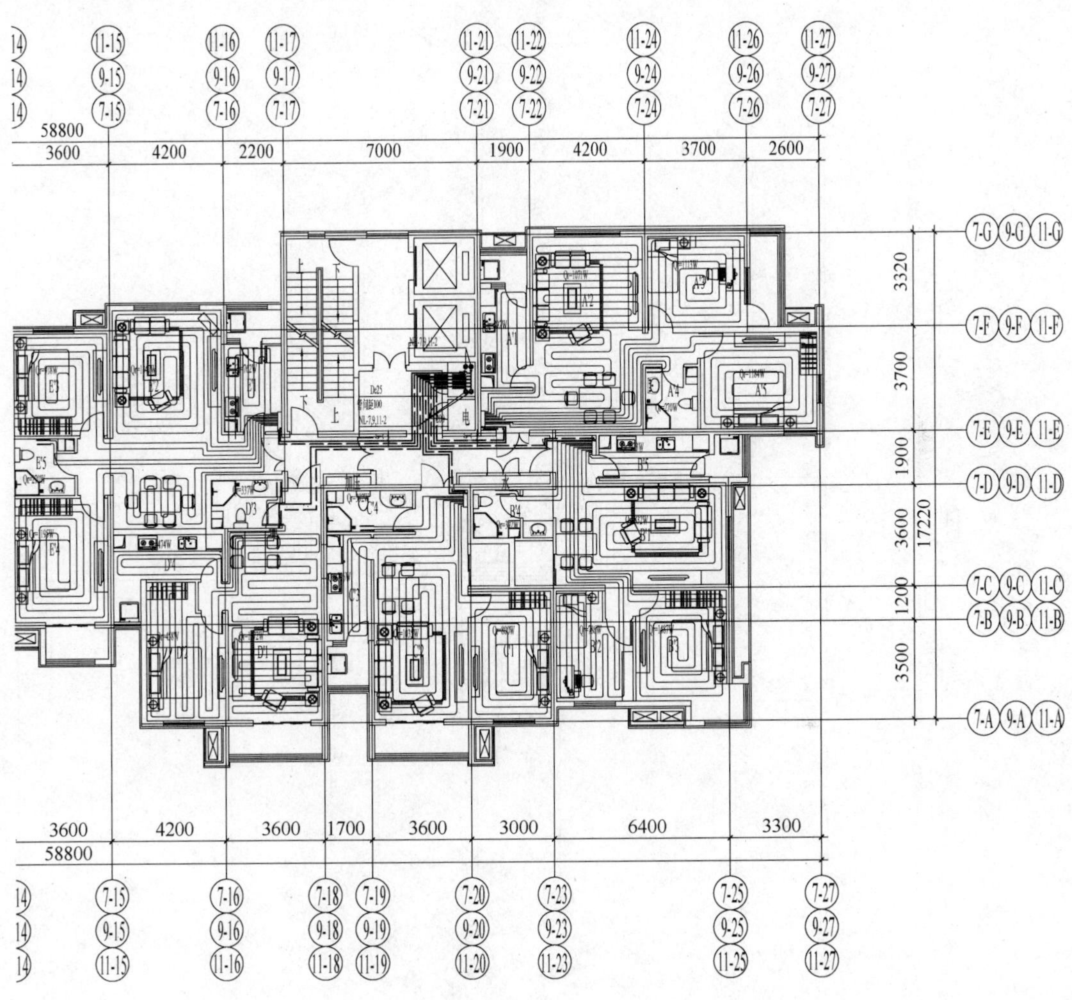

十八层供暖平面图

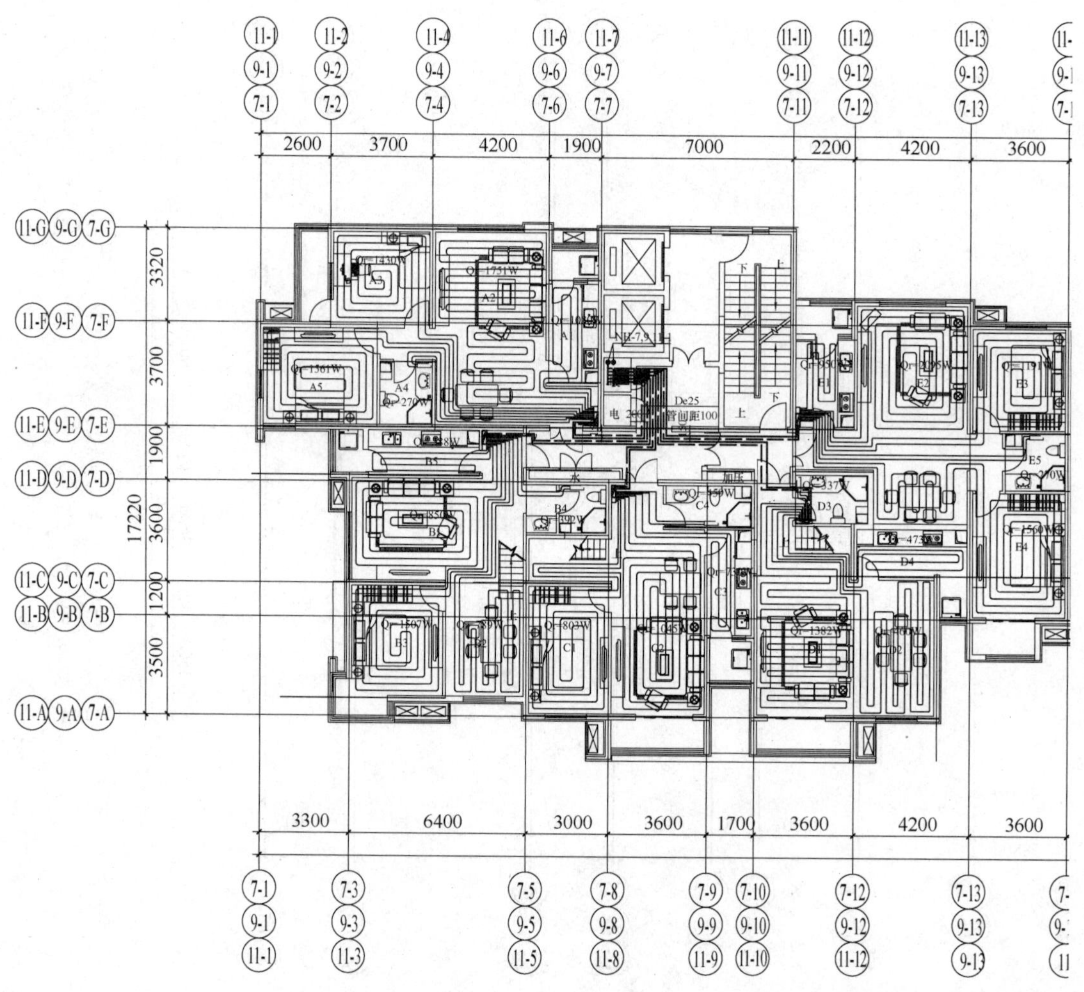

7,9,11号住宅二十六层供暖平面图

图 5-50　7、9、11 号住宅

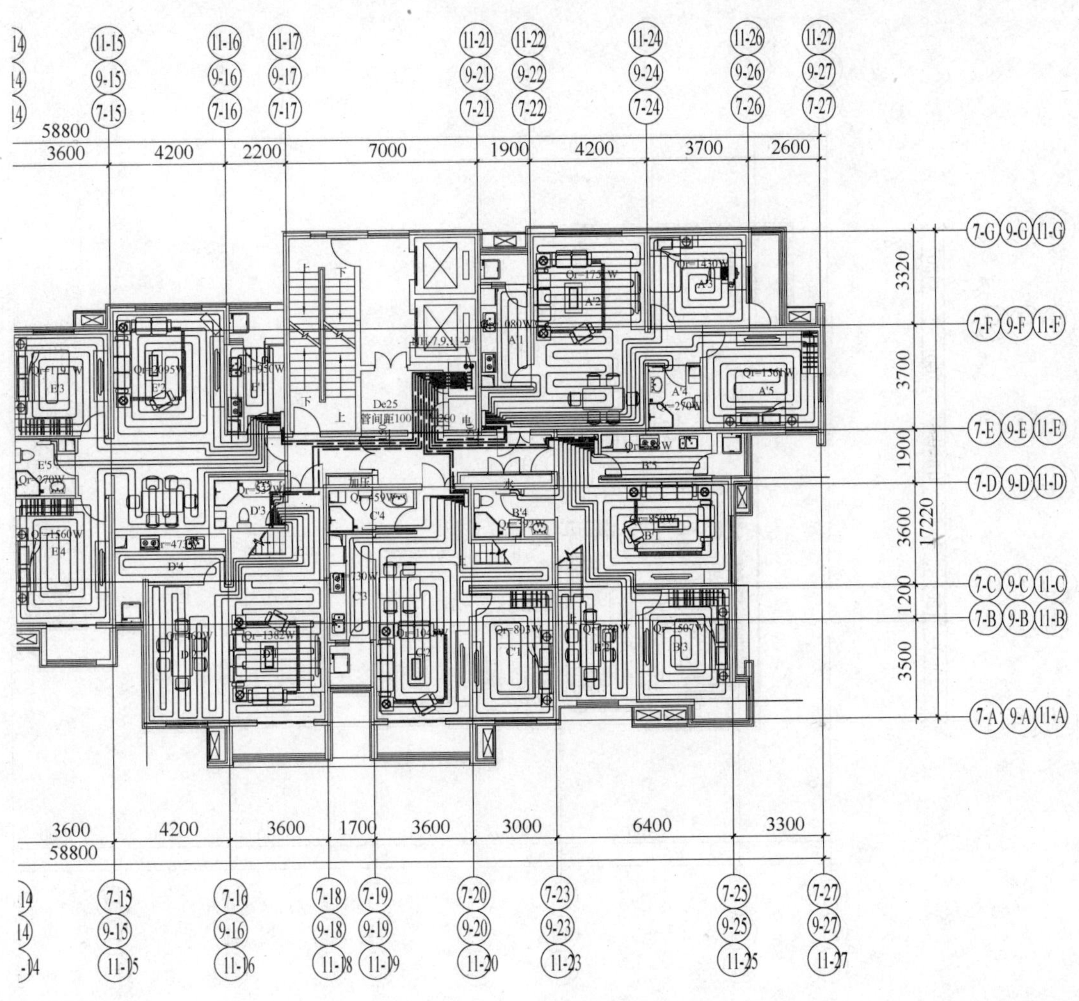

二十六层供暖平面图

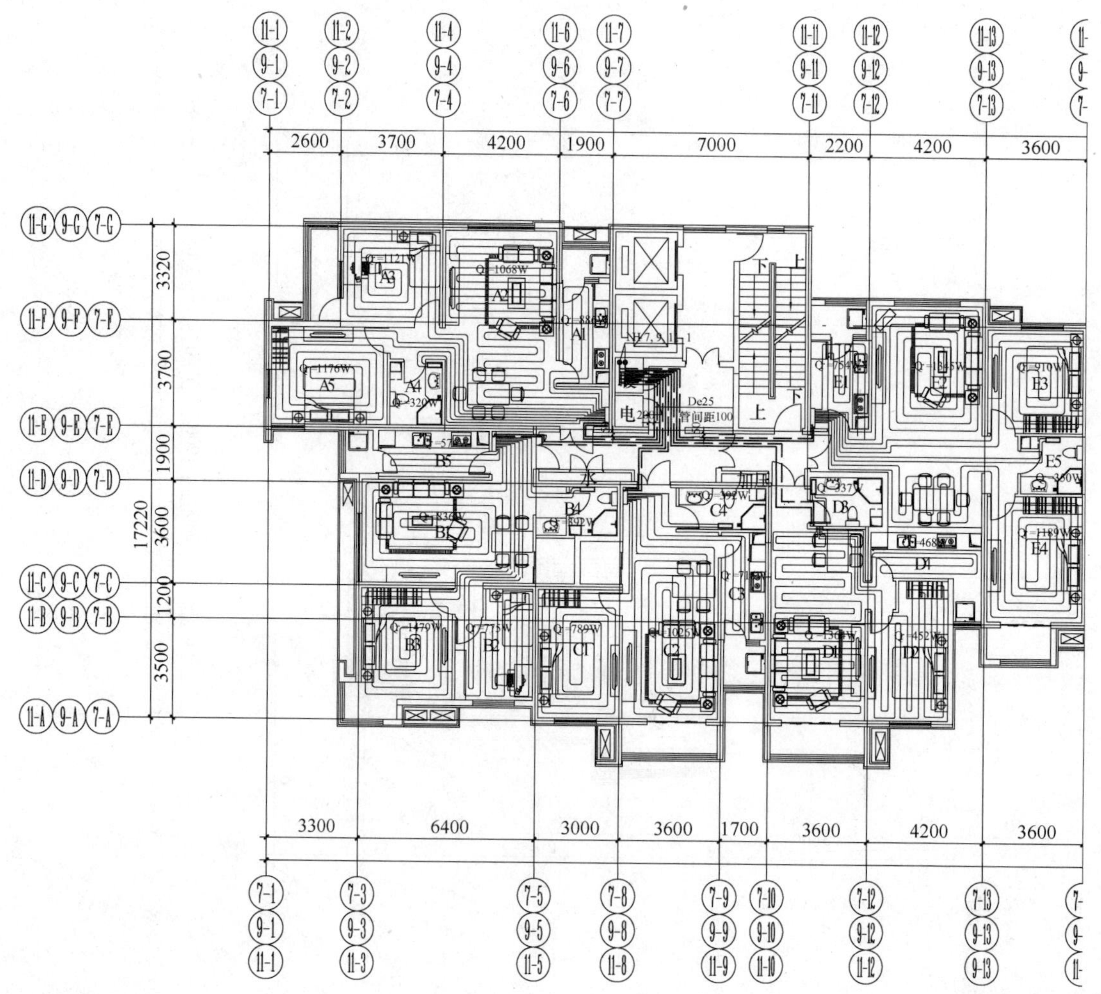

图5-51 7、9、11号住宅十九～

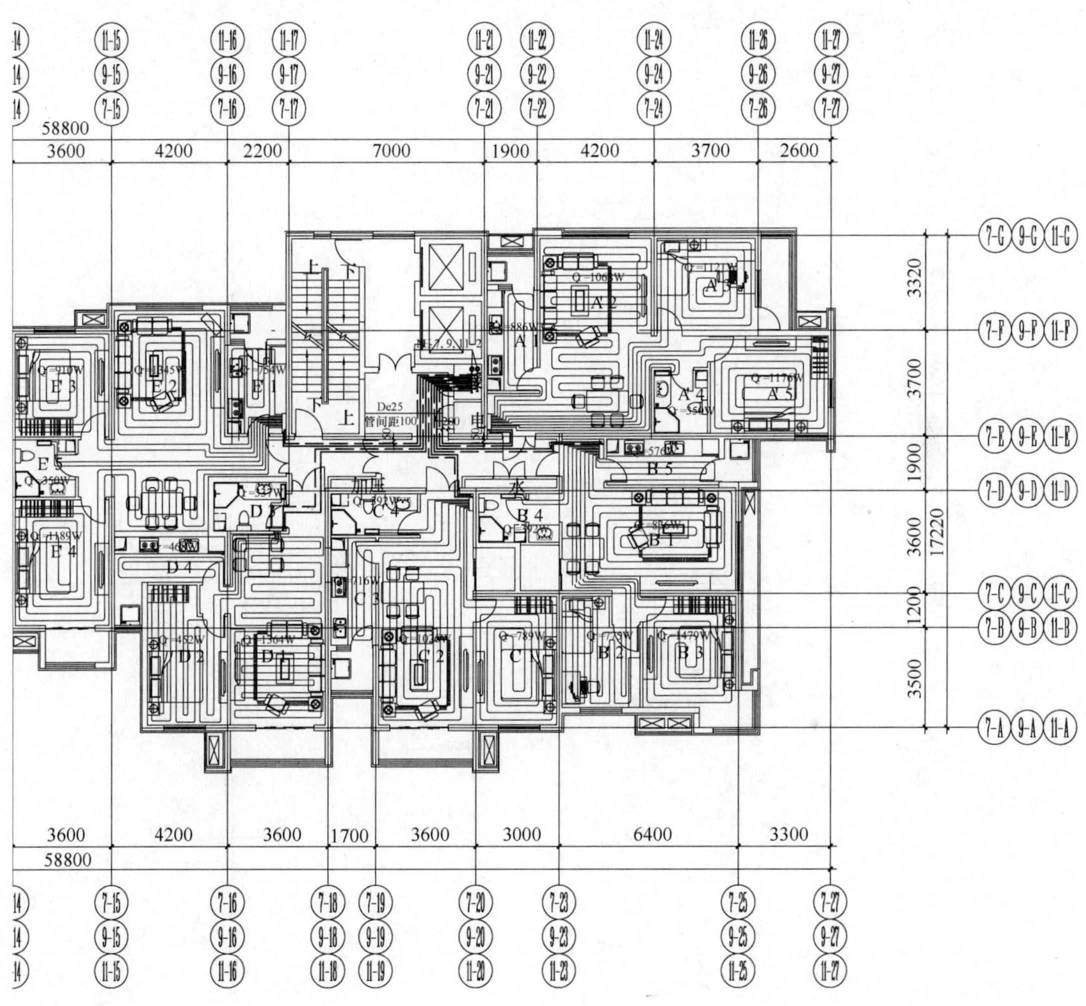
58800
3600
4200
2200
7000
1900
4200
3700
2600
3320
3700
1900
3600
1200
3500
17220
E 3
E 2
E 1
E 5
E 4
D 3
D 4
D 2
D 1
C 4
C 3
C 2
C 1
B 5
B 4
B 1
B 2
B 3
A 1
A 2
A 3
A 4
A 5
De25
管间距100
加压
水
电
上
下
3600
4200
3600
1700
3600
3000
6400
3300
58800

二十五层供暖平面图

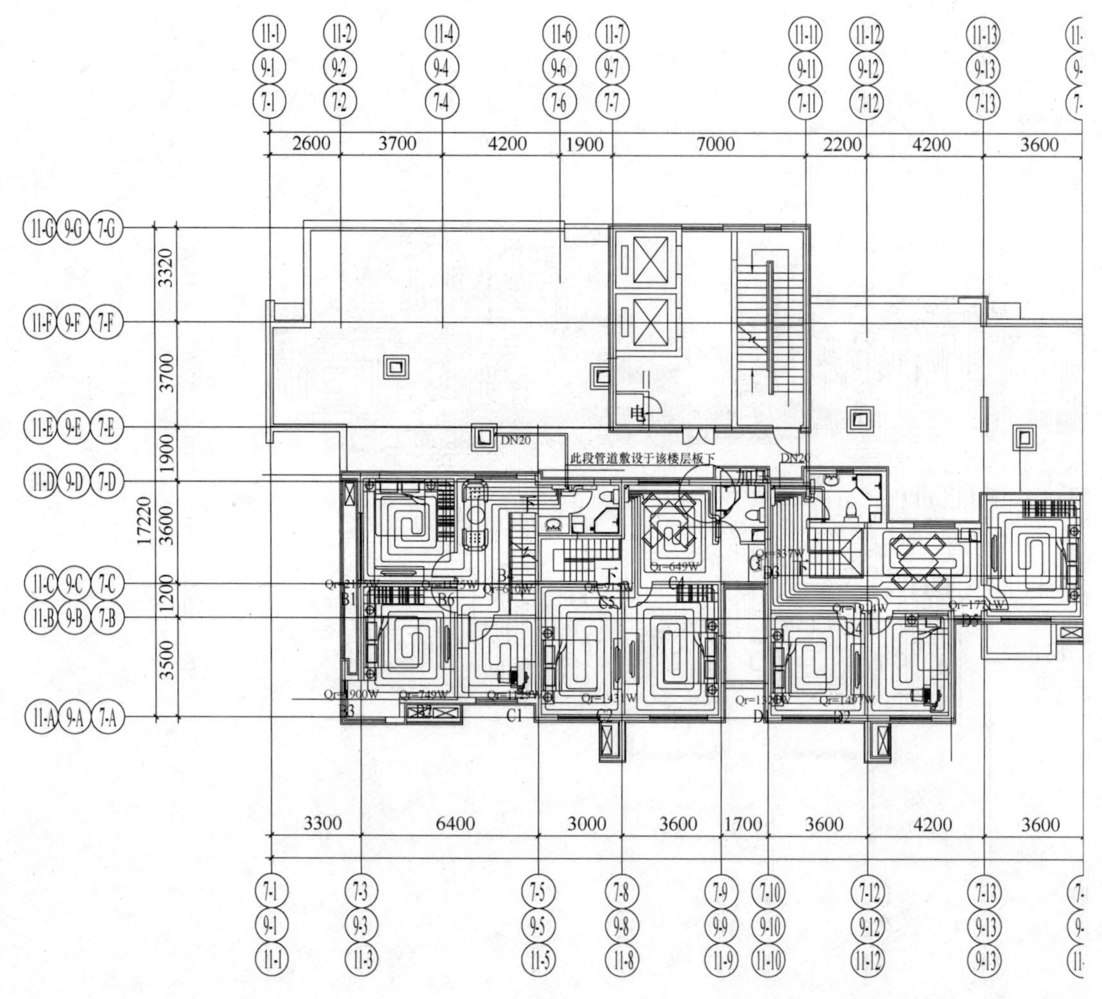

图 5-52 7、9、11 号住

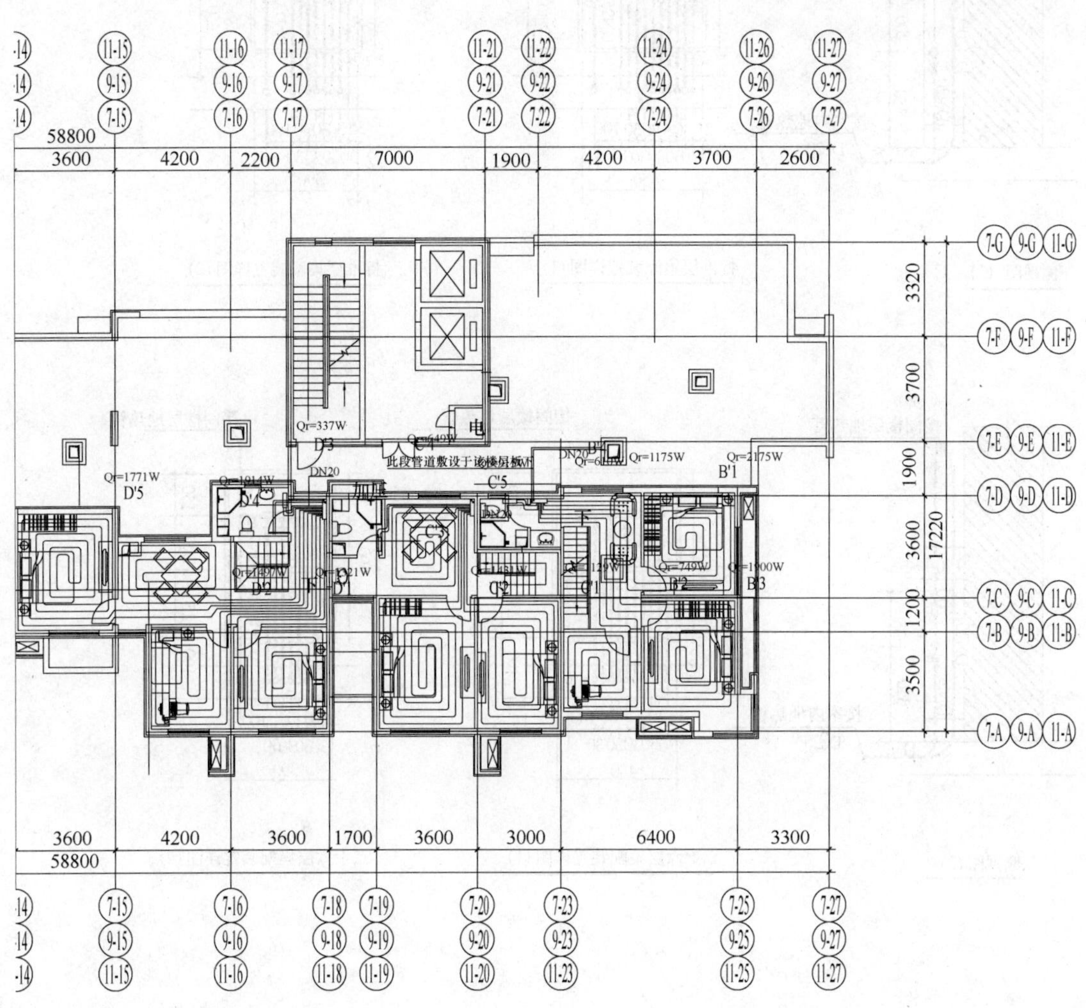

宅跃层供暖平面图

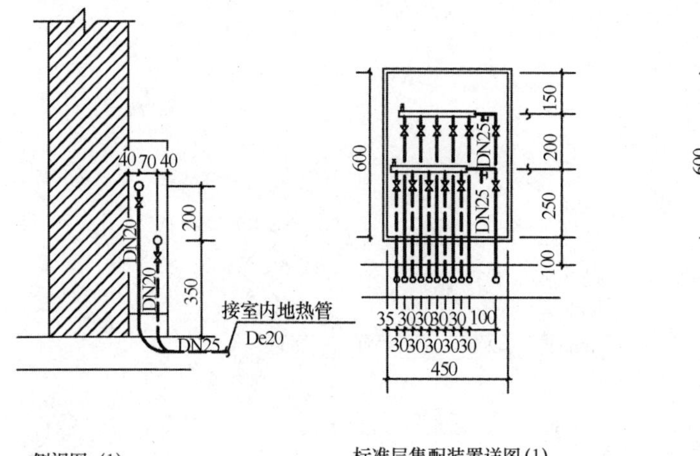

侧视图（1）

标准层集配装置详图 (1)

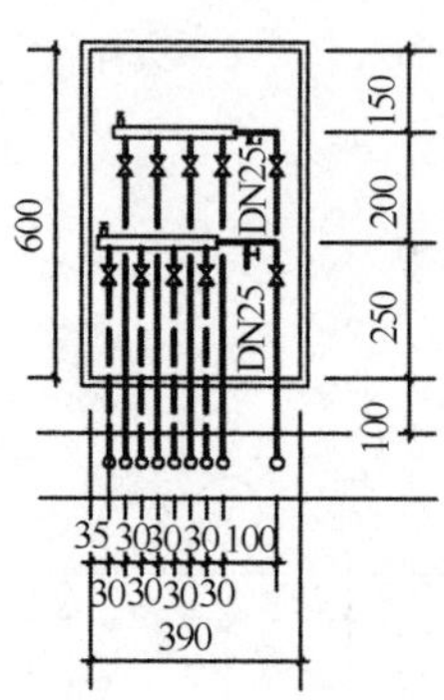

标准层集配装置详图 (2)

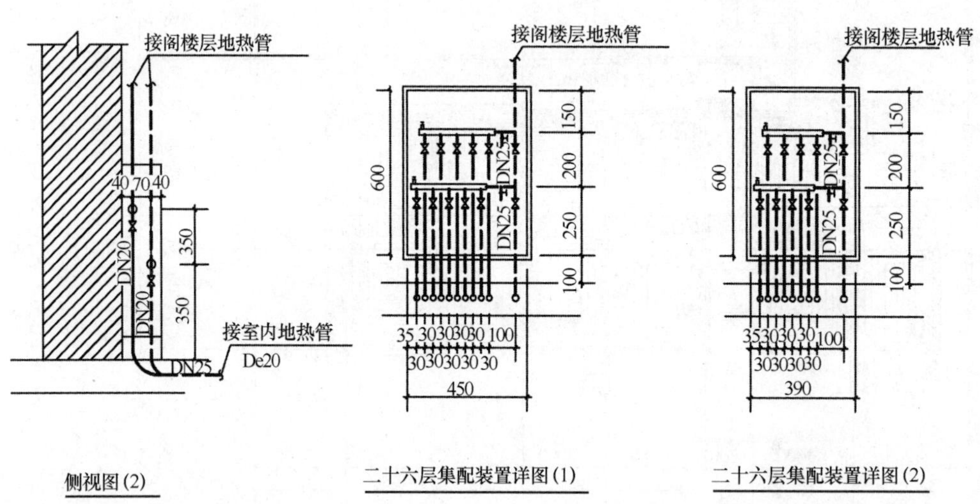

侧视图 (2)

二十六层集配装置详图 (1)

二十六层集配装置详图 (2)

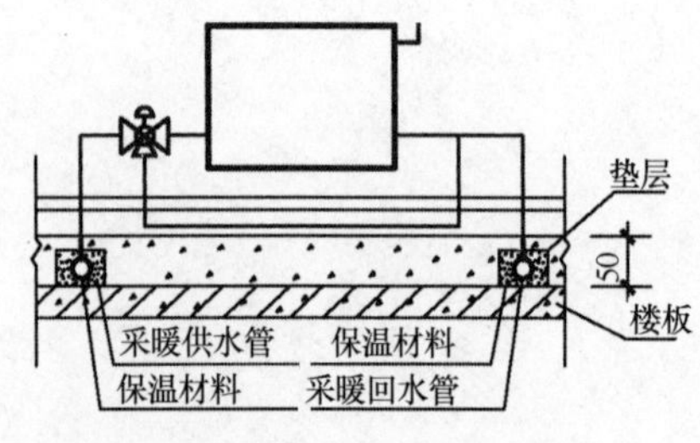

散热器接管示意图（一）

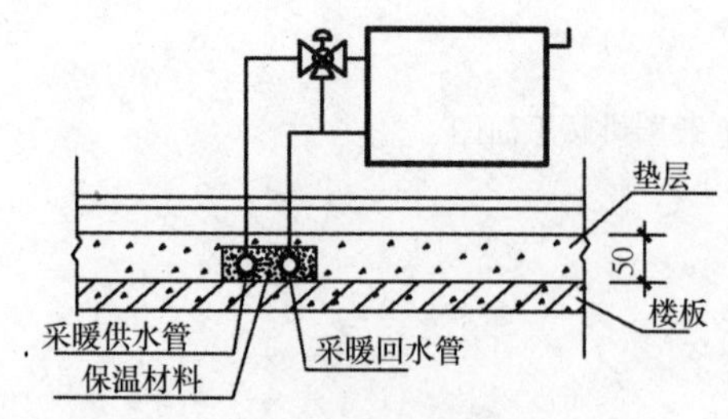

散热器接管示意图（二）

图 5-53

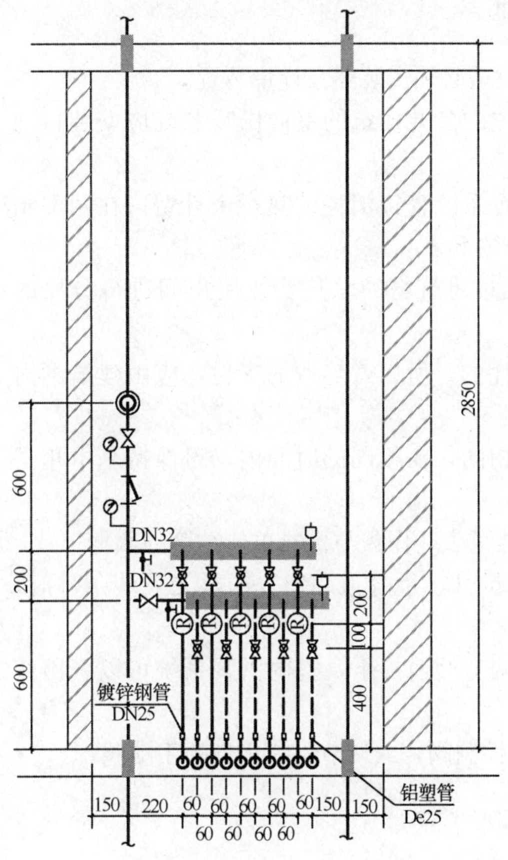

A–A剖面图

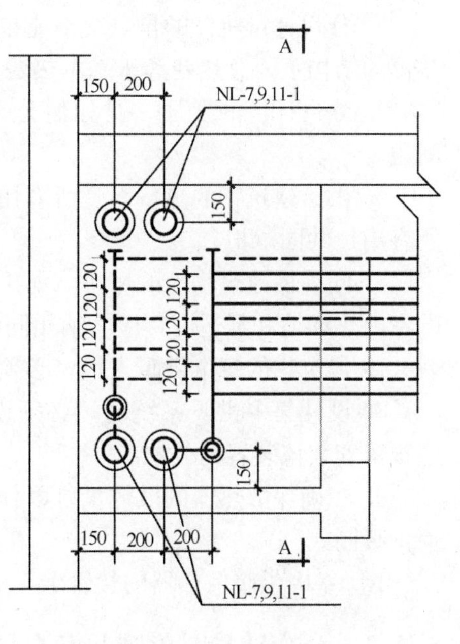

管井平面详图

详图

5.4 分户热计量

5.4.1 分户计量供暖系统的基本设计原则

1. 集中供热的新建建筑和既有建筑的节能改造必须安装热量计量装置。

2. 新建建筑和改扩建的居住或以散热器为主的公共建筑的室内供暖系统应安装自动温度控制阀进行室温调控。

3. 分户计量所计的量，决不能单一地按供暖系统直接消耗的热量来计费；在两部制热价的结构下，总热费等于基本热费与热量热费之和。

4. 分户计量的实质，是如何公平、合理地对建筑物的总热费在用户间进行分摊的问题。

5. 供给建筑物的热量，是所有用户共同消耗的，所以，热费的支付，应由建筑物内所有用户共同承担。

6. 同一栋建筑物内的用户，如果供暖面积相同，在相同的时间内，若保持基本相同的室内热环境和舒适度，应缴纳相同的热费。

7. 建筑物的每个供暖入口，必须设置楼前热量表，作为与供热单位结算的依据。

8. 设计集中供暖系统时，必须设置分户计量（热量分摊）装置；暂无安装条件时，应预留安装该装置的位置。

9. 在确保散热器的散热量可以任意设定和调节的前提下，室内供暖系统可以采用任何供暖制式。

10. 室内供暖散热器的接管上，应设置恒温控制阀，或调节性能优良的手动阀。

5.4.2 分户计量时供暖热负荷的确定

实行分户计量的建筑，供暖热负荷的确定方法与常规系统并无原则上的区别。供暖热负荷计算和室内外设计参数应符合现行国家标准《民用建筑供暖通风与空气调节设计规范》(GB 50736—2012) 的相关规定，以下对不同点加以说明。

1. 室外设计参数以及设计负荷附加

同一热源系统的各栋建筑，进行供暖负荷计算时，室外供暖设计温度应采用同一标准。

实施分户热计量的住宅，应按集中热源为连续供暖的条件计算供暖负荷。除燃煤锅炉房外，不应考虑热源状况附加系数。

2. 室内设计温度参数

实行分户热计量新建住宅的卧室、起居室（厅）等主要居住空间和卫生间的室内计算温度，宜按相应的设计标准提高2℃，但最高不得超过24℃。

3. 户间传热附加负荷

实施分户热计量的住宅，应计算因各户室温差异而形成的户间传热附加负荷，并应符合下列规定：

(1) 对于相邻房间温差大于或等于5℃，应计算通过隔墙或楼板的传热量。

(2) 户间传热对供暖负荷的附加量不应超过50%。

(3) 户间传热量仅作为确定户内供暖设备容量和计算户内管道的依据，不应计入户外共用立管和干管热负荷和建筑总热负荷内。

对于北京地区，为简化户间传热附加负荷的计算，可按以下方式进行附加：

(1) 新建、改扩建的多层和高层住宅，可按各供暖房间单位使用面积附加负荷5W/m^2计算。

(2) 既有建筑节能改造的多层和高层住宅，可按各供暖房间单位使用面积附加负荷7W/m^2计算。

(3) 别墅类低层住宅，如果户间有公共内隔墙，可按公共隔墙的传热量计算，邻户温度按14℃计。

5.4.3 分户计量分摊实施方式

分户热量（费）分摊的实施，可选择采用表5-36中的任一方法。

表5-36 分户热量（费）分摊的实施方法

序号	方法	系统组成及实施途径	备注
1	散热器热分配计法	在建筑物热力入口设置楼栋热量表，在每台散热器的散热面上安装分配表。在供暖开始前和供暖结束后，分别读取分配表的读数，并根据楼前热量表计量得出的供热量，计算出每户应负担的热费	同一栋建筑物内应采用相同型式的散热器。在不同类型散热器上应用分配表时，需进行刻度标定。收费时要将分配表获得的数据进行住户位置的修正；此方法适用于以散热器为散热设备的室内供暖系统，尤其适用于采用垂直供暖系统的既有建筑的热计量收费改造，比如将原有垂直单管顺流系统，加装跨越管，但此方法不适用于地面辐射供暖系统
2	流量温度法	此户间热量分摊系统由流量热能分配器、温度采集器处理器、单元热能仪表、三通测温调节阀、无线接收器、三通阀、计算机远程监控设备以及建筑物热力入口设置的楼栋热量表等组成。根据流量热能分配器、温度采集器处理器测量出的各个热用户的流量比例系数和温度系数，测算出各个热用户的用热比例，按比例对楼栋热量表测量出的建筑物总供热量进行户间热量分摊	该方法需要对分摊系统中的二通测温调节阀进行预调节，在收费时需对住户位置进行修正； 这种方法适用于共用立管的独立分户系统和单管跨越管供暖系统。不适合在垂直单管顺流式的既有建筑改造中应用

续表

序号	方法	系统组成及实施途径	备注
3	通断时间面积法	此分摊系统由室温通断控制阀、温控器、热量表组成；在每户的代表性房间设置温控器，通过无线通讯，控制该户的通断控制阀。使用者可通过温控器设定需要的室温，温控器根据实测室温与设定值之差，确定在一个控制周期内通断调节阀的开停比，并按照这一开停比控制通断控制阀的通断，以此调节送入室内的热量。温控器同时记录和统计各户通断控制阀的接通时间，从而得出一个供热时间段内累积的接通时间。各户可按照其累计	该方法的必要条件是每户必须为一个独立的水平串联系统。由于每户为一个系统，所以实现分户温控，但是不能分室温控； 这种方法收费时不需对住户位置进行修正；此方法适用于水平单管串联的分户独立室内供暖系统，不适用于采用传统垂直供暖系统的既有建筑的改造
4	户用热量表法	此分摊系统由各户用热量表以及楼栋热量表组成； 户用热量表安装在每户供暖环路中，可以测量每个住户的供暖耗热量； 热量表由流量传感器、温度传感器和计算器组成	户用热量表法在收费时，需要对住户位置进行修正； 适用于分户独立式室内供暖系统及分户地面辐射供暖系统，不适用于采用传统垂直系统的既有建筑的改造
5	户用热水表法	由可测量热水流量的流量传感器与显示仪表组成，可以是整体式的，也可以是组合式的	此方法的必要条件是每户必须为一个独立的水平系统，同时需要对住户位置进行修正。由于这种方法忽略了每户供暖供回水温差的不同，在散热器系统中应用误差较大。通常适用于温差较小的分户地面辐射供暖系统

住宅入户装置及热分摊原理图如图5-54～图5-58所示。

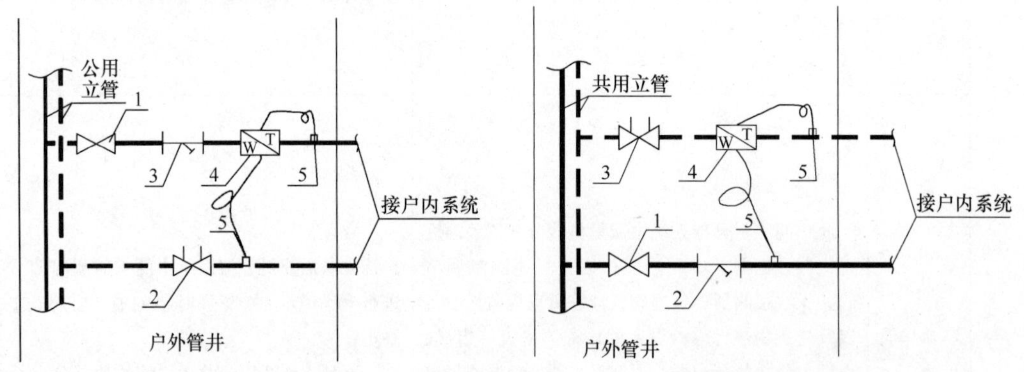

图5-54　户用热量表法入户装置（一）（热量表设在供水管）

1—关断阀；2—平衡阀（兼关断阀）；3—Y形过滤器；4—户用热量表；5—温度传感器

图5-55　户用热量表法入户装置（二）（热量表设在回水管）

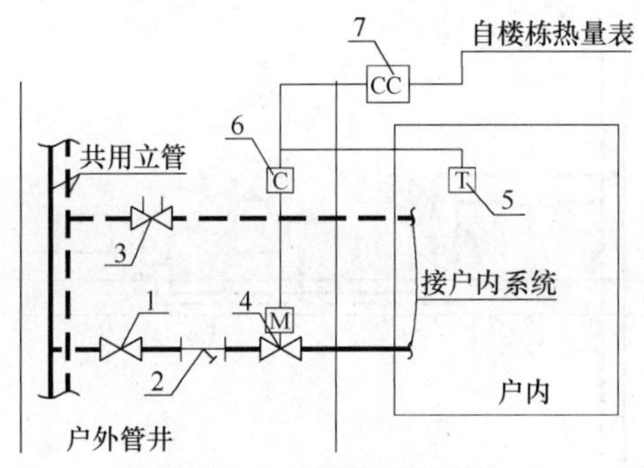

图 5-56 通断时间面积法入户装置及热分摊原理

1—关断阀；2—Y 形过滤器；3—平衡阀（兼关断阀）；4—电动通断阀；5—室温控制器；6—通断温控器；7—采集计算器

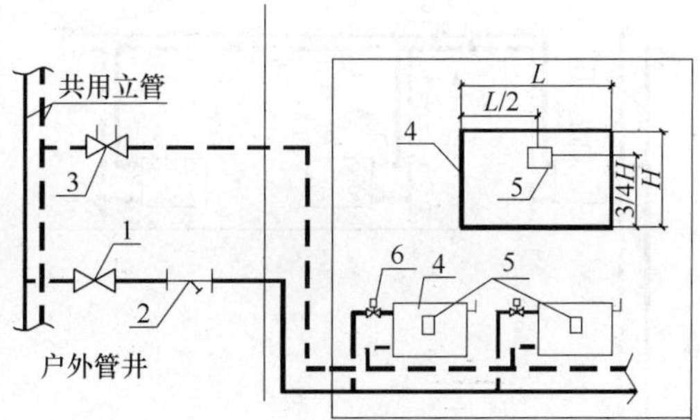

图 5-57 散热器分配计法入户装置及热分摊原理

1—关断阀；2—Y 形过滤器；3—平衡阀（兼关断阀）；4—散热器；5—散热器分配器；6—温控阀

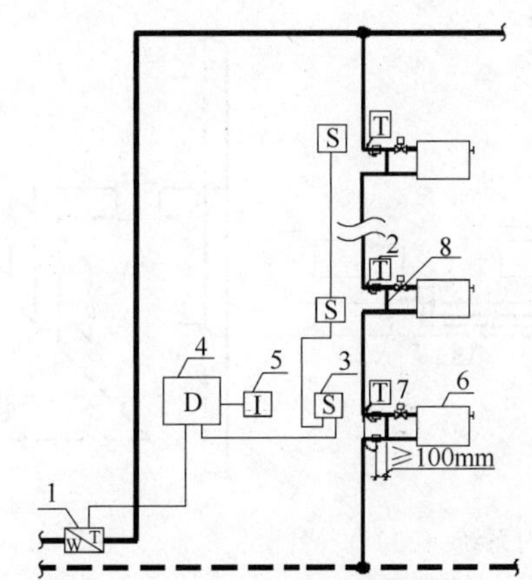

图 5-58 流量温度热分摊原理

1—楼栋热量表；2—无线温度采集器；3—数据接收器；4—热能分配器；5—用户查询器；6—散热器；7—低阻力温控阀；8—跨越管

5.4.4 室内供暖系统设计

1. 适合热计量的供暖系统形式

不同的热计量方法对供暖系统的形式要求有所不同。供暖系统常见的共用立管图如图 5-46 所示；室内散热器供暖系统如图 5-59～图 5-64 所示。

2. 散热器的布置与安装

（1）散热器的安装位置

散热器的布置应避免户内管路穿过阳台门和进户门，应尽量减少管路的安装，散热器也可安装在内墙，不影响散热效果。散热器应明装，必须暗装时应选择温包外置式恒温控制阀。

为了能达到分室控温的目的，应在每组散热器的连接支管上安装恒温控制阀，并根据具体情况选择恒温控制阀的型号，传感器处于正确测试房间温度的位置。

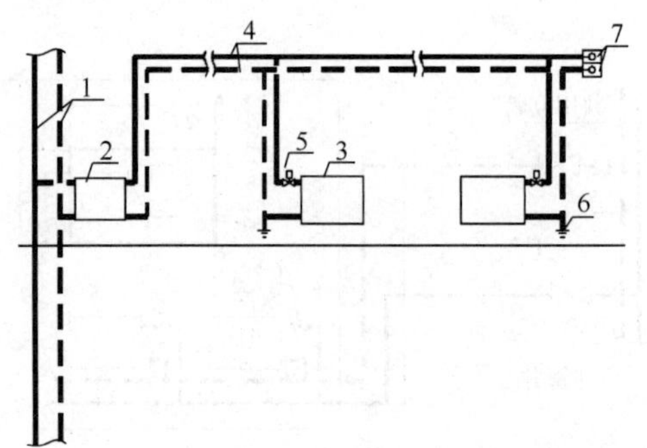

图5-59　上分式双管户内系统

1—共用立管；2—入户装置；3—散热器；4—户内供暖管；5—高阻力温控阀；6—泄水堵；7—自动排气阀

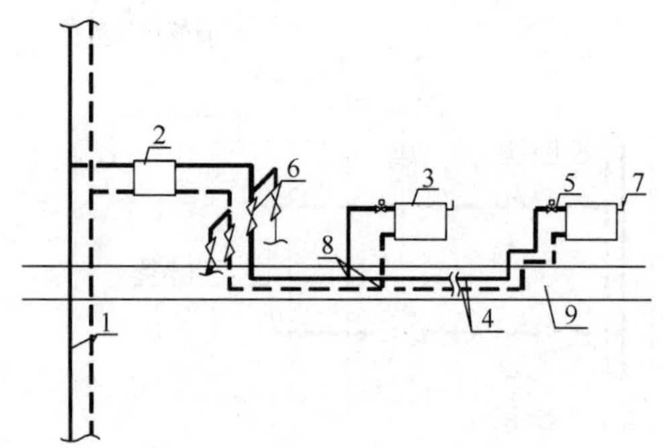

图5-60　下分式双管户内系统（一）

1—共用立管；2—入户装置；3—散热器；4—户内供暖管；5—高阻力温控阀；6—环路检修阀；7—散热器放风阀；8—热熔连接三通；9—地面垫层

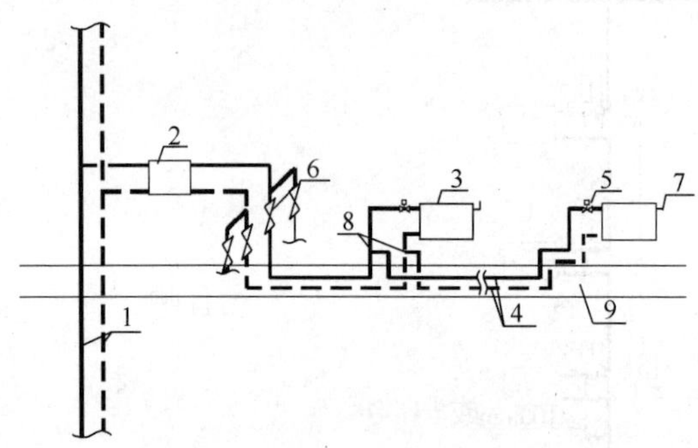

图5-61　下分式双管户内系统（二）

1—共用立管；2—入户装置；3—散热器；4—户内供暖管；5—高阻力温控阀；6—环路检修阀；7—散热器放风阀；8—管件连接三通；9—地面垫层

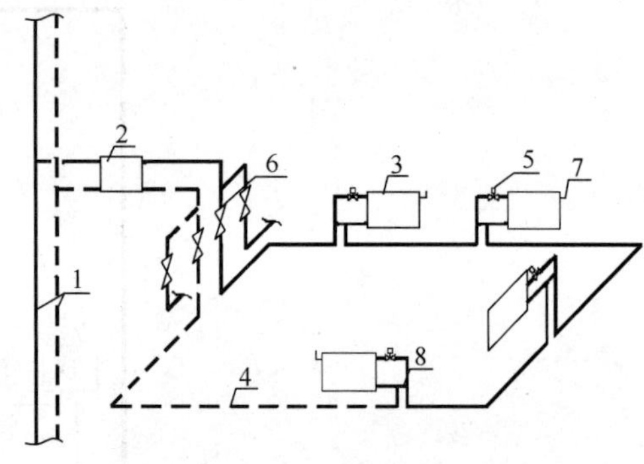

图5-62　下分式单管户内系统

1—共用立管；2—入户装置；3—散热器；4—户内供暖管；5—低阻力温控阀；6—环路检修阀；7—散热器放风阀；8—跨越管

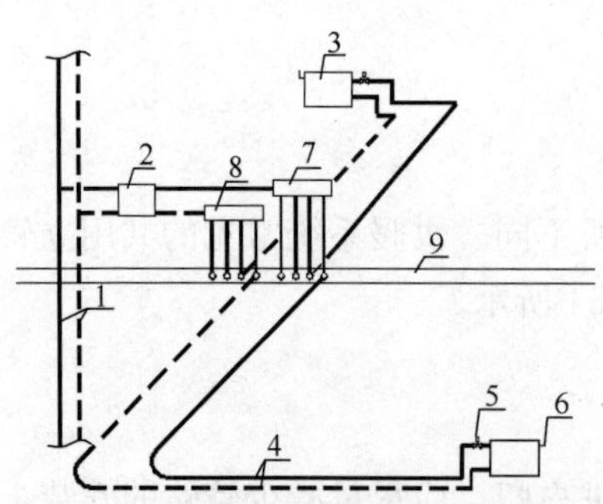

图5-63　放射式双管户内系统

1—共用立管；2—入户装置；3—散热器；4—户内供暖管；5—高阻力温控阀；6—散热器放风阀；7—分水器；8—集水器；9—地面垫层

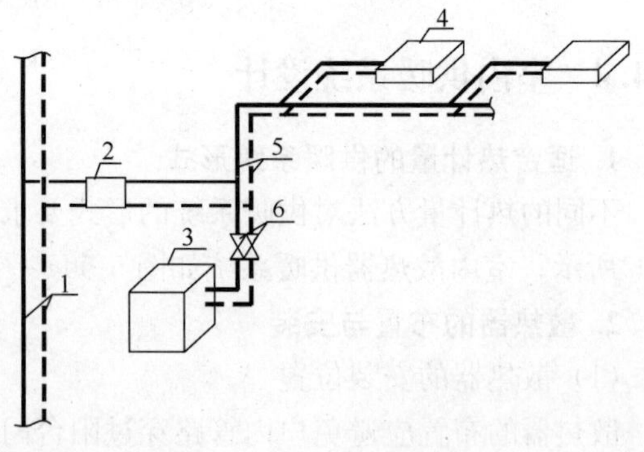

图5-64　集中供暖与独立冷源结合的户内系统

1—共用立管；2—入户装置；3—户用冷水机组；4—房间空调器；5—冷热水管；6—转换阀

分户热计量的户内供暖系统中排气需在散热器处考虑，如水平串联系统考虑排气问题，一般应在每组散热器设置跑风。

（2）散热器的形式

为保证热量表、恒温控制阀正常运行，散热器形式不宜采用水流通道内含有黏砂的散热器，避免堵塞。

（3）散热器罩的使用问题

室内散热器加装饰罩使用的情况已非常普遍。因为蒸发式热分配表是依靠测量固定在散热器表面上仪表中玻璃管内液体的蒸发量来计算散热量，在使用装饰罩时，为保证正确热计量，不适宜采用蒸发式热分配表。

（4）公共建筑供暖系统以散热器供暖为主的房间，每组散热器应设置恒温控制阀。

3. 散热器恒温控制阀

散热器恒温控制阀的选用和设置应符合下列要求：

（1）选用的产品应符合《散热器恒温控制阀》（GB/T 29414—2012）的相关规定。

（2）当室内供暖系统为垂直或水平双管系统时，应选用高阻力恒温控制阀并应在每组散热器的供水支管上安装。

（3）当室内供暖系统为垂直或水平单管跨越式系统时，应选用低阻力两通恒温控制阀安装在每组散热器的供水支路上，或选用三通恒温控制阀。

4. 地暖系统室温调控装置的温控器设置

（1）宜设置在附近无散热体、周围无遮挡物、不受风直吹、不受阳光直晒、通风干燥、周围无热源体、能正确反映室内温度的位置。

（2）应固定设置在房间墙体上，高度宜距地面1.4m，或与照明开关在同一水平线上。

（3）不宜设在外墙上。

5. 管道系统设计

（1）公共建筑同一热量结算点范围内如需要按用户设热量表进行热分摊时，管路布置应满足为各用户支路分设热量表的要求。

（2）供回水双立管的布置

双立管一般布置在楼梯间，不占用房间使用面积，且检修、读表方便。也可布置在住户厨房、卫生间、进户厅堂等处。对管道井位于楼梯间时，应对井内的供回水管保温。

共用立管和入户装置的布置和设计，应符合下列要求：

1）同一对立管宜连接负荷相近的户内系统。

2）共用立管每层连接的户内系统不宜多于3个，一对共用立管连接的户内系统总数不宜多于40个。

3）宜采用下分式双管系统；立管的顶点应设集气和排气装置，下部应设泄水。

4）共用立管接向户内系统管道应分别设置以下阀门、管件：供回水管应设置关断阀，关断阀之一应具有调节功能；供水管应设置过滤器；当采用户用热量表法进行分户热计量（热分摊）时，应设置相应的户用热量表；当采用通断时间面积法进行分户热计量（热分摊）时，应设置自控阀门。

5）共用立管和分户关断调节阀门应设置在户外，户用热量表或自控阀门宜设置在户外；户外设置位置应为公共空间的管井或小室内。

(3) 户内管道布置

1) 采用热水地面辐射供暖方式时，应分别为每个主要房间或区域配置独立的环路。

2) 既有住宅的室内垂直单管顺流式系统宜改成垂直单管跨越式系统或垂直双管系统。

3) 住宅室内水平干管的环路应均匀布置，各共用立管的负荷宜相近。

4) 供、回水干管管道埋地敷设的散热器连接管在地面垫层的沟槽内，沟槽深度不少于50mm。该系统的优点是在顶棚处不出现管道，管道埋地敷设，不影响室内美观。水平单管跨越式系统的散热器组数不宜超过6组。

5.4.5 热力入口与管道井

1. 热力入口（热量表小室）

新建建筑的热量表应设置在专用表计小室中；既有建筑的热量表宜就近安装在建筑物内。热力入口详细安装图如图5-65～图5-67所示。

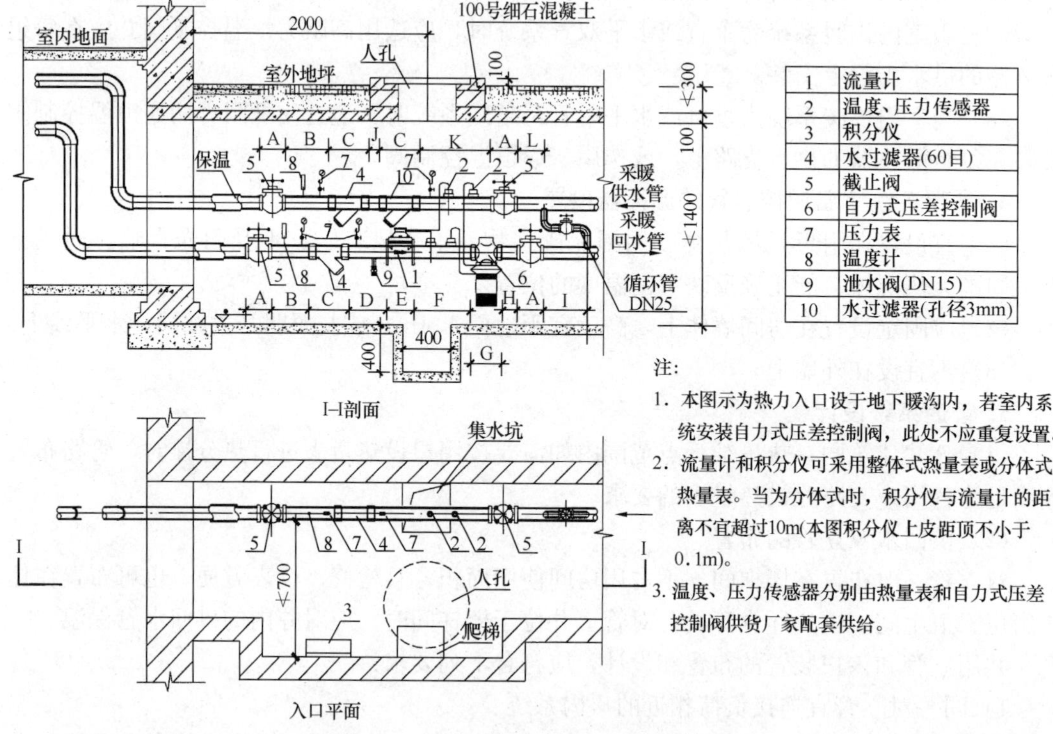

1	流量计
2	温度、压力传感器
3	积分仪
4	水过滤器(60目)
5	截止阀
6	自力式压差控制阀
7	压力表
8	温度计
9	泄水阀(DN15)
10	水过滤器(孔径3mm)

注：

1. 本图示为热力入口设于地下暖沟内，若室内系统安装自力式压差控制阀，此处不应重复设置。
2. 流量计和积分仪可采用整体式热量表或分体式热量表。当为分体式时，积分仪与流量计的距离不宜超过10m(本图积分仪上皮距顶不小于0.1m)。
3. 温度、压力传感器分别由热量表和自力式压差控制阀供货厂家配套供给。

图5-65 热水供暖系统热力入口（地沟、检查井内）安装

专用表计小室的设号，应符合下列要求：

(1) 有地下室的建筑，宜设置在地下室的专用空间内，空间净高不应低于2.0m，表计前操作净距不应小于0.8m。

(2) 无地下室的建筑，宜于楼梯间下部设置表计小室，操作面净高不应低于1.4m，表计前操作而净距不应小于1.0m。

2. 管道井

(1) 居住建筑供暖系统的立管通常都是和给水管道在楼梯间共用一个管道井，分户热

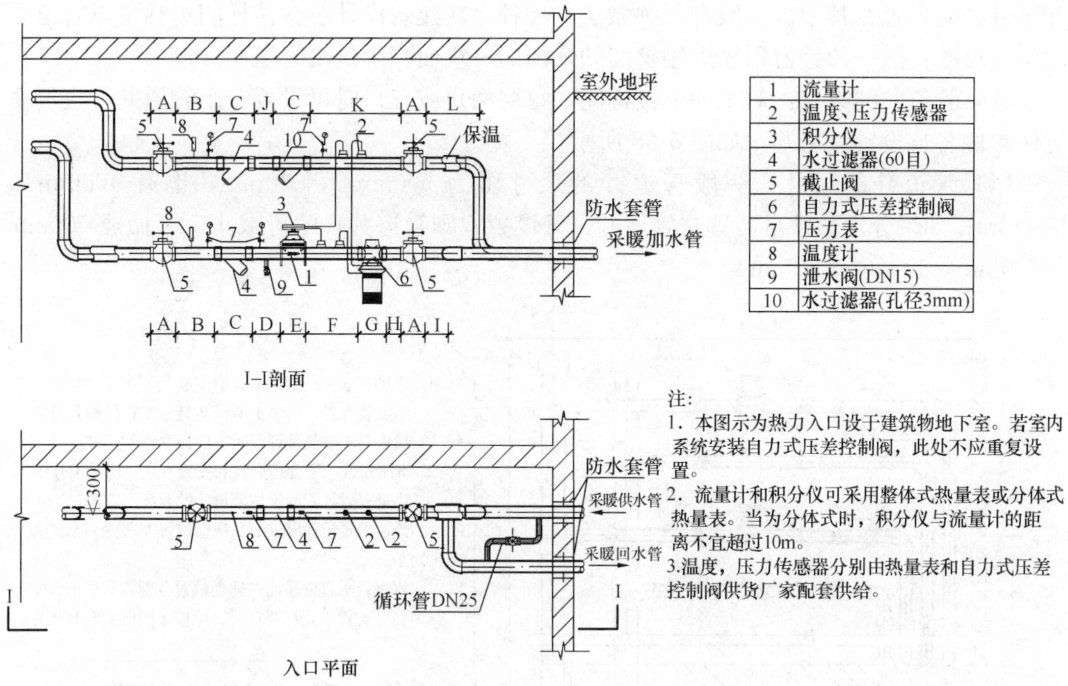

1	流量计
2	温度、压力传感器
3	积分仪
4	水过滤器(60目)
5	截止阀
6	自力式压差控制阀
7	压力表
8	温度计
9	泄水阀(DN15)
10	水过滤器(孔径3mm)

注：

1. 本图示为热力入口设于建筑物地下室。若室内系统安装自力式压差控制阀，此处不应重复设置。
2. 流量计和积分仪可采用整体式热量表或分体式热量表。当为分体式时，积分仪与流量计的距离不宜超过10m。
3. 温度，压力传感器分别由热量表和自力式压差控制阀供货厂家配套供给。

图 5-66 热水供暖系统热力入口（地下室）安装

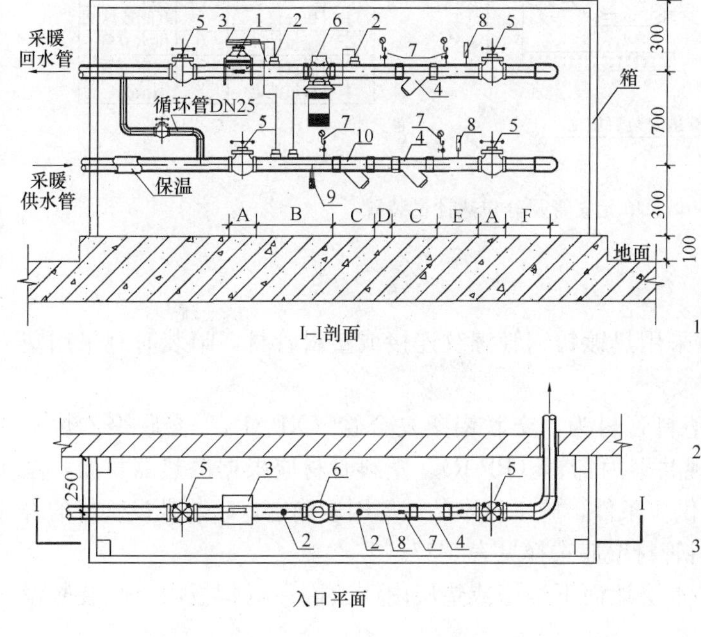

1	流量计
2	温度、压力传感器
3	积分仪
4	水过滤器(60目)
5	截止阀
6	自力式压差控制阀
7	压力表
8	温度计
9	泄水阀(DN15)
10	水过滤器(孔径3mm)

注：

1. 本图示为热力入口设在建筑物内没有专门隔间时，热力入口由钢板或木制箱维护，并设检修门。若室内系统安装自力式压差控制阀，此处不应重复设置。
2. 流量计和积分仪可采用整体式热量表或分体式热量表，当为分体式时，积分仪与流量计的距离不宜超过10m。
3. 温度，压力传感器分别由热量表和自力式压差控制阀供货厂家配套供给。

图 5-67 热水供暖系统热力入口（带箱）安装

计量装置也设置在其中。一般有两种做法：一种是在建筑设计时在楼梯间单独考虑管道井的位置尺寸；另一种是占用靠近楼梯间的户内的一块面积砌筑出管道井。

（2）管道井的数量：对于一个楼梯间，每层两户或三户时可设置一个管道井，也可靠近住户侧各自设置管道井，如图5-68所示。

（3）管道井的尺寸：一般管道井的尺寸多为500mm×1300mm，也有400mm×1300mm；如果分户热计量装置与管道井分开设置，则管道井尺寸可减小，可做成500mm×600mm，500mm×800mm。

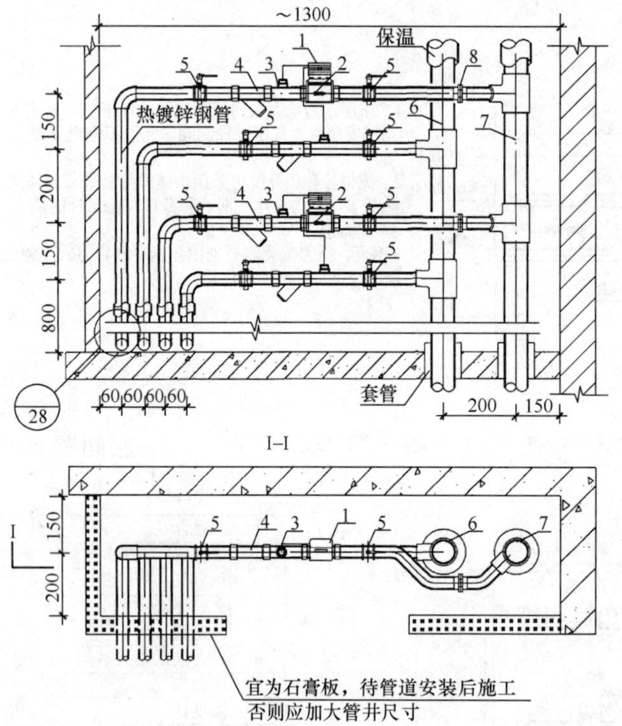

注：

1. 本图仅表示一井两表，分支管径不大于DN25时的安装方式。当多于两户时且分支管径较大及热量表要求较长直管段时，应调整管井尺寸。
2. 本图仅表示组合式热表的安装方式。当采用分体式热量表时，积分仪与流量计的距离不宜超过10m，且数据显示盘应位于易观察位置(如避免被管道遮挡)。
3. 水平，垂直管段应在适当位置分别设置管卡。
4. 当分支管不允许煨弯时，可按下图确定管井尺寸。

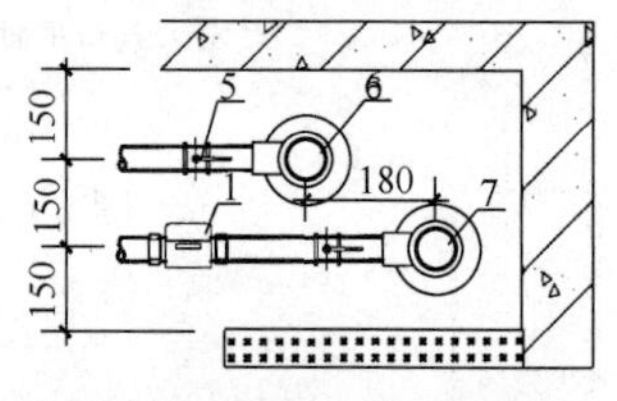

编号	名 称	编号	名 称
1	积分仪	5	蝶阀或球阀
2	流量计	6	供水立管
3	温度传感器	7	回水立管
4	水过滤器	8	活接头

图5-68 单元立管及分户热计量装置

5.4.6 管材

1. 户内供暖管道安装时，宜采用热镀锌钢管螺纹连接或塑料管材，暗装时宜采用塑料管材或有色金属管材。

2. 可用于户内供暖系统的塑料管材为：交联铝塑复合管（XPAP）、交联聚乙烯管（PE-X）、聚丁烯管（PB）和无规共聚丙烯管（PP-R）。塑料管材应根据散热器材质，系统工作温度和压力、水质、材料供应条件，施工技术条件等因素确定，暗装敷设管材的寿命不低于50年。常用的几种塑料管材壁厚选择见表5-37。

3. 户内地面的管道可暗装在本层地面下沟槽或垫层内或镶嵌在踢脚板内。暗装敷设时应注意下述问题：

（1）对于PP-R管和PB管除分支管连接件外，垫层内不宜设其他管件，且埋入垫层的管件应与管道同材质，热熔连接。垫层内不应设有任何机械性接头。

表 5-37　常用的几种塑料管材最小壁厚（mm）

管材类型		PB 管（聚丁烯）				PE-X 管（交联聚乙烯）				PP-R 管（聚丙烯）			
供暖系统压力（MPa）		0.4	0.6	0.8	1.0	0.4	0.6	0.8	1.0	0.4	0.6	0.8	1.0
塑料管材公称外径（mm）	16	1.3	1.3	1.5	1.8	1.3	1.5	1.8	2.2	2.2	2.2	3.3	
	20	1.3	1.5	1.9	2.3	1.5	1.9	2.3	2.8	2.8	2.8	4.1	
	25	1.3	1.9	2.3	2.8	1.9	2.3	2.8	3.5	3.5	3.5	5.1	

注：1. 表中各种管材的设计环应力为：

PB 管＝4.31MPa；PE-X 管＝3.24MPa；PP-R 管＝1.90MPa；

是按塑料管材的温度使用条件为 5 级考虑的。

2. 考虑管材生产和施工过程可能产生的缺陷，故按表中选出的壁厚改选一个档次的壁厚，另各类管材的壁厚均不宜小于 1.7mm。

3. 铝塑管材的壁厚选用按交联聚乙烯（PE-X）管考虑。

（2）暗装敷设在垫层内的管道宜进行适当的绝热。一般可采用在管道沟槽内填充水泥珍珠岩等绝热材料做法或外加塑料套管的办法。

（3）暗埋敷设管道应避免随意性，宜敷设在垫层预留沟槽内，用卡子妥善固定在地面上，并处理好管道膨胀。

4. 塑料管材与金属的安装，应注意以下问题：

（1）塑料管材与金属管材在刚度、热伸长等方面的差异，其支、吊架间距一般较小。

（2）塑料管材的线膨胀系数比金属管材大 10 倍，安装时应充分注意热膨胀问题。各类管材的线膨胀系数为：

PB 管 0.130mm/(m・K)；铝塑复合管 0.025mm/(m・K)；

PE-X 管 0.200mm/(m・K)；PP-R 管 0.180mm/(m・K)。

（3）塑料管材安装时，宜尽量利用其可弯曲性减少接头数量，弯曲时应满足最小弯曲半径的要求。

5.4.7　水力计算

1. 采用热分配表计量时的水力计算

采用热分配表计量时的水力计算与常规的计算方法是一样的，所不同的是增加了热量表和温控阀的阻力。

对于单管系统采用温控阀时，设计计算应按下列步骤进行：

（1）初步设定立管，温控阀散热器通路和跨越管管径的匹配求得分流比。

（2）按全立管供暖负荷所需水量，计算立管的阻力。

（3）进行环路内各立管的水力平衡计算，如通过调整公共段管径不能达到平衡时，则需要重新改变立管、温控阀、散热器、通路和跨越管的管径匹配。

（4）按水力计算所得各立管的流量和分流比，计算散热器的数量。

2. 采用热量表计量时的水力计算

采用户用热量表计量时，常用的供暖系统形式是双立管与各户并联的系统。其水力计算的方法如同上供下回或下供下回的双管系统。但此时立管所带的并联环路由传统的一组散热器变成了一个单独的户内供暖系统。

3. 双立管的户内独立环路系统的水力工况

分户热计量的供暖系统由于住户活动和生活的情况不同，会对户内系统采取不同程度的调节，甚至关闭。因此系统在运行中是一变流量系统。该供暖系统的水力工况有以下变化规律：

（1）某一用户的流量变化，对其余用户的流量要产生影响。

（2）热力入口处流量不变的系统，当任一用户关闭时，其余各用户的流量均增加，而靠关闭环路附近的用户流量增加较大。

（3）在等流量情况下，某立管有用户关闭时，该立管总流量减少，而立管后的干管流量增加。

（4）热力入口处压差不变的系统，某立管上用户关闭时，各个用户及管段流量变化规律与入口流量不变时的变化规律相似，只是流量变化幅度小一些。

（5）多层建筑的分户水平供暖系统，只要采取正确的计算方法，可以不在每户设流量或压差控制装置，并且在每栋楼的热力入口处保持差压不变化、保持入口流量不变，更有利于提高系统的压力稳定性。

5.4.8　室外外网要求

实施分户计量后，室内的温度由住户按需求自行调节，保证用户室内的空气环境品质，其基础是要保证热网的供热质量。

实行分户计量前，常规热网的做法是在热源设循环水泵以克服管网的损失和向用户提供一定的作用压头。但是由于分户计量和分室控温后的供暖系统处在变流量的状态下运行，对于热网的适应性设计也就提出了要求。

由于用户温控阀的自动调节，会使热网水力工况变化很大，所以，室外热网应根据户内工况采取相应的调节措施，以满足供暖的要求，达到节能的目的。室外供热系统的控制方式、楼栋热力入口的控制方式，应对采用不同方案进行技术经济论证后确定，以下是应当遵循的设计原则：

（1）集中供热系统中，建筑物热力入口应安装静态水力平衡阀，并应对系统进行水力平衡调试。

（2）当室内供暖系统为变流量系统时，不应设自力式流量控制阀，是否设置自力式压差控制阀应通过计算热力入口的压差变化幅度确定。

（3）静态水力平衡阀或自力式控制阀的规格应按热媒设计流量、工作压力及阀门允许压降等参数经计算确定；其安装位置应保证阀门前后有足够的直管段，没有特别说明的情况下，阀门前直管段长度不应小于5倍管径，阀门后直管段长度不应小于2倍管径。

（4）供热系统进行热计量改造时，应对系统的水力工况进行校核，当热力入口资用压差不能满足既有供暖系统要求时，应采取提高管网循环泵扬程或增设局部加压泵等补偿措施，以满足室内系统资用压差的需要。

5.4.9　计量系统与计费

供暖系统的分户计量具有多种计量方法，不同的计量方法所选用的计量装置和仪表不同，同时计量模式也决定计量仪表形式。

1. 计量方式

分户热量计量按计量原理一般分为以下三种方法：

（1）用热量表测量热用户从采热系统中取用热量，其相应的计算公式为式（5-26）～式（5-28）：

$$Q = C\int G(t_g - t_h)\mathrm{d}t \tag{5-26}$$

式中 C——热水比热容，C=4.187kg/（kg·K）；

G——热水的质量流量，kg/s；

t_g——供水温度,℃；

t_h——回水温度,℃。

（2）测量用户散热设备散出的热量，其计算公式为：

$$Q = F\int K(t_p - t_n)\mathrm{d}t \tag{5-27}$$

式中 F——散热器的散热面积，m^2；

K——散热器的传热系数，W/（m^2·K）；

t_p——散热器内热媒的平均温度,℃，$\tau_p = (t_g + t_h)/2$；

t_n——室内供暖计算温度,℃。

（3）测量用户热负荷来计量用热量，其计算公式为：

$$Q = A\int (t_n - t_w)\mathrm{d}t \tag{5-28}$$

式中 A——房间耗热指标，W/℃；

t_n——实测的室内温度,℃；

t_w——实测的室外渐度,℃。

2. 计量装置

（1）分配表

热分配表有两种类型，其综合技术性能见表5-38。

表5-38 分配表综合性能

类型	计量原理	特点	设计注意事项
蒸发式热分配表	表内蒸发液是一种带颜色的无毒化学液体，装在细玻璃管内密闭的容器中，容器表面是防雾透明胶片，上面标有刻度与导热板组成一体，紧贴散热器安装，散热器表面将热量传给导热板，导热板将热量传递到液体管中，管中的液体会逐渐蒸发而减少，可以读出与散热器热量有关的蒸发量	此表构造简单，成本低廉适用于任何供暖系统制式； 测量结果不直观，靠入口总热量表计量的热量，按每组散热器的蒸发表的液柱高度进行按比例分配换算得出耗热量； 管理工作量大，每年需更换部件	用此表计量时，一定要在楼栋入口安装总热量装置； 散热器不能设暖气罩； 此表应安装于散热器正面的平均温度处，垂直偏上1/3地方，安装时采用夹具或焊接螺栓的方式将导热板紧贴在散热器表面
电子式热分配表	在蒸发式分配表的基础上发展起来的计量仪表，它需要同时测量室内温度和散热器的表面温度，利用两者的温差确定其散热量	造价高于蒸发式分配表； 计量准确； 适用于任何供暖系统制式； 可将多组散热器的温度数据引至户外存储器显示热量读数； 管理方便，不需要每年更换部件	用此表计量时，一定要在楼栋口安装总热量计量表； 散热器不能设暖气罩； 此表应安装于散热器正面的平均温度处，垂直偏上1/3地方，安装时采用夹具或焊接螺栓的方式将导热板紧贴在散热器表面

（2）热量表

热量表由流量传感器、温度传感器、积分仪三部分组成。

流量传感器——测量热介质流过热循环系统体积值。

温度传感器——测量计算热循环系统进出口热介质的温差。

积分仪——根据流量传感器的体积信号和配套温度传感器的温差信号计算出消耗的热量值。

热量表由流量传感器的测量原理进行分类，可分为机械式、超声波式和电磁式三种，其综合性能见表5-39。

表5-39 热量表综合性能表

类型	计算原理	特点	设计注意事项
机械式	通过叶轮的转速测量热介质的流量； 按规格分小口径（≤40mm）和大口径（≥50mm）； 按内部构造分，小口径的有单流束式、多流束式和标准机芯型多流束式；大口径的有水平螺翼式和垂直螺翼式； 按传感器的计数器是否与热水接触分干式和湿式，干式的叶轮转速是通过磁耦合的方式传递给计数器，而湿式是通过机械连接方式转动，计数器浸在水中	应用比较广泛的一种； 当系统流量超过热量表公称流量时对表机械有损伤的危险； 垂直螺翼式尽量能够水平安装； 热介质不清洁而堵塞； 系统有气影响测量精度	热量表前要保证6～12倍公称直径的直管段的距离； 热量表安装在回水管上可延长使用寿命； 热量表前应安装过滤器
超声波式	通过波在热介质中的传输速度按顺水流和逆水流的差异，即“速度差法”而求出热介质流速的方法来测量流量	可按表的最大流量进行选型，小计量时精度高； 适用于测量最大流量供热系统； 气泡对测量准确带来极大的干扰； 表面无可动部件，使用寿命长	表前应有20～30倍公称直径的直管段，表后10倍直管段； 安装时要求有良好的排气措施； 热量表安装在供水、回水管上均可
电磁式	是按法拉第定律即水流过电磁式产生感应电动势的原理来测量其截止的流量	脉动流影响非常大； 气泡对测量准确带来极大的干扰； 铁锈水含量会引起测量误差； 与介质的电导率关系很大； 对电和电磁干扰十分敏感，信号线不应采用绕圈的方式缩短，并远离干扰源； 表内无可动部件，使用寿命长	标签后直管段分别不小于表公称直径的10倍和5倍； 严格保证密封垫不得凸入管道内，口径缩小1mm会引起1%的测量误差； 安装上要求有排气装置

（3）温度法热量表（热量分配器）

温度法的热量装置是由室温传感器、数据采集器、单元显示器、热量分配器及热力入口的热量表组成，热量分配器的综合性能见表5-40。

表 5-40 温度法热量表（热量分配器）

类型	计算原理	特点	设计注意事项
WDRB 型温度法热量表（热量分配器）	采集器采集的室内温度数据送到热量采集显示器，并将采集器送来的用户室温送至热量计算分配器，按照规定的程序将热量进行分摊； 系统原理图式： 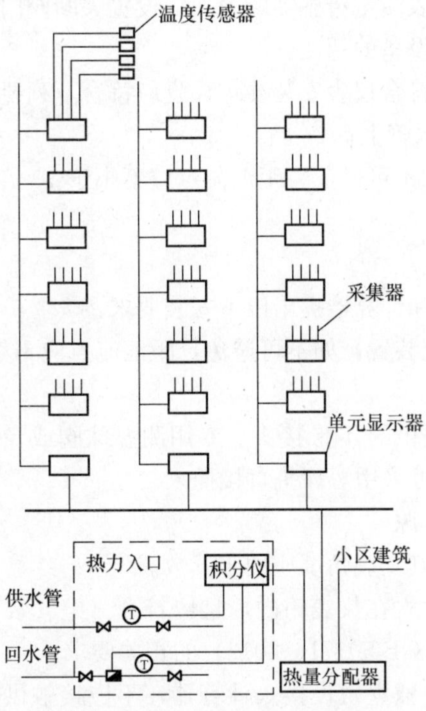 温度传感器 采集器 单元显示器 热力入口 积分仪 小区建筑 供水管 回水管 热量分配器	同时可实时显示每户的平均室温及累计用热量； 温度法计算出的每户热量，是在实际舒适度下的热用户的折算热量，消除了建筑物位置差别对计量结果的影响； 不需要计算户间传热量； 设备简单、使用方便、可靠、稳定、容易，适用于公寓式的既有或新建居住建筑中应用，同时为居住小区数字化系统的理想配套设备； 长时间开窗对计量有影响	数据采集器每户一个，最多可安 7 个温度传感器，采集器仪表箱可分一梯两户用（400mm×400mm×140mm），采集器如在公共空间明装，应采用带锁箱挂装或嵌墙安装； 单元显示器每个单元一个，最多可安 24 个数据采集器，应装在有可视察的仪表中，安装在单元入口便于观察的位置单元显示仪表箱尺寸为 400mm × 300mm ×140mm； 室温传感器宜嵌墙安装于房间门上方 300～500mm 处，且应避开阳光直射及其他热源

5.4.10 热量表的选择与安装

1. 热量表的选择

（1）户用热量表宜按系统的设计流量，对应热量表的额定流量选择规格型号，为了提高计量精度，宜按设计流量的 80%来选用对应的热量表的额定流量。

（2）选择热量表时，其耐温性能应与安装热媒最高工作温度相适应。

（3）机械式热量表前应配置过滤器，宜选用带有磁性过滤功能的过滤器。

（4）在额定流量时，户用热量表最大允许压力损失不应超过 0.025MPa，安装在其他位置的热量表不宜超过 0.02MPa。

（5）热量表装置各部件的工作压力和温度应满足供热系统的要求。

2. 热量表的安装

（1）集中供热系统的热量结算点必须安装热量表，且应进行检定。

1）热源和换热机房应设热量表；居住建筑应以楼栋为对象设置热量表。

2）当热量结算点为楼栋或者换热机房设置的热量表时，分户热计量应采取用户热分摊的方法确定。在同一个热量结算点内，用户热分摊方式应统一，仪表的种类和型号应一致。

3）当热量结算点为每户安装的户用热量表时，可直接进行分户热计量。

（2）热量表安装位置应保证仪表正常工作要求，不应安装在有碍检修、易受机械损伤、有腐蚀和振动的位置。计算器应安装在便于读数和不受电磁干扰的位置。热源及热力站采用超声波和电磁式热量表时，应与强电设备保持一定距离或采用抗干扰措施。

（3）热量表前应设置过滤器。在热量表流量传感器的前后应设置关断阀门，且关断阀应设在过滤器、压力表接口等所有需检修设备的两侧。

（4）热量表流量传感器的安装位置应符合仪表安装要求，且应符合下列要求：

1）供水温度高于95℃时应安装在回水管上；

2）不宜安装在汇流或混水装置后，如不可避免，距汇流点应不小于10倍管径长度；

3）不应安装在可能产生气泡的部位；

4）热量表前后不得设置旁通。

（5）设计图纸应对热量表温度传感器和计算器提出以下安装要求：

1）温度传感器安装管路上不宜有汇流装置，如不可避免，距汇流点应不小于10倍管径长度。

2）温度传感器宜采用热量表生产厂提供的T形接头、专用测温球阀或专用测温套管等形式安装；口径不大于DN25的热量表可采用短探头直接插入。

3）计算器应远离变频设备和电磁干扰源。

4）计算器安装高度不应大于1.6m，其安装角度应便于读数。

5）组合式热量表的计算器可以独立设立在仪表箱内，且应符合《电气装置安装工程盘、柜及二次回路接线施工及验收规范》（GB 50171—2012）的相关要求。

6）流量传感器和温度传感器的电缆应独立敷设接入计算器，不应接触供热管道，不得与其他强电电缆同槽敷设，仪表及控制系统应做工作接地，并应符合《自动化仪表工程施工及质量验收规范》（GB 50093—2013）的相关要求。

5.4.11 分户热计量系统实例

1. 工程概况

本项目位于大连市，为典型生活居住区。建筑物属于中高层、高层住宅，总建筑面积约400000m^2，拟分三期建设。其中一期总建筑面积约130000m^2。建筑的主要功能包括住宅、配套商业。

建筑层数：地上最高为22层。

建筑高度：最高为65m。

本设计子项为A1-14、15、24、25号楼，每栋楼面积为5825.1m^2，地上18层、无地下室、无底商。建筑高度为50.4m。

2. 设计依据（略）

3. 设计范围

本子项的设计范围为工程红线内建筑物的冬季采暖系统设计。

4. 设计及计算参数

室外设计参数（大连地区，属寒冷地区，参数略）。

室内设计参数（表 5-41）。

表 5-41 室内设计参数

房间名称	冬季
	温度（℃）
卧式、起居室、餐厅、书房	18
卫生间	18
厨房、洗衣房	16
浴室	20

注：卫生间设计成分段升温模式，平时保持 20℃，洗浴时，可借助辅助加热设备（如浴霸）升温至 25℃。

5. 热负荷（表 5-42）

表 5-42 热负荷统计表

参数	建筑面积	采暖负荷	采暖热指标
	m^2	kW	W/m^2
总计	5825	196.9	33.8

6. 热源

本子项采用小区集中换热站提供的热水连续供暖，供回水温度 80℃/55℃。

7. 供暖系统设计

本子项设高区、低区两个采暖系统。1～10 层为低区采暖系统，11～18 层为高区采暖系统。采用散热器采暖系统。

本工程采暖系统设分户热计量、分室温度调节装置。每个楼设两个热力入口，入口装置设置于室外的热力管井内。住宅部分设八付共用立管，户内采暖系统采用下供下回双管同程布置，每付立管负担每层一户住宅，立管及各户热计量表均设在暖井内，暖井均在公用走廊设检修门。

采暖系统在楼栋热力入口处的回水管上均设静态平衡阀，在每层的分支管上设压差平衡阀，以确保水平及竖向的水力平衡。

8. 热量表（表 5-43）

表 5-43 热量表参数表

序号	设备名称	设备参数	数量	安装位置，服务位置
1	热量表	流量 $0.3m^3/h$ 工作温度≤90℃ 工作压力 1.0MPa 阻力≤20kPa	432	住宅层热标间，住宅采暖

9. 系统图（图 5-69～图 5-70）

10. 平面图（图 5-71～图 5-74）

图　例	名　称
R1	市政热力供水管
R1	市政热力回水管
	低区采暖热水供水管 80°C
	低区采暖热水回水管 55°C
g	高区采暖热水供水管 80°C
g	高区采暖热水回水管 55°C
Ln	采暖立管编号
	水过滤器
	水路自动排气阀
	压力表
	温度计
	截止阀
	水路手动蝶阀
	闸阀
	静态平衡阀
	压差平衡阀
	热计量表
	锁闭阀

图　例	名　称
DN××	金属管道公称直径
De××	地埋管外径
××	散热器及片数
	集气罐
	水管柔性接头
	水管固定支架
0.003	管道坡度及坡向
	过滤锁闭阀

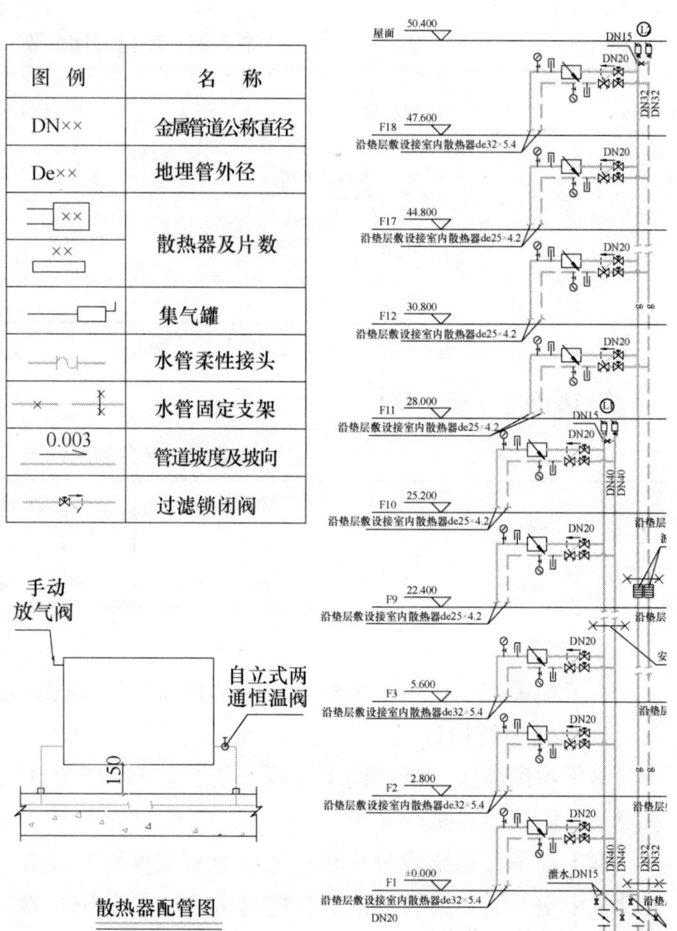

图 5-69　供暖

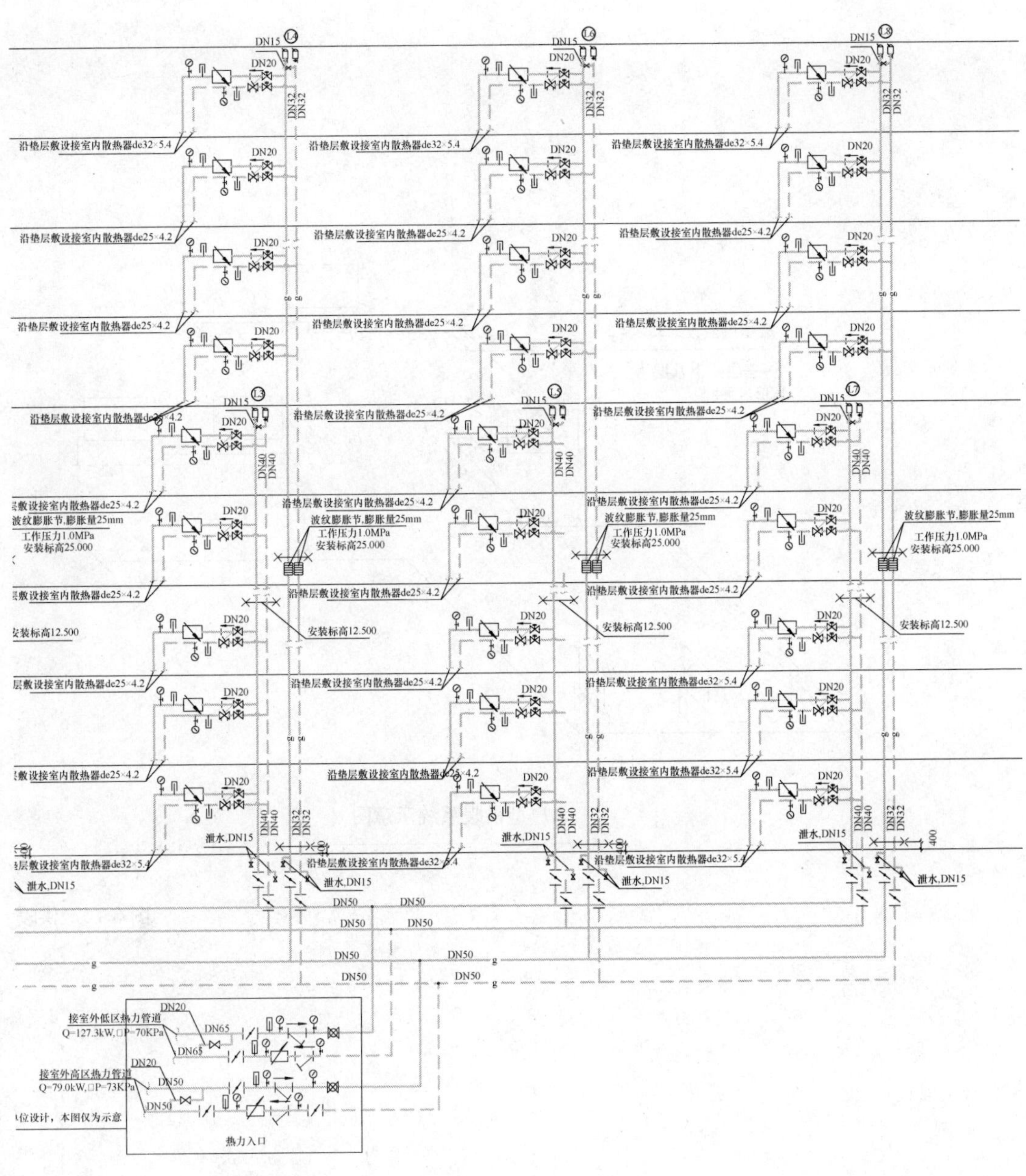

供暖系统图

注：热力入口阻损 ΔP 为入口装置以后的数值。

系统图（一）

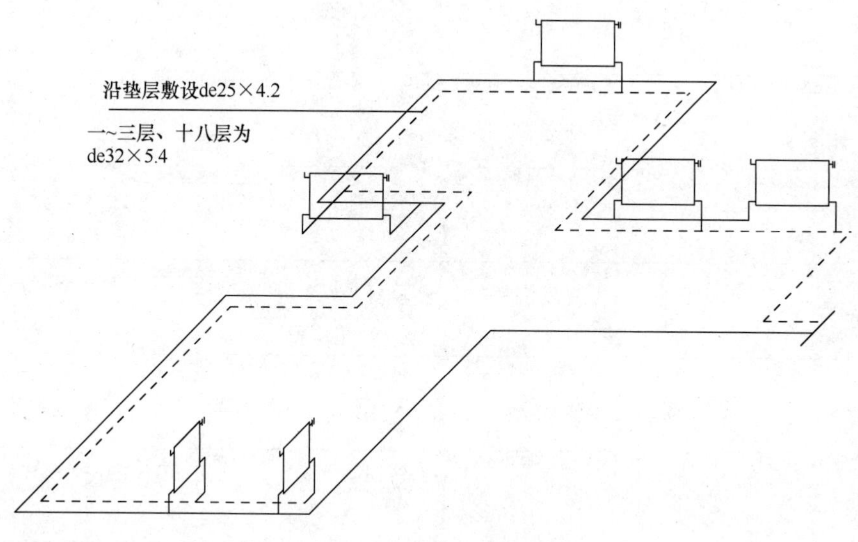

A户型供暖系统示意图

图 5-70　供暖

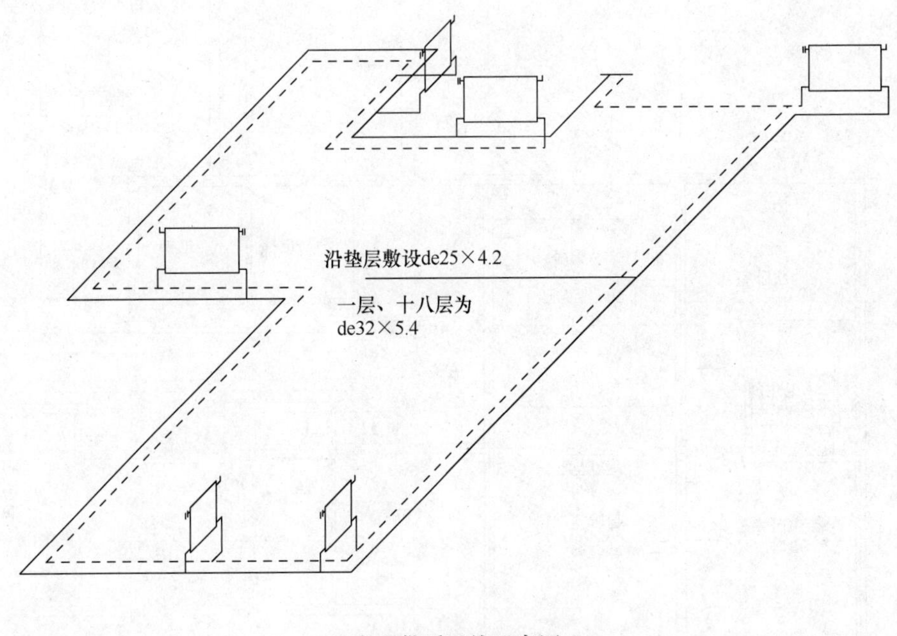

B户型供暖系统示意图

系统图（二）

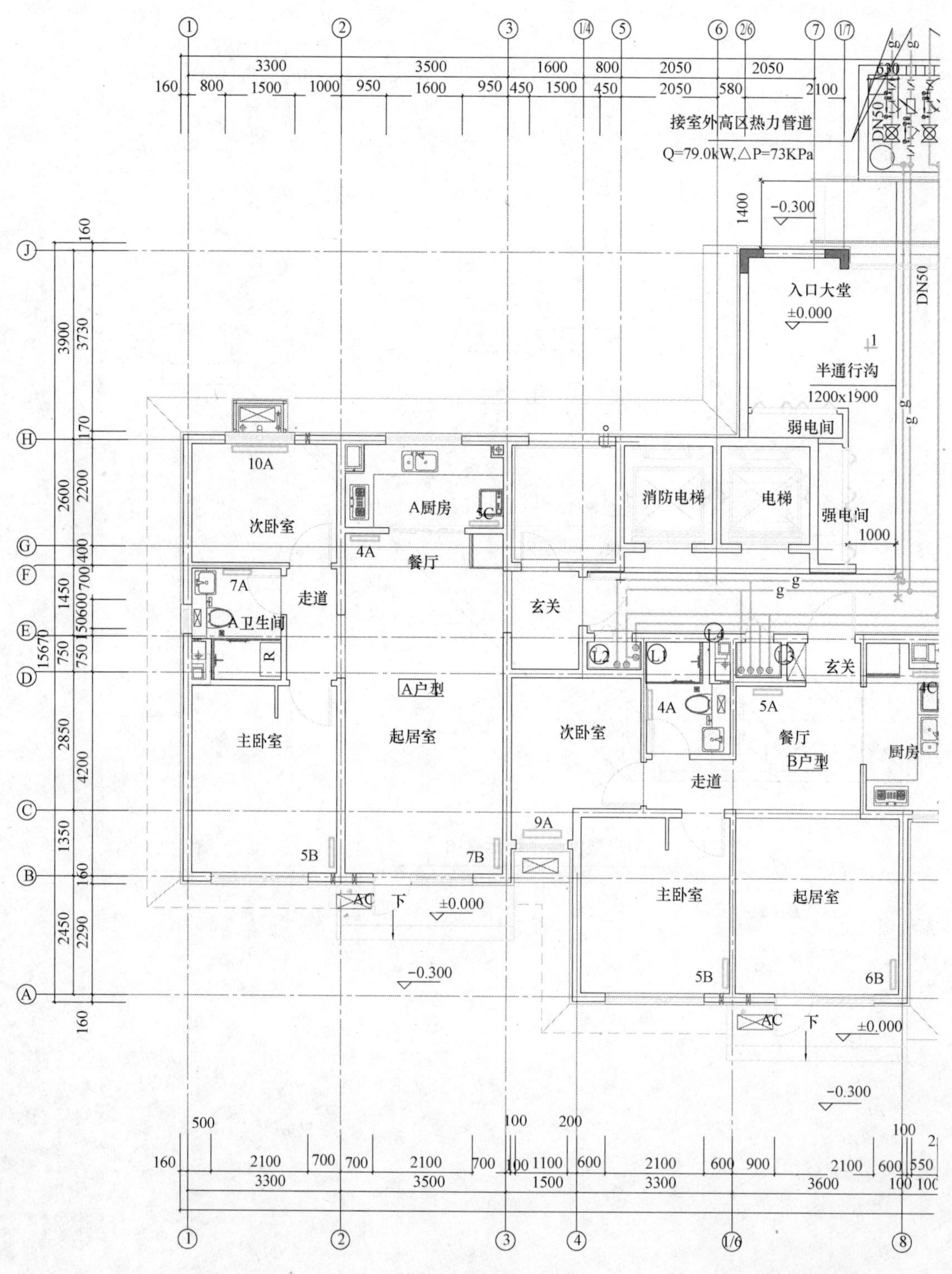

一层供暖平面图

注：管井至户内及户内采暖热力入口阻损ΔP为入口

图 5-71　一层

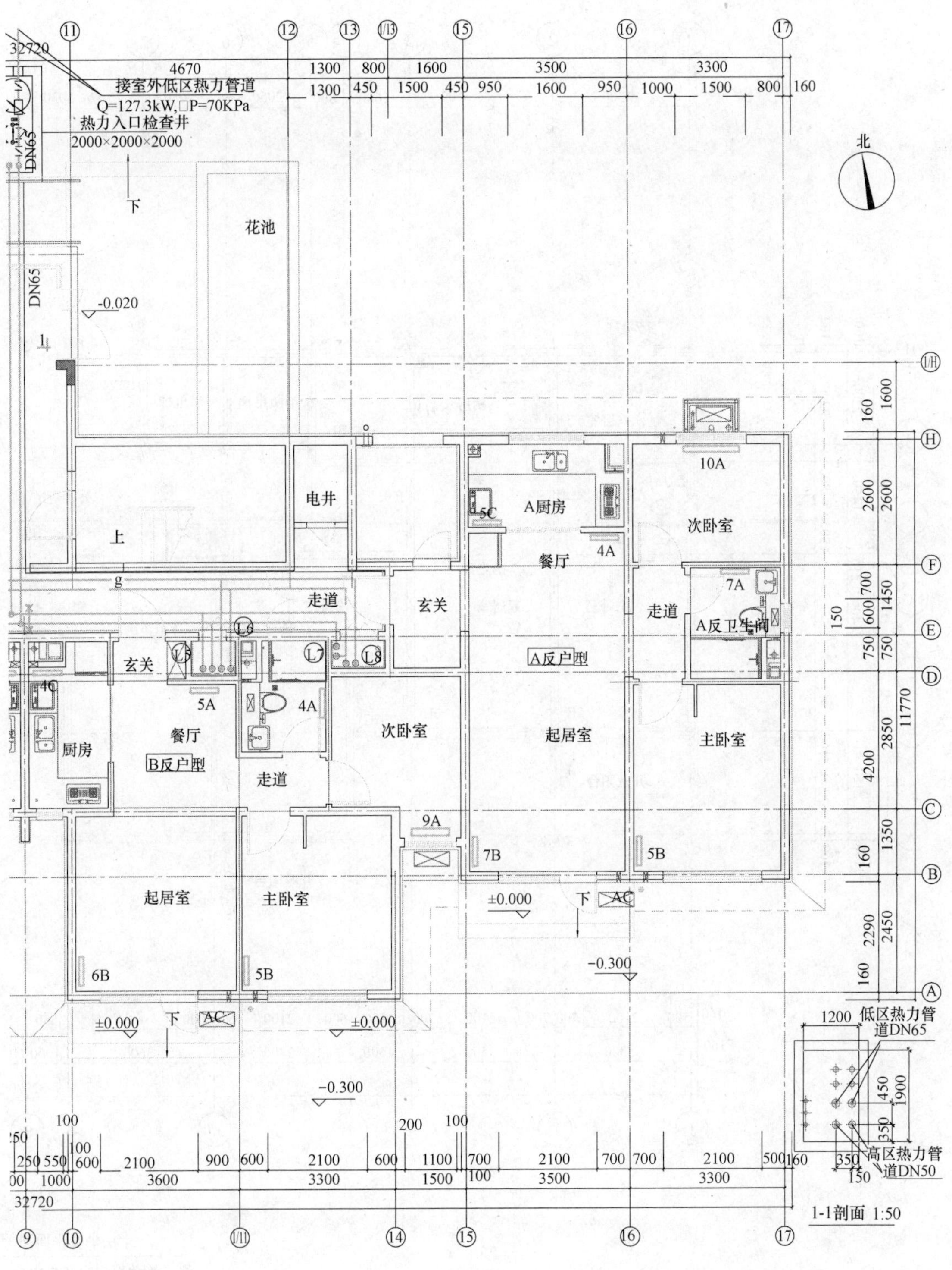

管道埋设布置详见A、B户型供暖平面图。

装置以后的数值。

供暖平面图

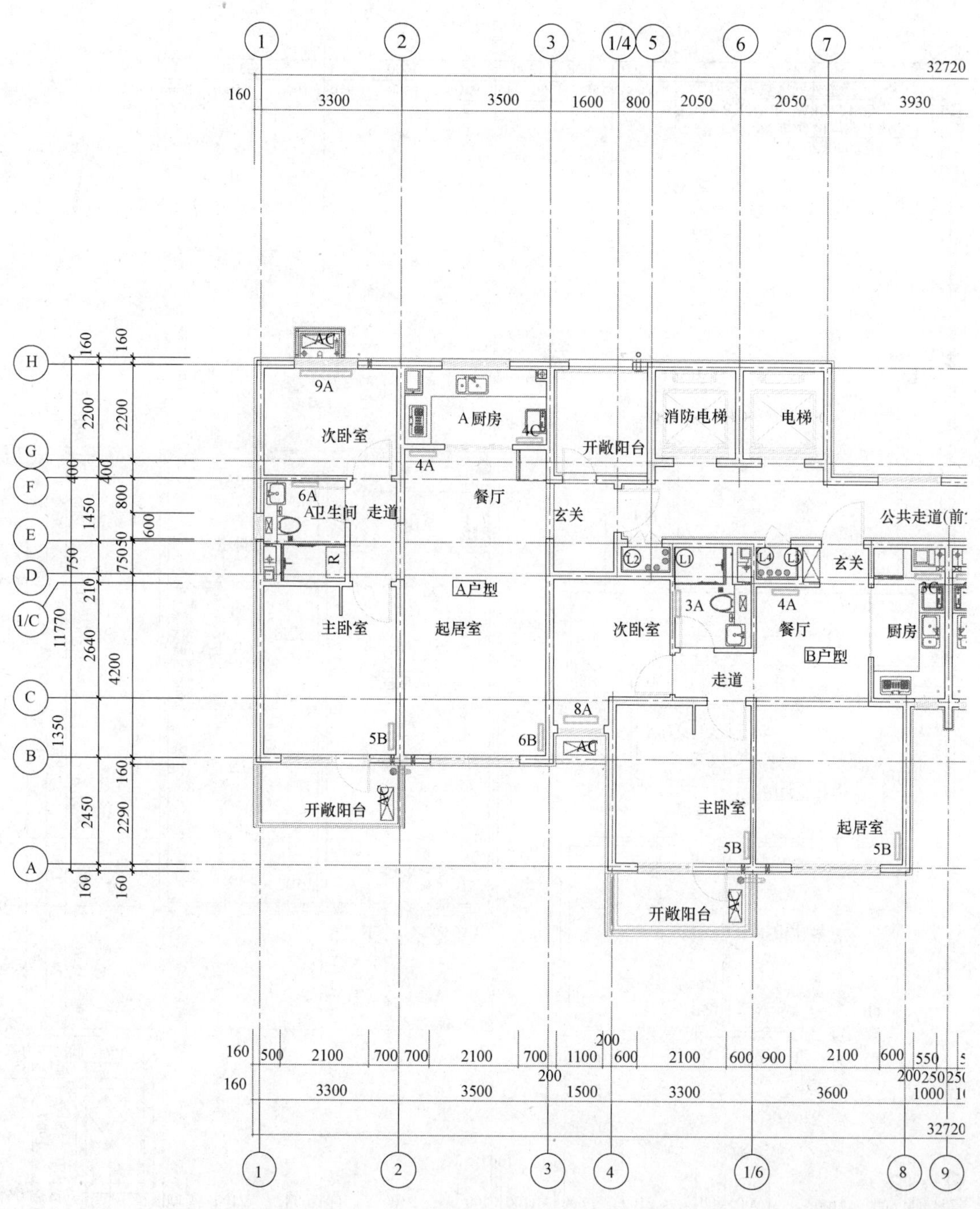

二~十层供暖平面图

注：管井至户内及户内采

图 5-72　二～十层

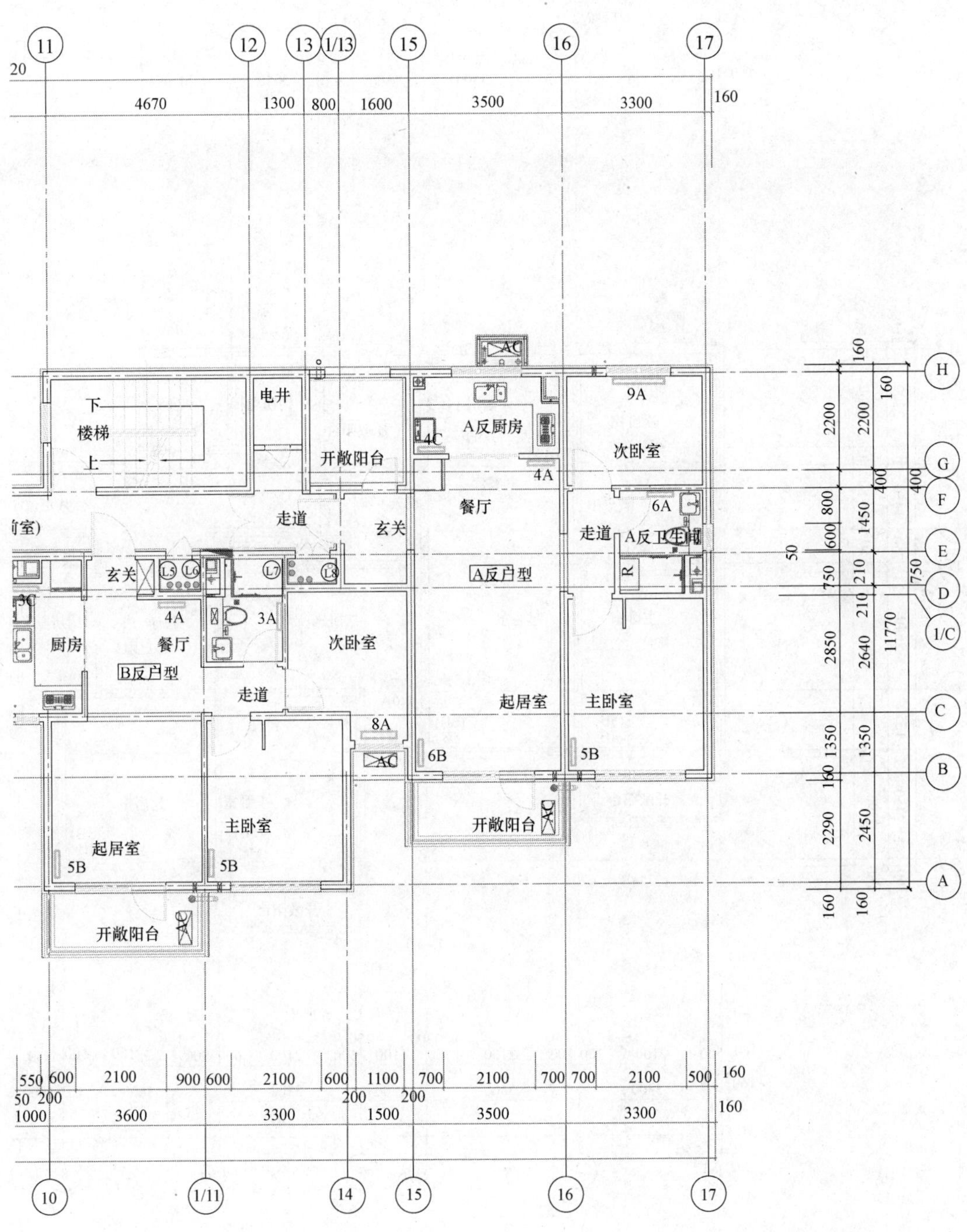

暖管道埋设布置详见A、B户型供暖平面图。

供暖平面图

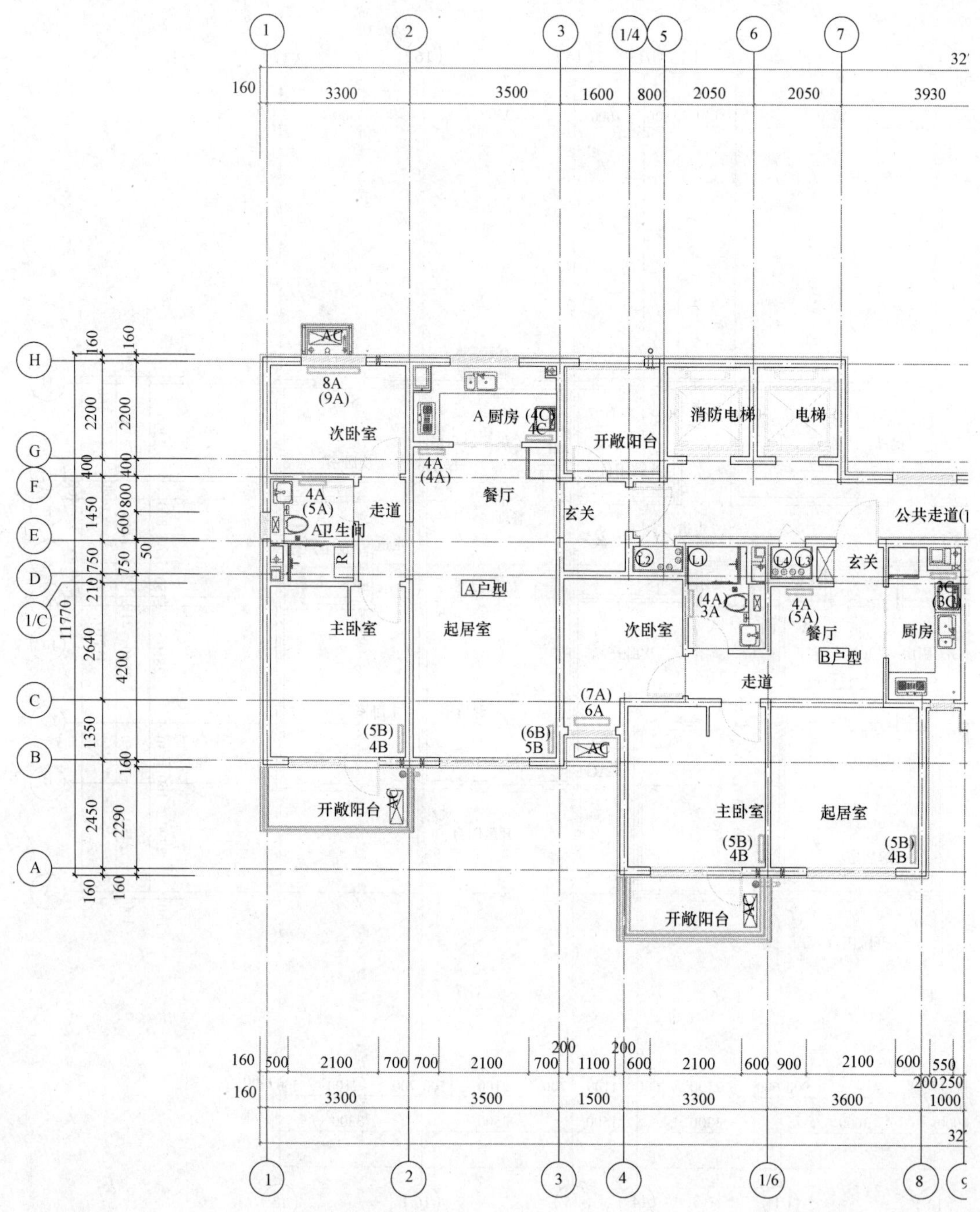

十一~十八层供暖平面

注：括号内为18层散热
管井至户内及户内

图5-73　十一~十八层

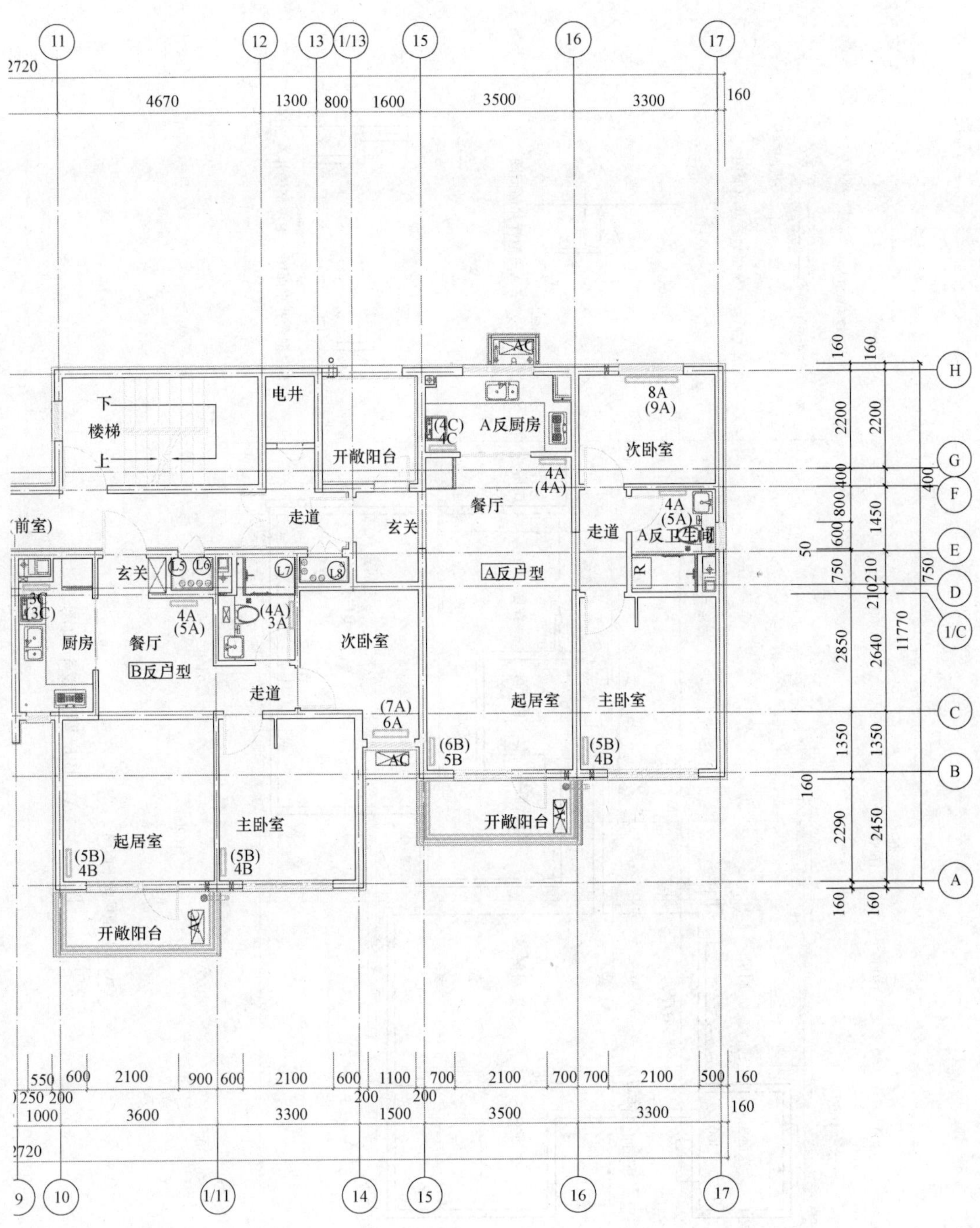

图

器片数

采暖管道埋设布置详见A、B户型供暖平面图。

供暖平面图

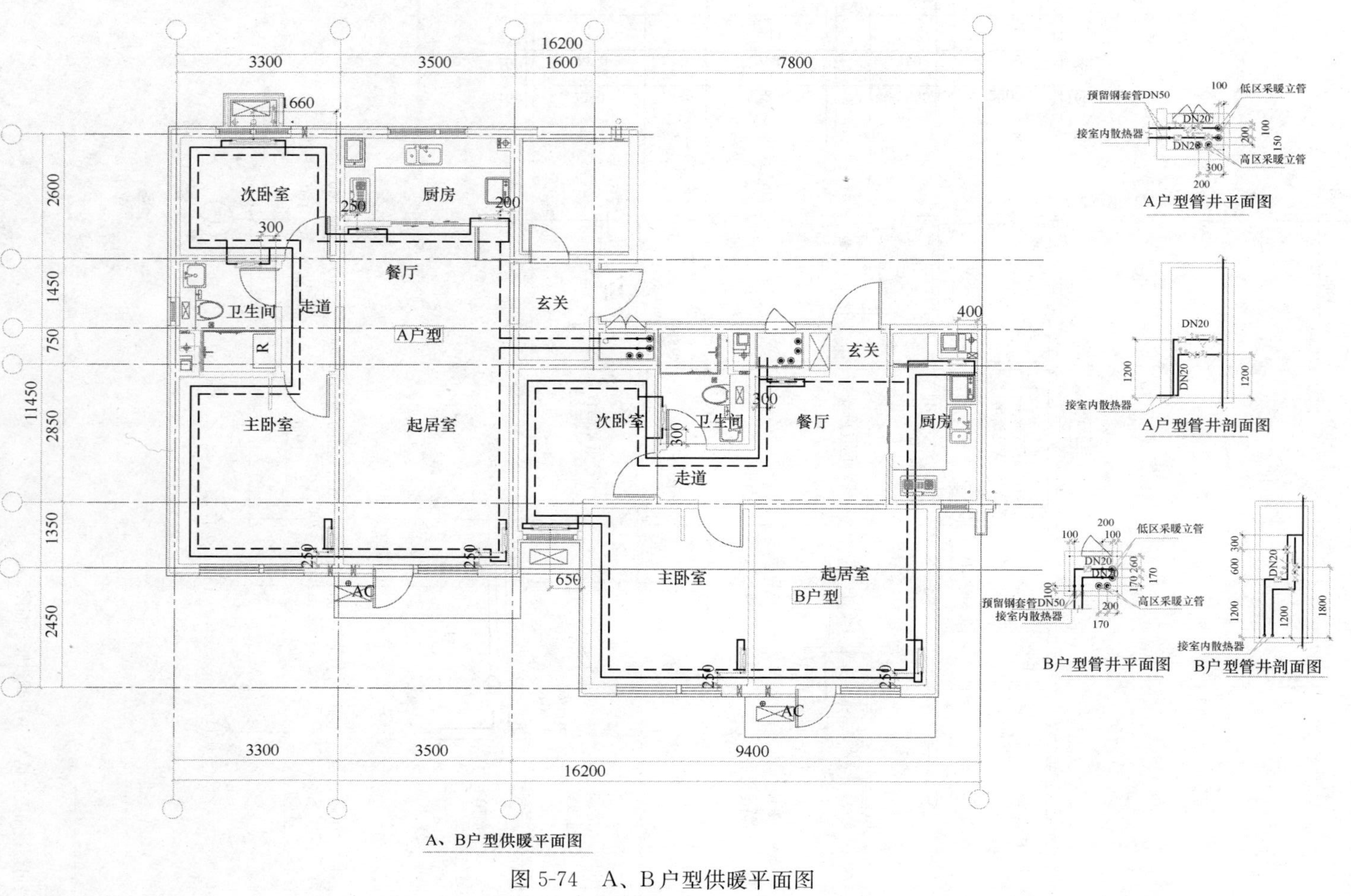

图 5-74　A、B户型供暖平面图

5.5　供暖系统管道设计

5.5.1　系统设置要求

散热器供暖系统的供水、回水管道，宜在热力入口处与下列供热系统分开设置：

（1）通风、空调系统；

（2）热风供暖系统；

（3）热水供应系统；

（4）生产供热系统；

（5）其他应分开的系统。

5.5.2　供暖入口装置

热水供暖系统热力入口安装示意图如图5-75所示。

（1）热水供暖系统，在热力入口处的总管上应安装静态水力平衡阀（定流量运行）、泄水口、温度计和压力表，必要时，应装设流量计和除污器。

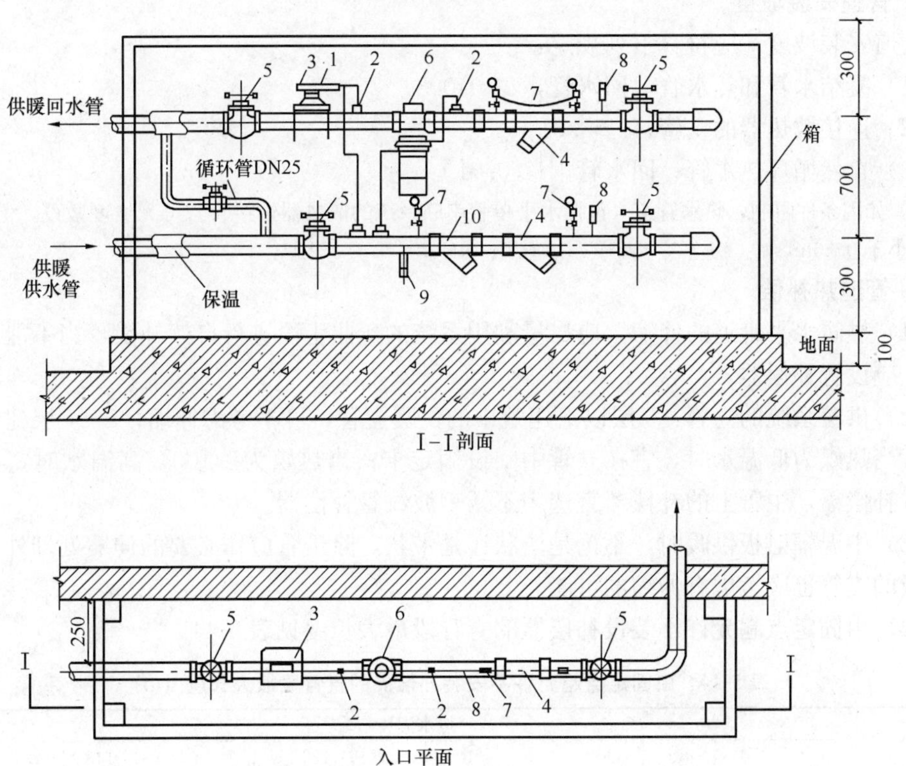

图5-75　热水供暖系统热力入口安装图

1—流量计；2—温度、压力传感器；3—积分仪；4—水过滤器（60目）；5—截止阀；6—静态水力平衡阀；7—压力表；8—温度计；9—泄水阀（DN15）；10—水过滤器（孔径3mm）

（2）当热网的供水温度高于供暖系统的供水温度，且热网的水力工况稳定，入口处的供回水压差足以保证混水器工作时，宜设混水器，否则可采用换热器。

（3）当需从供暖入口分接出3个或3个以上分支环路，或虽是两个环路，但平衡有困难时，在入口处应设分水器。

（4）当设置混水器、调压板等入口装置时，应尽量明装（民用建筑宜安装在楼梯间内），如明装有困难时，可安装在入口地沟内，但地沟盖板应能活动，地沟内检修宽度不应小于600mm。热量计量装置不应设在地沟内。

（5）室内热水供暖系统的总压力损失，应根据入口处的资用压力通过计算确定，当资用压力过大时，应装设调压装置。

5.5.3 管道系统

1. 管道系统划分

系统的划分不宜过大，其作用半径宜控制在下列范围：

（1）自然循环热水系统，50m；

（2）同程式机械循环热水系统，100m；

（3）异程式机械循环热水系统，50m；

（4）水平串联机械循环热水系统，50m。

2. 管道安装坡度

管道安装坡度，应符合下列规定：

（1）凝结水管和热水管、回水管，$i \geqslant 0.003$；

（2）连接散热器的支管，$i \geqslant 0.01$；

（3）自然循环热水管、回水管，$i \geqslant 0.01$。

注：如因条件限制，热水管道（包括水平单管串联系统的散热器连接管）可无坡度敷设，但管中流速不得小于0.25m/s。

3. 管道热补偿

（1）供暖水平管道的伸缩，应尽量利用系统的弯曲管段进行自然补偿，当不能满足要求时，应设置补偿器。

（2）供暖系统的立管：5层以下建筑中的供暖立管，可不考虑伸缩；5～7层建筑中的立管，当热媒为低温水时，宜在立管中间设固定卡；当热媒为≥100℃高温水时，立管上应设置补偿器，主管上的补偿器宜选用不锈钢波纹管补偿器。

（3）中温辐射板供暖时，不论是块状还是带状，除干管应作必要的伸缩处理外，接向辐射板的支管也应考虑有伸缩的可能。

（4）由固定点起允许不装设补偿器的直管段最大长度见表5-44。

表5-44 由固定点起允许不安装补偿器的直管段最大长度（m）

建筑物性质	热水温度（℃）												
	60	70	80	90	95	100	110	120	130	140	143	151	158
	蒸汽压力（MPa）												
	—	—	—	—	—	—	0.05	0.1	0.18	0.27	0.3	0.4	0.5
民用建筑	55	45	40	35	33	32	30	26	25	22	22	22	—
工业建筑	65	57	50	45	42	40	37	32	30	27	27	27	25

4. 管道支架间距

钢管及塑料管道安装支架间距见表 5-45 和表 5-46。

表 5-45 钢管管道支架的最大间距

公称直径（mm）		15	20	25	32	40	50	70	80	100	125	150	200	250	300
支架的最大间距（m）	保温管	2	2.5	2.5	2.5	3	3	4	4	4.5	6	7	7	8	8.5
	不保温管	2.5	3	3.5	4	4.5	5	6	6	6.5	7	8	9.5	11	12

表 5-46 塑料管及复合管管道支架的最大间距

管径（mm）			12	14	15	18	20	25	32	40	50	63	75	90	100
最大间距（m）	立管		0.5	0.6	0.7	0.8	0.9	1.0	1.1	1.3	1.6	1.8	2.0	2.2	2.4
	水平管	冷水管	0.4	0.4	0.5	0.5	0.6	0.7	0.8	0.9	1.0	1.1	1.2	1.35	1.55
		热水管	0.2	0.2	0.25	0.3	0.3	0.35	0.4	0.5	0.6	0.7	0.8		

5. 供暖地沟

室内供暖系统的管道宜明装敷设，如必须敷设在地沟内时，地沟应按下列规定选择：

（1）管数在 4 根及 4 根以上且需要经常检修时，宜采用通行地沟，其净尺寸不宜小于 1.2m×1.8m。

（2）管数为 2～3 根或虽一根管道，但长度大于 2m，宜采用半通行地沟，其净尺寸不宜小于 1.0m×1.2m。

（3）对于无检修要求的管道，当长度小于或等于 20m 时，宜采用不通行地沟，其净尺寸不宜小于 0.6m×0.6m；局部过门地沟，不宜小于 0.4m×0.4m。

注：如立管和支管暗装于墙内时，应做成沟槽以利伸缩和维修。

（4）地沟构造要求：地沟的底面应有 0.003 的坡度，坡向集水坑。通行地沟应设事故人孔，事故人孔间距应不大于 100m，人孔尺寸不宜小于 0.6m×0.6m，并应设置便于上、下的铁爬梯。沿外墙敷设的通行地沟和半通行地沟，有条件时，在外墙上每隔加 20m，宜设通风口，通行地沟还应考虑照明设施。

6. 供暖系统中阀门的设置和选用

（1）供暖系统宜按下列规定设置阀门：

① 多层建筑的供暖立管上应设调节阀门或关闭阀门，但楼梯间立管上不宜装设阀门。

② 垂直单管串联 5 层以上时，宜在散热器供水支管上设置三通调节阀。

③ 双管系统对室温有要求时，宜在散热器供水支管上设置恒温调节阀。

④ 水平单管跨越式，对室温有要求时，可在散热器供水支管上装设阀门。

⑤ 各环干管的始端及系统总进、出口管上，应装设阀门。

⑥ 当系统需要部分运行或关断进行修理时，应在各分支干管上装设关断阀门。

注：当有冻结危险时，立管或支管上的阀门至干管的距离，不应大于 120mm。

（2）供暖系统中的阀门，宜按下列规定选择：

① 关闭用：热水系统用闸阀或球阀。

② 调节用：截止阀、对夹式蝶阀或调节阀。

③ 放水用：旋塞或闸阀。

④ 放气用：恒温自动排气阀、自动排气阀、钥匙汽阀、旋塞或手动放风等。

7. 管道保温

供暖管道和设备有下列情况之一时，应进行保温：

（1）管道内输送的热媒必须保证一定的参数。

（2）敷设在地沟、技术夹层、闷顶及管道井内或有可能冻结的地方。

（3）管道通过的房间或地点要求保温。

（4）热媒温度高于80℃的管道、设备安装在有人停留的地方。

（5）敷设在非供暖房间内的设备和管道（不包括溢流管和排污管）。

（6）安装的管道、设备散热造成房间温度过高的情况。

（7）管道的无益热损失较大的情况。

注：1. 一般供暖主立管应保温。

2. 高层建筑保温材料应为非燃烧材料。

3. 不通行地沟内仅供冬季供暖使用的凝结水管，如余热不加以利用，且无冻结危险时，可不保温。

8. 管道刷漆

（1）明装非保温管道：在正常相对湿度，无腐蚀性气体的房间内，管道表面刷一遍防锈漆及两遍银粉或两遍快干瓷漆；在相对湿度较大或有腐蚀性气体的房间（如浴室、厕所等），管道表面刷一遍耐酸漆及两遍快干瓷漆。

（2）暗装非保温管道表面刷两遍红丹防锈漆。

（3）保温管道的表面刷两遍红丹防锈漆。

9. 管道连接

（1）焊接钢管的连接。管道公称管径小于或等于32mm，应采用螺纹连接；管道公称管径大于32mm，采用焊接。

（2）镀锌钢管的连接。公称管径小于或等于100mm的镀锌钢管应采用螺纹连接，套丝扣时破坏的镀锌层表面及外露螺纹部分应做防腐处理；公称管径大于100mm的镀锌钢管应采用法兰或卡套式专用管件连接，镀锌钢管与法兰的焊接处应二次镀锌。

10. 供暖系统的空气排除

机械循环热水供暖系统：上行下给式系统应在系统最高点处设自动排气罐或手动集气罐；下行上给式系统应在顶层每组散热器上装置自动或手动放风门；水平单管式系统应在每组散热器上设自动或手动放风门。

注：住宅建筑不宜在供暖系统上设手动放风门，避免系统失水。

11. 系统试压

供暖系统安装完毕，管道保温之前应进行水压试验。试验压力应符合设计要求。当设计未注明时，应符合下列规定：

（1）热水供暖系统应以系统顶点工作压力加0.1MPa做水压试验，同时在系统顶点的试验压力不小于0.3MPa。

（2）高温热水供暖系统，试验压力应为系统顶点工作压力加0.4MPa。

（3）使用塑料管及复合管的热水供暖系统，应以系统顶点工作压力加0.2MPa做水压试验，同时在系统顶点的试验压力不小于0.4MPa。

12. 检验方法

（1）使用钢管及复合管的供暖系统应在试验压力下10min内压力降不大于0.02MPa，

降至工作压力后检查，不渗、不漏。

(2) 使用塑料管的供暖系统应在试验压力下 1h 内压力降不大于 0.05MPa，然后降压至工作压力的 1.15 倍，稳压 2h，压力降不大于 0.03MPa，同时各连接处不渗、不漏。

5.6 供暖系统水力计算

5.6.1 管道水力计算方法

1. 基本计算法［式 (5-29)］

$$\Delta P = \Delta P_{\mathrm{m}} + \Delta P_i = \frac{\lambda}{d} l \frac{\rho v^2}{2} + \xi \frac{\rho v^2}{2} = \Delta p_{\mathrm{m}} l + \xi \frac{\rho v^2}{2} \tag{5-29}$$

式中 ΔP——管段压力损失，Pa；

ΔP_{m}——摩擦压力损失，Pa；

ΔP_i——局部压力损失，Pa；

λ——摩擦系数；

d——管道直径，m；

l——管道长度，m；

v——热媒在管道中的流速，m/s

ρ——热媒的密度，kg/m^3；

ζ——局部阻力系数。

单位长度摩擦压力损失分别见不同热媒的水力计算表，局部阻力系数见表 5-47～表 5-48。

表 5-47 热水供暖系统局部阻力系数 ξ 值

局部阻力名称	ξ	局部阻力名称	在下列管径（DN）mm 时的 ξ 值					
			15	20	25	32	40	≥50
散热器	2.0	截止阀	16.0	10.0	9.0	9.0	8.0	7.0
钢制锅炉	2.0	旋塞	4.0	2.0	2.0	2.0		
突然扩大	1.0	斜杆截止阀	0.3	3.0	3.0	2.5	2.5	2.0
突然缩小	0.5	闸阀	1.5	0.5	0.5	0.5	0.5	0.5
直流三通（图①）	1.0	弯头	2.0	2.0	1.5	1.5	1.0	1.0
旁流三通（图②）	1.5	90°煨弯及乙字弯	1.5	1.5	1.0	1.0	0.5	0.5
合流三通（图③）	3.0	括弯（图⑥）	3.0	2.0	2.0	2.0	2.0	2.0
分流三通（图③）	3.0	急弯双弯头	2.0	2.0	2.0	2.0	2.0	2.0
直流四通（图④）	2.0	缓弯双弯头	1.0	1.0	1.0	1.0	1.0	1.0
分流四通（图⑤）	3.0							
方形补偿器	2.0							
套管补偿器	0.5							

注：表中三通局部阻力系数，未考虑流量比，是一种简化形式，对分流、合流三通误差较大，可见《供暖通风设计手册》表 10-4。

说明：散热器和钢制锅炉以热媒在导管中的流速计算局部阻力；突然扩大和突然缩小以其中较大的流速计算局部阻力。

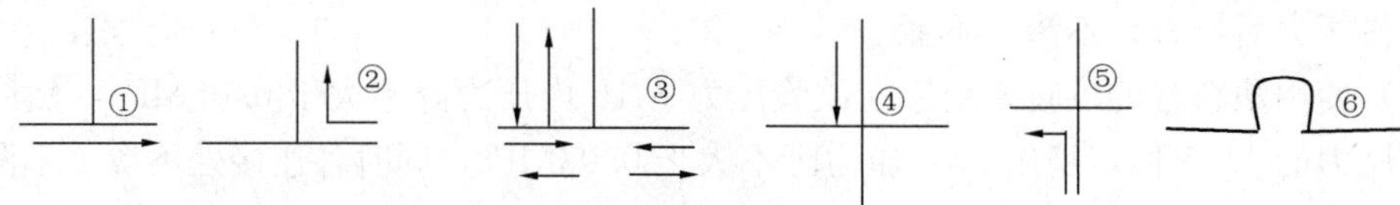

表 5-48　热水供暖系统局部阻力系数 $\xi=1$ 的局部损失动压值 $P_d=\rho v^2/2$

ν (m/s)	P_d (Pa)	ν (m/s)	P_d (Pa)	ν (m/s)	P_d (Pa)	ν (m/s)	P_d (Pa)
0.01	0.05	0.19	17.75	0.37	67.67	0.55	149.09
0.02	0.20	0.20	19.61	0.38	70.61	0.56	154
0.03	0.45	0.21	21.57	0.39	74.53	0.57	159.88
0.04	0.80	0.22	23.53	0.40	78.45	0.58	165.77
0.05	1.23	0.23	26.48	0.41	82.37	0.59	170.67
0.06	1.77	0.24	28.44	0.42	86.3	0.60	176.55
0.07	2.45	0.25	30.44	0.43	91.2	0.61	183.42
0.08	3.14	0.26	33.34	0.44	95.13	0.62	189.3
0.09	4.02	0.27	36.29	0.45	99.08	0.65	207.88
0.10	4.9	0.28	38.25	0.46	103.98	0.68	227.48
0.11	5.98	0.29	41.19	0.47	108.89	0.71	248.07
0.12	7.06	0.3	44.13	0.48	112.81	0.74	268.67
0.13	8.34	0.31	47.08	0.49	117.71	0.77	291.23
0.14	9.61	0.32	49.99	0.5	122.61	0.8	314.79
0.15	11.08	0.33	53.93	0.51	127.52	0.85	355
0.16	12.56	0.34	56.88	0.52	131.37	0.9	398.18
0.17	14.22	0.35	59.82	0.53	138.31	0.95	443.29
0.18	15.89	0.36	63.74	0.54	143.21	1	490.3

2. 简化计算法

（1）当量阻力法

将沿管道长度的摩擦损失折合成与之相当的局部阻力系数（称之为当量局部阻力系数）的计算方法。

$$\Delta P = A(\xi_d + \sum \xi)G^2 \tag{5-30}$$

式中　A——常数（因管径不同而异）；

G——流量，m^3/h；

ξ_d——当量局部阻力系数，$\xi_d=\lambda/dl$，不同管径的 λ/d 值如下：

d	15	20	25	32	40	50	70	80	100
λ/d	2.6	1.8	1.3	0.9	0.76	0.54	0.4	0.31	0.24

令 $\xi_{th}=\lambda/dl+\sum\xi$，按式（5-30）制成水力计算表，见表 5-49。

表 5-49　按 $\xi_{th}=1$ 确定热水供暖系统管段阻力损失的管径计算表

项目	DN（mm）									流速 (m/s)	ΔP (Pa)
	15	20	25	32	40	50	70	80	100		
水流量 G (kg/h)	75	137	220	386	508	849	1398	2033	3023	0.11	5.9
	82	149	240	421	554	926	1525	2218	3298	0.12	7.0
	89	161	260	457	601	1004	1652	2402	3573	0.13	8.2
	95	174	280	492	647	1081	1779	2587	3848	0.14	9.5
	102	186	301	527	693	1158	1906	2772	4122	0.15	10.9
	109	199	321	562	739	1235	2033	2957	4397	0.16	12.5
	116	211	341	597	785	1312	2160	3141	4672	0.17	14
	123	223	361	632	832	1390	2287	3326	4947	0.18	15.8
	130	236	381	667	878	1467	2415	3511	5222	0.19	17.6
	136	248	401	702	947	1583	2605	3788	5634	0.20	19.4
	143	261	421	738	970	1621	2669	3881	5771	0.21	21.4
	150	273	441	773	1016	1698	2796	4065	6046	0.22	23.5
	157	285	461	808	1063	1776	2923	4250	6321	0.23	25.7
	164	298	481	843	1109	1853	3050	4435	6596	0.24	27.9
	170	310	501	878	1155	1930	3177	4620	6871	0.25	30.4
	177	323	521	913	1201	2007	3304	4805	7146	0.26	32.9
	184	335	541	948	1247	2084	3431	4989	7420	0.27	35.4
	191	347	561	983	1294	2162	3558	5174	7695	0.28	38
	198	360	581	1019	1340	2239	3685	5359	7970	0.29	40.9
	205	372	601	1054	1386	2316	3812	5544	8245	0.30	43.7
	211	385	621	1089	1432	2393	3939	5729	8520	0.31	46.7
	218	397	641	1124	1478	2470	4067	5913	8794	0.32	49.7
	225	410	661	1159	1525	2548	4194	6098	9069	0.33	53
	232	422	681	1194	1571	2625	4321	6283	9344	0.34	56.2
	237	434	701	1229	1617	2702	4448	6468	9619	0.35	59.5
	245	447	721	1264	1663	2825	4575	6653	9894	0.36	63
	252	459	741	1300	1709	2856	4702	6837	10169	0.37	66.5
	259	472	761	1335	1756	2934	4829	7022	10443	0.38	70.1
	273	496	801	1405	1848	3088	5083	7392	10993	0.40	77.8
	286	521	841	1475	1940	3242	5337	7761	11543	0.42	85.7
	300	546	882	1545	2033	3397	5592	8131	12092	0.44	94
	314	571	922	1616	2125	3551	5846	8501	12642	0.46	102.8
	327	596	962	1686	2218	3706	6100	8870	13192	0.48	111.9
	341	621	1002	1756	2310	3860	6354	9240	13741	0.50	121.5
	375	683	1102	1932	2541	4246	6989	10164	15115	0.55	147
	409	745	1202	2107	2772	4632	7625	11088	16490	0.60	192.4
	443	807	1302	2283	3003	5018	8260	12012	17864	0.65	205.3
	477	869	1402	2459	3234	5404	8896	12936	19238	0.70	238.1
	511	931	1503	2634	3465	5790	9531	13860	20612	0.75	273.3
			1603	2810	3696	6176	10166	14784	21986	0.80	311
				3161	4158	6948	11437	16631	24734	0.90	393.5
				3512	4620	7720	12708	18479	27483	1.00	485.8
						9264	15250	22175	32979	1.20	699.6
						10808	17791	25871	38476	1.40	952.2

（2）当量长度法

将管段的局部阻力损失折算成一定长度的摩擦损失的计算方法［式（5-31）］。

$$\Delta P=\Delta p_{m}l+\Delta p_{m}l_{d}=\Delta p_{m}(l+l_{d})=\Delta p_{m}l_{zh} \tag{5-31}$$

式中　l_d——局部损失的当量长度，m；

l_{th}——管段的折算长度，m。

局部损失的当量长度分别见表 5-50。

表 5-50　热水供暖系统局部阻力的当量长度 l_d（m）

局部阻力名称	在下列管径 DN（mm）时的 l_d 值						
	15	20	25	32	40	50	70
ζ=1	0.343	0.516	0.652	0.99	1.265	1.76	2.30
柱形散热器	0.7	1.0	1.3	2.0	—	—	—
钢制锅炉	—	—	—	2.0	2.5	3.5	4.6
突然扩大	0.3	0.5	0.7	1.0	1.3	1.8	2.3
突然缩小	0.2	0.3	0.3	0.5	0.6	0.9	1.2
直流三通	0.3	0.5	0.7	1.0	1.3	1.8	2.3
旁流三通	0.5	0.8	1.0	1.5	1.9	2.6	3.5
分（合）流三通	1.0	1.6	2.0	3.0	3.8	5.3	6.9
裤衩三通	0.5	0.8	1.0	1.5	1.9	2.6	3.5
直流四通	0.7	1.0	1.3	2.0	2.5	3.5	4.6
分（合）流四通	1.0	1.6	2.0	3.0	3.8	5.3	6.9
“Π”形补偿器	0.7	1.0	1.3	2.0	2.5	3.5	4.9
集气罐	0.5	0.8	1.0	1.5	1.9	2.6	3.5
除污器	3.4	5.2	6.5	9.9	12.7	17.6	23.0
截止阀	5.5	5.2	5.9	8.9	10.1	12.3	16.1
闸阀	0.5	0.3	0.4	0.5	0.6	0.9	1.2
弯头	0.7	1.0	1.0	1.5	1.3	1.8	2.3
90°煨弯	0.5	0.8	0.7	1.0	0.6	0.9	1.2
乙字弯	0.5	0.8	0.7	1.0	0.6	0.9	1.2
括弯	1.0	1.0	1.3	2.0	2.5	3.5	4.6
急弯双弯头	0.7	1.0	1.3	2.0	2.5	3.5	4.6
缓弯双弯头	0.3	0.5	0.7	1.0	1.3	1.8	2.3

3. 计算要求

（1）供暖系统各并联环路之间计算压力损失不应超过表 5-51 规定。

表 5-51　压力损失允许差值

系统形式	允许差值（%）	系统形式	允许差值（%）
双管同程式	15	双管同程式	10
双管异程式	25	双管异程式	15

（2）热媒在管道中的流速不应超过表 5-52 规定。

表 5-52 管道内热媒流动的最大允许流速（m/s）

管径（mm）	热水		
	有特殊安装要求的室内管网	一般室内管网	生产车间
15	0.5	0.8	1.0
20	0.65	1.0	1.3
25	0.8	1.2	1.5
32	1.0	1.4	1.8
40	1.0	1.8	2.0
50	1.0	2.0	2.5
＞50	1.0	2.0	3.0

（3）供暖系统的总压力损失可按下列原则确定：

① 热水供暖系统的循环压力，一般宜保持在 10～40kPa 左右。

② 设计机械循环热水双管系统时，必须计算由于水在散热器和管道内冷却而产生的重力作用压力，重力循环压力可按设计水温条件下最大循环压力的 2/3 计算。对于重力循环热水供暖系统，水在管道内冷却而产生的附加压力见表 5-53，该附加压力应全部计算，同时应按表 5-54 散热器的散热面积进行相应的修正。

表 5-53 在自然循环上供下回双管热水供暖系统中，由于水在管路内冷却而产生的附加压力（Pa）

系统的水平距离（m）	锅炉到散热器的高度（m）	自总立管至计算立管之间的水平距离（m）					
		＜10	10～20	20～30	30～50	50～75	75～100
未保温的明装立管（1）1 层或 2 层的房屋							
25 以下	7 以下	100	100	150	—	—	—
25～50	7 以下	100	100	150	200	—	—
50～75	7 以下	100	100	150	150	200	—
75～100	7 以下	100	100	150	150	200	250
（2）3 层或 4 层的房屋							
25 以下	15 以下	250	250	250	—	—	—
25～50	15 以下	250	250	250	350	—	—
50～75	15 以下	250	250	250	300	350	—
75～100	15 以下	250	250	250	300	350	400
（3）高于 4 层的房屋							
25 以下	7 以下	450	500	550	—	—	—
25 以下	大于 7	300	350	450	—	—	—
25～50	7 以下	550	600	650	750	—	—
25～50	大于 7	400	450	500	550	—	—
50～75	7 以下	550	550	600	650	750	—
50～75	大于 7	400	400	450	500	550	—
75～100	7 以下	550	550	550	600	650	700
75～100	大于 7	400	400	400	450	500	650

续表

系统的水平距离（m）	锅炉到散热器的高度（m）	自总立管至计算立管之间的水平距离（m）					
		<10	10～20	20～30	30～50	50～75	75～100
未保温的暗立管（1）1 层或 2 层的房屋							
25 以下	7 以下	80	100	130	—	—	—
25～50	7 以下	80	80	130	150	—	—
50～75	7 以下	80	80	100	130	180	—
75～100	7 以下	80	80	80	130	180	230
（2）3 层或 4 层的房屋							
25 以下	15 以下	180	200	280	—	—	—
25～50	15 以下	180	200	250	300	—	—
50～75	15 以下	150	180	200	250	300	—
75～100	15 以下	150	150	180	230	280	330
（3）高于 4 层的房屋							
25 以下	7 以下	300	350	380	—	—	—
25 以下	大于 7	200	250	300	—	—	—
25～50	7 以下	350	400	430	530	—	—
25～50	大于 7	250	300	330	380	—	—
50～75	7 以下	350	350	400	430	530	—
50～75	大于 7	250	250	300	330	380	—
75～100	7 以下	350	350	380	400	480	530
75～100	大于 7	250	260	280	300	350	450

注：1. 在下供下回系统中，不计算水在管路中冷却而产生的附加压力值。

2. 在单管式系统中，附加值采用本表所示的相应值的 50%。

表 5-54　考虑管内水的冷却、散热器表面积的附加数

层数	附加百分数											
	重力循环						机械循环					
	被计算的层数						被计算的层数					
	1	2	3	4	5	6	1	2	3	4	5	6
下供式（不保温）												
2	10	—	—	—	—	—	5	—	—	—	—	—
3	15	5	—	—	—	—	5	—	—	—	—	—
4	20	10	5	—	—	—	10	5	—	—	—	—
5	20	10	5	—	—	—	10	5	5	—	—	—
6	25	15	10	5	—	—	10	5	5	—	—	—
上供式（不保温）												
2	—	10	—	—	—	—	—	5	—	—	—	—
3	—	5	15	—	—	—	—	—	5	—	—	—
4	—	5	10	20	—	—	—	—	5	10	—	—
5	—	—	5	10	20	—	—	—	5	5	10	—
6	—	—	5	10	15	25	—	—	—	5	5	10

续表

层数	附加百分数											
	重力循环						机械循环					
	被计算的层数						被计算的层数					
	1	2	3	4	5	6	1	2	3	4	5	6
下供式（保温）												
2	3	—	—	—	—	—	—	—	—	—	—	—
3	5	2	—	—	—	—	—	—	—	—	—	—
4	5	3	2	—	—	—	—	—	—	—	—	—
5	7	4	2	—	—	—	—	—	—	—	—	—
6	8	5	3	2	—	—	—	—	—	—	—	—
上供式（保温）												
2	—	3	—	—	—	—	—	—	—	—	—	—
3	—	2	5	—	—	—	—	—	—	—	—	—
4	—	2	3	6	—	—	—	—	—	—	—	—
5	—	—	2	4	7	—	—	—	—	—	—	—
6	—	—	2	3	5	8	—	—	—	—	—	—

注：1. 沟内不保温的竖管其附加值按裸竖管数值的 50%。

2. 层数高于 4 层，也可按进入散热器内水的有效温度决定散热器面积，而不进行附加。

5.6.2　热水供暖系统的水力计算

常用的水力计算方法有等温降法、变温降法。不同热媒的水力计算表，见本手册。

1. 等温降法

（1）计算原理

等温降法计算法的特点是预先规定每根立管（对双管系统是每个散热器）的水温降，系统中各立管的供、回水温度都取相同的数值，在这个前提下就算流量。这种计算法的任务：一种是已知各管段的流量，给定最不利各管段的管径，确定系统所必须的循环压力；另一种是根据给定的压力损失，选择流过给定流量所需要的管径。

（2）计算方法

按表 5-55 步骤进行。

表 5-55　等温降法计算法计算步骤

步骤	计算内容	计　算　方　法
1	流量	根据已知热负荷 Q 和规定的供回水温差 Δt，计算出每根管道的流量 G，即： $G=\frac{0.86Q}{\Delta t}$ 式中　G——流量，kg/h； Q——热负荷，W； Δt——供回水温差，℃。 当热媒为 110～70℃时，Δt=40℃；95～70℃时，Δt=25℃；80～60℃时，Δt=20℃

续表

步骤	计算内容	计 算 方 法
2	管径	根据已算出的流量在允许流速范围内，选择最不利环路中各管段的管径。 当系统压力损失有限制时（尤其是自然循环时）应先算出平均的单位长度摩擦损失后再选取管径 $$\Delta P_{m}=\frac{\alpha\Delta P}{\sum l}$$ 式中　ΔP_{m}——平均单位长度摩擦阻力系数，Pa/m； α——摩擦损失占总压力损失的百分数，热水系统为0.5； ΔP——系统允许的总压力损失，Pa； $\sum l$——最不利环路的总长度，m
3	压力损失	根据流量和选择好的管径，可计算出各管段的压力损失ΔP，即， $$\Delta P=\left(\frac{\lambda}{d}l+\sum\xi\right)\frac{\rho v^{2}}{2}$$
4	环路压力平衡	按已知的各管段压力损失，进行并联环路间的压力平衡计算，如不能满足平衡要求，再调整管径，使之达到平衡为止，即， $$不平衡率=\frac{\sum\Delta P_{1}-\sum\Delta P_{2}}{\sum\Delta P_{1}}\times100\%<规定值$$ 式中　$\sum\Delta P_{1}$——第一环路总压力损失，Pa； $\sum\Delta P_{2}$——第二环路总压力损失，Pa

2. 变温降法

（1）计算原理

在各立管温降不相等的前提下进行计算，首先选定管径，根据平衡要求的压力损失去计算立管的流量，根据流量来计算立管的实际温降，最后确定散热器的数量。

（2）计算方法

① 求最不利环路的ΔP_{m}值，作查表参考用；

② 假设最远立管的温降，一般按设计温降增加2～5℃；

③ 根据假设温降，在推荐的流速范围内，并参照已求得的ΔP_{m}值，查表求得最远立管的计算流量G_{i}和压力损失；

④ 根据立管环路之间压力平衡原理，依次由远至近计算出其他立管的计算流量、温降及压力损失；

⑤ 已求得各立管计算流量之和$\sum G_{j}$与要求温降Δt所求得的实际流量$\sum G_{i}$不一致，需进行调整对各立管乘以调整系数，最后得出立管实际流量、温降和压力损失。各种调整的系数为：

温度调整系数 $a=\dfrac{\sum G_{j}}{\sum G_{t}}$；

流量调整系数 $b=\dfrac{\sum G_{t}}{\sum G_{j}}$；

压力调整系数 $c=\left(\dfrac{\sum G_{t}}{\sum G_{j}}\right)^{2}$。

第6章　通风防排烟及人防通风

本章执笔人

常晨晨

中国建筑设计院有限公司

工程师

关文吉

中国建筑设计院有限公司

总工程师

教授级高级工程师

注册设备工程师

6.1　风量计算基本公式

1. 按换气次数法计算的通风量

$$L = V \times n \tag{6-1}$$

式中　L——排风量，m^3/h；

V——房间容积，m^3；

n——换气次数，次/h。

此处，房间容积 V 根据实际计算目标可为有效容积（如吊顶下）或实际建筑物计算容积。

2. 消除余热所需的通风量

$$L = 3600 \times \frac{Q}{c\rho(t_p - t_s)} \tag{6-2}$$

式中　Q——室内显热发热量，kW；

c——空气比热容，kJ/（kg・℃）；

ρ——空气密度，kg/m^3；

t_p——室内排风设计温度，℃；

t_s——送风温度，℃。

3. 消除余湿所需的通风量

$$L = \frac{W}{\rho(d_p - d_s)} \tag{6-3}$$

式中　W——余湿量，g/h；

d_p——室内排风的含湿量，g/kg；

d_s——送风的含湿量，g/kg。

4. 稀释有害物浓度所需通风量

$$L = \frac{G}{y_p - y_s} \tag{6-4}$$

式中　G——室内有害物散发量，mg/h；

y_p——室内排风的有害物浓度，mg/m^3；

y_s——送风的有害物浓度，mg/m^3。

6.2　通　　风

本节将以案例形式介绍下述各种功能区域内通风系统的设计。除汽车库通风系统外，排烟及补风系统的设计将在6.3节详述。图6-2、图6-3中标注序号为水力计算用管段编号，出图时不打印。本章后续插图中序号功能及出图要求同本节。

6.2.1　卫生间通风

以北京市某多层写字楼标准层卫生间通风设计为例，建筑平面图如图6-1所示。该卫生间位于内区，设置于地下一层～四层（五层即屋顶层），房间格局均相同。卫生间面积为 50m²，地下一层、一层层高均为 4.8m，二层层高为 4.2m，三层、四层层高均为 3.55m。

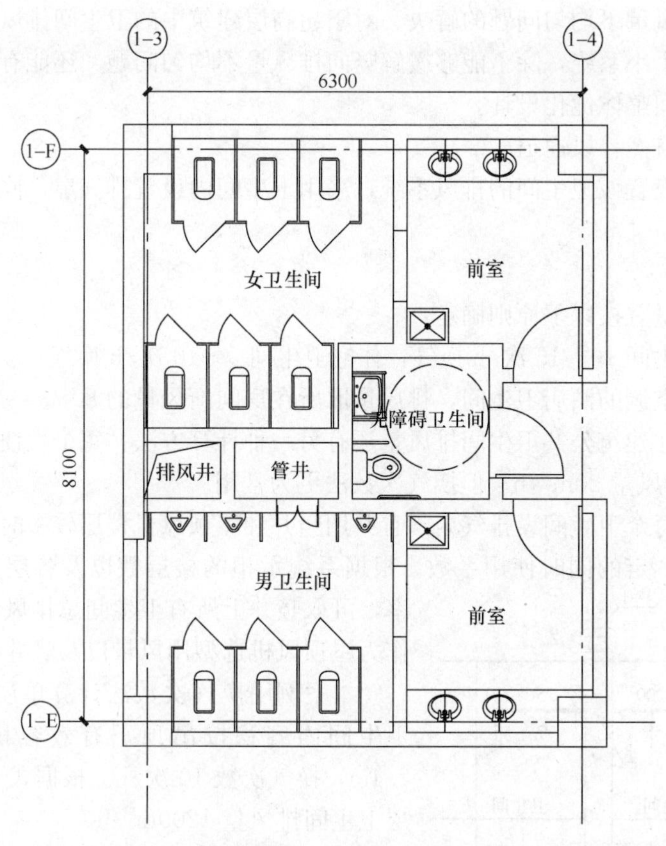

图 6-1　标准层卫生间平面图

1. 系统形式

公共卫生间、住宅建筑无外窗的卫生间应设机械排风系统。卫生间排风系统宜独立设置，不设机械补风。

竖向设置的集中排风系统，通常采用下述三种形式：

(1) 每个卫生间设置排气扇，竖井出口加装无动力排风帽，适用于负担竖向楼层较少的系统。

(2) 每个卫生间设置排气扇，屋顶设排风机，且排气扇和屋顶风机可联锁运行，适用于负担竖向楼层较多的系统。

(3) 仅设屋顶风机，适用于公共建筑的公共场所卫生间（如商场、车站码头等）的系统，集中控制、集中管理，减少单个排气扇的噪声和易损问题。

对于未设置屋顶排风机的系统，相比于每个卫生间仅设置百叶风口的利用热压作用的自然通风形式，设置排气扇避免了纯自然排风受自然压差影响，排风量不稳定特别是夏季排风效果较差，甚至发生倒灌现象的缺点；对于设置屋顶排风机的系统，设置排气扇能缓和垂直方向卫生间排风量不均匀的问题。

此外，设计卫生间排风系统还应注意下述问题：

（1）卫生间排风系统的防倒流问题。可在每个卫生间排风支管设单向阀或设置带有止回阀的排气扇。

（2）竖向排风量不均匀问题的解决。对于超高层建筑中的卫生间排风系统，可在垂直方向划分成若干个小系统，除了能够缓解竖向排风量不均匀问题，还能有效地减小排风井尺寸，便于卫生间整体优化设计。

（3）应考虑自然补风通道。

本案例独立设置该卫生间的排风系统，采用卫生间内设置排气扇，同时屋顶设排风机的形式。

2. 风量

卫生间排风量宜按以下原则确定：

（1）公共卫生间 10～15 次/h 换气，住宅卫生间 5～10 次/h 换气；

（2）设置有空调的酒店卫生间，排风量取所在房间新风量的 80%～90%；

（3）对于居住建筑公共卫生间排风量还有另一种计算方法：每个大便器排风量 $40m^3/h$，每个小便器排风量 $20m^3/h$。但换气次数法更为常用。

当在每层或每个卫生间设排气扇，且共用竖井和屋顶风机楼层较多时，集中排风机的风量确定应考虑一定的同时使用系数。根据系统承担的楼层数以及各层卫生间的使用频率，可取竖井上所有卫生间总排风量的 50%～80% 作为屋顶风机选型用风量以及竖井设计风量。

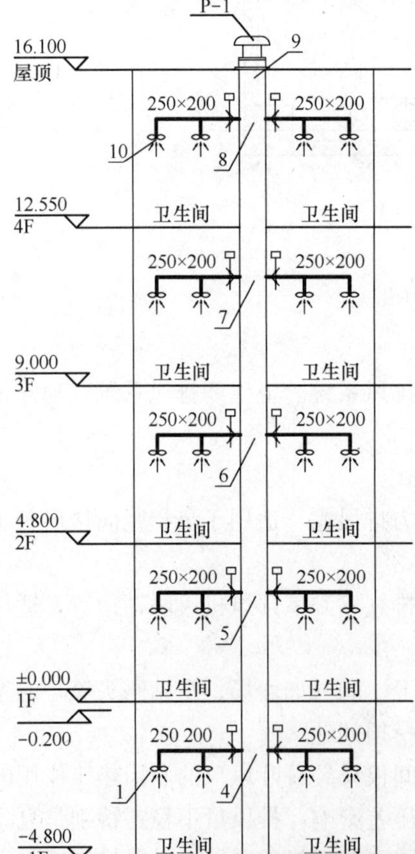

图 6-2　卫生间通风系统图

本案例用换气次数法计算单层卫生间排风量。卫生间内容积按吊顶下有效容积计算，取层高 2.4m，换气次数 10 次/h。根据式（6-1）计算，单层卫生间排风量 $1200m^3/h$。

3. 风口位置

为保证排风效果，卫生间内排气扇（排风口）通常布置于便器上方，离自然补风口（通常是门）较远的位置。

根据本案例卫生间格局，每层卫生间布置 4 个排气扇。根据风量计算结果，选用带有止回阀的排气扇，额定风量为 $300m^3/h$。本系统共负担 5 层卫生间。

4. 水力计算

采用风道水力计算通常采用的假定流速法进行。

（1）绘制通风系统图（图 6-2）及平面图（图 6-3），并对最不利管路以及待进行阻力平衡计算管路各管段进行编号。

（2）根据风速表，确定各管段风道内的合理流速，确定最不利管路各管段的断面尺寸及沿程阻力和局部阻力。计算结果详见表 6-1。

表 6-1 卫生间通风系统最不利管路水力计算表

	管段编号	风量 L	管长 l	初选风速 v	风道尺寸	流速当量直径 D	实际风速 v	修正后比摩阻 R'_m	沿程阻力 ΔP_y	动压 $\rho v^2/2$	局部阻力系数 ζ	局部阻力 ΔP_j	管段总阻力 ΔP	备注
		m^3/h	m	m/s	mm	mm	m/s	Pa/m	Pa	Pa		Pa	Pa	
单层水平管段部分	1-2	300	0.9	2.5	ϕ200	200	2.65	0.38	0.34	4.16	3.03	12.59	12.93	矩形风管合流 T 形三通
	2-3	300	2.65	3	250×200	222	1.67	0.08	0.22	1.64	0.53	0.87	1.09	矩形风管合流 T 形三通
	3-4	600	0.7	3	250×200	222	3.33	0.54	0.38	6.56	2.85	18.68	19.06	矩形风管合流 T 形三通、对开多叶阀
小计													33.08	
竖向管段部分	4-5	1200	4.8	5	850×800	824	0.49	0.00	0.00	0.14	0.66	0.09	0.09	矩形风管合流 T 形三通
	5-6	2400	4.2	5	850×800	824	0.98	0.00	0.00	0.57	0.46	0.26	0.26	矩形风管合流 T 形三通
	6-7	3600	3.55	5	850×800	824	1.47	0.00	0.00	1.28	0.38	0.48	0.48	矩形风管合流 T 形三通
	7-8	4800	3.55	5	850×800	824	1.96	0.03	0.12	2.27	0.32	0.73	0.85	矩形风管合流 T 形三通
	8-9	6000	0.95	5	850×800	824	2.45	0.11	0.10	3.54	0.26	0.92	1.02	渐缩变径管
合计													35.79	

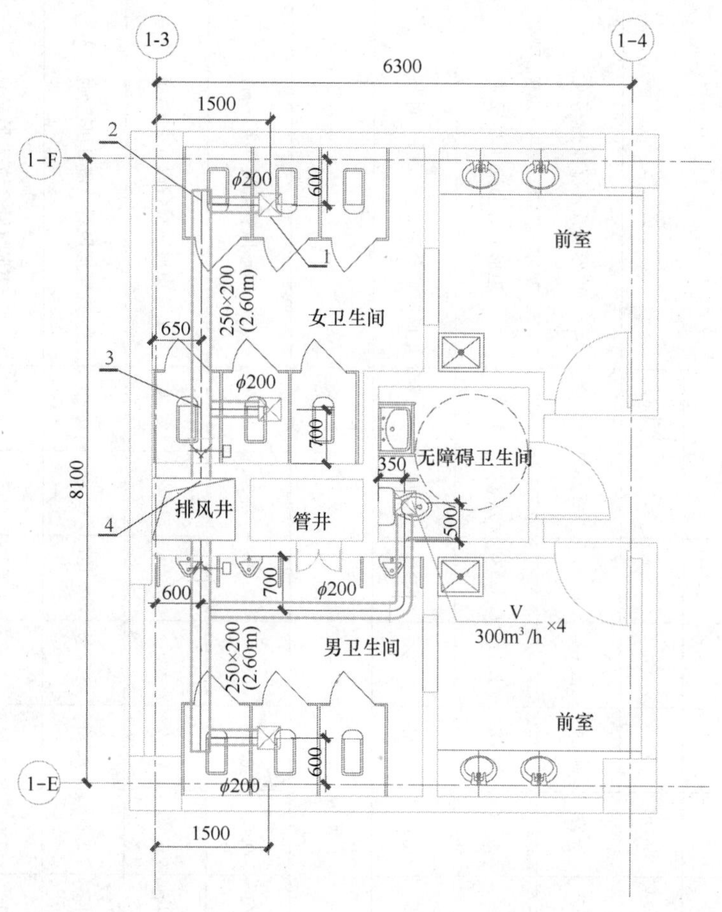

图 6-3　标准层卫生间通风平面图

管段 2-3-4 选择了满足该段最大风量处风速要求的管径，未变径。该段所接支管均为接排气扇支管，管内气流为正压，采用这种类似静压箱的管段设计方式，使得位于管段各处的排气扇气流更为顺畅，利于各层支管阻力平衡，同时减小管内正压造成的漏风。

(3) 支管的阻力平衡计算。

从图 6-2 中可以看出，管段 10-9 为距风机距离最短支路。

管段 10-8 阻力同管段 1-4，为 33.08Pa。管段 10-9 总阻力 $\Delta P_{14-13}=33.08+1.02=34.10\text{Pa}$。

管段 14-13 和管段 7-13 为并联管段，不平衡率为：

$$\frac{\Delta P_{1-9}-\Delta P_{10-9}}{\Delta P_{1-9}}=\frac{35.79-34.10}{35.79}=4.72\%<15\%\quad 满足要求。$$

5. 风机选型

系统总阻力为最不利管路 1-9 各管段总阻力，即为 20.72Pa。由于卫生间通风系统末端采用排气扇，自带压头，因此屋顶风机不承担排气扇处的阻力。

风机风量　　$L=1.1\times1200\times5=6600\text{m}^3/\text{h}$

机外余压　　$P=1.1\times35.79=39.37\text{Pa}$

卫生间屋顶通风平面图如图 6-4 所示。

6. 本案例出图内容

（1）图例，见表 6-2。

（2）设计说明

每层的公共卫生间设集中排风系统，换气次数 10 次/h，通过竖井将排风输送到屋顶进行排放，系统编号为 P-1。

（3）设备表，见表 6-3、表 6-4。

（4）系统图，如图 6-2 所示。

（5）平面图，如图 6-3 所示。

（6）屋顶风机详图，如图 6-4、图 6-5 所示。

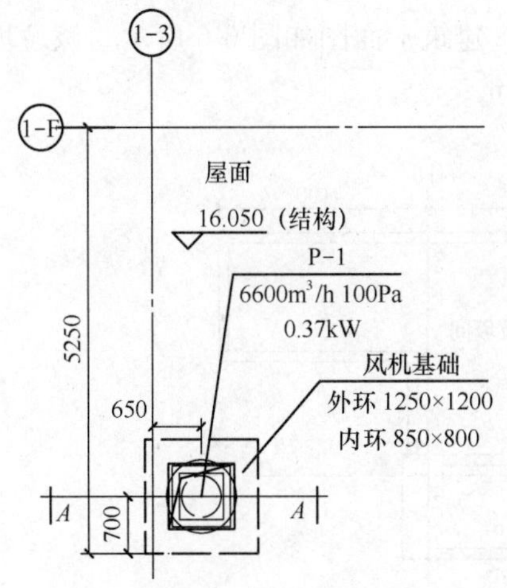

图 6-4 屋顶层通风平面图

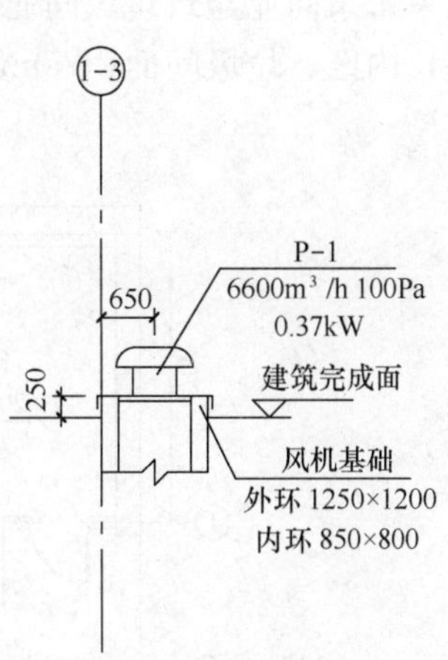

图 6-5 *A-A* 剖面图

表 6-2 图例

图例	名称	备注
V	排气扇	
	70℃防火调节阀	70℃熔断
P-n	排风机	n-序号
	屋顶风机	

表 6-3 设备表（排气扇）

编号	风量（m³/h）	电量（W）	电压（V）	噪声［dB（A）］	备注
V	300	34	220	<39	带止回阀

表 6-4　设备表（风机）

序号	设备编号	设备型式	风量 (m^3/h)	全压 (Pa)	电量 (kW)	电压 (V)	转速 (rpm)	噪声 [dB (A)]	数量 (台)	重量 (kg)	安装位置	服务对象	备注
1	P-1	DWT-I 系列轴流式屋顶风机 No. 5	6600	100	0.37	380	960	<63	1	<59	屋顶	卫生间排风	

6.2.2　垃圾间、污物间通风

以北京市某商业建筑垃圾间通风设计为例，建筑平面图如图 6-6 所示。该垃圾间位于地下二层，内区，垃圾间面积 50m²，层高 4.3m。

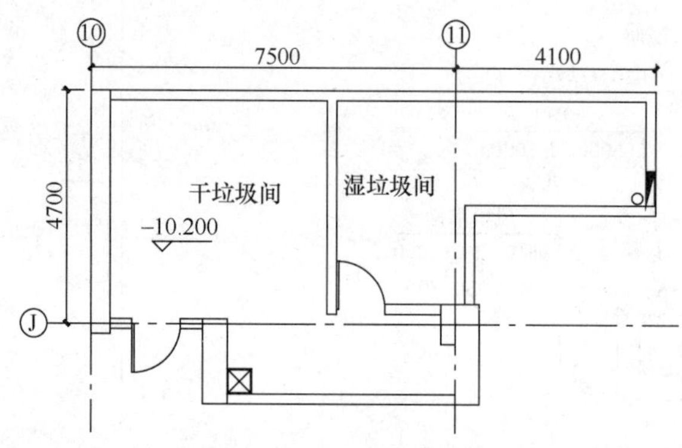

图 6-6　垃圾间平面图

1. 系统形式及风量

垃圾间应设置独立的机械排风系统，不设机械补风。建议垃圾间排风量取 10～15 次/h 换气，有条件时应设空调除湿。排风宜采用活性炭除臭装置。室外排风口应根据当地环保部门的要求设置，宜高空排放。

本案例独立设置该垃圾间的排风系统，设一台排风机，吊装于垃圾间内，设独立竖井排至室外。垃圾间取换气次数 10 次/h。根据式（6-1）计算，垃圾间排风量为 2150m³/h。

2. 风口位置

为保证排风效果，垃圾间内排风口通常布置于离自然补风口（通常是门）较远的位置。根据本案例垃圾间格局，干湿垃圾间各布置 1 个排风口。

3. 水力计算

采用假定流速法进行水力计算。

（1）绘制通风系统图及平面图，并对各管段进行编号，如图 6-7、图 6-8 所示。

（2）根据风速表，确定各管段风道内的合理流速，确定最不利管路各管段的断面尺寸及沿程阻力和局部阻力。计算结果详见表 6-5。

表 6-5　垃圾间通风系统最不利管路水力计算表

	管段编号	风量 L	管长 l	初选风速 v	风道尺寸	流速当量直径 D	实际风速 v	修正后比摩阻 R'_m	沿程阻力 ΔP_y	动压 $\rho v^2/2$	局部阻力系数 ζ	局部阻力 ΔP_j	管段总阻力 ΔP	备注
		m^3/h	m	m/s	mm	mm	m/s	Pa/m	Pa	Pa		Pa	Pa	
单层水平管段部分	1-2	1200	1.6	3	400×250	308	3.33	0.37	0.60	6.56	1.15	7.54	8.14	单百叶风口
	2-3	2400	2.8	5	400×320	356	5.21	0.79	2.21	16.00	0.785	12.56	14.78	矩形风管 Y 形对称裤衩三通、减缩变径管
	4-5	2400	3.7	5	400×320	356	5.21	0.79	2.92	16.00	1.64	26.25	29.17	渐扩变径管、消声器、矩形风管不带导叶弧形弯头 2 个
小计													52.08	
竖向管段部分	5-6	2400	11.6	5	400×320	356	5.21	0.79	9.16	16.00	3.88	62.10	71.26	对开多叶阀、防雨百叶
合计													123.35	

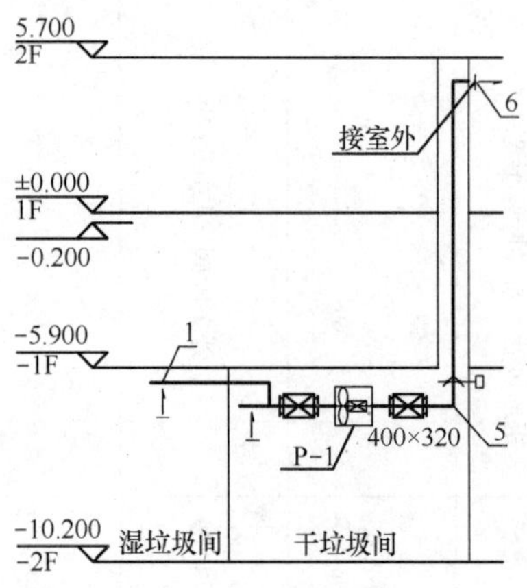

图 6-7　垃圾间通风系统图

4. 风机选型

系统总阻力为最不利管路 1-6 各管段总阻力，即为 123.35Pa。

风机风量　　$L=1.1\times2150=2365\text{m}^3/\text{h}$

机外余压　　$P=1.1\times123.35=135.69\text{Pa}$

5. 本案例出图内容

(1) 图例，见表 6-6。

(2) 设计说明

垃圾间设置独立排风系统，换气次数 10 次/h，通过竖井将排风输送到室外，且室外排风口避免正对行人通过的区域，系统编号为 P-1。

(3) 设备表，见表 6-7。

(4) 系统图，如图 6-7 所示。

(5) 平面图，如图 6-8 所示。

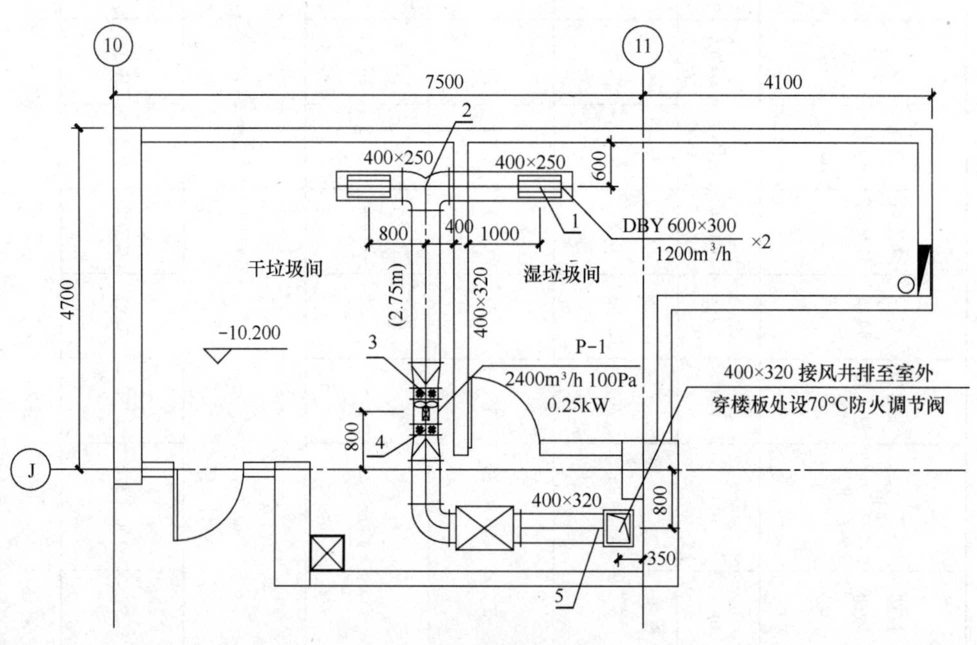

图 6-8　垃圾间通风平面图

表 6-6　图例

图例	名称	备注
[管道式风机图例]	管道式风机	
P-n	排风机	n-序号
[风管软接图例]	风管软接	

续表

图例	名称	备注
	消声器	
	70℃防火调节阀	70℃熔断，两路电信号输出
DBY	单层百叶风口	

表 6-7 设备表（风机）

序号	设备编号	设备型式	风量 (m^3/h)	全压 (Pa)	电量 (kW)	电压 (V)	转速 (rpm)	噪声 [dB (A)]	数量 (台)	重量 (kg)	安装位置	服务对象	备注
1	P-1	SWF-I 系列混流式风机 No3.5	2400	200	0.25	380	1450	<68	1	<28	垃圾间	垃圾间排风	

6.2.3 开水间通风

以北京市某办公建筑开水间通风设计为例，建筑平面图如图 6-9 所示。该开水间位于各标准层，邻近卫生间，内区，开水间面积 $3m^2$，层高 4.0m。

1. 系统形式及风量

无可开启外窗的开水间应设机械排风系统。设置竖向集中排风系统时，宜在上部集中安装排风机。

当在每层或每个开水间设排气扇，且共用竖井和屋顶风机楼层较多时，集中排风机的风量确定应考虑一定的同时使用系数。根据系统负担楼层的数量以及各层开水间的使用频率，可取竖井上所有开水间总排风量的 50%～80%作为屋顶风机选型用风量以及竖井设计风量。

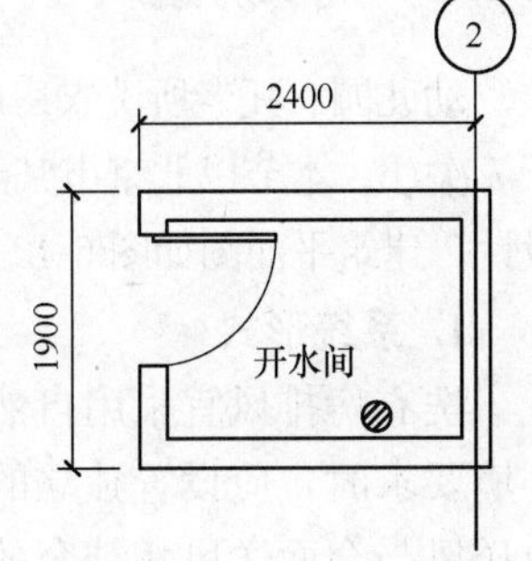

图 6-9 开水间平面图

本案例采用开水间内设置排气扇的形式。由于建筑平面开水间与卫生间相邻布置，开水间排风系统与卫生间排风系统合用排风竖井，采用自带止回阀的排气扇，防止卫生间与开水间相互串味。

2. 风量

建议开水间排风量取 6 次/h 换气。

开水间内容积按吊顶下有效容积计算，取层高 3m。根据式（6-1）计算，单层开水间排风量 $72m^3/h$。选用带有止回阀的排气扇，额定风量为 $100m^3/h$。

3. 本案例出图内容

（1）图例，见表 6-8。

（2）设计说明

开水间设置排风系统，换气次数 6 次/h，通过竖井将排风输送到室外。

（3）设备表，见表 6-9。

（4）系统图，如图 6-10 所示。

（5）平面图，如图 6-11 所示。

表 6-8　图例

图例	名称	备注
V ⊠　⚲	排气扇	

表 6-9　设备表（排气扇）

编号	风量（m^3/h）	电量（W）	电压（V）	噪声［dB（A）］	备注
V	100	23	220	＜37	带止回阀

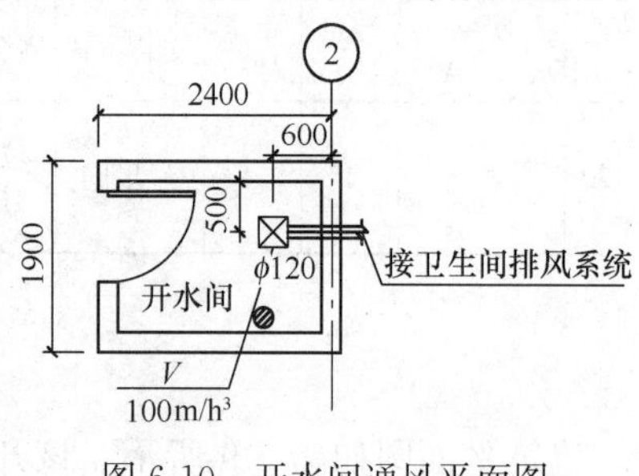

图 6-10　开水间通风平面图

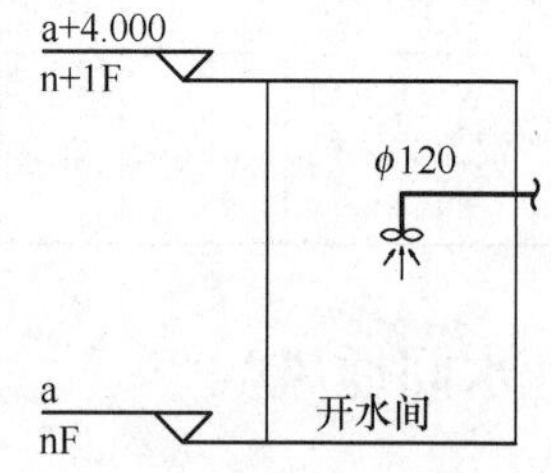

图 6-11　开水间通风系统图

6.2.4　洗衣房通风

幼儿园、托老所洗衣房应采用自然通风或机械排风系统，洗衣房全面通风换气次数不宜小于 5 次/h。本节以北京市某酒店洗衣房通风设计为例，介绍酒店、宾馆建筑内洗衣房通风系统设计，建筑平面图如图 6-12 所示。洗衣房位于地下一层，面积 570m^2，层高 4.8m。

1. 系统形式

洗衣房排风宜采用自然通风与局部排风相结合的通风方式，当自然通风不能满足室内环境要求时，应设置独立的机械排风系统。机械补风系统应与排风系统对应，采用局部岗位送风与全面送风相结合的方式。送风系统夏季宜采用降温处理；严寒或寒冷地区冬季应采用加热处理，其他地区冬季宜按当地气象条件做相应处理。

各生产及辅助用房通风系统具体要求如下：洗衣机、烫平机、干洗机、压烫机、人体吹机等散热量大或有异味散出的设备上部，应设置排气罩；烘干机排气系统应根据设备的要求连接排气管道；干洗机排气系统应独立设置；收衣间的排风系统应独立设置。

设在地下室且标准要求较高的大型洗衣房，其生产用房均应设置空调降温设施。

本案例洗衣房设计处于方案阶段，洗衣机、烫平机等洗衣房设备位置和功能区域尚未明确，预设机械通风系统，分别设置设备直接排风系统和全面排风系统，并对应局部排风和全面排风设置补风用新风机组，风机变频。采用设置热水盘管段的新风机组，夏季直接补新风，冬季送风温度为 14℃。排风机及补风用新风机组均设置于空调机房内。

2. 风量

洗衣房的通风量按以下方法确定：

（1）按热、湿平衡计算，计算公式见式（6-2）。式中 t_p为洗衣房排风设计温度，冬季取 12～16℃、夏季取 33℃；室内设备的散热、散湿量由工艺提供。

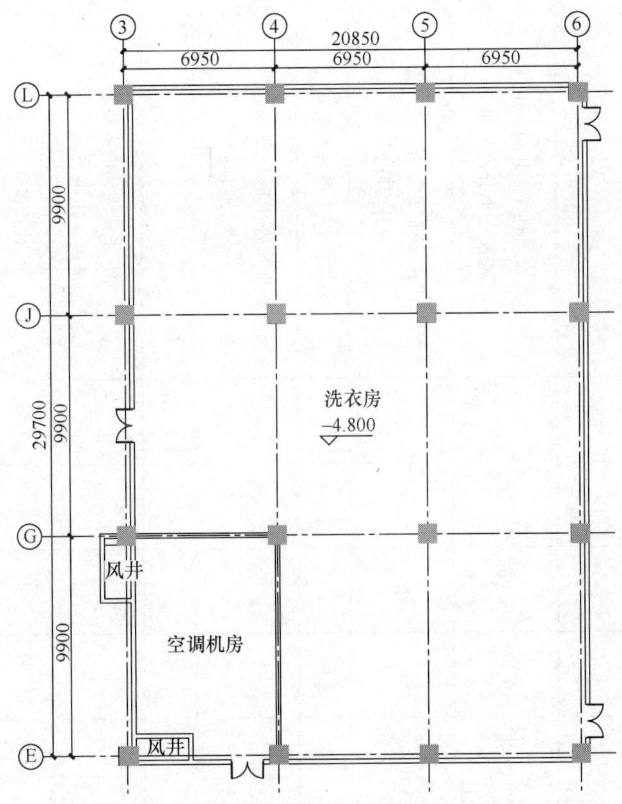

图 6-12　洗衣房平面图

（2）当洗衣房通风不具备准确计算条件时，可按换气次数进行估算，具体换气次数见表 6-10。

表 6-10　洗衣房通风量估算指标

房间分类	排风量		补风量
生产用房	无局部通风资料	20～30 次/h	排风量的 80%
	有局部通风资料	局部排风：罩口面速≥0.5m/s	排风量的 80%
		全面排风：5 次/h	2～3 次/h
辅助用房	15 次/h		排风量的 80%

本案例洗衣房设计处于方案阶段，不具备准确计算的条件。设备直接排风取 20－5＝15 次/h 换气次数，补风量按排风量的 80%计算；全面排风取 5 次/h 换气次数，补风取 3 次/h 换气次数。按吊顶下房间有效体积计算得：设备直接排风量为 29925m^3/h，补风量为 23940m^3/h；全面排风量为 9975m^3/h，补风量为 5985m^3/h。

3. 风口位置

洗衣房的进、排风口布置应满足通风气流由“取衣”处流向“收衣”处的要求，工作区内的空气流速一般≤0.5m/s。

4. 水力计算

采用假定流速法进行水力计算。

（1）绘制通风系统图及平面图，并对各管段进行编号，如图 6-13、图 6-14 所示。

（2）根据风速表，确定各管段风道内的合理流速，确定最不利管路各管段的断面尺寸及沿程阻力和局部阻力。计算结果详见表 6-11、表 6-12。

表 6-11　洗衣房设备直接排风及补风系统最不利管路水力计算表

	管段编号	风量 L	管长 l	初选风速 v	风道尺寸	流速当量直径 D	实际风速 v	修正后比摩阻 R'_m	沿程阻力 ΔP_y	动压 $\rho v^2/2$	局部阻力系数 ζ	局部阻力 ΔP_j	管段总阻力 ΔP	备注
		m^3/h	m	m/s	mm	mm	m/s	Pa/m	Pa	Pa		Pa	Pa	
排风管路	1-2	33000	5.2	5	2500×630	1006	5.82	0.25	1.33	19.99	5.05	100.93	102.25	消声器、对开多叶阀、矩形风管T形分流三通
	3-4	33000	3.4	5	1600×1000	1231	5.73	0.23	0.79	19.37	5	96.83	97.62	止回阀、渐扩变径管、消声器、对开多叶阀
	1′-2′	33000	1.2	5	1000×2400	1412	3.82	0.00	0.00	8.61	0.55	4.73	4.73	矩形风管T形合流三通
	2′-3′	44000	6.5	5	1000×2400	1412	5.09	0.21	1.34	15.20	3.7	56.62	57.96	矩形风管T形合流三通、防雨百叶
合计													262.57	
进风管路	5-6	26400	3	5	2500×500	833	5.87	0.38	1.15	20.31	3.4	69.04	70.19	对开多叶阀、消声器、矩形风管T形合流三通
	7-8	26400	0.6	5	2500×500	833	5.87	0.38	0.23	20.31	2.35	47.72	47.95	对开多叶阀
	8-9	26400	2.65	5	800×2000	1143	4.58	0.15	0.41	12.39	3.85	47.72	48.13	矩形风管T形分流三通、消声器、对开多叶阀
	4′-5′	33000	7.6	5	800×2400	1200	4.77	0.16	1.19	13.45	2.17	29.18	30.37	矩形风管T形分流三通、防雨百叶
合计													196.64	

表 6-12　洗衣房全面通风系统最不利管路水力计算表

	管段编号	风量 L	管长 l	初选风速 v	风道尺寸	流速当量直径 D	实际风速 v	修正后比摩阻 R'_m	沿程阻力 ΔP_y	动压 $\rho v^2/2$	局部阻力系数 ζ	局部阻力 ΔP_j	管段总阻力 ΔP	备注
		m^3/h	m	m/s	mm	mm	m/s	Pa/m	Pa	Pa		Pa	Pa	
排风管路	10-11	5500	3	3	1000×500	667	3.06	0.13	0.39	5.51	1.08	5.95	6.34	单百叶风口
	11-12	11000	15.8	6	1000×500	667	6.11	0.52	8.15	22.03	3.56	78.44	86.59	矩形风管T形合流三通、消声器对开多叶阀、渐缩变径管
	13-14	11000	6	6	630×800	705	6.06	0.51	3.09	21.69	5.64	122.31	125.30	渐扩变径管、矩形风管不带导叶弯头3个、消声器、对开多叶阀
	2′-3′	44000	6.5	5	1000×2400	1412	5.09	0.21	1.33	15.20	3.7	56.62	57.95	矩形风管T形合流三通、防雨百叶
合计													276.28	
进风管路	15-16	3300	3	3	800×400	533	2.86	0.12	0.36	4.84	3.2	15.39	15.85	双百叶风口
	16-17	6600	11.9	6	800×400	533	5.73	0.65	7.77	19.37	3.69	71.46	79.23	矩形风管T形分流三通、对开多叶阀、消声器、矩形风管不带导叶弯头
	18-19	6600	2.4	6	800×400	533	5.73	0.65	1.57	19.37	6.16	119.29	120.86	对开多叶阀、矩形风管T形合流三通、矩形风管不带导叶弯头
	19-8	6600	2.4	5	800×2000	1143	1.15	0.00	0.00	0.77	0	0.00	0.00	矩形风管T形合流三通
	8-9	33000	2.6	5	800×2000	1143	5.73	0.24	0.62	19.37	3.85	74.56	75.18	矩形风管T形合流三通、消声器、对开多叶阀
	4′-5′	33000	7.6	5	800×2400	1200	4.77	0.16	1.19	13.45	2.17	29.18	30.37	矩形风管T形分流三通、防雨百叶
合计													321.49	

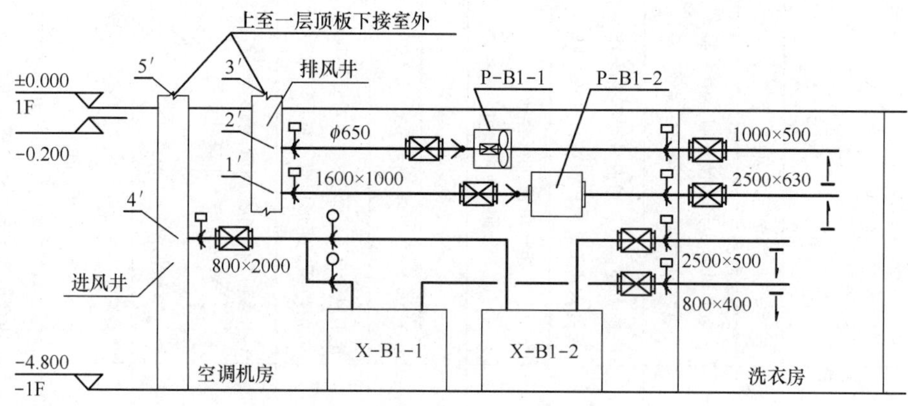

图 6-13　洗衣房通风系统图

5. 风机选型

设备直接排风及补风：

排风机	风机风量	$L=1.1\times29925=32918\text{m}^3/\text{h}$
	机外余压	$P=1.1\times263=289.3\text{Pa}$
新风机组	风机风量	$L=1.1\times23940=26334\text{m}^3/\text{h}$
	机外余压	$P=1.1\times197=216.7\text{Pa}$

全面通风：

排风机	风机风量	$L=1.1\times9975=10973\text{m}^3/\text{h}$
	机外余压	$P=1.1\times276=303.6\text{Pa}$
新风机组	风机风量	$L=1.1\times5985=6584\text{m}^3/\text{h}$
	机外余压	$P=1.1\times321=353.1\text{Pa}$

6. 本案例出图内容

(1) 图例，见表 6-13。

(2) 设计说明

本案例洗衣房设计处于方案阶段，洗衣机、烫平机等洗衣房设备位置和功能区域尚未明确，预设一套设备直接排风及补风系统，以及一套全面通风系统。具体系统设置如下：

按 5 次/h 设置全面排风系统，排风机设置于空调机房，系统编号为 P-B1-1；同时按排风量的 80%设置补风系统，系统编号为 X-B2-1。

按 15 次/h 设置设备直接排风系统，排风机设置于空调机房。系统编号为 P-B1-2；同时按 3 次/h 设置补风系统，系统编号为 X-B2-2。

补风系统采用设置热水盘管段的新风机组，夏季直接补新风，冬季送风温度为 14℃。

(3) 设备表，见表 6-14、表 6-15。

(4) 系统图，如图 6-13 所示。

(5) 平面图，如图 6-14 所示。

(6) 机房详图，如图 6-15～图 6-17 所示。

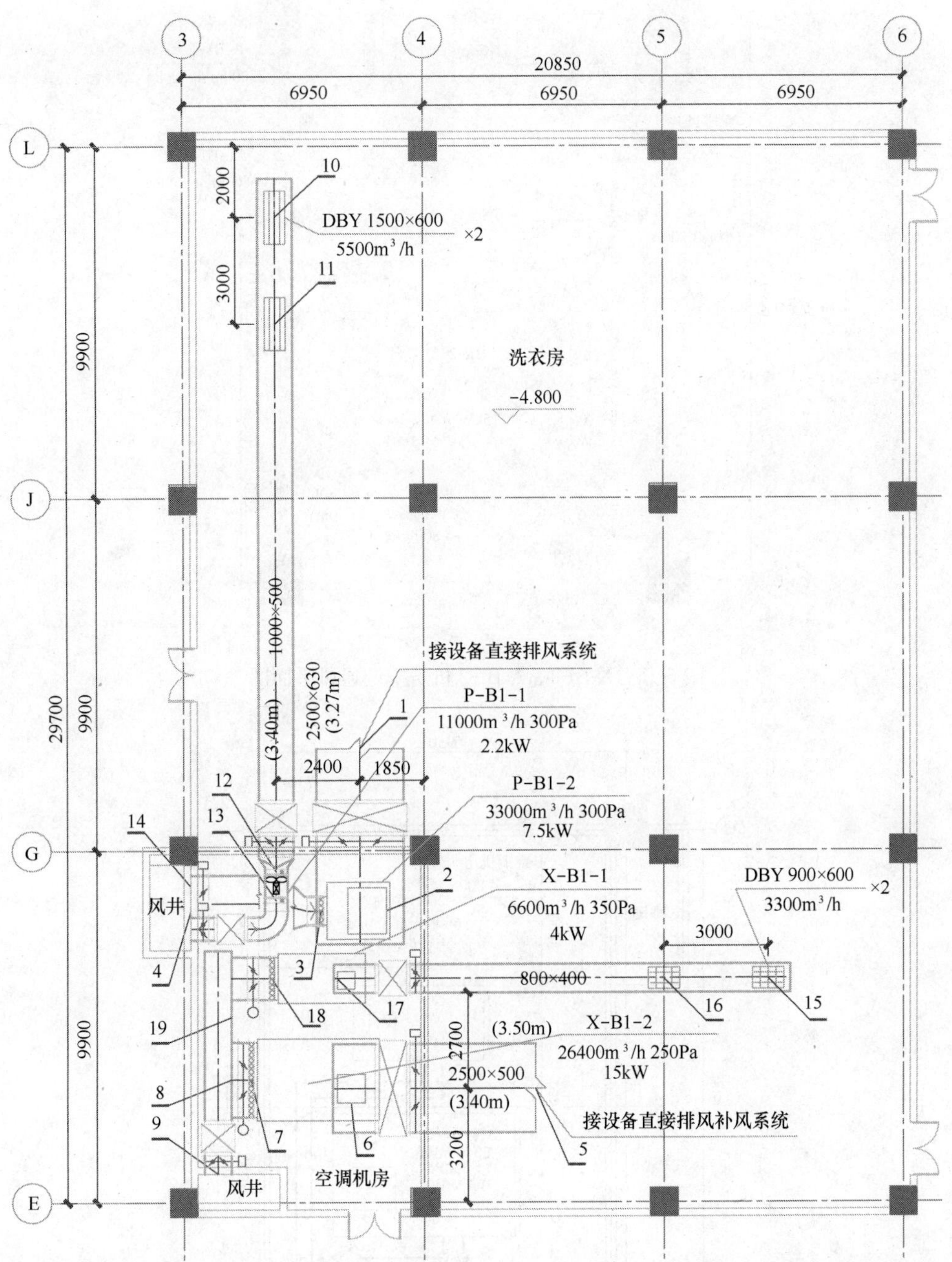

图 6-14　洗衣房通风平面图

注：图中序号为水力计算用管段编号。

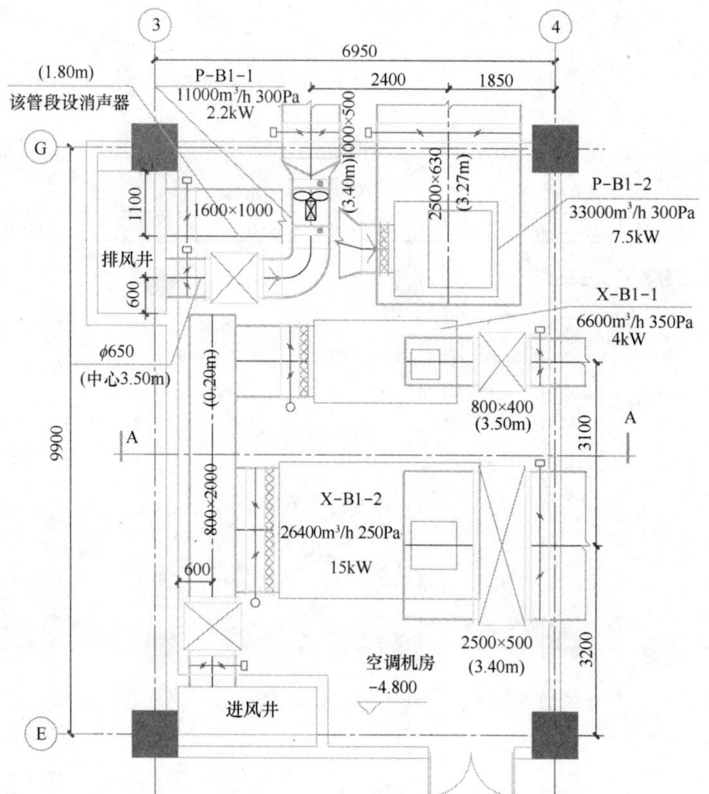

图 6-15　X-B1-1、X-B1-2 机房空调通风平面图

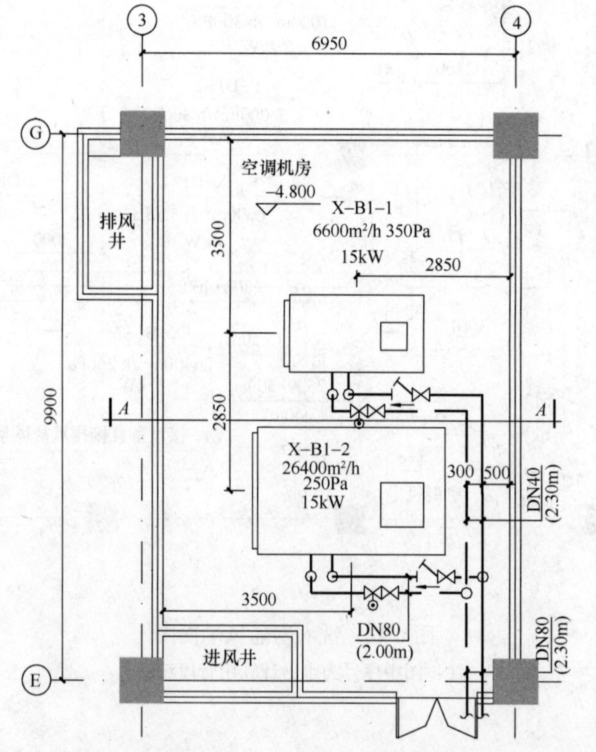

图 6-16　X-B1-1、X-B1-2 机房空调水管平面图

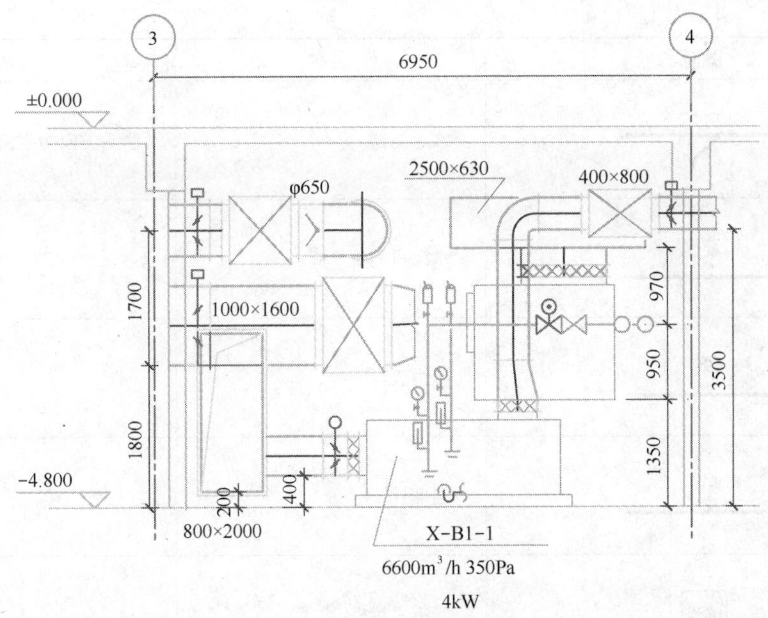

图 6-17 X-B1-1、X-B1-2 机房 A-A 剖面图

表 6-13 图例

图例	名称	备注
— —	空调机组热水回水管	
———	空调机组热水供水管	
P-Fn-m	平时兼事故排风机	n—楼层号 m—设备号
X-Fn-m	新风机组	n—楼层号 m—设备号
DNxxx	水管管径标注	
[截止阀图例]	截止阀	
[水路手动蝶阀图例]	水路手动蝶阀	
[水路电动二通阀图例]	水路电动二通阀（调节式）	

续表

图例	名称	备注
	水过滤器	箭头方向为水流方向
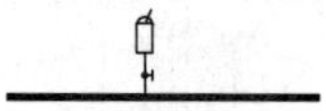	水路自动排气阀	
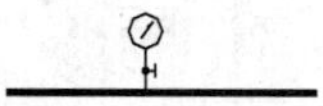	压力表	
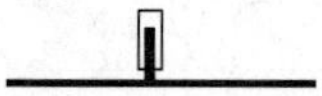	温度计	
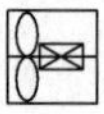	管道式风机	
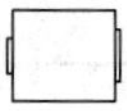	柜式离心风机	
	风管软接	
	消声器	
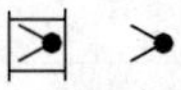	风管止回阀	
	风管电动开关阀	
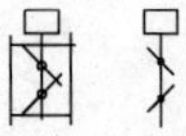	70℃防火调节阀	70℃熔断，两路电信号输出
SBY	双层百叶风口	
DBY	单层百叶风口	

表 6-14　新风机组设备表

序号	设备编号	设备型式	送风机				热盘管						过滤器类型（初）	水管接管方向	外形尺寸长×宽×高（mm）	噪声[dB（A）]		数量（台）	重量（kg）	安装位置	服务对象
			风量（m^3/h）	余压（Pa）	电量（kW）	电压（V）	热量（kW）	进/出水温（℃）	盘管前空气状态 T_d（℃）	盘管后空气状态 T_d（℃）	水阻力（kPa）	工作压力（MPa）				机外	出风口				
1	X-B1-1	卧式新风机组	6600	350	4	380	冬 42	65/50	−3.6	14	<50	1.0	板式	右	2500×1400×950	<69	<80	1	<900	空调机房	洗衣房全面排风补风
2	X-B1-2	卧式新风机组	26400	250	15	380	冬 167	65/50	−3.6	14	<50	1.0	板式	右	3500×2500×1850	<69	<80	1	<2100	空调机房	洗衣房设备直接排风补风

说明：1. 新风机组功能组合：

（1）机组功能段组成如附图所示。

（2）盘管为热盘管。

2. 机组均配用变频风机。
3. 机组的新风口均配用调节灵活的多叶调节阀。
4. 所有新风机组的风机和电机均设减震装置。
5. 新风机组左右式（水管接向）的判断方法：顺着机组气流方向，水管在左侧的为左式，右侧为右式。
6. 新风机组供应厂商向设计院提供机组的选型结果。
7. 所有设备定货前，技术性能若与图纸不符，请通知相关专业。

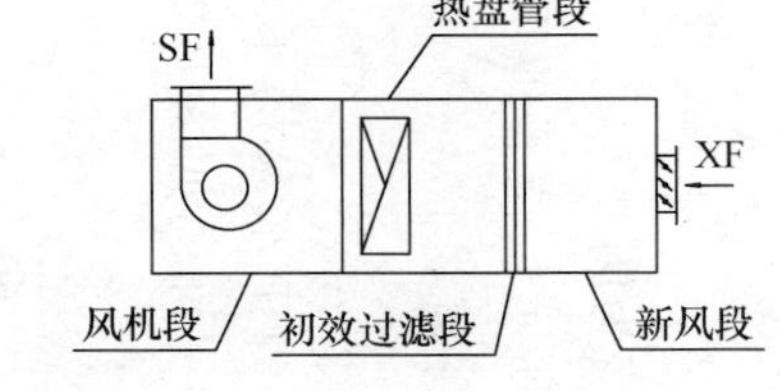

表 6-15　风机设备表

序号	设备编号	设备型式	风量（m^3/h）	风压（Pa）	电量（kW）	电压（V）	转速（rpm）	噪声[dB（A）]	数量（台）	重量（kg）	安装位置	服务对象	备注
1	P-B1-1	SWF-Ⅰ系列混流式风机 No6.5	11000	300	2.2	380	1450	<80	1	<89	空调机房	洗衣房全面排风	风机变频
2	P-B1-2	HTFC（DT）-Ⅰ系列柜式离心风机 No28	33000	300	7.5	380	600	<73	1	<580	空调机房	洗衣房设备直接排风	风机变频

6.2.5 设备用房通风

以北京市某商业建筑设备用房为例。

制冷机房平面图如图 6-18 所示，位于地下三层，440m²，层高 5.6m。换热站平面图如图 6-19 所示，位于地下三层，160m²，层高 5.6m。消防水泵房平面图如图 6-20 所示，位于地下三层，120m²，层高 5.6m。变配电室平面图如图 6-21 所示，位于地下二层，450m²，层高 4.3m。中水泵房平面图如图 6-22 所示，位于地下二层，75m²，层高 4.3m。生活水泵房平面图如图 6-23 所示，位于地下三层，120m²，层高 6m。

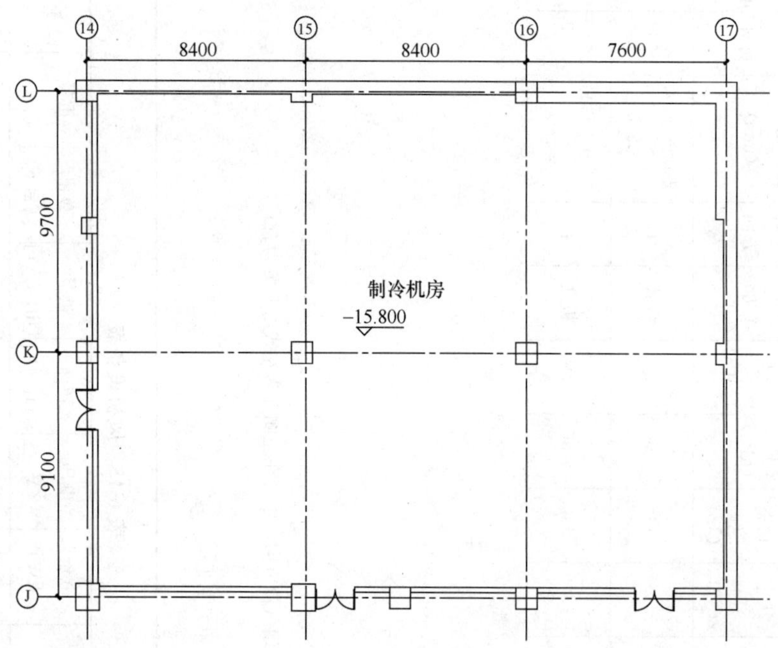

图 6-18 制冷机房平面图

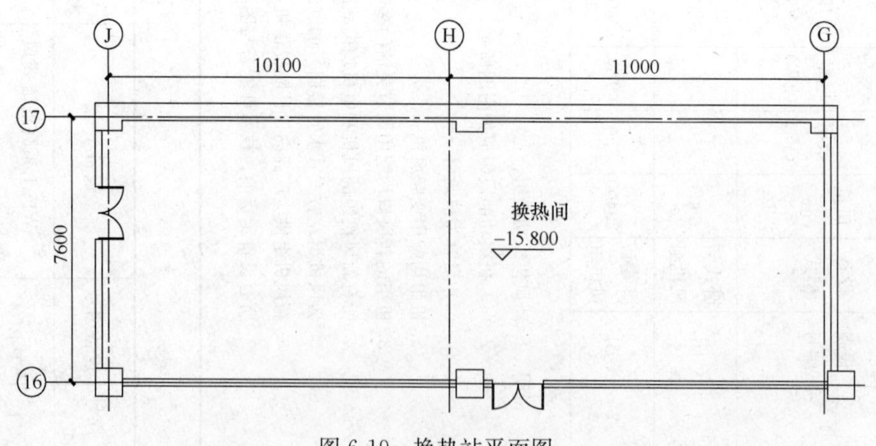

图 6-19 换热站平面图

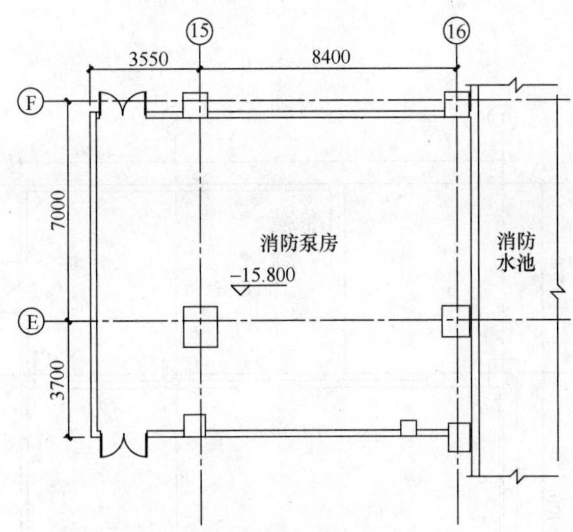

图 6-20 消防泵房平面图

1. 变配电室通风

（1）系统形式

地上变配电室宜采用自然通风，不能满足自然通风要求的地上变配电室及地下变配电室应设置机械通风系统。变配电室宜独立设置机械通风系统。当通风无法保障变配电室设备的温湿度要求时，宜设置空调降温系统。

设置气体灭火系统的防护区（如变配电室），应设置火灾后通风换气，地下防护区和无可开启外窗的地上防护区应设机械通风系统。该区域内的通风、空调管道应能自动关闭。

本案例变配电室位于地下，且设置气体灭火系统。变配电室独立设置机械通风系统，平时用通风系统兼气体灭火后通风系统。同时，设置空调降温系统，以保证变配电室的温度、湿度满足设备工作的要求。

（2）风量

变配电室的通风量按以下方法确定：

1）按消除室内余热所需的通风量计算，计算公式见式（6-2）。

对于变配电室，室内显热发热量 Q 的主要组成部分变压器发热量，可由设备厂商提供或按公式（6-5）计算：

$$Q=(1-\eta_1)\cdot\eta_2\cdot\phi\cdot W=(0.0126\sim0.0152)W \tag{6-5}$$

式中 η_1——变压器效率，一般取 0.98；

η_2——变压器负荷率，一般取 0.70～0.80；

ϕ——变压器功率因数，一般取 0.90～0.95；

W——变压器功率，kV·A。

变配电室的排风温度宜≤40℃。

2）当无确切资料时，可按换气次数法估算，变电室 12 次，配电室 3～4 次。

气体灭火防护区气体灭火后排风系统排风量可按换气次数法计算，换气次数≥5 次。

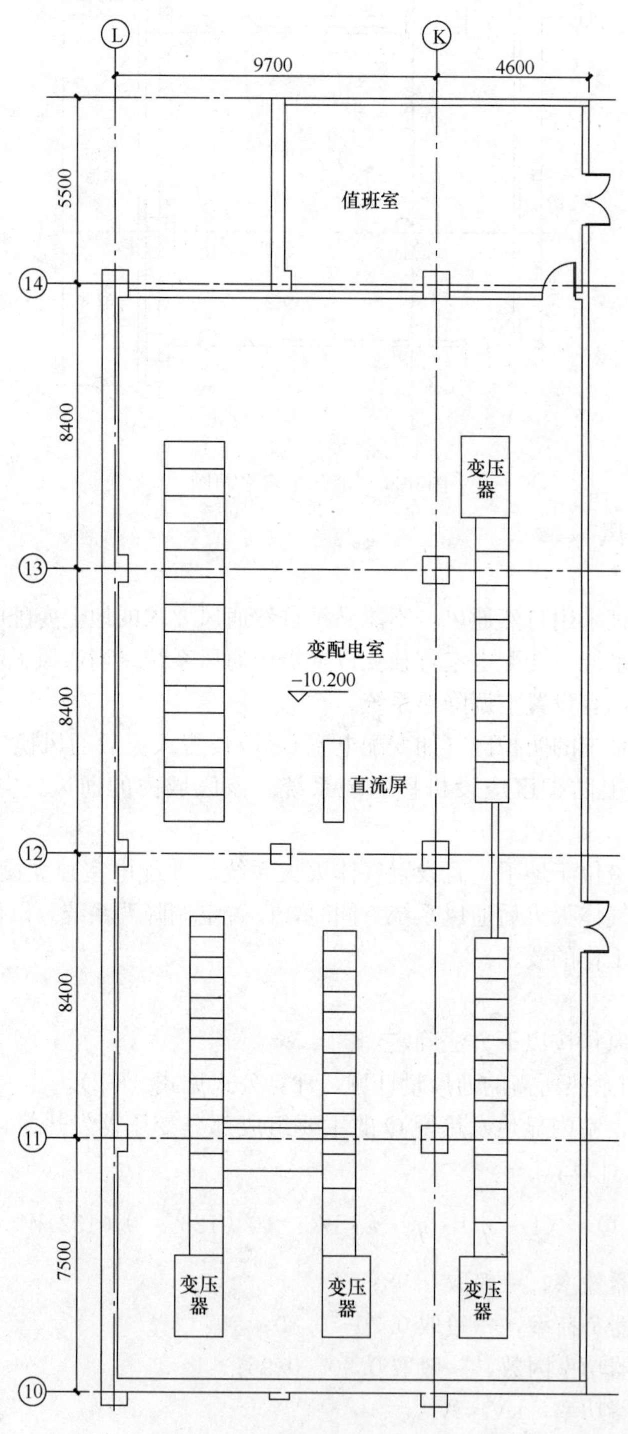

图 6-21　变配电室平面图

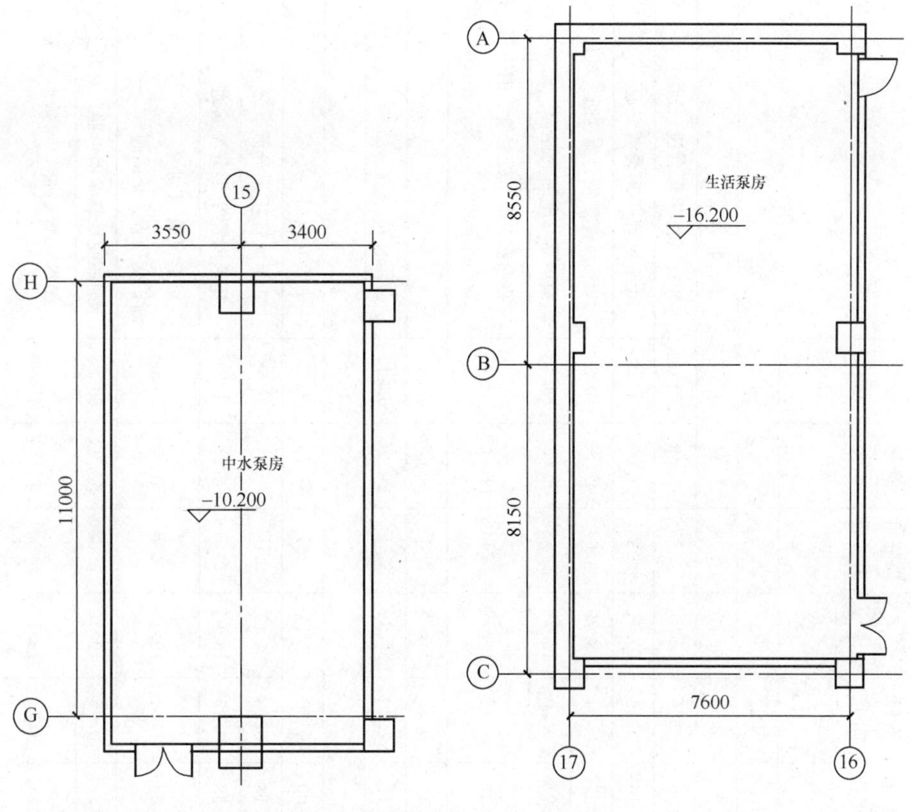

图 6-22　中水泵房平面图　　　　图 6-23　生活泵房平面图

本案例采用换气次数法计算，换气次数 12 次/h。进风量为排风量的 80%。根据式 (6-1) 计算得，变配电室平时排风量 23220m³/h，进风量 18576m³/h。

（3）风口位置

变配电室气流宜由高低压配电区流向变压器区，再由变压器区排至室外。平时用通风系统，应尽量避免进排风口过近造成气流短路。气体灭火防护区气体灭火后排风口宜设在防护区的下部。

根据上述原则，将平时排风口布置于靠近变压器区，进风口布置于靠近高低压配电区。气体灭火后排风口沿侧墙布置于低位。

（4）水力计算

采用假定流速法进行水力计算。

1）绘制通风系统图及平面图，并对各管段进行编号，如图 6-24、图 6-25 所示。

2）根据风速表，确定各管段风道内的合理流速，确定最不利管路各管段的断面尺寸及沿程阻力和局部阻力。计算结果详见表 6-16。

（5）风机选型

排风系统总阻力为最不利管路 1-4′各管段总阻力，即为 317Pa。

表 6-16　变配电室通风系统最不利管路水力计算表

	管段编号	风量 L	管长 l	初选风速 v	风道尺寸	流速当量直径 D	实际风速 v	修正后比摩阻 R'_m	沿程阻力 ΔP_y	动压 $\rho v^2/2$	局部阻力系数 ζ	局部阻力 ΔP_j	管段总阻力 ΔP	备注
		m^3/h	m	m/s	mm	mm	m/s	Pa/m	Pa	Pa		Pa	Pa	
排风管路	1-2	6400	1	2.5	2000×630	958	1.41	0.00	0.00	1.17	1.08	1.27	1.27	单百叶风口
	2-3	12800	1	3	2000×630	958	2.82	0.06	0.06	4.70	0.53	2.49	2.55	矩形风管T形合流三通
	3-4	19200	1	4	2000×630	958	4.23	0.16	0.16	10.57	0.38	4.02	4.18	矩形风管T形合流三通
	4-5	25600	2	5	2000×630	958	5.64	0.27	0.54	18.79	2.65	49.80	50.34	矩形风管T形合流三通、对开多叶阀
	5-6	25600	2.6	5	2000×630	958	5.64	0.27	0.70	18.79	0.68	12.78	13.48	消声器、渐缩变径管
	7-8	25600	5.3	5	2000×630	958	5.64	0.27	1.42	18.79	6.14	115.39	116.81	止回阀、渐扩变径管、消声器、矩形风管不带导叶弧形弯头、对开多叶阀
	6′-3′	25600	3.3	5	2000×630	958	5.64	0.27	0.89	18.79	2.35	44.16	45.05	对开多叶阀
	3′-4′	47900	11.6	6	2000×1000	1333	6.65	0.19	2.20	26.11	3.1	80.95	83.15	防雨百叶
合计													316.82	
进风管路	9-10	6800	1	2.5	2000×500	800	1.89	0.00	0.00	2.11	3.7	7.79	7.79	双百叶风口
	10-11	13600	1	3	2000×500	800	3.78	0.18	0.18	8.42	0.06	0.51	0.68	矩形风管T形分流三通
	11-12	20400	2.5	5	2000×500	800	5.67	0.38	0.95	18.95	0.04	0.76	1.71	矩形风管T形分流三通
	12-13	20500	5.1	5	2000×500	800	5.69	0.38	1.94	19.13	2.7	51.66	53.60	矩形风管T形分流三通、消声器、渐扩变径管、止回阀
	14-15	20500	2.5	5	2000×500	800	5.69	0.38	0.95	19.13	3.08	58.93	59.88	渐缩变径管、消声器、对开多叶阀
	14′-10′	20500	3.3	5	2000×500	800	5.69	0.38	1.26	19.13	3.54	67.73	68.98	矩形风管不带导叶弧形弯头、对开多叶阀
	10′-11′	41700	16.7	6	2000×1000	1333	5.79	0.24	4.01	19.79	1.08	21.37	25.38	防雨百叶
合计													218.02	

排风机　　风机风量　　$L=1.1\times23220=25542\mathrm{m^3/h}$

　　　　　机外余压　　$P=1.1\times317=349\mathrm{Pa}$

进风系统总阻力为最不利管路9-11′各管段总阻力，即为218Pa。

进风机　　风机风量　　$L=1.1\times18576=20434\mathrm{m^3/h}$

　　　　　机外余压　　$P=1.1\times218=240\mathrm{Pa}$

2. 制冷机房通风

（1）系统形式

地上制冷机房宜采用自然通风，不能满足自然通风要求的地上制冷机房及地下制冷机房应设置机械通风系统。制冷机房宜独立设置机械通风系统，应设置平时通风和事故通风系统。

本案例制冷机房位于地下。制冷机房独立设置机械通风系统，平时用通风系统兼事故通风系统。

（2）风量

制冷机房的通风量按换气次数法确定，具体见表见表6-17。

表6-17　部分制冷机房机械通风量计算参数

制冷机房种类	计算参数		备注
	平时排风	事故排风	
氟制冷机房	4～6次/h	≥12次/h	—
氨制冷机房	≥3次/h	$183\mathrm{m^3/(m^2\cdot h)}$且$\geq34000\mathrm{m^3/h}$	事故风机选用防爆型

本案例为氟制冷机房，位于地下三层，平时排风换气次数6次/h，事故排风换气次数12次/h。进风量为排风量的80%。计算得，制冷机房平时排风量$14784\mathrm{m^3/h}$，进风量$11827\mathrm{m^3/h}$；事故排风量$29568\mathrm{m^3/h}$，进风量$23654\mathrm{m^3/h}$。进、排风机均选用双速风机。当双速风机难以选择合适机型时，宜将系统设置成两台风机并联，平时运行一台，事故通风时并联运行。

（3）风口位置

平时用通风系统，应尽量避免进排风口过近造成气流短路。风口布置见制冷机房通风平面图，如图6-25所示。

（4）水力计算

采用假定流速法进行水力计算。

1）绘制通风系统图及平面图，并对各管段进行编号，如图6-24、图6-26所示。

2）根据风速表，确定各管段风道内的合理流速，确定最不利管路各管段的断面尺寸及沿程阻力和局部阻力。计算结果详见表6-18。

（5）风机选型

平时工况：

排风机　　风机风量　　$L=1.1\times14784=16262\mathrm{m^3/h}$

　　　　　机外余压　　$P=1.1\times221=244\mathrm{Pa}$

进风机　　风机风量　　$L=1.1\times11827=13010\mathrm{m^3/h}$

　　　　　机外余压　　$P=1.1\times147.5=163\mathrm{Pa}$

表 6-18 制冷机房通风系统最不利管路水力计算表

	管段编号	风量 L	管长 l	初选风速 v	风道尺寸	流速当量直径 D	实际风速 v	修正后比摩阻 R'_m	沿程阻力 ΔP_y	动压 $\rho v^2/2$	局部阻力系数 ζ	局部阻力 ΔP_j	管段总阻力 ΔP	备注
		m^3/h	m	m/s	mm	mm	m/s	Pa/m	Pa	Pa		Pa	Pa	
平时排风管路	7-8	4075	1	2.5	1600×500	762	1.41	0.00	0.00	1.18	1.08	1.28	1.28	单百叶风口
	8-9	8150	1	3	1600×500	762	2.83	0.10	0.10	4.72	0.53	2.50	2.60	矩形风管T形合流三通
	9-10	12225	1	4	1600×500	762	4.24	0.22	0.22	10.63	0.38	4.04	4.26	矩形风管T形合流三通
	10-4	16300	4.3	5	1600×500	762	5.66	0.34	1.44	18.90	2.755	52.07	53.51	矩形风管T形合流三通、对开多叶阀、渐缩变径管
	5-6	16300	4.2	5	1600×800	1067	3.54	0.10	0.43	7.38	5.91	43.63	44.06	止回阀、渐扩变径管、消声器、矩形风管不带导叶弧形弯头、对开多叶阀
	1′-2′	16300	4	5	1600×630	1148	4.49	0.22	0.88	11.90	2.3	27.38	28.26	对开多叶阀
	2′-3′	22300	4.3	5	2000×1000	1333	3.10	0.02	0.07	5.66	0.55	3.11	3.18	矩形风管T形合流三通
	3′-4′	47900	11.6	6	2000×1000	1333	6.65	0.25	2.90	26.11	3.1	80.95	83.85	防雨百叶
合计													220.99	
平时进风管路	11-12	4366.7	1	2.5	1600×500	762	1.52	0.00	0.00	1.36	3.4	4.61	4.61	双百叶风口
	12-13	8733.3	1	3	1600×500	762	3.03	0.11	0.11	5.43	0.06	0.33	0.44	矩形风管T形分流三通
	13-14	13100	2.4	5	1600×500	762	4.55	0.29	0.69	12.21	2.13	26.00	26.69	矩形风管T形分流三通、渐扩变径管、止回阀
	15-16	13100	4.2	5	1600×500	762	4.55	0.29	1.21	12.21	3.905	47.67	48.88	渐缩变径管、消声器、矩形风管不带导叶弧形弯头、对开多叶阀
	7′-8′	13100	4.5	5	1600×500	762	4.55	0.29	1.29	12.21	3.3	40.28	41.58	矩形风管不带导叶弧形弯头、对开多叶阀
	8′-10′	17800	4.3	5	2000×1000	1333	2.47	0.00	0.00	3.61	0.06	0.22	0.22	矩形风管T形分流三通
	10′-11′	41700	16.7	6	2000×1000	1333	5.79	0.22	3.64	19.79	1.08	21.37	25.02	防雨百叶
合计													147.43	

续表

	管段编号	风量 L	管长 l	初选风速 v	风道尺寸	流速当量直径 D	实际风速 v	修正后比摩阻 R'_m	沿程阻力 ΔP_y	动压 $\rho v^2/2$	局部阻力系数 ζ	局部阻力 ΔP_j	管段总阻力 ΔP	备注
		m^3/h	m	m/s	mm	mm	m/s	Pa/m	Pa	Pa		Pa	Pa	
事故排风管路	1-2	16300	5.8	10	1600×400	640	7.07	0.71	4.12	29.53	1.08	31.89	36.01	单百叶风口
	2-4	32600	19	10	1600×800	1067	7.07	0.43	8.09	29.53	2.755	81.35	89.44	矩形风管T形合流三通、矩形风管不带导叶弧形弯头3个、对开多叶阀、渐缩变径管
	5-6	32600	4.2	10	1600×800	1067	7.07	0.43	1.79	29.53	5.91	174.52	176.31	止回阀、渐扩变径管、消声器、矩形风管不带导叶弧形弯头、对开多叶阀
	1′-2′	32600	4	10	1600×630	1148	8.98	0.78	3.13	47.62	2.3	109.52	112.65	对开多叶阀
	2′-3′	38600	4.3	10	2000×1000	1333	5.36	0.17	0.73	16.96	0.55	9.33	10.06	矩形风管T形合流三通
	3′-4′	64200	11.6	10	2000×1000	1333	8.92	0.43	4.98	46.91	3.1	145.42	150.40	防雨百叶
合计													574.87	
事故进风管路	11-12	8700	1	10	1600×500	762	3.02	0.14	0.14	5.38	3.4	18.31	18.44	双百叶风口
	12-13	17400	1	10	1600×500	762	6.04	0.46	0.46	21.54	0.06	1.29	1.76	矩形风管T形分流三通
	13-14	26100	2.4	10	1600×500	762	9.06	1.10	2.64	48.46	2.13	103.21	105.85	矩形风管T形分流三通、渐扩变径管、止回阀
	15-16	26100	4.2	10	1600×500	762	9.06	1.10	4.61	48.46	3.905	189.22	193.83	渐缩变径管、消声器、矩形风管不带导叶弧形弯头、对开多叶阀
	7′-8′	26100	4.5	10	1600×500	762	9.06	1.10	4.94	48.46	3.3	159.90	164.85	矩形风管不带导叶弧形弯头、对开多叶阀
	8′-10′	30900	4.3	10	2000×1000	1333	4.29	0.20	0.84	10.87	0.06	0.65	1.50	矩形风管T形分流三通
	10′-11′	54800	16.7	10	2000×1000	1333	7.61	0.26	4.29	34.18	1.08	36.91	41.21	防雨百叶
合计													527.43	

事故工况：

排风机	风机风量	$L=1.1\times29568=32525m^3/h$
	机外余压	$P=1.1\times574.9=633Pa$
进风机	风机风量	$L=1.1\times23654=26020m^3/h$
	机外余压	$P=1.1\times527.5=581Pa$

3. 换热站通风

（1）系统形式

地上换热站宜采用自然通风，不能满足自然通风要求的地上换热站及地下换热站应设置机械通风系统。换热站宜独立设置机械通风系统。布置风口时应尽量避免进排风口过近造成气流短路。

本案例换热站位于地下。换热站独立设置机械通风系统。

（2）风量

换热站的通风量按换气次数法确定，换气次数6次/h。

本案例换热站位于地下三层，排风换气次数6次/h，进风量为排风量的80%。计算得，换热站平时排风量$5376m^3/h$，进风量$4300.8m^3/h$。

（3）水力计算

采用假定流速法进行水力计算。

1）绘制通风系统图及平面图，并对各管段进行编号，如图6-24、图6-27所示。

2）根据风速表，确定各管段风道内的合理流速，确定最不利管路各管段的断面尺寸及沿程阻力和局部阻力。计算结果详见表6-19。

（4）风机选型

排风系统总阻力为最不利管路1-4′各管段总阻力，即为246.5Pa。

排风机	风机风量	$L=1.1\times5376=5914m^3/h$
	机外余压	$P=1.1\times246.5=272Pa$

进风系统总阻力为最不利管路8-11′各管段总阻力，即为184.4Pa。

进风机	风机风量	$L=1.1\times4300.8=4731m^3/h$
	机外余压	$P=1.1\times184.4=203Pa$

4. 水泵房通风

（1）系统形式

地上水泵房宜采用自然通风，不能满足自然通风要求的地上水泵房及地下水泵房应设置机械通风系统。消防水泵房、生活水泵房宜独立设置机械通风系统；中水泵房应独立设置机械通风系统，且排风井宜独立设置，出屋面高位排放。布置风口时应尽量避免进排风口过近造成气流短路。

本案例水泵房位于地下。消防水泵房、生活水泵房及中水泵房分别独立设置机械通风系统。

（2）风量

水泵房的通风量按换气次数法确定，具体见表6-20。

表 6-19　换热站通风系统最不利管路水力计算表

	管段编号	风量 L	管长 l	初选风速 v	风道尺寸	流速当量直径 D	实际风速 v	修正后比摩阻 R'_m	沿程阻力 ΔP_y	动压 $\rho v^2/2$	局部阻力系数 ζ	局部阻力 ΔP_j	管段总阻力 ΔP	备注
		m^3/h	m	m/s	mm	mm	m/s	Pa/m	Pa	Pa		Pa	Pa	
排风管路	1-2	1500	0.7	2.5	800×400	533	1.30	0.00	0.00	1.00	1.08	1.08	1.08	单百叶风口
	2-3	3000	0.7	3	800×400	533	2.60	0.12	0.08	4.00	0.53	2.12	2.20	矩形风管T形合流三通
	3-4	4500	0.7	4	800×400	533	3.91	0.26	0.18	9.00	0.38	3.42	3.60	矩形风管T形合流三通
	4-5	6000	2	5	800×400	533	5.21	0.47	0.94	16.00	0.975	15.60	16.54	矩形风管T形合流三通、消声器、渐缩变径管
	6-7	6000	3	5	800×400	533	5.21	0.47	1.41	16.00	5	80.02	81.43	止回阀、渐扩变径管、消声器、对开多叶阀
	5′-2′	6000	6.2	5	800×400	533	5.21	0.00	0.00	16.00	3.39	54.26	54.26	矩形风管不带导叶弧形弯头、对开多叶阀
	2′-3′	23300	4.3	5	2000×1000	1333	3.24	0.19	0.82	6.18	0.55	3.40	4.21	矩形风管T形合流三通
	3′-4′	47900	11.6	6	2000×1000	1333	6.65	0.19	2.20	26.11	3.1	80.95	83.15	防雨百叶
合计													246.49	
进风管路	8-9	1200	0.7	2.5	630×400	489	1.32	0.00	0.00	1.03	3.92	4.05	4.05	双百叶风口
	9-10	2400	0.7	3	630×400	489	2.65	0.14	0.10	4.13	0.06	0.25	0.35	矩形风管T形分流三通
	10-11	3600	0.7	4	630×400	489	3.97	0.35	0.24	9.29	0.04	0.37	0.61	矩形风管T形分流三通
	11-12	4800	2.6	5	630×400	489	5.29	0.59	1.53	16.52	2.63	43.44	44.97	矩形风管T形分流三通、消声器、渐扩变径管、止回阀
	13-14	4800	4.2	5	630×400	489	5.29	0.59	2.46	16.52	2.905	47.98	50.45	渐缩变径管、消声器、对开多叶阀
	12′-8′	4800	6.5	5	630×400	489	5.29	0.59	3.81	16.52	3.3	54.51	58.32	矩形风管不带导叶弧形弯头、对开多叶阀
	8′-10′	17800	4.3	5	2000×1000	1333	2.47	0.00	0.00	3.61	0.06	0.22	0.22	矩形风管T形分流三通
	10′-11′	41700	16.7	6	2000×1000	1333	5.79	0.24	4.01	19.79	1.08	21.37	25.38	防雨百叶
合计													184.34	

表 6-20　水泵房机械通风量换气次数

水泵房种类	换气次数（次/h）
消防、生活水泵房	2
污水、中水泵房	12

本案例消防、生活水泵房位于地下三层，取排风换气次数 2 次/h，进风量为排风量的 80%。计算得，消防水泵房平时排风量 1344m^3/h，进风量 1075m^3/h；生活水泵房平时排风量 1440m^3/h，进风量 1152m^3/h。中水泵房位于地下二层，取排风换气次数 12 次/h，进风量为排风量的 80%。计算得，中水泵房平时排风量 3870m^3/h，进风量 3096m^3/h。

（3）水力计算

采用假定流速法进行水力计算。

1）绘制通风系统图及平面图，并对各管段进行编号，如图 6-24、图 6-28 所示。

2）根据风速表，确定各管段风道内的合理流速，确定最不利管路各管段的断面尺寸及沿程阻力和局部阻力。计算结果详见表 6-21、表 6-22、表 6-23。

（4）风机选型

消防水泵房：

排风机　　风机风量　　$L=1.1\times1344=1478m^3/h$

　　　　　机外余压　　$P=1.1\times142.71=156.98Pa$

进风机　　风机风量　　$L=1.1\times1075=1183m^3/h$

　　　　　机外余压　　$P=1.1\times128.53=141.38Pa$

生活水泵房：

排风机　　风机风量　　$L=1.1\times1440=1584m^3/h$

　　　　　机外余压　　$P=1.1\times163.1=179.41Pa$

进风机　　风机风量　　$L=1.1\times1152=1267m^3/h$

　　　　　机外余压　　$P=1.1\times151.05=166.16Pa$

中水泵房：

排风机　　风机风量　　$L=1.1\times3870=4257m^3/h$

　　　　　机外余压　　$P=1.1\times263.19=289.5Pa$

进风机　　风机风量　　$L=1.1\times3096=3406m^3/h$

　　　　　机外余压　　$P=1.1\times165.2=181.7Pa$

表 6-21 消防水泵房通风系统最不利管路水力计算表

	管段编号	风量 L	管长 l	初选风速 v	风道尺寸	流速当量直径 D	实际风速 v	修正后比摩阻 R'_m	沿程阻力 ΔP_y	动压 $\rho v^2/2$	局部阻力系数 ζ	局部阻力 ΔP_j	管段总阻力 ΔP	备注
		m^3/h	m	m/s	mm	mm	m/s	Pa/m	Pa	Pa		Pa	Pa	
排风管路	1-2	750	1	2	400×250	308	2.08	0.14	0.14	2.56	1.08	2.77	2.91	单百叶风口
	2-3	1500	2.4	4	400×250	308	4.17	0.62	1.49	10.24	1.12	11.47	12.96	矩形风管T形合流三通、渐缩变径管
	4-5	1500	3.7	4	400×250	308	4.17	0.62	2.30	10.24	5.71	58.49	60.79	止回阀、渐扩变径管、消声器、矩形风管不带导叶弧形弯头、对开多叶阀
	17′-18′	1500	2.6	4	400×250	308	4.17	1.00	2.61	10.24	2.3	23.56	26.17	对开多叶阀
	18′-19′	3100	15.9	4	500×400	444	4.31	0.38	5.98	10.94	3.1	33.91	39.89	防雨百叶
合计													142.71	
进风管路	6-7	600	1	2	320×250	281	2.08	0.18	0.18	2.56	3.37	8.63	8.81	双百叶风口
	7-8	1200	4	4	320×250	281	4.17	0.75	3.02	10.24	2.67	27.35	30.36	矩形风管T形分流三通、渐扩变径管、止回阀
	9-10	1200	2.7	4	320×250	281	4.17	0.75	2.04	10.24	2.95	30.22	32.25	渐缩变径管、消声器、对开多叶阀
	21′-22′	1200	2.5	4	320×250	281	4.17	0.75	1.88	10.24	3.22	32.98	34.87	矩形风管不带导叶弧形弯头、对开多叶阀
	22′-23′	2500	21	4	400×400	400	4.34	0.49	10.24	11.11	1.08	12.00	22.24	防雨百叶
合计													128.53	

表 6-22 生活水泵房通风系统最不利管路水力计算表

	管段编号	风量 L	管长 l	初选风速 v	风道尺寸	流速当量直径 D	实际风速 v	修正后比摩阻 R'_m	沿程阻力 ΔP_y	动压 $\rho v^2/2$	局部阻力系数 ζ	局部阻力 ΔP_j	管段总阻力 ΔP	备注
		m^3/h	m	m/s	mm	mm	m/s	Pa/m	Pa	Pa		Pa	Pa	
排风管路	1-2	800	1	2	400×250	308	2.22	0.17	0.17	2.91	1.08	3.15	3.31	单百叶风口
	2-3	1600	2.4	4	400×250	308	4.44	0.68	1.62	11.65	1.12	13.05	14.68	矩形风管T形合流三通、渐缩变径管
	4-5	1600	3.5	4	400×250	308	4.44	0.68	2.37	11.65	4.91	57.22	59.59	止回阀、渐扩变径管、消声器、对开多叶阀
	20′-18′	1600	8.7	4	400×250	308	4.44	1.09	9.51	11.65	3.1	36.13	45.63	矩形风管不带导叶弧形弯头、对开多叶阀
	18′-19′	3100	15.9	4	500×400	444	4.31	0.38	5.98	10.94	3.1	33.91	39.89	防雨百叶
合计													163.10	
进风管路	6-7	650	1	2	320×250	281	2.26	0.22	0.22	3.01	3.37	10.13	10.34	双百叶风口
	7-8	1300	2.4	4	320×250	281	4.51	0.87	2.09	12.02	2.67	32.10	34.19	矩形风管T形分流三通、渐扩变径管、止回阀
	9-10	1300	2.7	4	320×250	281	4.51	0.87	2.35	12.02	3.87	46.52	48.88	渐缩变径管、消声器、矩形风管不带导叶弧形弯头、对开多叶阀
	21′-22′	1300	8.9	4	320×250	281	4.51	0.87	7.76	12.02	2.3	27.65	35.31	对开多叶阀
	22′-23′	2500	21	4	400×400	400	4.34	0.49	10.24	11.11	1.08	12.00	22.24	防雨百叶
合计													151.05	

表 6-23 中水泵房通风系统最不利管路水力计算表

	管段编号	风量 L	管长 l	初选风速 v	风道尺寸	流速当量直径 D	实际风速 v	修正后比摩阻 R'_m	沿程阻力 ΔP_y	动压 $\rho v^2/2$	局部阻力系数 ζ	局部阻力 ΔP_j	管段总阻力 ΔP	备注
		m^3/h	m	m/s	mm	mm	m/s	Pa/m	Pa	Pa		Pa	Pa	
排风管路	1-2	1450	1	2.5	500×400	444	2.01	0.08	0.08	2.39	1.08	2.58	2.67	单百叶风口
	2-3	2900	1	4	500×400	444	4.03	0.35	0.35	9.57	0.53	5.07	5.43	矩形风管T形合流三通
	3-4	4300	2.6	6	500×400	444	5.97	0.78	2.02	21.04	1.85	38.93	40.95	矩形风管T形合流三通、矩形风管不带导叶弧形弯头、消声器、渐缩变径管
	5-6	4300	5.3	6	500×400	444	5.97	0.78	4.12	21.04	4.03	84.81	88.93	渐扩变径管、消声器、矩形风管不带导叶弧形弯头、对开多叶阀
	15′-25′	4300	3.3	6	500×400	444	5.97	0.78	2.57	21.04	2.3	48.40	50.97	对开多叶阀
	25′-16′	4300	11.6	6	500×400	444	5.97	0.78	9.02	21.04	3.1	65.24	74.25	防雨百叶
合计													263.19	
进风管路	7-8	1150	1	2.5	500×400	444	1.60	0.00	0.00	1.51	3.58	5.39	5.39	双百叶风口
	8-9	2300	1	4	500×400	444	3.19	0.25	0.25	6.02	0.06	0.36	0.62	矩形风管T形分流三通
	9-10	3400	2.4	5	500×400	444	4.72	0.87	2.09	13.16	3.61	47.50	49.59	矩形风管T形分流三通、矩形风管不带导叶弧形弯头、消声器、渐扩变径管、止回阀
	11-12	3400	2.5	5	500×400	444	4.72	0.57	1.43	13.16	2.89	38.02	39.45	渐缩变径管、消声器、对开多叶阀
	13′-9′	3400	3.3	5	500×400	444	4.72	0.57	1.88	13.16	3.26	42.89	44.77	矩形风管不带导叶弧形弯头、对开多叶阀
	9′-11′	41700	16.7	6	2000×1000	1333	5.79	0.24	4.01	19.79	1.08	21.37	25.38	防雨百叶
合计													165.20	

5. 本案例出图内容

(1) 图例，见表 6-24。

表 6-24　图　　例

图　例	名　称	备　注
	管道式风机	
P-Fn-m	排风机	n—楼层号 m—设备号
J-Fn-m	进风机	n—楼层号 m—设备号
FX-Fn-m	分体空调	室外机　室内机
	风管软接	
	消声器	
	风管止回阀	
	风管电动开关阀	
	70℃防火调节阀	70℃熔断，两路电信号输出
SBY	双层百叶风口	
DBY	单层百叶风口	

(2) 设计说明

室内设计参数（表 6-25）。

表 6-25　设备用房通风室内设计参数

房间名称	室内温度（℃）		通风量		备　　注
	夏季	冬季	排风量	进风量	
变配电室	≤35	≥5	12 次/h	排风量的 80%	平时排风兼气体灭火后排风
制冷机房	≤35	≥5	6 次/h	排风量的 80%	平时排风兼事故排风，12 次/h
换热站	≤35	≥5	6 次/h	排风量的 80%	—
消防、生活水泵房	≤35	≥5	2 次/h	排风量的 80%	—
中水泵房	≤35	≥5	12 次/h	排风量的 80%	—

通风系统设置：

变配电室按 12 次/h 设置排风系统，兼气体灭火后排风，系统编号为 P-B2-1；同时设置补风系统 J-B2-1。

制冷机房按 6 次/h 设置排风系统，按 12 次/h 事故排风，选用双速风机，系统编号为 P-B3-1，同时设置补风系统 J-B3-1。

换热站按 6 次/h 设置排风系统，系统编号为 P-B3-2，同时设置补风系统 J-B3-2。

消防水泵房按 2 次/h 设置排风系统，系统编号为 P-B3-3，同时设置补风系统 J-B3-3。

生活水泵房按 2 次/h 设置排风系统，系统编号为 P-B3-4，同时设置补风系统 J-B3-4。

中水泵房按 12 次/h 设置排风系统，系统编号为 P-B2-2，同时设置补风系统 J-B2-2。

(3) 设备表，见表 6-26。

表 6-26 设 备 表

序号	设备编号	设备型式	风量 (m^3/h)	余压 (Pa)	电量 (kW)	电压 (V)	转速 (rpm)	噪声 [dB (A)]	数量 (台)	重量 (kg)	安装位置	服务对象	备注
1	P-B3-1	SWF-Ⅱ系列混流式风机 No7S1	16300/32600	250/650	4/12	380	960/1450	<75/<83	1	<230	制冷机房	制冷机房排风兼事故排风	平时兼事故电源
2	J-B3-1	SWF-Ⅱ系列混流式风机 No6，5S1	13100/26100	200/600	2，8/8	380	960/1450	<74/<82	1	<200	制冷机房	制冷机房补风兼事故补风	平时兼事故电源
3	P-B3-2	SWF-Ⅰ系列混流式风机 No5	6000	300	1.1	380	1450	<77	1	<56	换热站	换热站排风	
4	J-B3-2	SWF-Ⅰ系列混流式风机 No5	4800	250	1.1	380	1450	<77	1	<56	换热站	换热站补风	
5	P-B3-3	SWF-Ⅰ系列混流式风机 No3	1500	200	0.25	380	1450	<68	1	<28	消防泵房	消防泵房排风	
6	J-B3-3	SWF-Ⅰ系列混流式风机 No2，5	1200	200	0.25	380	1450	<68	1	<28	消防泵房	消防泵房补风	
7	P-B3-4	SWF-Ⅰ系列混流式风机 No3	1600	200	0.25	380	1450	<68	1	<28	生活泵房	生活泵房排风	
8	J-B3-4	SWF-Ⅰ系列混流式风机 No2，5	1300	200	0.25	380	1450	<68	1	<28	生活泵房	生活泵房补风	
9	P-B2-1	SWF-Ⅰ系列混流式风机 No9	25600	350	7.5	380	960	<86	1	<285	变配电室	变配电室排风兼气灭后排风	平时兼气灭后排风
10	J-B2-1	SWF-Ⅰ系列混流式风机 No8	20500	250	5.5	380	960	<82	1	<223	变配电室	变配电室补风兼气灭后补风	平时兼气灭后补风
11	P-B2-2	SWF-Ⅰ系列混流式风机 No4，5	4300	300	1.1	380	1450	<73	1	<46	中水泵房	中水泵房排风	
12	J-B2-2	SWF-Ⅰ系列混流式风机 No4	3400	200	0.55	380	1450	<71	1	<35	中水泵房	中水泵房补风	

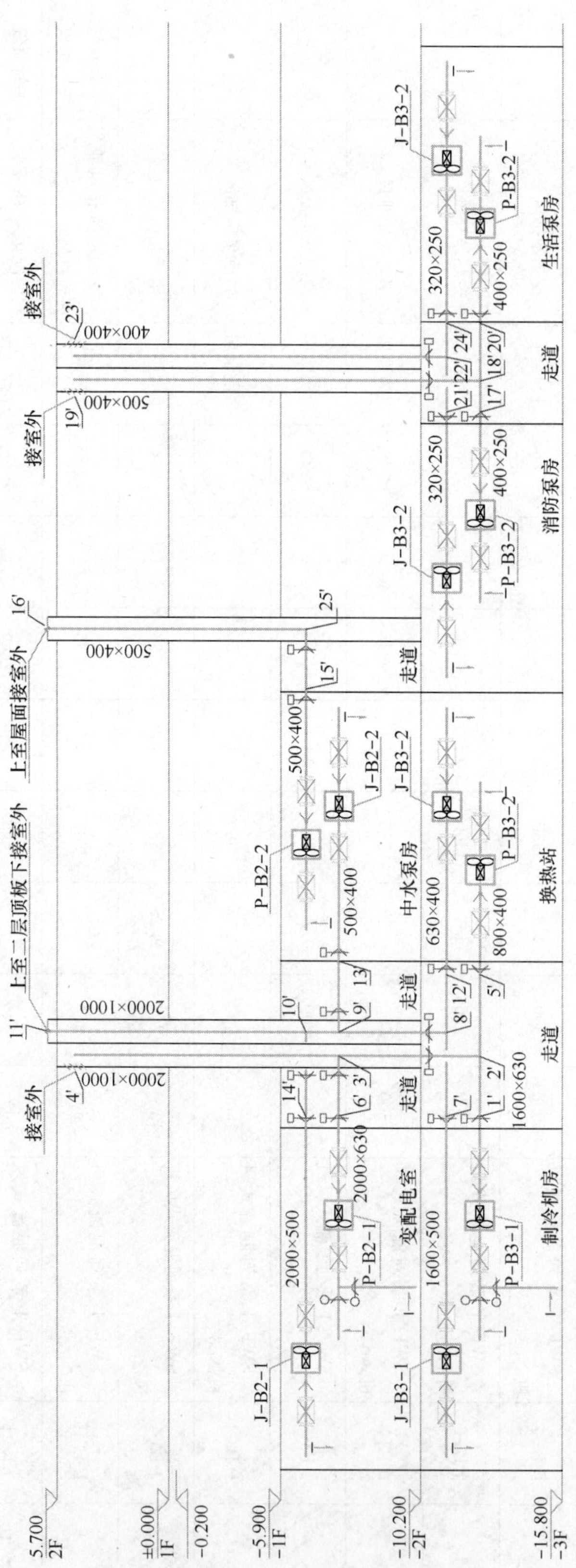

5.700
2F
±0.000
1F
-0.200
-5.900
-1F
-10.200
-2F
-15.800
-3F
接室外
上至二层顶板下接室外
上至屋面接室外
接室外
接室外
2000×1000
2000×1000
500×400
500×400
400×400
J-B2-1
P-B2-1
2000×500
2000×630
变配电室
走道
P-B2-2
J-B2-2
500×400
500×400
中水泵房
J-B3-1
P-B3-1
1600×500
1600×630
制冷机房
走道
630×400
800×400
换热站
J-B3-2
P-B3-2
消防泵房
320×250
400×250
生活泵房

图 6-24　通风系统图

(4) 系统图，如图 6-24 所示。

(5) 变配电室通风平面图，如图 6-25 所示；制冷机房通风平面图，如图 6-26 所示；

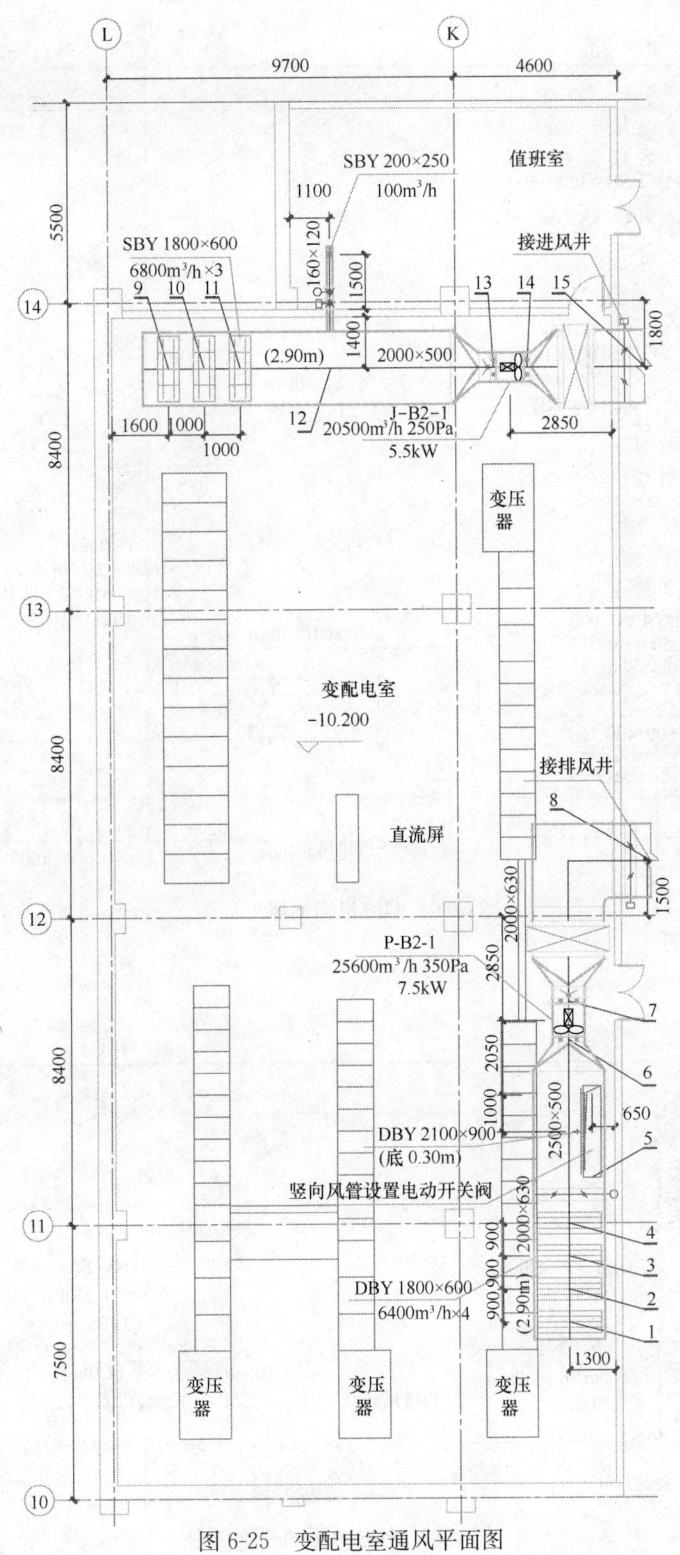

图 6-25　变配电室通风平面图

换热站通风平面图，如图 6-27 所示；消防泵房通风平面图，如图 6-28 所示；生活泵房通风平面图，如图 6-29 所示；中水泵房通风平面图，如图 6-30 所示。

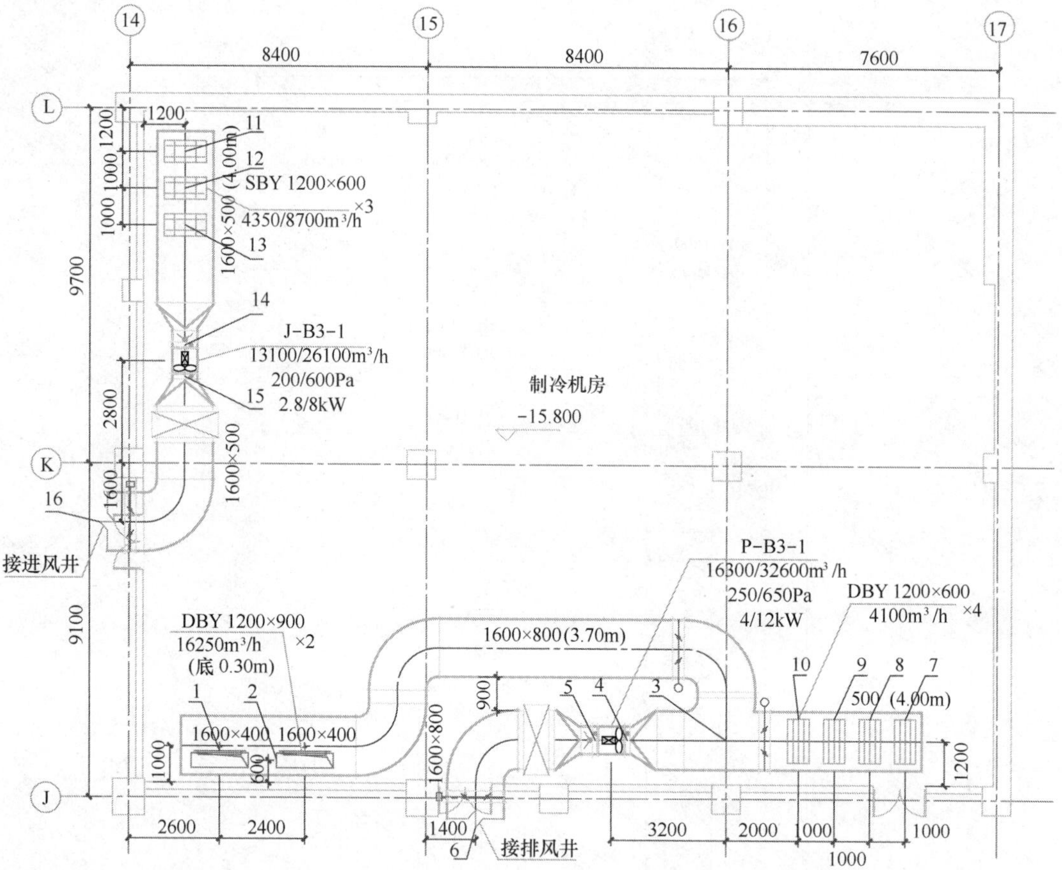

图 6-26　制冷机房通风平面图

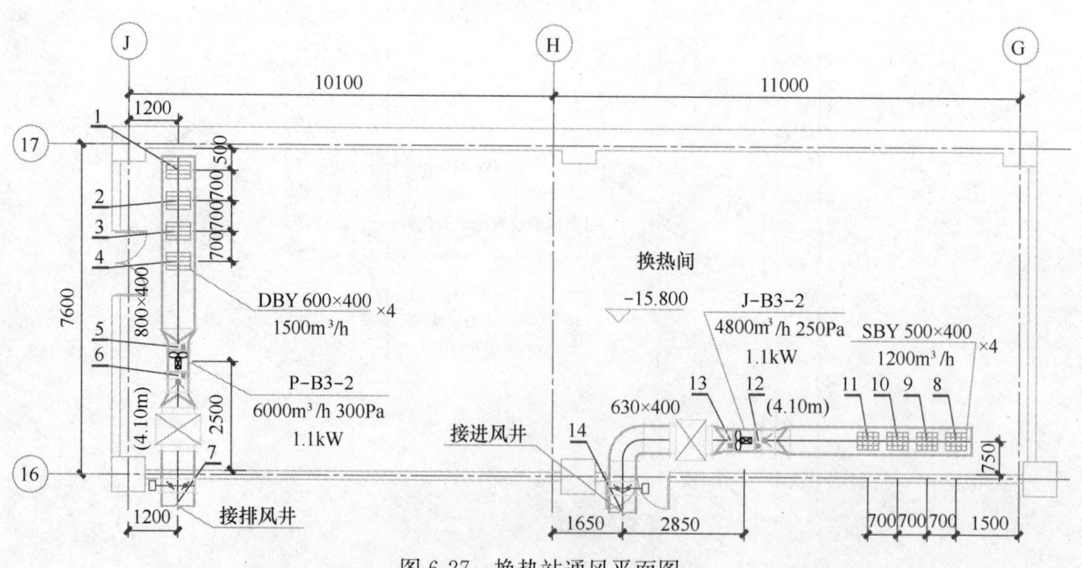

图 6-27　换热站通风平面图

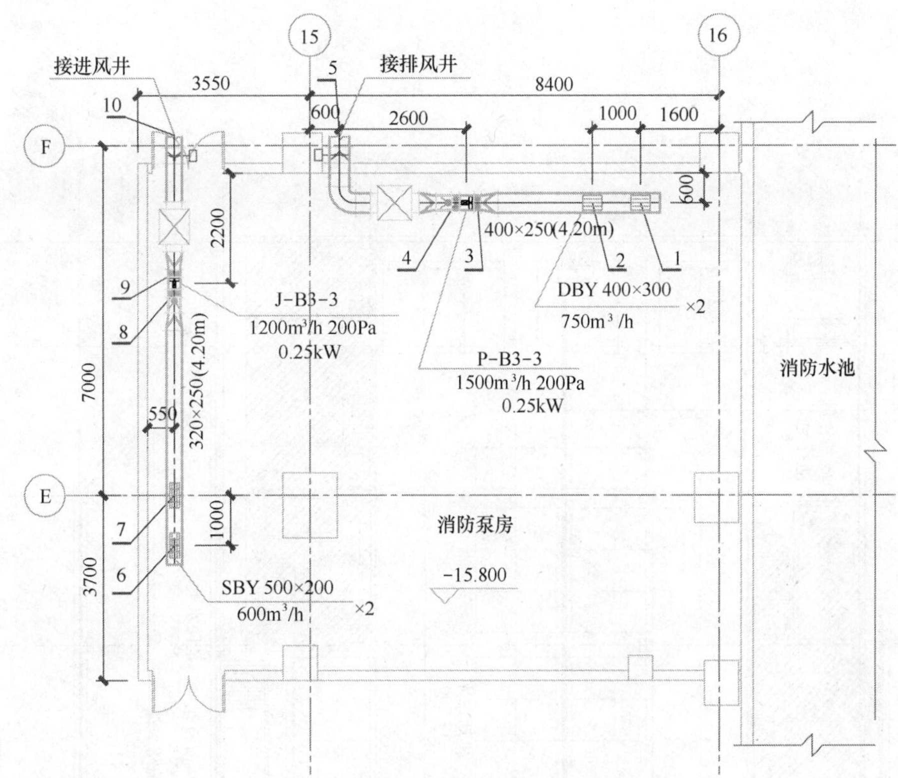

图 6-28 消防泵房通风平面图

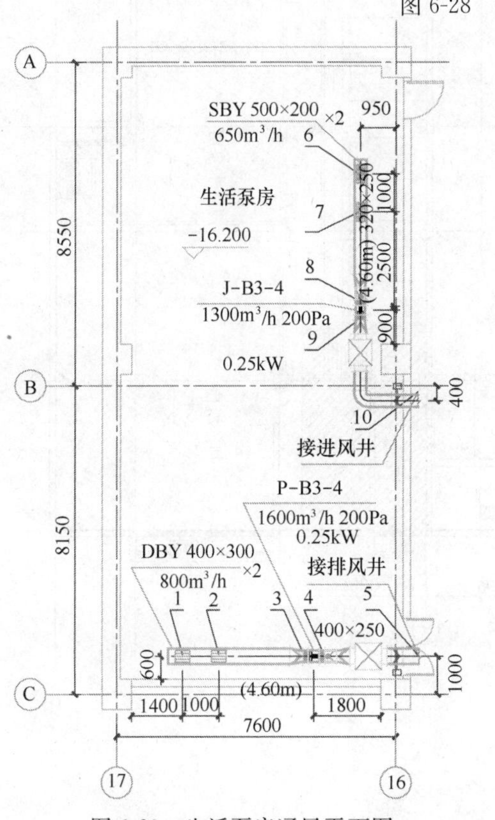

图 6-29 生活泵房通风平面图

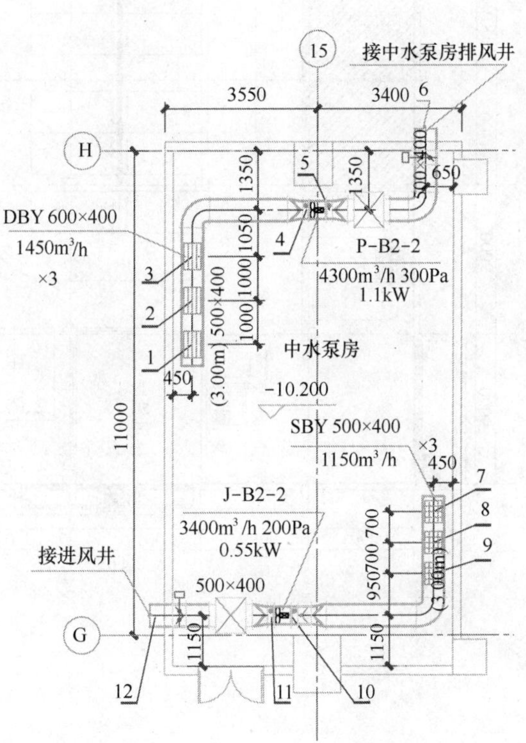

图 6-30 中水泵房通风平面图

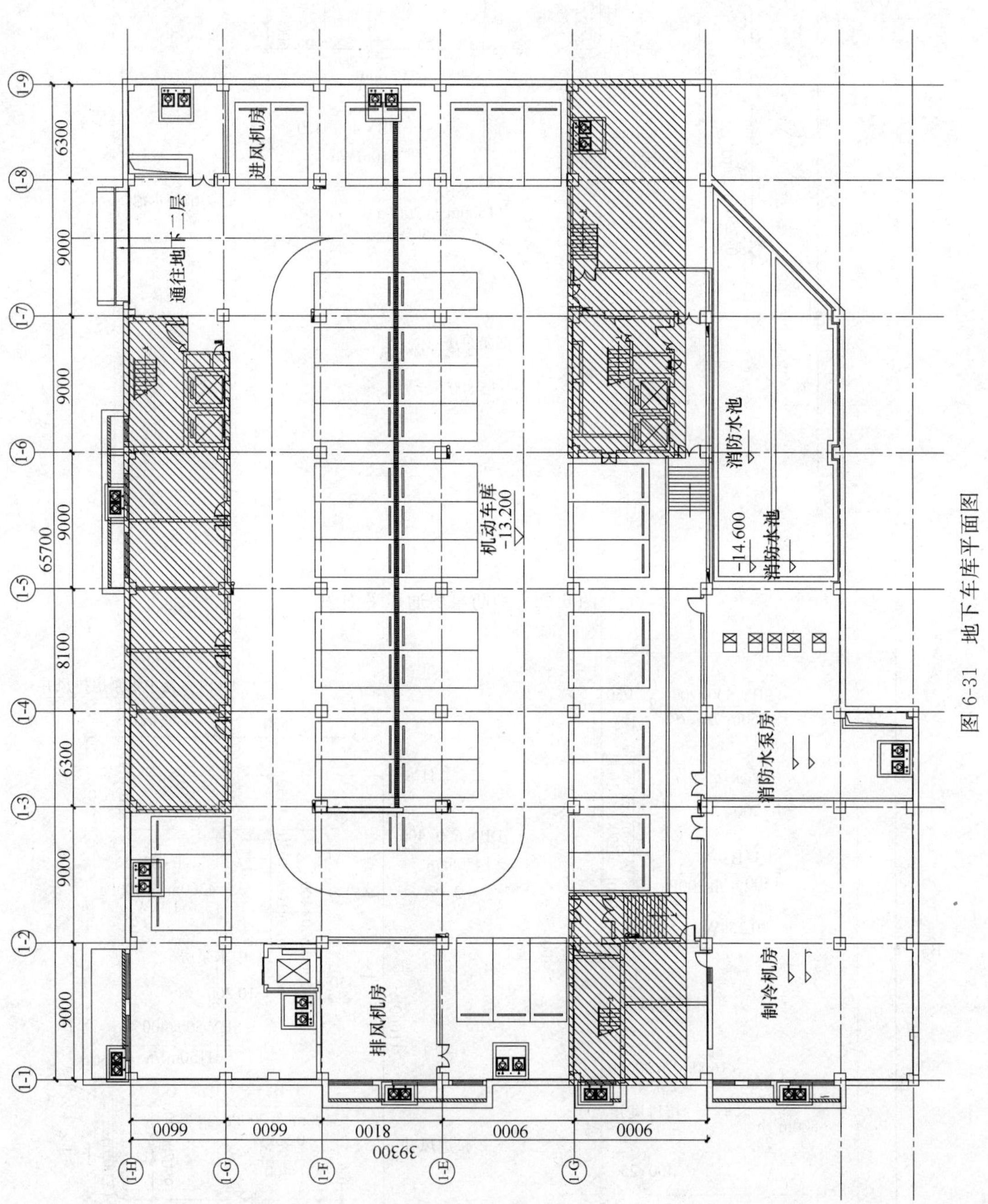

图 6-31　地下车库平面图

6.2.6 地下汽车库

以北京市某商业建筑地下汽车库（选取一个防火分区）通风设计为例，建筑平面图如图 6-31 所示。该防火分区位于地下三层，面积 1870m^2，层高 4.2m。

1. 系统形式

地下汽车库，宜设置独立的送风、排风系统。当地下汽车库设有开敞的车辆出、入口，且开敞出、入口面积≥0.3m^2/辆且分布较均匀时，可采用自然进风、机械排风的方式。

车库内排风与排烟可共用一套系统，排烟补风系统设置方式将在 6.3.2 节详述。

本案例采用机械进风、排风的方式。

2. 风量

（1）机械进、排风量

汽车库机械排风量，可按下述方法计算：

1）换气次数法

排风量按不小于 6 次/h 计算，进风量按换气次数不小于 5 次/h 计算。当层高＜3m 时，按实际高度计算换气体积；当层高≥3m 时，按 3m 有效层高计算换气体积。

2）稀释浓度法，计算公式见式（6-4）。对于汽车库：

式（6-4）中，G 为车库内排放 CO 的量，mg/h；y_p 为车库内 CO 的允许浓度，为 30mg/m^3；y_s 为室外大气中 CO 的浓度，一般取 2～3mg/m^3。

$$G = My \tag{6-6}$$

式中 M——车库内汽车排出气体的总量，m^3/h；

y——典型汽车排放 CO 的平均浓度，mg/m^3，根据中国汽车尾气排放现状，通常情况下可取 55000mg/m^3。

$$M = \frac{T_1}{T_0} \cdot m \cdot t \cdot k \cdot n \tag{6-7}$$

式中 n——车库中的设计车位数；

k——1h 内出入车数与设计车位数之比，也称车位利用系数，一般取 0.5～1.2；

t——车库内汽车的运行时间，一般取 2～6min；

m——单台车单位时间的排气量，可取 0.02～0.025m^3/min；

T_1——库内车的排气温度，500＋273＝773K；

T_0——库内以 20℃计的标准温度，20＋273＝293K。

进风量宜为排风量的 80％～90％。

对于单层停放的汽车库，可采用换气次数法，并取上述两者算法的较大值；对于双层停放的汽车库，应采用稀释浓度法。

本案例风量计算：

1）换气次数法

取 3m 层高，6 次/h 换气（进风 5 次/h 换气），根据式（6-1）计算得排风量 33660m^3/h，进风量 28050m^3/h。

2）稀释浓度法

本案例该防火分区设计车位 46 个，车位利用系数取 1，车库内汽车的运行时间取 4min，单台车单位时间的排气量取 0.025m³/min，根据式（6-5）计算得，车库内汽车排出气体的总量为 12.14m³/h。根据式（6-4）计算得，车库内 CO 排放量为 667471mg/h。室外大气中 CO 浓度取 3mg/m³，根据式（6-3）计算得，车库排风量为 24722m³/h。进风量按排风量的 85%计算，为 21013m³/h。

比较两种方法的计算结果可知，排风量为 33660m³/h，进风量为 28050m³/h。

（2）机械排烟及补风风量

汽车库机械排烟量，按换气次数法计算，取 6 次/h。排烟补风量不小于排烟量的 50%。对于 2015 年 8 月 1 日以后的新建工程，汽车库机械排烟量应满足《汽车库、修车库、停车场设计防火规范》（GB 50067—2014）8.2.4 条规定。

本案例排烟及补风风量计算：

取实际层高 4.2m，6 次/h 换气，根据式（6-1）计算得排烟量 47124m³/h。补风量按排烟量的 50%计算，为 23562m³/h。

3. 风口位置

汽车库机械通风系统的送风、排风口布置应使室内气流分布均匀，避免出现死区。送风口宜设置在汽车库主要通道的上部。

当车库层高较低，不易布置风管时，宜采用诱导通风的方式，以保证室内不产生气流死角。

排烟口及补风口的设置原则将在 6.3.2 节详述。

本案例车库层高较低，采用诱导通风的方式。

4. 水力计算

采用假定流速法进行水力计算。

（1）绘制通风系统图及平面图，并对各管段进行编号，如图 6-32、图 6-33 所示。

（2）根据风速表，确定各管段风道内的合理流速，确定最不利管路各管段的断面尺寸及沿程阻力和局部阻力。计算结果详见表 6-27。

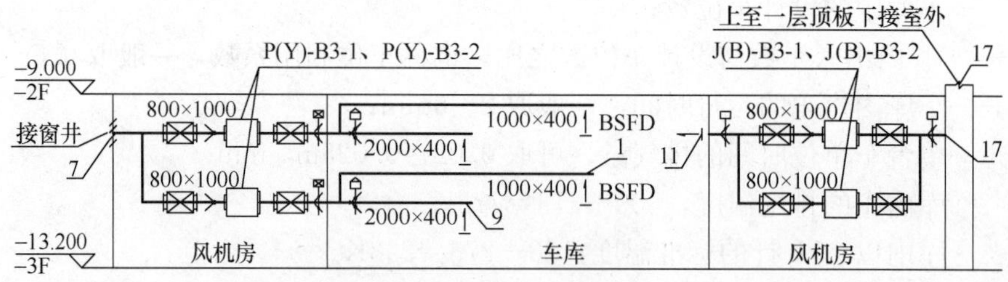

图 6-32　地下车库通风系统图

5. 室外进排风口位置及方式

室外排风口应设于建筑下风向，且远离人员活动区。本案例室外进排风口均位于窗井内。

6. 室内外消声问题

宜选用低噪声柜式离心风机，风机进出口均设置消声器。室外排风口宜做消声处理。

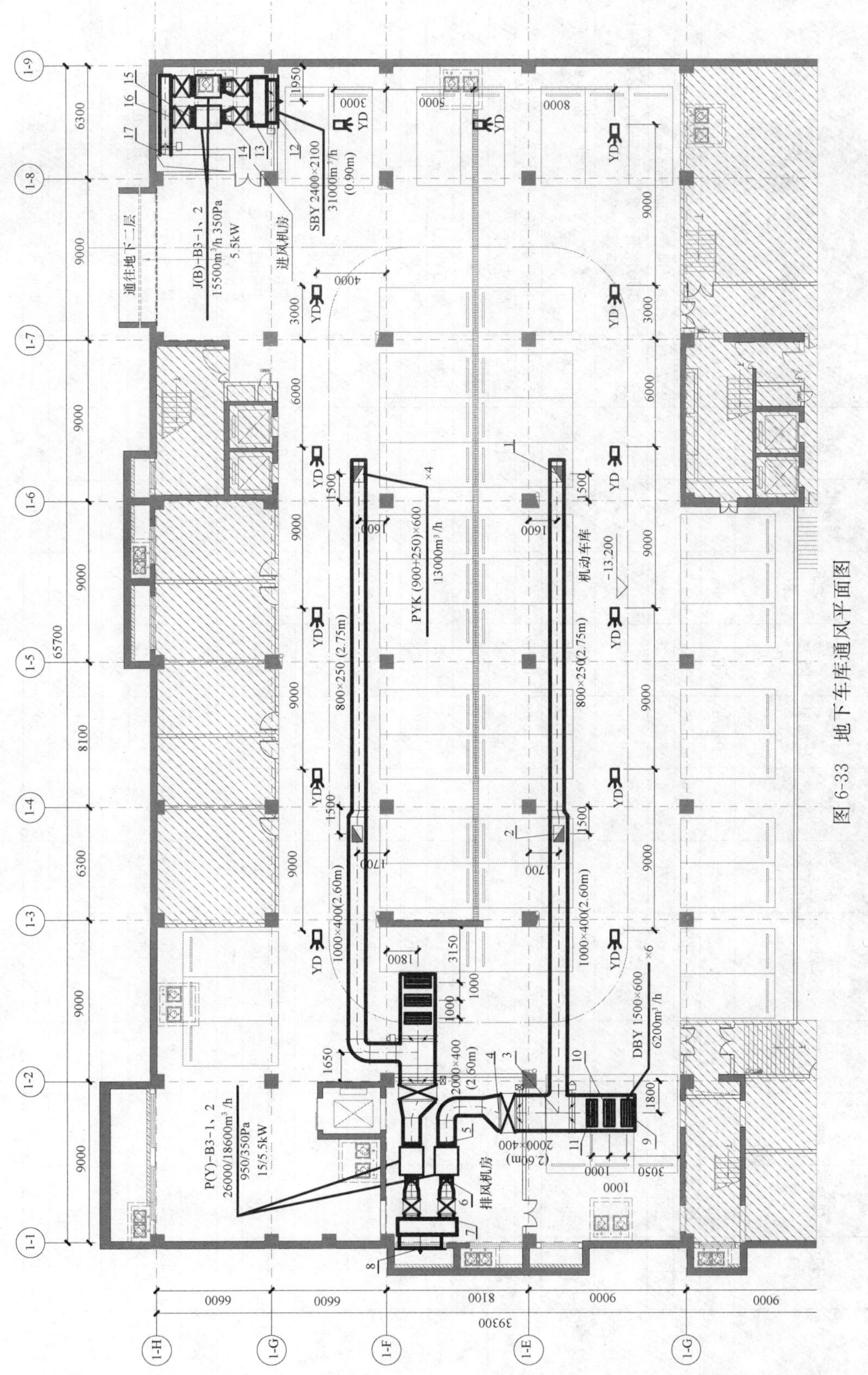

图 6-33 地下车库通风平面图

表 6-27 地下车库通风排烟系统最不利管路水力计算表

	管段编号	风量 L	管长 l	初选风速 v	风道尺寸	流速当量直径 D	实际风速 v	修正后比摩阻 R'_m	沿程阻力 ΔP_y	动压 $\rho v^2/2$	局部阻力系数 ζ	局部阻力 ΔP_j	管段总阻力 ΔP	备注
		m^3/h	m	m/s	mm	mm	m/s	Pa/m	Pa	Pa		Pa	Pa	
排烟管路	1-2	13000	20.1	18	800×250	381	18.06	9.50	191.05	192.34	0.5	96.17	287.22	吸风口、渐扩变径管
	2-3	26000	15.6	18	1000×400	571	18.06	5.37	85.26	192.34	0.53	101.94	187.20	矩形风管T形合流三通
	3-4	26000	2.6	18	2000×400	667	9.03	0.86	2.23	48.09	4.53	217.83	220.06	矩形风管T形合流三通、对开多叶阀、消声器
	4-5	26000	4.9	18	1000×800	889	9.03	0.55	2.69	48.09	0.96	46.16	48.85	变径管、矩形风管不带导叶弧形弯头
	6-7	26000	2.2	18	800×1000	889	9.03	0.89	1.95	48.09	1.57	75.39	77.45	止回阀、渐扩变径管、消声器
	7-8	52000	1.75	10	2400×2400	2400	2.51	0.00	0.00	3.71	3.1	11.50	11.50	防雨百叶
合计													832.29	
排风管路	9-10	6200	1	2.5	2000×400	667	2.15	0.05	0.05	2.73	1.08	2.95	3.00	单百叶风口
	10-11	12400	1	6	2000×401	667	4.31	0.28	0.28	10.94	0.53	5.80	6.07	矩形风管T形合流三通
	11-3	18600	1.9	6	2000×402	667	6.46	0.66	1.25	24.61	2.6	63.98	65.23	矩形风管T形合流三通、对开多叶阀
	3-4	18600	2.6	6	2000×400	667	6.46	0.66	1.70	24.61	2.8	68.91	70.61	矩形风管T形合流三通、对开多叶阀、消声器
	4-5	18600	4.9	6	1000×800	889	6.46	0.44	2.14	24.61	1.23	30.27	32.41	变径管、矩形风管不带导叶弧形弯头
	6-7	18600	2.2	6	800×1000	889	6.46	0.00	0.00	24.61	2.61	64.23	64.23	止回阀、渐扩变径管、消声器
	7-8	37200	1.75	2	2400×2400	2400	1.79	0.00	0.00	1.90	3.1	5.89	5.89	防雨百叶
合计													247.44	
进风管路	12-13	31000	1.7	2.5	2400×2100	2240	1.71	0.00	0.00	1.72	3.88	6.68	6.68	双百叶风口、对开多叶阀
	13-14	15500	1.5	6	800×1000	889	5.28	0.30	0.45	17.09	2.61	44.60	45.06	消声器、渐扩变径管、止回阀
	15-16	15500	1.2	6	1000×800	889	5.28	0.31	0.37	17.09	0.5	8.54	8.91	消声器
	16-17	31000	2.2	6	500×2500	833	6.89	0.00	0.00	28.00	3.06	85.68	85.68	矩形风管T形合流三通、对开多叶阀
	17-18	31000	13.9	6	800×4000	1469	2.69	0.00	0.00	4.27	4.11	17.56	17.56	矩形风管T形合流三通、防雨百叶
合计													163.89	

7. 风机选型

车流量随时间变化较大的车库，风机宜采用多台并联方式或设置风机调速装置，以降低机械通风系统风机运行能耗。

本案例进、排风机均采用2台并联的方式。选用双速风机作为排风兼排烟风机。由风量计算结果得，车库平时进风量大于最小补风量，因此，本案例用平时进风机兼消防补风。

排风机：

平时工况　　风机风量　　$L=1.1\times33660=37026\text{m}^3/\text{h}$

　　　　　　机外余压　　$P=1.1\times247=272\text{Pa}$

单台风机平时排风量为18513m³/h。

消防工况　　风机风量　　$L=1.1\times47124=51836\text{m}^3/\text{h}$

　　　　　　机外余压　　$P=1.1\times832.3=916\text{Pa}$

单台风机排烟量为25918m³/h。

进风机　　　风机风量　　$L=1.1\times28050=30855\text{m}^3/\text{h}$

　　　　　　机外余压　　$P=1.1\times164=180\text{Pa}$

单台风机进风量为15428m³/h。

8. 系统监控

车库内CO最高允许浓度为30mg/m³。

当车流量变化无规律时，宜采用CO浓度传感器联动控制多台并联风机或可调速风机的方式。

CO浓度传感器的布置方式如下：当采用传统的风管机械进、排风系统时，传感器宜分散设置；当采用诱导式通风系统时，传感器应设在排风口附近。

9. 本案例出图内容

（1）图例，见表6-28。

（2）设计说明

车库进、排风系统均选用低噪声柜式离心风机，其中平时排风兼排烟系统选用双速型风机，平时送风兼消防补风系统选用单速型风机。通风系统均按防火分区设置。

车库层高较低，采用诱导通风的方式，在车库顶板梁空内设置诱导风机，与排风系统联动，增强车库的通风效果。

采用CO浓度传感器联动控制多台并联风机的方式，传感器应设在排风口附近。

进、排风系统设置如下：

汽车库该防火分区按6次/h设置排风系统，系统编号为P(Y)-B3-1、P(Y)-B3-2；同时，按5次/h设置进风系统，系统编号为J(B)-B3-1、J(B)-B3-2。

（3）设备表，见表6-29。

（4）系统图，如图6-32所示。

（5）平面图，如图6-33所示。

（6）机房详图，如图 6-34、图 6-35 所示。

表 6-28　图　　例

图　例	名　称	备　注
[symbol]	柜式离心风机	
[symbol] YD	诱导风机	
P(Y)-Fn-m	排风兼排烟	n—楼层号 m—设备号
J(B)-Fn-m	进风兼排烟补风	n—楼层号 m—设备号
[symbol]	风管软接	
[symbol]	消声器	
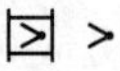 [symbol]	风管止回阀	
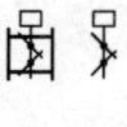 [symbol]	70℃防火调节阀	70℃熔断，两路电信号输出
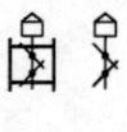 [symbol]	70℃防火调节阀	70℃熔断，电动关闭
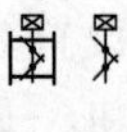 [symbol]	280℃防火阀	280℃熔断，两路电信号输出
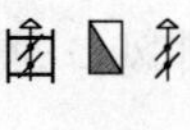 [symbol]	排烟阀、排烟口	平时常闭，电动开启，两路电信号输出
SBY[symbol]	双层百叶风口	
DBY[symbol]	单层百叶风口	

表 6-29 设备表

序号	设备编号	设备型式	风量 (m³/h)	全压 (Pa)	电量 (kW)	电压 (V)	转速 (rpm)	噪声 [dB(A)]	数量 (台)	重量 (kg)	安装位置	服务对象	备 注
1	P(Y)-B3-1、P(Y)-B3-2	HTFC(DT)-Ⅱ系列柜式离心风机 No22	26000/18600	950/350	15/5.5	380	830/560	<74/<67	2	<470	风机房	车库排风兼排烟	平时兼消防电源
2	J(B)-B3-1、J(B)-B3-2	HTFC(DT)-Ⅰ系列柜式离心风机 No20	15500	350	5.5	380	800	<69	2	<322	风机房	车库进风兼排烟补风	平时兼消防电源
3	YD	YDF-B 型多风式诱导风机 No2.5	630~850	—	0.12	220	—	<58	—	<28	车库	车库平时通风	平时排风，射程 10m

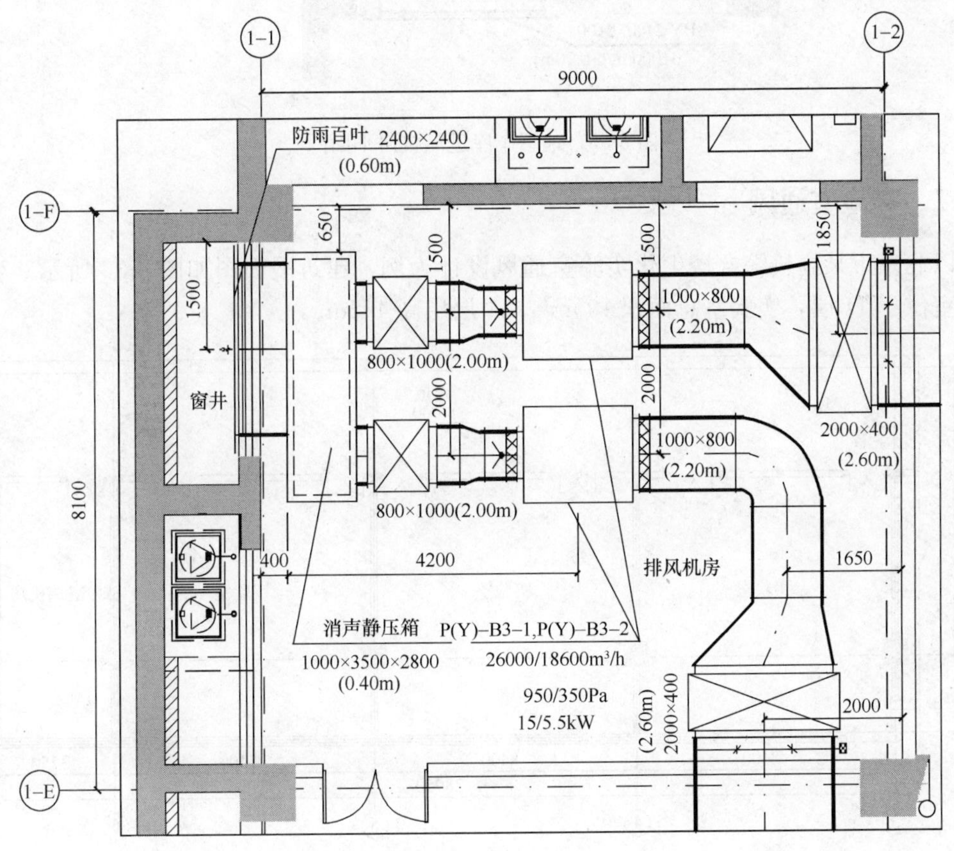

图 6-34 地下车库排风机房平面图

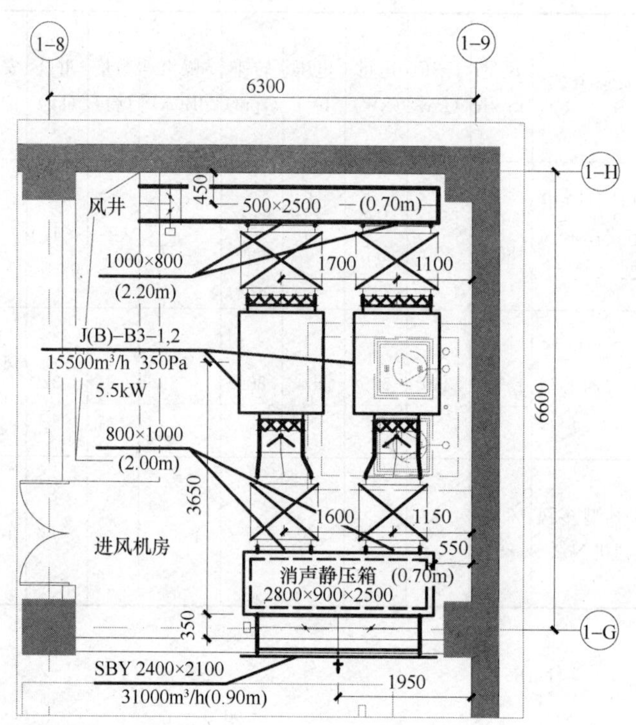

图 6-35　地下车库进风机房平面图

6.2.7　实验室通风

以北京市某高校综合楼生化实验室通风设计为例，建筑平面图如图 6-36 所示。生化实验室位于 11 层，实验室总面积 195m^2，11 层层高 4.5m。

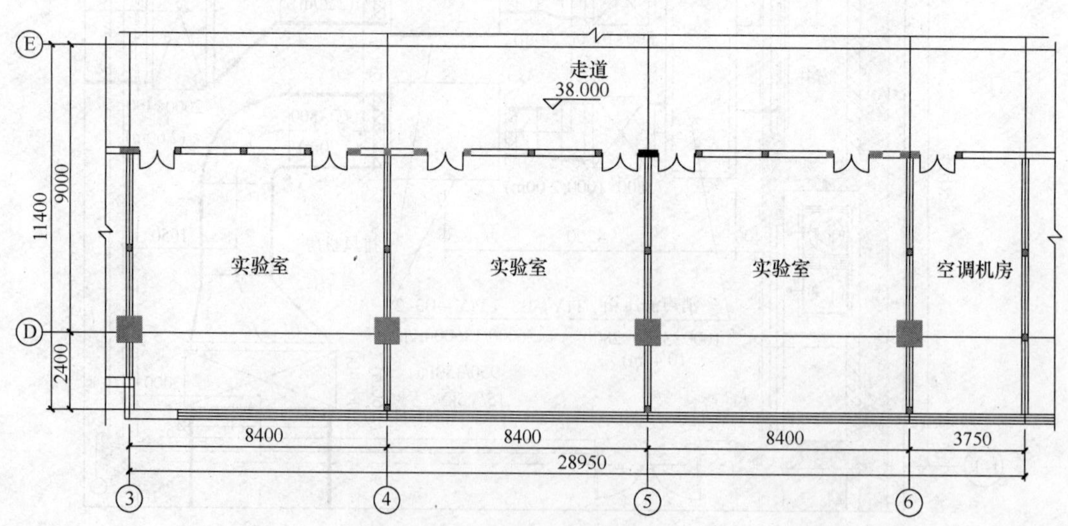

图 6-36　实验室区域平面图

1. 实验室通风柜排风

(1) 系统形式

通风柜排风系统宜独立设置。若合用排风系统，一个排风系统所带通风柜的数量不宜超过 4 个，且不同楼层的通风柜不宜合用排风系统。室内排风管段应保持负压。

本案例每间生化实验室设两台通风柜，每台通风柜设一套独立排风系统。排风机位于屋顶高位排放，以保证排风时，室内排风管段保持负压。通风柜排风系统根据需求间歇运行，由实验室就地控制启停。

(2) 风量

常用实验室通风柜规格及通风量见表 6-30。

表 6-30　常用通风量规格及对应风量

柜宽（m）	风量（m^3/h）
1.2	800～1200
1.5	1000～1400
1.8	1400～1800

本案例按 1.8m 宽度的标准通风柜设计通风柜排风系统，取单台通风柜排风量为 1700m^3/h。

(3) 室外排风口位置及方式

实验室通风柜排风通常为包含不同程度污染物的气体，有时需排出有害气体。因此，实验室通风柜排风宜高位排放。不同专业实验室的废气性质和排放允许浓度的不同，应根据具体情况设置废气处理装置。

本案例为高校生化实验室，无需设置废气处理装置，将排风机设在屋顶，保证废气高位排放，即可满足废气排放要求。屋顶排出口采用带风帽的高位排放方式。

(4) 水力计算

对于设置废气处理装置的系统，通风柜排风系统管路阻力计算，应充分考虑废气处理装置的阻力，以保证设置的排风机具有足够的压头，满足系统排风要求。

采用假定流速法进行水力计算。

1) 绘制通风系统图及平面图，并对各管段进行编号，如图 6-37、图 6-38 和图 6-39 所示。

2) 根据风速表，确定各管段风道内的合理流速，确定最不利管路各管段的断面尺寸及沿程阻力和局部阻力。计算结果详见表 6-31。

(5) 室内外消声问题

屋顶风机入口，即风机和室内之间的管段设置微穿孔板消声器。

(6) 风机选型

排风机　　风机风量　　$L=1.1\times1700=1870m^3/h$

　　　　　机外余压　　$P=1.1\times84=92.4Pa$

2. 实验室全面排风

(1) 系统形式

实验室内空气污染程度通常高于周围环境，因此，应保持一定的负压值。为保持实验室的微负压状态，实验室应设全面排风系统，且室内排风管段应保持负压。

本案例设一套集中排风系统，作为本层各生化实验室的全面排风系统。排风机位于屋顶高位排放，以保证排风时，室内排风管段保持负压。全面排风系统连续运行。

(2) 风量

实验室的全面排风量按换气次数法确定，换气次数 2～3 次。

本案例实验室排风换气次数取 2.7 次/h。根据式 (6-1) 计算得，实验室全面排风量 $2370m^3/h$。

(3) 水力计算

采用假定流速法进行水力计算。

1) 绘制通风系统图及平面图，并对各管段进行编号，如图 6-37、图 6-38 和图 6-39 所示。

2) 根据风速表，确定各管段风道内的合理流速，确定最不利管路各管段的断面尺寸及沿程阻力和局部阻力。计算结果详见表 6-32。

(4) 室外排风口位置及方式

与实验室局部排风一致，实验室全面排风宜高位排放。本案例将排风机设在屋顶，保证污染气体高位排放。

(5) 室内外消声问题

屋顶风机入口，即风机和室内之间的管段设置微穿孔板消声器。

(6) 风机选型

排风机　　风机风量　　$L=1.1\times2370=2607m^3/h$

　　　　　机外余压　　$P=1.1\times218=239.8Pa$

3. 实验室补风

(1) 系统形式

为保证实验室的排风效果，维持风量平衡，应设置补风系统。当自然补风能满足风平衡要求时，可采用自然补风；当自然补风无法满足要求时，应设置机械补风。补风宜采用新风机组，于夏季、冬季分别对新风进行冷却、加热处理。

本案例采用自然补风的形式作为全面排风补风，针对局部排风设置机械补风系统。机械补风系统采用新风机组，承担夏季、冬季新风负荷。新风机组位于空调机房。

(2) 风量

为保持一定的负压值，实验室补风量取排风量的 70%。本案例共设 6 台通风柜，每台排风量为 $1700m^3/h$，共计 $10200m^3/h$，因此，补风系统风量为 $7140m^3/h$。

(3) 水力计算

采用假定流速法进行水力计算。

1) 绘制通风系统图及平面图，并对各管段进行编号，如图 6-37、图 6-38 和图 6-39 所示。

2) 根据风速表，确定各管段风道内的合理流速，确定最不利管路各管段的断面尺寸及沿程阻力和局部阻力。计算结果详见表 6-33。

表 6-31 实验室通风柜排风系统最不利管路水力计算表

	管段编号	风量 L	管长 l	初选风速 v	风道尺寸	流速当量直径 D	实际风速 v	修正后比摩阻 R'_m	沿程阻力 ΔP_y	动压 $\rho v^2/2$	局部阻力系数 ζ	局部阻力 ΔP_j	管段总阻力 ΔP	备注
		m^3/h	m	m/s	mm	mm	m/s	Pa/m	Pa	Pa		Pa	Pa	
排风管路	1-2	1700	2.2	4	500×250	333	3.78	0.22	0.49	8.42	0.99	8.34	8.83	减缩矩形罩吸风口、矩形风管不带导叶弧形弯头
	2-3	1700	0.9	4	400×320	356	3.69	0.19	0.18	8.03	1.06	8.51	8.69	变径管、矩形风管不带导叶弧形弯头
	3-4	1700	7.85	4	400×320	356	3.69	0.19	1.53	8.03	1.34	10.76	12.29	矩形风管不带导叶弧形弯头、消声器渐缩变径管
	5-6	1700	1.1	5	ϕ350	350	4.91	0.27	0.29	14.23	3.81	54.21	54.50	止回阀、90°圆形弯头、排气罩
合计													84.30	

表 6-32 实验室全面排风系统最不利管路水力计算表

	管段编号	风量 L	管长 l	初选风速 v	风道尺寸	流速当量直径 D	实际风速 v	修正后比摩阻 R'_m	沿程阻力 ΔP_y	动压 $\rho v^2/2$	局部阻力系数 ζ	局部阻力 ΔP_j	管段总阻力 ΔP	备注
		m^3/h	m	m/s	mm	mm	m/s	Pa/m	Pa	Pa		Pa	Pa	
排风管路	7-8	870	4.8	2.5	500×200	286	2.42	0.14	0.69	3.45	5.09	17.54	18.23	单百叶风口、矩形风管不带导叶弧形弯头、矩形风管 T 形合流三通、渐扩变径管
	8-9	1740	13.6	4	630×200	304	3.84	0.25	3.40	8.68	0.53	4.60	8.00	矩形风管 T 形合流三通、渐扩变径管
	9-10	2610	7.9	4	630×250	358	4.60	0.26	2.07	12.50	5.05	63.13	65.20	矩形风管 T 形合流三通、矩形风管不带导叶弧形弯头、对开多叶阀、消声器、矩形风管不带导叶弧形弯头
	10-11	2610	10.6	4	630×250	358	4.60	0.26	2.78	12.50	1.28	16.00	18.78	矩形风管不带导叶弧形弯头、消声器、渐缩变径管
	12-13	2610	1	6	ϕ400	400	5.77	0.28	0.28	19.66	5.36	107.34	107.61	止回阀、出风口
合计													217.82	

表 6-33　实验室补风系统最不利管路水力计算表

	管段编号	风量 L	管长 l	初选风速 v	风道尺寸	流速当量直径 D	实际风速 v	修正后比摩阻 R'_m	沿程阻力 ΔP_y	动压 $\rho v^2/2$	局部阻力系数 ζ	局部阻力 ΔP_j	管段总阻力 ΔP	备注
		m^3/h	m	m/s	mm	mm	m/s	Pa/m	Pa	Pa		Pa	Pa	
进风管路	14-15	1320	2.1	2.5	500×250	333	2.93	0.17	0.35	5.08	3.58	18.17	18.53	方形散流器送风口
	15-16	2640	16.5	4	630×250	358	4.66	0.26	4.33	12.79	2.2	28.14	32.47	矩形风管Y形分流三通、矩形风管不带导叶弧形弯头、矩形风管T形分流三通、渐缩变径管
	16-17	5280	8.4	4	1000×320	485	4.58	0.19	1.57	12.39	0.12	1.49	3.06	矩形风管T形分流三通、渐缩变径管
	17-18	7900	12.6	6	1000×400	571	5.39	0.49	6.16	17.76	5.26	93.40	99.56	矩形风管T形分流三通、矩形风管不带导叶弧形弯头、消声器、对开多叶阀
	19-20	7900	3.4	6	1000×400	571	5.39	0.49	1.66	17.76	3.15	55.94	57.60	渐缩变径管、消声器、对开多叶阀、渐扩变径管、进风口
合计													211.21	

（4）室内外消声问题

新风机组进出口均设置微穿孔板消声器。室外排风口宜做消声处理。

（5）风机选型

新风机组　　风机风量　　$L=1.1\times7140=7854\text{m}^3/\text{h}$

　　　　　　机外余压　　$P=1.1\times211=232.1\text{Pa}$

4. 本案例出图内容

（1）图例，见表 6-34。

（2）设计说明

本案例生化实验室设计处于方案阶段，预设局部排风（通风柜排风）和全面排风两套系统。

每间生化实验室设两台通风柜，每台通风柜设一套独立排风系统。排风机位于屋顶高位排放。通风柜排风系统应根据需求间歇运行，由实验室就地控制启停。本案例按 1.8m 宽度的标准通风柜设计通风柜排风系统，如工艺所配通风柜尺寸与设计不同，需配合调整排风机参数。系统编号为 P-WD-1～6。通风柜排风系统的排风管道、排风机及附件等都需要采用防腐型材质。

同时，设一套集中排风系统，作为本层各生化实验室的全面排风系统，换气次数取 2.7 次/h。排风机位于屋顶高位排放。全面排风系统应连续运行。系统编号为 P-WD-7。

采用自然补风的形式作为全面排风补风，针对局部排风设置机械补风系统，补风量取排风量的 70%。机械补风系统采用新风机组，新风机组位于空调机房。系统编号为 X-F11-1。

（3）设备表，见表 6-35、表 6-36。

（4）系统图，如图 6-37 所示。

（5）平面图，如图 6-38、图 6-39 所示。

（6）机房详图，如图 6-40～图 6-42 所示（机房通风平面图、机房水管平面图、剖面图）。

图 6-34　图　　例

图　例	名　称	备　注
-- --	空调机组冷热水回水管	
——	空调机组冷热水供水管	
P-Fn-m	排风机	n—楼层号 m—设备号
X-Fn-m	新风机组	n—楼层号 m—设备号
DXxxx	水管管径标注	
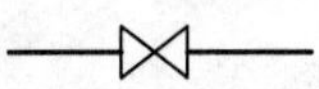 —⋈—	截止阀	
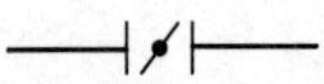 —|/|—	水路手动蝶阀	

续表

图　例	名　称	备　注
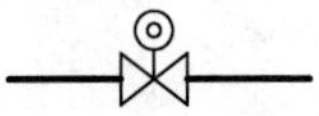	水路电动二通阀（调节式）	
	水过滤器	箭头方向为水流方向
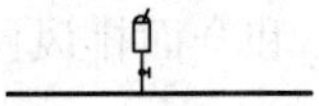	水路自动排气阀	
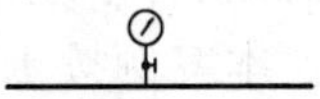	压力表	
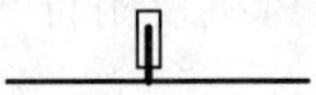	温度计	
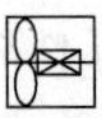	管道式风机	
	风管软接	
	消声器	
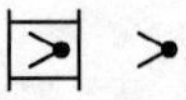	风管止回阀	
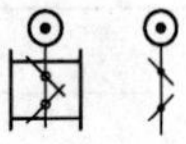	风管电动调节阀	
	风管电动开关阀	
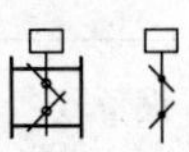	70℃防火调节阀	70℃熔断，两路电信号输出
FS 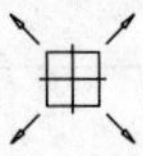	方形散流器	
DBY	单层百叶风口	

表 6-35 风机设备表

序号	设备编号	设备型式	风量 (m^3/h)	余压 (Pa)	电量 (kW)	电压 (V)	转速 (rpm)	噪声 [dB (A)]	数量 (台)	重量 (kg)	安装位置	服务对象	备注
1	P-RF-1～6	SWF-Ⅰ系列混流式风机 No3.5	1870	150	0.25	380	1450	<66	6	<28	屋顶	实验室通风柜排风	防腐型风机
2	P-RF-7	SWF-Ⅰ系列混流式风机 No4	2610	250	0.55	380	1450	<71	1	<35	屋顶	实验室全面排风	

表 6-36 新风机组设备表

序号	设备编号	设备型式	送风机				冷/热盘管						加湿器		过滤器类型（初、中）	水管接管方向	外形尺寸 长×宽×高 (mm×mm×mm)	噪声 [dB (A)]		重量 (kg)	安装位置	服务对象
			风量 (m^3/h)	余压 (Pa)	电量 (kW)	电压 (V)	冷/热量 (kW)	进/出水温 (℃)	盘管前空气状态 T_d/T_w (℃)	盘管后空气状态 T_d/T_w (℃)	水阻力 (kPa)	工作压力 (MPa)	型式	加湿量 (kg/h)				机外	出风口			
1	X-F11-1	卧式新风机组	7900	350	5.5	380	冬 115.8	65/50	−9.9	31	<50	1.0	湿膜加湿器	44.9	板式、袋式	左	3100×1400×1050	<69	<80	<900	空调机房	通风柜排风补风
							夏 78.05	7/12	33.5/26.4	30.3/20.3	<50	1.0										

说明：1. 新风机组功能组合：

（1）机组功能段组成如附图所示。

（2）盘管为热盘管。

2. 机组的新风口均配用调节灵活的多叶调节阀。

3. 所有新风机组的风机和电机均设减震装置。

4. 新风机组左右式（水管接向）的判断方法：顺着机组气流方向，水管在左侧的为左式，右侧为右式。

5. 新风机组供应厂商向设计院提供机组的选型结果。

67. 所有设备定货前，技术性能若与图纸不符，请通知相关专业。

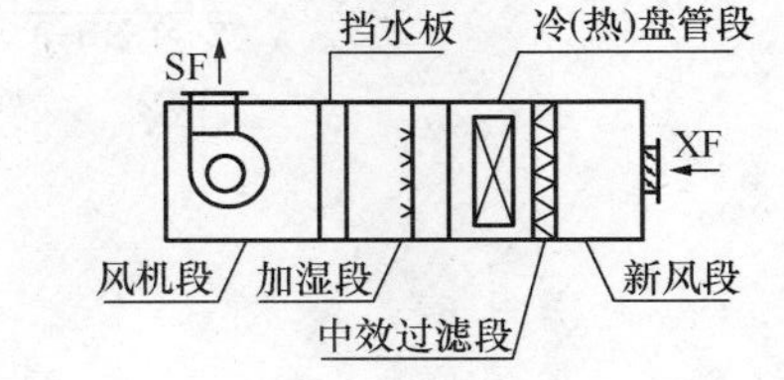

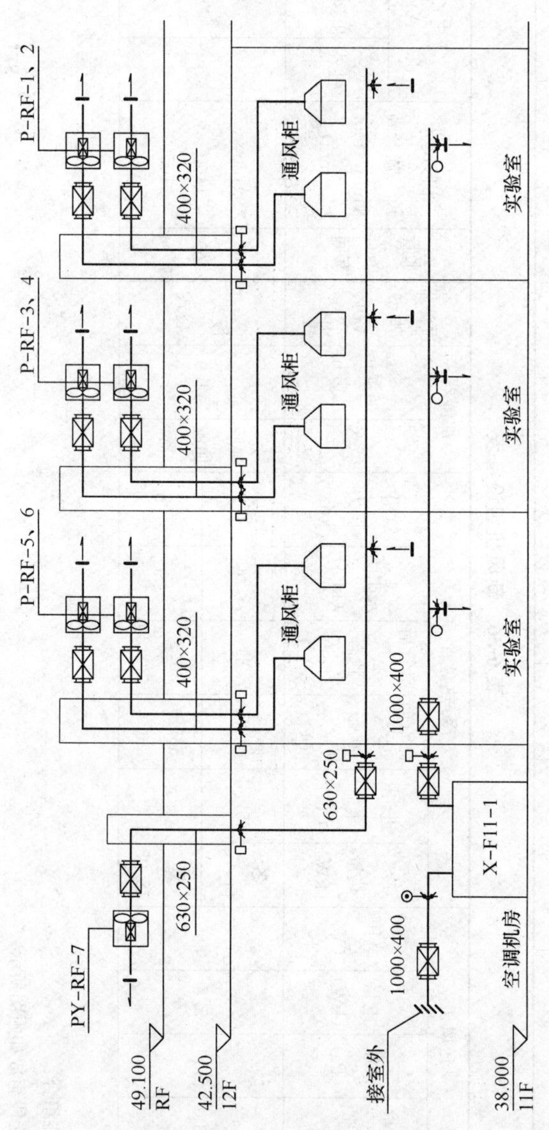

图 6-37　实验室通风系统图

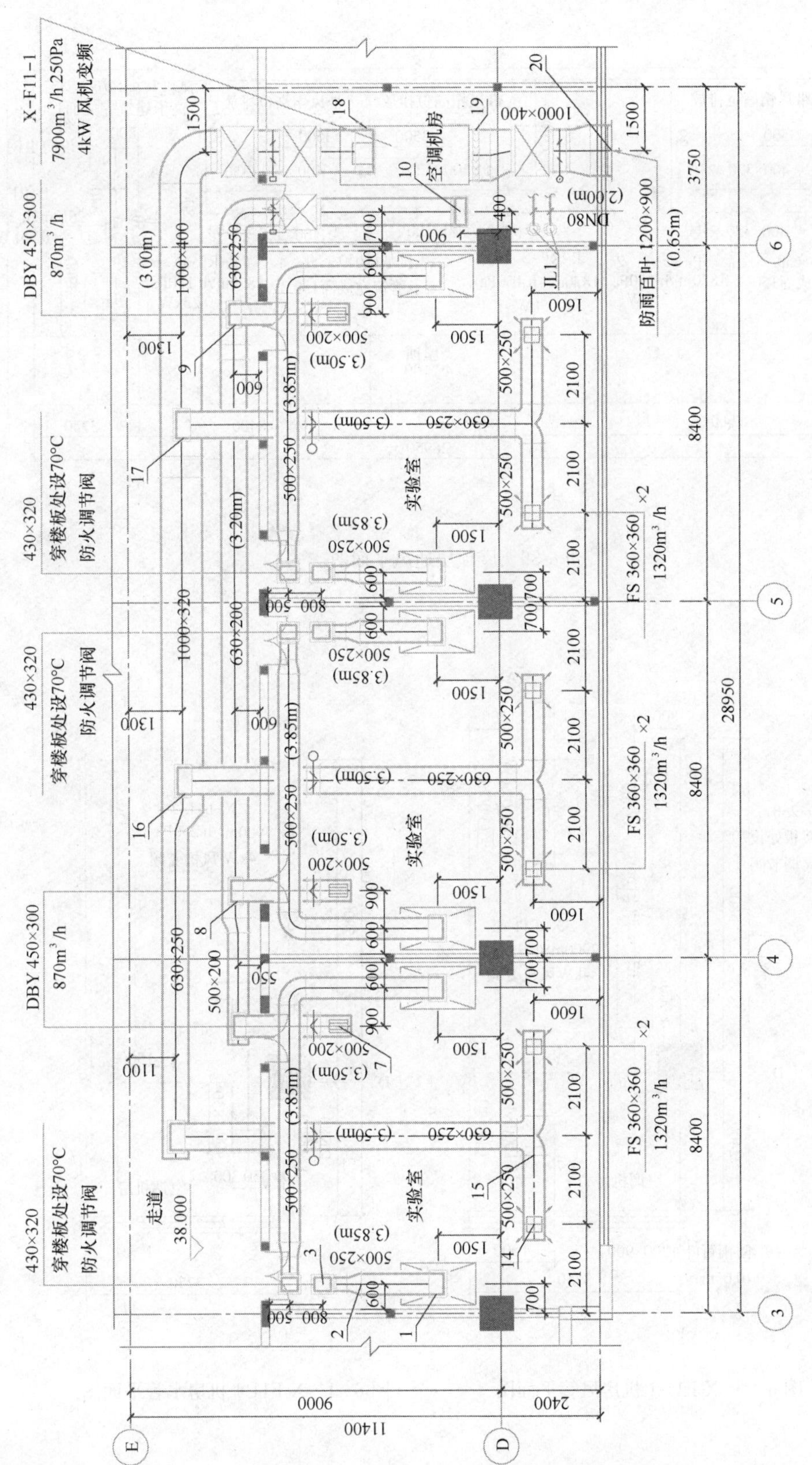

图 6-38 实验室通风平面图

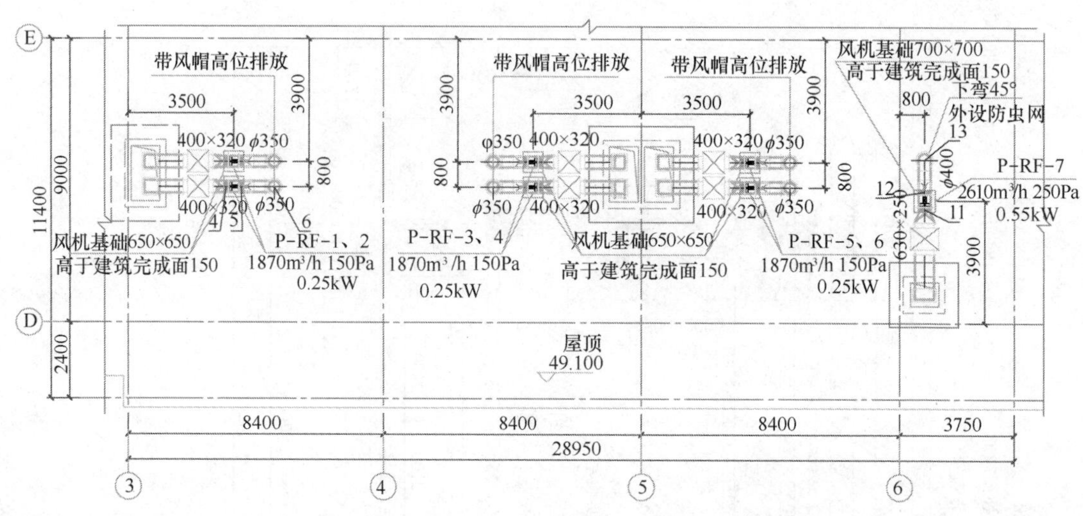

图 6-39 屋顶层通风平面图

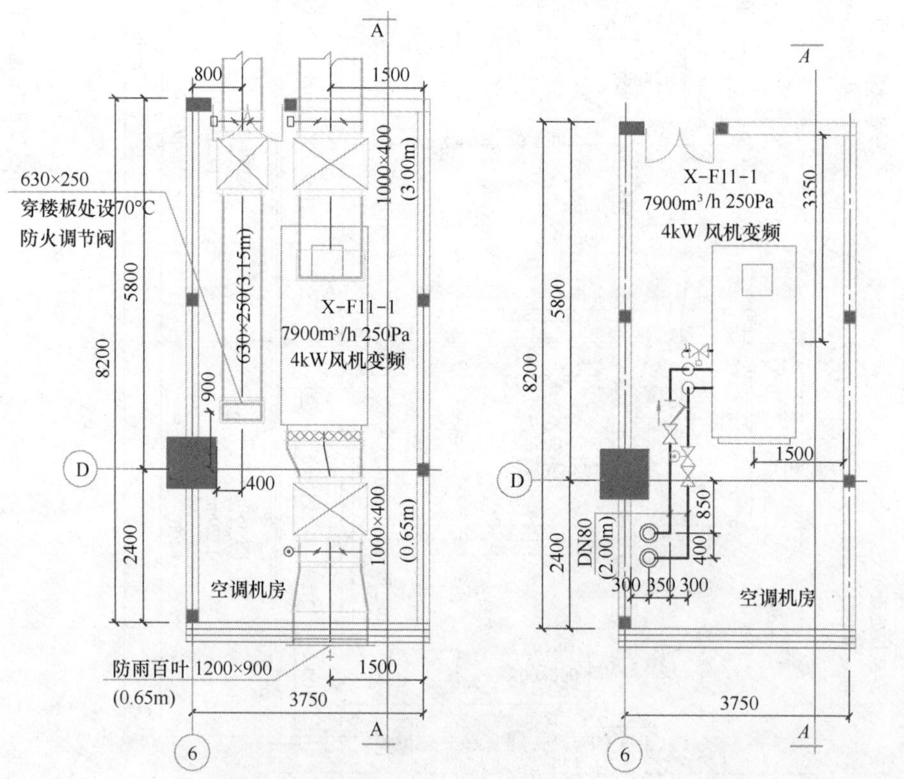

图 6-40 X-F11-1 机房风管平面图　　图 6-41 X-F11-1 机房水管平面图

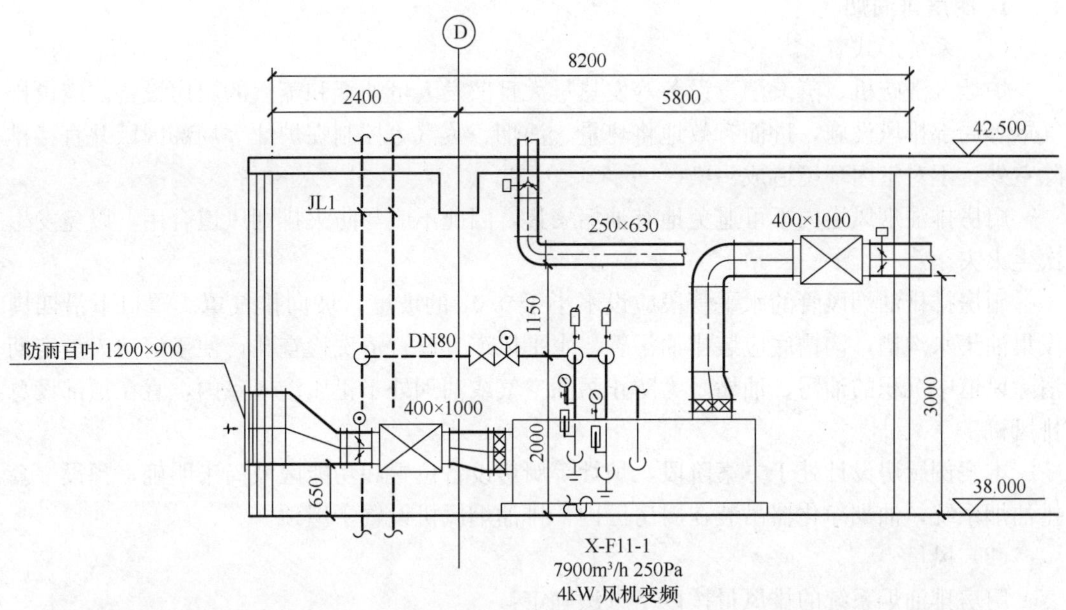

图 6-42　*A*—*A* 剖面图

6.2.8　厨房通风

本节以北京市某商业建筑厨房通风设计为例，介绍公共厨房通风系统设计，建筑平面图如图 6-43 所示。面积 250m²，层高 4.8m。

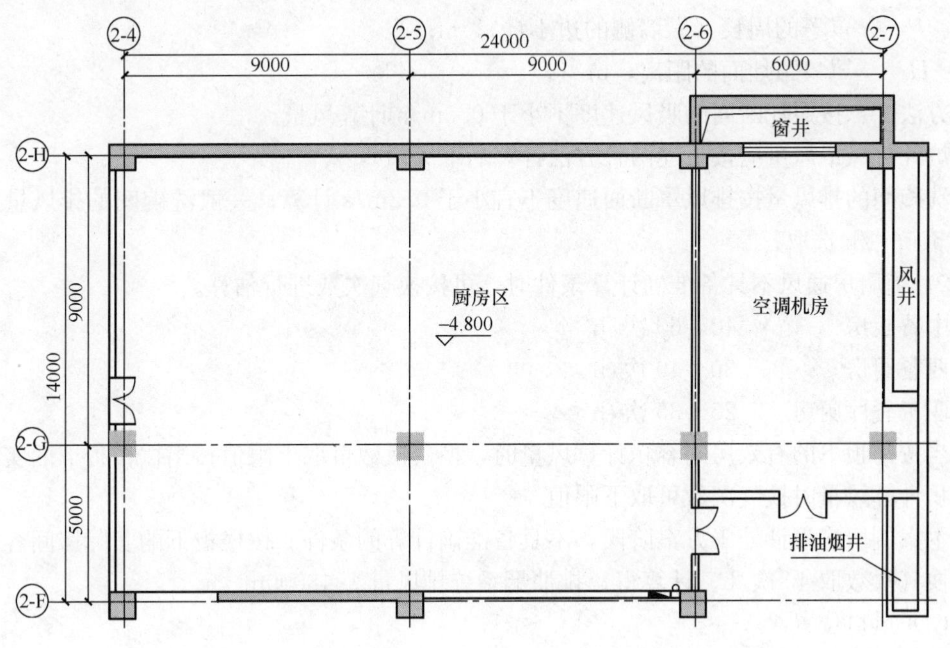

图 6-43　厨房区平面图

1. 厨房排油烟

(1) 系统形式

炉灶、洗碗机、蒸汽消毒设备等发热量大且散发大量油烟和蒸汽的厨房设备，应设排气罩等局部排风设施，进而有效地将热量、油烟、蒸汽等控制在炉灶等局部区域并直接排除室外、不对室内环境造成污染。

厨房排油烟风道内不可避免地有油垢聚集，因此不应与防火排烟风道合用，以免发生次生火灾。

厨房排排油烟风管的水平管段应设不小于0.02的坡度，坡向排气罩。罩口下沿四周设集油集水沟槽，沟槽底应装排油污管。水平风道宜设置清洗检查孔，便于清洁人员定期清除风道中沉积的油污、油垢。为防止污浊空气或油烟处于正压渗入室内，宜在顶部设总排风机。

本案例厨房设计处于方案阶段，炉灶等厨房设备位置和功能区域尚未明确，预设一套排油烟系统，油烟净化器吊装在厨房区内，排油烟风机设置于屋顶。

(2) 风量

厨房排油烟系统的排风量按以下方法确定：

1) 按局部排风罩风量计算

炉灶处排风罩风量：

方法一：计算公式见式(6-8)：

$$L = 1000 \times P \times H \tag{6-8}$$

式中 L——排风量，m^3/h；

P——罩子的周长（靠墙侧的边不计），m；

H——罩口距灶面的距离，m。

方法二：按照灶断面的吸风速度不小于0.5m/s计算风量。

炉灶排风罩风量应按上述两种方法计算后取大值。

洗碗间的排风量按排风罩断面速度不宜小于0.2m/s计算；一般洗碗间的排风量可按每间$500m^3/h$选取。

2) 当厨房通风不具备准确计算条件时，可按换气次数进行估算。

中餐厨房　　40～60次/h

西餐厨房　　30～40次/h

职工餐厅厨房　　25～35次/h

当按吊顶下的有效房间容积计算风量时，换气次数可取上限值；当按楼板下的实际房间容积计算风量时换气次数可取下限值。

本案例厨房设计处于方案阶段，不具备准确计算的条件。按楼板下的实际房间容积计算，换气次数取40次/h。计算得，排油烟系统排风量为$48000m^3/h$。

(3) 风口位置

排风罩的平面尺寸应比炉灶边尺寸大100mm，排风罩的下沿距炉灶面的距离不宜大于1.0m，排风罩的高度不宜小于600mm。

(4) 水力计算

采用假定流速法进行水力计算。

1）绘制通风系统图及平面图，并对各管段进行编号，如图 6-44、图 6-45 和图 6-46 所示。

2）确定各管段风道内的合理流速，确定最不利管路各管段的断面尺寸及沿程阻力和局部阻力。排油烟系统风速控制不同于其他风管：风管风速不应小于 8m/s，且不宜大于 10m/s；排风罩接风管的喉部风速应取 4～5m/s。计算结果详见表 6-37。

（5）室外排风口位置及方式

排油烟风管的排风口宜设置在建筑物顶端，且宜采用防雨风帽。室外部分宜采取保温措施，防止产生冷凝水。

（6）室内外消声问题

风机进出口均设置消声器。室外排风口宜做消声处理。

（7）脱油净化

副食灶等产生油烟设备的排风应设置油烟净化设施。根据《饮食业油烟排放标准》（GB 18483—2001）的规定，油烟排放浓度不得超过 2.0mg/m^3，净化设备的最低去除效率小型不宜低于 60%，中型不宜低于 75%，大型不宜低于 85%。油烟排放浓度及净化设备的最低去除效率不应低于上述要求以及其他国家现行相关标准的规定。

本案例在厨房区内吊装油烟净化器，按油烟去除效率不低于 85%选型。

（8）风机选型

排风机设置应考虑方便维修，宜选用外置式电机。

排油烟系统总阻力为最不利管路 1-3′各管段总阻力，为 584Pa。本案例排油烟系统末端预留 250Pa 余压。

排风机　　风机风量　　$L=1.1\times48000=52800\text{m}^3/\text{h}$

　　　　　机外余压　　$P=1.1\times(584+250)=917\text{Pa}$

2. 厨房全面排风

（1）系统形式

局部排风罩的排风量受罩口尺寸等因素影响，有时不满足排除余热所需的风量要求，需要全面排风系统进行补充；在炉灶等设备不运行、人员仅进行烹饪准备的操作时，厨房各区域仍有一定的发热量和异味，需要全面通风排除；对于燃气厨房，经常连续运行的全面通风还提供了厨房内燃气设备和管道有泄漏时向室外排除泄漏燃气的通路。位于地下室、半地下室或地上密闭区域等不能进行有效自然通风的厨房，应设置独立的全面机械通风系统。

本案例位于地下室，整个厨房区域未划分出各个不同的功能房间，因此，设一套全面排风系统，兼事故排风。排风机位于空调机房。

（2）风量

1）按热平衡计算。

先计算厨房排油烟及全面排风的总排风量，计算公式见式（6-2）。

式（6-2）中，t_p为厨房排风设计温度，冬季取 15℃、夏季取 35℃。

室内显热发热量 Q，计算公式如下：

$$Q=Q_1+Q_2+Q_3+Q_4 \tag{6-9}$$

式中　Q——室内显热发热量，W，宜按工艺数据确定；

Q_1——厨房设备发热量，W；

Q_2——操作人员散热量，W；

Q_3——照明灯具散热量，W；

Q_4——围护结构符合，W。

比较上述计算结果与排风罩计算风量，如果按热平衡计算排风量较大，则差额部分通过全面排风系统排出，且全面排风量需满足炉灶不运行时消除余热和异味的风量要求；如果排风罩计算风量较大，则针对炉灶等设备不运行的时候，消除厨房各区域的余热和异味计算全面排风量。

2）当厨房通风不具备准确计算条件时，可按换气次数进行估算。

正常工作　　　　6 次/h

事故通风　　　　12 次/h

本案例厨房设计处于方案阶段，不具备准确计算的条件。按楼板下的实际房间容积计算得，全面排风系统排风量为 7200m^3/h，事故排风量为 14400m^3/h。

（3）风口位置

全面排风口应远离排风罩。

（4）水力计算

采用假定流速法进行水力计算。

1）绘制通风系统图及平面图，并对各管段进行编号，如图 6-44、图 6-45 和图 6-46 所示。

2）根据风速表，确定各管段风道内的合理流速，确定最不利管路各管段的断面尺寸及沿程阻力和局部阻力。计算结果详见表 6-38。

（5）室外进排风口位置及方式

为了防止排风对进风的污染，进风口、排风口的相对位置，应遵循避免短路的原则：进风口宜低于排风口 3m 以上，当进、排风口在同一高度时，宜在不同方向设置，且水平距离一般不宜小于 10m。

（6）室内外消声问题

风机进出口均设置消声器。室外排风口宜做消声处理。

（7）风机选型

本案例选用两台同型号排风机并联，单台风机风量按满足平时全面排风量计算。正常工作时运行 1 台，两台互为备用；事故通风时两台一起运行，满足 12 次/h 换气次数要求。排风机采用防爆型。

排风机　　风机风量　　$L=1.1\times7200=7920\text{m}^3/\text{h}$

　　　　　机外余压　　$P=1.1\times141=155\text{Pa}$

（8）系统监控

位于地下室、半地下室或地上密闭区域等不能进行有效自然通风的厨房，室内应设燃气泄漏报警器，并联动事故排风机。

表 6-37 排油烟系统最不利管路水力计算表

	管段编号	风量 L	管长 l	初选风速 v	风道尺寸	流速当量直径 D	实际风速 v	修正后比摩阻 R'_m	沿程阻力 ΔP_y	动压 $\rho v^2/2$	局部阻力系数 ζ	局部阻力 ΔP_j	管段总阻力 ΔP	备注
		m^3/h	m	m/s	mm	mm	m/s	Pa/m	Pa	Pa		Pa	Pa	
厨房区水平管段	1-2	17600	3	9	800×630	705	9.70	0.93	2.78	55.52	—	120.00	122.78	油烟净化器
	2-3	35200	3.9	9	1600×630	904	9.70	0.64	2.48	55.52	0.53	29.42	31.91	矩形风管T形合流三通
	3-4	52800	8.1	9	2500×630	1006	9.31	0.52	4.18	51.16	5.18	265.02	269.20	矩形风管T形合流三通、对开多叶阀2个
小计													423.89	
竖向及屋顶管段	1′-2′	52800	11.95	9	2500×600	968	9.03	0.51	6.12	48.06	0.8	38.45	44.57	矩形风管不带导叶弧形弯头
	2′-3′	52800	2	9	1300×1300	1300	8.68	0.34	0.68	44.44	2.57	114.20	114.88	矩形风管T形分流三通
合计													583.34	

表 6-38 排风系统最不利管路水力计算表

	管段编号	风量 L	管长 l	初选风速 v	风道尺寸	流速当量直径 D	实际风速 v	修正后比摩阻 R'_m	沿程阻力 ΔP_y	动压 $\rho v^2/2$	局部阻力系数 ζ	局部阻力 ΔP_j	管段总阻力 ΔP	备注
		m^3/h	m	m/s	mm	mm	m/s	Pa/m	Pa	Pa		Pa	Pa	
排风管路	5-6	4000	1.8	2.5	630×630	630	2.80	0.11	0.20	4.62	1.08	4.99	5.20	单百叶风口
	6-7	8000	2.8	5	630×630	630	5.60	0.43	1.20	18.50	3.45	63.81	65.01	矩形风管T形合流三通、消声器、对开多叶阀、渐缩变径管
	8-9	8000	1.9	5	630×630	630	5.60	0.43	0.82	18.50	2.61	48.27	49.09	止回阀、渐扩变径管、消声器
	9-10	8000	2	2.5	800×1000	889	2.78	0.10	0.21	4.55	4.71	21.44	21.65	矩形风管T形合流三通、渐扩变径管、防雨百叶
合计													140.95	

3. 厨房补风

（1）系统形式

厨房气味外溢会影响周围室内环境，因此应保证一定的负压值。不仅要考虑整个厨房与厨房外区域之间的相对负压，厨房内也要考虑热量和污染物浓度较高的区域与较低区域之间的压差。

但是，房间内负压值不能过大，否则会对厨房灶具的使用产生影响，还会导致机械排风量不能达到设计要求。因此，建议以气流进入厨房开口处的风速不超过 1m/s 作为判断基准，超过时应设置机械补风系统。

机械补风系统设置宜与排风系统相对应。当厨房与餐厅相邻时，送入餐厅的新风量可作为厨房补风的一部分，但气流进入厨房开口处的风速不宜大于 1m/s。严寒和寒冷地区宜对全面排风机械补风采取加热措施，送风温度建议取 12～14℃。

本案例位于北京，属于寒冷地区。分别对应排油烟系统和全面排风系统设置补风系统。排油烟补风系统采用柜式离心风机补风；全面排风补风系统采用设置热水盘管段的新风机组，夏季直接补新风，冬季送风温度为 14℃。柜式离心风机及新风机组位于空调机房。

（2）风量

厨房相对于其他区域应保持负压，补风量应与排风量相匹配，宜为排风量的 80％～90％。当燃烧所需要的空气由室内吸取时，应满足燃烧所需的空气量。

本案例分别对应排油烟系统和全面排风系统设置补风系统。全面排风系统补风量取排风量的 80％，计算得补风量为 5760m^3/h。排油烟补风量取排油烟风量的 80％，计算得补风量为 42240m^3/h。

（3）风口位置

排油烟补风风口应沿排风罩方向布置，距其不宜小于 0.7m。设在操作间内的送风口，应采用代有可调节出风方向的风口。

（4）水力计算

采用假定流速法进行水力计算。

1）绘制通风系统图及平面图，并对各管段进行编号，如图 6-44、图 6-45 和图 6-46 所示。

2）根据风速表，确定各管段风道内的合理流速，确定最不利管路各管段的断面尺寸及沿程阻力和局部阻力。计算结果详见表 6-39。

（5）室内外消声问题

风机进出口均设置微穿孔板消声器。室外排风口宜做消声处理。

（6）风机选型

考虑排油烟系统与全面排风系统通常不会同时运行，本案例设计排油烟系统运行时，两台新风机组同时开启进行补风。

排油烟补风系统总阻力为最不利管路 11-14 各管段总阻力，为 181Pa。本案例排油烟系统末端预留 250Pa 余压。全面排风补风系统总阻力为最不利管路 15-19 各管段总阻力，为 218Pa。

表 6-39　排油烟补风系统及全面排风补风系统最不利管路水力计算表

	管段编号	风量 L	管长 l	初选风速 v	风道尺寸	流速当量直径 D	实际风速 v	修正后比摩阻 R'_m	沿程阻力 ΔP_y	动压 $\rho v^2/2$	局部阻力系数 ζ	局部阻力 ΔP_j	管段总阻力 ΔP	备注
		m^3/h	m	m/s	mm	mm	m/s	Pa/m	Pa	Pa		Pa	Pa	
排油烟补风管路	11-12	36000	1	6	2500×630	1006	6.30	0.31	0.31	23.41	5.47	128.06	128.37	消声器、对开多叶阀矩形风管 T 形分流三通
	13-14	36000	2.4	6	1250×1250	1250	6.37	0.25	0.59	23.97	2.17	52.02	52.61	渐扩变径管、消声器、对开多叶阀、出风口
合计													180.99	
全面排风补风管路	15-16	3200	1	2.5	630×500	558	2.82	0.14	0.14	4.70	4.46	20.95	21.09	双百叶风口
	16-17	6400	2.4	5	630×500	558	5.64	0.54	1.30	18.79	4.7	88.33	89.63	矩形风管 T 形分流三通、消声器、对开多叶阀、矩形风管不带导叶弧形弯头 2 个
	18-19	6400	2.7	5	400×1000	571	4.44	0.36	0.97	11.65	9.13	106.40	107.37	矩形风管 T 形合流三通、消声器、对开多叶阀 2 个、出风口
合计													218.09	

机组风量及风压计算如下：

排油烟补风：

新风机组　　风机风量　　$L=1.1\times(42240-5760)=35904\text{m}^3/\text{h}$

　　　　　　机外余压　　$P=1.1\times(181+250)=475\text{Pa}$

全面排风补风：

进风风机　　风机风量　　$L=1.1\times5760=6336\text{m}^3/\text{h}$

　　　　　　机外余压　　$P=1.1\times218=240\text{Pa}$

4. 本案例出图内容

（1）图例，见表6-40。

（2）设计说明

本案例厨房设计处于方案阶段，炉灶等厨房设备位置和功能区域尚未明确，预设一套排油烟补风系统，以及一套全面通风系统。具体系统设置如下：

按60次/h设置排油烟系统，油烟净化器按油烟去除效率不低于85%选型。油烟净化器吊装在厨房区内，排油烟风机设置于屋顶。系统编号为PYY-RF-1。

同时，按6次/h设置全面排风系统，兼事故排风。选用两台同型号排风机并联，单台风机风量按满足平时全面排风量计算。正常工作时运行1台，两台互为备用；事故通风时两台一起运行，满足12次/h换气次数要求。排风机采用防爆型，设置于空调机房。系统编号为P（S）-B1-1、P（S）-B1-2。

分别对应排油烟系统和全面排风系统设置补风系统，补风量取排风量的80%。排油烟补风系统采用柜式离心风机补风。全面排风补风系统采用设置热水盘管段的新风机组，夏季直接补新风，冬季送风温度为14℃。排油烟系统运行时，两套补风系统同时开启进行补风。柜式离心风机及新风机组均位于空调机房。全面排风补风系统编号为X-B1-1，排油烟补风系统编号为J-B1-1。

室内设燃气泄漏报警器，并联动事故排风机。

（3）设备表，见表6-41、表6-42。

（4）系统图，如图6-44所示。

（5）平面图，如图6-45和图6-46所示。

（6）机房详图，如图6-47至图6-49所示。

表6-40　图　　例

图　例	名　称	备　注
— —	空调机组热水回水管	
——	空调机组热水供水管	
P（S）-Fn-m	平时兼事故排风机	n—楼层号 m—设备号
X-Fn-m	新风机组	n—楼层号 m—设备号
J-Fn-m	油烟净化器	n—楼层号 m—设备号

续表

图　例	名　称	备　注
PYY-Fn-m	排油烟风机	n—楼层号 m—设备号
DNxxx	水管管径标注	
	截止阀	
	水路手动蝶阀	
	水路电动二通阀（调节式）	
	水过滤器	箭头方向为水流方向
	水路自动排气阀	
	压力表	
	温度计	
	管道式风机	
	柜式离心风机	
	风管软接	
	消声器	
	风管止回阀	
	风管电动开关阀	
	70℃防火调节阀	70℃熔断，两路电信号输出
150℃	150℃防火调节阀	150℃熔断，两路电信号输出
SBY	双层百叶风口	
DBY	单层百叶风口	

表 6-41　新风机组设备表

序号	设备编号	设备型式	送风机				热盘管						过滤器类型（初）	水管接管方向	外形尺寸 长×宽×高（mm×mm×mm）	噪声[dB（A）]		数量（台）	重量（kg）	安装位置	服务对象
			风量（m^3/h）	余压（Pa）	电量（kW）	电压（V）	热量（kW）	进/出水温（℃）	盘管前空气状态 T_d（℃）	盘管后空气状态 T_d（℃）	水阻力（kPa）	工作压力（MPa）				机外	出风口				
1	X-B1-1	卧式新风机组	6400	250	3	380	冬 41	65/50	−3.6	14	<50	1.0	板式	右	2500×1400×950	<69	<80	1	<900	空调机房	厨房全面排风补风

说明：1. 新风机组功能组合：

（1）机组功能段组成如附图所示。

（2）盘管为热盘管。

2. 机组的新风口均配用调节灵活的多叶调节阀。

3. 所有新风机组的风机和电机均设减震装置。

4. 新风机组左右式（水管接向）的判断方法：顺着机组气流方向，水管在左侧的为左式，右侧为右式。

5. 新风机组供应厂商向设计院提供机组的选型结果。

6. 所有设备定货前，技术性能若与图纸不符，请通知相关专业。

SF　热盘管段　XF　风机段　初效过滤段　新风段

表 6-42　风机设备表

序号	设备编号	设备型式	风量（m^3/h）	余压（Pa）	电量（kW）	电压（V）	转速（rpm）	噪声[dB（A）]	数量（台）	重量（kg）	安装位置	服务对象	备注
1	P(S)-B1-1～2	SWF-Ⅰ系列混流式风机 No6	8000	200	1.1	380	1450	<79	2	<75	空调机房	厨房全面排风兼事故排风	平时兼事故电源风机防爆
2	J-B1-1	HTFC-Ⅰ系列柜式离心风机 No28	36000	500	11	380	600	<74	1	<615	空调机房	厨房排油烟补风	风机变频
3	PYY-RF-1	HTFC-Ⅴ系列柜式离心风机 No11.2	52800	950	30	380	700	<94	1	<1512	屋顶	厨房排油烟	电机外置风机变频
4	JH-B1-1～3	CF系列油烟净化器 No20	17600	—	0.36	380	—	—	3	<150	厨房区	厨房排油烟净化	设备阻力 120Pa

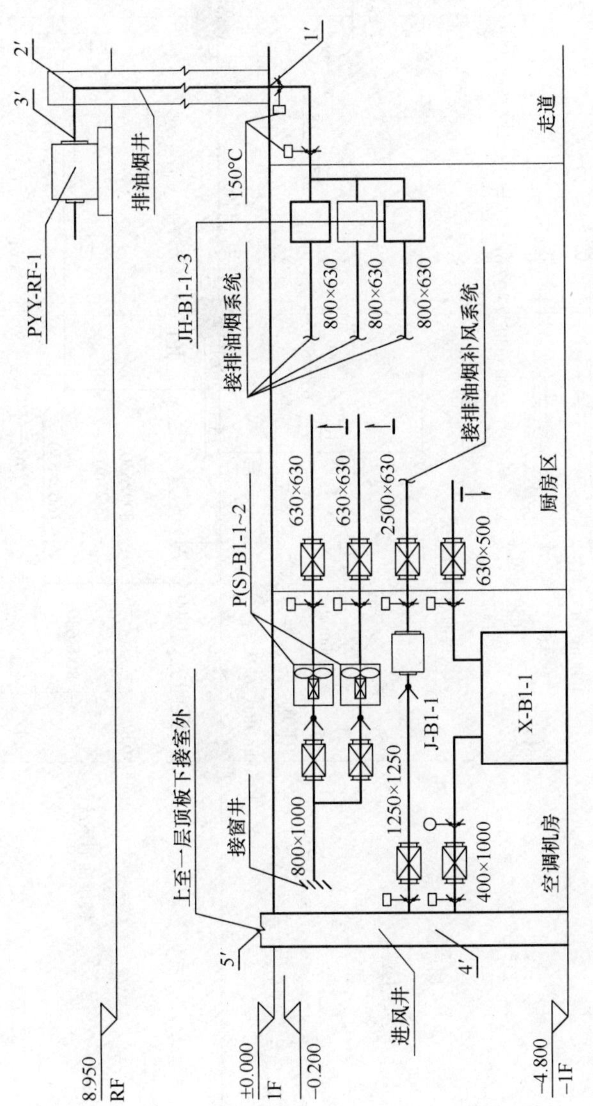

图 6-44　厨房区通风系统图

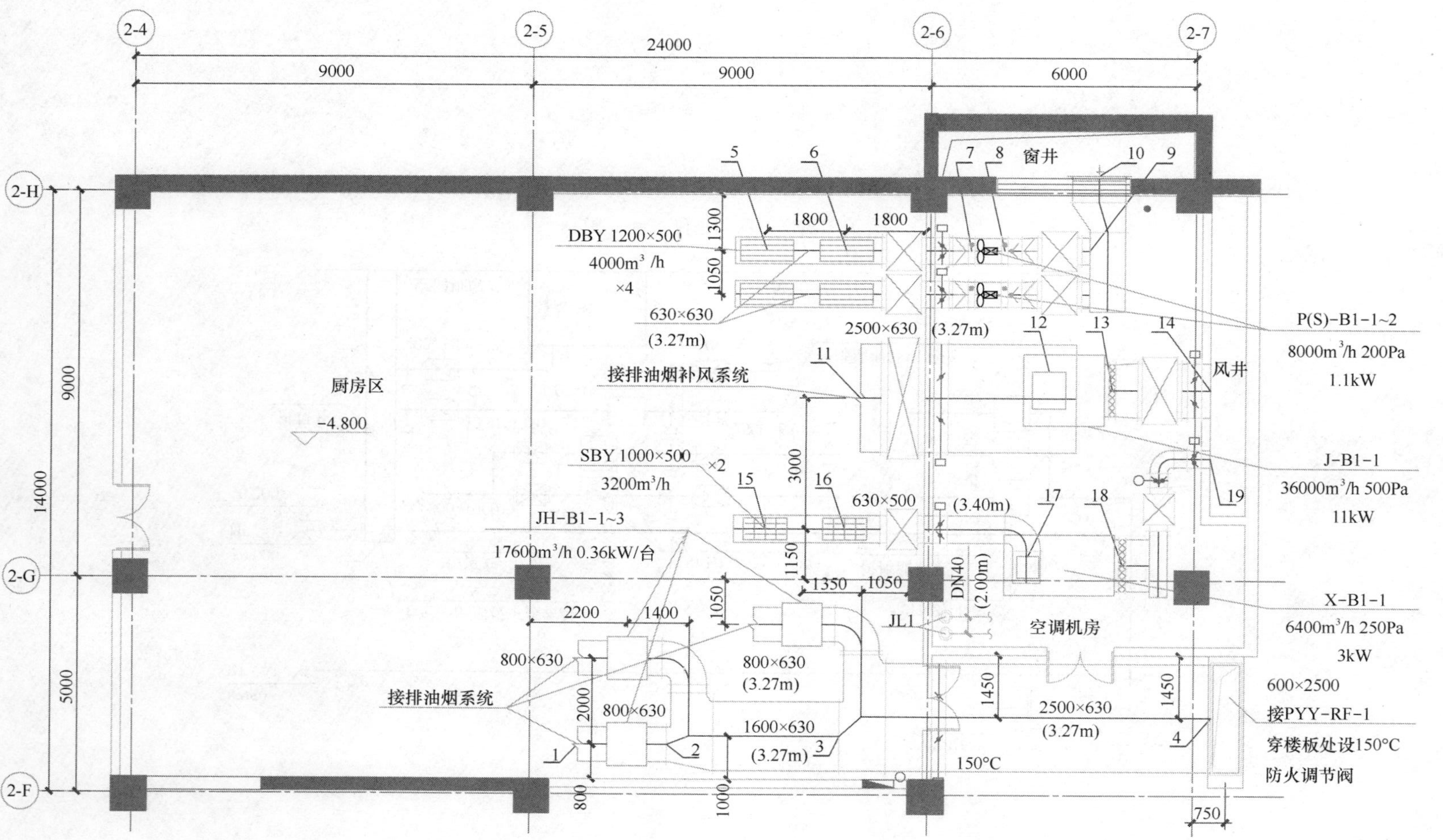

图 6-45　厨房区通风平面图

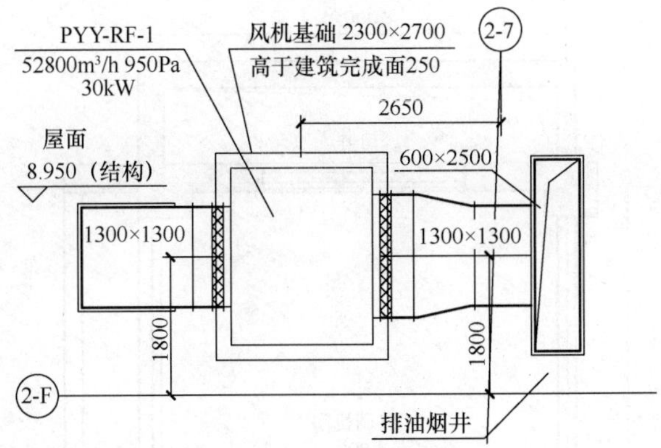

图 6-46 屋顶平面图

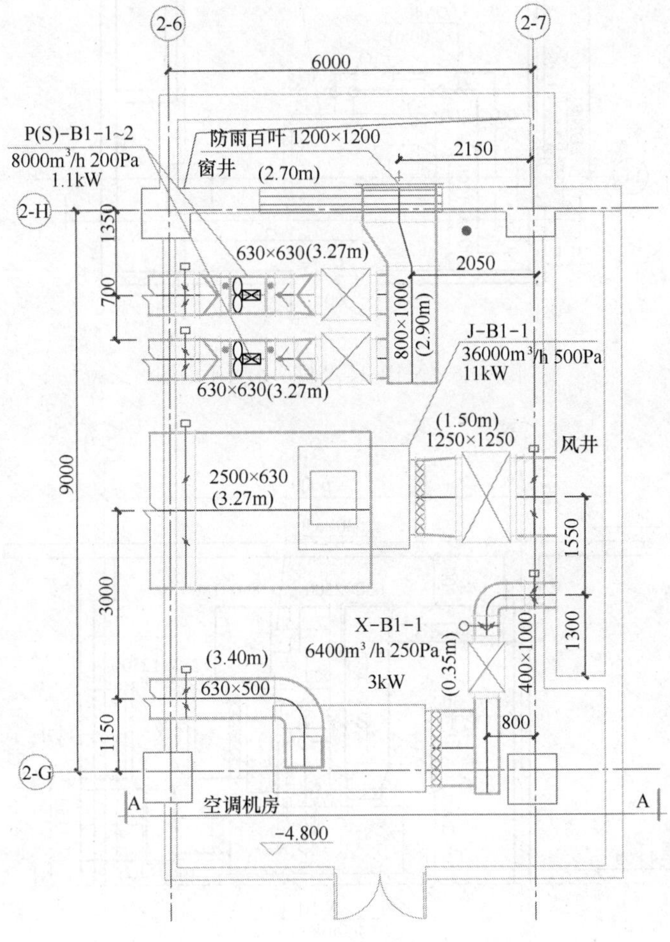

图 6-47 X-B1-1、2 机房风管平面图

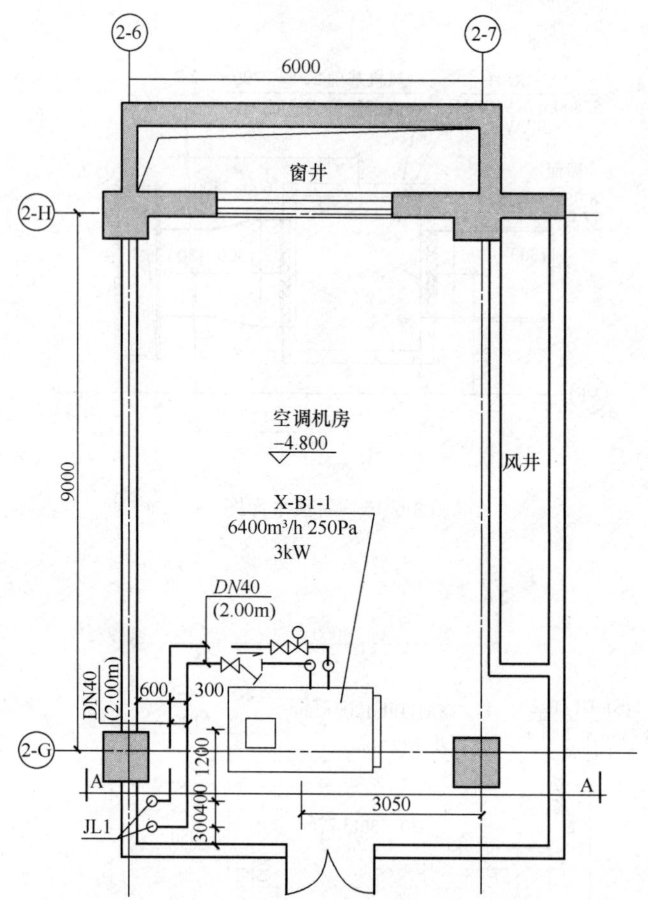

图 6-48　X-B1-1、2 机房水管平面图

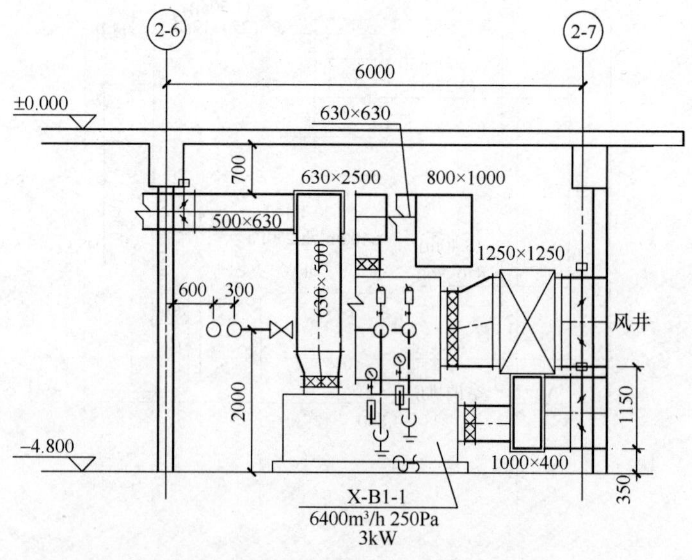

图 6-49　X-B1-1、2 机房 A—A 剖面图

6.2.9 柴油发电机房通风

以银川市某公共建筑内柴油发电机房通风设计为例，建筑平面图如图 6-50 所示。柴油发电机房位于一层，机房面积 $55m^2$，层高 6.00m，储油间面积 $3m^2$。

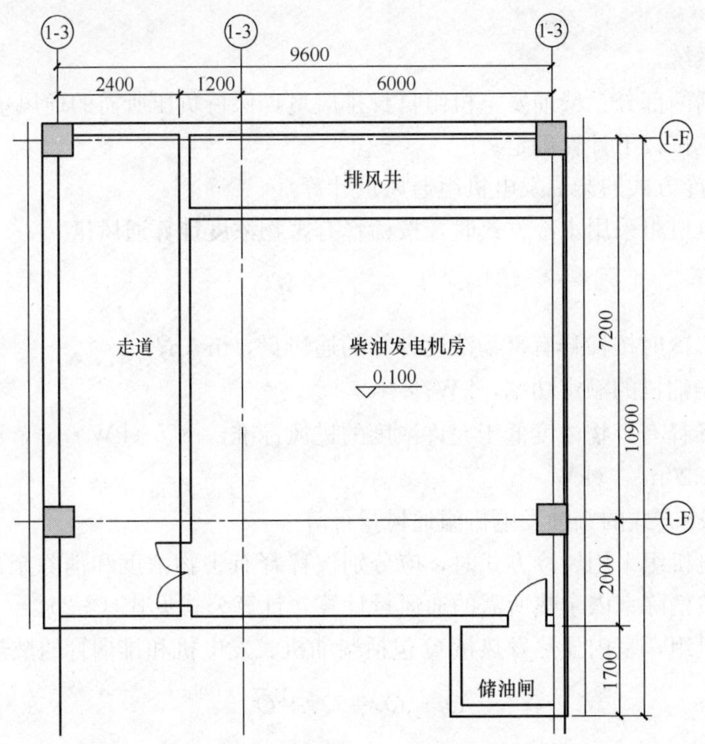

图 6-50 柴油发电机房平面图

1. 系统形式

柴油发电机房可采用自然或机械通风，通风系统宜独立设置。

排风部分通常由机组内置散热器承担，宜设置专用全面排风机，以保证柴油发电机房负压排风的要求。

补风应根据情况，采用自然或机械补风的形式，应满足补充柴油发电机自身排风和为柴油机提供燃烧空气两部分要求。

柴油发电机房内的储油间应设机械通风。

排烟系统，即将柴油机的烟气排至室外的管路。柴油发电机组的排烟管出口，经波纹管与排烟引管柔性连接，排烟引管与水平烟道、烟囱相连。排烟引管上应设置消声器。每台柴油机的排烟引管和消声器均应单独配置，不得合用。每台机组宜采用独立排烟系统，当有 2 台或多台机组合用水平烟道和烟囱时，应在每台机组的排烟引管上设置止回阀，并在排烟引管与总水平烟道连接处采用避免各烟道间烟气干扰的特殊结构，以保证各台机组均能安全排烟。水平烟道一般应保持 0.3%～0.5%的坡度，在水平烟道的低凹点和烟囱底部应设置水封或泄水管道（配阀门），以排除烟气的凝结水。水平烟道和烟囱均应考虑热力补偿措施，当不具备自然补偿条件时，应设置补偿器。烟道系统和烟囱应配置防静电装置和避雷装置。

本案例设置全面排风机，以保证负压排风的要求。设置补风机，满足补充柴油发电机自身排风和为柴油机提供燃烧用空气两部分要求。储油间设置独立机械排风系统，并设防火风口作为储油间补风口。排烟采用高空排放的方式。

2. 风量

(1) 排风系统

排风量包括两部分：柴油发电机组自身排风量，保持负压所需的通风量。柴油发电机组自身通风量应按以下计算确定。

1) 采用水冷方式的柴油发电机组通风量计算

当柴油发电机组采用水冷方式时，按稀释有害物浓度计算通风量。

$$L_h = N_e \times q \tag{6-10}$$

式中　L_h——水冷时按稀释有害物浓度计算的通风量，m^3/h；

N_e——柴油机的额定功率，kW；

q——稀释有害物浓度低于允许浓度的进风标准，$m^3/(kW \cdot h)$，可取经验数据 $q \geqslant 20m^3/(kW \cdot h)$。

2) 采用风冷方式的柴油发电机组通风量计算

当柴油发电机组采用风冷方式时，应分别按稀释有害物浓度和消除余热计算通风量，比较取大值。按消除室内余热所需的通风量计算，计算公式见式（6-2）。

对于开式机组，室内显热发热量 Q 包括柴油机、发电机和排烟管的散热量之和，即：

$$Q = Q_1 + Q_2 + Q_y \tag{6-11}$$

式中　Q_1——柴油机的散热量，kW；

Q_2——发电机的散热量，kW；

Q_y——排烟管的散热量，kW。

对于闭式机组，室内显热发热量 Q 包括柴油机气缸冷却水管和排烟管的散热量之和，即：

$$Q = Q_3 + Q_y \tag{6-12}$$

式中　Q_3——柴油机气缸冷却水管的散热量，kW。

以上数据由生产厂家提供，当无确切资料时，可按以下估算取值：

全封闭式机组取发电机额定功率的0.3～0.35；

半封闭式机组取发电机额定功率的0.5。

3) 柴油发电机组自身通风量参数可由生产厂家直接提供。

保持负压排风量可按换气次数法计算，取3次/h。

(2) 进风系统

柴油发电机组的进风量为机组自身排风量与机组燃烧空气量之和。燃烧用空气量宜按生产厂家提供的参数取用，如无确切资料，可按式（6-12）估算。

$$L_r = N_e \times r \tag{6-13}$$

式中 L_k——机组燃烧用空气量，m^3/h；

N_e——柴油机的额定功率，kW；

r——稀释有害物浓度低于允许浓度的进风标准，$m^3/(kW\cdot h)$，可取经验数据 $q\geqslant 7m^3/(kW\cdot h)$。

本案例机组自身通风量由柴油机生产厂家直接提供，为 $38580m^3/h$。

保持负压排风量，按式（6-1）计算，得全面排风量为 $990m^3/h$。

生产厂家提供柴油机功率为 480kW，燃烧用空气量按式（6-12）计算，得该部分进风量为 $3360m^3/h$。进风量为机组自身通风量与机组燃烧用空气量之和，为 $41940m^3/h$。

3. 储油间排风量

储油间排风量可按换气次数法计算，取≥5 次/h。本案例储油间排风量按式（6-1）计算，考虑到风量过小难以选用适当的风机，故放大至 $360m^3/h$。

4. 风井、风口设置要求

柴油发电机房设置在高层或多层建筑物内时，机房内应有足够的进、排风井（口）及合理的排烟道位置。进、排风井宜采用土建风道，风速不宜大于 6m/s。

机组排风井（口），宜靠近且正对柴油机散热器。热风管与柴油机散热器连接处应采用软接头。排风口不宜设在主导风向一侧，当有困难时，应增设挡风墙。当机组设在地下层，排风道弯头不宜超过 2 处。

进风口宜设在正对发电机端或发电机端两侧。当周围对环境噪声要求高时，进风口宜做消声处理。

排烟道内应设置圆形排烟管。排烟口应避开居民敏感区，烟囱一般高出屋面 2m，出口处应设置防雨罩。当排烟口设置在裙房屋顶时，宜将烟气处理后再行排放。

5. 水力计算

采用假定流速法进行水力计算。

（1）绘制通风平面图，并对各管段进行编号，如图 6-51 所示。

（2）根据风速表，确定各管段风道内的合理流速，确定最不利管路各管段的断面尺寸及沿程阻力和局部阻力。计算结果详见表 6-43。

6. 风机选型

全面排风系统总阻力为最不利管路各管段总阻力，即为 89.5Pa。

排风机　　风机风量　　$L=1.1\times 990=1089m^3/h$

　　　　　机外余压　　$P=1.1\times 89.5=99Pa$

进风系统总阻力为最不利管路各管段总阻力，即为 250Pa。设 4 台进风机。单台风机承担风量为 $10485m^3/h$。

进风机　　风机风量　　$L=1.1\times 10485=11534m^3/h$

　　　　　机外余压　　$P=1.1\times 250=275Pa$

储油间排风系统总阻力为最不利管路各管段总阻力，即为 125Pa。

排风机　　风机风量　　$L=1.1\times 360=396m^3/h$

　　　　　机外余压　　$P=1.1\times 125=137Pa$

表 6-43　柴油发电机房通风系统最不利管路水力计算表

	管段编号	风量 L	管长 l	初选风速 v	风道尺寸	流速当量直径 D	实际风速 v	修正后比摩阻 R'_m	沿程阻力 ΔP_y	动压 $\rho v^2/2$	局部阻力系数 ζ	局部阻力 ΔP_j	管段总阻力 ΔP	备注
		m^3/h	m	m/s	mm	mm	m/s	Pa/m	Pa	Pa		Pa	Pa	
全面排风管路	1-2	1100	1.2	5	320×200	246	4.77	0.85	1.02	13.45	1.35	18.16	19.18	单百叶风口、渐扩变径管
	3-4	1100	2.2	5	320×200	246	4.77	1.38	3.03	13.45	5	67.24	70.27	止回阀、渐缩变径管、消声器、对开多叶阀
合计													89.45	
进风管路	5-6	46400	2.25	3	400×1000	1600	3.22	0.02	0.04	6.13	—	250.00	250.04	防雨百叶、片式消声器
合计													250.04	
储油间排风管路	7-8	400	3.3	5	200×120	150	4.63	1.86	6.13	12.65	3.7	46.79	52.92	单百叶风口、对开多叶阀、渐扩变径管
	9-10	400	4.7	5	200×120	150	4.63	1.87	8.81	12.65	5	63.23	72.04	止回阀、渐缩变径管、消声器、对开多叶阀
合计													124.95	

7. 本案例出图内容

（1）图例，见表 6-44。

表 6-44 图 例

图 例	名 称	备 注
	管道式风机	
P-Fn-m	排风机	n—楼层号 m—设备号
J-Fn-m	进风机	n—楼层号 m—设备号
	风管软接	
	消声器	
	风管止回阀	
	风管电动调节阀	
	70℃防火调节阀	70℃熔断，两路电信号输出
DBY	单层百叶风口	

（2）设计说明

室内设计参数（表 6-45）：

表 6-45 设备用房通风室内设计参数

房间名称	室内温度（℃）		通风量		备 注
	夏季	冬季	排风量	进风量	
柴油发电机房	30～35	15～30	3 次/h	机组自身排风量+燃烧用空气量	机组自身通风量由柴油机生产厂家直接提供

通风系统设置：

设置全面排风机，以保证负压排风的要求，系统编号为 P-F1-1。

设置补风机，满足补充柴油发电机自身排风和为柴油机提供燃烧用空气两部分要求，系统编号为 J-F1-1～4。

储油间设置独立机械排风系统，系统编号为 P-F1-2，并设防火风口作为储油间补风口。

排烟采用高空排放的方式。

排风机侧壁设置冬季回风口。当房间温度传感器测得房间温度低于 15℃时，关闭 1～3 台补风机，同时开启冬季回风口，对应关闭的补风机台数调节回风口的开度，保证房间温度小于 30℃且大于 15℃。补风机应至少开启 1 台。

(3) 设备表，见表 6-46。

表 6-46　设　备　表

序号	设备编号	设备型式	风量 (m^3/h)	余压 (Pa)	电量 (kW)	电压 (V)	转速 (rpm)	噪声 [dB(A)]	数量 (台)	重量 (kg)	安装位置	服务对象	备　注
1	P-F1-1	SWF-Ⅰ系列混流式风机 No3	1100	150	0.25	380	1450	<68	1	<28	柴油发电机房	柴油发电机房全面排风	
2	P-F1-2	SWF-Ⅰ系列混流式风机 No2.5	400	150	0.18	380	1450	<68	1	<28	柴油发电机房	储油阀排风	防爆型风机
3	J-F1-1～4	SWF-Ⅰ系列混流式风机 No6.5	11600	300	2.2	380	1450	<80	4	<89	设备夹层	柴油发电机房进风	送风机前配粗效过滤器

(4) 平面图，如图 6-51 所示。

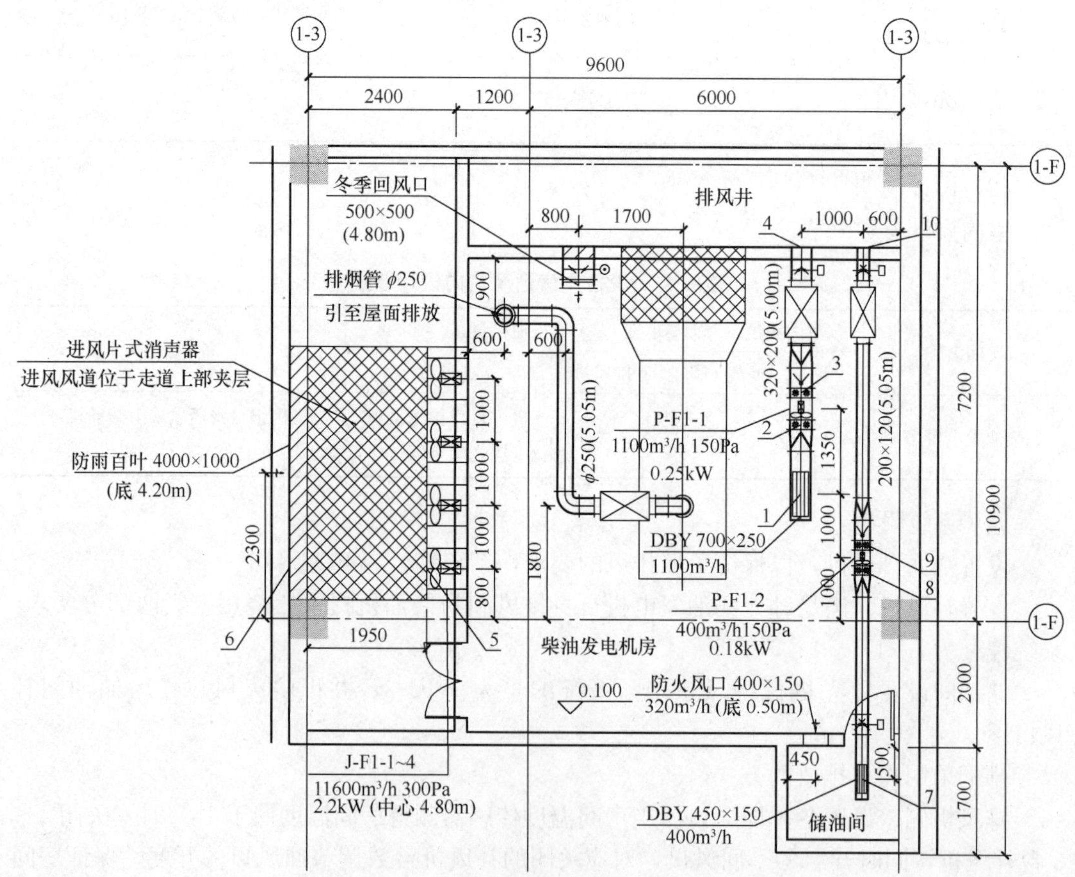

图 6-51　柴油发电机房通风平面图

6.3 防 排 烟

6.3.1 防排烟系统设计的一般规定

防烟与排烟系统中的管道、风口及阀门等必须采用不燃材料制作。吊顶内的排烟管道应采取隔热防火措施或与可燃物保持不小于150mm的距离。排烟管道的厚度应按现行国家标准《通风与空调工程施工质量验收规范》(GB 50243—2012)的有关规定执行。

机械加压送风、排烟管道和补风管道内的风速应符合下列规定：①采用金属管道时，不宜大于20m/s；②采用内表面光滑的非金属管道时，不宜大于15m/s。

机械加压送风防烟系统和排烟补风系统的室外进风口宜布置在室外排烟口的下方，且边缘垂直距离不宜小于3.0m；当水平布置时，边缘水平距离不宜小于10m。

加压送风机、排烟风机和用于排烟补风的送风风机宜设置在通风机房内或室外屋面上。风机房应采用耐火极限不小于2.00h的隔墙和耐火极限不小于1.50h的楼板及甲级防火门与其他部位隔开。风机周围应有大于600mm的操作空间。

在防火阀、排烟防火阀两侧各2.0m范围内的风管及绝热材料应用不燃材料。

6.3.2 防烟

1. 应设置防烟设施的区域

建筑下列场所或部位应设置防烟设施：①防烟楼梯间及其前室；②消防电梯间前室或合用前室；③避难走道的前室、避难层(间)。

2. 防烟的自然通风方式

(1) 宜采用自然通风方式的场合

建筑高度不大于50m的公共建筑、厂房、仓库和建筑高度不大于100m的住宅建筑，其防烟楼梯间的前室或合用前室宜采用自然通风方式。当满足下列条件之一时，楼梯间可不设置防烟系统：①前室或合用前室采用敞开的阳台、凹廊；②前室或合用前室具有不同朝向的可开启外窗，且可开启外窗的面积满足自然排烟口的面积要求。

(2) 自然通风口面积要求

设置自然通风设施的场所，其自然通风口的净面积应符合下列规定：①防烟楼梯间前室、消防电梯间前室，不应小于2.0m^2，合用前室不应小于3.0m^2；②靠外墙的防烟楼梯间，每5层内可开启排烟窗的总面积不应小于2.0m^2。

3. 机械防烟

(1) 应设置机械防烟的场合

1) 建筑高度超过50m的一类公共建筑和建筑高度超过100m的居住建筑，防烟楼梯间及其前室、消防电梯间前室和合用前室。

2) 避难走道的前室、避难层(间)。

3) 应设置防烟设施，且不具备自然排烟条件的区域。

(2) 系统设置方式及要求

加压送风系统设置方式：

① 只对防烟楼梯间进行加压送风，其前室不送风。

② 防烟楼梯间及前室分别设置两个独立的加压送风系统，进行加压送风。

对于仅服务于一部楼梯的前室，可采用①方式；对于合用前室，应采用②方式设置机械加压送风系统。带裙房的高层建筑防烟楼梯间及其前室，消防电梯间前室或合用前室，当裙房以上部分利用可开启外窗进行自然排烟，裙房部分不具备自然排烟条件时，其前室或合用前室应设置局部正压送风系统。

剪刀楼梯间可合用一个风道，其风量应按两个楼梯间风量计算，送风口应分别设置。

超过 32 层或建筑高度超过 100m 的建筑，其送风系统及送风量应分段设计。

地上和地下部分在同一位置的防烟楼梯间需设置机械加压送风时，加压送风系统宜分别设置；若合用一个风道时，风量应叠加。

直灌式加压送风系统，若用于超过 15 层的高层建筑，应采用楼梯间多点送风的方式，送风口的服务半径不宜大于 10 层；直灌式系统送风量应比常规系统送风量增加 20%。

(3) 风量

机械防烟系统加压送风量通常按下述三种方法确定。分别按三种方法求解，取最大值作为系统的加压送风量。

1) 压差法：当疏散通道门关闭时，加压部位保持一定的正压值。

$$L_y = 0.827 \times A \times 1.25 \times \Delta P^{1/N} \times 3600 \tag{6-14}$$

式中　0.827——计算常数（漏风率系数）；

L_y——加压送风量，m^3/h；

A——门、窗缝隙的计算漏风量总面积，m^2；

ΔP——门缝两侧的压差值，Pa。对于防烟楼梯间，取 40～50Pa；对于前室、消防电梯间前室、合用前室，取 30～25Pa；

N——指数，门缝及其较大漏风面积，取 2；对于窗口缝隙，取 1.6；

1.25——不严密处附加系数。

2) 风速法：开启着火层疏散门时，需要相对保持门洞处一定风速所需送风量。

$$L_y = \frac{nFv(1+b)}{a} \times 3600 \tag{6-15}$$

式中　L_y——加压送风量，m^3/h；

F——一樘门的开启面积，m^2；

v——开启门洞处的平均风速，取 0.6～1.0m/s；

a——背压系数，根据加压间的密封程度，取值范围为 0.6～1.0；

b——漏风附加率，取 0.1～0.2；

n——同时开起门的计算数量，对于多层建筑和高层工业建筑，取 2。

3) 机械加压送风量最小值，见表 6-47。

封闭避难层（间）的机械加压送风量应按避难层净面积每平方米不小于 $30m^3/h$ 计算，避难走道的前室的机械加压送风量应按前室入口门洞风速 0.7～1.2m/s 计算确定。

表 6-47 机械加压送风量

<table>
<tr><th rowspan="2">序号</th><th rowspan="2" colspan="3">条件和部位</th><th colspan="2">加压送风量（m³/h）</th></tr>
<tr><th><20 层</th><th>20～32 层</th></tr>
<tr><td rowspan="2">1</td><td rowspan="2" colspan="2">对防烟楼梯间加压（前室不送风）</td><td>高层</td><td>25000～30000</td><td>35000～40000</td></tr>
<tr><td>非高层</td><td>25000</td><td>—</td></tr>
<tr><td rowspan="2">2</td><td rowspan="2" colspan="2">前室或合用前室自然排烟（防烟楼梯间不具备自然排烟条件）对防烟楼梯间加压</td><td>高层</td><td>25000～30000</td><td>35000～40000</td></tr>
<tr><td>非高层</td><td>25000</td><td></td></tr>
<tr><td rowspan="4">3</td><td rowspan="4">防烟楼梯间及其合用前室分别加压送风</td><td rowspan="2">楼梯间</td><td>高层</td><td>16000～20000</td><td>20000～25000</td></tr>
<tr><td>非高层</td><td>16000</td><td>—</td></tr>
<tr><td rowspan="2">合用前室</td><td>高层</td><td>12000～16000</td><td>18000～22000</td></tr>
<tr><td>非高层</td><td>13000</td><td>—</td></tr>
<tr><td rowspan="2">4</td><td rowspan="2" colspan="2">消防电梯前室</td><td>高层</td><td>15000～20000</td><td>22000～27000</td></tr>
<tr><td>非高层</td><td>15000</td><td>—</td></tr>
<tr><td rowspan="2">5</td><td rowspan="2" colspan="2">防烟楼梯间自然排烟前室或合用前室加压</td><td>高层</td><td>22000～27000</td><td>28000～32000</td></tr>
<tr><td>非高层</td><td>22000</td><td>—</td></tr>
</table>

（4）余压控制

防烟楼梯间内机械加压送风防烟系统的余压值应为 40～50Pa；前室、合用前室及消防电梯间前室内机械加压送风防烟系统的余压值应为 25～30Pa；封闭避难层（间）机械加压送风防烟系统的余压值应为 25～30Pa。

余压控制通常采用下述设计：

1）设置泄压阀，且在穿越防火墙处设置 70℃防火阀，泄压阀板的开启面积可用以下公式计算：

$$F=\frac{L_v-L_y}{3600\times 6.41} \tag{6-16}$$

式中 F——泄压阀阀板的开启面积，m^2；

L_v——加压送风量，m^3/h；

L_y——当疏散通道门关闭时，加压部位保持一定的正压值所需送风量，m^3/h，即按式（6-14）计算出的数值。

2）设置旁通阀

在楼梯间的适当位置设置压力传感器，控制加压送风机出口处的旁通泄压阀，调整楼梯间的余压值；在每层防烟楼梯间前室、消防电梯前室或合用前室设置压力传感器，控制加压送风机出口处的旁通泄压阀，调整加压送风前室或合用前室的余压值。

3）变频调速

（5）防火阀设置要求

机械加压送风管道不宜穿过防火分区或其他火灾危险性较大的房间，当必须穿越时，应在穿过处设置防火阀，加压送风管道防火阀的动作温度为 70℃。

（6）风口设置要求

楼梯间加压送风口宜每隔 2～3 层设 1 个；消防前室及合用前室，加压送风口应每层设置一个。送风口风速不宜大于 7m/s。

6.3.3 排烟

1. 应设置排烟设施的区域

厂房或仓库的下列场所或部位应设置排烟设施：①人员或可燃物较多的丙类生产场所，丙类厂房内建筑面积大于300m^2且经常有人停留或可燃物较多的地上房间；②建筑面积大于5000m^2的丁类生产车间；③占地面积大于1000m^2的丙类仓库；④高度大于32m的高层厂房（仓库）内长度大于20m的疏散走道，其他厂房（仓库）内长度大于40m的疏散走道。

民用建筑的下列场所或部位应设置排烟设施：①设置在一、二、三层且房间建筑面积大于100m^2的歌舞娱乐放映游艺场所，设置在四层及以上楼层、地下或半地下的歌舞娱乐放映游艺场所；②中庭；③公共建筑内建筑面积大于100m^2且经常有人停留的地上房间；④公共建筑内建筑面积大于300m^2且可燃物较多的地上房间；⑤建筑内长度大于20m的疏散走道；⑥地下或半地下建筑（室）、地上建筑内的无窗房间，当总建筑面积大于200m^2或一个房间建筑面积大于50m^2，且经常有人停留或可燃物较多时，应设置排烟设施。

除敞开式汽车库，建筑面积小于1000m^2的地下一层汽车库和修车库外，汽车库、修车库应设置排烟设施。

2. 自然排烟

（1）宜采用自然排烟方式的场合

1）多层建筑中的中庭及高层建筑中净空高度小于12m的中庭。

2）满足自然排烟条件的车库。

3）其他满足自然排烟条件的场所。

（2）自然排烟口面积要求

设置自然排烟设施的场所，其自然排烟口的有效面积应符合下列规定：①中庭、剧场舞台或其他类似高大空间场所，不应小于该中庭、剧场舞台楼地面面积的5%；②其他场所，宜取该场所建筑面积的2%～5%；③汽车库、修车库，自然排烟口的总面积不应小于室内地面面积的2%。

（3）自然排烟口位置要求

作为自然排烟的窗口宜设置在房间的外墙上方或屋顶上，并应有方便开启的装置。自然排烟口距该防烟分区最远点的水平距离不应超过30m。

房间外墙上的排烟口（窗）宜沿外墙周长方向均匀分布，排烟口（窗）的下沿不应低于室内净高的1/2，并应沿气流方向开启。

3. 机械排烟

（1）应设置机械排烟的场合

1）高层建筑中净空高度超过12m的中庭。

2）其他不具备自然排烟条件的场合。

（2）系统设置方式及要求

需设置机械排烟设施且室内净高小于等于6m的场所应划分防烟分区；需设置机械排烟设施的汽车库、修车库应划分防烟分区。

每个防烟分区的建筑面积不宜超过 500m²，车库不宜超过 2000m²，防烟分区不应跨越防火分区。汽车库的防烟分区可采用挡烟垂壁、隔墙或从顶棚下突出不小于 0.5m 的梁划分。

超过 32 层或建筑高度超过 100m 的建筑，其排烟系统应分段设计。

横向宜按防火分区设置。竖向穿越防火分区时，垂直排烟管道应设置在管井内。

机械排烟系统与通风、空调系统宜分开设置。当合用时，必须采取可靠的防火安全措施，并应符合机械排烟系统的有关要求。

汽车库机械排烟系统可与人防、卫生等的排气、通风系统合用。

（3）风量

汽车库、修车库内每个防烟分区排烟风机的排风量不应小于表 6-48 规定。

表 6-48 汽车库、修车库内每个防烟分区排烟风机的排烟量

汽车库、修车库的净高（m）	汽车库、修车库的排烟量（m^3/h）	汽车库、修车库的净高（m）	汽车库、修车库的排烟量（m^3/h）
3.0 及以下	30000	7.0	36000
4.0	31500	8.0	37500
5.0	33000	9.0	39000
6.0	34500	9.0 以上	40500

注：建筑空间净高位于表中两个高度之间的，按线性插值法取值。

其他机械排烟系统的排烟量不应小于表 6-49 规定。

表 6-49 排烟风机的排烟量

<table>
<tr><th colspan="2">条件和设置场所</th><th>单位排烟量［$m^3/(h\cdot m^2)$］</th><th>换气次数（次/h）</th><th>备注</th></tr>
<tr><td colspan="2">担负 1 个防烟分区</td><td>≥60</td><td>—</td><td rowspan="2">风机排烟量不应小于 7200m^3/h</td></tr>
<tr><td colspan="2">室内净高大于 6m 且不划分防烟分区的空间</td><td>≥60</td><td>—</td></tr>
<tr><td colspan="2">担负 2 个及 2 个以上防烟分区</td><td>≥120</td><td>—</td><td>应按最大防烟分区面积确定</td></tr>
<tr><td rowspan="2">中庭</td><td>体积≤17000m^3</td><td>—</td><td>6</td><td>—</td></tr>
<tr><td>体积＞17000m^3</td><td>—</td><td>4</td><td>其最小排烟量不应小于 102000m^3/h</td></tr>
<tr><td colspan="2">电影院、剧场观众厅</td><td>90</td><td>13</td><td>取两者中的大值</td></tr>
</table>

（4）防火阀设置要求

穿越防火分区的排烟管道应在穿越处设置排烟防火阀。排烟防火阀应符合现行国家标准《建筑通风和排烟系统用防火阀门》（GB 15930—2007）的有关规定。

与垂直风管连接的水平管道应设置 280℃能自动关闭的防火阀。水平排烟管道穿越其他防火分区时，应在穿越处设置 280℃能自动关闭的防火阀，其管道的耐火极限不应小于 1.0h；排烟管道不应穿越前室或楼梯间，若必须穿越时，管道的耐火极限不应小于 2.0h，且不得影响人员疏散。

（5）排烟口设置要求

排烟口或排烟阀应按防烟分区设置，每个防烟分区应设置排烟口。

排烟口或排烟阀应与排烟风机连锁，当系统中任一排烟口或排烟阀开启时，排烟风机、补风机应能自行启动。

排烟口或排烟阀平时为关闭时，应设置手动和自动开启装置。

排烟口应设置在顶棚或靠近顶棚的墙面上，且与附近安全出口沿走道方向相邻边缘之间的最小水平距离不应小于1.5m。设在顶棚上的排烟口，距可燃构件或可燃物的距离不应小于1.0m。

设置机械排烟系统的地下、半地下场所，除歌舞娱乐放映游艺场所和建筑面积大于50m^2的房间外，排烟口可设置在疏散走道。

防烟分区内的排烟口距最远点的水平距离不应超过30m；排烟支管上应设置当烟气温度超过280℃时能自行关闭的排烟防火阀。

汽车库机械排烟系统，在穿过不同防烟分区的排烟支管上应设置烟气温度大于280℃时能自动关闭的排烟防火阀。

排烟口的风速不宜大于10m/s。

（6）排烟风机设置要求

排烟风机的全压应满足排烟系统最不利环路的要求，其排烟量应考虑10%～20%的漏风量。

排烟风机可采用离心风机或排烟专用的轴流风机。

排烟风机应能在280℃的环境条件下连续工作不少于30min。

在排烟风机入口处的总管上应设置当烟气温度超过280℃时能自行关闭的排烟防火阀，该阀应与排烟风机联锁，当该阀关闭时，排烟风机应能停止运转。

排烟风机及系统中软接头应能在280℃的环境条件下连续工作不少于30min。

4. 补风

（1）设置场合

在地下建筑和地上密闭场所中设置机械排烟系统时，应同时设置补风系统。

汽车库内无直接通向室外的汽车疏散出口的防火分区，当设置机械排烟系统时，应同时设置补风系统。

（2）系统设置方式及要求

补风可采用自然补风或机械补风方式，空气宜直接从室外引入。排烟区域所需的补风系统应与排烟系统联动开停。

（3）风量

当设置机械补风系统时，其补风量不宜小于排烟量的50%。

（4）防火阀设置

用于机械防排烟的补风管道不宜穿过防火分区或其他火灾危险性较大的房间，当必须穿越时，应在穿过处设置防火阀。

（5）风口形式及风速

补风口设置位置宜远离排烟口，两者的水平距离不宜小于10m。

6.4 人 防 通 风

6.4.1 防空地下室通风设计的一般规定

防空地下室的通风设计，必须确保战时防护要求，并应满足战时及平时的使用要求。

防空地下室的通风系统设计，战时应按防护单元设置独立的系统，平时宜结合防火分区设置系统。

通风系统选用的设备及材料，除应满足防护和使用功能要求外，还应满足防潮、卫生及平时使用时的防火要求，且便于施工安装和维修。

防空地下室的通风室外空气计算参数，应按国家现行《民用建筑供暖通风与空气调节设计规范》（GB 50736—2012）中的有关条文执行。

防空地下室的通风设计，宜根据防空地下室的不同功能，分别对设备、设备房间及管道系统采取相应的减噪措施。

防空地下室的通风系统应分别与上部建筑的通风系统分开设置。

6.4.2 防护通风

1. 防护通风方式

战时为医疗救护工程、专业队员掩蔽部、人员掩蔽工程以及食品站、生产车间和电站控制室、区域供水站的防空地下室，应设置清洁通风、滤毒通风和隔绝通风。

战时为物资库的防空地下室，应设置清洁通风和隔绝防护。滤毒通风的设置可根据实际需要确定。

设有清洁通风、滤毒通风和隔绝通风的防空地下室，应在防护（密闭）门的门框上部设置相应的战时通风方式信息（信号）显示装置。

2. 战时人员新风量标准

防空地下室室内人员的战时新风量应符合表 6-50 规定。

表 6-50 室内人员战时新风量［m^3/（h·人）］

防空地下室类别	清洁通风	滤毒通风
医疗救护工程	≥12	≥5
防空专业队队员掩蔽部、生产车间	≥10	≥5
一等人员掩蔽所、食品站、区域供水站、电站控制室	≥10	≥3
二等人员掩蔽所	≥5	≥2
其他配套工程	≥3	—

注：物资库的清洁式通风量可按清洁区的换气次数 1～2h^{-1}计算。

3. 战时清洁通风工况室内温湿度标准

防空地下室战时清洁通风时的室内空气温度和相对湿度宜符合表 6-51 规定。

表 6-51　战时清洁通风时的室内空气温度和相对湿度

防空地下室用途			夏季		冬季	
			温度	相对湿度	温度	相对湿度
			℃	%	℃	%
医疗救护工程		手术室、急救室	22～28	50～60	20～28	30～60
		病房	≤28	≤70	≥16	≥30
柴油电站	机房	人员直接操作	≤35	—		
		人员间接操作	≤40	—		
	控制室		≤30	≤75		
专业队队员掩蔽部 人员掩蔽工程			自然温度及相对湿度			
配套工程			按工艺要求确定			

注：1. 医疗救护工程平时维护管理时的相对湿度不应大于70%；

2. 专业队队员掩蔽部平时维护时的相对湿度不应大于80%。

4. 战时隔绝防护时间、隔绝防护工况室内 CO_2 容许体积浓度、O_2 体积浓度标准

防空地下室战时隔绝防护时间，以及隔绝防护时室内 CO_2 容许体积浓度、O_2 体积浓度应符合表 6-52 规定。

表 6-52　战时隔绝防护时间，隔绝防护时室内 CO_2 容许体积浓度、O_2 体积浓度

防空地下室类别	隔绝防护时间（h）	CO_2 容许体积浓度（%）	O_2 体积浓度（%）
医疗救护工程、专业队队员掩蔽部、一等人员掩蔽所、食品站、生产车间、区域供水站	≥6	≤2.0	≥18.5
二等人员掩蔽所、电站控制室	≥3	≤2.5	≥18.0
物资库等其他配套工程	≥2	≤3.0	—

5. 战时隔绝防护时间校核

防空地下室战时的隔绝防护时间，应按式（6-17）进行校核。当计算出的隔绝防护时间不能满足表 6-51 的规定时，应采取生 O_2、吸收 CO_2 或减少战时掩蔽人数等措施。

$$\tau = \frac{1000 \cdot V_0 (C - C_0)}{n \cdot C_1} \tag{6-17}$$

式中　τ——隔绝防护时间，h；

V_0——防护地下室清洁区内的容积，m^3；

C——防空地下室室内 CO_2 容许体积浓度，%，应按表 6-50 确定；

C_0——隔绝防护前防空地下室室内 CO_2 初始浓度，%，宜按表 6-53 确定；

C_1——清洁区内每人每小时呼出的 CO_2 量，L/（P·h），掩蔽人员宜取 20，工作人员宜取 20～25；

n——室内的掩蔽人数，P。

表 6-53　C_0值选用表

隔绝防护前的新风量（m^3/（h・人））	C_0（%）
25～30	0.13～0.11
20～25	0.15～0.13
15～20	0.18～0.15
10～15	0.25～0.18
7～10	0.34～0.25
5～7	0.45～0.34
3～5	0.72～0.45
2～3	1.05～0.72

6. 战时滤毒通风工况的防毒要求

设计滤毒通风时，防空地下室清洁区超压和最小防毒通道换气次数应符合表 6-54 的规定。

表 6-54　滤毒通风时的防毒要求

防空地下室类别	最小防毒通道换气次数（h^{-1}）	清洁区超压（Pa）
医疗救护工程、专业队队员掩蔽部、一等人员掩蔽所、食品站、生产车间、区域供水站	≥50	≥50
二等人员掩蔽所、电站控制室	≥40	≥30

7. 新风量计算

防空地下室清洁通风时的新风量应按式（6-18）计算：

$$L_q = L_1 \times n \tag{6-18}$$

式中　L_q——清洁通风时按掩蔽人员计算所得新风量，m^3/h；

L_1——清洁通风时人员新风量标准，m^3/（h・人），见表 6-48。

防空地下室滤毒通风时的新风量应分别按式（6-19）、式（6-20）计算，取其中的较大值。

$$L_R = L_2 \times n \tag{6-19}$$

$$L_H = V_F \times K_H + L_H \tag{6-20}$$

式中　L_R——滤毒通风时按掩蔽人员计算所得新风量，m^3/h；

L_2——滤毒通风时人员新风量标准，m^3/（h・人），见表 6-50；

L_H——室内保持正压所需的新风量，m^3/h；

V_F——战时主要出入口最小防毒通道的有效容积，m^3；

K_H——战时主要出入口最小防毒通道的设计换气次数，h^{-1}，见表 6-54；

L_f——室内保持超压时的漏风量，m^3/h，可按清洁区有效容积的 4%（每小时）计算。

8. 战时进风系统设置方式

（1）设有清洁、滤毒、隔绝三种防护通风方式，且清洁进风、滤毒进风合用进风机时，进风系统应按原理图 6-52 进行设计。

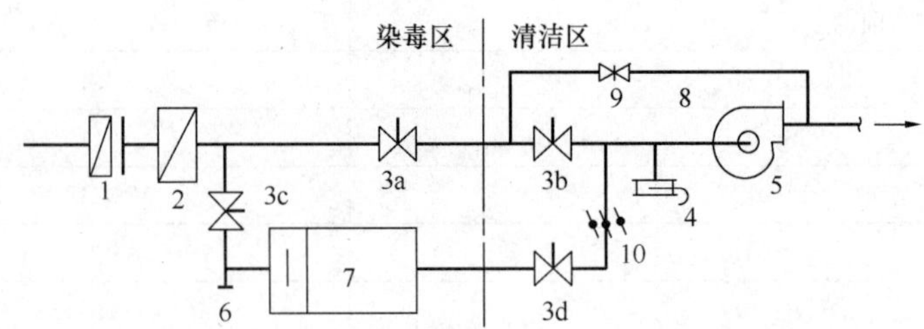

图 6-52 清洁通风与滤毒通风合用通风机的进风系统

1—消波设施；2—粗过滤器；3—密闭阀门；4—插板阀；5—通风机；6—换气堵头；7—过滤吸收器；8—增压管（DN25 热镀锌钢管）；9—球阀；10—风量调节阀

采用该进风系统时应注意：

1）进风机应设在清洁区，油网滤尘器和过滤吸收器应设在染毒区。清洁进风管路和滤毒进风管路上应分别至少设两个密闭阀门，且一个设在清洁区，另一个设在染毒区。

2）清洁进风时的风量大、管路阻力小；滤毒进风时的风量小、管路阻力大。当清洁进风和滤毒进风合用风机时，应选择在风机高效率区能同时满足清洁进风和滤毒进风时风量和风压要求的风机。如不能选到适合的风机，宜采用清洁进风和滤毒进风分设风机的进风系统。

3）由于滤毒进风管的阻力远大于清洁进风管路的阻力，在滤毒进风时，如果密闭阀门 3a 和 3b 的密闭性能下降，则室外染毒空气很容易通过清洁进风管路进入到工程内，所以必须设置增压管 8，在密闭阀门 3a 和 3b 之间的管段形成一个正压气塞区，防止毒气通过该管进入工程内。

4）滤毒通风时，应调节风量调节阀门 10 的开度，确保滤毒进风量等于或小于过滤吸收器 7 的额定风量。

5）该进风系统的操作方式为：清洁通风时，密闭阀门 3a、3b 开启，3c、3d 关闭，插板阀 4 关闭，球阀 9 关闭；滤毒通风时，密闭阀门 3c、3d 开启，3a、3b 关闭，插板阀 4 关闭，球阀 9 开启；隔绝通风时，密闭阀门 3a、3b、3c、3d 全部关闭，插板阀 4 开启，球阀 9 开启，实施工程内部循环通风。

（2）设有清洁、滤毒、隔绝三种防护通风方式，且清洁进风、滤毒进风分别设置进风机时，进风系统应按原理图 6-53 进行设计。

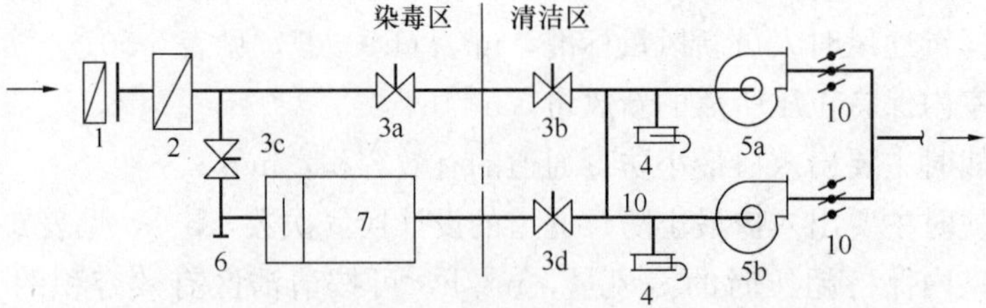

图 6-53 清洁通风与滤毒通风分别设置通风机的进风系统

1—消波设施；2—油网滤尘器；3—密闭阀门；4—插板阀；5—通风机；6—换气堵头；7—过滤吸收器；10—风量调节阀

采用该进风系统时应注意：

1）进风机应设在清洁区，油网滤尘器和过滤吸收器应设在染毒区。清洁进风管路和滤毒进风管路上应分别至少设两个密闭阀门，且一个设在清洁区，另一个设在染毒区。

2）当清洁进风和滤毒进风分设风机时，滤毒进风的安全度大于清洁和滤毒合用进风机的系统，且宜选取风量和风压适合的风机，系统运行较为经济，宜优先采用该种进风系统。

3）当清洁进风和滤毒进风分设风机时，滤毒通风时清洁进风管上密闭阀门 3b 的右端处于正压去，密闭阀门 3a 的左端处于负压区，即使密闭阀门 3a 和 3b 的密闭性能下降，室外毒气也不可能通过清洁进风管路进入工程内，所以可以不设增压管。

4）滤毒通风时，应调节风量调节阀门 10 的开度，确保滤毒进风量等于或小于过滤吸收器 7 的额定风量。

5）该进风系统的操作方式为：清洁通风时，密闭阀门 3a、3b 开启，3c、3d 关闭，插板阀 4 关闭；滤毒通风时，密闭阀门 3c、3d 开启，3a、3b 关闭，插板阀 4 关闭；隔绝通风时，密闭阀门 3a、3b、3c、3d 全部关闭，插板阀 4 开启，实施工程内部循环通风。

（3）设有清洁、隔绝两种防护通风方式，风系统应按原理图 6-54 进行设计。

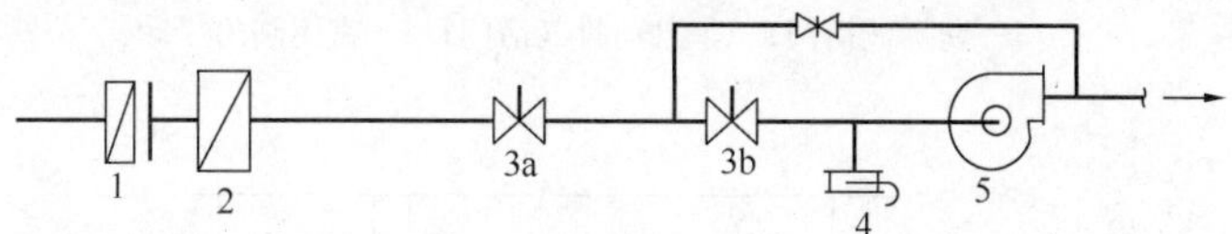

图 6-54　只设有清洁、隔绝两种通风方式的进风系统

1—消波设施；2—粗过滤器；3—密闭阀门；4—插板阀；5—通风机

采用该进风系统时应注意：

1）设清洁、隔绝两种防护通风方式的工程一般都有防毒要求，为保证进风系统的密闭性，必须设置两个密闭阀门 3a 和 3b。

2）该进风系统的操作方式为：清洁通风时，密闭阀门 3a 和 3b 开启，插板阀 4 关闭；隔绝通风时，密闭阀门 3a 和 3b 关闭，插板阀 4 开启，实施工程内部循环通风。

3）物资库是防控地下室工程中仅设清洁、隔绝两种防护通风方式的最典型工程。由于物资库工程战时具有防毒要求，且空袭时可暂停通风，因此进风口可采用设一道防护密闭门和一道密闭门的方式，同时起到了消波设施 1 和密闭阀门 3a 和 3b 的作用。

（4）滤毒通风进风管路上选用的通风设备，必须确保滤毒进风量不超过该管路上设置的过滤吸收器的额定风量。

9. 战时排风系统设置方式

（1）设有清洁、滤毒、隔绝三种防护通风方式，同时简易洗消间设置于防毒通道内时，排风系统可按图 6-55 进行设计。清洁排风时，开启阀门 3a、3c，关闭阀门 3b。滤毒排风时，开启阀门 3b、3c，关闭阀门 3a。隔绝通风时，阀门全关闭。

（2）设有清洁、滤毒、隔绝三种防护通风方式，同时设置简易洗消间时，排风系统可按图 6-56 进行设计。清洁排风时，开启阀门 3a、3c，关闭阀门 3b。滤毒排风时，开启阀门 3b、3c，关闭阀门 3a。隔绝通风时，阀门全关闭。短管 4 应设置在墙的下部。

（3）设有清洁、滤毒、隔绝三种防护通风方式，同时设置洗消间时，排风系统可按图 6-57 进行设计。清洁排风时，开启阀门 3a、3b、3e。滤毒排风时，开启阀门 3c、3d、3e，

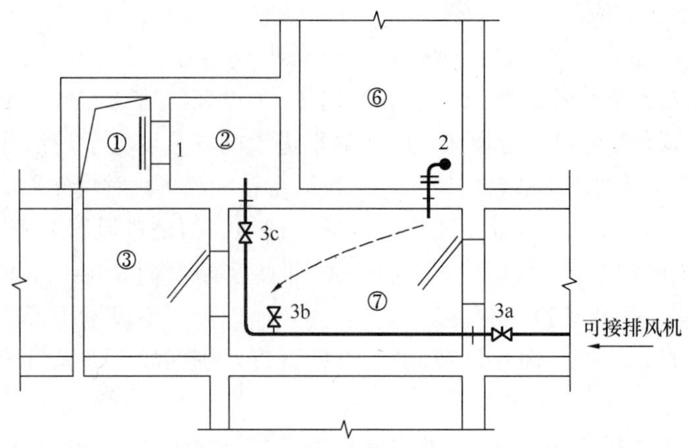

图 6-55　简易洗消间设置于防毒通道内的排风系统

①排风竖井；②扩散室或扩散箱；③染毒通道；

⑥室内；⑦设有简易洗消设施的防毒通道

1—防爆波活门；2—自动排气活门；3—密闭阀门

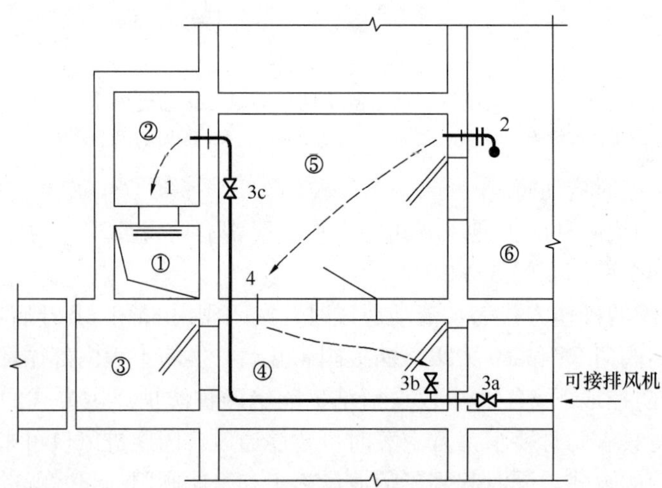

图 6-56　设简易洗消间的排风系统

①排风竖井；②扩散室或扩散箱；③染毒通道；

④防毒通道；⑤简易洗消间；⑥室内

1—防爆波活门；2—自动排气活门；3—密闭阀门；4—通风短管

关闭阀门 3a、3b。隔绝通风时，阀门全关闭。图中的 4a、4b、4c 通风短管也可以是预留通风换气孔。

（4）战时设清洁、隔绝通风方式时，排风系统应设防爆波设施和密闭设施。

10. 防爆波活门的选择

应根据工程的抗力级别和清洁通风量等因素确定，所选用的防爆波活门的额定风量不得小于战时清洁通风量。

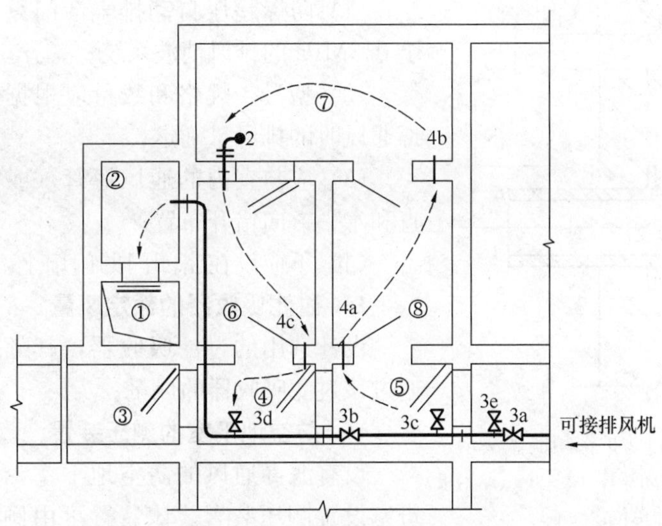

图 6-57 设洗消间的排风系统

①排风竖井；②扩散室或扩散箱；③染毒通道；④第一防毒通道；

⑤第二防毒通道；⑥脱衣室；⑦淋浴室；⑧检查穿衣室

1—防爆波活门；2—自动排气活门；3—密闭阀门；4—通风短管

11. 防护通风设备抗空气冲击波容许压力值

进排风系统上防护通风设备的抗空气冲击波容许压力值，不应小于表 6-55 的规定。

表 6-55 防护通风设备抗空气冲击波允许压力值（MPa）

设备名称		允许压力值	备注
经过加固的油网滤尘器		0.05	
密闭阀门、离心式通风机、柴油发电机自吸空气管		0.05	
泡沫塑料过滤器		0.04	
过滤吸收器、纸除尘器		0.03	
非增压柴油发电机排烟管		0.30	
自动排气活门	Ps（Pd）—D250 型及 YF 型	0.05	只可承受冲击波余压
防爆超压自动排气活门	FCH—150（5）、FCH—200（5）、FCH—250（5）、FCH—300（5）型	0.30	可直接承受冲击波压力

12. 染毒区的进、排风管

设置在染毒区的进、排风管，应采用 2～3mm 厚的钢板焊接成型，其抗力和密闭防毒性能必须满足战时的防护需要，且风管应按 0.5%的坡度坡向室外。

13. 穿过防护密闭墙的通风管

穿过防护密闭墙的通风管，应采取可靠的防护密闭措施（图 6-58），并应在土建施工时一次预埋到位。

14. 超压自动排气活门的选用和设置

超压自动排气活门的选用和设置，应符合下列要求：

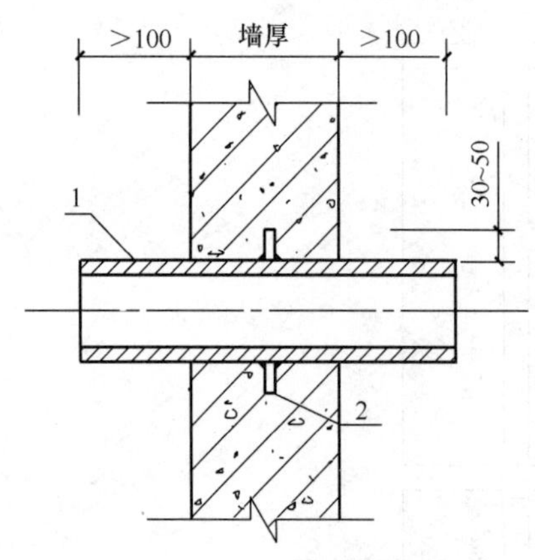

图 6-58　通风管穿过防护密闭墙做法示意
1—穿墙通风管；2—密闭翼环（2～3mm 厚钢板）
图中尺寸单位：mm

（1）防爆超压自动排气活门只能用于抗力不大于0.3MPa的排风消波系统；

（2）型号、规格和数量应根据设计压力值和滤毒通风时的排风量确定；

（3）应与室内的通风短管（或密闭阀门）在垂直和水平方向错开布置；

（4）不应设在密闭门的门扇上。

15. 过滤吸收器的额定风量

设计选用的过滤吸收器，其额定风量严禁小于通过该过滤吸收器的风量。

16. 防空地下室的测压装置

设有滤毒通风的防空地下室，应在防化通信值班室设置测压装置。该装置可由倾斜式微压计、连接软管、铜球阀和通至室外的测压管组成。测压管应采用 DN15 热镀锌钢管，其一端在防化通信值班室通过铜球阀、橡胶软管与倾斜式微压计连接，另一端则引至室外空气零点压力处，且管口向下。

17. 防空地下室滤毒通风管路上的取样管和测压管

设有滤毒通风的防空地下室，应在滤毒通风管路上设置采样管和测压管。

1）在滤毒室内进入风机的总进风管上和过滤吸收器的总出风口处设置 DN15（热镀锌钢管）的尾气监测取样管，该管末端应设置截止阀。

2）在滤尘器进风管道上，设置 DN32（热镀锌钢管）的空气放射性监测取样管（乙类防控地下室可不设）。该取样管口应位于风管中心，取样管末端应设球阀。

3）在油网滤尘器的前后设置管径 DN15（热镀锌钢管）的压差测量管，其末端应设球阀。

18. 防空地下室各口部气密测量管的防护措施

防空地下室每个口部的防毒通道、密闭通道的防护密闭门门框墙、密闭门门框墙上宜设置 DN50（热镀锌钢管）的气密测量管，管的两端战时应有相应的防护、密闭措施。该管可与防护密闭门门框墙、密闭门门框墙上的电气预埋备用管合用。

19. 防护通风设备的选用

设计选用的防护通风设备，必须是具有人防专用设备生产资质厂家生产的合格产品。

6.4.3　平战结合及平战功能转换

1. 通风系统的平战结合设计

通风系统的平战结合设计，应符合下列要求：

（1）平战功能转换措施必须满足防空地下室战时的防护要求和使用要求；

（2）在规定的临战转换时限内完成战时功能转换；

（3）专供平时使用的进风口、排风口和排烟口，战时应采取防护密闭措施。

2. 防护单元合并设置通风系统

防空地下室两个以上防护单元平时合并设置一套通风系统时，应符合下列要求：

（1）须确保战时每个防护单元有独立的通风系统；

（2）战时转换应保证两个防护单元之间密闭隔墙上的平时通风管、孔在规定时间内实施封堵，并符合战时的防护要求。

3. 防空地下室平时和战时合用通风系统的新风量及防护设备

防空地下室平时和战时合用一个通风系统时，应按平时和战时工况分别计算系统的新风量，并按下列规定选用通风和防护设备：

（1）最大的计算新风量选用清洁通风管管径、粗过滤器、密闭阀门和通风机等设备；

（2）战时清洁通风的计算新风量选用门式防爆波活门，并按门扇开启时的平时通风量进行校核；

（3）按战时滤毒通风的计算新风量选用滤毒进（排）风管路上的过滤吸收器、滤毒风机、滤毒通风管及密闭阀门。

4. 防空地下室平时和战时分设通风系统的新风量及防护设备

防空地下室平时和战时分设通风系统时，应按平时和战时工况分别计算系统新风量，并按下列规定选用通风和防护设备：

（1）平时使用的通风管、通风机及其他设备，按平时工况的计算新风量选用；

（2）防爆波活门、战时通风管、密闭阀门、通风机及其他设备，按战时清洁通风的计算新风量选用。滤毒通风管路上的设备，则按滤毒通风量选用。

5. 防空地下室战时的进（排）风口或竖井的设置

防空地下室战时的进（排）风口或竖井，宜结合平时的进（排）风口或竖井设置。平战结合的进风口宜选用门式防爆波活门。平时通过该活门的风量，宜按防爆波活门门扇全开时的风速不大于 10m/s 确定。

6. 防空地下室内的排风房间的排风系统的设置

防空地下室内的厕所、盥洗室、污水泵房等排风房间，宜按防护单元单独设置排风系统，且宜平战两用。

7. 防空地下室战时的通风管道及风口的设计

防空地下室战时的通风管道及风口，应尽量利用平时的通风管道及风口，但应在接口处设置转换阀门。

8. 战时的防护通风设计

战时的防护通风设计，必须有完整的施工设计图纸，标注相关的预埋件、预留孔位置。

9. 防空地下室平时使用时的人员新风量确定

防空地下室平时使用时的人员新风量，通风时不应小于 $30m^3$/（h·人），空调时宜符合表 6-56 的规定。

表 6-56 平时使用时人员空调新风量［m^3/（h·人）］

房间功能	空调新风量
旅馆客房、会议室、医院病房、美容美发室、游艺厅、舞厅、办公室	≥30
餐厅、阅览室、图书馆、影剧院、商场（店）	≥20
酒吧、插座、咖啡厅	≥10

注：过渡季采用全新风时，人员新风量不宜小于 $30m^3$/（h·人）。

10. 平时使用的防空地下室的室内空气温度和相对湿度确定

平时使用的防空地下室，其室内空气温度和相对湿度，宜按表 6-57 确定。

表 6-57　平时使用时室内空气温度和相对湿度

工程及房间类别	夏季		冬季	
	温度（℃）	相对湿度（%）	温度（℃）	相对湿度（%）
旅馆客房、会议室、办公室、多功能厅、图书阅览室、文娱室、病房、商场、影剧院	≤28	≤75	≥16	≥30
舞厅	≤26	≤70	≥18	≥30
餐厅	≤28	≤80	≥16	≥30

注：冬季温度适用于集中采集地区。

11. 平时使用的防空地下室的空调送风房间换气次数的确定

平时使用的防空地下室，空调送风房间的换气次数每小时不宜小于 5 次。部分房间的最小换气次数，宜按表 6-58 确定。

表 6-58　平时使用时部分房间的最小换气次数（h^{-1}）

房间名称	换气次数	房间名称	换气次数
水泵房、封闭蓄电池室	2	汽车库	4
污水泵间	8	吸烟室	10
盥洗室、浴室	3	发电机房贮油间	5
水冲厕所	10	物资库	1

注：贮水池、污水池按充满后的空间计。

12. 平时为汽车库、战时为人员掩蔽所或物资库的防空地下室的通风系统的设计

平时为汽车库，战时为人员掩蔽所或物资库的防空地下室，其通风系统的设计应符合下列要求：

（1）通风系统的战时通风方式应符合本章 5.4.2 节，第（1）条的规定；

（2）战时通风系统的设置应符合本章 5.4.1 节的规定；

（3）穿过防护单元隔墙的通风管道，必须在规定的临战转换时限内形成隔断，并在抗力和防毒性能方面与该防护单元的防护要求相适应。

6.4.4　自然通风和机械通风

1. 防空地下室的自然通风原则

防空地下室应充分利用当地自然条件，并结合地面建筑的实际情况，合理地组织、利用自然通风。采用自然通风的防空地下室，其平面布置应保证气流通畅，并应避免死角和短路，尽量减少风口和气流通路的阻力。

2. 不同防空地下室的自然通风方法

对于平战结合的乙类防空地下室和核 5 级、核 6 级、核 6B 级的甲类防空地下室设计，宜采用通风采光窗进行自然通风。通风采光窗宜在防空地下室两面的外墙分别设置。

3. 战时使用的和平战两用的机械通风进风口、排风口的设计

战时使用的和平战两用的机械通风进风口、排风口，宜采用竖井分别设置在室外不同方向。进风口与排风口的水平距离、进风口下缘高出当地室外地面的高度应符合以下规定：

室外进风口宜设置在排风口和柴油机排烟口的上风侧；进风口与排风口之间的水平距离不宜小于10m；进风口与柴油机排烟口之间的水平距离不宜小于15m，或高差不宜小于6m；位于倒塌范围以外的室外进风口，其下缘距室外地平面的高度不宜小于0.50m；位于倒塌范围以内的室外进风口，其下缘距室外地平面的高度不宜小于1.00m。

4. 通风机的选用

通风机应根据不同使用要求，选用节能和低噪声产品。战时电源无保障的防空地下室应采用电动、人力两用通风机。

5. 通风管道制作材料的选用

通风管道应采用符合卫生标准的不燃材料制作。

第 7 章　空调

本章执笔人

徐征

中国建筑设计院有限公司

副总工程师

教授级高级工程师

注册设备工程师

王红朝

深圳市华森建筑设计与工程顾问有限公司

执行总工程师

教授级高级工程师

张亚立

中国建筑设计院有限公司

高级工程师

李嘉

中国建筑设计院有限公司

高级工程师

姜红

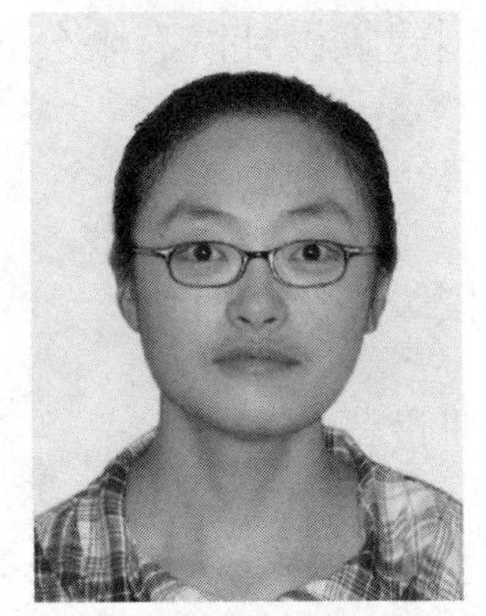

中国建筑设计院有限公司

工程师

刘滨

中广电广播电影电视设计研究院

高级工程师

李利平

皓欧东方（北京）供热技术有限公司

技术部经理

工程师

黄亮

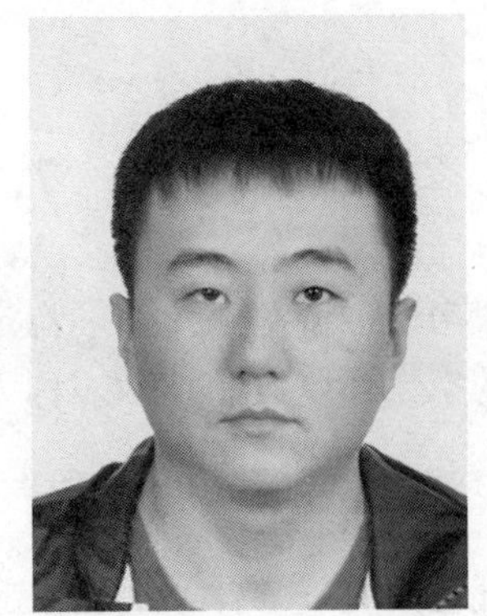

中煤国际工程设计研究总院

暖通工程师

中级工程师

刘维

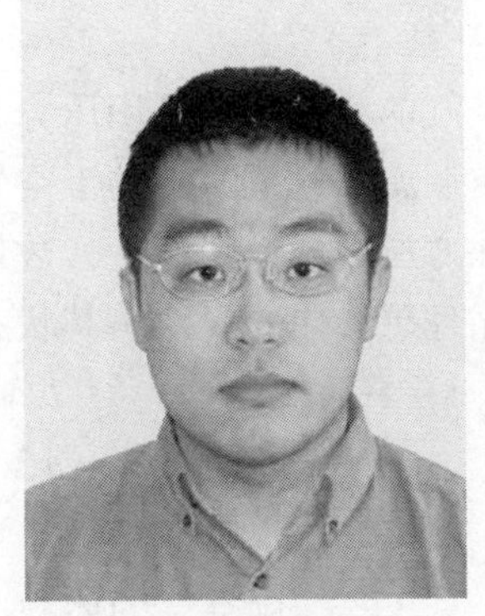

中国建筑设计院有限公司

工程师

徐阳

中国建筑设计院有限公司

工程师

7.1 空气调节系统

一般来说创造并保持某一特定空间内的温度、湿度、清洁度和气流速度等参数符合设计要求的空气环境控制技术，称为空气调节技术，简称空调。

7.1.1 湿空气的物理性质

空气是由氮气（体积百分比约为78%）、氧气（21%）、氢气、氖气、二氧化碳、水蒸气和其他一些微量气体所组成的混合气体，我们认为这种空气为湿空气，若不含水蒸气则为干空气。

湿空气的状态通常可用压力、温度、密度等参数来表示。在热力学中，我们将常温常压下（空调属于此范畴）的干空气视为理想气体，存在于湿空气中的水蒸气由于处于过热状态，加之压力低、密度大、数量微少，也可以近似地当做理想气体来对待。所以湿空气也应遵循理想气体的规律，其状态参数之间的关系应用下列理想气体状态方程表示：

$$p_g V = m_g R_g T \text{或} p_g V_g = R_g T \tag{7-1}$$

$$p_q V = m_q R_q T \text{或} p_q V_q = R_q T \tag{7-2}$$

式中 p_q，p_g——水蒸气与干空气的压力（Pa）；

V——湿空气的体积（m^3）；

m_g，m_q——干空气与水蒸气的质量（kg）；

R_g，R_q——干空气与水蒸气的气体常数，R_g=287J/(kg·K)，R_q=461J/(kg·K)

T——湿空气的热力学温度（K）。

湿空气的状态参数主要有湿空气的压力、温度、密度、含湿量、相对湿度和焓。

（1）湿空气的压力（B）：湿空气的压力应为干空气压力（p_g）与水蒸气压力（p_q）之和，即：

$$B = p_g + p_q \tag{7-3}$$

大气压力不是一个定值。通常以北纬45°处海平面的全年平均气压作为一个标准大气压，其数值是101325Pa或101.325kPa。海拔高度越高的地方大气压力越小。同时，在同一个地区的不同季节，大气压力也有大约±5%的变化。因此，在空调系统设计和运行中使用的一些空气参数，如果不考虑当地大气压力的大小，就会造成一定误差。

（2）温度：空气的温度是分子运动的宏观结果，当空气受热后其内部分子动能增加，表现为温度升高，是空调的一个重要参数。温度的高低用“温标”来衡量。

目前，常用的有绝对温标（又称开氏温标），符号为T，单位为K。摄氏温标，符号为t，单位为℃。摄氏温标1℃与绝对温标1K的分度是相等的，两者的关系为：

$$T = t + 273.15 \approx t + 273 \tag{7-4}$$

（3）含湿量（d）。湿空气的含湿量为所含水蒸气的质量（m_q）与干空气质量（m_g）之比，即：

$$d = \frac{m_q}{m_g} \text{kg/kg}_{干空气} \tag{7-5}$$

也可导出：

$$d=0.622\frac{p_q}{p_g}=0.622\frac{p_q}{B-p_q} \tag{7-6}$$

（4）相对湿度（φ）。所谓相对湿度，就是空气中水蒸气分压力与同温度下饱和状态空气水蒸气分压力之比，用百分率表示，即；

$$\varphi=\frac{p_q}{p_{q,b}}\times100\% \tag{7-7}$$

式中 p_q——湿空气的水蒸气分压力（Pa）；

$p_{q,b}$——同温度下湿空气的饱和水蒸气分压力（Pa）。

应该注意：含湿量（d）与相对湿度（φ）虽然都是表示空气湿度的参数，但意义却有不同。φ 能够表示空气接近饱和的程度，却不能表示水蒸气含量的多少；而 d 恰与之相反，能表示水蒸气的含量，却不能表示空气的饱和程度。

如果我们近似地认为 $B-p_q\approx B-p_{q,b}$，则空气的可近似地表示为：

$$\varphi\approx\frac{d}{d_b}\times100\% \tag{7-8}$$

这样的计算结果，可能会造成2%～3%的误差。

（5）比容（ν）和密度（ρ）。单位质量的空气所占有的容积称为空气的比容 ν，而单位容积空气具有的质量，称为空气的密度。两者互为倒数，因此只能视为一个状态参数。

湿空气为干空气与水蒸气的混合物，两者均匀混合并占有相同容积。因此不难理解，湿空气的密度 ρ 为干空气密度ρ_g与水蒸气密度ρ_q之和，即：

$$\rho=\rho_g+\rho_q \tag{7-9}$$

经整理得：

$$\rho=0.00349\frac{B}{T}-0.00134\frac{\varphi p_{q,b}}{\mathrm{T}} \tag{7-10}$$

由于水蒸气的密度（ρ_q）较小，故干空气与湿空气的密度在标准条件下（压力为101325Pa，温度为20℃）相差较小，在工程上取 $\rho=1.2\text{kg/m}^3$ 精度是足够的。

（6）湿空气的焓（i）。湿空气的焓（i）应等于1kg干空气的焓与共存的含湿量 d[kg（或g）]水蒸气的焓之和，即：

$$i=i_g+i_q \tag{7-11}$$

如果取0℃的干空气和0℃的水的焓值为零，则湿空气的焓为：

$$i=c_{p,g}t+(2500+c_{p,q}t)d \tag{7-12}$$

式中 $c_{p,g}$，$c_{p,q}$——干空气与水蒸气的定压比热，$c_{p,g}=1.005$kJ/kg·℃≈1.01，$c_{p,q}=$ 1.84kJ/kg·℃

2500——$t=0$℃时，水蒸气的汽化潜热，kJ/kg；

d——湿空气的含湿量，kg/kg干空气。

在空调工程中，湿空气的状态变化过程可视为定压过程，因此，可以用空气状态变化前后的焓差值来计算空气热量的变化。

由式（7-12）可看出，$[(1.01+1.84d)t]$是随温度而变化的，称之为显热；（$2500d$）是时 $d$kg水的汽化热，仅随含湿量变化，与温度无关，称为潜热。要注意2500较1.01和1.84大得多，含湿量变化对焓的变化影响远大于温度变化。

(7) 湿空气的饱和水蒸气分压力是温度的单值函数，可用表查得，也可用$p_{q,b}=f(T)$的经验公式计算：

当$t=-100\sim0℃$时，

$$\ln(p_{q,b})=\frac{C_1}{T}+C_2+C_3T+C_4T^2+C_5T^3+C_6T^4+C_7\ln(T)$$

式中 $C_1=-5674.5359$，$C_5=0.20747825\times10^{-18}$，$C_2=6.3925247$，$C_6=-0.9484024\times10^{-12}$，$C_3=-0.9677843\times10^{-2}$，$C_7=4.1635019$，$C_4=0.62215701\times10^{-6}$

当$t=0\sim200℃$时，

$$\ln(p_{q,b})=\frac{C_8}{T}+C_9+C_{10}T+C_{11}T^2+C_{12}T^3+C_{13}\ln(T)$$

式中 $C_8=-5800.2206$，$C_{11}=0.41764768\times10^{-4}$，$C_9=1.3914993$，$C_{12}=-0.14452093\times10^{-7}$，$C_{10}=-0.04860239$，$C_{13}=6.5459673$

7.1.2 湿空气焓湿图的应用

研究空气状态就离不开焓湿图，焓湿图是美国的被称为“空调之父”的开利先生最早绘制的。

在空调设计中，目前我国使用的湿空气焓湿图是以焓（i）为纵坐标，以含湿量（d）为横坐标。为使图面展开，使用方便，两坐标轴之间的角度$\alpha=135°$。

无论是在空调系统设计计算中，还是在空调系统运行调试与管理中，我们都离不开湿空气的焓湿图，归纳起来，$i-d$图的应用如下：

①确定湿空气的状态参数；

②表示湿空气状态变化过程；

③求得两种或多种湿空气的混合状态；

④确定空调系统的送风状态点及送风焓差；

⑤利用$i-d$图分析空调系统设计与运行工况。

(1) 确定湿空气的状态参数。当已知湿空气的任意两个参数时，利用$i-d$图可立即确定出其他参数。例如，若大气压力为101325Pa，空气温度$t=20℃$，$\varphi=60\%$，求其他参数。在$i-d$图上找到$t=20℃$的等温线与$\varphi=60\%$的等相对湿度线交点A（图7-1），即可读出：$i=42.54\text{kJ/kg}$，$d=8.8\text{g/kg}$，$p_q=1400\text{Pa}$。也可在$i-d$图上找到A状态湿空气的露点温度t_1和湿球温度t_s。

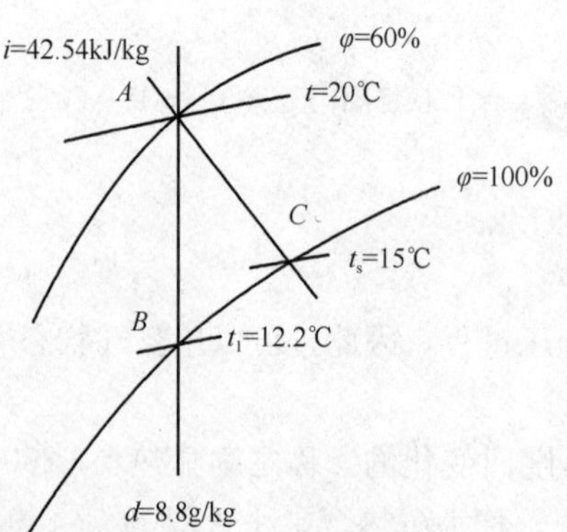

图7-1 用$i-d$图确定空气状态参数

①露点温度t_1。所谓露点温度，即在$i-d$图上由A沿等d线向下与$\varphi=100\%$线交点B的温度，其值为：$t_1=12.2℃$

②湿球温度t_s。在空调设计中，通常在$i-d$图上，由A沿i=常数（$\varepsilon=0$）线找到与$\varphi=100\%$线交点C，C点温度即为A状态空气的湿球温度t_s。此例中$t_s=15℃$。但应注意：上述方法是近似的，若准确作图求t_s时，则应由A沿等湿球湿度线（$\varepsilon=4.19t_s$）与$\varphi=100\%$线交点的温度，才是准确

的湿球温度。但二者误差较小，在工程计算中为方便起见，用近似方法即可。

(2) 空气状态变化过程的表示。当空气吸热（加热）或放热（冷却）。吸湿（加湿）或去湿（水蒸气凝结出来时），空气便从原来状态变成另一种状态。由于在 $i-d$ 图上用一点来表示空气状态，即空气的状态必须要有两个参数表示。所以，反映空气状态变化的特征也必须要有两个参数的变化值。这样，在 $i-d$ 图上可用一条线表示湿空气状态变化的方向和特征，常用状态变化前后焓差和含湿量差的比值来表示，称为热湿比，即：

$$\varepsilon=\frac{\Delta i}{\Delta d}=\frac{Q}{W} \tag{7-13}$$

式中 Q——总空气量在处理过程中所得到（或失去）的热量（kW）；

W——总空气量在处理过程中所得到（或失去）的水蒸气量（g/s）。

Δi、Δd 有正值或负值之分，故 ε 值也有正负之分。一定的热湿比值体现了湿空气状态变化的方向。

因此，若已知湿空气的初状态，又已知其变化过程的热湿比 ε。那么若再知终状态的一个参数，便可确定湿空气状态的变化方向及其变化后的终状态点。例如，已知大气压力为 101325Pa，空气初参数为：$t_A=20℃$，$\varphi=60\%$。当空气吸收 $Q=2700$W 的热量和 $W=0.54$g/s 的湿量后，含湿量变为 12g/kg，求终状态。

在大气压力为 101325Pa 的 $i-d$ 图上，按 $t_A=20℃$，$\varphi=60\%$ 确定出空气初状态点 A；又已知：$\varepsilon=\frac{Q}{W}=\frac{2.7}{\frac{0.54}{1000}}=5000$kJ/kg，根据此值，在 $i-d$ 图的热湿比标尺上找到相应的 ε 线。然后过 A 点作该线的平行线，即为空气状态变化过程线。此线与 $d=12$g/kg 等含湿量线交点 B，就是空气终状态点，见图 7-2。由图可知：$\varphi_B=51\%$，$t_B=28℃$，$i_B=59$kJ/kg。

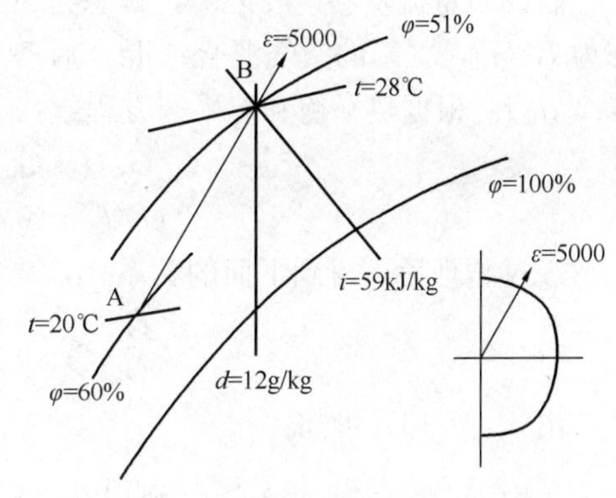

图 7-2 用 ε 线确定空气终状态参数

应注意的是：一般来说，焓湿图的右下角给出了一个半圆形，圆弧上的刻度就是热湿比值。刻度常标出两种数值，使用时应注意单位。

(3) 几种典型的湿空气状态变化过程在 $i-d$ 图上的表示

①湿空气的等湿加热过程。湿空气通过加热器时其温度升高，而含湿量不变。在 $i-d$ 图上这一过程可表示为 $A\rightarrow B$ 的变化过程，其 $\varepsilon=\Delta i/0=+\infty$，见图 7-3。

②湿空气的等湿冷却过程。湿空气通过表面式冷却器时，若冷却器表面温度等于或高于空气露点温度，则湿空气将在含湿量不变的情况下冷却，其焓值减少，温度下降。在 $i-d$ 图上这一过程可表示为 $A\rightarrow C$ 的变化过程，其 $\varepsilon=-\Delta i/0=-\infty$，见图 7-3。

③等焓加湿过程。用淋水室喷循环水处理程空气时，水吸收湿空气中的显热而蒸发为水蒸气，湿空气失掉显热量，其温度降低。水蒸气进入湿空气中，使其含湿量增加，潜热也增加。因而，湿空气焓值基本不变，近似于等焓过程，在 $i-d$ 图上表示为 $A\rightarrow E$，见

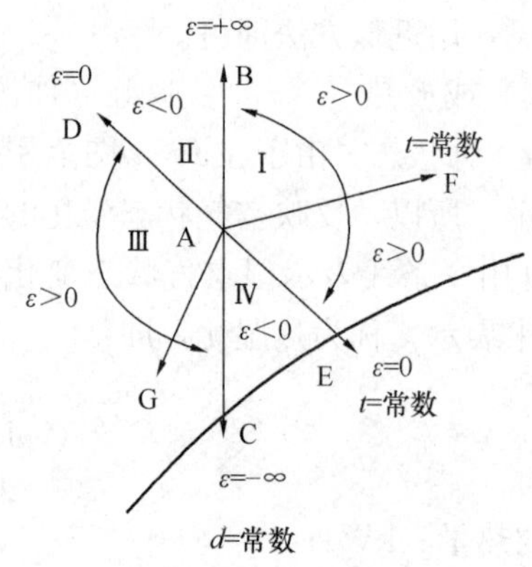

图 7-3　几种典型的湿空气状态变化过程

图 7-3，其 $\varepsilon=0/\Delta d=0$。但严格地讲，湿空气的焓值并非恒定而是也是略有增加的，其增加值为蒸发到空气中的水的液体热。因这部分热量很少，因此，在空调工程上将这一过程视为等焓加湿过程，其精度是足够的。

④等焓减湿过程。用固体吸湿剂（如硅胶）处理湿空气时，湿空气中的部分水蒸气被吸附，湿空气的含湿量降低，湿空气失去潜热，而得到水蒸气凝结放出的汽化潜热，使其温度升高，因而湿空气的焓值基本不变，只是略微减少了凝结水带走的液体热。在空调工程中就近似视为等焓减湿过程，在$i-d$图上表示为$A\rightarrow D$，其 $\varepsilon=0$，见图 7-3。

图 7-3 中的 $A\rightarrow F$ 过程，是通过向湿空气喷蒸汽而实现的等温加湿过程。如使湿空气与低于露点温度的表面接触，则湿空气不仅降温，而且减湿，即成为冷却干燥过程或减湿冷却过程。如图 7-3 中 $A\rightarrow G$ 过程，其 $\varepsilon=\frac{-\Delta i}{-\Delta d}>0$。

（4）不同状态空气的混合状态在 $i-d$ 图上的确定

在空调系统设计与运行中，经常遇到新风与回风的混合问题。为此，必须掌握用 $i-d$ 图确定不同状态空气的混合状态。

假设质量流量 G_A（kg/s），状态为 A（i_A，d_A）的空气和质量流量为 G_B（kg/s），状态为 B（i_B，d_B）的空气混合；混合后空气质量流量为 $G_C=G_A+G_B$（kg/s），状态为 C（i_C，d_C）。根据热平衡和湿平衡方程：

$$G_A i_A+G_B i_B=(G_A+G_B)i_C \tag{7-14}$$

$$G_A d_A+G_B d_B=(G_A+G_B)d_C \tag{7-15}$$

经过整理后可得到下面的关系式：

$$\frac{G_A}{G_B}=\frac{i_C-i_B}{i_A-i_C}=\frac{d_C-d_B}{d_A-d_C} \tag{7-16}$$

由式（7-16）可知：

①由于$\frac{i_C-i_B}{d_C-d_B}=\frac{i_A-i_C}{d_A-d_C}$，所以在 $i-d$ 图上（图 7-4），AC 线与 CB 线具有相同的斜率，这说明混合点 C 必在 A，B 两点的连线上。

②混合点 C 将 A、B 两点连线分成两段（$\overline{AC}$，$\overline{CB}$），两段长度和参与混合的两种空气的质量流量成反比，即：

$$\frac{\overline{CB}}{\overline{AC}}=\frac{G_A}{G_B} \tag{7-17}$$

据此，在 $i-d$ 图上可十分方便地求得混合点 C。但应注意：若混合点处于有雾区，则此种空气状态是饱加空气加水雾，是一种不稳定状态。

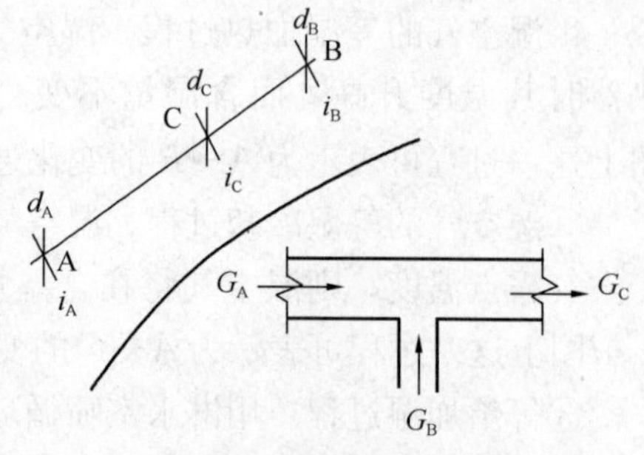

图 7-4　两种状态空气的混合过程

（5）湿空气状态参数一般由众多参数中的一对参数表示，而我们能直接在现场用仪器测出来的除大气压力外只有两个温度：干球温度和湿球温度（或露点温度），其他诸如焓、含湿量、相对湿度等都是用这两个温度，通过干球温度与水饱和蒸气分压力的单值函数关系算出来的。在 $i-d$ 图上查湿空气状态参数比较简便，如果用计算的方法，就比较烦琐了。

例如按照规范中北京的室外气象参数：夏季空气调节计算干球温度 33.5℃和湿球温度 26.4℃，如何用计算的方法求得相对湿度：

第一步：用湿空气的饱和水蒸气分压力和温度的经验公式 $p_{q,b}=f(T)$ 求得对应两个温度的饱和水蒸气分压力：

对应 $t_g=33.5$℃的，$p_{q,b}=5238$Pa；对应 $t_s=26.4$℃的，$p_{q,b}=3483$Pa；

第二步：用湿球温度 $t_s=26.4$℃对应的饱和水蒸气分压力 $p_{q,b}=3483$Pa，

根据式（7-6）计算含湿量得：$d=22.44\text{g/kg}_{干空气}$。

第三步：用湿球温度 $t_s=26.4$℃和含湿量 $d=22.44\text{g/kg}_{干空气}$，

根据式（7-12）计算焓得：$i=83.877\text{kJ/kg}_{干空气}$。

第四步：用干球温度 $t_g=33.5$℃和焓 $i=83.877\text{kJ/kg}_{干空气}$，

根据式（7-12）计算含湿量得：$d=19.528\text{g/kg}_{干空气}$。

第五步：用含湿量 $d=19.528\text{g/kg}_{干空气}$，

根据式（7-6）计算水蒸气分压力得：$p_q=3045$Pa，

第五步：空气中水蒸气分压力 $p_q=3045$Pa 与同温度下饱和状态空气水蒸气分压力 $p_{q,b}=5238$Pa，根据式 $\varphi=\frac{p_q}{p_{q,b}}\times100\%$ 计算相对湿度得：$\varphi=\frac{p_q}{p_{q,b}}\times100\%=58.13\%$。

经过以上五个步骤才计算出相对湿度，用露点温度计算也需两步，显然实际工程中用相对湿度来控制较困难，不如直接用干球温度和湿球温度（或露点温度）。

通常把室外气象参数中的干球温度和湿球温度一起用来计算新风负荷。按规范这两个温度均是采用历年平均不保证 50 小时的分别统计出来的，完全有可能不在同一时刻出现，干球温度最高的时刻，湿球温度不一定最高，反之亦然，一起用来计算结果可能偏大。

7.1.3 风量平衡和热平衡

（1）风量平衡

在空调设计中，应注意空调房间的风量平衡问题。所谓空调房间的风量平衡，应为：

空调系统的送风量＝回风量＋空调房间的排风量＋维持正压所需的渗透风量

若用数学式表示则为：

$$G=G_n+G_p+G_s \tag{7-18}$$

式中 G——空调系统的送风量，kg/s；

G_n——空调系统的回风量，kg/s；

G_p——空调房间的排风量，kg/s；

G_s——维持正压所需的渗透风量，kg/s。

由于送风、回风、渗透风的容重值非常接近，用体积风量代替质量风量表达风量平

衡，在空调系统设计中已足够精确。因此，空调系统的风量平衡近似为：

$$L=L_n+L_p+L_S \tag{7-19}$$

式中　L——空调系统的送风量，m^3/s；

L_n——空调系统的回风量，m^3/s；

L_p——空调房间的排风量，m^3/s；

L_s——维持正压所需的渗透风量，m^3/s。

（2）热平衡

在空调设计中，所谓的空调房间的热平衡，应为：

送风带入空调房间的热量＋室内的冷负荷＝回风带走的热量＋空调房间排风带走的热量＋维持正压所需的渗透风带走的热量

若用数学式表示则为：

$$Gi_0+Q=G_n i_n+G_p i_n+G_s i_n \tag{7-20}$$

$$G=G_n+G_p+G_s \tag{7-21}$$

$$Q=G(i_n-i_o)$$

式中　i_0——送风焓值，kJ/kg；

i_n——空调房间内空气的焓值 kJ/kg；

Q——室内冷负荷，kW。

（3）全年新风量变化时空调系统风量平衡关系

众所周知，空调设计的新风量是指在冬夏设计工况下，应向空调房间提供的室外新鲜空气量，是在满足人体卫生基本要求基础上，出于经济和节约能源考虑所采用的最小新风量。在春秋过渡季节可以提高新风比例，甚至可以全新风运行，以便最大限度地利用自然冷源。因此，无论在空调设计时，还是在空调系统运行时，都应十分注意空调系统风量平衡问题。例如，风道设计时，要考虑各种情况下的风量平衡，按其风量最大时考虑风道的断面尺寸，并要设置必要的调节阀门，以便能在各种工况下实现各种风量平衡的可能性。

7.2　空调风系统设计

7.2.1　空调的室内、外计算参数

1. 空调室外空气的计算参数

空调的室外空气计算参数在《民用建筑供暖通风与空气调节设计规范》（GB 50376—2012）中已进行明确规定。众所周知，室外空气计算参数的取值大小将直接影响室内空气状态和空调费用。因此，在空调设计中，暖通空调工程师要严格按照规范选用室外空气计算参数作为建筑物围护结构的温差传热量和新风负荷的计算依据。

《民用建筑供暖通风与空气调节设计规范》（GB 50376—2012）第 4 节对室外设计参数做出如下规定：

（1）主要城市的室外空气计算参数应按本规范附录 A 采用。对于附录 A 未列入的城市，应按本节的规定进行计算确定，若基本观测数据不满足本节要求，其冬夏两季室外计

算温度，也可按本规范附录B所列的简化方法确定。

(2) 供暖室外计算温度应采用历年平均不保证5天的日平均温度。

(3) 冬季通风室外计算温度，应采用累年最冷月平均温度。

(4) 冬季空调室外计算温度，应采用历年平均不保证1天的日平均温度。

(5) 冬季空调室外计算相对湿度，应采用累年最冷月平均相对湿度。

(6) 夏季空调室外计算干球温度，应采用历年平均不保证50小时的干球温度。

(7) 夏季空调室外计算湿球温度，应采用历年平均不保证50小时的湿球温度。

(8) 夏季通风室外计算温度，应采用历年最热月14时的月平均温度的平均值。

(9) 夏季通风室外计算相对湿度，应采用历年最热月14时的月平均相对湿度的平均值。

(10) 夏季空调室外计算日平均温度，应采用历年平均不保证5天的日平均温度。

(11) 夏季空调室外计算逐时温度，可按下式确定：

$$t_{sh} = t_{wp} + \beta\Delta t_r \tag{7-22}$$

式中 t_{sh}——室外计算逐时温度（℃）；

t_{wp}——夏季空调室外计算日平均温度（℃）；

β——室外温度逐时变化系数（表7-1），按下表采用；

Δt_r——夏季室外计算平均日较差，应按下式计算：

$$\Delta t_r = \frac{t_{wg} - t_{wp}}{0.52} \tag{7-23}$$

式中 t_{wg}——夏季空气调节室外计算干球温度（℃）。

表7-1 室外温度逐时变化系数

时刻	1	2	3	4	5	6
β	−0.35	−0.38	−0.42	−0.45	−0.47	−0.41
时刻	7	8	9	10	11	12
β	−0.28	−0.12	0.03	0.16	0.29	0.40
时刻	13	14	15	16	17	18
β	0.48	0.52	0.51	0.43	0.39	0.28
时刻	19	20	21	22	23	24
β	0.14	0.00	−0.10	−0.17	−0.23	−0.26

(12) 当室内温湿度必须全年保证时，应另行确定空调室外计算参数。仅在部分时间工作的空调系统，可根据实际情况选择室外计算参数。

(13) 冬季室外平均风速，应采用累年最冷3个月各月平均风速的平均值；冬季室外最多风向的平均风速，应采用累年最冷3个月最多风向（静风除外）的各月平均风速的平均值；夏季室外平均风速，应采用累年最热3个月各月平均风速的平均值。

(14) 冬季最多风向及其频率，应采用累年最冷3个月的最多风向及其平均频率；夏季最多风向及其频率，应采用累年最热3个月的最多风向及其平均频率；年最多风向及其频率，应采用累年最多风向及其平均频率。

（15）冬季室外大气压力，应采用累年最冷3个月各月平均大气压力的平均值；夏季室外大气压力，应采用累年最热3个月各月平均大气压力的平均值。

（16）冬季日照百分率，应采用累年最冷3个月各月平均日照百分率的平均值。

（17）设计计算用供暖期天数，应按累年日平均温度稳定低于或等于供暖室外临界温度的总日数确定。一般民用建筑供暖室外临界温度宜采用5℃。

（18）室外计算参数的统计年份宜取30年。不足30年者，也可按实有年份采用，但不得少于10年。

（19）山区的室外气象参数应根据就地的调查、实测并与地理和气候条件相似的邻近台站的气象资料进行比较确定。

规范附录B室外空气计算温度简化方法如下：

（1）供暖室外计算温度，可按下式确定（化为整数）：

$$t_{wn}=0.57t_{tp}+0.43t_{pmin} \tag{7-24}$$

（2）冬季空气调节室外计算温度，可按下式确定（化为整数）：

$$t_{wk}=0.30t_{tp}+0.70t_{pmin} \tag{7-25}$$

夏季通风室外计算温度，可按下式确定（化为整数）：

$$t_{wf}=0.71t_{rp}+0.29t_{max} \tag{7-26}$$

（3）夏季空气调节室外计算干球温度，可按下式确定：

$$t_{wg}=0.47t_{rp}+0.53t_{max} \tag{7-27}$$

（4）夏季空气调节室外计算湿球温度，可按下列公式确定：

$$t_{ws}=0.72t_{s\cdot rp}+0.28t_{smax}\text{（适用于北部地区）} \tag{7-28}$$

$$t_{ws}=0.75t_{s\cdot rp}+0.25t_{smax}\text{（适用于中部地区）} \tag{7-29}$$

$$t_{ws}=0.80t_{s\cdot rp}+0.20t_{smax}\text{（适用于南部地区）} \tag{7-30}$$

（5）夏季空气调节室外计算日平均温度，可按下式确定：

$$t_{wp}=0.80t_{rp}+0.20t_{max} \tag{7-31}$$

式中 t_{tp}——累年最冷月平均温度（℃）；

t_{pmin}——累年最低日平均温度（℃）；

t_{rp}——累年最热月平均温度（℃）；

t_{max}——累年极端最高温度（℃）；

$t_{s\cdot rp}$——与累年最热月平均温度和平均相对湿度相对应的湿球温度（℃）；

t_{smax}——与累年极端最高温度和最热月平均相对湿度相对应的湿球温度（℃）。

$t_{s\cdot rp}$和t_{smax}值可在当地大气压力下的焓湿图上查到。

2. 空调室内空气的设计参数

民用建筑空调室内空气设计参数的确定主要取决于以下内容：

（1）空调房间使用功能对舒适性的要求。所谓舒适就是人体能维持正常的散热量和散湿量。影响人舒适感的主要因素有：室内空气的温度、湿度和空气流动速度；其次是衣着情况、空气的新鲜程度、室内各表面的温度等。

（2）要综合考虑地区、经济条件和节能要求等因素。根据《民用建筑供暖通风与空气调节设计规范》（GB 50376—2012）第3节的规定：

舒适性空调室内设计参数应符合以下规定：

1）人员长期逗留区域空调室内设计参数应符合表 7-2 的规定：

表 7-2　人员长期逗留区域空调室内设计参数

类别	热舒适度等级	温度（℃）	相对湿度（%）	风速（m/s）
供热工况	Ⅰ级	22～24	≥30	≤0.2
	Ⅱ级	18～22	—	≤0.2
供冷工况	Ⅰ级	24～26	40～60	≤0.25
	Ⅱ级	26～28	≤70	≤0.3

注：1. Ⅰ级热舒适度较高，Ⅱ级热舒适度一般；

2. 热舒适度等级划分按本规范第 3.0.4 条确定。

2）人员短期逗留区域空调供冷工况室内设计参数宜比长期逗留区域提高 1～2℃，供热工况宜降低 1～2℃。短期逗留区域供冷工况风速不宜大于 0.5m/s，供热工况风速不宜大于 0.3m/s。

（3）部分建筑物空气调节室内设计参数见表 7-3 和表 7-4。

表 7-3　空气调节系统室内设计计算参数

建筑类型	房间类型	夏季			冬季		
		温度（℃）	相对湿度（%）	气流平均速度（m/s）	温度（℃）	相对湿度（%）	气流平均速度（m/s）
旅馆	客房	24～27	65～50	≤0.25	18～22	≥30	≤0.15
	宴会厅、餐厅	24～27	65～55	≤0.25	18～22	≥40	≤0.15
	文化娱乐房间	25～27	60～40	≤0.3	18～20	≥40	≤0.2
	大厅、休息厅、服务部门	26～28	65～50	≤0.3	16～18	≥30	≤0.2
医院	病房	25～27	65～45	≤0.3	18～22	55～40	≤0.2
	手术室、产房	25～27	60～40	≤0.2	22～26	60～40	≤0.2
	检查室、诊断室	25～27	60～40	≤0.25	18～22	60～40	≤0.2
办公楼	一般办公室	26～28	<65	≤0.3	18～20	—	≤0.2
	高级办公室	24～27	60～40	≤0.3	20～22	55～40	≤0.2
	会议室	25～27	<65	≤0.3	16～18	—	≤0.2
	计算机房	25～27	65～45	≤0.3	16～18	—	≤0.2
	电话机房	24～28	65～45	≤0.3	18～29	—	≤0.2
影剧院	观众厅	26～28	≤65	≤0.3	16～18	≥30	≤0.2
	舞台	25～27	≤65	≤0.3	16～20	≥35	≤0.2
	化妆室	25～27	≤60	≤0.3	18～22	≥35	≤0.2
	休息室	28～30	<65	≤0.5	16～18	—	≤0.2
学校	教室	26～28	≤65	≤0.3	16～18	—	≤0.2
	礼堂	26～28	≤65	≤0.3	16～18	—	≤0.2
	实验室	25～27	≤65	≤0.3	16～20	—	≤0.2

续表

建筑类型	房间类型	夏季			冬季		
		温度（℃）	相对湿度（%）	气流平均速度（m/s）	温度（℃）	相对湿度（%）	气流平均速度（m/s）
图书馆	阅览室	26～28	65～45	≤0.3	16～18	—	≤0.2
博物馆	展览厅	26～28	60～45	≤0.3	16～18	50～40	≤0.2
美术馆	善本、舆图、珍藏	22～24	60～45	≤0.3	12～16	60～45	≤0.2
档案馆	档案库和书库、微缩胶片库	20～22	50～30	≤0.3	16～18	50～30	≤0.2
体育馆	观众席	26～28	≤65	0.15～0.3	16～18	50～35	≤0.2
	比赛厅	26～28	≤65	0.2～0.5 其中乒乓球、羽毛球≤0.2 其余0.2～0.5	16～18	—	≤0.2
	练习厅	26～28	≤65	0.2～0.5 其中乒乓球、羽毛球≤0.2 其余0.2～0.5	16～18	—	≤0.2
	游泳池大厅	26～29	≥75	≤0.2	26～28	≤75	≤0.2
	休息厅	28～30	≤6	<0.5	16～18	—	≤0.2
百货商店	营业厅	26～28	65～50	0.2～0.5	16～18	50～30	0.1～0.3
电视广播中心	播音室、演播室	25～27	60～40	≤0.3	18～20	50～40	≤0.2
	控制室	24～26	60～40	≤0.3	20～22	55～40	≤0.2
	机房	25～27	60～40	≤0.3	16～18	55～40	≤0.2
	节目制作室、录音室	25～27	60～40	≤0.3	18～20	50～40	≤0.2

表7-4 常用室内环境设计参数

房间名称	夏季		冬季		人均使用面积（m^2/p）	新风量［m^3/(h·人)］	噪声标准 dB（A）	备注
	温度（℃）	相对湿度（%）	温度（℃）	相对湿度（%）				
办公类								
高级办公	≥24	55	≤22	40	5	40	≤45	
一般办公	≥24	—	≤20	—	5	30	≤55	
会议室	25～27	<65	18～20	—	3	30	≤50	
旅馆类								
五星级客房	≥23	55	≤23	40	2人/间	60	≤35	
四星级客房	≥24	55	≤22	40	2人/间	50	≤40	
三星级客房	≥25	60	≤20	—	2人/间	50	≤45	
二星级及以下客房	≥26	60	≤20	—	2人/间	30	≤55	

续表

房间名称	夏季		冬季		人均使用面积（m²/p）	新风量[m³/(h·人)]	噪声标准 dB（A）	备注
	温度（℃）	相对湿度（%）	温度（℃）	相对湿度（%）				
五星级会议室、接待室	23	<60	18～20	—	3	30	≤40	
四星级会议室、接待室	24	<66	18～20	—	3	30	≤45	
三星级及以下会议室、接待室	25	<60	18～20	—	3	25	≤50	
五星级餐厅、宴会厅、多功能厅	23	≤65	23	≥40	2～2.5	30	≤55	
四星级餐厅、宴会厅、多功能厅	24	≤65	22	≥40	2～2.5	25	≤55	
三星级餐厅、宴会厅、多功能厅	25	≤65	21	≥40	2～2.5	20	≤60	
二星级餐厅、宴会厅、多功能厅	26	—	20	—	2～2.5	20	—	
五星级商业服务	24	≤65	23	≥40	5	20	≤55	
四星级商业服务	25	≤65	21	≥40	5	20	≤55	
三星级商业服务	26	—	20	—	5	20	≤55	
二星级商业服务	27	—	20	—	5	20	≤55	
五星级大堂、四季厅	24	60	23	30	10	20	≤40	
四星级大堂、四季厅	25	65	21	30	10	—20	≤45	
三星级大堂、四季厅	26	65	20	—	10	—	≤50	
二星级大堂、四季厅	—	—	—	—	10	—	—	
美容、美发、康乐设施	24	≤60	23	50	5	20	≤50	
室内游泳馆	室内设计温度比池水温度高1～2℃；相对湿度为65%～75%				5	25	≤55	
居住类								
二、三级起居室	26	—	20	—	依据房间使用情况	保证1次/h换气次数	≤55	
一级起居室	26	—	20	—	依据房间使用情况	保证1次/h换气次数	≤45	
三级卧室	26	—	20	—	2人/间	保证1次/h换气次数	≤50	
二级卧室	26	—	20	—	2人/间	保证1次/h换气次数	≤45	

续表

房间名称	夏季		冬季		人均使用面积（m^2/p）	新风量［m^3/(h·人)］	噪声标准 dB（A）	备注
	温度（℃）	相对湿度（%）	温度（℃）	相对湿度（%）				
一级卧室	26	—	20	—	2人/间	保证1次/h换气次数	≤40	
文教类								
一般教室	25～28	≤65	18～20	—	1～1.5	25	≤50	
有特殊安静要求的教室	25～28	≤65	18～20	—	1～1.5	25	≤40	
无特殊安静要求的教室	25～28	≤65	18～20	—	1～1.5	25	≤55	
体育类								
比赛大厅	25～27	50～70	18～20	40～50	依据场地使用情况	20	≤55	
选手、裁判休息室	25～27	≤65	18～20	—	5	30	≤50	
新闻中心	25～27	≤65	18～20	—	5	30	≤45	
检录、药检	25～27	≤65	18～20	—	5	30	≤50	
医务室	25～27	≤65	18～20	—	5	30	≤55	
贵宾室	25～27	≤65	18～20	—	3	30	≤45	
广播类								
演播室	24	60	20	40	3（或根据场地使用情况）	40	≤25	
控制室	25	60	20	—	5	40	≤35	
机房	25	60	18	—	5	40	≤40	
录音	24	60	20	40	5	40	≤20	
磁带库	24	55	20	50	10	20	≤45	
医院类								
一级医院病房	24	50	22	40	根据病房内实际使用人数	50	≤40	
二级医院病房	25	50	21	40	根据病房内实际使用人数	50	≤45	
三级医院病房	26	50	22	40	根据病房内实际使用人数	50	≤50	
医院消毒中心	26	60	21	30	6	25	≤55	
医院标准手术室	22～25	40～60	22～25	40～60		60	≤50	

续表

房间名称	夏季		冬季		人均使用面积（m²/p）	新风量［m³/(h·人)］	噪声标准 dB（A）	备注
	温度（℃）	相对湿度（%）	温度（℃）	相对湿度（%）				
医院污洗间	≥26	≤65	16～18	—	5	20	—	
医院污染走廊	≥26	≤65	16～18	—	10	20	—	满足负压要求
医院抢救室	24	50	22	40	4	50	≤50	
医院治疗室	24	50	22	40	4	30	≤50	
医院清洁走廊	≥26	≤65	16～18	—	10	20	—	满足负压要求
ICU 重症监护	25	55	23	45	6	≥2 次/h	≤45	换气次数 10～13 次/h
医疗设备机房	24～26	40～60	20～22	40～60	6	40	≤45	根据设备要求设计
药房	25	60	18～20	40	6	30	≤50	保持与相邻环境相对负压
X 射线、放射科	24	60	21	30	5	50	≤55	
各种普通实验室	26	60	20	30	5	40	≤55	保持与相邻环境相对负压
门诊大厅	≥26	≤65	16～18	—	2	25	≤55	
各科诊室	25	≤65	20～22	40	4	40	≤50	

其他

商场	≥26	—	≤16	—	2（底层）/3（二层）/4（三层）	20	≤55	
电影院	26～28	55～70	18～20	—	0.65～0.85，面积算至荧幕处或按座位数	20	≤40	
候机厅	24～27	60	19～21	—	3.6～3.9	20	≤50	
大会堂	24～27	60	19～21	—	2.5	20	≤50	
展览厅	26	65	18	—	2.5	20	≤50	

7.2.2 室内空气品质与新风量

1. 室内空气品质

根据我国国家标准《室内空气质量标准》(GB/T 18883—2002)中的规定，室内空气设计计算参数可参照表7-5中规定的数值选用。

表7-5 室内空气质量标准

序号	参数类别	参数	单位	标准值	备注
1	物理性	温度	℃	22～28	夏季空调
				16～24	冬季空调
2		相对湿度	%	40～80	夏季空调
				30～60	冬季空调
3		空气流速	m/s	0.3	夏季空调
				0.2	冬季空调
4		新风量	m^3/(h·人)	30①	
5	化学性	二氧化硫(SO_2)	mg/m^3	0.50	1h均值
6		二氧化氮(NO_2)	mg/m^3	0.24	1h均值
7		一氧化碳(CO)	mg/m^3	10	1h均值
8		二氧化碳(CO_2)	%	0.10	日平均值
9		氨(NH_3)	mg/m^3	0.20	1h均值
10		臭气(O_3)	mg/m^3	0.16	1h均值
11		甲醛(HCHO)	mg/m^3	0.10	1h均值
12		苯(C_6H_6)	mg/m^3	0.11	1h均值
13		甲苯(C_7H_8)	mg/m^3	0.20	1h均值
14		二甲苯(C_8H_{10})	mg/m^3	0.20	1h均值
15		苯并[a]芘B(a)P	ng/m^3	1.0	日平均值
16		可吸入颗粒PM_{10}	mg/m^3	0.15	日平均值
17		总挥发有机物(TVOC)	mg/m^3	0.60	8h均值
18	生物性	菌落总数	cfu/m^3	2500	依据仪器定
19	放射性	氡(222Rn)	Bq/m^3	400	年平均值(行动水平)②

① 新风量要求小于标准值，除温度、相对湿度外的其他参数要求大于标准值。

② 行动水平即达到此水平建议采取干预行动以降低室内氡浓度。

国家标准《环境空气质量标准》(GB 3095—2012)规定：

(1) 环境空气功能区分类

环境空气功能区分为二类：一类区为自然保护区、风景名胜区和其他需要特殊保护的区域；二类区为居住区、商业交通居民混合区、文化区、工业区和农村地区。

(2) 环境空气功能区质量要求

一类区适用一级浓度限值，二类区适用二级浓度限值。一、二类环境空气功能区质量要求见表7-6和表7-7。

表 7-6 环境空气污染物基本项目浓度限值

序号	污染物项目	平均时间	浓度限值		单位
			一级	二级	
1	二氧化硫（SO_2）	年平均	20	60	μg/m³
		24 小时平均	50	150	
		1 小时平均	150	500	
2	二氧化氮（NO_2）	年平均	40	40	
		24 小时平均	80	80	
		1 小时平均	200	200	
3	一氧化碳（CO）	24 小时平均	4	4	mg/m³
		1 小时平均	10	10	
4	臭氧（O_3）	日最大 8 小时平均	100	160	μg/m³
		1 小时平均	160	200	
5	颗粒物（粒径小于等于 10μm）	年平均	40	70	
		24 小时平均	50	150	
6	颗粒物（粒径小于等于 2.5μm）	年平均	15	35	
		24 小时平均	35	75	

表 7-7 环境空气污染物其他项目浓度限值

序号	污染物项目	平均时间	浓度限值		单位
			一级	二级	
1	总悬浮颗粒物（TSP）	年平均	80	200	μg/m³
		24 小时平均	120	300	
2	氮氧化物（NO_x）	年平均	50	50	
		24 小时平均	100	100	
		1 小时平均	250	250	
3	铅（Pb）	年平均	0.5	0.5	
		季平均	1	1	
4	苯并［a］芘（BaP）	年平均	0.001	0.001	
		24 小时平均	0.0025	0.0025	

对比以上室内外标准，室内外可吸入颗粒物（PM_{10}）的日平均标准值均为 150μg/m³（《室内空气质量标准》（GB/T18883—2002）中无 $PM_{2.5}$ 的标准值）。显然规范认为空气过滤器应主要针对室内的发尘量，还认为室外空气的含尘浓度最差也应与室内持平，最好低于室内，应有利于提高室内空气品质，目前反而要空调的过滤器来降低室外新风含尘浓度。

大气含尘浓度一般有三种表示方法：

①计数浓度：以单位体积空气中含有的粒子个数表示（pc/m³）。

②计重浓度：以单位体积空气中含有的粒子质量表示（mg/m³）。

③沉降浓度：以单位时间单位面积上沉降下来的粒子数表示［pc/(cm² · h)］。

计数浓度主要用于洁净室设计，空气洁净度等级标准明确的是 0.1～5μm 粒径的浓度限值。计重浓度一般多用于环境保护，空气中全部粉尘量为总悬浮颗粒物，在上面表中有其浓度限值，去掉其中 10μm 以上的粉尘，剩下的就是可吸入颗粒物，标为 PM_{10}，将 2.5μm 以上的再去掉，标为 $PM_{2.5}$。由此可见 $PM_{2.5}$ 只是环境和室内空气质量标准之一。

《环境空气质量标准》（GB 3095—2012）中二类区（居住区、商业交通居民混合区、文化区、工业区和农村地区）的环境 $PM_{2.5}$ 的日平均标准为 75μg/m^3，室内 $PM_{2.5}$ 还未正式发布。

美国 1997 年颁布 $PM_{2.5}$ 的空气质量标准：年均值 15μg/m^3，日均值 65μg/m^3。2006 年，美国主动将 $PM_{2.5}$ 的日均值标准由 65μg/m^3 调整为 35μg/m^3，年标准仍为原来的 15μg/m^3。而在世界卫生组织 2005 年的《空气质量准则》中，$PM_{2.5}$ 年均值为 10μg/m^3，日均值为 25μg/m^3。比我国标准中一类区略低一些。有资料将空气污染程度按表 7-8 划分：

表 7-8　空气污染程度划分

$PM_{2.5}$ 空气质量等级	24 小时 $PM_{2.5}$ 平均值标准值
优	0～35μg/m^3
良	35～75μg/m^3
轻度污染	75～115μg/m^3
中度污染	115～150μg/m^3
重度污染	150～250μg/m^3
严重污染	250 及以上 μg/m^3

2. 新风量

《民用建筑供暖通风与空气调节设计规范》（GB 50376—2012）对新风量计算和空调区内的空气压力做出如下规定：

（1）空调区、空调系统的新风量计算，应符合下列规定：

1）人员所需新风量，应根据人员的活动和工作性质，以及在室内的停留时间等确定，并符合本规范 2）的规定要求；

2）空调区的新风量，应按不小于人员所需新风量，补偿排风和保持空调区空气压力所需新风量之和以及新风除湿所需新风量中的最大值确定（表 7-9）：

表 7-9

建筑房间类型	新风量
办公室	30
客房	30
大堂、四季厅	10

3）全空气空调系统的新风量，当系统服务于多个不同新风比的空调区时，系统新风比应小于空调区新风比中的最大值；

4）新风系统的新风量，宜按所服务空调区或系统的新风量累计值确定。

（2）设计最小新风量应符合下列规定：

1）公共建筑主要房间每人所需最小新风量应符合表 7-8 规定。

表 7-9 公共建筑主要房间每人所需最小新风量［m^3/（h·人）］

2）设置新风系统的居住建筑和医院建筑，所需最小新风量宜按换气次数法确定。居住建筑换气次数宜符合表 7-10 规定，医院建筑换气次数宜符合表 7-11 规定。

表 7-10 居住建筑设计最小换气次数

人均居住面积 F_p	每小时换气次数
$F_p \leqslant 10m^2$	0.70
$10m^2 < F_p \leqslant 20m^2$	0.60
$20m^2 < F_p \leqslant 50m^2$	0.50
$F_p > 50m^2$	0.45

表 7-11 医院建筑设计最小换气次数

功能房间	每小时换气次数
门诊室	2
急诊室	2
配药室	5
放射室	2
病房	2

3）高密度人群建筑每人所需最小新风量应按人员密度确定，且应符合表 7-12 规定。

表 7-12 高密度人群建筑每人所需最小新风量［m^3/(h·人)］

建筑类型	人员密度 P_F（人/m^2）		
	$P_F \leqslant 0.4$	$0.4 < P_F \leqslant 1.0$	$P_F > 1.0$
影剧院、音乐厅大会厅、多功能厅、会议室	14	12	11
商场、超市	19	16	15
博物馆、展览厅	19	16	15
公共交通等候室	19	16	15
歌厅	23	20	19
酒吧、咖啡厅、宴会厅、餐厅	30	25	23
游艺厅、保龄球房	30	25	23
体育馆	19	16	15
健身房	40	38	37
教室	28	24	22
图书馆	20	17	16
幼儿园	30	25	23

①单个房间空调系统最小新风量的确定

一个完善的空调系统，除了满足对室内温、湿度控制以外，还必须给房间提供足够的室外新鲜空气（简称新风），因此一般情况下，送风空气由新风和回风组成。从改善室内空气品质角度，新风量越多越好；由于空调系统中新风的热、湿处理消耗的能量很多，所以，使用的新风量越少，就越经济。但是不能无限制地减少新风量，因而在系统设计时，必须确定最小新风量，通常应满足以下三个要求：

a. 稀释人群本身和活动所产生的污染物，保证人群对空气品质的要求。在人员长期停留的空调房间，由于人们呼出CO_2气体量的增加，会逐渐破坏室内空气的正常成分，给人体健康带来不良影响。因此在空调系统的送风量中，必须掺入含CO_2量少的室外新风来稀释室内空气中CO_2的含量，使之合乎卫生标准的要求。

b. 按照补充室内燃烧所耗的空气或补偿排风（包括局部排风和全面排风）量要求。如果建筑物内有燃烧设备时，系统必须给空调区补充新风，以弥补燃烧所耗的空气。燃烧所需的空气量可从燃烧设备的产品样本中获得，也可根据相关公式计算而得。

如果空调房间有排风设备，为了不使房间产生负压，至少应补充与局部排风量相等的室外新风。

c. 按照保证房间的正压要求为了防止外界未经处理的空气渗入空调房间，有利于保证房间清洁度和室内参数少受外界干扰，需要使空调区保持一定正压值，即用增加一部分新风量的办法，使室内空气压力高于外界压力，然后再让这部分多余的空气从房间门窗缝隙等不严密处渗透出去。

《民用建筑供暖通风与空气调节设计规范》（GB 50376—2012）对空调区内的空气压力做出如下规定：

空调区内的空气压力，应满足下列要求：

舒适性空调，空调区与室外或空调区之间有压差要求时，其压差值宜取5～10Pa，最大不应超过30Pa。

舒适性空调室内正压值不宜过小，也不宜过大，一般采用5Pa的正压值就可满足要求。当室内正压值为10Pa时，保持室内正压所需的风量，每小时为1.0～1.5次换气，舒适性空调的新风量一般都能满足此要求。室内正压值超过30Pa时会使人感到不舒适，而且需加大新风量，增加能耗，同时开门也较困难。因此规定不应大于30Pa。对于工艺性空调，因与其相通房间的压力差有特殊要求，其压差值应按工艺要求确定。

在全空气系统中，通常按照上述三条要求确定出新风量中的最大值作为系统的最小新风量。若以上三项中的最大值仍不足系统送风量的10%，则新风量应按总送风量的10%计算，以确保卫生和安全。但温湿度波动范围要求很小或净化程度要求很高，房间换气次数特别大的系统不在此列。这是因为通常温、湿度波动范围要求很小或洁净度要求很高的空调区送风量一般都很大，如果要求最小新风量达到送风量的10%，新风量也很大，不仅不节能，大量室外空气还影响了室内温、湿度的稳定，增加了过滤器的负担；一般舒适性空调系统，按人员和正压要求确定的新风量达不到10%时，由于人员较少，室内CO_2浓度也较低，也没必要加大新风量。

值得指出的是，对舒适性空气调节和条件允许的工艺性空气调节，当可用室外新风作冷源时，应最大限度地使用新风，以提高空调区的空气品质。另外，有下列情况存在时，应采用全新风空调系统：

a. 夏季空调系统的回风比焓值高于室外空气比焓值。

b. 系统各空调区排风量大于按负荷计算出的送风量。

c. 室内散发有害物质，以及防火防爆等要求不允许空气循环使用。

d. 采用风机盘管或循环风空气处理机组的空调区，应设有集中处理新风的系统。

② 多个房间空调系统最小新风量的确定

当一个集中式空调系统包括多个房间时，由于同一个集中空气处理系统中所有空调房间的新风比都相同，各个空调房间按比例实际分配得到的新风量就不一定符合以上讨论的最小新风量的确定原则。因此，对于一个空调系统为多个房间服务的场合，为了较合理地确定空调系统的最小新风量，做到保证人体健康的卫生要求，又尽可能地减少空调系统的能耗，需根据空调房间和系统的风量平衡来确定空调系统的最小新风量。

当一个空气调节风系统负担多个使用空间时，系统的新风量应按下列公式计算确定

$$Y = X/(1 + X - Y) \tag{7-32}$$

$$Y = \sum q'_{\mathrm{m,W}} / \sum q_{\mathrm{m}} \tag{7-33}$$

$$X = \sum q_{\mathrm{m,W}} / \sum q_{\mathrm{m}} \tag{7-34}$$

$$Z = q_{\mathrm{m,W,max}} / q_{\mathrm{m,max}} \tag{7-35}$$

式中 Y——修正后的系统新风量在送风量中的比例；

$\sum q'_{\mathrm{m,W}}$——修后正的总新风量（m^3/h）；

$\sum q_{\mathrm{m}}$——总送风量，即系统中所有房间送风量之和（m^3/h）；

X——未修正的系统新风量在送风量中的比例；

$\sum q_{\mathrm{m,W}}$————系统中所有房间的新风量之和（m^3/h）；

Z——需求最大的房间的新风比；

$q_{\mathrm{m,W,max}}$——需求最大的房间的新风量（m^3/h）；

$q_{\mathrm{m,max}}$——需求最大的房间的送风量（m^3/h）。

全空气系统的设计中，在不降低人员卫生条件的前提下，应根据实际情况尽量减少系统的设计新风比以利于节能。在一个空调风系统负担多个空调房间时，由于每个房间人员数量与负荷条件的不同，新风比会有很大的差别。为了保证每个房间都能获得足够的新风，有些设计人员会将各个房间新风比值中的最大值作为整个空调系统的新风比取值，从原理上看，对于系统内其他新风比要求小的房间，这样的做法会导致其新风量过大，因而造成能源浪费。如果采用上述计算公式计算，将使得各个房间在满足要求的新风量的前提下，系统的新风比最小，因此可以节约空调风系统的能耗。

新风量越小节能效果越好是显而易见的。但按上述方法设计时，会不会存在这样的问题：如此设计，最大新风比的房间是否存在不满足新风量要求的状况？这里要注意以上设计方法是"在同一个空调风系统中"的条件。可以这样来分析问题：

每人实际使用的新风量就是相关规范规定的最小新风量，如果某个房间在送风过程中新风量有多余（人员少，新风量过大），则多余的新风必将通过回风重新回到系统中，再通过空调机重新送至所有房间。经过一定时间和一定量的系统风循环之后，新风量将重新趋于均匀，由此可使原来新风量不足的房间得到更多的新风。因此，如果按照以上要求来计算，在考虑上述因素的前提下，各房间人均新风量可以满足要求。

由于部分新风是经过一次甚至多次循环后才"被利用"，因此某些房间的新风"年龄"会"长"一些。如果设计中要考虑新风"年龄"问题，就需要针对系统的实际情况进行更为详细的计算。

《公共建筑节能设计标准》举例说明上述公式的用法：

假定一个全空气空调系统为表 7-13 中的几个房间送风：

表 7-13

房间用途	在室人数	新风量（m^3/h）	总风量（m^3/h）	新风比（%）
办公室	20	680	3400	20
办公室	4	136	1940	7
会议室	50	1700	5100	33
接待室	6	156	3120	5
合计	80	2672	13560	20

如果为了满足新风量需求最大的会议室，则须按该会议室的新风比设计空调风系统。其需要的总新风量变成：13560×33%=4475（m^3/h），比实际需要的新风量（2672m^3/h）增加了 67%。

现用上述公式计算，在上面的例子中，$\sum q'_{m,W}$ 未知；$\sum q_m = 13560m^3/h$；$\sum q_{m,W} = 2672m^3/h$；$q_{m,W,max} = 1700m^3/h$；$q_{m,max} = 5100m^3/h$。因此可以计算得到

$$Y = \sum q'_{m,W} / \sum q_m = \sum q'_{m,W}/13560$$

$$X = \sum q_{m,W} / \sum q_m = 2672/13560 = 19.7\%$$

$$Z = q_{m,W,max}/q_{m,max} = 1700/5100 = 33.3\%$$

代入方程 $Y = X/(1 + X - Y)$ 中，得到

$$\sum q'_{m,W}/13560 = 0.197/(1 + 0.197 - 0.333) = 0.228$$

可以得到$\sum q'_{m,W} = 3092m^3/h$。

在实际工程中，如果按以上方法所确定的空调系统的新风量不到总风量的 10%时，新风量则应按总风量的 10%计算（洁净室除外），同时排出一部分空调系统的回风量。

按以上方法确定出的新风量是最小新风量。对于全年允许变新风量的系统，在过渡季节，可增大新风量，利用新风冷量节约运行费用，同时也可得到较好的卫生条件。

在全年变风量的空调系统，为了在过渡季节多用新风量，应当设置可调风量的排风系统，以保证室内的正压恒定。如果不设置排风系统，室内正压将随新风量的变化波动，甚至会造成回风排不掉，新风抽不进的情况。系统排风量的大小等于各空调房间的回风量与空气处理室的回风量的差值。

3. 空气过滤器的选择

国家标准《空气过滤器》（GB/T 14295—2008）和《高效空气过滤器》（GB 13554—2008）中规定，按过滤性能过滤器可分为初效过滤器、中效过滤器、高中效过滤器、亚高效过滤器和高效过滤器。一般民用建筑的舒适性空调系统的空调机组一般只采用初效过滤器或初、中效过滤器。

《公共建筑节能设计标准》（GB 50189—2015）的条文说明中规定：

粗、中效空气过滤器的性能应符合现行国家标准《空气过滤器》（GB/T 14295—2008）的有关规定：

（1）粗效过滤器的初阻力小于或等于 50Pa（粒径大于或等于 2.0μm，效率不大于 50%且不小于 20%）；终阻力小于或等于 100Pa。

（2）中效过滤器的初阻力小于或等于 80Pa（粒径大于或等于 0.5μm，效率小于 70%且不小于 20%）；终阻力小于或等于 160Pa。

由于全空气空调系统要考虑到空调过渡季全新风运行的节能要求，因此其过滤器应能满足全新风运行的需要。

1）初效过滤器

初效过滤器的主要作用是去除 2.0μm 以上的大颗粒灰尘，起保护中、高效过滤器和空调机中其他设备的作用，并延长它们的使用寿命。

初效过滤器的滤料一般为无纺布，无纺布无毒无臭，呈白色毡状，能耐温、耐温、耐酸碱、耐有机榕剂，吸附在无纺布上的灰尘可用水洗掉。无纺布过滤器具有阻力小、效率高、容尘量大、可重复使用等特点。

初效过滤器框架一般由金属或纸板制作，其结构形式有板式、折叠式、袋式和卷绕式，其过滤风速一般可取 1～2m/s。一般当阻力达到初阻力的两倍时，过滤器需清洗或更换。

2）中效过滤器

中效过滤器的主要作用是去除 0.5μm 以上的灰尘粒子，其目的是减少高效过滤器负担，达到室内洁净度要求。中效过滤器的滤料一般是无纺布，有一次性使用和可清洗两种。框架多为金属板制作，其结构形式有折叠式、袋式和楔形组合式等，过滤速度为 0.2～1.0m/s

3）板式静电除尘器

板式静电除尘器（图 7-5）的工作原理是利用高压直流不均匀电场使烟气中的气体分子电离，产生大量电子和离子，在电场力的作用下向两极移动，在移动过程中碰到气流中的粉尘颗粒使其荷电，荷电粉尘在电场力作用下与气流分离向极性相反的极板或极线运动，荷电粉尘到达极板或极线时由静电力吸附在极板或极线上，通过振打装置使粉尘落入灰斗从而使烟气净化。

由于辐射摩擦等原因，空气中含有少量的自由离子，单靠这些自由离子是不可能使含尘空气中的尘粒充分荷电的。因此，要利用静电使粉尘分离须具备两个基本条件，一是存在使粉尘荷电的电场；二是存在使荷电粉尘颗粒分离的电场。一般的静电除尘器采用荷电电场和分离电场合一的方法，如图 7-6 所示的高压电场，放电极接高压直流电源的负极，集尘极接地为正极，集尘极可以采用平板，也可以采用圆管。

在电场作用下，空气中的自由离子要向两极移动，电压越高、电场强度越

图 7-5

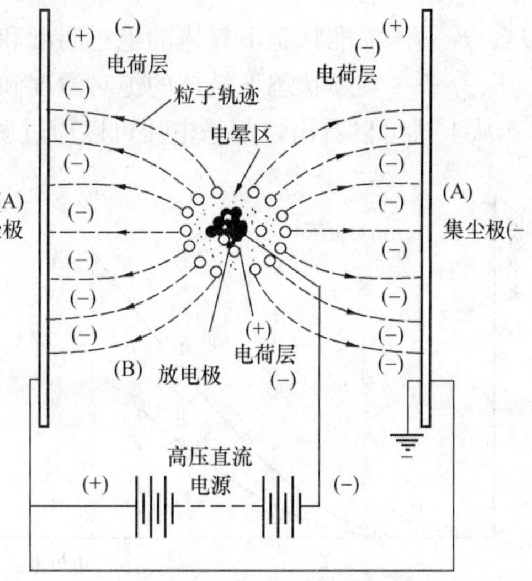

图 7-6 静电除尘器的工作原理

高，离子的运动速度越快。由于离子的运动，极间形成了电流。开始时，空气中的自由离子少，电流较少。电压升高到一定数值后，放电极附近的离子获得了较高的能量和速度，它们撞击空气中的中性原子时，中性原子会分解成正、负离子，这种现象称为空气电离。空气电离后，由于联锁反应，在极间运动的离子数大大增加，表现为极间的电流（称之为电晕电流）急剧增加，空气成了导体。放电极周围的空气全部电离后，在放电极周围可以看见一圈淡蓝色的光环，这个光环称为电晕。因此，这个放电的导线被称为电晕极。

在离电晕极较远的地方，电场强度小，离子的运动速度也较小，那里的空气还没有被电离。如果进一步提高电压，空气电离（电晕）的范围逐渐扩大，最后极间空气全部电离，这种现象称为电场击穿。电场击穿时，发生火花放电，电话短路，电除尘器停止工作。为了保证电除尘器的正常运动，电晕的范围不宜过大，一般应局限于电晕极附近。

如果电场内各点的电场强度是不相等的，这个电场称为不均匀电场。电场内各点的电场强度都是相等的电场称为均匀电场。例如，用两块平板组成的电场就是均匀电场，在均匀电场内，只要某一点的空气被电离，极间空气便会部电离，电除尘器发生击穿。因此电除尘器内必须设置非均匀电场。

开始产生电晕放电的电压称为起晕电压。对于集尘极为圆管的管式电除尘器在放电极表面上的起晕电压按下式计算：

$$V_C = 3 \times 10^6 m R_1 (\delta + 0.03\sqrt{\delta / R_1}) \ln R_2 / R_1 \tag{7-36}$$

式中，m——放电线表面粗糙度系数，对于光滑表面 $m=1$，对于实际的放电线，表面较为粗糙，$m=0.5 \sim 0.9$；

R_1——放电导线半径（m）；

R_2——集尘圆管的半径（m）；

δ——相对空气密度。

$$\delta = \frac{T_0}{T} \cdot \frac{p}{p_0} \tag{7-37}$$

T_0、p_0——标准状态下气体的绝对温度和压力；

T、p——实际状态下气体的绝对温度和压力。

从上式可以看出，起晕电压可以通过调整放电极的几何尺寸来实现。电晕线越细，起晕电压越低。

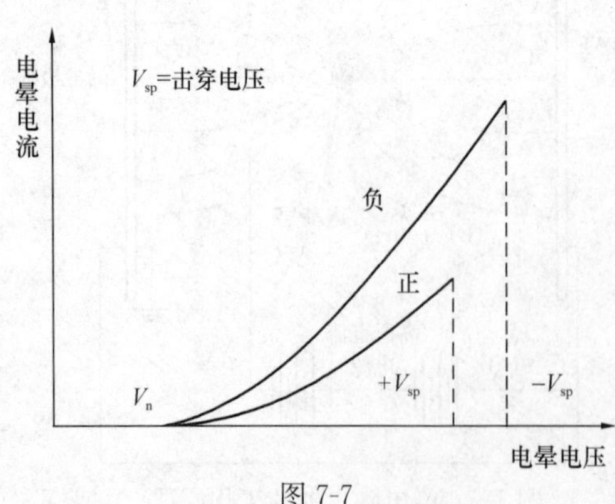

图7-7

电除尘器达到火花击穿的电压称为击穿电压。击穿电压除与放电极的形式有关外，还取决于正、负电极间的距离和放电极的极性。

图7-7是在电晕极上分别施加正电压和负电压时的电晕电流-电压曲线。从图中可以看出，由于负离子的运动速度要比正离子大，在同样的电压下，负电晕能产生较高的电晕电流，而且它的击穿电压也高得多。因

此，在工业气体净化用的电除尘器中，通常采用稳定性强、可以得到较高操作电压和电流的负电晕极。用于通风空调进气净化的电除尘器，一般采用正电晕极。其优点是，产生的臭氧和氮氧化物量较少。

静电除尘器的电晕范围（也称电晕区）通常局限于电晕线周围几毫米处，电晕区以外的空间称之为电晕外区。电晕区内的空气电离后，正离子很快向负（电晕）极移动，只有负离子才会进入电晕外区，向阳极移动。含尘空气通过电除尘器时，由于电晕区的范围很小，只有少量的尘粒在电晕区通过，获得正电荷，沉积在电晕极上。大多数尘粒在电晕外区通过，获得负电荷，最后沉积在阳极板上，这就是阳极板称为集尘极的原因。示意图见图 7-8。

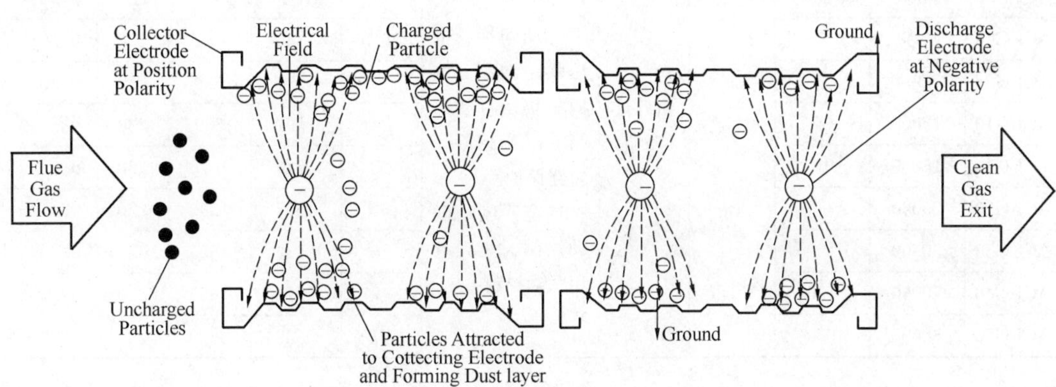

图 7-8 尘粒移动示意图

尘粒荷电是电除尘过程的第一步。在电除器内存在两种不同的荷电机理。一种是离子在静电力作用下做定向运动，与尘粒碰撞，使其荷电，称为电场荷电。另一种是离子的扩散现象导致尘粒荷电，称为扩散荷电。对 $d_c>0.5\mu m$ 的尘粒，以电场荷电为主；对 $d_c<0.2\mu m$ 的尘粒，则以扩散荷电为主；d_c介于 $0.2\sim0.5\mu m$ 的尘粒则两者兼而有之。在工业电除尘器中，通常以电场荷电为主。

在电场荷电时，通过离子与尘粒的碰撞使其荷电，随尘粒上电荷的增加，在尘粒周围形成一个与外加电场相反的电场，其场强越来越强，最后导致离子无法到达尘粒表面。此时，尘粒上的电荷已达到饱和。

在饱和状态下尘粒的荷电量按下式计算：

$$q=4\pi\varepsilon_0\left(\frac{3\varepsilon_p}{\varepsilon_p+2}\right)\frac{d_c^2}{4}E_f \tag{7-38}$$

式中，ε_0——真空介电常数，$\varepsilon_0=8.85\times10^{-12}$（$C/N\cdot m^2$）；

d_c——粒径（m）；

E_f——放电极周围的电场强度（V/m）；

ε_p——尘粒的相对介电常数。

ε_p与粉尘的导电性能有关。对导电材料 $\varepsilon_p=\infty$；绝缘材料 $\varepsilon_p=1$；金属氧化物 $\varepsilon_p=12\sim18$；石英 $\varepsilon_p=4.0$。

从上式可以看出，影响尘粒荷电的主要因素是尘粒直径 d_c、相对介电数 ε_p和电场强度。

静电式空气净化装置已成为解决$PM_{2.5}$室内空气污染的常用产品，适用于办公、酒店等建筑，即使在重度污染的空气环境下也能为室内提供良好的空气品质的保障。表7-14是以科瑞格空调技术（北京）有限公司的板式静电除尘器为例的参考选型：

表7-14

<table>
<tr><th rowspan="2">型号</th><th rowspan="2">处理风量
(m^3/h)</th><th rowspan="2">功率
(W)</th><th rowspan="2">风阻
(Pa)</th><th rowspan="2">前置过滤</th><th rowspan="2">电气控制</th><th rowspan="2">质量
(kg)</th><th colspan="3">外形尺寸（mm）</th><th rowspan="2">净化效率
(%)</th></tr>
<tr><th>W</th><th>H</th><th>D</th></tr>
<tr><td>ACJ-G01</td><td>1000</td><td>13</td><td rowspan="11">≤30</td><td rowspan="11">粗效过滤器</td><td rowspan="11">标配：电源指示、运行指示、手自动切换、电压联动控制、电源模块运行状态指示、清洗提示、短路保护。
选配：风动联动控制、变频装用联动控制</td><td>6.5</td><td>384</td><td>352</td><td>230</td><td>94.8%</td></tr>
<tr><td>ACJ-G02</td><td>2000</td><td>16</td><td>8</td><td>676</td><td>367</td><td>230</td><td>94.2%</td></tr>
<tr><td>ACJ-G04</td><td>4000</td><td>20</td><td>14</td><td>706</td><td>659</td><td>230</td><td>94.3%</td></tr>
<tr><td>ACJ-G06</td><td>6000</td><td>21</td><td>16.5</td><td>1350</td><td>1075</td><td>230</td><td>93.9%</td></tr>
<tr><td>ACJ-G08</td><td>8000</td><td>25</td><td>19</td><td>1290</td><td>689</td><td>230</td><td>93.9%</td></tr>
<tr><td>ACJ-G10</td><td>10000</td><td>30</td><td>24</td><td>1597</td><td>689</td><td>230</td><td>93.2%</td></tr>
<tr><td>ACJ-G15</td><td>15000</td><td>40</td><td>28</td><td>1672</td><td>1075</td><td>230</td><td>93.5%</td></tr>
<tr><td>ACJ-G20</td><td>20000</td><td>60</td><td>32</td><td>1597</td><td>1333</td><td>230</td><td>93.1%</td></tr>
<tr><td>ACJ-G30</td><td>30000</td><td>120</td><td>38</td><td>2122</td><td>1655</td><td>230</td><td>93.9%</td></tr>
<tr><td>ACJ-G40</td><td>40000</td><td>150</td><td>49</td><td>2518</td><td>1655</td><td>230</td><td>93.5%</td></tr>
<tr><td>ACJ-G60</td><td>60000</td><td>250</td><td>77</td><td>2638</td><td>2620</td><td>230</td><td>93.5%</td></tr>
</table>

7.2.3　送风量的确定

在已知空调房间冷（热）、湿负荷的基础上，进而确定消除室内余热、余湿和维持室内空气的设计状态参数所需的送风状态及送风量，以作为选择空调设备的依据。

（1）夏季送风状态及送风量

空调系统送风状态和送风量的确定可以在$i-d$图上进行，具体计算步骤如下：

1）根据已知的室内空气状态参数（如,），在$i-d$图上找出室内空气状态点N（图7-9）。

2）根据计算出的空调房间冷负荷Q和湿负荷W计算出热湿比，再通过N点画出过程线（图7-9）。

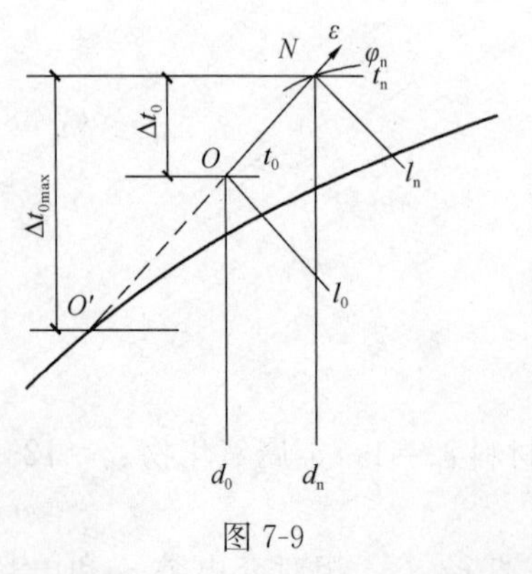

图7-9

3）选取合理的送风温差。

众所周知，如果选取值大，则送风量就小；反之，选取值小，送风量就大。对于空调系统来说，当然是风量越小越经济。但是，是有限制的。过大，将会出现：

① 风量太小，可能使室内温湿度分布不均匀；

② 送风温度将会很低，这样可能使室内人员感到“吹冷风”而感觉不舒服；

③ 有可能使送风温度低于室内空气露点温度，这样，可能使送风口上出现结露现象。

因此，空调设计中应根据室温允许波动范围（即恒温精度）查取送风温差，见表 7-15。

表 7-15 送风温差

室温允许波动范围（℃）	送风温差（℃）
±0.1～±0.2	2～3
±0.5	3～6
±1.0	6～10
＞±1.0	人工冷源：≤15，天然冷源：可能的最大值

4）根据选定的送风温差，确定出送风温度。在 $i-d$ 图上，等温线与过程线的交点 O，即为送风状态点。

5）按下式计算送风量（kg/s）：

$$m_{\mathrm{a}}=\frac{Q}{i_{\mathrm{n}}-i_{0}}=\frac{W}{d_{\mathrm{n}}-d_{0}}\times 1000$$

（2）冬季送风状态及送风量

冬季送风状态和送风量的确定方法与步骤同夏季是一样的。但是，应注意以下几点不同。

1）在冬季通过围护结构的传热量往往是由内向外传递，冬季室内余热量往往比夏季少得多，甚至为负值。即在北方地区需要向室内补充热量。

2）室内散湿量一般冬季、夏季基本相同，这样冬季房间的热湿比值常小于夏季，也可能是负值。

3）空调设备送风量是按夏季送风量确定的，冬季送风量可与夏季得相同。

4）送热风时，送风温差可比送冷风时大，因此，冬季也可减少送风量，提高送风温差，建议送热风温度与室内设计温度差宜≤10℃，但送热风温度不应超过 45℃。

7.2.4 空调系统基本要求与分类

1. 空调系统基本要求

选择空气调节系统时应基于安全、健康、节能、环保、舒适角度，并考虑地域气候特征、建筑物使用要求，综合分析是否有必要采用空气调节系统。若选择空气调节系统，应首先考虑采用自然通风或机械通风满足室内环境要求。需要分析是否有必要冬、夏季均采用空调系统，特别是严寒地区，需要认真分析冬季是否采用空调供暖，原则上严寒地区不应采用空调供暖；寒冷地区不宜采用空调供暖。

在《公共建筑节能设计标准》（GB 50189—2005 中）明确要求：

严寒地区的公共建筑，不宜采用空气调节系统进行冬季供暖；寒冷地区，应根据建筑等级、供暖期天数、能源消耗量和运行费用等因素，经过对空气调节系统与热水集中供暖系统进行技术经济综合分析比较后确定是否采用空气调节进行冬季供暖。

《民用建筑供暖通风与空气调节设计规范》（GB 50376—2012）中规定：

符合下列条件之一时，应设置空气调节：

① 采用供暖通风达不到人体舒适、设备等对室内环境的要求，或条件不允许、不经济时；

② 采用供暖通风达不到工艺对室内温度、湿度、洁净度等要求时；

③ 对提高工作效率和经济效益有显著作用时；

④ 对身体健康有利，或对促进康复有效果时。

2. 空气调节系统的分类和比较

(1) 空调系统的分类

空调系统根据不同的分类方法可以分为多种类型，见表7-16。

表7-16 空调系统的分类

分类	空调系统	系统特征	系统应用
按空气处理设备的设置分类	集中式系统	空气处理设备集中在机房内，空气经处理后，由风管送入各房间	单风管系统 变风量系统
	半集中式系统	除了有集中的空气处理设备外，在各个空调房间内还分别有处理空气的"末端装置"	风机盘管＋新风系统 多联机＋新风系统 冷暖辐射板＋新风系统
	全分散式系统	每个房间的空气处理分别由各自的整体式（或分体式）空调器承担	单元式空调器系统 房间空调器系统 多联机系统
按负担室内空调负荷所用的介质来分类	全空气系统	全部由处理过的空气负担室内空调负荷	一次回风式系统 一、二次回风式系统
	空气-水系统	由处理过的空气和水共同负担室内空调负荷	新风系统和风机盘管系统并用，带盘管诱导器
	全水系统	全部由水负担室内空调负荷	风机盘管系统（无新风）
	制冷剂系统	制冷系统的蒸发器直接放室内，吸收余热余湿	单元式空调器系统 房间空调器系统 多联机系统
按集中系统处理的空气来源分类	封闭式系统	全部为再循环空气，无新风	再循环空气系统
	直流式系统	全部用新风，不使用回风	全新风系统
	混合式系统	部分新风，部分回风	一次回风系统 一、二次回风系统
按风管中空气流速分类	低速系统	考虑节能与消声要求的风管系统，风管截面较大	民用建筑主风管风速低于10m/s 工业建筑主风管风速低于15m/s
	高速系统	考虑缩小管径的风管系统，耗能多，噪声大	民用建筑主风管风速高于12m/s 工业建筑主风管风速高于15m/s

除上述分类方法外，空调系统还可以根据另外一些原则进行类，见表7-17。

表7-17 空调系统的其他分类方法

根据送风量是否变化	变风量空调系统
	定风量空调系统
根据送入每个房间的送风管的数目分类	单风管空调系统
	双风管空调系统
根据系统的用途分类	工艺性空调系统
	舒适性空调系统

续表

根据系统要求的精度分类	一般性空调系统
	恒温恒湿空调系统
根据系统的运行时间分类	全年性空调系统
	季节性空调系统

（2）空调系统的比较和选择

各种空调系统的概略比较，见表7-18。

表7-18　各种空调系统概略比较

系统分类 比较分级 项目	集中式系统		半集中式系统		分散式系统
	单风管定风量	变风量	风机盘管＋新风	多联机＋新风	单元式或房间空调器
初投资	B	C	A	B	A
节能效果与运行费用	C	B	B	A	A
施工安装	C	C	B	A	A
使用寿命	A	A	B	A	C
使用灵活性	C	C	B	B	A
机房面积	C	C	B	B	A
恒温控制	A	B	B	B	B
恒湿控制	A	C	C	C	C
消声	A	A	B	B	C
隔振	A	A	B	B	C
房间清洁度	A	A	C	C	C
风管系统	C	C	B	B	A
维护管理	A	B	B	B	C
防火、防爆、房间串气	C	C	B	B	A
健康与舒适性	A	A	B	B	B

注：表中A—较好；B—一般；C—较差。

各种空调系统运用条件和使用特点，见表7-19。

表7-19　各种空调系统运用条件和使用特点

空调系统	使用条件	空调装置	
		装置类别	使用特点
集中式	1. 房间面积大或多层、多室而热湿负荷变化情况类似； 2. 新风最变化大； 3. 室内温度、湿度、洁净度、噪声、振动等要求严格； 4. 全年多工况节能； 5. 采用天然冷源	单风管定风量直流式	房间内产生有害物质，不允许空气再循环使用
		单风管定风量一次回风式	1. 可利用较大送风温差送风。当送风温差受限制时，须再加热； 2. 室内散湿量较大
		单风管定风量一、二次回风式	1. 可用于室内温度要求均匀、送风温差较大、风量较大而又不采用再加热的系统； 2. 换气次数极大的洁净室

续表

空调系统	使用条件	空调装置	
		装置类别	使用特点
集中式	1. 房间面积大或多层、多室而热湿负荷变化情况类似； 2. 新风最变化大； 3. 室内温度、湿度、洁净度、噪声、振动等要求严格； 4. 全年多工况节能； 5. 采用天然冷源	变风量	室温允许波动范围 $t \geqslant 1$ ℃，显热负荷变化较大
		冷却器	要求水系统简单，但室内相对湿度要求不严
		喷水室	1. 采用循环喷水蒸发冷却或天然冷源； 2. 室内相对湿度要求较严或相对湿度要求较大而又有较大发热量者； 3. 喷水室兼作辅助净化措施
半集中式	1. 房间面积大但风管不易布置； 2. 多层多室层高较低，热湿负荷不一致或参数要求不同； 3. 室内温湿度要求 $t \geqslant \pm 1$℃，$\varphi \geqslant \pm 10\%$； 4. 要求各室空气不要串通 5. 要求调节风量	风机盘管	1. 空调房间较多，空间较小，且各房间要求单独调节温度； 2. 空调房间面积较大但主风管敷设困难
		诱导器	多房间层高低，且同时使用，空气不允许相串通，室内要求防爆
分散式	1. 各房间工作班次和参数要求不同且面积较小； 2. 空调房间布置分散； 3. 工艺变更可能性较大或改建房屋层高较低且无集中冷源	冷风降温机组	仅用于夏季降温去湿
		恒温恒湿机组	房间全年要求恒温恒湿
		多联机	无水系统和机房等，可以分户控制；利于单独计费；无房间空调器影响建筑立面的缺点

常用空调系统主要环节比较，见表7-20。

表7-20　常用空调系统比较

比较项目	集中式空调系统	单元式空调系统	风机盘管空调系统
设备布置与机房	1. 空调与冷热源可以集中布置在机房节； 2. 机房面积较大，层高较高； 3. 空调机组有时可以布置在屋顶上或安放在车间柱间平台上	1. 设备成套、紧凑。可以放在房间内，也可以安装在空调机房内； 2. 机房面积较小，机房层高较低； 3. 机组分散布置，敷设各种管线较麻烦	1. 只需要新风空调机房，机房面积小； 2. 风机盘管可以安设在空调房间内； 3. 分散布置，敷设各种管线较麻烦
风管系统	1. 空调送回风管系统复杂，占用空间多，布置困难； 2. 支风管和风口较多时不易调节风量	1. 系统小，风管短，各个风口风量的调节比较容易达到均匀； 2. 直接放室内时，可不接送风管，也没有回风管； 3. 小型机组余压小，有时难以满足风管布置和必需的新风量	1. 放室内时，有时不接送、回风管； 2. 当和新风系统联合使用时，新风管较小

续表

比较项目	集中式空调系统	单元式空调系统	风机盘管空调系统
节能与经济性	1. 可以根据室外气象参数的变化和室内负荷变化实现全年多工况节能运行调节，充分利用室外新风，减少与避免冷热抵消，减少冷水机组运行时间； 2. 对于热湿负荷变化不一致或室内参数不同的多房间，室内温湿度不易控制且不经济； 3. 部分房间停止工作不需空调时，整个空调系统仍须运行，不经济	灵活性大，各空调房间可根据需要停开	1. 灵活性大，节能效果好，可根据各室负荷情况自行调节； 2. 盘管冬夏兼用，内壁容易结垢，降低传热效率； 3. 无法实现全年多工况节能运行调节
使用寿命	使用寿命长	使用寿命较短	使用寿命较长
安装	设备与风管的安装工作量大，周期长	1. 安装投产快； 2. 对旧建筑改造和工艺变更的适应性强	安装投产较快，介于集中式空调系统与单元式空调器之间
维护运行	空调与制冷设备集中安设在机房，便于管理和维修	机组易积灰与油垢，清理比较麻烦，使用二三年后，风量、冷量将减少；难以做到快速加热（冬天）与决速冷却（夏天）。分散维修与管理较麻烦，维修要求高	布置分散，维护管理不方便。水系统复杂，易漏水
温湿度控制	可以严格地控制室内温度和相对湿度	各房间可以根据各自的负荷变化与参数要求进行温湿度调节。对要求全年须保证室内相对湿度，波动范围≤±5%或要求室内相对湿度较大时较难满足。多数机组按17～21kJ/kg的最大焓降设计，对室内温度要求较低、室外湿球温度较高、新风量要求较多时，较难满足	对室内温湿度要求较严时，难以满足
空气过滤与净化	可以采用粗效、中效和高效过滤器，满足室内空气清洁度的不同要求。采用喷水室时，水与空气直接接触，易受污染，须常换水；若水质清净，可净化空气	过滤性能差，室内清洁度要求较高时难以满足，过渡季需开窗通风	过滤性能差，室内清洁度要求较高时难以满足，过渡季需开窗通风
消声与隔振	可以有效地采取消声和隔振措施	机组安设在空调房间内时，噪声、振动不易处理	必须采用低噪声风机，才能满足室内一般噪声级要求
风管相互串通	空调房间之间有风管连通，易造成交叉污染。当发生火灾时，烟气会通过风管迅速蔓延	各空调房间之间不会互相污染、串声。发生火灾时烟气也不会通过风管蔓延	各空调房间之间空气不会互相污染

3. 空气调节系统分区

（1）空调分区的重要性

现代建筑通常是由大量使用功能不同的房间组成，各自的使用功能使其在使用温湿度要求、使用时间段、负荷特性等方面都存在着差异。例如，对于主体使用性质为办公的公共建筑，其内部除了办公室之外，可能还存在的房间有：餐厅（包括职工餐厅）、大型会议室、计算机信息中心等等。餐厅的使用时间在相当多的情况下都与办公室的使用时间不一致，其温湿度、新风量等设计参数也与办公室有明显的区别。如果将餐厅与办公室合为一个空调系统，采用定风量系统的话，由于空调风系统的送风温度通常是相同的，那么空调机组的送风量应根据这两个房间的最大送风量之和来确定（或者更精确地说，是根据两者逐时计算后得到的最大小时值之和来确定）。由于它们同时使用的机会和时间不多，必然导致的结果是：单独为某个房间使用时机组风量过大，浪费输送能耗。即使它们在某时刻同时使用，也会由于房间参数要求的不同而无法同时满足各自的参数要求，必须要增加末端空气加热器、加湿器等设备以及相应的控制系统，不但投资增加。而且重要的是会产生冷、热量的抵消损失，造成能量的极大浪费。又例如，如果把商场和餐厅放在同一空调风系统中，在单独使用的时段，按系统设计总风量送风的话，会出现温控效果不佳和能源浪费的现象；如果单独为其中一个房间送风，则必须采用变风量系统，即使如此，这种情况下通常也存在调节困难，甚至无法正常使用。同时，变速风机也将工作在非高效工作区，增大了能耗。从另一个角度来说，餐厅的气味还会扩散到商场中去，这是空调设计不应该出现的问题。因此，在空调系统设计时，应根据空调系统分区的原则对功能不同的空间进行分区。

（2）关于空调分区的相关规定

《民用建筑供暖通风与空气调节设计规范》（GB 50376—2012）做出如下规定：

选择空调系统时，应符合下列原则：

① 根据建筑物的用途、规模、使用特点、负荷变化情况、参数要求、所在地区气象条件和能源状况，以及设备价格、能源预期价格等，经技术经济比较确定；

② 功能复杂、规模较大的公共建筑，宜进行方案对比并优化确定；

③ 干热气候区应考虑其气候特征的影响。

符合下列情况之一的空调区，宜分别设置空调风系统；需要合用时，应对标准要求高的空调区做处理。

① 使用时间不同；

② 温湿度基数和允许波动范围不同；

③ 空气洁净度标准要求不同；

④ 噪声标准要求不同，以及有消声要求和产生噪声的空调区；

⑤ 需要同时供热和供冷的空调区。

（3）空调系统分区原则，见表7-21，表7-22。

表7-21　空调系统分区原则

划分依据	划分的原则
负荷特性	1. 根据建筑朝向的不同，分别划分为不同的空调系统； 2. 根据室内发热量的大小，分成不同的区域，分别设置空调系统； 3. 按照室内热湿比大小，将相同或接近的房间划分为一个系统

续表

划分依据	划分的原则
使用时间	依据使用时间的不同进行划分，使用时间不相同的空调区，宜分别设置空调系统
使用功能	按照房间的使用功能进行划分，如在同一时间段里分别需要供热与供冷的空调区，不应划分为一个系统，但水环热泵和热回收型直接蒸发式多联机空调系统可以除外
建筑平面位置	将临近外围护结构 3～5m 范围的区域，与外围护结构的其他区域，区分为“外区”和“内区”分别配置空调系统
温湿度基数	根据室内空调的温湿度设计基数的不同，将温度、相对湿度等要求相同或相近的空调区划分为一个系统
洁净要求	对空气的洁净要求不相同的空调区，应分别或独立设置空调系统
噪声	产生噪声的空调区与对消声有要求的空调区，不应划分为同一个空调系统
建筑层数	在高层建筑中，根据静水压力的大小和设备、管道、管件、阀门等的承压能力，沿建筑物高度方向划分为低区、中区和高区，分别配置空调水系统；有时，为了使用灵活、充分利用设备能力或节省初投资，也可在高度方向上将若干层组合在一起，合用一个空调系统
空调精度	在工艺性空调中应将室内温、湿度基数及其允许波动范围相同的空调对象划分为同一个系统：对于±0.1～0.2℃的高精度恒温恒湿系统，宜单独设置空调系统
防火防爆	空气中含有易燃易爆物质的空调区，必须独立设置空调系统
新风量	空调房间所需要新风量占送风量的比例悬殊时，可按比例相近者分设系统
施工管理	划分系统时，应使同一系统的主风管长度尽量缩短，减少风管重叠便于施工、管理、调试和维护
制冷剂	对于变制冷剂流量多联分体式空调系统，系统的经常性同时使用率或满负荷率宜控制在 40%～80%，可以将功能不同的区域组合在一个空调系统中，或把经常使用的房间和不经常使用的房间组合在一个空调系统中

表 7-22　集中式空调系统分区原则

项目	空调系统合并	空调系统分设
温度波动≥±0.5℃或相对湿度波动≥±5%	1. 各室邻近，且室内温湿度基数、单位送风量的热湿扰量、运行时间接近时； 2. 单位送风量的热扰量虽不同，但有室温调节加热器的再热系统	1. 房间分散； 2. 室内温湿度基数、单位送风量的热湿扰量、运行时间差异较大时
±0.1～0.2℃	恒温面积较小且附近有温湿度基数和使用时间相同的恒温房间时	恒温面积较大且附近恒温房间温湿度基数和使用时间不同时
洁净度	1. 产生同类有害物质的多个空调房间； 2. 个别房间产生有害物质. 但可用局部排风较好地排除，而回风不致影响其他要求洁净的房间时	1. 个别产生有害物质的房间不宜与其他要求洁净的房间合一系统； 2. 有洁净等级要求的房间不宜和一般空调房间合一系统
噪声标准	1. 各室噪声标准相近时； 2. 各室噪声标准不同，但可作局部消声处理时	各室噪声标准差异较大而难以作局部消声处理时

续表

项目	空调系统合并	空调系统分设
大面积空调	1. 室内温湿度精度要求不严且各区热湿扰量相差不大时； 2. 室内温湿度精度要求较严且各区热湿扰量相差较大时，可用按区分别设置再热系统的分区空调	1. 按热湿扰量的不同，分系统分别控制； 2. 负荷特性相差较大的内区与周边区，以及同一时间内须分别进行加热和冷却的房间，宜分区设置空调系统

4. 空调系统的选择及设计要点

空调系统的选择应根据建筑性质、规模、用途、使用特点、能源条件、室外气象条件、负荷变化规律、室内温湿度要求、消声隔声要求等因素，通过全面技术经济比较确定。否则，将达不到使用效果，甚至浪费能源。譬如，在环境相对湿度较大的江南地区，采用蒸发冷却空调系统，显然是达不到使用效果的；又如，将辐射吊顶空调系统用于商场，不但满足不了空调的需要，而且还会造成结露、霉变、恶化环境的结果。当建筑物周围有合适的地表水资源、地下水资源、足够的土地面积、缺少化学燃料资源或使用化学燃料受到极大限制等的情况下，可以采用经济效益好、环保效果佳的水源热泵或土壤源热泵空调系统。

随着空调技术的发展，集中式空调系统的型式也相当多，除了传统的全空气定风量空调系统和风机盘管加新风空调系统外，还有变风量空调系统、水环热泵空调系统、干工况风机盘管加“独立新风系统”、地板辐射、辐射吊顶以及顶板辐射方式加“独立新风系统”空调系统、地板送风空调系统、置换送风空调系统、蒸发冷却空调系统，等等。每一种空调系统都有自己的特点，因此也有各自的使用条件和适用场合。

在选择空调系统类型前，应考虑下列因素：

(1) 一般来说，房间面积较大、人员较多或有必要集中温湿度控制的空调区应采用有利于节能的全空气定风量单风道空调系统。因为，全空气系统可以通过在过渡季节最大限度地使用室外较低参数的新风对室内进行冷却获得节能的效果。如上海地区过渡季节的时间较长，减少了全年运行冷水机组的时间，其节能效果将是非常显著的。由于只有少数的控制参数（温度、湿度），系统控制的实现比较容易而且可靠性较高，维护管理工作量少，设备可以保持正常工作状态和高效率运行，全空气系统便于集中控制与管理。

全空气定风量单风道空调系统可用于需要恒温、恒湿、一定的洁净度和低噪声要求的场合，如洁净房间、医院手术室、电视台、播音室等；也可用于空间大或居留人员多，且房间温湿度参数、洁净度要求、使用时间等基本一致的场所，如商场、影剧院、展览厅、餐厅、多功能厅、体育馆等。

(2) 全空气定风量双风道系统可用于特殊需要的场合，对空调区域内的单个房间进行温、湿度控制，或由于建筑物的形状或用途等原因，使得其冷、热负荷分布复杂的场所。这种系统的设备费和运行费高，能耗大，公共建筑中一般不宜采用。

(3) 对于室内负荷差异较大、变化的幅度较大、低负荷运行的时间较长，或内区冬季有大量余热，而且各个空调区需要独立控制温度，但对湿度控制要求不高的场所，如高档写字楼和一些用途多变的建筑物，宜选用变风量的空调系统。

（4）对于较小空间的空调区，可以采用每个区域均可调节控制室温的风机盘管加新风空调系统。这样，每个区域均可根据负荷需要供应冷热，避免了由于过冷或过热引起的能源浪费。该系统适用于旅馆客房、公寓、医院病房、大型办公楼等。也可与变风量系统配合使用在大型建筑的外区，但必须处理好冷凝水排放和风机噪声问题。

（5）窗式空调机和分体空调机的独立性强，适用于建筑物内空调房间分散、面积较小、噪声要求低、运行时间不同的场合。

（6）柜式空调机可用于独立的小型建筑物。在设有集中冷源的大型建筑物中，少数因使用温度或使用要求不一致而需要单独运行空调的场合，如出租商场、餐厅、小型计算机房、电话机房、消防控制室等，可使用柜式空调机。

（7）各种热泵式系统独立性强，它可用于全年需要空气调节，冷、热负荷接近或冷负荷相对较大的场所。

（8）变制冷剂流量的多联机空气调节系统适用于夏热冬冷或长江以南地区全年使用，以及严寒与寒冷地区的夏季和冬季集中供暖期外的补充使用。通常对于空调房间数量多、区域划分细致、同时使用率较低、使用随意性大的中小型办公楼、饭店、学校等建筑较为适用。对于可就近安置室外机和新风处理机的办公楼、饭店、学校等较大型建筑也可以应用。变制冷剂流量的多联机的空调系统划分应合理，系统的经常性同时使用率或满负荷率宜控制在40%～80%。划分时可遵守以下规则：

功能不同的区域宜组合在一个空调系统中；

经常使用的房间和不经常使用的房间宜组合在一个空调系统中。

应优化室外机与室内机间的配管布置，减少配管长度。配管等效长度不宜超过70m，或通过产品技术资料核定；配管实际长度制冷工况下满负荷的性能系数不应低于2.80。

（9）近年来在南方地区的大型办公和旅馆建筑中，水环热泵的应用得到了迅速的发展。它可以有效地将内区的余热转移到外区使用，可以节约供暖能耗，因此非常适合有较大内区，且常年有稳定的大量余热的办公、商业等建筑。另外，由于它采用分散式水冷方式空调机组，制冷效率相对于空气源机组而言有很大的提高。主机一般安装在房间或走道吊顶内，水泵、冷却塔等放置在建筑物的楼顶，节省了主机房。满负荷时，所有机组全开；在部分负荷时，由于该系统是分散式主机，并已经发展成完全独立的智能化控制，甚至在主人离开房间时可自动停机，因而可以大大地节约运行费用。各层、各房间可进行单独计费，既提供了使用的自由度，又提高了业主节能的意识，对于同时使用系数较小的出租办公楼和旅馆（白天在房人数不多）比较适用和经济。

（10）辐射供暖和供冷具有舒适、节能和不占用室内空间等突出优点。地面辐射供暖已在北方地区民用建筑中日益扩大应用，在夏热冬冷地区也开始使用。顶板辐射供冷在欧洲已有很长的使用历史，20世纪80年代后期又开始了地板供冷的研究和开发。如果地板供热系统能同时用于供冷，将大大减少设备初投资，提高其使用率。曾经有人担心房间下部过冷和地板结露问题，但研究和实践表明，只要控制好地板中供水温度不要太低，可以解决上述问题。目前，在欧洲和亚洲若干地区已经出现了地板辐射和置换通风相结合的工程实例。夏季室内冷负荷主要由地板供冷系统承担，室内湿负荷和新风主要由置换通风承担，从而减少了空调系统的风量，提高了排风和送风的温差。对高大空间来说，既保证了工作区内的热舒适性，又发挥了室内热力分层带来的节能效益。

5. 空调系统设计的相关规定

《民用建筑供暖通风与空气调节设计规范》（GB 50376—2012）对空调系统设计做出如下规定：

（1）选择空调系统时，应符合下列原则：

① 根据建筑物的用途、规模、使用特点、负荷变化情况、参数要求、所在地区气象条件和能源状况，以及设备价格、能源预期价格等，经技术经济比较确定；

② 功能复杂、规模较大的公共建筑，宜进行方案对比并优化确定；

③ 干热气候区应考虑其气候特征的影响。

（2）符合下列情况之一的空调区，宜分别设置空调风系统；需要合用时，应对标准要求高的空调区做处理。

① 使用时间不同；

② 温湿度基数和允许波动范围不同；

③ 空气洁净度标准要求不同；

④ 噪声标准要求不同，以及有消声要求和产生噪声的空调区；

⑤ 需要同时供热和供冷的空调区。

（3）空气中含有易燃易爆或有毒有害物质的空调区，应独立设置空调风系统。

7.2.5 全空气定风量空调系统

1. 适用场合

《民用建筑供暖通风与空气调节设计规范》（GB 50376—2012）对全空气定风量空调系统做出如下规定：

（1）下列空调区，宜采用全空气定风量空调系统：

① 空间较大、人员较多；

② 温湿度允许波动范围小；

③ 噪声或洁净度标准高。

（2）全空气空调系统设计，应符合下列规定：

① 宜采用单风管系统；

② 允许采用较大送风温差时，应采用一次回风式系统；

③ 送风温差较小、相对湿度要求不严格时，可采用二次回风式系统；

④ 除温湿度波动范围要求严格的空调区外，同一个空气处理系统中，不应有同时加热和冷却过程。

（3）符合下列情况之一时，全空气空调系统可设回风机。设置回风机时，新回风混合室的空气压力应为负压。

① 不同季节的新风量变化较大、其他排风措施不能适应风量的变化要求；

② 回风系统阻力较大，设置回风机经济合理。

（4）下列情况时，应采用直流式（全新风）空调系统：

① 夏季空调系统的室内空气比焓大于室外空气比焓；

② 系统所服务的各空调区排风量大于按负荷计算出的送风量；

③ 室内散发有毒有害物质，以及防火防爆等要求不允许空气循环使用；

④ 卫生或工艺要求采用直流式（全新风）空调系统。

(5) 舒适性空调和条件允许的工艺性空调，可用新风作冷源时，应最大限度地使用新风。

(6) 新风进风口的面积应适应最大新风量的需要。进风口处应装设能严密关闭的阀门，进风口的位置应符合本规范第 6.3.1 条的规定要求。

(7) 空调系统应进行风量平衡计算，空调区内的空气压力应符合本规范第 7.1.5 条的规定。人员集中且密闭性较好，或过渡季节使用大量新风的空调区，应设置机械排风设施，排风量应适应新风量的变化。

《民用建筑供暖通风与空气调节设计规范》(GB 50376—2012) 中第 7.3.5 条文说明指出：目前，空调系统控制送风温度常采用改变冷热水流量方式，而不常采用变动一、二次回风比的复杂控制系统；同时，由于变动一、二次回风比会影响室内相对湿度的稳定，不适用于散湿量大、湿度要求较严格的空调区；因此，在不使用再热的前提下，一般工程推荐采用系统简单、易于控制的一次回风式系统。

2. 设计原理

(1) 夏季处理过程

由于舒适性空调精度要求不高，为了节能可采用最大温差送风，如图 7-10(a)、图 7-10(b) 所示。而工艺性空调，可根据室温允许波动范围及气流组织形式，查相应手册确定送风量或送风温差。

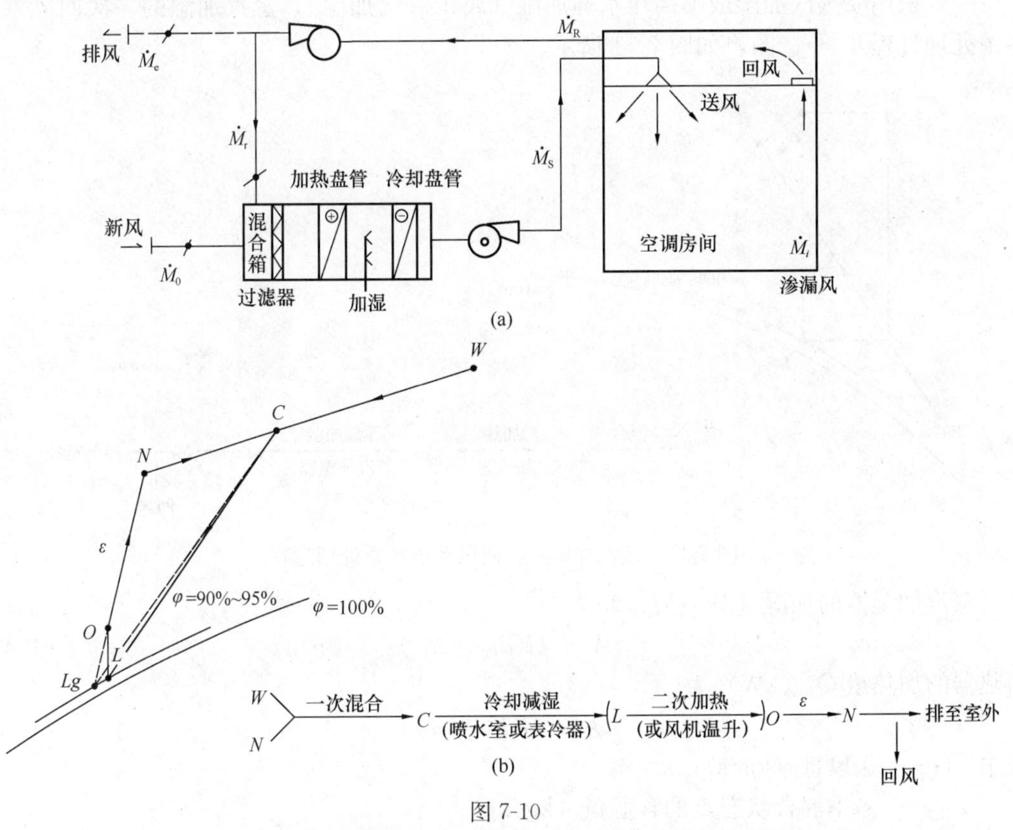

图 7-10

(a) 一次回风空调系统示意图；(b) 一次回风空调系统夏季处理过程

对于舒适性空调空气冷却器处理空气所需的冷量 Q_0（kW）可按下式计算：

$$Q_0 = G(h_C - h_L) \tag{7-39}$$

二次加热量（或风机温升）Q_2（kW）为

$$Q_2 = G(h_O - h_L) \tag{7-40}$$

式中，G——送风量（kg/s）；

h_C——夏季混合状态点的比焓（kJ/kg）；

h_L——夏季机器露点状态点的比焓（kJ/kg）；

h_O——夏季送风状态点状态点的比焓（kJ/kg）。

经空调机组处理后的空气，由送风机、回风机和送、回风风管输送过程中，均会产生温升，这是由于风机的机械能和一些能量损失，转化为热能，以及周围空气向风管内空气传热的缘故。而且这部分温升不可忽视。一般风机温升与风压大小，驱动风机的电动机是处于被处理空气流内还是空气流之外等因素有关，温升有时可达 1～2℃。风管温升取决于被输送的空气量、风管长度和保温状况，可按有关资料计算。

(2) 冬季处理工程

在组合式空气处理机组中，凡是夏季采用空气冷却器，当新风与回风混合后，存在着两种可能方案：先加热后加湿和先加湿后加热。理论与实践证明，喷高压水雾加湿采用先加热后加湿的方案比较好，因为被加湿空气温度升高后，它所能容纳的水蒸气的数量增大，以确保加湿效果。

一般采用喷蒸汽加湿或喷高压水雾加湿（属于等焓加湿），蒸汽加湿的一次回风系统冬季处理过程及 $i-d$ 图，如图 7-11 所示。

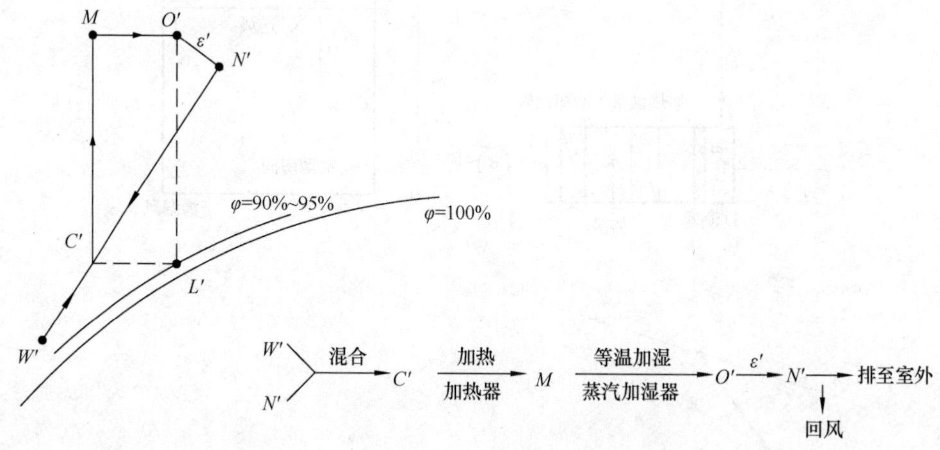

图 7-11　蒸汽加湿一次回风系统冬季处理过程

蒸汽加湿器的加湿量 W（kg/s）为

$$W = G(d_{O'} - d_{C'}) \tag{7-41}$$

再热器的加热量 Q_2（kW）为

$$Q_2 = G(h_M - h_{C'}) \tag{7-42}$$

式中　G——送风量（kg/s）；

$d_{C'}$——冬季混合状态点的含湿量（kg/kg）；

$d_{O'}$——冬季送风状态点的含湿量（kg/kg）；

h_M——冬季混合空气加热后状态点的比焓（kJ/kg）；

$h_{C'}$——冬季混合空气加热前状态点的比焓（kJ/kg）。

对于北方寒冷（或严寒）地区，凡需要预热器对新风进行预热的，工程上通常将新风预热到 5～10℃，然后再与回风进行混合。混合空气经加热到冬季送风温度后，再喷干蒸汽加湿到送风状态点，其空气处理过程 $i-d$ 图如图 7-12 所示。

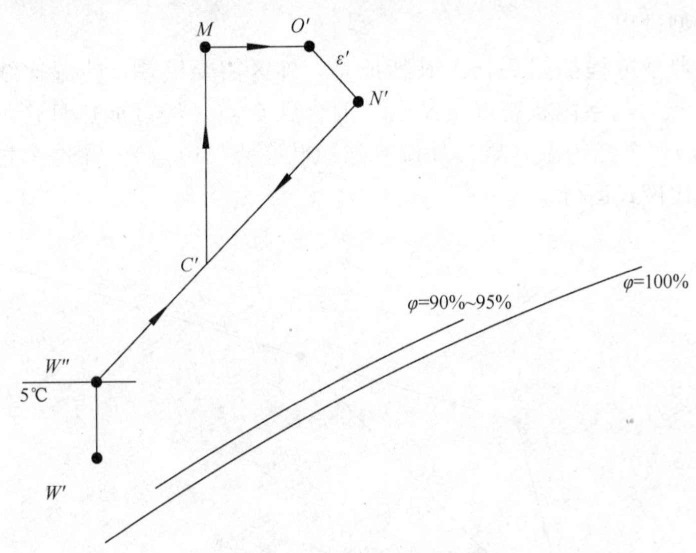

图 7-12 具有预热器一次回风式系统终季处理过程

（3）一次回风空调系统控制策略

一次回风空调系统，常分为两种运行模式，即全新风运行和调节新风比（含最小新风比）运行。在全年室外气候和室内热湿状况变化的过程中，最大可能的利用室内外的免费冷热量对送风进行处理，同时又照顾到在节能的前提下尽量多地采用室外新风，以改善室内空气品质。其系统原理图如图 7-13 所示。

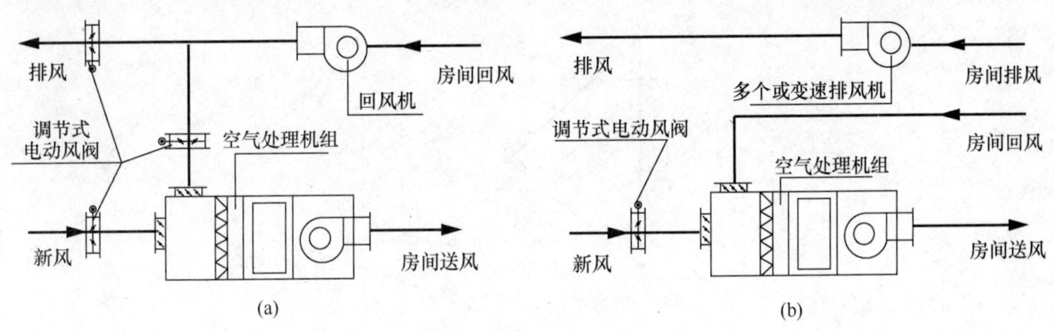

图 7-13 两种可调新风比的一次回风空调系统

（a）双风机空调系统；（b）单风机空调系统＋排风

① 双风机空调系统的控制策略：双风机空调系统新风比的调节是根据室内外焓值变化对比，通过调节新风管道、回风管道和排风管道上的电动风阀进行的。

a. 夏季典型过程

夏季典型过程如图 7-14，此时，室外空气状态点（W 点）的焓值高于室内空气状态点（N 点）（即回风状态点）的焓值，而送风点（O 点）位于室内点的左下侧；室内热湿比线指向右上方，数值为正且较大。因此，若想花费较小的能耗来完成空气处理过程，需要尽可能的降低盘管入口的空气状态点（混风状态点 C 点）的焓值，所以应采用最小新风比进行控制。

b. 冬季典型过程

冬季外区典型过程：

冬季外区的典型过程如图 7-15。其特征是，外区需要供热，热湿比线为负值，室外空气状态点（W 点）与室内状态点（N 点）混合到 C 点，经过加热盘管加热到送风状态点（O'点或O''点），再经等温（焓）加湿到送风状态点（O 点）。在这个过程中，风系统一直以最小新风比模式运行。

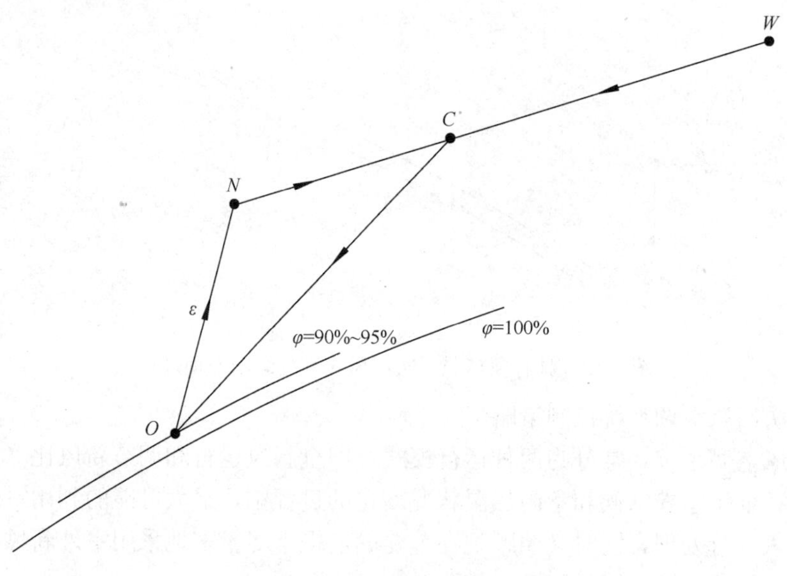

图 7-14　夏季典型过程焓湿图

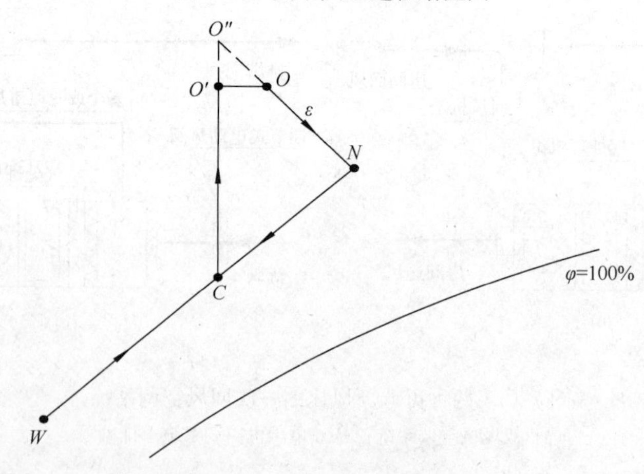

图 7-15　冬季外区焓湿图

冬季内区典型过程：

冬季内区的典型过程如图 7-16。其特征是，内区需要供冷，热湿比线为正值，可通过调节新风比使混风状态点（C 点）的温度等于送风点（O 点）的温度，并对混风点加湿到送风状态点（O点），如图 7-16(a) 所示。当调节新风比到达维持基本卫生要求的最小新风量时，仍不能维持室内温度，说明室外的温度已经非常低了，为了避免浪费加热室外空气的热量，这时应保持最小新风比运行，如图 7-16(b)。室外空气状态点（W点）与室内状态点（N点）混合后通过加热盘管加热到送风状态点（O点）等温点（L点）并加湿到送风状态点（O点）。图 7-16 采用的加湿方法为等温加湿，当然也可以采用等焓加湿的方法进行。

c. 过渡季过程：当室外焓值低于室内焓值时，若室内温度高于夏季室内设计温度，调到最大新风比，调节冷水阀开度以维持室内设计温度，直到全闭状态；若冷水阀为全闭状态，可不调或调小新风比以维持室内温度低于或等于夏季室内设计温度，此阶段室外点、室内点和送风点均在热湿比线上。当室内温度低于冬季室内设计温度时，可减小新风比，直到最小新风比。

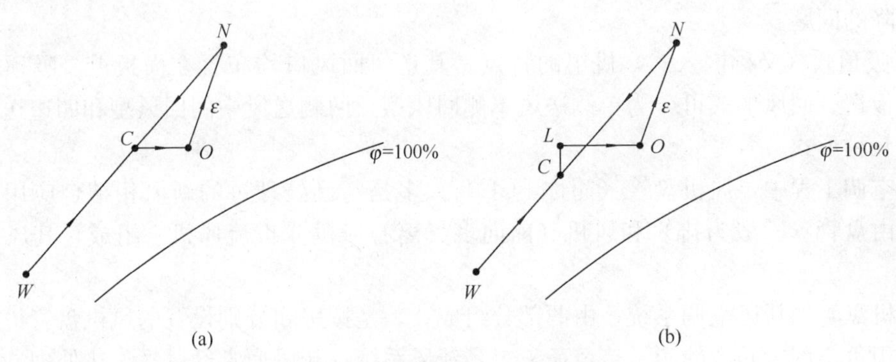

图 7-16　冬季内区过程焓湿图

(a) 冬季内区可变新风比；(b) 冬季内区最小新风比

② 单风机空调系统＋排风系统的控制策略

在单风机空调系统＋排风系统的控制方法与双风机空调系统基本上是相同的，新风比的调节是通过调节新风管道上的电动风阀进行的，通常排风机应根据新风量信号采用变频控制或台数控制，排风量必须与补充的新风量同步，以保证室内的微正压。

7.2.6　风机盘管＋新风系统

1. 适用场合

风机盘管加新风空调系统是空气-水空调系统中的一种主要形式，也是目前我国民用建筑中最为普遍的一种空调形式。它以投资少、使用灵活等优点广泛应用于各类建筑中。《民用建筑供暖通风与空气调节设计规范》（GB 50376—2012）对风机盘管加新风空调系统做出如下规定：

（1）空调区较多，建筑层高较低且各区温度要求独立控制时，宜采用风机盘管加新风空调系统；空调区的空气质量、温湿度波动范围要求严格或空气中含有较多油烟时，不宜采用风机盘管加新风空调系统。

（2）风机盘管加新风空调系统设计，应符合下列规定：

① 新风宜直接送入人员活动区；

② 空气质量标准要求较高时，新风宜负担空调区的全部散湿量。低温新风系统设计，

应符合本规范第 7.3.13 条的规定要求；

③ 宜选用出口余压低的风机盘管机组。

风机盘管按其安装形式可分为立式明装、卧式明装、立式暗装、卧式暗装和吸顶式等形式。

a. 立式明装机组表面经过处理，美观大方，安装方便，可直接拆下面板进行检修。通常设置在楼板上、靠外窗台下。

b. 卧式明装机组结构美观大方，一般安装于靠近管道竖井隔墙的楼板或吊顶下。

c. 立式暗装机组与立式明装机组相似，机组被装饰材料所遮掩，美观要求低，维护工作量较前两种形式大。装修设计时．应注意使气流通畅，减小阻力。

d. 卧式暗装机组是应用最多的一种形式，它安装在吊顶内，通过送风管及风口把处理后的空气送入室内，但其检修困难，当机组风管接管不合理时，会产生风量不足，冷、热量下降的问题。

e. 吸顶式（又称嵌入式）机组的特点是其送、回风口均布置在面板上。吸顶式机组就其面板送、回风形式可分为单侧送风单侧回风型、两侧送风中间回风型和四边送风中间回风型几种形式。

在空调工程中，风机盘管（简称 FCU）大多是与已处理过的新风相结合应用的。风机盘管由盘管（一般为排）和风机（前向多翼离心风机或贯流风机）组成，其风量在范围内。

风机盘管加新风空调系统，由两部分组成：一是按房间分别设置的风机盘管机组，其作用是担负空调房间内的冷、热负荷：二是新风系统，新风通常经过冷、热处理，以满足室内卫生要求风机盘管加新风空调系统具有以下特点：

a. 使用灵活，能进行局部区域的温度控制，且操作简单。

b. 根据房间负荷调节运行方便，如果房间不用时，可停止风机盘管运行，有利于全年节能管理。

c. 风机盘管机组体积较小，结构紧凑，布置灵活，适用于改、扩建工程。

d. 由于机组分散，日常维修工作量大。

e. 水管进入室内，施工要求严格。

2. 系统设计原理

房间的冷热负荷、湿负荷和新风负荷是由风机盘管与新风共同来承担。因此，风机盘管与新风如何分配这些负荷是设计者必须考虑的，目前有以下两种分配方式。

方式一，新风处理到低于室内的含湿量，承担全部室内的湿负荷。这时风机盘管只承担室内部分冷负荷，在干工况下运行。为使盘管在干工况下运行，必须提高冷冻水温度，一般在 16℃以上。温湿度独立控制系统是从这种系统演化来的。

方式二，新风处理到室内空气的焓值。处理后的新风有以下两种供应方式：第一，新风与风机盘管的送风并联混合后送出，也可以各自单独送入室内，这种系统最常用，安装不复杂，卫生条件好，经常被优先采用；第二，新风直接送到风机盘管吸入端，与房间的回风混合后，再被风机盘管冷却（或加热）后送入室内。这种方式的优点是风机盘管处理焓差小，工作条件好。

《公共建筑节能设计标准》（GB 50189—2015）的 4.3.16 条认为不宜采用这种方式。

条文解释是风机盘管运行与否对新风量的变化有较大影响，易造成浪费或新风不足；还有一种说法认为一旦风机盘管停机后，新风将从回风口吹出，回风口一般都有过滤器，此时过滤器上灰尘将被吹入房间。

实际上采用这种方式可解决由于新风系统不平衡造成的新风量不足；至于过滤器的问题，新风可先与回风混合后再经过滤器进入风机盘管。另外冬季利用新风冷量消除内热冷负荷的风机盘管加新风空调系统采用这种方式，可以避免室内新风口凝露。

3. 排风热回收

对于常规空调系统，排风都是直接排到室外，可利用排风经过热交换器处理新风（预冷或预热），从而回收排风中的能量，降低新风负荷，进而降低空调系统总能耗。

因此，需要按照节能标准要求设置热回收装置，或选用有热回收装置的空调机组；基于节能考虑使用热回收技术，《民用建筑供暖通风与空气调节设计规范》（GB 50376—2012）对此做如下规定：

（1）设有集中排风的空调系统，且技术经济合理时，宜设置空气—空气能量回收装置。

（2）空气能量回收系统设计，应符合下列要求：

① 能量回收装置的类型，应根据处理风量、新排风中显热量和潜热量的构成以及排风中污染物种类等选择；

② 能量回收装置的计算，应考虑积尘的影响，并对是否结霜或结露进行核算。

排风热回收装置有多种，常用的热回收设备有转轮式全热换热器、板式显热换热器和热管换热器等，转轮式全热换热器的换热效率最高，全热换热效率高达70%以上。

（1）效率计算

当新、排风量相等时，全热换热器的效率有温度效率、湿度效率和焓效率（全热效率），计算公式分别如下：

温度效率 η_t

$$\eta_t = \frac{t_1 - t_2}{t_1 - t_3} \times 100\% \tag{7-43}$$

湿度效率 η_d

$$\eta_d = \frac{d_1 - d_2}{d_1 - d_3} \times 100\% \tag{7-44}$$

焓效率（全热效率）η_h

$$\eta_h = \frac{h_1 - h_2}{h_1 - h_3} \times 100\% \tag{7-45}$$

式中 t_1，d_1，h_1——新风进换热器时的温度（℃）、含湿量（g/kg）、比焓（kJ/kg）；

t_2，d_2，h_2——新风出换热器时的温度（℃）、含湿量（g/kg）、比焓（kJ/kg）；

t_3，d_3，h_3——排风进换热器时的温度（℃）、含湿量（g/kg）、比焓（kJ/kg）。

（2）设计选用要点

① 选择换热器的额定热回收效率不应低于60%。

② 应根据新风的显热与潜热的比例选择换热器，在严寒与寒冷地区宜选用显热类型；其他地区，尤其是夏热冬冷地区宜选用全热类型。

③ 在冬季室外气温较低时，必须校核换热器上是否会产生结霜、结冰现象；必要时

在新风进风管上设空气预热器，或对换热后的新风温度进行控制，当温度达到霜冻点时，自动关闭新风阀门或并启预热器。

④ 转轮式热回收器要求新、排风量基本控制相等，新风量最大不超出排风量的1/3，多出的新风可以采用旁通的方法。

⑤ 新风进入转轮式、板式换热器必须经过过滤净化，排风一般情况下也需过滤，除非排风较干净时可以不装。

⑥ 热管式热回收器要求：

a. 使用时，热管应倾斜布置，得热侧应在上端；冬季倾斜度为5°～7°，夏季可以手动转换，倾斜度为10°～14°；

b. 排风中的含尘量应小，无腐蚀性；

c. 迎风面风速宜控制在1.5～3.5m/s；

d. 当热气流的含湿量较大时，应设计排凝结水装置；

e. 受热管和翅片上结灰等因素的影响，计算出的效率应乘上一定的折扣系数；

f. 当冷却端为湿工况时，加热端的效率应适当提高。

7.2.7　变风量空调系统

1. 适用场合

变风量空调系统是全空气空调系统的一种形式，与定风量空调系统相比，变风量空调系统具有区域温度可控制、部分负荷时风机可实现变频节能运行等优点；与风机盘管加新风系统相比，具有空气过滤等级高，空气品质好、可变新风比，利用低温新风冷却节能等优点。适用于在同一个空气调节风系统中，各空调区的冷、热负荷差异和变化大、低负荷运行时间长，且需要分别控制各空调区温度和建筑内区全年需要送冷风的场合，如区域控制要求高、空气品质要求高、高等级办公、商业场所等。

《民用建筑供暖通风与空气调节设计规范》（GB 50376—2012）对全空气变风量空调系统做出如下规定：

（1）空调区允许温湿度波动范围或噪声标准要求严格时，不宜采用全空气变风量空调系统。技术经济条件允许时，下列情况可采用全空气变风量空调系统：

① 服务于单个空调区，且部分负荷运行时间较长时，采用区域变风量空调系统；

② 服务于多个空调区，且各区负荷变化相差大、部分负荷运行时间较长并要求温度独立控制时，采用带末端装置的变风量空调系统。

（2）全空气变风量空调系统设计，应符合下列规定：

① 应根据建筑模数、负荷变化情况等对空调区进行划分；

② 系统形式，应根据所服务空调区的划分、使用时间、负荷变化情况等，经技术经济比较确定；

③ 变风量末端装置，宜选用压力无关型；

④ 空调区和系统的最大送风量，应根据空调区和系统的夏季冷负荷确定；空调区的最小送风量，应根据负荷变化情况、气流组织等确定；

⑤ 应采取保证最小新风量要求的措施；

⑥ 风机应采用变速调节；

⑦ 送风口应符合本规范第 7.4.2 条的规定要求。

2. 系统构成及技术特点

变风量系统一般由空气处理设备（空调机组）、送（回）风系统、末端装置（变风量箱）和自动控制仪表组成。其中，空调机组内的送风机、回风机应是变频风机，可根据系统控制器的指令改变风机的转速，达到改变风量、节约能耗的目的。系统有如下特点：

（1）分区温度控制

每个空间内的变风量末端装置可随房间温度的变化自动控制送风量，使得空调房间过冷或过热现象得以消除，能量得以合理利用。

（2）设备容量减小，节省运行能耗

在设计工况下，系统总的送风量和冷（热）量少于定风量系统的总送风量和冷（热）量，使系统的空调机组减小，冷水机组和锅炉安装容量减小，减小占用机房面积。

（3）房间分隔灵活

系统末端装置布置灵活，用户可根据各自的使用要求对房间进行二次分隔及装修，能较好的满足用户的需求。

（4）维修工作量少

系统只有风管（或热水管）而没有冷水管、冷凝水管进入空调房间，避免了冷水管阀门漏水和管道保温等问题，减少了日常的维修工作。

3. 设计要点

（1）负荷计算

变风量空调系统设计的基本思路是对各类负荷作分别处理，即：内、外区负荷分别处理；冷、热负荷分别处理；不同温度控制区域负荷分别处理。因此，应根据建筑使用功能和负荷情况恰当地进行空调分区，使空调系统能更方便地跟踪负荷变化，改善室内热环境和节省空调能耗。

内区与外区划分：外区空调负荷主要包括外围护结构冷负荷或热负荷以及内热冷负荷，当某区域受外围护结构的辐射换热影响小到可以忽略时，就可认为是内区。内区空调负荷全年主要是内热冷负荷，它随区内照明、设备和人员发热量变化而变化，通常全年需要供冷。工程设计时，进深 8m 以内的房间常不设内区，都按外区处理。

外区空调负荷冷、热交替，变化很大。跟踪并处理好外区空调负荷是变风量空调系统设计的难点之一。确定外区简单的方法是：在满足《公共建筑节能设计标准》对各气候分区建筑热工设计标准的前提下，如果外围护结构绝热和遮阳性能很好，或者外围护结构的负荷在其内侧即被处理，使围护结构内表面温度比较接近室内空气温度，则外区进深可按 2～3m 确定，否则一般可按 3～5m 确定。

（2）负荷计算步骤

a. 确定外区进深，进行内、外区划分；再将内、外区再细分成若干个温度控制区域，每个温控区域的控制面积：内区 50～80m²、外区 25～50m²。

b. 在每个温控区对应设置空调末端，每个区域需有相同的温度控制要求，同一温控区中的各种空调负荷应尽可能按同一规律变化；

c. 根据规范或设计要求，确定室内设计温、湿度。在冬季外区供暖、内区供冷的情况下，大空间室内设定温度内区应高于外区 1～2℃。使内区上部较热空气进入外区，外区下部较冷空气进入内区，形成室内气流混合得益。反之，可能形成室内气流混合损失；

d. 采用现有计算方法分别逐时计算各温控区冷、热负荷，并进行各种负荷累计，用于选择设备。

(3) 末端装置

变风量空调系统运行成功与否，取决于空调系统设计是否合理、变风量末端装置的性能优劣以及控制系统的整定和调试。要想变风量系统设计合理，首先应根据建筑平面布局及使用特点，正确选用末端装置。变风量末端分压力无关型与压力相关型两种。目前国内最常用的是单风管节流型和串联与并联式风机动力型末端装置是压力无关型末端。

① 单风道型

单风道型变风量末端装置通过改变空气流通截面积达到调节送风量的目的，是一种截流型变风量末端装置，当系统中其他末端装置在进行风量调节导致风管内静压变化时，它具有稳定风量的功能。

单风道型变风量末端可以分成两类，一类是配置毕托管式风速传感器的高速变风量末端装置，另一类是采用非毕托管式风速传感器的低速变风量末端装置。因此，当采用高速变风量末端装置时，设计风速应控制在 8～12m/s 范围内，最小风速必须大于 4m/s。末端装置不宜选择过大，如选型过大，风阀处于小开度范围，装置调节范围缩小，调节精度降低，尤其在最小风量运行时，精度没法保证，空调房间可能出现温度波动现象。当采用低速变风量末端装置时，设计风速可控制在 6～8m/s 范围内，最小风速大于产品样本要求的数值即可。系统接末端装置支风管的设计风速必须与所选用的末端装置风速要求一致。当实际所购末端装置与设计末端装置不一致时，须调整支管管道尺寸。

② 串联式风机动力型 (Series Fan Power Box Terrninal)

串联式风机动力型变风量末端（简称串联型 FPB），是指在该变风量装置内，内置增压风机与一次风调节阀串联设置。系统运行时由变风量空调箱送出的一次风，经末端内置的一次风风阀调节，再与吊顶内二次回风混合后通过末端风机增压送入空调区域。此类末端也可增设热水或电热加热器，用于外区冬季供热和区域过冷再热，供热时一次风保持最小风量。

③ 并联式风机动力型 (Parallel Fan Power Bax Terminal)

并联式风机动力型变风量末端（简称并联型 FFB），是指增压风机与一次风调节阀并联设置，经集中空调器处理后的一次风只通过一次风风阀而不通过增压风机。大风量供冷时末端风机不运行，风机出口止回阀关闭。此类末端常带热水或电热加热器，用于外区冬季供热和区域过冷再热。

(4) 系统选择

变风量空调系统根据各温度控制区的负荷变化，调节系统中各末端装置的送风量，保持各温度控制区的空气温度。根据末端采用的形式，变风量系统常有以下几种类型：

① 单风道型变风量空调系统

单风道型变风量空调系统由单风道型变风量末端装置、配有变频装置的空调器、风管系统及相关的控制系统组成。系统运行时，经空调器处理后的送风，由风管系统输配到各末端装置。末端装置根据温度控制区内温度的变化自动调节送风量，以适应区内空调负荷的变化。

a. 单冷型单风道系统

单冷型单风道系统的末端装置全部由不带加热器的单风道型末端装置组成，系统全年送冷风，如图 7-17 所示，焓湿图如图 7-18 所示。随着温度控制区内显热冷负荷由最大值逐步减小，在末端装置风阀的调节下，冷风从最大风量逐步减小，直至最小风量。

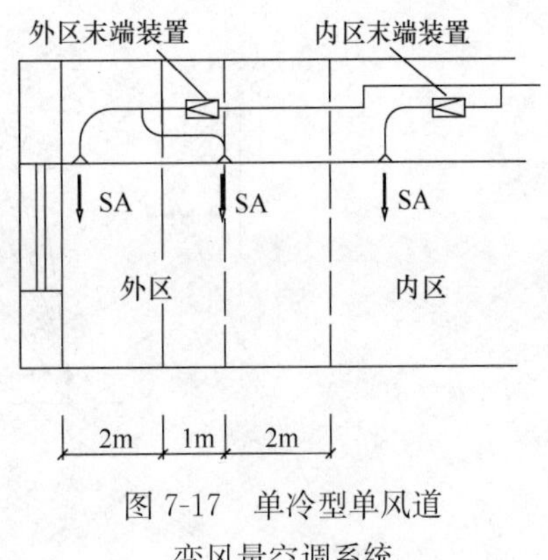

图 7-17 单冷型单风道变风量空调系统

单冷型单风道系统适用于：内外区合用一个 AHU 的系统；办公建筑中需要全年供冷的内区；夏热冬暖地区冬季外区无需供热的办公建筑；与其他外区空调设施组成组合式单风道型变风量空调系统，用于各种内、外分区的办公建筑。

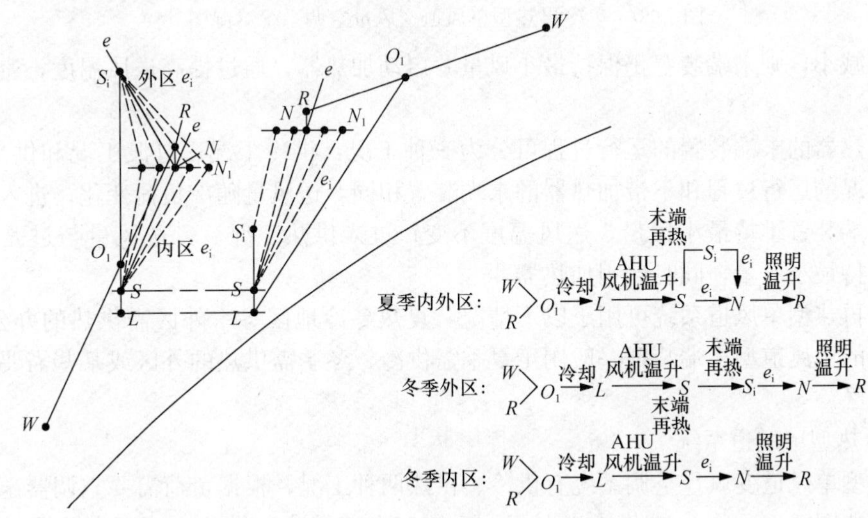

图 7-18 单冷型单风道变风量空调系统焓湿图

b. 单冷再热型

单冷再热型单风道系统中既有无加热器的单风道型末端装置，又有带热水再热盘管或电加热器的单风道型末端装置。前者常用于需全年供冷的内区，后者多用于夏季供冷、冬季供热的外区或需要“过冷再热”的区域。系统全年送冷风，如图 7-19，焓湿图如图 7-20 所示。

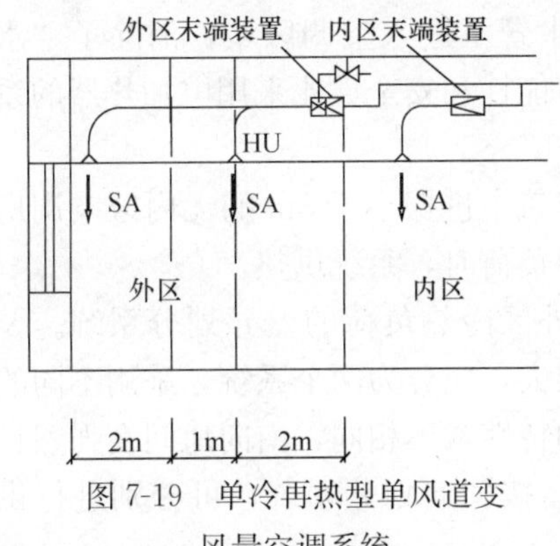

图 7-19 单冷再热型单风道变风量空调系统

夏季时，内、外区末端装置均送冷风；过渡季和冬季，外区的热负荷抵消了部分内热冷负荷，带加热器的末端装置减小冷风送风量。当末端装置达到最小风量，室温还继续降低时，末端装置的加热器开始工作，提高送风温度。

需要“过冷再热”的某些区域，变风量空调系统也全年送冷风。当该区域的冷负荷减小时，末端装置将冷风量调小，直至最小风量。此后，若区域

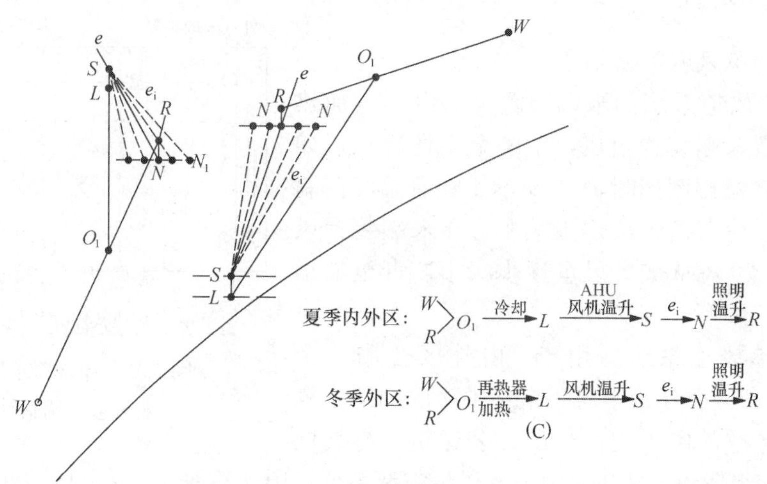

图 7-20　单冷再热型单风道变风量空调系统焓湿图

冷负荷再减小，则末端装置仍保持最小风量并启动加热器，通过提高送风温度，避免区域过冷。

带加热器的末端装置的运行过程可分为三种工况：供冷工况、过渡工况和供热工况。其供冷工况的运行过程和不带加热器的末端装置相同，送风量随冷负荷变化；进入过渡工况后，末端装置维持最小风量，送风温度不变；进入供热工况后，送风量与过渡工况一样，仍保持最小风量，同时启用加热器。

单冷再热型单风道系统可用于以下情况：夏热冬冷地区冬季外区需供热的办公建筑；带加热器的单风道型末端装置一般用于夏季需供冷、冬季需供热的外区或某些需要“过冷再热”内区。

c. 冷热型单风道系统

冷热型单风道变风量空调系统有供冷、供热两种工况，根据负荷需要空调器送出冷风或热风，如图 7-21 所示。在供冷工况下，系统存在着供冷和供冷过渡两个阶段，随着室内显热冷负荷减小，末端装置调小送风量；当达到并保持最小风量后，便进入供冷过渡阶段。供热工况也存在供热和供热过渡两个阶段。各末端装置随着室内热负荷减小而调小供热风量；当达到并保持最小风量后，便进入供热过渡阶段。

冷、热型单风道系统具有下列特点：

系统空气的冷、热处理全部在空调器内完成，热水管不进入空调区域，消除了“水患”和“霉菌”等问题。空调器采用热水加热，系统节能性和安全性比采用电加热器的系统好。

由于系统不能同时供冷供热，比较适合典型办公建筑中进探小于 8m 的无内区空调房间。夏季系统供冷；冬季当围护结构热负荷大于内热冷负荷时，系统供热。

冷热型单风道系统如用于外区空调时，应根据各外区冷热负荷的差异划分系统。譬如，夏季时东、西向房间的逐时冷负荷在时间上差别很大，应分为两个系统，采用不同的送风温度以保证足够的送风量。冬季时南、北向房间的特性常不相同，南向房间在强烈日照下很可能需要供冷，北向房间此时仍需供热，因此，按朝向划分系统，可分别进行供冷、供热。

根据冷热型单风道系统的上述特点，该系统适用于：无内区的小型办公建筑；大、中型办公建筑的外区；不允许水管进入的空调区域。

② 串联风机动力型变风量空调系统

串联型变风量系统在外区和需要“过冷再热”的内区设置带加热器的串联式末端装置，在其他区域设置不带加热器的串联式末端装置。系统全年送冷风，夏季时内、外区均供冷，冬季时内区继续供冷；当外区的外围护结构热负荷，内热冷负荷和含有新风的最小一次冷风量在冷热抵消后的余值为热负荷时，加热器才供热；当余值为冷负荷时，则增加冷风送风量。图 7-22 和图 7-23 表示了该系统的流程与焓湿图分析。

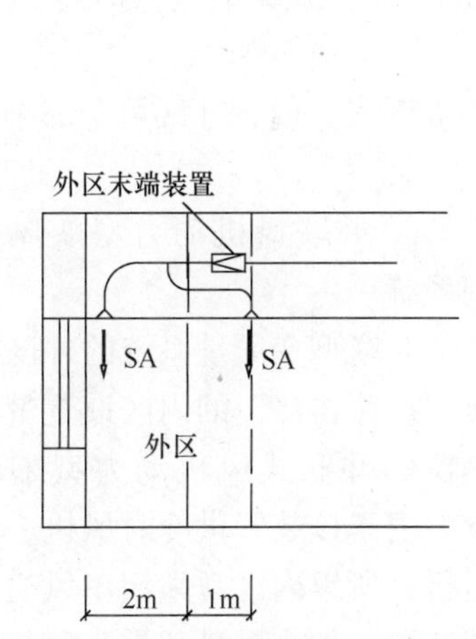

图 7-21　冷热型单风道变风量空调系统

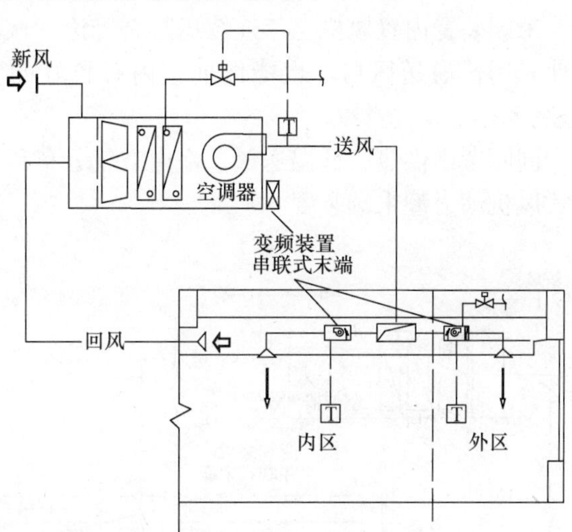

图 7-22　串联型变风量系统流程

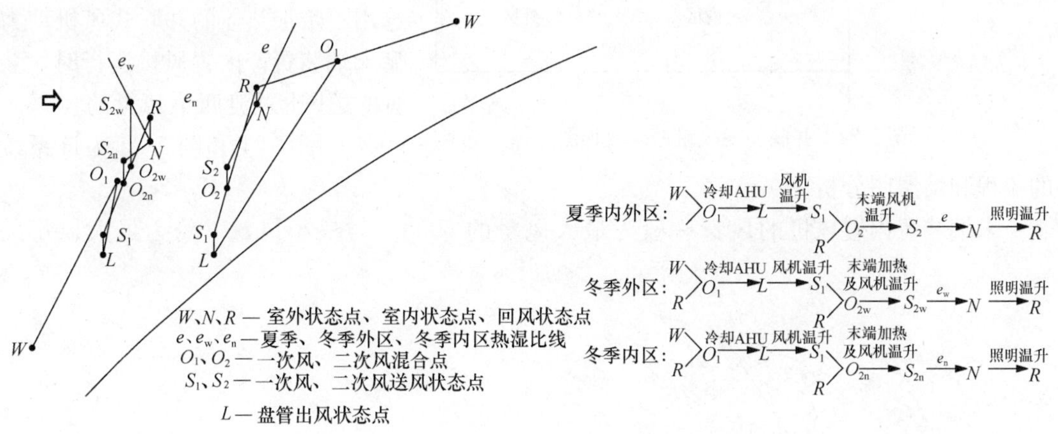

图 7-23　串联型变风量系统焓湿图分析

会议室之类需要过冷再热的区域是一种特殊情况：因需求新风量大，使其要求风量也大；而办公设备少，内热负荷相对也小，常需要在保证较大风量的同时提高送风温度。因此，无论冬、夏季都可能需要再热。为了避免夏季常备热水供应，多采用电加热器。

由于通过末端装置加热器的风量（即内置风机的风量）大于等于一次风最大风量，加热时比无内置风机的单风道型末端装置的送风量（为最大风量的 30%～50%）大很多。

因此，在弱化热空气分层，保持送风温差不大于 8℃的限定条件下，供热量可大为提高。

串联风机动力型特点与适用性：

串联型变风量系统在保持较小的最小风量，避免过大再热损失的前提下，能提供较大的供热量，比较适合我国严寒地区的供热需求。

末端装置的风机风量约为一次风最大风量的 100％～130％。供冷时，一次风与二次风混合可适当提高末端装置的送风温度。若低温送风系统的一次风送风温度为 7℃，回风温度为 26℃，则末端装置的送风温度 $t_s=(7\times100+26\times30)/130=11.4$℃。可见，系统已无需再采用价格较贵的低温送风口，比较适宜采用冰蓄冷的低温送风变风量空调系统。

末端装置内置风机全年连续运行，无论一次风量如何变化，它的送风量恒定。因此，即使采用普通送风口，也能保证室内有较好的气流分布，不会出现小风量时冷风下沉现象。

同时考虑供热、低温送风、室内空气分布和通风效率等因素，内、外区可全部采用串联式风机动力型末端装置。

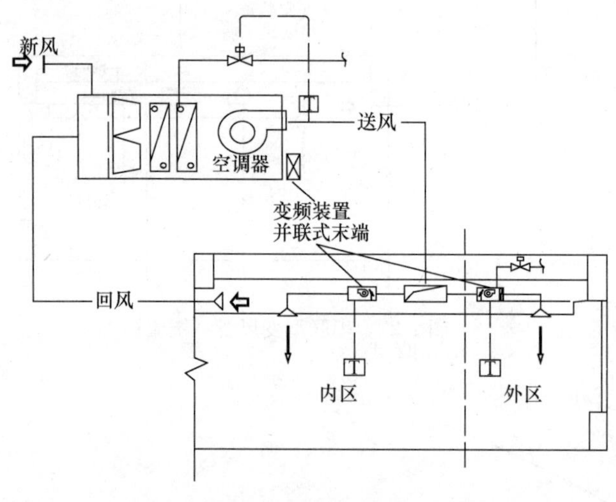

图 7-24 并联型变风量系统流程图

③ 并联风机动力型变风量空调系统

并联型变风量系统的外区和需要“过冷再热”的内区设置带有加热器的并联式风机动力型末端装置。由于该装置供冷时风机一般不运行，所以内区常采用单风道型末端装置。如小风量和最小风量供冷时需考虑改善送风气流分布，也可选用不带加热器的并联式风机动力型末端装置。内置风机运行时，装置的送风量可达最大风量的 80％～90％。图 7-24 和图 7-25 为该系统的流程和焓湿图分析。

末端装置内置风机的风量一般为最大风量的 60％，与最小风量（约为最大风量的

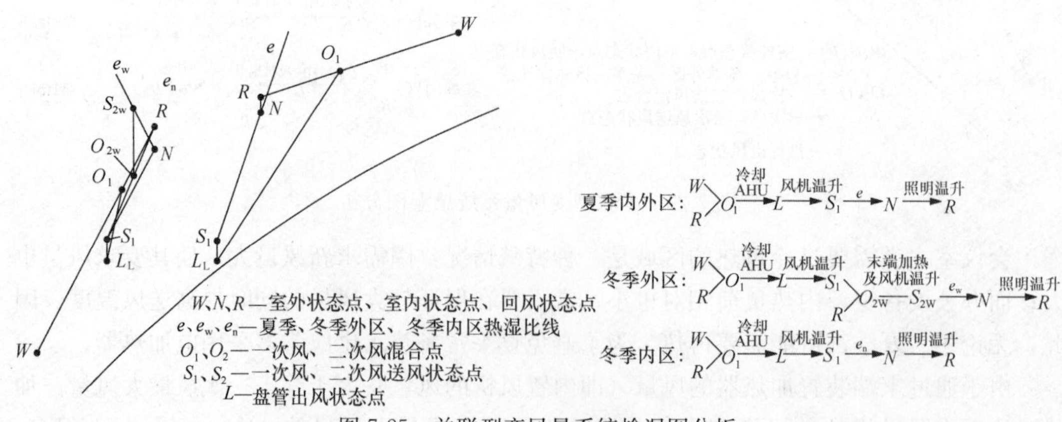

图 7-25 并联型变风量系统焓湿图分析

30%）组成末端装置总送风量可达到最大风量的 90%，其供热量足以满足我国严寒地区冬季外区供热需求。

并联风机动力型特点与适用性：

当末端装置以较大风量供冷时，内置风机一般不运行，无二次风可供混合以提高送风温度。当系统用于低温送风时，需采用低温送风口，也可让末端装置内置风机在供冷时连续运行，以适用于一次风送风温度为 4～11℃的低温送风系统。如一次风送风温度为 4.4℃、内置风机的风量为一次风最大风量的 60%、吊顶内的二次风温度为 26℃，则末端装置的送风温度可控制在(1×4.4+0.6×26)/1.6=12.5℃以上。但这种运行模式的缺点是末端装置送风量的变化范围较大，室内气流分布性能没有得到明显改善。

④ 风机动力型系统选择原则

冬季时，对于每米长外围护结构热负荷小于 100W/m 的常温送风系统，不推荐采用风机动力型变风量系统。

冬季时，对于每米长外围护结构热负荷大于 100W/m 的常温送风系统，如室内空气分布性能要求一般，可采用并联型变风量系统。外区采用并联式带加热器的末端装置；内区采用单风道型末端装置；再热量较大的“过冷再热”区域可采用带加热器的并联式风机动力型末端装置；再热量较小的可采用带加热器的单风道型末端装置。

冬季时，对于每米长外围护结构热负荷大于 100W/m 且室内空气分布性能要求较高的常温送风系统，可考虑有几种选择：

选择并联型变风量系统。外区采用带加热器的并联式末端装置；内区采用单风道型末端装置；“过冷再热”区域可采用带加热器的并联型末端装置或带加热器的单风道型末端装置；内、外区均选用高诱导比送风口。

选择并联型变风量系统。外区采用带加热器的并联式末端装置，内区采用无加热设备的并联式末端装置。“过冷再热”区域可采用带加热器的并联式末端装置或带加热器的单风道型末端装置。末端装置内置风机在供冷、过渡和供热三个阶段变速运行，以保持风量基本稳定。

冬季时，对于每米长外围护结构热负荷大于 100W/m^2 的低温送风系统，当其室内空气分布要求较高时，可考虑以下几种选择：

选择并联型变风量系统。外区采用带加热器的并联式末端装置；内区采用单风道型末端装置；“过冷再热”区域可采用带加热器的并联式末端装置或单风道型末端装置；内、外区均选用低温送风口，以防止风口结露。内区也可采用并联式末端装置，内、外区末端装置内置风机均采用连续或变速运行，采用二次风提高送风温度替代低温送风口，防止风口结露。

选择串联型变风量系统。外区采用带加热器的串联式末端装置，内区采用无加热器的串联式末端装置或单风道型末端装置，过冷再热区域可采用带加热器的串联式末端装置或单风道型末端装置。内区如采用单风道型末端装置，需设置低温送风口，以防止风口结露。

⑤ 外区风机盘管机组加单风道型变风量系统

风机盘管机组加单风道型系统如图 7-26 所示，在外区靠窗边位置设置冷、热兼用的风机盘管机组（FCU），用于处理外围护结构所引起的冷、热负荷。内、外区共用的单风

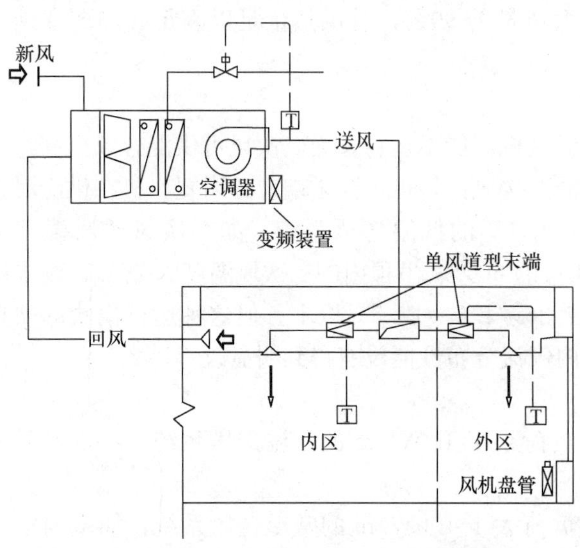

图 7-26　外区风机盘管机组加单风道型系统

道型变风量系统全年供冷。系统设置外区末端装置和内区末端装置，外区末端装置处理外区的内热冷负荷、并向外区输送新风；内区末端装置处理内区冷负荷兼向内区输送新风。内、外区一般均采用单风道型末端装置，少数可能出现“过冷再热”现象的特殊区域（如会议室等），需设置带加热器的单风道型末端装置。单风道型系统一般为常温送风系统，送风口多为吊平顶送风散流器或条缝风口，上送上回。外区风机盘管机组的温度传感器设在外墙侧，内、外区变风量末端装置的温度传感器应分别设置在内、外区侧墙或内、外区吊平顶回风口处。

外区的风机盘管机组应根据负荷变化情况和建筑条件确定水系统。如按朝向设置立管时，由于同一朝向外区的供冷或供热需求一般相同，为简化系统，可采用冷、热兼用的二管制系统，在系统的立管与总管之间设置冷、热水切换装置。对于各朝向合用立管以及热舒适性要求较高的场合，应采用四管制系统。

冬季时外区的风机盘管机组供热量较大，能满足外围护结构单位长度热负荷大于200W/m的场合，特别适宜于我国寒冷与严寒地区。系统的缺点是存在由风机盘管机组所引起的“水患”与“细菌及霉菌滋生”问题。此外，冬季时外区的冷、热负荷由变风量末端装置和风机盘管机组分别处理，由于外围护结构负荷可以抵消部分内热冷负荷，形成混合得益，同时减小了供冷和供热量，但处理不当时会形成混合损失。

变制冷剂流量多联式空调系统在中小型办公商务楼中已得到广泛应用。作为一种拓展思路，可采用立式暗装室内机组作为外区空调设施，该系统的难点是高层建筑中室外机的设置问题难以解决。亦可采用水冷式热泵型多联系统，水冷冷凝器（供热时为蒸发器）可设置于机房内，系统另需冷却塔与辅助热源。

水环热泵系统也可替代风机盘管机组加单风道型变风量系统。已有厂商开发出变风量水环热泵室内空调机组，它用于内区变风量空调。窗边由外区水环热泵室内机组处理围护结构负荷。冬季内、外区同时供冷供热，用同一水系统将有很高的热效率。当然应注意处理好室内机组的噪声问题。

⑥ 周边散热器加单风道型变风量系统

如图 7-27 所示为周边散热器加单风道型变风量系统。外区窗边设置的散热器仅处理冬季外围护结构热负荷；内、外区共用的单风道型变风量系统全年供冷。夏季时，外区的末端装置处理外围护结构冷负荷和内区冷负荷，兼向外区送新风；冬季时，处理外区内热冷负荷兼向外区送新风。内区的末端装置全年处理内区的内热冷负荷兼向内区送新风。内、外区末端装置一般均为单风道型末端装置，少数可能出现“过冷再热”现象的特殊区域（如会议室）等，需设置带加热器的单风道型末端装置。

（5）系统设置方法讨论

根据我国国情和相关工程的具体情况，变风量空调系统的设置可参考下面一些思路：

① 用冷、热分别处理的方式避免空调系统再热损失

我国是一个资源相对贫乏的国家，舒适性空调大量采用再热方式有违节能的基本国策。因此，应在建筑设计上创造条件，用冷、热分别处理方式避免空调系统再热损失。

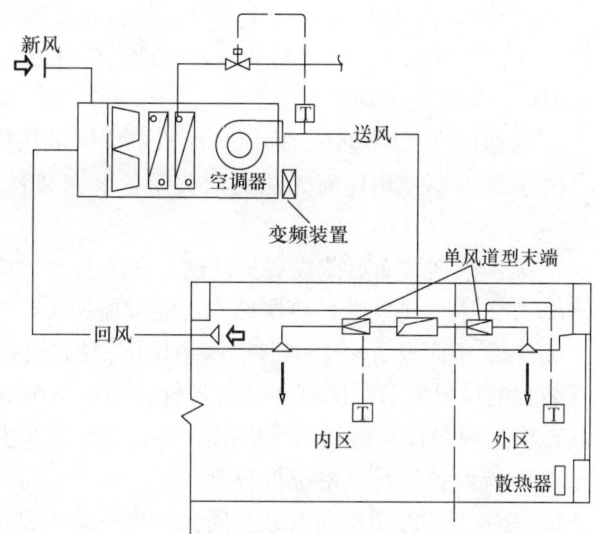

图 7-27 周边散热器加单风道型变风量系统

围护结构是建筑负荷的门户，其热工性能对空调系统具有重要影响。采用很多新型、节能的围护结构，如："通风双层幕墙""通风窗"等节能型围护结构，或采用普通围护结构并有"空气阻挡层"等措施，就可形成"无外区"空调系统。空调设计应首选"无外区"的单冷型单风道系统。它不仅可避免再热损失，还可消除室内混合损失。它是最节能的一种系统。

对于普通围护结构，如外窗下可设置风机盘管机组等冷、热兼用的周边空调设施来处理建筑负荷，也可选用单冷型单风道系统，全年供冷处理内、外区的内热冷负荷。

当外窗下只能设置加热型周边空调设施来处理建筑热负荷时，同样可选用单冷型单风道系统，全年供冷。除了内、外区的内热冷负荷外，系统还需处理外区的建筑冷负荷。

外区采用冷热型单风道系统，夏季供冷，冬季供热。

冷、热分别处理可避免外区冬季时再热损失。对于内区过冷现象，仍需采用带电加热器或热水再热盘管的单风道型末端装置进行局部供热。为了避免非供热期启动热水系统，电加热方式更灵活方便。

② 根据不同情况选择适当的再热系统

当无法采用冷、热分别处理方式时，应根据不同情况选择适当的再热系统，这些情况包括但不限于：

a. 加热量大小；

b. 是否为低温送风；

c. 室内气流组织。

选择原则是：在满足需求的同时，尽可能减少再热损失，节省末端装置的风机能耗降低一次投资，减小安装空间和降低运行噪声。

综合考虑能耗、投资、舒适性等因素，确定风系统规模。

实际工程设计时应按满足舒适要求、控制投资、降低能耗和方便管理等原则进行权衡，合理地确定风系统规模。

①《公共建筑节能设计标准》(GB 50189—2015) 规定，空调系统的作用半径不宜过

大，并用风机的单位风量耗功率加以限制。北美国家的多层集中式变风量空调系统尽管也有投资省、节省有效空间、房间分隔变动适应性好等优点，但从我国的能源状况看，鉴于下述原因一般不应采用：

a. 高速风管长距离送、回风，风机单位风量耗功率大；

b. 系统对不使用楼面无法灵活关闭，末端装置全关时泄漏量高达最大风量的3%～7%；

c. 无法根据楼面负荷需要灵活调节送风温度，再热损失较大；

d. 如采用土建风道，热惰性大，能量损失大，也不利于运行管理。

② 每层楼面设置多个小型空调系统可根据外区负荷的变化，灵活调节送风温度，使末端装置的风量调节范围减小，可控性提高；系统节能性好；气流组织得到保证，舒适性提高。但这种在日本得到广泛应用的系统，鉴于下述原因在我国应谨慎采用：

a. 系统设备与自控系统投资大；

b. 机房多，占用楼面有效空间大，影响业主投资效益；

c. 维修工作量大，房间分隔变动受限大。

该系统仅在下述情况下可适当采用：

a. 外区采用冷热型单风道系统，且系统必须按朝向设置；

b. 外区舒适性要求很高的区域，必须按朝向设置且内、外合用的系统，调节送风温度，稳定送风量，以提高风口气流分布性能和室内舒适性。

③ 综合考虑能耗、投资和舒适性，每层设置1～2个中型系统比较合适，在具体工程设计时，应根据实际情况有侧重地考虑下述注意事项，合理选择和布置系统：

a. 末端装置的风量不宜过小，以保证控制质量与气流均匀分布；

b. 尽可能使各区域新风分配比较均匀和稳定；

c. 避免或减少风系统内因再热引起的冷热混合损失；

d. 缩短风系统输送半径，减小风机用能；

e. 取消或降低末端装置风机能耗；

f. 避免或减少室内空气的冷热混合损失，增加混合得益；

g. 在节能的前提下，减少空调系统数量，节省投资、少占有效空间；

h. 充分利用室外低温新风供冷，回收室内排风能量；

i. 确保室温控制和系统控制的精确性、稳定性与简便性；

j. 能有效地控制噪声与振动；

k. 有利于各房间压力平衡；

l. 便于维修、管理、使用和局部改造。

（6）新风问题及对策

变风量空调系统的新风问题在于：新风需求量与人数成正比，新风供给量与送风量（负荷）成正比，但人数与送风量不一定成正比，于是产生了新风需求与供给的矛盾。

① 夏季外区新风问题

夏季内外区都供冷，内区仅有较为稳定的内热冷负荷且与滞留人数成正比，因此可以认为内区末端送风量能够基本保证人均新风量。

除了内热冷负荷外，外区变风量末端还负担围护结构冷负荷，它多耗用了一部分含有新风的送风量。如果仍按系统总人数又新风标准来确定总新风量，内区新风量会相对不足。对于分隔成小房间的系统，因相互间空气不流动，新风供给更为不利，因此夏季应对内区增加附加新风量。

夏季附加新风量

$$G_{OS}=G_a\times\frac{G_O}{G_n}\ (\mathrm{kg/s}) \tag{7-46}$$

总新风量

$$G_t=G_{OS}+G_O=G_O\times\left(\frac{G_a}{G_n}+1\right)\ (\mathrm{kg/s}) \tag{7-47}$$

式中 G_{OS}——夏季附加新风量（kg/s）；

G_a——消除围护结构冷负荷的风量（kg/s）；

G_O——新风量（人均新风标准×总人数）（kg/s）；

G_n——消除内外区全部内热冷负荷的送风量（kg/s）；

G_t——系统总新风量（新风量＋夏季附加新风量）（kg/s）。

② 风机动力型变风量系统冬季新风问题

冬季外区的风机动力型末端处理负荷的逻辑是：如围护结构热负荷、内热冷负荷和最小送风量（冷风）在冷热抵消后余值为冷负荷，则末端增加送冷风量；若为热负荷，末端保持最小送风量（冷风），同时再热供暖。可见，由于内热负荷被全部或部分抵消，两种情况下冷风送风量都会减少。因此，新风量可能不足，设计时应作具体分析和处理。

冬季供暖时外区末端保持最小送风量，使系统总风量降低，系统的新风比提高。因此应分析外区各区域末端最小风量时的实际新风量，也可采用下式计算出末端需求最小风量比 Y。只要外区实际的最小风量比大于 Y 值，便可保证外区新风量。

$$Y=\frac{G_i\times G_{op}}{G_p(G_t-G_{op})} \tag{7-48}$$

式中 Y——末端最小风量比（最小风量/最大风量）；

G_i——内区末端最大送风量累计值（kg/s）；

G_t——系统总新风量（新风量＋夏季附加新风量）（kg/s）；

G_{op}——外区最小新风量（人均新风标准×外区人数）（kg/s）；

G_p——外区各末端最大风量累计值（kg/s）。

如外区末端最小风量比 Y 过大，会增大冷热混合损失，此时应考虑适当调整内、外区最大送风量之比 G_i/G_p，或增加总新风量 G_t，以减小 Y 值，使外区实际新风量满足卫生要求。

③ 单风管变风量系统冬季新风问题

单风管系统对冬季外区负荷有两种处理方法：第一种方法是建筑热负荷和内热冷负荷由加热装置和变风量末端分别处理。由于含新风的送风量与内热冷负荷成正比，冬季新风量比较可保证。第二种方法用供冷风或供热方式分别处理区域内冷热负荷抵消后的余下负荷。譬如：外围护结构热负荷越小或者人越多内热越大，送风量就越少，新风量也越少。宜将外围护结构热负荷差别较大的外区划分为不同的系统，另外可采用较大的末端最小风量比。

④ 加强空气循环

上述 a、b、c 点中提出的主要是新风分配问题，并非新风总量不够。因此，在大空间的情况下也可以采取加强空气循环的措施，如设置循环小风机等（串联型风机动力型末端也具有一些循环作用），以促使新风量分布均匀。

⑤ 节能控制

在变风量空调系统中，过渡季或冬季同样可以采用可调新风比的方法，利用自然冷源供冷，它的系统原理如图 7-28 所示。

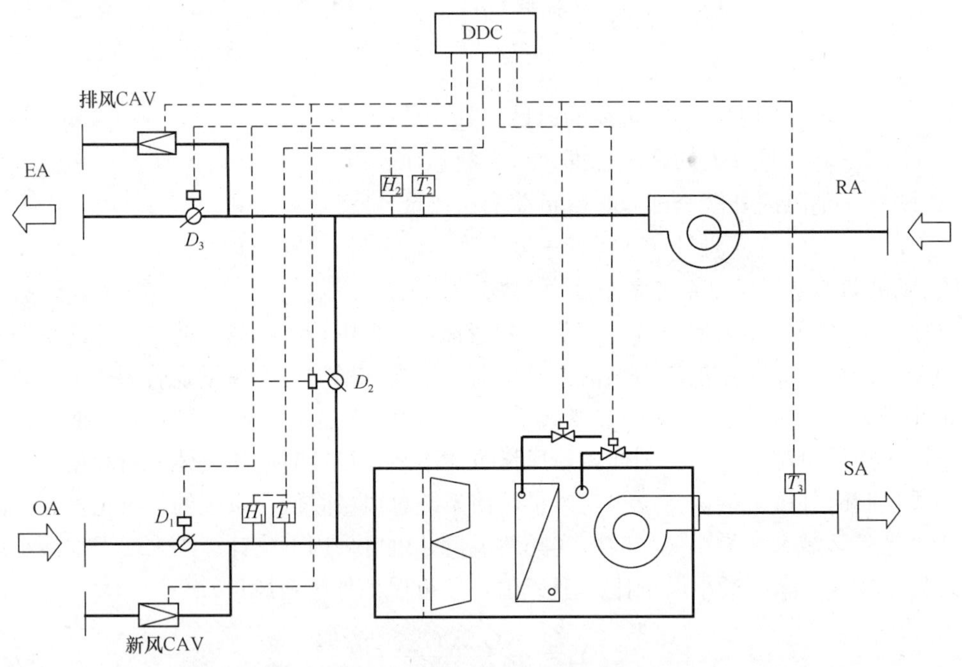

图 7-28　变风量空调系统的节能控制原理图

在该系统中的控制方法与定风量双风机空调系统的控制方法基本相同。只是由于空调系统的风量是处在变化状态，当系统处于最小新风量的情况下与定风量系统有所差别。因此，在新风与排风管道上并联设置了定风量末端 CAV，当该阀打开时，保证通过该阀的风量基本是一个定值，一般是根据最小新风量选取该阀。

比较室外新风焓 h_W 与回风焓 h_R，当 $h_W \leqslant h_R$ 时，启动过渡季节节能运行模式，反之则按夏季最小新风量加以运行。新风焓值和回风焓值一般是通过测得干球温度、湿球温度或露点温度后求得。温度传感器 T_1，T_2 分别测得新风、回风温度 T_W，T_R；湿度传感器 H_1，H_2 分别测得新风、回风相对湿度 φ_W，φ_R；由 DDC 控制器计算并比较新风焓 h_W 和回风焓 h_R。如 $h_W > h_R$，不启动空气节能器模式，关闭新、排风阀，全开回风阀，由新、排风定风量末端 CAV 控制最小新排风量。如果 $h_W \leqslant h_R$，启动空气节能模式，全开新、排风阀，关闭回风阀和新、排风 CAV；室外新风经冷水盘管冷却去湿，达到出风参数。

变风量空调系统中，无论夏季采用何种判别控制方法，冬季的判别控制方法比较简单一致。对于服务于内区负荷特征的空调系统，当温度传感器 T_1 测得室外新风温度低于盘

管回风温度 T_R，系统进入变新风比控制模式。DOC 控制器根据该回风温度与设定回风温度的差值，比例调节新、回、排风阀 D_1、D_2、D_3。相对湿度传感器 H_2 测得回风相对湿度，如需要加湿，DDC 控制器根据 φ_R 与设定值的差值比例控制加湿量，新排风 CAV 继续关闭。当室外温度继续下降，新、回、排风阀 D_1、D_2、D_3 调节到最小新风比时，关闭电动新、排风阀，全开回风阀，由新、排风定风量末端 CAV 控制最小新排风量。

7.2.8 变制冷剂流量多联分体式空调系统

1. 适用场合

（1）系统适用场所

变制冷剂流量多联分体式空调系统主要适用于办公楼、饭店、学校、高档住宅等建筑，特别适合于房间数量多、区域划分细致的建筑，以及需要对现有空调系统进行改造的建筑。另外，对于同时使用率比较低（部分运转）的建筑物来说其节能性更加显著。

《民用建筑供暖通风与空气调节设计规范》（GB 50376—2012）对多联机系统设计做出如下规定：

空调区内振动较大、油污蒸汽较多以及产生电磁波或高频波等场所，不宜采用多联机空调系统。多联机空调系统设计，应符合下列要求：

① 空调区负荷特性相差较大时，宜分别设置多联机空调系统；需要同时供冷和供热时，宜设置热回收型多联机空调系统；

② 室内、外机之间以及室内机之间的最大管长和最大高差，应符合产品技术要求；

③ 系统冷媒管等效长度应满足对应制冷工况下满负荷的性能系数不低于 2.8；当产品技术资料无法满足核算要求时，系统冷媒管等效长度不宜超过 70m；

④ 室外机变频设备，应与其他变频设备保持合理距离。

考虑到其冬季制热性能衰减，严寒地区冬季不宜采用。

（2）系统组成

系统由室外机、室内机、制冷剂配管（管道、管道分支配件等）和自动控制器件等组成。

（3）系统特点

① 节能

多联机以制冷剂为传热介质，每公斤传送的热量几乎是水的 10 倍，空气的 20 倍；系统可以根据系统负荷变化自动调节压缩机转速，改变制冷剂流量，保证机组在较高的效率运行。机组具有较广的调节范围，可在 5%～100%间调节，部分负荷情况下能效比高，运行时能耗下降，全年运行费用低。

② 节约建筑空间

多联机系统的连接管只有冷剂管和凝结水管，且制冷剂管路布置灵活，施工方便，与集中空调性比，在满足室内相同的吊顶高度的情况下，采用多联机系统可以减小建筑层高。

③ 施工安装方便、运行可靠

与集中式空调系统相比，多联机系统施工工作量小，施工周期短，可以分期建设，尤其适用于改造工程：

④ 满足不同工况下的房间使用要求

多联机系统组合方便、灵活，可以根据不同的使用要求组织系统，满足不同工况房间的使用要求，高度机电一体化，控制简便，自动控制效果理想，并可以实现对冷负荷的分户计量。

⑤ 初投资

比一般集中式空调系统初投资大30%，但年运行费用可降低30%左右。

2. 设计要点

（1）系统类别

目前国内变制冷剂流量多联分体式空调的主流是风冷变频机组空调和数码涡旋机组空调。

（2）系统设计

① 系统确定

多联机系统设计之前，应确定采用何种系统形式。对于只需供冷而不需要供热的建筑，可采用单冷型多联机系统；对于即需要供冷又需要供热且冷热使用要求相同的建筑可采用热泵型多联机系统；而对于分内、外区且各房间空调工况不同的建筑可采用热回收型多联机系统。

② 系统组成和室外机制冷容量选择

室内机形式是依据空调房间的功能，使用和管理要求来确定。室内机的容量须根据空调区冷、热负荷来选择，当采用热回收装置或新风直接接入室内机，室内机选型时应考虑新风负荷；当新风经过新风多联机系统或其他新风机组处理，则新风负荷不计入总负荷。

在系统组成时，主要考虑以下几个原则：

a. 初步估算所连室内机实际总容量对应的室外机额定制冷容量；

b. 室外机放置位置；

c. 有关配管布置要求；

d. 配管长度尽可能短。系统配管越长，系统能力衰减就越大，因此考虑到经济性，配管等效长度最好不要超过80～100m；

e. 尽量把经常使用的房间和不经常使用的房间组合在一个系统，系统同时使用率最好能控制在50%～80%，此时系统的能效比较高。如系统同时使用率低于30%，则系统能效比较低、设备利用率低，系统经济性较差；

f. 室内外机的容量配比系数是一个系统内所有室内机额定制冷容量之和与室外机额定制冷容量之比。尽管室外机可以在容量配比系数135%以内运行，但在设计选型时应根据系统的具体使用情况来决定，也可参考表7-23选择。需要注意的是，对制热有特殊要求的场合不适合超配。

表7-23　室内外机的容量配比系数选择参考表

同时使用率	最大容量配比系数	同时使用率	最大容量配比系数
小于等于70%	125%～135%	大于80%，小于等于90%	100%～110%
大于70%，小于等于80%	110%～125%	大于90%	100%

g. 室内机数量不能超过室外机容许连接的数量。

③ 室内机制冷容量及修正

室内机的额定制冷容量是在标准空调工况时的制冷量。由于夏季空调系统的设计工况空调室内机的实际制冷容量与额定制冷容量不相同，应根据室内空气计算干、湿球温度以及室外空气计算干球温度，在厂家提供室内机制冷容量表中，选出最接近或大于房间冷负荷的室内机。

室内机最终实际容量应根据厂家提供的容量修正系数，室内、外机的相对位置，进行配管长度及高度差容量修正，若修正后的室内机最终实际制冷量小于该室内机服务房间的冷负荷，则应重新选择室内机并进行修正，直到满足要求为止。

④ 室外机实际制冷容量

根据室内机的容量配比系数、室内空气计算干、湿球温度以及室外空气计算干、湿球温度、系统的划分形式、服务区域和房间用途，在厂家提供的室外机制冷容量表中查出室外机在设计工况下的实际制冷容量。

⑤ 系统制热能力

由于各空调房间内冷、热负荷存在着差异，即冷负荷接近的房间其热负荷可能相差很大，可以满足冷负荷要求的机组不一定能满足热负荷的要求，所以在完成按冷负荷选择机组后，还应对机组的制热能力进行校核。

a. 室外机实际制热容量及修正

根据冬季室内空气计算干球温度、室外空气计算干、湿球温度及室内外机容量配比系数，在厂家提供室外机制热容量表中，查出室外机制热容量。多联机系统影响制热衰减最大的问题就是冬季室外温度，当室外温度越低，除霜能力相对减弱，供热效率就会越低，当室外温度－15℃时，机组制热量相当于标准工况制热量50%。因此应根据厂家提供的结霜、融霜容量修正系数进行修正。

b. 室内机实际制热容量及修正

室内机的制热量应根据厂家提供室内机制热容量表中，选出最接近或大于房间热负荷的室内机。室内机最终实际容量应根据厂家提供的容量修正系数，室内、外机的相对位置，进行配管长度及高度差容量修正，若修正后的室内机最终实际制热量小于该室内机服务房间的热负荷，而室内机又不容许加电加热器，则应重新选择室内机，直到满足要求为止。若室内机需要又容许加电热器，则可以根据室内机最终实际热负荷和室内机对应房间的热负荷选配电热器的容量。

(3) 新风系统设计

a. 采用热回收装置

热回收装置的全热交换效率大约为60%，由于热回收率有限，不能回收的部分能量仍有室内机承担。选择热回收装置时，还要考虑室外空气污染的状况，随着使用时间的延长，热回收装置上的积尘必然影响热回收效率。经过热回收装置处理后的新风，可以直接通过风口送到空调房间，也可以送到室内机的回风处。

b. 独立新风系统

设置一套新风处理系统，处理方式与一般集中空调系统一样，适用于对新风要求比较高的场所，特别是对湿度、洁净度要求比较高的场合。

c. 采用变制冷剂流量多联分体式新风机或使用其他冷热源的新风机组

当整个工程有其他冷热源时，可以利用其他冷热源的新风机组处理新风，也可以利用变制冷剂流量多联分体式新风机组处理新风。室外新风被处理到室内空气状态点的等焓线上的机器露点，室内机不承担新风负荷。

经过变制冷剂流量多联分体式新风机或其他冷热源的新风机组处理后的新风，可以直接送到空调房间，适用于一般办公楼、学校等对新风要求较低的场所。

d. 室外新风直接接入室内机的回风处

室外新风可以由送风机直接送入室内机的回风处，新风负荷全部由室内机承担。进入室内机之前的新风支管上需设置一个电动风阀，当室内机停止运行时，由室内机的遥控器发出信号关闭该新风阀，避免未经处理的空气进入空调房间。

(4) 室外机位置

在工程设计中空调室外机可设置在室外地面、群楼屋面、阳台、挑台、屋面等位置，可较大的节约主机房的面积。室外机布置应注意以下问题。

a. 室外机应预留足够的检修空间，以方便安装后的调试、检修。

b. 室外机应设置基座，对于北方地区，不设基座凝结水易结冰聚积至换热器位置，影响换热，甚至导致设备无法使用。

c. 室外机位置距管井距离不宜过远，以免造成冷量衰减过大，运行不经济，安装费用增大。

d. 室外机在封闭空间内安装时应慎重确定排风口风速。多联机系统室外机机外余压一般为30Pa或50Pa，为避免进、排风短路，排风口风速一般设计为5m/s较为合适。通常采用的普通防雨百页风口在5m/s风速时，其阻力可达30～40Pa，因此在选择室外机时，应特别注意使其风扇余压满足进、排风口压力损失要求。进、排风口在同侧时，过高进风速度还易形成送、排风短路。

e. 室外机运转噪声不应超过环境噪声标准。布置室外机时，应注意室外机噪声对周边环境的影响，特别是多台室外机集中排列布置，应考虑各台室外机噪声的叠加，特别要注意对于居住区和特殊区域对环境噪声的要求，有减振要求时室外机应做减振处理，对于一般舒适性空调系统，室外机下垫隔振垫即可。

7.2.9 空调系统的温度和湿度控制

房间空气状态可以由很多参数表示，在现场用仪器测量直接得到的只有两个：干球温度和湿球温度，焓、含湿量、相对湿度等等都是根据这两个数据通过干球温度与水蒸气分压力的经验公式计算出来的。

房间的空气变化趋势也是由两个参数表示：Q和W（得热或得湿）。房间得热有正有负，得湿也有正有负。在设计过程中房间的散湿量是负的这种情况一般被忽略的，尤其是在冬天，由于房间的温度高于室外，水蒸汽在压力作用下穿过围护结构从高温侧向低温侧扩散，有时出现结露现象。空调系统运行中，不可能直接测得Q和W，但是可以根据调节供冷（热）量和风量控制房间空气状态的变化。

(1) 单个房间或区域的控制模式

房间的送风量与空调设备（即表冷器）的处理风量是两个概念，根据本书7.2.3“送风量的确定”节是送风量计算方法之一，计算的是满足冷冻除湿要求的表冷器处理风量。对于民用建筑的舒适性空调系统，可认为这个风量可以满足房间送风量的要求。对有工艺要求的，例如空调净化房间的送风量就必须按规范要求确定。

按冷冻除湿要求计算的空调设备处理风量的过程引出了空调系统的最基本的控制模型。这个模型特点是用房间的最大计算得热和最大计算得湿（这两个最大有可能不出现在同一时刻）计算出房间热湿比（ε），将设定的房间室内状态点与表冷器能达到的最低温度（即最低机器露点）相连，ε过程线高于此线的，可与机器露点线上（90%～95%）相交，即机器露点，计算出表冷器处理风量；低于此线的，根据最大计算得湿除以室内状态点与表冷器能达到的最低机器露点之间的含湿量差计算出最小处理风量。

假设模型不考虑设备和风管的温升，不考虑空调设备进口温度与室内温度的差值，ε过程线一端是室内状态点，即空调设备进口温、湿度，另一端是机器露点，即空调设备出口温、湿度（湿度指能直接测到的湿球温度），以机器露点线为饱和线，表冷器出口的干球温度即机器露点温度。

控制模式一为用计算得到的机器露点温度，即表冷器出口的干球温度控制供冷量，用房间温度控制再热量，能够保证达到房间温度，湿度低于房间设定值。

若房间送风量要求大于以上表冷器计算处理风量的，可根据送风量要求计算出送风点，用送风点对应的机器露点温度控制供冷量，用房间温度控制再热量。这种模式多用于有工艺要求的房间，例如医院手术室、制药厂、电子净化厂房等，其送风量一般是确定的，送风温度高于表冷器出口的干球温度，不再热不能满足房间温度要求；也可用二次回风系统以保证表冷器计算处理风量不变，减少再热量。

控制模式二还是用计算得到的机器露点温度，即表冷器出口的干球温度控制供冷量，用房间温度控制表冷器处理风量以达到房间温度，不需要再热，湿度或高于或低于房间设定值，不可控，也称变风量控制模式。当达到表冷器最小处理风量时，为达到房间温度需转换为模式一，还需再热。

控制模式三用房间干球温度，即表冷器进口的干球温度控制供冷量，若表冷器处理风量不变，则湿度或高于或低于房间设定值，不可控。当ε过程线低于房间室内状态点与表冷器最低机器露点连线的，一般不再供冷，也有为达到房间温度也可转换为模式一，还需再热的。

模式三是民用建筑舒适性空调系统使用最广泛的控制模式，无论是家用或商用单元式空调，多联机空调系统、风机盘管或全空气定风量系统都可采用，能保证房间温度，无需再热。

若房间送风量要求大于以上表冷器计算处理风量的，例如剧院的座椅送风，可根据送风量要求计算出送风点，采用二次回风系统以保证表冷器计算处理风量不变，当ε过程线低于房间室内状态点与表冷器最低机器露点连线时，可不用再热。

控制模式四用房间干球温度控制供冷量，用房间湿球温度控制表冷器处理风量，房间温、湿度均达到房间设定值。同样当ε过程线低于房间室内状态点与表冷器最低机器露点连线的，为达到房间温度需转换为模式一。模式四理论上可保证房间的温度和湿度恒定，几乎没有使用的。

比较以上四种模式，模式一和模式二的全年供冷量高于后两种，模式三和模式四的应相同，按模式三控制的房间湿度多数时间偏离设定值，引起新风供冷量不同，控制也较模式四简单等多。

不需要除湿的空调系统的控制模式可用模式一，如数据机房专用空调，按设备散热量设定送风量和送风状态点，用送风状态点，即表冷器出口的干球温度控制供冷量。

以上都是和冷冻除湿过程有关的控制模式。固体除湿是等焓减湿过程。溶液除湿按溶液温度和浓度的不同分为升温减湿、等温减湿和降温减湿过程，与喷水室的过程类似。若认为水也是相对稀的溶液，则喷水也是喷溶液的处理过程的一种。固体除湿和溶液除湿都要解决再生的问题，相比来说，喷水室和表冷器的只需把水加热或冷却系统比较简单。

冬季加热加湿过程必须由两个设备分别完成的，控制相对要简单。用房间干球温度控制表冷器的加热量，用房间湿球温度控制加湿器的加湿量，风量大小与房间气流组织有关，即温度场要求的送风温差和速度场要求的送风速度有关。

(2) 多个房间或区域的控制模式

空调系统中必须考虑新风如何处理，对于单个房间来说比较简单，全空气定风量或变风量系统均为先混合，新风和回风一起经过表冷器，新风处理不需要单独控制。多联机空调系统或风机盘管的新风可不经处理送到每个房间的表冷器进口与室内回风先混合在处理，每个房间的控制与全空气定风量或变风量系统控制相同。采用单元式家用或商用空调的房间多为自然新风，新风量不定，仍是先混合。

对于多个房间或区域，按输送冷量的载体不同分为三种系统：以空气为载体的是全空气定风量或变风量系统；输送到风机盘管加新风系统的每个风机盘管和新风机组的是以水为载体，新风到多个房间或区域是以空气为载体，每个风机盘管最终也是以空气为载体；多联机空调系统是以冷媒为载体的。

对于多个房间或区域，全空气定风量系统可按模式一用计算得到的表冷器出口的干球温度控制供冷量，用每个房间或区域的室内温度控制末端加热器的再热量。不设末端加热器就不能保证各房间都满足温度要求，设了造成冷热抵消，因此很少用全空气定风量系统为多个房间或区域供冷，可以只供热。

对于多个房间或区域，全空气变风量系统可按模式二也是用计算得到的表冷器出口的干球温度控制供冷量，用每个房间或区域的室内温度控制变风量末端的送风量。难题在于每个末端的风量变化如何与空调机组的送风量相匹配。

以新风加风机盘管系统为例，每个房间或区域里的风机盘管按模式三用房间干球温度控制供冷量，新风处理到设定的机器露点，再送到每个房间或区域或风机盘管的送风管上，是后混合。多联机空调系统的控制与新风加风机盘管系统的类似。

新风处理到不同状态点对全年全系统的总供冷量影响是不同的，新风处理点越接近室外空气参数，总冷量越小；越远离越大。当新风处理点接近室外空气参数时，应采用新风与回风先混合。

一般做法是将新风处理到室内状态点的等焓点，即与房间湿球温度相同的机器露点温度，也就是说应用房间湿球温度控制新风机组的供冷量。实际上是不可能做到的，按模式三控制，每个房间不同时刻得的干球温度虽然相同，但湿球温度不同，各个房间之间的湿球温度也不同，因此等焓点只是设计温度，而不是逐时测量的温度，不随时刻不随房间变化，这就造成了新风可能多承担了一部分房间负荷，致使房间湿度向含湿量低的方向偏离，新风负荷增加，增大了全年全系统的总供冷量。新风处理到与房间设计湿球温度相同的机器露点温度对全年全系统的总供冷量还是较小的。

从控制模式角度说，温湿度独立控制系统是新风加风机盘管系统的一种模式，即将新风处理到低于室内的含湿量，承担全部室内的湿负荷。如此说，风机盘管可以用干式高温水的风机盘管或辐射供冷替代；因房间湿负荷较大，处理到较低的含湿量点有困难，可用溶液除湿机组或双冷源的新风机组替代常规冷冻除湿新风机组。每个房间或区域仍按模式三用房间干球温度控制供冷量，房间露点温度仅做为防结露报警。

新风处理到低于室内含湿量的点，比较等焓点向含湿量低的方向偏离室外空气参数很多，偏离室内设计参数也多，当房间部分负荷时，使房间湿度向含湿量低的方向偏离较多，新风负荷增加较多，全年全系统的总供冷量增加较大。增加的新风能耗抵消了用高温水冷水机组节能的一部分。按温湿度独立控制系统还应注意的是，当房间湿负荷较大，不应盲目地为了减少含湿量差而增大新风量。

7.3 办 公 建 筑

7.3.1 室内设计参数

《办公建筑设计规范》JGJ 67—2006 作出如下规定：

（1）办公建筑设计应依据使用要求分类，并应符合表 7-24 的规定：

表 7-24 办公建筑设计使用年限和耐火等级

类别	示例	设计使用年限	耐火等级
一类	特别重要的办公建筑	100 年或 50 年	一级
二类	重要办公建筑	50 年	不低于二级
三类	普通办公建筑	25 年或 50 年	不低于二级

（2）根据办公建筑分类，其室内主要空调指标应符合表 7-25 要求：

表 7-25 办公建筑室内主要空调指标

类别	夏季		冬季		新风量 ($m^3/h \cdot p$)	风速 (m/s)	含尘量 (mg/m^3)
	温度 (℃)	相对湿度 (%)	温度 (℃)	相对湿度 (%)			
一类	24	≤4 湿	20	≥0 湿	≥0 湿	≤0 湿度	≤0 湿度建
二类	26	≤6 湿	18	≥8 湿	≥8 湿	≤8 湿度建	≤8 湿度建
三类	27	≤7 湿	18	—	≥8 湿	≤8 湿度	≤8 湿度建

（3）办公建筑不同类型房间的人员密度、照明功率密度值和电器设备功率见表7-26：

表7-26　办公建筑不同类型房间的人员密度、照明功率密度值和电器设备功率

房间类别	人员密度（m^2/人）	照明功率密度值（W/m^2）	电器设备功率（W/m^2）
普通办公室	4	≤通（8）	20
高档办公室、设计室	8	≤档办（13.5）	13
会议室	2.5	≤（8）	5
服务大厅		≤务大（10）	
走廊	50	5	
其他	20	11	5

7.3.2　空调系统形式

办公楼通常也被称为写字楼，按功能特点，可分为常规写字楼和智能化写字楼；按使用方式可分为自用写字楼和出租写字楼；按用途可分为专用写字楼和综合写字楼等；综合写字楼除了单一的办公业务外，还包括餐饮、居住、购物、娱乐等多种功能，空调系统形式应根据不同功能进行选择。

根据办公楼的分类、规模及使用要求，在严寒和寒冷地区可只设置集中供暖，也可设置集中供暖＋分散空调或多联机空调系统；在夏热冬冷或夏热冬暖地区可设置分散空调或多联机空调系统；也可设置集中或半集中式空调系统。

办公楼标准层目前常用的空调系统形式有以下几种：

（1）变风量系统

变风量（VariableAir Volume，VAV）是利用改变送入室内的送风量来实现对室内温度调节的全空气空调系统，它的送风状态保持不变。空气处理机组与定风量空调系统一样，送入每个区或房间的送风量由变风量末端机组（VAVbox或简称变风量末端装置）控制。每个变风量末端机组可带若干个送风口。当室内负荷变化时，则由变风量末端机组根据室内温度调节送风量，以维持室内温度。

（2）风机盘管加新风系统

风机盘管加新风系统是办公楼标准层常用的一种空调方式。新风机组可以采用组合式机组或安装灵活方便的吊装式机组。但是，在寒冷地区使用吊装式新风机组时应注意防冻问题。

（3）多联机空调系统（Variable Refrigerant Volume，简称VRV）

VRV热泵空调系统用制冷剂作为输送介质，可根据室内负荷的变化，采用变频技术或数码涡旋压缩机来改变制冷系统的质量流量，实现瞬间容量的调节。

不同类型全空气风系统的特点比较见表7-27。

表 7-27 全空气风系统等四种空调系统的特点比较

项目	全空气风系统	风机盘管加新风系统	多联机系统	变风量空调系统
优点	(1) 设备简单，节省初投资 (2) 可以严格地控制室内温度和相对湿度 (3) 可以充分进行通风换气，室内卫生条件好 (4) 空气处理设备集中设置在机房内，维修管理方便 (5) 可以实现全年多工况节能运行调节，经济性好 (6) 使用寿命长 (7) 可以有效地采取消声和隔振措施	(1) 布置灵活，可以和集中处理的新风系统联合使用，也可单独使用 (2) 各空调房间互不干扰，可以独立调节室温并可随时根据需要开、停机组，节省运行费用，灵活性大，节能效果好 (3) 与集中式空调相比，不需回风管道，节省建筑空间 (4) 机组部件多为装配式，定型化、规格化程度高，便于用户选择和安装 (5) 只需要新风空调机房，机房面积小 (6) 使用季节较长 (7) 各房间之间不会相互污染	(1) 设备少，管路简单，节省建筑面积与空间；VRV 系统采用风冷方式并将制冷剂直接送入室内机，可以降低楼层高度，节省安装空间；室外机安装在室外或屋顶，不占用制冷机房 (2) 布置灵活，设计者可以根据建筑物的用途、不同的负荷、装饰风格等来灵活地选择室内机； (3) 具有显著的节能效益，完全可以满足不同季节、不同负荷时，对系统能量调节的要求；室内机可单独控制，不同房间可以设定不同的温度，既提高了舒适水平，又避免了集中控制造成的无效能源浪费；将制冷剂送入室内机，直接冷却室内空气，无二次换热，提高了能源利用率 (4) 运行管理方便，维修简单，VRV 系统具有多种控制方式，系统具有故障自动诊断功能，可以自动显示出故障的类型和部位，以便迅速而简单地进行维修，因而不需要专门管理人员，又提高了检修效率	(1) 由于风量随负荷的变化而变化，因而节省风机能耗，运行经济 (2) 可充分利用同一时刻建筑物各朝向负荷参差不齐的特点，减少系统负荷总量，使初投资和运行费都可减少 (3) 同一系统可以实现负荷不同、温度要求不同的单个房间的温度自动控制 (4) 适合于建筑物的改建和扩建，只要在系统设备容量范围之内，不需对系统进行太大变动，甚至只需重调设定值即可 (5) 系统风量平衡方便，当某几个房间无人时，可以完全停止对该处的送风，既节省了冷量或热量，而又不破坏系统的平衡，即不影响其他房间的送风量
缺点	(1) 机房面积大，风道断面大，占用建筑空间多 (2) 风管系统复杂，布置困难 (3) 一个系统供给多个房间，当各房间负荷变化不一致时，无法进行精确调节 (4) 空调房间之间有风管连通，使各房间互相污染 (5) 设备与风管的安装工作量大，周期长	(1) 对机组制作质量要求高，否则维修工作量很大 (2) 机组剩余压头小，室内气流分布受限制 (3) 分散布置，敷设各种管线较复杂，维修管理不方便 (4) 无法实现全年多工况节能运行调节 (5) 水系统复杂，易漏水 (6) 过滤性能差 (7) 集水盘卫生条件差，易堵塞。 (8) 冷凝水管的设计布置不当造成凝水排不出去	(1) VRV 系统的初投资较大，比一般集中式中央空调装置约贵 30% (2) 由于 VRV 系统室内、外机连接管较长，接头多，存在制冷剂泄漏的危险，因而对管道安装有较高的要求 (3) 集水盘卫生条件差，易堵塞 (4) 冷凝水管的设计布置不当造成凝水排不出去	(1) 室内相对湿度控制质量稍差 (2) 变风量末端装置价格高，因此，设备初投资较高 (3) 风量减小时，会影响室内气流分布，新风量减小时，还会影响室内空气品质 (4) VAV 末端机组会有一定噪声，主要是在全负荷时产生较大噪声，因此宜适当取比实际需要稍大一些的 VAV 末端机组；或使 VAV 末端机组负担的区域小一些，这样可以选用较小型号的 VAV 末端机组，它的噪声水平相对低一些 (5) 控制比较复杂，它包括房间温度控制、送风量控制、新风量和排风量控制、送回风量匹配控制和送风温度控制，这些控制互相影响，有时产生控制不稳定

续表

项目	全空气风系统	风机盘管加新风系统	多联机系统	变风量空调系统
适用性	（1）公建内如大堂、商场、宴会厅、展厅、候车（机）厅等独立大空间场所 （2）室内散湿量较大的房间	（1）适用于旅馆、公寓、医院、办公楼等高层多室的建筑物中 （2）需要增设空调的小面积、多房间的建筑 （3）室温需要进行个别调节的场所	（1）适用于多居室的家庭或别墅以及办公楼、旅馆和其他类型建筑物，在建筑物较大时，可分层按机组容量进行设计 （2）适用于舒适性要求较高或室温需要进行个别调节的场所 （3）适用于同时需要供冷与供热的建筑物，例如，冬季有大量内区热量可回收的建筑可采用热回收型VRV系统	（1）新建的智能化办公大楼或高等级商业场所 （2）大型建筑物的内区 （3）室内温湿度允许波动范围较大的房间，不适合恒温恒湿空调 （4）多房间负荷变化范围不太大，一般50%～100% （5）VAV末端到风口大多用软管连接，便于建筑物二次装修的施工，因此系统适合需要进行新的分割和改造的房间

在大中型公共建筑中，可结合以上四种系统优缺点和适用性组合使用，有如下几点说明：

① 标准层和裙房的小房间采用风机盘管＋新风系统，裙房大空间采用全空气空调系统：这是一种最常用的经典组合，初投资较低，管理不复杂，运行费用适中，占用建筑层高较少。

② 全部采用多联机系统可不设冷冻机房、换热站和锅炉房等设备机房，节省机房面积，节省层高，运行管理最简单、可按使用者需求随时开启，也可按甲方要求随时安装更换，但初投资较高，制冷效率较低，受气候限制严寒和寒冷地区的制热效率低甚至无法正常供暖，建议与其他系统组合使用。例如冬季可采用市政热力或锅炉房作为热源加热新风以弥补多联机供暖不足，或者只出租部分采用多联机系统，裙房和甲方自用部分采用风机盘管和全空气空调系统。

③ 变风量空调系统的初投资和运行费用较高，管理复杂，调试难度大，占用层高较多，可与风机盘管系统组合使用，风机盘管负担外围护结构的全部负荷，变风量系统负担内部的人员和照明和设备负荷等，以减少变风量风管截面面积，至少节省100mm。

7.3.3　工程实例

（1）工程概况

某国际中心位于北京市CBD地区，总建筑面积约：19.3万平方米。地上25层；地下6层，建筑高度：99.55m。工程使用性质为高端写字楼，同时建筑内设有为办公服务的餐饮区、办公大堂、休闲区、金融区、后勤管理区、地下车库、设备区、人防区等相关配套功能。

（2）室内设计参数见表7-28。

表 7-28 某国际中心室内设计参数

房间名称	夏季		冬季		人员密度 (m^2/人)	最小新风量 (m^3/h·人)	噪声 (dB) (A)
	温度 (℃)	相对湿度 (%)	温度 (℃)	相对湿度 (%)			
办公	26	60	20	40	8	30	45
会议室	26	65	20	40	3	20	45
大堂	26	60	20	40	10	40	55
商业，超市	26	60	20	40	4	40	55
职工食堂	26	65	20	40	2	20	55
贵宾休息室	26	60	20	40	6	40	45
电梯厅	26	60	20	40	10	40	55

（3）空调风系统

① 办公大堂采用双风机全空气系统，其他位置采用风机盘管加新风处理机系统。

② 全空气系统采用组合式空调机组，内设混合段、初效过滤段、电子净化过滤段、加热段、表冷段、高压微雾加湿段、送风机段。空调排风机选用轴流风机，安装在空调机房内。过渡季用焓值判断和回风温度控制空调机组的新风比和排风机的风量，保证能以最大新风比运行。

③ 风机盘管加新风处理机系统：风机盘管均为四管制卧式暗装型，风机盘管送风口、新风送风口为双层百叶送风口侧送或散流器顶送，风机盘管回风带联箱，回风口为带过滤器单层百叶风口。

新风机组选用组合式新风机组或组合式热回收新风机组，组合式新风机组由混合段、初效过滤段、电子净化过滤段、加热段、表冷段、高压微雾加湿段、送风机段组成；组合式热回收新风机组由混合段、初效过滤段、热回收段、电子净化过滤段、加热段、表冷段、高压微雾加湿段、送风机段组成，其中排风部分由初效过滤段、热回收段、排风机段组成；排风用来预热或预冷室外新风，热回收段采用转轮全热回收换热器。

（4）空调自控系统

① 空调系统包括新风机组、空调机组、送风机、排风机等，空调自控系统在冬季/夏季自动调节热水/冷水调节阀的开度，保持回（送）风温度为设定值；冬季自动控制加湿阀开断，保持回风湿度或典型房间湿度为设定值；新风比调节范围为10%～100%，在冬/夏季采用最小新风比运行，过度季节能全新风运行；过渡季用焓值判断和回风温度控制空调机组的新排回风比；根据房间的需求及预先编排的程序和节假日作息时间表，对空调机组机进行优化控制，以达到最佳的节能状态。

② 在空调机组的新风管上设电动风阀，在加热盘管处设防冻保护开关，电动风阀和电动水阀与空调机组联锁。当冬季防冻保护开关动作时，电动水阀应打开，新风阀关闭。

③ 风机盘管回水管上设电动两通调节阀，由温控器控制开启，调节室内温度。

④ 会议室、大堂等人员密度相对较大且变化较大的房间采用新风需求控制；根据室内 CO_2 浓度检测值实现最小新风量比或最小新风量控制。

（5）空调系统选择

在办公楼建筑方案设计中，尤其当规划部门限定建筑高度时，业主很纠结办公标准层的层高和吊顶下净高问题。办公楼标准层层高一般为4～4.6m，若每层减少200mm，对于20层以上的建筑相当于增加一层，在地价较高的地区经济效益是巨大的。结构形式变化和梁高减少，一般是被首先考虑到的，这两者也是互相制约的。待结构形式确定后，空调系统将是影响层高的重要因素了。

以本项目标准层为例，空调风系统按防火分区分为4个区域，每个区域的夏季空调负荷见表7-29。

表7-29 空调风系统各区域的夏季空调负荷

系统名称	室内冷负荷（全热W）	室内湿负荷（g/h）	人员冷负荷（全热W）	照明冷负荷（W）	新风量（m^3/h）	新风冷负荷（W）
K-5-1	104156	13034	15692	45150	6429	76621
K-5-2	97420	23537	28213	43415	7235	86227
K-5-3	70253	7958	9585	27608	4057	48351
K-5-4	92525	12667	15250	43882	6257	74571

按新风加风机盘管系统、变风量系统、低温变风量系统和风机盘管加低温变风量系统四种形式分别计算空调机组送风量和风管尺寸见表7-30。

表7-30 空调机组送风量和风管尺寸

系统名称	常规VAV	风管尺寸	低温VAV	风管尺寸	FP+低温VAV	风管尺寸	新风量	风管尺寸
	m^3/h	mm	m^3/h	mm	m^3/h	mm	m^3/h	mm
K-5-1	35316	2000×630	25458	2000×500	12828	1600×320	6429	1200×200
K-5-2	28159	2000×500	19734	2000×400	15226	2000×320	7235	1200×250
K-5-3	24176	2000×500	17464	2000×320	7910	1000×320	4057	800×200
K-5-4	30907	2000×630	22228	2000×400	12570	1600×320	6257	1200×200

经过以上数据对比，显然还是新风加风机盘管系统的空调机组送风量和风管尺寸最小，业主最终采用了这个方案。

7.4 酒店建筑

7.4.1 酒店客房

《旅馆建筑设计规范》JGJ 62—2014在第6.2.12条中规定，客房或面积较小的区域，宜设置独立控制室温的房间空调设备。应用于酒店客房的空调系统形式多为风机盘管加新风系统或多联机加新风系统。

（1）客房空调室内设计参数

《旅馆建筑设计规范》JGJ 62—2014在第5.2.2条中提出，旅馆建筑室内暖通空调设计计算参数及噪声标准应符合现行国家标准《民用建筑供暖通风与空气调节设计规范》GB 50736、《公共建筑节能设计标准》GB 50189 的规定，且应符合表 7-31、表 7-32 的规定（仅列出客房部分）。如果在设计阶段有酒店管理公司介入，则需按管理公司提出的设计参数进行选取。

表 7-31　室内暖通空调设计参数

房间等级和房间名称		夏季		冬季		新风量（m^3/h·人）
		空气温度 t（℃）	相对湿度 RH（%）	空气温度 t（℃）	相对湿度 RH（%）	
客房	一级	26～28	—	18～20	—	—
	二级	26～28	≤65	19～21	—	≥30
	三级	25～27	≤60	20～22	≥35	≥30
	四级	24～26	≤60	21～23	≥40	≥40
	五级	24～26	≤60	22～24	≥40	≥50

表 7-32　客房的噪声规定

噪声标准（NR）	一级	二级	三级
	30	35	35

值得注意的是目前在许多宾馆、酒店建设过程中，普遍存在设计计算参数选用标准偏高的倾向。一些建设单位与业主误认为，室内温度夏季越低冬季越高，档次就越高，结果既不舒适又浪费能源。一些设计者，为使其工程留有较多的安全裕量，不论宾馆级别高低，都将室内设计状态点选定在建议范围的高标准侧。

（2）客房空调负荷计算

关于酒店客房照明及电器设备插座用电量，在《公共建筑节能设计标准》GB 50189—2015 中对于客房照明功率密度值及客房电器设备功率的规定如表 7-33、表 7-34 所示。

表 7-33　照明功率密度值

建筑类别	照明密度取值
宾馆建筑	7W/m^2

表 7-34　电器设备功率密度

建筑类别	电器设备功率取值
宾馆建筑	15W/m^2

一间标准客房的室内人数按 2 人考虑，在负荷计算及客房风机盘管选型时，群集系数宜按 1.0 计算，但在计算酒店供冷系统的总冷量时，群集系数应按 0.93 计算。

（3）风机盘管的计算负荷

新风的设计处理终状态点不同及其送风方式不同时，设计工况下风机盘管的冷负荷也不同，可通过绘制风机盘管空气处理过程焓-湿图计算（由于客房新风系统大多采用直接将新风送入的方式，故只讨论与风机盘管共用一个侧送风口，平行送入房间的形式。同时，由于风机盘管样本供冷量已隐含其风机温升冷负荷，因此在 $i-d$ 图上不再表示风机盘管的风机温升，而在客房总冷负荷的计算中应将其作为附加冷负荷计算在内)。

新风处理到与室内空气等温，风机温升考虑1℃，焓-湿图如图7-29所示。

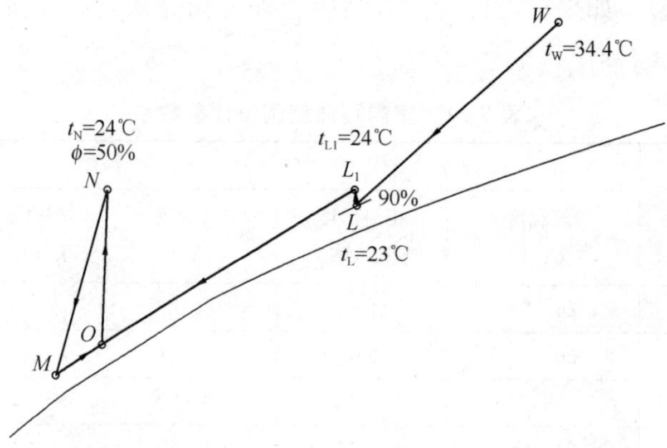

图7-29　新风处理到等温时风机盘管处理空气的焓-湿图

客房总送风量为：$G=Q/(h_N-h_O)$ (kg/s)；

风机盘管处理的风量为：$G_N=G-G_X$ (kg/s)；

式中，G_X 为送入客房的新风量（kg/s）。

风机盘管负担的总冷量为：$Q_N=G_N(h_N-h_M)$ (kW)

风机盘管负担的显冷量为：$Q_S=G_NC_P(t_N-t_M)=1.01G_N(t_N-t_M)$ (kW)

需要注意的是，采用这种方式处理新风时如风机盘管的风量选择偏小，有可能造成风机盘管的送风口结露。

① 新风处理到与室内空气等焓，风机温升考虑1℃，焓-湿图如图7-30所示。

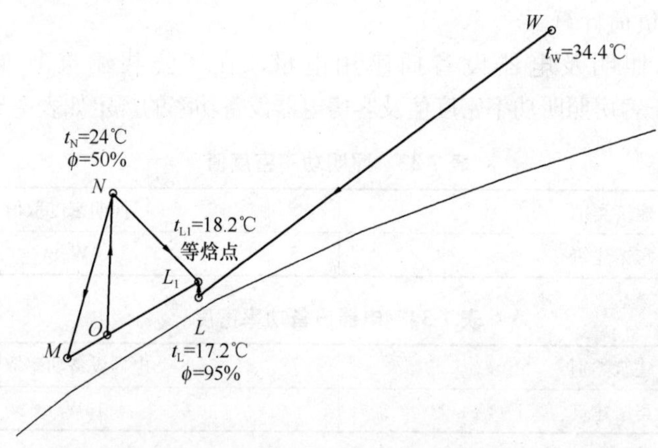

图7-30　新风处理到等焓时风机盘管处理空气的焓-湿图

客房总送风量为：$G=Q/(h_N-h_O)$ (kg/s)

风机盘管处理的风量为：$G_N=G-G_X$ (kg/s)

式中，G_X 为送入客房的新风量（kg/s）。

风机盘管负担的总冷量为：$Q_N=G_N(h_N-h_M)$ (kW)

风机盘管负担的显冷量为：$Q_S=G_NC_P(t_N-t_M)=1.01G_N(t_N-t_M)$ (kW)

② 新风处理到与室内空气等含湿量，风机温升考虑1℃，焓-湿图如图7-31所示。

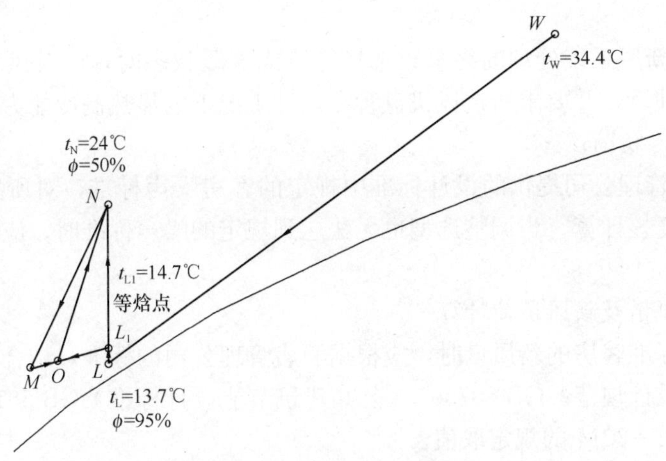

图 7-31 新风处理到等湿时风机盘管处理空气的焓-湿图

客房总送风量为：$G = Q/(h_N - h_O)$ (kg/s)

风机盘管处理的风量为：$G_N = G - G_X$ (kg/s)

式中，G_X 为送入客房的新风量（kg/s）。

风机盘管负担的总冷量为：$Q_N = G_N(h_N - h_M)$ (kW)

风机盘管负担的显冷量为：$Q_S = G_N C_P(t_N - t_M) = 1.01 G_N(t_N - t_M)$ (kW)

（4）风机盘管的选型

① 为方便调节，建议按中档转速的参数选型，以确保超设计负荷时，可用高档转速运行来提高风机盘管的供冷量，使其室内温度维持设定值；在夜间室内冷负荷减小时，可控制风机盘管使用低速静音模式运行。

② 风机盘管选型计算时，应根据客房的室内计算冷负荷、湿负荷，过室内的设计工况点（比如：24℃、50%）画热湿比 ε 线，在 ε 线上取一送风状态点 O，然后根据送风焓差先后求出总送风量与风机盘管的送风量，在产品样本上初选一个中档风量约等于计算风量 90%的型号，并按照所选风机盘管的送风量与新风量的和，最后准确算出送风温度和送风点 O 的焓。

③ 根据冷水供水温度与室内设计条件查阅风机盘管样本的制冷能力表，要求初选型号的中档全热制冷能力不小于计算全热冷负荷的 96%～98%。同时查取相应的冷水流量与水侧压降，必要时宜请风机盘管的生产厂家协助计算所选风机盘管达到设计供冷量时所需冷水的流量以及此流量时的水侧压降。

（5）风机盘管的校核计算

按照上述第（4）要求选出的风机盘管应按下面的要求分别进行校核计算，凡校核计算不通过的风机盘管，应按照第④步骤重新进行选型计算。

① 在寒冷地区，应根据冬季设计供回水温度与室内设计温度，对所选风机盘管的中档转速的制热能力进行校核，并以其制热能力大于或等于客房冬季的计算热负荷为合格。

② 当客房新风系统处理的终参数按等温状态设计时，应对风机盘管的潜热制冷能力进行校核计算，并要求所选风机盘管在设计工况下的潜热制冷能力不小于根据其焓-湿图

算得的潜热冷负荷。

③ 对于客房新风系统处理的终参数选择等焓或等湿状态时，应对风机盘管的显热制冷能力进行校核计算，并要求所选风机盘管在设计工况下的显热制冷能力不小于根据其焓-湿图算得的显热冷负荷。

④ 按照酒店管理公司提供的设计标准中规定的客房噪声标准，对所选风机盘管低档转速的噪声进行复核计算。当调整选型也无法达到规定的噪声标准时，应采用适当的消声措施。

(6) 客房新风量及新风负荷计算

在确定酒店标准客房的新风量时，应根据酒店管理公司的标准，结合《民用建筑供暖通风与空气调节设计规范》GB 50736、《公共建筑节能设计标准》GB 50189、《旅馆建筑设计规范》JGJ 62—2014 的规定取值。

新风负荷应根据其处理终点在焓-湿图上计算确定。

① 夏季新风处理到与室内等温，风机温升考虑 1℃；室内状态取 24℃、50%，其焓-湿图如图 7-32 所示。

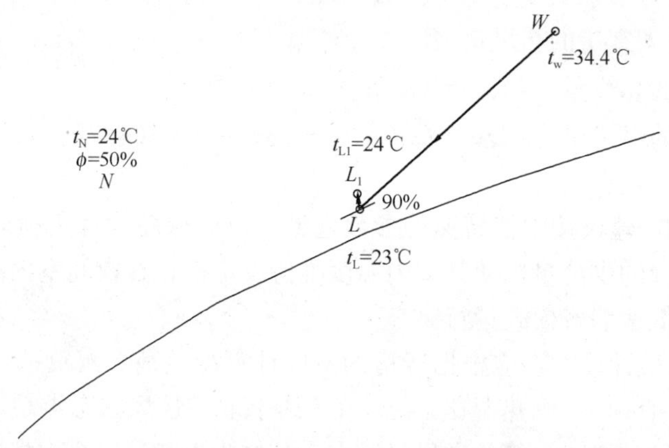

图 7-32 新风处理到与室内等温的焓-湿图

各状态点的参数（以上海为例）（表 7-35）：

表 7-35

W	34℃	28.2℃	90.4kJ/kg
L	23℃	90%	63.8kJ/kg
L_1	24℃	85%	64.8kJ/kg
N	24℃	50%	47.9kJ/kg

一台新风量等于 G（kg/s）的新风处理机组夏季作等温处理的计算所需冷量 Q 为：

$$Q = G \times (h_W - h_L) = G \times (90.4 - 63.8) = 26.6G\ (\text{kW})$$

② 夏季新风处理到室内等焓，风机温升考虑 1℃；室内状态取 24℃、50%，其焓-湿图如图 7-33 所示。

各状态点的参数（以上海为例）（表 7-36）：

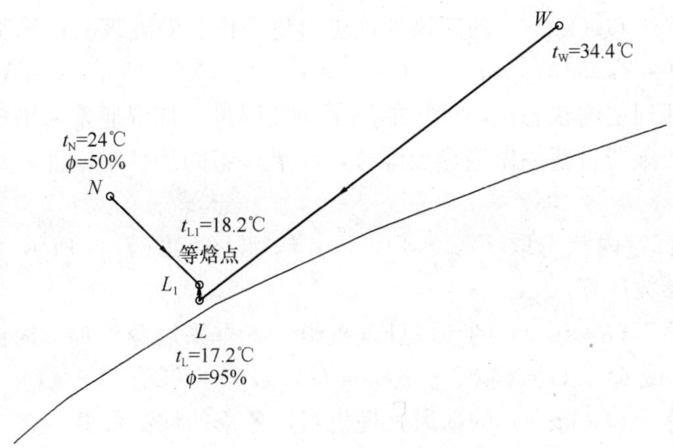

图 7-33 新风处理到与室内等焓的焓-湿图

表 7-36

W	34℃	28.2℃	90.4kJ/kg
L	17.2℃	95%	46.9kJ/kg
L_1	18.2℃	89%	47.9kJ/kg
N	24℃	50%	47.9kJ/kg

一台新风量等于 G（kg/s）的新风处理机组夏季作等焓处理的计算所需冷量 Q 为：

$$Q = G \times (h_W - h_L) = G \times (90.4 - 47.9) = 42.5G\,(\text{kW})$$

③ 夏季新风处理到室内等湿，风机温升考虑 1℃；室内状态取 24℃、50%，其焓-湿图如图 7-34 所示。

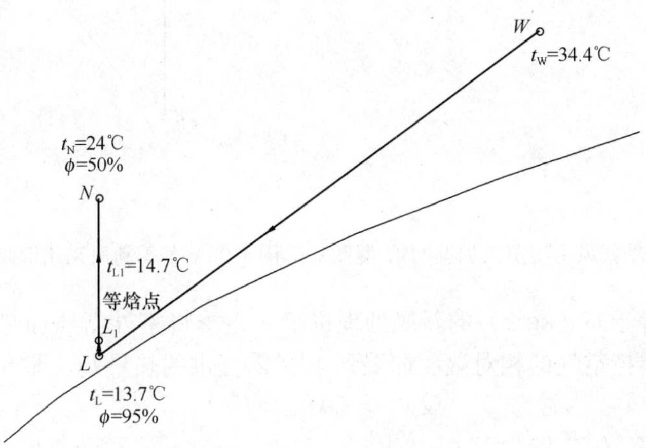

图 7-34 新风处理到与室内等湿的焓-湿图

各状态点的参数（以上海为例）（表 7-37）：

表 7-37

W	34℃	28.2℃	90.4kJ/kg
L	13.7℃	95%	37.3kJ/kg
L_1	14.7℃	89%	38.5kJ/kg
N	24℃	50%	47.9kJ/kg

一台新风量等于 G（kg/s）的新风处理机组夏季作等湿处理的计算所需冷量 Q 为：

$$Q = G\times(h_W - h_L) = G\times(90.4 - 37.3) = 53.1G\,(\text{kW})$$

冬季新风处理到室内状态点，计算加热量与加湿量。加湿通常采用蒸汽加湿或湿膜加湿。当采用湿膜加湿器对新风做绝热加湿时，新风机组的加热量应计入其加湿所需热量及水温升的耗热量。

④ 蒸汽加湿：室内状态取20℃、40%，其焓-湿图如图7-35所示（仍然按上海冬季的室外空调设计参数计算）。

一台新风量等于 G（kg/s）的新风处理机组，冬季采用蒸汽加湿时的加热量 Q 为：$Q = G\times(h_L - h_W)$ 或 $Q = G\times C_P(t_L - t_M) = G\times 1.01\times[20-(-4)] = 24.2G\,(\text{kW})$。

一台新风量等于 G（kg/s）的新风处理机组，冬季的加湿量 W 为：

$$W = G\times(d_N - d_W) = G\times(5.77 - 2.05) = 3.72G\,(\text{g/s})$$

⑤ 湿膜加湿：室内状态取20℃、40%，其焓-湿图如图7-36所示。

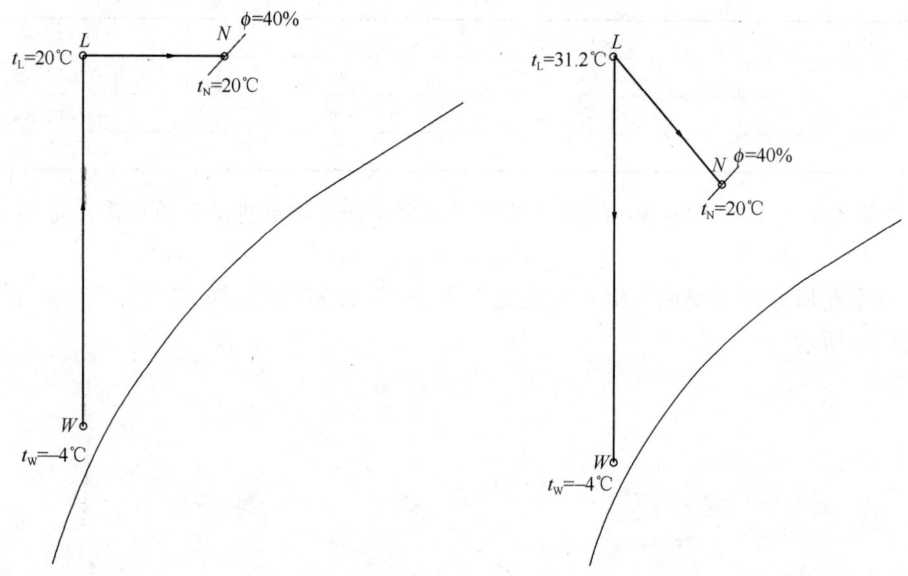

图7-35 冬季新风采用蒸汽加湿的焓-湿图　　图7-36 冬季新风采用湿膜加湿的焓-湿图

一台新风量等于 G（kg/s）的新风处理机组，冬季将室外新风加热到室内设计温度，并采用湿膜加湿器把空气的相对湿度加湿到40%需提供的热量 Q，即

$$Q = G\times(h_L - h_W) \tag{7-49}$$

或 $Q = G\times C_P(t_L - t_M) = G\times 1.01\times[31.2-(-4)] = 35.6G$（kW）

一台新风量等于 G（kg/s）的新风处理机组，冬季的加湿量 W 为：

$$W = G\times(d_N - d_W) = G\times(5.77 - 2.05) = 3.72G\,(\text{g/s})$$

（7）客房新风系统

客房新风系统的设计，通常采用水平分层系统、垂直系统及垂直与水分层相结合的系统。

① 水平分层系统即每层设一个或多个（在标准客房水平距离超过80m时）新风系统，相应每层设一间（或多间）新风机房。设计时按该层计算的新风量选择新风机组，经处理后的新风通过设在本层走道吊顶内的送风干管及客房分支管送入该层的每一间客房。这种形式多用于无技术层的多层或小高层酒店建筑的客房。每层新风系统的数量应根据业

主或酒店管理公司对客房走道吊顶高度的要求来确定，注意风系统作用半径不应过大。

② 垂直系统通常将客房的新风机组集中设在其上、下技术层（或避难层机房）内，经处理后的新风通过设在技术层（或避难层机房）的送风干管分送到设在各个客房内的垂直立管中，然后再由每层的水平分支管送入客房及其走道内。每个新风系统连接的立管数不宜太多。按照防火规范要求，空调和通风系统竖向不宜超过5层，竖向风管应设在管井内。

③ 当技术层与客房层之间另设有其他功能的公共空间，且客房走道的结构梁高不超过350mm时，客房的新风可采用垂直与水平分层相结合系统。即客房新风机组集中设在技术层（或避难层机房）或其他空调机房内，处理后的新风通过总立管垂直送入每个层面，经设于客房走道吊顶内的水平风管分送到每一间客房和走道内。与水平分层系统相比，每个楼层不必再设新风机房；与垂直系统相比，可取消分散于各个客房内的垂直立管。总新风立管宜在客房标准层内居中位置。

水平分层系统使用灵活，运行经济，方便淡季和特殊使用要求的控制，同时能较好的配合客房定期维护保养或更新室内装修需要。且万一某一台新风机组发生故障，其影响范围相对较小。但这种新风系统的机房面积会相对有所增加。

酒店建筑通常在客房层与其公用配套服务层之间设有技术层，在总高超过100m的超高层酒店中设有避难层。那么，酒店客房配置垂直新风系统是较合适的选择。新风机组集中设在技术层或避难层内，可提高客房层的有效使用面积。同时，由于取消了客房层走道吊顶内的水平新风管，有效提高了走道吊顶净高，或者可降低建筑层高。为保证各个客房的新风分配，宜在新风支管设定风量阀。

(8) 客房排风系统

根据客房层走道吊顶的高度及垂直管道井尺寸的具体布置情况，可采用每层客房走道设置排风干管的水平排风系统或在客房层只设置排风立管的垂直排风系统。

① 排风干管安装于走道吊顶内，负担每个层面内全部或部分客房卫生间的排风，排风可在每层直接排至室外，也可接至垂直排风的管道井内，由设在屋顶或设备层内的总排风风机排到室外。

② 客房排风立管被置于客房卫生间垂直管井内，负担同一位置从下至上全部客房卫生间的排风，总排风风机设置在屋顶或设备层内，通过水平干管将各垂直立管的排风汇集后排至室外。当各卫生间内未设室内排风风机时，竖井内最大风速不宜超过5m/s。

③ 采用何种系统应根据工程实际情况，综合考虑管井尺寸、结构梁高、走道吊顶空间及排风百叶位置等因素确定。当排风设热回收装置时，应采用垂直系统。

④ 在仅设总排风风机的系统中为有效平衡每间客房卫生间的排风量，客房的排风支管宜增设风管阻尼板。

⑤ 根据《旅馆建筑设计规范》JGJ 62—2014的规定，客房卫生间的排风量宜为房间新风量的60%～70%，或换气次数不宜小于6次/h，且卫生间的排风系统不应与其他功能房间的排风系统合并设置。

⑥ 系统总排风机的风量确定可根据卫生间排风量的总和乘以0.7～0.9的同时使用系数。当设计采用排风热回收装置时，客房排风系统的设置应根据具体情况与客房的新风系统一一对应设置。考虑到商务快捷酒店的客房在使用上有明显的时段性，为节能新风与总排风机的能耗，客房卫生间的总排风系统的风机宜采用变频调速控制。

（9）客房空调水系统

五星级及标准更高的客房通常采用四管制空调水系统，该系统可在过渡季同时向客房供冷和供热，以分别满足体质或生活习惯不同的客人对室温的要求。四星级及四星级以下的酒店客房，通常采用两管制水系统，夏季供冷、冬季供热。当客房层内区有较大公共活动区域时，应采用可根据具体情况进行冷热切换的分区两管制。

① 与客房风机盘管相连的空调水管与给排水管道合设在同一个竖向管井内，此管井一般布置在两间客房卫生间的中间，其净断面尺寸一般在0.7～0.9。并在此管井靠走道一侧设置丙级防火检修门。

② 空调水立管与每一层风机盘管供回水支管的连接方式尽量采用同程设计。

③ 高层酒店宜采用板式热交换器对空调水系统进行压力分区。低区水系统最低点的工作压力应控制在1.0～1.6MPa。当建筑总高度不超过200m时，低区水系统的工作压力宜≤1.0MPa，并尽量按接近1.0MPa确定高低区的界面。当建筑高度达到300m左右时，低区水系统的工作压力宜按≤1.6MPa确定高低区的分界面。

④ 超高层酒店建筑的水系统分区应以力求减少空调冷水重复通过板式换热器的次数为原则。设计时宜按避难层设置的位置，将高区分成多个空调末端的工作压力≤1.0MPa的水系统。板式热交换器的工作压力可在1.0～2.5MPa的范围内选型。

（10）客房风机盘管配置

① 为方便检修，风机盘管的回风口一般不接风管（除管理公司另有要求），仅设一个带粗过滤器的可开式吊顶百叶回风口兼做检修口。当装潢设计无具体要求时，该回风口的尺寸宜选800mm×400mm。

② 四管制风机盘管的冷、热水支管宜分设在风机盘管两边，左右各设一组供回水支管，以方便冷、热水支管上的各类阀门与水过滤器的维修。

③ 每个风机盘管应配一个室温控制器与电动两通阀（两管制风机盘管在回水支管上设一个电动两通阀，四管制风机盘管分别在其冷、热水回水支管上各设一个电动两通阀）。电动两通阀的执行机构应安装在其阀体的正上方，电动两通阀必须按其阀体上标注的水流方向安装，切忌反装。否则不但会造成电动两通阀不能关断，而且会产生巨大的噪声，使客人无法入眠。

④ 室温控制器应安装在客房内方便操作，且距离客房地面1.2～1.3m高的内墙墙面上。在风机盘管的电源与房卡联锁，当客人取出房卡离房外出时，其房内的风机盘管随即自动断电停止运行，风机盘管的电动两通阀也断电并处于关闭状态。

（11）客房风机盘管噪声控制

在选择风机盘管时，应进行必要的消声计算。设计时通常有以下两种做法：

① 加长风机盘管的送回风管的长度，在风管内壁贴吸声材料，如图7-37中方案A的做法。

② 在没有足够的空间加长风管的情况下，可以采用如图7-37中方案B、C的做法，同时风管内壁也需贴吸声材料。

（12）多联机空调系统的新风供给方式

采用多联机空调系统的直接蒸发新风机组或使用其他冷热源的新风机组。当整个工程中有其他冷热源时，可以利用其他冷热源的新风机组处理新风，也可以选用多联机空调系

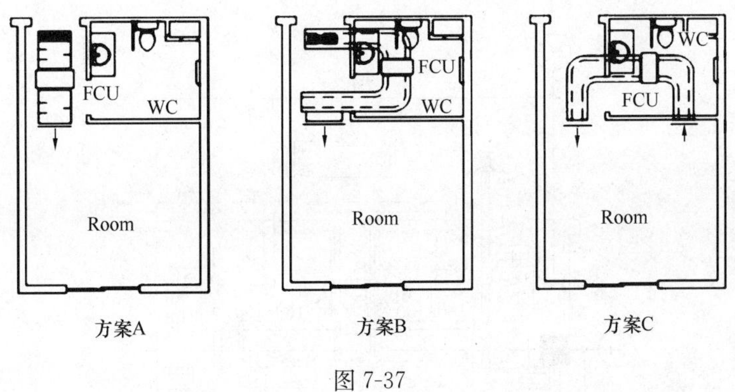

图 7-37

统的新风机组处理新风。室外新风被处理到室内空气状态点的等焓线上的机器露点，室内机不承担新风负荷，计算方法详见前述。经过变制冷剂流量新风机或使用其他冷热源的新风机组处理后的新风，可以直接送到空调房间内。

（13）排风热回收

酒店客房卫生间的排风通常在屋面设计有集中排风机，客房的新风机一般也设置在屋面，在新风与排风之间应设计排风热回收系统。常见的排风热回收型式有以下几种：板翅式热回收，转轮式热回收，热管式热回收，乙二醇溶液循环式热回收。由于是卫生间的排风与空调系统新风之间的热交换，为避免出现污染，不宜采用全热回收的方式。建议采用热管式热回收或乙二醇溶液循环式热回收系统，可以彻底避免污染，其缺点是热交换效率较低，乙二醇溶液循环式热回收系统比较复杂。

在多功能厅、宴会厅的全空气系统中，由于是回风与新风之间的热回收，可以采用板翅式热回收或转轮式热回收的全热回收方式，其优点是系统热回收效率较高。

（14）客房典型布置详图见图 7-38～图 7-40。

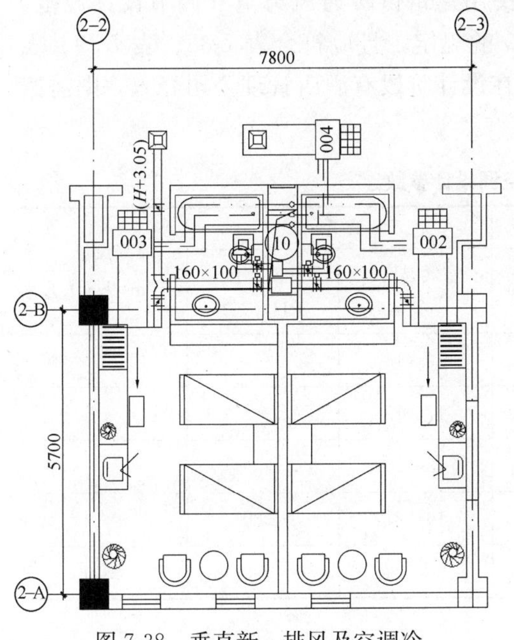

图 7-38 垂直新、排风及空调冷热水系统（带走道新风）

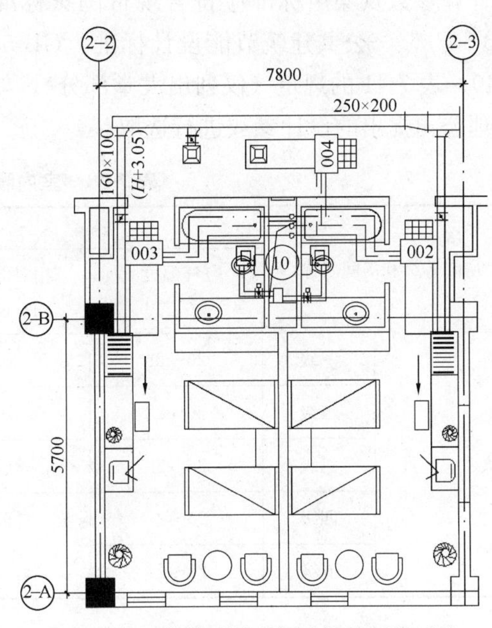

图 7-39 垂直排风及空调冷热水系统系统、水平新风系统（带走道新风）

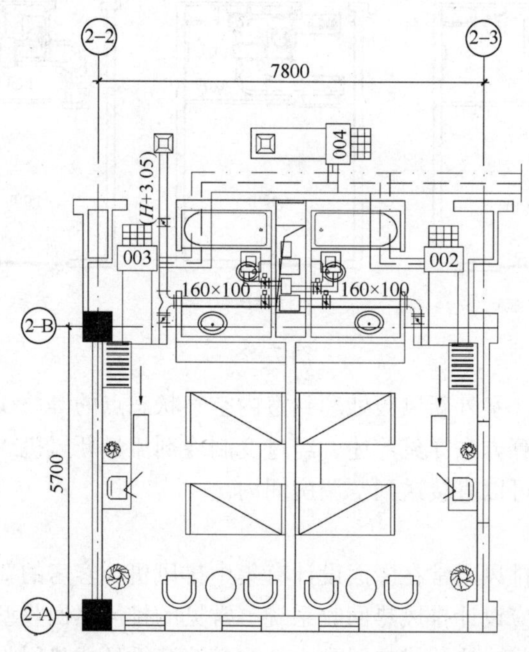

图7-40 垂直新排风系统、水平空调冷热水系统（带走道新风）

7.4.2 酒店大堂

（1）大堂空调室内设计参数

《旅馆建筑设计规范》JGJ 62—2014在第5.2.2条中提出，旅馆建筑室内暖通空调设计计算参数及噪声标准应符合现行国家标准《民用建筑供暖通风与空气调节设计规范》GB 50736、《公共建筑节能设计标准》GB 50189的规定，且应符合表7-38、表7-39、表7-40、表7-41的规定（仅列出大堂部分）。如果在设计阶段有酒店管理公司介入，则需按管理公司提出的设计参数进行选取。

表7-38 室内暖通空调设计参数

房间等级和房间名称		夏季		冬季		新风量（m^3/h·人）
		空气温度 t（℃）	相对湿度RH（%）	空气温度 t（℃）	相对湿度RH（%）	
大堂、门厅	一级	26～28	—	16～18	—	—
	二级	26～28	—	17～19	—	—
	三级	26～28	≤65	18～20	—	—
	四级	25～27	≤65	19～21	≥30	≥10
	五级	25～27	≤65	20～22	≥30	≥10

（2）大堂空调负荷计算

大堂人均占有的使用面积、照明功率密度值及电器设备功率如下表所示。

表 7-39 对于大堂人均占有的使用面积的规定

建筑类别	照明密度取值
宾馆建筑	20m²/人

表 7-40 对于大堂照明功率密度值的规定

建筑类别	照明密度取值
宾馆建筑	15W/m²

表 7-41 对于大堂电器设备功率的规定

建筑类别	照明密度取值
宾馆建筑	5W/m²

（3）大堂空调系统形式

《旅馆建筑设计规范》JGJ 62—2014 在第 6.2.12 条中规定，面积或空间较大的公共区域，宜采用全空气空调系统。大堂由于建筑层高较高，空调与面积均较大，所以一般多采用全空气集中式空调系统。但由于风机盘管加新风系统的诸多优点，不少建筑的小型大堂也采用了风机盘管加新风或多联机加新风的空调形式。对于严寒与寒冷地区大堂宜用地面辐射供暖配合空调系统供暖。

① 全空气单风机系统（图 7-41）

空调系统只有空调机组内一个送风机，无回风机或排风机。该系统适用于全年新风量不变的系统，当使用大量新风时，室内可从门、窗排风，但此时不应形成大于 50Pa 的过高正压。由于大堂人员进出频繁，外门开启率很高，在未设排风系统情况下基本不会形式过高正压。此系统由于未设回风管道，要求空调房间尽量靠近空调机房，使回风口靠近空调房间。该系统在投资少，耗电少，机房占地小的同时，也存在一些缺点：全年新风量调节困难；当过渡季节使用大量新风，室内又无足够的排风面积造成正压过大，门不易开启；风机风压大；室内局部排风量大时，单风机克服回风管的压力损失，不经济。

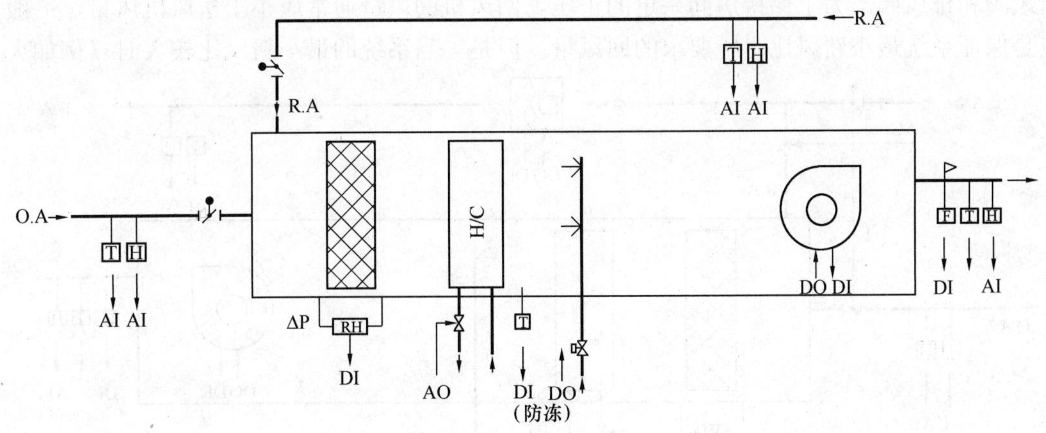

图 7-41 全空气单风机系统原理图

② 全空气单风机加排风系统（图 7-42）

在单风机空调系统的基础上，另设单独排风机，可实现双风机空调系统的功能，如新风量可变，过渡季节全新风运行等。由于排风机通常不与空调机组设置在一起，可以选用排烟风机作为排风机，功能上起到排风兼排烟的作用，风机设置在大堂顶部或屋面。为了适应不断变化的新风，排风机应配置变频器。变频器与新风及回风管段上的电动风阀联锁并与消防控制系统关联。

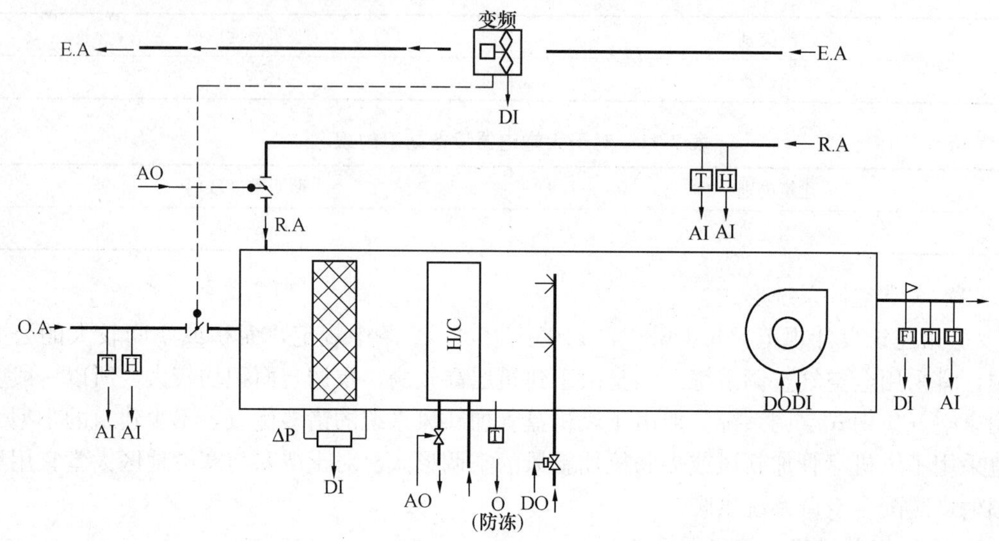

图 7-42　全空气单风机加排风系统原理图

③ 全空气双风机系统（图 7-43）

双风机系统是除空调机组的送风机外，还设置回风机（回风管路的风阻力由回风机承担可使送风机风压降低）。一般来说，当最小新风比较小时，回风机在最小新风比季节（即夏季和冬季）时通常只做回风用，此时关闭排风阀，新风阀与回风阀全开；在过渡季节时，回风机的风量中将有一部分是排风量，此时应调整排风阀、新风阀和回风阀各自的开度以控制新风比；在夏季过度季，此回风机则完全作为排风机，此时关闭回风阀，全开新风阀和排风阀。为了保持房间一定的正压，回风机的风量通常应小于送风机风量，一般应是保证系统最小新风比时所要求的回风量。但是，当系统的最小新风比较大时（例如大

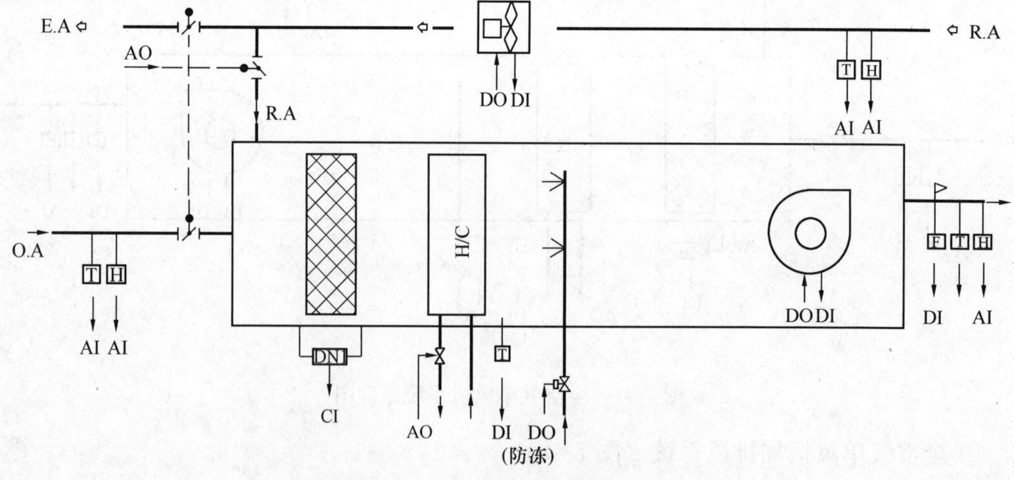

图 7-43　全空气双风机系统原理图

于30%)，则回风机的风量不应小于总送风量的70%。双风机系统全年可以采用多工况调节模式，可保证设计要求的室内正压和回风量，风机风压低，但也存在投资高、耗电多、机房占地大，三阀之间按比例自动调节难度大的不足。

④ 风机盘管加新风系统

风机盘管由于自身风压较低、冷热处理能力有限，不适合冷热负荷较大的高大空间，如大堂或门厅。但对于一些层高较低或者有可利用吊顶进行侧出风气流组织的大堂，风机盘管加新风系统还是可行的。

⑤ 多联机加新风系统

该系统的适用特点与风机盘管加新风系统类似，此处不做赘述。

(4) 全空气系统 $i-d$ 图分析（图7-44）

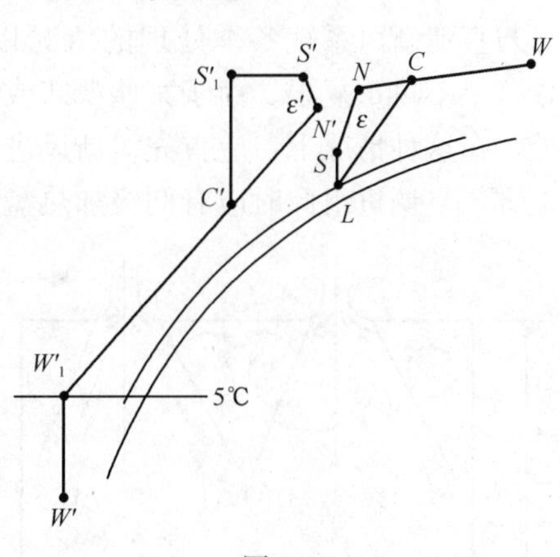

图7-44

由于民用建筑空调多以舒适性为主，对送风温度的要求一般并不严格，加上二次回风系统在控制上的复杂性，因此要是一次回风系统能够满足要求和解决问题，就应尽可能不采用二次回风系统。下文以一次回风最大送风送风温差为例，讲解详细计算过程。

夏季处理过程的计算步骤如下：

① 根据室内冷负荷 Q 及余湿 W，求热湿比 $\varepsilon=Q/W$，在 $h-d$ 图上做 ε 线与 $\varphi=90\%\sim95\%$ 线相交于 L 点。

② 求系统总送风量

$$G=Q/(h_N-h_S)\ (\text{kg/h}) \tag{7-50}$$

③ 根据新风量确定原则，求出最小新风量 G_X(kg/h)

④ 求回风量

$$G_h=G-G_X\ (\text{kg/h}) \tag{7-51}$$

⑤ 计算或作图求出混合点 C 点，它应在室外状态 W 点与室内状态 N 点的连线上，若以计算求出则采用下述公式：

$$h_C=(G_X\times h_X+G_N\times h_N)/G\ (\text{kg/h}) \tag{7-52}$$

⑥ 求系统或空调机组的总耗冷量

$$Q_{总}=G\times(h_C-h_L)\ (\text{kJ/h}) \tag{7-53}$$

其实，总耗冷量实际上是由两部分组成的：即室内冷负荷和新风冷负荷。因此，总耗冷量也可以如下求出：

$$Q_{总}=Q+G_X\times(h_W-h_N) \tag{7-54}$$

在这一系统中，如果新风比过大，且人员密集人均新风量要求较大，为了防止室内正压过大，设置了单独排风机或双风机系统进行有组织的机械排风。根据被空调房间开门情况，正压风量宜控制在总送风量的15%～30%较为合理。如果新风比大于此值，多余部分新风量应由机械排风来承担。

冬季处理过程的计算步骤如下：

在设计中，通常空调机组冬、夏季采用同一送风量，则冬季的计算步骤如下：

① 求出冬季热负荷 Q 及湿负荷 W，求热湿比 $\varepsilon=Q/W$，在 $h-d$ 图上通过室内点 N 作出 ε 线。

② 求冬季送风焓差：$\Delta h=Q/G$，由此在 ε 线上找出送风点 O 点。

③ 根据与夏季处理过程相同的最小设计新风比求出混合点 C 点，方法及公式均与夏季相同。

④ 求加热量（不含预热热量且采用干蒸汽加湿）

$$Q_{总}=G\times(h'_{S1}-h'_{C}) \tag{7-55}$$

与直流新风系统冬季处理的情况相类似，不同的加湿方式对 S'_1 点的影响是不一样的，这里不再重复了。由于某些严寒或寒冷地区混合点会由于结露而落在饱和线以下的某点处，在这种情况下，应首先对新风进行预热至 W_1 点，才能保证其后的混合点位于饱和线上方，空调机组此时应有两级加热盘管，或者设置设置电加热预热。

(5) 气流组织

① 顶供下回（图 7-45）

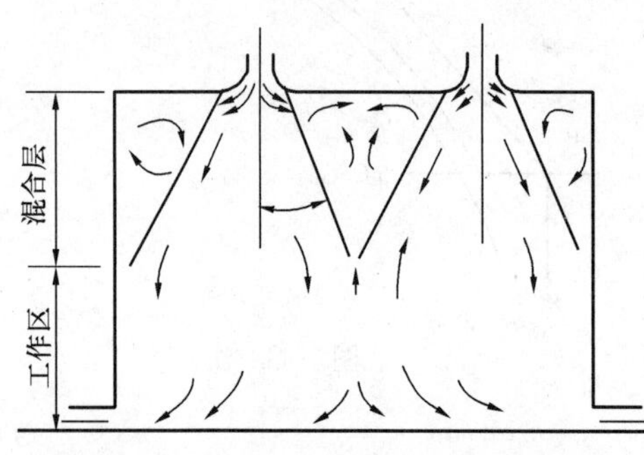

图 7-45 顶供下回气流组织示意图

大堂基本都是高大空间，上送下回的气流组织比上送上回更为合理，室内空气参数均匀，不存在送回风短流问题，最适合于房间净高较高的场所。对于严寒与寒冷地区的建筑大堂应优先选择上送下回的气流组织形式。低处的回风口在冬季可将顶部送出的热风送风有效拉到底部。此种方式的送风在进入工作区前就已经与室内空气充分混合，易于形成均匀的温度场和速度场，能采用较大的送风温差来减少送风量。在风口的选择上，顶部送风口建议选用温控型旋流风口或温控型喷口来解决冬夏季不同送风需求的调节要求。

② 中侧供下回（图 7-46）

采用分层空调形式，仅对下部空间（空气调节区域）进行空气调节，而对上部较大非空调区进行通风排热。与顶供全室空调相比，此方案供冷时具有较好的节能效果，一般可达 30%左右，但供暖时则并不节能。实践证明，对高度大于 10m，体积大于 10000 的高大空间，采用双侧对送、下部回风的气流组织方式是合适的，能够达到分层空调的要求。当空调区跨度较小时，采用单侧送风也可以满足要求。为了保证形成空调区和非空调区，必须侧送多股平行气流互相搭接，按相对喷口中点距离的 90%计算射程即可。送风口的构造应能满足改变射流出口角度的要求，可选用圆形喷口、扁行喷口等。应设法消除非空调区的散热量，在非空调区适当位置设置排风装置是最有效的办法。

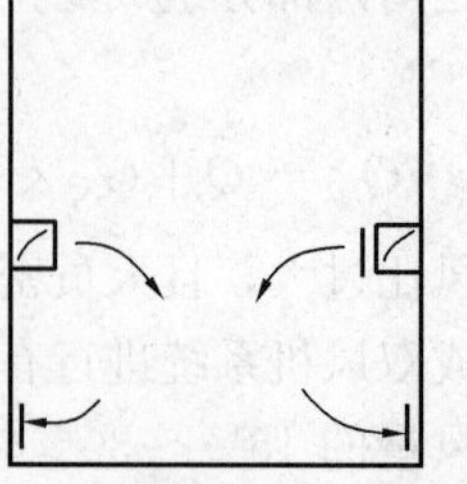
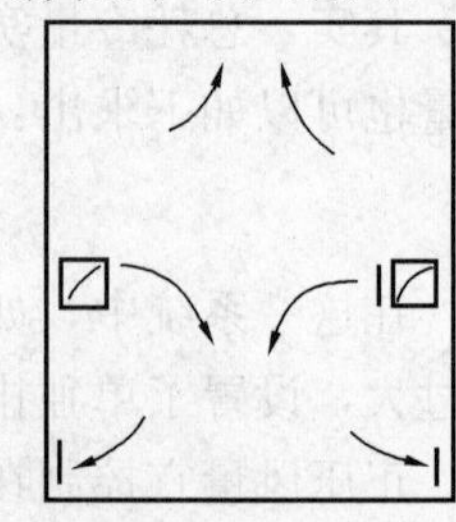

图 7-46 中供下回气流组织示意图

③ 靠窗地面供顶部回（图 7-47）

地面送风均匀、上部集中排风，此

种方式送风直接进入工作区，为满足人员的要求，送风温差必然远小于上送风方式，因而加大了送风量。同时考虑到人的舒适条件，送风速度也不能大，一般不超过 0.5～0.7m/s，必须增大送风口的面积或数量，给风口布置带来困难。此外，地面容易积聚赃物，会影响送风的清洁度，但下送方式能使新鲜空气首先通过工作区。同时，由于是顶部排风，因而房间上部余热（照明散热、上部围护结构传热等）可以不进入工作区而被直接排走，排风温度与工作区温度允许有较大的温差。因此在夏季，从人的感觉来看，虽然要求送风温差较小，却能起到温差较大的上送下回方式的效果，并为提高送风温度、利用温度不太低的天然冷源如深井水、地道风等创造了条件。

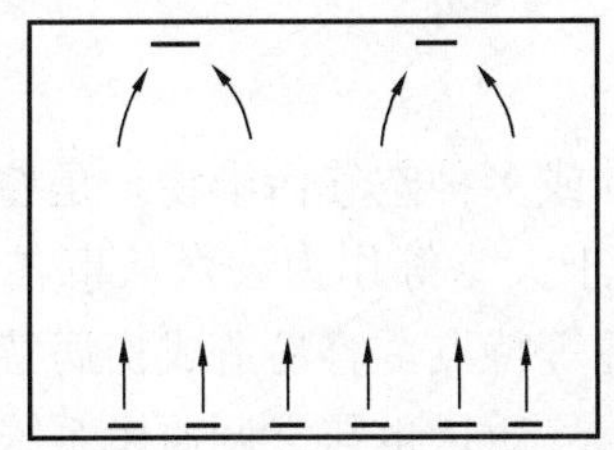
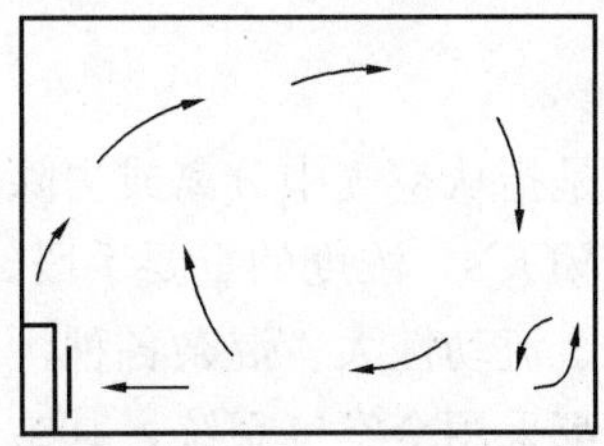

图 7-47　下供顶回气流组织示意图

（6）加湿除湿处理

① 加湿

为增加空气的含湿量，达到相对湿度要求，就需要各种形式的加湿装置对空气进行加湿处理，构成组合式空调机组的加湿段。加湿的主要设备：高压喷雾加湿器、湿膜加湿器。

湿膜加湿器选型注意事项：选用厚度为 D 的湿膜加湿器，其换热器后安装加湿器的预留空段应大于（D＋150）（mm）。加湿器的底部一定要有接水盘，接水盘的高度大于100mm，且随着风机风压的加大而增高，可以与空调水盘管的凝结水盘连成一体。加湿器的湿膜应竖直放置，倾角不能大于 15°。通过加湿器的面风速不得大于 4m/s，否则应加挡水板，防止加湿器产生过水现象。湿膜加湿器必须配有供水电磁阀，电磁阀在停电时水路处于关闭状态，且应配有金属过滤器。加湿器必须配有电控箱，留有湿度控制端口以接收 ON/OFF 湿度控制信号。电控箱的电源为 220V，50Hz。

高压喷雾加湿器选型注意事项：一般采用空气加热后进行喷雾加湿。卧式机组中，喷雾加湿后必须设置挡水板，面风速不大于 3m/s，防止未气化的水雾漂浮进入风道。立式机组中，如无设置挡水板的空间，应将喷头设置为逆气流方向喷射。高压喷雾加湿器水管上应安装水过滤器。

② 除湿

组合式空调机组中常用的除湿方式为利用制冷系统制备冷水供应表面式冷却器来冷却、干燥空气。冷却除湿过程的优点是性能稳定、使用可靠。如采用温湿度独立控制系统，可通过溶液调湿机组除湿。

（7）空气污染处理

① 空气过滤器

空气调节系统中所处理的空气，一般是新风或回风或者两者的混合风。新风因室外环境有尘埃而被污染，回风则由于室内人员的活动、工作和工艺过程而被污染。空气中的灰尘除对人体的健康不利、影响室内壁面和设备的清洁外，还对加热器、冷却器等设备的换热性能有很大的影响。空气过滤器按性能可分为粗效过滤器、中效过滤器、高中效过滤器、亚高效过滤器及高效过滤器等；按形式可分为平板式、折褶式、袋式、卷绕式、筒式和静电式过滤器等。常用的过滤材料有金属丝网、人造纤维、玻璃纤维、无纺布、滤纸等。由于过滤器的阻力会随着积尘量的增加而增大，为防止系统阻力的增加而造成风量的减少，过滤器的阻力应按其终阻力计算。空气过滤器额定风量下的终阻力分别为：粗效过滤器 100Pa，中效过滤器 160Pa。粗、中效过滤器一般设置在空调器中，新风和回风经混合段混合后，流经过滤器后再经冷热处理。过滤器应设置阻力监测、报警装置，并应具备更换的条件。

② 空气净化器

室内空气净化是指从空气中分离或去除一种或多种空气污染物，是控制室内污染物挥发性有机化合物（VOCs）浓度的重要手段。对于大堂等作为公众从事各种社会活动的场所，具有人员密集、流动性大、混杂各种污染源等特点，容易造成疾病特别是传染病的传播。这些场所一般都采用全空气系统，其室内空气质量也与空调通风系统的污染有关，主要是风管内表面积尘、细菌和真菌污染等。目前工程常用的空气净化装置有高压静电、光催化、吸附反应型等三类空气净化装置。各类空气净化装置具有以下特点：

高压静电式空气净化装置，对颗粒物净化效率良好，对细菌有一定去除作用，对污染物 VOCs 效果不明显。因此在颗粒物污染严重的环境，宜采用此类净化装置，初投资虽然较高，但空气净化机组本身阻力低，系统能耗和运行费用较低。此类净化装置有可能产生臭氧，设计选型时需要特别注意查看产品有关臭氧指标的监测报告。

光催化型空气净化装置，对细菌等达到较好的净化效果，但此类净化装置易受到颗粒物污染造成失效，所以应加装中效空气过滤器进行保护，并定期检查清洗。

吸附反应型净化装置，对污染物 VOCs 效果最好，对颗粒物等也有一定效果，无二次污染，但是净化设备阻力较高，需要定期更换滤网或吸附材料等。

空气净化装置应根据室内空气污染性质及空气净化技术的应用现状，经综合判断选用。选用时注意其经济性、无二次污染或副作用等；另外，可靠的接地是用电安全的必要措施，高压静电空气净化装置有相应的用电安全要求。

（8）门厅大堂空调设计注意事项

① 冬季在夏热冬冷及以北地区，酒店底层外门开启冲入冷风的多少对门厅大堂的室内温度有较大影响，处理不当会出现过冷现象使客人感到不适。建筑采用有门斗的双层门及全自动旋转门减少了外门开启的冷风冲入量。手动平开门开启时的冷风冲入量可参考《实用供热空调设计手册》表 5.1-14 取值或计算其耗热量。

② 建筑设置的门斗的双层门或电动旋转门，在冬季虽然阻止了冷空气的长驱直入，但每次开门或旋转门的每一次转动都有相当数量的冷风带入大堂，如不采取措施，都会引起客人的抱怨。一些工程实践表明，因种种原因开业前未设大门热风幕或未对门斗空间加热的超高层建筑酒店，进入冬季后，皆因外门开启时冲入室内的冷空气量过大造成酒店门厅大堂室内温度大幅度下降。最后都通过增设风幕或恢复门斗空间的加热系统，才使门厅大堂的舒适度得以维持。在外门内侧入口处安装上吹风、侧吹风或下吹风型（内设热水加热或电加热）的热风幕都能有效地在冬季改善门厅大堂环境的热舒适度。

③ 在玻璃幕墙下面或其下的架空地板内分布式地板空调，冬季可以防止玻璃结露、改善坐在窗边客人的热舒适度。严寒与寒冷地区宜在大堂设低温地面辐射供暖系统。

④ 在条件许可时，宜在大堂周边的下部均匀设置温度传感器，以控制大堂空调系统的送风温度。当温度传感器须隐藏在可移动的花木、家具类物品中有空气流通的部位处，应由预埋的接线盒。

(9) 分布式地板空调

分布式地板空调是地板式送风空调末端设备，具有制冷、制热、送新风的功能和大制热和制冷量、高产品质量、不占用地面面积、多种控制配件可供选择、选择结合自然对流和强制对流、多种特殊设计可供选择（拐角设计、圆滑的轮廓等）、易于安装操作和维护等特点，适用于公共环境、大厅、办公环境、医院等，尤其适用于玻璃幕墙或落地窗结构的建筑物。

① 工作原理

冬季，室温空气经过滤网被贯流风机吸入，与倾斜放置的热交换器中的热水换热后，沿窗向上送入室内。加热后的气流沿幕墙玻璃垂直向上升起，加热幕墙处冷气流，之后与室内空气混合，在为室内加热的同时，屏蔽了窗边冷气流对室内的侵袭。

夏季，室温空气经过滤网被贯流风机吸入，与倾斜放置的热交换器中的冷水换热后，沿窗向上送入室内。冷却的气流沿幕墙玻璃向上运动，到达天花板后自然沉降进入房间，与室内空气混合，然后以层流送风方式进入室内。

自然对流分布式地板空调制热范围在600～3700W，强制对流分布式地板空调的制热制热范围为1000～20000W，制冷范围为100～13000W。由于产品结构，型号及适用场所不同，因此需要有经验的工程师来进行选型。

② 应用

带风机型制冷分布式地板空调用在二次制冷，在制冷的季节，房间里制冷必须靠近热源（例如透过窗户的太阳辐射）以防止室温升高。它们适用于所有有大的热包络表面（大窗户、玻璃幕墙等）的房间。它们应用在由于施工特性，天花板制冷不可行的建筑中。在供暖的季节，地板空调应用在室内供暖。

带风机型制冷分布式地板空调的操作原理是强制对流，即：空气流速是通过切向风扇风量增大的。在制冷的模式下，FB-F-K1分布式地板空调吸收窗户和热墙附近的热空气，在热交换器中冷却然后返回到房间里。这样由于热房间围护结构表面减少热吸收。在制冷过程中，一部分水汽是从空气中提取的；这种除湿有助于热舒适性。在制热模式下，过程是反向的：FB-F-K1吸收窗户附近的冷空气，加热它并返回到房间里。

③ 型号

FB-F分布式地板空调长度有30种，1250mm到4850mm，长度可300mm的增量。三种宽度245mm、340mm、425mm，三种高度145mm、150mm和200mm。另有宽度为200mm，高度为115mm，长度为1250mm、1750mm、2250mm、2750mm、3250mm系列。无级风扇速度可调。

④ 控制配件

水侧控制配件或特殊格栅设计可根据要求安装或提供。

⑤ 型号说明

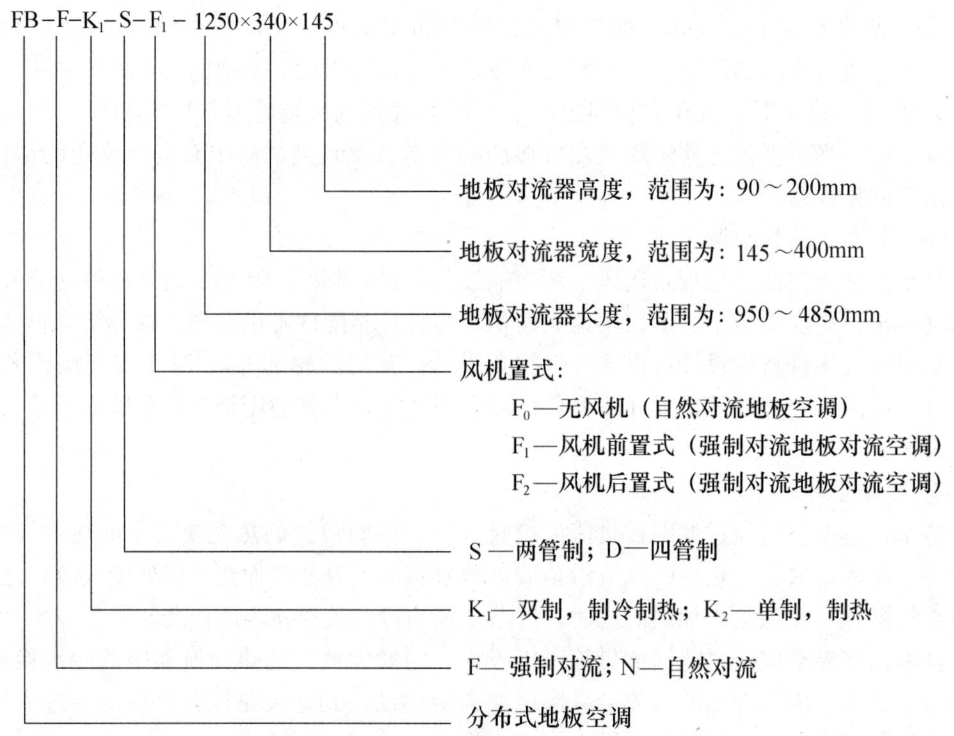

⑥ 强制对流分布式地板空调基本型号参数表（表 7-42）

表 7-42

型号	高度（mm）	宽度（mm）	长度（mm）	制热（W）$\Delta T_m=50K$	制冷（W）$\Delta T_m=9K$（干工况）	制冷（W）$\Delta T_m=18K$（湿工况）
FB-F-K_1-D-F_2	115	200	1250/1750/2250/2750/3250	701～3511	—	—
FB-F-K_1-S-F_2	145	340	1250/2000/2750	1800/3880/6000	340/680/1100	925/1850/2950
FB-F-K_1-D-F_2	145	340	1250/2000/2750	1370/2900/4500	370/750/1100	870/1700/2750
FB-F-K_1-D-F_2	145	425	1250/2000/2750	1400/3100/4700	350/690/1100	925/1850/2950
FB-F-K_1-S-F_2	150	340	1250/2000/2750	3640/7100/10900	660/1280/1600	1600/3200/5100
FB-F-K_1-D-F_2	150	340	1250/2000/2750	2750/5200/8200	660/1180/1900	1500/2900/4500
FB-F-K_1-S-F_2	200	340	1250/2000/2750	4050/8800/13500	850/1750/2450	2100/3850/6200
FB-F-K_1-D-F_2	200	340	1250/2000/2750	3480/6500/9500	850/1600/2450	1900/3450/5700
FB-F-K_1-S-F_2	150	340	1250/2000/2750	4380/6500/9500	700/1450/2300	1650/3300/5200
FB-F-K_1-D-F_2	150	340	1250/2000/2750	2800/5380/8400	650/1210/1900	1550/2920/4700
FB-F-K_1-S-F_2	200	340	1250/2000/2750	4200/9100/13700	900/1800/2600	2150/3900/6300
FB-F-K_1-D-F_2	200	340	1250/2000/2750	3280/6800/9800	890/1680/2500	1950/3500/5850

上表是以科瑞格空调技术（北京）有限公司的分布式地板空调为例的参考选型，该表只列出了部分型号，详细的型号参数请参见产品样本。

（10）组合式空调机组选型

随着空调设备制造技术的发展，过去由设计单位计算选择组合式空调机组部件，现场组装的情形已不复存在，设计单位只需提出性能参数，由设备厂商集成后整体供货。各设备厂商一般都开发了适合自己产品的选用计算软件，无需设计单位再做选型计算。实际工程中，由于风侧、水侧设计参数的可变性，组合式空调机组不可能都在名义工况下运行。因此所谓选择组合式空调机组就是要校核是否其满足空调系统的设计工况。

① 盘管进、出风参数：盘管进、出风参数是选择组合式空调机组最重要的参数。通过负荷计算、风量计算，在焓湿图上可定出盘管冷却或加热工程中进出风参数。盘管的面风速控制在 2.5m/s 左右。

② 风机形式、风量与风压：在系统风量和系统阻力计算的基础上，选择风机风压时应考虑到机组的内部阻力，如难以确定应注明机组机外余静压。风机风量与风压应考虑10%左右的安全系数。此外，还应列出系统的最小新风量，以及是否需要全/变新风运行；是否要变风量运行。

③ 冷量与热量：由盘管进出风参数和设计风量可以计算出机组的冷量与热量。

④ 盘管进出水温、工作压力和水压降：盘管进、出水温度为水系统设计参数。高层建筑对盘管工作压力影响很大，一般不宜大于 1.6MPa。盘管水压降影响到系统阻力和水泵扬程，通常为 30～40kPa。

⑤ 空气过滤器：要根据需要规定粗、中效空气过滤器的过滤效率与设计阻力，空气过滤器面风速宜控制在 2.0m/s 左右。

⑥ 加湿器：列出加湿器的形式和经计算确定的加湿量。

⑦ 箱体功能段组合示意图，应规定以下内容：机组型号、外形尺寸、各功能段排列与尺寸及操作面、进出风口、进出水口的定位尺寸和大小；机组操作面。

7.4.3 餐厅

(1) 餐厅空调室内设计参数

《旅馆建筑设计规范》JGJ 62—2014 在第 5.2.2 条中提出，旅馆建筑室内暖通空调设计计算参数及噪声标准应符合现行国家标准《民用建筑供暖通风与空气调节设计规范》GB 50736、《公共建筑节能设计标准》GB 50189 的规定，且应符合表 7-43、表 7-44 的规定（仅列出餐厅部分）。如果在设计阶段有酒店管理公司介入，则需按管理公司提出的设计参数进行选取。

表 7-43 室内暖通空调设计参数

房间等级和房间名称		夏季		冬季		新风量 [m³/(h·p)]
		空气温度 t (℃)	相对湿度 RH (%)	空气温度 t (℃)	相对湿度 RH (%)	
餐厅、宴会厅、多功能厅	一级	26～28	—	18～20	—	—
	二级	26～28	—	18～20	—	—
	三级	25～27	≤65	19～21	≥30	≥20
	四级	24～26	≤60	20～22	≥35	≥25
	五级	23～25	≤60	21～23	≥40	≥30

（2）餐厅空调负荷特点

餐厅、宴会厅、多功能厅的空调室内负荷主要包括建筑围护结构负荷、人员、照明与设备负荷、食物负荷以及火锅、烧烤等设备的负荷。建筑围护结构负荷没有什么特殊性，下面重点分析一下其他三类负荷。

① 人员与照明设备负荷：餐厅、宴会厅、多功能厅的人员密度与照明设备负荷计算基数见表7-44。

表7-44　餐厅、宴会厅、多功能厅的人员密度与照明设备负荷计算基数

厅室分类	照明容量（W/m^2）	人员密度（人/m^2）
中式餐厅	50	0.5～0.7
西式餐厅	55	0.5～0.7
中、小宴会厅	30	0.5～0.7
大宴会厅	40～150	0.3～1.0
咖啡厅	40	0.5
会议室	40	0.5
休息厅	30	0.25

② 食物负荷：食物的散热量与餐厅的种类（中式餐厅、西式餐厅）、用餐人数的多少等许多因素有关。在餐厅负荷计算时必须考虑食物的散热量和散湿量，但又难以确切计算。一般是采用估算的办法，即按餐厅种类的不同，中式菜肴的冷负荷平均为43W/人，其中潜热热负荷为24W/人；西餐菜肴的冷负荷平均为17W/人，其中潜热负荷为8.5W/人。

③ 火锅、烧烤等设备的负荷：由于火锅、烧烤餐厅室内特殊的食品加工方式，其散热量、散湿量大，使得就餐人员尤其是餐厅工作人员产生极强的不舒适感，因此在这类餐厅负荷计算时必须考虑火锅、烧烤等设备的散热量、散湿量。但目前手册和规范均缺乏这方面的数据，设计时可按人员散热量的2～3倍进行估算，也可按使用燃料的不同，按表7-45推荐数据计算。

表7-45

燃料种类	总冷负荷	显冷负荷	潜冷负荷	湿负荷
	W/人	W/人	W/人	g/(s·人)
酒精膏	630	200	430	0.186
人工煤气	370	140	230	0.1
液化气	410	180	230	0.1
天然气	270	40	230	0.1

（3）餐厅新风量计算

餐厅新风量应负荷下列要求：不小于卫生标准与节能标准规定的室内人员所需新风量，以及补偿餐厅内厨具排风、吸烟区排风、间接向厨房补风和保持餐厅适当正压所需风量之和两项中的较大值。同时，还必须在与其相邻的厨房与前厅之间形成必要的压力梯度，即在餐厅的营业时间内保持空气从前厅流向餐厅，餐厅内的空气流向厨房。使得厨房产生的异味与废气不溢入餐厅，餐厅中酒菜的气味不窜入酒店其他公用空间（对全开放式厨房，可视食物加工区为厨房，视就餐区为餐厅，在开放式厨房与就餐区之间的吊顶上、紧贴着厨房区设一圈条形送风风口，以空气幕的送风形式将厨房的设计补风量由此条形风口送出）。

① 人员所需新风量，可按酒店的星级根据规范规定，结合具体酒店管理公司设计标准要求的数值确定。

② 厨房排气罩的设置及其排风量的计算。厨具排气罩在水平面上的投影面积应比厨具四周各扩 0.2m，此投影面积即排气罩的罩口面积。排气罩的排风量可按式（7-56）计算：

$$L = F \times v \tag{7-56}$$

式中　L——厨房排气罩计算风量（m^3/s）；

F——排气罩的罩口面积（m^2）；

v——排气罩的罩口平均面风速，m/s；用于设在餐厅中间的开放式厨房的排气罩，罩口的平均风速不宜小于 0.8m/s；用于侧（下）面排风的排气罩，其罩口平均面风速不宜小于 1.0m/s。

③ 吸烟区排风。吸烟区排风系统应独立设置，其排风口设在吊顶上，其平面位置应与餐厅空调系统的总回风口相对设置，且距离越远越好。吸烟区排风系统的设计排风量宜按不小于餐厅的 2 次/h 换气量进行计算。

④ 间接向厨房补风的风量计算。用餐厅的二次风向厨房补风的风量与厨房送排风系统的设计及其选用的设备有关。大致可分以下两种：

厨房送风系统的风量按其总排风量的 70%～85%设计时，则利用餐厅的二次风向厨房的补风量应等于厨房总排风量的 30%～15%；

当灶具上方采用节能型“诱导式补风排气罩”时，对厨房设不进行处理的直接送风系统，而经过处理送入厨房空间内的风量下降到厨房总排风量的 40%，餐厅间接向厨房补风的风量建议按总排风量的 15%～20%计算，但必须根据厨房的空气平衡计算结果最终确定。

⑤ 保持餐厅适当正压所需风量。在酒店空调设计中前厅的正压通常按 10Pa 设计。如前所述，餐厅的正压应比此值低 1～2Pa，即餐厅设计正压等于 8～9Pa。

（4）餐厅空调系统形式

《旅馆建筑设计规范》JGJ 62—2014 在第 6.2.12 条中规定，面积或空间较大的公共区域，宜采用全空气空调系统。餐厅的空调系统选择与酒店的星级、建筑层高、餐厅的平面位置以及酒店管理公司的习惯做法有关。常用空调方式有以下 3 种：全空气定风量系统、全空气变风量系统、风机盘管加新风系统。全空气系统虽然占用的空间比较大，但餐厅、宴会厅、多功能厅的建筑往往有比较大的空间可以利用，管道布置不会太困难。特别是这些场合人员密集，新风量很大，采用全空气系统在过渡季节可采用全新风运行，大大降低系统运行能耗。风机盘管加新风系统是另一种很常用的方式，对于层高比较低的餐区域，安装全空气低风速系统比较困难时，可考虑采用风机盘管加新风系统（实践中有许多工程应用案例）。对于大型的餐厅、宴会厅、多功能厅，采用风机盘管加新风系统时，应采用高静压的大容量风机盘管。

① 全空气定风量系统

鉴于餐厅、宴会厅通常会做多种形式的隔断，可分为两间或多间使用，多数酒店管理公司会要求设计全空气变风量空调系统。如设计为采用配置变频调速装置的全空气定风量系统，即不设变风量末端，使定风量系统可在70%～100%的负荷范围内变风量运行，其他负荷段按设计总风量的70%定风量运行也是可行的办法。系统划分与设置应与餐厅、宴会厅可分隔的空间数量相一致：在每一个可单独使用的空间中均设一台空调机组、一台可调风量的排风机。总回风管上设 CO_2 浓度传感器，及时根据厅内的实际人数调节系统新风量，以节省运行能耗。

② 全空气变风量系统

室内冷负荷在一天当中有大幅度增减的房间，比如在东或西向全部是玻璃幕墙、或有相邻两个朝向玻璃幕墙的餐厅、旋转餐厅、咖啡厅等，或多个使用功能与使用时间完全相同的相邻设置的小餐厅时，宜优先选用变风量空调系统。变风量空调系统通常应用在高星级酒店之中，其主要目的是为了减小室内的区域温差，提高客人的热舒适度。值得注意的是，高星级酒店内装潢设计对风口外形要求较高，被内装认可的风口多数不能在设计风量的变化范围内形成满意的室内气流组织。因此，酒店管理公司的代表大多建议设计选用压力无关型串联式风机动力型末端作为变风量系统的末端装置。在冬季有同时供冷与供热要求的房间，末端选用带热水盘管的串联式风机动力箱。贵宾小餐厅等全为内区的房间，末端可选用单风道节流型变风量箱。

③ 风机盘管加新风系统

此种空调系统形式适合餐厅的包间等区域，通常是内区。内区房间的新风系统不仅需根据卫生要求向室内送入设计最小新风量，冬季还担负着利用低温的室外空气向内区房间供冷的任务，这两个风量通常相差很大，故用于内区房间的新风系统应设计为变风量系统。对于多个小房间共用一个新风系统时，该新风系统可设计为冬夏季双速系统或简易变风量系统。

内区房间新风量的计算：夏季风盘供冷期间的最小新风量按上节要求计算。冬季用低温室外新风向内区餐厅供冷时，新风量应根据各房间显热平衡计算确定；餐厅冬季室内计算温度可取 22℃，人体发热量只计其显热部分 81W/人，食物散热量也只计其显热 8.7W/人，群集系数按 0.93，设备发热量的计算详见上节。送风温差按 8～10℃计算（即新风的送风温度在 12～14℃之间），以减少新风管占用的建筑空间。在设送风的同时，也应同时配置变风量的排风系统。

变新风量系统由下列设备组成：送风机配变频器调速装置的新风处理机组；与变频器配套供应的静压传感器和控制器；各房间送风支管上设置的机械压力无关型电动定风量阀；排风定风量阀。

7.5 学校大教室

7.5.1 室内设计参数

学校大教室主要空调指标应符合下列要求（表 7-46）：

表 7-46

类别	夏季			冬季			新风量（m^3/h·人）	含尘量（mg/m^3）
	温度（℃）	相对湿度（%）	风速（m/s）	温度（℃）	相对湿度（%）	风速（m/s）		
教室	26～28	≤8s	≤8s 度	16～18	—	≤8s 度	≥8s	≤8s 度

教室的人员密度、照明功率密度值和电器设备功率见表 7-47：

表 7-47

房间类别	人员密度（m^2/人）	照明功率密度值（W/m^2）	电器设备功率（W/m^2）
教室	1～1.5	≤(8)	20

7.5.2 大教室空调系统形式

双风机全空气系统；单风机加排风系统；面积较小时采用风机盘管加新风系统，新风处理可采用全热交换器；也可采用多联机加新风系统。大教室特点是人员密度大、人留时间长、新风条件对人员健康影响大，尤其是对青少年成长影响大，所以应注重新风配备。

7.5.3 工程实例

学术报告厅是某学校新校区行政办公及学术交流中心的一部分，建筑面积 200m^2，夏季室内设计参数：干球温度 26.0℃，相对湿度 60.0%，冬季室内设计参数：干球温度 18.0℃，相对湿度 30.0%。

按全空气系统设计：

夏季系统过程参数：

夏季室外设计焓值：77.088kJ/kg，干空气

夏季室内设计焓值：62.235kJ/kg，干空气

夏季最小新风量：160×25＝4000m^3/h（报告厅中人数按 160 人，新风量标准按 25m^3/h·人）。

夏季空调冷负荷：31.3kW

夏季空调湿负荷：13.1kg/h

风机温升：1℃

露点送风（φ=95%）

经焓湿图计算：（图7-48）

空调机组供冷量：51.2kW

送风量：9000m^3/h

冬季系统过程参数：（图7-49）

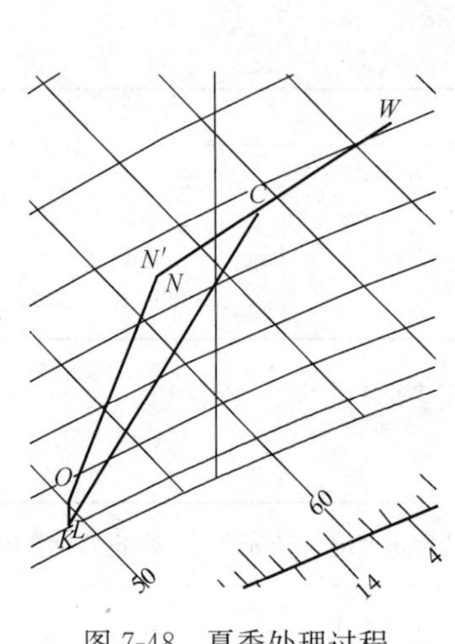

图7-48　夏季处理过程

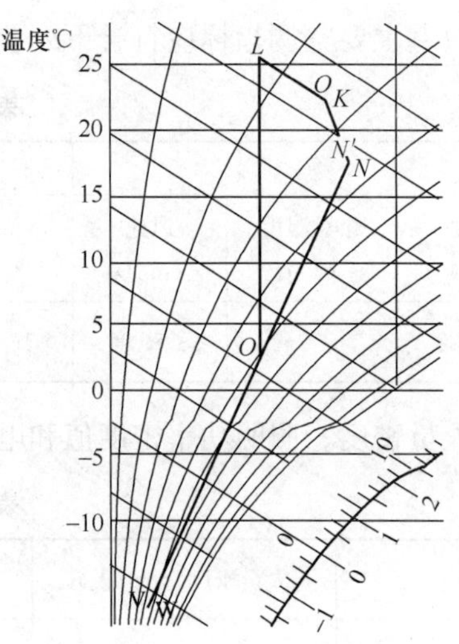

图7-49　冬季处理过程

冬季室外设计焓值：−11.318kJ/kg，干空气

冬季室内设计焓值：28.824kJ/kg，干空气

冬季空调热负荷：10kW

冬季空调湿负荷：5.28kg/h

送风量不变：9000m^3/h

按加热和等焓湿膜加湿过程计算：空调机组加热量：65.7kW，加湿量12.45kg/h。

可按以上参数选择空调机组，空调机组的冷热源一般来自集中冷热源，夏季提供冷水，冬季提供热水。

学校一般有集中热源，没有集中冷源，可按供冷量选择风冷冷水机组提供冷水，或选择直膨式风冷空调机组供冷。在严寒或寒冷地区，供热一般采用集中供暖系统，或利用集中热源提供的热水，在机组内增加热水盘管即可。考虑冬季供热热泵衰减较多，不采用风冷热泵机组供热。在夏热冬冷和夏热冬暖地区，学校一般不设集中冷热源，可选用风冷热泵冷热水机组提供冷热水，或直接采用直膨式风冷热泵空调机组。

风冷热泵冷热水机组设备价格便宜，但系统较复杂，需要布置水路系统，在严寒或寒冷地区，还需要泄水防冻，管理复杂；直膨式风冷热泵空调机组系统比较简单，但价格较高。全空气空调系统的方案均需要空调机房布置空调机组。

按多联机加新风系统设计，夏季采用多联机空调系统供冷（图7-50），冬季采用低温辐射供暖系统。虽然造价较高，但无大风管，只有空调室内机，占室内高度较少，室内机的风机能耗比较低，不需要空调机房，易管理。

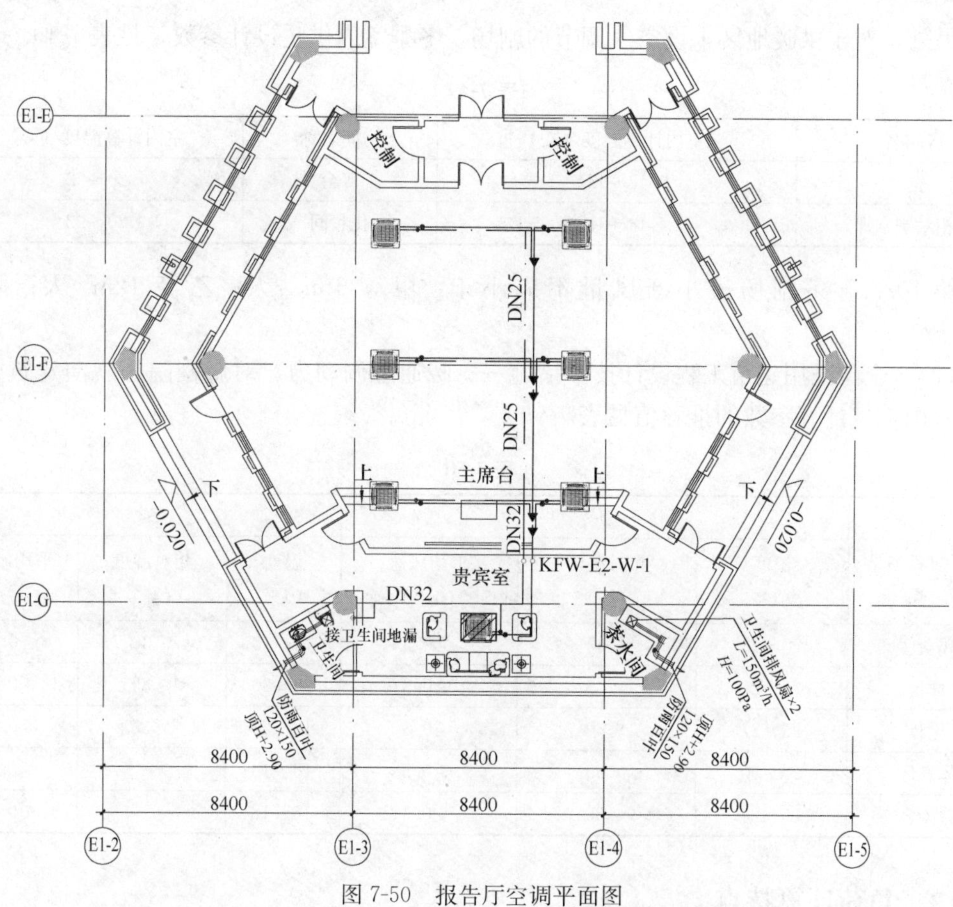

图 7-50 报告厅空调平面图

7.6 剧 场

7.6.1 室内设计参数

（1）根据《剧院建筑设计规范》(JGJ 57—2000)

第 1.0.5 条剧场建筑的等级分为特、甲、乙、丙四个等级。特等剧场的基数要求根据具体情况确定；甲、乙、丙等剧场应符合下列规定：

① 主体结构耐久年限：甲等 100 年以上，乙等 51～100 年，丙等 25～50 年；

② 耐火等级：甲、乙、丙等剧场均不应低于二级；

③ 室内环境标准及舞台工艺设备要求应符合本规范有关章节的相应规定；

第 10.2.3 条剧场空气调节室内设计参数，见表 7-48

表 7-48

参数名称	夏季	冬季
干球温度（℃）	24～26	20～16
相对湿度（%）	50～70	≥30
平均风速（m/s）	0.2～0.5	0.2～0.3

另外，对于供暖地区未设空气调节的剧场，冬季室内供暖设计参数，见表7-49。

表 7-49

房间名称	室内计算温度（℃）	房间名称	室内计算温度（℃）
前厅	12～14	舞台	20～22
相对观众厅	14～18	化妆间	20～22

第10.2.7条剧场最小新风量不应小于：甲等15m³/人；乙等12m³/人；丙等10m³/人。

(2)《全国民用建筑工程设计技术措施——暖通空调动力》对影剧院等观演建筑空调房间室内空气计算参数的推荐值见表7-50。

表 7-50

房间名称	夏季			冬季		
	温度（℃）	相对湿度（%）	平均风速（m/s）	温度（℃）	相对湿度（%）	平均风速（m/s）
观众厅	26～28	≤65	≤0.3	16～18	≤30	≤0.2
舞台	25～27	≤65	≤0.3	16～20	≤35	≤0.2
化妆	25～27	≤60	≤0.3	18～22	≤35	≤0.2
休息厅	28～30	<65	≤0.5	16～18	—	≤0.3
礼堂（学校）	26～28	≤65	≤0.3	16～18	—	≤0.2

7.6.2　负荷计算特点

(1) 影剧院空调负荷的特点

① 影剧院一般都是非全天、非连续使用的或集中在部分时间使用。观众厅演出的时间每场只有1～3h，门厅、休息厅观众停留时间更短。

② 影剧院的观众厅、休息厅等是人员密集的场所，人体湿负荷较大，潜热负荷较大。

③ 影剧院观众厅往往被包围在其他附属房间之间，温差传热和太阳辐射的热量很小；且因建筑声学处理的要求，墙壁、顶棚等大量吸声材料，这就使这种维护结构的隔热性能非常好，更减少了建筑围护结构传热的冷热负荷。

④ 冬季由于室内发热量大（人体、照明等），抵消建筑耗热量，所以有可能非但不需要送热风，还可能需要送冷风适当的降温。

⑤ 观众厅一般照明负荷比较小，每平米建筑面积5～10W。电影院只需要在开映前或散场时才开灯照明，这部分负荷更小，放映时间则全部关闭，国内一般电影院观众厅不计入照明负荷，剧场舞台灯光发热则是主要负荷，不但负荷大而且变化大，设计时应设法在灯具附近排风，以排除灯具负荷的40%～60%。

⑥ 高大空间的观众厅、地面前低后高，室内温度分布也是前低后高，特别是冬季更为明显；在垂直方向上也有较大的温度梯度，下部温度低，上部温度高，靠近顶棚形成稳定的高温空气层，这就是温度分布现象。这一现象在一定程度上减轻夏季冷负荷。

⑦ 由于观众厅、休息厅人员密集，为满足卫生要求所需的新风量大，因而新风负荷

大，常可达空调冷负荷的30%左右。

（2）人体散热量、散湿量及照明灯具散热量的计算

影剧院是人员密集的场所，尤以观众厅为甚，每平方米可有1～2人。人体散热和散湿负荷成为观众厅空调负荷的主要部分，人体散热负荷可占总冷负荷的60%左右，因此需要对人体散热散湿负荷的计算给予足够重视。

影剧院照明灯具与一般房间的灯具不同，因而其散热量的计算也不同。

影剧院观众厅的照明负荷一般较小，5～10W/m²；电影院观众厅在放映不开灯，所以不必计算照明负荷。剧场舞台灯光照明容量大，一般安装为150～340kW；一个能演出大型芭蕾舞剧的舞台各部分灯管安装功率见表7-51。

表7-51　剧院舞台各部分灯光安装功率

灯光种类	回路数	每回路功率（kW）	合计功率（kW）
面光	30	2.0	60.0
耳光	16	2.0	32.0
立柱光	10	2.0	20.0
反光	30	2.0	60.0
地排光	40	2.0	80.0
流动光	8	2.0	16.0
脚光	6	2.0	12.0
排光	30	2.0	60.0

舞台灯光最高负荷的延续时间不长，同时出现每种类型光的功率为4kW（一般为2kW），同时出现最大照明功率为200kW的持续时间为20～30min，因此需要考虑同时使用系数。

为避免气流将灯光热大量带入工作区，送风口应安装在灯具之下，回风口设在灯具高度上。

实际工程中常在面光部位（或小室）设机械或自然排风，可以将部分热量直接排向室外。因此，剧院灯具的发热量远小于安装容量下的发热量。灯具按式（7-57）计算：

$$Q = n_1 \cdot n_2 \cdot n_3 \cdot \Sigma N \tag{7-57}$$

式中　Q——灯具计算发热量（W）；

N——灯具安装容量（W）；

n_1——灯具同时使用系数，取0.7；

n_2——灯具调光系数，取0.6；

n_3——灯具位置系数，取0.4。

上述计算热量还应考虑以下两个问题：

① 计算热量中一般按对流、辐射各占50%考虑，即其中的50%以辐射形式投射到工作区，因此，上述计算热量还应乘以分配系数C_1=0.5才为工作区的的热量。

② 辐射热进入工作区后仍然有蓄热放热过程，应考虑负荷系数。

考虑剧院围护结构为重型结构（每平米地面面积的建筑材料为635kg），其负荷系数C_2见表7-52。

表 7-52　负荷系数 C_2

序号	开灯后小时数			
	连续开灯的总时数（1h）	连续开灯总时数（2h）	连续开灯的总时数（3h）	连续开灯总时数（4h）
1	0.41	0.19	0.06	0.05
2	0.42	0.60	0.24	0.10
3	0.42	0.60	0.65	0.29
4	0.42	0.61	0.66	0.70

因此，实际的照明负荷 Q' 应为按 $Q=n_1n_2n_3\Sigma N$ 计算出的灯具发热量后，再乘以系数 C_1 及 C_2，即

$$Q'=C_1\cdot C_2\cdot Q \tag{7-85}$$

7.6.3　观众厅、舞台的气流组织

（1）观众厅气流组织要求

① 送风气流分布要均匀，在观众厅能形成符合要求的、均匀的速度场和温度场。

② 送冷风时，气流不能直接吹向观众，观众无吹冷风感。

③ 送热风时，热空气不要在观众厅上部滞留而形成分层现象，造成气流不能送到下部，观众厅高度方向温差过大。

④ 对于变风量空调系统，不能因送风量减少而破坏气流组织效果，影响气流分布。

⑤ 回风口的位置可能改善气流分布；如在送风气流无法到达的位置设回风口，有利于消除送风死角。

⑥ 在不影响气流组织效果的前提下，减少送风口数量，送风管道尽量简单，以降低空调系统造价。

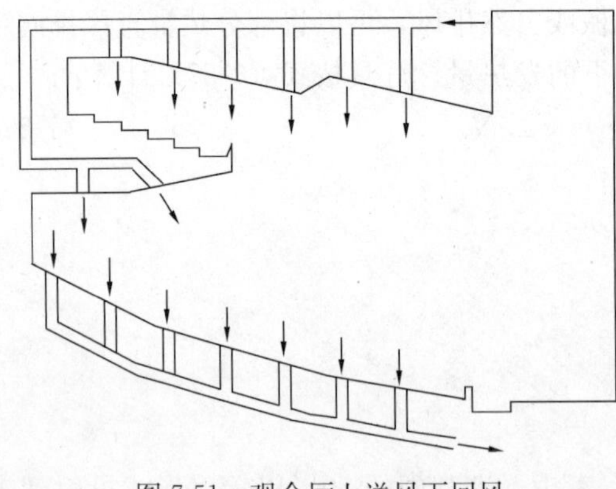

图 7-51　观众厅上送风下回风

（2）观众厅送回风方式

① 顶棚上送风下回风

这是观众厅传统的气流组织形式。送风口装在顶棚上，送风管道在顶棚内，回风口装在观众厅的下部，形成由顶棚自上而下的气流，见图 7-51。

这种送风方式的优点是：在夏季送冷风时，气流分布均匀，观众区温度分布也比较均匀；可以采用比较大的送风温差，减少总送风量；地面灰尘不易飞扬，室内卫生条件好；顶棚送风容易与建筑装饰配合，比较美观；由于送风比较均匀，回风口的位置和数量对空调效果影响不大，可以简化回风口和回风管道的布置。但由于全室都属于空气调节，因而空调负荷大，能耗大，不利于降低空调造价和运行费用。在顶棚内布置风管又比较复杂，冷损失大。冬季送热风时，垂直温度梯

度大，往往下冷上热。这种气流组织形式常用的送风口有：散流器、格栅或百叶送风口、旋流送风口等。常用的回风口有：格栅风口、百叶风口、网式风口或安装在座椅下蘑菇形状回风口等。

观众厅后部往往有楼箱，楼座或楼下后部座位的空间高度都比较低，即顶棚到观众区的距离很近，所以为避免送冷风时气流直接吹向观众，常采用水平送风的散流器；而观众厅前部则为高大空间，送风为增大射程而常采用旋流送风口送风。

② 上部喷口送风下回风

此种方式是观众厅后部墙面的上部或顶棚下装喷口，水平方向（或有一定倾角）向前送风，后墙下部或楼座阶梯的侧面回风。见图 7-52。

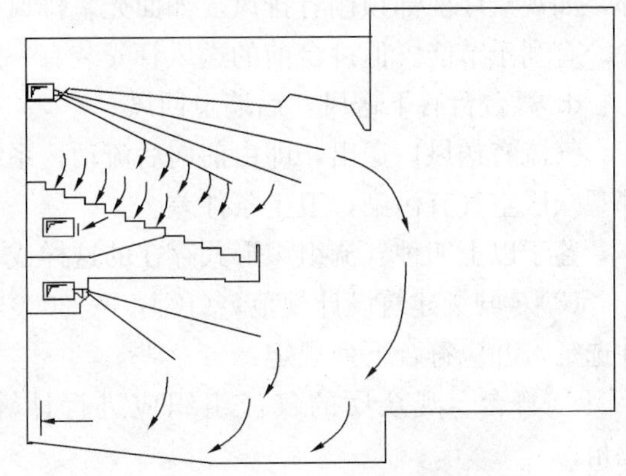
图 7-52 影剧院上部喷口送风下回风

喷口送出的高速气流，不断诱引周围其他空气，射流断面不断扩大，轴心速度和轴心温差也逐渐衰减，射流轴心轨迹发生弯曲（冷射流向下弯曲，热气流向上弯曲）。喷口出口风速为 4～10m/s 时，射程可达 25～30m。观众出于回流区，因而温度场和速度场都比较均匀。需要说明的是，由于喷口噪声相对较大，上部喷口送风下回风的气流组织方式在影剧院的采用相对较少。

③ 地面或座椅下送风上回风（图 7-53）

此种方式是由观众厅下部（地面或座椅）送风，由中部或上部回风（或排风）。经空调机组处理后的空气直接送入工作区，并在地板上形成一层较薄的空气湖，吸收了人体散发的热、湿后再进入观众厅上部，一部分作为回风回至空调机组；而另外一部分由观众厅顶部排向室外，排向室外这部分空气温度可以很高，观众厅顶部、上部侧墙及部分照明发热均可由排风带走，具有良好的节能效果。整个流场分为两个区：上区空气污浊，温度高；下区空气清新，温度低。但由于送冷风时的送风温度不能低于室内设计温度 6～8℃，所以风量明显高于其他气流组织形式。此气流组织形式的应用越来越普遍。

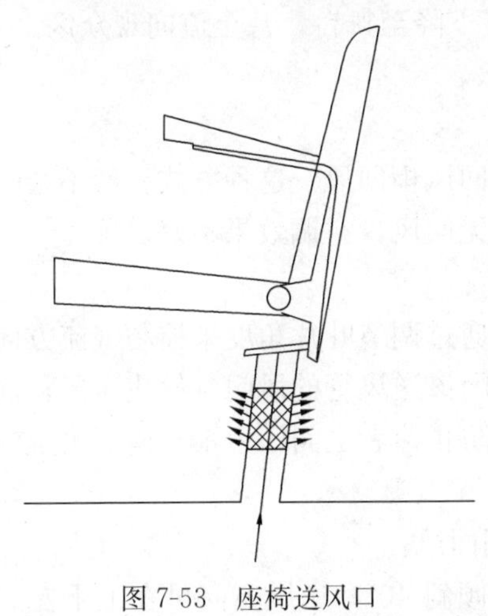
图 7-53 座椅送风口

④ 观众厅其他气流组织形式

a. 墙壁侧送风下回风

在观众厅侧墙上部安装格栅风口送风，气流沿水平面或向下倾斜一定角度送出，再从同侧墙下部的回风口回风。此方式观众区座位处于空气回流区，气流分布均匀，风管设置也较简单。为防止将顶棚和侧墙上灯光散热量带入坐席，侧送风口一般安装在距地面 3～4m 以下，即形成了高大空间分层空调的气流组织形式。当空间高度大于 10m 时，在 3～4m 以下为侧送风下回风区域。

b. 前侧墙送风，后墙回风

由靠舞台两侧墙用大面积格栅送风口送风，观众厅后部楼座上、下回风。这种形式送风口集中，系统也比较简单，还可利用建筑风道，因此造价低。有利于观众厅形成气流分层，从而节能效果好。但当格栅送风量大时，风速高时容易产生噪声。

c. 后墙与挑台分区送风，下回风

在楼上和楼下后墙以及楼厢挑台前缘分三个区域送风送风口可用喷口也可用百叶风口。此方式可以适当降低出风风速以防止噪声。回风口设在楼厢后墙及观众厅后墙的下部，如观众厅前部顶棚有排风（如面光室排风等），前部观众区以上的散热量可以直接排除，有利于节能。但挑台前的送风管安装有一定的困难。

d. 舞台台唇下送风，后墙上回风

气流有送风口送出，即由前向后流动；系统简单，并对气流分层和节能均有利，但后部观众区空气有污染，卫生条件差。

鉴于以上四种气流组织形式存在的这样或那样的问题，工程中应用的越来越少。

(3)《剧场建筑设计规范》(JGJ 57—2000) 第10.2.11条剧场的送风方式应按具体条件选定，并应符合下列规定：

① 舞台、观众厅的气流组织应进行计算；布置风口时，应避免气流短路或形成死角；

② 观众厅采用下送风时，应防止尘化。污物和水不得进入风口和风管。地下水位高的地区不宜采用地下风管。地下风道应设置清扫口。

③ 因此本工程的气流组织送风型式：一层观众厅，一层两侧侧墙设回风口回风，座椅下送风；二层楼座送风方式采用座椅下送风，二层一侧墙设回风口回风。

(4) 舞台空调的特殊性

①空间高大。主台高度可达18～24m，宽度等于或略小于观众厅，台深16～20m。

② 幕布重叠。如大幕（一道或两道）、纱幕、边幕、天幕等，都不允许吹动且不能受风压作用而影响启闭。

③ 布景繁多、形状各异、还有网幕、软景等，既阻拦气流又不能吹动。

④ 观众厅上部有工作天桥、栅栏天桥、景片与幕布吊杆，钢丝电缆错综复杂。

⑤ 灯具多，发热量大而不稳定。

⑥ 冬季高大外墙及高窗耗热量大，往往形成冷气流下降至舞台，甚至流向观众区。

(5) 舞台的送回风形式

① 上送风侧下回风

在舞台上空的天桥下设送风管和送风口，侧台下部回风柜回风。这种方式一般不会吹动幕布，风管布置也比较方便。但在表演区既无送风又无回风，空调效果不好。

② 前天桥下送风下回风

在前天桥下安装送风管，采用百叶风口进行送风，通过调节叶片角度来控制气流方向和气流扩散角，可以使大幕不受影响，必要时还可以关闭该送风管的风门，停止送风；前天桥送风还可以在舞台和观众厅之间形成一道空气幕，防止两者之间压力不平衡而出现的气流横向流动。

③ 采用球形旋转风口从舞台两侧向中央送风，下侧回风。

这是一种新型的喷口型送风口，风口可向任何一侧倾斜40°，送风方向可在上下左右

80°范围内变化；这种风口在舞台两侧向舞台中央送风时，根据演出情况预先调节送风方向，而且调节十分方便。

④ 其他送风回风方式

将风管设置在二、三道沿幕之间的上空，风管做成变高形状，适当控制出风速度和角度，送风可直接送到表演区，而不吹动沿幕。

将送风管设置与舞台之外耳光室的下端，紧贴耳光室处。送风犹如耳光一样流向舞台，将送风管设置在该处与舞台工艺不发生冲突。

若为伸出式舞台，可将风管明装在舞台表演区上空（风管外形应美观），并将灯具、送风口、声学反射板结合在一起统一处理，以使表演区有一个舒适的空气环境。

（6）防止舞台冷气流问题

由于舞台空间高大（可达 30m），舞台外墙在寒冷季节被冷却，靠近墙表面常可形成强列的低温气流，自上而下冲向舞台，造成舞台的冷风。同时还在大幕的下部形成相对于观众厅的正压，上部为负压，使大幕下部向观众厅鼓出。在大幕升起的瞬间，这股向下的冷气流又以相当大的速度流向前部观众席，使观众厅内的空气环境受到破坏。为防止这种冷气流，可在舞台外墙面制作一平行于墙面的隔板，并在舞台外墙面的几个高度上横向安装风管，在冬季向上方送出热风，形成了空气幕阻挡了下降的冷气流；或者在该风道的位置上，沿整个墙面长度上装设散热器，也可以阻止冷气流的下降，另外，可在墙面上加上玻璃棉保温“护壁板”，或在去墙面上贴上绝热材料，另在下端装设散热器，效果会更好。

7.6.4 空调系统形式

空调系统的设计原则：

（1）电影院、剧场空调系统设计时要注意考虑建筑物及使用功能上的如下特点：

① 影剧院建筑组成复杂，有高大的观众厅，有内部设施复杂的舞台，有休息厅、放映室、贵宾接待室等大小、形状、用途各不相同的房间。

② 主要厅室的间歇使用的，如观众厅为非连续间断使用的，每场使用 2～3h，场间为休息；舞台、化妆室等是非连续、非全天、只集中在一段时间使用；休息厅、接待室等短时间有人停留，所以空调系统运行时间和要求很不一致。

③ 观众厅、舞台、化妆室、接待室对噪声标准要求很严格，而休息厅等处对噪声的要求就不太严格。

④ 低纬度地区的影剧院观众厅建筑隔热良好时，主要应考虑人体散热负荷，可能全年需要送冷风；而当观众少时又要防止室内过冷。

⑤ 因为人员集中，需要新风量大，空调系统的新风比也比其他类型的建筑的新风比大。

⑥ 观众厅内人体散热为主要空调负荷，热湿比小，为了保证客满时室内相对湿度较低的标准及换气次数的要求，需要送风在冷却减湿处理后在进行热处理，而夏季往往热源不运行，所以如能直接利用冷凝器热量作为再热热源有一定的节能意义。

⑦ 随着季节的变化能自动控制新风量。为节能，在预冷、预热时间内可以完全关闭新风风门，停止供新风；在上座率不高时，应能减少新风量。

⑧ 系统设计时应考虑减少送风量的可能，满场时设计风量大，可考虑采用分区或变风量系统等。

因此，空调系统设计时应注意到影剧院特点和使用要求，一般考虑下列原则：

① 电影院、剧场的空调系统一般采用集中式低风速单风道系统。因为建筑规模大、换气量大，所以一般采用全空气系统。近年来也采用独立式空调机组或大型风机盘管加新风系统等。

② 观众厅可采用一个或两个单独的空调系统。前部和后部最好分系统或分区。以适应气流组织的需要或上座率的变化。当观众上座率减少时，观众集中在前部或后部，可停止一个系统或部分区域；同样楼上或楼下分系统或分区，有部分停止送风的可能性。

③ 观众厅的空调系统要进行良好的消声和隔声处理，空调制冷设备产生的噪声要采取措施，使噪声不超过允许标准。

④ 舞台应设单独的空调系统以适应不同的空气参数要求。必须时化妆室可与舞台为同一系统。

⑤ 休息厅、接待室、门厅等房间可为一个空调系统。这一系统的使用时间可与观众厅系统不同。冬季可能需要送热风。

⑥ 如规模不大的影剧院空调系统合一时，应能分区控制或分区进行再热、消声等处理。

⑦ 影剧院空调系统采用单风机还是双风机问题需进行具体分析。双风机系统安装送风机、回风机各一台，可以随季节变化，调节方便，运转灵活且每台风机的风压均降低，风机噪声较低。所以影剧院多数采用双风机系统。

(2)《电影院建筑设计规范》(JGJ 58—2008) 对通风和空气调节的气流组织有如下规定：

单风机空气调节系统应考虑排风出路。不同季节排风口气流方向需转换时应考虑足够的进风面积。排风口位置的设置不应影响周围环境。

(3) 根据《观演建筑空调设计》有效排风问题：

在高大空间的观众厅内，空调送入冷风的观众厅的下部区域，上下容易形成大的温度差，在顶棚下面形成稳定的高温空气层。若合理利用这一现象，在靠近顶棚的高温空气层附近排风，可以降低空调冷负荷。

7.6.5 空调过程设计

(1) 夏季空气处理过程：

一次回风式系统空气处理过程如图 7-54 所示。

夏季进行再热处理是不提倡的，专门为再热而提供热源也是不合理的。在 $h-d$ 图上很容易看出，再热过程会有冷热量抵消现象，既增加了耗热量也增加了耗冷量，大量能量被浪费了，所以设计中应尽量避免再热过程。本来在观众厅气流组织设计中，允许用较大量的送风温差，有可能不用再热，但这样会使送风量过小，换气次数过小，造成室内气流分布不均，恶化室内空气环境，所以这种情况下，还需要用再热，适当减少送风温差，增加送风量。或者使用二次回风，提高送风参数。

二次回风式系统的空气处理过程如图 7-55 所示。

二次回风式空调过程焓湿图如图 7-55 所示。

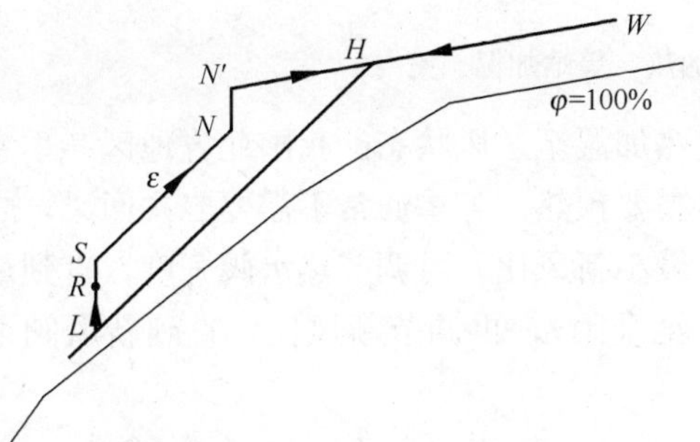

图 7-54　一次回风夏季空调过程

N—室内设计空气状态点；W—室外设计空气状态点；L—机器露点；S—送风空气状态点；H—一次回风混合状态点；R—再热后空气状态点；N′—回风风机管道温升后空气状态点

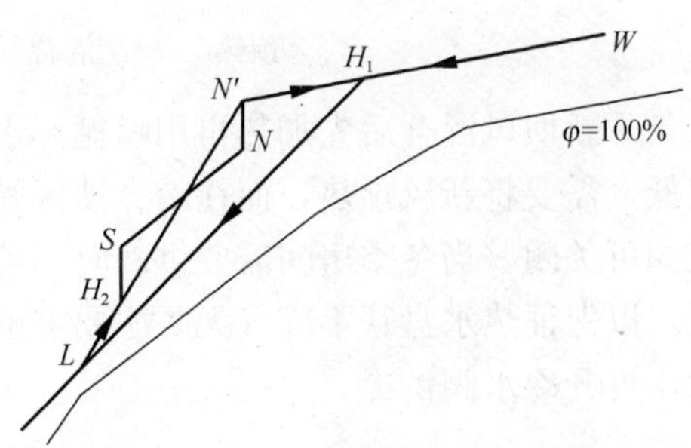

图 7-55　二次回风夏季空调过程

N、W、S、L—同一次回风式；H_1—一次回风空气状态点；H—一次回风混合状态点；R—再热后空气状态点；N′—回风风机管道温升后空气状态点

空调过程如下：

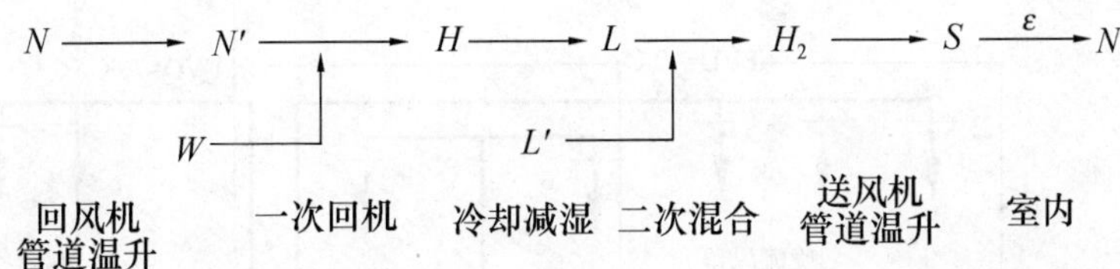

为避免夏季再热，采用二次回风式系统有显著的节能效果，所以在一次回风式系统不能满足换气次数要求时，可以用二次回风取代再热，避免了冷热抵消所增加的冷热消耗。但应注意到，二次回风式系统使喷水冷却减湿的机器露点降低，即要求降低冷水初温，随之降低制冷系统的蒸发温度，制冷机的产冷量也随之降低，特别是湿负荷大的观众厅，热湿比一般都小，这种问题更加突出。

(2) 冬季空气处理过程

一次回风式系统的处理过程如图 7-56 所示。

一次回风式系统的处理过程焓湿图如图 7-56。

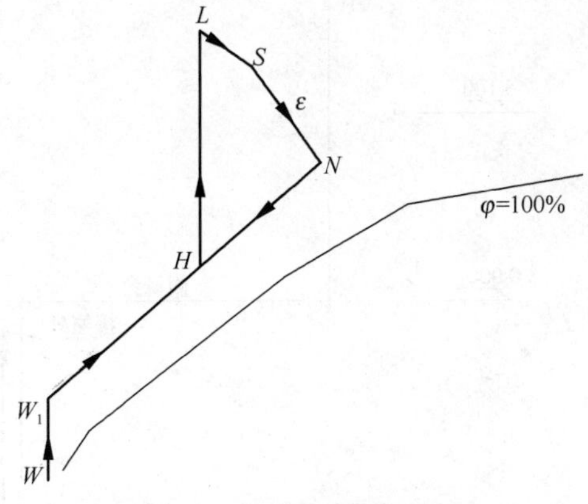

图 7-56　一次回风式冬季空调过程

N—冬季室内设计空气状态点；W—冬季室外空调设计状态点；W_1—室外空气预热后状态点；S—送风状态点；L—加热（加热器）；H—一次回风混合状态点

空调过程如下：

$$W \longrightarrow W' \longrightarrow H \longrightarrow L \longrightarrow S \xrightarrow{\varepsilon} N$$

N（回风接入 W' 之后的一次混合点）

预热　一次混合　加热　等焓加湿　室内

冬季新回风混合后先加热再用喷循环水绝热加湿至送风状态。我国北方地区冬季室外气温低，需要将新风预热，而在南方地区则不需要预热。冬季通常不需要二次回风，二次回风阀可关闭。当冬季房间需要供冷时，若为最小新风比，可调节热水阀开度，直到最小开度，以保证热水盘管不冻（无防冻要求的可至全闭）；再调节新风比，直到新风阀最大开度，再开冷水阀供冷。

7.6.6　工程实例

（1）某观众厅、舞台气流组织系统图：见图 7-57、图 7-58。

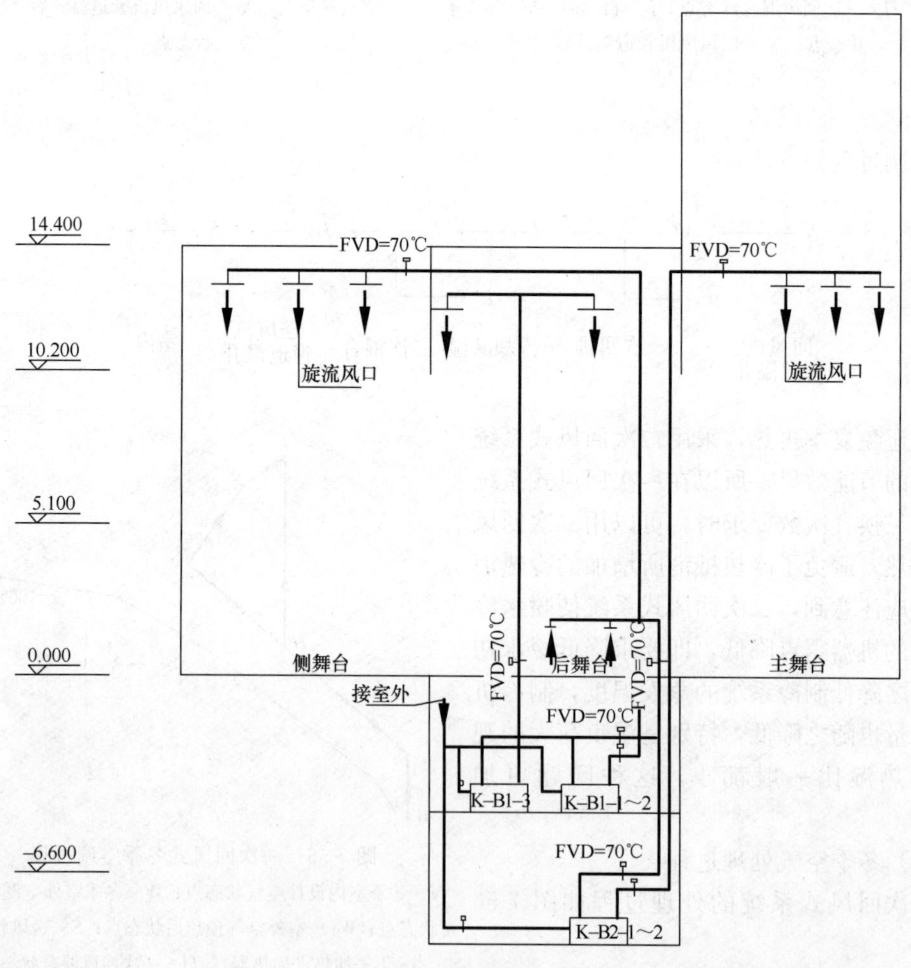

图 7-57　舞台气流组织系统图

本工程舞台的空调形式采用单风机加排风系统形式，主舞台与侧舞台、后舞台分开设

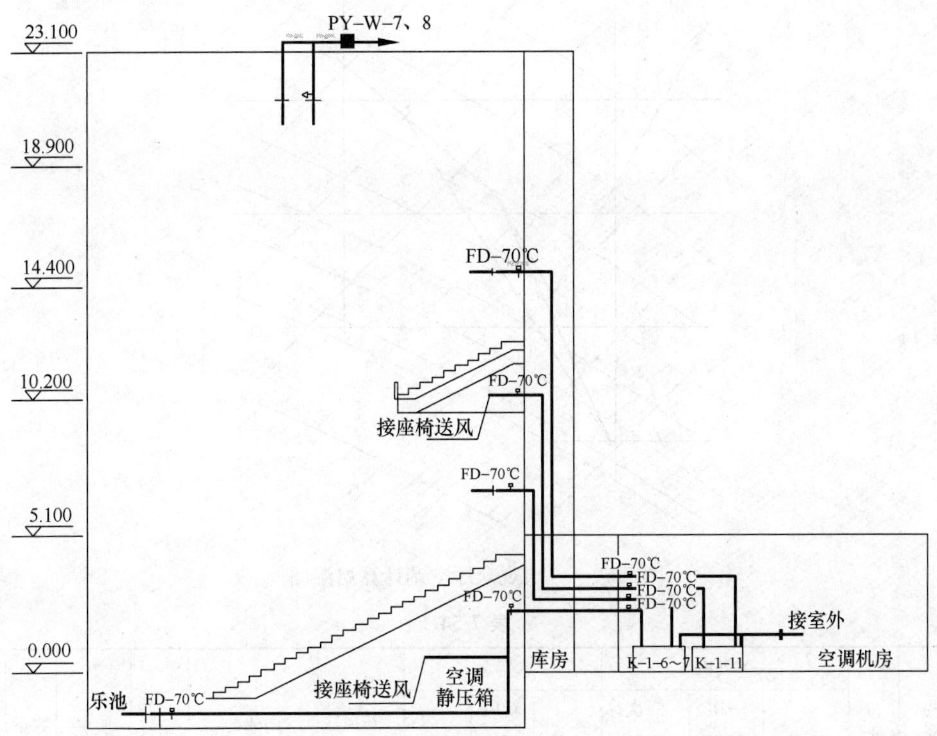

图 7-58 观众厅气流组织系统图

置空调系统，主舞台设置两台空调机组 K-B2-1，2；左侧舞台设置一台空调机组 K-B1-1；右侧舞台设置一台空调机组 K-B1-2；后舞台设置一台空调机组 K-B1-3。送风口设置在一层天桥下，采用旋流风口上送风、下回风的送回风形式。侧舞台、后舞台两侧设置散热器。本工程观众厅分为两层：一层观众厅和二层楼座观众厅。一层观众厅设置两台空调机组 K-1-6，7；二层楼座观众厅设置一台空调机组 K-1-11。观众厅采用座椅送风下送风、侧墙上设置回风口的送回风形式。

（2）某剧场空调系统设计

本工程一层观众厅、二层楼座均采用二次回风全空气空调系统，舞台采用的是一次回风全空气空调系统形式。

一层观众厅采用夏季二次回风夏季过程：根据室内冷、热负荷以及室内状态参数（表 7-53）。

表 7-53

设备编号	冷负荷	热负荷	风量	夏季		冬季		冷量	新风量
	kW	kW	m^3/h	温度（℃）	相对湿度（%）	温度（℃）	相对湿度（%）	kW	m^3/h
一层观众厅	106	42.3	47300	26	50	18	35	178	13770

一层观众厅空调计算焓湿图：见图 7-59，

计算出一层观众厅的送风量为 47300m^3/h，一次回风 9970m^3/h，二次回风量为 23560m^3/h。一层观众厅空调机组设备见表 7-54。

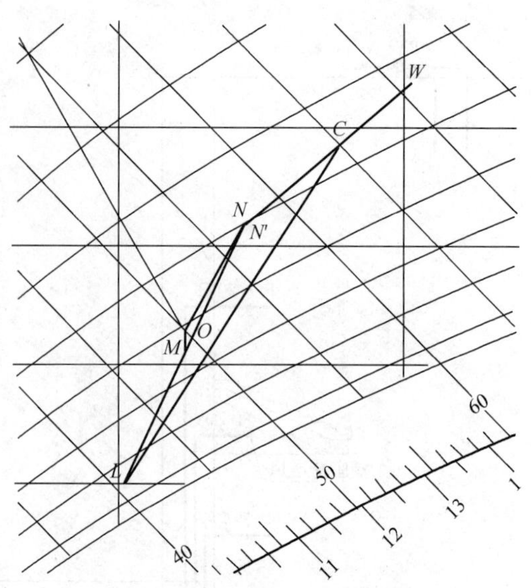

图7-59　一层观众厅空调计算焓湿图

表7-54

序号	设备编号	设备形式	送风机			表冷器			设计新风量	功能段要求	安装位置	服务范围	数量	气流组织
			风量	一次回风量	二次回风量	冷量	新风预热量	热量						
			m^3/h	m^3/h	m^3/h	kW	kW	kW	m^3/h				台	
1	K-1-6,7	组合式空调机组	26020	9970	23560	178	131	208	13770	混合段＋初效过滤段＋中效过滤段＋表冷段＋加湿段＋二次回风＋送风机段	一层空调机房	一层观众厅、乐池	2	座椅送风，侧墙回风

一层观众厅空调排风风机见表7-55。

表7-55

序号	系统编号	服务范围	设备形式	风量	风压	电量	电压	转速	噪声	介质温度	重量	数量
				m^3/h	Pa	kW	V	rpm	dB (A)	℃	kg	台
8	KP-W-22,23	一层观众厅	轴流风机	21110	200	1.5	380	720	74	＜80	209	2

7.7　展览中心和博物馆

7.7.1　室内设计参数

《展览建筑设计规范》JGJ 218—2010作出如下规定：

设置空气调节系统的展览建筑各功能用房室内设计参数宜按表 7-56 确定：

表 7-56

类别	夏季			冬季			最小新风量 (m^3/h·人)
	温度（℃）	相对湿度（%）	风速（m/s）	温度（℃）	相对湿度（%）	风速（m/s）	
展厅	25～27	≤65	≤0.5	16～18	—	≤0.3	15

7.7.2　气流组织

大空间展厅宜采用喷口侧送风的送风方式，对于夏季送冷风冬季送热风的空调系统宜选用角度可调节产品。

喷口送风适用于具有下列特点的建筑物的空调。

① 建筑高大，高度一般在 6m 以上。

② 由于喷口送风具有射程远、系统简单和投资较省的特点，因此，在要求舒适性空调的公共建筑中如礼堂、体育馆、剧院、大厅等，采用这种送风方式最为适宜。

③ 室内没有大量的热量、粉尘和有害气体的局部区域。

喷口送风风速要均匀，且每个喷口的风速要接近相等，因此连接喷口的风道应设计为均匀风管或等截面（风管要起静压箱作用）风管。

喷口的风量应能调节，有可能的话应使喷口角度可调，以满足冬季送热风时的要求。

7.7.3　工程实例

首都博物馆新馆最大特点是空调空气品质要求高，即对空气温湿度及精度，对 NO_x、SO_2、CO_x、尘埃含量等均有明确要求，通过精心设计和施工调试，本工程较好的控制了上述参数，达到文物保护要求。本工程全空气空调机房共设三个，空调机组总台数为 35 台，将 30 个空调机组集中布置在三个大空调机房内，其中有二个机房设置在地下二层，一个设置在展厅入口过道夹层内。节省了建筑面积，有效利用排风。由于建筑平面立面的特殊性，致使全空气系统空调机房很难找到合适位置。建筑物北立面外是下沉水景庭院，水景庭院外是地下车库。在水景庭院下面的地下二层设置了一个长条形集中空调机房，布置了 16 台空调机组（占空调机组总台数 45%），从水景庭院取新风，排风排至汽车库。既避免了排风、取风风管过长问题，又充分利用空调排风的余冷余热，使汽车库有一个冬暖夏凉的舒适环境。

（1）室内设计参数

从对室内温湿度要求不同的角度划分，本建筑可分为两种类型，即恒温恒湿空调和舒适性空调。文物库房和文物展厅属恒温恒湿空调，其他类房间属舒适性空调。文物库房和文物展厅不但对温湿度有要求，而且对空气含尘浓度、SO_2 浓度、NO_x 浓度也有要求，因此仅从温湿度角度定义文物库房和文物展厅所属空调种类已经不确切了，我们暂定义对温度、湿度、空气含尘浓度、SO_2 浓度、NO_x 浓度及其精度有要求的文物库房和文物展厅空调为恒温恒湿空调。不同种类的文物对环境的温湿度、空气含尘浓度、SO_x 浓度、NO_x 浓度有不同要求，恒温恒湿空调室内设计参数见表 7-57。

表 7-57　恒温恒湿空调室内设计参数

房间名称	夏季 温度（℃）	夏季 相对湿度（%）	冬季 温度（℃）	冬季 相对湿度（%）	悬浮颗粒浓度（mg/Nm³）	NO_2，SO_2，O_3浓度（mg/Nm³）	CO 浓度（mg/Nm³）	NO 浓度（mg/Nm³）
展区	24±2	60±5	20±2	50±5	0.15	0.01	4.0	0.05
藏品区	24±2	60±5	20±2	50±5	0.15	0.01	4.0	0.05
珍品库	22±1	50±5	22±1	50±5	0.15	0.01	4.0	0.05
文物保护	24±2	60±5	20±2	50±5	0.15	0.01	4.0	0.05

舒适性空调室内设计参数见表 7-58，室内新风及噪声标准见表 7-59。

表 7-58　舒适性空调室内设计参数

房间名称	夏季 温度（℃）	夏季 相对湿度（%）	冬季 温度（℃）	冬季 相对湿度（%）	备注
社教区	25	60	20	40	
办公区	25	60	18	40	
会议室	25	60	20	40	
餐厅	26	60	18	40	

表 7-59　室内新风及噪声标准

项目	展区	藏品区	珍品库	文物保护	社教区	办公区	会议室	餐厅
新风标准（m³/h·人）	20	20	20	20	25	20	25	25
噪声标准（dB）	40	45	45	45	45	45	42	45

周边环境：2000 年 2 月 22 日，对项目所在地周边环境室外有害物浓度进行测定，其结果见表 7-60。

表 7-60　室外有害物浓度平均值

项目	悬浮颗粒浓度	SO_2浓度	NO_x浓度	CO 浓度
有害物浓度（mg/Nm³）	0.3916	0.1382	0.1518	1.5908

（2）空调方式

为实现对室内环境品质的不同要求，舒适性空调和恒温恒湿空调分别采取不同的空调方式，大空间（如礼仪大厅、多功能厅等）舒适性空调采用双管制一次回风全空气双风机低速空调系统，小房间（如办公室等）采取风机盘管加新风系统；恒温恒湿空调采用六管制、水电两级再热一次回风全空气双风机低速空调系统。由于丝织品、字画等文物展柜内设有灯光照明产生冷负荷，所以又设有展柜空调，即大空调环境下套小空调。展柜空调为四管制（冷水、再热水）电极加湿。

为达到恒温恒湿空调室内环境空气品质的要求，恒温恒湿空调机组设有如下处理过程：混合段初效过滤段、加热段、表冷段、加湿段、再热段、活性碳过滤段、静电除尘中效过滤段、风机段。见图7-60。

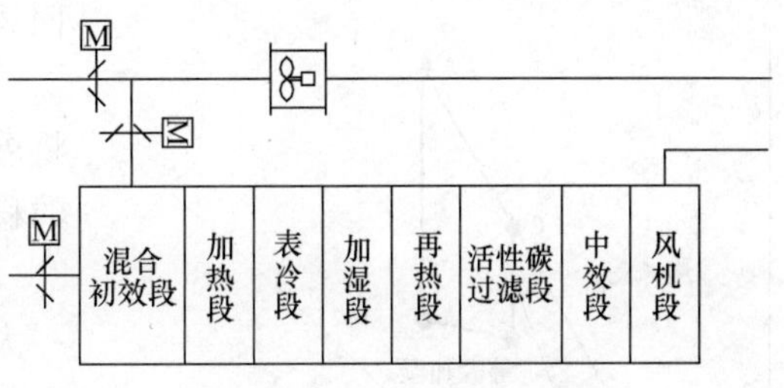

图 7-60 恒温恒湿空调机组

初效过滤效率一般可达到40%，静电除尘过滤效率一般为80%左右，经初、中效过滤后空调送风空气含尘浓度为：

$$0.3916\text{mg/Nm}^3\times(1-40\%)\times(1-80\%)=0.047\text{mg/Nm}^3$$

上式中0.3916为室外空气含尘浓度。

空调送风空气含尘浓度 0.047mg/Nm³ 小于表 7-57 所要求的 0.15mg/Nm³ 含尘浓度值。

夏季空气处理过程：新回风经表冷处理到露点温度后经再热水盘管再热到送风 ε 线上送风状态点送入室内。为了准确控制室内相对湿度精度不大于5%，弥补再热水盘管热惰性的不足，在送风管道上加装了空气电再热器，微调室内相对湿度。精密空调夏季空气处理过程见图7-61。

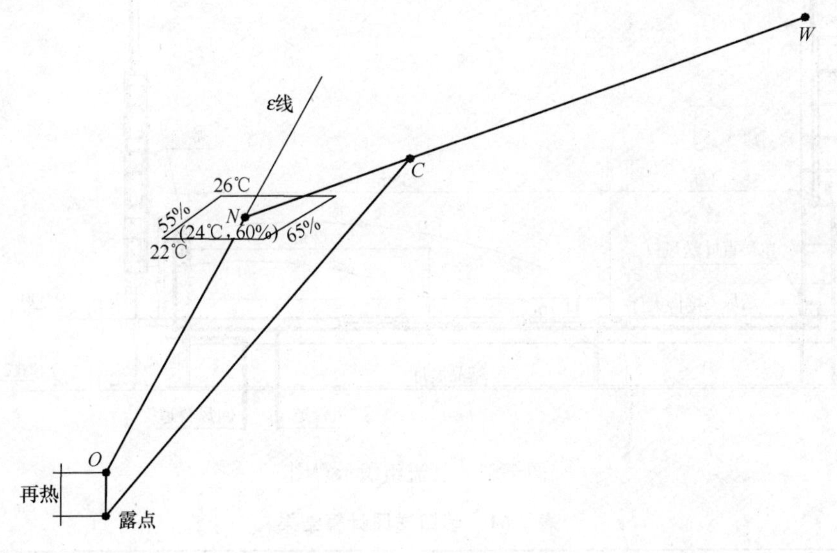

图 7-61 夏季空气处理过程

由图7-61可知，在室内设计温湿度精度范围内，高相对湿度线和低温度线交点处再热温差最大，但不大于2℃，因此确定空气电再热器再热温差为2℃。

冬季空气处理过程：恒温恒湿空调房间基本为内区，冬季热湿处理过程特点是冷却加湿过程。新回风混合经表冷等湿降温等温蒸气加湿后送入室内。恒温恒湿空调冬季空气处理过程见图7-62。

气流组织处理：吊顶高度低于4.6m的新风送风、空调送风采用百叶上送或散流器上送，空调回风为上回风；吊顶高度高于5m的空调送风采用旋流风口上送，空调回风为上

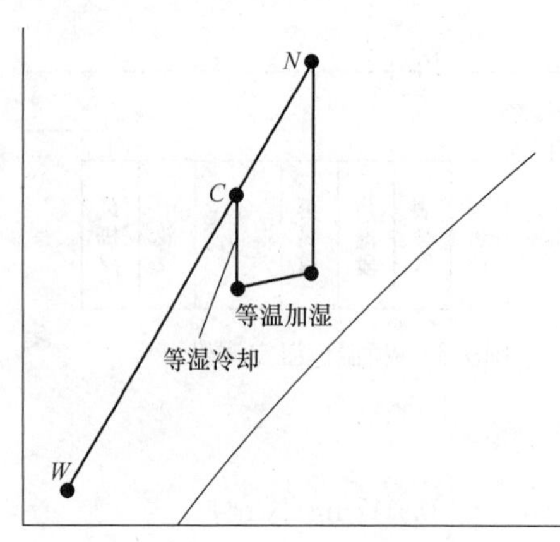

图 7-62 冬季处理过程

回风。

由于展厅内温湿度受厅内人数干扰很大，故将展品布置在展厅送风区内。确保展厅内温湿度的稳定性。

由于建筑的特殊性，礼仪大厅送风方式成为一大难题，经专家、业主多次论证报请北京市领导批准最终确定可调送风角度的中部喷口侧送与下部单百叶集中侧送相结合送风方式，回风为集中下回风，见图 7-63。

礼仪大厅建筑面积 $1865m^2$，设有两台风量为 $35000m^3/h$ 的空调机组，大门两侧各一个系统，每个系统北侧设四个喷口。喷口最大射程 35m，每个喷口送风量 $5000m^3/h$，南侧设一个单百叶风口，送风量 $13000m^3/h$，经计算，喷口送风数据见表 7-61。

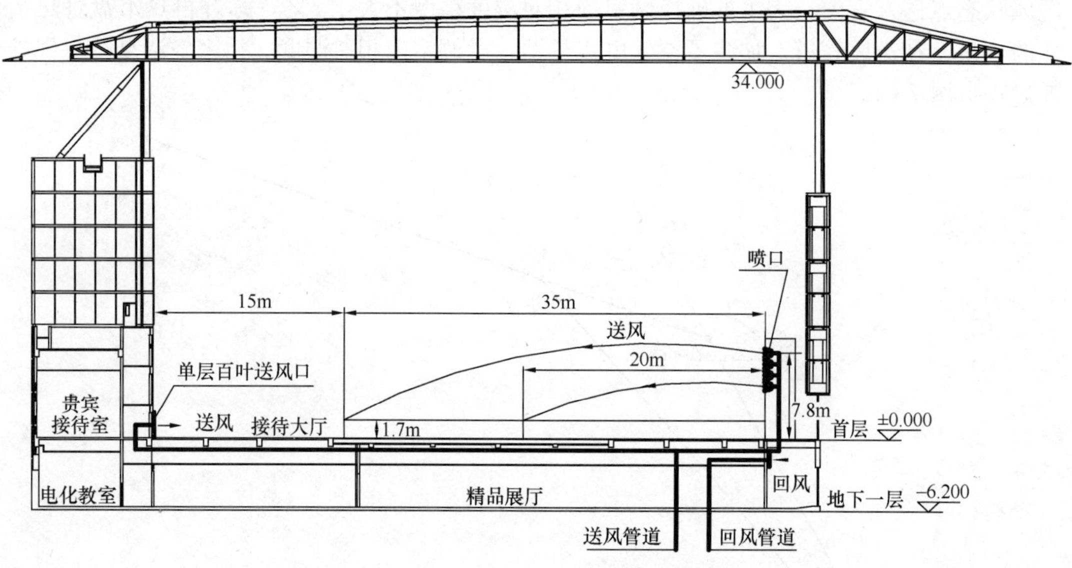

图 7-63 气流组织示意图

表 7-61 喷口送风计算结果

项目	夏季	冬季	备注
风量（m^3/h）	5000	5000	
送风角度（度）	15	−16	
射程（m）	35	35	
送风温差（℃）	13	22	
距喷口 35m 处诱导比	1/48	1/49	
活动区风速（m/h）	0.21	0.21	
喷口一米处噪声值（NC）	≤47	47	
喷口压力损失（Pa）	90	90	

大厅温度一般在18～20℃，效果良好。

本工程设有一套楼宇自控系统，空调自控为楼宇自控系统的一部分，冷水机组、冷冻冷却水泵、冷却塔、空调机组、新风机组、蒸汽锅炉及给水泵、风机、系统电控阀件等均纳入了DDC空调自控系统。

冷水机组、冷冻冷却水泵、冷却塔由冷水机组供应商提供群控，外留接口到DDC控制主机。根据负荷控制单机冷量及运行台数。

新风机组由送风温湿度控制电控水阀、电控汽阀开度以控制送风温度和室内相对湿度。

舒适性空调机组由室内温湿度控制电控水阀、电控汽阀开度以控制送风温度和室内相对湿度。

恒温恒湿空调机组夏季根据机器露点温度调节冷冻水阀以控制送风温度，由回风温度控制电再热器以微调室内相对湿度；冬季由室内温度控制冷冻水阀和热水阀以控制室内温度，由室内相对湿度控制蒸汽阀以控制室内相对湿度。

7.8　药　　厂

7.8.1　室内设计参数

《医药工业洁净厂房设计规范》GB 50427—2008作出如下规定：

（1）医药洁净室（区）的温度和湿度，应符合下列规定：

① 生产工艺对温度和湿度无特殊要求时，空气洁净度100、10000级的医药洁净室（区）温度应为20～24℃，相对湿度应为45%～60%；空气洁净度100000、300000级的医药洁净室（区）温度应为18～26℃，相对湿度应为45%～65%。

② 生产工艺对温度和湿度有特殊要求时，应根据工艺要求确定。

③ 人员净化及生活用室的温度，冬季应为16～20℃，夏季应为26～30℃。

（2）医药洁净室（区）的新鲜空气量，应取下列最大值：

① 补偿室内排风量和保持室内正压所需新鲜空气量。

② 室内每人新鲜空气量不应小于40m^3/h。

（3）医药洁净室（区）气流的送回风方式应符合下列要求：

① 医药洁净室（区）气流的送回风方式应符合表7-62的规定。

表7-62

医药洁净室（区）空气洁净度等级	气流流型	送、回风方式
100级	单向流	水平、垂直
10000级	非单向流	顶送下侧回、侧送下侧回
100000级	非单向流	顶送下侧回、侧送下侧回、顶送顶回
300000级		

② 散发粉尘或有害物质的医药洁净室（区），不应采用走廊回风，且不宜采用顶部

回风。

（4）医药洁净室（区）的送风量，应取下列最大值：

① 按表7-63有关数据计算或按室内发尘量计算。

② 根据热、湿负荷计算确定的送风量。

③ 向医药洁净室（区）内供给的新鲜空气量。

表 7-63

空气洁净度等级	气流流型	平均风速（m/s）	换气次数（次/h）
100级	单向流	0.2～0.5	
10000级	非单向流		15～25
100000级	非单向流		10～15
300000级	非单向流		8～12

注：1. 换气次数适用于层高小于4m的医药洁净室（区）。

2. 室内人员少、发尘少、热源少时应采用下限值。

7.8.2　工程实例

（1）生产区室内设计参数见表7-64：

表 7-64　室内计算参数表

楼层	房间	级别	换气次数（次/h）	最小静压（Pa）	温度（℃）	相对湿度（%）	噪声标准 dB（A）
三层	分装	十万级	10	10	18～26	0～30	40～65
	中转间二	十万级	10	10	18～26	0～30	40～65
	组装间	十万级	10	10	18～26	0～30	40～65
	中转间一	十万级	10	10	18～26	0～30	40～65
	切条	十万级	10	10	18～26	0～30	40～65
	喷膜	十万级	10	10	18～26	0～30	40～65
	干燥室	十万级	10	10	18～26	0～30	40～65
	金垫	十万级	10	10	18～26	0～30	40～65
	内包	十万级	10	10	18～26	0～30	40～65
	中转站	十万级	10	10	18～26	45～65	40～65
	处理二	十万级	10	10	18～26	45～65	40～65
	配液	十万级	10	10	18～26	45～65	40～65
	容器清洗	十万级	10	10	18～26	45～65	40～65
	容器暂存	十万级	10	10	18～26	45～65	40～65
	洁具	十万级	10	10	18～26	45～65	40～65
	洗衣	十万级	10	10	18～26	45～65	40～65
	缓冲	十万级	10	10	18～26	45～65	40～65
	男二更	十万级	10	10	18～26	45～65	40～65

续表

楼层	房间	级别	换气次数（次/h）	最小静压（Pa）	温度（℃）	相对湿度（%）	噪声标准 dB（A）
三层	女二更	十万级	10	10	18～26	45～65	40～65
	男一更	十万级	10	10	18～26	45～65	40～65
	女一更	十万级	10	10	18～26	45～65	40～65
	换鞋	十万级	10	10	18～26	45～65	40～65
	一更	十万级	15	10	18～26	45～65	40～65
	二更	十万级	15	10	18～26	45～65	40～65
	缓冲	十万级	15	10	18～26	45～65	40～65

（2）空调处理过程：

生产区要求相对湿度低于30％的低湿，因此采用转轮除湿，见图7-64(a)，其处理过程焓湿图见图7-64(b)。

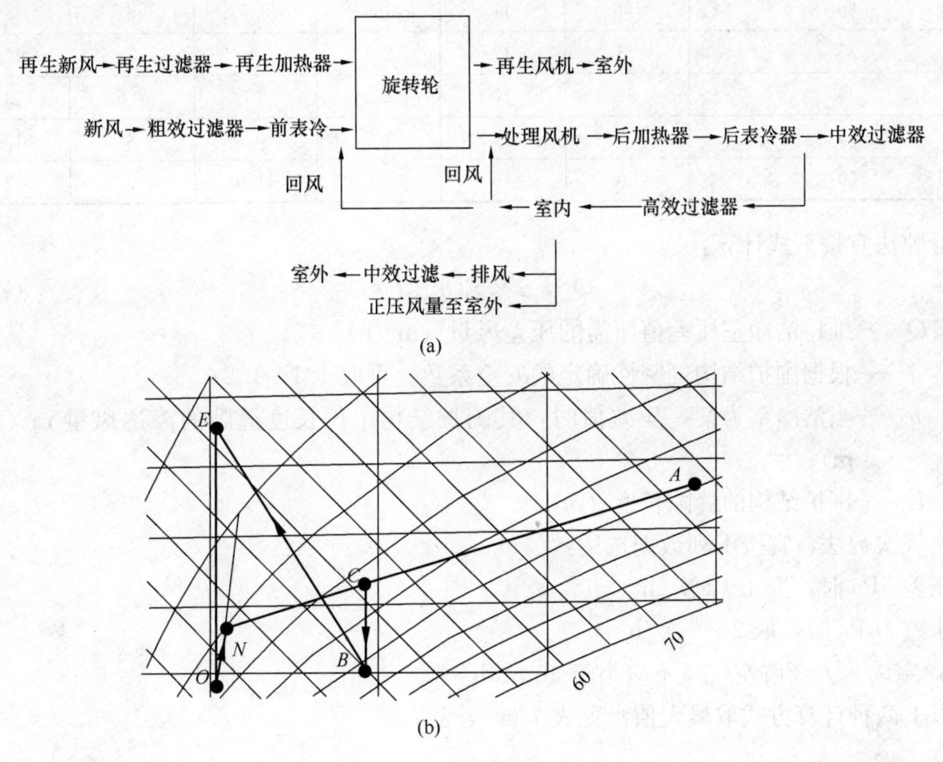

(a)

(b)

图7-64

（3）风量计算：

① 根据室内设计参数计算送风量：

以内包间为例：其净化级别为十万级，换气次数取10次/h。

送风量＝房间面积×吊顶高度×换气次数

送风量＝76.3×2.6×10＝1984m^3/h

② 根据室内设计参数计算新风量：

根据《医药工业洁净厂房设计规范》GB 50457—2008 中 9.1.3 规定医药洁净室（区）内的新鲜空气量，应取下列最大值：

a. 补偿室内排风量和保持室内正压所需新鲜空气量。

根据《洁净厂房设计规范》GB 50073—2013，围护结构单位长度缝隙的漏风量见表 7-65。

表 7-65　围护结构单位长度缝隙的漏风量

门窗形式 / 漏风量 ($m^3/h\cdot m$) / 压差（Pa）	非密闭门	密闭门	单层固定密闭钢窗	单层开启式密闭钢窗	传递窗	壁板
5	17	4	0.7	3.5	2	0.3
10	24	6	1	4.5	3	0.6
15	30	8	1.3	6	4	0.8
20	36	9	1.5	7	5	1
25	40	10	1.7	8	5.5	1.2
30	44	11	1.9	8.5	6	1.4
35	48	12	2.1	9	7	1.5
40	52	13	2.3	10	7.5	1.7
45	55	15	2.5	10.5	8	1.9
50	60	16	2.6	11.5	9	2

缝隙法宜按下式计算：

$$Q = a \times \Sigma(q \times L) \tag{7-59}$$

式中　Q——维持洁净室压差值所需的压差风量（m^3/h）；

a——根据围护结构气密性确定的安全系数，可取 1.1～1.2；

q——当洁净室为某一压差值时，其围护结构单位长度缝隙的渗透风量 $m^3/(h\times m)$；

L——围护结构的缝隙长度（m）。

换气次数法，宜按下列数据选用：

压差 5Pa 时，取 1～2 次/h。

压差 10Pa 时，取 2～4 次/h。

b. 室内每人新鲜空气量不应小于 $40m^3/h$。

以上两种计算方式取最大值。见表 7-66 至表 7-68。

表 7-66　风量计算表

	房间	级别	面积 (m^2)	层高 (m)	换气次数 (次/h)	送风量 (m^3/h)	新风量 (m^3/h)	回风量 (m^3/h)	漏风量 (m^3/h)
生产区低湿用房	分装	100000 级	7.4	2.5	10	185	37	148	28
	中转间二	100000 级	11.3	2.5	10	282.5	57	226	42
	组装间	100000 级	15	2.5	10	375	75	300	56
	中转间一	100000 级	9.5	2.5	10	237.5	48	190	36

续表

	房间	级别	面积 (m^2)	层高 (m)	换气次数 (次/h)	送风量 (m^3/h)	新风量 (m^3/h)	回风量 (m^3/h)	漏风量 (m^3/h)
生产区低湿用房	切条	100000 级	7.4	2.5	10	185	37	148	28
	喷膜	100000 级	31.4	2.5	10	785	157	628	118
	干燥室	100000 级	29.6	2.5	10	740	148	592	111
	金垫	100000 级	5.4	2.5	10	135	27	108	20
	内包	100000 级	76.3	2.5	10	1907.5	382	1526	286
合计	—	—	—	—	—	4832.5	967	3866	725

表 7-67　总风量

	系统编号	送风量（m^3/h）	新风量（m^3/h）	回风量（m^3/h）
生产区低湿用房	JK-2	4832.5	967	3866

风机选型时乘以 1.2 安全系数，见表 7-68：

表 7-68

	系统编号	送风量（m^3/h）	新风量（m^3/h）	回风量（m^3/h）
生产区低湿用房	JK-2	5799	1160	4639

空调系统图见图 7-65。

（4）空调设备选型见表 7-69

表 7-69

系统编号	送风量 (m^3/h)	新风量 (m^3/h)	回风量 (m^3/h)	新风预冷量（水盘管）(kW)	一次风机（冬夏季）（电）(kW)	额定除湿量 (kg/h)	转轮电机功率 (kW)	再生电机功率 (kW)	再生电加热量（冬夏季）(kW)	二次风机电机功率 (kW)	后表水盘管冷制冷 (kW)	预热量（冬季）(kW)	安装方式	过滤器	余压 (Pa)
JK-2	5799	1160	4639	26.00	1.1	7.5	0.075	0.55	33.00	1.1	30	7.00	落地	粗效＋中效	700.00

① 风机选型

根据风量计算，计算出风机风量。计算局部阻力及沿程阻力，算出机外余压。提供厂商风量及机外余压，根据风机曲线选择设备。

② 加湿器的选择

电极加湿（等温加湿）：由大楼提供自来水。主要依靠电做能源。当水中含有微量电解质（钙镁离子以及杂质）时，水会成为一种导电液体。当水位接触到蒸汽发生罐（加湿罐）内的加湿电极时，加湿电极通过水构成电流回路并将水加热至沸腾，产生高温蒸汽。

特点：加湿速度、均匀、稳定；不带水滴，不带细菌。耗电量大，容易结垢。水质要求低，一般自来水即可。但硬度不宜太高。

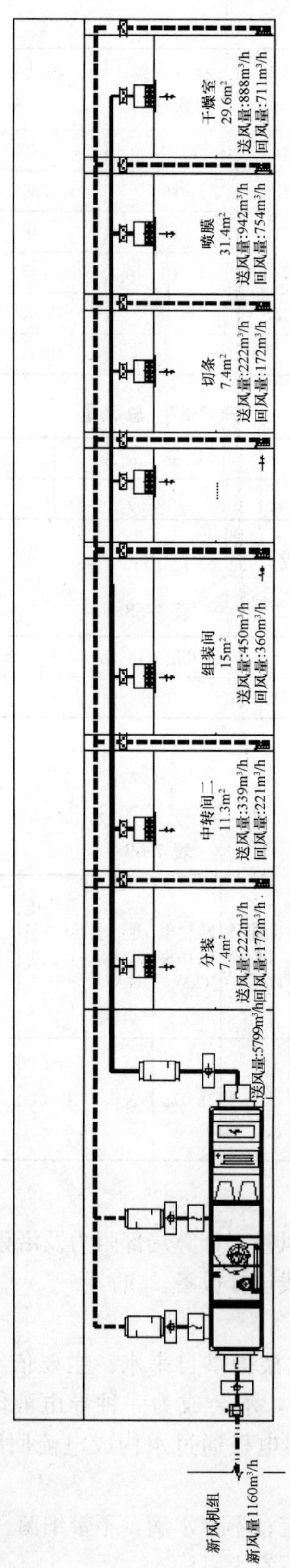
干燥室
29.6m^2
送风量:888m^3/h
回风量:711m^3/h
喷膜
31.4m^2
送风量:942m^3/h
回风量:754m^3/h
切条
7.4m^2
送风量:222m^3/h
回风量:172m^3/h
……
组装间
15m^2
送风量:450m^3/h
回风量:360m^3/h
中转间二
11.3m^2
送风量:339m^3/h
回风量:221m^3/h
分装
7.4m^2
送风量:222m^3/h
回风量:172m^3/h
送风量:5799m^3/h
新风机组
新风量1160m^3/h

图 7-65　空调系统

电热加湿（等温加湿）：大楼自来水经过滤后给加湿器，水质要求较高。主要依靠电做能源。热蒸发型加湿器也叫电热式加湿器。其工作原理是将水在加热体中加热到100℃，产生蒸汽，用风机将蒸汽送出。所以电加热式加湿器是技术最简单的加湿方式，缺点是能耗较大，不能干烧，安全系数较低、加热器上容易结垢。市场前景不容乐观。电热式加湿器一般和中央空调配套使用。

特点：加湿速度、均匀、稳定；不带水滴，不带细菌。耗电量大，容易结垢。

干蒸汽加湿（等温加湿）：由大楼提供蒸汽源。加湿速度、均匀、稳定；不带水滴，不带细菌。

一般对于洁净空调机组建议采用干蒸汽加湿，节省耗电量，并且不易产生细菌，系统较为稳定，不会产生大量的水垢。但是由于本项目建筑不具备蒸汽源条件，故采用了电极加湿的形式，相对于电热加湿，对水质要求偏低，相对更容易维护。

③ 机组功能段的选择

组合式空调机组的配置：新风回风混合段、风机段、均流段、粗/中效过滤段、表冷段、再热段、加湿段、出风段、检修段，二次回风系统还包括二次回风段，如果需要将室内湿度处理至30%的深度除湿功能，应配置转轮除湿机，并配置与之相关的电加热及再生风机。

④ 选择盘管

根据冷量计算确定盘管的制冷量、制热量等参数，并确定盘管的形式是水系统还是冷媒系统，根据冷、热水流量比确定选择四管制还是两管制。

（5）系统控制

① 情报面板

通过通讯读取控制柜系统相关数据，以及远程控制机组启停/正负压切换/温湿度设定，远程监控温湿度/机组运行/机组故障等控制。

② 新风阀的控制

新风阀一般为开关量调节；

可直接由控制柜通过DO输出信号进行开启或关闭；

通过DDC点位则通过以下形式控制：

设置两个限位开关通过DI输入DDC；

一个开关量调节通过1路DO进行控制。

③ 过滤器状态显示及报警

当过滤器日久发生阻塞时，两端压差增大，达到一定值压差开关启动，发出报警，提醒工作人员清洗。报警信号通过一个DI进入DDC。于此同时，控制柜也收到信号，并发出信号给指示灯。

④ 送风温、湿度检测及控制

在回风管段上设置4～20mA的电流输出的温、湿度变送器各一个，接至DDC的2路AI输入通道上，分别对空气的温度和相对湿度进行监测，从而了解机组是否将新风处理到所要求的状态，并以此控制盘管水阀和加湿器调节阀。

湿度传感器需要接24V电源。

⑤ 防冻保护控制

机组在冬天水管状态为热水工况下，在机组停机后，系统自动控制水管电动阀执行30%的开度（出厂默认值）进行防冻。

盘管保护，其开度值可另外自行根据现场情况设定，设定范围：0～100%。

⑥ 电极加湿控制

动态显示阀门开度，控制器根据室内温湿度自动比例积分调。

节阀门开度控制加湿量。

DO 输出控制开启。

⑦ 风机控制

送风机直接启动，运行/故障反馈，故障自动关闭机组，停止需延时三分钟；

风机启停：DI，DO；

风机故障：DI；

风机手动\自动：DI；

风机转速——变频器：AI（30～50Hz）。

⑧ 冷热水盘管控制

动态显示水阀开度，控制器根据设定温湿度和实际温室比较，自动比例调节水阀开度，控制制冷/加热量；

24V 电源，AO 输出。

⑨电加热控制

动态显示加热开关，控制器按二进制逐步投入加热运行，确保加热均匀，稳定。高温报警自动停止电加热运行。

DO 输出，电控柜输出。

⑩风机联动控制

对于有排风的负压房间，如阳性对照间，应采用排风机先于送风机开启的控制模式，以便于减少房间空气对外界的影响。

7.9 医院手术室

7.9.1 设计参数

（1）洁净手术部用房主要技术指标见表7-70

表7-70 洁净手术部用房主要技术指标

名称	室内压力	最小换气次数（次/h）	工作区平均风速（m/s）	最少自净时间（min）	温度（℃）	相对湿度（%）	最小新风量		噪声dB(A)	最低照度（lx）
							（m^3/h·m^2）	（次/h）		
Ⅰ级洁净手术室和需要无菌操作的特殊用房	正	—	0.20～0.25	10	21～25	30～60	15～20	—	≤51	≥350

续表

名称	室内压力	最小换气次数（次/h）	工作区平均风速（m/s）	最少自净时间（min）	温度（℃）	相对湿度（%）	最小新风量		噪声dB(A)	最低照度（lx）
							（m³/h·m²）	（次/h）		
Ⅱ级洁净手术室	正	24	—	20	21～25	30～60	15～20	—	≤49	≥350
Ⅲ级洁净手术室	正	18	—	20	21～25	30～60	15～20	—	≤49	≥350
Ⅳ级洁净手术室	正	12	—	30	21～25	30～60	15～20	—	≤49	≥350
体外循环室	正	12	—	—	21～27	≤60	—	2	≤60	≥150
无菌敷料室	正	12	—	—	≤27	≤60	—	2	≤60	≥150
未拆封器械/无菌药品/一次性物品和精密仪器存放室	正	10	—	—	≤27	≤60	—	2	≤60	≥150
护士站	正	10	—	—	21～27	≤60	—	2	≤55	≥200
预麻醉室	负	10	—	—	23～26	30～60	—	2	≤55	≥150
手术室前室	正	8	—	—	21～27	≤60	—	2	≤60	≥200
刷手间	负	8	—	—	21～27	—	—	2	≤55	≥150
洁净走廊	正	8	—	—	21～27	≤60	—	2	≤52	≥150
恢复室	正	8	—	—	22～26	25～60	—	2	≤48	≥200
脱包间	外间脱包负	—	—	—	—	—	—	—	—	—
	内间暂存正	8	—	—	—	—	—	—	—	—

（2）《医院洁净手术部建筑技术规范》GB 50333—2013 还作出如下规定：

洁净手术室应规定和控制室内医护人员的设定人数，设计负荷以设定人数为基础。当不能提出设定人数时，设计负荷可按以下人数计算：Ⅰ级 12～14 人，Ⅱ级 10～12 人，Ⅲ、Ⅳ级 6～10 人。

7.9.2 工程实例

某Ⅰ级手术室

（1）设计参数见表 7-71。

表 7-71

名称	室内压力	最小换气次数（次/h）	工作区平均风速（m/s）	最少自净时间（min）	温度（℃）	相对湿度（%）	最小新风量（m³/h·m²）	噪声dB(A)
Ⅰ级洁净手术室	正	—	0.20～0.25	10	21～25	30～60	15～20	≤51

（2）空调负荷见表7-72。

表 7-72

系统编号	对应房间范围	夏季			冬季		
		冷负荷（kW）	湿负荷（kg/h）	热湿比（kJ/kg）	热负荷（W）	湿负荷（kg/h）	热湿比（kJ/kg）
JK-1	手术室OR1	6868	1.9	13013	209	1.9	396

（3）风量计算

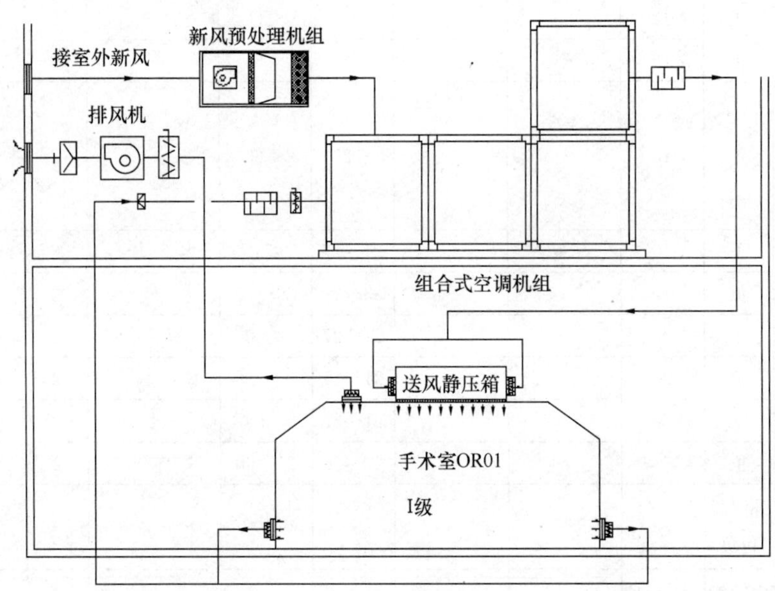

图7-66　手术室空调系统图

根据室内设计参数计算送风量：

以图7-66为例，送风装置面积为2.6m×2.4m。

其工作面截面风速为：0.2～0.25m/s，因需要考虑送风装置到工作面的风速衰减问题，应尽量取0.45m/s。

送风量＝送风装置面积×截面风速

送风量＝2.6×2.4×0.45×3600＝10108.8m^3/h

根据室内设计参数计算新风量：

以手术室1为例，手术室面积为38.3m^2。

其最小新风量20m^3/h·m^2。

新风量＝房间面积·最小新风量指标

新风量＝38.3m^2·200m^3/h·m^2＝766m^3/h

根据送风量、新风量计算回风量：

回风量＝送风量－新风量＝10108.8m^3/h－766m^3/h＝9342.8m^3/h

风量汇总见表 7-73。

表 7-73 手术室区域风量表

系统编号	手术室	级别	送风量 (m^3/h)	新风量 (m^3/h)	回风量 (m^3/h)	漏风量 (m^3/h)	排风量 (m^3/h)
系统 1	OR1	Ⅰ级	10108.8	766.0	9342.8	233.0	533.0

(4) $i-d$ 图分析

① 夏季的计算过程

根据《医院洁净手术部建筑技术规范》确定室内状态点 N（23.5℃干球温度，50%相对湿度）。夏季空气处理过程（图 7-67）各状态点参数和计算结果见表 7-74 和表 7-75。

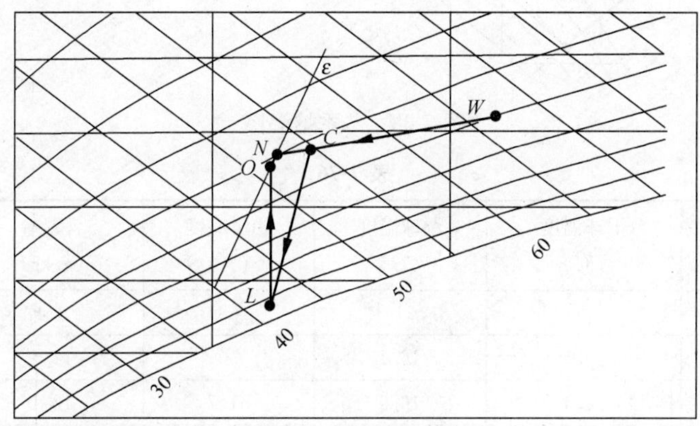

图 7-67 夏季焓湿图

表 7-74

状态点	干球温度（℃）	湿球温度（℃）	相对湿度（%）	含湿量（g/kg）	焓值（kJ/kg）
室外状态点 W	25.8	19.9	60.8	15.9	66.7
室内状态点 N	23.5	16.1	50	11.4	52.6
送风状态点 O	22.6	15.7	52.2	11.2	51.3
混合状态点 C	24	17	52	12	53.7
露点 L	13.1	12.6	90	11.2	41.5

表 7-75

手术室名称	送风量 (m^3/h)	新风量 (m^3/h)	回风量 (m^3/h)	制冷量 (kW)	再热量 (kW)	送风焓差 (kJ/kg)	送风温差 (℃)
OR1	10108.8	766.0	9342.8	52.7	34.5	1.2	0.9

② 冬季的计算过程

根据《医院洁净手术部建筑技术规范》确定室内状态点 N（23.5℃干球温度，50%相对湿度）。冬季空气处理过程（图 7-68）各状态点参数和计算结果见表 7-76 和表 7-77。

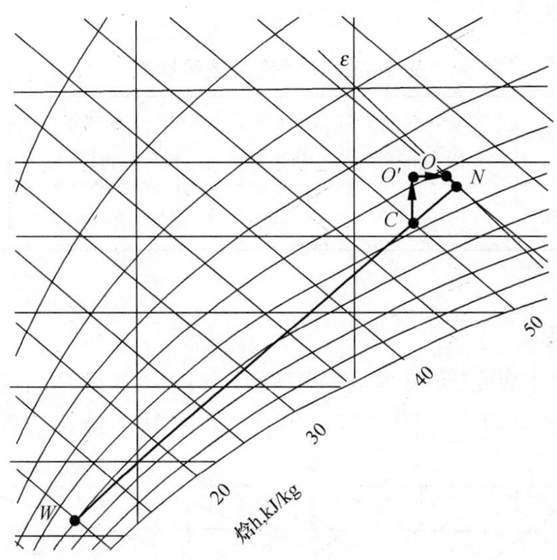

图 7-68　冬季焓湿图

表 7-76

状态点	干球温度（℃）	湿球温度（℃）	相对湿度（%）	含湿量（g/kg）	焓值（kJ/kg）
室外状态点 W	1	－1.1	68	3.4	9.6
室内状态点 N	23.5	16.1	50	11.4	52.6
送风状态点 O	24.1	16.9	51.7	12.1	55.2
混合状态点 C	21	15.4	59	11.4	51.9
加热至状态点 O'	24.1	16.3	48.3	11.3	53.1

表 7-77

手术室名称	送风量（m^3/h）	新风量（m^3/h）	回风量（m^3/h）	制热量（kW）	加湿量（kW）	送风焓差（kJ/kg）	送风温差（℃）
OR1	10108.8	1993.0	8115.8	13.8	22.1	1.2	0.9

（5）气流组织（图 7-69）

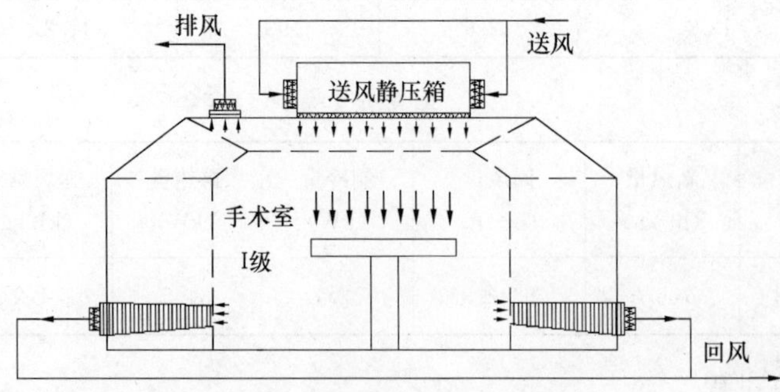

图 7-69　Ⅰ级手术室气流组织

① Ⅰ级洁净手术室内集中布置于手术台上方的非诱导型送风装置，应使手术台的一

定区域即手术区处于洁净气流形成的主流区内。

② Ⅰ级洁净手术室内的送风装置面积应不小于图 7-70 所示：

③ 当手术室净面积超过 50m²（眼科手术室超过 30m²）并且需要增大上述送风面积时，出风面积增大的比例不应超过手术室净面积增大的比例。

④ Ⅰ级洁净手术室手术区地面以上 1.2m 截面按《医院洁净手术部建筑技术规范》第 13.3.6 条第 3 款要求布置测点时，风速不均匀度 β 应≤0.24。

⑤ 洁净手术室应采用平行于手术台长边的双侧墙的下部回风，Ⅰ级洁净手术室的两侧下回风口宜连续布置。下部回风口洞口上边高度不宜超过地面之上 0.5m，洞口下边离地面不宜小于 0.1m。

⑥ 洁净手术室应设上部排风口，其位置宜在病人头侧的顶部。排风口吸风速度不应大于 2m/s。

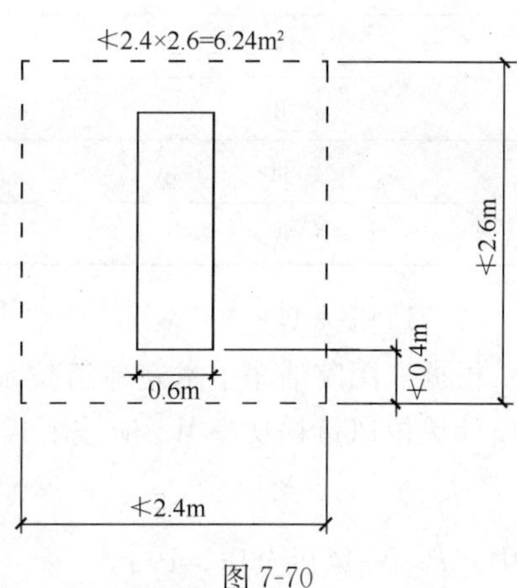

图 7-70

(6) 空气过滤

《医院洁净手术部建筑技术规范》GB 50333—2013 规定，新风过滤器宜根据当地环境空气状况采用表 7-78 列出的组合。

表 7-78

组合类型	颗粒物浓度	新风过滤第一道	新风过滤第二道	新风过滤第三道
1	可吸入颗粒物（PM_{10}）或总悬浮颗粒物（TSP）年均值达到一级空气质量标准（上限值分别为≤0.04 或≤0.08mg/m³）	对≥0.5μm 微粒的计数效率≥60%的过滤器		
2	可吸入颗粒物（PM_{10}）或总悬浮颗粒物（TSP）年均值达到二级空气质量标准（限值范围分别为>0.04～≤0.07mg/m³ 或 >0.08～≤0.20mg/m³）	人工尘计重效率≥30%的过滤器（网）	对≥0.5μm 微粒的计数效率≥70%的过滤器	
3	可吸入颗粒物（PM_{10}）或总悬浮颗粒物（TSP）年均值超过二级空气质量标准（下限值分别为>0.07 或>0.20mg/m³）	人工尘计重效率≥30%的过滤器（网）	对≥0.5μm 微粒的计数效率≥50%的过滤器	对≥0.5μm 微粒的计数效率≥80%的过滤器

表中空气环境的颗粒物浓度可按《医院洁净手术部建筑技术规范》附录 A 给出的数据选用。

《医院洁净手术部建筑技术规范》GB 50333—2013 对末端过滤器或装置的效率规定见表 7-79：

表 7-79

洁净手术室和洁净用房等级	对大于等于 0.5μm 微粒，末级过滤器或装置的最低效率
Ⅰ	99.99%
Ⅱ	99%
Ⅲ	95%
Ⅳ	70%

（7）风机选型

根据《医院洁净手术室建筑技术规范》8.1.11 中规定：新风机组和空调机组的风机的设计单位风量耗功率 W_s 应按下式计算，数值不应大于表 7-80 的规定。

$$W_s = P/(3600 \cdot \eta_t) \tag{7-60}$$

式中　P——风机全压，Pa；

η_t——风机的全效率，包含风机效率、电机效率和传动效率。

表 7-80

机组类型和型式	风机单位风量耗功率限值 $W_s/(m^3/h)$
空调机组（新风单独处理）	0.59
空调机组（新风过滤器符合表 8.3.9 类型 1）	0.68
全新风空调机组（过滤器符合表 8.3.9 类型 1）	0.59
全新风空调机组（过滤器符合表 8.3.9 类型 2）	0.66
全新风空调机组（过滤器符合表 8.3.9 类型 3）	0.74
新风空调机组（过滤器符合表 8.3.9 类型 1）	0.41
新风空调机组（过滤器符合表 8.3.9 类型 2）	0.48
新风空调机组（过滤器符合表 8.3.9 类型 3）	0.58

注：新风处理增设预热盘管，单位风量耗功率限值可附加 $0.049W_s/(m^3/h)$；增设新风表冷器，限值附加 $0.068W_s/(m^3/h)$。

（8）系统控制

本案例采用的是一次回风配再加热控制过程，一次回风配再热的空气处理方案是洁净空调中常见的模式，夏季供冷时，由表冷器调节机器露点温度，从而间接控制室内空气湿度；调节再热加热量控制送风温度，满足室内状态。冬季供热时，调节空气加热器的加热量从而控制加热器的出风温度，间接控制室内空气温度。见图 7-71。

① 情报面板

通过通讯读取控制柜系统相关数据，以及远程控制机组启停/正负压切换/温湿度设定，远程监控温湿度/机组运行/机组故障等控制（一拖多机组控制方式：开机，一间开机，机组开机，关机，全部关闭，机组关闭；温湿度设定，多空调面板控制时，控制柜接受温湿度最后设定值，最后一次设定的空调面板将设定值发送至电柜控制器后，并发送至同系统内的其他空调面板，使温湿度设定值同步显示）。见图 7-72。

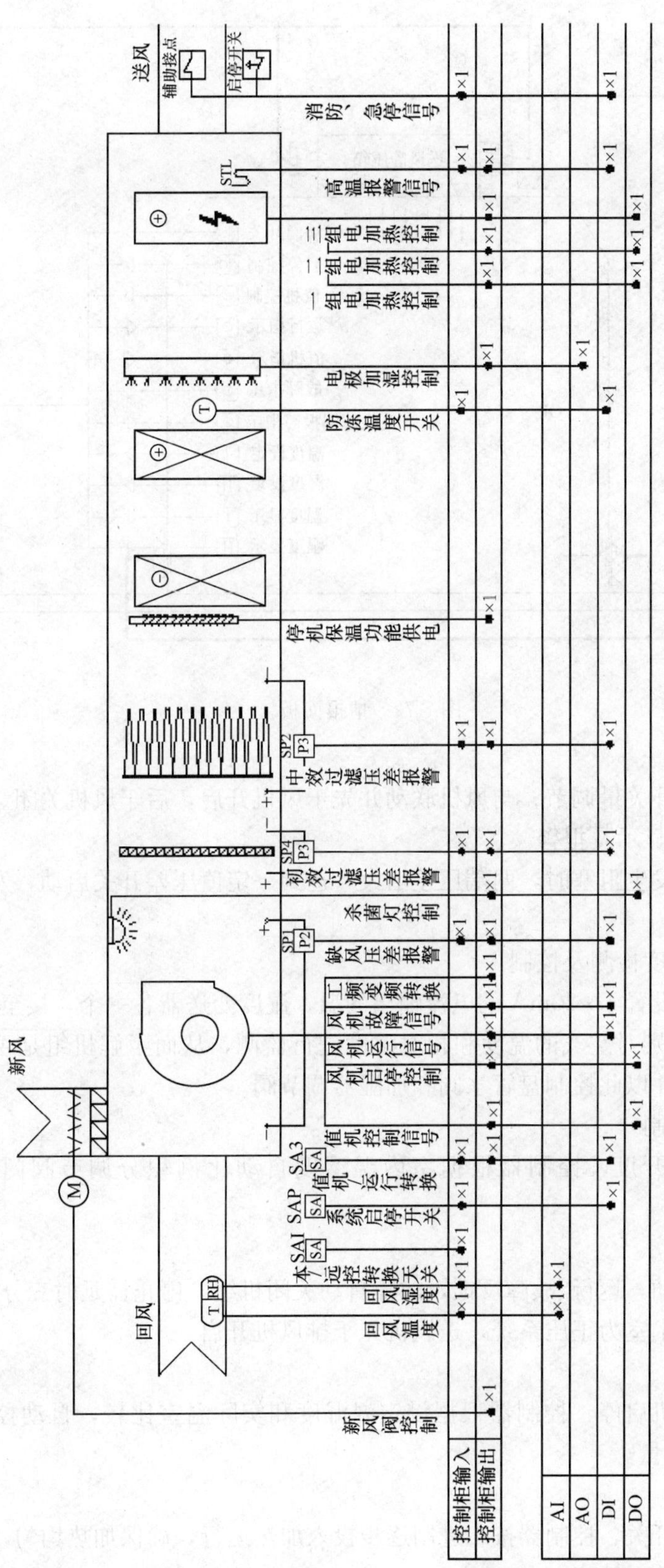

图 7-71 空调控制原理图

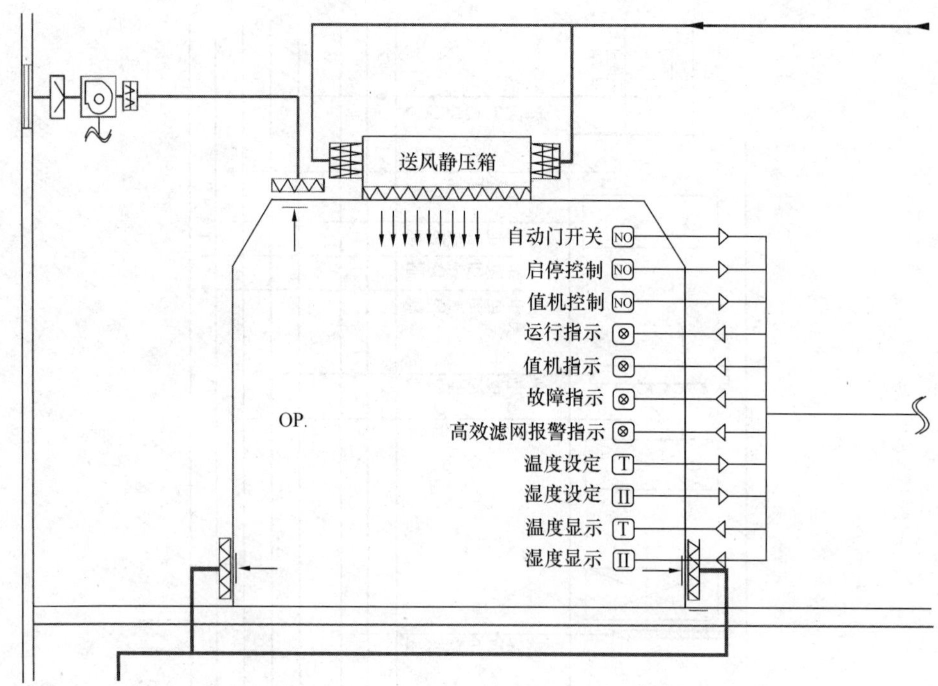

图 7-72　情报面板

② 新风阀的控制

新风阀一般为开关量调节；与风机联动并先于风机开启，后于风机关闭。

③ 过滤器状态显示及报警

当过滤器日久发生阻塞时，两端压差增大，达到一定值压差开关启动，发出报警，提醒工作人员清洗。

④ 送风温、湿度检测及控制

在回风管段上设置 4～20mA 的电流输出的温、湿度变送器各一个，接至 DDC 的 2 路 AI 输入通道上，分别对空气的温度和相对湿度进行监测，从而了解机组是否将新风处理到所要求的状态，并以此控制盘管水阀和加湿器调节阀。

⑤ 电极加湿控制

动态显示阀门开度，控制器根据室内温湿度自动比例积分调节阀门开度控制加湿量。

⑥ 风机控制

送风机直接启动，运行/故障反馈，故障自动关闭机组，停止需延时三分钟。

本项目Ⅰ级手术室为正压系统，送风机先于排风机开启。

⑦ 冷媒的控制

动态显示压缩机启停，控制器根据设定温湿度和实际温室比较，自动控制压缩机气筒，控制制冷/加热量。

⑧ 电加热控制

动态显示加热开关，控制器按二进制逐步投入加热运行，确保加热均匀，稳定。高温报警自动停止电加热运行。

7.10 商 场

7.10.1 室内设计参数

《商店建筑设计规范》JGJ 48—2014 第 7.2.2 条作出如表 7-81 规定：

表 7-81

房间名称	温度（℃）		相对湿度（%）		风速（m/s）	
	夏季	冬季	夏季	冬季	夏季	冬季
营业厅	25～28	18～24	≤4 厅	≥4 厅	≤4 厅度	≤4 厅度

营业厅最小新风量不应小于 15m^3/h·人。

不同类型商店的人员密度、照明功率密度值和电器设备功率见表 7-82：

表 7-82

房间类别	人员密度（m^2/人）	照明功率密度值（W/m^2）	电器设备功率（W/m^2）
一般商店营业厅	3	≤10（9）	13
高档商店营业厅	4	≤16（14.5）	13
一般超市营业厅		≤般超（10）	
高档超市营业厅		≤档超（15.5）	
仓储超市		≤储超（10）	

7.10.2 大型商场的负荷特性

传统商场又称百货公司、百货大楼、购物中心、超市等，近些年还涌现出很多大型娱乐购物中心，不仅经营商品，还有如各类餐厅、冷饮厅、游艺厅、儿童乐园、电影厅等餐饮、娱乐、休闲设施。营业大厅售货方式由柜台式售货转变开架自选售货。

大、中型商场有较大的内区，人员多，因此人员负荷和按人计算的新风负荷占了冷负荷的大部分，而建筑围护结构负荷占的比例很小。围护结构冷负荷在空调房间计算冷负荷中所占的比例较小，一般占总负荷的 15%～25%，照明及设备散热冷负荷根据商店的功能及电器设计资料确定，一般占总负荷的 15%～30%，人体散热冷负荷占总负荷的绝大部分，一般占总负荷的 45%～70%，且变化显著，不同规模的商场相差特别大。

实际上灯光负荷是不均匀的，当无具体灯光功率分布的数据时，可按如下取值：一般的营业厅平均为 20～40W/m^2；珠宝金银首饰部或需要特殊展示商品的区域平均负荷为 60～80W/m^2；休息区、接待处、洗手间等灯光负荷平均为 20W/m^2，高于以上表中的要求。

商场的发热设备主要有自动扶梯、食品冷藏陈列柜。自动扶梯为 7.5～11kW/台。食品冷藏陈列柜有封闭式和敞开式两类。自选商场中通常是敞开式的。这类陈列柜有卧式和立式（有多层隔板）两种。陈列柜中所带制冷设备的容量与开口面积、柜内温度、柜的形式等有关。无确切资料时，敞开式陈列柜形成的冷负荷可取如下数值：冷却物陈列柜

（0℃左右）卧式约为 190W/m（按每米柜长计），立式约为 650W/m；冻结物陈列柜（－18～－12℃）卧式约为 300W/m，立式约为 1400W/m。

正确估计人员密度直接影响到设计冷负荷计算的精度。一般认为，大城市商场人员密度为 0.7～1.2 人/m²，中小城市为 0.2～0.7 人/m²。21 世纪初，部分高等院校和设计院对上海、北京、天津、武汉等地大型商场的客流量进行过实地统计，实测情况是，周末最大人员密度 0.356 人/m²，平均人员密度 0.23 人/m²；工作日最大人员密度 0.231 人/m²，平均人员密度 0.14 人/m²。《公共建筑节能设计标准》（GB 50189—2005）对商场的人员密度作出了规定：商场建筑人均占有使用面积，一般商店为 3m²，高档商店为 4m²。也就是说，现有的商场建筑应该按 0.25～0.33 人/m² 计算。这个数值是经过对现有商场的实际客流量进行过考量而作出的数值，符合今天大部分百货商场的实际情况，而作为负荷计算的重要参考规范。因此，若商场的人员密度与群集系数取值过大，则直接影响着室内散湿量的确定，使散湿量增大，热湿比减小，送风量减小，送风温差过大，空气温度波动大，而且会影响室内温度分布的均匀性和稳定性受到破坏，影响空调系统的正常使用。反之，送风温差过小，送风量过大时，管道的横截面面积大，使建筑的使用面积缩小而且浪费管材，但其优点是空气波动小，室内温湿度分布的均匀性和稳定性不受到破坏。

7.10.3　大型商场新风量的取值与空气品质

为了保证空调房间的空气品质，必须向房间送入一定的室外新鲜空气。然而，新风量的增加，会使空调系统的能耗显著增加。新风量每增加总送风量的 1%，新风冷负荷便增加 3%～7%。新风冷负荷在空调系统冷负荷中占有相当大的比重，占空调系统冷负荷的 41%～35%。

《商店建筑设计规范》JGJ 48—2014 条文说明中最小新风量要求按人员密度≤0.4 时为 19m³/（h·人），0.4＜人员密度≤1.0 时为 16m³/（h·人），人员密度＞1.0 时为 15m³/（h·人），且人员密度大时单位面积新风量不应低于人员密度小时，与《民用建筑供暖通风与空气调节设计规范》（GB 50376—2012）中商场超市的基本相同。

国内商场，由于客流量大，多数商场的室内空气的含尘浓度、浮菌浓度都超标。实测表明，机械进排风系统不运行条件下，商场内的含尘浓度高达 3mg/m³，为允许浓度（0.15mg/m³）的 20 倍；浮菌浓度高出室外 7～24 倍。为改善商场内空气品质，保障人们的身心健康，空调系统不应只设效率低的过滤器，应设有初、中效两级过滤，第一级初效过滤器的大气尘计数效率＞50%，第二级中效过滤器的大气尘计数效率应为 70%～90%，且应定期更换清洗。

7.10.4　商场空调系统特点

商场的特点是：空间大，装饰要求高，冷负荷中湿负荷较大，室内污染物（灰尘和细菌）量较多，一般说不宜采用风机盘管加新风系统。因这种系统有以下难于克服的缺点：风机盘管的盘管为 2～3 排，除湿能力较低；风机盘管无空气过滤器或只有效率很低的过滤器，且机外余压很小，无法再增设中效过滤器；每台机组的制冷量很小，在营业厅中装有太多的风机盘管，管理和维修均很不方便。

商场采用全空气系统有以下优点：空调机组置于机房内，运转、维修容易，能进行完全的空气过滤；产生震动、噪声传播的问题较小；送风量大，换气充分，空气污染小；特别是在过渡季节可实现全新风运行，节约能耗。分区数少时，设备费用比其他方式少。

商场采用全空气定风量系统与变风量系统比，有如下缺点：全年的风机送风动力大，不利于节能；而且由于不能适应某一分区中每个商场的负荷变化，而导致各个商场之间存在温度波动。所以，在大型商场建筑中，采用变风量空调方式会更好。

从商场空调选用的设备看，组合式空气处理机组可以有较大的空气去湿和过滤能力，从功能来说，是比较理想的设备；但它占用一机房，对于寸土寸金的商场来说又是比较严重的缺陷。一些大型超市采用吊装式或柜式空调机组，具有不占或少占建筑面积的优点；但缺点有：空气过滤能力通常很差，有的机组所配置的盘管排数少，除湿能力低，维修不便。因此，采用这类机组时，应增设初、中效过滤，选用配置 6～8 排盘管的空调机组。严寒和寒冷地区的全年空调系统慎用直接引入室外新风的吊装式机组，应设与热水盘管电动阀连锁的电动防冻风阀以防因不易操作管理而被冻坏。

有供暖要求的地区，商场的周边区与内区的系统应分开设置，以便可以同时实现内区供冷、周边区供热或夜间用周边区系统供暖维持室内一定温度。特别是严寒和寒冷地区，最好在周边区增设一套热水供暖系统，作为夜晚值班供暖和白天对周边区域补充供热。

7.10.5 工程实例

（1）工程概况

某大型商业综合体建筑，位于太原市，地上 6 层，地下 2 层。B2 为汽车库和设备机房，B1 为商业、超市、餐饮、设备机房，B1M 为汽车库、自行车库、物业用房，地上为商业、餐饮、冰场、电影院等，其中 2M 和 3M 为停车场。建筑类别为一类高层建筑；耐火等级：地上一级、地下一级；设计使用年限：50 年；总建筑面积：34.06 万平米（其中地上 23.48 万平米，地下 10.86 万平米），室外地面到主屋面面层高 35.55m，建筑物最高点 48.15m。

（2）室内设计参数（表 7-83）

表 7-83

房间名称	室内设计参数			灯光负荷指标 (W/m²)	设备负荷指标 (W/m²)	人员指标 (m²/人)	新风指标 [m³/(人·h)]	噪声 (NC)
	夏季		冬季					
	温度 (℃)	相对湿度 (%)	温度 (℃)					
一般商铺	25	60	20	40～60	20	5～6	19	40～45
书店	25	60	20	40～60	20	5～6	19	40～45
首层及 B1 商铺	25	60	20	40～70	30	5～6	19	40～45
主力店	25	60	20	30～60	10	3	19	40～45
首层购物通廊	26	60	20	25～35	0	2	16	40～45
其他楼层购物通廊	26	60	20	25～35	0	4～6	19	40～45
百货	25	60	20	50	10	3	19	40～45
餐饮	25	60	20	20～40	20	2	25	40～45
美食广场	25	60	20	40	20	1.5	25	40～45
冰场	24	60	20/≤45	40	0	3	30	40～45

续表

房间名称	室内设计参数			灯光负荷指标（W/m²）	设备负荷指标（W/m²）	人员指标（m²/人）	新风指标［m³/（人·h）］	噪声（NC）
	夏季		冬季					
	温度（℃）	相对湿度（%）	温度（℃）					
电影院	25	60	20	30	10	1.5	12	35
儿童业态	25	60	20	40	10	5	30	40～45
城市农场	25	60	20	40	20	5	25	40～45
后勤办公	25	60	20	25	20	8	30	40～45

（3）空调系统

① 商业购物廊为全空气空调系统，空调机组配设变频器，一般租户采用二管制的风机盘管＋新风系统，以满足各租户区域各自独立的温度控制要求，大型租户（如主力店及超级市场等）的空调系统由租户自行决定。

② 为充分利用过渡季节室外空气的冷量，节约系统的运行费用，将为地面以上公共购物廊的空调机组配设空气侧自然冷却系统，最大新风量为系统送风量的50%。

③ 对于大租户，如大型零售商业铺（大于1500m²）、大型餐饮租户（大于1000m²）、儿童业态、主题乐园、书店、城市农场预留新风管、排风管、空调冷热水管及凝结水管接口，由租户自行购买安装空气处理机，配合精装修安装风管、风口等。

④ 对于一般租户，预留新风管、风机盘管冷、热水管及凝结水管接口，由租户配合精装修完成风机盘管、风管、风口的安装。

⑤ 全空气系统采用组合式空调机组，内设初效过滤段、混合段、中效过滤段、表冷段、送风机段。过渡季用焓值判断和回风温度控制空调机组的新风比和排风机的风量，保证能以最大新风比不低于50%运行，公共区域的全空气空调系统的风机均为变频。

⑥ 风机盘管加新风处理机系统：

风机盘管均为两管制卧式暗装型，风机盘管送风口、新风送风口为双层百叶送风口侧送或散流器顶送，风机盘管回风带联箱，回风口为带过滤器单层百叶风口。

新风机组选用组合式新风机组，组合式新风机组由混合段、初效过滤段、中效过滤段、表冷段、送风机段组成；新风机组风机电量超过5kW的采用手动控制变频。

7.11　机场、火车站大厅

7.11.1　室内设计参数

《铁路旅客车站建筑设计规范》GB 50226—2007（2011年版）作出如下规定：

（1）空气调节的室内计算温度，冬季宜为18～20℃，相对湿度不小于40%；夏季宜为26～28℃，相对湿度不小于40%～65%。

（2）站房内各主要房间空气调节系统的新风量和计算冷负荷应符合表7-84的规定：

表 7-84 主要房间空气调节系统的新风量和计算冷负荷

房间名称	最大人员密度（人/m²）		最小新风量（m³/h·人）	
	客货共线	客运专线	客货共线	客运专线
普通候车区	0.91	0.67	8	10
军人（团队）候车区	0.91	0.67	8	10
软席候车区	0.50	0.67	20	10
无障碍候车区	0.50	0.67	20	10
贵宾候车室	0.25	0.25	20	20
售票厅	0.91	0.91	10	10
售票室	每个窗口 1 人		25	25
乘务员公寓、候乘人员待班室	—		30	30

上表中候车区的最小新风量标准偏低，应按《民用建筑供暖通风与空气调节设计规范》（GB 50376—2012）的规定，公共交通等候室的最小新风量应按人员密度≤0.4 时为 19m³/(h·人)，0.4<人员密度≤1.0 时为 16m³/(h·人)，人员密度>1.0 时为 15m³/(h·人)。

民用机场候机楼室内设计参数可参见 7-85 表。

表 7-85

房间名称	室内设计参数		最小新风量（m³/h·人）
	温度（℃）	相对湿度（%）	
候机厅	24～26	60 厅度量	15～20
办票安检厅	24～26	60 安检厅	15～20
到达通道	25～27	60 通道厅	10～15
行李提取厅	24～26	60 提取厅	10～15

7.11.2 交通建筑的照明功率密度值

表 7-86

房间类别	照明功率密度值（W/m²）
候车（机、船）室（普通）	≤车（6）
候车（机、船）室（高档）	≤车（8）
中央大厅、售票大厅	≤央（8）
行李认领、到达、出发大厅	≤李（8）

7.11.3 机场候机楼的建筑特点（新建高铁火车站类似）

（1）远离城市中心：机场一般都建在距离市中心十几至几十公里的地方，周围空旷平坦，室外环境温度比市区低，太阳辐射热有所增强，空气含尘量及其他有害物明显减少。

（2）层数少，层高高，平面面积大：候机楼一般 3～5 层，每层层高高，一般在 5m 以上，办票厅，候机厅、安检通道等的层高 10m 左右，甚至更高，这些空间基本都是连通的。平面面积大或长度很长，一般小型的 200m 以内，大中型的 200～1000m，甚至更长，相当于一个小城市的长度，这对制冷机房、水系统的布置、供回水温差的选择影响较大。

（3）功能多：为满足全天候候机，都设有餐厅、商场、各航空公司的办公、地勤空勤人员的工作区和休息区等，大型的还有酒店。

（4）设有各种隔离区，人员分布变化大：如乘客安检后进入候机厅再不能自由出入，国际机场还设有海关、边检等，导致人流分布变化较大，会随时空不同而变化。

7.11.4　候机楼的人流密度确定

一般根据机位或站台多少的情况，附加一定的系数，再考虑工作人员的情况来确定。方案阶段人流密度宜取0.6～1.2人/m²。

7.11.5　候机楼的空调系统划分

（1）按建筑平面内外分区：针对候机厅每层面积大的特点，分为内区和外区，建议外区范围7～10m，也可放宽到15～20m。

（2）按使用功能分区：

① 旅客使用区：候机区、办票区、安检区、购物区、餐饮区等；

② 机场自用办公区：地勤空勤人员工作区和休息区；

③ 服务区：行李处理区、维修区、机电设备区等。

7.11.6　空调系统选择

一般采用定风量全空气系统，小空间采用风机盘管加新风系统；针对候机楼人流变化大负荷变化多的特点可采用变风量空调系统。空调风系统设置一般不宜超过1000～1500m²。空调水系统可采用两管制或分区两管制，也可采用四管制。

7.11.7　分层空调

分层空调适用于大空间建筑，当建筑物高度 H 筑10m，建筑物体积 $V>1$ 万立方米，空调区高度与建筑物高度之比 $h_1/H\leqslant 1/2$ 时，这种空调方式才经济合理。机场候机楼正式这种类型，甚至超过影剧院、体育馆、展览馆等大空间建筑。

设计分层空调时，以送风口中心作为分层面，将整个高大建筑物在垂直方向分为二个区域，分层面以下的空间为空调区，分层面以上的空间为非空调区。而工作区则为高大建筑物所要求必须保证温湿度参数的区域，一般为设备的高度，舒适性空调，一般可取2m高。如图7-73所示。

分层空调负荷计算主要指的是夏季分层空调冷负荷计算，至于冬季，则必须按全室供暖方式进行计算。特别是冬季在没有设置空气幕而且上下温度很不均匀时，则必须按照垂直方向温度梯度来确定上部的气温，然后计算围护结构耗热量。

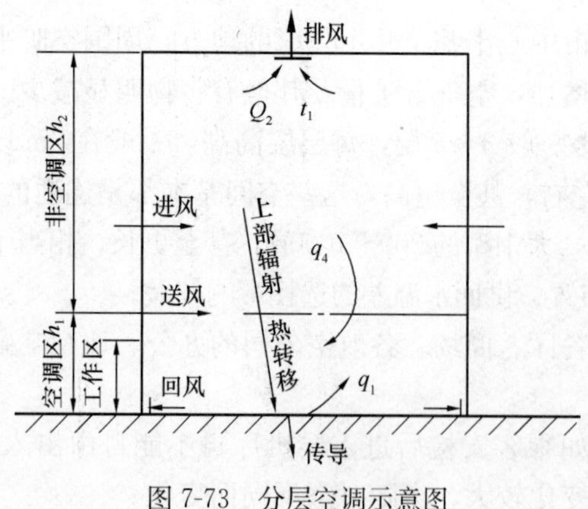

图7-73　分层空调示意图

分层空调空调区冷负荷由两部分组成：空调区自身得热所形成的冷负荷和非空调区向空调区热转移所形成的冷负荷。

空调区自身得热所形成的冷负荷包括：

① 通过围护结构（墙、窗等）得热所形成的冷负荷 q_{lw}；

② 内部热源（设备、照明和人等）发热引起的冷负荷 q_{lm}；

③ 室外新风或渗漏风造成的冷负荷 q_x。

热转移负荷包括：

① 对流热转移负荷 q_d；

② 辐射热转移负荷 q_f。辐射热转移负荷又包括：

a. 非空调区各个面（屋面、墙和窗等）对地板辐射换热引起的负荷；

b. 非空调区各个面对空调区墙体之间辐射换热引起的冷负荷。因此空调区的冷负荷 q_{cl} 可表示为：

$$q_{cl}=q_{lw}+q_{ln}+q_x+q_f+q_d \tag{7-61}$$

q_{lw}、q_{ln}、q_x 可按全室空调冷负荷计算方法计算，q_f、q_d 的计算可参照文献《实用供热空调设计手册》（第二版）。

另外，在进行设计时，空调区夏季分层空调冷负荷计算，可采用经验系数法，即对分层空调建筑物按全室空调方法进行冷负荷计算，然后乘以经验系数 a。

$$a=\frac{\text{空调区分层空调冷负荷}}{\text{全室空调冷负荷}}$$

系数 a 由特定性质的高大建筑物经实测与计算得出，通常 a=0.5～0.85，当缺乏数据时，可取 a=0.7。

对于中庭空调负荷计算时，一般设计中，不考虑中庭是一个共享空间的现状，对各连通空间单独考虑负荷及冷量供应，往往导致中庭连通的上部空间区域夏季过热，中庭底层连通空间区域冬季过冷现象。其原因就是连通区域（中庭）使各空调区域空气通过中庭贯通，热气流向上自然对流引起。

因此在负荷计算时可以考虑的方法：夏季对上部空调区域的室内冷负荷×1.2 的热量转移系数，并以此进行空气处理计算及设备选型；冬季将底层空调区域计算热负荷×1.2 热量转移系数，并据此进行空气处理计算及设备选型。另外，可以考虑这两个区域的送风温差，例如上部夏季设计送风温差不超过 7℃，冬季下部区域送风不超过 5.5℃。目的是减少自然对流上升的动力。

7.11.8 气流组织形式

（1）气流组织形式

① 空调区空调机组或集中系统送风，下部 100％回风。非空调区上部散热量较大时，由高侧窗自然进风。屋顶机械排风，以排除上部热量。冬季停止运行。此种系统的优点是：上部非空调区的排风，不需要利用空调排风的冷量；气流没有交叉。但也存在如下缺点：如室内散逸有害气体与烟尘，容易使工作区污染；上部进风量较大；如采用屋顶排风器，数量多、投资大、密封差。

② 空调区集中空调系统送风，下部 80％回风。非空调区高侧窗自然进风并辅以 20％空调排风进入非空调区，屋顶机械排风，以排除上部热量。此种系统的优点是：气流组织形式简单，设备费较便宜；充分利用空调排风冷量排除上部热量；有害气体、烟尘向上排走，减少对工作区污染。存在的缺点如：冬季会加大温度梯度，耗热量增加；气流交叉。

③ 空调区集中系统或空调机组送风，下部 100％回风。非空调区散热量＜4.2W/m³ 可不设进排风装置。此种系统简单，但建筑物不是很高或上部围护结构做得较差时，向下转移量较大。

④ 空调区集中系统送风，下部回风。非空调区空气幕为水平送风，仅在供暖季节采用，可以部分阻止热气流上升，适用于有害物和烟尘少的场合。其效果取决于空气幕的风

量风速和温度。此种系统的优点是：冬季可以部分阻止热气流上升，防止过大的温度梯度；如夏季也使用，可以减少上部热空气混入送风射流中。存在的缺点如：增加设备费、管道费和能量消耗；风口风速高，有些噪声；有时管道不好布置。

(2) 送风口形式

分层空调送风口须满足以下要求：

① 送风角度应调节方便，使夏季能进行水平送风，冬季能进行向下斜向送风，下倾角度大于30°。

② 对于集中空调系统或可配风管的空调机组，须考虑设置能使各个风口均匀送风的调节装置，使用调节板效果较好，可满足风管长度小于40m的均匀送风调节要求。

③ 根据建筑物的具体条件来选择送风口。圆喷口射程最长；扁喷口平面扩散较快，落差较大；百叶风口速度衰减较快。

④ 候机楼送风口间距可采用3～5倍室内净高。

⑤ 候机楼一般还采用风柱的方式以解决与装修设计矛盾。

(3) 非空调区进排风

设置通风的目的是为了排除上部余热、降低上部空气温度和屋顶内表面温度，以达到减少非空调区的对流热转移和辐射热转移量的效果。大部分高大建筑物非空调区的得热，以屋顶与窗传入热量和玻璃窗辐射热为主，因此要求屋顶作良好的保温或作通风屋面，向阳玻璃窗还要考虑遮阳。根据国内外实例，大多采用自然进风、机械排风。但按具体条件，也可采用机械进风、自然排风或机械进排风。

一般进风口宜设在非空调区的适当高度处，该处的进风温度应小于非空调区同高度处的空气温度。进风口最低位置宜为非空调区高度的1/3处，以防止进风干扰空调区的气流组织。

非空调区换气次数不宜大于3次/h。有条件时可以充分利用空调系统多余的低温排风量（包括建筑物的其他空调系统）来排除上部空间热量，此时通风量可适当减少。

(4) 冬季减小温度梯度的措施

高大建筑物分层空调用于夏季节能效果显著，但用于冬季，却反而会加大温度梯度而使热耗增大，同时空调区垂直温度的均匀性也将变差，因此必须采取以下有效措施：

① 分层空调用于冬季必须符合以下要求：

a. 送风口送风下倾角度应大于30°，使送出的热风斜向下吹。送风速度应较大，送风口应作成活动式，便于换季时进行调节。

b. 回风口应布置在室内两侧下部，不应采用集中回风、上部回风或中部回风。

c. 减小送风温差，增大送风量。在技术经济合理时，可以采用诱导风口。

d. 建筑物密封性能尽量做得好些，尽量减少渗透风的进入，以免浪费能量和影响工作区垂直温度场的均匀性。

② 利用垂直下送气流改变分层空调热射流流型。

③ 设置水平空气幕，阻隔热气流上升。

④ 夏季采用分层空调，冬季换用辐射供暖或顶送式暖风机供暖。

7.11.9 集中系统送回风管布置

① 送风管布置

a. 高大建筑物跨度在 18m 以上时，采用双侧送风。

b. 带送风口的送风管，其长度尽量短一些；各个风口采用弧形调节板调节时，最长不宜超过 40m。

② 回风管布置

a. 回风口应布置在建筑物两侧下部，风口底边距离地面 0.2～0.3m，回风口宜均匀布置且应邻近局部热源，尽量消除气流停滞死角，以减小空调区域温差。回风口吸风速度取 1.5～3.5m/s。

b. 回风干管可敷设在建筑物中部送风管以下位置。

c. 各个回风口的回风量宜进行调节，尽量利用回风支管接至总管处的三通风阀进行调节，不要用回风口上的百叶片进行调节，以免增大噪声。

7.11.10　工程实例（某机场空调设计）

（1）室内设计参数（表 7-87）

表 7-87

房间名称	温度（℃）		相对湿度（%）		最小新风量
	夏季	冬季	夏季	冬季	（m^3/h·人）
综合迎送大厅，远、近机位候机厅	26	18	55	40	15
一、二层到港大厅	26	18	55	40	15
登机廊	26	18	55	40	15
行李提取大厅	26	18	55	40	15
商业、餐饮	26	18	55	40	15
办公、公安执勤、广播室	26	18	55	40	30
安检	26	18	55	40	30
行李查询	26	18	55	40	30
行李到达分检、行李用房		10			
贵宾休息	24	20	55	45	50
更衣、母婴室、抢救室、诊断室	26	22	55	40	30

（2）空调风系统

空调设计以竖向分层，横向按防火分区设置空调系统为原则：

① 行李提取大厅设一全空气系统 K-1-1，气流组织为喷口侧送，吊顶顶回。

② 综合迎送大厅设二套全空气系统 K-1-2、3，气流组织为喷口侧送，回风夹墙侧回。

③ 远机位候机厅设一全空气系统 K-B-1，气流组织为顶送、顶侧回。

④ 二层近机位候机厅设二套全空气系统 K-2-1、2，气流组织为喷口侧送、顶回（登机廊设置大风机盘管）。

⑤ 一层左侧诊断、治疗、更衣及中部广播、安检公安等设一新风系统 X-1-1。

⑥ 一、二层右侧安检、贵宾休息等设一新风系统 X-B-1。

⑦ 三层左侧内部办公及右侧贵宾休息室等设二个新风系统 X-3-1，2。

（3）空调机组设备表见表 7-88

（4）空调风平面图：见图 7-74 和图 7-75

（5）剖面图：见图 7-76

表 7-88

序号	设备编号	设备型式	送风机			冷却盘管								加热盘管							加湿器		噪声dB(A)	设计新风量(m³/h)	空气过滤器类型	外形尺寸(mm)	功能及要求	安装位置	服务范围	数量(台)	备注
			送风量(m³/h)	机外余压(Pa)	电机容量(kW)	冷量(kW)	冷水进出水温(℃)	空气温度(℃) 进口 干球	空气温度(℃) 进口 湿球	空气温度(℃) 出口 干球	空气温度(℃) 出口 湿球	水阻力(kPa)	工作压力(MPa)	热量(kW)	热水进出水温(℃)	空气温度(℃) 进口 干球	空气温度(℃) 进口 湿球	空气温度(℃) 出口 干球	水阻力(kPa)	工作压力(MPa)	形式	加湿量(kg/h)									
1	K-B1-1	组合式	15773	550	15	71.43	7/12	27.4	19.6	17.2	16.0	26.7	1.6	42.02	60/50	14	8	21.1	25.2	1.6	湿装	1.76	75	1691	综合过滤	3700×1850×1650	新风段+综合过滤段+表冷段+加湿段+风机段	地下一层空调机房	远机位候机厅	1	
2	K-1-1	组合式	10694	550	11	82.11	7/12	28.0	19.9	14.4	13.2	17.8	1.6	73.79	60/50	6.1	2.9	26.6	17.4	1.6	湿装	—	75	3371		3303×1750×1250		一层新风机房	行李提取大厅	1	
3	K-1-2	组合式	29887	550	30	125.3	7/12	27.3	19.6	16.5	16.0	45	1.6	88.54	60/50	14.2	8.2	21.8	33.7	1.6	湿装	8.62	76	3000		4200×2550×1950		一层新风机房	综合迎送大厅	1	
4	K-1-3	组合式	29887	550	30	125.3	7/12	27.3	19.6	16.5	16.0	45	1.6	88.54	60/50	14.2	8.2	21.8	33.7	1.6	湿装	8.62	76	3000		4200×2550×1950		一层新风机房	综合迎送大厅	1	
5	K-2-1	组合式	28459	480	22	119.44	7/12	27.3	19.6	16.5	16.0	35.6	1.6	97.29	60/50	14.0	8.0	23.4	29.2	1.6	湿装	9.27	76	3000		4100×2450×1950		二层空调机层	近机位候机厅	1	
6	K-2-2	组合式	28459	480	22	119.44	7/12	27.3	19.6	16.5	16.0	35.6	1.6	97.29	60/50	14.0	8.0	23.4	29.2	1.6	湿装	9.27	76	3000		4100×2450×1950		二层空调机层	近机位候机厅	1	
7	X-B1-1	组合式	6137	420	11	24.63	7/12	30.3	20.8	18.1	17.5	17.8	1.6	82.7	60/50	−20	−20.7	20	17.4	1.6	湿装	38.7	75	1637		3100×1350×950		地下一层空调机房	一、二层贵宾休息室等	1	
8	X-1-1	组合式	3181	400	5.5	6.41	7/12	30.3	20.8	19.8	19.2	34.6	1.6	40.66	60/50	−20	−20.7	18	17.4	1.6	湿装	20.16	72	3181		3300×1750×1250		一层新风机房	一层治疗室、安检等	1	
9	X-3-1	柜式	2398	335	0.8	4.83	7/12	30.3	20.8	19.8	19.2	42.7	1.6	30.65	60/50	−20	−20.7	18	17.4	1.6	湿装	15.19	63	2398		995×995×680		三层屋面	内部办公	1	
10	X-B1-1	柜式	3650	335	0.8	9.63	7/12	30.3	20.8	18.1	17.5	42.7	1.6	32.31	60/50	−20	−20.7	20	42.7	1.6	湿装	15.15	63	2650		995×995×680		三层屋面	贵宾休息室	1	

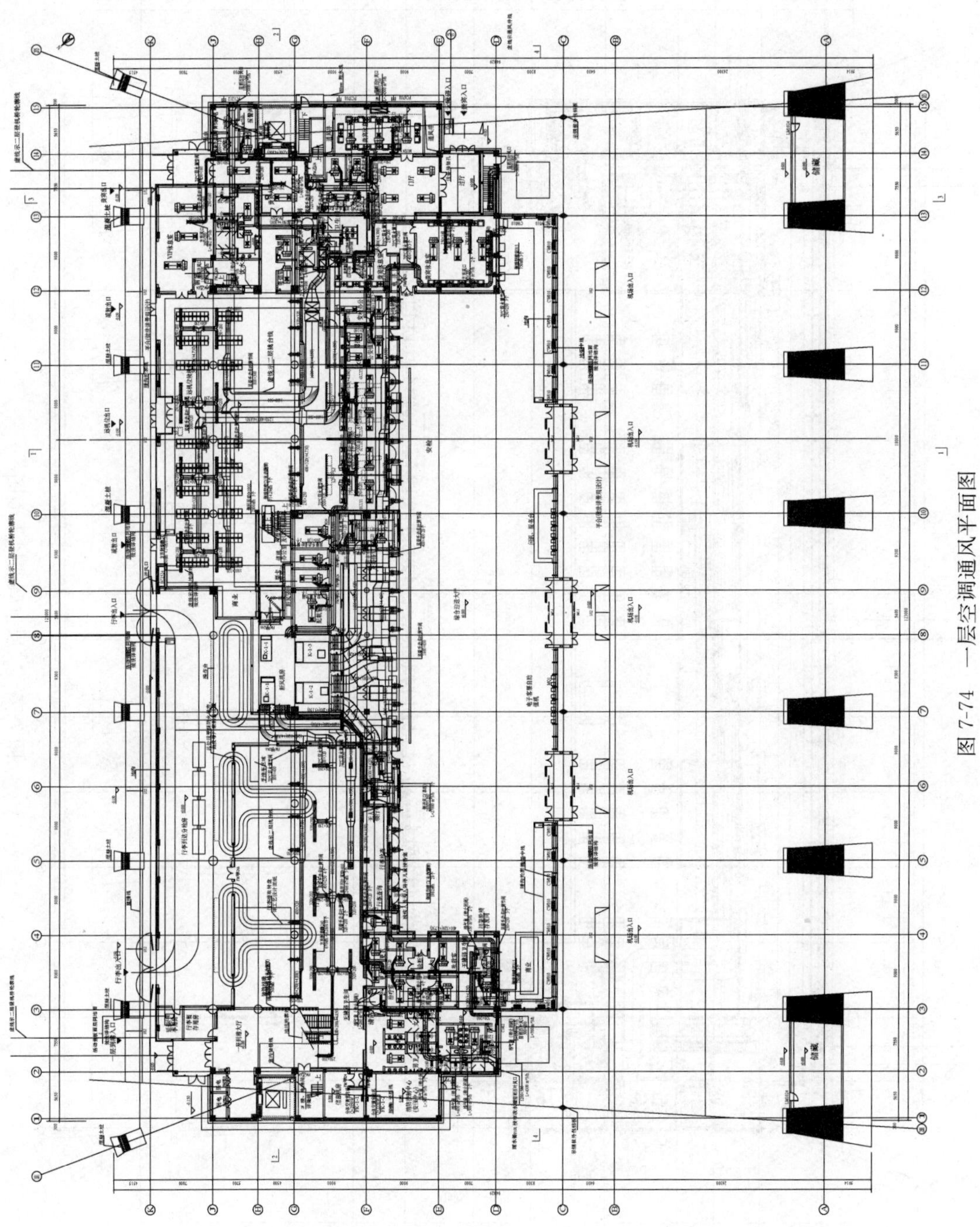

图 7-74 一层空调通风平面图

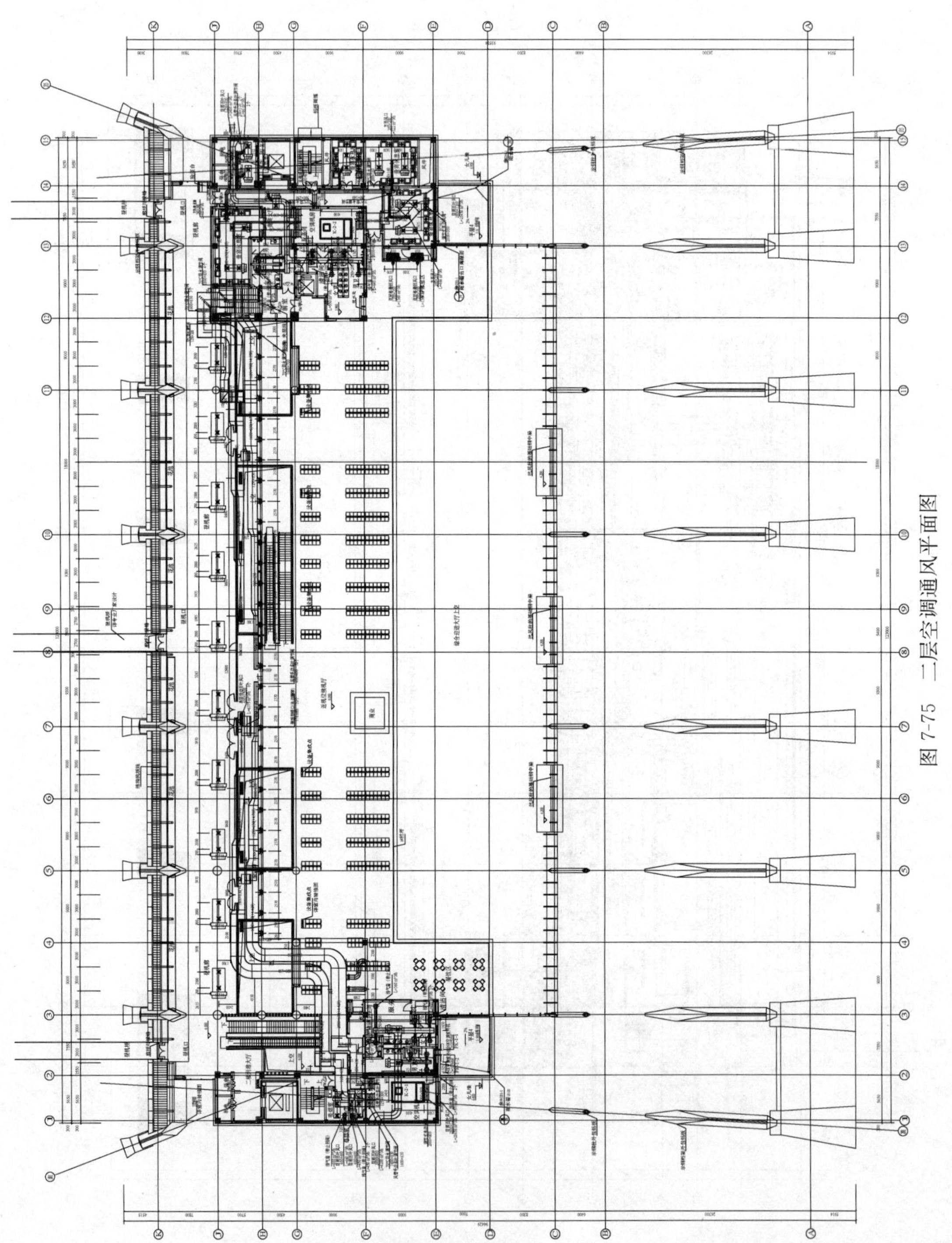

图 7-75 二层空调通风平面图

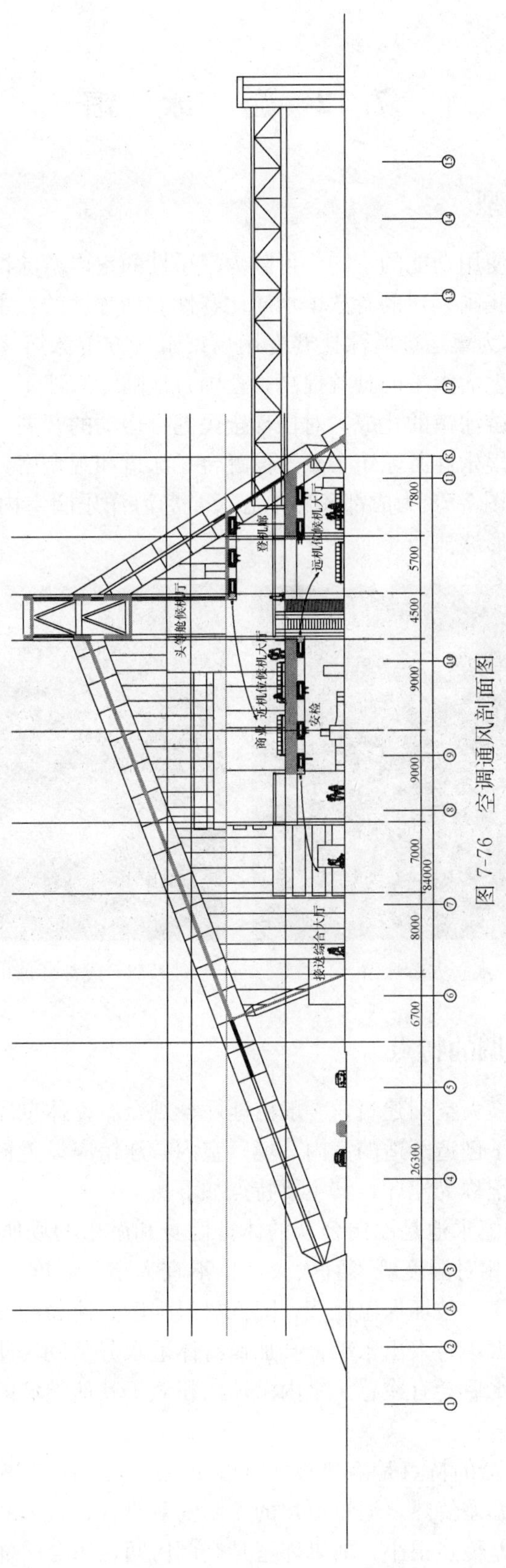

图 7-76 空调通风剖面图

7.12 游泳馆

7.12.1 游泳馆类型

室内游泳馆根据使用功能的不同，可分为娱乐性的室内游泳馆和体育比赛训练的室内游泳馆两类。以往，我国兴建的游泳馆均属比赛性和训练性的，主要是供专业运动员训练及比赛使用。图7-77为奥运会游泳比赛专用场馆水立方游泳馆。近几年来，随着国民经济的蓬勃发展，人民生活水平的日益提高，全国各地陆续兴建了一批供人们休闲、娱乐的娱乐性游泳馆。这些游泳馆的建成，对推动全民健身运动的开展，丰富人们的业余文化生活起到了积极作用。娱乐性游泳馆多数不设跳台、泳道和观众席，而泳池通常也不是标准水池（50m×21m）。图7-78为成都环球中心天堂岛海洋乐园室内游泳馆，泳池模仿海边沙滩效果，设计成圆形泳池。

图7-77 水立方游泳馆

图7-78 成都环球中心天堂岛海洋乐园

7.12.2 游泳馆空调的特点

室内游泳馆属于高大空间建筑，一般由池厅、观众席、休息厅、更衣室、淋浴间、办公室等房间组成。为了创造舒适的室内环境，室内游泳馆应设置良好的暖通空调设施。

游泳池和观众席统称为池厅，其主要特点如下。

① 室内游泳池和嬉水池是面向公众的体育健身和游乐的场所。游泳池的池水温度一般在25～27℃。室内相对湿度既不宜太大，也不宜太小。湿度太大，可能导致围护结构表面或内部结露或结霜，破坏保温性能，降低材料强度并使表面发生霉变，也会导致金属器件锈蚀。但是湿度太小，人出水后，会加速身体上水分蒸发，使人有冷感。池厅内温度不应太低，否则人出水后会有冷感。室内游泳馆相对于其他类型的室内空间，属于高温高湿的室内环境。

② 池厅内的冷负荷的特点是潜热负荷（湿负荷）大，而显热负荷小。夏季负荷的来源、主要有围护结构温差传热，通过窗户的太阳辐射热量、人体和灯光的热量、池水散湿等。其中围护结构温差传热很小，如果邻室是空调房间，还会向邻室传出热量。通过窗户

进入的太阳辐射热有一部分被池水所吸收，只有部分形成冷负荷。池厅内的人员密度为0.2～0.3人/m^2，其中大部分人在水中（估计70%以上），这部分人散出的显热被水吸收，只有呼吸散发的潜热形成冷负荷。游泳池水面及部分湿地面散出大量水蒸气（潜热冷负荷），同时还吸收空气热量；而灯光散热量中约有30%以对流方式进入空气成为冷负荷；70%的辐射热量中投射到水面部分为水所吸收；而投射到墙、地等的热量，只有在壁面温度高于空气温度时才通过对流传递给空气成为冷负荷。由上分析可见，池厅内的冷负荷中潜热部分占了大部分，估计在70%以上，有些场合可达到90%。因此，游泳池厅的空调以除湿为主。

③ 由于游泳馆内一般采用顶部照明，又考虑利用天然采光，玻璃面积较大，有时做成双层大玻璃窗或墙和透光屋顶。因此，在冬季除了热负荷较大外，设计时还需注意围护结构表面结露的问题。

④ 池水通常采用的消毒方式是加液氯灭菌处理，会有氯气散发到空气中；当含量超过1×10^{-6}时，将对人体有害，在设计空调系统、通风系统时要加以考虑。

⑤ 运动员活动的池区和观众区域所要求的空气参数不同。

⑥ 耗热量相当大，由于游泳池通风一般不能循环使用，池水也需定期更换，因此，要考虑废热回收与利用问题。

7.12.3 游泳馆空调设计参数

池水温度和池厅空气参数：正确选择和确定池水温度和池厅空气参数是关系到游泳者舒适程度和运动员比赛成绩的重要问题。众所周知，人体由于新陈代谢作用不断产生热量，所产生的热量除了满足人体必要的生理要求外，还必须通过对流、辐射和蒸发，不断向体外散发热量，以保持人体的热平衡。对于室内游泳池着泳装的人来说，池水温度及池厅空气温度、湿度和风速对人的舒适性影响比其他场合穿任何服装的人更敏感。因此，在室内游泳馆的通风设计中，应根据设计规范、标准正确选择池水温度和池厅空气参数。我国国家标准《体育建筑设计规范》（JGJ 31—2003）中规定室内游泳馆的设计参数，如表7-89所示。

表7-89 游泳馆空调设计参数

房间名		夏季			冬季			最小新风量① [m^3/(h·人)]
		温度（℃）	相对湿度（%）	气流速度（m/s）	温度（℃）	相对湿度（%）	气流速度（m/s）	
游泳馆	观众区	26～29	60～70	≯0.5	22～24	≤60	≯0.5	15～20③
	池区	26～29	60～70④	≯0.2②	26～28	60～70④	≯0.2	—

① 新风量按厅内不准吸烟计；

② 游泳馆池区气流速度主要是距地2.4m以内，跳水区包括运动员活动的所有空间在内；

③ 乙级以上游泳馆的风量还应满足过渡季排湿要求；

④ 池区相对湿度≯75%。

需要说明的情况如下。

① 游泳池池区温度是根据水温来确定。国际泳联对水温有明确要求并要求空气温度最少比池水温度高2℃；欧盟委员会能源管理局SAVE项目在对欧洲5座游泳馆的综述报

告中认为：池边空气温度的最佳值应比池水温度高1～2℃。因为人体刚出水面时，温度太低会有寒冷感，温度太高则建筑热损失增大。另外，池区空气与池水的温差还与池水的加热负荷及池水蒸发率有关，而取1～2℃温差是比较合适的；池水温度为25～27℃，池区空气温度则取26～29℃。冬夏季取值相同。

② 由于娱乐性游泳馆内的游泳者一般为非专业运动员，其中可能还会有老人和儿童，因此池水设计温度宜比比赛训练池高，可取26～29℃。这样室内设计温度也相应提高。

③ 游泳池的相对湿度。相对湿度过高，则冬季围护结构表面容易结露；室内空气相对湿度过低，池水向空气放出的显热、潜热均会增大，会使刚出水面的游泳者皮肤表面水分加速蒸发而产生冷感。当池水温度为25℃，室内空气温度为27℃，相对湿度为60%时池水的蒸发量是相对湿度为70%时的1.52倍，也是相对湿度为80%的3.27倍。可见室内空气相对湿度过低，不但增加除湿通风量，而且会降低人体的舒适感。一般认为相对温度为60%±10%较合适。为减少除湿的通风量，室内空气相对湿度可取60%～70%，但不应超过75%。

④ 最小新风量的数值是考虑观众等人员的卫生要求而确定的。按卫生部规定：室内CO_2的允许浓度为0.1%，与此对应的新风量是30m³/(h·人)。鉴于游泳馆内人员停留时间较短，因此将CO_2允许浓度适当调高，以0.15%计算，则对应的新风量是20m³/(h·人)。另外，游泳馆一般内部空间较大，开赛前场内已充满新鲜空气，因此人均新风量还可适当减少。

⑤ 游泳馆的新风量除满足人员的卫生要求外，还应满足除湿所需通风量。尤其是过渡季节采用通风除湿时，要求的通风量可能比人员所需新风量大。因而设计新风量时可能会超过表中规定的数值。

⑥ 池厅内距地面2.4m以下范围内，空气流速要加以限制。因为空气流动速度过大会加剧游泳者身上的水分蒸发，产生寒冷的感觉。

另外，本文列出《游泳馆空调设计》中对游泳馆室内设计参数的建议，作为设计参考，如表7-90所示。

表7-90　《游泳馆空调设计》中空调设计参数

功能	比赛性	训练性	娱乐性	治疗性
池边温度（℃）	26～28	26～28	27～29	比最高水温±1℃
池边湿度（%）	65～75	65～75	≤75	≤75
观众席温度（℃）	24～27			
观众席湿度（%）	60～70			
池边风速（m/s）	0.2～0.3	0.3	0.3	0.3
观众席风速（m/s）	≤0.5			
换气次数（次/h）	1～4	3～6	4～8	4～8
观众席新风量［m³/(h·人)］	15～30	10～20		

注：1. 如建筑内有吊顶时表中换气次数，应按吊顶下的空间计算。
2. 治疗性游泳馆的水温如超过33℃时，室温按33℃选取。
3. 观众席的新回风比不宜超过30%，当按人员数量得出的新风量超过30%时，按30%选取。
4. 比赛性场馆池区新风量考虑控制污染物浓度的因素不宜小于18m³/(h·m²)，面积按池面面积选取。
5. 娱乐性场馆池区的新风量按人员数量得出的新风量选取。
6. 池区新回风比不应小于10%。

7.12.4 池区负荷计算及通风量计算

游泳馆的冷热负荷计算与其他民用建筑相似，其冷热负荷包括围护结构传热、人员、灯光、设备散热及其他等组成，计算方法按《民用建筑供暖通风与空气调节设计规范》的有关规定进行。

游泳馆的湿负荷很大，主要由池水和池边湿地的散湿量组成。游泳馆通风的主要目的是排除室内余湿，因此，湿负荷的计算非常重要。

（1）湿负荷的计算

游泳馆池区湿负荷包括三部分：池水的蒸发量、池边湿润地面的产湿量和游泳馆内人员散湿量。在这三部分中，池水的蒸发量是池区湿负荷的主要组成部分。

准确地获得游泳馆的湿负荷是游泳馆空调设计的关键所在，也是国内外有关专家学者十分关注的课题。目前，国内外各种标准规范及文献资料给出的计算式各不相同，笔者在此列举了国内外常用的湿负荷计算公式，并进行简要分析，以期得到较适用于工程设计的游泳馆湿负荷计算公式。

① 池水散湿

池水的蒸发量是游泳馆湿负荷的主要组成部分，目前可参考的计算公式如下：

《实用供热空调设计手册（第二版）》中计算时刻敞开水面的蒸发散湿量，可按下式计算：

$$D_\tau = F_\tau \cdot g \cdot \frac{B}{B'} \tag{7-62}$$

式中 D_τ——计算时刻敞开水面的蒸发散湿量（kg/h）；

F_τ——计算时刻的蒸发表面积（m^2）；

g——水面的单位蒸发量，见表 7-3 [$kg/(m^2 \cdot h)$]；

B——标准大气压，101325Pa；

B'——当地实际大气压，Pa。

式中，水面的蒸发散湿量主要取决于 g 的数值，《实用供热空调设计手册（第二版）》中给出了部分室内温湿度、池水温度下的敞开水表面的单位面积蒸发量数值（表 7-91）。

表 7-91 敞开水表面的单位蒸发量

室温（℃）	室内相对湿度（%）	下列水温（℃）时敞开水表面的单位蒸发量 [$kg/(h \cdot m^2)$]								
		20	30	40	50	60	70	80	90	100
20	40	0.24	0.59	1.27	2.33	3.52	5.39	9.75	19.93	42.17
	45	0.21	0.57	1.24	2.30	3.48	5.36	9.71	19.88	42.11
	50	0.19	0.55	1.21	2.27	3.45	5.32	9.67	19.84	42.06
	55	0.16	0.52	1.18	2.23	3.41	5.28	9.63	19.79	42.00
	60	0.14	0.50	1.16	2.20	3.38	5.25	9.59	19.74	41.95
	65	0.11	0.47	1.13	2.17	3.35	5.21	9.56	19.70	41.89
	70	0.09	0.45	1.10	2.14	3.31	5.17	9.52	19.65	41.84

续表

室温（℃）	室内相对湿度（%）	下列水温（℃）时敞开水表面的单位蒸发量［kg/(h·m²)］								
		20	30	40	50	60	70	80	90	100
22	40	0.21	0.57	1.24	2.30	3.48	5.36	9.71	19.88	42.11
	45	0.18	0.54	1.21	2.26	3.44	5.31	9.67	19.83	42.05
	50	0.16	0.51	1.18	2.22	3.40	5.27	9.62	19.78	41.98
	55	0.13	0.49	1.14	2.19	3.36	5.23	9.58	19.72	41.92
	60	0.10	0.46	1.11	2.15	3.33	5.19	9.53	19.67	41.86
	65	0.07	0.43	1.08	2.12	3.29	5.15	9.49	19.62	41.80
	70	0.04	0.40	1.05	2.08	3.25	5.11	9.44	19.57	41.74
24	40	0.18	0.54	1.21	2.26	3.44	5.31	9.67	19.83	42.04
	45	0.15	0.51	1.17	2.22	3.40	5.27	9.61	19.77	41.97
	50	0.12	0.48	1.13	2.18	3.35	5.22	9.56	19.71	41.90
	55	0.09	0.45	1.10	2.14	3.31	5.17	9.51	19.65	41.84
	60	0.06	0.42	1.06	2.10	3.27	5.13	9.46	19.59	41.77
	65	0.03	0.38	1.03	2.06	3.22	5.08	9.41	19.53	41.70
	70	−0.01	0.35	0.99	2.02	3.18	5.03	9.36	19.47	41.63
26	40	0.15	0.51	1.17	2.22	3.40	5.27	9.61	19.77	41.97
	45	0.12	0.47	1.13	2.17	3.35	5.21	9.56	19.70	41.90
	50	0.08	0.44	1.09	2.13	3.30	5.16	9.50	19.63	41.82
	55	0.05	0.40	1.05	2.08	3.25	5.11	9.44	19.57	41.74
	60	0.01	0.37	1.01	2.04	3.20	5.06	9.39	19.50	41.66
	65	−0.03	0.33	0.97	1.99	3.15	5.00	9.33	19.43	41.58
	70	−0.06	0.30	0.93	1.95	3.10	4.95	9.27	19.37	41.50
28	40	0.12	0.47	1.13	2.17	3.35	5.21	9.56	19.70	41.90
	45	0.08	0.43	1.09	2.12	3.29	5.15	9.49	19.63	41.81
	50	0.04	0.40	1.04	2.07	3.24	5.09	9.43	19.55	41.72
	55	0	0.36	1.00	2.02	3.18	5.04	9.37	19.48	41.63
	60	−0.04	0.32	0.95	1.97	3.13	4.98	9.30	19.40	41.54
	65	−0.08	0.28	0.91	1.92	3.07	4.92	9.24	19.33	41.45
	70	−0.12	0.24	0.86	1.87	3.02	4.86	9.18	19.25	41.36
冷凝热 r（kJ/kg）		2510	2528	2544	2559	2570	2582	2602	2626	2653

注：制表条件为：水面风速 v=0.3m/s；B=101325Pa。当工程所在地点大气压力为 b 时，表中所列数据应乘以修正系数 B/b。

该公式考虑了室内温湿度、池水温度对于水面蒸发量的影响，同时对大气压进行了修正，但仅限定于水面风速在0.3m/s时的情况，按照我国对于室内游泳馆设计参数的要求，池区水面风速一般不高于0.3m/s，因此在计算过程中，还需根据实际设计的水面风速对计算结果进行修正。

另外，水面蒸发量的计算提供的基础数据对于池水温度的划分范围较大，一般来说，对于游泳馆设计，池水温度一般在20～30℃，因此，此公式可考虑作为池水散湿量计算的校核公式。

《游泳馆空调设计》中对于池水散湿量给出的计算公式如下：

$$W = C(P_2 - P_1)F \times 760/B \tag{7-63}$$

式中 W——池水产生的散湿量（kg/h）；

C——蒸发系数［kg/(mmHg·m²·h)］；

P_2——水表面的饱和水蒸气分压力（mmHg）；

P_1——水表面空气的水蒸气分压力（mmHg）；

F——水表面积（m²）；

760——标准大气压（mmHg）；

B——当地实际大气压（mmHg）。

C值是式中的关键因子。当室内参数确定后，如水温一定，在同一地点池水蒸发量只与C值有关。1975年湖南省建筑设计院在长沙游泳馆进行了现场测试，虽然试验比较粗糙，但还是接近实际情况的。根据他们的测定，当水温为25～26℃，室内参数为27℃、70%时，C为0.037kg/(mmHg·m²·h)。经修正后，C值建议的合理范围为0.032～0.038kg/(mmHg·m²·h)。

对比上述两个公式可见，后者考虑了水表面的饱和水蒸气分压力、水表面空气的水蒸气分压力对于计算结果的影响，且C值即单位面积水表面蒸发量的实验条件更接近室内游泳馆的设计条件，但未说明实验中水面风速的取值。

《康体休闲设施的室内环境与通风》中对于池水散湿量的计算公式如下：

$$W = (\alpha + 0.00013v) \cdot (P_{q \cdot p} - P_q) \cdot A \cdot \frac{B}{B'} \tag{7-64}$$

式中 W——池水产生的散湿量（kg/h）；

A——水池面积（m²）；

$P_{q \cdot p}$——相应于水表面温度下的饱和空气的水蒸气分压力（Pa）；

P_q——室内空气的水蒸气分压力（Pa）；

B——标准大气压（101325Pa）；

B'——当地实际大气压（Pa）；

v——蒸发表面的空气流速（m/s）；

α——周围空气温度为15～30℃时，在水温30℃以下时的扩散系数，约为0.00018kg/(m²·h·Pa)。

该公式考虑了水表面的饱和水蒸气分压力、水表面空气的水蒸气分压力、水表面风速对于计算结果的影响。α的取值考虑了室内设计温度、池水温度的影响。

《民用建筑空调设计》（第二版）中对于池水散湿量的计算公式如下：

$$W = \frac{0.0887 + 0.07815v}{r}(P_w - P_n)F_w m \tag{7-65}$$

式中 W——从池水面产生的水蒸气量（kg/h）；

P_w——池水温度时的水面饱和蒸汽压力（Pa）；

P_n——室内空气中的水蒸气分压（Pa）；

v——水面上空气流动速度（m/s），一般在0.05～0.2m/s；

r——水的汽化潜热（kJ/kg），可取2330（kJ/kg）；

F_w——池水面面积（m^2）；

m——人员修正系数，对于公共或学校的室内游泳池取1；对于居民自用的游泳池取0.5。

上式中0.0887+0.07815v表明在单位水蒸气压力差时，单位面积水分蒸发所吸收的热量。

上述公式引入了池水的汽化潜热对于计算结果的影响，这与美国ASHRAE给出的计算公式基本一致，美国ASHRAE对于池水蒸发量的计算公式如下：

$$W = \frac{0.089 + 0.0782v}{I}(P_w - P_n)A \tag{7-66}$$

式中　W——从池水面产生的水蒸气量（kg/h）；

P_w——池水温度时的水面饱和蒸汽压力（Pa）；

P_n——室内空气中的水蒸气分压（Pa）；

v——水面上空气流动速度（m/s）；

I——水的汽化潜热（kJ/kg）；

A——池水面积（m^2）。

上述公式最初由Carrier于1918年提出，通过测量风吹过浅水盘表面时水的蒸发量得到。该公式的使用条件随着人们对事物认识的提高而不断深化，1987年的ASHRAE手册中其使用条件为平静的池水，并提出应用于实际游泳馆时应增加50%的量；但是，在1991年更新的ASHRAE手册中使用条件改为激烈运动与正常运动的公共泳池；而后又在1995年的更新中改为适用于正常运动水平的泳池；随着各种类型游泳馆的不断出现，在2003年的手册中更新成在采用该公式的基础上，针对不同类型的游泳池乘以相应的活动因数来计算其湿负荷，之后未再见更新。

② 池边散湿

相对于池水散湿量计算来言，目前国内对于池边散湿可参考的计算方法相对较少，提出计算方法的主要有：

《民用建筑空调设计》（第二版）根据湖南省建筑设计院的实测，对于池边湿润地面的产湿量可由下式计算：

$$W = \alpha(t_n - t_s)\frac{F_1}{r} \tag{7-67}$$

式中　W——池边湿润地面的产湿量（kg/h）；

α——空气与水表面的对流换热系数[kJ/(m^2·℃·h)]，建议取41.8kJ/(m^2·℃·h)；

t_n——室内空气干球温度（℃）；

t_s——室内空气湿球温度（℃）；

F_1——湿润地面面积（m^2），无法确定时，建议按池边面积的20%～40%确定；

r——水的汽化潜热，kJ/kg，可取2330kJ/kg。

《游泳馆空调设计》对于池边湿润地面的产湿量可由下式计算：

$$W = 0.0171(t_{干} - t_{湿}) \cdot A \cdot n \tag{7-68}$$

式中 W——散湿量（kg/h）；

$t_{干}$——室内空调计算干球温度（℃）；

$t_{湿}$——室内空调计算湿球温度（℃）；

A——池边湿地板面积（m^2）；

n——润湿系数。娱乐性场所 $n=0.4$，其他 $n=0.2$。

③ 人员散湿

游泳馆内人员散湿量，可按常规空调设计人员散湿计算。值得注意的是室内人数应为馆内总人数减去池水中的人数，因为池水中的人员散湿已包括在池水蒸发量中。

④ 游泳馆湿负荷

游泳馆湿负荷为池水的蒸发量、池边温润地面的产湿量和游泳馆内人员散湿量之和。

$$W = W_1 + W_2 + W_3 \tag{7-69}$$

式中 W——池区散湿量（kg/h）；

W_1——池水散湿量（kg/h）；

W_2——池边散湿量（kg/h）；

W_3——人员散湿量（kg/h）。

（2）热负荷的计算

如前文所述，游泳馆热负荷的计算与常规计算基本一致，但需注意，游泳馆热负荷计算中还需要计算池水蒸发导致的潜热冷负荷。

敞开水面蒸发形成的潜热冷负荷，可按下式计算：

$$Q = 0.28 \times r \times W \tag{7-70}$$

式中 Q——池水蒸发形成的潜热冷负荷（W）。

r——冷凝热（kJ/kg）；

W——池水的散湿量（kg/h）。

（3）通风量的计算

进行池区通风量的计算，首先应明确进行池区通风的目的，游泳馆池区特殊的室内环境，要求池区通风达到以下几个目的：①排除池区室内余湿；②使空气中氯含量小于 1×10^{-6}；③提供人们呼吸所需的新鲜空气，保证人员活动的最小新风。

因此，为了达到以上目标，需分别进行通风量的计算，从而选取其中最大值，作为池区风量的设计数据。

① 排除余湿所需通风量

目前常用的游泳池厅内除湿的方法有两种：冷却方法和通风方法。

冷却方法在对室内进行除湿的同时，也给室内带入了显热冷量。当采用冷却方法的常规空调系统时，由于室内的热湿比很小（一般小于 3500kJ/kg，有时甚至达到 2800kJ/kg），必须采用再加热空气处理方案，才有可能达到室内湿度的控制要求。

通风方法显然具有节省制冷量和再加热量的优点，但受室外气象条件的限制。只有在室外的含湿量小于室内含湿量时，才可能应用通风方法进行除湿，一般说大约有 1g/kg

的含湿量差，除湿所用的风量才不会过大。消除池区余湿所需的通风量为：

$$L = \frac{1000W}{\rho(d_n - d_w)} \tag{7-71}$$

式中　L——消除余湿所需的通风量（m^3/h）；

d_n——室内空气含湿量（g/kg）；

d_w——室外空气含湿量（g/kg）；

ρ——标准空气密度（kg/m^3），可取 $1.2kg/m^3$。

通风方法除湿的通风量是根据室内散湿量及室内外含湿量差来确定。当池区湿负荷确定后，其通风量大小取决于室内外含湿量差的大小，而通常室内含湿量是一定的，因此室外含湿量的大小按什么标准取值直接影响通风量大小。

例如，哈尔滨某水上游乐场，室内空气参数为29℃，室内空气相对湿度75%，室内空气含湿量为19.4g/kg，室外空气的含湿量如下：

按空调室外计算干湿球温度（30.3℃、23.4℃）取值 d_w=15.7g/kg；

按通风计算温度和最热月14时平均相对湿度（27℃、61%）取值，d_w=13.7g/kg；

按最热月平均温度和最热月相对温度（22.8℃，77%）取值，d_w=14g/kg。

这样室内外空气含湿量差分别为3.7g/kg、5.7g/kg、5.4g/kg，对应一定的湿负荷，计算出来的通风量相差甚大，其比值为1∶0.65∶0.69。这充分表明，室外空气计算参数的取法不一样，计算出的通风量差异很大。因此，应该按哪种方式取值，其不保证小时数各有多少，应该引起重视。

事实上，对于一般的游泳馆来说，夏季可以打开窗户进行自然通风，因此，机械通风的重点在冬季和过渡季节。游泳馆的湿负荷基本上是全年不变的，而室外含湿量是变化的。冬季的室外含湿量较小，吸湿能力较强。如果按冬季室外含湿量确定通风量，到了过渡季节，随着室外含湿量的增大，送风量将无法满足排除余湿的要求。因此，应按过渡季节的室外含湿量确定送风量。关于过渡季节室外计算含湿量的确定，我国暖通空调规范没有规定，现在也还没有得到很好解决。

② 排除余氯所需通风量

为了确保池水的卫生条件，一般采取向池水中不断加液氯的方法进行杀菌，尤其是娱乐性游泳馆。因产生的氯气不断地散发到池区空气中，危害人体健康。调查表明，当游离性余氯含量达到0.3mg/L时，被调查者均有不同程度的不适感，室内游泳馆发生氯气中毒的事故时有发生，同时散发到池区空气中的氯气对建筑结构也会产生腐蚀。因此，通过通风系统使池区空气中氯气含量不超过 1×10^{-6}。

据有关资料，通风量按不小于1次/h换气量选取可满足除氯要求。值得注意的是，近年来某些嬉水乐园为了营造良好的室内空间感，将建筑高度设计得较高，在计算此部分通风量时若按照实际建筑高度计算，有可能造成计算所得的消除余氯通风量值过大，若遇到此类项目，应结合项目实际情况，在计算时合理选取通风高度，并将消除余氯通风量计算结果与其他通风量计算结果进行比较。

③ 人员所需通风量

按照人员新风量进行计算：一般来说，除湿所需的通风量最大。因此，在娱乐性游泳馆风量计算中，建议先按满足除湿要求计算通风量，然后再对其余各项进行校核计算。

（4）通风设计要点

在室内游泳馆通风设计中，通常对池厅、观众席区、更衣室、淋浴间、厕所等房间，根据各自不同要求，设置多种独立的通风空调系统。室内游泳馆的池厅通风的一个主要原则是使池厅水面不断蒸发的水蒸气和散发气味迅速排走，因此，设计中应注意以下问题。

① 池厅对其他部位保持负压，使池厅中潮湿空气不会流入休息厅、更衣室、办公室等房间。

② 通风系统的空气一般不使用回风。通常是全新风系统，进行通风除湿。

③ 池厅通往其他房间的出入口，常设空气幕或其他装置，以阻止湿空气侵入。

④ 在大型游泳馆中，由于池区与观众区对空气参数要求不同，常分别设通风空调系统。

⑤ 除游泳馆的池厅区应设计安装排风系统外，也要对更衣室、淋浴室和厕所进行排风。更衣室的通风主要是控制空气中的含湿量，保持地面干燥，控制人体和呼吸的气味，提供所需的新风量。更衣室一般单独设置通风系统，不宜采用池厅中来的二次空气，因为如这样会把含氯的空气带到更衣室中，造成金属更衣柜等的锈蚀。同时更衣室应保持负压，以防止气味串到其他房间。更衣室的排风口最好布置在较低部位，以便于排除鞋袜所散发出来的气味。由于游泳馆中空气的含湿量高，池水消毒处理又会向空气中散发化学物质，空气中还会夹杂人体散发出的气味等原因，所以游泳馆中的通风一般以采用不循环使用的全新风系统为宜。淋浴室和厕所等宜设置独立的排气系统。

⑥ 如果游泳馆通风量是根据过渡季节或者夏季含湿量值确定的，到了冬季，随着室外含湿量的减小，如果通风量不变的话，室内湿度将会减小。这样，一方面会使人体产生寒冷的感觉，另一方面造成池水大量蒸发，带来不必要浪费。利用湿平衡，针对某一工程计算表明，冬季室内的湿平衡点在通风量不变的情况下，室内相对湿度仅为33%，池水蒸发量约为过渡季节的2倍。因此，在冬季应进行适当调节，可以减小送、排风量。对于供暖建筑，适当增大送风温差，维持室内合理的热湿环境。

⑦ 游泳馆由于室内的高温高湿环境，对通风管道的材质要求更高。可采用耐腐蚀的玻镁风管、无机风管等。

7.12.5 游泳馆供暖系统形式

为了确保冬季室内游泳池空气的温度和相对温度，在供暖地区必须设计供暖系统。由于冬季室内大玻璃窗会有强烈冷气流向下降，而在游泳池与更衣室之间的通道上，游泳运动员更衣和出水后均要来往于这个通道，人体需要有较多的热量补偿。游泳者中途出水停留在池边或水池的周围，应需保持一定温度。因此，室内游泳池的供暖是十分重要的问题。

游泳池的供暖方式主要有4种：热水供暖；热风供暖；辐射供暖；热风供暖与地板辐射供暖相结合的方式。

对于小型游泳馆，一般只设供暖装置，但室内温度无法控制。对于大中型游泳馆（带观众看台），一般为热风供暖，而最佳方式是热风供暖与辐射供暖相结合（我国常用方式为热风供暖和局部散热器供暖相结合）的方式，即观众看台为热风供暖，或者在窗下墙内、地板内埋设加热盘管进行供暖。应按温度要求低的观众席来设计供暖系统，而其他温度要求较高的区域，则另设散热器进行局部供暖。

在游泳馆供暖设计和运行中，必须考虑散热器的防腐蚀措施，若采用闭式对流散热器，要在其表面涂防锈漆加以保护。对于埋设的加热管道，如果是钢管，应涂防锈漆或防腐药剂等。从防腐角度讲，采用柱式铸铁散热器较耐腐蚀。

7.12.6　游泳馆气流组织

无论是游泳馆的空调系统还是送热风系统，一般均采用集中式单风道系统。

① 游泳馆的送风系统。游泳馆的送风方式有上部送风、下部送风、就地送风以及侧送加风幕等方式。

a. 上部送风方式。根据建筑形状将送风口布置在上部，以各种不同的角度来适应各个区域的要求，见图 7-79；这种方式对有观众席的游泳馆，其观众区比较满意，但池区效果不太理想。

b. 下部送风方式。对于池区，可在池边地面上设置送风口送风，并可在窗台下面布置送风口由下向上送风，以抵制下降的冷气流。对于观众区，可在座位下设送风口或采用座椅送风。这种方式的优点是节省能量，并可把新鲜空气直接送入工作区域，见图 7-80。

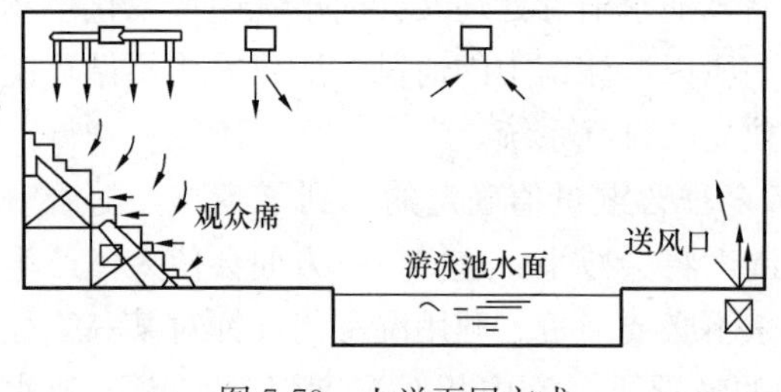

图 7-79　上送下回方式

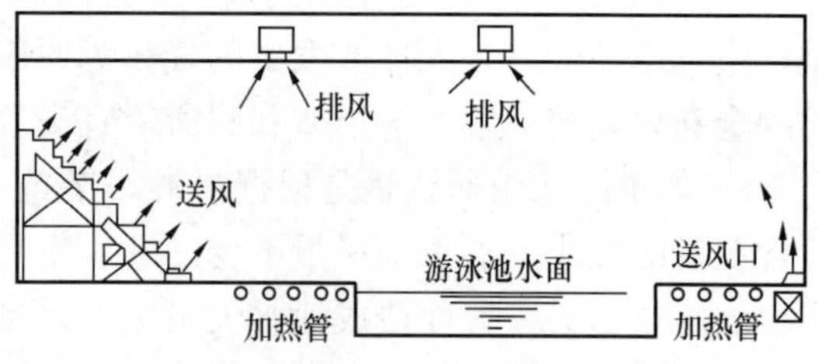

图 7-80　下送上回方式

c. 就地送风方式。把送风口设在建筑物的柱子上或利用跳水台空心部分作为风道，开侧面风口送风；这种方式可把新鲜空气直接送入所得地点，便于控制空气速度。

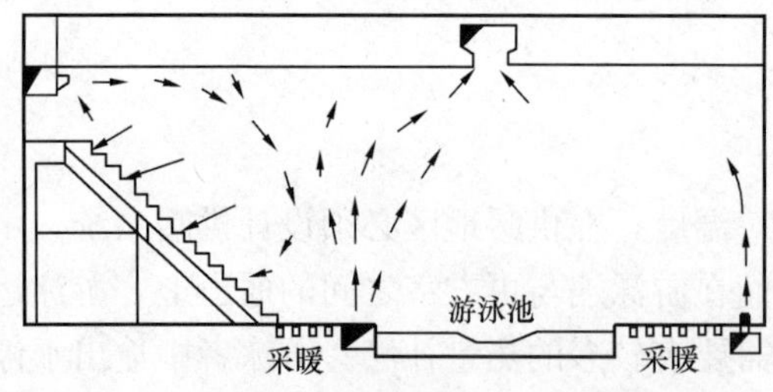

图 7-81　游泳馆侧送和风幕相结合的方式

d. 侧送和风幕相结合的方式。在观众区采用侧送、座位下回风的方式，在池区设空气风幕、上排风方式；由于在池边设置风幕，阻止了池区潮湿空气进入观众区，使观众区和池区能分开拉制，不会造成较大温差，见图 7-81。对于大型的比赛性游泳馆，这是一种值得推荐的送风方式。

此外，对于送风口的位置，除下部送风外，建议布置在离地面 2.5m 以上为好，为保证均匀性，送风口多而小效果较好。

② 游泳馆的回风与排风系统。观众区的回风口设在座位下台阶侧壁上，基本上为均匀布置；池区的回风口设在近水面附近以便及时将潮湿空气带走。当池水用氯消毒时，更应如此设置，切不可使池区的回风通过观众区后排走。

为排除室内烟气和水面蒸发上升的水蒸气，排风口应设在屋顶或顶棚上面，可采用机械排风。根据游泳馆构造上的特点，可以利用部分混凝土构件作为风道，这样既可节省投资，又可避免腐蚀。

7.12.7 游泳馆设计中的节能措施

1. 冷热源选择

配备冷源的游泳馆，一般是大型建筑物中的娱乐性游泳馆和大型比赛馆。

对于娱乐性游泳馆，建议在对温湿度要求不严的情况下，可以采用直流通风的方式，模拟室外环境。这样对游泳馆使用影响不大，而节能效果却明显。

对于大型比赛馆，池区除湿的耗冷量是不可避免的。就池区而言，一方面是在室外参数变化的情况下，尽量利用新风除湿，节约能量。另一方面，发挥气流组织方式的优势，尽量消除上部空间的热量积存，防止其与下部空间形成对流热转移。同时，充分考虑灯光辐射热的折减，缩小计算冷负荷。

比赛馆的看台部分是冷负荷最大的。由于水上项目在中国的普及程度和认知度不够，大多数比赛在免票的情况下到座率也只有1/3左右。而且，正式比赛往往是在气候条件佳的过渡季且预赛往往没有观众。这就给缩小冷冻机装机容量带来可能。在经过对游泳馆建设地点进行充分调研后，末端设备按全负荷计算的前提下，可以把看台总冷量乘以0.8～0.9的同时使用系数。

冷冻机本身的调节性能和适应性也至关重要。看台有无观众、观众到座率、有无比赛，这些都影响到冷冻机的选型。建议冷冻机大小搭配，小冷冻机只负担无比赛时的使用或看台无观众的情况。大冷冻机则负担比赛时观众到座率不高的情况。二者合用为上述几项同时出现最不利工况的情况。

另外，由于池区存在稳定的冷负荷，即池水蒸发带入池区的热量且大型比赛又多在过渡季举行，这就意味着冷冻机的运行时间较长。在过渡季节，由于室外空气湿球温度低，故冷却水温度低，这样虽然冷冻机效率明显提高，但是存在低温保护的可能。因此，要选择抗冷却水低温能力强的开式或半封闭电制冷机组，并视情况增设冷却水供回水旁通管路。

溴化锂双效或直燃型机组由于有防结晶的要求，抗冷却水低温能力不强，调节范围不宽，在台数足够多或负荷变化不大的情况下方可使用。

冰蓄冷由于游泳馆的满负荷运行时间很短，空调负荷变化差异大，如果基本负荷所占比例很小，峰值负荷出现的概率很小且使用时间很短，不宜采用。

热源对游泳馆而言是必不可少的。热负荷对于游泳馆而言池水的加热量是比较特殊的。它分为平时循环加热量和一次加热量。平时循环加热量占总热负荷的10%～20%，一次加热量则是平时循环加热量的2～3倍。

比赛时，平时循环加热系统是不开的，这部分热量可不予考虑。对群众开放时，平时循环加热系统开启，但看台不空调，一些辅助办公房间亦不实用，供热量一般是够的。因此，只要总装机容量满足一次加热池水的要求和此时同时使用房间的要求即可。

热源调节与冷源调节类似，但主要是受看台观众的多少影响。一般选几台同容量的供热设备即可。

当靠近池面存在大面积玻璃窗时，太阳辐射热的影响应予以考虑。在池水加热量中适当折减一部分热量。

2. 系统的合理性

（1）风系统

风系统是指气流组织方式。就比赛馆而言，在违反自然规律的上冷下热的大前提下，在每个分区尽量遵从自然规律，合理分区，减少和避免冷热量的相互抵消。

就娱乐性游泳馆而言，如采用直流式通风系统，冬季采用合理的气流组织方式，采用经济的送风温度，减少加热量。

在游泳馆空调气流组织设计中，国外设计通常采用一种特殊的气流组织方式，这里称其为笼罩式气流组织，而国内设计惯用的则是分层式气流组织。

笼罩式气流组织方式是指将空调处理过的风视送风流场的要求用喷口或条缝风口向上送入上部区域，再从下部区域回风的空调方式。其优点是气流场稳定，温湿度均匀，上部空气干燥；缺点是初投资大、能耗高，不利于污染物的排除。

分层式气流组织方式是指仅对空调处理过的风视送风流场的要求用百叶或条缝风口上送或平送送入下部区域，而上部区域设置排风机，保证室内负压，同时增加上部空气扰动，以防形成空调死区的空调方式。其优点是节省初投资、运行能耗低，有利于污染物的消除；缺点是温湿度不均匀，上部空气潮湿，如局部外围护结构保温薄弱则易结露。

（2）水系统

游泳馆的水系统在大型比赛馆中有它的特点，作用半径一般很长，末端设备分散。经过经济技术比较合理的情况下，可以采用二次泵变水量系统，从而节约运行费用。设置二次变频泵的时候，如考虑整体集中设置二次变频泵，要注意控制单台变频泵的电功率。由于游泳馆使用中的特殊性，峰值负荷出现的概率低且运行时间短，峰值负荷与部分负荷相差较大且运行时间长。单台变频泵的电功率过高会使泵长期处于低负荷状态，效率低，不节能。

如考虑分支路设置二次变频泵，支路的设置一定要合理。要把同时运行且运行时间长的支路设置在一起，设置二次变频泵。不要错误地按照建筑的功能分区划分。

3. 热回收

（1）游泳馆热回收的特点

游泳馆耗能巨大，只要有条件，经过经济技术比较合理时，应采用热回收。

热回收分潜热回收和显热回收两种。游泳馆自身产湿量很大，用潜热回收会使一部分排出的湿量重新回到空调区，增加了除湿负荷。因此，游泳馆以显热回收为主，依据回收设备不同可回收一部分潜热。

中国的华南地区，长期处于夏季工况，利用显热回收效果欠佳，可不考虑。中国的华北地区和东北地区，冬季寒冷，热回收时间长，且由于游泳馆室内高温高湿，如冬季仍需空调，新回风混合时会经过结露区，利用热回收进行初预热，安全可靠，值得一用。

对于回收周期，宜控制在3～5年为宜。

（2）游泳馆热回收的主要设备

① 泳池热泵（图 7-82）

泳池热泵的工作原理是冬季池区排风经蒸发器，将热能传递给冷媒，排风温度降至其露点温度以下，在蒸发器盘管上结露，这部分水分流入设备的冷凝水收集盘中，携带排风热量的冷媒进入压缩机，经压缩变为高温气态冷媒，气态冷媒可分别进入不同的冷凝器加热空气或加热池水等。泳池热泵冬季回收的热量相当可观。

夏季和过渡季通常全新风运行，排风量大于送风量，排除余湿。夏季需要空调的泳池，泳池热泵的工作原理是新风经蒸发器（冬季为冷凝器）冷却除湿后，携带从新风吸收热量的冷媒经压缩机分别进入排风侧冷凝器（冬季为蒸发器）和再热冷凝器、池水加热冷凝器、风冷室外机。

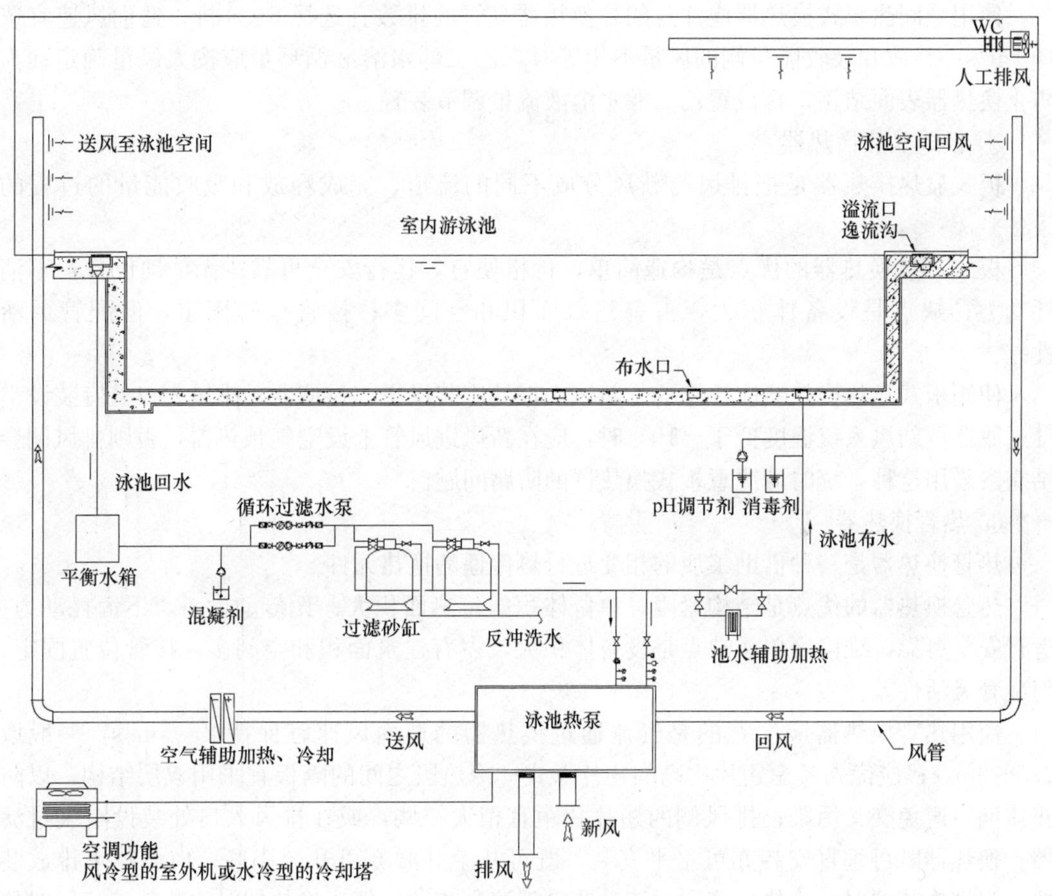

图 7-82　泳池热泵系统流程图

② 转轮换热器

转轮换热器是在旋转过程中让排风与新风以相逆方向流过转轮而各自释放和吸收能量的。游泳馆中选用的转轮换热器应用耐腐蚀铝合金箔作蓄热体。

转轮换热器的优点是具有一定的自净作用；通过控制合理的转数，一般在 4～10r/min，能适应不同的室内外空气参数；热回收效率高，可达到 78%左右。缺点是受技术经济流速的限制，一般在 2～4m/s，设备体积大，占有建筑面积和空间多；接管位置固定，配管灵活性差；有传动设备，自身需要消耗动力；压力损失较大；有少量渗漏，无法完全避免交叉污染。

使用转轮换热器应注意的是空气入口处宜装设空气过滤器；设计时必须计算校核转轮上是否会结露甚至结冰，必要时应在新风进风管上设空气预热器；在热回收器后应设温控器，当温度达到霜冻点时，关闭新风阀或开启空气预热器。

③ 中间热媒式换热器

中间热媒式换热器是在排风与新风侧各设一组板式换热器，中间通过水或乙二醇水溶液传递能量的。

中间热媒式换热器的优点是完全避免了交叉污染，接管灵活。缺点是有传动设备，自身需要消耗动力，热回收效率不高，一般在60%以下。

使用中间热媒式换热器应注意的是换热器盘管的排数宜选择6～8排；迎面风速宜选择2m/s；释放和吸收能量侧的风量不相等时，乙二醇水溶液循环量应按大风量确定；为防止换热器表面结霜，宜设置乙二醇水溶液流量调节装置。

④ 板式显热换热器

板式显热换热器是把排风与新风分成不同的流道，完成释放和吸收能量的过程的设备。

板式显热换热器的优点是构造简单，价格便宜，运行安全可靠；无传动设备，不消耗动力；缺点是设备体积大，占有建筑面积和空间多；接管位置固定，但配管灵活性差。

使用板式显热换热器应注意的是新风入口处应装设空气过滤器，排风入口处宜装设空气过滤器；新风入口温度低于－10℃时，应在新风进风管上设空气预热器，否则排风侧会结霜。采用这种系统时应注意板式换热器的防腐问题。

⑤ 热管换热器

热管换热器是一种借助工质的相变进行热传递的换热元件。

热管换热器的优点是结构紧凑，单位体积的传热面积大；无传动设备，不消耗动力；运行安全可靠，维修简单。缺点是设备体积大，占有建筑面积和空间多；接管位置固定，但配管灵活性差。

使用热管换热器应注意的是气流通过换热器的迎面风速宜保持2～5m/s，一般取2.5～3m/s；应优先考虑翅片比高的翅片形式；冷热段之间的隔板宜采用双层结构，以防止渗漏，避免交叉污染；排风侧的翅片片距宜稍大一些，或在排风入口处装设空气过滤器；换热器既可垂直安装亦可水平安装，既可几个并联亦可几个串联；应设凝水排放装置；起动换热器时，冷热气流同时流动或冷气流先流动，停止换热器时，冷热气流同时停止或热气流先停止。

⑥ 风冷热泵机组

风冷热泵机组是一种常规制冷设备。它利用高温排风作为冷热源，提取冷热量。夏季作为集中冷源的补充，过渡季和冬季给内区提供冷源或作为集中热源的补充。

风冷热泵机组的优点是热回收效率高；完全避免了交叉污染；接管灵活。缺点是设备体积大或布置分散，占有建筑面积和空间多；维修工作量大；噪声大。

使用风冷热泵机组应注意的是冬季从高温排风中提取热量时，蒸发压力高，应选择相适应的风冷热泵机组。

4. 自控系统

随着中国经济的腾飞，自控系统对整个建筑的重要性已被广大业主所接受。新建的大型比赛场馆中均设置了自控系统，这对节能是非常有益的。

但是，由于业主对自控系统理解不够，设计院又很难参与订货的全过程，这部分从设计到施工均由生产厂家包办，出于技术水平和经济利益等因素的影响使得自控系统没有发挥其全部效能。还有管理水平不高也对自控系统有一定影响。

这些均需要业主与设计人员共同努力进行克服，设计人员要使相关人员充分理解其设计思想，帮助运行调试。现就在游泳馆设计中遇到的一些相关问题予以提出，希望设计人员引起重视。

游泳馆泳池大厅如采用一次回风系统，空调回风的温度控制表冷器出口调节阀的开度，空调回风的湿度控制新风阀，决定新风量的多少。这样做可以最大限度利用新风。有的工程只设置了温度传感器，湿度传感器没有，达不到控制要求，还有的传感器不灵，显示数据不对。

泳池大厅与室外应保持 2～3Pa 的微负压，这需要通过压差计控制排风机的风量或台数。有的工程测压点布置不合理。室内测点只有一个或放置处远离入口处，甚至有些在风机的出入口处，气流对测量结果影响大，造成室内负压过大，有吹风感。有些室外测点处在排风机百叶内，测的是风机扬程，应布置在气流稳定的避风处。

空调箱的新风阀对泳池大厅系统而言应随季节和室外温湿度变化而变化，应为可调节电动风阀。有的工程为了节省造价或因为可调节电动风阀易损坏，改为开关量的电动风阀，造成新风量调节困难。这种问题验收中很难发现，在此建议在电动风阀后设一手动风阀，避免使用后无调节手段。

有的工程模拟工业厂房的自然通风作法，在泳池大厅下部设置电动可开启窗扇，上部设置排风机或可开启天窗，当室外温湿度合适时，对泳池大厅进行自然通风。这种思路是完全正确的。但是，由于制造工艺和控制水平的限制，可开启窗扇之间的咬合不可能紧密，造成冷热量的损失，局部还有吹风感。严重的还可能由于控制失灵造成人员伤害。这种方式要慎用，最好是选择密封性好的平开窗或中悬窗，手动控制。

5. 严格调试

调试的工作往往被忽视。由于工期紧，有的工程只作了打压和冲洗，对风水系统都没有进行平衡。

泳池大厅中池区和看台之间本身就存在温差，有自然对流现象产生。所以对于风路系统一定要严格调试，避免局部风量偏差过大，影响整个温湿度场的不均匀。

水路系统对于大型比赛馆而言，作用半径大，同程式比较困难。应在分散的支路处设置高阻力阀，比如静态平衡阀，做好一次水路调平衡，避免末端或某些阻力差较大的环路之间水流分配不均，造成局部不冷或不热。

6. 合理运行

设计和施工只是奠定一个良好的基础，真正的效益到运行之中才能产生。对于游泳馆这类工艺要求较严的场所，只有合理运行才能节能。

例如对池水的加热就是一门学问。当对池水一次加热时，大多数场馆采用单一加热的手段，对环境温度不控制，认为开启空调保证环境温湿度是一种浪费。恰恰相反，如果环境温湿度不保证，在冬季和过渡季环境温湿度一般均低于设计值，这时池水的蒸发量大大增加，相当于用整池水加热整个泳池空间。个别场馆反映设计总热量不足，加热时间很长，就是这样造成的。在实际运行中要更正观念，避免此类事件的发生。

再如，冬季或过渡季游泳馆热浮升现象严重，有的工程管理人员情急之下把加热器的阀门全部打开，提高自控制系统的设定温度。这样做的结果使热浮升现象更加严重，上下空间的温差达到了10℃以上，看台闷热难当。

究其原因，是与泳池大厅的连通空间保护不够，使室外冷空气大量侵入，热压作用明显。当打开入口大门空气幕，开启与泳池大厅的走廊的新风系统后，在泳池大厅外围形成了有效的空气隔断，温湿度场很快恢复正常。

有人提出疑问，在夏季为何没有出现这种情况。这时因为在夏季，室外气候炎热，热压作用不明显，且泳池大厅周边空调系统习惯性地打开降温，空气隔断已自然形成，故无上述现象产生。

泳池大厅送风系统随季节应有所变化，设计中给出的新回风比一般指夏季工况的新回风比。有的工程错误地理解为定新回风比，管理人员不进行有效调节。这样做无法充分利用干燥凉爽的室外空气，造成能源浪费，有的还会在外窗等处由于送风含湿量过高形成结露。

看台一般不会是一个空调系统。设计时看台的空调系统应与各个出入口相结合，为分区售票提供可能。当不影响气流组织时，可以开启部分空调系统，与观众到座率相匹配，节约能源。

看台的空调系统长期不使用，但不等于不对其进行养护，有些物业管理部门长达一年以上对过滤器不进行清洗，造成风口风量大幅度降低，影响空调效果。

7.12.8　游泳馆空调工程实例

1. 项目概况

某沙滩游泳馆位于严寒地区，游泳馆为钢结构壳体，呈半椭球形，半球外径为40m。该项目地上四层，地下一层，总建筑面积9990.80m²，包括一个沙滩冲浪泳池及其附属用房（图7-83和图7-84）。

池区总面积3300m²，其中池水面积2300m²，沙滩区域面积1000m²。

图7-83　沙滩游泳馆效果图

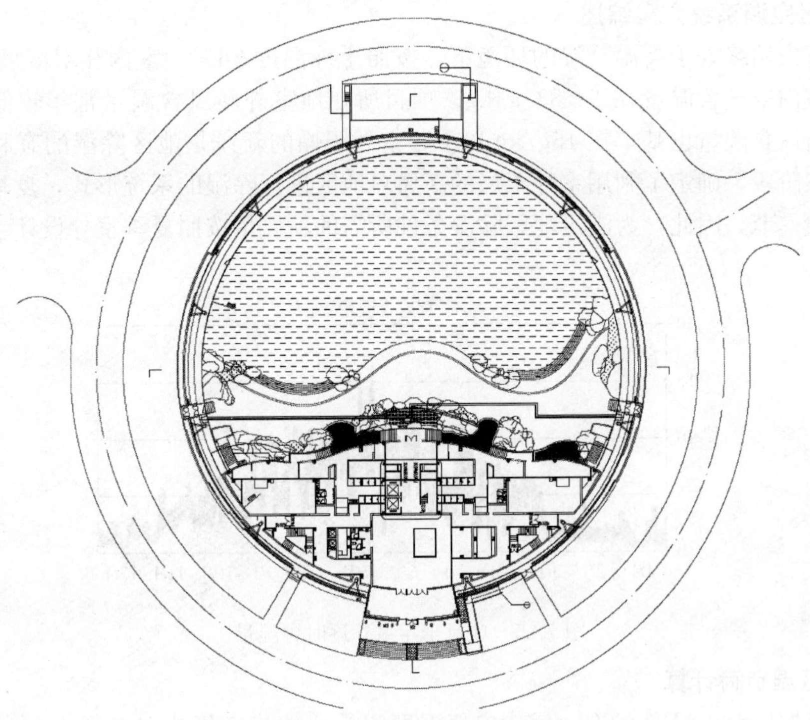

图 7-84 沙滩游泳馆一层平面图

2. 池区空调设计参数（表 7-92）

表 7-92 池区及主要房间室内设计参数

房间类型	室内设计参数				劳动类型	新风指标 $m^3/(p \cdot h)$
	夏季		冬季			
	温度	相对湿度	温度	相对湿度		
池区	28	70	28	70	中等	30
大堂、走道	26	60	18	35	极轻	20
按摩房、VIP 休息室	25	60	20	35	中等	50
休息大厅	25	60	20	35	极轻	30
茶餐厅	23	60	20	35	极轻	30
布草间、洗消间	27	60	18	35	轻度	0
医务室	26	60	22	35	极轻	30
更衣	27	60	23	35	轻度	30
消防安防控制室	26	60	20	35	极轻	30
休息	26	60	22	35	极轻	30
售卖区	26	60	20	35	极轻	30
配餐	26	60	20	35	极轻	30
化妆区	26	60	20	35	极轻	30
广播室	26	60	20	35	极轻	30
公共卫生间	26	—	20	—	极轻	0
淋浴	—	—	25	—		0

3. 池区空调系统方案综述

池区室内始终处于高温高湿的环境下，按照干球温度28℃，室内相对湿度70%计算得出池区室内空气含湿量在18.833g/kg。项目所在地室外新风含湿量常年较低，即使在夏季室外新风含湿量也基本在15g/kg以下，室外干燥的新风是池区除湿的有利来源。因此，在方案阶段，确定了利用室外干燥的新风对池区进行除湿的系统形式，夏季室外含湿量高于其他季节，因此，为满足池区除湿条件所需的新风量按照夏季室外设计参数进行计算（图7-85）。

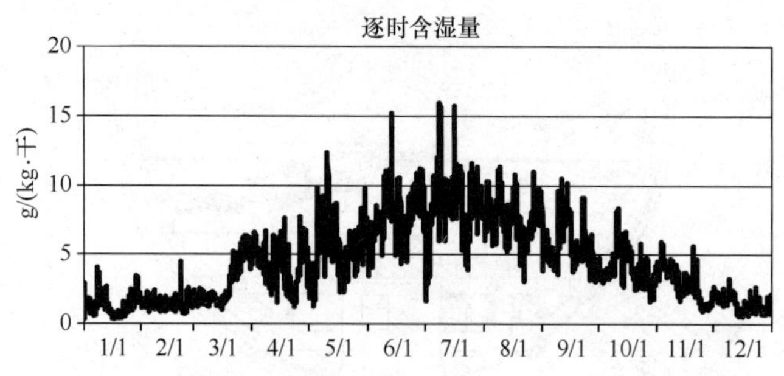

图7-85 项目全年室外逐时含湿量

4. 池区湿负荷计算

该项目按照池水温度27℃，室内空气温度28℃，室内空气相对湿度70%，池水面积2300m²，水面风速0.3m/s，当地大气压91120Pa，分别利用本文列出的几个国内计算公式计算了池水的散湿量见表7-93。

表7-93 池水的散湿量计算结果

	水表面的饱和水蒸气分压力	水表面空气的水蒸气分压力	池水面积	水面风速	当地大气压	池水温度	室内空气温度	室内空气相对湿度	池水蒸发量
单位	Pa	Pa	m²	m/s	Pa	℃	℃	%	kg/h
公式(7-63)	—	—	2300	0.3	91120	30*	28	70	614
公式(7-64)	3608	2678	2300	—	91120	25～26*	27*	70	669
公式(7-65)	3608	2678	2300	0.3	91120	30*	15～30*	—	521
公式(7-66)	3608	2678	2300	0.3	91120	27	—	—	99

注：表中带星号的数据表示与设计参数有出入。

根据上述计算结果可见，池水散湿量按国内计算公式算出均为600kg/h左右，而按照公式（7-66）（参考美国ASHRAE的计算公式）计算出的池水散湿量大幅减小，约为100kg/h。本项目最终选取公式（7-62）计算得出的结果614kg/h作为池水散湿量进行相应的设计工作（表7-94）。

按照公式（7-67）与公式（7-68）计算了池边的散湿量。

表7-94 池边的散湿量计算结果

	池边面积	室内空气干球温度	室内空气湿球温度	池边散湿量
单位	m²	℃	℃	kg/h
公式（7-67）	1000	28	23.5	33
公式（7-68）	1000	28	23.5	31

计算结果相差不大，按照较不利的情况，本项目最终选取公式（7-67）计算得出的结果 33kg/h 作为池边散湿量进行相应的设计工作。

因此，池区整体散湿量为 815 kg/h。

5. 池区通风量计算

根据前文计算结果，池区整体散湿量为 815kg/h。按照室内空气设计参数干球温度 28℃，相对湿度 70%，查得室内空气含湿量为 18.833g/kg 干空气。该项目所在地夏季室外空气含湿量为 8.578g/kg 干空气。

因此，池区夏季设计工况除湿所需新风量为：

$$L_{夏}=\frac{1000W}{\rho(d_{\mathrm{n}}-d_{\mathrm{w}})}=\frac{1000\times815}{1.2\times(18.833-8.785)}=67593\ (\mathrm{m^3/h})$$

另外，排除室内氯气所需新风量为 16500m³/h，满足人员新风要求所需的新风量为 19380m³/h，均小于除湿所需新风量，因此，池区通风量按照 67593m³/h 进行设计。

该项目所在地冬季室外空气含湿量为 0.366g/kg 干空气，冬季室外空气含湿量远小于夏季室外空气含湿量。本项目池区夏季与冬季的室内设计参数是相同的，因此，池区散湿量冬夏季相等。需要注意的是，冬季为了防止房间内结露，设计师可以适当减小冬季室内相对湿度的设计值，但这会导致冬季池水散湿量的加大，从而导致冬季所需的新风量加大，加热新风所需的能耗变大。因此，在设计过程中应权衡防结露与能耗之间的利弊。

池区冬季设计工况除湿所需新风量为：

$$L_{冬}=\frac{1000W}{\rho(d_{\mathrm{n}}-d_{\mathrm{w}})}=\frac{1000\times815}{1.2\times(18.833-0.366)}=36778\ (\mathrm{m^3/h})$$

因此，冬季应减小新风量运行。

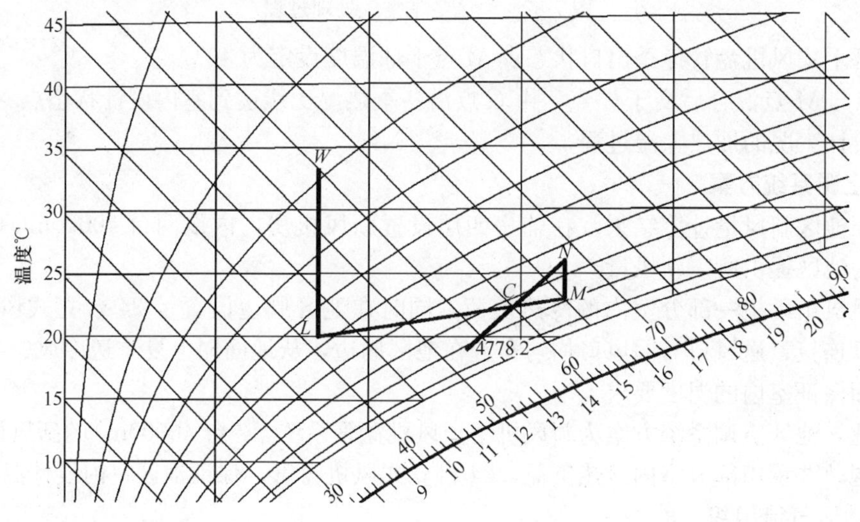

图 7-86 池区夏季空气处理过程

6. 池区空气处理过程分析

本项目池区夏季空气处理过程（图 7-86）为室外设计工况点为 W 点，由于本项目采用了温湿度独立控制空调系统，冷源采用了高温电制冷冷水机组，夏季冷水供回水温度为 14℃/18℃，因此，新风机组出口状态点 L 点干球温度设定为 20℃。

需在池区设置干式风机盘管，夏季池区室内露点温度为 22℃，因此风盘出口状态点

M点干球温度设定为23℃。

L点与M点混合后交于C点，由C点沿夏季热湿比线达到室内设计状态点N点，完成夏季设计工况的降温除湿过程。

本项目池区冬季空气处理过程（图7-87）为首先由新风机组对室外新风进行预热，将新风预热到W'点，W'点干球温度为5℃。参考相关文献，池区冬季送风温度不宜超过45℃，因此新风机组出口状态点L点干球温度设定为40℃。

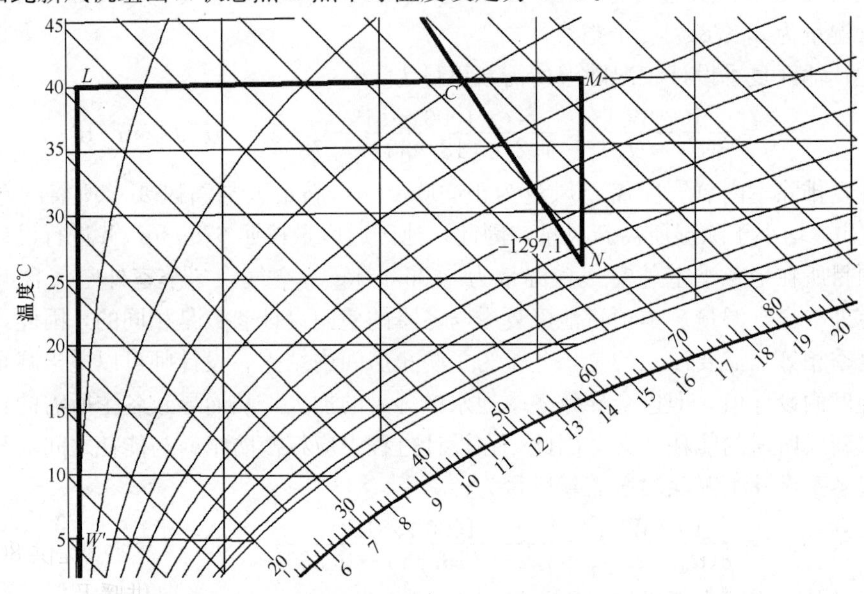

图7-87 池区冬季空气处理过程

池区干式风机盘管冬季出口状态点M点干球温度设定为40℃。

L点与M点混合后交于C点，由C点沿冬季热湿比线达到室内设计状态点N点，完成冬季设计工况的加热除湿过程。

7. 空调系统方案

按照池区新风量计算结果，在辅房四层设置新风机房，内设两台40000m³/h的新风机组，为池区提供所需新风量。

新风机组承担一部分室内的冷热负荷，同时在池区周边设置了24台立式风机盘管，通过风管连接，送风口与回风口均匀布置在池区周边，从地面向上夏季送冷风、冬季送热风，从而保证室内的温度要求。

因此，池区空调系统方案为新风机组＋风机盘管系统，2台40000m³的新风机组负责池区除湿，并承担部分室内冷热负荷，24台立式风机盘管，保证池区室内设计温度要求。

8. 池区气流组织

池区新风由一层池边南侧靠近建筑处设置一排喷口，新风可直接服务于沙滩上娱乐人群，保证岸上人员的舒适度。

排风由辅房四层设置排风口，将池区发散的湿气通过排风口吸走，通过顶部排风百叶散到室外。排风口设置在四层，从而隔断池区与顶部LED及天幕区域，阻止潮湿空气向上散逸到顶部，从而防止顶部凝水。

风机盘管均匀布置在池区周边，有利于冬季围护结构防结露，热空气由下向上吹向

LED屏及天幕，以保证冬季天幕内不结露。

池区保持负压，以防止潮湿空气外溢。另外，池区与辅房之间设置空气幕，以阻断潮湿空气进入辅房区域。

9. 空调冷热源

本工程位于严寒地区，设有集中空调系统，总建筑面积9990.80m²，通过负荷计算，空调设计冷负荷为740kW，冷指标为73W/m²；空调设计热负荷为3800kW，热指标为381W/m²。

如前所述，本项目所在地乌鲁木齐市常年室外含湿量较低，对于整个沙滩游泳馆来说，新风都有较好的除湿能力，因此，在方案阶段本项目即确定采用温湿度独立控制系统。

采用2台400kW螺杆式冷水机组，夏季冷水供回水温度为14℃/18℃。规范要求，采用温湿度独立控制空调系统时，为了防止房间结露负担显热的冷水机组空调供水温度不宜低于16℃，本项目经过分析，认为池区由于其特有的高温高湿环境，采用14℃水温与16℃水温无明显差别，辅房区域由于采用的是室外新风除湿，也不会造成房间的结露。通过与冷水机组设备厂家的沟通，对于大部分冷水机组来说，14℃的供水温度是可以做到的，并不需要采用特殊的高温冷水机组，因此，本项目最终确定夏季冷水供回水温度为14℃/18℃，为设备的采购提供更多的选择空间。

区域内规划有热力管网，外线热力参数按照95℃/75℃供回水温度，本项目热交换间内设置1台2400kW的板式换热机组，为游泳馆新风机组及吊装空调机组提供80℃/60℃的空调热水；另外设置1台1300kW的板式换热机组，为地板辐射供暖及风机盘管提供50℃/40℃的空调热水。

7.13　数 据 机 房

7.13.1　室内环境要求

《电子信息系统机房设计规范》GB 50174根据机房的使用性质、管理要求及其在经济和社会中的重要性，将数据机房划分为A、B、C三级，并对各级数据机房作出了相应的环境要求。见表7-95

表7-95　数据机房设计参数

项目/技术要求	A级	B级	C级
主机房温度（℃）	23±1		18～28
主机房相对湿度（%）	40～55		35～75
辅助区温度（℃）	18～28		
辅助区相对湿度（%）	35～75		
主机房和辅助区温度变化率（℃/h）	<5		<10

注：温度、相对湿度均为开机时。

目前，数据机房内机柜一般采用面对面的形式按列布置，两列机柜间通道的架空地板上设置地板送风口，冷却机柜后由天花板上设置的回风口回至空调主机，从而形成了冷、热通道。采用冷热通道布置的方式，可以保证“先冷设备、后冷环境”的原则，从而改善局部过热，提高空调效率，降低空调能耗。冷热通道设计参数与规范要求的参数有所不同。见表7-96。

表7-96 冷热通道设计参数

功能区域	温度（℃）	相对湿度（%）	新风量	房间压力（Pa）
冷通道	23±3	40～55	0.8次/h	5～10
热通道	36±3	—	0.8次/h	5～10

7.13.2 设计计算

（1）负荷计算

计算机机房空调负荷主要包括：围护结构负荷、照明和一般动力设备及人员负荷、IT及电气安装机械负荷以及新风负荷等。

① 围护结构负荷、照明和一般动力设备及人员负荷

一般数据机房围护结构多为内墙、无外窗，且机房仅有少量工作人员或无人值守。因此数据机房空调负荷中围护结构及人员负荷相对较小。此类负荷计算可按照《民用建筑供暖通风及空气调节设计规范》（GB 50736—2012）要求进行计算。

② IT及电气安装机械负荷

此类负荷高度集中，热密度高，非均匀分布且在变化。机房内主要的发热设备为机柜、UPS及变压器。对于机柜，可将机柜电量当作发热量来计算负荷；对于UPS及变压器，发热量由额定负荷乘以其功率因数及一定的系数确定。理论上，此类设备发热量的资料应从设备制造商处获得，不应采用数据设备铭牌值，因为它可能是一个非现实的高设计值，使得空调系统架构偏离需求过大。实际用于设计的数据设备发热量计算是一个动态目标，可结合设备负荷趋势进行计算。在进行计算时，有必要明确终期设备扩容量、机房内各类设备的大约面积或机架数量以及终极电力容量。值得注意的是，此类负荷计算应根据业主或使用者的后期规划，做好未来负荷的预留。

（2）新风量及新风负荷

为保证人员40m³/h的最小新风量及机房内5～10Pa正压的要求，需向机房内送入新风。保持室内正压所需换气次数见表7-97。新风负荷可按下式计算。

$$Q_{新风}=C\cdot G\cdot \Delta h$$

式中 $Q_{新风}$——系统新风负荷（kW）；

C——空气定压比热，为1.01kJ/（kg·℃）；

G——设计新风量（kg/s）；

Δh——室内设计点焓值与室外焓值之差（kJ/kg干空气）。

由以上数据中心的负荷构成可以看出，显热负荷远远大于潜热负荷，其比例占总空调负荷的90%以上——高显热比。所以，在空调系统设计温度较低的前提下，单位冷负荷所需送风量远大于以往舒适性空调。

表 7-97 保持室内正压所需换气次数（次/h）

室内正压值（Pa）	无外窗房间	有外窗的房间	
		密封性较好	密封性较差
5	0.6	0.8	1.0
10	1.0	1.2	1.5
15	1.5	1.8	2.2

7.13.3 冷热源设计

数据机房空调全年 8760h 无间断供冷。这就需要为空调设备提供备用冷源。平时与备用冷源的组合基本上可分为水冷（平时）＋水冷（备用）、水冷（平时）＋风冷（备用）、风冷（平时）＋风冷（备用）三种组合。同时，A、B 级数据机房，设备应按 $N+X$（$X=1\sim N$）冗余设置备份。见表 7-98。

表 7-98 数据机房空调设备冗余备份

项目/技术要求	A 级	B 级	C 级
冷冻机组、冷冻和冷却水泵	$N+X$ 冗余（$X=1\sim N$）	$N+1$ 冗余	N
机房专用空调	$N+X$ 冗余（$X=1\sim N$） 主机房中每个区域冗余 X 台	$N+1$ 冗余 主机房中每个区域冗余 1 台	N

目前，数据机房空调主要有以下三种：风冷直接膨胀式、水冷直接蒸发式、冷水型机房空调。风冷直接膨胀式机房空调系统可分散布置，适应性强，但机组效率低，适用于规模较小、水资源宝贵地区的数据机房；水冷直接蒸发式机房空调系统，具有风冷系统的优点，适用于数据机房较分散，同时没有风冷室外机设置位置的建筑；冷水型机房空调分为风冷冷水型、水冷冷水型，较前两者复杂很多，但系统可靠性高、节能效果显著，适用于新建的大型数据机房。

7.13.4 空调系统设计

（1）空调风系统

机房空调送回风方式原则为“先冷设备，后冷环境”，合理组织气流，冷热通道分开。气流组织方式主要有活动地板下送上回、吊顶上送侧回、吊顶上送活动地板回、风帽上送侧回、机房精确送风、等等。机房空调气流组织采用冷热通道气流组织分为封闭冷通道和封闭热通道。封闭冷通道对于冷却设备有利，但周围环境温度较高；封闭热通道则与之相反（图 7-88、图 7-89）。

（2）空调水系统

① 冷冻水系统

为保证空调系统的可靠性，冷冻水管路经由冷冻站环路管道送出，接至各个空调末端，包括：精密空调，新风机组等。末端管线为环状布置。主机房支管环状布置，辅助房间空调支管支状布置。

② 加湿系统

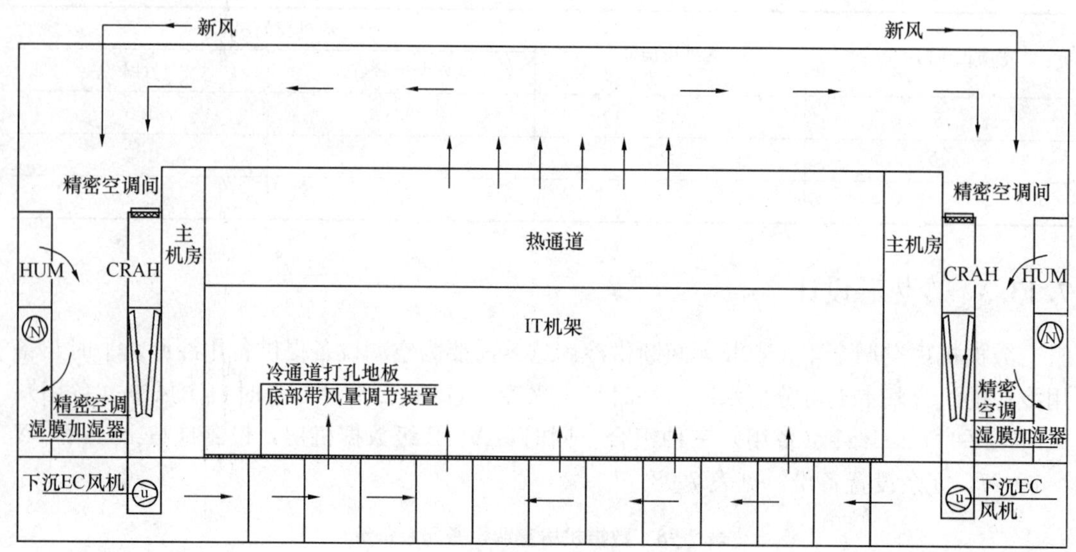

图 7-88 机房模块风路示意图

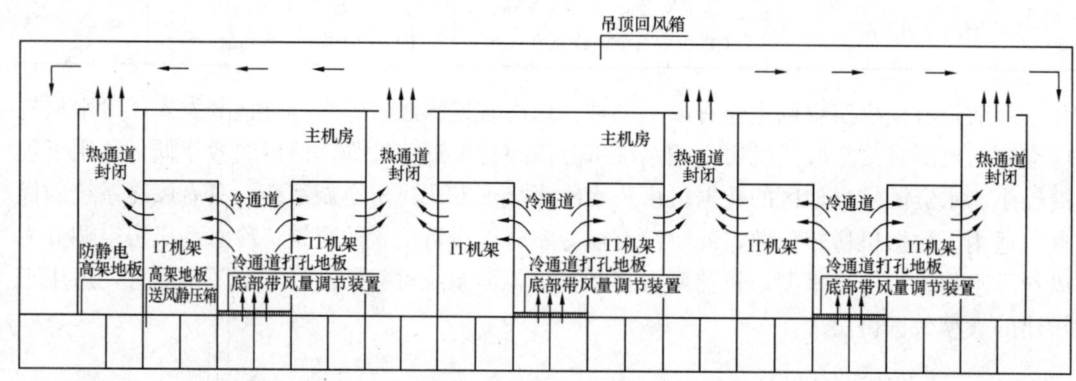

图 7-89 机房模块冷热通道气流组织示意图

主机房采用机房专用加湿器，冬季及过渡季加湿，保证室内湿度。其他房间不考虑加湿。

7.13.5 工程实例

（1）建筑概况

本工程位于北京市。地上建筑面积约为 41000m^2，地上共 7 层，总建筑高度约 45m。首层为入口大厅与变电所及配套设施，层高为 6.5m；二层至六层为生产机房及配套设施，层高均为 6m；七层为生产机房及配套设施，层高为 5m。地下一层层高 7.2m，主要功能为制冷机房；地下二层层高 6m，设有中水水池及泵房和机械车库，并考虑为日后预留机房发展空间，地下三层层高 6m，设有机械车库。

（2）室内外设计参数

室外设计参数见表 7-99，室内设计参数见表 7-100。

表 7-99 室外设计参数

室外计算干球温度	冬季供暖	－7.6	℃
	冬季空调	－9.9	℃
	冬季通风	－3.6	℃
	夏季通风	29.7	℃
	夏季空调	33.5	℃
	夏季空调日平均	29.6	℃
冬季空调室外计算相对湿度		44	%
夏季空调室外计算湿球温度/（极端湿球温度）		26.4/31	℃
极端最低温度/极端最高温度		－18.3/41.9	℃
室外风速	冬季平均	2.6	m/s
	夏季平均	2.1	m/s
最多风向及频率	冬季	N 12	%
	夏季	SW 10	%
大气压力	冬季	1021.7	hPa
	夏季	1000.2	hPa
台站位置	北纬	39°48′	
	东经	116°28′	
	海拔	31.3	m
日平均温度≤＋5℃的天数		123	天

表 7-100 室内设计参数

功能区域	温度（℃）	相对湿度（%）	新风量	房间压力（Pa）
服务器机房（冷通道）	23±3	40～55	0.8 次/h	5～10
服务器机房（热通道）	36±3	—	0.8 次/h	5～10
电信接入间	23±3	30～70		5～10
变电站（变配电 &UPS） 测试装机区、装机区 并机室、磁带库	33±3	—	0.8 次/h	0～5
电池室	15～25	—	—	
辅助间、办公室、会议室等 ECC 监控大厅	夏季：27 冬季：18	夏季 50% （计算取值）	$30m^3/h \cdot p$	0～5

注：室内设计参数按《电子信息系统机房设计规范》A 级标准设计。

（3）围护结构性能参数

屋顶：$0.60W/m^2 \cdot K$；楼板：$1.15\ W/m^2 \cdot K$；隔墙：$1.15\ W/m^2 \cdot K$；外墙：$0.52\ W/m^2 \cdot K$；体型系数：0.086。

（4）负荷计算

本工程负荷计算结果见表7-101

表7-101　冷热负荷表

建筑名称	关键荷载冷负荷		新风冷负荷	设备冷负荷	总冷负荷	新风热负荷
	南区（kW）	北区（kW）	kW	kW	kW	kW
生产运营楼	9556.5	9290.6	1486.5	4148.7	22996	886.2

（5）新风量计算

本项目服务器机房无人值守，新风量的计算需保证机房内正压要求即可。据表7-97，按0.8次/h计算。此外，机房辅助房间等按30m^3/（h·p）的新风量计算。

（6）冷源设计

本项目空调冷源分为水冷冷水机组和风冷冷水机组，冷源按2N模式设置。其中，风冷冷机为双冷源备用冷源。同时也是一期模块的主用冷源。均提供12℃/18℃冷冻水给机房末端精密空调机组制冷。水冷冷水机组系统制冷机房设在地下一层，风冷冷水机组系统设在屋面。

① 风冷系统分南北两个系统，每个系统有6台370RT冷水机组位于生产运营楼屋顶，为双冷源模块提供备用冷源，并作为一期模块的主用冷源。配备6台一次冷冻水泵和3台二次冷冻水泵，一、二次水泵均为变频泵。南北两侧各为后期预留3台冷机、3台一次泵、1台二次泵空位。风冷冷水系统管网支状布置。正常运行时，南北各运行一台。

② 水冷系统分南北两个系统，每个系统有3台1100RT冷水机组位于地下一层冷站，为主用冷源。一次泵、板式换热器、冷却塔与冷水机组一一对应，冷站内管路单环路设计。冷冻水一次泵、二次泵为变频水泵，冷却水泵不变频。管路设计为双母管+末端环路设计，保证系统可在线维护，提高可靠性。设计连续供冷系统，二次泵、精密空调机组设置为双路供电，一路市电，一路UPS供电。冷冻水系统电动阀门为两路UPS供电。

③ 两套冷源的冷冻水系统均采用蓄冷罐定压，变频补水泵定压补水，并设有全自动加药装置，真空脱气装置。风冷、水冷冷水系统共用软化装置及软水箱。

④ 蓄冷罐容积满足系统满负荷连续运行15min，蓄冷罐计算有效容积为1100m^3，采用开式蓄冷罐，室外放置。平时蓄冷罐处于蓄冷状态，充满12℃的冷冻水。当市电断电，机械空调系统转入柴机供电，在冷水系统恢复正常运转之前，二次泵、机房精密空调机组连续运转，蓄冷罐处于放冷状态，提供IT机房末端设备冷冻水，保证IT机房的连续供冷。当蓄冷罐出现故障时，桥管上常闭电动阀开启，阀门正常开启信号确认后，可关闭蓄冷罐供回水管上的电动阀，进行维护。两个水冷系统合用一个蓄冷罐，每个系统分别接入蓄冷罐；两个风冷系统合用一个蓄冷罐，每个系统分别接入蓄冷罐。冷冻水系统平时采用蓄冷罐定压。蓄冷罐维修时，采用定压装置定压。系统两路补水，一路接软化水作为主管路，一路接市政水作为备用管路。

⑤ 本系统同时设计了水侧自然冷却系统，由冷却塔，板式换热器，冷却水泵，及所需配件组成，每台冷水机组配有一台板式换热器，冷却塔、板式换热器、冷水机组一一对应。根据室外季节变化，冷却塔出水温度不断变化；冷冻水制备分为三种模式，即采用电制冷模式、部分自然冷却模式、完全自然冷却模式，三种工况切换由BMS自控系统实

现。自然冷却设计可以充分利用室外天然冷源，以节省冷水机组运行费用。自然冷却系统运行分为部分自然冷却和完全自然冷却两种运行模式。当室外湿球温度降低（低于9℃），冷却塔提供的冷却水供水温度低于17℃时，系统进入部分自然冷却状态，冷却水经板式换热器冷却冷冻水回水，冷冻水回水经板式换热器部分冷却后进入冷水机组蒸发器，提供12℃的冷冻水。当室外湿球温度低于3℃，冷却塔可以提供低于10.5℃的冷却水时，系统进入完全自然冷却状态，冷冻水经板式换热器与冷却水交换，直接提供12℃的冷冻水，冷水机组关闭。

⑥ 风冷冷源采用带自然冷却的风冷机组，冷水机组自带自然冷却模块，冷冻水制备分为三种模式，电制冷模式、部分自然冷却模式、完全自然冷却模式，三种工况切换由冷水机组自控系统实现。完全制冷时，换热盘管关闭，系统完全采用压缩机制冷，部分自然冷却时，换热盘管串联进系统，回水先通过换热盘管换热，入蒸发器利用压缩机制冷，完全自然冷却时，压缩机完全关闭，只利用换热盘管制冷。

⑦ 本项目不设热源，发电机房、屋面水泵房等房间热负荷由设在房间内的水环热泵机组负担，利用12℃/18℃冷冻水作为水环热泵的供回水，为房间提供制冷与供热。新风机组自带水环热泵模块，提供夏季除湿用冷源及冬季加热用热源。

(7) 空调水系统

① 冷冻水系统

本工程分为两个区域——北区和南区，两个区域的冷冻水管路相互独立。北区和南区主用冷冻水管路经由冷冻站环路管道送出，竖向由2组双立管分别送至各层，然后接至各个空调末端，包括精密空调（CRAH）、新风机组（MAU）、水源热泵机组（WFCU）。末端管线为环状布置。主机房支管环状布置，辅助房间空调支管支状布置。风冷冷源的冷冻水管路经由一层泵房送出，分两路分别接至北区或南区的空调机房，七层汇合后回至屋面泵房，风冷冷源管路不设环路，水管立干管为同程设计，水平枝干管为异程设计。冷冻水供回水温度为：12℃/18℃。

② 加湿系统

主机房采用机房专用湿膜加湿器，冬季及过渡季加湿，保证室内湿度。湿膜加湿器放置在空调机房内。加湿器内部控制系统由送风湿度敏感元件控制加湿器的加湿量，并提供远传接口。其他房间不考虑加湿。

(8) 空调风系统

① 服务器机房（主机房）空调系统

本项目采用1000mm高架地板，IT机柜按冷热通道布置，其余各层热通道封闭。IT机柜按冷热通道布置，采用架空地板下送风，热排风经由热通道顶部设置的回风口，进入吊顶静压箱，回至精密空调机组，机组布置在IT机房两侧的空调机房内。二三层生产机房末端空调机组按$N+1$设计，由水冷冷源提供N台平时运行，风冷冷源提供1台备用机组；四～七层生产机房末端空调机组按$2N$设计，由水冷冷源提供N台平时运行，风冷冷源提供N台备用机组；测试机房末端空调机组按$N+1$设置。在水源满足的前提下，优先使用水冷冷源，水冷冷源侧精密空调机组负担室内大部分的显热负荷，风冷冷源侧精密空调机组，负担室内剩余的显热负荷。每个机组配有单冷盘管、EC风机、变风量、微电子控制器、G4初效空气过滤器。冷热通道处送回风温度23℃/36℃，且能在18℃/31℃

温度下稳定运行。

② UPS室及变配电室、电池室

UPS室及变配电室采用双盘管型机房空调机组（CRAH），$N+1$ 冗余配置。水冷冷源和风冷冷源同时供冷，机房空调机组（CRAH）与数据中心的设备具有相同的特性。风机采用上出风，接风管顶送至变配电柜间隙，采用精密空调侧下回风方式。

③ 电信接入间

电信接入间采用单盘管基站式空调机组，机组满足24h不间断运行，机组不设冗余，其冷源由风冷冷水机组负担，机组气流组织采用上送侧下回方式。

④ 辅助区、值班室

辅助区办公、会议室、维修区、备品备件室：采用水环热泵型吊顶机组，冬季制热、夏季制冷。水环热泵机组的冷热源由12℃/18℃冷冻水提供。室内机采用风管式，气流组织为上送上回。

⑤ 测试装机区、装机区、并机室、磁带库

测试装机区、装机区采用单盘管型机房空调机组，$N+1$ 冗余配置，其冷源由水冷冷水机组负担，机组气流组织采用上送侧下回方式。并机室采用单盘管型机房空调机组，机组不设冗余，其冷源由水冷、风冷冷水机组分别各负担2个并机室，机组气流组织采用上送侧下回方式。磁带库采用单盘管型机房空调机组，$N+1$ 冗余配置，其冷源由水冷、风冷冷水机组各负担一台空调机组。

（9）新风系统

为了保证机房正压要求和人员新风量要求，设置新风系统，新风量按机房0.8次/h换气及人员最小新风量 $40m^3$/h·人中的大值计算。夏季采用等室内露点送风，控制室内湿度。冬季采用室内等露点温度送风，防止新风口结露。IT机房新风支管上设有电动防火风阀，平时常开，当机房发生火灾，气体灭火时，关闭。新风机组配有预冷盘管，水源热泵型制冷制热模块（电加热备用），内部设置初效过滤器、中效高压静电过滤器、预留化学过滤器段。化学过滤器可以更好的抵御北京地区空气中硫等有害物质，保证IT机柜的安全运行。新风对IT和电气机房施加正压，使渗入的灰尘和微粒减到最低的水平，同时控制室内湿度，防止静电和凝结水聚集，保证机房精密空调100%显冷冷却。机房设计采用每小时0.8次换气量的新风量。夏季新风经预冷盘管和水源热泵模块制冷，以等室内露点送入室内。冬季经水源热泵模块制热至室内露点温度后送入室内，预留电加热预热段，与机房空调机组回风混合后，再送入室内，冬季机房内湿度由安装在空调机房的加湿器控制。机房模块内设置 SO_2 浓度报警装置。

（10）空调自控系统设计

设置自动控制系统（BMS）以及DDC系统，每个控制系统由中央电脑及终端设备和各子站组成，在楼宇控制中心配置计算机、液晶显示屏及打印机，需能显示、自动记录各通风设备、空调机组、冷源设备、水处理设备、水泵等的运行状况、故障报警及启停控制。而所有设备需能采用自动或手动操作及就地开关。所有设备均可以就地启停，均有手动控制及自动控制转换开关。当开关处于手动控制时，控制中心可以监视设备的运行状态，但不能进行控制。控制中心能显示打印出空调、通风、制冷等各系统设备的运行状态及主要运行参数，并进行集中远距离控制和程序控制。

① 冷水机组、精密空调机组 CRAH、空调机组 AHU、新风机组等 MAU 设备自带自动控制系统，BMS 系统对这些设备进行监控。

② 冷源系统的监测与控制，根据供水总管和回水总管上的温度、流量信号计算进行负荷分析决定制冷机组的运行台数，优化启停控制与启停联锁控制，满足末端的用冷需求。

③ 每个制冷单元组的制冷、预冷、节约三种运行模式的转换控制。

④ 制冷单元内的冷却水泵、冷却塔风机、冷冻水泵、制冷机组按顺序进行联锁控制。

⑤ 监控冷却水供回水温度、压力、流量。

⑥ 根据冷却塔出水温度控制冷却塔风机运行台数及风机的变频控制。

⑦ 监控冷冻水供回水温度、压力、流量，根据供水总管和回水总管上的温度、流量信号计算实际负荷，并控制水泵及机组运行台数。

⑧ 冷冻水一次泵、冷冻水二次泵、冷却水泵均采用变频水泵，二次泵依据最不利环路供回水压差信号，并在保证所有用户压差的前提下进行变频控制。

⑨ 测量一次水，二次水管路旁通流量，监控蓄冷罐防倒流和强制充冷。精密空调机组 CRAH 和空调机组 AHU 的控制：每个空调区域采用相对独立控制系统，控制机组启停、供回风温度、电动二通水阀调节、报警。中央控制系统仅做机组运行状态的监视：开机、停机故障，供回水温度、供回风温度。且中央控制系统的任何故障，均不应影响精密空调机组自身的控制系统和机组的正常运行。

⑩ 模组用新风机组的监控，新风机组自带控制系统，新风机组配有预冷预热盘管，水源热泵模块（预留电加热预热段）制冷、制热盘管，夏季采用设定露点温度控制，冬季送风温度不低于露点温度。新风机组依据室内正压值调整转速并依据空气处理露点温度控制水源热泵压缩机的运行。新风机组进口设电动保温风阀，防冻保护，与机组联锁。

⑪ ECC 采用风侧自然冷却的空调机组（AHU），根据室外空气焓值（温度、湿度计算得出）控制新风、回风、排风的比例，充分利用室外新风，节约能源。

⑫ 室外空气参数测量。

⑬ 数据机房内空气参数测量。

⑭ 新风机组进风管上设置流量探测器。

（11）平面图系统图见图 7-90～7-93。

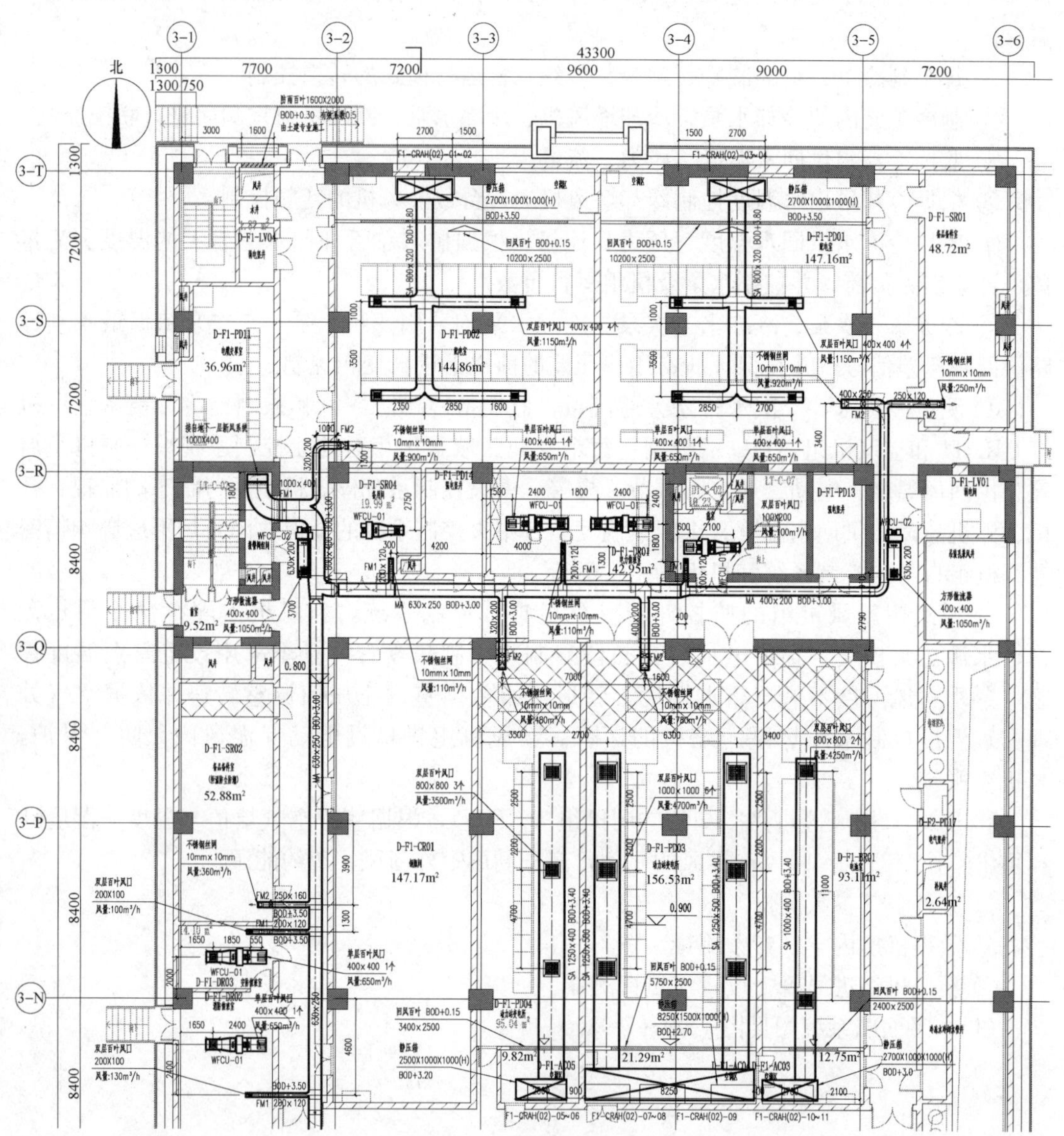

图7-90 生产机房及配套设施空调平面图（一）

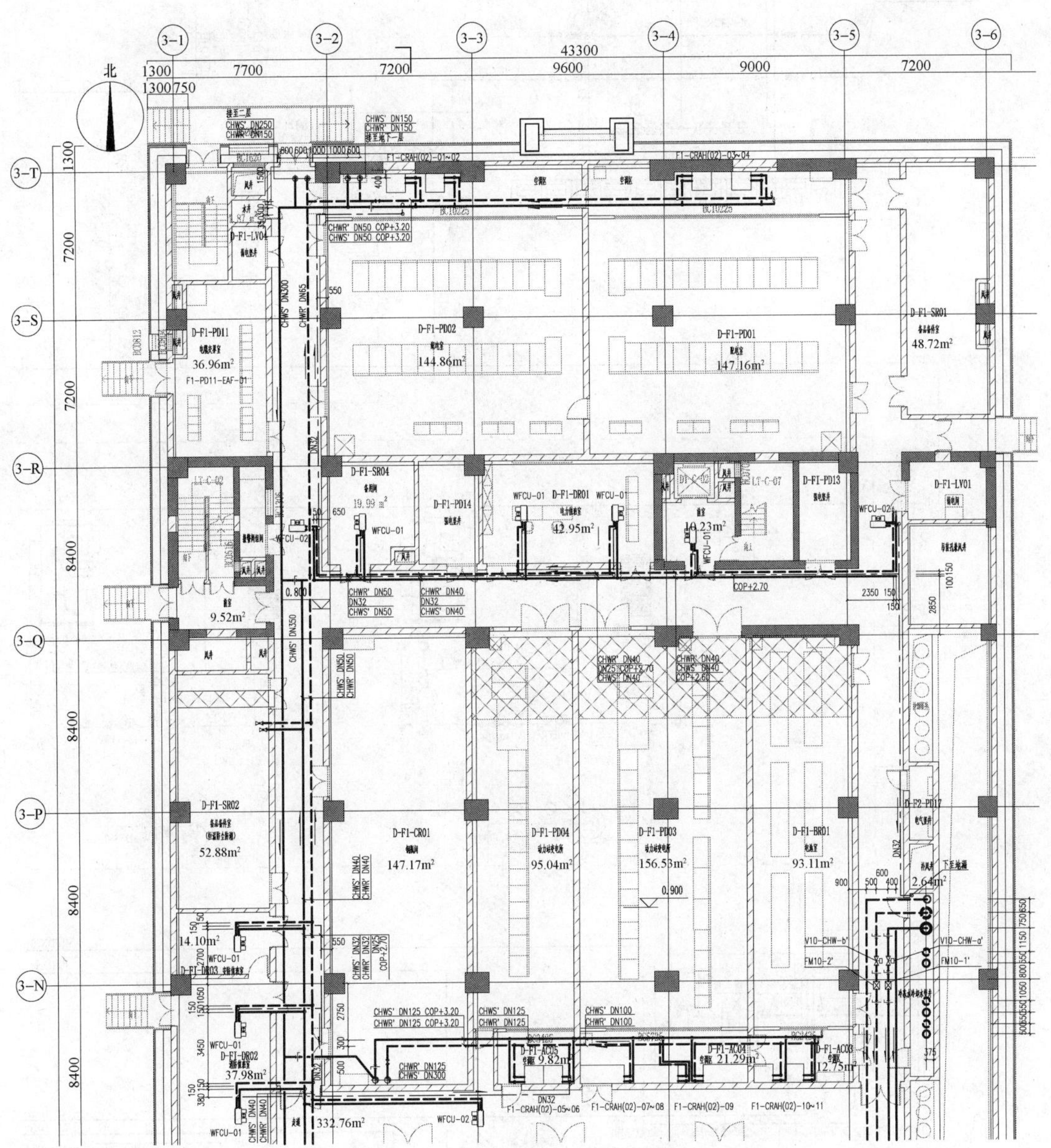

图 7-90 生产机房及配套设施空调平面图（二）

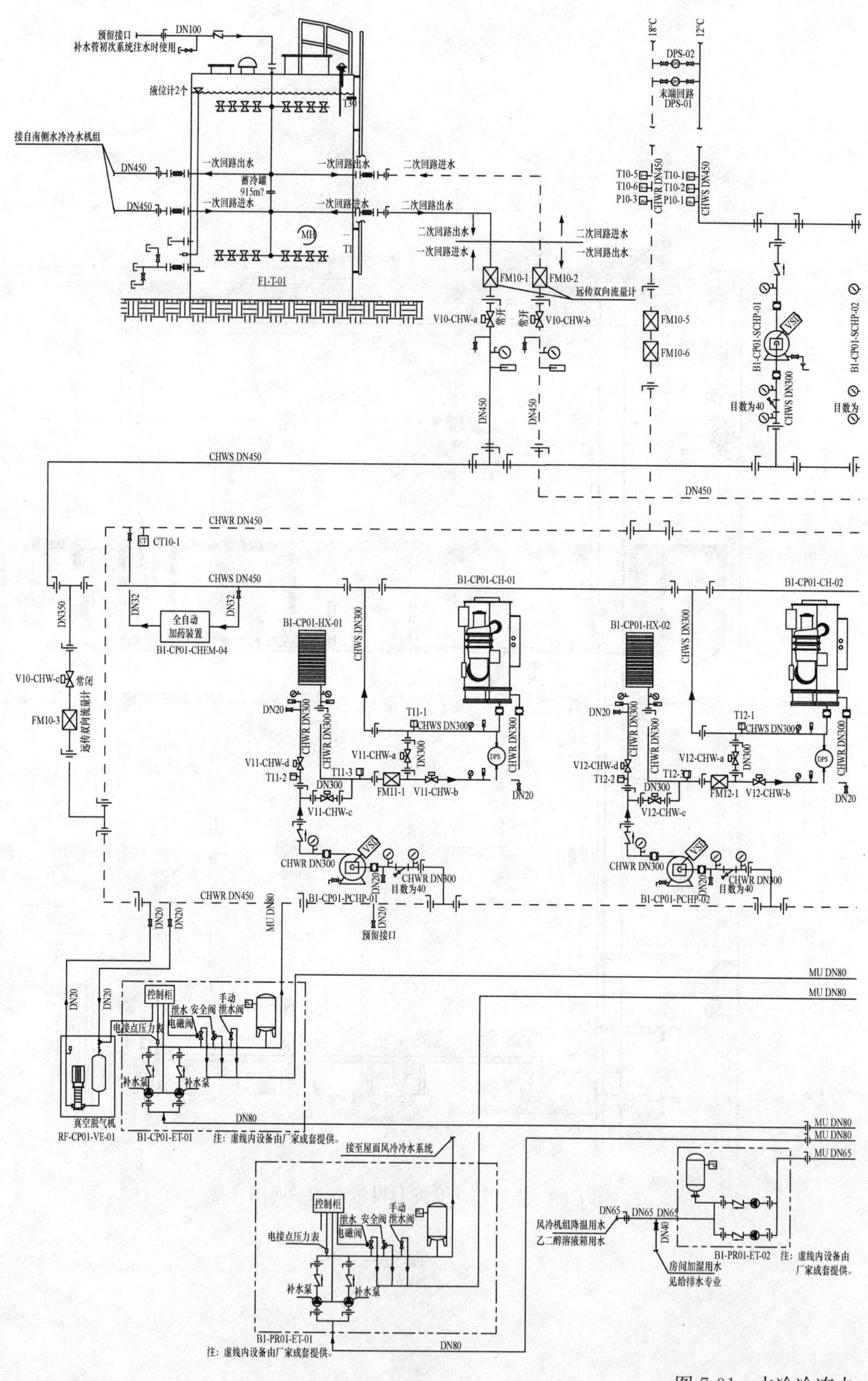

预留接口
补水管初次系统注水时使用
DN100
液位计2个
接自南侧水冷冷水机组
DN450
一次回路出水
一次回路出水
二次回路进水
蓄冷罐
915m³
DN450
一次回路进水
一次回路进水
二次回路出水
二次回路出水
二次回路进水
一次回路进水
一次回路出水
F1-T-01
FM10-1
FM10-2
远传双向流量计
V10-CHW-a
V10-CHW-b
常开
18℃
12℃
DPS-02
末端回路
DPS-01
T10-5
T10-6
P10-3
T10-1
T10-2
P10-1
CHWR DN450
CHWS DN450
FM10-5
FM10-6
B1-CP01-SCHP-01
B1-CP01-SCHP-02
VSI
目数为40
目数为
CHWS DN300
DN450
CHWS DN450
DN450
CHWR DN450
CT10-1
CHWS DN450
B1-CP01-CH-01
B1-CP01-CH-02
DN350
DN32
全自动
加药装置
B1-CP01-CHEM-04
V10-CHW-c
常闭
FM10-3
远传双向流量计
B1-CP01-HX-01
B1-CP01-HX-02
CHWS DN300
DN20
CHWR DN300
T11-1
CHWS DN300
V11-CHW-d
V11-CHW-a
T11-3
T11-2
FM11-1
V11-CHW-b
V11-CHW-c
DPS
CHWR DN300
T12-1
V12-CHW-d
V12-CHW-a
T12-3
T12-2
FM12-1
V12-CHW-b
V12-CHW-c
CHWR DN300
目数为40
B1-CP01-PCHP-01
B1-CP01-PCHP-02
CHWR DN450
MU DN80
预留接口
MU DN80
控制柜
泄水
电磁阀
安全阀
手动
泄水阀
电接点压力表
补水泵
真空脱气机
RF-CP01-VE-01
B1-CP01-ET-01
DN80
注：虚线内设备由厂家成套提供。
接至屋面风冷冷水系统
MU DN65
DN65
DN40
风冷机组降温用水
乙二醇溶液箱用水
房间加湿用水
见给排水专业
B1-PR01-ET-02
B1-PR01-ET-01

图 7-91　水冷冷冻水

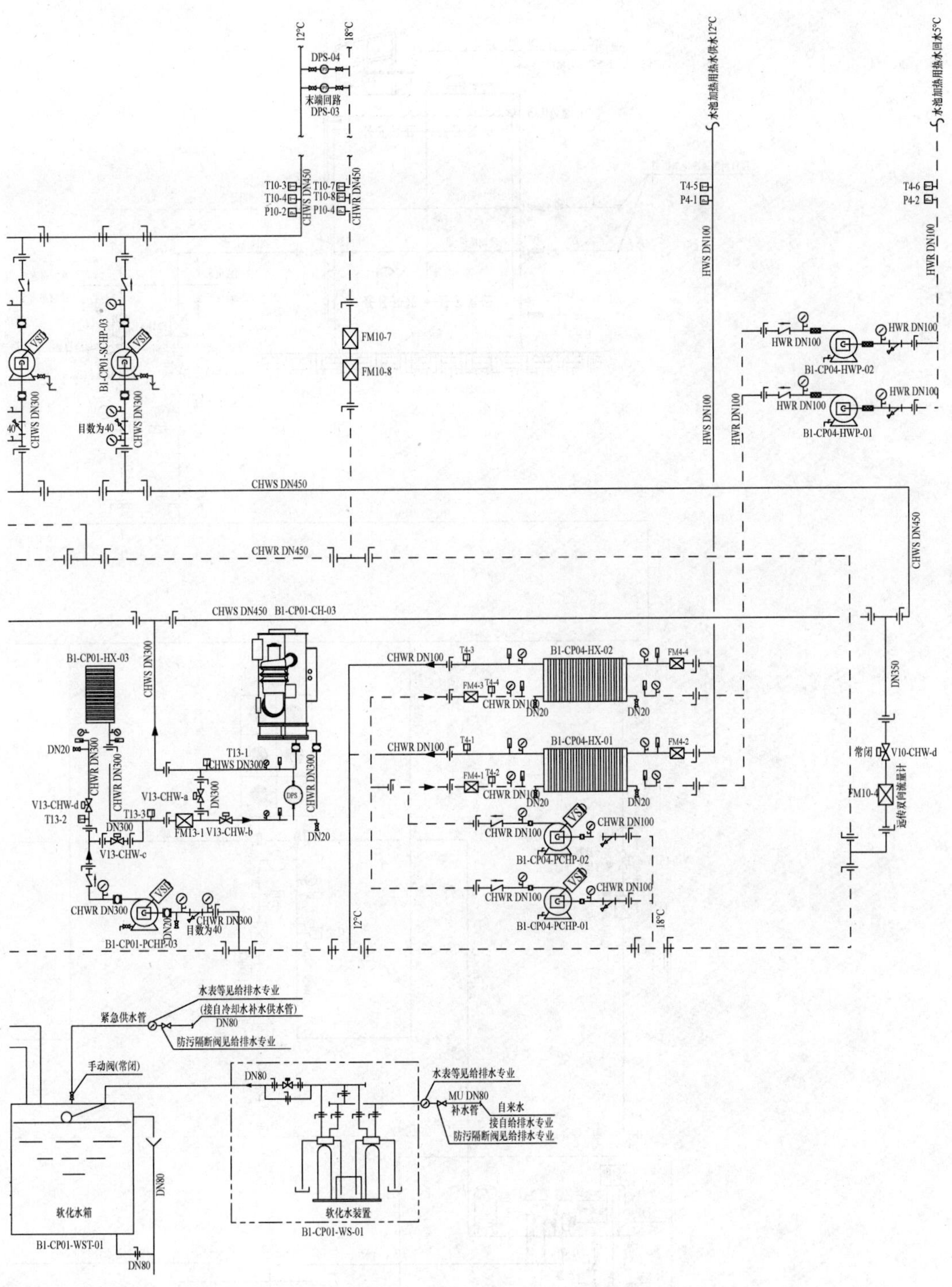

系统图（北侧）

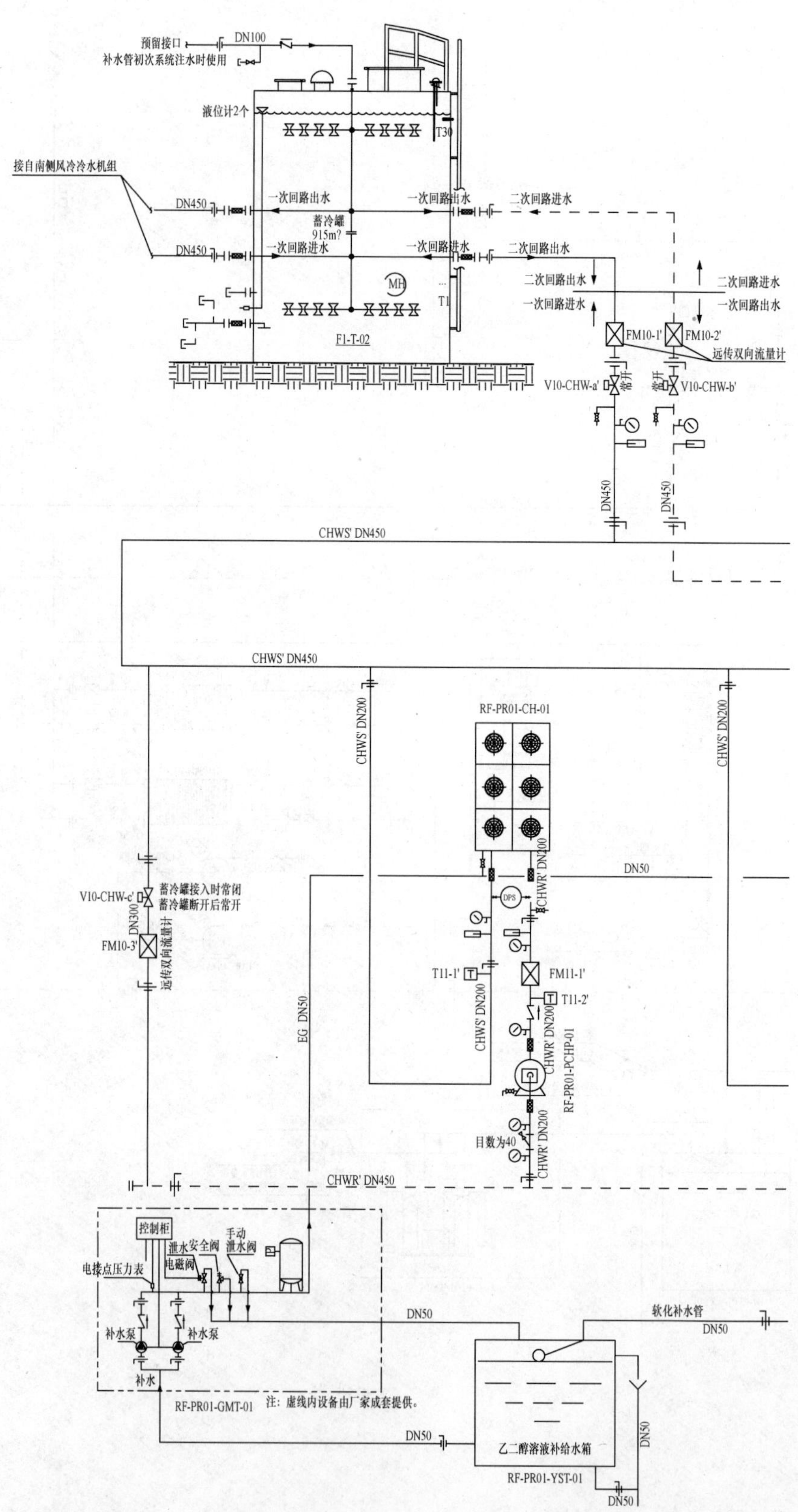
预留接口
DN100
补水管初次系统注水时使用
液位计2个
T30
接自南侧风冷冷水机组
DN450
一次回路出水
一次回路出水
二次回路进水
蓄冷罐
915m?
DN450
一次回路进水
一次回路进水
二次回路出水
MH
二次回路出水
一次回路进水
二次回路进水
一次回路出水
T1
F1-T-02
FM10-1'
FM10-2'
远传双向流量计
V10-CHW-a'
常开
常开
V10-CHW-b'
DN450
DN450
CHWS' DN450
CHWS' DN450
CHWS' DN200
RF-PR01-CH-01
CHWS' DN200
CHWR' DN200
DN50
V10-CHW-c'
蓄冷罐接入时常闭
蓄冷罐断开后常开
DN300
FM10-3'
远传双向流量计
DPS
T11-1'
FM11-1'
T11-2'
EG DN50
CHWS' DN200
CHWR' DN200
RF-PR01-PCHP-01
目数为40
CHWR' DN200
CHWR' DN450
控制柜
泄水安全阀
手动泄水阀
电磁阀
电接点压力表
DN50
软化补水管
DN50
补水泵
补水泵
补水
RF-PR01-GMT-01
注：虚线内设备由厂家成套提供。
DN50
乙二醇溶液补给水箱
DN50
RF-PR01-YST-01
DN50

图 7-92　风冷冷冻水

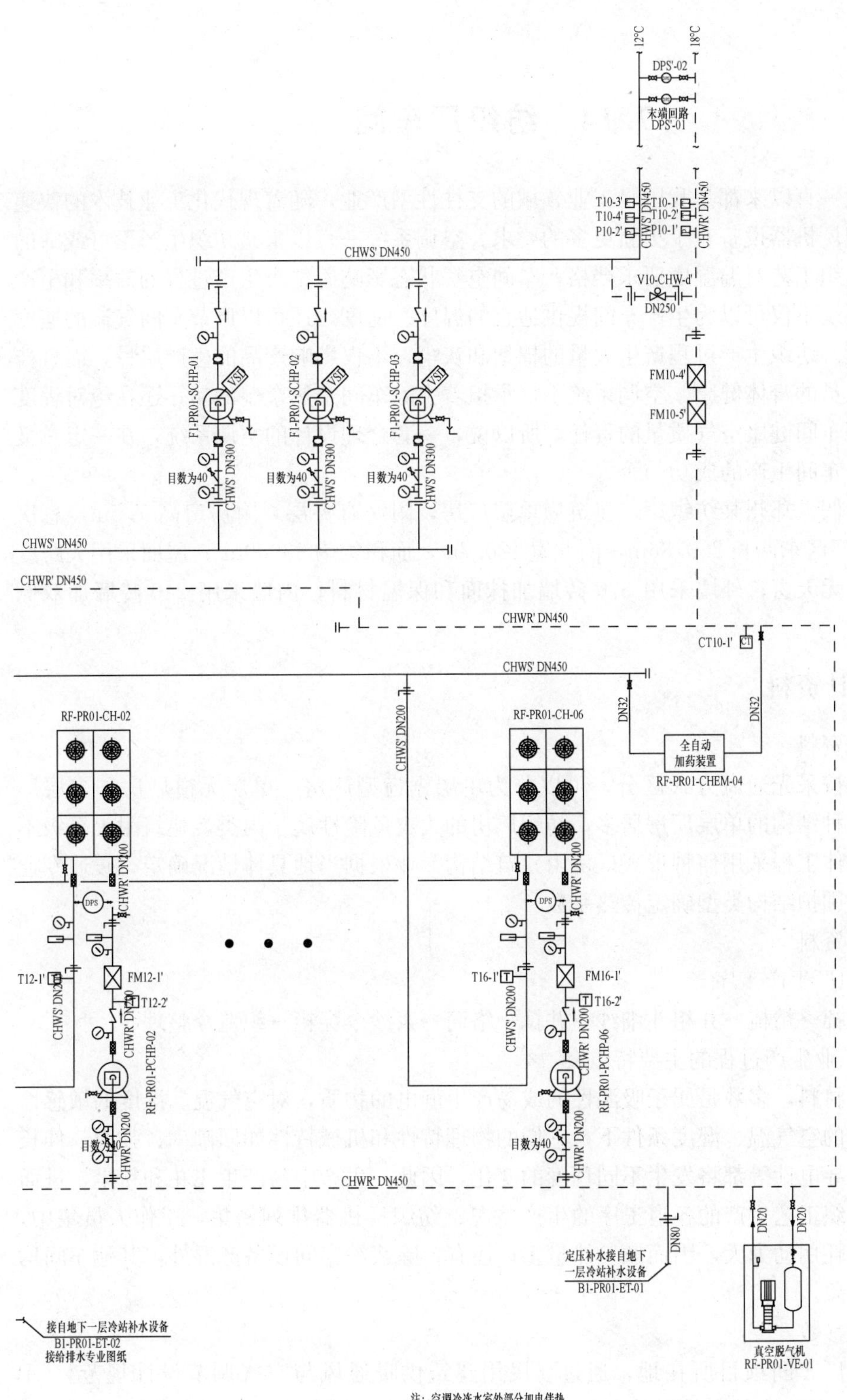
12°C
18°C
DPS'-02
末端回路
DPS'-01
T10-3'
T10-4'
P10-2'
T10-1'
T10-2'
P10-1'
CHWS' DN450
CHWR' DN450
V10-CHW-d'
DN250
FM10-4'
FM10-5'
F1-PR01-SCHP-01
F1-PR01-SCHP-02
F1-PR01-SCHP-03
VSD
CHWS' DN300
目数为40
CT10-1'
DN32
全自动
加药装置
RF-PR01-CHEM-04
RF-PR01-CH-02
RF-PR01-CH-06
CHWS' DN200
CHWR' DN200
DPS
T12-1'
FM12-1'
T12-2'
RF-PR01-PCHP-02
T16-1'
FM16-1'
T16-2'
RF-PR01-PCHP-06
DN80
DN20
定压补水接自地下
一层冷站补水设备
B1-PR01-ET-01
真空脱气机
RF-PR01-VE-01
接自地下一层冷站补水设备
B1-PR01-ET-02
接给排水专业图纸
注：空调冷冻水室外部分加电伴热
分期：此系统全部一期实施

系统图（北侧）

7.14　纺织厂车间

纺织工业一直以来都是我国轻工业领域的支柱性型产业，随着现代化工业技术的快速发展，对纺织厂机器设备有了更新更多的要求。空调系统一直以来是纺织生产不可或缺的关键部分。纺织工艺对温湿度要求严格，车间空气状态影响着整个生产过程的效率和生产质量。空调系统不仅可以为生产车间提供适宜的温度、适度，还可以调节车间气流的速度和空气洁净度。纺织生产过程产生大量的棉絮和灰尘，不仅影响产品的生产质量，而且严重危害工作人员的身体健康。空调系统不仅承担着去除车间余热余湿的功，还在绝对程度上肩负着保证车间健康空气质量的责任。所以说，一套合理设计的空调系统，在一定意义上决定着整个车间生产的成功与否。

本工程为假设郑州某纺织厂，建筑为单层厂房，附房有夹层，附房房高 7.5m，总房高 10.14m；厂区东西长 280.86m，南北宽 120.7m，面积约为 33900m^2；屋面采用大跨度平屋顶结构，无天窗；外墙采用 370 砖墙加抹面和保温材料；内墙采用 240 砖墙加双侧抹面。

7.14.1　设计资料

（1）建筑资料

纺织厂房按采光通风方式区分，可以分为单层锯齿型厂房、单层无窗厂房和多层厂房，其中前两种结构的单层厂房居多，纺织厂房的火灾危险性属于丙类，建筑耐火等级不低于二级，具体工程采用何种形式厂房由建筑结构专业根据当地具体情况确定，暖通专业根据具体建筑围护结构类型确定传热系数。

（2）工艺资料

① 棉纺织厂生产工序

清棉→梳棉→精梳→并粗斗细纱→并捻→络筒→浆纱今穿箱→织造今整理

② 纺织工业生产过程的主要特点

纺织纤维材料，多数是属于吸湿性的或易产生静电的物质，对空气温、湿度的敏感性很强，在不同的空气温、湿度条件下，它们的物理特性和机械特性如回潮率、强力、伸长度、柔软性及导电性等都将发生不同程度的变化，因此，生产中易产生飞花和粉尘，进而直接影响到纺织工艺生产的各道工序的生产状况；纺织厂机器排列密集，工作人员集中，同时纺织机械耗用动力大，因而散发热量多；还有，除浆纱车间设备产湿外，其他车间均无设备产湿现象。

（3）气象参数

根据纺织厂车间项目所在地，通过《民用建筑供暖通风与空气调节设计规范》GB 50736—2012 查找相应的室外设计参数。本工程位于河南省郑州市，属于寒冷地区。

室外大气压：99230Pa

夏季室外空调计算干球温度：34.9℃

夏季室外空调计算湿球温度：27.4℃

夏季室外通风计算相对湿度：64%RH

夏季室外平均风速：2.2m/s

夏季最多风向：S

冬季室外空调计算相对湿度：61%RH

冬季室外供暖计算干球温度：−3.8℃

冬季室外空调计算干球温度：−6.0℃

冬季室外平均风速：2.7m/s

（4）车间温湿度参数

纺织厂各车间的环境应主要控制各车间的相对湿度，同时考虑工人身体健康和卫生要求来保证车间温度，跟据纺织工艺生产过程的主要特点，可知夏季车间空调冷负荷较大，换气次数大，若要把车间的温度降到人感觉舒服的温度即25℃左右，则要耗用相当多的能量。因此，出于经济上的考虑和不影响生产的前提下，一般夏季车间温度控制在28～30℃或30～32℃。另外，纺织不同的纤维布料，各个车间所要求的温湿度不同，如表7-102（数据查自《纺织空调除尘与节能技术》表1-4）。

表7-102 棉纺厂中各主要车间温湿度控制范围

车间	冬季		夏季	
	t（℃）	温度（%）	t（℃）	温度（%）
清棉	18～22	55～60	30～32	55～65
梳棉	22～24	55～60	30～32	55～60
精梳	22～24	55～60	28～30	55～60
粗纱	22～24	60～65	30～32	60～65
细纱	24～26	55～60	30～32	55～60
络筒	20～22	65～70	30～32	65～70

对于车间设计温湿度的选取，具体制定时还必须考虑将原棉的含水、杂、成熟度、细度以及所纺纱线的线密度、纺织工艺设计参数、主机设备性能、地区的气象条件、能源条件等因素综合考虑。一般情况下，可在满足车间工艺生产要求，确保车间相对湿度的条件，在人员身体健康的基础上，适当降低冬季车间设计温度和提高夏季车间设计温度，以降低能耗。

根据表7-102中数据，此外再考虑各车间通过内墙、内门的互相传热和渗透以及减少设计计算过程的烦琐性，结合参考《纺织厂空气调节》第二版中相关设计数据，选取具体的设计温湿度。

纺织车间在冬季一般都有值班供暖的要求，根据各车间的性质不同，一般要求值班供暖温度为12～18℃之间，以避免机器设备低温时开车困难。本纺织厂车间空调工程设计温度见表7-103。

表7-103 室内设计温湿度

车间	冬季		夏季	
	t（℃）	温度（%）	t（℃）	温度（%）
室内温湿度	25	55	30	55

7.14.2　冷热负荷计算

（1）围护结构传热系数

根据建筑专业提供围护结构类型，确定屋顶、外墙、内墙、地面的传热系数。

根据车间空气露点温度（冬季）$t_1=15.2℃$，则最大传热系数为：

$$K_{max}=\frac{\alpha_n[t_n-(t_1+1)]}{(t_n-t_w)\cdot a} \tag{7-72}$$

式中　α_n——围护结构内表面换热系数，查《纺织厂空气调节》第二版表3-1，$n=8.7W/m^2K$；

t_n——冬季室内设计温度，25℃；

t_w——冬季室外空调设计温度，−6℃；

a——温差修正系数，$a=1$。

$K_{max}=2.44W/m^2\cdot K$，本工程围护结构传热系数见表7-104。

表7-104　围护结构传热系数表

围护结构	传热系数（$W/m^2\cdot K$）
外墙	0.78
内墙	1.97
屋顶	0.55
地面	0.07

经校核不会发生结露现象。

（2）冷热负荷计算

具体计算步骤请参照本书第二章冷热负荷计算。

纺织厂电动设备所耗用的功率，用于加工成品和半成品方面的机械能是很微小的，其大部分功率用于克服电动机自身线圈、磁铁、轴承的阻抗与摩擦和工艺设备运转时各种机件之间的摩擦以及机械与纱线的摩擦等等，因此可以认为输入的实耗电能全部转化为热能而散发到车间。

由此，机器发热量为：

$$Q_{jq}=1000\cdot n\cdot N\cdot A\cdot Z\cdot Y \tag{7-73}$$

式中　Q_{jq}——机器发热量（W）；

n——机器台数；

N——电动机的名牌功率W；

A——电动机容量安装系数，$A=0.8$；

Z——同时运转系数，即开动的机器数与全部机器数之比，纺织厂各工序的同时运转系数可见表7-105

Y——热迁移系数，即车间实际的得热量与总发热量之比。清花车间$Y=0.9$；细纱车间有断头吸棉排风，若回用$Y=0.92$；若不回用$Y=1$；有电动机通风排出室外$Y=0.9$；其他车间均取$Y=1$。

表 7-105 纺纱工艺设备同时运转系数表

（查自《纺织厂空气调节》第二版附录 15）

机器名称	清花	梳棉	预并	条卷	精梳	混并一	混并二	混并三	粗纱	细纱	络筒
同时运转系数	0.9	0.94	0.95	0.98	0.94	0.95	0.95	0.95	0.95	0.965	0.945

冷热负荷计算表如表 7-106 与表 7-107 所示：

表 7-106 夏季冷负荷计算表

车间名称	机器发热量 Q_{jq}（W）	太阳辐射热		人体发热量 Q_{r1}（W）	照明设备散热量 Q_{zn}（W）	车间冷负荷 Q_1 $Q_{jq}+Q_{wd}+Q_{wq}+Q_{r1}+Q_{zm}$（W）
		屋顶 Q_{wd}（W）	外墙 Q_{wq}（W）			
清棉	143233.92	12424.05	2711.86	796	9659.52	168825.35
梳棉	604307.20	22258.96	—	2786	17306.016	646658.18
精梳	226588	17074.68	—	1791	13275.312	258728.99
粗纱	655294.8	34384.21	—	2985	26734.176	719398.19
细络Ⅰ	2162998.02	41238.24	—	3980	32062.128	2240278.39
细络Ⅱ	1514098.61	29461.81	—	2786	22906.128	1569252.55
总计						5603141.65

表 7-107 冬季热负荷计算表

车间名称	车间得热量		冬季空调房屋热损失	照明设备散热量	车间热负荷 $Q_s-Q_{jq}-Q_{r2}-Q_{zm}$	冬季值班采暖热负荷
	Q_{jq}(W)	Q_{r2}(W)	Q_s(W)	Q_{zm}(W)	Q_r(W)	Q_{zb}(W)
清棉	143233.9	788	36713.22	9659.52	−116968.22	34996.37
梳棉	604307	2758	65775.12	17306.02	−558596.10	46239.91
精梳	226588	1773	50456.1	13275.31	−191180.26	35470.60
粗纱	655294.8	2955	101609	26734.18	−583374.98	71431.13
细络Ⅰ	2162998	3940	121859.3	32062.13	−2077140.87	85667.07
细络Ⅱ	1514099	2758	87059.81	22906.13	−1452702.93	61203.05
总计					−4979963.36	335008.13

7.14.3 空气处理方案的确定及风量，冷量的计算

（1）送风方案的确定

纺织厂送风系统一共分为三种，分别是单通风、通风喷雾和空调室。由于前两者受室外气候影响较大，难以良好地控制车间温湿度，空调室送风方案采用的比较广泛。

目前，纺织厂大多采用空调室内喷水，利用水滴与空气进行直接接触的方法来处理空气，主要有以下原因：

① 只要适当地改变水温，就能对空气进行加热加湿或去热去湿处理；

② 纺织厂空气含尘浓度较大，用水处理空气时，同时也起到了清洁空气的作用；

③ 空气与水直接接触时，热湿交换效率较高，特别是使用地下水作为冷源的时候，

可以充分利用和发挥地下水的冷却作用；

④ 纺织工艺对空气的相对湿度要求较高，利用喷水室处理空气，空气的相对湿度比较稳定，有利于对车间空气的相对湿度进行调节和控制；

⑤ 喷水室结构简单，金属耗量较少，可以就地取材自行制作。

此外，对于喷水室气流组织形式的选择通常为吸入式，离心式通风机，其原因如下：

① 当开启门窗时，水滴不会溅出到喷水室外；

② 喷水室内光线明亮，便于清洁管理和维护检修工作；

③ 喷水室内气流的流动比较稳定均匀。

空调室送风系统中不可避免挡水板过水现象和风机温升现象，通常按照过水量：d=0.5～1.0g/kg，风机温升：t=0.5℃左右考虑。

由于通常设计地区夏季室外空气含热量高于室内，为了减少冷水耗量，常选择一次回风系统，新风比 m=20%（《纺织厂空气调节》第二版第 100 页）。

(2) 夏季空调设计计算 （以细络Ⅰ车间为例）

① 室内外温湿度见上文；

② 采用一次回风系统，新风比 m=20%；

③ 取挡水板带水量 d=0.5g/kg；

④ 采用吸入式空调室，取风机温升 t=0.5℃；

⑤ 空气处理至机器露点 95%；

⑥ 查焓湿图可得各状态点相应焓值：

W 点焓值为：h_w=89k_j/kg

N 点焓值为：h_w=68k_j/kg

O 点焓值为：h_w=56.5k_j/kg

O' 点焓值为：h_w=57k_j/kg

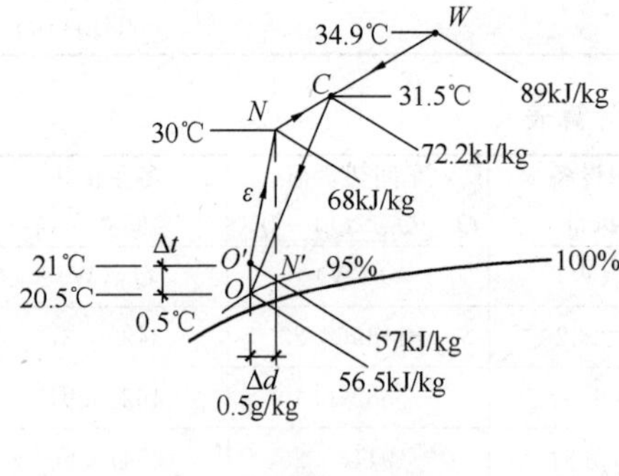

图 7-93

⑦ 夏季空调过程见图 7-93。

⑧ 空调过程描述。夏季室外空气状态点为 W，新风与一次回风混合，混合状态为 C 点，经过喷水室冷却除湿处理到达 O 点。N' 点是 N 点对应的露点状态，由于挡水板过水现象的客观存在，所以喷水室的空气处理终状态位于 O 点。其次，由于风机温升需要考虑在内，所以送风状态点由 O 变成 O' 点，送入室内沿热湿比线变化至室内状态点。

⑨ 车间热湿比 ε

$$\varepsilon=Q/W=2240278.39\times10^{-3}/4400\times10^{-3}/3600=1832955.05\text{kJ/kg}$$

由于 ε 较大，可以近似取等 d 线进行。

⑩ 送风量计算

$$G=\frac{Q_1}{h_N-h_{O'}}=\frac{2240278.39\times10^{-3}}{68-57}=203.66\text{kg/s}=733176\text{kg/h}$$

图 7-93 可知，送风温度为 21℃，送风温差为：t_O=30－21=9℃。21℃空气密度为 1.2kg/m，则送风量为 610980m³/h。

⑪混合状态计算

A. 新风量

$$G_W = 20\%G = 0.2 \times 203.66 = 40.73\text{kg/s} = 146635.2\text{kg/h}$$

B. 一次回风量

$$G_N = G - G_W = 203.66 - 40.73 = 162.93\text{kg/s} = 586548\text{kg/h}$$

C. 混合空气焓

$$h_C = \frac{G_W \cdot h_W + G_N \cdot h_N}{G} = \frac{40.73 \times 89 + 162.93 \times 68}{203.66} = 72.2\text{kJ/kg}$$

D. 所需制冷量

$$Q_O = G(h_C - h_O) = 203.66 \times (72.2 - 56.5) = 3197.46\text{kW}$$

⑫ 风量计算

为保证车间保持一定正压，考虑到车间正压排风量为总风量的 10%，取地排风量为 90%，计算如下：

A. 车间正压排风量

$$L_{z.v} = 0.1L = 0.1 \times 610980 = 61098\text{m}^3/\text{h}$$

B. 地排风量

$$L_{d.p} = 0.9L = 0.9 \times 610980 = 549882\text{m}^2/\text{h}$$

C. 新风量

$$L_W = 0.2L = 0.2 \times 610980 = 122196\text{m}^3/\text{h}$$

⑬ 夏季空调设计计算汇总表见表 7-108

表 7-108 细络Ⅰ车间夏季空调过程设计计算表

车间名称	车间体积	车间余热量	车间空气状态					室外空气状态			混风状态	送风状态	
	V	Q_y	t_N	ϕ_N	h_N	d_N	t_W	t_{ws}	h_W	h_C	h_O	$h_{O'}$
	m³	kW	℃	%	kJ/kg	g/kg	℃	℃	kJ/kg	kJ/kg	kJ/kg	kJ/kg
细络Ⅰ	26718.4	2240.28	30	55	68	14.5	34.9	27.4	89	72.2	56.5	57

计算送风量		新风量	回风量	排风量				换气次数	制冷量
				地排风量 $L_{d.p}$		正压排风量 $L_{z.p}$	排至室外风量 L_p		
				吸棉风量 L_x	车肚排风量 L_d				
G	L	L_W	L_N					n	Q_O
kg/h	m³/h	m³/h	m³/h	m³/h	m³/h	m³/h	m³/h	次/h	kW
733176	610980	122196	488784	233800	316082	61098	61098	25	3197.46

(3) 冬季空调设计计算（以细络Ⅰ车间为例）

① 室内外温湿度见上文；

② 采用一次回风系统，新风比 $m=20\%$；

③ 不考虑挡水板过水量；

④ 采用吸入式空调室，取风机温升 $t=0.5℃$；

⑤ 空气处理至机器露点 95%；

⑥ 冬季空调过程见图 7-94；

⑦ 空调过程描述

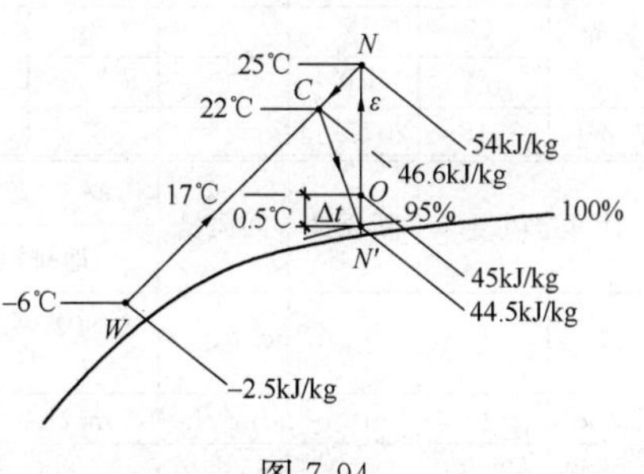

图 7-94

冬季室外空气状态点为 W，新风与一次回风混合，混合状态为 C 点，经过喷水室处理之露点 N' 点。由于风机温升需要考虑在内，所以送风状态点变成 O 点，送入室内沿热湿比线变化至室内状态点。

⑧ 车间热湿比 e

$$e=Q/W=2077140.87\times10^{-3}/3600\times10^{-3}/3600=2077140.87\text{kJ/kg}$$

⑨ 送风量计算

$$G=\frac{Q_r}{h_N-h_O}=\frac{2077140.87\times10^{-3}}{54-45}=230.8\text{kg/s}=830880\text{kg/h}$$

则送风量为 692400m³/h。

⑩ 混合状态计算

A. 新风量

$$G_W=20\%G=0.2\times230.8=46.16\text{kg/s}=166176\text{kg/h}$$

B. 一次回风量

$$G_N=G-G_W=230.8-46.16=184.64\text{kg/s}=66470\text{kg/h}$$

C. 混合空气焓

$$h_C=\frac{G_W\cdot h_W+G_N\cdot h_N}{G}=\frac{46.16\times54+184.64\times45}{230.8}=46.6\text{kJ/kg}$$

⑪ 所需制热量

$$Q_O=G(h_C-h_{N'})=230.8\times(46.6-44.5)=484.68\text{kW}$$

⑫ 风量计算

为保证车间保持一定正压，考虑到车间正压排风量为总风量的 10%，取地排风量为 90%，计算如下：

A. 车间正压排风量

$$L_{z.p}=0.1L=0.1\times692400=69240\text{m}^3/\text{h}$$

B. 地排风量

$$L_{d.p}=0.9L=0.9\times692400=623160\text{m}^3/\text{h}$$

C. 新风量

$$L_N=0.8L=0.8\times692400=553920\text{m}^3/\text{h}$$

⑬ 冬季空调设计计算汇总表见表 7-109。

表 7-109　细络Ⅰ车间冬季空调过程设计计算表

车间名称	车间体积	车间余热量	车间空气状态				室外空气状态			混风状态	送风状态	
	V	Q_y	t_N	ϕ_N	h_N	d_N	t_W	t_{ws}	h_W	h_C	$h_{N'}$	h_O
	m³	kW	℃	%	kJ/kg	g/kg	℃	℃	kJ/kg	kJ/kg	kJ/kg	kJ/kg
细络Ⅰ	26718.4	2077.14	25	55	54	11	−6.0	−7.5	−2.5	46.6	44.5	45

计算送风量		新风量	回风量	排风量				换气次数	制冷量	值班采暖加热量 $Q_{z.b}$
				地排风量 $L_{d.p}$		正压排风量	排至室外			
G	L	L_W	L_N	吸棉风量 L_x	车肚排风量 L_d	$L_{z.p}$	L_p	n	Q_O	
kg/h	m³/h	m³/h	m³/h	m³/h	m³/h	m³/h	m³/h	次/h	kW	kW
830880	692400	138480	553920	233800	389360	69240	69240	28	484.68	85.7

7.14.4　喷水室热工计算

(1) 喷水室类型

① 按空气流向分类

卧式：空气自一侧流入，经喷淋装置喷淋后沿水平方向另一侧流出。卧式喷水室便于布置喷淋排管、挡水板，可以根据风量和热室处理的需要灵活布置喷水室，方便风机的安装和运行，以及喷水室管理和维修（图 7-95）。

立式：占地面积小，空气自下而上流入流出，喷水自上而下，因此空气和水的热湿交换效果更好。一般在空调室位置有限、风量较小的场所或者辅助加湿时使用。

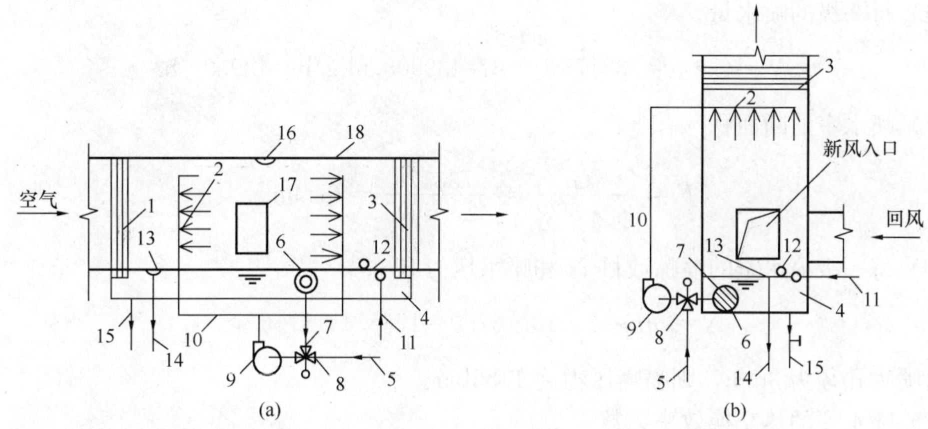

图 7-95　卧式喷水室式

1—前挡水板；2—喷嘴与排管；3—后挡水板；4—底池；5—冷水管；6—滤水器；7—循环水管；8—三通混合阀；9—水泵；10—供水管；11—补水管；12—浮球阀；13—溢水器；14—溢水管；15—泄水管；16—防水灯；17—检查门；18—外壳

② 按排管布置分类

单级：采用一套喷淋系统。

双级：将两套喷淋系统串联使用。因此，水的温升较高，使用水量减少，在使空气得到较大焓降的同时，节约了用水量。特别适合天然冷源（深井水）和要求空气焓降大的场合。

③ 按空气流速分类

低速：喷水室内空气质量流速一般在 2.5～3.5kg/（m^2·s）。

高速：空气流速一般在 3.5～6.5kg/（m^2·s）。

(2) 喷水室形式确定

由于纺织厂空气调节过程中对喷水室的主要要求有：处理风量大，夏季空气焓降大，风速应较低，考虑空气的加湿效果。所以综合以上特点，应该选择卧式双级低速喷水室。

纺织空调常用的喷嘴孔径为 2.5～6mm。喷嘴孔径越小，喷水量减少，需要的喷水压力越高，则喷出的水滴越细小，增加了空气与水的接触面积，热湿交换效果越好。水滴的温度容易升高，对空气的加湿处理有利，但不利于冷却干燥；而孔径较大时效果与之相反。

对于纺织厂来说，喷嘴孔径太小容易堵塞，所以宜采用中等孔径喷嘴即嘴孔径为 $d=$ 3mm，喷水压力区间为0.1～0.25MPa。

① 一般纺织厂选用喷嘴密度 n 为12～30个/排・m，本工程取13。

② 喷水量较大时，采用双管喷嘴对喷的喷水形式。

③ 喷淋管排管间距宜取300～400mm。

(3) 水气比＝喷水室的喷水量（kg/h）/喷水室处理的空气量（kg/h）：常取0.5～0.7。

(4) 每一级的喷水量

$$W=G\cdot\mu=733176\times0.6=439905.6\text{kg/h}=439.9\text{t/h}$$

(5) 喷水室的断面积

$$F=\frac{G}{v_p\cdot3600}=\frac{733176}{3\times3600}=67.9\text{m}^2$$

(6) 每一级喷水室的喷嘴数目 N 和喷水压力 P

$$N=2nF=2\times13\times67.9=1765.4=1766\text{个}$$

由喷嘴孔径为3mm，则喷嘴压力为1.85bar。

(7) 喷水室的热交换效率系数

根据《纺织厂空气调节》第二版可得热交换效率系数的实验公式如下，取空气质量流速为 $v_p=3\text{kg/}(\text{m}^2\cdot\text{s})$，将气水比代入下式：

$$\eta_1=0.945(v_p)^{0.1}\mu^{0.36}=0.945(3)^{0.1}\cdot(0.6)^{0.36}=0.8776$$

(8) 喷水的初温和终温

根据《纺织厂空气调节》第二版公式如下：

$$\eta_1=1-\frac{t_{Os}-t_{sh,z}}{t_{Cs}-t_{sh,c}} \tag{7-74}$$

$$h_C-h_O=\mu C_{sh}(t_{sh.z}-t_{sh.c}) \tag{7-75}$$

其中，C_{sh} 为水的比热容，$C_{sh}=4.2\text{kJ/kg}$。

根据图7-93，并代入上式中，得到

水的初温 $T_{shc}=11.26℃$

水的终温：$T_{shz}=18.24℃$

(9) 所需冷水量

冷热源采用人工冷源，供水温度为7℃，考虑管路温升1℃，

$$W_t=\frac{Q_0}{C_{sh}\cdot(t_{sh.z}-t_g)}=\frac{3197.46\times3600}{4.2\times(18.24-8)}=267644.5\text{kg/h}=276.6\text{t/h}$$

(10) 循环水量

$$W_X=W-W_L=439.9-276.6=163.3\text{t/h}$$

(11) 喷水室热工计算汇总见表 7-110。

表 7-110 细络 I 车间双级喷水室热工计算汇总表

计算方法	送风量	制冷量	风速		水温			水汽比
			质量风速	体积风速	初温	终温	温差	
	G	Q_0	w_p	v	$t_{sh.c}$	$t_{sh.z}$	Δt	μ
	kg/h	kW	kg/m^2·s	m/s	℃	℃	℃	—
卡尔皮斯法	733176	3197.46	3	2.5	11.26	18.24	6.98	0.6

水量		喷水压力	喷嘴密度	直接喷冷源水	
喷水量	冷水量			水汽比	喷水量
W	W_L	P	n	μ_f	W_s
t/h	t/h	bar	个/(m^3·排)	—	t/h
439.9	276.6	1.85	13	0.44	322.6

7.14.5 空调室设计

以细络Ⅰ车间空调室为例，进行设计计算。空调系统夏季总送风量为 $L=610980\text{m}^3/\text{h}$，共分为 4 个空调室，每个空调室的送风量为 $L_0=152745\text{m}^3/\text{h}$。进、排、回风窗取经济风速 $v=4\text{m/s}$，平面布置时需避免进排风形成短路。地排风需设置除尘设备。

(1) 喷水室截面计算

$$v=\frac{v_p}{\rho}=\frac{3}{1.2}=2.5\text{m/s}$$

$$F=\frac{L_0}{3600v}=\frac{152745}{3600\times2.5}=17\text{m}^2$$

取截面尺寸见图 7-96。

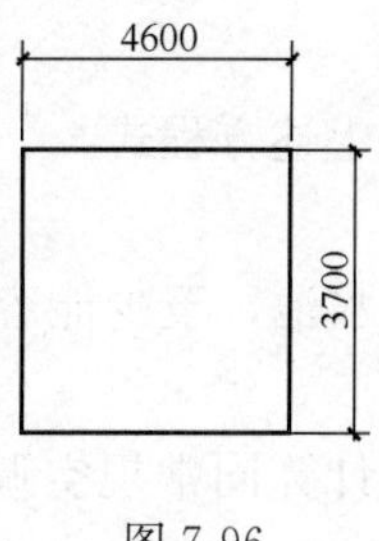

图 7-96

(2) 喷水室长度确定

① 按照双极四排对喷布置，见图 7-98。

② 喷水室结构尺寸表见表 7-111。

表 7-111 喷水室结构尺寸表

符号	A	B	C	D	G	F
长度(mm)	400～600	1000	300～400	500～1000	1500～2000	100～200

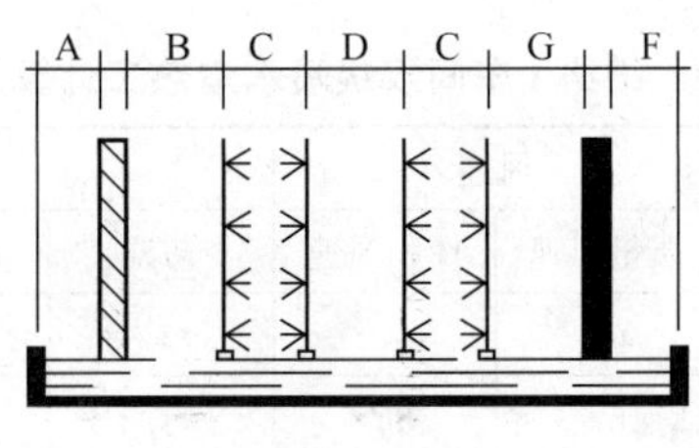

图 7-97

③ 喷管布置见图 7-98。

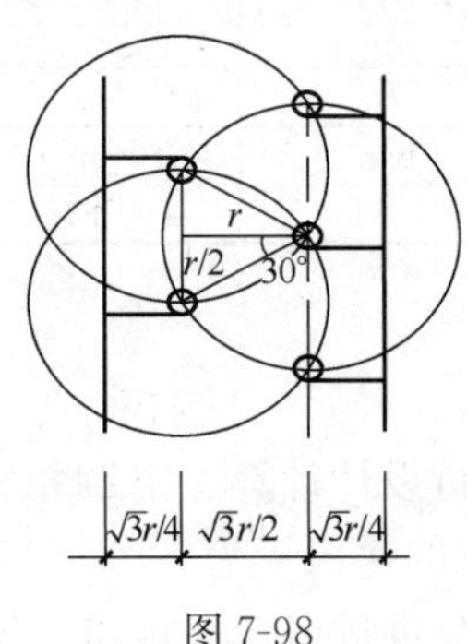

图 7-98

立管根数

$$m=\frac{B}{\sqrt{3}r} \tag{7-76}$$

立管上支管数

$$n=\frac{H}{r/2}-1 \tag{7-77}$$

每级碰嘴总个数 $N=mn$

式中　B——喷水室宽度，mm；

H——喷水室高度，mm，联立上述方程式。

（3）水池

为了循环水能连续使用，喷水室水池，至少能容纳 2～3min 的喷水量，深度一般为 500～700mm。

（4）其余水系统设备选型及水力计算同常规空调。细络 I 车间空调室计算汇总见表 7-112。

表 7-112　细络 I 车间空调室计算汇总表

风系统	车间风量	空调数目	单个空调室风量	进风窗			排风窗			回风窗			地排风	设备型号
				风量	面积	规格	风量	面积	规格	风量	面积	规格	风量	
	L			$L_{O,W}$	F	—	L_{OP}	F	—	L_{ON}	F	—	$L_{O,P}$	
	m^3/h		m^3/h	m^3/h	m^2	m×m	m^3/h	m^2	m×m	m^3/h	m^2	m×m	m^3/h	
	610980	4	152745	152745	13.25	40×33	137471	12	1.8×1.8	122196	10.6	2.4×4	122196	JS108A-2.5/3.2

续表

	截面积	长度	宽度	高度	水位	喷嘴				立管数	支管数	挡水板
喷水室	m^2	m	m	m	m	类型	数目 N	密度 n	实际数目 N'	m	n	波形挡水板
	17	5.6	4.6	3.7	0.7	中喷 3mm	442	13 个/m^2·排	486	8	28	

	吸水管管径		总管管径		横管管径		立管管径		支管管径		补给水管管径	
水系线	计算值	选择值	计算值	选择值	计算值	选择值	计算值	选择值	计算值	选择值	计算值	选择值
	D_j	D	D_j	D	D_j	D	D_j	D	D_j	D	D_j	D
	224	DN250	85.9	DN100	84.66	DN100	38.6	DN40	8.9	DN10	37.4	DN40

	流量	扬程	压力	型号	电机功率
水泵	W（t/h）	H（mH_2O）	P（mH_2O）	—	N（kW）
	60.5	24.2	26.6	XA 离心式清水泵	30

	加热面积	加热量	高度	宽度	管子排数	每排管子数	管子间距	管长	管径	所需蒸汽量
再热器	F（m^2）	Q（kW）	h（m）	B（m）	n（排）	m（根）	a（mm）	l（mm）	d（mm）	Q_g（kg/h）
	3.85	21.4	3	0.17	3	4	3.5	35	DN30	37

注：溢水管和泄水管统一选择 DN150。

7.14.6 空调风系统设计

车间空调系统的气流组织形式应据生产工艺的要求并考虑经济因素来确定。如细纱车间常采用上送下回式气流组织，主要是由工艺情况决定的。细纱车间设备发热量大，断头落棉多，设备排列密集，若采用上送侧回式，气流排尘效果均不好，若采用下送上回式，会把落下的灰尘又扬起，因此，应采用上送下回式，这种气流组织空调效果较好。

本设计的车间气流组织采用上送下排式双风机系统。送风风道采用等截面的大梁风道形式。地排风道，即吸棉和车肚排风风道则采用变截面的钢筋混凝土结构。风速取 5m/s，风口采用与风道等长度的条形风口，宽度根据风量确定，要求工作区风速为 0.4～0.7m/s，其风道水力计算方法及风机设备选型与常规空调相同。

7.14.7 制冷机房设备选型

（1）冷负荷的确定

冷负荷由表 7-106 确定，同时使用系数取 1，安全系数取 1.1。

（2）设备选型

机组及冷却塔的设备选型，包括水系统的水力计算同常规空调。

7.14.8 工程实例（图 7-99）

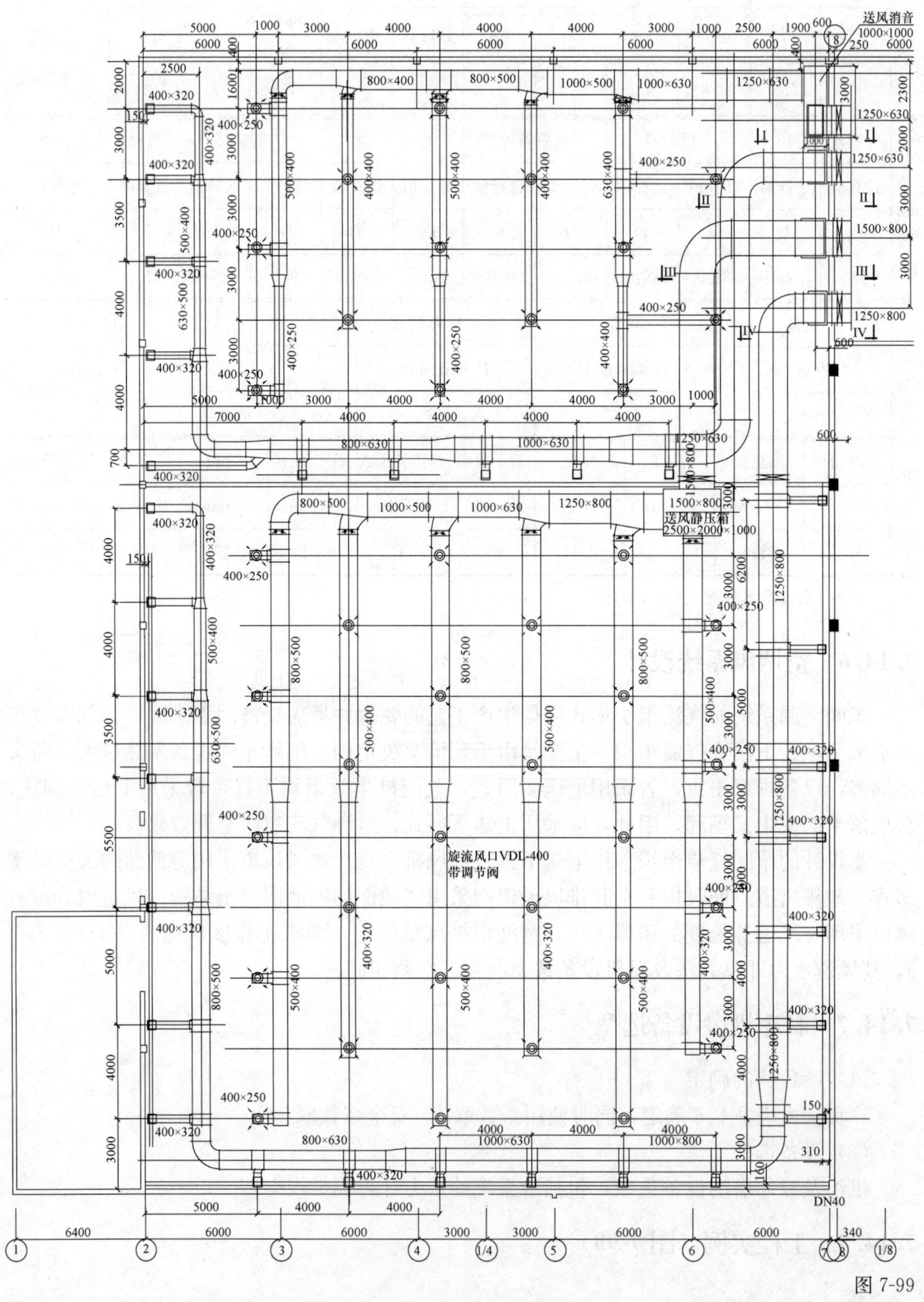

图 7-99

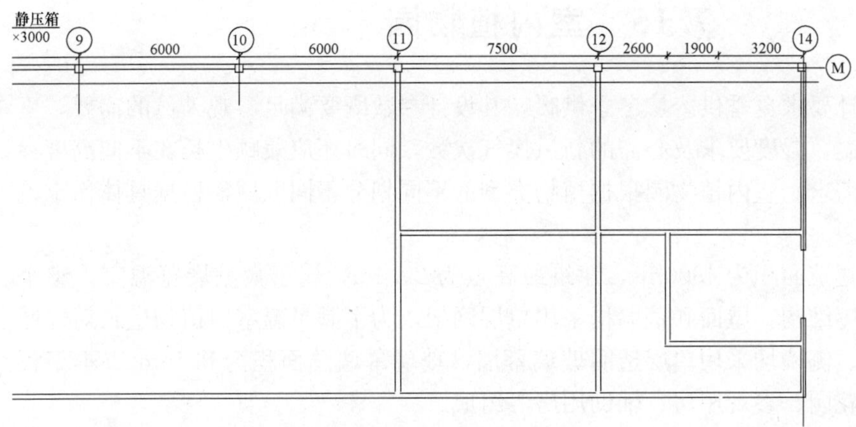
静压箱
×3000
9
10
11
12
14
M
6000
6000
7500
2600
1900
3200

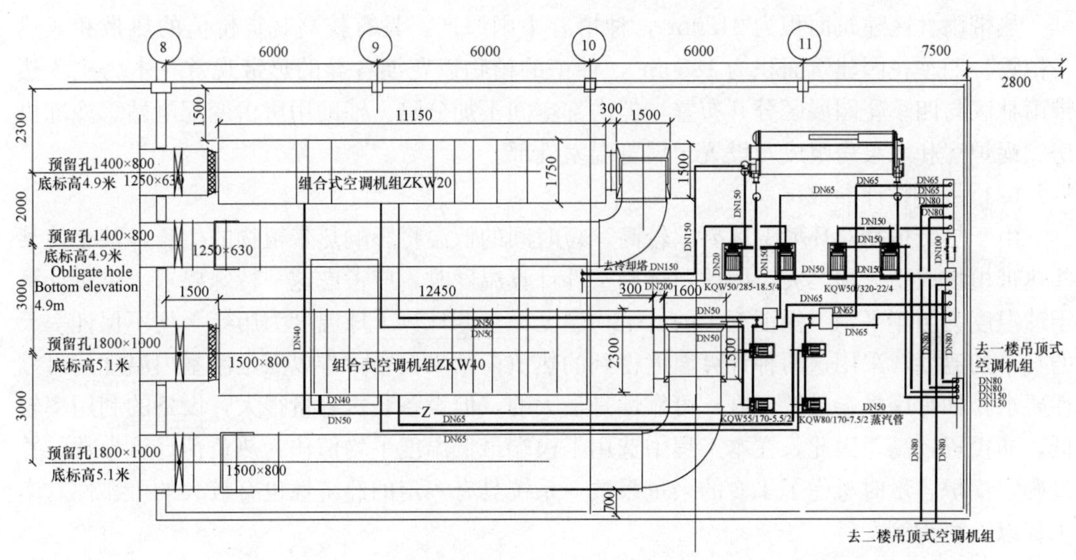
8
9
10
11
6000
6000
6000
7500
2800
2300
2000
3000
3000
1500
11150
300
1500
预留孔1400×800
底标高4.9米
1250×630
组合式空调机组ZKW20
1750
1500
预留孔1400×800
底标高4.9米
1250×630
Obligate hole
Bottom elevation
4.9m
1500
12450
去冷却塔 DN150
300
DN200
1600
KQW50/285-18.5/4
KQW50/320-22/4
预留孔1800×1000
底标高5.1米
1500×800
组合式空调机组ZKW40
2300
1500
预留孔1800×1000
底标高5.1米
1500×800
KQW55/170-5.5/2
KQW80/170-7.5/2
蒸汽管
去一楼吊顶式
空调机组
700
去二楼吊顶式空调机组

机房平面布置图

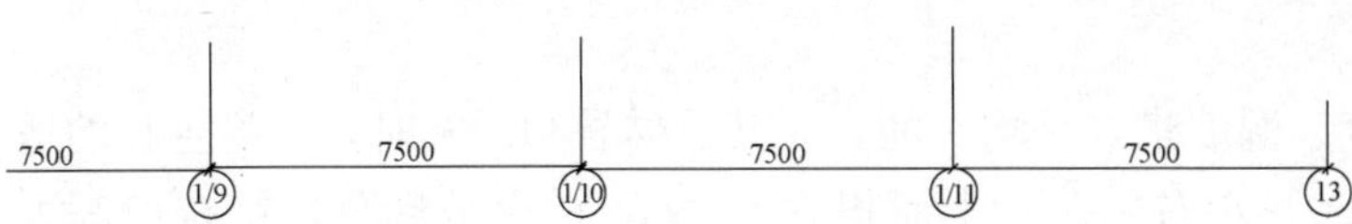
7500
7500
7500
7500
1/9
1/10
1/11
13

7.15　室内植物园

室内植物园设计要求夏季供冷、冬季供暖，其设计参数既要满足参观人员的需要，更要满足植物生长的温、湿度要求及必需的新风换气次数，同时还应兼顾生长在不同高度梯度上的不同植物的需求。室内植物园根据植物类型的不同划分不同区域，根据具体需求设置空气及通风系统。

例如本工程总建筑面积为4900m²，建筑最高点为29.4m，属于大型展览温室。整个建筑为单层空旷房屋结构，屋面和幕墙均采用单层网架，为了满足温室内植物生长对光照的要求，温室屋面、侧墙均采用单层透明玻璃幕墙，玻璃幕墙总面积为8816m²。本工程由热带雨林、四季花园、参观用房、辅助用房等组成。

7.15.1　设计资料

（1）建筑资料

热带雨林区建筑面积为2150m²，种植有中国原产、具有较高观赏价值的热带和亚热带植物。四季花园建筑面积为1880m²，种植的植物以花期各异的热带观赏花木为主。热带雨林区与四季花园展区分开布置，但内部空间不加分隔。辅助用房由变配电站、冷冻机房、锅炉房和水泵房组成，设置于展览温室外部。

（2）室外设计参数

由于热带植物对环境温度要求较高，短时间的低温将影响热带植物的生长，甚至使某些热带植物遭受灭顶之灾，因此，选用室外计算温度时，应考虑这一特殊要求。供暖计算干球温度为历年平均不保证五天的日平均温度，空调计算干球温度为历年平均不保证一天的日平均温度，采用这两种计算温度得到的热负荷结果偏小，难以满足温室内温度的可靠性要求，如采用极端最低温度，可靠性是最大的，但设备装机容量很大，设备的利用率较低，初投资较高，因此，在本工程中选用了极端最低温度平均值作为热负荷计算参数，并且确定锅炉容量时考虑了1.3的余量系数，系统具有一定的经济性也有较大的可靠性。本工程以上海为例。

夏季空调计算干球温度：34℃

夏季空调计算湿球温度：28℃

夏季通风计算干球温度：32℃

冬季室外空调计算干球温度：－4℃

极端最低温度：－10.1℃

极端最低温度平均值：－6.7℃

（3）室内设计参数

热带植物要求的环境温度、湿度最好是均一的，尤其是酷暑和严寒时，植物生长的适宜温度为25℃左右，湿度为80%左右。在一个面积达4000m² 的全玻璃幕墙结构的高大空间内，全年保持25℃的恒温和80%的恒湿，在技术上是难以实现的，并且将会造成能源的极大浪费。因此，室内温度的确定，在满足植物生存的基本要求下，还应考虑技术实现的难易程度和能源的节约等因素。一般来说，温室温度全年应保持在15℃以上，如低于15℃，植物可能会出现生理障碍。综合植物生长要求、节能、技术容易实现等各方面的因素后，得到的温湿度参数如表7-113。

表7-113　室内主要设计参数表

	冬季		夏季		新风量
	干球温度（℃）	相对湿度（%）	干球温度（℃）	相对湿度（%）	m^3/h
热带雨林	≥15	≥65	≤35	≥75	—
四季花园	≥15	≥50	≤32	≥50	—
参观用房	18	≥35	26	≤65	30

（4）设计的特殊性

温室是以展示植物为中心的，并给观赏者以暂时的舒适环境，因此，温室空调系统的主要任务就是在为展示植物提供必需的生存、生长环境的同时，也要为观赏者营造较为舒适的环境。

植物的生长发育要受到光（日照、照明）、温度、湿度、气流和土壤环境等条件的影响。阳光对于植物而言是最重要的因素，为了让温室植物得到足够的阳光，温室结构必须全部采用透光性好的玻璃，如此，室内环境很容易受到室外环境的干扰，给空调系统设计带来较大的难度，根据园林绿化部门提供的植物生长环境的要求，室内换气次数不低于7次/h。

热带雨林一般生存在高温、高湿的热带、亚热带地区，其生长的适宜温度为25℃左右，湿度为80%左右，为了节能，夏季一般将温室内温度控制在35℃以下，这样的环境对于观赏者是毫无舒适可言的，因此，在道路、休息区等人员滞留的空间应进行局部降温，以形成局部凉爽的舒适空间。冬季，室内温度最低在15℃以上，观赏者一般可以通过衣服来调节温度。

气流会影响植物的呼吸作用和蒸腾作用，也会影响温室内的温、湿度的均匀性。在整个温室内，气流流速保持在0.5m/s左右是最佳的，因为适当的气流可以促进植物的呼吸作用和蒸腾作用。需要注意的是热风或冷风不能直接吹在植物上，因为温差大的气流将引起植物的生理障碍，并且，超过5.0m/s的风速还会给植物造成物理障碍。气流流动较差易影响一些植物的蒸腾作用，造成植物根部过于湿热而腐烂。当然，适当的气流也会使人感觉凉爽。

7.15.2　冷热负荷计算

具体计算步骤请参照本书第二章冷热负荷计算。

夏季，参观用房冷负荷为115kW，温室内的主要道路设有局部全新风空调系统，该部分冷负荷为977kW，总冷负荷为1092kW。

冬季，参观用房空调热负荷为79kW，热带雨林区围护结构热负荷为930kW，四季花园围护结构热负荷为912kW，通过门、窗缝隙的冷风渗透量为30000m^3/h，该部分热负荷为392kW，总热负荷为2313kW。

7.15.3　空气处理系统

（1）参观用房

果吧、贵宾室面积较小，适合采用风机盘管加新风系统的空调方式，并且设有排气扇将室内废气排至室外。

（2）热带雨林、四季花园

热带雨林区、四季花园设有空调箱低速送风系统和风机盘管。过渡季节，在开窗进行自然通风的同时，空调箱将室外新风直接送至室内，加强室内气流流动，使温室内气流更均匀，既满足了植物生长要求，又使人感觉舒适一些。盛夏，室内温度可大三十多度，采用新风直流系统，直接将室外新风处理后再送入温室内。冬季，将室内回风和室外新风混合，再进行加热、加湿处理，处理到室内空气温湿度状态之后，送入室内，以保证温室当中的温度，使室内形成一定的气流，并使室内空气新鲜和维持一定的正压。温室为全玻璃结构的高大空间，冬季围护结构的耗热量很大，散热器的单位长度散热量较小，要分上下二层布置，影响玻璃幕墙的美观，因此，选用散热量大的风机盘管作为散热设备。

热带雨林区和四季花园共设有四台叠式空调箱，每台风量为 30000m^3/h，并配有变频控制器以调节风量。空调箱由新风预热段、混风段、表冷/加热段、高压喷雾加湿器和湿膜挡水板组成的加湿段以及风机段组成。为了保证温室内景观的完整性，送风管敷设在温室主要道路下的地沟内，送风口布置在道路的两侧，送风方向对着道路，以避免气流直接吹在植物上，风口形式为下送百叶风口，并与景观布置相结合。送风口风速为 5m/s，在主要道路周围形成一个局部的空调环境，集中回风口设在机房侧墙上。夏季运行时，由于室内回风温度与室外新风相差无几，并且，为了提供植物光合作用所需的二氧化碳，空调箱采用全新风工况。

冬季运行时，室外新风经预热至 10℃，与室内回风混合，再进行加热，最后，经等焓喷雾加湿后送至室内。每台空调箱总风量为 30000m^3/h，最小新风量为 7500m^3/h，此时，可维持室内 1 次/时的新风换气量，新风量的大小可根据室内外压差进行调节，以保证温室处于正压状态。

在热带雨林区和四季花园中，各布置了 56 台明装立式风机盘管，风机盘管安装在温室外墙下部的地面上。风机盘管仅在冬季运行，负担温室的围护结构热负荷。风机盘管采用了耐腐蚀铝翅片和耐腐蚀镀锌钢板，可长期在湿度较高的环境下运行。

植物通常都喜欢空气湿润，尤其是热带雨林，热带雨林一般比较高大，从根部到树冠均有湿度要求，因此，温室上部也应进行湿度控制。温室内加湿措施主要有以下几种：①空调箱内设有高压水喷雾加湿膜挡水板，除夏季外，其他季节均可对室外新风进行加湿。②采用气水混合加湿系统对温室进行直加湿，系统由空压机、加压泵、气体输送管路、水管和喷头组成，多组喷头均匀地布置在温室上部，系统可全年进行加湿；③温室内设有水池、瀑布，以及给植物浇水均起到调节室内湿度的作用；④热带雨林区局部设有人工降雨区，可以模仿自然界的小雨、中雨。措施②～④，在夏季还可起到降温的作用。

7.15.4　通风系统

通风的目的是排除室内的余热和余湿，补充新鲜空气和维持室内的气流场，通风换气有自然通风和机械通风两种方式。

(1) 自然通风

自然通风主要利用温室下部进风口与部排风口之间的热压差来进行的，自然通风的换气量一般较大，而且不需消耗任何能源，因此应尽可能地利用自然通风。温室两侧墙下部设有进风窗，上部设有排气窗，室外空气进入温室后，可以从对面的上部排风口排出，在过渡季节和夏季，根据室内、外温度及风向，进行手动控制或遥控。由于自然换气的换气量难以人工控制，在强风、下雨等恶劣天气和严寒期，自然通风难以实现。

(2) 机械通风

由于室内换气次数需达到 7 次/h，叠式空调箱可保证 1 次/h 的换气次数，经计算，热带雨林区机械通风量为 $203100m^3/h$，四季花园机械通风量为 $188400m^3/h$，换气次数约为 6 次/小时，在热带雨林区和四季花园的屋顶最高点各布置了 8 台低噪声轴流风机。当自然通风不能保证温室内的温、湿度要求时，可启动轴流风机进行机械通风。

(3) 冬季温度梯度

冬季，温室进行供暖时，布置在温室内四周的风机盘管送出的热空气沿着侧墙上升，最后，汇集在温室屋架下部，同时空调箱送入温室中部的热空气也将上升，从而产生下部温度较低而上部温度较高的现象，即所谓的温度梯度。这种空气温度不均匀现象的存在对高大树木的生长发育是极其不利的，并且，为了确保温室内的最低温度高于 15℃，势必要消耗更多的能源，因此必须降低冬季温室内的温度梯度，使温室内温度更均匀。减少温度梯度的传统做法是在温室上部装设大量的吊扇，这种方法是行之有效的，缺点是影响室内的美观。本工程中，在温室屋架上设有 10 台射流风机，风机向下喷出高速气流，利用气流的卷吸作用，使温室内部的冷、热空气得到充分的混合。这种方式需要的风机数量少，可安装在比较隐蔽的空间内。

7.15.5 空调自控系统

空调调自控系统包括室内外空气参数的测定、通风系统的控制、风机盘管的控制、空调箱的控制、加湿系统的控制、锅炉热水系统的控制和冷冻水系统的控制（图 7-100)。

(1) 室内外空气参数的测定

要测定的室外空气参数包括室外干球温度、湿球温度、风速和风向。室内空气参数主要包括室内的温度和湿度，温感器共设有 56 个，其中热带雨林区设有 41 个，四季花园设有 15 个，温度测定点分别设在 1.5m、7m、8m、15m、22m、29m 的高度上。湿度感受器共设有 26 个，其中热带雨林区设有 19 个，四季花园设有 7 个，湿度测定点分别设在 1.5m、6m、15m、29m 的高度上。此外，还设有室内高温、低温报警。

(2) 通风系统的控制

通风系统的控制包括进风窗和排气窗开闭的遥控、排风机的遥控。

(3) 风机盘管的控制

温室内风机盘管按组进行控制，每组风机盘管由 3～7 台风机盘管组成，并且连接在一根空调供回水支管上，由一只恒温器控制回水支管上的电动二通控制阀的开启度，调节通过该组风机盘管的水流量，风机盘管停止运行时，调节阀同时关闭。

(4) 空调箱的控制

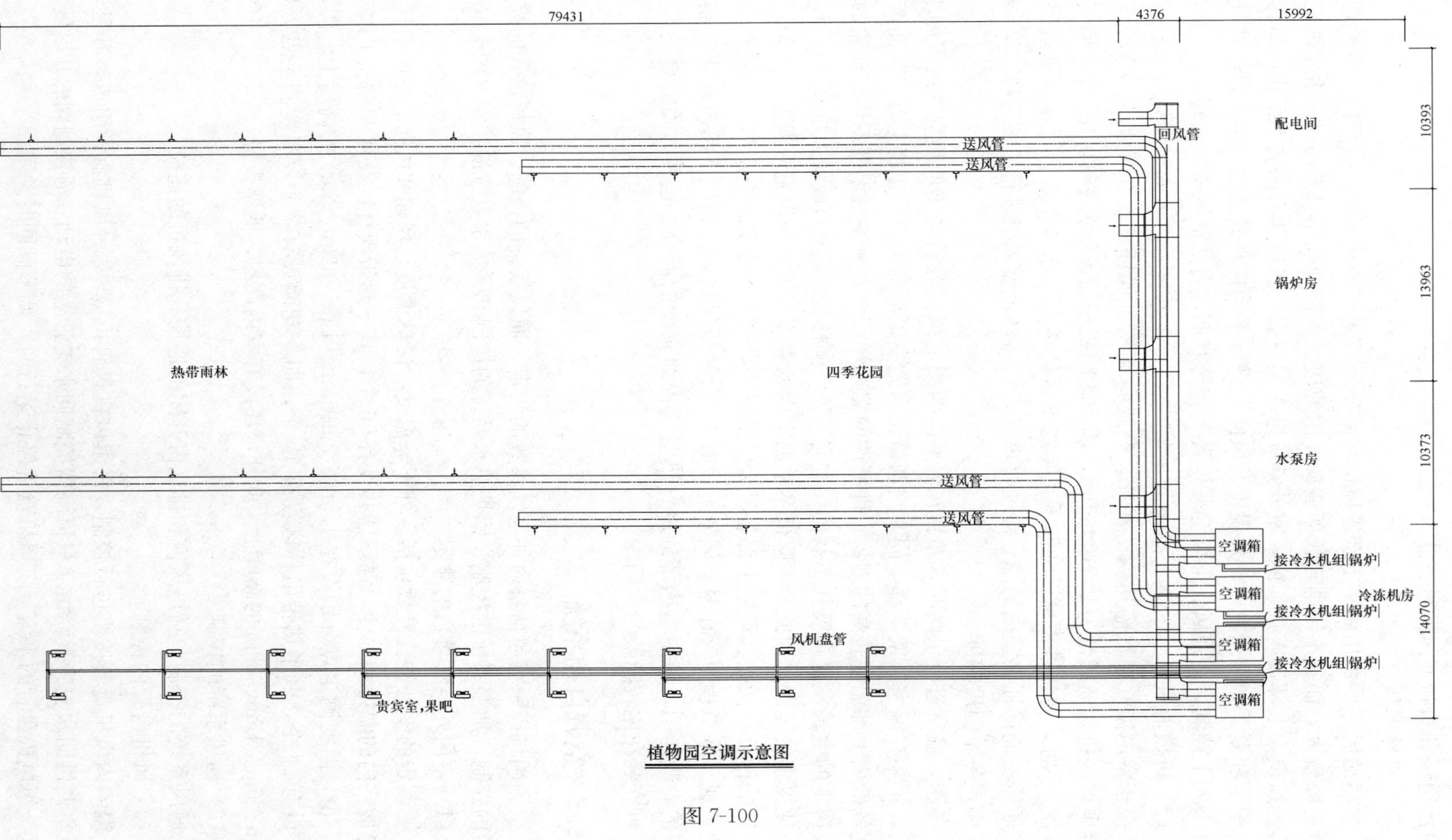

植物园空调示意图

图7-100

夏季，空调箱在全新风工况下运行，控制器根据送风温度控制表冷器回水管上的电动比例调节阀。

冬季，根据室内外压差信号，控制新风阀来调节空调箱的新风量，以维持温室处于正压状态，防止冷风渗入。根据室外温度控制新风预热盘管的水流量。根据送风的温湿度来调节加热盘管的水流量和加湿器的加湿量。

（5）根据室内湿度控制气水喷雾加湿系统的运行。

（6）锅炉热水系统和冷水系统的控制包括锅炉运行台数，板式换热器的温度控制、负荷侧的热水泵变频控制、压差旁通控制、以及启停联锁控制等。

7.15.6 空调冷热源

（1）冷源

选用一台螺杆式冷水机组，制冷量为1116kW，机组配有双制冷回路。双制冷回路相互独立，运行时互不干扰，当其中一个回路出故障，另一回路可以继续运行。

（2）热源

温室总热负荷为2313kW，既有温室冬季热负荷为698kW，考虑了10%的管路损失后，总热负荷为2544kW，选用两台燃油热锅炉，由于温室热负荷变化较大，负荷侧水泵为变频调速泵，根据水系统的压差调节热水流量。水锅炉，每台锅炉的供热量按总热负荷的65%确定，单台锅炉供热量为2300kW，当其中一台出现故障需要检修时，另外一台还能提供65%的热量，以保证重要区域的最低温度要求。配有两组板式换热器，由于温室热负荷变化较大，负荷侧水泵为变频调速泵，根据水系统的压差调节热水流量。

7.15.7 工程实例

7.16 动物养殖间

实验动物当今已广泛地应用于医疗、制药、日用化学、放射、教学等多种科研生产领域。实验动物用房就是为保证实验的有效性而提供的一个符合实验要求的动物饲养环境。随着科学技术的发展，实验用动物的标准正逐步提高。如今，GLP（GoodLbaoratory-Praccties）标准已讨论取消普通级动物的提法，取而代之的是清洁级动物。SPF级（无特定病原体和寄生虫）以及更高级别实验用动物的生产已经成为特定单位进行医疗、科研、教学活动中必不可少的环节。

7.16.1 设计资料

（1）建筑资料

常规项目设计范围划分为SPF及非SPF区。非SPF区设计以常规设计为主，根据具体功能的使用情况可以参照医疗建筑规范要求设计。SPF区是项目的核心区域，设计时应按照国标《实验动物设施建筑技术规范》GB 50447—2008来执行（表7-114）。

表 7-114　环境设施的分类

环境设施分类		使用功能	适用动物等级
普通环境		实验动物生产，动物实验，检疫	基础动物
屏障环境	正压	实验动物生产，动物实验，检疫	清洁动物、SPF 动物
	负压	动物实验，检疫	清洁动物、SPF 动物
隔离环境	正压	实验动物生产，动物实验，检疫	无菌动物、SPF 动物、悉生动物
	负压	动物实验，检疫	无菌动物、SPF 动物、悉生动物

（2）室外设计参数

根据项目所在地确定具体设计参数。

（3）室内设计参数

由于大部分实验动物的单位重量的表面积比人大的多，受室内温度、湿度、气流等变动的影响很大，为提高实验的精度，使实验的结果稳定可靠，就必须控制环境，以使它受到饲养条件的影响控制到最小的限度。

《实验动物设施建筑技术规范》GB 50447—2008 规定了动物房环境须达到以下几个指标如表 7-115 所示：

表 7-115　室内主要设计参数表

项　目	指　标						
	小鼠、大鼠、豚鼠、地鼠			犬、猴、猫、兔、小型猪			鸡
	普通环境	屏障环境	隔离环境	普通环境	屏障环境	隔离环境	屏障环境
温度（℃）	18～29	20～26		16～28	20～26		16～28
最大日温差（℃）	—	4		—	4		4
相对湿度（%）	40～70						
最小换气次数（次/h）	8	15	—	8	15	—	15
动物笼具周边处气流速度（m/s）	≤0.2						
与相通房间的最小静压差（Pa）	—	10	50	—	10	50	10
空气洁净度（级）	—	7	—	—	7	—	7
沉降菌最大平均浓度，个/0.5h，ϕ90mm 平皿	—	3	无检出	—	3—	无检出	3

续表

<table>
<tr><td rowspan="3" colspan="2">项　目</td><td colspan="7">指　标</td></tr>
<tr><td colspan="3">小鼠、大鼠、豚鼠、地鼠</td><td colspan="3">犬、猴、猫、兔、小型猪</td><td>鸡</td></tr>
<tr><td>普通环境</td><td>屏障环境</td><td>隔离环境</td><td>普通环境</td><td>屏障环境</td><td>隔离环境</td><td>屏障环境</td></tr>
<tr><td colspan="2">氨浓度指标（mg/m³）</td><td colspan="7">≤14</td></tr>
<tr><td colspan="2">噪声［dB（A）］</td><td colspan="7">≤60</td></tr>
<tr><td rowspan="2">照度（lx）</td><td>最低工作照度</td><td colspan="7">150</td></tr>
<tr><td>动物照度</td><td colspan="3">15～20</td><td colspan="3">100～200</td><td>5～10</td></tr>
<tr><td colspan="2">昼夜明暗交替时间（h）</td><td colspan="7">12/12 或 10/14</td></tr>
</table>

注：表中氨浓度指标为有实验动物时的指标，普通环境的温度、湿度和换气次数指标为参考值，可根据实际需要确定；隔离环境与所在房间的最小静压差应满足设备的要求；隔离环境的空气洁净度等级根据设备的要求确定参数。

（4）设计的特殊性

动物饲养室要求 24 小时不间断运行，为满足洁净度要求，室内的换气次数大。如万级洁净室换气次数为 10～15 次/时，新风能耗大。运行费高是影响系统使用的主要原因之一，有的甚至造成饲养、实验室闲置。所以，在设计此类空调系统时，建议主要侧重于减小运行能耗，适当增加初投资的费用。

7.16.2　冷热负荷计算

具体计算步骤请参照本书第二章冷热负荷计算。

其中需要注意的是动物房中的动物数量常常较多，一间房间中有的几百只甚至几千只，动物的热湿负荷就成为影响房间温湿度的主要因素，需要详细计算。动物的发热量取值详见表 7-116：

表 7-116　动物发热量

动物品种	个体质量（kg）	全热量（W/只）
小鼠	0.02	0.828
大鼠	0.30	6.33
兔子	2.72	33.184
猴子	4.08	47.736
狗	15.88	96.868

7.16.3　空气处理系统

（1）气流组织

良好的气流组织方式能有效地控制污染物和动物毛发对系统的影响。动物毛发如果控制不好就会淤塞风阀、传感器和控制器，使空调系统在短时间内就不能正常工作。屏障环境设施净化区的气流组织宜采用上送下回（排）方式。回（排）口下边沿离地面不宜低于0.1m，防止将地面的灰尘卷起。回（排）风口风速不宜大于2m/s。回（排）风口的布置应靠近污染源，并应有过滤功能。

（2）全新风空调系统

采用全空气风道式空调系统，动物房空气经过初效、中效和亚高效空气过滤器三级过滤后送入室内。空气经过初效、中效和高效空气过滤器三级过滤后送入室内。初效和中效空气过滤器设置在空调机组内，高（亚）效空气过滤器设置在系统末端的高（亚）效送风口内。

（3）带有热回收装置的的空调系统

全空气系统处理室外空气量大。系统处理室外空气量大，因而冷/热量损失大，运行费用高。为减少能耗，可增设能量回收装置，如热交换器。目前热交换器的显热交换一般可节能30%，全热交换时可节能60%左右。常用的有板翘式换热器和转轮式全热交换器。板翘式换热器新、回风互不接触，可防止污染，但一侧气流温度不能低于另一侧气流的露点温度，否则会出现凝水甚至结冰现象。转轮式全热交换器在同类设备中热回收效率最高，但因为有转动轴，使用中应注意因空气渗透而发生污染，且新风压须大于排风压。另外，在类似西安地区，因风沙大，应在新风入口处设过滤器，防止阻塞换热器。带有热交换设备的空调系统如图7-101所示。

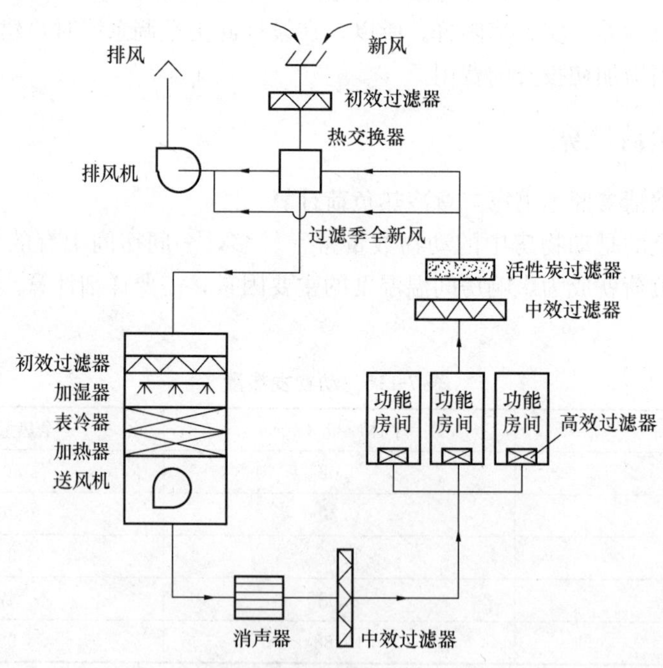

图7-101　动物养殖间空调系统

（4）回风的采用

为了减少运行费用，可以在饲养室内设氨浓度监测装置，在保证氨浓度的前提下，采用部分回风。由于采用回风，各饲养室回风和新风混合后又送至室内，可能引起各饲养室之间的交叉感染，气味及臭气也存在积累问题。而动物自身，特别是同种族之间，散发的气味是一种识别标记。气味在动物之间可引起争斗、性吸引等行为，所以回风只宜在较小的系统中采用，且回风应小于总风量的30%。同时，回、排风应设置除臭设施，以免污染新风。目前国内在中、小型饲养室空调系统中采用回风的并非少数。动物饲养专家也指出，经过十几代，几十代的人工繁殖，实验用动物的自然属性已大大降低，攻击等行为减少，与野生动物相比，是十分安静平和的。所以，应根据具体情况考虑空调方式，不能一味地强调全新风形式。在系统较小，且负担同种族动物的情况下，采用≤30%的回风，不失为一种经济实用的空调方式。

7.16.4 空调自控系统

实验动物饲养楼的空调系统，一般每个系统均需负担多个房间。由于实验用动物的需求量并不稳定，设计时是以最大需求量设定的送风量，在需求量减少时，必然导致部分饲养室负荷减少。为了节约能耗，就需要减少这一部分的送风。这即是一个变风量系统的控制问题。一般多见的有定静压和变静压两种控制方法。这两种控制方法基本上都能完成系统的控制要求，但也有不尽如人意的地方。定静压方法控制简单，但风机能耗高，末端阀多处于偏小状态，相应地带来了噪声问题。变静压方法虽能最大限度地节省风机能耗，但控制算法复杂，实现较为困难。此外，这两种方法因为使用压力控制，在根本上还有一个系统稳定性的问题，实际上任何方法都存在稳定性问题，采用总风量控制法相对稳定，而且是一种简单易行、节能效果介于变静压控制和定静压控制之间的控制方法。

总风量控制是对于压力无关型变风量末端，以设定的风量作为变量，从而调整风机转速，以达到节能的目的。它的实质可以认为是一种间接根据房间温度偏差由PIO控制器来控制转速的风机控制方法。

7.16.5 工程实例

本设计为动物房车间的通风、空调及净化空调设计。建筑面积约为1750m^2，为地上2层建筑，室内设计温度、湿度、压力、洁净度及各房间送回风量见各系统原理图。本建筑根据工艺区划，设JK-1净化空调系统和K-1、K-2、K-3等三套舒适性空调系统，建筑内的净化、空调系统夏季总耗冷量为690kW，冷媒为7℃/12℃冷水，由冷冻站提供；总耗热量为600kW，预热热源为0.2MPa蒸汽，预热负荷275kW，再热热源为0.2MPa蒸汽，再热负荷325kW，预热、再热蒸汽由本厂的蒸汽锅炉提供。空调总加湿量400kg/h，加湿源为0.2MPa蒸汽，由本厂的蒸汽锅炉提供。百级区域采用洁净工作台。需要局部排风的工艺设备或需全室通风的房间采用斜流风机排风。详见图7-102～图7-112。

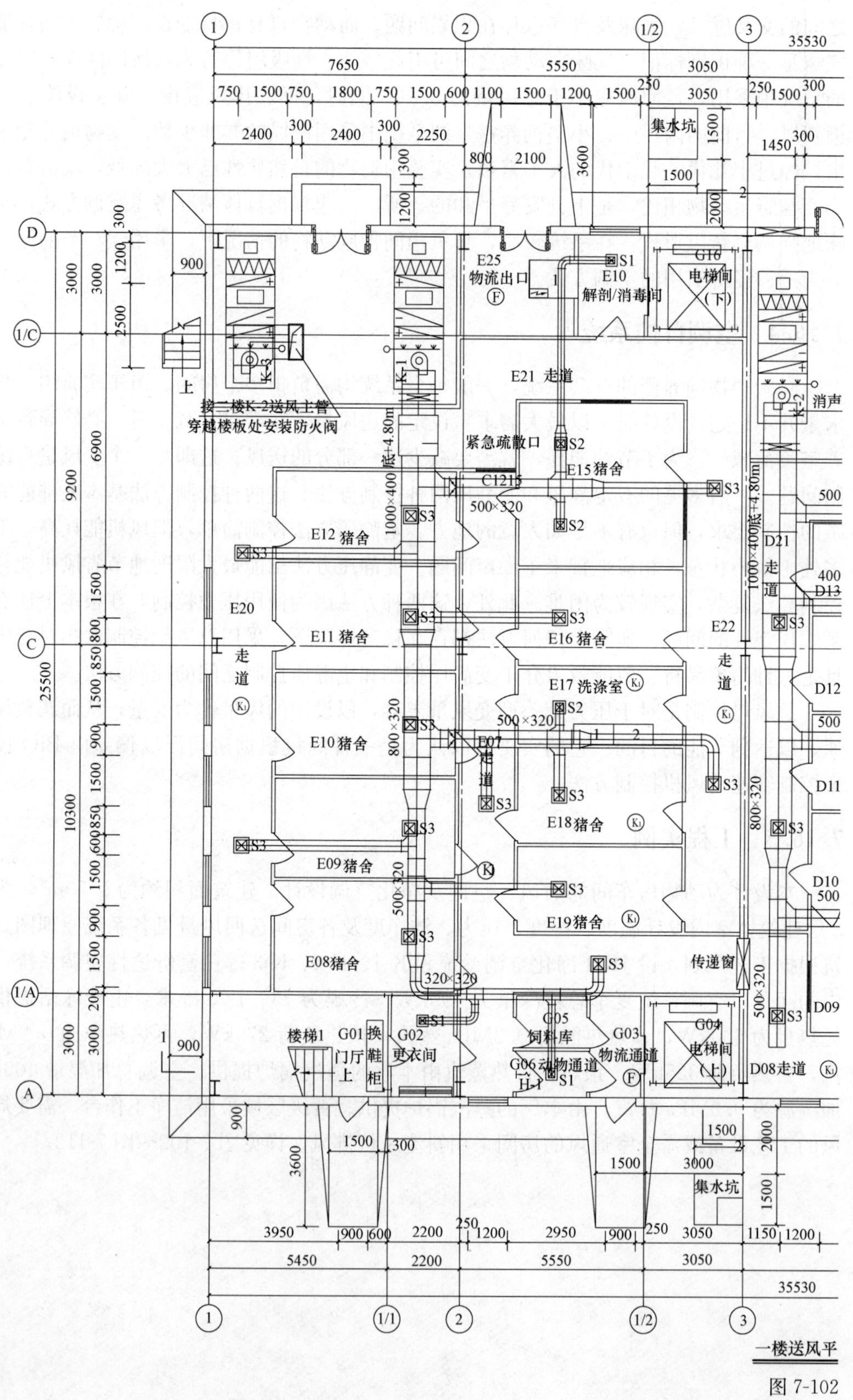
集水坑
E25
物流出口
E10
解剖/消毒间
G16
电梯间
（下）
E21 走道
接三楼K-2送风主管
穿越楼板处安装防火阀
紧急疏散口
C1215
E15 猪舍
500×320
E12 猪舍
1000×400底+4.80m
D21
走道
E20
走道
E11 猪舍
E16 猪舍
E22
走道
E17 洗涤室
800×320
E10 猪舍
E07
走道
E18 猪舍
E09 猪舍
E19 猪舍
E08 猪舍
传递窗
320×320
楼梯1
G01
门厅
换鞋柜
G02
更衣间
G05
饲料库
G03
物流通道
G04
电梯间
（上）
D08 走道
G06 动物通道
消声
35530
5550
5450
2200
3050

一楼送风平

图 7-102

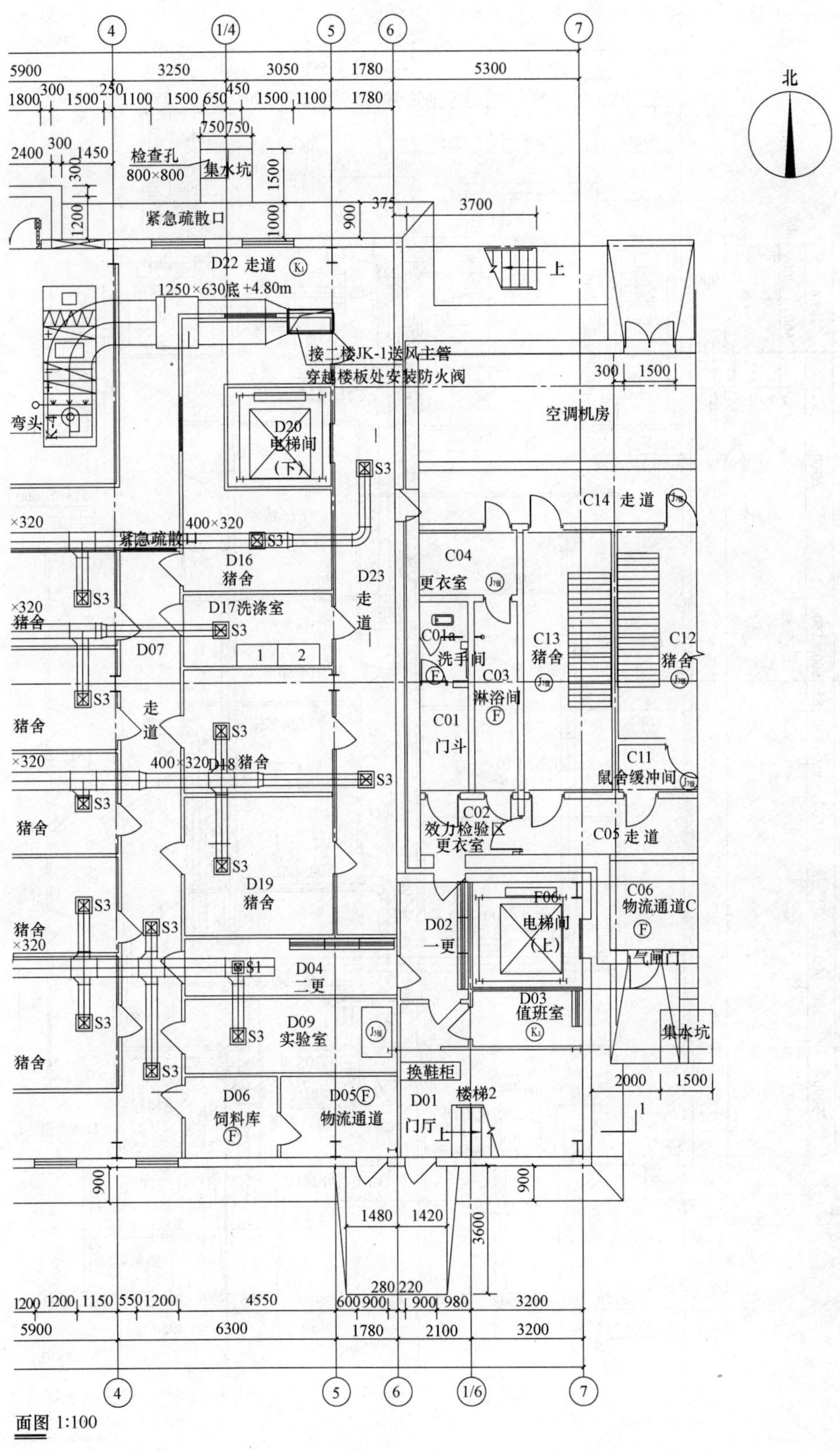
北
检查孔
800×800
集水坑
紧急疏散口
D22 走道
1250×630底 +4.80m
接二楼JK-1送风主管
穿越楼板处安装防火阀
空调机房
弯头
D20
电梯间
（下）
C14 走道
紧急疏散口
400×320
D16
猪舍
D17洗涤室
D23
走道
C04
更衣室
C01a
洗手间
C03
淋浴间
C13
猪舍
C12
猪舍
D07
走道
C01
门斗
400×320
D18 猪舍
C11
鼠舍缓冲间
C02
效力检验区
更衣室
C05 走道
D19
猪舍
F06
电梯间
（上）
C06
物流通道C
D02
一更
D04
二更
气闸门
D03
值班室
D09
实验室
集水坑
换鞋柜
D06
饲料库
D05
物流通道
D01
门厅
楼梯2
上

面图 1:100

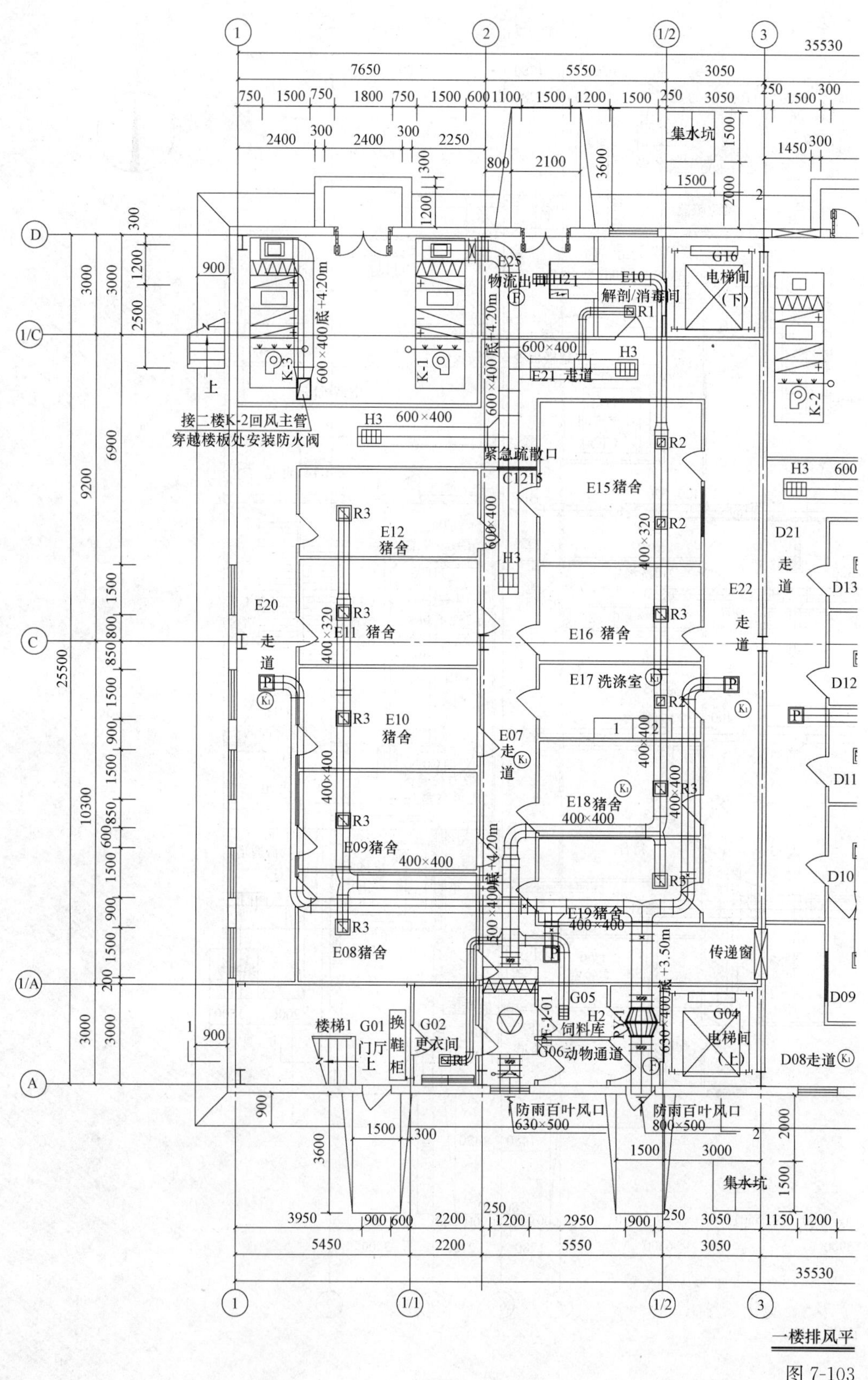

一楼排风平

图 7-103

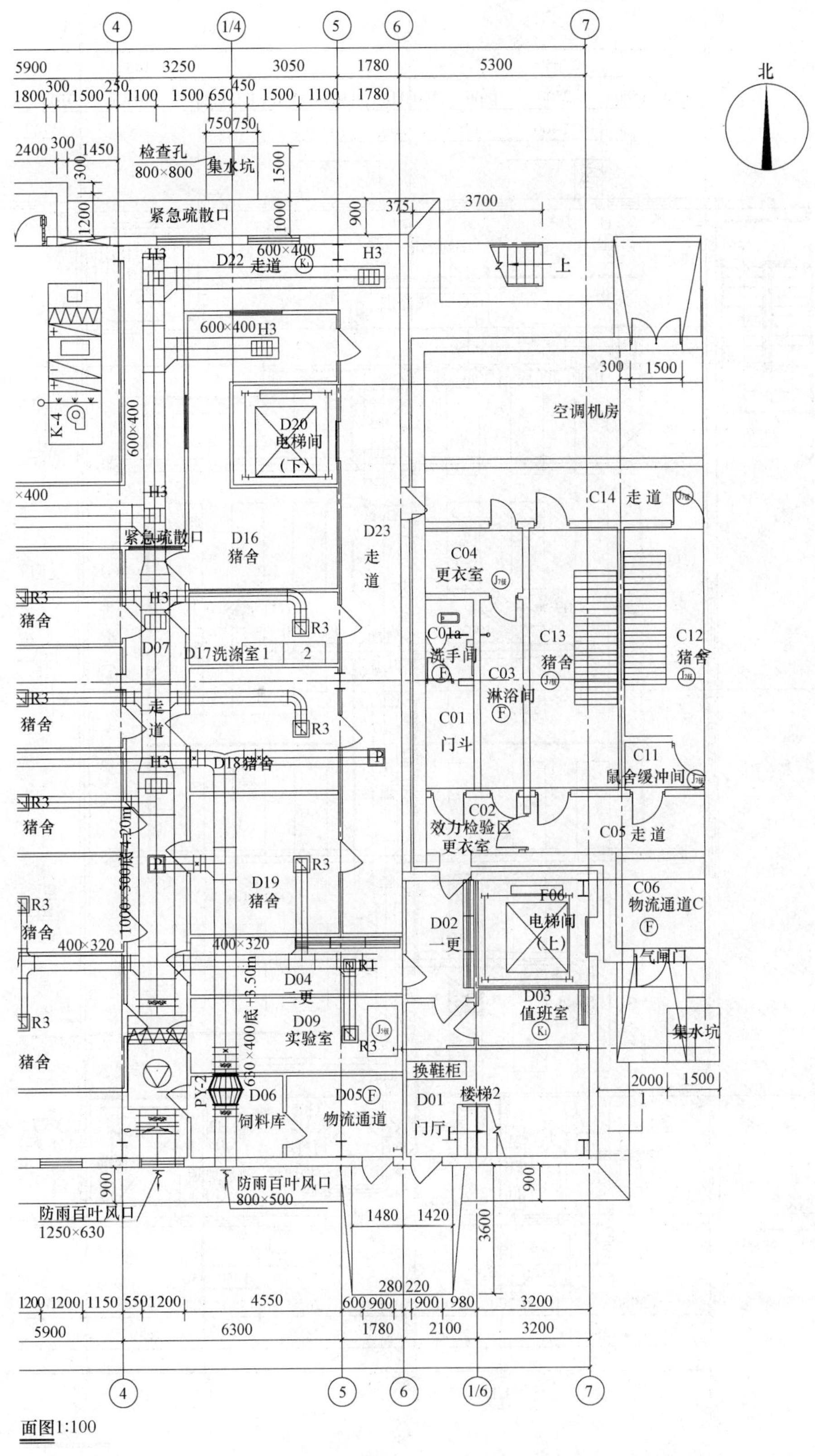
北
检查孔
800×800
集水坑
紧急疏散口
D22 走道
D20 电梯间（下）
空调机房
C14 走道
D16 猪舍
D23 走道
C04 更衣室
C01a 洗手间
C13 猪舍
C12 猪舍
D17洗涤室
C03 淋浴间
C01 门斗
D18猪舍
C11 鼠舍缓冲间
C02 效力检验区更衣室
C05 走道
D19 猪舍
F06 电梯间（上）
C06 物流通道C
D02 一更
气闸门
D04 二更
D09 实验室
D03 值班室
换鞋柜
D06 饲料库
D05 物流通道
D01 门厅
楼梯2
防雨百叶风口
800×500
防雨百叶风口
1250×630

面图1:100

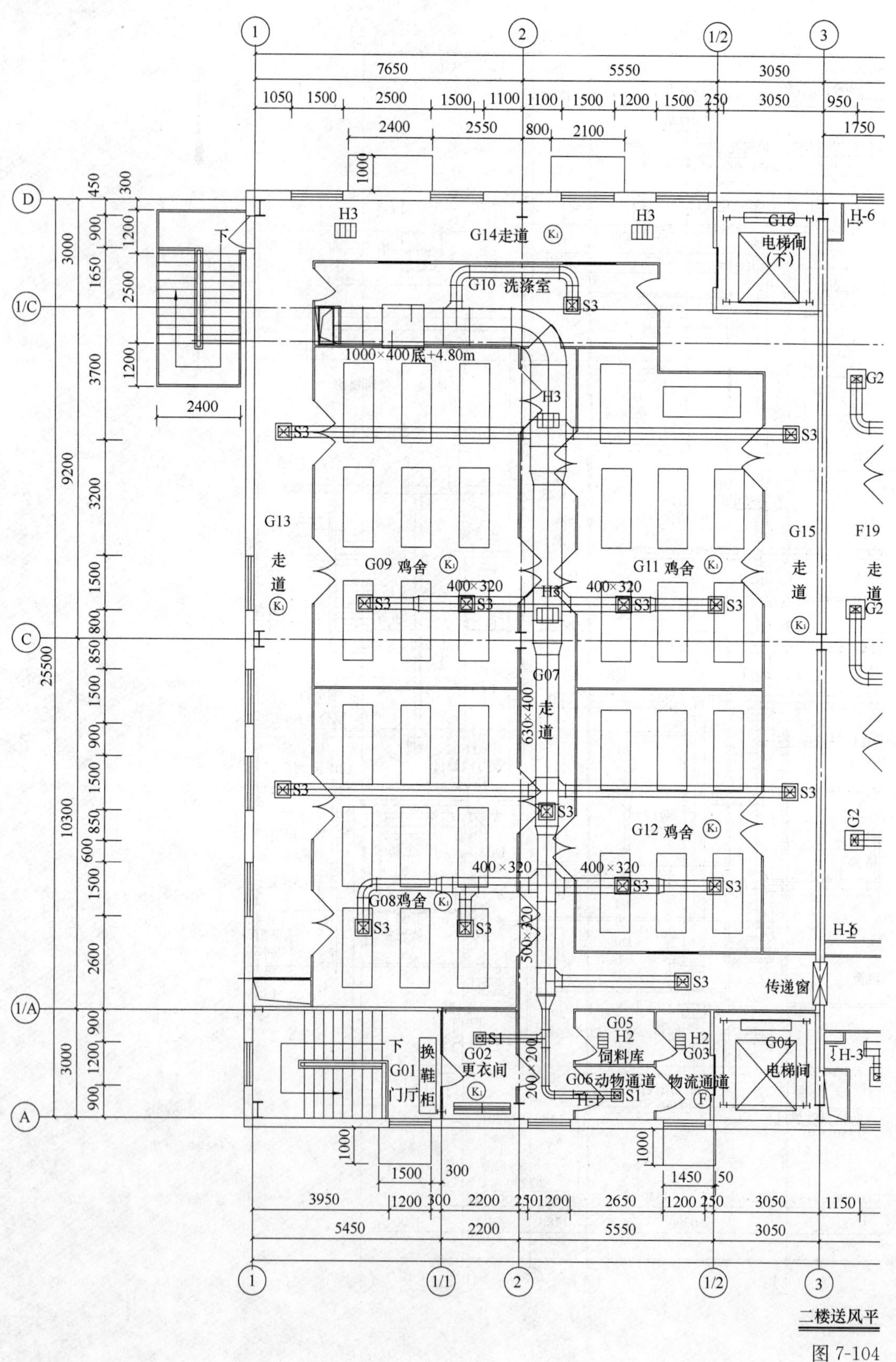
G14走道
G16 电梯间（下）
G10 洗涤室
1000×400底+4.80m
G13 走道
G09 鸡舍
G11 鸡舍
G15 走道
F19 走道
400×320
G07 走道
630×400
G12 鸡舍
G08鸡舍
500×320
传递窗
G05 饲料库
G01 门厅
换鞋柜
G02 更衣间
G06动物通道
物流通道
G03
G04 电梯间

二楼送风平

图 7-104

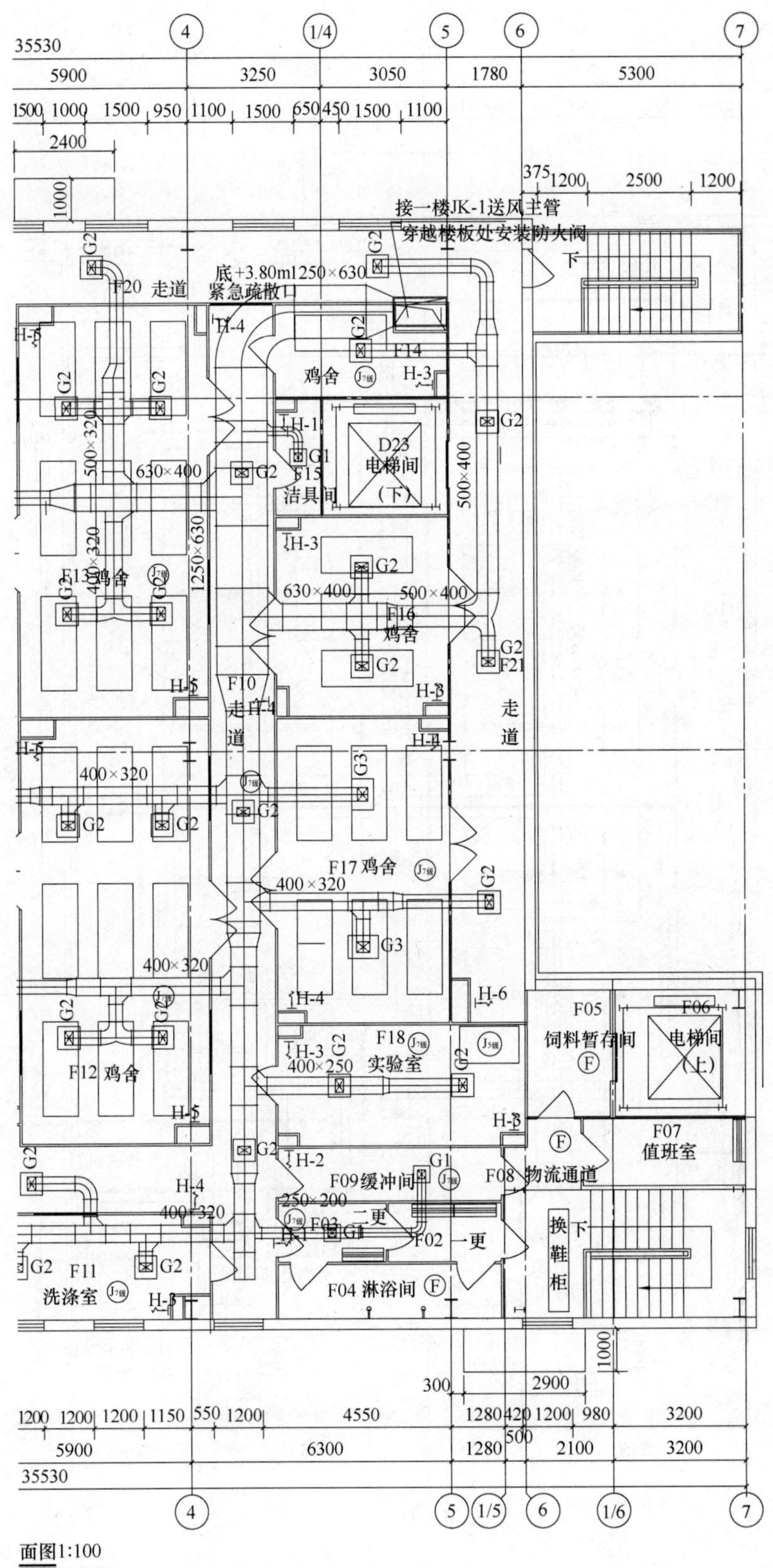
接一楼JK-1送风主管
穿越楼板处安装防火阀
底+3.80m
紧急疏散口
F20 走道
鸡舍
F14
D23
电梯间
（下）
F15
洁具间
F13 鸡舍
F16
鸡舍
F21
F10
走道
走道
F17 鸡舍
F18
实验室
F05
饲料暂存间
F06
电梯间
（上）
F07
值班室
F12 鸡舍
F09 缓冲间
F08 物流通道
二更
F03
F02 一更
换鞋柜
F11
洗涤室
F04 淋浴间
35530
5900
3250
3050
1780
5300
6300
1280
2100
3200

面图1:100

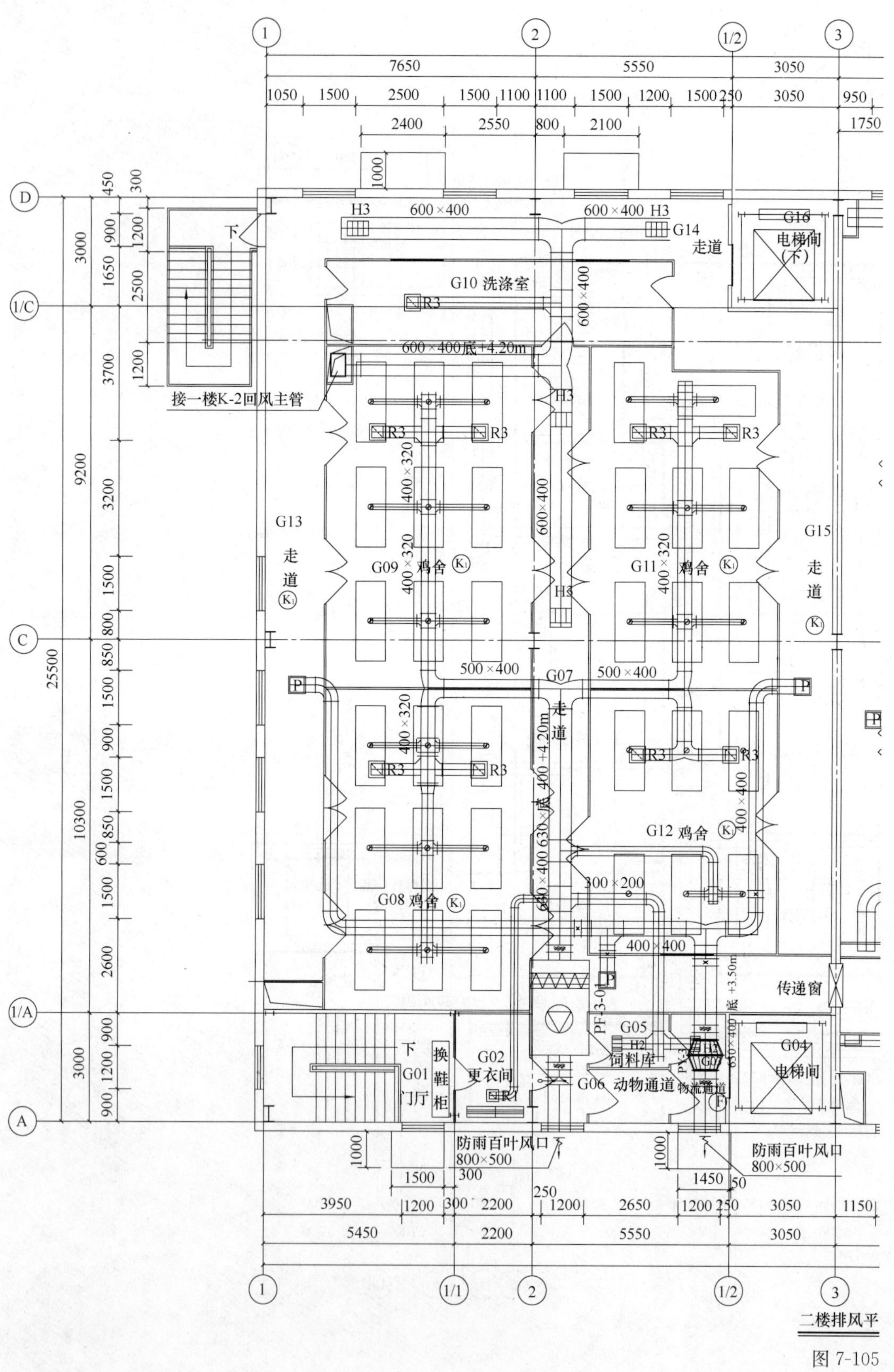

图 7-105

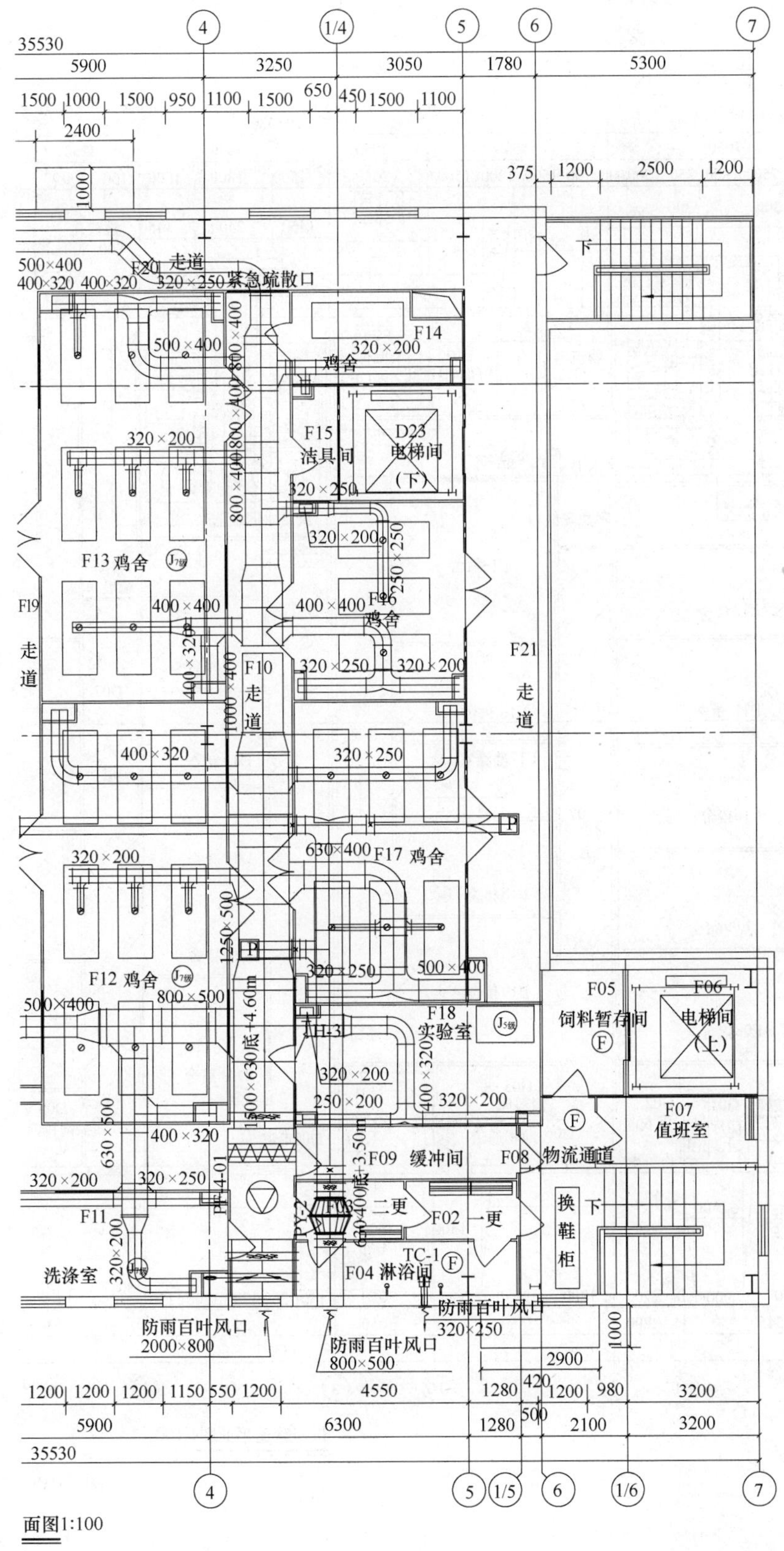
走道
紧急疏散口
F13 鸡舍
F12 鸡舍
F14 鸡舍
F15 洁具间
D23 电梯间（下）
F16 鸡舍
F17 鸡舍
F10 走道
F21 走道
F18 实验室
F05 饲料暂存间
F06 电梯间（上）
F07 值班室
F08 物流通道
F09 缓冲间
F02 一更
二更
F04 淋浴间
换鞋柜
洗涤室
F11
防雨百叶风口 2000×800
防雨百叶风口 800×500
防雨百叶风口 320×250

面图1:100

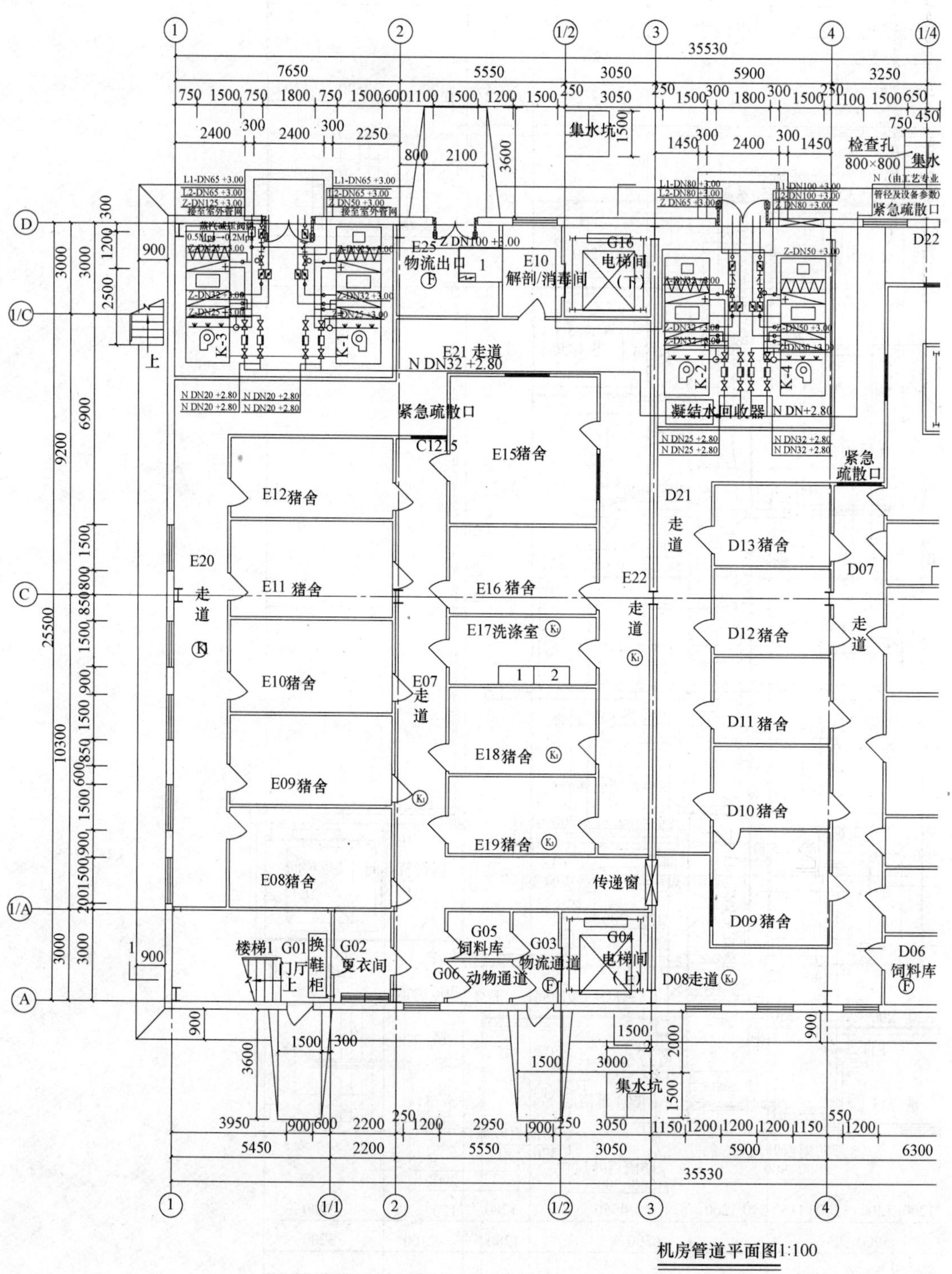

机房管道平面图1:100

图 7-106

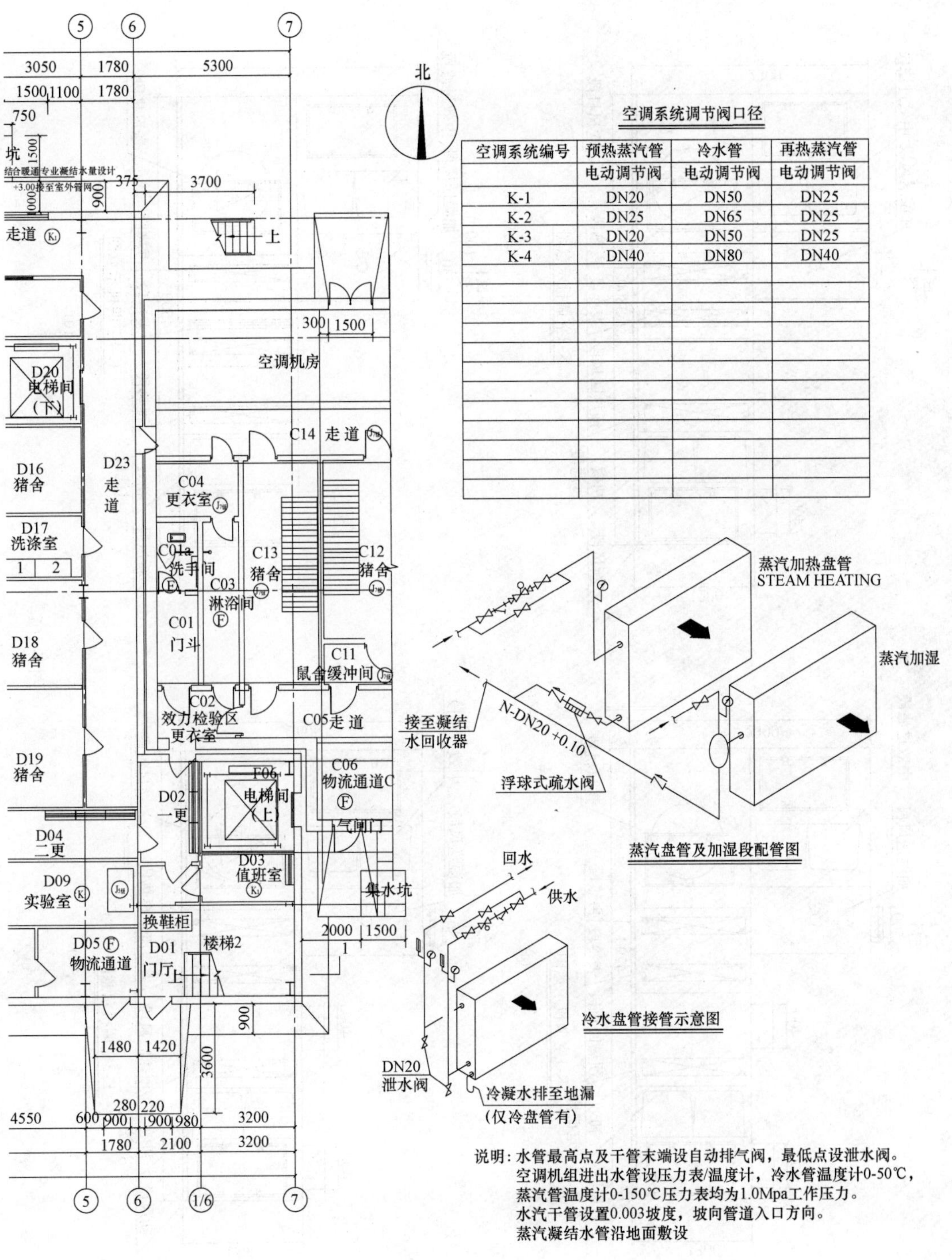

空调系统调节阀口径

空调系统编号	预热蒸汽管	冷水管	再热蒸汽管
	电动调节阀	电动调节阀	电动调节阀
K-1	DN20	DN50	DN25
K-2	DN25	DN65	DN25
K-3	DN20	DN50	DN25
K-4	DN40	DN80	DN40

说明：水管最高点及干管末端设自动排气阀，最低点设泄水阀。
空调机组进出水管设压力表/温度计，冷水管温度计0-50℃，
蒸汽管温度计0-150℃压力表均为1.0Mpa工作压力。
水汽干管设置0.003坡度，坡向管道入口方向。
蒸汽凝结水管沿地面敷设

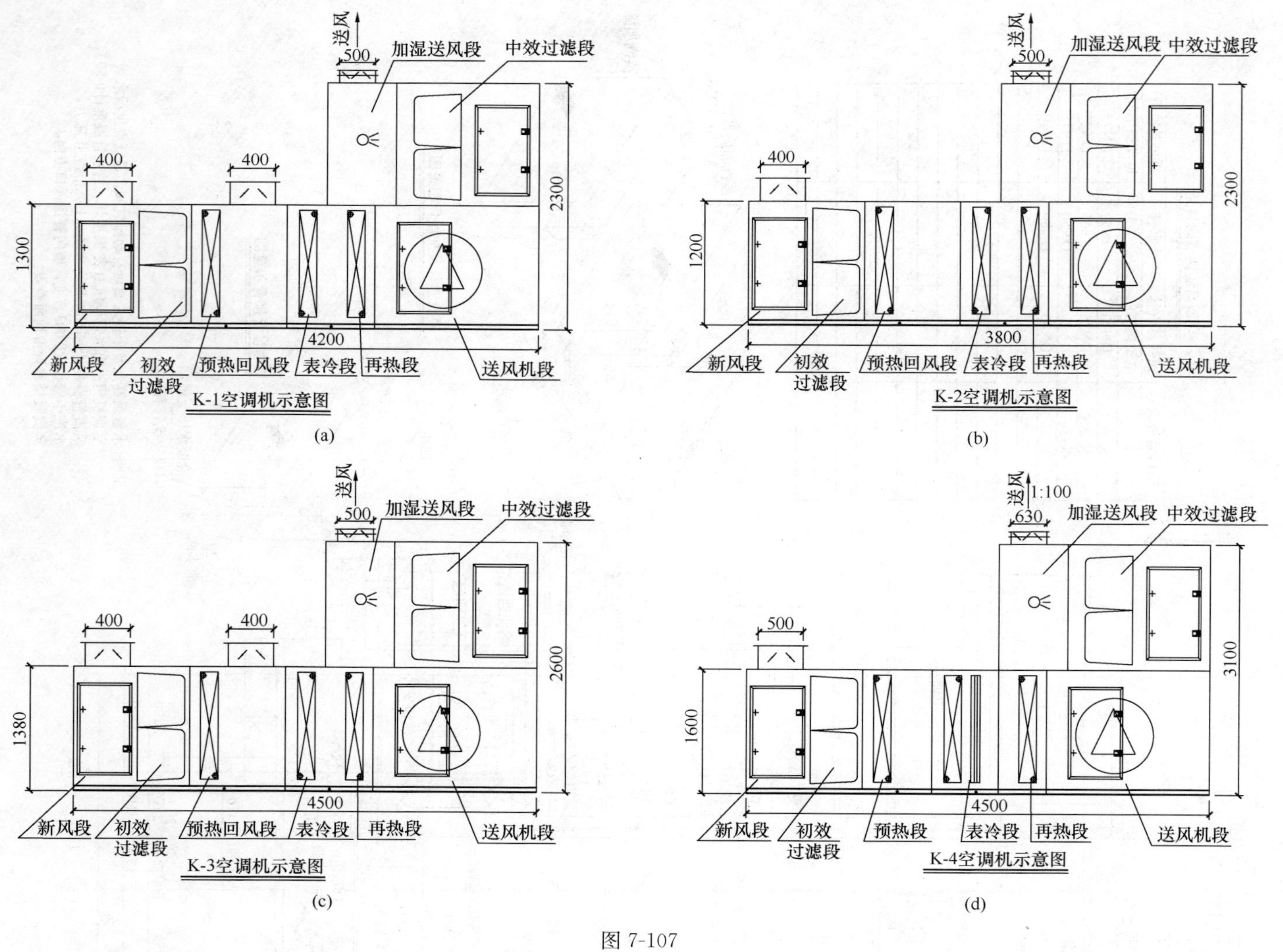
送风
500
加湿送风段
中效过滤段
400
400
2300
1300
4200
新风段
初效
过滤段
预热回风段
表冷段
再热段
送风机段
K-1空调机示意图
(a)
送风
500
加湿送风段
中效过滤段
400
2300
1200
3800
新风段
初效
过滤段
预热回风段
表冷段
再热段
送风机段
K-2空调机示意图
(b)
送风
500
加湿送风段
中效过滤段
400
400
2600
1380
4500
新风段
初效
过滤段
预热回风段
表冷段
再热段
送风机段
K-3空调机示意图
(c)
送风
1:100
630
加湿送风段
中效过滤段
500
3100
1600
4500
新风段
初效
过滤段
预热段
表冷段
再热段
送风机段
K-4空调机示意图
(d)

图 7-107

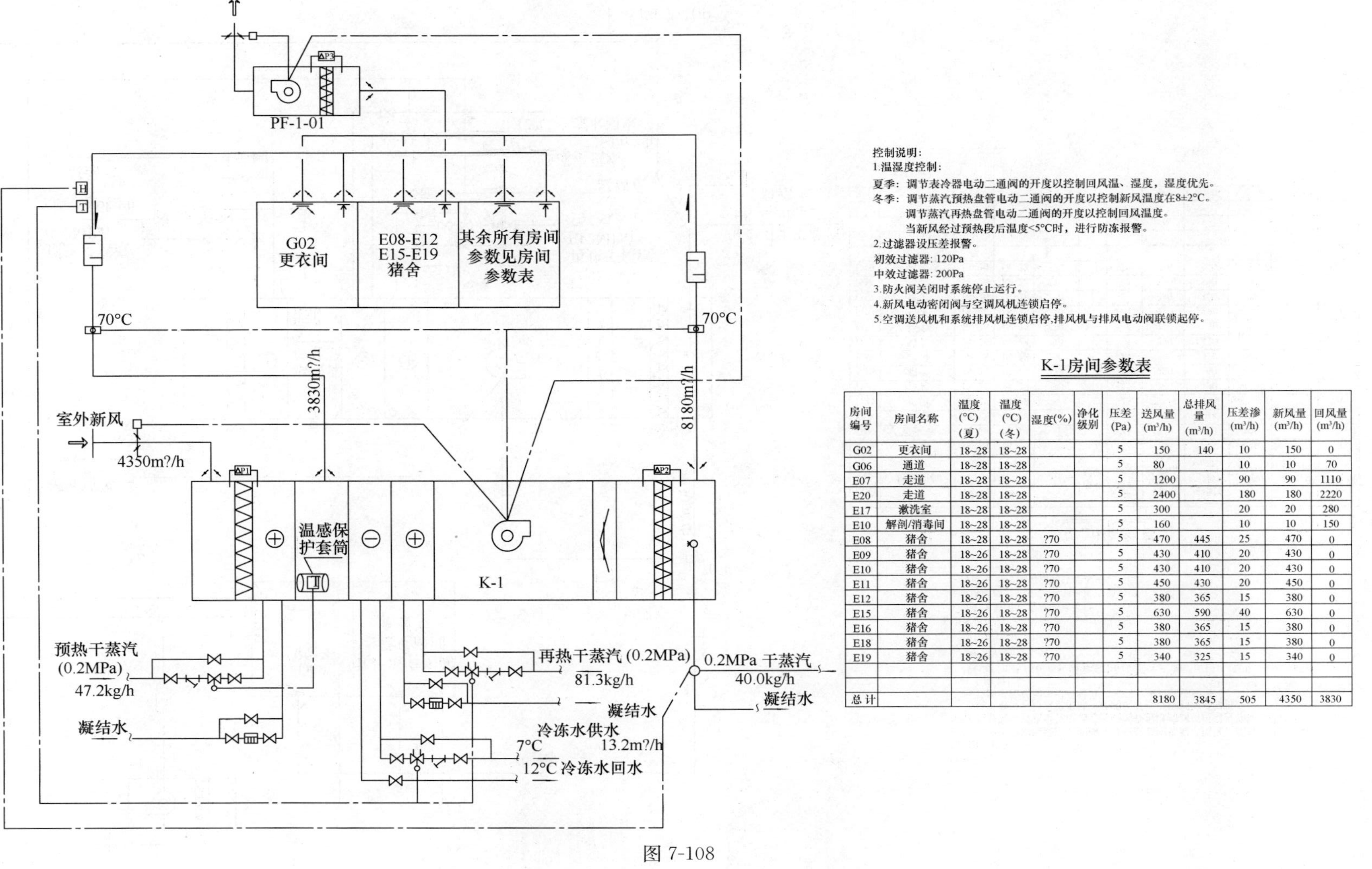

控制说明：

1.温湿度控制：

夏季：调节表冷器电动二通阀的开度以控制回风温、湿度，湿度优先。

冬季：调节蒸汽预热盘管电动二通阀的开度以控制新风温度在8±2°C。

调节蒸汽再热盘管电动二通阀的开度以控制回风温度。

当新风经过预热段后温度<5°C时，进行防冻报警。

2.过滤器设压差报警。

初效过滤器：120Pa

中效过滤器：200Pa

3.防火阀关闭时系统停止运行。

4.新风电动密闭阀与空调风机连锁启停。

5.空调送风机和系统排风机连锁启停,排风机与排风电动阀联锁起停。

K-1房间参数表

房间编号	房间名称	温度(°C)(夏)	温度(°C)(冬)	湿度(%)	净化级别	压差(Pa)	送风量(m³/h)	总排风量(m³/h)	压差渗(m³/h)	新风量(m³/h)	回风量(m³/h)
G02	更衣间	18~28	18~28			5	150	140	10	150	0
G06	通道	18~28	18~28			5	80		10	10	70
E07	走道	18~28	18~28			5	1200		90	90	1110
E20	走道	18~28	18~28			5	2400		180	180	2220
E17	漱洗室	18~28	18~28			5	300		20	20	280
E10	解剖/消毒间	18~28	18~28			5	160		10	10	150
E08	猪舍	18~28	18~28	?70		5	470	445	25	470	0
E09	猪舍	18~26	18~28	?70		5	430	410	20	430	0
E10	猪舍	18~26	18~28	?70		5	430	410	20	430	0
E11	猪舍	18~26	18~28	?70		5	450	430	20	450	0
E12	猪舍	18~26	18~28	?70		5	380	365	15	380	0
E15	猪舍	18~26	18~28	?70		5	630	590	40	630	0
E16	猪舍	18~26	18~28	?70		5	380	365	15	380	0
E18	猪舍	18~26	18~28	?70		5	380	365	15	380	0
E19	猪舍	18~26	18~28	?70		5	340	325	15	340	0
总 计							8180	3845	505	4350	3830

图 7-108

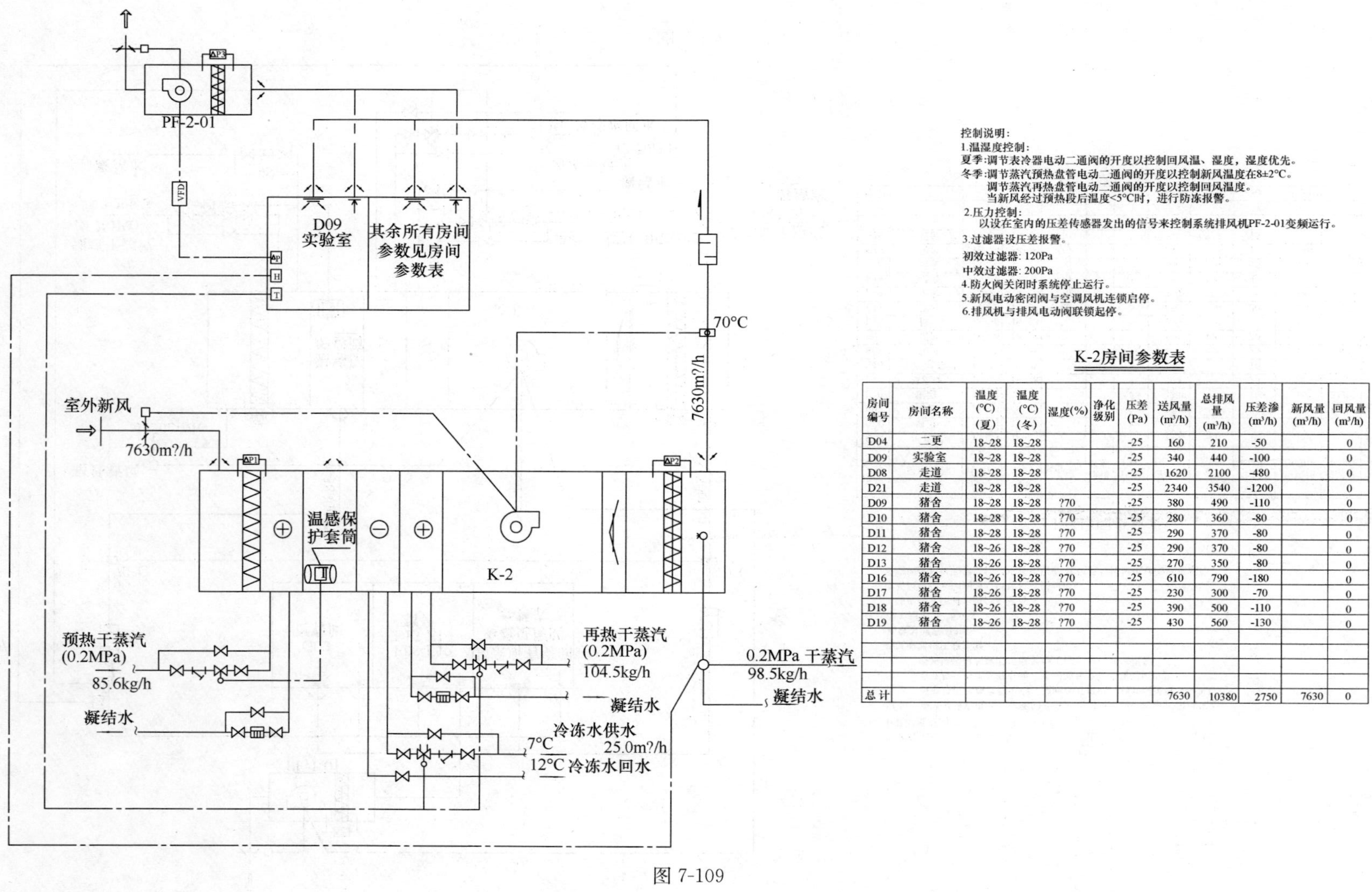

控制说明：

1.温湿度控制：

夏季：调节表冷器电动二通阀的开度以控制回风温、湿度，湿度优先。

冬季：调节蒸汽预热盘管电动二通阀的开度以控制新风温度在8±2°C。

调节蒸汽再热盘管电动二通阀的开度以控制回风温度。

当新风经过预热段后温度<5°C时，进行防冻报警。

2.压力控制：

以设在室内的压差传感器发出的信号来控制系统排风机PF-2-01变频运行。

3.过滤器设压差报警。

初效过滤器：120Pa

中效过滤器：200Pa

4.防火阀关闭时系统停止运行。

5.新风电动密闭阀与空调风机连锁启停。

6.排风机与排风电动阀联锁起停。

K-2房间参数表

房间编号	房间名称	温度(°C)(夏)	温度(°C)(冬)	湿度(%)	净化级别	压差(Pa)	送风量(m³/h)	总排风量(m³/h)	压差渗(m³/h)	新风量(m³/h)	回风量(m³/h)
D04	二更	18~28	18~28			-25	160	210	-50		0
D09	实验室	18~28	18~28			-25	340	440	-100		0
D08	走道	18~28	18~28			-25	1620	2100	-480		0
D21	走道	18~28	18~28			-25	2340	3540	-1200		0
D09	猪舍	18~28	18~28	?70		-25	380	490	-110		0
D10	猪舍	18~28	18~28	?70		-25	280	360	-80		0
D11	猪舍	18~28	18~28	?70		-25	290	370	-80		0
D12	猪舍	18~26	18~28	?70		-25	290	370	-80		0
D13	猪舍	18~26	18~28	?70		-25	270	350	-80		0
D16	猪舍	18~26	18~28	?70		-25	610	790	-180		0
D17	猪舍	18~26	18~28	?70		-25	230	300	-70		0
D18	猪舍	18~26	18~28	?70		-25	390	500	-110		0
D19	猪舍	18~26	18~28	?70		-25	430	560	-130		0
总 计							7630	10380	2750	7630	0

图 7-109

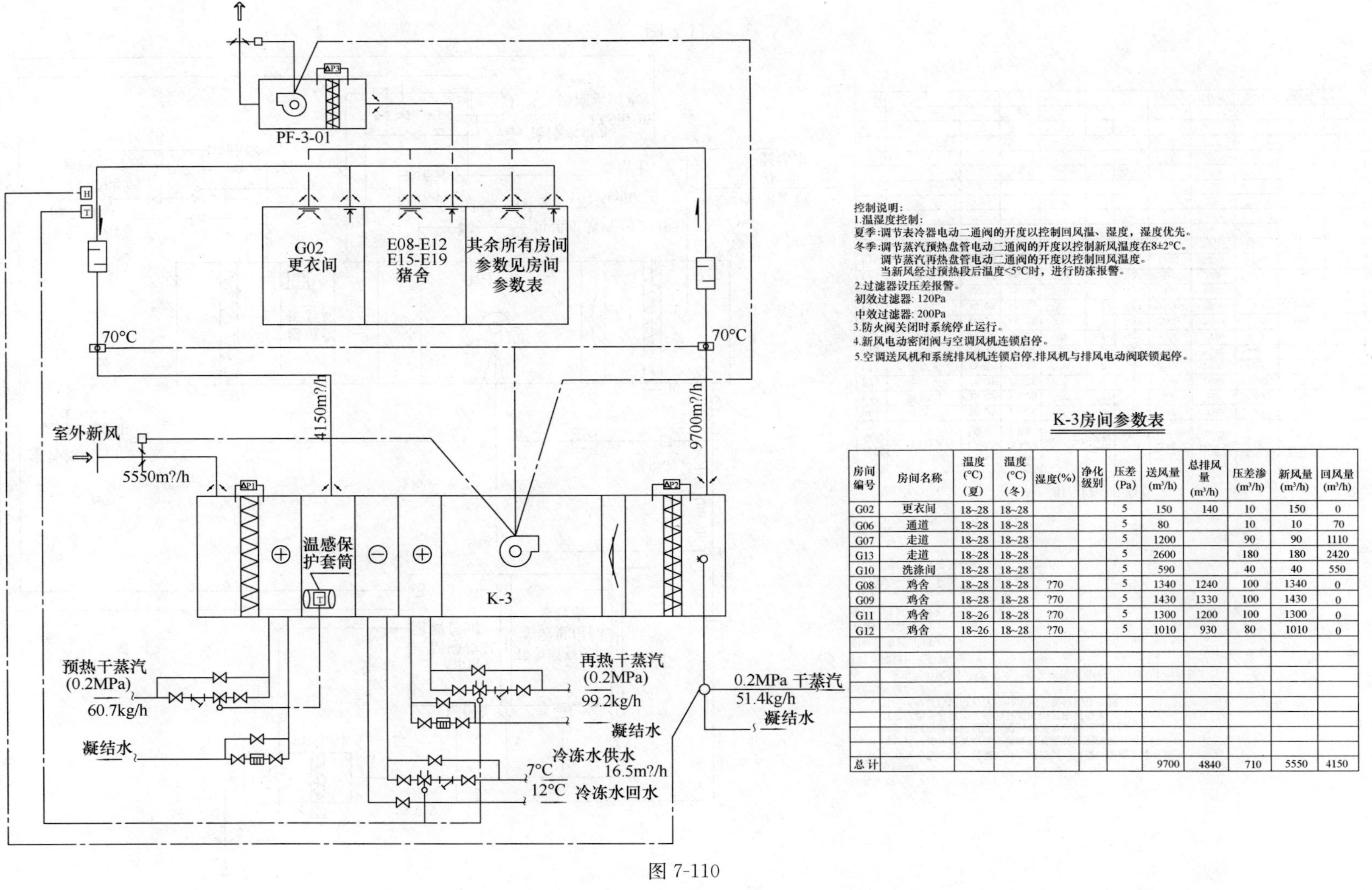

控制说明：

1.温湿度控制：

夏季：调节表冷器电动二通阀的开度以控制回风温、湿度，湿度优先。

冬季：调节蒸汽预热盘管电动二通阀的开度以控制新风温度在8±2°C。

调节蒸汽再热盘管电动二通阀的开度以控制回风温度。

当新风经过预热段后温度<5°C时，进行防冻报警。

2.过滤器设压差报警。

初效过滤器：120Pa

中效过滤器：200Pa

3.防火阀关闭时系统停止运行。

4.新风电动密闭阀与空调风机连锁启停。

5.空调送风机和系统排风机连锁启停，排风机与排风电动阀联锁起停。

K-3房间参数表

房间编号	房间名称	温度(°C)(夏)	温度(°C)(冬)	湿度(%)	净化级别	压差(Pa)	送风量(m³/h)	总排风量(m³/h)	压差渗(m³/h)	新风量(m³/h)	回风量(m³/h)
G02	更衣间	18~28	18~28			5	150	140	10	150	0
G06	通道	18~28	18~28			5	80		10	10	70
G07	走道	18~28	18~28			5	1200		90	90	1110
G13	走道	18~28	18~28			5	2600		180	180	2420
G10	洗涤间	18~28	18~28			5	590		40	40	550
G08	鸡舍	18~28	18~28	?70		5	1340	1240	100	1340	0
G09	鸡舍	18~28	18~28	?70		5	1430	1330	100	1430	0
G11	鸡舍	18~26	18~28	?70		5	1300	1200	100	1300	0
G12	鸡舍	18~26	18~28	?70		5	1010	930	80	1010	0
总计							9700	4840	710	5550	4150

图 7-110

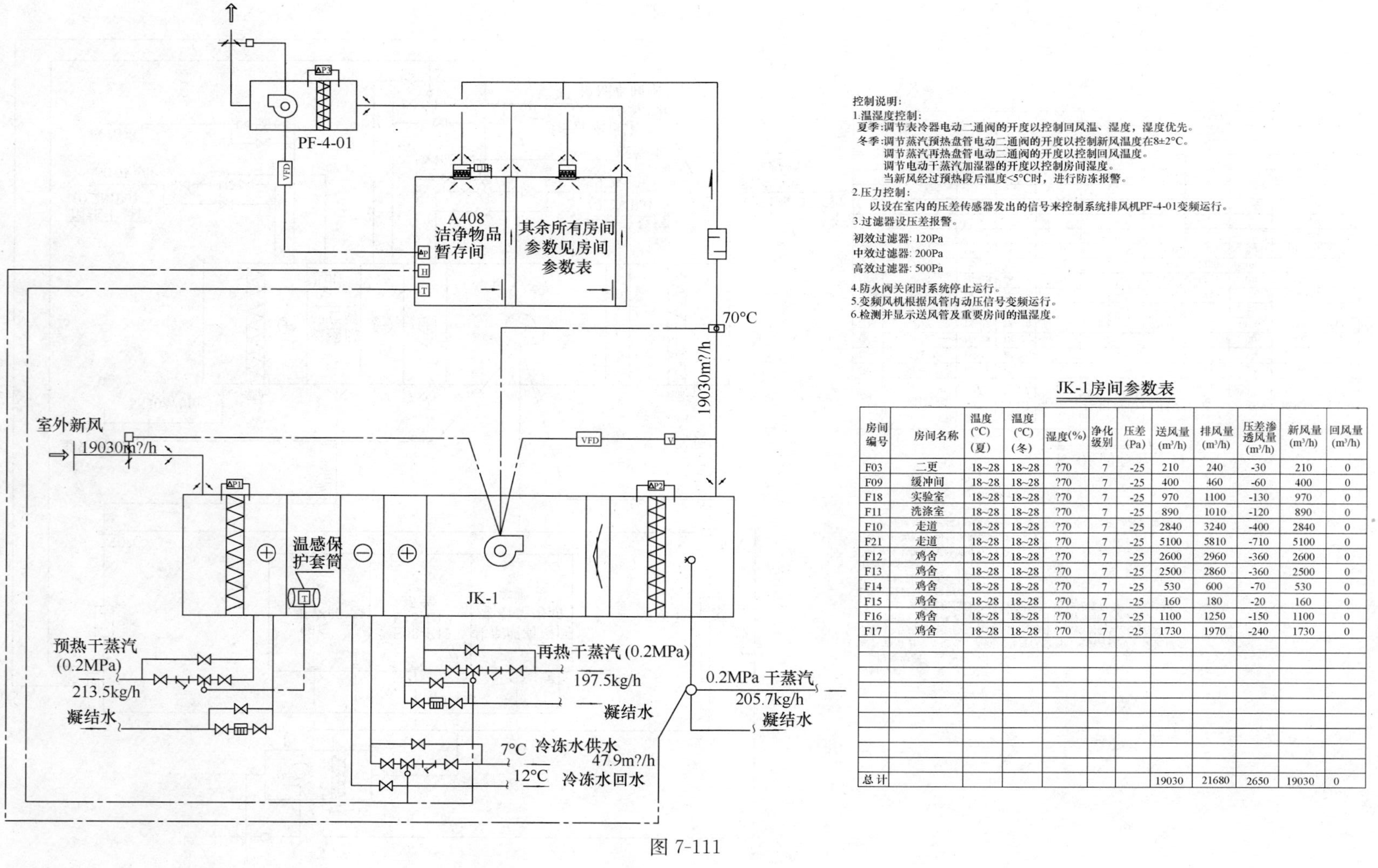

控制说明：

1.温湿度控制：

夏季：调节表冷器电动二通阀的开度以控制回风温、湿度，湿度优先。

冬季：调节蒸汽预热盘管电动二通阀的开度以控制新风温度在8±2°C。

调节蒸汽再热盘管电动二通阀的开度以控制回风温度。

调节电动干蒸汽加湿器的开度以控制房间湿度。

当新风经过预热段后温度<5°C时，进行防冻报警。

2.压力控制：

以设在室内的压差传感器发出的信号来控制系统排风机PF-4-01变频运行。

3.过滤器设压差报警。

初效过滤器：120Pa

中效过滤器：200Pa

高效过滤器：500Pa

4.防火阀关闭时系统停止运行。

5.变频风机根据风管内动压信号变频运行。

6.检测并显示送风管及重要房间的温湿度。

JK-1房间参数表

房间编号	房间名称	温度(°C)(夏)	温度(°C)(冬)	湿度(%)	净化级别	压差(Pa)	送风量(m³/h)	排风量(m³/h)	压差渗透风量(m³/h)	新风量(m³/h)	回风量(m³/h)
F03	二更	18~28	18~28	?70	7	-25	210	240	-30	210	0
F09	缓冲间	18~28	18~28	?70	7	-25	400	460	-60	400	0
F18	实验室	18~28	18~28	?70	7	-25	970	1100	-130	970	0
F11	洗涤室	18~28	18~28	?70	7	-25	890	1010	-120	890	0
F10	走道	18~28	18~28	?70	7	-25	2840	3240	-400	2840	0
F21	走道	18~28	18~28	?70	7	-25	5100	5810	-710	5100	0
F12	鸡舍	18~28	18~28	?70	7	-25	2600	2960	-360	2600	0
F13	鸡舍	18~28	18~28	?70	7	-25	2500	2860	-360	2500	0
F14	鸡舍	18~28	18~28	?70	7	-25	530	600	-70	530	0
F15	鸡舍	18~28	18~28	?70	7	-25	160	180	-20	160	0
F16	鸡舍	18~28	18~28	?70	7	-25	1100	1250	-150	1100	0
F17	鸡舍	18~28	18~28	?70	7	-25	1730	1970	-240	1730	0
总计							19030	21680	2650	19030	0

图 7-111

空调器构件表

共6页第3页

系统编号	构件名称	性能参数	单位	数量	备 注
K-1	组合式空调器(立式)		台	1	
1	新风进风段	端接管：630×400，带手动阀	段	1	
		袋式过滤器，效率≥90%（≥5μm）			
		检修灯：36V，40W			
2	蒸汽预热段	铜管套铝片新风量:4350m3/h	段	1	0.2MPa蒸汽
		进风：T=-11℃			
		出风：8℃			
3	回风段	顶接管：600×400，带手动阀	段	1	
		检修灯：36V，40W			
4	表冷挡水段	铜管套铝片	段	1	7/12℃冷水
		进风：T_s=29.0℃，i=68.9kJ/kg			
		出风：15.0℃，95%			
5	蒸汽再热段	铜管套铝片	段	1	0.2MPa蒸汽
		进风：T_g=13.4℃ 出风：T_g=31.6℃			
6	风机段	P=1200Pa，L=9400m³/h	段	1	
		380V，50Hz，7.5kW			
		检修灯：36V，40W			
7	均流段		段	1	
8	中效过滤段	袋式过滤器，效率≥80%（≥1μm）	段	1	
9	加湿出风段	配电动干蒸汽加湿器 加湿量：40.0kg/h	段	1	
		顶接管：1000×400，带手动阀			
		检修灯：36V，40W			
K-2	组合式空调器(立式)		台	1	
1	新风进风段	顶接管：1000×400，带手动阀	段	1	
		袋式过滤器，效率≥90%（≥5μm）			
		检修灯：36V，40W			
2	蒸汽预热段	铜管套铝片 新风量：7630m³/h	段	1	0.2MPa蒸汽
		进风：T=-11℃			
		出风：8℃			
3	表冷挡水段	铜管套铝片	段	1	7/12℃冷水
		进风：T_s=33.4℃，i=85.1kJ/kg			
		出风：15.0℃，95%			
4	蒸汽再热段	铜管套铝片	段	1	0.2MPa蒸汽
		进风：T_g=8℃ 出风：T_g=33.2℃			
5	风机段	P=1200Pa，L=8800m³/h	段	1	
		380V，50Hz,7.5kW			
		检修灯：36V，40W			
6	均流段		段	1	
7	中效过滤段	袋式过滤器，效率≥80%（≥1μm）	段	1	
8	加湿出风段	配电动干蒸汽加湿器 加湿量：98.5kg/h	段	1	
		顶接管：1000×400，带手动阀			
		检修灯：36V，40W			

空调器构件表

共6页第4页

系统编号	构件名称	性能参数	单位	数量	备 注
K-3	组合式空调器(立式)		台	1	
1	新风进风段	顶接管：800×400，带手动阀	段	1	
		袋式过滤器，效率≥90%（≥5μm）			
		检修灯：36V，40W			
2	蒸汽预热段	铜管套铝片 新风量：5550m³/h	段	1	0.2MPa蒸汽
		进风：T=-11℃			
		出风：8℃			
3	回风段	顶接管：600×400，带手动阀	段	1	
		检修灯：36V，40W			
4	表冷挡水段	铜管套铝片	段	1	7/12℃冷水
		进风：T_s=29.4℃，i=70.3kJ/kg			
		出风：15.0℃，95%			
5	蒸汽再热段	铜管套铝片	段	1	0.2MPa蒸汽
		进风：T_g=13.0℃ 出风：T_g=31.2℃			
6	风机段	P=1200Pa，L=11500m³/h	段	1	
		380V，50Hz,7.5kW			
		检修灯：36V，40W			
7	均流段		段	1	
8	中效过滤段	袋式过滤器，效率≥80%（≥1μm）	段	1	
9	加湿出风段	配电动干蒸汽加湿器 加湿量：51.4kg/h	段	1	
		顶接管：1000×400，带手动阀			
		检修灯：36V，40W			
JK-1	组合式净化空调器(立式)		台	1	
1	新风进风段	顶接管：1500×400，带手动阀	段	1	
		袋式过滤器，效率≥90%（≥5μm）			
		检修灯：36V，40W			
2	蒸汽预热段	铜管套铝片 新风量：19030m³/h	段	1	0.2MPa蒸汽
		进风：T=-11℃			
		出风：8℃			
3	表冷挡水段	铜管套铝片	段	1	7/12℃冷水
		进风：T_s=33.4℃，i=85.1kJ/kg			
		出风：15.0℃，95%			
4	蒸汽再热段	铜管套铝片	段	1	0.2MPa蒸汽
		进风：T_g=8℃ 出风：T_g=33.2℃			
5	风机段	P=1600Pa，L=22000m3/h	段	1	
		380V，50Hz，15kW			
		检修灯：36V，40W			
6	均流段		段	1	
7	中效过滤段	袋式过滤器，效率≥80%（≥1μm）	段	1	
8	加湿出风段	配电动干蒸汽加湿器 加湿量：205.7kg/h	段	1	
		顶接管：1250×630，带手动阀			
		检修灯：36V，40W			

空调器构件表

共6页第5页

系统编号	构件名称	性能参数	单位	数量	备 注
PF-1-01	中效活性炭过滤排风机箱		台	1	
1	中效、活性炭过滤进风段	端部开口：500×400，带手动阀	段	1	
		中效袋式过滤器，效率≥80%（≥1μm）			
		活性炭过滤器			
		检修灯：36V，40W			
2	风机端出风段	端部开口：500×400，带手动阀	段	1	
		P=800Pa，L=5000m℃/h			
		380V，50Hz，4kW			
		检修灯：36V，40W			
PF-2-01	中高效活性炭过滤排风机箱		台	1	
1	中效、高效活性炭过滤进风段	端部开口：1000×500，带手动阀	段	1	
		中效袋式过滤器，效率≥80%（≥1μm）			
		高效过滤器，效率≥99.95%（≥0.3μm）			
		活性炭过滤器			
		检修灯：36V，40W			
2	风机端出风段	端部开口：1000×500，带手动阀	段	1	
		P=800Pa，L=12500m℃/h			
		380V，50Hz，7.5kW			
		检修灯：36V，40W			
PF-3-01	中效活性炭过滤排风机箱		台	1	
1	中效、活性炭过滤进风段	端部开口：630×400，带手动阀	段	1	
		中效袋式过滤器，效率≥80%（≥1μm）			
		活性炭过滤器			
		检修灯：36V，40W			
2	风机顶出风段	端部开口：630×400，带手动阀	段	1	
		P=800Pa，L=5800m℃/h			
		380V，50Hz，4kW			
		检修灯：36V，40W			
PF-4-01	中高效活性炭过滤排风机箱		台	1	
1	中效、高效活性炭过滤进风段	端部开口：1500×630，带手动阀	段	1	
		中效袋式过滤器，效率≥80%（≥1μm）			
		高效过滤器，效率≥99.95%（≥0.3μm）			
		活性炭过滤器			
		检修灯：36V，40W			
2	风机顶出风段	端部开口：1500×630，带手动阀	段	1	
		P=800Pa，L=23000m℃/h			
		380V，50Hz，11kW			
		检修灯：36V，40W			

须通风工艺设备表

共1页第1页

工作间编号	设备编号	名 称	通风形式	工作口或罩口尺寸	数量	单位设备排风量 (m³/h)	备 注
见平面图		隔离器	接管	φ150	60	150	

采暖通风空调设备表

共2页第2页

系统编号	风机/水泵 型号	流量 (m³/h)	压力 (Pa)	风口方向	数量	电动机 功率 (kW/台)	电动机 数量	电动机 转速	备注
	混流管道风机								
PY-1	PYHL-14A-5.5A	7200	240		1	1.1	1	n=960rpm	应急≤61 噪音：dB（A）
PY-2	PYHL-14A-5.5A	7200	240		1	1.1	1	n=960rpm	应急≤61 噪音：dB（A）
PY-3	PYHL-14A-5.5A	7200	240		1	1.1	1	n=960rpm	应急≤61 噪音：dB（A）
PY-4	PYHL-14A-5.5A	7200	240		1	1.1	1		应急≤61 噪音：dB（A）
	卫生间通风器								
TC-1	BPT18-34A	265	50		1	0.05	1		

说明：1.空调机组的左右式及尺寸详见空调机房设备平面布置图。如果供货商提供的设备尺寸超过了设计图纸的要求，必须获得设计认可。
2.所有净化空调机组的送风机设变频器，由控制承包商提供；变频器型号和规格参见电气专业图纸。
3.进出风口均应配手动对开多叶调节风阀，由机组供货商提供。
4.所有空调器冷热盘管的冷热量应在本表提供的参数基础上由供货商自行计算，并留有不小于20%的余量。

图 7-112

7.17　低温送风空调系统

7.17.1　概述

相对于送风温度在12～16℃范围内的常温空调系统而言，所谓低温送风空调系统，是指系统运行时送风温度≤10℃的空调系统。

(1) 低温送风系统分类

低温送风系统，根据送风温度的高低，一般可分成以下三类：

① 送风温度≤5℃，名义送风温度为4℃，要求进入冷却盘管的冷媒温度≤2℃。

② 送风温度的范围为6～8℃，名义送风温度为7℃，要求进入冷却盘管的冷媒温度2～4℃。

③ 送风温度范围为9～11℃，名义送风温度为10℃，要求进入冷却盘管的冷媒温度4～6℃。

(2) 低温送风系统特点及适用性

相比常温空调系统，低温送风系统具有以下特点：

① 减少系统设备投资费用及节省建筑空间

低温送风系统由于送风温差增大，使送风量减少，空气处理设备的规格尺寸减少，增加了建筑内部使用空间，风管尺寸减少，提高了空间吊顶高度。

② 降低能耗与运行费用

低温送风系统的风量减少，其系统输送能耗可比常温空调系统降低30%～40%。

③ 提高热舒适性，改善室内空气品质

低温送风系统送风温度低，室内空气相对湿度可低达40%，室内空气相对湿度低，舒适性提高。

低温送风系统的选用，需要对该建筑的功能要求、冷源供应等各种因素进行全面的技术、经济论证后才能确定。给出如下适合采用空调低温送风空调系统的条件，供参考。

a. 有低温冷水可供利用；

b. 要求显著降低建筑高度、降低投资；

c. 冷负荷超过已有空调设备及风管供冷能力的改造项目。

7.17.2　设计条件

(1) 建筑概括

工程位于天津，总建筑面积16万平方米。其中地上建筑面积约12.8万平方米，包括一栋43层的金融办公塔楼A，位于用地北部，约11.3万平方米；一栋为塔楼配套的5层综合楼B，位于用地南部，约1.45万平方米；塔楼A与综合楼B之间设一栋4层通高的大堂，形成A、B楼共享的阳光中庭，并将阳光引入地下一层。

建筑主体采用筒中筒结构，结构最高点至首层室内地面189m，为超高层建筑。

(2) 室外空调设计参数

① 夏季空调计算干球温度 31.4℃，夏季计算湿球温度 26.4℃；

② 冬季空调计算干球温度－10.0℃，相对湿度 62%。

(3) 室内空调设计参数

标准层办公室室内空调设计参数如表 7-117 所示。

表 7-117 室内设计参数

项目	夏季		冬季	
	外区	内区	外区	内区
空气温度（℃）	26	26	20	22
空气相对湿度（%）	50		40	
最小新风量（m^3/h·人）	30			
平均人员密度（m^2/人）	6			
照明负荷密度（W/m^2）	18			
设备负荷密度（W/m^2）	13			
噪声标准（dB）	45			

(4) 围护结构性能参数

该工程位于天津，其各项围护结构热工设计执行《天津市公共建筑节能设计标准》DB 29—153—2014 的相关内容。项目中围护结构的热工参数如下：

① 屋顶传热系数和遮阳系数

非透明部分 K 值小于等于 0.53W/（m^2·K），透明部分 K 值小于等于 2.3W/（m^2·K），遮阳系数 SC 小于等于 0.5；

② 外墙、结构立梃及其他立面非透明体的传热系数 K 值小于等于 0.44W/（m^2·K）；

③ 立面透明体（外窗及幕墙）的传热系数 K 值小于等于 2.3W/（m^2·K），遮阳系数 SC 小于等于 0.6；

④ 底面接触室外空气的楼板或外挑楼板的传热系数 K 值小于等于 0.49W/（m^2·K）；

⑤ 非采暖空调房间与采暖空调房间的隔墙或楼板的传热系数小于等于 1.47W/（m^2·K）。

7.17.3 系统设计

(1) 冷热源系统设计

空调冷热源由冷热水换热站供应，空调水系统按高、低区设置，22 层以下为低区水系统，23 层以上为高区水系统。

高、低区空调水换冷、换热器集中设置在地下 3 层换冷、换热站内。

空调热水供回水温度为 65℃/50℃；

一次冷水供回水温度为 3℃/10℃；

二次冷水供回水温度为 4℃/11℃。

根据冷源型式，进入盘管冷媒温度4～6℃，其可以满足空调器产生9～11℃送风温度的要求。

（2）空调系统设计

对于办公楼标准层，采用低温送风空调系统，内外分区各设1台变风量空调机组，过渡季节可以实现全新风运行，冬季可以利用天然冷源供冷。

标准层典型平面布置如图7-113所示。

变风量末端装置，外区北向采用并联式风机动力型，其带热水再热盘管。

外区东、南、西向末端装置采用单风道冷热型。

内区末端装置采用单风道单冷型。

外区送风口靠近室外幕墙布置，内区的送风口沿走道墙线均匀布置，送风口为条缝型低温送风口。

在15层、28层和屋顶设备层进行新风集中热回收，热回收效率60%，排风量为新风量的50%，受机房高度限制，采用热管式显热回收机组。

计算得到冬季热回收后新风温度为-1.3℃，夏季热回收后新风温度30℃。热回收后的新风送至各层，在标准层中的变风量空调机组和回风混合处理后，送到空调区域。

7.17.4 *I*—*D*图分析

（1）基本负荷计算

低温送风空调系统冷负荷由基本冷负荷与附加冷负荷组成。基本冷负荷计算方式与常温系统冷负荷计算方法基本相同。

采用空调负荷计算及分析软件进行负荷计算，按照柱网分割房间，每个柱网内有一个内区房间、一个外区房间。对于每个内外区房间进行负荷计算，以距离外墙5m作为内外区分割。冷负荷计算结果见表7-118。

表7-118 内外区空调冷负荷计算结果

项目	总冷负荷（kW）	室内冷负荷（kW）	湿负荷（g/s）
外区	119.0	80.7	4.90
外区东向	21.5	15.9	0.82
外区南向	42.2	29.0	1.63
外区西向	24.9	18.2	0.82
外区北向	36.7	23.9	1.63
内区	98.4	55.7	4.80

（2）附加负荷计算

① 送风机散热引起的冷负荷

在压出式空调器中，送风机设置在冷却盘管的上游，风机散热直接被冷却盘管吸收，成为盘管冷负荷的一部分；在吸入式空调器中，送风机设置在冷却盘管的下游，风机散热被空调器送出的低温空气吸收，提高了送风温度。

本项目中，风机设置在冷却盘管的下游。由风机引起的空气温升可根据下式计算

$$\Delta T_{\mathrm{f}} = \frac{P_{\mathrm{T}}}{1212\eta} \tag{7-78}$$

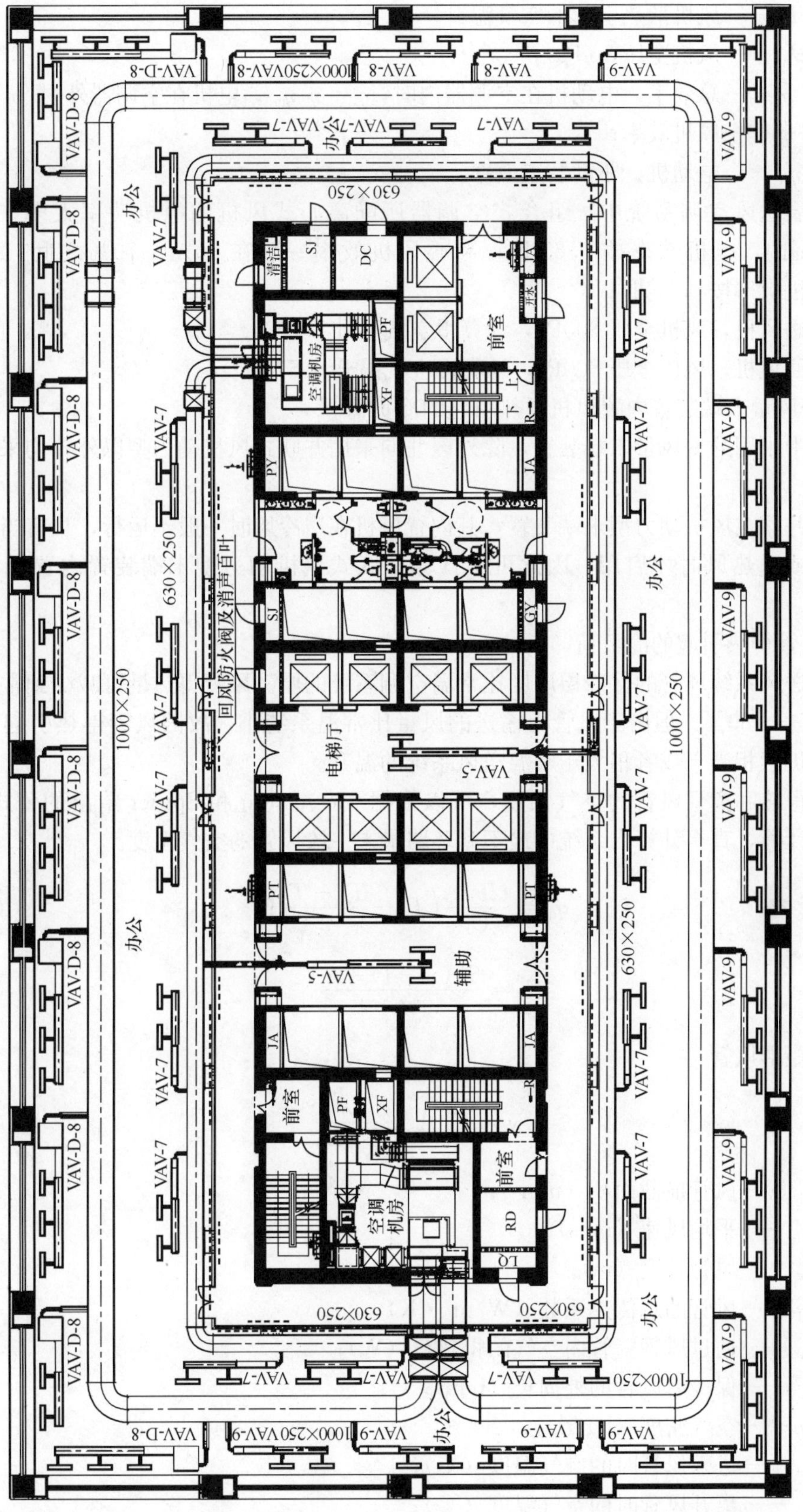

图 7-113　标准层空调通风平面图

式中　ΔT_f——风机散热引起的空气温升，(℃)；

P_T——风机全压，(Pa)；

η——总效率，电动机在空调器内时，$\eta=\eta_f\eta_m$，电机在空调器外时，$\eta=\eta_f$；

η_f——风机效率；

η_m——电动机、驱动装置效率。

在低温送风空调系统中，组合式空调器所配离心式风机的电机功率大多在5.5～15kW范围内，电机效率按0.85取；离心风机效率一般在50%～70%之间，平均约65%，风机效率按0.65取。

对于送风机，风机全压800Pa，计算得空气温升1.2℃。

对于回风机，风机全压300Pa，计算得空气温升0.5℃。

② 变风量末端装置内置风机散热引起的冷负荷

系统中采用的变风量末端装置，除外区北向采用并联式风机动力型以外，均采用单风道节流型。

对于并联式风机动力型末端装置，其内置风机在送冷风时一般不运行，只有当房间冷负荷很小或送热风时才启用，因此可不计算并联式风机动力型末端装置内置风机的散热量。

③ 风管得热引起的冷负荷

低温送风系统风管的保冷层厚度比常温空调系统的厚。风管得热量可减少到常温空调系统的40%～80%。但由于风管内输送的风量比常温系统小，故因风管得热引起的送风温度温升仍然相当于或者稍大于常温送风系统的温升。

风管得热和离开风管的空气温度，可以根据McQuiston和Spitler给出的公式计算，通过反复计算，直至计算出系统中最不利环路最末一段风管的空气温度。

$$q_d=\frac{UPL_d}{C_1}\left(T_a-\frac{T_e+T_l}{2}\right) \tag{7-79}$$

$$T_l=\frac{T_e(y-1)+2T_a}{y+1} \tag{7-80}$$

对于矩形风管

$$y=C_2A_{cs}V\frac{\rho}{UPL_d} \tag{7-81}$$

式中　A_{cs}——风管横截面积（mm^2）；

V——平均风速（m/s）；

L_d——风管长度（m）；

U——风管的总传热系数（$W/m^2\cdot K$）；

q_d——通过风管壁管内空气的得热量（W）；

P——保冷后风管的外周长（mm）；

ρ——空气密度（kg/m^3）；

T_e——进入风管时的空气温度（℃）；

T_l——离开风管时的空气温度（℃）；

T_a——风管周围空气温度（℃）；

C_1——1000（mm/m）；

C_2——2.01［W·m·s/（mm·kg)］。

对于一般的办公建筑，设计时可将1.6℃作为低温送风系统最不利环路因风管得热引起的空气温升值。

（3）焓湿图分析

在低温送风系统中，传热与焓湿处理过程分析一般按以下步骤进行：确定离开冷却盘管的空气状态；确定送入房间的最终送风温度；计算需要的送风量；确定进入空气处理机组的回风参数；计算进入盘管的混合风参数；计算冷却盘管负荷。

① 外区夏季工况

标准层外区室内冷负荷80.7kW，湿负荷4.9g/s，新风量4800m³/h，送风机散热引起温升1.2℃，风管得热引起温升1.6℃，回风机散热引起温升0.5℃。外区夏季工况送风状态点参数见表7-119。

表7-119　外区夏季工况送风状态点参数

	W	N	L	S	R	O_1
干球温度	30	26	9	11.8	28.4	29.2
比焓	82.15	53.56	26.46	29.33	56.03	68.5

夏季工况 $I-D$ 图如图7-114所示：

离开盘管的状态点 L：

干球温度 t_L 为9℃，相对湿度 φ_L 为95%，则含湿量 d_L 为0.0069kg/kg干空气，焓值 i_L 为26.46kJ/kg干空气。

送风状态点 S：

干球温度 $t_S=9+1.2+1.6=11.8$℃，含湿量 $d_S=d_L$ 为0.0069kg/kg干空气，则焓值 i_S 为29.33kJ/kg干空气。

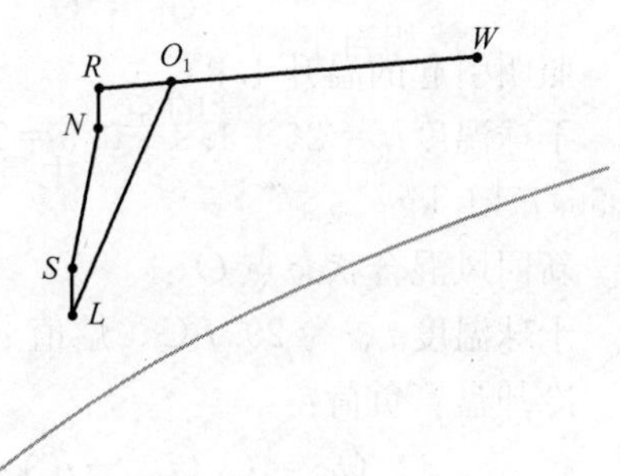

图7-114　夏季工况 $I-D$ 图

室内状态点 N：

干球温度 t_N 为26℃，相对湿度 φ_N 为50%，则焓值 i_N 为53.56kJ/kg干空气。

所需送风量：

$$G_S=\frac{Q}{i_N-i_S}=\frac{80.7}{53.56-29.33}=3.33\text{kg/s}=10000\ \text{m}^3/\text{h}$$

回风状态点 R：

$$G_R=G_L-G_W=5200\ \text{m}^3/\text{h}=1.73\text{kg/s}$$

灯具散热引起温升1.9℃。灯具散热引起的回风温升与得热量和系统回风量有关，一般可按1～2℃取值。

干球温度 $t_R=26+1.9+0.5=28.4$℃，含湿量 $d_R=d_N$ 为0.011kg/kg干空气，则焓值

i_R 为 56.03kJ/kg$_{干空气}$。

新回风混合状态点 O_1：

干球温度 t_{O1} 为 29.2℃，焓值 i_{O1} 为 68.5kJ/kg$_{干空气}$。

冷却盘管负荷：

$$Q_L = G_S(i_{O1} - i_L) = 3.33 \times (68.5 - 26.46) = 140\text{kW}$$

标准层外区最小负荷即没有太阳得热和温差传热情况下计算得到的负荷值。计算最小室内冷负荷 45.4kW，湿负荷 4.9g/s，新风量 4800m^3/h，送风机散热引起温升 1.2℃，风管得热引起温升 1.6℃，回风机散热引起温升 1.2℃。外区夏季最小负荷工况送风状态点参数见表 7-120。

表 7-120 外区夏季最小负荷工况送风状态点参数

	W	N	L	S	R	O_1
干球温度	30	26	9	11.8	28.4	29.7
比焓	82.15	53.56	26.46	29.33	56.77	77.98

离开盘管的状态点 L、送风状态点 S、室内状态点 N 同上：

所需送风量：

$$G_S = \frac{Q}{i_N - i_S} = \frac{45.4}{53.56 - 29.33} = 1.87\text{kg/s} = 5700\ \text{m}^3/\text{h}$$

回风状态点 R：

$$G_R = G_L - G_W = 900\ \text{m}^3/\text{h} = 0.3\text{kg/s}$$

照明引起的温升 1.9℃。

干球温度 $t_R = 26 + 1.9 + 0.5 = 28.4$℃，含湿量 $d_R = d_N$ 为 0.011kg/kg$_{干空气}$，则焓值 i_R 为 56.77kJ/kg$_{干空气}$。

新回风混合状态点 O_1：

干球温度 t_{O1} 为 29.7℃，焓值 i_{O1} 为 77.98kJ/kg$_{干空气}$。

冷却盘管负荷：

$$Q_L = G_S(i_{O1} - i_L) = 1.87 \times (77.98 - 26.46) = 96.4\text{kW}$$

② 内区夏季工况

标准层内区室内冷负荷 55.7kW，湿负荷 4.8g/s，新风量 4710m^3/h，送风机散热引起温升 1.2℃，风管得热引起温升 1.6℃，回风机散热引起温升 0.5℃。内区夏季工况送风状态点参数见表 7-121。

表 7-121 内区夏季工况送风状态点参数

	W	N	L	S	R	O_1
干球温度	30	26	9	11.8	28.4	29.5
比焓	82.15	53.56	26.46	29.33	56.77	73.8

离开盘管的状态点 L、送风状态点 S、室内状态点 N 同上：

所需送风量：

$$G_S = \frac{Q}{i_N - i_S} = \frac{55.7}{53.56 - 29.33} = 2.3\text{kg/s} = 6900\ \text{m}^3/\text{h}$$

回风状态点 R：

$$G_R = G_L - G_W = 2190\ m^3/h = 0.73kg/s$$

照明引起的温升 1.9℃。

干球温度 $t_R = 26 + 1.9 + 0.5 = 28.4$℃，含湿量 $d_R = d_N$ 为 0.011kg/kg$_{干空气}$，则焓值 i_R 为 56.77kJ/kg$_{干空气}$。

新回风混合状态点 O_1：

干球温度 t_{O1} 为 29.5℃，焓值 i_{O1} 为 73.8kJ/kg$_{干空气}$。

冷却盘管负荷：

$$Q_L = G_S(i_{O1} - i_L) = 2.3 \times (73.8 - 26.46) = 108.9kW$$

内区最小送风量与其最小得热量有关，与室外温度及太阳得热无关，仅取决于内部使用情况，最小送风量取设计风量的 40%，即 2760m^3/h。

7.17.5 机组选型

（1）风机选择

根据 7.17.4 章节中关于一次风最大风量与最小风量的计算：

对于负责外区的低温送风系统，最大送风量为 10000m^3/h，最小送风量为 5700m^3/h。

对于负责内区的低温送风系统，最大送风量为 6900m^3/h，最小送风量为 2760m^3/h。

（2）冷却盘管选择

在低温送风系统中，冷却盘管的选择，由于许多设计参数与一般设计不同，而具有更重要的意义。与常温系统冷却盘管相比，低温送风系统冷却盘管具有下列特点：

① 进入盘管的冷水温度和离开盘管的空气温度较低，盘管的进水温度和出风温度比较接近，冷水（或二次冷媒）的温升较大；

② 冷却盘管的排数和单位长度翅片数较多；

③ 通过冷却盘管的面风速较低；

④ 通过冷却盘管水侧和空气侧的压降变化范围较大；

⑤ 在部分负荷条件下，尤其在进水温度和出风温度非常接近和大温差水系统中，冷水侧的流量小、流速低，有可能转变成层流。此时，盘管的传热性能会急剧降低，导致出风温度上升。与此同时，控制系统又使水阀开大，冷水流动又从层流转变成紊流，使出风温度下降，最终造成系统出风温度不稳定；

⑥ 盘管冷凝水量大，在叠放式盘管之间需设置中间冷凝水盘。由于冷凝水量较大，具有一定清洗效果，减少了尘埃和污垢在盘管上积聚。

参考《实用供热空调设计手册》中 9℃送风时冷却盘管所需排数与冷水供、回水温差的关系，6 排可以满足设计需求。见表 7-122。

表 7-122　9℃送风时冷却盘管所需排数与冷水温度的关系（节选）

冷却盘管排数		进入盘管冷水温度				
		2℃	3℃	4℃	5℃	6℃
6 排	送风温度（℃）	满足	满足	满足	满足	满足
	冷水供回水温差范围（℃）	2.8～11.1	2.8～9.6	2.6～9.0	2.7～7.2	2.7～5.0

7.17.6 末端设备选型

（1）变风量末端装置

变风量末端装置，外区北向采用并联式风机动力型，其带热水再热盘管；外区东、南、西向末端装置采用单风道冷热型；内区末端装置采用单风道单冷型。

单风道型变风量末端与主风管接管示意图如图7-115所示，其中D为一次风入口直径，末端与主风道连接采用硬质直管段风管连接，末端出风管段内衬保温消声材料。

风机动力并联型末端与主风管接管示意图如图7-116所示，上下游需设一段软连接，软连接应尽量设在变径上游，末端与主风道连接采用硬质直管段风管连接，末端出风管段内衬保温消声材料，并联风机末端回风口处设消声装置。

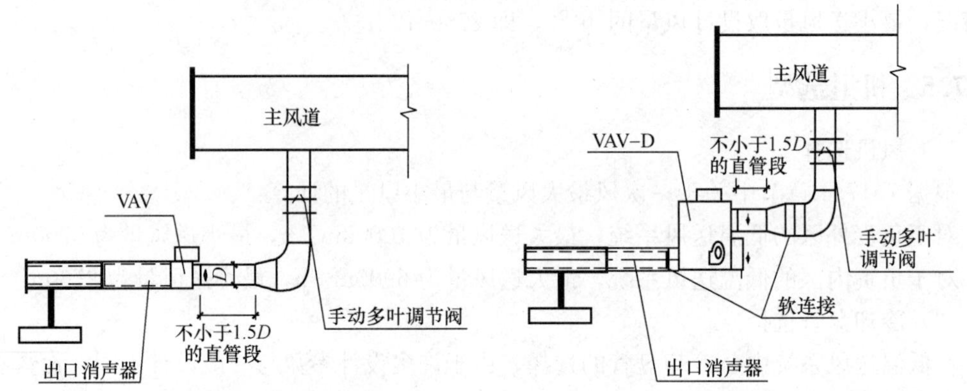

图7-115 单风道型变风量末端与主风道接管示意图

图7-116 风机动力并联型末端与主风道接管示意图

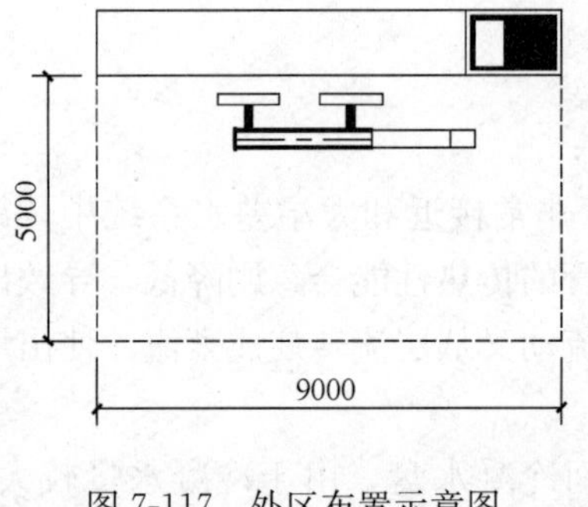

图7-117 外区布置示意图

（2）低温送风口

送风口的选取按以下步骤进行选择：确定风量要求；选择一种候选送风口类型及在房间或分区里的位置；确定房间或分区的特征长度，L；选择推荐的射程与特征长度之比值，(T/L)；选择射程距离（T）的范围；选择合适的送风口大小来满足流量与射程的要求；计算最大与最小流量的分离距离，并与房间或分区的特征长度相比较。

① 确定最大与最小风量要求

以标准层一个外区为例，其面积为45m^2，5m×9m，分区显热负荷2535W，新风量为225 m^3/L（图7-117）。

分区最大送风量根据下式计算。

$$G_{max}=\frac{q_{max}}{C_1(t_N-t_S)}=\frac{2535}{1.23\times(26-11.8)}=145.1\text{L/s}=523\ \text{m}^3/\text{h}$$

式中 G_{max}——分区最大送风量，(L/s)；

q_{max}——分区最大显热冷负荷，(W)。

分区最小送风量根据下式计算。

$$G_{\min}=\frac{q_{\min}}{C_1(t_N-t_S)}=\frac{1600}{1.23\times(26-11.8)}=91.6\text{L/s}=330\text{ m}^3/\text{h}$$

式中 $G_{\min}$——分区最小送风量，(L/s)；

$q_{\min}$——分区最小显热冷负荷，(W)。

② 选择风口类型及布置位置

选择条缝型低温送风口，外区送风口靠近室外幕墙布置，内区送风口沿走道墙线均匀布置。

③ 确定房间特征长度

条缝型送风口，距墙边布置，特征长度 L 为 5m。

④ 选择推荐的射程/特征长度比值，T/L

分区冷负荷 4628W，冷负荷指标 102.8W/m²，查表 7-123，得到推荐的射程/特征长度比值 T/L 为 0.5～3.3。

表 7-123 性能指标选择指南（条缝型）

散流器类型	末端风速 (m/s)	房间负荷 (W/m²)	最大 ADPI 时 T/L 值	最大 ADPI	ADPI 应大于	T/L 范围
条缝型	0.5	252	0.3	85	80	0.3～0.7
		189	0.3	88	80	0.3～0.8
		126	0.3	91	80	0.3～1.1
		63	0.3	92	80	0.3～1.5
	0.25	126	1.0	91	80	0.5～3.3
		63	1.0	91	80	0.5～3.3

⑤ 计算射程 T 范围。

T=0.5～3.3L，即推荐的射程为 2.5～16.5m。

⑥ 选择条缝送风口型号和数量

根据某低温送风送风口样本，送风口有效长度为 1200mm，单侧出风。采用 2 个送风口，每个送风口送风 261.5m³/h。送风口最大风量时射程为 8.1m，风口静压差为 35Pa；最小风量时射程为 4.9m，风口静压差为 18Pa。

参考上步得到的推荐射程范围，选取型号满足要求。

⑦ 计算分离点距离

分离距离 x_s 是从散流器到射程脱离顶棚的那个点之距离。分离点与送风量的四分之一次方成正比，风量越大，分离点距离越长。最短的分离点将发生在输送最小送风量时，其根据下式进行计算。

$$x_s=aC_s K^{\frac{1}{2}}\left(\frac{\Delta T}{T}\right)^{-1/2} Q^{1/4}\,\Delta P^{3/8} \tag{7-82}$$

式中 a——常数，0.0689；

C_s——分离系数，1.2；

K——送风口的速度衰减系数，条缝型为 5.5；

ΔT——射流温差，(℃)；

T——房间热力学温度，(K)；

Q——房间送风量，(L/s)；

ΔP——送风口静压差，(Pa)。

代入所选送风口样本参数，分离点距离为6.8m，大于房间的特征长度5m，所选送风口满足要求。

7.17.7 系统控制

(1) 变风量末端装置控制要求

① 内区变风量末端采用单风道末端装置，控制类型为单冷型。

其具体控制为：当室温高于设定温度时，末端装置从最小风量向最大设定风量调节冷风量。

② 外区（北向除外）变风量末端采用单风道末端装置，控制类型为供冷、供热型。

其具体控制为：在供冷模式下，当房间温度升高时，末端装置从最小设定值向最大设定值调节冷风量；在供热模式下，如果房间温度降低，末端装置从最小设定值向最大设定值调节风量。

③ 外区北向变风量末端采用带有热水再热盘管的并联式风机动力型末端装置。

其具体控制为：供冷模式下，并联风机关闭，控制与单风道末端装置相同；供热模式下，当房间温度降低时，末端装置从最小值向最大值调节风量，当房间温度低于供热设定温度时，末端风机启动，比例调节水阀打开，房间温度低于供热设定温度1.1℃时，比例调节水阀全部打开。

(2) 低温送风变风量空调机组控制要求

① 根据送风管静压设定值控制送风机转速；

② 当送风机转速在低限设定值以上时，表冷器电动阀通过对水流量控制保持送风温度不变；

③ 当送风机转速在低限设定值时，表冷器电动阀通过对水流量控制保持回风温度或室内温度不变；

④ 新风阀设有两个开度，冬、夏季运行时，为保障房间人员新风量要求，新风阀保持最小开度，维持最小新风量不变，调节回风阀开度以改变送风量。过渡季节实现全新风运行，保持新风阀最大开度，同时关闭回风阀。

(3) 防止风口结露控制措施

监测室内露点温度，并进行结露报警，联锁关闭相应水阀。

7.18 温湿度独立控制空调系统

温湿度独立控制空调系统（Temperatureand Humidity Independent Control of air-conditioningsystem 简称THIC空调系统）是一种将室内湿度、温度分开调节的空调理念，从这一理念出发湿度控制系统、温度控制系统的处理设备有多种形式，空调系统也有多种方案。本节将介绍湿度控制系统、温度控制系统的负荷计算方法和干燥地区、潮湿地区的

THIC空调系统的全年解决方案及运行调节策略。

7.18.1 温湿度独立控制空调系统概述

（1）温湿度独立控制空调系统基本原理

温湿度独立控制空调系统的基本组成如图7-118所示，包括温度控制系统与湿度控制系统，两个系统独立调节分别控制室内的温度和湿度。

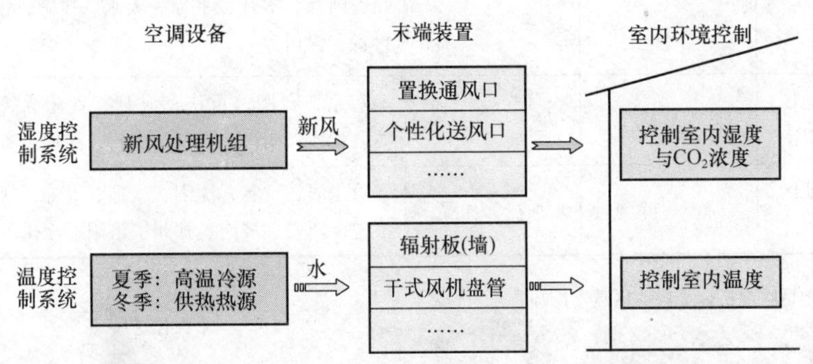

图7-118 温湿度独立控制空调系统工作原理

温度控制系统包括：高温冷源、余热消除末端装置，推荐采用水或制冷剂作为输送媒介，尽量不用空气作为输送媒介。由于除湿的任务由独立的除湿控制系统承担，因而显热系统的冷水供水温度不再是常规冷凝除湿空调系统的7℃，而可以提高到16～18℃，从而为天然能源的使用提供了条件，即使采用机械制冷方式，制冷机的性能系数也有大幅度的提高。余热消除末端装置可以采用辐射板、干式风机盘管等多种形式，由于供水的温度高于室内空气的露点温度、因此室内末端运行在干工况情况。不会产生冷凝水，从而避免了冷凝水滋生细菌致使室内空气品质恶劣的问题发生。

湿度控制系统同时承担去除室内CO_2、异味，以保证室内空气质量的任务。湿度控制系统包括：新风处理机组、送风末端装置。采用新风作为能源输送的媒介，并通过改变送风量来实现对湿度和CO_2的调节。

（2）温湿度独立控制空调系统方案总述

温湿度独立控制空调系统包括温度控制系统和湿度控制系统两部分，其核心思想是利用两个系统分别承担室内温度、湿度控制任务来满足热湿环境营造需求。针对不同的气候、地域条件及建筑类型、负荷特点等，温湿度独立控制空调系统可以有多种不同的形式和方案，参见图7-119。由于不同地域的气候条件不同，在设计温湿度独立控制空调系统时可应用的资源条件也就不同。

我国幅员辽阔，各地气候存在着显著差异，图7-20给出了我国典型城市的最湿月室外月平均含湿量的情况。根据室外气象条件可分为干燥地区和潮湿地区。结合我国相关规范的规定：长江以北的区域供暖，以南的区域冬季不供暖。可以按照室外气候条件，将我国划分为三个区域。其中Ⅰ区和Ⅱ、Ⅲ区的分界线为干燥区域和潮湿区域的分界线，Ⅱ区和Ⅲ区的分界线为我国重要的地理分界线——秦岭淮河一线。区域Ⅰ为西北干燥地区、区域Ⅱ为秦岭淮河一线以南的潮湿地区，区域Ⅲ为秦岭淮河一线以北的潮湿地区。三个区域冬夏季对新风的处理要求详见表 7-124。

表 7-124　我国主要城市所处气候分区表

分区	夏季对新风的处理要求	冬季对新风的处理要求	代表地区
Ⅰ区——干燥地区	降温	加热、加湿	博克图、呼玛、海拉尔、满洲里、克拉玛依、乌鲁木齐、呼和浩特、大柴旦、大同、哈密、伊宁、西宁、兰州、阿坝、喀什、平凉、天水、拉萨、康定、酒泉、吐鲁番、银川
Ⅱ区——潮湿地区（秦岭淮河一线以南）	降温、除湿		南京、合肥、重庆、成都、贵阳、武汉、杭州、宁波、长沙、南昌、福州、广州、深圳、海口、南宁
Ⅲ区——潮湿地区（秦岭淮河一线以北）	降温、除湿	加热、加湿	哈尔滨、长春、沈阳、太原、北京、天津、大连、石家庄、西安、济南、郑州、洛阳、徐州

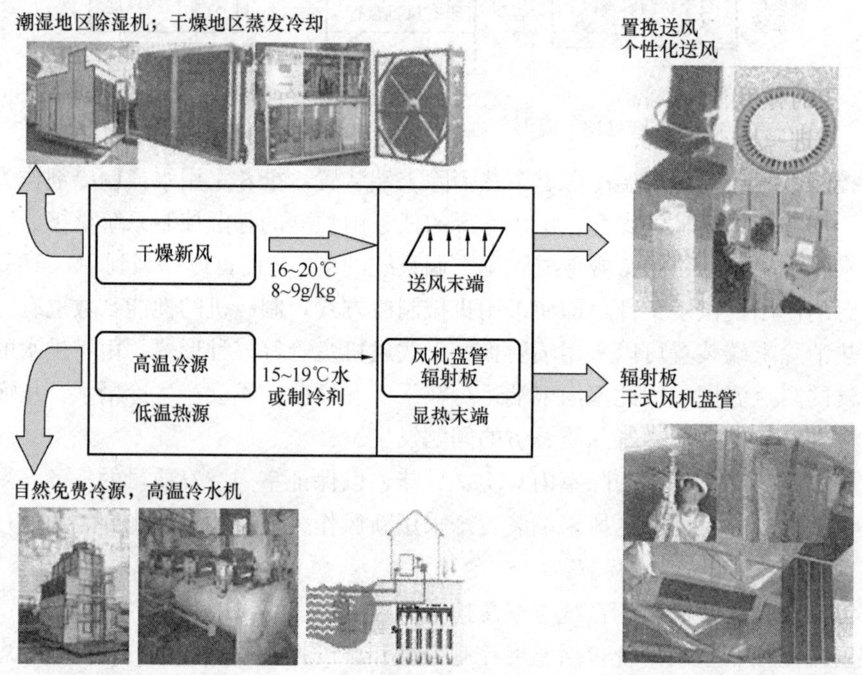

图 7-119　温湿度独立控制空调系统的组成形式

表 7-124 给出了一些代表地区的室外湿度状况。在干燥地区，室外空气比较干燥，空气处理过程的核心任务是对空气的降温处理过程。在潮湿地区，需要对新风除湿之后才能送入室内，空气处理过程的核心任务是对新风的除湿处理过程。

在气候干燥地区，室外空气干燥、含湿量水平低，低于室内设计参数对应的含湿量水平，因而可以将室外干燥空气作为室内潜热负荷排出的载体，此时只需向室内送入适量的室外干燥空气（一般经间接或直接蒸发冷却后送入室内）即能达到控制室内湿度的要求。由于室外空气干燥，可以通过间接蒸发冷却方式制得的冷水来满足干燥地区室内温度的控制要求。因此，在干燥地区应当充分利用室外干燥空气的可能用来满足建筑环境控制的目的。

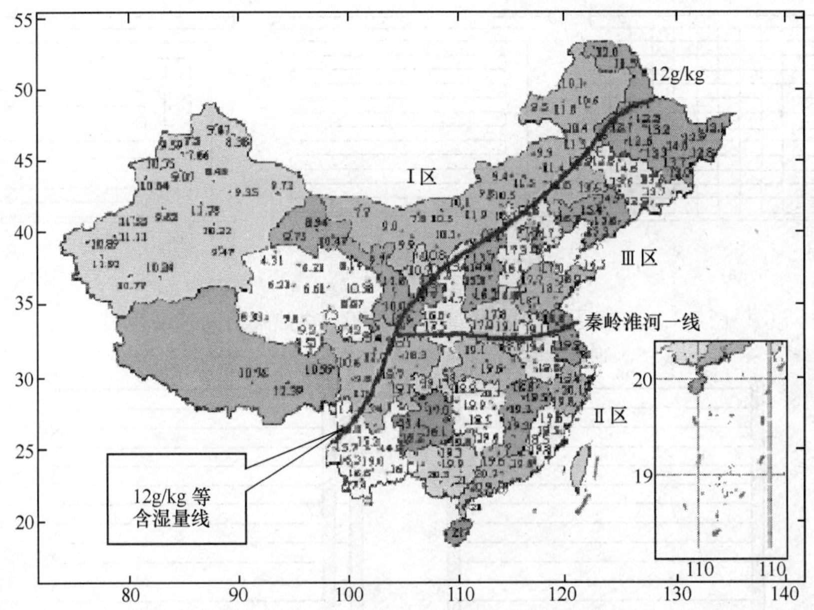

图 7-120 我国各地区最湿月份室外平均含湿量情况（g/kg）

在气候潮湿地区，室外空气的含湿量水平较高，需要对新风进行除湿处理后（送风含湿量低于室内含湿量）再送入室内。由于将温度、湿度分开控制，可以利用的自然能源范围远大于常规系统的冷源范围。如果地质构造、环境水平等条件合适，如江河湖水、深井水等都可以直接作为这些地区温度控制系统的高温冷源。当无法应用上述自然冷源时，高温冷水机组、高温多联机空调机组等人工冷源形式也可作为温度控制系统的冷源解决方案。

7.18.2 温湿度独立控制空调系统的组成

（1）室内显热末端装置

温度控制系统的末端装置为换热装置，高温冷水、制冷剂等冷媒输送到末端换热装置后与室内空气、壁面等通过对流、辐射方式进行换热，实现对室内温度的控制。

① 辐射板

辐射板内供冷/供热管的布置形式很多，混凝土结构辐射地板和轻薄型辐射地板内供冷/供热管的常用布置形式如图 7-121 所示，其中以回折型布置时地面温度分布最均匀；毛细管型辐射板内供冷/供热管的布置形式如图 7-122 所示；金属辐射板内供冷/供热管的典型布置形式如图 7-123 所示。

管路的压力损失 ΔP 包括沿程阻力损失 ΔP_m 和局部阻力损失 $\Sigma\Delta P_j$，计算式如下：

$$\Delta P=\Delta P_m+\Sigma\Delta P_j=\left(\lambda\frac{L}{d}+\Sigma\xi_i\right)\frac{\rho v^2}{2}=L\cdot R_L+\Sigma\xi_i\cdot\frac{\rho v^2}{2} \tag{7-83}$$

式中 R_L——比摩阻（单位长度摩擦压力损失），Pa/m；

λ——摩擦阻力系数；

ξ_i——局部阻力系数；

L、d——分别为管道长度和内径（m）；

ρ——冷/热媒的密度（kg/m³）；

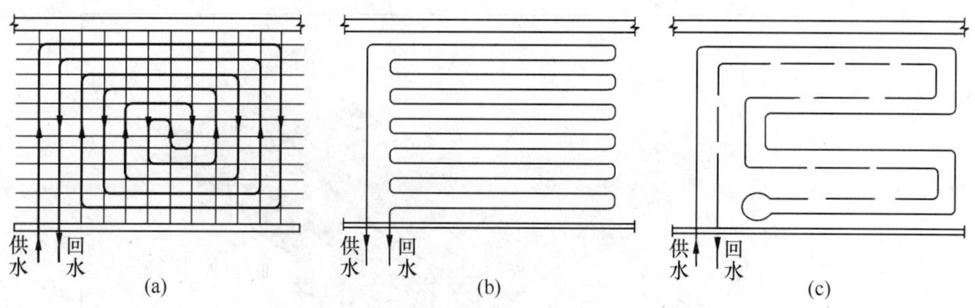

图 7-121 混凝土结构和轻薄型辐射板内供热/冷管的布置形式

(a) 回折型布置；(b) 平行型布置；(c) 双平衡布置

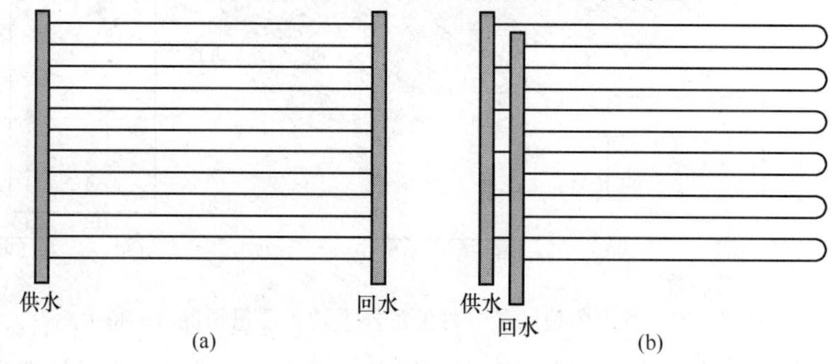

图 7-122 毛细管型辐射板内供热/冷管的布置形式

(a) 供回水异侧；(b) 供回水同侧

v——冷/热媒的流速（m/s）。

混凝土结构、轻薄型和金属辐射板供冷/供热管内流速通常为 0.5～1.0m/s，为紊流或过渡流，单位长度摩擦阻力损失 R_L 值可按图 7-124 取值。毛细管型辐射板毛细管内流速通常为 0.05～0.2m/s，为层流，比摩阻 R_L 参照图 7-125。局部阻力系数可按表 7-125 取值。

图 7-123 金属辐射板内供热/冷管的布置形式

表 7-125 局部阻力系数

管路附件	曲率半径≥5d_0的90°弯头	直流三通	旁流三通	合流三通	分流三通	直流四通
ξ值	0.3～0.5	0.5	1.5	1.5	3.0	2.0
管路附件	分流四通	乙字弯	括弯	突然扩大	突然缩小	压紧螺母连接件
ξ值	3.0	0.5	1.0	1.0	0.5	1.5

A. 混凝土结构辐射地板

辐射地板通常由混凝土与辐射盘管共同构成，是一种“水泥核心”的结构形式。它沿袭了辐射供暖楼板思想而进行设计，将特制的塑料管（如高交联度的聚乙烯 PE 为材料）或不锈钢管，在楼板浇筑前将其排布并固定在钢筋网上，浇筑混凝土后，就形成“水泥核心”结构。如图 7-126 所示。这种辐射板结构工艺较成熟，造价相对较低。由于混凝土楼

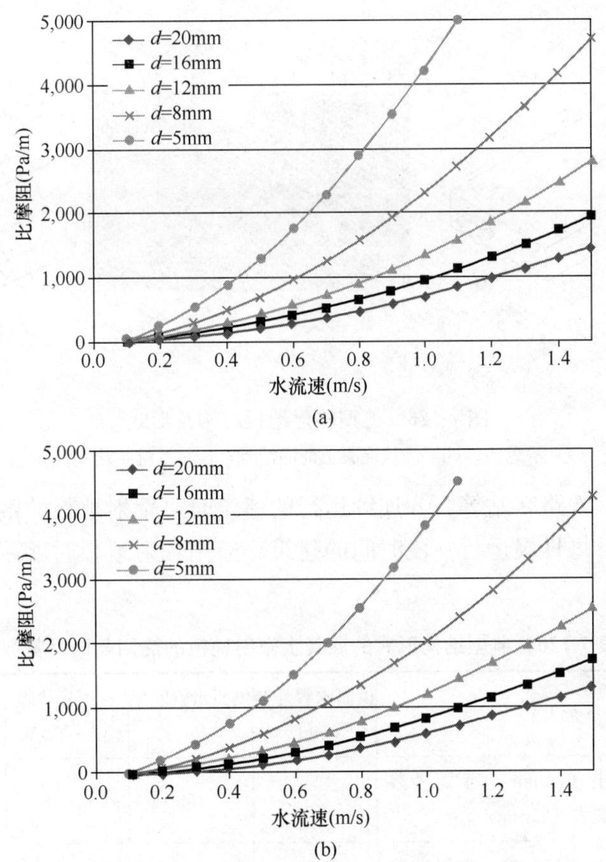

图 7-124 混凝土结构、轻薄型和金属辐射板内供热/冷管的比摩阻

(a) 冷水温度 20℃；(b) 热水温度 40℃

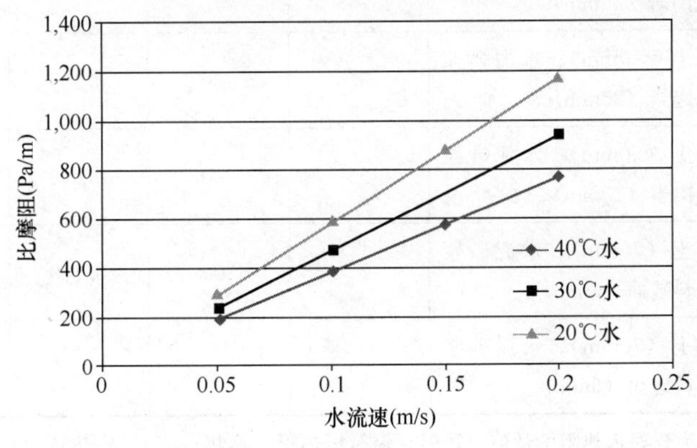

图 7-125 毛细管型供热/冷管的比摩阻

板具有较大的蓄热能力，因此可以利用此类型辐射板实现蓄能。但从另一方面看，系统惯性大、启动时间长、动态响应慢，有时不利于控制调节，需要很长时间的预冷或预热时间。

表 7-126 给出了一些典型结构形式的混凝土辐射地板的热阻以及时间常数。可以看出，这类辐射末端的时间常数较长，即需要一定的时间才能达到较为稳定的供冷/供热效

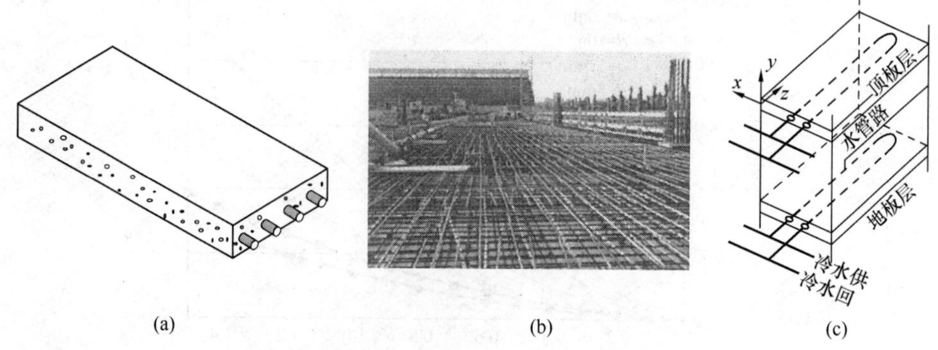

(a) (b) (c)

图 7-126 典型辐射地板结构及形式
(a) 示意图；(b) 浇筑混凝土前的情景；(c) 系统结构示意图

果。当应用于机场、铁路客站等 24h 连续运行的建筑时，辐射地板的蓄热特性和热惯性并无显著影响；但对于每日仅运行一段时间的建筑，应用辐射地板时就需要对其热惯性给予充分的关注。

表 7-126 典型结构形式的混凝土辐射地板的热阻与时间常数

结构（由下至上）		供回水管外径（mm）	供回水管间距（mm）	辐射板热阻（m²·℃/W）	时间常数（h）	
					地板供冷	地板供热
结构Ⅰ	豆石混凝土（70mm）、水泥砂浆（25mm）、花岗岩（25mm）	20	150	0.098	3.8	3.2
结构Ⅱ	豆石混凝土（70mm）、水泥砂浆（25mm）、花岗岩（25mm）	20	200	0.116	4.2	3.4
结构Ⅲ	豆石混凝土（70mm）、水泥砂浆（25mm）、花岗岩（25mm）	20	250	0.138	4.6	3.7
结构Ⅳ	豆石混凝土（70mm）、水泥砂浆（25mm）、花岗岩（25mm）	25	200	0.107	4.0	3.3
结构Ⅴ	豆石混凝土（50mm）、水泥砂浆（25mm）、花岗岩（25mm）	25	200	0.098	3.2	2.6
结构Ⅵ	豆石混凝土（70mm）、水泥砂浆（25mm）、塑料地面（3mm）	25	200	0.160	3.7	2.9
结构Ⅶ	豆石混凝土（70mm）、水泥砂浆（25mm）、塑料地面（5mm）	25	200	0.200	4.1	3.1

注：表中辐射板热阻为辐射板热阻的数值（热阻＝辐射板热阻＋换热热阻），换热热阻相对于辐射板热阻而言很小。各种材料导热系数取值分别为：豆石混凝土为 1.84W/（m·℃）；水泥砂浆为 0.93W/（m·℃）；花岗岩为 3.93W/（m·℃）；PERT 塑料水管为 0.4W/（m·℃）；塑胶地面为 0.05W/（m·℃）。

B. 轻薄型辐射地板

轻薄型辐射地板是一种热惯性较小的辐射地板形式。相对于热惯性较大的混凝土填充式辐射地板，该方式将管路直接铺设在带沟槽的保温板中，或者将管路于保温板制成一体化模块，然后可直接将装饰地板铺设在保温板或模板上。

目前，轻薄型辐射地板主要包括两类：一类是预制沟槽保温板，另一类是预制轻薄辐射板。预制沟槽保温板地面将水管设在带预制沟槽的泡沫塑料保温板的沟槽中，水管与保温板沟槽尺寸吻合且上皮持平，一般敷有金属板或金属膜构成的均热层，是一种不需要填充混凝土即可直接敷设面层的辐射地板形式，如图 7-127。预制轻薄敷设地板是由保温基板、支撑龙骨、塑料水管、铝箔层等组成的一体化薄板，如图 7-128。轻薄型敷设地板是近十年内发展起来的新型敷设地板形式，目前已在一些住宅供暖中使用。他的特点是结构简单、施工方便、管路易于维修；而且由于在此类辐射地板中没有混凝土填充层，所以整个地板系统占用的空间高度仅 2～7cm，重量也大大降低。

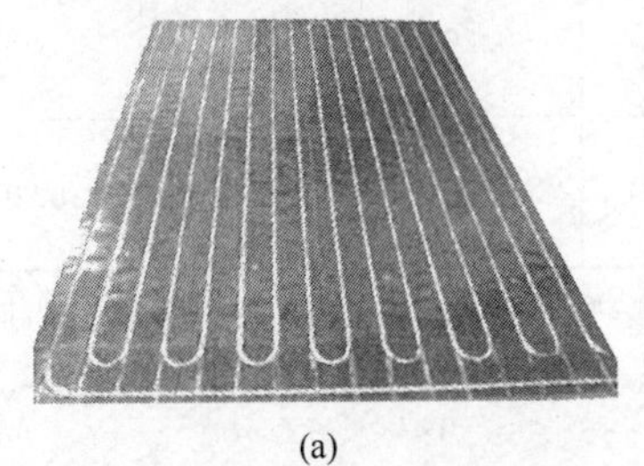
(a)

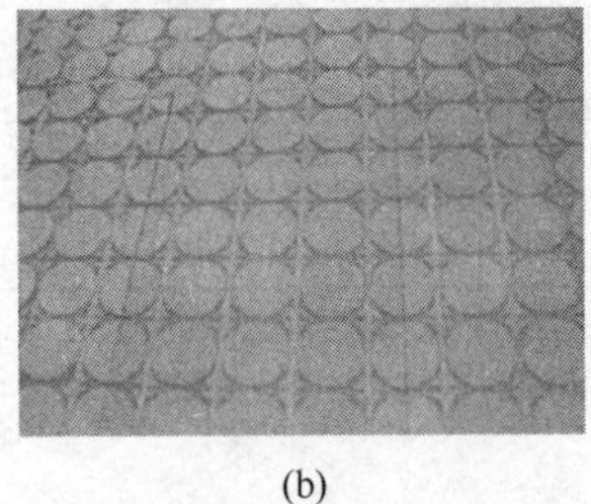
(b)

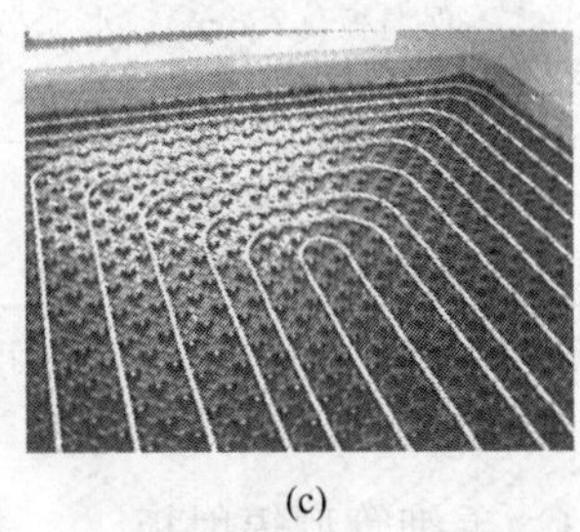
(c)

图 7-127　典型预制沟槽保温板形式

(a) 形式Ⅰ；(b) 形式Ⅱ；(c) 形式Ⅲ

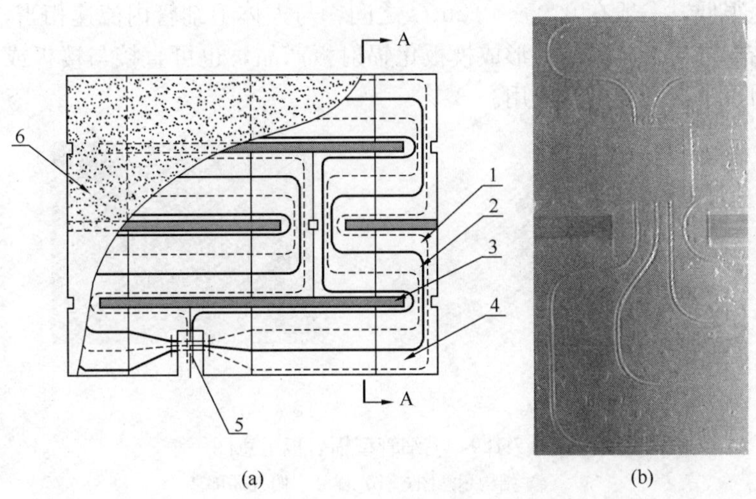

图 7-128　典型预制轻薄供暖板形式

(a) 供暖板平面示意图；(b) 供暖板实物图

1—加热管（供水端）；2—加热管（回水端）；3—龙骨；

4—保温基板；5—支路分集水器；6—铝箔

表 7-127 给出了典型结构形式的轻薄型辐射地板的热阻以及时间常数，辐射地板的热阻集中在 0.2～0.3（m^2·℃）/W。从轻薄型辐射地板热惯性的计算结果可以看出，这类辐射末端的时间常数较小，即在较短时间内即可达到较为稳定的供冷/供热效果。因此应用轻薄型辐射地板供暖/供冷方式时，与混凝土型辐射地板末端相比热惯性大大减小，启动时间短、动态响应快。

表 7-127　典型结构形式的混凝土辐射地板的热阻与时间常数

结构（由下至上）		供回水管外径（mm）	供回水管间距（mm）	辐射板热阻（m^2·℃/W）	时间常数（h）	
					地板供冷	地板供热
结构Ⅰ	保温板（30mm）、铝箔（0.1mm）、木地板（10mm）	20	250	0.340	0.32	0.25
结构Ⅱ	保温板（25mm）、铝箔（0.1mm）、木地板（10mm）	16	150	0.239	0.27	0.22
结构Ⅲ	保温板（25mm）、水泥砂浆找平层和地砖（30mm）	16	150	0.204	1.17	0.96
结构Ⅳ	保温层（12mm）、铝箔（0.12mm）、木地板（10mm）	7	75	0.272	0.25	0.20

注：表中辐射板热阻为辐射板热阻的数值（热阻＝辐射板热阻＋换热热阻），换热热阻相对于辐射板热阻而言很小。

C. 毛细管型辐射板

毛细管型辐射板一般以塑料为材料，制成直径小（外径为2～3mm）、间距小（10～20mm）的密布细管，两端分水、集水联箱连接，形成“冷网格”结构，见图7-129。塑料管内水流速很低，一般在0.05～0.2m/s之间，与人体毛细管内流速相当，俗称毛细管结构。这一结构可与金属板结合形成模板化辐射板产品，也可直接与楼板或吊顶板连接，因此在改造项目中得到较广泛应用。

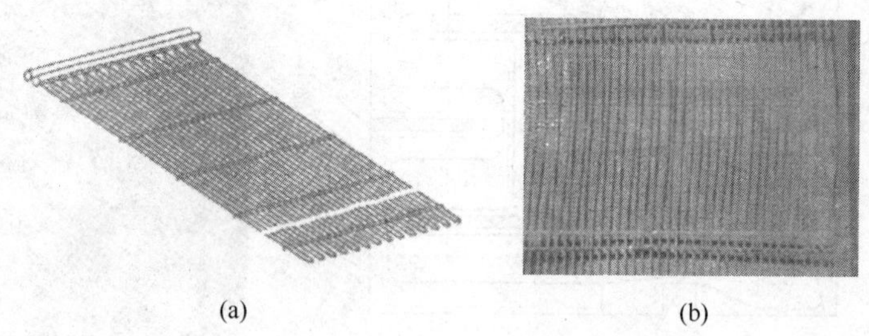

(a)　　(b)

图 7-129　毛细管型辐射板示意图

(a) 结构示意图；(b) 样品，俯视局部

表7-128给出了几种典型抹灰结构的毛细管辐射板组成及对应的热阻情况，毛细管外径为3.35mm。毛细管辐射板的热阻和时间常数均显著低于混凝土结构的辐射地板，其热阻集中在0.02～0.06（m^2·℃）/W范围内，时间常数在5～15min。

表 7-128　典型结构抹灰形式的毛细管辐射板的热阻与时间常数

填充材料		填充层厚度（mm）	供回水管间距（mm）	辐射板热阻（m^2·℃/W）	换热热阻（m^2·℃/W）	总热阻（m^2·℃/W）	时间常数（h）		
							顶板供冷	垂直壁面供冷或供暖	顶板供暖
结构Ⅰ	石膏[λ=0.45W/(m·K)]	20	15	0.046	0.004～0.007	0.050～0.053	11	12	13

续表

填充材料		填充层厚度(mm)	供回水管间距(mm)	辐射板热阻(m^2·℃/W)	换热热阻(m^2·℃/W)	总热阻(m^2·℃/W)	时间常数(h)		
							顶板供冷	垂直壁面供冷或供暖	顶板供暖
结构Ⅱ	石膏[λ=0.87W/(m·K)]	20	15	0.025	0.004～0.007	0.029～0.032	7	8	8
结构Ⅲ	石膏[λ=0.45W/(m·K)]	20	30	0.063	0.008～0.013	0.071～0.076	13	15	16
结构Ⅳ	石膏[λ=0.45W/(m·K)]	10	15	0.024	0.004～0.007	0.028～0.031	4	4	4
结构Ⅴ	水泥砂浆[λ=1.5W/(m·K)]	20	15	0.015	0.004～0.007	0.019～0.022	8	9	9

注：换热热阻与管内流速密切相关，表中数据是在0.05～0.2m/s常用流速范围内的热阻数值，流速越大相应的换热热阻越小。

D. 平板金属吊顶辐射板

此种辐射板是以金属，如铜、铝和钢为主要材料制成的模块化辐射板产品，主要用作吊顶板。从辐射板的坡面结构来看，其中间是水管，上面是保温材料和盖板，管下面通过特别的衬垫结构与下表面板相连，参见图7-130。由于这种结构的辐射吊顶板集装饰和环境调节功能于一体，是目前应用较为广泛的辐射板结构。此类型辐射板质量大、耗费金属较多，价格偏高，并且由于辐射板厚度和小孔的影响，其肋片效率较低，用红外线成像仪对辐射板表面温度分布测试时发现，表现温度分布不易均匀。

表7-129给出了一些典型结构尺寸的金融辐射板的热阻与时间常规，金属辐射板的时间常数非常小，在0.5min以内。

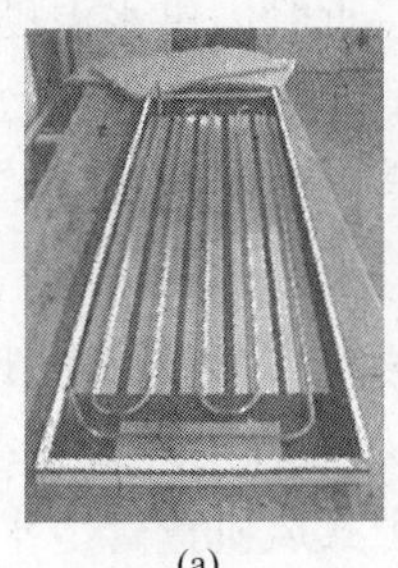
(a)

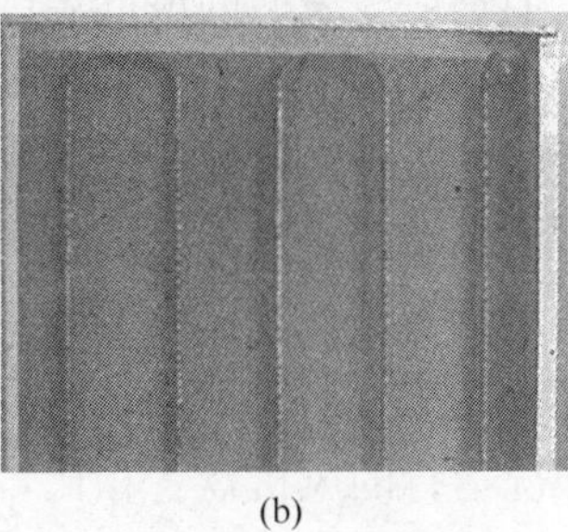
(b)

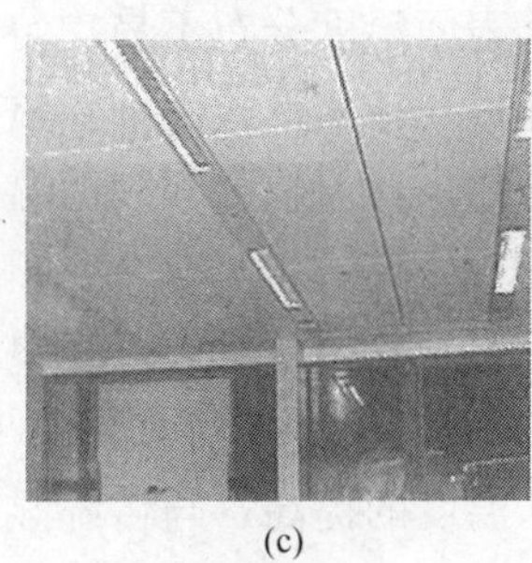
(c)

图7-130 平顶金属吊顶辐射板

(a) 样品全景；(b) 样品俯视局部；(c) 安装后的室内场景

表7-129 典型结构形式的金属辐射板的热阻与时间常数（铝制辐射板）

金属辐射板厚度δ(mm)		供回水管间距(mm)	辐射板热阻(m^2·℃/W)	换热热阻(m^2·℃/W)	总热阻(m^2·℃/W)	时间常数(h)	
						顶板供冷	顶板供暖
结构Ⅰ	0.5	80	0.009	0.001～0.002	0.010～0.012	0.2	0.2
结构Ⅱ	0.5	100	0.014	0.001～0.002	0.015～0.016	0.2	0.2
结构Ⅲ	1.0	100	0.007	0.001～0.002	0.008～0.009	0.3	0.3
结构Ⅳ	1.0	140	0.013	0.001～0.003	0.014～0.016	0.5	0.5
结构Ⅴ	1.5	140	0.009	0.001～0.004	0.010～0.013	0.5	0.5

注：换热热阻与管内流速密切相关，表中数据是在0.4～0.8m/s流速范围内的热阻数值，流速越大相应的换热热阻越小。

E. 强化对流换热的金属吊顶辐射板

在采用辐射末端装置供冷时，为防止辐射板表面结露，要求辐射板的表面温度需高于周围空气的露点温度，从而限制了辐射板的单位面积供冷量。在一定的辐射板安装面积下，增加对流换热能力是提高辐射板单位面积供冷量的一个有效措施。图 7-131 给出了一种对流强化式辐射板的实物图和安装效果图，辐射板对流换热面积是辐射板辐射换热面积的 1.2～1.6 倍，即辐射板对流换热面积比辐射换热面积增加了 20%～60%。

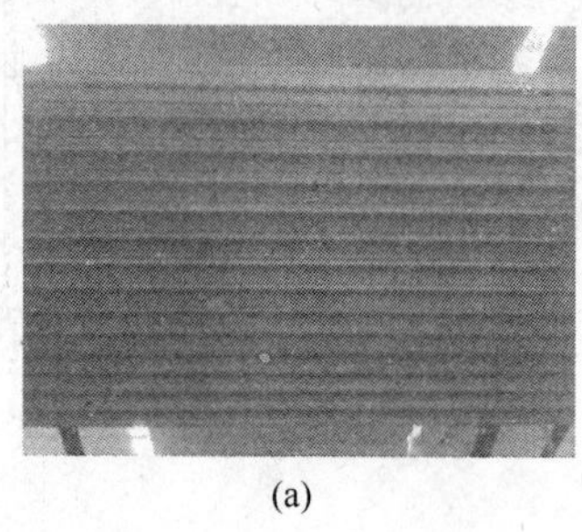

(a)

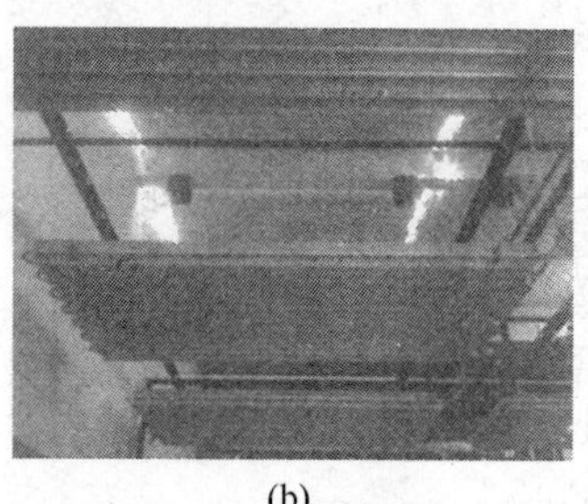

(b)

图 7-131　强化对流型金属辐射板实物图

(a) 实物图；(b) 安装效果图

此种辐射板存在着与上述介绍的平板金属吊顶辐射板同样的问题，金属耗量较大，辐射结构形式类似，仅是前者采用一定的角度倾斜安装辐射板以增加单位投影面积辐射板的对流换热部分的换热能力，辐射板的热阻与时间常数参见表 7-129。

本节所介绍的五种不同类型辐射板的性能，对于平顶金属吊顶辐射板和对流强化型金属辐射板，辐射板热阻沿着板厚度 δ 方向的热阻很小，主要热阻为沿着间距 L 方向的热阻，因而其表面温度分布不易均匀，但辐射板表面的最低温度接近管内供水温度。对于凝结水辐射地板、抹灰形式毛细管辐射板，辐射板沿着厚度方向的热阻很大，导致其表面温度分布较为均匀，但辐射板表面温度（或最低温度）与管内供水温度差距较大。

② 干式风盘

在温湿度独立控制空调系统中，风机盘管仅用于排除室内余热，承担温度控制任务，因此冷水的供水温度提高到 16～18℃，高于室内空气露点温度，盘管内并无凝结水产生。但由于供水温度的提高，与传统湿工况运行的风机盘管相比，干式风机盘管冷水与室内的换热温差大幅减小，降低了干式风机盘管单位面积的换热能力，干式风机盘管设计研究的关键是如何实现在较小换热温差下的高效换热。在承担相同显热负荷时，与湿式风机盘管相比，干式风机盘管需要投入更多的换热面积或更大的风量。

换热过程风量的增加并不一定意味着风机能耗增加，由于干式风机盘管换热过程不会出现凝结水、压力较小。可以避免由于风量过大带来的风机电耗的大幅度增加。与传统湿式风机盘管相比，由于不需要考虑排除凝水问题，风机盘管的结构就可以大大简化并形成一些新的结构设计。典型的设计思路是：

- 选取较大的盘管换热面积但较少的盘管排数，以降低空气侧流动阻力；
- 选用新的管束排布方式，尽量使得空气与冷水逆流换热，改善换热效果；
- 选用大流量、小压头、低电耗的贯流风机或轴流式风机，或以自然对流方式实现空气的侧流动；

●选取灵活的安装布置方式，例如吊扇形式，安装与墙角，工位转角等角落，充分利用无凝水盘和凝水管所带来的灵活性。

表7-130给出了行业标准《干式风机盘管机组》（报批稿）中对于干式风机盘管的性能要求。在名义供冷工况下，室内干球温度为26℃、湿球温度为18.7℃，冷水进/出口温度为16℃/21℃（室温与冷水进出口平均温度的差值为7.5℃），干式风机盘管单位风量的供冷量为2.0W/（m^3/h）；单位输入功率的供冷量在18～22W/W范围内。与传统湿工况风机盘管相比，由于冷水供水温度的提高，干式风机盘管单位风机输入功率的供冷量明显减小，仅为湿工况盘管中显热部分供冷量（40W/W）的50%左右。

表7-130　干式风机盘管性能性能（低静压机组，行业标准）

型号	额定风量（m^3/h）	输入功率（W）	名义供冷工况			名义供热工况		
			供冷量（W）	单位风量供冷量[W/（m^3/h）]	单位风机电耗供冷量（W/W）	供热量（W）	单位风量供热量[W/（m^3/h）]	单位风机电耗供热量（W/W）
FP-34	340	37	680	2.0	18	1490	4.4	40
FP-51	510	52	1020	2.0	20	2240	4.4	43
FP-68	680	62	1360	2.0	22	2990	4.4	48
FP-85	850	76	1700	2.0	22	3740	4.4	49
FP-102	1020	96	2040	2.0	21	4500	4.4	47
FP-136	1360	134	2720	2.0	20	5980	4.4	45
FP-170	1700	152	3400	2.0	22	7480	4.4	49
FP-204	2040	189	4080	2.0	22	8970	4.4	47
FP-238	2380	228	4760	2.0	21	10470	4.4	46

供冷工况：室内干球温度26℃、湿球温度18.7℃；冷水供水温度16℃、出水温度21℃。

供热工况：室内干球温度21.0℃，热水进口温度40.0℃，热水流量与供冷工况流量相同。

在干式风机盘管标准中，冷冻水进出盘管水温采用16℃/21℃，进出口水温差为5℃，与传统热湿工况运行的风机盘管的5℃水温差保持一致。这样干式风机盘管与传统湿工况运行风机盘管的冷冻水输送温差一致，冷水输配系统的耗能保持一致。

根据表7-131所示风机盘管的冬季供热性能，可以计算出在相同热水流量、不同供水温度和室温情况下，干式风机盘管的供热性能，计算结果参见表7-130。以FP-34型的风机盘管为例，当室温为21℃时，40℃热水进口温度对应的供热量为1490W，35℃热水进口温度对应的供热量为1098W；当室温为20℃时，40℃进口热水和35℃进口热水对应的供热量分别为1568W和1176W，远大于表7-130所示夏季供冷量680W，因此，采用干式风机盘管的室内显热末端时，一般供水温度在35℃即可满足冬季的供热要求。

表7-131　干式风机盘管冬季供热量

型号	供水40℃时供热量（W）			供水35℃时供热量（W）		
	室温21℃	室温20℃	室温19℃	室温21℃	室温20℃	室温19℃
FP-34	1490	1568	1647	1098	1176	1255

续表

型号	供水40℃时供热量（W）			供水35℃时供热量（W）		
	室温21℃	室温20℃	室温19℃	室温21℃	室温20℃	室温19℃
FP-51	2240	2358	2476	1651	1768	1886
FP-68	2990	3147	3305	2203	2361	2518
FP-85	3740	3937	4134	2756	2953	3149
FP-102	4500	4737	4974	3316	3553	3789
FP-136	5980	6295	6609	4406	4721	5036
FP-170	7480	7874	8267	5512	5905	6299
FP-204	8970	9442	9914	6609	7082	7554
FP-238	10470	11021	11572	7715	8266	8817

（2）新风处理方式

在温湿度独立控制空调系统中，送入新风的目的是为了满足室内人员卫生要求和排除室内余湿，即要求的送风含湿量低于室内设计含湿量水平（其差值用于带走室内人员等产湿）。在我国西北干燥地区，室外的空气本身非常干燥，新风处理的主要目的是对其降温，在保证送风含湿量需求的基础上可通过蒸发冷却等方法进行降温处理。而在潮湿地区，室外的空气含湿量比较高，需要对新风除湿处理后才能送入室内，新风处理的主要目的是对其除湿，可采用冷凝除湿、溶液除湿、固体除湿等多种方法。

①Ⅰ区的新风处理（西北干燥地区）

在我国西北部干燥地区，夏季室外含湿量很少出现高于12g/kg的情况。这时，可以通过向室外通入适量的干燥新风来达到排除室内余湿的目的，此时新风处理机组的主要任务是对新风进行降温。一般根据当地夏季室外空气状况，由直接或间接蒸发冷却新风机组制备18～21℃、8～10g/kg的新风送入室内，带走房间的全部湿负荷和部分显热负荷。蒸发冷却方式的送风状态取决于当地的干、湿球温度，在系统流程设计中，应准确地确定蒸发冷却的级数，合理控制送风除湿能力，以满足室内湿度要求。

A. 夏季蒸发冷却方式处理新风

利用蒸发冷却制备冷空气的方式，包括直接蒸发冷却方式、间接蒸发冷却方式以及间接与直接结合的蒸发冷却方式。直接蒸发冷却与间接蒸发冷却方式制备冷空气的装置原理及空气处理过程分别参见图7-132和图7-133。直接蒸发冷却过程对空气冷却的极限温度为进口空气的湿球温度，间接蒸发冷却方式出口空气的极限温度为进口空气的露点温度。在间接蒸发冷却过程中，被处理空气仅温度降低，含湿量不发生变化，实现的是等湿降温过程。图7-133所示的是外冷式间接蒸发冷却装置，由蒸发冷却装置和显热换热器两个组件组成。间接蒸发冷却装置也可在直接蒸发冷却模块中嵌入显热排热过程，增加干通道冷却进风，从而实现内冷式间接蒸发冷却装置。

在上述直接蒸发冷却装置与间接蒸发冷却装置基础上，可以组成多级的蒸发冷却装置。图7-134所示为两组间接蒸发冷却装置构成的两级蒸发冷却系统，图7-135为间接、直接蒸发冷却相结合的两级蒸发冷却系统。在间接蒸发冷却装置中，二次风（即参与直接蒸发冷却过程的空气）的来源决定了进口空气可能被冷却的极限温度，当二次风为一次风

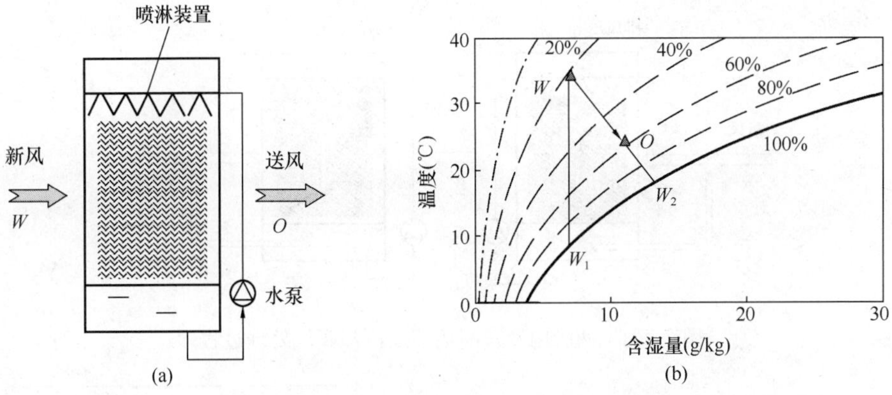

图 7-132 直接蒸发冷却空气处理装置

(a) 直接蒸发冷却模块；(b) 空气处理过程

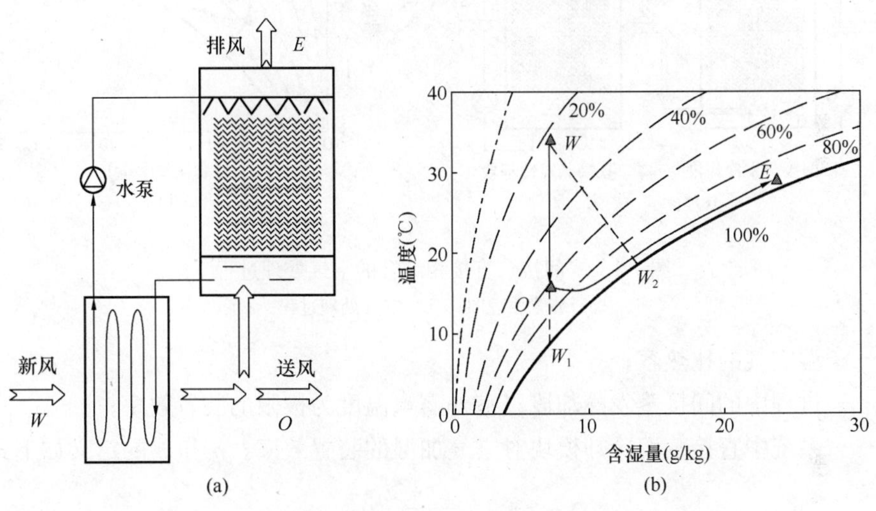

图 7-133 间接蒸发冷却空气处理装置

(a) 外冷式间接蒸发冷却模块；(b) 空气处理过程

出风的一部分时，如图 7-134 所示，间接蒸发冷却装置出口空气的极限温度为进口空气的露点温度。在图 7-135 所示的空气处理过程中，新风首先经过间接蒸发冷却等湿降温，之后经过直接蒸发冷却降温加湿，其空气处理过程，如图 7-135（b）所示，应用这种方式，空气被冷却的温度可低于室外空气的湿球温度，介于室外湿球温度和室外露点温度之间。

对于直接蒸发冷却、间接蒸发冷却以及直接和间接相结合的三种蒸发冷却方式，可通过下面两式来统一表示其出口空气参数。室外新风状态 W、相应的露点状态 W_1、湿球状态 W_2，经过蒸发冷却处理后的送风状态为 O，参见图 7-132 和图 7-133。送风状态的温度和含湿量可分别表述为

$$t_o = t_w - \eta_1 \cdot (t_w - t_{w1}) - \frac{r}{C_{p,m}}(d_o - d_w) \tag{7-84}$$

$$d_o = d_w + \eta_2 \cdot (1 - \eta_1) \cdot (d_{w2} - d_w) \tag{7-85}$$

式中 r——水蒸气的汽化潜热；

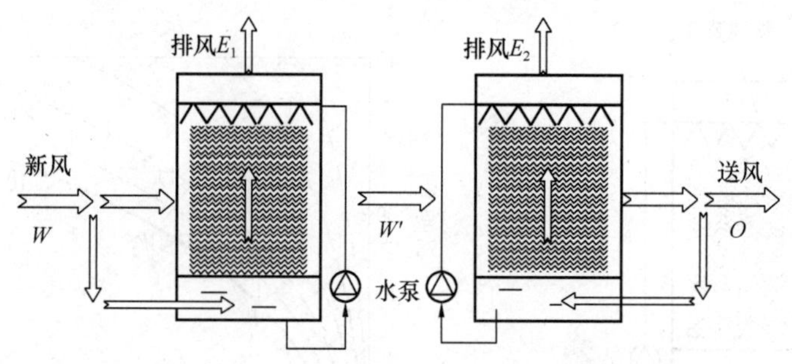

图 7-134　两级内冷式间接蒸发冷却新风处理过程

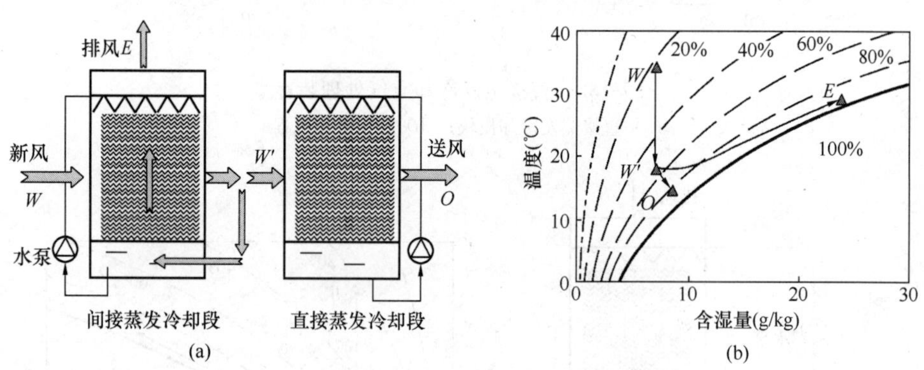

图 7-135　间接、直接相结合的空气处理过程

(a) 装置原理图；(b) 空气处理过程

$C_{p,m}$——湿空气的比热容；

η_1——过程中的间接蒸发冷却段以室外露点温度为极限的装置效率；

η_2——系统中直接蒸发冷却模块对空气加湿的装置效率。η_1和η_2的定义如下式所示：

$$\eta_1 = \frac{t_w - t_1}{t_w - t_{w1}} \tag{7-86}$$

$$\eta_2 = \frac{d_w - d_o}{d_w - d_2} \tag{7-87}$$

式中　t_1——间接蒸发冷却出口空气干球温度；

d_2——直接蒸发冷却段进口空气的湿球温度下饱和空气的含湿量。

由此，对三种不同的蒸发冷却方式，可得到上两式中各系数的不同取值：

直接蒸发冷却方式：$\eta_1=0$；$0<\eta_2\leqslant 1$；

间接蒸发冷却方式：$\eta_2=0$；$0<\eta_1<1$；

间接、直接相结合方式：$0<\eta_1<1$；$0<\eta_2<1$。

对于内冷式和外冷式间接蒸发冷却装置，由式$\eta_1=\frac{t_w-t_1}{t_w-t_{w1}}$表示的间接蒸发冷却的露点效率$\eta_1$取决于一、二次风的比例和直接蒸发冷却过程的空气与水流量比，还取决于间接蒸发冷却模块的传热能力。对于间接、直接结合方式处理空气，由式$d_o=d_w+\eta_2\cdot(1-\eta_1)\cdot(d_{w2}-d_w)$可知，间接蒸发冷却段的效率$\eta_1$越高，系统对送风加湿的效率越低，这是由于间接蒸发冷却段的效率与越高，出口空气越接近饱和线，其再通过直接蒸发冷却加湿降温的驱动力越小。

对于目前各类蒸发冷却方式制备冷空气的装置，直接蒸发冷却装置结构简单，对空气加湿的效率可达到 90%甚至更高；而间接蒸发冷却装置，相对于室外露点温度而定义的空气降温效率一般在 40%～70%，取决于装置的结构形式与参数。

B. 冬季对新风的加湿处理

在干燥地区，冬季室外新风温度、含湿量都较低，需要经过加热加湿处理后才能送入室内，图 7-136 给出了冬季典型的新风处理装置及空气处理过程。室外低温、干燥的新风首先进入加热器中被加热，之后再进入喷淋塔中被加湿，达到适宜的参数后再送入室内。

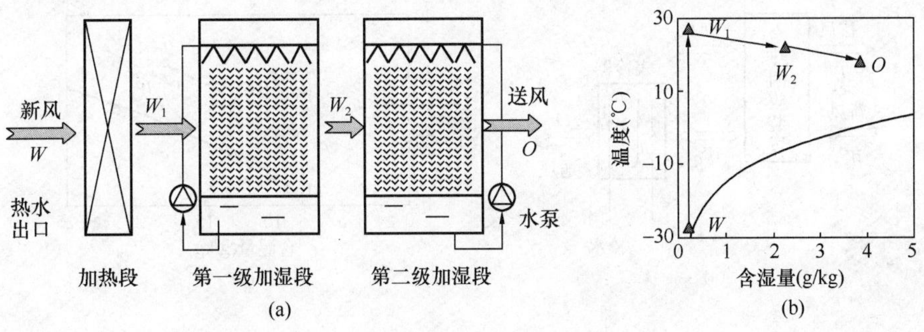

图 7-136　干燥地区新风冬季加湿处理过程

（a）装置原理图；（b）空气处理过程

② Ⅱ区的新风处理（潮湿地区——秦岭淮河一线以南）

在此区域内，夏季室外温度和含湿量都很高，需要实现对新风的降温除湿处理过程。如何实现高效的新风除湿处理过程是此区域新风处理的关键。本节重点介绍冷凝除湿、溶液除湿与固体吸湿材料除湿三种方式。图 7-137 给出了三种除湿方式的空气处理过程。

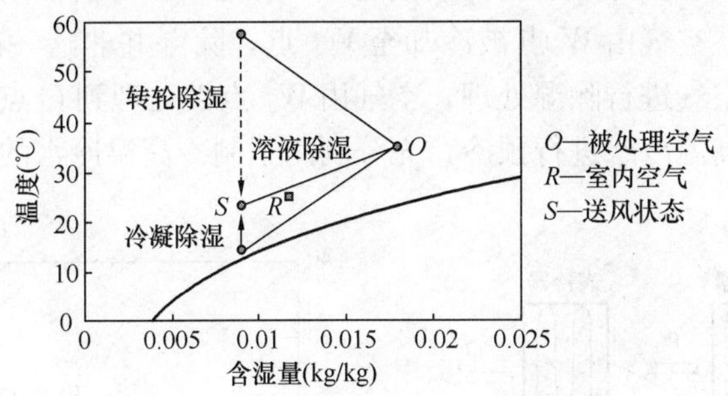

图 7-137　不同除湿方式的空气处理过程

A. 冷凝除湿处理方式

冷凝除湿方式对新风处理时，由于冷源温度较低，新风进口温度与冷源温度之间存在较大差异，两股流体间的换热过程存在较大的温度不匹配，会带来较大的传热损失。为了减少这种由于高低温差别较大的流体直接接触带来换热损失，利用合理的高温冷源对新风进行预冷从而实现新风的分级处理过程可以有效改善处理效果。另一方面，新风过程冷凝除湿方式处理后的状态接近饱和，在满足送风含湿量需求的情况下，送风温度一般较低，不适宜直接送入室内。为了避免再热过程带来能量浪费，可利用排风进行再热或利用新风自身进行再热。以下分别对新风的预冷处理方法和再热方式进行介绍。

a. 排风热回收预冷新风

通常建筑门窗等处的气密性较好时，在向建筑送入新风的同时需要从室内排除部分空气来维持室内空气的平衡。通过设置合理的排风系统，有组织地引出排风，并在新风与排风之间进行热回收，可以回收一部分能量。对于图 7-138 给出的带有全热回收装置的冷凝除湿新风处理系统，室外新风（W）经过全热回收后焓值降低，变化到 W_1 点，冷凝除湿过程需要处理的焓差减小，有效降低了新风处理的能耗，图中全热回收装置的显热回收效率取 0.6、潜热回收效率取为 0.55。

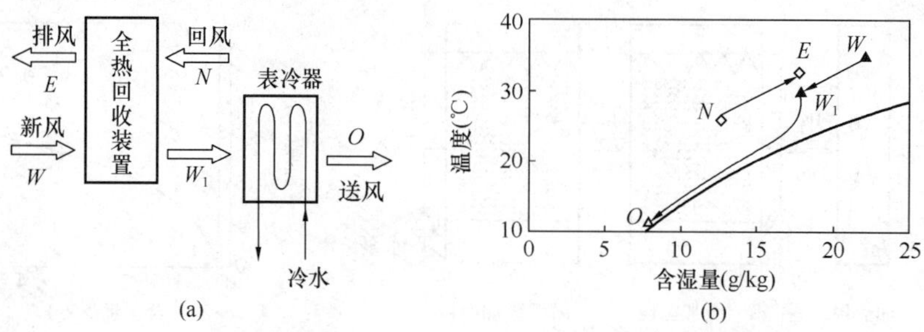

图 7-138　采用排风全热热回收预冷装置的冷凝除湿系统

（a）系统工作原理；（b）空气处理过程

b. 采用高温冷水预冷新风

为了提高新风除湿过程的效率，可以利用 THIC 空调系统中的高温冷水（16～18℃）先对室外新风进行预冷处理，然后再用低温冷水对预冷后的新风进一步除湿，如图 7-139 所示。高温冷水可以来源于地下等自然冷源，也可来自高温冷水机组。预冷过程中新风可以从室外的高温高湿状态被冷却至饱和或接近饱和状态，预冷阶段的主要任务是对室外不饱和新风的降温处理，空气由 W 点被冷却至 W_1 点，除湿并非这一阶段的主要任务；再利用低温冷水对饱和空气进行除湿处理，空气由 W_1 点被处理到 O 点，满足送风含湿量的要求。这一系列利用高温冷水进行预冷，充分利用了制冷高温冷水的高温冷源效率较高的优点。

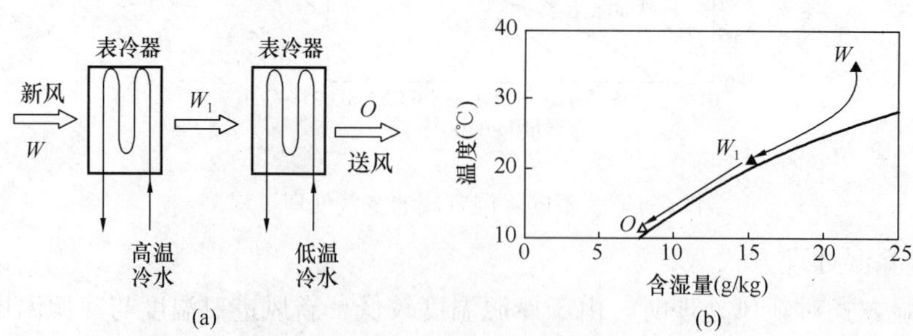

图 7-139　采用高温冷水预冷装置的冷凝除湿系统

（a）系统工作原理；（b）空气处理过程

图 7-139 所示利用高温冷水预冷的新风机组除湿处理过程需要通入低温冷水，这就使系统同时存在两套冷水输送系统。为了更灵活地布置新风换气机组，一些采用高温冷水预

冷的冷凝除湿机组对其空气处理过程进行改进，图 7-140 给出了一种新型的冷凝除湿新风机组的空气处理过程原理。在这种冷凝除湿的新风机组中，新风首先经过高温冷源设备。经过预冷处理后的新风在经过独立的热泵系统的蒸发器进一步除湿，以达到送风含湿量的要求，热泵系统的冷凝器侧可采用室内排风或冷却水带走冷凝器的排热量。在如图 7-140 所示的冷凝除湿新风处理装置中，蒸发器侧制冷直接膨胀蒸发，新风通过盘管与制冷剂直接换热后被除湿；利用室内回风经过独立热泵系统的冷凝器将热量带走。此新风处理装置设有内置的独立热泵循环进行除湿处理，整个空调系统中仅需要一套高温冷水输配系统进行预冷，机组布置更加灵活、方便。

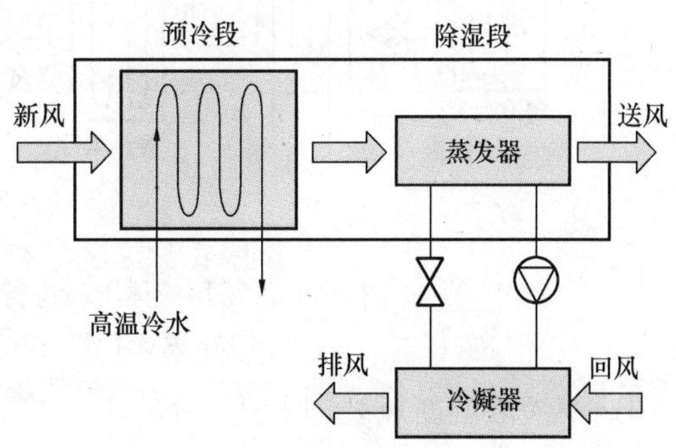

图 7-140 某种独立冷源形式的冷凝除湿新风机组原理图

上述介绍的各种冷凝除湿方式处理新风装置存在处理新风装置存在的一个普遍问题是：经过冷凝除湿后的送风温度偏低，当送风含湿量在 8～10g/kg 时，送风温度为 11.5～14.8℃。若如此低温的送风直接进入人员活动区，则会影响人员的热舒适，需要采用诱导性非常好的风口，并对气流组织进行仔细校核。因此，直接将冷凝除湿后的新风送入室内，还有可能造成部分负荷时室内过冷，还需要考虑将冷凝除湿后的新风进行“再热”，达到合适的温度后再送入人员活动区。再热方式可以有常规的电加热，蒸汽再热等途径，但这些再热方式会带来能源的浪费，在实际工程中应当尽量避免，除特殊工艺要求外不采用电再热，蒸汽再热方式。利用室内排风或新风自身进行再热等都是可行的方式，能够实现对冷凝除湿后空气的再热处理，并尽量减少再热过程带来的能量消耗。

a. 利用室内排风再热送风

图 7-141 给出了一种再热送风的方式，除湿处理后的新风（L）与室内回风（N）之间进行显热热回收，实现了对新风的再热处理（L 到 O）。回风经过与除湿处理后的新风之间的显热回收后温度降低（N_1），之后再进入全热回收装置与新风进行全热换热，对新风进行预冷（W 到 W_1）。上述过程利用回风对除湿后新风进行再热，回风又将再热过程获得的冷量携带至全热回收段并部分释放给新风，实现了对新风的预冷。

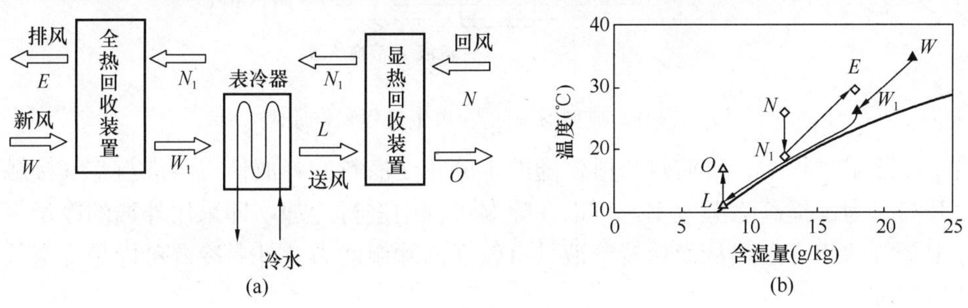

图 7-141 采用新风再热和排风预冷的冷凝除湿系统

（a）系统工作原理；（b）空气处理过程

b. 利用新风与送风间设置换热装置再热送风

利用液体工质进行预冷与再热（图 7-142）时，液体工质作为室外新风与除湿后的新风之间能量交换的媒介，可以实现对室外新风的预冷及对除湿后新风的加热。与图 7-141 所示的冷凝除湿处理流程相比，这种利用液体工质进行预冷和再热的冷凝除湿流程中工质是一个闭式循环。工质在循环过程中主要对新风的显热部分进行冷却和再热。

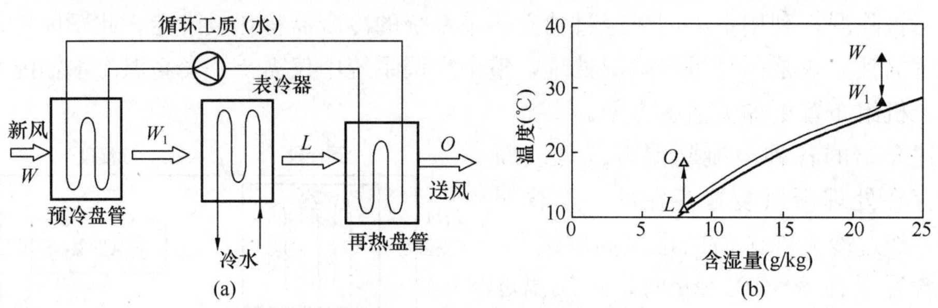

图 7-142　采用液体工质进行预冷和再热的冷凝除湿系统

（a）系统工作原理；（b）空气处理过程

B. 溶液除湿新风处理方式

典型的溶液除湿-再生循环过程工作原理如图 7-143 所示，左侧为除湿过程，右侧为再生过程。当空气中的水蒸气分压力大于溶液表面的水蒸气分压力时，水蒸气会由气态（空气）向液态（溶液）传递。随着质量传递过程的进行，空气的水分含量（含湿量）减少，即完成对空气的除湿过程。在除湿过程中，溶液由于吸收水分而被稀释，被稀释后溶液表面的水蒸气分压力逐渐增大，与空气间的压力差减小而失去了除湿能力。这时，被稀释后溶液需要进行再生，图中给出的是由热水提供溶液浓缩再生过程所需要的热量。由此完成除湿-再生一个完整的溶液循环处理过程。

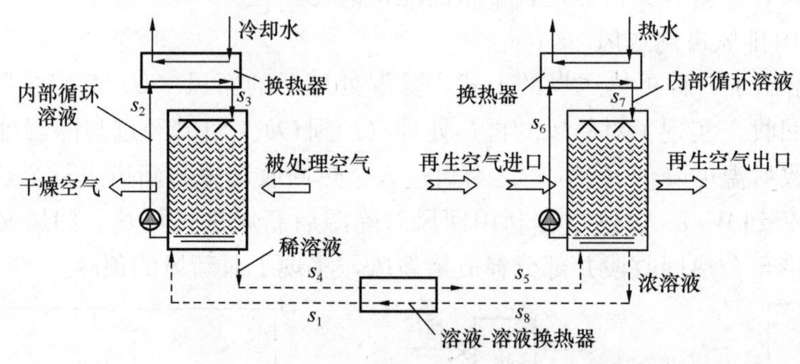

图 7-143　典型溶液除湿-再生过程工作原理

由于在除湿过程中，传质过程所伴随的水分相变潜热的释放使得溶液与空气接触体系的温度升高。为了提高除湿效率，可以在除湿过程中进行冷却，即采用外加的冷量带走除湿过程中释放的相变潜热从而保持溶液具有较强的除湿能力。外界冷源可以是冷空气、冷水、制冷剂等。

以溶液再生过程使用的热源方式不同，可分为热泵驱动的溶液除湿新风方式以及余热驱动的溶液除湿新风方式。在热泵驱动的装置中，新风处理机组内置有热泵循环（电能作为输入能源），热泵冷凝器的排热量用于浓缩再生溶液，热泵蒸发器的冷量用于冷却吸湿溶液、提高其除湿能力。由于该处理方式可以同时实现夏季对新风的降温除湿与冬季的加热加湿处理过程，故称为“溶液调湿”新风处理方式，以下分别介绍热泵驱动与余热驱动的溶液调湿新风处理方式。

a. 热泵驱动的溶液调湿新风方式

图 7-144 给出了热泵驱动的双级溶液调湿新风机组夏季运行原理，由两级溶液全热回收装置（编号为Ⅰ和Ⅱ的喷淋单元）和热泵系统组成，图中带箭头实线表示溶液循环，带箭头虚线表示制冷剂循环。新风机的上层通道是回风处理通道，下层是新风处理通道。室外新风先经过溶液全热回收装置，而后经过由蒸发器冷却的溶液喷淋单元Ⅲ和Ⅳ后，送入室内。室内回风也是首先经过溶液全热回收装置，再经过由冷凝器加热的溶液喷淋单元Ⅳ′和Ⅲ′后排向室外。设置热泵系统的主要原因是仅靠全热回收装置无法达到送风温度和湿度的要求，因此加入蒸发器来对溶液进行降温以增强其除湿能力，从而得到适宜的送风参数。

新风机组中溶液分为两部分：一部分是作为全热回收器（图 7-144 中喷淋单元 I 和 II）的工作介质，此部分溶液存在中间溶液槽内，溶液的平衡状态由新风和室内排风的参数确定；另一部分是分别与冷凝器和蒸发器换热的溶液，即在喷淋单元Ⅲ和Ⅲ′之间循环的溶液，和在喷淋单元Ⅳ和Ⅳ′之间循环的溶液。以夏季在喷淋单元Ⅲ和Ⅲ′之间循环的溶液过程为例进行说明：溶液被蒸发器 5 冷却后，在喷淋单元Ⅲ内与被处理新风进行热湿交换，溶液被稀释且温度升高。喷淋模块Ⅲ′中的溶液被冷凝器 3 加热后，在喷淋单元Ⅲ′内完成溶液的浓缩再生过程。被稀释和被浓缩的溶液经过换热器 7 换热后通过溶液管相连，通过溶液管中溶液的流动完成蒸发器侧和冷凝器侧溶液的循环，以维持两端的浓度差。在喷淋单元Ⅳ和Ⅳ′之间的工作原理与模块Ⅲ、Ⅲ′相同。从图中可以看出：全热回收装置的采用有效地降低了新风处理能耗。新风机中热泵循环的制冷量和排热量均得到了有效的利用，蒸发器的制冷量用于冷却进入喷淋模块Ⅲ与Ⅳ的溶液以增强其除湿能力，冷凝器的排热量用于溶液的浓缩再生。热泵系统的压缩机采用双机并联以适应部分负荷下的调节，从而使得机组在部分负荷下拥有更高的能效比和控制精度。

b. 余热驱动的溶液调湿新风方式

当存在高于 70℃的余热可利用时，宜采用余热驱动式溶液调湿方式，可采用分散除湿、集中再热的方式，将再生浓缩后的浓溶液分别输送到各个新风机中（图 7-145）。

在新风除湿器与再生器之间常设置储液罐，可实现较高的能量蓄存功能，使得除湿过程与再生过程不必同时进行，缓解再生器对于持续热源的需求。溶液除湿系统的蓄能密度一般为 500MJ/m^{3}以上，蓄能密度随着储液罐的浓溶液与稀溶液之间浓度差的增加而增大。浓溶液在溶液泵的驱动下自储液罐进入各层的新风机组中，吸收水分后的溶液浓度变稀，稀溶液从各个新风机中靠重力作用溢流至储液罐中。从新风机流回的稀溶液统一进入再生器中，再生浓缩后直接供给新风机使用或者进入储液罐中。

a）溶液再生装置

图 7-146 给出了热水驱动的溶液再生装置的工作原理，在该再生装置中，热水（70℃左右）进入显热换热器与溶液进行换热，换热后温度升高的溶液进入喷淋模块中与空气进行热质交换，溶液中的水分被空气带走，完成再生。为提高再生效果，设置多级空气与溶液的喷淋模块，空气依次流经模块 A～D 与溶液接触；在流出模块 D 的空气和进入模块

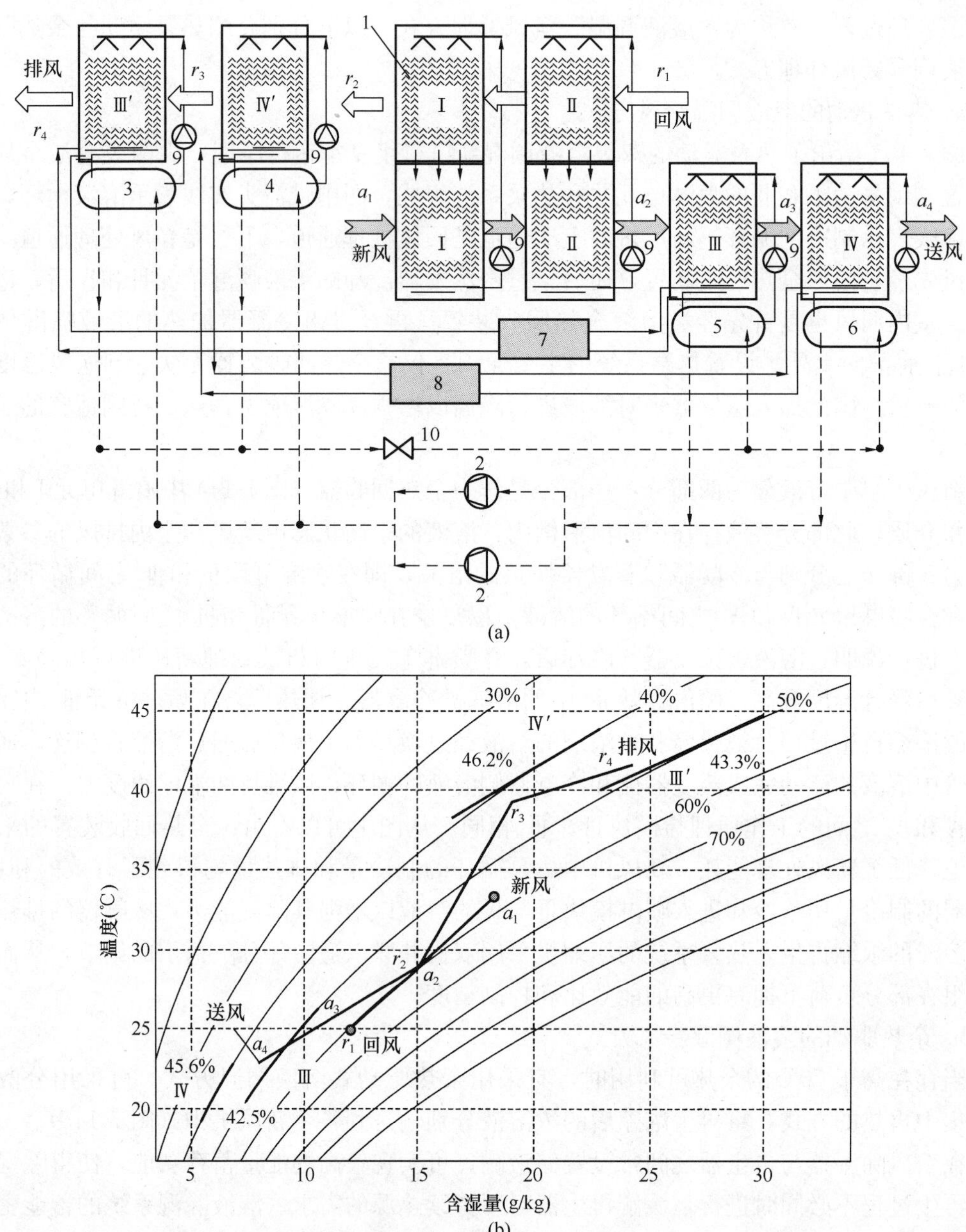

图7-144　双级溶液调湿新风机组夏季运行原理图

（a）机组运行原理；（b）空气处理过程

1—全热交换模块；2—压缩机；3—冷凝器Ⅰ；4—冷凝器Ⅱ；5—蒸发器Ⅰ；6—蒸发器Ⅱ；7—热回收板换Ⅰ；8—热回收板换Ⅱ；9—溶液循环泵；10—膨胀阀

A之前的空气间设置显热回收装置，对再生空气进行预热。

b）溶液调湿新风机组

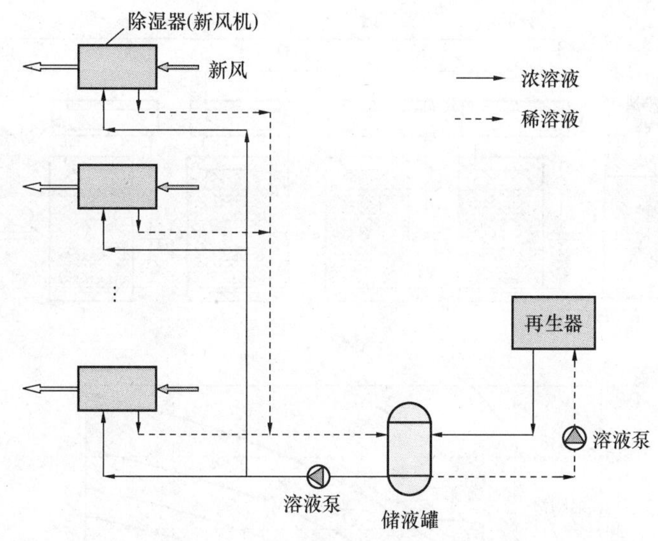

图 7-145 余热驱动集中再生的溶液除湿新风处理系统

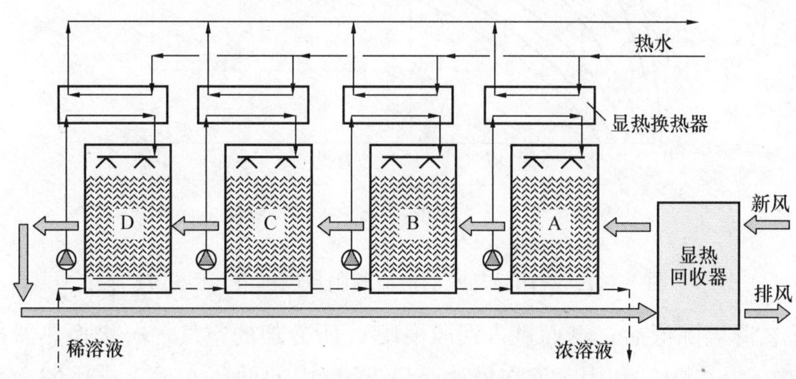

图 7-146 热水驱动的溶液再生装置

对于余热驱动的溶液调湿新风处理方式，由于再生装置可以制备出高浓度的溶液，因而新风的除湿过程可以采用30℃左右的冷源即可满足送风湿度的要求，无需再消耗高温（18℃左右）的冷水。溶液调湿新风机组可采用可调温单元喷淋模块，其工作原理参见图7-147。采用冷却水作为冷源对除湿过程进行冷却，带走除湿过程释放的热量，图中共有四级除湿装置组成（喷淋模块A～D)。新风经过多级除湿装置，湿度逐渐降低，最后干燥的新风进入间接蒸发冷却装置被降温后送入室内。在新风机中，级间溶液与新风呈逆流方向布置：进入模块D的溶液浓度最高，流出模块A的溶液浓度最低，因此模块A的溶液除湿能力最差、模块D中溶液的除湿能力最强。新风在进口处模块A含湿量最高，沿程湿度逐渐降低，在模块D含湿量最低。因而级间溶液与新风流向为逆流布置方式，可以使得在各级除湿装置中传质驱动力较为均匀，从而获得更好的除湿效果。在冬季，该机组显热换热器中通入约40℃的热水，即可实现对新风的加热加湿处理功能。

此外，也可采用室内排风蒸发冷却的冷量来冷却溶液，带走除湿过程中释放的热量，其工作原理参见图7-148。上层为排风通道，利用排风蒸发冷却的冷量通过水——溶液换热器来冷却下层新风通道内的溶液，从而提高溶液的除湿能力。室外新风依次经过除湿模

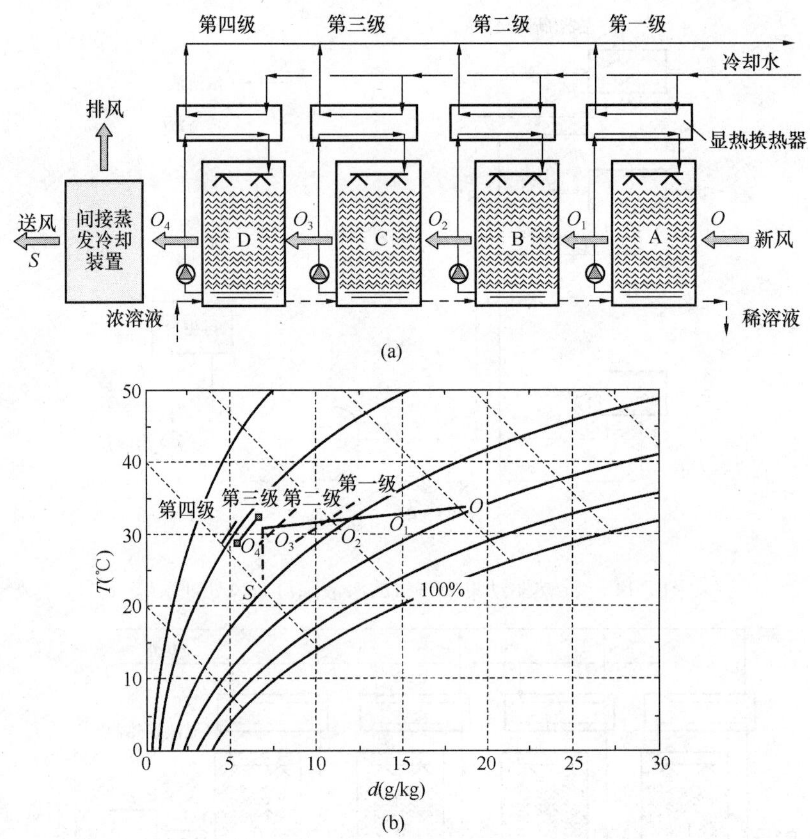

图 7-147 采用冷却水的溶液调制新风机组（型式 I）

块 A、B、C 被降温除湿后，继而进入回风模块 G 所冷却的空气——水换热器被进一步降温后送入室内。在冬季。利用溶液在模块 ABCFED 中的循环实现对排风的全热回收，从而有效降低新风处理能耗；空气——水换热器中通入约 40℃的热水，将空气加热后送入室内。

C. 固体除湿新风处理方式

利用固体吸湿材料的除湿装置有转轮式和固定式两种。

a. 转轮除湿空气处理系统

转轮除湿的空气除湿处理过程近似等焓升温，除湿处理后的空气温度较高，需要进一步进行降温处理。采用室内排风的热回收对新风进行冷却是一种常用的方式，可以在除湿处理后的新风与室内空气之间设置显热回收装置，但这种冷却方式处理后新风的降温幅度有限，并且不能使得送风温度低于室内回风温度。利用外部冷源（如高温冷水）进行冷却也是一种应用在转轮除湿中的空气降温方式，图 7-149 所示的转轮除湿新风机组中，利用外部冷水对进入转轮前的新风预冷以及除湿处理后送风的降温。

b. 吸湿床除湿方式

固体吸附床是一种常见的固定式吸湿处理装置，不同于转轮除湿方式不断转动轮体的方式，吸附床通过直接切换吸湿侧和再生侧来实现固体吸湿剂吸湿与再生过程的交替。图 7-150 给出了一种固定式固体吸湿除湿设备的工作原理。在前半个周期内，左边吸附床作

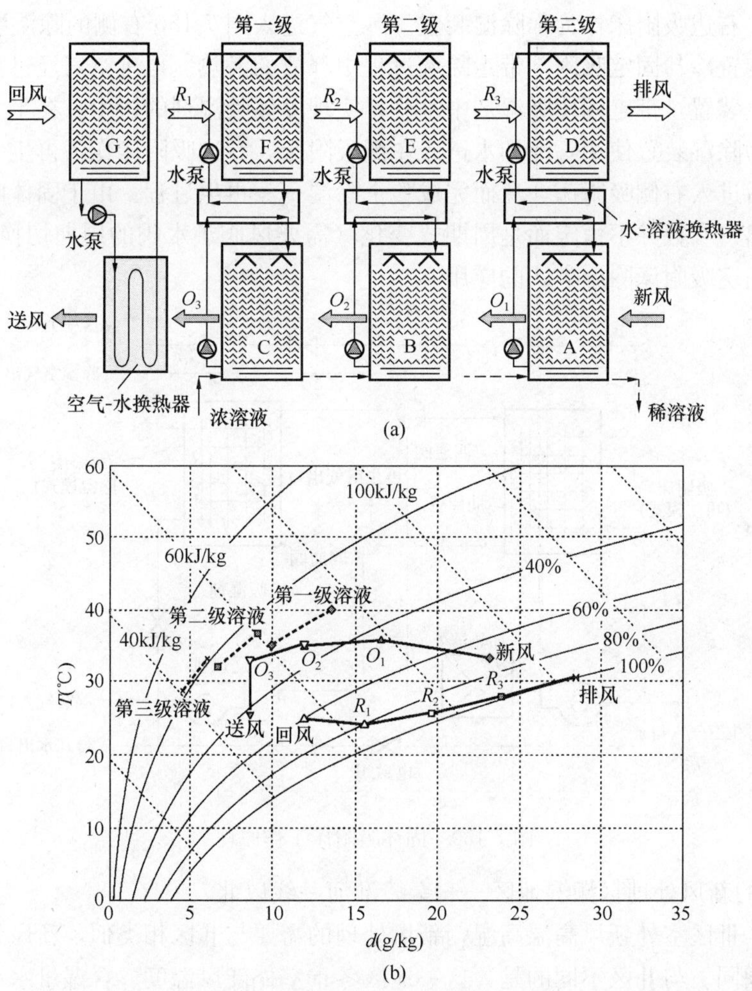

图 7-148　利用排风蒸发冷却的溶液调湿新风机组（型式Ⅱ）

(a) 机组运行原理；(b) 空气处理过程

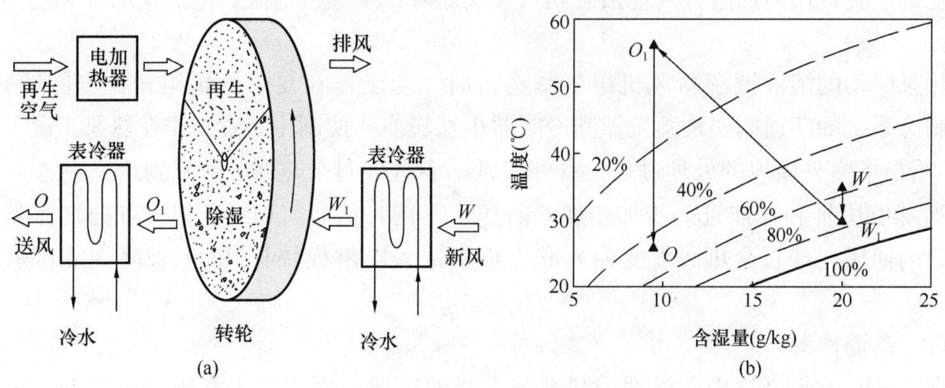

图 7-149　带有冷却环节的转轮除湿新风机组原理图

(a) 机组流程图；(b) 空气处理过程

为再生装置，右边吸附床作为你除湿装置。湿空气进入图7-150右侧的除湿装置，冷却水进入该除湿装置冷却固定吸附剂带走除湿过程中释放的潜热。再生空气经过加热器加热后进入左侧再生装置，带走固体吸湿剂中水分，实现固体吸湿剂的再生。在半个周期内，左边吸附床作为除湿装置使用，冷却水进入左侧吸附床，右边吸附床作为再生装置，再生空气经过加热后进入右侧吸附床，从而完成整个除湿——再生过程。由于固体吸附床除湿过程中空气的出口参数并不恒定而是周期式变化（需要风阀、水阀的周期切换），在很大程度上制约了固定吸附床除湿方式的应用。

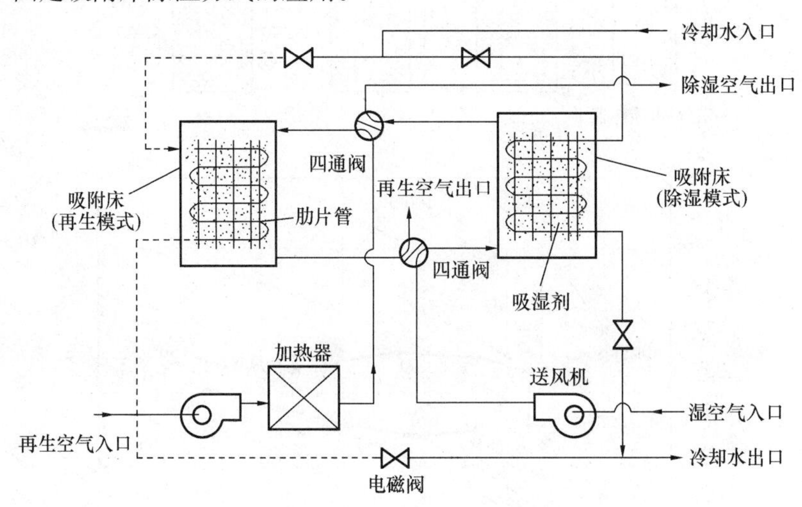

图7-150 固体吸附床工作原理

③ Ⅲ区的新风处理（潮湿地区——秦岭淮河一线以北）

在夏季，Ⅲ区室外新风高温高湿，新风处理的需要与Ⅱ区相类似，新风处理方式及装置也与Ⅱ区相同。与Ⅱ区不同的是，这一地区冬季室外新风温度、含湿量水平都较低，新风处理过程同时存在加热、加湿需求。当夏季新风处理过程采用溶液除湿方式时，冬季可以使用同一套设备实现对新风的加湿处理，不需要单独设置加湿设备来满足新风处理需求。空调系统常用的加湿方式包括湿膜蒸发式加湿、干蒸汽加湿、电极式加湿和超声波加湿等。

热泵驱动的溶液调湿新风机组冬季运行时，与工作在夏季的机组相比（图7-144），利用制冷系统的四通阀实现蒸发器和冷凝器相互转换，使制冷装置工作在热泵工况下。图7-151给出了室外新风的处理过程，室外新风a_1首先经过全热回收装置到达a_2状态，而后进入喷淋模块Ⅲ和Ⅳ被进一步加热加湿后送入室内，从而实现对新风的加热加湿处理过程。室内回风r_1经过全热回收变为r_2状态后，进入喷淋模块Ⅳ′和Ⅲ′被降温除湿后排向室外。

(3) 高温冷源

在THIC空调系统中，温度控制系统需要的冷源温度远高于常规空调系统，由于无除湿需求，冷水温度可以从常规系统的5～7℃提高到16～18℃，这就为很多自然冷源的使用提供了条件，如深井水、通过土壤换热器获取冷水、在某干燥地区通过直接蒸发冷却或间接蒸发冷却方法获得冷水等自然方法都可以用来满足温度控制所需冷源的需求。当自然冷源无法利用时，可通过人工即机械压缩制冷方式满足温度控制系统的冷源需求。由于制冷机组蒸发温度的提高，压缩制冷系统工作的压缩比发生明显变化，这就对制冷系统设计和设备开发提出了新的要求。本节将主要介绍各种形式的高温冷源。

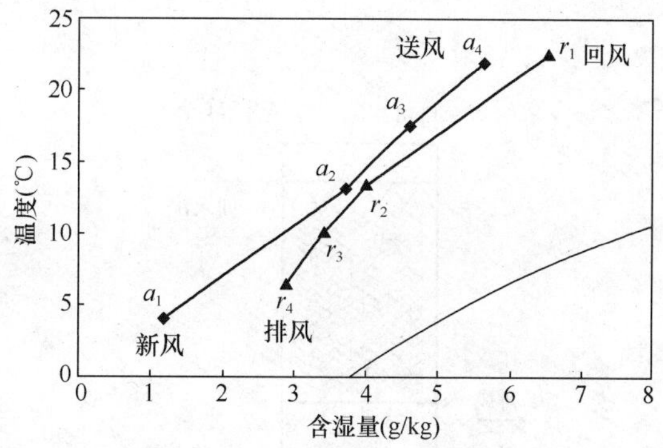

图 7-151 溶液调湿新风机组冬季空气处理过程

① 土壤源换热器

土壤具有较好的蓄热特性，通过埋地换热器，可利用地下土壤作为空调系统的取热和排热场所。在 THIC 空调系统中，由于夏季空调系统处理显热所需要的高温冷源温度一般在 16～18℃，这种温度水平的冷源需求使得直接利用土壤换热器来获得温度适宜的高温冷源成为可能。

土壤源换热器夏季和冬季的工作原理分别如图 7-152 和图 7-153 所示。夏季工作时，利用埋地换热器从土壤中取冷，再经过换热装置得到温度水平适宜的高温冷源，满足温度控制需求；冬季工作时，利用埋地换热器从土壤中取热，热泵装置的蒸发端与埋地换热器之间进行换热，获得土壤中的热量，热泵系统再产生温度水平合适的热水供冬季供暖使用。

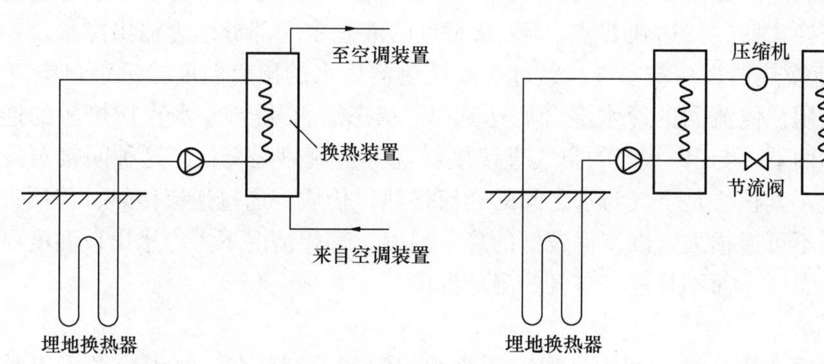

图 7-152 土壤源换热系统夏季工作原理　　图 7-153 土壤源换热系统冬季工作原理

② 蒸发冷却方式制备冷水

在我国新疆等西北地区（区域Ⅰ），夏季室外气候干燥，可以利用空气与水的蒸发冷却过程制备高温冷水，满足温湿度独立控制空调系统中高温冷源的需求。

A. 直接蒸发冷却方式

直接蒸发冷却方式是利用水和空气间的传热传质过程进行冷水制备的，图 7-154 给出了直接蒸发冷却制备冷水的模块及处理过程在焓湿图上的表示，直接蒸发冷却制备冷水的极限温度为进口空气的湿球温度。

B. 间接蒸发冷却方式

如图 7-155 所示的间接蒸发冷却装置，室外新风在空气-水逆流换热器中被降温，空气状态接近饱和，然后再和水接触，进行蒸发冷却，这样的流程形式可使空气与水直接接

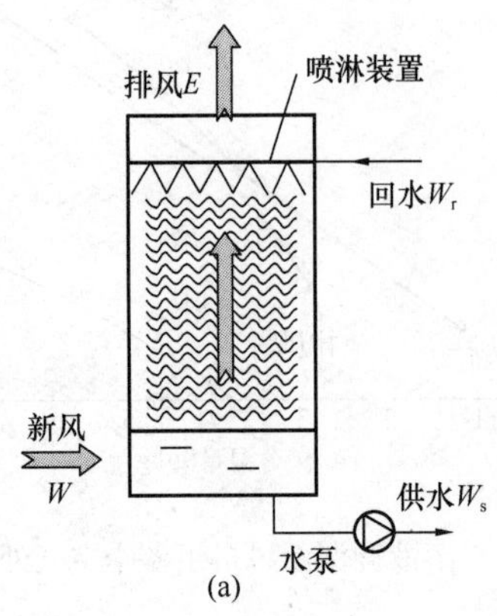

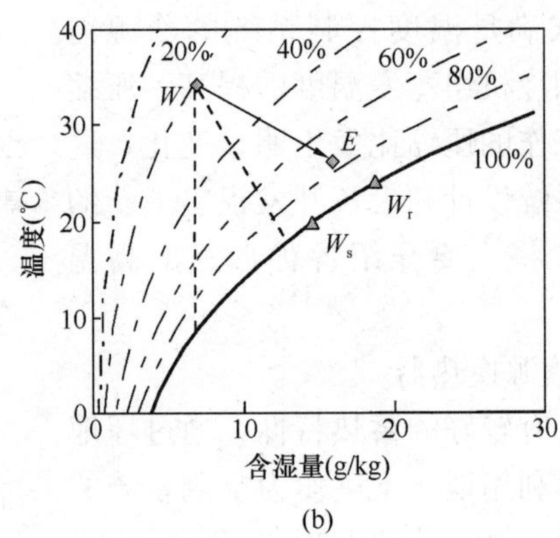

图 7-154　直接蒸发冷却制备冷水方式

(a) 机组流程原理；(b) 空气处理过程

触的蒸发冷却过程在较低的温度下进行，在理想情况下产生的冷水温度等于室外空气的露点温度。

这种产生高温冷水的间接蒸发冷却装置的处理过程在焓湿图上的表示见图 7-155 (b)。其中 W 为室外空气状态，排风状态为 E。室外空气 W 通过空气-水逆流换热器与 W_s 点的冷水换热后其温度降低至 W' 点，状态为 W' 的空气与 W_r 状态的水通过蒸发冷却过程进行充分的热湿交换，使空气达到 E 点。W_s 状态点的液态水一部分作为输出冷水，一部分进入空气-水逆流换热器来冷却空气。经过逆流换热器后水的出口温度接近进口空气 W 的干球温度，与从用户侧流回的冷水混合后达到 W_r 状态后再从空气-水直接接触的逆流换热器的塔顶喷淋而下，与 W' 状态的空气直接接触进行逆流热湿交换。这种间接蒸发冷却制取冷水的装置，其核心是空气与水之间的逆流传热、传质，通过逆流传热、传质来减少热湿传递过程的不可逆损失，以获得较低的冷水温度。理想情况下，冷水出口温度可接近进口空气的露点温度，而不是进口空气的湿球温度。

③ 人工冷源

在 THIC 空调系统中，可以利用高温冷源来承担温度控制任务，高温冷源可以是高温冷水，也可以是高温制冷剂等冷媒。为区别常规空调系统中提供 7℃冷冻水的制冷机组，以下将 THIC 空调系统中所采用的提供 16～18℃冷水或高温制冷剂等冷媒的机组称为“高温制冷机组”。

对于运行在高温制冷工况的制冷机组，由于蒸发压力的提高，制冷系统的压缩比相对于常规低温制冷工况的制冷机组显著减小。相对于常规低温制冷机组，可以得到适用于高温制冷工况的制冷机组的基本设计原则为：

a. 压缩机：较小内压缩比配置（采用无过压缩问题的离心或活塞式压缩机，或者设计适用于小压缩比工况的固定容积比压缩机），较大电机额定功率。

b. 节流装置：较大容量的节流装置，在小压缩比，小工作压差的情况下依然保持很好的调节性能。

c. 蒸发器、冷凝器：大容量、高效换热器，可从提高换热系数或增加传热面积方式，提高蒸发器和冷凝器的传热能力。

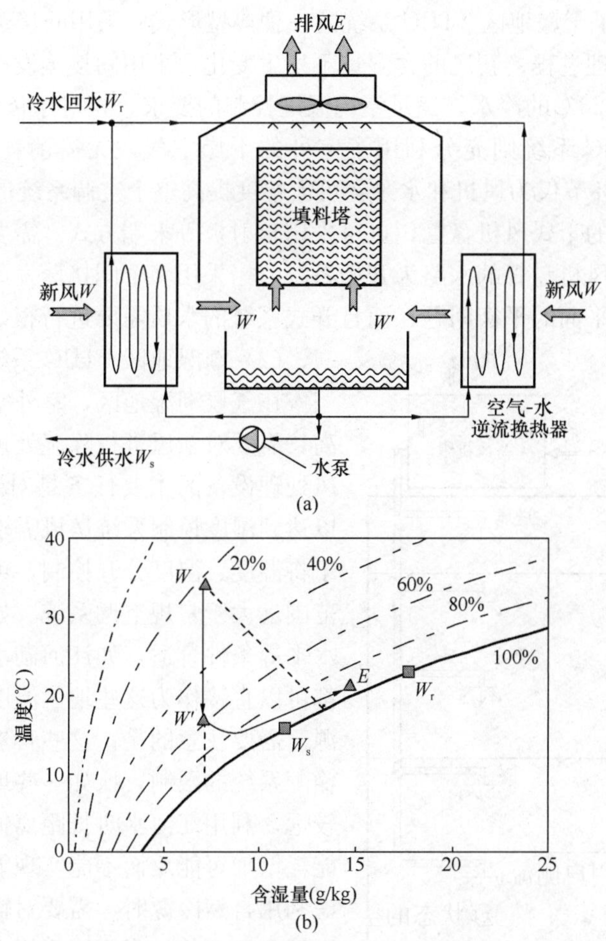

图 7-155　间接蒸发冷却制取冷水装置原理

（a）机组流程原理；（b）空气处理过程

d. 回油系统：小压缩比工作情况下，保证系统实现可靠的回油。

7.18.3　温湿度对控制空调系统的方案设计

针对不同的气候、地域条件及建筑类型、负荷特点等，温湿度独立控制系统可以有多种多样的形式和方案，此处以干燥地区、潮湿地区为例，给出一些典型的 THIC 系统方案。

（1）干燥地区 THIC 系统举例

在气候干燥地区，室外空气干燥、含湿量较低，低于室内设计参数对应的含湿量水平，因而可以将室外干燥空气作为室内湿负荷排出的载体，此时只需向室内送入适量的室外干燥空气（一般经间接或直接蒸发冷却后送入室内）即能达到控制室内湿度的要求。需要注意的是，直接蒸发冷却方式对新风降温的处理中，空气含湿量有所增加，在设计中应校核新风送风能否承担排除室内湿负荷的任务。对于高温冷水的制备，由于室外空气干燥，通过直接蒸发冷却或间接蒸发冷却方式制备冷水，即可满足室内温度的控制要求。因此，在干燥地区应当充分利用室外空气干燥的特点来达到建筑环境控制的目的。

图 7-156 给出了干燥地区 THIC 系统的一种典型形式。采用间接蒸发冷却新风机组实现对新风的降温处理过程、新风的含湿量不发生变化，采用间接蒸发冷水机组利用室外干燥空气制备出 15～20℃的冷水，满足室内温度控制的要求。相对于传统的压缩制冷方式，此案例给出的 THIC 系统则充分利用了室外的干燥空气，无需消耗压缩机电耗，整个 THIC 系统中耗电环节仅为风机和水泵，可大幅度提高整个空调系统的能源利用效率。室内末端可以为图示的干式风机盘管，也可采用辐射板等末端方式。需要注意的是，间接蒸发冷水机组和干式风机盘管的水路为开始系统，当采用多个间接蒸发冷水机组时，需要注意各个机组内部水平面的平衡问题；而且开式系统的水质需要进行很好的处理。

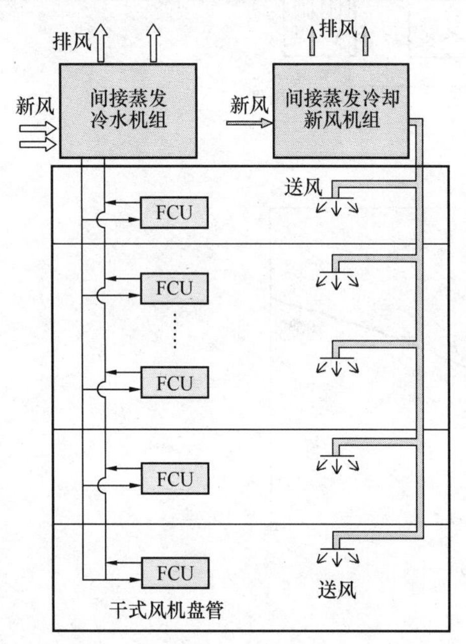

图 7-156　干燥地区 THIC 空调系统方案

(2) 潮湿地区 THIC 系统举例

在气候潮湿地区，室外空气的含湿量水平较高，需要对新风进行除湿处理后再送入室内。新风处理设备的主要任务是对新风进行除湿处理，以达到湿度控制系统送风需求的含湿量水平。由于将温度、湿度分开控制，可以利用的自然冷源范围远大于常规空调系统。如果地质构造、温度水平等条件合适，如江河湖水、深井水、土壤等都可以直接作为这些地区温度控制系统的高温冷源。需要注意的是，这些自然冷源的应用会受到输配系统的限制，比如一些地方离江、河的距离较远，利用江河水时长距离输送导致的输配系统能耗增加可能反而不能实现能源节约。因此在考虑利用自然冷源时，需要对输配系统能耗等问题进行合理评估。当无法应用上述自然冷源时，高温冷水机组、高温多联机式空调机组等人工冷源形式也可作为温度控制系统的冷源解决方案。此处以选取高温冷水机组作为高温冷源方案为例，给出选取不同的新风处理设备时 THIC 系统的一些典型形式。

图 7-157 分别以独立新风除湿机组与带预冷的新风除湿机组为例，给出了典型的 THIC 系统形式。高温冷水机组制备出 15～20℃的冷水输送到干式风机盘管或者辐射板，实现对室内温度的控制要求；新风除湿系统实现对室内湿度的控制要求及满足室内新鲜空气的需求。在图 7-157 (a) 中给出了自带冷源的独立新风除湿机组，可以是溶液调湿新风机组、采用固体吸湿材料的新风机组、直膨的冷凝除湿新风机组等多种形式。对于图 7-157 (b) 中给出带预冷方式的新风机组，首先采用高温冷水机组制备的 15～20℃高温冷水对新风进行预冷，然后再用图示的低温制冷机组或其他方式对预冷后的新风进行进一步处理后送入室内。在此方式中，高温冷水机组不仅承担了室内显热末端装置所需的冷量，而且承担了新风预冷所需的冷量。除了图 7-157 (b) 所示的采用低温冷水机组制备 5～7℃低温冷水实现对预冷后的新风进行深度处理外，还可以采用带冷源的溶液除湿方式、直膨的冷凝除湿等方式，这样 THIC 系统中循环水系统仅有高温冷水。比图 7-157 (b) 所示的水系统更为简单、运行方便。

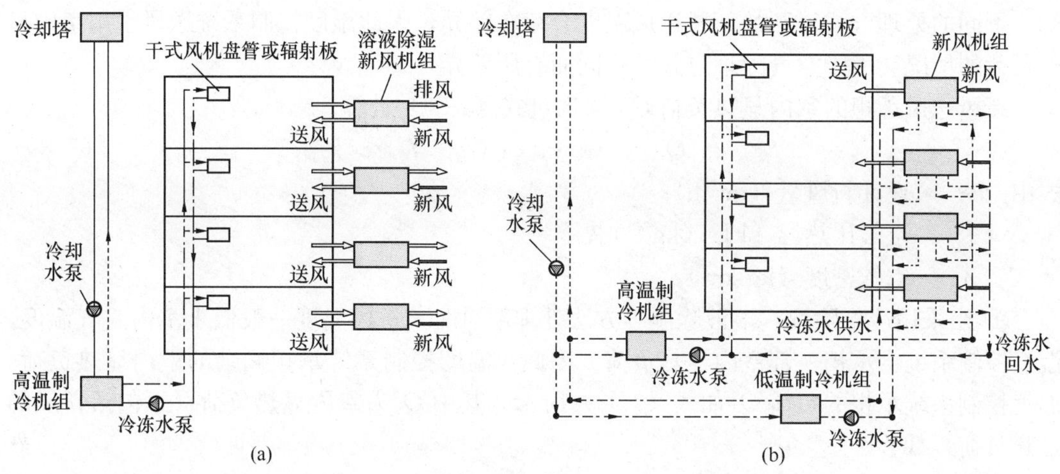

图 7-157 潮湿地区不同形式的 THIC 空调系统方案

（a）独立新风除湿机组；（b）带预冷的新风除湿机组

7.18.4 温湿度独立控制空调系统负荷计算

建筑负荷的构成情况包括：室内负荷（围护结构传热、太阳辐射得热、人员设备照明等显热负荷，室内人员产湿等湿负荷）和新风负荷（新风状态与室内状态之间温度差异、含湿量差异带来的负荷），其负荷计算方法与常规空调系统相同。本节主要介绍不同组成形式的温湿度独立控制系统中的负荷拆分情况。

（1）新风量的确定

新风的基本任务是满足室内人员卫生要求，在温湿度独立控制空调系统中，送入室内的新风还承担着消除室内湿负荷的任务。新风量的选取应当遵循以下几条原则：

① 选取的新风量应当满足相关规范和标准中所规定的满足人员卫生要求的最低新风量需求。

② 满足排除室内全部湿负荷的需求。在确定了设计新风量之后，新风送风含湿量的确定应当保证能够带走建筑内所有产湿，送风含湿量 d_S 与室内设计状态的含湿量 d_N 存在如下关系：

$$d_S = d_N - \frac{W}{\rho G} \tag{7-88}$$

式中 W——建筑产湿量（g/h）；

G——设计新风量（m^3/h）；

ρ——空气密度（kg/m^3）。

③ 不超过新风处理装置的处理能力范围。根据选型的新风量计算得到的送风含湿量不应超过处理装置能够处理到的范围，并应核算新风量需求和所处理装置能效之间的关系，尽量使得系统在能效较优的情况下运行。

（2）室内显热负荷的分摊

在温湿度独立控制空调系统中，湿度控制系统需要承担室内所有的湿负荷，当湿度系统的送风温度与室内温度不同时，会带走（带入）一部分室内显热负荷。依据图 7-137 可知，不同的处理方式得到的新风送风温度会存在差异，因此湿度控制系统送风承担室内显热负荷的情况会由于空气处理方式的不同而有所差异。

新风送风承担的室内显热负荷 Q_{HS} 可通过式（7-89）计算。

$$Q_{HS}=C_p\cdot\rho G\cdot(t_N-t_S) \tag{7-89}$$

式中 G——设计新风量（m^3/h）；

C_p——空气比热容［kJ/（kg℃）］；

ρ——空气密度（kg/m^3）。

① 当采用冷凝除湿、溶液除湿等方法处理新风时，送风温度一般低于室内空气温度，湿度控制系统会承担一部室内显热负荷。因此，温度控制系统承担剩余的室内显热负荷。温度控制系统承担的负荷 Q_T 如式（7-90）所示，其中 Q_S 为室内显热负荷（不包括新风的显热负荷），kW。

$$Q_T=Q_S-Q_{HS} \tag{7-90}$$

② 当采用转轮除湿等方式处理新风时，新风送风温度一般高于室内温度，温度控制系统除了承担全部室内显热负荷外，还需要承担因新风送风温度高于室内温度而带来的显热负荷。因此，温度控制系统承担室内显热负荷及新风送风带入的显热负荷。温度控制系统承担的负荷 Q_T 如式（7-91）所示，其中 Q_S 为室内显热负荷（不包括新风的显热负荷），kW。

$$Q_T=Q_S+Q_{HS} \tag{7-91}$$

（3）主要设备承担负荷

在THIC空调系统中，湿度控制系统的主要设备为新风机组，温度控制系统的主要设备包括高温冷源（一般为高温冷水机组）及其输配系统、末端显热处理设备等。根据方案设计阶段确定的THIC空调系统方案，即可以确定温度控制系统和湿度控制系统选用的设备形式；依据不同设备形式的特点及前述负荷计算方法，可以进行各种设备负荷的计算。

① 新风处理设备承担负荷

湿度控制系统的主要设备为新风处理机组，新风处理机组的任务是对新风进行处理，得到干燥的空气送入室内控制湿度。新风处理机组将新风从室外状态最终处理到送风状态，因此新风在整个处理过程前后的能量变化即为新风机组设备承担的负荷。

当湿度控制系统不需要高温冷源进行预冷或冷却降温过程时，湿度控制系统设备（新风处理设备）承担的负荷 $Q_{新风设备}$ 如式（7-92）所示，其中 $Q_{新风负荷}$ 为室外与室内状态的焓差乘以新风量。新风处理设备承担了所有的室内潜热负荷、新风负荷以及部分室内显热负荷 Q_{HS}。

$$Q_{新风设备}=Q_{室内潜热}+Q_{HS}+Q_{新风负荷} \tag{7-92}$$

当湿度控制系统的新风处理过程需要高温冷源预冷或冷却降温时，新风设备承担的负荷 $Q_{新风设备}$ 需要在式（7-93）的基础上减去高温冷源预冷部分的冷量 $Q_{预冷}$。

$$Q_{新风设备}=Q_{室内潜热}+Q_{HS}+Q_{新风负荷}-Q_{预冷} \tag{7-93}$$

② 高温冷源承担负荷

温度控制系统的主要设备包括高温冷源及其输配系统、末端显热处理设备等。高温冷源主要用来承担建筑显热负荷，而有些类型的新风处理设备在处理过程中需要高温冷源参与，不同形式的空调方案会对高温冷源的负荷产生影响。

当湿度控制系统不需要高温冷源进行预冷或冷却降温过程时，高温制冷机组承担的负荷 $Q_{高温冷源}$ 等于温度控制系统承担的室内负荷 Q_T。

$$Q_{高温冷源} = Q_T \tag{7-94}$$

当湿度控制系统的空气处理过程需要高温冷源预冷或冷却降温时，高温制冷机组承担的负荷 $Q_{高温冷源}$ 需要加上对新风预冷的冷量 $Q_{预冷}$。

$$Q_{高温冷源} = Q_T + Q_{预冷} \tag{7-95}$$

7.18.5 全年供暖空调系统方案

我国北方地区冬季以集中供热系统为主，可直接利用市政热网或锅炉房产生的热水给建筑供热；我国长江流域地区，推荐采用热泵分散式供暖方式；长江流域以南的南方地区基本无冬季供暖需求。因而，以下仅给出北方地区和长江流域地区全年不同季节，采用温湿度独立控制系统的全年系统方案。

(1) 北方地区

我国北方地区以集中供暖为主，可直接利用集中供热热水实现建筑的供暖需求。室内末端与夏季可共用一套末端装置。辐射板或干式风机盘管通入热水，变夏季供冷工况为冬季供热工况，继续维持室温。图 7-158 以冷凝除湿新风机组（高温冷水预冷＋独立热泵除湿）＋干式风机盘管（或辐射板）形式的温湿度独立控制空调系统为例，分别给出了夏季和冬季空调系统的运行原理。

当冬季对建筑室内的湿度也有控制要求时，由于我国北方冬季室外的含水量水平很低，虽然室内人员等产湿源，仍需要对新风进行加湿处理。当新风夏季除湿采用表冷器冷凝除湿方式时，冬季需要在新风机组内加设独立的加湿装置（循环水湿膜加湿、高压喷雾加湿等）。当新风夏季除湿采用热泵驱动的溶液除湿方式时，冬季可以通过热泵四通阀的转换，实现对于新风的加热加湿处理过程，无需单独设置加湿装置。

(2) 长江流域地区

① 水源与土壤源冷水机组（热泵机组）全年运行；

② 水冷式冷水机组（热泵机组）全年运行；

③ 风冷式冷水机组（热泵机组）全年运行。

7.18.6 温湿度独立控制空调系统运行调节策略

THIC 空调系统与常规系统的运行调节相同之处在于：制冷机组，冷冻水泵/冷却水泵、冷却塔的运行调节方式，以及新风从新风处理机组到室内各房间的送风过程。本节仅对运行调节与常规系统不同之处进行分析说明。

(1) 系统整体运行策略

基于温湿度独立控制的空调理念，可以构建新的室内环境控制方式。在室内环境控制过程中，优先考虑被动方式，尽量采用自然手段维持舒适的室内热湿环境。过渡季节可利用自然通风带走余热、余湿，缩短主动式空调系统的调节时间。需要注意的是，在利用自然通风带走余热时，应对自然通风量与排除室内余湿要求的风量进行校核。若自然通风量不能满足排除室内余湿的风量要求，就需要通过主动式的湿度控制系统来满足余湿排除需求。自然通风采用以下运行模式：

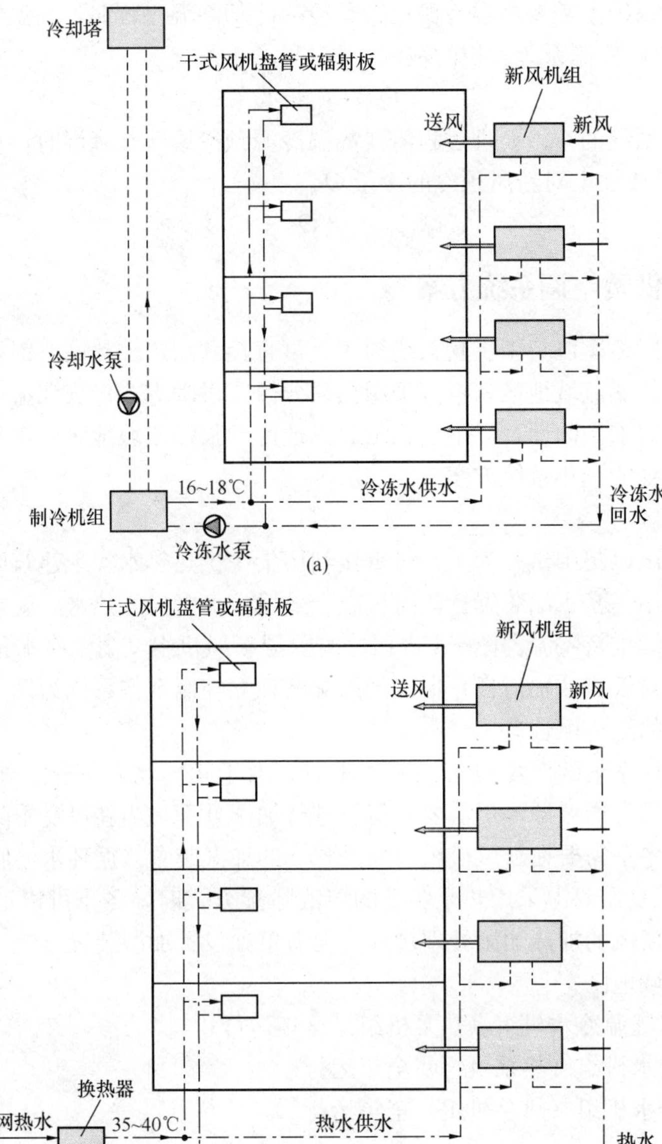

图 7-158 空调系统全年运行原理图
（a）夏季工作原理；（b）冬季工作原理

① 当室外温度和含湿量均低于室内状态时，可以直接采用自然通风来解决建筑的排热排湿；

② 当室外温度高于室内温度，但含湿量低于室内含湿量时，可以利用自然通风排除室内余湿，再利用显热末端装置控制室内温度；

③ 当室外含湿量高于室内含湿量时，关闭自然通风，被动方式已不能满足热湿环境调控需求，需采用主动式空调系统解决室内空调要求。

THIC 空调系统分别有控制温度的系统和控制湿度的系统，两系统分别控制室内温度和湿度，因此运行调节比常规热湿联合处理的空调系统从控制逻辑上来看更为简单。当室外温度低，但湿度较高时，可以单独运行新风除湿系统，满足建筑的新风和湿度处理需求。夏季需要严格保证室内没有结露现象发生，对于夏季不连续 24h 运行的建筑，THIC 空调系统中各设备的开启顺序和关机顺序与常规空调系统所不同。

以高温冷水机组和独立新风机组（溶液除湿方式、自带热泵循环的新风机组等）、室内为干式风机盘管的降温末端装置为例，给出温湿度独立控制空调系统建议的运行次序。

上班前一段时间（需根据实际情况），提前开启新风机组对室内进行除湿：

① 通过室内的温湿度传感器监测室内的露点消息，露点可通过温度和相对湿度参数运算得到。若露点温度低于冷冻水供水温度（一般设定为 16～18℃），启动风机盘管，末端水阀打开，此时可开启高温冷水机组；

② 高温冷水机组开启顺序：冷却水泵启动→冷却塔启动→冷冻水泵启动→主机启动；

③ 运行正常后，新风支路电动风阀根据温湿度传感的监测数据自控调节，风机盘管的水阀也通过温度传感器的监测数据和水温开关；

④ 空调关机顺序：关高温冷机→依次关冷冻泵、冷却泵和冷却塔→关风机盘管风机→关新风机。

整个系统的运行控制思路：

1）新风机组：比较室内含湿量实测值（可通过温湿度测点计算得到，或者室内 CO_2 水平）与设定值之间差异对新风机组进行调节，一种方案是定送风含湿量、部分负荷时调整新风量；一种方案是定新风送风量、部分负荷时调整送风含湿量设定值。

2）显热末端（干式风机盘管与辐射板）：比较室内温度实测值与设定值之间的差异对末端设备进行调整。干式风机盘管通过三档风速调节、水阀进行调节。辐射板可通过变流量调节、定流量调节水阀开启占空比、末端混水泵调节辐射板入口水温等多种方式进行室温调整。

（2）新风机组的调节

新风机组控制室内新鲜空气与除湿需求进行调节，可采用湿度传感器，CO_2 传感器测量室内的湿度水平或空气质量情况；也有建筑辅助以红外线传感，用于检测室内有人或无人，然后对新风机组进行调节。

新风机组在部分负荷下的调节策略，可以采用定送风含湿量，调节新风量的方式；或者定风量系统，改变送风含湿量设定值两种方式。

① 冷凝除湿新风机组

图 7-159 给出了冷凝除湿新风机组的调节方式。测送风含湿量水平（可直接测量或者通过温湿度测点计算得到），根据实际送风含湿量与设定送风含湿量的差值，调节冷冻水流量，时间步长一般为 10s。测室内湿度水平，根据室内含湿量水平与设定值之间的差值，调节新风机送风量或者改变送风含湿量的设定值，此调节的时间步长一般在 15min，远大于冷冻水流量调节的时间步长。如带有室内排风热回收系统的新风机组，则新风送风侧风机与排风侧风机的风量联动控制。

冬天如对新风有加湿要求，需要在新风机组内另设置单独的加湿装置，表冷器内改走热水，实现对新风的加热加湿处理过程。调节策略依然是控制送风的含湿量，根据实测值与送风含湿量的设定值之间的差异调节表冷器中水阀开度与加湿装置；根据室内湿度水平

（或 CO_2浓度）的实测值与房间设定值之间的差异，调整新风机组的送风量或者送风含湿量设定值。

如果建筑冬季不考虑冬季湿度处理，仅是控制室内温度，则新风机组的调节策略变为：控制送风的温度水平，根据实测送风温度与实测值的差异调节表冷器中水阀开度。如有变新风量机组，则需要根据室内 CO_2浓度实测值与设定值之间的差异，调节新风机组的送风量。

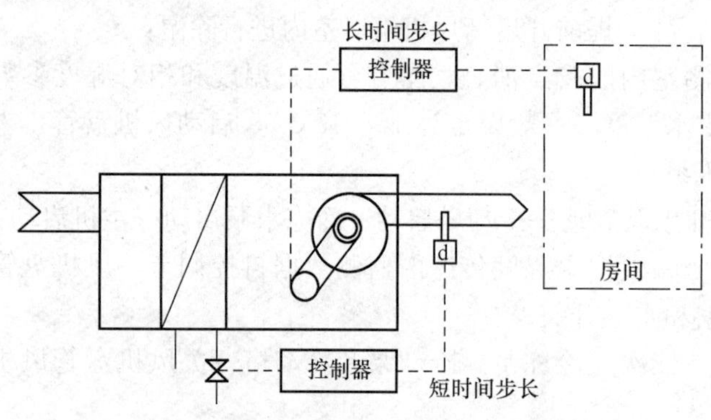

图 7-159 冷凝除湿新风机组的调节方式

② 溶液除湿新风机组

溶液除湿新风机组的控制策略与冷凝除湿新风机组相似，控制逻辑也分长时间步长与短时间步长两个调节层面。仅是短时间步长调节手段与冷凝除湿有所区别而已。通过送风含湿量实测值与设定值之间的差异，对于溶液除湿新风机组而言，需要调节机组内热泵开启台数，并通过补水方式调节机组内循环溶液的浓度水平，达到期望的机组送含湿量，通过机组内部的控制程序实现，时间步长较短，一般为10～15s。长时间步长的调节策略与冷凝除湿新风机组相似，通过室内含湿量的实测水平与室内设定值之间的差异，调整新风送风量或者送风含湿量的设定值进行调节，此调节的时间步长一般为15min。

溶液除湿新风机组可以通过热泵系统中四通阀的转换，实现冬季对新风的加热加湿处理过程，其控制调节策略与夏季相同。

（3）显热末端调节策略

常用的显热末端装置主要包括干式风机盘管和辐射板两类，在冬夏可共用此末端装置实现建筑的供热和供冷，采用相同的室温调节方式。干式风机盘管的控制调节与普通湿工况风机盘管相同，设置三档风量调节，室温控制器和电磁阀控制水路进行 ON/OFF 调节。此节主要介绍辐射板的调节方式。辐射板的调节可分为三类：一是采用变流量调节；二是采用定流量调节水阀开启占空比；三是末端混水方案。前两种方式中，进入辐射板的入口水温不进行调节；第三种方式则通过末端混水方案调节进入辐射板的入口水温，以下分别介绍这三类调节方式变流量调节方式。

① 变流量调节方式

一种典型控制模式：房间温度控制器＋电敏（热敏）执行机构＋带内置阀芯的分水器。辐射板集水器、分水器的构造图，以及该控制模式的示意图参见图 7-160。通过房间温度控制器设定值和检测室内温度，将检测到的实际室温与设定值进行比较，根据比较结果输出信号，控制电敏（热敏）执行机构的动作，带动内置阀芯开启与关闭，从而改变被控（房间）环路的供水流量，保持房间的温度水平。

② 定流量改变阀门开启占空比调节方式

上一种控制调节方式中，当室内部分负荷时，辐射板内循环水流量降低，会造成辐射

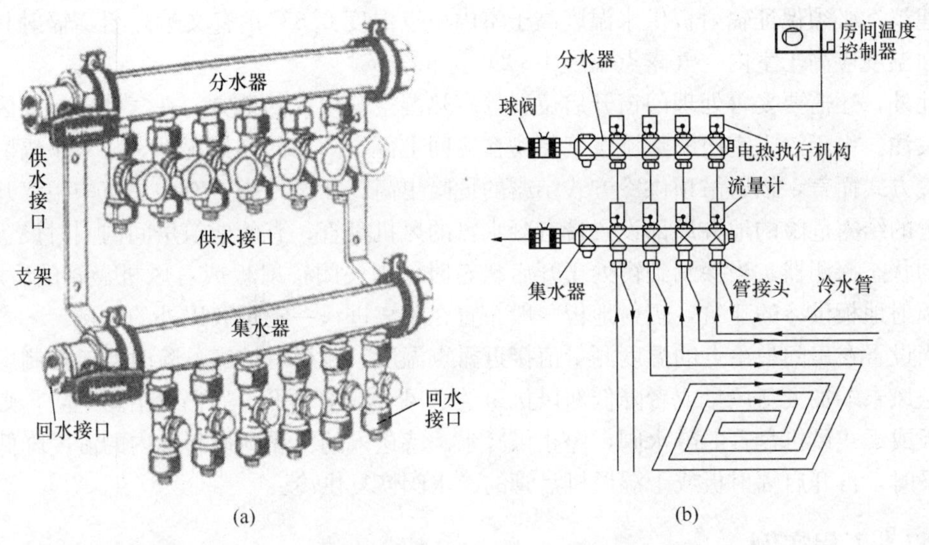

图 7-160 辐射板集水器、分水器构造及典型控制模式

（a）分集水器；（b）控制示意图

板表面温度不均匀。本小节介绍的调节方式的核心思想是开启水阀时，辐射板的流量为额定流量，通过调节水阀开启的占空比进行供冷量/供热量的调节，其原理参见图 7-161。在各分支支路上安装室温通断控制阀，通过测量的室内温度与室温设定值，通断控制阀根据实测室温与设定值之差，确定在一个控制周期内（一般为半个小时）通断阀的开停比，并按照这一开停比确定的时间“指挥”通断调节阀的通断，从而实现对供冷量/供热量的调节，实现对室温的控制。

③ 末端混水泵调节方式

每个辐射末端单元可采用小型水泵驱动的混水方式调节水温，如图 7-162 所示。当水泵转速达到最高时，冷水已不能再补充到辐射板水回路中，辐射板不再提供冷量。随着水泵转速的降低，混水比下降，辐射板内水温降低，供冷量加大。这种末端方式在冬季辐射板内通入热水，变供冷为供热，继续维持室温。

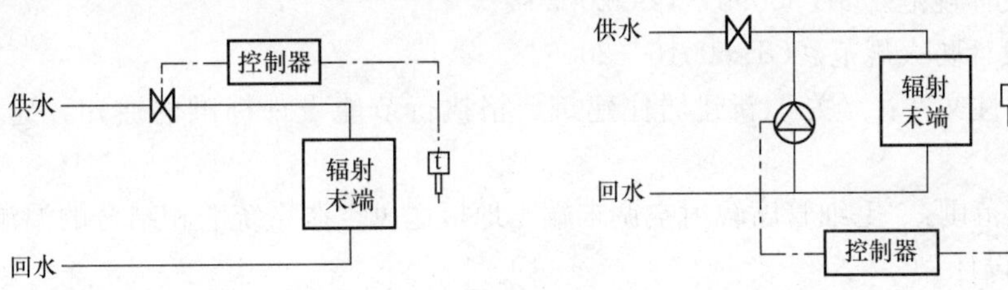

图 7-161 通断控制装置及原理　　图 7-162 混水泵控制水温的方式

④ 防结露措施与调节

避免供冷表面揭露是温湿度独立控制空调系统夏季运行的前提条件。为避免室内结露，应在房间最冷处安装温度探测器，并保证冷表面的最低温度高于室内露点温度。根据经验，室内最冷点应为远离窗户的，紧靠供水管的内侧墙角位置。理论上，供冷表面的最低温度（而不是冷冻水的供水温度）高于室内露点温度即可保证无结露现象。ASHRAE

手册建议，必须保证辐射板供水温度高于室内露点温度0.5℃；有文献介绍，辐射共冷板的表面温度应高于室内空气露点温度1～2℃。

此外，还需要妥善处理门窗开启位置等有热湿空气渗入的地方，在气候潮湿地区需要尤其关注。由于渗入室内的热湿空气更易在房间上部，因而同样情况下，相对于辐射地板的供冷方式而言，辐射吊顶供冷方式结露的危险更高。在设计中，有的建筑中距离开口位置较近的结露危险的地方局部设置带有凝水盘的风机盘管；有的建筑房间内同时设置可开启窗的状态探测器，当探测到窗处于开启状态时，则关闭辐射板或者风机盘管的冷水阀；对于辐射地板供冷的建筑，辐射地板一般布置在距离进口一定距离以外的区域。

当设置在房间最冷点的温度测量值接近露点温度，测得有结露危险时，应控制房间的新风送风末端加大新风量或者降低新风机组的送风含湿量水平，如仍有结露危险，则关闭辐射板或干式风机盘管的冷水阀，停止供冷水。待送入的干燥新风将室内的湿度降低至一定水平时，再开启辐射板或干湿风机盘管的冷水阀恢复供冷。

7.18.7 工程实例

（1）项目概况

本项目位于北京市亦庄经济技术开发区河西区，规划建设总用地面积76723m²。本子项为18号楼，地上建筑面积6171m²，地下面积为1162m²。地上10层，层高3.2m，建筑高度34.05m。地下2层，地下一层层高3.0m，地下二层层高3.9m。

（2）设计依据及范围

① 甲方提供的相关设计要求和来往文件。

② 暖通专业现行国家有关设计规范、规定、通则以及北京市颁布的相关设计法规、标准：

《民用建筑供暖通风与空气调节设计规范》GB 50736—2012；

《严寒和寒冷地区居住建筑节能设计标准》JGJ 26—2010；

《北京市居住建筑节能设计标准》DB11/891—2012；

《辐射供暖供冷技术规程》JGJ 142—2012；

《住宅设计规范》GB 50096—19992003版；

《建筑设计防火规范》GB 50016—2006。

③ 指导性文件：《关于新建居住建筑严格执行节能设计标准的通知》建科［2005］55号。

④ 涉及范围："毛细管席辐射空调末端＋地板送风空调系统"相结合的温湿度独立调节空调系统设计。

（3）设计参数

① 北京市空调室外设计参数。见表7-132

表7-132

夏季		冬季	
空气调节室外计算干球温度	33.5℃	空气调节室外计算温度	－9.9℃
空气调节室外计算湿球温度	26.4℃	空气调节室外计算相对湿度	744%
通风室外计算温度	29.7℃	通风室外计算温度	－3.6℃
室外平均风速	2.1m/s	室外平均风速	2.6m/s

② 空调室内设计参数（表 7-133）

表 7-133

房间名称	冬季空调		夏季空调		新风量		噪声要求
	温度(℃)	相对湿度(%)	温度(℃)	相对湿度(%)	(次/h)		dB
客厅	22	40	26	55	0.9	0.6	≤35
卧室	22	40	26	55	0.9	0.6	≤35
餐厅	22	40	26	55	0.9	0.6	≤35
其他空调房间	20	40	26	55			≤35
洗手间	22	—	—	—	—		—
厨房	18	—		—	—		—

注：1. 新风量同时满足室内人员卫生标准和除湿量要求；

2. 卫生间、厨房的毛细管席夏季不供冷，冬季供热。

（4）空调冷热源

① 空调冷热负荷（表 7-134）

表 7-134

18 号楼	建筑负荷（kW）		新风负荷（kW）	总负荷（kW）	空调建筑面积负荷指标（W/m²）
	显热	潜热			
冷负荷	333	46.8	114	493.8	67.4
热负荷	268	—	112	380	51.9

② 空调冷热源

本子项冷热源均来自于室外车库内能源中心，一次水供回水温度为：冷冻水 6℃/13℃；热水 46℃/39℃。一次水为板式换热机组、新风机组供冷或供热。18 号楼地下二层设换热机房。屋顶设新风机房。地下换热机房为楼座的毛细管系统提供冷热源，二次供回水温度为：冷冻水 17℃/20℃；热水温度 35℃/30℃。空调水系统采用气压罐加补水泵补水定压方式，补水经软化装置软化，设备均设机房内。系统二次侧定压值为 45m。新风机组冷热负荷为 160.8kW 和 112kW，二次侧冷热负荷为 333kW 和 268kW。

（5）空调系统

户内采用温湿度独立控制系统即毛细管网辐射空调系统＋热回收新风除湿系统。

① 空调风系统

18 号楼设变频新风机组一台，为户内提供新风，保持室内卫生、正压的同时，新风承担室内湿负荷。新风冬夏两档运行，新风量夏季为 15000m³/h，冬季为 12000m³/h。新风机组选用带显热回收的双冷源组合式机组，热回收效率不低于 65%。送、排风形式采用集中送排风方式，新风经机组与排风换热并进行热湿处理后，通过新风竖井，送至各分风箱，再从分风箱引支风管至各个房间，各送风房间采用下送上排的置换送风方式，提高新风利用率增加室内舒适度，各室内通过门头消声排风口采用无组织排风方式，各户排风竖井设置总的单层百叶排风口，最终户内排风由各自排风竖井收集，经敷设在与新风同层的排风管道送回新风机房。各空调房间门头安装消声排风口，排风口直径 $\varphi 110$，地板送风管敷设于地面垫层内，风管规 80mm×45mm。

② 空调水系统

a. 空调一次水在楼栋换热机房内设置本楼栋总用热计量表，经换热后的二次水通过竖向管道分送至各户，各户在各层管井中设置分户热计量表。横向和竖向干管均为异程式、两管制系统，变流量运行。为保证水力平衡，换热机组一次侧回水设静态平衡阀，新风机组设动态平衡电动阀。一次侧水系统工作压力为 0.8MPa，二次侧水系统工作压力为 0.70MPa。

b. 每层管井内设毛细管网辐射系统用分集水器，分室设置环路，每环路与室内毛细管席连接，每环路毛细管席面积宜接近。每户供水总管设电动阀，与设在室内的温湿度控制器联动，分户调节。每路回水管上设高阻力调节阀，以保证水力平衡。每路供回水管沿顶板下敷设至各户每个房间内，与敷设在顶板面的毛细管网席片的联管连接，构成回路。室内温湿度控制器设置在房间墙上，详见电气相关图纸。

c. 户用分集水器的技术要求详见毛细管席辐射末端空调系统专项设计及施工说明。

d. 新风机组的加湿采用高压微雾加湿方式，所用给水为软化水，软化水设备及高压微雾机组均设置在机房内。

(6) 空调末端系统设计说明

① 新风末端系统设计说明

a. 地板送风口布置在户内的空调房间，统一面尺寸，每个送风口送风风速不大于 0.5m/s。

b. 排风采用上排，在各封闭的空调房间门头正上方安装消声排风口。在空调房间的公共区域设置排风口，排风通过回风管道将回到新风机组的热回收段，经热回收后集中排放到室外。室内排风口风速不大于 2.0m/s。

② 空调末端水系统设计说明

a. 本项目室内采用毛细管席辐射空调系统，夏季承担室内显热冷负荷，冬季承担室内热负荷，控制室内温度。毛细管网夏季供回水温度为 17℃/20℃，冬季供回水温度为 35℃/30℃。

b. 毛细管铺装量确定

空调房间规格根据各房间进深确定和设计房间实际铺装量计算公式 (7-96)，确定毛细管席的铺设量。毛细管席铺设于楼板的吊顶下，其中部分负荷较大的房间部分毛细管席敷设于内墙上。

设计房间毛细管的计算铺装量计算公式：

$$M=\frac{Q}{q\cdot K\cdot K_{\mathrm{m}}} \tag{7-96}$$

式中 M——设计房间毛细管席铺装面积 (m^2)；

Q——设计房间毛细管席 (网) 承担的显热冷负荷 (W)；

q——设计房间采用毛细管席 (网) 对应安装形式下单位有效面积制冷、供热标准指标 (W/m^2)，q 的确定根据各厂家相关技术手册确定，本项目以德国 BEKA 毛细管席 (网) 产品为例阐明设计选用方法，详见示例《BEKA 毛细管席（网）K.S15 型摸灰安装供冷、供暖能力曲线》；

K——综合修正系数，$K=K_1\cdot K_2\cdot K_3\cdot K_4\cdot K_5$；

K_1——毛细管覆盖率修正系数，$K_1=1.21-0.3D_1$，其中：$0.3<D_1<1.0$ 有效；

注：D_1 为天花板的覆盖率，$D_1=A_1/A$；

A_1——毛细管席覆盖的天花板面积（m^2）；

A——房间的地板面积（m^2）；

K_2——设计房间层高修正系数，$K_2=1.117-0.045\cdot H$（空调房间高度），对于 $2.5m<H<5m$ 有效；

K_3——空调房间毛细管席铺装的不对称性修正系数，$K_3=1\sim1.05$；

K_4——空调房间负荷修正系数，$K_4=1\sim1.2$；$K_4=(q_{il}+q_{el})/(q_{il}+q_{el}/2)$，$q_{il}$ 内部的显热冷负荷［W/m^2］（不透明围护结构及内扰引起的显热冷负荷），q_{el} 外部的显热冷负荷［W/m^2］（透明围护结构引起的显热冷负荷）；

K_5——送风影响修正系数，$K_5=1\sim1.13$；

K_m——毛细管席（网）形成辐射作用面的有效系数，K_m＝形成有效作用毛细管席（网）的面积/实际安装的毛细管面积，一般取 0.95。

以亦庄 85 地块 18 号标准层 B4 户型主卧室为例计算如下：

毛细管网夏季供回水温度为 17/20℃，室内设计温度 26℃。温差＝室温－冷媒平均温度＝26－（17＋20）/2＝7.5℃，结合毛细管网抹灰（抹灰厚度按 12mm 计算）安装性能曲线代号表及 BEKA 毛细管席（网）KS.15 型摸灰安装制冷能力见下列性能曲线得出：$q_{冷}=65W/m^2$（详见性能曲线图）。

设计房间毛细管席承担的显热冷负荷：$Q=916W$；

毛细管席形成辐射作用面的有效系数：$K_m=0.95$；

毛细管覆盖率修正系数：$K_1=1.21-0.3\cdot D_1=0.965$，

$$D_1=A_1/A=0.814(A_1=15.8, A=19.4)；$$

设计房间层高修正系数：$K_2=1.117-0.045\cdot H=0.989$，$H=2.85m$；

空调房间毛细管席铺装的不对称性修正系数：$K_3=1.0$；

空调房间负荷修正系数：$K_4=1.1$；

送风影响修正系数，$K_5=1.0$；

综合修正系数，$K=K_1\cdot K_2\cdot K_3\cdot K_4\cdot K_5=1.05$；

设计房间毛细管的计算铺装量：$M=Q/(q\cdot K)/K_m=14.1m^2$。

计算汇总表见 7-135。

表 7-135

房间名称	q（W/m^2）	Q（W）	K_m	K_1	K_2	K_3	K_4	K_5	毛细管计算铺装量 M（m^2）
主卧室	65	916	0.95	0.965	0.989	1.0	1.1	1.0	14.1

注：该房间显热负荷按冬夏季显热负荷取大值（夏季负荷）进行计算。

BEKA 毛细管席（网）KS.15 型摸灰安装制冷（热）能力见图 7-163。（代号见表 7-136）

c. 根据各空调房间设计敷装量、房间进深和装修形式，确定毛细管席规格和实际敷设量。18 号标准层 B4 户型主卧室毛细管布置详见图 7-164。

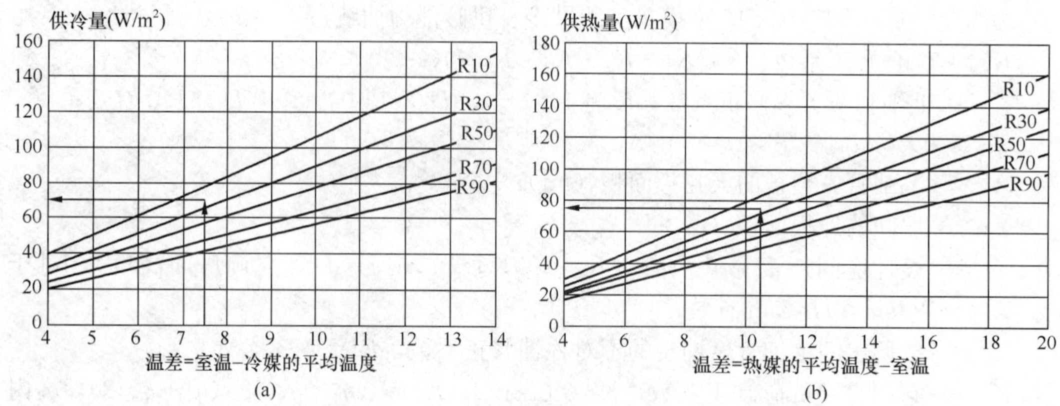

图 7-163

表 7-136

毛细管网抹灰安装性能曲线代号			
抹灰层性能			代号
灰泥类型	导热系数［W/（m·k）］	灰泥厚（mm）	K. S15
粉刷石膏	0.76	5	R14
		10	R20
		15	R25
		20	R40

注：1. 毛细管席抹（喷）灰厚度≤12mm；

2. 温差＝冷（热）媒平均温度－室内设计温度；

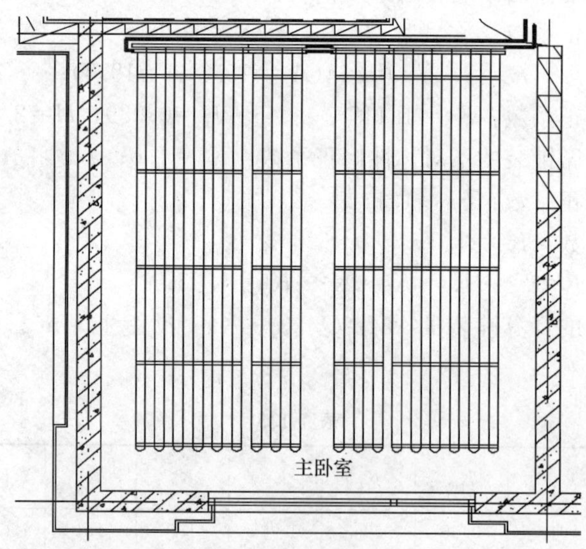

图 7-164

d. 毛细管席敷设于楼板的吊顶下，其中部分负荷较大的房间部分毛细管席敷设于内墙或有保温的外墙上。

e. 毛细管席技术要求（表7-137）：

表7-137

规格型号	工作参数	质量检查
KS.15系列： 毛细管规格：3.35×0.5mm 毛细管间距：15mm	40℃工作压力：1.0MPa 允许最高工作温度：60℃	毛细管与主管的外观色泽应一致，光滑、平整、干净，不应有凹陷、气泡等缺陷

f. 每户型设置一台单排分/集水器，分/集水器布置于紧邻室内的设备间，避免毛细管与分/集水器连接支管穿越非空调房间或区域。

g. 分/集水器母管内径不应小于供回水干管的内径，且分/集水器母管最大断面流速不宜大于1.0m/s。

h. 分/集水器设置集气装置，集气管最大断面流速不宜大于0.5m/s，集气装置顶端应设置手动或自动排气阀，最低点设置泄水阀。

i. 分/集水器总进水管道应设置不小于60目的铜质、不锈钢等非腐蚀性材质的过滤器。

j. 分/集水器规格尺寸、安装位置及高度应方便各类阀门的操作，每个分支环路供回水管上应设置关断阀，且穿非空调房间时，需要做保温处理。

（7）自控系统

① 热交换机组设现场控制器，对配套设备进行运行状态、安全报警、工况优化等监控；

② 在二次侧系统板换的出口设置温度传感器，一次侧板换的进水管设置电动调节阀，根据热负荷及室外温度变化自动改变二次侧供水温度。

③ 新风机组就地设置控制单元，进行运行状态、工况优化等监控，并可事故报警，其中新风机组自带温湿度控制系统，控制电动风阀及压缩机启停，满足系统送风温湿度要求。制冷初次运行时，新风系统会检测排风湿度，当室内湿度大于60%时，关闭进排风阀，开启旁通，实现快速除湿，直到室内满足设定要求，即室内湿度小于60%，打开新风及排风阀，关闭旁通阀。详见电气控制相关图纸。

④ 典型房间设置毛细管辐射系统专用温度露点控制器通过控制各户总供水管上安装的电动阀，实现分户控制，室内露点保护优于温度控制。

7.19　蒸发冷却空调

蒸发冷却制冷技术是利用室外空气中的干湿球温度差所具有的“干空气能”，通过水与空气之间的热湿交换对被处理的空气或水进行降温和除湿处理，以满足室内空调系统的要求。它是一种环保高效且经济的空调技术，具有投资省、能耗低、减少温室气体和CFCs物质排放量的特点。该技术主要适用于在室外空气干球温度与湿球温度差较大的地区（如干热或半干热地区）进行空调制冷，在保证建筑环境安全舒适条件下，它为减少建筑总能耗提供了新的技术，节约了大量的煤炭和电量，减少了建筑物二氧化碳和其他有害气体的排放。

蒸发冷却技术可分为直接蒸发冷却和间接蒸发冷却两种基本形式。直接蒸发冷却技术是指空气和水直接接触，在这个过程中空气和水的传热、传质同时发生且互相影响。对空气而言，其处理过程为绝热降温加湿的过程，处理后的空气极限温度是室外空气的湿球温度；间接蒸发冷却制冷技术是指空气和水间接接触，过程中空气和水之间仅有传热发生，对空气而言，其处理过程为等湿降温过程，处理后的空气极限温度是室外空气的露点温度。同样，对空调冷源，采用直接蒸发冷却制冷技术所产生的冷水，其极限温度是进口空气的失球温度，采用间接蒸发冷却技术所产生的冷水，期极限温度是室外空气的露点温度。

在某些地区，需要采用间接蒸发制冷器和直接蒸发制冷器的组合，且输出的载冷介质为冷风复合蒸发冷却空气处理机组，以降低蒸发冷却空调处理口的空气温度。当单独采用蒸发冷却制冷空调系统不能满足室内温湿度环境控制要求时，可与其他空调系统组成蒸发冷却联合制冷空调系统，空调区的室内热湿负荷由蒸发冷却空调制冷设备和机械制冷设备按照不同的气象时间段、不同的室内负荷特性、分别开启蒸发冷却空调制冷设备或机械制冷设备，或同时开启蒸发冷却空调制冷设备和机械制冷设备来承担。

7.19.1　室内外设计计算参数

（1）空调区空气设计参数应符合表7-138的规定

表7-138

参数	冬季	夏季
温度（℃）	18～24	24～28
相对湿度（%）	≥30	≤70
风速（m/s）	≤0.20	≤1.00

注：1. 表中冬季相对湿度的限定，仅适用于有加湿要求的空调区。

2. 空调区采用辐射供冷方式时，其空调设计温度宜提高0.5～1.5℃。

（2）室外空气设计计算参数应采用现行国家标准《民用建筑供暖通风与空气调节设计规范》GB 50736中的夏季室外空气设计计算参数，并应对蒸发冷却制冷系统的地域适用性及当地室外空气设计计算参数的不保证率进行校核。

（3）空调区和空调系统的新风量计算应符合现行国家标准《民用建筑供暖通风与空气调节设计规范》GB 50736的有关规定，并应按室外空气设计计算参数核算空调区新风除湿所需的新风量。空调区室内空气质量和污染物浓度控制应符合国家现行标准《室内空气质量标准》GB/T 18883、《工业企业设计卫生标准》GBZ1及《民用建筑工程室内环境污染控制规范》GB 50325等相关标准中的有关规定。

7.19.2　系统设计

（1）负荷计算及分类

施工图设计时，应对空调区和空调系统的冬季热负荷、夏季逐时冷负荷以及散失量分别进行计算。对于全空气空调系统而言，空调系统的冷负荷计算方法可与传统空调系统基本相同，对于蒸发冷却空气-水空调系统而言，当系统形式为温湿度独立控制空调系统是，其冷负荷计算应按规定要求分类进行计算。

(2) 空调形式的选择

蒸发冷却制冷空调系统形式应根据夏季空调室外计算湿球温度（或露点温度）以及空调区显热负荷、散失量等，经技术经济比较后确定，并宜负荷下列规定：

① 对建筑空间高大、人员较密集场所，如剧院、体育馆等，宜采用蒸发冷却全空气空调系统，即通过蒸发冷却处理后的空气，承担空调去的全部显热负荷和散失量。

② 空调区较多，建筑层高较低且各区温度要求独立控制时，宜采用蒸发冷却空调-水空调系统。因为考虑到系统的节能以及高温冷水的应用，蒸发冷却空调-水空调系统优选采用温度湿度独立控制空调形式，即通过蒸发冷却处理后的室外空气承担空调区的全部散失量，而显热负荷主要头冷水机组承担，其冷水系统的末端设备可选用辐射板、干式风机盘管等。

③ 空调系统全年运行时，宜按多工况运行方式进行设计。

(3) 蒸发冷却全空气空调系统设计应符合下列规定：

① 蒸发冷却器的类型和组合形式应根据夏季空调室外设计湿球温度或露点温度确定；

② 送风量应根据室内外空气设计参数、空调区负荷特性及空调机组空气处理中状态点等经计算确定。

③ 蒸发冷却器的迎面风速宜采用 2.2～2.8m/s，间接蒸发冷却器效率不宜小于 50%，直接蒸发冷却器效率不宜小于 70%。

④ 直接蒸发冷却器填料厚度，应根据直接蒸发冷却器效率、入口干湿球温度、迎面风速等经计算确定。

(4) 排风系统设计

蒸发冷却制冷空调系统的新风量较大，设计师应考虑空调系统的排风设计（包括机洗排风和自然排风），蒸发冷却制冷空调系统的排风系统设计应符合下列规定：

① 应进行空调区的排风系统设计和风平衡计算，并应符合现行国家标准《民用建筑供暖通风与空气调节设计规范》GB 50736 的有关规定。机械排风设施可采用设回风记得双风机系统或设置专用排风机的方式；同时，排风系统的排风量应要求随系统新风量的变化而变化，此要求可采用控制双风机系统各风阀的开度或排风机与新风机连锁控制风量等自控措施实现。

② 严寒和寒冷地区全年运行的空调系统，其冬季排风宜设热回收装置，并应符合现行国家标准《公共建筑节能设计标准》GB 50189 的有关规定。

③ 空调系统全年运行时，新风机组的送风量宜满足不同季节时系统新风量的要求。尤其是空调系统采用空气-水蒸发冷却空调系统时，由于空调去冬夏季新风量的需求不同，二者相差较大，因此对新风机组的送风量提出要求，设计时，可通过风机的送风量来实现此要求。

(5) 空调气流组织设计

空调区的气流组织设计应符合下列规定：

① 送回风口的设计应符合现行国家标准《民用建筑供暖通风与空气调节设计规范》GB 50736 的有关规定；

② 当空调送风温度满足置换通风和下送风对送风温度的要求时，宜采用置换通风和下送风等送风方式。

（6）空调水系统设计

空调水系统的设计应符合现行国家标准《民用建筑供暖通风与空气调节设计规范》GB 50736的有关规定。

（7）夏季室外空气设计露点温度较低的地区，宜采用简洁蒸发冷却冷水机组作为空调冷源。空调冷水的供水温度和回水温度差应符合下列规定：

① 供水温度应根据当地气象条件和末端设备的性能合理确定；

② 当采用强制对流末端设备时，供回水温差不宜小于4℃；当采用辐射供冷末端设备时，供回水温差不应小于2℃。

（8）补水及水质要求

蒸发冷却制冷空调系统的补水量应根据补水水质、蒸发水量、排污量等计算确定。一般可根据产品生产厂家提供的数据确定或估算。

间接蒸发冷却冷水机组冷水温度在15～20℃之间，在此温度范围内一般没有结垢危险，但由于是开式系统，应做好水的过滤。循环水水质应符合现行国家标准《工业循环冷却水处理设计规范》GB 50050的有关规定及有关产品对水质的要求，并应采取下列措施：

① 应设置保证循环水水质的处理装置；

② 机组入口处应设置过滤器或除污器。

为保障系统正常运行，蒸发冷却循环水要进行连续或定时泄水，一般取设计泄水量等于蒸发量，实际运行可根据当地水质情况减少泄水量。

7.19.3 安全保护及消声隔震措施

（1）空调系统的新风进风口与排风口处应设置能严密关闭的风阀；严寒和寒冷地区的空调系统热水盘管应采取防冻措施。

（2）蒸发冷却制冷空调机组在室外布置时，应选择通风良好的场地；冷水系统为开式系统时，应将机组安装在水系统最高处。

（3）蒸发冷却制冷空调设备所产生的噪声和振动传播至空调房间及设备周围环境的噪声级和振动机，应符合现行国家标准；蒸发冷却制冷空调设备的室外安装位置不宜靠近声环境、振动要求较高的房间，当其噪声级振动不满足现行国家标准时，应采取降噪及减震等措施。

7.19.4 工程实例

（1）工程概况

工程地点位于新疆维吾尔自治区乌鲁木齐市高新技术开发区，是一座综合类建筑，功能包括办公、行政服务、商业、展厅等。

总建筑面积：60783.35m²，其中地上面积：42447.56m²，地下面积：18335.79m²，建筑层数：A楼地上21层，B楼地上16层，会议楼地上3层。地下均为2层。建筑高度A楼99.6m，B楼78.6m，会议楼23.8m。

（2）冷热负荷计算（表7-139）

表 7-139 冷热负荷汇总表

热负荷（kW）			冷负荷（kW）		
散热器热负荷	地暖	空调热负荷	空调全热冷负荷	空调显热冷负荷	新风显热负荷
760	1780	3130	2600	2200	1889

（3）冷热源系统设计

① 冷源

本工程采用间接蒸发冷却系统为冷源，在 A、B 楼屋面设有 9 台制冷量为 300kW 和 1 台制冷量为 370kW 的冷水机组为新风系统服务，采用开式系统，供回水温度 16℃/26℃。在 B 楼屋面设有 6 台制冷量为 230kW 的冷水机组为地板辐射末端服务，采用闭式系统，供回水温度 16.5℃/21.5℃，通过设在地下二层的制冷泵房内的换热器进行换热。二次水供回水温度 18℃/23℃。

② 热源

本工程采用市政热力，一次热媒为 120℃/70℃，通过设在地下一层的热交换站进行换热。每个系统分设一次水泵。一次水回水总管设置热表。空调供热系统经换热后提供水温为 80℃/60℃的热水；散热器供暖系统经换热后提供水温为 80℃/60℃的热水；地板辐射供暖\冷分高、低两个区设置，其中 1～10 层为低区，10 层以上为高区。地板供暖系统水温为 50℃/40℃。定压采用闭式膨胀罐。

（4）空调系统设计

本工程空调系统采用温湿度独立控制空调系统，末端采用冷辐射地板，负担室内显热负荷，新风负担室内湿负荷和一部分显热负荷。

① 空调水系统

空调机组水系统与地板辐射水系统分开设置，采用定水量两管制系统，冷水机组置于 B 楼屋面和 A 楼设备层。空调机组冷水系统直接供给各空调箱。冬季空调热水分开设置。地板辐射供冷系统由冷水机组供冷水至地下二层的制冷泵房，经高/低区换热机组换热，供应冷水给高/低区地板辐射系统。

② 空调风系统

因地板辐射末端供冷能力有限，夏季新风量计算按照担负室内湿负荷，负担冷辐射末端剩余显热负荷，按人员计算新风量三者中的大值计。新风机组按层设置，每层设置配套的排风机。排风机变频控制，与新风机连锁控制风量。

（5）供暖系统设计

① 低温地板辐射供暖系统

夏季辐射供冷的区域冬季采用低温地板辐射供暖系统。通过分集水器与室内埋地管连接。每个房间分路设置自动调节阀，与室温控制器连接。埋地管管材采用 PE-X 管，布管方式采用旋转回折型和双平行型布置。

② 散热器供暖系统

车库及设备机房、新风机房采用散热器供暖系统，散热器采用钢制三柱内防腐散热器。均为落地安装，每组散热器安装温控阀和手动放气阀。

（6）通风系统（图 7-165）

干空气能间接蒸发冷水机组

序号	设备编号	类型	制冷工质	制冷工况				水侧				电源	装机功率	运行重量	机组噪声	能效比	数量	机组尺寸	减振方式	备注
				制冷量	进水温度	出水温度	环境温度	水量	最大水阻力	工作压力	污垢系数									
				kW	℃	℃	℃	m³/h	m	MPa	m²℃/kW	V-Ø-Hz	kW	T	dB(A)	COP	台	长×宽×高		
1	L1-1-9	SZHJ-L-26	-	300	26	16	-	26	17	1.0	0.086	380-3-50	9.74	6	75	-	9	4400×2400×7300	弹簧减振台座	新风机组冷源
2	L2-1-6	SZHJ-L-40	-	230	21.5	16.5	-	40	17	1.0	0.086	380-3-50	8.24	6	75	-	6	4400×2400×7300		地板辐射末端冷源
3	L3-1	SZHJ-S-32	-	370	26	16	-	32	-	1.0	0.086	380-3-50	19.5	3.5	75	-	1	6800×2800×3200		新风机组冷源自带循环泵G=35m³/h,H=22m

新风机组

序号	设备编号	设备形式	风机				表面冷却器									热水加热盘管							过滤器	安装位置	服务范围	机组尺寸 长×宽×高	数量	减振方式	备注
			夏季风量	冬季新风量	机外余压	电机容量	显热制冷量	进出水温	进口参数 干球	进口参数 湿球	出口参数 干球	出口参数 湿球	面风速	水阻力	工作压力	热量	进出水温	进口参数 干球	进口参数 湿球	出口参数 干球	水阻力	工作压力							
			m³/h	m³/h	Pa	kW	kW	℃/℃	℃	℃	℃	℃	m/s	kPa	MPa	kW	℃/℃	℃	℃	℃	kPa	MPa					台		
1	xa-1-1	组合卧式	12000	4000	300	6.05	45.6	16/26	33.5	18.2	18	13.1	2.5	<40	1.6	80	80/60	-23.7	-23.9	20	<40	1.6	板式初效+袋式中效	一层新风机房	一层北大堂商业及二层商务中心	4100×2000×2000	1	橡胶	机组外噪声 ≤70dB(A) 自带变频
2	xa-1-2	组合卧式	17000	4000	350	8.05	64.6	16/26	33.5	18.2	18	13.1	2.5	<40	1.6	80	80/60	-23.7	-23.9	20	<40	1.6		一层新风机房	一层对外公共服务区	4300×2400×2400	1	橡胶	机组外噪声 ≤70dB(A) 自带变频
3	xa-1-3	组合卧式	17000	4000	350	8.05	64.6	16/26	33.5	18.2	18	13.1	2.5	<40	1.6	80	80/60	-23.7	-23.9	20	<40	1.6		一层新风机房	一层南大堂商业及商业	4300×2400×2400	1	橡胶	机组外噪声 ≤70dB(A) 自带变频
4	xa-2-1	组合卧式	8000	2000	300	4.37	30.4	16/26	33.5	18.2	18	13.1	2.5	<40	1.6	40	80/60	-23.7	-23.9	20	<40	1.6		二层新风机房	备餐区	4000×2000×1500	1	橡胶	机组外噪声 ≤70dB(A) 自带变频
5	xa-2-2	组合卧式	17000	4000	350	8.05	64.6	16/26	33.5	18.2	18	13.1	2.5	<40	1.6	80	80/60	-23.7	-23.9	20	<40	1.6		二层新风机房	内部餐厅	4300×2400×2400	1	橡胶	机组外噪声 ≤70dB(A) 自带变频
6	xa-2-3	组合卧式	17000	4000	350	8.05	64.6	16/26	33.5	18.2	18	13.1	2.5	<40	1.6	80	80/60	-23.7	-23.9	20	<40	1.6		二层新风机房	对外公共服务区及商务中心	4300×2400×2400	1	橡胶	机组外噪声 ≤70dB(A) 自带变频
7	xa-3-1	组合卧式	14000	6000	300	6.05	53.2	16/26	33.5	18.2	18	13.1	2.5	<40	1.6	120	80/60	-23.7	-23.9	20	<40	1.6		三层新风机房	北侧会议室及咖啡厅	4200×2000×2300	1	橡胶	机组外噪声 ≤70dB(A) 自带变频
8	xa-3-2	组合卧式	12000	4000	300	6.05	45.6	16/26	33.5	18.2	18	13.1	2.5	<40	1.6	80	80/60	-23.7	-23.9	20	<40	1.6		三层新风机房	南侧会议室及咖啡厅	4100×2000×2000	1	橡胶	机组外噪声 ≤70dB(A) 自带变频
9	xa-4-12-1	组合卧式	10000	3000	300	4.55	38.0	16/26	33.5	18.2	18	13.1	2.5	<40	1.6	60	80/60	-23.7	-23.9	20	<40	1.6		四~十二层新风机房	北塔办公室	4000×2000×1700	1	橡胶	机组外噪声 ≤70dB(A) 自带变频
10	xa-4-12-2	组合卧式	12000	4000	300	6.05	45.6	16/26	33.5	18.2	18	13.1	2.5	<40	1.6	80	80/60	-23.7	-23.9	20	<40	1.6		四~十二层新风机房	南塔办公室	4100×2000×2000	1	橡胶	机组外噪声 ≤70dB(A) 自带变频
11	xa-13-1	组合卧式	12000	3000	300	6.05	45.6	16/26	33.5	18.2	18	13.1	2.5	<40	1.6	60	80/60	-23.7	-23.9	20	<40	1.6		十三层新风机房	北塔办公室	4100×2000×2000	1	橡胶	机组外噪声 ≤70dB(A) 自带变频
12	xa-13-2	组合卧式	14000	4000	300	6.05	53.2	16/26	33.5	18.2	18	13.1	2.5	<40	1.6	80	80/60	-23.7	-23.9	20	<40	1.6		十三层新风机房	南塔办公室	4200×2000×2300	1	橡胶	机组外噪声 ≤70dB(A) 自带变频
13	xa-14-1	组合卧式	17000	4000	350	8.05	64.6	16/26	33.5	18.2	18	13.1	2.5	<40	1.6	80	80/60	-23.7	-23.9	20	<40	1.6		十四层新风机房	北塔办公室及员工活动室	4300×2400×2400	1	橡胶	机组外噪声 ≤70dB(A) 自带变频
14	xa-14-2	组合卧式	17000	4000	350	8.05	64.6	16/26	33.5	18.2	18	13.1	2.5	<40	1.6	80	80/60	-23.7	-23.9	20	<40	1.6		十四层新风机房	南塔办公室及员工活动室	4300×2400×2400	1	橡胶	机组外噪声 ≤70dB(A) 自带变频
15	xa-15-16-1	组合卧式	10000	3000	300	4.55	38.0	16/26	33.5	18.2	18	13.1	2.5	<40	1.6	60	80/60	-23.7	-23.9	20	<40	1.6		十五、十六层新风机房	北塔办公室	4000×2000×1700	1	橡胶	机组外噪声 ≤70dB(A) 自带变频
16	xa-15-16-2	组合卧式	12000	4000	300	6.05	45.6	16/26	33.5	18.2	18	13.1	2.5	<40	1.6	80	80/60	-23.7	-23.9	20	<40	1.6		十五、十六层新风机房	南塔办公室	4100×2000×2000	1	橡胶	机组外噪声 ≤70dB(A) 自带变频
17	xa-17-20-1	组合卧式	12000	4000	300	6.05	45.6	16/26	33.5	18.2	18	13.1	2.5	<40	1.6	80	80/60	-23.7	-23.9	20	<40	1.6		十七~二十层新风机房	南塔办公室	4100×2000×2000	1	橡胶	机组外噪声 ≤70dB(A) 自带变频
18	xb-1-1	组合卧式	26000	5000	400	11.55	98.8	16/26	33.5	18.2	18	13.1	2.5	<40	1.6	100	80/60	-23.7	-23.9	20	<40	1.6		一层新风机房	展厅及办公室等	4600×2600×2400	1	橡胶	机组外噪声 ≤70dB(A) 自带变频
19	xb-2-1	组合卧式	10000	3000	300	4.55	38.0	16/26	33.5	18.2	18	13.1	2.5	<40	1.6	60	80/60	-23.7	-23.9	20	<40	1.6		二层新风机房	前厅、展厅及化妆间等	4100×2000×2000	1	橡胶	机组外噪声 ≤70dB(A) 自带变频
20	xb-2-2	组合卧式	17000	10000	350	8.05	64.6	16/26	33.5	18.2	18	13.1	2.5	<40	1.6	200	80/60	-23.7	-23.9	20	<40	1.6		二层新风机房	多功能活动大厅	4300×2400×2400	1	橡胶	机组外噪声 ≤70dB(A) 自带变频

换热机组

序号	设备编号	换热器形式	机组换热量 (kW)	换热器数量 (台)	一次热（冷）媒侧			二次热（冷）媒侧										安装位置	服务对象
					进出水温 (℃)	水流阻力 (kPa)	工作压力 (MPa)	进出水温 (℃)	水流阻力 (kPa)	工作压力 (MPa)	循环水泵编号	水泵流量 (m³/h)	扬程 (m)	电量 (kW)	电压 (V)	数量 (台)	备注		
1	HR-1	板式换热器	600	2	120/70	50	1.6	80/60	50	0.8	RB-1,2,2'	22	28	3	380	3	配变频器两用一备	换热站	采暖系统
2	HR-2	板式换热器	2200	2	120/70	50	1.6	80/60	50	1.6	RB-3,4,4'	75	36	15	380	3	配变频器两用一备	换热站	空调系统
3	HR-3	板式换热器	500	2	120/70	50	1.6	50/40	50	1.6	RB-5,6,6'	36	32	7.5	380	3	配变频器两用一备	换热站	高区地板采暖
4	HR-4	板式换热器	900	2	120/70	50	1.6	50/40	50	0.8	RB-7,8,8'	65	32	15	380	3	配变频器两用一备	换热站	低区地板采暖
5	HL-1	板式换热器	1000	1	16.5/21.5	50	1.0	18/23	50	1.6	LB-1,2	90	32	15	380	2	配变频器	制冷泵房	高区地板供冷
6	HL-2	板式换热器	2000	1	16.5/21.5	50	1.0	18/23	50	0.8	LB-3,4	180	32	22	380	2	配变频器	制冷泵房	低区地板供冷

水泵

序号	设备编号	设备名称	设备型式	流量 (m³/h)	扬程 (m)	电源		转速 (r/min)	工作压力 (MPa)	介质温度 (℃)	重量 (kg)	数量 (台)	安装位置	服务对象	备注
						容量 (kW)	电压 (V)								
1	B-1,1'	一次热水循环泵	低噪音立式水泵	15	25	2.2	380	1450	1.6	0~140	50	2	换热机房	采暖系统	一用一备 配变频器
2	B-2,2'	一次热水循环泵	低噪音立式水泵	55	25	7.5	380	1450	1.6	0~140	89	2	换热机房	冬季空调系统	一用一备 配变频器
3	B-3,3'	一次热水循环泵	低噪音立式水泵	14	25	2.2	380	1450	1.6	0~140	26	2	换热机房	高区地板采暖热水	一用一备 配变频器
4	B-4,4'	一次热水循环泵	低噪音立式水泵	24	25	3.0	380	1450	1.6	0~140	61	2	换热机房	低区地板采暖热水	一用一备 配变频器
5	B-5,5'	一次冷水循环泵	低噪音卧式水泵	270	36	45	380	1450	1.6	0~100	679	2	副塔屋面	夏季空调系统	一用一备 配变频器
6	B-6,6'	一次冷水循环泵	低噪音卧式水泵	270	32	37	380	1450	1.6	0~100	842	2	制冷泵房	地板供冷系统	一用一备 配变频器
7	bb-1,1'	补水泵	低噪音立式水泵	3	21	1.1	380	1450	1.6	0~100	14.1	2	换热机房	采暖系统	一用一备 配变频器
8	bb-2,2'	补水泵	低噪音立式水泵	11	106	7.5	380	1450	1.6	0~100	114	2	换热机房	空调系统	一用一备 配变频器
9	bb-3,3'	补水泵	低噪音立式水泵	5	111	2.2	380	1450	1.6	0~100	20	2	换热机房	高区地板采暖（供冷）系统	一用一备 配变频器
10	bb-4,4'	补水泵	低噪音立式水泵	9	60	7.5	380	1450	1.6	0~100	114	2	换热机房	低区地板采暖（供冷）系统	一用一备 配变频器

水处理仪

序号	设备编号	处理水量	过滤精度	超净过滤率	防腐能力	杀菌灭藻有效率	防垢有效率	除垢有效率	压力损失	工作温度	电源		数量	安装位置	服务对象
		(t/h)	(um)	(%)	(mm/a)	(%)	(%)	(%)	(MPa)	(℃)	容量 (W)	电压 (V)			
1	SW-1	234	50	≥90	≤0.07	≥99	≥98	≥95	0.005~0.03	0~50	600	220	1	副塔屋面	空调冷水系统
2	SW-2	240	50	≥0	≤0.07	≥99	≥98	≥95	0.005~0.03	0~50	600	220	1	制冷泵房	地板供冷系统一次水

软化水设备及水箱

序号	设备编号	设备名称	单台处理水量 (m³/h)	原水总硬度 (mmoL/L)	出水总硬度 (mmoL/L)	工作压力 (MPa)	工作温度 (℃)	电源		外形尺寸 (mm)	数量	
								容量 (kW)	电压 (V)			
1	R-1	全自动软水器	5	≤6	≤0.03	1.6	0~50	0.04	220	2500×2000×2500	1	D50000（交换罐）2 D640×1150（盐罐）
2	X-1	软化水箱	V=5.0m³							2200×1800×1500	1	

定压补水装置

序号	设备编号	设备型式	定压值 (MPa)	启泵压力 (MPa)	停泵压力 (MPa)	电磁阀开启压力 (MPa)	安全阀开启压力 (MPa)	总容积 (m³)	调节容积 (m³)	安装位置	服务对象
1	D-1	气压膨胀水罐	0.2	0.11	0.32	0.4	0.36	0.35	0.11	换热站	采暖系统
2	D-2	气压膨胀水罐	1.0	0.96	1.3	1.4	1.6	2.50	0.80	换热站	空调系统
3	D-3	气压膨胀水罐	1.1	1.01	1.3	1.4	1.6	1.40	0.49	换热站	高区地板采暖(供冷)系统
4	D-4	气压膨胀水罐	0.5	0.49	0.65	0.72	0.80	2.46	0.80	换热站	低区地板采暖(供冷)系统

图 7-165

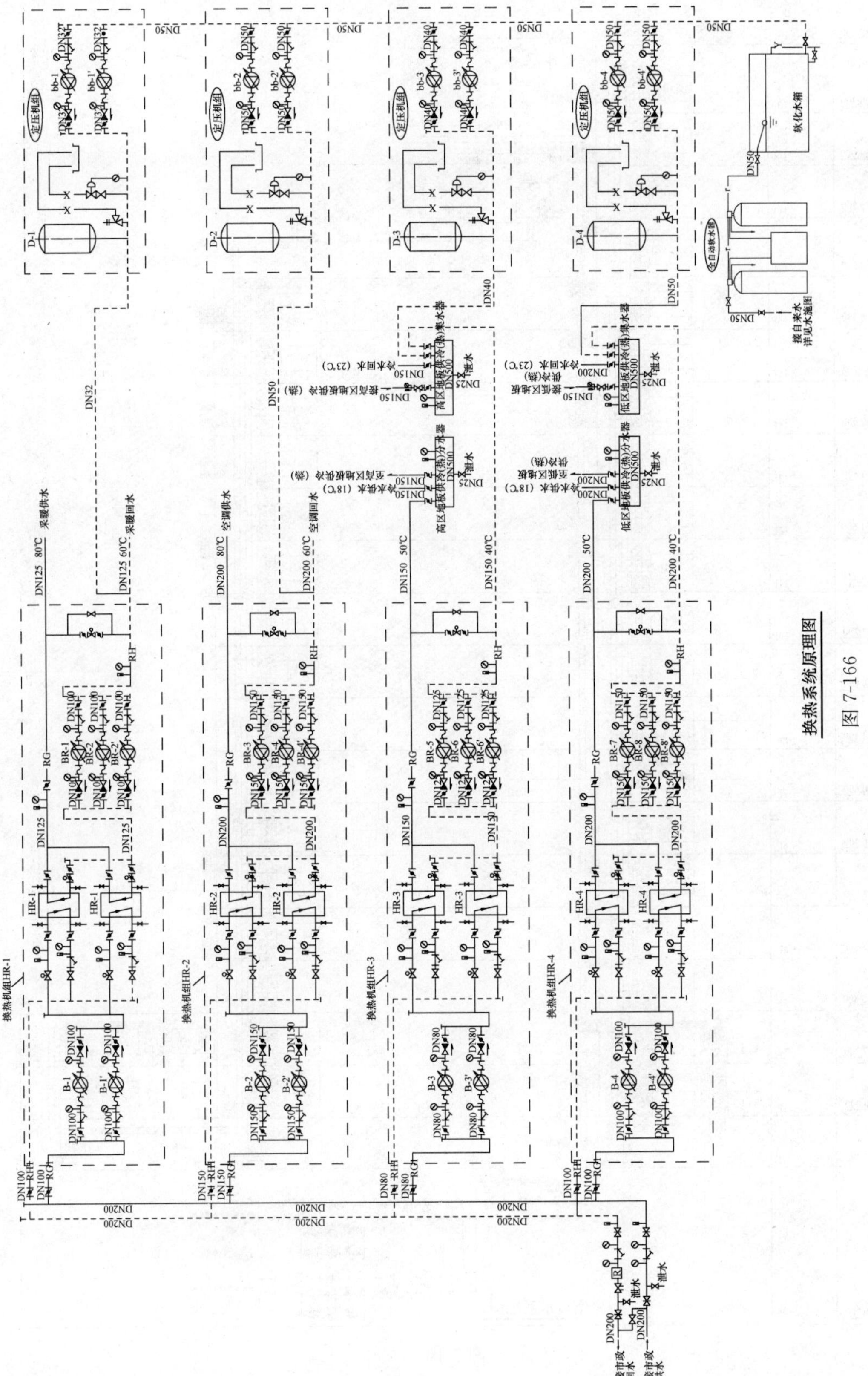

换热系统原理图

图 7-166

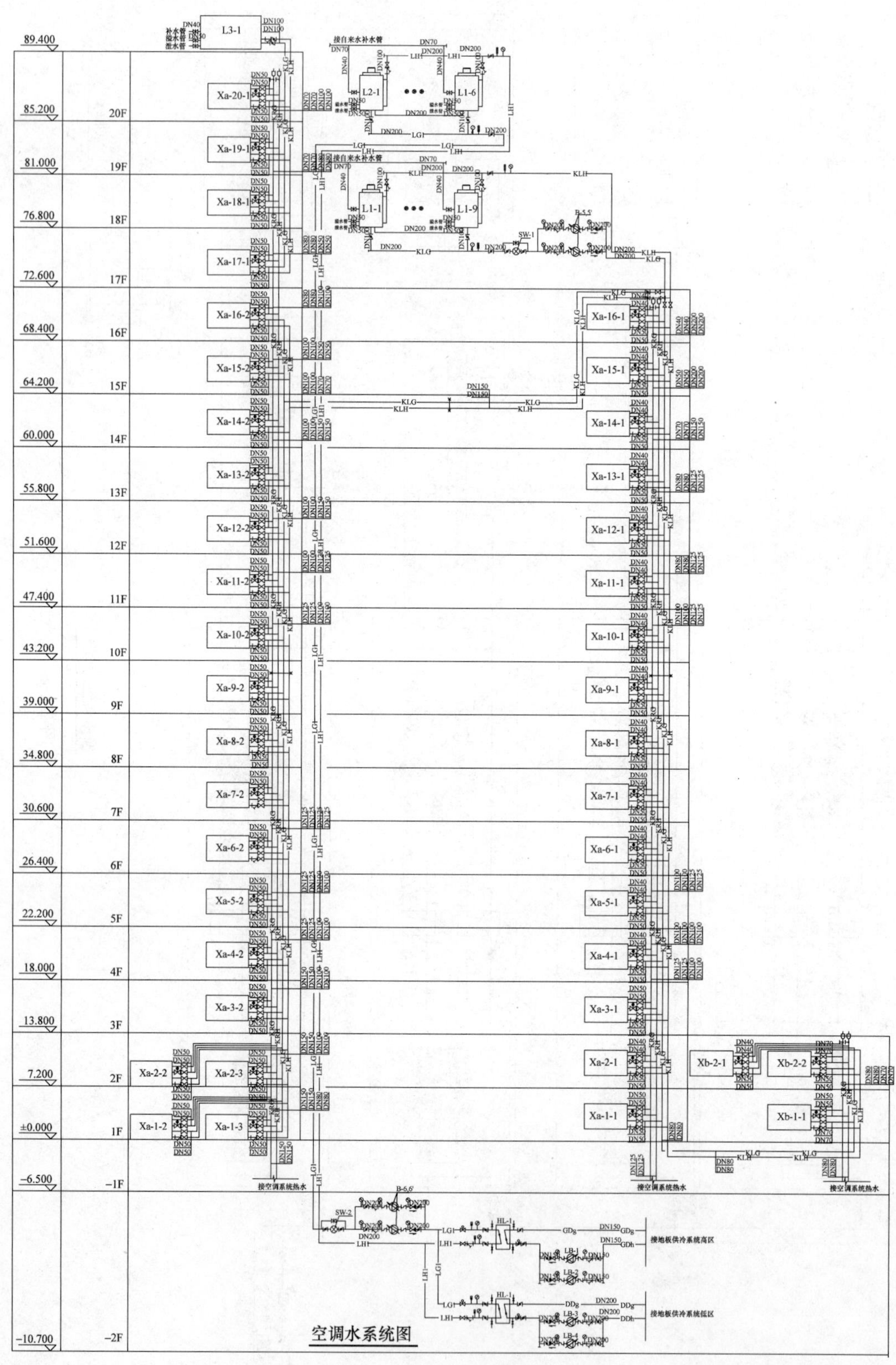

图 7-167

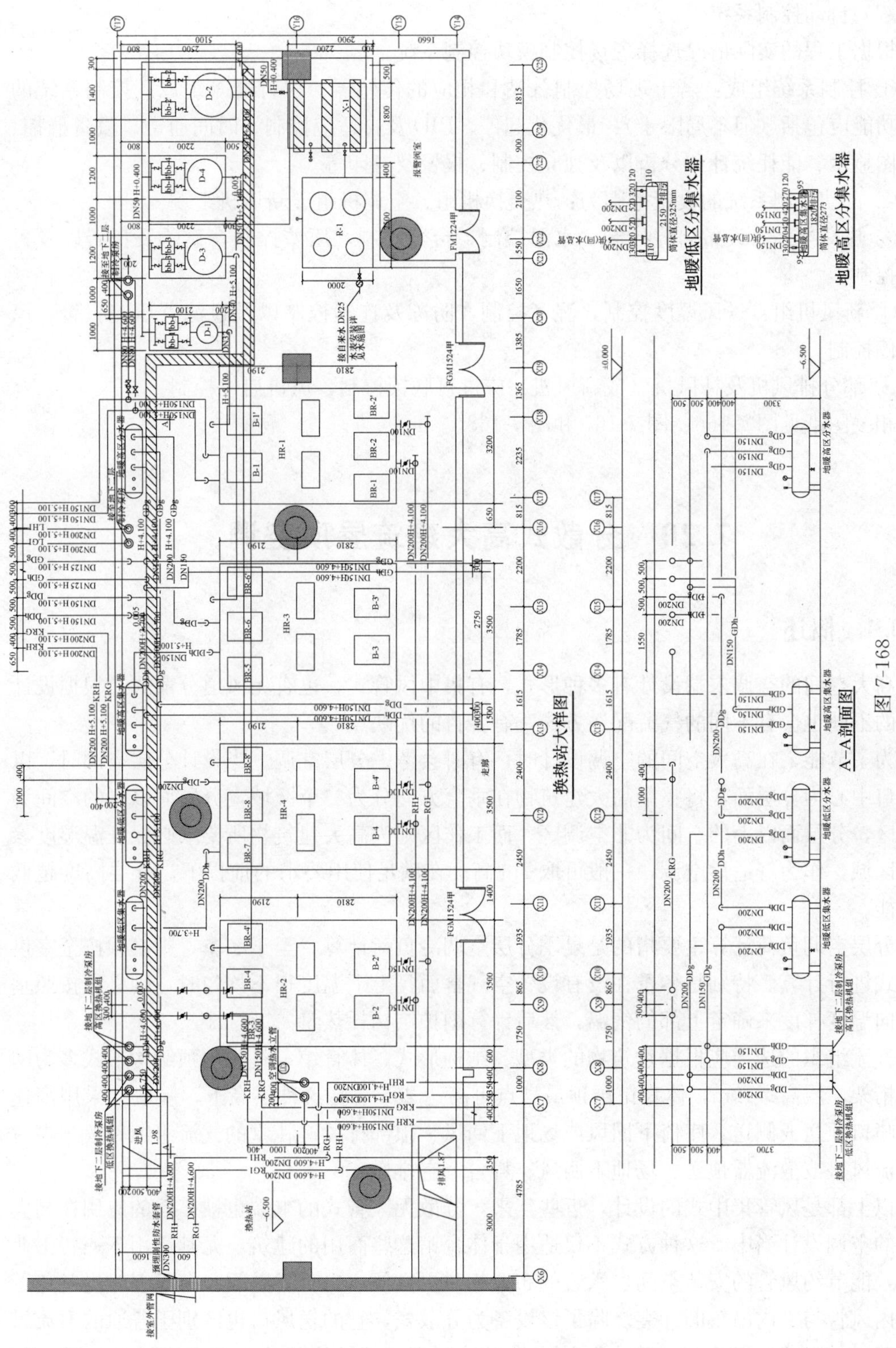

图 7-168

该工程地下设备用房设置机械通风系统。

(7) 自动控制系统

根据工程的实际情况选择现场控制模块控制系统。

① 控制系统组成：若干现场控制分站和相应的传感器、执行器等组成。控制系统的软件功能应包括（但不局限于）：最优化起停、PID及自适应控制、时间通道、设备群控、动态图显示、能耗统计和分析以及独立控制、报警及打印等。

② 自动控制系统的设置范围为：热交换机组、空调机组、新风机组。

③ 热交换站：设备启停控制，水温控制，台数控制，压差控制，显示及报警以及再设定控制。

④ 新风机组：送风温度控制，湿度控制，防冻及连锁控制以及过滤器压差报警，风机启停控制。

⑤ 部分排风机及补风机（或新风机）应进行联锁控制，风机启停控制。

相关图纸见图7-166、图7-167和图7-168。

7.20　分散式高大建筑屋顶空调

7.20.1　概述

高大空间的空调末端设计有多种形式，有集中风管式，也有无风道分散式。根据设计方式的不同也会有不同的气流配送方式，有各自的优缺点。

为了节能，在高大空间的空调设计时，有时会考虑分层空调。当设计分层空调时，以送风口中心为分层面，将整个高大建筑物在垂直方向分为二个区域，分层面以下的空间为空调区，分层面以上的空间为非空调区。而工作区则为高大建筑物所要求必保证温湿度参数的区域，作为舒适性空调，一般可取2m高。在满足使用要求的前提下，分层高度越低越节能。

分层空调负荷计算主要指的是夏季分层空调冷负荷计算，至于冬季，则必须按全室供暖方式进行计算。特别是冬季在没有设置空气幕而且上下温度很不均匀时，则必须按照垂直方向温度梯度来确定上部的气温，然后计算围护结构耗热量。

气流组织的选择应根据建筑物的类型、结构形式。体育馆、礼堂层顶结构形式多为网架或桁架，层高＞10m，体育馆层顶最高点可高达25m。在这种层高下，一般会采用高速射流喷口顶送或侧送、座椅下回风或场地下回风、顶部排风；礼堂的气流组织一般为喷口或旋流风口或散流器顶送、场地下回风、舞台上空排风。

以上都是风管集中式的设计，近些年来，分散无风管式的末端也被广泛的应用在高大空间的空调设计当中。这种方式不仅适用于体育馆这些商用的建筑，尤其适用于一些工业厂房，能节约风管的安装空间，水管的布置相对更方便，更节省空间。在很多时候避免了厂房内风管与室内吊车的冲突。除了该设备为分散式，它的送风口也区别于普通的射流风口，喷口是以“柯恩达空气放大”效应为设计原理，其导流叶片与双向出风口的配合使用，能有效提升30%的风量。

柯恩达空气放大效应——流体会紧贴在凸出物体表面流动，流体力学的基本原理是通过输入少量的工业压缩空气作为动力，空气放大器在一端产生负压效应，则另一端输出的空气可达环境空气的25～30倍。在引流30倍的环境空气后，形成均匀的360°圆锥形气流环，使用压缩空气，经过特殊构造的气室产生气流，并且可以引流20～30倍的环境空气，形成大流量高强度的气流，送风距离大大加强。

送风口不单是一个射流送风口，送风口由外壳，可调节的导向叶片及喷口组成。该风口装置的调节是由不同的送风温差来决定的，很好地解决了冬季送热与冬季送冷空气的调节问题。图7-169为两种完全不同的送风气流组织。

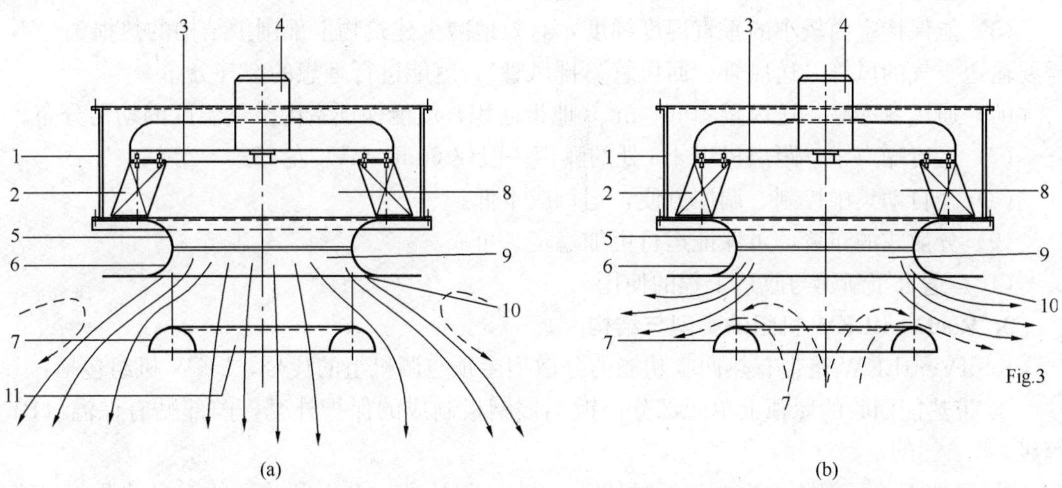

图7-169　两种送风气流组织

(a) 送热空气时的气流形式；(b) 送冷空气时的气流组织形式

1—壳体；2—导向叶片；3—控制板；4—调节装置；5—壳体喷口；6—延伸外壳；

7—分流环；8—旋流通道 9—喷射通道；10—排风口边缘；11—分流环的中孔

采用该种方式时，应该考虑到两种因素：一个是空间的冷、热负荷；二是设备的覆盖面积。两者都要满足，才能营造一个温度适宜且均匀的环境。下面是以一个具体的设备及具体的项目来介绍分散式空调送风末端的特点。

7.20.2　系统设计

1. 机组的功能

分散式高大建筑屋顶通风空调机组，是Hoval（瑞士）公司推出的一种单元式空气处理机组（冷热源可选）；用于如生产车间、购物中心、体育馆、展厅等具有高大空间建筑的室内通风与空调设备。由于它只能安装在屋顶上/下，所以合名为屋顶通风空调机组。这种机组具有下列多种功能（这里以LKW新风热回收机组为例，其他型号机组只具备其中的部分功能）：输入室外的新鲜空气和排出室内的污浊废气。

(1) 冬季回收室内热量的同时也会利用外接热源向室内补充热量。

(2) 夏季回收室内冷量的同时也会利用外接冷源向室内补充冷量。

(3) 对新风与回风进行过滤

2. 机组的特点

（1）可以根据不同的使用要求，选择具有不同功能的机组，就能实现通风、供暖、供冷、热回收等各项功能，且相互间可以自由转换。独立的通风单元，相互间可以自由转换。

（2）机组分散安装在屋顶下部（循环机组吊挂在屋顶下），或穿过屋顶安装在屋面上（带新风功能）；不需要专门的梮庐，不占建筑面积。

（3）通过有发明专利的空气喷口（air-injector）能将送风空气直接分布至室内人员活动区，无强烈气流感，更加舒适。

（4）能有效的回收热能或冷量，节省能源消耗。

（5）能保持室内较小的垂直温度梯度，有效地减少建筑物上部围护结构的热损失。不需要输送空气的风管（送风管、回风管、排风管），就能进行理想的空气分布。

（6）通风效率高，送风量 $10m^3/m^2$（地板面积）就能保证室内空气温度的均匀分布。

（7）运行噪声小，距离机组 4m 处的噪声一般仅 60dB（A）左右。

（8）全自动集中控制，调控方便，运行成本低。

（9）分散式的布置，可保证运行更加稳定、可靠。

（10）适合于新建与改造工程的使用。

3. RoofVentLKW 机组的类型与结构

RoofVentLKW 是带有热回收功能的分散型屋顶空调机组的代号，LKW 机组包括：

① 带热能回收的屋顶上单元部分：镀铝锌钢板制成的保护外壳，内部帖有保温（B1 等级）

② 屋顶下单元部分：主要包括过滤盒、制热/制冷段、获专利认证的，自动调节涡流空气布送器 Air-Injector。

两个部分通过螺栓连接，所以即使有安装以后也很容易进行拆卸，这是高机动性的保证，如图 7-170 所示。

详细组件见图 7-171 所示：

① Air-Injector 执行器：从水平至垂直方向连续调节送风角度；

② 冷凝水连接；

③ 防冻保护器；

④ 回风隔栅；

⑤ 回风过滤器：袋式过滤器带有用于过滤监测的压差控制装置；

⑥ ER 排风风阀和旁通风阀：用于调节热能回收的反向联动挡板，带有热行器；

⑦ 检查板：打开可轻松拿取排风过滤器；

⑧ 百叶窗：打开可轻松拿取新风过滤器与 DigiUnit 终端盒；

⑨ 新风过滤器：袋式过滤器带有用于过滤监测的压差控制装置；

⑩ 新风风阀和循环风阀：用于转换新风运行和循环运行的反向联动挡板，带有执行器；

⑪ 重力风阀：设备停机时关闭旁通，减少热量损失；

⑫ 排风风机：免维护的双驱动离心风机；

⑬ 排风格栅：打开可轻松检查排风风机；

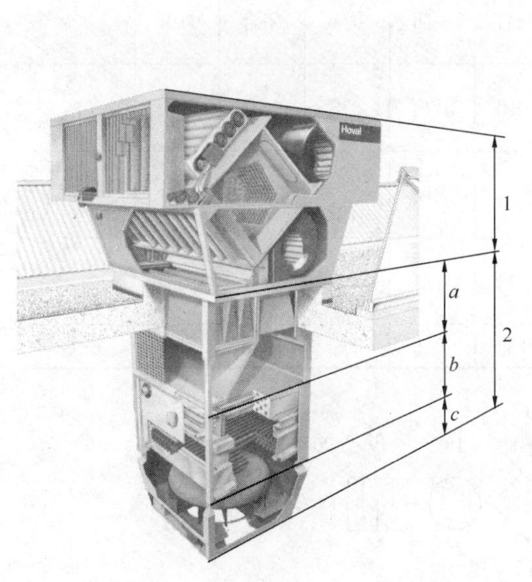

图 7-170

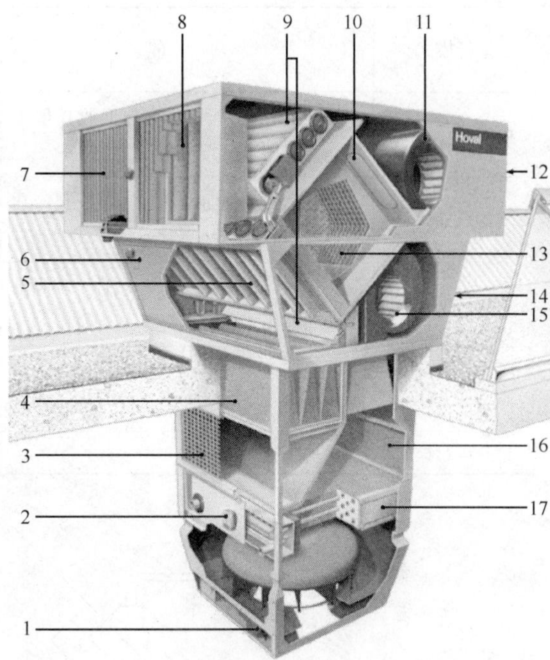

图 7-171

⑭ 板式换热器：带有控制热能回收的旁通以及冷凝排放；

⑮ 检查板：打开可轻松检查送风风机；

⑯ 送风风机：打开可轻松检查送风风机；

⑰ 检查板：打开可轻松检查制热/制冷盘管；

4. 运行流程与模式

（1）机组风系统的运行流程：LKW 机组风系统的运行流程，如图 7-172 所示

（2）运行模式（表 7-140）

表 7-140 运行模式

运行模式	功　能	送风风机	排风风机	热能回收	新风风阀	循环风阀	采暖/制冷
关机模式	风机关闭，防冻保护仍然动作。无室内温度控制	关闭	关闭	0%	闭合	打开	关闭
通风模式	能量回收功能工作，采暖/制冷功能工作	开启	开启	0～100%	打开	闭合	0～100%
通风低速模式	能量回收功能工作，采暖/制冷功能工作	开启	开启	0～100%	打开	闭合	0～100%
循环模式	采暖/制冷功能工作，热回收功能不工作。用于室内快速达到温度设定值时开启	开启	关闭	0%	闭合	打开	0%

续表

运行模式	功 能	送风风机	排风风机	热能回收	新风风阀	循环风阀	采暖/制冷
夜间循环模式	采暖/制冷功能工作，热回收功能不工作。室内温度按夜间设定	开启	关闭	0%	闭合	打开	0%
排风模式	能量回收功能不工作，采暖/制冷功能不工作，无新风	关闭	开启	0%	打开	闭合	0%
新风模式	无排风，采暖/制冷功能工作，能量回收功能不工作	开启	关闭	0%	打开	闭合	0～100%
夏季夜间制冷模式	能量回收功能工作，采暖/制冷功能工作	开启	开启	0%	打开	闭合	关闭
紧急运行模式	手动模式	开启	关闭	0%	闭合	打开	开启

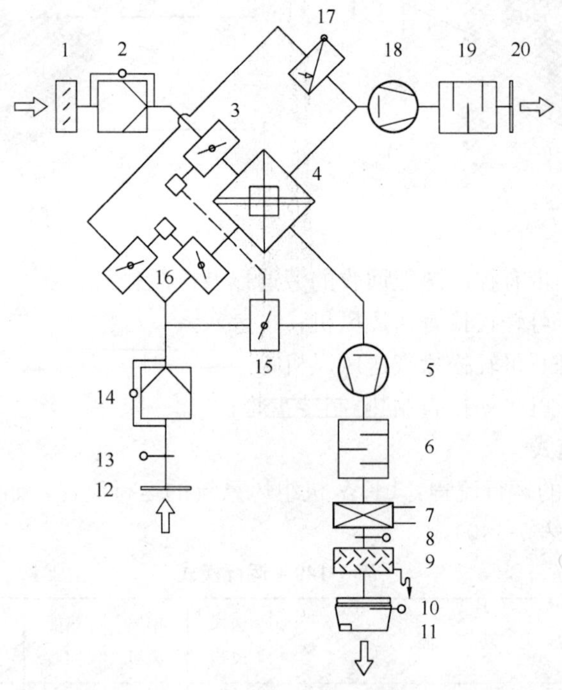

图 7-172 LKW 机组风系统运行模式

1—通过百叶窗的新风入口；2—带有压差开关的过滤器；3—带有执行器的新风风阀；4—板式换热器；5—送风风机；6—消声器；7—LPHW/LPCW 制热/制冷盘管；8—防冻保护控制器；9—冷凝水接水盘；10—送风传感器；11—带有执行器的 Air-Injector；12—通过回风格栅的回风入口；13—回风传感器；14—带有压差开关的过滤器；15—循环风阀（与新风风阀反向联动）；16—带有执行器的 ER 排风/旁通风阀；17—重力风阀；18—排风风机；19—消声器；20—通过排风格栅的排风出口

以上模式通过 DigiNet 全自动控制器进行分区区域控制（除了紧急运行模式）。而且每一台通风单元都可以通过手动来实现停机模式，室内风循环模式或者紧急启动模式。

5. 系统配管设计

LKW 系统配管设计原理图，见图 7-173。

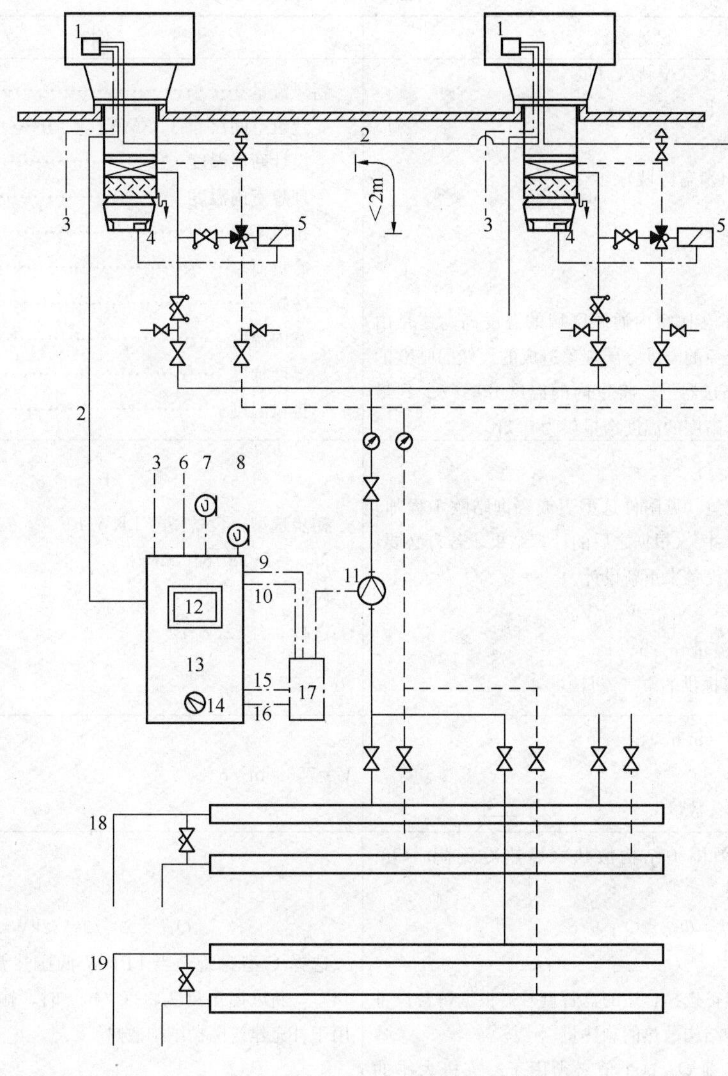

图 7-173　LKW 系统配管设计

1—DigiUnit 终端盒；2—novaNet 系统总线；3—电源供电；4—接线盒 5—电磁调节阀；6—集成故障显示器；7—新风传感器；8—室内温度传感器；9—供热故障信号线；10—制冷故障信号线；11—主水泵；12—DigiMaster 控制器；13—区域控制柜；14—供热/制冷选择开关；15—供暖启动；16—制冷启动；17—供暖控制柜；18—供暖环路；19—制冷环路

6. 选型设计

表 7-141 中为选型设计的流程示例。

7. TopVent 冷/暖、通风机组

TopVent 同样是一种吊装式冷/暖、通风机组的产品系列代号。与 LKW 相比，TopVent 机组的功能与结构相对比较简单，除 CAU 和 CUM 两种型号由室内与室外两部分组成外（在屋顶上有混风盒和防雨罩），其他型号都只有室内部分。根据机组功能的不同，分为 8 个类型：

表 7-141　选型设计的流程示例

设计参数	例
■ 所需新风流量或换气率新风流量 ■ 室内空间尺寸（长、宽、高） ■ 室外的设计温度 ■ 所需室内温度（覆盖区域） ■ 排风工况① ■ 冷负荷 ■ 冷媒 ① 排风温度通常会比室内通风区域的温度高。这是由于高大空间不可避免的温度分层现象造成的。然而皓欧的 Air-Injecter 空气布送器可以将室内的温度分层减少到最小，可以达到每米高度的温度增量仅为 0.2K。	新风流量……………………………… $75000m^3/h$ 建筑空间尺寸（LXWXH）…… 72m×60m×10m 设计新风温度 ……………………………… 32℃/40% 理想室内温度 ……………………………… 26℃ 排风工况 ……………………………… 28℃/50% 冷负荷 ……………………………… 200kW 冷媒……………………………… LPCW8/14℃ 室内温度 ……………………………… 26℃ 温度梯度 ……………………………… 100.2K 排风温度 ……………………………… =28℃
所需设备台数 n_{req} 根据每台空气流量（见附件选型表或咨询皓欧工程师）试选出设备型号尺寸。（根据之后的计算结果，若有必要，可用另一个型号的设备来重新设计。） $N_{req}=V_{req}/V_u$ V_{req}=所需新风流量 m^3/h V_u=所选设备可提供的空气流量	初步选型：设备型号 LKW-10 $N_{req}=75000/8400m^3/h$ $N_{req}=8.93$ 选择 9 台 LKW-10
实际新风流量 V（in m^3/h） $V=n\cdot V_u$ N=所选设备数量	$V=75600m^3/h$
每台设备的有效围护结构散热（显热冷负荷）Q_{TG}（kW） $Q_{TG}=Q_{TEFF}/n$ 盘管设备 从参数表中得出，选择合适的盘管型号需根据每台设备用以补充建筑围护结构散热的制热量 注意：全热冷负荷 Q_{tot} 这个值必须用于冷冻机大小的选择	$Q_{TG}=200/9=22kW$ 选择 C 型盘管，当 LPHW 低压热盘管冷源为 8℃/14℃，新风温湿度为 32℃/40%时，输出热量为 26kW 用于补充建筑围护结构散热
检查其他工况 ■最大覆盖面积 根据所选设备数量计算每台设备所需的覆盖面积。如果实际区域面积超出了技术表中列出的是大值，则需增加设备数量。 ■满足设备最大和最小安装距离 根据室内空间以及设备排布，使用皓欧技术手册中给出的信息来检查实际设备间距	每台设备覆盖面积=72·60/10=432m² 设备的最大覆盖面积=855m² →OK 当设备均匀布置时，才可以遵守设备的最大和最上安装间距要求 →OK
确定设备数量 设备数量越多，运行上就会有更大的灵活性，然而成本也会变得更高。一个最优的通风解决方案不仅要考虑其成本费用，还需考虑系统的通风品质	选择 9 台 C 型换热盘管的 LKW-10，保证了系统运行的高效节能

(1) CAU——具有供暖/制冷功能的通风屋顶机组，带有新风/回风混合盒和相应的过滤器及风量调节装置。

(2) CUM——具有供暖/制冷功能的通风屋顶机组，其结构与CAU机组基本相同。

(3) DKV——具有供暖功能/制冷功能的室内循环吊顶式机组（类似于风机盘管机组），没有新风，不能排风。

(4) KHV——具有供暖功能的室内循环吊顶式机组（类似于暖风机，但适用于高大空间）

(5) MK——具有通风混风循环供暖/供冷功能的吊顶式通风机组，新风量的变化范围为0～100%。

(6) MH——具有通风混风循环供暖功能的吊顶式通风机组，新风量的变化范围为0～100%，其结构与MK基本相同，但减少了供冷功能及相应的挡水板等。

(7) NHV——吊顶式室内再循环供暖机组（暖风机）。

(8) HV——吊顶式室内循环供暖机组，其结构与NHV基本相同，不带关风喷口，仅为层高<6m的低矮空间设计。

7.20.3 工程实例

1. 工程概况

本工程为××公司××车间通风系统项目，车间面积17000m²，层高12m，单层结构。

2. 系统设计

(1) 室外气象参数

夏季：大气压力（kPa）998.5；空调室外计算干球温度（℃）34.8；空调室外计算湿球温度（℃）26.7；空调日平均室外计算温度（℃）31.3；最热/冷月月平均室外计算相对湿度（%）73；通风室外计算干球温度（℃）31；室外平均风速（m/s）2.8。

冬季：大气压力(kPa)1022.2；空调室外计算干球温度(℃)－10；最热/冷月月平均室外计算相对湿度(%)54；通风室外计算干球温度(℃)－2；室外平均风速(m/s)3.2。

(2) 室内设计参数

① 夏季 T_n＝（24±2)℃，相对湿度60%；冬季 T_n＝（14±2)℃，因为有新风需求，所以为了节能的需求，在设计中选用的是带热回收功能的新风机组LKW系列，及循环风设备DKV系列。

空调夏季冷负荷约1105kW；空调冬季热负荷约1700kW。

② 空调夏季集中供冷和冬季食品供热均来自本车间现有的制冷机房，夏季供回水温度7℃/12℃，冬季供回水温度60℃/40℃。

3. 空调系统设计

本厂房采用分散式室内通风空调系统，夏季供冷，冬季供热。为了节能要求新风机组选用了带热回收功能的设备LKW10C16台，该设备可以回收排风中能量用于新风的预热或预冷，节约能源；室内负荷部分由室内循环机DKV-9/C来承担（8台），该设备用来室内风的循环制冷、制热。两种设备送、排风均可调节，由设备自带控制系统进行控制。

空调水系统：空调冷、热媒管道采用双管制，冷、热水合用管路。空调水系统阻力。

4. 空调末端系统图（图7-174）

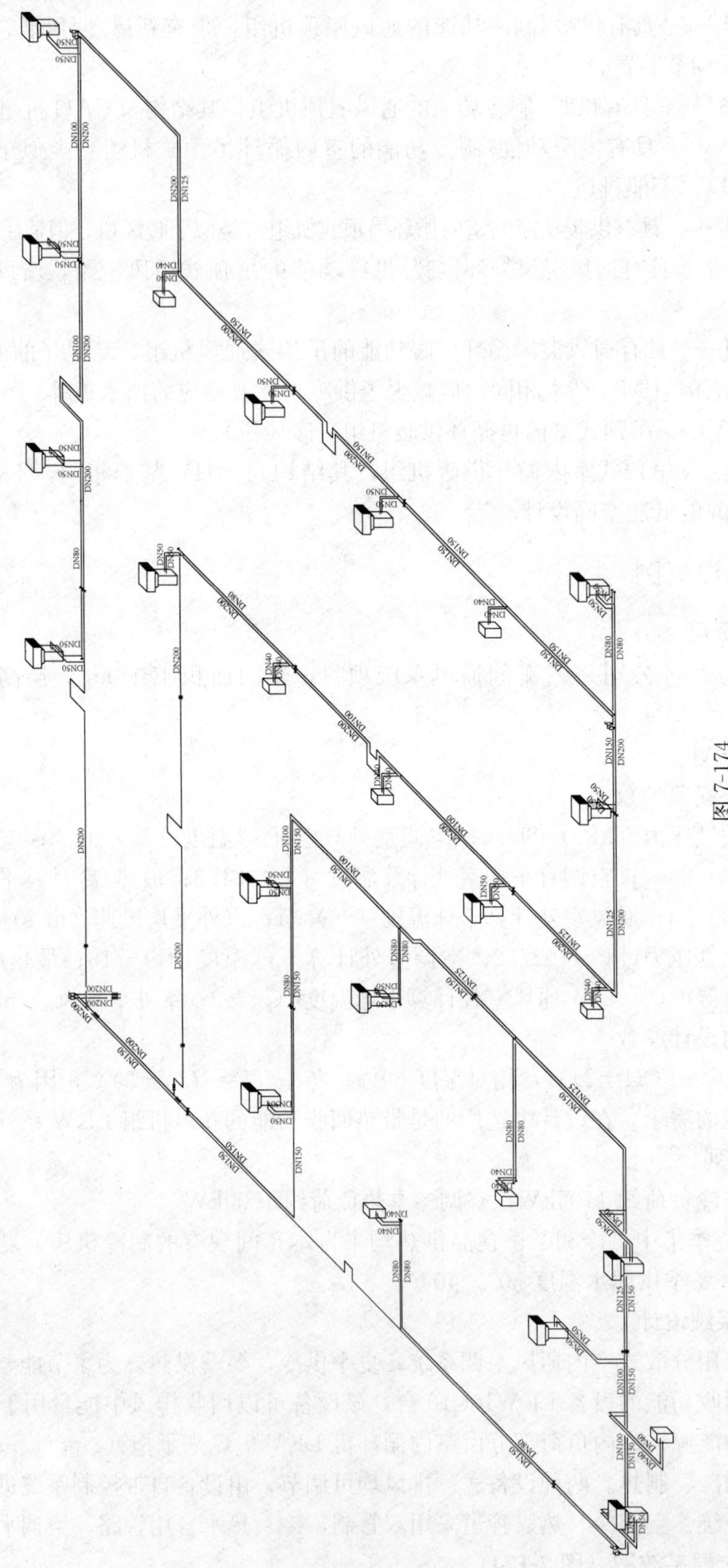

图7-174

7.21 中温空调系统及中温末端

7.21.1 空调供冷中温系统

空调冷水系统设计，常规系统设计冷水供水温度不低于5℃，一般取值5～9℃，在温度、湿度分别控制的系统，干式高温盘管的冷水按照使用要求冷水供水温度不低于16℃，一般取值16～19℃；为区别于常规冷水系统、高温冷水系统，我们把冷水供水温度不低于9℃，一般取值9～12℃的空调冷水系统称之为中温空调系统。三种冷水系统的参数取值见表7-142。

表 7-142 冷水参数取值表

项目	常规冷水系统	中温冷水系统	高温冷水系统
供水参数	5～9℃，不低于5℃，常见取值7℃	9～12℃，不低于9℃，常见取值11℃	16～19℃，不低于16℃，常见取值18℃
温差设计	规范要求供回水温差不低于5℃，常见7℃/12℃、6℃/11℃、6℃/12℃、6℃/13℃、5℃/11℃、5℃/12℃、5℃/13℃	要求供回水温差不低于5℃，常见11℃/16℃、10℃/15℃、9℃/17℃、9℃/16℃、9℃/15℃	要求供回水温差不低于3℃，常见16℃/19℃、17℃/20℃、18℃/21℃
适合系统的露点送风温度范围	一般14～16℃，不低于12℃	一般14～16℃，不低于12℃。需要12℃送风的系统，供水温度应设计为9～10℃	送风温度要求大于室内露点温度
常见的空调末端设备	风机盘管、组合式空调箱、柜机	风机盘管、组合式空调箱、柜机	风机盘管

7.21.2 中温空调末端产品设计

常规的风机盘管的盘管的排布，水-风换热时基本属于横流换热，综合换热温差远小于逆流换热，中温末端的盘管排布基本实现了水-风逆流换热，因此当提高供水温度时，一样能达到常规冷水系统的空气处理效果。

中温系统风机盘管的研发原则，就是在设定的供、回水参数下，风机盘管的制冷能力达到国标工况风机盘管的性能参数，这样设计师进行风机盘管设计选型时与常规系统一样选用相同风量的风机盘管即可。经过调整盘管管径、排数、间距、排布方式，产品设计11℃/16℃供水工况的制冷能力与国标工况（7℃/12℃供水工况）的供冷能力正负偏差不超过5%。

中温空调系统全空气系统空调机组的研发，在11℃/16℃供水工况下，不低于14℃的露点送风，无需特殊处理，当酒店宴会厅、中餐厅等人员密集场所，需要露点送风温度为12.5～13℃时，需要将供水温度设计为9℃。

7.21.3　中温空调系统的节能效果应用

（1）旧系统改造

我国以前的空调系统，大部分都是7℃/12℃供水工况，当末端系统因为使用寿命原因进行更换时，只需要按照风量、冷量参数直接替换，替换末端后制冷系统的冷水供水温度从7℃调整为11℃，制冷设备的运行能耗将节省约15%。

（2）超高层水系统设计

超高层空调冷水系统，因为承压的问题需要进行一次甚至两次换热，高区的冷水供水温度会偏高，常规风机盘管采用放大型号的方法来满足供冷量需求，由于放大型号增大了风量，相同全热处理能力条件下，除湿能力不足，影响室内舒适度。如果采用逆流风机盘管，就可完全解决设备选型不当的问题。

（3）大温差系统应用。经研究、测试，研发设计的逆流风机盘管的大温差（9℃/17℃供水工况）供冷能力完全等同于国标工况（7℃/12℃供水工况）的供冷能力。

（4）水蓄冷系统应用。中温空调系统，在水蓄冷的系统设计中可有效提高蓄冷池蓄冷能力，常规水蓄冷系统蓄冷温差为4℃/12℃，中温空调系统中水蓄冷系统蓄冷温差为4℃/16℃，相同的水池，蓄冷量增加50%。

由于中温系统，水温较常规系统高，能有效减少水系统管道的热损失。

7.22　消 声 控 制

7.22.1　噪声源及噪声标准

1. 风机噪声

风机噪声是由空气动力噪声和机械噪声两部分组成，其中以空气动力噪声为主。风机噪声的大小和频率特性取决于风机的结构形式、风量、风压及转速等性能参数。

风机的噪声评价和通风空调系统的消声计算是声功率级，它可由下列方法计算或通过风机厂家的选型软件获得。

（1）离心式通风机

离心式通风机声功率级的计算公式为：

$$L_W = L_{WC} + 10\lg L + 20\lg H - 20 \tag{7-97}$$

式中　L_W——离心式通风机的声功率级（dB）；

L_{WC}——离心式通风机的比声功率级（dB）；

L——离心式通风机的风量（m^3/h）；

H——离心式通风机的风压（Pa）。

当未知风机的比声功率级时，可以按L_{WC}=24dB进行估算，则

$$L_W = 4 + 10\lg L + 20\lg H \tag{7-98}$$

（2）轴流式通风机

轴流式通风机声功率级的计算公式为：

$$L_W = 19 + 10\lg L + 25\lg H + \delta \tag{7-99}$$

式中 L_W——轴流式通风机的声功率级（dB）；

L——轴流式通风机的风量（m^3/h）；

H——轴流式通风机的风压（Pa）；

δ——工况修正值（dB）。

与上式相比，在相同的风量和风压的情形下，轴流式通风机的声功率级比离心式通风机的声功率级要大。

（3）变频或双速风机的噪声

当风机的转速由 n_1 变为 n_2 时，其对应的声功率级由 L_{W1} 变为 L_{W2}。其声功率级的估算如下：

$$L_{W2} = L_{W1} + 50\lg(n_2/n_1) \tag{7-100}$$

由上式可以看出，当风机转速提高一倍时，声功率级增大约 15dB。由此可见，控制合理的风机转速是非常重要的。

（4）风机频带声功率级的计算

风机各频带的声功率级 L_{Wf} 计算公式为：

$$L_{Wf} = L_W + \Delta L_W \tag{7-101}$$

式中 L_W——风机的声功率级（dB）；

ΔL_W——风机各频率的声功率级修正值（dB）。

表 7-143 风机各频率的声功率级修正值

风机类型	倍频带中心频率（Hz）							
	63	125	250	500	1k	2k	4k	8k
离心风机（叶片前倾）	−2	−7	−12	−17	−22	−27	−32	−37
离心风机（叶片后倾）	−5	−6	−7	−12	−17	−22	−26	−33
轴流风机	−9	−8	−7	−7	−8	−10	−14	−18

（5）风机的优化选择

通风空调系统常用的通风机有离心式、轴流式和贯流式风机三种。风机的性能参数应通过计算而得，同时其选型应满足：

① 应选择高效率、低噪声的风机；

② 优先选用离心式风机；

③ 建议风机的转速在 800～1450r/min 范围内；

④ 风机传动方式的选择应优先选直联传动，其次选联轴器传动和三角皮带传动。

⑥ 风机厂家的选型报告

通过对风机厂家的风机选型报告，我们可以知道风机的型号、风量、全压、转速、工作状态点的效率和噪声声功率级等参数。据此，我们可以根据设计要求建议风机供货商对风机选型进行优化，如对风机型号大小的选择、转速高低的选择、噪声值大小的评估和工作效率的评价等，以期获得更合理的设计选型和工程应用。

2. 气流噪声

当空气通过空调通风系统的管道、管件、风阀和风口等时，会因气流的扰动而产生气流附加噪声。因此，对于室内环境设计噪声标准要求较高的空调房间，应对空调通风风道系统进行气流附加噪声计算，尤其是在靠近空调房间的管件、风阀和风口等的气流附加噪声。根据经验，对空气流速的控制是解决空调通风系统管道、管件、风阀和风口等气流附加噪声的最有效的解决方案。

我们对风机的噪声可以借助消声器来消除，可是对风口的噪声却没有手段。风口设置在房间内部，有时对风口的气流附加噪声控制是十分重要的。

对空调通风系统的管道、管件、风阀和风口等的气流附加噪声计算，参见相关手册或资料。

3. 噪声标准

目前，国内有很多关于噪声的标准，如《民用建筑隔声设计规范》GB 50118—2010、《剧场、电影院和多用途厅堂建筑声学设计规范》GB 50356—2005、《声环境质量标准》GB 3096—2008、《社会生活环境噪声排放标准》GB 22337—2008、《工业企业厂界环境噪声排放标准》GB 12348—2008 等。

在此，我们不仅要关注室内环境设计噪声标准，而且要关注室外环境设计噪声标准，尤其是对人们生活有严重影响的区域，如居民区、酒店或学校等地的附近。

7.22.2 消声设计

1. 消声器的性能及评价

（1）声学性能的评价

消声器的声学性能通常用消声量的大小和消声频谱特性来评价，一般是采用消声器的插入损失来评价，插入损失即消声器安装前与安装后在某给定点测得的平均声压级之差值。

在消声设计时，应根据风机的频谱特性来选择频谱特性合理搭配的消声器。一般而言，建议选用中、低频频谱特性较好的消声器。

（2）空气动力性能的评价

消声器的空气动力性能是评价消声器的重要性能指标，通常用压力损失来计算，用阻力系数来评价。压力损失即气流通过消声器时，在消声器入口与出口之间的全压降。在设计时，应选择压力损失较小的消声器。如果在系统风压有限时，应对消声器的阻力损失进行计算和复核。

（3）气流附加噪声的评价

气流附加噪声是气流以一定的速度流经消声器时所产生的噪声，其大小取决于消声器的结构型式及气流速度和气流流态等因素。消声器气流附加噪声可通过实验的方法获得，也可根据以下经验公式估算：

$$L_{WA}=\alpha+60\lg v+10\lg s \tag{7-102}$$

式中 L_{WA}——消声器气流附加噪声的 A 声功率级，dB；

α——由实验测得的消声器比 A 声功率级，管式消声器为 $-5\sim-10$dB，片式消声器为－5～－5dB，阻抗复，合式消声器为5～10dB，折板式消声器为15～20dB；

v——气流通过消声器接管或入口断面的平均空气流速，m/s；

s——消声器接管或入口断面的面积，m^2。

（4）消声器的选择

消声器的设计应根据系统的需要进行选择和配置，应考虑各个频率消声性能的搭配与组合，这样可以获得更好的消声效果。同时，还要考虑消声器的阻力损失和气流附加噪声等因素，避免因此而导致系统的其他问题。对室内环境设计噪声标准要求较高的空调房间，对空气流速的控制依然是控制消声器的阻力损失和气流附加噪声等的最佳解决方案。

2. 管路系统的自然衰减

当噪声通过空调通风系统的管道和管件时，会形成噪声的自然衰减。在空调通风系统的消声设计里，管路系统的自然衰减是很重要的一部分，是控制工程建设成本的一个方面。如选择合理的变径管的设计尺寸，这样既有利于流速控制，还有利于获得合理的噪声衰减量。

对空调通风管路系统的自然衰减计算，参见相关手册或资料。

3. 空调系统的消声计算

空调系统消声计算的主要内容包括：①风机噪声声功率级的获得或计算；②系统各部件噪声自然衰减的计算；③系统各部件气流附加噪声的计算；④消声器的设置与消声量的计算；⑤传至室内噪声声压级的计算；⑥判断是否满足设计噪声指标。

对空调系统的消声计算，参见相关手册或资料。

7.22.3 隔声设计

1. 隔声设计的目的

隔声的目的就是用材料、构件或结构来阻止噪声在空气中的传播，从而获得所期望的声环境。

在通风空调系统中，有时风管内的噪声通过管道材料而传到管道外的环境中，并对该环境产生不利影响。为此在室内声环境要求比较高的场合，我们需要对此进行计算和复核。当原有设计方案无法满足设计要求时，我们需要采取隔声处理措施以满足设计要求。

2. 单层匀质板材隔声量的计算

单层匀质无限大墙板隔声量 TL 的理论计算公式：

$$TL = 20\lg(fm) - 43 \tag{7-103}$$

式中 f——入射声波的频率，Hz；

m——墙板的面密度，kg/m^2。

由上式可见，单层墙板的隔声量取决于墙板的面密度和频率，面密度提高一倍，隔声量提高6dB。对于非无限大单层墙板，如通风空调系统的管道，其隔声量计算可以参考下面的计算公式为：

$$TL = 16\lg m + 14\lg f - 29 \tag{7-104}$$

在空调隔声设计时，通过上式可以选择隔声材料、计算隔声量和环境噪声等工作。

3. 双层板构造隔声量的计算

对于双层板构造隔声量计算的经验公式为：

$$R = 16\lg[(M_1 + M_2)f] - 30 + \Delta R$$

式中 ΔR 为空气层附加隔声量，可根据马大猷主编的《噪声与振动控制工程手册》及15.1中相关内容。

将双层板构造中的空气层改为吸声材料，就可以消除空腔中的驻波共振以及降低空腔的声压，隔声性能会更好，隔声量在全频带范围内均有显著提高。

4. 推荐的双层板构造做法

在通风空调系统中，有时因声学设计需要而对风管进行隔声处理，有时需要设置隔声吊顶。从隔声性能和施工方便等方面考虑，推荐的双层板构造示意图如图7-175所示。

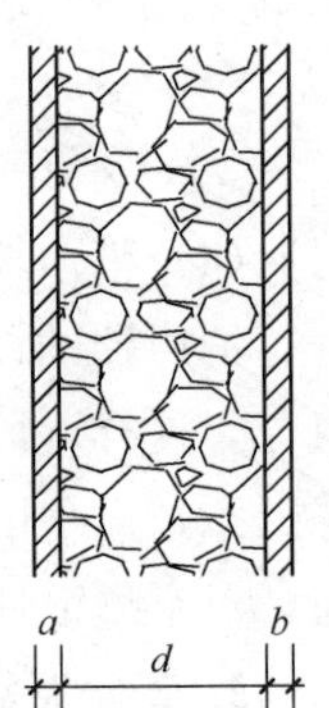

图7-175 双层板隔声构造示意图

图中，a 为第一种单层隔声材料（mm）；b 为第二种单层隔声材料（mm）；d 为中间为超细离心玻璃棉或岩棉的厚度（mm）。

推荐的双层板构造的做法及隔声量见表7-144。

表7-144 推荐的双层板构造的做法及隔声量表

项目名称	面密度	隔声量（dB）							
	（kg/m²）	125	250	500	1k	2k	4k	$\overline{R}$	R_W
钢板 $a=b=1.0$mm，$d=80$mm（3.5kg/m²）	19.1	28.4	42	50	57	58	60	48	51
钢板 $a=1.5$mm，$b=1.0$mm，$d=80$mm	23.2	32	45	53	58	58	60	51	53
石膏板 $a=b=12$mm，$d=75$mm 离心玻璃棉	22	28	44	49	54	60	46	47	47
石膏板 $a=12$mm，$b=2\times12$mm，$d=75$mm 岩棉	52	31	42	52	56	60	48	48	50

注：表中，$\overline{R}$ 为各频带隔声量总和的算术平均值，R_W 为计权隔声量。

5. 隔声罩隔声量的计算

在空调设备设置在室内建筑空间时，选用隔声罩是常用的设计方法。隔声罩隔声量 TL 的计算公式为：

$$TL = TL_0 + 10\lg\overline{a} \tag{7-105}$$

式中 TL_0——隔声罩壳体的隔声量，dB；

$\overline{a}$——隔声罩内壁平均吸声系数。

由于 $\overline{a}$ 值小于1，$10\lg\overline{a}$ 均为负值。因此，为了提高隔声罩的隔声量，一是要提高壳体的隔声量，二是要提高隔声罩内壁吸声材料的平均吸声系数。

7.22.4 演播室空调设计案例

演播室是广播电视中心技术用房中的重要房间，其空调设计能否满足设计指标将是演播室能否正常使用的关键。

1. 设计指标

根据《广播电视录（播）音室、演播室声学设计规范》GY/T 5086—2012 及工艺设计要求，演播室的室内设计参数见表 7-145：

表 7-145 演播室的室内设计

序号	房间名称	空调基本设计要求				
		冬温（℃）	夏温（℃）	相对湿度	工作时间	噪声指标
1	演播室	21	25	35%～60%	24	NR-20、25
2	导演室	18	26	35%～60%	12	NR-30

因此，实现演播室空调噪声指标是评价其空调设计的重要内容。

2. 空调特点

根据建筑面积来划分，演播室分为小型、中型、大型和超大型几种。一般而言，演播室具有如下特点：大空间、灯光散热量很大、人员较多、噪声指标要求高、室内工艺管线较多且有复杂交叉等。

因为这些特点，大部分演播室均采用全空气空调系统，并形成了如下特点：

① 在冬、夏季，空调系统均需要消除冷负荷和对房间进行降温处理；

② 使用时间不确定，需要设置独立的全空气空调系统；

③ 组合式空调机组采用双风机设置形式，能实现全年新风比 10%～100%之间任意调节；

④ 气流组织复杂，如有上送、上回，上送、侧回，上送、下回，上送＋侧送、下回等；

⑤ 空调系统风量很大，导致其系统制冷量和风管尺寸较大；

⑥ 组合式空调机组的型号较大，导致其机组噪声较大和噪声控制较困难；

⑦ 人员较多，创造舒适的室内温度场比较困难；

⑧ 室内工艺管线较多，空调风管布置比较困难；

⑨ 空调机房与演播室的建筑布局、空间设计等非常重要。

3. 典型案例

某位于首层、标称 800m^{2}演播室的长、宽、高分别为 32.4m、24m、17.1m，为其服务的组合式空调机组位于相邻的四层空调机房内。该空调系统配置了 2 台风量为 40000m^3/h 的组合式空调机组，空调系统总风量为 80000m^3/h。空调系统采用了上送、上回的气流组织形式，并设置了独立的排烟系统。

该演播室空调设计图纸如图 7-176～图 7-178。

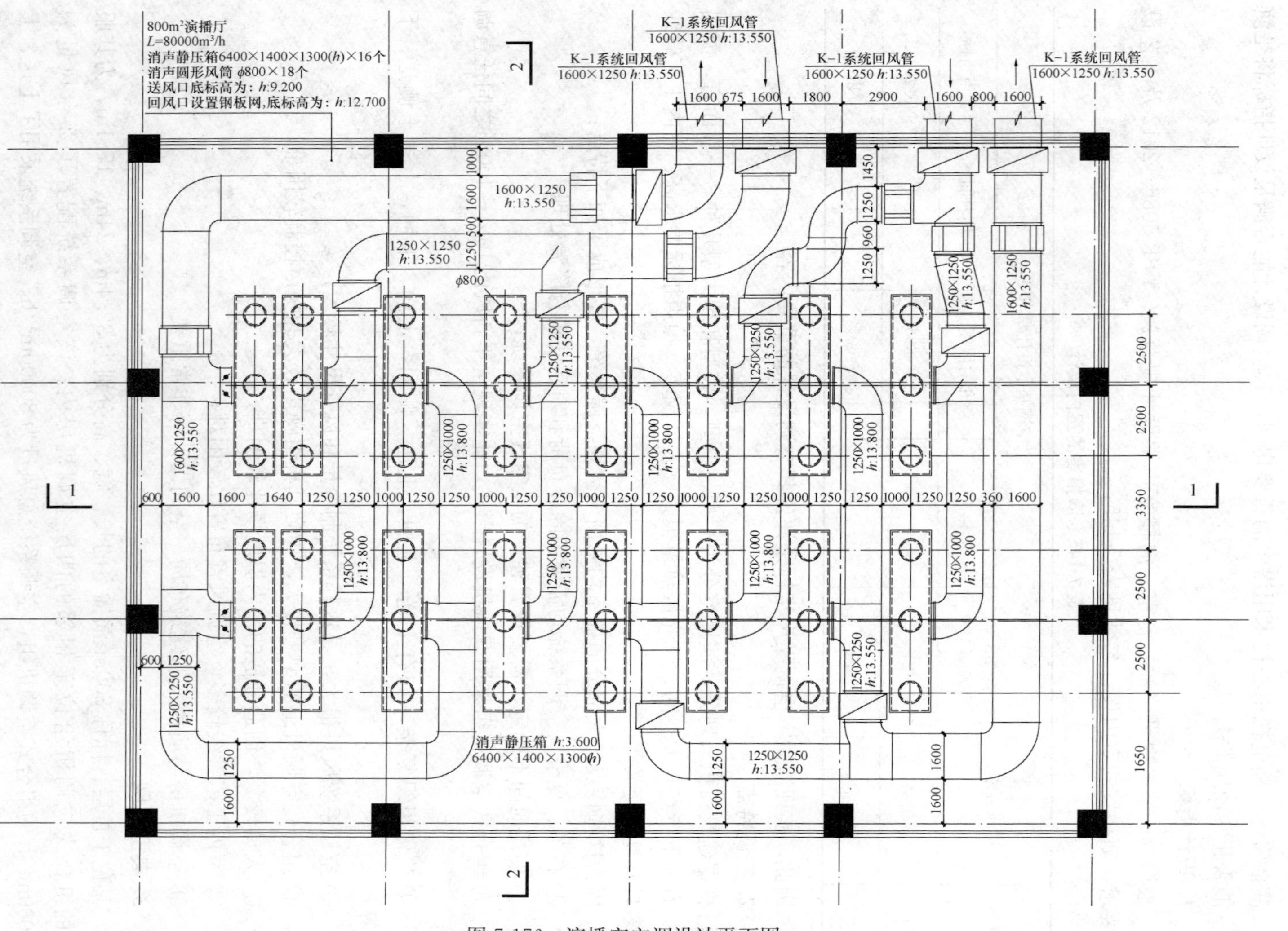

图 7-176　演播室空调设计平面图

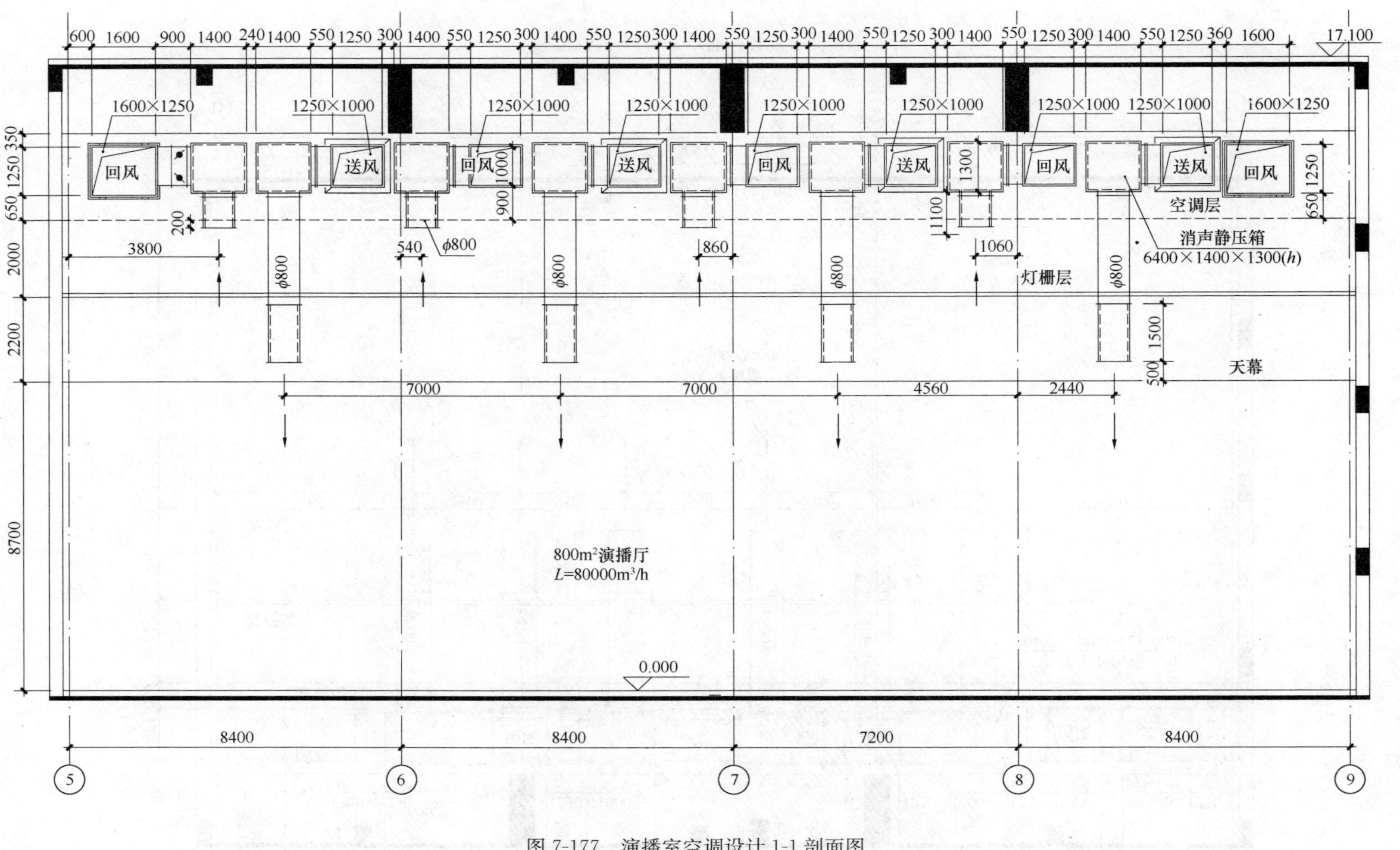

图 7-177 演播室空调设计 1-1 剖面图

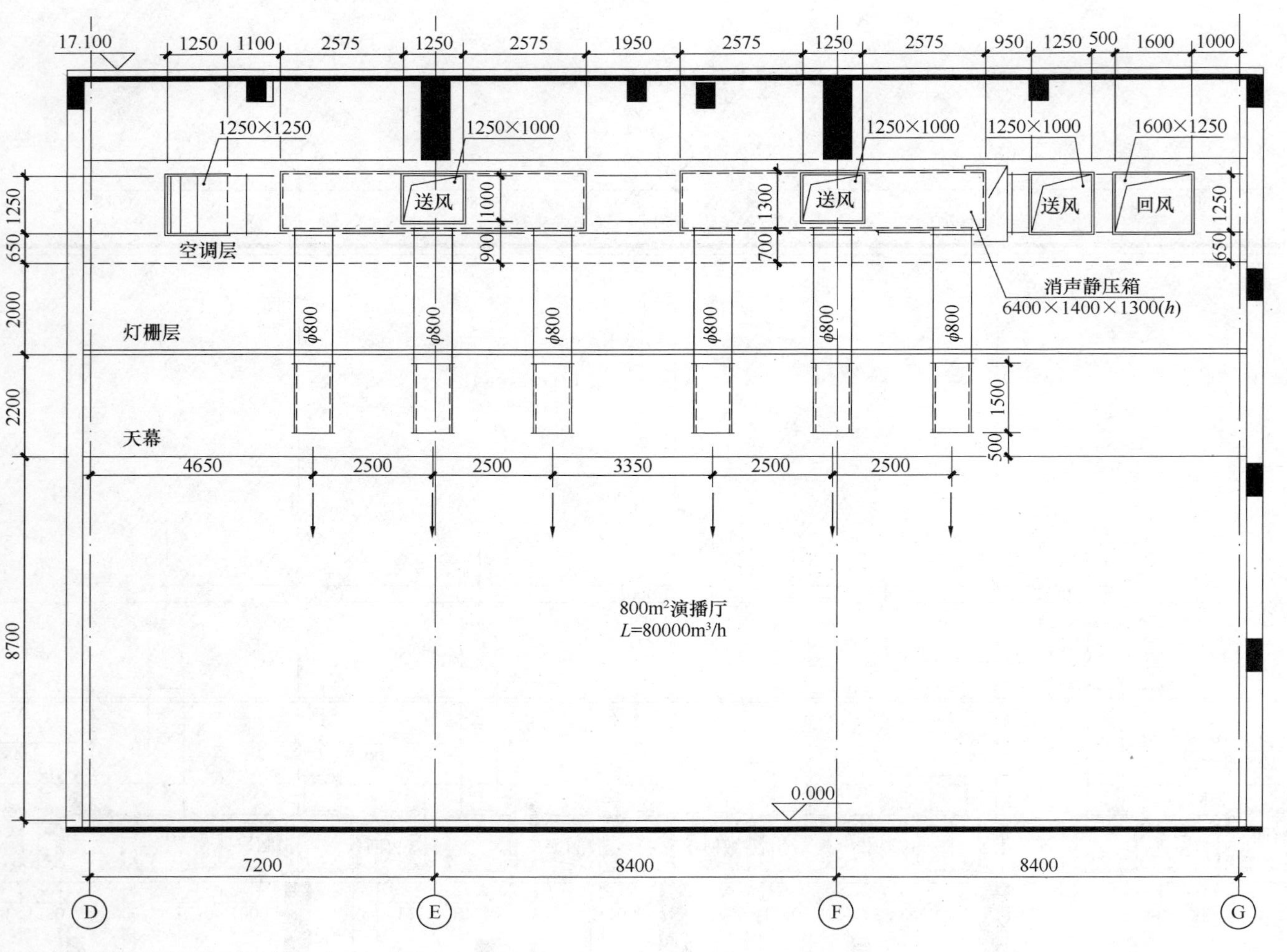

图 7-178　演播室空调设计 2-2 剖面图

7.23 空调水系统

空调水系统主要是指冷水系统、冷却水系统、热水系统和凝结水系统，在空调系统中承担着输送冷、热能的作用。这些系统不仅需要较大的管路和设备投资，而且水泵运行时间与空调系统运行时间同步，它占整个空调系统的耗电比例较高。管路系统的投资在整个空调系统投资中所占的比重为：风机盘管加新风系统的水系统占13.6%；一般低速空调系统的水系统占4%。而水系统的年平均耗电量占空调系统年总耗电量的17.1%。有文献中指出：空调水泵耗电量约占空调系统耗电量的15%左右。故空调水系统的配置和设计合理与否将会直接影响到中央空调系统是否能正常运行和经济运行问题。

7.23.1 空调水系统的设计原则

(1) 水系统类型

空调水系统包括冷冻水系统和冷却水系统两部分，根据配管形式、水泵配置、调节方式等不同，可以设计成各种不同的系统类型，见表7-146。

表7-146 水系统的类型及其优缺点

类型	特点	优点	缺点
开式	管路系统与大气相通	与水蓄冷系统的连接相对简单	系统中的溶解氧多，管网设备易腐蚀，需要增加克服静水压力的额外能耗，输送能耗高
闭式	管路系统与大气不相通或仅在膨胀水箱处局部与大气接触	氧腐蚀的几率小；不需要克服静水压力，水泵扬程低，输送能耗少	与水蓄冷系统的连接相对复杂
同程式（顺流式）	供水和回水管中的水流向相同，流经每个环路的管路长度相等	水量分配比较均匀；便于水力平衡	需设回程管道，管路长度增加，压力损失相应增大；初投资高
异程式（逆流式）	供水和回水管中的水流向相反，流经每个环路的管路长度不等	不需设回程管道，不增加管道长度；初投资相对较低	当系统较大时，水力平衡较困难，应用平衡阀时，不存在此缺点
两管制	供冷和供热合用同一管网系统，随季节的变化进行转换	管网系统简单，占用空间少；初投资低	无法同时满足供冷与供热要求
三管制	分别设供冷和供热管路，但冷、热回水合用同一管路（使用较少）	能同时满足供冷和供热要求；管道系统较四管制简单；初投资居中	冷、热回水流入同一管道，能量有混合损失；占用建筑空间较大
四管制	供冷与供热分别设置两套管网系统，可以同时进行供冷或供热	能满足同时供冷供热的要求；没有混合损失	系统管路复杂，占用建筑空间多；初投资高

续表

类型	特点	优点	缺点
分区两管制	分别设置冷、热源并同时进行供冷与用热运行，但输送管路为两管制，冷、热分别输送	能同时对不同区域（如内区和外区）进行供冷和供热；管路系统简单，初投资和运行费省	需要同时分区配置冷源与热源
定流量	冷（热）水的流量保持恒定，通过改变供水温度来适应负荷变化	系统简单，操作方便；不需要复杂的控制系统	配管设计时，不能考虑同时使用系数；输送能耗始终处于额定的最大值，不利于节能
变流量	冷（热）水的供水温度保持恒定，通过改变循环水量来适应负荷的变化	输送能耗随负荷的减少而降低；可以考虑同时使用系数，使管道尺寸，水泵容量和能耗都减少	系统相对要复杂些；必须配备自控装置；一级泵时若控制不当有可能产生蒸发器结冰事故
单式泵（一级泵）	冷、热源侧与负荷侧合用同一套循环水泵	系统简单、初投资低；运行安全可靠，不存在蒸发器结冰的危险	不能适应各区压力损失悬殊的情况；在绝大部分运行时间内，系统处于大流量、小温差的状态，不利于节约水泵的能耗
复式泵（二级泵）	冷、热源侧与负荷侧分成两个环路，冷源侧配置定流量循环泵即一次泵，负荷侧配置变流量循环泵即二次泵	能适应各区压力损失悬殊的情况，水泵扬程有把握可能降低；能根据负荷侧的需求调节流量；由于流过蒸发器的流量不变，能防止蒸发器结冰事故，确保冷水机组出水温度稳定，能节约一部分水泵能耗	总装机功率大于单式泵系统；自控复杂，初投资高；易引起控制失调的问题

每种水系统都有自己的特点及使用条件，应在不同场合灵活应用。空调水系统应根据负荷特性、使用特性、建筑物特性合理划分。如对于超高层建筑水系统应有高低分区，对间歇使用的建筑（如体育馆、展览馆、影剧院等）最好使用定流量系统。

水系统节能措施很多，应根据它的使用特点加以配置。如对于建筑物规模不大，使用特性相同的建筑物，没必要采用二级泵水系统，采用一级泵定流量或一级泵变流量较合适，可以避免设备投资上的浪费和复杂的操作管理。

（2）空调水系统的划分原则

空调水管路系统是空调系统中主要的输送和分配系统，来自冷热源的空调冷水或热水，在水泵作用下，通过水管路系统合理输送和分配到空调系统的末端。

空调系统的运行能耗中，用于水系统输送和分配的水泵能耗，占有相当重要的比例。合理划分确定的水系统环路和系统形式不仅对运行能耗降低产生重要影响，而且对于空调系统提供舒适、健康的空调环境提供基本保证。

空调水系统的划分应遵循满足空调系统的要求、节能、运行管理方便、降低系统投资等原则，按照建筑物的不同使用功能、不同的使用时间、不同的负荷特性、不同布置和不同的建筑层数正确划分空调水系统的环路。其划分原则如下：

① 满足空调系统的要求；

② 有利于空调系统运行过程的节能及调节便利性；

③ 降低系统投资；

④ 在划分空调水系统环路时，一般从以下几个方面考虑：

a. 空调区域内负荷分布特性，负荷相差较大的空调区域宜划分为不同的环路，便于分别调节和控制。例如，建筑物不同的朝向可以划归为不同的环路；建筑物内区和外区划归为不同的环路；室内或区域热湿比相差较大的可以划归为不同的环路。

b. 考虑建筑物或房间、区域的使用功能，使用功能、使用时间相同或相近的空调区域可以划归为同一环路。例如，按房间功能、用途、性质，将基本相同的划为一个水系统环路；按使用时间，将使用时间相同或相近的区域划归为一个环路。

c. 考虑建筑层数，根据设备、管路、附件等承压能力，按竖向划分为不同环路。

但是，水系统的分区应和空调风系统的划分相结合；在设计中同时考虑空调风系统与水系统才能获得合理的方案。

（3）空调水系统的设计原则

空调水系统设计主要原则：

① 空调水系统应具备足够的输送能力，例如，在中央空调系统中通过水系统来确保流过每台空调机组或风机盘管空调器的循环水量达到设计流量，以确保机组的正常运行。

② 合理布置管道。管道的布置要尽可能地选用同程式系统，虽然初投资略有增加，但易于保持环路的水力稳定性；若采用异程系统时，设计中应注意各支管间的压力平衡问题。

③ 确定系统的管径时，应保证能输送设计流量，并使阻力损失和水流噪声小，以获得经济合理的效果。管径大则投资多，但流动阻力小，循环泵的耗电量就小，使运行费用降低，因此，应当确定一种能使投资和运行费用之和为最低的管径。同时，设计中要杜绝大流量小温差问题，这是管路系统设计的经济原则。

④ 设计中，应进行严格的水力计算，以确保各个环路之间符合水力平衡要求，使空调水系统在实际运行中有良好的水力工况和热力工况。

⑤ 空调水系统应能满足中央空调部分负荷运行时的调节要求。

⑥ 空调水系统设计中要尽可能多地采用节能技术措施。

⑦ 水系统选用的管材、配件要符合有关的规范要求。

⑧ 水系统设计中要注意便于维修管理，操作、调节方便。

7.23.2 空调水系统设计的相关规定

1. 国家标准《公共建筑节能设计标准》(GB 50189—2015)

（1）集中空调冷、热水系统的设计应符合下列规定：

① 当建筑所有区域只要求按季节同时进行供冷和供热转换时，应采用两管制空调水系统；当建筑内一些区域的空调系统需全年供冷、其他区域仅要求按季节进行供冷和供热转换时，可采用分区两管制空调水系统；当空调水系统的供冷和供热工况转换频繁或需同时使用时，宜采用四管制空调水系统。

② 冷水水温和供回水温差要求一致且各区域管路压力损失相差不大的中小型工程，单台水泵功率较大时，经技术经济比较，在确保设备的适应性、控制方案和运行管理可靠

的前提下，空调冷水可采用冷水机组和负荷侧均变流量的一级泵系统，且一级泵应采用调速泵。

③ 系统作用半径较大、设计水流阻力较高的大型工程，空调冷水宜采用变流量二级泵系统。当各环路的设计水温一致且设计水流阻力接近时，二级泵宜集中设置；当各环路的设计水流阻力相差较大或各系统水温或温差要求不同时，宜按区域或系统分别设置二级泵，且二级泵应采用调速泵。

④ 提供冷源设备集中且用户分散的区域供冷的大规模空调冷水系统，当二级泵的输送距离较远且各用户管路阻力相差较大，或者水温（温差）要求不同时，可采用多级泵系统，且二级泵等负荷侧各级泵应采用调速泵。

(2) 除空调冷水系统和空调热水系统的设计流量、管网阻力特性及水泵工作特性相近的情况外，两管制空调水系统应分别设置冷水和热水循环泵。

(3) 空气调节冷却水系统设计应符合下列规定：

① 应具有过滤、缓蚀、阻垢、杀菌、灭藻等水处理功能；

② 冷却塔应设置在空气流通条件好的场所；

③ 冷却塔补水总管上应设置水流量计量装置；

④ 当在室内设置冷却水集水箱时，冷却塔布水器与集水箱设计水位之间的高差不应超过8m。

2.《民用建筑供暖通风与空气调节设计规范》(GB 50376—2012) 对空调冷热水及冷凝水系统做出如下规定：

(1) 空调冷水、空调热水参数应考虑对冷热源装置、末端设备、循环水泵功率的影响等因素，并按下列原则确定：

① 采用冷水机组直接供冷时，空调冷水供水温度不宜低于5℃，空调冷水供回水温差不应小于5℃；有条件时，宜适当增大供回水温差。

② 采用蓄冷空调系统时，空调冷水供水温度和供回水温差应根据蓄冷介质和蓄冷、取冷方式分别确定，并应符合本规范第8.7.6条和第8.7.7条的规定。

③ 采用温湿度独立控制空调系统时，负担显热的冷水机组的空调供水温度不宜低于16℃；当采用强制对流末端设备时，空调冷水供回水温差不宜小于5℃。

④ 采用蒸发冷却或天然冷源制取空调冷水时，空调冷水的供水温度，应根据当地气象条件和末端设备的工作能力合理确定；采用强制对流末端设备时，供回水温差不宜小于4℃。

⑤ 采用辐射供冷末端设备时，供水温度应以末端设备表面不结露为原则确定；供回水温差不应小于2℃。

⑥ 采用市政热力或锅炉供应的一次热源通过换热器加热的二次空调热水时，其供水温度宜根据系统需求和末端能力确定。对于非预热盘管，供水温度宜采用50～60℃，用于严寒地区预热时，供水温度不宜低于70℃。空调热水的供回水温差，严寒和寒冷地区不宜小于15℃，夏热冬冷地区不宜小于10℃。

⑦ 采用直燃式冷（温）水机组、空气源热泵、地源热泵等作为热源时，空调热水供回水温度和温差应按设备要求和具体情况确定，并应使设备具有较高的供热性能系数。

⑧ 采用区域供冷系统时，供回水温差应符合本规范第8.8.2条的要求。

(2) 除采用直接蒸发冷却器的系统外，空调水系统应采用闭式循环系统。

(3) 采用换热器加热或冷却的二次空调水系统的循环水泵宜采用变速调节。对供冷(热)负荷和规模较大工程，当各区域管路阻力相差较大或需要对二次水系统分别管理时，可按区域分别设置换热器和二次循环泵。

(4) 除空调热水和空调冷水系统的流量和管网阻力特性及水泵工作特性相吻合的情况外，两管制空调水系统应分别设置冷水和热水循环泵。

(5) 在选配空调冷热水系统的循环水泵时，应计算循环水泵的耗电输冷(热)比EC(H)R，并应标注在施工图的设计说明中。耗电输冷(热)比应符合下式要求：

$$\mathrm{EC(H)R}=0.003096\sum(G\cdot H/)/\sum Q\leqslant A(B+\alpha\sum L)/\Delta T \tag{7-106}$$

式中 EC(H)R——循环水泵的耗电输冷(热)比；

G——每台运行水泵的设计流量(m^3/h)；

H——每台运行水泵对应的设计扬程(m)；

R——每台运行水泵对应设计工作点的效率；

Q——设计冷(热)负荷(kW)；

ΔT——规定的计算供回水温差，按表7-147选取(℃)；

A——与水泵流量有关的计算系数，按表7-148选取；

B——与机房及用户的水阻力有关的计算系数，按表7-149选取；

α——与$\sum L$有关的计算系数，按表7-150或表7-151选取；

$\sum L$——从冷热机房至该系统最远用户的供回水管道的总输送长度，m；当管道设于大面积单层或多层建筑时，可按机房出口至最远端空调末端的管道长度减去100m确定。

表7-147 ΔT值(℃)

冷水系统	热水系统			
	严寒	寒冷	夏热冬冷	夏热冬暖
5	15	15	10	5

注：1. 对空气源热泵、溴化锂机组、水源热泵等机组的热水供回水温差按机组实际参数确定；

2. 对直接提供高温冷水的机组，冷水供回水温差按机组实际参数确定。

表7-148 A值

设计水泵流量 G	$G\leqslant 60m^3/h$	$200m^3/h\geqslant G>60m^3/h$	$G>200m^3/h$
A值	0.004225	0.003858	0.003749

注：多台水泵并联运行时，流量按较大流量选取。

表7-149 B值

系统组成		四管制单冷、单热管道	二管制热水管道
一级泵	冷水系统	28	—
	热水系统	22	21
二级泵	冷水系统①	33	—
	热水系统②	27	25

① 多级泵冷水系统，每增加一级泵，B值可增加5；

② 多级泵热水系统，每增加一级泵，B值可增加4。

表 7-150 四管制冷、热水管道系统的 a 值

系统	管道长度ΣL范围（m）		
	≤400	$400<\Sigma L<1000$	$\Sigma L\geqslant 1000$
冷水	$\alpha=0.02$	$\alpha=0.016+1.6/\Sigma L$	$\alpha=0.013+4.6/\Sigma L$
热水	$\alpha=0.014$	$\alpha=0.0125+0.6/\Sigma L$	$\alpha=0.009+4.1/\Sigma L$

表 7-151 两管制热水管道系统的 a 值

系统	地区	管道长度ΣL范围（m）		
		≤400	$400<\Sigma L<1000$	$\Sigma L\geqslant 1000$
热水	严寒	$\alpha=0.009$	$\alpha=0.0072+0.72/\Sigma L$	$\alpha=0.059+2.02/\Sigma L$
	寒冷	$\alpha=0.0024$	$\alpha=0.002+0.16/\Sigma L$	$\alpha=0.0016+0.56/\Sigma L$
	夏热冬冷			
	夏热冬暖	$\alpha=0.0032$	$\alpha=0.0026+0.24/\Sigma L$	$\alpha=0.0021+0.74/\Sigma L$

注：两管制冷水系统α计算式与表 7-150 四管制冷水系统相同。

（6）空调水循环泵台数应符合下列规定：

① 水泵定流量运行的一级泵，其设置台数和流量应与冷水机组的台数和流量相对应，并宜与冷水机组的管道一对一连接。

② 变流量运行的每个分区的各级水泵不宜少于 2 台。当所有的同级水泵均采用变速调节方式时，台数不宜过多。

③ 空调热水泵台数不宜少于 2 台；严寒及寒冷地区，当热水泵不超过 3 台时，其中一台宜设置为备用泵。

（7）空调水系统布置和选择管径时，应减少并联环路之间压力损失的相对差额。当设计工况时并联环路之间压力损失的相对差额超过 15% 时，应采取水力平衡措施。

（8）空调冷水系统的设计补水量（小时流量）可按系统水容量的 1% 计算。

（9）空调水系统的补水点，宜设置在循环水泵的吸入口处。当采用高位膨胀水箱定压时，应通过膨胀水箱直接向系统补水；采用其他定压方式时，如果补水压力低于补水点压力，应设置补水泵。空调补水泵的选择及设置应符合下列规定：

① 补水泵的扬程，应保证补水压力比补水点的工作压力高 30～50kPa；

② 补水泵宜设置 2 台，补水泵的总小时流量宜为系统水容量的 5%～10%；

③ 当仅设置 1 台补水泵时，严寒及寒冷地区空调热水用及冷热水合用的补水泵，宜设置备用泵。

（10）当设置补水泵时，空调水系统应设补水调节水箱；水箱的调节容积应根据水源的供水能力、软化设备的间断运行时间及补水泵运行情况等因素确定。

（11）闭式空调水系统的定压和膨胀设计应符合下列规定：

① 定压点宜设在循环水泵的吸入口处，定压点最低压力宜使管道系统任何一点的表压均高于 5kPa 以上。

② 宜优先采用高位膨胀水箱定压。

③ 当水系统设置独立的定压设施时，膨胀管上不应设置阀门；当各系统合用定压设施且需要分别检修时，膨胀管上应设置带电信号的检修阀，且各空调水系统应设置安

全阀。

④ 系统的膨胀水量应进行回收。

(12) 空调冷热水的水质应符合国家现行相关标准规定。当给水硬度较高时，空调热水系统的补水宜进行水质软化处理。

(13) 空调热水管道设计应符合下列规定：

① 当空调热水管道利用自然补偿不能满足要求时，应设置补偿器；

② 坡度应符合本规范第 5.9.6 对热水供暖管道的要求。

(14) 空调水系统应设置排气和泄水装置。

(15) 冷水机组或换热器、循环水泵、补水泵等设备的入口管道上，应根据需要设置过滤器或除污器。

(16) 冷凝水管道的设置应符合下列规定：

① 当空调设备冷凝水积水盘位于机组的正压段时，凝水盘的出水口宜设置水封；位于负压段时，应设置水封，且水封高度应大于凝水盘处正压或负压值。

② 凝水盘的泄水支管沿水流方向坡度不宜小于 0.01；冷凝水干管坡度不宜小于 0.005，不应小于 0.003，且不允许有积水部位。

③ 冷凝水水平干管始端应设置扫除口。

④ 冷凝水管道宜采用塑料管或热镀锌钢管；当凝结水管表面可能产生二次冷凝水且对使用房间有可能造成影响时，凝结水管道应采取防结露措施。

⑤ 冷凝水排入污水系统时，应有空气隔断措施；冷凝水管不得与室内雨水系统直接连接。

⑥ 冷凝水管管径应按冷凝水的流量和管道坡度确定。

7.23.3 空调水系统设计

(1) 开式及闭式系统设计

按冷冻水是否与空气接触划分，可分为开式系统和闭式系统，如图 7-179 和图 7-180 所示。

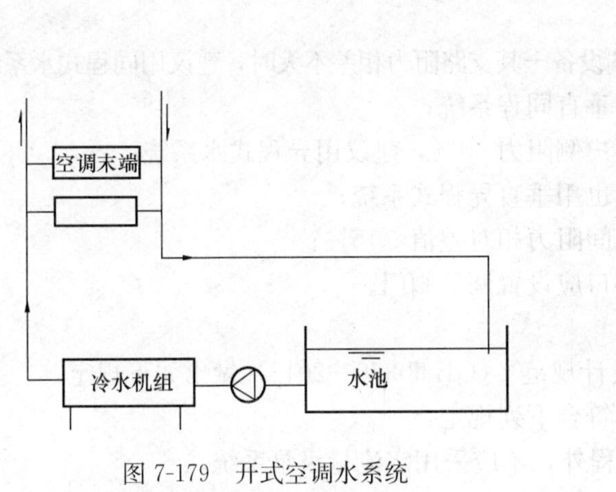

图 7-179 开式空调水系统

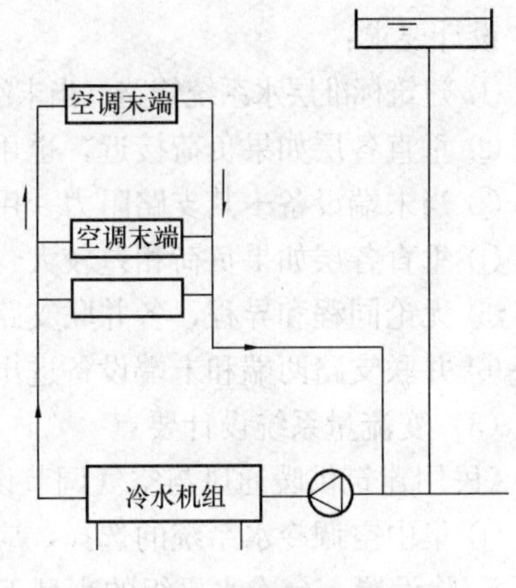

图 7-180 闭式空调水系统

开式系统的水与大气相通，而闭式系统的水除膨胀水箱外不与大气相通。

需要说明，除采用蓄冷蓄热水池供冷供热系统和空气处理需喷水处理等情况外，空调冷、热水系统均应采用闭式循环水系统。

① 开式系统及特点

a. 系统中有水容量较大的水箱（可替代膨胀水箱），系统温度稳定，蓄冷能力大；

b. 与空气直接接触，系统易腐蚀；

c. 设备之间高差大时，循环水泵需要消耗较多提升冷冻水高度所需的能量；

d. 开式水系统的蓄水箱蓄水量，按系统循环水量的5%～10%确定。

②闭式冷冻水系统及特点

a. 系统内冷冻水不与空气相接触，对管路、设备腐蚀性较小；水容量比开式系统小；系统中水泵只需克服系统流动阻力。

b. 大部分空调建筑中冷冻水系统都采用闭式系统。

c. 热水系统一般均为闭式系统。

（2）同程式、异程式系统设计要点

同程式、异程式系统示意图如图7-181所示。

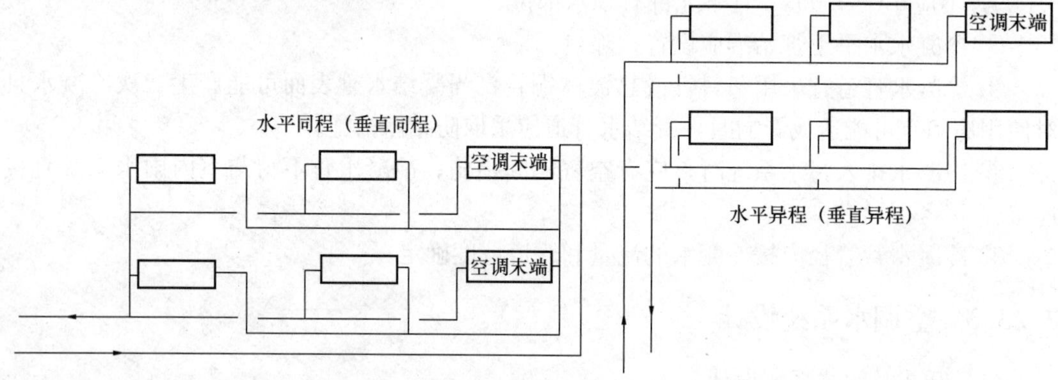

图7-181　同程式、异程式原理示意图

同程式易于平衡压力、调节、但投资大；异程式投资少，不易平衡，小范围可行。

设计要求：

① 建筑标准层水系统管路，当末端设备+其支路阻力相差不大时，建议用同程式水系统；

② 垂直各层如果负荷接近，也用垂直同程系统；

③ 当末端设备+其支路阻力≥用户侧阻力60%，建议用异程式水系统；

④ 垂直各层如果负荷相差较大，也用垂直异程式系统；

⑤ 无论同程和异程，各并联支路间阻力相对差值≤15%；

⑥ 并联支路两端和末端设备进出口应设置调节阀门。

（3）变流量系统设计要点

《民用建筑供暖通风与空气调节设计规范》（GB 50376—2012）做出如下规定：

① 集中空调冷水系统的选择，应符合下列规定：

a. 除设置一台冷水机组的小型工程外，不应采用定流量级泵系统。

b. 冷水水温和供回水温差要求一致且各区域管路压力损失相差不大的中小型工程，宜采用变流量一级泵系统；单台水泵功率较大时，经技术和经济比较，在确保设备的适应性、控制方案和运行管理可靠的前提下，可采用冷水机组变流量方式。

c. 系统作用半径较大、设计水流阻力较高的大型工程，宜采用变流量二级泵系统。当各环路的设计水温一致且设计水流阻力接近时，二级泵宜集中设置；当各环路的设计水流阻力相差较大或各系统水温或温差要求不同时，宜按区域或系统分别设置二级泵。

d. 冷源设备集中设置且用户分散的区域供冷等大规模空调冷水系统，当二级泵的输送距离较远且各用户管路阻力相差较大，或者水温（温差）要求不同时，可采用多级泵系统。

② 空调水系统自控阀门的设置应符合下列规定：

a. 多台冷水机组和冷水泵之间通过共用集管连接时，每台冷水机组进水或出水管道上应设置与对应的冷水机组和水泵连锁开关的电动两通阀；

b. 除定流量一级泵系统外，空调末端装置应设置水路电动两通阀。

③ 定流量一级泵系统应设置室内空气温度调控或自动控制措施。

④ 变流量一级泵系统采用冷水机组定流量方式时，应在系统的供回水管之间设置电动旁通调节阀，旁通调节阀的设计流量宜取容量最大的单台冷水机组的额定流量。

⑤ 变流量一级泵系统采用冷水机组变流量方式时，空调水系统设计应符合下列规定：

a. 一级泵应采用调速泵；

b. 在总供、回水管之间应设旁通管和电动旁通调节间，旁通调节阀的设计流量应取各台冷水机组允许的最小流量中的最大值。

c. 应考虑蒸发器最大许可的水压降和水流对蒸发器管束的侵蚀因素，确定冷水机组的最大流量；冷水机组的最小流量不应影响到蒸发器换热效果和运行安全性。

d. 应选择允许水流量变化范围大、适应冷水流量快速变化（允许流量变化率大）、具有减少出水温度波动的控制功能的冷水机组。

e. 采用多台冷水机组时，应选择在设计流量下蒸发器水压降相同或接近的冷水机组。

⑥ 二级泵和多级泵系统的设计应符合下列规定：

a. 应在供回水总管之间冷源侧和负荷侧分界处设平衡管，平衡管宜设置在冷源机房内，管径不宜小于总供回水管管径。

b. 采用二级泵系统且按区域分别设置二级泵时，应考虑服务区域的平面布置、系统的压力分布等因素，合理确定二级泵的设置位置。

c. 二级泵等负荷侧各级泵应采用变速泵。

变流量系统是指水路系统的空调末端使用二通控制阀的系统，是与水路系统空调末端使用三通控制阀的定流量系统相对而言的。变流量与定流量均是指输送冷冻水的水路系统的流量，而不是通过末端的流量，经过末端装置的流量在上述两种方式下均是变化的。

变水量的目的是使由冷源输出的流量，其所载冷量与经常变化的末端所需冷量相匹配，从而节约冷量输送动力和冷源运行费用。

1）实现变流量系统与负荷匹配所采取的措施

变流量系统的关键部件是二通控制阀。在末端流量调节方面，二通阀优于三通阀，因为二通阀具有等百分比的调节特性。

2）变流量系统常见的布置方式

① 一级泵系统

图 7-182 为一级泵变流量系统示意图。负荷侧由室内恒温器调节二通阀进行控制，冷

源侧和负荷侧之间的供回水管上旁通管，旁通管上装压差调节器，每台机组蒸发器的流量（或压差）传感器与压差阀控制关联。

变流量一级泵的基本控制应为：

a. 机组台数根据系统负荷调节；

b. 机组台数调节时，对应设置的冷水泵、冷却水泵等联锁调节；

c. 压差控制阀常闭，当任意一台机组蒸发器流量（或压差）低于允许流量（或压差）值时打开。

② 二级泵系统

图7-183为二级泵变流量系统示意图。在这一系统的机房侧管路中，旁通管AB把水泵分为一次泵和二次泵。一次泵克服平衡管AB以下的水路水流阻力（包括冷水机组，初级水泵及其支路附件阻力），二级泵克服AB以上的环路阻力（包括用户侧水阻力）。

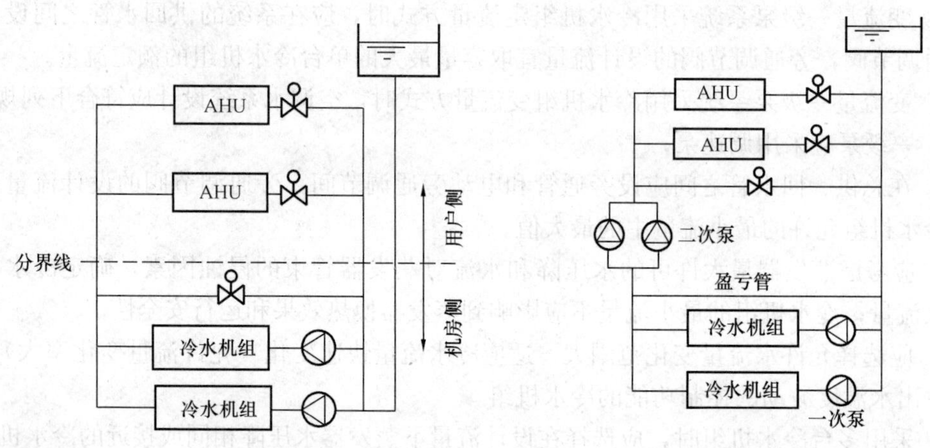

图7-182 一级泵变流量系统示意图　　图7-183 二级泵变流量系统示意图

该系统的运行方式为：一侧泵随冷水机组联锁启停，二次泵根据用户侧需水量进行台数启停控制。当二次泵供水量和一次泵总供水量有差异时，相差的部分从平衡管AB中流过，这样就能解决冷水机组和用户侧水量控制不同步问题。用户侧的供水量的调节通过二次泵的运行台数及压差旁通阀来控制（压差旁通阀控制方式与一次泵系统相同），压差旁通阀的最大旁通量为一台二级泵的流量。

③ 变流量一级泵系统的特点与应用场合

变流量一级泵系统采用冷水机组定流量方式时系统简单，自控装置少，初投资低，管理方便，因而目前应用广泛。但是它不能调节水泵的流量，难以节省输送能耗，特别是当各供水分区彼此间的压力损失相差较为悬殊时，这种系统就无法适应。因为循环泵的扬程是按照最不利环路的阻力来确定的，而对于分区中压力损失较少的环路，供水压头有较大富裕，该支路上的调节阀将对其节流，造成能量的浪费。因此，对于系统较小或各环路负荷特性或压力损失相差不大的中小型工程，才宜采用冷水机组定流量方式的变流量一级泵系统。

④ 二级泵系统的特点和应用场合

二级泵系统较为复杂，自控程度高，初投资大，在节能和灵活性方面具有优点。它可以实现变系统水量运行工况，节省输送能耗；水系统总压力相对较低；能适应供水分区不同压降的需要。二级泵系统中，设备运行台数的控制是以系统的实际运行情况为基础的，它必须经过一系列的检测和计算。凡系统较大，阻力较高，各环路负荷特性（如不同时使用或负荷高峰出现的时间不同）相差较大，或压力损失相差悬殊（阻力相差50kPa以上）时，或环路之间使用功能有重大区别以及区域供冷时，应采用二级泵系统。二级泵宜根据流量需求的变化采用变速变流量调节方式。

⑤ 一级泵变流量的有关节能措施

一方面在负荷侧通过调节电动两通阀的开度改变末端设备的冷水流量，以适应末端用户空调负荷的变化；另一方面在冷源侧采用可变流量的冷水机组和变频调速冷水泵，使蒸发器侧流量随负荷侧的流量变化而改变，从而最大限度地降低冷水循环泵的能耗。同时确保通过冷水机组蒸发器的水流量在安全流量范围内变化，维持冷水机组的蒸发温度和蒸发压力相对恒定，保证冷水机组能效比相对变化不大。

它与传统的空调冷水一级泵系统及二级泵系统相比，有以下优点：

a. 由于取消了二级泵系统中的二级泵与相应的零配件、减震器、启动器、电线、控制器等，因而减少了空调冷水系统的机房面积及初投资。

b. 降低了系统中循环水泵的电耗。有以下原因：一级泵变流量系统中的一级泵均为大流量、高扬程的泵，相比于二级泵系统中的大流量低扬程的泵来说，水泵的固有效率高；无二级泵系统中消耗在附加零配件与装置（阀门、除污器、变径管、集水器等）上的阻力损失。

c. 它能根据末端负荷的变化，通过改变水泵的转速调节负荷侧的流量，最大限度地降低水泵的能耗。

d. 能消除机组侧定流量的一级泵和二级泵系统的“低温差综合症”使冷水机组高效运行。

e. 能充分利用冷水机组的超额冷量，减少并联的冷水机组和冷却水泵的全年运行时间和能耗。

(4) 两管制与四管制系统

冷、热源利用同一组供、回水管为末端装置的盘管提供空调冷水或热水的系统称为两管制系统（一供一回两条管路）；冷、热源分别通过各自的供、回水管路，为末端装置的冷盘管和热盘管分别提供空调冷水和热水的系统称为四管制系统（冷、热水分别设置供回水管，供四条管路）。

《民用建筑供暖通风与空气调节设计规范》(GB 50376—2012) 做出如下规定：

当建筑物所有区域只要求按季节同时进行供冷和供热转换时，应采用两管制的空调水系统。当建筑物内一些区域的空调系统需全年供应空调冷水、其他区域仅要求按季节进行供冷和供热转换时，可采用分区两管制空调水系统。当空调水系统的供冷和供热工况转换频繁或需同时使用时，宜采用四管制水系统。

① 两管制系统的特点

两管制系统的特点是冷、热源交替使用（季节切换），不能在同一时刻向末端装置供冷水和热水，适用于建筑物功能相对单一、空调（尤其是精度）要求相对较低的场所。由于管路较少，其投资相对较低，所占用的建筑内管道空间也比较少。

当建筑物内一些区域，如通常说的内区的空调系统需全年供应空调冷水，其他区域还要求按季节进行供冷和供热转换时，可采用分区两管制空调水系统。

② 四管制系统的特点

冷、热源可同时使用，末端装置内可以配置冷、热两组盘管，以实现同一时刻向末端装置同时供应空调冷水和热水，可以对空气进行冷却再热处理，满足相对湿度的要求。此外，在分内、外区的房间内或供冷、供热需求不同的房间，通过配置冷、热盘管或单冷盘管等措施，可以实现“各取所需”的愿望。因此，四管制系统适用于对室内空气参数要求较高的场合，有时甚至是一种必要的手段。但投资较高，占用管道空间相对较大。

7.23.4 超高层空调水系统设计

1. 超高层建筑空调水系统竖向分区的依据：

(1) 空调设备承压

① 空调机组盘管和风机盘管的承压不超过1.6MPa；

② 标准型的冷水机组的蒸发器和冷凝器的最大承压不超过2.0MPa；

③ 水泵、板式换热器的最大承压不超过2.5MPa。

(2) 管道承压

① 管材公称压力为：低压管道≤2.5MPa，中压管道为4.0～6.4MPa；

② 阀门公称压力为：低压阀门为1.6MPa，中压阀门为2.5～6.4MPa；

③ 薄壁不锈钢管的最大承压不超过1.6MPa；

④ 钢塑复合管、铜管的最大承压不超过2.5MPa；

⑤ 焊接钢管的承压不超过3.0MPa；

⑥ 其余各种钢制管材承压都超过5.0MPa。

(3) 管道连接

① 螺纹连接最大承压不超过1.6MPa；

② 卡压、卡套连接最大承压不超过1.6MPa；

③ 沟槽连接采用螺纹式机械三通时其最大承压为1.6MPa，不采用螺纹式三通时其最大承压为2.5MPa；

④ 螺纹法兰最大承压为1.6MPa，普通焊接法兰连接最大承压为2.5MPa，特殊工艺的法兰可以达到4.0MPa甚至更高；

⑤ 焊接连接承压可以达到管道本身的承压要求。

2. 空调水系统分区设计原则

空调水系统由冷、热源机组、末端装置、管道及其附件组成。系统内设备与部件有各自的承压值，应根据设备、管道及附件的承压能力确定，将每个分区的最大工作压力控制在所要求的范围之内。

图7-184是常见的超高层建筑水系统分区方式，其主要特点如下：

① 空调末端设备的承压不应超过1.6MPa，冷水机组的不宜超过2.0MPa，板式换热器的不宜超过2.5MPa。

② 空调水系统工作压力不超过1.6MPa，管道连接方式可采用螺纹连接、沟槽连接、法兰连接和焊接连接；超过1.6MPa且不超过2.5MPa，管道连接方式可采用焊接法兰连接、沟槽连接和焊接连接。

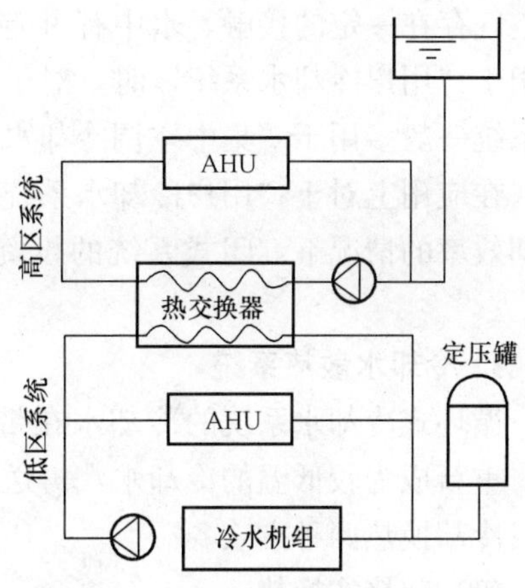

图 7-184 水系统高低分区示意图

③ 冷水系统热交换次数一般不超过两次，若采用蓄冰方式，可两次或多次。低区供水温度宜取5~7℃。为了保证高区空调水的除湿能力，高区供水温度不宜过高，一般在7~9℃。因此，作为高、低区的分区设备，通常采用板式换热器，换热效率高，高区与低区的供水温度差值可以缩小到1~2℃左右，换热器通常设置于设备层。

④ 空调水系统在进行分区时，应尽量用足低区所能达到的高度，即建筑物的冷负荷尽量由冷水机组供水直接承担。这是因为：由于高区水温相对较高，对空气的处理能力稍逊，通常需要适当加大其循环水量，不如低区在负担同样冷量下节能；由于传热温差减少，高区末端设备的换热面积要求增加，高区过大不利于减少投资。

⑤ 由于低区水系统高度一般较高，冷水机组等冷、热源设备又多位于地下室等部位，为了减少对冷水机组的承压要求，将冷水机组设于水泵的吸入端也是一种可以考虑的方式。对于高区来说，则需要视其对工作压力的要求（高区系统的高度是主要考虑的因素之一）而定。

⑥ 有些资料认为当建筑高度低于600m时，冷机可不上楼；高于600m时，可考虑冷机上楼；当建筑高度超过400m时，建筑在上段和下端具有不同的功能区，且各区需要独立管理时，可考虑冷机上楼。若冷冻机房设在超高层建筑的地下室较深处，以上提到的建筑高度应修整。

⑦ 一般建筑高度在100m以内的情况下，空调水系统不分区，可根据冷冻机房在地下的深度考虑将冷水机组设于水泵的吸入端还是压出端。

建筑高度在200m以内的也可不分区，均由冷机直供，低区可选用承压不超过1.6MPa的常规冷水机组、水泵、设备等；高区的空调末端设备选用承压不超过1.6MPa，而建筑高度100m以下的管道及其连接方式应采用承压超过1.6MPa，冷冻机房内高区的冷水机组、水泵及管道、阀门等的承压应采用不超过2.5MPa。冷水机组可设在水泵吸入端，二级泵变流量系统的冷机可设在一、二级泵之间。

建筑高度在200m以内的若分区，则在建筑高度100m位置的设备间内设换热设备，所有设备的承压均不超过1.6MPa。设备间需采用浮筑楼板等隔声减振措施。

由于换热设备和水泵的最大承压为2.5MPa，可在100m位置的设备间内再增设一套换热设备，供200~300m的区域。以上几种方式组合，再增加一次换热，建筑高度在600m以内的可做到冷机不上楼。很多南方项目在高区还可采用风冷热泵机组做冷热源方式解决分区问题。空调热水系统分区可与冷水系统的相同，超高层建筑的空调水系统一般为四管制，也可为两管制，供高区的冷、热水换热器及水泵可分开，也可合用，合用需校核换热器和水泵的是否均满足冬夏工况。

7.23.5 冷却水系统

与空调冷水系统一样，冷却水系统也可以分为开式系统和闭式系统。开式系统由于水与空气存在一定的接触，水中有可能慢慢地积存溶解氧，同时水中也更容易进入杂质，当它用于“用户冷却水系统”时，对于多个用户及管网的维护清洁与正常运行不利，因此开式系统一般多用于“集中空调冷却水系统”。闭式冷却水系统的冷却水与空气处于隔绝状态，在应用上对于“用户冷却水系统”和“集中空调冷却水系统”都是适用的。但在保证冷却效率的情况下，闭式系统的投资通常都高于开式系统（主要是闭式冷却塔的投资较大）。

1. 冷却水散热系统

循环式冷却水系统的冷却水在带走冷凝器的热量之后，必须要将冷却水本身进行冷却，重新成为较低温的冷却水，再送回冷凝器。对冷却水的冷却，通常有间接换热和直接蒸发冷却换热两种方式。

（1）间接式换热

通过在冷却水系统中设置热交换器，将冷却水热量用其他的介质带走，就构成了冷却水间接冷却换热系统。比较典型的有：地表水间接换热系统（包括海水冷却）、土壤源间接（地埋管）换热系统以及闭式冷却塔等。很显然，在间接式冷却换热系统中，冷却水通常为闭式系统。

闭式冷却塔（有的产品也称为“蒸发式冷却塔”）的冷却水来自冷凝器，通过冷却塔内设置的冷却盘管与塔内循环水喷淋形成的蒸发式热交换（热交换原理与蒸发式冷凝器相同），使得出塔水温满足冷水机组冷凝器的进水温度要求。

（2）直接蒸发冷却换热

采用机械通风式冷却塔作为冷却水冷却的换热设备。从冷却塔存水盘取出的低温冷却水，经冷却水泵送入机组冷凝器，带走冷凝器热量后，进入到冷却塔中，经上部布水器（布水管）的喷淋孔流出后，均匀地布洒在冷却塔内的填料上，由冷却塔下部进入的室外空气对其冷却后，下落至冷却塔的存水盘。只要室外空气的湿球温度在规定的范围内，这个过程就能一直以稳定的效果运行下去。

由于采用强制机械通风，因此冷却效率高、结构紧凑，其水量损失主要是直接蒸发冷却所必需的水蒸发量以及一定的出塔空气的飘水量损失。

2. 冷却水系统设计

冷却水系统设计的目的是给机组创造一个连续、可靠的运行条件，因此保证冷却水系统的合理配置十分必要。保证每台机组的冷却水流量和进水温度要求，是设计中两个最主要的关注点。

（1）冷却水系统的水温

集中空调系统的冷却水水温宜符合表7-152的规定。

表7-152　集中空调系统的冷却水水温规定

冷水机组类型	冷却水进口最低温度（℃）	冷却水进口最高温度（℃）	名义工况冷却水进出口温差（℃）
电动压缩式	15.5	33	5
直燃型吸收式			5～5.5
蒸汽单效型吸收式	24	34	5～7

实际冷却水最高的进水温度，主要取决于冷却塔的性能。在全年运行过程中，按照设计工况点选择的冷却塔，随着室外气温（主要是湿球温度）的降低，出塔水温会下降。冷水机组的冷却水水温过低时，会造成电动压缩式制冷系统压缩比下降、运行不稳定、润滑系统不良运行，并出现停机保护；吸收式冷（温）水机组则出现结晶事故，也会引起停机保护，因此有必要采取一定的措施避免上述问题出现。通常有两种方法：旁通控制法和风机控制法。

① 旁通控制法。如图 7-185 所示，通过设定的冷却塔出水温度，控制供回水管之间的旁通阀，可实现上述要求。此方法与冷水系统的压差旁通控制法有类似之处，但水力工况不完全相同。

② 风机控制法。由设定的冷却塔出水温度直接控制风机的转速，能起到既保证需求又节省风机能耗的目的，是值得采用的较好方法，且对于单台冷却塔和多台冷却塔并联的系统都是适宜的。对于后者，还可以采取控制风机运行台数的方法——适用于组合式冷却塔（一台塔配有多个风机）。

在每台冷却塔的进水管上设置电动蝶阀，其目的是让冷却塔的运行与冷水机组的运行进行联锁——冷水机组运行时，对应的冷却塔进水管上电动蝶阀开启，同时风机运行进行冷却，保证每台冷却塔的冷却效果。这是一种比较常见的、较为可靠的运行方式。由于建筑部分冷负荷的出现都是与室外气候相关的，在只需要运行一台冷水机组时，由于冷却效率的提高，风机可降低运行速度。

（2）冷却塔的设置

① 对环境的要求

冷却塔作为换热设备，设计中必须考虑提供其优良的换热条件。冷却塔依靠室外空气进行冷却，其进风温度参数和风量需求是两个重要的参数。合理的布置是：将冷却塔设置于较为空旷的室外场所或者屋面上。但在一些工程中，由于建筑外立面、环境景观等原因，将冷却塔进行了一些遮挡，对此要进行详细的考虑和计算。以图 7-186 为例说明。

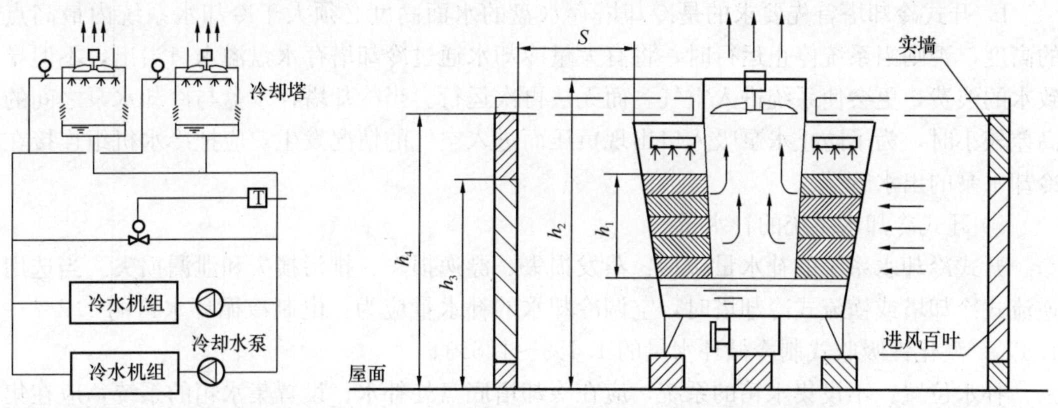

图 7-185　冷却水系统原理图　　图 7-186　冷却塔布置示意图

a. 进风风量保证措施。如图 7-186 所示。当遮挡物为实体墙时，为了保证风量，遮挡物与冷却塔边缘的间距应满足 $S \geqslant h_1$ 的要求，使得从冷却塔与周围墙之间的空间上部进风的空气流通面积不小于冷却塔本身的进风面积。如果小于，则应在实体墙下部开设进风百叶，进风百叶的净面积不应小于冷却塔本身的进风面积。

b. 进风温度保证措施。首先，冷却塔不应设置于有高温气体排放的环境之中。其次，防止冷却塔出风和进风之间的“短路”，以确保进风为100%的室外空气。因此，冷却塔出风口的上方一定的高度范围内，不应有影响排风的障碍物。除此之外，在图7-186中，如果冷却塔周边的围挡物为实体墙，则要求出风口与墙顶端的高差（h_2-h_4）$\geqslant h_1$；如果（h_2-h_4）$<h_1$，则同样应在实体墙下部开设进风百叶，进风百叶的净面积同样不应小于冷却塔本身的进风面积，且应保证$h_2-h_3\geqslant h_1$；上述两点都无法满足时，则建议在设置墙体进风百叶的同时，在冷却塔顶部设置气流隔离板（类似屋顶），如图7-186中虚线所示。

② 防止抽空

多台冷却塔通过共用供回水总管与制冷机房相连接时，如果只需要运行部分冷却塔，因停止运行的塔无进水补充（进水管上的电动蝶阀关闭），该塔存水盘中的水位将有所下降，严重时会出现无水——“抽空”现象，导致空气进入冷却水系统之中。在冷却塔下方采用大容量的蓄水池可以解决问题，但会带来投资或者运行能耗较高的代价。可以采用以下任一措施：

a. 提高安装高度或者加深存水盘。由于冷却塔通过总管并联，如果存水盘的设计水位与总管顶部的高差大于最不利环路冷却塔回水至最有利冷却塔回水支管与总管接口处的设计水流阻力，则可杜绝抽空情况的发生。

b. 设置连通管。在每个冷却塔底部设置专门的连通管，将各冷却塔存水盘连通，利用水自然平衡特点解决上述问题。

③ 设置位置及相关要求

除了远离高温气体排放的场所外，从水力工况上也应注意冷却塔的设置位置及冷却水泵在系统中的连接方式。

a. 原则上，闭式塔可以在系统的任何位置设置。由系统封闭，须考虑冷却水热膨胀的相关措施（与空调冷水系统类似，需要设置补水与膨胀装置）。

b. 开式冷却塔首先要求的是冷却塔存水盘的水面高度必须大于冷却水系统内最高点的高度，否则当系统停止运行时，将有大量冷却水通过冷却塔存水盘溢水口溢出，不但导致水的浪费，更会使系统进入空气，而无法再次运行。当冷却塔存水盘与冷却水泵之间的高差较小时，为了防止水泵吸入口出现负压而进入空气的情况发生，应把冷水机组连接在冷却水泵的出水管端。

④ 开式冷却水系统的补水量

开式冷却水系统的补水量包括：蒸发损失、漂逸损失、排污损失和泄漏损失。当选用逆流式冷却塔或横流式冷却塔时，空调冷却水的补水量应为：电制冷循环水量的1.2%～1.6%，溴化锂吸收式制冷循环水量的1.4%～1.8%。

补水位置：不设集水箱的系统，应在冷却塔底盘处补水；设置集水箱的系统，应在集水箱处补水。

7.23.6　空调水系统附件

1. 定压设备

常用的定压设备主要有开式膨胀水箱和闭式气体定压罐。

设备特点：

① 膨胀水箱

膨胀水箱的优点是：结构简单、造价低、对系统的水压稳定性极好（静水位定压）、补水控制方便，是设计时优选的定压设备。缺点是：设置位置必须高于系统的最高点（在寒冷和严寒地区，要注意水箱间的防冻问题），且由于与大气有直接接触，对系统水质略有影响。

② 气体定压罐

气体定压罐通常采用隔膜式，因此空气与水完全分开，系统水质能得到较好的保持；同时，其闭式定压的原理也使得它的设置位置可以不受系统高度的限制，通常可设置在冷、热源机房内。但其缺点是压力的波动较大，造价相对较高，因此适用于无法正常设置膨胀水箱的系统之中。

定压设备的有效水容积计算与供暖系统相同。

2. 定压点及压力

所谓定压点，即定压设备与水系统的连接点。定压点确定的最主要原则是：保证系统内任何一点不出现负压或者热水的汽化。在空调水系统中，定压点的最低运行压力应保证水系统最高点的压力为 5kPa 以上。因此，定压点的确定既与定压点的位置有关，也与定压压力有关。以图 7-187 来说明，其中 A 点为系统最高点，B 点为系统定压点。

图 7-187 的方式是最常用方式，其对最低定压点压力的要求为：

$$P_B = H + 5 \text{ (kPa)}$$

式中 H——系统最大高差（折算为压力单位）。

在配置有风冷型冷（热）水机组的系统中，定压点的位置尤应引起重视，系统的典型简图如图 7-188 所示。由于机组与水泵一般位于屋面，膨胀水箱与回水总管的高差 h_1 往往只有 2～3m 左右。如果定压点接在 A，则 A 处的静水压力为 h_1 米水柱，若“Y”型过滤器未得到及时清洗，当其阻力大于 A 点处的静压值时，过滤器后至水泵入口之间管段就出现负压，这种情况在工程中已有发生。为了防止出现负压，应将定压点接到水泵入口，则在水泵入口处可保持 h_1 高水柱的静压，也是系统运行时管路中的最小静压值。

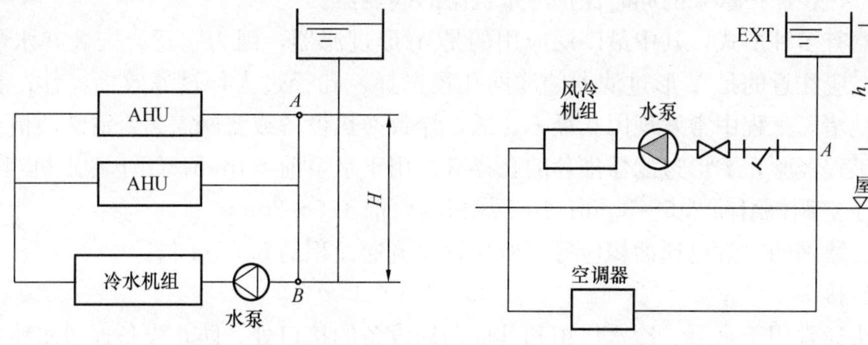

图 7-187 闭式水系统定压　　图 7-188 屋面风冷机组典型水系统图

3. 阀件及水过滤器

（1）手动阀（闸阀、截止阀、蝶阀、调节阀、平衡阀）

设置手动阀的目的有两个：一是系统初调时用，二是为了维护管理的关闭用。

由于阀门结构方面的原因，闸阀、截止阀基本上不具备调节能力，因此它们大多用于只需要开/闭的场所。在系统中它们基本上处于常开状态，只是系统检修需要时关闭。从结构上看，截止阀的密闭性优于闸阀，但截止阀尺寸也大于闸阀，因此通常在大管径上采用闸阀，小管径采用截止阀。

蝶阀具有一定的调节能力，其调节性能接近于线性，且尺寸很小，但关闭的严密程度不如闸阀与截止阀（尤其是小管径）。因此，在一些大管径场所，蝶阀有替代闸阀的趋势，在一些需要一定调节能力要求的小管径场所，它也可以替代调节阀。

调节阀的阀芯通常近似锥形结构，具有较好的调节能力，对于需要流量调节（如初调试）的场所，采用它是比较合理的。其外形尺寸与同口径的截止阀相当，价格略贵。

手动平衡阀一般具有良好的调节特性（锥形或柱形阀芯结构）；同时，它通常与显示仪表配套，能够比较精确地读出当前开度下的阀门流量，一些阀还具有调整完成后的开度锁闭功能。因此手动平衡阀目前的应用较多。

由于任何阀门的设置都是以增加水流阻力为代价的，特别是调节阀、平衡阀等全开阻力较大的阀门，应该按照合理的需求进行设置。合理需求的条件是：首先应该进行详细的系统水力计算，通过调整管径、管道长度以及设备的阻力力求实现系统自身的水力平衡。只有当计算调整无法实现的不平衡率要求时，才考虑设置相应的调节与平衡阀门。一般来说，在最不利环路上，应尽可能减少调节用阀门的设置，否则会导致水泵的扬程增加，不利于节约运行能耗。

（2）水过滤器

前面提到的水处理，主要是针对水中所含有的各种化学离子，对水本身进行处理以保持其特性为目标来进行的。除此之外，为了避免安装过程的焊渣、焊条、金属碎屑、砂石、有机织物以及运行过程中冷却塔填料脱落等异物进入水系统，防止管路和系统设备受堵，或者过大的杂质导致水泵运行损坏，确保系统正常运行。因此，设计中还应在水泵或冷水机组的入口管道上设置过滤器或除污器。特别在系统初运行阶段，它对保护设备起着十分重要的作用。当循环水泵设置在冷凝器或蒸发器入口处时，该过滤器可以设置在循环水泵进水口，在保护水泵的同时保护冷水机组的换热器。

过滤器有多种形式，其中最广泛应用的是Y形过滤器，因为它适合安装在水平与垂直管路上。应注意的是Y形过滤器的滤网孔径选择。孔径过大，过滤效果欠佳；孔径过小，极易受堵。工程中常发现因孔径不合适，导致换热设备或滤网需频繁清洗的情况。

根据工程经验，Y形过滤器推荐的孔径有：用于水泵前≈4mm；用于冷水机组前3～4mm；用于空调机组前2.5～3mm；用于风机盘管前1.5～2mm。

此外，滤网的有效流通面积应等于所接管路流通面积的3.5～4倍。

（3）软接头

软接头通常用于水泵、冷水机组和其他振动设备的接口处，防止设备通过水路系统传振。目前常用的主要是橡胶制品和金属制品两种，前者的隔振性能优于后者但应注意的是：采用橡胶软接头时，由于软接头具有一定的变形，会形成类似波纹管补偿器的推力（由于两个不同流通截面积引起）。当系统的工作压力较大时，推力值可达到数吨的数量级，此时应采取一定的补偿措施。

7.23.7 空调水系统的节能要点

空调水系统是指空调冷冻水系统和冷却水系统，是空调管路系统中的重要组成部分，其运行年电耗量十分可观。清华大学早在 1996 年就开始了空调系统运行调试与调查工作，经过十多年的调查与研究表明北京市公共建筑空调系统中水泵（冷冻水泵、冷却水泵、采暖泵）耗电量所占空调总耗电量的比例为：政府办公建筑中冷冻水水泵占 10.0%，冷却水水泵占 12.0%；商场中冷冻水水泵占 4.5%，冷却水水泵占 5.6%；写字楼中冷冻水水泵占 8.0%。冷却水水泵占 6.2%。采暖泵占 4.1%；星级酒店中冷冻水水泵占 5.9%，冷却水水泵占 2.7%，采暖泵占 4.9%。

由此可见空调节能的权重在冷水机组，冷水机组节能一般由厂家来研究，设计院主要关注空调水系统的节能设计。一般认为水泵电耗在空调电耗中占很大比例，实际工程中冷冻水水泵、冷却水水泵等选型普遍偏大，其节能潜力也很大，在空调系统节能中是节能的重点之一。

空调水系统的节能要点：空调水系统的水力平衡问题；空调变水量系统；空调冷冻水系统大温差设计问题。

(1) 水力平衡问题

空调水系统的水力失调（不平衡）现象和城市热网的一样，经常发生，甚至很严重。引起空调水系统水力失调的原因很多，一般认为，在设计计算中由于管内流速不允许超过限定流速和管径规格有限制等因素，在空调水系统备分支环路或用户系统各支管环路之间，其阻力损失不可能在设计流量分配下达到平衡；在施工过程中因现场施工条件限制，无法按照设计施工图进行施工，增加或减少了部分额外阻力，结果破坏了原有的设计平衡。这两种原因引起空调水系统的水力失调称为静态水力失调。而在运行中，末端装置的阀门开度改变引起水流量变化时，系统的压力会产生波动，其他末端装置的流量也随之改变而偏离其要求的流量。由于水系统管路是复杂的水力系统，系统中各环路间或末端装置间水力状况的变化是互相影响和互相制约的，由此而引起空调水系统的失调称为动态水力失调。

空调水系统的水力失调造成空调系统中各环路或末端装置中实际流量与规定流量之间的不一致性，导致的表面现象是各用户的室内热环境差，如系统的各房间冷热不均，温湿度达不到要求等，实际上还隐含系统和设备效率的降低，由此引起能源消费的增加，具体如下。

① 由于系统不平衡而导致室内温度偏离所造成的能耗增加。

② 目前在实际工程常采用安装大一些的水泵以加大管路循环流量的办法来改善空调水系统的水力失调现象，这种做法是错误的，却很有效；虽然使不利回路获得正常流量，起到改善水系统的不平衡作用，但由于总输配流量增加，使其运行能耗增加。

首先任何工程的设计流量本身就存在误差，这是系统误差，而实际流量反而有可能是准的；其次任何集中系统都不可能百分之百的满足各末端需求，而系统越大这种不满足率越高；再次平衡变流量系统比定流量系统更困难。

空调水系统相比供暖系统是大流量小温差系统，空调设备末端阻力权重远大于管道阻力，调节起来相对容易一些。

为了取得空调系统的节能效果和满意的舒适性，首先空调水系统规模不应过大，其次不应串联过多的平衡阀。

实践证明，平衡阀是实现空调水系统水力平衡最基本而有效的平衡元件。平衡阀的正确设计与合理使用，不仅可以提高空调水系统的水力稳定性，而且能使系统在最短时间、最小能耗下达到用户所需求的舒适环境，并能大大降低系统能耗。平衡阀能优化空调水系统的平衡性，使水泵运行能耗降到最低程度。目前常使用的平衡阀如下。

① 静态水力平衡阀。静态水力平衡阀是一种可以精确调节阀门阻力系数的手动调节阀。故又称手动平衡阀。其功能是用来解决空调水系统的静态失调问题，静态水力平衡阀一般安装位置如下：

a. 干管、立管、支管路上，分级设置主管平衡阀、立管平衡阀、支管平衡阀。

b. 机房集水缸上的每支环路回水管上。

空调水系统安装手动平衡阀后，在系统调试时，将各个平衡阀开度固定，其局部阻力也被固定。若总流量不改变（定流量系统）。则该系统始终处于平衡状态。如果是变流量系统，在负荷变化不大的情况下，平衡阀仍能起到一定的平衡作用，但当负荷变化较大时，单独使用手动平衡阀就不适合。此时，应与自动压差控制阀配合使用，其效果才好。

② 动态流量平衡阀。动态流量平衡阀也称自动流量平衡阀，是一种保持流量不变的定流量阀，变流量系统不应采用。其功能是：当系统的某些末端设备（如风机盘管、新风机组等）改变流量而导致管网压力发生改变时，使其他末端设备的流量保持不变，仍然与设计值相一致，一般安装位置如下：

a. 水泵出口处，稳定泵的出口水流量在额定流量下运行；避免流量过大时使水泵电机过载烧毁。

b. 并联泵的冷却水、冷冻水系统，如主机型号不同，宜安装自动流量平衡阀，以避免过流或欠流。

c. 末端装置（如风机盘管、空气处理机等）的回水侧，但在支路和立管处不需要再安装自动流量平衡阀。

目前，市场上动态流量平衡阀有固定流量型和流量现场手动设定型两类。前者在出厂前已根据工程设计要求将工作流量一次设定完成，现场不能改变；后者在标定的流量范围内，可根据工程设计要求进行现场调试。

③ 压差控制器。压差控制器又称动态压差控制阀。它具有一定的比例压差控制范围，可以在一定流量范围内，使所需控制回路的压差保持基本恒定，其应用方式如下：

a. 用在立管回水管上，稳定立管环路供、回水管之间的压差。

b. 用在分层分支管环路回水管上，稳定分支环路供、回水管之间的压差。

c. 用在电动调节阀的两端时，稳定电动调节阀两端的压差，改善调节阀的调节性能，这是一种与电动调节阀相匹配的最佳水力平衡措施。但是，在空调水系统中设置平衡阀时，应注意以下细节问题。

d. 平衡阀宜设置在直管段处，平衡阀前后的最小直管长度不应小于2～5倍管径。

e. 如果平衡阀位于会产生强烈干扰的部件（如水泵或电动控制阀）的后面，则推荐在阀门前至少有10倍直径的直管长度。

f. 宜将平衡阀置于回水管上。

有关静态平衡阀阻力厂家给的估算数据一般为0.5～1m，压差控制器为1.5～2m。由此可见应避免串联使用，从水泵出口至最不利末端最佳最好只设一个静态平衡阀。

（2）空调变水量系统

在设计中，选择节能性能好的空调水系统是十分重要的。一级泵或二级泵变流量系统可实现根据末端的负荷变化情况，对泵的循环水量进行调节，相对于定水量系统，具有明显的节能效果。根据资料，一级泵变流量系统运行费用比二级泵变水量系统省6%～12%，比定流量系统省20%～30%。其节能效果主要体现如下：

① 空调水系统中冷源侧和负荷侧全部采用变水量系统形式，变流量一级泵系统选用变频水泵，按变静压方式控制运行，相比二级泵的定静压方式，最大限度地节省水泵能耗。

② 由于选用变流量冷水机组（如离心式冷水机组流量变化范围是额定流量的30%～130%，螺杆式冷水机组流量变化范围是额定流量的45%～120%）。则在部分负荷运行时，变流量冷水机组比定流量冷水机组COP值变化要小5%左右，有利于在部分负荷运行时节省电耗。同时，可充分利用冷水机组的超额冷量，减少冷水机组和冷却水泵的全年运行时数和能耗。

③ 冷水机组与水泵不是一对一设置，在实际运行中，避免了加减机时的冷热抵消。

（3）空调冷冻水大温差设计

在谈论空调冷冻水系统节能时，总会提出“大温差小流量”的节能技术措施，以节省水泵的耗电量。目前实际工程中空调冷冻水系统的供、回水温差较难达到5℃，仅为2～3℃。清华大学自1996年以来对国内一些大型集中空调系统进行调查与测试，发现绝大部分冷冻水的供、回水温差在1.5～3℃之间。

与供暖系统对比，空调水系统大温差不是新概念，“大温差设计”是相对冷冻水供、回水温差取5℃（7℃/12℃）而言，显然冷冻水系统供、回水温差采用大温差设计时，其冷冻水循环量将相应减少，这样冷冻水水泵耗电量也相应减少，可减小设计管径，节省初投资。但也应注意以下内容：

① 冷水供水温度和供回水温差确定，是按冷水机组、空调机组盘管和风机盘管的换热性能经过经济综合比较确定的。冷冻水温差的增大，若不增加冷水机组、空调机组盘管和风机盘管换热面积，将降低蒸发器和盘管的降温和除湿能力，若增加势必加大设备，增加设备投资。可能很多业主认为增加这点空调投资相比整个项目来说不算什么，但由于单位耗冷量的金属用量增加，对于国家宏观的节能减排影响很大，毕竟冶金的耗能和对环境的破坏远大于空调本身。

② 降低冷冻水初温，会使冷水机组的蒸发温度降低，从而会使冷水机耗功增大，COP值下降。因此降低冷机的冷冻水初温从而加大温差的方法实不可取，但项目若采用的是蓄冰方式，则降低冷水初温和“大温差小流量”就是必须的。

③“大温差小流量”给供暖系统的平衡带来很大困难，实际项目中多采用加大水泵流量扬程来改善空调水系统的水力失调现象是供暖系统的供回水温差小的主要原因。对于空调水系统来说应以“小温差大流量”为主，同时控制空调水系统规模不要过大，减少热表、平衡阀串联使用，减少不必要的调节阀。

第 8 章　冷库与人工冰场

本章执笔人

李嘉

中国建筑设计院有限公司

高级工程师

8.1　冷库的基本设计条件

8.1.1　冷库的组成

大中型冷库是以主库为中心的建筑群，主要由主库、生产设施间以及附属建筑组成。

1. 主库

主库是冷库的主体建筑，主要由冷却间、冻结间、冷却物冷藏间、冻结物冷藏间、冰库等组成。具体组合由储藏品种和加工工艺决定，储藏品种不同，工艺不同，主库的组合也不一样。

2. 生产设施间

（1）制冷压缩机房　制冷压缩机房安装有制冷压缩机及其配套设备，是冷库的主要动力机房。一般大多压缩制冷机房在主库邻近单独建造。

（2）设备间　设备间主要安装有卧式壳管式冷凝器、储氨器、气液分离器、低压循环储液桶、氨泵等制冷设备。一般设备间与压缩制冷机房相连，以墙分隔。在小型冷库中为了操作方便，二者可以合一。

（3）变配电间　变配电间包括变压器间、高低压配电间和电容器间（大型冷库）。一般设置在机房的一端，室内需要有良好的通风条件，必要时需设置机械通风及降温装置。

3. 附属建筑

附属建筑是指主体建筑以外，和主体建筑有密切关系的其他建筑，包括肉类屠宰间、包装整理间等。为保证食品质量和库内卫生，包装整理间要有良好的采光和通风条件，每小时要有1～3次的通风换气，地面要便于冲洗，排水条件要通畅。

8.1.2　冷库的分类

1. 按规模分类

冷库的设计规模以冷藏间或冰库的公称容积为计算标准，一般分为大、中、小型。公称容积大于20000m^3为大型冷库；5000～20000m^3为中型冷库；小于5000m^3为小型冷库。

2. 按库温分类

（1）冷却库　又称高温库，库温一般控制在不低于食品汁液的冻结温度，用于果蔬类食品的储藏。冷冻库或冷却间的温度保持在0℃左右，并以冷风机进行吹风冷却。

（2）冻结库　又称低温冷库，库温一般在－30～－20℃，通过冷风机或专用冻结装置来实现对肉类食品的冻结。

（3）冷藏库　即冷却或冷冻后食品的储藏库。把不同温度的冷却食品和冻结食品在不同温度的冷藏间和冻结间内做短期或长期的储存。通常冷却食品的冷藏间保持库温为2～4℃；冻结食品的冷藏间的保持库温为－25～－18℃。

3. 按制冷剂分类

冷库制冷系统以氨作为制冷剂的称为氨冷库；以氟利昂作为制冷剂的称为氟利昂冷库。

4. 按结构形式分类

（1）土建式冷库

这是目前建造较多的一种冷库，可建成单层或多层。建筑的主体一般为钢筋混凝土框架结构或者砖混结构。土建冷库的围护结构属重体性结构，热惰性较大，故库温易于稳定。

（2）装配式冷库

这类冷库的主体结构（柱、梁、屋顶）采用轻钢结构，其围护结构的墙体使用预制的复合隔热板。隔热材料为硬质聚氨酯泡沫塑料和硬质聚苯乙烯塑料等。由于除地面外，所有构件均是按统一标准在专业工厂成套预制，在工地现场组装，所以使用进度快，建设周期短。

（3）夹套式冷库

这类冷库是在常规冷库的围护结构内增加一个内夹套结构，夹套内装设冷却设备，冷风在夹套内循环制冷，将外围护结构传入的热量带走，防止热量传入库内，所以库内温度稳定均匀，食品干耗小，气流组织均匀，但是造价较高。

（4）覆土式冷库

又称土窑洞冷库，洞体多为拱形结构，有单洞体式，也有连续拱形式。一般为砖石砌体，并以一定厚度的黄土覆盖层作为隔热层。用作低温的覆土冷库，洞体的基础应处在不宜冻胀的砂石层或者基岩上。由于具有因地制宜、施工简单、造价低、坚固耐用等优点，在我国西北地区有较大应用发展。

（5）气调式冷库

这类冷库主要用于新鲜果蔬、农作物种子和花卉等活体的长期储存，气调式冷库除了要控制库内的温度和湿度外，还有通过技术措施形成特定的库内气体环境，以抑制活体的呼吸和新陈代谢，达到长期储存的目的。

5. 按使用性质分类

（1）生产性冷库　主要建在食品产地附近，货源较集中的地区和渔业基地，通常是作为鱼类、肉类、禽蛋、蔬菜和各类食品加工厂等企业的一个重要组成部分。这类冷库配有相应的屠宰车间、理鱼间、整理间，具有较大的冷却、冻结能力和一定的冷藏容量，食品在此进行冷加工后经过短期储存即运往销售地区、直接出口或运至分配性冷库作为长期储藏。

（2）分配性冷库　主要建在大中城市、人口较多的工矿区和水陆交通枢纽一带，专门储藏经过冷加工的食品，以供调节淡旺季节、保证市场供应、提供外贸出口和作长期储备之用。特点是冷藏容量大并且考虑多种食品的储藏，其冻结能力较小，仅用于长距离调入冻结食品在运输过程中软化部分的再冻及当地小批量生鲜食品的冻结。

（3）零售性冷库　一般建在工矿企业或城市大型副食品店和超市内，供临时储存零售食品之用。这类冷库的库容量小，食品储存期短，可以根据使用要求调节库温。在库体结构上，大多采用装配式冷库。

（4）中转性冷库　中转性冷库有两种：一种建在水陆交通枢纽，批量接受来自生产性冷库的食品，具有少量的再冻能力，食品经过短期储存后，整批运往分配性冷库或外运出口；另一种建在渔业基地，能进行大批量的冷加工，能在冷藏船、车的配合下，起中间转运的作用。食品的流通特点是整进整出。因此，为适应进出货集中的要求，中转性冷库的站台较大，装卸能力较强。

（5）综合性冷库　这类冷库容量大、功能齐全，集生产性和分配性功能于一身。

8.1.3　冷库设计基础资料

1. 冷库冷加工能力和库容量

（1）冷库生产冷加工能力计算

设有吊轨的冷却间和冻结间的冷加工能力可按式（8-1）计算：

$$G_d = \frac{lg}{1000} \cdot \frac{24}{\tau} \tag{8-1}$$

式中　G_d——设有吊轨的冷却间、冻结间每日冷加工能力，t；

l——冷间内吊轨的有效总长度，m；

g——吊轨单位长度静载货量，kg/m；

τ——冷间货物冷加工时间，h。

吊轨单位长度净载货量 g 可按表 8-1 所列取值。

表 8-1　吊轨单位长度净载货量（kg/m）

货物名称	输送方式	吊轨单位长度净载货量
猪胴体	人工推送	200～265
	机械传送	170～210
牛胴体	人工推送（1/2 胴体）	195～400
	人工推送（1/4 胴体）	130～265
羊胴体	人工推送	170～240

注：水产品可按照加工企业的习惯装载方式确定。

设有搁架式冻结设备的冷却间和冻结间的冷加工能力可按式（8-2）计算：

$$G_g = \frac{NG'_g}{1000} \cdot \frac{24}{\tau} \tag{8-2}$$

式中　G_g——搁架式冻结间每日冷加工能力，t；

N——搁架式冻结设备设计摆放冻结食品容器的件数；

G'_g——每件食品的净质量，kg；

τ——货物冷加工时间，h。

（2）库容量计算

冷库的库容量是以冷藏间或冰库的公称容积为计算标准。公称容积应按冷藏间或冰库的室内净面积（不扣除柱、门斗和制冷设备所占的面积）乘以房间净高确定。

冷库计算吨位可按式（8-3）计算：

$$G = \frac{\sum V_1 \rho_s \eta}{1000} \tag{8-3}$$

式中　G——冷库或冰库的计算吨位，t；

V_1——冷藏间或冰库的公称容积，m^3；

ρ_s——食品的计算密度，kg/m^3；

η——冷藏间或冰库的容积利用系数。

冷藏间容积利用系数不应小于表 8-2 的规定值。储藏冰块冰库的容积利用系数不应小于表 8-3 的规定值。

表 8-2 冷藏间容积利用系数

公称容积（m^3）	容积利用系数 η
500～1000	0.40
1001～2000	0.50
2001～10000	0.55
10001～15000	0.60
＞15000	0.62

注：1. 对于仅储存冻结加工食品或冷却加工食品的冷库，表内公称容积应为全部冷藏间公称容积之和；对于同时储存冻结加工食品和冷却加工食品的冷库，表内公称容积应分别为冻结物冷藏间或冷却物冷藏间各自的公称容积之和。

2. 蔬菜冷库的容积利用系数应按表 8-2 中的数值乘以 0.8 的修正系数。

表 8-3 储藏冰块冰库的容积利用系数

冰库净高（m）	容积利用系数 η
≤4.20	0.40
4.21～5.00	0.50
5.01～6.00	0.60
＞6.00	0.65

食品计算密度应按表 8-4 的规定采用。

表 8-4 食品计算密度

序号	食品类别	密度（kg/m^3）
1	冻肉	400
2	冻分割肉	650
3	冻鱼	470
4	篓装、箱装鲜蛋	260
5	鲜蔬菜	230
6	篓装、箱装鲜水果	350
7	冰蛋	700
8	机制冰	750
9	其他	按实际密度采用

注：同一冷库如同时存放猪、牛、羊肉（包括禽兔）时，密度可按 400kg/m^3 确定；当只存冻羊腔时，密度应按 250kg/m^3 确定；只存冻牛、羊肉时，密度应按 330kg/m^3 确定。

2. 设计参数

（1）室外设计温度和相对湿度的确定

冷库设计的室外气象参数，除应符合现行国家标准《采暖通风与空气调节设计规范》（GB 50019—2003）的规定外，还应符合下列规定：

① 计算冷间围护结构热流量时，室外计算温度应采用夏季空气调节室外计算日平均温度。

② 计算冷间围护结构最小总热阻时，室外计算相对湿度应采用最热月的平均相对湿度。

③ 计算开门热流量和冷间通风换气流量时，室外计算温度应采用夏季通风室外计算温度，室外相对湿度应采用夏季通风室外计算相对湿度。

对于直接于室外大气相邻的冷间，室外温度应按上述方法选取。若对两个冷间之间或冷间与其他建筑物之间进行传热计算时，则应以临时计算温度来代替室外计算温度。

（2）冷间设计温度和相对湿度的确定

冷间设计温度和相对湿度应根据各类食品的冷藏工艺要求确定，可按表 8-5 的规定选用。

表 8-5　冷间的设计温度和相对湿度

<table>
<tr><th>序号</th><th>冷间名称</th><th>温度（℃）</th><th>相对湿度（%）</th><th>适用食品范围</th></tr>
<tr><td>1</td><td>冷却间</td><td>0～4</td><td>—</td><td>肉、蛋等</td></tr>
<tr><td rowspan="2">2</td><td rowspan="2">冻结间</td><td>−23～−18</td><td>—</td><td>肉、禽、兔、冰蛋、蔬菜等</td></tr>
<tr><td>−30～−23</td><td>—</td><td>鱼、虾等</td></tr>
<tr><td rowspan="8">3</td><td rowspan="8">冷却物冷藏间</td><td>0</td><td>85～90</td><td>冷却后的肉、禽</td></tr>
<tr><td>−2～0</td><td>80～85</td><td>鲜蛋</td></tr>
<tr><td>−1～1</td><td>90～95</td><td>冰鲜鱼</td></tr>
<tr><td>0～2</td><td>85～90</td><td>苹果、鸭梨等</td></tr>
<tr><td>−1～1</td><td>90～95</td><td>大白菜、蒜薹、葱头、菠菜、香菜、胡萝卜、甘蓝、芹菜、莴苣等</td></tr>
<tr><td>2～4</td><td>85～90</td><td>土豆、橘子、荔枝等</td></tr>
<tr><td>7～13</td><td>85～95</td><td>柿子椒、菜豆、黄瓜、番茄、菠菜、橘子等</td></tr>
<tr><td>11～16</td><td>85～90</td><td>香蕉等</td></tr>
<tr><td rowspan="2">4</td><td rowspan="2">冻结物冷藏间</td><td>−20～−15</td><td>85～90</td><td>冻肉、禽、副食品、冰蛋、冻蔬菜、冰棒等</td></tr>
<tr><td>−25～−18</td><td>90～95</td><td>冻鱼、虾、冷冻饮品等</td></tr>
<tr><td>5</td><td>冰库</td><td>−6～−4</td><td>—</td><td>盐水制冰的冰块</td></tr>
</table>

注：冷却物冷藏间设计温度宜取 0℃，储藏过程中应按照食品的产地、品种、成熟度和降温时间等调节其温度与相对湿度。

8.2　冷库的隔热与防潮

8.2.1　冷库的隔热设计

1. 隔热材料的技术要求

库房的隔热材料应符合下列规定：

（1）热导率宜小。

（2）不应有散发有害或异味等对食品有污染的物质。

（3）宜为难燃或不燃材料，且不易变质。

（4）宜选用温度变形系数小的块状隔热材料。

（5）易于现场施工。

（6）正铺贴于地面、楼面的隔热材料，其抗压强度不应小于 0.25MPa。

2. 常用隔热材料

目前冷库隔热保温广泛使用的材料主要有聚氨酯泡沫塑料、聚苯乙烯泡沫塑料和挤塑聚苯乙烯泡沫塑料。

（1）聚氨酯泡沫塑料

在各种保温材料中，硬质聚氨酯泡沫因其导热率小、吸水率低、压缩强度大、耐久性能高等优点，而成为冷库保温材料的首选。缺点是材料价格相对较高。聚氨酯用于冷库保温，有聚氨酯现场喷涂和聚氨酯夹芯保温板两种形式。聚氨酯泡沫塑料用于冷库保温需满足表 8-6 的要求。

表 8-6 聚氨酯泡沫塑料物理力学性能

<table>
<tr><th colspan="2">指标名称</th><th colspan="3">指标数值</th><th>执行标准</th></tr>
<tr><td colspan="2">密度（kg/m³）</td><td>32±2</td><td>36±2</td><td>40±2</td><td>GB/T 6343—2009</td></tr>
<tr><td colspan="2">热导率［W/（m·K）］</td><td>≤0.024</td><td>≤0.022</td><td>≤0.024</td><td>GB/T 10297—1998</td></tr>
<tr><td colspan="2">尺寸稳定性（−30～70℃，48h）（%）</td><td>≤4</td><td colspan="2">≤3</td><td>GB/T 8811—2008</td></tr>
<tr><td colspan="2">抗压强度（kPa）</td><td>≥150</td><td>≥150</td><td>≥160</td><td>GB/T 8813—2008</td></tr>
<tr><td colspan="2">吸水率（体积分数）（%）</td><td colspan="3">≤4</td><td>GB/T 8810—2005</td></tr>
<tr><td rowspan="2">燃烧性能（水平燃烧法）</td><td>平均燃烧时间（s）</td><td colspan="3">≤90</td><td rowspan="2">GB/T 8332—2008</td></tr>
<tr><td>平均燃烧范围（mm）</td><td colspan="3">≤50</td></tr>
</table>

（2）聚苯乙烯泡沫塑料（EPS）

聚苯乙烯泡沫塑料的特点是质轻、隔热性能好、耐低温性能好、能耐酸碱，有一定的弹性，制品可以切割。但这种塑料较容易吸水，影响隔热效果，在冷库中使用时应做好防潮和防水处理。聚苯乙烯泡沫塑料用于冷库保温需满足表 8-7 的要求。

表 8-7 聚苯乙烯泡沫塑料物理力学性能

指标名称	指标数值	执行标准
密度（kg/m³）	20±2	GB/T 6343—2009
热导率［W/（m·K）］	≤0.041	GB/T 10297—1998
尺寸稳定性（−30～70℃，48h）（%）	≤4	GB/T 8811—2008
抗压强度（kPa）	≥65	GB/T 8813—2008
吸水率（体积分数）（%）	≤4	GB/T 8810—2005
氧指数（%）	≥30	GB/T 2406—2009

（3）挤塑聚苯乙烯泡沫塑料（XPS）

挤塑聚苯乙烯泡沫塑料导热率大大低于同等厚度的聚苯乙烯，具有更好的保湿性能；其抗湿性较好，在潮湿的环境中仍能保持良好的隔热性能；其抗压强度高，抗水蒸气渗透性能强，性能稳定，使用年限持久，因此，被认为是用于冷库隔热工程中的理想材料，因其具有压缩强度高、价格适中等优点，目前是我国冷库地坪保温材料的首选。挤塑聚苯乙烯泡沫塑料用于冷库保温需满足表8-8的要求。

表8-8 挤塑聚苯乙烯泡沫塑料物理力学性能

指标名称	性能指标									
	带表皮								不带表皮	
	X150	X200	X250	X300	X350	X400	X450	X500	W200	W300
抗压强度（kPa）≥	150	200	250	300	350	400	450	500	200	300
吸水率（96h，体积分数）（%）≤	1.5	1.0							2.0	1.5
热导率[W/(m·K)]≤	0.030					0.029			0.035	0.032
尺寸稳定性[（70±2）℃，48h]（%）≤	2.0	1.5				1.0			2.0	1.5
燃烧性能	按GB/T 8626—2007进行检验，按GB 8624—2012分级应达到B_2									

注：X，W后数值指压缩强度大于等于的数值。

以上保温材料不仅可单独使用，也可根据具体情况组合使用，聚氨酯泡沫塑料更适于做冷库的墙、顶保温隔热材料，保温性能及耐久性优于其他材料；挤塑聚苯乙烯泡沫塑料突出的保温性和抗压性适于做冷库地面保温材料。因此，选择保温材料时，要权衡多方面因素，综合分析，为业主选择材料提供正确的依据。

3. 隔热层厚度计算

（1）围护结构隔热材料的厚度应按式（8-4）计算：

$$d=\lambda\left[R_0-\left(\frac{1}{\alpha_w}+\frac{d_1}{\lambda_1}+\frac{d_2}{\lambda_2}+\cdots+\frac{d_n}{\lambda_n}+\frac{1}{\alpha_n}\right)\right] \tag{8-4}$$

式中 d——隔热材料的厚度，m；

λ——隔热材料的热导率，W/(m·℃)；

R_0——围护结构总热阻，(m^2·℃)/W；

α_w——围护结构外表面传热系数，W/(m·℃)；

α_n——围护结构内表面传热系数，W/(m·℃)；

d_1、$d_2\cdots d_n$——围护结构除隔热层外各层材料的厚度，m；

λ_1、$\lambda_2\cdots\lambda_n$——围护结构除隔热层外各层材料的热导率，W/(m·℃)。

（2）冷库隔热材料的热导率值应按式（8-5）计算确定：

$$\lambda=\lambda'\cdot b \tag{8-5}$$

式中 λ——设计采用的热导率，W/(m·℃)；

λ'——正常条件下测定的热导率，W/(m·℃)；

b——热导率的修正系数可按表8-9的规定采用。

表 8-9 热导率的修正系数

序号	材料名称	b	序号	材料名称	b
1	聚氨酯泡沫塑料	1.4	7	加气混凝土	1.3
2	聚苯乙烯泡沫塑料	1.3	8	岩棉	1.8
3	聚苯乙烯挤塑板	1.3	9	软木	1.2
4	膨胀珍珠岩	1.7	10	炉渣	1.6
5	沥青膨胀珍珠岩	1.2	11	稻壳	1.7
6	水泥膨胀珍珠岩	1.3			

注：加气混凝土、水泥膨胀珍珠岩的修正系数，应为经过烘干的块状材料并用沥青等不含水黏结材料贴铺、砌筑的数值。

（3）冷间外墙、屋面或顶棚设计采用的室内、外两侧温度差 Δt，应按式（8-6）计算确定：

$$\Delta t = \Delta t' \cdot a \tag{8-6}$$

式中 Δt——设计采用的室内、外两侧温度差，℃；

$\Delta t'$——夏季空气调节室外计算日平均温度与室内温度差，℃；

a——围护结构两侧温度差修正系数可按表 8-10 的规定采用。

表 8-10 围护结构两侧温度差修正系数

序号	围护结构部位	a
1	$D>4$ 的外墙： 冷冻间、冻结物冷藏间 冷却间、冷却物冷藏间、冰库	 1.05 1.10
2	$D>4$ 相邻有常温房间的外墙： 冷冻间、冻结物冷藏间 冷却间、冷却物冷藏间、冰库	 1.00 1.00
3	$D>4$ 的冷间顶棚，其上为通风阁楼，屋面有隔热层或通风层： 冷冻间、冻结物冷藏间 冷却间、冷却物冷藏间、冰库	 1.15 1.20
4	$D>4$ 的冷间顶棚，其上为不通风阁楼，屋面有隔热层或通风层： 冷冻间、冻结物冷藏间 冷却间、冷却物冷藏间、冰库	 1.20 1.30
5	$D>4$ 的无阁楼屋面，屋面有通风层： 冷冻间、冻结物冷藏间 冷却间、冷却物冷藏间、冰库	 1.20 1.30
6	$D\leqslant 4$ 的外墙：冻结物冷藏间	1.30
7	$D\leqslant 4$ 的无阁楼屋面：冻结物冷藏间	1.60
8	半地下室外墙外侧为土壤时	0.20
9	冷间地面下部无通风等加热设备时	0.20
10	冷间地面隔热层下有通风等加热设备时	0.60
11	冷间地面隔热层下为通风架空层时	0.70
12	两侧均为冷间时	1.00

注：1. D 为围护结构热惰性指标，其值可从相关材料、热工手册中查得选用；
2. 负温穿堂的 a 值可按冻结物冷藏间确定；
3. 表内未列的其他室温等于或高于 0℃的冷间可参照各项中冷却间的 a 值选用。

(4) 围护结构的总热阻 R，可按表 8-11～表 8-15 确定。

冷间外墙、屋面或顶棚的总热阻，根据设计采用的室内、外两侧温差 Δt 值，可按表 8-11 的规定选用。

表 8-11　冷间外墙、屋面或顶棚的总热阻（m²・℃/W）

设计采用的室内外温度差 Δt（℃）	面积热流量（W/m²）				
	7	8	9	10	11
90	12.86	11.25	10.00	9.00	8.18
80	11.43	10.00	8.89	8.00	7.27
70	10.00	8.75	7.78	7.00	6.36
60	8.57	7.50	6.67	6.00	5.45
50	7.14	6.25	5.56	5.00	4.55
40	5.71	5.00	4.44	4.00	3.64
30	4.29	3.75	3.33	3.00	2.73
20	2.86	2.50	2.22	2.00	1.82

冷间隔墙总热阻应根据隔墙两侧设计室温按表 8-12 的规定选用。

表 8-12　冷间隔墙总热阻（m²・℃/W）

隔墙两侧设计室温	面积热流量（W/m²）	
	10	12
冻结间－23℃——冷却间 0℃	3.80	3.17
冻结间－23℃——冻结间－23℃	2.80	2.33
冻结间－23℃——穿堂 4℃	2.70	2.25
冻结间－23℃——穿堂－10℃	2.00	1.67
冻结间冷藏间－20～－18℃——冷却物冷藏间 0℃	3.30	2.75
冻结间冷藏间－20～－18℃——冰库－4℃	2.80	2.33
冻结间冷藏间－20～－18℃——穿堂 4℃	2.80	2.33
冷却物冷藏间 0℃——冷却物冷藏间 0℃	2.00	1.67

注：隔墙总热阻已考虑生产中的温度波动因素。

冷间楼面总热阻可根据楼板上、下冷间设计温度按表 8-13 的规定选用。

表 8-13　冷间楼面总热阻

楼板上、下冷间设计设计温度（℃）	冷间楼面总热阻（m²・℃/W）
35	4.77
23～28	4.08
15～20	3.31
8～12	2.58
5	1.89

注：1. 楼板总热阻已考虑生产中温度波动因素。

2. 当冷却物冷藏间楼板下为冻结物冷藏间时，楼板热阻不宜小于 4.08 m²・℃/W。

冷间直接铺设在土壤上的地面总热阻应根据冷间设计温度按表 8-14 的规定选用。

表 8-14 直接铺设在土壤上的地面总热阻

冷间设计温度（℃）	冷间楼面总热阻（$m^2 \cdot ℃/W$）
−2～0	1.72
−10～−5	5.54
−20～−15	3.18
−28～−23	3.91
−35	4.77

注：当地面隔热层采用炉渣时，总热阻按本表数据乘以 0.8 修正系数。

冷间铺设在架空层上的地面总热阻根据冷间设计温度按表 8-15 的规定选用。

表 8-15 铺设在架空层上的地面总热阻

冷间设计温度（℃）	冷间地面总热阻（$m^2 \cdot ℃/W$）
−20～0	2.15
−10～−5	2.71
−20～−15	3.44
−28～−23	4.08
−35	4.77

（5）库房围护结构外表面和内表面传热系数（α_w、α_n）和热阻（R_w、R_n）按表 8-16 的规定选用。

表 8-16 库房围护结构外表面和内表面传热系数 α_w、α_n 和热阻 R_w、R_n

围护结构部位及环境条件	α_w [W /($m^2 \cdot ℃$)]	α_n [W/ ($m^2 \cdot ℃$)]	R_w 或 R_n ($m^2 \cdot ℃/W$)
无防风设施的屋面、外墙的外表面	23	—	0.043
顶棚上为阁楼或有房屋的外墙外部紧邻其他建筑物的外表面	12	—	0.083
外墙和顶棚的内表面、内墙和楼板的表面、地面的上表面：			
1. 冻结间、冷却间设有强力鼓风装置时	—	29	0.034
2. 冷却物冷藏间设有强力鼓风装置时	—	18	0.056
3. 冻结物冷藏间设有鼓风的冷却设备时	—	12	0.083
4. 冷间无机械鼓风装置时	—	8	0.125
地面下为通风架空层	8	—	0.125

注：地面下通风加热管道和直接铺设于土壤上的地面及半地下室外墙埋入地下的部位，外表面传热系数均可不计。

（6）相邻同温冷间的隔墙及上、下相邻两层为同温冷间之间的楼板可不设隔热层。

（7）当冷库底层冷间设计温度低于 0℃时，地面应采取防止冻胀措施；当地面下为岩层或沙砾层且水位较低时，可不做防止冻胀处理。低温冷库设计中常用的地坪防冻胀措施是：

① 地坪架空。使地坪从空气中吸收热量。

② 隔热地坪下面埋通风管道。设计时必须注意，既要保证管道内空气的流动，又要做到外界空气在管道内形成的凝结水能自然排到库外。

③ 在地坪中埋设加热盘管，用热媒在盘管中循环加热地坪，以防地坪冻胀，此办法应以制冷系统的冷凝废热为热源。

④ 地垄墙半架空地坪。

⑤ 利用钢筋混凝土垫层中的钢筋作为电加热元件，用电加热的办法防止地坪冻胀。

（8）当冷库底层冷间设计温度等于或高于 0℃时，地面可不做防止冻胀措施，但应设置相应的隔热层。在空气冷却器基座下部及其周边 1m 范围内的地面总热阻 R_0 不应小于 $3.18m^2 \cdot ℃/W$。

（9）冷库屋面及外墙外侧宜涂白色或浅色。

8.2.2　冷库的隔汽与防潮设计

1. 隔汽层设置标准

当围护结构两侧设计温差等于或大于 5℃时，应在隔热层温度较高的一侧设置隔汽层。冷库围护结构隔热层高温侧各层材料（隔热层以外）的蒸汽渗透阻之和应不小于最低的蒸汽渗透阻，即：

$$H_0 \geqslant 1.6 \times (P_{sw} - P_{sn})/\omega \quad (8-7)$$

式中　H_0 ——围护结构隔汽层高温侧各层材料（隔热层以外）的蒸汽渗透阻之和，$m^2 \cdot h \cdot Pa/g$；

ω ——蒸汽渗透强度，$g/(m^2 \cdot h)$；

P_{sw} ——围护结构高温侧空气的水蒸气分压力，Pa；

P_{sn} ——围护结构低温侧空气的水蒸气分压力，Pa。

2. 防潮层设置原则

库房外墙的隔汽层应与地面隔热层上、下的防水层和隔汽层搭接；楼面、地面的隔热层上、下、四周应做防水层或隔汽层，且楼面、地面隔热层的防水层或隔汽层应全封闭；隔墙隔热层底部应做防潮层，且应在其热侧上翻铺 0.12m；冷却间或冻结间隔墙的隔热层两侧应做隔汽层。

8.3　冷库的冷负荷计算

8.3.1　冷却设备负荷和机械负荷计算

设备冷负荷是指维持冷间在某一温度，需从该冷间转走的热流量值；机械冷负荷是指为维持制冷系统正常运转，制冷压缩机所带走的热流量值。设备冷负荷是以冷间为单位进行汇总，是选择蒸发器的依据；而机械冷负荷是以蒸发温度为单位进行汇总，是选择压缩机的依据。

1. 冷间冷却设备负荷应按式（8-8）计算：

$$Q_s = Q_1 + pQ_2 + Q_3 + Q_4 + Q_5 \tag{8-8}$$

式中 Q_s——冷间冷却设备负荷，W；

Q_1——冷间围护结构热流量，W；

Q_2——冷间内货物热流量，W；

Q_3——冷间通风换气热流量，W；

Q_4——冷间内电动机运转热流量，W；

Q_5——冷间操作热流量，W；但对冷却间及冻结间则不计算该热流量；

p——冷间内货物冷加工负荷系数。冷却间、冻结间和货物不经冷却而直接进入冷却物冷藏间的货物冷加工负荷系数 p 应取 1.3，其他冷间 p 取 1。

2. 冷间机械负荷应分别根据不同蒸发温度按式（8-9）计算：

$$Q_j = (n_1 \Sigma Q_1 + n_2 \Sigma Q_2 + n_3 \Sigma Q_3 + n_4 \Sigma Q_4 + n_5 \Sigma Q_5)R \tag{8-9}$$

式中 Q_j——某蒸发温度的机械负荷，W；

n_1——冷间围护结构热流量的季节修正系数，一般可根据冷库生产旺季出现的月份按表 8-17 的规定采用，当冷库全年生产无明显淡旺季区别时应取 1；

n_2——冷间货物热流量折减系数；冷藏物冷藏间宜取 0.3～0.6；冻结物冷藏间宜取 0.5～0.8；冷加工间和其他冷间应取 1；

n_3——同期换气系数，宜取 0.5～1.0（“同时最大换气量与全库每日总换气量的比数”大时取大值）；

n_4——冷间内电动机同期运转系数，见表 8-18；

n_5——冷间同期操作系数，见表 8-18；

R——制冷装置和管道等冷损耗补偿系数，一般直接冷却系统宜取 1.07，间接冷却系统宜取 1.12。

表 8-17 季节修正系数 n_1

纬度	库温（℃）	月份 1	2	3	4	5	6	7	8	9	10	11	12
纬度 40°以上（含 40°）	0	−0.70	−0.50	−0.10	0.40	0.70	0.90	1.00	1.00	0.70	0.30	−0.10	−0.50
	−10	−0.25	−0.11	0.19	0.59	0.78	0.92	1.00	1.00	0.78	0.49	0.19	−0.11
	−18	−0.02	0.10	0.33	0.64	0.82	0.93	1.00	1.00	0.82	0.58	0.33	0.10
	−23	−0.08	0.18	0.40	0.68	0.84	0.94	1.00	1.00	0.84	0.62	0.40	0.18
	−30	0.19	0.28	0.47	0.72	0.86	0.95	1.00	1.00	0.86	0.67	0.47	0.28
纬度 35°～40°（含 35°）	0	−0.30	−0.20	0.20	0.50	0.80	0.90	1.00	1.00	0.70	0.50	0.10	−0.20
	−10	0.05	0.14	0.41	0.65	0.86	0.92	1.00	1.00	0.78	0.65	0.35	0.14
	−18	0.22	0.29	0.51	0.71	0.89	0.93	1.00	1.00	0.82	0.71	0.38	0.29
	−23	0.30	0.36	0.56	0.74	0.90	0.94	1.00	1.00	0.84	0.74	0.40	0.36
	−30	0.39	0.44	0.61	0.77	0.91	0.95	1.00	1.00	0.86	0.77	0.47	0.44

续表

纬度	库温（℃）	月份											
		1	2	3	4	5	6	7	8	9	10	11	12
纬度 30°～35°（含 30°）	0	0.10	0.15	0.33	0.53	0.72	0.86	1.00	1.00	0.83	0.62	0.41	0.20
	−10	0.31	0.36	0.48	0.64	0.79	0.86	1.00	1.00	0.88	0.71	0.55	0.38
	−18	0.42	0.46	0.56	0.70	0.82	0.90	1.00	1.00	0.88	0.76	0.62	0.48
	−23	0.47	0.51	0.60	0.73	0.84	0.91	1.00	1.00	0.89	0.78	0.65	0.53
	−30	0.53	0.56	0.65	0.76	0.85	0.92	1.00	1.00	0.90	0.81	0.69	0.58
纬度 25°～30°（含 25°）	0	0.18	0.23	0.42	0.60	0.80	0.88	1.00	1.00	0.87	0.65	0.45	0.26
	−10	0.39	0.41	0.56	0.71	0.85	0.90	1.00	1.00	0.90	0.73	0.59	0.44
	−18	0.49	0.51	0.63	0.76	0.88	0.92	1.00	1.00	0.92	0.78	0.65	0.53
	−23	0.54	0.56	0.67	0.78	0.89	0.93	1.00	1.00	0.92	0.80	0.67	0.57
	−30	0.59	0.61	0.70	0.80	0.90	0.93	1.00	1.00	0.93	0.82	0.72	0.62
纬度 25°以下	0	0.44	0.48	0.63	0.79	0.94	0.97	1.00	1.00	0.93	0.81	0.65	0.40
	−10	0.58	0.60	0.73	0.85	0.95	0.98	1.00	1.00	0.95	0.85	0.75	0.63
	−18	0.65	0.67	0.77	0.88	0.96	0.98	1.00	1.00	0.96	0.88	0.79	0.69
	−23	0.68	0.70	0.79	0.89	0.96	0.98	1.00	1.00	0.96	0.89	0.81	0.72
	−30	0.72	0.73	0.82	0.90	0.97	0.98	1.00	1.00	0.97	0.90	0.83	0.75

表 8-18　冷间内电动机同期运转系数 n_4 和冷间同期操作系数 n_5

冷间总数	n_4 或 n_5
1	1
2～4	0.5
≥5	0.4

注：1. 冷却间、冷却物冷藏间、冻结间 n_4 取 1，其他冷间按本表取值。

2. 冷间总间数应按同一蒸发温度且用途相同的冷间间数计算。

8.3.2　冷负荷计算

1. 围护结构热流量

$$Q_1 = K_w F_w \alpha (t_w - t_n) \tag{8-10}$$

式中　Q_1——围护结构热流量，W；

K_w——围护结构的传热系数，W/(m² · ℃)；

F_w——围护结构的传热面积，m²；

α——围护结构两侧温差修正系数，按表 8-10 选用。

t_w——围护结构外侧的计算温度，℃；

t_n——围护结构内侧的计算温度，℃。

围护结构外侧的计算温度 t_w 应按下列规定取值：

（1）计算外墙、屋面和顶棚时，围护结构外侧的计算温度应按夏季空气调节日平均温度计算。

（2）计算内墙和楼面时，维护结构外侧的计算温度应取其邻室的室温。当邻室为冷却间或冻结间时，应取该类冷间空库保温温度。空库保温温度冷却间应按 10℃，冻结间应按－10℃计算。

（3）冷间地面隔热层下设有加热装置时，其外侧温度按 1～2℃计算；如地面下部无加热装置或地面隔热层下为自然通风架空层时，其外侧的计算温度应采用夏季空气调节日的平均温度。

2. 货物热流量

$$Q_2 = Q_{2a} + Q_{2b} + Q_{2c} + Q_{2d}$$
$$= \frac{1}{3.6} \times \left[\frac{G'(h_1 - h_2)}{\tau} + G' B_b \frac{c_b(t_1 - t_2)}{\tau} \right] + \frac{G'(q_1 - q_2)}{2} + (G_n - G') q_2 \quad (8\text{-}11)$$

式中 Q_2——货物热流量，W；

Q_{2a}——食品热流量，W；

Q_{2b}——包装材料和运载工具热流量，W；

Q_{2c}——货物冷却时的呼吸热流量，W；

Q_{2d}——货物冷藏时的呼吸热流量，W；

G'——冷间的每日进货量，kg；

h_1——货物进入冷间初始温度时的比焓，kJ/kg；

h_2——货物在冷间内终止降温时的比焓，kJ/kg；

τ——货物冷却时间，h，冷藏间取 24h，冷却间、冻结间取设计冷加工时间；

B_b——货物包装材料或运载工具重量系数，按表 8-19 选用；

c_b——包装材料或运载工具的比热容，kJ/（kg·℃），按表 8-20 选用；

t_1——包装材料或运载工具进入冷间时的温度，℃；

t_2——包装材料或运载工具在冷间内终止降温时的温度，℃，宜取该冷间的设计温度；

q_1——货物冷却初始温度时单位质量的呼吸热流量，W/kg；按表 8-21 选用；

q_2——货物冷却终止降温时单位质量的呼吸热流量，W/kg；按表 8-21 选用；

G_n——冷却物冷藏间的冷藏质量，kg。

注：1. 仅鲜水果、鲜蔬菜冷藏间计算 Q_{2c}、Q_{2d}；

2. 如冻结过程中需加水，应把水的热流量加入式（8-11）。

表 8-19 货物包装材料或运载工具重量系数 B_b

序号	食品类别与加工方式		重量系数 B_b
1	肉类、鱼类、冰蛋类	冷藏	0.1
		肉类冷却或冻结（猪单轨叉挡式）	0.1
		肉类冷却或冻结（猪双轨叉挡式）	0.3
		肉类、鱼类、冰蛋类（搁架式）	0.3
		肉类、鱼类、冰蛋类（吊笼式或架子式手推车）	0.6
2	鲜蛋类		0.25
3	鲜水果		0.25
4	鲜蔬菜		0.35

表 8-20 包装材料或运载工具的比热容c_b

名称	c_b[kJ/(kg·℃)]	名称	c_b[kJ/(kg·℃)]
木板类	2.51	马粪纸、瓦纸类	1.47
黄铜	0.39	黄油纸	1.51
铁皮类	0.42	布类	1.21
铝皮	0.88	竹器类	1.51
玻璃容器类	0.84		

表 8-21 一些主要水果和蔬菜的单位质量呼吸热流量

品种	不同温度下的单位质量呼吸热流量（W/t）						
	0℃	2℃	5℃	10℃	15℃	20℃	25℃
杏	17	27	56	102	155	199	—
香蕉（青）	—	—	52	98	131	155	—
香蕉（熟）	—	—	58	116	164	242	—
甜樱桃	21	31	47	97	165	219	—
橙	10	13	19	35	56	69	96
西瓜	19	23	27	46	70	102	—
梨（早熟）	20	28	47	63	160	278	—
梨（晚熟）	10	22	41	56	126	219	—
苹果（早熟）	19	21	31	60	92	121	149
苹果（晚熟）	10	14	21	31	58	73	—
李子	21	35	65	126	184	233	—
葡萄	9	17	24	36	49	78	102
香瓜	20	23	28	43	76	102	—
桃	19	22	41	92	131	181	236
菠萝	—	—	45	70	80	87	—
酸樱桃	22	34	53	107	184	242	—
草莓	47	63	92	175	242	300	453
菜花	63	17	88	138	259	402	—
卷心菜	33	36	51	78	121	194	—
马铃薯	20	22	24	26	36	44	—
胡萝卜	28	34	38	44	97	135	—
黄瓜	20	24	34	60	121	174	—
甜菜	20	28	34	60	116	213	—
西红柿	17	20	28	41	87	102	—
蒜	22	31	47	71	128	152	—
葱头	20	21	26	34	46	58	—
青豆	70	82	121	206	412	577	721
莴苣	39	44	51	102	189	339	—
蘑菇	121	131	160	252	485	635	—
豌豆	104	143	189	267	460	645	872
芹菜	20	—	29	—	102	—	—
青椒	33	—	64	96	114	131	—
芦笋	65	—	85	160	279	63	—
菠菜	82	—	199	313	523	897	—

（1）冷间的每日进货量 G' 应按下列规定取值：

① 冷却间或冻结间应按设计冷加工能力计算。

② 存放果蔬的冷却物冷藏间，不应大于该间计算吨位的 10%。

③ 存放鲜蛋的冷却物冷藏间，不应大于该间计算吨位的 5%。

④ 无外库调入货物的冷库，其冻结物冷藏间每间每日进货量，宜按该库每日冻结加工量计算。

⑤ 有从外库调入货物的冷库，其冻结物冷藏间每间每日进货量可按该间计算吨位的 5%～15%计算。

⑥ 冻结量大的水产冷库，其冻结物冷藏间的每日进货质量可按具体情况确定。

（2）包装材料或运载工具进入冷间时的温度 t_1 应按下列规定确定：

① 在本库进行包装的货物，应取夏季空气调节室外计算日平均温度乘以生产旺月的温度修正系数，该系数可按表 8-22 选用。

② 自外库调入已包装的货物，其包装材料的温度应取该货物进入冷间时的温度，其运载工具的温度应取夏季空气调节室外计算日平均温度乘以生产旺月的温度修正系数。

表 8-22 包装材料或运载工具进入冷间时的温度修正系数

进入冷间月份	1	2	3	4	5	6	7	8	9	10	11	12
温度修正系数	0.10	0.15	0.33	0.53	0.72	0.86	1.0	1.0	0.83	0.62	0.41	0.20

（3）货物进入冷间时的温度 t_1 应按下列规定确定：

① 未经冷却的屠宰鲜肉温度应取 39℃，已经冷却的鲜肉温度取 4℃。

② 从外库调入的冻结货物温度取－15～－10℃。

③ 无外库调入货物的冷库，进入冻结物冷藏间的货物温度，应按该冷库冻结间终止降温时或产品包装后的货物温度确定。

④ 冰鲜鱼虾整理后的温度应取 15℃。

⑤ 鲜鱼虾整理后进入冷加工间的温度，按整理鱼虾用水的水温确定。

⑥ 鲜蛋、水果、蔬菜的进货温度，按冷间生产旺月的月平均温度确定。

3. 通风热气热流量

$$Q_3 = Q_{3a} + Q_{3b} = \frac{1}{3.6} \times \left[\frac{(h_w - h_n) n V_n \rho_n}{24} + 30 n_r \rho_n (h_w - h_n) \right] \tag{8-12}$$

式中 Q_3——通风换气热流量，W；

Q_{3a}——冷间换气热流量，W；

Q_{3b}——操作人员需要的新鲜空气热流量，W；

h_w——冷间外空气的比焓，kJ/kg；

h_n——冷间内空气的比焓，kJ/kg；

n——每日换气次数，可采用 2～3 次；

V_n——冷间内净体积，m^3；

ρ_n ——冷间内空气密度，kg/ m^3；

24——每日小时数，h；

30——每个操作人员每小时需要的新鲜空气量，m^3/h；

n_r ——操作人员数量，人。

注：1. 本公式只适用于储存有呼吸的食品的冷间；

2. 有操作人员长期停留的冷间如加工间、包装间等，应计算操作人员需要新鲜空气的热流量 Q_{3b}，其余冷间不计。

4. 电动机运转热流量

$$Q_4 = 1000 \Sigma P_d \xi b \tag{8-13}$$

式中 Q_4 ——电动机运转热流量，W；

P_d ——电动机额定功率，kW；

ξ ——热转化系数，电动机在冷间内时应取 1，电动机在冷间外时应取 0.75；

b ——电动机运转时间系数，对空气冷却器配用的电动机取 1，对冷间内其他设备配用的电动机可按实际情况取值，如按每昼夜操作 8h 计，则 $b = \frac{8}{24}$。

5. 操作热流量

$$Q_5 = Q_{5a} + Q_{5b} + Q_{5c} = Q_d A_d + \frac{1}{3.6} \times \frac{n'_k n_k V_n (h_w - h_n) M \rho_n}{24} + \frac{3}{24} n_r Q_r \tag{8-14}$$

式中 Q_5 ——操作热流量，W；

Q_{5a} ——照明热流量，W；

Q_{5b} ——每扇门的开门热流量，W；

Q_{5c} ——操作人员热流量，W；

Q_d ——每平方米地板面积照明热流量，W/m^2，冷却间、冻结间、冷藏间、冰库和冷间内穿堂可取 2.3W/m^2，操作人员长时间停留的加工间和包装间可取 4.7W/m^2。

A_d ——冷间地面面积，m^2；

n'_k ——门樘数；

n_k ——每日开门换气次数，可按图 8-1 取值，对需经常开门的冷间，每日开门换气次数可按实际情况确定；

M ——空气幕效率修正系数，可取 0.5，如不设空气幕，应取 1；

3/24——每日操作时间系数，按每日操作 3h 计；

n_r ——操作人员数量，人；

Q_r ——每个操作人员产生的热流量，W，冷间设计温度高于或等于－5℃时，宜取 279W，冷间设计温度低于－5℃时，宜取 395W；

h_w，h_n，V_n，ρ_n ——取值同式 8-12。

注：1. 冷却间、冻结间不计 Q_5 这项热流量；

2. 本公式室外计算温度应采用夏季通风室外计算温度，室外相对湿度应采用夏季通风室外计算相对湿度。

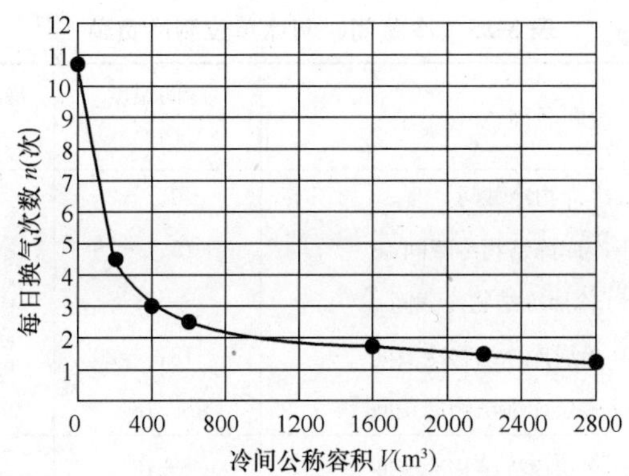

图 8-1　冷间换气次数与公称容积的关系

8.3.3　制冷负荷的估算

制冷负荷估算是利用单位制冷负荷乘以冷加工量或冷藏容量求得冷却设备负荷和机械负荷。表 8-23～表 8-26 分别为肉类冷加工、鱼类冷加工、冷藏间和制冰、小型冷库的单位制冷负荷。

表 8-23　肉类冷加工单位制冷负荷

冷加工方式	冷间温度(℃)	肉类入库温度(℃)	肉类出库温度(℃)	冷加工时间(h)	冷却设备负荷(W/t)	机械负荷(W/t)
冷却加工	−2	35	4	20	3000	2300
	−7/−2	35	4	11	5000	4000
	−10	35	12	8	6200	5000
	−10	35	10	3	13000	10000
	−23	4	−15	20	5300	4500
	−23	12	−15	12	8200	6900
	−23	35	−15	20	7600	5800
	−30	4	−15	11	9400	7500
	−30	−10	−18	16	6700	5400

注：1. 本表内冷却设备负荷已包括货物冷加工负荷系数 P 的数值（即 $1.3Q_2$）。

2. 本表内机械负荷已包括总管道等冷损耗补偿系数 7%。

表 8-24　鱼类冷加工单位制冷负荷

库房名称	冷间温度(℃)	鱼体入库温度(℃)	鱼体出库温度(℃)	冷加工时间(h)	冷却设备负荷(W/t)	机械负荷(W/t)
冷却加工	0	20	4	10	4700	3500
	−25	4	−15	10	9300	7500
	−25	20	−15	16	7000	5600

表 8-25 冷藏间、制冰单位制冷负荷

类别	冷间名称	冷间温度（℃）	冷却设备负荷（W/t）	机械负荷（W/t）
冷藏间	一般冷却物冷藏间	±0、−2	88	70
	250t 以下冷库冻结物冷藏间	−15、−18	88	70
	500～1000t 冷库冻结物冷藏间	−18	53	47
	1000～3000t 单层库冻结物冷藏间	−18、−20	41～47	30～35
	1500～3500t 多层库冻结物冷藏间	−18	41	30～35
	4500～9000t 多层库冻结物冷藏间	−18	30～35	24
制冰	盐水制冰方式			7000
	桶式快速制冰			7800
	储冰间			25

注：本表中机械负荷已包括总管道等冷损耗数值。

表 8-26 小型冷库单位制冷负荷

冷加工食品	冷间名称	冷间温度(℃)	冷却设备负荷(W/t)	机械负荷(W/t)
肉、禽、水产品	50t 以下冷藏间	−18～−15	195	160
	50～100t 冷藏间		150	130
	100～200t 冷藏间		120	95
	200～300t 冷藏间		82	70
水果、蔬菜	100t 以下冷藏间	0～2	260	230
	100～300t 冷藏间		230	210
鲜蛋	100t 以下冷藏间	0～2	140	110
	100～300t 冷藏间		115	90

注：本表内机械负荷已包括总管道等冷损耗补偿系数 7%。

8.4 冷库制冷系统设计

8.4.1 制冷压缩机及辅助设备的选择

1. 制冷压缩机的选择计算

(1) 制冷压缩机的选择依据

制冷压缩机选择的目的是确定其类型和容量，其容量的大小是依据是冷间机械负荷 Q_j，并要在设计运行工况下确定，压缩机的类型可以有以下考虑：

① 活塞式压缩机。影响活塞式压缩机设计运行工况的选择要素见表 8-27。采用二级活塞式压缩机的标准见表 8-28。

表 8-27 影响活塞式压缩机的设计运行工况的选择要素

蒸发温度	冷凝温度	过冷温度	吸气温度	二级压缩的中间温度与中间压力
综合减少食品干耗，以提高制冷效率、节约能源和降低投资等因素考虑，一般比冷间低 10℃，比载冷剂温度低 5℃	与冷凝器的形式、冷却方式及冷却介质有关。当采用水冷式冷凝器时，冷凝温度不应超过 39℃；当采用蒸发式冷凝器时，冷凝温度不应超过 36℃	二级压缩制冷系统中，高压液体过冷温度比中间温度高 5℃	与系统的供液方式、吸气管的长度和直径、供液量及隔热状况有关，见表 8-29	按中间温度与中间压力的经验公式（8-15）确定

表 8-28 采用二级活塞式压缩机的标准

制冷机形式	采用单级时的压缩比	采用二级时的压缩比
氨压缩机	≤8	>8
氟利昂压缩机	≤10	>10

氨压缩机允许的吸气温度见表 8-29。

表 8-29 氨压缩机允许的吸气温度（℃）

蒸发温度	0	−5	−10	−15	−20	−25	−28	−30	−33	−40	−45
吸气温度	1	−4	−7	−10	−13	−16	−18	−19	−21	−25	−28
过热度	1	1	3	5	7	9	10	11	12	15	17

对于氟利昂制冷系统的吸气应有一定的过热度：热力膨胀阀系统，蒸发器出口温度气体应有 3～7℃的过热度，单机压缩机和二级压缩机的高压级吸入温度一般≤15℃。在回热系统中，气体出口温度比液体进口温度宜低 5～10℃。

二级压缩的中间温度与中间压力的经验公式：

$$t_{zj} = 0.4t_c + 0.6t_z + 3 \tag{8-15}$$

$$p_{zj} = \sqrt{p_c p_z} \tag{8-16}$$

式中 t_{zj}——二级压缩的中间温度，℃；

t_c、t_z——冷凝温度和，℃；

p_{zj}——二级压缩的中间压力，MPa；

p_c、p_z——冷凝压力和蒸发压力，MPa。

② 螺杆式制冷压缩机。螺杆式制冷压缩机的内容积比会随外界温度的变化而变化，我国规定有 2.6、3.6 和 5.0 三种内容积比的规格，有相应的滑阀匹配。而新型可移动滑阀式螺杆式压缩机，可以进行内容积比的无极调节。三种内容积比的螺杆式压缩机的适应工况范围见表 8-30。

表 8-30　螺杆式氨制冷压缩机的适应工况范围

R717 标准工况压缩比＝4.92							
内容积比	使用的压缩比范围	t_c＝30℃		t_c＝40℃		t_c＝45℃	
		t_z（℃）	压比	t_z（℃）	压比	t_z（℃）	压比
2.6	$p_2/p_1 \leqslant 4$	5	2.20	5	3.20	5	
		0	2.72			0	4.14
		－10	4.00	－3	4.05	0	4.14
3.6	$4 < p_2/p_1 \leqslant 6.3$	－10	4.00	－3	4.05	0	4.14
		－20	6.13	－14	6.30	－11	6.37
5.0	$6.3 < p_2/p_1 \leqslant 9.7$	－20	6.13	－14	6.30	－11	6.37
		－30	9.70	－24	9.80	－21	9.78

（2）氨制冷压缩机的选择要求

制冷压缩机的选择应符合下列要求：

① 压缩机应根据各蒸发温度机械负荷的计算值分别选定，不另设置备用机。

② 选用的活塞式氨压缩机，当冷凝压力与蒸发压力之比大于 8 时，应采用双级压缩；当冷凝压力与蒸发压力之比小于或等于 8 时，应采用单级压缩。

③ 选配压缩机时，其制冷量宜大小搭配。

④ 制冷压缩机的系列不宜超过两种。如仅有两台机器时，应选用同一系列。

⑤ 应根据实际使用工况，对压缩机所需的驱动功率进行核算，并通过其制造厂选配适宜的驱动电机。

2. 换热设备的选择计算

（1）冷凝器的选择计算

① 冷凝器的选型。冷凝器可按表 8-31 进行选取。

表 8-31　各种冷凝器的类型、特点及适用范围

类型	形式	制冷剂	优点	缺点	使用范围
水冷式	立式	氨	可装设于室外；占地面积小；传热管易于清洗	冷却水量大；体积较卧式大	大、中型
	卧式	氨、氟利昂	传热效果优于立式；易小型化与其他设备组装	冷却水质要求高	大、中、小型
	套管式	氨、氟利昂	传热系数较高；结构简单、易制造	冷却水侧阻力大；清洗困难	小型
	板式	氨、氟利昂	传热系数高；结构紧凑、组合灵活	水质要求高	中、小型
	螺旋板式	氨、氟利昂	传热系数高；体积小	冷却水侧阻力大；维修困难	中、小型

续表

类型	形式	制冷剂	优点	缺点	使用范围
空气冷却式	强制对流式	氟利昂	无冷却水和相应配管于室外设置	体积大、传热面积大；制冷剂功率消耗大	中、小型
	自然对流式	氟利昂	无冷却水和相应配管于室外设置、噪声低	体积大、传热面积大；制冷剂功率消耗大	小型
水和空气联合冷却	淋水式	氨	制造简单；易于清洗、维修；水质要求低	占地面积大；材料消耗大；传热效果差	大、中型
	蒸发式	氨、氟利昂	冷却水耗量小；冷凝温度较低	体积大、占地面积大；清洗、维修困难	大、中型

② 冷凝器的传热系数 K 和热流密度 q_1 的推荐值（表 8-32）。

表 8-32　各种冷凝器的传热系数 K 和热流密度 q_1 的推荐值

制冷剂	形式	传热系数 K [W/(m²·K)]	热流密度 q_1 (W/m²)	相应条件
R717	立式管壳式冷凝器	700～900	3500～4000	1. 冷却水温升 1.5～3℃ 传热温差 4～6℃ 2. 单位面积冷却水量为 1～1.7m³/(m²·h) 3. 传热管为钢光管
	卧式管壳式冷凝器	800～1100	4000～5000	1. 冷却水温升 4～6℃ 2. 传热温差 4～6℃ 3. 单位面积冷却水量为 0.5～0.9m³/(m²·h) 4. 水速为 0.8～1.5m/s 5. 传热管为钢光管
	板式冷凝器	2000～2300		1. 使用焊接板式或经特殊处理的钎焊板式； 2. 板片为不锈钢
	螺旋板式冷凝器	1400～1600	7000～9000	1. 冷却水温升 3～5℃ 2. 传热温差 4～6℃ 3. 水速为 0.6～1.4m/s
	淋水式冷凝器	600～750（以传热管外表面积计）	3000～50000	1. 单位面积冷却水量为 0.8～1.0m³/(m²·h) 2. 补充水量为循环水量的 10%～12% 3. 传热管为钢光管 4. 进口湿球温度为 24℃
	蒸发式冷凝器	600～800（以传热管外表面积计）	1800～2500（对其他制冷剂，1600～2200）	1. 单位面积冷却水量为 0.12～0.16m³/(m²·h) 2. 补充水量为循环水量的 5%～10% 3. 传热温差 2～3℃（指制冷剂和钢管外侧水膜间） 4. 传热管为钢光管 5. 单位面积通风量为 300～400m³/(m²·h)

续表

制冷剂	形式		传热系数 K [W/(m^2 · K)]	热流密度 q_l (W/ m^2)	相应条件
R22 R134a R404A	卧式冷凝器		800～1200	5000～8000	1. 冷却水温升 4～6℃ 2. 传热温差 7～9℃ 3. 水速为 1.5～2.5m/s 4. 低肋钢管，肋化系数≥3.5
	套管式冷凝器			7500～10000	1. 冷却水流速为 1～2m/s 2. 传热温差 8～11℃ 3. 低肋钢管，肋化系数≥3.5
	板式冷凝器		2300～2500		1. 钎焊板式 2. 板片为不锈钢
	空气冷却式	自然对流	6～10	45～85	
		强制对流	30～40 （以翅片管外表面积计）	250～300	1. 迎面风速为 2.5～3.5m/s 2. 传热温差 8～12℃ 3. 铝平翅片套铜管 4. 冷凝温度与进风温差≥15℃

采用水冷式冷凝器时，其冷凝温度不应低超过 39℃；当采用蒸发式冷凝器时，其冷凝温度不应超过 36℃。

③ 冷凝器的选择计算

冷凝器的热负荷：

$$Q_c = Q_e + P_i \tag{8-17}$$

式中　Q_c ——冷凝器的热负荷，kW；

Q_e ——压缩机在计算工况下的制冷量，kW；

P_i ——压缩机在计算工况下的消耗功率，kW。

对单级压缩制冷循环，冷凝器热负荷 Q_c 也可按下式计算：

$$Q_c = \psi Q_e$$

式中　ψ ——冷凝器负荷系数，具体如图 8-2 所示。

冷凝器传热系数按表 8-32 各种冷凝器的传热系数和热流密度的推荐值选取，或按厂家产品规定和参考投产后产生水垢和油污等的影响确定。

冷凝器的传热温差采用对数平均温差，也可按表 8-32 选取。

冷凝器的传热面积：

$$A = \frac{Q_c}{K\Delta\theta_m} = \frac{Q_c}{q_l} \tag{8-18}$$

式中　A ——冷凝器面积，m^2；

Q_c ——冷凝器负荷，W；

K ——冷凝器的传热系数，W/(m^2 · ℃)；

q_l ——冷凝器的热流密度，W/m^2；

$\Delta\theta_m$ ——对数平均温差，℃ 。

计算出的冷凝器的传热面积需选择大于或等于该值的标准冷凝器。

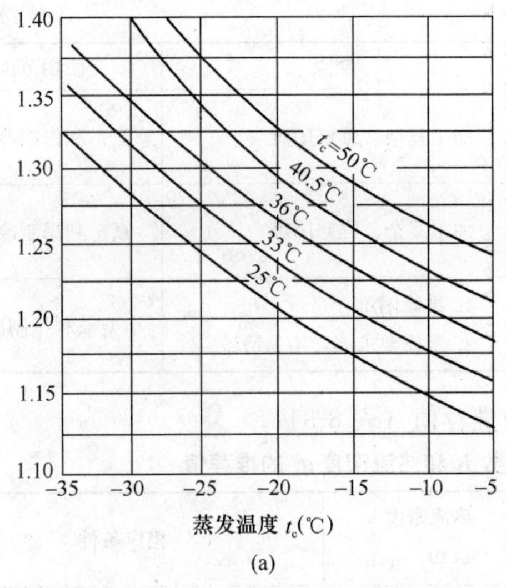

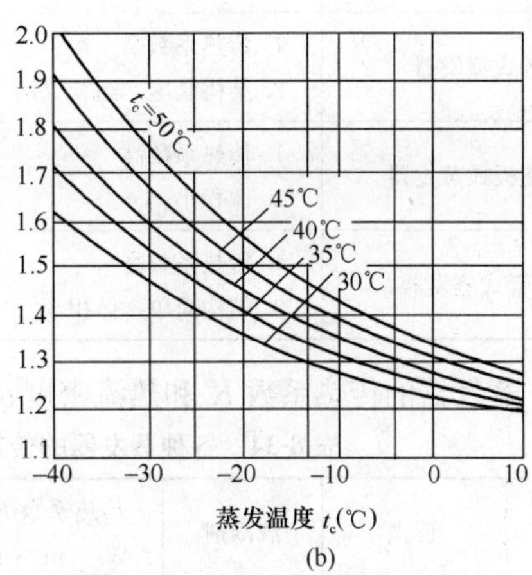

图 8-2　冷凝器负荷系数

(a) 氨系统；(b) 氟利昂系统

冷凝器的冷却水量或空气流量按热平衡式计算或依据设备样本的数据确定。

冷凝器冷却水的阻力。立式冷凝器和淋水式冷凝器冷却水的流动是依靠重力，无需计算冷却水的阻力。强制对流空气冷却式冷凝器和蒸发器均由厂家将冷凝器、风机和水泵成套提供，因此，作为简化计算时也不计算冷却水的阻力。卧式壳管式冷凝器的冷却水水泵应在设计中选配，冷凝器冷却水的阻力通常由厂家样本获得。

(2) 蒸发器的选择计算

① 蒸发器的选型。冷却液体载冷剂的蒸发器的选型可按表 8-33 进行选取。

表 8-33　冷却液体载冷剂的蒸发器的类型、特点及适用范围

形式		优点	缺点	使用范围
水箱型（通常称为水箱式蒸发器）	立管式	1. 载冷剂冻结危险小 2. 有一定蓄冷能力 3. 操作管理方便	1. 体积大、占地大 2. 容易发生腐蚀 3. 金属耗量大 4. 易积油	氨制冷系统
	螺旋管式	1～3 同立管式 4. 结构简单，制造方便 5. 体积、占地较立管式小	维修比立管式复杂	氨制冷系统
	蛇管式（盘管式）	1～3 同立管式 4. 结构简单，制造方便	管内制冷剂流速低，传热效果差	小型氟利昂制冷系统
卧式壳管式	满液式	1. 结构紧凑、重量轻、占地面积小 2. 可采用闭式循环，腐蚀性	1. 加工复杂 2. 载冷剂易发生冻结胀裂管子 3. 无蓄冷能力	氨、氟利昂制冷系统
	干式	1. 载冷剂不易冻结 2. 回油方便 3. 制冷剂充灌量小	1. 加工复杂 2. 不易清洗	氟、利昂制冷系统

续表

形式	优点	缺点	使用范围
板式蒸发器	1. 传热系数高 2. 结构紧凑，组合灵活	加工复杂、维修困难	氟、利昂制冷系统
螺旋板式蒸发器	1. 传热系数高 2. 体积小	加工复杂、维修困难	氟、利昂制冷系统
套管式蒸发器	1. 传热系数高 2. 结构简单、体积小	1. 维修困难 2. 水质要求高，不易清洗	小型氟利昂制冷系统

② 蒸发器的传热系数 K 和热流密度 q_1 的推荐值（表 8-34）。

表 8-34 各种蒸发器的传热系数 K 和热流密度 q_1 的推荐值

载冷剂	形式	载冷剂	传热系数 K [W/（m^2·K）]	热流密度 q_1 （W/ m^2）	相应条件
R717	直管式	水	500～700	2500～3500	1. 传热温差 4～6℃ 2. 载冷剂流速为 0.3～0.7m/s 3. 以管外表面积计算
		盐水	400～600	2200～3000	
	螺旋管式	水	500～700	2500～3500	
		盐水	400～600	2200～3000	
	卧式壳管式（满液式）	水	500～750	3000～4000	1. 传热温差 5～7℃ 2. 载冷剂流速为 1～1.5m/s 3. 光钢管
		盐水	450～600	2500～3000	
	板式	水	2000～2300		1. 使用焊接钢板式或钎焊板式 2. 板片为不锈钢
		盐水	1800～2100		
R22 R134a R404A	蛇管式（盘管式）	水	350～450	1700～2300	有搅拌器，以管外表面积计
		水	170～200		无搅拌器，以管外表面积计
		低温载冷剂	115～140		
	卧式壳管式（满液式）	水	800～1400		1. 水流速 1～2.4m/s 2. 低肋钢管，肋化系数≥3.5
		低温载冷剂	500～750		1. 传热温差 4～6℃ 2. 载冷剂流速为 1～1.5m/s 3. 光铜管
	干式	低温载冷剂	800～1000（以外表面积计算）	5000～7000	1. 传热温差 4～8℃ 2. 载冷剂流速为 1～1.5m/s 3. 带内肋芯铜管
		水	1000～1800（以外表面积计算）	7000～12000	
	套管式	水	900～1100	7500～10000	1. 水流速 1～1.2m/s 2. 低肋管，肋化系数≥3.5
	板式	水	2300～2500		1. 钎焊板式 2. 板片为不锈钢
		低温载冷剂	2000～2300		
	翅片式	空气	30～40（以翅片管外表面积计算）	450～500	1. 蒸发管组 4～8 排 2. 迎面风速为 2.5m/s 3. 传热温差 8～12℃

③ 蒸发器的选择计算

蒸发器的制冷量：综合制冷工艺负荷、设备与管路的冷损耗和制冷量的裕度等因素确定。

蒸发器的传热系数：按表 8-34 中各种蒸发器的传热系数和热流密度的推荐值选取，或按厂家产品规定和参考投产后产生水垢和油污等的影响确定。

蒸发器的传热温差采用对数平均温差，也可按表 8-34 选取。

蒸发器的传热面积：

$$A=\frac{Q_c}{K\Delta\theta_m}=\frac{Q_c}{q} \tag{8-19}$$

式中　A——蒸发器的面积，m^2；

Q_c——蒸发器负荷，W；

K——蒸发器的传热系数，W/(m^2·℃)；

q——蒸发器的热流密度，W/m^2；

$\Delta\theta_m$——对数平均温差,℃。

计算出蒸发器的传热面积需选择大于或等于该值的标准蒸发器。

蒸发器的载冷剂流量按热平衡式计算或依据设备样本的数据确定。

3. 辅助设备的选择计算

(1) 中间冷却器的选择计算

中间冷却器用于两级或多级压缩制冷系统，通过中间冷却器冷却低级压缩机的排气，对进入蒸发器的制冷剂液体进行冷却，以提高压缩机的制冷量，减少节流损失，同时又对低级压缩机的排气产生油分离作用。

中间冷却器的选型应根据其直径和蛇形管冷却面积的计算确定。

① 中间冷却器的筒径按式（8-20）计算：

$$d=\sqrt{\frac{4\lambda_g V_{pg}}{3600\pi\omega}}=0.0188\sqrt{\frac{\lambda_g V_{pg}}{\omega}} \tag{8-20}$$

式中　d——中间冷却器内径，m；

λ_g——氨压缩机高压机输气系数，应按产品规定取值；

V_{pg}——氨压缩机高压机理论输气量，m^3/h；

ω——中间冷却器内的气体流速，一般取 0.5m/s。

② 中间冷却器的蛇形管冷却面积计算

$$A=\frac{\Phi_{zj}}{K\Delta t} \tag{8-21}$$

式中　A——中间冷却器蛇形盘管所需的传热面积，m^2；

Φ_{zj}——中间冷却器蛇形盘管的热流量，W；

Δt——中间冷却器蛇形管的对数平均温差,℃，按式（8-22）计算；

K——中间冷却器蛇形盘管的传热系数，W/(m^2·℃)。

$$\Delta t=\frac{t_k-t_g}{2.3\lg\dfrac{t_k-t_{zj}}{t_g-t_{zj}}} \tag{8-22}$$

式中　t_k，t_g，t_{zj}——冷凝温度、过冷温度、中间温度,℃。

（2）油分离器的选择计算

油分离器的常用结构有洗涤式、离心式、填料式及过滤式四种形式。

油分离器的选型主要是确定油分离器的直径，以保证制冷剂在油分离器的流速符合分油的要求，其计算公式（8-23）为：

$$d=\sqrt{\frac{4\lambda V_{\mathrm{p}}}{3600\pi\omega}}=0.0188\sqrt{\frac{\lambda V_{\mathrm{p}}}{\omega}} \tag{8-23}$$

式中　d——油分离器的直径，m；

λ——压缩机输气系数（双级压缩时，取高压级的输气系数）；

V_{p}——压缩机理论输气量（双级压缩时，取高压级的输气系数），m^3/h；

ω——油分离器内的气体流速，m/s，填料式油分离器宜取0.3～0.5m/s，其他形式的油分离器宜采用不大于0.8 m/s的流速。

（3）储液器的选择计算

储液器的作用是储存、调节和补充制冷系统各部分设备的液体循环量，以适应制冷工况变化的需要，同时也起到液封的作用，防止高压气体流向系统的低压部分。在氨制冷系统中，可分为储液器（高压）和低压储液器，低压储液器又根据其在系统中所起的不同作用分为：低压储液器、低压循环储液器和排液桶。低压储液器用于重力供液的氨制冷系统，储存低压回气经气液分离器分离出来的氨液；低压循环储液器用于氨泵供液的氨制冷系统，储存循环使用的低压液氨，同时也起到气液分离作用。

高压储液器的选型计算主要是根据系统制冷剂的总循环量确定其体积，其计算公式（8-24）为：

$$V=\frac{\varphi}{\beta}\upsilon\sum q_{\mathrm{m}} \tag{8-24}$$

式中　V——储液器体积，m^3；

$\sum q_{\mathrm{m}}$——制冷装置中每小时制冷剂液体的总循环量，kg；

υ——冷凝温度下液体的比体积，m^3/kg；

φ——储液器的体积系数，根据表8-35取值；

β——储液器的液体充满度，宜取70%。

表8-35　储液器体积系数 φ

冷库公称体积（m^3）	φ
≤2000	1.20
2001～10000	1.00
10001～20000	0.80
＞20000	0.50

低压储液器的选型一般应用在大、中型冷藏库的制冷系统中，各蒸发系统中一般配用0.4m^3的低压储液器，容器允许容纳氨液为其本身容积的80%。

（4）气液分离器的选择

气液分离器分为机房用和库房用两种。机房用气液分离器与压缩机的总回气管路相连接，分离回气中的液滴，防止压缩机产生液击。库房用气液分离器，一般在氨重力供液系统中，设施在各个库房，分离出节流后低压制冷剂中夹带的蒸汽，以及来自各冷间分配设备回气中夹带的液滴，并借助其设置的高度（0.5～2.0m）向各冷间设备供液，其上设有浮球阀或液位控制器配供液电磁阀、手动调节阀等。

① 重力供液方式的回气系统属于下列情况之一时，应在氨压缩机房内增设氨液分离器：两层及两层以上的库房；设有两个或两个以上制冰池；库房的氨液分离器与氨压缩机房的水平距离大于50m时。

② 立式气液分离器的筒体内气流速度不应大于0.5m/s。

(5) 制冷剂的净化设备

① 空气分离器。用于分离并排除系统中的空气及其他不凝性气体。小型系统一般在冷凝器上部设置放空气阀，但会带来制冷剂的外排，造成制冷剂损失，甚至污染环境。故大、中型制冷装置均设置专门的放空气阀。

② 制冷剂过滤干燥器。用于清除制冷剂液体或气体中的水分、机械杂质等。氨制冷系统一般只装过滤器，氟利昂系统则必须装过滤干燥器。

气体过滤器一般装在压缩器的吸入口；液体过滤干燥器则装于节流阀、热力膨胀阀、浮球调节阀、供液电磁阀或液泵之前的液体管路上。

(6) 液泵的选择计算

制冷系统的供液常用齿轮泵或离心式屏蔽泵，以立式屏蔽泵使用居多。

液泵的选型计算主要包括确定氨泵的流量、排出压力和吸入压头。

① 流量

$$q_v = n_x q_z V_z \tag{8-25}$$

式中 q_v——氨泵的体积流量，m^3/h；

n_x——循环倍数，n_x=氨泵的流量/该系统中冷却设备的蒸发量，对负荷波动比较稳定的冷藏间取3～4，对负荷波动较大的冷加工间或蒸发器组数较多、容易积油的蒸发器取5～6；

q_z——氨泵所供同一蒸发温度的氨液蒸发量，kg/h；

V_z——蒸发温度下饱和氨液的比体积，m^3/kg。

② 排出压力

氨泵的排出压力必须克服氨泵出口至蒸发器进液口的沿程及局部阻力损失、氨泵中心至最高的蒸发器进液口上升管段静压阻力损失、加速度阻力损失。蒸发器节流阀前应维持足够的压力，以克服蒸发器及回气管的沿程、局部、上升管段静压、加速度阻力损失，并有一定裕量使多余氨液顺利流回低压循环贮液器。

③ 吸入压力

氨泵进液处压力应有不小于0.5m制冷剂液柱的裕度。

(7) 排液桶的选型

排液桶的作用是储存热氨融霜时由被融霜的蒸发器内排出的氨液，并分离氨液中的润滑油。一般布置于设备间靠近冷库的一侧。排液桶以体积选型，使其能容纳各冷间中排液量最多的一间的蒸发器的排液量。其体积按式（8-26）计算：

$$V = V_1 \frac{\Phi}{\beta} \tag{8-26}$$

式中 V——排液桶体积，m^3；

V_1——冷却设备制冷剂容量最大一间的冷却设备的总体积，m^3；

Φ——冷却设备灌氨量（体积分数），%，见表8-36；

β——排液桶液体充满度，一般取0.7。

表8-36　制冷设备的设计灌氨量

设备名称	灌氨量（体积百分比，%）	设备名称	灌氨量（体积百分比，%）
冷凝器	15	上进下出式空气冷却器	40～50
洗涤式油分离器	20	下进上出式排管	50～60
贮氨器	70	下进上出式空气冷却器	60～70
再冷却器	100	排管	50～60
氨液分离器	20	空气冷却器	70
立式低压循环贮液器	30～35	搁架式冻结设备	50
卧式低压循环贮液器	25	平板式蒸发器	50
上进下出式排管	25		

注：1. 灌氨量的氨液密度按650kg/m^3计算；

2. 洗涤式油分离器、中间冷却器和低压循环贮液器的灌氨量，如有产品规定，则按产品规定取值。

（8）冷凝器的选型

① 采用水冷式冷凝器，其冷凝温度不应超过39℃；采用蒸发式冷凝器时，其冷凝温度不应超过36℃。

② 冷凝器冷却水进出口的温度差，对立式壳管式冷凝器宜取1.5～3℃，对卧式壳管式冷凝器宜取4～6℃。

③ 冷凝器的传热系数和热流密度应按产品生产厂家提供的数据取值。

④ 对使用氢氟烃及其混合物为制冷剂的中、小型冷库，宜选用风冷冷凝器。

⑤ 冷凝器的传热面积按式（8-18）计算。

⑥ 冷却水量计算

$$q_v = \frac{3.6\Phi_k}{1000c\Delta t} \text{或} q_v = Aq_F \tag{8-27}$$

式中　q_v——冷却水用量，m^3/h；

Φ_k——冷凝器负荷，W；

c——水的比热容，$c=4.187kJ/(kg \cdot ℃)$；

Δt——冷却水进出温差，℃，见表8-37；

q_F——冷凝器单位面积用水量，$m^3/(m^2 \cdot h)$；

A——冷凝器面积，m^2。

表8-37　冷凝器单位面积用水量和进出水温差

型号	$q_F[m^3/(m^2 \cdot h)]$	Δt（℃）
立式冷凝器	1.0～1.7	2～3
卧式冷凝器	0.5～0.9	4～6
淋激式冷凝器	0.8～1.0	—
蒸发式冷凝器	0.15～0.20	—

8.4.2 冷间冷却设备的选择

冷间冷却设备根据式（8-8）计算的冷间冷却设备负荷 Q_s 进行选择。

1. 冷间内冷却设备的选型

冷间内冷却设备的选型见表 8-38。

表 8-38 冷间内冷却设备的选型表

冷间名称	冷却设备选型
冷却间和冷却物冷藏间	采用空气冷却器
冻结物冷藏间	宜选用空气冷却器。当食品无良好的包装时，可采用顶排管、墙排管
包装间	宜采用空气冷却器
食品冻结加工间	选用合适的冻结设备

注：包装间、分割间、产品整理间等人员较多的冷间，严禁采用氨直接蒸发式冷却设备，以确保人身安全。

2. 冷间内冷却设备的设计计算

冷间冷却设备的传热面积应通过校核计算确定。

（1）冷却设备的传热面积计算

冷却设备的传热面积按式（8-28）计算：

$$A_s = \frac{Q_s}{(K_s \cdot \Delta\theta_s)} \tag{8-28}$$

式中 A_s ——冷却设备的传热面积，m^2；

Q_s ——冷间冷却设备负荷，W；

K_s ——冷却设备的传热系数，W/（m^2 · ℃）；

$\Delta\theta_s$ ——冷间温度与冷却设备蒸发温度的计算温度差，℃。

冷间内空气温度与冷却设备中制冷剂蒸发温度的计算温度差，应根据提高制冷机效率、节省能源、减少食品干耗、降低投资等因素，通过技术经济比较确定，并应符合下列规定：

① 顶排管、墙排管和搁架式冻结设备的计算温度差，可按算数平均温差采用，并不宜大于 10℃。

② 空气冷却器的计算温度差，应按对数平均温度差确定，可取 7～10℃，冷却物冷藏也可采用更小的温度差。

③ 冷间冷却设备每一制冷剂通路的压力降，应控制在制冷剂饱和温度降低 1℃的范围内。

（2）冷却设备传热系数的计算

① 光滑顶排管和光滑墙排管的传热系数应按式（8-29）计算：

$$K = K'C_1C_2C_3 \tag{8-29}$$

式中 K ——光滑管在设计条件下的传热系数，W/(m^2 · ℃)；

K' ——光滑管在特定条件下的传热系数，W/(m^2·℃)，按表 8-39～表 8-41 选取；

C_1 ——构造换算系数和管子间距 S 与外径 d_W 之比有关，按表 8-42 选取；

C_2 ——管径换算系数，按表 8-42 选取；

C_3 ——供液方式换算系数，按表 8-42 选取。

表 8-39　氨单排光滑蛇形墙排管在特定条件下的传热系数 K'［W/（m^2·℃)］

高度方向上的横管数（根）	计算温度差（℃）	冷间内的空气温度（℃）									
		0	−4	−10	−12	−15	−18	−20	−23	−25	−30
4	6	8.84	8.02	7.68	7.44	7.21	6.98	6.86	6.63	6.51	6.28
	8	9.30	8.72	8.02	7.79	7.56	7.33	7.21	6.98	6.86	6.63
	10	9.65	8.96	8.26	8.02	7.79	7.56	7.44	7.21	7.09	6.86
	12	9.89	9.19	8.49	8.26	7.91	7.68	7.56	7.44	7.33	7.09
	15	10.12	9.42	8.61	8.49	8.14	7.91	7.79	7.68	7.56	7.33
6	6	9.19	8.49	7.79	7.68	7.44	7.09	6.98	6.86	6.75	6.51
	8	9.54	8.96	8.14	8.02	7.68	7.44	7.33	7.21	7.09	6.86
	10	9.89	9.19	8.49	8.26	7.91	7.68	7.56	7.44	7.33	7.09
	12	10.12	9.42	8.61	8.49	8.14	7.91	7.79	7.56	7.44	7.21
	15	10.35	9.65	8.84	8.61	8.37	8.14	8.02	7.79	7.68	7.44
8	6	9.42	8.84	8.14	7.91	7.68	7.44	7.33	7.09	6.98	6.75
	8	9.89	9.30	8.49	8.26	8.02	7.79	7.56	7.44	7.33	7.09
	10	10.23	9.54	8.72	8.49	8.26	8.02	7.79	7.68	7.56	7.33
	12	10.47	9.77	8.96	8.72	8.37	8.26	8.02	7.79	7.68	7.44
	15	10.58	10.00	9.19	8.96	8.61	8.37	8.26	8.02	7.91	7.68
10	6	10.70	10.00	9.19	8.96	8.61	8.37	8.25	8.02	7.91	7.56
	8	11.16	10.35	9.54	9.30	8.96	8.72	8.49	8.26	8.14	7.91
	10	11.40	10.70	9.77	9.77	9.19	8.96	8.72	8.49	8.37	8.14
	12	11.63	10.82	9.89	9.89	9.42	9.07	8.96	8.72	8.61	8.37
	15	11.75	11.05	10.12	10.12	9.54	9.30	9.19	8.96	8.84	8.61
12	6	10.70	10.00	9.19	8.96	8.61	8.37	8.25	8.02	7.91	7.56
	8	11.16	10.35	9.54	9.30	8.96	8.72	8.49	8.26	8.14	7.91
	10	11.40	10.70	9.77	9.54	9.19	8.96	8.72	8.49	8.37	8.14
	12	11.63	10.82	9.89	9.65	9.42	9.07	8.96	8.72	8.61	8.37
	15	11.75	11.05	10.12	9.89	9.54	9.30	9.19	8.96	8.84	8.61
14	6	11.28	10.58	9.65	9.42	9.19	8.84	8.72	8.49	8.37	8.14
	8	11.75	10.93	10.00	9.77	9.42	9.19	8.96	8.84	8.61	8.37
	10	12.10	11.28	10.35	10.00	9.65	9.42	9.19	9.07	8.84	8.61
	12	12.21	11.40	10.47	10.23	9.89	9.54	9.42	9.19	9.07	8.84
	15	12.44	11.63	10.70	10.47	10.12	9.77	9.65	9.42	9.30	9.07

续表

高度方向上的横管数（根）	计算温度差（℃）	冷间内的空气温度（℃）									
		0	−4	−10	−12	−15	−18	−20	−23	−25	−30
16	6	12.10	11.28	10.35	10.12	9.77	9.42	9.30	9.07	8.96	8.61
	8	12.56	11.75	10.70	10.47	10.12	9.77	9.54	9.30	9.19	8.96
	10	12.79	11.98	10.93	10.70	10.35	10.00	9.77	9.54	9.42	9.19
	12	13.03	12.10	11.16	10.82	10.47	10.12	10.00	9.77	9.65	9.30
	15	13.14	12.33	11.28	11.05	10.70	10.35	10.23	10.00	9.89	9.54
16	6	12.91	12.10	11.05	10.70	10.47	10.12	9.89	9.65	9.54	9.30
	8	13.37	12.44	11.40	11.16	10.82	10.47	10.23	10.00	9.89	9.54
	10	13.72	12.79	11.63	11.40	11.05	10.70	10.47	10.23	10.12	9.77
	12	13.34	12.91	11.86	11.51	11.16	10.82	10.70	10.37	10.23	10.00
	15	14.07	13.03	11.98	11.75	11.40	11.05	10.82	10.58	10.47	10.23
18	6	12.91	12.10	11.05	10.70	10.47	10.12	9.89	9.65	9.54	9.30
	8	13.37	12.44	11.40	11.16	10.82	10.47	10.23	10.00	9.89	9.54
	10	13.72	12.79	11.63	11.40	11.05	10.70	10.47	10.23	10.12	9.77
	12	13.84	12.91	11.86	11.51	11.16	10.82	10.70	10.35	10.23	10.00
	15	14.07	13.03	11.98	11.75	11.40	11.05	10.82	10.58	10.47	10.23
20	6	13.84	12.91	11.75	11.51	11.16	10.70	10.58	10.35	10.23	9.77
	8	14.30	13.26	12.21	11.86	11.40	11.16	10.93	10.70	10.47	10.12
	10	14.54	13.61	12.44	12.10	11.63	11.28	11.16	10.82	10.70	10.35
	12	14.77	13.72	12.56	12.21	11.86	11.51	11.28	11.05	10.93	10.58
	15	14.89	13.84	12.79	12.44	12.10	11.75	11.51	11.28	11.16	10.82

注：表列数值为38mm光滑管，管间距与管外径之比为4，冷间相对湿度为90%，霜层厚度为6mm时的传热系数。

表8-40　氨单层光滑蛇形顶排管在特定条件下的传热系数 K'［W/（m²·℃）］

冷间内的空气温度（℃）	计算温度差（℃）				
	6	8	10	12	15
0	8.61	9.07	9.42	9.65	9.88
−4	8.14	8.49	8.72	8.96	9.19
−10	7.44	7.79	8.02	8.26	8.49
−12	7.21	7.56	7.79	8.02	8.26
−15	6.98	7.33	7.56	7.79	8.02
−18	6.75	7.09	7.33	7.56	7.79
−20	6.63	6.98	7.21	7.44	7.68
−23	6.51	6.74	6.98	7.21	7.44
−25	6.40	6.63	6.86	7.09	7.32
−30	6.16	6.51	6.75	6.86	7.09

注：表列数值为38mm光滑管，管间距与管外径之比为4，冷间相对湿度为90%，霜层厚度为6mm时的传热系数。

表 8-41　氨双层光滑蛇形顶排管和氨光滑U形顶排管在特定条件下的传热系数 K' [W/(m²·℃)]

冷间内的空气温度（℃）	计算温度差（℃）				
	6	8	10	12	15
0	8.14	8.61	8.96	9.19	9.42
−4	7.79	8.02	8.26	8.49	8.72
−10	7.09	7.44	7.68	7.91	8.02
−12	6.86	7.21	7.44	7.68	7.91
−15	6.63	6.98	7.21	7.44	7.68
−18	6.40	6.75	6.98	7.21	7.44
−20	6.28	6.63	6.86	7.09	7.33
−23	6.15	6.40	6.63	6.86	7.09
−25	6.05	6.28	6.51	6.75	6.98
−30	5.82	6.16	6.40	6.51	6.75

注：表列数值为38mm光滑管，管间距与管外径之比为4，冷间相对湿度为90%，霜层厚度为6mm时的传热系数。

表 8-42　各型排管换热系数

换算系数 / 排管形式	C_1		C_2	C_3	
	$\frac{S}{d_w}=4$	$\frac{S}{d_w}=2$		非氨泵供液	氨泵强制供液
单排光滑蛇形墙排管	1.0	0.9873	$\left(\frac{0.038}{d_w}\right)^{0.18}$	1.0	1.1
单排光滑蛇形顶排管	1.0	0.9750	$\left(\frac{0.038}{d_w}\right)^{0.18}$	1.0	1.1
双排光滑蛇形顶排管	1.0	1.0000	$\left(\frac{0.038}{d_w}\right)^{0.18}$	1.0	1.1
光滑U形顶排管	1.0	1.0000	$\left(\frac{0.038}{d_w}\right)^{0.18}$	1.0	1.1

② 氨搁架式冻结设备的传热系数应按表8-43的规定采用。

表 8-43　氨搁架式冻结设备的传热系数

空气流动状态	自然对流	风速1.5（m/s）	风速2.0（m/s）
传热系数[W/(m²·℃)]	17.4	20.9	23.3

③ 空气冷却系统的设计原则

根据冷间的用途、尺寸、空气冷却器的性能、贮存货物的种类和要求的贮存温湿度条件，可采用无风道或有风道的空气分配系统。

无风道空气分配系统宜用于装有分区使用的吊顶式空气冷却器或装有集中落地式空气冷却器的冷藏间，应保证有足够的气流射程，并应在货堆上部留有足够的气流扩展空间。同时，应采用技术措施使冷空气较均匀地布满整个冷间。

在无风道系统中，吊顶式空气冷却器宜设空气导流板，落地式空气冷却器宜设喷嘴，用于库房空气分配。

风道空气分配系统可用于空气强制循环的冻结间和冷藏间，以及冷间狭长、设有集中落地式空气冷却器而货堆上部又缺乏足够的气流扩展空间的冷藏间。

风道空气分配系统应设置送风风道，并利用货物之间的空间作为回风道。

冷却间、冻结间的气流组织应符合下列要求：吊挂白条肉的冷却间，气流应均匀下吹，肉片间平均风速应为0.5～1.0m/s（采用两段冷却工艺时，第一段风速宜为2.0m/s，第二段风速宜为1.5m/s）；盘装食品冻结间的气流应均匀横吹，盘间平均风速宜为1.0～3.0m/s。

8.4.3　冷库制冷机房设计及设备布置原则

1. 冷库制冷机房设计

冷库制冷机房设计应符合下列要求：

（1）制冷机房应靠近用冷负荷最大的冷间，并应有良好的自然通风条件。变配电所应靠近制冷机房布置。

（2）氨压缩机房的防火要求，应按国家现行的《建筑设计防火规范》（GB 50016—2014）执行。

（3）制冷机房的净高，应根据设备情况和供暖通风的要求确定。

（4）制冷机房内宜将辅助设备间和水泵间隔开，并应根据具体情况，设置值班室、维修间、储藏室以及卫生间等生活设施。

（5）氨制冷机房的变配电所的门应采用平开门并向外开启。

（6）氨制冷机房应设置氨气浓度报警装置，当空气中氨气浓度达到100ppm或150ppm时，应自动发出报警信号，并应自动开启制冷机房内的事故排风机。氨气浓度传感器应安装在氨制冷机组及贮氨容器上方的机房顶板上。

（7）氨制冷机房应设控制室，控制室可位于机房一侧。氨制冷机组启动控制柜、冷凝器水泵及风机、机房排风机控制柜、氨气浓度报警装置、机房照明配电箱等宜集中布置在控制室中。

（8）每台氨制冷机应在机组控制台上设紧急停车按钮。

（9）制冷机房日常运行时，通风换气次数不应小于3次/h。

（10）氟制冷机房应设置事故排风机，排风换气次数不应小于12次/h。事故排风口上缘距室内地坪的距离不应大于1.2m。

（11）氨制冷机房应设置事故排风机，事故排风量应按183m^3/（m^2·h）进行计算确定，且最小排风量不应小于34000 m^3/h。排风机必须采用防爆型，排风口应位于侧墙并高出屋顶，或排风口直接设置在屋顶。

（12）当制冷系统发生意外事故而被切断供电电源时，应能保证事故排风机的可靠供电。事故排风机的过载保护宜作用于信号报警而不直接停排风机。事故排风机的人工启停控制按钮应在氨压缩机房门外侧的墙内暗装。

（13）氨制冷系统的安全总泄压管出口应高出周围50m范围内最高建筑（冷库除外）的屋脊5m，并应采取防止雷击、防止雨水、杂物落入泄压管内的措施。

（14）制冷机房的动力设备宜由低压配电室按照放射式配电，动力配电可采用铜芯绝缘电线穿钢管埋地暗敷，也可采用铜芯交联电缆桥架或敷设在电缆沟内。氟制冷机房内的动力配电如确需敷设在电缆沟内，可采用充沙电缆沟。

（15）制冷机房的照明方式宜为一般照明，设计照度不应低于150lx，且应按规定设置备用照明。采用自带蓄电池的应急照明灯具时，应急照明持续时间不应小于30min。

（16）氨压缩机房内应设置必要的消防和安全器材（如灭火器和防毒面具等）。

（17）设置集中供暖的制冷机房，其室内温度不宜低于16℃。制冷机房严禁明火供暖。

（18）制冷机房应设给水与排水设施。

2. 冷库制冷机房设备的布置原则

制冷机房的设备布置和管道连接，应符合工艺流程，连接管道要短，并应便于安装、操作与维修。

（1）制冷机

① 制冷机房内主要操作通道的宽度不应小于1.3m，压缩机凸出部位到其他设备或分配站之间的距离不应小于1.0m。两台压缩机凸出部位之间的距离不应小于1.0m，并能有检修的可能，制冷机与墙壁以及非主要通道不小于0.8m。主要通道的宽度应为1.2m。

② 制冷机的仪表应设置在操作时便于观察的位置。

（2）中间冷却器

① 中间冷却器宜布置在室内，并应靠近高压级和低压级压缩机。

② 中间冷却器必须装设超高液位报警装置、液位指示器、安全阀、压力表。

（3）冷凝器

① 立式冷凝器一般均安装在室外，其距外墙的距离不宜超过5m，冷凝器的水池壁与机房外墙面应有不小于3m的间距。冷凝器的安装高度应保证液体制冷剂借助重力能够顺畅地流入高压储液器内。对于夏季通风温度高于32℃的地区，安装在室外的冷凝器应有遮阳设施。

② 卧式或分组式冷凝器一般均安装在室内，应考虑检修时能够留有抽出管束的空间。

③ 淋水式冷凝器均安装在室外，并应尽量将其排管垂直于该地夏季的主导风向。

④ 站房内布置两台以上冷凝器时，其间通道应有0.8～1.0m的宽度，其外壁与墙的距离不应小于0.3m。

⑤ 冷凝器上必须装设安全阀、压力表。

（4）过冷器

① 过冷器通常布置在冷凝器与储液器之间，并应靠近储液器。

② 过冷器最低点必须设置放水阀，以避免冬季停止运行时冻裂设备。

③ 过冷器上应设置有冷却水进、排水管的温度测量点。

（5）储液器

① 高压储液器应布置在冷凝器附近，其标高必须保证冷凝器的液体制冷剂能借助液位差流入高压储液器内。

② 布置两台以上高压储液器时，两台间的通道应有0.8～1.0m的宽度，应在每个储液器顶部与底部设均压管并相互连接，在各容器的均压管上应装设截止阀。

③ 高压储液器上必须装设安全阀、压力表，并应在显著位置装液面指示器。

④ 低压循环储液器是专为氨泵系统设置的，应将其靠近氨泵布置，其设置高度应高于氨泵 1.5～3.0m。

(6) 排液桶

① 排液桶一般布置在设备间内，并应尽量靠近蒸发器一侧。

② 排液桶的进液口必须低于氨液分离器的排液口，且进液口不得靠近该容器降压用的抽气管。

③ 排液桶应设有安全阀、压力表、液面指示器、高压加压管和降低压力用的抽气管。

(7) 机房内氨液分离器

① 氨液分离器应设排液装置，并须保证其液体借助液位差流入排液桶内。氨液分离器与排液桶之间应设有气体均压管。

② 禁止在氨液分离器的进出管上另设旁通管。

③ 氨液分离器上应设有压力表。

(8) 蒸发器

① 蒸发器的位置应尽可能靠近制冷压缩机，以减少压降。

② 立管式或螺旋盘管式蒸发器一般均安装在室内，可有一长边靠墙，其距墙的距离不小于 0.2m；其两端距墙有不小于 1.2m 宽的操作场地。

③ 立管式或螺旋盘管式蒸发器上应装设液面自动控制装置。

④ 卧式蒸发器一般均安装在室内，对其要求同上。

⑤ 蒸发器与基础之间应避免发生“冷桥”。

(9) 氨油分离器

① 氨油分离器布置在室内外均可，当制冷压缩机总产冷量大于 223kW 时，系统宜采用立式冷凝器，不带自动回油装置的氨油分离器宜设置在室外。

② 专供冷库内用的冷分配设备（如：冷风机、墙管、顶管等）融霜用热氨的氨油分离器可设置在制冷压缩机机房内。

8.4.4 制冷系统管道设计

1. 冷库制冷剂管道系统设计资质

冷库制冷剂管道系统属于《压力管道规范工业管道　第 1 部分：总则》（GB/T 20801.1—2006）中规定的工业管道 GC 类，氨制冷剂管道系统中的氨气又属于《建筑设计防火规范》（GB 50016—2014）中规定的火灾危险性为乙类可燃气体，当设计压力 $P<$ 4.0MPa 时，氨制冷剂气体管道系统属于 GC1 级，管道系统的设计人员和单位应遵循设计单位资格许可制度，在取得设计许可证的条件下，按照批准的类别、级别进行设计。

2. 冷库制冷剂管道系统设计

冷库制冷剂管道系统属于压力管道，涉及管道的耐压强度、柔性和热补偿、材质、焊接、管道的组成件、管道的支吊架、管道的绝热与防腐、管道施工与验收等方面，应遵循国家有关的标准与规范。

(1) 冷库制冷系统管道设计压力、设计温度

冷库制冷系统管道设计压力应根据其采用的制冷剂及其工作状况按照表 8-44 确定。

表 8-44 冷库制冷系统管道设计压力（MPa）

制冷剂	管道部位	
	高压侧	低压侧
R717	2.0	1.5
R404A	2.5	1.8
R507	2.5	1.8

注：1. 高压侧：指自制冷压缩机排气口经冷凝器、储液器到节流装置的入口的制冷管道。

2. 低压侧：指自系统节流装置的出口，经蒸发器到制冷压缩机吸入口的制冷管道，双级压缩制冷装置的中间冷却器的中压部分亦属于低压侧。

冷库制冷系统管道设计温度，可按表 8-45 分别按高、低压侧设计温度选取。

表 8-45 冷库制冷系统管道设计温度（℃）

制冷剂	高压侧	低压侧
R717	150	43
R404A	150	46
R507	150	46

冷库制冷系统低压侧管道的最低工作温度，可根据冷库不同冷间冷加工工艺的不同，按表 8-46 所示确定其管道最低工作温度。

表 8-46 冷库不同冷间制冷系统（低压侧）管道的最低工作温度

冷库中不同冷间承担不同冷加工任务的制冷系统管道	最低工作温度（℃）	相应的工作压力（绝对压力）（MPa）		
		R717	R404A	R507
产品冷却加工、冷却物冷藏、低温穿堂、包装间、暂存间、盐水制冰及冰库	−15	0.236	−15.82℃ 0.36	0.38
用于冷库一般冻结、冻结物冷藏及快速制冰及冰库	−35	0.093	−36.42℃ 0.16	0.175
用于速冻加工、出口企业冻结加工	−48	0.046	−46.75℃ 0.10	0.097

（2）管道与管道的组成件材质

管道应采用无缝钢管，其材料选用应符合表 8-47 的规定。

表 8-47 冷库制冷系统管道材料选用表

制冷剂	R717	R404A	R507
管材编号	10、20	10、20 T_2、TU_1、TU_2 0Cr18Ni9	
		1Cr18Ni9	
标准号	GB/T 8163—2008	GB/T 8163—2008	
		GB/T 17791—2007	
		GB/T 14976—2012	

管道系统采用的弯头、异径管接头、三通、管帽等管件应采用工厂制作件，其设计条件应与其连接管道的设计条件相同，其壁厚也应与其连接管道相同。热弯加工的弯头，其最小弯曲半径应为管外径的 3.5 倍；冷弯加工的弯头，其最小弯曲半径应为管子外径的 4 倍。

系统中所有阀门、仪表及测控元件都应选用与其使用制冷剂相适应的专用元器件。氨系统不得有铜质和镀锌、镀锡的元器件。

与制冷管道直接接触的支、吊架零部件，其材料应按管道设计温度选用。

(3) 制冷管道管径选择

制冷管道管径选择应按其允许压力降和油箱上制冷剂的流速综合考虑确定。制冷回气管允许压力降相当于制冷剂饱和温度降低 1℃；而制冷排气管允许压力降相当于制冷剂饱和温度升高 0.5℃。

氨制冷系统允许压力降和允许速度宜按表 8-48 和表 8-49 采用。

表 8-48　氨制冷管道允许压力降

类别	工作温度（℃）	允许压力降（kPa）
吸气管	−45	2.99
	−40	3.75
	−33	5.05
	−28	6.16
	−15	9.86
	−10	11.63
排气管	90～150	19.59

表 8-49　氨制冷管道允许速度（m/s）

管道名称	允许速度	管道名称	允许速度
吸气管	10～16	节流阀至蒸发器的液体管	0.8～1.4
排气管	12～25	溢流管	0.2
冷凝器至储液器的液体管	<0.6	蒸发器至氨液分离器的回气管	10～16
冷凝器至节流阀的液体管	1.2～2.0	氨液分离器至液体分配站的供液管（限于重力供液式）	0.2～0.25
高压供液管	1.0～1.5		
低压供液管	0.8～1.0	氨泵系统中低压循环储液器至氨泵的进液管	0.4～0.5

(4) 制冷管道布置

制冷管道布置应符合系列要求：

① 水平制冷管道支、吊架的最大间距，应依据制冷管道强度和刚度计算结果确定，并取两者中的较小值作为其支、吊架的间距。当按刚度条件计算管道允许跨距时，由管道自重产生的挠度不应超过管道跨距的 1/400。

② 低压侧管道直线段超过 100m，高压侧管道直线段超过 50m 时，应设置一处管道补偿装置，并应在管道的适当位置，设置导向支架和滑动支、吊架。

③ 管道穿过建筑物的墙体（除防火墙外）、楼板、屋面时，应加套管，套管与管道之间的空隙应密封，但制冷压缩机的排气管道与套管间的空隙不应密封。低压侧管道的套管

直径应大于管道隔热层的外径，并不得影响管道的热位移。套管应超出墙面、楼板、屋面50mm。管道穿过屋面时应设防雨罩。

④ 在管道系统中，应考虑能从任何一个设备中将制冷剂抽走。

⑤ 供液管应避免形成气袋，吸气管应避免液囊。

⑥ 水平布置的回气管外径大于108mm时，应选用偏心异径管作变径元件，并应保证管道底部平齐。

⑦ 制冷剂管道的走向及坡度：氨制冷剂系统，应方便制冷剂与冷冻油分离；对使用氨氟烃及其混合物为制冷剂的系统，应方便系统的回油。

⑧ 跨越厂区道路架空敷设的管道上，不得装设阀门、金属波纹管补偿器和法兰、螺纹接头等管道组成件。架空高度满足道路通行、施工等对净空高度的要求。

（5）制冷系统的严密性试验

制冷系统的压密性试验应符合下列要求：

① 气密性试验应采用干燥空气或氮气进行，气密性试验压力按表8-50执行。

表8-50　气密性试验压力（MPa）

制冷剂	试验压力
R22、R404A、R407C、R502、R717	≥1.8
R134a	≥1.2

② 制冷系统的压力试验，除执行制冷设备厂家的技术条件外，还应符合《工业金属管道工程施工规范》（GB 50235—2010）和《工业金属管道工程施工质量验收规范》（GB 50184—2011）的相关规定。

（6）管道和设备的保冷、保温和防腐

① 管道和设备的保冷、保温。凡管道和设备导致冷损失的部位、将产生凝露的部位和易形成冷桥的部位，均应进行保冷。

管道和设备的保冷设计、计算、选材等均应按现行国家标准《设备及管道绝热技术通则》（GB/T 4272—2008）及《设备及管道绝热设计导则》（GB/T 8175—2008）执行。

穿过墙体、楼板等处的保冷管道，应采取不使保冷结构中断的技术措施。

融霜用热气管应做保温。

② 管道和设备的防腐。制冷管道和设备经排污、严密性试验合格后，均应涂防锈底漆和色漆。冷间光滑排管可仅刷防锈漆。

制冷管道和设备保冷、保温结构所选用的胶粘剂，保冷、保温材料、防锈涂料及色漆的特性应互相匹配，不得有不良的物理、化学反应，并应符合食品卫生的要求。

8.4.5　冷库制冷系统的自动控制和安全保护装置

1. 自动控制

（1）氟制冷系统应符合下列规定：

① 当采用单台氟制冷机组分散布置时，冷间温度、空气冷却器除霜应能自动控制，制冷系统全自动运行。

② 当设有集中的制冷机房，采用多机头并联机组时，冷间温度、机组能量调节应能

自动控制，制冷系统可人工指令运行，也可全自动运行。当空气冷却器采用电热除霜时，应设有空气冷却器排液管温度超限保护。

（2）氨制冷系统应符合下列规定：

① 小型冷库制冷系统宜手动控制，应实现制冷工艺提出的安全保护要求。低压循环贮液桶及中间冷却器供液及氨泵回路宜实现局部自动控制，宜设计集中报警信号系统。

② 大、中型冷库及有条件的小型冷库宜采用人工指令开停制冷机组、制冷系统自动运行的分布式计算机/可编程控制器控制系统。空气冷却器除霜宜采用人工指令或按累计运行时间编程，除霜过程自动控制。

③ 有条件的冷库宜采用制冷系统全自动运行及冷库计算机管理系统。

（3）冷库应设置温度测量、显示及记录系统（装置）。冷间门口宜有冷间温度显示。有特殊要求的冷库，可在冷间门外设置温度记录仪表。

（4）冷间内温度传感器不应设置在靠近门口处及空气冷却器或送风道出风口附近，宜设置在靠近外墙处和冷藏间的中部。冻结间和冷却间内温度传感器宜设置在空气冷却器回风口一侧。温度传感器安装高度不宜低于 1.8m。建筑面积大于 $100m^2$ 的冷间，温度传感器数量不宜少于 2 个。

（5）冷间内空气冷却器动力控制箱宜集中布置在电气间内或分散布置在冷间外的穿堂内，不应在空气冷却器现场设置电动机的急停按钮/开关。

2. 安全保护装置

（1）制冷压缩机安全保护装置除应由制造厂依照相应的行业标准进行配置外，尚应设置下列安全部件：

① 活塞式制冷压缩机排出口处应设止回阀，螺杆式制冷压缩机吸气管处应增设止回阀。

② 制冷压缩机冷却水出水管上应设断水停机保护装置。

③ 应设事故紧急停机按钮。

（2）冷凝器应设冷凝压力超压报警装置。水冷式冷凝器应设断水报警装置，蒸发式冷凝器应设压力表、安全阀及事故风机故障报警装置。

（3）制冷剂泵应设下列安全保护装置：

① 液泵断液自动停泵装置。

② 泵的排液管上应设压力表、止回阀。

③ 泵的排液总管上应设旁通泄压阀。

（4）所有制冷容器、制冷系统加液站集管，以及制冷剂液体、气体分配站集管和不凝性气体分离器的回气管上，均应设压力表或真空压力表。

（5）制冷系统中采用的压力表或真空压力表均应采用制冷剂专用表，压力表的安装高度距观察者站立的平面不应超过 3m。选用精度应符合下列规定：

① 位于制冷系统高压侧的压力表或真空表不应低于 1.5 级。

② 位于制冷系统低压侧的真空表不应低于 2.5 级。

③ 压力表或真空压力表的量程不得小于工作压力的 1.5 倍，不得大于工作压力的 3 倍。

（6）低压循环贮液器、气液分离器和中间冷却器应设超高液位报警装置，并应设有维持其正常液位的供液装置，不应用同一只仪表同时进行控制和保护。

(7) 贮液器、中间冷却器、气液分离器、低压循环贮液器、排液桶、集油器等均应设液位指示器，其液位指示器两端连接件应有自动关闭装置。

(8) 安全阀应设置泄压管。氨制冷系统的安全总泄压管出口应高于周围50m内最高建筑（冷库除外）的屋脊5m，并应采取防止雷击、防止雨水、杂物落入泄压管内的措施。

(9) 制冷系统中的气体、液体及融霜热气分配站的集管、中间冷却器冷却盘管进出口部位，应设测温用的温度计套管或温度传感器套管。

(10) 设于室外的冷凝器，油分离器等设备，应有防止非操作人员进入的围栏。设于室外的制冷机组、贮液器，除应设围栏外，还应有通风良好的遮阳设施。

(11) 冻结间、冷却间、冷藏间等冷间内不宜设置制冷阀门。

(12) 冷库冷间使用的空气冷却器宜设置人工指令自动融霜装置及风机故障报警装置。

(13) 对使用氨作制冷剂的冷库制冷系统，宜装设紧急泄氨器，在发生火灾等紧急情况下，将氨液溶于水，排至经当地环境保护主管部门批准的消纳贮缸或水池中。

(14) 对使用氨作制冷剂的冷库制冷系统，其氨制冷剂总的充注量不应超过40000kg，具有独立氨制冷系统的相邻冷库之间的安全隔离距离不应小于30m。

8.4.6 装配式冷库

装配式冷库是一种拼装快速，简易的冷藏设备。

1. 装配式冷库的优点

装配式冷库与土建冷库相比有以下优点：

(1) 隔热层为聚氨酯时，导热系数λ=0.023W/（m·K）；隔热层为聚苯乙烯时，导热系数λ=0.040W/（m·K）。这类材料的防水性能好，吸水率低，外面覆以涂料面板，使得其蒸汽渗透阻值$H \to \infty$。因此，具有良好的保温隔热和防潮防水性能，使用范围可在－50～＋100℃。

(2) 整个冷库的结构均为工厂化生产预制，现场组装，质量稳定，工期短。

(3) 采用不锈钢板或喷塑钢板材料，可满足食品贮藏的卫生要求。

(4) 质量轻，不易霉烂，阻燃性能好。

(5) 抗压强度高，抗震性能好。

(6) 组合灵活，安装方便，或根据用户需求并配置制冷机组和自控元件。

2. 装配式冷库的分类

目前市场上销售的装配式冷库一般按以下分类：按使用场所分为室内型和室外型；按冷却方式分为水冷式和风冷式；按冷分配形式分为冷风式和排管式；按库房结构分为单间型和分隔型；按面板材料分为不锈钢板装配式冷库、彩钢板装配式冷库和玻璃钢板装配式冷库。

单间型装配式冷库的围护结构组成如图8-3所示。

3. 装配式冷库的隔汽、防潮

装配式冷库围护结构的库板是工厂化生产、现场组装，目前市场上销售的装配式冷库采用的是聚氨酯保温预制板，内外均具有良好的封装，隔汽、防潮的重点是处理好板材之间的拼接，对装配式冷库的隔汽、防潮构造则应采用以下做法：

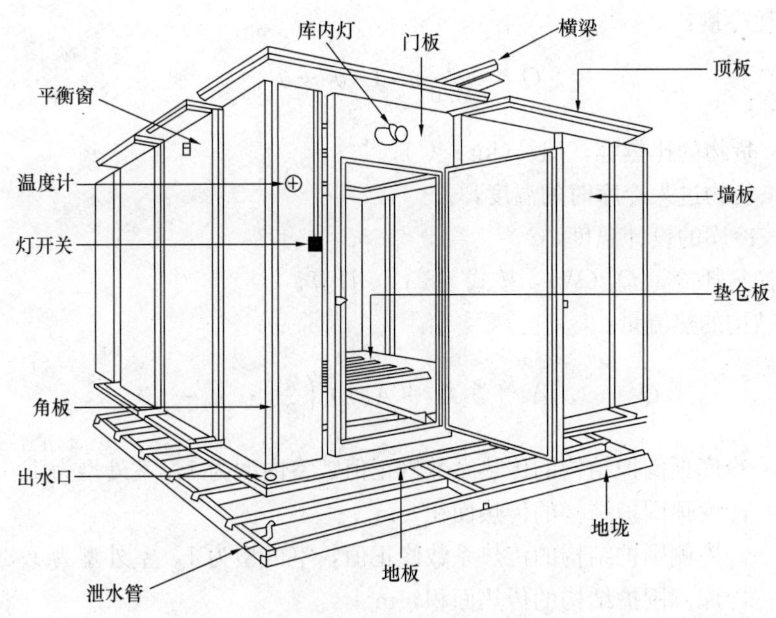

图 8-3 单间装配式冷库的围护结构组成

(1) 应选择性能良好的密封材料，具有优良的防蒸汽渗透性，良好的承受板材形变应力的能力，与板材表面有极强的粘结力。

(2) 采用密封材料密封出的薄弱环节应便于实现定期检查和维护。

4. 装配式冷库选用条件

(1) 库外的环境温度及湿度：温度为 35℃；相对湿度 80%。

(2) 冷库的库级与库内设定温度：L 级冷库（保鲜库）：−5～5℃；D 级冷库（冷藏库）−18～−10℃；J 级冷库（冷藏库）−28～−23℃。

(3) 进货温度：L 级冷库≤30℃；D 级冷库熟货≤15℃、冻货≤−10℃；J 级冷库≤−15℃。

(4) 冷库的堆货有效容积为公称容积的 60%左右，贮存果蔬时再乘以 0.8 的修正系数。

(5) 每天进货量为冷库有效容积的 8%～10%，未经冻结的熟货直接进入冷藏间，日进货量不得超过规定容量的 5%。

(6) 制冷机的工作系数为 50%～80%。

5. 装配式冷库的选用步骤

(1) 根据冷库的冷藏要求，结合商家的供货范围，选定冷库的类型和库级；确定冷库的尺寸。

(2) 装配式冷库总制冷负荷计算：

① 冷库计算吨位，按式（8-3）计算。

② 每天进货量：

$$m = 0.1G \tag{8-30}$$

式中 G——冰库的计算吨位，t。

③ 货物耗冷量：

$$Q_2 = \frac{1}{3.6} m \cdot C(\theta_1 - \theta_2) \tag{8-31}$$

式中　C——货物的比热容，kJ/（kg·℃）；

θ_1——货物进入冷库时的温度，℃；

θ_2——冷库的设计温度，℃。

④ 通风换气耗冷量 Q_3（W），按式（8-12）计算。

⑤ 围护结构的热流量：

$$Q_1 = (a_1 A_S + a_2 A_C + A_X) \cdot \left(\frac{\lambda}{\delta}\right) \cdot (t_w - t_n) \tag{8-32}$$

式中　a_1——冷库顶围护结构的传热系数修正值，室内型为1，室外型为1.6；

A_S——冷库顶围护结构的传热面积，m^2；

a_2——冷库侧围护结构的传热系数修正值，室内型为1，室外型为1.3；

A_C——冷库侧围护结构的传热面积，m^2；

A_X——冷库地坪的传热面积，m^2；

λ——隔热材料的导热系数，W/（m·K）；

δ——隔热材料的厚度，m；

t_w——冷库围护结构外侧计算温度，℃；

t_n——冷库围护结构室内计算温度，℃。

⑥ 冷库总制冷负荷：

$$Q = 1.1(Q_1 + Q_2 + Q_3) \quad \text{(W)} \tag{8-33}$$

（3）结合商家的样本进行具体选型。

（4）综合已经使用的装配式冷库的数据归纳统计结果，反映于表8-51中，有关数据可供选用时参考。

表8-51　贮藏鲜蛋、果蔬的装配式冷库系列

	序号		1	2	3	4	5	6	7	8
冷间规格	公称容积（m^3）		513	772	1143	1700	2270	2966	3863	4885
	冷间净面积（m^2）		127	191	213	298	398	570	678	875
	冷间高度（m）		4.04	4.04	4.38	5.7	5.7	5.7	5.7	5.7
	冷间容积利用系数		0.4	0.45	0.505	0.535	0.55	0.555	0.56	0.565
	公称吨位（t）	鲜蛋	57	90	145	226	339	396	565	735
		果蔬	50	80	130	200	300	350	500	650
冷藏负荷（W）	鲜蛋	设备负荷	8617	11887	17252	23657	34393	40015	52233	67909
		机械负荷	7377	10082	14657	19829	28830	33235	43203	56216
	果蔬	设备负荷	13663	20735	30330	46628	67739	77790	107222	138266
		机械负荷	11588	17528	27877	42583	61749	70525	97121	125127

续表

冷藏单位负荷（W/t）	鲜蛋	设备负荷	151	133	119	105	101	101	92	92
		机械负荷	129	112	101	87	85	84	77	77
	果蔬	设备负荷	273	259	234	234	226	222	214	213
		机械负荷	231	219	214	213	206	201	194	193

注：1. 室外计算温度为31℃，相对数度为80%；室内计算温度为0℃，相对湿度为90%；冷凝温度为38℃，蒸发温度为－10℃。

2. 鲜蛋每天进货量按5%，果蔬按8%，进货温度均按25℃，加工时间按24h计算。

3. 果蔬冷库的通风换气次数按2次/d计算，隔热板的芯材为聚氨酯泡沫塑料，厚度100mm。

8.5 人工冰场的基本设计条件

8.5.1 冰场的尺寸

冰场分为冰球场、冰壶场和速滑场，冰球场地一般为：长度60～61m，宽度30m，场地四周圆弧半径为8.5m的冰场。速滑场共设三条跑道，一般里道为宽4m的练习跑道，中道和外道为各5m的比赛跑道，总宽14m。直段长111.98m，弯道曲率半径从内向外分别为21m、25m、30m和35m。里道冰面积1474m^2，中道1984m^2，外道2141m^2，速滑场总设计冰面面积5599m^2。冰壶场地长44.5m，宽4.75m，也可在冰球场地中进行，花样滑冰竞赛一般在冰球场地内进行。娱乐性冰场的尺寸可以任意确定。

8.5.2 冰面温度

冰面温度随运动项目不同而有差异。冰球场地为－7～－6℃，短道速滑场地为－6～－4℃，400m速滑场地为－7～－5℃，花样滑冰场地为－5～－3℃，冰壶场地为－5～－4℃。大众娱乐性冰场为－2℃。

8.5.3 冰面风速

冰面风速的大小直接影响冰场负荷，冰球、冰壶和娱乐性冰场为1.0m/s，400m速滑为0.7m/s，花样滑冰为0.7m/s。

8.5.4 冰面厚度

冰层应具有一定的厚度才能保证必要的强度，但是冰层过厚，热阻过大，会导致制冷机蒸发温度下降。一般冰层厚度应为30～50mm。比赛训练性冰场，冰面厚度一般取30～40mm。娱乐性冰场冰面厚度一般取50mm。对于间接供冷的人工冰场，为了防止载冷剂温度降低，冰层厚度一般不大于40mm。

8.5.5 室内设计温度

一般夏季取24～28℃，相对湿度不大于60%。冬季一般取16℃。

8.6　人工冰场的场地构造与排管

8.6.1　人工冰场的场地构造

人工冰场场地的构造，与当地天然地基有关。有地下水的地方必须进行良好的排水，否则会导致冰面膨胀破裂。故不能在沼泽地或低洼处建人工冰场，也不宜在黏土层、半黏土层或岩层建造。不得已时须对原地基换土，挖去岩石或黏土，用碎石和砂砾经过碾压，建一个深 1.2m 的人工地盘。

在地坪结构设计中，考虑到结冰和解冻引起的热胀冷缩，应对地坪结构层留出相对地基可以自由移动的间隙。集管地沟的设计，也应给管道留有伸缩的空间。因此，地坪结构可分为基层和面层两部分。基层要求具有防水、滑动、保温和导水的功能。面层有三种类型：钢筋混凝土面层、充砂面层和裸管面层。对于娱乐性和非永久性冰场，做法可以简化：将排管放置在防腐处理后的枕木或钢垫上；枕木或钢垫安放在天然地面上，然后填砂。

典型的永久性冰地坪的结构如图 8-4 所示。

8.6.2　人工冰场的排管布置

排管可沿冰场长度或宽度方向布置，制冷剂供液管和回气管（载冷剂供液管和回液管）同侧或异侧布置；供回液管也可按异程或者同程布置。图 8-5 表示排管沿冰场长度方向布置，供回液管设在同程或异程的方案。对于间接供冷方式，采用同程布置方式，在每个回液管支管上应加装阀门，调节通过每个支管的载冷剂流量，以保证冰面温度的均匀性。

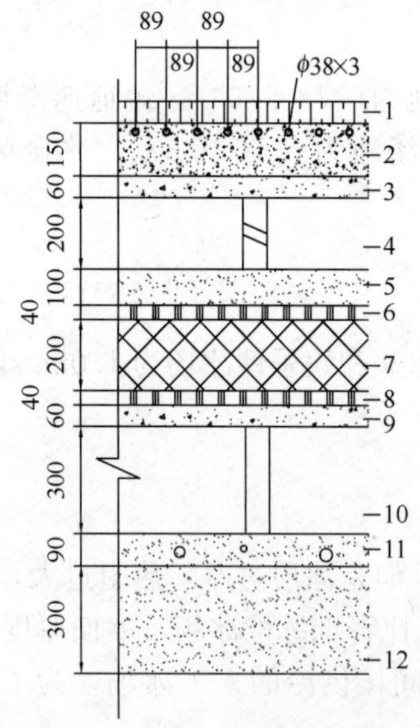

图 8-4　室内冰球场冰场地面构造

1—冰层；2—防冻混凝土；3、9—预制板；4—滑动层；5、11—现浇混凝土；6、8—防潮层；8—软木保温层；10—架空层；12—3∶7 灰土层

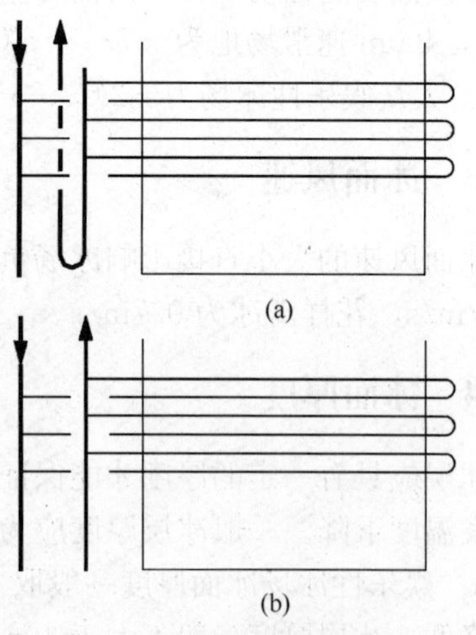

图 8-5　供液管和回液管的布置

（a）同程布置；（b）异程布置

排管管径与管中心距见表 8-52。我国室内冰场，其管径大多为 ϕ38mm。壁厚为 2.5～3.0mm，管中心距为 85～100mm。

表 8-52 排管管径和管中心距（mm）

	管径	管中心距	备注
美国 ASHRAE	ϕ20		小型冰场
	ϕ25	89	大型冰场
	ϕ32	≤102	大型冰场
日本	ϕ27	80	钢管
	ϕ34	90	钢管
	ϕ42.7	100	钢管
	ϕ34	80～90	聚乙烯管

8.7 人工冰场冷负荷计算

人工冰场的负荷是指人工冰场所需的制冷量，冰场的负荷可分为初冻负荷和维持负荷。初冻负荷是指冰场投入使用时，对冰场进行预冷、浇水、冻冰达一定厚度所需的制冷量，维持负荷是指维持人工冰场冰面一定温度、一定厚度，冰面包括维修冰面（浇热水再结冻）所需的冷量。一般可采用延长初冻时间和利用夜间冻结等措施来减少初冻负荷，冰场设计负荷可取最大的维持负荷。但对于比赛用的人工冰场，应取初冻负荷和维持负荷二者之间的大者作为冰场设计负荷。

冰场负荷的大小，主要取决于冰场的用途和构造，冰面面积大小，所处地区等因素。除可根据冰面的对流放热负荷、对流传质负荷、冰面与围护结构内表面辐射传热负荷、地下传热负荷、冰面修理负荷、人与照明负荷等具体分项计算外，一般可根据经验数据和实测数据为基础来确定。

常用的负荷确定方法有指标估算法、图表计算法。

8.7.1 指标估算法

ASHRAE 手册根据冰场类型，给出了单位面积冷负荷的概算指标（表 8-53）。

表 8-53 冰场单位面积冷负荷的概算指标

冰场类型	冰场类型冷负荷概算指标（W/m²）
4～5 个冬季月	
冰球场（室内）	108～252
冰球场（室外）	190～302
娱乐性冰场（室内）	127～216
娱乐性冰场（室外）	127～445
使用期：全年使用（室内）	
比赛场（室内）	252～379
冰球场、娱乐性冰场	216～291
花样滑冰	205～280
室外冰场（有遮挡）	291～505

注：混凝土面层厚度（或砂层厚度）均不大于 25.4mm，冰层厚度为 38.1mm。

8.7.2 图表计算法

美国、加拿大、日本等国给出了图 8-6 所示的计算冰场单位面积负荷的先算图。根据冰场的使用性质，由表 8-54 确定使用系数，再根据使用系数和湿球温度由图 8-6 求出单位面积的冷负荷。

表 8-54 冰场使用系数

冰场性质	使用系数	冰场性质	使用系数
冰球场	7.5	全年性花样滑冰场	2.5
娱乐性冰场（业务不忙）	7.5	比赛冰场	7.5
娱乐性冰场（业务忙）	10	有遮阳的室外冰场	15～20
冰壶场	5		

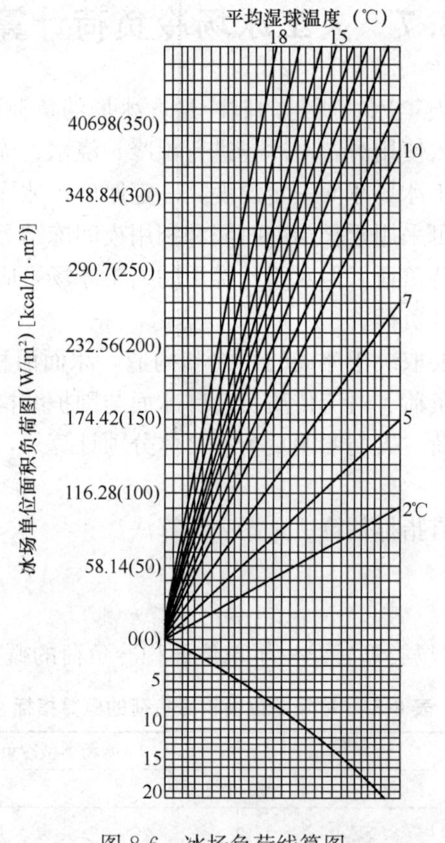

图 8-6 冰场负荷线算图

8.8 人工冰场制冷系统设计

8.8.1 供冷方式的选择

冰场供冷方式可分为直接供冷与间接供冷两种。其原理与特点详见表 8-55。

表 8-55　冰场供冷方式、原理及特点

方式	直接供冷	间接供冷
原理	用氨（或 R22）泵直接供冷（或直接膨胀供冷），冰场地坪内的盘管即为蒸发器	利用氯化钙、乙二醇水溶液等，与制冷机在蒸发器内换热后，进入冰场盘管做间接供冷
特点	1. 投资省，冷量损失少，同样冰面温度下有较高的蒸发温度，制冷系数 COP 高，冷却速度快（8～20h）易于控制 2　氨充注量比常规制冷系统多，会发生氨泄漏事故，存在安全隐患 3. 管内制冷剂有限，蓄冷能力较差 4. 室外冰场负荷大，盘管长，一般优先考虑本方式	1. 装置复杂，初投资高，较直接供冷高 20%～25% 2. 蒸发温度比直接供冷低 5～6℃，因此 COP 值较低运行经济性较差，冷却速度＞72h 3. 盐水对钢管有腐蚀性，宜用塑料管，或用乙二醇水溶液作载冷剂 4. 间接供冷还可分为开式和闭式循环，闭式管路不易腐蚀，输液能耗低 5. 安全性好

8.8.2　制冷设备的选择

确定制冷设备容量时，应考虑损失附加量。对于直接供冷方式，负荷附加系数为 1.07，间接供冷方式应另外考虑载冷剂循环泵的附加系数 1.05～1.06。

间接供冷系统载冷剂进出温度和蒸发温度，决定于场地排管表面温度。场地排管表面温度在一定的传热负荷下，与要求的冰面温度、材料导热率等因素有关，排管表面温度确定后，可进一步确定载冷剂进出温度或蒸发温度，从而选定制冷机规格。

每路排管的传热量 Q（W）为：

$$Q = S\lambda(t_b - t_p) \tag{8-34}$$

$$S = \frac{2\pi l}{\ln\left[\frac{2s}{\pi d} \cdot sh\left(2\pi \frac{h}{d}\right)\right]} \tag{8-35}$$

式中　S——导热系统的形状系数；

λ——材料的导热系数，W/(m·℃)；

t_b——冰面温度，℃；

s——排管的中心距，m；

d——排管的直径，m；

h——排管中心至冰表面的距离，m；

l——管长，m。

冰面温度和载冷剂温度可按表 8-56 确定。

表 8-56　冰面温度、载冷剂温度及制冷剂蒸发温度（℃）

项目	冰面温度	载冷剂温度	制冷剂蒸发温度	备注
冰球	−5～−4	−13～−12	−16～−15	维持冰温度时盐水温度可比初冻时低 2.5～4℃
花样滑冰	−2	−10～−8	−13～−11	

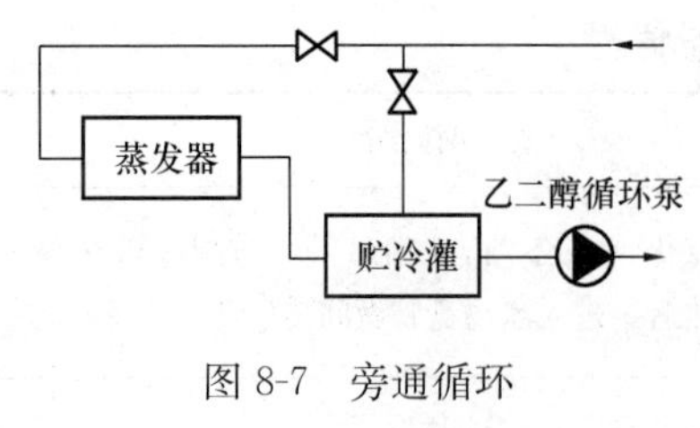

图 8-7 旁通循环

冰层厚度一般为 30～50mm，大众滑冰场冰面易受损，可取厚的冰层。

国外大型冰场采用离心式制冷机。我国有可以利用的低温冷水机组，在设计工况下，盐水进出温差为 5℃，而冰场盐水进出温差要求仅为 1～2℃。这样在相同的冷量下，冰场排管的盐水流量远大于盐水机组额定工况下的流量。为此可按图 8-7 所示采用旁通循环的方式解决此问题。

8.9 人工冰场消雾和防结露措施

8.9.1 消雾措施

冰场表面附近的空气温度接近冰温，随高度增加而迅速接近室温。冰场运行时，冰面附近的空气不断与室内空气混合，其混合后的空气状态很可能处于焓湿图上的雾区，也就是在冰面上一定高度范围内，实际水蒸气量超过了与温度相对应的饱和水蒸气量。其现象为在冰面上起雾。这一现象在冰面上空气不流动时尤为严重。消除雾气的措施有：

1. 向冰面送风，加强室内空气与冰面附近空气的混合，使混合后的空气状态接近室内空气状态，远离露点。从气流组织上讲，选择上送下回的方式，回风口接近冰场。

2. 室内冰场加装除湿机，或利用部分载冷剂的回水作为空气处理机的冷源，提高空气处理机的除湿能力，降低室内空气的露点温度。

3. 减少室内湿源，夏季应尽量减少新风量。

8.9.2 防结露措施

冰场顶棚受冰面冰层冷辐射的影响，能使顶棚表面温度低于冰场空气的露点温度，因而引起结露，影响使用，解决结露的措施有：

1. 采用低辐射率的材料，如铝箔、抛光铝板、玻璃钢瓦楞板等作顶棚表面材料，减少对冰面的热辐射，同时使顶棚表面维持一个较高的温度，使之高于场内空气的露点温度。

2. 用加热空气送至顶棚，提高顶棚表面温度，以防止结露。在夏季可直接利用室外空气（>32℃）送至顶棚。送风口水平射出为好，以便在顶部形成一个热空气层，从而避免屋顶结露。

8.10 设 计 实 例

一个单层 500t 生产性冷库，采用砖墙、钢筋混凝土梁、柱和板建成。隔热层外墙和阁楼采用聚氨酯现场发泡，冻结间内墙贴软木，地坪采用炉渣并装设水泥通风管。整个制冷系统设计计算如下。

8.10.1 设计条件

1. 气象

夏季室外计算温度 32℃；

相对湿度 64％。

2. 水温

按循环冷却水系统考虑，冷凝器进水温度为 30℃，出水温度为 32℃。

3. 生产能力

冻结能力　20t/d，采用一次冻结；

冷藏容量　冻结物冷藏间冷藏容量为 500t。

4. 制冷系统

冷凝温度；蒸发温度。

采用氨直接蒸发制冷系统。冻结物冷藏间温度为－18℃；冻结间温度为－23℃。

5. 冷库的平面布置

冷库的平面布置如图 8-8 所示。

8.10.2 设计计算

1. 库容量计算

（1）No.1 库

① 库房净面积 $A=20\times7.86=157.2m^2$。

② 库房净高 $H=5m$。

③ 公称容积 $V=157.2\times5=786m^3$。

④ 货物计算密度 $\rho=400kg/m^3$。

⑤ 容积利用系数 $\eta=0.55$。

⑥ 冷藏吨位 $G_1=786\times400\times0.55/1000=172.92t$。

（2）No.2 库

① 库房净面积 $A=20\times7.72=154.4m^2$。

② 库房净高 $H=5m$。

③ 公称容积 $V=154.4\times5=772m^3$。

④ 货物计算密度 $\rho=400kg/m^3$。

⑤ 容积利用系数 $\eta=0.55$。

⑥ 冷藏吨位 $G_2=772\times400\times0.55/1000=169.84t$。

（3）No.3 库

冷藏吨位同 No.1 库，$G_3=172.92t$。

冻结物冷藏库吨位 $G=G_1+G_2+G_3=515.68t$，负荷要求。

2. 围护结构的传热系数计算

主要计算外墙、内墙、地坪和阁楼层的传热系数（冻结物冷藏间内墙不做隔热层），见表 8-57～表 8-60。

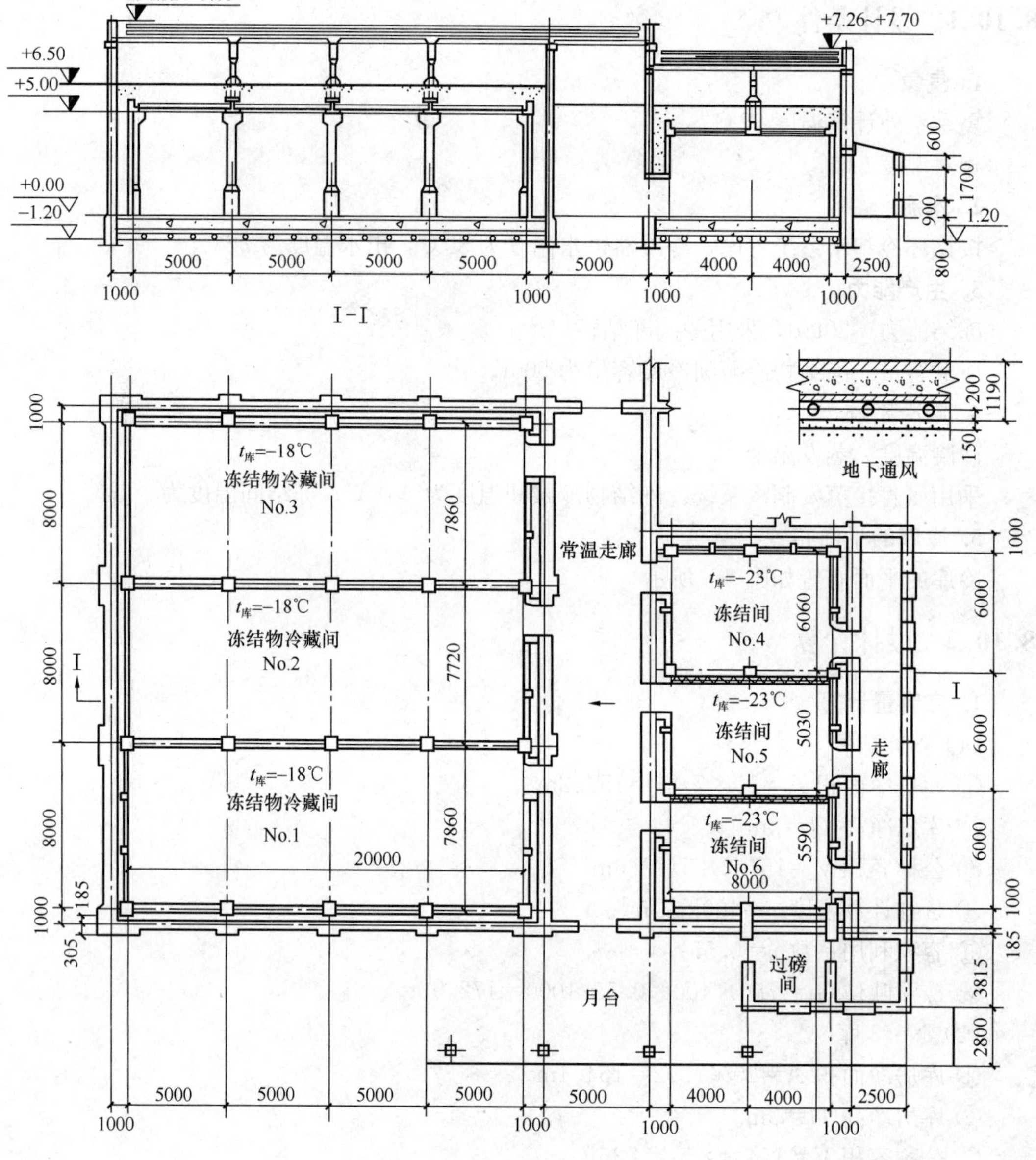

图 8-8　冷库的平面布置

表 8-57　外墙传热系数的计算

结构层次（由外向内）		厚度 δ（m）	热导率 λ[kcal/(m·h·℃)]	热阻 $R=\delta/\lambda$[(m^2·h·℃)/kcal]
1	外墙外表面空气热阻	$1/\alpha_w$	23	0.043
2	20mm 厚水泥砂浆抹面	0.02	0.8	0.025
3	370mm 厚预制混凝土砖墙	0.37	0.7	0.5286
4	20mm 厚水泥砂浆抹面	0.02	0.8	0.025
5	冷底子油一道			

续表

结构层次（由外向内）			厚度 δ（m）	热导率 λ[kcal/(m·h·℃)]	热阻 $R=\delta/\lambda$[(m^2·h·℃)/kcal]
6	一毡二油　油毡		0.002	0.15	0.0133
	沥青		0.003	0.4	0.0075
7	150mm 厚聚氨酯隔热层		0.15	0.031	4.8387
8	20mm 厚 1∶2.5 水泥砂浆抹面		0.02	0.8	0.025
9	外墙内表面空气热阻	冻藏间	$1/\alpha_n$	8	0.125
		冻结间		29	0.034
	总热阻 R_0	冻藏间	—		5.6311
		冻结间			5.5401
10	传热系数 K	冻藏间	—		0.1776
		冻结间			0.1805

表 8-58　冻结间内墙传热系数的计算

结构层次（由外向内）		厚度 δ（m）	热导率 λ[kcal/(m·h·℃)]	热阻 $R=\delta/\lambda$[(m^2·h·℃)/kcal]
1	外墙外表面空气热阻	$1/\alpha_w$	29	0.034
2	20mm 厚水泥砂浆抹面	0.02	0.8	0.025
3	120mm 厚混合砂浆抹面	0.12	0.7	0.1714
4	20mm 厚水泥砂浆抹面	0.02	0.8	0.025
5	冷底子油一道			
6	一毡二油　油毡	0.002	0.15	0.0133
	沥青	0.003	0.4	0.0075
7	80mm 厚聚氨酯隔热层	0.08	0.031	2.58
8	一毡二油　油毡	0.002	0.002	0.0133
	沥青	0.003	0.003	0.0075
9	20mm 厚 1∶2.5 水泥砂浆抹面	0.02	0.8	0.025
10	内墙内表面空气热阻	$1/\alpha_n$	29	0.034
	总热阻 R_0		—	5.6311
	传热系数 K		—	0.1776

表 8-59　地坪传热系数的计算

结构层次（由下向上）		厚度 δ(m)	热导率 λ[kcal/(m·h·℃)]	热阻 $R=\delta/\lambda$[(m^2·h·℃)/kcal]
1	60mm 厚细石钢筋混凝土	0.06	1.35	0.0444
2	15mm 厚水泥砂浆抹面层	0.015	0.8	0.0187
3	一毡二油　油毡	0.002	0.15	0.0133
	沥青	0.003	0.4	0.0075

续表

结构层次（由下向上）		厚度 δ(m)	热导率 λ[kcal/(m·h·℃)]	热阻 $R=\delta/\lambda$[(m²·h·℃)/kcal]
4	20mm厚水泥砂浆抹面层	0.02	0.8	0.025
5	50mm厚炉渣预制块	0.05	0.35	0.1428
6	540mm厚炉渣层	0.54	0.28	1.9285
7	15mm厚水泥砂浆保护层	0.015	0.8	0.0187
8	二毡三油　油毡	0.004	0.15	0.015
	沥青	0.006	0.4	0.0075
9	20mm厚水泥砂浆保护层	0.02	0.8	0.025
10	530mm厚单层红砖干铺	0.53	0.7	0.0757
11	400mm厚干砂垫层	0.4	0.5	0.8
12	150mm厚3∶7灰土垫层	0.15	0.345	0.4347
13	100mm厚碎石灌50号水泥砂浆	0.1	0.6	0.1666
14	内墙内表面空气热阻　冻藏间	$1/\alpha_n$	8	0.125
	内墙内表面空气热阻　冻结间		29	0.034
	总热阻 R_0　冻藏间	—		3.8675
	总热阻 R_0　冻结间			3.7765
	传热系数 K　冻藏间	—		0.2586
	传热系数 K　冻结间			0.2648

表 8-60　屋顶阁楼传热系数的计算

结构层次（由外向内）		厚度 δ(m)	热导率 λ[kcal/(m·h·℃)]	热阻 $R=\delta/\lambda$[(m²·h·℃)/kcal]
1	外墙外表面空气热阻	$1/\alpha_w$	29	0.034
2	40mm厚预制混凝土板	0.04	1.1	0.0363
3	空气间层	0.02	—	0.23
4	二毡三油　油毡	0.004	0.15	0.0266
	沥青	0.006	0.4	0.015
5	20mm厚水泥砂浆找平层	0.02	0.8	0.025
6	30mm钢筋混凝土屋盖	0.03	1.35	0.0222
7	空气间层	1.5	—	0.24
8	150mm厚聚氨酯隔热层	0.15	0.031	4.8387
9	250mm厚钢筋混凝土板	0.25	1.35	0.1851
10	内墙内表面空气热阻　冻藏间	$1/\alpha_n$	8	0.125
	内墙内表面空气热阻　冻结间		29	0.034
	总热阻 R_0　冻藏间	—		5.8269
	总热阻 R_0　冻结间			5.7359
	传热系数 K　冻藏间	—		0.1716
	传热系数 K　冻结间			0.1743

3. 围护结构的传热面积

冷库围护结构的传热面积计算见表 8-61。

表 8-61 冷库围护结构的传热面积计算表

计算部位		传热面积 长（m）	高（m）	面积（m^2）
No. 1	东墙	9.185	7.49	68.795
	南墙	22.37	7.49	167.551
	西墙	9.185	7.49	69.795
	北墙	20	7.49	149.8
	屋顶、阁楼、地坪	20	7.86	157.2
No. 2	东墙	8	7.49	59.92
	西墙	8	7.49	59.92
	屋顶、阁楼、地坪	20	7.49	154.4
No. 3	东墙	9.185	7.49	68.795
	西墙	9.185	7.49	69.795
	北墙	22.37	7.49	167.551
	屋顶、阁楼、地坪	20	7.86	157.2

计算部位		传热面积 长（m）	高（m）	面积（m^2）
No. 4	东墙	7.42	6.29	46.672
	南墙	8	6.29	50.32
	西墙	7.42	6.29	46.672
	北墙	10.37	6.29	65.227
	屋顶、阁楼、地坪	8	6.06	48.48
No. 5	东墙	6	6.29	37.74
	西墙	6	6.29	37.74
	北墙	8	6.29	50.32
	屋顶、阁楼、地坪	8	5.65	45.2
No. 5	东墙	6.95	6.29	43.716
	南墙	10.37	6.29	65.227
	西墙	6.95	6.29	43.716
	屋顶、阁楼、地坪	8	5.59	44.72

4. 冷库热负荷的计算

（1）冷库围护结构的热负荷的计算见表 8-62。

表 8-62 冷库围护结构的热负荷

冷间序号	墙体方向	K	α	A	t_w	t_n	$Q_1=KA\alpha\ (t_w-t_n)$
No. 1	东墙	0.1776	1.05	68.795	32	−18	641.44
	南墙	0.1776	1.05	167.55	32	−18	1562.24
	西墙	0.1776	1.05	68.795	32	−18	641.25
	阁楼层	0.1776	1.2	157.2	32	−18	1618.53
	地坪	0.2586	0.7	157.2	32	−18	1422.82
	此间合计						5886.47
No. 2	东墙	0.1776	1.05	59.82	32	−18	557.76
	西墙	0.1776	1.05	59.82	32	−18	557.76
	阁楼层	0.1776	1.2	154.4	32	−18	1589.7
	地坪	0.2586	0.7	154.4	32	−18	1397.47
	此间合计						4102.7

续表

冷间序号	墙体方向	K	α	A	t_w	t_n	$Q_1=KA\alpha\ (t_w-t_n)$
No. 3	东墙	0.1776	1.05	68.795	32	−18	641.44
	西墙	0.1776	1.05	68.795	32	−18	641.44
	北墙	0.1776	1.05	167.55	32	−18	1562.24
	阁楼层	0.1776	1.2	157.2	32	−18	1618.53
	地坪	0.2586	0.7	157.2	32	−18	1422.82
	此间合计						5886.47
No. 4	东墙	0.1805	1.05	46.671	32	−23	486.49
	南墙	0.3406	1	50.32	32	−23	942.64
	西墙	0.1805	1.05	46.67	32	−23	486.48
	北墙	0.1805	1.05	65.227	32	−23	679.92
	阁楼层	0.1743	1.2	48.48	32	−23	557.7
	地坪	0.2648	0.7	48.48	32	−23	494.24
	此间合计						3647.49
No. 5	东墙	0.1805	1.05	37.74	32	−23	393.4
	南墙	0.3406	1	50.32	32	−23	942.64
	西墙	0.1805	1.05	37.74	32	−23	393.4
	北墙	0.3406	1	50.32	32	−23	942.64
	阁楼层	0.1743	1.2	45.2	32	−23	519.97
	地坪	0.2648	0.7	48.48	32	−23	494.24
	此间合计						3686.3
No. 6	东墙	0.1805	1.05	43.715	32	−23	455.68
	南墙	0.1805	1.05	65.227	32	−23	679.92
	西墙	0.1805	1.05	43.715	32	−23	455.68
	北墙	0.3406	1	50.32	32	−23	942.64
	阁楼层	0.1743	1.2	44.72	32	−23	514.45
	地坪	0.2648	0.7	44.72	32	−23	455.91
	此间合计						3504.28

（2）货物热流量

该库有3间冻结间，每间冻结能力为5t/d，共15t/d。假设冻结的食品为猪肉。

① 冻结间　食品在冻结前的温度按35℃计算，经过20h后的温度为－15℃。从表中查得 $h_1=318\times10^3$ J/kg，$h_2=12.1\times10^3$ J/kg，则

$$Q_2 = 1.1\times5000\times\frac{(318-12.1)\times10^3}{3600\times20} = 23.367\times10^3\,\text{W}$$

② 冻结物冷藏间　进货量为15t/d，食品入库前温度为－15℃，经冷藏24h后达－18℃，从表中差得 $h_1=12.1\times10^3$ J/kg，$h_2=4605$ J/kg，则

$$Q_2 = 1.1\times5000\times\frac{12100-4605}{3600\times24} = 1431\,\text{W}$$

(3) 通风换气热流量　冻结物冷藏间、冻结间不需要换气的库房，因而没有通风换气的耗冷量。

(4) 电动机运转热流量　冻结物冷藏间采用光滑顶排管，故无电动机运转热流量。

4～6号冻结间电动机的运行热流量相同，冷风机使用的电动机有3台，每台功率为2.2kW，$P_d=2.2$ kW，$\zeta=1$，$b=1$。

$$Q_4 = 2.2\times1000\times3\times1\times1 = 6600\,\text{W}$$

(5) 操作热流量

① 1号冻结物冷藏库　库房面积 $A_d=157.2\text{m}^2$。照明耗冷量为：每平方米地板面积照明热量 $Q_d=2.3\text{W/m}^2$。$V_n=786\text{m}^3$，$n'_k=1$，$n_k=2.3$，$h_w=66.989$ kJ/kg，$h_n=-16.077$ kJ/kg，$M=0.5$，$\rho_n=1.36\text{kg/m}^3$，$n_r=3$，$Q_r=410$ W。

$$\begin{aligned}Q_5 &= 2.3\times157.2+\frac{1}{3.6}\times\frac{1\times2.3\times786(66.989+16.077)\times0.5\times1.39}{24}\\&\quad+\frac{3}{24}\times3\times410\\&= 1723.50\,\text{W}\end{aligned}$$

② 2号冻结物冷藏库　库房面积 $A_d=154.4\text{m}^2$，$V_n=772\text{ m}^3$，其余各量与上相同。

$$\begin{aligned}Q_5 &= 2.3\times154.4+\frac{1}{3.6}\times\frac{1\times2.3\times772(66.989+16.077)\times0.5\times1.39}{24}\\&\quad+\frac{3}{24}\times3\times410\\&= 1695.54\,\text{W}\end{aligned}$$

③ 3号冻结物冷库　与1号冻结物冷藏间相同，均为1723.50W。冻结间不计操作热流量。

(6) 总热负荷

① 冷间冷却设备负荷计算

$$Q_s = Q_1 + pQ_2 + Q_3 + Q_4 + Q_5$$

其中，冻结物冷藏间 $p=1$，冻结间 $p=1.3$，见表8-63。

表 8-63 冷却设备负荷

序号	冷间名称	Q_1	pQ_2	Q_3	Q_4	Q_5	Q_s
1	No. 1 冻结物冷藏间	5886.47	1431	—	—	1723.5	9040.97
2	No. 2 冻结物冷藏间	4102.7	1431	—	—	1695.54	7229.24
3	No. 3 冻结物冷藏间	5886.47	1431	—	—	1723.5	9040.97
4	No. 4 冻结间	3647.49	1.3×23367	—	6600	—	34024.59
5	No. 5 冻结间	3686.3	1.3×23367	—	6600	—	34063.4
6	No. 6 冻结间	3504.28	1.3×23367	—	6600	—	33881.38
总计							127280.6

② 机械负荷计算

$$Q_j = (n_1 \Sigma Q_1 + n_2 \Sigma Q_2 + n_3 \Sigma Q_3 + n_4 \Sigma Q_4 + n_5 \Sigma Q_5)R$$

其中 $n_1=1$，冻结物冷藏间 $n_2=0.5$，冻结间 $n_2=1$；$n_4=0.5$；$n_5=0.5$；$R=1.07$，见表 8-64。

表 8-64 机器负荷

序号	冷间名称	n_1Q_1	n_2Q_2	n_3Q_3	n_4Q_4	n_4Q_5	Q_j
1	No. 1 冻结物冷藏间	5886.47	0.5×1431	—	—	0.5×1723.5	7463.72
2	No. 2 冻结物冷藏间	4102.7	0.5×1431	—	—	0.5×1695.54	5665.97
3	No. 3 冻结物冷藏间	5886.47	0.5×1431	—	—	0.5×1723.5	7463.72
4	No. 4 冻结间	3647.49	1×23367	—	0.5×6600	—	30314.49
5	No. 5 冻结间	3686.3	1×23367	—	0.5×6600	—	30353.3
6	No. 6 冻结间	3504.28	1×23367	—	0.5×6600	—	30171.28
总计							119232.8

5. 制冷压缩机的选择计算

冷库热负荷计算后，便可按机器总负荷 Q_j 进行制冷压缩机的选择。按冷库的设计条件，确定冷凝温度、氨液冷凝后的再冷温度以及制冷压缩机循环的级数，然后进行计算。

(1) 蒸发温度 冷库要求冷藏间的温度为－18℃，冻结间温度为－23℃。如果蒸发温度与库温差为 10℃，并在本设计中，冻结间与冻结物冷藏间共用一个蒸发温度，则蒸发温度为－33℃。

(2) 冷凝温度 冷凝温度决定于冷却水温度，本设计中的水源是自来水。一般不能采用直流供水系统，而采用冷却塔的循环供水系统。取冷却塔出水温度（即冷凝器进水温度）$t_1=30$℃。如果冷凝器为立式冷凝器，冷却水在冷凝器中温升定为 2℃，取传热温差约为 4℃，则冷凝温度为：

$$t_k = \frac{t_1 + t_2}{2} + \Delta t = \frac{30+32}{2} + 4 = 35℃$$

(3) 制冷循环的压缩级数

当冷凝温度为 35℃，相应的冷凝压力为 $p_c=1350.38$kPa；

当蒸发温度为-33℃，相应的蒸发压力为 $p_e=103.02$kPa；

按冷凝压力和蒸发压力的比值考虑，则：

$$\frac{p_c}{p_e}=\frac{1350.38}{131.54}=10.27>8$$

压力比大于 8，应采用双压缩机制冷循环。本设计采用一次节流完全中间冷却的双级循环。

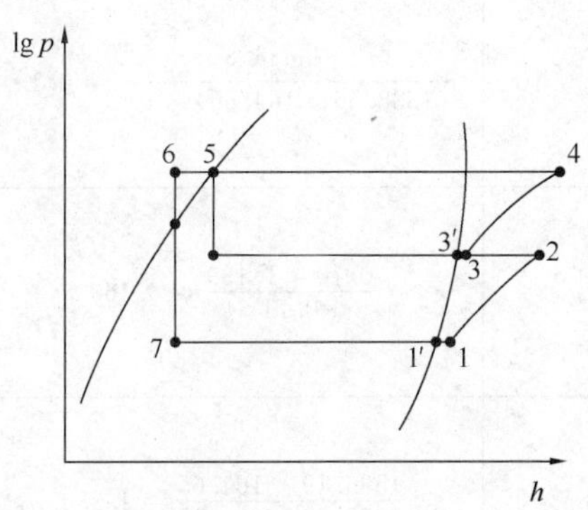

图 8-9 双级循环在 lg$p-h$ 图的表示

(4) 双级压缩机的选择

① 最佳中间温度的确定

$$T_{zj}=\sqrt{T_c T_z}=\sqrt{308\times240}=271.9\approx272\text{K}$$

$$t_{zj}=-1℃$$

② 假定计算中间温度

比最佳中间温度低 5℃和高 5℃的两个温度作计算中间温度，即 $t_m=-6$℃，$+4$℃。

供液过冷温度比中间温度高 5℃，高压级吸气温度取比中间温度高 1℃，低压级吸气温度取-30℃（取 3℃过热度），作 lg$p-h$ 图，如图 8-9 所示。分别将两个中间温度下各状态点的参数列入表 8-65 中。

表 8-65 各状态点参数

状态点参数	t_m（℃）		状态点参数	t_m（℃）	
	-6	4		-6	4
t_6（℃）	-1	9	$h_{3'}$（kJ/kg）	1373.27	1382.63
t_3（℃）	-5	5	h_3（kJ/kg）	1375.68	1385.17
$h_{1'}$（kJ/kg）	1338.56	1338.56	v_3（m³/kg）	0.3619	0.252
h_1（kJ/kg）	1345.1	1345.1	h_4（kJ/kg）	1580.32	1511.74
v_1（m³/kg）	1.139	1.139	h_5（kJ/kg）	293.17	293.17
h_2（kJ/kg）	1505.55	1566.19	h_6（kJ/kg）	117.01	164.65

③ 压缩机容积效率

利用氨活塞式压缩机的容积效率经验公式，求在假定中间温度下高低压级压缩机的容积效率。

当 $t_m=-6$℃，$p_m=341.64$kPa，

$$\eta_{v\cdot H}=0.94-0.085\left[\left(\frac{1350.38}{341.64}\right)^{\frac{1}{1.28}}-1\right]=0.78$$

$$\eta_{v\cdot L}=0.94-0.085\left[\left(\frac{341.64}{103.02-10}\right)^{\frac{1}{1.28}}-1\right]=0.79$$

当 $t_m=-4$℃，$p_m=498.47$kPa，

$$\eta_{v\cdot H}=0.94-0.085\left[\left(\frac{1350.38}{497.47}\right)^{\frac{1}{1.28}}-1\right]=0.84$$

$$\eta_{v\cdot L}=0.94-0.085\left[\left(\frac{497.47}{103.02-10}\right)^{\frac{1}{1.28}}-1\right]=0.71$$

④ 按表 8-64 所列计算项目及公式进行计算，即可得出两组数据，列于表 8-66 中。

表 8-66　计算数值列表

序号	计算项目与公式	中间温度 t_m（℃）	
		−6	4
1	低压级压缩机质量流量（kg/s） $m_L=\frac{Q_M}{h_{1'}-h_6}$	$\frac{119232.8}{(1338.56-117.01)\times10^3}=0.10$	$\frac{119232.8}{(1338.56-164.65)\times10^3}=0.10$
2	低压级压缩机的活塞排量（m^3/s） $V_{SW\cdot L}=\frac{m_L v_1}{\eta_{v\cdot L}}$	$\frac{0.10\times1.139}{0.79}=0.144$	$\frac{0.10\times1.139}{0.71}=0.160$
3	高低压级流量比 $\alpha=\frac{h_2-h_6}{h_{3'}-h_5}$	$\frac{1505.55-117.01}{1373.27-293.17}=1.285$	$\frac{1566.19-164.65}{1382.63-293.17}=1.286$
4	高压级压缩机质量流量（kg/s） $m_H=\alpha m_L$	$1.285\times0.10=0.1285$	$1.286\times0.10=0.1286$
5	高压级压缩机的活塞排量（m^3/s） $V_{SW\cdot H}=\frac{m_H v_3}{\eta_{v\cdot H}}$	$\frac{0.1285\times0.3619}{0.78}=0.060$	$\frac{0.1286\times0.252}{0.84}=0.0386$
6	低、高级压缩机活塞排量比 $pV_{SW\cdot L}=V_{SW\cdot H}$	$\frac{0.144}{0.060}=2.4$	$\frac{0.160}{0.0386}=4.1$

⑤ 插值法计算出，当最佳中间温度为−1℃时，相应的低、高压级压缩机活塞排量比为 3.25。参照此值及低压级压缩机的活塞排量 0.144～0.160 m^3/s 选用高低压级压缩机。

⑥ 选择三台 8ASJ10 氨制冷压缩机。此压缩机 2 缸为高压级，6 缸为低压级，低、高压级压缩机活塞排量比为 3，接近最佳流量比。高压级活塞排量$V_{SW\cdot H}=0.01758\times3=0.0527m^3/s$，低压级活塞排量$V_{SW\cdot L}=0.05278\times3=0.1583m^3/s$，根据活塞排量比 3 可以差值计算出相应的中间温度−2℃。

8ASJ10 制冷压缩机配用电动机功率 30kW，则总电功率为 90kW。

（5）校核计算

① 以−2℃作 $\lg p-h$ 图，如图 8-9 所示，并差得各状态点的参数。

$p_m=398.88kPa$；

$t_6=3℃$，$t_3=-1℃$；

$h_{1'}=1338.563\text{kJ/kg}$；

$h_1=1345.1\text{kJ/kg}$；$v_1=1.139\text{m}^3/\text{kg}$；

$h_2=152.65\text{kJ/kg}$；$h_{3'}=1377.27\text{kJ/kg}$；

$h_3=1379.77\text{kJ/kg}$；$v_3=0.313\text{m}^3/\text{kg}$；

$h_4=1562.14\text{kJ/kg}$；$h_5=293.172\text{kJ/kg}$；

$h_6=h_7=136.03\text{kJ/kg}$；$v_{3'}=0.30874\text{m}^3/\text{kg}$。

求高低压级压缩机的容积效率，

$$\eta_{v\cdot H}=0.94-0.085\left[\left(\frac{1350.38}{398.88}\right)^{\frac{1}{1.28}}-1\right]=0.80$$

$$\eta_{v\cdot L}=0.94-0.085\left[\left(\frac{398.88}{103.02-10}\right)^{\frac{1}{1.28}}-1\right]=0.76$$

② 校核低压级制冷能力

$$Q_{e\cdot L}=q_{v\cdot L}V_{sw\cdot L}\eta_{v\cdot L}=\frac{1338.563-136.03}{1.139}\times0.1583\times0.76$$

$$=127.02\text{kW}>119232.8\text{W}$$

③ 校核低压级电动机功率

每台压缩机低压级质量循环流量

$$m'_L=\frac{V'_{sw\cdot L}\eta_{v\cdot L}}{v_1}=\frac{0.05278\times0.76}{1.139}=0.0352\text{kg/s}$$

低压级压缩机进行绝热压缩消耗的功率

$$W_{ad\cdot L}=m'_L w_{ad\cdot L}=0.0352\times(1529.65-1345.1)=6.50\text{kW}$$

低压级指示效率

$$\eta_{i\cdot L}=1-0.6\left[1-\left(\frac{398.88}{131.54}\right)^{-0.3}\right]=0.83$$

低压级指示功率

$$W'_{i\cdot L}=\frac{W_{ad\cdot L}}{\eta_{i\cdot L}}=\frac{6.50}{0.83}=7.83\text{kW}$$

低压级摩擦功率

取平均摩擦有效压力 $p_f=59\text{kPa}$，则

$$W_{f\cdot L}=k_1k_3p_fV'_{f\cdot L}=100\times1\times0.59\times0.05278=3.1\text{kW}$$

低压级轴功率

为了避免低压级压缩机按工作负荷选配电动机时会造成超载问题，因此其轴功率的计算一般经验是以低压级在双级运转平衡时的负荷加倍计算指示功率，再附加摩擦功率。

$$W_{s\cdot L}=2W'_{i\cdot L}+W_{f\cdot L}=2\times7.83+3.1=18.76\text{kW}$$

④ 校核高压级压缩机电动机功率

每台压缩机高压级质量循环流量

$$m'_H=\frac{V'_{sw\cdot H}\eta_{v\cdot H}}{v_3}=\frac{0.01758\times0.80}{0.313}=0.0449\text{kg/s}$$

高压级压缩机进行绝热压缩消耗的功率

$$W_{ad\cdot H}=m'_H w_{ad\cdot H}=0.0449\times(1562.14-1379.77)=8.19\text{kW}$$

高压级指示效率

$$\eta_{i\cdot H}=1-0.6\left[1-\left(\frac{1350.38}{398.88}\right)^{-0.3}\right]=0.816$$

高压级指示功率

$$W'_{i\cdot H}=\frac{W_{ad\cdot H}}{\eta_{i\cdot H}}=\frac{8.19}{0.816}=10.04\text{kW}$$

高压级摩擦功率

取平均摩擦有效压力 $p_f=59\text{kPa}$，则

$$W_{f\cdot H}=k_1k_3p_fV'_{f\cdot H}=100\times1\times0.59\times0.01758=1.04\text{kW}$$

高压级轴功率

$$W_{s\cdot H}=W'_{i\cdot H}+W_{f\cdot H}=10.04+1.04=11.08\text{kW}$$

⑤ 单机双级压缩机配用电动机功率

$$W=W_{s\cdot L}+W_{s\cdot H}=18.76+11.08=29.84\text{kW}$$

6. 辅助设备的选择

（1）冷凝器热负荷

$$Q_k=m'_H(h_4-h_5)=0.0449\times3\times(1562.14-293.172)=170.93\text{kW}$$

采用立式冷凝器，其热流密度取 4000W/m^2。冷凝器面积为

$$A=\frac{1.1\times170.93\times10^3}{4000}=47\text{m}^2$$

选择 LN-55 立式壳管冷凝器一台，冷凝面积为 53.5m^2。

（2）高压贮液器

氨液的高压级质量流量为 0.0449×3＝0.1347kg/s，冷凝温度下的氨液比容积为 1.70769×10^{-3} m^3/kg；容积系数取 1.2，充满度取 0.7，因此

$$V=3600\times\frac{1.2}{0.7}\times1.70769\times10^{-3}\times0.1347=1.42\text{m}^3$$

选择 ZA-1.5 型储液桶一个。

（3）中间冷却器

由于本设计选用 8ASJ10 单机双级制冷压缩机组，该机组已配套有中间冷却器。现对配套中间冷却器进行交割计算：

① 确定中间冷却器的直径

中间冷却器桶身内的气体流速一般限定在 0.5m/s 以内，桶内气体的流量即为高级压缩机的吸气量。如果压缩机与中间冷却器一一对应，则其直径应为

$$d=\sqrt{\frac{4\times0.0449\times0.31}{3.14\times0.5}}=0.188\text{m}=188\text{mm}$$

② 中间冷却器的冷却盘管负荷

$$Q_{zj}=0.0352\times(293.172-136.03)=5531\text{W}$$

③ 中间冷却器的冷却盘管传热系数取 581 W/（m^2·℃）。

④ 中间冷却器的冷却盘管的对数平均温差

中间温度－2℃，氨液过冷温度－2＋5＝3℃，则

$$\Delta t=\frac{35-3}{2.3\lg\dfrac{35+2}{3+2}}=16.00℃$$

⑤ 冷却盘管面积

$$A=\frac{5531}{581\times16}=0.60\text{m}^2$$

故 8ASJ10 配用的 ZL-1.0 中间冷却器（D=325mm，A=1.0m²）完全满足要求。

（4）冷藏间冷分配设备的设计

该冷库有－18℃的冷藏间和－23℃的冻结间各三间，为了简化系统，采用一个－33℃的蒸发温度，并采用氨泵循环供液方式。冷却设备的进液采用上进下出的方式。当制冷压缩机停止运行时，部分氨液存在冷却设备内。冷却间和冻结间分别设置液体调节站与操作台，在操作台上调节各库的供液量。

本设计冷藏间采用光滑管值得双层 U 形定盘管，采用 ϕ38×2.5mm 无缝钢管，管距 150mm。平时用人工扫霜，清库时采用人工扫霜和热氨冲霜相结合的除霜方法。

① 冷却面积

计算公式 $A=\dfrac{\Phi_s}{K\Delta t}$，其中 K=8.12W/（m²·℃），Δt=10℃，则 No.1 库为 111.34m²；No.2 库为 89.03m²；No.3 库为 111.34m²。

② 钢管长度

采用 ϕ38×2.5mm 无缝钢管，每米长的面积为 0.119m²，计算出各冷藏库的钢管长度分别为：No.1 库为 935.6m；No.2 库为 748.15 m；No.3 库为 935.6m。

（5）冻结间冷却设备

按要求食品的冻结时间为 20h，冻结间的冷却设备选用强制通风的干式冷风机，采用纵向吹风。

对于国产 KLJ 冷风机，单位热负荷 q_F=116W/m²，因此各库房的冷风机的冷却面积分别为 No.4 冻结间 293.32m²；No.5 冻结间 293.65m²；No.6 冻结间 292.08m²，每库选用 KLJ-200 型冷风机两台，共 6 台。

（6）氨泵的选择

冷藏间的冷却设备为顶排管，它是靠空气自然对流进行热交换的，氨泵的流量以氨的循环量的 4 倍计算。冻结间的冷却设备为冷风机，它是以强制通风对流进行热交换，氨泵的流量以氨的循环量的 5 倍计算。冷藏间的制冷总负荷为：25.311kW，冻结间的制冷总负荷为：101.969kW。蒸发温度－33℃时，氨液比容为 1.467×10⁻³ m³/kg；氨液的汽化潜热为 1369.85kJ/kg。

因此氨泵的流量为

$$\begin{aligned}V&=\frac{4\times25.311\times10^3\times1.467\times10^{-3}\times3600}{1369.82\times10^3}\\&\quad+\frac{5\times101.969\times10^3\times1.467\times10^{-3}\times3600}{1369.82\times10^3}\\&=2.36\text{m}^3/\text{h}\end{aligned}$$

在本设计中，氨泵至蒸发器之间的氨液管路的阻力损失 ΔP_1=0.042×10⁵ Pa；氨泵中心至最高蒸发器的液柱高 4m，$\Delta P_2 = 0.25 \times 10^5$ Pa；蒸发器关闭阀前应保持 0.98×10^5 Pa 的剩余压头。在选择氨泵时，应考虑增加 10%安全附加量，本设计中氨泵的扬程为 $H = 1.1(0.042 + 0.25 + 0.98) \times 10^5 = 1.399 \times 10^5$ Pa

选用 AB-3 氨泵一台，流量为 $3\text{m}^3/\text{h}$，扬程 15m。考虑一用一备，共两台。

（7）低压循环储液筒

本设计采用立式低压循环储液桶，进液方式为下进上出。其需用容积为：

$$V = \frac{1}{0.7}(0.2V'_{\text{q}} + 0.6V_{\text{h}} + t_{\text{b}}q_{\text{v}})$$

式中　V'_{q}——各冷间中冷却设备注氨量最大一间蒸发器的总体积，m^3；

V_{h}——回气管体积，m^3；

t_{b}——氨泵由启动到液体自系统返回低压循环桶的时间，h，一般可采用 0.15～0.2h；

q_{v}——一台氨泵的流量，m^3/h。

本设计注氨量最大一间的冷却排管容积是 No.3 冷藏库的冷却排管，排管总长为 935.6m，管径为 ϕ38×2.5mm，排管容积为每米管长的容积为：

$$V'_{\text{q}} = 935.6 \times \frac{\pi d^2}{4} = 935.6 \times 3.14 \times 0.033^2/4 = 0.8\text{m}^3$$

回气管容积：冷藏间的回气管（ϕ57×3.5mm）共 70m。回气管的容积为：

$$70 \times 3.14 \times 0.05^2/4 = 0.137\text{m}^3$$

冻结间的回气管（ϕ76×3.5mm）共 40m。回气管的容积为：

$$40 \times 3.14 \times 0.069^2/4 = 0.149\text{m}^3$$

回气管的总容积

$$V_{\text{h}} = 0.137 + 0.149 = 0.286\text{m}^3$$

本设计 $q_{\text{v}} = 0.833 \times 10^{-3}\text{m}^3/\text{s}$。

需用低压循环储液桶容积 V：

$$V = \frac{1}{0.7}(0.2 \times 0.8 + 0.6 \times 0.286 + 720 \times 0.833 \times 10^{-3}) = 1.33\text{m}^3$$

故选用 DXZ-1.5 型低压储液桶。

低压循环储液桶的桶身直径还应满足流速不大于规定值（立式不大于 0.5m/s，卧式不大于 0.8m/s）的要求，因此储液筒最小的直径应为

$$d_{\text{d}} = \sqrt{\frac{4 \times 0.1583 \times 0.78}{0.5 \times 0.14}} = 0.561\text{m}$$

DXZ-1.5 低压循环储液桶的直径为 800mm，大于 561mm，所选用的设备满足要求。

8.10.3　制冷系统原理图

本设计制冷系统是一个蒸发温度－33℃的氨泵供液、双级压缩制冷系统。系统中设有单机双压缩机 3 台。冷却设备的进液方式采用下进上出的氨泵供液方式。供液、回液都通过调节站进行调节。冷藏间进设置双层顶排管，冻结间采用冷风机。

排管除霜采用人工扫霜和热氨冲霜两种方式；冷风机除霜采用水力冲霜和热氨冲霜两种方式，因此设有热氨冲霜系统。

制冷系统原理图如图 8-10 所示。

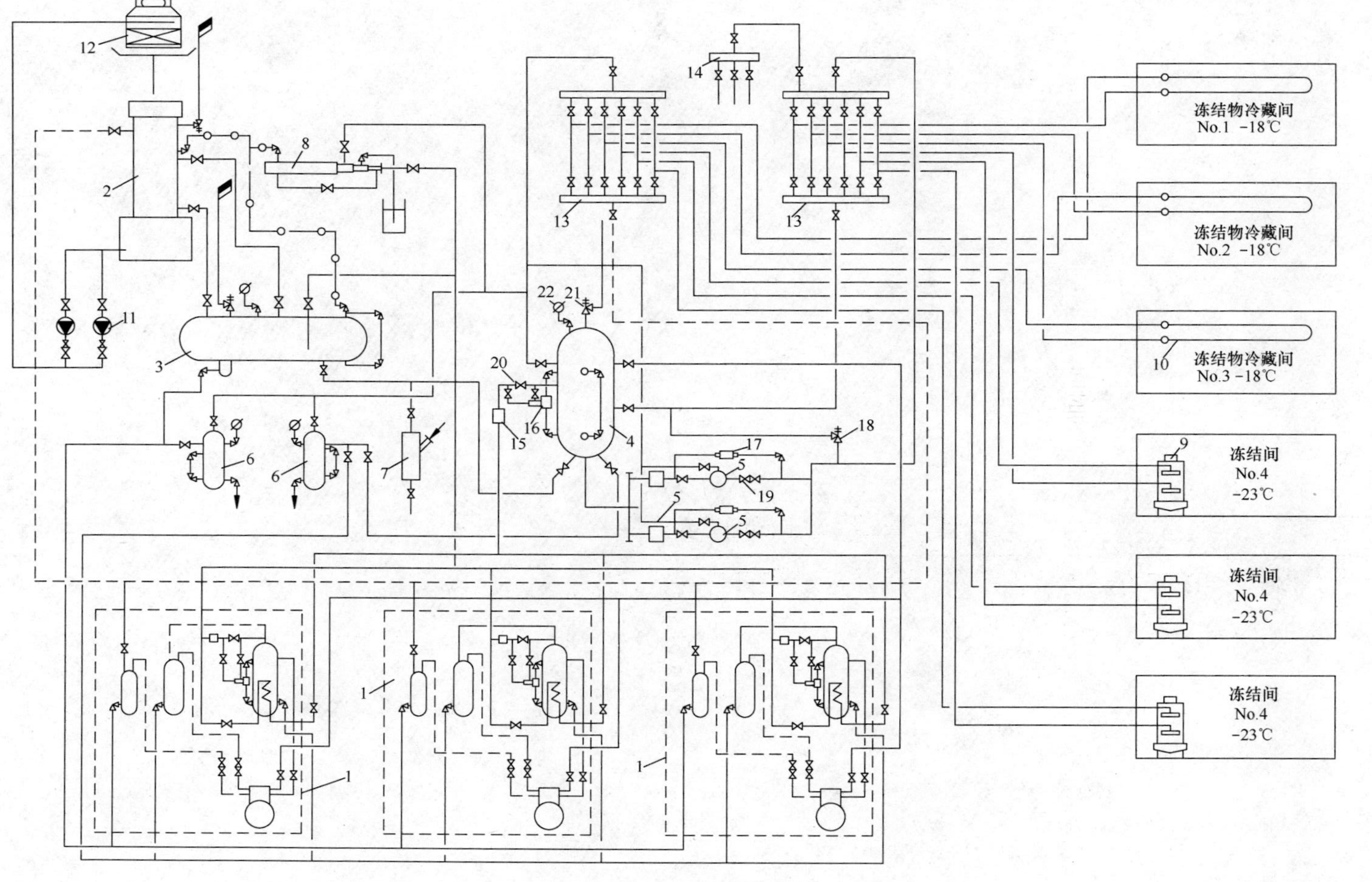

图 8-10　制冷系统原理图

1—单机双级制冷压缩机组 8ASJ10；2—立式壳管冷凝器 LN-55；3—高压储液桶 ZA-1.5；4—低压储液桶 DXZ-1.5；5—氨泵 AB-3；6—集油器 JY-300；7—紧急泄氨器 XA-100；8-空气分离器 XF-32；9—冷风机 KLJ-200；10—双层 U 形顶排管；11—水泵；12—冷却塔；13—调压站；14—冲氨站；15—过滤器；16—浮球阀；17—CWK-11 型压差控制器；18—自动旁通阀；19—止回阀；20—手动节流阀；21—安全阀；22—压力表

第 9 章　水处理

本章执笔人

赵锂

中国建筑设计院有限公司

总工程师

教授级高级工程师

注册公用设备工程师

夏树威

中国建筑设计院有限公司

副总工程师

教授级高级工程师

注册公用设备工程师

9.1　锅炉房系统水质标准

民用锅炉给水、补水、锅水的水质，应符合现行国家标准《工业锅炉水质》（GB/T 1576—2008）的规定。

9.1.1　水质标准

水质标准见表9-1～表9-6，均摘自《工业锅炉水质》（GB/T 1576—2008）。

表9-1　采用锅外水处理的自然循环蒸汽锅炉和汽水两用锅炉水质

项目	额定蒸汽压力（MPa）		$P\leq 1.0$		$1.0<P\leq 1.6$		$1.6<P\leq 2.5$		$2.5<P\leq 3.8$	
	补给水类型		软化水	除盐水	软化水	除盐水	软化水	除盐水	软化水	除盐水
给水	浊度FTU		≤5.0	≤2.0	≤5.0	≤2.0	≤5.0	≤2.0	≤5.0	≤2.0
	硬度（mmol/L）		≤0.030	≤0.030	≤0.030	≤0.030	≤0.030	≤0.030	≤0.005	≤0.005
	pH值（25℃）		7.0～9.0	8.0～9.5	7.0～9.0	8.0～9.5	7.0～9.0	8.0～9.5 ≤0.050	7.0～9.0	8.0～9.5
	溶解氧[a]（mg/L）		≤0.10	≤0.10	≤0.10	≤0.050	≤0.050	≤0.050	≤0.050	≤0.050
	油（mg/L）		≤2.0	≤2.0	≤2.0	≤2.0	≤2.0	≤2.0	≤2.0	≤2.0
	全铁（mg/L）		≤0.30	≤0.30	≤0.30	≤0.30	≤0.30	≤0.10	≤0.10	≤0.10
	电导率（25℃）（μs/cm）		—	—	≤550	≤110	≤550	≤110	≤350	≤80
锅水	全碱度[b]（mmol/L）	无过热器	6.0～26.0	≤10.0	6.0～24.0	≤10.0	6.0～16.0	≤8.0	≤12.0	≤4.0
		有过热器	—	—	≤10.4	≤10.0	≤12.0	≤8.0	≤12.0	≤4.0
	酚酞碱度（mmol/L）	无过热器	4.0～18.0	≤6.0	4.0～16.0	≤6.0	4.0～12.0	≤5.0	≤10.0	≤3.0
		有过热器	—	—	≤10.0	≤6.0	≤8.0	≤5.0	≤10.0	≤3.0
	pH值（25℃）		10.0～12.0	10.0～12.0	10.0～12.0	10.0～12.0	10.0～12.0	10.0～12.0	9.0～12.0	9.0～11.0
	溶解固形物（mg/L）	无过热器	≤4000	≤4000	≤3500	≤3500	≤3000	≤3000	≤2500	≤2500
		有过热器	—	—	≤3000	≤3000	≤2500	≤2500	≤2000	≤2000
	磷酸根[c]（mg/L）		—	—	10.0～30.0	10.0～30.0	10.0～30.0	10.0～30.0	5.0～20.0	5.0～20.0
	亚硫酸根[d]（mg/L）		—	—	10.0～30.0	10.0～30.0	10.0～30.0	10.0～30.0	5.0～10.0	5.0～10.0
	相对碱度[e]		≤0.20	≤0.20	≤0.20	≤0.20	≤0.20	≤0.20	≤0.20	≤0.20

注：1. 对于供汽轮机用汽的锅炉，蒸汽质量应执行GB/T 12145规定的额定蒸汽压力3.8～5.8MPa汽包炉标准。
2. 硬度、碱度的计量单位为一价基本单元物质的量的浓度。
3. 停（备）用锅炉启动时，锅水的浓缩倍率达到正常后，锅水的水质应达到本标准的要求。

a. 溶解氧控制值适用于经过除氧装置处理后的给水。额定蒸发量大于或等于10t/h的锅炉，给水应除氧。额定蒸发量小于10t/h的锅炉如果发现局部腐蚀，也应采取除氧措施。对于供汽轮机用汽的锅炉给水含氧量应小于或等于0.050mg/L。

b. 对蒸汽质量要求不高，并且无过热器的锅炉，锅水全碱度上限值可适当放宽，但放宽后锅水的pH值（25℃）不应超过上限。

c. 适用于锅内加磷酸盐阻垢剂。采用其他阻垢剂时，阻垢剂残余量应符合药剂生产厂规定的指标。

d. 适用于给水加亚硫酸盐除氧剂。采用其他除氧剂时，除氧剂残余量应符合药剂生产厂规定的指标。

e. 全焊接结构锅炉，可不控制相对碱度。

表 9-2　单纯采用锅内加药处理的自然循环蒸汽锅炉和汽水两用锅炉水质

水样	项目	标准值
给水	浊度 FTU	≤20.0
	硬度（mmol/L）	≤4.0
	pH 值（25℃）	7.0～10.0
	油（mg/L）	≤2.0
锅水	全碱度（mmol/L）	8.0～26.0
	酚酞碱度（mmol/L）	6.0～8.0
	pH 值（25℃）	10.0～12.0
	溶解固形物（mg/L）	≤5000
	磷酸根[a]（mg/L）	10.0～50.0

注：1. 单纯采用锅内加药处理，锅炉受热面平均结垢速率不得大于 0.5mm/a。

2. 额定蒸发量小于或等于 4t/h，并且额定蒸汽压力小于或等于 1.3MPa 的蒸汽锅炉和汽水两用锅炉同时采用锅外水处理和锅内加药处理时，给水和锅水水质可参照本表的规定。

3. 硬度、碱度的计量单位为一价基本单元物质的量的浓度。

a. 适用于锅内加磷酸盐阻垢剂，采用其他阻垢剂时，阻垢剂残余量应符合药剂生产厂规定的指标。

表 9-3　采用锅外水处理的热水锅炉水质

水样	项目	标准值
给水	浊度 FTU	≤5.0
	硬度（mmol/L）	≤0.6
	pH 值（25℃）	7.0～11.0
	溶解氧[a]（mg/L）	≤0.1
	油（mg/L）	≤2.0
	全铁（mg/L）	≤0.3
锅水	pH 值（25℃）[b]	9.0～11.0
	磷酸根[c]（mg/L）	5.0～50.0

注：硬度的计量单位为一价基本单元物质的量的浓度。

a. 溶解氧控制值适用于经过除氧装置处理后的给水。额定功率大于或等于 7.0MW 的承压热水锅炉给水应除氧；额定功率小于 7.0MW 的承压热水锅炉如果发现局部氧腐蚀，也应采取除氧措施。

b. 通过补加药剂使锅水 pH 值（25℃）控制在 9.0～11.0。

c. 适用于锅内加磷酸盐阻垢剂。采用其他阻垢剂时，阻垢剂残余量应符合药剂生产厂规定的指标。

表 9-4　单纯采用锅内加药处理的热水锅炉水质

水样	项目	标准值
给水	浊度 FTU	≤20.0
	硬度[a]（mmol/L）	≤6
	pH 值（25℃）	7.0～11.0
	油（mg/L）	≤2.0
锅水	pH 值（25℃）	9.0～11.0
	磷酸根[b]（mg/L）	10.0～50.0

注：1. 对于额定功率小于或等于 4.20MW 水管式和壳管式的承压热水锅炉，同时采用锅外水处理和锅内加药处理时，给水和锅水水质也可参照本表的规定。

2. 硬度的计量单位为一价基本单元物质的量的浓度。

a. 使用与结垢物质作用后不生成固体不溶物的阻垢剂，给水硬度可放宽至小于或等于 8.0mmol/L。

b. 适用于锅内加磷酸盐阻垢剂。加其他阻垢剂时，阻垢剂残余量应符合药剂生产厂规定的指标。

表 9-5　贯流和直流蒸汽锅炉水质

项目	锅炉类型	贯流锅炉			直流锅炉		
	额定蒸发压力（MPa）	$P\leq 2$	$1.0<P\leq 2.5$	$2.5<P\leq 3.8$	$P\leq 2$	$1.0<P\leq 2.5$	$2.5<P\leq 3.8$
给水	浊度 FTU	≤5.0	≤5.0	≤5.0	—	—	—
	硬度（mmol/L）	≤0.030	≤0.030	≤0.005	≤0.030	≤0.030	≤0.005
	pH 值（25℃）	7.0～9.0	7.0～9.0	7.0～9.0	10.0～12.0	10.0～12.0	10.0～12.0
	溶解氧（mg/L）	≤0.10	≤0.050	≤0.050	≤0.10	≤0.050	≤0.050
	油（mg/L）	≤2.0	≤2.0	≤2.0	≤2.0	≤2.0	≤2.0
	全铁（mg/L）	≤0.30	≤0.30	≤0.10	—	—	—
	全碱度[a]（mmol/L）	—	—	—	6.0～16.0	6.0～12.0	≤12.0
	酚酞碱度（mmol/L）	—	—	—	4.0～12.0	4.0～10.0	≤10.0
	溶解固形物（mg/L）	—	—	—	≤3500	≤3000	≤2500
	磷酸根（mg/L）	—	—	—	10.0～50.0	10.0～50.0	5.0～30.0
	亚硫酸根（mg/L）	—	—	—	10.0～50.0	10.0～30.0	5.0～20.0
锅水	全碱度[a]（mmol/L）	2.0～16.0	2.0～12.0	≤12.0	—	—	—
	酚酞碱度（mmol/L）	1.6～12.0	1.6～10.0	≤10.0	—	—	—
	pH 值（25℃）	10.0～12.0	10.0～12.0	10.0～12.0	—	—	—
	溶解固形物（mg/L）	≤3000	≤2500	≤2000	—	—	—
	磷酸根[b]（mg/L）	10.0～50.0	10.0～50.0	10.0～20.0	—	—	—
	亚硫酸根[c]（mg/L）	10.0～50.0	10.0～30.0	10.0～20.0	—	—	—

注：1. 贯流锅炉汽水分离器中返回到下集箱的疏水量，应保证锅水符合本标准。

2. 直流锅炉汽水分离器中返回到除氧热水箱的疏水量，应保证给水符合本标准。

3. 直流锅炉给水取样点可设定在除氧热水箱出口处。

4. 硬度、碱度的计量单位为一价基本单元物质的量浓度。

a. 对蒸汽质量要求不高，并且无过热器的锅炉，锅炉全碱度上限值可适当放宽，但放宽后锅水的 pH 值（25℃）不应超过上限。

b. 适用于锅内加磷酸盐阻垢剂。采用其他阻垢剂时，阻垢剂残余量应符合药剂生产厂规定的指标。

c. 适用于给水内加磷酸盐除氧剂。采用其他阻除氧剂时，除氧剂残余量应符合药剂生产厂规定的指标。

表 9-6　回水水质

硬度（mmol/L）		全铁（mg/L）		油（mg/L）
标准值	期望值	标准值	期望值	标准值
≤0.060	≤0.030	≤0.060	≤0.030	≤2.0

9.1.2　锅炉给水、补水的防垢软化及酸碱度处理

9.1.2.1　锅炉水处理方式应符合下列要求：

（1）民用锅炉房的给水一般采用自来水，悬浮物一般已达标；水处理方式宜尽量选择系统简单、操作方便的水处理方式，应根据原水水质和锅炉给水、锅水标准，凝结水的回收量及锅炉排污率及投资建设方的具体情况确定水处理方式。

（2）处理后的锅炉给水，不应使锅炉产生的蒸汽对生产或生活使用造成有害影响。

（3）当原水水压不能满足水处理工艺要求时，应设置原水加压措施；当原水所含悬浮物过大时，应进行过滤预处理，使原水在进入软化水设备前达到下列规定。

（4）原水预处理方式的选择可按下列原则确定：

① 原水悬浮物含量小于或等于 50mg/L 时，宜采用过滤或接触混凝、过滤处理；

② 原水悬浮物含量＞50mg/L 时，宜采用混凝、澄清、过滤处理；

③ 当原水含盐量较高时，经技术经济比较后，可采用预脱盐处理；

④ 地下水含砂、含铁量较高，地表水有机物含量高时，均应采取去除措施。当原水胶体含量高，经核算锅炉蒸汽品质不能满足要求时，应采取相应的处理措施。

（5）采用锅炉内加药水处理时，应符合下列要求：

① 给水悬浮物含量不应大于 20mg/L；

② 蒸汽锅炉给水总硬度不应大于 4mmol/L，热水锅炉给水总硬度不应大于 6mmol/L；

③ 应设置自动加药设施；

④ 应设有锅炉排泥渣和清洗的设施。

（6）采用压力式机械过滤器过滤原水时，宜符合下列要求：

① 机械过滤器不宜少于 2 台，其中一台备用；

② 每台每昼夜反洗次数可按 1～2 次设计；

③ 可采用反洗水箱的水进行反洗或采用压缩空气和水进行混合反洗；

④ 原水经混凝、澄清后用石英砂或无烟煤作单层过滤滤料，或用无烟煤和石英砂作双层过滤滤料。

9.1.2.2 化学水处理设备宜选用组装成套设计的定型产品，选择时应考虑下列原则要求：

（1）锅炉房化学水处理设备的出力应能满足用户最大用量的要求，可按式（9-1）计算：

$$D = k(D_1 + D_2 + D_3 + D_4 + D_5 + D_6 + D_7) \tag{9-1}$$

式中 D——水处理设备出力，t/h；

D_1——蒸汽用户凝结水损失，t/h；

D_2——锅炉房自用蒸汽凝结水损失，t/h；

D_3——锅炉连续排污损失，t/h；

D_4——室外蒸汽管道和凝结水管道的漏损，t/h；

D_5——采暖热水系统的补给水量，t/h；

D_6——水处理系统的化学自用水量，t/h；

D_7——其他用途的化学水消耗量，t/h；

k——富裕系数，取 k=1.1～1.2。

（2）固定床离子交换器的设置不宜少于 2 台，其中一台为再生备用，每台每昼夜再生次数宜按 1～2 次设计。当软化水的消耗量较小时，也可设置一台，但其设计出力应满足离子交换器运行和再生时的软化水消耗量，且应设置足够容积的软化水箱。

（3）化学软化水设备的类型可按下列原则选择：

① 原水总硬度小于等于 6.5mmol/L 时，宜采用固定床逆流再生离子交换器；原水总

硬度小于 2mmol/L 时，可采用固定床顺流再生离子交换器。

② 原水总硬度小于 4mmol/L、水质稳定、软化水消耗量变化不大且设备能连续不间断运行时，可采用浮动床、流动床或移动离子交换器。

③ 固定床离子交换器的设置不宜少于 2 台，其中一台为再生备用，每台再生周期宜按 12～24h 设计。当软化水的消耗量较小时，可设置一台，但其设计出力应满足离子交换器运行和再生时的软化水消耗量的需要。

出力小于 10t/h 的固定床离子交换器，宜选用全自动软水装置，其再生周期宜为 6～8h。

④ 原水总硬度大于 6.5mmol/L，当一级钠离子交换器出水达不到水质标准时，可采用两级串联的钠离子交换系统。

⑤ 原水碳酸盐硬度较高，且允许软化水残留碱度为 1.0～1.4mmol/L 时，可采用钠离子交换后加酸处理。加酸处理后的软化水应经除二氧化碳器脱气，软化水的 pH 值应能进行连续监测。

⑥ 原水碳酸盐硬度较高，且允许软化水残留碱度为 0.35～0.5mmol/L 时，可采用弱酸性阳离子交换树脂或不足量酸再生氢离子交换剂的氢—钠离子串联系统处理。氢离子交换器应采用固定床顺流再生；氢离子交换器出水应经除二氧化碳器脱气。氢离子交换器及其出水、排水管道应防腐。

⑦ 除二氧化碳器的填料层高度，应根据填料的品种和尺寸，进出水中 CO_2 的含量、水温和所选定淋水密度下的实际解析系数等因素确定。除 CO_2 器风机的通风量，可按每 $1m^3$ 水耗用 15～$20m^3$ 空气计算。

(4) 钠离子交换再生用的食盐可采用干法或湿法贮存，其贮量应根据运输条件确定。当采用湿法贮存时，应符合下列要求：

① 浓盐液池和稀盐液池宜各设一个，且宜采用混凝土建造，内壁贴防腐材料内衬。

② 浓盐液池的有效容积宜为 5～10 天食盐消耗量，其底部应设置慢滤层或设置过滤器。

③ 稀盐液池的有效容积不应小于最大一台钠离子交换器一次再生盐液的消耗量。

④ 宜设装卸平台和起吊设备。

(5) 酸、碱再生系统的设计，应符合下列要求：

① 酸、碱槽的贮量应按酸、碱液每昼夜的消耗量、交通运输条件和供应情况等因素确定，宜按贮存 15～30 天的消耗量设计。

② 酸、碱计量箱的有效容积，不应小于最大一台离子交换器一次再生酸、碱液的消耗量。

③ 输酸、碱泵宜各设一台，并应选用耐酸、碱腐蚀泵。卸酸、碱宜利用自流或采用输酸、碱泵抽吸。

④ 输送并稀释再生用酸、碱液宜采用酸、碱喷射器。

⑤ 贮存和输送酸、碱液的设备、管道、阀门及其附件，应采取防腐和防护措施。

⑥ 酸、碱贮存设备布置应靠近水处理间。贮存罐地上布置时，其周围应设有能容纳最大贮存罐 110%容积的防护堰，当围堰有排放设施时，其容积可适当减小。

⑦ 酸贮存罐和计量箱应采用液面密封设施，排气应接入酸雾吸收器。

⑧ 酸、碱贮存区内应设操作人员安全冲洗设施。

(6) 凝结水箱、软化或除盐水箱和中间水箱的设置和有效容量，应符合下列要求：

① 凝结水箱宜设一个；当锅炉房常年不间断供热时，宜设两个或一个中间带隔板分为两个的凝结水箱。水箱的总有效容量宜按 20～40min 的凝结水回收量确定。

② 软化或除盐水箱的总有效容量，应根据水处理设备的设计出力和运行方式确定。当设有再生备用设备时，软化或除盐水箱的总有效容量应按 30～60min 的软化或除盐水消耗量确定。

③ 中间水箱总有效容量宜按水处理设备设计出力 15～30min 的水量确定。中间水箱的内壁应采取防腐蚀措施。

(7) 凝结水泵、软化或除盐水泵以及中间水泵的选择，应符合下列要求：

① 应有一台备用，当其中一台停止运行时，其余的总流量应满足系统水量要求。

② 有条件时，凝结水泵和软化或除盐水泵可合用一台备用泵。

③ 中间水泵应选用耐腐蚀泵。

(8) 当化学软化水处理不能满足锅炉给水水质要求时，应采用离子交换、反渗透或电渗析等方式的除盐水处理系统。

除盐水处理系统排出的清洗水宜回收利用；酸、碱废水应经中和处理达标后排放。

(9) 锅炉的汽包与锅炉管束为胀管连接时，所选择的化学水处理系统应能维持炉水的相对碱度小于 20%。当达不到要求时，应向锅水中加入缓蚀剂，缓蚀剂可采用 Na_2HPO_4。

9.1.3 锅炉给水除氧

(1) 锅炉给水溶解氧含量应符合现行国家标准《工业锅炉水质》(GB/T 1576—2008)的规定。

① 锅炉给水的除氧宜采用大气式喷雾热力除氧器。除氧水箱下部宜装设再沸腾用的蒸汽管。

② 当要求除氧后的水温不高于 60℃时，可采用真空除氧、解析除氧或其他低温除氧系统。

③ 热水系统补给水的除氧，可采用真空除氧、解析除氧或化学除氧。当采用亚硫酸钠加药除氧时，应监测锅水中亚硫酸根的含量。

(2) 采用热力除氧应注意下列要求：

① 热力除氧负荷调节有效范围一般在除氧器设计额定出力的 30%～120%。

② 除氧器的进汽管上应装设自动调压装置。调压器的调节信号应取自除氧器。运行时保证除氧器内蒸汽压力在 0.02～0.03MPa (水温约 104℃)。

③ 除氧器进水管上应装流量调节装置，保持连续均匀给水，并保持除氧水箱内一定水位。

④ 除氧水箱底部沿长度方向应布置再沸腾蒸汽加热管。

⑤ 几台除氧器并联运行时，在除氧水箱之间应设置汽连通管和水平衡管。

⑥ 除氧水箱的布置高度，应保证锅炉给水泵在运行中不致产生气蚀。除氧水箱应配置便于操作、维修的平台、扶梯。设备上方应设置起吊装置。

(3) 采用还原铁过滤除氧方式应注意下列要求：

① 采用还原铁过滤除氧方式，应选用配备有还原铁除氧器和树脂除铁（Fe^{2+}）器的定型产品或具有上述两个功能的组合装置，保证进入锅炉的除氧水不含铁离子（Fe^{2+}）。

② 还原铁应选用含铁量高、强度较大、不易粉化、不易板结的多孔性海绵铁粒（其堆积密度约为 1.4t/m³）。

③ 除铁器内宜充装 Na 型强酸阳树脂滤料。

④ 系统设计时，应合理控制流经过滤层的水流压力和流速，当设备制造厂未提供运行要求时，一般可控制流经海绵铁层的流速为 15m/h 左右，流经树脂过滤层的流速为 25m/h 左右。

⑤ 反洗水泵的流量和扬程，其流量一般可按通过还原铁粒层的反洗强度为 18～20L/(m²·s) 考虑，其扬程可按 10～15m 左右考虑。

(4) 采用真空除氧方式应注意下列要求：

① 真空除氧器内应保持足够的真空度和水温，使除氧器内的水处于饱和沸腾状态，是保证除氧效果的关键。

② 除氧器的进水管上应配备流量调节装置；除氧水箱应有液位自动调节装置，保持水箱内水位在一定范围。

③ 除氧器应配备根据进水温度调节真空度，或根据真空度调节进水温度的自动调节装置。

④ 保证除氧器内真空度的要点是：

根据喷射器设计要求，保证足够的喷射水（或蒸汽）流量和压力。

在喷射水管上设置过滤器，防止喷射器堵塞。

在除氧器抽气管上装常闭电磁阀，并和喷射泵联锁，停泵时立即关闭电磁阀。

除氧器及其除氧水箱的布置高度，应保证给水泵有足够的灌注头。除氧设施应设置便于运行维护的平台、扶梯。其上方宜设置起吊设施。

真空除氧系统的设备和管道应保持高度的气密性，管道连接应采用焊接，尽量减少螺纹连接件。

(5) 采用解析除氧方式应注意下列要求：

① 喷射器的进口水压应满足喷射器设计要求，一般不得低于 0.4MPa。

当水温超过 50℃时，在解析器的气体出口管道应加装冷凝器，防止水蒸汽进入反应器。

② 除氧系统及其后的设备和管道应保持高度的严密性，管道系统除必须采用法兰或螺纹连接外，应采用焊接连接，除氧水箱应为密闭式水箱。

(6) 采用化学药剂除氧应符合下列要求：

① 化学除氧方式只宜用于≤4t/h (2.8MW) 的小型锅炉或作辅助除氧方式。常用药剂有亚硫酸钠（Na_2SO_3）和二硫四氯化钠。采用 Na_2SO_3 除氧时，应监测水中的硫酸根含量。

② 药剂制配输送系统的设备和管道必须严密防止空气渗入。

③ 采用亚硫酸钠除氧时，配置液质量浓度一般为 5%～10%，溶液箱容积宜不小于一昼夜的药液用量，压力式加药罐容积宜不小于 8h 的药液用量。

9.1.4 排污

排污分连续排污和定期排污两种。连续排污也叫表面排污，这种排污方法是连续不断地从汽包锅水表面层将浓度最大的锅水排出。它的作用是降低锅水中的含盐量和碱度，防止锅水浓度过高而影响蒸汽品质。定期排污又叫间断排污或底部排污，其作用是排除积聚在锅炉下部的水渣和磷酸盐处理后所形成的软质沉淀物。定期排污持续时间很短，但排出锅内沉淀物的能力很强。

1. 锅筒（锅壳）、立式锅炉的下脚圈、每组水冷壁下集箱的最低处、省煤器下联箱等应设定期排污装置和排污管道。蒸汽锅炉应根据锅炉本体的设计情况配置连续排污装置和管道。定期排污和连续排污的锅水应在排污降温池降温至 40℃以下后，才可排入室外管沟或下水道。

2. 锅炉房连续排污及其设施

（1）蒸汽锅炉连续排污率应根据给水和锅水中的碱度及溶解固形物分别计算，取其中较大值为排污率。连续排污率按式（9-2）或式（9-3）计算：

$$P=\frac{\rho A_0}{A-\rho A_0}\times 100\% \tag{9-2}$$

或

$$P=\frac{\rho S_0}{S-\rho S_0}\times 100\% \tag{9-3}$$

连续排污量为

$$D_{LP}=P\times D\ (kg/h) \tag{9-4}$$

式中 P——连续排污率，%，取上述两式中较大的计算值；

A_0——锅炉给水的碱度，mmol/L；

S_0——锅炉给水的溶解固形物含量，mg/L；

S——锅水所允许的溶解固形物指标，mg/L；其值见表 9-2 和表 9-5；

A——锅水允许碱度指标，mmol/L；

ρ——锅炉补水率（或凝结水损失率），以小数表示；

D_{LP}——锅炉连续排污量，kg/h；

D——锅炉蒸发量，kg/h。

（2）采用锅外化学水处理时，蒸汽锅炉的排污率应符合下列要求：

蒸汽压力小于等于 2.5MPa（表压）时，排污率不宜大于 10%；蒸汽压力大于 2.5MPa（表压）时，排污率不宜大于 5%。

锅炉产生的蒸汽供供热式汽轮发电机组使用，且采用化学软化水为补给水时，排污率不宜大于 5%；采用化学除盐水为补给水时，排污率不宜大于 2%。

3. 蒸汽锅炉的连续排污水的热量应合理利用。锅炉房宜根据总的连续排污量设置连续排污膨胀器和排污水换热器。连续排污扩容器的容积按式（9-5）计算确定：

$$V_{LP}=\frac{kD_2\upsilon}{W}\quad m^3 \tag{9-5}$$

式中 V_{LP}——连续排污扩容器容积，m^3；

k——富裕系数，取 k=1.3～1.5；

υ——二次蒸汽比容，m^3/kg；

W——扩容器分离强度，一般取 $W=800m^3/(m^3\cdot h)$；

D_2——二次蒸汽蒸发量，kg/h；按式（9-6）计算：

$$D_2=\frac{D_{LP}(i\eta-i_1)}{(i_2-i_1)x} \tag{9-6}$$

式中　D_{LP}——连续排污水量，kg/h；

i——锅炉饱和水比焓，kJ/kg；

i_1——扩容器出水比焓，kJ/kg；

i_2——二次蒸汽的比焓，kJ/kg；

η——排污管热损失系数，取 $\eta=0.98$；

x——二次蒸汽的干度，取 $x=0.97$。

4. 锅炉定期排污

（1）采用炉外水处理时，每次排污量按上锅筒水位变化控制，按式（9-7）计算：

$$G_d=n\cdot D\cdot h\cdot L \tag{9-7}$$

式中　G_d——每台锅炉一次定期排污量，m^3/次；

n——每台锅炉上锅筒个数，个；

D——上锅筒直径，m；

L——上锅筒长度，m；

h——上锅筒水位排污前后高差，一般取 $h=0.1m$。

（2）采用锅内加药水处理时，排污量按式（9-8）计算：

$$G_d=\frac{G(g_1+g_2)}{g-(g_1+g_2)} \tag{9-8}$$

式中　G_d——每台锅炉一次定期排污量，m^3/次；

g_1——给水溶解固形物的含量，mg/L；

g_2——加药量，mg/L；

G——排污间隔时间内的给水量，m^3；

g——锅炉最大允许溶解固形物含量，mg/L；见蒸汽锅炉水质表。

5. 锅炉排污系统的两种方式

（1）污水→排污膨胀器→换热器（小型锅炉房不设）→排污降温池（兑自来水降温40℃以下）→排入市政排水管网。这是传统的排污做法，系统复杂，不利于技能。

（2）污水→排污除氧水箱（软水箱与热力除氧水箱一体，间接换热降温40℃以下）→排入市政排水管网。这种方式系统简单，排污热全部回收，不用兑自来水降温，节约水源，有力于节能减排。

6. 锅炉排污管道系统的设计应符合下列要求：

（1）锅炉机组排污管道及其配备的阀门，按锅炉制造厂成套供货的产品进行布置安装。如锅炉制造厂成套配置的产品不符合《锅炉安全技术监察规程》的规定时，应按该规程的要求进行配置。

（2）锅炉上的排污管和排污阀不允许采用螺纹连接，排污管不应高出锅筒或联箱的相应排污口的高度。

（3）每台锅炉宜采用独立的定期排污管道，并分别接至排污膨胀器或排污降温池；当几台锅炉合用排污母管时，在每台锅炉按至排污母管的干管上必须装设切断阀，在切断阀前尚宜装设止回阀。

（4）每台蒸汽锅炉的连续排污管道，应分别接至连续排污膨胀器。在锅炉出口的连续排污管道上，应装设节流阀。在锅炉出口和连续排污膨胀器进口处，应各设 1 个切断阀。2～4 台锅炉宜合设 1 台连续排污膨胀器。连续排污膨胀器上应装设安全阀。

（5）锅炉的排污阀及其管道不应采用螺纹连接。锅炉排污管道应减少弯头，保证排污畅通。

9.1.5 水处理设备的布置和化验室

1. 水处理设备应根据工艺流程和同类设备尽量集中的原则进行布置，并应便于操作、维修和减少主操作区的噪声。水处理间主要操作通道的净宽不应小于 1.5m，辅助设备操作通道的净距不宜小于 0.8m。所有通道均应适应检修的需要。

2. 锅炉房应设置化验室、化验设备配置应考虑下述要求（一般化验设备见表 9-7）：

（1）蒸汽锅炉房应配备测定悬浮物、总硬度、总碱度、pH 值、溶解氧、溶解固形物、硫酸根（SO_4^{2-}）、氯化物（Cl）、含铁量、含油量等项目的设备和药品。当采用磷酸盐锅内水处理时，尚应能测定亚硫酸根（SO_3^{-2}）含量的设备。蒸汽压力＞2.5MPa 且供汽轮机用汽的锅炉房，宜设置测定二氧化硅及电导率的设备。

（2）装备热水锅炉的锅炉房应设置测量悬浮物、总硬度、pH 值、含油量等的仪表设备。采用锅外化学水处理时，尚应配备测定溶解氧的设备。

（3）总蒸发量＞20t/h 或总出力＞14MW 的锅炉房，以煤为燃料时，化验室宜具备测定燃料水分、挥发分、固定碳和飞灰、炉渣可燃物含量的设备；以油为燃料时，宜配备分析油的黏度和闪点的仪表设备。

（4）总蒸发量≥60t/h 或总出力≥42MW 的锅炉房，化验室还宜能测定燃料的发热值。

（5）化验室宜配备测定烟气中含氧量和 CO、NO_x、SO_2 等含量的设备。燃油燃气锅炉房还宜配备测定烟气中氢、碳氢化合物等可燃物含量的仪表设备。

表 9-7 化验室常用设备

类别	序号	设备名称	参 数	单位	数量	用途	备注
汽水品质分析用设备	1	分析天平	称量 200mg 感量 0.1mg	台	1		
	2	工业天平	称量 200mg 感量 1mg	台	1		
	3	电热恒温干燥箱	350×400×400（mm） 温度 50～200℃	台	1	烘干仪表、药品试样	
	4	普通电炉	1kW	台	1		
	5	酸度计		只	1	用于测 pH 值	
	6	水浴锅	4 孔式	个	1	配制试剂测定 溶解固形物	
	7	溶解氧测定仪		台	1	测定溶解氧	
	8	干燥箱		台	1	干燥药品	
	9	比重计	1.0～1.2	支	5	测溶液密度	

续表

类别	序号	设备名称	参　数	单位	数量	用途	备注
煤、灰渣、烟气成分分析用设备	10	分析天平	称量200mg，感量0.1mg	台	1		
	11	高温电炉	1000℃	台	1	测灰分，挥发分固定碳	
	12	电热恒温干燥箱	50～200℃ 尺寸350×400×400(mm)	台	1	测水分	
	13	气体分析仪	奥氏气体分析仪	台	1	烟气分析	
	14	氧弹热量计		台	1	测煤发热值	
	15	袖珍计算器		个	1		
	16	带磨口玻璃瓶	ϕ40×25	个	2	测水分	
	17	挥发分坩埚		个	2	测挥发分、固定碳	
	18	秒表		块	1		
	19	烟气含O_2量分析器					
	20	SO_2测试仪					
	21	NO_x测试仪					
	22	可燃气含量分析仪					

3. 化验取样设备及取样方式应符合下列要求：

（1）额定蒸发量≥1t/h的蒸汽锅炉和额定热功率≥0.7MW的热水锅炉应设锅水取样装置。

（2）汽水系统中应装设必要的取样点。汽水取样冷却器宜相对集中布置。汽水取样头的型式、引出点和管材，应满足样品具有代表性和不受污染的要求。汽水样品的温度宜小于30℃。

（3）除氧水、给水的取样管道，应采用不锈钢管。

（4）高温除氧水、锅炉给水、锅水及疏水的取样系统必须设冷却器，水样温度应在30～40℃之间，水样流量为500～700mL/min。

（5）测定溶解氧和除氧水的取样阀的盘根和管道，应严密不漏气。

9.2　采暖水系统、空调冷热水系统水处理

9.2.1　水质标准

采暖水系统、空调冷热水系统水质参考《采暖空调系统水质》(GB/T 29044—2012)。本国家标准适用于集中空调循环冷却水和循环冷水系统、直接蒸发式和间接蒸发的冷却水系统，以及水温不超过95℃的集中供暖循环热水系统。各系统水质标准详见表9-8～表9-13。

(1) 集中空调间接供冷开式循环冷却水系统的水质要求

表 9-8　集中空调间接供冷开式循环冷却水系统的水质要求

检测项	单位	补充水	循环水
pH（25℃）	—	6.5～8.5	7.5～9.5
浊度	NTU	≤10	≤20
			≤10（当换热设备为板式、翅片管式、螺旋板式）
电导率（25℃）	μS/cm	≤600	≤2300
钙硬度（以 $CaCO_3$ 计）	mg/L	≤120	—
总碱度（以 $CaCO_3$ 计）	mg/L	≤200	≤600
钙硬度＋总碱度（以 $CaCO_3$ 计）	mg/L	—	≤1100
Cl^-	mg/L	≤100	≤500
总铁	mg/L	≤0.3	≤1.0
NH_3-N	mg/L	≤5	≤10
游离氯	mg/L	0.05～0.2（管网末稍）	0.05～1.0（循环回水总管处）
COD_{cr}	mg/L	≤30	≤100
异养菌总数	个/mL	—	≤1×10^5
有机磷（以 P 计）	mg/L	—	≤0.5

注：1. 补充水水质超过本标准时，补充水应作相应的水质处理。

2. 集中空调间接供冷开式循环冷却水系统应设置相应的循环水水质控制装置。

(2) 集中空调循环冷水系统的水质要求

表 9-9　集中空调循环冷水系统的水质要求

检测项	单位	补充水	循环水
pH（25℃）	—	7.0～9.5	7.5～10
浊度	NTU	≤5	≤10
电导率（25℃）	μS/cm	≤600	≤2000
Cl^-	mg/L	≤250	≤250
总铁	mg/L	≤0.3	≤1.0
钙硬度（以 $CaCO_3$ 计）	mg/L	≤300	≤300
总碱度（以 $CaCO_3$ 计）	mg/L	≤200	≤600
溶解氧	mg/L	—	≤0.1
有机磷（以 P 计）	mg/L	—	≤0.5

注：1. 当补充水水质超过本标准时，补充水应作相应的水质处理。

2. 集中空调循环冷水系统应设置相应的循环水水质控制装置。

(3) 集中空调间接供冷闭式循环冷却水系统的水质标准

表 9-10　集中空调间接供冷闭式循环冷却水系统的水质标准

检测项	单位	补充水	循环水
pH（25℃）		7.0～9.5	7.5～10
浊度	NTU	≤5	≤10
电导率（25℃）	μS/cm	≤600	≤2000
Cl^-	mg/L	≤250	≤250
总铁	mg/L	≤0.3	≤1.0
钙硬度（以 $CaCO_3$ 计）	mg/L	≤300	≤300
总碱度（以 $CaCO_3$ 计）	mg/L	≤200	≤500
溶解氧	mg/L	—	≤0.1
有机磷（以P计）	mg/L	—	≤0.5

注：1. 当补充水水质超过本标准时，补充水应作相应的水质处理。

2. 集中空调间接供冷闭式循环冷却水系统应设置相应的循环水质控制装置。

（4）蒸发式冷却循环水系统的水质标准

表 9-11　蒸发式冷却循环水系统的水质标准

检测项	单位	直接蒸发式		间接蒸发式	
		补充水	循环水	补充水	循环水
pH（25℃）		6.5～8.5	7.0～9.5	6.5～8.5	7.0～9.5
浊度	NTU	≤3	≤3	≤3	≤5
电导率（25℃）	μS/cm	≤400	≤800	≤400	≤800
钙硬度（以 $CaCO_3$ 计）	mg/L	≤80	≤160	≤100	≤200
总碱度（以 $CaCO_3$ 计）	mg/L	≤150	≤300	≤200	≤400
Cl^-	mg/L	≤100	≤200	≤150	≤300
总铁	mg/L	≤0.3	≤1.0	≤0.3	≤1.0
硫酸根离子（以 SO_4^{2-} 计）	mg/L	≤250	≤500	≤250	≤500
NH_3-N	mg/L	≤0.5	≤1.0	≤5	≤10
COD_{cr}	mg/L	≤3	≤5	≤30	≤60
菌落总数	CFU/mL	≤100	≤100	—	—
异养菌总数	个/mL	—	—	—	≤1×10^5
有机磷（以P计）	mg/L	—	—	—	≤0.5

注：当补充水水源为地表水、地下水或再生水回用时应对本指标项进行检测与控制。

1. 当补充水水质超过本标准时，补充水应作相应的水质处理。

2. 蒸发式循环冷却水系统应设置相应的循环水水质控制装置。

（5）集中式间接供暖系统水质标准

集中式间接供暖系统分为采用散热器的集中供暖系统和采用风机盘管的集中供暖系统。

表 9-12 采用散热器的集中供暖系统水质要求

检测项	单位	补充水	循环水	
pH（25℃）		7.0～12.0	钢制设备	9.5～12.0
		8.0～10.0	铜制设备	8.5～10.0
		6.5～8.5	铝制设备	6.5～8.5
浊度	NTU	≤3	≤10	
电导率（25℃）	μS/cm	≤600	≤800	
Cl⁻	mg/L	≤250	钢制设备	≤250
		≤80（≤40①）	AISI 304 不锈钢	≤80（≤40①）
		≤250	AISI 316 不锈钢	≤250
		≤100	铜制设备	≤100
		≤30	铝制设备	≤30
总铁	mg/L	≤0.3	≤1.0	
总铜	mg/L	—	≤0.1	
钙硬度（以 $CaCO_3$ 计）	mg/L	≤80	≤80	
溶解氧	mg/L	—	≤0.1（钢制散热器）	
有机磷（以 P 计）	mg/L	—	≤0.5	

① 当水温大于 80℃时，AISI 304 不锈钢材质散热器系统的循环水及补充水的氯离子浓度不宜大于 40mg/L。

注：1. 当补充水水质超过本标准时，补充水应作相应的水质处理。

2. 采用散热器的集中供暖系统应设置相应的循环水水质控制装置。

表 9-13 采用风机盘管的集中供暖水质要求

检测项	单位	补充水	循环水
pH（25℃）		7.5～9.5	7.5～10
浊度	NTU	≤5	≤10
电导率（25℃）	μS/cm	≤600	≤2000
Cl⁻	mg/L	≤250	≤250
总铁	mg/L	≤0.3	≤1.0
钙硬度（以 $CaCO_3$ 计）	mg/L	≤80	≤80
钙硬度（以 $CaCO_3$ 计）	mg/L	≤300	≤300
总碱度（以 $CaCO_3$ 计）	mg/L	≤200	≤500
溶解氧	mg/L	—	≤0.1
有机磷（以 P 计）	mg/L	—	≤0.5

注：1. 当补充水水质超过本标准时，补充水应作相应的水质处理。

2. 采用风机盘管的集中供暖水系统应设置相应的循环水水质控制装置。

（6）集中式直接供暖系统水质

集中式直接供暖系统的循环水水质应符合《工业锅炉水质》（GB/T 1576—2008 要求，补充水水质应符合《城镇供热管网设计规范》(CJJ 34—2010) 中 4.3.1 的要求。

说明：1）当补充水水质超过本标准时，补充水应作相应的水质处理。2）集中式直接供暖系统应设置相应的循环水水质控制装置。

9.2.2　设计方法

根据《采暖空调系统水质》(GB/T 20944—2012)要求，运用SYSCW方法，对补充水、循环水、运营、监测进行系统性地设计。SYSCW处理方法包括三部分：补充水处理(MW)、循环水处理(CW)、系统水质监测(OM)。

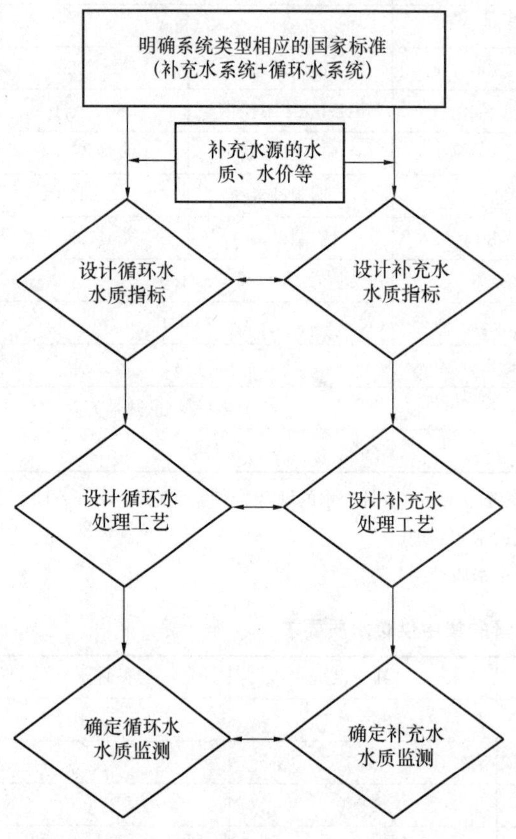

图9-1　采暖空调系统SYSCW设计法的方框图

采暖空调系统SYSCW设计法的方框图如图9-1所示：

采暖空调系统SYSCW设计法，共分五步进行：

第一步：设计循环水的水质指标

参考循环水系统的国家水质标准，结合系统的运行参数、材质、结构、运行工况等，同时参考补充水源的水质及水价，设计在保证系统安全运行条件下的经济水质指标。

第二步：设计补充水的水质指标

参考补充水系统的国家水质标准，根据设计的循环水水质指标，再根据补充水源的实际水质参数和水价，设计在保证循环水运行水质基础上经济合理的水质指标，作为补充水的水质指标。

第三步：设计补充水的处理工艺

根据设计的补充水指标，同时结合设计水质与原水水质的差异，采取相应的过滤、软化、水质调节等措施，实现最小程度的处理原水最经济的运行成本。

第四步：设计循环水的处理工艺

依据设计的循环水水质指标，结合系统运行工况下存在的腐蚀、结垢、菌藻、水质等问题，采取物化法处理。同时配置pH、腐蚀率、电导率、溶解氧等监测、监控仪表，实现可视、可控、全自动化的水处理方案。

第五步：设计循环水系统的运营管理要求

依据补充水和循环水的处理方案及相关的水质指标，设计补充水和循环水系统的水质监测要求等。

9.2.3　补充水水质参数设计及处理工艺选择

9.2.3.1　设计方法

参考补充水系统的国家水质标准，根据设计的循环水水质指标，再根据补充水源的实际水质参数和水价，设计在保证循环水运行水质基础上经济合理的水质指标，作为补充水的水质指标。

根据设计的补充水指标，同时结合设计水质与原水水质的差异，采取相应的过滤、软化、水质调节等措施，综合考虑选择处理工艺的处理成本、运行成本，核算性价比最优的处理工艺，最后选择相应的水处理设备。

9.2.3.2 补充水处理工艺

补充水处理方法主要有：机械过滤、水质软化、水质调节、pH 调节处理和水质监控处理，其处理工艺流程图如图 9-2 所示。

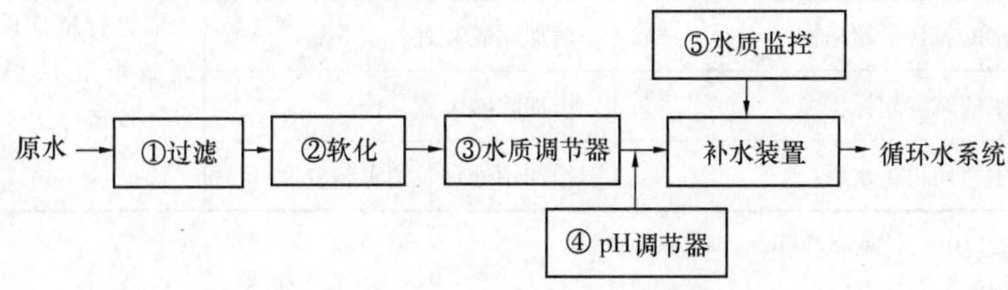

图 9-2 补充水处理工艺流程图

由于补充水的水质不同，同时系统对补充水的水质要求不同，所以补充水处理工艺也需进行针对性地设计。请参考表 9-14 进行补充水处理工艺的设计。

表 9-14 补充水处理工艺选择表

编号	补充水的设计要求	处理工艺
1	总硬度≤3mg/L	过滤＋软化
2	0.03mmol/L≤总硬度≤源水总硬度	过滤＋软化＋水质硬度调节
3	0.03mmol/L≤总硬度≤源水总硬度 且 pH 超标需要调节	过滤＋软化＋水质硬度调节＋pH 调节
4	补充水的铁、锰超标	增加除铁锰装置
5	补充水的氯含量超标	增加除氯装置
6	补充水的碱度超标	增加除碱装置
7	补充水采用再生水源	增加消毒及杀菌灭藻装置

注：需要“4～7”处理工艺流程图，请致电北京科净源（010-88591716）。

9.2.3.3 补充水处理设备选型

根据补充水源的水质和系统对补充水的水质要求，确定水处理工艺，再选择水处理设备，见表 9-15。

表 9-15 补充水处理设备选型

编号	补充水的设计要求	处理工艺	补充水处理成套设备
1	设计总硬度≤3mg/L	过滤＋软化	过滤器＋全自动钠离子交换软水器
2	3mg/L≤设计总硬度≤补充水源总硬度； 实现水质在线监测	过滤＋软化＋水质硬度调节＋在线监测	水质软化调节一体机[①]

续表

编号	补充水的设计要求	处理工艺	补充水处理成套设备
3	3mg/L≤设计总硬度≤补充水源总硬度； 实现水质在线监测； 补充水源pH不满足设计pH值	过滤＋软化＋水质硬度调节＋pH调节＋在线监测	水质软化调节一体机①＋多功能水质在线监控一体机②
4	补充水的铁、锰超标	增加除铁锰装置	需进行特殊设计选型，请直接致电北京科净源（010－88591716）
5	补充水的氯含量超标	增加除氯装置	
6	补充水的碱度超标	增加除碱装置	
7	补充水采用再生水源	增加预处理及消毒装置	

①和②请详见 http：//www.kejingyuan.com。

9.2.4 循环水水质参数设计及处理工艺选择

9.2.4.1 设计方法

循环水处理系统设计需要从系统的安全性、合理性、节能性、经济性、环保性出发，同时综合影响系统运行的多种因素进行设计。

(1) 首先根据循环水系统的运行参数、系统材质、设备类型及结构等参数，参考循环水的国家标准，再结合循环水的日常运营费用和补充水源的水质及水价等因素，设计循环水系统的水质指标。设计的循环水水质指标需小于等于国家标准规定的标准值。

(2) 然后根据设定的循环水水质指标，结合投资费用、运行费用、占地面积、日常操作等因素，选择物化法水处理工艺。

(3) 根据设计的循环水水质指标，结合系统循环水量，选择全滤和旁滤的物化法水处理设备。然后根据设备间的空间大小，尽量选择落地式物化法设备，如果设备间空间有限，也可选择管道式物化法设备。

9.2.4.2 循环水处理工艺

采暖空调循环水采用物化法处理工艺。物化法处理工艺由三部分组成：物理法设备、化学法设备和水质监测设备，如图9-3所示。

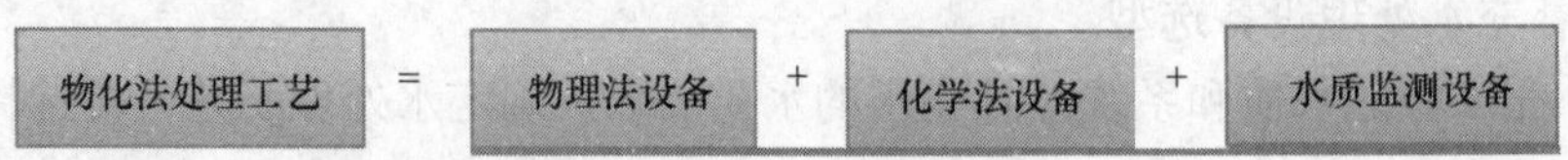

图9-3 物化法处理工艺

9.2.4.3 循环水处理设备选型

从循环水系统的安全性、合理性、节能性、经济性、环保性出发，将物理法处理设备、化学法处理设备和水质监测设备进行集成设计，在循环水系统中安装循环水处理一体式设备——物化综合处理一体机。物化综合处理一体机由三部分组成：物理法设备、化学法设备和水质监测设备。

当循环水主管径＜600mm时，建议采用全滤处理方式（循环水100％过滤），安装在系统主管道上，采用旁通式安装。当循环水主管径≥600mm 时，建议采用旁滤处理方式(旁滤水量占总循环水量的 3%～5%)，安装在旁通管道上。

在设备选型时，用户可根据机房空间大小选择一体式设备或分体式设备。循环水处理设备种类详见表 9-16。

表 9-16　循环水处理设备种类

<table>
<tr><th>设备类型</th><th>组成</th><th>设备种类</th></tr>
<tr><td>一体式</td><td>物理法处理设备＋化学法处理设备＋水质监测设备</td><td>物化法综合处理一体机</td></tr>
<tr><td rowspan="3">分体式（Ⅰ型）</td><td>物理法处理设备</td><td>多相全程处理器、内刷全程处理器、射频全程处理器</td></tr>
<tr><td>化学法处理设备</td><td>循环水加药设备、多功能加药监测设备</td></tr>
<tr><td>水质监测设备</td><td>多功能水质在线监测仪</td></tr>
<tr><td rowspan="2">分体式（Ⅱ型）</td><td>物化法处理设备</td><td>物化法水处理器、智能旁流处理器</td></tr>
<tr><td>水质监测设备</td><td>多功能水质在线监测仪</td></tr>
</table>

注：设备详细介绍请详见 http：//www. kejingyuan. com。

9.3　冷却水系统水处理

9.3.1　闭式冷却塔、地源热泵地埋管冷却水系统

（1）闭式冷却塔、地源热泵地埋管冷却水系统可采用物化法综合处理一体机串联安装在冷却水主干管上，并加设旁通管，可解决过滤、防垢、防腐问题。

（2）闭式冷却塔、地源热泵地埋管冷却水系统也采用循环水化学加药一体机（阻垢剂、缓蚀剂)，可解决防垢、防腐问题。水系统还应安装过滤装置，过滤装置可采用 Y 形过滤器，可安装在主干管上，也可安装在冷却水泵入口支管上。

9.3.2　江水源热泵冷却水系统

江水源热泵冷却水系统的水源为江水，其主要问题是水的浊度问题。当江水浊度基本符合冷却水质要求时，冷却水系统可采用物化法综合处理一体机，串联安装在冷却水主干管上，并加设旁通管，可同时解决过滤、防垢、防腐、杀菌灭藻问题。当江水浊度不满足冷却水质要求时，可对江水做预处理。处理流程参照 11. 1. 2. 1 之（4）款进行。江水经过预处理后，再经 F 型综合水处理器处理，解决过滤、防垢、防腐、杀菌灭藻问题。

9.3.3　海水源热泵冷却水系统

海水源热泵冷却水系统的水源是海水，主要是盐腐蚀问题。一般处理过程为：过滤后经间接钛板换热器换热，换热后二次水作为冷却水。二次水处理参照闭式冷却塔冷却水系统。

9.3.4　乙二醇冷冻、冷却水系统

由于乙二醇溶液冰点低，所以常作为冷冻、冷却水工质。乙二醇溶液冰点与浓度及密度的关系见表 9-17。

表 9-17　乙二醇溶液冰点与浓度及密度的关系

冰点（℃）	浓度（%）	密度（20℃，mg/mL）
－10	28.4	1.034
－15	32.8	1.0426
－20	38.5	1.0506
－25	45.3	1.0586
－30	48.8	1.0627
－35	50	1.0671
－40	54	1.0713
－45	57	1.0746
－50	59	1.0786
－45	80	1.0958
－30	85	1.1001
－13	100	1.1130

乙二醇溶液为无色、无味液体，挥发性低，腐蚀性低，膨胀系数大于水，从0℃上升到50℃时，其膨胀量比水约大30%，沸点197.4℃，冰点－11.5℃。

乙二醇溶液在使用中易产生酸性物质，对金属有腐蚀。因此，应加入适量的磷酸氢二钠等以防腐蚀。

乙二醇有毒，但由于其沸点高，不会产生蒸汽被人吸入体内而引起中毒。

乙二醇的吸水性强，贮存的容器应密封，以防吸水后膨胀溢出。

乙二醇市场价在10000元/吨，在满足使用要求情况下，乙二醇溶液浓度尽可能降低，以使系统投资经济。

9.3.5　再生水热泵冷却水系统

再生水是城市污水经过处理厂处理过的达到市政排放标准的排放水，其水温适合于热泵系统。再生水中含有大量污泥、毛发、泥沙等杂质不能直接进入热泵冷却系统，利用再生水作为冷却水源时，常规流程有两种：

（1）再生水→自清洗过滤器→间接板换→热泵冷却系统

由于再生水杂质较多，直接进入板换很快就堵塞，因此应首先进入自清洗过滤器。自清洗过滤器具有自动反冲洗功能，当过滤器被杂质堵塞压力检测超过设定压力时，自清洗过滤器会自动反洗，冲掉杂质排放至排水系统，压力减小至正常值时，系统正常运行。

再生水中的杂质有少部分会结成硬垢不易被反洗掉。因此，需定时加药（弱酸）以酥松水垢反洗后排出。

（2）再生水→Y形水过滤器→疏导式换热器→热泵冷却系统

疏导式换热器可以从根本上解决悬浮物堵塞滞留和杂质沉积及腐蚀问题，是再生水换热的优选设备。

9.3.6　污水源水源热泵冷却水系统

城市污水水温适合热泵系统，当城市污水不做处理直排至市政排水系统时，城市污水可以作为热泵冷却水源。当城市污水需要进入水处理厂处理成再生水排放时，城市污水不宜作热泵系统冷却水源。

当采用城市污水作为热泵冷却水源时，工程做法有以下两种：

（1）采用美国 FAFCO 公司生产的特殊换热设备沉降在污水池中，设备内部盘管内冷却水强迫对流换热，盘管外污水自然对流换热得热。设计时需经过热传热计算确定盘管换热面积和污水池的大小，选择合适的换热设备。设计污水池时注意检修时池内通风，防止检修人员中毒。

（2）采用国产疏导式换热器，可以从根本上解决悬浮物堵塞滞留和杂质沉积及腐蚀问题，是污水换热的优选设备。

第 10 章　阀件

本章执笔人

汪春华

中国建筑设计院有限公司

高级工程师

注册设备工程师

10.1　关　断　阀

10.1.1　截止阀

1. 截止阀分类

截止阀是利用阀瓣沿着阀座通道的中心移动来控制管路启闭的一种闭路阀，可用于各种压力及各种温度输送各种液体和气体。截止阀可分为：

（1）直通式截止阀：介质的进出口两个通道在同一方向上，呈 180°的截止阀。

（2）直流式截止阀：阀杆与通道成一定角度的截止阀。

（3）阀座设计成套环，靠柱塞和套环的配合实现密封。

（4）三通截止阀：具有三个通道的截止阀。

（5）角式截止阀：介质的进出口两个通道呈 90°的截止阀。

（6）针形截止阀：阀座孔的尺寸比公称通径仅小的截止阀。

（7）上螺纹阀杆截止阀：阀杆螺纹在壳体外面的截止阀。

（8）下螺纹阀杆截止阀：阀杆螺纹在壳体内的截止阀。

2. 选型提示

（1）该阀阻力较大，关断可靠，但体积较大；

（2）生产工艺较简单，有金属密封，有橡胶密封；

（3）可手动调节；

（4）必要时可起到手动平衡的作用，且抗汽蚀能力较强；

（5）DN50 及以下多为螺纹接口，多采用全铜结构；

（6）安装时注意水流方向；

（7）DN200 以上不宜采用截止阀。

3. 波纹管密封截止阀 BSAT

下面介绍一种常用于蒸汽和热水的截止阀——波纹管密封截止阀 BSAT。

该阀采用独特的波纹管密封设计，从而完全消除了阀杆填料密封泄漏的问题，满足最严格的泄漏等级要求。BSA 型截止阀带有节流阀芯，双波纹管密封，寿命更长久，其零泄漏的特性改善了设备的安全性，节约大量能源，减少了维修费用，并为工业应用提供了清洁安全的工作环境。另外，BSA 系列波纹管密封截止阀还具有防波纹管扭转功能的防转销、防止误操作的锁紧螺母、节约空间的无提升手轮、开关位置显示等独特设计。

典型应用流体包括：

（1）蒸汽和冷凝水；

（2）工艺流体；

（3）热水和冷水系统；

（4）热油系统；

（5）化学热流体；

（6）毒性流体；

(7) 压缩空气和其他气体；
(8) 水/乙二醇等工业流体。
铸铁系列 BSAT 的产品参数见表 10-1。

表 10-1 BSAT 截止阀产品参数

阀体设计条件	PN16	JIS/KS 10K
最大允许压力	16barg	14barg
最高允许温度	300℃	220℃
最大工作压力	12.9barg	11barg
最大工作温度	230℃（软阀座）	220℃（软阀座）
	300℃（金属阀座）	220℃（金属阀座）
最低工作温度	−10℃	−10℃
冷态水压试验压力	24barg	20barg
密封	符合 EN 12266-1 A 级和 ISO 5208A 级密封	
连接方式	法兰	
可选项	大口径 BSA 截止阀有平衡阀芯的选项	

BSAT 截止阀的尺寸和重量见表 10-2，构造图如图 10-1 所示。

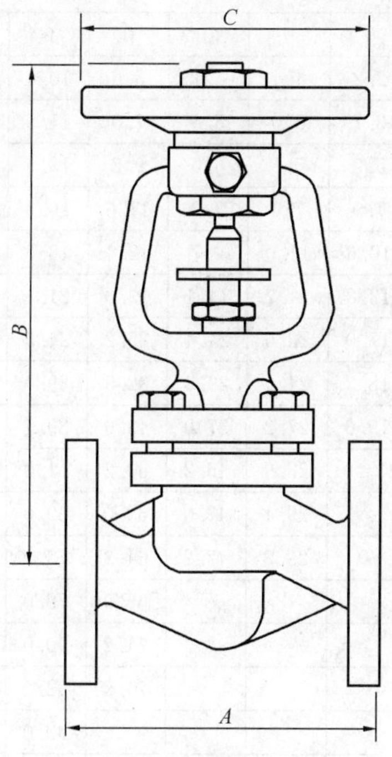

图 10-1 BSAT 截止阀构造图

表 10-2　BSAT 截止阀尺寸和重量

口径	A（mm）		B（mm）	C（mm）	重量（kg）
	PN16	JIS/KS 10K			
DN15	130	133	205	125	4
DN20	150	153	205	125	4
DN25	160	163	217	125	5
DN32	180	183	217	125	7
DN40	200	203	243	200	10
DN50	230	229	243	200	12
DN65	290	293	263	200	16
DN80	310	309	287	200	21
DN100	350	349	383	315	36
DN125	400	395	416	315	52
DN150	480	479	450	315	75
DN200	600	537	622	500	145

BSAT 的流量参数见表 10-3。

表 10-3　BSAT 的流量参量

口径	BSAT												
	DN15	DN20	DN25	DN32	DN40	DN50	DN65	DN80	DN100	DN125	DN150	DN200	DN250
手轮旋转圈数	对应手轮圈数下的 K_v 值，基于 EN60534-2-3，20℃水温												
0	0	0	0	0	0	0	0	0	0	0	0	0	0
0.5	1.2	1.2	1.4	2.2	4.4	4.1	5.6	10.4	12.0	21	28	66	110
1	1.7	1.7	2.0	3.7	5.0	5.0	7.0	11.5	14.3	23	30	81	140
1.5	2.7	2.9	2.9	5.0	5.5	6.0	9.2	13.6	24.5	26	33	97	150
2	3.6	4.0	4.6	7.9	7.6	7.2	11.6	16.3	34.1	42	46	111	165
2.5	4.4	5.3	6.4	10.6	11.0	9.7	12.4	18.5	59.6	67	65	149	190
3	5.4	6.6	8.5	13.8	14.7	14.1	13.0	21.1	86.2	94	90	199	225
4			10.6	17.0	22.6	24.4	25.2	24.5	123.0	140	152	302	330
4.5			11.2	18.3	24.4	29.4	32.5	29.0	139.0	181	177	355	451
5			11.9	19.6	27.2	37.0	43.6	39.1	164.1	185	216	403	460
6					28.9	46.2	60.2	61.0	179.0	220	264	455	600
6.5					29.1	47.0	63.0	69.0	186.0	230	288	480	641
6.7					29.3	47.2	64.3	73.0		235	293	487	656
7							65.9	78.0		241	305	495	678
8							71.2	90.0		259	337	507	738
8.5							74.6	92.0			348	522	760
9.5								99.0			369		793
10								101.6					805
10.7													827

选型计算公式：

$$Q = K_v \times \sqrt{\Delta P} \tag{10-1}$$

式中 Q——流量，m^3/h；

K_v——阀门参数；

ΔP——阀门前后压差，bar。

10.1.2 闸阀

闸阀是启闭件（闸板）由阀杆带动，沿阀座密封面做升降运动的阀门。闸阀适用于供热和蒸汽管道及给水排水关启作调流、切断和截流之用。闸阀的驱动方式有手动、电动和气动。它主要有以下几种形式：

（1）楔式闸阀：闸板的两侧密封面成楔状的闸阀。

（2）升降式闸阀：阀杆做升降运动，其传动螺纹在体腔外部的闸阀。

（3）旋转杆式闸阀：阀杆做旋转运动，其传动螺纹在体腔内部的闸阀。

（4）快速启闭闸阀：阀杆既做旋转又做升降运动的闸阀。

（5）缩口闸阀：阀体内的通道直径不同，阀座密封面处的直径小于法兰连接处的直径的闸阀。

（6）平板闸阀：有带导流孔和不带导流孔之分；带导流孔的平板闸阀能通球清管，不带导流孔的平板闸阀只能用作管路上的启闭装置。

（7）平形式闸阀：闸板的两侧密封面相互平行的闸阀。

下面主要介绍一种软密封闸阀，它主要应用于中央空调、集中供热等系统当中，利用其弹性阀板的微量变形达到良好的密封效果，有效地避免了传统闸阀由于杂物积于阀底凹槽造成阀门无法关闭的现象。软密封闸阀的技术参数见表 10-4，其外形尺寸见表 10-5。

表 10-4 技术参数

项目	参数	外形图
工作压力	1.6MPa	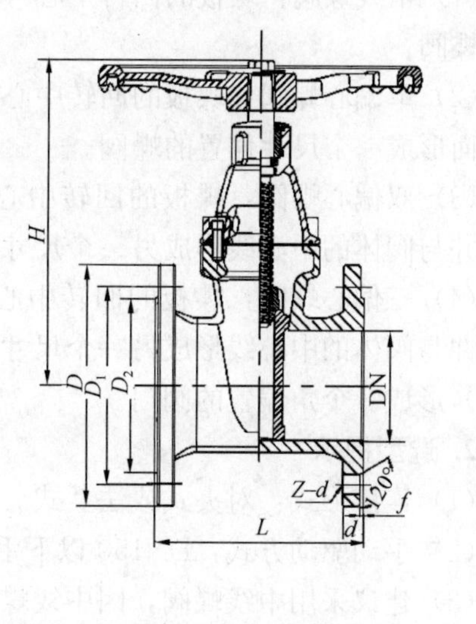
工作温度	5～80℃	
阀体、阀盖	球墨铸铁（GGG50）	
阀杆	不锈钢	
阀芯	球墨铸铁外包 EPDM	
密封	EPDM	
连接方式	法兰连接	

表 10-5　外形尺寸（mm）

公称通径	L	H	D	D_1		D_2		Z-Φd		K_{vs}
				1.0MPa	1.6MPa	1.0MPa	1.6MPa	1.0MPa	1.6MPa	
DN50	150	230	165	125		102		4-Φ18		270
DN65	170	260	185	145		122		4-Φ18		470
DN80	180	280	200	160		138		8-Φ18		900
DN100	190	310	220	180		158		8-Φ18		1600
DN125	200	360	250	210		188		8-Φ18		2150
DN150	210	397	285	240		212		8-Φ22		3680
DN200	230	500	340	295		268		8-Φ22	12-Φ22	2880
DN250	250	587	405	350	355	320		12-Φ22	12-Φ26	4306
DN300	270	685	460	400	410	370	378	12-Φ22	12-Φ26	6380

10.1.3　球阀

球阀是启闭件（球体）绕垂直于通路的轴线旋转的阀门。

选型提示：

（1）DN50 及以下采用全铜丝接，球体一般为不锈钢，密封环为四氟。

（2）DN50 以上一般采用法兰连接。

（3）驱动方式一般为手柄式，涡轮式和电动式。

10.1.4　蝶阀

1. 蝶阀的分类

蝶阀是启闭件（蝶板）绕固定轴旋转的阀门。蝶阀结构简单，重量轻，体积小，开启迅速，可在任意位置安装。它有以下几种形式：

（1）中线蝶阀：蝶板的回转中心（阀门轴中心）位于阀体的中心线和蝶板的密封截面上的蝶阀。

（2）单偏心蝶阀：蝶板的回转中心（阀门轴中心）位于阀体的中心线上且与蝶板的密封截面形成一个尺寸偏置的蝶阀。

（3）双偏心蝶阀：蝶板的回转中心（阀门轴中心）与蝶板密封截面形成一个尺寸偏置，并与阀体的中心线形成另一个尺寸偏置的蝶阀。

（4）三偏心蝶阀：蝶板的回转中心（阀门轴中心）与蝶板密封截面形成一个尺寸偏置，并与阀体的中心线形成另一个尺寸偏置；阀体密封面中心线与阀座中心线（即阀体中心线）形成一个角偏置的阀门。

2. 选型提示

（1）连接形式：对夹式或法兰式。

（2）手动驱动方式：DN150 以下手柄式；DN150 及以上，建议采用涡轮式。

（3）建议采用中线蝶阀，因中线蝶阀可双面承压。

（4）PN16 以上压力情况下，不宜采用蝶阀。

(5) DN50 以下不宜采用蝶阀，可采用截止阀等。

3. 蝶阀规格

蝶阀的技术参数见表 10-6，阀体尺寸见表 10-7，示意图如图 10-2 所示。

表 10-6 技术参数

阀体规格	手动蝶阀	涡轮蝶阀	电动蝶阀
	DN32～DN200	DN32～DN600	DN32～DN600
阀体结构形式	A 型、LT 型		
公称压力	PN10/PN16		
工作温度	三元乙丙（EPDM）阀座	丁腈橡胶（NBR）	
	−10～110℃	−10～80℃	
材质	阀体	球墨铸铁	
	阀板	奥氏体不锈钢（CF8M）	
	阀轴	不锈钢（SS420）	
	阀座	三元乙丙橡胶（EPDM）/丁腈橡胶（NBR）	
	表面	喷涂环氧树脂漆，颜色 RAL5002	
执行标准	设计标准	API609、BS5155、DIN PN10/PN16	
	连接侧法兰	DIN 2533-2000、DIN 2543-2000	
	检验标准	API 598	
CE 标记	三元乙丙（EPDM）阀座：≥DN150、三元乙丙（EPDM）：全部		

表 10-7 阀体尺寸（mm）

规格	Φ_1	Φ_2	W_1	W_2	H_1	H_2	A 型				LT 型		K_{vs}
							PN10		PN16		Φ_5	n-M	
							Φ_3	Φ_d	Φ_4	Φ_d			
DN32	80	38.8	33	48	133	65	100	18	100	18	100	4-M16	28
DN40	88	40.3	33	50	133	70	110	18	110	18	110	4-M16	57
DN50	92	52.6	43	48	141	62	125	18	125	18	125	4-M16	108
DN65	104	64.4	46	50	153	72	145	18	145	18	145	4-M16	198
DN80	124	78.9	46	50	161	87	160	18	160	18	160	8-M16	330
DN100	154	104.1	52	58	179	106	180	18	180	18	180	8-M16	545
DN125	184	123.4	56	60	193	123	210	18	210	18	210	8-M16	890
DN150	205	155.9	56	60	204	137	240	22	240	23	240	8-M20	1410
DN200	265	202.9	60	64	247	174	295	22	295	23	295	12-M20	2356
DN250	316	250.9	68	73	280	209	350	22	355	27	355	12-M24	3780
DN300	366	301.6	78	83	324	250	400	22	410	27	410	12-M24	5590
DN350	438	334.3	76	80	370	267	—	—	470	28	470	16-M24	8080
DN400	491	390.2	86	90	400	301	—	—	525	31	525	16-M27	10553
DN450	540	441.4	105	109	422	326	—	—	585	31	585	20-M27	18965
DN500	592	492.5	131	136	480	358	—	—	650	34	650	20-M30	24300
DN600	714	593	152	156	562	444	—	—	770	37	770	20-M33	36850

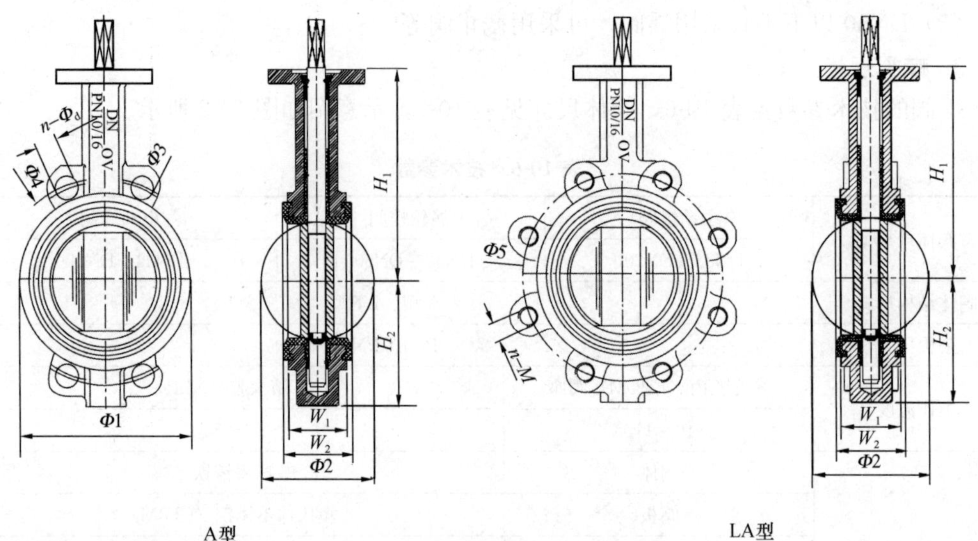

图 10-2　蝶阀示意图

1）手柄蝶阀

手柄蝶阀示意图如图 10-3 所示，执行器尺寸见表 10-8。

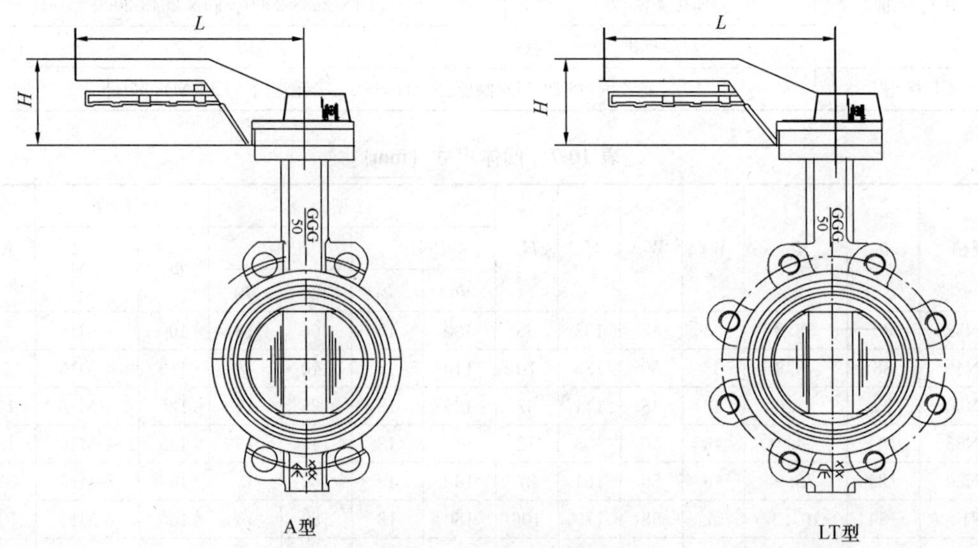

图 10-3　手柄蝶阀示意图

表 10-8　执行器尺寸

规格	DN32	DN40	DN50	DN65	DN80	DN100	DN125	DN150	DN200
L	200	200	200	200	200	200	200	200	320
H	71	71	71	71	71	71	71	71	71

2）蜗轮蝶阀

蜗轮蝶阀示意图如图 10-4 所示，执行器尺寸见表 10-9。

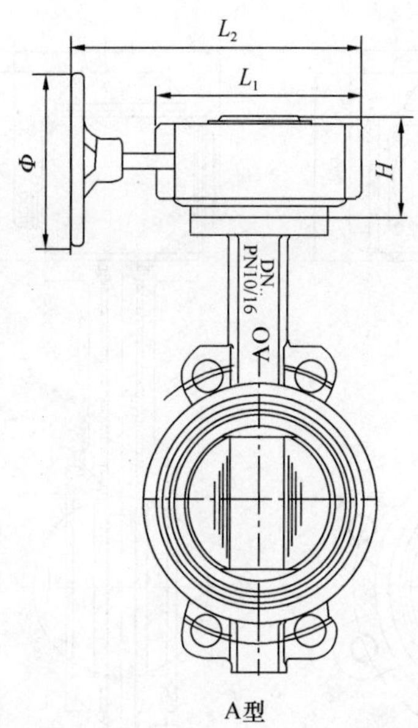

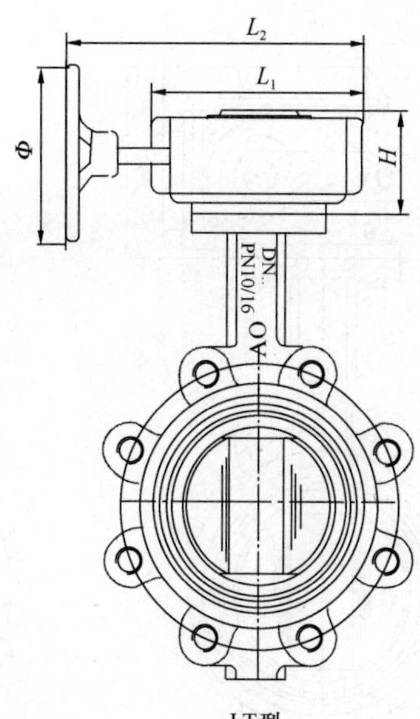

图 10-4　蜗轮蝶阀示意图

表 10-9　执行器尺寸（mm）

规格	DN32	DN40	DN50	DN65	DN80	DN100	DN125	DN150	DN200	DN250	DN300	DN350	DN400	DN450	DN500	DN600
H	62	62	62	62	62	62	62	62	75	75	75	83	131	131	131	138
Φ	134	134	134	134	134	134	134	134	215	215	215	300	300	300	300	300
L_1	119.5	119.5	119.5	119.5	119.5	119.5	119.5	119.5	170	170	170	160	350	350	350	350
L_2	205	205	205	205	205	205	205	205	296	296	296	307	375	375	375	375

3）电动蝶阀

电动蝶阀示意图如图 10-5 所示，执行器尺寸见表 10-10。

表 10-10　执行器尺寸（mm）

规格	DN32	DN40	DN50	DN65	DN80	DN100	DN125	DN150	DN200	DN250	DN300	DN350	DN400	DN450	DN500	DN600
H	125	125	125	125	125	125	125	125	146	168	168	168	158	158	158	172
L_1	126	126	126	126	126	145	145	145	173	176	176	176	176	176	176	307
L_2	155	155	155	155	155	204	204	204	256	280	280	280	280	280	280	408

4）U 形法兰执行器

U 形法兰阀体示意图如图 10-6 所示，其尺寸见表 10-11。

表 10-11　U 形法兰阀体尺寸（mm）

规格	Φ_2	W_1	W_2	H_1	H_2	PN10			PN16			K_{vs}
						Φ_1	Φ_3	n-Φ_d	Φ_1	Φ_3	n-Φ_d	
DN700	695	164.4	169	637	526	895	840	12-31	910	840	12-37	42300
DN800	796	189.4	195	667	600	1015	950	12-34	1025	950	12-41	58300
DN900	865	203.4	211	715	666	1115	1050	16-34	1125	1050	16-41	73820
DN1000	965	215.9	224	795	731	1230	1160	16-37	1255	1170	16-44	102350
DN1200	1160	252.9	286	950.6	878	1455	1380	20-41	1485	1390	20-50	131150

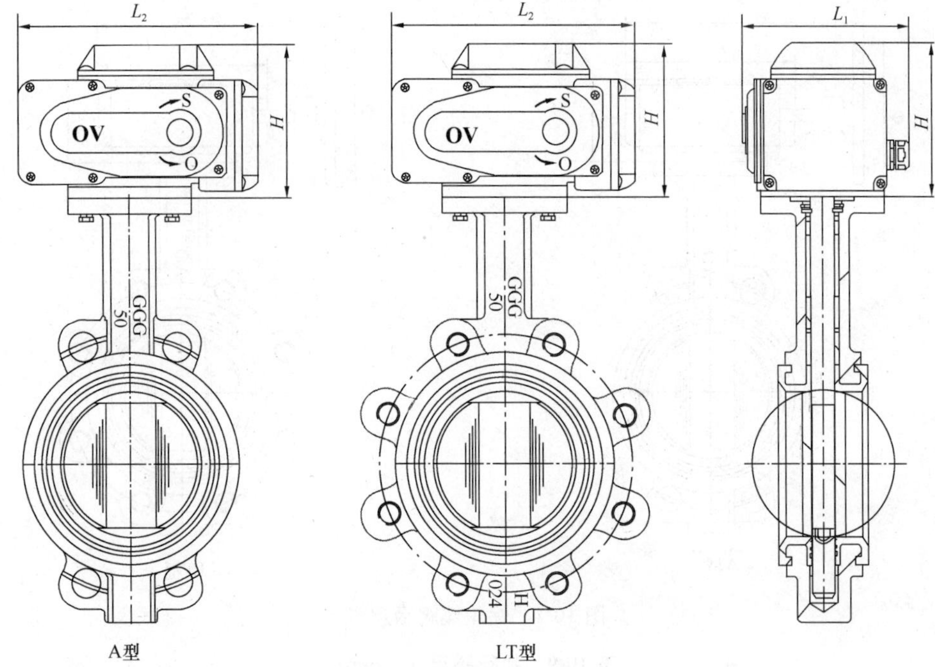

图 10-5　电动蝶阀示意图

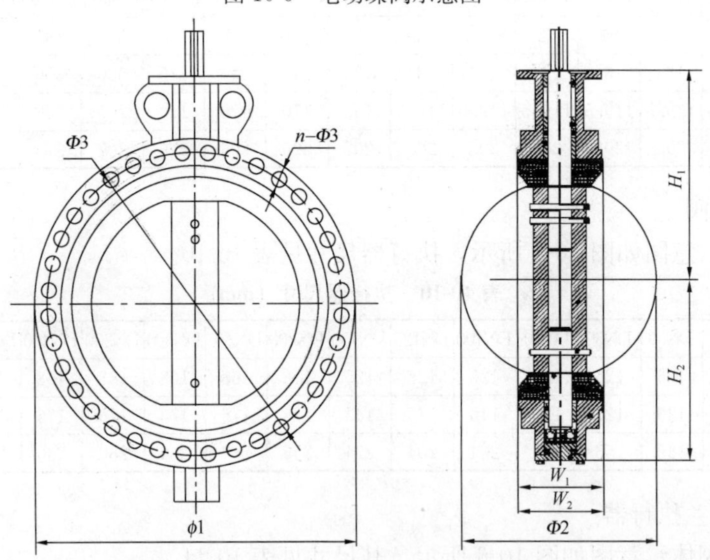

图 10-6　U 形法兰阀体尺寸示意图

U 形法兰蜗轮执行器如图 10-7 所示，阀体尺寸及执行器尺寸分别见表 10-12。

表 10-12　执行器尺寸（mm）

规格	DN700	DN800	DN900	DN1000	DN1200
H	159	159	228	228	253
Φ	386	386	386	386	386
L_1	364	364	430	430	465
L_2	538	538	627	627	645

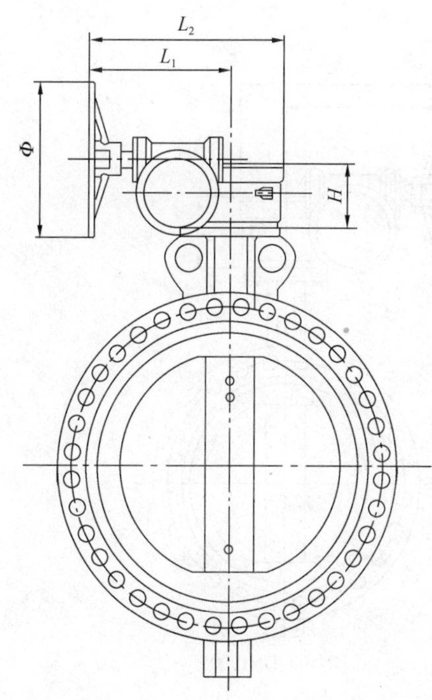

图 10-7 U形法兰蜗轮执行器

5）双法兰执行器

蜗轮蝶阀的双法兰规格见表 10-13，执行器如图 10-8 所示，尺寸见表 10-14；电动蝶阀的执行器如图 10-9 所示，尺寸见表 10-15。OVA 型蝶阀开度流量值见表 10-16，电动执行器参数见表 10-17。

表 10-13 双法兰蝶阀规格阀体尺寸（mm）

规格	Φ_2	W_1	W_2	H_1	H_2	PN10			PN16			K_{vs}
						Φ_1	Φ_3	n-Φ_d	Φ_1	Φ_3	n-Φ_d	
DN50	52	108	113	120	83	165	125	4-19	165	125	4-19	108
DN65	64	112	117	130	93	185	145	4-19	185	145	4-19	198
DN80	79	114	120	145	100	200	160	8-19	200	160	8-19	330
DN100	104	127	132	155	114	220	180	8-19	220	180	8-19	545
DN125	123	140	145	170	125	250	210	8-19	250	210	8-19	890
DN150	156	140	145	190	143	285	240	8-23	285	240	8-23	1410
DN200	203	152	159	210	156	340	295	8-23	340	295	12-23	2356
DN250	251	165	173	240	200	395	350	12-23	405	355	12-28	3780
DN300	301	178	185	276	221	445	400	12-23	460	410	12-28	5590
DN350	334	190	198	320	260	505	460	16-23	520	470	16-28	8080
DN400	390	216	227	343	295	565	515	16-28	580	525	16-31	10553
DN450	441	222	228	390	350	615	565	20-28	640	585	20-31	18965
DN500	492	229	235	448	346	670	620	20-28	715	650	20-34	24300
DN600	593	267	276	518	433	780	725	20-31	840	770	20-37	36850
DN700	695	292	304	560	470	895	840	24-31	910	840	24-37	42300
DN800	796	318	329	620	521	1015	950	24-34	1025	950	24-41	58300
DN900	865	330	344	692	587	1115	1050	28-34	1125	1050	28-41	73820
DN1000	965	410	423	735	642	1230	1160	28-37	1255	1170	28-44	102350
DN1200	1160	470	483	917	783	1455	1380	32-41	1485	1390	32-50	131150

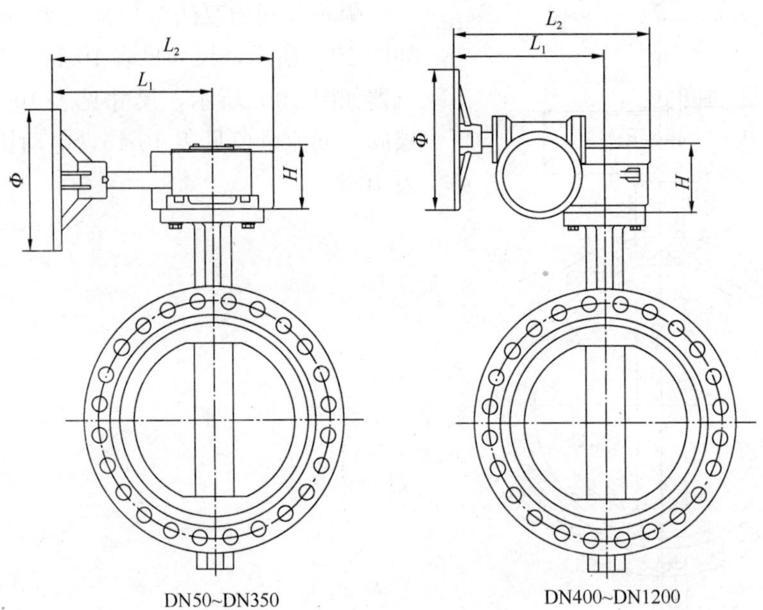

图 10-8　蜗轮蝶阀双法兰执行器

表 10-14　蜗轮蝶阀双法兰执行器尺寸（mm）

规格	DN50	DN65	DN80	DN100	DN125	DN150	DN200	DN250	DN300	DN350
H	62	62	62	62	62	62	71	71	71	84
Φ	134	134	134	134	134	134	215	215	215	300
L_1	145	145	145	145	145	145	216	216	216	225
L_2	205	205	205	205	205	205	302	302	302	307

规格	DN400	DN450	DN500	DN600	DN700	DN800	DN900	DN1000	DN1200
H	131	131	131	138	159	159	228	228	253
Φ	300	300	300	300	386	386	386	386	386
L_1	264	264	269	307	364	364	430	430	465
L_2	374	374	279	441	538	528	627	627	645

表 10-15　电动蝶阀双法兰执行器尺寸（mm）

规格	DN50	DN65	DN80	DN100	DN125	DN150	DN200	DN250	DN300	DN350	DN400	DN450	DN500	DN600
H	125	125	125	125	125	125	146	168	168	168	158	158	158	172
L_1	126	126	126	145	145	145	173	176	176	176	176	176	176	307
L_2	155	155	155	204	204	204	256	280	280	280	280	280	280	408

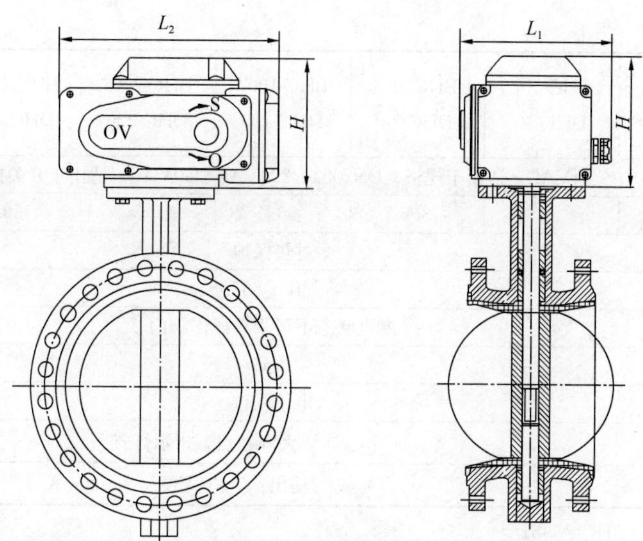

图 10-9 电动蝶阀双法兰执行器

表 10-16 OVA 型蝶阀开度流量值

OV A 型蝶阀开度流量值									
Size \ K_{vs} \ 开度	90°	80°	70°	60°	50°	40°	30°	20°	10°
DN50	108	101	77	53	36	28	22	9	1
DN65	198	165	115	75	49	35	22	9	6
DN80	330	316	233	158	99	58	39	24	9
DN100	545	393	263	133	102	65	45	25	6
DN125	890	761	514	313	190	116	61	34	16
DN150	1410	1247	758	497	309	180	99	49	27
DN200	2356	2067	1299	837	540	317	185	77	46
DN250	3780	2694	1613	1025	622	401	228	132	58
DN300	5590	4557	2674	1544	911	523	297	122	3

表 10-17 电动执行器参数

执行器型号	BHC-05/DHC-05	BHC-10/DHC-10	BHC-25/DHC-25	BHC-100/DHC-100	BHC-200/DHC-200	BHC-400/DHC-400	BHC-600/DHC-600
输出扭矩	50Nm	100Nm	500Nm	1000Nm	2000Nm	4000Nm	6000Nm
功率	30W	80W	150W	300W	300W	500W	500W
重量	2.6kg	3.7kg	6.7kg	11.2kg	11.2kg	20kg	20kg
配合阀体规格	DN32～DN80	DN100～DN150	DN200	DN250～DN350	DN400～DM450	DN500	DN600～DN800

续表

执行器型号		BHC-05/DHC-05	BHC-10/DHC-10	BHC-25/DHC-25	BHC-100/DHC-100	BHC-200/DHC-200	BHC-400/DHC-400	BHC-600/DHC-600
工作电压		24VAC（适用于规格≤DN200）/220VAC/380VAC（适用于开关控制）						
动作时间		20s	30s	30s	50s	100s	150s	240s
自我保护		过热保护						
环境温度		−10～60℃						
手动操作		断电状态下可手动操作阀门						
防护等级		IP65						
限位功能		电子限位						
控制方式	开关型	无源触点、指示灯式						
	调节型	输入/输出：0～10VDC、4～20mA						

注：BHC＝开关型、DHC＝调节型

电动执行器电气接线图如图 10-10 所示。

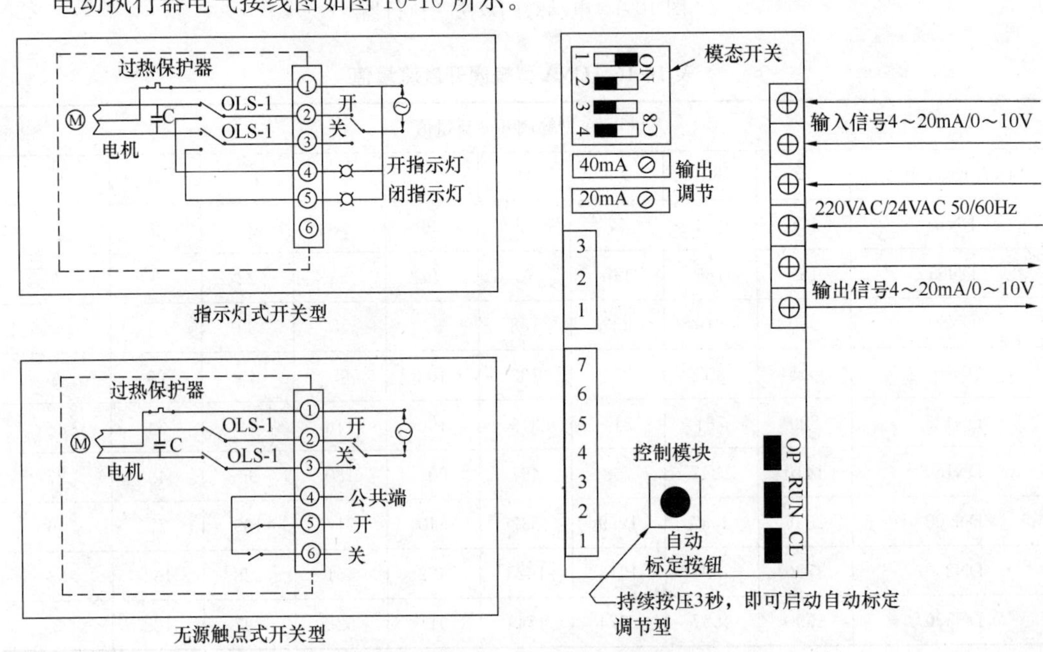

图 10-10　电动执行器电气接线图

10.2　平　衡　阀

10.2.1　静态平衡阀（数字锁定平衡阀）

通过调节自身开度改变阀门阻力，平衡各并联环路的阻力比值，使流量合理分配，达到实际流量与设计流量相同；消除水系统存在的部分区域过流从而导致部分区域欠流的冷热分配不均现象，有效避免了为照顾不利环路而加大流量运行的能源浪费现象，因此可节省冷/热量，同时还可以减少水泵运行费用。它具有良好的调节、截止功能，还具有开度显示和开度锁定功能，在供暖和空调系统中使用，可达到节能的效果。但当系统中压差发生变化时，不能随系统变化而改变阻力系数，若需适应，则要重新进行手动调节。

选型提示：静态平衡阀选型时，若无法准确知道所安装处应补偿的阻力值时，为不增加系统阻力，则阀门全开情况下其前后压差不大于5kPa。

1. 防脱锌黄铜系列

防脱锌黄铜系列静态平衡阀的产品参数见表10-18，技术参数见表10-19，示意图如图10-11所示。

表 10-18 产品参数

阀体	防脱锌黄铜
阀盖	防脱锌黄铜
其他	防脱锌黄铜/不锈钢
最大工作压力	PN16
流量误差	5%
工作温度	−10～120℃
密封	PTFE/双面O形圈
连接标准	螺纹连接符合DIN 10226（BS21）

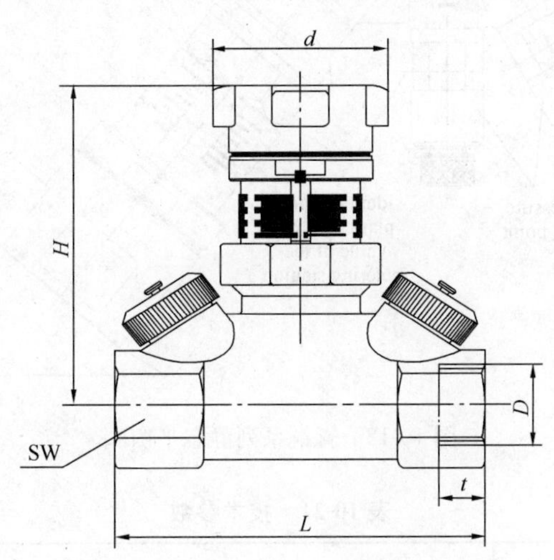

图 10-11 防脱锌黄铜系列静态平衡阀

表 10-19 技术参数

DN	D	L（mm）	H（mm）	d（mm）	K_{vs}
15	1/2″	80	77	38	3.88
20	3/4″	82	79	38	5.71
25	1″	92	81	38	8.89
32	1 1/4″	115	91	50	19.45
40	1 1/2″	130	100	50	27.51
50	2″	140	104	50	38.78

2. 青铜系列 Hydrocontrol VTR

青铜系列静态平衡阀的产品参数见表 10-20，技术参数见表 10-21，示意图如图 10-12 所示。

表 10-20　产品参数

阀体、阀盖	青铜
阀锥	铜合金
阀轴	铜合金
最大工作压力	PN25
流量误差	5%
工作温度	－20～150℃
密封	PTFE/双面 O 形圈
连接标准	螺纹连接符合 DIN 10226（BS21）

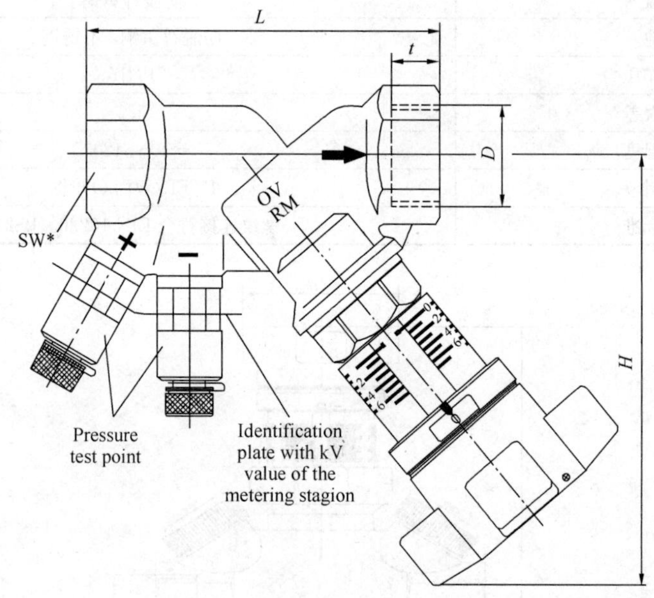

图 10-12　青铜系列静态平衡阀

表 10-21　技术参数

DN	D	L（mm）	H（mm）	t（mm）	K_{vs}
10	3/8″	73	114	10.1	2.88
15	1/2″	80	114	13.2	3.88
20	3/4″	84	116	14.5	5.71
25	1″	97.5	119	16.8	8.89
32	$1^{1/4}$″	110	136	19.1	19.45
40	$1^{1/2}$″	120	138	19.1	27.51
50	2″	150	148	25.7	38.78

3. 铸铁系列 Hydrocontrol VFC/VFR/VFN

铸铁系列静态平衡阀的产品参数见表 10-22，技术参数见表 10-23。流量压差图如图

10-13 所示。

表 10-22　产品参数

<table>
<tr><td>名称</td><td>VFC</td><td>VFR</td><td>VFN</td></tr>
<tr><td>阀体</td><td>灰铸铁</td><td rowspan="3">青铜</td><td>球墨铸铁</td></tr>
<tr><td>阀盖</td><td>青铜/球墨铸铁
(DN200～DN300)</td><td>青铜
(DN200～DN300)</td></tr>
<tr><td>阀锥</td><td>铜合金</td><td>青铜</td></tr>
<tr><td>阀轴</td><td>铜合金</td><td>不锈钢</td><td>铜合金</td></tr>
<tr><td>压力测试口</td><td colspan="3">带有 EPDM 密封的黄铜</td></tr>
<tr><td>最大工作压力</td><td colspan="2">PN16</td><td>PN25</td></tr>
<tr><td>流量误差</td><td colspan="3">±5%</td></tr>
<tr><td>工作温度</td><td>－20～150℃</td><td>－20～150℃</td><td>－20～150℃</td></tr>
<tr><td>密封</td><td colspan="3">PTFE</td></tr>
<tr><td>连接方式</td><td colspan="3">法兰连接</td></tr>
</table>

表 10-23　技术参数

DN	D			L	H	D	K_{vs}	VFC	VFR	VFN
	VFC	VFR	VFN	(mm)	(mm)	(mm)				
20	105			150	118	70	4.77	2.89		
25	115			160	118	70	8.38	3.439		
32	140			180	136	70	17.08	5.335		
40	150			200	136	70	26.88	6.17		
50	165			230	145	70	36	8.431	9.45	
65	185		185	290	188	110	98	13.568	16.645	13.57
80	200		200	310	203	100	122.2	18.075	21.655	18.076
100	220		235	350	240	160	201	27.849	33	27.85
125	250		270	400	283	160	293	40.85	45.012	40.98
150	285		300	480	285	160	404	54	65.2	51.79

续表

DN	D			L	H	D	K_{vs}	VFC	VFR	VFN
	VFC	VFR	VFN	(mm)	(mm)	(mm)				
200	340		360	600	467	300	814.5	129.5	171.5	129.501
250	405		425	730	480	300	1200	196		196.25
300	460		485	850	515	300	1600	264.5		264.58
350	520			980	1035	520	2250	365		
400	580			1100	1075	520	3750	620		

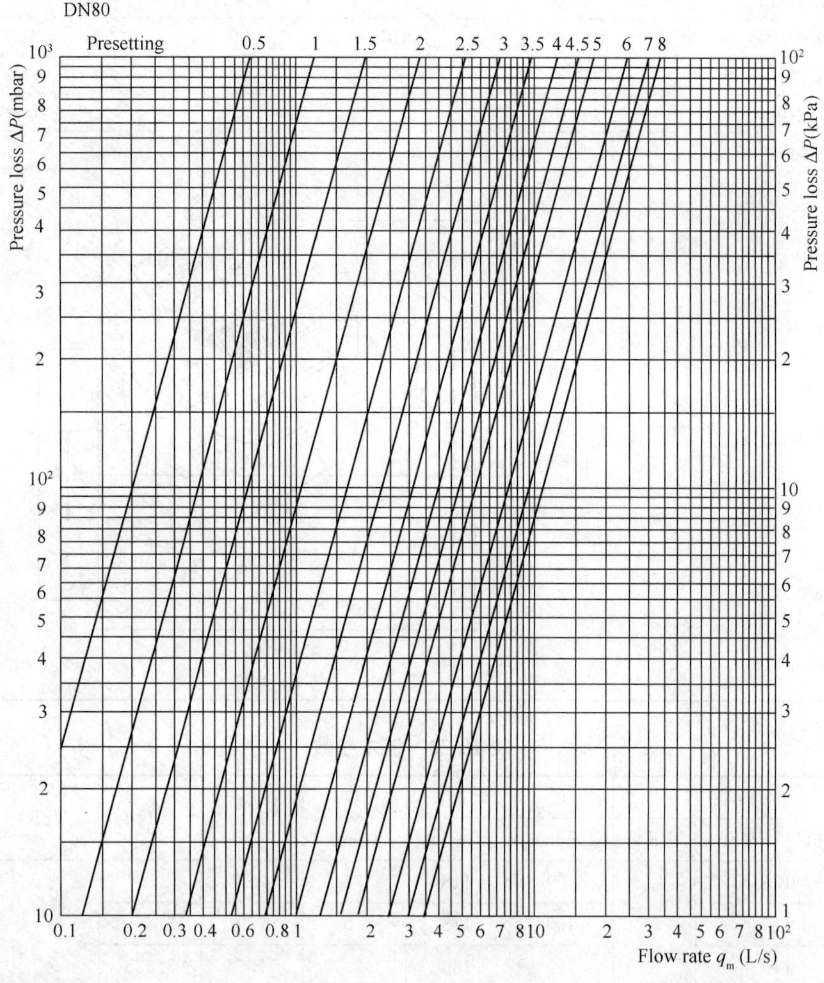

图 10-13　流量压差图

4. 静态水力平衡阀选型

计算公式：

$$Q = K_v \times \sqrt{\Delta P} \tag{10-2}$$

式中　Q——流量，m^3/h；

K_v——阀门参数；

ΔP——阀门前后压差，bar。

静态平衡阀选型时，若无法准确知道所安装处应补偿的阻力值时，为不增加系统阻力，则阀门全开情况下其前后压差不大于 5kPa。

10.2.2 动态平衡阀

动态平衡阀的特点是：

（1）能使系统流量自动平衡在要求的设定值；

（2）能自动消除水系统中因各种因素引起的水力失调现象，保持用户所需流量，克服冷热不均，提高供热、空调的室温合格率；

（3）能有效地克服大流量、小温差的不良运行方式，提高系统能效，实现经济运行。

动态平衡阀运行前一次性调节，可使系统流量自动恒定在要求的设定值。

10.2.2.1 自力式压差控制阀

自力式压差控制阀是自动恒定压差的水力工况平衡用阀。压差值在一定范围内可以根据用户需要进行现场设定，设定值直读，给用户带来很多的灵活性。当系统压力波动，作用在膜片上下端的力改变，膜片将带动阀芯动作从而改变自身的阻力，来补偿系统的阻力波动，使得所控环路压差恒定不变。其应用于集中供热、中央空调等水系统中，有利于被控系统各用户和末端装置的自主调节，尤其适用于分户计量供暖系统和变流量空调系统。

1. 黄铜系列 Hycocon DTZ

黄铜系列自力式压差控制阀的产品参数见表 10-24，技术参数见表 10-25，示意图如图 10-14 所示。

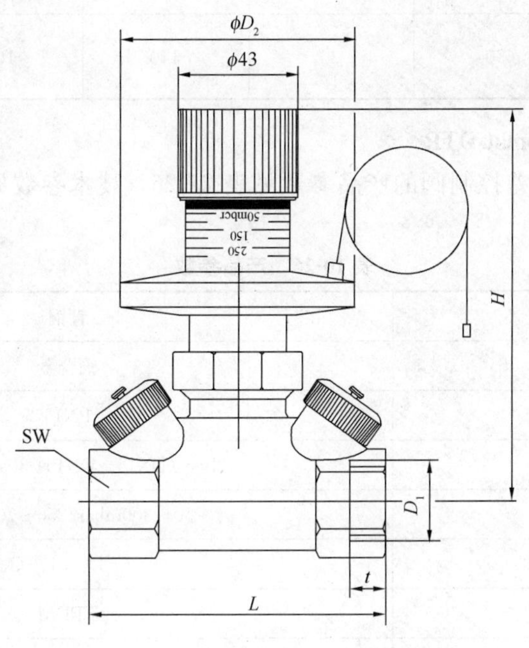

图 10-14 黄铜系列自力式压差控制阀

表 10-24　产品参数

材质	黄铜
工作压力	PN16
最大允许压差	1.5bar
压差范围	50～300mbar/250～600mbar
工作温度	－10～ 120℃
密封	EPDV
连接标准	螺纹连接符合 DIN 10226（BS21）
导压管长度	1m

表 10-25　技术参数

压差控制范围	DN	D	L（mm）	H（mm）	K_{vs}
50～300mbar 250～700mbar	15	1/2″	80	113	1.7
50～300mbar 250～700mbar	20	3/4″	82	116	2.7
50～300mbar 250～700mbar	25	1″	92	120	3.6
50～300mbar 250～700mbar	32	11/4″	115	140	6.8
50～300mbar 250～700mbar	40	11/2″	130	145	10.0
50～300mbar 250～700mbar	50	2″	140	163	17.0

2. 青铜系列 Hydromat DTR

青铜系列自力式压差控制阀的产品参数见表 21-26，技术参数见表 10-27，示意图如图 10-15 所示。

表 10-26　产品参数

阀体	青铜
阀轴、阀锥	铜合金
工作压力	PN16
最大允许压差	2bar（DN15～DN40）3bar（DN50）
压差范围	50～300mbar/250～700mbar
工作温度	－10～ 120℃
密封	EPDM
连接标准	螺纹连接符合 DIN 10226（BS21）
导压管长度	1m

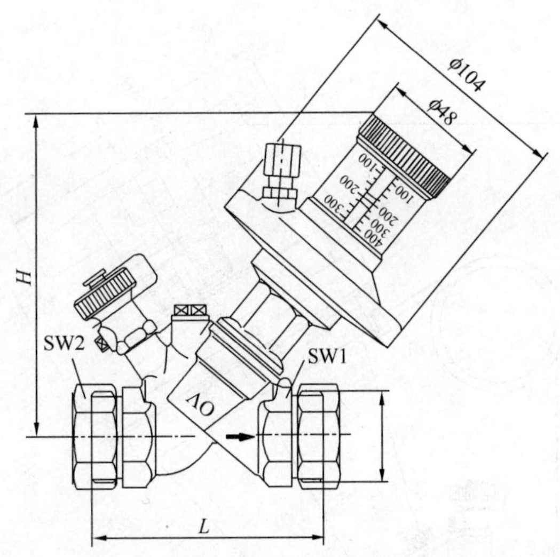

图 10-15 青铜系列自力式压差控制阀

表 10-27 技术参数

压差控制范围	DN	D	L（mm）	H（mm）	K_{vs}
50～300mbar 250～700mbar	15	1/2″	80	155	2.5
50～300mbar 250～700mbar	20	3/4″	84	157	5.0
50～300mbar 250～700mbar	25	1″	97.5	160	7.5
50～300mbar 250～700mbar	32	11/4″	110	169	10.0
50～300mbar 250～700mbar	40	11/2″	120	175	15.0
50～300mbar 250～700mbar	50	2″	150	210	34.0

3. 铸铁系列 Hydromat DFC

铸铁系列自力式压差控制阀产品参数见表 10-28，技术参数见表 10-29，示意图如图 10-16 所示，流量压差曲线如图 10-17 所示。

表 10-28 产品参数

阀体	铸铁
阀轴、阀锥	不锈钢
工作压力	PN16
最大允许压差	5bar
压差范围	200～1000mbar/400～1800mbar
工作温度	－10～120℃
密封	EPDM 双面 O 形圈
连接标准	法兰连接
导压管长度	1m

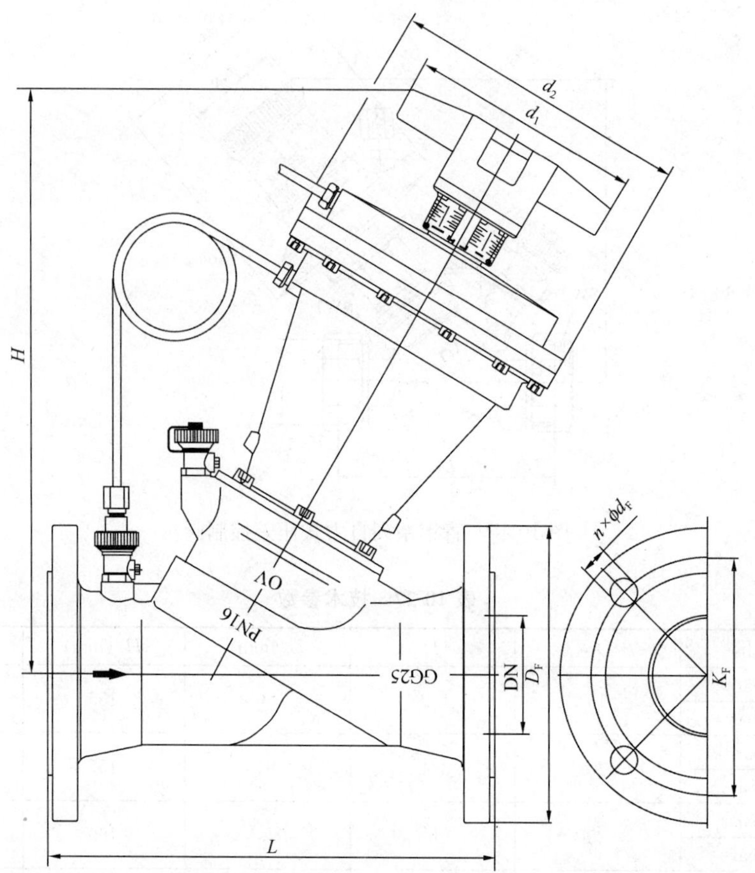

图 10-16　铸铁系列自力式压差控制阀

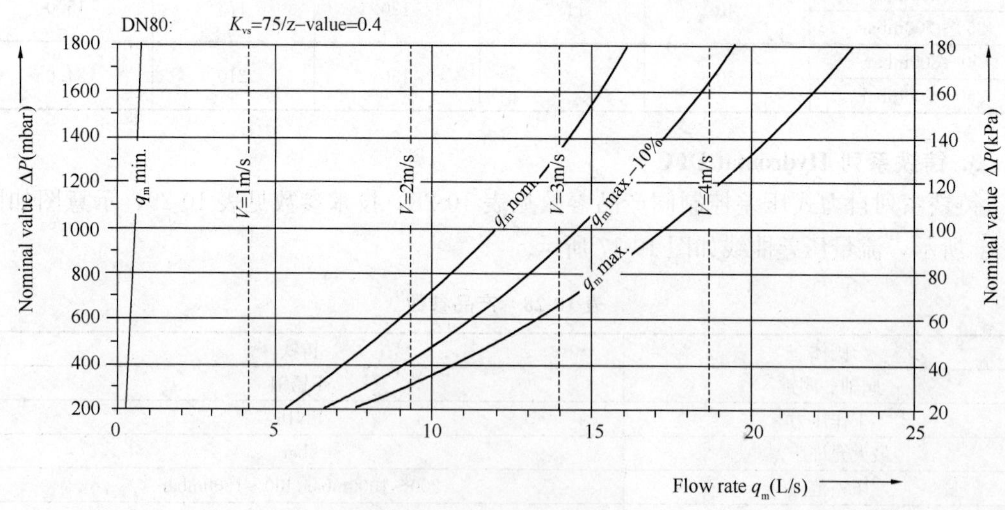

图 10-17　流量压差曲线

表 10-29 技术参数

压差控制范围	DN	D	L (mm)	H (mm)	d_F (mm)	K_F (mm)	d_1 (mm)	d_2 (mm)	K_{vs}	$n\times\phi_d$
200～1000mbar 400～1800mbar	65	$2^{1/2}$″	290	375	185	145	160	206	52	4×19
200～1000mbar 400～1800mbar	80	3″	310	395	200	160	160	206	75	8×19
200～1000mbar 400～1800mbar	100	4″	350	410	220	180	160	206	110	8×19
200～1000mbar 400～1800mbar	125	5″	400	450	250	210	160	206	145	8×19
200～1000mbar 400～1800mbar	150	6″	480	450	285	240	160	206	170	8×32

4. 自力式压差控制阀选型

选型计算过程与静态平衡阀相同，但压差调节器的阀门前后压差值为设计要求。除阀门本身阻力外的系统供回水管路间的压差值为设计计算数值，此数值在压差调节器控制压差范围内即可，调试时现场设定。

安装注意事项：

(1) DN50 及以下口径压差只能安装在回水管（可以配合静态平衡阀一起使用），如图 10-18 所示。

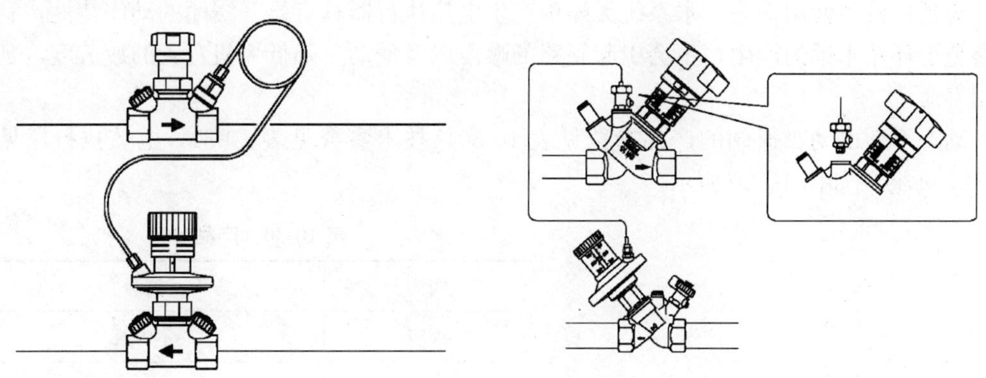

图 10-18 安装示意图

(2) DN65 以上口径压差调节器可以安装在供水管及回水管，如图 10-19 所示。

10.2.2.2 自力式流量控制阀

自力式流量控制阀是自动恒定流量的水力工况平衡用阀，可按需求设定流量，并将通过阀门的流量保持恒定；应用于集中供热、中央空调等水系统中，使管网的流量调节一次完成，把调网变为简单的流量分配，免除了热源切换时的流量重新分配工作，可有效地解决管网的水力失调。

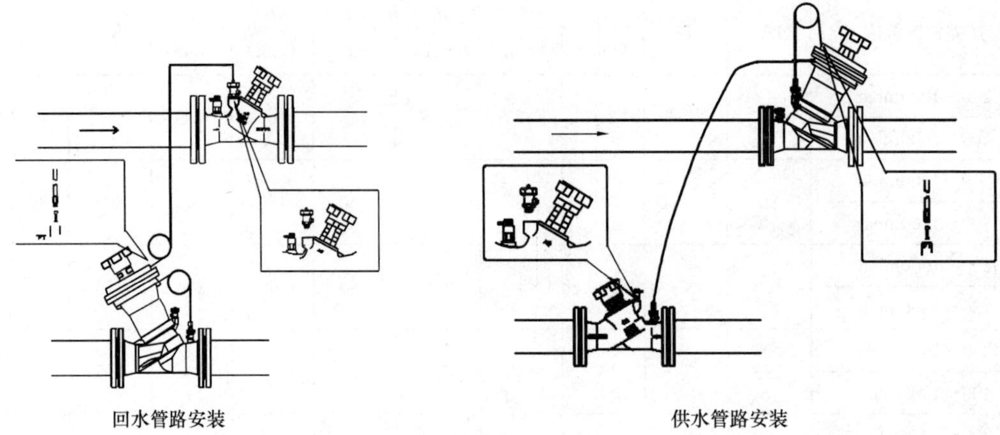

图 10-19　安装示意图

1. 动态平衡电动二通阀 EDTV

动态平衡电动二通阀具备动态平衡功能（恒定流量）和开关功能。阀体内置动态平衡阀胆，阀胆具有恒定流量的功能，根据设计流量在出厂时进行定制，确保通过的水流量始终维持在设备所需的设计流量上。

动态平衡电动二通阀为根据设计流量在出厂时进行定制的产品，使流量始终维持在末端设备所要求的设计流量，因此不存在系统过流量运行的情况，可减少冷热量的输出，水泵的运行费用，节约能源消耗。

为延长设备使用寿命，水系统无噪声产生电热执行器具有缓开缓闭的动作特性，有效地避免了环路水锤的产生，不会引起管路的噪声以及颤动，降低风机盘管的疲劳度，延长使用寿命。

动态平衡电动二通阀的产品参数见表 10-30，技术参数见表 10-31，电热执行器见表 10-32，示意图如图 10-20 所示。

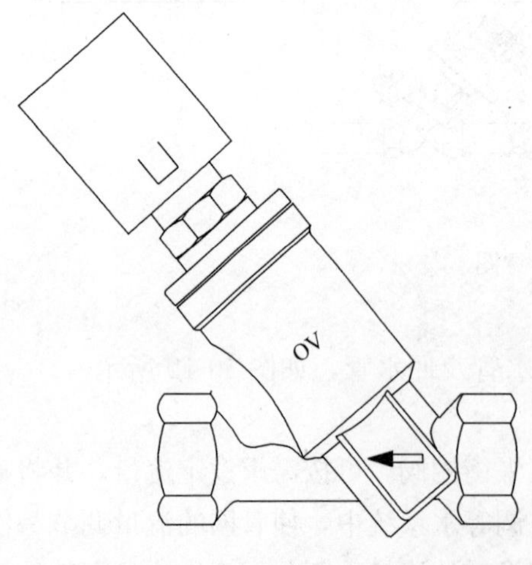

图 10-20　动态平衡电动二通阀

表 10-30　产品参数

阀体	黄铜
阀胆	不锈钢
弹簧	不锈钢
连接方式	螺纹连接符合 DIN 10226（BS21）
压差测试标准	GB/T 13927—2008
最大工作压差	PN25
流量误差	±5%
工作温度	−10～100℃
密封	NBR/EPDM

表 10-31 技术参数

规格	G	L（mm）	H（mm）	流量范围（m^3/h）	压差范围（kPa）
DN15	1/2″	105	150	0.45～1.76	20～150
					25～240
					30～300
DN20	3/4″	105	150	0.45～1.76	20～150
					25～240
					30～300
DN25	1″	119	150	0.45～1.76	20～150
					25～240
					30～300

表 10-32 电热执行器

工作电压	功率	启闭时间	环境温度	电缆长度	防护等级
230V	2W	3min	0～60℃	1m	IP54
24V	2W	3min			

2. 动态平衡电动二通阀选型

（1）根据设计流量和阀门最大允许阻力损失确定动态平衡电动二通阀的规格和压差范围。

（2）所选动态平衡电动二通阀压差范围的最小压差即为计算水泵扬程的设计压差。

电气接线图、安装说明：

（1）安装前请详细阅读说明书，检查产品型号及参数，根据要求来定工作电压；

（2）产品出厂前已经进行整机测试，应尽量避免现场拆卸及损坏驱动器；

（3）预留空间以方便维护调试；

（4）阀门尽量安装在回水管路，安装时应注意保证水流方向与阀体上箭头所指方向一致；

（5）安装时应保证阀门前后预留一定长度的直管段，一般在进口预留管道直径 3 倍长度的直管段，出口预留管道直径 2 倍长度的直管段。

电气接线图如图 10-21 所示，流量压差曲线图如图 10-22 所示。

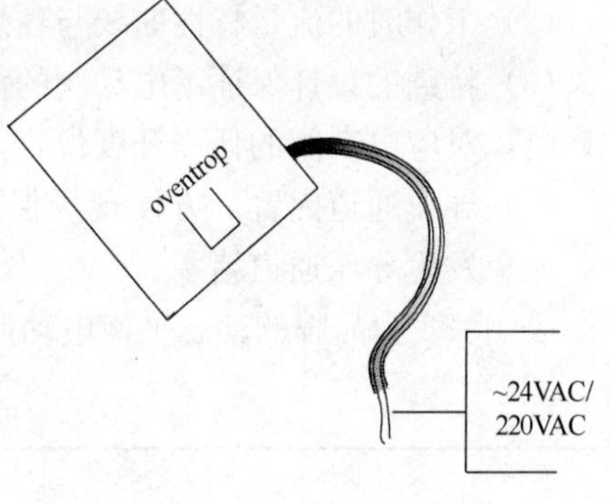

图 10-21 电气接线图

10.2.2.3 带电动自控功能的动态平衡阀（动态平衡电动调节阀）

由于对动态平衡阀的误解，往往误认为平衡阀也能平衡空调或供暖负荷，用平衡阀取代电动三通阀或二通阀，实际上动态平衡阀仅起到水力平衡的作用。而常用的电动两通或三通节流，又是适用承担负荷变化的需求。若要实现水力平衡与负荷调节合二为一，应选用带电动自动控制功能的动态平衡阀。该类型的阀门的阀芯由电动可调部分和水力自动调节部分组成，前者依据负荷变化调节，后者按不同的压差调节阀芯的开度，适用于系统负荷变化较大的变流量系统；具有抗干扰能力强，工作状态稳定，调节精度高的特点。

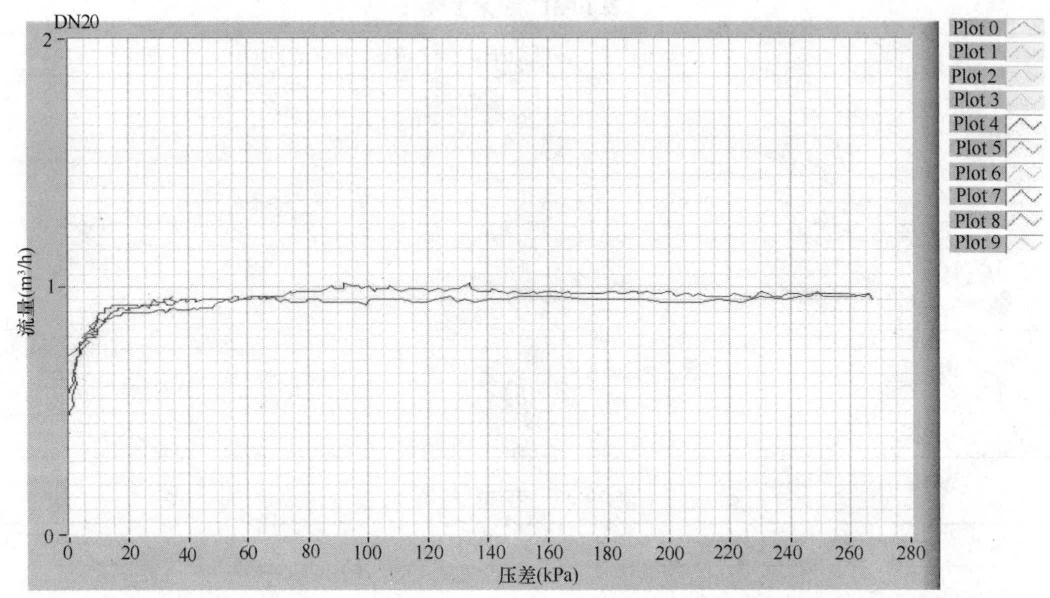

图 10-22　流量压差曲线图

1. 动态平衡电动调节阀是在同一个设备上同时具有两种功能：

（1）阀门具有比例积分的电动调节功能；

（2）阀门同时具有动态平衡的功能，能动态地平衡系统的压力，使阀门的流量不受系统压力波动的影响。

2. 功能特点：

（1）在系统实际工作过程中当压力波动时，能动态地平衡系统的压力变化。

（2）工作时的流量特性曲线与理想的流量特性曲线是一致的，没有偏离。

（3）特殊的设计保证了电动阀的调节只受控于控制信号的作用，而不受系统压力波动的影响，对应电动阀的任一开度位置，其流量都是唯一和恒定的。

（4）导压通道内置，方便现场保护，且通道方向保证了运行时杂物不会被冲到膜盒内，避免发生导压通道堵塞。

表 10-33 为品牌的动态平衡电动调节阀的规格及参数。

表 10-33　规格参数

阀体	DN15～DN32 黄铜；　DN40～DN150 球墨铸铁
阀胆	不锈钢
弹簧	不锈钢
连接方式	DN15～DN32 螺纹连接；DN40～DN150 法兰连接
压差测试标准	GB/T 13927—2008
最大工作压差	PN16、PN25/黄铜；PN16/铸铁
流量误差	±5%
工作温度	－10～100℃
密封	NBR/EPDM

动态平衡电动调节阀的技术参数见表 10-34，驱动器参数见表 10-35，示意图如图 10-23 所示。

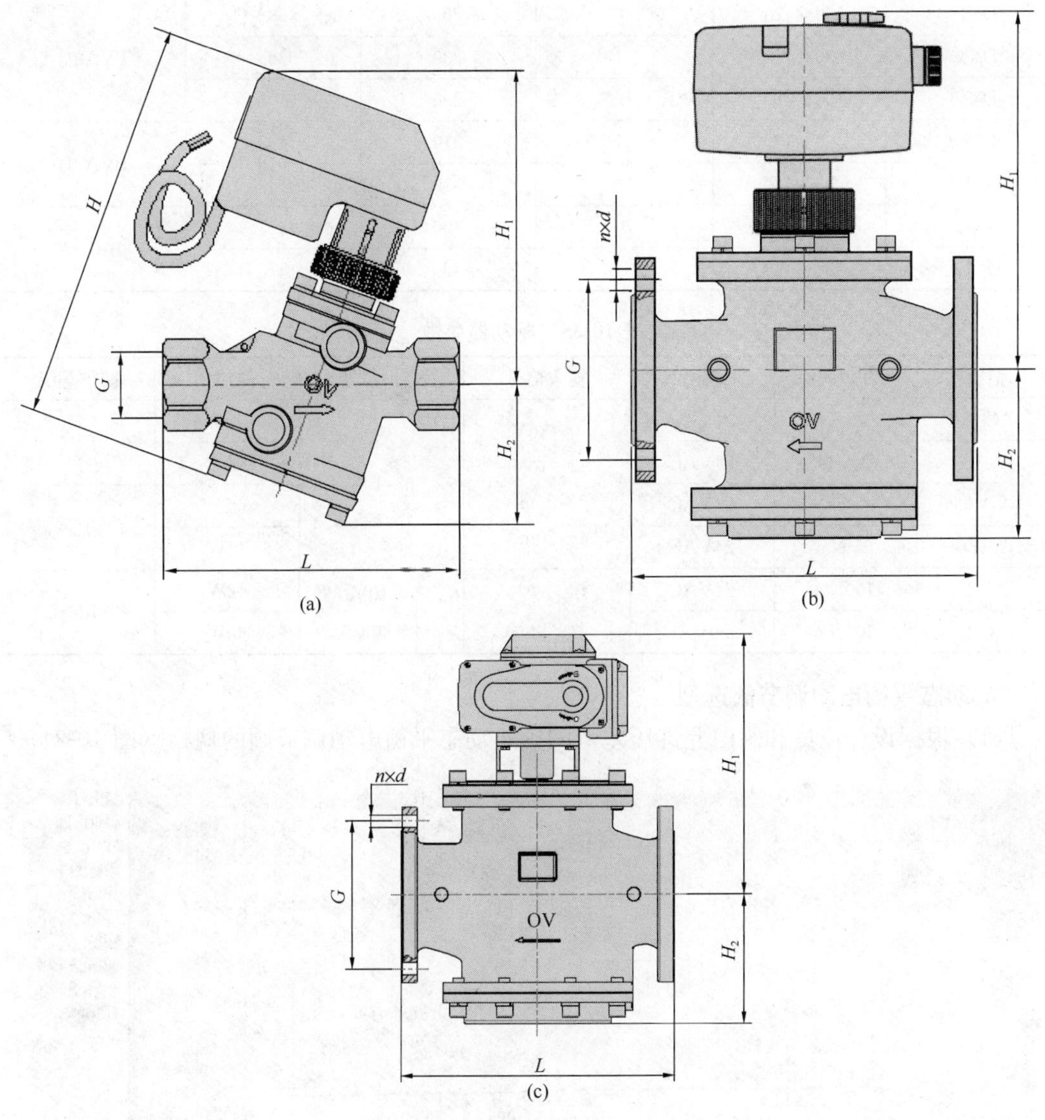

图 10-23 动态平衡电动调节阀

表 10-34 技术参数

规格	压差范围 (kPa)	最大流量 (m^3/h)	轴长 (mm)	阀门高度	执行器选型
DN15	30～400	1.4	120	178	AC-06
DN20	30～400	1.4	120	178	
DN25	30～400	10	140	192	AC-07
DN32	30～400	4.0	178	210	

续表

规格	压差范围（kPa）	最大流量（m^3/h）	轴长（mm）	阀门高度	执行器选型
DN40	30～420	8	200	332	BVA-03
DN50	30～420	14	230	365	
DN65	30～420	24.5	290	401	
DN80	30～420	35	310	423	BVA-04
DN100	30～420	50	350	449	
DN125	30～420	70	400	523	AC-4
DN150	30～420	100	480	575	

表 10-35　驱动器参数

型号	力/力矩	工作电源	输入信号	输出信号	功率	防护等级
AC-06	120 N	24VAC	0～10V 2～10V 0～20mA 4～20mA	0～10V	3W	IP43
AC-07	200 N	24VAC			3W	
BVA-03	25 Nm	24VAC			5.5W	IP54
BVA-04	65 Nm	24VAC			11W	
AC-4	100Nm	24VAC	0～10V/ 4～20mA	0～10V/ 4～20mA	12W	IP65
AC-4	100Nm	220VAC			60W	

3. 动态平衡电动调节阀选型

（1）根据设计流量和阀门允许压差范围确定动态平衡电动调节阀的规格（图 10-24）。

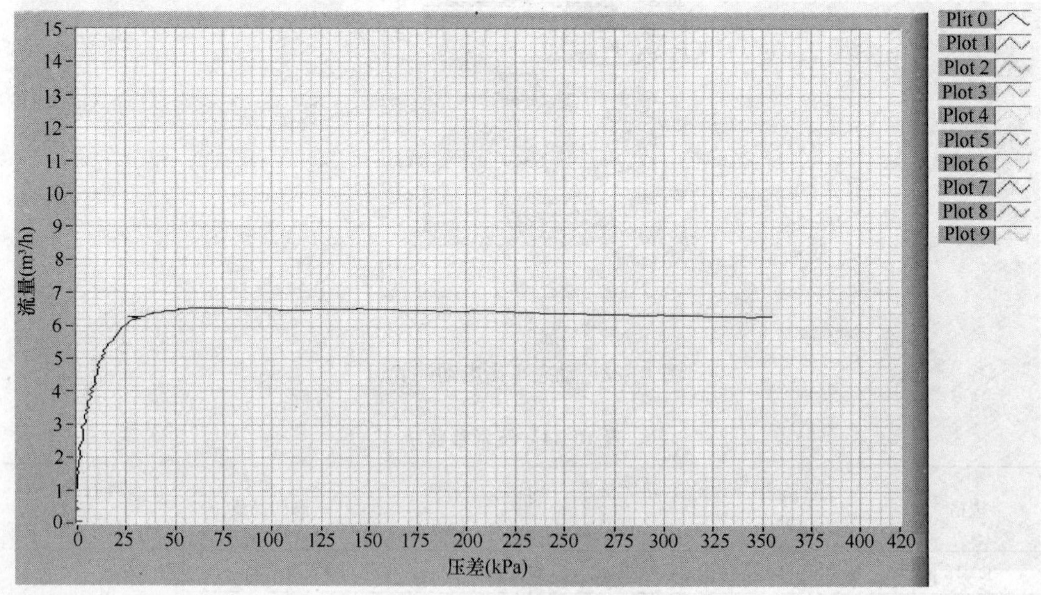

图 10-24　流量压差曲线图

（2）根据要求确定电动阀的工作电压、输入/输出信号等技术参数。

例：某空调箱的供回水主管管径为 DN80，设计流量是 $28m^3/h$，要求所选阀门的计算阻力损失不高于 40kPa，工作电压为 24V，输入信号 4～20mA，输出信号 4～20mA。现选择动态平衡电动调节阀。

选型步骤：①根据要求的设计流量 $28m^3/h$ 和最大计算阻力损失值 40kPa 查样本

②规格为 DN80、流量为 $30m^3/h$、压差范围为 30～420kPa 的动态平衡电动调节阀满足要求。

③动态平衡电动调节阀的工作电压为 24V，输入/输出信号均为 4～20mA。

④该动态平衡电动调节阀的计算压差为 30kPa（用于计算水泵扬程）。

10.2.3 平衡阀的原理与选型

平衡阀的工作原理是通过改变阀芯与阀座的间隙（即开度），来改变流体流经阀门的流通阻力，从而达到调节流量的目的。它是一个局部阻力可以改变的节流元件。

平衡阀的阀门系数（K_V）是选择平衡阀的一个重要参数。它的定义是：当平衡阀全开，阀前后压差为 $1kg/cm^2$ 时，流经平衡阀的流量值（m^3/h）。平衡阀全开时的阀门系数相当于普通阀门的流通阻力。如果平衡阀开度不变，则阀门系数（K_V）不变，也就是说阀门系数由开度而定。通过实测获得不同开度下的阀门系数，平衡阀就可作为定流量调节流量的节流元件。若已知设计流量和平衡阀前后压力差，可由式（10-3）求得 K_V：

$$K_V = aQ/(\Delta P)^{0.5} \tag{10-3}$$

式中 K_V——平衡阀的阀门系数；

Q——平衡阀的设计流量，m^3/h；

a——系数，由厂家提供；

ΔP——阀前后压差，kPa。

根据得出的阀门系数 K_V，查找厂家提供的平衡阀的阀门系数值，选择符合要求规格的平衡阀。

需要说明的是，按照管径选择同等公称管径规格的平衡阀是错误的。

10.2.4 平衡阀的安装注意事项

1. 供回水环路建议安装在回水管路上。安装在水泵总管上的平衡阀，宜安装在水泵出口段下游，不宜安装在水泵吸入段，以防止压力过低，可能发生水泵气蚀现象。

2. 尽可能安装在直管段上。

3. 注意新系统与原有系统水流量的平衡。

4. 不应随意变动平衡阀的开度。

5. 不必再安装截止阀。

6. 系统增设（或取消）环路时应重新调试整定。

10.3 止 回 阀

止回阀是启闭件（阀瓣）靠介质作用力自动阻止介质逆流的阀门。其结构形式有升降式、旋启式、对夹式、微阻缓闭式、蝶式等。

1. 升降式止回阀：阀瓣垂直阀座孔轴线做升降运动的止回阀。

（1）弹簧载荷升降式止回阀：该阀不仅能降低水击压力，而且流道通畅，流阻很小。

（2）弹簧载荷环形阀瓣升降式止回阀：与常规的升降式止回阀相比，该阀阀瓣行程更小，加之弹簧载荷的作用，使其关闭迅速，更利于减低水击压力。

（3）多环形流道升降式止回阀：具有最小的阀瓣行程，关闭更为迅速。

2. 旋启式止回阀：阀瓣绕体腔内固定轴做旋转运动的止回阀。

（1）单瓣旋启式止回阀：只有一个阀瓣的旋启式止回阀。

（2）多旋启式止回阀：具有两个以上阀瓣的旋启式止回阀。

3. 蝶式止回阀：形状与蝶阀相似，其阀瓣绕固定轴（无摇杆）做旋转运动的止回阀。

4. 缓闭式止回阀：在旋启式或升降式止回阀上设置缓冲装置，形成缓闭止回阀，它能有效地防止水击。

5. 隔膜式止回阀：它是一种新的结构形式，它的使用受到温度和压力等的限制，但其防止水击压力比传统的旋启式止回阀小得多。

锥形隔膜式止回阀：该阀安装在管道两法兰之间，其关闭速度极为迅速。

6. 球形止回阀：胶球（单球或多球）在介质作用下，在球罩内沿阀体中心线方向来回短行程滚动，以实现其开启与关闭动作。

10.3.1　对夹双板止回阀“WCV”

止回阀是用于防止管道和设备使用中介质倒流的一种阀门，该阀门靠介质的压力达到自行开合或者关闭的目的，当介质倒流时阀瓣自动关闭截断介质，阻止介质逆向流动之用。

对夹双板止回阀的产品技术参数见表 10-36。

表 10-36　技术参数

工作压力	PN16	
工作温度	0～120℃	
材质	阀体	球墨铸铁（GGG50）
	阀板	球板镀镍、不锈钢
	弹簧、轴	不锈钢
	密封	三元乙丙（EPDM）
	表面	喷漆环氧树脂漆

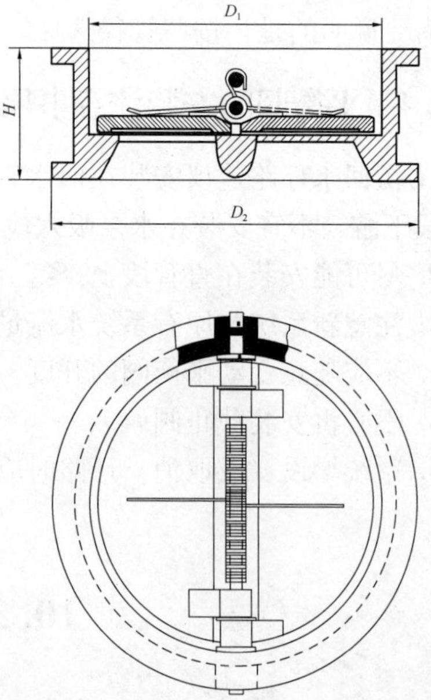

续表

规格	D_1	D_2	H
DN40	65	96	33
DN50	65	107	43
DN65	80	127	46
DN80	94	142	64
DN100	117	162	64
DN125	145	192	70
DN150	170	218	76
DN200	224	273	89
DN250	265	328	114
DN300	310	378	114
DN350	360	438	127
DN400	410	489	140
DN450	450	539	152
DN500	505	594	152
DN600	624	695	178

10.3.2 法兰消声止回阀“SCV”

法兰消声止回阀安装于水泵出水口处可在水流倒流前先行快速关闭避免产生水锤、水击声和破坏性冲击以达到静音、防止倒流和保护设备的目的。产品技术参数见表10-37。

表 10-37 技术参数

工作压力		PN16	
工作温度		5～80℃	
材质	阀体、阀板	球墨铸铁（GGG50）	
	弹簧	不锈钢（SS304）	
	密封	三元乙丙（EPDM）	
	表面	喷漆环氧树脂漆	
连接方式		法兰连接	

规格	D_1	D_2	H
DN50	125	165	120
DN65	145	185	120
DN80	160	200	140
DN100	180	220	170
DN125	210	250	200
DN150	240	285	220
DN200	295	340	288
DN250	355	405	344
DN300	410	460	385

10.4　疏　水　阀

10.4.1　疏水阀的分类

疏水阀是自动排除凝结水并阻止蒸汽泄漏的阀门，同时它还能排除系统中积留的空气和其他不凝性气体。根据作用原理不同，可分为以下三种类型：

（1）机械型疏水器：利用蒸汽和凝结水的密度不同，形成凝水液位，以控制凝水排水孔自动启闭工作的疏水器。主要产品有浮筒式、钟形浮子式、自由浮球式、倒吊筒式疏水器。

1）自由浮球式疏水阀：由壳体内凝结水的液位变化导致启闭件（自由浮球）的开关动作，该阀能够排除饱和水，且能连续排放凝结水。

2）浮筒式疏水阀：又称敞口向上浮子式蒸汽疏水阀，它是利用在凝结水中的浮筒，带动启闭件动作的疏水阀。

（2）热动力型疏水器：利用蒸汽和凝水热动力学（流动）特性的不同来工作的疏水器。主要产品有圆盘式、脉冲式、孔板或迷宫式疏水器。

1）圆盘式蒸汽疏水阀：利用蒸汽与凝结水的不同热力性质及其静压与动压的变化，使其阀片动作的蒸汽疏水阀。

2）脉冲式蒸汽疏水阀：利用蒸汽在两极节流中的的二次蒸发，导致蒸汽和凝结水的压力变化，而使启闭件动作的蒸汽疏水阀。

3）孔板或迷宫式蒸汽疏水阀：由节流孔控制凝结水的排放量，并使凝结水气化，减少蒸汽的流出。

（3）热静力型（恒温型）疏水器：利用蒸汽和凝水的温度不同引起恒温元件膨胀或变形来工作的疏水器。主要产品有波纹管式、双金属片式和液体膨胀式疏水器。

1）波纹管式蒸汽疏水阀：在蛇形容器（波纹管）内封入沸点低，易挥发的液体作为感温元件，在波纹管上固定着阀瓣，随着温度变化，波纹管产生伸缩而启闭的疏水阀。

2）双金属片式蒸汽疏水阀：利用双金属片受热变形，带动启闭件动作的蒸汽疏水阀，它不会发生闭塞现象。

3）液体膨胀式疏水器：属于蒸汽压力式，由凝结水的压力与可变形元件内挥发性液体的蒸汽压力之间的不平衡来驱动启闭件的动作，它不会发生气堵。

由于疏水阀种类产品种类繁多，不可能一一叙述。下面就介绍几种典型的疏水器。

1. 热动力型疏水阀 TD16

TD16 型热动力疏水阀具有以下特点：

（1）本体结构结实、简单、重量轻、操作压力范围大；

（2）只有一个活动部件——一个硬化的不锈钢碟片，具有很长的使用寿命，同时可具止回阀的功能；

（3）采用独特的三孔排水设计，使碟片受力方向均匀，减少磨损；

（4）间歇式喷放排水及迅速紧密的关闭，保证无泄漏；

（5）可承受过热、水锤、冷冻、腐蚀性冷凝水；

（6）碟片落入阀座时发出的“喀嚓”声，便于检测工作性能；

（7）在任何安装位置下均能正常工作。

根据上述通用性强、可靠性高的特点，TD16 型热动力疏水阀是蒸汽主管道，蒸汽伴热线，夹套管，盘管加热式储存罐、槽，以及复式平烫机等广泛用途的理想选择。

TD16 型热动力疏水阀的产品参数见表 10-38，产品尺寸及重量见表 10-39，示意图如图 10-25 所示，排量图如图 10-26 所示。

表 10-38 产品参数

型号	TD16
阀体材料	不锈钢
口径和连接方式	1/2″，3/4″，1″BSP（BS21）或 NPT 螺纹连接 DN15，DN20 和 DN25，PN16 法兰连接
阀体设计条件	PN25
最大允许压力	25 barg
最大允许温度	300℃
最大工作压力	16 barg
最大工作温度	300℃
最大冷态测试压力	38 barg

尺寸/重量（mm/kg）见表 10-39。

表 10-39 产品尺寸及重量

口径	A (mm)	B (mm)	B_1 (mm)	E (mm)	G (mm)	H (mm)	J (mm)	K (mm)	U (mm)	重量 (kg)
1/2″	41	78	—	55	85	20	52	57	38	0.75
3/4″	44	85	—	60	100	20	52	57	38	0.95
1″	48	95	—	65	100	20	58	57	38	1.50
DN15	41	—	150	55	85	20	52	57	38	1.95
DN20	44	—	150	60	100	20	52	57	38	2.65
DN25	48	—	160	65	100	20	58	57	38	3.90

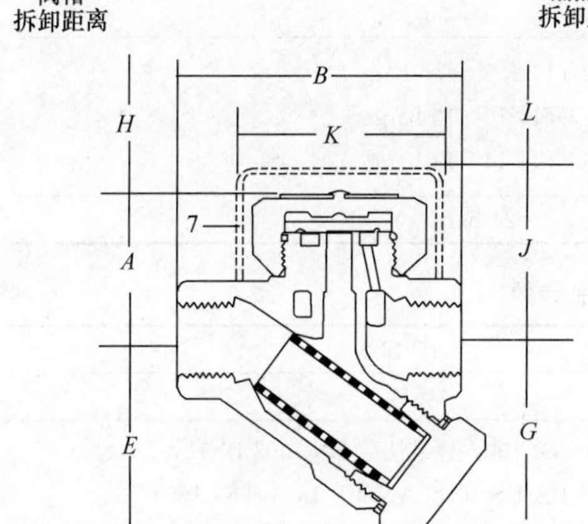

图 10-25 TD16 型热动力疏水阀

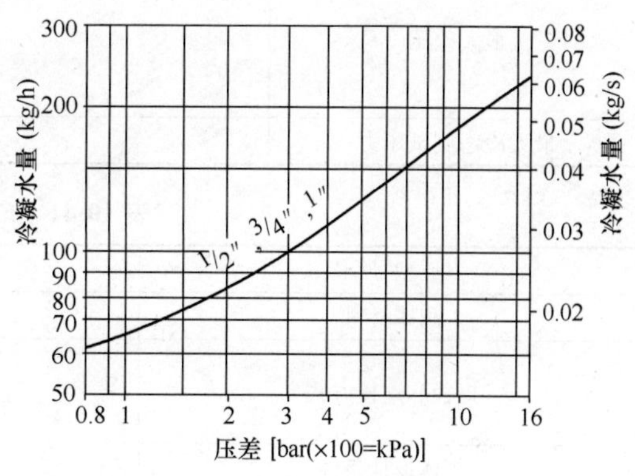

图 10-26 排量图

注：在工作状态下，最大工作背压不能超过进口压力的 80%，否则疏水阀不能关闭。

2. 浮球式蒸汽疏水阀 FT14 和 FT43

FT 浮球式疏水阀是利用蒸汽和冷凝水的密度差来工作的蒸汽疏水阀。这种类型的疏水阀操作十分便利，能在冷凝水负荷变化时有效工作，同时不受操作压力骤变的影响，并且排量很大，而且是随冷凝水的生成立即排放。由于这些特点，该疏水阀是换热器等需要精确温度控制的加热制程的理想选择。

FT 浮球式疏水阀的主要特点还包括：

（1）结构简单，维修方便；

（2）采用自对中设计的连杆式浮球，安装方便；

（3）可水平或垂直安装，有螺纹和法兰连接可供选择；

（4）先进的设计，不锈钢内部结构，保证疏水阀具有良好的耐腐蚀和磨损性能；

（5）标准产品中带有内置的排气阀或内置破蒸汽汽锁装置；

（6）排水口低于水位，可避免主蒸汽的泄漏；

（7）内置的排气阀确保疏水阀在起机工作时，具有良好的排空气性能和更大的冷凝水排量。

FT14 型和 FT43 型浮球式疏水阀的产品参数分别见表 10-40 和表 10-41。

表 10-40　FT14 产品参数

型号	FT14
阀体材料	球墨铸铁
口径和连接方式	1/2″，3/4″，1″，BSP 或 NPT 螺纹连接 DN15，DN20 和 DN25，法兰 EN 1092 PN16，ANSI 150 和 JIS/KS 10
阀体设计条件	PN16
最大允许压力	16 barg @ 100℃
最大允许温度	250℃ @ 13 barg
最低允许温度	−10℃
最大工作压力	14 barg
最大工作温度	250℃ @ 13 barg
最低工作温度	0℃
最大差压	FT14-4.5　4.5 barg FT14-10　10 barg FT14-14　14 barg
最大冷态测试压力	24 barg

表 10-41　FT43 产品参数

型号	FT43
阀体材料	铸铁
口径和连接方式	DN25～DN100，标准法兰 EN 1092 PN16， 可提供 JIS/KS 10 和 ANSI B 16.5 class 125
阀体设计条件	PN16
最大允许压力	16 barg @ 120℃
最大允许温度	220℃ @ 12.1barg

续表

型号	FT43
最低允许温度	0℃
最大工作压力	13barg @ 195℃
最大工作温度	220℃ @ 12.1barg
最低工作温度	0℃
最大差压	FT14-4.5 4.5 barg FT14-10 10 barg FT14-14 14 barg
最大冷态测试压力	24 barg

FT14 型浮球式疏水阀的示意图如图 10-27 和图 10-28 所示，相应的尺寸和重量见表 10-42 及表 10-43，排量图如图 10-31 所示。

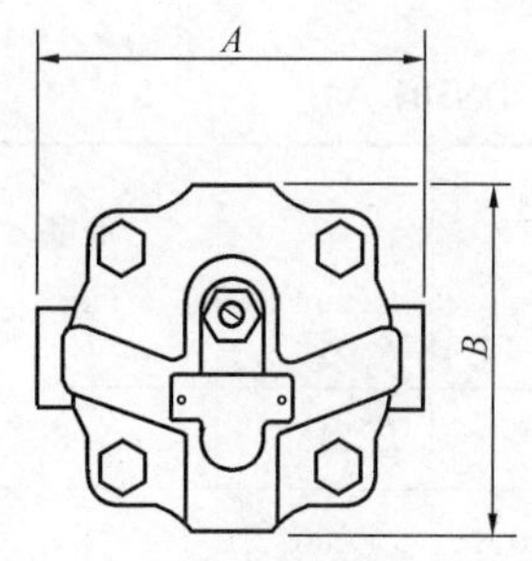

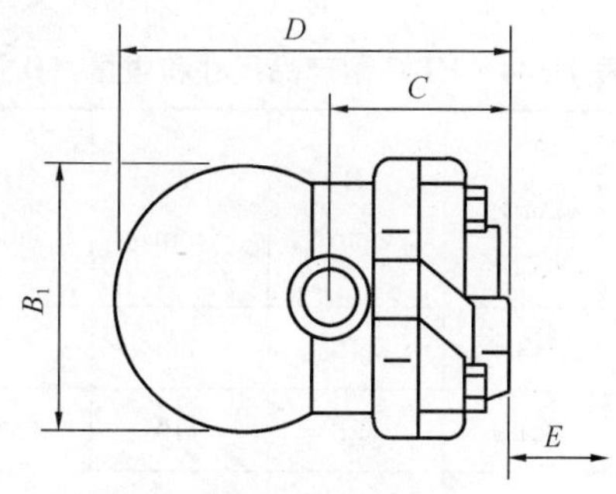

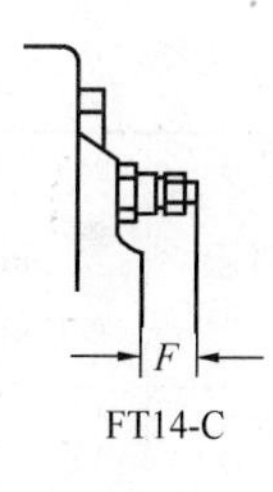

图 10-27 FT14 型浮球式疏水阀

表 10-42 产品的尺寸及重量（螺纹连接）

口径	A (mm)	B (mm)	B_1 (mm)	C (mm)	D (mm)	E (mm) 拆卸距离	F (mm)	重量 (kg)
½″	121	107	96	67	147	105	30	2.9
¾″	121	107	96	67	147	105	30	2.9
1″	145	107	117	75	166	110	23	4.0

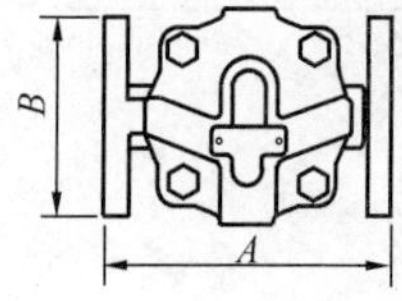

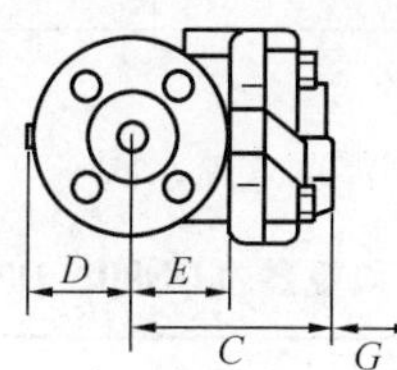

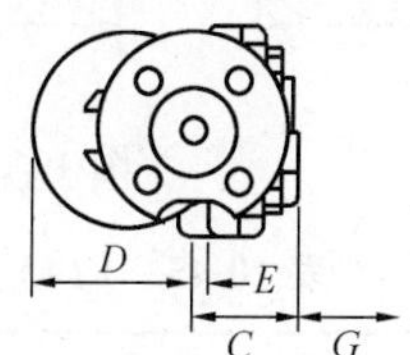

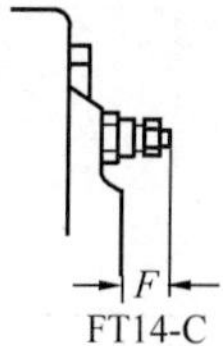

图 10-28 FT14 型浮球式疏水阀

表 10-43 产品的尺寸和重量（法兰连接）

口径	A (mm) PN/ANSI	A (mm) JIS/KS	B (mm)	C (mm)	D (mm)	E (mm)	F (mm)	G (mm) 拆卸距离	重量 (kg)
DN15	150	150	107	101	51	47	26.5	115	4.5
DN20	150	150	107	101	55	47	26.5	115	5.0
DN25	160	170	117	70	100	10	21.0	120	6.5

FT43 型浮球式疏水阀示意图如图 10-29 和图 10-30 所示，产品的尺寸和重量见表 10-44 和表 10-45，排量图如图 10-32 和图 10-33 所示。

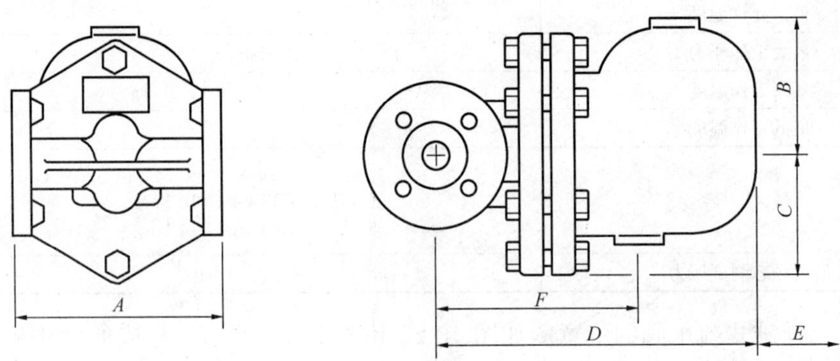

图 10-29　FT43 型浮球式疏水阀

表 10-44　FT43 型产品尺寸和重量（DN25，DN40，DN50）

口径	A (mm) PN16	A (mm) ANSI125	B (mm)	C (mm)	D (mm)	E (mm)	F (mm)	重量 (kg)
DN25	160	148	110	80	245	160	215	8.3
DN40	230	221	128	110	330	200	200	21.5
DN50	230	220	140	126	340	220	225	30.5

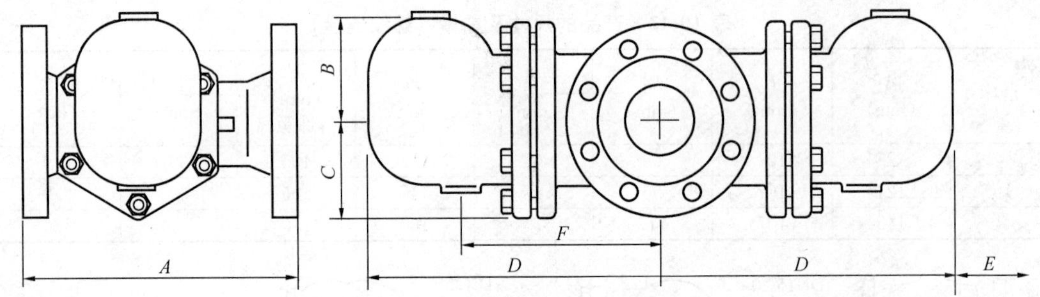

图 10-30　FT43 型浮球式疏水阀

表 10-45　FT43 型产品尺寸和重量（DN80，DN100）

口径	PN16 A (mm)	JIS/KS10 A (mm)	B (mm)	C (mm)	D (mm)	E (mm)	F (mm)	重量 (kg)
DN80	352	—	140	123	387	200	310	72
DN100	350	350	140	123	387	200	310	74

图 10-31 中的冷凝水量系基于饱和蒸汽温度下的冷凝水。在起机阶段，冷凝水为冷态，疏水阀内部热静力排空阀打开，可增加冷凝水的排量。表 10-46 中列出了不同压差下

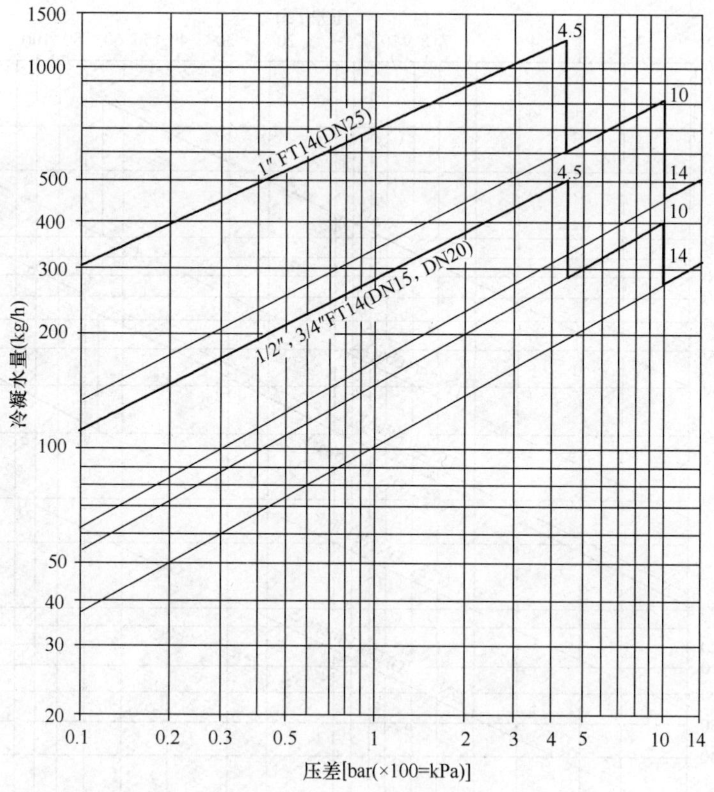

图 10-31　FT14 型排量图

排空阀所增加的冷水排量。

表 10-46

ΔP（bar）	0.5	1	2	3	4.5	7	10	14
	最小冷水排量增加量（kg/h）							
½″，¾″（DN15，DN20）	70	140	250	380	560	870	1130	1500
1″（DN25）	120	240	360	500	640	920	1220	1500

图 10-32 中的冷凝水量系基于饱和蒸汽温度下的冷凝水。在起机阶段，冷凝水为冷态，疏水阀内部热静力排空阀打开，可增加冷凝水的排量。表 10-47 中列出了不同压差下排空阀所增加的冷水排量。

表 10-47

ΔP（bar）	0.5	1	2	3	4.5	7	10	14
	最小冷水排量增加量（kg/h）							
DN15，DN20	400	450	520	580	620	750	900	1200
DN25	540	600	620	670	700	1000	1300	1600

图 10-33 中的冷凝水量系基于饱和蒸汽温度下的冷凝水。在起机阶段，冷凝水为冷

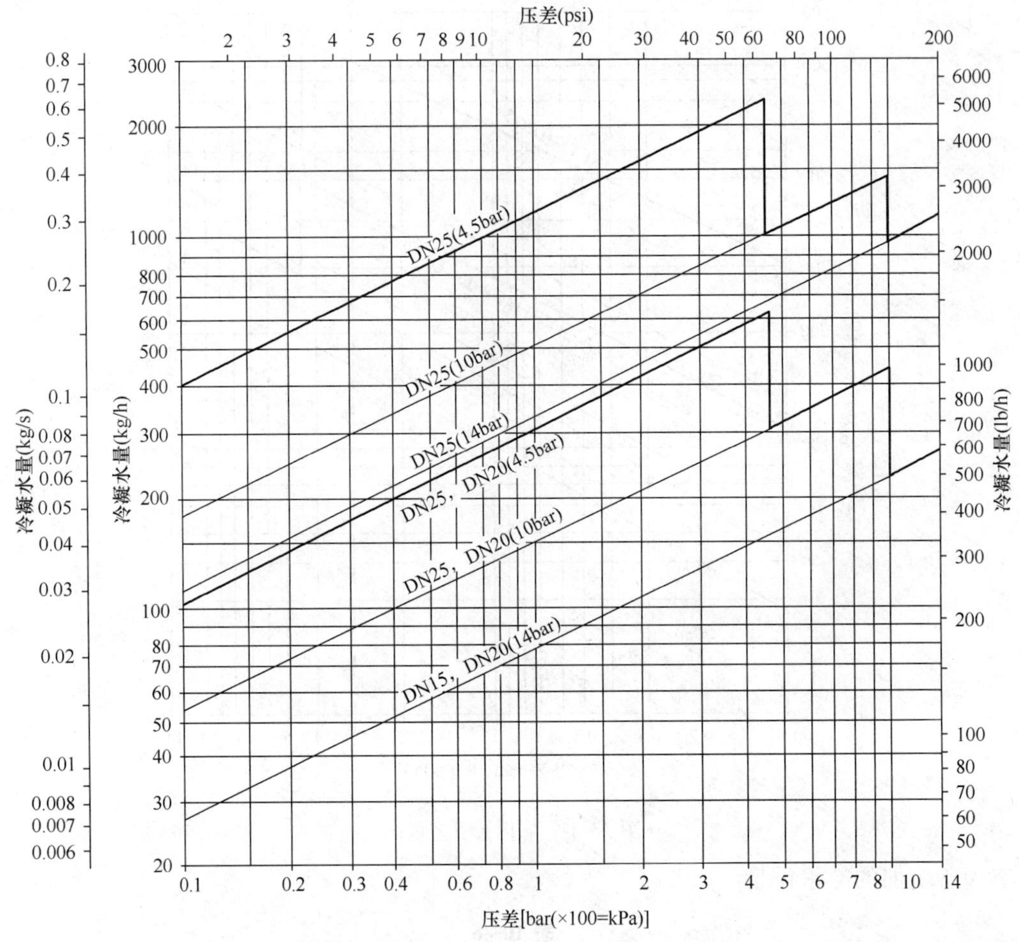

图 10-32　FT43 型排量图（DN15，DN20）

态，疏水阀内部热静力排空阀打开，可增加冷凝水的排量。表 10-48 中列出了不同压差下排空阀所增加的冷水排量。

表 10-48

ΔP（bar）	0.5	1	2	3	4.5	7	10	14
	最小冷水排量增加量（kg/h）							
DN40，DN50	540	600	620	670	700	1000	1300	1600
DN80，DN100	1080	1200	1240	1340	1400	2000	2600	3200

10.4.2　疏水阀的选型

疏水阀的选型应根据系统的压力、温度、流量等情况确定：

（1）脉冲式宜用于压力较高的工艺设备上。

（2）钟形浮子式、可调热胀式、可调恒温式等疏水阀宜用在流量较大的装置。

（3）热动力式、可调双金属片式宜用于流量较小的装置。

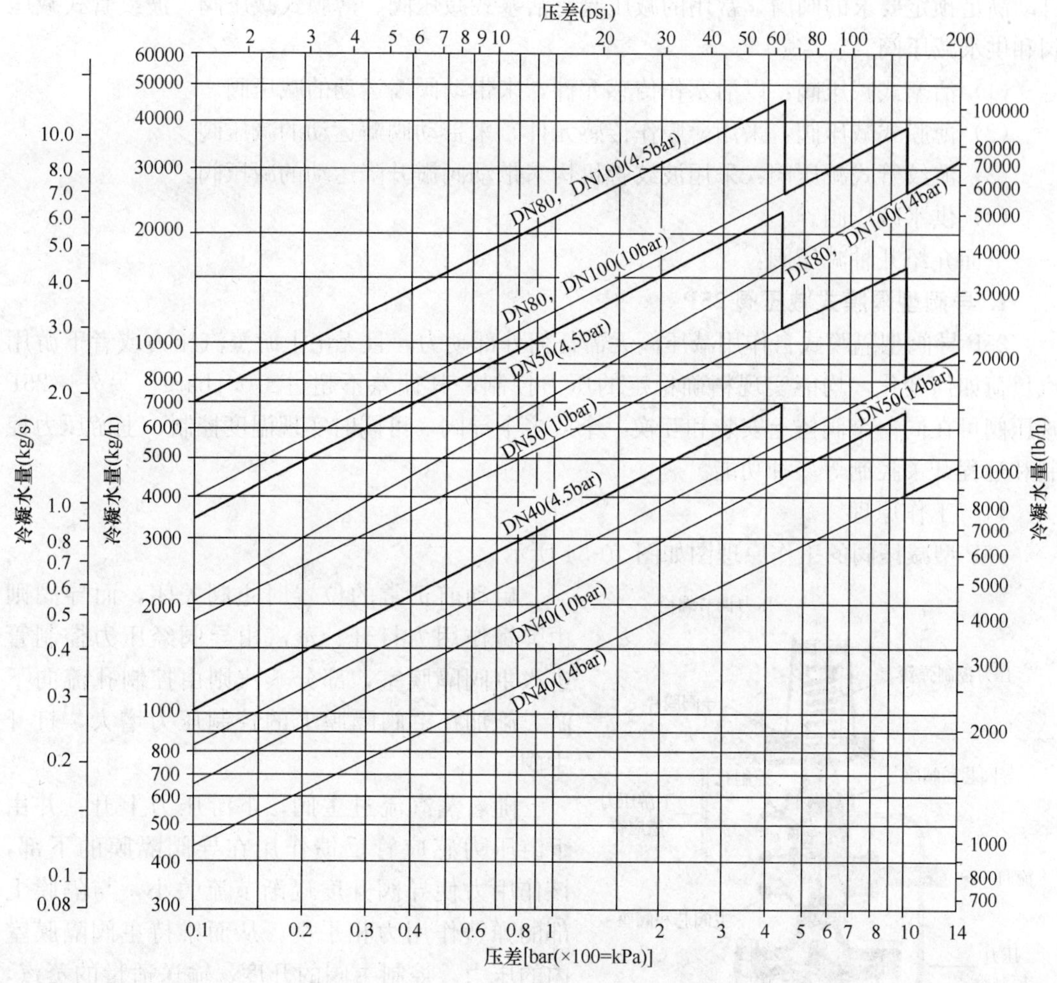

图 10-33　FT43 型排量图（DN40）

（4）恒温式仅用于低压蒸汽系统上。

10.4.3　疏水阀的选择计算

选择疏水阀时，不能仅考虑最大的凝结水排放量，或简单按管径选用。而是应按实际工况的凝结水排放量与疏水阀前后的压差，并结合疏水阀的技术性能参数进行计算，确定疏水阀的规格和数量。

疏水阀的排出凝结水流量能力，应由厂家样本提供。

10.5　减　压　阀

10.5.1　减压阀的分类

减压阀是通过启闭件的节流，将介质压力降低，并利用介质本身能量，使阀后的压力自动满足预定要求的阀门。常用的减压阀有活塞式减压阀、薄膜式减压阀、波纹管式减压阀和供水减压阀。

（1）活塞式减压阀：以活塞作传感元件，来带动阀瓣运动的减压阀。

（2）薄膜式减压阀：采用薄膜作传感元件，来带动阀瓣运动的减压阀

（3）波纹管式减压阀：采用波纹管机构来带动阀瓣升降运动的减压阀。

（4）供水减压阀。

下面介绍几种减压阀：

1. 导阀型隔膜式减压阀 25P

25P 导阀型隔膜式自作用减压阀无需任何外部动力，且无论上游蒸汽压力或者下游用汽负荷如何变化，均能实现精确稳定的压力控制，其偏差不超过±0.1barg。另外，25P 减压阀可在同一个阀体上安装和互换一个或多个导阀，可同时实现温度控制，上游压力控制和远程开关控制等多种功能。

（1）工作原理

25P 型减压阀的工作原理图如图 10-34 所示。

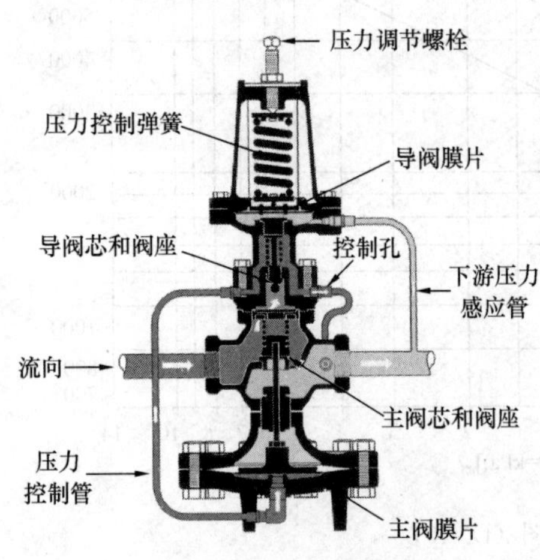

图 10-34　工作原理图

启动前正常的位置时主阀关闭，而导阀则由弹簧作用力打开。蒸汽由导阀经压力控制管进入主阀隔膜室，部分蒸汽则由控制孔流向下游。施加在主阀隔膜上的控制压力增大，打开主阀。

随着蒸汽流过主阀，下游压力上升，并由下游压力感应管反馈作用在导阀隔膜的下部，该作用力使导阀开度逐渐节流关小，与隔膜上部的弹簧作用力相平衡，从而维持主阀隔膜室内的压力，控制主阀的开度，输送适量的蒸汽，维持下游稳定的压力。当下游压力上升时，反馈压力增大，导阀关闭，主隔膜室的压力从控制孔释放，使主阀紧密关闭。

下游任何的负载变化或压力的波动，都会反馈在导阀隔膜的下方，从而调节主阀的开度，确保下游压力的准确和稳定。

（2）使用优点

1）无需外部动力，节约能源；

2）安装方便，调试容易；

3）免维护；

4）精确控制制程压力，改善制程效率，提高产品质量；

5）本质安全，可用于危险区域；

6）多种控制的组合，减少总的设备投资；

7）压力调节臂大，控制精确；

8）不受负载或上游供汽压力变动影响，可精确控制压力。

产品参数见表 10-49。

表 10-49 产品参数

型号	25P
阀体材料	1/2″～4″球墨铸铁，铸钢 6″铸铁，碳钢
口径和连接方式	1/2″～2″螺纹 BSPT（BS21） 1/2″～4″法兰 PN16（球墨铸铁）PN40（铸钢） 6″法兰 PN16 ANSI 125&250（铸铁） 6″法兰 PN40 ANSI 150&300（碳钢）
压力控制范围	黄色弹簧：0.2～2.1barg 蓝色弹簧：1.4～7.0barg 红色弹簧：5.6～14barg

（3）尺寸/重量（mm/kg）

25P 型减压阀示意图如图 10-35 和图 10-36 所示，产品的尺寸和重量分别见表 10-50 和表 10-51，K_V 值见表 10-52。

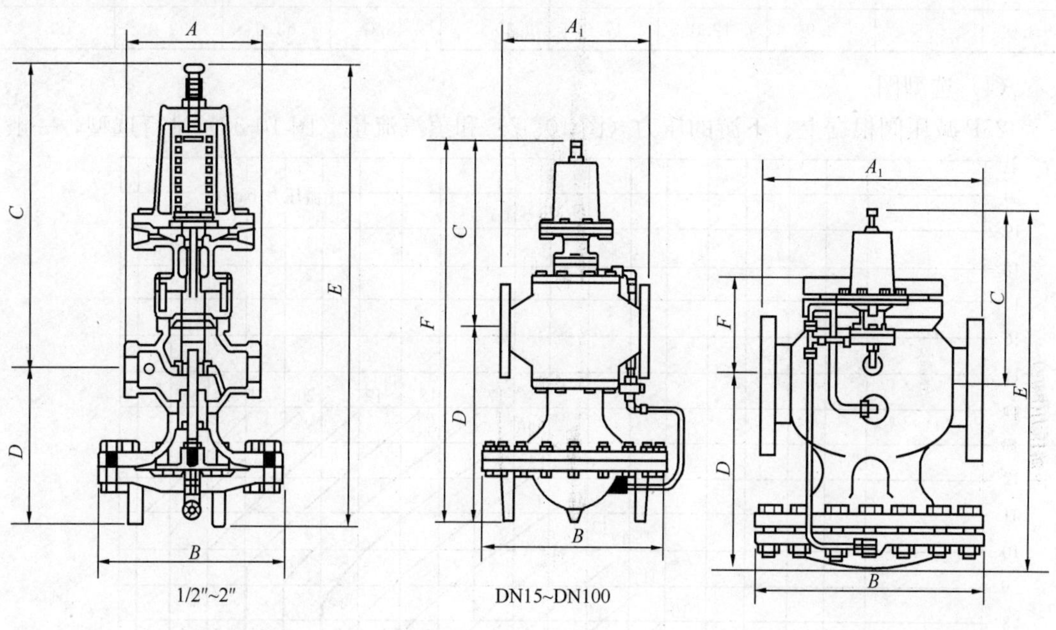

图 10-35 25P 型减压阀

图 10-36 25P 型减压阀（DN150）

表 10-50 产品的尺寸和重量（DN15～DN100）

口径 DN	BSP A (mm)	PN16 A_1 (mm)	PN40 A_1 (mm)	B (mm)	C (mm)	D (mm)	重量 (kg)
15	140	160	147	193	309	157	14
20	140	160	154	193	309	157	14
25	152	166	160	219	308	171	17
32	184	205	180	219	322	179	20
40	184	216	196	219	322	179	20

续表

口径 DN	BSP A (mm)	PN16 A_1 (mm)	PN40 A_1 (mm)	B (mm)	C (mm)	D (mm)	重量 (kg)
50	216	240	230	269	338	208	31
65	—	284	292	346	297	354	71
80	—	308	317	346	294	387	85
100	—	353	368	397	325	410	129

表 10-51

口径 DN	PN16 A_1 (mm)	PN40 A_1 (mm)	B (mm)	C (mm)	D (mm)	F (mm)	重量 (kg)
150	460	460	502	297	435	228	270

表 10-52　K_V 值

DN15	DN20	DN25	DN32	DN40	DN50	DN65	DN80	DN100	DN150
3.0	5.5	8.9	12.0	17.0	30.0	48.0	63.0	98.0	133

（4）选型图

25P 减压阀根据上、下游的压力（图 10-37）和蒸汽流量（图 10-38）进行选型，一般

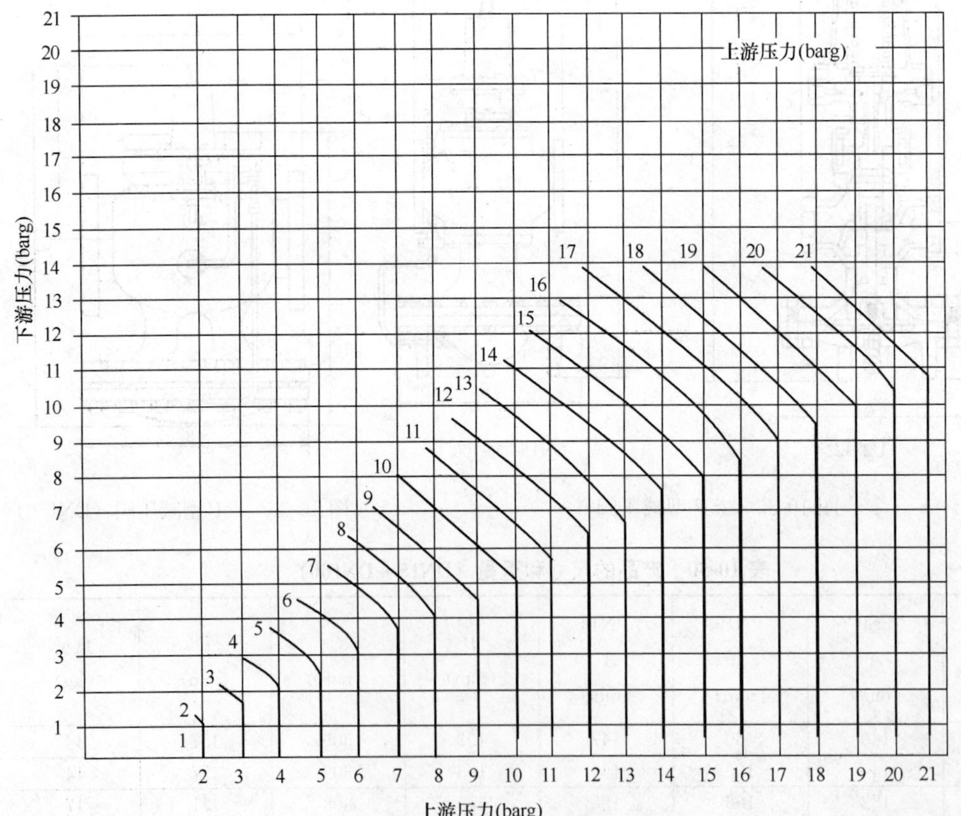

图 10-37　上、下游压力图

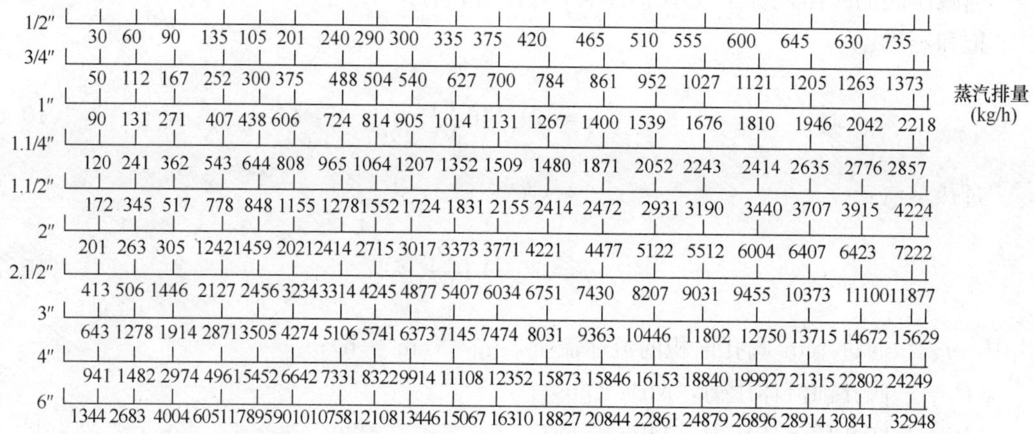

图 10-38 蒸汽流量图

而言至少会比管径小一到两号。

2. Y_{-110}，$Y_{13}Y_{-8}$，$Y_{13}W_{8}T$ 减压阀

Y_{-110}，$Y_{13}T_{-8}$，$Y_{13}W_{-8}T$ 减压阀规格见表 10-53。

表 10-53

型号	公称直径 DN	外形尺寸（mm）				重量（kg）	连接形式	适用介质
		H	H_1	H_2	L			
$Y_{13}W_{-8}T$	20	126	103	23	90	1.1	内螺纹	水
$Y_{13}W_{-8}T$	25	142	115	27	100	1.7		
$Y_{13}T_{-8}$	50	298	245	53	210	10.5		
Y_{-110}	20	133	52		100	2.2	内螺纹	≤90°
	25	142	54		122	3.4		
	32	171	55		150	5.3		

10.5.2 减压阀流量计算

临界压力比是确定蒸汽减压阀流量的关键因素，减压阀流量应按式（10-4）～式（10-7）计算：

当减压阀的减压比大于临界压力比时，有

饱和蒸汽：

$$q = 462\sqrt{10\frac{P_1}{V_1\left[\left(\frac{P_2}{P_1}\right)^{1.76}-\left(\frac{P_2}{P_1}\right)^{1.88}\right]}} \tag{10-4}$$

过热蒸汽：

$$q = 332\sqrt{10\frac{P_1}{V_1\left[\left(\frac{P_2}{P_1}\right)^{1.54}-\left(\frac{P_2}{P_1}\right)^{1.77}\right]}} \tag{10-5}$$

当减压阀的减压比等于或小于临界压力比时，有

饱和蒸汽：

$$q = 71\sqrt{10\frac{P_1}{V_1}} \tag{10-6}$$

过热蒸汽：

$$q = 75\sqrt{10\frac{P_1}{V_1}} \tag{10-7}$$

式中　q——通过 1cm^2 阀孔面积的流体流量，kg/（cm^2・h）；

P_1——阀孔前流体压力，MPa（abs）；

P_2——阀孔后流体压力，MPa（abs）；

V_1——阀孔前流体比体积，m^3/kg。

注：临界压力比 $\beta_L = P_L/P_1$，P_L 为临界压力，P_1 为初态压力；饱和蒸汽 β_L=0.577，过热蒸汽 β_L=0.546。

减压阀阀孔（座）面积计算见式（10-8）：

$$A = \frac{q_m}{\mu q} \tag{10-8}$$

式中　A——减压阀孔（座）流通面积，cm^2；

q_m——通过减压阀的蒸汽流量，kg/h；

μ——流量系数，0.45～0.60。

10.5.3　减压阀的选择

减压阀应根据具体工况进行选择：

（1）波纹管式减压阀（直接作用式），带有平膜片或波纹管；独立结构，无需在下游安装外部传感线；调节范围大，用于工作温度≤200℃的蒸汽管路上，特别适用于减压为低压蒸汽的供暖系统。它是三种蒸汽减压阀中体积最小，使用最经济的一种。

（2）活塞式减压阀工作可靠，维修量小，减压范围较大，在相同的管径下，容量和精度（±5%）更高。与直接作用式减压阀相同的是无需外部安装传感线，适用于温度、压力较高的蒸汽管路上。

（3）薄膜式减压阀在相同的管径下，其容量比内导式活塞减压阀大。另外，由于带下游传感线，膜片对压力变化更为敏感，精确度可达±1%。

（4）供水减压阀，结构简单，体积小，性能稳定，调节方便；适用于高层建筑冷热、热水供水管网系统中。

10.5.4　选用减压阀应注意的问题

（1）一般宜选用活塞式减压阀，活塞式减压阀减压后的压力，不应小于 0.15MPa，如需减至 0.07MPa 以下，应再设波纹式减压阀或用截止阀进行二次减压。

当减压前后压力比大于 5～7 时，应串联两个装置，如阀后蒸汽压力 P_2 较小，通常

宜采用两级减压，以使减压阀工作时噪声和振动小，而且安全可靠。在热负荷波动频繁而剧烈时，为使第一级减压阀工作稳定，一、二级减压阀之间的距离应尽量加大。

（2）设计时除对型号、规格进行选择外，还应说明减压阀前后压差值和安全阀的开启压力，以便生产厂家合理配备弹簧。

（3）减压阀前后压差的选择范围应为：活塞式减压阀应大于 0.15MPa；波纹管式为 $0.05<\Delta P<0.6$MPa；

（4）当压力差为 0.1～0.2MPa 时，可以串联安装两个截止阀进行减压。

（5）减压阀有方向性，安装时应注意不应将方向装反，并应使它垂直地安装在水平管道上，对于带有均压管的减压阀，均压管应连接在低压管道一侧。

（6）减压阀安装一律采用法兰截止阀，低压部分可采用低压截止阀，旁通管垂直，水平安装均可，可视现场情况确定。

（7）旁通管是安装减压阀的一个组成部分，当减压阀发生故障需检修时，可关闭减压阀两侧的截止阀，暂时通过旁通管进行供气。

（8）为便于减压阀的调整工作，减压阀两侧应分别装有高压和低压压力表；为防止减压后的压力超过允许的限度，阀后应装设安全阀。

（9）供蒸汽前为防止管路内的污垢和积存的凝结水使主阀产生水击、响动和磨损阀座密封面，可先将旁通管路的截止阀打开，使汽水混合的污垢于旁通管路通过，然后再开启减压阀。

10.6 除 污 器

除污器能将采暖制冷系统中的杂质分离出来，尤其是沙和铁锈组成的颗粒。这些杂质分离后沉淀在除污器的储污舱内，可允许较长周期的清洗，在系统运行时也可正常排污。

10.6.1 除污器（或过滤器）的型号及规格

除污器（或过滤器）分立式直通除污器、卧式直通除污器、角通除污器和自动排污过滤器及变角形过滤器，其类型规格见表 10-54。

表 10-54 除污器（或过滤器）规格表

类型	规格 DN（mm）	备注
立式直通除污器	40～300	工作压力为 600～1600kPa
卧式直通除污器	150～500	工作压力为 600～1600kPa
卧式角通除污器	150～450	工作压力为 600～1600kPa
2PG 自动排污过滤器	100～1000	工作压力为 1600kPa
变角形过滤器	50～450	工作压力为 1000～2500kPa

注：除污器局部阻力系数 $\xi=4\sim6$，过滤器局部阻力系数 $\xi=1.5\sim3.0$。

Y 形过滤器具有结构简单、流阻小，排污方便等特点。其技术参数见表 10-55。

表 10-55 技术参数

工作压力	PN16
工作温度	−10～145℃
连接方式	法兰连接（DIN2533～2000）
材质	阀体：球墨铸铁（GGG50）
滤网	不锈钢（SS304）
垫圈	石墨、硅胶
表面处理	喷涂环氧树脂漆

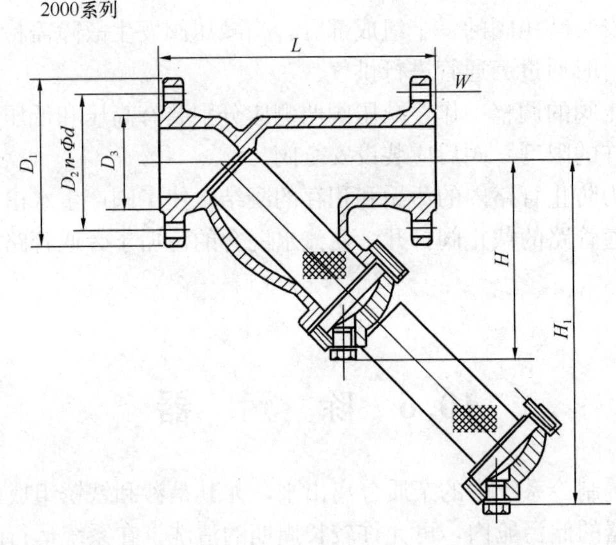

规格	L	D_1	D_2	D_3	W	n-Φd	螺栓	H	H_1	网孔直径
DN40	200	150	110	88	18	4-Φ18	M16	126	240	1.1
DN50	230	165	125	102	20	4-Φ18	M16	154	250	1.1
DN65	290	185	145	122	20	4-Φ18	M16	184	285	1.1
DN80	310	200	160	138	22	8-Φ18	M16	208	330	1.1
DN100	350	220	180	158	24	8-Φ18	M16	240	365	1.6
DN125	400	250	210	188	26	8-Φ18	M16	280	425	1.6
DN150	480	285	240	212	26	8-Φ23	M20	325	480	1.6
DN200	600	340	295	268	30	12-Φ23	M20	400	610	1.6
DN250	730	405	355	320	32	12-Φ27	M24	465	710	2.5
DN300	850	460	410	378	32	12-Φ27	M24	580	815	2.5
DN350	980	520	470	438	36	16-Φ27	M24	598	845	4.8

续表

2001系列

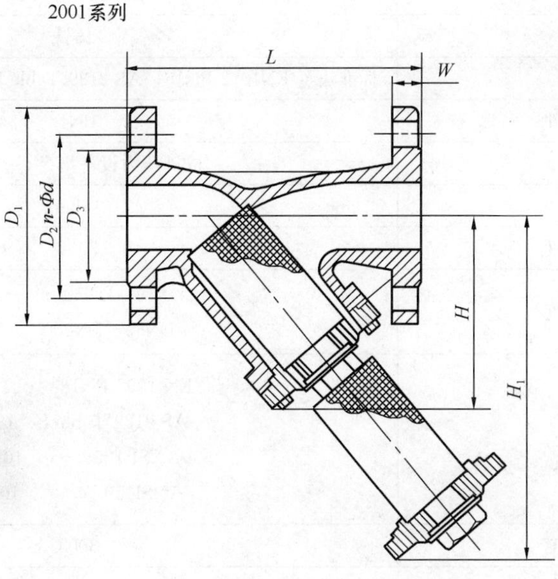

规格	L	D_1	D_2	D_3	W	n-Φd	螺栓	H	H_1	网孔直径
DN50	230	165	125	99	23	4-Φ19	M16	150	255	1.5
DN65	290	185	145	118	20	4-Φ19	M16	175	293	1.5
DN80	310	200	160	132	22	8-Φ19	M16	205	335	1.5
DN100	350	220	180	156	24	8-Φ19	M16	235	383	1.5
DN125	400	250	210	184	26	8-Φ19	M16	272	440	1.5
DN150	480	285	240	211	26	8-Φ23	M20	304	490	1.5
DN200	600	340	295	266	30	12-Φ23	M20	380	610	2.5
DN250	730	405	355	319	32	12-Φ28	M24	406	870	2.5
DN300	850	460	410	370	32	12-Φ28	M24	510	1084	2.5
DN350	980	520	470	429	36	16-Φ28	M24	730	1195	2.5
DN400	1100	580	525	480	38	16-Φ31	M27	832	1360	3.5
DN450	1200	640	585	548	40	20-Φ31	M27	865	1392	3.5
DN500	1250	715	650	609	42	20-Φ34	M30	930	1506	3.5
DN600	1450	840	770	702	48	20-Φ37	M33	1135	1855	3.5

铸铁系列 Fig33 型产品，其产品参数见表 10-56，示意图如图 10-39 所示，产品尺寸和重量见表 10-57，过滤网参数见表 10-58，K_V 值见表 10-59。

表 10-56 产品参数

型号	Fig33
口径	DN15～DN200
阀体材料	铸铁
连接方式	标准法兰 EN1092 PN16，AS 2129 Table F，ANSI 150 和 ANSI 125
阀体设计条件	PN16
压力标准	欧洲压力设备指令 97/23/EC
最大允许压力	16barg
最高允许温度	300℃
最低工作温度	DN15～DN50 －10℃ DN65～DN200 0℃
最大工作压力	EN 1092 PN16 13barg AS 2129 Table F 13barg ANSI 125 10barg ANSI150 10barg
最高工作温度	300℃
最低工作温度	0℃
最大冷态测试水压	24barg

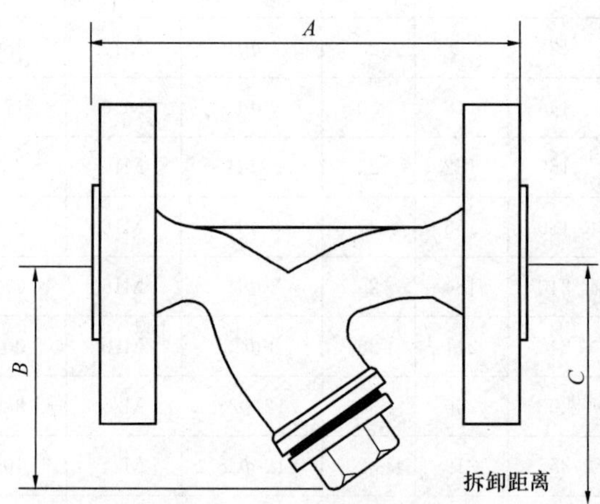

图 10-39 铸铁系列除污器

表 10-57 产品尺寸和重量

口径	PN16 A (mm)	AS2129 A (mm)	ANSI* A (mm)	B (mm)	C (mm)	过滤网面积 (cm^2)	重量 (kg)
DN15	130	130	130	70	110	27	1.8
DN20	150	147	150	80	130	43	2.7
DN25	160	157	154	95	150	73	3.4
DN32	180	176	176	135	225	135	6.0

续表

口径	PN16 A (mm)	AS2129 A (mm)	ANSI* A (mm)	B (mm)	C (mm)	过滤网面积 (cm^2)	重量 (kg)
DN40	200	194	194	145	240	164	7.2
DN50	230	224	224	175	300	251	10.9
DN65	290	288	228	200	335	327	21.7
DN80	310	304	304	210	340	361	25.9
DN100	350	350	350	255	415	545	38.5
DN125	400	400	400	300	510	843	63.0
DN150	480	480	480	345	575	1117	87.0
DN200	600	598	598	435	730	1909	153.0

表 10-58　可选件过滤网

不锈钢过滤网	孔径	1.6mm（DN15 至 DN80）
		3mm（DN15 至 DN200）
	目数	40，100，200
Monel 合金过滤网	孔径	0.8mm（DN15 至 DN80）
		1.6mm（DN100 至 DN200）
		3mm（DN15 至 DN200）
	目数	100

表 10-59　K_V 值

口径	DN15	DN20	DN25	DN32	DN40	DN50	DN65	DN80	DN100	DN125	DN150	DN200
孔径 0.8、1.6 和 3.0mm	5	8	13	22	29	46	72	103	155	237	340	588
588 目数 40 和 100	5	8	13	22	29	46	72	103	155	237	340	588
目数 200	4	6	10	17	23	37	58	83	124	186	268	464

安装：

过滤器应按阀体上流向箭头所示安装在水平或流向向下的垂直管道上。应用于蒸汽或气体的水平管道上时，过滤器阀体应保持水平面位置，而在液体系统中阀体应为垂直向下位置。为方便维修和更换，过滤器上下游应安装合适的截止阀。

10.6.2　除污器（或过滤器）的选用

除污器（或过滤器）是用于清除和过滤管路中的杂质和污垢，以保证系统内水质的洁净，从而减少阻力和防止堵塞设备和管路。

（1）下列部位应设除污器：

1）供暖系统入口，装在调压装置之前；

2）锅炉房循环水泵吸入口；

3）各种换热设备之前；

4）各种小口径调压装置。

（2）除污器（或过滤器）的型号应按接管管径确定。

（3）除污器（或过滤器）的横断面中水的流速宜取 0.05m/s。

（4）当安装地点有困难时，宜采用体积小，不占用使用面积的管道式过滤器。

10.6.3　除污器（或过滤器）的特性与安装

1. 自动排污过滤器的特性与安装

（1）自动排污过滤器可在不停机的情况下自动实现冲洗过滤和反冲洗过滤且不需要动力。

（2）自动排污过滤器直接安装在管道上，不需专设支撑结构。可水平、垂直安装，垂直安装时，水流方向必须与重力方向一致。

（3）排污口可由用户指定方位。

（4）过滤器在额定流量下阻力小于 0.008MPa。

2. 变角形过滤器的特性与安装

（1）过滤器用于热水供暖系统时，过滤网为 20 目；用于集中空调系统为 40～60 目。

（2）局部阻力系数 $\xi=1.96XV^{0.907}$。

（3）过滤器出口可以两个或三个，其管径可小于或等于进口管。

（4）过滤器本体中心线与水平之间应尽可能保持 45°夹角。

（5）颗粒状污物，较大颗粒沉降在过滤器底部，不需停机，打开排污阀即可；对贴附与滤网的较小颗粒，需关闭前后阀门，打开排污阀，快速启闭几次过滤器后方阀门，污物即可冲出。

（6）纤维状污物，需关闭前后阀门，拆下排污盖，更换过滤网。

10.7　补　偿　器

10.7.1　补偿器的分类

1. 方形补偿器

方形补偿器通常用管道加工成“Ω”形，加工简单，造价低廉，补偿量可以通过不同的长短边长度设计来满足要求。但是由于其尺寸较大，在一些建筑中使用受到了空间的限制，因此它适合于小直径管道。

2. 套筒补偿器

套筒补偿器的最大特点是补偿量大，推力较小，造价较低，缺点是密封较为困难，容易发生漏水现象，因此在建筑空调系统中的应用不多。

3. 波纹管补偿器

通常采用高性能不锈钢板制造成波纹状，其优点是安装方便，补偿量和管径均可根据需要选择，占用空间小，使用可靠，缺点是存在较大的轴向推力，造价较高。产品技术参数见表 10-60～表 10-63。

表 10-60 轴向型波纹管补偿器（PN1.0MPa）

序号	型号	公称直径	轴向补偿量	刚度	有效面积	最大外径	供货长度		质量	
							接管式	法兰式	接管式	法兰式
		DN (mm)	x (mm)	K (N/mm)	A (cm^2)	D (mm)	L (mm)	L (mm)	m (kg)	m (kg)
1	Z50-10/12	50	12=±6	43	38.5	170	280	280	4	8
	Z50-10/24		24=±12	22			334	334	5	9
	Z50-10/48		48=±24	11			466	466	10	14
	Z50-10/72		72=±36	7			598	656	13	17
2	Z65-10/16	65	16=±8	95	60.1	190	290	290	5	11
	Z65-10/32		32=±16	48			355	355	6	12
	Z65-10/64		64=±32	24			499	519	10	16
	Z65-10/96		96=±48	16			660	738	13	19
3	Z80-10/18	80	18=±9	67	86.5	205	300	300	6	13
	Z80-10/36		36=±18	33			375	375	7	14
	Z80-10/72		72=±36	17			548	548	11	18
	Z80-10/108		108=±54	11			721	758	14	21
4	Z100-10/20	100	20=±10	151	124	225	310	310	8	17
	Z100-10/40		40=±20	76			396	396	9	18
	Z100-10/80		80=±40	38			589	589	14	23
	Z100-10/120		120=±60	25			782	840	24	33
5	Z125-10/24	125	24=±12	118	179	255	329	329	10	20
	Z125-10/48		48=±24	59			426	440	14	24
	Z125-10/96		96=±48	30			652	746	21	32
	Z125-10/144		144=±72	20			879	1054	28	39
6	Z150-10/24	150	24=±12	120	229.5	290	329	329	14	27
	Z150-10/48		48=±24	60			426	440	18	31
	Z150-10/96		96=±48	30			652	746	27	40
	Z150-10/144		144=±72	20			879	1054	37	50
7	Z175-10/30	175	30=±15	121	325.1	320	349	334	19	34
	Z175-10/60		60=±30	61			468	500	26	42
	Z175-10/120		120=±60	30			736	960	41	58
	Z175-10/180		180=±90	20			1004	1240	56	78
8	Z200-10/36	200	36=±18	118	400.9	345	373	373	23	40
	Z200-10/70		70=±35	59			492	542	28	47
	Z200-10/140		140=±70	30			784	956	45	67
	Z200-10/210		210=±105	20			1076	1367	58	82

续表

序号	型号	公称直径 DN (mm)	轴向补偿量 x (mm)	刚度 K (N/mm)	有效面积 A (cm^2)	最大外径 D (mm)	供货长度 接管式 L (mm)	供货长度 法兰式 L (mm)	质量 接管式 m (kg)	质量 法兰式 m (kg)
9	Z250-10/40	250	40=±20	100	598	415	375	383	33	53
	Z250-10/80		80=±40	67			522	596	39	65
	Z250-10/160		160=±80	33			844	1054	70	100
	Z250-10/240		240=±120	22			1166	1512	97	125
10	Z300-10/60	300	60=±30	139	860.1	470	452	520	48	74
	Z300-10/100		100=±50	93			581	715	54	85
	Z300-10/200		200=±100	46			962	1266	96	135
	Z300-10/300		300=±150	31			1343	1817	127	175
11	Z350-10/60	350	60=±30	176	1169.6	530	452	520	70	106
	Z350-10/100		100=±50	109			581	715	80	126
	Z350-10/200		200=±100	54			962	1266	126	176
	Z350-10/300		300=±150	36			1343	1817	176	226
12	Z400-10/60	400	60=±30	185	1492.3	590	452	520	84	130
	Z400-10/100		100=±50	132			581	715	91	145
	Z400-10/200		200=±100	66			962	1266	143	200
	Z400-10/300		300=±150	44			1343	1817	199	460
13	Z450-10/60	450	60=±30	181	1878.1	650	434	561	90	150
	Z450-10/100		100=±50	104			581	773	102	160
	Z450-10/200		200=±100	52			962	1324	160	225
	Z450-10/300		300=±150	35			1343	1809	223	290
14	Z500-10/60	500	60=±30	194	2297.5	715	434	561	99	165
	Z500-10/100		100=±50	111			581	773	113	190
	Z500-10/200		200=±100	55			962	1324	177	250
	Z500-10/300		300=±150	37			1343	1809	247	320
15	Z600-10/60	600	60=±30	219	3265.8	850	452	561	124	210
	Z600-10/100		100=±50	146			564	773	132	215
	Z600-10/200		200=±100	73			928	1324	204	295
	Z600-10/300		300=±150	49			1292	1809	285	380
16	Z700-10/80	700	80=±40	200	4439.2	950	680	868	150	290
	Z700-10/140		140=±70	134			860	1108	170	320
	Z700-10/280		280=±140	67			1440	1828	273	420
	Z700-10/420		420=±210	45			2020	2548	351	505
17	Z800-10/80	800	80=±40	258	5705.0	1090	680	868	171	361
	Z800-10/140		140=±70	172			860	1108	190	390
	Z800-10/280		280=±140	86			1440	1828	311	510
	Z800-10/420		420=±210	57			2020	2548	400	595

续表

序号	型号	公称直径 DN (mm)	轴向补偿量 x (mm)	刚度 K (N/mm)	有效面积 A (cm^2)	最大外径 D (mm)	供货长度 接管式 L (mm)	供货长度 法兰式 L (mm)	质量 接管式 m (kg)	质量 法兰式 m (kg)
18	Z900-10/80	900	80=±40	369	7295.0	1210	680	868	192	415
	Z900-10/140		140=±70	184			860	1108	210	465
	Z900-10/280		280=±140	92			1440	1828	349	615
	Z900-10/420		420=±210	61			2020	2548	450	715
19	Z1000-10/80	1000	80=±40	335	8970.7	1320	680	868	213	473
	Z1000-10/140		140=±70	201			860	1108	235	500
	Z1000-10/280		280=±140	101			1440	1828	387	660
	Z1000-10/420		420=±210	67			2020	2548	500	810
20	Z1100-10/80	1100	80=±40	804	11537	1420	680	868	235	500
	Z1100-10/140		140=±70	459			860	1108	276	660
	Z1100-10/280		280=±140	229			1440	1828	426	760
	Z1100-10/420		420=±210	153			2020	2548	560	910
21	Z1200-10/60	1200	60=±30	1002	13519	1530	632		238	
	Z1200-10/120		120=±60	501			824		280	
	Z1200-10/240		240=±120	250			1368		440	
	Z1200-10/360		360=±180	167			1912		580	

表 10-61 轴向型波纹管补偿器（PN1.6MPa）

序号	型号	公称直径 DN (mm)	轴向补偿量 x (mm)	刚度 K (N/mm)	有效面积 A (cm^2)	最大外径 D (mm)	供货长度 接管式 L (mm)	供货长度 法兰式 L (mm)	质量 接管式 m (kg)	质量 法兰式 m (kg)
1	Z50-16/12	50	12=±6	145	38.5	170	280	280	4	9
	Z50-16/24		24=±12	73			334	334	5	10
	Z50-16/48		48=±24	36			466	466	10	15
	Z50-16/72		72=±36	24			598	656	13	18
2	Z65-16/16	65	16=±8	225	60.1	190	290	290	5	12
	Z65-16/32		32=±16	113			355	355	6	13
	Z65-16/64		64=±32	56			499	519	10	17
	Z65-16/96		96=±48	38			660	738	13	20
3	Z80-16/18	80	18=±9	159	86.5	205	300	300	6	14
	Z80-16/36		36=±18	79			375	375	7	15
	Z80-16/72		72=±36	40			548	548	11	19
	Z80-16/108		108=±54	26			721	758	14	22

续表

序号	型号	公称直径 DN (mm)	轴向补偿量 x (mm)	刚度 K (N/mm)	有效面积 A (cm^2)	最大外径 D (mm)	供货长度 接管式 L (mm)	供货长度 法兰式 L (mm)	质量 接管式 m (kg)	质量 法兰式 m (kg)
4	Z100-16/20	100	20=±10	296	124.6	225	310	310	8	18
	Z100-16/40		40=±20	148			396	396	9	19
	Z100-16/80		80=±40	74			589	589	14	24
	Z100-16/120		120=±60	49			782	840	24	34
5	Z125-16/24	125	24=±12	231	179	255	329	329	10	22
	Z125-16/48		48=±24	115			426	440	14	26
	Z125-16/96		96=±48	58			652	746	21	34
	Z125-16/144		144=±72	38			879	1054	28	41
6	Z150-16/24	150	24=±12	234	229.5	290	329	329	14	30
	Z150-16/48		48=±24	117			426	440	18	34
	Z150-16/96		96=±48	58			652	746	27	43
	Z150-16/144		144=±72	39			879	1054	37	53
7	Z175-16/30	175	30=±15	182	325.1	320	349	334	19	36
	Z175-16/60		60=±30	91			468	500	26	44
	Z175-16/120		120=±60	45			736	960	41	60
	Z175-16/180		180=±90	30			1004	1240	56	80
8	Z200-16/36	200	36=±18	118	400.9	345	373	373	23	43
	Z200-16/70		70=±35	59			492	542	28	50
	Z200-16/140		140=±70	30			784	956	45	70
	Z200-16/210		210=±105	20			1076	1367	58	85
9	Z250-16/40	250	40=±20	196	598	415	375	383	33	63
	Z250-16/80		80=±40	131			522	596	39	75
	Z250-16/160		160=±80	65			844	1054	70	110
	Z250-16/240		240=±120	44			1166	1512	97	135
10	Z300-16/60	300	60=±30	165	860.1	470	452	520	48	84
	Z300-16/100		100=±50	123			581	715	54	95
	Z300-16/200		200=±100	62			962	1266	96	145
	Z300-16/300		300=±150	38			1343	1817	127	185
11	Z350-16/60	350	60=±30	218	1169.6	530	452	520	70	120
	Z350-16/100		100=±50	136			581	715	80	140
	Z350-16/200		200=±100	68			962	1266	126	190
	Z350-16/300		300=±150	45			1343	1817	176	240
12	Z400-16/60	400	60=±30	232	1492.3	590	452	520	84	150
	Z400-16/100		100=±50	165			581	715	91	165
	Z400-16/200		200=±100	83			962	1266	143	220
	Z400-16/300		300=±150	55			1343	1817	199	480

续表

序号	型号	公称直径 DN (mm)	轴向补偿量 x (mm)	刚度 K (N/mm)	有效面积 A (cm^2)	最大外径 D (mm)	供货长度 接管式 L (mm)	供货长度 法兰式 L (mm)	质量 接管式 m (kg)	质量 法兰式 m (kg)
13	Z450-16/60	450	60=±30	227	1878.1	650	434	561	90	180
	Z450-16/100		100=±50	130			581	773	102	190
	Z450-16/200		200=±100	65			962	1324	160	255
	Z450-16/300		300=±150	43			1343	1809	223	320
14	Z500-16/60	500	60=±30	242	2297.5	715	434	561	99	215
	Z500-16/100		100=±50	138			581	773	113	240
	Z500-16/200		200=±100	69			962	1324	177	300
	Z500-16/300		300=±150	46			1343	1809	247	370
15	Z600-16/60	600	60=±30	263	3265.8	850	452	561	124	290
	Z600-16/100		100=±50	175			564	773	132	295
	Z600-16/200		200=±100	88			928	1324	204	375
	Z600-16/300		300=±150	44			1292	1809	285	460
16	Z700-16/80	700	80=±40	234	4439.2	950	680	868	150	350
	Z700-16/140		140=±70	156			860	1108	170	380
	Z700-16/280		280=±140	78			1440	1828	273	480
	Z700-16/420		420=±210	52			2020	2548	351	565
17	Z800-16/80	800	80=±40	295	5705.0	1090	680	868	171	421
	Z800-16/140		140=±70	197			860	1108	190	450
	Z800-16/280		280=±140	98			1440	1828	311	570
	Z800-16/420		420=±210	66			2020	2548	400	655
18	Z900-16/80	900	80=±40	415	7295.0	1210	680	868	192	492
	Z900-16/140		140=±70	207			860	1108	210	540
	Z900-16/280		280=±140	104			1440	1828	349	690
	Z900-16/420		420=±210	69			2020	2548	450	790
19	Z1000-16/80	1000	80=±40	419	8970.7	1320	680	868	213	613
	Z1000-16/140		140=±70	251			860	1108	235	640
	Z1000-16/280		280=±140	157			1440	1828	387	800
	Z1000-16/420		420=±210	105			2020	2548	500	950
20	Z1100-16/80	1100	80=±40	1107	11537	1420	680	868	235	700
	Z1100-16/140		140=±70	634			860	1108	276	800
	Z1100-16/280		280=±140	316			1440	1828	426	900
	Z1100-16/420		420=±210	207			2020	2548	560	1050
21	Z1200-16/60	1200	60=±30	1308	13519	1530	632		238	
	Z1200-16/120		120=±60	564			824		280	
	Z1200-16/240		240=±120	327			1368		440	
	Z1200-16/360		360=±180	218			1912		580	

表 10-62　角向型波纹管补偿器（PN0.6，1.0，1.6MPa）

序号	公称直径 DN (mm)	角向移位 θ (°)	弯曲刚度 K (N·m/度)	焊接端管		外形尺寸		质量 (kg)
				直径 (mm)	壁厚 (mm)	宽度 (mm)	总长 (mm)	
1	100	－5～＋5	41	114	4	254	432	20
		－10～＋10	21				464	23
		－15～＋15	14				496	26
2	125	－5～＋5	56	140	4.5	300	436	30
		－10～＋10	28				472	33
		－15～＋15	19				508	36
3	150	－5～＋5	90	118	5	328	450	38
		－10～＋10	45				500	41
		－15～＋15	30				550	44
4	200	－5～＋5	190	219	8	419	560	45
		－10～＋10	95				620	48
		－15～＋15	63				680	51
5	250	－5～＋5	454	273	8	478	580	52
		－10～＋10	227				660	55
		－15～＋15	151				740	58
6	300	－5～＋5	664	324	8	524	580	62
		－10～＋10	332				660	66
		－15～＋15	221				740	70
7	350	－5～＋5	733	356	9	636	700	72
		－10～＋10	366				800	76
		－15～＋15	244				900	80
8	400	－5～＋5	1351	406	9	686	710	84
		－10～＋10	675				820	88
		－15～＋15	453				930	92
9	450	－5～＋5	1783	457	9	737	710	100
		－10～＋10	891				820	105
		－15～＋15	594				930	110
10	500	－5～＋5	2025	508	9	788	720	120
		－10～＋10	1012				840	126
		－15～＋15	675				960	132
11	600	－5～＋5	3132	610	9	930	820	128
		－10～＋10	1566				940	136
		－15～＋15	1044				1060	144
12	700	－5～＋5	4538	711	10	1051	830	152
		－10～＋10	2269				960	160
		－15～＋15	1513				1090	168

表 10-63 横向型波纹管补偿器（PN0.6，1.0，1.6MPa）

序号	公称直径 DN (mm)	横向位移 y (mm)	横向刚度 K_y (N·m/度)	焊接端管		外形尺寸		质量 (kg)
				直径 d (mm)	壁厚 s (mm)	宽度 B (mm)	总长 L (mm)	
1	100	−50～+50	7	114	4	220	1050	45
		−100～+100	3				1250	50
		−150～+150	2				1450	55
		−200～+200	1				1650	60
2	125	−50～+50	1	140	4	250	1050	66
		−100～+100	4				1250	70
		−150～+150	3				1450	74
		−200～+200	2				1650	78
3	150	−50～+50	21	168	5	285	1090	80
		−100～+100	9				1290	85
		−150～+150	6				1490	90
		−200～+200	4				1690	95
4	200	−100～+100	18	219	8	340	1340	98
		−150～+150	12				1600	106
		−200～+200	9				1860	114
		−250～+250	6				2120	122
5	250	−100～+100	28	273	8	410	1340	112
		−150～+150	19				1600	126
		−200～+200	14				1860	139
		−250～+250	9				2120	153
6	300	−150～+150	41	324	9	465	1520	145
		−200～+200	28				1780	162
		−250～+250	21				2040	179
		−300～+300	14				2300	196
7	350	−150～+150	42	356	9	530	1520	152
		−200～+200	31				1780	172
		−250～+250	21				2040	192
		−300～+300	12				2300	212
8	400	−150～+150	52	406	9	590	1790	180
		−200～+200	38				2050	202
		−250～+250	26				2310	224
		−300～+300	16				2570	246
9	450	−150～+150	68	457	9	650	1890	220
		−200～+200	51				2150	247
		−250～+250	34				2410	274
		−300～+300	21				2670	301

续表

序号	公称直径 DN (mm)	横向位移 y (mm)	横向刚度 K_y (N·m/度)	焊接端管		外形尺寸		质量 (kg)
				直径 d (mm)	壁厚 s (mm)	宽度 B (mm)	总长 L (mm)	
10	500	−150～+150	112	508	9	715	1890	270
		−200～+200	81				2150	302
		−250～+250	55				2410	334
		−300～+300	32				2670	366
11	600	−150～+150	59	610	9	850	2000	290
		−200～+200	36				2260	326
		−250～+250	24				2520	362
		−300～+300	17				2780	398

4. 球形补偿器

它是由球体及外壳组成，球体与外壳可相对折曲或旋转一定角度（一般可达 30°），以此进行热补偿，两个配对成一组。球形补偿器的球体与外壳间的密封性能良好，寿命较长。它的特点是能做空间变形，补偿能力大，适用于架空敷设上。

球形补偿器的外形及尺寸见表 10-64。

表 10-64　球形补偿器的外形及尺寸

公称直径 DN (mm)	尺寸（mm）						螺栓		质量 (kg)	转动力矩 (Nm)
	L	L_1	O	C	T	d	n	螺纹		
32	155	95	155	100	16	18	4	M16	6.17	60
40	180	108	175	110	16	18	4	M16	12.8	100
50	215	125	205	125	16	18	4	M16	15.8	130
65	240	140	240	145	16	18	4	M16	24.5	330
80	265	155	280	160	20	18	8	M16	31.8	570
100	300	181	310	180	20	18	8	M16	52	1020
125	360	216	350	210	22	18	8	M16	71	1800
150	390	230	395	240	22	23	8	M20	77.2	2480
200	420	245	440	295	24	23	12	M20	108	5370
250	520	299	630	355	26	25	12	M22	203	9440
300	585	332	700	410	28	25	12	M22	282	16020
350	690	380	810	470	32	25	16	M22	428	24240
400	740	420	880	525	36	30	16	M27	532	25680
450	820	468	960	585	38	30	20	M27	720	52940
500	880	495	960	650	42	34	20	M30	899	66450
600	1030	570	1120	770	46	41	20	M36	1226	115240

10.7.2 管道补偿设计原则

管道补偿涉及的出发点是保证管道在使用过程中具有足够的柔性，防止管道因热胀冷缩，端点附加位移，管道支撑设置不当等造成管道泄漏，支架损坏，相连设备破坏和管道破坏等现象的发生。

（1）首先应考虑利用管道的转向等方式进行自然补偿。

（2）应根据不同的使用要求合理选择补偿器的类型，保证使用可靠、安全。

（3）合理设置固定支架，滑动导向支架等措施。

（4）应对管道的热伸长量进行计算。

10.7.3 管道热膨胀量计算

各种热媒在管道中流动时，管道受热膨胀使其管道增长，其增长量应按式（10-9）计算：

$$\Delta X = 0.012(T_1 - T_2)L \tag{10-9}$$

式中 ΔX——管道的热伸长量，mm；

T_1——热媒温度,℃；

T_2——管道安装时的温度℃，一般按－5℃计算，当管道架空敷设于室外时，应取供暖室外计算温度；

L——计算管道长度，m；

0.012——钢管的线膨胀系数，mm/（m·K）。

10.7.4 设计要点

1. 在考虑热补偿时，应充分利用管道的自然弯曲来吸收热力管道的温度变形，自然补偿每段臂长一般不宜大于20～30m。

2. 当地方狭小，方形补偿器无法安装时，可采用套管补偿器和波纹管补偿器。但套管补偿器易漏水漏气，宜安装在地沟内，不宜安装在建筑物上部。波纹管补偿器材质为不锈钢制作，补偿能力大，耐腐蚀，但造价相对较高。

3. 应进行固定支架和滑动导向支架的受力计算。固定支架一般包括：重力、推力、弹性力和摩擦力；滑动支架主要是承受重力和摩擦力。尤其要注意的是：当应用于垂直管道时，管道和水的重量应考虑在支架的剪切受力之中。

10.8 自动排气阀

1. 自动排气阀的排气口，一般宜接DN15的排气管，防止排气直接吹向平顶或侧墙，损坏建筑外装修，排气管上不应设阀门，排气管引向附近水池。

2. 为便于检修，应在连接管上设一闸阀，系统运行时该阀应开启，有条件时，可在自动排气阀前加设Y形过滤器。

3. 由于供暖系统（如水平串联系统）的缘故，散热器中的空气不能顺利排除时，可在散热器上装设手动放风阀。

第 11 章　供暖、通风、空调系统自动控制

本章执笔人

梁贺

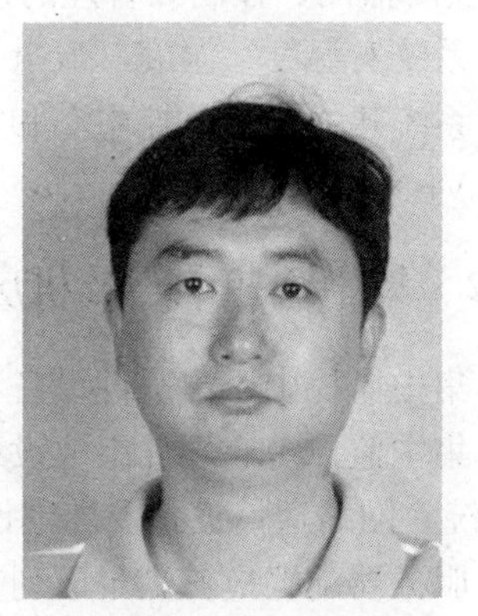

北京硕人时代节能工程有限公司

工程师

造价工程师

注册安全工程师

李艳杰

北京硕人时代节能工程有限公司

技术部经理

工程师

王烈

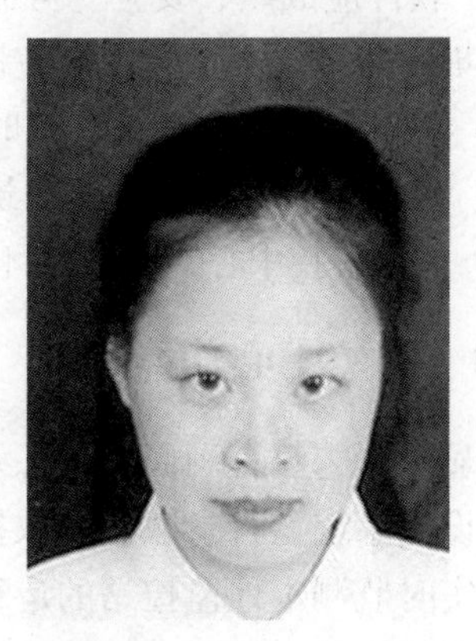

联美(中国)投资有限公司地产集团

总工程师

高级工程师

注册电气工程师

11.1 概　　况

11.1.1 系统设计的一般要求

1. 建筑设备自动化控制是围绕建筑物内各类机电设备的运行、安全、节能的各类设备进行实时监测、控制和管理的系统。

2. 系统对温度、湿度、流量、液位、耗水、耗电、燃料消耗等进行过程控制。

3. 系统建立集中监控中心和本地站监控设备，监控中心与本地监控组建局域通讯网络或者 VPN 网络等网络。

11.1.2 集中监控中心及机房

1. 集中监控中心由硬件设备和软件系统组成。

2. 集中监控中心硬件组成设备包括：服务器系统、工程师站、操作员站、显示系统、电源系统、网络通信设备及外围设备组成。

3. 服务器配置应该满足下列基本要求：

(1) 应采用独立的服务器，不应与其他系统共享。

(2) 备份数据的存储设备应与监控中心物理隔离，使监控中心网络与互联网分开，保证内网数据安全。

(3) 服务器的性能应按照监控点数、数据处理量和速度等需求确定。

(4) 为了保证服务器的处理数据性能，保证系统的可扩展性，服务器采用冗余设计。

(5) 服务器 CPU、内存占用率应小于 75%，存储空间应满足存储 3 个采暖季的数据存储。

4. 集中监控中心软件系统应该满足下列基本要求：

(1) 集中监控中心软件系统包括：系统软件、应用软件、数据库软件、业务支撑平台软件、应用管理软件。

(2) 监控中心实时数据库点数应留有余量，不宜小于 10%，保证软件的可扩展性。

(3) 软件应成熟、安全、可靠、兼容性及扩展性好。

5. 集中监控中心供电系统应该满足下列基本要求：

(1) 集中监控中心系统供电时，应采用专路供电，主机房设专用配电盘；不与照明动力混用；负荷等级不低于所处建筑中最高负荷等级。

(2) 集中监控中心配置 UPS 不间断电源，容量是所有设备负荷之和，时间不少于 30min。

11.1.3 监控中心功能

1. 显示工艺流程画面的组态及运行参数。

2. 设定系统运行参数，选取控制策略。

3. 实时监测本地监控站的运行状态。

4. 实时接收、记录本地监控站的报警信息，并应形成报警日志。

5. 提供运行分析和参数预测所需的各种温度、压力和流量分配的图表，对同类参数进行分析比较。

6. 根据室外温度参数指导系统运行。

7. 形成日、周、月和等多种运行报表格式，定期生成报表和运行趋势曲线图。

8. 多级权限管理。

9. 支持标准工业通用的开放数据接口及协议，实现数据共享。

10. 采用 Web 服务器/浏览器的方式对外开放。

11. 自动校时。

12. 打印报表和运行趋势曲线图。

11.1.4 本地站控制设备

1. 单体受控设备监控点集中于同一个控制器内。

2. 不同类别设备不能同时使用一个大型控制器。

3. 充分体现集散控制的特点，将控制器尽可能地置于受控设备附近，减少信号线长度对数据的损耗。

4. 一组由必须运行逻辑组成的受控设备尽可能置于同一位置的控制器或控制器组集中监控，如果不具备就近连接的个别信号点，应置于附近同一级别控制器中。

5. 单个控制器的故障对整个控制器通讯不会产生任何影响。

6. 单个控制器的故障对重要受控设备失控范围的影响最小。

7. 在以上必要控制条件满足的前提下，尽可能地将不影响控制逻辑的状态监测点连接于附近具有空余点的控制器中，最大可能地提高系统配置的性能价格比。

8. DDC 是用于监视和控制系统中有关机电设备的控制器，它是一个完整的控制器，有应有的软硬件，能完成独立运行，不受到网络或其他控制器故障的影响。

9. 根据不同类型的监控点数提供符合控制要求和数量的控制器。每处 DDC 宜具有至少 15%点数的扩充或余量。

11.2 供暖系统控制案例

某医院燃气锅炉房供热面积约 20 万 m^2，现有 4 台 10t/h、2 台 2t/h 蒸汽锅炉，锅炉出汽压力 5kg/cm^2，锅炉房的蒸汽供应冬季供暖，还负担着全院全年的生活热水和医用蒸汽。供热系统和生活水系统为间接连接，冷凝水回收利用。供热系统设置了 5 个汽水换热系统，生活热水设置了低环和高环两个热水站。夏季运行一台 10t/h 的锅炉产生蒸汽，每个星期耗气约 21000Nm^3。全年耗天然气 3834820Nm^3，折合每平方米 20.18Nm^3/m^2。

针对原有系统监测数据不全失效、无法实现自动调节、造成能源浪费等问题，本着先进性、安全性、可恢复性的原则，对其进行锅炉房集中监控、气候补偿、水泵变频、管网平衡及针对家属楼进行通断时间面积法热计量改造，并建立 HOMS 热网监控平台，实现热源、热力站到热用户的统一监测管理和远程调控。现针对各部分监控功能逐项说明。

11.2.1 锅炉房及换热站

监测功能：采集锅炉房内各温度、压力、流量、液位等运行参数。

供热系统二次网供水温度控制：根据室外温度补偿确定的二次网供水温度设定曲线，由智能控制器控制一次侧的电动调节阀来满足二次网供水温度随室外温度变化的要求。

生活水系统二次网供水温度控制：根据上位机下发的温度设定值确定的，由智能控制器控制一次侧的电动调节阀来实现二次网供水温度恒定在温度设定值上。

锅炉、采暖给水差压自动控制：根据锅炉供回水差压检测值和其设定值（可调）相比较，由控制系统输出标准信号给给水变频器柜，由其调节给水泵的转速使其达到给定值。

补水定压：控制器根据补水压力控制补水泵的转速，当压力超高时，打开泄压电磁阀。

锅炉房群控：对每台锅炉的炉前控制柜、循环泵、辅机控制器进行集中管理，对多台锅炉进行运行调配、实时趋势图和报表等。

当设备、控制系统故障时，具备声、光报警功能。

11.2.2　二次网入口及楼内供热系统

本案例中公共建筑为汽水换热站供热，可通过换热站“气候补偿＋分时段修正”的控制方式实现分时分区控制，保证公共建筑在白天时需要供热时正常供热，到了晚上无人时只需要保证管道内水不结冻，保证值班温度（一般为 5～8℃）。可以设定不同的控制策略随时改变运行模式，实时监控室外温度和公共建筑室内温度情况，实现在办公室内统一监测管理和远程控制。

对于居住建筑，采用通断时间面积分摊法实现热用户的计量和调控，对于分户水平连接的室内供暖系统，在各户的代表房间里放置室温控制器，用于测量室内温度和供用户设定温度，在各户的分支支路上安装室温通断控制阀，根据实测室温与设定值之差通过室温通断控制阀对该用户的循环水进行通断控制来实现该户的室温控制。同时依据阀门的接通时间与每户的建筑面积，对热量结算点的计量热量进行用户热分摊。

11.2.3　监控管理中心

监控管理软件安装在监控中心的服务器上，该服务器将采集现场控制器的数据，监测现场控制器的运行情况并指导操作员进行操作。服务器定期从现场控制器采集数据以保证其数据库不断更新。服务器还向现场控制器发送控制和参数设置指令。操作员从控制中心通过该系统能够方便地得到子站运行的数据并向子站下达指令。

监控中心软件采用适合网络化运行的 B/S 结构软件，通过开放的标准 TCP/IP 协议，数据可以在内部系统以及外部系统间实现自由的浏览，为企业的综合信息管理平台奠定基础。只需要一台服务器，所有客户端不需要安装任何软件，即可通过 IE 浏览器像访问普通网站一样，通过用户名和密码登录监控中心，实现远程访问、远程控制，从而实现运行管理人员在家中、外地等任何可以上网的地方都可以对系统运行状况了如指掌。

同时，可以支持掌上电脑（PDA）、手机用户登陆访问，所有的主要参数在手机和掌上电脑上能显示，此外，更为重要的是报警信息，也能在掌上电脑、手机上显示。

11.2.4　设计图纸

案例设计图纸如图 11-1 至图 11-13 所示。

自控专业设计说明书

一、设计依据

（一）本设计遵循的设计规范和施工验收规范：

1.《锅炉房设计规范》(GB 50041—2008)；

2.《爆炸和火灾危险环境电力装置设计规范》(GB 50058—1992)；

3.《火灾自动报警系统设计规范》 (GB 50116—1998)；

4.《自动化仪表工程施工及验收规范》(GB 50093—2002)；

5.《民用建筑电气设计规范》(JGJ 16—2008)；

6.《民用建筑节能设计标准》(DBJ 01—602—2006)；

7.《城镇供热管网设计规范》(CJJ 34—2010)；

8.《供热计量技术规程》(JGJ 173—2009)；

9.《居住建筑供热计量施工质量验收规程。

（二）工艺专业提供的设计图纸、设计条件。

（三）新增自控系统应与原有锅炉控制系统完全兼容。

二、工程概况

1．本工程为某医院供热系统节能改造工程，现有4台10t/h蒸汽锅炉。锅炉房的蒸汽供应冬季供暖，还负担着全院全年的生活热水和医用蒸汽。供热系统和生活水系统为间接连接，冷凝水回收利用。供热系统设置了5个汽水换热系统，生活热水设置了低环和高环两个热水站。夏季运行一台10/h的锅炉产生蒸汽。

2．自控涉及范围包括锅炉房、换热站及居住建筑供热系统改造。改造内容包括锅炉房集中监控、气候补偿、水泵变频、管网平衡及针对家属楼进行通断时间面积法热计量改造，并建立HOMS热网监控平台，实现热源、热力站到热用户的自动控制及联合调控。

三、设计内容

（一）锅炉房及换热站

1．采集锅炉房内各温度、压力、流量、液位等运行参数并对重要参数实现报警功能。上述功能由锅炉房控制系统实现。

2．锅炉给水自动调节；极限低水位自动保护；点火程序控制和熄火保护装置等。

3．供热和生活水系统供水温度自动调节。

4．锅炉给水泵、循环泵、补水泵变频控制。

5．锅炉间及计量间可燃气体报警、联锁控制。

6．锅炉房群控系统。

7．智能控制器采集的温度、压力、流量、变频器故障、频率反馈、电机故障、电动调节阀开度反馈、报警等信号由局域网传送到监控中心。监控中心可向智能控制器传送参数并能调整温度运行曲线以及循环泵、补水泵的启停等。

（二）二次网入口及楼内供热系统

1．所有楼栋入口处安装静态平衡阀和热量表。

2．楼内供热系统：在楼内管道井内各热用户采暖供水管上安装通断装置，在各热用户室内安装室内温控器，在每栋楼适当位置安装采集计算器实现对热用户的热量计量和远程控制。

（三）其他

1．锅炉间、计量间按爆炸危险场所设计所有电气、照明设备均选用隔爆型。

2．电缆敷设：全部电力电缆、控制电缆均沿线槽、穿钢管明敷至用电设备。全部电缆采用阻燃电缆。当涉及穿管过墙及桥架穿墙时，应采用非燃性材料严密堵塞(防爆封堵)。

3．图中所注标高均相对于本层地面。

图 11-1 设计说明

自控专业主要设备材料表

序号	名称	型号及规格	单位	数量	备注
1	烟道温度变送器	ST-GWZP 0~250℃ 4~20mA	支	6	TT101~601
2	蒸汽温度变送器	ST-GWZP 0~250℃ 4~20mA	支	2	TT611、TT612
			支	2	TT708、TT709
			支	3	TT811 ~ TT813
			支	3	TT904 ~ TT906
				4	TT925 ~ TT928
3	水道温度变送器	ST-WZP 0~100℃ 4~20mA	支	2	TT104、TT603
			支	4	TT703、TT704
					TT805、TT810
			支	11	TT705~TT707
					TT806~TT808、811
					TT909、TT910
					TT931、TT932
			支	2	TT803、TT804
			支	1	TT809
			支	9	TT901~903
					TT921~924、911、933
4	室外温度	ST-OWZP –50~50℃ 4~20mA	支	2	TW701、801
5	蒸汽压力变送器	STPGS16 0~1.6MPa 4~20mA	支	6	PT101~PT601
				2	PT611~612
6	水道压力变送器	STPS16 0~1.6MPa 4~20mA	支	4	PT602、PT603
			支	1	PT104
			支	3	PT703~PT705
			支	3	PT803~PT805
			支	2	PT910、PT932
7	磁翻转液位计	FHUHZ5 0~2m 4~20mA	台	2	LT101、LT104
		FHUHZ5 0~0.95m 4~20mA	台	2	LT102、LT103
8	蒸汽流量计	OPTISWIRL 4070C DN250	台	1	FT801
		OPTISWIRL 4070C DN150	台	4	FT101~FT401
		OPTISWIRL 4070C DN100	台	1	FT701
		OPTISWIRL 4070C DN100	台	4	FT602、FT605
					FT907、FT929
		OPTISWIRL 4070C DN80	台	2	FT501、FT502
		OPTISWIRL 4070C DN50	台	2	FT603、FT604
		OPTISWIRL 4070C DN40	台	1	FT601
9	超声波流量计	TUF-2000M1 DN100	台	1	FT606
		TUF-2000M1 DN150	台	1	FT611
10	循环水流量计	TUF-2000M1 DN100	台	1	FT931
		TUF-2000M1 DN125	台	1	FT909
		TUF-2000M1 DN150	台	1	FT702

序号	名称	型号及规格	单位	数量	备注
		TUF-2000M1 DN300	台	1	FT802
11	补水流量计	TUF-2000M1 DN65	台	1	FT703
		TUF-2000M1 DN100	台	1	FT803
12	两通蒸汽型电调阀	VVF529.100K DN100	台	1	M701
		VVF529.80K DN80	台	3	M801~M803
		VVF529.65K DN65	台	7	M901、902、M903
					M921~M924
13	三通水阀电调阀	C/VXF31.150-315 DN150	台	3	M804、M805、M703
14	电动液压执行器	SKC62	台	14	配电动调节阀
15	电磁阀	DN32	台	2	M704、M806
16	现场控制柜	STEC-604	套	6	二层放4台，三层放2台
	现场控制柜	STEC-603	套	2	放在监控中心
17	补水泵变频控制柜	GDD 2200×800×600	台	2	BP1~2
18	补水泵变频器	ASC510 30kW	台	1	高环加压水泵
		ASC510 7.5kW	台	1	高区补水泵
		ASC510 4kW	台	1	低区补水泵
19	循环泵变频控制柜	GDD 2200×800×600	台	4	BP3~6
20	循环泵变频器	ASC510 30kW	台	1	高区循环泵
		ASC510 55kW	台	2	低区循环泵
		ASC510 4kW	台	1	高环循环泵
		ASC510 7.5kW	台	1	低环循环泵
21	软启动器	HPS2D110 55kW	台	2	
22	视频监控系统		套	1	
	视频服务器	I7-2600/4G/500G/DVDRW	台	1	
	显示器	22寸	台	1	
	视频监控软件		套	1	
	VGA分配器	1分2	台	1	
	摄像头	CH160	台	7	
23	集中监控系统		项		
	大屏幕	46英寸超窄边液晶单元2×2	项	1	
	集中监控软件	HOMS5.0 1000点	套	1	
	数据服务器	Xeon E5620 2.4GHz/4GB	台	1	
		DDR3/900GB/SAS 6IR			
	操作站	380MT, 7500/2G/250G	台	2	
	液晶显示屏	22寸	台	3	
	路由器	ER3100	台	1	
	交换机	32口10/1000M	台	1	
	笔记本电脑	ThinkPad T420si	台	1	
	便携式投影仪	MX25	台	1	
	打印机	P1505N	台	1	

图 11-2　设备材料表及图例（一）

自控专业主要设备材料表

序号	名称	型号及规格	单位	数量	备注
	计算机操作台	STEC-605	台	1	
	UPS 1kVA 30min		台	1	
24	金属桥架	100×100	m	55	
25	金属桥架	150×100	m	250	
26	金属桥架	200×100	m	70.5	
27	ZRBV-2.5MM	2.5MM	m	472	
28	信号电缆	RVVP 2×0.75	m	11165	
29	信号电缆	KVVP 2×0.75	m	9135	
30	超五类4对双绞线	UTP5	m	600	
31	金属桥架	100×50	m	31	
32	水煤气管	RC15	m	700	
33	金属桥架	300×200	m	10	
34	金属桥架	300×100	m	25	
35	穿线钢管	DN70	m	40	
36	穿线钢管	DN40	m	50	
37	穿线钢管	DN25	m	80	
38	穿线钢管	DN20	m	50	
39	电力电缆	ZRYJV-4×70+1×35	m	100	
40	电力电缆	ZRYJV-4×25+1×16	m	240	
41	电力电缆	YJV-5×4	m	180	
42	电力电缆	ZRYJV-4×70	m	100	
43	电力电缆	ZRYJV-4×25	m	130	
44	电力电缆	ZRBV-4×4	m	120	
45	电力电缆	ZRBV-4×2.5	m	200	
46	通断温控装置		套	310	
	温控器	SMEC-009P	套	310	
	通断控制器	SMEC-009C	套	310	
	电动通断阀	SMEC-706D,DN25	套	310	
47	楼栋集抄装置		套	3	
	楼栋处理器	SMEC-201G	套	3	
	配电箱	SMEC-301B	套	3	
48	楼栋热量表	DN100	台	6	
49	平衡阀	DN100	台	6	
50	电源线	BV2×2.5	m	1000	
51	通讯线	RVVP2×0.5	m	1000	

图例

符号	名称	符号	名称
FT	超声波流量计	CC	楼栋处理器
TT	温度传感器	PDX	配电箱
PT	压力传感器	JXQ	集线器
BP	变频器	T	无线室内温控器
气候补偿器	气候补偿器		电动通断阀
	电动三通阀	C	通断控制器
	电动二通阀		楼栋热量表
LT	液位传感器		三通电磁阀
AC-	控制柜		排污阀
AC-GL	锅炉配电箱		软接头
	压力表		安全阀
	温度计		除污器
	蝶阀		止回阀
	柱塞阀		
	关断球阀		

图 11-3　设备材料表及图例（二）

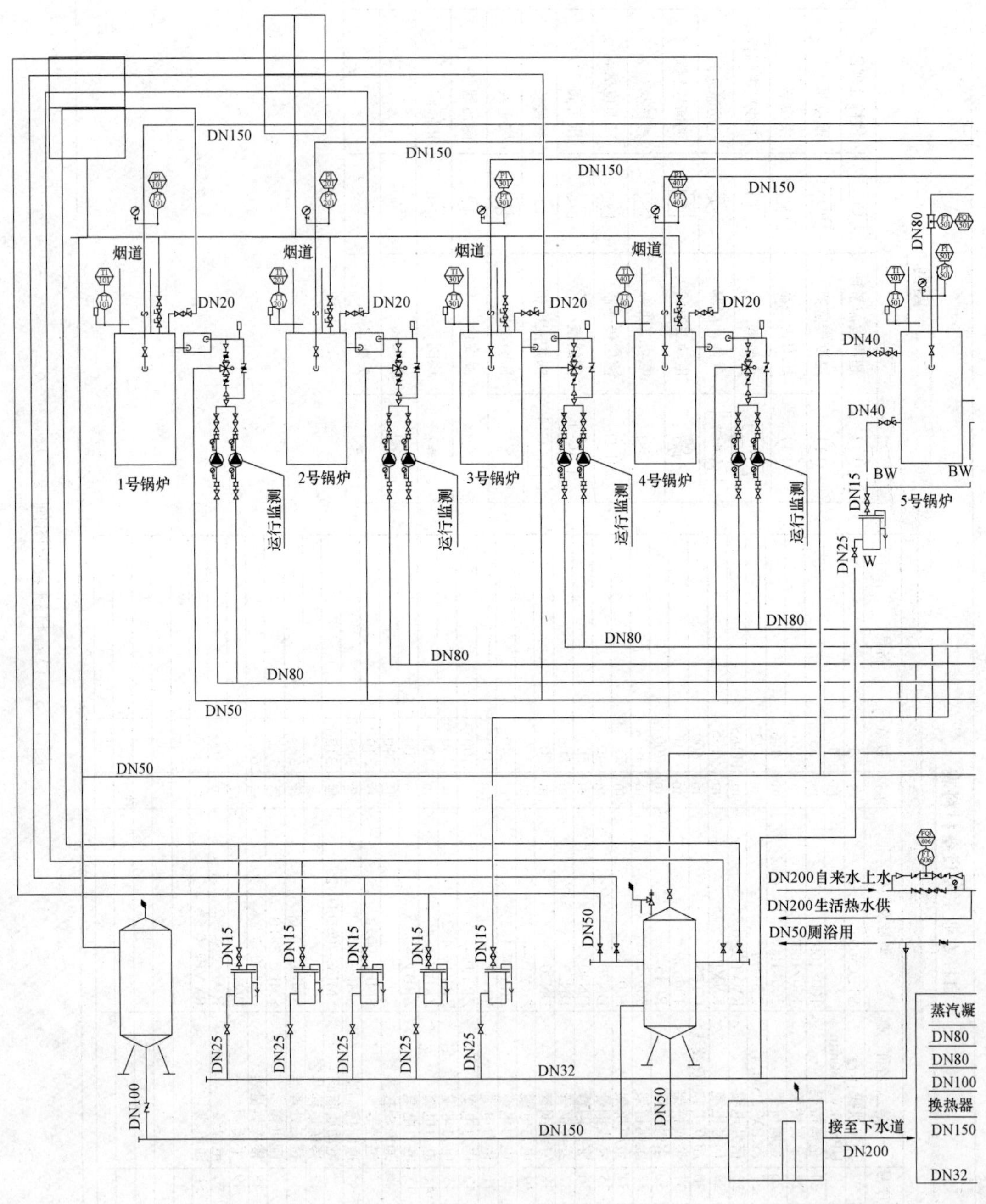
DN150
DN150
DN150
DN150
烟道
烟道
烟道
烟道
DN20
DN20
DN20
DN20
DN80
DN40
DN40
1号锅炉
2号锅炉
3号锅炉
4号锅炉
5号锅炉
BW
BW
DN15
DN25
W
运行监测
运行监测
运行监测
运行监测
DN80
DN80
DN80
DN80
DN50
DN50
DN200自来水上水
DN200生活热水供
DN50厕浴用
DN50
DN15
DN15
DN15
DN15
DN15
DN25
DN25
DN25
DN25
DN25
DN32
DN100
DN150
DN50
接至下水道
DN200
蒸汽凝
DN80
DN80
DN100
换热器
DN150
DN32

图 11-4 锅炉房

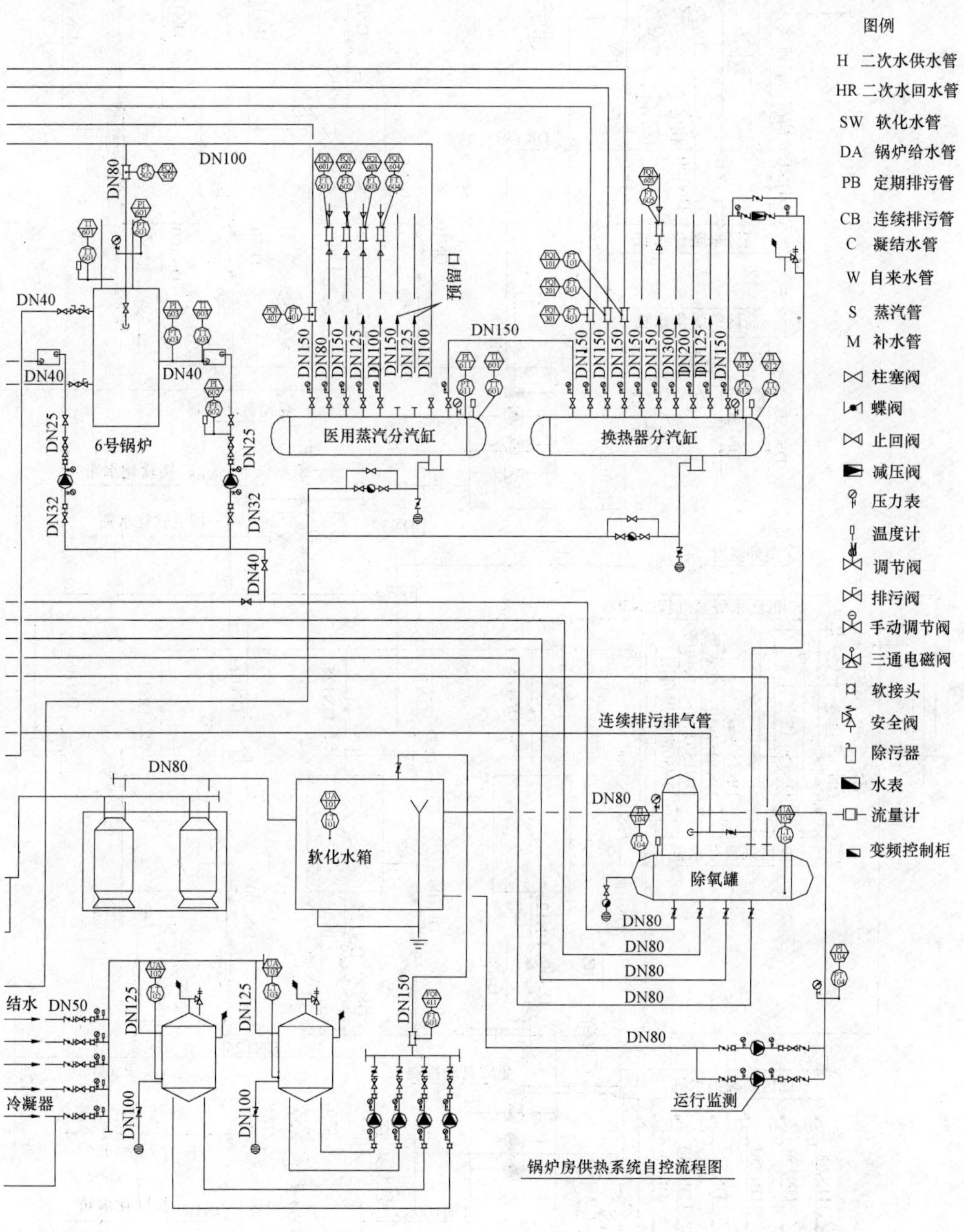
图例
H 二次水供水管
HR 二次水回水管
SW 软化水管
DA 锅炉给水管
PB 定期排污管
CB 连续排污管
C 凝结水管
W 自来水管
S 蒸汽管
M 补水管
柱塞阀
蝶阀
止回阀
减压阀
压力表
温度计
调节阀
排污阀
手动调节阀
三通电磁阀
软接头
安全阀
除污器
水表
流量计
变频控制柜
6号锅炉
医用蒸汽分汽缸
换热器分汽缸
预留口
软化水箱
除氧罐
连续排污排气管
运行监测
结水
冷凝器
DN100
DN80
DN40
DN25
DN32
DN150
DN125
DN300
DN200
DN50
锅炉房供热系统自控流程图

自控原理图

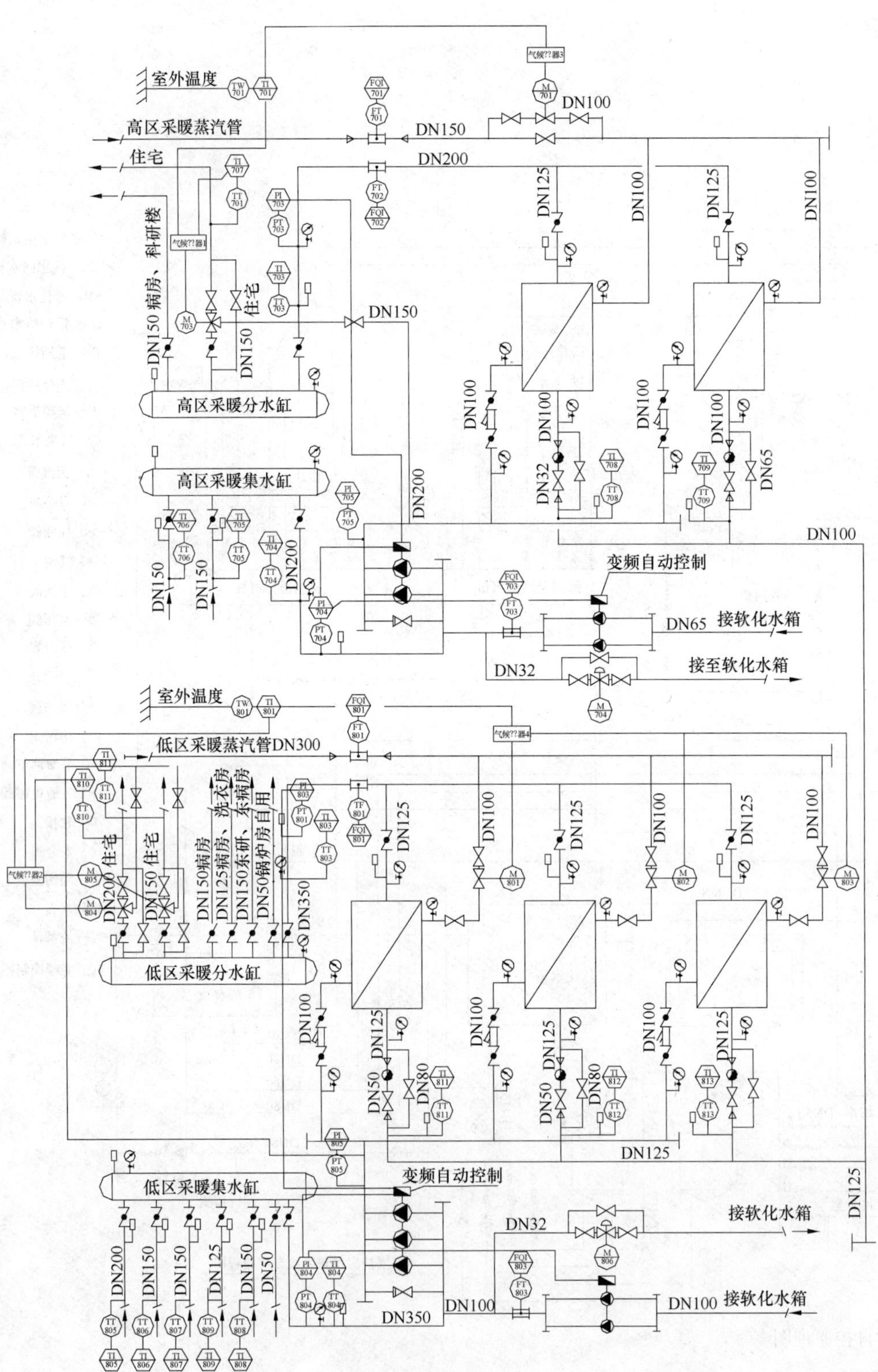

室外温度
高区采暖蒸汽管
住宅
DN150 病房、科研楼
DN150
DN200
DN100
DN125
高区采暖分水缸
高区采暖集水缸
变频自动控制
DN65
接软化水箱
DN32
接至软化水箱
低区采暖蒸汽管DN300
DN200 住宅
DN150 住宅
DN150病房
DN125病房、洗衣房
DN150东研、东病房
DN50锅炉房自用
DN350
低区采暖分水缸
低区采暖集水缸
DN50
DN80
接软化水箱
DN100

图 11-5　换热站

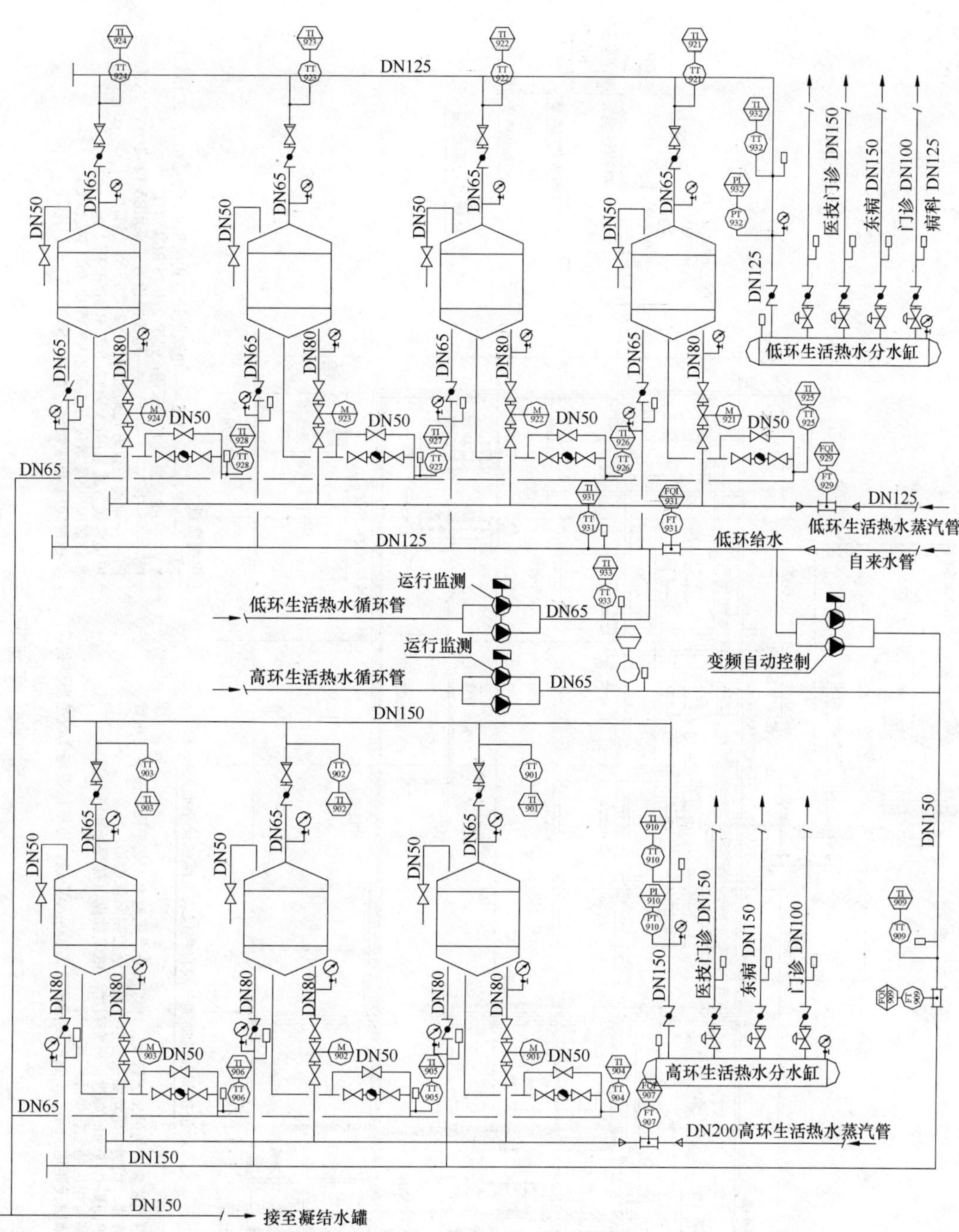

换热站供热系统自控流程图

自控原理图

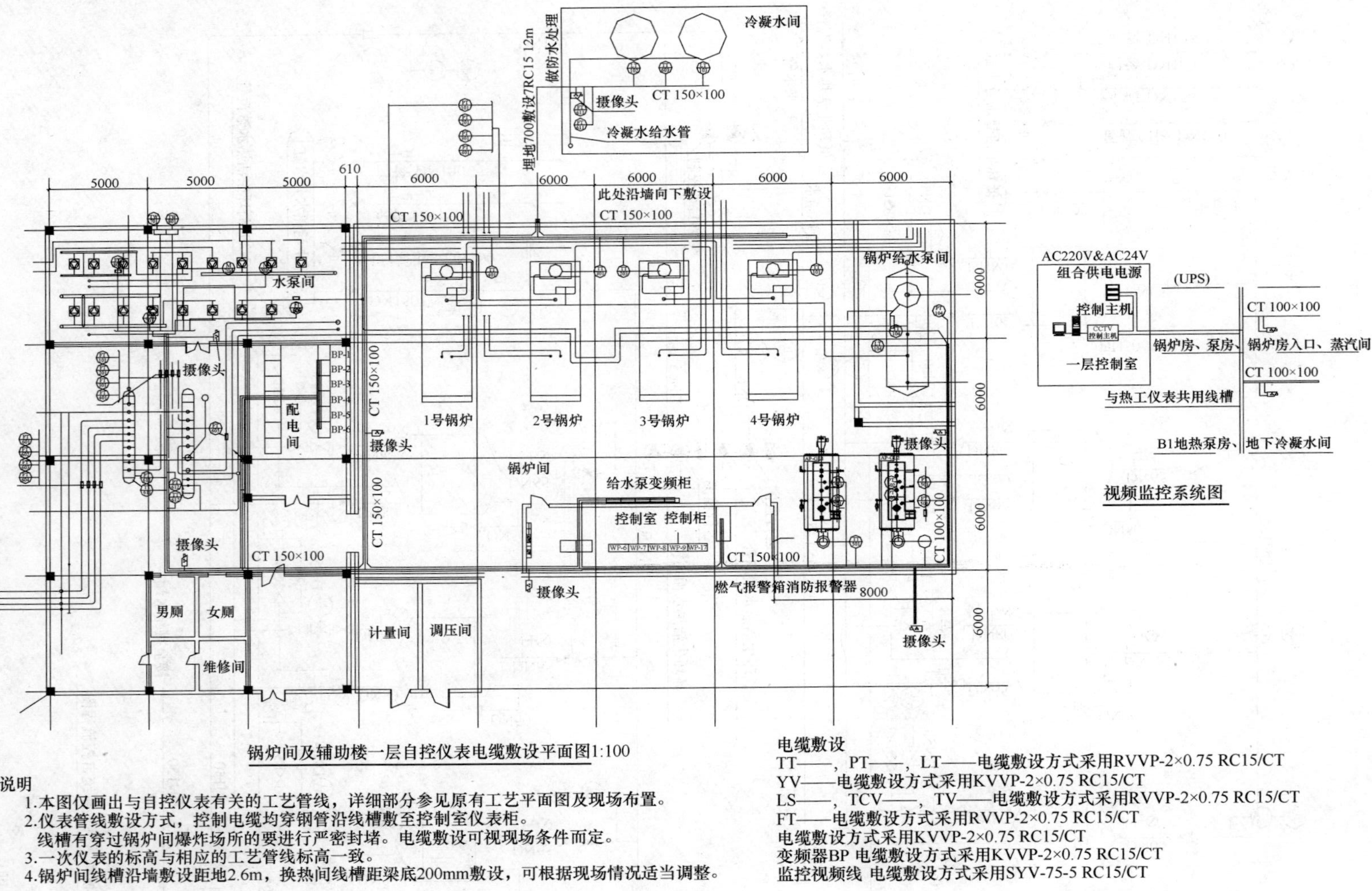

说明

1.本图仅画出与自控仪表有关的工艺管线，详细部分参见原有工艺平面图及现场布置。

2.仪表管线敷设方式，控制电缆均穿钢管沿线槽敷至控制室仪表柜。线槽有穿过锅炉间爆炸场所的要进行严密封堵。电缆敷设可视现场条件而定。

3.一次仪表的标高与相应的工艺管线标高一致。

4.锅炉间线槽沿墙敷设距地2.6m，换热间线槽距梁底200mm敷设，可根据现场情况适当调整。

电缆敷设

TT——，PT——，LT——电缆敷设方式采用RVVP-2×0.75 RC15/CT

YV——电缆敷设方式采用KVVP-2×0.75 RC15/CT

LS——，TCV——，TV——电缆敷设方式采用RVVP-2×0.75 RC15/CT

FT——电缆敷设方式采用RVVP-2×0.75 RC15/CT

电缆敷设方式采用KVVP-2×0.75 RC15/CT

变频器BP 电缆敷设方式采用KVVP-2×0.75 RC15/CT

监控视频线 电缆敷设方式采用SYV-75-5 RC15/CT

图 11-6　平面图（一）

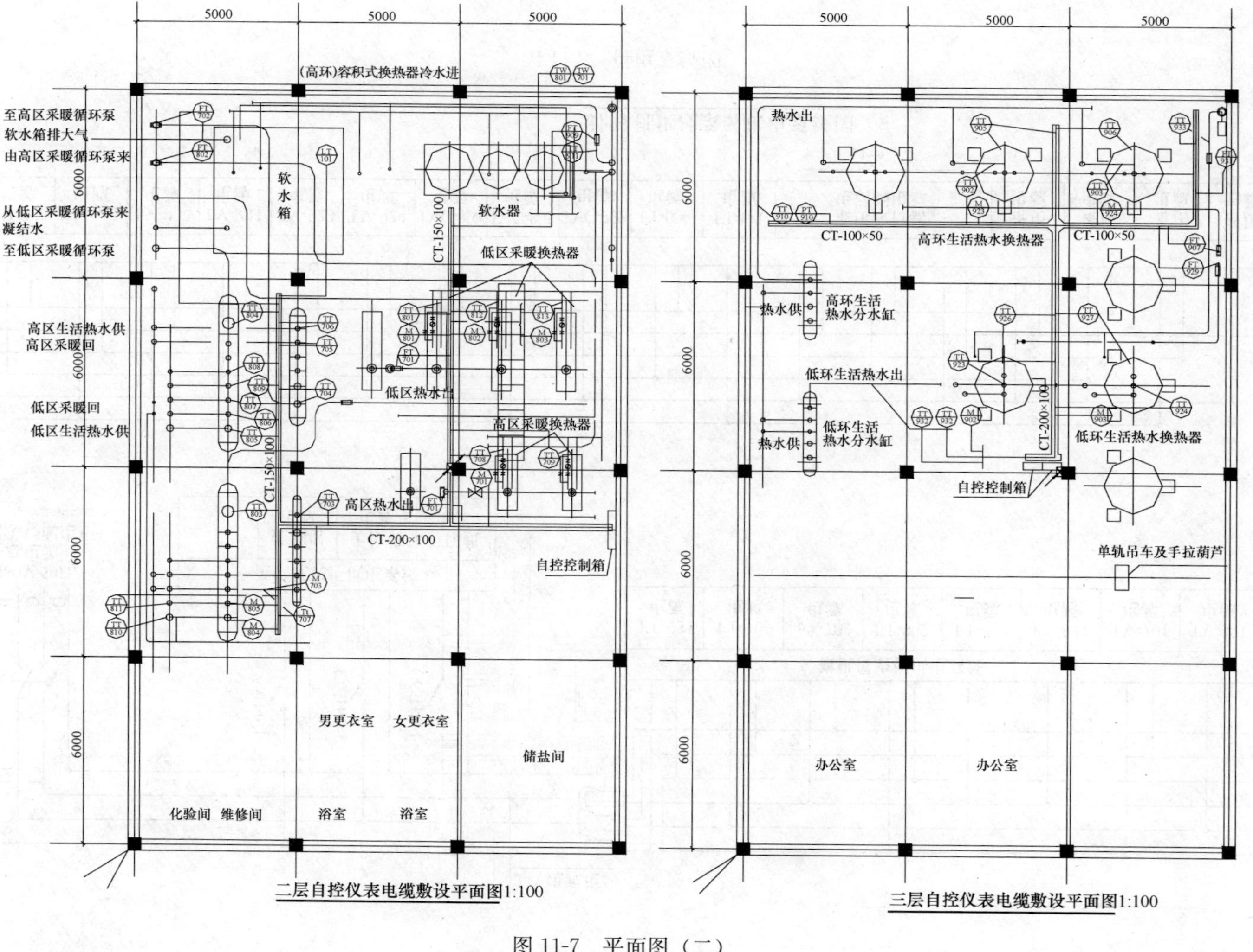
(高环)容积式换热器冷水进
至高区采暖循环泵
软水箱排大气
由高区采暖循环泵来
从低区采暖循环泵来
凝结水
至低区采暖循环泵
软水箱
软水器
低区采暖换热器
高区生活热水供
高区采暖回
低区采暖回
低区生活热水供
低区热水出
高区采暖换热器
高区热水出
CT-150×100
CT-200×100
自控控制箱
男更衣室
女更衣室
储盐间
化验间
维修间
浴室
浴室
二层自控仪表电缆敷设平面图1:100
热水出
CT-100×50
高环生活热水换热器
CT-100×50
热水供
高环生活热水分水缸
低环生活热水出
热水供
低环生活热水分水缸
低环生活热水换热器
CT-200×100
自控控制箱
单轨吊车及手拉葫芦
办公室
办公室
三层自控仪表电缆敷设平面图1:100
5000
6000
图 11-7 平面图（二）

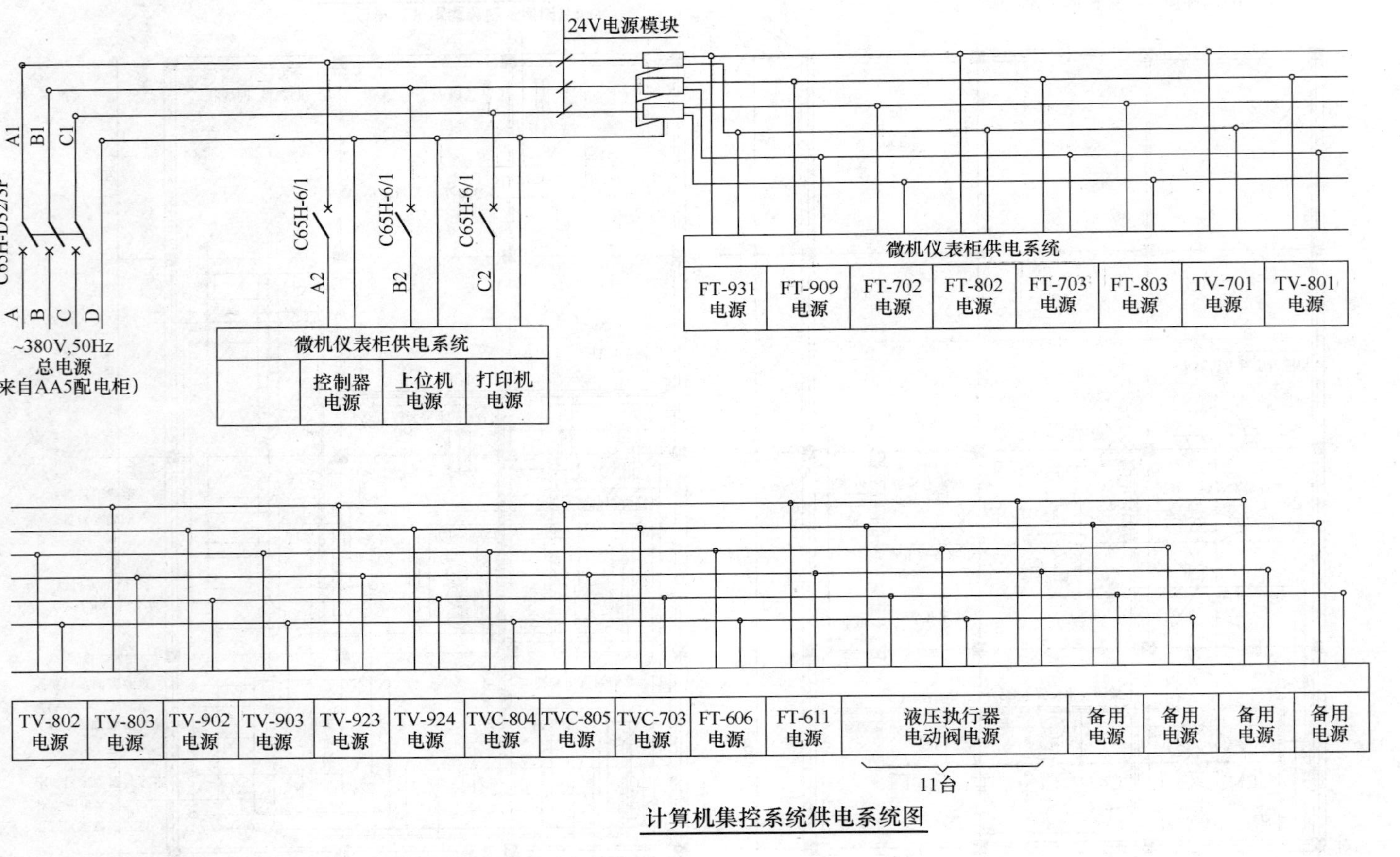

24V电源模块
C65H-D32/3P
A1
B1
C1
A
B
C
D
~380V,50Hz
总电源
(来自AA5配电柜)
C65H-6/1
A2
C65H-6/1
B2
C65H-6/1
C2
微机仪表柜供电系统
控制器
电源
上位机
电源
打印机
电源
微机仪表柜供电系统
FT-931
电源
FT-909
电源
FT-702
电源
FT-802
电源
FT-703
电源
FT-803
电源
TV-701
电源
TV-801
电源
TV-802
电源
TV-803
电源
TV-902
电源
TV-903
电源
TV-923
电源
TV-924
电源
TVC-804
电源
TVC-805
电源
TVC-703
电源
FT-606
电源
FT-611
电源
液压执行器
电动阀电源
备用
电源
备用
电源
备用
电源
备用
电源
11台
计算机集控系统供电系统图

图 11-8　供电系统图

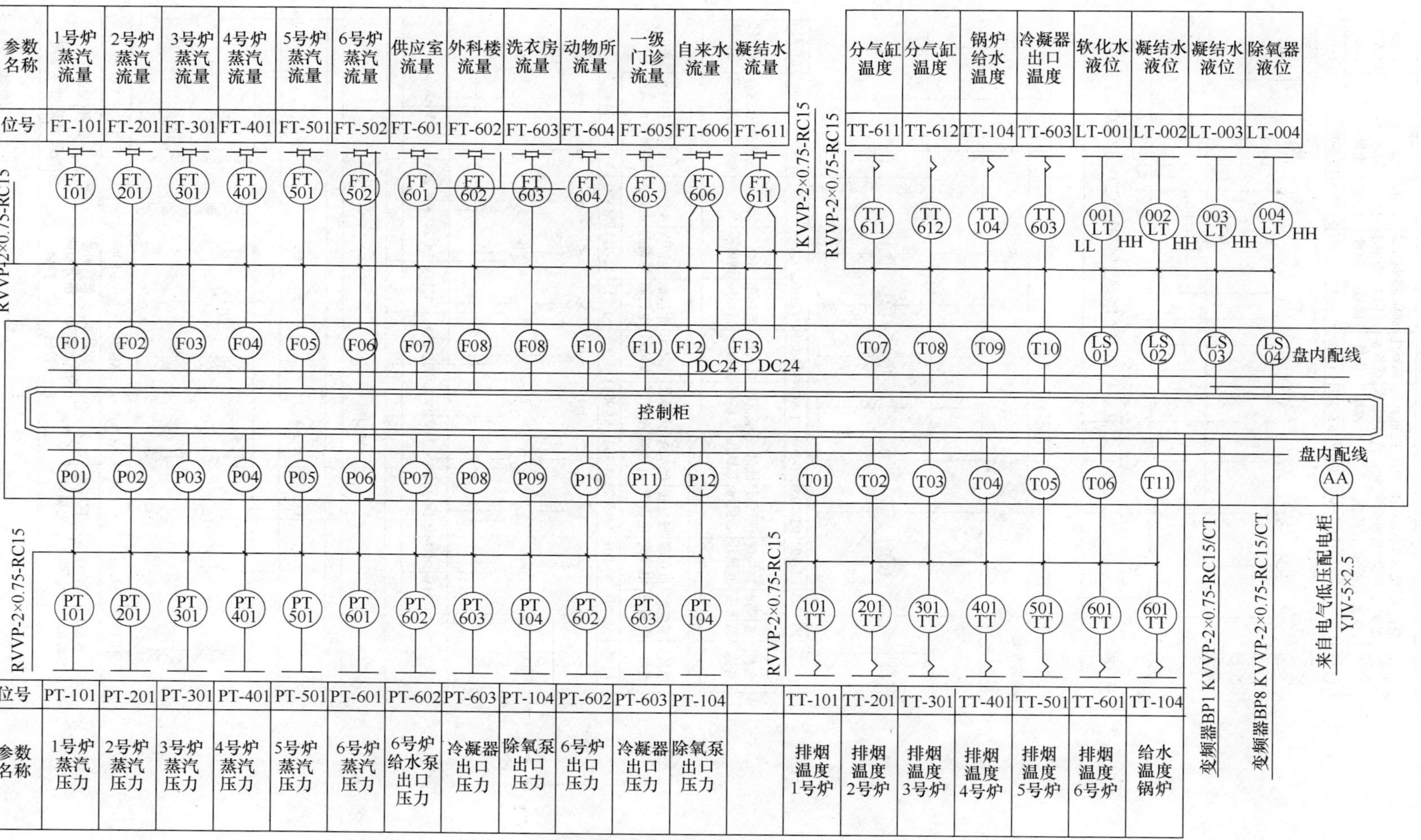

图 11-9 锅炉房仪表管线连接图

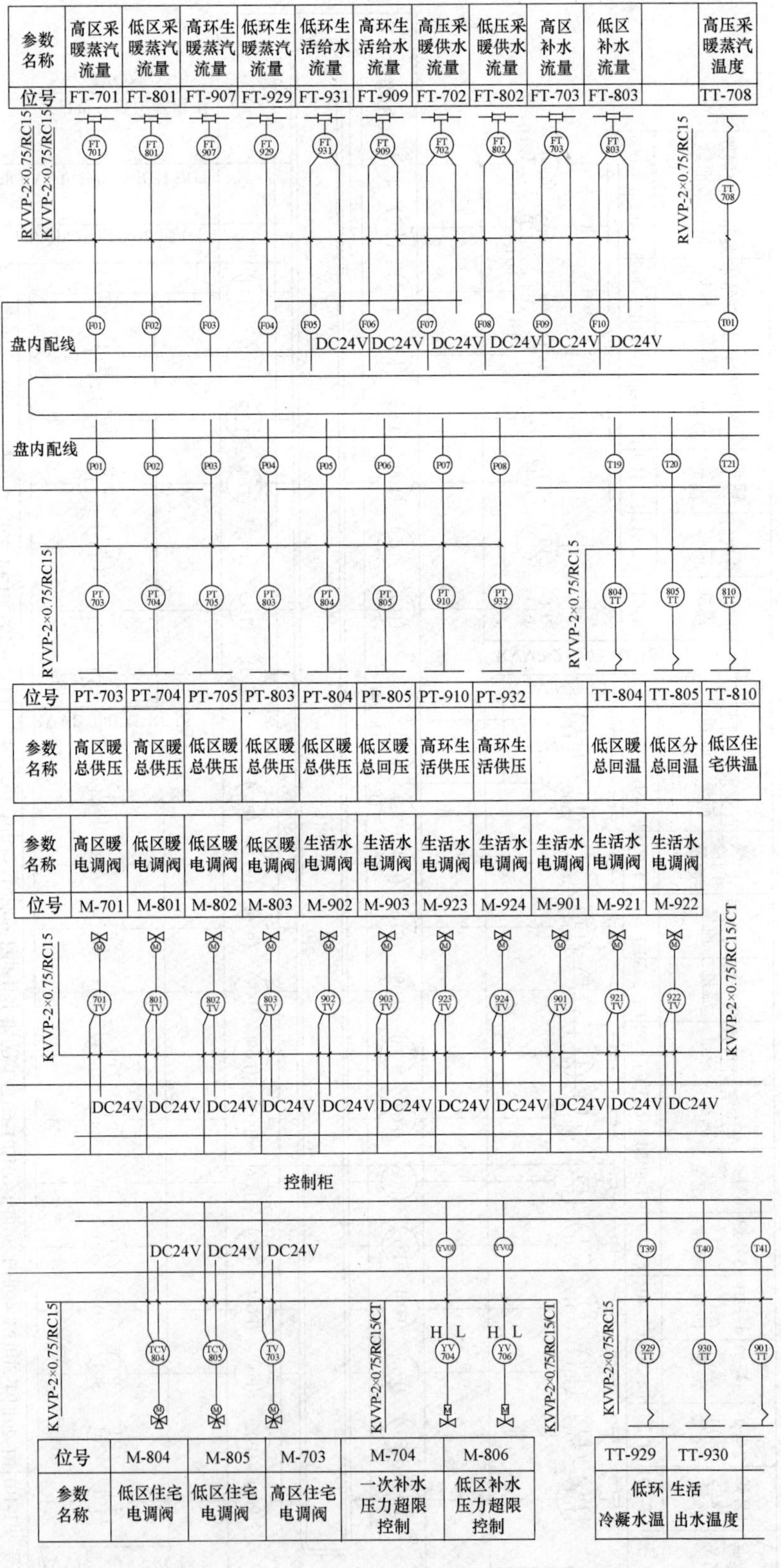
参数名称
高区采暖蒸汽流量
低区采暖蒸汽流量
高环生暖蒸汽
低环生暖蒸汽
低环生活给水流量
高环生活给水流量
高压采暖供水流量
低压采暖供水流量
高区补水流量
低区补水流量
高压采暖蒸汽温度
位号
FT-701
FT-801
FT-907
FT-929
FT-931
FT-909
FT-702
FT-802
FT-703
FT-803
TT-708
RVVP-2×0.75/RC15
KVVP-2×0.75/RC15
盘内配线
DC24V
控制柜
PT-703
PT-704
PT-705
PT-803
PT-804
PT-805
PT-910
PT-932
TT-804
TT-805
TT-810
高区暖总供压
低区暖总供压
低区暖总回压
高环生活供压
低区暖总回温
低区分总回温
低区住宅供温
高区暖电调阀
低区暖电调阀
生活水电调阀
M-701
M-801
M-802
M-803
M-902
M-903
M-923
M-924
M-901
M-921
M-922
KVVP-2×0.75/RC15/CT
M-804
M-805
M-703
M-704
M-806
低区住宅电调阀
高区住宅电调阀
一次补水压力超限控制
低区补水压力超限控制
TT-929
TT-930
低环冷凝水温
生活出水温度

图 11-10　换热站仪表

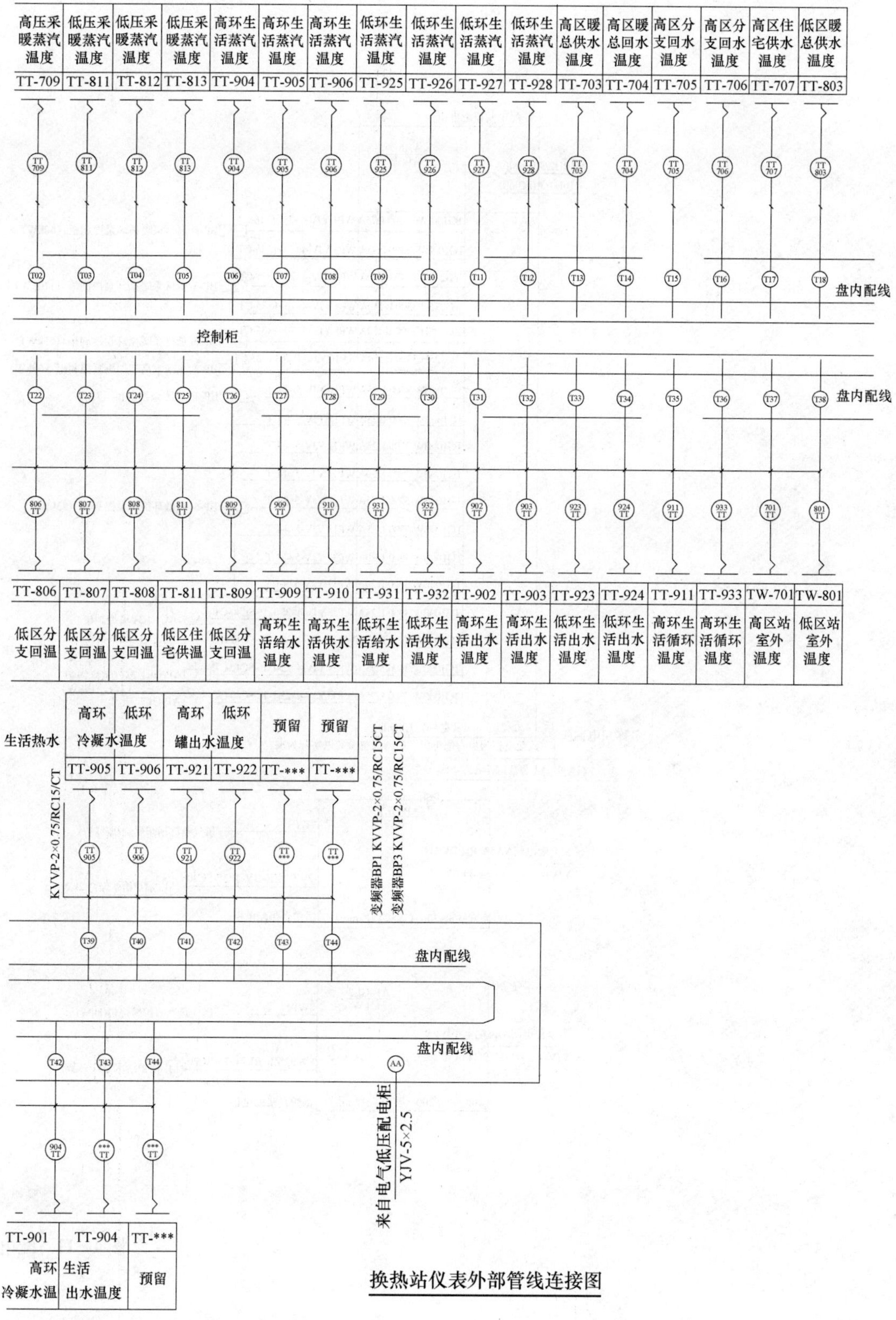

换热站仪表外部管线连接图

管线连接图

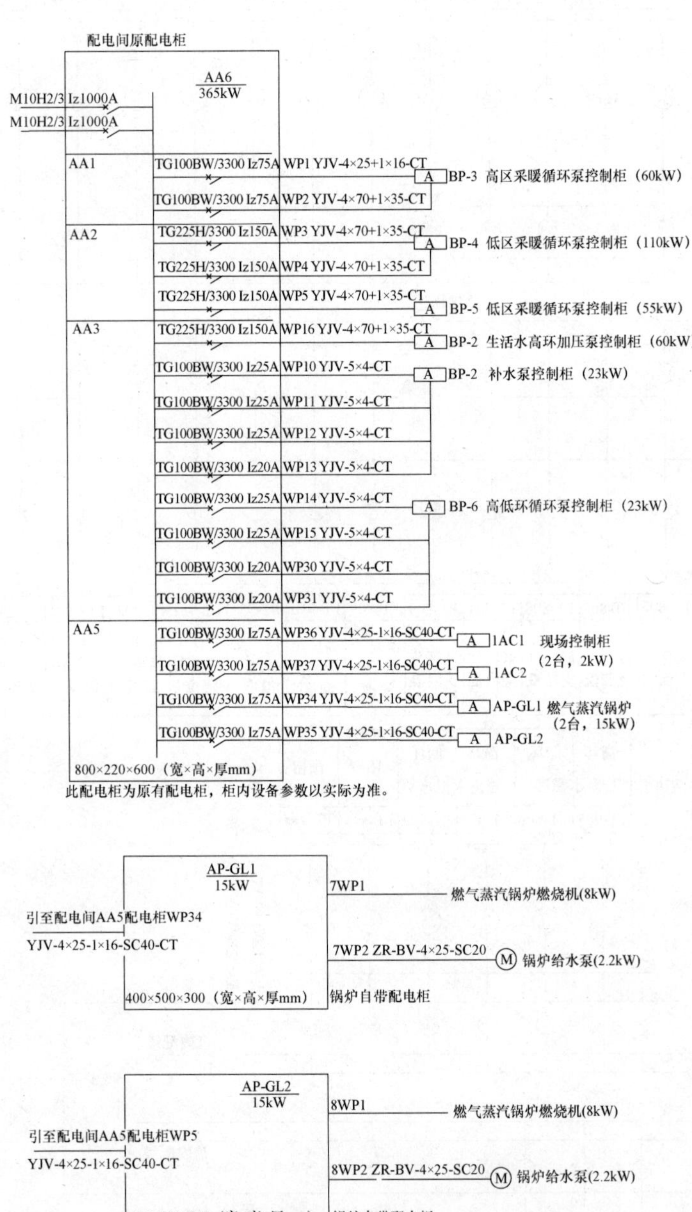
配电间原配电柜
AA6
365kW
M10H2/3 Iz1000A
M10H2/3 Iz1000A
AA1
TG100BW/3300 Iz75A WP1 YJV-4×25+1×16-CT
A BP-3 高区采暖循环泵控制柜（60kW）
TG100BW/3300 Iz75A WP2 YJV-4×70+1×35-CT
AA2
TG225H/3300 Iz150A WP3 YJV-4×70+1×35-CT
A BP-4 低区采暖循环泵控制柜（110kW）
TG225H/3300 Iz150A WP4 YJV-4×70+1×35-CT
TG225H/3300 Iz150A WP5 YJV-4×70+1×35-CT
A BP-5 低区采暖循环泵控制柜（55kW）
AA3
TG225H/3300 Iz150A WP16 YJV-4×70+1×35-CT
A BP-2 生活水高环加压泵控制柜（60kW）
TG100BW/3300 Iz25A WP10 YJV-5×4-CT
A BP-2 补水泵控制柜（23kW）
TG100BW/3300 Iz25A WP11 YJV-5×4-CT
TG100BW/3300 Iz25A WP12 YJV-5×4-CT
TG100BW/3300 Iz20A WP13 YJV-5×4-CT
TG100BW/3300 Iz25A WP14 YJV-5×4-CT
A BP-6 高低环循环泵控制柜（23kW）
TG100BW/3300 Iz25A WP15 YJV-5×4-CT
TG100BW/3300 Iz20A WP30 YJV-5×4-CT
TG100BW/3300 Iz20A WP31 YJV-5×4-CT
AA5
TG100BW/3300 Iz75A WP36 YJV-4×25-1×16-SC40-CT
A 1AC1 现场控制柜
（2台，2kW）
TG100BW/3300 Iz75A WP37 YJV-4×25-1×16-SC40-CT
A 1AC2
TG100BW/3300 Iz75A WP34 YJV-4×25-1×16-SC40-CT
A AP-GL1 燃气蒸汽锅炉
（2台，15kW）
TG100BW/3300 Iz75A WP35 YJV-4×25-1×16-SC40-CT
A AP-GL2
800×220×600（宽×高×厚mm）
此配电柜为原有配电柜，柜内设备参数以实际为准。
AP-GL1
15kW
7WP1
燃气蒸汽锅炉燃烧机(8kW)
引至配电间AA5配电柜WP34
YJV-4×25-1×16-SC40-CT
7WP2 ZR-BV-4×25-SC20
M 锅炉给水泵(2.2kW)
400×500×300（宽×高×厚mm）
锅炉自带配电柜
AP-GL2
15kW
8WP1
燃气蒸汽锅炉燃烧机(8kW)
引至配电间AA5配电柜WP5
YJV-4×25-1×16-SC40-CT
8WP2 ZR-BV-4×25-SC20
M 锅炉给水泵(2.2kW)
400×500×300（宽×高×厚mm）
锅炉自带配电柜

图 11-11　配电

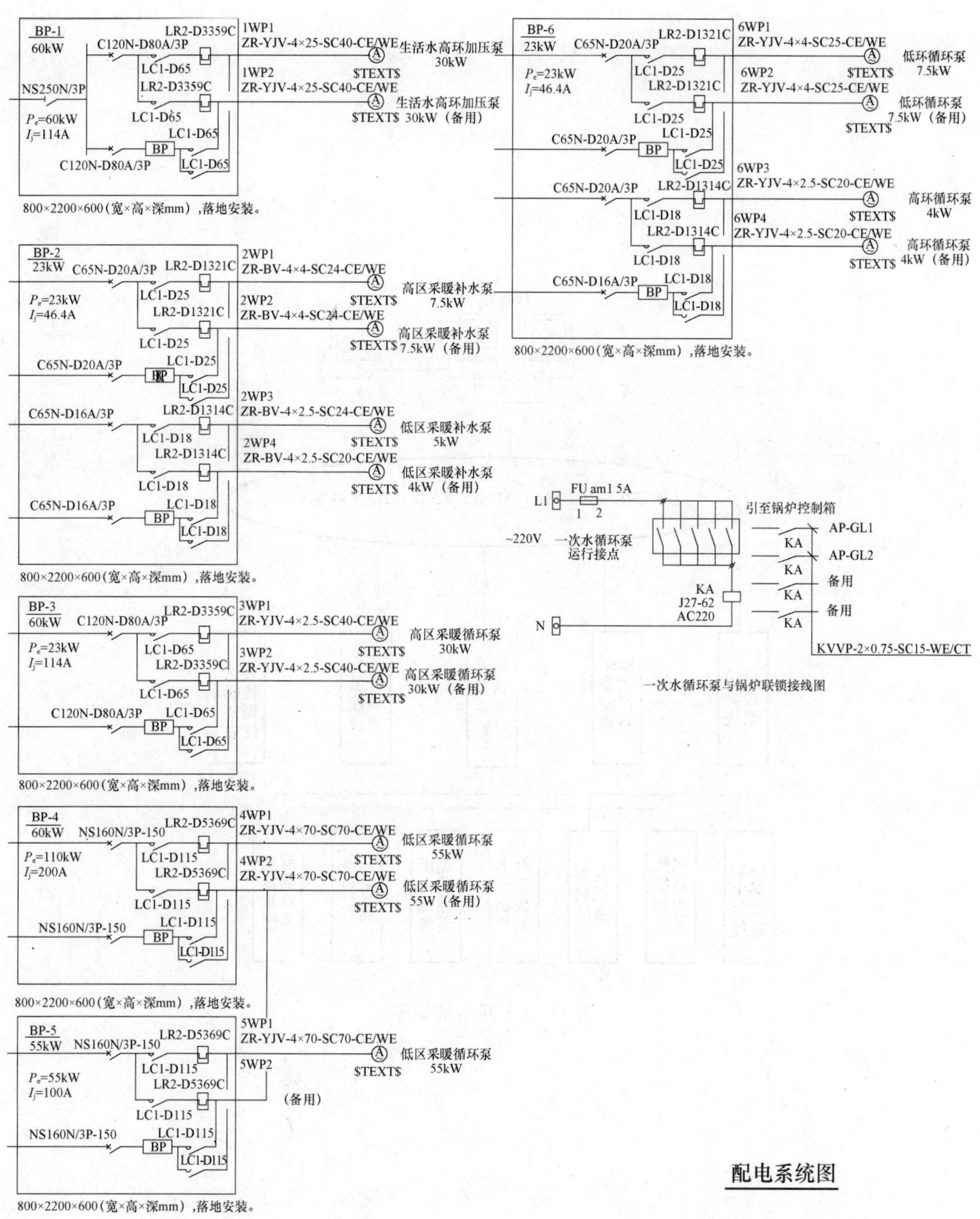
BP-1
60kW
NS250N/3P
P_e=60kW
I_j=114A
C120N-D80A/3P
LR2-D3359C
LC1-D65
1WP1
ZR-YJV-4×25-SC40-CE/WE
生活水高环加压泵
30kW
1WP2
$TEXT$
生活水高环加压泵
30kW（备用）
800×2200×600（宽×高×深mm），落地安装。
BP-2
23kW
C65N-D20A/3P
LR2-D1321C
LC1-D25
P_e=23kW
I_j=46.4A
2WP1
ZR-BV-4×4-SC24-CE/WE
高区采暖补水泵
7.5kW
2WP2
高区采暖补水泵
7.5kW（备用）
C65N-D16A/3P
LR2-D1314C
LC1-D18
2WP3
ZR-BV-4×2.5-SC24-CE/WE
低区采暖补水泵
5kW
2WP4
ZR-BV-4×2.5-SC20-CE/WE
低区采暖补水泵
4kW（备用）
BP-3
60kW
C120N-D80A/3P
LR2-D3359C
LC1-D65
P_e=23kW
I_j=114A
3WP1
ZR-YJV-4×2.5-SC40-CE/WE
高区采暖循环泵
30kW
3WP2
高区采暖循环泵
30kW（备用）
BP-4
60kW
NS160N/3P-150
LR2-D5369C
LC1-D115
P_e=110kW
I_j=200A
4WP1
ZR-YJV-4×70-SC70-CE/WE
低区采暖循环泵
55kW
4WP2
低区采暖循环泵
55W（备用）
BP-5
55kW
P_e=55kW
I_j=100A
5WP1
5WP2
（备用）
BP
BP-6
23kW
P_e=23kW
I_j=46.4A
C65N-D20A/3P
LR2-D1321C
LC1-D25
6WP1
ZR-YJV-4×4-SC25-CE/WE
低环循环泵
7.5kW
6WP2
低环循环泵
7.5kW（备用）
LR2-D1314C
LC1-D18
6WP3
ZR-YJV-4×2.5-SC20-CE/WE
高环循环泵
4kW
6WP4
高环循环泵
4kW（备用）
L1
FU am1 5A
1 2
~220V
一次水循环泵
运行接点
N
KA
J27-62
AC220
引至锅炉控制箱
AP-GL1
AP-GL2
备用
KVVP-2×0.75-SC15-WE/CT
一次水循环泵与锅炉联锁接线图
配电系统图

系统图

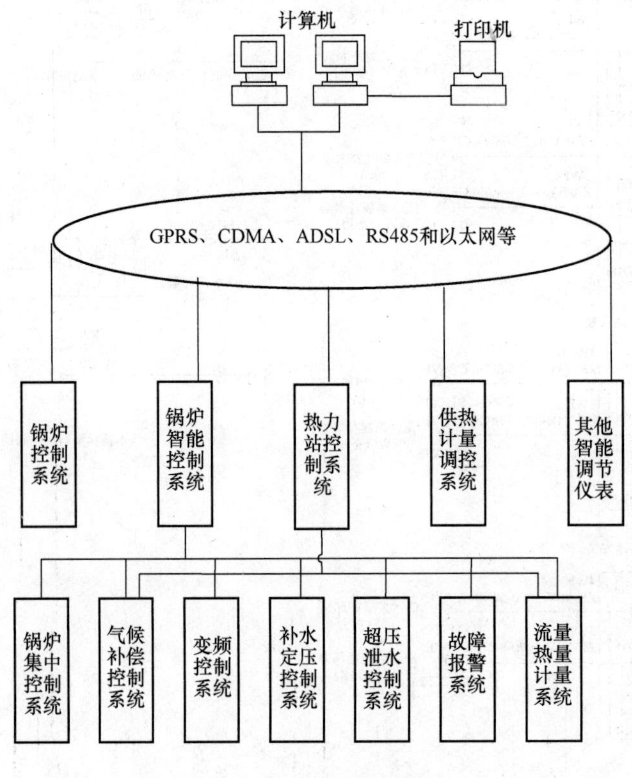

计算机
打印机
GPRS、CDMA、ADSL、RS485和以太网等
锅炉控制系统
锅炉智能控制系统
热力站控制系统
供热计量调控系统
其他智能调节仪表
锅炉集中控制系统
气候补偿控制系统
变频控制系统
补水定压控制系统
超压泄水控制系统
故障报警系统
流量热量计量系统

图 11-12　网络结构图

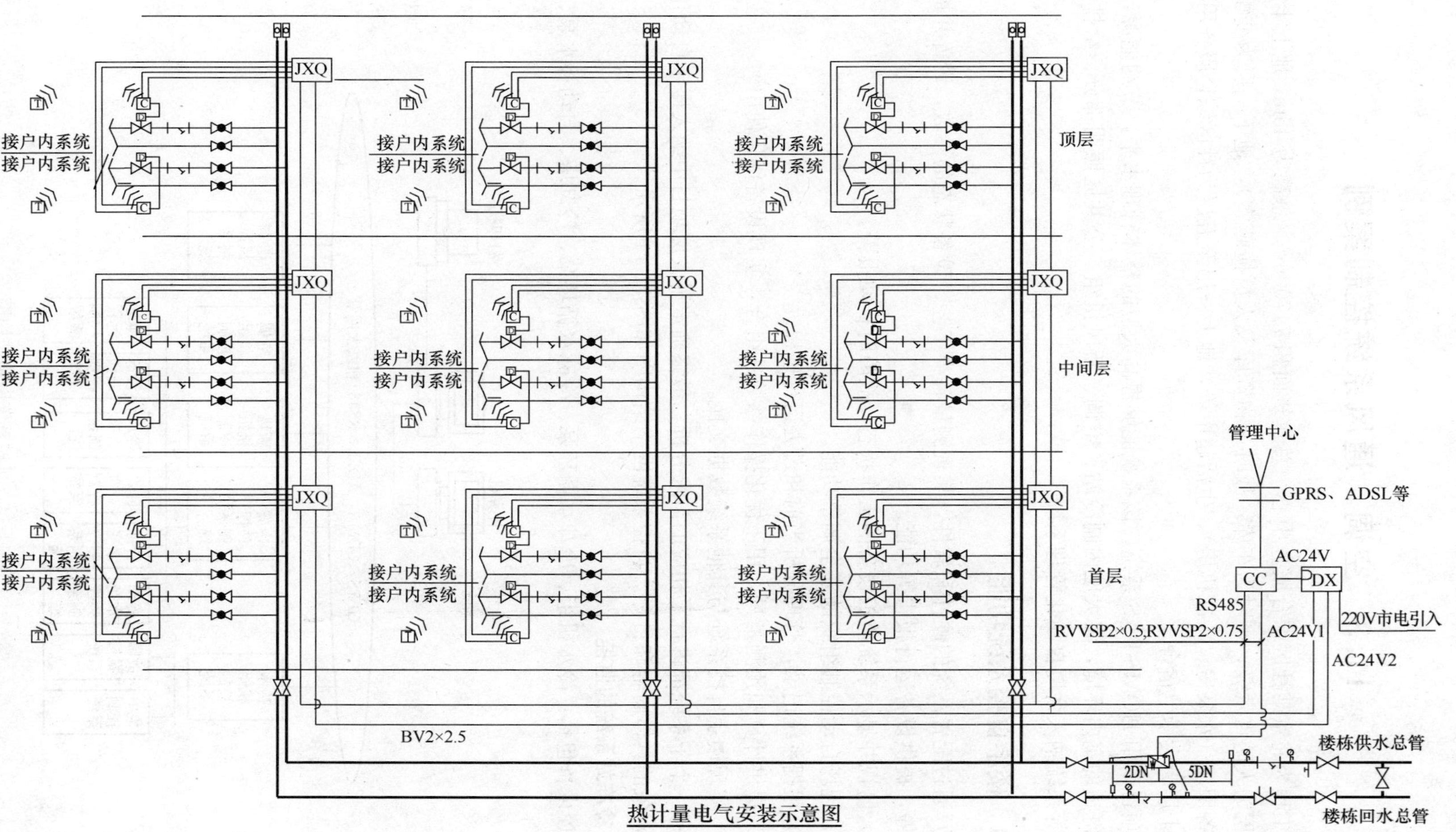

图 11-13 热计量自控系统图

11.3　空调、通风系统控制案例

本工程为北京某社区综合服务中心，总建筑面积 71700m²，总高为 45m，地上十层，地下二层为人防（六级，平时为车库，战时为物资库及人员掩蔽室），地下一层为变配电所、设备用房（水泵房、冷冻机房）、生活超市等，地上一层至五层为社区综合服务用房，六层至十层为大学生宿舍。

该项目采用 HOMS-BAS 系统，该系统能够提高大厦的整体管理水平，节约能源，提供更为舒适的室内环境，将大厦内制冷站、空调、新风机组、公共区照明部分、给排水、送排风等系统纳入大厦自动化管理系统。

11.3.1　楼宇自控系统功能

（1）通过配置系统的硬件和软件，实现测量各类工艺、设备状态的参数，设置并控制设备启停，提供设备运行报告等功能。

（2）监视并显示系统监控设备的工作状态，故障时自动报警。

（3）现场自动控制组织的安全调整功能。

（4）根据系统记录，管理分析当前和过去运行过程。

（5）提供计算和预测工具，用于优化操作参数并组合，实现设备优化使用。

（6）实现楼宇自控系统与其他系统数据交换。

对每一个子系统都进行了相应的需求分析，最终确定了大厦项目中纳入楼宇自动化系统监控对象的具体内容和目标。自控系统网络结构图如图 11-14 所示。

1. 冷冻站系统的监控

监控设备包括：冷水机组、冷却水循环泵、冷冻水循环泵、冷却塔、自动补水泵、电动蝶阀等。

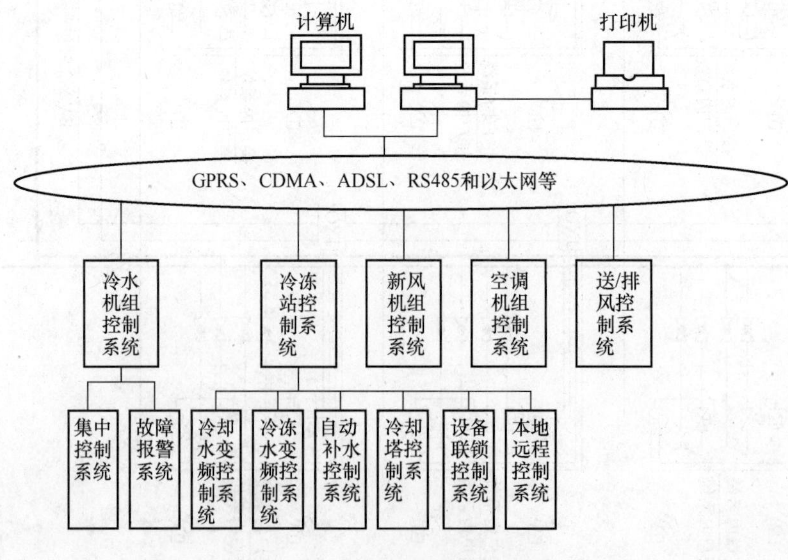

图 11-14　自控系统网络结构图

（1）根据事先排定的工作及节假日时间表，定时启停冷水机组及相关设备。完成冷却水循环泵、冷却水塔风机、冷冻水循环泵、电动蝶阀、冷水机组的顺序连锁启动及冷水机组、电动蝶阀、冷水循环泵、冷却水循环泵、冷却塔风机的顺序连锁停机。

启动顺序为：对应冷却水、冷冻水管路上的阀门立即开启；冷却塔风机、冷却水泵、冷冻水泵的启动延迟 2～3min 启动；制冷主机延迟 3～4min 执行。

停机顺序为：立即切断主机电源；冷却塔风机、冷却水泵、冷冻水泵延迟 2～3min 停止；对应冷却水、冷冻水管路上的阀门立即关闭。

（2）测量冷却水供回水温度、冷却水供水温度及冷水机的开启台数来控制冷却塔风机的启停的数量。维持冷却水供水温度，使冷冻机能在更高效率下运行。

（3）监测冷水总供回水温度及回水流量，由冷水总供水流量和供回水温差，计算实际负荷，自动启停冷水机、冷冻水循环泵、冷却水循环泵及相对应的电动蝶阀。

（4）根据膨胀水箱的液位，自动启停自动补水泵。

（5）监测各水泵、冷水机、冷却塔风机的运行状态、手/自动状态、故障报警。

（6）水泵保护控制：在每台水泵的出水端管道上安装水流开关，水泵启动后，水流开关检测水流状态，如故障则自动停机；水泵运行时如发生故障，备用泵自动投入运行。

（7）中央站彩色动态图形显示，记录各种参数、状态、报警，记录历史数据等。

2. 新风/空调机组的监控

监控设备包括：新风/空调机组。

（1）时间程序自动启/停送风机，具有任意周期的实时时间控制功能。

（2）监测送风机的运行状态、手/自动状态、故障报警。

（3）防冻保护：在冬季，当温度过低时，开启热水阀，关新风门、停风机、报警提示。

（4）由风压差开关测量空气过滤器两侧压差，超过设定值时报警。

（5）风机、风门、冷水阀状态连锁程序。

① 启动顺序：开冷水阀、开风阀、启风机、调冷水阀。

② 停机顺序：停风机、关风阀、关水阀。

（6）对于新风机组，测量新风温度和送风温度，并根据送风温度 PID 调节二通水阀的开度，维持送风温度为设定值；对于空调机组，测量新风温度和回风温度，并根据回风温度 PID 调节二通水阀的开度，维持回风温度为设定值。

（7）中央站彩色图形显示，记录各种参数、状态、报警，记录历史数据等。

3. 送排风系统的监控

监控设备包括：送/排风机。

（1）监测各风机的运行状态、手/自动状态。

（2）在自动状态下按时间程序自动启/停风机。

（3）监测送/排风机的故障信号，故障时报警。

（4）中央站彩色图形显示，记录各种参数、状态、报警，记录历史数据等。

11.3.2 系统构架

HOMS-BAS 系统（图 11-15），简要说明如下：

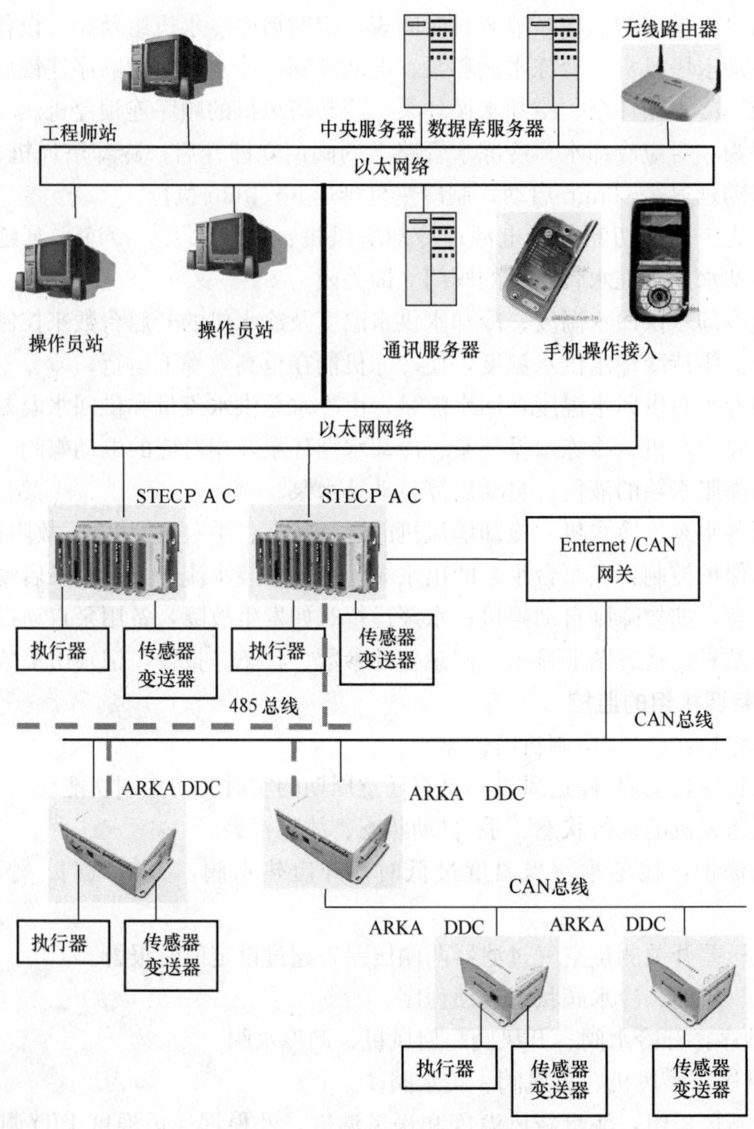

图 11-15　HOMS-BAS 系统构架

1. 中央工作站

中央工作站系统由中央服务器，操作员站 PC 机、工程师站 PC 机及打印机等附属设备组成，是 BAS 系统的核心，它直接可以和以太网相连。整个大厦内所受监控的机电设备都在这里进行集中管理和显示，内装 HOMS 监控中心系统软件，提供给操作人员树形浏览、下拉式菜单、人机对话、动态显示图形，为用户提供一个非常好的、简单易学的界面。操作者无需专业软件知识，即可通过鼠标和键盘操作管理整个控制系统。

2. HOMS 软件功能

HOMS 软件的核心功能包括控制软件、报警管理、监控画面、掌上电脑和手机的访问模块、历史数据存储与整理等方面内容。图 11-16 至图 11-18 为 HOMS-BAS 监控画面。

（1）控制软件完善且人性化的操作界面，提供设定点的修改和日程计划的设定和执行等丰富功能。

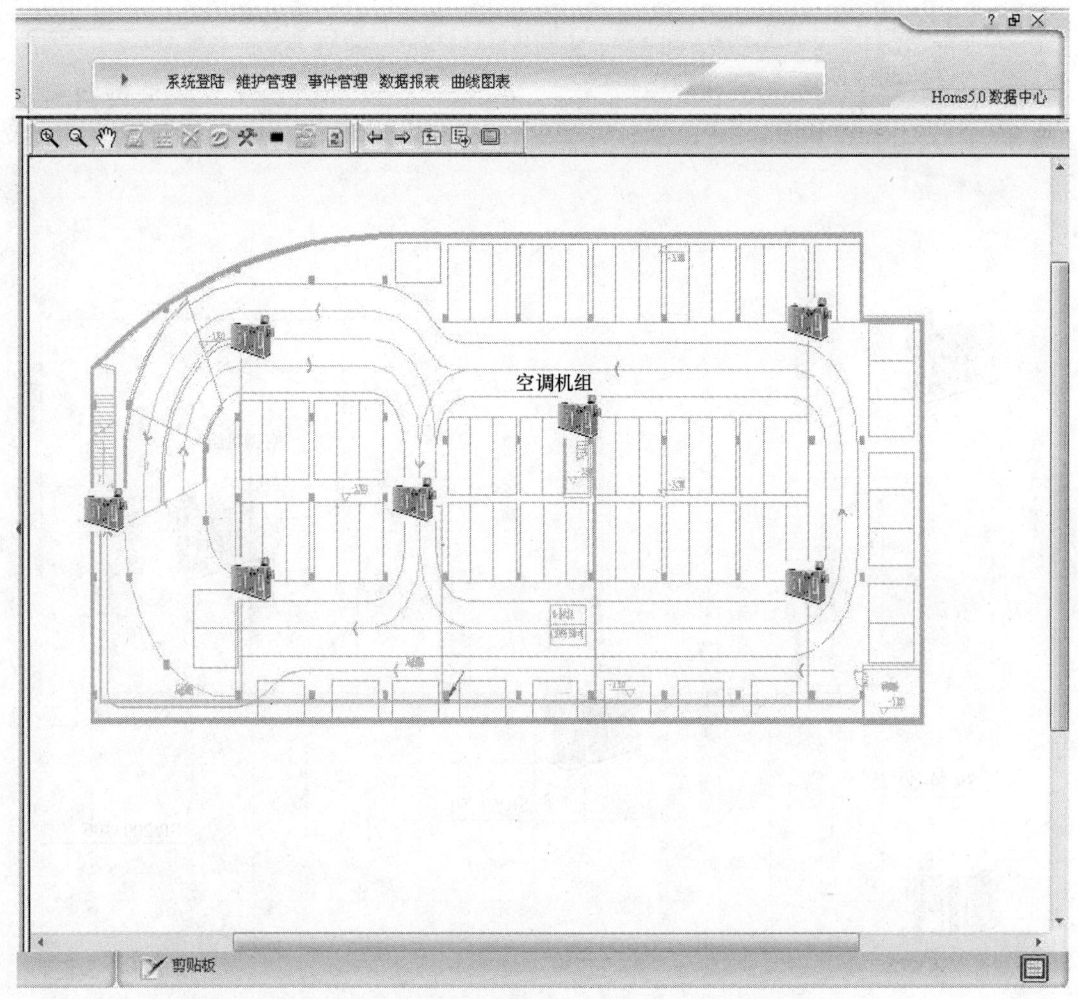

图 11-16 HOMS-BAS 监控画面（楼层平面）

（2）报警管理包括监察、缓冲、储存及将报警显示在操作站上。

① 所有报警应显示有关报警监控点的详细资料，包括发生的日期及时间。

② 报警根据严重性可分级报警，以便更有效、快速地处理严重的报警。用户可以根据不同级别的报警自行决定严重性的级别。

③ 监控点历史及动向趋势记录。

④ 累积记录，每个网络控制器拥有下累积记录，若累积记录超过用户所定下的限额，系统将自动把用户指定的警告信息发放出来。

⑤ 掌上电脑和手机访问支持。用户可以用掌上电脑和手机访问 HOMS 软件，查看监控的数据，查看和确认报警等。

3. PAC 控制器

PAC 控制器是新一代多功能控制器，在具备了传统控制器的功能的基础上，PAC 控制器具有通讯能力强，功能强大，可以实现复杂控制，容易接入各种通讯网络等优点。

STEC 系列 PAC 控制器采用 32 位的 MCU 作为核心处理单元，基于嵌入式实时

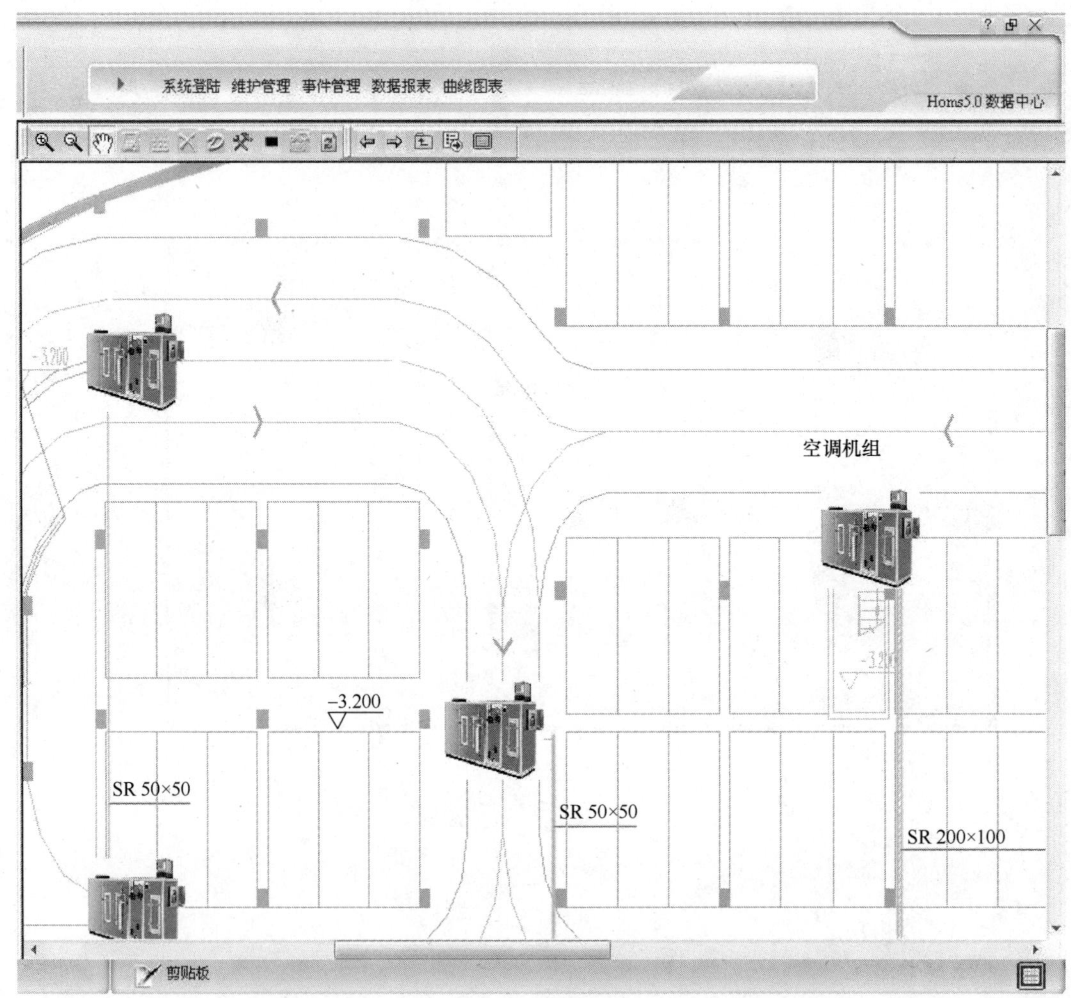

图 11-17　放大的楼层平面局部（HOMS-BAS 支持无级缩放）

LINUX 操作系统，内置 16M 内存和 16M 的电子盘外存，设备掉电后存储的内容不会丢失。STEC 控制器直接内置以太网接口和 TCP/IP 通讯支持，可以很容易地与监控中心的软件通讯。同时，STEC 控制器本身可以挂 DDC 控制器，指挥和协调 DDC 控制器的动作，并将 DDC 控制器的数据传到监控中心。由于 STEC 本身的较强的处理能力和较大 I/O 点数配置，其主要用于楼控系统的较集中的控制区域，如冷站的控制等。

应用于楼控中的 STEC 控制器具备下述功能：

（1）本地的复杂控制功能，如实现对制冷机组的控制；

（2）协调功能，协调下属的 DDC 控制器的动作；

（3）网关功能，建立上位监控中心和下属 DDC 控制器的通讯能道；

（4）历史数据存储功能，长时间存储运行的历史数据，掉电后不会丢失。

4. 直接数字控制（DDC）

DDC 是用于监视和控制系统中有关机电设备的控制器，它是一个完整的控制器，它包含软硬件，能完成独立运行，不受到网络或其他控制器故障的影响。ARKA 控制器采

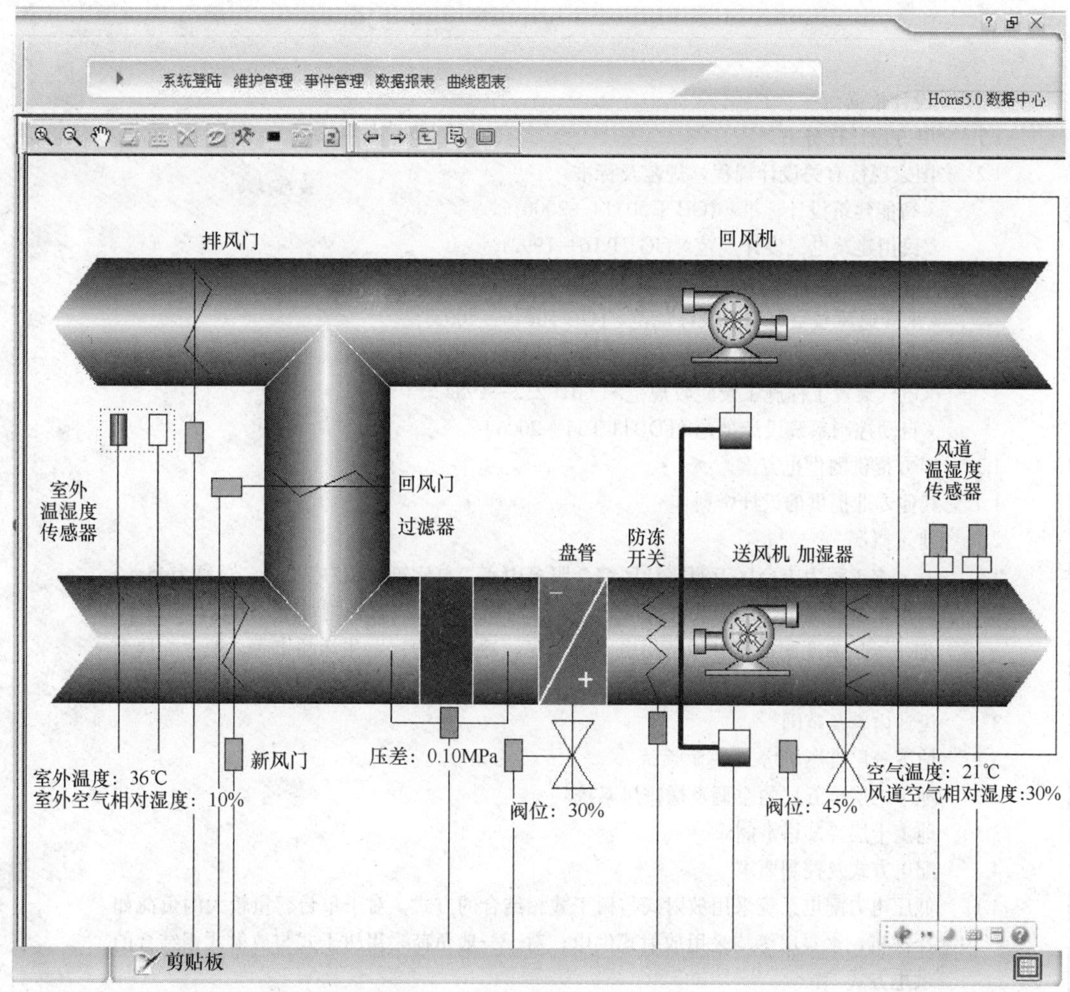

图 11-18 空调机组监控操作画面

用 FREESCALE 的 16 位微处理器和不同类型点的点终端模块，具有可脱离中央控制主机和上位 PAC 控制器独立运行或联网运行能力。

ARKA 控制器支持 CAN 和 RS485 总线。CAN 总线具有抗干扰能力强、通讯速度快、实时性好等优点，广泛应用于包括汽车本体控制等各程工业控制环境的应用中。RS485 是广泛采用的简单的总线，具有简单易实现，兼容性好，支持设备广泛等优点。

ARKA 控制器具备以下功能：

（1）定时启/停、自适应启/停；

（2）自动幅度控制、需求量预测控制；

（3）事件自动控制、扫描程序控制与警报处理；

（4）趋势记录、通信能力。

11.3.3 设计图纸

案例设计图纸如图 11-19 至图 11-36 所示，主要设备见表 11-1 至表 11-3。

1　设计依据

1.1　甲方设计任务书。

1.2　国家现行有关设计规程、规范及标准：

《智能建筑设计标准》(GB/T 50314—2000)；

《民用建筑电气设计规范》(JGJ/T 16—1992)；

《低压配电设计规范》(GB 50054—1995)；

《采暖通风与空气调节设计规范》(GB 50019—2003)；

《公共建筑节能设计标准》(GB5 0189—2005)；

《电气装置工程施工及验收规范》 GBJ 232—1982 ；

《自动控制系统设计规范》(DB11/T34—2006)。

1.3　甲方提供的供电方案。

1.4　其他专业提供的设计资料。

2　建筑概况

本工程为丰台区万源路社区综合服务中心，总建筑面积71700m^2，总高为45m，地上十层，地下二层为及人防（六级，平时为车库，战时为物资库及人员掩蔽室），地下一层为变配电所、设备用房（水泵房、冷冻机房）、生活超市等，地上一层至五层为社区综合服务用房，六层至十层为大学生宿舍。

3　设计内容及范围

3.1　地下一层直燃机房,冷热源系统。

3.2　地下二层至五层的空调及送排风系统。

3.3　地上十层冷却塔水阀。

4　配电方式及控制要求

4.1　低压电力配电系统采用放射式与树干式相结合的方式，对于单台容量较大的负荷如冷冻机、水泵房等均采用放射式供电；对于一般负荷采用树干式与放射式相结合的供电方式。

4.2　地下一层直燃机房，主要设备有：直燃机两台、冷冻水泵两台、冷却水泵两台、热水循环泵三台冷却塔两台(共八台风机)、分户计量阀11台等。以上设备均采取两种方式。其一，手动启停控制(即在监控中心运行人员手动发命令来启停设备)。其二，自动控制(即通过监控中心设定相关参数，比如说定时启停设备、设定个别参数值为达到控制要求)等。冷冻机房控制设备开启顺序如下：打开直燃机两端的阀门→ 启动冷却塔风机→启动冷却水循环泵启动冷冻水循环泵→启动直燃机。停机顺序与启动顺序相反。

4.3　地下二层至五层空调及送排风系统

4.3.1　空调系统主要分为三种。其一，双风机空调机 组；其二， 乙二醇新风机组；其三，吊式空调机组双风机空调机组，主要受控设备：送风机、排风机、 冷水调节阀、各风阀。控制方式如下：其一，远程手动启停运行；其二，远程自动启停运行。各设备启停顺序如下：打开各风阀→打开送、排风机→调节冷冻水调节阀； 停机顺序与启动顺序相反。

图 11-19　BAS系统自控设计说明（一）

当有防冻信号产生时关闭新风阀及排风阀；当有过滤器压差信号产生时，提示检修过滤器。

4.3.2 乙二醇新风机组，主要受控设备：送风机、排风机、冷水调节阀、各风阀。

控制方式如下：其一，远程手动启停运行；其二，远程自动启停运行。

各设备启停顺序如下：打开各风阀→打开送、排风机→调节冷冻水调节阀，停机顺序与启动顺序相反。

当有防冻信号产生时关闭新风阀及排风阀；当有过滤器压差信号产生时，提示检修过滤器。

4.3.3 吊式空调机组，主要受控设备：送风机、冷水调节阀、各风阀。控制方式如下：其一，远程手动启停运行；其二，远程自动启停运行。

各设备启停顺序如下：打开各风阀→打开送风机，停机顺序与启动顺序相反。当有防冻信号产生时关闭新风阀。

4.3.4 送、排风机组，主要受控设备：送风机、排风机，送风阀。控制方式如下：其一，远程手动启停运行；其二，远程自动启停运行。

各设备启停顺序如下：打开各风阀→打开送风机，停机顺序与启动顺序相反。

4.3.5 地上十层冷却塔水阀，主要受控设备为16个水阀。控制方式如下：其一，远程手动启停运行；其二，远程自动启停运行。

控制要求如下：当冷却塔风机启动时相应的水阀应同时打开；当冷却塔风机停止时，相应的水阀应同时关闭。

5 设备安装

5.1 空调及送、排风系统的柜子为壁挂安装，上进线。

5.2 直燃机房控制柜为1800×600×400落地安装，下进线。

5.3 中央控制室控制柜为1800×600×400落地安装，下进线。

6 电缆导线选型及敷设。

6.1 所有模拟量信号的电缆线均为 RVVP-2×0.75。

6.2 所有数字量信号的电缆线均为 RVV-2×1.0。

6.3 网络路由线缆为RVVP-2×0.75 或 AWG22。

6.4 机房风所有信号线走桥架，桥架到就地设备这段用金属软件管。

6.5 不能走桥架的区域必须穿ϕ20金属管。

7 系统具体各机房控制点，见表11-1至表11-4。

8 设计中未尽事宜参考相关国家标准。

图 11-20 BAS系统自控设计说明（二）

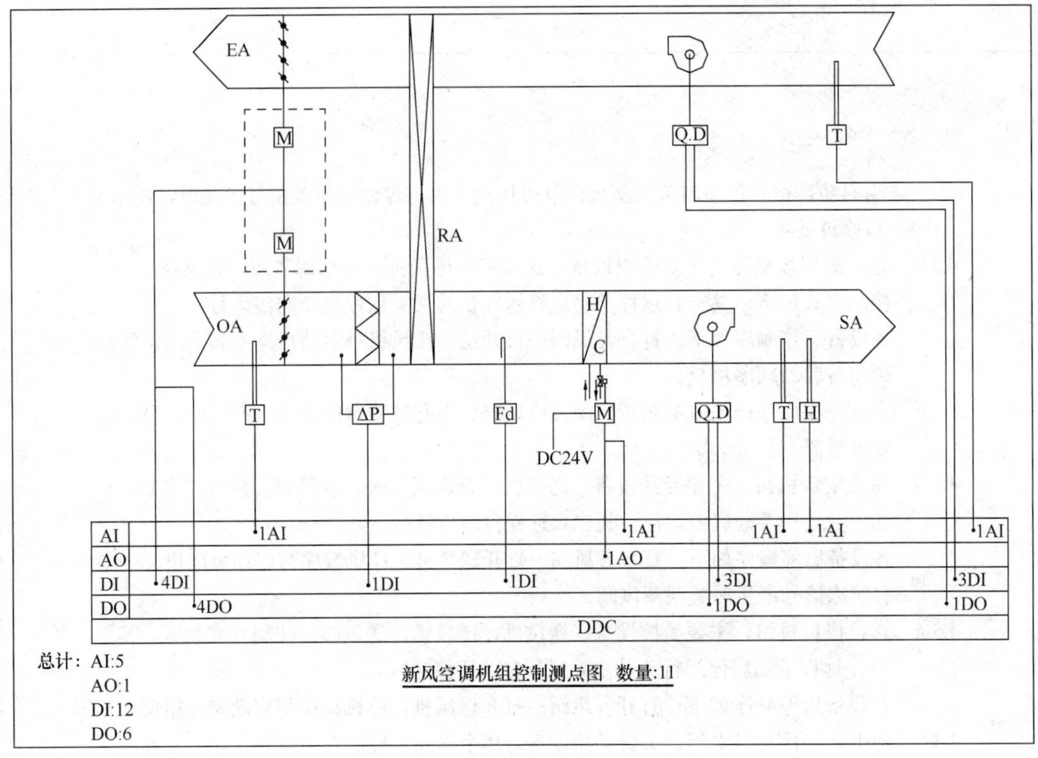

图 11-21　新风空调机组控制测点图

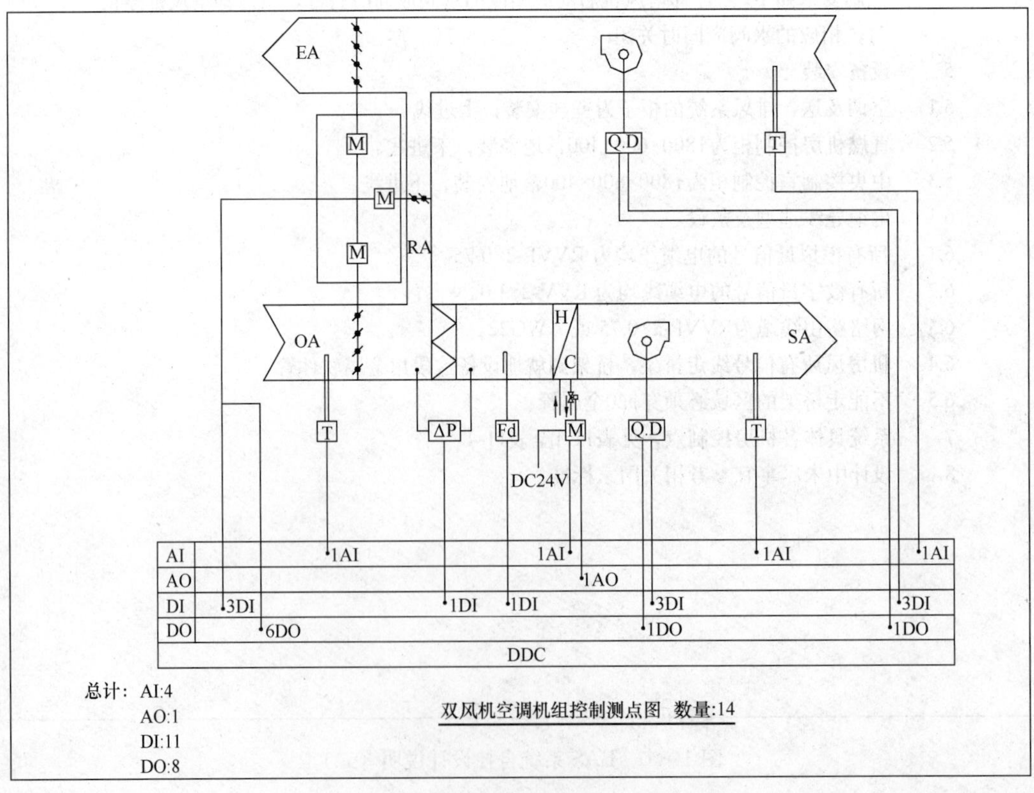

图 11-22　双风机空调机组控制测点图

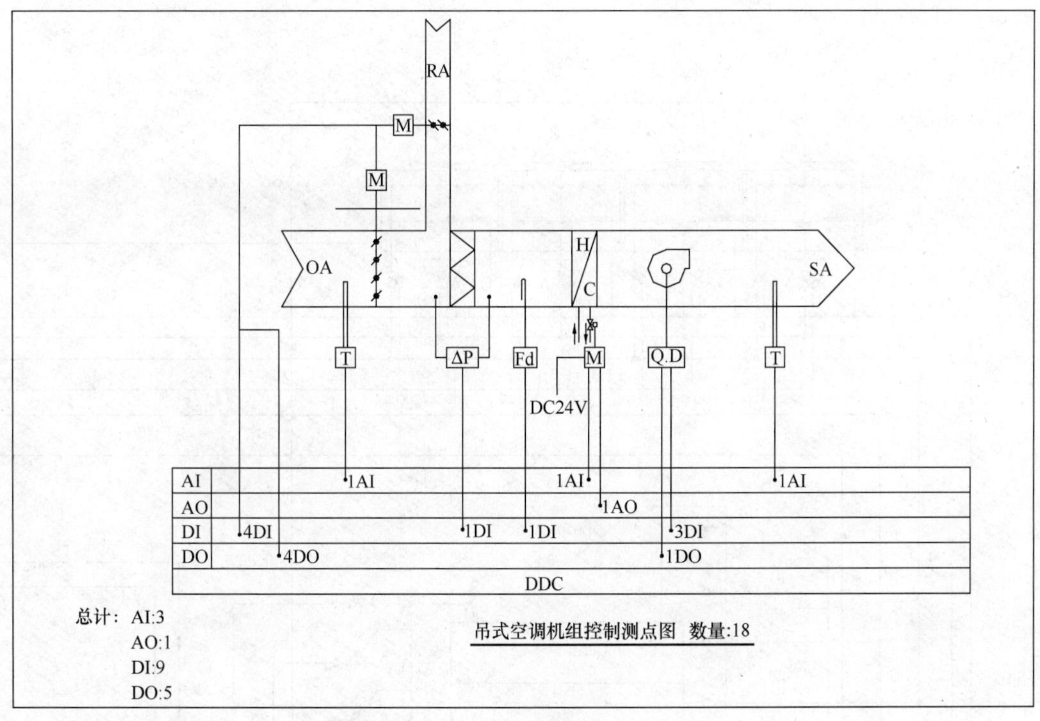

图 11-23　吊式空调机组控制测点图

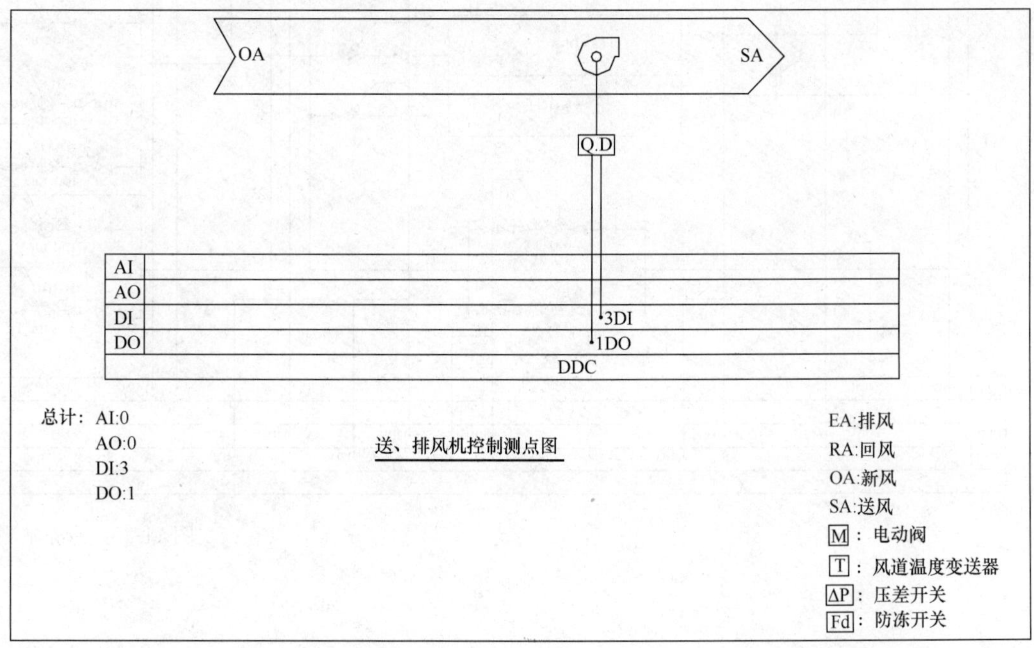

图 11-24　送、排风机控制测点图

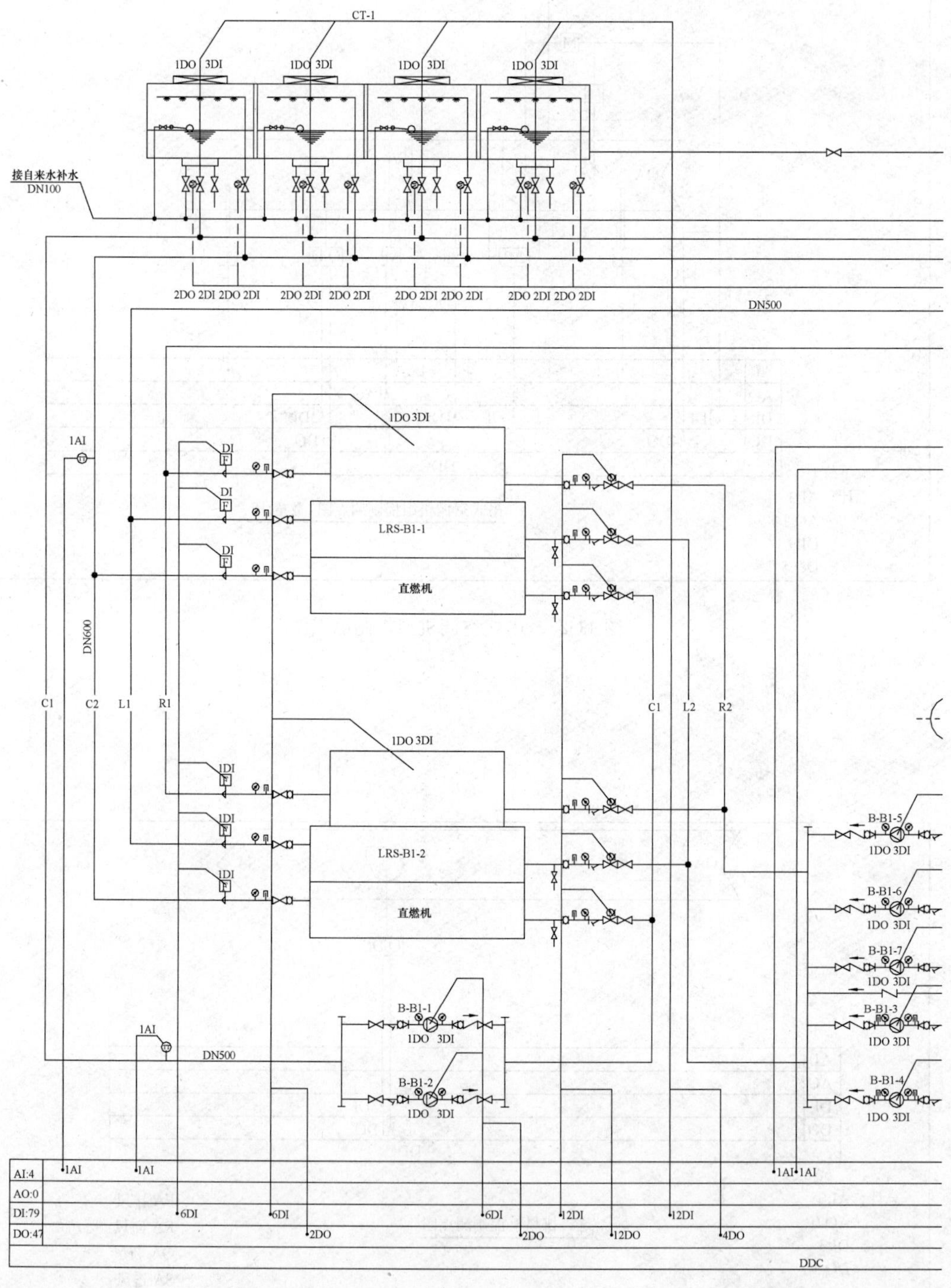
CT-1
1DO 3DI
接自来水补水
DN100
2DO 2DI 2DO 2DI
DN500
1DO 3DI
1AI
DI
F
LRS-B1-1
直燃机
DN600
C1
C2
L1
R1
C1
L2
R2
1DO 3DI
1DI
LRS-B1-2
直燃机
B-B1-1
B-B1-2
1DO 3DI
1AI
DN500
B-B1-5
B-B1-6
B-B1-7
B-B1-3
B-B1-4
AI:4
AO:0
DI:79
DO:47
6DI
2DO
12DI
12DO
4DO
DDC

图 11-25　冷冻站测

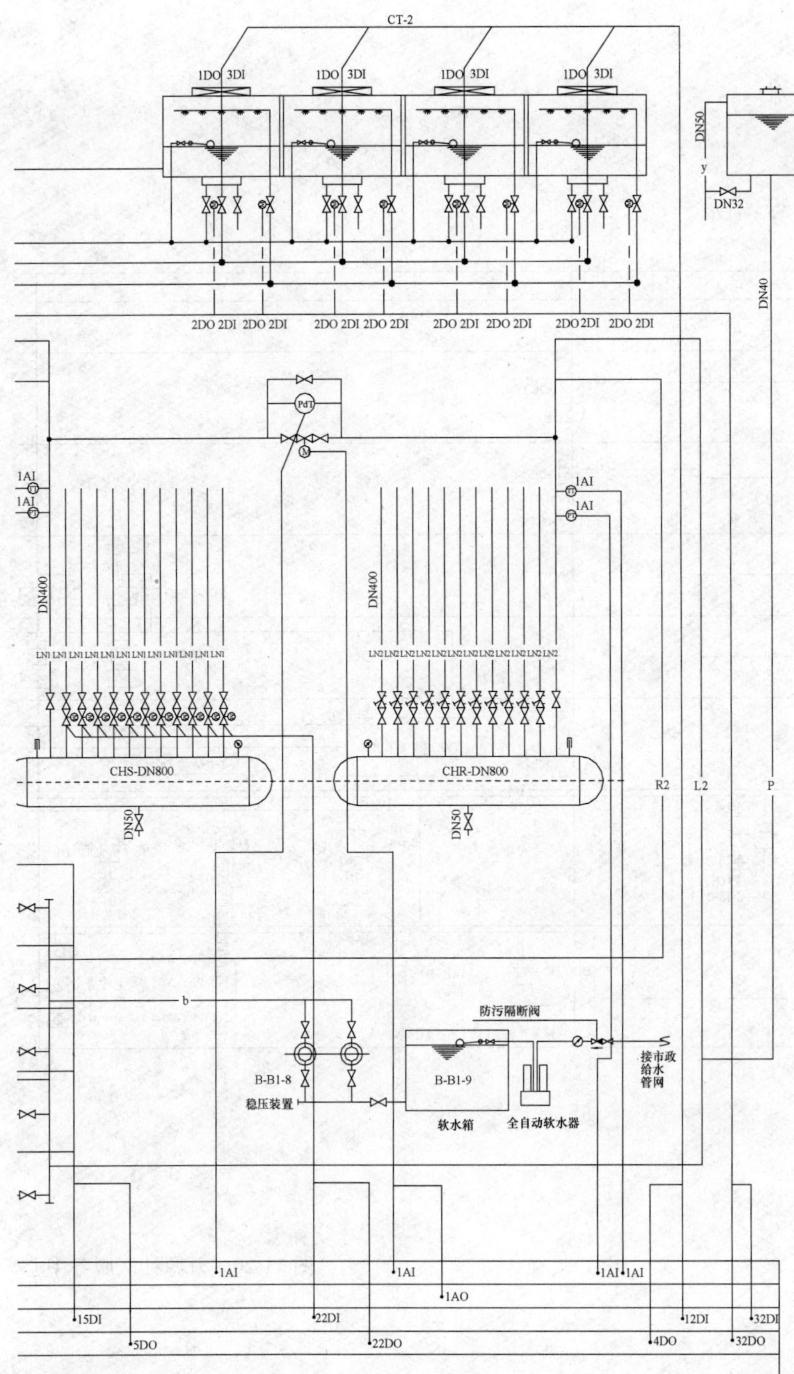

符号或图例	名　称
DDC	直接数字控制系统
AI	模拟量输入
AO	模拟量输出
DI	数字量输入
DO	数字量输出
F	水流开关
TT	温度变送器
M	电动蝶阀
PdT	压差变送器

点原理图

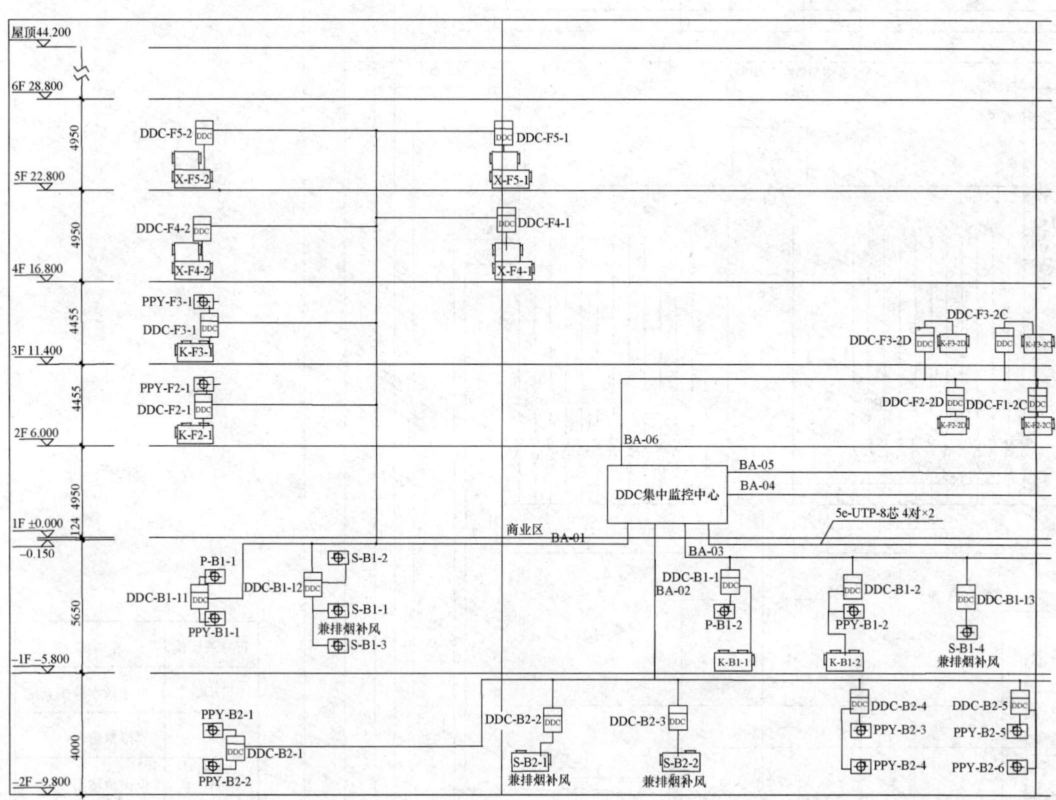

图 11-26　万源社区服务中心

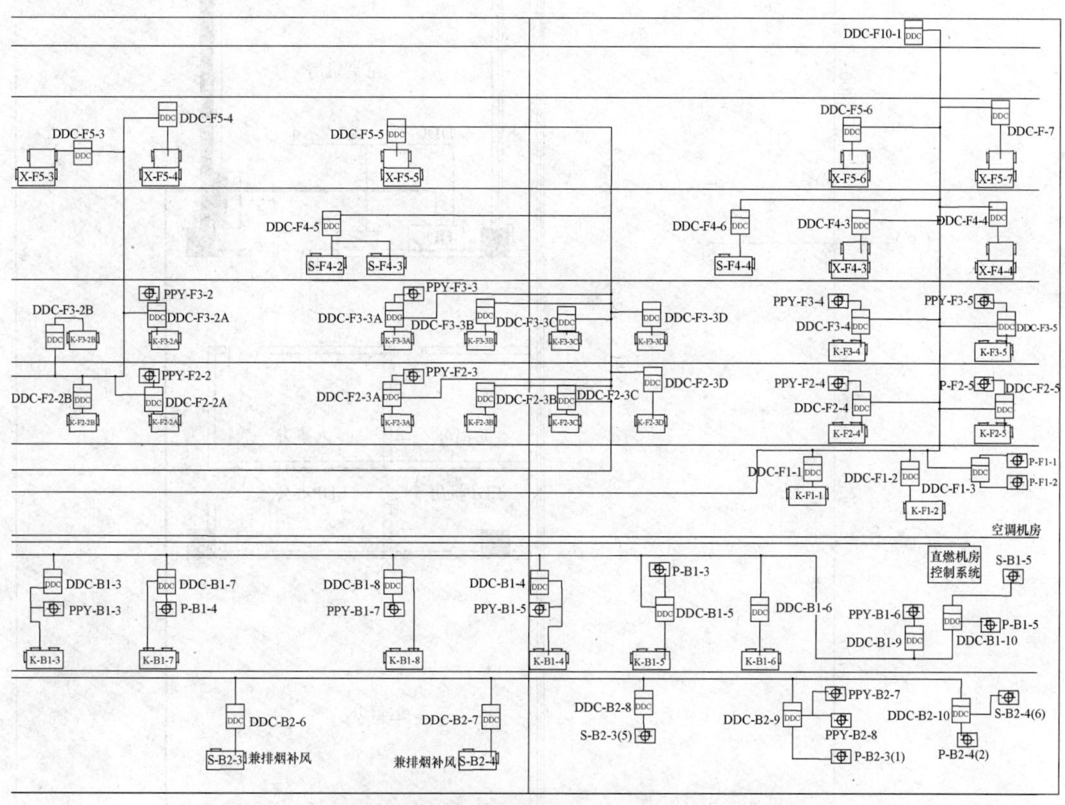

DDC集中监控中心路由说明：

1.图中六条RS-485通讯线必需他用屏蔽线、另外 个别通讯线的路况可根据初实际情况绕行，但应保证所连设备为图中所对应的设备。

2.RS-485通讯线统一采用AWG22或RVVP2×0.75各设备与通读线之间为并接。(并联方式)

3.图中红线代表通讯线，DDC与机组连接的黄线代表现场设备与DDC控制柜之间的信号线。

4.从监控中心到地下一层的冷冻站为5e-UTP-8芯4对（五类网线）。

5.未尽事宜参考相关国家标准。

BAS 网络系统图

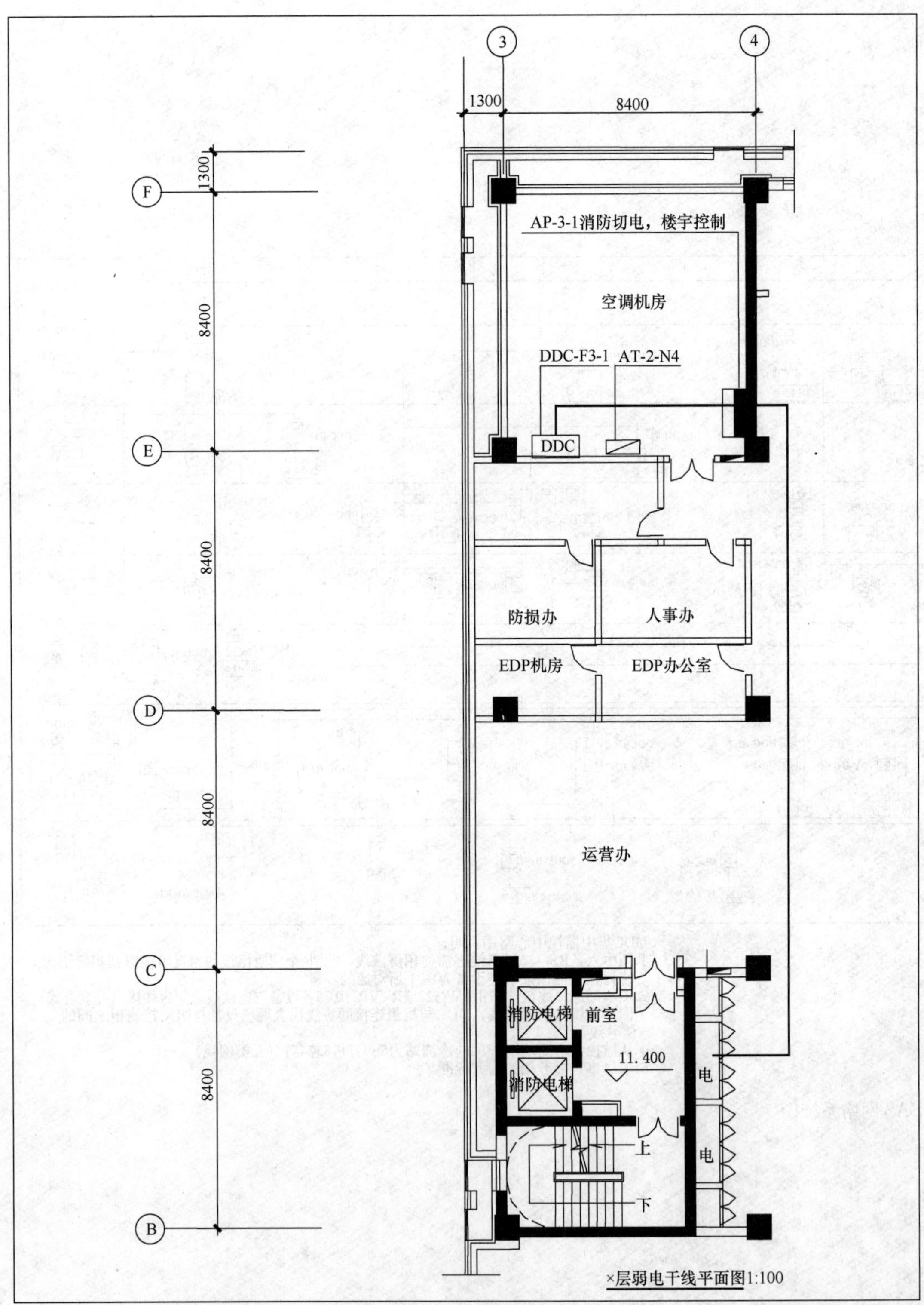

图 11-27　弱电干线平面图

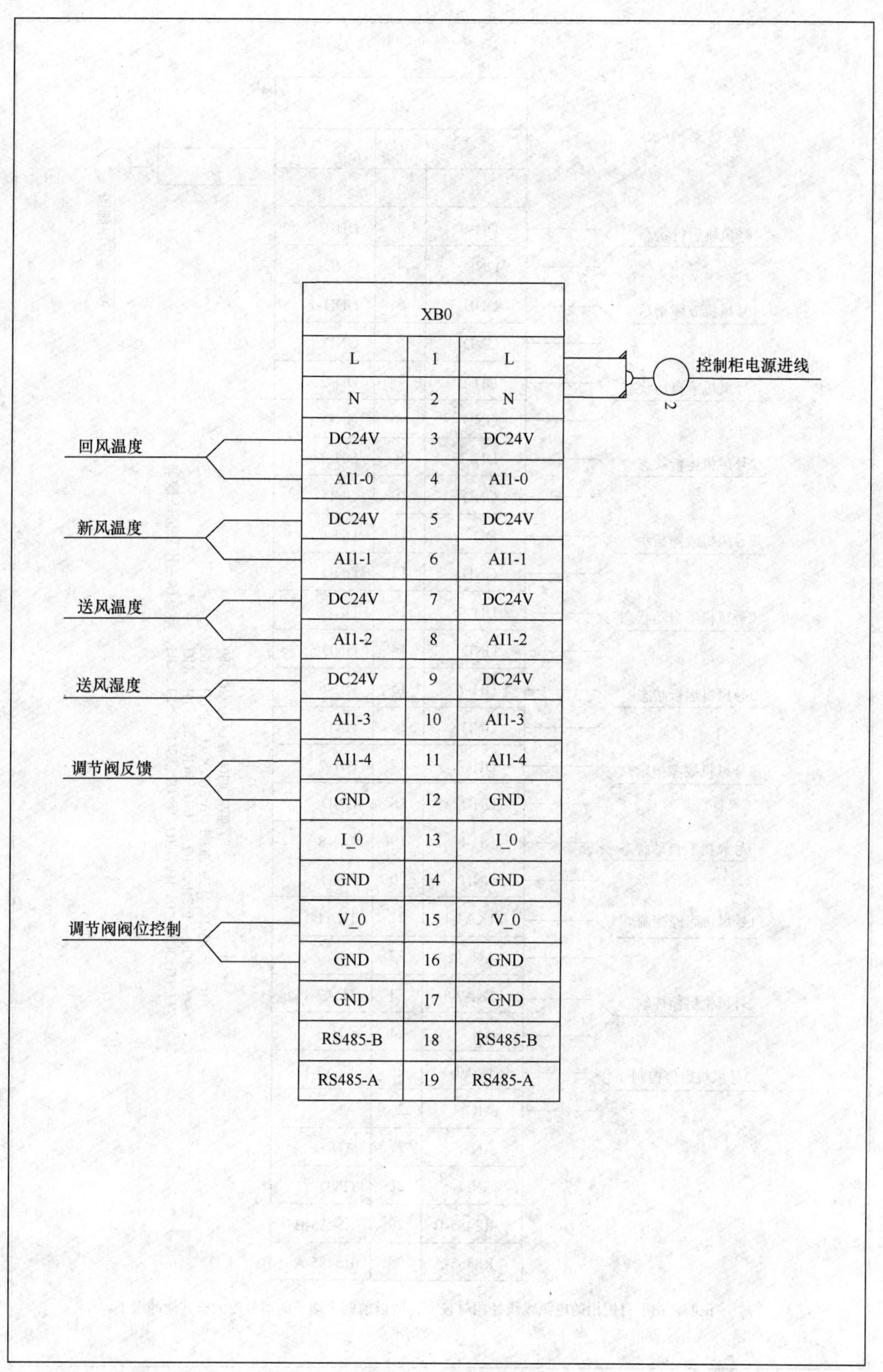

图 11-28 万源 DDC 接线端子图（一）

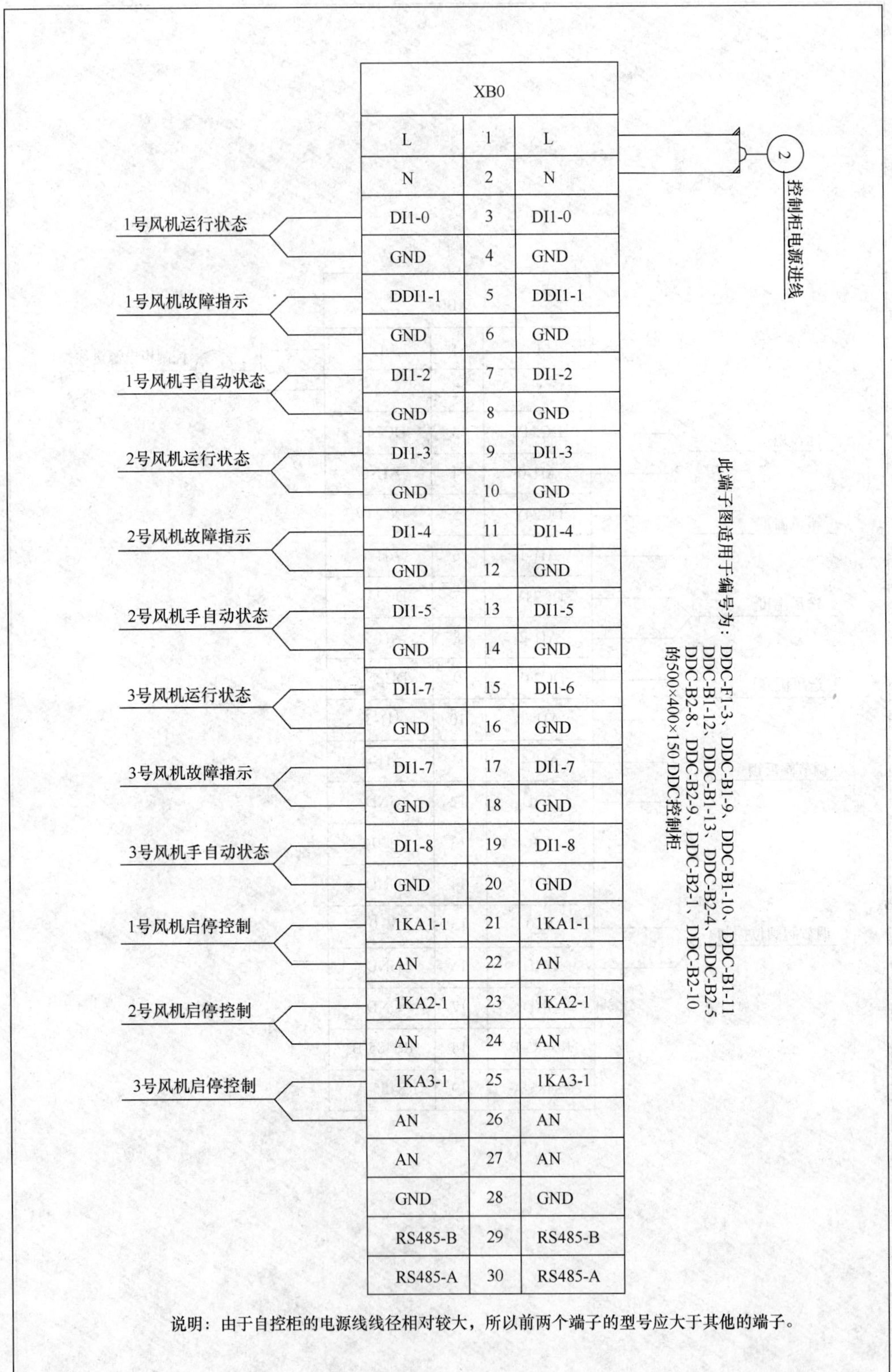

图 11-29　万源 DDC 接线端子图（二）

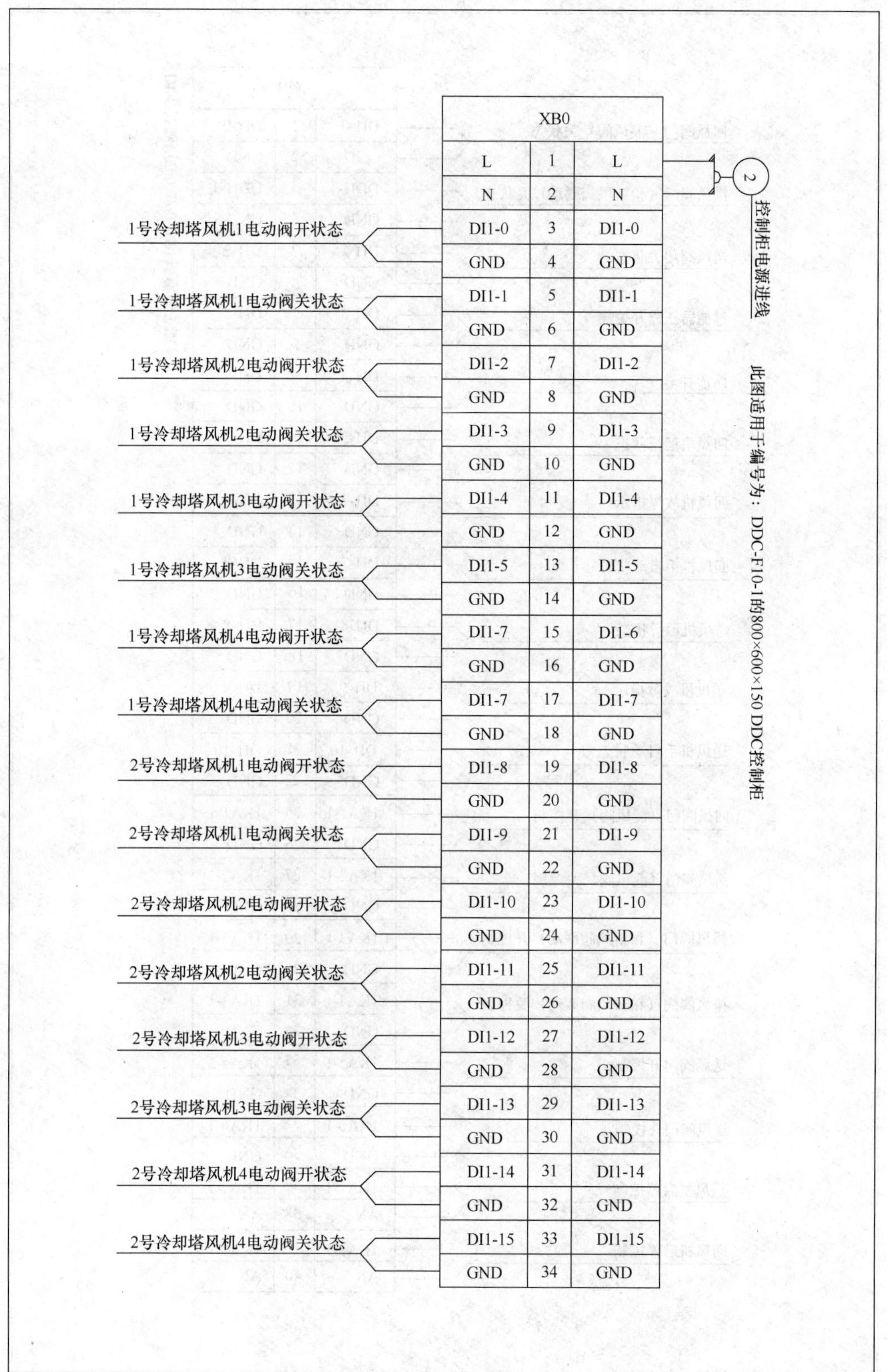
XB0
L 1 L
N 2 N
控制柜电源进线
1号冷却塔风机1电动阀开状态
DI1-0 3 DI1-0
GND 4 GND
1号冷却塔风机1电动阀关状态
DI1-1 5 DI1-1
GND 6 GND
1号冷却塔风机2电动阀开状态
DI1-2 7 DI1-2
GND 8 GND
1号冷却塔风机2电动阀关状态
DI1-3 9 DI1-3
GND 10 GND
1号冷却塔风机3电动阀开状态
DI1-4 11 DI1-4
GND 12 GND
1号冷却塔风机3电动阀关状态
DI1-5 13 DI1-5
GND 14 GND
1号冷却塔风机4电动阀开状态
DI1-7 15 DI1-6
GND 16 GND
1号冷却塔风机4电动阀关状态
DI1-7 17 DI1-7
GND 18 GND
2号冷却塔风机1电动阀开状态
DI1-8 19 DI1-8
GND 20 GND
2号冷却塔风机1电动阀关状态
DI1-9 21 DI1-9
GND 22 GND
2号冷却塔风机2电动阀开状态
DI1-10 23 DI1-10
GND 24 GND
2号冷却塔风机2电动阀关状态
DI1-11 25 DI1-11
GND 26 GND
2号冷却塔风机3电动阀开状态
DI1-12 27 DI1-12
GND 28 GND
2号冷却塔风机3电动阀关状态
DI1-13 29 DI1-13
GND 30 GND
2号冷却塔风机4电动阀开状态
DI1-14 31 DI1-14
GND 32 GND
2号冷却塔风机4电动阀关状态
DI1-15 33 DI1-15
GND 34 GND
此图适用于编号为：DDC-F10-1的800×600×150 DDC控制柜

图 11-30　万源 DDC 接线端子图（三）

DDC控制柜700×600×150 接线端子图

信号	XB1		
回风阀门（混风阀）关状态	DI1-0	1	DI1-0
	GND	2	GND
排风阀门（和新风阀联动）关状态	DDI1-1	3	DDI1-1
	GND	4	GND
送风阀门关状态	DI1-2	5	DI1-2
	GND	6	GND
过滤器压差开关	DI1-3	7	DI1-3
	GND	8	GND
防冻开关	DI1-4	9	DI1-4
	GND	10	GND
回风机运行状态	DI1-5	11	DI1-5
	GND	12	GND
回风机故障指示	DI1-7	13	DI1-6
	GND	14	GND
回风机手自动状态	DI1-7	15	DI1-7
	GND	16	GND
送风机运行状态	DI1-8	17	DI1-8
	GND	18	GND
送风机故障指示	DI1-9	19	DI1-9
	GND	20	GND
送风机手自动状态	DI1-10	21	DI1-10
	GND	22	GND
回风阀门（混风阀）开控制	1KA1-1	25	1KA1-1
	GND	26	GND
回风阀门（混风阀）关控制	1KA2-1	27	1KA2-1
	GND	28	GND
排风阀门（和新风阀联动）开控制	1KA3-1	29	1KA3-1
	GND	30	GND
排风阀门（和新风阀联动）关控制	1KA4-1	31	1KA4-1
	GND	32	GND
送风阀门开控制	1KA5-1	33	1KA5-1
	GND	34	GND
送风阀门关控制	1KA6-1	35	1KA6-1
	GND	36	GND
送风机启停控制	1KA7-1	37	1KA7-1
	AN	38	AN
回风机启停控制	1KA8-1	39	1KA8-1
	AN	40	AN

图 11-31　万源 DDC 接线端子图（四）

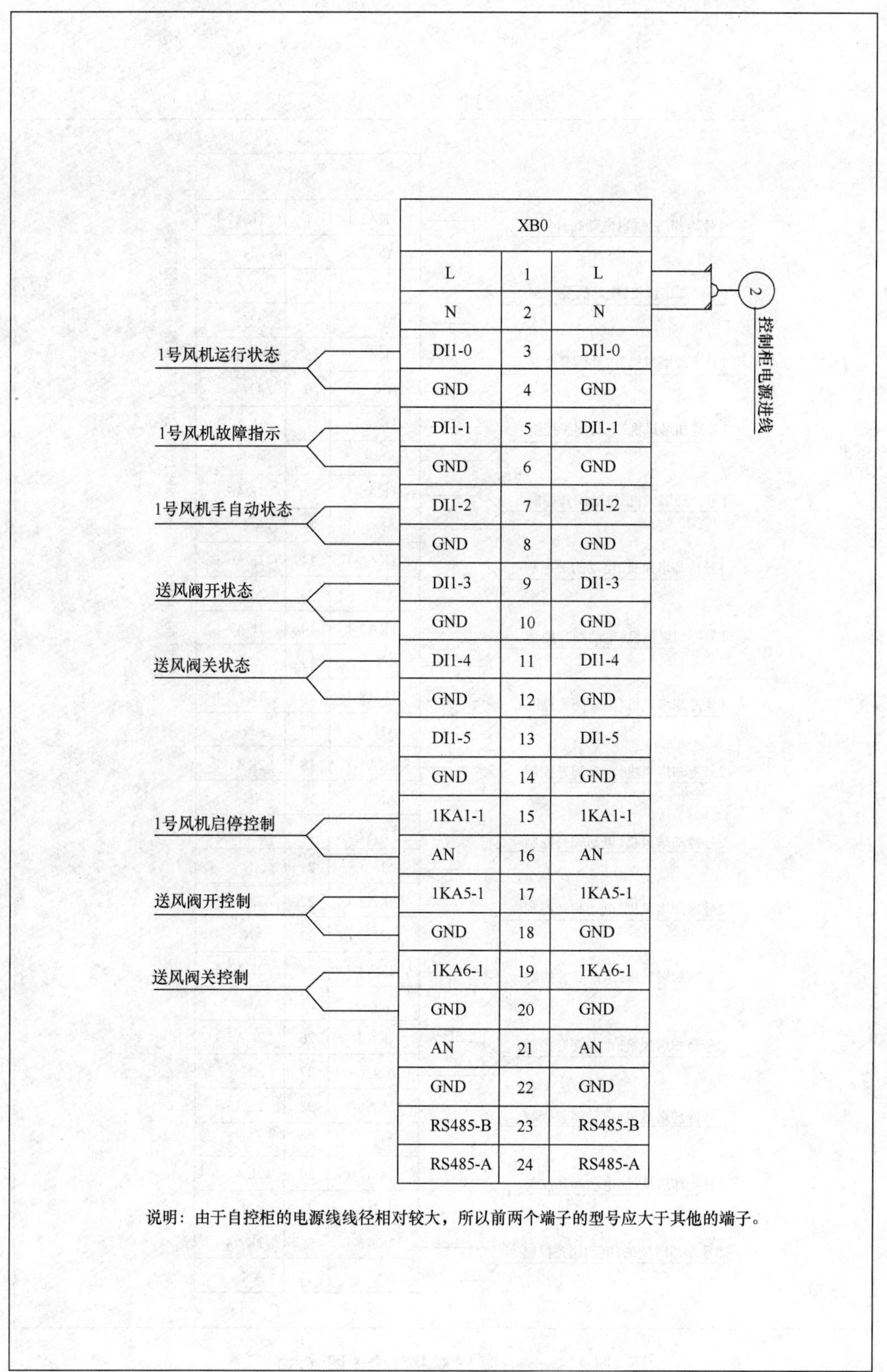
XB0
L 1 L
N 2 N
控制柜电源进线
2
1号风机运行状态
DI1-0 3 DI1-0
GND 4 GND
1号风机故障指示
DI1-1 5 DI1-1
GND 6 GND
1号风机手自动状态
DI1-2 7 DI1-2
GND 8 GND
送风阀开状态
DI1-3 9 DI1-3
GND 10 GND
送风阀关状态
DI1-4 11 DI1-4
GND 12 GND
DI1-5 13 DI1-5
GND 14 GND
1号风机启停控制
1KA1-1 15 1KA1-1
AN 16 AN
送风阀开控制
1KA5-1 17 1KA5-1
GND 18 GND
送风阀关控制
1KA6-1 19 1KA6-1
GND 20 GND
AN 21 AN
GND 22 GND
RS485-B 23 RS485-B
RS485-A 24 RS485-A
说明：由于自控柜的电源线线径相对较大，所以前两个端子的型号应大于其他的端子。

图 11-32　万源 DDC 接线端子图（五）

	XB1		
1号冷却塔风机1电动阀开控制	1KA1-1	1	1KA1-1
	AN	2	AN
1号冷却塔风机1电动阀关控制	1KA2-1	3	1KA2-1
	AN	4	AN
1号冷却塔风机2电动阀开控制	1KA3-1	5	1KA3-1
	AN	6	AN
1号冷却塔风机2电动阀关控制	1KA4-1	7	1KA4-1
	AN	8	AN
1号冷却塔风机3电动阀开控制	1KA5-1	9	1KA5-1
	AN	10	AN
1号冷却塔风机3电动阀关控制	1KA6-1	11	1KA6-1
	AN	13	AN
1号冷却塔风机4电动阀开控制	1KA7-1	14	1KA7-1
	AN	15	AN
1号冷却塔风机4电动阀关控制	1KA8-1	16	1KA8-1
	AN	17	AN
2号冷却塔风机1电动阀开控制	2KA1-1	18	2KA1-1
	AN	19	AN
2号冷却塔风机1电动阀关控制	2KA2-1	20	2KA2-1
	AN	21	AN
2号冷却塔风机2电动阀开控制	2KA3-1	22	2KA3-1
	AN	23	AN
2号冷却塔风机2电动阀关控制	2KA4-1	24	2KA4-1
	AN	25	AN
2号冷却塔风机3电动阀开控制	2KA5-1	26	2KA5-1
	AN	27	AN
2号冷却塔风机3电动阀关控制	2KA6-1	28	2KA6-1
	AN	29	AN
2号冷却塔风机4电动阀开控制	2KA7-1	30	2KA7-1
	AN	31	AN
2号冷却塔风机4电动阀关控制	2KA8-1	32	2KA8-1
	AN	33	AN

此图适用于编号为：DDC-F10-1的800×600×150 DDC控制柜

图 11-33　万源 DDC 接线端子图（六）

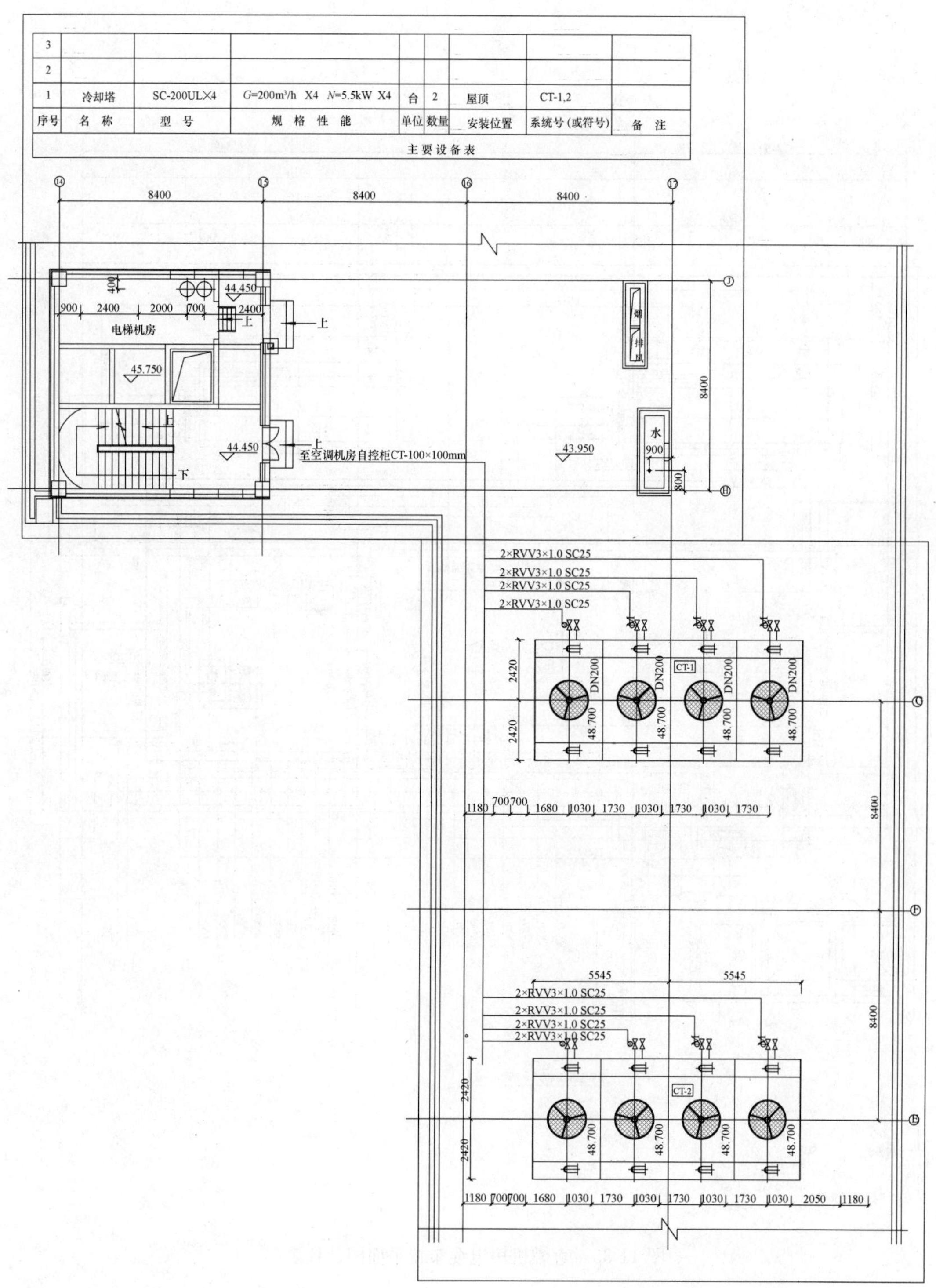

3								
2								
1	冷却塔	SC-200UL×4	G=200m³/h X4 N=5.5kW X4	台	2	屋顶	CT-1,2	
序号	名 称	型 号	规 格 性 能	单位	数量	安装位置	系统号（或符号）	备 注

主要设备表

图 11-34　冷却塔弱电平面图

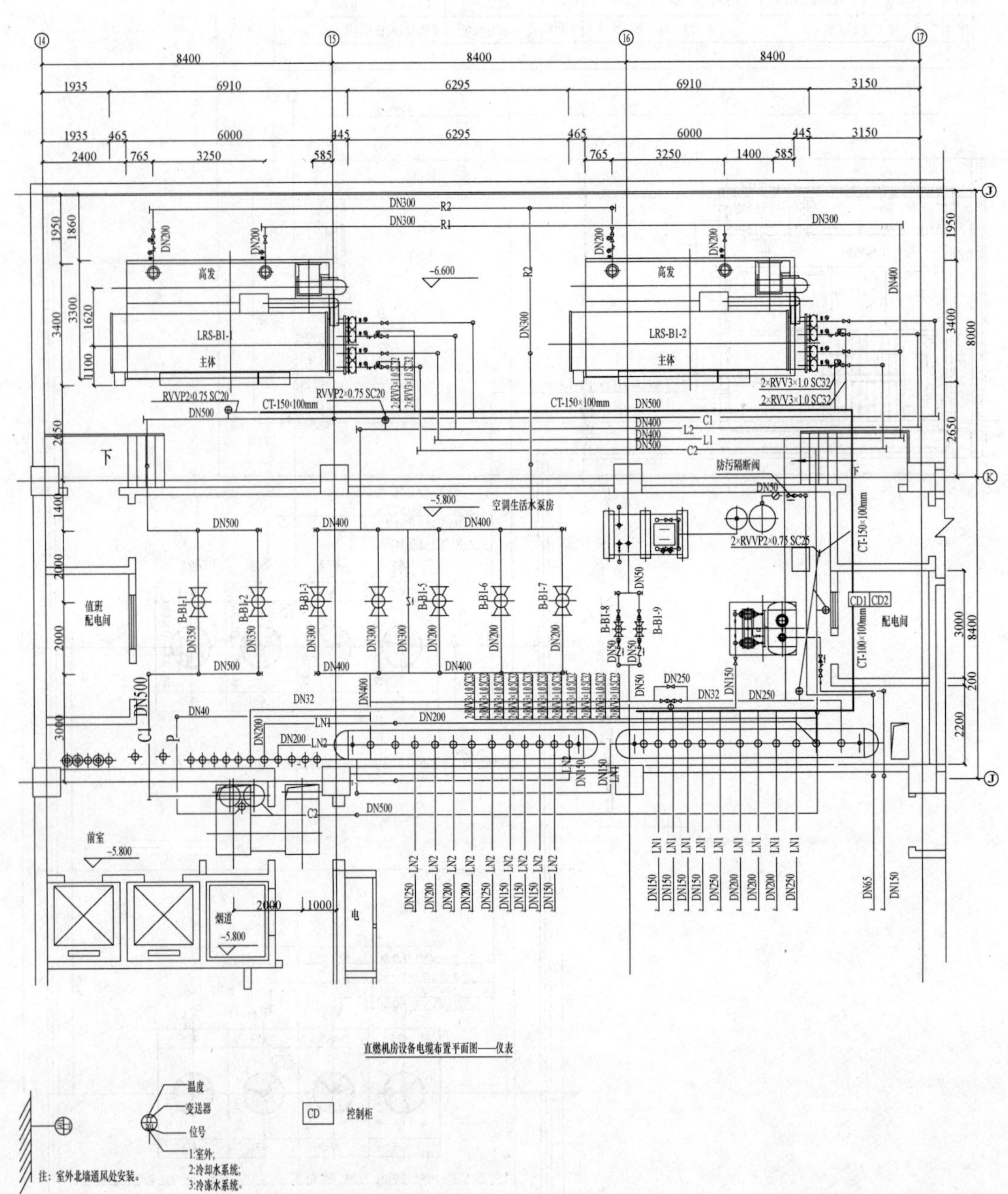

图 11-35　直燃机房电缆布置平面图（仪表）

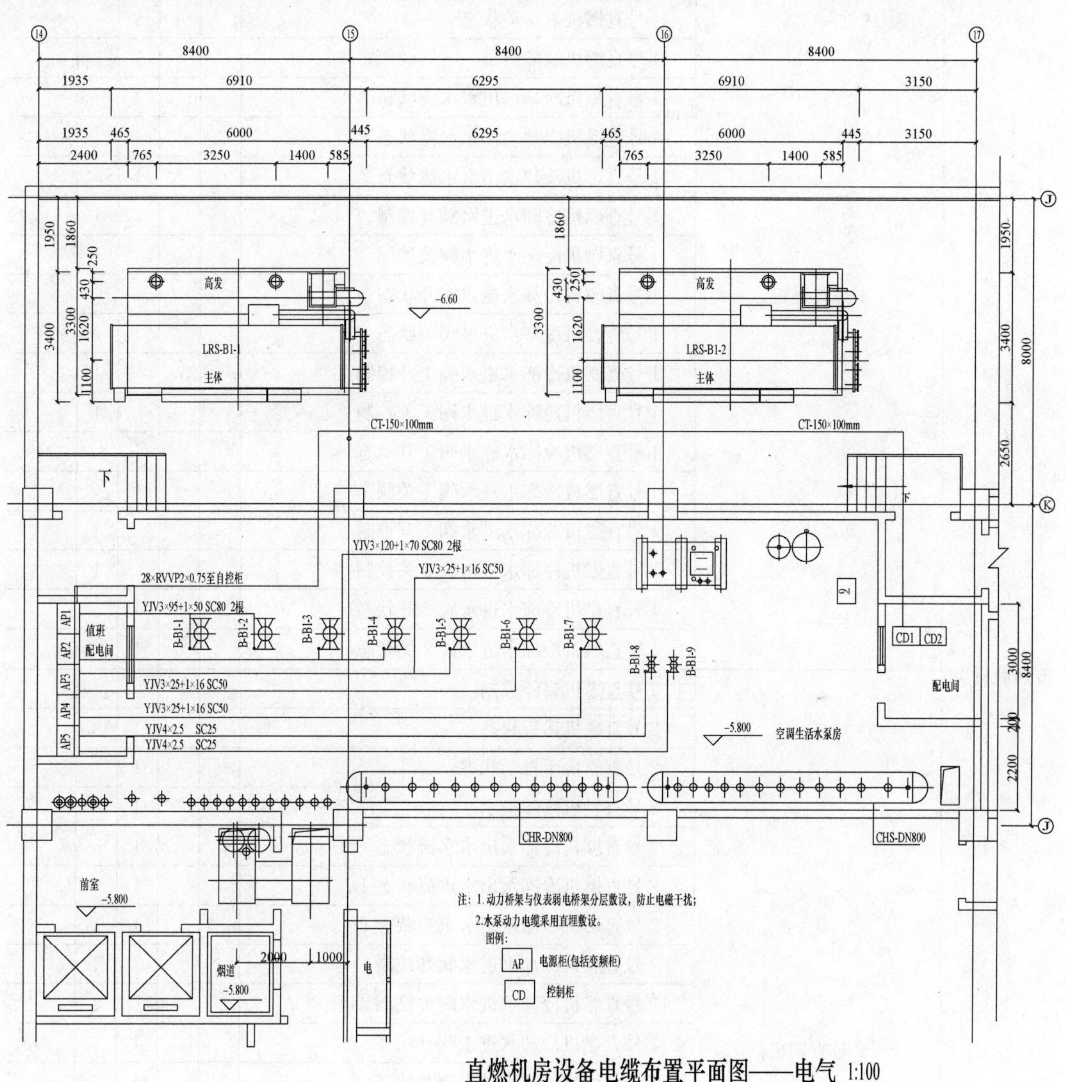

图 11-36 直燃机房设备电缆布置平面图（电气）

表 11-1　冷冻站控制点表

万源社区服务中心中央空调监控系统点表							
系统/机房	设备名称	控制点名称	AI	AO	DI	DO	备注
冷热源机房	1 号直燃机	1 号直燃机启停控制				1	
		1 号直燃机运行状态			1		
		1 号直燃机手自动状态			1		
		1 号直燃机故障指示			1		
		1 号直燃机冷却水出水水流状态			1		
		1 号直燃机冷却水出水水流状态 1			1		
		1 号直燃机冷却水出水水流状态 2			1		
		1 号直燃机冷却水进水阀开控制				1	
		1 号直燃机冷却水进水阀关控制				1	
		1 号直燃机冷却水进水阀开状态			1		
		1 号直燃机冷却水进水阀关状态			1		
		1 号直燃机冷冻水进水阀 1 开控制				1	
		1 号直燃机冷冻水进水阀 1 关控制				1	
		1 号直燃机冷冻水进水阀 1 开状态			1		
		1 号直燃机冷冻水进水阀 1 关状态			1		
		1 号直燃机冷冻水进水阀 2 开控制				1	
		1 号直燃机冷冻水进水阀 2 关控制				1	
		1 号直燃机冷冻水进水阀 2 开状态			1		
		1 号直燃机冷冻水进水阀 2 关状态			1		
	2 号直燃机	2 号直燃机启停控制				1	
		2 号直燃机运行状态			1		
		2 号直燃机手自动状态			1		
		2 号直燃机故障指示			1		
		2 号直燃机冷却水出水水流状态			1		
		2 号直燃机冷冻水出水水流状态 1			1		
		2 号直燃机冷冻水出水水流状态 2			1		
		2 号直燃机冷却水进水阀开控制				1	
		2 号直燃机冷却水进水阀关控制				1	
		2 号直燃机冷却水进水阀开状态			1		
		2 号直燃机冷却水进水阀关状态			1		
		2 号直燃机冷却水进水阀 1 开控制				1	
		2 号直燃机冷却水进水阀 1 关控制				1	
		2 号直燃机冷却水进水阀 1 开状态			1		
		2 号直燃机冷却水进水阀 1 关状态			1		
		2 号直燃机冷却水进水阀 2 开控制				1	
		2 号直燃机冷却水进水阀 2 关控制				1	
		2 号直燃机冷却水进水阀 2 开状态			1		
		2 号直燃机冷却水进水阀 2 关状态			1		

续表

系统/机房	设备名称	控制点名称	AI	AO	DI	DO	备注
冷热源机房	1号冷却水泵	1号冷却水泵启停控制				1	
		1号冷却水泵运行状态			1		
		1号冷却水泵手自动状态			1		
		1号冷却水泵故障指示			1		
	2号冷却水泵	2号冷却水泵启停控制				1	
		2号冷却水泵运行状态			1		
		2号冷却水泵手自动状态			1		
		2号冷却水泵故障指示			1		
	1号冷冻水泵	1号冷冻水泵启停控制				1	
		1号冷冻水泵运行状态			1		
		1号冷冻水泵手自动状态			1		
		1号冷冻水泵故障指示			1		
	2号冷冻水泵	2号冷冻水泵启停控制				1	
		2号冷冻水泵运行状态			1		
		2号冷冻水泵手自动状态			1		
		2号冷冻水泵故障指示			1		
	1号循环泵	1号循环泵启停控制				1	
		1号循环泵运行状态			1		
		1号循环泵手自动状态			1		
		1号循环泵故障指示			1		
	2号循环泵	2号循环泵启停控制				1	
		2号循环泵运行状态			1		
		2号循环泵手自动状态			1		
		2号循环泵故障指示			1		
	3号循环泵	3号循环泵启停控制				1	
		3号循环泵运行状态			1		
		3号循环泵手自动状态			1		
		3号循环泵故障指示			1		
	1号冷却塔	1号冷却塔风机1启停控制				1	
		1号冷却塔风机1运行状态			1		
		1号冷却塔风机1手自动状态			1		
		1号冷却塔风机1故障指示			1		
		1号冷却塔风机2启停控制				1	
		1号冷却塔风机2运行状态			1		
		1号冷却塔风机2手自动状态			1		

续表

系统/机房	设备名称	控制点名称	AI	AO	DI	DO	备注
冷热源机房	1 号冷却塔	1 号冷却塔风机 2 故障指示			1		
		1 号冷却塔风机 3 启停控制				1	
		1 号冷却塔风机 3 运行状态			1		
		1 号冷却塔风机 3 手自动状态			1		
		1 号冷却塔风机 3 故障指示			1		
		1 号冷却塔风机 4 启停控制				1	
		1 号冷却塔风机 4 运行状态			1		
		1 号冷却塔风机 4 手自动状态			1		
		1 号冷却塔风机 4 故障指示			1		
	2 号冷却塔	2 号冷却塔风机 1 启停控制				1	
		2 号冷却塔风机 1 运行状态			1		
		2 号冷却塔风机 1 手自动状态			1		
		2 号冷却塔风机 1 故障指示			1		
		2 号冷却塔风机 2 启停控制				1	
		2 号冷却塔风机 2 运行状态			1		
		2 号冷却塔风机 2 手自动状态			1		
		2 号冷却塔风机 2 故障指示			1		
		2 号冷却塔风机 3 启停控制				1	
		2 号冷却塔风机 3 运行状态			1		
		2 号冷却塔风机 3 手自动状态			1		
		2 号冷却塔风机 3 故障指示			1		
		2 号冷却塔风机 4 启停控制				1	
		2 号冷却塔风机 4 运行状态			1		
		2 号冷却塔风机 4 手自动状态			1		
		2 号冷却塔风机 4 故障指示			1		
	分水器调节阀	1 号分户计量阀开控制				1	
		1 号分户计量阀关控制				1	
		1 号分户计量阀开状态			1		
		1 号分户计量阀关状态			1		
		2 号分户计量阀开控制				1	
		2 号分户计量阀关控制				1	
		2 号分户计量阀开状态			1		
		2 号分户计量阀关状态			1		
		3 号分户计量阀开控制				1	
		3 号分户计量阀关控制				1	

续表

系统/机房	设备名称	控制点名称	AI	AO	DI	DO	备注
冷热源机房	分水器调节阀	3 号分户计量阀开状态			1		
		3 号分户计量阀关状态			1		
		4 号分户计量阀开控制				1	
		4 号分户计量阀关控制				1	
		4 号分户计量阀开状态			1		
		4 号分户计量阀关状态			1		
		5 号分户计量阀开控制				1	
		5 号分户计量阀关控制				1	
		5 号分户计量阀开状态			1		
		5 号分户计量阀关状态			1		
		6 号分户计量阀开控制				1	
		6 号分户计量阀关控制				1	
		6 号分户计量阀开状态			1		
		6 号分户计量阀关状态			1		
		7 号分户计量阀开控制				1	
		7 号分户计量阀关控制				1	
		7 号分户计量阀开状态			1		
		7 号分户计量阀关状态			1		
		8 号分户计量阀开控制				1	
		8 号分户计量阀关控制				1	
		8 号分户计量阀开状态			1		
		8 号分户计量阀关状态			1		
		9 号分户计量阀开控制				1	
		9 号分户计量阀关控制				1	
		9 号分户计量阀开状态			1		
		9 号分户计量阀关状态			1		
		10 号分户计量阀开控制				1	
		10 号分户计量阀关控制				1	
		10 号分户计量阀开状态			1		
		10 号分户计量阀关状态			1		
		11 号分户计量阀开控制				1	
		11 号分户计量阀关控制				1	
		11 号分户计量阀开状态			1		
		11 号分户计量阀关状态			1		
	冷却水总供水温度	冷却水总供水温度	1				
	冷却水总回水温度	冷却水总回水温度	1				
	冷冻水总供水温度	冷冻水总供水温度	1				
	冷冻水总回水温度	冷却水总回水温度	1				
	室外湿球温度变送器	室外湿球温度	1				
	冷冻水总供水压力	冷冻水总供水压力	1				
	冷冻水总回水压力	冷冻水总回水压力	1				

续表

系统/机房	设备名称	控制点名称	AI	AO	DI	DO	备注
冷热源机房			7	0	91	51	小计
新风空调机房	新风空调机组 DDC-F5-1 DDC-F5-2 DDC-F5-3 DDC-F5-4 DDC-F5-5 DDC-F4-1 DDC-F4-2 DDC-F4-3 DDC-F4-4	回风阀门（混风阀）开控制				1	
		回风阀门（混风阀）关控制				1	
		回风阀门（混风阀）关状态			1		
		排风阀门（和新风阀联动）开控制				1	
		排风阀门（和新风阀联动）关控制				1	
		排风阀门（和新风阀联动）关状态			1		
		送风阀门开控制				1	
		送风阀门关控制				1	
		送风阀门关状态			1		
		冷冻水调节阀位置控制		1			
		冷冻水调节阀位置反馈	1				
		回风温度	1				
		新风温度	1				
		送风温度	1				
		送风湿度	1				
		过滤器压差开关			1		
		防冻开关			1		
		回风机运行状态			1		
		回风机手自动状态			1		
		回风机故障指示			1		
		回风机故启停控制				1	
		送风机运行状态			1		
		送风机手自动状态			1		
		送风机故障指示			1		
		送风机故启停控制				1	
	新风空调机组		5	1	11	8	小计
双风机空调机房	双风机空调机组 DDC-F3-1 DDC-F3-2A DDC-F3-3A DDC-F3-4 DDC-F3-5 DDC-F2-1 DDC-F2-2A DDC-F2-3A DDC-F2-4 DDC-F2-5 DDC-B1-1 DDC-B1-2 DDC-B1-3 DDC-B1-4 DDC-B1-5 DDC-B1-7 DDC-B1-8	回风阀门（混风阀）开控制				1	
		回风阀门（混风阀）关控制				1	
		回风阀门（混风阀）关状态			1		
		排风阀门（和新风阀联动）开控制				1	
		排风阀门（和新风阀联动）关控制				1	
		排风阀门（和新风阀联动）关状态			1		
		送风阀门开控制				1	
		送风阀门关控制				1	
		送风阀门关状态			1		
		冷冻水调节阀位置控制		1			
		冷冻水调节阀位置反馈	1				
		回风温度	1				
		新风温度	1				
		送风温度	1				

续表

系统/机房	设备名称	控制点名称	AI	AO	DI	DO	备注
双风机空调机房	双风机空调机组	过滤器压差开关			1		
		防冻开关			1		
		回风机运行状态			1		
		回风机手自动状态			1		
		回风机故障指示			1		
		回风机故启停控制				1	
		送风机运行状态			1		
		送风机手自动状态			1		
		送风机故障指示			1		
		送风机故启停控制				1	
	双风机空调机组		4	1	11	8	小计
吊式空调机组	吊式空调机组 DDC-F3-2B DDC-F3-2C DDC-F3-2D DDC-F3-3B DDC-F3-3C DDC-F3-3D DDC-F2-2B DDC-F2-2C DDC-F2-2D DDC-F2-3B DDC-F2-3C DDC-F2-3D DDC-F1-1 DDC-F1-2 DDC-B1-6	混风阀门开控制（回风阀）				1	
		混风阀门关控制（回风阀）				1	
		混风阀门开状态（回风阀）			1		
		混风阀门关状态（回风阀）			1		
		新风阀门开控制				1	
		新风阀门关控制				1	
		新风阀门开状态			1		
		新风阀门关状态			1		
		冷冻水调节阀位置控制		1			
		冷冻水调节阀位置反馈	1				
		回风温度	1				
		新风温度	1				
		送风温度	1				
		过滤器压差开关			1		
		防冻开关			1		
		送风机运行状态			1		
		送风机手自动状态			1		
		送风机故障指示			1		
		送风机故启停控制				1	
	吊式空调机组		4	1	9	5	小计
送排风机房	双送风机房 DDC-F4-5	1 号送风机运行状态			1		
		1 号送风机手自动状态			1		
		1 号送风机故障指示			1		
		1 号送风机故启停控制				1	
		2 号送风机运行状态			1		
		2 号送风机手自动状态			1		
		2 号送风机故障指示			1		
		2 号送风机故启停控制				1	
	双送风机房		0	0	6	2	小计

续表

系统/机房	设备名称	控制点名称	AI	AO	DI	DO	备注
送排风机房	三送风机房 DDC-B1-12	1 号送风机运行状态			1		
		1 号送风机手自动状态			1		
		1 号送风机故障指示			1		
		1 号送风机故启停控制				1	
		2 号送风机运行状态			1		
		2 号送风机手自动状态			1		
		2 号送风机故障指示			1		
		2 号送风机故启停控制				1	
		3 号送风机运行状态			1		
		3 号送风机手自动状态			1		
		3 号送风机故障指示			1		
		3 号送风机故启停控制				1	
	三送风机房		0	0	9	3	小计
	双排风机房 DDC-F1-3 DDC-B1-11 DDC-B2-1 DDC-B2-4 DDC-B2-5	1 号排风机运行状态			1		
		1 号排风机手自动状态			1		
		1 号排风机故障指示			1		
		1 号排风机故启停控制				1	
		2 号排风机运行状态			1		
		2 号排风机手自动状态			1		
		2 号排风机故障指示			1		
		2 号排风机故启停控制				1	
	双排风机房		0	0	6	2	小计
	一送风机一排风机房 DDC-B1-10 DDC-B2-10	排风机运行状态			1		
		排风机手自动状态			1		
		排风机故障指示			1		
		排风机故启停控制				1	
		送风机运行状态			1		
		送风机手自动状态			1		
		送风机故障指示			1		
		送风机故启停控制				1	
	一送风机一排风机房		0	0	6	2	小计
	单送风机 DDC-F4-6 DDC-B1-13 DDC-B2-2 DDC-B2-3 DDC-B2-6 DDC-B2-7 DDC-B2-8	送风机运行状态			1		
		送风机手自动状态			1		
		送风机故障指示			1		
		送风机故启停控制				1	
	单送风机		0	0	3	1	小计

续表

系统/机房	设备名称	控制点名称	AI	AO	DI	DO	备注
送排风机房	三排风机房 DDC-B2-9	1号排风机运行状态			1		
		1号排风机手自动状态			1		
		1号排风机故障指示			1		
		1号排风机故启停控制				1	
		2号排风机运行状态			1		
		2号排风机手自动状态			1		
		2号排风机故障指示			1		
		2号排风机故启停控制				1	
		3号排风机运行状态			1		
		3号排风机手自动状态			1		
		3号排风机故障指示			1		
		3号排风机故启停控制				1	
	三排风机房		0	0	9	3	小计
冷却塔	1号冷却塔水阀	1号冷却塔风机1进水阀开控制				1	
		1号冷却塔风机1进水阀关控制				1	
		1号冷却塔风机1进水阀开状态			1		
		1号冷却塔风机1进水阀关状态			1		
		1号冷却塔风机1出水阀开控制				1	
		1号冷却塔风机1出水阀关控制				1	
		1号冷却塔风机1出水阀开状态			1		
		1号冷却塔风机1出水阀关状态			1		
		1号冷却塔风机2进水阀开控制				1	
		1号冷却塔风机2进水阀关控制				1	
		1号冷却塔风机2进水阀开状态			1		
		1号冷却塔风机2进水阀关状态			1		
		1号冷却塔风机2出水阀开控制				1	
		1号冷却塔风机2出水阀关控制				1	
		1号冷却塔风机2出水阀开状态			1		
		1号冷却塔风机2出水阀关状态			1		
		1号冷却塔风机3进水阀开控制				1	
		1号冷却塔风机3进水阀关控制				1	
		1号冷却塔风机3进水阀开状态			1		
		1号冷却塔风机3进水阀关状态			1		
		1号冷却塔风机3出水阀开控制				1	

续表

系统/机房	设备名称	控制点名称	AI	AO	DI	DO	备注
冷却塔	1 号冷却塔水阀	1 号冷却塔风机 3 出水阀关控制				1	
		1 号冷却塔风机 3 出水阀开状态			1		
		1 号冷却塔风机 3 出水阀关状态			1		
		1 号冷却塔风机 4 进水阀开控制				1	
		1 号冷却塔风机 4 进水阀关控制				1	
		1 号冷却塔风机 4 进水阀开状态			1		
		1 号冷却塔风机 4 进水阀关状态			1		
		1 号冷却塔风机 4 出水阀开控制				1	
		1 号冷却塔风机 4 出水阀关控制				1	
		1 号冷却塔风机 4 出水阀开状态			1		
		1 号冷却塔风机 4 出水阀关状态			1		
	2 号冷却塔水阀	2 号冷却塔风机 1 进水阀开控制				1	
		2 号冷却塔风机 1 进水阀关控制				1	
		2 号冷却塔风机 1 进水阀开状态			1		
		2 号冷却塔风机 1 进水阀关状态			1		
		2 号冷却塔风机 1 出水阀开控制				1	
		2 号冷却塔风机 1 出水阀关控制				1	
		2 号冷却塔风机 1 出水阀开状态			1		
		2 号冷却塔风机 1 出水阀关状态			1		
		2 号冷却塔风机 2 进水阀开控制				1	
		2 号冷却塔风机 2 进水阀关控制				1	
		2 号冷却塔风机 2 进水阀开状态			1		
		2 号冷却塔风机 2 进水阀关状态			1		
		2 号冷却塔风机 2 出水阀开控制				1	
		2 号冷却塔风机 2 出水阀关控制				1	
		2 号冷却塔风机 2 出水阀开状态			1		
		2 号冷却塔风机 2 出水阀关状态			1		
		2 号冷却塔风机 3 进水阀开控制				1	
		2 号冷却塔风机 3 进水阀关控制				1	
		2 号冷却塔风机 3 进水阀开状态			1		
		2 号冷却塔风机 3 进水阀关状态			1		
		2 号冷却塔风机 3 出水阀开控制				1	
		2 号冷却塔风机 3 出水阀关控制				1	
		2 号冷却塔风机 3 出水阀开状态			1		
		2 号冷却塔风机 3 出水阀关状态			1		
		2 号冷却塔风机 4 进水阀开控制				1	
		2 号冷却塔风机 4 进水阀关控制				1	
		2 号冷却塔风机 4 进水阀开状态			1		
		2 号冷却塔风机 4 进水阀关状态			1		
		2 号冷却塔风机 4 出水阀开控制				1	
		2 号冷却塔风机 4 出水阀关控制				1	
		2 号冷却塔风机 4 出水阀开状态			1		
		2 号冷却塔风机 4 出水阀关状态			1		
	1\2 号冷却塔				32	32	小计
集分水器	压差控制器	冷冻水调节阀位置控制		1			
		冷冻水调节阀位置反馈	1				
	压力变送器	冷冻水供回水压差	1				
			2	1			小计

表 11-2 设备清单

序号	名称/规格	型号	数量	品牌
一、管理中心部分				
1	"工作站软件（带使用手册及看门狗）20481/0点"	HOMS5	1	硕人
2	系统通讯集发管理器（带电源）STEC PAC	STEC2000	6	硕人
3	STEC PAC RS485 通讯模块	STEC2063	6	硕人
4	计算机 DELL 服务器		1	DELL
5	打印机		1	惠普
6	网络交换机		1	DLINK
7	UPS		1	山特
8	小计			
二、冷冻站部分				
1	PAC 主机	STEC-2000	4	硕人
2	应用扩展模块 8AI	STEC-2021	4	硕人
3	应用扩展模块 4A0	STEC-2031	6	硕人
4	应用扩展模块 12DI	STEC-2041	12	硕人
5	应用扩展模块 8DO	STEC-2051	9	硕人
6	8 口交换机	TP-LINK	1	硕人
7	24V 继电器		72	OMRON
8	DDC 控制箱	1800×600×400	2	硕人
9	屏蔽通讯双绞电缆（m）	AWG22		定制
10	控制电缆（m）	RVV2×1.0		定制
11	控制电缆（m）	RVVP4×1.0		定制
12	镀锌钢管（m）	DN20		定制
三、空调部分				
1	应用控制器 8AI，12BI，8DO+扩展模块 400	ARKA-2002+ARKA-2031	23	硕人
2	pr"应用控制器 8AI，12BI，8DO+扩展模块 4AO+扩展模块 12DI，8DO"	"ARKA-2002+ARKA-2031+ARKA-2061（12DI，8DO）"	10	
3	485 通讯保护光电隔离器		43	硕人
4	防冻开关，SPDT		43	ACI
5	风道温度变送器		129	ACI
6	风道湿度变送器		43	ACI
7	室外温湿度变送器		1	ACI
8	压差开关		43	ACI
9	24V 继电器		81	OMRON
10	10V 继电器		22	OMRON
11	DDC 控制箱	700×500×150		硕人
12	屏蔽通讯双绞电缆	AWG22		定制
13	控制电缆	RVV2×1.0		定制
14	控制电缆	RVVP4×1.0		定制
15	镀锌钢管	DN20		定制
四、送排风部分				
1	应用控制器 8AI，12BI，8BO	ARKA2002	36	硕人
2	485 通讯保护光电隔离器		36	硕人
3	24V 继电器		41	OMRON
4	DDC 控制箱	500×400×150	36	硕人
5	屏蔽通讯双绞电缆	AWG22		定制
6	控制电缆	RVV2×1.0		定制
7	控制电缆	RVVP4×1.0		定制
8	镀锌钢管	DN20		定制

表 11-3　主要设备表

序号	名称	型号	规格性能	单位	数量	安装位置	系统号（或符号）	备注
1	无负压供水装置	WWG-32-69-2	负压表 PN=0.1～0.9MPa　1 块	套	1 台		1	
2			Y 型过滤器 DN150　1 个				2	
3			稳流补偿器 CYQ80×150　1 台				3	
4			真空表 PN=0.6MPa　1 块				4	
5			真空抑制器 ZBQF-200　1 台				5	
6			管路阀组 不锈钢　1 套				6	
7			配用水泵 CR15-6 $Q=32m^3/h$ $H=69mH_2O$ $N=5.5kW$　2 台				7	备用一台 自动切换使用
8			远传压力表 PN=1.6MPa　2 块				8	
9			电控柜 DKG160　1 台				9	
10			压力控制器　1 块				10	
11	空调补水泵	QPGD2/50	$G=2m^3/h$ $H=50mH_2O$ $N=2.2kW$	台	2	直燃机房	B-B1-8，9	备用一台 自动切换使用 屏蔽式供水补水专用泵
12	软水箱		$V=5.0m^3$（2120×1120×2400）	个	1	直燃机房		
13	全自动软水器	ZRS180/440-750×2200	$G=12\sim14m^3/h$ $N=37.5W$（380V）	台	1	直燃机房		
14	电子水处理	SHN	$G=800m^3/h$ $N=40W$	台	2	直燃机房	① ②	
15	热水循环泵	QPG200-400（I）C	$G=224m^3/h$ $H=34.8mH_2O$ $N=45kW$	台	3	直燃机房	B-B1-5，6，7	备用一台 自动切换使用 屏蔽式空调锅炉循环专用泵
16	冷却水泵	QPG300-400A	$G=791m^3/h$ $H=36.5mH_2O$ $N=110kW$	台	2	直燃机房	B-B1-3.4	屏蔽式空调锅炉循环专用泵
17	冷冻水泵	QPG300-315	$G=500m^3/h$ $H=36mH_2O$ $N=90kW$	台	2	直燃机房	B-B1-1，2	屏蔽式空调锅炉循环专用泵
18	直燃机	BZ250IXD	$Q_{冷}=2908kW$ $Q_{热}=2245kW$ 燃气量（制冷）$185\times10^4kcal/h$ 燃气量（制热）$209\times10^4kcal/h$	台	2	直燃机房	LS-B2-1，2	$N=15.3kW$
19	集水器		DN800 $L=6730$　承压 1.0MPa	台	1	直燃机房		
20	分水器		DN800 $L=6730$　承压 1.0MPa	台	1	直燃机房		

附　　录

本章执笔人

关文吉

中国建筑设计院有限公司

总工程师

教授级高级工程师

注册设备工程师

附录一　室外气象参数

附表 1　室外空气计算参数

省　份			北京（1）	天津（2）		河北省（10）				
城市名称			1	1	2	1	2	3	4	5
			北京	天津	塘沽	石家庄	唐山	邢台	保定	张家口
站台名称			北京 5411	天津 54527	塘沽 54623	石家庄 53698	唐山 54534	邢台 53798	保定 54602	张家口 54401
台站位置	北纬		39°48′	39°05′	39°00′	38°02′	39°40′	37°04′	38°51′	40°47′
	东经		116°28′	117°04′	117°43′	114°25′	118°09′	114°30′	115°31′	114°53′
	海拔（m）		31.3	2.5	2.7	81	27.8	76.8	17.2	724.2
统计年份			1971—2000	1971—2000	1971—2000	1971—2000	1971—2000	1971—2000	1971—2000	1971—2000
年平均温度（℃）			12.3	12.7	12.6	13.4	11.5	13.9	12.9	8.8
室外计算温、湿度	冬季	供暖（℃）	−7.6	−7	−6.8	−6.2	−9.2	−5.5	−7	−13.6
		通风（℃）	−3.6	−3.5	−3.3	−2.3	−5.1	−1.6	−3.2	−8.3
		空调（℃）	−9.9	−9.6	−9.2	−8.8	−11.6	−8	−9.5	−16.2
		空调相对湿度（%）	44	56	59	55	55	57	55	41
	夏季	空气调节干球温度（℃）	33.5	33.9	32.5	35.1	32.9	35.1	34.8	32.1
		空气调节室外计算湿球温度（℃）	26.4	26.8	26.9	26.8	26.3	26.9	26.6	22.6
		通风计算温度（℃）	29.7	29.8	28.8	30.8	29.2	31	30.4	27.8
		通风计算相对湿度（%）	61	63	68	60	63	61	61	50
		空气调节室外计算日平均温度（℃）	29.6	29.4	29.6	30	28.5	30.2	29.8	27
室外风向、风速及频率	夏季	平均风速（m/s）	2.1	2.2	4.2	1.7	2.3	1.7	2	2.1
		最多风向	C　SW	C　S	SSE	C　S	C　ESE	C　SSW	C　SW	C　SE
		最多风向的频率（%）	18　10	15　9	12	26　13	14　11	23　13	18　14	19　15
		最多风向的平均风速（m/s）	3	2.4	4.3	2.6	2.8	2.3	2.5	2.9
	冬季	平均风速（m/s）	2.6	2.4	3.9	1.8	2.2	1.4	1.8	2.8
		最多风向	C　N	C　N	NNW	C　NNE	C　WNW	C　NNE	C　SW	N
		最多风向的频率（%）	19　12	20　11	13	25　12	22　11	27　10	23　12	35
		最多风向的平均风速（m/s）	4.7	4.8	5.8	2	2.9	2	2.3	3.5
	年最多风向		C　SW	C　SW	NNW	C　S	C　ESE	C　SSW	C　SW	N
	年最多风向的频率（%）		17　10	16　9	8	25　12	17　18	24　13	19　14	26
冬季日照百分率（%）			64	58	63	56	60	56	56	65
最大冻土深度（cm）			66	58	59	56	72	46	58	136
大气压力	冬季（kPa）		1021.7	1027.1	1026.3	1017.2	1023.6	1017.7	1025.1	939.5
	夏季（kPa）		1000.2	1005.2	1004.6	995.8	1002.4	996.2	1002.9	925
设计计算用供暖期天数及其平均温度	日平均温度≤+5℃的天数		123	121	122	111	130	105	119	146
	日平均温度≤+5℃的起止日期		11.12～03.14	11.13～03.13	11.15～03.16	11.15～03.05	11.10～03.19	11.19～03.03	11.13～03.11	11.03～03.28
	平均温度≤+5℃期间内的平均温度（℃）		−0.7	−0.6	−0.4	0.1	−1.6	0.5	−0.5	−3.9
	日平均温度≤+8℃的天数		144	142	143	140	146	129	142	168
	日平均温度≤+8℃的起止日期		11.04～03.27	11.06～03.27	11.07～03.29	11.07～03.26	11.04～03.29	11.08～03.16	11.05～03.27	10.20～04.05
	平均温度≤+8℃期间内的平均温度（℃）		0.3	0.4	0.6	1.5	−0.7	1.8	0.7	−2.6
极端最高温度（℃）			41.9	40.5	40.9	41.5	39.6	41.1	41.6	39.2
极端最低温度（℃）			−18.3	−17.8	−15.4	−19.3	−22.7	−20.2	−19.6	−24.6

注：E—东；东风。S—南；南风。W—西；西风。N—北；北风。C—静风。

续表

省　份			河北省（10）					山西省（10）		
城市名称			6 承德	7 秦皇岛	8 沧州	9 廊坊	10 衡水	1 太原	2 大同	3 阳泉
站台名称			承德 54423	秦皇岛 54449	沧州 54616	霸州 54518	饶阳 54606	太原 53772	大同 53487	阳泉 53782
台站位置	北纬		40°58′	39°56′	38°20′	39°07′	38°14′	37°47′	40°06′	37°51′
	东经		117°56′	119°36′	116°50′	116°23′	115°44′	112°33′	113°20′	113°33′
	海拔（m）		377.2	2.6	9.6	9	18.9	778.3	1067.2	741.9
统计年份			1971—2000	1971—2000	1971—1995	1971—2000	1971—2000	1971—2000	1971—2000	1971—2000
年平均温度（℃）			9.1	11	12.9	12.2	12.5	10	7	11.3
室外计算温、湿度	冬季	供暖（℃）	−13.3	−9.6	−7.1	−8.3	−7.9	−10.1	−16.3	−8.3
		通风（℃）	−9.1	−4.8	−3	−4.4	−3.9	−5.5	−10.6	−3.4
		空调（℃）	−15.7	−12	−9.6	−11	−10.4	−12.8	−18.9	−10.4
		空调相对湿度（%）	51	51	57	54	59	50	50	43
	夏季	空气调节干球温度（℃）	32.7	30.6	34.3	34.4	34.8	31.5	30.9	32.8
		空气调节室外计算湿球温度（℃）	24.1	25.9	26.7	26.6	26.9	23.8	21.2	23.6
		通风计算温度（℃）	28.7	27.5	30.1	30.1	30.5	27.8	26.4	28.2
		通风计算相对湿度（%）	55	55	63	61	61	58	49	55
		空气调节室外计算日平均温度（℃）	27.4	27.7	29.7	29.6	29.6	26.1	25.3	27.4
室外风向、风速及频率	夏季	平均风速（m/s）	0.9	2.3	2.9	2.2	2.2	1.8	2.5	1.6
		最多风向	C　SSW	C　WSW	SW	C　SW	C　SW	C　N	C　NNE	C　ENE
		最多风向的频率（%）	61　6	19　10	12	12　9	15　11	30　10	17　12	33　9
		最多风向的平均风速（m/s）	2.5	2.7	2.7	2.5	3	2.4	3.1	2.3
	冬季	平均风速（m/s）	1	2.5	2.6	2.1	2	2	2.8	2.2
		最多风向	C　NW	C　WNW	SW	C　NE	C　SW	C　N	N	C　NNW
		最多风向的频率（%）	66　10	19　13	12	19　11	19　9	30　13	19	30　19
		最多风向的平均风速（m/s）	3.3	3	2.8	3.3	2.6	2.6	3.3	3.7
	年最多风向		C　NW	C　WNW	SW	C　SW	C　SW	C　N	C　NNE	C　NNW
	年最多风向的频率（%）		61　6	18　10	14	14　10	15　11	29　11	16　15	31　13
冬季日照百分率（%）			65	64	64	57	63	57	61	62
最大冻土深度（cm）			126	85	43	67	77	72	186	62
大气压力	冬季（hPa）		980.5	1026.4	1027	1026.4	1024.9	933.5	899.9	937.1
	夏季（hPa）		963.3	1005.6	1004	1004	1002.8	919.8	889.1	923.8
设计计算用供暖期天数及其平均温度	日平均温度≤+5℃的天数		145	135	118	124	122	141	163	126
	日平均温度≤+5℃的起止日期		11.03～03.27	11.12～03.26	11.15～03.12	11.11～03.14	11.12～03.13	10.06～03.26	10.24～04.04	11.12～03.17
	平均温度≤+5℃期间内的平均温度（℃）		−4.1	−1.2	−0.5	−1.3	−0.9	−1.7	−4.8	−0.5
	日平均温度≤+8℃的天数		166	153	141	143	143	160	183	146
	日平均温度≤+8℃的起止日期		10.21～04.04	11.04～04.05	11.07～03.27	11.05～03.27	11.05～03.27	10.23～03.31	10.14～04.14	11.04～03.29
	平均温度≤+8℃期间内的平均温度（℃）		−2.9	−0.3	0.7	−0.3	0.2	−0.7	−3.5	0.3
极端最高温度（℃）			43.3	39.2	40.5	41.3	41.2	37.4	37.2	40.2
极端最低温度（℃）			−24.2	−20.8	−19.5	−21.5	−22.6	−22.7	−27.2	−16.2

注：E—东；东风。S—南；南风。W—西；西风。N—北；北风。C—静风。

续表

省　份			山西省（10）							内蒙古（12）
城市名称			4	5	6	7	8	9	10	1
			运城	晋城	朔州	晋中	忻州	临汾	吕梁	呼和浩特
站台名称			运城 53959	阳城 53975	右玉 53478	榆社 53787	原平 53673	临汾 53868	离石 53764	呼和浩特 53463
台站位置	北纬		35°02′	35°29′	40°00′	37°04′	38°44′	36°04′	37°30′	40°49′
	东经		111°01′	112°24′	112°27′	112°59′	112°43′	111°30′	111°06′	111°41′
	海拔（m）		376	659.5	1348.8	1041.4	828.2	449.5	950.8	1063
统计年份			1971—2000	1971—2000	1971—2000	1971—2000	1971—2000	1971—2000	1971—2000	1971—2000
年平均温度（℃）			9.14	11.8	3.9	8.8	9	12.6	9.1	6.7
室外计算温、湿度	冬季	供暖（℃）	−4.5	−6.6	−20.8	−11.1	−12.3	−6.6	−12.6	−17
		通风（℃）	−0.9	−2.6	−14.4	−6.6	−7.7	−2.7	−7.6	−11.6
		空调（℃）	−7.4	−9.1	−25.4	−13.6	−14.7	−10	−16	−20.3
		空调相对湿度（%）	57	53	61	49	47	58	55	58
	夏季	空气调节干球温度（℃）	35.8	32.7	29	30.8	31.8	34.6	32.4	30.6
		空气调节室外计算湿球温度（℃）	26	24.6	19.8	22.3	22.9	25.7	22.9	21
		通风计算温度（℃）	31.3	28.8	24.5	26.8	27.6	30.6	28.1	26.5
		通风计算相对湿度（%）	55	59	50	55	53	56	52	48
		空气调节室外计算日平均温度（℃）	31.5	27.3	22.5	24.8	26.2	29.3	26.3	25.9
室外风向、风速及频率	夏季	平均风速（m/s）	3.1	1.7	2.1	1.5	1.9	1.8	2.6	1.8
		最多风向	SSE	C　SSE	C　ESE	C　SSW	C　NNE	C　SW	C　NE	C　SW
		最多风向的频率（%）	16	35　11	30　11	39　9	20　11	24　9	22　17	36　8
		最多风向的平均风速（m/s）	5	2.9	2.8	2.8	2.4	3	2.5	3.4
	冬季	平均风速（m/s）	2.4	1.9	2.3	1.3	2.3	1.6	2.1	1.5
		最多风向	C　W	C　NW	C　NW	C　E	C　NNE	C　SW	NE	C　NNW
		最多风向的频率（%）	24　9	42　12	41　11	42　14	26　14	35　7	26	50　9
		最多风向的平均风速（m/s）	2.8	4.9	5	1.9	3.8	2.6	2.5	4.2
	年最多风向		C　SSE	C　NW	C　WNW	C　E	C　NNE	C　SW	NE	C　NNW
	年最多风向的频率（%）		18　11	37　9	32　8	38　9	22　12	31　9	20	40　7
冬季日照百分率（%）			49	58	71	62	60	47	58	63
最大冻土深度（cm）			39	39	169	76	121	57	104	156
大气压力	冬季（hPa）		982	947.4	868.6	902.6	926.9	972.5	914.5	901.2
	夏季（hPa）		962.7	932.4	860.7	892	913.8	954.2	901.3	889.6
设计计算用供暖期天数及其平均温度	日平均温度≤+5℃的天数		101	120	182	144	145	114	143	167
	日平均温度≤+5℃的起止日期		11.22～03.02	11.14～03.13	10.～04.13	11.05～03.28	11.03～03.27	11.13～03.06	11.05～03.27	10.20～04.04
	平均温度≤+5℃期间内的平均温度（℃）		0.9	0	−6.9	−2.6	−3.2	−0.2	−3	−5.3
	日平均温度≤+8℃的天数		127	143	208	168	168	142	166	184
	日平均温度≤+8℃的起止日期		11.08～03.14	11.06～03.28	10.01～04.26	10.20～04.05	10.20～04.05	11.06～03.27	10.20～04.03	10.12～04.13
	平均温度≤+8℃期间内的平均温度（℃）		2	1	−5.2	−1.3	−1.9	1.1	−1.7	−4.1
极端最高温度（℃）			41.2	38.5	34.4	36.7	38.1	40.5	38.4	38.5
极端最低温度（℃）			−18.9	−17.2	−40.4	−25.1	−25.8	−23.1	−26	−30.5

注：E—东；东风。S—南；南风。W—西；西风。N—北；北风。C—静风。

续表

省份			内蒙古（12）							
城市名称			2	3	4	5	6	7	8	9
			包头	赤峰	通辽	鄂尔多斯	呼伦贝尔		巴彦淖尔	乌兰察布
站台名称			包头 53446	赤峰 54218	通辽 54135	东胜 53543	满州里 50514	海拉尔 50527	临河 53513	集宁 53480
台站位置	北纬		40°40′	42°16′	43°36′	39°50′	49°34′	49°13′	40°45′	41°02′
	东经		109°51′	118°56′	122°16′	109°59′	117°26′	119°45′	107°25′	113°04′
	海拔（m）		1067.2	568	178.5	1460.4	661.7	610.2	1039.3	1419.3
统计年份			1971—2000	1971—2000	1971—2000	1971—2000	1971—2000	1971—2000	1971—2000	1971—2000
年平均温度（℃）			7.2	7.5	6.6	6.2	−0.7	−1.0	8.1	4.3
室外计算温、湿度	冬季	供暖（℃）	−16.6	−16.2	−19	−16.8	−28.6	−31.6	−15.3	−18.9
		通风（℃）	−11.1	−10.7	−13.5	−10.5	−23.3	−25.1	−9.9	−13
		空调（℃）	−19.7	−18.8	−21.8	−19.6	−31.6	−34.5	−19.1	−21.9
		空调相对湿度（%）	55	43	54	52	75	79	51	55
	夏季	空气调节干球温度（℃）	31.7	32.7	32.3	29.1	29	29	32.7	28.2
		空气调节室外计算湿球温度（℃）	20.9	22.6	24.5	19	19.9	20.5	20.9	18.9
		通风计算温度（℃）	27.4	28	28.2	24.8	24.1	24.3	28.4	23.8
		通风计算相对湿度（%）	43	50	57	43	52	54	39	49
		空气调节室外计算日平均温度（℃）	26.5	27.4	27.3	24.6	23.6	23.5	27.5	22.9
室外风向、风速及频率	夏季	平均风速（m/s）	2.6	2.2	3.5	3.1	3.8	3	2.1	2.4
		最多风向	C　SE	C　WSW	SSW	SSW	C　E	C　SSW	C　E	C　WNW
		最多风向的频率（%）	14　11	20　13	17	19	13　10	13　8	20　10	29　9
		最多风向的平均风速（m/s）	2.9	2.5	4.6	3.7	4.4	3.1	2.5	3.6
	冬季	平均风速（m/s）	2.4	2.3	3.7	2.9	3.7	2.3	2	3
		最多风向	N	C　W	NW	SSW	WSW	C　SSW	C　W	C　WNW
		最多风向的频率（%）	21	26　14	16	14	23	22　19	30　13	33　13
		最多风向的平均风速（m/s）	3.4	3.1	4.4	3.1	3.9	2.5	3.4	4.9
	年最多风向		N	C　W	SSW	SSW	WSW	C　SSW	C　W	C　WNW
	年最多风向的频率（%）		16	21　13	11	17	13	15　12	24　10	29　12
冬季日照百分率（%）			68	70	76	73	70	62	72	72
最大冻土深度（cm）			157	201	179	150	389	242	138	184
大气压力	冬季（hPa）		901.2	955.1	1002.6	856.7	941.9	947.9	903.9	860.2
	夏季（hPa）		889.1	941.1	984.4	849.5	930.3	935.7	891.1	853.7
设计计算用供暖期天数及其平均温度	日平均温度≤+5℃的天数		164	161	166	168	210	208	157	181
	日平均温度≤+5℃的起止日期		10.21～04.02	10.26～04.04	10.21～04.04	10.20～04.05	09.30～04.27	10.01～04.26	10.24～03.29	10.16～04.14
	平均温度≤+5℃期间内的平均温度（℃）		−5.1	−5	−6.7	−4.9	−12.4	−12.7	−4.4	−6.4
	日平均温度≤+8℃的天数		182	179	184	189	229	227	175	206
	日平均温度≤+8℃的起止日期		10.13～04.12	10.16～04.12	10.13～04.14	10.11～04.17	09.21～05.07	09.22～05.06	10.16～04.08	10.03～04.26
	平均温度≤+8℃期间内的平均温度（℃）		−3.9	−3.8	−5.4	−3.6	−10.8	−11	−3.3	−4.7
极端最高温度（℃）			39.2	40.4	38.9	35.3	37.9	36.6	39.4	33.6
极端最低温度（℃）			−31.4	−28.8	−31.6	−28.4	−40.5	−42.3	−35.3	−32.4

注：E—东；东风。S—南；南风。W—西；西风。N—北；北风。C—静风。

续表

省份			内蒙古（12）			辽宁（12）				
城市名称			10	11	12	1	2	3	4	5
			兴安盟	锡林郭勒盟		沈阳	大连	鞍山	抚顺	本溪
站台名称			乌兰浩特 50838	二连浩特 53068	锡林浩特 54102	沈阳 54343	大连 54662	鞍山 54339	抚顺 54351	本溪 54346
台站位置		北纬	46°05′	43°39′	43°57′	41°44′	43°57′	42°02′	41°54′	41°19′
		东经	122°03′	111°58′	116°04′	123°27′	121°38′	123°00′	124°05′	123°47′
		海拔（m）	274.7	964.7	989.5	44.7	91.5	77.3	118.5	185.2
统计年份			1971—2000	1971—2000	1971—2000	1971—2000	1971—2000	1971—2000	1971—2000	1971—2000
年平均温度（℃）			5	4	2.6	8.4	10.9	9.6	6.8	7.8
室外计算温、湿度	冬季	供暖（℃）	−20.5	−24.3	−25.2	−16.9	−9.8	−15.1	−20	−18.1
		通风（℃）	−15	−18.1	−18.8	−11	−3.9	−8.6	−13.5	−11.5
		空调（℃）	−23.5	−27.8	−27.8	−20.7	−13	−18	−23.8	−21.5
		空调相对湿度（%）	54	69	72	60	56	54	68	64
	夏季	空气调节干球温度（℃）	31.8	33.2	31.1	31.5	29	31.6	31.5	31
		空气调节室外计算湿球温度（℃）	23	19.3	19.9	25.3	24.9	25.1	24.8	24.3
		通风计算温度（℃）	27.1	27.9	26	28.2	26.3	28.2	27.8	27.4
		通风计算相对湿度（%）	55	33	44	65	71	63	65	63
		空气调节室外计算日平均温度（℃）	26.6	27.5	25.4	27.5	26.5	28.1	26.6	27.1
室外风向、风速及频率	夏季	平均风速（m/s）	2.6	4	3.3	2.6	4.1	2.7	2.2	2.2
		最多风向	C NE	NW	C SW	SW	SSW	SW	C NE	C ESE
		最多风向的频率（%）	23 7	8	13 9	16	19	13	15 12	19 15
		最多风向的平均风速（m/s）	3.9	5.2	3.4	3.5	4.6	3.6	2.2	2
	冬季	平均风速（m/s）	2.6	3.6	3.2	2.6	5.2	2.9	2.3	2.4
		最多风向	C NW	NW	WSW	C NNE	NNE	NE	ENE	ESE
		最多风向的频率（%）	27 17	16	19	13 10	24	14	20	25
		最多风向的平均风速（m/s）	4	5.3	4.3	3.6	7	3.5	2.1	2.3
		年最多风向	C NW	NW	C WSW	SW	NNE	SW	NE	ESE
		年最多风向的频率（%）	22 11	13	15 13	13	15	12	16	18
冬季日照百分率（%）			69	76	71	56	65	60	61	57
最大冻土深度（cm）			249	310	265	148	90	118	143	149
大气压力		冬季（hPa）	989.1	910.5	906.4	1020.8	1013.9	1018.5	1011	1003.3
		夏季（hPa）	973.3	898.3	895.9	1000.9	997.8	998.8	992.4	985.7
设计计算用供暖期天数及其平均温度		日平均温度≤+5℃的天数	176	181	189	152	132	143	161	157
		日平均温度≤+5℃的起止日期	10.17～04.10	10.14～04.12	10.11～04.17	10.30～03.30	11.16～03.27	11.06～03.28	10.26～04.04	10.28～04.03
		平均温度≤+5℃期间内的平均温度（℃）	−7.8	−9.3	−9.7	−5.1	−0.7	−3.8	−6.3	−5.1
		日平均温度≤+8℃的天数	193	196	209	172	152	163	182	175
		日平均温度≤+8℃的起止日期	10.09～04.19	10.07～04.20	10.01～04.27	10.20～04.09	11.06～04.06	10.26～04.06	10.14～04.13	10.18～04.10
		平均温度≤+8℃期间内的平均温度（℃）	−6.5	−8.1	−8.1	−3.6	0.3	−2.5	−4.8	−3.8
极端最高温度（℃）			40.3	41.1	39.2	36.1	35.3	36.5	37.7	37.5
极端最低温度（℃）			−33.7	−37.1	−38	−29.4	−18.8	−26.9	−35.9	−33.6

注：E—东；东风。S—南；南风。W—西；西风。N—北；北风。C—静风。

续表

省份			辽宁（12）							吉林省（8）
城市名称			6	7	8	9	10	11	12	1
			丹东	锦州	营口	阜新	铁岭	朝阳	葫芦岛	长春
站台名称			丹东 54497	锦州 54337	营口 54471	阜新 54237	开原 54254	朝阳 54324	兴城 54455	长春 54161
台站位置		北纬	40°03′	41°08′	40°40′	42°05′	42°32′	41°33′	40°35′	43°54′
		东经	124°20′	121°07′	122°16′	121°43′	124°03′	120°27′	120°42′	125°13′
		海拔（m）	13.8	65.9	3.3	166.8	98.2	169.9	8.5	236.8
统计年份			1971—2000	1971—2000	1971—2000	1971—2000	1971—2000	1971—2000	1971—2000	1971—2000
年平均温度（℃）			8.9	9.5	9.5	8.1	7	9	9.2	5.7
室外计算温、湿度	冬季	供暖（℃）	−12.9	−13.1	−14.1	−15.7	−20	−15.3	−12.6	−21.1
		通风（℃）	−7.4	−7.9	−8.5	−10.6	−13.4	−9.7	7.7	−15.1
		空调（℃）	−15.9	−15.5	−17.1	−18.5	−23.5	−18.3	−15	−24.3
		空调相对湿度（%）	55	52	62	49	49	43	52	66
	夏季	空气调节干球温度（℃）	29.6	31.4	30.4	32.5	31.1	33.5	29.5	30.5
		空气调节室外计算湿球温度（℃）	25.3	25.2	25.5	24.7	25	25	25.5	24.1
		通风计算温度（℃）	26.8	27.9	27.7	28.4	27.5	28.9	26.8	26.6
		通风计算相对湿度（%）	71	67	68	60	60	58	76	65
		空气调节室外计算日平均温度（℃）	25.9	27.1	27.5	27.3	26.8	28.3	26.4	26.3
室外风向、风速及频率	夏季	平均风速（m/s）	2.3	3.3	3.7	2.1	2.7	2.5	2.4	3.2
		最多风向	C SSW	SW	SW	C SW	SSW	C SSW	C SSW	WSW
		最多风向的频率（%）	17 13	18	17	29 21	17	32 22	26 16	15
		最多风向的平均风速（m/s）	3.2	4.3	4.8	3.4	3.1	3.6	3.9	4.6
	冬季	平均风速（m/s）	3.4	3.2	3.6	2.1	2.7	2.4	2.2	3.7
		最多风向	N	C NNE	NE	C N	C SW	C SSW	C NNE	WSW
		最多风向的频率（%）	21	21 15	16	36 9	16 15	14 12	34 13	20
		最多风向的平均风速（m/s）	5.2	5.1	4.3	4.1	3.8	3.5	3.4	4.7
		年最多风向	C ENE	C SW	SW	C SW	SW	C SSW	C SW	WSW
		年最多风向的频率（%）	14 13	17 12	15	31 14	16	33 16	28 10	17
冬季日照百分率（%）			64	67	67	68	62	69	72	64
最大冻土深度（cm）			88	108	101	139	137	135	99	169
大气压力		冬季（hPa）	1023.7	1017.8	1026.1	1007	1013.4	1004.5	1025.5	994.4
		夏季（hPa）	1005.5	997.8	1005.5	988.1	994.6	985.5	1004.7	978.4
设计计算用供暖期天数及其平均温度		日平均温度≤+5℃的天数	145	144	144	159	160	145	145	169
		日平均温度≤+5℃的起止日期	11.07～03.31	11.05～03.28	11.06～03.29	10.27～04.03	10.27～04.04	11.04～03.28	11.06～03.30	10.20～04.06
		平均温度≤+5℃期间内的平均温度（℃）	−2.8	−3.4	−3.6	−4.8	−6.4	−4.7	−3.2	−7.6
		日平均温度≤+8℃的天数	167	164	164	176	180	157	167	188
		日平均温度≤+8℃的起止日期	10.27～04.11	10.26～04.06	10.26～04.07	10.18～04.11	10.16～04.13	10.21～04.05	10.26～04.10	10.12～04.17
		平均温度≤+8℃期间内的平均温度（℃）	−1.7	−2.2	−2.4	3.7	−4.9	−3.2	−1.9	−6.1
极端最高温度（℃）			35.3	41.8	34.7	40.9	36.6	43.3	40.8	35.7
极端最低温度（℃）			−25.8	−22.8	−28.4	−27.1	−36.3	−34.4	−27.5	−33

注：E—东；东风。S—南；南风。W—西；西风。N—北；北风。C—静风。

续表

省份			吉林省（8）							黑龙江（12）
城市名称			2	3	4	5	6	7	8	1
			吉林	四平	通化	白山	松原	白城	延边	哈尔滨
站台名称			吉林 54172	四平 54157	通化 54363	临江 54374	乾安 50948	白城 50936	延吉 54292	哈尔滨 50953
台站位置	北纬		43°57′	43°11′	41°41′	41°48′	45°00′	45°38′	42°53′	45°45′
	东经		126°28′	124°20′	125°54′	126°55′	124°01′	122°50′	129°28′	126°46′
	海拔（m）		183.4	164.2	402.9	332.7	146.3	155.2	176.8	142.3
统计年份			1971—1995	1971—2000	1971—2000	1971—2000	1971—2000	1971—2000	1971—2000	1971—2000
年平均温度（℃）			4.8	6.7	5.6	5.3	5.4	5	5.4	4.2
室外计算温、湿度	冬季	供暖（℃）	−24	−19.7	−21	−21.5	−21.6	−21.7	−18.4	−24.2
		通风（℃）	−17.2	−13.5	−14.2	−15.6	−16.1	−16.4	−13.6	−18.4
		空调（℃）	−27.5	−22.8	−24.2	−24.4	−24.5	−25.3	−21.3	−27.1
		空调相对湿度（%）	72	66	68	71	64	57	59	73
	夏季	空气调节干球温度（℃）	30.4	30.7	29.9	30.8	31.8	31.8	31.3	30.7
		空气调节室外计算湿球温度（℃）	24.1	24.5	23.2	23.6	24.2	23.9	23.7	23.9
		通风计算温度（℃）	26.6	27.2	26.3	27.3	27.6	27.5	26.7	26.8
		通风计算相对湿度（%）	65	65	64	61	59	58	63	62
		空气调节室外计算日平均温度（℃）	26.1	26.7	25.3	25.4	27.3	26.9	25.6	26.3
室外风向、风速及频率	夏季	平均风速（m/s）	2.6	2.5	1.6	1.2	3	2.9	2.1	3.2
		最多风向	C SSE	SW	C SW	C NNE	SSW	C SSW	C E	SSW
		最多风向的频率（%）	20 11	17	41 12	42 14	14	13 10	31 19	12
		最多风向的平均风速（m/s）	2.3	3.8	3.5	1.6	3.8	3.8	3.7	3.9
	冬季	平均风速（m/s）	2.6	2.6	1.3	0.8	2.9	3	2.6	3.2
		最多风向	C WSW	C SW	C SW	C NNE	WNW	C WNW	C WNW	SW
		最多风向的频率（%）	31 18	15 15	53 7	61 11	12	11 10	42 19	14
		最多风向的平均风速（m/s）	4	3.9	3.6	1.6	3.2	3.4	5	3.7
	年最多风向		C WSW	SW	C SW	C NNE	SSW	C NNE	C WNW	SSW
	年最多风向的频率（%）		22 13	16	43 11	46 14	11	10 9	37 13	12
冬季日照百分率（%）			52	69	50	55	67	73	57	56
最大冻土深度（cm）			182	148	139	136	220	750	198	205
大气压力	冬季（hPa）		1001.9	1004.3	974.7	983.9	1005.5	1004.6	1000.7	1004.2
	夏季（hPa）		984.8	986.7	961	969.1	987.9	986.9	986.8	987.7
设计计算用供暖期天数及其平均温度	日平均温度≤+5℃的天数		172	163	170	170	170	172	171	176
	日平均温度≤+5℃的起止日期		10.18～04.07	10.25～04.05	10.20～04.07	10.20～04.07	10.19～04.06	10.18～04.07	10.20～04.08	10.17～04.10
	平均温度≤+5℃期间内的平均温度（℃）		−8.5	−6.6	−6.6	−7.2	−8.4	−8.6	−6.6	−9.4
	日平均温度≤+8℃的天数		191	184	189	191	190	191	192	195
	日平均温度≤+8℃的起止日期		10.11～04.19	10.13～04.14	10.12～04.18	10.11～04.19	10.11～04.18	10.10～04.18	10.11～04.20	10.08～04.20
	平均温度≤+8℃期间内的平均温度（℃）		−7.1	−5	−5.3	−5.7	−6.9	−7.1	−5.1	−7.8
极端最高温度（℃）			35.7	37.3	35.6	37.9	38.5	38.6	37.7	36.7
极端最低温度（℃）			−40.3	−32.3	−33.1	−33.8	−34.8	−38.1	−32.7	−37.7

注：E—东；东风。S—南；南风。W—西；西风。N—北；北风。C—静风。

续表

省　份			黑龙江（12）							
城市名称			2	3	4	5	6	7	8	9
			齐齐哈尔	鸡西	鹤岗	伊春	佳木斯	牡丹江	双鸭山	黑河
站台名称			齐齐哈尔 50745	鸡西 50978	鹤岗 50775	伊春 80774	佳木斯 50873	牡丹江 54094	宝清 50888	黑河 50468
台站位置	北纬		47°23′	45°17′	47°22′	47°44′	46°49′	44°34′	46°19′	50°15′
	东经		123°55′	130°57′	130°20′	128°55′	130°17′	129°36′	132°11′	127°27′
	海拔（m）		145.9	238.3	227.9	240.9	81.2	241.4	83	166.4
统计年份			1971—2000	1971—2000	1971—2000	1971—2000	1971—2000	1971—2000	1971—2000	1971—2000
年平均温度（℃）			3.9	4.2	3.5	1.2	3.6	4.3	4.1	0.4
室外计算温、湿度	冬季	供暖（℃）	−23.8	−21.5	−22.7	−28.3	−24	−22.4	−23.2	−29.5
		通风（℃）	−18.6	−16.4	−17.2	−22.5	−18.5	−17.3	−17.5	−23.2
		空调（℃）	−27.2	−24.4	−25.3	−31.3	−27.4	−25.8	−26.4	−33.2
		空调相对湿度（%）	67	64	63	73	70	69	65	70
	夏季	空气调节干球温度（℃）	31.1	30.5	29.9	29.8	30.8	31	30.8	29.4
		空气调节室外计算湿球温度（℃）	23.5	23.2	22.7	22.5	23.6	23.5	23.4	22.3
		通风计算温度（℃）	26.7	26.3	25.5	25.7	26.6	26.9	26.4	25.1
		通风计算相对湿度（%）	58	61	62	60	61	59	61	62
		空气调节室外计算日平均温度（℃）	26.7	25.7	25.6	24	26	25.9	26.1	24.2
室外风向、风速及频率	夏季	平均风速（m/s）	3	2.3	2.9	2	2.8	2.1	3.1	2.6
		最多风向	SSW	C　WNW	C　ESE	C　ENE	C　WSW	C　WSW	SSW	C　NNW
		最多风向的频率（%）	10	22　11	11　11	20　11	20　12	18　14	18	17　16
		最多风向的平均风速（m/s）	3.8	3	3.2	2	3.7	2.6	3.5	2.8
	冬季	平均风速（m/s）	2.6	3.5	3.1	1.8	3.1	2.2	3.7	2.8
		最多风向	NNW	WNW	NW	C　WNW	C　W	C　WSW	C　NNW	NNW
		最多风向的频率（%）	13	31	21	30　16	21　19	27　13	18　14	41
		最多风向的平均风速（m/s）	3.1	4.7	4.3	3.2	4.1	2.3	6.4	3.4
	年最多风向		NNW	WNW	NW	C　WNW	C　WSW	C　WSW	SSW	NNW
	年最多风向的频率（%）		10	20	13	22　13	18　15	20　14	14	27
冬季日照百分率（%）			68	63	63	58	57	56	61	69
最大冻土深度（cm）			209	238	221	278	220	191	260	263
大气压力	冬季（hPa）		1005	991.9	991.3	991.8	1011.3	992.2	1010.5	1000.6
	夏季（hPa）		987.9	979.7	979.5	978.5	996.4	978.9	996.7	986.2
设计计算用供暖期天数及其平均温度	日平均温度≤+5℃的天数		181	179	184	190	180	177	179	197
	日平均温度≤+5℃的起止日期		10.15～04.13	10.17～04.13	10.14～04.15	10.10～04.17	10.16～04.13	10.17～04.11	10.17～04.13	10.06～04.20
	平均温度≤+5℃期间内的平均温度（℃）		−9.5	−8.3	−9	−11.8	−9.6	−8.6	−8.9	−12.5
	日平均温度≤+8℃的天数		198	195	206	212	198	194	194	219
	日平均温度≤+8℃的起止日期		10.06～04.21	10.09～04.21	10.04～04.27	09.30～04.29	10.06～04.21	10.09～04.20	10.10～04.21	09.29～05.05
	平均温度≤+8℃期间内的平均温度（℃）		−8.1	−7	−7.3	−9.9	−8.1	−7.3	−7.7	−10.6
极端最高温度（℃）			40.1	37.6	37.7	36.3	38.1	38.4	37.2	37.2
极端最低温度（℃）			−36.4	−32.5	−34.5	−41.2	−39.5	−35.1	−37	−44.5

注：E—东；东风。S—南；南风。W—西；西风。N—北；北风。C—静风。

续表

省份			黑龙江（12）			上海（1）	江苏省（9）			
城市名称			10	11	12	1	1	2	3	4
			绥化	大兴安岭地区		上海	南京	徐州	南通	连云港
站台名称			绥化 50853	漠河 50136	加格达奇 50442	徐家汇 58367	南京 58238	徐州 58027	南通 58259	赣榆 58040
台站位置	北纬		46°37′	52°58′	50°24′	31°10′	32°00′	34°17′	31°59′	34°50′
	东经		126°58′	122°31′	124°07′	121°26′	118°48′	117°09′	120°53′	119°07′
	海拔（m）		179.6	433	371.7	2.6	8.9	41.0	6.1	3.3
统计年份			1971—2000	1971—2000	1971—2000	1971—1998	1971—2000	1971—2000	1971—2000	1971—2000
年平均温度（℃）			2.8	−4.3	−0.8	16.1	25.5	14.5	15.3	13.6
室外计算温、湿度	冬季	供暖（℃）	−26.7	−37.5	−29.7	−0.3	−1.8	−3.6	−1	−4.2
		通风（℃）	−20.9	−29.6	−23.3	4.2	2.4	0.4	3.1	−0.3
		空调（℃）	−30.3	−41	−32.9	−2.2	−4.1	−5.9	−3	−6.4
		空调相对湿度（%）	76	73	72	75	76	66	75	67
	夏季	空气调节干球温度（℃）	30.1	29.1	28.9	34.4	34.8	34.3	33.5	32.7
		空气调节室外计算湿球温度（℃）	23.4	20.8	21.2	27.9	28.1	27.6	28.1	27.8
		通风计算温度（℃）	26.2	24.4	24.2	31.2	31.2	30.5	30.5	29.1
		通风计算相对湿度（%）	63	57	61	69	69	67	72	75
		空气调节室外计算日平均温度（℃）	25.6	21.6	22.2	30.8	31.2	30.5	30.3	29.5
室外风向、风速及频率	夏季	平均风速（m/s）	3.5	1.9	2.2	3.1	2.6	2.6	3	2.9
		最多风向	SSE	C NW	C NW	SE	C SSE	C ESE	SE	E
		最多风向的频率（%）	11	24 8	23 12	14	18 11	15 11	13	12
		最多风向的平均风速（m/s）	3.6	2.9	2.6	3	3	3.5	2.9	3.8
	冬季	平均风速（m/s）	3.2	1.3	1.6	2.6	2.4	2.3	3	2.6
		最多风向	NNW	C N	C NW	NW	C ENE	C E	N	NNE
		最多风向的频率（%）	9	55 10	47 19	14	28 10	23 10	12	11
		最多风向的平均风速（m/s）	3.3	3	3.4	3	3.5	3	3.5	2.9
	年最多风向		SSW	C NW	C NW	SE	C E	C E	ESE	E
	年最多风向的频率（%）		10	34 9	31 16	10	23 9	20 12	10	9
冬季日照百分率（%）			66	60	65	40	43	48	45	57
最大冻土深度（cm）			715	—	288	8	9	21	12	20
大气压力	冬季（hPa）		1000.4	984.1	974.9	1025.4	1025.5	1022.1	1025.9	1026.3
	夏季（hPa）		984.9	969.4	962.7	1005.4	1004.3	1000.8	1000.5	1005.1
设计计算用供暖期天数及其平均温度	日平均温度≤+5℃的天数		184	224	208	42	77	97	57	102
	日平均温度≤+5℃的起止日期		10.13～04.14	09.23～05.04	10.02～04.27	01.01～02.11	12.05～02.13	11.27～03.03	12.19～02.13	11.26～03.07
	平均温度≤+5℃期间内的平均温度（℃）		−10.8	−16.1	−12.4	4.1	3.2	2	3.6	1.4
	日平均温度≤+8℃的天数		206	244	227	93	109	124	110	134
	日平均温度≤+8℃的起止日期		10.03～04.26	09.13～05.14	09.22～05.06	12.05～03.07	11.24～03.12	11.14～03.17	11.27～03.16	11.14～03.27
	平均温度≤+8℃期间内的平均温度（℃）		−8.9	−14.2	−10.8	5.2	4.2	3	4.7	2.6
极端最高温度（℃）			38.3	38	37.2	39.4	39.7	40.6	38.5	38.7
极端最低温度（℃）			−41.8	−49.6	−45.4	−10.1	−13.1	−15.8	−9.6	−13.8

注：E—东；东风。S—南；南风。W—西；西风。N—北；北风。C—静风。

续表

省份			江苏省（9）					浙江省（10）		
城市名称			5 常州	6 淮安	7 盐城	8 扬州	9 苏州	1 杭州	2 温州	3 金华
站台名称			常州 58343	淮阴 58144	射阳 58150	高邮 58241	吴县东山 58358	杭州 58457	温州 58659	金华 58549
台站位置		北纬	31°46′	33°36′	33°46′	32°48′	31°04′	30°14′	28°02′	29°07′
		东经	119°56′	119°02′	120°15′	119°27′	120°26′	120°10′	120°39′	119°39′
		海拔（m）	4.9	17.5	2	5.4	17.5	41.7	28.3	62.6
统计年份			1971—2000	1971—2000	1971—2000	1971—2000	1971—2000	1971—2000	1971—2000	1971—2000
年平均温度（℃）			15.8	14.4	14	14.8	16.1	16.5	18.1	17.3
室外计算温、湿度	冬季	供暖（℃）	−1.2	−3.3	−3.1	−2.3	−0.4	0	3.4	0.4
		通风（℃）	3.1	1	1.1	1.8	3.7	4.3	8	5.2
		空调（℃）	−3.5	−5.6	−5	−4.3	−2.5	−2.4	1.4	−1.7
		空调相对湿度（%）	75	72	74	75	77	76	76	78
	夏季	空气调节干球温度（℃）	34.6	33.4	33.2	34	34.4	35.6	33.8	36.2
		空气调节室外计算湿球温度（℃）	28.1	28.1	28	28.3	28.3	27.9	28.3	27.6
		通风计算温度（℃）	31.3	29.9	29.8	30.5	31.3	32.3	31.5	33.1
		通风计算相对湿度（%）	68	72	73	72	70	64	72	60
		空气调节室外计算日平均温度（℃）	31.5	30.2	29.7	30.6	31.3	31.6	29.9	32.1
室外风向、风速及频率	夏季	平均风速（m/s）	2.8	2.6	3.2	2.6	3.5	2.4	2	2.4
		最多风向	SE	ESE	SSE	SE	SE	SW	C　ESE	ESE
		最多风向的频率（%）	17	12	17	14	15	17	29　18	20
		最多风向的平均风速（m/s）	3.1	2.9	3.4	2.8	3.9	2.9	3.4	2.7
	冬季	平均风速（m/s）	2.4	2.5	3.2	2.6	3.5	2.3	1.8	2.7
		最多风向	C　NE	C　ENE	N	NE	N	C　N	C　NW	ESE
		最多风向的频率（%）	9	14　9	11	9	16	20　15	30　16	28
		最多风向的平均风速（m/s）	3	3.2	4.2	2.9	4.8	3.3	2.9	3.4
		年最多风向	SE	C　ESE	SSE	SE	SE	C　N	C　SE	ESE
		年最多风向的频率（%）	13	11　9	11	10	10	18　11	31　13	25
冬季日照百分率（%）			42	48	50	47	41	36	36	37
最大冻土深度（cm）			12	20	21	14	8	—	—	—
大气压力		冬季（hPa）	1026.1	1025	1026.3	1026.2	1024.1	1021.1	1023.7	1017.9
		夏季（hPa）	1005.3	1003.9	1005.6	1005.2	1003.7	1000.9	1007	998.6
设计计算用供暖期天数及其平均温度		日平均温度≤+5℃的天数	56	93	94	87	50	40	0	27
		日平均温度≤+5℃的起止日期	12.19～02.12	12.02～03.04	12.02～03.05	12.07～03.03	12.24～02.11	01.02～02.10	—	01.11～02.06
		平均温度≤+5℃期间内的平均温度（℃）	3.6	2.3	2.2	2.8	3.8	4.2	—	4.8
		日平均温度≤+8℃的天数	102	130	130	119	96	90	33	68
		日平均温度≤+8℃的起止日期	11.27～03.08	11.17～03.26	11.19～03.28	11.23～03.21	12.02～03.07	12.06～03.05	01.10～02.11	12.09～02.14
		平均温度≤+8℃期间内的平均温度（℃）	4.7	3.7	3.4	4	5	5.4	7.5	6
极端最高温度（℃）			39.4	38.2	37.7	38.2	38.8	39.9	39.6	40.5
极端最低温度（℃）			−12.8	−14.2	−12.3	−11.5	−8.3	−8.6	−3.9	−9.6

注：E—东；东风。S—南；南风。W—西；西风。N—北；北风。C—静风。

续表

省份			浙江省（10）							安徽（12）
城市名称			4	5	6	7	8	9	10	1
			衢州	宁波	嘉兴	绍兴	舟山	台州	丽水	合肥
站台名称			衢州 58633	鄞州 58562	平湖 58464	嵊州 58556	定海 58477	玉环 58667	丽水 58646	合肥 58321
台站位置		北纬	28°58′	29°52′	30°37′	29°36′	30°02′	28°05′	28°27′	31°52′
		东经	118°52′	121°34′	121°05′	120°49′	122°06′	121°16′	119°55′	117°14′
		海拔（m）	66.9	4.8	5.4	104.3	35.7	95.9	60.8	27.9
统计年份			1971—2000	1971—2000	1971—2000	1971—2000	1971—2000	1971—2000	1971—2000	1971—2000
年平均温度（℃）			17.3	16.5	15.8	16.5	16.4	17.1	18.1	15.8
室外计算温、湿度	冬季	供暖（℃）	0.8	0.5	−0.7	−0.3	1.4	2.1	1.5	−1.7
		通风（℃）	5.4	4.9	3.9	4.5	5.8	7.2	6.6	2.6
		空调（℃）	−1.1	−1.5	−2.6	−2.6	−0.5	0.1	−0.7	−4.2
		空调相对湿度（%）	80	79	81	76	74	72	77	76
	夏季	空气调节干球温度（℃）	35.8	35.1	33.5	35.8	32.2	30.3	36.8	35
		空气调节室外计算湿球温度（℃）	27.7	28	28.3	27.7	27.5	27.3	27.7	28.1
		通风计算温度（℃）	32.9	31.9	30.7	32.5	30	28.9	34	31.4
		通风计算相对湿度（%）	62	68	74	63	74	80	57	69
		空气调节室外计算日平均温度（℃）	31.5	30.6	30.7	31.1	28.9	28.4	31.5	31.7
室外风向、风速及频率	夏季	平均风速（m/s）	2.3	2.6	3.6	2.1	3.1	5.2	1.3	2.9
		最多风向	C　E	S	SSE	C　NE	C　SSE	WSW	C　ESE	C　SSW
		最多风向的频率（%）	18　18	17	17	29　9	16　15	11	41　10	11　10
		最多风向的平均风速（m/s）	3.1	2.7	4.4	3.9	3.7	4.6	2.3	3.4
	冬季	平均风速（m/s）	2.5	2.3	3.1	2.7	3.1	5.3	1.4	2.7
		最多风向	E	C　N	NNW	C　NNE	C　N	NNE	C　E	C　E
		最多风向的频率（%）	27	18　17	14	28　23	19　18	25	45　14	17　10
		最多风向的平均风速（m/s）	3.9	3.4	4.1	4.3	4.1	5.8	3.1	3
		年最多风向	S	C　S	ESE	C　NE	C　N	NNE	C　E	C　E
		年最多风向的频率（%）	25	15　10	10	28　16	18　11	16	43　11	14　9
冬季日照百分率（%）			35	37	42	37	41	39	33	40
最大冻土深度（cm）			—	—	—	—	—	—	—	8
大气压力		冬季（hPa）	1017.1	1025.7	1025.4	1012.9	1021.2	1012.9	1017.9	1022.3
		夏季（hPa）	997.8	1005.9	1005.3	994	1005.3	997.3	999.2	1001.2
设计计算用供暖期天数及其平均温度		日平均温度≤+5℃的天数	9	32	44	40	8	0	0	64
		日平均温度≤+5℃的起止日期	01.12～01.20	01.09～02.09	12.31～02.12	01.02～02.10	01.29～02.05	—	—	12.11～02.12
		平均温度≤+5℃期间内的平均温度（℃）	4.8	4.6	3.9	4.4	4.8	—	—	3.4
		日平均温度≤+8℃的天数	68	88	99	91	77	43	57	103
		日平均温度≤+8℃的起止日期	12.09～02.14	12.08～03.05	11.29～03.07	12.05～03.05	12.19～03.05	01.02～02.13	12.18～02.12	11.24～03.06
		平均温度≤+8℃期间内的平均温度（℃）	6.2	5.8	5.2	5.6	6.3	6.9	6.8	4.3
极端最高温度（℃）			40	39.5	38.4	40.3	38.6	34.7	41.3	39.1
极端最低温度（℃）			−10	−8.5	−10.6	−9.6	−5.5	−4.6	−7.5	−13.5

注：E—东；东风。S—南；南风。W—西；西风。N—北；北风。C—静风。

续表

省　份			安徽（12）							
城市名称			2 芜湖	3 蚌埠	4 安庆	5 六安	6 亳州	7 黄山	8 滁州	9 阜阳
站台名称			芜湖 58334	蚌埠 58221	安庆 58424	六安 58311	亳州 58102	黄山 58437	滁州 58236	阜阳 58203
台站位置		北纬	31°20′	32°57′	30°32′	31°45′	33°52′	30°08′	32°18′	32°55′
		东经	118°23′	117°23′	117°03′	116°30′	115°46′	118°09′	118°18′	115°49′
		海拔（m）	14.8	18.7	19.8	60.5	37.7	1840.4	27.5	30.6
统计年份			1971—1985	1971—2000	1971—2000	1971—2000	1971—2000	1971—2000	1971—2000	1971—2000
年平均温度（℃）			16	15.4	16.8	15.7	14.7	8	15.4	15.3
室外计算温、湿度	冬季	供暖（℃）	−1.3	−2.6	−0.2	−1.8	−3.5	−9.9	−1.8	−2.5
		通风（℃）	3	1.8	4	2.6	0.6	−2.4	2.3	1.8
		空调（℃）	−3.5	−5	2.9	−4.6	−5.7	−13	−4.2	−5.2
		空调相对湿度（%）	77	71	75	76	68	63	73	71
	夏季	空气调节干球温度（℃）	35.3	35.4	35.3	35.5	35	22	34.5	35.2
		空气调节室外计算湿球温度（℃）	27.7	28	28.1	28	27.8	19.2	28.2	28.1
		通风计算温度（℃）	31.7	31.3	31.8	31.4	31.1	19	31	31.3
		通风计算相对湿度（%）	68	66	66	68	66	90	70	67
		空气调节室外计算日平均温度（℃）	31.9	31.6	32.1	31.4	30.7	19.9	31.2	31.4
室外风向、风速及频率	夏季	平均风速（m/s）	2.3	2.5	2.9	2.1	2.3	6.1	2.4	2.3
		最多风向	C　ESE	C　E	ENE	C　SSE	C　SSW	WSW	C　SSW	C　SSE
		最多风向的频率（%）	16　15	14　10	24	16　12	13　10	12	17　10	11　10
		最多风向的平均风速（m/s）	1.3	2.8	3.4	2.7	2.9	7.7	2.5	2.4
	冬季	平均风速（m/s）	2.2	2.3	3.2	2	2.5	6.3	2.2	2.5
		最多风向	C　E	C　E	ENE	C　SE	C　NNE	NNW	C　N	C　ESE
		最多风向的频率（%）	20　11	18　11	33	21　9	11　9	17	22　9	10　9
		最多风向的平均风速（m/s）	2.8	3.1	4.1	2.8	3.3	7	2.8	2.5
		年最多风向	C　ESE	C　E	ENE	C　SSE	C　NNW	NNW	C　ESE	C　ESE
		年最多风向的频率（%）	18　14	16　11	30	19　10	12　8	10	20　8	10　9
冬季日照百分率（%）			38	44	36	45	48	48	42	43
最大冻土深度（cm）			9	11	13	10	18	—	11	13
大气压力		冬季（hPa）	1024.3	1024	1023.3	1019.3	1021.9	817.4	1022.9	1022.5
		夏季（hPa）	1003.1	1002.6	1002.3	998.2	100.4	814.3	1001.8	1000.8
设计计算用供暖期天数及其平均温度		日平均温度≤+5℃的天数	62	83	48	64	93	148	67	71
		日平均温度≤+5℃的起止日期	12.15～02.14	12.07～02.27	12.25～02.10	12.11～02.12	11.30～03.02	11.09～04.15	12.10～02.14	12.06～02.14
		平均温度≤+5℃期间内的平均温度（℃）	3.4	2.9	4.1	3.3	2.1	0.3	3.2	2.8
		日平均温度≤+8℃的天数	104	111	92	103	121	177	110	111
		日平均温度≤+8℃的起止日期	12.02～03.15	11.23～03.13	12.03～03.04	11.24～03.06	11.15～03.15	10.24～04.18	11.24～03.13	11.22～03.12
		平均温度≤+8℃期间内的平均温度（℃）	4.5	3.8	5.3	4.3	3.2	1.4	4.2	3.8
极端最高温度（℃）			39.5	40.3	39.5	40.6	41.3	27.6	38.7	40.8
极端最低温度（℃）			−10.1	−13	−9	−13.6	−17.5	−22.7	−13	−14.9

注：E—东；东风。S—南；南风。W—西；西风。N—北；北风。C—静风。

续表

省份			安徽（12）			福建省（7）				
城市名称			10	11	12	1	2	3	4	5
			宿州	巢湖	宣城	福州	厦门	漳州	三明	南平
站台名称			宿州 58122	巢湖 58326	宁国 58436	福州 58847	厦门 59134	漳州 59126	泰宁 58820	南平 58834
台站位置	北纬		33°38′	31°37′	30°37′	26°05′	24°29′	24°30′	26°54′	26°39′
	东经		116°59′	117°52′	118°59′	119°17′	118°04′	117°39′	117°10′	118°10′
	海拔（m）		25.9	22.4	89.4	84	139.4	28.9	342.9	125.6
统计年份			1971—2000	1971—2000	1971—2000	1971—2000	1971—2000	1971—2000	1971—2000	1971—2000
年平均温度（℃）			14.7	16	15.5	19.8	20.6	21.3	17.1	19.5
室外计算温、湿度	冬季	供暖（℃）	−3.5	−1.2	−1.5	6.3	8.3	8.9	1.3	4.5
		通风（℃）	0.8	2.9	2.9	10.9	12.5	13.2	6.4	9.7
		空调（℃）	−5.6	−3.8	−4.1	4.4	6.6	7.1	−1	2.1
		空调相对湿度（%）	68	75	79	74	79	76	86	78
	夏季	空气调节干球温度（℃）	35	35.3	36.1	35.9	33.5	35.2	34.6	36.1
		空气调节室外计算湿球温度（℃）	27.8	28.4	27.4	28	27.5	27.6	26.5	27.1
		通风计算温度（℃）	31	31.1	32	33.1	31.3	32.6	31.9	33.7
		通风计算相对湿度（%）	66	68	63	61	71	63	60	55
		空气调节室外计算日平均温度（℃）	30.7	32.1	30.8	30.8	29.7	30.8	28.6	30.7
室外风向、风速及频率	夏季	平均风速（m/s）	2.4	2.4	1.9	3	3.1	1.7	1	1.1
		最多风向	ESE	C E	C SSW	SSE	SSE	C SE	C WSW	C SSE
		最多风向的频率（%）	11	21 13	28 10	24	10	31 10	59 6	39 7
		最多风向的平均风速（m/s）	2.4	2.5	2.2	4.2	3.4	2.8	2.7	1.8
	冬季	平均风速（m/s）	2.2	2.5	1.7	2.4	3.3	1.6	0.9	1
		最多风向	ENE	C E	C N	C NNW	ESE	C SE	C WSW	C ENE
		最多风向的频率（%）	14	22 16	35 13	17 23	23	34 18	59 14	42 10
		最多风向的平均风速（m/s）	2.9	3	3.5	3.1	4	2.8	2.5	2.1
	年最多风向		ENE	C E	C N	C SSE	ESE	C SE	C WSW	C ENE
	年最多风向的频率（%）		12	21 15	32 9	18 14	18	32 15	59 9	41 8
冬季日照百分率（%）			50	41	38	32	33	40	30	31
最大冻土深度（cm）			14	9	11	—	—	—	7	—
大气压力	冬季（hPa）		1023.9	1023.8	1015.7	1012.9	1006.5	1018.1	982.4	1008
	夏季（hPa）		1002.3	1002.5	995.8	996.6	994.5	1003	967.3	991.5
设计计算用供暖期天数及其平均温度	日平均温度≤+5℃的天数		93	59	65	0	0	0	0	0
	日平均温度≤+5℃的起止日期		12.01～03.03	12.16～02.12	12.10～02.12	—	—	—	—	—
	平均温度≤+5℃期间内的平均温度（℃）		2.2	3.5	3.4	—	—	—	—	—
	日平均温度≤+8℃的天数		121	101	104	0	0	0	66	0
	日平均温度≤+8℃的起止日期		11.16～03.16	11.26～03.06	11.24～03.07	—	—	—	12.09～02.12	—
	平均温度≤+8℃期间内的平均温度（℃）		3.3	4.5	4.5	—	—	—	6.8	—
极端最高温度（℃）			40.9	39.3	41.1	39.9	38.5	38.6	38.9	39.4
极端最低温度（℃）			−18.7	−13.2	−15.9	−1.7	1.5	−0.1	−10.6	−5.1

注：E—东；东风。S—南；南风。W—西；西风。N—北；北风。C—静风。

续表

省份			福建省（7）		江西省（9）					
城市名称			6 龙岩	7 宁德	1 南昌	2 景德镇	3 九江	4 上饶	5 赣州	6 吉安
站台名称			龙岩 58927	屏南 58933	南昌 58606	景德镇 58527	九江 58502	玉山 58634	赣州 57993	吉安 57799
台站位置	北纬		25°06′	26°55′	28°36′	29°18′	29°44	28°41′	25°51′	27°07′
	东经		117°02′	118°59′	115°55′	117°12′	116°00′	118°15′	114°57′	114°58′
	海拔（m）		342.3	869.5	46.7	61.5	36.1	116.3	123.8	76.4
统计年份			1971—1992	1972—2000	1971—2000	1971—2000	1971—2000	1971—2000	1971—2000	1971—2000
年平均温度（℃）			20.0	15.1	17.6	17.4	17.0	17.5	19.4	18.4
室外计算温、湿度	冬季	供暖（℃）	6.2	0.7	0.7	1	0.4	1.1	2.7	1.7
		通风（℃）	11.6	5.8	5.3	5.3	4.5	5.5	8.2	6.5
		空调（℃）	3.7	−1.7	−1.5	−1.4	−2.3	−1.2	−0.5	−0.5
		空调相对湿度（%）	73	82	77	78	77	80	77	81
	夏季	空气调节干球温度（℃）	34.6	30.9	35.5	36	35.8	36.1	35.4	35.9
		空气调节室外计算湿球温度（℃）	25.5	23.8	28.2	27.7	27.8	27.4	27	27.6
		通风计算温度（℃）	32.1	28.1	32.7	33	32.7	33.1	33.2	33.4
		通风计算相对湿度（%）	55	63	63	62	64	60	57	58
		空气调节室外计算日平均温度（℃）	29.4	25.9	32.1	31.5	32.5	31.6	31.7	32
室外风向、风速及频率	夏季	平均风速（m/s）	1.6	1.9	2.2	2.1	2.3	2	1.8	2.4
		最多风向	C　SSW	C　WSW	C　WSW	C　NE	C　ENE	ENE	C　SW	SSW
		最多风向的频率（%）	32　12	36　10	21　11	18　13	17　12	22	23　15	21
		最多风向的平均风速（m/s）	2.5	3.1	3.1	2.3	2.3	2.5	2.5	3.2
	冬季	平均风速（m/s）	1.5	1.4	2.6	1.9	2.7	2.4	1.6	2
		最多风向	C　NE	C　NE	NE	C　NE	ENE	ENE	C　NNE	NNE
		最多风向的频率（%）	41　15	42　10	26	20　17	20	29	29　28	28
		最多风向的平均风速（m/s）	2.2	2.5	3.6	2.8	4.1	3.2	2.4	2.5
	年最多风向		C　NE	C　ENE	NE	C　NE	ENE	ENE	C　NNE	NNE
	年最多风向的频率（%）		38　11	39　9	20	18　16	17	28	27　19	21
冬季日照百分率（%）			41	36	33	365	30	33	31	28
最大冻土深度（cm）			—	—	—	—	—	—	—	—
大气压力	冬季（hPa）		981.1	921.7	1019.5	1017.9	1021.7	1011.4	1008.7	1015.4
	夏季（hPa）		968.1	911.6	999.5	998.5	1000.7	992.9	991.2	996.3
设计计算用供暖期天数及其平均温度	日平均温度≤+5℃的天数		0	0	26	25	46	8	0	0
	日平均温度≤+5℃的起止日期		—	—	01.11～02.05	01.11～02.04	12.24～02.10	01.12～01.19	—	—
	平均温度≤+5℃期间内的平均温度（℃）		—	—	4.7	4.8	4.6	4.9	—	—
	日平均温度≤+8℃的天数		0	87	66	68	89	67	12	53
	日平均温度≤+8℃的起止日期		—	12.08～03.04	12.10～02.13	12.08～02.13	12.07～03.05	12.10～02.14	01.11～01.22	12.21～02.11
	平均温度≤+8℃期间内的平均温度（℃）		—	6.5	6.2	6.1	5.5	6.3	7.7	6.7
极端最高温度（℃）			39	35	40.1	40.4	40.3	40.7	40	40.3
极端最低温度（℃）			−3	−9.7	−9.7	−9.6	−7	−9.5	−3.8	−8

注：E—东；东风。S—南；南风。W—西；西风。N—北；北风。C—静风。

续表

省份			江西省（9）			山东省（14）				
城市名称			7	8	9	1	2	3	4	5
			宜春	抚州	鹰潭	济南	青岛	淄博	烟台	潍坊
站台名称			宜春 57793	广昌 58813	贵溪 58626	济南 54823	青岛 54857	淄博 54830	烟台 54765	潍坊 54843
台站位置	北纬		27°48′	26°51′	28°18′	36°41′	36°04′	36°50′	37°32′	36°45′
	东经		114°23′	116°20′	117°13′	116°59′	120°20′	118°00′	121°24′	119°11′
	海拔（m）		131.3	143.8	51.2	51.6	76.0	34.0	46.7	22.2
统计年份			1971—2000	1971—2000	1971—2000	1971—2000	1971—2000	1971—1994	1971—1991	1971—2000
年平均温度（℃）			17.2	18.2	18.3	14.7	12.7	13.2	12.7	12.5
室外计算温、湿度	冬季	供暖（℃）	1	1.6	1.8	−5.3	−5	−7.4	−5.8	−7
		通风（℃）	5.4	6.6	6.2	−0.4	−0.5	−2.3	1.1	−2.9
		空调（℃）	−0.8	−0.6	−0.6	−7.7	−7.2	−10.3	−8.1	−9.3
		空调相对湿度（%）	81	81	78	53	63	61	59	63
	夏季	空气调节干球温度（℃）	35.4	35.7	36.4	34.7	29.4	34.6	31.1	34.2
		空气调节室外计算湿球温度（℃）	27.4	27.1	27.6	26.8	26	26.7	25.4	26.9
		通风计算温度（℃）	32.3	33.2	33.6	30.9	27.3	30.9	26.9	30.2
		通风计算相对湿度（%）	63	56	58	61	73	62	75	63
		空气调节室外计算日平均温度（℃）	30.8	30.9	32.7	31.3	27.3	30	28	29
室外风向、风速及频率	夏季	平均风速（m/s）	1.8	1.6	1.9	2.8	4.6	2.4	3.1	3.4
		最多风向	C WNW	C SW	C ESE	SW	S	SW	C SW	S
		最多风向的频率（%）	19 11	27 17	21 16	14	17	17	18 12	19
		最多风向的平均风速（m/s）	3	2.1	2.4	3.6	4.6	2.7	3.5	4.1
	冬季	平均风速（m/s）	1.9	1.6	1.8	2.9	5.4	2.7	4.4	3.5
		最多风向	C WNW	C NE	C ESE	E	N	SW	N	SSW
		最多风向的频率（%）	18 16	29 25	25 17	16	23	15	20	13
		最多风向的平均风速（m/s）	3.5	2.6	3.1	3.7	6.6	3.3	5.9	3.2
	年最多风向		C WNW	C NE	C ESE	SW	S	SW	C SW	SSW
	年最多风向的频率（%）		18 14	29 18	22 18	17	14	18	13 11	14
冬季日照百分率（%）			27	30	32	56	59	51	49	58
最大冻土深度（cm）			—	—	—	35	—	46	46	50
大气压力	冬季（hPa）		1009.4	1006.7	1018.7	1019.1	1017.4	1023.7	1021.1	1022.1
	夏季（hPa）		990.4	989.2	999.3	997.9	1000.4	1001.4	1001.2	1000.9
设计计算用供暖期天数及其平均温度	日平均温度≤+5℃的天数		9	0	0	99	108	113	112	118
	日平均温度≤+5℃的起止日期		01.12～01.20	—	—	11.22～03.03	11.28～03.15	11.18～03.10	11.26～03.17	11.16～03.13
	平均温度≤+5℃期间内的平均温度（℃）		4.8	—	—	1.4	1.3	0	0.7	−0.3
	日平均温度≤+8℃的天数		66	54	56	122	141	140	140	141
	日平均温度≤+8℃的起止日期		12.10～02.13	12.20～02.11	12.19～02.12	11.13～03.14	11.15～04.04	11.08～03.27	11.15～04.03	11.08～03.28
	平均温度≤+8℃期间内的平均温度（℃）		6.2	6.8	6.6	2.1	2.6	1.3	1.9	0.8
极端最高温度（℃）			39.6	40	40.4	40.5	37.4	40.7	38	40.7
极端最低温度（℃）			−8.5	−9.3	−9.3	−14.9	−14.3	−23	−12.8	−17.9

注：E—东；东风。S—南；南风。W—西；西风。N—北；北风。C—静风。

续表

省份			山东省（14）							
城市名称			6 临沂	7 德州	8 菏泽	9 日照	10 威海	11 济宁	12 泰安	13 滨州
站台名称			临沂 54938	德州 54714	菏泽 54906	日照 54945	威海 54774	兖州 54916	泰安 54827	惠民 54725
台站位置	北纬		35°03′	37°26′	35°15′	35°23′	37°28′	35°34′	36°10′	37°30′
	东经		118°21′	116°19′	115°26′	119°32′	122°08′	116°51′	117°09′	117°31′
	海拔（m）		87.9	21.2	49.7	16.1	65.4	51.7	128.8	11.7
统计年份			1971—2000	1971—1997	1971—1994	1971—1994	1971—2000	1971—2000	1971—1991	1971—2000
年平均温度（℃）			13.5	13.2	13.8	13	12.5	13.6	12.8	12.6
室外计算温、湿度	冬季	供暖（℃）	−4.7	−6.5	−4.9	−4.4	−5.4	−5.5	−6.7	−7.6
		通风（℃）	−0.7	−2.4	−0.9	−0.3	−0.9	−1.3	−2.1	−3.3
		空调（℃）	−6.8	−9.1	−7.2	−6.5	−7.7	−7.6	−9.4	−10.2
		空调相对湿度（%）	62	60	68	61	61	66	60	62
	夏季	空气调节干球温度（℃）	33.3	34.2	34.4	30	30.2	34.1	33.1	34
		空气调节室外计算湿球温度（℃）	27.2	26.9	27.4	26.8	25.7	27.1	26.5	27.2
		通风计算温度（℃）	29.7	30.6	30.6	27.7	26.8	30.6	29.7	30.4
		通风计算相对湿度（%）	68	63	66	75	75	65	66	64
		空气调节室外计算日平均温度（℃）	29.2	29.7	29.9	28.1	27.5	29.7	28.6	29.4
室外风向、风速及频率	夏季	平均风速（m/s）	2.7	2.2	1.8	3.1	4.2	2.4	2	2.7
		最多风向	ESE	C SSW	C SSW	S	SSW	SSW	C ENE	ESE
		最多风向的频率（%）	12	19 12	26 10	9	15	13	25 12	10
		最多风向的平均风速（m/s）	2.7	2.4	1.7	3.6	5.4	3	1.9	2.8
	冬季	平均风速（m/s）	2.8	2.1	2.2	3.4	5.4	2.5	2.7	3
		最多风向	NE	C ENE	C NNE	N	N	C S	C E	WSW
		最多风向的频率（%）	14	20 10	20 12	14	21	10 9	21 18	10
		最多风向的平均风速（m/s）	4	2.9	3.3	4	7.3	2.8	3.8	3.4
	年最多风向		NE	C SSW	C S	NNE	N	S	C E	WSW
	年最多风向的频率（%）		12	19 12	24 10	9	11	11	25 13	11
冬季日照百分率（%）			55	49	46	59	54	54	52	58
最大冻土深度（cm）			40	46	21	25	47	48	31	50
大气压力	冬季（hPa）		1017	1025.5	1021.5	1024.8	1020.9	1020.8	1011.2	1026
	夏季（hPa）		996.4	1002.8	999.4	1006.6	1001.8	999.4	990.5	1003.9
设计计算用供暖期天数及其平均温度	日平均温度≤+5℃的天数		103	114	105	108	116	104	113	120
	日平均温度≤+5℃的起止日期		11.24～03.06	11.17～03.10	11.20～03.06	11.27～03.14	11.26～03.21	11.22～03.05	11.19～03.11	11.14～03.13
	平均温度≤+5℃期间内的平均温度（℃）		1	0	0.9	1.4	1.2	0.6	0	−0.5
	日平均温度≤+8℃的天数		135	141	130	136	141	137	140	142
	日平均温度≤+8℃的起止日期		11.13～03.27	11.07～03.27	11.09～03.18	11.15～03.30	11.14～04.03	11.10～03.26	11.08～03.27	11.06～03.27
	平均温度≤+8℃期间内的平均温度（℃）		2.3	1.3	2.2	2.4	2.1	2.1	1.3	0.6
极端最高温度（℃）			38.4	39.4	40.5	38.3	38.4	39.9	38.1	39.8
极端最低温度（℃）			−14.3	−20.1	−16.5	−13.8	−13.2	−19.3	−20.7	−21.4

注：E—东；东风。S—南；南风。W—西；西风。N—北；北风。C—静风。

续表

省份			山东省（14）	河南省（12）						
城市名称			14	1	2	3	4	5	6	7
			东营	郑州	开封	洛阳	新乡	安阳	三门峡	南阳
站台名称			东营 54736	郑州 57083	开封 57091	洛阳 57073	新乡 53986	安阳 53898	三门峡 57051	南阳 57178
台站位置		北纬	37°26′	34°43′	34°46′	34°38′	35°19′	36°07′	34°48′	33°02′
		东经	118°40′	113°39′	114°23′	112°28′	113°53′	114°22′	111°12′	112°35′
		海拔（m）	6.0	110.4	72.5	137.1	72.7	75.5	409.9	129.2
统计年份			1971—2000	1971—2000	1971—2000	1971—2000	1971—2000	1971—2000	1971—2000	1971—2000
年平均温度（℃）			13.1	14.3	14.2	14.7	14.2	14.1	13.9	14.9
室外计算温、湿度	冬季	供暖（℃）	−6.6	−3.8	−3.9	−3	−3.9	−4.7	−3.8	−2.1
		通风（℃）	−2.6	0.1	0	0.8	−0.2	−0.9	−0.3	1.4
		空调（℃）	−9.2	−6	−6	−5.1	−5.8	−7	−6.2	−4.5
		空调相对湿度（%）	62	61	63	59	61	60	55	70
	夏季	空气调节干球温度（℃）	34.2	34.9	34.4	35.4	34.4	34.7	34.8	34.3
		空气调节室外计算湿球温度（℃）	26.8	27.4	27.6	26.9	27.6	27.3	25.7	27.8
		通风计算温度（℃）	30.2	30.9	30.7	31.3	30.5	31	30.3	30.5
		通风计算相对湿度（%）	64	64	66	63	65	63	59	69
		空气调节室外计算日平均温度（℃）	29.8	30.2	30	30.5	29.8	30.2	30.1	30.1
室外风向、风速及频率	夏季	平均风速（m/s）	3.6	2.2	2.6	1.6	1.9	2	2.5	2
		最多风向	S	C S	C SSW	C E	C E	C SSW	ESE	C ENE
		最多风向的频率（%）	18	21 11	12 11	31 9	25 13	28 17	23	21 14
		最多风向的平均风速（m/s）	4.4	2.8	3.2	3.1	2.8	3.3	3.4	2.7
	冬季	平均风速（m/s）	3.4	2.7	2.9	2.1	2.1	1.9	2.4	2.1
		最多风向	NW	C NW	NE	C WNW	C E	C SSW	C ESE	C ENE
		最多风向的频率（%）	10	22 12	16	30 11	29 17	32 11	25 14	26 18
		最多风向的平均风速（m/s）	3.7	4.9	3.9	2.4	3.6	3.1	3.7	3.4
	年最多风向		S	C ENE	C NE	C WNW	C E	C SSW	C ESE	C ENE
	年最多风向的频率（%）		13	21 10	13 12	30 9	28 14	28 16	21 18	25 16
冬季日照百分率（%）			61	47	46	49	49	47	48	39
最大冻土深度（cm）			47	27	26	20	21	35	32	10
大气压力	冬季（hPa）		1026.6	1013.3	1018.2	1009	1017.9	1017.9	977.6	1011.2
	夏季（hPa）		1004.9	992.3	996.8	988.2	996.6	996.6	959.3	990.4
设计计算用供暖期天数及其平均温度	日平均温度≤+5℃的天数		115	97	99	92	99	101	99	86
	日平均温度≤+5℃的起止日期		11.19～03.13	11.26～03.02	11.25～03.03	12.01～03.02	11.24～03.02	11.23～03.03	11.24～03.02	12.04～02.27
	平均温度≤+5℃期间内的平均温度（℃）		0	1.7	1.7	2.1	1.5	1	1.4	2.6
	日平均温度≤+8℃的天数		140	125	125	118	124	126	128	116
	日平均温度≤+8℃的起止日期		11.09～03.28	11.12～03.16	11.12～03.16	11.17～03.14	11.12～03.15	11.10～03.15	11.09～03.16	11.19～03.14
	平均温度≤+8℃期间内的平均温度（℃）		1.1	3	2.8	3	2.6	2.2	2.6	3.8
极端最高温度（℃）			40.7	42.3	42.5	41.7	42	41.5	40.2	41.4
极端最低温度（℃）			−20.2	−17.9	−16	−15	−19.2	−17.3	−12.8	−17.5

注：E—东；东风。S—南；南风。W—西；西风。N—北；北风。C—静风。

续表

省　份			河南省（12）					湖北（11）		
城市名称			8	9	10	11	12	1	2	3
			商丘	信阳	许昌	驻马店	周口	武汉	黄石	宜昌
站台名称			商丘 58005	信阳 57297	许昌 57089	驻马店 57290	西华 57193	武汉 57494	黄石 58407	宜昌 57461
台站位置	北纬		34°27′	32°08′	34°01′	33°00′	33°47′	30°37′	30°15′	30°42′
	东经		115°40′	114°03′	113°51′	114°01′	114°31′	114°08′	115°03′	111°18′
	海拔（m）		50.1	114.5	66.8	82.7	52.6	23.1	19.6	133.1
统计年份			1971—2000	1971—2000	1971—2000	1971—2000	1971—2000	1971—2000	1971—2000	1971—2000
年平均温度（℃）			14.1	15.3	14.5	14.9	14.4	16.6	17.1	16.8
室外计算温、湿度	冬季	供暖（℃）	−4	−2.1	−3.2	−2.9	−3.2	−0.3	0.7	0.9
		通风（℃）	−0.1	2.2	0.7	1.3	0.6	3.7	4.5	4.9
		空调（℃）	−6.3	−4.6	−5.5	−5.5	−5.7	−2.6	−1.4	−1.1
		空调相对湿度（%）	69	72	64	69	68	77	79	74
	夏季	空气调节干球温度（℃）	34.6	34.5	35.1	35	35	35.2	35.8	35.6
		空气调节室外计算湿球温度（℃）	27.9	27.6	27.9	27.8	28.1	28.4	28.3	27.8
		通风计算温度（℃）	30.8	30.7	30.9	30.9	30.9	32	32.5	31.8
		通风计算相对湿度（%）	67	68	66	67	67	67	65	66
		空气调节室外计算日平均温度（℃）	30.2	30.9	30.3	30.7	30.2	32	32.5	31.1
室外风向、风速及频率	夏季	平均风速（m/s）	2.4	2.4	2.2	2.2	2	2	2.2	1.5
		最多风向	C　S	C　SSW	C　NE	C　SSW	C　SSW	C　ENE	C　ESE	C　SSE
		最多风向的频率（%）	14　10	19　10	21　9	15　10	20　8	23　8	19　16	31　11
		最多风向的平均风速（m/s）	2.7	3.2	3.1	2.8	2.6	2.3	2.8	2.6
	冬季	平均风速（m/s）	2.4	2.4	2.4	2.4	2.4	1.8	2	1.3
		最多风向	C　N	C　NNE	C　NE	C　N	C　NNE	C　NE	C　NW	C　SSE
		最多风向的频率（%）	13　10	25　14	22　13	15　11	17　11	28　13	28　11	36　14
		最多风向的平均风速（m/s）	3.1	3.8	3.9	3.2	3.3	3	3.1	2.2
	年最多风向		C　S	C　NNE	C　NE	C　N	C　NE	C　ENE	C　SE	C　SSE
	年最多风向的频率（%）		14　8	22　11	22　11	16　9	19　8	26　10	24　12	33　12
冬季日照百分率（%）			46	42	43	42	45	37	34	27
最大冻土深度（cm）			18	—	15	14	12	9	7	—
大气压力	冬季（hPa）		1020.8	1014.3	1028.6	1016.7	1020.6	1023.5	1023.4	1010.4
	夏季（hPa）		999.4	993.4	997.2	995.4	999	1002.1	1002.5	990
设计计算用供暖期天数及其平均温度	日平均温度≤+5℃的天数		99	64	95	87	91	50	38	28
	日平均温度≤+5℃的起止日期		11.25～03.03	12.11～02.12	11.28～03.02	12.04～02.28	11.27～03.02	12.22～02.09	01.01～02.07	01.09～02.05
	平均温度≤+5℃期间内的平均温度（℃）		1.6	3.1	2.2	2.5	2.1	3.9	4.5	4.7
	日平均温度≤+8℃的天数		125	105	122	115	123	98	88	85
	日平均温度≤+8℃的起止日期		11.13～03.17	11.23～03.07	11.14～03.15	11.21～03.15	11.13～03.15	11.27～03.04	12.06～03.03	12.08～03.02
	平均温度≤+8℃期间内的平均温度（℃）		2.8	4.2	3.3	3.5	3.3	5.2	5.7	5.9
极端最高温度（℃）			41.3	40	41.9	40.6	41.9	39.3	40.2	40.4
极端最低温度（℃）			−15.4	−16.6	−19.6	−18.1	−17.4	−18.1	−10.5	−9.8

注：E—东；东风。S—南；南风。W—西；西风。N—北；北风。C—静风。

续表

省份			湖北（11）							
城市名称			4 恩施州	5 荆州	6 襄樊	7 荆门	8 十堰	9 黄冈	10 咸宁	11 随州
站台名称			恩施 57447	荆州 57476	枣阳 57279	钟祥 57378	房县 57259	麻城 57399	嘉鱼 57583	广水 57385
台站位置	北纬		30°17′	30°20′	30°09′	30°10′	30°02′	31°11′	29°59′	30°17′
	东经		109°28′	112°11′	112°45′	112°34′	110°46′	115°01′	113°55′	113°49′
	海拔（m）		457.1	32.6	125.5	65.8	426.9	59.3	36	93.3
统计年份			1971—2000	1971—2000	1971—2000	1971—2000	1971—2000	1971—2000	1971—2000	1971—2000
年平均温度（℃）			16.2	16.5	15.6	16.1	14.3	16.3	17.1	15.8
室外计算温、湿度	冬季	供暖（℃）	2	0.3	−1.6	−0.5	−1.5	−0.4	0.3	−1.1
		通风（℃）	5	4.1	2.4	3.5	1.9	3.5	4.4	2.7
		空调（℃）	0.4	−1.9	−3.7	−2.4	−3.4	−2.5	−2	−3.5
		空调相对湿度（%）	84	77	71	74	71	74	79	71
	夏季	空气调节干球温度（℃）	34.3	34.7	34.7	34.5	34.4	35.5	35.7	34.9
		空气调节室外计算湿球温度（℃）	26	28.5	27.6	28.2	26.3	28	28.5	28
		通风计算温度（℃）	31	31.4	31.2	31	30.3	32.1	32.3	31.4
		通风计算相对湿度（%）	57	70	66	70	63	65	65	67
		空气调节室外计算日平均温度（℃）	29.6	31.1	31	31	28.9	31.6	32.4	31.1
室外风向、风速及频率	夏季	平均风速（m/s）	0.7	2.3	2.4	3	1	2	2.1	2.2
		最多风向	C　SSW	SSW	SSE	N	C　ESE	C　NNE	C　NNE	C　SSE
		最多风向的频率（%）	63　5	15	15	19	55　15	25　15	14　9	21　11
		最多风向的平均风速（m/s）	1.9	3	2.6	3.6	2.5	2.6	2.6	2.6
	冬季	平均风速（m/s）	0.5	2.1	2.3	3.1	1.1	2.1	2	2.2
		最多风向	C　SSW	C　NE	C　SSE	N	C　ESE	C　NNE	C　NE	C　NNE
		最多风向的频率（%）	72　3	22　17	17　11	26	60　18	29　28	18　14	26　15
		最多风向的平均风速（m/s）	1.5	3.2	2.6	4.4	3	3.5	2.9	3.6
	年最多风向		C　SSW	C　NNE	C　SSE	N	C　ESE	C　NNE	C　NE	C　NNE
	年最多风向的频率（%）		67　4	19　14	16　13	23	57　17	27　22	16　11	24　12
冬季日照百分率（%）			14	31	40	37	35	42	34	41
最大冻土深度（cm）			—	5	—	6	—	5	—	—
大气压力	冬季（hPa）		970.3	1022.4	1011.4	1018.7	974.1	1019.5	1022.1	1015
	夏季（hPa）		954.6	1000.9	990.8	997.5	956.8	998.8	1000.9	994.1
设计计算用供暖期天数及其平均温度	日平均温度≤+5℃的天数		13	44	64	54	72	54	37	63
	日平均温度≤+5℃的起止日期		01.11～01.23	12.27～02.08	12.11～02.12	12.18～02.09	12.05～02.14	12.19～02.10	01.02～02.07	12.11～02.11
	平均温度≤+5℃期间内的平均温度（℃）		4.8	4.2	3.1	3.8	2.9	3.7	4.4	3.3
	日平均温度≤+8℃的天数		90	91	102	95	121	100	87	102
	日平均温度≤+8℃的起止日期		12.04～03.03	12.04～03.04	11.25～03.06	12.01～03.05	11.15～03.15	11.26～03.05	12.07～03.03	11.25～03.06
	平均温度≤+8℃期间内的平均温度（℃）		6	5.4	4.2	4.9	4.1	5	5.6	4.3
极端最高温度（℃）			40.3	38.6	40.7	38.6	41.4	39.8	39.4	39.8
极端最低温度（℃）			−12.3	−14.9	−15.1	−15.3	−17.6	−15.3	−12	−16

注：E—东；东风。S—南；南风。W—西；西风。N—北；北风。C—静风。

续表

省份			湖南省（12）							
城市名称			1	2	3	4	5	6	7	8
			长沙	常德	衡阳	邵阳	岳阳	郴州	张家界	益阳
站台名称			马坡岭 57679	常德 57662	衡阳 57872	邵阳 57766	岳阳 57584	郴州 57972	桑植 57554	沅江 57671
台站位置		北纬	28°12′	29°03′	26°54′	27°14′	29°23′	25°48′	29°24′	28°51′
		东经	113°05′	111°41′	112°36′	111°28′	113°05′	113°02′	110°10′	112°22′
		海拔（m）	44.7	35.0	104.7	248.6	53	184.9	322.2	36
统计年份			1972—1986	1971—2000	1971—2000	1971—2000	1971—2000	1971—2000	1971—2000	1971—2000
年平均温度（℃）			17	16.9	18	17.1	17.2	18	16.2	17
室外计算温、湿度	冬季	供暖（℃）	0.3	0.6	1.2	0.8	0.4	1	1	0.6
		通风（℃）	4.6	4.7	5.9	5.2	4.8	6.2	4.7	4.7
		空调（℃）	−1.9	−1.6	−0.9	−1.2	−2	−1.1	0.9	−1.6
		空调相对湿度（%）	83	80	81	80	78	84	78	81
	夏季	空气调节干球温度（℃）	35.8	35.4	36	34.8	34.1	35.6	34.7	35.1
		空气调节室外计算湿球温度（℃）	27.7	28.6	27.7	26.8	28.3	26.7	26.9	28.4
		通风计算温度（℃）	32.9	31.9	33.2	31.9	31	32.9	31.3	31.7
		通风计算相对湿度（%）	61	66	58	62	72	55	66	67
		空气调节室外计算日平均温度（℃）	31.6	32	32.4	30.9	32.2	31.7	30	32
室外风向、风速及频率	夏季	平均风速（m/s）	2.6	1.9	2.1	1.7	2.8	1.6	1.2	2.7
		最多风向	C　NNW	C　NE	C　SSW	C　S	S	C　SSE	C　ENE	S
		最多风向的频率（%）	16　13	23　8	16　13	27　8	11	39　14	47　12	14
		最多风向的平均风速（m/s）	1.7	3	2.5	2.4	3.2	3.2	2.7	3.3
	冬季	平均风速（m/s）	2.3	1.6	1.6	1.5	2.6	1.2	1.2	2.4
		最多风向	NNW	C　NE	C　ENE	C　ESE	ENE	C　NNE	C　ENE	NNE
		最多风向的频率（%）	32	33　15	28　20	32　13	20	45　19	52　15	22
		最多风向的平均风速（m/s）	3	3	2.7	2	3.3	2	3	3.8
		年最多风向	NNW	C　NE	C　ENE	C　ESE	ENE	C　NNE	C　ENE	NNE
		年最多风向的频率（%）	22	28　12	23　16	30　10	16	44　13	50　14	18
冬季日照百分率（%）			26	27	23	23	29	21	17	27
最大冻土深度（cm）			—	—	—	5	2	—	—	—
大气压力		冬季（hPa）	1019.6	1022.3	1012.6	995.1	1019.5	1002.2	987.3	1021.5
		夏季（hPa）	999.2	1000.8	993	976.9	998.7	984.3	969.2	1000.4
设计计算用供暖期天数及其平均温度		日平均温度≤+5℃的天数	48	30	0	11	27	0	30	29
		日平均温度≤+5℃的起止日期	12.26～02.11	01.08～02.06	—	01.12～01.22	01.10～02.05	—	01.08～02.06	01.09～02.06
		平均温度≤+5℃期间内的平均温度（℃）	4.3	4.5	—	4.7	4.5	—	4.5	4.5
		日平均温度≤+8℃的天数	88	86	56	67	68	55	88	85
		日平均温度≤+8℃的起止日期	12.06～03.03	12.08～03.03	12.19～02.12	12.10～02.14	12.09～02.14	12.19～02.11	12.07～03.04	12.09～03.03
		平均温度≤+8℃期间内的平均温度（℃）	505	5.8	6.4	6.1	5.9	6.5	5.8	5.8
极端最高温度（℃）			39.7	40.1	40	39.5	39.3	40.5	40.7	38.9
极端最低温度（℃）			−11.3	−13.2	−7.9	−10.5	−11.4	−6.8	−10.2	−11.2

注：E—东；东风。S—南；南风。W—西；西风。N—北；北风。C—静风。

续表

省份	湖南省（12）				广东省（15）			
	9	10	11	12	1	2	3	4
城市名称	永州	怀化	娄底	湘西州	广州	湛江	汕头	韶关
站台名称	零陵 57866	芷江 57745	双峰 57774	吉首 57649	广州 59287	湛江 59658	汕头 59316	韶关 59082
台站位置 北纬	26°14′	27°27′	27°27′	28°19′	23°10′	21°13′	23°24′	24°41′
台站位置 东经	111°37′	109°41′	112°10′	109°44′	113°20′	110°24′	116°41′	113°36′
台站位置 海拔（m）	172.6	272.2	100	208.4	41.7	25.3	1.1	60.7
统计年份	1971—2000	1971—2000	1971—2000	1971—2000	1971—2000	1971—2000	1971—2000	1971—2000
年平均温度（℃）	17.8	16.5	17	16.6	22	23.3	21.5	20.4
室外计算温、湿度 冬季 供暖（℃）	1	0.8	0.6	1.3	8	10	9.4	5
室外计算温、湿度 冬季 通风（℃）	6	4.9	4.8	5.1	13.6	15.9	13.8	10.2
室外计算温、湿度 冬季 空调（℃）	−1	−1.1	−1.6	−0.6	5.2	7.5	7.1	2.6
室外计算温、湿度 冬季 空调相对湿度（%）	81	80	82	79	72	81	78	75
室外计算温、湿度 夏季 空气调节干球温度（℃）	34.9	34	35.6	34.8	34.2	33.9	33.2	35.4
室外计算温、湿度 夏季 空气调节室外计算湿球温度（℃）	26.9	26.8	27.5	27	27.8	28.1	27.7	27.3
室外计算温、湿度 夏季 通风计算温度（℃）	32.1	31.2	32.7	31.7	31.8	31.5	30.9	33
室外计算温、湿度 夏季 通风计算相对湿度（%）	60	66	60	64	68	70	72	60
室外计算温、湿度 夏季 空气调节室外计算日平均温度（℃）	31.3	29.7	31.5	30	30.7	30.8	30	31.2
室外风向、风速及频率 夏季 平均风速（m/s）	3	1.3	2	1	1.7	2.6	2.6	1.6
室外风向、风速及频率 夏季 最多风向	SSW	C　ENE	C　NE	C　NE	C　SSE	SSE	C　WSW	C　SSW
室外风向、风速及频率 夏季 最多风向的频率（%）	19	44　10	31　11	44　10	28　12	15	18　10	41　17
室外风向、风速及频率 夏季 最多风向的平均风速（m/s）	3.2	2.6	2.7	1.6	2.3	3.1	3.3	2.8
室外风向、风速及频率 冬季 平均风速（m/s）	3.1	1.6	1.7	0.9	1.7	2.6	2.7	1.5
室外风向、风速及频率 冬季 最多风向	NE	C　ENE	C　ENE	C　ENE	C　NNE	ESE	E	C　NNW
室外风向、风速及频率 冬季 最多风向的频率（%）	26	40　24	39　21	49　10	34　19	17	24	46　11
室外风向、风速及频率 冬季 最多风向的平均风速（m/s）	4	3.1	3	2	2.7	3.1	3.7	2.9
室外风向、风速及频率 年最多风向	NE	C　ENE	C　ENE	C　NE	C　NNE	SE	E	C　SSW
室外风向、风速及频率 年最多风向的频率（%）	18	42　18	37　16	46　10	31　11	13	18	44　8
冬季日照百分率（%）	23	19	24	18	36	34	42	30
最大冻土深度（cm）	—	—	—	—	—	—	—	—
大气压力 冬季（hPa）	1012.6	991.9	1013.2	1000.5	1019	1015.5	1020.2	1014.5
大气压力 夏季（hPa）	993	974	993.4	981.3	1004	1001.3	1005.7	997.6
设计计算用供暖期天数及其平均温度 日平均温度≤+5℃的天数	0	29	30	11	0	0	0	0
设计计算用供暖期天数及其平均温度 日平均温度≤+5℃的起止日期	—	01.08～02.05	01.08～02.06	01.10～01.20	—	—	—	—
设计计算用供暖期天数及其平均温度 平均温度≤+5℃期间内的平均温度（℃）	—	4.7	4.6	4.8	—	—	—	—
设计计算用供暖期天数及其平均温度 日平均温度≤+8℃的天数	56	69	87	68	0	0	0	0
设计计算用供暖期天数及其平均温度 日平均温度≤+8℃的起止日期	12.19～02.12	12.08～02.14	12.07～03.03	12.09～02.14	—	—	—	—
设计计算用供暖期天数及其平均温度 平均温度≤+8℃期间内的平均温度（℃）	6.6	5.9	5.9	6.1	—	—	—	—
极端最高温度（℃）	39.7	39.1	39.7	40.2	38.1	38.1	38.6	40.3
极端最低温度（℃）	−7	−11.5	−11.7	−7.5	0	2.8	0.3	−4.3

注：E—东；东风。S—南；南风。W—西；西风。N—北；北风。C—静风。

续表

省　份			广东省（15）							
城市名称			5	6	7	8	9	10	11	12
			阳江	深圳	江门	茂名	肇庆	惠州	梅州	汕尾
站台名称			阳江 59663	深圳 59493	台山 59478	信宜 59456	高要 59278	惠阳 59298	梅州 59117	汕尾 59501
台站位置		北纬	21°52′	22°33′	22°15′	22°21′	23°02′	23°05′	24°16′	22°48′
		东经	111°58′	114°06′	112°47′	110°56′	112°27′	114°25′	116°06′	115°22′
		海拔（m）	23.3	18.2	32.7	84.6	41	22.4	87.8	17.3
统计年份			1971—2000	1971—2000	1971—2000	1971—2000	1971—2000	1971—2000	1971—2000	1971—2000
年平均温度（℃）			22.5	22.6	22	22.5	22.3	21.9	21.3	22.2
室外计算温、湿度	冬季	供暖（℃）	9.4	9.2	8	8.5	8.4	8	6.7	10.3
		通风（℃）	15.1	14.9	13.9	14.7	13.9	13.7	12.4	14.8
		空调（℃）	6.8	6	5.2	6	6	4.8	4.3	7.3
		空调相对湿度（%）	74	72	75	74	68	71	77	73
	夏季	空气调节干球温度（℃）	33	33.7	33.6	34.3	34.6	34.1	35.1	32.2
		空气调节室外计算湿球温度（℃）	27.8	27.5	27.6	27.6	27.8	27.6	27.2	27.8
		通风计算温度（℃）	30.7	31.2	31	32	32.1	31.5	32.7	30.2
		通风计算相对湿度（%）	74	70	71	66	74	69	60	77
		空气调节室外计算日平均温度（℃）	29.9	30.5	29.9	30.1	31.1	30.4	30.6	29.6
室外风向、风速及频率	夏季	平均风速（m/s）	2.6	2.2	2	1.5	1.6	1.6	1.2	3.2
		最多风向	SSW	C　ESE	SSW	C　SW	C　SE	C　SSE	C　SW	WSW
		最多风向的频率（%）	13	21　11	23	41　12	27　12	26　14	36　8	19
		最多风向的平均风速（m/s）	2.8	2.7	2.7	2.5	2	2	2.1	4.1
	冬季	平均风速（m/s）	2.9	2.8	2.6	2.9	1.7	2.7	1	3
		最多风向	ENE	ENE	NE	NE	C　ENE	NE	C　NNE	ENE
		最多风向的频率（%）	31	20	30	26	28　27	29	46　9	19
		最多风向的平均风速（m/s）	3.7	2.9	3.9	4.1	2.6	4.6	2.4	3
	年最多风向		ENE	ESE	C　NE	C　NE	C　ENE	C　NE	C　NNE	ENE
	年最多风向的频率（%）		20	14	19　18	31　16	28　20	23　18	41　6	15
冬季日照百分率（%）			37	43	38	36	35	42	39	42
最大冻土深度（cm）			—	—	—	—	—	—	—	—
大气压力		冬季（hPa）	1016.9	1016.6	1016.3	1009.3	1019	1017.9	1011.3	1019.3
		夏季（hPa）	1002.6	1002.4	1001.8	995.2	1003.7	1003.2	996.3	1005.3
设计计算用供暖期天数及其平均温度		日平均温度≤+5℃的天数	0	0	0	0	0	0	0	0
		日平均温度≤+5℃的起止日期	—	—	—	—	—	—	—	—
		平均温度≤+5℃期间内的平均温度（℃）	—	—	—	—	—	—	—	—
		日平均温度≤+8℃的天数	0	0	0	0	0	0	0	0
		日平均温度≤+8℃的起止日期	—	—	—	—	—	—	—	—
		平均温度≤+8℃期间内的平均温度（℃）	—	—	—	—	—	—	—	—
极端最高温度（℃）			37.5	38.7	37.3	37.8	38.7	38.2	39.5	38.5
极端最低温度（℃）			2.2	1.7	1.6	1	1	0.5	−3.3	2.1

注：E—东；东风。S—南；南风。W—西；西风。N—北；北风。C—静风。

续表

省份			广东省（15）			广西（13）				
城市名称			13	14	15	1	2	3	4	5
			河源	清远	揭阳	南宁	柳州	桂林	梧州	北海
站台名称			河源 59293	连州 59072	惠来 59317	南宁 59431	柳州 59046	桂林 57957	梧州 59265	北海 59644
台站位置		北纬	23°44′	24°47′	23°02′	22°49′	24°21′	25°19′	23°29′	21°27′
		东经	114°41′	11°23′	116°18′	108°21′	109°24′	110°18′	111°18′	109°08′
		海拔（m）	40.6	98.3	12.9	73.1	96.8	464.4	114.8	12.8
统计年份			1971—2000	1971—2000	1971—2000	1971—2000	1971—2000	1971—2000	1971—2000	1971—2000
年平均温度（℃）			21.5	19.6	21.9	21.8	20.7	18.9	21.1	22.8
室外计算温、湿度	冬季	供暖（℃）	6.9	4	10.3	7.6	5.1	3	6	8.2
		通风（℃）	12.7	9.1	14.5	12.9	10.4	7.9	11.9	14.5
		空调（℃）	3.9	1.8	8	5.7	3	1.1	3.6	6.2
		空调相对湿度（%）	70	77	74	78	75	74	76	79
	夏季	空气调节干球温度（℃）	34.5	35.1	32.8	34.5	34.8	34.2	34.8	33.1
		空气调节室外计算湿球温度（℃）	27.5	27.4	27.6	27.9	27.5	27.3	27.9	28.2
		通风计算温度（℃）	32.1	32.7	30.7	31.8	32.4	31.7	32.5	30.9
		通风计算相对湿度（%）	65	61	74	68	65	65	65	74
		空气调节室外计算日平均温度（℃）	30.4	30.6	29.6	30.7	31.4	30.4	30.5	30.6
室外风向、风速及频率	夏季	平均风速（m/s）	1.3	1.2	2.3	1.5	1.6	1.6	1.2	3
		最多风向	C SSW	C SSW	C SSW	C S	C SSW	C NE	C ESE	SSW
		最多风向的频率（%）	37 17	46 8	22 10	31 10	34 15	32 16	32 10	14
		最多风向的平均风速（m/s）	2.2	2.5	3.4	2.6	2.8	2.6	1.5	3.1
	冬季	平均风速（m/s）	1.5	1.3	2.9	1.2	1.5	3.2	1.4	3.8
		最多风向	C NNE	C NNE	ENE	C E	C N	NE	C NE	NNE
		最多风向的频率（%）	32 24	47 16	28	43 12	37 19	48	24 16	37
		最多风向的平均风速（m/s）	2.4	2.3	3.4	1.9	2.7	4.4	2.1	5
	年最多风向		C NNE	C NNE	ENE	C E	C N	NE	C ENE	NNE
	年最多风向的频率（%）		35 14	46 13	20	38 10	36 12	35	27 13	21
冬季日照百分率（%）			41	25	43	25	24	24	31	34
最大冻土深度（cm）			—	—	—	—	—	—	—	—
大气压力		冬季（hPa）	1016.3	1011.1	1018.7	1011	1009.9	1003	1006.9	1017.3
		夏季（hPa）	1000.9	993.8	1004.6	995.5	993.2	986.1	991.6	1002.5
设计计算用供暖期天数及其平均温度		日平均温度≤+5℃的天数	0	0	0	0	0	0	0	0
		日平均温度≤+5℃的起止日期	—	—	—	—	—	—	—	—
		平均温度≤+5℃期间内的平均温度（℃）	—	—	—	—	—	—	—	—
		日平均温度≤+8℃的天数	0	0	0	0	0	28	0	0
		日平均温度≤+8℃的起止日期	—	—	—	—	—	01.10～02.06	—	—
		平均温度≤+8℃期间内的平均温度（℃）	—	—	—	—	—	7.5	—	—
极端最高温度（℃）			39	39.6	38.4	39	39.1	38.5	39.7	37.1
极端最低温度（℃）			−0.7	−3.4	1.5	1.9	−1.3	−3.6	−1.5	2

注：E—东；东风。S—南；南风。W—西；西风。N—北；北风。C—静风。

续表

省份			广西（13）							
城市名称			6	7	8	9	10	11	12	13
			百色	钦州	玉林	防城港	河池	来宾	贺州	崇左
站台名称			百色 59211	钦州 59632	玉林 59453	东兴 58626	河池 59023	来宾 59242	贺州 59065	龙州 59417
台站位置		北纬	23°54′	21°57′	22°39′	21°32′	24°42′	23°45′	24°25′	22°20′
		东经	106°36′	108°37′	110°10′	107°58′	108°03′	109°14′	111°32′	106°51′
		海拔（m）	173.5	4.5	81.8	22.1	211	84.9	108.8	128.8
统计年份			1971—2000	1971—2000	1971—2000	1971—2000	1971—2000	1971—2000	1971—2000	1971—2000
年平均温度（℃）			22	22.2	21.8	22.6	20.5	20.8	19.9	22.2
室外计算温、湿度	冬季	供暖（℃）	8.8	7.9	7.1	10.5	6.3	5.5	4	9
		通风（℃）	13.4	13.6	13.1	15.1	10.9	10.8	9.3	14
		空调（℃）	7.1	5.8	5.1	8.6	4.3	3.6	1.9	7.3
		空调相对湿度（%）	76	77	79	81	75	75	78	79
	夏季	空气调节干球温度（℃）	36.1	33.6	34	33.5	34.6	34.6	35	35
		空气调节室外计算湿球温度（℃）	27.9	28.3	27.8	28.5	27.1	27.7	27.5	28.1
		通风计算温度（℃）	32.7	31.1	31.7	30.9	31.7	32.2	32.6	32.1
		通风计算相对湿度（%）	65	75	68	77	66	66	62	68
		空气调节室外计算日平均温度（℃）	31.3	30.3	30.3	29.9	30.7	30.8	30.8	30.9
室外风向、风速及频率	夏季	平均风速（m/s）	1.3	2.4	1.4	2.1	1.2	1.8	1.7	1
		最多风向	C　SSE	SSW	C　SSE	C　SSW	C　ESE	C　SSW	C　ESE	C　ESE
		最多风向的频率（%）	36　8	20	30　11	24　11	39　26	30　13	22　19	48　6
		最多风向的平均风速（m/s）	2.5	3.1	1.7	3.3	2	2.8	2.3	2
	冬季	平均风速（m/s）	1.2	2.7	1.7	1.7	1.1	2.4	1.5	1.2
		最多风向	C　S	NNE	C　N	C　ENE	C　ESE	NE	C　NW	C　ESE
		最多风向的频率（%）	43　9	33	30　21	24　15	43　16	25	31　21	41　16
		最多风向的平均风速（m/s）	2.2	3.5	3.2	2	1.9	3.3	2.3	2.2
		年最多风向	C　SSE	NNE	C　N	C　ENE	C　ESE	C　NE	C　NW	C　ESE
		年最多风向的频率（%）	39　8	20	31　12	24　10	43　20	27　17	28　12	46　10
冬季日照百分率（%）			29	27	29	24	21	25	26	24
最大冻土深度（cm）			—	—	—	—	—	—	—	—
大气压力		冬季（hPa）	998.8	1019	1009.9	1016.2	995.9	1010.8	1009	1004
		夏季（hPa）	983.6	1003.5	995	1001.4	980.1	994.4	992.4	989
设计计算用供暖期天数及其平均温度		日平均温度≤+5℃的天数	0	0	0	0	0	0	0	0
		日平均温度≤+5℃的起止日期	—	—	—	—	—	—	—	—
		平均温度≤+5℃期间内的平均温度（℃）	—	—	—	—	—	—	—	—
		日平均温度≤+8℃的天数	0	0	0	0	0	0	0	0
		日平均温度≤+8℃的起止日期	—	—	—	—	—	—	—	—
		平均温度≤+8℃期间内的平均温度（℃）	—	—	—	—	—	—	—	—
极端最高温度（℃）			42.2	37.5	38.4	38.1	39.4	39.6	39.5	39.9
极端最低温度（℃）			0.1	2	0.8	3.3	0	−1.6	−3.5	−0.2

注：E—东；东风。S—南；南风。W—西；西风。N—北；北风。C—静风。

续表

省份			海南省（2）		重庆（3）			四川省（16）		
城市名称			1	2	1	2	3	1	2	11
			海口	三亚	重庆	万州	奉节	成都	广元	甘孜州
站台名称			海口 59758	三亚 59948	重庆 57515	万州 57432	奉节 57348	成都 56294	广元 57206	康定 56374
台站位置	北纬		20°02′	18°14′	29°31′	30°46′	31°03′	30°40′	32°26′	30°03′
	东经		110°21′	109°31′	106°29′	108°24′	109°30′	104°01′	105°51′	101°58′
	海拔（m）		13.9	5.9	351.1	186.7	607.3	506.1	492.4	2615.7
统计年份			1971—2000	1971—2000	1971—1986	1971—2000	1971—2000	1971—2000	1971—2000	1971—2000
年平均温度（℃）			24.1	25.8	17.7	18	16.3	16.1	16.1	7.1
室外计算温、湿度	冬季	供暖（℃）	12.6	17.9	4.1	4.3	1.8	2.7	2.2	−6.5
		通风（℃）	17.7	21.6	7.2	7	5.2	5.6	5.2	−2.2
		空调（℃）	10.3	15.8	2.2	2.9	0	1	0.5	−8.3
		空调相对湿度（%）	86	73	83	85	71	83	64	65
	夏季	空气调节干球温度（℃）	35.1	32.8	35.5	36.5	34.3	31.8	33.3	22.8
		空气调节室外计算湿球温度（℃）	28.1	28.1	26.5	27.9	25.4	26.4	25.8	16.3
		通风计算温度（℃）	32.2	31.3	31.7	33	30.6	28.5	29.5	19.5
		通风计算相对湿度（%）	68	73	59	56	57	73	64	64
		空气调节室外计算日平均温度（℃）	30.5	30.2	32.3	31.4	30.9	27.9	28.8	18.1
室外风向、风速及频率	夏季	平均风速（m/s）	2.3	2.2	1.5	0.5	3	1.2	1.2	2.9
		最多风向	S	C SSE	C ENE	C N	C NNE	C NNE	C SE	C SE
		最多风向的频率（%）	19	15 9	33 8	74 5	22 17	41 8	42 8	30 21
		最多风向的平均风速（m/s）	2.7	2.4	1.1	2.3	2.6	2	1.6	5.5
	冬季	平均风速（m/s）	2.5	2.7	1.1	0.4	3.1	0.9	1.3	3.1
		最多风向	ENE	ENE	C NNE	C NNE	C NNE	C NE	C N	C ESE
		最多风向的频率（%）	24	19	46 13	79 5	29 13	50 13	44 10	31 26
		最多风向的平均风速（m/s）	3.1	3	1.6	1.9	2.6	1.9	2.8	5.6
	年最多风向		ENE	C ESE	C NNE	C NNE	C NNE	C NE	C N	C ESE
	年最多风向的频率（%）		14	14 13	44 13	96 5	24 16	43 11	41 8	28 22
冬季日照百分率（%）			34	54	7.5	12	22	17	24	45
最大冻土深度（cm）			—	—	—	—	—	—	—	—
大气压力	冬季（hPa）		1016.4	1016.2	980.6	1001.1	1018.7	963.7	965.4	741.6
	夏季（hPa）		1002.8	1005.6	963.8	982.3	997.5	948	949.4	742.4
设计计算用供暖期天数及其平均温度	日平均温度≤+5℃的天数		0	0	0	0	12	0	7	145
	日平均温度≤+5℃的起止日期		—	—	—	—	01.12～01.23	—	01.13～01.19	11.06～03.30
	平均温度≤+5℃期间内的平均温度（℃）		—	—	—	—	4.8	—	4.9	0.3
	日平均温度≤+8℃的天数		0	0	53	54	85	69	75	187
	日平均温度≤+8℃的起止日期		—	—	12.22～02.12	12.20～02.11	12.07～03.01	12.08～02.14	12.03～02.15	10.14～04.18
	平均温度≤+8℃期间内的平均温度（℃）		—	—	7.2	7.2	6	6.2	6.1	1.7
极端最高温度（℃）			38.7	35.9	40.2	42.1	39.6	36.7	37.9	29.4
极端最低温度（℃）			4.9	5.1	−1.8	−3.7	−9.2	−5.9	−8.2	−14.1

注：E—东；东风。S—南；南风。W—西；西风。N—北；北风。C—静风。

续表

省份			四川省（16）							
城市名称			15	12	6	7	8	9	10	11
			宜宾	南充	凉山州	遂宁	内江	乐山	泸州	绵阳
站台名称			宜宾 56492	南坪区 57411	西昌 56571	遂宁 57405	内江 57504	乐山 56386	泸州 57602	绵阳 56196
台站位置	北纬		28°48′	30°47′	27°54′	30°30′	29°35′	29°34′	28°53′	31°28′
	东经		104°36′	106°06′	102°16′	105°35′	105°03′	103°45′	105°26′	104°41′
	海拔（m）		3408	309.3	1590.9	278.2	347.1	424.2	334.8	470.8
统计年份			1971—2000	1971—2000	1971—2000	1971—2000	1971—2000	1971—2000	1971—2000	1971—2000
年平均温度（℃）			17.8	17.3	16.9	17.4	17.6	17.2	17.7	16.2
室外计算温、湿度	冬季	供暖（℃）	4.5	3.6	4.7	3.9	4.1	3.9	4.5	2.4
		通风（℃）	7.8	6.4	9.6	6.5	7.2	7.1	7.7	5.3
		空调（℃）	2.8	1.9	2	2	2.1	2.2	2.6	0.7
		空调相对湿度（%）	85	85	52	86	83	82	67	79
	夏季	空气调节干球温度（℃）	33.8	35.3	30.7	34.7	34.3	32.8	34.6	32.6
		空气调节室外计算湿球温度（℃）	27.3	27.1	21.8	27.5	27.1	26.6	27.1	26.4
		通风计算温度（℃）	30.2	31.3	26.3	31.1	30.4	29.2	30.5	29.2
		通风计算相对湿度（%）	67	61	63	63	66	71	86	70
		空气调节室外计算日平均温度（℃）	30	31.4	26.6	30.7	30.8	29	31	28.5
室外风向、风速及频率	夏季	平均风速（m/s）	0.9	1.1	1.2	0.8	1.8	1.4	1.7	1.1
		最多风向	C　NW	C　NNE	C　NNE	C　NNE	C　N	C　NNE	C　WSW	C　ENE
		最多风向的频率（%）	55　6	43　9	41　9	58　7	25　11	34　9	20　10	46　5
		最多风向的平均风速（m/s）	2.4	2.1	2.2	2	2.7	2.2	1.9	2.5
	冬季	平均风速（m/s）	0.6	0.8	1.7	0.4	1.4	1	1.2	0.9
		最多风向	C　ENE	C　NNE	C　NNE	C　NNE	C　NNE	C　NNE	C　NNW	C　E
		最多风向的频率（%）	68　6	56　10	35　10	75　5	30　13	45　11	30　9	57　7
		最多风向的平均风速（m/s）	1.6	1.7	2.5	1.9	2.1	1.9	2	2.7
	年最多风向		C　NW	C　NNE	C　NNE	C　NNE	C　N	C　NNE	C　NNW	C　E
	年最多风向的频率（%）		59　5	48　10	37　10	65　7	25　12	38　10	24　9	49　6
冬季日照百分率（%）			11	11	69	13	13	13	11	19
最大冻土深度（cm）			—	—	—	—	—	—	—	—
大气压力	冬季（hPa）		982.4	986.7	838.5	990	980.9	972.7	983	967.3
	夏季（hPa）		965.4	969.1	834.9	972	963.9	956.4	965.8	951.2
设计计算用供暖期天数及其平均温度	日平均温度≤+5℃的天数		0	0	0	0	0	0	0	0
	日平均温度≤+5℃的起止日期		—	—	—	—	—	—	—	—
	平均温度≤+5℃期间内的平均温度（℃）		—	—	—	—	—	—	—	—
	日平均温度≤+8℃的天数		32	62	0	62	50	53	33	73
	日平均温度≤+8℃的起止日期		12.26～01.26	12.12～02.11	—	12.12～02.11	12.22～02.09	12.20～02.10	12.25～01.26	12.05～02.15
	平均温度≤+8℃期间内的平均温度（℃）		7.7	6.8	—	6.9	7.3	7.2	7.7	6.1
极端最高温度（℃）			39.5	41.2	36.6	39.5	40.1	36.8	39.8	37.2
极端最低温度（℃）			−1.7	−3.4	−3.8	−3.8	−2.7	−2.9	−1.9	−7.3

注：E—东；东风。S—南；南风。W—西；西风。N—北；北风。C—静风。

续表

省份			四川省（16）					贵州省（9）		
城市名称			12 达州	13 雅安	14 巴中	15 资阳	16 阿坝州	1 贵阳	2 遵义	3 毕节地区
站台名称			达州 57328	雅安 56287	巴中 57313	资阳 56298	马尔康 56172	贵阳 57816	遵义 57713	毕节 57707
台站位置		北纬	31°12′	29°59′	31°52′	30°07′	31°54′	26°35′	27°42′	27°18′
		东经	107°30′	103°00′	106°46′	104°39′	102°14′	106°43′	106°53′	105°17′
		海拔（m）	344.9	627.6	417.7	357	2664.4	1074.3	843.9	1510.6
统计年份			1971—2000	1971—2000	1971—2000	1971—2000	1971—2000	1971—2000	1971—2000	1971—2000
年平均温度（℃）			17.1	16.2	16.9	17.2	8.6	15.3	15.3	12.8
室外计算温、湿度	冬季	供暖（℃）	3.5	2.9	3.2	3.6	−4.1	−0.3	0.3	−1.7
		通风（℃）	6.2	6.3	5.8	6.6	−0.6	5	4.5	2.7
		空调（℃）	2.1	1.1	1.5	1.3	−6.1	−2.5	−1.7	−3.5
		空调相对湿度（%）	82	80	82	84	48	80	83	87
	夏季	空气调节干球温度（℃）	35.4	32.1	34.5	33.7	27.3	30.1	31.8	29.2
		空气调节室外计算湿球温度（℃）	27.1	25.8	26.9	26.7	17.3	23	24.3	21.8
		通风计算温度（℃）	31.8	28.6	31.2	30.2	22.4	27.1	28.8	25.7
		通风计算相对湿度（%）	59	70	59	65	83	64	63	64
		空气调节室外计算日平均温度（℃）	31	27.9	30.3	29.5	19.3	26.5	27.9	24.5
室外风向、风速及频率	夏季	平均风速（m/s）	1.4	1.8	0.9	1.3	1.1	2.1	1.1	0.9
		最多风向	C ENE	C WSW	C SW	C S	C NW	C SSW	C SSW	C SSE
		最多风向的频率（%）	31 27	29 15	52 5	41 7	61 9	24 17	48 7	60 12
		最多风向的平均风速（m/s）	2.4	2.9	1.9	2.1	3.1	3	2.3	2.3
	冬季	平均风速（m/s）	1	1.1	0.6	0.8	1	2.1	1	0.6
		最多风向	C ENE	C E	C E	C ENE	C NW	ENE	C ESE	C SSE
		最多风向的频率（%）	45 25	50 13	68 4	58 7	62 10	23	50 7	69 7
		最多风向的平均风速（m/s）	1.9	2.1	1.7	1.3	3.3	2.5	1.9	1.9
		年最多风向	C ENE	C E	C SW	C ENE	C NW	C ENE	C SSE	C SSE
		年最多风向的频率（%）	37 27	40 11	60 4	50 6	60 10	23 15	49 6	62 9
冬季日照百分率（%）			13	16	17	16	62	15	11	17
最大冻土深度（cm）			—	—	—	—	25	—	—	—
大气压力		冬季（hPa）	985	949.7	979.9	980.3	733.3	897.4	924	850.9
		夏季（hPa）	967.5	935.4	962.7	962.9	734.7	887.8	911.8	844.2
设计计算用供暖期天数及其平均温度		日平均温度≤+5℃的天数	0	0	0	0	122	27	35	67
		日平均温度≤+5℃的起止日期	—	—	—	—	11.06～03.07	01.11～02.06	01.05～02.08	12.10～02.14
		平均温度≤+5℃期间内的平均温度（℃）	—	—	—	—	1.2	4.6	4.4	3.4
		日平均温度≤+8℃的天数	65	64	67	62	162	69	91	112
		日平均温度≤+8℃的起止日期	12.10～02.12	12.11～02.12	12.09～02.13	12.14～02.13	10.20～03.30	12.08～02.14	12.04～03.04	11.19～03.10
		平均温度≤+8℃期间内的平均温度（℃）	6.6	6.6	6.2	6.9	2.5	6	5.6	4.4
极端最高温度（℃）			41.2	35.4	40.3	39.2	34.5	35.1	37.4	39.7
极端最低温度（℃）			−4.5	−3.9	−5.3	−4	−16	−7.3	−7.1	−11.3

注：E—东；东风。S—南；南风。W—西；西风。N—北；北风。C—静风。

续表

省份		贵州省（9）						云南省（16）	
城市名称		4 安顺	5 铜仁地区	6 黔西南州	7 黔南州	8 黔东南州	9 六盘水	1 昆明	2 保山
站台名称		安顺 57806	铜仁 57741	兴仁 57902	罗甸 57916	凯里 57825	盘县 56793	昆明 56778	保山 56748
台站位置	北纬	26°15′	27°43′	25°26′	25°26′	26°36′	25°47′	25°01′	25°07′
	东经	105°55′	109°11′	105°11′	106°46′	107°59′	104°37′	102°41′	99°10′
	海拔（m）	1392.9	279.7	1378.5	440.3	720.3	1515.2	1892.4	1653.5
统计年份		1971—2000	1971—2000	1971—2000	1971—2000	1971—2000	1971—2000	1971—2000	1971—2000
年平均温度（℃）		14.1	17	15.3	19.6	15.7	15.2	14.9	15.9
室外计算温、湿度 冬季	供暖（℃）	−1.1	1.4	0.6	5.5	−0.4	0.6	3.6	6.6
	通风（℃）	4.3	5.5	6.3	10.2	4.7	6.5	8.1	8.5
	空调（℃）	−3	−0.5	−1.3	3.7	−2.3	−1.4	0.9	5.6
	空调相对湿度（%）	84	76	84	73	80	79	68	69
室外计算温、湿度 夏季	空气调节干球温度（℃）	27.7	35.3	28.7	34.5	32.1	29.3	26.2	27.1
	空气调节室外计算湿球温度（℃）	21.8	26.7	22.2	*参考 27.8	24.5	21.6	20	20.9
	通风计算温度（℃）	24.8	32.2	25.3	31.2	29	25.5	23	24.2
	通风计算相对湿度（%）	70	60	69	66	64	65	68	67
	空气调节室外计算日平均温度（℃）	24.5	30.7	24.8	29.3	28.3	24.7	22.4	23.1
室外风向、风速及频率 夏季	平均风速（m/s）	2.3	0.8	1.8	0.6	1.6	1.3	1.8	1.3
	最多风向	SSW	C　SSW	C　ESE	C　ESE	C　SSW	C　WSW	C　WSW	C　SSW
	最多风向的频率（%）	25	62　7	29　13	69　4	33　9	48　9	31　13	50　10
	最多风向的平均风速（m/s）	3.4	2.3	2.3	1.7	3.1	2.5	2.6	2.5
室外风向、风速及频率 冬季	平均风速（m/s）	2.4	0.9	2.2	0.7	1.6	2	2.2	1.5
	最多风向	ENE	C　ENE	C　ENE	C　ESE	C　NNE	C　ENE	C　WSW	C　WSW
	最多风向的频率（%）	31	58　15	19　18	62　8	26　22	31　19	35　19	54　10
	最多风向的平均风速（m/s）	2.8	2.2	2.3	1.8	2.3	2.5	3.7	3.4
室外风向、风速及频率	年最多风向	ENE	C　ENE	C　ESE	C　ESE	C　NNE	C　ENE	C　WSW	C　WSW
	年最多风向的频率（%）	22	61　11	24　15	64　6	29　15	39　14	31　16	52　8
冬季日照百分率（%）		18	15	29	21	16	33	66	74
最大冻土深度（cm）		—	—	—	—	—	—	—	—
大气压力	冬季（hPa）	963.1	991.3	864.4	968.6	938.3	849.6	811.9	835.7
	夏季（hPa）	856	973.1	857.5	954.7	925.2	843.8	808.2	830.3
设计计算用供暖期天数及其平均温度	日平均温度≤+5℃的天数	41	5	0	0	30	0	0	0
	日平均温度≤+5℃的起止日期	01.01～02.10	01.29～02.02	—	—	01.09～02.07	—	—	—
	平均温度≤+5℃期间内的平均温度（℃）	4.2	4.9	—	—	4.4	—	—	—
	日平均温度≤+8℃的天数	99	64	65	0	87	66	27	6
	日平均温度≤+8℃的起止日期	11.27～03.05	12.12～02.13	12.10～02.12	—	12.08～03.04	12.09～02.12	12.17～01.12	01.01～01.06
	平均温度≤+8℃期间内的平均温度（℃）	5.7	6.3	6.7	—	5.8	6.9	7.7	7.9
极端最高温度（℃）		33.4	40.1	35.5	39.2	37.5	35.1	30.4	32.3
极端最低温度（℃）		−7.6	−9.2	−6.2	−2.7	−9.7	−7.9	−7.8	−3.8

注：E—东；东风。S—南；南风。W—西；西风。N—北；北风。C—静风。

续表

省份			云南省（16）							
城市名称			3	4	5	6	7	8	9	10
			昭通	丽江	普洱	红河州	西双版纳州	文山州	曲靖	玉溪
站台名称			昭通 56586	丽江 56651	思茅 56964	蒙自 56985	景洪 56959	文山州 56994	沾益 56786	玉溪 56875
台站位置	北纬		27°21′	26°52′	22°47′	23°23′	22°00′	23°23′	25°35′	24°21′
	东经		103°43′	100°13′	100°58′	103°23′	100°47′	104°15′	103°50′	102°33′
	海拔（m）		1949.5	2392.4	1302.1	1300.7	582	1271.6	1898.7	1636.7
统计年份			1971—2000	1971—2000	1971—2000	1971—2000	1971—2000	1971—2000	1971—2000	1971—2000
年平均温度（℃）			11.6	12.7	18.4	18.7	22.4	18	14.4	15.9
室外计算温、湿度	冬季	供暖（℃）	−3.1	3.1	9.7	6.8	13.3	5.6	1.1	5.5
		通风（℃）	2.2	6	12.5	12.3	16.5	11.1	7.4	8.9
		空调（℃）	−5.2	1.3	7	4.5	10.5	3.4	−1.6	3.4
		空调相对湿度（%）	74	46	78	72	85	77	67	73
	夏季	空气调节干球温度（℃）	27.3	25.6	29.7	30.7	34.7	30.4	27	28.2
		空气调节室外计算湿球温度（℃）	19.5	18.1	22.1	22	25.7	22.1	19.8	20.8
		通风计算温度（℃）	23.5	22.3	25.8	26.7	30.4	26.7	23.3	24.5
		通风计算相对湿度（%）	63	59	69	62	67	63	68	66
		空气调节室外计算日平均温度（℃）	22.5	21.3	24	25.9	28.5	25.5	22.4	23.2
室外风向、风速及频率	夏季	平均风速（m/s）	1.6	2.5	1	3.2	0.8	2.2	2.3	1.4
		最多风向	C NE	C ESE	C SW	S	C ESE	SSE	C SSW	C WSW
		最多风向的频率（%）	43 12	18 11	51 10	26	58 8	25	19 19	46 10
		最多风向的平均风速（m/s）	3	2.5	1.9	3.9	1.7	2.9	2.7	2.5
	冬季	平均风速（m/s）	2.4	4.2	0.9	3.8	0.4	2.9	3.1	1.7
		最多风向	C NE	WNW	C WSW	SSW	C ESE	S	SW	C WSW
		最多风向的频率（%）	32 20	21	59 7	24	72 3	26	19	61 6
		最多风向的平均风速（m/s）	3.6	5.5	2.7	5.5	1.4	3.4	3.8	1.8
	年最多风向		C NE	WNW	C WSW	S	C ESE	SSE	SSW	C WSW
	年最多风向的频率（%）		36 17	15	55 7	23	68 5	25	18	45 16
冬季日照百分率（%）			43	77	64	62	57	50	56	61
最大冻土深度（cm）			—	—	—	—	—	—	—	—
大气压力	冬季（hPa）		805.3	762.6	871.8	865	851.3	875.4	810.9	837.2
	夏季（hPa）		802	761	865.3	871.4	942.7	868.2	807.6	832.1
设计计算用供暖期天数及其平均温度	日平均温度≤+5℃的天数		73	0	0	0	0	0	0	0
	日平均温度≤+5℃的起止日期		12.04～02.14	—	—	—	—	—	—	—
	平均温度≤+5℃期间内的平均温度（℃）		3.1	—	—	—	—	—	—	—
	日平均温度≤+8℃的天数		122	82	0	0	0	0	60	0
	日平均温度≤+8℃的起止日期		11.10～03.11	11.27～02.16	—	—	—	—	12.08～02.05	—
	平均温度≤+8℃期间内的平均温度（℃）		4.1	6.3	—	—	—	—	7.4	—
极端最高温度（℃）			33.4	32.3	35.7	35.9	41.1	35.9	33.2	32.6
极端最低温度（℃）			−10.6	−10.3	−2.5	−3.9	1.9	−3	−9.2	−5.5

注：E—东；东风。S—南；南风。W—西；西风。N—北；北风。C—静风。

续表

省份			云南省（16）						西藏（7）	
城市名称			11	12	13	14	15	16	1	2
			临沧	楚雄州	大理州	德宏州	怒江州	迪庆州	拉萨	昌都地区
站台名称			临沧 56951	楚雄 56768	大理 56751	瑞丽 56838	泸水 56741	香格里拉 56543	拉萨 55591	昌都 56137
台站位置		北纬	23°53′	25°01′	25°42′	24°01′	25°59′	27°50′	29°40′	31°09′
		东经	100°05′	101°32′	100°11′	97°51′	98°49′	99°42′	91°08′	97°10′
		海拔（m）	1502.4	1772	1990.5	776.6	1804.9	3276.1	3648.7	3306.0
统计年份			1971—2000	1971—2000	1971—2000	1971—2000	1971—2000	1971—2000	1971—2000	1971—2000
年平均温度（℃）			17.5	16	14.9	20.3	15.2	5.9	8	7.6
室外计算温、湿度	冬季	供暖（℃）	9.2	5.6	5.2	10.9	6.7	−6.1	−5.2	−5.9
		通风（℃）	11.2	8.7	8.2	13	9.2	−3.2	−1.6	−2.3
		空调（℃）	7.7	3.2	3.5	9.9	5.6	−8.6	−7.6	−7.6
		空调相对湿度（%）	65	75	66	78	56	60	28	37
	夏季	空气调节干球温度（℃）	28.6	28	26.2	31.4	26.7	20.8	24.1	26.2
		空气调节室外计算湿球温度（℃）	21.3	20.1	20.2	24.5	20	13.8	13.5	15.1
		通风计算温度（℃）	25.2	24.6	23.3	27.5	22.4	17.9	19.2	21.6
		通风计算相对湿度（%）	69	61	64	72	78	63	38	46
		空气调节室外计算日平均温度（℃）	23.6	23.9	22.3	26.4	22.4	15.6	19.2	19.6
室外风向、风速及频率	夏季	平均风速（m/s）	1	1.5	1.9	1.1	2.1	2.1	1.8	1.2
		最多风向	C　NE	C　WSW	C　NW	C　WSW	WSW	C　SSW	C　SE	C　NW
		最多风向的频率（%）	54　8	32　14	27　10	46　10	30	37　14	30　12	48　6
		最多风向的平均风速（m/s）	2.4	2.6	2.4	2.5	2.3	3.6	2.7	2.1
	冬季	平均风速（m/s）	1	1.5	3.4	0.7	2.1	2.4	2	0.9
		最多风向	C　W	C　WSW	C　ESE	C　WSW	C　NNE	C　SSW	C　ESE	C　NW
		最多风向的频率（%）	60　4	45　14	15　8	61　6	18　17	38　10	27　15	61　5
		最多风向的平均风速（m/s）	2.9	2.8	3.9	1.8	2.4	3.9	2.3	2
		年最多风向	C　NNE	C　WSW	C　ESE	C　WSW	WSW	C　SSW	C　SE	C　NW
		年最多风向的频率（%）	55　4	40　13	20　8	51　8	18	36　13	28　12	51　6
冬季日照百分率（%）			71	66	68	66	68	72	77	63
最大冻土深度（cm）			—	—	—	—	—	25	19	81
大气压力		冬季（hPa）	851.2	823.3	802	927.6	820.9	684.5	650.6	679.9
		夏季（hPa）	845.4	818.8	798.7	918.6	816.2	685.8	652.9	681.7
设计计算用供暖期天数及其平均温度		日平均温度≤+5℃的天数	0	0	0	0	0	176	132	148
		日平均温度≤+5℃的起止日期	—	—	—	—	—	10.23～04.16	11.01～03.12	10.28～03.24
		平均温度≤+5℃期间内的平均温度（℃）	—	—	—	—	—	0.1	0.61	3
		日平均温度≤+8℃的天数	0	8	29	0	0	208	179	185
		日平均温度≤+8℃的起止日期	—	01.01～01.08	12.15～01.12	—	—	10.10～05.05	10.19～04.15	10.17～04.19
		平均温度≤+8℃期间内的平均温度（℃）	—	7.9	7.5	—	—	1.1	2.17	1.6
极端最高温度（℃）			34.1	33	31.6	36.4	32.5	25.6	29.9	33.4
极端最低温度（℃）			−1.3	−4.8	−4.2	1.4	−0.5	−27.4	−16.5	−20.7

注：E—东；东风。S—南；南风。W—西；西风。N—北；北风。C—静风。

续表

省份			西藏（7）					陕西（9）		
城市名称			3 那曲地区	4 日喀则地区	5 林芝地区	6 阿里地区	7 山南地区	1 西安	2 延安	3 宝鸡
站台名称			那曲 55299	日喀则 55578	林芝 56312	狮泉河 55228	错那 55690	西安 57036	延安 53845	宝鸡 57016
台站位置		北纬	31°29′	29°15′	29°40′	32°30′	27°59′	34°18′	36°36′	34°21′
		东经	92°04′	88°53′	94°20′	80°05′	91°57′	108°56′	109°30′	107°08′
		海拔（m）	4507.0	3936.0	2991.8	4278.0	9280.0	397.5	958.5	612.4
统计年份			1971—2000	1971—2000	1971—2000	1971—2000	1971—2000	1971—2000	1971—2000	1971—2000
年平均温度（℃）			−1.2	6.5	8.7	0.4	−0.3	13.7	9.9	13.2
室外计算温、湿度	冬季	供暖（℃）	−17.8	−7.3	−2	−19.8	−14.4	−3.4	−10.3	−3.4
		通风（℃）	12.6	−3.2	0.5	−12.4	9.9	−0.1	−5.5	0.1
		空调（℃）	−21.9	−9.1	−3.7	−24.5	−18.2	−5.7	−13.3	−5.8
		空调相对湿度（%）	40	28	49	37	64	66	53	62
	夏季	空气调节干球温度（℃）	17.2	22.6	22.9	22	13.2	35	32.4	34.1
		空气调节室外计算湿球温度（℃）	9.1	13.4	15.6	9.5	8.7	25.8	22.8	24.6
		通风计算温度（℃）	13.3	18.9	19.9	17	11.2	30.6	28.1	29.5
		通风计算相对湿度（%）	52	40	61	31	68	58	52	58
		空气调节室外计算日平均温度（℃）	11.5	17.1	17.9	16.4	9	30.7	26.1	29.2
室外风向、风速及频率	夏季	平均风速（m/s）	2.5	1.3	1.6	3.2	4.1	1.9	1.6	1.5
		最多风向	C SE	C SSE	C E	C W	WSW	C ENE	C WSW	C ESE
		最多风向的频率（%）	30 7	51 9	38 11	24 14	31	28 13	28 16	37 12
		最多风向的平均风速（m/s）	3.5	2.5	2.1	5	5.7	2.5	2.2	2.9
	冬季	平均风速（m/s）	3	1.8	2	2.6	3.6	1.4	1.8	1.1
		最多风向	C WNW	C W	C E	C W	C WSW	C ENE	C WSW	C ESE
		最多风向的频率（%）	39 11	50 11	27 17	41 17	32 17	41 10	25 20	54 13
		最多风向的平均风速（m/s）	7.5	4.5	2.3	5.7	5.6	2.5	2.4	2.8
	年最多风向		C WNW	C W	C E	C W	WSW	C ENE	C WSW	C ESE
	年最多风向的频率（%）		34 8	48 7	32 14	33 16	25	35 11	26 17	47 13
冬季日照百分率（%）			71	81	57	80	77	32	61	40
最大冻土深度（cm）			281	58	13	—	86	37	77	29
大气压力		冬季（hPa）	583.9	636.1	706.5	602	598.3	979.1	913.8	953.7
		夏季（hPa）	589.1	638.5	706.2	604.8	602.7	959.8	900.7	936.9
设计计算用供暖期天数及其平均温度		日平均温度≤+5℃的天数	254	159	116	238	251	100	133	101
		日平均温度≤+5℃的起止日期	09.17～05.28	10.22～03.29	11.13～03.08	09.28～05.23	09.23～05.31	11.23～03.02	11.06～03.18	11.23～03.03
		平均温度≤+5℃期间内的平均温度（℃）	−5.3	−0.3	2	−5.5	−3.7	1.5	−1.9	1.6
		日平均温度≤+8℃的天数	300	194	172	263	365	127	159	135
		日平均温度≤+8℃的起止日期	08.23～06.18	10.11～04.22	10.24～04.13	09.19～06.08	01.01～12.31	11.09～03.15	10.23～03.30	11.08～03.22
		平均温度≤+8℃期间内的平均温度（℃）	−3.4	1	3.4	−4.3	−0.1	2.6	−0.5	3
极端最高温度（℃）			24.2	28.5	30.3	27.6	18.4	41.8	38.3	41.6
极端最低温度（℃）			−37.6	−21.3	−13.7	−36.6	−37	−12.8	−23	−16.1

注：E—东；东风。S—南；南风。W—西；西风。N—北；北风。C—静风。

续表

省份			陕西（9）						甘肃省（13）	
城市名称			4	5	6	7	8	9	1	2
			汉中	榆林	安康	铜川	咸阳	商洛	兰州	酒泉
站台名称			汉中 57127	榆林 53646	安康 57245	铜川 53947	武功 57034	商州 57143	兰州 52889	酒泉 52533
台站位置		北纬	33°04′	38°14′	32°43′	35°05′	34°15′	33°52′	36°03′	39°46′
台站位置		东经	107°02′	109°42′	109°02′	109°04′	108°13′	109°58′	103°53′	98°29′
台站位置		海拔（m）	509.5	1057.5	290.8	978.9	447.8	742.2	1517.2	1477.2
统计年份			1971—2000	1971—2000	1971—2000	1971—2000	1971—2000	1971—2000	1971—2000	1971—2000
年平均温度（℃）			14.4	8.3	15.6	10.6	13.2	12.8	9.8	7.5
室外计算温、湿度	冬季	供暖（℃）	−0.1	−15.1	0.9	−7.2	−3.6	−3.3	−9	−14.5
室外计算温、湿度	冬季	通风（℃）	2.4	−9.4	3.5	−3	−0.4	0.5	−5.3	−9
室外计算温、湿度	冬季	空调（℃）	−1.8	−19.3	−0.9	−9.8	−5.9	−5	−11.5	−18.5
室外计算温、湿度	冬季	空调相对湿度（%）	80	55	71	55	67	59	54	53
室外计算温、湿度	夏季	空气调节干球温度（℃）	32.3	32.2	35	31.5	34.3	32.9	31.2	30.5
室外计算温、湿度	夏季	空气调节室外计算湿球温度（℃）	26	21.5	26.8	23	*参考 27.0	24.3	20.1	19.6
室外计算温、湿度	夏季	通风计算温度（℃）	28.5	28	30.5	27.4	29.9	28.6	26.5	26.3
室外计算温、湿度	夏季	通风计算相对湿度（%）	69	45	64	60	61	56	45	39
室外计算温、湿度	夏季	空气调节室外计算日平均温度（℃）	28.5	26.5	30.7	26.5	29.8	27.6	26	24.8
室外风向、风速及频率	夏季	平均风速（m/s）	1.1	2.3	1.3	2.2	1.7	2.2	1.2	2.2
室外风向、风速及频率	夏季	最多风向	C ESE	C S	C E	ENE	C WNW	C SE	C ESE	C ESE
室外风向、风速及频率	夏季	最多风向的频率（%）	43 9	27 17	41 7	20	28	27 18	48 9	24 8
室外风向、风速及频率	夏季	最多风向的平均风速（m/s）	1.9	3.5	2.3	2.2	2.9	3.9	2.1	2.8
室外风向、风速及频率	冬季	平均风速（m/s）	0.9	1.7	1.2	2.2	1.4	2.6	0.5	2
室外风向、风速及频率	冬季	最多风向	C E	C N	C E	ENE	C NW	C NW	C E	C W
室外风向、风速及频率	冬季	最多风向的频率（%）	55 8	43 14	49 13	31	34 7	22 16	74 5	21 12
室外风向、风速及频率	冬季	最多风向的平均风速（m/s）	2.4	2.9	2.9	2.3	2.3	4.1	1.7	2.4
室外风向、风速及频率		年最多风向	C ESE	C S	C E	ENE	C WNW	C SE	C ESE	C WSW
室外风向、风速及频率		年最多风向的频率（%）	49 8	35 11	45 10	24	31 9	26 15	59 7	21 10
冬季日照百分率（%）			27	64	30	58	42	47	53	72
最大冻土深度（cm）			8	148	8	53	24	18	98	117
大气压力		冬季（hPa）	964.3	902.2	990.6	911.1	971.7	937.7	851..5	856.3
大气压力		夏季（hPa）	947.8	889.9	971.7	898.4	953.1	923.3	843.2	847.2
设计计算用供暖期天数及其平均温度		日平均温度≤+5℃的天数	72	153	60	128	101	100	130	157
设计计算用供暖期天数及其平均温度		日平均温度≤+5℃的起止日期	12.04～02.13	10.27～03.28	12.12～02.09	11.10～03.17	11.23～03.03	11.25～03.04	11.05～03.14	10.23～03.28
设计计算用供暖期天数及其平均温度		平均温度≤+5℃期间内的平均温度（℃）	3	−3.9	3.8	−0.2	1.2	1.9	−1.9	−4
设计计算用供暖期天数及其平均温度		日平均温度≤+8℃的天数	115	171	100	148	133	139	160	183
设计计算用供暖期天数及其平均温度		日平均温度≤+8℃的起止日期	11.15～03.09	10.17～04.05	11.26～03.05	11.03～03.30	11.08～03.20	11.09～03.27	10.20～03.28	10.12～04.12
设计计算用供暖期天数及其平均温度		平均温度≤+8℃期间内的平均温度（℃）	4.3	−2.8	4.9	0.6	2.7	3.3	−0.3	−2.4
极端最高温度（℃）			38.3	38.6	41.3	37.7	40.4	39.9	39.8	36.6
极端最低温度（℃）			−10	−30	−9.7	−21.8	−19.4	−13.9	−19.7	−29.8

注：E—东；东风。S—南；南风。W—西；西风。N—北；北风。C—静风。

续表

省份			甘肃省（13）							
城市名称			3	4	5	6	7	8	9	10
			平凉	天水	陇南	张掖	白银	金昌	庆阳	定西
站台名称			平凉 53915	天水 57006	武都 56096	张掖 52652	靖远 52895	永昌 52674	西峰镇 53923	临洮 52986
台站位置	北纬		35°33′	34°35′	33°24′	38°56′	36°34′	38°14′	35°44′	35°22′
	东经		106°40′	105°45′	104°55′	100°26′	104°41′	101°58′	107°38′	103°52′
	海拔（m）		1346.6	1141.7	1079.1	1482.7	1398.2	19976.1	1421	1886.6
统计年份			1971—2000	1971—2000	1971—2000	1971—2000	1971—2000	1971—2000	1971—2000	1971—2000
年平均温度（℃）			8.8	11	14.6	7.3	9	5	8.7	7.2
室外计算温、湿度	冬季	供暖（℃）	−8.8	−5.7	0	−13.7	−10.7	−14.8	−9.6	−11.3
		通风（℃）	−4.6	−2	3.3	−9.3	−6.9	−9.6	−4.8	−7
		空调（℃）	−12.3	−8.4	−2.3	−17.1	−13.9	−18.2	−12.9	−15.2
		空调相对湿度（%）	55	62	51	52	58	45	53	62
	夏季	空气调节干球温度（℃）	29.8	30.8	32.6	31.7	30.9	27.3	28.7	27.7
		空气调节室外计算湿球温度（℃）	21.3	21.8	22.3	19.5	21	17.2	20.6	19.2
		通风计算温度（℃）	25.6	26.9	28.3	26.9	26.7	23	24.6	23.3
		通风计算相对湿度（%）	56	55	52	37	48	45	57	55
		空气调节室外计算日平均温度（℃）	24	25.9	28.5	25.1	25.9	20.6	24.3	22.1
室外风向、风速及频率	夏季	平均风速（m/s）	1.9	1.2	1.7	2	1.3	3.1	2.4	1.2
		最多风向	C SE	C ESE	C SSE	C S	C S	WNW	SSW	C SSW
		最多风向的频率（%）	24 14	43 15	39 10	25 12	49 10	21	16	43 7
		最多风向的平均风速（m/s）	2.8	2	3.1	2.1	3.3	3.6	2.9	1.7
	冬季	平均风速（m/s）	2.1	1	1.2	1.8	0.7	2.6	2.2	1
		最多风向	C NW	C ESE	C ENE	C S	C ENE	C WNW	C NNW	C NE
		最多风向的频率（%）	22 20	51 15	47 6	27 13	69 6	27 16	13 10	52 7
		最多风向的平均风速（m/s）	2.2	2.2	2.3	2.1	2.1	3.5	2.8	1.9
	年最多风向		C NW	C ESE	C SSE	C S	C S	C WNW	SSW	C ESE
	年最多风向的频率（%）		24 16	47 15	43 8	25 12	56 6	19 18	13	45 6
冬季日照百分率（%）			60	46	47	74	66	78	61	64
最大冻土深度（cm）			48	90	13	113	86	159	79	114
大气压力	冬季（hPa）		870	892.4	898	855.5	864.5	802.8	861.8	812.6
	夏季（hPa）		860.8	881.2	887.3	846.5	855	798.9	853.5	808.1
设计计算用供暖期天数及其平均温度	日平均温度≤+5℃的天数		143	119	64	159	138	175	144	155
	日平均温度≤+5℃的起止日期		11.05～03.27	11.11～03.09	12.09～02.10	10.21～03.28	11.03～03.20	10.15～04.04	11.05～03.28	10.25～03.28
	平均温度≤+5℃期间内的平均温度（℃）		−1.3	0.3	3.7	−4	−2.7	−4.3	−1.5	−2.2
	日平均温度≤+8℃的天数		170	145	102	178	167	199	171	183
	日平均温度≤+8℃的起止日期		10.18～04.05	11.04～03.28	11.23～03.04	10.12～04.07	10.19～04.03	10.05～04.21	10.18～04.06	10.14～04.14
	平均温度≤+8℃期间内的平均温度（℃）		0	1.4	4.8	−2.9	−1.1	−3	−0.2	−0.8
极端最高温度（℃）			36	38.2	38.6	38.6	39.5	35.1	36.4	36.1
极端最低温度（℃）			−24.3	−17.4	−8.6	−28.2	−24.3	−28.3	−22.6	−27.9

注：E—东；东风。S—南；南风。W—西；西风。N—北；北风。C—静风。

续表

省　份			甘肃省（13）			青海省（8）				
城市名称			11 武威	12 临夏州	13 甘南州	1 西宁	2 玉树州	3 海西州	4 黄南州	5 海南州
站台名称			武威 52679	临夏 52984	合作 56080	西宁 52866	玉树 56029	格尔木 52818	河南 56065	共和 52856
台站位置		北纬	37°55′	35°35′	35°00′	36°43′	33°01′	36°25′	34°44′	36°16′
		东经	102°40′	103°11′	102°54′	101°45′	97°01′	94°54′	101°36′	100°37′
		海拔（m）	1530.9	1917	2910	2295.2	3681.2	2807.3	8500	2835
统计年份			1971—2000	1971—2000	1971—2000	1971—2000	1971—2000	1971—2000	1972—2000	1971—2000
年平均温度（℃）			7.9	7	2.4	6.1	3.2	5.3	0	4
室外计算温、湿度	冬季	供暖（℃）	−12.7	−10.6	−13.8	−11.4	−11.9	−12.9	−18	−14
		通风（℃）	−7.8	−6.7	−9.9	−7.4	−7.6	−9.1	−12.3	−9.8
		空调（℃）	−16.3	−13.4	−16.6	−13.6	−15.8	−15.7	−22	−16.6
		空调相对湿度（%）	49	59	49	45	44	39	55	43
	夏季	空气调节干球温度（℃）	30.9	26.9	22.3	26.5	21.8	26.9	19	24.6
		空气调节室外计算湿球温度（℃）	19.6	19.4	14.5	16.6	13.1	13.3	12.4	14.8
		通风计算温度（℃）	26.4	22.8	17.9	21.9	17.3	21.6	14.9	19.8
		通风计算相对湿度（%）	41	57	54	48	50	30	58	48
		空气调节室外计算日平均温度（℃）	24.8	21.2	15.9	20.8	15.5	21.4	13.2	19.3
室外风向、风速及频率	夏季	平均风速（m/s）	1.8	1	1.5	1.5	0.8	3.3	2.4	2
		最多风向	C　NNW	C　WSW	C　N	C　SSE	C　E	WNW	C　SE	C　SSE
		最多风向的频率（%）	35　9	54　9	46　13	37　17	63　7	20	29　13	30　8
		最多风向的平均风速（m/s）	3.3	2	3.3	2.9	2.3	4.3	3.4	2.9
	冬季	平均风速（m/s）	1.6	1.2	1	1.3	1.1	2.2	1.9	1.4
		最多风向	C　SW	C　N	C　N	C　SSE	C　WNW	C　WSW	C　NW	C　NNE
		最多风向的频率（%）	35　11	47　10	63　8	49　18	62　7	23　12	47　6	45　12
		最多风向的平均风速（m/s）	2.4	1.9	3	3.2	3.5	2.3	4.4	1.6
		年最多风向	C　SW	C　NNE	C　N	C　SSE	C　WNW	WNW	C　ESE	C　NNE
		年最多风向的频率（%）	34　9	49　9	50　11	41　20	60　6	15	35　9	36　10
冬季日照百分率（%）			75	63	66	68	60	72	69	75
最大冻土深度（cm）			141	85	142	123	104	84	177	150
大气压力		冬季（hPa）	850.3	809.4	713.2	774.4	647.5	723.5	663.1	720.1
		夏季（hPa）	841.8	805.1	716	772.9	651.5	724	668.4	721.8
设计计算用供暖期天数及其平均温度		日平均温度≤+5℃的天数	155	156	202	165	199	176	243	183
		日平均温度≤+5℃的起止日期	10.24～03.27	10.24～03.28	10.08～04.27	10.20～04.02	10.09～04.25	10.15～04.08	09.17～05.17	10.14～04.14
		平均温度≤+5℃期间内的平均温度（℃）	−3.1	−2.2	−3.9	−2.6	−2.7	−3.8	−4.5	−4.1
		日平均温度≤+8℃的天数	174	185	250	190	248	203	285	210
		日平均温度≤+8℃的起止日期	10.14～04.05	10.13～04.15	09.15～05.22	10.10～04.17	09.17～05.22	10.02～04.22	09.01～06.12	09.30～04.27
		平均温度≤+8℃期间内的平均温度（℃）	−2	−0.8	−1.8	−1.4	−0.8	−2.4	−2.8	−2.7
极端最高温度（℃）			35.1	36.4	30.4	36.5	28.5	35.5	26.2	33.7
极端最低温度（℃）			−28.3	−24.7	−27.9	−24.9	−27.6	−26.9	−37.2	−27.7

注：E—东；东风。S—南；南风。W—西；西风。N—北；北风。C—静风。

续表

省份			青海省（8）			宁夏（5）				
城市名称			6	7	8	1	2	3	4	5
			果洛州	海北州	海东地区	银川	石嘴山	吴忠	固原	中卫
站台名称			达日 56046	祁连 52657	民和 52876	银川 53614	惠农 53519	同心 53810	固原 53817	中卫 53704
台站位置		北纬	33°45′	38°11′	36°19′	38°29′	39°13′	36°59′	36°00′	37°32′
		东经	99°39′	100°15′	102°51′	106°13′	106°46′	105°54′	106°16′	105°11′
		海拔（m）	3967.5	2787.4	1813.9	1111.4	1091.0	1343.9	1753	1225.7
统计年份			1972—2000	1971—2000	1971—2000	1971—2000	1971—2000	1971—2000	1971—2000	1971—2000
年平均温度（℃）			−0.9	1	7.9	9	8.8	9.1	6.4	8.7
室外计算温、湿度	冬季	供暖（℃）	−18	−17.2	−10.5	−13.1	−13.6	−12	−13.2	−12.6
		通风（℃）	−12.6	−13.2	−6.2	−7.9	−8.4	−7.1	−8.1	−7.5
		空调（℃）	−21.1	−19.7	−13.4	−17.3	−17.4	−16	−17.3	−16.4
		空调相对湿度（%）	53	44	51	55	50	50	56	51
	夏季	空气调节干球温度（℃）	17.3	23	28.8	31.2	31.8	32.4	27.7	31
		空气调节室外计算湿球温度（℃）	10.9	13.8	19.4	22.1	21.5	20.7	19	21.1
		通风计算温度（℃）	13.4	18.3	24.5	27.6	28	27.7	23.2	27.2
		通风计算相对湿度（%）	57	48	50	48	42	40	54	47
		空气调节室外计算日平均温度（℃）	12.1	15.9	23.3	26.2	26.8	26.6	22.2	25.7
室外风向、风速及频率	夏季	平均风速（m/s）	2.2	2.2	1.4	2.1	3.1	3.2	2.7	1.9
		最多风向	C ENE	C SSE	C SE	C SSW	C SSW	SSE	C SSE	C ESE
		最多风向的频率（%）	32 12	23 19	38 8	21 11	15 12	23	19 14	37 20
		最多风向的平均风速（m/s）	3.4	2.9	2.2	2.9	3.1	3.4	3.7	1.9
	冬季	平均风速（m/s）	2	1.5	1.4	1.8	2.7	2.3	2.7	1.8
		最多风向	C WNW	C SSE	C SE	C NNE	C NNE	C SSE	C NNW	C WNW
		最多风向的频率（%）	48 7	36 13	40 10	26 11	26 11	22 19	18 9	46 11
		最多风向的平均风速（m/s）	4.9	2.3	2.6	2.2	4.7	2.8	3.8	2.6
		年最多风向	C ENE	C SSE	C SE	C NNE	C SSW	SSE	C SE	C ESE
		年最多风向的频率（%）	38 7	27 17	38 11	23 9	19 8	21	18 11	40 13
冬季日照百分率（%）			62	73	61	68	73	72	67	72
最大冻土深度（cm）			238	250	108	88	91	130	121	66
大气压力		冬季（hPa）	624	725.1	820.3	896.1	898.2	870.6	826.8	883
		夏季（hPa）	630.1	727.3	815	883.9	885.7	860.6	821.1	871.7
设计计算用供暖期天数及其平均温度		日平均温度≤+5℃的天数	255	213	146	145	146	143	166	145
		日平均温度≤+5℃的起止日期	09.14～05.26	09.29～04.29	11.02～03.27	11.03～03.27	11.02～03.27	11.04～03.26	10.21～04.04	11.02～03.26
		平均温度≤+5℃期间内的平均温度（℃）	−4.9	−5.8	−2.1	−3.2	−3.7	−2.8	−3.1	−3.1
		日平均温度≤+8℃的天数	302	252	173	169	169	168	189	170
		日平均温度≤+8℃的起止日期	08.23～06.20	09.12～05.21	10.15～04.05	10.19～04.05	10.19～04.05	10.19～04.04	10.10～04.16	10.18～04.05
		平均温度≤+8℃期间内的平均温度（℃）	−2.9	−3.8	−0.8	−1.8	−2.3	−1.4	−1.9	−1.6
极端最高温度（℃）			23.3	33.3	37.2	38.7	38	39	34.6	37.6
极端最低温度（℃）			−34	−32	−24.9	−27.7	−28.4	−27.1	−30.9	−29.2

注：E—东；东风。S—南；南风。W—西；西风。N—北；北风。C—静风。

续表

省份			新疆（14）							
城市名称			1 乌鲁木齐	2 克拉玛依	3 吐鲁番	4 哈密	5 和田	6 阿勒泰	7 喀什地区	8 伊犁哈萨克自治州
站台名称			乌鲁木齐 51463	克拉玛依 51243	吐鲁番 51573	哈密 52203	和田 51828	阿勒泰 51076	喀什 51709	伊宁 51431
台站位置		北纬	43°47′	45°37′	42°56′	42°49′	37°08′	47°44′	39°28′	43°57′
		东经	87°37′	84°51′	89°12′	93°31′	79°56′	88°05′	75°59′	81°20′
		海拔（m）	917.9	449.5	34.5	737.2	1374.5	835.3	1288.7	662.5
统计年份			1971—2000	1971—2000	1971—2000	1971—2000	1971—2000	1971—2000	1971—2000	1971—2000
年平均温度（℃）			7	8.6	14.4	10	12.5	4.5	11.8	9
室外计算温、湿度	冬季	供暖（℃）	−19.7	−22.2	−12.6	−15.6	−8.7	−24.5	−10.9	−16.9
		通风（℃）	−12.7	−15.4	−7.6	−10.4	−4.4	−15.5	−5.3	−8.8
		空调（℃）	−23.7	−26.5	−17.1	−18.9	−12.8	−29.5	−14.6	−21.5
		空调相对湿度（%）	78	78	60	60	54	74	67	78
	夏季	空气调节干球温度（℃）	33.5	36.4	40.3	35.8	34.5	30.8	33.8	32.9
		空气调节室外计算湿球温度（℃）	18.2	19.8	24.2	22.3	21.6	19.9	21.2	21.3
		通风计算温度（℃）	27.5	30.6	36.2	31.5	28.8	25.5	28.8	27.2
		通风计算相对湿度（%）	34	26	26	28	36	43	34	45
		空气调节室外计算日平均温度（℃）	28.3	32.3	35.3	30	28.9	26.3	28.7	26.3
室外风向、风速及频率	夏季	平均风速（m/s）	3	4.4	1.5	1.8	2	2.6	2.1	2
		最多风向	NNW	NNW	C ESE	C ENE	C WSW	C WNW	C NNW	C ESE
		最多风向的频率（%）	15	29	34 13	36 13	19 10	23 15	22 8	20 16
		最多风向的平均风速（m/s）	3.7	6.6	2.4	2.8	2.2	4.2	3	2.3
	冬季	平均风速（m/s）	1.6	1.1	0.5	1.5	1.4	1.2	1.1	1.3
		最多风向	C SSW	C E	C SSE	C ENE	C WSW	C ENE	C NNW	C E
		最多风向的频率（%）	29 10	49 7	67 4	37 16	31 8	52 9	44 9	38 14
		最多风向的平均风速（m/s）	2	2.1	1.3	2.1	1.8	2.4	1.7	2
		年最多风向	C NNW	C NNW	C ESE	C ENE	C SW	C NE	C NNW	C ESE
		年最多风向的频率（%）	15 12	21 19	48 7	35 13	23 10	31 9	33 9	28 14
冬季日照百分率（%）			39	47	56	72	56	58	53	56
最大冻土深度（cm）			139	192	83	127	64	139	66	60
大气压力		冬季（hPa）	924.6	979	1027.9	939.6	866.9	941.1	876.9	947.4
		夏季（hPa）	911.2	957.6	997.6	921	856.5	925	866	934
设计计算用供暖期天数及其平均温度		日平均温度≤+5℃的天数	158	147	118	141	114	176	121	141
		日平均温度≤+5℃的起止日期	10.24～03.30	10.31～03.26	11.07～03.04	10.31～03.20	11.12～03.05	10.17～04.10	11.09～03.09	11.03～03.23
		平均温度≤+5℃期间内的平均温度（℃）	−7.1	−8.6	−3.4	−4.7	−1.4	−8.6	−1.9	−3.9
		日平均温度≤+8℃的天数	180	165	136	162	132	190	139	161
		日平均温度≤+8℃的起止日期	10.14～04.11	10.19～04.01	10.30～03.14	10.18～03.28	11.03～03.14	10.08～04.15	10.30～03.17	10.20～03.29
		平均温度≤+8℃期间内的平均温度（℃）	−5.4	−7	−2	−3.2	−0.3	−7.5	−0.7	−2.6
极端最高温度（℃）			42.1	42.7	47.7	43.2	41.1	37.5	39.9	39.2
极端最低温度（℃）			−32.8	−34.3	−25.2	−28.6	−20.1	−41.6	−23.6	−36

注：E—东；东风。S—南；南风。W—西；西风。N—北；北风。C—静风。

续表

省份			新疆（14）					
城市名称			9 巴音郭楞蒙自治州	10 昌吉回族自治州	11 博尔塔拉蒙古自治州	12 阿克苏地区	13 塔城地区	14 克孜勒苏柯尔克孜自治州
站台名称			库尔勒 51656	奇台 51379	精河 51334	阿克苏 51628	塔城 51133	乌恰 51705
台站位置	北纬		41°45′	44°01′	44°37′	41°10′	46°44′	39°43′
	东经		86°08′	89°34′	82°54′	80°14′	83°00′	75°15′
	海拔（m）		931.5	793.5	320.1	1103.8	534.9	2175.7
统计年份			1971—2000	1971—2000	1971—2000	1971—2000	1971—2000	1971—2000
年平均温度（℃）			11.7	5.2	7.8	10.3	7.1	7.3
室外计算温、湿度	冬季	供暖（℃）	−11.1	−24	−22.2	−12.5	−19.2	−14.1
		通风（℃）	−7	−17	−15.2	−7.8	−10.5	−8.2
		空调（℃）	−15.3	−28.2	−25.8	−16.2	−24.7	−17.9
		空调相对湿度（%）	63	79	81	69	72	59
	夏季	空气调节干球温度（℃）	34.5	33.5	34.8	32.7	33.6	28.8
		空气调节室外计算湿球温度（℃）	22.1	19.5	*参考 26.2	*参考 25.7	*参考 22.9	*参考 19.4
		通风计算温度（℃）	30	27.9	30	28.4	27.5	23.6
		通风计算相对湿度（%）	33	34	39	39	39	27
		空气调节室外计算日平均温度（℃）	30.6	28.2	28.7	27.1	26.9	24.3
室外风向、风速及频率	夏季	平均风速（m/s）	2.6	3.5	1.7	1.7	2.2	3.1
		最多风向	C ENE	SSW	C SSW	C NNW	N	C WNW
		最多风向的频率（%）	28 19	18	28 14	28 8	16	21 15
		最多风向的平均风速（m/s）	4.6	3.5	2	2.3	2.2	5
	冬季	平均风速（m/s）	1.8	2.5	1	1.2	2	1.4
		最多风向	C E	SSW	C SSW	C NNE	C NNE	C WNW
		最多风向的频率（%）	38 19	19	49 12	32 15	22 22	59 7
		最多风向的平均风速（m/s）	3.2	2.9	1.6	1.6	2.1	5.9
		年最多风向	C E	SSW	C SSW	C NNE	NNE	C WNW
		年最多风向的频率（%）	32 16	17	37 13	31 10	17	36 12
冬季日照百分率（%）			62	60	43	61	57	62
最大冻土深度（cm）			58	136	141	80	160	650
大气压力	冬季（hPa）		917.6	934.1	994.1	897.3	963.2	786.2
	夏季（hPa）		902.3	919.4	971.2	884.3	947.5	784.3
设计计算用供暖期天数及其平均温度	日平均温度≤+5℃的天数		127	164	152	124	162	153
	日平均温度≤+5℃的起止日期		11.06～03.12	10.19～03.31	10.27～03.27	11.04～03.07	10.23～04.02	10.27～03.28
	平均温度≤+5℃期间内的平均温度（℃）		−2.9	−9.5	−7.7	−3.5	−5.4	−3.6
	日平均温度≤+8℃的天数		150	187	170	137	182	182
	日平均温度≤+8℃的起止日期		10.24～03.22	10.09～04.13	10.16～04.03	10.22～03.07	10.13～04.12	10.13～04.12
	平均温度≤+8℃期间内的平均温度（℃）		−1.4	−7.4	−6.2	−1.8	−4.1	−1.9
极端最高温度（℃）			40	40.5	41.6	39.6	41.3	35.7
极端最低温度（℃）			−25.3	−40.1	−33.8	−25.2	−37.1	−29.9

注：E—东；东风。S—南；南风。W—西；西风。N—北；北风。C—静风。

续表

省份			台湾地区（3）			香港地区（1）
城市名称			1 台北	2 花莲	3 恒春	1 香港
站台名称						
台站位置	北纬		25°02′	24°01′	22°00′	22°18′
	东经		121°31′	121°37′	120°45′	114°10′
	海拔（m）		9.0	14.0	24.0	32.0
统计年份			1961—1980	1961—1980	1961—1980	1951—1980
年平均温度（℃）			22.1	22.9	24.9	22.8
室外计算温、湿度	冬季	供暖（℃）	11	13	16	10
		通风（℃）	15	17	20	16
		空调（℃）	9	11	14	8
		空调相对湿度（%）	82	82	74	71
	夏季	空气调节干球温度（℃）	33.6	32	34	32.4
		空气调节室外计算湿球温度（℃）	27.3	26.8	28.1	27.3
		通风计算温度（℃）	31	30	31	31
		通风计算相对湿度（%）	—	—	—	—
		空气调节室外计算日平均温度（℃）	30.5	29.5	29.4	30
室外风向、风速及频率	夏季	平均风速（m/s）	2.8	2	3.2	5.3
		最多风向	C E	C SW	C E	E
		最多风向的频率（%）	15 13	32 11	14 11	25
		最多风向的平均风速（m/s）	—	—	—	—
	冬季	平均风速（m/s）	3.7	2.9	5.1	6.5
		最多风向	E	C NE	NE	E
		最多风向的频率（%）	29	25 20	37	42
		最多风向的平均风速（m/s）	—	—	—	—
	年最多风向		E	C NE	NE	E
	年最多风向的频率（%）		24	28 15	27	39
冬季日照百分率（%）			—	—	—	44
最大冻土深度（cm）			—	—	—	—
大气压力	冬季（hPa）		1019.7	1017.8	1014.4	1019.5
	夏季（hPa）		1005.3	1004.6	1003.7	1005.6
设计计算用供暖期天数及其平均温度	日平均温度≤+5℃的天数		0	0	0	0
	日平均温度≤+5℃的起止日期		0	0	0	0
	平均温度≤+5℃期间内的平均温度（℃）		—	—	—	—
	日平均温度≤+8℃的天数		—	—	—	—
	日平均温度≤+8℃的起止日期		—	—	—	—
	平均温度≤+8℃期间内的平均温度（℃）		—	—	—	—
极端最高温度（℃）			33	35	39	36.1
极端最低温度（℃）			−2	5	8	0

注：E—东；东风。S—南；南风。W—西；西风。N—北；北风。C—静风。

附录二　夏季太阳总辐射照度

附表 2　北纬 20°太阳总辐射照度（W/m²）

透明度等级		1						2						3						透明度等级	
朝向		S	SE	E	NE	N	H	S	SE	E	NE	N	H	S	SE	E	NE	N	H	朝向	
时刻（地方太阳时）	6	26	255	527	505	202	96	28	209	424	407	169	90	29	172	341	328	140	83	18	时刻（地方太阳时）
	7	63	454	825	749	272	349	63	408	736	670	249	321	70	373	661	602	233	306	17	
	8	92	527	872	759	257	602	98	495	811	708	249	573	104	464	751	658	241	545	16	
	9	117	518	791	670	224	826	121	494	748	635	220	787	130	476	711	606	222	759	15	
	10	134	442	628	523	191	999	144	434	608	511	198	969	145	415	578	486	195	921	14	
	11	145	312	404	344	169	1105	150	307	394	338	173	1064	156	302	384	333	177	1022	13	
	12	149	149	149	157	161	1142	156	156	156	164	167	1107	162	162	162	170	172	1065	12	
	13	145	145	145	145	169	1105	150	150	150	150	173	1064	156	156	156	156	177	1022	11	
	14	134	134	134	134	191	999	144	144	144	144	198	969	145	145	145	145	195	921	10	
	15	117	117	117	117	224	826	121	121	121	121	220	787	130	130	130	130	222	759	9	
	16	92	92	92	92	257	602	98	98	68	98	249	573	104	104	104	104	241	545	8	
	17	63	63	63	63	272	349	63	63	63	63	249	321	70	70	70	70	233	306	7	
	18	26	26	26	26	202	96	28	28	28	28	169	90	29	29	29	29	140	83	6	
日总计		1303	3232	4772	4284	2791	9096	1363	3108	4481	4037	2682	8716	1429	2998	4221	3817	2587	8339	日总计	
日平均		55	135	199	179	116	379	57	129	187	168	112	363	60	125	176	159	108	347	日平均	
朝向		S	SW	W	NW	N	H	S	SW	W	NW	N	H	S	SW	W	NW	N	H	朝向	

续表

透明度等级		4						5						6						透明度等级
朝向		S	SE	E	NE	N	H	S	SE	E	NE	N	H	S	SE	E	NE	N	H	朝向
时刻（地方太阳时）	6	27	130	254	243	107	69	22	97	184	177	79	55	22	72	131	127	60	48	18
	7	74	331	577	527	213	285	77	295	504	461	193	264	76	252	421	386	171	236	17
	8	106	423	677	594	227	505	113	395	620	548	220	480	116	354	542	481	207	440	16
	9	137	451	665	570	221	722	147	437	635	547	224	701	157	409	580	404	224	658	15
	10	155	402	551	468	200	880	165	397	536	458	208	857	179	385	508	438	217	815	14
	11	169	305	380	331	188	886	178	304	374	329	197	951	190	302	365	326	206	904	13
	12	172	172	172	179	181	1023	181	181	181	188	191	98	199	199	199	205	207	947	12
	13	169	169	169	169	188	986	178	178	178	178	197	951	190	190	190	190	206	904	11
	14	155	155	155	155	200	880	165	165	165	165	208	857	179	179	179	179	217	815	10
	15	137	137	137	137	221	722	147	147	147	147	224	701	157	157	157	157	224	658	9
	16	106	106	106	106	227	505	113	113	113	113	220	480	116	116	116	116	207	440	8
	17	74	74	74	74	213	285	77	77	77	77	193	264	76	76	76	76	171	236	7
	18	27	27	27	27	107	69	22	22	22	22	79	55	22	22	22	22	60	48	6
日总计		1507	2883	3944	3580	2493	7918	1584	2807	3736	3409	2433	7600	1678	2713	3487	3206	2379	7148	日总计
日平均		63	120	164	149	104	330	66	117	156	142	101	317	70	113	145	134	99	298	日平均
朝向		S	SW	W	NW	N	H	S	SW	W	NW	N	H	S	SW	W	NW	N	H	朝向

附表 3 北纬 25°太阳总辐射照度（W/m²）

透明度等级		1						2						3						透明度等级	
朝向		S	SE	E	NE	N	H	S	SE	E	NE	N	H	S	SE45	E	NE	N	H	朝向	
时刻（地方太阳时）	6	33	287	579	551	220	127	34	243	484	461	187	116	36	206	401	383	162	109	18	时刻（地方太阳时）
	7	66	483	842	747	252	373	67	436	755	670	233	345	73	398	678	604	219	327	17	
	8	93	564	877	730	212	618	100	530	818	684	208	590	106	498	758	637	204	562	16	
	9	119	566	793	625	159	834	121	540	750	593	159	795	131	518	713	568	166	768	15	
	10	158	500	628	466	134	1000	166	488	608	456	144	970	166	466	578	436	145	922	14	
	11	212	376	404	281	145	1104	213	368	394	279	151	1062	215	359	384	276	156	1022	13	
	12	226	202	144	144	144	1133	228	206	151	151	151	1096	229	208	157	157	157	1054	12	
	13	212	145	145	145	145	1104	213	151	151	151	151	1062	215	156	156	156	156	1020	11	
	14	158	134	134	134	134	1000	166	144	144	144	144	970	166	145	145	145	145	922	10	
	15	119	119	119	119	159	834	121	121	121	121	159	795	131	131	131	131	166	768	9	
	16	93	93	93	93	212	618	100	100	100	100	208	590	106	106	106	106	204	562	8	
	17	66	66	66	66	252	373	67	67	67	67	233	345	73	73	73	73	219	327	7	
	18	33	33	33	33	220	127	34	34	34	34	187	116	36	36	36	36	162	109	6	
日总计		1586	3568	4857	4134	2389	9244	1631	3429	4578	3911	2317	8853	1685	3301	4317	3708	2260	8469	日总计	
日平均		66	149	202	172	100	385	68	143	191	163	97	369	70	138	180	154	94	353	日平均	
朝向		S	SW	W	NW	N	H	S	SW	W	NW	N	H	S	SW	W	NW	N	H	朝向	

续表

透明度等级	4						5						6						透明度等级
朝向	S	SE	E	NE	N	H	S	SE	E	NE	N	H	S	SE	E	NE	N	H	朝向
时刻（地方太阳时） 6	35	164	312	298	129	95	33	129	240	229	104	81	29	95	171	164	80	67	18
7	77	355	594	530	201	305	80	316	521	466	186	284	81	274	441	397	167	257	17
8	108	454	684	577	194	520	115	424	629	534	193	495	119	379	551	471	184	454	16
9	138	491	669	536	171	730	148	475	640	516	177	709	158	442	585	478	185	666	15
10	173	449	551	421	155	882	184	441	536	415	165	858	195	423	508	400	179	816	14
11	223	357	380	280	169	985	229	352	374	281	178	950	235	345	365	281	190	901	13
12	235	215	169	169	169	1014	240	222	178	178	178	973	250	234	194	194	194	935	12
13	223	169	169	169	169	985	229	178	178	178	178	950	235	190	190	190	190	901	11
14	173	155	155	155	155	882	184	165	165	165	165	858	195	179	179	179	179	816	10
15	138	138	138	138	171	730	148	148	148	148	177	709	158	158	158	158	185	666	9
16	108	108	108	108	194	520	115	115	115	115	193	495	119	119	119	119	184	454	8
17	77	77	77	77	201	305	280	80	80	80	186	284	81	81	81	81	167	257	7
18	35	35	35	35	129	95	33	33	33	33	104	81	29	29	29	29	80	67	6 （时刻（地方太阳时））
日总计	1745	3166	4040	3492	2206	8048	1817	3078	3837	3339	2183	7730	1885	2949	3572	3141	2160	7259	日总计
日平均	73	132	168	146	92	335	76	128	160	139	91	32	79	123	149	131	90	302	日平均
朝向	S	SW	W	NW	N	H	S	SW	W	NW	N	H	S	SW	W	NW	N	H	朝向

附表 4　北纬 30°太阳总辐射照度（W/m²）

透明度等级		1						2						3						透明度等级
朝向		S	SE	E	NE	N	H	S	SE	E	NE	N	H	S	SE	E	NE	N	H	朝向
时刻（地方太阳时）	6	38	320	629	593	231	156	38	277	538	507	201	142	42	239	457	431	178	135	18
	7	69	512	856	740	229	395	71	464	770	666	214	368	76	423	693	601	201	345	17
	8	94	600	879	699	164	627	101	566	822	656	164	599	107	530	764	613	165	571	16
	9	144	614	794	578	119	835	145	584	750	549	121	795	154	558	713	527	131	768	15
	10	240	557	628	408	134	996	243	542	608	402	144	966	237	516	577	386	145	918	14
	11	300	436	401	215	143	1091	297	424	392	217	149	1050	292	413	381	217	154	1008	13
	12	316	266	143	143	143	1119	313	265	149	149	149	1079	309	264	155	155	155	1037	12
	13	300	143	143	143	143	1091	297	149	149	149	149	1050	292	154	154	154	154	1008	11
	14	240	134	134	134	134	996	243	144	144	144	144	966	237	145	145	145	145	918	10
	15	144	119	119	119	119	835	145	121	121	121	121	795	154	131	131	131	131	768	9
	16	94	94	94	94	164	627	101	101	101	101	164	599	107	107	107	107	165	571	8
	17	69	69	69	69	229	395	71	71	71	71	214	368	76	76	76	76	201	345	7
	18	38	38	38	38	231	156	38	38	38	38	201	142	42	42	42	42	178	135	6
日总计		2086	3902	4928	3973	2183	9318	2104	3747	4654	3772	2135	8920	2124	3599	4395	3586	2104	8527	日总计
日平均		87	163	205	166	91	388	88	156	194	157	89	372	88	150	183	149	88	355	日平均
朝向		S	SW	W	NW	N	H	S	SW	W	NW	N	H	S	SW	W	NW	N	H	朝向

The right-hand 时刻（地方太阳时） column, for the 朝向 given in the bottom row, is:

时刻（地方太阳时）
18
17
16
15
14
13
12
11
10
9
8
7
6

续表

透明度等级		4						5						6						透明度等级	
朝向		S	SE	E	NE	N	H	S	SE	E	NE	N	H	S	SE	E	NE	N	H	朝向	
时刻（地方太阳时）	6	42	197	366	345	148	121	41	160	292	277	122	107	35	117	208	198	92	86	18	时刻（地方太阳时）
	7	79	377	608	530	187	321	83	338	536	469	176	300	86	295	457	402	162	276	17	
	8	109	484	690	556	160	529	116	451	636	516	163	305	121	402	557	457	159	462	16	
	9	159	528	669	499	138	732	166	508	640	483	148	711	176	472	585	449	159	668	15	
	10	238	494	550	374	154	877	244	483	535	371	165	855	249	461	507	362	179	812	14	
	11	294	406	377	226	166	972	294	398	372	230	176	939	293	386	363	237	187	891	13	
	12	309	267	166	166	166	1000	308	270	177	177	177	962	309	274	191	191	191	919	12	
	13	294	166	166	166	166	972	294	176	176	176	176	939	293	187	187	187	187	891	11	
	14	238	154	154	154	154	877	244	165	165	165	165	855	249	179	179	179	179	812	10	
	15	159	138	138	138	138	732	166	148	148	148	148	711	176	159	159	159	159	668	9	
	16	109	109	109	109	160	529	116	116	116	116	163	505	121	121	121	121	159	462	8	
	17	79	79	79	79	187	321	83	83	83	83	176	300	86	86	86	86	162	276	7	
	18	42	42	42	42	148	121	41	41	41	41	122	107	35	35	35	35	92	86	6	
日总计		2154	3441	4115	3385	2074	8104	2197	3337	3916	3251	2075	7793	2228	3176	3636	3063	2068	7306	日总计	
日平均		90	143	171	141	86	338	92	139	163	135	86	325	93	132	151	128	86	304	日平均	
朝向		S	SW	W	NW	N	H	S	SW	W	NW	N	H	S	SW	W	NW	N	H	朝向	

附表 5 北纬 35°太阳总辐射照度（W/m²）

透明度等级		1						2						3						透明度等级	
朝向		S	SE	E	NE	N	H	S	SE	E	NE	N	H	S	SE	E	NE	N	H	朝向	
时刻（地方太阳时）	6	43	348	670	622	236	184	43	304	576	536	207	167	48	267	498	465	187	160	18	时刻（地方太阳时）
	7	71	541	869	728	204	413	73	492	783	658	192	385	77	448	705	594	181	361	17	
	8	94	636	880	665	114	632	101	600	825	626	120	605	108	562	766	585	124	577	16	
	9	209	659	792	529	117	828	207	626	749	504	121	790	209	598	721	485	130	762	15	
	10	320	614	627	351	134	984	319	595	608	349	144	956	307	565	577	336	145	907	14	
	11	383	493	397	149	138	1066	376	479	388	155	145	1029	305	462	377	158	150	985	13	
	12	409	333	145	145	145	1105	400	327	151	151	151	1063	390	321	156	156	156	1021	12	
	13	383	138	138	138	138	1066	376	145	145	145	145	1029	305	150	150	150	150	985	11	
	14	320	134	134	134	134	984	319	144	144	144	144	956	307	145	145	145	145	907	10	
	15	209	117	117	117	117	828	207	121	121	121	121	790	209	130	130	130	130	762	9	
	16	94	94	94	94	114	632	101	101	101	101	120	605	108	108	108	108	124	577	8	
	17	71	71	71	71	204	413	73	73	73	73	192	385	77	77	77	77	181	361	7	
	18	43	43	43	43	236	184	43	43	43	43	207	167	48	48	48	48	187	160	6	
日总计		2649	4223	4978	3788	2032	9318	2638	4051	4708	3606	2010	8927	2618	3881	4448	3438	1993	8525	日总计	
日平均		110	176	207	158	85	388	110	169	197	150	84	372	109	162	185	143	83	355	日平均	
朝向		S	SW	W	NW	N	H	S	SW	W	NW	N	H	S	SW	W	NW	N	H	朝向	

续表

透明度等级		4						5						6							透明度等级
朝向		S	SE	E	NE	N	H	S	SE	E	NE	N	H	S	SE	E	NE	N	H		朝向
时刻（地方太阳时）	6	48	223	408	380	158	144	47	185	331	309	134	128	42	141	245	230	105	107	18	时刻（地方太阳时）
	7	81	399	621	526	171	335	85	354	549	468	163	304	90	315	472	405	154	291	17	
	8	109	511	692	531	124	534	117	477	638	495	130	509	121	423	561	440	133	466	16	
	9	209	562	666	495	137	725	214	541	636	445	147	704	215	499	582	416	157	661	15	
	10	302	538	549	328	154	865	304	525	534	328	165	844	302	497	506	323	179	802	14	
	11	361	450	371	170	162	950	356	440	366	179	172	918	349	423	358	191	185	871	13	
	12	385	321	169	169	169	986	379	320	178	178	178	950	370	316	190	190	190	902	12	
	13	361	162	162	162	162	950	356	172	172	172	172	918	349	185	185	185	185	871	11	
	14	302	154	154	154	154	865	304	165	165	165	165	844	302	179	179	179	159	802	10	
	15	209	137	137	137	137	725	214	147	147	147	147	704	215	157	157	157	179	661	9	
	16	109	109	109	109	124	534	117	117	117	117	130	509	121	121	121	121	157	466	8	
	17	81	81	81	81	171	335	85	85	85	85	163	314	90	90	90	90	133	291	7	
	18	48	48	48	48	158	144	47	47	47	47	134	128	42	42	42	42	154	107	6	
日总计		2606	3695	4166	3254	1981	8088	2624	3579	3966	3135	1999	7784	2607	3388	3687	2968	2013	7299		日总计
日平均		108	154	173	136	83	337	109	149	165	130	84	324	108	141	154	123	84	305		日平均
朝向		S	SW	W	NW	N	H	S	SW	W	NW	N	H	S	SW	W	NW	N	H		朝向

附表 6 太阳总辐射照度（W/m^2）

透明度等级		1						2						3						透明度等级	
朝向		S	SE	E	NE	N	H	S	SE	E	NE	N	H	S	SE	E	NE	N	H	朝向	
时刻（地方太阳时）	6	45	378	706	648	236	209	47	330	612	562	209	192	52	295	536	493	192	185	18	时刻（地方太阳时）
	7	72	570	878	714	174	427	76	519	793	648	166	399	79	471	714	585	159	373	17	
	8	124	671	880	629	94	630	129	632	825	593	101	604	133	591	766	556	108	576	16	
	9	273	702	787	479	115	813	266	665	475	458	120	777	264	634	707	442	129	749	15	
	10	393	663	621	292	130	958	386	640	600	291	140	927	371	607	570	283	142	883	14	
	11	465	550	392	135	135	1037	454	534	385	144	144	1004	436	511	372	147	147	958	13	
	12	492	388	140	140	140	1068	478	380	147	147	147	1030	461	370	150	150	150	986	12	
	13	465	187	135	135	135	1037	454	192	144	144	144	1004	436	192	147	147	147	958	11	
	14	393	130	130	130	130	958	386	140	140	140	140	927	371	142	142	142	142	883	10	
	15	273	115	115	115	115	813	266	120	120	120	120	777	264	129	129	129	129	749	9	
	16	124	94	94	94	94	630	129	101	101	101	101	604	133	108	108	108	108	571	8	
	17	72	72	72	72	174	427	76	76	76	76	166	399	79	79	79	79	159	373	7	
	18	45	45	45	45	236	209	47	47	47	47	209	192	52	52	52	52	192	185	6	
日总计		2785	4567	4996	3629	1910	9218	3192	4374	4733	3469	1907	8834	3131	4181	4473	3312	1904	8434	日总计	
日平均		110	191	208	151	79	384	133	183	198	144	79	369	130	174	186	138	79	351	日平均	
朝向		S	SW	W	NW	N	H	S	SW	W	NW	N	H	S	SW	W	NW	N	H	朝向	

续表

透明度等级		4						5						6						透明度等级	
朝向		S	SE	E	NE	N	H	S	SE	E	NE	N	H	S	SE	E	NE	N	H	朝向	
时刻（地方太阳时）	6	52	250	445	411	165	166	50	209	368	340	142	148	49	164	279	258	115	127	18	时刻（地方太阳时）
	7	83	421	630	519	152	345	87	379	559	463	148	324	93	334	483	404	142	304	17	
	8	131	537	692	506	109	533	137	500	638	472	117	509	137	443	559	420	121	466	16	
	9	258	593	661	420	135	711	258	569	630	407	144	690	254	521	575	381	155	645	15	
	10	361	576	542	279	151	842	357	558	527	281	62	821	349	526	498	281	176	779	14	
	11	424	493	365	158	158	919	416	480	362	169	169	892	402	495	354	181	181	847	13	
	12	448	364	162	162	162	949	438	361	172	172	172	919	422	352	185	185	185	872	12	
	13	424	199	158	158	158	919	416	207	169	169	169	892	402	216	181	181	181	847	11	
	14	361	151	151	151	151	842	357	162	162	162	162	821	349	176	176	176	176	779	10	
	15	258	135	135	135	135	711	258	144	144	144	144	690	254	155	155	155	155	645	9	
	16	131	109	109	109	109	533	137	117	117	117	117	509	137	21	121	121	121	466	8	
	17	83	83	83	83	152	345	87	87	87	87	148	324	93	93	93	93	142	304	7	
	18	52	52	52	52	165	166	50	50	50	50	142	148	49	49	49	49	115	127	6	
日总计		3067	3964	4186	3142	1904	7981	3051	3824	3986	3033	1935	7687	2990	3609	3706	2885	1964	7208	日总计	
日平均		128	165	174	131	79	333	127	159	166	127	80	320	124	150	155	120	81	300	日平均	
朝向		S	SW	W	NW	N	H	S	SW	W	NW	N	H	S	SW	W	NW	N	H	朝向	

附表 7　北纬 45°太阳总辐射照度（W/m²）

透明度等级		1						2						3						透明度等级	
朝向		S	SE	E	NE	N	H	S	SE	E	NE	N	H	S	SE	E	NE	N	H	朝向	
时刻（地方太阳时）	6	48	407	740	668	233	234	49	357	644	582	208	214	56	323	571	493	193	207	18	时刻（地方太阳时）
	7	73	598	885	698	143	437	77	544	801	634	140	409	80	494	721	518	135	381	17	
	8	173	705	879	593	94	625	173	662	821	559	101	598	173	618	763	573	107	570	16	
	9	333	742	782	429	112	791	323	704	740	413	117	758	316	668	701	525	127	730	15	
	10	464	709	614	234	127	926	449	679	590	233	134	891	431	657	562	399	140	851	14	
	11	545	606	390	134	134	1005	530	587	384	143	143	975	506	558	370	231	145	927	13	
	12	571	443	135	135	135	1028	554	434	143	143	143	996	529	418	147	145	147	949	12	
	13	545	244	134	134	134	1005	530	248	143	143	143	975	506	242	145	145	145	927	11	
	14	464	127	127	127	127	926	449	134	134	134	134	891	421	140	140	140	140	851	10	
	15	333	112	112	112	112	791	323	117	117	117	117	758	316	127	127	127	127	730	9	
	16	173	94	94	94	94	625	173	101	101	101	101	598	173	107	107	107	107	570	8	
	17	73	73	73	73	143	437	77	77	77	77	140	409	80	80	80	80	135	381	7	
	18	48	48	48	48	233	234	49	49	49	49	208	214	56	56	56	56	193	207	6	
日总计		3844	4908	5011	3477	1819	9062	3756	4693	4744	3327	1829	8685	3655	4475	4489	3192	1840	8283	日总计	
日平均		160	205	209	145	76	378	157	195	198	138	77	362	152	186	187	133	77	345	日平均	
朝向		S	SW	W	NW	N	H	S	SW	W	NW	N	H	S	SW	W	NW	N	H	朝向	

续表

透明度等级		4						5						6						透明度等级	
朝向		S	SE	E	NE	N	H	S	SE	E	NE	N	H	S	SE	E	NE	N	H	朝向	
时刻（地方太阳时）	6	56	276	480	435	169	166	50	234	400	364	147	166	53	186	311	283	122	127	18	时刻（地方太阳时）
	7	84	441	637	509	131	187	53	398	566	456	130	33	95	351	491	399	129	145	17	
	8	167	561	688	478	109	354	88	520	635	447	116	504	164	459	556	398	120	312	16	
	9	304	621	652	378	131	527	169	592	621	369	142	669	287	538	563	347	150	461	15	
	10	415	611	535	231	148	690	300	590	519	236	158	792	391	551	488	241	171	623	14	
	11	486	534	361	155	155	813	408	520	358	166	166	863	454	494	350	180	180	750	13	
	12	509	406	157	157	157	886	475	400	167	167	167	884	473	387	181	181	181	840	12	
	13	486	243	155	155	155	909	495	249	166	166	166	863	454	254	180	180	180	820	11	
	14	415	148	148	148	148	886	475	158	158	158	158	792	391	171	171	171	171	750	10	
	15	304	131	131	131	131	813	408	142	142	142	142	669	287	150	50	150	50	623	9	
	16	167	109	109	109	109	690	300	116	116	116	116	504	164	12	1120	120	120	461	8	
	17	84	84	84	84	131	527	169	88	88	88	130	333	95	95	95	95	129	312	7	
	18	56	56	56	56	169	354	88	53	53	53	147	166	53	53	53	53	122	145	6	
日总计		3573	4219	4194	3026	1843	7822	3482	4060	3991	2930	1886	7536	3362	3811	3710	2798	1926	7062	日总计	
日平均		148	176	174	126	77	326	145	169	166	122	79	314	1140	159	155	116	80	294	日平均	
朝向		S	SW	W	NW	N	H	S	SW	W	NW	N	H	S	SW	W	NW	N	H	朝向	

附表 8 北纬 50°太阳总辐射照度（W/m^2）

透明度等级		1						2						3						透明度等级	
朝向		S	SE	E	NE	N	H	S	SE	E	NE	N	H	S	SE	E	NE	N	H	朝向	
时刻（地方太阳时）	6	51	435	768	680	224	257	52	384	671	595	202	236	58	348	598	533	190	228	18	时刻（地方太阳时）
	7	74	625	890	677	11	444	78	569	805	615	112	415	80	516	726	558	110	387	17	
	8	220	736	876	557	93	615	216	688	816	525	99	586	212	642	757	492	106	558	16	
	9	390	778	773	379	108	763	377	737	734	368	115	734	365	698	694	356	124	706	15	
	10	530	752	607	178	124	887	507	715	579	178	128	848	488	680	554	183	136	815	14	
	11	620	656	385	131	131	63	599	634	379	141	141	933	569	601	364	143	143	887	13	
	12	650	499	134	134	134	989	630	487	144	144	144	961	598	465	145	145	145	912	12	
	13	620	297	131	131	131	963	599	297	141	141	141	933	569	287	143	143	143	887	11	
	14	530	124	124	124	124	887	507	128	128	128	128	848	488	136	136	136	136	815	10	
	15	390	108	108	108	108	763	377	115	115	115	115	734	365	124	124	124	124	706	9	
	16	220	93	93	93	93	615	216	99	99	99	99	586	212	106	106	106	106	558	8	
	17	74	74	74	74	112	444	78	78	78	78	112	415	80	80	80	80	110	378	7	
	18	51	51	51	51	224	257	52	52	52	52	2022	236	58	58	8	58	190	228	6	
日总计		4421	5229	5015	3319	1720	8848	429	4983	4742	3178	1738	8464	4143	4743	4486	3058	1764	8076	日总计	
日平均		184	217	209	138	72	369	179	208	198	133	72	352	172	198	187	128	73	336	日平均	
朝向		S	SW	W	NW	N	H	S	SW	W	NW	N	H	S	SW	W	NW	N	H	朝向	

续表

透明度等级		4						5						6						透明度等级	
朝向		S	SE	E	NE	N	H	S	SE	E	NE	N	H	S	SE	E	NE	N	H	朝向	
时刻（地方太阳时）	6	59	299	507	454	167	207	58	256	428	383	148	186	58	208	337	304	126	164	18	时刻（地方太阳时）
	7	85	461	642	497	109	359	90	414	571	445	112	338	95	365	495	391	114	316	17	
	8	201	580	683	448	107	518	198	536	628	419	115	492	188	473	550	374	119	451	16	
	9	345	644	642	337	128	663	337	612	608	329	137	642	316	551	549	309	145	595	15	
	10	466	642	527	187	144	79	454	618	511	193	154	758	429	572	478	201	163	716	14	
	11	542	571	355	151	151	847	527	554	352	163	163	826	498	522	343	177	177	784	13	
	12	568	447	154	154	154	870	552	438	165	165	849	522	422	179	179	179	179	807	12	
	13	542	284	151	151	151	847	527	286	163	163	163	826	498	285	177	177	177	784	11	
	14	466	144	144	144	144	779	454	154	154	154	154	758	429	163	163	163	163	716	10	
	15	345	128	128	128	128	663	337	137	137	137	137	642	316	145	145	145	145	595	9	
	16	201	107	07	107	107	518	198	115	115	115	115	492	188	119	119	119	119	451	8	
	17	85	85	85	85	109	359	90	90	90	90	112	338	95	95	95	95	114	316	7	
	18	59	59	59	59	167	207	58	58	58	58	148	186	58	58	58	58	126	164	6	
日总计		3966	4451	4182	2902	1768	7615	3879	4267	3980	2813	1821	7334	3693	3983	3693	2696	1872	6862	日总计	
日平均		165	185	174	121	73	317	162	178	166	117	76	306	154	166	154	113	78	286	日平均	
朝向		S	SW	W	NW	N	H	S	SW	W	NW	N	H	S	SW	W	NW	N	H	朝向	

附录三　夏季透过标准窗玻璃的太阳辐射照度

附表 9　北纬 20°透过标准窗玻璃的太阳辐射照度（W/m²）

透明度等级	1						2						透明度等级
朝向	S	SE	E	NE	N	H	S	SE	E	NE	N	H	朝向
辐射照度	上行—直接辐射 下行—散射辐射						上行—直接辐射 下行—散射辐射						辐射照度
时刻（地方太阳时） 6	0	162	423	404	112	20	0	128	335	320	88	15	18 时刻（地方太阳时）
	21	21	21	21	21	27	23	23	23	23	23	31	
7	0	286	552	576	109	192	0	254	568	509	97	170	17
	52	52	52	52	52	47	52	52	52	52	52	51	
8	0	315	654	550	65	428	0	288	598	502	59	391	16
	76	76	76	76	76	52	80	80	80	80	80	66	
9	0	274	552	430	130	628	0	256	514	401	122	585	15
	97	97	97	97	97	57	99	99	99	99	99	69	
10	0	180	364	258	8	784	0	170	342	243	8	737	14
	110	110	110	110	110	56	119	119	119	119	119	77	
11	0	60	133	85	1	878	0	57	126	79	1	826	13
	120	120	120	120	120	57	123	123	123	123	123	72	
12	0	0	0	0	1	911	0	0	0	0	1	863	12
	122	122	122	122	122	56	128	128	128	128	128	73	
13	0	0	0	0	1	878	0	0	0	0	1	826	11
	120	120	120	120	120	57	123	123	123	123	123	72	
14	0	0	0	0	8	784	0	0	0	0	8	737	10
	110	110	110	110	110	56	119	119	119	119	119	77	
15	0	0	0	0	130	628	0	0	0	0	122	585	9
	97	97	97	97	97	57	99	99	99	99	99	69	
16	0	0	0	0	65	428	0	0	0	0	59	391	8
	76	76	76	76	76	52	80	80	80	80	80	66	
17	0	0	0	0	109	192	0	0	0	0	97	170	7
	52	52	52	52	52	47	52	52	52	52	52	51	
18	0	0	0	0	112	20	0	0	0	0	88	15	6
	21	21	21	21	21	27	23	23	23	23	23	31	
朝向	S	SW	W	NW	N	H	S	SW	W	NW	N	H	朝向

透明度等级	3						4						透明度等级
朝向	S	SE	E	NE	N	H	S	SE	E	NE	N	H	朝向
辐射照度	上行—直接辐射 下行—散射辐射						上行—直接辐射 下行—散射辐射						辐射照度
时刻（地方太阳时） 6	0	101	263	251	70	12	0	73	191	183	50	9	18 时刻（地方太阳时）
	24	24	24	24	24	35	22	22	22	22	22	33	
7	0	222	498	445	85	149	0	190	423	380	72	127	17
	58	58	58	58	58	65	60	60	60	60	60	76	
8	0	262	543	456	53	355	0	231	479	402	48	313	16
	85	85	85	85	85	80	87	87	87	87	87	91	
9	0	236	476	371	113	542	0	215	433	337	102	492	15
	107	107	107	107	107	90	113	113	113	113	113	107	
10	0	158	319	227	7	686	0	145	292	208	7	629	14
	120	120	120	120	120	87	127	127	127	127	127	109	
11	0	53	117	74	1	775	0	49	109	69	1	718	13
	128	128	128	128	128	88	138	138	138	138	138	115	
12	0	0	0	0	1	811	0	0	0	0	1	751	12
	133	133	133	133	133	91	141	141	141	141	141	114	
13	0	0	0	0	1	775	0	0	0	0	1	718	11
	128	128	128	128	128	88	138	138	138	138	138	115	
14	0	0	0	0	7	686	0	0	0	0	7	629	10
	120	120	120	120	120	87	127	127	127	127	127	109	
15	0	0	0	0	113	542	0	0	0	0	102	492	9
	107	107	107	107	107	90	113	113	113	113	113	107	
16	0	0	0	0	53	355	0	0	0	0	48	313	8
	85	85	85	85	85	80	87	87	87	87	87	91	
17	0	0	0	0	85	149	0	0	0	0	72	127	7
	58	58	58	58	58	65	60	60	60	60	60	76	
18	0	0	0	0	70	12	0	0	0	0	50	9	6
	24	24	24	24	24	35	22	22	22	22	22	33	
朝向	S	SW	W	NW	N	H	S	SW	W	NW	N	H	朝向

续表

透明度等级		5						6						透明度等级	
朝向		S	SE	E	NE	N	H	S	SE	E	NE	N	H	朝向	
辐射照度		上行—直接辐射 下行—散射辐射						上行—直接辐射 下行—散射辐射						辐射照度	
时刻（地方太阳时）	6	0	52	136	130	36	6	0	36	93	88	24	5	18	时刻（地方太阳时）
		19	19	19	19	19	28	17	17	17	17	17	28		
	7	0	160	359	323	62	107	0	130	271	261	50	87	17	
		63	63	63	63	63	81	62	62	62	62	62	85		
	8	0	206	426	358	42	278	0	172	257	300	36	234	16	
		93	93	93	93	93	106	95	95	95	95	95	120		
	9	0	199	401	313	95	456	0	172	347	271	83	395	15	
		120	120	120	120	120	126	129	129	129	129	129	150		
	10	0	135	273	194	6	587	0	120	242	172	6	521	14	
		136	136	136	136	136	131	148	148	148	148	148	162		
	11	0	45	101	64	1	665	0	41	91	57	1	597	13	
		147	147	147	147	147	136	156	156	156	156	156	163		
	12	0	0	0	0	0	692	0	0	0	0	0	627	12	
		149	149	149	149	149	137	164	164	164	164	164	171		
	13	0	0	00	0	1	665	0	0	0	0	1	597	11	
		147	147	147	147	147	136	156	156	156	156	156	163		
	14	0	0	0	0	6	587	0	0	0	0	6	521	10	
		136	136	136	136	136	131	148	148	148	148	148	162		
	15	0	0	0	0	95	456	0	0	0	0	83	395	9	
		120	120	120	120	120	126	129	129	129	129	129	150		
	16	0	0	0	0	42	278	0	0	0	0	36	234	8	
		93	93	93	93	93	106	95	95	95	95	95	120		
	17	0	0	0	0	62	107	0	0	0	0	50	87	7	
		63	63	63	63	63	81	62	62	62	62	62	85		
	18	0	0	0	0	36	6	0	0	0	0	24	5	6	
		19	19	19	19	19	28	17	17	17	17	17	28		
朝向	S	SW	W	NW	N	H	S	SW	W	NW	N	H		朝向	

附表 10　北纬 25°透过标准窗玻璃的太阳辐射照度（W/m^2）

透明度等级		1						2						透明度等级	
朝向		S	SE	E	NE	N	H	S	SE	E	NE	N	H	朝向	
辐射照度		上行—直接辐射 下行—散射辐射						上行—直接辐射 下行—散射辐射						辐射照度	
时刻（地方太阳时）	6	0	183	462	437	115	31	0	150	379	359	94	27	18	时刻（地方太阳时）
		27	27	27	27	27	33	28	28	28	28	28	37		
	7	0	312	654	570	88	212	0	276	579	505	78	187	17	
		55	55	55	55	55	48	56	56	56	56	56	53		
	8	0	352	657	522	36	440	0	323	602	478	33	402	16	
		77	77	77	77	77	52	81	81	81	81	81	67		
	9	0	322	554	383	5	636	0	300	515	356	4	593	15	
		98	98	98	98	98	57	100	100	100	100	100	68		
	10	1	236	364	204	0	785	1	222	342	191	0	739	14	
		101	101	101	101	101	56	119	119	119	119	119	77		
	11	10	108	133	42	0	876	10	102	126	40	0	825	13	
		120	120	120	120	120	58	124	124	124	124	124	73		
	12	15	8	0	0	0	906	15	7	0	0	0	857	12	
		119	119	119	119	119	51	124	124	124	124	124	69		
	13	10	0	0	0	0	876	10	0	0	0	0	825	11	
		120	120	120	120	120	58	124	124	124	124	124	73		
	14	1	0	0	0	0	785	1	0	0	0	0	739	10	
		101	101	101	101	101	56	119	119	119	119	119	77		
	15	0	8	0	0	5	636	0	0	0	0	4	593	9	
		98	98	98	98	98	57	100	100	100	100	100	68		
	16	0	0	0	0	36	440	0	0	0	0	33	402	8	
		77	77	77	77	77	52	81	81	81	81	81	67		
	17	0	0	0	0	88	212	0	0	0	0	78	187	7	
		55	55	55	55	55	48	56	56	56	56	56	53		
	18	0	0	0	0	115	31	0	0	0	0	94	27	6	
		27	27	27	27	27	33	28	28	28	28	28	37		
朝向		S	SW	W	NW	N	H	S	SW	W	NW	N	H	朝向	

续表

透明度等级	3						4						透明度等级
朝向	S	SE	E	NE	N	H	S	SE	E	NE	N	H	朝向
辐射照度	上行—直接辐射 下行—散射辐射						上行—直接辐射 下行—散射辐射						辐射照度
时刻（地方太阳时） 6	0	121	308	290	77	21	0	92	234	221	58	16	18 时刻（地方太阳时）
	36	30	30	30	30	42	29	29	29	29	29	42	
7	0	243	511	445	69	165	0	208	436	380	59	141	17
	60	60	60	60	60	66	64	64	64	64	64	77	
8	0	274	548	435	30	366	0	259	484	384	27	323	16
	87	87	87	87	87	81	88	88	88	88	88	92	
9	0	278	477	445	4	549	0	252	434	300	4	500	15
	109	108	108	108	108	90	114	114	114	114	114	107	
10	1	207	319	178	0	687	1	190	292	163	0	632	14
	120	120	120	120	120	87	127	127	127	127	127	109	
11	9	95	117	37	0	773	8	88	109	34	0	715	13
	128	128	128	128	128	88	138	138	138	138	138	115	
12	14	7	0	0	0	804	13	7	0	0	0	745	12
	129	129	129	129	129	86	138	138	138	138	138	110	
13	9	0	0	0	0	773	8	0	0	0	0	715	11
	128	128	128	128	128	88	138	138	138	138	138	115	
14	1	0	0	0	0	687	1	0	0	0	0	632	10
	120	120	120	120	120	87	127	127	127	127	127	109	
15	0	0	0	0	4	549	0	0	0	0	4	500	9
	108	108	108	108	108	90	114	114	114	114	114	107	
16	0	0	0	0	30	366	0	0	0	0	27	323	8
	87	87	87	87	87	81	88	88	88	88	88	92	
17	0	0	0	0	69	165	0	0	0	0	59	141	7
	60	60	60	60	60	66	64	64	64	64	64	77	
18	0	0	0	0	77	21	0	0	0	0	58	16	6
	30	30	30	30	30	42	29	29	29	29	29	42	
朝向	S	SW	W	NW	N	H	S	SW	W	NW	N	H	朝向

透明度等级	5						6						透明度等级
朝向	S	SE	E	NE	N	H	S	SE	E	NE	N	H	朝向
辐射照度	上行—直接辐射 下行—散射辐射						上行—直接辐射 下行—散射辐射						辐射照度
时刻（地方太阳时） 6	0	69	176	166	44	12	0	48	120	113	30	8	18 时刻（地方太阳时）
	27	27	27	27	27	40	24	24	24	24	24	37	
7	0	177	372	324	50	120	0	144	302	264	41	98	17
	66	66	66	66	66	62	67	67	67	67	67	92	
8	0	231	431	343	23	288	0	194	363	288	20	242	16
	94	94	94	94	94	108	98	98	98	98	98	121	
9	0	235	402	278	4	463	0	204	349	241	2	402	15
	121	121	121	121	121	126	130	130	130	130	130	151	
10	1	177	273	152	0	588	1	157	242	135	0	522	14
	136	136	136	136	136	131	148	148	148	148	148	162	
11	8	83	101	31	0	664	7	73	91	28	0	595	13
	147	147	147	147	147	137	156	156	156	156	156	164	
12	12	6	0	0	0	687	10	6	0	0	0	621	12
	147	147	147	147	147	133	159	159	159	159	159	165	
13	8	0	0	0	0	664	7	0	0	0	0	595	11
	147	147	147	147	147	137	156	156	156	156	156	164	
14	1	0	0	0	0	588	1	0	0	0	0	522	10
	136	136	136	136	136	131	148	148	148	148	148	162	
15	0	0	0	0	4	463	0	0	0	0	2	402	9
	121	121	121	121	121	126	130	130	130	130	130	151	
16	0	0	0	0	23	288	0	0	0	0	20	242	8
	94	94	94	94	94	108	98	98	98	98	98	121	
17	0	0	0	0	50	120	0	0	0	0	41	98	7
	65	66	66	66	66	62	67	67	67	67	67	92	
18	0	0	0	0	44	12	0	0	0	0	30	8	6
	27	27	27	27	27	40	24	24	24	24	24	37	
朝向	S	SW	W	NW	N	H	S	SW	W	NW	N	H	朝向

附表 11　北纬 30°透过标准窗玻璃的太阳辐射照度（W/m²）

透明度等级	1						2						透明度等级
朝向	S	SE	E	NE	N	H	S	SE	E	NE	N	H	朝向
辐射照度	上行—直接辐射 下行—散射辐射						上行—直接辐射 下行—散射辐射						辐射照度
时刻（地方太阳时）													时刻（地方太阳时）
6	0	204	499	466	116	48	0	172	422	394	98	41	18
	31	31	31	31	31	37	31	31	31	31	31	40	
7	0	338	664	559	67	229	0	300	590	497	59	204	17
	57	57	57	57	57	48	58	58	58	58	58	56	
8	0	390	659	490	13	450	0	358	605	450	12	414	16
	78	78	78	78	78	52	83	83	83	83	83	67	
9	1	371	554	332	0	637	1	345	515	311	0	593	15
	98	98	98	98	98	58	100	100	100	100	100	68	
10	31	292	364	144	0	780	29	274	342	140	0	734	14
	110	110	110	110	110	57	119	119	119	119	119	78	
11	53	164	133	13	0	866	50	155	126	12	0	815	13
	117	117	117	117	117	56	123	123	123	123	123	72	
12	65	85	0	0	0	896	62	80	0	0	0	846	12
	117	117	117	117	117	51	123	123	123	123	123	67	
13	53	0	0	0	0	866	50	0	0	0	0	815	11
	117	117	117	117	117	56	123	123	123	123	123	72	
14	31	0	0	0	0	780	29	0	0	0	0	734	10
	110	110	110	110	110	57	119	119	119	119	119	78	
15	1	0	0	0	0	637	1	0	0	0	0	593	9
	98	98	98	98	98	58	100	100	100	100	100	68	
16	0	0	0	0	13	450	0	0	0	0	12	414	8
	78	78	78	78	78	52	83	83	83	83	83	67	
17	0	0	0	0	67	229	0	0	0	0	59	204	7
	57	57	57	57	57	48	58	58	58	58	58	56	
18	0	0	0	0	116	48	0	0	0	0	98	41	6
	31	31	31	31	31	37	31	31	31	31	31	40	
朝向	S	SW	W	NW	N	H	S	SW	W	NW	N	H	朝向

透明度等级	3						4						透明度等级
朝向	S	SE	E	NE	N	H	S	SE	E	NE	N	H	朝向
辐射照度	上行—直接辐射 下行—散射辐射						上行—直接辐射 下行—散射辐射						辐射照度
时刻（地方太阳时）													时刻（地方太阳时）
6	0	143	350	328	81	34	0	112	273	256	64	27	18
	35	35	35	35	35	47	35	35	35	35	35	50	
7	0	265	520	438	52	180	0	227	445	376	45	155	17
	62	62	62	62	62	67	65	65	65	65	65	78	
8	0	326	551	409	10	377	0	288	487	362	9	333	16
	88	88	88	88	88	83	90	90	90	90	90	92	
9	1	320	477	287	0	549	1	292	435	262	0	500	15
	108	108	108	108	108	90	114	114	114	114	114	108	
10	28	256	319	130	0	683	26	235	292	120	0	626	14
	120	120	120	120	120	87	127	127	127	127	127	109	
11	47	145	117	10	0	764	43	134	108	10	0	706	13
	127	127	127	127	127	87	137	137	137	137	137	114	
12	58	76	0	0	0	793	53	70	0	0	0	734	12
	128	128	128	128	128	85	137	137	137	137	137	110	
13	47	0	0	0	0	764	43	0	0	0	0	706	11
	127	127	127	127	127	87	137	137	137	137	137	114	
14	28	0	0	0	0	683	26	0	0	0	0	626	10
	120	120	120	120	120	88	127	127	127	127	127	109	
15	1	0	0	0	0	549	1	0	0	0	0	500	9
	108	108	108	108	108	90	114	114	114	114	114	108	
16	0	0	0	0	10	377	0	0	0	0	9	333	8
	88	88	88	88	88	83	90	90	90	90	90	92	
17	0	0	0	0	52	180	0	0	0	0	45	155	7
	62	62	62	62	62	67	65	65	65	65	65	78	
18	0	0	0	0	81	34	0	0	0	0	64	27	6
	35	35	35	35	35	47	35	35	35	35	35	50	
朝向	S	SW	W	NW	N	H	S	SW	W	NW	N	H	朝向

续表

透明度等级		5						6						透明度等级	
朝向		S	SE	E	NE	N	H	S	SE	E	NE	N	H	朝向	
辐射照度		上行—直接辐射 下行—散射辐射						上行—直接辐射 下行—散射辐射						辐射照度	
时刻（地方太阳时）	6	0	86	213	199	49	21	0	59	147	136	34	14	18	时刻（地方太阳时）
		34	34	34	34	34	49	29	29	29	29	29	44		
	7	0	194	383	322	38	133	0	159	313	264	31	108	17	
		69	69	69	69	69	87	71	71	71	71	71	97		
	8	0	258	435	323	8	298	0	216	366	272	7	250	16	
		96	96	96	96	96	109	99	99	99	99	99	122		
	9	1	270	404	243	0	464	1	235	350	211	0	402	15	
		121	121	121	121	121	126	130	130	130	130	130	151		
	10	23	219	272	112	0	585	21	194	242	99	0	518	14	
		136	136	136	136	136	131	148	148	148	148	148	162		
	11	41	124	101	9	0	656	36	112	90	8	0	587	13	
		145	145	145	145	145	135	155	155	155	155	155	163		
	12	50	65	0	0	0	679	45	58	0	0	0	612	12	
		145	145	145	145	145	133	157	157	157	157	157	163		
	13	41	0	0	0	0	656	36	0	0	0	0	587	11	
		145	145	145	145	145	135	155	155	155	155	155	163		
	14	23	0	0	0	0	585	21	0	0	0	0	518	10	
		136	136	136	136	136	131	148	148	148	148	148	162		
	15	1	0	0	0	0	464	1	0	0	0	0	402	9	
		121	121	121	121	121	126	130	130	130	130	130	151		
	16	0	0	0	0	8	298	0	0	0	0	7	250	8	
		96	96	96	96	96	109	99	99	99	99	99	122		
	17	0	0	0	0	38	133	0	0	0	0	31	108	7	
		69	69	69	69	69	87	71	71	71	71	71	97		
	18	0	0	0	0	49	21	0	0	0	0	34	14	6	
		34	34	34	34	34	49	29	29	29	29	29	44		
朝向		S	SW	W	NW	N	H	S	SW	W	NW	N	H	朝向	

附表 12　北纬 35°透过标准窗玻璃的太阳辐射照度（W/m²）

透明度等级		1						2						透明度等级	
朝向		S	SE	E	NE	N	H	S	SE	E	NE	N	H	朝向	
辐射照度		上行—直接辐射 下行—散射辐射						上行—直接辐射 下行—散射辐射						辐射照度	
时刻（地方太阳时）	6	0	223	529	488	113	62	0	191	450	415	95	53	18	时刻（地方太阳时）
		35	35	35	35	35	40	35	35	35	35	35	43		
	7	0	365	672	547	47	245	0	324	598	486	40	219	17	
		58	58	58	58	58	49	60	60	60	60	60	58		
	8	0	427	659	456	1	453	0	392	607	419	1	418	16	
		78	78	78	78	78	51	84	84	84	84	84	67		
	9	44	420	552	285	0	632	37	392	515	265	0	588	15	
		97	97	97	97	97	57	99	99	99	99	99	69		
	10	74	350	363	99	0	768	70	329	342	93	0	722	14	
		110	110	110	110	110	58	119	119	119	119	119	80		
	11	121	224	133	0	0	847	114	211	124	0	0	797	13	
		114	114	114	114	114	53	120	120	120	120	120	71		
	12	138	74	0	0	0	877	130	71	0	0	0	825	12	
		120	120	120	120	120	57	124	124	124	124	124	73		
	13	121	0	0	0	0	847	114	0	0	0	0	797	11	
		114	114	114	114	114	53	120	120	120	120	120	71		
	14	74	0	0	0	0	768	70	0	0	0	0	722	10	
		110	110	110	110	110	58	119	119	119	119	119	80		
	15	40	0	0	0	0	632	37	0	0	0	0	588	9	
		97	97	97	97	97	57	99	99	99	99	99	69		
	16	0	0	0	0	1	453	0	0	0	0	1	418	8	
		78	78	78	78	78	51	84	84	84	84	84	67		
	17	0	0	0	0	47	245	0	0	0	0	40	219	7	
		58	58	58	58	58	49	60	60	60	60	60	58		
	18	0	0	0	0	113	62	0	0	0	0	95	53	6	
		35	35	35	35	35	40	35	35	35	35	35	43		
朝向		S	SW	W	NW	N	H	S	SW	W	NW	N	H	朝向	

续表

透明度等级		3						4						透明度等级	
朝向		S	SE	E	NE	N	H	S	SE	E	NE	N	H	朝向	
辐射照度		上行—直接辐射 下行—散射辐射						上行—直接辐射 下行—散射辐射						辐射照度	
时刻（地方太阳时）	6	0	160	380	351	80	44	0	128	304	280	64	36	18	时刻（地方太阳时）
		40	40	40	40	40	52	40	40	40	40	40	55		
	7	0	287	529	430	36	193	0	247	455	370	31	166	17	
		64	64	64	64	64	67	67	67	67	67	67	79		
	8	0	357	552	381	1	380	0	316	488	337	1	336	16	
		88	88	88	88	88	83	91	91	91	91	91	93		
	9	34	362	476	245	0	544	31	329	433	323	0	495	15	
		107	107	107	107	107	90	113	113	113	113	113	107		
	10	65	306	317	87	0	671	59	280	291	79	0	615	14	
		120	120	120	120	120	90	127	127	127	127	127	110		
	11	106	198	116	0	0	745	98	183	108	0	0	688	13	
		123	123	123	123	123	85	134	134	134	134	134	110		
	12	122	66	0	0	0	773	113	62	0	0	0	716	12	
		128	128	128	128	128	85	138	138	138	138	138	115		
	13	106	0	0	0	0	745	98	0	0	0	0	688	11	
		123	123	123	123	123	85	134	134	134	134	134	110		
	14	65	0	0	0	0	671	59	0	0	0	0	615	10	
		120	120	120	120	120	90	127	127	127	127	127	110		
	15	34	0	0	0	0	544	31	0	0	0	0	495	9	
		107	107	107	107	107	90	113	113	113	113	113	107		
	16	0	0	0	0	1	380	0	0	0	0	1	336	8	
		88	88	88	88	88	83	91	91	91	91	91	93		
	17	0	0	0	0	36	193	0	0	0	0	31	166	7	
		64	64	64	64	64	67	67	67	67	67	67	79		
	18	0	0	0	0	80	44	44	0	0	0	64	36	6	
		40	40	40	40	40	52	52	40	40	40	40	55		
朝向		S	SW	W	NW	N	H	S	SW	W	NW	N	H	朝向	

透明度等级		5						6						透明度等级	
朝向		S	SE	E	NE	N	H	S	SE	E	NE	N	H	朝向	
辐射照度		上行—直接辐射 下行—散射辐射						上行—直接辐射 下行—散射辐射						辐射照度	
时刻（地方太阳时）	6	0	102	241	222	51	28	0	72	171	158	36	20	18	时刻（地方太阳时）
		39	39	39	39	39	55	35	35	35	35	35	52		
	7	0	212	391	317	27	143	0	174	322	262	22	117	17	
		69	69	69	69	69	90	74	74	74	74	74	100		
	8	0	283	437	302	1	301	0	238	369	254	1	254	16	
		97	97	97	97	97	109	100	100	100	100	100	123		
	9	29	305	401	207	0	459	24	264	348	179	0	398	15	
		121	121	121	121	121	126	129	129	129	129	129	150		
	10	56	262	272	77	0	575	49	231	241	66	0	508	14	
		136	136	136	136	136	133	148	148	148	148	148	163		
	11	91	170	100	0	0	640	81	151	90	0	0	571	13	
		142	142	142	142	142	133	152	152	152	152	152	160		
	12	105	57	0	0	0	664	94	51	0	0	0	595	12	
		147	147	147	147	147	136	156	156	156	156	156	164		
	13	91	0	0	0	0	640	81	0	0	0	0	571	11	
		142	142	142	142	142	133	152	152	152	152	152	160		
	14	56	0	0	0	0	575	49	0	0	0	0	508	10	
		136	136	136	136	136	133	148	148	148	148	148	163		
	15	29	0	0	0	0	459	24	0	0	0	0	398	9	
		121	121	121	121	121	126	129	129	129	129	129	150		
	16	0	0	0	0	1	301	0	0	0	0	1	254	8	
		97	97	97	97	97	109	100	100	100	100	100	123		
	17	0	0	0	0	27	143	0	0	0	0	22	117	7	
		69	69	69	69	69	90	74	74	74	74	74	100		
	18	0	0	0	0	51	28	0	0	0	0	36	20	6	
		39	39	39	39	39	55	35	35	35	35	35	52		
朝向		S	SW	W	NW	N	H	S	SW	W	NW	N	H	朝向	

附表 13　北纬 40°透过标准窗玻璃的太阳辐射照度（W/m²）

透明度等级		1						2						透明度等级	
朝向		S	SE	E	NE	N	H	S	SE	E	NE	N	H	朝向	
辐射照度		上行—直接辐射 下行—散射辐射						上行—直接辐射 下行—散射辐射						辐射照度	
时刻（地方太阳时）	6	0	245	558	507	106	83	0	211	477	434	91	71	18	时刻（地方太阳时）
		37	37	37	37	37	41	38	38	38	38	38	45		
	7	0	392	679	530	72	259	0	349	605	472	64	231	17	
		59	59	59	59	59	49	63	63	63	63	63	59		
	8	2	463	659	420	0	454	2	424	606	385	0	418	16	
		78	78	78	78	78	51	84	84	84	84	84	67		
	9	57	466	551	238	0	620	53	434	513	222	0	577	15	
		95	95	95	95	95	56	98	98	98	98	98	69		
	10	138	406	362	58	0	748	130	380	340	55	0	702	14	
		108	108	108	108	108	57	115	115	115	115	115	77		
	11	200	283	133	0	0	822	188	266	124	0	0	773	13	
		112	112	112	112	112	52	119	119	119	119	119	71		
	12	222	124	0	0	0	848	209	117	0	0	0	798	12	
		114	114	114	114	114	53	120	120	120	120	120	71		
	13	200	7	0	0	0	822	188	6	0	0	0	773	11	
		112	112	112	112	112	52	119	119	119	119	119	71		
	14	138	0	0	0	0	748	130	0	0	0	0	702	10	
		108	108	108	108	108	57	115	115	115	115	115	77		
	15	57	0	0	0	0	620	53	0	0	0	0	577	9	
		95	95	95	95	95	56	98	98	98	98	98	69		
	16	2	0	0	0	0	454	2	0	0	0	0	418	8	
		78	78	78	78	78	51	84	84	84	84	84	67		
	17	0	0	0	0	72	259	0	0	0	0	64	231	7	
		59	59	59	59	59	49	63	63	63	63	63	59		
	18	0	0	0	0	106	83	0	0	0	0	91	71	6	
		37	37	37	37	37	41	38	38	38	38	38	45		
朝向		S	SW	W	NW	N	H	S	SW	W	NW	N	H	朝向	

透明度等级		3						4						透明度等级	
朝向		S	SE	E	NE	N	H	S	SE	E	NE	N	H	朝向	
辐射照度		上行—直接辐射 下行—散射辐射						上行—直接辐射 下行—散射辐射						辐射照度	
时刻（地方太阳时）	6	0	180	409	371	78	60	0	145	331	301	63	49	18	时刻（地方太阳时）
		43	43	43	43	43	56	43	43	43	43	43	58		
	7	0	309	536	419	57	205	0	266	462	361	49	177	17	
		65	65	65	65	65	69	67	67	67	67	67	79		
	8	2	387	552	351	0	379	2	342	488	311	0	336	16	
		88	88	88	88	88	83	90	90	90	90	90	93		
	9	49	401	475	205	0	533	44	364	430	186	0	484	15	
		106	106	106	106	106	88	112	112	112	112	112	106		
	10	121	354	315	50	0	652	110	324	288	47	0	598	14	
		117	117	117	117	117	90	124	124	124	124	124	109		
	11	176	248	116	0	0	722	162	224	107	0	0	665	13	
		121	121	121	121	121	84	130	130	130	130	130	108		
	12	195	114	0	0	0	747	180	101	0	0	0	688	12	
		123	123	123	123	123	85	134	134	134	134	134	110		
	13	176	6	0	0	0	722	162	6	0	0	0	665	11	
		121	121	121	121	121	84	130	130	130	130	130	108		
	14	121	0	0	0	0	652	110	0	0	0	0	598	10	
		117	117	117	117	117	90	124	124	124	124	124	109		
	15	49	0	0	0	0	833	44	0	0	0	0	484	9	
		106	106	106	106	106	88	112	112	112	112	112	106		
	16	2	0	0	0	0	379	2	0	0	0	0	336	8	
		88	88	88	88	88	83	90	90	90	90	90	93		
	17	0	0	0	0	57	205	0	0	0	0	49	177	7	
		65	65	65	65	65	69	67	67	67	67	67	79		
	18	0	0	0	0	78	60	0	0	0	0	63	49	6	
		43	43	43	43	43	56	43	43	43	43	43	58		
朝向		S	SW	W	NW	N	H	S	SW	W	NW	N	H	朝向	

续表

透明度等级	5						6						透明度等级
朝向	S	SE	E	NE	N	H	S	SE	E	NE	N	H	朝向
辐射照度	上行—直接辐射 下行—散射辐射						上行—直接辐射 下行—散射辐射						辐射照度
时刻（地方太阳时） 6	0	117	267	243	51	40	0	86	194	177	37	29	18 时刻（地方太阳时）
	42	42	42	42	42	58	40	40	40	40	40	58	
7	0	229	398	311	42	152	0	190	329	257	35	126	17
	72	72	72	72	72	91	77	77	77	77	77	104	
8	1	306	437	278	0	300	1	258	368	234	0	254	16
	96	96	96	96	96	109	100	100	100	100	100	123	
9	41	337	398	172	0	448	36	291	344	149	0	387	15
	119	119	119	119	119	124	128	128	128	128	128	149	
10	104	302	270	43	0	557	97	266	237	38	0	492	14
	133	133	133	133	133	131	144	144	144	144	144	160	
11	150	213	100	0	0	619	134	190	88	0	0	551	13
	138	138	138	138	138	130	149	149	149	149	146	159	
12	167	94	0	0	0	641	150	85	0	0	0	572	12
	142	142	142	142	142	133	152	152	152	152	152	160	
13	150	5	0	0	0	619	134	5	0	0	0	551	11
	138	138	138	138	138	130	149	149	149	149	149	159	
14	104	0	0	0	0	557	91	0	0	0	0	492	10
	133	133	133	133	133	131	144	144	144	144	144	160	
15	41	0	0	0	0	448	36	0	0	0	0	387	9
	119	119	119	119	119	124	128	128	128	128	128	149	
16	1	0	0	0	0	300	1	0	0	0	0	254	8
	96	96	96	96	96	109	100	100	100	100	100	123	
17	0	0	0	0	42	152	0	0	0	0	35	126	7
	72	72	72	72	72	91	77	77	77	77	77	104	
18	0	0	0	0	51	40	0	0	0	0	37	29	6
	42	42	42	42	42	58	40	40	40	40	40	58	
朝向	S	SW	W	NW	N	H	S	SW	W	NW	N	H	朝向

附表 14　北纬 45°透过标准窗玻璃的太阳辐射照度（W/m²）

透明度等级	1						2						透明度等级
朝向	S	SE	E	NE	N	H	S	SE	E	NE	N	H	朝向
辐射照度	上行—直接辐射 下行—散射辐射						上行—直接辐射 下行—散射辐射						辐射照度
时刻（地方太阳时） 6	0	269	584	521	97	100	0	230	502	448	84	86	18 时刻（地方太阳时）
	40	40	40	40	40	41	41	41	41	41	41	45	
7	0	418	685	514	14	266	0	373	611	458	13	238	17
	60	60	60	60	60	49	64	64	64	64	64	59	
8	16	497	658	383	0	449	15	456	605	351	0	413	16
	78	78	78	78	78	83	83	83	83	83	83	67	
9	105	511	548	193	0	599	98	475	511	180	0	558	15
	92	92	92	92	92	55	97	97	97	97	97	69	
10	209	458	359	117	0	720	197	429	336	109	0	675	14
	105	105	105	105	105	57	110	110	110	110	110	73	
11	280	341	131	0	0	790	264	321	123	0	0	743	13
	110	110	110	110	110	55	119	119	119	119	119	76	
12	305	180	0	0	0	814	287	170	0	0	0	766	12
	110	110	110	110	110	53	119	119	119	119	119	72	
13	280	137	0	0	0	790	264	129	0	0	0	743	11
	110	110	110	110	110	55	119	119	119	119	119	76	
14	209	0	0	0	0	720	197	0	0	0	0	675	10
	104	104	104	104	104	57	110	110	110	110	110	73	
15	105	0	0	0	0	599	98	0	0	0	0	558	9
	92	92	92	92	92	55	97	97	97	97	97	69	
16	16	0	0	0	0	119	15	0	0	0	0	413	8
	78	78	78	78	78	52	83	83	83	83	83	67	
17	0	0	0	0	14	266	0	0	0	0	13	138	7
	60	60	60	60	60	49	64	64	64	64	64	59	
18	0	0	0	0	97	100	0	0	0	0	84	86	6
	40	40	40	40	40	41	41	41	41	41	41	45	
朝向	S	SW	W	NW	N	H	S	SW	W	NW	N	H	朝向

续表

透明度等级		3						4						透明度等级	
朝向		S	SE	E	NE	N	H	S	SE	E	NE	N	H	朝向	
辐射照度		上行—直接辐射 下行—散射辐射						上行—直接辐射 下行—散射辐射						辐射照度	
时刻（地方太阳时）	6	0	200	435	388	72	77	0	165	358	320	59	62	18	时刻（地方太阳时）
		45	45	45	45	45	57	45	45	45	45	45	61		
	7	0	330	541	406	10	211	0	285	466	350	9	181	17	
		65	65	65	65	65	69	69	69	69	69	69	79		
	8	14	415	550	320	0	376	12	366	486	283	0	331	16	
		88	88	88	88	88	83	90	90	90	90	90	92		
	9	91	438	471	163	0	515	81	397	427	150	0	465	15	
		105	105	105	105	105	88	108	108	108	108	108	104		
	10	183	399	312	101	0	626	166	365	286	93	0	572	14	
		114	114	114	114	114	88	121	121	121	121	121	109		
	11	245	299	115	0	0	692	226	274	106	0	0	635	13	
		120	120	120	120	120	87	127	127	127	127	127	108		
	12	267	158	0	0	0	714	247	145	0	0	0	657	12	
		121	121	121	121	121	85	129	129	129	129	129	108		
	13	245	120	0	0	0	692	226	110	0	0	0	635	11	
		120	120	120	120	120	87	127	127	127	127	127	108		
	14	183	0	0	0	0	626	166	0	0	0	0	572	10	
		114	114	114	114	114	88	121	121	121	121	121	109		
	15	91	0	0	0	0	515	81	0	0	0	0	465	9	
		105	105	105	105	105	880	108	108	108	108	108	104		
	16	14	0	0	0	0	376	12	0	0	0	0	331	8	
		88	88	88	88	88	83	90	90	90	90	90	92		
	17	0	0	0	0	10	211	0	0	0	0	9	181	7	
		65	65	65	65	65	69	69	69	69	69	69	79		
	18	0	0	0	0	72	77	0	0	0	0	59	62	6	
		45	45	45	45	45	57	45	45	45	45	45	610		
朝向		S	SW	W	NW	N	H	S	SW	W	NW	N	H	朝向	

透明度等级		5						6						透明度等级	
朝向		S	SE	E	NE	N	H	S	SE	E	NE	N	H	朝向	
辐射照度		上行—直接辐射 下行—散射辐射						上行—直接辐射 下行—散射辐射						辐射照度	
时刻（地方太阳时）	6	0	135	293	262	49	50	0	100	216	193	36	37	18	时刻（地方太阳时）
		44	44	44	44	44	62	44	44	44	44	44	64		
	7	0	247	402	302	8	157	0	204	334	256	7	130	17	
		73	73	73	73	73	91	78	78	78	78	78	105		
	8	10	328	435	252	0	297	9	276	366	213	0	249	16	
		95	95	95	95	95	109	99	99	99	99	99	122		
	9	76	365	393	138	0	429	65	315	338	120	0	370	15	
		116	116	116	116	116	122	124	124	124	124	124	145		
	10	156	341	266	87	0	534	136	299	234	77	0	469	14	
		130	130	130	130	130	129	141	141	141	141	141	158		
	11	211	256	99	0	0	593	186	227	87	0	0	526	13	
		136	136	136	136	136	131	148	148	148	148	148	160		
	12	229	136	0	0	0	613	204	121	0	0	0	544	12	
		138	138	138	138	138	130	149	149	149	149	149	159		
	13	211	104	0	0	0	593	186	92	0	0	0	526	11	
		136	136	136	136	136	131	148	148	148	148	148	160		
	14	156	0	0	0	0	534	136	0	0	0	0	469	10	
		130	130	130	130	130	129	141	141	141	141	141	158		
	15	76	0	0	0	0	429	65	0	0	0	0	370	9	
		116	116	116	116	116	122	124	124	124	124	124	145		
	16	10	0	0	0	0	297	9	0	0	0	0	249	8	
		95	95	95	95	95	109	99	99	99	99	99	122		
	17	0	0	0	0	8	157	0	0	0	0	7	130	7	
		73	73	73	73	73	91	78	78	78	78	78	105		
	18	0	0	0	0	49	50	0	0	0	0	36	37	6	
		44	44	44	44	44	62	44	44	44	44	44	64		
朝向		S	SW	W	NW	N	H	S	SW	W	NW	N	H	朝向	

附表 15　北纬 50°透过标准窗玻璃的太阳辐射照度（W/m^2）

透明度等级		1						2						透明度等级
朝向		S	SE	E	NE	N	H	S	SE	E	NE	N	H	朝向
辐射照度		上行—直接辐射 下行—散射辐射						上行—直接辐射 下行—散射辐射						辐射照度
时刻（地方太阳时）	6	0	291	605	528	85	116	0	251	522	457	73	100	18
		42	42	42	42	42	42	43	43	43	43	43	47	
	7	0	442	687	494	3	276	0	397	613	441	3	245	17
		40	40	40	40	40	49	64	64	64	64	64	60	
	8	40	527	657	345	0	437	36	484	601	316	0	401	16
		77	77	77	77	77	52	81	81	81	81	81	66	
	9	160	549	545	150	0	576	149	511	507	140	0	555	15
		90	90	90	90	90	52	94	94	94	94	94	69	
	10	278	507	356	7	0	685	261	475	333	7	0	640	14
		102	102	102	102	102	58	105	105	105	105	105	71	
	11	359	398	130	0	0	751	337	373	123	0	0	706	13
		108	108	108	108	108	58	115	115	115	115	115	78	
	12	388	235	0	0	0	773	365	221	0	0	0	727	12
		110	110	110	110	110	58	119	119	119	119	119	79	
	13	359	62	0	0	0	751	337	57	0	0	0	706	11
		108	108	108	108	108	58	115	115	115	115	115	78	
	14	278	0	0	0	0	685	261	0	0	0	0	640	10
		102	102	102	102	102	58	105	105	105	105	105	71	
	15	160	0	0	0	0	576	149	0	0	0	0	555	9
		90	90	90	90	90	52	94	94	94	94	94	69	
	16	40	0	0	0	3	437	36	0	0	0	0	401	8
		77	77	77	77	77	52	81	81	81	81	81	66	
	17	0	0	0	0	3	276	0	0	0	0	3	245	7
		60	60	60	60	60	49	64	64	64	64	64	60	
	18	0	0	0	0	85	116	0	0	0	0	73	100	6
		42	42	42	42	42	42	43	43	43	43	43	47	
朝向		S	SW	W	NW	N	H	S	SW	W	NW	N	H	朝向

透明度等级		3						4						透明度等级
朝向		S	SE	E	NE	N	H	S	SE	E	NE	N	H	朝向
辐射照度		上行—直接辐射 下行—散射辐射						上行—直接辐射 下行—散射辐射						辐射照度
时刻（地方太阳时）	6	0	219	456	342	64	87	0	181	378	330	53	73	18
		49	49	49	49	49	59	49	49	49	49	49	64	
	7	0	351	544	391	3	217	0	304	470	6337	2	188	17
		66	66	66	66	66	69	70	70	70	70	70	80	
	8	33	440	547	287	0	364	29	387	483	254	0	321	16
		87	87	87	87	87	81	88	88	88	88	88	92	
	9	137	470	468	129	0	493	123	423	421	116	0	144	15
		102	102	102	102	102	87	105	105	105	105	105	101	
	10	241	440	308	6	0	593	221	402	281	6	0	543	14
		112	112	112	112	112	90	119	119	119	119	119	109	
	11	314	347	114	0	0	656	287	317	105	0	0	601	13
		117	117	117	117	117	90	124	124	124	124	124	109	
	12	340	206	0	0	0	676	312	188	0	0	0	620	12
		120	120	120	120	120	90	127	127	127	127	127	109	
	13	314	53	0	0	0	656	287	49	0	0	0	601	11
		117	117	117	117	117	90	124	124	124	124	124	109	
	14	241	0	0	0	0	593	221	0	0	0	0	543	10
		112	112	112	112	112	90	119	119	119	119	119	109	
	15	137	0	0	0	0	493	123	0	0	0	0	444	9
		102	102	102	102	102	87	105	105	105	105	105	101	
	16	33	0	0	0	0	364	29	0	0	0	0	321	8
		87	87	87	87	87	81	88	88	88	88	88	92	
	17	0	0	0	0	3	217	0	0	0	0	2	188	7
		66	66	66	66	66	69	70	70	70	70	70	80	
	18	0	0	0	0	64	87	0	0	0	0	53	73	6
		49	49	49	49	49	59	49	49	49	49	49	64	
朝向		S	SW	W	NW	N	H	S	SW	W	NW	N	H	朝向

续表

透明度等级		5						6						透明度等级	
朝向		S	SE	E	NE	N	H	S	SE	E	NE	N	H	朝向	
辐射照度		上行—直接辐射 下行—散射辐射						上行—直接辐射 下行—散射辐射						辐射照度	
时刻（地方太阳时）	6	0	150	312	273	44	60	0	113	236	206	33	45	18	时刻（地方太阳时）
		48	48	48	48	48	65	48	48	48	48	48	69		
	7	0	262	406	291	2	163	0	217	336	242	2	135	17	
		73	73	73	73	73	92	79	79	79	79	79	106		
	8	26	345	430	227	0	287	22	291	362	191	0	241	16	
		94	94	94	94	94	108	98	98	98	98	98	1231		
	9	113	388	386	107	0	408	98	334	331	91	0	349	15	
		113	113	113	113	113	121	120	120	120	120	120	141		
	10	206	374	263	6	0	506	179	337	229	5	0	442	14	
		127	127	127	127	127	128	137	137	137	137	137	156		
	11	269	297	98	0	0	561	236	262	86	0	0	495	13	
		134	134	134	134	134	131	145	145	145	145	145	162		
	12	291	177	0	0	0	579	257	156	0	0	0	513	12	
		136	136	136	136	136	133	148	148	148	148	148	163		
	13	269	45	0	0	0	561	236	41	0	0	0	495	11	
		134	134	134	134	134	131	145	145	145	145	145	162		
	14	206	0	0	0	0	506	179	0	0	0	0	442	10	
		127	127	127	127	127	128	137	137	137	137	137	156		
	15	113	0	0	0	0	408	98	0	0	0	0	349	9	
		113	113	113	113	113	121	120	120	120	120	120	141		
	16	26	0	0	0	0	287	22	0	0	0	0	241	8	
		94	94	94	94	94	108	98	98	98	98	98	121		
	17	0	0	0	0	2	163	0	0	0	0	2	135	7	
		73	73	73	73	73	92	79	79	79	79	79	106		
	18	0	0	0	0	44	60	0	0	0	0	33	45	6	
		48	48	48	48	48	65	48	48	48	48	48	69		
朝向		S	SW	W	NW	N	H	S	SW	W	NW	N	H	朝向	

附录四 设备参数表

锅炉

附表 16 燃气真空热水机组

设备型号	额定供热量	电源要求（V）/（Hz）	配电功率（kW）	燃气要求			烟道口径（mm）	运行重量（t）	外形尺寸 长×宽×高（mm）	参考价格（万元）
				耗量（Nm^3/h）	口径（In/mm）	压力（kPa）				
ZRQ-10	116kW 10×10⁴kcal/h	220/50	0.25	12.3	3/4″	2.5～4	DN100	0.9	1810×800×1470	9.1
ZRQ-20	232kW 20×10⁴kcal/h	220/50	0.43	24.7	1″	3～5	DN150	1.9	2430×960×1600	11.3
ZRQ-30	350kw 30×10⁴kcal/h	380/50	0.8	37.0	1″1/4	4～6	DN200	2.1	2680×1000×1670	15.5
ZRQ-40	465kW 40×10⁴kcal/h	380/50	1.0	49.4	1″1/4	5～8	DN200	2.4	2730×1000×1750	16.2
ZRQ-50	582kW 50×10⁴kcal/h	380/50	1.4	61.7	1″1/2	5～8	DN250	2.9	3090×1150×1900	20.0
ZRQ-60	700kW 60×10⁴kcal/h	380/50	1.4	74.1	1″1/2	6～8	DN250	3.1	3300×1150×2000	21.0
ZRQ-80	930kW 80×10⁴kcal/h	380/50	1.8	98.8	1″1/2	6～8	DN300	3.8	3320×1250×2000	22.7
ZRQ-100	1163kW 100×10⁴kcal/h	380/50	2.6	123.4	2″	10～15	DN300	4.5	3340×1360×2150	25.4
ZRQ-120	1400kW 120×10⁴kcal/h	380/50	4.0	148.1	2″	10～15	DN350	5.1	3540×1360×2160	28.4
ZRQ-150	1745kW 150×10⁴kcal/h	380/50	5.5	185.2	2″	10～15	DN400	7.1	4155×1600×2390	33.5
ZRQ-180	2100kW 180×10⁴kcal/h	380/50	6.5	222.2	2″	15～20	DN450	7.8	4572×1600×2390	41.5

续表

设备型号	额定供热量	电源要求（V）/（Hz）	配电功率（kW）	燃气要求			烟道口径（mm）	运行重量（t）	外形尺寸 长×宽×高（mm）	参考价格（万元）
				耗量（Nm^3/h）	口径（In/mm）	压力（kPa）				
ZRQ-200	2326kW 200×10⁴kcal/h	380/50	6.5	246.9	DN65	15～20	DN450	8.3	4622×1600×2430	44.5
ZRQ-240	2800kW 240×10⁴kcal/h	380/50	6.5	296.3	DN65	15～20	DN500	9.9	5275×1800×2660	51.0
ZRQ-300	3500kW 300×10⁴kcal/h	380/50	9.0	370.3	DN65	15～20	DN550	13.4	5525×2100×2860	63.0
ZRQ-360	4200kW 360×10⁴kcal/h	380/50	10.5	444.3	DN80	15～20	DN600	17.2	5925×2100×2990	68.0
ZRQ-420	4900kW 420×10⁴kcal/h	380/50	25.0	518.4	DN80	20～25	DN700	23.0	6425×2400×3010	100.0
ZRQ-480	5600kW 480×10⁴kcal/h	380/50	25.0	592.5	DN80	20～25	DN700	24.4	6725×2400×3350	115.0
ZRQ-600	7000kW 600×10⁴kcal/h	380/50	25.0	740.6	DN100	20～25	DN800	28.7	7400×2600×3470	135.0
ZRQ-900	10500kW 900×10⁴kcal/h	380/50	45.0	1111.0	DN100	25～30	1000×700	46.5	9395×2450×3270	160.0
ZRQ-1200	14000kW 1200×10⁴kcal/h	380/50	55.0	1481.0	DN125	25～30	1100×850	57.8	10595×2600×3400	200.0

注：1. 机组内置承压不锈钢管换热器，标准承压 1.0MPa；耐压机型承压 1.6MPa、2.0MPa。

2. 机组内置换热器根据机组供回水温差不同可以分为 A\B\C 三种类型，即：

A 型：Δt=10℃，进出口温度 50℃/60℃，适用于地暖、中央空调采暖循环；

B 型：Δt=20℃，进出口温度 40℃/60℃，适用于卫生热水循环；

C 型：Δt=25℃，进出口温度 50℃/75℃或 60℃/85℃，适用于暖气片采暖循环；

3. 一台机组可以内置五组换热器，五个回路，可以同时供应采暖及生活热水。

4. 机组的外形尺寸为一回路，需多回路时请与力聚公司联系。

5. 机组能量调节范围 20%～100%。

6. 机组额定排烟温度 130℃±10℃；机组出烟口排气余压：1～50Pa。

7. 建议天然气接管比表列燃气口径放大一号，保证气压稳定。

8. 厂名：浙江力聚热水机有限公司；网址：www.chinaliju.com.cn；电话：0571-88813033；技术咨询 QQ：1254059346，真空锅炉 QQ 群（设计师群）：189249443。

附表 17　燃气冷凝真空热水机组

设备型号	额定供热量	配电功率（kW）	燃气要求			烟道口径（mm）	运行重量（t）	外形尺寸 长×宽×高（mm）	参考价格（万元）
			耗量（Nm^3/h）	口径（In/mm）	压力（kPa）				
ZRQ-60N-L	700kW 60×10^4kcal/h	1.4	67.7	1″1/2	6～8	DN250	3.8	3900×1150×1930	25.0
ZRQ-80N-L	930kW 80×104kcal/h	1.8	90.3	1″1/2	6～8	DN300	4.6	4020×1250×2000	26.7
ZRQ-100N-L	1163kW 100×10^4kcal/h	2.6	112.9	2″	10～15	DN300	5.5	4040×1360×2270	30.4
ZRQ-120N-L	1400kW 120×104kcal/h	4.0	135.5	2″	10～15	DN350	6.5	4290×1360×2330	33.4
ZRQ-150N-L	1745kW 150×104kcal/h	5.5	169.3	2″	10～15	DN400	8.4	5005×1600×2530	39.5
ZRQ-180N-L	2100kW 180×10^4kcal/h	6.5	203.2	2″	15～20	DN450	8.8	5472×1600×2560	48.5
ZRQ-200N-L	2326kW 200×104kcal/h	6.5	225.8	DN65	15～20	DN450	9.5	5572×1600×2390	51.5
ZRQ-240N-L	2800kW 240×10^4kcal/h	6.5	270.9	DN65	15～20	DN500	11.2	6275×1800×2560	58.0
ZRQ-300N-L	3500kW 300×10^4kcal/h	9.0	338.7	DN65	15～20	DN550	14.9	6625×2100×2860	73.0
ZRQ-360N-L	4200kW 360×10^4kcal/h	10.5	406.4	DN80	15～20	DN600	19	7125×2100×2910	78.0
ZRQ-420N-L	4900kW 420×10^4kcal/h	25.0	474.2	DN80	20～25	DN700	25.7	7535×2400×3010	112.0

续表

设备型号	额定供热量	配电功率（kW）	燃气要求			烟道口径（mm）	运行重量（t）	外形尺寸 长×宽×高（mm）	参考价格（万元）
			耗量（Nm^3/h）	口径（In/mm）	压力（kPa）				
ZRQ-480N-L	5600kW 480×10^4kcal/h	25.0	541.9	DN80	20～25	DN700	27.1	7945×2400×3290	127.0
ZRQ-600N-L	7000kW 600×10^4kcal/h	25.0	677.4	DN100	20～25	DN800	32.2	8294×2600×3400	150.0
ZRQ-900N-L	10500kW 900×10^4kcal/h	45.0	1016	DN100	25～30	DN800	51.5	9395×2450×3270	180.0
ZRQ-1200N-L	14000kW 1200×10^4kcal/h	55.0	1355	DN125	25～30	DN800	63.4	10595×2600×3400	230.0

注：1. 冷凝燃气真空热水机组只适用于采暖工况，不适用于卫生热水工况。
2. 机组内置承压不锈钢管换热器，标准承压 1.0MPa；耐压机型承压 1.6MPa、2.0MPa；详见附表 2。
3. 排烟温度与回水温度有关，当回水温度 50℃，排烟温度≤80℃。
4. 由于排烟中含有一定量的的水蒸汽，建议采用不锈钢烟囱。
5. 由于机组会排放冷凝水，呈弱酸性，建议做好机房排水。
6. 燃气耗量按天然气低位热值 8600kcal/Nm^3计算。
7. 电源要求：3-380V/50Hz。
8. 厂名：浙江力聚热水机有限公司；网址：www.chinaliju.com.cn；电话：0571-88813033；技术咨询 QQ：1254059346，真空锅炉 QQ 群（设计师群）：189249443。

附表 18　超低 NO_x 燃气真空热水机组

设备型号	额定供热量	电源要求 V/Hz	配电功率（kW）	燃气要求			最高使用压力（kPa）	热效率（%）	烟道口径（mm）	设备净重（kg）	运行重量（t）	外形尺寸（长×宽×高 mm）	参考价格（万元）
				压力（kPa）	耗量（Nm^3/h）	口径（mm）							
YHZRQ-30	350kW 30×10^4kcal/h	220/50	0.4	2～10	37.1	DN40	1.0	94	DN250	1150	1330	1900×860×1700	15.5
YHZRQ-45	525kW 45×10^4kcal/h	220/50	0.7	2～10	55.7	DN40	1.0	94	DN300	1450	1730	2150×1000×1880	18.3
YHZRQ-60	700kW 60×10^4kcal/h	220/50	1.1	2～10	74.2	DN50	1.0	94	DN300	1950	2330	2700×1060×2030	21.0

续表

设备型号	额定供热量	电源要求 V/Hz	配电功率（kW）	燃气要求			最高使用压力（kPa）	热效率（%）	烟道口径（mm）	设备净重（kg）	运行重量（t）	外形尺寸（长×宽×高 mm）	参考价格（万元）
				压力（kPa）	耗量（Nm^3/h）	口径（mm）							
YHZRQ-90	1050kW 90×10⁴kcal/h	380/50	4.0	2～10	111.1	DN80	1.0	94	DN350	3580	3880	3100×1500×2220	24.5
YHZRQ-120	1050kW 120×10⁴kcal/h	380/50	4.0	2～10	148.1	DN80	1.0	94	DN350	4300	4700	3200×1500×2520	28.4

注：1. 燃气耗量按天然气低位热值 8600kcal/Nm^3计算。

2. 天然气压力适用范围 5～10kPa，最低压力可达 2kPa，适用民用低压燃气。

3. 超低 NO_x 排放<30mg/m^3。

4. 比例调节运行，负荷调节范围 20%～100%。

5. 燃气耗量按天然气低位热值 8600kcal/Nm^3计算。

6. 厂名：浙江力聚热水机有限公司；网址：www.chinaliju.com.cn；电话：0571-88813033；技术咨询 QQ：1254059346，真空锅炉 QQ 群（设计师群）：189249443。

附表 19　燃气蒸汽发生器

设备型号	额定蒸发量（kg/h）	电源要求（V）/（Hz）	配电功率（kW）	天然气			热效率（%）	主汽阀口径（mm）	进水口口径（mm）	安全阀口径（mm）	烟囱口径（mm）	运行重量（kg）	外形尺寸 长×宽×高（mm）	参考价格（万元）
				耗量（Nm^3/h）	口径 DN（mm）	压力（kPa）								
LJPZ0.4-1.0-Q	400	380/50	4.0	30	DN40	5～10	92	DN40	1-DN25	1-DN32	DN250	1700	2100×1200×1820	25.0
LJPZ0.5-1.0-Q	500	380/50	4.3	37	DN40	5～10	92	DN40	1-DN25	1-DN32	DN250	1750		26.0
LJPZ0.6-1.0-Q	600	380/50	4.7	45	DN40	5～10	92	DN40	1-DN25	1-DN32	DN250	1800		27.0
LJPZ0.75-1.0-Q	750	380/50	6.0	56	DN50	5～10	92	DN50	1-DN25	1-DN32	DN350	2550	2300×1600×2220	34.5
LJPZ1.0-1.0-Q	1000	380/50	7.0	74	DN50	5～10	92	DN50	1-DN25	1-DN32	DN350	2650		37.5
LJPZ1.5-1.0-Q	1600	380/50	12.0	120	2-DN50	5～10	92	2-DN50	2-DN25	2-DN32	2-DN350	5100	4600×1600×2220	69.0
LJPZ2.0-1.0-Q	2000	380/50	14.0	148	2-DN50	5～10	92	2-DN50	2-DN25	2-DN32	2-DN350	5300		75.0

注：1. 蒸汽发生器水容积小于 30L，根据《锅炉安全技术监察规程》水容积小于 30L 的蒸汽锅炉不在锅炉监管范围之内，不用办理使用登记手续，不用年检。

2. 额定蒸汽压力 1.0MPa，压力可调节范围 0.5～1.0MPa。

3. 蒸汽发生器全自动排污，排污温度<40℃，无需排污降温池及排污扩容器。

4. 蒸汽发生器比例调节自动控制，负荷范围 20%～100%。

5. 燃气耗量天然气按低位热值 8600kcal/Nm^3计算。

6. 厂名：浙江力聚热水机有限公司；网址：www.chinaliju.com.cn；电话：0571-88813033；技术咨询 QQ：1254059346，真空锅炉 QQ 群（设计师群）：189249443。

汽水及水-水换热器

附表 20　HJBN 板式汽-水散热器采暖换热机组

机组型号	采暖面积 (m^2)	供热量 (kW)	蒸汽耗量 (t/h)	二次循环水量 (t/h)	补水量 (t/h)	机组净重 (kg)	外形尺寸 $L\times W\times H$ (mm)
HJBN-0.35Q	5000	350	0.51	12	0.6	780	2400×1200×1600
HJBN-0.7Q	10000	700	1.03	24	1.2	780	2400×1200×1600
HJBN-1.05Q	15000	1050	1.55	36	1.8	1470	2400×1200×1600
HJBN-1.4Q	20000	1400	2.07	48	2.4	1470	3000×1500×1900
HJBN-2.1Q	30000	2100	3.13	72	3.6	2660	3000×1500×1900
HJBN-2.8Q	40000	2800	4.17	96	4.8	2660	3800×1500×2100
HJBN-3.5Q	50000	3500	5.21	120	6	2660	3800×1500×2100
HJBN-4.2Q	60000	4200	6.24	145	7.2	2660	3800×1500×2100
HJBN-4.9Q	70000	4900	7.29	169	8.4	4200	3800×1500×2100
HJBN-5.6Q	80000	5600	8.33	193	9.6	4200	6500×2200×2800
HJBN-6.3Q	90000	6300	9.37	217	10.8	4200	6500×2200×2800
HJBN-7.0Q	100000	7000	10.5	240	12	4200	6500×2200×2800
HJBN-8.4Q	120000	8400	12.5	289	14.5	4200	6500×2200×2800
HJBN-9.8Q	140000	9800	14.6	337	16.9	4200	6500×2200×2800
HJBN-11.2Q	160000	11200	16.7	385	19.3	4200	6500×2200×2800
HJBN-12.6Q	180000	12600	18.8	433	21.7	4200	6500×2200×2800
HJBN-14Q	200000	14000	20.8	482	24.1	4200	6500×2200×2800
HJBN-17.5Q	250000	17500	26	602	30.1	4200	6500×2200×2800
HJBN-21Q	300000	21000	31.2	722	36.1	11280	6500×2200×2800

注：1. 额定工况：热媒侧 0.1～0.4MPa 蒸汽，二次水供回水温度：85℃/60℃。

2. 蒸汽流量按 0.4MPa 饱和蒸汽计算，蒸汽压力和温度不同时可按其焓值折算。

3. 机组内配置板换 1 台，循环泵 2 台，补水泵 2 台，电控柜 1 台，附件 1 套，外形尺寸仅供参考。

4. 机组内板式换热器采用 Tranter（传特）或国产品牌。

5. 公司名称：北京健远泰德工程技术有限公司。

6. 办公地址：北京市朝阳区西大望路甲 23 号珠江帝景 1-1707。

7. 法人代表及电话：周立健 010-58631997。

附表 21　HJBK 板式汽-水空调换热机组

机组型号	采暖面积 (m^2)	供热量 (kW)	蒸汽耗量 (t/h)	二次循环水量 (t/h)	补水量 (t/h)	机组净重 (kg)	外形尺寸 $L\times W\times H$ (mm)
HJBK-0.35Q	5000	350	0.51	30	1.5	860	2400×1200×1600
HJBK-0.7Q	10000	700	1.03	60	3	860	2400×1200×1600
HJBK-1.05Q	15000	1050	1.55	90	4.5	1700	2400×1200×1600
HJBK-1.4Q	20000	1400	2.07	120	6	1700	3000×1500×1900
HJBK-2.1Q	30000	2100	3.13	180	9	2900	3000×1500×1900

续表

机组型号	采暖面积（m^2）	供热量（kW）	蒸汽耗量（t/h）	二次循环水量（t/h）	补水量（t/h）	机组净重（kg）	外形尺寸 $L\times W\times H$（mm）
HJBK-2.8Q	40000	2800	4.17	240	12	2900	3800×1500×2100
HJBK-3.5Q	50000	3500	5.21	301	15	2900	3800×1500×2100
HJBK-4.2Q	60000	4200	6.24	361	18	2900	3800×1500×2100
HJBK-4.9Q	70000	4900	7.29	521	26	6100	3800×1500×2100
HJBK-5.6Q	80000	5600	8.33	482	24	6100	6500×2200×2800
HJBK-6.3Q	90000	6300	9.37	542	27	6100	6500×2200×2800
HJBK-7.0Q	100000	7000	10.5	602	30	6100	6500×2200×2800
HJBK-8.4Q	120000	8400	12.5	722	36	6100	6500×2200×2800
HJBK-9.85Q	140000	9800	14.6	843	42	6100	6500×2200×2800
HJBK-11.2Q	160000	11200	16.7	963	48	6100	6500×2200×2800
HJBK-12.6Q	180000	12600	18.8	1084	54	6100	6500×2200×2800
HJBK-14Q	200000	14000	20.8	1204	60	10060	6500×2200×2800

注：1. 额定工况：热媒侧 0.1～0.4MPa 蒸汽，二次水供回水温度：60℃/50℃（50℃/40℃）。

2. 蒸汽流量按 0.4MPa 饱和蒸汽计算，蒸汽压力和温度不同时可按其焓值折算。

3. 地板辐射采暖换热机组（HJBD）二次供回水温度与空调采暖供回水温度一致，参数可参考本表。

4. 机组内配置板换 1 台，循环泵 2 台，补水泵 2 台，电控柜 1 台，附件 1 套，外形尺寸仅供参考。

5. 机组内板式换热器采用 Tranter（传特）或国产品牌。

6. 公司名称：北京健远泰德工程技术有限公司。

7. 办公地址：北京市朝阳区西大望路甲 23 号珠江帝景 1-1707。

8. 法人代表及电话：周立健 010-58631997。

附表 22　HJBN 板式水-水散热器采暖换热机组

机组型号	采暖面积（m^2）	供热量（kW）	一次循环水量（t/h）	二次循环水量（t/h）	补水量（t/h）	机组净重（kg）	外形尺寸 $L\times W\times H$（mm）
HJBN-0.35S	5000	350	8.6	12	0.6	780	2800×1400×1600
HJBN-0.7S	10000	700	17.1	24	1.2	780	2800×1400×1600
HJBN-1.05S	15000	1050	25.7	36	1.8	1800	2800×1400×1600
HJBN-1.4S	20000	1400	34.3	48	2.4	1800	3000×1500×1900
HJBN-2.1S	30000	2100	51.4	72	3.6	3000	3000×1500×1900
HJBN-2.8S	40000	2800	68.6	96	4.8	3000	3800×1500×2100
HJBN-3.5S	50000	3500	85.7	120	6	3000	3800×1500×2100
HJBN-4.2S	60000	4200	103	145	7.2	6100	3800×1500×2100
HJBN-4.9S	70000	4900	120	169	8.4	6100	3800×1500×2100
HJBN-5.6S	80000	5600	137	193	9.6	6100	6200×2600×2200
HJBN-6.3S	90000	6300	154	217	10.8	6100	6200×2600×2200
HJBN-7.0S	100000	7000	171	240	12	6100	6200×2600×2200
HJBN-8.4S	120000	8400	206	289	14.5	6100	6200×2600×2200

续表

机组型号	采暖面积 (m^2)	供热量 (kW)	一次循环水量（t/h）	二次循环水量（t/h）	补水量 (t/h)	机组净重 (kg)	外形尺寸 $L\times W\times H$ (mm)
HJBN-9.8S	140000	9800	240	337	16.9	6100	6200×2600×2200
HJBN-11.2S	160000	11200	274	385	19.3	6100	6200×2600×2200
HJBN-12.6S	180000	12600	309	433	21.7	6100	6200×2600×2200
HJBN-14S	200000	14000	343	482	24.1	6100	6200×2600×2200
HJBN-17.5S	250000	17500	429	602	30.1	6100	6200×2600×2200
HJBN-21S	300000	21000	514	722	36.1	11280	6200×2600×2200

注：1. 额定工况：一次水供回水温度：110℃/75℃，二次水供回水温度：85℃/60℃。

2. 机组内配置板换 1 台，循环泵 2 台，补水泵 2 台，电控柜 1 台，附件 1 套，外形尺寸仅供参考。

3. 机组内板式换热器采用 Tranter（传特）或国产品牌。

4. 公司名称：北京健远泰德工程技术有限公司。

5. 办公地址：北京市朝阳区西大望路甲 23 号珠江帝景 1-1707。

6. 法人代表及电话：周立健 010-58631997。

附表 23　HJBK 板式水-水空调换热机组

机组型号	采暖面积 (m^2)	供热量 (kW)	一次循环水量（t/h）	二次循环水量（t/h）	补水量 (t/h)	机组净重 (kg)	外形尺寸 $L\times W\times H$ (mm)
HJBK-0.35Q	5000	350	12	30	1.5	860	2400×1200×1600
HJBK-0.7Q	10000	700	24	60	3	860	2400×1200×1600
HJBK-1.05Q	15000	1050	36	90	4.5	1700	2400×1200×1600
HJBK-1.4Q	20000	1400	48	120	6	1700	3000×1500×1900
HJBK-2.1Q	30000	2100	72	180	9	2900	3000×1500×1900
HJBK-2.8Q	40000	2800	96	240	12	2900	3800×1500×2100
HJBK-3.5Q	50000	3500	120	301	15	2900	3800×1500×2100
HJBK-4.2Q	60000	4200	145	361	18	2900	3800×1500×2100
HJBK-4.9Q	70000	4900	169	521	26	6100	3800×1500×2100
HJBK-5.6Q	80000	5600	193	482	24	6100	6500×2200×2800
HJBK-6.3Q	90000	6300	217	542	27	6100	6500×2200×2800
HJBK-7.0Q	100000	7000	240	602	30	6100	6500×2200×2800
HJBK-8.4Q	120000	8400	289	722	36	6100	6500×2200×2800
HJBK-9.85Q	140000	9800	337	843	42	6100	6500×2200×2800
HJBK-11.2Q	160000	11200	385	963	48	6100	6500×2200×2800
HJBK-12.6Q	180000	12600	433	1084	54	6100	6500×2200×2800
HJBK-14Q	200000	14000	482	1204	60	10060	6500×2200×2800

注：1. 额定工况：一次水供回水温度：95℃/70℃，二次水供回水温度：60℃/50℃（50℃/40℃）。

2. 地板辐射采暖换热机组（HJBD）二次供回水温度与空调采暖供回水温度一致，参数可参考本表。

3. 机组内配置板换 1 台，循环泵 2 台，补水泵 2 台，电控柜 1 台，附件 1 套，外形尺寸仅供参考。

4. 机组内板式换热器采用 Tranter（传特）或国产品牌。

5. 公司名称：北京健远泰德工程技术有限公司。

6. 办公地址：北京市朝阳区西大望路甲 23 号珠江帝景 1-1707。

7. 法人代表及电话：周立健 010-58631997。

附表 24　HJBR 板式汽-水生活热水换热机组

机组型号	产热水量 (t/h)	供热量 (kW)	蒸汽耗量 (t/h)	机组净重 (kg)	外形尺寸 $L\times W\times H$ (mm)
HJBR-0.35Q	6	350	0.5	980	2150×1600×2200
HJBR-0.53Q	9	530	0.79	1060	2200×1700×2200
HJBR-0.7Q	12	700	1	1200	2600×1750×2300
HJBR-1.05Q	18	1050	1.5	1450	2700×1800×2300
HJBR-1.4Q	24	1400	2.1	1780	2800×1850×2350
HJBR-2.1Q	36	2100	3.15	2300	3000×2000×2450
HJBR-2.8Q	48	2800	4.22	2600	3100×2100×2500
HJBR-3.5Q	60	3500	5.2	3000	3400×2100×2600
HJBR-4.9Q	84	4900	7.38	3600	3900×2200×2700
HJBR-7.0Q	120	7000	10.5	5860	4500×2600×2800

注：1. 额定工况：热媒侧 0.4MPa 蒸汽，二次出水温度：60℃。

2. 蒸汽流量按 0.4MPa 饱和蒸汽计算，蒸汽压力和温度不同时可按其焓值折算。

3. 机组内配置板换 1 台，循环泵 2 台，电控柜 1 台，附件 1 套，外形尺寸仅供参考。

4. 机组内板式换热器采用 Tranter（传特）或国产品牌。

5. 公司名称：北京健远泰德工程技术有限公司。

6. 办公地址：北京市朝阳区西大望路甲 23 号珠江帝景 1-1707。

7. 法人代表及电话：周立健 010-58631997。

附表 25　HJBR 板式水-水生活热水换热机组

机组型号	产热水量 (t/h)	供热量 (kW)	一次循环耗量 (t/h)	机组净重 (kg)	外形尺寸 $L\times W\times H$ (mm)
HJBR-0.35S	6	350	12	1080	2600×1800×1900
HJBR-0.53S	9	530	18	1260	2600×1900×1900
HJBR-0.7S	12	700	24	1400	2900×1900×2000
HJBR-1.05S	18	1050	36	1700	2900×1950×2000
HJBR-1.4S	24	1400	48	2170	3700×2000×2000
HJBR-2.1S	36	2100	72	2740	4000×2000×2300
HJBR-2.8S	48	2800	96	3110	4400×2000×2300
HJBR-3.5S	60	3500	120	3500	4600×2000×2400
HJBR-4.9S	84	4900	168	4180	4900×2100×2400
HJBR-7.0S	120	7000	240	6560	5600×2400×2600

注：1. 额定工况：一次水供回水温度：95℃/70℃，二次出水温度：60℃。

2. 机组内配置板换 1 台，循环泵 2 台，电控柜 1 台，附件 1 套，外形尺寸仅供参考。

3. 机组内板式换热器采用 Tranter（传特）或国产品牌。

4. 公司名称：北京健远泰德工程技术有限公司。

5. 办公地址：北京市朝阳区西大望路甲 23 号珠江帝景 1-1707。

6. 法人代表及电话：周立健 010-58631997。

附表 26　HJGN 高效管式汽-水散热器采暖换热机组

机组型号	采暖面积 (m^2)	供热量 (kW)	蒸汽耗量 (t/h)	二次循环水量 (t/h)	补水量 (t/h)	机组净重 (kg)	外形尺寸 $L\times W\times H$ (mm)
HJGN-0.35Q	5000	350	0.51	12	0.6	980	2000×1500×2300
HJGN-0.70Q	10000	700	1.03	24	1.2	1400	2000×1600×2320
HJGN-1.05Q	15000	1050	1.55	36	1.8	1600	2200×1600×2345
HJGN-1.4Q	20000	1400	2.07	48	2.4	1700	2500×1800×2345
HJGN-2.1Q	30000	2100	3.13	72	3.6	2450	2800×2000×2460
HJGN-2.8Q	40000	2800	4.17	96	4.8	3400	3200×2200×2480
HJGN-3.5Q	50000	3500	5.21	120	6	3900	3500×2500×2550
HJGN-4.2Q	60000	4200	6.24	145	7.2	4100	3600×2700×2570
HJGN-4.9Q	70000	4900	7.29	169	8.4	5000	3700×2800×2620
HJGN-5.6Q	80000	5600	8.33	193	9.6	5850	4200×2500×2790
HJGN-6.3Q	90000	6300	9.37	217	10.8	5900	4600×2800×2890
HJGN-7.0Q	100000	7000	10.5	240	12	6100	4600×2800×2890
HJGN-8.4Q	120000	8400	12.5	289	14.5	6800	5000×3400×2924
HJGN-9.8Q	140000	9800	14.6	337	16.9	8700	5500×3600×3010
HJGN-11.2Q	160000	11200	16.7	385	19.3	9400	5800×4000×3010
HJGN-12.6Q	180000	12600	18.8	433	21.7	10500	6000×4000×3625
HJGN-14.0Q	200000	14000	20.8	482	24.1	11600	6000×4000×3650
HJGN-17.5Q	250000	17500	26	602	30.1	13400	6400×4500×3655
HJGN-21.0Q	300000	21000	31.2	722	36.1	14800	6400×4500×3660

注：1. 额定工况：热媒侧 0.2～0.9MPa 蒸汽，二次供回水温度：85℃/60℃（95℃/70℃）。

2. 蒸汽流量按 0.4MPa 饱和蒸汽计算，蒸汽压力和温度不同时可按其焓值折算。

3. 机组内配置高效管换热器 1 台，循环泵 2 台，补水泵 2 台，补水箱 1 台，电控柜 1 台，附件 1 套，外形尺寸仅供参考。

4. 公司名称：北京健远泰德工程技术有限公司。

5. 办公地址：北京市朝阳区西大望路甲 23 号珠江帝景 1-1707。

6. 法人代表及电话：周立健 010-58631997。

附表 27　HJGK 高效管式汽-水空调换热机组

机组型号	采暖面积 (m^2)	供热量 (kW)	蒸汽耗量 (t/h)	二次循环水量 (t/h)	补水量 (t/h)	机组净重 (kg)	外形尺寸 $L\times W\times H$ (mm)
HJGK-0.35Q	5000	350	0.51	30	1.5	920	2000×1400×1660
HJGK-0.70Q	10000	700	1.03	60	3	1300	2200×1600×1740
HJGK-1.05Q	15000	1050	1.55	90	4.5	1480	2600×1800×1820
HJGK-1.4Q	20000	1400	2.07	120	6	1560	2900×1900×1910
HJGK-2.1Q	30000	2100	3.13	180	9	2280	3100×2500×1990
HJGK-2.8Q	40000	2800	4.17	240	12	2960	3500×2600×2020
HJGK-3.5Q	50000	3500	5.21	301	15	3750	4000×2600×2180

续表

机组型号	采暖面积 (m^2)	供热量 (kW)	蒸汽耗量 (t/h)	二次循环水量 (t/h)	补水量 (t/h)	机组净重 (kg)	外形尺寸 $L\times W\times H$ (mm)
HJGK-4.2Q	60000	4200	6.24	361	18	3960	4200×3000×2200
HJGK-4.9Q	70000	4900	7.29	521	26	4760	4500×3200×2780
HJGK-5.6Q	80000	5600	8.33	482	24	5600	4500×3200×2800
HJGK-6.3Q	90000	6300	9.37	542	27	5850	4800×3500×2830
HJGK-7.0Q	100000	7000	10.5	602	30	6300	4800×3500×2940
HJGK-8.4Q	120000	8400	12.5	722	36	6600	5000×3700×2990
HJGK-9.8Q	140000	9800	14.6	843	42	8350	5200×3700×3080
HJGK-11.2Q	160000	11200	16.7	963	48	9100	5800×4000×3110
HJGK-12.6Q	180000	12600	18.8	1084	54	10150	5800×4000×3195
HJGK-14.0Q	200000	14000	20.8	1204	60	10950	6000×4200×3240
HJGK-17.5Q	250000	17500	26	1505	75	11500	6500×4200×3400
HJGK-21.0Q	300000	21000	31.2	1806	90	12900	6500×4200×1400

注：1. 额定工况：热媒侧 0.2～0.9MPa 蒸汽，二次供回水温度：60℃/50℃（50℃/40℃）。

2. 蒸汽流量按 0.4MPa 饱和蒸汽计算，蒸汽压力和温度不同时可按其焓值折算。

3. 地板辐射采暖换热机组（HJGD）二次供回水温度与空调采暖供回水温度一致，参数可参考本表。

4. 机组内配置高效管换热器 1 台，循环泵 2 台，补水泵 2 台，补水箱 1 台，电控柜 1 台，附件 1 套，外形尺寸仅供参考。

5. 公司名称：北京健远泰德工程技术有限公司。

6. 办公地址：北京市朝阳区西大望路甲 23 号珠江帝景 1-1707。

7. 法人代表及电话：周立健 010-58631997。

附表 28　HJGN 高效管式水-水散热器采暖换热机组

机组型号	采暖面积 (m^2)	供热量 (kW)	一次循环水量 (t/h)	二次循环水量 (t/h)	补水量 (t/h)	机组净重 (kg)	外形尺寸 $L\times W\times H$ (mm)
HJGN-0.35S	5000	350	8.6	12	0.6	1050	2000×1600×2550
HJGN-0.70S	10000	700	17.1	24	1.2	1700.	2200×1700×2600
HJGN-1.05S	15000	1050	25.7	36	1.8	1850	2500×19020×2650
HJGN-1.4S	20000	1400	34.3	48	2.4	1950	2800×1900×2750
HJGN-2.1S	30000	2100	51.4	72	3.6	2950	2800×2200×2750
HJGN-2.8S	40000	2800	68.6	96	4.8	3560	3200×2500×3000
HJGN-3.5S	50000	3500	85.7	120	6	4300	3600×2700×3200
HJGN-4.2S	60000	4200	103	145	7.2	4600	3800×2800×3200
HJGN-4.9S	70000	4900	120	169	8.4	5500	4000×2900×3200
HJGN-5.6S	80000	5600	137	193	9.6	6750	4400×3000×3250
HJGN-6.3S	90000	6300	154	217	10.8	7200	4600×3000×3300
HJGN-7.0S	100000	7000	171	240	12	8100	4620×3000×3300
HJGN-8.4S	120000	8400	206	289	14.5	9120	5000×3600×3350

续表

机组型号	采暖面积 (m^2)	供热量 (kW)	一次循环水量（t/h）	二次循环水量（t/h）	补水量 (t/h)	机组净重 (kg)	外形尺寸 $L\times W\times H$（mm）
HJGN-9.8S	140000	9800	240	337	16.9	10500	5500×3600×3450
HJGN-11.2S	160000	11200	274	385	19.3	11200	5800×4000×3500
HJGN-12.6S	180000	12600	309	433	21.7	12300	6000×4000×3500
HJGN-14.0S	200000	14000	343	482	24.1	13800	6200×4300×3600
HJGN-17.5S	250000	17500	429	602	30.1	16600	6500×4500×3600
HJGN-21.0S	300000	21000	514	722	36.1	19800	6700×4800×3750

注：1. 额定工况：一次水供回水温度：110℃/75℃，二次水供回水温度：85℃/60℃（95℃/70℃）。

2. 机组内配置高效管换热器1台，循环泵2台，补水泵2台，补水箱1台，电控柜1台，附件1套，外形尺寸仅供参考。

3. 公司名称：北京健远泰德工程技术有限公司。

4. 办公地址：北京市朝阳区西大望路甲23号珠江帝景1-1707。

5. 法人代表及电话：周立健 010-58631997。

附表 29　HJGK 高效管式水-水空调换热机组

机组型号	采暖面积 (m^2)	供热量 (kW)	一次循环水量（t/h）	二次循环水量（t/h）	补水量 (t/h)	机组净重 (kg)	外形尺寸 $L\times W\times H$（mm）
HJGK-0.35S	5000	350	12	30	1.5	950	2000×1500×2300
HJGK-0.70S	10000	700	24	60	3	1380	2200×1800×2350
HJGK-1.05S	15000	1050	36	90	4.5	1780	2600×2000×2450
HJGK-1.4S	20000	1400	48	120	6	1900	2900×2200×2500
HJGK-2.1S	30000	2100	72	180	9	2580	3100×2500×2550
HJGK-2.8S	40000	2800	96	240	12	3300	3500×2900×2650
HJGK-3.5S	50000	3500	120	301	15	4150	4000×2900×2750
HJGK-4.2S	60000	4200	145	361	18	4850	4200×3300×2750
HJGK-4.9S	70000	4900	169	521	26	5530	4500×3500×2850
HJGK-5.6S	80000	5600	193	482	24	6450	4500×3600×2900
HJGK-6.3S	90000	6300	217	542	27	6680	4800×3700×2950
HJGK-7.0S	100000	7000	240	602	30	7050	5000×3900×2950
HJGK-8.4S	120000	8400	289	722	36	7800	5000×4100×3050
HJGK-9.8S	140000	9800	337	843	42	9800	5400×4200×3150
HJGK-11.2S	160000	11200	385	963	48	10600	5800×4400×3200
HJGK-12.6S	180000	12600	433	1084	54	11950	5800×4500×3250
HJGK-14.0S	200000	14000	482	1204	60	12600	6000×4600×3400
HJGK-17.5S	250000	17500	602	1505	75	15700	6500×4600×3500
HJGK-21.0S	300000	21000	722	1806	90	18600	6500×4600×3500

注：1. 额定工况：一次水供回水温度：95℃/70℃，二次水供回水温度：60℃/50℃（50℃/40℃）。

2. 地板辐射采暖换热机组（HJGD）二次供回水温度与空调采暖供回水温度一致，参数可参考本表。

3. 机组内配置高效管换热器1台，循环泵2台，补水泵2台，补水箱1台，电控柜1台，附件1套，外形尺寸仅供参考。

4. 公司名称：北京健远泰德工程技术有限公司。

5. 办公地址：北京市朝阳区西大望路甲23号珠江帝景1-1707。

6. 法人代表及电话：周立健 010-58631997。

附表 30　HJGR 高效管式汽-水生活热水换热机组

机组型号	产热水量 (t/h)	供热量 (kW)	蒸汽耗量 (t/h)	机组净重 (kg)	外形尺寸 $L\times W\times H$ (mm)
HJGR-0.35Q	6	350	0.5	830	2000×1700×2350
HJGR-0.53Q	9	530	0.79	1030	2100×1800×2400
HJGR-0.70Q	12	700	1	1120	2200×1900×2400
HJGR-1.05Q	18	1050	1.5	1330	2300×2100×2450
HJGR-1.4Q	24	1400	2.1	1630	2600×2300×2480
HJGR-2.1Q	36	2100	3.15	1960	2600×2400×2480
HJGR-2.8Q	48	2800	4.22	2400	2700×2500×2600
HJGR-3.5Q	60	3500	5.2	2700	2800×2700×2720
HJGR-4.9Q	84	4900	7.38	3480	3000×3100×2720
HJGR-7.0Q	120	7000	10.5	4430	3300×3600×2870

注：1. 额定工况：热媒侧 0.4MPa 蒸汽，二次出水温度：60℃。

2. 蒸汽流量按 0.4MPa 饱和蒸汽计算，蒸汽压力和温度不同时可按其焓值折算。

3. 机组内配置高效管换热器 1 台，循环泵 2 台，电控柜 1 台，附件 1 套，外形尺寸仅供参考。

4. 公司名称：北京健远泰德工程技术有限公司。

5. 办公地址：北京市朝阳区西大望路甲 23 号珠江帝景 1-1707。

6. 法人代表及电话：周立健 010-58631997。

附表 31　HJGR 高效管式水-水生活热水换热机组

机组型号	产热水量 (t/h)	供热量 (kW)	一次循环耗量 (t/h)	机组净重 (kg)	外形尺寸 $L\times W\times H$ (mm)
HJGR-0.35S	6	350	12	910	2000×1700×2780
HJGR-0.53S	9	530	18	1160	2100×1900×2820
HJGR-0.70S	12	700	24	1350	2200×1900×2850
HJGR-1.05S	18	1050	36	1660	2300×2200×2890
HJGR-1.4S	24	1400	48	1990	2600×2400×2980
HJGR-2.1S	36	2100	72	2490	2600×2600×3000
HJGR-2.8S	48	2800	96	2860	2700×2600×3040
HJGR-3.5S	60	3500	120	3580	2800×2800×3150
HJGR-4.9S	84	4900	168	4860	3000×3200×3200
HJGR-7.0S	120	7000	240	6060	3300×3700×3360

注：1. 额定工况：一次水供回水温度：95℃/70℃，二次出水温度：60℃。

2. 机组内配置高效管换热器 1 台，循环泵 2 台，电控柜 1 台，附件 1 套，外形尺寸仅供参考。

3. 公司名称：北京健远泰德工程技术有限公司。

4. 办公地址：北京市朝阳区西大望路甲 23 号珠江帝景 1-1707。

5. 法人代表及电话：周立健 010-58631997。

附表 32　RV 容积式换热器

型号	换热面积(m^2)	0.4MPa 饱和蒸汽		被加热水	95℃/70℃热媒水		被加热水	筒体直径(mm)	高/长(H/L)(mm)
		耗汽量(t/h)	换热量(MW)	产水量(t/h)	耗水量(t/h)	换热量(MW)	产水量(t/h)		
RVH(1.5～2.5)	14.3	1.81	1.23	21.1	15.7	0.45	7.8	1200	2440～3730
	10.7	1.36	0.92	15.8	11.8	0.34	5.9		
	8.9	1.13	0.76	13.1	9.8	0.28	4.9		
	7.2	0.91	0.62	10.7	7.9	0.23	4.0		
RVH(3.0～4.0)	16.7	2.12	1.44	24.7	18.3	0.53	9.2	1400	2690～3340
	13.1	1.66	1.12	19.3	14.4	0.42	7.2		
	10.9	1.38	0.94	16.1	11.9	0.35	6.0		
	8.8	1.12	0.76	13.0	9.6	0.28	4.8		
RVH(4.5～6.0)	19.1	2.43	1.64	28.2	20.9	0.61	10.5	1600	3000～3750
	15.8	2.01	1.36	23.4	17.3	0.50	8.6		
	13.2	1.68	1.13	19.5	14.5	0.42	7.3		
	10.4	1.32	0.90	15.4	11.4	0.33	5.7		
RVH(6.5～7.5)	21.4	2.72	1.84	31.6	23.5	0.69	11.8	1800	3340～3740
	19.7	2.51	1.69	29.1	21.6	0.63	10.8		
	16.0	2.03	1.37	23.6	17.6	0.51	8.8		
	11.8	1.50	1.01	17.4	13.0	0.38	6.5		
RVH(8.0～9.0)	23.8	3.02	2.04	35.1	26.2	0.76	13.1	2000	3430～3800
	20.6	2.62	1.77	30.4	22.5	0.66	11.3		
	18.5	2.35	1.59	27.3	20.3	0.59	10.2		
	16.8	2.14	1.44	24.8	18.4	0.53	9.2		
RVW(1.5～2.0)	8.2	1.15	0.77	13.2	9.94	0.11	1.97	1000	2700～3380
	10.3	1.45	0.97	16.6	12.52	0.36	6.26		
RVW(2.5～3.5)	14.6	2.05	1.37	23.6	17.76	0.52	8.88	1200	3110～4000
	24	3.38	2.26	38.8	29.14	0.85	14.57		
	30.9	4.35	2.90	49.9	37.54	1.09	18.77		
RVW(4.0～5.0)	25.6	3.60	2.40	41.3	30.02	0.91	15.57	1400	3590～4190
	29.4	4.14	2.76	47.5	35.72	1.04	17.86		
	35.4	4.98	3.32	57.1	43.08	1.25	21.54		
RVW(5.5～7.0)	29.6	4.15	2.77	47.6	36.00	1.05	18.00	1600	3730～4500
	34.2	4.81	3.21	55.2	41.56	1.21	20.78		
	41.5	5.84	3.90	67.0	50.44	1.47	25.22		
	50.6	7.12	4.75	81.7	61.52	1.79	30.76		
VW(7.5～9.0)	60.5	8.51	5.68	97.7	73.58	2.14	36.79	1800	4080～4780
	75.2	10.58	7.06	121.4	91.42	2.62	45.10		
	86.3	12.14	8.10	139.3	104.9	3.05	52.45		
	100.4	14.12	9.42	162.1	122.1	3.55	61.05		

注：1. 被加热水进水温度 10℃，出水温度 60℃。

2. 公司名称：北京健远泰德工程技术有限公司。

3. 办公地址：北京市朝阳区西大望路甲 23 号珠江帝景 1-1707。

4. 法人代表及电话：周立健 010-58631997。

附表 33　SSFL（W）浮动盘管容积式换热器

参数 \ 型号	SSFL（W）-2		SSFL（W）-3		SSFL（W）-4		SSFL（W）-5		SSFL（W）-6		SSFL（W）-8	
筒体直径（mm）	1200		1200		1600		1600		1800		1800	
热媒进出水温度（℃）	95/70	80/50	95/70	80/50	95/70	80/50	95/70	80/50	95/70	80/50	95/70	80/50
被加热水进出水温度（℃）	10/65	10/50	10/65	10/50	10/65	10/50	10/65	10/50	10/65	10/50	10/65	10/50
换热面积（m^2）	10.75	9.89	12.40	11.78	13.64	12.40	16.74	15.50	19.84	18.6	22.32	20.46
产热水量（t/h）	4.13		4.8		5.2		6.5		7.6		8.6	
换热量（kW）	264	192	307	223	332	242	415	302	486	353	550	400
高/长（H/L）mm	2510/1950		3480/2950		2880/2380		3380/2880		3280/2750		4080/3580	

注：1. 设计压力：管程 0.6～1.0MPa，壳程 0.6～1.6MPa。
2. 公司名称：北京健远泰德工程技术有限公司。
3. 办公地址：北京市朝阳区西大望路甲 23 号珠江帝景 1-1707。
4. 法人代表及电话：周立健 010-58631997。

附表 34　QSFL（W）浮动盘管容积式换热器

参数 \ 型号	QSFL（W）-2		QSFL（W）-3		QSFL（W）-4		QSFL（W）-5		QSFL（W）-6		QSFL（W）-8	
筒体直径（mm）	1200		1200		1600		1600		1800		1800	
蒸汽压力（MPa）	0.2	0.4	0.2	0.4	0.2	0.4	0.2	0.4	0.2	0.4	0.2	0.4
被加热水进出水温度（℃）	10/65		10/65		10/65		10/65		10/65		10/65	
换热面积（m^2）	9.46	7.42	10.54	8.68	11.78	9.30	14.88	11.78	16.74	13.64	19.22	15.50
产热水量（t/h）	7.2		8.4		9.0		11.4		13.2		15	
换热量（kW）	460		537		575		729		844		959	
高/长（H/L）mm	2510/1950		3480/2950		2880/2380		3380/2880		3280/2750		4080/3580	

注：1. 设计压力：管程 0.6～1.0MPa，壳程 0.6～1.6MPa。
2. 公司名称：北京健远泰德工程技术有限公司。
3. 办公地址：北京市朝阳区西大望路甲 23 号珠江帝景 1-1707。
4. 法人代表及电话：周立健 010-58631997。

附表 35　HJR 容积式汽-水生活热水换热机组

机组型号	产热水量（t/h）	供热量（kW）	蒸汽耗量（t/h）	机组净重（kg）	外形尺寸 $L\times W\times H$（mm）
HJR-0.35Q	6	350	0.5	920	2500×1900×2350
HJR-0.53Q	9	530	0.79	1130	2600×2000×2400
HJR-0.70Q	12	700	1	1230	2700×2100×2400
HJR-1.05Q	18	1050	1.5	1460	2800×2300×2450
HJR-1.4Q	24	1400	2.1	1790	3100×2500×2480
HJR-2.1Q	36	2100	3.15	2150	3100×2600×2480
HJR-2.8Q	48	2800	4.22	2640	3200×2700×2600
HJR-3.5Q	60	3500	5.2	2970	3200×2900×2720
HJR-4.9Q	84	4900	7.38	3820	3400×3200×2720
HJR-7.0Q	120	7000	10.5	4870	3800×3600×2870

注：1. 额定工况：热媒侧 0.4MPa 蒸汽，二次出水温度：60℃。
2. 蒸汽流量按 0.4MPa 饱和蒸汽计算，蒸汽压力和温度不同时可按其焓值折算。
3. 机组内配置容积式换热器 1 台，循环泵 2 台，膨胀罐 1 台，电控柜 1 台，附件 1 套，外形尺寸仅供参考。
4. 公司名称：北京健远泰德工程技术有限公司。
5. 办公地址：北京市朝阳区西大望路甲 23 号珠江帝景 1-1707。
6. 法人代表及电话：周立健 010-58631997。

附表 36　HJR 容积式水-水生活热水换热机组

机组型号	产热水量（t/h）	供热量（kW）	一次循环耗量（t/h）	机组净重（kg）	外形尺寸 $L\times W\times H$（mm）
HJR-0.35S	6	350	12	1010	2500×1900×2350
HJR-0.53S	9	530	18	1240	2600×2000×2400
HJR-0.70S	12	700	24	1350	2700×2100×2400
HJR-1.05S	18	1050	36	1600	2800×2300×2450
HJR-1.4S	24	1400	48	1970	3100×2500×2480
HJR-2.1S	36	2100	72	2360	3100×2600×2480
HJR-2.8S	48	2800	96	2910	3200×2700×2600
HJR-3.5S	60	3500	120	3260	3200×2900×2720
HJR-4.9S	84	4900	168	4210	3400×3200×2720
HJR-7.0S	120	7000	240	5350	3800×3600×2870

注：1. 额定工况：一次水供回水温度：95℃/70℃，二次出水温度：60℃。
2. 机组内配置容积式换热器 1 台，循环泵 2 台，膨胀罐 1 台，电控柜 1 台，附件 1 套，外形尺寸仅供参考。
3. 公司名称：北京健远泰德工程技术有限公司。
4. 办公地址：北京市朝阳区西大望路甲 23 号珠江帝景 1-1707。
5. 法人代表及电话：周立健 010-58631997。

冷水机组及热泵机组

附表 37　9XR 离心式水冷冷水机组

机组型号	机组				主电源	电机		蒸发器			冷凝器			机组尺寸			重量	
	制冷量		输入功率	满负荷性能		额定电流	星型堵转电流	流量	压力降	接管尺寸	流量	压力降	接管尺寸	长	宽	高	运行重量	吊装重量（不含冷媒）
	kW	Tons	kW	ikW/kW		A	A	L/s	kPa	mm	L/s	kPa	mm	mm	mm	mm	kg	kg
19XR-3031327CLS52	1055	300	210	0.199		369	896	50.4	86.4		60.8	66.9		4172	1707	2073	6555	5725
19XR-3131336CMS52	1231	350	240	0.195		410	782	58.8	84.2		70.6	87.8		4172	1707	2073	6677	5791
19XR-3132347CNS52	1407	400	278	0.198		481	916	67.2	107.1	DN200	80.8	86.2	DN200	4172	1707	2073	6805	5884
19XR-4040356CPS52	1583	450	306	0.193		534	1119	75.6	77.9		90.7	79.1		4365	1908	2153	7970	6678
19XR-4141386CQS52	1759	500	335	0.190		580	1122	84.0	78.1		100.5	78.5		4365	1908	2153	8212	6828
19XR-5051385KGH52	1934	550	347	0.179		605	1146	92.4	71.3		109.7	51.7		4460	2054	2137	9433	7730
19XR-5P51436DES52	2110	600	381	0.181		667	1357	100.8	68.8		119.8	60.7		4460	2054	2207	9719	8110
19XR-5P504QEDDS52	2110	600	388	0.184		678	1357	100.8	68.8		120.1	70.8		4460	2054	2207	9967	8393
19XR-5Q5144FLEH52	2286	650	427	0.187		748	1521	109.2	73.2	DN200	130.5	71.0	DN250	4460	2054	2207	10096	8449
19XR-5R514QELEH52	2286	650	417	0.182		730	1521	109.2	66.8		130.2	70.7		4460	2054	2207	10549	8864
19XR-5Q5245FLFH52	2462	700	469	0.190		808	1637	117.6	83.9		140.9	72.0		4460	2054	2207	10239	8558
19XR-5Q524R5LFH52	2462	700	452	0.184		781	1637	117.6	83.9		140.3	71.5		4460	2054	2207	10614	8932
19XR-6X65467LGH52	2638	750	487	0.185	380V-3Ph-50Hz	851	1794	126.0	77.2		150.3	80.2		5000	2124	2261	11797	9735
19XR-6R614T5LGH52	2638	750	460	0.174		807	1794	126.0	58.4		148.9	64.0		4480	2124	2261	11570	9589
19XR-6Z6747FLGH52	2814	800	508	0.181		886	1794	134.4	72.8	DN250	159.8	73.1	DN250	5000	2124	2261	12259	10029
19XR-6Z664U5LGH52	2814	800	484	0.172		847	1794	134.4	72.8		158.5	79.3		5000	2124	2261	12497	10305
19XR-7P704V5LGH52	3164	900	554	0.175		962	1794	151.2	74.0		179.2	80.0		5169	2426	2750	15575	12787
19XR-70704W6LHH52	3517	1000	621	0.177		1055	1837	168.1	108.5		199.3	97.2		5169	2426	2750	16354	13381
19XR-7P71E53MDB52	3869	1100	680	0.176		1145	2362	184.9	106.8	DN300	218.4	97.7	DN300	5169	2426	2902	17495	14499
19XR-7Q72E53MDB52	3869	1100	670	0.173		1129	2362	184.9	89.5		218.1	85.1		5169	2426	2902	17974	14802
19XR-7Q72E53MEB52	4220	1200	736	0.174		1251	2729	201.7	105.0		238.0	99.9		5169	2426	2902	18008	14836
19XR-8P81E51MEB52	4220	1200	697	0.165		1187	2729	201.7	72.6		236.3	76.5		5205	2711	2950	20483	16619
19XR-8P80E63MFB52	4572	1300	799	0.175		1359	3276	218.5	84.0		257.8	102.1		5205	2711	2950	20284	16495
19XR-8Q81E61MFB52	4572	1300	766	0.168		1305	3276	218.5	72.6	DN350	256.4	88.8	DN350	5205	2711	2950	20790	16805
19XR-8P81E63MFB52	4924	1400	862	0.175		1461	3276	235.3	96.2		277.7	102.8		5205	2711	2950	20548	16684
19XR-8R84E63MFB52	5276	1500	910	0.172		1538	3276	252.1	83.4		297.1	84.9		5205	2711	2950	21773	17435

续表

机组型号	机组				主电源	电机		蒸发器			冷凝器			机组尺寸			重量	
	制冷量		输入功率	满负荷性能		额定电流	星型堵转电流	流量	压力降	接管尺寸	流量	压力降	接管尺寸	长	宽	高	运行重量	吊装重量（不含冷媒）
	kW	Tons	kW	ikW/kW		A	A	L/s	kPa	mm	L/s	kPa	mm	mm	mm	mm	kg	kg
19XR-A4FA45626JN7	5627	1600	965	0.171	10kV-3Ph-50Hz	63	366	268.9	67.7	DN400	316.6	90.2	DN400	5270	3051	3484	29209	23789
19XR-A4FA46638JN7	5978	1700	1，017	0.170		67	366	285.7	76.1		336.2	84.8		5270	3051	3484	29652	24065
19XR-A4FA47638JN7	6330	1800	1，072	0.169		70	366	302.5	85.0		355.7	82.0		5270	3051	3484	30050	24311
19XR-A4FA47638JP7	6682	1900	1，141	0.171		75	399	319.3	94.3		375.7	90.6		5270	3051	3484	30050	24311
19XR-A4FA47648JQ7	7033	2000	1，206	0.171		79	430	336.1	104.1		395.7	99.6		5270	3051	3484	30050	24311
19XR-A6FB66648JQ7	7385	2100	1，229	0.166		81	430	352.9	127.1		414.3	93.2	DN450	5879	3185	3484	33965	26906
19XR-A6GB66648JQ7	7737	2200	1，296	0.168		85	430	369.7	121.8		434.3	101.5		5879	3185	3484	34373	27148
19XR-B6FC65718TU7	8，087	2，300	1，334	0.165		88	550	386.5	97.0	DN450	453.2	79.1	DN500	6020	3658	3742	42626	33901
19XR-B6FC65710TU7	8，438	2，400	1，397	0.166		92	550	403.3	105.3		473.1	85.5		6020	3658	3742	42626	33901
19XR-B6GC65720TU7	8，790	2，500	1，463	0.166		96	550	420.1	94.5		493.1	92.1		6020	3658	3742	43179	34229
19XR-B6GC66720TV7	9，142	2，600	1，508	0.165		100	555	436.9	101.9		512.3	83.4		6020	3658	3742	43887	34629
19XR-C6FC66720TV7	9，493	2，700	1，563	0.165		103	555	453.7	81.3		531.7	89.2		6073	3797	3812	47142	37310
19XR-C6FC66730TV7	9，845	2，800	1，629	0.165		107	555	470.5	87.2		551.8	95.4		6073	3797	3812	47142	37310
19XR-C6FC67730TV7	10，196	2，900	1，670	0.164		110	555	487.3	93.3		570.9	86.7		6073	3797	3812	47960	37803
19XR-C6FC67730TW7	10，548	3，000	1，729	0.164		114	614	504.2	99.6		590.6	92.2		6073	3797	3812	47961	37804

注：1. 上述空调工况示例选型，基于冷冻水进出水温度 12℃/7℃，冷却水进出水温度 32℃/37℃。
2. 上述吊装重量中不包含 R134a 重量。
3. 基于用户不同的冷量/运行工况和效率需求，开利公司可为用户提供具体电脑选型，最大程度满足用户实际应用需求。
4. 标准机组水室承压 1.0MPa，可供选项 1.6MPa、2.0MPa；若再需提高请联系开利当地办事处。
5. 需要其他电压机组请联系开利当地办事处。
6. 产品特点：
（1）专为 HFC-134a 无氯制冷剂设计，机组效率高；
（2）换热器针对中国水质情况专门设计制造，机组适用性强；
（3）开利专利的 AccuMeter 流量调节系统，保证机组具优越的部分负荷性能；
（4）中文显示 PIC 控制系统，操作简便，运行可靠；
（5）非机载启动柜具有多项电气保护，更适合国情，机组运行可靠；
（6）PIC 控制系统可与开利舒适空调网络 CCN 接口进行集中群控。
7. 开利中国销售机构：
上海（86-21）2306 3000；北京（86-10）6554 0999；成都（86-28）6212 2600；西安（86-29）6872 5300；
广州（86-20）8393 1313；天津（86-22）2313 7610；苏州（86-512）6288 8120；杭州（86-571）85861143。

附表 38 30XW 螺杆式水冷冷水机组

型号	名义制冷量		输入功率	最小冷量	压缩机		蒸发器			冷凝器			HFC-134a 充注量		机组重量（含制冷剂和包装箱）	运行重量	外形尺寸			电源
					回路A	回路B	流量	水压降	进出口径DN	流量	水压降	进出口径DN	回路A	回路B			长	宽	高	
	kW	USRT	kW	%	数量	数量	m^3/h	kPa	mm	m^3/h	kPa	mm	kg	kg	kg	kg	mm	mm	mm	
0262	252	72	47.4	15	1	—	43.3	20	125	54.3	38	125	78	—	2298	2002	2742	960	1568	380V-3Ph-50Hz（一路进线）
0312	306	87	57.6	15	1	—	52.6	28	125	65.7	51	125	78	—	2359	2063	2742	960	1568	
0352	370	105	69.6	15	1	—	63.6	36	125	78.8	65	125	78	—	2394	2098	2742	960	1568	
0412	428	122	80.5	15	1	—	73.5	44	125	91.0	42	125	100	—	2792	2518	2746	970	1694	
0422	457	130	86.0	15	1	—	78.6	47	125	98.1	44	125	85	-	2792	2518	2746	970	1694	
0452	473	135	86.5	15	1	—	81.4	34	125	100.9	44	125	100	—	2946	2580	2746	970	1693	
0552	543	154	98.7	15	1	—	93.3	45	125	115.4	55	125	110	—	3032	2666	2746	970	1693	
0652	667	190	122.2	15	1	—	114.8	41	150	142.3	62	150	150	—	3770	3486	3056	1119	1849	
0702	721	205	131.1	15	1	—	124.0	47	150	152.8	70	150	150	—	3770	3486	3056	1119	1849	
0802	778	221	145.8	15	1	—	133.8	56	150	166.2	82	150	150	—	3778	3493	3056	1119	1849	
0902	857	244	147.0	15	1	—	147.3	66	150	182.8	51	200	150	—	3977	3923	3080	1135	1900	
1002	1011	288	183.9	8	1	1	174.0	68	150	216.4	58	200	85	95	5454	5161	4008	1050	1846	380V-3Ph-50Hz（两路进线）
1052	1084	308	192.8	8	1	1	186.4	80	150	232.5	69	200	85	95	5491	5198	4008	1050	1846	
1152	1136	323	203.5	8	1	1	195.4	66	200	244.4	50	200	100	110	5781	5553	4008	1050	1896	
1262	1255	357	218.5	8	1	1	215.9	78	200	268.1	64	200	130	140	6994	6794	4695	1188	2064	
1402	1448	412	255.9	8	1	1	249.1	91	200	309.3	76	200	130	140	7549	7352	4695	1231	2064	
1502	1512	430	264.5	8	1	1	260.1	97	200	325.1	71	200	130	140	7664	7566	4695	1231	2064	
1602	1621	461	280.6	8	1	1	278.8	96	200	345.1	62	200	140	160	8955	8535	4761	1338	2307	
1712	1721	489	299.2	8	1	1	296.0	99	200	368.3	75	200	140	160	9373	8953	4761	1338	2307	

续表

型号	名义制冷量		输入功率	最小冷量	压缩机		蒸发器			冷凝器			HFC-134a 充注量		机组重量（含制冷剂和包装箱）	运行重量	外形尺寸			电源
					回路A	回路B	流量	水压降	进出口径DN	流量	水压降	进出口径DN	回路 A	回路 B			长	宽	高	
	kW	USRT	kW	%	数量	数量	m^3/h	kPa	mm	m^3/h	kPa	mm	kg	kg	kg	kg	mm	mm	mm	
2052	2043	581	362.3	4	1/1	1/1	351.3	69	200	437.8	58	250	85/85	95/95	11246	10870	4593	2570	1846	380V-3Ph-50Hz（两个模块，每个模块两路进线）
2302	2295	652	407.1	4	1/1	1/1	394.7	67	200	495.5	51	250	100/100	110/110	11894	11648	4602	2570	1896	
2602	2603	740	445.6	4	1/1	1/1	447.8	82	300	561.2	69	300	130/130	140/140	14878	14842	5321	2846	2064	
2902	2894	823	493.1	4	1/1	1/1	497.7	88	300	622.6	63	300	130/130	140/140	16034	16140	5359	2932	2064	
3052	3054	868	529.3	4	1/1	1/1	525.3	97	300	658.1	71	300	130/130	140/140	15994	16100	5358	2932	2064	
3302	3332	947	575.3	4	1/1	1/1	573.1	101	300	715.0	75	300	140/140	160/160	19267	18729	5422	3066	2307	
3452	3476	988	601.5	4	1/1	1/1	597.9	104	300	745.9	80	300	140/140	160/160	19295	18757	5422	3066	2307	

注：1. 制冷工况：冷冻水出水温度为7℃，水流量为0.172m^3/（h·kW），污垢系数为0.018m^2·℃/kW；冷却水进水温度为30℃，水流量0.215m^3/（h·kW），除污垢系数为0.044m^2·℃/kW；以上运行工况相当于：冷冻水进出水温度为12℃/7℃，冷却水进出水温度为30℃/35℃。

2. 机组蒸发器、冷凝器为两流程设计，标准水侧承压为1.0MPa。

3. A/B两个回路电源单独进线，对于多路电源进线机组，可提供单路电源进线选项，请联系开利当地办事处。

4. 产品特点：

（1）高效节能，满足空调及冰蓄冷双工况应用，工艺冷却应用、制热采暖应用；

（2）新一代06T双螺杆压缩机，高效可靠；

（3）电脑控制的中文触摸屏；

（4）采用环境领先的HFC-134a制冷剂；

（5）双回路设计，稳定可靠；

（6）运行范围广，最低冷却水温度13℃可正常开机运行；

（7）蒸发器最低出口温度可达－12℃（配选项），冷凝器最高出口温度可达63℃（配选项）。

5. 开利中国销售机构：

上海（86-21）23063000；北京（86-10）65540999；成都（86-28）62122600；西安（86-29）68725300；

广州（86-20）83931313；天津（86-22）23137610；苏州（86-512）62888120；杭州（86-571）85861143。

附表 39　离心式冷水机组参数表

型号	制冷量（RT）	运行重量（kg）	尺寸			运行功率（kW）	COP	电源	参考价（万元）
			长（mm）	宽（mm）	高（mm）				
CCWE700H	700	13209	5020	2100	2510	421	5.85	380/10000V-3ph-50Hz	160～180
CCWE750H	750	13350	5020	2100	2510	450	5.86		170～190
CCWE800H	800	13564	5020	2100	2510	481	5.85		170～190
CCWE850H	850	13712	5020	2100	2510	509	5.87		180～200
CCWE900H	900	13839	5020	2100	2510	542	5.84		190～210
CCWE950H	950	14532	5045	2260	2610	572	5.84		200～220
CCWE1000H	1000	14773	5045	2260	2610	600	5.86		210～230
CCWE1000H	1100	15108	5045	2260	2610	660	5.86		220～240
CCWE1200H	1200	15376	5045	2260	2610	720	5.86		230～250
CWE1300H1	1300	15500	5045	2260	2610	783	5.84	10000V-3ph-50Hz	260～280
CWE1400H1	1400	22790	5190	2700	3010	831	5.92		280～300
CWE100H51	1500	23490	5190	2700	3010	889	5.93		300～320
CWE1600H1	1600	24260	5190	2700	3010	950	5.92		310～330
CWE1700H1	1700	25160	5190	2700	3010	1010	5.92		330～350
CWE1800H1	1800	26840	5290	3150	3180	1060	5.97		340～360
CWE1900H1	1900	27290	5290	3150	3180	1123	5.95		350～370
CWE2000H1	2000	27740	5290	3150	3180	1180	5.96		360～380
CWE2100H1	2100	27976	5290	3150	3180	1241	5.95		380～400
CWE2200H1	2200	28210	5290	3150	3180	1307	5.92		400～420

注：1. 产品功率和能效基于《蒸汽压缩循环（热泵）冷水机组　第一部分：工业或商业用途及类似用途的冷水（热泵）机组》（GB/T 18430.1）。
2. 由于产品的不断改良，上述参数可能会有所更改，请以产品铭牌参数和实物为准。
3. 表中价格仅供参考，准确成本核算请联系厂家。
4. 厂家名称：广东美的暖通设备有限公司。
5. 厂址：广东省佛山市顺德区北滘镇美的工业园；商务联系电话：400-8899-315。

附表 40　XQ 螺杆式风冷热泵机组

型号	名义制冷量	名义制热量	压缩机功率（kW）		水流量（L/s）		风机数量	风量	水接管口径（mm）	外形尺寸（mm）			运行重量
	kW	kW	制冷	制热	制冷	制热		L/s		长	宽	高	kg
30XQ330	322	318	90.3	87.1	15.4	15.4	6	27660	DN150	3827	2253	2297	4023
30XQ430	422	415	117.7	115.9	20.1	20.0	8	36112	DN150	4798	2253	2297	5445
30XQ500	500	481	134.2	134.3	23.8	23.2	10	45140	DN150	5992	2253	2297	5877
30XQ660	660	634	186.0	167.8	31.5	29.5	12	54168	DN150	7186	2253	2297	7604
30XQ670	670	620	188.9	171.9	31.7	29.5	12	54168	DN150	7186	2253	2297	7604
30XQ740	735	710	201.0	190.0	35.0	33.8	16	72224	DN150	9574	2253	2297	8561
30XQ750	750	720	209.1	201.3	35.8	34.8	14	63196	DN150	8380	2253	2297	9054
30XQ860	845	830	235.4	232.0	20.1/20.1	20.0/20.0	16	72224	DN150/150	9596	2253	2297	10890
30XQ930	922	896	252.0	250.2	20.1/23.8	20.0/23.2	18	81252	DN150/150	10790	2253	2297	11322
30XQ1000	1000	961	268.5	268.5	23.8/23.8	23.2/23.2	20	90280	DN150/150	11984	2253	2297	11754
30XQ1100	1088	1035	306.6	287.8	20.1/31.7	20.0/29.5	20	90280	DN150/150	11984	2253	2297	13049
30XQ1160	1160	1114	320.3	308.5	23.8/31.5	23.2/30.6	22	99308	DN150/150	13178	2253	2297	13481
30XQ1250	1250	1201	343.4	335.7	23.8/35.8	23.2/34.8	24	108336	DN150/150	14372	2253	2297	14931
30XQ1340	1330	1240	377.8	343.8	31.7/31.7	29.5/29.5	24	108336	DN150/150	14372	2253	2297	15208
30XQ1410	1410	1354	395.1	375.8	31.5/35.8	30.6/34.8	26	117364	DN150/150	15566	2253	2297	16658
30XQ1500	1500	1440	418.2	403.0	35.8/35.8	34.8/34.8	28	126392	DN150/150	16760	2253	2297	18108
30XQ600S	600	570	181.7	167.8	28.6	27.1	10	45139	DN150	5992	2253	2297	6860
30XQ700S	700	650	214.4	190.8	33.3	31.0	12	54168	DN150	7186	2253	2297	7612
30XQ1200S	1200	1140	363.4	335.6	28.6/28.6	27.1/27.1	20	90278	DN150/150	11984	2253	2297	13720
30XQ1300S	1300	1220	396.1	358.6	28.6/33.3	27.1/31.0	22	99307	DN150/150	13178	2253	2297	14472
30XQ1400S	1400	1300	428.8	381.6	33.3/33.3	31.0/31.0	24	108336	DN150/150	14372	2253	2297	15224

注：1. 名义制冷工况：冷水进水/出水温度 12℃/7℃，室外空气干球温度 35℃。
2. 名义制热工况：热水进/出水温度 40℃/45℃，室外空气干球温度 7℃，相对湿度 87%。
3. 产品特点：
（1）专为无氯制冷剂 HFC-134a 设计的风冷热泵机组，满负荷制冷效率高达 3.2；
（2）新型 06T 双螺杆压缩机，专利的螺杆转子外形设计、滑阀无级调节，无论满负荷还是部分负荷工况下均高效运行；
（3）开利专利第四代“飞鸟”低噪声轴流风扇，运转宁静且大幅降低低频噪声的产生；
（4）电子膨胀阀控制精度灵敏，部分负荷效率高；
（5）蒸发器采用满液式设计，传热效率高，检修方便；
（6）先进的 Pro-DialogPlus 自适应控制，大屏幕中文液晶触摸屏控制显示，功能强大，操作简便；
（7）内置式水利模块（选项），包括水泵、过滤器、膨胀水箱、安全阀、压力表、流量开关、流量调节阀等所有必要水利组件，安装简单快捷；
（8）开利专利智能除霜控制，优化除霜循环切入时间，既避免不必要的热量损失，又提高了热水出水温度的稳定，制热性能极佳。
4. 开利中国销售机构：
上海（86-21）23063000；北京（86-10）65540999；成都（86-28）62122600；西安（86-29）68725300；
广州（86-20）83931313；天津（86-22）23137610；苏州（86-512）62888120；杭州（86-571）85861143。

附表 41　循环式空气源热泵热水机参数表

型号	制热量(kW)	制热功率(kW)	水流量(m^3/h)	电源	进出水管径(mm)	尺寸			重量(kg)	参考价(万元)
						宽(mm)	高(mm)	深(mm)		
RSJ-100/M-532V	9.99	2.52	1.7	380V3N～50Hz	DN25	740	865	740	92	1.6
KFXRS-20Ⅱ	18.5	4.53	3.2		DN25	740	865	740	116	2.2
KFXRS-38Ⅱ	38	9.3	6.5		DN32	970	1565	977	257	4.3
RSJ-800/MS-820	80	20.25	15.5		DN50	2505	1860	900	660	11.4

注：1. 表中价格仅供参考，准确成本核算请联系厂家。
2. 厂家名称：广东美的暖通设备有限公司。
3. 厂址：广东省佛山市顺德区北滘镇美的工业园。
4. 商务联系电话：400-8899-315。

附表 42　直热式空气源热泵热水机

型号	制热量(kW)	制热功率(kW)	产水量(m^3/h)	电源	循环进出水管径(mm)	尺寸			重量(kg)	参考价(万元)
						宽(mm)	高(mm)	深(mm)		
RSJ-200/S-532	19.5	4.87	0.43	380V3N～50Hz	DN25	740	865	740	120	2.5
RSJ-420/S-820	41	9.5	0.88		DN32	1000	1770	895	271	4.8
RSJ-820/SN1-H	82	20.35	1.76		DN50	1995	1770	1025	576	12.8

注：1. 表中价格仅供参考，准确成本核算请联系厂家。
2. 厂家名称：广东美的暖通设备有限公司。
3. 厂址：广东省佛山市顺德区北滘镇美的工业园。
4. 商务联系电话：400-8899-315。

冷却塔

附表 43　冷却塔系列

冷却塔	应用	特点
AT/UT/USS	AT：结构紧凑，低耗能，引风轴流式，适合各种室外应用 UT：拥有 AT 全部特点，标配益美高超低噪声通风机，适用于噪声敏感区域 USS：高度抗腐蚀，适用于有盐雾或其他腐蚀性化学品的环境	· 144～22596kW · 采用高效的逆流式设计 · 安装了益美高独特的超低噪声通风机的 UT 机组可获得最低的噪声水平 · USS 的水盘采用 316 号不锈钢，上箱体采用 304 号不锈钢，是全不锈钢机组，具有出众的防腐蚀能力 · CTI 认证，IBC 认证，符合 ASHRAE90.1
PMTQ	低能耗、低噪声的强风式机组。适合室外应用； 是替换采用离心式通风机冷却塔的完美选择，还适用于要求低能耗，或对噪声方向有要求的场合	· 461～5730kW · 机组标准配置超低噪声通风机以及等身高的检修门 · 标准的独立通风机驱动系统 · CTI 认证，IBC 认证，符合 ASHRAE90.1

续表

冷却塔	应用	特点
LSTE 	低噪声、采用离心式通风机的强风式机组；适合室内及室外应用； 特别设计用于室内安装和接风道安装；杰出的设计使之成为替换项目的理想选择	· 147～5927kW · 可选配消声器组件以进一步降低噪声 · CTI 认证，IBC 认证，符合 ASHRAE90.1
LPT 	低矮型、低噪声、采用离心式通风机的强风式机组，适合室内及室外应用； 将机组高度降至最低的设计使之成为对高度有要求场合的理想替换型设备；提供紧凑和多用途的可选件，机组布置更加节省空间	· 120～1462kW · 标准 304 号不锈钢冷水盘 · 紧凑的设计使机组能够整体运输和吊装 · 更多可选消声器组件以进一步降低噪声 · CTI 认证，IBC 认证，符合 ASHRAE90.1
闭式冷却塔	应用	特点
ESWA 	低能耗的引风轴流式机组，适合各种室外应用； 革命性地将填料和闭式盘管结合在一起；在换热效率和能耗成为最重要考虑因素情况下，该机组是湿式冷却应用的理想设备	· 524～8146kW · 采用显热和潜热结合的换热的方式提高能效 · Sensi-Coil® 显热盘管拥有更大盘管换热面积，从而获得更大的换热能力 · 盘管处于气流之外，降低结垢可能性、落水噪声以及冬季热损失 · CTI 认证，IBC 认证，符合 ASHRAE90.1
ATW 	引风轴流式机组，广泛应用于各种室外冷却系统； 机组箱体尺寸众多，可满足各种布置需要，同时也可替换离心式机组	· 133～10773kW · 可选配超低噪声通风机和不锈钢结构 · IBC 认证
eco-ATWB 	革命性地减少占地面积，降低功耗；引风轴流式机组，适合各种室外应用； 是要求布置紧凑以及对能效有要求的场合的理想选择	· 42～11218kW · Ellipt-fin™椭圆翅片盘管加大换热面积，使机组可选择干运行或湿运行模式 · Sage® 控制柜为可选件，对节水节能进行控制 · CTI 认证，IBC 认证，符合 ASHRAE90.1

续表

闭式冷却塔	应用	特点
eco-ATWB-E 	突破性的引风轴流式机组，适合以节水为首选目标的各种室外应用； 有三种运行模式：100%湿运行、100%干运行，以及提高干运行能力并同时节水的干/湿混合运行	· 42～2704kW · Ellipt-fin™椭圆翅片盘管加大换热面积，使机组可选择在不同模式下运行 · Sage® 控制柜为机组标准配置，对节水节能进行控制 · CTI 认证，IBC 认证，符合 ASHRAE90. 1
LSWA 	低噪声、强风式机组，采用离心式通风机，适合室内及室外应用； 特别设计用于室内安装和接风道安装；杰出的设计使之成为替换项目的理想选择	· 92～4153kW · 可选配消声器组件以进一步降低噪声 · IBC 认证
LRW 	低矮型、低噪声、采用离心式通风机的强风式机组，适合室内及室外应用； 将机组高度降至最低的设计使之成为对高度有要求场合的理想替换型设备；提供紧凑和多用途的可选件，机组布置更加节省空间	· 43～960kW · 标准 304 号不锈钢冷水盘 · 紧凑的设计使机组能够整体运输和吊装 · 更多可选消声器组件以进一步降低噪声 · IBC 认证
LSWA-H 	低噪声、采用离心式通风机的强风式机组，适合以节水、消除白雾为首选目标的各种室内及室外应用	· 95～3791kW · ARID Fin-Pak 干式翅片冷却盘管加大换热面积，使机组可选择干运行或湿运行模式 · 可选配消声器组件以进一步降低噪声
LRW-H 	突破性的低矮型、低噪声、采用离心式通风机的强风式机组，适合以节水、消除白雾为首选目标的各种室内及室外应用	· 77～1020kW · 标准 304 号不锈钢冷水盘 · ARIDFin-Pak 干式翅片冷却盘管加大换热面积，使机组可选择干运行或湿运行模式 · 可选配消声器组件以进一步降低噪声

注：1. 厂家：益美高（上海）制冷设备有限公司。

2. 厂址：上海宝山工业园区罗宁路 1159 号（200949）。联系电话：（86）21-66877786；邮箱：marketing@evapcochina. com。

蓄冰设备

附表 44　内融冰蓄冰设备

型号	蓄冰潜热量		设备净重	盘管内乙二醇容量	设备尺寸				
					长			宽	高
					L	L_1	L_2	W	H
	Ton-hrs	kW	kg	Liters	mm	mm	mm	mm	mm
ICE-187C	187	658	2070	675	5618	245	1023	1537	1639
ICE-234C	234	823	2550	840	5618	245	1273	1537	1639
ICE-299C	299	1053	3220	1075	5618	245	1623	1537	1639
ICE-318C	318	1119	3410	1140	5618	245	1723	1537	1639
ICE-241E	241	846	2630	860	5618	245	1023	1969	2070
ICE-301E	301	1058	3235	1080	5618	245	1273	1969	2070
ICE-385E	385	1354	4100	1370	5618	245	1623	1969	2070
ICE-409E	409	1439	4340	1460	5618	245	1723	1969	2070

注：1. 此处数据是以 25%的工业抑制性乙烯乙二醇溶液为计算依据。

2. 考虑到实际工程的复杂性与多样性，益美高公司为客户设计有多种型号的蓄冰盘管设备。以上详细列出的，仅为部分 80mm 接管口径，前接管方式的蓄冰设备。

3. 接管尺寸：L_1 前接管 DN50：223，DN80：245；L_2 上接管 DN50：189，DN80：204；L_3 侧接管 DN50：293，DN80：366。

4. 厂家：益美高（上海）制冷设备有限公司。

5. 厂址：上海宝山工业园区罗宁路 1159 号（200949）；联系电话：（86）21-66877786；邮箱：marketing@evapcochina. com。

附表 45　内融冰蓄冰设备（带鼓起装置）

型号	蓄冰潜热量		设备净重	盘管内乙二醇容量	设备尺寸				
					长			宽	高
					L	L_1	L_2	W	H
	Ton-hrs	kW	kg	Liters	mm	mm	mm	mm	mm
IPCBIM-145D	145	510	1480	430	5618	245	962	1575	1728
IPCBIM-184D	184	647	1845	550	5618	245	1229	1575	1728
IPCBIM-237D	237	834	2325	700	5618	245	1584	1575	1728
IPCBIM-250D	250	879	2440	735	5618	245	1673	1575	1728
IPCBIM-181F	181	637	1810	535	5618	245	962	1956	2109
IPCBIM-230F	230	809	2260	675	5618	245	1229	1956	2109
IPCBIM-296F	296	1041	2855	870	5618	245	1584	1956	2109
IPCBIM-312F	312	1097	3000	915	5618	245	1673	1956	2109

注：1. 此处数据是以 25%的工业抑制性乙烯乙二醇溶液为计算依据。

2. 考虑到实际工程的复杂性与多样性，益美高公司为客户设计有多种型号的蓄冰盘管设备。以上详细列出的，仅为部分 80mm 接管口径，前接管方式的蓄冰设备。

3. 接管尺寸：L_1 前接管 DN50：223，DN80：245；$L2$ 上接管 DN50：189，DN80：204；L_3 侧接管 DN50：293，DN80：366。

4. 厂家：益美高（上海）制冷设备有限公司。

5. 厂址：上海宝山工业园区罗宁路 1159 号（200949）；联系电话：（86）21-66877786；邮箱：marketing@evapcochina. com。

附表 46 常规外融冰蓄冰设备

型号	蓄冰潜热量		设备净重	盘管内乙二醇容量	设备尺寸				
					长			宽	高
					L	L_1	L_2	W	H
	Ton-hrs	kW	kg	Liters	mm	mm	mm	mm	mm
IPCB-177E	177	622	2180	700	5618	245	1168	1613	1766
IPCB-199E	199	700	2435	785	5618	245	1314	1613	1766
IPCB-221E	221	777	2690	865	5618	245	1460	1613	1766
IPCB-243E	243	855	2940	955	5618	245	1607	1613	1766
IPCB-265E	265	933	3190	1035	5618	245	1753	1613	1766
IPCB-196F	196	691	2405	770	5618	245	1168	1785	1937
IPCB-221F	221	777	2685	865	5618	245	1314	1785	1937
IPCB-245F	245	864	2965	960	5618	245	1460	1785	1937
IPCB-270F	270	950	3245	1045	5618	245	1607	1785	1937
IPCB-294F	294	1036	3525	1140	5618	245	1753	1785	1937

注：1. 此处数据是以 25%的工业抑制性乙烯乙二醇溶液为计算依据。

2. 考虑到实际工程的复杂性与多样性，益美高公司为客户设计有多种型号的蓄冰盘管设备。以上详细列出的，仅为部分 80mm 接管口径，前接管方式的蓄冰设备。

3. 接管尺寸：L_1 前接管 DN50：223，DN80：245；L_2 上接管 DN50：189，DN80：204；L_3 侧接管 DN50：293，DN80：366。

4. 厂家：益美高（上海）制冷设备有限公司。

5. 厂址：上海宝山工业园区罗宁路 1159 号（200949）；联系电话：（86）21-66877786；邮箱：marketing@evapcochina. com。

附表 47 低温外融冰蓄冰设备

型号	蓄冰潜热量		设备净重	盘管内乙二醇容量	设备尺寸				
					长			宽	高
					L	L_1	L_2	W	H
	Ton-hrs	kw	kg	Liters	mm	mm	mm	mm	mm
IPCB-164D	164	576	1370	390	5618	245	959	1575	1728
IPCB-213D	213	749	1730	505	5618	245	1254	1575	1728
IPCB-262D	262	922	2085	625	5618	245	1549	1575	1728
IPCB-278D	278	980	2200	660	5618	245	1648	1575	1728
IPCB-205F	205	720	1670	490	5618	245	959	1956	2109
IPCB-266F	266	936	2110	630	5618	245	1254	1956	2109
IPCB-327F	327	1152	2560	770	5618	245	1549	1956	2109
IPCB-348F	348	1224	2700	820	5618	245	1648	1956	2109

注：1. 此处数据是以 25%的工业抑制性乙烯乙二醇溶液为计算依据。

2. 考虑到实际工程的复杂性与多样性，益美高公司为客户设计有多种型号的蓄冰盘管设备。以上详细列出的，仅为部分 80mm 接管口径，前接管方式的蓄冰设备。

3. 接管尺寸：L_1 前接管 DN50：223，DN80：245；L_2 上接管 DN50：189，DN80：204；L_3 侧接管 DN50：293，DN80：366。

4. 厂家：益美高（上海）制冷设备有限公司。

5. 厂址：上海宝山工业园区罗宁路 1159 号（200949）；联系电话：（86）21-66877786；邮箱：marketing@evapcochina. com。

附表 48　蓄能罐

卧式承压蓄能罐参数表

型号	容积（m^3）	D（mm）	A（mm）	工作压力（MPa）	工作温度（℃）
IFT-ES-01-H	30	3200	4500	0.4～1.6	4～85
IFT-ES-02-H	50	3600	5800	0.4～1.6	4～85
IFT-ES-03-H	80	3600	8800	0.4～1.6	4～85
IFT-ES-04-H	100	3600	10800	0.4～1.6	4～85
IFT-ES-05-H	130	3600	13700	0.4～1.6	4～85
IFT-ES-06-H	150	3600	15600	0.4～1.6	4～85

外形图：

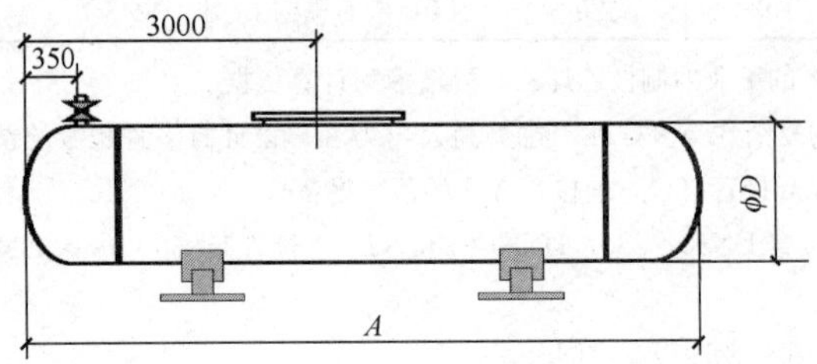

立式承压蓄能罐参数表

型号	容积（m^3）	D（mm）	A（mm）	工作压力（MPa）	工作温度（℃）
IFT-ES-01-V	30	3200	5500	0.4～1.6	4～85
IFT-ES-02-V	50	3600	6700	0.4～1.6	4～85
IFT-ES-03-V	80	3600	9700	0.4～1.6	4～85
IFT-ES-04-V	100	3600	11600	0.4～1.6	4～85

外形图见右图。

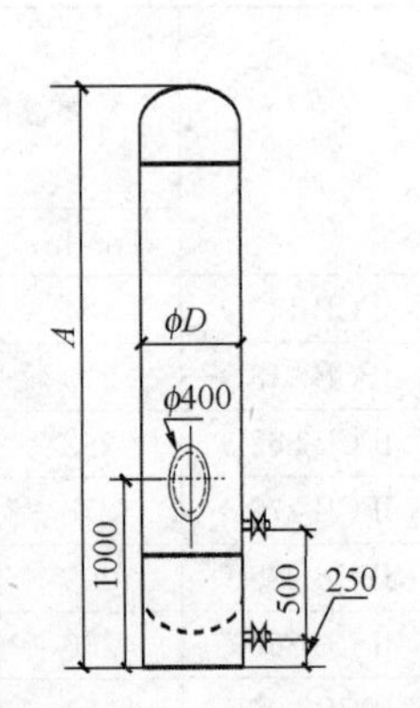

注：1. 以上型号为闭式承压罐的标准配置，如有特殊要求，可进行非标设计，考虑运输问题，建议立式罐体积不大于 100m^3；卧式罐体积不大于 150m^3，当设备直径大于 3600mm 时，需现场加工。

2. 开式蓄能设备（槽、罐）均为非标产品，需根据现场条件和系统需求量身定做。

3. 蓄能设备厂家需要具备特种设备制造许可证（压力容器）及机电安装工程专业承包三级资质配合现场安装。

4. 公司名称：北京英沣特能源技术有限公司。公司地址：北京市海淀区西郊半壁店 59 号 1 号楼 0328 室。法人代表及电话：邹元霖 010-64827641。

空调机组

附表 49　39CQ 组合式空调机组

机组规格	风量	盘管迎风	盘管性能			调节风阀内档尺寸	39CQ 外形尺寸(mm)	
	m^3/h	面积(m^2)	2 排热量	4 排总冷量	6 排总冷量	mm×mm	高 H	宽 W
39CQ0608	2070	0.23	12.96	10.61	32.52 *	756×322.5	690	890
39CQ0609	2880	0.32	19.25	16.03	46.15 *	856×322.5	690	990
39CQ0711	4140	0.46	27.29	23.18	63.14	1056×322.5	790	1190
39CQ0811	5130	0.57	34.14	29.02	79.03	1056×322.5	890	1190
39CQ0912	6210	0.69	41.46	35.46	95.96	1156×322.5	990	1290
39CQ0913	6840	0.76	47.94	41.32	111.77	1256×480	990	1390
39CQ0914	7560	0.84	54.39	47.35	127.53	1356×480	990	1490
39CQ1015	9540	1.06	69.13	60.56	153.60	1456×480	1090	1590
39CQ1117	11790	1.31	84.79	65.95	188.88	1656×480	1190	1790
39CQ1317	15120	1.68	107.03	83.28	237.60	1656×480	1390	1790
39CQ1418	17100	1.90	126.34	99.39	283.24	1756×637.5	1490	1890
39CQ1420	19260	2.14	142.41	114.02	319.94	1956×637.5	1490	2090
39CQ1621	23580	2.62	165.83	143.03	391.43 *	2056×637.5	1690	2190
39CQ1822	29340	3.26	203.01	175.65	469.86 *	2156×795	1890	2290
39CQ1825	33750	3.75	226.22	197.13	506.12 *	2456×795	1890	2590
39CQ2025	36360	4.04	244.05	212.48	564.12 *	2456×795	2090	2590
39CQ2125	38970	4.33	272.70	237.86	627.66 *	2456×952.5	2190	2590
39CQ2226	43380	4.82	307.16	268.70	693.83 *	2556×952.5	2290	2690
39CQ2328	48510	5.39	344.97	299.37	761.06 *	2756×952.5	2390	2890
39CQ2330	52290	5.81	382.53	333.00	806.95 *	2956×952.5	2390	3090
39CQ2333	57960	6.44	417.15 *	365.29 *	880.60 *	3256×952.5	2390	3390
39CQ2532	72540	8.13	470.33	457.23	965.14 *	3156×952.5	2590	3290
39CQ2832	80730	9.01	513.83 *	507.29	1246.68 *	3156×952.5	2890	3290
39CQ3132	89010	9.98	574.52 *	543.02 *	1247.79 *	3156×1267.5	3190	3290
39CQ3438	109440	12.36	688.53	625.96	1770.74 *	3756×1267.5	3490	3890

注：1. 表中 2 排热量为标准工况下的盘管热量，即进风干球温度为 15℃，热水进水温度为 60℃。

2. 表中 4 排冷量为标准工况下的盘管冷量，即进风干球温度为 27℃，进风湿球温度为 19.5℃，进水温度为 7℃。

3. 表中 6 排冷量为新风工况下的盘管冷量，即进风干球温度为 35℃，进风湿球温度为 28℃，进水温度为 7℃。

4. 机组高度 H 不包括基座 100mm（0608～2333）/基座 200mm（2532～3438），也不包括顶部风口尺寸。

5. 表中冷（热）盘管数据仅供参考，带“*”表示为控制水阻力进出水温差制冷时已超过 5℃，制热时已超过 10℃，详细盘管性能请参照 CarrierAHU 选型软件。

6. 产品特点：

（1）优化设计组件，根据客户需求，用选型软件选配最经济、最优化的功能组合段

（2）39CQ 卓越箱体性能，高效节能：全新设计箱体结构，达到欧洲标准 EN1886 要求（T2/TB2/L2）

（3）独有 PM2.5 解决方案：独有的 PM2.5 过滤技术，去除效率恒定高达 98.5%，使用寿命是普通合成过滤器的 2～5 倍

（4）多种功能段配置，应用灵活

（5）智能控制一目了然：内置控制柜，现金控制逻辑，图形化触屏显示，可选独立或联网控制，支持 BACnet 协议，节省安装和维护费用

7. 开利中国销售机构：

上海（86-21）23063000；北京（86-10）65540999；成都（86-28）62122600；西安（86-29）68725300；广州（86-20）83931313；天津（86-22）23137610；苏州（86-512）62888120；杭州（86-571）85861143。

附表 50　空调机组 11℃/16℃

型号	风量	额定供冷量	额定供热量		水流量	水阻力	机外静压	电机功率	噪声	冷冻水管管径	冷凝水管管径	机组重量
			40℃	60℃								
	m^3/h	kW	kW	kW	L/s	kPa	Pa	kW	dB (A)	DN	DN	kg
010B	1050	7.1	8.4	15.1	0.3	55.0	60	0.18	53	40	25	87
015B	1650	10.5	13.0	23.5	0.5	27.0	60	0.32	53	40	25	93
020B	2200	14.8	16.5	29.8	0.7	41.0	60	0.32	55	40	25	103
025B	2500	16.7	19.8	35.8	0.8	58.0	100	0.55	56	40	25	124
030B	3000	19.3	23.5	42.6	0.9	31.0	160	1.10	58	40	25	169
040B	4150	26.5	32.6	58.9	1.3	50.0	200	1.10	59	40	25	175
050B	5200	33.1	40.7	73.6	1.6	49.0	200	2.20	62	40	25	217
060B	6300	40.2	49.3	89.1	1.9	49.0	200	2.20	63	40	25	231
070B	7350	47.8	57.8	104.5	2.3	58.0	240	3.00	64	50	25	293
080B	8400	55.2	67.0	121.0	2.6	57.0	240	3.00	64	50	25	335
090B	9500	60.5	75.1	135.9	2.9	37.0	280	3.00	66	50	25	366
105B	11000	67.0	82.0	148.2	3.2	49.0	280	3.00	67	50	25	376
120B	12800	82.0	100.1	181.1	3.9	55.0	280	4.00	68	50	25	395
135B	14400	90.4	111.8	202.3	4.3	56.0	320	4.00	69	65	32	431
150B	16000	100.4	123.8	224.0	4.8	54.0	320	5.50	69	65	32	446

注：1. 供冷：进出水温度 11℃/16℃，进风干球温度 27℃，湿球温度 19.5℃。

2. 供热：进出水温度 40℃/60℃，进风干球温度 15℃，水流量与制冷水流量相同。

3. 以上参数仅供参考，进风工况、进出水温度、机外静压等参数变化会导致冷热量以及电机功率等参数变化。

4. 公司名称：深圳市中鼎空调净化有限公司。

公司地址：深圳市深南中路 3037 号南光捷佳大厦 2610 室。

公司法人：王春生 13603028091。

附表 51　空调机组 9℃/17℃（8 排）

型号 ZAH	风量	额定供冷量	额定供热量		水流量	水阻力	机外静压	电机功率	噪声	冷冻水管管径	冷凝水管管径	机组重量
			40℃	60℃								
	m^3/h	kW	kW	kW	L/s	kPa	Pa	kW	dB (A)	DN	DN	kg
010B	1050	7.8	9.1	16.5	0.23	43	60	0.18	53	40	25	87
015B	1650	10.9	13.9	25.3	0.33	13	60	0.32	53	40	25	93
020B	2200	15.7	19.3	35.1	0.47	24	60	0.32	55	40	25	103
025B	2500	18.1	21.6	39.1	0.54	36	100	0.55	56	40	25	124
030D	3000	21.7	25.9	46.9	0.65	53	160	1.1	58	40	25	169
040D	4150	28.1	35.0	63.6	0.84	30	200	1.1	59	40	25	175
050D	5200	36.6	44.5	80.5	1.09	60	200	2.2	62	40	25	217
060D	6300	44.4	53.9	97.5	1.33	59	200	2.2	63	40	25	231

续表

型号 ZAH	风量	额定供冷量	额定供热量		水流量	水阻力	机外静压	电机功率	噪声	冷冻水管管径	冷凝水管管径	机组重量
			40℃	60℃								
	m³/h	kW	kW	kW	L/s	kPa	Pa	kW	dB（A）	DN	DN	kg
070D	7350	51.4	62.6	113.5	1.53	41	240	3	64	50	25	293
080D	8400	59.2	72.8	131.9	1.77	45	240	3	64	50	25	335
090D	9500	67.8	82.4	149.3	2.03	63	280	3	66	50	25	366
105D	11000	71.0	88.3	160.4	2.12	25	280	3	67	50	25	376
120D	12800	87.1	108.0	196.0	2.60	28	280	4	68	50	25	395
135D	14400	95.3	120.1	218.1	2.85	28	320	4	69	65	32	431
150D	16000	105.9	133.0	241.6	3.16	27	320	5.5	69	65	32	446

注：1. 供冷：进出水温度 9℃/17℃，进风干球温度 27℃，湿球温度 19.5℃。

2. 供热：进出水温度 40℃/60℃，进风干球温度 15℃，水流量与制冷水流量相同。

3. 以上参数仅供参考，进风工况、进出水温度、机外静压等参数变化会导致冷热量以及电机功率等参数变化。

4. 公司名称：深圳市中鼎空调净化有限公司。
公司地址：深圳市深南中路 3037 号南光捷佳大厦 2610 室。
公司法人：王春生 13603028091。

附表 52　空调机组 9℃/17℃（6 排）

型号 ZAH	风量	额定供冷量	额定供热量		水流量	水阻力	机外静压	电机功率	噪声	冷冻水管管径	冷凝水管管径	机组重量
			40℃	60℃								
	m³/h	kW	kW	kW	L/s	kPa	Pa	kW	dB（A）	DN	DN	kg
010B	1050	6.8	7.3	13.3	0.20	26	60	0.18	53	40	25	72
015B	1650	10.7	11.5	20.9	0.32	51	60	0.18	53	40	25	86
020B	2200	13.0	15.1	27.5	0.39	13	60	0.32	55	40	25	93
025B	2500	15.6	17.2	31.3	0.47	21	100	0.45	56	40	25	112
030D	3000	18.8	20.6	37.4	0.56	31	160	0.75	58	40	25	138
040D	4150	25.6	28.2	51.3	0.76	49	200	1.1	59	40	25	147
050D	5200	31.1	34.9	63.5	0.93	34	200	1.5	62	40	25	177
060D	6300	37.9	42.3	77.0	1.13	33	200	2.2	63	40	25	202
070D	7350	46.4	50.3	91.3	1.39	46	240	2.2	64	50	25	251
080D	8400	50.0	56.6	103.2	1.49	25	240	2.2	64	50	25	302
090D	9500	57.7	64.7	117.7	1.72	35	280	3	66	50	25	332
105D	11000	64.9	71.3	129.6	1.94	49	280	3	67	50	25	346
120D	12800	79.6	87.2	158.4	2.38	45	280	4	68	50	25	351
135D	14400	86.5	96.3	175.2	2.58	44	320	4	69	65	32	419
150D	16000	96.2	106.9	194.4	2.87	52	320	5.5	69	65	32	435

注：1. 供冷：进出水温度 9℃/17℃，进风干球温度 27℃，湿球温度 19.5℃。

2. 供热：进出水温度 40℃/60℃，进风干球温度 15℃，水流量与制冷水流量相同。

3. 以上参数仅供参考，进风工况、进出水温度、机外静压等参数变化会导致冷热量以及电机功率等参数变化。

4. 公司名称：深圳市中鼎空调净化有限公司。
公司地址：深圳市深南中路 3037 号南光捷佳大厦 2610 室。
公司法人：王春生 13603028091。

附表 53　双冷源新风除湿机

双冷源新风除湿机技术参数表

型号	额定风量	总制冷量	总制热量	总除湿量	显热回收率	盘管数量	盘管迎风风速	水盘管水流量	内置压缩机形式	再热盘管数量	再热盘管水流量	风机余压	送风机功率	排风机功率	过滤等级	加湿器方式	加湿量	配电总功率	机组重量	尺寸 长	尺寸 宽	尺寸 高
单位	m³/h	kW	kW	kg/h	%	排	m/s	m³/h		排	m³/h	Pa	kW	kW			kg/h	kW	kg	mm	mm	mm
HBFA-F03	3000	73	18	68				11.1			2.2	350	4	3			11.2	9.8	4000	4000	1500	1800
HBFA-F04	4000	98	24	91				14.7			2.8	350	5.5	4			15.2	13.3	4000	4500	1500	1800
HBFA-F05	5000	122	30	113				18.4			3.5	350	7.5	5			19.2	17.2	4200	4500	1500	1800
HBFA-F06	6000	147	36	136				22.1			4.1	400	7.5	5			23.2	18.2	4200	5000	1600	2000
HBFA-F08	8000	196	48	181	65%	6～8排管	≤2.5	29.5	涡旋压缩机	2～3排管	5.4	400	11	7.5	初效过滤G4，中效过滤等级F7	加湿器（水回收循环利用）	30.4	26.1	4500	6000	1600	2000
HBFA-F10	10000	244	60	227				36.8			6.6	450	11	7.5			38.4	28	4500	6000	1600	2000
HBFA-F12	12000	293	72	272				44.2			7.9	450	15	11			45.6	37.4	4500	6000	1600	2000
HBFA-F15	15000	367	90	340				55.3			9.8	450	18.5	15			57.6	47.7	4500	6800	1800	2500
HBFA-F20	20000	489	121	453				73.7			12.9	450	18.5	15			76.8	52.5	4800	7600	2100	2500
HBFA-F25	25000	611	151	567				92.1			16.1	500	22	18.5			96	64.2	5000	8000	2300	2500

续表

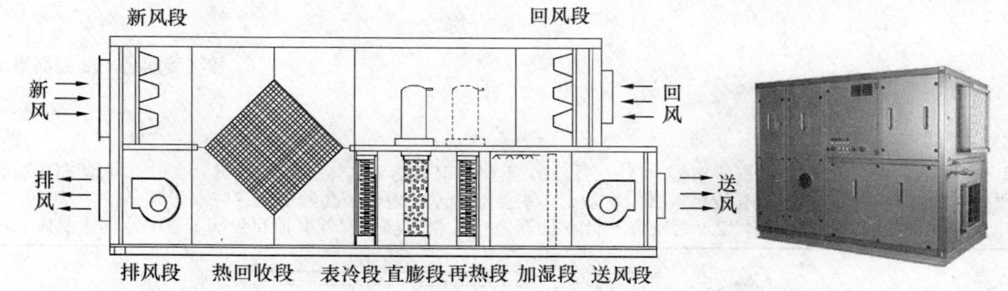

注：双冷源组合式新风机组（专利号：ZL 2013 2 0632735.7），适用于温湿度独立控制空调系统，新风机组承担新风负荷及室内潜热冷负荷，为保证设备在不同新风工况下，能满足送风参数要求，采用水表冷器承担基础负荷，直膨表冷器（氟利昂蒸发器）承担峰值负荷，从而保证送风参数的稳定性。其中包括热回收段、降温除湿段、加湿段、再热段、新风段、排风段、送风段、回风段。适用条件于空气-水系统，室内排风风量≥70%送风量。

1. 名义制冷除湿工况：新风干球温度36℃，相对湿度74%；送风干球温度16℃，相对湿度70%，送风含湿量8g/kg，冷水供水温度7℃，若系统提供其他水温，请咨询我公司。

2. 名义制热加湿工况：新风干球温度−9.8℃，相对湿度37%；送风干球温度18℃，送风含湿量9.0g/kg，热水供回水温度40～45℃。

3. 本机器设置风机段、过滤段、热回收段、降温除湿段、加湿段、再热段。若需其他特殊功能段（如静电除湿段），请咨询我公司。

4. 列表尺寸给出的是热回收采用板式显热回收方式，若采用转轮除湿方式，尺寸可相应减少。

5. 列表尺寸给出的是高压微雾的加湿方式，若采用其他加湿方式，加适量和机组尺寸略有不同。

6. 机外余压由用户按设计需要确定，列表数据仅供参考。

7. 列表总功率已包括风机电机、压缩机、水泵等所有用电设备，也可由用户按设计需要确定。

8. 列表机组尺寸及机组重量为参考尺寸，应按用户实际需求确定。

9. 表列数据为以北京气候特征为例的寒冷地区，双冷源新风机组主要设备参数，其他地区具体参数请咨询我公司。

10. 本公司产品不断改进求新，表中数据若有变动，恕不另行通知。

11. 联系方式

际高贝卡科技有限公司

地址：北京市朝阳区望京西园221号博泰大厦

邮编：100102

联系电话：010-64476091/92

传真：010-64475034

网址：http：//www.hundredbeka.com

附表 54 单元式双冷源新风除湿机

机组型号	电源	除湿量	机组功率	风量	风机余压	冷凝器水流量	盘管水流量	水侧机内阻力	噪声	加热量	机组重量	机组外形尺寸		
												长	宽	高
		kg/h	kW	m^3/h	Pa	m^3/h	m^3/h	mmH_2O	dB (A)	kW	kg	mm	mm	mm
HBH-XCWT3.6D	～220V，50Hz	4.3	1.15	300	125	0.8	0.5	5	≤55	1.1	149	870	900	390
HBH-XCT5.9D		5.8	1.45	400	125	1	0.7			1.5	159	890	1008	1300
HBH-XCT9.5D	～220V，50Hz；3N～380V，50Hz	7.3	1.8	500	150	1.3	0.9			1.9	169	890	1015	1300
HBH-XCT9.50 (D)		9.5	2.15	650	165	1.7	1.2			2.4	206	990	1300	1300
HBH-XCT11.8		11.7	2.72	800	180	2	1.4		≤60	3	236	840	1150	1400
HBH-XCT14.2	3N～380V，50Hz	14.6	3.4	1000	180	2.5	1.8			3.6	289	900	1150	1400
HBH-XCT17.7		17.5	3.9	1200	190	3	2.1			4.4	353	900	1230	1500
HBH-XCT23.6		21.9	4.6	1500	210	3.8	2.7			5.5	406	1000	1200	1500

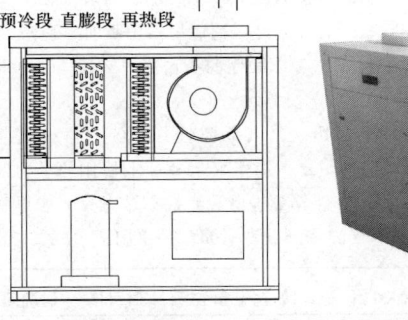

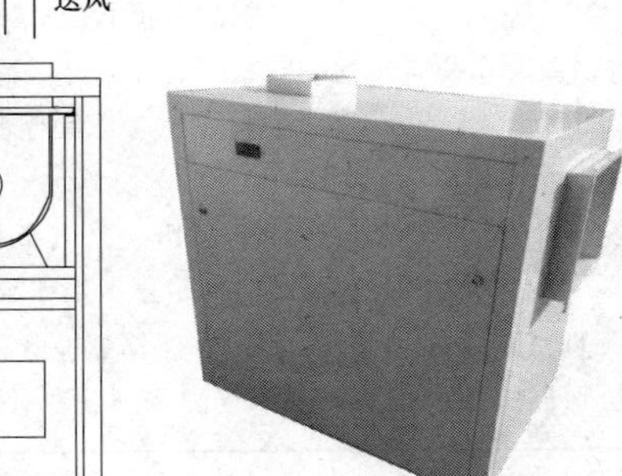

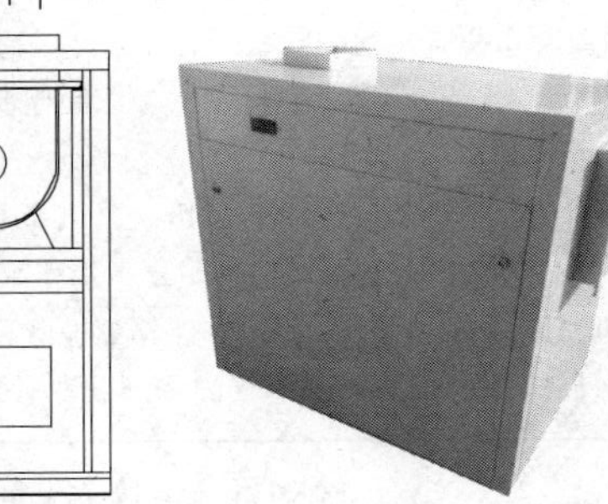

注：1. 新风除湿机是公司针对毛细管平面空调系统的特点而开发，先后取得了一项发明专利（专利号：ZL 2005 1 0043763.5）和两项实用新型专利（专利号：ZL 2005 2 0125327.8、ZL 2007 2 0030268.5），其集冷却、冷冻除湿为一体，在空调系统中主要承担新风负荷及室内湿负荷，具有高效节能、一机多用、控制简捷等特点。

2. 机组设计工况：夏季进风干球温度为 29℃，相对湿度 75%，盘管进出水温度 16℃/17.5℃，冷凝器进出水温度 25℃/30℃；冬季进风参数干球温度为 7℃，进水温度为 40℃。

3. 联系方式

际高贝卡科技有限公司

地址：北京市朝阳区望京西园 221 号博泰大厦

邮编：100102

联系电话：010-64476091/92

传真：010-64475034

网址：http：//www.hundredbeka.com

附表 55　双冷源溶液调湿新风机组

型号	额定风量	总制冷量	总制热量	总除湿量	盘管数量	盘管迎风风速	冷水冷量	冷水流量	热水流量	压缩机形式	压缩机功率	风机余压	送风机功率	排风机功率	过滤等级	配电总功率	机组重量	尺寸 长	尺寸 宽	尺寸 高
单位	m³/h	kW	kW	kg/h	排	m/s	kW	m³/h	m³/h		kW	Pa	kW	kW		kW	kg	mm	mm	mm
HBFA-S03	3000	73	16	68	4～6排管	≤2.5	49.6	8.5	2.8	（热泵式）涡旋压缩机	7.1	350	4	3	初效过滤G4，中效过滤等级F7	14.1	3000	3500	1500	2800
HBFA-S04	4000	98	22	91			66.1	11.4	3.8		9.5	350	5.5	4		19	3200	3500	1500	2800
HBFA-S05	5000	122	27	113			82.6	14.2	4.7		11.8	350	7.5	5		24.3	3500	3500	1800	2800
HBFA-S06	6000	147	33	136			99.1	17	5.7		14.2	400	7.5	5		26.7	3600	3500	1800	2800
HBFA-S08	8000	195	44	181			132.2	22.7	7.6		18.9	400	11	7.5		37.4	4400	3500	2500	2800
HBFA-S10	10000	244	55	227			165.2	28.4	9.5		23.7	450	11	7.5		42.2	5100	3500	2500	2800
HBFA-S12	12000	293	66	272			198.2	34.1	11.3		28.4	450	15	11		54.4	5800	3500	3000	2800
HBFA-S15	15000	367	82	340			247.8	42.6	14.2		35.5	450	18.5	15		69	6200	3500	3000	2800
HBFA-S20	20000	489	110	453			330.4	56.8	18.9		47.4	450	18.5	15		80.9	6500	4000	3500	2800
HBFA-S25	25000	611	137	567			413	71	23.6		59.2	500	22	18.5		99.7	7000	4000	3500	2800

续表

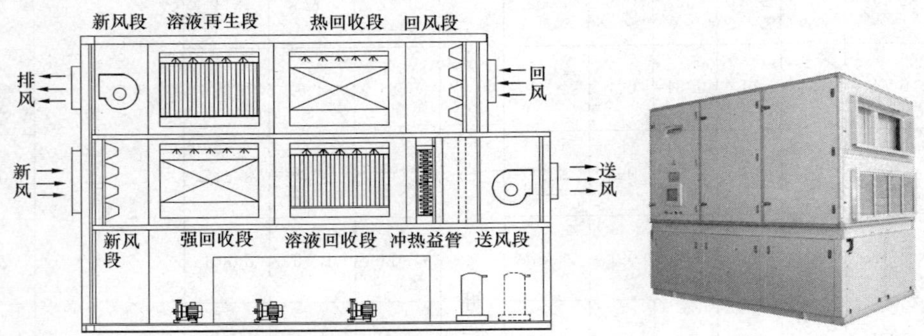

注：双冷源组合式新风机组（热泵溶液式），适用于新风送风温、湿度参数要求精确的空调系统中。为保证在不同室外气象条件下，满足新风送风参数要求，设备通过两级冷源处理，从而保证送风参数的稳定性，第一级采用表冷器处理，第二级采用盐溶液处理，溶液的冷却再生通过热泵单元提供冷热能量，故称为双冷源组合式新风机组（热泵溶液式）。适用于空气-水系统，室内排风风量≥70%送风量。

1. 名义制冷除湿工况：新风干球温度 36℃，相对湿度 74%；送风干球温度 16℃，相对湿度 70%，送风含湿量 8g/kg，冷水供水温度 12℃，若系统提供其他水温，请咨询我公司。
2. 名义制热加湿工况：新风干球温度－9.8℃，相对湿度 37%；送风干球温度 18℃，送风含湿量 9.0g/kg，热水供回水温度 35℃/30℃。
3. 本机器设置送/排风模块、过滤模块、溶液再生模块、溶液调湿模块、冷/热盘管。
4. 机外余压由用户按设计需要确定，列表数据仅供参考。
5. 列表总功率已包括风机电机、压缩机、水泵等所有用电设备，也可由用户按设计需要确定。
6. 列表机组尺寸及机组重量为参考尺寸，应按用户实际需求确定。
7. 表列数据为以北京为首的寒冷地区，双冷源溶液调湿新风机组主要设备参数，其他地区具体参数请咨询我公司。
8. 本公司产品不断改进求新，表中数据若有变动，恕不另行通知。
9. 联系方式

际高贝卡科技有限公司

地址：北京市朝阳区望京西园 221 号博泰大厦

邮编：100102

联系电话：010-64476091/92

传真：010-64475034

网址：http：//www.hundredbeka.com

附表 56　新风机组 11℃/16℃

型号	风量	额定供冷量	额定供热量		水流量	水阻力	机外静压	电机功率	噪声	冷冻水管管径	冷凝水管管径	机组重量
			40℃	60℃								
	m^3/h	kW	kW	kW	L/s	kPa	Pa	kW	dB（A）	DN	DN	kg
010B	1050	16.9	11.4	18.4	0.8	44.0	60	0.18	53	50	25	87
015B	1650	25.8	18.0	29.0	1.2	43.0	60	0.32	53	50	25	93
020B	2200	35.9	24.8	39.9	1.7	52.0	60	0.32	55	50	25	103
025B	2500	39.7	27.2	43.8	1.9	45.0	100	0.55	56	50	25	124
030B	3000	47.5	32.6	52.5	2.3	57.0	160	1.10	58	50	25	169
040B	4150	63.3	44.9	72.4	3.0	40.0	200	1.10	59	50	25	175
050B	5200	80.9	56.5	90.9	3.9	46.0	200	2.20	62	50	25	217
060B	6300	98.1	68.3	110.0	4.7	46.0	200	2.20	63	50	25	231
070B	7350	114.0	79.6	128.2	5.4	42.0	240	3.00	64	65	25	293
080B	8400	131.7	92.3	148.6	6.3	49.0	240	3.00	64	65	25	335
090B	9500	144.7	103.9	167.5	6.9	25.0	280	3.00	66	65	25	366
105B	11000	159.9	113.1	182.3	7.6	33.0	280	3.00	67	65	25	376
120B	12800	195.6	138.2	222.6	9.3	37.0	280	4.00	68	65	25	395
135B	14400	216.2	154.7	249.3	10.3	37.0	320	4.00	69	80	32	431
150B	16000	239.8	171.2	275.9	11.5	36.0	320	5.50	69	80	32	446

注：1. 供冷：进出水温度 11℃/16℃，进风干球温度 35℃，湿球温度 28℃。

2. 供热：进出水温度 40℃/60℃，进风干球温度 7℃，水流量与制冷水流量相同。

3. 以上参数仅供参考，若进风工况、进出水温度、机外静压等参数变化会导致冷热量以及电机功率等参数变化，具体数据请与我公司联系。

4. 公司名称：深圳市中鼎空调净化有限公司。

公司地址：深圳市深南中路 3037 号南光捷佳大厦 2610 室。

公司法人：王春生 13603028091。

附表 57　新风机组 9℃/17℃（8 排）

型号 ZAH	风量	额定供冷量	额定供热量		水流量	水阻力	机外静压	电机功率	噪声	冷冻水管管径	冷凝水管管径	机组重量
			40℃	60℃								
	m^3/h	kW	kW	kW	L/s	kPa	Pa	kW	dB（A）	DN	DN	kg
010B	1050	17.0	12.6	20.3	0.51	25	60	0.18	53	50	25	87
015B	1650	26.8	19.9	32.1	0.80	64	60	0.32	53	50	25	93
020B	2200	36.0	27.2	43.9	1.07	33	60	0.32	55	50	25	103
025B	2500	40.8	30.1	48.5	1.22	48	100	0.55	56	50	25	124
030D	3000	47.6	35.9	57.9	1.42	31	160	1.1	58	50	25	169
040D	4150	65.5	49.7	80.1	1.96	60	200	1.1	59	50	25	175
050D	5200	80.7	61.9	99.9	2.41	35	200	2.2	62	50	25	217
060D	6300	97.9	74.9	120.9	2.92	35	200	2.2	63	50	25	231
070D	7350	117.0	87.9	141.6	3.49	56	240	3	64	65	25	293
080D	8400	135.1	101.8	164.1	4.03	62	240	3	64	65	25	335
090D	9500	149.6	114.7	185.1	4.47	37	280	3	66	65	25	366
105D	11000	165.6	125.1	201.6	4.94	50	280	3	67	65	25	376
120D	12800	202.6	152.8	246.3	6.05	56	280	4	68	65	25	395
135D	14400	223.7	170.9	275.6	6.68	56	320	4	69	80	32	431
150D	16000	248.2	189.1	305.0	7.41	54	320	5.5	69	80	32	446

注：1. 供冷：进出水温度 9℃/17℃，进风干球温度 35℃，湿球温度 28℃。

2. 供热：进出水温度 40℃/60℃，进风干球温度 7℃，水流量与制冷水流量相同。

3. 以上参数仅供参考，进风工况、进出水温度、机外静压等参数变化会导致冷热量以及电机功率等参数变化。

4. 公司名称：深圳市中鼎空调净化有限公司。

公司地址：深圳市深南中路 3037 号南光捷佳大厦 2610 室。

公司法人：王春生 13603028091。

附表 58 新风机组 9℃/17℃（6 排管）

型号 ZAH	风量	额定供冷量	额定供热量		水流量	水阻力	机外静压	电机功率	噪声	冷冻水管管径	冷凝水管管径	机组重量
			40℃	60℃								
	m^3/h	kW	kW	kW	L/s	kPa	Pa	kW	dB（A）	DN	DN	kg
010B	1050	15.1	10.3	16.7	0.45	15	60	0.18	53	50	25	72
015B	1650	23.9	16.2	26.2	0.71	39	60	0.18	53	50	25	86
020B	2200	31.5	22.0	35.7	0.94	19	60	0.32	55	50	25	93
025B	2500	36.7	24.6	39.8	1.09	30	100	0.45	56	50	25	112
030D	3000	43.9	29.5	47.6	1.31	44	160	0.75	58	50	25	138
040D	4150	57.4	40.0	64.8	1.71	36	200	1.1	59	50	25	147
050D	5200	69.9	49.7	80.6	2.09	20	200	1.5	62	50	25	177
060D	6300	85.0	60.2	97.7	2.54	20	200	2.2	63	50	25	202
070D	7350	103.3	71.2	115.2	3.08	33	240	2.2	64	65	25	251
080D	8400	118.9	82.3	133.2	3.55	37	240	2.2	64	65	25	302
090D	9500	136.4	93.5	151.2	4.07	52	280	3	66	65	25	332
105D	11000	151.8	102.2	165.3	4.53	60	280	3	67	65	25	346
120D	12800	185.8	125.0	201.9	5.55	69	280	4	68	65	25	351
135D	14400	203.6	139.1	224.8	6.08	69	320	4	69	80	32	419
150D	16000	226.3	154.1	249.1	6.75	66	320	5.5	69	80	32	435

注：1. 供冷：进出水温度 9℃/17℃，进风干球温度 35℃，湿球温度 28℃。

2. 供热：进出水温度 40℃/60℃，进风干球温度 7℃，水流量与制冷水流量相同。

3. 以上参数仅供参考，进风工况、进出水温度、机外静压等参数变化会导致冷热量以及电机功率等参数变化。

4. 公司名称：深圳市中鼎空调净化有限公司。

公司地址：深圳市深南中路 3037 号南光捷佳大厦 2610 室。

公司法人：王春生 13603028091。

附表 59　DBFP（X）吊装式空气处理机组

机组	额定风量（m^3/h）	宽×长×高（mm）	电机（kW-极数）	电机输入功率（kW）	风机/电机数量	机外静压（Pa）	标准工况				新风工况				机组净重（kg）
							供冷量（kW）	制冷水量（L/s）	供热量（kW）	制热水量（L/s）	供冷量（kW）	制冷水量（L/s）	供热量（kW）	制热水量（L/s）	
DBFP010	1000	680×986×380	0.20-4	0.32	1/1	130	5.0	0.24	11.2	0.27	12.3	0.59	13.1	0.31	46
DBFP010I			0.25-4	0.40		220									47
DBFP015	1500	875×986×380	0.25-4	0.40	1/1	115	7.8	0.37	17.0	0.41	18.5	0.89	19.8	0.47	53
DBFP015I			0.32-4	0.52		215									55
DBFP020	2000	872×986×500	0.32-4	0.52	1/1	180	11.1	0.53	23.0	0.56	25.1	1.20	26.4	0.63	63
DBFP020I			0.55-4	0.86		280									64
DBFP025	2500	1018×986×500	0.45-4	0.73	1/1	195	13.9	0.66	28.7	0.70	31.1	1.49	32.5	0.78	67
DBFP025I			0.55-4	0.86		250									70
DBFP030	3000	1166×986×500	0.55-4	0.86	1/1	150	16.9	0.81	34.8	0.84	38.7	1.85	39.7	0.95	75
DBFP030I			0.55-4	0.86		200									75
DBFP040	4000	1458×986×500	0.45-4	1.46	2/2	220	22.1	1.06	45.7	1.11	53.2	2.55	53.7	1.29	108
DBFP040I			0.55-4	1.52		300									112
DBFP050	5000	1752×986×500	0.55-4	1.52	2/2	290	28.9	1.38	58.2	1.41	64.0	3.06	65.6	1.57	123
DBFP050I			0.80-4	2.22		375									127
DBFP060	6000	2044×986×500	0.55-4	1.52	2/2	230	34.5	1.65	69.5	1.69	77.1	3.69	79.5	1.90	134
DBFP060I			0.80-4	2.22		350									138
DBFP080	8000	1710×1413×595	2.2-4	2.61	2/1	50～235	46.5	2.23	89.1	2.13	101.4	4.85	103.9	2.49	198
DBFP100	10000	1970×1413×595	2.2-4	2.61	2/1	50～100	56.2	2.69	113.2	2.71	127.4	5.54	132.2	3.16	212
			3.0-4	3.51		150～250									226
			4.0-4	4.62		300～440									236
DBFP120	12000	1970×1546×675	3.0-4	3.51	2/1	50～100	69.8	3.34	134.5	3.22	156.0	6.91	161.6	3.87	234
			4.0-4	4.62		150～300									244
			5.5-4	6.27		350～430									270

续表

机组	额定风量 (m³/h)	宽×长×高 (mm)	电机 (kW-极数)	电机输入功率 (kW)	风机/电机数量	机外静压 (Pa)	标准工况				新风工况				机组净重 (kg)
							供冷量 (kW)	制冷水量 (L/s)	供热量 (kW)	制热水量 (L/s)	供冷量 (kW)	制冷水量 (L/s)	供热量 (kW)	制热水量 (L/s)	
DBFP150	15000	2260×1795×712	4.0-4	4.62	2/1	50～150	88.5	4.23	168.2	4.02	196.5	7.46	208.3	4.93	266
			5.5-4	6.27		200～330									290
DBFPX010	1000	680×986×380	0.20-4	0.32	1/1	90	6.4	0.31	13.0	0.32	15.5	0.74	15.2	0.36	49
DBFPX010I			0.20-4	0.40		175									50
DBFPX015	1500	875×986×380	0.20-4	0.40	1/1	70	10.0	0.48	19.6	0.48	23.6	1.13	22.9	0.55	56
DBFPX015			0.27-4	0.52		170									58
DBFPX020	2000	872×986×500	0.32-4	0.52	1/1	160	12.7	0.61	26.0	0.63	30.9	1.48	30.3	0.73	67
DBFPX020I			0.55-4	0.86		230									68
DBFPX025	2500	1018×986×500	0.45-4	0.73	1/1	150	16.1	0.77	32.6	0.79	39.1	1.87	38.0	0.91	75
DBFPX025I			0.55-4	0.86		210									75
DBFPX030	3000	1166×986×500	0.55-4	0.86	1/1	115	20.2	0.97	39.2	0.95	48.5	2.32	46.3	1.11	81
DBFPX030I			0.55-4	0.86		150									81
DBFPX040	4000	1458×986×500	0.45-4	1.46	2/2	185	27.2	1.30	52.6	1.28	64.1	3.07	61.4	1.47	115
DBFPX040I			0.55-4	1.52		265									119
DBFPX050	5000	1752×986×500	0.55-4	1.52	2/2	240	37.0	1.77	67.0	1.63	78.9	3.78	76.0	1.82	129
DBFPX050I			0.80-4	2.22		330									133
DBFPX060	6000	2044×986×500	0.55-4	1.52	2/2	195	44.0	2.11	80.2	1.95	96.2	4.60	92.0	2.20	142
DBFPX060I			0.80-4	2.22		305									146
DBFPX080	8000	1710×1413×595	2.2-4	2.61	2/1	50～185	59.4	2.84	107.2	2.56	127.6	6.11	122.4	2.93	214
DBFPX100	10000	1970×1413×595	2.2-4	2.61	2/1	50	72.1	3.45	132.1	3.16	158.0	7.27	152.5	3.65	230
			3.0-4	3.51		100～200									244
			4.0-4	4.62		250～390									354

续表

机组	额定风量(m^3/h)	宽×长×高(mm)	电机(kW-极数)	电机输入功率(kW)	风机/电机数量	机外静压(Pa)	标准工况				新风工况				机组净重(kg)
							供冷量(kW)	制冷水量(L/s)	供热量(kW)	制热水量(L/s)	供冷量(kW)	制冷水量(L/s)	供热量(kW)	制热水量(L/s)	
DBFPX120	12000	1970×1546×675	3.0-4	3.51	2/1	50	92.3	4.42	165.2	3.95	194.0	9.28	187.5	4.48	242
			4.0-4	4.62		100～250									252
			5.5-4	6.27		300～380									278
DBFPX150	15000	2260×1795×712	4.0-4	4.62	2/1	50～100	115.3	5.52	206.4	4.94	235.4	9.39	232.3	5.56	292
			5.5-4	6.27		150～280									316

注：1. 标准工况：制冷：进风温度 DB27℃，WB19.5℃；进水温度 7℃；制热：进风温度 DB15℃；进水温度 60℃，出水 50℃。

2. 新风工况：制冷：进风温度 DB35℃，WB28℃；进水温度 7℃；制热：进风温度 DB7℃；进水温度 60℃，出水 50℃。

3. 机组左右方向识别以面对机组回风口为基准，进回水管位于机组左侧为左机组，反之为右机组。

4. 带 X 的机组为高冷量机组，带 I 的为高风压机组。

5. 电机输入功率是指机组总电机的输入功率。

6. 表中的机外静压仅针对标准配置机组（即机组不配置热盘管或湿膜），若机组选配湿膜加湿或热盘管后的静压参数请参考产品样本。

7. 产品特点：

（1）特薄紧凑设计，适用建筑物层高低的空调场合；

（2）吊顶安装，不占用有效空间，安装方便；

（3）箱体防锈耐蚀，美观耐用；

（4）运转宁静，防振，维护建议；

（5）新增配置：启动柜、电动阀门、带背光大屏幕 LCD 显示器，回风管温度传感器等选项。

8. 开利中国销售机构：

上海（86-21）23063000；北京（86-10）65540999；成都（86-28）62122600；西安（86-29）68725300；广州（86-20）83931313；天津（86-22）23137610；苏州（86-512）62888120；杭州（86-571）85861143。

附表 60　DXF 全热回收式新风换气机

型号	风量	显热效率	夏季全热	冬季全热	电机额定功率	机外全压	配电	重量	噪声
	m^3/h	夏/冬（%）	效率（%）	效率（%）	kW	Pa	V	kg	dB（A）
DXF1000PQ	1000	67.2/68.9	54.4	63.4	0.12×2	143	380	125	52
DXF1500PQ	1500	66.8/69.4	54.5	63.5	0.275×2	242	380	145	55
DXF2000PQ	2000	64.3/66.6	52.8	61.2	0.32×2	201	380	165	57
DXF2500PQ	2500	63.2/65.8	52.3	60.4	0.45×2	188	380	190	58
DXF3000PQ	3000	64.6/67.2	53.2	61.7	0.55×2	204	380	225	59
DXF3500PQ	3500	65.2/67.0	53.3	61.8	0.45×2	144	380	260	59
DXF4000PQ	4000	66.2/68.9	54.2	63.1	0.75×2	140	380	295	60
DXF4500PQ	4500	65.7/68.0	53.8	62.5	0.75×2	116	380	310	61
DXF5000PQ	5000	66.1/69.1	54.3	63.2	1.1×2	125	380	335	62
DXF6000PQ	6000	67.3/70.8	55.2	64.5	1.5×2	213	380	370	62
DXF0600SQ	600	72.1/74.2	57.7	67.9	0.09×2	177	220	95	52
DXF0800SQ	800	68.7/70.4	55.4	64.7	0.09×2	144	220	110	53
DXF1000SQ	1000	67.5/68.7	54.4	63.4	0.09×2	104	220	125	55
DXF1500SQ	1500	66.8/69.4	54.5	63.5	0.275×2	273	220	145	58
DXF2000SQ	2000	64.2/66.6	52.8	61.2	0.35×2	225	220	165	60
DXF2500SQ	2500	63.4/65.7	52.3	60.4	0.425×2	152	220	190	60
DXF3000SQ	3000	64.6/67.2	53.2	61.7	0.55×2	179	220	225	62

注：1. 产品特点：

（1）DXF 型全热回收式新风换气机内部采用高换热/换湿率板翅式全热交换器作为热回收原件，实现行业顶尖的热交换率；全热交换器采用特殊高强滤纸制作，表面密闭不透气，同时具有抑菌作用，能满足十年的正常使用；

（2）采用低噪声离心风机，具有体积小、效率高、噪声低、使用寿命长等特点，可以外接变频器进行调速；

（3）风量范围从 $600m^3/h$ 到 $6000m^3/h$，覆盖大多数使用场合，所有型号机组内部设置过渡季节使用的旁通阀，在非空调季节避免了不必要的热回收；

（4）专门设计的液晶控制器界面人性化，便于使用；

（5）机组在新风和排风两侧内置初效过滤器；

（6）内部采用阻燃材料保温，在过热或过冷的气候条件下防止机组外部和内部结露。

2. 开利中国销售机构：

上海（86-21）23063000；北京（86-10）65540999；成都（86-28）62122600；西安（86-29）68725300；广州（86-20）83931313；天津（86-22）23137610；苏州（86-512）62888120；杭州（86-571）85861143。

风机盘管

附表 61　42 系列风机盘管

型式	型号	风量 (m^3/h)	冷量 (kW)	噪声值 [dB(A)]	输入功率（W）		进出水管	冷凝水管	外形尺寸（mm）			机组重量 (kg)
					交流电机	直流无刷电机			长	宽	高	
42CE 2 排	002	340	1.90	36	32	—	3/4	3/4	722	466	230	12.7
	003	530	2.82	38	46	—	3/4	3/4	802	466	230	14.2
	004	700	3.64	41	56	—	3/4	3/4	922	466	230	16.1
	005	880	4.50	43	75	—	3/4	3/4	1002	466	230	17.4
	006	1020	5.40	45	94	—	3/4	3/4	1202	466	230	18.5
	008	1430	7.20	46	134	—	3/4	3/4	1442	466	230	25.8
42CE 3 排	002	340	2.30	36	32	—	3/4	3/4	722	466	230	13.4
	003	510	3.20	38	46	—	3/4	3/4	802	466	230	14.9
	004	680	4.15	41	56	—	3/4	3/4	922	466	230	16.9
	005	850	5.00	43	75	—	3/4	3/4	1002	466	230	18.2
	006	1020	6.20	45	94	—	3/4	3/4	1202	466	230	19.5
	008	1360	8.10	46	134	—	3/4	3/4	1442	466	230	26.9
	010	1700	9.80	47	150	—	3/4	3/4	1562	466	230	29.5
	012	2040	11.50	50	180	—	3/4	3/4	1802	466	230	33.6
	014	2380	13.50	51	225	—	3/4	3/4	2042	466	230	39.5
42CE 3+1 排	002	340	2.20	36	32	—	3/4	3/4	722	466	230	14.4
	003	510	2.90	38	46	—	3/4	3/4	802	466	230	16.0
	004	680	3.85	41	56	—	3/4	3/4	922	466	230	18.1
	005	850	4.75	43	75	—	3/4	3/4	1002	466	230	19.5
	006	1020	5.80	45	94	—	3/4	3/4	1202	466	230	21.0
	008	1360	7.90	46	134	—	3/4	3/4	1442	466	230	28.7
42CN 2 排	002	340	2.00	34	32	14	3/4″	3/4″	722	466	230	12.7
	003	530	2.82	35.5	46	19	3/4″	3/4″	802	466	230	14.2
	004	700	3.74	38.5	56	25	3/4″	3/4″	922	466	230	16.1
	005	880	4.50	42	75	35	3/4″	3/4″	1002	466	230	17.4
	006	1020	5.40	44.5	94	52	3/4″	3/4″	1202	466	230	18.5
	008	1430	7.35	43.5	134	67	3/4″	3/4″	1442	466	230	25.8
42CN 3 排	002	340	2.40	34	32	14	3/4″	3/4″	722	466	230	13.4
	003	510	3.20	35.5	46	19	3/4″	3/4″	802	466	230	14.9
	004	680	4.25	38.5	56	25	3/4″	3/4″	922	466	230	16.9
	005	850	5.00	42	75	35	3/4″	3/4″	1002	466	230	18.2
	006	1020	6.20	44	94	52	3/4″	3/4″	1202	466	230	19.5
	008	1360	8.10	43.5	134	67	3/4″	3/4″	1442	466	230	26.9
	010	1700	9.80	46.5	150	90	3/4″	3/4″	1562	466	230	29.5
	012	2040	11.50	48.5	180	97	3/4″	3/4″	1802	466	230	33.6
	014	2380	13.50	49	225	—	3/4″	3/4″	2042	466	230	39.5

续表

型式	型号	风量 (m^3/h)	冷量 (kW)	噪声值 [dB(A)]	输入功率（W）		进出水管	冷凝水管	外形尺寸（mm）			机组重量 (kg)
					交流电机	直流无刷电机			长	宽	高	
42CN 3＋1排	002	340	2.20	34	32	14	3/4″	3/4″	722	466	230	14.4
	003	510	2.90	36	46	19	3/4″	3/4″	802	466	230	16.0
	004	680	3.85	38.5	56	25	3/4″	3/4″	922	466	230	18.1
	005	850	4.75	42	75	35	3/4″	3/4″	1002	466	230	19.5
	006	1020	5.80	44	94	52	3/4″	3/4″	1202	466	230	21.0
	008	1360	7.90	43.5	134	67	3/4″	3/4″	1442	466	230	28.7
	010	1700	9.00	48	152	91	3/4″	3/4″	1562	466	230	31.6
	012	2040	10.80	49	189	102	3/4″	3/4″	1802	466	230	36.1
	014	2380	12.60	50	228	—	3/4″	3/4″	2042	466	230	42.5

注：1. 42CE为标准系列，42CN为低噪声系列。

2. 表中性能均为高档风速时的数据。

3. 制冷量是冷水进水温度7℃，进出口温差5℃，进风温度DB＝27℃，WB＝19.5℃时所测值。

4. 产品特点：

(1) 开利风机盘管系列具有外形美观、结构紧凑、效率高、维修简易等特点；

(2) 根据产品线不同，可以选择二管制或四管制系统、直流无刷电机、高静压风机盘管、IAQ功能（UV杀菌灯、湿膜加湿器等）、温控器及水阀等；

(3) 开利独有的针对风机盘管的选型软件可提供快速、准确的选型。

5. 开利中国销售机构：

上海（86-21）23063000；北京（86-10）65540999；成都（86-28）62122600；西安（86-29）68725300；广州（86-20）83931313；天津（86-22）23137610；苏州（86-512）62888120；杭州（86-571）85861143。

附表62　42系列风机盘管

型式	型号	风量 (m^3/h)	冷量 (kW)	噪声值 [dB(A)]	输入功率（W）		进出水管	冷凝水管	外形尺寸（mm）			机组重量 (kg)
					交流电机	直流无刷电机			长	宽	高	
42CE 2排	002	340	2.24	36	32	—	3/4	3/4	722	466	230	12.7
	003	530	2.94	38	46	—	3/4	3/4	802	466	230	14.2
	004	700	3.66	41	56	—	3/4	3/4	922	466	230	16.1
	005	880	4.54	43	75	—	3/4	3/4	1002	466	230	17.4
	006	1020	5.63	45	94	—	3/4	3/4	1202	466	230	18.5
	008	1430	7.44	46	134	—	3/4	3/4	1442	466	230	25.8
42CE 3排	002	340	2.32	36	32	—	3/4	3/4	722	466	230	13.4
	003	510	3.48	38	46	—	3/4	3/4	802	466	230	14.9
	004	680	4.36	41	56	—	3/4	3/4	922	466	230	16.9
	005	850	5.25	43	75	—	3/4	3/4	1002	466	230	18.2
	006	1020	6.73	45	94	—	3/4	3/4	1202	466	230	19.5
	008	1360	8.57	46	134	—	3/4	3/4	1442	466	230	26.9
	010	1700	9.92	47	150	—	3/4	3/4	1562	466	230	29.5
	012	2040	11.64	50	180	—	3/4	3/4	1802	466	230	33.6
	014	2380	13.65	51	225	—	3/4	3/4	2042	466	230	39.5

续表

型式	型号	风量(m^3/h)	冷量(kW)	噪声值[dB(A)]	输入功率（W）		进出水管	冷凝水管	外形尺寸（mm）			机组重量(kg)
					交流电机	直流无刷电机			长	宽	高	
42CE 3+1排	002	340	2.37	36	32	—	3/4	3/4	722	466	230	14.4
	003	510	3.33	38	46	—	3/4	3/4	802	466	230	16.0
	004	680	4.02	41	56	—	3/4	3/4	922	466	230	18.1
	005	850	5.24	43	75	—	3/4	3/4	1002	466	230	19.5
	006	1020	6.33	45	94	—	3/4	3/4	1202	466	230	21.0
	008	1360	8.34	46	134	—	3/4	3/4	1442	466	230	28.7
42CN 2排	002	340	2.24	34	32	14	3/4″	3/4″	722	466	230	12.7
	003	530	2.94	35.5	46	19	3/4″	3/4″	802	466	230	14.2
	004	700	3.66	38.5	56	25	3/4″	3/4″	922	466	230	16.1
	005	880	4.54	42	75	35	3/4″	3/4″	1002	466	230	17.4
	006	1020	5.63	44.5	94	52	3/4″	3/4″	1202	466	230	18.5
	008	1430	7.44	43.5	134	67	3/4″	3/4″	1442	466	230	25.8
42CN 3排	002	340	2.32	34	32	14	3/4″	3/4″	722	466	230	13.4
	003	510	3.48	35.5	46	19	3/4″	3/4″	802	466	230	14.9
	004	680	4.36	38.5	56	25	3/4″	3/4″	922	466	230	16.9
	005	850	5.25	42	75	35	3/4″	3/4″	1002	466	230	18.2
	006	1020	6.73	44	94	52	3/4″	3/4″	1202	466	230	19.5
	008	1360	8.57	43.5	134	67	3/4″	3/4″	1442	466	230	26.9
	010	1700	9.92	46.5	150	90	3/4″	3/4″	1562	466	230	29.5
	012	2040	11.64	48.5	180	97	3/4″	3/4″	1802	466	230	33.6
	014	2380	13.65	49	225	—	3/4″	3/4″	2042	466	230	39.5
42CN 3+1排	002	340	2.37	34	32	14	3/4″	3/4″	722	466	230	14.4
	003	510	3.33	36	46	19	3/4″	3/4″	802	466	230	16.0
	004	680	4.02	38.5	56	25	3/4″	3/4″	922	466	230	18.1
	005	850	5.24	42	75	35	3/4″	3/4″	1002	466	230	19.5
	006	1020	6.33	44	94	52	3/4″	3/4″	1202	466	230	21.0
	008	1360	8.34	43.5	134	67	3/4″	3/4″	1442	466	230	28.7
	010	1700	9.03	48	152	91	3/4″	3/4″	1562	466	230	31.6
	012	2040	10.88	49	189	102	3/4″	3/4″	1802	466	230	36.1
	014	2380	12.73	50	228	—	3/4″	3/4″	2042	466	230	42.5

注：1. 42CE为标准系列，42CN为低噪声系列。

2. 表中性能均为高档风速时的数据。

3. 制冷量是冷水进水温度6℃，进出口温差6℃，进风温度DB=27℃，WB=19.5℃时所测值。

4. 产品特点：

（1）开利风机盘管系列具有外形美观、结构紧凑、效率高、维修简易等特点；

（2）根据产品线不同，可以选择二管制或四管制系统、直流无刷电机、高静压风机盘管、IAQ功能（UV杀菌灯、湿膜加湿器等）、温控器及水阀等；

（3）开利独有的针对风机盘管的选型软件可提供快速、准确的选型。

5. 开利中国销售机构：

上海（86-21）23063000；北京（86-10）65540999；成都（86-28）62122600；西安（86-29）68725300；广州（86-20）83931313；天津（86-22）23137610；苏州（86-512）62888120；杭州（86-571）85861143。

附表 63　42 系列风机盘管

<table>
<tr><th rowspan="2">型式</th><th rowspan="2">型号</th><th rowspan="2">风量
(m³/h)</th><th rowspan="2">冷量
(kW)</th><th rowspan="2">噪声值
[dB(A)]</th><th colspan="2">输入功率（W）</th><th rowspan="2">进出
水管</th><th rowspan="2">冷凝
水管</th><th colspan="3">外形尺寸（mm）</th><th rowspan="2">机组
重量
(kg)</th></tr>
<tr><th>交流
电机</th><th>直流无
刷电机</th><th>长</th><th>宽</th><th>高</th></tr>
<tr><td rowspan="6">42CE
2 排</td><td>002</td><td>340</td><td>2.05</td><td>36</td><td>32</td><td>—</td><td>3/4</td><td>3/4</td><td>722</td><td>466</td><td>230</td><td>12.7</td></tr>
<tr><td>003</td><td>530</td><td>2.63</td><td>38</td><td>46</td><td>—</td><td>3/4</td><td>3/4</td><td>802</td><td>466</td><td>230</td><td>14.2</td></tr>
<tr><td>004</td><td>700</td><td>3.28</td><td>41</td><td>56</td><td>—</td><td>3/4</td><td>3/4</td><td>922</td><td>466</td><td>230</td><td>16.1</td></tr>
<tr><td>005</td><td>880</td><td>4.10</td><td>43</td><td>75</td><td>—</td><td>3/4</td><td>3/4</td><td>1002</td><td>466</td><td>230</td><td>17.4</td></tr>
<tr><td>006</td><td>1020</td><td>5.15</td><td>45</td><td>94</td><td>—</td><td>3/4</td><td>3/4</td><td>1202</td><td>466</td><td>230</td><td>18.5</td></tr>
<tr><td>008</td><td>1430</td><td>6.71</td><td>46</td><td>134</td><td>—</td><td>3/4</td><td>3/4</td><td>1442</td><td>466</td><td>230</td><td>25.8</td></tr>
<tr><td rowspan="9">42CE
3 排</td><td>002</td><td>340</td><td>2.11</td><td>36</td><td>32</td><td>—</td><td>3/4</td><td>3/4</td><td>722</td><td>466</td><td>230</td><td>13.4</td></tr>
<tr><td>003</td><td>510</td><td>3.20</td><td>38</td><td>46</td><td>—</td><td>3/4</td><td>3/4</td><td>802</td><td>466</td><td>230</td><td>14.9</td></tr>
<tr><td>004</td><td>680</td><td>3.99</td><td>41</td><td>56</td><td>—</td><td>3/4</td><td>3/4</td><td>922</td><td>466</td><td>230</td><td>16.9</td></tr>
<tr><td>005</td><td>850</td><td>4.83</td><td>43</td><td>75</td><td>—</td><td>3/4</td><td>3/4</td><td>1002</td><td>466</td><td>230</td><td>18.2</td></tr>
<tr><td>006</td><td>1020</td><td>6.19</td><td>45</td><td>94</td><td>—</td><td>3/4</td><td>3/4</td><td>1202</td><td>466</td><td>230</td><td>19.5</td></tr>
<tr><td>008</td><td>1360</td><td>7.86</td><td>46</td><td>134</td><td>—</td><td>3/4</td><td>3/4</td><td>1442</td><td>466</td><td>230</td><td>26.9</td></tr>
<tr><td>010</td><td>1700</td><td>9.02</td><td>47</td><td>150</td><td>—</td><td>3/4</td><td>3/4</td><td>1562</td><td>466</td><td>230</td><td>29.5</td></tr>
<tr><td>012</td><td>2040</td><td>10.59</td><td>50</td><td>180</td><td>—</td><td>3/4</td><td>3/4</td><td>1802</td><td>466</td><td>230</td><td>33.6</td></tr>
<tr><td>014</td><td>2380</td><td>12.52</td><td>51</td><td>225</td><td>—</td><td>3/4</td><td>3/4</td><td>2042</td><td>466</td><td>230</td><td>39.5</td></tr>
<tr><td rowspan="6">42CE
3+1 排</td><td>002</td><td>340</td><td>2.14</td><td>36</td><td>32</td><td>—</td><td>3/4</td><td>3/4</td><td>722</td><td>466</td><td>230</td><td>14.4</td></tr>
<tr><td>003</td><td>510</td><td>3.06</td><td>38</td><td>46</td><td>—</td><td>3/4</td><td>3/4</td><td>802</td><td>466</td><td>230</td><td>16.0</td></tr>
<tr><td>004</td><td>680</td><td>3.67</td><td>41</td><td>56</td><td>—</td><td>3/4</td><td>3/4</td><td>922</td><td>466</td><td>230</td><td>18.1</td></tr>
<tr><td>005</td><td>850</td><td>4.80</td><td>43</td><td>75</td><td>—</td><td>3/4</td><td>3/4</td><td>1002</td><td>466</td><td>230</td><td>19.5</td></tr>
<tr><td>006</td><td>1020</td><td>5.79</td><td>45</td><td>94</td><td>—</td><td>3/4</td><td>3/4</td><td>1202</td><td>466</td><td>230</td><td>21.0</td></tr>
<tr><td>008</td><td>1360</td><td>7.63</td><td>46</td><td>134</td><td>—</td><td>3/4</td><td>3/4</td><td>1442</td><td>466</td><td>230</td><td>28.7</td></tr>
<tr><td rowspan="6">42CN
2 排</td><td>002</td><td>340</td><td>2.05</td><td>34</td><td>32</td><td>14</td><td>3/4″</td><td>3/4″</td><td>722</td><td>466</td><td>230</td><td>12.7</td></tr>
<tr><td>003</td><td>530</td><td>2.63</td><td>35.5</td><td>46</td><td>19</td><td>3/4″</td><td>3/4″</td><td>802</td><td>466</td><td>230</td><td>14.2</td></tr>
<tr><td>004</td><td>700</td><td>3.28</td><td>38.5</td><td>56</td><td>25</td><td>3/4″</td><td>3/4″</td><td>922</td><td>466</td><td>230</td><td>16.1</td></tr>
<tr><td>005</td><td>880</td><td>4.10</td><td>42</td><td>75</td><td>35</td><td>3/4″</td><td>3/4″</td><td>1002</td><td>466</td><td>230</td><td>17.4</td></tr>
<tr><td>006</td><td>1020</td><td>5.15</td><td>44.5</td><td>94</td><td>52</td><td>3/4″</td><td>3/4″</td><td>1202</td><td>466</td><td>230</td><td>18.5</td></tr>
<tr><td>008</td><td>1430</td><td>6.71</td><td>43.5</td><td>134</td><td>67</td><td>3/4″</td><td>3/4″</td><td>1442</td><td>466</td><td>230</td><td>25.8</td></tr>
<tr><td rowspan="9">42CN
3 排</td><td>002</td><td>340</td><td>2.11</td><td>34</td><td>32</td><td>14</td><td>3/4″</td><td>3/4″</td><td>722</td><td>466</td><td>230</td><td>13.4</td></tr>
<tr><td>003</td><td>510</td><td>3.20</td><td>35.5</td><td>46</td><td>19</td><td>3/4″</td><td>3/4″</td><td>802</td><td>466</td><td>230</td><td>14.9</td></tr>
<tr><td>004</td><td>680</td><td>3.99</td><td>38.5</td><td>56</td><td>25</td><td>3/4″</td><td>3/4″</td><td>922</td><td>466</td><td>230</td><td>16.9</td></tr>
<tr><td>005</td><td>850</td><td>4.83</td><td>42</td><td>75</td><td>35</td><td>3/4″</td><td>3/4″</td><td>1002</td><td>466</td><td>230</td><td>18.2</td></tr>
<tr><td>006</td><td>1020</td><td>6.19</td><td>44</td><td>94</td><td>52</td><td>3/4″</td><td>3/4″</td><td>1202</td><td>466</td><td>230</td><td>19.5</td></tr>
<tr><td>008</td><td>1360</td><td>7.86</td><td>43.5</td><td>134</td><td>67</td><td>3/4″</td><td>3/4″</td><td>1442</td><td>466</td><td>230</td><td>26.9</td></tr>
<tr><td>010</td><td>1700</td><td>9.02</td><td>46.5</td><td>150</td><td>90</td><td>3/4″</td><td>3/4″</td><td>1562</td><td>466</td><td>230</td><td>29.5</td></tr>
<tr><td>012</td><td>2040</td><td>10.59</td><td>48.5</td><td>180</td><td>97</td><td>3/4″</td><td>3/4″</td><td>1802</td><td>466</td><td>230</td><td>33.6</td></tr>
<tr><td>014</td><td>2380</td><td>12.52</td><td>49</td><td>225</td><td>—</td><td>3/4″</td><td>3/4″</td><td>2042</td><td>466</td><td>230</td><td>39.5</td></tr>
</table>

续表

型式	型号	风量 (m^3/h)	冷量 (kW)	噪声值 [dB(A)]	输入功率（W）		进出水管	冷凝水管	外形尺寸（mm）			机组重量 (kg)
					交流电机	直流无刷电机			长	宽	高	
42CN 3+1排	002	340	2.14	34	32	14	3/4″	3/4″	722	466	230	14.4
	003	510	3.06	36	46	19	3/4″	3/4″	802	466	230	16.0
	004	680	3.67	38.5	56	25	3/4″	3/4″	922	466	230	18.1
	005	850	4.80	42	75	35	3/4″	3/4″	1002	466	230	19.5
	006	1020	5.79	44	94	52	3/4″	3/4″	1202	466	230	21.0
	008	1360	7.63	43.5	134	67	3/4″	3/4″	1442	466	230	28.7
	010	1700	9.02	48	152	91	3/4″	3/4″	1562	466	230	31.6
	012	2040	10.59	49	189	102	3/4″	3/4″	1802	466	230	36.1
	014	2380	12.52	50	228	—	3/4″	3/4″	2042	466	230	42.5

注：1. 42CE为标准系列，42CN为低噪声系列。

2. 表中性能均为高档风速时的数据。

3. 制冷量是冷水进水温度6℃，进出口温差7℃，进风温度DB=27℃，WB=19.5℃时所测值。

4. 产品特点：

（1）开利风机盘管系列具有外形美观、结构紧凑、效率高、维修简易等特点；

（2）根据产品线不同，可以选择二管制或四管制系统、直流无刷电机、高静压风机盘管、IAQ功能（UV杀菌灯、湿膜加湿器等）、温控器及水阀等；

（3）开利独有的针对风机盘管的选型软件可提供快速、准确的选型。

5. 开利中国销售机构：

上海（86-21）23063000；北京（86-10）65540999；成都（86-28）62122600；西安（86-29）68725300；广州（86-20）83931313；天津（86-22）23137610；苏州（86-512）62888120；杭州（86-571）85861143。

附表64　42系列风机盘管

型式	型号	风量 (m^3/h)	冷量 (kW)	噪声值 [dB(A)]	输入功率（W）		进出水管	冷凝水管	外形尺寸（mm）			机组重量 (kg)
					交流电机	直流无刷电机			长	宽	高	
42CE 2排	002	340	2.06	36	32	—	3/4	3/4	722	466	230	12.7
	003	530	2.61	38	46	—	3/4	3/4	802	466	230	14.2
	004	700	3.30	41	56	—	3/4	3/4	922	466	230	16.1
	005	880	4.13	43	75	—	3/4	3/4	1002	466	230	17.4
	006	1020	5.19	45	94	—	3/4	3/4	1202	466	230	18.5
	008	1430	6.80	46	134	—	3/4	3/4	1442	466	230	25.8
42CE 3排	002	340	2.12	36	32	—	3/4	3/4	722	466	230	13.4
	003	510	3.26	38	46	—	3/4	3/4	802	466	230	14.9
	004	680	4.04	41	56	—	3/4	3/4	922	466	230	16.9
	005	850	4.91	43	75	—	3/4	3/4	1002	466	230	18.2
	006	1020	6.33	45	94	—	3/4	3/4	1202	466	230	19.5
	008	1360	7.97	46	134	—	3/4	3/4	1442	466	230	26.9
	010	1700	9.08	47	150	—	3/4	3/4	1562	466	230	29.5
	012	2040	10.67	50	180	—	3/4	3/4	1802	466	230	33.6
	014	2380	12.67	51	225	—	3/4	3/4	2042	466	230	39.5

续表

型式	型号	风量 (m^3/h)	冷量 (kW)	噪声值 [dB(A)]	输入功率（W）		进出水管	冷凝水管	外形尺寸（mm）			机组重量 (kg)
					交流电机	直流无刷电机			长	宽	高	
42CE 3+1排	002	340	2.16	36	32	—	3/4	3/4	722	466	230	14.4
	003	510	3.09	38	46	—	3/4	3/4	802	466	230	16.0
	004	680	3.69	41	56	—	3/4	3/4	922	466	230	18.1
	005	850	4.89	43	75	—	3/4	3/4	1002	466	230	19.5
	006	1020	5.89	45	94	—	3/4	3/4	1202	466	230	21.0
	008	1360	7.74	46	134	—	3/4	3/4	1442	466	230	28.7
42CN 2排	002	340	2.06	34	32	14	3/4″	3/4″	722	466	230	12.7
	003	530	2.61	35.5	46	19	3/4″	3/4″	802	466	230	14.2
	004	700	3.30	38.5	56	25	3/4″	3/4″	922	466	230	16.1
	005	880	4.13	42	75	35	3/4″	3/4″	1002	466	230	17.4
	006	1020	5.19	44.5	94	52	3/4″	3/4″	1202	466	230	18.5
	008	1430	6.80	43.5	134	67	3/4″	3/4″	1442	466	230	25.8
42CN 3排	002	340	2.12	34	32	14	3/4″	3/4″	722	466	230	13.4
	003	510	3.26	35.5	46	19	3/4″	3/4″	802	466	230	14.9
	004	680	4.04	38.5	56	25	3/4″	3/4″	922	466	230	16.9
	005	850	4.91	42	75	35	3/4″	3/4″	1002	466	230	18.2
	006	1020	6.33	44	94	52	3/4″	3/4″	1202	466	230	19.5
	008	1360	7.97	43.5	134	67	3/4″	3/4″	1442	466	230	26.9
	010	1700	9.08	46.5	150	90	3/4″	3/4″	1562	466	230	29.5
	012	2040	10.67	48.5	180	97	3/4″	3/4″	1802	466	230	33.6
	014	2380	12.67	49	225	—	3/4″	3/4″	2042	466	230	39.5
42CN 3+1排	002	340	2.16	34	32	14	3/4″	3/4″	722	466	230	14.4
	003	510	3.09	36	46	19	3/4″	3/4″	802	466	230	16.0
	004	680	3.69	38.5	56	25	3/4″	3/4″	922	466	230	18.1
	005	850	4.89	42	75	35	3/4″	3/4″	1002	466	230	19.5
	006	1020	5.89	44	94	52	3/4″	3/4″	1202	466	230	21.0
	008	1360	7.74	43.5	134	67	3/4″	3/4″	1442	466	230	28.7
	010	1700	8.23	48	152	91	3/4″	3/4″	1562	466	230	31.6
	012	2040	9.94	49	189	102	3/4″	3/4″	1802	466	230	36.1
	014	2380	11.72	50	228	—	3/4″	3/4″	2042	466	230	42.5

注：1. 42CE为标准系列，42CN为低噪声系列。

2. 表中性能均为高档风速时的数据。

3. 制冷量是冷水进水温度5℃，进出口温差8℃，进风温度DB=27℃，WB=19.5℃时所测值。

4. 产品特点：

(1) 开利风机盘管系列具有外形美观、结构紧凑、效率高、维修简易等特点；

(2) 根据产品线不同，可以选择二管制或四管制系统、直流无刷电机、高静压风机盘管、IAQ功能（UV杀菌灯、湿膜加湿器等)、温控器及水阀等；

(3) 开利独有的针对风机盘管的选型软件可提供快速、准确的选型。

5. 开利中国销售机构：

上海（86-21）23063000；北京（86-10）65540999；成都（86-28）62122600；西安（86-29）68725300；广州（86-20）83931313；天津（86-22）23137610；苏州（86-512）62888120；杭州（86-571）85861143。

附表 65　42 系列风机盘管

型式	型号	风量 (m^3/h)	冷量 (kW)	噪声值 [dB(A)]	输入功率（W）		进出水管	冷凝水管	外形尺寸（mm）			机组重量 (kg)
					交流电机	直流无刷电机			长	宽	高	
42CE 2排	002	340	1.97	36	32	—	3/4	3/4	722	466	230	12.7
	003	530	2.61	38	46	—	3/4	3/4	802	466	230	14.2
	004	700	3.24	41	56	—	3/4	3/4	922	466	230	16.1
	005	880	4.01	43	75	—	3/4	3/4	1002	466	230	17.4
	006	1020	5.00	45	94	—	3/4	3/4	1202	466	230	18.5
	008	1430	6.52	46	134	—	3/4	3/4	1442	466	230	25.8
42CE 3排	002	340	2.06	36	32	—	3/4	3/4	722	466	230	13.4
	003	510	3.06	38	46	—	3/4	3/4	802	466	230	14.9
	004	680	3.84	41	56	—	3/4	3/4	922	466	230	16.9
	005	850	4.62	43	75	—	3/4	3/4	1002	466	230	18.2
	006	1020	5.92	45	94	—	3/4	3/4	1202	466	230	19.5
	008	1360	7.56	46	134	—	3/4	3/4	1442	466	230	26.9
	010	1700	8.79	47	150	—	3/4	3/4	1562	466	230	29.5
	012	2040	10.34	50	180	—	3/4	3/4	1802	466	230	33.6
	014	2380	12.13	51	225	—	3/4	3/4	2042	466	230	39.5
42CE 3+1排	002	340	2.09	36	32	—	3/4	3/4	722	466	230	14.4
	003	510	2.93	38	46	—	3/4	3/4	802	466	230	16.0
	004	680	3.56	41	56	—	3/4	3/4	922	466	230	18.1
	005	850	4.60	43	75	—	3/4	3/4	1002	466	230	19.5
	006	1020	5.56	45	94	—	3/4	3/4	1202	466	230	21.0
	008	1360	7.36	46	134	—	3/4	3/4	1442	466	230	28.7
42CN 2排	002	340	1.97	34	32	14	3/4″	3/4″	722	466	230	12.7
	003	530	2.61	35.5	46	19	3/4″	3/4″	802	466	230	14.2
	004	700	3.24	38.5	56	25	3/4″	3/4″	922	466	230	16.1
	005	880	4.01	42	75	35	3/4″	3/4″	1002	466	230	17.4
	006	1020	5.00	44.5	94	52	3/4″	3/4″	1202	466	230	18.5
	008	1430	6.52	43.5	134	67	3/4″	3/4″	1442	466	230	25.8
42CN 3排	002	340	2.06	34	32	14	3/4″	3/4″	722	466	230	13.4
	003	510	3.06	35.5	46	19	3/4″	3/4″	802	466	230	14.9
	004	680	3.84	38.5	56	25	3/4″	3/4″	922	466	230	16.9
	005	850	4.62	42	75	35	3/4″	3/4″	1002	466	230	18.2
	006	1020	5.92	44	94	52	3/4″	3/4″	1202	466	230	19.5
	008	1360	7.56	43.5	134	67	3/4″	3/4″	1442	466	230	26.9
	010	1700	8.79	46.5	150	90	3/4″	3/4″	1562	466	230	29.5
	012	2040	10.34	48.5	180	97	3/4″	3/4″	1802	466	230	33.6
	014	2380	12.13	49	225	—	3/4″	3/4″	2042	466	230	39.5

续表

型式	型号	风量 (m^3/h)	冷量 (kW)	噪声值 [dB(A)]	输入功率 (W)		进出水管	冷凝水管	外形尺寸 (mm)			机组重量 (kg)
					交流电机	直流无刷电机			长	宽	高	
42CN 3+1排	002	340	2.09	34	32	14	3/4″	3/4″	722	466	230	14.4
	003	510	2.93	36	46	19	3/4″	3/4″	802	466	230	16.0
	004	680	3.56	38.5	56	25	3/4″	3/4″	922	466	230	18.1
	005	850	4.60	42	75	35	3/4″	3/4″	1002	466	230	19.5
	006	1020	5.56	44	94	52	3/4″	3/4″	1202	466	230	21.0
	008	1360	7.36	43.5	134	67	3/4″	3/4″	1442	466	230	28.7
	010	1700	8.03	48	152	91	3/4″	3/4″	1562	466	230	31.6
	012	2040	9.70	49	189	102	3/4″	3/4″	1802	466	230	36.1
	014	2380	11.31	50	228	—	3/4″	3/4″	2042	466	230	42.5

注：1. 42CE为标准系列，42CN为低噪声系列。

2. 表中性能均为高档风速时的数据。

3. 制冷量是冷水进水温度8℃，进出口温差5℃，进风温度DB=27℃，WB=19.5℃时所测值。

4. 产品特点：

(1) 开利风机盘管系列具有外形美观、结构紧凑、效率高、维修简易等特点；

(2) 根据产品线不同，可以选择二管制或四管制系统、直流无刷电机、高静压风机盘管、IAQ功能（UV杀菌灯、湿膜加湿器等）、温控器及水阀等；

(3) 开利独有的针对风机盘管的选型软件可提供快速、准确的选型。

5. 开利中国销售机构：

上海（86-21）23063000；北京（86-10）65540999；成都（86-28）62122600；西安（86-29）68725300；广州（86-20）83931313；天津（86-22）23137610；苏州（86-512）62888120；杭州（86-571）85861143。

附表66　风机盘管11℃/16℃

性能	型号	200	300	400	500	600	800	1000	1200	1400
额定风量 (m^3/h)	高档	340	530	675	850	1010	1390	1700	2010	2380
	中档	325	395	510	645	770	1040	1280	1525	1940
	低档	175	280	340	445	535	750	880	1020	1250
供冷量（W）	11℃	2111	3147	4047	4917	5882	8169	9382	11810	1020
供热量 (W)	40℃	1964	2936	3816	4775	5740	7980	9077	11409	12497
	60℃	4053	6055	7878	9863	11860	16474	18735	23492	25784
高档输入功率（W）	12Pa	28.00	43.00	53.00	75.00	90.00	130.00	150.00	198.00	228.00
	30Pa	37.00	50.00	66.00	83.00	96.00	145.00	165.00	213.00	255.00
	50Pa	43.00	59.00	75.00	91.00	110.00	160.00	192.00	255.00	285.00
高档噪声值 [dB(A)]	12Pa	36.50	38.00	40.50	42.00	45.00	46.00	47.50	49.50	51.00
	30Pa	39.00	40.50	43.00	44.00	46.00	47.00	48.50	51.00	52.00
	50Pa	42.00	43.00	45.00	47.00	48.50	50.00	52.00	53.00	54.00
水流量 (kg/h)	11℃	363	541	696	845	1011	1405	1613	2030	2172

续表

性能	型号	200	300	400	500	600	800	1000	1200	1400
水压降(kPa)	11℃	43	42	43	41	34	33	40	41	30
风机	形式	前曲多翼镀锌钢板离心式双吸风机								
电机	形式	单相电容运转式电机								
	电源	220V/1～/50Hz								
盘管	结构形式	铜管串套高效铝翅片，胀紧成一体								
	最大工作压力	2.0MPa								
接管	进出水管管径	Rc3/4″（锥管内螺纹）								
	凝结水管	R3/4″（锥管外螺纹）								
净重（kg）		14	18	20	22	26	34	37	42	48

注：1. 表中冷热量性能均为高档时的数据，并且均为带相应的静压时值。

2. 冷量是进风温度 DB=27℃、WB=19.5℃时所测值。热量是热水进水温度 40℃和 60℃、进风温度 DB=21℃，与制冷同样水量时所测值。

3. 表中噪声值是在消声室，离机组前方、下方各 1m 的位置所测值。

4. 表中 12Pa 是不带风口和过滤网情况下的出风静压，带风口和过滤网情况下的出风静压为 0Pa。

5. 表中参数仅供参考，具体参数以机组铭牌为准。

6. 公司名称：深圳市中鼎空调净化有限公司。

公司地址：深圳市深南中路 3037 号南光捷佳大厦 2610 室。

公司法人：王春生 13603028091。

附表 67　风机盘管 9℃/17℃

性能	型号	200	300	400	500	600	800	1000	1200	1400
额定风量(m^3/h)	高档	340	510	670	845	1020	1390	1770	2040	2380
	中档	265	395	510	645	770	1040	1280	1525	1940
	低档	175	280	340	445	535	750	880	1020	1250
供冷量（W）		2161	3252	4129	4998	6269	9295	9706	11870	12911
供热量（W）		3652	5635	7249	8947	10517	14750	17782	19972	22372
高档输入功率（W）	12Pa	28	43	53	75	90	130	150	198	228
	30Pa	37	50	66	83	96	145	165	213	255
	50Pa	43	59	75	91	110	160	192	255	285
高档噪声值[dB（A）]	12Pa	36.5	38	40.5	42	45	46	47.5	49.5	51
	30Pa	39	40.5	43	44	46	47	48.5	51	52
	50Pa	42	43	45	47	48.5	50	52	53	54
水流量（kg/h）		232	349	444	537	674	999	1043	1276	1388
水压降（kPa）		22	24	22	20	33	39	28	39	28
风机	形式	前曲多翼镀锌钢板离心式双吸风机								

续表

电机	形式	单相电容运转式电机
	电源	220V/1～/50Hz
盘管	结构形式	铜管串套高效铝翅片，胀紧成一体
	最大工作压力	2.0MPa
接管	进出水管管径	Rc3/4″（锥管内螺纹）
	凝结水管	R3/4″（锥管外螺纹）

注：1. 表中冷热量性能均为高档时的数据，并且均为带相应的静压时值。

2. 冷量是冷水进水温度9℃、进出口温差8℃，进风温度DB=27℃、WB=19.5℃时所测值。热量是热水进水温度60℃、进风温度DB=21℃，与制冷同样水量时所测值。

3. 表中噪声值是在消声室，离机组前方、下方各1m的位置所测值。

4. 表中12Pa是不带风口和过滤网情况下的出风静压，带风口和过滤网情况下的出风静压为0Pa。

5. 表中参数仅供参考，具体参数以机组铭牌为准。规格参数因产品改良而更改，恕不另行通知。

6. 公司名称：深圳市中鼎空调净化有限公司。

公司地址：深圳市深南中路3037号南光捷佳大厦2610室。

公司法人：王春生 13603028091。

附表68 风机盘管8℃/16℃、11℃/16℃

型号	额定风量	进水温度	制冷量（W）		水流量	水压降	进水温度	制热量	水流量	水压降	耗电	噪声	风轮数量	电机数量
	m^2/h	℃	全热	显热	L/s	kPa	℃	W	L/s	kPa	W	dB（A）	个	个
IFT-02	360	8	2204	1536	0.07	9	43	2018	0.07	9	37	37.3	1	1
		11	2097	1510	0.11	23	40	1973	0.12	22				
IFT-03	550	8	3214	2241	0.09	13	43	3083	0.09	8	46	38.6	2	1
		11	3058	2201	0.15	32	40	3015	0.14	20				
IFT-04	750	8	4174	2910	0.12	15	43	4204	0.12	14	57	39.7	2	1
		11	3972	2859	0.19	37	40	4111	0.20	35				
IFT-05	850	8	4660	3355	0.13	21	43	4699	0.14	20	68	43.1	2	1
		11	4494	3281	0.21	53	40	4593	0.22	50				
IFT-06	1050	8	5844	4074	0.17	25	43	5886	0.17	8	96	44.8	3	2
		11	5561	4003	0.27	18	40	5755	0.27	20				
IFT-07	1450	8	8070	5626	0.23	12	43	8128	0.24	10	125	45.7	4	2
		11	7679	5527	0.37	29	40	7948	0.38	24				
IFT-08	1820	8	10129	7062	0.29	18	43	10202	0.30	18	142	47.4	4	2
		11	9639	6938	0.46	46	40	9976	0.48	45				

注：1. 以上制冷能力基于工况：进风干球温度27℃，湿球温度19.5℃。

2. 以上制热能力基于工况：进风干球温度21℃。

3. 公司名称：北京英沣特能源技术有限公司。

公司地址：北京市海淀区西郊半壁店59号1号楼0328室。

法人代表及电话：邹元霖 010-64827641。

变风量末端

附表 69　35E 单风道变风量末端

风量范围：75～5995m³/h

型号	进风尺寸	最大风量	CMH		最小静压
	（英寸）	（CMH）	标准	电加热	（Pa）
35E4	4	367	75 或 0	90	2.5
35E5	5	680	130 或 0	150	10
35E6	6	890	180 或 0	180	25
35E7	7	1075	220 或 0	220	25
35E8	8	1548	310 或 0	310	25
35E9	9	1931	390 或 0	400	45
35E10	10	2243	450 或 0	450	25
35E12	12	3577	710 或 0	750	25
35E14	14	4561	920 或 0	950	25
35E16	16	5995	1200 或 0	1200	25

45J 串联风机动力型变风量末端　风量范围：180～3280m³/h

型号	入口尺寸（in.）	风机功率（W）	风机电流（A）	风机风量				一次风风量			
				max		min		max		min	
				CFM	CMH	CFM	CMH	CFM	CMH	CFM	CMH
45J2	6	42	0.6	430	730	280	480	410	700	106 或 0	180 或 0
45J3	6	120	0.62	750	1270	380	650	410	700	106 或 0	180 或 0
45J3	8	120	0.62	750	1270	380	650	750	1270	182 或 0	310 或 0
45J4	8	165	1.59	1400	2200	710	1200	750	1270	182 或 0	310 或 0
45J4	10	165	1.59	1400	2200	710	1200	1400	2200	265 或 0	450 或 0
45J5	10	320	2.4	1570	2670	880	1500	1400	2200	265 或 0	450 或 0
45J5	12	320	2.4	1570	2670	880	1500	1570	2670	418 或 0	710 或 0
45J6	12	400	2.9	1930	3280	1180	2000	1570	2670	418 或 0	710 或 0
45J6	14	400	2.9	1930	3280	1180	2000	1930	3280	535 或 0	910 或 0

45M 并联风机动力型变风量末端　风量范围：180～6000m³/h

型号	入口尺寸（in.）	风机功率（W）	风机电流（A）	风机风量				一次风风量				最小工作压力 Pa		
				max		min		max		min		无或 EN	1 排 HW	2 或 HW
				CFM	CFM	CFM	CFM	CFM	CFM	CFM	CFM			
45M2	6	42	0.6	447	760	180	310	520	890	106 或 0	180 或 0	80	93	105
45M2	8	42	0.6	447	760	180	310	910	1550	182 或 0	310 或 0	83	123	160
45M3	8	42	0.6	520	890	210	350	910	1550	182 或 0	310 或 0	83	120	140
45M3	10	42	0.6	520	890	210	350	1320	2240	265 或 0	450 或 0	88	185	235
45M4	10	150	1.23	935	1590	530	900	1320	2240	265 或 0	450 或 0	88	130	150

续表

45M 并联风机动力型变风量末端　风量范围：180～6000m³/h

型号	入口尺寸(in.)	风机功率(W)	风机电流(A)	风机风量				一次风风量				最小工作压力 Pa		
				max		min		max		min		无或EN	1 排HW	2 或HW
				CFM	CFM	CFM	CFM	CFM	CFM	CFM	CFM			
45M4	12	150	1.23	935	1590	530	900	2100	3580	418 或 0	710 或 0	90	178	220
45M5	12	200	1.81	1300	2210	650	1100	2100	3580	418 或 0	710 或 0	90	150	193
45M5	14	200	1.81	1300	2210	650	1100	2680	4560	535 或 0	910 或 0	85	193	270
45M6	14	300	2.0	1535	2610	880	1500	2680	4560	535 或 0	910 或 0	85	170	230
45M6	16	300	2.0	1535	2610	880	1500	3530	6000	650 或 0	1200 或 0	88	235	340

注：1. EN—电加热；HW—热水加热。

2. 产品特点：

（1）专业和完善的 VAV 选型程序，可以提供详尽的 VAV 末端选型报告，确保选型的专业和准确；

（2）开利可同时提供 VAV 末端箱体和控制器，并在工厂 VAV 测试平台上同时完成相关测试，以整机形式交付现场；

（3）VAV 控制器全面支持定静压、变静压等控制模式，同时还支持更为先进变送风温度、联动空调机组等复杂控制功能；

（4）开利独有的 DCV 按需通风控制系统，能够满足绿色建筑 LEED 认证需求。

3. 开利中国销售机构：

上海（86-21）23063000；北京（86-10）65540999；成都（86-28）62122600；西安（86-29）68725300；广州（86-20）83931313；天津（86-22）23137610；苏州（86-512）62888120；杭州（86-571）85861143。

附表 70　TITUS 单风道产品 DESV

设备型号	处理风量(CMH)	最大功率(W)	重量(kg)	设备外形尺寸（mm）				
				长	宽	高	进口尺寸 ϕ	出口尺寸
DESV04	0～380	50	12.5	531	470	318	100	305×203
DESV05	0～595	50	12.5	531	470	318	125	305×203
DESV06	0～850	50	12	480	470	318	150	305×203
DESV07	0～1105	50	12.5	480	470	318	180	305×254
DESV08	0～1530	50	13	480	470	318	205	305×254
DESV09	0～1785	50	14	480	521	318	230	356×318
DESV10	0～2380	50	14.5	480	521	318	255	356×318
DESV12	0～3400	50	16	480	572	381	305	406×381
DESV14	0～5100	.50	18	480	673	445	355	508×445
DESV16	0～6800	50	20	480	775	457	405	610×457

注：1. 风机动力型标准配置为交流电机，如需要配置智能的 ECM 电机，可与生产厂家联系。

2. 厂家名称：爱思克空气环境技术（苏州）公司。

3. 厂址：中国苏州工业园区翔浦路十九号 1 号厂房。

4. 电话：(86) 512-62967272。

5. 服务热线：400-671-4006。

6. 网址：www.airsysco.com.cn。

附表71　TITUS并联风机动力型末端DTQP

设备型号	处理风量(CMH)	最大功率(W)	重量(kg)	设备外形尺寸(mm)				
				长	宽	高	一次风进口尺寸ϕ	出口尺寸
DTQP206	0～850	130	66	1124	1077	435	150	356×279
DTQP208	0～1530	130	66	1124	1077	435	205	356×279
DTQP210	0～2380	130	66	1124	1077	435	255	356×279
DTQP212	0～3400	130	66	1124	1077	435	305	356×279
DTQP306	0～850	190	68	1124	1077	435	150	356×279
DTQP308	0～1530	190	68	1124	1077	435	205	356×279
DTQP310	0～2380	190	69	1124	1077	435	255	356×279
DTQP312	0～3400	190	69	1124	1077	435	305	356×279
DTQP408	0～1530	250	70	1124	1077	435	205	356×279
DTQP410	0～2380	250	70	1124	1077	435	255	356×279
DTQP412	0～3400	250	70	1124	1077	435	305	356×279
DTQP414	0～5100	250	70	1124	1077	435	355	356×279
DTQP510	0～2380	250	86	1277	1385	511	255	419×368
DTQP512	0～3400	250	87	1277	1385	511	305	419×368
DTQP514	0～5100	250	87	1277	1385	511	355	419×368
DTQP516	0～6800	250	88	1277	1385	511	405	419×368
DTQP612	0～3400	560	87	1277	1385	511	305	419×368
DTQP614	0～5100	560	87	1277	1385	511	355	419×368
DTQP616	0～6800	560	88	1277	1385	511	405	419×368

注：1. 风机动力型标准配置为交流电机，如需要配置智能的ECM电机，可与生产厂家联系。

2. 厂家名称：爱思克空气环境技术（苏州）公司。

3. 厂址：中国苏州工业园区翔浦路十九号1号厂房。

4. 电话：(86) 512-62967272。

5. 服务热线：400-671-4006。

6. 网址：www.airsysco.com.cn。

附表72　TITUS串联风机动力型末端DTQS

设备型号	处理风量(CMH)	最大功率(W)	重量(kg)	设备外形尺寸(mm)				
				长	宽	高	一次风进口尺寸ϕ	出口尺寸
DTQS206	0～850	130	66	1124	1077	435	150	356×279
DTQS208	0～1530	130	66	1124	1077	435	205	356×279
DTQS210	0～2380	130	66	1124	1077	435	255	356×279
DTQS212	0～3400	130	66	1124	1077	435	305	356×279
DTQS306	0～850	190	68	1124	1077	435	150	356×279
DTQS308	0～1530	190	68	1124	1077	435	205	356×279

续表

设备型号	处理风量（CMH）	最大功率（W）	重量（kg）	设备外形尺寸（mm）				
				长	宽	高	一次风进口尺寸 ϕ	出口尺寸
DTQS310	0～2380	190	68	1124	1077	435	255	356×279
DTQS312	0～3400	190	68	1124	1077	435	305	356×279
DTQS408	0～1530	250	70	1124	1077	435	205	356×279
DTQS410	0～2380	250	70	1124	1077	435	255	356×279
DTQS412	0～3400	250	70	1124	1077	435	305	356×279
DTQS414	0～5100	250	70	1124	1077	435	355	356×279
DTQS510	0～2380	250	86	1277	1385	511	255	419×372
DTQS512	0～3400	250	87	1277	1385	511	305	419×372
DTQS514	0～5100	250	87	1277	1385	511	355	419×372
DTQS516	0～6800	250	88	1277	1385	511	405	419×372
DTQS612	0～3400	560	87	1277	1385	511	305	419×372
DTQS614	0～5100	560	87	1277	1385	511	355	419×372
DTQS616	0～6800	560	88	1277	1385	511	405	419×372
DTQS714	0～5100	750	104	1277	1385	511	355	419×372
DTQS716	0～6800	750	104	1277	1385	511	405	419×372

注：1. 风机动力型标准配置为交流电机，如需要配置智能的ECM电机，可与生产厂家联系。
　　2. 厂家名称：爱思克空气环境技术（苏州）公司。
　　3. 厂址：中国苏州工业园区翔浦路十九号1号厂房。
　　4. 电话：(86) 512-62967272。
　　5. 服务热线：400-671-4006。
　　6. 网址：www. airsysco. com. cn。

附表73　TITUS低矮型并联风机末端DFLP

设备型号	处理风量（CMH）	最大功率（W）	重量（kg）	设备外形尺寸（mm）				
				长	宽	高	一次风进口尺寸 ϕ	出口尺寸
DFLP206	0～850	130	44.5	1108	921	267	150	254×206
DFLP208	0～1530	130	50	1108	921	267	205	254×206
DFLP422	0～3162	190	67	1108	1077	267	355×205	403×200

注：1. 风机动力型标准配置为交流电机，如需要配置智能的ECM电机，可与生产厂家联系。
　　2. 厂家名称：爱思克空气环境技术（苏州）公司。
　　3. 厂址：中国苏州工业园区翔浦路十九号1号厂房。
　　4. 电话：(86) 512-62967272。
　　5. 服务热线：400-671-4006。
　　6. 网址：www. airsysco. com. cn。

附表 74　TITUS 低矮型串联风机末端 DFLS

设备型号	处理风量（CMH）	最大功率（W）	重量（kg）	设备外形尺寸（mm）				
				长	宽	高	一次风进口尺寸 ϕ	出口尺寸
DFLS208	0～1530	130	51.5	1108	819	267	205	229×159
DFLS308	0～1530	190	56	1108	819	267	205	229×159
DFLS426	0～3162	250	69.5	1108	1251	267	205×405	521×172

注：1. 风机动力型标准配置为交流电机，如需要配置智能的 ECM 电机，可与生产厂家联系。
2. 厂家名称：爱思克空气环境技术（苏州）公司。
3. 厂址：中国苏州工业园区翔浦路十九号 1 号厂房。
4. 电话：(86) 512-62967272。
5. 服务热线：400-671-4006。
6. 网址：www.airsysco.com.cn。

附表 75　TITUS 风机动力型地板送风末端 DLHK

设备型号	处理风量（CMH）	最大功率（W）	重量（kg）	设备外形尺寸（mm）				
				长	宽	高	一次风进口尺寸 ϕ	出口尺寸
DLHK309	0～1785	190	54.5	1305	737	267	230	178×175
DLHK409	0～1785	250	58	1305	737	356	230	178×175
DLHK410	0～2380	250	58	1305	737	356	255	178×175

注：1. 风机动力型标准配置为交流电机，如需要配置智能的 ECM 电机，可与生产厂家联系。
2. 厂家名称：爱思克空气环境技术（苏州）公司。
3. 厂址：中国苏州工业园区翔浦路十九号 1 号厂房。
4. 电话：(86) 512-62967272。
5. 服务热线：400-671-4006。
6. 网址：www.airsysco.com.cn。

附表 76　TITUS 风机动力型地板送风末端 DPFC

设备型号	处理风量（CMH）	最大功率（W）	重量（kg）	设备外形尺寸（mm）				
				长	宽	高	进口尺寸	出口尺寸
DPFC10	0～1300	190	43	457	1293	267	416×216	388×197
DPFC14	0～2624	250	45	457	1293	356	267×305	451×300
DPFC16	0～4554	560	50	483	1293	407	251×356	451×350

注：1. 风机动力型标准配置为交流电机，如需要配置智能的 ECM 电机，可与生产厂家联系。
2. 厂家名称：爱思克空气环境技术（苏州）公司。
3. 厂址：中国苏州工业园区翔浦路十九号 1 号厂房。
4. 电话：(86) 512-62967272。
5. 服务热线：400-671-4006。
6. 网址：www.airsysco.com.cn。

通风空调器（高大空间用）

附表 77 Hoval 分散式室内通风空调系统 TopVent 系列部分

型号	盘管供回水温度	送风量	覆盖面积	新风量 **	耗电量	热量输出***					冷量输出**					
						总制热量	最大安装高度	送风温度	水压降	水流量	全热制冷量	显热制冷量	送风温度	冷水压降	水流量	冷凝水流量
	℃	m^3/h	m^2	m^3/h	kW	kW	m	℃	kPa	L/h	kW	kW	℃	kPa	L/h	kg/h
MH-6/C	制热 80/60	4200	347	4200	0.69	64	6.9	54	9	2744	—	—	—	—	—	—
MH-9/C		6600	610	6600	0.98	100	8	54	8	4288	—	—	—	—	—	—
MH-10/C		7600	741	7600	1.53	111	8.8	53	10	4766	—	—	—	—	—	—
MK-6/C	制热 80/60 制冷 8/14	4100	337	4100	0.98	63	6.7	55	8	2694	27	19	17	20	3832	12
MK-9/C		7400	714	7400	1.65	109	8.5	53	9	4672	46	32	17	21	6519	19
MK-9/D		7100	674	7100	1.65	*	*	*	*	*	58	38	14	24	8251	28
DHV-6/C	制热 80/60	5300	458	—	0.69	70	8.6	53	10	3018	—	—	—	—	—	—
DHV-9/C		7900	783	—	0.98	106	9	53	9	4535	—	—	—	—	—	—
DHV-10/C		8900	931	—	1.53	115	10.2	52	10	4944	—	—	—	—	—	—
DKV-6/C	制热 80/60 制冷 8/14	4900	416	—	0.98	66	7.9	54	9	2850	25	19	17	17	3526	8
DKV-9/C		8700	900	—	1.65	113	9.9	52	10	4864	41	33	17	17	5901	12
DKV-9/D		8100	811	—	1.65	*	*	*	*	*	53	38	14	21	7528	20

注：制热时，冬季回风温度 15℃相对湿度 40%，新风温度−10℃相对湿度 60%。制冷时，回风温度 28℃相对湿度 50%，新风温度 32℃相对湿度 60%。

*此时送风温度超过 60℃，超出安全使用条件，设备无法工作，应降低供回水水温。

**设备送风量由室内回风及室外新风组成，新风量可在 0～100%间无极调节。

***新风机组的热量输出及冷量输出参数均为 20%新风混风运行下测量。

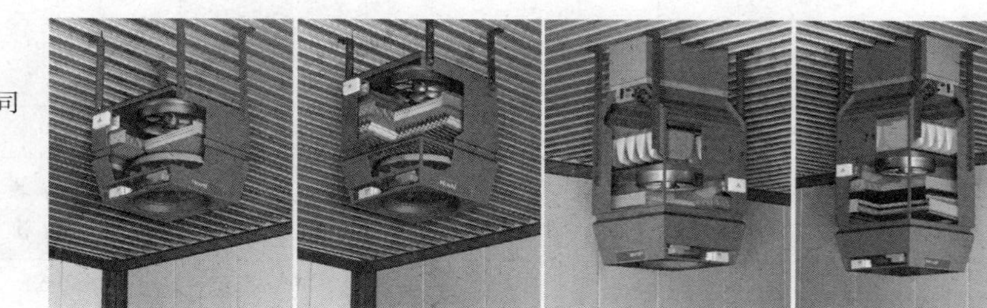

联系方式：

公司：皓欧（瑞士）有限公司北京代表处，皓欧东方（北京）供热技术有限公司

地址：北京市朝阳区亮马桥路光明大厦 1408 号，邮编：100125

电话：01064636878

传真：01064642270

邮箱：info@hoval. com. cn

网址：www. hoval. com. cn

附表 78 Hoval 分散式室内通风空调系统 RoofVent 系列部分

型号	盘管供回水温度	送风量/新风量	排风量	覆盖面积	热回收效率		耗电量（最大）	热量输出						冷量输出						
					湿热	潜热		盘管制热量	热回收量	最大安装高度	送风温度	水压降	水流量	全热制冷量	显热制冷量	冷回收量	送风温度	冷水压降	水流量	冷凝水流量
	℃	m^3/h	m^3/h	m^2	kW	kW	kW	kW	kW	m	℃	kPa	L/h	kW	kW	kW	℃	kPa	L/h	kg/h
LHW-6-A	制热 80/60	5500	5500	480	60	68	3.6	38.77	38.1	18.3	26	8	1663	—	—	—	—	—	—	—
LHW-6-B		5500	5500	480	60	68	3.6	55.1	38.1	13	34	16	2363	—	—	—	—	—	—	—
LHW-6-C		5500	5500	480	60	68	3.6	85.26	38.1	9.6	50	15	3656	—	—	—	—	—	—	—
LHW-9-A		8000	8000	797	63	73	6	62.46	59.8	15.7	30	7	2678	—	—	—	—	—	—	—
LHW-9-B		8000	8000	797	63	73	6	79.46	59.8	12.9	36	11	3407	—	—	—	—	—	—	—
LHW-9-C		8000	8000	797	63	73	6	122.39	59.8	9.8	51	11	5248	—	—	—	—	—	—	—
LHW-10-A		8800	8800	915	57	65	9	74	57.7	23.5	24	10	3173	—	—	—	—	—	—	—
LHW-10-B		8800	8800	915	57	65	9	87.97	57.7	15.2	33	14	3778	—	—	—	—	—	—	—
LHW-10-C		8800	8800	915	57	65	9	137.07	57.7	10.9	49	14	5887	—	—	—	—	—	—	—

续表

型号	盘管供回水温度	送风量/新风量	排风量	覆盖面积	热回收效率		耗电量（最大）	热量输出						冷量输出						
					湿热	潜热		盘管制热量	热回收量	最大安装高度	送风温度	水压降	水流量	全热制冷量	显热制冷量	冷回收量	送风温度	冷水压降	水流量	冷凝水流量
	℃	m³/h	m³/h	m²	kW	kW	kW	kW	kW	m	℃	kPa	L/h	kW	kW	kW	℃	kPa	L/h	kg/h
LKW-6-C	制热 80/60 制冷 8/14	5000	5000	426	60	68	3.6	79.26	34.9	8.7	51	13	3399	45.6	20.55	3.8	18	51	6529	35
LKW-9-C		7650	7650	748	63	73	6	118.23	57.4	9.3	52	11	5070	69.7	31.03	6.2	18	44	9979	55
LKW-9-D		7650	7650	748	63	73	6	*	*	*	*	*	*	90	39	6.2	15	54	12941	72
LKW-10-C		8400	8400	855	57	65	9	132.55	55.3	10.4	50	13	5684	74.67	33.66	6	18	50	10691	58
LKW-10-D		8400	8400	855	57	65	9	160.6	55.3	9.2	60	14	6887	98.03	4315	6	15	63	14036	78

注：制热时，室内温度 18℃，排风温度 20℃相对湿度 40%；冬季新风温度为－15℃相对湿度 60%来计算。

制冷时，室内温度 26℃，排风温度 28℃相对湿度 50%，夏季新风温度为 32℃相对湿度 60%计算。

＊此处因送风温度超过 60℃，超出安全使用条件，此状态下设备无法工作应降低供回水水温。

联系方式：

公司：皓欧（瑞士）有限公司北京代表处，皓欧东方（北京）供热技术有限公司

地址：北京市朝阳区亮马桥路光明大厦 1408 号，邮编：100125

电话：01064636878

传真：01064642270

邮箱：info@hoval. com. cn 网址 www. hoval. com. cn

加湿器

附表 79　下浸透气化式加湿器 WM-VHC 型

加湿器规格	适用保和效率	设置方式	压力损失（Pa）	迎面风速（m/s）	尺寸 D（mm）
WM-VHC50	1%～35%	开放式	20	2.5	70
	36%～45%	封闭式			
WM-VHC65	46%～55%	封闭式	24		85
WM-VHC100	56%～70%		33		130
WM-VHC130	71%～80%		42		160
WM-VHC195	81%～90%		70		240
WM-VHC260	95%以上		84		330
使用条件	给水水质	符合标准的自来水、纯水			
	给水压力	0.5～7.5kg/cm^2（0.05～0.75MPa）			
	给水温度	5～40℃			
	界面风速	3.75m/s 以下			
	供给电源	AC220V，50/60Hz			
	额定耗电	15W（电磁阀）			

注：1. 外型图：W、W_1、H、H_1 按照设计尺寸制作。

2. 加湿材使用的是亲水性高分子纤维材料（G 纤维），吸水率达到 260%以上，具有抗菌性、难燃性的特点，使用寿命可达到 5～10 年。

3. 加湿器边框采用不锈钢（SUS304）材料。

4. 公司名称：北京福裕泰科贸有限公司。

5. 地址：北京市昌平区北清路中关村生命科学园生命园路 4 号院 6 号楼 3 层 303 室。

6. 法人代表/电话/邮箱：王丽/010-53277250-805/wangli@wetmaster. com. cn。

7. 公司网站：http：//www. wetmaster. com. cn。

附表 80　干蒸气加湿器 WM-SG 型

型号		SG102	SG202	SG402	SG802	SG1202	SG1602	SG101	SG202	SG401	SG801	SG1201	SG1601
供给蒸气压力		0.1～0.2MPa						0.02～0.1MPa					
蒸气喷雾量（kg/h）		10	20	40	80	120	160	10	20	40	80	120	160
		供给蒸气压力 0.2MPa 时						供给蒸气压力 0.1MPa 时					
适用控制阀	尺寸	15A	15A	15A	15A	20A	25A	15A	15A	15A	15A	25A	32A
	CV 值	1	1	2.5	4	6.3	10	1	205	4	6.3	10	17
尺寸（mm）	B	151	163	185	199	227	244	151	163	185	199	227	244
	G	588	788	888	988	1288	1588	588	788	888	988	1288	1588
	ϕK	60	60	76	86	96	106	60	60	76	86	96	106

续表

型号		SG102	SG202	SG402	SG802	SG1202	SG1602	SG101	SG202	SG401	SG801	SG1201	SG1601
尺寸（mm）	ϕM	32	38	50.8	63.5	76.2	76.2	32	38	50.8	63.5	76.2	76.2
	W	150	150	170	180	190	190	150	150	170	180	190	190
	H	190	190	210	220	270	270	190	190	210	220	270	270

注：1. 外型图：G 尺寸也按照用户要求设计。

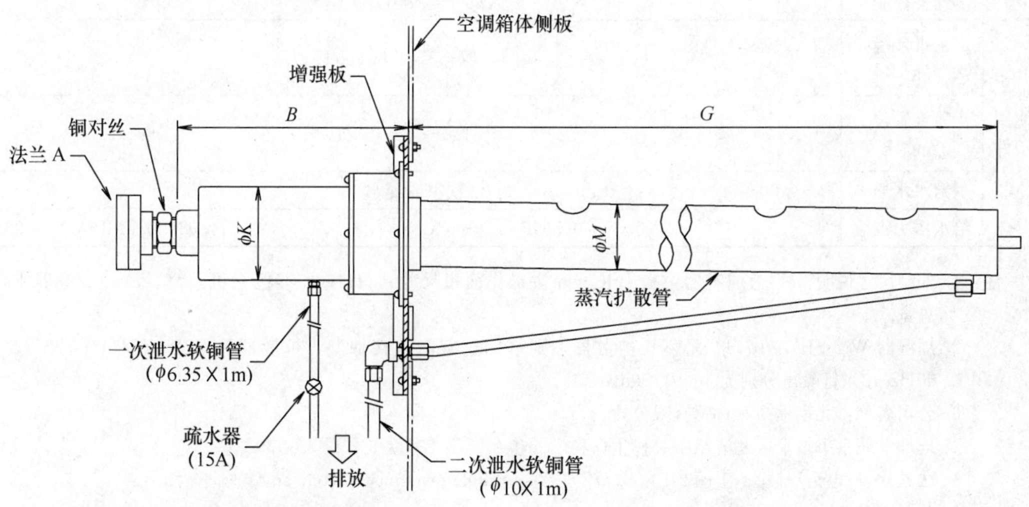

2. 公司名称：北京福裕泰科贸有限公司。
3. 地址：北京市昌平区北清路中关村生命科学园生命园路 4 号院 6 号楼 3 层 303 室。
4. 法人代表/电话/邮箱：王丽/010-53277250-805/wangli@wetmaster.com.cn。
5. 公司网站：http：//www.wetmaster.com.cn。

附表 81　电热式蒸气加湿器 WM-SJB 型

型号（WM）		SJB03	SJB07	SJB14	SJB28	SJB42	SJB56	SJB85
蒸气产生量（kg/h）		3.2	7.2	14.2	28.4	42.5	56.8	85.0
		注：蒸气发生量的 5%～10%左右会在蒸气软管及蒸气喷雾管处冷凝结露选择型号时请考虑到冷凝水量后再行选定						
额定电源		单相 AC220V 50/60Hz	三相　AC380V　50/60Hz					
额定耗电量（kW）		2.9	5.8	10.8	21.6	32.4	43.2	64.8
额定电流值（A）		14.5	16.6	31.2	62.4	93.5	125	187
蒸气喷雾管数		1	1	1	1	2	2	4
适用蒸气喷雾管（外径-长度）（mm）		22-150 22-300 22-450	30-150 30-300 30-450 30-600	30-150 30-300 30-450 30-600 30-900 30-1200 30-1500	40-300 40-450 40-600 40-900 40-1200 40-1500	35-300 35-450 35-600 35-900 35-1200 35-1500	40-300 40-450 40-600 40-900 40-1200 40-1500	35-300 35-450 35-600 35-900 35-1200 35-1500
运转质量（kg）		27	45	47	73	123	143	221
外型尺寸	W	477	590		81	500	550	1000
	H	570	770		800	1200	1200	1200
	D	300	300		360	555	605	555

续表

型号（WM）		SJB03	SJB07	SJB14	SJB28	SJB42	SJB56	SJB85
主机喷漆颜色		象牙色						
安全保护功能		加热棒防过热功能、防空转功能、低水位检测、高水位·泡沫检测						
外部信号		可输出［运转］、［异常］作为无电压接点信号读取						
控制信号	比例控制	电流输入 4～20mADC、电压输入 0～10V						
	开关控制	根据恒湿器发出开关信号						
使用条件	主机环境温湿度	1～40℃（不冻结）80%RH 以下						
	喷雾管位置静压	－1.0～＋2.0kPa						
	给水水质	软水或纯水						
	给水压力温度	0.05～0.5MPa　5～40℃						0.08～0.5MPa　5～40℃

注：1. 外型尺寸说明：W 为加湿器主机总长（除去操作面板尺寸），H 为加湿机主机总高，D 为加湿器主机总宽。

2. 加湿器 WM-SJB03/07/14 配蒸气扩散器，则可用于室内直接加湿，扩散器风量为 140/115m^3/h（50/60Hz），运行噪声分别为 48/51/59dB（A）。

3. 公司名称：北京福裕泰科贸有限公司。

4. 地址：北京市昌平区北清路中关村生命科学园生命园路 4 号院 6 号楼 3 层 303 室。

5. 法人代表/电话/邮箱：王丽/010-53277250-805/wangli@wetmaster. com. cn。

6. 公司网站：http：//www. wetmaster. com. cn。

附表 82　间接蒸气式加湿器 WM-SHE 型

型号（WM）		WM-SHE20	WM-SHE35	WM-SHE45	WM-SHE60	WM-SHE90	WM-SHE120
蒸汽产生量（kg/h）		20	35	45	60	90	120
		注：蒸气发生量的 5%～10%左右会在蒸气软管及蒸气喷雾管处冷凝结露选择型号时请考虑到冷凝水量后再行选定					
供给蒸气压力		0.2MPa（加湿器入口）					
供给蒸气量（kg/h）		26	46	59	78	117	156
额定电源		单相 AC220V　50/60Hz					
额定耗电量		15W					
额定电流值		0.1A					
运转质量（kg）		58		76		115	
适合蒸气用控制阀	尺寸	15A				25A	
	CV 值	2.5	4.0		6.0	10.0	
蒸气喷雾管数		1	1	1	1	2	
适用蒸气喷雾管（外径-长度）（mm）		35-150 35-300 35-450 35-600 35-900 35-1200 35-1500		50-300 50-450 50-600 50-900 50-1200 50-1500			
外型尺寸	W	460		540		675	
	H	1300		1300		1300	
	D	300		380		300	

续表

型号（WM）		WM-SHE20	WM-SHE35	WM-SHE45	WM-SHE60	WM-SHE90	WM-SHE120
主机喷漆颜色		象牙色（迈赛尔 Y7/1）					
安全保护功能		低水位检测、高水位检测、排水异常检测、泄漏异常检测					
外部信号		［运转］、［警报］、［排水电磁阀同期信号］、［蒸气控制阀信号］作为无电压接点信号读取					
使用条件	主机环境温湿度	5～40℃　80%RH 以下					
	喷雾管位置静压	－1.0～＋2.0kPa					
	给水水质	软水或一次纯水（导电率 0.1～1.0ms/m））					
	给水压力温度	0.05～0.5MPa　5～40℃				0.01～0.5MPa　5～40℃	

注：1. 外型尺寸说明：*W* 为加湿器主机总长（除去操作面板尺寸），*H* 为加湿机主机总高，*D* 为加湿器主机总宽。

2. 供给蒸气压力的上限是 0.25MPa。供给蒸气量表示的是锅炉等输出的一次蒸气量，请设定为蒸气发生量的 1.3 倍。

3. 喷雾管直径和长度 35-150、35-300、50-300 的蒸气喷雾管不能直接安装于柜式空调侧板、风道侧板等处。蒸气会喷雾到侧板产生结露。安装时请使用隔壁接头。

4. 公司名称：北京福裕泰科贸有限公司。

5. 地址：北京市昌平区北清路中关村生命科学园生命园路 4 号院 6 号楼 3 层 303 室。

6. 法人代表/电话/邮箱：王丽/010-53277250-805/wangli@wetmaster. com. cn。

7. 公司网站：http：//www. wetmaster. com. cn。

附表 83　超声波式加湿器 WM-BNB 型

型号（WM）		WM-BNB1000	WM-BNB2000	WM-BNB3000	WM-BNB4000	WM-BNB5000	WM-BNB8000
雾化量（kg/h）		1.0	2.0	3.0	4.0	5.0	8.0
有效加湿量（kg/h）		1.0	2.0	3.0	4.0	5.0	8.0
额定电源		AC220V　50/60Hz					
额定耗电量（W）		110	200	290	380	470	740
加湿元件数		2	4	6	8	10	16
运转质量（kg）	加湿器主机	7	9	11	14	16	23
	变压器箱	8	8	9	9	11	17
外型尺寸	*W*	300	410	520	630	740	1070
	H	250					
	D	200					
使用条件	环境温湿度	加湿器主机：1～40℃　90%RH 以下　变压器箱：40℃以下 90%RH 以下					
	给水水质	纯水					
	给水压力、温度	0.02～0.5MPa　5～40℃					

注：1. 外型尺寸说明：*W* 为加湿器主机总长，*H* 为加湿机主机总高，*D* 为加湿器主机总宽。

2. 公司名称：北京福裕泰科贸有限公司。

3. 地址：北京市昌平区北清路中关村生命科学园生命园路 4 号院 6 号楼 3 层 303 室。

4. 法人代表/电话/邮箱：王丽/010-53277250-805/wangli@wetmaster. com. cn。

5. 公司网站：http：//www. wetmaster. com. cn。

附表 84　毛细管网系列产品

毛细管网技术性能参数表

毛细管型号		集水管规格尺寸	毛细管网规格尺寸	毛细管网间距 A	毛细管网长 L	毛细管网宽 B	充水后的质量	水容量	换热面积	最高允许热水温度	级别 4 条件下设计压力	长期运行温度上限	长期运行温度上限时设计压力
单位		mm	mm	mm	mm	mm	g/m^2	L/m^2	m^2/m^2	℃	MPa	℃	MPa
K系列	K. G10	20×2	3.35×0.5	10	1000～6000	600/960	824	0.39	1.067	60	0.4	45	0.6
	K. U10	20×2	3.35×0.5	10	1000～6000	600/960	824	0.39	1.067	60	0.4	45	0.6
	K. S15	20×2	3.35×0.5	15	1000～6000	600/960	710	0.27	0.71	60	0.4	45	0.6
P系列	P. VG20	20×3.4	4.5×0.8	20	1000～6000	600/960	719	0.32	0.68	80	1	45	1.6
	P. VS20	20×3.4	4.5×0.8	20	1000～6000	600/960	719	0.32	0.68	80	1	45	1.6

注：1. 列表中，毛细管网长 L 为常规长度，递增模数为 250mm。

2. 毛细管网充水量包括毛细管网集管内的水。

3. 列表中，毛细管网规格尺寸和集水管规格尺寸为外径×壁厚。

4. 际高贝卡毛细管网系列产品显著特点：毛细管壁薄、毛细管网间距小、施工抹灰厚度薄，有效减小热阻，提高换热能力。

5. 材质为无规共聚聚丙烯（Ⅲ型），所有产品之间都可以通过熔焊相互连接。

6. 联系方式

际高贝卡科技有限公司

地址：北京市朝阳区望京西园 221 号博泰大厦

邮编：100102

联系电话：010-64476091/92

传真：010-64475034

网址 http：//www. hundredbeka. com

附表 85　毛细管网适用范围及安装方式

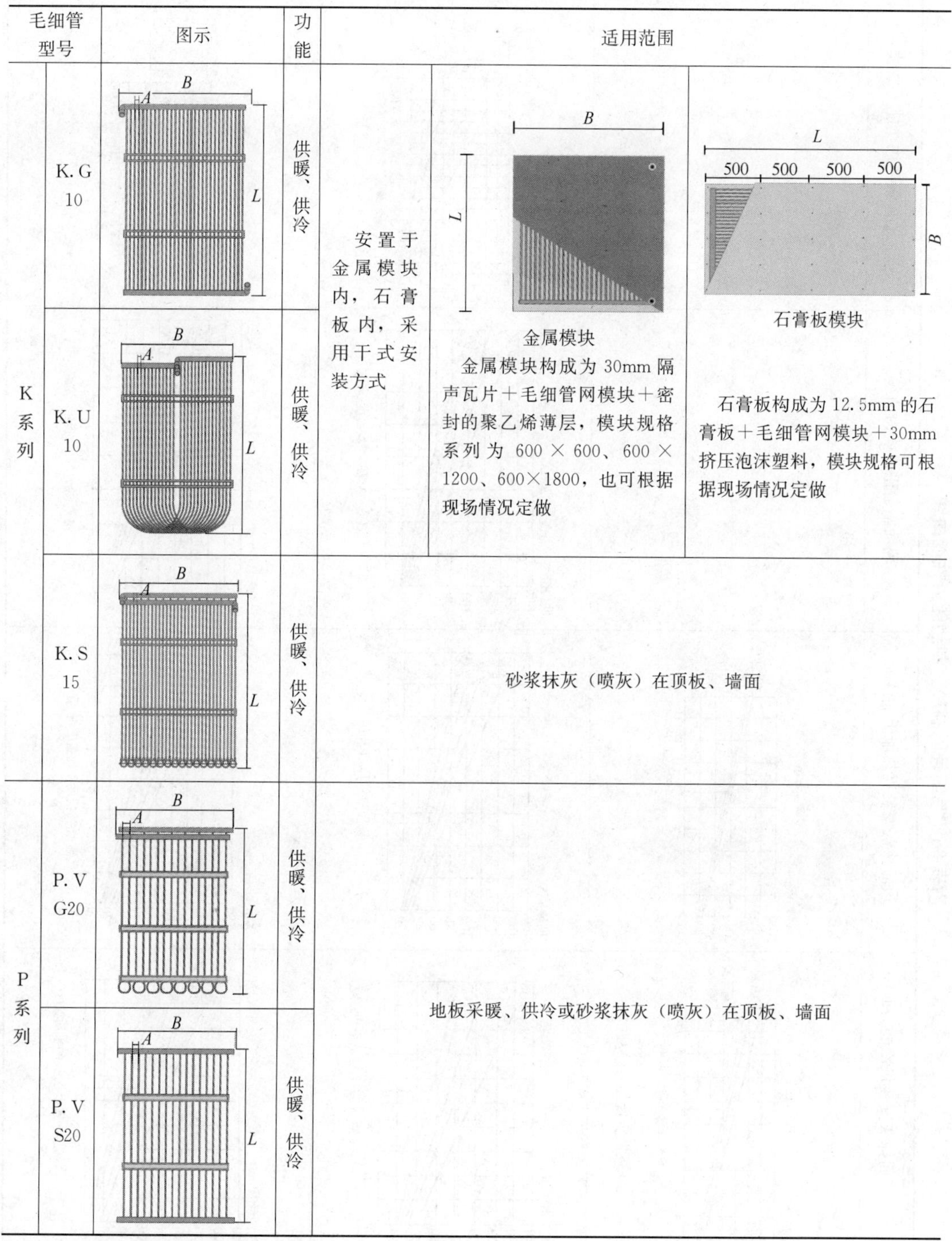

毛细管型号		图示	功能	适用范围		
K系列	K.G 10	(B, A, L)	供暖、供冷	安置于金属模块内，石膏板内，采用干式安装方式	金属模块（B, L） 金属模块构成为30mm隔声瓦片＋毛细管网模块＋密封的聚乙烯薄层，模块规格系列为600×600、600×1200、600×1800，也可根据现场情况定做	石膏板模块（L: 500 500 500 500, B） 石膏板构成为12.5mm的石膏板＋毛细管网模块＋30mm挤压泡沫塑料，模块规格可根据现场情况定做
	K.U 10	(B, A, L)	供暖、供冷			
	K.S 15	(B, A, L)	供暖、供冷	砂浆抹灰（喷灰）在顶板、墙面		
P系列	P.V G20	(B, A, L)	供暖、供冷	地板采暖、供冷或砂浆抹灰（喷灰）在顶板、墙面		
	P.V S20	(B, A, L)	供暖、供冷			

注：际高贝卡科技有限公司

地址：北京市朝阳区望京西园221号博泰大厦

邮编：100102

联系电话：010-64476091/92

传真：010-64475034

网址：http：//www.hundredbeka.com

附表 86　毛细管网制冷、制热能力性能曲线

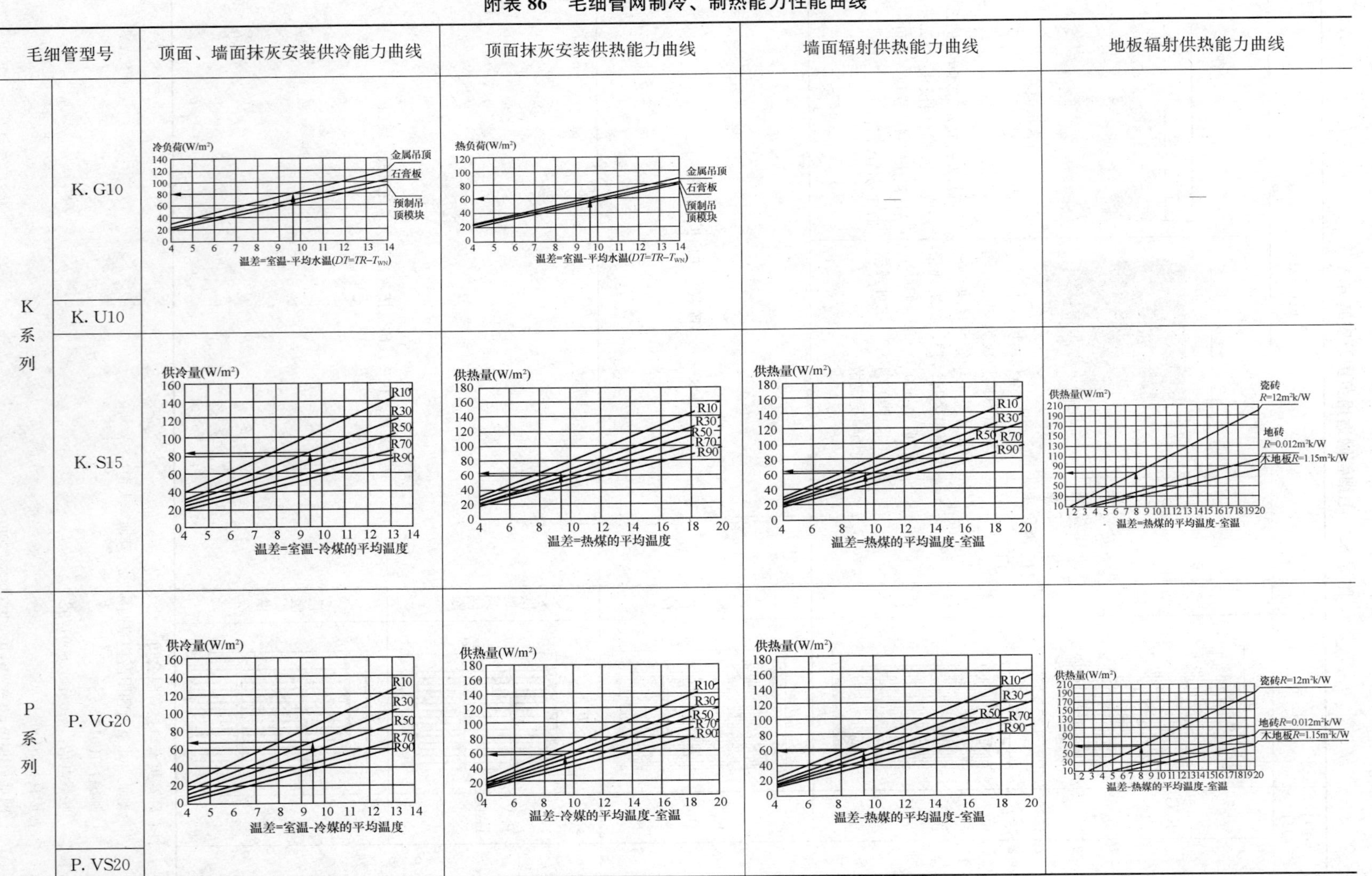

毛细管型号		顶面、墙面抹灰安装供冷能力曲线	顶面抹灰安装供热能力曲线	墙面辐射供热能力曲线	地板辐射供热能力曲线
K系列	K. G10			—	—
	K. U10				
	K. S15				
P系列	P. VG20				
	P. VS20				

注：1. 金属吊顶，内贴有隔声衬里织物层和 K. G10、K. U10 型毛细管席；
2. 石膏板，内贴 K. G10、K. U10 型毛细管席；
3. 预制吊顶模块，内贴 K. G10、K. U10 型毛细管席；
4. 表曲线代号说明：

灰泥类型	导热系数［W/（m·K）］	灰泥厚度（mm）	代号
普通混凝土	1.5	5	R10
		10	R13
		15	R15
		20	R24
水泥砂浆	0.93	5	R11
		10	R16
		15	R20
		20	R25
石灰砂浆	0.81	5	R12
		10	R18
		15	R23
		20	R38
石膏	0.35	5	R24
		10	R38
		15	R52
		20	R90
粉刷石膏	0.76	5	R14
		10	R20
		15	R25
		20	R40

际高贝卡科技有限公司
地址：北京市朝阳区望京西园 221 号博泰大厦
邮编：100102
联系电话：010-64476091/92
传真：010-64475034
网址：http：//www. hundredbeka. com

附表 87　毛细管网压力损失性能曲线

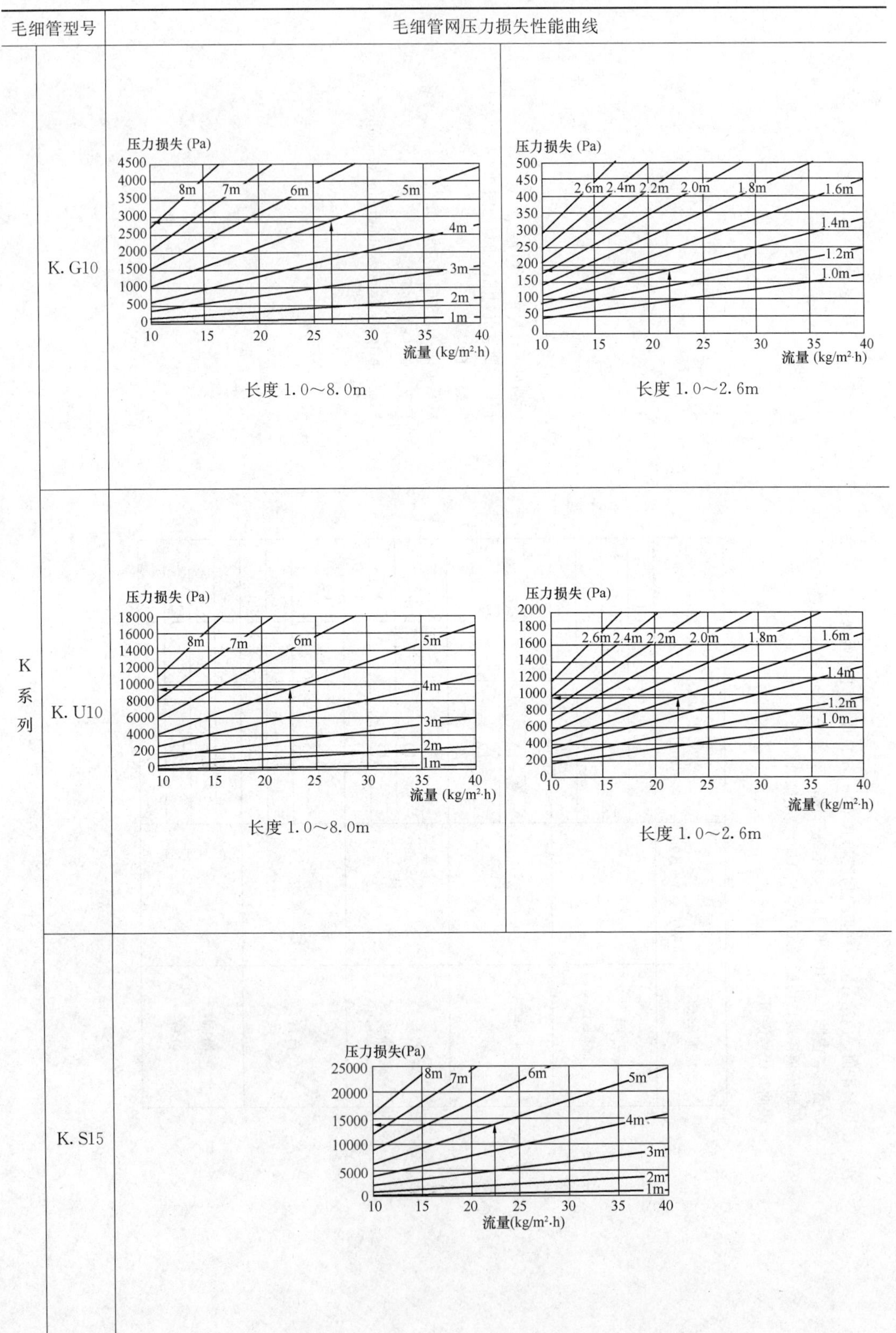

毛细管型号		毛细管网压力损失性能曲线	
K系列	K. G10	长度 1.0～8.0m	长度 1.0～2.6m
	K. U10	长度 1.0～8.0m	长度 1.0～2.6m
	K. S15		

续表

毛细管型号		毛细管网压力损失性能曲线
P系列	P. VG20	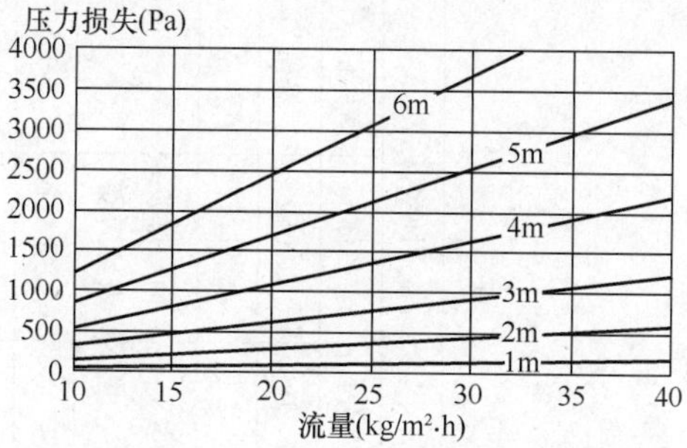 压力损失(Pa) 4000 3500 3000 2500 2000 1500 1000 500 0 6m 5m 4m 3m 2m 1m 10 15 20 25 30 35 40 流量(kg/m²·h)
	P. VS20	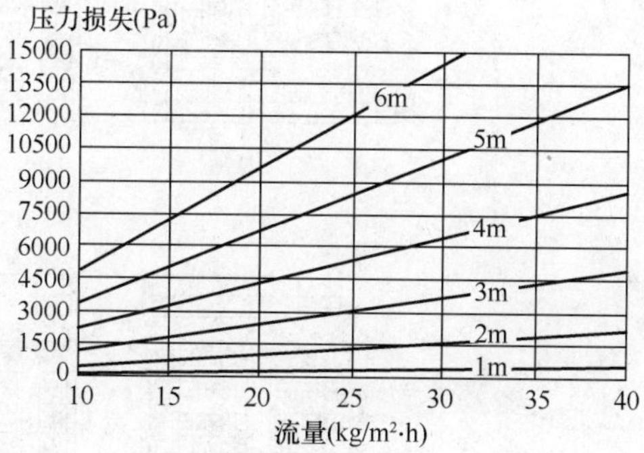 压力损失(Pa) 15000 13500 12000 10500 9000 7500 6000 4500 3000 1500 0 6m 5m 4m 3m 2m 1m 10 15 20 25 30 35 40 流量(kg/m²·h)

注：际高贝卡科技有限公司

地址：北京市朝阳区望京西园 221 号博泰大厦

邮编：100102

联系电话：010-64476091/92

传真：010-64475034

网址：http：//www.hundredbeka.com

附表 88　毛细管网分集水器系列产品

毛细管辐射系统专用集分水器参数表

型号	材质	规格尺寸（mm）					图示	附件名称表	备注
		a1	a2	b	c	d			
HBT-JFS45×20-3Y（T）	尼龙塑料	390	320	220	110	55	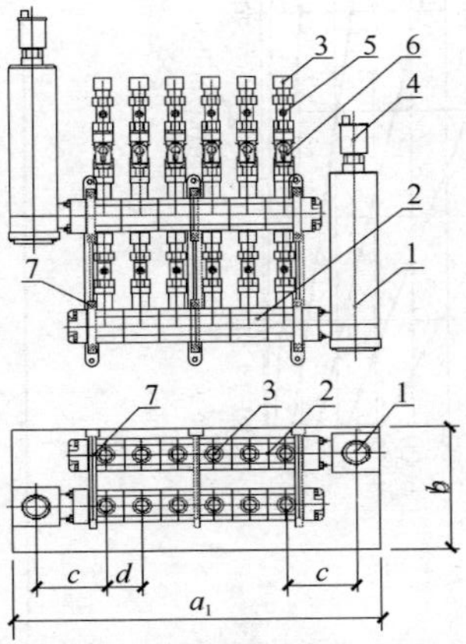 JFS35×20-6Y 集分水器大样图（集气罐异侧）；JFS35×20-6T 集分水器大样图（集气罐同侧） 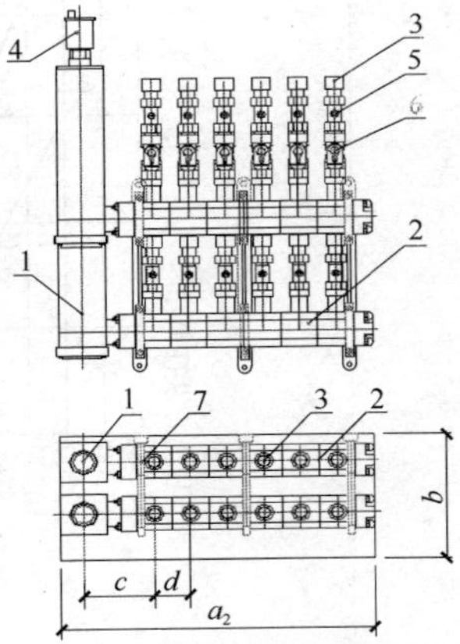	见下表	每增加一个回路，分集水器总长度(a)增加 55mm
HBT-JFS45×20-4Y（T）	尼龙塑料	445	375	220	110	55			
HBT-JFS45×20-5Y（T）	尼龙塑料	500	430	220	110	55			
HBT-JFS45×20-6Y（T）	尼龙塑料	550	485	220	110	55			

附件名称表

编号	名称	规格（mm）
1	集气罐	外径 72×72
2	水平母管	外径 60×60
3	钢塑过渡内丝活接	de20×2．3
4	自动排气阀	DN15
5	球阀	DN15
6	电动阀	DN20
7	支架	

附图

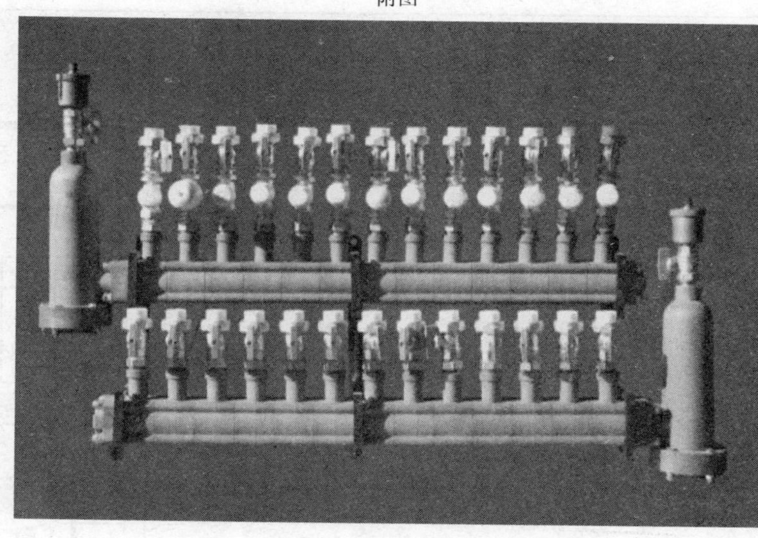

注：产品优势特点：具有分配水量、集气排气、泄水功能，应为塑料、铜镀镍、不锈钢等非腐蚀性材质；其管内水流均匀、可调，密封性好，耐压值高，模块化组装，灵活方便，各回路单独控制，操作简单，安全可靠，使用寿命长

际高贝卡科技有限公司

地址：北京市朝阳区望京西园 221 号博泰大厦

邮编：100102

联系电话：010-64476091/92

传真：010-64475034

网址：http：//www. hundredbeka. com

附表 89　毛细管辐射系统专用换热集分水一体机组

名称	图示	附件名称表	产品优势特点	适用范围
新型分集水器（水力平衡中心）	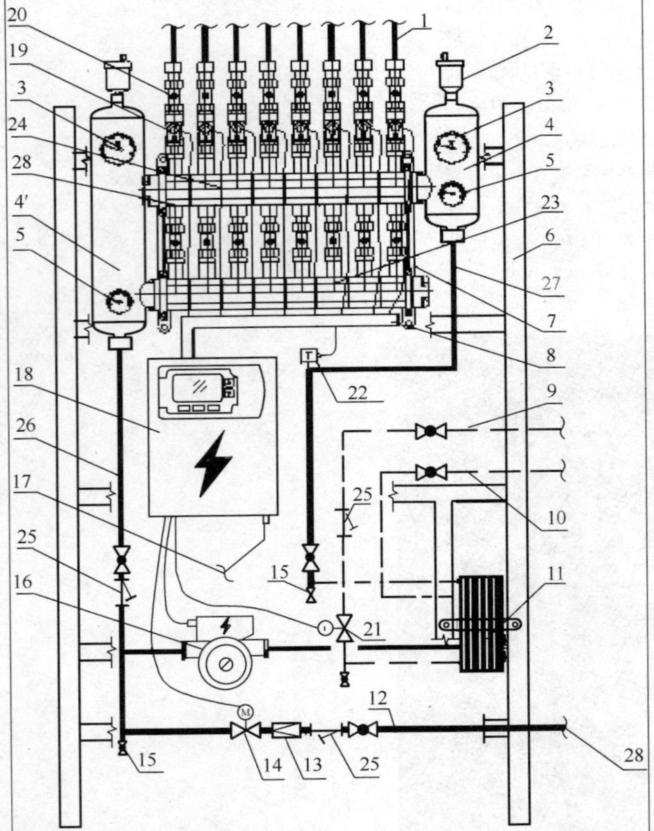 20 19 3 24 28 4′ 5 18 26 17 25 16 15 14 13 25 12 28 1 2 3 4 5 23 6 27 7 8 22 9 10 25 15 11 21	1—分水器供水支管；2—自动排气阀；3—压力表；4—供水定压排气装置；4′—回水定压排气装置；5—温度计；6—支架；7—集分水器支架；8—线槽；9——次侧供水管；10——次侧回水管；11—板式换热器；12—补水管；13—定压补水阀；14—补水电磁阀；15—泄水阀；16—管道屏蔽泵；17—电源；18—PLC；19—热电阀；20—球阀；21—比例积分调节阀；22—温度探头；23—集水器；24—分水器；25—过滤器；26—二次侧回水主管；27—二次侧供水主管；28—外部供水管	集换热、系统循环、水力分配、自控系统于一体，实现了换热系统的灵活控制，减少了输配系统的输送能耗，提高了系统运行的稳定性；占用空间小，施工工艺流程简单，工业化程度高；应用量大，规模化生产，降低制作和人工费用，经济效益大	适用于别墅、高层住宅，单台换热量为 3600～12000W，适用面积为 90～350m²，可根据具体项目，请联系我公司咨询，内部构造进行匹配

注：际高贝卡科技有限公司

地址：北京市朝阳区望京西园 221 号博泰大厦　邮编：100102

联系电话：010-64476091/92　传真：010-64475034　网址：http：//www.hundredbeka.com

多联式空调（热泵）机组

附表 90 多联式空调（热泵）机组

型号	制冷量（kW）	制冷功率（kW）	制热量（kW）	制热功率（kW）	IPLV	尺寸			重量（kg）	参考价（万元）
						宽（mm）	高（mm）	深（mm）		
MDV-252（8）W/D2SN1-8U0	25.2	5.79	27	5.79	8.1	990	1635	790	219	6.2
MDV-280（10）W/D2SN1-8U0	28	7.02	31.5	7.19	8.3	990	1635	790	219	6.5
MDV-335（12）W/D2SN1-8U0	33.5	8.71	37.5	8.82	7.9	990	1635	790	237	7.1
MDV-400（14）W/D2SN1-8V0	40	10.81	45	10.98	7.8	1340	1635	790	297	8.3
MDV-450（16）W/D2SN1-8V0	45	12.12	50	12.47	7.7	1340	1635	790	297	8.5
MDV-500（18）W/D2SN1-8V0	50	14.47	56	14.15	7.6	1340	1635	790	305	9.5
MDV-560（20）W/D2SN1-8V0	56	16.67	63	15.98	7.5	1340	1635	790	340	10.6
MDV-615（22）W/D2SN1-8V0	61.5	18.77	69	17.86	7.4	1340	1635	790	340	11.2

注：1. 表中价格仅供参考，准确成本核算请联系厂家。

2. 厂家名称：广东美的暖通设备有限公司。

3. 厂址：广东省佛山市顺德区北滘镇美的工业园。

4. 商务联系电话：400-8899-315。

水阀

附表 91 衬里中线蝶阀

公称直径 DN（mm）	驱动装置型号	H_1（mm）	H_2（mm）	蜗轮驱动装置		额定流量系数 K_{vs}
				A（mm）	B（mm）	
50	20070	108.5	66	200	53	158
65	20070	114	77.5	200	53	305
80	20070	121	87	200	53	570
100	20070	141	100	200	53	1006
125	20090	158	122	200	53	1700
150	20090	174	136	200	53	2370

续表

公称直径DN（mm）	驱动装置型号	H_1（mm）	H_2（mm）	蜗轮驱动装置		额定流量系数 K_{vs}
				A（mm）	B（mm）	
200	20102	206	165	250	74	4342
250	20102	241	200	250	74	5814
300	20125	279	230	250	74	10041

注：1. 公司有中线蝶阀、双偏心蝶阀，并且可提供手柄传动、蜗轮传动、电动传动、气动传动等多种传动方式。
2. 蝶阀的规格覆盖DN40～DN3000（法兰连接），DN50～DN1200（对夹连接）。
3. 产品的公称压力有：1.0MPa、1.6MPa、2.5MPa。
4. 工作温度：常规≤80℃、特殊≤200℃。
5. 厂家名称：广东永泉阀门科技有限公司。
厂址：广东省佛山市南海区九江镇梅东段1号。
电话：0757-86561111。
传真：0757-86557559。
网站：www.yq.com.cn。

附表92　电动二通阀

型号	DN（mm）	K_{vs}	S_v	ΔP_{vmax}（kPa）
YQZKZP1型	20	6.5	>100	800
	25	10.2	>100	800
	32	16.5	>100	800
	40	27	>100	800
	50	42	>100	800
YQZKZP4型	50	32	>100	100
	65	51	>100	100
	80	79	>100	100
	100	125	>100	100
	125	215	>100	100
	150	300	>100	100
	200	760	>100	300
	250	1200	>100	400
	300	1800	>100	300

注：1. DN＝公称直径；
K_{vs}＝符合VD12173标准的额定流量数；
S_v＝符合VD12173标准的流通能力，相当于国内R＝Qmax/Qmin可调比
2. 公称压力：1.0MPa、1.6MPa、2.5MPa
3. 介质温度：－25～200℃
4. 适用介质：冷热水、蒸汽、非腐蚀性气体
5. 厂家名称：广东永泉阀门科技有限公司
厂址：广东省佛山市南海区九江镇梅东段1号
电话：0757-86561111
传真：0757-86557559
网站：www.yq.com.cn

电动二通调节阀（丝扣式）
YQZKZP1

电动二通调节阀（法兰型）
YQZKZP4

附表 93　电动三通阀

公称压力	1.0、1.6、2.5（MPa）	介质温度	−25～200℃
泄漏量	小于 K_{vs} 值的 0.02%	流量特性	K_{vs}=6～1800
使用介质	冷热水、蒸汽、非腐蚀性气体	湿度	5%～90%相对湿度（执行器无结露）

型号	DN（mm）	k_{vs}	S_v	ΔP_{vmax}（kPa）	
				合流	分流
YQZKZQ1 型	20	6.5	>100	800	200
	25	10.2	>100	800	200
	32	16.5	>100	800	200
	40	27	>100	800	200
	50	42	>100	800	200
YQZKZP4 型	50	32	>100	100	100
	65	51	>100	100	100
	80	79	>100	100	100
	100	125	>100	100	70
	125	215	>100	100	60
	150	300	>100	100	50
	200	760	>100	300	200
	250	1200	>100	400	300
	300	1800	>100	300	200

注：1. DN＝公称直径；

K_{vs}＝符合 VD12173 标准的额定流量数；

S_v＝符合 VD12173 标准的流通能力，相当于国内 $R=Q_{max}/Q_{min}$ 可调比

2. 公称压力：1.0MPa、1.6MPa、2.5MPa

3. 介质温度：−25～200℃

4. 使用介质：冷热水、蒸汽、非腐蚀性气体

5. 厂家名称：广东永泉阀门科技有限公司

厂址：广东省佛山市南海区九江镇梅东段 1 号

电话：0757-86561111

传真：0757-86557559

网站：www.yq.co.cn

电动三通调节阀（丝扣式）YQZKZQ1

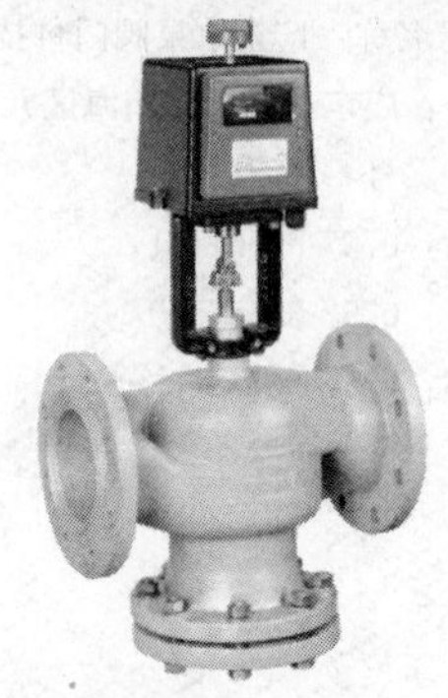

电动三通调节阀（法兰式）YQZKZQ4

附表 94　动态平衡电动调节阀（ZKZM 系列）

DN（mm）	L（mm）	H（mm）	D（mm）			h（mm）	恒定流量范围（m^3/h）
			PN10	PN16	PN25		
50	203	342	160	160	160	216	2～10
65	216	388	185	185	185	242	3～15
80	241	432	200	200	200	262	5～25
100	292	466	220	220	235	288	10～35
125	330	555	250	250	270	325	15～50
150	356	555	285	285	300	325	20～80
200	495	646	340	340	360	362	40～160
250	622	732	405	405	425	434	75～300
300	698	808	460	460	485	465	100～450
350	787	825	520	520	555	518	200～650
400	914	842	580	580	620	542	250～900
450	978	990	640	640	670	586	280～1100
500	978	1075	715	715	730	624	320～1400

注：1. 公称压力：1.0MPa、1.6MPa、2.5MPa
2. 适用温度：0～100℃
3. 工作压差范围：0.02～0.6MPa
4. 使用介质：冷热水、蒸汽、非腐蚀性气体
5. 流量相对误差≤±5%
6. 工作压差范围：0.02～0.6MPa
7. 厂家名称：广东永泉阀门科技有限公司
厂址：广东省佛山市南海区九江镇梅东段1号
电话：0757-86561111
传真：0757-86557559
网站：www.yq.com.cn

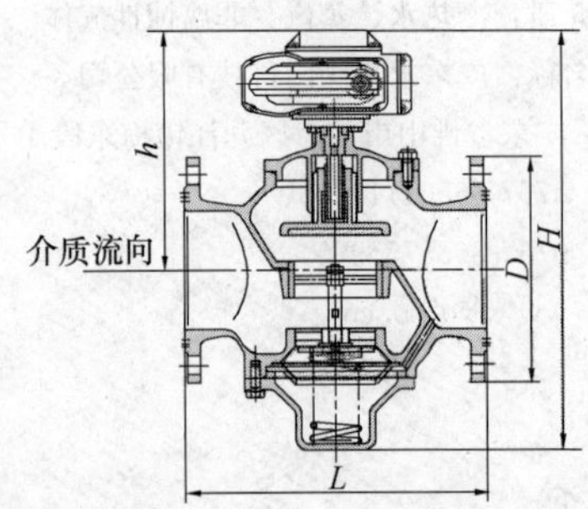

附表 95　防结露电控节能一体阀（YQFJLHP46X）

DN（mm）	*L*（mm）	*H*（mm）	重量（kg）
300	750	790	514
350	850	902	598
400	950	1014	685
450	1050	1126	772
500	1150	1240	860
600	1350	1517	1010
700	1550	1636	1200
800	1750	1945	2865
900	1950	2172	3100
1000	2150	2423	4540
1200	2400	2729	5450
1400	2800	3157	7385

注：1. 零流量启动水泵；零流量关闭水泵；可任意范围调整流量；流速 2m/s 时，水头损失不超过 0.5m；可节电 3%～15%

2. 公称压力：1.0MPa、1.6MPa、2.5MPa

3. 适用温度：0～80℃

4. 活塞缸驱动介质：空气，驱动介质压力：0.5～0.8MPa

5. 厂家名称：广东永泉阀门科技有限公司

厂址：广东省佛山市南海区九江镇梅东段 1 号

电话：0757-86561111

传真：0757-86557559

网站：www.yq.com.cn

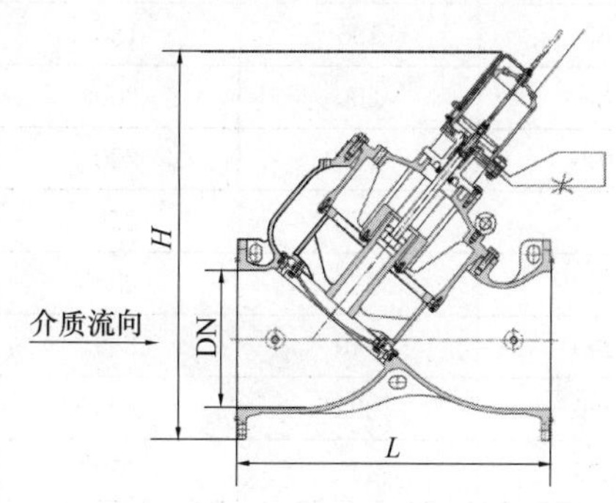

附表 96　角式（T型）扩散过滤器（YQT44）

DN（mm）	L（mm）	H_1（mm）	H_2（mm）
80	131	245	201
100	146	300	212
125	178	350	240
150	203	410	260
200	248	500	301
250	311	630	342
300	350	700	420
350	394	800	460
400	457	920	500
450	483	1030	630
500	575	1150	700

注：1. 公称压力：1.0MPa、1.6MPa、2.5MPa
2. 介质温度：0～100℃
3. 适用介质：水、油、汽
4. 厂家名称：广东永泉阀门科技有限公司
厂址：广东省佛山市南海区九江镇梅东段1号
电话：0757-86561111
传真：0757-86557559
网站：www.yq.com.cn

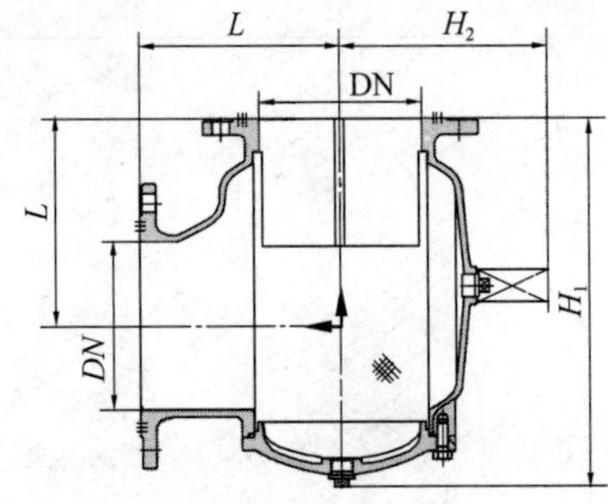

附表 97　节能消声止回阀（炮弹型）（YQH42AX）

DN（mm）	D（mm）			L（mm）	额定流量系数 K_{vs}
	PN10	PN16	PN25		
40	150	150	150	136	35
50	165	165	165	142	63
65	185	185	185	154	109
80	200	200	200	160	172
100	220	220	235	172	289
125	250	250	270	186	476
150	285	285	300	200	750
200	340	340	360	400	1432
250	395	405	425	450	2330
300	445	450	485	500	3676
350	505	520	555	550	5274
400	565	580	620	600	7306

续表

DN (mm)	D（mm）			L（mm）	额定流量系数 k_{vs}
	PN10	PN16	PN25		
450	615	640	670	650	9246

注：1. 公称压力：1.0MPa、1.6MPa、2.5MPa
2. 适用介质：水
3. 介质温度：0～100℃
4. 厂家名称：广东永泉阀门科技有限公司
厂址：广东省佛山市南海区九江镇梅东段1号
电话：0757-86561111
传真：0757-86557559
网站：www.yq.com.cn

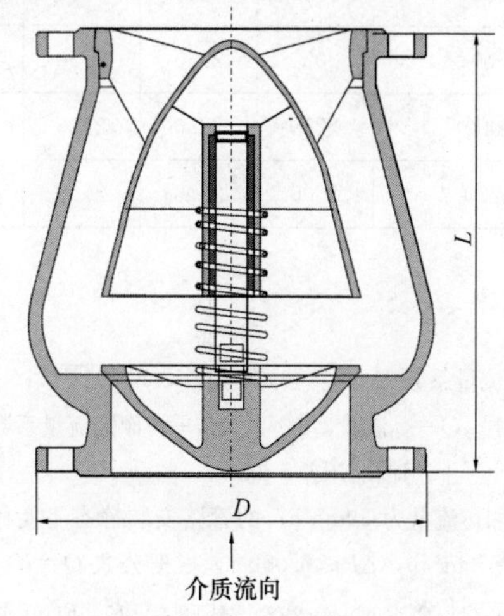

附表98　静态平衡阀

防气蚀静态平衡阀（法兰型）YQSTBF-10Q、16Q、25QN	L（mm）			H（mm）			额定流量系数 K_{vs}		
	PN10	PN16	PN25	PN10	PN16	PN25	PN10	PN16	PN25
50	230	230	230	169	169	169	36	36	36
65	290	290	290	204	204	204	98	98	98
80	310	310	310	207	207	207	122.2	122.2	122.2
100	350	350	350	231	231	231	201	201	201
125	400	400	400	264	264	264	293	293	293
150	480	480	480	278	278	278	404	404	404
200	600	600	600	444	444	444	814.5	814.5	814.5
250	730	730	730	480	480	480	1200	1200	1200
300	850	850	850	529	529	529	1600	1600	1600
350	980	980	980	708	708	708	2220	2220	2220
400	1100	1100	1100	818	818	818	3180	3180	3180
450	1200	1200	1200	900	900	900	3840	3840	3840
500	1250	1250	1250	950	950	950	4550	4550	4550
600	1450	1450	1450	1125	1125	1125	6932	6932	6932
700	1650	1650	1650	1260	1260	1260	9435	9435	9435

续表

防气蚀静态平衡阀（法兰型）YQSTBF-10Q、16Q、25QN	L（mm）			H（mm）			额定流量系数 K_{vs}		
	PN10	PN16	PN25	PN10	PN16	PN25	PN10	PN16	PN25
800	1850	1850	1850	1408	1408	1408	12938	12938	12938
900	2050	2050	2050	1600	1600	1600	15597	15597	15597
1000	2250	2250	2250	1850	1850	1850	20286	20286	20286
1200	2600	2600	2600	2100	2100	2100	29212	29212	29212

注：1. 流量系数 K_v 计算公式：$Q=K_v\times\sqrt{\Delta P}$

式中　Q——流量，m^3/h，K_v——额定流量系数；ΔP——阀门前后压差，bar

例如：流量为 $50m^3/h$；的管路安装静态平衡阀，$Q=50m^3/h$，$\Delta P\leqslant 0.05bar$，根据公式 $Q=K_v\times\sqrt{\Delta P}$ 计算，$K_v=222$，查阀门 K_v 值可知，DN125 口径平衡阀 $K_{vs}=293$，满足要求，带入公式计算，阀门全开时实际阻力＝0.029bar，即为 $0.29mH_2O$。

2. 公称压力：1.0MPa、1.6MPa、2.5MPa
3. 适用介质：水、乙二醇、蒸汽
4. 介质温度：－20～＋130℃
5. 流量误差：±5%（50%～100%开度）
6. 厂家名称：广东永泉阀门科技有限公司

厂址：广东省佛山市南海区九江镇梅东段1号

电话：0757-86561111

传真：0757-86557559

网站：www.yq.com.cn

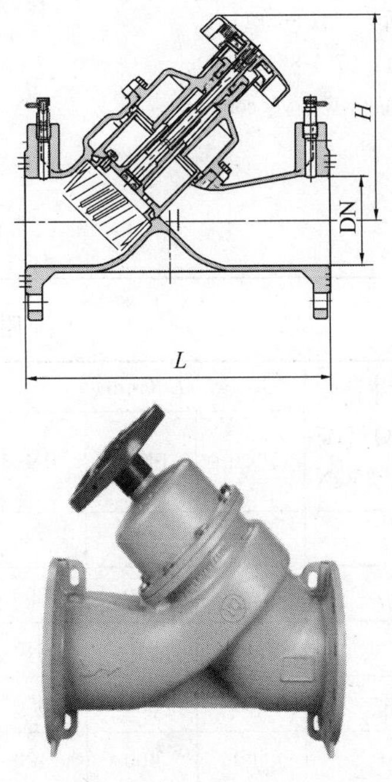

附表 99　静态平衡阀（丝扣型）YQSTBF-16T

DN（mm）	D（inch）	L（mm）	H（mm）	流量系数 K_{vs}
15	1/2″	90	103	3.88
20	3/4″	100	108.5	5.71
25	1″	110	110	8.89
32	1¼″	120	116	19.45
40	1½″	135	125	27.51

续表

DN（mm）	D（inch）	L（mm）	H（mm）	流量系数 K_{vs}
50	2″	150	127	38.78

注：1. 流量系数 K_v 计算公式：$Q=K_v\times\sqrt{\Delta P}$

式中 Q——流量，m^3/h；K_v——额定流量系数；ΔP——阀门前后压差，bar

例如：流量为 $50m^3/h$ 的管路安装静态平衡阀，$Q=50m^3/h$，$\Delta P\leqslant0.05$bar，根据公式 $Q=K_v\times\sqrt{\Delta P}$ 计算，$K_v=222$，查阀门 K_v 值可知，DN125 口径平衡阀 $K_{vs}=293$，满足要求，带入公式计算，阀门全开时实际阻力＝0.029bar，即为 0.29mH_2O。

2. 公称压力：1.0MPa、1.6MPa、2.5MPa
3. 适用介质：水、乙二醇、蒸汽
4. 介质温度：－20～＋130℃
5. 流量误差：±5％（50％～100％开度）
6. 厂家名称：广东永泉阀门科技有限公司

厂址：广东省佛山市南海区九江镇梅东段 1 号

电话：0757-86561111

传真：0757-86557559

网站：www.yq.com.cn

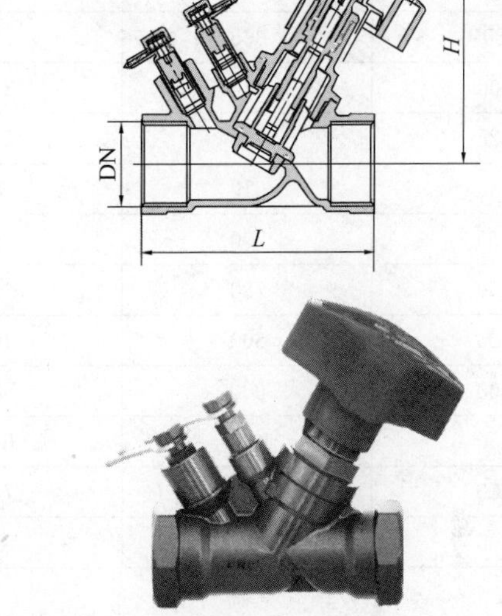

附表 100 水锤吸纳器（活塞式）（YQJXNQ4X）

公称通径 DN（mm）	D1（mm）			H（mm）
	PN16	PN25	PN40	
65	185	185	185	468
80	200	200	200	720
100	220	235	235	757
125	250	270	270	796
150	285	300	300	832
200	340	360	375	880
250	405	425	450	968
300	460	485	515	997
350	520	555	580	1000
400	580	620	660	1016
450	640	670	685	1060
500	715	730	755	1200
600	840	845	890	1350

注：1. 公称压力：1.6MPa、2，5MPa、4.0MPa
2. 适用介质：水
3. 适用温度：0～100℃
4. 厂家名称：广东永泉阀门科技有限公司

厂址：广东省佛山市南海区九江镇梅东段 1 号

电话：0757-86561111

传真：0757-86557559

网站：www.yq.com.cn

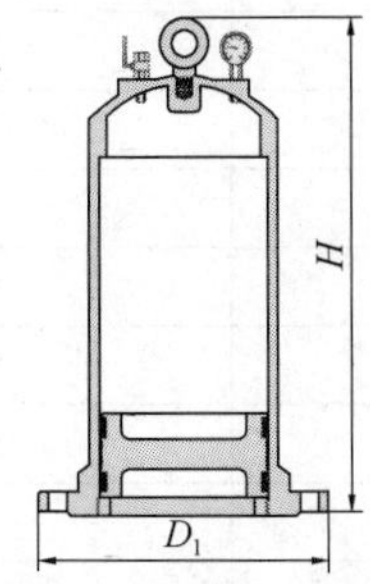

附表 101　水锤吸纳器（胶胆式）

公称通径 DN（mm）	L（mm）	D（mm）		
		PN16	PN25	PN40
50	290	165	165	165
65	320	185	185	185
80	365	200	200	200
100	440	220	235	235
125	515	250	270	270
150	610	285	300	300
200	700	340	360	375
250	780	405	425	450
300	800	460	485	515
400	900	580	620	660
450	1000	640	670	685
500	1100	715	730	755
600	1200	840	845	890

注：1. 公称压力：1.6MPa、2，5MPa、4.0MPa
2. 适用介质：水
3. 适用温度：0～100℃
4. 厂家名称：广东永泉阀门科技有限公司
厂址：广东省佛山市南海区九江镇梅东段1号
电话：0757-86561111
传真：0757-86557559
网站：www. yq. com. cn

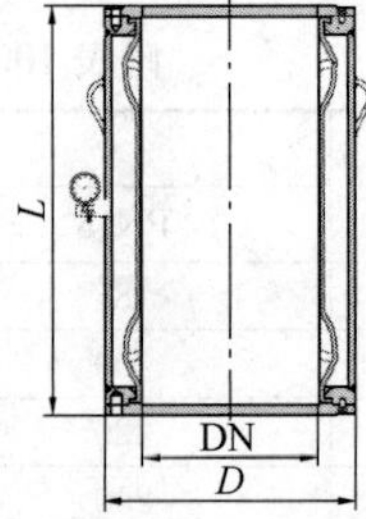

附表 102　自力式带止回压差控制阀（YQ20015）

DN（mm）	L（mm）	H（mm）	流量系数 K_v
40	280	245	0.5～25
50	280	245	0.7～39
65	305	245	1.2～58.4
80	325	250	1.8～80.4
100	375	260	3.0～118
150	440	350	8.0～285
200	600	477	10～603
250	730	510	20～901
300	810	658	25～1390
350	840	708	30～1740
400	914	818	32～2800
450	1050	900	40～3600
500	1100	950	45～4400

续表

DN（mm）	L（mm）	H（mm）	流量系数 K_v
600	1295	1125	55～6400

注：1. 公称压力：1.0MPa、1.6MPa、2.5MPa
2. 适用介质：水
3. 适用温度：≤80℃
4. 压差调节范围：宜在≤0.5MPa 范围内
5. 厂家名称：广东永泉阀门科技有限公司
厂址：广东省佛山市南海区九江镇梅东段 1 号
电话：0757-86561111
传真：0757-86557559
网站：www.yq.com.cn

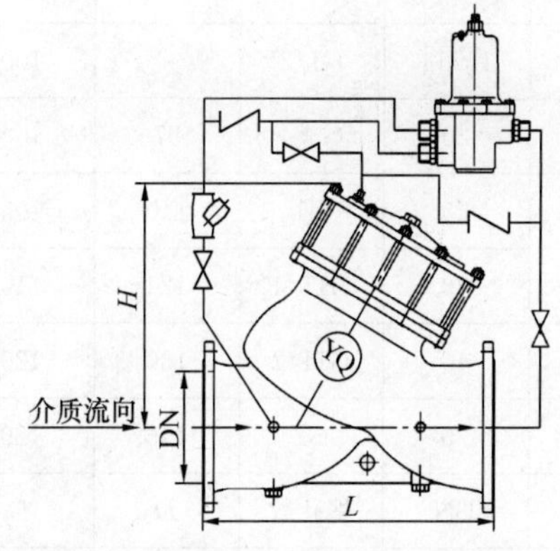

附表 103　自力式流量控制阀（ZL-4M）

DN（mm）	L（mm）	H（mm）	D（mm） PN10	D（mm） PN16	D（mm） PN25	h（mm）	流量范围（m^3/h）
20	117	112	105	105	105	53	0.1～1
25	127	126	115	115	115	62	0.2～2
32	140	184	140	140	140	85	0.5～4
40	165	215	150	150	150	104	1～6
50	203	262	160	160	160	136	2～10
65	216	308	185	185	185	162	3～15
80	241	320	200	200	200	168	5～25
100	292	372	220	220	235	195	10～35
125	330	450	250	250	270	222	15～50
150	356	450	285	285	300	222	20～80
200	495	576	340	340	360	302	40～160
250	622	650	405	405	425	335	75～300
300	698	830	460	460	485	382	100～450
350	787	860	520	520	555	414	200～650
400	914	895	580	580	620	430	250～900
450	978	926	640	640	670	484	280～1100
500	978	954	715	715	730	508	320～1400

注：1. 公称压力：1.0MPa、1.6MPa、2.5MPa
2. 适用介质：水
3. 介质温度：0～100℃
4. 工作压差范围：0.02～0.6MPa
5. 流量相对误差≤±5%
6. 厂家名称：广东永泉阀门科技有限公司
厂址：广东省佛山市南海区九江镇梅东段 1 号
电话：0757-86561111
传真：0757-86557559
网站：www.yq.com.cn

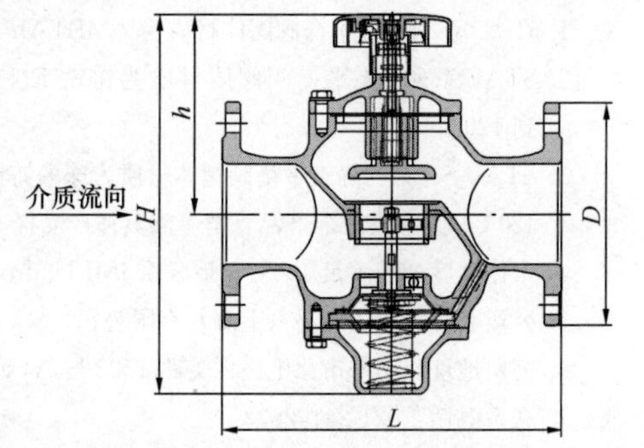

附表104　静态平衡阀

型号	DN	D	L	H	K_{vs}	kg
STAD	10/09	G3/8	83	100	1.47	0.58
STAD	15/14	G1/2	90	100	2.52	0.62
STAD	20	G3/4	97	100	5.70	0.72
STAD	25	G1	110	105	8.70	0.88
STAD	32	G11/4	124	110	14.2	1.2
STAD	40	G11/2	130	120	19.2	1.4
STAD	50	G2	155	120	33.0	2.3

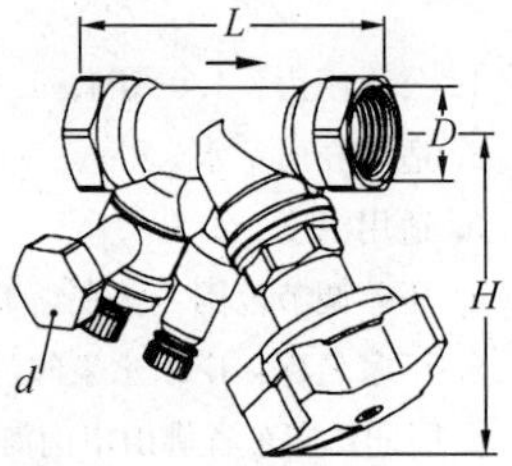

型号	DN	螺孔数	D	L	H	K_{vs}	kg
STAF	65-2	4	185	290	205	85	12.4
STAF	80	8	200	310	220	120	15.9
STAF	100	8	220	350	240	190	22
STAF	125	8	250	400	275	300	32.7
STAF	150	8	285	480	285	420	42.4

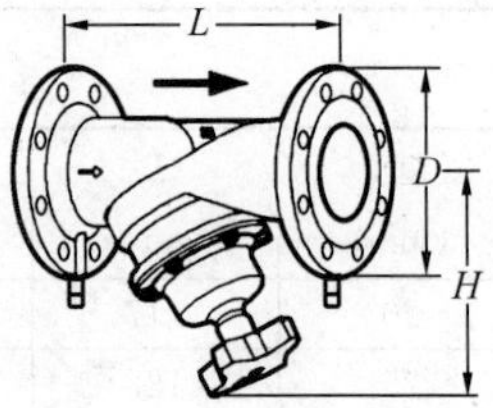

型号	DN	螺孔数	D	L	H	K_{vs}	kg
STAF-SG	200	12	340	600	430	765	76
STAF-SG	250	12	400	730	420	1185	122
STAF-SG	300	12	485	850	480	1450	163
STAF-SG	350	16	520	980	585	2200	297
STAF-SG	400	16	580	1100	640	2780	406

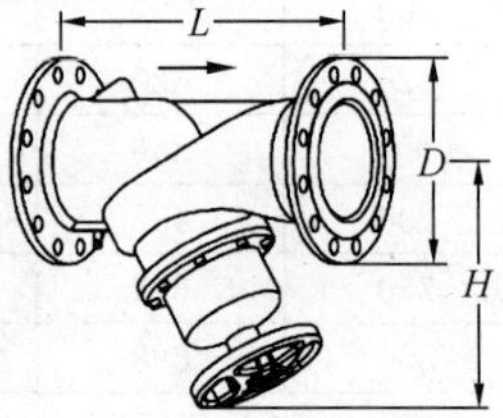

注：1. STAD系列静态平衡阀阀体材质为AMETAL® 合金，承压等级为PN20，工作温度为−20℃到120℃。

2. STAF系列静态平衡阀阀体材质为铸铁EN-GJL-250（GG25），承压等级为PN16，工作温度为−10℃到120℃。

3. STAF-SG系列静态平衡阀阀体材质为球墨铸铁EN-GJS-400-15，承压等级为PN16，工作温度为−20℃到120℃。如需PN25产品，请参阅具体产品样本。

4. 工作温度如需满足150℃，请联系IMI Hydronic Engineering。

5. 公司名称：埃迈贸易（上海）有限公司。

6. 公司地址：上海市徐汇区古美路1528号A4研祥科技大厦9楼。

7. 联系电话：021-24192633

8. 公司网站：www.imi-hydronic.com，官方微信：imiphltjs。

附表 105　AMETAL® 合金压差控制器 STAP

型号	DN	D	L	H	B	K_{vm}	kg
	dpl＝10～60kPa						
STAP	15	G1/2	84	137	72	1.4	1.1
STAP	20	G3/4	91	139	72	3.1	1.2
STAP	25	G1	93	141	72	5.5	1.3
	dpl＝20～80kPa						
STAP	32	G11/4	133	179	110	8.5	2.6
STAP	40	G11/2	135	181	110	12.8	2.9
STAP	50	G2	137	187	110	24.4	3.5

产品	DN	螺孔数	D	L	H	K_{vm}	kg
	dpl＝20～80kPa						
STAP	65	4	185	290	321	36	26
STAP	80	8	200	310	337	55	32
STAP	100	8	220	350	350	110	35
	dpl＝40～160kPa						
STAP	65	4	185	290	321	36	26
STAP	80	8	200	310	337	55	32
STAP	100	8	220	350	350	110	35

注：1. dpl 为所控对象或回路需稳定的压差。

2. DN15～DN50 口径的 STAP 产品主要材质为 AMETAL® 合金，承压等级为 PN16，最大压差为 250kPa，工作温度为－20～120℃。

3. DN65～DN100 口径的 STAP 产品主要材质为 AMETAL® 合金，承压等级为 PN16，最大压差为 350kPa，工作温度为－10～120℃。

4. 公司名称：埃迈贸易（上海）有限公司。

5. 公司地址：上海市徐汇区古美路 1528 号 A4 研祥科技大厦 9 楼。

6. 联系电话：021-24192633。

7. 公司网站：www.imi-hydronic.com，官方微信：imiphltjs。

附表 106　先导阀型同轴式压差控制器 TA-PILOT-R

型号	DN	D	L	H_1	H_2	K_{vm}	kg
	dpl＝30～150kPa						
TA-PILOT-R	65	185	190	274	93	75	18
TA-PILOT-R	80	200	203	281	100	110	21
TA-PILOT-R	100	220	229	303	110	180	32
TA-PILOT-R	125	250	254	313	125	270	42
TA-PILOT-R	150	285	267	331	143	400	56
TA-PILOT-R	200	340	292	361	170	600	83

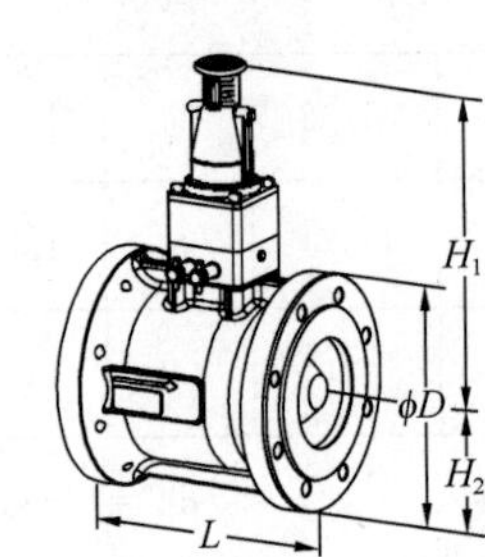

注：1. dpl 为所控对象或回路需稳定的压差。如需其他范围 dpl 产品，请参阅 TA-PILOT-R 产品手册。

2. 阀体材质为球墨铸铁 EN-GJS-400，先导阀体材质为 AMETAL® 合金，以上所列产品承压等级为 PN16，工作温度为－20℃到 120℃，最大压差 800kPa。如需承压等级为 PN25 或者工作温度为 150℃的产品，请联系 IMI Hydronic Engineering。

3. 公司名称：埃迈贸易（上海）有限公司。

4. 公司地址：上海市徐汇区古美路 1528 号 A4 研祥科技大厦 9 楼。

5. 联系电话：021-24192633。

6. 公司网站：www. imi-hydronic. com，官方微信：imiphltjs。

附表 107　开关型压差无关型平衡控制阀

型号	DN	D	L	H_1	H_2	B	q_{max} (L/h)	kg
TA-COMPACT-P	10	G1/2	74	55	55	54	120	0.53
TA-COMPACT-P	15LF	G3/4	74	55	55	54	245	0.54
TA-COMPACT-P	15	G3/4	74	55	55	54	470	0.54
TA-COMPACT-P	20	G1	85	64	55	64	1150	0.69
TA-COMPACT-P	25	G11/4	93	64	61	64	2150	0.79
TA-COMPACT-P	32	G11/2	112	78	61	78	3700	1.5

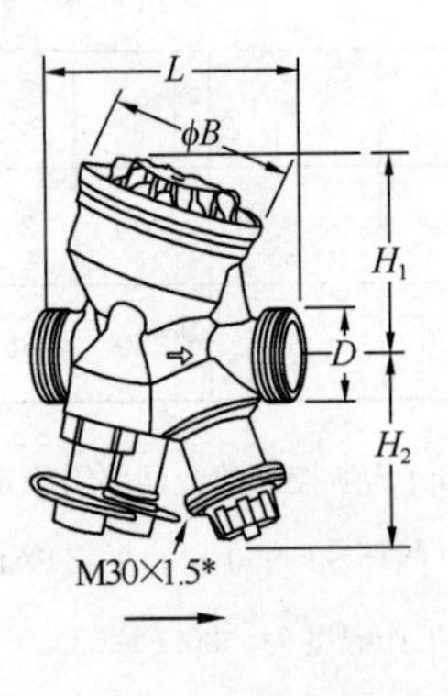

注：1. TA-COMPACT-P 主要材质为 AMETAL® 合金，承压等级为 PN16，工作温度为 0℃到 90℃，最大压差为 400kPa。

2. 公司名称：埃迈贸易（上海）有限公司。

3. 公司地址：上海市徐汇区古美路 1528 号 A4 研祥科技大厦 9 楼。

4. 联系电话：021-24192633。

5. 公司网站：www. imi-hydronic. com，官方微信：imiphltjs。

附表 108 平衡控制阀

型号	DN	d	D_1	D_2	L_1	L_2	H_1	H_2	K_{vs}	kg
TA-FUSION-C	32	G11/4	128	109	153	273	186	326	12.9	4.9
TA-FUSION-C	40	G11/2	128	109	159	273	186	326	18.5	5.0
TA-FUSION-C	50	G2	128	109	167	281	190	330	33.0	5.5

配 TA-MC55Y 型执行器

型号	DN	D	L	H	K_{vs}	kg
TA-FUSION-C	65	185	190	438	65.4	20
TA-FUSION-C	80	200	203	438	100	24
TA-FUSION-C	100	220	229	438	160	30
TA-FUSION-C	125	250	254	438	270	40

配 TA-MC100 型执行器

型号	DN	D	L	H	K_{vs}	kg
TA-FUSION-C	150	285	267	533	400	53

配 TA-MC160 型执行器

注：1. DN32～DN50 的 TA-FUSION-C 主要材质为 AMETAL® 合金，承压等级为 PN16，工作温度为－20℃到 150℃，具有独立的等百分比特性。

2. DN65～DN150 的 TA-FUSION-C 阀体材质为球墨铸铁 EN-GJS-400，以上所列产品的承压等级为 PN16，工作温度为－20℃到 150℃，具有独立的等百分比特性。如需 PN25 系列产品请参阅 TA-FUSION-C 具体产品手册。

3. 公司名称：埃迈贸易（上海）有限公司。

4. 公司地址：上海市徐汇区古美路 1528 号 A4 研祥科技大厦 9 楼。

5. 联系电话：021-24192633。

6. 公司网站：www.imi-hydronic.com，官方微信：imiphltjs。

附表 109　调节型压差无关型平衡控制阀

型号	DN	d	D	D_1	D_2	L_1	L_2	H_1	H_2	q_{max} (m^3/h)	kg
TA-FUSION-P	32	G11/4	130	128	109	213	333	186	326	4.21	8
TA-FUSION-P	40	G11/2	130	128	109	218	332	186	326	6.19	8
TA-FUSION-P	50	G2	130	128	109	226	340	190	330	11.1	8.5

配 TA-MC55Y 型执行器

型号	DN	D	D_1	L	H_1	H_2	q_{max} (m^3/h)	kg
TA-FUSION-P	65-2	185	286	290	205	438	24.2	48
TA-FUSION-P	80-2	200	290	310	205	438	36.8	55
TA-FUSION-P	100	220	310	350	221	438	68	62
TA-FUSION-P	125	250	344	400	221	438	120	85
TA-FUSION-P	150	285	380	480	251	457	207	121

配 TA-MC100 型执行器

注：1. DN32～DN50 的 TA-FUSION-P 主要材质为 AMETAL® 合金，承压等级为 PN16，工作温度为−20℃到 150℃，具有独立的等百分比特性，最大压差为 800kPa。

2. DN65～DN150 的 TA-FUSION-P 阀体材质为球墨铸铁 EN-GJS-400，以上所列产品的承压等级为 PN16，工作温度为−20℃到 150℃，具有独立的等百分比特性，最大压差为 800kPa。如需 PN25 系列产品请参阅 TA-FUSION-C 具体产品手册。

3. 公司名称：埃迈贸易（上海）有限公司。

4. 公司地址：上海市徐汇区古美路 1528 号 A4 研祥科技大厦 9 楼。

5. 联系电话：021-24192633。

6. 公司网站：www.imi-hydronic.com，官方微信：imiphltjs。

附表 110　自力式控制阀

设备名称	管径范围	工作范围	设备性能参数
自力式压差控制阀	DN20～DN700	温度：0～150℃； 压力：1.6MPa、2.5MPa	控制压差精度：±7.5%； 压差可调范围：10～200kPa； 5～80kPa
自力式流量控制阀	DN20～DN700	温度：0～150℃； 压力：1.6MPa、2.5MPa	控制流量精度：±5%； 工作压差：20～600kPa
自力式自身压差控制阀	DN20～DN700	温度：0～150℃； 压力：1.6MPa	控制压差范围：50～400kPa

注：公司名称：河北平衡阀门股份有限公司

地址：河北省献县陈庄工业区

邮政编码：062250

电　　话：0317-4642390

传　　真：0317-4644888

电子邮件：hbbv4642390@163. com

网　　址：http：//www. hbbv. com. cn

总经理：周国胜 13473735588

总工程师：崔笑千 13501285680。

附表 111　数字锁定平衡阀

设备名称	管径范围	工作范围	设备性能参数
数字锁定平衡阀	DN15～DN600	温度：0～150℃； 压力：1.6MPa、2.5MPa	

注：公司名称：河北平衡阀门股份有限公司

地址：河北省献县陈庄工业区

邮政编码：062250。

电　　话：0317-4642390

传　　真：0317-4644888

电子邮件：hbbv4642390@163. com

网　　址：http://www. hbbv. com. cn

总经理：周国胜 13473735588

总工程师：崔笑千 13501285680

附表 112　限流止回阀

设备名称	管径范围	工作范围	设备性能参数
限流止回阀	DN50～DN800	温度：0～150℃； 压力：1.6MPa	

注：公司名称：河北平衡阀门股份有限公司

地址：河北省献县陈庄工业区

邮政编码：062250

电　　话：0317-4642390

传　　真：0317-4644888

电子邮件：hbbv4642390@163.com

网　　址：http://www.hbbv.com.cn

总经理：周国胜 13473735588

总工程师：崔笑千 13501285680

附表 113　动态平衡电动压差调节阀

设备名称	管径范围	工作范围	设备性能参数
动态平衡电动 压差调节阀	DN32～DN350	温度：0～150℃； 压力：1.6MPa	

注：公司名称：河北平衡阀门股份有限公司

地址：河北省献县陈庄工业区

邮政编码：062250

电　　话：0317-4642390

传　　真：0317-4644888

电子邮件：hbbv4642390@163.com

网　　址：http://www.hbbv.com.cn

总经理：周国胜 13473735588

总工程师：崔笑千 13501285680

风系统配套系列产品

附表 114　管材、管件及送风静压箱

管材、管件及送风静压箱参数表

项目		材质	规格尺寸（mm）			连接方式	产品图片	图例标注
			a（宽）	b（高）	δ（壁厚）			
管材		UPVC	80	45	2.5	承插连接		定位孔ϕ5mm
管材		薄壁镀锌管	80	45	1			
管件	三通	ABS	正三通		2.5			
管件	弯头	ABS	45°弯头、90°弯头		2.5			
			a（长）	b（宽）	h（高）			
分风静压箱		不锈钢、镀锌钢板、ABS工程塑料	460	120	50			
			760	120	50			
			960	120	50			
备注		地板、踢脚线等形式的置换送风方式被广泛用于住宅类辐射式制冷空调中，地面后浇垫层铺装送风管道是目前住宅类建筑新风系统的最为方便可行的安装方式，由地面送风系统专用管道、管件及地面送风静压箱、送风口等连接而成地面送风系统；产品质量可靠，结构合理，内部表面光滑，气流传送阻力小，连接紧密，漏风量小，安装方便快捷，工作效率高，通风效果好，可有效缩短工期 塑料送风管专利号：ZL201230060595.1						际高贝卡科技有限公司 地址：北京市朝阳区望京西园 221 号博泰大厦 邮编：100102 联系电话：010-64476091/92 传真：010-64475034 网址：http：//www.hundredbeka.com

附表 115　地板送风口及消声风口

地板送风口及消声风口参数表

产品类型	材质	规格尺寸（mm）			产品图片	图例标注	备注
		a	b	C			
地板送风口	不锈钢、铝合金	500	90	60			
		800	80	60			
		1000	90	60			
消声回风口 1	ABS	285	185	—			C 非标、长度可变

续表

地板送风口及消声风口参数表

产品类型	材质	规格尺寸（mm）			产品图片	图例标注	备注
		a	b	C			
消声回风口 2	ABS	135/158/178	79/98/120	—		a b	
消声回风口 3	ABS	135	—	—		c	c 非标、长度可变
备注	地板送风口及消声风口，结构合理，非常适合气流传送，低压力损失，特殊的内在结构可有效消除噪声，且做工精致，造型美观，安装简便，易于安装在不同厚度的墙壁上，可与室内装修完美结合					际高贝卡科技有限公司 地址：北京市朝阳区望京西园 221 号博泰大厦 邮编：100102 联系电话：010-64476091/92 传真：010-64475034 网址：http：//www. hundredbeka. com	

附表 116　防结露温控面板

防结露温控面板系列产品技术参数指标

项目	设定温度范围	控温精度	显示精度	电流负载	自耗功率	显示	温度显示范围	工作环境	接线端子	温度传感器	电源电压	外形尺寸	安装孔距
参数	5～35℃	±1℃	±05℃	3A 阻性/1A 感性	＜2W	LCD	0～50℃	0～45℃	能够连接 2×1.5mm² 或 1×2.5mm² 的导线	NTC	AC85～260V，50/60Hz	86×86×14mm（宽×高×厚）	60mm（标准）

备注

室内温控器是一款大屏幕液晶显示温控器，广泛应用于高档场所毛细管网的控制中，具有防止毛细管网在夏天制冷时结露的功能；造型精美、性能可靠、操作简单；采用微型处理器，运用人工智能的模糊逻辑控制，LCD 大液晶显示，设备的运行状态及环境温度一目了然；通过设定房间所需温度，温控器根据所设定的温度自动开启和关闭阀门，从而达到调节房间温度的目的，让温度控制更加方便、高效、舒适、节能；带开关机联动 AC220V 输出；液晶显示状态有：工作状态（制冷、制热）、室内温度、设置温度等

际高贝卡科技有限公司
地址：北京市朝阳区望京西园 221 号博泰大厦
邮编：100102
联系电话：010-64476091/92
传真：010-64475034
网址：http：//www.hundredbeka.com

附表 117 多相全程处理器设备参数表

型号	DN1 DN2 mm	处理流量（t/h）			ϕA	C	D	E	F	H	DN3（mm）	DN4（mm）	L	G	滤元个数	净重（kg）	功率	
																	运行	反洗
SYS-100L1.0DX-□-□	100	72	80	100	630	640	100	100	160	1240	50	25	830	1180	3	380	360	2000
SYS-150L1.0DX-□-□	150	85	100	155	630	640	100	100	160	1240	50	25	840	1180	3	380	360	2000
SYS-200L1.0DX-□-□	200	158	200	280	630	640	100	100	160	1240	50	25	840	1180	3	400	360	2000
SYS-250L1.0DX-□-□	250	285	360	440	720	720	120	120	180	1440	50	25	930	1329	4	450	360	2000
SYS-300L1.0DX-□-□	300	445	550	640	920	880	120	150	230	1780	50	25	1140	1483	3	600	390	2000
SYS-350L1.0DX-□-□	350	645	750	860	920	880	120	150	230	1780	50	25	1140	1483	3	650	390	2000
SYS-400L1.0DX-□-□	400	865	1000	1130	1020	900	100	120	260	1850	50	25	1247	1633	4	800	450	2000
SYS-450L1.0DX-□-□	450	1135	1280	1430	1020	950	100	150	240	2050	50	25	1277	1631	4	850	450	2000

续表

型号	DN1 DN2 mm	处理流量（t/h）			ϕA	C	D	E	F	H	DN3 (mm)	DN4 (mm)	L	G	滤元个数	净重 (kg)	功率	
																	运行	反洗
SYS-500L1.0DX-□-□	500	1435	1650	1800	1220	1000	120	150	280	2100	50	25	1440	1823	5	1000	510	2000
SYS-600L1.0DX-□-□	600	1810	2350	2600	1220	1100	120	150	260	2300	50	25	1440	1823	5	1500	510	2000
SYS-700L1.0DX-□-□	700	2610	3500	3960	1420	1220	150	200	310	2500	50	25	1690	2011	8	2390	510	2000

注：1. 表中对应尺寸如右图所示，所列出尺寸是额定工作压力为 1.0MPa 过滤精度为标准型设备的外形尺寸

2. 大于 DN700 以上的设备，小于 DN100 以下设备，可与生产厂家联系
3. 表中 DN3 为过滤性排污口，DN4 为水质型排污口
4. 压损（MPa）为：0.01～0.03（初阻力）
5. 设备型号说明

示例：SYS-100L1.0-DX-P-LQ

SYS：水医生品牌代码

100：进、出水口公称直径 mm（DN100）

L：出水方向（L—左侧出水，R—右侧出水）

1.0：额定压力（0.6MPa，1.0MPa，1.6MPa）

DX：设备代码（DX—多相全程处理器）

P：控制系统（P—标配型，Z—智能型）

LQ：适用系统（LQ—冷却，LD—冷冻，CN—采暖）

5. 公司名称：北京科净源科技股份有限公司
6. 公司地址：北京海淀区西四环北路 158 号慧科大厦，联系电话：010-88511758

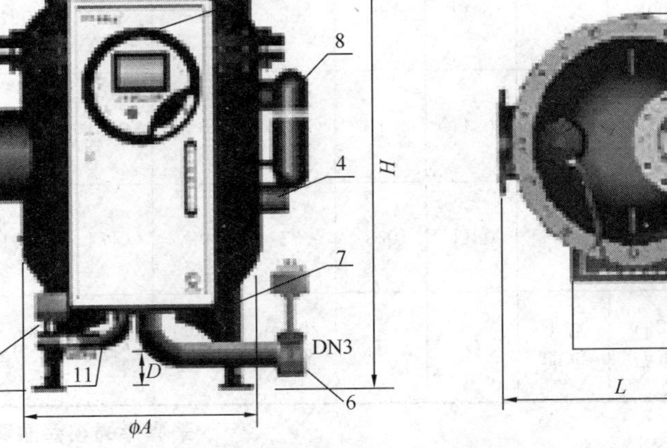

1—进水口；2—电晕场处理器；3—出水口；4—发射极防护罩；5—支脚；6—过滤型排污口；7—动力分配器；8—动力工作站；9—控制箱；10—设备主体；11—水质型排污口

附表 118　内刷全程处理器设备参数表

设备型号	进、出水 DN (mm)	处理流量 (t/h)	连接方式	工作压力 (MPa)	适用系统	功率 (W)	DN3 (mm)	DN4 (mm)	A	B	C	ϕD	ϕDi	H	L	G	发射级个数
SYS-80L1.0NS-□-□	80	18～50	法兰	≤1.0	LQ-冷却循环水系统 LD-冷冻循环水系统 CN-采暖循环水系统	1500	50	25	717	450	120	530	530	1270	770	1060	3
SYS-100L1.0NS-□-□	100	50～75	法兰	≤1.0		1500	50	25	717	450	120	530	530	1270	770	1060	3
SYS-125L1.0NS-□-□	125	75～105	法兰	≤1.0		1500	50	25	931	600	120	630	650	1580	870	1190	3
SYS-150L1.0NS-□-□	150	105～158	法兰	≤1.0		1500	50	25	931	600	120	630	650	1580	870	1190	3
SYS-200L1.0NS-□-□	200	158～280	法兰	≤1.0		1500	50	25	931	600	120	630	650	1580	870	1190	3
SYS-250L1.0NS-□-□	250	280～440	法兰	≤1.0		1500	50	25	878	878	140	820	830	1600	1100	1300	3
SYS-300L1.0NS-□-□	300	440～640	法兰	≤1.0		1500	50	25	903	903	140	820	830	1600	1100	1300	3
SYS-350L1.0NS-□-□	350	640～865	法兰	≤1.0		1500	50	25	961	961	150	1020	1040	1871	1320	1480	5
SYS-400L1.0NS-□-□	400	865～1130	法兰	≤1.0		1500	50	25	1011	1011	150	1020	1040	1921	1320	1480	5
SYS-450L1.0NS-□-□	450	1135～1430	法兰	≤1.0		1500	50	25	1188	1188	150	1220	1240	2221	1520	1800	7

续表

设备型号	进、出水 DN (mm)	处理流量 (t/h)	连接方式	工作压力 (MPa)	适用系统	功率 (W)	DN3 (mm)	DN4 (mm)	*A*	*B*	*C*	*ϕD*	*ϕDi*	*H*	*L*	*G*	发射级个数
SYS-500L1.0NS-□-□	500	1430～1800	法兰	≤1.0	LQ-冷却循环水系统 LD-冷冻循环水系统 CN-采暖循环水系统	1500	50	25	1338	1338	150	1220	1240	2400	1520	1800	7
SYS-600L1.0NS-□-□	600	1800～2450	法兰	≤1.0		1500	50	25		1400	200	1420	1440	2660	1820	2020	7

注：1. 表中对应尺寸如右图所示，所列出尺寸是额定工作压力为 1.0MPa 过滤精度为标准型设备的外形尺寸

2. 大于 DN700 以上的设备，小于 DN100 以下设备，可与生产厂家联系

3. 压损（Mpa）为：0.01～0.03（初阻力）

4. 设备型号说明

示例：SYS-80 L1.0 NS-P-LQ

SYS：水医生品牌代码

100：进、出水口公称直径 mm（DN100）

L：出水方向（L—左侧出水，R—右侧出水）

1.0：额定压力（0.6MPa，1.0MPa，1.6MPa）

NS：设备代码（NS-内刷全程处理器）

P：控制系统（P—标配型，Z—智能型）

LQ：适用系统（LQ—冷却，LD—冷冻，CN—采暖）

5. 公司名称：北京科净源科技股份有限公司

6. 公司地址：北京海淀区西四环北路 158 号慧科大厦，联系电话：010-88511758

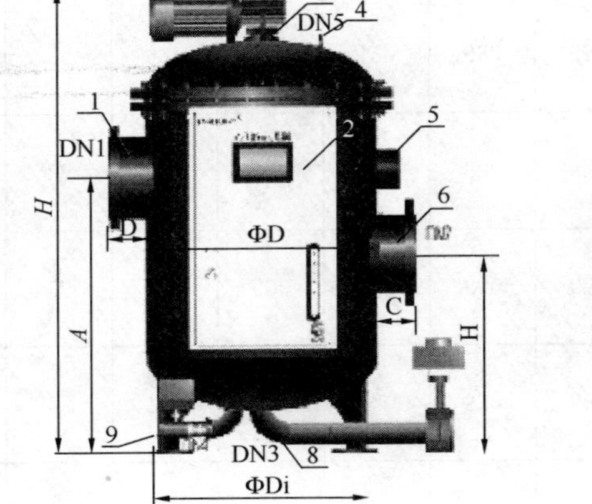

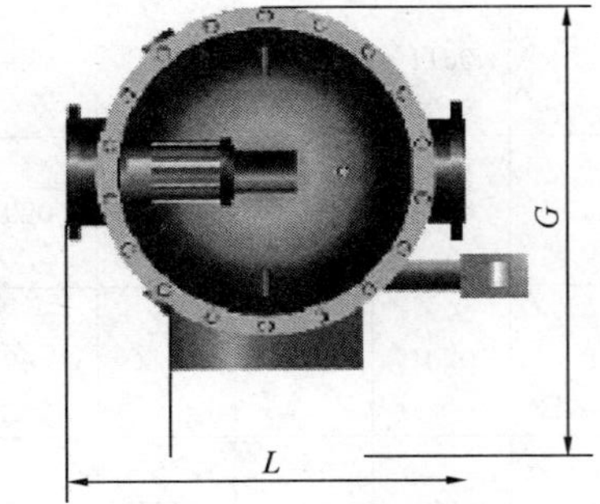

1—进水管；2—电控箱；3—减速机；4—排气管；5—发射极；6—出水管；7—支脚；8—过滤型排污管；9—水质型排污管

附表 119　射频全程处理器设备参数表

设备型号	进、出水 DN（mm）	处理流量（t/h）	连接方式	外形尺寸						净重（kg）	功率（W）	适用系统
				A	B	ϕC	ϕD	DN1	F			
SYS-50L1.0SPZ-□-□-□	50	10～18	法兰	970	660	219	57	25	725	96	150	LQ-冷却循环水系统 LD-冷冻循环水系统 CN-采暖循环水系统 P=0.6MPa =1.0MPa =1.6MPa
SYS-80L1.0SPZ-□-□-□	80	18～45	法兰	970	660	219	89	25	725	106	190	
SYS-100L1.0SPZ-□-□-□	100	45～70	法兰	970	660	219	108	25	725	114	200	
SYS-150L1.0SPZ-□-□-□	150	70～158	法兰	1240	1045	377	159	40	1040	203	400	
SYS-200L1.0SPZ-□-□-□	200	159～280	法兰	1240	1100	426	219	65	1040	228	430	
SYS-250L1.0SPZ-□-□-□	250	280～440	法兰	1240	1100	426	273	65	1040	238	450	
SYS-300L1.0SPZ-□-□-□	300	440～640	法兰	1250	1100	426	325	80	1040	248	450	
SYS-350L1.0SPZ-□-□-□	350	640～865	法兰	1250	1100	426	377	80	1040	253	510	
SYS-400L1.0SPZ-□-□-□	400	865～1130	法兰	1360	1150	426	426	80	1072	302	549	
SYS-450L1.0SPZ-□-□-□	450	1130～1430	法兰	1440	1190	480	480	80	1132	322	610	
SYS-500L1.0SPZ-□-□-□	500	1430～1800	法兰	1535	1285	530	530	100	1182	412	610	
SYS-600L1.0SPZ-□-□-□	600	1800～2600	法兰	1720	1470	630	630	100	1282	542	650	
SYS-700L1.0SPZ-□-□-□	700	2600～3500	法兰	1950	1620	716	716	100	1477	662	800	

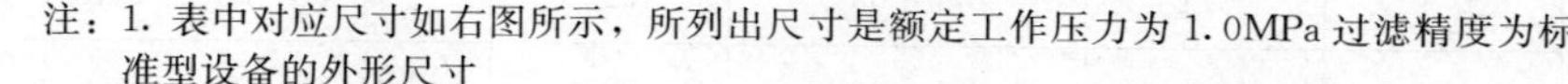

注：1. 表中对应尺寸如右图所示，所列出尺寸是额定工作压力为 1.0MPa 过滤精度为标准型设备的外形尺寸
2. 大于 DN700 以上的设备，小于 DN100 以下设备，可与生产厂家联系
3. 压损（MPa）为：0.01～0.03（初阻力）
4. 设备型号说明
示例：SYS-80 L1.0 SPZ-LQ-A
SYS：水医生品牌代码
100：进、出水口公称直径 mm（DN100）
L：出水方向（L—左侧出水，R—右侧出水）
1.0：额定压力（0.6MPa，1.0MPa，1.6MPa）
SPZ：设备代码（SPZ—自动射频全程水处理器，SPZ—手动射频全程水处理器）
LQ：适用系统（LQ—冷却，LD—冷冻，CN—采暖）
A：安装类型（A—管道式安装、B—落地式安装）
5. 公司名称：北京科净源科技股份有限公司
6. 公司地址：北京海淀区西四环北路 158 号慧科大厦，联系电话：010-88511758

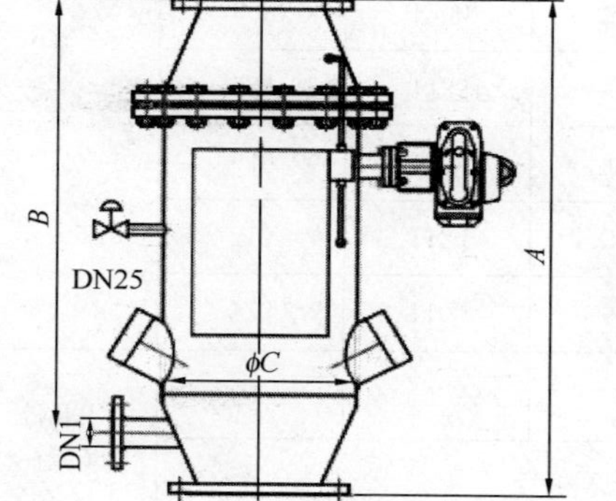

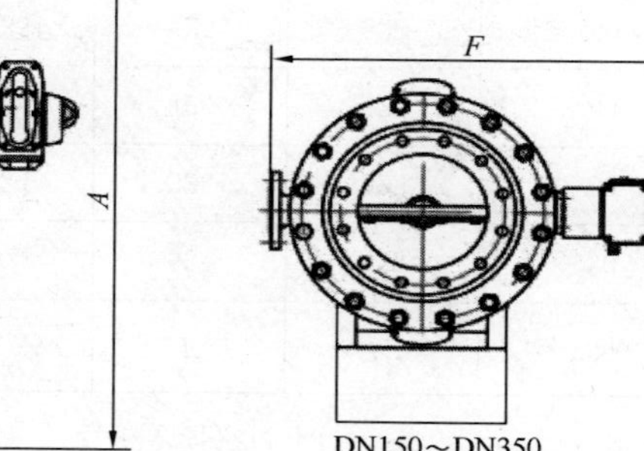

附表 120 全程处理器设备参数表

设备型号	输水管径（mm）	处理流量（t/h）	功率（W）	重量（kg）	压力（MPa）	设备外形尺寸				
						A	L	F	ϕC	DN3
SYS-50B1.0JZ/B-□	50	10～18	110	130	三种压力形式分别为<1.0<1.6<2.0	523	1100	335	325	50
SYS-80B1.0JZ/B-□	80	18～45	110	136		515	1130	335	325	50
SYS-100B1.0JZ/B-□	100	45～70	140	190		640	1330	420	426	80
SYS-150B1.0JZ/B-□	150	70～158	140	270		734	1435	425	530	80
SYS-200B1.0JZ/D-□	200	158～280	170	400		808	1200	515	630	80
SYS-250B1.0JZ/D-□	250	280～440	170	450		808	1300	515	630	80
SYS-300B1.0JZ/D-□	300	440～640	200	500		1049	1600	660	816	80
SYS-350B1.0JZ/D-□	350	640～860	200	650		1050	1700	675	816	100
SYS-400B1.0JZ/D-□	400	860～1130	260	800		1275	1900	760	1020	100
SYS-450B1.0JZ/D-□	450	1130～1430	260	850		1304	2000	790	1020	100
SYS-500B1.0JZ/D-□	500	1430～1800	320	1000		1515	2100	882	1220	100
SYS-600B1.0JZ/D-□	600	1800～2600	320	1500		1524	2300	1000	1220	100
SYS-700B1.0JZ/D-□	700	2600～3960	320	2390		1796	2400	1080	1420	100

注：1. 表中尺寸 A 为设备最大直径，尺寸 L 为设备高度，尺寸 F 为设备进水口中心距地面高度，尺寸 ϕC 为设备主体直径，DN3 为设备排污口直径。

2. 大于 DN700 以上的设备，可与生产厂家联系。

3. 压损（MPa）为：0.015～0.03（初阻力）。

4. 公司名称：北京科净源科技股份有限公司。

5. 公司地址：北京海淀区西四环北路 158 号慧科大厦。

6. 联系电话：010-88511758。

附表 121　物化综合水处理一体机设备参数表

物化综合处理一体机	功能模块			
	物理处理单元	化学处理单元	多功能水质在线监控单元	自动控制单元
全流量处理	多相全程处理器 内刷全程处理器 射频处理器	两桶两泵 或 三桶三泵	Ⅰ型 Ⅱ型 Ⅲ型	一套

注：1. 当循环水流量大于 4000m³/h 时，其物理处理单元选用浮动床过滤器或纤维束过滤器，其余功能配置不变

2. 具体型号尺寸请咨询我公司

3. 公司名称：北京科净源科技股份有限公司

4. 公司地址：北京海淀区西四环北路 158 号慧科大厦，联系电话：010-88511758

附表 122　循环水化学智能加药装置设备参数表

型号	适用水量（t/h）	计量泵		药箱容积（L）	占地面积（长×宽×高）（mm）	电源（V）	功率（W）
		流量（L/h）	压力（MPa）				
SYS-100-Q1. 0JY-□-□	0～80	0.72	1.03	120	1010×660×1040	220	250
SYS-150-Q1. 0JY-□-□	80～170	2.2	1.73	120	1010×660×1040	220	250
SYS-200-Q1. 0JY-□-□	170～290	2.2	1.73	120	1010×660×1040	220	250
SYS-250-Q1. 0JY-□-□	290～450	2.2	1.73	120	1010×660×1040	220	250
SYS-300-Q1. 0JY-□-□	450～660	4.5	1.2	120	1010×660×1040	220	250
SYS-350-Q1. 0JY-□-□	660～875	9.0	1.2	120	1010×660×1040	220	250
SYS-400-Q1. 0JY-□-□	875～1150	9.0	1.2	120	1010×660×1040	220	250
SYS-450-Q1. 0JY-□-□	1150～1500	9.0	1.2	120	1010×660×1040	220	250
SYS-500-Q1. 0JY-□-□	1500～2000	9.0	1.2	120	1010×660×1040	220	250
SYS-600-Q1. 0JY-□-□	2000～2850	9.0	1.2	120	1010×660×1040	220	250

续表

型号	适用水量 (t/h)	计量泵		药箱容积 (L)	占地面积 (长×宽×高)(mm)	电源(V)	功率(W)
		流量(L/h)	压力(MPa)				
SYS-700-Q1.0JY-□-□	2850～4050	9.0	1.2	120	1010×660×1040	220	250

注：1. 在工程项目中，需要根据系统水质和系统压力进行计量泵配置的校核选型
2. 当系统主管径大于700mm时，需进行特殊设计，请与我公司联系
3. 我公司自主研发的缓蚀阻垢剂、缓蚀剂、杀菌灭藻剂；药剂的具体型号根据工程实际情况计算，详细内容请与我公司联系
4. 设备说明
示例：SYS-150 Q1.0JY-K
SYS：水医生品牌代码
150：进、出水口公称直径mm（DN100）
Q：系统循环水量
1.0：额定压力（0.6MPa，1.0MPa，1.6MPa）
JY：设备代码（JY—循环化学加药一体机）
K：应用系统（K—开放式循环系统，B—密闭式循环系统
5. 公司名称：北京科净源科技股份有限公司
6. 公司地址：北京海淀区西四环北路158号慧科大厦，联系电话：010-88511758

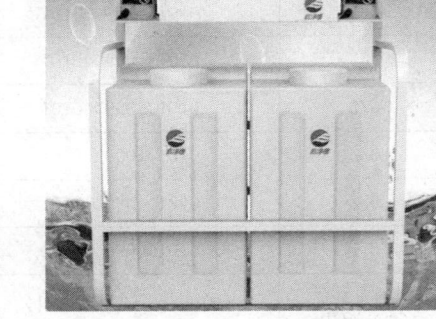

附表123　配套水处理药剂型号说明

药剂	型号	应用系统	适用水质（正硬水补水硬度）	保有浓度
缓蚀阻垢剂	SYS-Ⅰ-100	开放式循环冷却水系统	≤150mg/L	10～30ppm
	SYS-Ⅰ-200		150～250mg/L	10～30ppm
	SYS-Ⅰ-300		250～350mg/L	15～30ppm
	SYS-Ⅰ-400		350～450mg/L	20～40ppm
	SYS-Ⅰ-500		＞450mg/L高硬度高碱度水质	依据浓缩倍数确定
缓蚀剂	SYS-Ⅱ-100	密闭式冷冻循环水系统	软化水、市政水等	8～20ppm
	SYS-Ⅱ-200	采暖水、热水锅炉、直燃机等闭式循环水系统		
杀菌灭藻剂	SYS-Ⅲ-100（非氧化型杀生剂）	开放式冷却循环水系统	地表水、地下水、回用水、市政水或其他	10～30ppm
	SYS-Ⅲ-200（非氧化性杀生剥离剂）			10～30ppm
	SYS-Ⅲ-300（氧化型杀生剂）			10～40ppm

附表 124　智能旁流设备参数表

型号	外接管尺寸		设备外形尺寸			功率（W）	设备重量（kg）
	进出水 DN（mm）	排污口径 DN（mm）	长（mm）	宽（mm）	高（mm）		
SYS-80PL	20	25	800	470	1400	300	50
SYS-100PL	20	25	800	470	1400	300	50
SYS-150PL	40	25	800	470	1400	300	50
SYS-200PL	40	25	800	470	1400	300	50
SYS-250PL	50	25	800	470	1400	300	50
SYS-300PL	65	25	800	700	1400	330	57
SYS-350PL	80	25	800	700	1400	330	62
SYS-400PL	80	25	800	700	1400	330	62
SYS-450PL	100	25	812	830	1400	330	70
SYS-500PL	100	25	812	830	1400	330	70
SYS-600PL	150	25	813	830	1400	380	76
SYS-700PL	150	25	813	830	1400	380	76
SYS-800PL	150	25	813	830	1400	380	76

注：1. 型号说明：

示例：SYS-200 PL

SYS：SYS 水医生品牌代码

200：适用循环水主管径 mm

PL：智能旁流处理器代号

2. 公司名称：北京科净源科技股份有限公司

3. 公司地址：北京海淀区西四环北路 158 号慧科大厦，联系电话：010-88511758

附表 125　双级浮动床过滤器设备参数表

型号		SYS-FDC600	SYS-FDC800	SYS-FDC1000	SYS-FDC1200	SYS-FDC1400	SYS-FDC1600	SYS-FDC2000
进出水管径（mm）		DN50	DN65	DN80	DN100	DN100	DN125	DN150
处理流量（t/h）	最大	17	30	47	68	92	120	160
	最小	8.5	15	23.5	33	46	60	100
	最佳	11.5	20	31.5	45	62	80	130
过滤速度（m/h）	最大	60	60	60	60	60	60	60
	最小	30	30	30	30	30	30	30
	最佳	40	40	40	40	40	40	40
过滤精度（目）		10	10	10	10	10	10	10
工作温度（℃）		5～50	5～50	5～50	5～50	5～50	5～50	5～50
排污水量（t/次）		0.78	1.20	1.86	2.64	3.46	4.35	5.57
压力损失（MPa）		0.03～0.08	0.03～0.08	0.03～0.08	0.03～0.08	0.03～0.08	0.03～0.08	0.03～0.08
设备功率（kW）		1.0	1.0	1.0	1.0	1.0	1.0	1.0
风机功率（kW）		1.5	2.2	4	4	5.5	7.5	11
风机气量（m^3/min）		0.7	1.15	1.85	2.76	4.15	4.62	7.5
风机风压（kPa）		49	49	49	49	49	49	49
设备净重（kg）		450	550	850	1250	1700	2200	2900
设备运行重量（kg）		970	1550	2480	3900	5330	7180	9200
设备电压		220V	220V	220V	220	380	380	380
ϕD（mm）		600	800	1000	1200	1400	1600	2000
H（mm）		2200	2300	2600	2700	2980	3460	3850
B（mm）		280	260	220	190	220	280	320
DN1（mm）		50	65	80	100	100	125	150
DN2（mm）		50	65	80	100	100	125	150
DN3（mm）		50	50	65	65	80	100	100

续表

型号	SYS-FDC600	SYS-FDC800	SYS-FDC1000	SYS-FDC1200	SYS-FDC1400	SYS-FDC1600	SYS-FDC2000
DN4（mm）	50	65	80	100	100	125	150
DN5（mm）	50	65	80	100	100	125	150
DN6（mm）	25	25	25	25	25	25	25

注：1. 此设备接口均按 GB/T 9119—2000，1.0MPa 制造

2. 设备型号说明

示例：SYS-FDC1000

SYS：SYS 水医生品牌代码

FDC：设备代码（浮动床全自动过滤器）

1000：设备筒体直径（1000mm）

3. 公司名称：北京科净源科技股份有限公司

4. 公司地址：北京海淀区西四环北路 158 号慧科大厦，联系电话：010-88511758

附表 126　多功能水质在线监控一体机设备参数表

多功能水质在线监控一体机	功能模块			
	物化综合处理一体机	循环水化学加药一体机	物化水处理器组成	自动控制单元

注：1. 多功能水质监控一体机与物化综合处理一体机、循环水化学加药一体机、物化水处理器组成

2. 多功能水质在线监控仪柜体外形尺寸为：长×宽×高＝600mm×1300mm×600mm

3. 具体型号尺寸请咨询我公司

4. 公司名称：北京科净源科技股份有限公司

5. 公司地址：北京海淀区西四环北路 158 号慧科大厦，联系电话：010-88511758

附表 127 水质软化调节一体机设备参数表

型号	产水量（t/h）	管径（mm）	占地空间（长 mm×宽 mm）	备注
SYS-1BYT	0.5	DN32	1600×600	
SYS-2BYT	1	DN32	1600×600	
SYS-3BYT	2～3	DN40	1600×600	
SYS-4BYT	3～4	DN40	2000×600	
SYS-5BYT	4～5	DN40	2000×600	
SYS-8BYT	6～8	DN50	2500×600	
SYS-10BYT	8～10	DN50	2500×600	
SYS-15BYT	10～15	DN50	3000×1000	总占地面积
SYS-18BYT	15～20	DN50	3500×2000	总占地面积
SYS～20BYT	20～25	DN65	3500×2000	总占地面积
SYS-30BYT	25～30	DN80	4000×2000	总占地面积
SYS-40BYT	30～40	DN80	4000×2000	总占地面积
SYS-50BYT	40～50	DN80	5000×2000	总占地面积

注：1. 当补水处理水量≤10m^3/h时，按照补水水量选择相应的“水质软化调节一体机”即可（组合成一体化设备）

2. 当补水处理水量 10≥m^3/h，≤50m^3/h时，选择袋式过滤器、软水器、水质硬度调节器、pH 值检测的组合设备（单独设备单独安装，功能组合）

3. 当补水处理水量≥50m^3/h时，选择浮动床过滤器、软水器、水质硬度调节器、pH 值检测的组合设备（单独设备单独安装，功能组合）

4. 其他水源为补水水源或其他补水系统时，可致电北京科净源公司技术部选择相应处理工艺或设备

5. 设备型号说明

示例：SYS-15BYT

SYS：SYS 水医生品牌代码

15：补水水量 m^3/h

BYT：补水一体机

6. 公司名称：北京科净源科技股份有限公司

7. 公司地址：北京海淀区西四环北路 158 号慧科大厦，联系电话：010-88511758

消声设备

附表 128 消声器

序号	设备名称	设备型号	接管尺寸（mm）		外形断面尺寸（mm）		有效长度	总长度	插入损失平均值	v=4m/s 时的阻力损失
			宽度	高度	宽度	高度	mm	mm	dB/m	Pa/m
1	管式消声器	GX（50）	a	b	$A=a+100$	$B=b+100$	900	1000	14	4
2	片式消声器	PX（50）	a	b	$A=a+100$	$B=b+100$	900	1050	20	15
3	片式消声器	PX（100）	a	b	$A=a+200$	$B=b+200$	900	1050	22	15
4	阻抗复合式消声器	ZF	a	b	$A=a+400$	$B=b+300$	900	1050	20	10
5	消声弯头	XW	a	b	—	—	—	—	10	—
6	消声静压箱	JX	a	b	a	b	—	c	8	—
7	微穿孔板式消声器	WKX	a	b	$A=a+400$	$B=b+400$	900	1050	10	15
8	大型土建片式消声器	DTPX	a	b	$A=a$	$B=b$	$L_0=L$	L	20	15
9	矩阵式消声器	JZ	a	b	$A=a$	$B=b$	$L_0=L$	L	20	15

注：1. 厂家可根据设计要求制作各种规格的消声器

2. 公司地址：北京市怀柔区雁栖工业开发区二区 79 号
许昌分公司地址：河南省许昌市东城区工业园区

3. 法人资料：法人代表、总经理：张荷玲；联系电话：13901115391；电子邮箱：wanxunda@vip. 163. com；网站地址：www. bjwanxunda. cn

水泵

附表 129　ArmstrongDE 智能变频泵

编号	水泵型号	流量		扬程	功率	效率	尺寸	重量
		L/s	m^3/h	(m)	(kW)	(%)	长×宽×高（mm）	(kg)
1	40-200	7	25.2	25.0	4.0	56.31	406×436×830	117.9
2	50-200	14	50.4	40.0	11.0	66.38	457×515×1059	199.6
3	80-150	18	64.8	15.0	4.0	72.89	458×455×686	122.5
4	80-200	26	93.6	45.0	18.5	75.51	559×553×1090	235.4
5	80-250	12	43.2	18.0	5.5	68.81	533×463×891	185.5
6	100-150	18	64.8	8.0	2.2	71.06	559×474×923	129.3
7	100-200	22	79.2	8.0	3.0	77.00	635×525×926	155.1
8	150-250	35	126.0	20	11.0	79.96	813×572×1154	312.5
9	150-290	55.56	200.0	30	22.0	83.92	889×646×1234	430.9
10	200-250	100	360	25	37.0	84.45	991×570×1368	458.6
11	200-330	83.34	300	25	30.0	79.26	1067×716×1212	646.8
12	200-370	100	360	38	55.0	81.88	1238×771×1562	787.0
13	250-330	124	446.4	15.2	75.0	80.73	1194×912×1522	1232.4
14	250-375	170	612.0	40.0	90.0	82.78	1232×947×1629	1424.3
15	300-330	222.2	800	30	90.0	84.09	1181×875×1834	1629.4
16	300-430	300	1080.0	32.0	110.0	88.29	1321×1079×1888	1955.0
17	350-380	444.44	1600.0	37.0	250.0	85.74	1321×1205×2153	2762.4
18	400-380	555.56	2000	30	200.0	85.88	1651×1233×2324	2600.0
19	400-480	500	1800.0	50.0	315.0	86.42	1829×1255×2500	3728.5
20	500-480	1400	5040.0	50.0	900.0	84.50	2235×1459×5650	4378.6

注：1. 超过 315kW 的智能变频泵为分体式，如果需要其他任何规格，请直接咨询我公司销售代表。
2. 公司名称：艾蒙斯特朗流体系统（上海）有限公司（外商独资企业）
公司地址：上海市奉贤区西渡镇沪杭公路 1619 号
法人：Charles Allan Armstrong，电话：021-37566696
上海办事处：联系人：蒋一民，电话：021-52370909，邮箱：yjiang@armstrongfluidtechnology. com
北京办事处：联系人：刘传之，电话：010-51088081，邮箱：cliu@armstrongfluidtechnology. com
广州办事处：联系人：张政，电话：13825153498，邮箱：kzhang@armstrongfluidtechnology. com
成都办事处：联系人：徐卓，电话：18615782009，邮箱：sxu@armstrongfluidtechnology. com
或详情请登陆选型网站：adept. armstrongfluidtechnology. com

附表 130　TP 管道泵系列

型号	电功率 (kW)	供电规格	转速 (rpm)	流量 (m^3/h)	扬程 (m)	运输体积 (m^3)	毛重量 (kg)
TP32-460/2	4	3×380—415D	2900	21.6	30.6	0.22	85
TP32-580/2	5.5	3×380—415D	2900	22.7	43	0.22	97

续表

型号	电功率 (kW)	供电规格	转速 (rpm)	流量 (m^3/h)	扬程 (m)	运输体积 (m^3)	毛重量 (kg)
TP40-470/2	5.5	3×380—415D	2900	29.2	32.5	0.58	119
TP40-580/2	7.5	3×380—415D	2900	29	46.1	0.58	129
TP50-830/2	18.5	3×380—415D	2900	56.7	68	0.58	207
TP50-900/2	22	3×380—415D	2900	61.1	74.7	0.58	222
TP65-720/2	22	3×380—415D	2900	61.5	72	0.58	221
TP65-930/2	30	3×380—415D	2900	85.8	78	0.58	339
TP80-570/2	22	3×380—415D	2900	47.8	57	0.58	226
TP80-700/2	30	3×380—415D	2900	132	59.7	0.58	343
TP100-390/2	22	3×380—415D	2900	174	33.7	0.96	245
TP100-480/2	30	3×380—415D	2900	156	49.4	0.96	383
TP150-450/4	45	3×380—415D	1485	290	41	3.13	794
TP150-650/4	75	3×380—415D	1485	365	65	3.14	1090
TP200-320/4	55	3×380—415D	1485	564	27.4	2.29	939
TP200-660/4	132	3×380—415D	1490	634	57	3.13	1660
TP250-490/4	90	3×380—415D	1486	650	36	4.57	1450
TP250-660/4	160	3×380—415D	1490	800	50	4.57	1880
TP350-590/4	200	3×380—415D	1490	1400	10	5.88	2250
TP350-750/4	315	3×380—415D	1488	1500	56	5.88	2440

注：1. 以上产品为苏州工厂组装，所配电机 22kW 以下为格兰富电机，22kW 以上为西门子电机；功率在 3kW 以上（含），供电规格为 3×380-415VD/660-690VY。表中仅列出部分产品型号，具体流量/扬程/效率/外形尺寸及水泵相关曲线请参考格兰富 WinCAPS 选型软件或咨询格兰富相关销售或经销商

2. 格兰富集团法人：MadsNipper（集团总裁）

苏州格兰富工厂地址：苏州工业园区青丘街 72 号（215126），电话：0512-62831800　传真：0512-62831801

附录五　公司简介

埃迈贸易（上海）有限公司

埃迈贸易（上海）有限公司是英国IMI集团在华全资子公司，隶属于集团三大事业部之一的IMI Hydronic Engineering（IMI平衡流体技术事业部，简称“IMI平衡流体”）。

IMI平衡流体有三个子公司：IMI PNEUMA TEX——定压与水质管理；IMI TA——全面水力平衡；IMI HEIMEIER——室内恒温控制。

2014年IMI平衡流体全球拥有员工约2000人，实现销售额2.84亿英镑。全球共6个制造基地，分别位于瑞典、德国、美国、瑞士、波兰和斯洛文尼亚。

IMI TA于1897年成立于瑞典，著有水力平衡与控制领域技术专著《全面水力平衡——暖通空调水力系统设计与应用手册》，主要产品：手动平衡阀、压差控制器、平衡控制阀。

IMI PNEUMA TEX于1909年成立于瑞士，主要产品：脱气机、排气阀、除污器及稳压罐。

IMI HEIMEIER于1928年成立。工厂位于德国Erwitte市，主要产品：散热器、恒温阀。

附图1　瑞典Ljung工厂

北京福裕泰科贸有限公司

北京福裕泰科贸有限公司成立于1992年，总部坐落于中关村生命科学园区，拥有员工110人。1996年6月起代理日本湿王wetmaster的产品，专业营销进口加湿器产品，全国主要城市共设有17个办事处。

日本湿王Wetmaster公司（ウエットマスタ-株式会社）1969年成立，生产各种加湿器，主要产品有滴下浸透（自然蒸发）式加湿器、蒸气式（电极、间接蒸气、干蒸气）加

湿器、水喷雾式（超声波、水喷雾）加湿器，以及新研制开发的风量管理系统。

附图 2 北京福裕泰科贸有限公司

北京万讯达声学设备有限公司

公司成立于 1996 年，具有环保工程专业承包资质和机电设备安装工程资质，是消声器的专业生产制造商。该公司主要提供服务：消声设计及咨询＋各种消声降噪设备＋噪声治理施工和机电安装施工，也可根据工程需要设计异形消声器产品。

公司产品大多用于高标准声学要求的建筑，如电视台、广播电台、剧院、剧场音乐厅、机场航站楼、地铁通风空调系统等噪声治理项目，还可提供工艺消声空调系统的安装服务。

附图 3 北京万讯达许昌分公司鸟瞰图

际高贝卡科技有限公司

际高贝卡科技有限公司位于北京市朝阳区望京西园 221 号博泰大厦，注册资金 5000 万元，员工 39 名，年产值 6000 万元。际高贝卡科技有限公司是“温度湿度独立控制空调系统”的全系统供应商，提供主要产品有：优质进口毛细管网及辐射顶板产品、溶液式双冷源新风除湿一体机、毛细管网辐射系统专用水系统自平衡装置、风系统自平衡装置、专用的温度湿度联合控制中心及防结露控制系统、室外气候补偿系统等。

附图 4　际高贝卡科技有限公司

开利空调销售服务（上海）有限公司

开利中国在中国发展 30 年，拥有 60 个销售和售后办事处，2500 多名员工，在上海、成都、青岛建立了 6 家工厂，在上海成立了全球研发中心，年销售额达 30 多亿。

开利中国拥有完整的产品链——水冷离心式机组、变频螺杆式机组、水冷螺杆机组、水地源热泵机组、溴化锂机组、风冷螺杆机组、风冷涡旋机组、模块式风冷机组、组合式空调箱、空气处理机组、风机盘管、VAV、VWV 水多联系统、风冷多联热泵、直接蒸发式空调机、水冷柜式空调机组、水地源热泵（涡旋式）等产品。

附图 5　开利空调一冷工厂

附图 6　开利空调研发中心

北京健远泰德工程技术有限公司

北京健远泰德工程技术有限公司是集热交换、水处理和压力容器等设备设计、制造、销售、安装和服务于一体的专业技术公司。主要产品有板式换热器、管壳式换热器、容积式换热器及智能换热机组及分汽缸、分集水器、除氧器、定压补水装置等。公司注册商标为 HEATEE 海恩特。

公司先后承接并完成了中国中央电视台新址（CBD）、南京高铁南站、上海世博会主机房、武警司令部总部大楼、天津奥林匹克水上公园等一批项目的热交换设备、水处理设备、压力容器等相关设备供应。

附图 7　北京健远泰德工程技术有限公司

皓欧东方（北京）供热技术有限公司

皓欧东方（北京）供热技术有限公司是瑞士 Hoval 公司在中国的独资子公司。Hoval 公司的主要产品包括生物质锅炉、热泵、太阳能系统、燃油及燃气锅炉、水箱、高大空间通风设备和空气热能回收。Hoval 公司的总部设立在列支敦士登的首都瓦杜兹。

Hoval 公司已有 65 年的发展历史。公司在全球共有 15 家子公司，员工约 1300 人；截止到 2014 年 11 月营业额已达到三亿五千万瑞郎。Hoval 公司的采暖及通风产品在全球 50 多个国家均有销售。公司创始人 Gustav Ospelt 先生 1897 年位于瓦杜兹的铁匠铺是集团公司最初的原形，而在 1932 年拿到了安装和销售锅炉及加热器的许可。Hoval 公司的商标正式在 1945 年注册。1955 年与德国 Friedrich Krupp 公司的钢制锅炉合同是 Hoval 公司钢制锅炉在欧洲的开端；在 20 世纪 70 年代，Hoval 公司推出了高大空间通风和热能回收产品。

附图 8　皓欧东方（北京）供热技术有限公司

爱思克空气环境技术（苏州）有限公司

爱思克空气环境技术（苏州）有限公司是商用和高档家用供热、通风和空调系统产品的制造商，总部设于美国的爱思克公司旗下有多种独自运作的品牌。其中垂恩®（Trion®），泰德思®（Titus®）和克鲁格®（Krueger®）已有 60 多年历史，特德．倍利®（Tuttle&Bailey®）有超过 100 年的历史。其他品牌包括 PennBarry®，Rickard®，Koch® 等。爱思克产品主要运用于各类工业设施、商业及公用建筑、精品住宅等。

爱思克空气环境技术（苏州）有限公司生产销售用于空调净化、厨房油烟和工业净化的垂恩®（Trion®）电子空气净化机系列，用于医院及生化洁净室空气净化的恩维尔科®（Envirco®）产品系列，用于空调系统节能的泰德思®（Titus®）变风量末端产品系列等。

附图 9　爱思克空气环境技术（苏州）有限公司

浙江力聚热水机有限公司

浙江力聚热水机有限公司成立于 1997 年，总部位于浙江杭州，生产基地面积 12 万 m^2，力聚公司有员工 300 多人，公司主要产品：燃油、燃气、电真空（相变）热水锅炉和免监检蒸汽发生器，年营业额 3.5 亿元。

真空（相变）热水锅炉额定功率 0.2～20t/h（0.1～14MW），最高热效率达 103%；超低氮真空热水锅炉 NO_x 排放＜30mg/m^3；蒸汽发生器额定蒸发量 0.4～2.0t/h，蒸汽压力 1.0MPa，热效率高达 94%。蒸汽发生器水容量＜30L，不属于特种设备监察范围，能实现自动常温排污（排污温度＜40℃），不需要设排污降温池。

附图 10　浙江力聚热水机有限公司

广东美的暖通设备有限公司

广东美的暖通设备有限公司成立于 1999 年，是美的集团旗下集研发、生产、销售及工程设计安装、售后服务于一体的专业中央空调企业。

广东美的暖通设备有限公司有顺德、重庆、合肥三个生产基地，主要产品有：多联机、冷水机、空气能热水机、单元机、恒温恒湿精密空调及基站空调等。

广东美的暖通设备有限公司完成重点工程：巴西世界杯场馆、广州亚运会场馆、上海世博会场馆、北京首都机场 T3 航站楼、京广高铁、广州科学城经济区等。

广东美的暖通设备有限公司目前有 36 家销售分公司、3500 多家经销商、3000 多家服务网点。

附图 11　广东美的中央空调事业部

广东永泉阀门科技有限公司

广东永泉阀门科技有限公司成立于 1982 年，总部位于广东省佛山市，注册资金 1680 万，员工 400 人，年产值 2 亿元。产品集中应用于市政给排水、建筑给排水、消防给水、空调系统、工业水循环系统、海水系统、水利提灌等领域。

公司主要产品：防结露电控节能一体阀、防气蚀静态平衡阀、水锤吸纳器、自力式流量控制阀、中线衬里蝶阀等。

附图 12　广东永泉阀门科技有限公司

益美高公司

EVAPCO（益美高公司）成立于1976年，现总部位于美国马里兰州的塔尼镇。益美高在世界10个国家拥有21家工厂，向工业制冷、暖通空调、工艺加工、区域供冷以及电力行业提供优质的冷却设备。

益美高公司在中国上海和北京建立了全外资生产厂，主要生产开式冷却塔、闭式冷却塔、蓄冰盘管和蒸发式冷凝器等产品。益美高上海工厂通过ISO9001质量管理体系认证、ISO14001环境体系认证以及ASME认证，产品拥有CTI认证、FM认证和IBC认证。

附图13　益美高（上海）制冷设备有限公司

附图14　北京益美高制冷设备有限公司

中石化绿源地热能开发有限公司

中石化绿源地热能开发有限公司是中国石化集团新星石油公司与冰岛极地绿色能源集团在2006年共同投资组建的合资公司，两大股东股权比例分别为51%和49%，注册资本6.1亿元人民币。公司地址位于陕西省咸阳市，公司拥有员工520人，公司在全国各地拥有河北绿源地热能开发有限公司等35家分公司，主要从事地热产业化开发、节能技术服务以及温室气体减排业务。中石化绿源地热能开发有限公司先后在陕西、河北、山东、江苏等地获得750km^{2}的地热勘探、开发区块，并向碳交易以及余热利用等项目领域拓展。多个区域的地热项目在联合国注册，成为全球首家在地热集中供暖领域注册公司，可实现碳资产和自愿减排国际交易。

公司具有国家发改委和财政部审核备案的节能服务资质，可为炼化、钢铁、建材等高耗能、高排放企业提供系统性节能服务。

公司重点投入项目为地热能梯级利用和工业余热梯级利用。在全国已有若干建成运行项目，具有良好的节能减排和经济运行效果。

附图15　河北绿源地热能开发有限公司

深圳市中鼎空调净化有限公司

深圳市中鼎空调净化有限公司成立于2001年，地址位于深圳市深南中路3037号南光捷佳大厦，主要从事中温、高温、大温差节能型中央空调末端设备的生产设计与安装。公司员工360人，注册资金1200万元，年产值1.5亿元人民币。公司主要产品SFC系列逆流式中温风机盘管、ZMAH系列空气处理机组。

附图 16　深圳市中鼎空调净化有限公司

河北平衡阀门股份有限公司

河北平衡阀门股份有限公司成立于 1992 年，公司位于河北省献县陈庄工业区，主要产品系列有：ZTY 系列自力式压差控制阀、SPF 系列数字锁定平衡阀及温控阀、LH 系列限流止回阀、ZTY（C）自力式自身压差阀、ZL-4M 系列自力式流量控制阀等系列产品。公司已通过 ISO9001 国际质量体系认证。公司于 2013 年 5 月 28 日在天交所挂牌上市。公司荣获“国家重点新产品”“高新技术企业”“中国民营企业十年科技成果博览会成果奖”“国家级火炬计划”“河北省产品质量监督检验院定点检验企业”“河北省优质产品”“重合同守信用单位”“中国农行 AAA 级信用企业”等荣誉。

公司创新地提出“末端主导变流量”“热力工况控制与水力工况控制”等动态水力工况分析理念。在自力式压差控制阀的控制压差调节技术，限流止回阀的扬程控制方式等方面，拥有创新的独立知识产权。

附图 17　河北平衡阀门股份有限公司

北京英沣特能源技术有限公司

北京英沣特能源技术有限公司于2007年成立，位于北京市海淀区，注册资金2100万元。公司主要产品有水蓄冷、冰蓄冷、高效风机盘管等三大节能产品，为客户优化系统节能方案、保障系统安全运行提供技术服务；兼顾合同能源管理为客户提供资金解决方案。目前公司产品在全国已有近百家应用客户。公司是国家级高新技术企业、中关村瞪羚企业、北京市科技研发机构，拥有几十项节能产品专利，拥有机电安装、压力容器、地质勘查等多项专业资质。

附图18　北京市英沣特能源技术有限公司

北京科净源科技股份有限公司

北京科净源科技股份有限公司于2000年成立于北京中关村国家自主创新示范区，注册资本5000万元。公司建有研发、生产、展示、办公综合基地，该基地位于顺义区赵全营镇的空港C区，总占地面积七十余亩。

公司从事循环水处理、污水处理、雨洪利用、景观环境水体治理、水资源综合治理及利用等系统的项目咨询规划、工程设计、工程承包、工程运营服务。

科净源公司主导或参与制订了多项国家及行业标准，如《采暖空调系统水质标准》《射频式物理场水处理设备技术条件》《全自动钠离子交换器技术条件》《建筑中水处理工程》《雨水综合利用图集》等。

目前科净源公司拥有80多项国家发明或实用新型专利技术。公司在循环水处理领域的主导产品主要有：物化综合处理一体机、多功能水质在线监控一体机、循环水化学加药装置、多相全程处理器、内刷全程处理器、射频全程处理器、智能旁流处理器、浮动床过滤器、全自动钠离子交换器、真空脱气机、水质软化调节一体机等。

科净源公司在全国范围内拥有32个销售网点，客户遍及国内多个省市地区及东南亚、非洲等多个国家。水处理项目承建了万余项水处理工程，参与并实施了国家体育场（鸟巢）、国家游泳中心（水立方）、北京奥林匹克森林公园、上海世博会主题馆、北京地铁等重要工程。

附图 19　北京科净源科技股份有限公司

参 考 文 献

[1] 中华人民共和国住房和城乡建设部. GB 50736—2012 民用建筑供暖通风与空气调节设计规范[S]. 北京：中国建筑工业出版社，2012.

[2] GB 50016—2014 建筑设计防火规范[S]. 北京：中国计划出版社，2015.

[3] 中国有色工程设计研究总院. GB 50019—2003 采暖通风与空气调节设计规范[S]. 北京：中国计划出版社，2004.

[4] GB 50067—2014 汽车库、修车库、停车场设计防火规范[S]. 北京：中国计划出版社，2015.

[5] GB 50098—2009 人民防空工程设计防火规范[S]. 北京：中国计划出版社，2012.

[6] GB 50038—2005 人民防空地下室设计规范[S]. 北京：国标图集出版社，2006.

[7] GB 50096—2011 住宅设计规范[S]. 北京：中国计划出版社，2012.

[8] 中华人民共和国建设部. GB 50368—2005 住宅建筑规范[S]. 北京：中国建筑工业出版社，2006.

[9] JGJ 26—2010 严寒和寒冷地区居住建筑节能设计标准[S]. 北京：中国建筑工业出版社，2010.

[10] JGJ 134—2010 夏热冬冷地区居住建筑节能设计标准[S]. 北京：中国建筑工业出版社，2010.

[11] JGJ 75—2003 夏热冬暖地区居住建筑节能设计标准[S]. 北京：中国建筑工业出版社，2013.

[12] GB 50189—2015 公共建筑节能设计标准[S]. 北京：中国建筑工业出版社，2015.

[13] GB 50176—1993 民用建筑热工设计规范[S]. 北京：中国标准出版社.

[14] JGJ 142—2012 辐射供暖供冷技术规程[S]. 北京：中国建筑工业出版社，2013.

[15] JGJ 173—2009 供热计量技术规程[S]. 北京：中国建筑工业出版社，2009.

[16] GB 50264—1997 工业设备及管道绝热工程设计规范[S]. 北京：中国计划出版社，2013.

[17] JGJ/T129—2000 既有采暖居住建筑节能改造技术规程[S]. 北京：中国建筑工业出版社，2013.

[18] JGJ 176—2009 公共建筑节能改造技术规范[S]. 北京：中国建筑工业出版社，2009.

[19] 环境保护部. GB 3095－2012 室内空气质量标准[S]. 北京：中国环境科学出版社.

[20] 国家环境保护总局. GB 3095—1996 环境空气质量标准[S]. 北京：中国标准出版社.

[21] 环境保护部. GB 3096—2008 声环境质量标准[S]. 北京：中国环境科学出版社.

[22] 环境保护部. GB 12348—2008 工业企业厂界环境噪声排放标准[S]. 北京：中国环境科学出版社，2008.

[23] 北京市基本建设委员会. GBJ 87—85 工业企业噪声控制设计规范[S]. 北京：中国标准出版社，1986.

[24] 国家环境保护总局. GB 16297—1996 大气污染物综合排放标准[S]. 北京：中国标准出版社，1997.

[25] 中华人民共和国卫生部. GBZ 1—2010 工业企业设计卫生标准[S]. 北京：人民卫生出版社，2010.

[26] 中华人民共和国卫生部. GBZ 2.1—2007 工作场所有害因素职业接触限值 第1部分：化学有害因素[S]. 北京：人民卫生出版社，2007.

[27] 中华人民共和国卫生部. GBZ 2.2—2007 工作场所有害因素职业接触限值 第2部分：物理因素[S]. 北京：人民卫生出版社，2007.

[28] 中华人民共和国工业和信息化部. GB 50073—2001，洁净厂房设计规范[S]. 北京：中国计划出版社，2013.

[29] 中华人民共和国工业和信息化部. GB50174—2008，电子信息系统机房设计规范[S]. 北京：中国

计划出版社，2009

[30] GB 50333—2013 医院洁净手术部建筑技术规范[S]. 北京：中国计划出版社，2014

[31] 中华人民共和国建设部. GB 50366—2005，地源热泵技术系统工程技术规范(2009 年版)[S]. 北京：中国建筑工业出版社，2006.

[32] JGJ 174—2010 多联机空调系统工程技术规程[S]. 北京：中国建筑工业出版社，2010.

[33] GB 50072—2010 冷库设计规范[S]. 北京：中国计划出版社，2010.

[34] 中华人民共和国住房和城乡建设部. JGJ 342—2014 蒸发冷却制冷系统工程技术规程[S]. 北京：中国建筑工业出版社，2015.

[35] 住房和城乡建设部工程质量监管司，中国建筑标准设计研究院. 全国民用建筑工程设计技术措施：2009 年版. 建筑产品选用技术. 暖通空调・动力[M]. 北京：中国计划出版社，2009.

[36] 建设部工程质量安全监督与行业发展司，中国建筑标准设计研究院. 全国民用建筑工程设计技术措施：节能专篇：2007. 暖通空调・动力[M]. 北京：中国计划出版社，2007.

[37] 陆耀庆. 实用供热空调设计手册[M]. 2 版. 北京：中国建筑工业出版社，2007.

[38] 关文吉. 建筑热能动力设计手册[M]. 北京：中国建筑工业出版社，2015.

[39] 李岱森. 简明供热设计手册[M]. 北京：中国建筑工业出版社，1998.

[40] 《动力管道设计手册》编写组. 动力管道设计手册[M]. 北京：机械工业出版社，2006.

[41] 孙一坚. 简明通风设计手册[M]. 北京：中国建筑工业出版社，1997.

[42] 李善化，康慧. 实用集中供热手册[M]. 北京：中国电力出版社，2006.

[43] 尉迟斌. 实用制冷与空调工程手册[M]. 北京：机械工业出版社，2001.

[44] 马大猷. 噪声与振动控制工程手册[M]. 北京：机械工业出版社，2002.

[45] 何梓年，朱敦智. 太阳能供热采暖应用技术手册 M]. 北京：化学工业出版社，2009.

[46] 徐伟. 地源热泵技术手册[M]. 中国建筑工业出版社，2011.

[47] 建筑工程常用数据系列手册编写组. 暖通空调常用数据手册[M]. 2 版. 北京：中国建筑工业出版社，2001.

[48] 《民用建筑供暖通风与空气调节设计规范》编制组. 民用建筑供暖通风与空气调节设计规范宣贯辅导教材[M]. 北京：中国建筑工业出版社，2012.

[49] 汪训昌. 低温送风系统设计指南[M]. 北京：中国建筑工业出版社，1999.

[50] 叶大法，等. 变风量空调系统设计[M]. 北京：中国建筑工业出版社，2007.

[51] 蔡敬琅. 变风量空调设计[M]. 2 版. 北京：中国建筑工业出版社，2007.

[52] 潘云钢. 办公楼内区变风量系统设计探讨[J]. 暖通空调，2004，34(12)：63-65.

[53] (德)巴赫著；倪进昌译. 室内采暖工程(原著第十六版)[M]. 北京：中国建筑工业出版社，2010.

[54] (意)Michele Vio. 散热器采暖与地板采暖系统之比较[M]. 北京：中国建筑工业出版社，2010.

[55] 贺平，孙刚. 供热工程[M]. 4 版. 北京：中国建筑工业出版社，2009.

[56] 赵加宁. 低温热水采暖末端装置. 北京：中国建筑工业出版社，2011.

[57] 赵文田. 供暖散热器选择安装手册[M]. 北京：中国电力出版社，2014.

[58] 马最良，姚杨. 民用建筑空调设计[M]. 2 版. 北京：化学工业出版社，2009.

[59] 付祥钊. 流体输配管网[M]. 北京：中国建筑工业出版社，2001.

[60] 全国勘察设计注册工程师公用设备专业管理委员会秘书处. 全国勘察设计注册公用设备工程师暖通空调专业考试复习教材[M]. 3 版. 北京：中国建筑工业出版社，2012.

[61] 徐伟. 中国地源热泵发展研究报告(2013)[M]. 北京：中国建筑工业出版社，2013.

[62] 徐伟. 地源热泵工程技术指南[M]. 北京：中国建筑工业出版社，2001.

[63] 陈东，谢继红. 热泵技术手册[M]. 北京：化学工业出版社，2012.

[64] 马最良，姚杨，姜益强，倪龙. 热泵技术应用理论基础与实践[M]. 北京：中国建筑工业出版

社，2010.
[65] 姚杨，姜益强，马最良．水环热泵空调系统设计(第二版)[M]．北京：化学工业出版社，2011.
[66] 马最良，姚杨，姜益强．暖通空调热泵技术[M]．北京：中国建筑工业出版社，2008.
[67] 马最良，吕悦．地源热泵系统设计与应用(第二版)[M]．北京：机械工业出版社，2014.
[68] 陆亚俊，马最良，邹平华．暖通空调(第二版)[M]．北京：中国建筑工业出版社，2007.
[69] 区正源，刘忠诚，肖小儿．土壤源热泵空调系统设计及施工指南[M]．北京：机械工业出版社，2011.
[70] 陈晓．地表水源热泵理论及应用 M]．北京：中国建筑工业出版社，2011.
[71] 蒋能照，刘道平，寿炜炜，姚国琦，王鹏英，沈莉华．水源·地源·水环热泵空调技术及应用[M]．北京：机械工业出版社，2007.
[72] 刁乃仁．方肇洪．地埋管地源热泵技术[M]．北京：高等教育出版社，2006.
[73] 李汉章．建筑节能技术指南[M]．北京：中国建筑工业出版社，2006.
[74] 黄翔．空调工程[M]．北京：机械工业出版社，2006.
[75] 彦启森，石文星，田长青．空气调节用制冷技术[M]．北京：中国建筑工业出版社，2010.
[76] 徐伟．民用建筑供暖通风与空气调节设计规范技术指南[M]．北京：中国建筑工业出版社，2012.
[77] 陈亚俊．建筑冷热源[M]．北京：中国建筑工业出版社，2009.
[78] 张国东．冷库设计及实例[M]．北京：化学工业出版社，2013.
[79] 陆亚俊．马最良，庞志庆．制冷技术与应用[M]．北京：中国建筑工业出版社，1992.
[80] 王军．冷库制冷工程设计实例图集[M]．郑州：黄河水利出版社，2011.
[81] 贺绮华，邹月琴．体育建筑空调设计[M]．北京：中国建筑工业出版社，1991.
[82] 刘晓华，江亿，张涛．温湿度独立控制空调系统[M]．北京：中国建筑工业出版社，2013.
[83] 李汉章．建筑节能技术指南[M]．中国建筑工业出版社，2006.
[84] 朱颖心．建筑环境学(第二版)[M]．中国建筑工业出版社，2005.
[85] 徐吉浣，寿炜炜．公共建筑节能设计指南[M]．同济大学出版社．2007.
[86] 汪训昌．关于发展地源热泵系统的若干思考[J]．暖通空调，2007，37(3)：38-43.
[87] 汪训昌．以科学发展规范地源热泵系统建设[J]．制冷与空调，2009，9(3)：15-21.
[88] 北京市统计局信息咨询中心．北京市地源热泵示范项目节能效果分析[J]．太阳能信息，2005：121.
[89] 张佩芳，袁寿其．地源热泵的特点及其在长江流域应用前景[J]．流体机械，2003，31(2)：9：50-52.
[90] 丁力行，陈季芬，彭梦珑．土壤源热泵垂直单埋换热性能影响因素研究[J]．流体机械，2002，30(3)：47-48.
[91] 马最良，曹源．闭式环路水源热泵空调系统运行能耗的静态分析．哈尔滨建筑大学学报，1997，30(6)：68-74.
[92] 张强，李德英，张建东．VRV(变制冷剂流量)空调系统热回收型在建筑内区的应用及节能性分析[J]．建筑节能，2007，05(35)：9-11.
[93] 薛卫华，陈沛霖．热泵式 VRV 空调系统制热运行能耗及其影响因素分析[J]．暖通空调，2001，31(4)：7-9．.
[94] 侯立．VRV 空调系统工程设计中常见问题及分析[J]．甘肃科技，2008，24(20)：68-71.
[95] VRV 空调系统新风设计改造应用[J]．陕西建筑，2009，07(169)：30-32.
[96] 黄亚波，马顺，罗勇．变制冷剂流量多联机分体式空气调节系统设计浅议[J]．安徽建筑，2009，02(165)：143-144.
[97] 袁东立，张钦．地源热泵与 VRV 技术的结合与运用实例[J]．供热制冷，2007：35-37.

[98] 崔治勇，张建. 普通舒适性 VRV 空调系统的特点及应用[J]. 科技信息，2002：637.
[99] 胡毓杰，刘辉. 浅谈 VRV 空调系统室外机散热校核[J]. 广西城镇建设，2009，06：111-113.
[100] 王瑛，叶欣. 水环热泵 VRV 空调系统循环水温优化[J]. 低温建筑科技，2010，01(139)：105-107.
[101] 刘欣彤，孙国成. 大连某休闲广场地源热泵空调系统的设计方案介绍和比较[J]. 制冷空调与电力机械，2007，28(5)：79-82.
[102] 仇君，李莉叶，朱晓慧. 地源热泵空调系统工作特性及应用分析[J]. 节能，2008(8)：18-20.
[103] 刘临川，苗月季. 浅谈耦合式地源热泵空调系统的设计[J]. 浙江建筑，2007，24(9)：32-34.
[104] 赵锋，文远高. 热泵空调系统能耗的温频法模拟与分析[J]. 建筑节能，2007，35(6)：39-43.
[105] 陈帅，蔡颖玲，赵一轩，姜小敏. 土壤源热泵空调系统的节能特性分析[J]. 上海工程技术大学学报，2008，22(3)：244-247.
[106] 陈贺伟，杨昌智. 土壤源热泵空调系统地下土壤温度场变化的研究[J]. 建筑节能，2007，35(4)：51-54.
[107] 介鹏飞，李德英. VRV 空调系统的节能性研究与应用[J]. 节能与环保，2009，02：32-34.
[108] 朱思明. 水源热泵在宾馆中央空调系统中的应用[J]. 制冷与空调，2004，4(2)：42-44.
[109] 鞠晓丽. 上海市大型超市空调冷热源方案的综合评价研究[D]. 西安：西安建筑科技大学环境与市政工程学院，2005.
[110] 曹晓芳. 城市风环境之探讨[J]. 山西建筑. 2008，34(32)：58-59.
[111] 杜强. 基于热舒适性的室内环境控制分析[J]. 河北能源职业技术学院学报，2008，27(1)：58-60.
[112] 殷平. 室内空气计算参数对空调系统经济性的影响[J]. 暖通空调，2002，32(2)：21-25.
[113] 王民雍. 一次回风空调系统设计中几个常见问题分析[J]. 暖通空调，2009，39(5)：130-134.
[114] 张景玲，玩剑舞. 热管式空调机组在空调系统的节能应用研究[J]. 广州大学学报(自然科学报)，2006(12)：18-23.
[115] 王春华，王国恒. 大型商场空气调节一次回风系统的计算特点[J]. 节能. 2005，247(5)：20-21.
[116] 孙桂平. 独立新风系统应用性研究[D]. 山东：山东建筑大学，2006.
[117] 殷平，Mumma. 独立新风系统(DOAS)研究(1)：综述[J]. 2003，33(6)：44-49.
[118] 殷平. 独立新风系统(DOAS)研究(2)：设计方法[J]. 2003，34(2)：37-43.
[119] 殷平. 独立新风系统(DOAS)研究(3)：常规风机盘管独立新风系统[J]. 2005，35(3).
[120] 殷平. 多分支风道系统静压复得计算法的新算法[J]. 暖通空调，2001，31(4).
[121] 黄翔. 国内外蒸发冷却空调技术研究进展(1)[J]. 暖通空调，2007，37(2)：24-30.
[122] 杨国荣，叶大法，胡仰耆. 变风量末端装置风速传感器的基本原理及其应用[J]. 暖通空调，2006，36(7)：59-64.
[123] 张莉，魏兵. 大空间分层空调不同气流组织方式下流场的数值模拟[J]. 制冷与空调，2009，23(6)：106-110.
[124] 江燕涛，赖学江，曾东琪. 关于低温送风系统的通风、热舒适和空气品质的探讨[J]. 制冷，2005(9)：62-66.
[125] 孙一坚. 空调水系统变流量节能控制[J]. 暖通空调，2001，31(6)：5-7.
[126] 刘金平，文见良，等. 空调冷水系统变频调节节能效果的实验研究[J]，2010，03：68-72.
[127] 王凡，徐玉党. 中央空调水系统变流量分析及其改进[J]，2006，02：49-52.